AF839156

Chemisches Untersuchungsamt der Stadt Chemnitz

Chemie

der

menschlichen Nahrungs- und Genussmitte

Von

Dr. J. König,

Dr.-Ing. h. c., Geh. Reg.-Rat, o. Prof. an der Kgl. Westfälischen Wilhelms-Universität in Münster i. W.

Dritter Band.

Untersuchung von Nahrungs-, Genussmitteln und Gebrauchsgegenständen.

2. Teil: Die tierischen und pflanzlichen Nahrungsmittel.

Vierte, vollständig umgearbeitete Auflage.

Mit 260 Abbildungen im Text und auf 14 lithographischen Tafeln.

Berlin.

Verlag von Julius Springer.

1914.

Untersuchung

von

Nahrungs-, Genussmitteln und Gebrauchsgegenständen.

2. Teil: Die tierischen und pflanzlichen Nahrungsmittel.

Vierte, vollständig umgearbeitete Auflage.

Unter Mitwirkung von

Prof. Dr. A. Beythien-Dresden, Prof. Dr. A. Bömer-Münster i. W., Dr. P. Hasenkamp-Münster i. W., Reg.-Rat Prof. Dr. A. Juckenack-Berlin, Prof. Dr. C. A. Neufeld-Würzburg †, Dr. A. Scholl-Münster i. W. und Prof. Dr. A. Spieckermann-Münster i. W.

bearbeitet von

Dr. J. König,

Dr.-Ing. h. c., Geh. Reg.-Rat, o. Prof. an der Kgl. Westfälischen Wilhelms-Universität in Münster i. W.

Mit 260 Abbildungen im Text und auf 14 lithographischen Tafeln.

Berlin.

Verlag von Julius Springer.

1914.

ISBN 978-3-642-98822-6 ISBN 978-3-642-99637-5 (eBook)
DOI 10.1007/978-3-642-99637-5

Softcover reprint of the hardcover 4th edition 1914

Druck der Spamerschen Buchdruckerei in Leipzig.

Vorrede.

Zwischen dem Erscheinen des I. Teiles vom III. Bande und dem jetzigen II. Teile liegen volle viereinhalb Jahre, eine verhältnismäßig lange Zwischenzeit, die einerseits durch unliebsame Störungen infolge anderweitiger unaufschiebbarer Aufgaben während der Bearbeitung, andererseits durch die Art der Bearbeitung entstanden ist. Verf. wie Mitarbeiter haben sich nämlich bemüht, nicht nur die gangbaren, zur Aufdeckung der Verunreinigungen und Verfälschungen allgemein angewendeten, sondern auch solche Untersuchungsverfahren zu berücksichtigen und zu beschreiben, die entweder zur weiteren Ausgestaltung der Untersuchung der Nahrungsmittel anregen oder einen Einblick in die physiologische Bedeutung derselben gewähren können. Aus dem Grunde sind auch manche Nahrungsmittel behandelt, die für den Verkehr und die Marktkontrolle nicht oder kaum in Betracht kommen.

Ein besonderer Platz ist der bisherigen Rechtsprechung in Fällen von Vergehen gegen die „Nahrungsmittelgesetze" eingeräumt worden, um nicht nur den Sachverständigen, sondern auch den Gerichtsbehörden in gegebenen Fällen Unterlagen für die Beurteilung zu bieten.

Zu demselben Zweck sind die für einzelne Nahrungsmittel noch besonders geltenden gesetzlichen und amtlichen Bestimmungen, die bis jetzt vorliegenden, im Kaiserlichen Gesundheitsamte neu bearbeiteten Entwürfe zu Festsetzungen über Lebensmittel, die letzten Vereinbarungen des Vereins Deutscher Nahrungsmittelchemiker sowie die in Österreich-Ungarn, der Schweiz, in Amerika und anderen Ländern bis jetzt bekannt gewordenen Anhaltspunkte für die Beurteilung der Nahrungsmittel tunlichst mit berücksichtigt.

Bei der mikroskopischen Untersuchung der Getreidemehle sind abweichend von der sonst üblichen Behandlung nicht die verschiedenen Gewebsteile derselben Getreideart, sondern die gleichen Gewebsteile verschiedener Getreidearten nebeneinander (auf Tafeln) angeordnet. Hierdurch werden die Gewebsteile jeder Getreideart zwar voneinander getrennt, aber die eigenartigen Unterschiede zwischen denselben Gewebsteilen verschiedener Getreidearten deutlicher zur Anschauung gebracht, zumal wenn, wie hier, eine gleiche Vergrößerung angewendet wird.

Mit Rücksicht auf das umfangreiche und vielseitige Gebiet, das ein einzelner kaum mehr erschöpfend behandeln kann, habe ich für solche Nahrungsmittel und Untersuchungsverfahren, die besondere Kenntnisse und Erfahrungen voraussetzen oder wünschenswert erscheinen lassen, Fachgenossen von anerkanntem Ruf hinzugezogen. Ihnen spreche ich für ihre erfolgreiche Unterstützung auch an dieser Stelle aufrichtigen Dank aus. Leider wird letzterer den einen von uns, Prof. C. A. Neufeld-Würzburg, nicht mehr erreichen, da er, kurz nach Vollendung des Manuskriptes über die Beurteilung der Nahrungsmittel nach der Rechtslage am 13. Jan. 1914, zu meinem und aller Fachgenossen größtem Leidweisen aus unserer Mitte abberufen worden ist.

Anfänglich hatte ich gehofft, nach Vorausschickung der allgemeinen Untersuchungsverfahren, die einzelnen Nahrungs-, Genußmittel und Gebrauchsgegenstände in einem einzigen II. Teile erledigen zu können. Es stellte sich aber bei der Fülle der einschlägigen Literatur bald heraus, daß der Band, wenn die Bearbeitung auf der einmal angefangenen Grundlage weiter durchgeführt werden sollte, einen zu großen Umfang angenommen haben würde.

Es ist daher ein III. Teil notwendig geworden, der die Genußmittel und Gebrauchsgegenstände behandeln wird. Dieser wird aber nicht mehr lange auf sich warten lassen. Weil das Manuskript bis auf einige Ergänzungen fertig bearbeitet vorliegt, auch schon ein Teil desselben gedruckt ist, so wird dieser Schlußband, gleichzeitig mit einem alle drei Bände umfassenden alphabetischen Sachverzeichnis, in gut Jahresfrist erscheinen können.

Münster i. W., Ostern 1914.

J. König.

Inhaltsübersicht.

Zweiter Teil des III. Bandes.

Die tierischen und pflanzlichen Nahrungsmittel.

[1]) Die Nummern 11, 12 u. 13 waren ursprünglich für die Enzyme A, B u. C bestimmt; infolge einer späteren Anordnung sind Nr. 12 = B u. Nr. 13 = C ausgefallen.

Hilfstabellen.

Die reichsgesetzliche Regelung des Verkehrs mit Nahrungsmitteln, Genußmitteln und Gebrauchsgegenständen.[1])

Einleitung.

Bereits am 1. Januar 1872, also unmittelbar nach der Gründung des Deutschen Reiches, trat das Strafgesetzbuch für das Deutsche Reich in Kraft. Der Gesetzgeber hatte beabsichtigt, durch dieses Gesetz auch den Verkehr mit Lebensmitteln zu regeln. Infolgedessen bedrohte er in § 367 Ziff. 7 mit Geldstrafe bis zu 150 Mark oder mit Haft bis zu 6 Wochen den, der verfälschte oder verdorbene Getränke oder Eßwaren, insbesondere trichinenhaltiges Fleisch feilhält oder verkauft. Zugleich sah er in §§ 324—326 angemessene Freiheitsstrafen für solche Personen vor, die vorsätzlich oder fahrlässig Brunnen oder Wasserbehälter, die zum Gebrauche anderer dienen, oder Gegenstände, die zum öffentlichen Verkaufe oder Verbrauche bestimmt sind, vergiftet oder denselben Stoffe beimischt, von denen ihnen bekannt ist, daß sie die menschliche Gesundheit zu zerstören geeignet sind, sowie für diejenigen, die solche vergiftete oder mit gefährlichen Stoffen vermischte Sachen wissentlich oder fahrlässig mit Verschweigung dieser Eigenschaft verkaufen, feilhalten oder sonst in Verkehr bringen. Gegen rechtswidrige Vermögensbeschädigungen sollten außerdem die in § 263 den Betrügern angedrohten Strafen das Publikum schützen.

Diese noch heute gültigen Bestimmungen erwiesen sich aber schon nach wenigen Jahren nicht mehr als ausreichend. Denn zugleich mit der Entwicklung von Industrie und Handel nahm das Verfälschen und Nachahmen von Lebensmitteln und der Verkehr mit gesundheitsgefährdenden Gebrauchsgegenständen einen derartigen Umfang an, daß weitere gesetzliche Maßnahmen geboten erschienen.

Nach Art. 4 Ziff. 13 und 15 der Reichsverfassung vom 16. April 1871 unterliegen der Beaufsichtigung und Gesetzgebung des Reichs nicht nur das Strafrecht, sondern auch die Maßregeln der Medizinal- und Veterinärpolizei. Infolgedessen wurde im Jahre 1876 als Fachorgan des Reichsamtes des Innern das Kaiserliche Gesundheitsamt gegründet und dem genannten Reichsamte unmittelbar untergeordnet, um es in der Ausübung seines Aufsichtsrechts und in der Vorbereitung der auf dem Gebiete der Gesundheitspolizei in Aussicht zu nehmenden Gesetzgebung zu unterstützen.

Zur Beseitigung der hervorgetretenen Mißstände sahen der Bundesrat und der Reichstag von einer Änderung des Strafgesetzbuches ab; sie entschlossen sich vielmehr, die Materie durch den Erlaß strafrechtlicher Nebengesetze zu regeln.

Das erste und grundlegende, zugleich bahnbrechende Gesetz auf diesem Gebiete ist das allgemeine Nahrungsmittelgesetz vom 14. Mai 1879, das sich noch heute in Kraft befindet und das bisher lediglich eine Erweiterung seines § 16, aber im übrigen keine Änderung erfahren hat. Zurzeit ist allerdings eine Änderung dieses den Stamm der Nahrungsmittelgesetzgebung bildenden Gesetzes in Aussicht genommen, worauf ich unten noch zurückkommen werde, doch handelt es sich auch hierbei im wesentlichen nur um einen weiteren Ausbau und nicht etwa um ein Verlassen des bisher eingeschlagenen Weges.

---

[1]) Erläuterungen zur Beurteilung der Nahrungsmittel, Genußmittel und Gebrauchsgegenstände nach der Rechtslage, bearbeitet von Reg.-Rat Prof. Dr. A. Juckenack in Berlin.

Da das Nahrungsmittelgesetz nur die allgemeinen Verhältnisse im Verkehr mit Lebensmitteln und Gebrauchsgegenständen regelt und dem Kaiser und dem Bundesrate bisher nur in eng umgrenztem Umfange das Recht zum Erlaß von Verordnungen gibt, wurde die Bearbeitung von Sondergesetzen erforderlich, um den besonderen Verhältnissen im Verkehr mit verschiedenen wichtigen Lebensmitteln und Gebrauchsgegenständen Rechnung tragen und eine klare Rechtslage schaffen zu können. Diese Sondergesetze, die zum Teil zugleich den Charakter von Steuergesetzen haben, gehen hinsichtlich der Anforderungen, die sie an die Beschaffenheit der von ihnen behandelten Waren stellen, und der Befugnisse, die sie den für die Überwachung des Verkehrs mit diesen Waren zuständigen Behörden einräumen, vielfach erheblich weiter als das allgemeine Nahrungsmittelgesetz. Es würde selbstverständlich über den Rahmen dieses, die menschlichen Nahrungs- und Genußmittel behandelnden Handbuches weit hinausgehen, wenn ich hier die sämtlichen Sondergesetze und kaiserlichen sowie bundesrätlichen Verordnungen eingehend erörtern und erläutern würde. Um eine Übersicht über die reichsgesetzliche Regelung des Verkehrs mit Nahrungsmitteln, Genußmitteln und Gebrauchsgegenständen bieten zu können, genügt es vielmehr, das allgemeine Nahrungsmittelgesetz eingehend zu behandeln und hierbei zugleich auf die einschlägigen Sondergesetze zu verweisen.

Abgesehen von diesen Gesetzen berühren aber auch noch Bestimmungen aus folgenden Gesetzen den Verkehr mit Lebensmitteln: die Gewerbeordnung für das Deutsche Reich vom 26. Juli 1900 (Genehmigungspflicht gewisser Nahrungsmittelfabriken, Konzessions- und Anzeigepflicht für einige Handelszweige, Marktverkehr und Preiskontrolle), das Viehseuchengesetz vom 26. Juli 1909, das Abdeckereigesetz vom 17. Juni 1911, das Hausarbeitergesetz vom 20. Dezember 1911, das Gesetz zum Schutze der Warenbezeichnungen vom 12. Mai 1894 und das Gesetz gegen den unlauteren Wettbewerb vom 7. Juni 1909.

Als strafbare Handlungen kommen in der Nahrungsmittelgesetzgebung Übertretungen, Vergehen und Verbrechen in Betracht. Übertretungen sind die nur mit Haft bis zu 6 Wochen oder mit Geldstrafe von höchstens 150 Mark bedrohten Handlungen. Kann wegen einer Handlung auf eine höhere Geldstrafe oder auf Gefängnis oder auf Festungshaft von höchstens 5 Jahren erkannt werden, so liegt ein Vergehen vor. Die mit schwereren Strafen bedrohten Taten sind Verbrechen. Die Verjährungsfristen regeln §§ 67—69 des Strafgesetzbuches.

Wenn eine und dieselbe Handlung mehrere Strafgesetze verletzt, was im Verkehr mit Lebensmitteln häufig vorkommt, so liegt Idealkonkurrenz vor. Es kommt alsdann dasjenige Gesetz zur Anwendung, das die schwerste Strafe, und bei ungleichen Strafarten dasjenige Gesetz, das die schwerste Strafart androht (§ 73 StGB.). Hat der Gesetzgeber aus besonderen Gründen einen an sich unter ein anderes Strafgesetz fallenden Tatbestand einer besonderen Regelung unterzogen, so liegt Gesetzeskonkurrenz vor und es hat das Sondergesetz Anwendung zu finden. Hingegen liegt Realkonkurrenz vor, wenn der Täter durch mehrere selbständige Handlungen mehrere Straftaten oder dieselbe Straftat mehrmals begangen hat. In diesem Falle ist, sofern es sich um Freiheitsstrafen bei Vergehen oder Verbrechen handelt, auf eine Gesamtstrafe zu erkennen, die in einer Erhöhung der verwirkten schwersten Strafe besteht.

Reichsgesetz vom 14. Mai 1879, betr. den Verkehr mit Nahrungsmitteln, Genußmitteln und Gebrauchsgegenständen. (RGBl. S. 145.)

§ 1. Der Verkehr mit Nahrungs- und Genußmitteln, sowie mit Spielwaren, Tapeten, Farben, Eß-, Trink- und Kochgeschirr und mit Petroleum unterliegt der Beaufsichtigung nach Maßgabe dieses Gesetzes.

1. Im Verkehr befindet sich ein Nahrungsmittel von der Fertigstellung zum Weitervertrieb seitens des Produzenten an bis zum Verkauf an den Konsumenten. Es fallen unter den Begriff „Verkehr" nicht nur der Vertrieb durch den Hersteller, der Groß- und

Kleinhandel, auch nicht nur die gewerbsmäßige Tätigkeit, sondern auch die distributive von Konsumvereinen und die unentgeltliche Überlassung. Der polizeilichen Beaufsichtigung unterliegt aber nur der gewerbsmäßige Verkehr.

2. Die Beaufsichtigung regeln §§ 2, 3 und 4 Abs. 2. Weitergehende Rechte, die andere Gesetze geben, z. B. das Weingesetz vom 7. April 1909 und das Gesetz, betr. den Verkehr mit Butter usw., vom 15. Juni 1897, bleiben hierdurch unberührt.

3. Der Begriff „Nahrungs- und Genußmittel" kommt bereits im Strafgesetzbuch vor, allerdings auffallenderweise nicht in § 367 Ziff. 7, sondern in § 370 Ziff. 5, wo der mit Strafe bedroht wird, der Nahrungs- und Genußmittel oder andere Gegenstände des hauswirtschaftlichen Verbrauchs in geringer Menge oder von unbedeutendem Werte zum alsbaldigen Verbrauche entwendet oder unterschlägt. Nahrungsmittel sind Gegenstände, die der Mensch zum Zweck seiner Ernährung zu genießen pflegt, gleichviel ob sie einer Zubereitung bedürfen oder nicht. Genußmittel sind Dinge, die der Mensch dem Körper zuzuführen und hierdurch zu verbrauchen pflegt, ohne daß sie Nahrungszwecken dienen, also z. B. Reizmittel, wie Tabak und Schnupftabak, Gewürze, wie Pfeffer und Zimt, Anregungsmittel, wie Kaffee und Tee, und Geruchsmittel, wie Parfüms und Räuchermittel.

4. Kosmetische Mittel sollte das Gesetz nach seinen Motiven nicht mit umfassen, „weil sie entbehrlich und nur in beschränktem Grade gebräuchlich sind", abgesehen natürlich von solchen Mitteln, die ihrer bestimmungsgemäßen Verwendung entsprechend durch Einatmen und mittels des Geruchssinnes „genossen" werden, also Genußmittel sind. Später ist aber der Verkehr mit den kosmetischen Mitteln, die zur Reinigung, Pflege und Färbung der Haut, des Haares und der Mundhöhle dienen, durch das Farbengesetz vom 5. Juli 1887, die Kaiserliche Verordnung, betr. den Verkehr mit Arzneimitteln vom 22. Oktober 1901 und § 21 des Branntweinkontingentsgesetzes vom 14. Juni 1912 geregelt worden. Letztgenanntes Gesetz berücksichtigt auch die für die Behandlung der Nägel bestimmten Mittel.

5. Heilmittel (Mittel zur Beseitigung oder Linderung von Krankheiten) fallen als solche nicht unter dieses Gesetz. Sie können aber zugleich Nahrungs- oder Genußmittel sein und als solche in den Verkehr gebracht werden (z. B. Schweineschmalz, Honig, schwarzer Tee).

6. Von den hier aufgeführten Gebrauchsgegenständen berücksichtigt § 12 Abs. 1 Ziff. 2 die Farben als solche nicht (vgl. aber § 5 Ziff. 4, das Farbengesetz vom 5. Juli 1887 und die auf Grund eines Bundesratsbeschlusses in den einzelnen Bundesstaaten gleichlautend erlassenen Giftpolizeiverordnungen). Andererseits führt er Bekleidungsgegenstände auf. Der Gesetzgeber hat aber beabsichtigt, den Verkehr mit Bekleidungsgegenständen nicht der polizeilichen Kontrolle nach §§ 2 und 3 zu unterwerfen. Im übrigen vgl. die Anmerkungen zu § 5 und § 12.

§ 2. Die Beamten der Polizei sind befugt, in die Räumlichkeiten, in welchen Gegenstände der in § 1 bezeichneten Art feilgehalten werden, während der üblichen Geschäftsstunden oder während die Räumlichkeiten dem Verkehr geöffnet sind, einzutreten.

Sie sind befugt, von den Gegenständen der in § 1 bezeichneten Art, welche in den angegebenen Räumlichkeiten sich befinden, oder welche an öffentlichen Orten, auf Märkten, Plätzen, Straßen oder im Umherziehen verkauft oder feilgehalten werden, nach ihrer Wahl Proben zum Zwecke der Untersuchung gegen Empfangsbescheinigung zu entnehmen. Auf Verlangen ist dem Besitzer ein Teil der Probe amtlich verschlossen oder versiegelt zurückzulassen. Für die entnommene Probe ist Entschädigung in Höhe des üblichen Kaufpreises zu leisten.

1. Nur den Beamten der Polizei ist hier die Befugnis erteilt, in die Räumlichkeiten, in denen Gegenstände der in § 1 bezeichneten Art feilgehalten werden, einzutreten und von dergleichen Gegenständen, die in solchen Räumlichkeiten oder an öffentlichen Orten usw. verkauft oder feilgehalten werden, nach ihrer Wahl Proben zu entnehmen. § 8 des

Butter- usw. Gesetzes vom 15. Juni 1897 geht weiter und erteilt zugleich auch den „von der Polizeibehörde beauftragten Sachverständigen" entsprechende Befugnisse. Am weitesten geht § 22 des Weingesetzes vom 7. April 1909 in der Erteilung von Befugnissen an die „zuständigen Beamten und Sachverständigen" (§ 21). Denn die Sachverständigen brauchen nicht Beamte der Polizei zu sein; sie sind vielfach überhaupt nicht Beamte; z. B. wird der auf Grund des § 21 des Weingesetzes bestellte Sachverständige (Weinkontrolleur) nicht lediglich durch seine Bestallung Beamter; in den Fällen, in denen Sachverständige Beamte und zwar Beamte der Polizei sind, sind sie in der Regel nicht Beamte der Marktpolizei, sondern der Gesundheitspolizei. Im übrigen wird durch die Erteilung derartiger Befugnisse das Recht der strafprozessualen Haussuchung nicht berührt.

2. Als Räumlichkeiten, in denen Gegenstände der in § 1 bezeichneten Art feilgehalten werden, kommen hier nur die für den Verkehr mit dem Publikum bestimmten Räume in Betracht.

3. „Die Grenzen der üblichen Geschäftsstunden lassen sich im Gesetze nicht bestimmen; sie sind aber nicht nach allgemeinen Ortsgewohnheiten, ebensowenig nach der in dem betreffenden Geschäftszweige, sondern nach der in dem betreffenden konkreten Geschäfte herrschenden Gewohnheit zu bestimmen" (vgl. Motive zum Gesetz).

4. Dem Verkehr sind Räumlichkeiten geöffnet, wenn irgendein geschäftlicher Verkehr in ihnen stattfindet.

5. Die Proben können von allen Verkehrsgegenständen, die sich in den Räumlichkeiten befinden, entnommen werden, und zwar können die Beamten sie nach ihrer Wahl selbst entnehmen. Die Beamten bestimmen zudem die Größe der Proben. Die Empfangsbescheinigung muß der Beamte von Amts wegen erteilen, wenn er die Probe nicht sofort bezahlt, wozu er gesetzlich nicht verpflichtet ist. Im Gegensatz zu § 22 des Weingesetzes vom 7. April 1909 ist auf Grund des Nahrungsmittelgesetzes sowie des Gesetzes über den Verkehr mit Butter usw. nur auf Verlangen dem Besitzer ein Teil der Probe amtlich verschlossen oder versiegelt zurückzulassen (Gegenprobe). Der Zweck der Entnahme der Gegenprobe ist der, einen Vergleich mit der anderen Probe zu ermöglichen, wenn deren Identität bestritten oder zweifelhaft sein sollte. Auch für die Gegenprobe ist der übliche Kaufpreis zu zahlen, wenn die Proben nicht gemäß § 15 dieses Gesetzes oder § 40 des Strafgesetzbuches eingezogen werden. Die polizeiliche Entnahme von Proben ist kein Kauf.

§ 3. Die Beamten der Polizei sind befugt, bei Personen, welche auf Grund der §§ 10, 12, 13 dieses Gesetzes zu einer Freiheitsstrafe verurteilt sind, in den Räumlichkeiten, in welchen Gegenstände der in § 1 bezeichneten Art feilgehalten werden, oder welche zur Aufbewahrung oder Herstellung solcher zum Verkaufe bestimmter Gegenstände dienen, während der in § 2 angegebenen Zeit Revisionen vorzunehmen.

Diese Befugnis beginnt mit der Rechtskraft des Urteils und erlischt mit dem Ablauf von drei Jahren von dem Tage an gerechnet, an welchem die Freiheitsstrafe verbüßt, verjährt oder erlassen ist.

1. § 3 erteilt den Polizeibeamten in dem angegebenen Rahmen die Befugnis zu Revisionen, d. h. Durchsuchungen und Untersuchungen an Ort und Stelle, und zwar nicht nur in den zum Feilhalten, sondern auch in den zur Aufbewahrung oder Herstellung der in § 1 bezeichneten Gegenstände bestimmten Räumlichkeiten während der in § 2 angegebenen Zeit. Allerdings müssen die in diesen Räumlichkeiten befindlichen Gegenstände zum Verkauf bestimmt sein.

2. Voraussetzung für derartige Revisionen ist die Verurteilung zu einer Freiheitsstrafe auf Grund der §§ 10, 12, 13 dieses Gesetzes. Bei Idealkonkurrenz mit anderen Gesetzen (siehe oben) kommt es demnach darauf an, ob die Verurteilung nach der Urteilsformel auch auf Grund dieses Gesetzes erfolgt ist.

3. Die Befugnis zu derartigen Revisionen ist kraft Gesetzes gegeben, braucht also nicht im Urteil ausgesprochen zu sein.

4. Die Rechtskraft des Urteils beginnt, wenn es nicht mehr durch die Rechtsmittel der Berufung und Revision angefochten werden kann. Eine weitere Verurteilung kann eine neue Frist veranlassen, unterbricht aber die alte nicht.

§ 4. Die Zuständigkeit der Behörden und Beamten zu den in §§ 2 und 3 bezeichneten Maßnahmen richtet sich nach den einschlägigen landesrechtlichen Bestimmungen.

Landesrechtliche Bestimmungen, welche der Polizei weitergehende Befugnisse als die in §§ 2 und 3 bezeichneten geben, bleiben unberührt.

1. Das Gesetz spricht absichtlich von landesrechtlichen und nicht von landesgesetzlichen Bestimmungen, damit es nicht in einem seiner Intention nicht entsprechenden engeren Sinne gedeutet werde.

2. Das Landesrecht kann unter präventiven Gesichtspunkten Beschlagnahme beanstandeter Gegenstände vorsehen und die Formen derselben bestimmen (vgl. z. B. § 10 II, 17 des preußischen Allgemeinen Landrechts und § 6 c des preußischen Gesetzes über die Polizeiverwaltung vom 11. März 1850).

3. Es ist auch der landesrechtliche Erlaß neuer Bestimmungen, also z. B. neuer Polizeiverordnungen über den Verkehr mit Lebensmitteln zulässig, die den Beamten der Polizei weitergehende Befugnisse als die in §§ 2 und 3 bezeichneten geben.

§ 5. Für das Reich können durch Kaiserliche Verordnung mit Zustimmung des Bundesrats zum Schutze der Gesundheit Vorschriften erlassen werden, welche verbieten:

1. bestimmte Arten der Herstellung, Aufbewahrung und Verpackung von Nahrungs- und Genußmitteln, die zum Verkaufe bestimmt sind;
2. das gewerbsmäßige Verkaufen und Feilhalten von Nahrungs- und Genußmitteln von einer bestimmten Beschaffenheit oder unter einer der wirklichen Beschaffenheit nicht entsprechenden Bezeichnung;
3. das Verkaufen und Feilhalten von Tieren, welche an bestimmten Krankheiten leiden, zum Zwecke des Schlachtens, sowie das Verkaufen und Feilhalten des Fleisches von Tieren, welche mit bestimmten Krankheiten behaftet waren;
4. die Verwendung bestimmter Stoffe und Farben zur Herstellung von Bekleidungsgegenständen, Spielwaren, Tapeten, Eß-, Trink- und Kochgeschirr, sowie das gewerbsmäßige Verkaufen und Feilhalten von Gegenständen, welche diesem Verbote zuwider hergestellt sind;
5. das gewerbsmäßige Verkaufen und Feilhalten von Petroleum von einer bestimmten Beschaffenheit.

1. Diese Verordnungen können nur „zum Schutze der Gesundheit" erlassen werden. Sie durfen also nur insoweit in den Gewerbetrieb übergreifen, als die Verhütung von Gefahren für die Gesundheit dies erforderlich erscheinen läßt.

2. Die Verordnungen können in derselben Weise, wie sie erlassen sind, auch aufgehoben werden.

3. Der Begriff des „gewerbsmäßigen" Verkaufens und Feilhaltens deutet auf eine fortgesetzte, auf Erzielung eines Erwerbes gerichtete Tätigkeit der angegebenen Art; er bedeutet aber nicht „als Ausfluß eines Gewerbes"; es fallen also auch Produzenten, die ihre Erzeugnisse selbst verkaufen, unter den Begriff, aber nicht Konsumvereine, die lediglich eine distributive Tätigkeit ausüben. Hierdurch (vgl. z. B. § 4 des Gesetzes, betr. den Verkehr

mit Butter usw., vom 15. Juni 1897 und §§ 6 und 19 des Weingesetzes vom 7. April 1909) ist den Konsumvereinen den Produzenten und Händlern gegenüber eine bevorzugte Stellung eingeräumt worden, die zu schaffen der Gesetzgeber im Interesse der Konsumenten nicht beabsichtigt haben dürfte.

4. Durch Ziff. 2 und Ziff. 4 wird auch das Verkaufen und Feilhalten der im Auslande entsprechend hergestellten Nahrungs- und Genußmittel getroffen.

5. In Ziff. 1 und 3 wird ein gewerbsmäßiges Handeln nicht verlangt.

6. Eine zu Ziff. 1, 2 und 4 erlassene Kaiserliche Verordnung vom 1. Mai 1882, betr. die Verwendung giftiger Farben, wurde auf Verlangen des Reichstages außer Kraft gesetzt und demnächst durch das Farbengesetz vom 5. Juli 1887 ersetzt.

7. Zu Ziff. 2 ist die Kaiserliche Verordnung vom 14. Juli 1908, betr. den Verkehr mit Essigsäure, erlassen worden (RGBl. S. 475).

8. Zu Ziff. 5 ist die Kaiserliche Verordnung vom 24. Februar 1882 über das gewerbsmäßige Verkaufen und Feilhalten von Petroleum ergangen (RGBl. S. 40).

9. Im übrigen wird auf die Reichsgesetze, betr. den Verkehr mit blei- und zinkhaltigen Gegenständen, vom 25. Juni 1887, betr. die Schlachtvieh- und Fleischbeschau, vom 3. Juni 1900, betr. den Verkehr mit Wein usw. verwiesen.

§ 6. Für das Reich kann durch Kaiserliche Verordnung mit Zustimmung des Bundesrats das gewerbsmäßige Herstellen, Verkaufen und Feilhalten von Gegenständen, welche zur Fälschung von Nahrungs- oder Genußmitteln bestimmt sind, verboten oder beschränkt werden.

1. Im Gegensatz zu § 5 ist hier das Verordnungsrecht nicht durch die Worte „zum Schutze der Gesundheit" beschränkt.

2. Es genügt nicht, daß die betreffenden Gegenstände geeignet sind, zum Fälschen zu dienen. Vgl. hierzu die Bestimmungen in § 26 Abs. 1 Ziff. 3 des Weingesetzes vom 7. April 1909.

3. Nur das gewerbsmäßige (vgl. § 5 Anm. 3) Herstellen usw. kann verboten oder beschränkt werden.

4. Auf Grund des § 6 ist am 1. Februar 1891 die Kaiserliche Verordnung, betr. das Verbot von Maschinen zur Herstellung künstlicher Kaffeebohnen (RGBl. S. 11), erlassen worden.

§ 7. Die auf Grund der §§ 5, 6 erlassenen Kaiserlichen Verordnungen sind dem Reichstag, sofern er versammelt ist, sofort, andernfalls bei dessen nächstem Zusammentreten vorzulegen. Dieselben sind außer Kraft zu setzen, soweit der Reichstag dies verlangt.

1. Die Verordnungen treten ohne Genehmigung des Reichstags in Kraft. Verlangt der Reichstag die Außerkraftsetzung einer Verordnung (vgl. Anm. 6 zu § 5), so geschieht die Aufhebung nicht ipso jure durch den Reichstagsbeschluß, sondern durch Kaiserliche Verordnung mit Zustimmung des Bundesrats. Bis dahin besteht die Verordnung zu Recht.

2. Der Reichstag ist nicht verpflichtet, über die Verordnungen zu verhandeln.

§ 8. Wer den auf Grund der §§ 5, 6 erlassenen Verordnungen zuwiderhandelt, wird mit Geldstrafe bis zu einhundertfünfzig Mark oder mit Haft bestraft.

Landesrechtliche Vorschriften dürfen eine höhere Strafe nicht androhen.

1. Die Gerichte haben nicht zu prüfen, ob die Verordnungen dem Zwecke des Gesetzes entsprechen, aber wohl, ob sie sich auf den ihnen gesetzlich angewiesenen Wirkungskreis beschränken, keinem Gesetze zuwiderlaufen und „auf Grund" des § 5 oder 6 erlassen sind.

2. Die Fassung „landesrechtliche" (statt „landesgesetzliche") Vorschriften wurde gewählt, um die nach dem Verfassungsrecht der einzelnen Staaten zulässigen Verordnungen einzubeziehen.

3. Aus der Fassung des Abs. 2 folgt, daß auf Grund älterer landesrechtlicher Verordnungen eine höhere Strafe, als Abs. 1 androht, nicht verhängt werden darf.

4. Die Verurteilung setzt ein Verschulden, aber keinen Vorsatz voraus.

§ 9. Wer den Vorschriften der §§ 2 bis 4 zuwider den Eintritt in die Räumlichkeiten, die Entnahme einer Probe oder die Revision verweigert, wird mit Geldstrafe von fünfzig bis zu einhundertfünfzig Mark oder mit Haft bestraft.

1. Vgl. die Anmerkungen zu §§ 2 bis 4. Ist z. B. jemand noch nicht auf Grund der §§ 10, 12, 13 dieses Gesetzes zu einer Freiheitsstrafe verurteilt worden, so verweigert er den Eintritt in die Aufbewahrungs- und Herstellungsräume mit Recht, soweit nicht Sondergesetze oder Polizeiverordnungen den Beamten und Sachverständigen der Polizei weitergehende Befugnisse geben.

2. Die Zuwiderhandlung gegen § 9 ist eine Übertretung; sie kann nur vorsätzlich, nicht fahrlässig begangen werden. Der Täter muß wissen, daß er es mit einem Polizeibeamten zu tun hat. Die Verweigerung ist strafbar, auch wenn sie ohne Erfolg bleibt oder dem Täter nicht das Verfügungsrecht über die Räumlichkeiten und die Waren zusteht. Der Tatbestand der Verweigerung kann in Worten und in konkludenten Handlungen, in einem Verhalten liegen, das sich als eine Weigerung darstellt. Gewalt oder Drohung gehört nicht zum Tatbestande der Weigerung. Ist Gewalt oder Drohung angewendet worden, so können nach § 73 des Strafgesetzbuches die härteren Vorschriften der §§ 113ff. daselbst zur Anwendung gelangen.

§ 10. Mit Gefängnis bis zu sechs Monaten und mit Geldstrafe bis zu eintausendfünfhundert Mark oder mit einer dieser Strafen wird bestraft:

1. wer zum Zwecke der Täuschung im Handel und Verkehr Nahrungs- oder Genußmittel nachmacht oder verfälscht;
2. wer wissentlich Nahrungs- oder Genußmittel, welche verdorben oder nachgemacht oder verfälscht sind, unter Verschweigung dieses Umstandes verkauft oder unter einer zur Täuschung geeigneten Bezeichnung feilhält.

1. *Allgemeines.*

In dem Gesetzentwurf war der Versuch gemacht worden, die Rechtsbegriffe „Nachmachen" und „Verfälschen" zu definieren. Infolgedessen lautete seine erste Fassung:

Mit . . . . . . wird bestraft:

1. wer zum Zwecke der Täuschung im Handel und Verkehr Nahrungs- oder Genußmittel nachmacht oder mit dem Schein einer besseren Beschaffenheit versieht oder dadurch verschlechtert, daß er sie mittels Entnehmens oder Zusetzens von Stoffen oder in anderer Weise verfälscht;
2. wer wissentlich Nahrungs- oder Genußmittel, welche verdorben oder nachgemacht oder fälschlich mit dem Schein einer besseren Beschaffenheit versehen oder durch Verfälschung verschlechtert sind, unter Verschweigung dieses Umstandes verkauft oder unter einer zur Täuschung geeigneten Bezeichnung feilhält.

Die erste Reichstagskommission (das Gesetz hat zwei Sessionen beschäftigt) billigte im wesentlichen den Entwurf, glaubte aber die im Handel und Verkehr üblichen, wenn auch nicht ganz richtigen, so doch zur Täuschung nicht geeigneten Bezeichnungen gegen eine Bestrafung schützen zu müssen und schlug daher folgende Fassung vor:

Mit . . . . . wird bestraft:

1. wer zum Zwecke der Täuschung im Handel und Verkehr Nahrungs- oder Genußmittel nachmacht oder dadurch verfälscht, daß er dieselben mittels

Entnehmens oder Zusetzens von Stoffen verschlechtert oder den bestehenden Handels oder- Geschäftsgebräuchen zuwider mit dem Schein einer besseren Beschaffenheit versieht;

2. wer wissentlich Nahrungs- oder Genußmittel, welche verdorben oder nachgemacht oder im Sinne der Nr. 1 verfälscht sind, unter Verschweigung dieses Umstandes verkauft oder unter einer zur Täuschung geeigneten Bezeichnung feilhält.

Der in der zweiten Session vorgelegte Entwurf übernahm diese Fassung, beseitigte aber die Worte: „den bestehenden Handels- und Geschäftsgebräuchen zuwider", weil dadurch auch unsoliden Handels- und Geschäftsgebräuchen ein unverdienter Schutz gewährt werden würde und die soliden Gebräuche schon durch die Worte: „zum Zwecke der Täuschung im Handel und Verkehr" hinreichend geschützt seien. Infolgedessen lautete nunmehr Ziff. 1 des § 10:

Mit ..... wird bestraft:

wer zum Zwecke der Täuschung im Handel und Verkehr Nahrungs- oder Genußmittel nachmacht, oder dadurch verfälscht, daß er dieselben mittels Entnehmens oder Zusetzens von Stoffen verschlechtert oder daß er dieselben mit dem Schein einer besseren Beschaffenheit versieht.

Diese Definition des Begriffes „Verfälschung" wurde aber von der zweiten Reichstagskommission als mißlungen bezeichnet; insbesondere wurden die Worte: „daß er dieselben mit dem Schein einer besseren Beschaffenheit versieht" als zu weitgehend angefochten. Das Ergebnis eingehender Beratungen und Diskussionen war schließlich das, dem Plenum zu empfehlen, die ganze Definition des Begriffes Verfälschung zu beseitigen. Diesem Antrag entsprach der Reichstag. Hiermit war der Versuch einer gesetzlichen Bestimmung des Begriffes „Verfälschung" gescheitert und den Gerichten die Aufgabe gestellt, künftig von Fall zu Fall die Frage zu entscheiden, ob eine Verfälschung im Sinne des Gesetzes vorliegt und hierbei den Begriff der Verfälschung selbst zu definieren. § 10 des Gesetzes bedrohte daher nunmehr kurz und bündig den mit Strafe:

der zum Zwecke der Täuschung im Handel und Verkehr Nahrungs- oder Genußmittel nachmacht oder verfälscht,

sowie den,

der wissentlich Nahrungs- oder Genußmittel, welche verdorben, nachgemacht oder verfälscht sind, unter Verschweigung dieses Umstandes verkauft oder unter einer zur Täuschung geeigneten Bezeichnung feilhält.

Die Folge hiervon war, daß die Rechtsprechung zunächst versuchen mußte, in grundlegenden Entscheidungen die Begriffe Verfälschung und Nachmachung zu zergliedern. Nach der Auffassung des Reichsgerichts setzt im allgemeinen jede Verfälschung einer Ware voraus, daß im Verkehr eine echte Ware vorhanden ist, die durch Entnehmen oder Zusetzen von Stoffen in einer für das Publikum unkenntlichen Weise verschlechtert oder mit einem Schein besserer Beschaffenheit versehen wird. Ebenso setzt jede Nachmachung einer Ware voraus, daß eine bereits gemachte, nicht bloß gedachte und einem Namen oder einer Beschreibung entsprechend vorausgesetzte Ware im Handelsverkehr vorhanden ist, und daß dieser vorhandenen echten Ware eine andere in der Weise nachgebildet wird, daß sie der echten dem Scheine, aber nicht dem Wesen nach entspricht.

Obwohl hiernach vielfach, namentlich hinsichtlich der sog. Naturprodukte, die Entscheidung der Frage, ob im gegebenen Fall eine Verfälschung oder Nachmachung vorliegt, nicht schwer zu treffen ist, gibt es dennoch sehr viele Lebensmittel, bei denen dies durchaus nicht zutrifft, bei deren Beurteilung bereits die Bestimmung des Begriffes der Normalware (der echten Ware) große Schwierigkeiten bereitet. Infolgedessen begegnet man in derartigen Fällen, die im einzelnen hier zu erörtern zu weit führen würde, oft Gutachten, die nicht miteinander in Einklang zu bringen sind und daher zu einer gewissen Rechtsunsicherheit führen.

2. *Aus der Rechtsprechung des Reichsgerichts.*

Nachmachen bedeutet hier, einen Gegenstand derartig herzustellen, daß er ein bestimmtes Nahrungs- oder Genußmittel zu sein scheint, was er in Wirklichkeit nicht ist. Im Gegensatz hierzu charakterisiert sich die Verfälschung als eine Änderung des vorhandenen Nahrungs- oder Genußmittels, wobei es begrifflich keinen Unterschied macht, ob die Änderung erst nach Fertigstellung oder schon im Entstehungsprozesse des Erzeugnisses vorgenommen wird. Die Änderung kann entweder so erfolgen, daß die Ware durch Entziehen oder Zusetzen oder Nichtentfernen eines oder mehrerer Bestandteile verschlechtert wird, oder so, daß einer minder guten Ware mittels irgend welcher Vorkehrung der Anschein besserer Beschaffenheit gegeben wird. Beide, Nachmachung und Verfälschung, haben die Möglichkeit einer Vergleichung mit dem echten oder normalen Nahrungs- oder Genußmittel zur Voraussetzung. Beide stimmen auch darin überein, daß sie eine Einwirkung auf den Stoff selbst verlangen, mithin der Tatbestand durch eine bloße Unrichtigkeit der Benennung nicht erfüllt wird. Beide sind gegeneinander bei Beurteilung der Einzelfälle so wenig abzugrenzen, daß keine Veränderung des rechtlichen Gesichtspunktes (§ 264 StPO.) vorliegt, wenn von der Anklage der eine, von dem Urteil der andere Begriff für anwendbar befunden wird.

Die normale Beschaffenheit der Ware ist, soweit sie nicht durch Gesetz oder Polizeiverordnung bestimmt ist, nach den berechtigten Erwartungen des konsumierenden Publikums zu beurteilen, wobei der Gebrauchszweck, welchem die Ware nach Art und Preis im Verkehr dienen soll, von wesentlicher Bedeutung ist. Eine lokale Übung in Zusammensetzung eines Nahrungs- oder Genußmittels kann nur berücksichtigt werden, wenn der Verkauf oder Konsum auf den Ort der Übung beschränkt bleibt. Unter dieser Voraussetzung ist es möglich, die Beschaffenheit einer Ware an einem Orte als normal, am anderen als anormal zu erklären. Handelsgebräuche, welche gegen Treu und Glauben verstoßen, sind hierbei nicht maßgebend. Insbesondere sind solche Handelsgebräuche unberechtigt, die den Zwecken der Gesundheitspflege widerstreiten, sowie die, die ihre Entstehung und ihr Fortbestehen nur dem Bestreben verdanken, das konsumierende Publikum hinsichtlich der Beschaffenheit und des Wertes der Lebensmittel zu täuschen.

Eine Fälschung kann darin allein nicht gefunden werden, daß billigere Stoffe als die im Verkehr vorausgesetzten zur Herstellung verwendet sind, da derartige Abweichungen von der zur Zeit üblichen Fabrikationsart auf einem Fortschritte der Technik beruhen können und mit der Annahme einer gleichguten oder besseren Qualität vereinbar sind. Andererseits braucht der Stoff, durch dessen Zusatz das Nahrungsmittel verfälscht wird, nicht anderer Art zu sein (z. B. Bierfälschung durch Neigenbier, Verfälschung frischer Molkereibutter durch alte Butter).

Wird für einen Gegenstand die Eigenschaft einer neuen Ware in Anspruch genommen, so ist entscheidend, ob das konsumierende Publikum nach dem Namen der Ware eine gewisse Zusammensetzung anzunehmen berechtigt oder durch deren Bezeichnung aufmerksam gemacht ist, etwas Neues und Unbekanntes anzunehmen. Ersterenfalls kann durch die Ankündigung in den beteiligten Verkehrskreisen die Erwartung einer bestimmten Zusammensetzung des Erzeugnisses erweckt werden, die alsdann den Maßstab für dessen normale Beschaffenheit bildet.

In subjektiver Hinsicht verlangt § 10 Ziff. 1 das Bewußtsein derjenigen Tatsachen, welche als Nachmachen oder Verfälschen eines Nahrungs- oder Genußmittels zu qualifizieren sind — ein Irrtum über diese Qualifikation würde als strafrechtlicher Irrtum nicht zu beachten sein — sowie den Zweck der Täuschung im Handel und Verkehr. Unerheblich ist es, ob die Täuschung dem ersten Abnehmer (Zwischenhändler) gegenüber beabsichtigt oder erst bei dem weiteren Abnehmer, dem Konsumenten, vorgesehen ist.

Mit dem Nachmachen oder Verfälschen zum Zwecke der Täuschung ist die Tat nach Ziff. 1, ohne daß es eines Inverkehrbringens bedarf, vollendet. Eines Erfolges in bezug auf Täuschung bedarf es nicht, auch keines beschädigenden oder gefährdenden Erfolges.

Verdorben ist ein Nahrungs- oder Genußmittel, wenn seine normale Verwendbarkeit als solches erheblich verringert ist. In der Regel tritt dies durch natürliche Zersetzung ein. Es fällt aber unter den strafrechtlichen Begriff des Verdorbenseins nicht nur das in Verdorbenheit übergegangene, ursprünglich normal gewesene Nahrungs- oder Genußmittel, sondern auch das aus verdorbenen Bestandteilen bereitete sowie das noch nicht normal gewordene (z. B. unreifes Fleisch und Obst). Als verdorben gilt zudem jedes Nahrungsmittel, das überhaupt oder doch in den in Frage stehenden Bevölkerungsklassen als zur menschlichen Nahrung nicht geeignet oder als ekelerregend gilt, wie finniges Schweinefleisch.

Die Tat nach Ziff. 2 ist mit der Übergabe infolge eines Verkaufes vollendet. Voraussetzung ist, daß der Gegenstand als menschliches Lebensmittel verkauft wird.

Verkauf ist jede Veräußerung gegen Entgelt.

Feilhalten ist das Bereithalten einer Ware zum Zwecke des Verkaufs an einem hierzu bestimmten und den Kauflustigen zugänglichen Orte. Die Absicht des Verkaufes ist wesentlich, nicht aber direktes Anbieten oder Anpreisen. Beim Feilhalten ist fast ausnahmslos eine gewerbsmäßige Handlung in Rede, ohne Unterscheidung zwischen Klein- oder Großhandel, Feilhalten am offenen Markt oder für einen beschränkten Abnehmerkreis. Vollendung tritt mit dem Einbringen der Ware in den zum Feilhalten bestimmten Ort ein.

Beim Verkauf genügt das Verschweigen der wirklichen Beschaffenheit; dies genügt auch, wenn das Feilhalten zum Verkauf geführt hat. Steht aber nur das Feilhalten in Rede, so ist eine zur Täuschung geeignete Bezeichnung erforderlich. Dies erfordert eine direkte Bezeichnung; es genügt nicht das Feilhalten an einem Orte, an den das Publikum gewohnt ist, nur gute Ware zu finden; wohl aber genügt eine unwahre Etikette, z. B. bei Wein; auch genügen Aufschriften im Laden, die der Wahrheit nicht entsprechen, Anpreisungen in öffentlichen Anzeigen, kurz alle dem Publikum gegenüber ausgesprochenen Versicherungen einer nicht zutreffenden Beschaffenheit.

In subjektiver Hinsicht kann dem Erfordernisse der „Wissentlichkeit“ nach Ziff. 2 keine über das Bewußtsein hinausgehende Bedeutung beigelegt werden. Nicht erforderlich ist zur Anwendung der Ziff. 2, daß derjenige, der den Gegenstand nachmacht oder verfälscht, hierbei vorsätzlich handelt. Wie in Ziff. 1 können auch in Ziff. 2 Nachmachen und Verfälschen nicht als verschiedene rechtliche Gesichtspunkte (§ 264 StPO.) angesehen werden, während eine Änderung der Anklage im Sinne des Verdorbenseins sowie der Annahme eines Verkaufes statt Feilhaltens oder umgekehrt einen solchen bilden würde.

Fälschung und Verkauf oder Feilhalten durch den Fälscher selbst bilden regelmäßig eine einheitliche Straftat, durch die der Täter sich in idealer Konkurrenz (§ 73 StGB.) eines Verstoßes sowohl gegen Ziff. 1 als auch gegen Ziff. 2 des § 10 schuldig macht. Anders verhält es sich, wenn selbständige Entschlüsse vorliegen.

Liegen die Voraussetzungen der Ziff. 2 des § 10 und der Ziff. 7 des § 367 StGB. vor, so besteht Gesetzeskonkurrenz und kommt lediglich § 10 zur Anwendung. Es bestehen aber zwischen beiden Strafbestimmungen Verschiedenheiten (vgl. ihren Wortlaut). § 367 Ziff. 7 ist für diejenigen Fälle in Geltung geblieben, auf die § 10 NMG. nicht anwendbar ist (z. B. Feilhalten verdorbener oder verfälschter Eßwaren oder Getränke ohne irgendeine Bezeichnung).

Das Vergehen gegen § 10 kann zugleich Betrug oder versuchter Betrug (§ 263 StGB.) sein. Insbesondere wird das Verschweigen der Beschaffenheit beim Verkauf überall da als Unterdrückung einer wahren Tatsache anzusehen sein, wo damit ein auf Täuschung abzielendes aktives Verhalten des Täters in Verbindung steht, beispielsweise der Verkäufer selbst die Verschlechterung der Ware zum Zwecke der Täuschung bewirkt hat. Treffen beide Delikte in einer und derselben Handlung zusammen, so liegt Idealkonkurrenz vor.

§ 11. Ist die im § 10 Nr. 2 bezeichnete Handlung aus Fahrlässigkeit begangen worden, so tritt Geldstrafe bis zu einhundertfünfzig Mark oder Haft ein.

1. Der Tatbestand des § 11 ist vollständig der des § 10 Ziff. 2, allein mit der Ausnahme, daß an die Stelle vorsätzlichen Handelns fahrlässiges tritt.

2. Der Begriff der Fahrlässigkeit ist im Nahrungsmittelgesetz kein anderer als der allgemeine kriminalistische der Fahrlässigkeit. Hiernach ist Vorhersehbarkeit des Erfolges erforderlich. Es handelt demnach im allgemeinen fahrlässig, wer die nach Lage des Falles gebotene Sorgfalt und Aufmerksamkeit außer acht läßt, wenn bei deren Anwendung der eingetretene, nach den Erfahrungen des täglichen Lebens für ihn als möglich voraussehbare Erfolg sich hätte vermeiden lassen. Im übrigen vergl. Anm. 3 und 4 zu § 14.

§ 12. Mit Gefängnis, neben welchem auf Verlust der bürgerlichen Ehrenrechte erkannt werden kann, wird bestraft:

1. wer vorsätzlich Gegenstände, welche bestimmt sind, anderen als Nahrungs- oder Genußmittel zu dienen, derart herstellt, daß der Genuß derselben die menschliche Gesundheit zu beschädigen geeignet ist, ingleichen wer wissentlich Gegenstände, deren Genuß die menschliche Gesundheit zu beschädigen geeignet ist, als Nahrungs- oder Genußmittel verkauft, feilhält oder sonst in Verkehr bringt;
2. wer vorsätzlich Bekleidungsgegenstände, Spielwaren, Tapeten, Eß-, Trink- oder Kochgeschirr oder Petroleum derart herstellt, daß der bestimmungsgemäße oder vorauszusehende Gebrauch dieser Gegenstände die menschliche Gesundheit zu beschädigen geeignet ist, ingleichen wer wissentlich solche Gegenstände verkauft, feilhält oder sonst in Verkehr bringt.

Der Versuch ist strafbar.

Ist durch die Handlung eine schwere Körperverletzung oder der Tod eines Menschen verursacht worden, so tritt Zuchthausstrafe bis zu fünf Jahren ein.

1. Betreffend die Begriffe Nahrungs- und Genußmittel, Verkauf und Feilhalten siehe die Ausführungen zu § 1 S. 3.

2. Welche bestimmt sind heißt, welche die naturgemäße Bestimmung haben. Demnach ist auch derjenige, der z. B. nur für seine Hausgenossen, sein Gesinde usw. Nahrungsmittel in der im Gesetze bezeichneten Weise herstellt, strafbar.

3. „Derart herstellt". Auf das Verfahren bei der Herstellung kommt es nicht weiter an, sofern der Genuß des Hergestellten die menschliche Gesundheit zu beschädigen (im Falle des § 13 zu zerstören) geeignet ist. Das Gesetz trifft also sowohl die Verarbeitung eines gesundheitsschädlichen Rohstoffs als auch die Beimischung eines gesundheitsschädlichen Stoffes zu einem unschädlichen, als auch die gesundheitsgefährliche Art der Herstellung.

4. Betr. Inverkehrbringen siehe Anm. 1 zu § 1. Unter diesen Begriff fällt auch die Hingabe an Gesinde und Familienangehörige sowie das Verschenken zum Verzehren.

5. Die Gesundheitsgefährlichkeit des Nahrungs- oder Genußmittels muß diesem zur Zeit der Tat anhaften und darf nicht erst nachträglich durch falsche Behandlung entstehen, wenn auch eine solche Behandlung als möglich vorauszusehen war. Befindet sich andererseits z. B. eine Büchsenkonserve im Zustande innerer Zersetzung, so kann zwar ein alsbaldiger Genuß ungefährlich sein, wenn die Zersetzung geringfügig oder wenn sie soweit fortgeschritten ist, daß sie nur eine Verdorbenheit verursacht hat. Wenn aber die Zersetzung in ihrem regelmäßigen Verlauf eine solche Beschaffenheit erzeugt, daß der Gegenstand nach dem bestimmungsgemäßen oder vorauszusehenden Gebrauch nicht ohne Gesundheitsgefährdung verzehrt werden kann, so ist er schon zur Zeit des Inverkehrbringens

ein solcher, dessen Genuß die menschliche Gesundheit zu beschädigen geeignet ist. Denn sein Zustand zu dieser Zeit ist es, welcher die Gefahr des Schadens an der Gesundheit bei dem späteren Genusse mit sich bringt. — Die Gesundheitsgefährlichkeit muß ferner objektiv vorhanden sein und nicht bloß individuell, wenn auch der Verkäufer die Individualität kannte; sie darf auch nicht lediglich von subjektiven Empfindungen abhängen, z. B. des Ekels vor dem Genuß verendeter Tiere, die nicht gesundheitsschädlich sind; weiter darf sie nicht durch übermäßigen Genuß bedingt sein; sie kann aber vorliegen, wenn sie von fortgesetztem Genuß bedingt ist, da dieser bei Nahrungsmitteln berechtigt und vorherzusehen ist. Die Gesundheitsgefährlichkeit muß in der Beschaffenheit des Nahrungsmittels gegeben sein, nicht z. B. im Stecken von Nadeln in Brot.

6. Die Beschädigung der menschlichen Gesundheit kann nicht in jedem vorübergehenden Schmerz, Übelbefinden oder Mißbehagen gefunden werden, wohl aber in jeder, wenn auch vorübergehenden Krankheit (z. B. Erbrechen infolge von Ekel). Die Beschaffenheit des Nahrungs- oder Genußmittels muß nicht so sein, daß jeder Mensch der Gesundheitsbeschädigung unterliegt; insbesondere kann bei solchen Gegenständen, welche für Kranke, besonders Schwächliche, Rekonvaleszenten bestimmt sind, auch deren körperliche Beschaffenheit in Berechnung gezogen werden, weil auch in Erhöhung eines krankhaften Zustandes eine Gesundheitsbeschädigung zu finden ist. Nur das Geeignetsein, die menschliche Gesundheit zu beschädigen, ist erforderlich, nicht ein schädigender Erfolg.

7. Die Tat kann nur vorsätzlich, d. h. mit dem Bewußtsein begangen werden, daß der Gegenstand geeignet ist, die menschliche Gesundheit zu beschädigen und daß er als Nahrungs- oder Genußmittel dienen soll; es genügt jedoch dolus eventualis. Die Kenntnis der Umstände, die die Gefährlichkeit begründen, allein genügt nicht; es muß das Bewußtsein der letzteren vorhanden sein. Die Voraussetzung, ein Nahrungsmittel werde in einer Art verwendet werden, welche die Gesundheitsschädlichkeit ausschließt, z. B. nach starkem Kochen, ist nicht unbedingt geeignet, die Schuld auszuschließen, weil dadurch eine andere Verwendung nicht ausgeschlossen ist. Wendet hingegen der Veräußerer selbst die Mittel der Unschädlichmachung an, so schließt dies den Vorsatz aus; eine Vereinbarung mit dem Erwerber oder nur eine Bekanntgabe der Notwendigkeit, solche Mittel anzuwenden, schließt weder Vorsatz noch Fahrlässigkeit unbedingt aus.

8. In Abs. 1 Ziff. 2 sind auch die Bekleidungsgegenstände aufgeführt, die in § 1 fehlen; hingegen sind die Farben als solche hier fortgelassen. Im übrigen wird nach dieser Richtung — auch wegen der einschlägigen sondergesetzlichen Bestimmungen — auf die Anmerkungen zu § 1 und 5 Bezug genommen. Die Frage, ob Gefäße, in denen Eßwaren und Getränke aufbewahrt werden, unter die Eß-, Trink- und Kochgeschirre fallen, hat das Reichsgericht verneint. Andererseits gehören Flaschen, die nach allgemeinem Gebrauch zum Trinken dienen, z. B. Reise- und Jagdflaschen, zu den Trinkgeschirren.

9. Als bestimmungsgemäßer Gebrauch kann im allgemeinen nur der Regelgebrauch gelten, nicht ein solcher, für den der Gegenstand ausnahmsweise für einen einzelnen Fall bestimmt wird. War aber der Gegenstand für den Gebrauch eines beschränkten Kreises, beispielsweise für Kinder oder gewisse Kranke, bestimmt, so kann aus dem Gebrauche innerhalb dieses Kreises die Gesundheitsgefahr auch dann hergeleitet werden, wenn eine solche für andere, beispielsweise Erwachsene oder Gesunde, nicht vorhanden ist. — Zugleich gibt Ziff. 2, indem hier dem bestimmungsgemäßen der vorauszusehende Gebrauch alternativ gegenübergestellt wird, zu erkennen, daß auch ein solcher Gebrauch in Betracht zu ziehen ist, welcher der Bestimmung nicht entspricht, erfahrungsgemäß aber so häufig vorkommt, daß mit ihm gerechnet werden muß.

10. Zwischen der strafbaren Handlung und der schweren Körperverletzung oder dem Tode eines Menschen muß ein Kausalzusammenhang bestehen; aber es ist nicht erforderlich, daß derselbe vorhersehbar war oder vom Täter vorhergesehen wurde. Es handelt sich also um einen rein objektiven Erfolg. War derselbe gewollt, so sind die Bestimmungen

über schwere Körperverletzung oder Tötung anwendbar. Hieraus geht hervor, daß ein Versuch dieses Verbrechens nicht denkbar ist. Betr. schwere Körperverletzung siehe § 224 des Strafgesetzbuchs.

§ 13. War in den Fällen des § 12 der Genuß oder Gebrauch des Gegenstandes die menschliche Gesundheit zu zerstören geeignet und war diese Eigenschaft dem Täter bekannt, so tritt Zuchthausstrafe bis zu zehn Jahren, und wenn durch die Handlung der Tod eines Menschen verursacht worden ist, Zuchthausstrafe nicht unter zehn Jahren oder lebenslängliche Zuchthausstrafe ein.

Neben der Strafe kann auf Zulässigkeit von Polizeiaufsicht erkannt werden.

1. Der Tatbestand des § 13 ist derselbe wie der des § 12, nur muß der fragliche Gegenstand geeignet sein, die menschliche Gesundheit zu zerstören, sowie der besonders qualifizierte Vorsatz, daß dem Täter diese Eigenschaft bekannt war.

2. Als Zerstören der Gesundheit kann nur ein bleibender oder wesentlicher Nachteil für die geistige oder körperliche Gesundheit angesehen werden. Es ist nicht erforderlich, daß dieser Nachteil wirklich eintritt, es genügt Geeignetsein.

3. War der Tod gewollt, so liegt Idealkonkurrenz mit Tötung vor.

§ 14. Ist eine der in den §§ 12, 13 bezeichneten Handlungen aus Fahrlässigkeit begangen worden, so ist auf Geldstrafe bis zu eintausend Mark oder Gefängnisstrafe bis zu sechs Monaten und, wenn durch die Handlung ein Schaden an der Gesundheit eines Menschen verursacht worden ist, auf Gefängnisstrafe bis zu einem Jahre, wenn aber der Tod eines Menschen verursacht worden ist, auf Gefängnisstrafe von einem Monat bis zu drei Jahren zu erkennen.

In objektiver Hinsicht deckt sich § 14 mit §§ 12, 13.

1. Hinsichtlich der Fahrlässigkeit wird auf die Anmerkungen zu § 11 Bezug genommen. Nach § 14 ist aber Vorhersehbarkeit des Erfolges nur insoweit erforderlich, als der Erfolg in der Herbeiführung eines dem § 12 Abs. 1 entsprechenden Tatbestandes besteht.

2. Der Umstand, daß durch Gesetz oder Verordnung eine Handlung mit Rücksicht auf die derselben regelmäßig beiwohnenden Gefährlichkeit verboten ist, kann über das Vorhandensein einer Fahrlässigkeit im Einzelfalle nicht schlechthin entscheiden.

3. In der Regel wird die Fahrlässigkeit des § 14 dadurch begangen, daß die zur Herstellung der Gegenstände benutzten Stoffe oder die in den Verkehr gebrachte Ware auf ihre Gesundheitsschädlichkeit nicht untersucht sind. Unterlassene Untersuchung kann aber nicht unbedingt als Fahrlässigkeit angerechnet werden, sondern nur dann, wenn eine Pflicht oder sonstige Veranlassung zur Untersuchung vorlag. Andererseits ist derjenige, der sich mit Erzeugung und Inverkehrbringen von Nahrungsmitteln befaßt, auch ohne Anregung von außen verpflichtet, sich um die Anforderungen, denen er hierbei zu genügen hat, selbst zu kümmern, daher schuldhaft, wenn er sich der Erkenntnis bestehender Mißbräuche und ihrer gesetzwidrigen Folgen aus denkträgem Vertrauen auf das Gewohnte verschließt.

4. Lokale Unsitten können gegenüber einer durch allgemeine Verkehrsrücksichten auferlegten Pflicht nicht entscheidend sein, mithin kann z. B. die für das Melkgeschäft erforderliche „normale Reinlichkeit“ nicht durch einseitige Gepflogenheiten des hierbei tätigen Personals eingeschränkt werden.

§ 15. In den Fällen der §§ 12 bis 14 ist neben der Strafe auf Einziehung der Gegenstände zu erkennen, welche den bezeichneten Vorschriften zuwider hergestellt, verkauft, feilgehalten oder sonst in Verkehr gebracht sind, ohne Unterschied, ob sie dem Verurteilten gehören oder nicht; in den Fällen der §§ 8, 10, 11 kann auf die Einziehung erkannt werden.

Ist in den Fällen der §§ 12 bis 14 die Verfolgung oder die Verurteilung einer bestimmten Person nicht ausführbar, so kann auf die Einziehung selbständig erkannt werden.

1. Nach Ansicht des Reichsgerichts hat § 15 die hier in Betracht kommende Materie des Einziehens erschöpfend geregelt, sollen also die §§ 40—42 des Strafgesetzbuchs bei Zuwiderhandlungen gegen das Nahrungsmittelgesetz nicht anwendbar sein. Diese Auffassung ist nicht bedenkenfrei. Um zunächst im Verkehr mit Wein eine klare Rechtslage zu schaffen, ist in § 31 (Abs. 3) des Gesetzes vom 7. April 1909 ein entsprechender Hinweis auf das Strafgesetzbuch aufgenommen worden. Eine gleichartige Bestimmung hat demnächst das Branntweinkontingentsgesetz vom 14. Juni 1912 in § 28 Abs. 2 erhalten. Ist § 40 StGB. neben dem Nahrungsmittelgesetz anwendbar, was bisher in der Rechtsprechung strittig ist, so können auch Gegenstände, die zur Begehung der Tat gebraucht oder bestimmt sind (z. B. Maschinen zum Verfälschen von Butter), wenn sie dem Täter oder Teilnehmer gehören, eingezogen werden. § 15 NMG. behandelt jedoch nur gesetzwidrig hergestellte Erzeugnisse, allerdings ohne die Voraussetzung, daß sie dem Verurteilten gehören.

2. Das objektive Verfahren der Einziehung nach § 15 Abs. 2 ist nur fakultativ; maßgebend sind hier die Bestimmungen in §§ 477ff. der Strafprozeßordnung. Voraussetzung für die Einziehung ist der Nachweis eines der Tatbestände der §§ 12—14 NMG. sowie Vorsätzlichkeit oder Fahrlässigkeit des Täters.

3. Die Einziehung ist eine Nebenstrafe. Bestehen landesrechtliche Verordnungen, die der Marktpolizei ohne weiteres gestatten, gesundheitsgefährliche oder verdorbene Lebensmittel einzuziehen und sofort zu vernichten, so sind diese anwendbar, und es ist alsdann die Einziehung aus § 15 nicht mehr erforderlich.

§ 16. In dem Urteil oder dem Strafbefehl kann angeordnet werden, daß die Verurteilung auf Kosten des Schuldigen öffentlich bekannt zu machen sei.

Auf Antrag des freigesprochenen Angeschuldigten hat das Gericht die öffentliche Bekanntmachung der Freisprechung anzuordnen; die Staatskasse trägt die Kosten, insofern dieselben nicht dem Anzeigenden auferlegt worden sind.

In der Anordnung ist die Art der Bekanntmachung zu bestimmen.

Sofern infolge polizeilicher Untersuchung von Gegenständen der im § 1 bezeichneten Art eine rechtskräftige strafrechtliche Verurteilung eintritt, fallen dem Verurteilten die durch die polizeiliche Untersuchung erwachsenen Kosten zur Last. Dieselben sind zugleich mit den Kosten des gerichtlichen Verfahrens festzusetzen und einzuziehen.

1. Die Veröffentlichung des Strafurteils ist nach Ansicht des Reichsgerichts eine Nebenstrafe und deshalb nicht zu erkennen, wenn im Falle ideellen Zusammentreffens die Strafe nicht aus dem Gesetz vom 14. Mai 1879 erkannt wird. Sollte diese Auffassung zutreffend sein, so wäre es nach dem Gerichtsverfassungsgesetz nicht zulässig, Strafsachen aus diesem Gesetz den Schöffengerichten zur Aburteilung zu überweisen. Hiergegen spricht aber der Umstand, daß sogar in amtsrichterlichen Strafbefehlen die Veröffentlichung der Verurteilung angeordnet werden kann. Hinzu kommt, daß nach den Motiven zum Gesetz die Veröffentlichung nicht den Charakter einer Nebenstrafe im eigentlichen Sinne haben, sondern eine besonders verstärkte Bekanntmachung des ohnehin für die öffentliche Verkündung bestimmten Strafurteils darstellen sollte. Eine klare Rechtslage hat das Branntweinkontingentsgesetz vom 14. Juni 1912 in § 28 Abs. 2 geschaffen, wonach die öffentliche Bekanntmachung der Verurteilung auch dann zulässig ist, wenn die Strafe gemäß § 73 des Strafgesetzbuches auf Grund eines anderen Gesetzes zu bestimmen ist.

2. In polizeilichen Strafverfügungen kann hingegen dem Willen des Gesetzgebers entsprechend die Veröffentlichung nicht angeordnet werden.

3. Im objektiven Verfahren kann die Veröffentlichung nicht erfolgen, weil kein Schuldiger vorhanden ist.

4. Abs. 1 verlangt im Gegensatz zu Abs. 2 keinen Antrag, sondern überläßt die Veröffentlichung dem richterlichen Ermessen.

5. Die Veröffentlichung kann sich auf den Urteilstenor beschränken, aber auch die Gründe aufnehmen. Das Nähere verfügt das Gericht, auch über die Art der Veröffentlichung, die z. B. durch die Presse, durch Anschlag an der Gerichtstafel, an Anschlagssäulen in der Nähe des Geschäftes des Verurteilten usw. erfolgen kann.

6. Wird dem Antrage des freigesprochenen Angeschuldigten nicht entsprochen, so steht ihm das Beschwerderecht zu (§ 346 StPO.).

7. Abs. 4 ist dem § 16 durch das Reichsgesetz vom 29. Juni 1887 zugesetzt worden, weil Zweifel darüber entstanden waren, ob die durch die polizeiliche Untersuchung erwachsenen Kosten auch dann zu den Kosten des Verfahrens gehören, wenn sie nicht im Auftrage der Staatsanwaltschaft, sondern infolge der polizeilichen Handhabung des Nahrungsmittelgesetzes (der polizeilichen Nahrungsmittelkontrolle) erwachsen waren. Das weitere ergibt die eingehende bundesrätliche Begründung des Entwurfes des Ergänzungsgesetzes. Zugleich wird auf §§ 161, 497 der Strafprozeßordnung aufmerksam gemacht (wegen Erforschung strafbarer Handlungen durch Entnahme von Milch-Stallproben, von Proben beim Lieferanten des Beschuldigten usw., da ihm unter Umständen auch die durch die Untersuchung dieser Proben erwachsenen Kosten zur Last fallen).

8. Die Festsetzung und Einziehung dieser Kosten braucht im Urteil nicht besonders ausgesprochen zu werden; sie hat vielmehr von Amtswegen mit der Festsetzung und Einziehung der Kosten des gerichtlichen Verfahrens zu erfolgen.

9. Die Vorschriften des § 16 finden auch bei Zuwiderhandlungen gegen die einschlägigen Sondergesetze Anwendung (siehe diese).

§ 17. Besteht für den Ort der Tat eine öffentliche Anstalt zur technischen Untersuchung von Nahrungs- und Genußmitteln, so fallen die auf Grund dieses Gesetzes auferlegten Geldstrafen, soweit dieselben dem Staate zustehen, der Kasse zu, welche die Kosten der Unterhaltung der Anstalt trägt.

1. Um die Errichtung öffentlicher Anstalten mit Rücksicht auf die hohen Kosten für die Einrichtung, Ausstattung und laufende Unterhaltung zu fördern, will der Gesetzgeber nach den Motiven die Geldstrafen, die auf Grund dieses Gesetzes ausgesprochen werden, denjenigen Kommunen, Verbänden, kurz demjenigen zuwenden, der die Kosten der Unterhaltung der für den Ort der Tat zuständigen öffentlichen Anstalt trägt. Dies sollte sich aber nur auf die Geldstrafen beziehen, die dem Staate zustehen. Auf Grund dieses Gesetzes können Geldstrafen durch Urteil, richterlichen Strafbefehl und polizeiliche Strafverfügung auferlegt werden. Die letzteren stehen aber in der Regel nicht dem Staate, sondern den Gemeinden oder Gemeindeverbänden zu, die die Kosten der örtlichen Polizeiverwaltung zu tragen haben.

2. Unter öffentlichen Anstalten sind solche zu verstehen, die vom Staate oder von Städten und anderen öffentlichen Verbänden (Kreisen, Provinzen usw.) oder von öffentlich-rechtlichen Körperschaften (Landwirtschaftskammern) errichtet und von den Zentralbehörden der Bundesstaaten, in denen sie liegen, für einen bestimmten Bezirk den Charakter einer öffentlichen Anstalt zur technischen Untersuchung von Nahrungs- und Genußmitteln im Sinne des § 17 verliehen erhalten haben. Auf Anstalten, die von Privatpersonen oder Vereinen errichtet sind, kann § 17 somit keine Anwendung finden, auch wenn sie sich öffentlich nennen.

3. Empfangsberechtigt ist die in § 17 angegebene Kasse nur, wenn die Anstalt, deren Unterhaltungskosten sie trägt, für den Ort der Tat zuständig ist. Es kommt somit nicht

auf den Ort der Verurteilung und auch nicht darauf an, ob sich die Anstalt am Tatort befindet. Ebenso ist es unerheblich, ob die Anstalt in dem betreffenden Strafverfahren gutachtlich tätig gewesen ist. Ist die Tat (z. B. aus § 10 Ziff. 1 und 2) an mehreren Orten (z. B. Herstellungs- und Verkaufsort) begangen, so können für die Geldstrafen mehrere Kassen empfangsberechtigt sein. Der Betrag ist alsdann entsprechend zu verteilen.

4. § 17 enthält nur eine Weisung an die Vollstreckungsbehörde, nicht an das erkennende Gericht. Es ist daher in der Urteilsformel die Kasse nicht anzugeben, der die Strafe zufließt. Der Ort der Tat ergibt sich aus den Urteilsgründen.

5. Die Vorschriften des § 17 finden auch bei Zuwiderhandlungen gegen die meisten einschlägigen Sondergesetze Anwendung (siehe diese). Nicht Anwendung finden sie z. B. bei Zuwiderhandlungen gegen § 367 Ziff. 7 des Strafgesetzbuches, gegen landesrechtliche Bestimmungen (Polizeiverordnungen) oder wenn bei idealer Konkurrenz mit dem Nahrungsmittelgesetz oder den einschlägigen Sondergesetzen die Geldstrafe aus einem schwereren Strafgesetz (z. B. aus § 263 StGB.) verhängt wurde.

Nach dem Inkrafttreten des allgemeinen Nahrungsmittelgesetzes vom 14. Mai 1879 sind bisher folgende Gesetze erlassen worden, die ganz oder teilweise ebenfalls eine Regelung des Verkehrs mit Nahrungsmitteln, Genußmitteln und Gebrauchsgegenständen bezwecken. Sie sind insoweit gewissermaßen als Äste des Stammes der umfangreichen deutschen Lebensmittelgesetzgebung zu betrachten, den das allgemeine Gesetz darstellt. Mehrfach sind noch auf Grund dieser Sondergesetze Verordnungen erlassen worden, die zum Teil Ausführungsbestimmungen, zum Teil Ergänzungen dieser Gesetze bilden. Dieses ganze Gesetzgebungsmaterial hier wiederzugeben, würde über den Rahmen dieses Werkes hinausgehen. Die auf Grund des Nahrungsmittelgesetzes ergangenen Kaiserlichen Verordnungen sind bereits in den Anmerkungen zu § 5 und 6 angeführt.

1. Das Gesetz vom 29. Juni 1887, betr. die Abänderung des § 16 des Gesetzes über den Verkehr mit Nahrungsmitteln, Genußmitteln, Gebrauchsgegenständen vom 14. Mai 1879 (RGBl. S. 276). (Im Vorstehenden berücksichtigt — § 16 Abs. 4.)
2. Das Gesetz vom 25. Juni 1887, betr. den Verkehr mit blei- und zinkhaltigen Gegenständen (RGBl. S. 273).
3. Das Gesetz vom 5. Juli 1887, betr. die Verwendung gesundheitsschädlicher Farben bei der Herstellung von Nahrungsmitteln, Genußmitteln und Gebrauchsgegenständen (RGBl. S. 277).
4. Das Gesetz vom 12. Juli 1887, betr. den Verkehr mit Ersatzmitteln für Butter (RGBl. S. 375 — außer Kraft getreten am 1. Oktober 1897).
5. Das Gesetz vom 15. Juni 1897, betr. den Verkehr mit Butter, Käse, Schmalz und deren Ersatzmitteln (RGBl. S. 475).
6. Das Gesetz vom 20. April 1892, betr. den Verkehr mit Wein, weinhaltigen und weinähnlichen Getränken (RGBl. S. 597 — außer Kraft getreten am 1. Oktober 1901).
7. Das Gesetz vom 24. Mai 1901, betr. den Verkehr mit Wein, weinhaltigen und weinähnlichen Getränken (RGBl. S. 175 — außer Kraft getreten am 1. September 1909).
8. Das Weingesetz vom 7. April 1909 (RGBl. S. 393).
9. Das Gesetz vom 6. Juli 1898, betr. den Verkehr mit künstlichen Süßstoffen (RGBl. S. 919 — außer Kraft getreten am 1. April 1903).
10. Das Süßstoffgesetz vom 7. Juli 1902 (RGBl. S. 253).
11. Das Gesetz vom 3. Juni 1900, betr. die Schlachtvieh- und Fleischbeschau (RGBl. S. 547).
12. Das Brausteuergesetz vom 15. Juli 1909 (RGBl. S. 773).

13. Das Branntweinsteuergesetz vom 15. Juli 1909 (RGBl. S. 661).
14. Das Gesetz, betr. Beseitigung des Branntweinkontingents, vom 14. Juni 1912 (RGBl. S. 378).

Neben diesen Gesetzen bestehen noch zahlreiche landesrechtliche Bestimmungen, zum Teil in Form von Polizeiverordnungen, die den örtlichen Verhältnissen (z. B. durch Regelung des Verkehrs mit Milch, kohlensauren Getränken usw.) Rechnung tragen, auch für Reinlichkeit usw. im Handelsverkehr mit Nahrungs- und Genußmitteln Sorge tragen.

Seit kurzem hat die Reichsregierung eine Änderung des Nahrungsmittelgesetzes in Aussicht genommen, um einerseits den Vertrieb „minderwertiger" Nahrungs- und Genußmittel unter „irreführenden Bezeichnungen" zu verbieten und andererseits dem Bundesrat die Befugnis zu erteilen, durch bindende Verordnungen über den Verkehr mit den verschiedenen Nahrungs- und Genußmitteln Unterlagen für die Auslegung des § 10 des Nahrungsmittelgesetzes zu schaffen, die im Interesse aller beteiligten Kreise eine klare Rechtslage gewährleisten sollen. Da jedoch diese Änderung für die nächste Zeit noch nicht zu erwarten ist, erübrigt es sich, schon jetzt hier auf sie näher einzugehen. Es wird jedoch auf die vom Kaiserlichen Gesundheitsamte bereits herausgegebenen Entwürfe zu Festsetzungen über Lebensmittel und insbesondere auf das Vorwort zu diesen Entwürfen Bezug genommen.

Bei der Bearbeitung vorstehender Ausführungen wurde folgende Literatur benutzt:

1. Gesetz, betr. den Verkehr mit Nahrungsmitteln, Genußmitteln und Gebrauchsgegenständen, vom 14. Mai 1879. Mit Erläuterungen herausgegeben von Dr. Fr. Meyer und Dr. C. Finkelnburg. Berlin 1880. Verlag von Julius Springer.
2. M. Stengleins Kommentar zu den Strafrechtlichen Nebengesetzen des Deutschen Reiches. IV. Auflage, völlig neubearbeitet von Ludwig Ebermayer, Franz Galli und Georg Lindenberg. Berlin 1911. Verlag von Otto Liebmann.

Das erstgenannte Werk behandelt eingehend die Motive zum Nahrungsmittelgesetz, das zweite eingehend die gesamte wichtige Rechtsprechung des Reichsgerichts und der Oberlandesgerichte zu sämtlichen strafrechtlichen Nebengesetzen. Das Studium beider Werke kann daher den Fachgenossen nur warm empfohlen werden.

Fleisch.

Unter „Fleisch“ im engeren Sinne versteht man die Muskeln bzw. das Muskelfleisch des tierischen Körpers, also hier aller eßbaren Tiere von den Vertebraten bis hinab zu den Amphibien. Das eigentliche Muskelfleisch zeichnet sich durch quergestreifte Muskelfasern aus, während die unwillkürlichen Muskelorgane (Lunge, Niere, Milz usw., mit Ausnahme des Herzens) glatte Muskelfasern haben.

Unter „Fleisch“ im weiteren Sinne bzw. im Sinne des N.M.G. und des R.Str.G.B. sind alle zum Genuß für Menschen bestimmten und geeigneten Teile von Säugetieren, Vögeln, Fischen usw. zu verstehen, während das Gesetz betr. die Schlachtvieh- und Fleischbeschau dagegen nur alle eßbaren Teile warmblütiger Tiere unter den Begriff „Fleisch“ bringt, indem der § 4 nebst der Ausführungsbestimmung D § 1 folgenden Wortlaut hat:

> „Fleisch sind alle Teile von warmblütigen Tieren, frisch oder zubereitet, sofern sie sich zum Genusse für Menschen eignen. Als Teile gelten auch die aus warmblütigen Tieren hergestellten Fette und Würste. Als Fleisch sind daher insbesondere anzusehen:
>
> Muskelfleisch (mit oder ohne Knochen, Fettgewebe, Bindegewebe und Lymphdrüsen), Zunge, Herz, Lunge, Leber, Milz, Nieren, Gehirn, Brustdrüsen (Bröschen, Bries, Brieschen, Kalbsmilch, Thymus), Schlund, Magen, Dünn- und Dickdarm, Gekröse, Blase, Milchdrüse (Euter), vom Schweine die ganze Haut (Schwarte), vom Rindvieh die Haut am Kopfe, einschließlich Nasenspiegel, Gaumen und Ohren, sowie die Haut an den Unterfüßen, ferner Knochen mit daran haftenden Weichteilen, frisches Blut.
>
> Fette, unverarbeitet oder zubereitet, insbesondere Talg, Unschlitt, Speck, Liesen (Flohmen, Lünte, Schmer, Wammenfett), sowie Gekrös- und Netzfett, Schmalz, Oleomargarin (Premier jus, Margarin) und solche Stoffe enthaltende Fettgemische, jedoch nicht Butter und geschmolzene Butter (Butterschmalz).
>
> Würste und ähnliche Gemenge von zerkleinertem Fleische.
>
> Andere Erzeugnisse aus Fleisch, insbesondere Fleischextrakte, Fleischpeptone, tierische Gelatine, Suppentafeln, gelten bis auf weiteres nicht als Fleisch.“

Ebenso fällt Fleisch von Fischen, Amphibien (Fröschen), von Krusten- und Weichtieren (Krebsen, Seemuscheln, Schnecken), als von Kaltblütern herrührend, nicht unter das genannte Gesetz.

Für die Untersuchung von Fleisch und Fleischwaren kommen außer den tierärztlichen chemische, serologische, mikroskopische und bakteriologische Verfahren in Betracht, die sich ganz nach dem Zweck der Untersuchung und nach der Fragestellung richten.

1. Handelt es sich um Untersuchungen am lebenden Tier, um Beurteilung des Schlachtbefundes, um den Nachweis von Parasiten, um Fleisch von mit kontagiösen oder Infektionskrankheiten behafteten Tieren, so ist einzig und allein der beamtete Tierarzt bzw. Fleischbeschauer zuständig.

Dasselbe ist der Fall für die Beurteilung des Auslandsfleisches, der Tierspezies (ob z. B. Pferde-, Ziegenfleisch), den Nachweis von embryonalem, minderwertigem oder verdorbenem Fleisch.

Indes kann in letzteren Fällen das Urteil des Tierarztes durch eine chemische oder serologische Untersuchung (z. B. durch Bestimmung des Wassers, der Fäulniserzeugnisse usw.) ergänzt und bekräftigt werden.

2. Die Beurteilung von durch Genuß von Fleisch und Fleischerzeugnissen verursachten Gesundheitsstörungen beim Menschen fällt dagegen dem Arzt bzw. ärztlichen Bakteriologen zu und hier kann der Chemiker unter Umständen ebenfalls unterstützend eingreifen.

3. Handelt es sich aber bei der Untersuchung des Fleisches oder der Fleischerzeugnisse um die Ermittelung der Zusammensetzung (den Nährwert), um den Nachweis von Frischhaltungsmitteln oder unorganischen Stoffen (Metallen usw.), um den Nach-

weis eines Zusatzes von Farbstoffen, um Verfälschungen von Würsten mit Mehl u. dgl., so fällt diese Feststellung einzig und allein dem Chemiker zu.

Über die Zuständigkeitsfrage bei der Kontrolle und Beurteilung von Fleisch und Fleischerzeugnissen ist und wird viel gestritten; man kann nach vorstehender Erläuterung diese Frage aber wohl dahin entscheiden, daß im allgemeinen die Kontrolle und Beurteilung des Fleisches und der Fleischerzeugnisse mit dem Verlassen des Stalles, des Schlachthauses oder der Herstellungshalle und Markthalle für den Tierarzt aufhört, dagegen die Tätigkeit des Arztes und Chemikers beginnt, sobald sie in den freien Verkehr gelangt sind. Im übrigen hängt die Beurteilungsfähigkeit von der Ausbildung und Erfahrung ab; es kann der Nahrungsmittelchemiker auch recht wohl bakteriologische und serologische Untersuchungen — mikroskopische selbstverständlich — ausführen, wenn er darin eine besondere Ausbildung erhalten und Übung sich angeeignet hat, während der Arzt auch chemische Untersuchungen zu übernehmen imstande ist, wenn er in der allgemeinen wie analytischen Chemie eine genügende theoretische und praktische Ausbildung erfahren hat. Solche Fälle sind aber Ausnahmen; im allgemeinen wird man nach der Durchschnittsausbildung an der vorstehenden Umgrenzung des Zuständigkeitsbereiches für die Kontrolle und Beurteilung des Fleisches wie der Fleischerzeugnisse festhalten müssen.

I. Muskelfleisch und sonstige eßbare Organe des Tierkörpers.

Das Muskelfleisch und die sonstigen eßbaren Organe des Tierkörpers werden im allgemeinen in derselben Weise untersucht; nur die Vorbereitung für die Untersuchung gestaltet sich verschieden und muß der Beschaffenheit des Organs wie dem jedesmaligen besonderen Zweck der Untersuchung angepaßt werden.

Für die Untersuchung derselben können in Betracht kommen:

1. Die allgemeine chemische Zusammensetzung (Bestimmung des Wassers, der Stickstoff-Verbindungen, des Fettes, des Zuckers, Glykogens, der Stärke, Milchsäure, des Inosits. der Extraktivstoffe und Mineralstoffe usw.).
2. Der Nachweis von Frischhaltungsmitteln und Farbstoffen.
3. Die Untersuchung auf Fäulniserzeugnisse und Ptomaine.
4. Die Unterscheidung der einzelnen Fleischsorten.
5. Der Nachweis von Parasiten und Krankheitskeimen.

A. Chemische Untersuchung.

Das erste Erfordernis für eine richtige chemische Untersuchung ist die Herstellung einer guten Durchschnittsprobe; diese aber ist hier um so schwieriger, als es sich um zähweiche, faserige und schwer verarbeitbare Massen handelt und diese noch häufig Fettklumpen bzw. -polster und wertlose Bestandteile (Knochen, Gräten, Sehnen usw.) einschließen, welche letztere ganz entfernt werden müssen. Wenn es sich um knochenfreies, mageres Muskelfleisch oder um ein gleichmäßig beschaffenes Organ (Zunge, Leber usw.) handelt, so kann man durch direktes Zerschneiden, Zerhacken bzw. Verarbeiten in einer sog. Fleischmühle (I. Teil, S. 12) eine genügende Durchschnittsprobe herstellen; wenn aber dem Fleisch oder Organ Fett und Knochen anhaften, so verfährt man am besten in der Weise, daß man das ganze Stück Fleisch zunächst wägt, dann alles sichtbare Fett ausschneidet und für sich sammelt und zuletzt das Fleisch von den Knochen trennt, z. B. für ein Rippenstück vom Rind:

Angaben	Fett	Knochen	Fleisch
Gesamtgewicht 1540 g	386,5 g	231,0 g	917,0 g
Oder in Proz.	25,1 %	15,0 %	59,9 %

Wenn man Fett, Knochen und Fleisch addiert, so ergeben sich 1534,5 g, es fehlen also 5,5 g, die auf Wasserverdunstung und Verluste entfallen und zweckmäßig dem Fleisch zugerechnet werden.

Bei einem ganzen Tier trennt man zunächst die nicht eßbaren Teile (z. B. bei Geflügel Federn, Kopf, die unteren Fußteile, Kropf usw., beim Fisch Flossen, Schuppen, Kopf, Schwanz, innere ungenießbare Teile) ab, sammelt die inneren eßbaren Teile bzw. das anhaftende Fettpolster, wägt den verbleibenden Körperrest und zerlegt ihn in Knochen und Fleisch — wenn auch zwischen dem Muskelfleisch oder unter der Haut Fett abgelagert sein sollte, so kann auch dieses herausgeschnitten und für sich gesammelt werden —

So möge z. B. ein junger Hahn ergeben haben:

Angaben	Gesamtgewicht, ohne Federn, Kopf, Kropf, untere Füße	Innere eßbare Teile	Knochen	Fleisch, Haut	Verlust
Gewicht in g . . .	611 g	64,3 g	131,5 g	410,0 g	5,2 g
Oder in Proz.	—	10,5 %	21,5 %	67,1 %	0,9 %

Desgleichen Karpfen (4 Stück):

Angaben	Gesamtgewicht	Darm- und Ovarialfett	Gräten, Kopf, Schwanz	Fleisch	Verlust
Gewicht in g.	7450 g	143,5 g	4180,0 g	3115,0 g	11,5 g
Oder in Proz.	—	1,9 %	56,1 %	41,8 %	0,2 %

Das so abgetrennte Fleisch wird dann mit der Fleischhackmaschine bzw. -mühle zerkleinert und nach I. Teil, S. 23 am besten in glasierten flachen Eisenschalen bei etwa 50° vorgetrocknet usw. Sollte hierbei Saft oder Fett austreten, so müssen diese wieder sorgfältigst mit der trockenen Fleischmasse vermengt werden, was durch Ausreiben mit dem gemahlenen Fleischpulver geschehen kann. Unter Umständen muß man auch das anhaftende Fett durch Lösen mit etwas Äther aus der Schale und Mühle entfernen und wieder unter die gepulverte Fleischmasse mischen. Mittelfettes, in dünner Schicht ausgebreitetes Fleisch trocknet bei niederen Temperaturen und gut lüftenden Trockenvorrichtungen meistens so schnell ohne Austreten von Saft und Fett ein, daß sich der Rückstand quantitativ aus der glasierten Schale entfernen läßt. Ganz mageres Fleisch kann man auch in dünne Scheiben schneiden, an Drähte aufreihen und in Trockenschränken bei etwa 50° aufhängen und vortrocknen, ohne daß ein Ausfließen von Saft zu befürchten ist.

Das mechanisch abgetrennte Fett wird zweckmäßig für sich gelassen und untersucht, wobei zu beachten ist, daß es nicht allein aus Fett besteht, sondern auch noch Wasser und stickstoffhaltiges Gewebe enthält. Es wird daher zerschnitten oder zerhackt und wie üblich auf diese Bestandteile untersucht.

5—10 g Fett werden in Wägegläschen (I. Teil, S. 14; vgl. auch unter Butter) bei 105 bis 110° getrocknet, der wasserfreie Rückstand wird in Äther gelöst und die Lösung durch ein getrocknetes Filter filtriert; nachdem das Filter genügend mit warmem Äther ausgewaschen ist, wird das Filter mit Inhalt (Membran) getrocknet und gewogen, der Äther im Filtrat verdunstet und der Rückstand (Fett) ebenfalls gewogen.

Haben sich z. B. in dem von den Rippen abgetrennten Fett ergeben:

Wasser 9,45%, Fett 89,20% Membran 1,35%,

so sind in den 386,5 g abgetrenntem Fett enthalten:

$$\text{Wasser} = \frac{9{,}45 \times 386{,}5}{100} = 36{,}5 \text{ g}, \qquad \text{Fett} = \frac{89{,}20 \times 386{,}5}{100} = 344{,}8 \text{ g},$$

$$\text{Membran} = \frac{1{,}35 \times 386{,}5}{100} = 5{,}2 \text{ g}.$$

Diese Mengen müssen denen des Fleisches an den betreffenden Bestandteilen (die Membran der Stickstoff-Substanz) zugezählt werden, um die Zusammensetzung des ursprünglichen Fleisches zu finden.

Das ausgeschmolzene Fett kann zu weiteren Untersuchungen verwendet werden. Man kann für diesen Zweck das fetthaltige frische Fleisch auch mit Aceton ausziehen, aber das Aceton läßt sich schwer oder kaum wieder ganz aus dem Fett entfernen, so daß letzteres unsichere und unrichtige Untersuchungswerte liefert.

Die für die einzelnen Teile der zerlegten Fleischstücke gefundenen Ergebnisse müssen auf das natürliche ganze Fleisch umgerechnet werden und gestaltet sich die Umrechnung für das Rippenstück wie folgt:

Angenommen, die 917,0 g Fleisch hätten nach dem Vortrocknen 358,36 g Rückstand hinterlassen und diese hätten nach weiterem völligen Austrocknen noch 6,67% Wasser = 93,33% Trockensubstanz ergeben, so enthält das ursprüngliche Fleisch $\frac{358{,}36 \times 93{,}33}{100}$ = 334,46 g Trockensubstanz oder $\frac{334{,}46 \times 100}{917{,}0} = 36{,}47\%$ Trockensubstanz oder 63,53% Wasser.

Sind nun weiter in der vorgetrockneten (lufttrockenen) Masse mit 6,67% Wasser gefunden: 56,83% Protein (mit 9,09 % Stickstoff), 34,24% Fett und 0,21% Mineralstoffe, so stellt sich die Zusammensetzung wie folgt:

	Wasser %	Stickstoff-Substanz (N × 6,25) %	Fett %	Sonstige N-freie Stoffe %	Mineralstoffe %
1. Für lufttrockne Substanz	6,67	56,83	34,24	0,45	1,81
2. Oder für die Trockensubst.	—	60,89	36,69	0,48	1,94
3. Oder für das natürl. Fleisch	63,53	22,21	13,38	0,17	0,71
4. Also enthalten 917,0g Fleisch + 5,5 g Verlust .	588,07 g	203,66 g	122,69 g	1,56 g	6,51 g
5. Dazu in 386,5 g Fettgewebe	36,50 g	5,20 g	344,80 g	—	—
6. Summe von 922,5 + 386,5 g	624,57 g	208,86 g	467,49 g	1,56 g	6,51 g
7. Oder in Proz. für Fleisch + Fett	47,71%	15,96%	35,71%	0,12%	0,50%

8. Rechnet man zu 917,0 g + (5,5 g Verlust) = 922,5 g Fleisch + 386,5 g Fett noch die abgetrennten 231,0 g Knochen, so verteilen sich die in Nr. 6 berechneten absoluten Mengen für das ganze knochenhaltige Fleischstück von 1540 g prozentual wie folgt:

Knochen					
15,0%	40,55%	13,56%	30,36%	0,11%	0,42%

Das vorstehende Beispiel der Berechnung der Analysenergebnisse entspricht nur einem der häufigeren Fälle von Fleischuntersuchungen; es muß je nach der Fragestellung sinngemäß abgeändert werden, da ebenso wie die Fleischsorten, so auch der Zweck der chemischen Untersuchung sehr verschieden ist und sich nicht für alle Fälle Regeln und Beispiele geben lassen.

Zu den allgemeinen chemischen Verfahren für die Untersuchung des Fleisches gehören folgende Bestimmungen:

1. Reaktion und Kochprobe. Die Reaktion wird in der Weise festgestellt, daß man mittels eines reinen Messers Schnitte in die Fleischstücke macht, in diese neutrales oder blaues Lackmuspapier schiebt und von beiden Seiten schwach anpreßt; oder dadurch, daß man das Papier auf ein reines, trockenes Uhrglas ausbreitet und hierauf das Fleisch oder die Fleischstückchen unter schwachem Andrücken deckt. In beiden Fällen wartet man mit der Beobachtung über die Färbung des Lackmuspapiers 10 Minuten. Normal beschaffenes Fleisch besitzt eine saure Reaktion.

Während nämlich der lebende Muskel schwach alkalisch oder amphoter reagiert, nimmt das Fleisch 3—6 Stunden nach dem Tode infolge Bildung von Milchsäure, Ameisensäure und Monokaliumphosphat — als Ursache des Altschlachtendwerdens — eine saure Reaktion an. Letztere geht erst mit vorgeschrittener Fäulnis wieder in eine alkalische Reaktion über.

Eine alkalische Reaktion des Fleisches ist daher bedenklich. Tritt bei Fleisch von frisch geschlachteten Tieren eine alkalische Reaktion auf, so weist diese auf abnorme Zustände vor der Schlachtung hin, z. B. auf Erstickungskrämpfe, vorherige Erschöpfung, schwere Fieberkrankheiten (Sepsis, Pyämie); diese Reaktion bleibt dann einige Zeit bestehen, während die saure Reaktion, ehe Fäulnis mit alkalischer Reaktion eintritt, 48—72 Stunden anhalten kann.

Ebenso wie die Reaktion kann auch die Kochprobe unter Umständen schnell einigen Anhalt für die Beschaffenheit des Fleisches liefern. Ein Stück des zu untersuchenden Fleisches wird in einem völlig reinen, nicht riechenden und mit einem gut schließenden Deckel bedeckten Kochtopf mit so viel kaltem Wasser übergossen, daß das Fleisch gerade vom Wasser bedeckt ist, und dann zum Sieden erhitzt. Beim Beginn des Siedens lüftet man den Deckel und prüft den ausströmenden Wasserdampf auf Geruch. Wenn das Fleisch eine fehlerhafte Beschaffenheit besitzt, die sich im natürlichen Zustande nicht deutlich genug bemerkbar macht, so tritt sie durch die Kochprobe besser hervor.

2. Wasser. Die Bestimmung des Wassers ist schon vorstehend und I. Teil, S. 23 auseinandergesetzt. Ganz mageres Fleisch oder ein fettarmes gleichmäßig beschaffenes Organ lassen sich, wie schon oben erwähnt, so fein zerschneiden oder vermahlen, daß die Masse direkt zur Wasserbestimmung sich benutzen läßt. Man wägt die zerkleinerte frische Masse und auch das durch Vortrocknen gewonnene Fleischpulver am besten in flache Wägeschälchen (I. Teil, S. 14, Fig. 24) und trocknet sie für genaue Bestimmungen am besten bei 100° C im Vakuumtrockenschrank oder Wasserstoffstrom (I. Teil, S. 22, Fig. 34) aus. Ebenso zweckmäßig ist es, das fein gehackte Fleisch in einer gewogenen Schale erst mit Alkohol abzudampfen und den Rückstand bei 100° in Vakuum bis zur Gewichtsbeständigkeit auszutrocknen. Für gewöhnliche, weniger genaue Bestimmungen genügt ein Trocknen im offenen Lufttrockenschrank bei 105—110°.

Wie die Reaktion, so kann auch die Wasserbestimmung im Fleisch unter Umständen wertvolle Anhaltspunkte für die Beurteilung des Fleisches liefern, indem z. B. embryonales Fleisch 85% und mehr Wasser enthält und trockene fettarme Fleischdauerwaren, die ohne Zusatz oder Behandlung mit Fleischhaltungsmitteln hergestellt sind, nicht mehr wie 12% Wasser enthalten dürfen, da sie bei einem Gehalt von 14% Wasser und mehr leicht verschimmeln.

Das Einmischen[1]) von Wasser in Hackfleisch und Fleischwürste läßt sich nach E. Feder[2]) am besten aus dem Verhältnis von Wasser : organischem Nichtfett [d. h. Trockensubstanz —(Fett + Salze)] erschließen; dieses beträgt bei natürlichem Fleisch[3]) 4 : 1. Kommen auf 1 Teil organisches Nichtfett mehr als 4 Teile Wasser, so ist Wasserzumischung anzunehmen, z. B. bei dem Verhältnis 5 : 1 ein Wasserzusatz von etwa 10 %.

3. Stickstoff bzw. ***Stickstoff-Substanz.*** Der Stickstoff wird nach Kjeldahl (I. Teil, S. 240) bestimmt; bei magerem, gleichmäßig beschaffenem und fein gehacktem Fleisch kann man 2—3 g in einem aus einer 2—3fachen Lage Stanniol gebildeten Schiffchen direkt abwägen und verbrennen oder man verwendet etwa 1 g der vorgetrockneten Substanz. Wenn es sich bloß um eine rasche Bestimmung eines weniger gleichmäßig beschaffenen Fleischstückes handelt, so kann man auch wie folgt verfahren: Man zerhackt und zerkleinert das Fleisch

---

[1]) Dasselbe läßt sich jetzt leicht durch den elektrisch angetriebenen „Kutter" erreichen.

[2]) Zeitschr. f. Untersuchung d. Nahrungs- u. Genußmittel 1913, **25**, 577.

[3]) D. h. Muskelfleisch; für die inneren Teile der Schlachttiere bedarf das Verhältnis noch weiterer Ermittelungen.

soviel wie möglich und wägt von der Masse, um einen guten Durchschnitt zu erhalten, 100 g und mehr ab; diese trägt man nach und nach in 100—200 ccm der für das Kjeldahl-Verfahren benutzten Schwefelsäure, welche sich in einer geräumigen, vorher nebst Pistill gewogenen Porzellanschale befindet, und rührt zeitweise mit dem Pistill langsam um, indem man die härteren Stücke schwach zerdrückt. Man trägt erst eine neue Menge der Fleischmasse ein, wenn die vorherige der Hauptsache nach zergangen ist. Letzteres unterstützt man dadurch, daß man die Schale in ein mäßig erwärmtes Sandbad setzt und unter öfterem Umrühren mit dem Pistill so lange erhitzt, bis die größeren Stücke vollständig zergangen sind. Alsdann läßt man unter Bedecken der Schale erkalten, wägt und verwendet von dem tüchtig durchgerührten gleichmäßigen Brei 20—30 g zur weiteren vollständigen Verbrennung. Diese werden direkt in die für die Kjeldahl-Bestimmungen verwendeten Kolben auf einer größeren Wage, die noch 1 cg anzeigt — diese Genauigkeit ist für die angewendete größere Menge ausreichend — abgewogen, mit noch weiteren 10 ccm Schwefelsäure, sowie 1 Tropfen Quecksilber bzw. mit Kaliumsulfat versetzt, anfänglich mit ganz kleiner Flamme erhitzt und diese wird erst gesteigert, wenn das überschüssige Wasser verdampft ist. Im übrigen wird wie sonst verfahren, nur muß man wegen des etwaigen größeren Verbrauches an Schwefelsäure mehr Natronlauge (etwa 100—120 ccm) statt 80 ccm von 1,35 spezifischem Gewicht für die Destillation zusetzen.

Aus der gefundenen Stickstoffmenge pflegt man wie sonst durch Multiplikation mit 6,25 den Gehalt an Protein oder richtiger Stickstoff-Substanz zu berechnen.

Dieses Verfahren ist gerade bei Fleisch nicht genau; man bekommt durch Addition von Wasser + Stickstoff-Substanz + Fett + Salze in der Regel mehr als 100, obschon im Fleisch auch stets geringe Mengen stickstoffreie Extraktstoffe vorhanden sind und auf diese Weise nicht berücksichtigt werden. Die hauptsächlichsten Stickstoff-Verbindungen des Fleisches enthalten rund 16% Stickstoff, das Bindegewebe aber etwa 18% und die ebenfalls nicht zu vernachlässigenden Fleischbasen über 30% Stickstoff; aus diesen Gründen muß die Multiplikation des Stickstoffes mit 6,25 $\left(\frac{100}{16}\right)$ gerade bei Fleisch zu hohe Werte liefern. A. Almen[1]) hat daher vorgeschlagen, bei Fleisch den Faktor 5,34, H. Lilienfeld[2]) dagegen den Faktor 6,006 anzuwenden. Beide Faktoren mögen der Wirklichkeit näherliegende Prozentwerte für die Stickstoffsubstanz liefern, aber sie sind an sich nicht mehr begründet als der Faktor 6,25, weshalb man an diesem der Geichmäßigkeit halber festhalten kann. Man kann auch, wie Atwater u. a. vorgeschlagen haben, den Gehalt an Wasser, Fett und Mineralstoffen addieren, die Summe von 100 abziehen und die Differenz als Stickstoff-Substanz ansehen. Dadurch bleiben allerdings die stickstoffreien Bestandteile (Glykogen, Inosit usw.) unberücksichtigt, aber ihre Menge ist im allgemeinen — mit Ausnahme von Pferdefleisch, Leber usw. — nur gering und ersieht man durch Vergleich dieses Wertes mit dem durch Multiplikation des gefundenen Stickstoffes mit 6,25 berechneten Werte, ob die Bestimmung auch der anderen Bestandteile als richtig angesehen werden kann; denn die Differenz zwischen diesen beiden Werten darf nicht groß sein.

Jedenfalls empfiehlt es sich, bei Fleischanalysen stets den gefundenen Stickstoffgehalt als Grundwert für die Berechnung mit anzugeben.

4. Trennung der Stickstoff-Verbindungen. Die Trennung der Stickstoff-Verbindungen (Muskelfaser, Myosin, Bindegewebe, Albumin, Fleischbasen und Aminoverbindungen) geschieht am besten nach dem S. 420 im II. Bande 1904 angegebenen Arbeitsgange. Man behandelt 200 g und mehr des tunlichst von Fett befreiten und zerkleinerten Fleisches längere Zeit (oft mehrere Tage) bis zur Erschöpfung mit kaltem Wasser, filtriert und behandelt den unlöslichen Rückstand wie das Filtrat getrennt für sich.

a) Unlöslicher Rückstand. Derselbe besteht aus der Muskelfaser, Myosin und dem Bindegewebe, sowie einem Teil der Salze. Man kann diese Stickstoff-Verbin-

---

[1]) Almen, Analyse des Fleisches einiger Fische. Upsala 1877.

[2]) Pflügers Archiv f. d. ges. Physiol. 1904, **103**, 367.

dungen einerseits durch anhaltendes Kochen, andererseits durch Behandeln mit 15proz. Chlorammoniumlösung trennen und quantitativ bestimmen.

α) **Bindegewebe**. Der Rückstand vom Kaltwasserauszug wird mehrere Tage mit Wasser gekocht, wodurch das zu den Leimbildnern gehörende Bindegewebe in Lösung geht. Das Filtrat wird eingedampft, der Rückstand in konzentrierter Schwefelsäure (Kjeldahl-Schwefelsäure) gelöst, die Lösung auf ein bestimmtes Volumen (etwa 100 ccm) gebracht und in etwa 20 ccm der Stickstoff wie üblich bestimmt.

Da der Leim rund 18% Stickstoff enthält, so erfährt man durch Multiplikation des Gesamtstickstoffs mit 5,555 die Menge des in dem Fleische vorhandenen Bindegewebes.

β) **Myosin.** Da das Myosin und ähnliche Stickstoff-Verbindungen zu den Globulinen gehört, so kann man es von der Muskelfaser (Muskelwandung, Sarkolemma) dadurch trennen, daß man den nach anhaltendem Kochen mit Wasser verbleibenden Rückstand längere Zeit mit 15proz. Chlorammoniumlösung behandelt und die Lösung filtriert. Das Filtrat wird stark mit Wasser verdünnt und gekocht, wodurch das Myosin und sonstige Globuline wieder gefällt werden. Oder man sättigt das Filtrat vollständig mit Chlornatrium oder Magnesiumsulfat, wodurch die Globuline ebenfalls gefällt werden. Die Fällung wird filtriert, genügend lange — besonders bei Anwendung von Chlorammonium zum Lösen — im ersteren Falle mit Wasser, im letzteren mit konzentrierter Kochsalzlösung ausgewaschen, der Rückstand samt Filter — der Stickstoff des Filters kann bei Anwendung von schwedischem Filtrierpapier vernachlässigt werden — in Kjeldahl-Schwefelsäure gelöst, die Lösung auf 100 ccm aufgefüllt und ein aliquoter Teil (20 ccm oder mehr) zur Stickstoffbestimmung benutzt. Hier wird zur Berechnung des Gehaltes an Globulinen der Stickstoff mit 6,25 multipliziert.

Man kann die Bestimmungen α) und β) auch umgekehrt ausführen, d. h. den vom Kaltwasserauszug verbleibenden Rückstand erst mit 15proz. Salzlösung behandeln und den Rückstand hiervon anhaltend mit Wasser auskochen.

γ) **Unlösliche Muskelfaser (Sarkolemma).** Der nach dem Kochen mit Wasser und nach Behandeln mit 15proz. Salzlösung verbleibende Rückstand wird wie die Fällung unter β) auf Stickstoffgehalt untersucht und letzterer durch Multiplikation mit 6,25% auf unlösliche Muskelfaser umgerechnet.

b) Trennung und Bestimmung der in kaltem Wasser löslichen Stickstoff-Verbindungen. In dem Kaltwasserauszuge des Fleisches sind außer dem größten Teil der Salze und der stickstoffreien Extraktstoffe enthalten das Albumin, die Fleischbasen und Aminoverbindungen.

α) **Albumin.** Das gesamte Filtrat von 200 g und mehr Fleisch wird stark gekocht, der entstehende Niederschlag (Gerinnsel) abfiltriert und genügend ausgewaschen. Hat man das Filter vorher getrocknet und gewogen, so kann man den mit Wasser, Alkohol und Äther gewaschenen Rückstand trocknen, wägen und als Albumin in Rechnung setzen. Ebenso genau ist es aber auch hier, den Niederschlag samt Filter wie vorstehend unter a, β) in Kjeldahl-Schwefelsäure zu lösen, auf ein bestimmtes Volumen aufzufüllen und hiervon einen aliquoten Teil nach Kjeldahl zu verbrennen. Der gefundene Stickstoff, multipliziert mit 6,25, gibt die Menge Albumin.

β) **Fleischbasen.** Die Fleischbasen werden in dem von Albumin befreiten Filtrat nach I. Teil, S. 313ff. bestimmt; d. h. man fällt die gesamten Xanthinbasen nach längerem Kochen mit verdünnter Schwefelsäure (1 : 3) durch Kupfersulfat und saures schwefligsaures Natrium, im Filtrat hiervon das Kreatin + Kreatinin mit Zinkchlorid als Doppelsalz usw. (Mickosches Verfahren). Auf diese Weise werden aber bei weitem nicht alle Basen des Fleisches gefunden. Um den Rest auszufällen, versetzt man das von vorstehenden Basen befreite Filtrat mit Schwefelsäure und Phosphorwolframsäure, filtriert und wäscht den Niederschlag mit verdünnter Schwefelsäure aus. Der Phosphorwolframsäure-Niederschlag wird mit Bariumhydroxyd versetzt, der verbleibende Rückstand wiederholt mit Wasser ausgekocht, in die vereinigten Filtrate wird Kohlensäure eingeleitet, die Flüssigkeit stark gekocht und auf 250 bzw. auf

500 ccm eingedampft. In einem aliquoten Teil (etwa $^1/_5$) bestimmt man den Gesamtbasenstickstoff wie üblich (I. Teil, S. 240 a, γ), während der Rest durch Eindampfen mit Salzsäure zur weiteren Kennzeichnung der Basen dienen kann.

Über das Verfahren von Fr. Kutscher zur Bestimmung der Fleischbasen vgl. I. Teil, S. 321.

γ) Aminoverbindungen. In dem Filtrat von dem Phosphorwolframsäure-Niederschlag wird der Überschuß an Phosphorwolframsäure sowie die Schwefelsäure durch Bariumhydroxyd, der Überschuß an letzterem wieder durch Einleiten von Kohlensäure und durch Kochen entfernt. Das klare Filtrat wird dann auf 500 ccm gebracht und nach I. Teil, S. 273 auf Stickstoff und die verschiedenen Aminoverbindungen untersucht. Weitere Verfahren (von Baur und Barschall sowie von Sörensen) sind unter „Fleischextrakt" beschrieben. Die auf diese Weise bestimmte Menge Stickstoff in Form von Aminosäuren deckt aber nicht die in dem Filtrate von Phosphorwolframsäure noch vorhandene gesamte Menge Stickstoff. Ammoniak- und Säureamidstickstoff konnten wir in den Auszügen aus frischem Fleisch nicht nachweisen. Es müssen daher im Fleisch neben den bekannten Fleischbasen und den Amino-Verbindungen noch andere Stickstoff-Verbindungen in geringer Menge vorhanden sein, die sich einerseits der Fällung durch Phosphorwolframsäure entziehen, andererseits durch Kochen mit verdünnter Säure und durch Behandeln mit salpetriger Säure nicht zersetzt werden.

Über die Art der Verteilung der Stickstoff-Verbindungen im natürlichen Fleisch mögen folgende hier gewonnenen Ergebnisse einen Anhalt geben:

Fleisch von	Wasser	Im natürlichen Fleisch					In Prozenten des Gesamtstickstoffs			
		Gesamtstickstoff	Stickstoff in Form von							
			Muskelfaser u. Myosin usw.	Albumin	Leim	Basen u. Amiden usw.	Muskelfaser u. Myosin usw.	Albumin	Leim	Basen u. Amide usw.
	%	%	%	%	%	%	%	%	%	%
Rind	74,45	3,55	2,65	0,29	0,17	0,44	74,64	8,17	4,79	12,40
Kalb	78,16	3,24	2,67	0,13	0,13	0,31	82,42	4,01	4,01	9,56
Fischen (mager) [1]	77,23	3,49	2,69	0,27	0,18	0,35	77,05	7,74	5,18	10,03

Fleisch von	Von den Basen und Aminen ist Stickstoff in Form von						In Prozenten des Gesamtstickstoffs Stickstoff in Form von					
	Kreatin [2]	Kreatinin [2]	Xanthinen [2]	Sonstigen Basen	Aminosäuren	Unbekannt	Kreatin	Kreatinin	Xanthinen	Sonstigen Basen	Aminosäuren	Unbekannt
	%	%	%	%	%	%	%	%	%	%	%	%
Rind	0,033	0,007	0,013	0,046	0,008	0,333	0,93	0,20	0,37	1,29	0,22	9,39
Kalb	0,018	0,048	0,024	0,040	0,010	0,170	0,56	1,48	0,74	1,22	0,31	5,25
Fischen	0,013	0,021	0,021	0,027	0,007	0,261	0,37	0,60	0,60	0,77	0,20	7,49

Von dem Basen- + Amidstickstoff im Fleisch haben sich somit nach dem vorstehenden Untersuchungsverfahren 75,7% bzw. 54,9% bzw. 74,7% der näheren Bestimmung entzogen, ein Beweis, daß einerseits das Trennungsverfahren noch sehr unvollkommen ist und andererseits im Fleisch noch verschiedene Stickstoff-Verbindungen unbekannter Art vorhanden sein müssen.

[1]) Mittel von Schellfisch-, Heilbutt- und Hechtfleisch.

[2]) Dem gefundenen Stickstoff entsprechen Basen:

Fleisch von	Natürliches Fleisch			Fleisch-Trockensubstanz		
	Kreatin %	Kreatinin %	Xanthine %	Kreatin %	Kreatinin %	Xanthine %
Rind	0,103	0,019	0,035	0,40	0,08	0,14
Kalb	0,056	0,129	0,065	0,26	0,59	0,30
Fisch	0,040	0,056	0,057	0,13	0,24	0,25

δ) **Ammoniak.** Die Bestimmung des Ammoniaks bzw. des lose gebundenen Stickstoffs im Fleisch kann mit zur Beurteilung der Frische des Fleisches dienen (vgl. auch weiter unten S. 42). Man kann für den Zweck in dem wässerigen Auszug von 25 g zerkleinertem Fleisch nach I. Teil, S. 260 unter B 1 oder besser unter 2, S. 261) das Ammoniak quantitativ bestimmen oder auch nach Pennington und Greenlee[1]) das allerdings sehr umständliche Verfahren von Folin anwenden: 25 g fein zerhacktes Fleisch werden mit 5 g Magnesia und 250 ccm Wasser in einen Kolben gefüllt und durch die breiige Masse große Mengen von von Ammoniak befreiter kalter Luft geleitet; die austretende Luft wird in Vorlagen mit $^1/_{10}$ N.-Schwefelsäure vom Ammoniak befreit und letzteres wie üblich durch Titration bestimmt. Um das Schäumen zu vermeiden, setzt man 25 ccm Alkohol zu; die Zersetzung des Fleisches während des Versuches, der 3 bis 6 Stunden in Anspruch nimmt, verhindert man durch Zusatz von 1 g Fluornatrium.

Frisches Hühnerfleisch enthält nach Pennington und Greenlee 0,011—0,012%, 4—9 Tage lang bei niedriger Temperatur aufbewahrtes Fleisch dagegen 0,014—0,019% Ammoniak; auch bei längerem Aufbewahren in Kühlräumen nimmt der Ammoniakgehalt zu.

c) Bestimmung der gesamten Extraktivstoffe des Fleisches. Um die Menge der gesamten wasserlöslichen Stoffe zu bestimmen, verwendet man etwa 50 g des tunlichst von Fett befreiten, zerkleinerten Fleisches, zieht wiederholt mit kaltem Wasser aus, bringt die Auszüge auf ein bestimmtes Volumen (etwa 1000 ccm) und bestimmt in einem aliquoten Teil (etwa 200 oder 250 ccm) die Menge des Trockenrückstandes durch Eindampfen auf dem Wasserbade und Austrocknen entweder im Trockenschrank bei 105° oder besser im Vakuum unter Erwärmen bis etwa 70° (vgl. I. Teil, S. 22 u. 25).

Henneberg, Kern und Wattenberg (I. Bd., S. 25) fanden zwischen den Extraktivstoffen des frischen fettfreien Fleisches von nicht gemästeten und hochfetten Hammeln folgende Beziehungen:

Ernährungszustand	Wasser	Muskelfaser	Extraktivstoffe			
			Gesamt-trocken-substanz	Eiweiß	Nichteiweiß	Asche
	%	%	%	%	%	%
1. Nicht gemästet . .	79,41	15,85	4,74	1,29	2,18	1,27
2. Hochfett	79,02	15,73	5,25	1,39	2,17	1,15

Oder, indem sie diese Bestandteile auf die fettfreie Trockensubstanz des ganzen ausgeschlachteten Tieres berechneten, erhielten sie folgende absolute Menge:

		g	g	g	g	g
1. Nicht gemästet . .	—	1864,9	599,9	167,1	282,8	150,0
2. Hochfett	—	1903,6	676,9	249,1	287,0	140,8

Unter dem Einfluß einer reichlichen Ernährung findet demnach eine Vermehrung des Fleischsaftes statt; dieselbe erstreckt sich aber nur auf eine Anreicherung von löslichem Eiweiß, während die dem Stoffwechsel entstammenden Produkte (Nichteiweiß der vorstehenden Zahlen) auf der ursprünglichen Höhe verbleiben.

C. Virchow[2]) hat die Frage geprüft, ob nicht auch die anderen in Wasser löslichen Bestandteile des Fleischsaftes außer Eiweiß bei verschieden ernährten, verschieden alten Tieren und bei verschiedenen Fleischstücken desselben Tieres solche Unterschiede zeigen, daß sich hierauf eine wissenschaftliche Fleischkontrolle gründen läßt. Er untersuchte zu dem

---

[1]) Zeitschr. f. Untersuchung d. Nahrungs- u. Genußmittel 1911, **21**, 381.

[2]) R. Virchows Archiv 1881, **84**, 543.

Zweck eine Reihe Fleischstücke von demselben Tiere und solchen in verschiedenem Alter und verschiedenem Ernährungszustande auf Wasser und in Wasser lösliche Extraktivstoffe ausschließlich Eiweiß[1]); er fand in Übereinstimmung mit vorstehenden Ergebnissen keine so erheblichen Unterschiede, daß auf diese Weise eine Unterscheidung der Fleischsorten möglich ist.

Wenn indes die Art der Fütterung wie das Alter der Tiere keinen Einfluß auf die Menge der eigentlichen Extraktivstoffe (Fleischbasen)[2]) zu haben scheint, so wird doch der Wohlgeschmack des Fleisches wesentlich durch die Art der Fütterung und durch das Alter der Tiere mitbedingt.

5. Fett. 5 oder 10 g der lufttrockenen Fleischmasse werden in üblicher Weise (I. Teil, S. 342) im Soxhletschen Apparat mit Äther ausgezogen, wobei zu beachten ist, daß nach der ersten Entfernung des Fettes die rückständige Masse mit Seesand im Mörser feinst zerrieben und nochmals mit Äther völlig ausgezogen werden muß. Aber auch so gelingt es selbst durch tagelanges Ausziehen mit Äther nicht, dem hornartigen Pulver völlig alles Fett zu entziehen, und weil das Ausziehen des frischen Fleisches mit Aceton, wie schon vorstehend S. 21 erwähnt, auch seine Übelstände hat, so empfiehlt es sich, die Fleischmasse in ähnlicher Weise wie Käse (vgl. weiter unten) aufzuschließen[3]).

Liebermann[4]) hat folgendes Verfahren vorgeschlagen:

5 g lufttrockene Fleischsubstanz werden mit 30 ccm 50 proz. Kalilauge in einem ziemlich weithalsigen Gefäß von etwa 250 ccm Inhalt $1/2$ Stunde gekocht. Nach dem Abkühlen gibt man 30 ccm Alkohol von 90—94 Vol.-% hinzu, erwärmt 10 Minuten, kühlt wieder ab und säuert vorsichtig mit 100 ccm 20 proz. Schwefelsäure an. Darauf wird die völlig erkaltete Flüssigkeit mit 50 ccm Petroläther von 60° Siedepunkt vermischt und in Zwischenräumen von 1—2 Minuten 30 mal während je 10 Sekunden geschüttelt. Dann fügt man so viel gesättigte Kochsalzlösung zu, daß das Gesamtvolumen 250 ccm beträgt und die Hauptmenge des Petroläthers sich im Halse des Kolbens befindet, entnimmt 20 ccm der Petrolätherlösung, mischt diese in einem gewogenen Kölbchen mit 40 ccm neutralem Alkohol, setzt 1 ccm einer 1 proz. Lösung von Phenolphthalein hinzu und titriert die Fettsäuren mit $1/10$ N.-Kalilauge. Die neutralisierte Lösung wird eingedampft, der Rückstand bei 100° C getrocknet und gewogen. Bei der Berechnung der Fettmenge ist vom Gewicht der Seife 0,01 g (das Gewicht des zugesetzten Phenolphthaleins) abzuziehen und der Fettgehalt (F) in Prozenten nach der Formel:

$$F = \frac{S - 0{,}01 - (K \times 0{,}00255)}{a} \times 250$$

zu berechnen, worin S das Gewicht der aus 20 ccm Petroläther stammenden Kaliseife, K die zur Titrierung der 20 ccm Petrolätherlösung verbrauchte Anzahl Kubikzentimeter $1/10$ N.-Kalilauge und a das Gewicht der zur Untersuchung verwendeten Substanz in Grammen bedeuten.

Nicht minder umständlich ist das folgende Verfahren von Dormeyer:

Dormeyer[5]) löst 2 g fettfreies reines Pepsin in 1 l einer 1 proz. Salzsäure und verwendet von dieser Lösung je 150 ccm auf 1 g lufttrockene Fleischmasse, die man vorher durch Äther vom größten Teile des anhängenden Fettes befreit hat; die Flüssigkeit mit Substanz — etwa 5 g auf 750 g Pepsinlösung — wird im Brutschrank bei 37 bis 38° digeriert und, wenn sich die Fleischmasse gelöst hat oder zerfallen ist — was nach 12 bis 24 Stunden einzutreten pflegt — nach dem

---

[1]) d. h. C. Virchow entfernte durch Kochen erst das Eiweiß.

[2]) Von anderer Seite (vgl. R. Rosemann, Landois' Lehrbuch der Physiologie 1909, S. 348) wird unter den Extraktivstoffen ein besonderer Stoff „Osmazom" angenommen, der den Geschmack des Fleisches im wesentlichen mitbedingen soll. Auch die Fette des Fleisches sind hierbei von Einfluß.

[3]) Vgl. auch A. Köhler, Zeitschr. f. physiol. Chemie 1900/01, **31**, 479.

[4]) Pflügers Archiv f. d. ges. Physiol. 1898, **72**, 360.

[5]) Ebendort 1895, **61**, 341; 1897, **65**, 90.

Erkalten im Scheidetrichter 5—6 mal mit Äther ausgeschüttelt, der Äther von sämtlichen Ausschüttelungen abdestilliert und das rückständige Fett mit dem ersten vereinigt.

E. Diesselhorst[1]) hält die Fettbestimmung nach Dormeyer für fehlerhaft, weil verschiedene bei der künstlichen Verdauung gebildeten Aminoverbindungen mit in den Ätherauszug übergehen und die Menge des als Fett gewogenen Rückstandes fehlerhaft erhöhen. Diesselhorst trocknet das Fleisch im Vakuum über Schwefelsäure und zerkleinert es. Das trockene Fleisch wird in Kugelmühlen und dann im Soxhlet-Apparat mit Äther ausgezogen. Er hält diese Ergebnisse für richtiger als die nach dem Dormeyerschen Verfahren.

Kumagawa und Suto[2]), die anfänglich das Dormeyersche Verfahren zur Fettbestimmung in tierischen Organen anwendeten und etwas vereinfachten, haben später folgendes Verfahren vorgeschlagen[3]):

2—5 g Organpulver bzw. Fleisch werden mit 25 ccm Natronlauge, enthaltend 20 g Natriumhydroxyd in 100 ccm, auf dem Wasserbade 2 Stunden lang erhitzt, wobei das Wasserbad mit einer tubulierten Glasglocke bedeckt wird, in der die Temperatur auf 100° steigt. Die Lösung wird dann noch heiß, unter Nachspülen mit wenig Wasser in einen Scheidetrichter gebracht, mit 20proz. Salzsäure angesäuert (30 ccm), gekühlt und mit 70—100 ccm Äther geschüttelt. Die Ätherschicht wird abgegossen, die wässerige Lösung von dem beim Ansäuern entstandenen Niederschlag getrennt, dieser nochmals mit N.-Natronlauge gelöst und die alkalische Lösung mit Äther geschüttelt, dann die stark saure Lösung hinzugegeben und nochmals gut geschüttelt. Die vereinigten Ätherauszüge werden zur Trockne gebracht, der Rückstand wird in absolutem Äther gelöst, durch ein Asbest-Watte-Filterrohr filtriert und der Äther verdunstet (im Becherglase auf dem Wasserbade, darüber ein Ventilator). Der Rückstand wird einige Stunden bei 50° getrocknet, in Petroläther gelöst, die Lösung $^1/_2$—1 Stunde stehen gelassen, filtriert, das Filtrat zur Trockne gebracht, der Rückstand bei 50° bis zur Gewichtskonstanz getrocknet. Zur Abtrennung der unverseifbaren Substanzen von den so erhaltenen Fettsäuren werden diese in 50—70 ccm Petroläther gelöst, die Lösung im Scheidetrichter mit der 30—40fachen Menge absolutalkoholischer $^1/_5$ N.-Kalilauge gemischt, so daß eine klare Lösung entsteht. Dann wird ebensoviel Wasser hinzugefügt wie vorher alkoholische Kalilauge und einige Male geschüttelt. Die Flüssigkeit trennt sich in eine obere, die unverseifbaren Substanzen enthaltende Petrolätherschicht und eine untere wässerig-alkoholische Seifenlösung, die abgetrennt und noch einmal mit Petroläther ausgeschüttelt wird. Die Petrolätherlösung wird zur Trockne gebracht, der Rückstand in wenig Alkohol gelöst, mit 0,5—1 ccm alkoholischer $^1/_{10}$ N.-Natronlauge versetzt, auf dem Wasserbade verdunstet und 15—30 Minuten bei 100° getrocknet. Der Rückstand wird noch heiß mit Petroläther aufgenommen, die Lösung filtriert, verdunstet und der Rückstand bei 100° bis zur Gewichtskonstanz getrocknet. Um die Fettsäuren auf Neutralfett umzurechnen, kann man unter Vernachlässigung der sehr geringen Mengen flüchtiger Fettsäuren das Fett der meisten Säugetiere als zu 95,7% aus Fettsäuren bestehend annehmen, woraus sich derFaktor 1,045 ergibt, mit dem die Fettsäurewerte zur Berechnung des Fettgehaltes multipliziert werden müssen.

R. Watanabe[4]) hat bei allen tierischen Organen mit diesem Verfahren gute Ergebnisse erzielt; nur bei Blut, Blutplasma und Blutserum soll man mit Alkohol ausziehen und den Alkoholauszug erst verseifen. P. Hartley[5]) gibt an, daß die aus den tierischen Geweben isolierten ungesättigten Fettsäuren an der Luft leicht oxydiert werden und ihre Jodzahl abnimmt. V. H. Mottram[6]) empfiehlt daher, die Verseifung wie alle weiteren Behandlungen entweder im Vakuum oder in einer Kohlensäureatmosphäre vorzunehmen.

---

[1]) Pflügers Archiv f. d. ges. Physiol. 1910, **134**, 496.

[2]) Beiträge z. chem. Physiol. u. Pathol. 1904, **4**, 185.

[3]) Biochem. Zeitschr. 1908, **8**, 212.

[4]) Ebendort 1912, **41**, 71.

[5]) Journ. of Physiol. 1907, **36**, 17; 1909, **38**, 354.

[6]) Ebendort 1909, **38**, 281; 1910, **40**, 122.

M. Tamura[1]) weist indes nach, daß letztere Vorsichtsmaßregel nicht nötig ist, daß dagegen durch längeres Trocknen im lufthaltigen Trockenschrank bei 50° die Fettsäuren — und besonders die unverseifbaren Anteile — eine Änderung erfahren. Wenn der Petrolätherrückstand nur 1—2 Stunden bei 50° getrocknet wird, so kann auch dieser Fehler vernachlässigt werden.

Rosenfeld[2]) hat vorgeschlagen, das Fleischpulver auf dem Wasserbade erst 1/2 Stunde mit absolutem Alkohol auszukochen, den Rückstand 6 Stunden im Soxhlet-Apparat mit Chloroform auszuziehen, den Alkohol- und Chloroformauszug zusammen einzudunsten, den Rückstand hiervon mit Äther aufzunehmen, den Äther zu verdunsten und diesen Rückstand als Fett zu wägen. Dieses Verfahren liefert 3—4% Fett mehr als das Dormeyersche und andere Verfahren. W. Glikin[3]) weist aber nach, daß auch das nach Rosenfeld gewonnene Fett eine größere Menge stickstoffhaltiger Beimengungen (Lecithin) einschließt und deshalb zu hoch ausfällt. Glikin empfiehlt das Fleisch im Vakuum bei 60—65° mehrere Tage zu trocknen, den Trockenrückstand 48 Stunden lang mit Petroleumäther, der zwischen 50—60° siedet, auszuziehen, den zur Trockne eingedampften Auszug, um das Lecithin zu entfernen, mit Aceton aufzunehmen und den Rückstand hiervon als Fett zu wägen.

Baur und Barshall[4]) erwärmen in noch einfacherer Weise das mit der Fleischhackmaschine bzw. Fleischmühle gut zerkleinerte Fleisch mit einem Gemisch von 1 Raumteil Schwefelsäure vom spez. Gewicht 1,81 und 1 Raumteil Wasser auf dem Wasserbade; wenn zeitweilig umgerührt bzw. umgeschwenkt wird, hat sich die Fleischmasse in etwa 20—30 Minuten gelöst. Die Lösung, zu etwa 100 ccm verdünnt, wird nach dem Erkalten mehrmals mit Äther ausgeschüttelt, die Ätherauszüge werden vereinigt und in ein gewogenes Kölbchen filtriert oder, wenn sie klar sind, abgegossen. Der Äther wird abdestilliert, der Rückstand 1 Stunde im Wassertrockenschrank getrocknet und nach dem Erkalten gewogen. Das Verfahren soll mit dem von Dormeyer gleiche Ergebnisse liefern.

Ed. Polenske[5]) empfiehlt dieses Verfahren in folgender Ausführung: Je 1,0—1,5 g[6]) Fleisch oder Fleischware werden in einem Gemisch von 5 ccm konzentrierter Schwefelsäure (spezifisches Gewicht 1,81—1,84) und 5 ccm Wasser mit aufgesetztem Kühlrohr im Wasserbade bis zur völligen Lösung und dann noch weitere 10 Minuten erhitzt; die Lösung wird mit 40 ccm Wasser verdünnt, erkalten gelassen, mit 50 ccm Äther und dann mit ebensoviel Petroläther (18°) tüchtig durchgeschüttelt. Man läßt absitzen, hebt die Hälfte der ätherischen Lösung, nämlich 49,5 ccm, ab — das Gesamtvolumen der Ätherlösung beträgt etwa 99 ccm —, filtriert die ätherische Fettlösung in ein gewogenes Kölbchen, verdunstet den Äther wie üblich und wägt.

Zur näheren Untersuchung, zur Bestimmung der Konstanten, die besonders behufs Nachweises von Pferdefett notwendig ist, müssen natürlich größere Mengen Fett ausgezogen werden; diese werden alsdann nach Verjagen des Äthers geschmolzen und wie üblich in der Wärme durch ein trockenes Filter filtriert, um auch geringe Beimengungen zu entfernen. Über die Bestimmung des Brechungsindex und der Jodzahl in den Fetten für diesen Zweck vgl. unter Ausführungsbestimmungen zum Schlachtvieh- und Fleischbeschaugesetz weiter unten S. 45 bzw. I. Teil S. 355 bzw. 374.

Pennington und Greenlee[7]) machen darauf aufmerksam, daß die Säurezunahme im Muskel- und subcutanen Fett — das Eingeweidefett nimmt noch rascher an Säuren zu — unter Umständen (besonders bei Hühnerfett) dazu dienen könne, die Dauer der Aufbewahrung der geschlachteten Tiere bzw. des Fleisches zu beurteilen. Man präpariert 10 g des Muskel- bzw. sub-

1) Biochem. Zeitschr. 1910, **28**, 237; 1912, **41**, 78; 1913, **51**, 463.
2) Centralbl. f. innere Medizin 1900, **21**, 833; 1905, **26**, 353.
3) Pflügers Archiv f. d. ges. Physiol. 1903, **95**, 107.
4) Arbeiten a. d. Kais. Gesundheitsamt 1909, **30**, 55.
5) Ebendort 1910, **33**, 563.
6) Diese Menge ist sehr gering.
7) Zeitschr. f. Untersuchung d. Nahrungs- u. Genußmittel 1911, **21**, 381.

cutanen Fettes heraus, gibt diese nach dem Zerkleinern in einen 250 ccm-Kolben, setzt 50 ccm gegen Phenolphthalein neutralisierten Alkohol zu, erwärmt bis zur Lösung des Fettes und titriert mit $^1/_{10}$ N.-Alkalilauge, bis die auftretende rote Färbung $^1/_4$ Minute lang anhält (vgl. I. Teil, S. 363 und weiter unten unter Fette und Öle).

Um aus den zerkleinerten Fettpolstern bzw. Fettmassen ohne Erwärmung das für die Ausziehung lästige Wasser zu entfernen, empfiehlt G. Perrier[1]), 10 g Substanz mit 3—4 g reinem, getrocknetem Sand zu vermischen, dann 20—25 g wasserfreies Natriumsulfat zuzurühren, bis man eine pulverförmige, trockene, nicht mehr am Mörser haftende Masse erhält. Diese wird dann nach einer halben Stunde in eine Papierpatrone gefüllt und wie üblich ausgezogen.

6. Mineralstoffe (Asche) und Alkalität der Asche. 5 oder 10 g der lufttrockenen Fleischmasse werden wie üblich verascht, d. h. völlig verkohlt, die Kohle wird mit Wasser ausgezogen und dann vollständig verbrannt. Zu diesem Aschenrückstand gibt man die wässerige Lösung, dampft im Wasserbade ein, glüht schwach und wägt (vgl. I. Teil, S. 476, und über die Bestimmung der einzelnen Bestandteile in der Asche, S. 479).

A. Kickton[2]) hat gefunden, daß die von A. Farnsteiner über den wahren Alkalitätswert der Aschen erhaltenen Ergebnisse (I. Teil, S. 511) auch beim Fleische zutreffen. Die nach dem Fällungsverfahren gefundenen Alkalitätswerte der untersuchten Salze entsprechen der nach ihrer Zusammensetzung zu verwertenden Alkalität und weichen nur unerheblich von den berechneten Werten ab, während die nach dem direkten Verfahren erhaltenen Werte viel zu hoch nach der positiven Seite ausfallen.

Die Alkalität für 1 g der durch direktes Veraschen hergestellten normalen Fleischasche beträgt im Mittel etwa —5, für 100 g Fleisch etwa —6.

Bei starkem Zusatz von Kochsalz — 1,193 g zu 20 g Fleisch — wird die negative Alkalität der dem Fleisch entstammenden Asche erniedrigt. Beim Veraschen mit einem Zusatz von überschüssigem Natriumcarbonat — 0,100 g zu 10 g Fleisch — findet, besonders infolge Verhinderung der teilweisen Austreibung von Chlor und Schwefelsäure, eine Erhöhung der Menge der in der Gesamtasche enthaltenen Mineralstoffe des Fleisches gegenüber der ohne Zusatz erhaltenen Asche statt. Da hierbei die negative Alkalität der überschüssigen Phosphorsäure der saueren Phosphate des Fleisches bei der Alkalitätsbestimmung stärker zur Geltung kommt, so wird die in dem alkalischen Aschengemenge auf die vorhandenen Mineralstoffe des Fleisches entfallende negative Alkalität auch bei gleichzeitig vorliegendem starken Kochsalzzusatz erhöht. Diese Erhöhung beträgt für 1 g Mineralstoffe des Fleisches gegenüber der negativen Alkalität der durch direkte Veraschung der ohne jeden Zusatz hergestellten Fleischasche etwa 1,8.

Im allgemeinen empfiehlt es sich, die Bestimmung der Alkalität mit der direkt unter Einhaltung der üblichen Vorsichtsmaßregeln erhaltenen Asche auszuführen und die Alkalität auf 1 g Asche bezw. 100 g Fleisch zu berechnen.

Über die Bestimmung des Kochsalzes im Pökelfleisch vgl. Ausführungsbestimmungen zum Schlachtvieh- und Fleischbeschaugesetz vom 22. Februar 1908 unter Anlage d. 1. Abschn. III.

7. Glykogen. Die Bestimmung des von Claude Bernard[3]) zuerst im Fleisch nachgewiesenen Glykogens wird vorwiegend behufs Nachweises von Pferdefleisch ausgeübt, weil dieses verhältnismäßig reich an Glykogen ist. Die Bestimmung hat allerdings nach neueren Untersuchungen sehr an Wert verloren, da einerseits nach Hefelmann und Manz[4]) u. a. der Gehalt des Pferdefleisches je nach dem Individuum und der Art des Muskels — das Kaumuskelfleisch ist z. B. sehr arm an Glykogen — sehr verschieden ist, andererseits das Glykogen beim Aufbewahren des Pferdefleisches eine größere oder geringere Abnahme erfährt. Niebel[5])

[1]) Zeitschr. f. Untersuchung d. Nahrungs- u. Genußmittel 1911, **21**, 115.

[2]) Ebendort 1908, **16**, 561.

[3]) Pflügers Archiv f. d. ges. Physiol. 1903, **96**, 1.

[4]) Zeitschr. f. öffentl. Chemie 1906, **12**, 61.

[5]) Zeitschr. f. Fleisch- u. Milchhygiene 1891, **1**, 185 u. 210.

konnte in acht Tage altem, in geräuchertem Pferdefleisch und in $^3/_4$ Jahre alter Pferdewurst noch recht erhebliche Mengen Glykogen nachweisen, in einigen Fleischdauerwaren traf er jedoch kein Glykogen mehr an. Bujard[1]) und Lebbin[2]) konnten diese Ergebnisse im wesentlichen bestätigen. M. Martin[3]) dagegen konnte im gesalzenen Pferdefleisch schon nach 8 Tagen kein Glykogen mehr feststellen, während es im ungesalzenen Pferdefleisch bei 8—10tägiger Aufbewahrung keine Abnahme erfahren hatte. Auch in einem einige Wochen alten geräucherten Pferdeschinken sowie in einer einen Monat alten Pferde-Salamiwurst war kein Glykogen mehr nachweisbar. Im Gegensatz hierzu fanden A. Kickton und K. Murdfield[4]), daß die Glykogenabnahme in gesalzenem Pferdefleisch nicht schneller von statten ging als in ungesalzenem Pferdefleisch und erst vom 17. Tage an eintrat: im faulenden Pferdefleisch verlief das Verschwinden des Glykogens sehr schnell. Das Braten des Pferdefleisches hatte keinen wesentlichen Einfluß auf die Abnahme von Glykogen. In Dauerwürsten aus Rind- und Schweinefleisch verschwand das Glykogen ebenfalls nicht so schnell als M. Martin beobachtet hatte. Hiernach beweist das Fehlen von Glykogen noch nicht das Nichtvorhandensein und das Auffinden geringer Mengen von Glykogen das Vorhandensein von Pferdefleisch, und das ist wohl der Grund, daß die Bestimmung des Glykogens behufs Nachweises von Pferdefleisch in den Ausführungsbestimmungen zum Schlachtvieh- und Fleischbeschaugesetz vom 22. Februar 1908 nicht wieder aufgenommen ist. Dennoch mögen hier die Verfahren zur qualitativen wie quantitativen Bestimmung des Glykogens nach den neuesten Erfahrungen mitgeteilt werden.

a) Qualitativer Nachweis. Das Glykogen gibt bekanntlich mit Jod eine Braunfärbung, die beim Erwärmen verschwindet und beim Erkalten wieder eintritt. Telle[5]) benutzt diese Eigenschaft in folgender Ausführung: 25 g von Haut und Pfeffer befreite, fein gehackte Wurst (bzw. Fleischmassen) werden in einem mit Steigrohr von 50—60 cm Länge versehenen Kolben von 500 ccm Inhalt mit 200 ccm Wasser unter Zusatz von 0,5 g Citronensäure eine Stunde gekocht oder im Autoklaven auf 120° 40 Minuten erhitzt. Dann wird heiß filtriert, mit 20—30 ccm Phosphorwolframsäure versetzt und wieder filtriert. Es wird Soda bis zur alkalischen Reaktion, hernach Essigsäure bis zur schwach sauren Reaktion hinzugefügt und auf 10 ccm eingedampft. Man läßt erkalten und fügt allmählich $^1/_{10}$ N.-Jodlösung hinzu, bis das Jod nicht mehr verschwindet. Pferdefleisch gibt dann eine Rotbraunfärbung, Ochsenfleisch eine leichte Braunfärbung und Schweinefleisch gibt eine fast farblose Lösung. 1% Stärke in der Wurst verhindert natürlich obige Reaktion. Kickton und Murdfield (l. c.) fanden, daß das aus längere Zeit aufbewahrtem, gesalzenem wie ungesalzenem Pferdefleisch gewonnene Glykogen statt der Braunfärbung eine deutlich violette und sogar eine blaue Färbung zeigte, welche letztere auf eine Umwandlung von Glykogen zu Stärke durch Bakterien oder sonstige Ursache schließen läßt.

Mikroskopischer Nachweis in Organteilen. K. Kato[6]) bringt für den mikroskopischen Nachweis von Glykogen in Organteilen einen großen Tropfen Wasser oder alkoholhaltiges (bis zu 20%) Wasser neben den auf den Objektträger gelegten Schnitt durch das Organ (Celloidinschnitt oder Gefriermikrotomschnitt). Durch den Tropfen Wasser bewegt man einen mittels einer mit Porzellan oder Hornspitze versehenen Pinzette zu fassenden Ferricyankaliumkrystall, bis der Tropfen gelb gefärbt ist. Darauf legt man einige Jodkaliumkryställchen in den Tropfen und läßt die Flüssigkeit über das Präparat fließen. Man prüft das Präparat erst ohne Auflegen des Deckglases, läßt dann die Flüssigkeit von Fließpapier aufsaugen, schließt

[1]) Ostertags Handbuch der Fleischbeschau 1902, 235.
[2]) Zeitschr. f. Fleisch- u. Milchhygiene 1901, **11**, 182.
[3]) Zeitschr. f. Untersuchung d. Nahrungs- u. Genußmittel 1906, **11**, 249.
[4]) Ebendort 1907, **14**, 501.
[5]) Ebendort 1908, **16**, 694.
[6]) Pflügers Archiv f. d. ges. Physiol. 1909, **127**, 125.

in Fruktose- oder Achroodextrinsirup ein, legt das Deckglas auf und beobachtet die Färbung unter dem Mikroskop. Man darf aber, wenn das Glykogen in Organen (Eierstock) fest eingeschlossen ist, aus etwa nicht eingetretener Färbung mit Jod nicht schließen, daß kein Glykogen vorhanden ist. Darüber gibt erst die chemische Analyse Aufschluß. Oder man läßt die Organe behufs Sprengung des Gewebes wiederholt gefrieren und wieder auftauen.

b) Quantitative Bestimmung. Zur quantitativen Bestimmung des Glykogens sind eine Reihe Verfahren vorgeschlagen, von denen die von E. Pflüger und Mayrhofer-Polenske zurzeit wohl ausschließlich in Anwendung kommen dürften.

α) Das Brücke-Külzsche Verfahren[1]) besteht im wesentlichen darin, daß 50 g tunlichst fettfreies, fein zerhacktes Fleisch mit 2 g Kaliumhydroxyd in Lösung gebracht werden, die Lösung durch mehrmaliges Fällen mit Kaliumquecksilberjodidlösung von Proteinen befreit und in der Lösung das Glykogen durch Alkohol gefällt und gewogen wird. Dieses Verfahren war auch in die Ausführungsbestimmungen zum Schlachtvieh- und Fleischbeschaugesetz vom 1. April 1903 aufgenommen, ist aber, wie schon oben gesagt, in den neuen Ausführungsbestimmungen vom 22. Februar 1908 nicht mehr enthalten.

β) Das Pflüger-Nerkingsche Verfahren[2]); die kalihaltige und filtrierte Lösung wird mit Jodkalium versetzt, das Glykogen durch Alkohol gefällt, mit 22 proz. Salzsäure invertiert und als Glykose nach Allihn gewichtsanalytisch bestimmt. Gesamtzucker $\times$ 0,927 = Glykogen.

γ) Das Pflügersche Verfahren. E. Pflüger[3]) hat sein Verfahren zuletzt dahin abgeändert, daß er das Glykogen auch polarimetrisch bestimmt und wie folgt verfährt:

100 g Organ werden mit 100 ccm 60 proz. Kalilauge mindestens 3 Stunden[4]) im siedenden Wasserbade erhitzt. Nach Abkühlung füllt man mit Wasser zu 400 ccm auf, fällt in einem größeren Becherglase mit 800 ccm Alkohol von 96% Tr. und läßt den Niederschlag sich über Nacht absetzen. Nachdem die dekantierte Flüssigkeit vom Bodensatz möglichst entfernt ist, gießt man ein großes Volumen Alkohol von 66% Tr. in das Becherglas auf das rohe Glykogen und rührt heftig und lange. Der 66 proz. Alkohol muß auf 1 Liter 1 ccm gesättigte Chlornatriumlösung enthalten, damit sich das Glykogen körnig und schnell absetzt. Nachdem sich das Glykogen abgesetzt hat, wiederholt man das Auswaschen mit 66 proz. Alkohol noch ein zweites und drittes Mal, wäscht dann zweimal mit Alkohol von 96% Tr., einmal mit absolutem Alkohol, dreimal mit absolutem Äther und dreimal mit absolutem Alkohol, wonach das Glykogen schneeweiß geworden ist. Mit wenig heißem Wasser bringt man alsdann das Glykogen in Lösung, macht mit Essigsäure schwach sauer, filtriert nochmals und füllt auf ein bestimmtes Volumen auf. Das Filtrat wird hierauf polarisiert und ein Teil davon, etwa 100 ccm, nach dreistündigem Erhitzen mit 5 ccm Salzsäure von 1,19 spezifischem Gewicht im Wasserbade zur Bestimmung des Zuckers nach Soxhlet verwendet.

Die spezifische Drehung des reinen Glykogens beträgt nach Gatin-Gruzewska[5]) + 196.57°. Hieraus berechnet sich nach der Formel $c = \frac{100\,\alpha}{l\,[\alpha]} = 0{,}509\,\frac{\alpha}{l}$ bei Anwendung eines 2 dm-Rohres für den Halbschattenapparat mit Kreisgradteilung, aus den gefundenen Drehungsgeraden der Gehalt an Glykogen in der angewendeten Menge durch Multiplikation mit 0,255.

---

1) Zeitschr. f. Biologie 1886, **22**, 171.

2) Pflügers Archiv f. d. ges. Physiol. 1899, **75**, 531; 1902, **93**, 163; 1903, **96**, 1.

3) Ebendort 1903, **103**, 169; 1906, **114**, 231.

4) Nach weiteren Untersuchungen von Schöndorff, Junkersdorf und Hesse (Pflügers Archiv f. d. ges. Physiol. 1909, **126**, 578 u. 582) soll eine mindestens 30 proz. Kalilauge bei Leber und Muskel angewendet werden und genügt für diese eine halbstündige Kochdauer.

5) Pflügers Archiv f. d. ges. Physiol. 1904, **102**, 569. Külz fand +211°, Landwehr +213,3°, Huppert +196,33°, Kramer +200,2° (vgl. Landolt Das opt. Drehungsvermögen 1898, S. 540).

δ) Das Verfahren von Mayrhofer-Polenske. Ed. Polenske und E. Baur[1]) haben das ursprüngliche Mayrhofersche Verfahren[2]) abgeändert und in der Weise ergänzt, daß neben dem Glykogen auch gleichzeitig die Stärke bestimmt werden kann.

1. Bestimmung des Glykogens allein. Hierbei verfahren Baur und Polenske wie folgt:

50 g von anhaftendem Fett möglichst befreites, zerhacktes Fleisch werden in einem Becherglase von etwa 400 ccm Inhalt mit 150 ccm alkoholischer Kalilauge übergossen. Letztere wird durch Lösen in Alkohol von 90 Volumprozenten hergestellt. Das mit einem Uhrglas bedeckte Becherglas wird auf einem Wasserbade unter zeitweiligem Umrühren bis zur Lösung der Fleischfaser erwärmt, wozu etwa $^1/_2$ Stunde erforderlich ist. Das Glykogen wird hierbei abgeschieden. Die heiße Flüssigkeit wird mit 100 ccm 50 proz. Alkohol versetzt und nach dem Erkalten[3]) von dem Rohglykogen zweckmäßig mit Hilfe einer Wittschen Filterscheibe abfiltriert. Der Rückstand wird zunächst mit etwa 30 ccm auf 50° erwärmter alkoholischer Kalilauge, alsdann mit 90 proz. kaltem Alkohol so lange gewaschen, bis das Filtrat auf Zusatz einiger Tropfen verdünnter Salzsäure nicht mehr getrübt wird. Nunmehr bringt man den ungelösten Rückstand in einen 110 ccm-Kolben und erwärmt nach Zusatz von 50 ccm wässeriger Normalkalilauge $^1/_2$ Stunde lang auf dem Wasserbade, um das Glykogen zu lösen. Nach dem Erkalten wird die Lösung mit konzentrierter Essigsäure angesäuert, mit Wasser auf das Volumen von 110 ccm gebracht und filtriert. Zu 100 ccm des Filtrats fügt man 150 ccm absoluten Alkohol. Nach 12 Stunden langem Stehen wird das abgeschiedene Glykogen in einem gewogenen Goochschen Platintiegel oder auf einem gewogenen Filter gesammelt und mit 70 proz. Alkohol so lange gewaschen, bis das Filtrat einen Rückstand nicht mehr hinterläßt. Das hierauf mit absolutem Alkohol und schließlich mit Äther gewaschene Glykogen wird zunächst bei 40° und schließlich bei 100° bis zum gleichbleibenden Gewicht getrocknet. In einem Teil des Glykogens ist der Aschengehalt zu bestimmen.

Den Prozentgehalt des Fleisches an Glykogen erhält man durch Multiplikation der gefundenen Menge Glykogen mit 2,2.

2. Bestimmung der Stärke neben Glykogen. Die durch Kalilauge gelöste und mit Alkohol gefällte Stärke löst sich ebenso wie das Glykogen in Wasser, und die Lösung gibt mit Jod eine rein blaue Färbung. Aus dieser Lösung läßt sich die Stärke durch gesättigte Ammoniumsulfatlösung wieder vollständig ausfällen. Der Niederschlag geht mit Wasser nur sehr langsam wieder in Lösung. Das Glykogen wird dagegen erst durch viel größere Ammoniumsulfatlösung (mehr als 2 Volumen) gefällt, und der Niederschlag löst sich in Wasser wieder schnell auf. Dieses Verhalten benutzen Baur und Polenske zur quantitativen Bestimmung der Stärke neben Glykogen in folgender Weise:

Man löst eine gewogene Substanzmenge (0,3—0,5 g) in Wasser (passend nicht mehr als etwa 30—40 ccm), versetzt mit der doppelten Menge kalt gesättigter Ammoniumsulfatlösung, läßt etwa $^1/_2$ Stunde stehen, filtriert den Niederschlag und wäscht ihn dreimal mit halbgesättigter Ammoniumsulfatlösung. Das Filtrat prüft man, bevor die Waschwässer dazu kommen, mit einem Tropfen verdünnter Jodjodkaliumlösung. Die Färbung darf nicht blau ausfallen, sondern muß in der Aufsicht rotviolett, in der Durchsicht bordeauxrot sein. Entsteht blaue Jodreaktion, so setzt man noch etwas gesättigte Ammoniumsulfatlösung zu dem Filtrat und läßt eine Zeitlang stehen. Den entstandenen Niederschlag vereinigt man mit dem auf dem Filter befindlichen, der, wie vorgeschrieben, mit halbgesättigter Ammoniumsulfatlösung gewaschene Stärke-Niederschlag wird auf dem Filter mit

[1]) Arbeiten a. d. Kais. Gesundheitsamte 1906, **24**, 576.

[2]) Forschungsberichte über Lebensmittel 1896, **3**, 141 u. 429.

[3]) Nach E. Pflüger (Pflügers Archiv f. d. ges. Physiol. 1908, **121**, 641) entsteht beim Fällen des Glykogens mit Alkohol zuweilen eine milchige Trübung, die sich als firnisartige Masse an der Wandung oder am Boden ansetzt und mit keiner Zersetzung des Glykogens verbunden ist. Man darf dann nicht eher filtrieren, bis die Flüssigkeit vollständig klar geworden ist.

Natronlauge übergossen und das opalescierende Filtrat in einem Becherglase aufgefangen. Man wäscht das Filter erst mit Natronlauge, sodann einige Male mit Wasser. Darauf wird das Filtrat mit Essigsäure neutralisiert und mit Alkohol gefällt. Der dabei entstehende flockige, rein weiße Niederschlag wird auf gewogenem Filter gesammelt, mit 50 proz. Alkohol und schließlich mit reinem Alkohol gewaschen, bei 100° getrocknet und gewogen.

Will man im Filtrat von der Stärke das Glykogen bestimmen, so verdünnt man dasselbe mit seinem 3—4fachen Volumen Wasser und fällt darauf mit einem gleichen Volumen Alkohol. Den Niederschlag läßt man 12 Stunden absitzen, sodann filtriert man ihn ab. Da er aus einer stark salzhaltigen Lösung abgeschieden wurde, so löst man den mit 50 proz. Alkohol gewaschenen Niederschlag in wenig Wasser. Die erhaltene stark opalescierende Glykogenlösung wird wieder mit Alkohol gefällt, durch ein gewogenes Filter filtriert, mit Alkohol gewaschen, der rein weiße Niederschlag bei 100° getrocknet und gewogen.

Kickton und Murdfield (l. c.) haben das vorstehende Verfahren nachgeprüft und empfehlen das Glykogen aus der Differenz zwischen der Menge Glykogen + Stärke und Stärke allein zu bestimmen; sie konnten unter solcher Anwendung im allgemeinen die Ergebnisse von Baur und Polenske bestätigen, sind indes der Ansicht, daß dieselben bei großen Mengen vorhandener Stärke und einem glykogenarmen Fleisch unsicher werden können.

3. Bestimmung der fettfreien Trockensubstanz des Fleisches. Um die Werte des Glykogens unter sich vergleichbarer zu machen, empfiehlt es sich, sie auf fettfreie Trockensubstanz umzurechnen. Man bestimmt letztere in folgender Weise:

Man bringt etwa 2 g der zu untersuchenden Fleischprobe in eine Mischung von Alkohol und Äther, läßt $^1/_2$ Stunde darin stehen, filtriert und wäscht mit Äther nach. Der Rückstand wird auf 100° erwärmt, wiederum mit Äther gewaschen, bei 110° getrocknet und gewogen. Der so erhaltene Rückstand wird als fettfreie Trockensubstanz angesehen.

Will man die Menge von Glykogen + Traubenzucker (vgl. folgenden Abschnitt 8) auf Traubenzucker berechnet, angeben, so muß man das gefundene Glykogen, da 162 Teile Glykogen 180 Teilen Traubenzucker entsprechen, mit 1,11 multiplizieren.

Nach den früheren Ausführungsbestimmungen zum Schlachtvieh- und Fleischbeschaugesetz vom 22. Februar 1903 sollte die so erhaltene Summe 1% der fettfreien Trockensubstanz der Fleischwaren nicht übersteigen dürfen. Anderenfalls sollte anzunehmen sein, daß Pferdefleisch vorliege. Diese Grenzzahl ist aber nach vorstehenden Ausführungen nicht mehr aufrecht zu erhalten, da auch bei weniger als 1% der fettfreien Trockensubstanz Pferdefleisch vorliegen kann.

8. *Zucker* (Glykose, Traubenzucker).

100 g von anhaftendem Fette möglichst befreites, fein zerhacktes Fleisch werden mit der fünffachen Menge destilliertem Wasser 2 Minuten gekocht und die Masse dann durch ein Koliertuch filtriert. Der auf dem Tuche verbleibende Rückstand wird gut ausgepreßt, in einer Reibschale gründlich verrieben, darauf noch zweimal mit geringeren Mengen Wasser ausgekocht und weiter wie vorstehend behandelt. Nachdem man den schließlich verbliebenen Rückstand gut ausgepreßt hat, dampft man die vereinigten Filtrate auf dem Wasserbade auf weniger als 100 ccm ein und filtriert darauf durch gewöhnliches Filtrierpapier. Das klare Filtrat wird mit Natronlauge schwach alkalisch gemacht und auf 150 ccm aufgefüllt. In einem abgemessenen Teile dieser Lösung wird der Traubenzucker nach Meissl-Allihn (I. Teil, S. 430 aa) bestimmt.

Loewenstein und Daune[1]) verfahren in ähnlicher Weise; nur die angewendete Menge Fleisch (300 g) und die Art des Auskochens ist etwas verschieden. E. Baur[2]) benutzt die gelbrote und rosenrote Färbung, welche auf Zusatz von Schwefelsäure und alkoholischer Thymol-

---

[1]) Nach Journ. Amer. Chem. Soc. 1908, **30**, 1451 in Zeitschr. f. Untersuchung d. Nahrungs- u. Genußmittel 1909, **17**, 277.

[2]) Arbeiten a. d. Kais. Gesundheitsamte 1909, **30**, 63.

lösung zu Zuckerlösungen entsteht und spektralanalytisch untersucht werden kann, zur quantitativen Bestimmung des Zuckers im Fleisch. Hierauf möge nur verwiesen sein.

Ed. Polenske[1]) verwirft sowohl die gewichtsanalytische als titrimetrische Bestimmung des Zuckers im Fleisch mit Fehlingscher Lösung und hält das von Peska abgeänderte Pavysche Verfahren, die Fällung mit ammoniakalischer Kupferlösung, für richtiger.

Peska verwendet zwei Lösungen, die, im Dunkeln aufbewahrt, sich wochenlang halten. 500 ccm der einen Flüssigkeit enthalten 6,927 Kupfersulfat und 1,60 ccm 25 proz. Ammoniak; 500 ccm der anderen Flüssigkeit 34,5 g Seignettesalz und 10 g Natronhydrat. Die Ausführung des Verfahrens ist folgende: Je 50 ccm der beiden Lösungen werden in einem Becherglase vereint, sogleich mit einer etwa $^1/_2$ cm hohen Schicht von farblosem Paraffinöl bedeckt und auf 85° C erwärmt. Zu der heißen tiefblauen Flüssigkeit läßt man aus einer Bürette von der zu prüfenden Zuckerlösung genau soviel einfließen, als zur Entfärbung derselben erforderlich ist. Die Reaktionszeit nach jedesmaligem Zusatze dauert bei 85° 2 Minuten. Nach dem ersten Zusatze, der nur einen oder wenige Kubikzentimeter betragen darf, gibt die mehr oder weniger starke Abschwächung der blauen Farbe eine Handhabe für den ferneren Zusatz. Ist durch den ersten Versuch, der etwas mehr Zeit in Anspruch nimmt, das zur Entfärbung erforderliche Volumen der Zuckerlösung festgestellt, so lassen sich die folgenden genauen Versuche innerhalb 5 Minuten ausführen. Der Kupfergehalt ist so bemessen, daß Zuckerlösungen von 1—0,1% Gehalt verwendet werden können; die genauesten Resultate werden mit farblosen, etwa halbprozentigen Lösungen erzielt.

Die Fleischauszüge werden auf folgende Weise hergestellt:

200 g frisches, fein gehacktes Fleisch werden mit 600 ccm kaltem Wasser zu einem gleichmäßigen Brei zerrührt. Frischem Fleische, welches bereits sauer reagiert, werden noch 4 Tropfen Essigsäure zugesetzt; Pökelfleisch von alkalischer Reaktion wird mit Essigsäure deutlich angesäuert. Nach Verlauf einer halben Stunde wird die Masse unter beständigem Rühren bis zum Kochen erhitzt und 2 Minuten im Sieden erhalten. Halb erkaltet, wird das Ganze durch ein passendes, angefeuchtetes Tuch von dünnem Flanell geseiht. Nachdem der Rückstand mit den Händen so stark als möglich ausgepreßt worden ist, wird derselbe noch zweimal mit je 200 ccm Wasser zerrieben und wie vorher behandelt. Die drei Auszüge werden nacheinander durch ein genäßtes Filter gegossen, dann mit einem Eßlöffel voll wirksamer Tierkohle versetzt und auf dem Wasserbade bis zu etwa 250 ccm verdunstet. Der auf einem Filter gesammelten Kohle wird durch Auswaschen mit mindestens 250 ccm kochend heißem Wasser der Zucker entzogen. Das Waschwasser wird soweit verdunstet, daß der ganze Fleischauszug fast 300 ccm beträgt. Die erkaltete, sauer reagierende Flüssigkeit wird mit Ammoniak schwach übersättigt und auf 300 ccm aufgefüllt. Nach Verlauf einer Viertelstunde wird die Flüssigkeit von dem entstandenen Niederschlage abfiltriert und sofort mit einigen Tropfen Eisessig neutralisiert. Die so erhaltenen Fleischauszüge sind fast farblos. Der Pökellake wird häufig Rohrzucker zugesetzt. Um diesen im Pökelfleisch zu bestimmen, wird der Fleischauszug durch halbstündiges Erhitzen von 100 ccm mit 2 ccm Salzsäure von der Dichte 1,124 im Wasserbade invertiert. Auch bei frischem Fleisch wird hierbei eine gewisse Menge reduzierenden Zuckers gebildet; das Glykogen wird unter diesen Umständen nur wenig verzuckert.

J. Bang[2]) hat für die Zuckerbestimmung, besonders im Harn, vorgeschlagen, den reduzierenden Zucker dadurch zu ermitteln, daß man das reduzierte Kupferoxydul nicht gewichtsanalytisch, sondern titrimetrisch bestimmt. In einem ersten Vorschlage hatte er empfohlen, das nicht reduzierte Kupferoxyd in der Lösung durch eine Hydroxylaminlösung von bestimmtem Gehalt zu reduzieren und von der zugegebenen Kupferoxydlösung abzuziehen, um aus der Differenz die Menge des reduzierenden Zuckers zu berechnen. Da dieses Verfahren manche Übelstände besitzt, hat er es dahin abgeändert, daß er das gebildete Kupferoxydul durch eine Jodlösung von bekanntem Gehalt titrimetrisch bestimmt. Die Kupferstammlösung wird in der Weise hergestellt,

---

[1]) Arbeiten a. d. Kais. Gesundheitsamte 1898, **14**, 149.

[2]) Biochem. Zeitschr. 1913, **49**, 1.

daß man 160 g $KHCO_3$, 100 g K_2CO_3 und 66 g KCl mit etwa 700 ccm Wasser bei 30° löst, hierzu 100 ccm einer 4,4 proz. Lösung von $CuSO_4 + 5 H_2O$ setzt und bis zu 1 l auffüllt. Ferner ist eine Stärkelösung und eine $^1/_{100}$ N.-Jodlösung erforderlich, die durch Verdünnen einer $^1/_{10}$ N.-Jodlösung mit ausgekochtem Wasser hergestellt wird.

Da das Verfahren noch wenig nachgeprüft zu sein scheint, so möge bezüglich der Ausführung auf die Quelle verwiesen werden.

9. Inosit (Hexahydrohexaoxybenzol). Zu seiner Gewinnung bzw. annähernden quantitativen Bestimmung benutzt man die nach Abscheidung des Kreatins (I. Teil, S. 313) erhaltene Flüssigkeit[1]. Man kocht den wässerigen Fleischauszug behufs Abscheidung des Albumins, fällt mit Barytwasser, entfernt den Überschuß an Baryt durch Kohlensäure, filtriert, dampft ein, läßt das Kreatin auskristallisieren und versetzt die Mutterlauge kochend mit dem 1—4fachen Volumen Alkohol. Entsteht hierdurch ein starker, am Glase haftender Niederschlag, so gießt man die heiße alkoholische Lösung einfach ab; entsteht aber ein flockiger, nicht klebriger Niederschlag, so filtriert man sie durch einen vorher erhitzten Trichter und läßt erkalten. Hierbei scheiden sich nach etwa 24 Stunden Inositkristalle ab, die mit wenig kaltem Alkohol abgewaschen werden. Die vorherige flockige Abscheidung wird in wenig kochendem Wasser gelöst, die heiße Lösung nochmals mit dem 3—4fachen Volumen Alkohol gefällt und diese Fällung mit der letzten vereinigt.

Haben sich überhaupt keine Inositkristalle abgeschieden, so versetzt man das klare alkoholische Filtrat nach und nach unter Umschütteln mit Äther — ein Überschuß schadet nicht —, bis eine geringe milchige Trübung nicht verschwindet, und läßt 24 Stunden stehen, wobei sich der Inosit in perlmutterglänzenden Blättchen abscheidet.

Die Krystalle sind unlöslich in Alkohol und Äther, löslich in 75 Teilen Wasser und schmelzen bei 225°. Die wässerige Lösung schmeckt zwar süß, löst auch Kupferhydroxyd, reduziert es aber nicht und wird durch Hefe nicht vergoren. Verdunstet man eine kleine Menge der ziemlich reinen Krystalle mit Salpetersäure (1,2) auf dem Platinblech bis fast zur Trockne, fügt zum Rückstande etwas Ammoniak sowie einen Tropfen Chlorcalciumlösung (10 prozentig) und dampft vorsichtig zur Trockne, so erhält man eine schön rosarote Färbung von Rhodizonsäure (Scherer). Seidel verwendet statt Chlorcalcium wenige Tropfen einer Strontiumacetatlösung, wodurch eine Grünfärbung mit violettem Niederschlag entsteht. E. Salkowski[2]) setzt neben dem Chlorcalcium einen Tropfen einer 1—2 proz. Platinchloridlösung zu, wodurch das Auftreten einer rosaroten bis ziegelroten Färbung befördert wird. Beim Erkalten wird die Farbe orange, beim Erwärmen tritt aber die Rotfärbung wieder hervor.

10. ∂-Milchsäure (Fleischmilchsäure, Paramilchsäure). Auch für ihre Bestimmung[3]) wird der wässerige Auszug[4]) aus den Muskeln bzw. Organen verwendet. Das tunlichst fein zerhackte Fleisch wird mehrmals mit Wasser ausgezogen, zuletzt ausgepreßt, der Auszug behufs Abscheidung des Albumins nach schwacher Ansäuerung mit Schwefelsäure gekocht, filtriert, das Filtrat solange mit Bariumhydroxyd versetzt, als noch ein Niederschlag entsteht, das überschüssige Bariumhydroxyd durch Kohlensäure unter Kochen ausgefällt und das Filtrat bei etwa 70° zum dünnen Sirup eingedampft. Den Sirup mischt man mit absolutem Alkohol, fügt nach und nach bis mindestens zum 10fachen Volumen des Sirups Alkohol hinzu, läßt kurze Zeit stehen und gießt die alkoholische Lösung ab. Der Rückstand

---

[1]) Vgl. H. Thierfelder, Hoppe-Seylers Handbuch d. physiol. u. pathol.-chem. Analyse 1903, S. 220.

[2]) Zeitschr. f. physiol. Chemie 1910, **69**, 478.

[3]) Vgl. H. Thierfelder, Hoppe-Seylers Handbuch 1903, S. 66.

[4]) A. Heffter hat (Archiv f. experim. Pathol. u. Pharmakol. 1897, **31**, 225) gefunden, daß durch Ausziehen des frischen Muskelfleisches mit Alkohol statt mit Wasser höhere Werte für Milchsäure erhalten werden.

wird in wenig Wasser wieder gelöst und abermals in gleicher Weise mit Alkohol behandelt. Von den abgegossenen und filtrierten alkoholischen Lösungen wird der Alkohol abdestilliert und der Rückstand zuletzt auf dem Wasserbade vollständig von Alkohol befreit. Nach dem Erkalten fügt man zum rückständigen Sirup ungefähr das gleiche Volumen mäßig verdünnter Phosphorsäure, bringt die Mischung in einen Schütteltrichter oder in einen Perforationsapparat (vgl. I. Teil, S. 468) und zieht ihn wiederholt bzw. längere Zeit mit Äther aus. Nachdem aus diesen Ätherauszügen, die auch etwas Phosphorsäure aufgenommen haben, der Äther abdestilliert ist, löst man den Rückstand in Wasser, kocht die Lösung einige Zeit mit Zinkcarbonat, filtriert, wäscht mit heißem Wasser aus, dampft das Filtrat auf dem Wasserbade zu einem kleinen Volumen ein und läßt es zur Krystallisation stehen; durch Zusatz von etwas Alkohol zur Mutterlauge und durch Stehenlassen kann man weitere Kristalle erhalten. Aus der heißen, wässerigen Lösung des Zinksalzes kann durch Schwefelwasserstoff das Zink als Sulfid ausgefällt und nach Filtration und Verdampfen des Filtrates auf dem Wasserbade zum Sirup die Milchsäure erhalten werden. Oder man zerlegt das Zinksalz mit Schwefelsäure und zieht wiederholt mit Äther aus (vgl. I. Teil, S. 460).

Mondschein[1]) gibt an, daß die Milchsäure im Fleisch auch z. T. an Protein gebunden ist und bestimmt die freie und gebundene Milchsäure wie folgt:

50 g fein zerhacktes Fleisch werden in 60—80 ccm Wasser suspendiert, durch Aufkochen koaguliert, das Coagulum auf eine Nutsche gebracht und 3 mal bzw. so häufig mit kochendem Wasser gewaschen, bis keine saure Reaktion mehr nachweisbar ist. Das Filtrat wird mit $^1/_{10}$ N.-Lauge unter Zusatz von Phenolphthalein als Indikator titriert.

Das scharf abgenutschte Coagulum wird vom Filter genommen, mit 50 ccm Wasser in einem Becherglase verteilt und mit 10 ccm 10 proz. Natronlauge versetzt. Die entstehende stark schaumige Gallerte wird unter Vermeidung von Überschäumen aufgekocht, wodurch sich die ganze Masse bis auf einige Klümpchen verflüssigt, man versetzt mit 100 ccm einer gesättigten Kochsalzlösung, kocht auf und sättigt in der Siedehitze mit festem Kochsalz. Der entstehende klumpige Niederschlag wird abgenutscht, mit einer heißen gesättigten Kochsalzlösung gut gewaschen, und das Filtrat in einen $^1/_2$ l-Kolben bis zur schwach sauren Reaktion mit Schwefelsäure versetzt, wodurch der in Lösung gegangene Proteinrest ausgefällt wird. Von der gekochten und auf 500 ccm aufgefüllten Lösung, die etwa 1% Schwefelsäure enthalten muß, wird die Hälfte durch ein trockenes Faltenfilter abfiltriert, das Filtrat zum Sieden erhitzt und nach v. Fürth und Charnass tropfenweise mit $^1/_{10}$ N.-Kaliumpermanganatlösung versetzt. Hierdurch entsteht aus der Milchsäure nach der Gleichung $CH_3 \cdot CH \cdot OH \cdot COOH = CH_3 \cdot CHO + CO_2 + H_2O$ ein Acetaldehyd, welches nach Kippers (vgl. unter Wein) mit Bisulfitlösung und $^1/_{10}$ N.-Jodlösung titriert wird (1 ccm $^1/_{10}$ N.-Jodlösung = 0,005 g Milchsäure). Auf diese Weise fand J. Mondschein rund 33% Milchsäure mehr im Muskelfleisch als durch alleinige Berücksichtigung der freien Milchsäure.

J. Mondschein zeigt auch, wie sich die Milchsäure auch neben β-Oxybuttersäure, die ebenfalls im Fleisch spurenweise vorkommen soll, bestimmen läßt.

11. Bestimmung der Zustandsänderungen des Fleisches (Quellungskurve). O. v. Fürth und E. Lenk[2]) benutzen die Eigenschaft des Muskels, nach dem Absterben eine steigende Wasser- oder Neutralsalzlösung aufzunehmen, deren Menge nach einer gewissen Zeit wieder mehr oder weniger jäh abfällt, zur Bestimmung der Zustandsänderungen bzw. des Alters oder der Art der Aufbewahrung des Fleisches. Man schneidet mittels eines Doppelmessers, das einen festen Klingenabstand hat, einen Fleischwürfel aus, wägt ihn und legt ihn sodann in das Quellungsmedium (Wasser oder Kochsalzlösungen von 5—30 %). Nach Ablauf einer bestimmten Zeit (mindestens einer Stunde) wird der Würfel vorsichtig mit Hilfe eines Spatels aus der Flüssigkeit gehoben, auf gehärtetes Filtrierpapier übertragen, durch vorsichtiges Abtupfen vollständig von der anhaftenden Flüssigkeit befreit und wieder

[1]) Biochem. Zeitschr. 1912, **42**, 105 bzw. 91.

[2]) Zeitschr. f. Untersuchung d. Nahrungs- u. Genußmittel 1912, **24**, 189.

im Wägegläschen gewogen. Wird diese Behandlung nach einem verschieden langen Verweilen im flüssigen Medium wiederholt, und die Zeit als Abscisse und die prozentuale Gewichtsveränderung als Ordinate aufgetragen, so erhält man die Quellungskurve. Sie erreicht, wenn die Quellung eines Säugetiermuskels in einer verdünnten Kochsalzlösung erfolgt, nach einem mehr oder minder steilen Anstiege nach 20—30 Stunden einen Höchstwert, um sich dann wieder mehr oder weniger rasch zur Abscisse abzusenken. Innerhalb des lebenden Tierkörpers ist der osmotische Druck annähernd gleich dem einer physiologischen, 0,85—0,90 proz. Kochsalzlösung. Der etwa 15 Stunden aufbewahrte Muskel aber ist befähigt, den osmotischen Druck einer 25 proz. Kochsalzlösung zu überwinden und aus dieser Wasser zu entziehen. Erst der osmotische Druck einer 30 proz. Kochsalzlösung erweist sich höher als die Quellkraft des veränderten Muskels. Diese Tatsache und die weitere Erscheinung, daß alle Vorgänge, welche die Spontangerinnung des Muskeleiweißes bewirken, die Fähigkeit des toten Muskels, Quellungswasser zu binden, herabsetzen, hintanhalten oder aufheben bzw. eine Entquellung bewirken, haben ihren Grund in der postmortalen Bildung von Milchsäure, welche die Wasseraufnahme der Fleischkolloide erhöht, und in der durch die Milchsäure bewirkten Gerinnung des Muskeleiweißes, welche die Wasseraufnahme bzw. das Quellungsvermögen bzw. den osmotischen Druck herabsetzt. Die Säurebestimmung im Fleisch kann die Dauer und Art der Aufbewahrung nicht in dem Maße wie das Quellungsvermögen zum Ausdruck bringen, weil ein Teil der gebildeten Milchsäure durch Albumin gebunden wird (siehe vorstehend).

E. Salkowski[1]) hat gefunden, daß die Paramilchsäure des Fleisches beim Aufbewahren von Fleischauszügen bzw. Fleischerzeugnissen (Meat Juice) unter Bildung des Magnesiumsalzes allmählich in inaktive Milchsäure übergeht.

B. Nachweis von Frischhaltungsmitteln und Farbstoffen.

1. Nachweis von Frischhaltungsmitteln. Die bei Fleisch und Fleischwaren verbotenen Frischhaltungsmittel sind schon I. Teil, S. 591 aufgeführt; auch ihr Nachweis bzw. ihre quantitative Bestimmung ist nach den amtlichen und sonstigen Vorschriften schon I. Teil, S. 591—609, beschrieben, worauf also verwiesen werden kann.

Statt der verbotenen Frischhaltungsmittel werden jetzt vielfach Benzoesäure, benzoesaures Natrium, Aluminiumsalze und Natriumphosphat angewendet; über ihren Nachweis vgl. I. Teil, S. 609 u. ff.

Die Benzoesäure bzw. ihre Salze werden durchweg in Gemeinschaft mit Dinatriumphosphat und anderen Salzen zur Frischhaltung des Fleisches verwendet. K. B. Lehmann[2]) behauptet aber auf Grund seiner und anderer Untersuchungen, daß solche Konservesalze gleich den Sulfiten (II. Bd., 1904, S. 455) nur die Farbe, nicht aber die Frische zu erhalten vermögen. Die Benzoesäure ist nach ihm in gesundheitlicher Hinsicht unbedenklich, empfehle sich aber — selbstverständlich unter Deklaration — als Frischhaltungsmittel nur da, wo es, wie bei der Margarine und den Fruchtsäften bzw. eiweißarmen und saueren Stoffen, auf Verhütung der Schimmelbildung ankomme.

Was den Nachweis der Benzoesäure, besonders neben Salicylsäure und Zimtsäure, anbelangt, so haben v. d. Heide und Jakob[3]) darüber — nach dem Erscheinen des I. Teils — weitere Untersuchungen angestellt, die zwar vorwiegend für Wein gelten, hier aber Platz finden mögen, weil sie auch für Fleisch und andere Nahrungsmittel Anwendung finden können. v. d. Heide und Jakob reinigen den durch Äther aus den mit Schwefelsäure angesäuerten Untersuchungsgegenständen erhaltenen Auszug in der Weise, daß man ihn im Scheidetrichter zunächst 3 mal mit Wasser wäscht, darauf den rückständigen

---

[1]) Zeitschr. f. physiol. Chemie 1910, **69**, 471.

[2]) Chem.-Ztg. 1911, **35**, 1297 u. 1344. Hier gibt K. B. Lehmann eine Übersicht über den Nachweis und die physiologische Wirkung der Benzoesäure, worauf verwiesen sei.

[3]) Zeitschr. f. Untersuchung d. Nahrungs- u. Genußmittel 1910, **19**, 137.

Äther mit 2—5 ccm $^1/_4$ N.-Natronlauge bzw. soviel, daß die Lösung nach dem Schütteln alkalisch reagiert, versetzt und so die Benzoesäure dem Äther wieder entzieht. Diese wässerige alkalische Lösung wird in einem Porzellanschälchen auf dem Wasserbade erwärmt und durch anteilweisen Zusatz von Permanganat oxydiert, bis die Rotfärbung einige Minuten bestehen bleibt. Hierbei bleibt die Benzoesäure — auch Essigsäure und Bernsteinsäure — unverändert. Die Salicylsäure wird zerstört, die Zimtsäure in Benzoesäure übergeführt. Die oxydierte Lösung wird durch schweflige Säure von überschüssigem Permanganat befreit, wieder angesäuert, mit Äther ausgeschüttelt, dem Äther wie vorhin durch Schütteln mit 2—5 ccm $^1/_4$ N.-Alkali die Benzoesäure entzogen, die schwach alkalische Lösung in ein Reagensglas gebracht und in einem geeigneten, auf 110—115° erhitzten Bade zur Trockne verdampft.

Zu dem erkalteten Trockenrückstand gibt man dann 5—10 Tropfen (nicht mehr) konzentrierter Schwefelsäure und eine Messerspitze voll Kaliumnitrat hinzu. Dann erhitzt man das Gemisch 10 Minuten im Glycerinbade auf 120—130° [1]). Auf keinen Fall überschreite man diese Temperatur, weil die Mohlersche Reaktion mit steigender Temperatur undeutlicher wird und schließlich überhaupt nicht mehr eintritt. Nunmehr läßt man die nitrierte Flüssigkeit erkalten, fügt etwa 1 ccm Wasser hinzu und macht deutlich ammoniakalisch. Bei Gegenwart größerer Benzoesäuremengen tritt jetzt schon eine von Dinitrobenzoesäure herrührende Gelbfärbung auf; doch ist diese Färbung noch kein sicherer Beweis für das Vorhandensein von Benzoesäure, da das Gelbwerden mitunter auch in benzoesäurefreien Lösungen zu beobachten ist. Man kocht die ammoniakalische Lösung auf, um etwa gebildetes Ammoniumnitrit zu zerstören. Dann kühlt man ab und läßt vorsichtig einen Tropfen Schwefelammonium auf die Flüssigkeitsoberfläche auffließen. Ist Benzoesäure vorhanden, so erhält man jetzt einen mehr oder weniger intensiv gefärbten rotbraunen Ring. Beim Schütteln teilt sich die Farbe der ganzen Flüssigkeit mit. Ist nur sehr wenig (unter 1 mg) Benzoesäure vorhanden, so tritt nur eine schwach rotbraungelbe, aber immer deutlich erkennbare Färbung ein. Doch tut man in diesem Falle gut, nochmals eine größere Substanzmenge der Prüfung zu unterziehen. Erhitzt man jetzt die rotbraune Flüssigkeit, so muß, wenn die Färbung in der Tat von Benzoesäure herrührt, infolge der Zerstörung der Amidosäure die Lösung sich rasch aufhellen und schließlich einem grünlichgelben Farbenton Platz machen[2]). Diese Reaktion ermöglicht die Unterscheidung der Benzoesäure von der Salicyl- und Zimtsäure, da diese beiden Säuren hitzebeständige Amidoverbindungen bei der oben angegebenen Behandlung bilden. Auf diese Weise läßt sich noch 1 mg Benzoesäure mit Sicherheit nachweisen. (Bei Verwendung von reinen Benzoesäurelösungen bekommt man noch mit 0,5 mg tief rotbraune und mit 0,1 mg noch deutlich braungelbe Färbungen.)

Die Reaktion von A. Jonescu[3]) führen v. d. Heide und Jakob in folgender Weise aus: die freie Benzoesäure enthaltende Lösung wird auf je 1 mg Benzoesäure mit 3—5 Tropfen einer etwa 0,4 proz. Wasserstoffsuperoxydlösung versetzt und im Wasserbade 5 Minuten erhitzt. Nach dem Abkühlen setzt man einige (+ 3) Tropfen einer 1 proz. Ferrichloridlösung hinzu, worauf sofort oder nach kurzem Stehen die Violettfärbung auftritt. Die gleiche Färbung tritt nach einiger Zeit allmählich auf, wenn man Benzoesäure mit entsprechenden Mengen von Wasserstoffsuperoxyd und Ferrichlorid in der Kälte stehen läßt.

Um Salicylsäure, Benzoesäure und Zimtsäure nebeneinander nachzuweisen, verfahren v. d. Heide und Jakob wie folgt:

1. In einer Probe wird die Salicylsäure durch Chloroform ausgeschüttelt, indem man auf etwa 50 ccm wässerige Lösung (oder Wein) 10 ccm 20 proz. Schwefelsäure und 30 ccm Chloroform in einem Scheidetrichter anwendet. Man läßt das Chloroform neben etwa entstandener Emulsion nach der Durchschüttelung in einen zweiten Scheidetrichter ab, beseitigt die Emulsion durch

[1]) Nach neueren Beobachtungen genügt auch schon ein 20 Minuten langes Erhitzen im siedenden Wasserbade.

[2]) Diese Zersetzung tritt auch beim Stehen in der Kälte nach einiger Zeit ein.

[3]) Journ. Pharm. Chim. 1909 [5], 29, 523.

Zusatz von Alkohol, führt das Chloroform in einen dritten Scheidetrichter über, reinigt es durch mehrmaliges Durchschütteln mit 2—3 ccm Wasser, schließlich gibt man wieder 2—3 ccm Wasser und, ohne zu verdunsten, einige Tropfen einer 0,05 proz. Ferrichloridlösung hinzu. Nach kräftigem Durchschütteln zeigt sich die Gegenwart von Salicylsäure durch Violettfärbung der Wasserschicht an.

2. Eine zweite alkalisch gemachte Probe wird eingedampft, dann angesäuert und mit Äther ausgeschüttelt. Dem Äther werden die in Lösung gegangenen Säuren mit Lauge entzogen. Die schwach alkalische Lösung wird zunächst auf dem Wasserbade erhitzt, um den Äther vollständig zu entfernen. Man läßt abkühlen und versetzt in der Kälte mit wenigen Tropfen Permanganat, wodurch Zimtsäure in Benzaldehyd übergeführt und am Geruch erkannt wird. Dann oxydiert man auf dem Wasserbade zu Ende, wobei der Benzaldehyd in Benzoesäure übergeführt und etwa vorhandene Salicylsäure zerstört wird. Nunmehr behandelt man die Lösung mit schwefliger Säure, säuert an und äthert aus. Schließlich führt man zum Nachweis von Benzoesäure die Mohlersche Reaktion aus.

Es ergibt sich aus dem Gesagten, daß nach diesem Verfahren eine Erkennung der Benzoesäure neben Zimtsäure nicht gelingt, weil ja dabei die Zimtsäure zunächst in Benzoesäure übergeführt wird.

Zu einer Entscheidung der Frage, ob in diesem Falle auch Benzoesäure vorhanden ist, gelangt man auf folgendem Wege mit Hilfe der Reaktion von Jonescu: 50 ccm Wein (bzw. sonstige Stoffe) werden alkalisch gemacht, ausgezogen (und bei Wein entgeistet). Hierauf wird der eingedampfte Auszug bzw. Rückstand mit Schwefelsäure angesäuert und im Wasserdampfstrom destilliert. Das Destillat wird neutralisiert, eingedampft, angesäuert und mit Äther ausgezogen. Der ätherische Auszug wird mit Wasser gewaschen und unter Zugabe von 0,5 ccm Wasser verdunstet. Der wässerige Rückstand wird schließlich nach dem Verfahren von Jonescu geprüft. Ein positiver Ausfall zeigt die Gegenwart von Benzoesäure an. Tritt keine Violettfärbung ein, so ist jedoch die Abwesenheit von Benzoesäure nicht sicher bewiesen, weil die Reaktion von Jonescu nur bei Anwesenheit von verhältnismäßig größeren Mengen Benzoesäure auftritt.

A. Krüger[1]) schlägt zum qualitativen und quantitativen Nachweise von Benzoesäure im Fleisch folgendes Verfahren vor:

„50 g Hackfleisch werden in einem Rundkolben von $^1/_2$ Liter Inhalt nach dem Zerdrücken gröberer Klumpen mit 45 ccm 70 proz. Schwefelsäure übergossen[2]). Der Kolben wird darauf sofort in einen zur Wasserdampfdestillation vorbereiteten Apparat eingefügt und unter bisweiligem Bewegen vorsichtig erhitzt. Das Drahtnetz, auf welchem er steht, ist mit einer kreisförmig ausgeschnittenen Asbestplatte bedeckt, welche nur die Flüssigkeit für die Einwirkung der Flamme freiläßt. Wenn die Mischung klar geworden ist, wird die Niveauhöhe durch eine Marke bezeichnet und Dampf eingeleitet. Man destilliere 500 ccm in etwa $1^1/_4$ Stunden ab. Die Erhitzung des Kolbens wird dabei so geregelt, daß der ursprüngliche Flüssigkeitsstand sich nicht wesentlich ändert. Das Destillat, welches kalt abgelaufen sein muß, wird durch ein glattes Filter gegossen und letzteres mit wenig kaltem Wasser ausgewaschen. Nachdem das Filter darauf mit Natronlauge schwach alkalisch gemacht worden ist, wird es auf dem Wasserbade zu einem kleinen Volum eingeengt und in eine Porzellanschale von 100 ccm Inhalt verlustlos übertragen. In dieser wird die Flüssigkeit auf dem kochenden Wasserbade mit einer kalt gesättigten Chamäleonlösung in kleinen Anteilen und unter Umrühren so lange versetzt, bis die Rotfärbung fünf Minuten bestehen bleibt. Der Chamäleonüberschuß wird nun durch Zusatz von Natriumsulfitlösung entfernt und die Flüssigkeit auf etwa 10 ccm eingeengt. Man läßt darauf den erkalteten Inhalt der Schale möglichst vollständig in einen zylindrischen Scheidetrichter ablaufen und säuert ihn mit verdünnter Schwefelsäure (1 + 3) an. Darauf wird der ausgeschiedene Braunstein einschließlich der noch an der Schale haftenden Reste mit kalt gesättigter Natriumsulfitlösung und verdünnter Sohwefelsäure aufgelöst, und zwar so, daß die in kleinen Anteilen zuzugebenden Reagenzien immer erst zum Nachspülen des Schälchens dienen. Die so erhaltene

[1]) Zeitschr. f. Untersuchung d. Nahrungs- u. Genußmittel 1913, **26**, 12.

[2]) Frisches Hackfleisch enthält 70—75% Wasser. Ein wesentlich abweichender Wassergehalt ist durch entsprechende Änderung der Säurekonzentration auszugleichen.

Benzoesäurelösung, welche nur 15 bis 20 ccm betragen soll, wird nun dreimal mit der ihr gleichen Menge Äther-Petroläther, welcher auf Reinheit und Leichtflüchtigkeit geprüft worden ist, ausgeschüttelt. Die vereinigten Auszüge werden dreimal mit 3 ccm Wasser gewaschen und durch Schütteln mit einer kleinen Messerspitze Tragantpulver völlig entwässert. Nachdem man darauf die Lösung unter Nachspülen des Scheidetrichters mit Äther-Petroläther in eine gewogene Glasschale gegossen hat, wird dieselbe der freiwilligen Verdunstung überlassen, zwei Stunden über Natronkalk gestellt und gewogen. Zur Kontrolle wird der Schaleninhalt mit wenig genau neutralisiertem Alkohol gelöst und nach Zugabe von Phenolphthaleinlösung mit $^1/_{10}$ N.-Natronlauge titriert. Wenn weniger als 30 mg gewogen sind, liegt das Resultat erfahrungsgemäß zu hoch. In diesem Falle ist durch Sublimation der Substanz ein einwandfreies Ergebnis zu erhalten."

Für die Gewinnung der Benzoesäure aus Hackfleisch zum Zwecke des qualitativen Nachweises ist der erste Teil dieser Methode, das Auschließungs- und Destillationsverfahren, mit Vorteil zu verwenden. Der zweite Teil dagegen, welcher sich auf die Reindarstellung der Benzoesäure aus dem Destillate bezieht, beansprucht für diesen Zweck einen zu großen Zeitaufwand. Statt dessen kann nach folgender Vorschrift gearbeitet werden.

„Das Destillat, von dem nur 200 ccm aufgefangen sind, schüttelt man nach dem Filtrieren mit 100 ccm Benzol aus und entzieht dem Benzol wieder die Benzoesäure durch Schütteln mit etwa 20 ccm einer sehr schwachen Sodalösung. Das Benzol wird ohne weiteres zu einer zweiten Ausschüttelung des Destillates verwendet und ihm die aufgenommene Benzoesäure wiederum mit Hilfe der schon verwendeten Sodalösung entzogen. Die so erhaltene alkalische Benzoatlösung wird nunmehr auf dem Wasserbade tropfenweise mit einer 5proz. Permanganatlösung so lange versetzt, bis eine schwache Rotfärbung 5 Minuten bestehen bleibt. Der Chamäleonüberschuß wird mit Hilfe einer sehr verdünnten Natriumsulfitlösung gerade zerstört und der ausgeschiedene Braunstein durch Abfiltrieren entfernt. In der so gewonnenen Flüssigkeit findet sich der größere Teil der Benzoesäure in sehr reiner Form vor und kann durch die bekannten Nachweisverfahren festgestellt werden."

L. Medri[1]) empfiehlt zum Nachweise von verbotenen Frischhaltungsmitteln in Fleisch und Wurst die Dialyse in folgender Ausführung:

1. 50 g Fleisch oder Wurst werden fein gehackt und in einem 300 ccm-Kolben mit 50 ccm Wasser und 1 g wasserfreier Soda 15—20 Minuten lang durch Einleitung von Wasserdampf erhitzt, dann kühlt man schnell unter fließendem Wasser ab, wodurch das abgeschiedene Fett sich als fester Kuchen an der Oberfläche abscheidet. Man hebt den Fettkuchen ab, gießt die Flüssigkeit durch Gaze und preßt den Rückstand gelinde aus. Die vereinigten Lösungen werden direkt der Dialyse unterworfen. Das Dialysat wird benutzt zum Nachweise von Borsäure, Salpeter, Fluorverbindungen, Salicylsäure und Benzoesäure.

2. 50 g feingehackte Fleischmasse werden mit 50 ccm Wasser und 1 g sirupöser Phosphorsäure in der Kälte gut durchgearbeitet, der Brei durch Gaze filtriert und die ablaufende Flüssigkeit dialysiert. Bei diesem Verfahren wird das Fett nicht vollständig entfernt, hindert aber nicht die Dialyse. Das Dialysat dient zum Nachweise von schwefliger Säure und Formaldehyd.

2. *Nachweis von Farbstoffen.* Nach der Bekanntmachung vom 18. Februar 1902 ist auf Grund des § 21, Abs. 2 des Gesetzes betreffend die Schlachtvieh- und Fleischbeschau vom 3. Juni 1900 ebenso wie der Zusatz der aufgeführten Frischhaltungsmittel so der von Farbstoffen jeder Art verboten; nur die Färbung der Margarine und der Wursthüllen ist erlaubt, sofern diese Verwendung nicht anderen Vorschriften zuwiderläuft. Es braucht daher im Fleisch und den Fleischwaren nur fremder Farbstoff, nicht aber die Art desselben nachgewiesen zu werden. Die amtliche Vorschrift hierfür ist bereits I. Teil, S. 551 mitgeteilt. Auch sind dort S. 551—584 die Verfahren zur Erkennung der gebräuchlichsten Farbstoffe beschrieben.

---

[1]) Zeitschr. f. Untersuchung d. Nahrungs- u. Genußmittel 1912, **23**, 468.

A. Kickton und W. Koenig[1]) haben gefunden, daß nach der amtlichen Vorschrift der Farbstoff, obschon er schon äußerlich zu erkennen ist, nicht immer auf Wolle ausgefärbt werden kann. — In der Ausfärbung des Farbstoffs auf Wolle liegt aber der Kernpunkt des Nachweises. — Wenn sie dann aber die Natriumsalicylat-Glycerinlösung mit dem 10—20fachen Volumen Wasser verdünnten, trat selbst in diesen verdünnten Lösungen eine starke Färbung des Wollfadens auf, die auch durch Wasser, Alkohol und Äther nicht ausgewaschen werden konnte. Ed. Spaeth[2]) bestätigt diese Beobachtung und führt die störende Wirkung auf das Glyzerin zurück, weshalb er nur eine wässerige Lösung von Natriumsalicylat empfohlen hat. (Vgl. auch unter Wurst). Mitunter erhält man auch aus Fleischdauerwaren, die mit Salzen haltbar gemacht sind, rötlich-gelb gefärbte Lösungen; diese Farbstoffe lassen sich aber auf Wolle nicht niederschlagen (vgl. S. 103).

Hier möge auch ncch der von H. Fleck[3]) besonders für Fleisch angegebene Nachweis von Fuchsin nachgetragen werden:

Das zu untersuchende Fleisch wird hinreichend zerkleinert und so lange mit Amylalkohol digeriert, als letzterer noch gefärbt abläuft. Die filtrierten Auszüge werden auf $^1/_{10}$ ihres Volumens abdestilliert, der Destillationsrückstand im Wasserbade zur Verflüchtigung des Amylalkohols eingedampft und der gewöhnlich fettige Rückstand in Petroläther gelöst. Die erhaltene rotbraune Lösung wird mit absolutem Alkohol unter Zusatz einiger Tropfen verdünnter Schwefelsäure (1 : 4) geschüttelt. Hierbei schichtet sich der Petroläther mit dem Fett über die alkoholische Fuchsinlösung. Letztere wird so oft (4—5 mal) mit Petroläther ausgeschüttelt, bis dieser keinen Rückstand von gelöstem Fett mehr hinterläßt, sodann im Scheidetrichter vorsichtig abgezogen und mit überschüssiger Ammoniaklösung versetzt. Das sich abscheidende Ammonsulfat wird durch Filtration der Flüssigkeit entfernt und das entfärbte oder schwach gelblich gefärbte Filtrat in einer tarierten Platin- oder Glasschale zur Trockne verdunstet. H. Fleck gibt an, daß so 80—85% des zur Färbung angewendeten Fuchsins gewonnen werden können.

C. Untersuchung auf Gifte.

1. Ptomaine und Fäulniserzeugnisse. Das Fleisch (besonders Fischfleisch) geht bei höheren Lufttemperaturen verhältnismäßig schnell in Zersetzung und Fäulnis über. Wenngleich sich letztere Erscheinungen schon meistens durch das äußere Aussehen und den Geruch[4]) zu erkennen geben, so kann unter Umständen zur Erhärtung des tierärztlichen Gutachtens für gerichtliche Fälle doch eine Untersuchung des Fleisches auf Ptomaine und Fäulnisstoffe von Belang sein. Beide Verfahren sind schon I. Teil, S. 295 u. 308 beschrieben.

Vielfach dient zur Feststellung der Fäulnis des Fleisches auch die einfache Fäulnisprobe von W. Eber[5]).

Man stellt eine Mischung von 1 Teil chemisch reiner Salzsäure, 3 Teilen Alkohol und 1 Teil Äther her und gießt diese Mischung in ein 2 cm weites Reagierstandglas, so daß dessen Boden etwa 1 cm hoch bedeckt ist. Das Standglas kann mit einem Gummistopfen verschlossen werden, durch den ein Glasstab bis nahe zur Flüssigkeit hinabgeht. An diesen Glasstab befestigt man eine kleine Probe des zu untersuchenden Fleisches, schüttelt dann die untere Flüssigkeit um, senkt den Glasstab ein und verschließt mit dem Pfropfen. Wenn das Fleisch oder die zu untersuchende Flüssigkeit Ammoniak enthält, so entstehen die bekannten weißen Nebel von Chlorammonium.

---

[1]) Zeitschr. f. Untersuchung d. Nahrungs- u. Genußmittel 1909, **17**, 434.

[2]) Ebendort 1909, **18**, 587.

[3]) Korrespondenzbl. d. Ver. analyt. Chemiker **3**, 77.

[4]) Der Geruch nach Schwefelwasserstoff — bzw. die Schwärzung von Bleipapier — kann nicht immer als ausgeprägte Fäulnis angesehen werden, weil der Schwefelwasserstoff mitunter schon frühzeitig in frischem Fleisch auftreten kann.

[5]) Archiv f. wissensch. u. prakt. Therapie 1891, 17.

Die Reaktion kann aber sehr leicht trügen, einerseits, weil gebildetes Ammoniak unter Umständen im Fleisch gebunden sein kann, andererseits in ammoniakhaltiger Laboratoriumsluft sich leicht Nebel bilden können, auch wenn das Fleisch kein Ammoniak enthält. Ebenso sicher wie diese Probe ist die Feststellung der Reaktion des Fleisches (vgl. S. 22).

Behufs etwaigen Nachweises von Schwefelwasserstoff gibt man 20—30 g zerkleinertes Fleisch in ein Erlenmeyerkölbchen und verschließt dieses locker mit einem Korkpropfen, in welchen man einen Streifen Bleipapier[1]), der vor dem Hineinhängen angefeuchtet wird, befestigt. Man stellt das Kölbchen mäßig warm. Bei vorhandenem Schwefelwasserstoff bräunt oder schwärzt sich das Papier. (Vgl. vorstehende Anm. 4 S. 42.)

2. *Künstlich angewendete Gifte.* Mitunter pflegt man Haustiere mit kleinen Mengen Arsen zu füttern, um ihnen ein wohlgenährtes Aussehen zu verleihen; das Arsen kann sich im Körper ansammeln, ebenso wie Blei, wenn bleihaltiges Futter oder Wasser verabreicht wird. Wenn die auf diese Weise in die Teile des Tierkörpers übergehenden bzw. sich dort ansammelnden Mengen von Arsen, Blei oder anderen Schwermetallen wohl kaum schädlich oder giftig wirken werden, so kann doch die Untersuchung auf solche Bestandteile bisweilen notwendig werden; man verfährt dann nach I. Teil, S. 497 bzw. 499.

Bei verendetem Wild ist unter Umständen auf Strychnin Rücksicht zu nehmen, welches zur Vertilgung von Mäusen usw. ausgelegt war. Man verfährt dann nach I. Teil, S. 298.

Fische werden häufig durch Verunreinigungen der Flüsse getötet; die hier in Betracht kommenden Gifte sind außerordentlich zahlreich und lassen sich in den meisten Fällen in den Fischen selbst nicht nachweisen, weil sie vielfach eher sterben, ehe sie die Gifte aufgenommen haben. Denn die kleinsten Verletzungen an den empfindlichen und lebenswichtigen Kiemen genügen, um Fische zu töten; dabei ändert sich aber das Kiemenepithel auch nach dem natürlichen Verenden so außerordentlich schnell, daß die Untersuchung der Kiemen kaum Anhaltspunkte liefern kann. Nur wenn Vergiftungen durch Säuren oder Alkalien vorliegen, kann es gelingen, nicht nur die Art, sondern auch die Menge der Gifte nach bekannten Verfahren nachzuweisen. In den meisten Fällen wird man zur Feststellung der Ursache des Fischsterbens die Untersuchung des Fluß- oder Bachwassers selbst und der in dasselbe sich ergießenden Abgänge und Abflüsse in Betracht ziehen müssen[2]).

D. Unterscheidung der einzelnen Fleischsorten.

Nicht selten kommt es vor, daß Fleisch mit nur geringem Genußwert für hochwertiges untergeschoben wird, z. B. Pferdefleisch für Rindfleisch, Ziegenfleisch für Schaffleisch, Schaffleisch für Rehfleisch. Die Unterscheidung der einzelnen Fleischsorten ist in erster Linie Sache des Tierarztes. Sie ist recht schwierig, zumal wenn es sich um zerkleinerte und zubereitete Fleischerzeugnisse handelt. Wenn Knochen mit dem verdächtigen Fleisch verbunden sind, so können diese durch die mannigfachen Skelettunterschiede die Feststellung erleichtern; am Ziegenfleisch bleiben wegen seiner Klebrigkeit beim Abhäuten leicht Ziegenhaare hängen, woran der Ursprung auch erkannt werden kann.

Bei den Fischen ist die Unterscheidung der Arten nicht minder schwierig; man hat dafür in den Lehrbüchern Schlüssel angegeben, auf die hier aber verwiesen werden muß[3]).

---

[1]) Filtrierpapier wird mit reiner wässeriger Bleiacetatlösung (oder auch mit 10 proz. Bleinitratlösung) getränkt und getrocknet; es muß vorsichtig in Glasgefäßen aufbewahrt werden.

[2]) Die großen Fischsterben in der wärmeren Jahreszeit, besonders nach Eintritt eines warmen Regens, haben meistens in der plötzlich einsetzenden starken Fäulnis, die durch Verunreinigung mit organischen Stoffen hervorgerufen wird, ihre Ursache, ohne daß äußere Krankheitserscheinungen an den Fischen erkennbar sind. Bei Fischen, die durch Dynamit getötet wurden, ist meistens die Fischblase geplatzt.

[3]) Vgl. auch Codex alimentarius austriacus. Wien 1912, II. Bd., S. 135.

In vielen Fällen ist es auch von Belang, das Alter der Tiere zu bestimmen. Bei den Kälbern benutzt man hierzu das Zahnfleisch, den Nabel, die Klauen, weniger sicher sind die Schneidezähne. Bei dem Federwild sind die Federn junger Tiere weich und noch mit Blut gefüllt; bei den Gänsen ist die Schwimmhaut, bei den Hasen sind die Ohren (Löffel) um so leichter zerreißbar, je jünger sie sind (vgl. S. 71 und auch 2. Bd., 1904, S. 479).

Für die Beurteilung des Alters der Fische[1]) gelten folgende Gesichtspunkte:

a) Das Körpergewicht und die Länge. Wie aus der folgenden Tabelle zu ersehen ist, gibt es je nach der Ernährung ganz bedeutende Abweichungen, so daß gleichalterige Fische leicht um ein Jahr älter oder jünger zu sein erscheinen:

Jahrgänge (Sommer)	1	2	3	4
Karpfen	30—100 g	500—570 g	$1^1/_2$ kg	$2^1/_2$—3 kg
Schleie	5— 10 „	30— 50 „	250 g	—
Bachforelle	8— 12 cm	12— 15 „	25 cm — 250 g	—
Regenbogenforelle	12 „	22— 28 „	28 „ — 100 „	—

b) Das Aussehen der Schuppen gibt bei den meisten Fischen brauchbare Anhaltspunkte. Das Wachstum des Körpers äußert sich nämlich in einer gewissen Felderung der Schuppen, die besonders gut zu erkennen ist, wenn man die Schuppe gegen das Licht hält. Die Schuppe eines dreisommerigen Karpfens zeigt z. B. ein im ersten Jahr gebildetes zentrales Feld, um dieses herum einen Streifen, der dem zweiten, und einen äußeren Rand, der dem dritten Sommer entspricht.

c) Knochen und Gehörsteine. Ähnliche konzentrische Jahresgänge wie bei den Schuppen finden sich noch in den Querschnitten der Knochen, z. B. bei Huchen, und in den Gehörsteinen vieler Fische. Selbstverständlich empfiehlt es sich, bei der praktischen Prüfung tunlichst immer mit Vergleichsobjekten zu arbeiten.

Als weitere Hilfsmittel für die Unterscheidung der Fleischsorten können nötigenfalls folgende serologische und chemische Untersuchungsverfahren dienen:

1. Das biologische Verfahren. Es ist nicht nur bei frischem Fleisch anwendbar, sondern auch bei getrocknetem, gepökeltem und fauligem Fleisch sowie zur Unterscheidung von Fleischgemenge, Knochen und Eingeweiden; dagegen ist es nicht geeignet zur Unterscheidung von gekochtem Fleisch. Das biologische Verfahren hat sich bis jetzt am besten für die Unterscheidung von Pferde- und Rindfleisch bewährt, ob dieses auch bei anderen Tieren, die sich zoologisch näher stehen, der Fall sein wird, bleibt noch zu erforschen. Über die Ausführung des Verfahrens vgl. I. Teil, S. 333.

Empfindlicher als das Präcipitinverfahren ist das Komplementbindungsverfahren (I. Teil, S. 340). G. Seiffert[2]) schlägt dafür folgende Ausführung vor:

Zu der Flüssigkeit, in der Pferdeserum oder Pferdefleisch als Antigen nachgewiesen werden soll, wird 0,1 ccm gegen Pferdeeiweiß spezifischen Kaninchenserums und 0,05 ccm täglich frisch gewonnenen Meerschweinchenkomplementes zugesetzt. Nach gutem Durchschütteln und zweistündigem Verweilen im Brutschrank bei 37° wird hierzu das hämolytische System (bestehend aus 1 ccm 5 proz. gewaschener Hammelblutkörperchenaufschwemmung in physiologischer NaCl-Lösung und der doppelt lösenden Dosis des gegen Hammelerythrocyten gerichteten Kaninchenamboceptors) hinzugesetzt. Nach durchschnittlich einer halben Stunde ist in den Kontrollen Lösung eingetreten. Nach Abkühlung der Röhrchen wird das Resultat abgelesen.

Die Auszüge aus Fleisch oder Wurst stellt G. Seiffert wie folgt her:

30 g der zu untersuchenden Wurst oder des Fleisches werden möglichst zerkleinert und mit 30 ccm physiologischer Kochsalzlösung versetzt, mehrmals tüchtig umgeschüttelt, 12 Stunden an

[1]) Vgl. auch Codex alimentarius austriacus. Wien 1912, II. Bd., S. 255.

[2]) Zeitschr. f. Hygiene und Infektionskrankheiten 1912, **71**, 547.

einem kühlen Orte stehen gelassen und dann durch gehärtete Papierfilter filtriert. Ist die Wurst sehr fettreich, so werden etwa 60 g derselben zerkleinert, mit Äther versetzt und geschüttelt. Nach Abgießen des Äthers werden die Wurststücke zum Trocknen ausgebreitet und von der getrockneten Masse 30 g abgewogen, die wie die mit Äther nicht vorbehandelte Wurst weiter zum Extrakt verarbeitet werden. Außer den wässerigen Extrakten werden zu den Versuchen Antiforminextrakte benutzt. 20 g fein zerkleinerte Wurst werden mit 100 ccm 3 proz. Antiforminlösung und physiologischer Kochsalzlösung zusammengebracht, mehrmals geschüttelt und etwa 1 Stunde stehen gelassen. Zum Neutralisieren des Antiformins wird zunächst das Alkali durch 10 proz. Schwefelsäure gebunden (Lackmuspapier), dann die chlorige Säure mit 10 proz. Natriumsulfitlösung neutralisiert (so lange Zusatz, bis Jodkaliumstärkepapier nicht mehr geschwärzt wird). Der Zusatz der Neutralisationsmittel geschieht langsam, damit keine Eiweißfällungen erfolgen. Nach Filtrieren durch gehärtete Papierfilter ist der Extrakt für die Prüfung brauchbar. Nachdem das Filtrat auf eigenhemmende Wirkung ohne Zusatz von Immunserum geprüft ist, wird die halbe Menge der mindestens nicht mehr eigenhemmenden Dosis auf ihre komplementbindende Kraft bei Zusatz von Kaninchenserum geprüft. Dann werden für die Präcipitation wie Komplementbindung Verdünnungen der einzelnen Extrakte in fallender Reihe hergestellt.

2. Bestimmung des Glykogengehaltes. Früher legte man der Bestimmung des Glykogengehaltes im Fleisch eine ausschlaggebende Bedeutung bei; nach S. 30 ist diese indes überschätzt, und haben die neuen Ausführungsbestimmungen vom 22. Februar 1908 zum Schlachtvieh- und Fleischbeschaugesetz das Verfahren gar nicht mehr aufgenommen.

3. Bestimmung der Jodzahl des Fettes. Nach den Ausführungsbestimmungen vom 22. Februar 1908 soll das Fett aus 100—200 g Fleisch durch Ausschmelzen bei 100° oder durch Auskochen mit Wasser gewonnen und die Jodzahl nach dem Verfahren von v. Hübl (I. Teil, S. 377) bestimmt werden; wenn die Jodzahl 70 und mehr beträgt, gilt die Anwesenheit von Pferdefleisch als erwiesen (vgl. I. Teil, S. 420 u. 421).

H. Schlegel[1]) hat in dem Fett von mehreren Proben Pferdefleisch Jodzahlen unter 70 gefunden und hält die Jodzahl 70 für zu hoch. Nach Hefelmann und Manz[2]) schwanken die Jodzahlen des Pferdefettes je nach dem Ernährungszustande, den einzelnen Muskeln und je nachdem es sich um intra- oder extramuskuläres Fett handelt; aber niedrigere Jodzahlen als 70 fanden sie nur beim Kaumuskelfett und bei den sonstigen Fetten nur dann, wenn sie in vorbeschriebener Weise nicht ausgeschmolzen, sondern mit Petroläther ausgezogen waren.

4. Bestimmung des Brechungsvermögens des Fettes. Das Fett wird wie vorstehend gewonnen und im Zeiss-Wollnyschen Refraktometer (I. Teil, S. 110) zwischen 38—42° geprüft. Die Refraktometerzahl, auf 40° umgerechnet, darf den Wert von 51,5° nicht übersteigen; ist dieses der Fall, so ist ein Vorhandensein von Pferdefett anzunehmen.

Nach Hefelmann und Manz (l. c.) läßt die Mindestrefraktometerzahl von 51,5 bei 40° nur dann den Schluß auf Pferdefleisch zu, wenn das anhängende und nicht das mit Petroläther ausgezogene Fett geprüft wird und gleichzeitig die Jodzahl des anhängenden Fettes 70 und mehr beträgt.

E. Mikroskopische und bakteriologische Untersuchung von Fleisch und Fleischwaren.[3])

Fleisch und Fleischwaren können durch Übertragung für den Menschen pathogener tierischer Parasiten und Bakterien oder durch den Gehalt an von Bakterien erzeugten Gift- und Zer-

[1]) H. Schlegel Bericht d. Städt. Untersuchungsamtes Nürnberg 1905, S. 8.

[2]) Zeitschr. f. öffentl. Chemie 1906, **12**, 63.

[3]) Bearbeitet von Prof. Dr. A. Spieckermann, Abt.-Vorsteher der Landw. Versuchsstation in Münster i. W.

setzungsstoffen gesundheitsschädlich wirken. Von tierischen Parasiten kommen die Trichine und verschiedene Wurmarten in Betracht. Überträger pathogener Bakterien kann das Fleisch werden, wenn es von Tieren stammt, die mit solchen infiziert waren (intravitale Infektion) oder wenn es, von gesunden Tieren stammend, nach dem Tode von außen her infiziert wird (postmortale Infektion). Zu den auf den Menschen übertragbaren tierischen Krankheiten gehören Tuberkulose, Rotz, Milzbrand, Wut, Aktinomykose, Maul- und Klauenseuche und anscheinend gewisse Formen septischer Erkrankungen, die beim Menschen die sog. Fleischvergiftung gastrointestinaler Form hervorrufen, als deren Urheber bisher Vertreter aus der Typhusgruppe, insbesondere der Gruppen des Bacterium paratyphi B Schottmüller und des Bacterium enteritidis Gärtner und andere nahverwandte Formen aufgefunden worden sind. Unter den Schädigungen durch postmortal infiziertes Fleisch spielen ebenfalls die wichtigste Rolle Vergiftungen, deren Erreger die eben genannten Bakterien der Typhusgruppe, ferner der Gruppe des Bacterium vulgare L. et N. (Proteus) und des Bacterium coli Escherich sind. Außer diesen, durch gastrointestinale Erscheinungen ausgezeichneten Vergiftungen, die ebenfalls als Fleischvergiftungen bezeichnet werden, kommt noch in Betracht die durch Bacillus botulinus van Erm. erzeugte, vorwiegend durch nervöse Störungen charakterisierte Wurstvergiftung (Botulismus).

Weitere postmortale Veränderungen des Fleisches, die es gesundheitsschädlich oder minderwertig machen, werden durch allgemein verbreitete saprophytische Bakterien (Fäulnisbakterien, Leuchtbakterien) und Schimmelpilze hervorgerufen.

Der Nachweis der tierischen Parasiten und der auf den Menschen übertragbaren tierischen Infektionskrankheiten ist Aufgabe der amtlichen Fleischbeschau und erfolgt im wesentlichen makroskopisch nach dem anatomischen Befunde der Organe und des Fleisches[1]), betreffs der tierischen Parasiten mikroskopisch nach den besonderen Vorschriften der Fleischbeschau (Gesetz vom 3. Juli 1900, Anweisung f. d. tierärztliche Untersuchung, Anlage b und auch Bd. II, 1904, S. 430).

Schwierigkeiten bieten bei der Beschau die im Fleischbeschaugesetz als jauchige und eitrige Blutvergiftung bezeichneten Krankheiten, die das ganze Tier zum menschlichen Genuß untauglich machen, da sie die Erscheinung der „Fleischvergiftung" hervorrufen können. Da die Krankheitserscheinungen hierbei oft wenig eigenartig sind, und auch die Beschaubefunde am geschlachteten Tier zuweilen ein klares Urteil nicht gestatten, so gehen seit einigen Jahren die Bestrebungen dahin, für diese Krankheiten die übliche makroskopische Fleischbeschau durch eine „bakteriologische Fleischbeschau" zu ergänzen. Besonders bei Notschlachtungen, die oft wegen solcher septischen Krankheiten erfolgen und erfahrungsgemäß die Hauptquelle der Fleischvergiftungen sind, dürfte sich die bakteriologische Fleischbeschau immer mehr Boden erringen, da sie geeignet erscheint, einerseits die zwecklose Vernichtung verdächtigen, aber tatsächlich unbedenklichen Fleisches, andererseits die Entstehung von Fleischvergiftungen durch infiziertes Fleisch zu vermindern. Für das ins Zollinland eingehende Fleisch ist in Verdachtsfällen schon jetzt die bakteriologische Untersuchung vorgeschrieben (B. B. D. a § 16). In einigen Regierungsbezirken (Schleswig, Stettin, Liegnitz) sind die tierärztlichen Beschauer angewiesen, das Fleisch notgeschlachteter Tiere in bakteriologischen Instituten untersuchen zu lassen. Eine allgemeine Einführung dieser Untersuchung dürfte erfolgen, sobald die zurzeit noch umstrittene Frage nach dem Wert der bakteriologischen Fleischbeschau geklärt ist[2]).

Außer dieser Untersuchung unzerlegten Fleisches verdächtiger Tiere kommt eine solche in den Fällen in Betracht, wo im Anschluß an Erkrankungen nach Fleischgenuß der Verdacht

---

[1]) Die Vorschriften über die Untersuchung des in das Zollinland eingeführten Fleisches (B.B.D.) schreiben für blutiges Fleisch aus Ländern, wo Milzbrand dauernd seuchenhaft auftritt, die bakteriologische Untersuchung vor.

[2]) Müller, Zeitschr. f. Fleisch- u. Milchhygiene 1909, **19**, 358; 1910, **20**, 333.

auf eine Infektion der Fleischwaren durch Fleischvergiftungsbakterien oder sonstige erhebliche bakterielle Veränderungen besteht. Weiter dürfte die bakteriologische Untersuchung beim Ausbau der „außerordentlichen" Fleischbeschau für den Nachweis einer nicht einwandfreien Behandlung unzerlegten und verarbeiteten Fleisches sowie bei der Überwachung der Dauerwarenfabrikation heranzuziehen sein. Bisher sind auf allen diesen Gebieten erst geringe Ansätze vorhanden.

I. Die bakteriologische Untersuchung von unzerlegtem Fleisch.

(Bakteriologische Fleischbeschau.)

Aufgabe der bakteriologischen Untersuchung ist in erster Linie, schnell den Nachweis zu erbringen, ob das Fleisch eines verdächtigen Tieres Keime der bisher als Erreger von Fleischvergiftungen bekannten Bakterienarten der Enteritis-Gruppe (Bact. paratyphi, Bact. enteritidis) enthält, zweitens um über den Keimgehalt an sich ein Bild zu gewinnen, da erfahrungsgemäß das Fleisch notgeschlachteter Tiere schneller verdirbt.

Die Frage, ob die Bakterien der Enteritisgruppe intravital im Fleisch der Schlachttiere vorkommen, hat in den letzten Jahren zu lebhaften Aussprachen geführt, ohne daß eine völlige Klärung eingetreten wäre. Conradi[1]), Meyer[2]) und Rommeler[3]) haben neuerdings gegen die zuerst von Bollinger ausgesprochene Ansicht, daß intravital infiziertes Fleisch die Hauptquelle der Fleischvergiftungen sei, Zweifel ausgesprochen, und das Hauptgewicht auf die postmortale Infektion gelegt. Sie stützen diese Ansicht besonders darauf, daß der Kausalzusammenhang zwischen Tierkrankheit und Fleischvergiftung, der die Identität der Krankheitserreger beider verlange, nicht erbracht sei, und daß andererseits Enteritisbakterien sehr schnell in die Tiefe des Fleisches eindringen. Nach Versuchen von Meyer und Amako[4]) gelangen sie bei Zimmertemperatur in 24 Stunden unter Umständen bis in Tiefen von 11 cm, ohne daß das Aussehen des Fleisches sich ändert. Dagegen haben aber Glaser[5]) und Ostertag[6]) darauf hingewiesen, daß ein geradliniges Hineinwachsen der Bakterien in mehr als 1 cm Tiefe selten sei, und daß das Vorhandensein größerer Keimmengen in der Tiefe unzerlegten Fleisches auf dem Wege des zirkulierenden Blutes nur intra vitam zustande kommen könne. Analog haben Zwick und Weichel[7]) experimentell nachgewiesen, daß ein schnelles Hineinwuchern nur in weiches, von Fascien befreites Fleisch stattfindet.

Für die Bedeutung der intravitalen Infektion sprechen gewichtige Tatsachen.

Daß Fleischvergiftungen vorwiegend nach dem Genuß des Fleisches notgeschlachteter Tiere eintreten, kann nicht gut durch den Zufall und damit erklärt werden, daß solches Fleisch — wie es tatsächlich der Fall ist — leichter der Zersetzung anheimfällt; nach den oben angeführten Versuchen über das Eindringen der Enteritisbakterien in gesundes Fleisch müßten auch bei dem Genuß dieses öfter Vergiftungen vorkommen. Ferner spricht für intravitale Infektion der wiederholte Nachweis der Enteritisbakterien in dem der äußeren Infektion entzogenen Mark der großen Röhrenknochen (Gärtner, v. Ermengem, de Nobele) und in den Blutcapillaren und kleinen Gefäßen. Auch das Vorkommen von Agglutininen im Muskelsaft der kranken Tiere [de Nobele[8]), Müller[9])] spricht für die intravitale Infektion. Sodann ist

[1]) Zeitschr. f. Fleisch- u. Milchhygiene 1910, **20**, 217.

[2]) Ebendort S. 120.

[3]) Ebendort S. 115.

[4]) Zeitschr. f. Hygiene 1910, **66**, 166.

[5]) Ebendort 1910, **67**, 493.

[6]) Zeitschr. f. Fleisch- u. Milchhygiene 1909, **19**, 102.

[7]) Arbeiten a. d. Kais. Gesundheitsamt 1912, **38**, 327.

[8]) Nach van Ermengem in Kolle-Wassermann, Handbuch der pathogenen Mikroorganismen, Bd. II.

[9]) Centralbl. f. Bakt., I. Abt., Orig., 1912, **66**, 222.

experimentell sicher nachgewiesen, daß die Bakterien der Enteritisgruppe bei Krankheiten der Schlachttiere als primäre oder sekundäre Erreger von Sepsis, Entzündungen, Eiterungen auftreten[1]), und daß ihre Pathogenität in bezug auf Spezifität einer gewissen Variation unterliegt.

Conradi[2]) hat durch zahlreiche Untersuchungen zu erhärten gesucht, daß auch die Organe gesunder Schlachttiere Bakterien, darunter auch solche der Enteritisgruppe, sehr häufig latent enthalten; zu gleichem Ergebnis sind Bierotte und Machida[3]) gelangt. Dagegen haben Amako[4]), Zwick und Weichel[5]) nachgewiesen, daß Muskelfleisch gesunder Tiere stets und auch die Organe mit wenigen Ausnahmen entsprechend den früheren Anschauungen keimfrei sind, und daß die von den anderen Untersuchern gefundenen Bakterien — meist gemeine, zum Teil streng aerobe Arten — nachträglich durch Verunreinigungen hineingelangt sind.

Für die bakteriologische Fleischbeschau kommen in Betracht Tiere, die wegen entzündlicher oder eiteriger Krankheiten (Blutvergiftung, jauchige Nabelentzündung, blutige Darmentzündung, jauchige Gebärmutterentzündung, bösartige Euterentzündung, jauchige Brust- und Bauchfellentzündung) notgeschlachtet worden sind, ferner Fleisch anscheinend gesunder Tiere mit beachtenswerten Zufallsbefunden (nicht abgekapselte Abscesse, Nephritiden).

Die bakteriologische Untersuchung kann nur in entsprechend ausgestatteten Laboratorien ausgeführt werden; es müssen daher bei Notschlachtungen, die meist auf dem Lande stattfinden, Proben dorthin gesandt werden. Zur Erzielung eines einwandfreien Ergebnisses ist daher eine vorsichtige Probenahme und Konservierung der Probe bis zur Untersuchung nötig. Da ferner unter ländlichen Verhältnissen die Gefahr des Verderbens beim Fleisch notgeschlachteter Tiere sehr groß ist, so muß das Untersuchungsverfahren in 24—36 Stunden ein endgültiges Ergebnis liefern.

Von den verschiedenen Verfahren, die zur Erfüllung dieser Anforderungen vorgeschlagen worden sind, können im folgenden nur die wichtigsten beschrieben werden.

a) Entnahme und Konservierung der Probe. Die Infektion des Muskelfleisches durch Enteritisbakterien erfolgt, wie besonders M. Müller[6]) nachgewiesen hat, erst nach der Infektion der Organe und des Blutes; neben der des Blutes läuft parallel eine Infektion der Lymphgefäße. Müller sowie Reinhardt und Seibold[7]), Zwick und Weichel[8]) empfehlen daher, neben der Muskulatur auch Leber, Milz und Lymphknoten (Lymphoglandula suprascapularis, praefemoralis, poplitea) als die natürlichen Anreicherungsorgane für die Untersuchung heranzuziehen. Von der Muskulatur sind möglichst tief gelegene, von Fascien umkleidete, wirtschaftlich nicht zu wertvolle Stücke zu entnehmen. Bugge[9]) hat besonders den Beuger des Vorderfußes empfohlen, Zwick und Weichel M. longissimus dorsi, M. triceps brachii, M. biceps femoris, M. vastus, M. semitendinosus.

Über die Art der Probenahme und Behandlung der Probe bis zur Verarbeitung ist eine Einigung bisher nicht erzielt worden. Je nach der Stellung der Bakteriologen zur Frage der

---

[1]) Systematische Untersuchungen liegen besonders über Krankheiten der Kälber — Ruhr, Septicämie, Lungenbrustfellentzündung —, ferner über die Schweinepest vor. Bei diesen Krankheiten sind Bakterien der Enteritisgruppe wiederholt gefunden worden. Ferner steht fest, daß tierpathogene Enteritisbakterien Menschen und umgekehrt menschenpathogene Stämme Tiere krank machen können.

[2]) Münch. med. Wochenschr. 1909, **56**, 1318; Zeitschr. f. Fleisch- u. Milchhygiene 1909, **19**, 341.

[3]) Münch. med. Wochenschr. 1910, 637.

[4]) Zeitschr. f. Hygiene 1910, **66**, 166.

[5]) Arbeiten a. d. Kais. Gesundheitsamte 1912, **38**, 327.

[6]) Centralbl. f. Bakt., I. Abt., Orig., 1912, **63**, 335.

[7]) Ebendort 1912, **66**, 59.

[8]) Arbeiten a. d. Kais. Gesundheitsamte 1912, **38**, 337.

[9]) Zeitschr. f. Fleisch- u. Milchhygiene 1909, **19**, 145.

Bedeutung der postmortalen Infektion sind die Verfahren mehr oder minder vorsichtig. Es sollen hier daher die wichtigsten Vorschläge beider Gruppen dargestellt werden, ohne daß bei der Unklarheit der Sachlage eines besonders empfohlen werden könnte.

Das Verfahren von Conradi[1]). Ein kleiner Metallkessel wird mit Jaffasesamöl oder flüssigem Paraffin bis zu zwei Drittel der Höhe gefüllt und mit einer Metallplatte bedeckt, die je sechs für Messer und Klemmpinzetten passende Öffnungen, einen größeren segmentartigen Ausschnitt und eine Führungshülse für ein Thermometer enthält. Das Ölbad wird auf 200° erhitzt. Messer und Pinzetten werden zur Sterilisierung vor jedesmaligem Gebrauch drei Minuten hineingesteckt. Mit den sterilisierten Instrumenten werden von den Organen unmittelbar nach Ausweidung der Brust- und Bauchhöhle, ferner von der Muskulatur sofort nach Spaltung der Wirbelsäule 40—50 g schwere Würfel entnommen. Diese werden, an Klemmpinzetten geklemmt, durch den segmentartigen Ausschnitt in das heiße Öl getaucht, feste Muskelstücke eine, weiche Organe eine halbe Minute lang. Dann werden die Würfel in weithalsige Pulvergläser mit 2 proz. oder 0,2 proz. Sublimatlösung übertragen, in erstere bei sofortiger Weiterverarbeitung, in letzere beim Versand der Proben nach auswärts. Die Gläser werden verkorkt.

Das Verfahren von Zwick und Weichel. Möglichst bald nach der Schlachtung werden aus der Stammesmuskulatur der Vorder- oder Hinterextremität ungefähr quadratische Muskelstücke mit einer Seitenlänge von 6—8 cm aus tiefer gelegenen, durch Fascien und oberflächliche Muskellagen geschützten Muskeln (M. longissimus dorsi, M. biceps brachii, M. biceps femoris, M. vastus, M. semitendinosus) mit zuvor durch Auskochen sterilisierten Instrumenten herausgeschnitten; außerdem wird ein etwa ebenso großes Stück Leber, ein entsprechend großes Stück Milz sowie der eine oder andere Fleischlymphknoten (Lymphoglandula suprascapularis, praefemoralis, poplitea) entnommen. Die entnommenen Proben werden je nach ihrer Größe und Konsistenz 2—5 Minuten lang in kochendes Wasser gehalten, dann 5 Minuten lang in $^1/_2$ proz. Sublimatlösung gelegt, darauf in mit Sublimatlösung angefeuchtete Tücher verpackt.

Beide Verfahren werden von Reinhardt und Seibold als für die Praxis zu kompliziert betrachtet. Diese glauben, auf Versuche gestützt, daß es, wenn man ein von Fascien umgebenes Muskelstück entnimmt, genügt, dieses und die Organe in ein sauber gewaschenes Tuch zu packen, das mit $^1/_2$ proz. Sublimatlösung getränkt worden ist.

Müller[2]) empfiehlt die Verpackung des Fleischstückes ohne weitere Vorsichtsmaßregeln in Kleie, die die Oberfläche des Fleisches trocken erhält. Eine Einwanderung von Bakterien aus der Kleie, die Rommeler[3]) befürchtet, soll nicht stattfinden. Vor der Verarbeitung soll die Oberfläche durch Abbrennen gereinigt werden. An Stelle des Vorderarmmuskels (vgl. Bugge) empfiehlt Müller faustgroße Stücke der Hals-, Filet- oder Zwerchfellpfeilermuskulatur zu entnehmen, da die Enteritisbakterien vorwirgend in den Capillaren lockerer Muskeln wuchern.

Falls die Probenahme und Untersuchung in einem Schlachthof erfolgen kann, kann die Desinfektion in einfacherer Weise vorgenommen werden. Bugge[4]) brennt das von Fascien umgebene Fleischstück über der Flamme eines 3—5fachen Bunsenbrenners auf einem mit Drähten überspannten Dreifuß so ab, daß die Oberfläche eine dunkelbraune Farbe annimmt und das ganze Stück von einer braunen Kruste umgeben ist. Das Eiweiß gerinnt dabei bis zu 5—6 cm Tiefe. Die Anweisung für die Untersuchung des in das Zollinland eingehenden Fleisches (B. B. D. a § 16) schreibt vor, daß die Oberfläche der Fleischprobe mit fast bis zum Glühen erhitzten Messern abgesengt werden soll. Ganz ähnliche Verfahren haben Forster und Bongert vorgeschlagen. Auch die Vorschriften über die Fleischbeschau im Königreich Sachsen begnügen sich mit dieser Art der Sterilisierung.

---

[1]) Zeitschr. f. Fleisch- u. Milchhygiene 1909, **19**, 341.

[2]) Ebendort 1909, **19**, 377; 1910, **20**, 145, 7.

[3]) Ebendort 1910, **20**, 115.

[4]) Ebendort 1909, **19**, 165.

b) Die bakteriologische Untersuchung der Probe. α) Stellung der Enteritisbakterien[1]) im System. Die Enteritisbakterien gehören zwei Gruppen der Colityphusgruppe, nämlich der des Bacterium paratyphi B und der des Bacterium enteritidis Gärtner an (im folgenden Paratyphus- und Gärtnergruppe genannt). Die verwandtschaftlichen Beziehungen zu anderen Gruppen der Hauptgruppe gehen aus folgender Einteilung von Babes hervor.

1. Engere Typhusbakteriengruppe, Bacterium typhi, B. paratyphi A, typhusähnliche Bakterien.
2. Paratyphus B-Gruppe.
   A. Gruppe des Bacterium typhi murium Löffler (Bacillus suipestifer, Bacterium typhi murium, die meisten Fleischvergiftungsbakterien).
   B. Gruppe des Bacterium paratyphi B.
3. Gruppe des Bacterium enteritidis Gärtner.
4. Gruppe des Bacterium coli.
5. Gruppe der Dysenteriebakterien.

Hübener hat über die bisherigen Funde von Bakterien der Paratyphus B-Gruppe und der Gärtner-Gruppe folgende Zusammenstellung gegeben:

Paratyphus B-Gruppe: 1. Paratyphus B-Bakterien bei Krankheiten der Menschen. 2. Fleischvergiftungsbakterien (Typus Aeyrtrick), in Organen und Fleisch kranker Schlachttiere gefunden. 3. Bac. morbificans bovis Basenau, in kranken Rindern gefunden. 4. Bakterien der Kälberruhr. 5. Bakterien von Signières, beim Verwerfen von Kühen, Schafen, Pferden gefunden. 6. Sog. Schweinepestbakterien. 7. Erreger einer Pseudotuberkulose bei Meerschweinchen. 8. Mäusetyphusbacillus. 9. Erreger einer Katzenenteritis (Mori). 10. Bac. paratyphosus e cane (Klimenke). 11. Bac. icteroides Sanarelli. 12. Bac. psittacosis. 13. Erreger einer Sperlingsenteritis (Tortakowski). 14. Im Körper gesunder Schlachttiere lebende Bakterien. 15. Im Körper gesunder Menschen lebende Bakterien. 16. Bakterien in der Außenwelt — Fleisch, Wurst, Wasser, Milch, Eis — gefunden.

Gärtner-Gruppe. 1. Fleischvergifter vom Typus Gärtner, bei Menschen und in Schlachttieren gefunden. 2. Erreger der Kälberruhr und -septicämie (Jensen). 3. Die sog. Rattenseuchenbakterien (Dunbar, Danysz, Issatschenko, Ratin). 4. Bakterien in der Außenwelt — Fleisch, Wurst, Milch — gefunden.

Diese zahlreichen Glieder der beiden Gruppen lassen sich in morphologischer, kultureller und physiologischer Beziehung voneinander nicht unterscheiden. Auch in bezug auf die Pathogenität bestehen keine absoluten spezifischen Unterschiede; die pathogenen Fähigkeiten sind nach allen bisherigen Erfahrungen je nach den Lebensbedingungen sehr der Variation unterworfen. Ein Verfahren, die pathogenen und nicht pathogenen Vertreter der beiden Gruppen zu unterscheiden, fehlt; der Tierversuch gibt darüber nur beschränkte Auskunft, da er nur eine beschränkte Zahl von Bedingungen zur Geltung kommen läßt.

Die serologischen Verfahren — Agglutination, Komplementablenkung, Anaphylaxie — gestatten eine scharfe Unterscheidung zwischen der Paratyphus B- und der Gärtner-Gruppe, aber nicht zwischen den Vertretern jeder Gruppe.

Neben diesen Bakterien der Paratyphus B- und der Gärtner-Gruppe sind in den letzten Jahren bei Fleischvergiftungen gelegentlich noch Bakterien vom Typus des Paratyphus B gefunden worden, die serologisch aus der Gruppe herausfielen. Sie werden zurzeit als Paratyphus C[2]) in der Literatur geführt. Es ist möglich, daß weitere Untersuchungen noch andere

[1]) Eine bis 1910 reichende Literaturzusammenfassung über Paratyphusbakterien gibt Hübener, Fleischvergiftungen und Paratyphusinfektionen. Jena 1910. Vgl. ferner Dieudonné, Die bakteriellen Nahrungsmittelvergiftungen. Würzburg 1908.

[2]) Vgl. Hübener, Fleischvergiftungen, Literatur bis 1910. Ferner Aumann, Centralbl. f. Bakt., I. Abt., Orig., 1911, **57**, 310; Strömberg, daselbst 1911, **58**, 401; Heimann, daselbst 1912, **66**, 211; Sobernheim u. Seligmann, Zeitschr. f. Immunitätsforschung 1910, **6**, 401.

Gruppen zutage fördern. Auch die Gruppe der obligaten Anaerobier, die im Fleisch notgeschlachteter Tiere öfter beobachtet worden sind, bedarf der weiteren Bearbeitung.

β) Beschreibung der Enteritisbakterien. Der Nachweis der Enteritisbakterien stützt sich auf ihr morphologisches, kulturelles und physiologisches Verhalten auf den üblichen und einer Reihe spezieller Nährböden sowie auf ihr serologisches Verhalten.

1. Die Herstellung einiger elektiven Nährböden.

Lackmusmilchzuckeragar nach von Drigalski und Conradi[1]. 2 Pfund fettfreies, feingehacktes Rind- oder Pferdefleisch werden mit 2 l Wasser einen Tag im Eisschrank stehen gelassen und dann in der Fleischpresse abgepreßt. In einer abgemessenen Menge der Flüssigkeit werden 1% Pepton Witte, 1% Nutrose und 0,5% Kochsalz gelöst. Die Flüssigkeit wird dann gekocht, gegen Lackmus schwach alkalisch gemacht, filtriert, nach Zusatz von 3% zerkleinertem Stangenagar 3 Stunden lang im Dampftopf gekocht, im Dampftopf filtriert. Zu diesem etwas abgekühlten Agar werden 300 ccm einer 40—50° warmen Milchzuckerlackmuslösung gesetzt, die folgendermaßen hergestellt wird: 300 ccm Kahlbaumsche Lackmuslösung werden 10 Minuten gekocht und nach Zusatz von 30 g Milchzucker abermals 15 Minuten gekocht. Bei der Benutzung ist die Flüssigkeit vom Bodensatz abzugießen. Das Gemisch von Agar- und Lackmuslösung wird mit 10proz. Sodalösung bis zur schwach alkalischen Reaktion versetzt. Darauf werden 6 ccm einer sterilen, warmen 10proz. Sodalösung und 20 ccm einer frischen Lösung von 0,1 g Krystallviolett 0, chemisch rein Höchst, in 100 ccm Wasser hinzugefügt. Von der Mischung hält man vorteilhaft Platten von mindestens 2 mm Dicke in großen Doppelschalen (ca. 15 cm Durchmesser) vorrätig. Bei Aufbewahrung in Kolben füllt man nicht mehr als 200 ccm in jeden.

Fuchsinagar nach Endo[2]. 1 l 3proz. neutrales Fleischwasserpeptonagar (vgl. 1. Teil S. 645) wird mit 10 ccm 10proz. Sodalösung alkalisiert, mit 10 g Milchzucker, 5 ccm gesättigter alkoholischer Fuchsinlösung und zum Schluß mit 25 ccm frisch bereiteter 10proz. Natriumsulfitlösung versetzt. Der heiß rosa gefärbte, kalt ganz oder fast farblose Nährboden muß im Dunkeln und möglichst unter Luftabschluß aufbewahrt werden. Die Firma E. Merck-Darmstadt liefert Endotabletten, die, einem neutralen Agar zugesetzt, einen fertigen Endoagar liefern.

Malachitgrünagar nach Löffler, modifiziert nach Lentz und Tietz[3]. 3proz. neutraler Fleischwasserpeptonagar wird am Schlusse des Sterilisierens mit 5 ccm Normalkali und 100 ccm 10proz. Nutrose auf 1 l versetzt und in Flaschen von Jenaer Glas durch Absitzen klären gelassen. Zum Gebrach werden zu 100 ccm des verflüssigten, auf 45° gekühlten Agars 3 ccm durch Kochen sterilisierter Rindergalle, 1,9 ccm einer 2proz. Lösung von Malachitgrün kryst. chem. rein Höchster Farbwerke (in destilliertem Wasser ohne Erhitzen gelöst) zugesetzt; mit dieser Mischung werden sofort Platten gegossen.

Neutralrotagar nach Rothberger-Scheffler. Zu 100 ccm flüssigem Agar mit 0,3% Glykose wird 1 ccm einer konzentrierten wässerigen Neutralrotlösung gesetzt. Der Nährboden kann zu Stich- und Schüttelkulturen verwendet werden.

Lackmusmolke nach Petruschky. Milch wird auf 40—50° erhitzt, mit der gleichen Menge Wasser und so viel Salzsäure oder Chlorcalciumlösung versetzt, daß alles Casein ausfällt, filtriert, das Filtrat mit Soda genau neutralisiert, 1—2 Stunden im Dampftopf gekocht, filtriert, mit steriler Lackmuslösung bis zur Violettfärbung versetzt, auf Röhrchen abgefüllt und sterilisiert. Die Firma Kahlbaum liefert diesen Nährboden auch fertig.

Malachitgrün-Safranin-Reinblau-Agar nach Löffler. 3proz. neutraler Agar wird zum Schluß der Sterilisierung mit 5 ccm Normalalkali und 100 ccm 10proz. Nutroselösung für 1 l versetzt und in Flaschen aus Jenaer Glas aufbewahrt. Zum Gebrauch werden zu 100 ccm des verflüssigten, auf 45° gekühlten Agars 3 ccm durch Kochen sterilisierter Rindergalle, 1 ccm

[1] Zeitschr. f. Hygiene 1902, **39**, 000.

[2] Centralbl. f. Bakt., I. Abt., Orig., 1904, **35**, 109.

[3] Zeitschr. f. Hygiene 1909, **63**, 110.

0,2 proz. wässeriger Lösung von „Safranin rein“ Dr. Grübler, 3 ccm 1 proz. wässeriger Lösung von „Reinblau doppelt konzentriert“ Höchster Farbwerke und 3 bzw. 4 ccm 0,2 proz. wässeriger Lösung von „Malachitgrün chem. rein“ Höchster Farbwerke gesetzt. Nach gutem Mischen wird der Agar zu Platten ausgegossen.

Brillantgrünagar nach Conradi. Fleischwasserpeptonagar wird mit so viel Normalnatronlauge oder Phosphorsäure versetzt, daß 100 ccm zur völligen Neutralisierung gegen Phenolphthalein noch 3 ccm Normallauge gebrauchen. Hierauf werden von einer 1 proz. wässerigen Lösung von „Brillantgrün Krystall extra rein“ und einer 1 proz. wässerigen Lösung von Pikrinsäure (Dr. Grübler) je 10 ccm zu $1^1/_2$ l Agar gegeben. Nach guter Durchmischung wird der Agar in Schalen gegossen.

Malachitgrünagar nach Padlewski. 3 proz. neutraler Fleischwasserpeptonagar wird mit 3% Ochsengalle, die im Dampftopf sterilisiert und durch Watte filtriert wurde, und 1% Milchzucker — in etwas Wasser gelöst — versetzt. Die Reaktion soll gegen Lackmus schwach alkalisch sein. Zum Gebrauch werden 100 ccm des verflüssigten, bis auf 60—65° gekühlten Agars mit 0,5 ccm einer 1 proz. wässerigen Lösung von „Malachitgrün kryst. chem. rein“ Höchst und 0,75—1 ccm einer 10 proz. wässerigen Lösung von schwefligsaurem Natrium versetzt. Das Gemisch muß durchsichtig und von schwach grüner Farbe sein.

2. Morphologisches, kulturelles und physiologisches Verhalten der Bakterien der Paratyphus B- und Gärtner-Gruppe.

Gestalt, Begeißelung: Stäbchen mit abgerundeten Enden von der Größe der Typhus- und Colibakterien, lebhaft beweglich, peritrich begeißelt. Gramfärbung negativ.

Bouillon wird gleichmäßig getrübt; bei etwas saurer Reaktion bildet sich ein Häutchen.

Gelatine: Die Oberflächenkolonien sind rund oder oval, scharfrandig. In Strichkulturen entsteht ein weißer, dicker Belag. Die Gelatine wird nicht verflüssigt.

Agar: Die Oberflächenkolonien sind weißgrau, rund, scharf konturiert. In Strichkulturen entsteht ein weißer, dicker, schleimiger Belag.

Kartoffeln: Grauweißer oder gelblicher bis braungelber Rasen.

Milch: Farbe und Konsistenz bleiben die ersten Tage unverändert, die Reaktion wird sauer. Nach verschieden langer Zeit — einer bis zu mehreren Wochen — wird die Milch gelblich, transparent und stark alkalisch.

Lackmusmolke: Es tritt anfänglich leichte Trübung und rot-viloette Färbung ein. Nach verschieden langer Zeit — durchschnittlich nach 3 bis 4 Tagen — erfolgt Umschlag in Veilchenblau.

Indolbildung: Indol wird im allgemeinen nicht gebildet. Nach Poppe soll der Paratyphusgruppe unter gewissen Umständen diese Fähigkeit in geringem Grade zukommen.

Schwefelwasserstoff: Aus Pepton bilden alle Stämme solchen.

Vergärung von Kohlehydraten: Alle Stämme vergären Glykose, keiner dagegen Saccharose und Laktose.

Über das Verhalten der Enteritisbakterien auf den differentialdiagnostischen Nährböden im Vergleich mit Bacterium typhi und Bacterium coli gibt nebenstehende Übersicht S. 53 Auskunft.

γ) Die Ausführung der bakteriologischen Untersuchung der Fleischproben. Für den schnellen Nachweis der Enteritisbakterien im Fleisch ist die Verwendung der elektiven Nährböden (S. 51) unerläßlich. Für den Nachweis anderer Bakterien muß man gewöhnlichen Nähragar verwenden. Man verfährt in der Weise, daß man mit entsprechender Vorsicht entnommene Fleischstückchen (vgl. S. 49) auf Platten der Farbstoffnährböden ausstreicht, wozu man sich entweder eines zu einem Dreieck gebogenen Platindrahtes oder eines sterilisierten, rechtwinklig gebogenen Glasstabes bedient. Man streicht, ohne wieder zu sterilisieren, drei oder vier Platten nacheinander aus, wodurch man entsprechende Verdünnungen erhält. Man verwendet stets mehrere der elektiven Nährböden nebeneinander, z. B. Drigalski-, Löfflers Malachitgrün- und Padlewski-Platten. Das in der Vorschrift für die bakteriologische Unter-

Nährboden	Bacterium typhi	Bacterium enteritidis und Bacterium paratyphi B	Bacterium coli
Traubenzuckeragar	keine Gasbildung	Gasbildung	Gasbildung
Milch	nicht koaguliert; geringe Säurebildung	nicht koaguliert; nach 14 Tagen aufgehellt, alkalisch, Gelbfärbung	koaguliert, starke Säurebildung
Lackmusmolke	klar, sauer, rötlich	anfangs sauer, dann alkalisch, erst rotviolett, dann blau	trüb, sauer, rot
Neutralrotagar	keine Entfärbung	Fluorescenz, Gasbildung	Fluorescenz, Gasbildung
Drigalski-Agar	blaue Kolonien	blaue Kolonien	rote Kolonien
Endo-Fuchsinagar	farblose Kolonien	farblose Kolonien	leuchtend rote Kolonien
Löfflers Malachitgrünagar	zartes Wachstum ohne Verfärbung	kräftiges Wachstum mit Gelbfärbung	kein oder schlechtes Wachstum
Padlewskis Malachitgrünagar	farblose Kolonien	farblose Kolonien	grüne Kolonien
Löfflers Malachitgrün-Safranin-Reinblauagar	flache bläuliche Kolonien mit eigenartigem Metallglanz	bläuliche Kolonien mit Metallglanz	dicke saftige, rot werdende Kolonien

suchung des ins Zollinland eingehenden Fleisches angeordnete Ausstreichen auf schrägem Agar ist nicht empfehlenswert. Ferner verteilt man etwas Fleisch in sterilen Petrischalen, gießt 40° warmen Nährагar hinzu und läßt erstarren. Bugge[1]) empfiehlt einige erbsen- bis linsengroße Stücke im Zusammenhang zu lassen, da in ihrer Nähe infolge der Sauerstoffabsorption durch das lebende Gewebe anaerobe Keime sich entwickeln. Luftblasen sind beim Herstellen dieser Platten, zu denen am besten 10—15 ccm Agar verwendet werden, zu vermeiden, da aus ihnen mit Wasser gefüllte Dellen entstehen, von denen aus sich schnell wuchernde Keime (besonders Proteusarten) über die ganze Platte verbreiten können.

Die beimpften Platten bleiben, die Deckel nach unten, 20 Stunden bei 37°, nach Bugge besser bei 39° stehen. Nach dieser Zeit werden von verdächtigen Kolonien (auf Drigalskiagar blau, auf den Malachitagarplatten gelb) Präparate nach Gram gefärbt (1. Teil, S. 202) und im hängenden Tropfen (1. Teil, S. 198) auf Gestalt und Beweglichkeit geprüft. Sprechen die Befunde für Enteritisbakterien, so werden von den Kolonien nochmals nach entsprechender Aufschwemmung geringer Mengen in sterilisiertem Wasser Ausstriche auf gefärbten Nährböden angelegt. Sind auf den Fleischausstrichplatten genügend isolierte Kolonien vorhanden, so kann man zwecks Diagnose schon jetzt Impfungen in verschiedene Nährböden vornehmen, besteht über die Reinheit der Kolonien noch ein Zweifel, so verschiebt man dies bis auf das Heranwachsen zweifellos reiner Kolonien auf der zweiten Plattenserie. Auf jeden Fall aber prüft man schon am ersten Tage mikro- und makroskopisch mit spezifischem Serum (Paratyphus B- und Gärtnerserum) in verschiedenen Verdünnungen auf Agglutinierbarkeit (vgl. S. 55). Allerdings zeigen manche Stämme erst nach mehrmaligem Überimpfen eine spezifische Agglutinationsfähigkeit. Sprechen morphologisches, kulturelles und serologisches Verhalten für die Enteritisgruppe, so kann schon jetzt ein Urteil im positiven Sinne abgegeben werden.

Außer den Ausstrichen auf Agarplatten können vorteilhaft auch noch Fleischteilchen in Bouillonröhrchen bei 37° bebrütet werden. Nach 3, 6 und 9 Stunden werden Präparate nach

[1]) Zeitschr. f. Fleisch- u. Milchhygiene 1909, **19**, 165.

Gram und im hängenden Tropfen angefertigt und eventuell Platten von gefärbten Nährböden mit einer bis drei Ösen ausgestrichen. Ein weiteres Stück Fleisch kann in hochgeschichtetem Glykoseagar zur Züchtung anaerober Keime bei 37° aufbewahrt werden.

Eine Anreicherung der Bakterien in den Fleischproben selber hat Conradi vorgeschlagen (vgl. unten). Müller[1]), Reinhardt und Seibold[2]) halten diese, sofern auch die Organe der verdächtigen Tiere untersucht werden, für überflüssig. Um einzelne Bakterien sicherer zum Wachstum zu bringen, hat Rommeler[3]) empfohlen, Fleischteilchen mit Succus caricae Papayae zu verdauen. Die Fleischprobe wird in einer sterilisierten Petrischale mit reichlichen Mengen sterilisierter physiologischer Kochsalzlösung und einigen Messerspitzen bei 130° im Trockenschrank sterilisiertem Succus caricae Papayae sicc. (Merck) 2 Tage bei 37° stehen gelassen. Von der Verdauungsflüssigkeit werden dann einige Tropfen auf gefärbte Nährböden ausgestrichen. Für die bakteriologische Fleischbeschau arbeitet dieses Verfahren zu langsam.

Für die Entnahme der bakteriologisch zu verarbeitenden Fleischproben sind verschiedene Vorschläge gemacht worden. Die Anweisung für die Untersuchung des in das Zollinland eingehenden Fleisches, sowie Forster, Bugge, Reinhardt und Seibold, Zwick und Weichel (vgl. S. 49) empfehlen das Fleisch mit fast zum Glühen erhitzten Kartoffelmessern oder mit dem Bunsenbrenner an der Einschnittstelle abzusengen, dann mit sterilem Messer einen Schnitt in die Tiefe zu führen und von dort mittels steriler Messer und Pinzetten Proben zu entnehmen, am besten durch Schaben. Bugge schlägt, um die Messer zu schonen, 1- bis $1^1/_2$ stündige Sterilisierung bei 170° im Lufttrockenschrank vor. Conradi schlägt für die Verarbeitung der mittels Ölbad und Sublimat konservierten Proben (vgl. S. 49) folgendes Verfahren vor: Die Fleischproben werden mit einer im Ölbad sterilisierten Schere aus der Sublimatlösung herausgeholt, in weithalsige, bei 165° im Trockenschrank sterilisierte Spitzgläser übertragen, die sofort mit einem übergreifenden, ebenfalls sterilisierten Deckel bedeckt und dann, den Deckel nach unten, auf eine plane Fläche gestellt werden. In den Deckel gießt man nun heiße, im Autoklaven 1 Stunde sterilisierte Kolophoniumwachslösung (aus 75 Teilen Kolophonium und 100 Teilen gelbem Wachs), die nach dem Erstarren das Spitzglas luftdicht verschließt. In dieser sterilen, feuchten Kammer wird das Fleischstück 12—16 Stunden bei 37° zur Anreicherung der Bakterien gehalten. Danach wird der Deckel für einen Augenblick in heißes Öl getaucht, wonach er sich sofort lüftet. Nun wird das Fleisch mit Klemmpinzetten in eine sterile Doppelschale übertragen und weiter verarbeitet. Man halbiert es mit sterilem Messer und verwendet die eine Hälfte zur aeroben, die andere zur anaeroben Kultur. Für letztere wird der mittlere Teil der einen Hälfte in ein Kölbchen mit 100 ccm einer nicht filtrierten, auf 40° erwärmten Gelatine, der auf 1 l 2 Eier zugesetzt waren, übertragen und darin 20 Stunden bei 37° gehalten.

Die andere Hälfte des Fleischstückes wird mit der Klemmpinzette so gefaßt, daß mit der ganzen Schnittfläche Agarplatten bestrichen werden können. Zur Bestimmung der Luftkeime werden 2 Agarplatten und je eine der Elektivnährböden, die während des Ausstreichens offen standen, unbesäet mit in den Brutschrank gestellt. Um Störungen durch das Kondenswasser zu vermeiden, bestreicht man die Innenseite der Deckelschalen dünn mit Eiweiß und legt eine Lage zurechtgeschnittenen Packseidenpapiers darauf. Dieses klebt nach dem Sterilisieren am Deckel und saugt die Wassertropfen auf.

Ferner werden die angereicherten Fleischstücke mikroskopisch und färberisch wie Kolonien auf den Platten 16—20 Stunden nach der Entnahme untersucht.

δ) Die Untersuchung des agglutinatorischen Verhaltens verdächtiger Kolonien. Unter Agglutination versteht man die Eigenschaft des Blutserums eines gegen eine pathogene Bakterienart immunisierten Tieres, noch in starker Verdünnung lebende oder abgetötete Bakterien derselben Art aus einer Aufschwemmung auszufällen, indem sie mit-

[1]) Centralbl. f. Bakt., I. Abt., Orig., 1912, **63**, 335.

[2]) Ebendort 1912, **66**, 59.

[3]) Ebendort 1909, **50**, 502.

einander zu Häufchen verkleben. Diese Reaktion ist bis zu einem gewissen Grade spezifisch und daher zur Artunterscheidung der Bakterien geeignet. In Aufschwemmungen nahe verwandter Arten bringt solches Serum erst in größeren Konzentrationen und in solchen nicht verwandter überhaupt nicht oder erst in starken Konzentrationen Agglutination hervor. Da auch Normalserum häufig merkliche Mengen von Agglutininen enthält, so hat eine Agglutination nur dann diagnostischen Wert, wenn sie in so starken Verdünnungen eintritt, in denen Normalserum im allgemeinen nicht agglutiniert.

1. Herstellung von Immunserum.

Agglutinierende Sera werden durch Einspritzung lebender oder durch möglichst schonende Eingriffe wie 1 stündiges Erhitzen auf 60° oder Zusatz von Formalin abgetöteter Bakterien in geeignete Versuchstiere hergestellt. Man injiziert kleineren Tieren (Meerschweinchen, Kaninchen) in Abständen von 7—10 Tagen steigende Mengen (etwa 1, 3, 5, 10 Ösen) abgetöteter 48 stündiger Agarkulturen intravenös oder intraperitoneal. Die Injektionen dürfen erst wiederholt werden, nachdem das Tier sich erholt, insbesondere der der Einspritzung folgende Gewichtsverlust sich ausgeglichen hat. Eine etwa 7 Tage nach der letzten Einspritzung entnommene kleine Blutprobe wird auf ihre agglutinierende Wirkung in der weiter unten geschilderten Weise geprüft. Darauf wird das Blut durch Eröffnen der freigelegten Carotis gewonnen und 24 Stunden bei Zimmerwärme zur Abscheidung des Serums stehen gelassen. Dieses wird mit sterilisierten Pipetten in sterilisierte Röhrchen abgefüllt, mit $^1/_{10}$ Volumen 5 proz. Carbolsäurelösung versetzt und kalt aufbewahrt. Agglutinierende Sera sind zum Teil von hygienischen Instituten käuflich zu beziehen.

2. Titrierung des agglutinierenden Serums.

Die Titrierung soll zeigen, bis zu welcher Verdünnung das Immunserum das zur Immunisierung verwendete Bakterium agglutiniert. Hat man größere Mengen Serum zur Verfügung, so verfährt man in folgender Weise: Mit einer in $^1/_{10}$ ccm geteilten 10 ccm-Pipette, die in einem mit Kochsalzlösung gefüllten Zylinder steht, so daß sie von selber volläuft, bringt man in 3 mit I, II, III bezeichnete enge (0,5—0,8 cm weite, 6—8 cm lange, nach unten zu ev. konisch zulaufende) Röhrchen je 9 ccm Kochsalzlösung. Dann bringt man mittels einer in $^1/_{10}$ ccm geteilter 1 ccm-Rekordpravazspritze mit langer Hohlnadel 1 ccm Serum in Röhrchen I, wäscht die Spritze 2 mal mit Kochsalzlösung aus, mischt die Flüssigkeit in I durch öfteres Aufsaugen und Ausspritzen, überträgt schließlich 1 ccm aus I in II, säubert die Spritze und mischt die Flüssigkeit in II wie oben, überträgt 1 ccm in III und verfährt wieder wie vorher. Aus diesen Hauptverdünnungen I $^1/_{10}$, II $^1/_{100}$, III $^1/_{1000}$ stellt man weitere Verdünnungen her, indem man mit der Spritze 1,0, 0,4, 0,2 ccm in drei mit 10, 25, 50, bzw. 100, 250, 500 bzw. 1000, 2500, 5000 bezeichnete Röhrchen bringt und die mit 25, 50, 250, 500, 2500, 5000 bezeichneten Röhrchen mit Kochsalzlösung auf 1 ccm auffüllt. Man hat demnach an Verdünnungen in

Röhrchen Nr.	Verdünnung	mg Serum
10	$^1/_{10}$	100
25	$^1/_{25}$	40
50	$^1/_{50}$	20
100	$^1/_{100}$	10
250	$^1/_{250}$	4
500	$^1/_{500}$	2
1000	$^1/_{1000}$	1
2500	$^1/_{2500}$	0,4
5000	$^1/_{5000}$	0,2

Steht nur wenig Serum zur Verfügung, so kann man die Verdünnung $^1/_{10}$ in folgender Weise herstellen:

Serum	Kochsalzlösung
0,5 ccm	4,5 ccm
0,25	2,25
0,2	1,8
0,1	0,9
0,05	0,45

Oder man legt die Verdünnungen mit einer Platinöse an, indem man 1 Öse Serum mit 24 Ösen Kochsalzlösung mischt und aus dieser Verdünnung durch Mischung mit weiteren Mengen Kochsalzlösung auf einer Glasplatte weitere Verdünnungen herstellt.

Die agglutinierende Wirkung prüft man auf mikroskopischem und makroskpischem Wege. In ersterem Falle mischt man von einer Aufschwemmung einer kleinen Öse (etwa 2 mg) einer 24 stündigen Agarkultur in $^1/_2$ ccm Kochsalzlösung eine Öse mit 1 Öse Serumverdünnung und legt hängende Tropfen an, die mit nicht zu starken Systemen beobachtet werden. Bei schneller Reaktion büßen die beweglichen Bakterien in einigen Augenblicken die Beweglichkeit ein und verkleben zu unregelmäßigen Klumpen. Bei schwächerer Serumwirkung tritt diese Erscheinung erst in 10 Minuten bis zu 1 Stunde ein; man bringt in diesem Falle die Präparate in den Brutschrank. Reaktionen nach 2 Stunden sind nicht mehr zu verwerten. Die geringste zur Agglutination nötige Menge Serum ist sein Titer für den Tropfenversuch.

Für die makroskopische Untersuchung mischt man $^1/_2$ ccm obiger Bakterienaufschwemmung mit $^1/_2$ ccm Serumverdünnung im Röhrchen oder man verreibt eine kleine Öse Agarkultur in 1 ccm Serumverdünnung bis zur gleichmäßigen Trübung. Man kann von diesen Mischungen auch gleichzeitig eine Öse zu einem hängenden Tropfen verarbeiten und für die oben beschriebene mikroskopische Prüfung verwenden. Die Röhrchen werden in den Brutschrank gebracht und von Zeit zu Zeit (20, 60, 120 Minuten) besichtigt, indem man sie schräg gegen die Decke hält, so daß das seitlich einfallende Licht eine Art Dunkelfeldbeleuchtung bewirkt. Im Falle der Agglutination tritt eine mit dem bloßen Auge oder der Lupe erkennbare Flockenbildung ein. Zur Feststellung der verschiedenen Abstufungen eignet sich sehr gut das Agglutinoskop von Woithe, das die Firma Paul Altmann-Berlin zum Preise von 20 M. liefert. Die geimpfte Menge Serum, die zur Agglutination nötig ist, ist der Titer für den Röhrchenversuch.

Immunserum soll im Röhrchenversuch mindestens in einer Verdünnung von 1 : 1000 wirksam sein.

3. Prüfung einer verdächtigen Bakterie aus Fleisch.

Für die Prüfung wird gebraucht: 1. Paratyphus B- und Gärtner-Immunserum mit bekanntem, möglichst hohem Titer. 2. Normales Serum von einem Tier derselben Art, welcher das, das Immunserum liefernde Tier angehört. Der Titer dieses Serums ist wie der des Immunserums zu bestimmen; er soll erheblich niedriger sein und im allgemeinen nicht mehr als 1 : 20 betragen. 3. 0,85 proz. Kochsalzlösung. 4. Eine etwa 20 stündige Agarkultur des zu prüfenden Bakteriums.

Man stellt in der früher beschriebenen Weise Verdünnungen des Immunserums mit Kochsalzlösung z. B. 1 : 200, 1 : 300, 1 : 500, 1 : 1000 her und geht bis zum Titer des Serums. In der am meisten Serum enthaltenden Mischung soll das Immunserum wenigstens 10 mal so stark verdünnt sein wie der Titer des normalen Serums. In 1 ccm dieser Mischungen wird in engen Röhrchen 1 kleine Öse Agarkultur möglichst fein verrieben, von der Mischung werden auch hängende Tropfen hergestellt. Ferner wird eine Aufschwemmung der gleichen Kulturmenge in 1 ccm einer Mischung von Kochsalzlösung und so viel Normalserum, daß letzteres darin in seiner halben Titermenge enthalten ist, und in der Kochsalzlösung ohne Serumzusatz zum Nachweis etwaiger spontaner Agglutination hergestellt.

Alle Röhrchen und hängenden Tropfen werden in den Brutschrank gestellt und wie oben beschrieben von Zeit zu Zeit besichtigt.

Sind die verdächtigen Kolonien auf den mit Fleischstücken geimpften Farbenagarplatten noch nicht groß genug, um die Agglutinationsprobe makroskopisch auszuführen, so beschränkt man sich auf die mikroskopische Prüfung, indem man eine Nadelspitze des Kulturrasens in einem Tröpfchen Immunserumverdünnung verreibt und im hängenden Tropfen beobachtet.

Tritt bei dem Versuch in beiden Seris oder in der Kochsalzlösung allein Agglutination ein, so ist durch die Agglutinationsprobe die Identität der Bakterienart nicht zu erbringen, in diesem Falle kann es sich um Bakterien mit sehr geringer Virulenz handeln. Ist Agglutination in allen Röhrchen mit Ausnahme der Kochsalz- und Normalserumröhrchen vorhanden, so ist die Bakterie identisch mit der das Immunserum erzeugenden. Dies gilt auch für den Fall, daß in den stärksten Verdünnungen die Agglutination ausbleibt oder verspätet eintritt. Tritt dagegen Agglutination nur noch bei stärkeren Serumkonzentrationen ein, so handelt es sich um eine verwandte Art. Heimann[1]) schlägt mit Rücksicht auf das anscheinend häufigere Vorkommen von Bakterien der sog. Paratyphus C-Gruppe Verwendung polyvalenter, d. h. mehrere Gruppen der Enteritisbakterien agglutinierenden Sera vor.

c) Der Tierfütterungsversuch zum Nachweis der Enteritisbakterien. Fütterungsversuche an Hausmäusen sind früher vielfach zum Nachweis geringer Infektionen von Fleisch mit Enteritisbakterien ausgeführt worden. Die Beweiskraft dieser Versuche ist aber erheblich durch die Erkenntnis verringert worden, daß der Darm dieser Tiere häufig Bakterien der Enteritisgruppe enthält[2]) und daß mehrtägige Fleischkost die Virulenz dieser Darmbakterien so steigert, daß sie tödlich verlaufende Septicämien der Versuchstiere hervorrufen und auf diese Weise Infektionen des Fleisches vorspiegeln. Man sieht daher zurzeit von Fütterungsversuchen meist ab.

II. Bakteriologische Untersuchung von zubereitetem Fleisch.

Für die Probenahme gelten dieselben Regeln wie bei der bakteriologischen Fleischbeschau. Man wird die äußeren Schichten der Fleischwaren am besten durch starkes Abbrennen sterilisieren und aus der Mitte mit sterilisierten Werkzeugen Proben entnehmen, die dann entsprechend den Angaben in den folgenden Abschnitten weiter verarbeitet werden.

a) Untersuchung auf Fleischvergiftungsbakterien aus der Enteritisgruppe. Hierfür gelten die oben bei der bakteriologischen Fleischbeschau aufgestellten Regeln. Von diesen Bakterien befallene Fleischwaren zeigen äußerlich meist keine verdächtigen Merkmale. Enteritisbakterien sind wiederholt in Wurst und Hackfleisch, wenn auch meist nur in spärlichen Mengen gefunden worden[3]).

Für die Prüfung der Frage, ob Fleisch intravital oder postmortal mit Enteritisbakterien infiziert worden ist, haben de Nobele[4]) und neuerdings Müller[5]) die Agglutinationsprobe mit dem Muskelsaft empfohlen. Die Fähigkeit, Agglutinine zu bilden, kommt nur lebendem Eiweiß zu. Anwesenheit spezifischer Agglutinine in der Muskulatur spricht daher für eine intravitale Infektion. Müller empfiehlt 3 g geschabtes Fleisch mit der 10fachen Menge physiologischer Kochsalzlösung $^1/_2$ Stunde bei Zimmertemperatur stehen zu lassen und zu filtrieren. Diese Stammlösung 1 : 10 dient zur Herstellung weiterer Verdünnungen. Einen stärkeren Auszug von 1 : 2 kann man durch Ausziehen von 10 g Fleisch mit der doppelten Menge Koch-

[1]) Centralbl. f. Bakt., I. Abt., Orig., 1912, **66**, 211.

[2]) Zwick u. Weichel, Arbeiten a. d. Kais. Gesundheitsamte 1910, **33**, 250; Holtz, Centralbl. f. Bakt., I. Abt., Orig., 1909, **49**, 611; Rommeler, ebendort 1909, **50**, 50; Schellhorn, ebendort 1910, 1910, **54**, 428; Mühlens, Dahm u. Fürst, ebendort 1909, **48**, 220.

[3]) Hübener, Deutsche med. Wochenschr. 1908, Nr. 24; Buthmann, Verbreitung des Bac. paratyphi B. Inaug.-Diss. Gießen 1909; Rommeler, Centralbl. f. Bakt., I. Abt., Orig., 1909, **50**, 501; Uhlenhut, Arbeiten a. d. Kais. Gesundheitsamte 1909, **30**, 217.

[4]) van Ermengem in Kolle-Wassermann, Handbuch der pathogenen Mikroorganismen, Bd. II.

[5]) Centralbl. f. Bakt., I. Abt., Orig., 1912, **66**, 222.

salzlösung herstellen. Nach Müller zeigt der wässerige Muskelauszug gesunder Tiere nur noch in der Verdünnung 1 : 10 positive Reaktion, während der Bluttiter jugendlicher Tiere 1 : 60, der alter 1 : 60 bis 1 : 200 ist. Der Bluttiter eines Tieres ist 50—100 mal so hoch wie der Muskeleiweißtiter nach der Entblutung anzunehmen. Bei an Enteritisinfektion eingegangenen Schlachttieren fand Müller einen Muskeleiweißtiter von 1 : 80.

Die Agglutination des Muskelauszuges darf wegen einer bald eintretenden Eiweißausscheidung nicht im Brutschrank vorgenommen werden. Auch bei Zimmertemperatur tritt eine solche Ausflockung, wenn auch langsamer ein. Um Verwechselungen dieser Fällungen mit der Agglutination zu verhindern, kann das Schnellagglutinationsverfahren nach Gaethgens angewendet werden, bei dem man einige Minuten nach der Mischung von Bakterienemulsion und Muskelauszug zentrifugiert. Es werden dann nur die Bakterien sedimentiert. Fehlen Agglutinine, so entsteht ein linsenförmiger Belag, der sich beim Schütteln leicht diffus verteilen läßt; sind solche vorhanden, so entsteht ein nach dem Rande zu feiner werdender Schleier, der beim Schütteln in Flocken aufwirbelt.

Das Verfahren bedarf der Nachprüfung an einem größeren Material.

b) Untersuchung auf Bacillus botulinus van Ermengem[1]. Diese Bakterie entwickelt sich postmortal in zubereitetem Fleisch (Wurst, Schinken, Konserven). Die von ihr befallenen Fleischwaren erscheinen äußerlich unverändert; nur besitzen sie zuweilen einen schwachen Geruch nach Buttersäure. Das vom Bacillus botulinus erzeugte Botulismustoxin ruft die Erscheinungen des Botulismus (Wurstvergiftung) hervor.

Nachweis. Die Untersuchung von Fleischwaren, die dieKrankheitserscheinungen des Botulismus hervorgerufen haben oder derselben verdächtig sind, erstreckt sich auf den kulturellen Nachweis der Bakterie, Verfütterung des Fleisches an Mäuse, Verimpfung eines wässerigen Fleischauszuges und eines durch Berkefeld- oder Tonkerzenfilter hergestellten keimfreien Filtrates einer mehrtägigen Bouillonkultur der Bakterie an Meerschweinchen und Kaninchen, um die charakteristischen Krankheitserscheinungen hervorzurufen. Bacillus botulinus gehört zu den strengen Anaerobiern. Man entnimmt aus der Mitte der beanstandeten Fleischware, nachdem die Oberfläche durch Abbrennen oder durch Eintauchen in das Conradische Ölbad desinfiziert ist, mittels sterilisierter Messer eine bohnengroße Fleischprobe, zerquetscht sie in etwas steriler Bouillon und legt mit einer Öse der Emulsion Hochkulturen in Glykoseagar und -gelatine an, eine zweite Serie nach 10 Min. langem Erwärmen der Emulsion auf 70°. Auch die Anlage von Gußplatten im Kulturvakuum ist daneben zu empfehlen. Die unter diesen anaeroben Verhältnissen wachsenden Kolonien werden dann in entsprechender Weise weiter auf ihre Eigenschaften geprüft.

Bacillus botulinus van Ermengem. 4—9 μ lange, 0,9—1,2 μ dicke Stäbchen mit 4—9 Geißeln. Bei 370° in Bouillon lange Fäden. Sporen oval, endständig. Gramfärbung positiv. Stichkultur in Glykosegelatine nicht charakteristisch; starke Gasbildung. Gelatine verflüssigt. Obligat anaerob. Vergärt Glykose, anscheinend aber Saccharose und Lactose nicht. Milch wird koaguliert. In flüssigen, zuckerhaltigen Lösungen entsteht ein säuerlich ranziger Geruch (Buttersäure). Temperaturoptimum unter 18—25°. 6% Kochsalz wirken entwicklungshemmend. Die Sporen werden durch $^1/_2$stündiges Erwärmen auf 80° getötet. Erzeugt ein spezifisches Toxin[2], das Pupillenerweiterung, Akkommodationsstörung, Lähmungen der

---

[1]) van Ermengem, Zeitschr. f. Hygiene 1897, **26**, 1; im Handbuch der pathogenen Mikroorganismen von Kolle-Wassermann der Abschnitt „Botulismus“; Brieger u. Kempner, Centralbl. f. Bakt., I. Abt., Orig., 1897, **22**, 765; Marinesco, Kempner u. Pollack, ebendort 1898, **24**, 899; Kempner u. Schepilewski, Zeitschr. f. Hyg. 1898, **27**, 2; Forssmann, Centralbl. f. Bakt., I. Abt. 1901, **29**, 541.

[2]) Nach Leuchs (Zeitschr. f. Hygiene 1910, **65**, 55) scheinen morphologisch und physiologisch nicht unterscheidbare Stämme des Bacillus botulinus spezifisch verschiedene Toxine und Antitoxine zu bilden, die sich nicht beeinflussen.

Schluckmuskulatur und der Atemmuskulatur hervorruft. In der Umgebung des Menschen anscheinend nicht häufig; wiederholt in Fleischdauerwaren, auch in Gemüsekonserven gefunden.

c) Untersuchung auf nicht spezifische Erreger von Fleischvergiftungen. Bei Fleischvergiftungen der gastrointestinalen Form, die auf postmortale Infektion zurückzuführen sind, hat man außer den Enteritisbakterien Vertreter verschiedener anderen Gruppen gefunden. Diese Art der Fleischvergiftungen tritt besonders im Sommer bei Genuß von Hackfleisch oder nicht genügend erhitzten Fleischwaren auf. Sie zeichnen sich durch einen schnellen, meist günstigen Verlauf aus. Diese Bakterien gehören zu den Fäulnisbakterien, sind weit verbreitet und in geringer Zahl wohl in jedem Fleisch zu finden. Ihr Nachweis allein genügt daher nicht, um sie für eine schädliche Wirkung von Fleischwaren verantwortlich zu machen. Wichtig ist es, besonders die etwaige Bildung von hitzebeständigen Giften durch diese Bakterien nachzuweisen. Ferner ist es wesentlich, etwaige Fäulnis zur Zeit des Genusses festzustellen. Auch Fütterungsversuche bei Mäusen sind zu empfehlen. Diese Art der Fleischvergiftungen scheint teils eine Intoxikation, teils eine solche mit gleichzeitiger Infektion zu sein. Es muß zugegeben werden, daß die Ätiologie dieser Form der Fleischvergiftungen weiterer Klärung bedarf.

Die bisher beobachteten nicht spezifischen Erreger von Fleischvergiftungen gehören fast alle zu den Gruppen des Bacterium proteus und Bacterium coli[1]). Ferner ist gelegentlich von Lubenau[2]) ein zur Gruppe der Milch peptonisierenden Sporenbildner gehörendes, Bacillus peptonificans benanntes Stäbchen, und Bacillus faecalis alcaligenes gefunden worden.

Nachweis. Aseptisch aus der Mitte des verdächtigen Fleisches entnommene Proben werden zu Gußplatten von Fleischwasserpeptongelatine und -agar verarbeitet. Die in Betracht kommenden Bakterien wachsen alle an der Luft. Ferner werden vorteilhaft daneben Oberflächenplatten auf Endo- oder Drigalski-Agar angelegt.

Bacterium vulgare (Hauser) Lehm. et Neum.; häufig gebrauchte Synonyme: Proteus vulgaris Hauser, Bacillus proteus vulgaris (Kruse). 1,6—4 μ lange, 0,4—0,5 μ dicke Stäbchen, oft in langen, zuweilen spiralig gewundenen Fäden. Zahlreiche peritriche Geißeln. Gramfärbung bald positiv, bald negativ. Wächst gleich gut bei Luftzutritt und -abschluß. Keine Sporen. Gelatineplatten: Bei 60facher Vergrößerung Innenkolonien rund, feinkörnig, graugelb, glattrandig. Oberflächenkolonien farblos, zart, wellig gelappt, im Innern mit lebhafter Bewegung; die Gelatine wird verflüssigt, die Kolonien erhalten unregelmäßige Form. Gelatinestich: Anfangs fadenförmig, uncharakteristisch, bald schlauchförmig verflüssigend. Die Oberfläche sinkt sofort schalenförmig ein. Agarplatten: Bei 60facher Vergrößerung Innenkolonien rundlich, stark krümelig, Oberflächenkolonien zart durchscheinend, fein gekörnt, in der Mitte gelblich, am Rande farblos. Der Rand nimmt infolge des Ausschwärmens alle möglichen unregelmäßigen Formen an. Bouillonkultur: Starke Trübung, sta ker Bodensatz. Milch: Nach 2—3 Tagen geronnen, später Casein wieder gelöst. Serum gelblich, schwach sauer.

Kartoffelkultur: Spärlicher, weißgelber, matter bis fettglänzender Belag.

Chemische Leistungen: Eiweißstoffe werden unter Gestankbildung faulig zersetzt; alkalische Reaktion, Schwefelwasserstoff und Indol. Glykose und Saccharose werden zu Kohlensäure und Wasserstoff, Lactose nicht vergoren. Harnstoff wird gespalten. Aus Aminovaleriansäure wird Buttersäure, aus Leucin Amylalkohol, aus Asparagin Bernsteinsäure, Essigsäure, Ammoniak und Kohlensäure gebildet. Giftige Stoffwechselprodukte.

Resistenz: $^1/_4$- bis $^1/_2$stündiges Erhitzen tötet die Kulturen.

Nah verwandte, nur durch das Verhalten gegen Gelatine etwas abweichende Arten sind Proteus mirabilis Hauser und Proteus Zenkeri Hauser.

---

[1]) Ältere Literatur bei Dieudonné u. Hübener a. a. O. Ferner Mandel, Centralbl. f. Bakt., I. Abt., Orig., 1912, **66**, 194.

[2]) Centralbl. f. Bakt., I. Abt., Orig., 1905, **40**, 435.

Stämme des Bacterium vulgare verschiedener Herkunft variieren sehr stark, auch bei längerer Züchtung auf künstlichen Nährböden.

Bacterium coli (Escherich). Lehm. et Neum. Meist 2—3 μ lange, 0,4—0,6 μ dicke, manchmal auch isodiametrische Stäbchen, seltener in Fäden. 4—8 peritriche Geißeln. Keine Sporen. Gramnegativ. Wächst am besten aerob, aber auch anaerob, bei Zimmertemperatur und 37°.

Gelatineplatte: Bei 70facher Vergrößerung Oberflächenkolonien durchscheinend, gelappt, in der Mitte gelblich. Oberfläche wellig erhaben mit strahligen Strichen. Innenkolonien rundlich bis wetzsteinförmig.

Gelatinestich: Fadenförmig, weißlich. Oberflächenkolonie durchscheinend, rundlich, gelappt. Keine Verflüssigung.

Agarplatte: Bei 60facher Vergrößerung Oberflächenkolonien rundlich, glattrandig, feinkörnig, in der Mitte gelblich. Von der Mitte gehen oft dunkelgelbe gewundene Linien aus. Innenkolonien rund bis wetzsteinförmig, glattrandig, undurchsichtig. Auf Endo- und Drigalskiplatten rote Kolonien. Milch: Wird bei Zimmertemperatur nach 4—10, bei 37° nach 1—4 Tagen durch Säurebildung koaguliert. Kartoffelkultur: Gelblich weiße, später bräunliche meist glänzend saftige, seltener trockene, matte Auflagerung. Chemische Leistungen: Erzeugt in Peptonlösungen Indol, Schwefelwasserstoff, etwas Mercaptan. Eiweißstoffe werden anscheinend nicht angegriffen. Manche Stämme spalten Harnstoff. Glykose und Lactose werden zu Kohlensäure, Wasserstoff, Essig-, Propion-, Ameisen- und Milchsäure vergoren. Ferner werden vergoren Fructose, Galaktose, Maltose, Xylose, Arabinose und Mannit, nicht aber Raffinose, Dulcit und Erythrit.

Die wichtigsten differentialdiagnostischen Merkmale sind Schwärmfähigkeit, Fehlen gelatinelösender Enzyme, Wachstum auf Kartoffel, Indolbildung aus Pepton, Vergärung von Lactose. Doch gibt es eine ganze Anzahl von Stämmen, denen die eine oder andere dieser Eigenschaften fehlt; nur das Verhalten gegen Gelatine ist konstant. Die Umgrenzung der Art Bacterium coli ist daher noch recht schwankend. Eine lediglich durch den Besitz einer polaren Geißel abweichende Art haben Lehmann und Neumann als Bacterium coli β polaris beschrieben.

Bacterium coli ist in der Natur sehr weit verbreitet.

Bacterium alcaligenes (Petruschky) Lehm. und Neum. (Synonym Bacillus faecalis alcaligenes Petruschky). Es unterscheidet sich von Bacterium coli durch polare Begeißelung (doch wird auch peritriche angegeben), Alkalibildung in Milch und daher Ausbleiben der Gerinnung, Blaufärbung von Lackmusmolke, blaue Kolonien auf Drigalski-, farblose auf Endoagar, Fehlen von Gasgärung in Glykose- und anderen Zuckerlösungen.

d) Untersuchung auf Fäulnisbakterien. Jedes Fleisch des Handels enthält allgemein in der Natur verbreitete Vertreter verschiedener physiologischen Bakteriengruppen, die bei längerer Aufbewahrung sich im Fleisch vermehren und tiefgreifende Zersetzungen der Eiweißstoffe hervorrufen, bei denen stinkende Stoffe entstehen; diese Zersetzung wird Fäulnis genannt.

Wird Fleisch unzerlegt aufbewahrt, so dringen die an der Oberfläche haftenden Bakterien nur langsam in die Tiefe[1]). Nur bei höheren Temperaturen scheint diese Wanderung schneller zu erfolgen. Nach Meyer[2]) sind bei 14—18° in 48 Stunden pathogene und nichtpathogene Bakterien je nach der Art 4—11 cm tief eingedrungen, ohne daß das Fleisch verändert war. In zubereitetem, insbesondere in gehacktem Fleische, sind die Bakterien von Anfang an auf die ganze Masse verteilt und vermehren sich infolge des reichen Luftzutrittes

[1]) Nach den früher zitierten Angaben von Gärtner u. Forster. Ferner Presuhn, Zur Frage der bakteriologischen Fleischbeschau. Inaug.-Diss. Straßburg 1898. Marxer, Beitrag zur Frage des Bakteriengehaltes des Fleisches. Inaug.-Diss. Bern 1903.

[2]) Zeitschr. f. Fleisch- u. Milchhygiene 1910, **20**, 109.

auch im Innern sehr schnell, so daß Zersetzungen viel schneller eintreten[1]). Der Zusatz von Präservesalz hemmt die Entwicklung der Bakterien nicht und täuscht nur durch die Verdeckung der beim Altern eintretenden Farben- und Geruchveränderung. Die Häufigkeit der „Hackfleischvergiftungen" entspricht diesen für das Bakterienwachstum äußerst günstigen Verhältnissen. Auch im sorgfältigst zubereiteten Hackfleisch sind nach Zweifel[2]) stets Vertreter der Proteus- und Coli-Typhus-Gruppe enthalten[3]).

Eine bakteriologische Untersuchung von Fleisch auf Fäulnisbakterien wird im allgemeinen nur in den ersten Stadien der Zersetzung vorgenommen werden, solange äußere Merkmale der Zersetzung noch fehlen. Später kann durch den Geruch und ev. die Ammoniakreaktion nach Eber (S. 42) sicherer und schneller als durch bakteriologische Untersuchung eine Bewertung vorgenommen werden.

Die bakteriologische Untersuchung wird am zweckmäßigsten durch Anlage von Platten aus gewöhnlichem und gefärbtem Agar ausgeführt, auf denen nicht nur die Zahl der Bakterien festgestellt, sondern auch eine gewisse Klassifizierung vorgenommen werden kann.

Auf der Oberfläche von Fleisch und Fleischwaren siedeln sich zuweilen Leuchtbakterien (in den Kühlräumen) oder Schimmelpilze und Hefen an[4]). Die Identifizierung ersterer kann makroskopisch und mikroskopisch erfolgen; auch für die Schimmelpilze wird, wo eine Diagnose nötig ist, diese meist auf mikroskopischem Wege erfolgen können. Für etwaige Züchtungsversuche gelten die im 1. Teil S. 624 u. f. niedergelegten Vorschriften.

III. Die bakteriologische Untersuchung von Fischen, Krustaceen, Muscheln.

Gesundheitsstörungen können beim Genuß von Fischen und Weichtieren durch Gifte entstehen, die normalerweise in den gesunden Tieren bei manchen Arten zeitweilig vorhanden sind. Häufiger als diese immerhin seltenen Fälle sind Gesundheitsstörungen durch Fische und Weichtiere, die pathogene Bakterien oder Bakteriengifte enthalten.

Fleisch gesunder Fische ist nach Bruns[5]) keimfrei und auch gekochtes Fischfleisch bleibt im Innern einige Tage bakterienfrei. Immerhin aber sind die Entwicklungsbedingungen für Bakterien in dem etwas lockeren Fischfleisch günstiger als in Säugetierfleisch. Unter ungünstigen Lebensbedingungen scheint nach Ulrich[6]) allerdings auch schon im Fleische der lebenden Tiere ein gewisser Keimgehalt vorzukommen; vielleicht handelt es sich dabei aber auch um pathologische Prozesse. Auch die Frage nach dem Zusammenhang von Fischkrankheiten und Gesundheitsstörungen beim Menschen bedarf noch der Klärung. Paratyphusbakterien sind in Fischfleisch gelegentlich gastrointestinaler Vergiftungen von Ulrich, Abraham[7]), Rommeler[8]) gefunden; zuweilen mag das öfter paratyphushaltige Natureis der Fischtransporte Urheber dieser Vergiftungen sein (Conradi[9]), Rommeler).

Außer diesen gastrointestinalen Fischvergiftungen kennt man solche, die in den Krankheitssymptomen dem Botulismus entsprechen, die sog. Allantiasis. Über die Ursache dieser Erscheinung ist noch keine Klärung erfolgt.

---

[1]) Mayer u. Stroscher, Hyg. Rundschau 1901, **11**, 877, haben in 1 g käuflichen Hackfleisches über 6 Millionen Keime gefunden.

[2]) Centralbl. f. Bakt., I. Abt., Orig., 1911, **58**, 115.

[3]) Über die Bakterien der Fleischfäulnis vgl. Lafar, Handbuch der techn. Mykologie, Bd. 3; Lange u. Poppe, Arbeiten a. d. Kais. Gesundheitsamt 1909, **33**, 210.

[4]) Vgl. Kühl, Apotheker-Ztg. 1909, **24**, 956; Butjagin, Archiv f. Hygiene 1905, **52**, 1.

[5]) Archiv f. Hygiene 1908, **67**, 209.

[6]) Zeitschr. f. Hygiene 1906, **53**, 176; vgl. ferner Müller, Archiv f. Hygiene 1903, **47**, 127.

[7]) Münch. med. Wochenschr. 1906, Nr. 50.

[8]) Deutsche med. Wochenschr. 1909, Nr. 20; Zeitschr. f. Fleisch- u. Milchhygiene 1909, **19**, 360.

[9]) Zeitschr. f. Fleisch- u. Milchhygiene 1909, **19**, 359.

Weichtiere (Krebse, Muscheln) sind wiederholt Überträger von Paratyphusbakterien gewesen.

Für die Untersuchung von Fischen und Weichtieren auf Bakterienzahl, Enteritis- und andere Bakterienarten gelten dieselben Vorschriften wie für die Untersuchung des Fleisches der Schlachttiere.

IV. Die bakteriologische Untersuchung von Fleischkonserven.

Fleischkonserven verfallen bakterieller Zersetzung, wenn sie nicht genügend sterilisiert sind oder wenn infolge von Rissen in den Nähten oder Lötstellen der Büchsen nachträglich eine Infektion der sterilisierten Stoffe von außen her stattfindet. Eine Infektion des Inhaltes der Büchsen kann stattfinden, ohne daß Geruch und Geschmack der Konserven leiden und ein Auftreiben der Büchsen (Bombage S. 85) durch Gase erfolgt. Nur die bakteriologische Untersuchung gibt einen sicheren Anhalt für den Zustand des Büchseninhaltes.

Die Untersuchung von Konserven wird am besten in folgender Weise ausgeführt[1]): Von den Büchsen, von denen vorteilhaft aus jeder Herstellungsnummer mehrere entnommen werden, wird der eine Teil im Brutschrank bei 37°, der andere bei 22° aufbewahrt, um etwaige einzelne lebende Keime zur Vermehrung zu bringen. Diese Anreicherung soll, falls nicht äußere Zeichen (Bombage) auf eine schnelle Bakterienvermehrung deuten, mindestens 11 Tage durchgeführt werden. Nach dieser Zeit wird die zu untersuchende Büchse äußerlich sorgfältig gereinigt; etwaiger Lack und Etiketten werden entfernt. Dann reibt man die eine Deckelfläche mit Spiritus wiederholt ab, läßt den Rest des Spiritus abbrennen und sengt nun mit einem Bunsenbrenner den Deckel kräftig ab. Darauf schlägt man einen etwa 1 cm dicken, durch Abbrennen unmittelbar vorher sterilisierten Stahldorn durch den Deckel, indem man von einem Gehilfen eine mit Sublimatlösung abgeriebene, noch feuchte Glasglocke darüber halten läßt. In das in den Deckel geschlagene Loch führt man nun eine dünne sterilisierte Pipette tief in die Büchse ein, indem man die Saugöffnung zunächst verschlossen hält, um etwa an der Oberfläche schwimmendes Fett fernzuhalten, und saugt dann etwas Fleischsaft auf, was manchmal sehr leicht, bei festerem Inhalt aber erst nach einigem Bemühen gelingt. Von dem Fleischsaft bringt man einige Tropfen in Röhrchen mit schräg erstarrtem Nähragar, einige mischt man mit 40° warmem Glykoseagar im Röhrchen und läßt in hoher Schicht erstarren. Einige Röhrchen werden bei 22°, andere bei 37° aufbewahrt. Von dem Rest des Fleischsaftes legt man Ausstrichpräparate zum Färben an.

Die geöffnete Konservenbüchse wird während dieser Maßnahmen mit der sterilisierten Glasglocke bedeckt. Die Öffnung der Büchse und die Verarbeitung ihres Inhaltes muß in einem ruhigen Zimmer ohne Zugluft erfolgen; alles unnötige Herumlaufen ist dabei zu vermeiden.

Durch die Aufbewahrung der geschlossenen Büchsen werden nur etwa vorhandene streng oder fakultativ anaerobe Keime angereichert. Um auch etwaige aerobe Keime zu entdecken, läßt man die angebohrten Büchsen noch einige Zeit bei Luftzutritt stehen. Man verfährt dabei in der Weise, daß man die angebohrte Stelle nochmals mit dem Bunsenbrenner abbrennt, die Öffnung mit einem Stück ausgeglühtem Drahtnetz bedeckt, über den ganzen Deckel eine Kappe sterilisierter Watte legt und diese unter dem Rande festbindet. Nach 8 Tagen entnimmt man aus der Öffnung in der oben geschilderten Weise Proben und verarbeitet sie genau wie angegeben. Das Ergebnis dieser zweiten Untersuchung bei Luftzutritt ist mit besonderer Kritik zu verwerten, da ein einzelner beim Arbeiten in die Büchse gelangender Keim eine ursprüngliche Infektion vortäuschen kann.

---

[1]) Die wichtigsten methodischen Angaben hat Pfuhl, Zeitschr. f. Hygiene 1904, **48**, 121 gegeben. An weiterer Literatur ist zu nennen: Pfuhl, Zeitschr. f. Hygiene 1905, **50**, 317; 1908, **61**, 209; Bischoff u. Wintgen, ebendort 1900, **34**, 513; Deichstetter, Zeitschr. f. Untersuchung d. Nahrungs- u. Genußmittel 1901, **4**, 1117; Hempel, Konserven-Ztg. 1905, Nr. 25.

Bei der Untersuchung der Konserven wird es meist weniger auf eine Bestimmung der Arten als auf den Nachweis eines Keimgehaltes überhaupt ankommen. Unter Umständen kann es von Bedeutung sein, die Fähigkeit der gefundenen Arten zur Sporenbildung und die Widerstandskraft der Sporen gegen Hitze festzustellen. Für diese Untersuchungen gelten die Vorschriften in Teil 1, S. 673.

Anhaltspunkte für die Beurteilung des Fleisches nach dem tierärztlichen Befunde.[1]

Nach § 1 des Gesetzes betr. die Schlachtvieh- und Fleischbeschau vom 3. Juni 1900 sind Schlachttiere, deren Fleisch zur menschlichen Nahrung dient: Rinder, Schafe, Ziegen, Pferde und Hunde. Es unterliegen diese — dem § 1 gemäß — sowohl vor als auch nach der Schlachtung einer amtlichen Untersuchung („ordentliche Fleischbeschau"). — Dieser Untersuchungszwang ist nach dem Reichsgesetz also auf die Haussäugetiere beschränkt; Wild, Geflügel, Fische usw. sind ihm nicht unterworfen. Das Reich hat es den Landesregierungen überlassen, die Fleischkontrolle weiter auszubilden. Von diesem Recht haben die süd- und mitteldeutschen Staaten bereits Gebrauch gemacht, indem sie eine „außerordentliche Fleischbeschau" einführten. Diese befaßt sich mit der Kontrolle des Fleisches unserer schlachtbaren Haustiere nach Ausführung der „ordentlichen Beschau" und der Beaufsichtigung des nicht dem Fleischbeschaugesetz unterworfenen Fleisches (Wild, Geflügel, Fische usw.). Es werden in den genannten Staaten auch die Fleischzubereitungs-, Aufbewahrungs- und Verkaufsräume mindestens einmal monatlich durch einen beamteten Tierarzt revidiert. Diese Revision hat vor allem den Zweck, festzustellen, ob das Fleisch sachgemäß aufbewahrt wird, sauber zubereitet ist, nicht zu lange lagert — kurz, ob es in einwandfreiem Zustande sich befindet und nicht nach dem Verlassen des Schlachthofes in einen gesundheitsschädlichen Zustand übergegangen ist. Diese Kontrolle wird somit vor allem Fleischvergiftungsepidemien, die zurzeit verhältnismäßig noch häufig vorkommen, nach Möglichkeit ausschalten.

Preußen hat jene Bestimmungen nicht erlassen, es vielmehr den Polizeibehörden anheimgestellt, durch Verordnungen diesen Zweig der Fleischhygiene zu regeln. Bisher sind jedoch nur ganz wenige Polizeiverordnungen in dem fraglichen Sinne erlassen (in Berlin, Düsseldorf, z. B. Marktkontrolle für Wild, Geflügel, Fische durch den Tierarzt). Im Allgemeininteresse ist jedoch zu erhoffen, daß die örtlichen Polizeibehörden zum Schutze der menschlichen Gesundheit bald allgemein eine sachgemäße „außerordentliche Fleischbeschau" durchführen lassen werden.

Als Fleisch ist nach § 4 des Reichsfleischbeschaugesetzes (vgl. auch S. 18) anzusehen: Teile von warmblütigen Tieren, sowohl frisch als auch zubereitet, sofern sie sich zum Genusse für den Menschen eignen. Als „Teile" gelten auch die aus jenen hergestellten Fette und Würste, überhaupt das zubereitete oder verarbeitete Fleisch. Auch Magen und Gedärme fallen nach einer Entscheidung des Reichsgerichts unter den Begriff „Fleisch im allgemeinen", kurz alle im Nahrungsmittelverkehr verwendbaren Teile der Schlachttiere. Durch die Bezeichnung „Teile von warmblütigen Tieren" ist auch das Fleisch von Wild und Geflügel mit einbegriffen; ausgeschlossen dagegen ist das von Fischen, Amphibien, Reptilien, Krusten- und Weichtieren.

Fleischextrakte, Fleischpeptone, Suppentafeln und ähnliche aus Fleisch gewonnene Nahrungsmittel, die als Teile der Tiere nicht mehr zu erkennen sind, sind nicht als „Fleisch" anzusehen, wenigstens solange nicht, als der Bundesrat nicht entprechende Verfügungen erlassen hat.

Als Nahrungsmittel kommen von den Schlachttieren in erster Linie das Muskelfleisch, sodann das Fettgewebe in Betracht. In zweiter Linie ist zu erwähnen: die Zunge, das Herz, Lunge, Leber, Nieren, Blut, Milz, Gehirn, Brustdrüse, Milchdrüse usw. Alle diese Gewebe haben wir zum Fleisch zu rechnen. Im engeren Sinne ist unter Fleisch allerdings nur das Muskelfleisch zu verstehen, während dem „Fleisch des Konsums" auch das die Muskel um-

---

[1]) Bearbeitet von Dr. Hasenkamp, Direktor des bakteriol. Instituts d. Landw.-Kammer für Westfalen in Münster i. W.

hüllende und sie durchsetzende Fettgewebe, die von den Muskeln umschlossenen Nerven, Blutgefäße, Lymphdrüsen und Knochen zuzurechnen sind.

Im wesentlichen besteht das zur menschlichen Ernährung dienende Fleisch aus quergestreiften Muskelfasern, denen Bindegewebe und Fett eingelagert ist.

In bezug auf die Beurteilung des Fleisches hat das Gesetz betr. die Schlachtvieh- und Fleischbeschau vom 3. Juni 1900 drei Arten von Fleisch unterschieden, nämlich: taugliches, untaugliches, bedingt taugliches.

Die Ausführungsbestimmungen fügen diesen drei Kategorien von Fleisch noch eine vierte, das „im Nahrungs- und Genußwert erheblich herabgesetzte Fleisch" hinzu, dessen Unterscheidung durch landesrechtliche Vorschriften angeordnet werden kann und auch in den meisten Bundesstaaten (Preußen, Sachsen, den süddeutschen Staaten usw.) bereits angeordnet ist.

Der Tierarzt hat bei der Beurteilung des Fleisches, als wichtigste Merkmale der normalen oder pathologischen Beschaffenheit der einzelnen Organe, zu berücksichtigen: Größe, Farbe, Glanz, Deutlichkeit oder Undeutlichkeit sowie Gleichmäßigkeit oder Ungleichmäßigkeit der makroskopisch erkennbaren Struktur, Blutgehalt der Schnittfläche, Konsistenz. Die Untersuchung der einzelnen Körperteile geschieht durch Besichtigung, Betastung und eventuell Anschneiden (z. B. Lymphdrüsen). Nach § 22, Abs. 1 der Ausführungsbestimmungen soll er die Untersuchung der einzelnen Teile des Tierkörpers nach den in den §§ 23—29 angegebenen Grundsätzen und in der Regel in der dort angegebenen Reihenfolge vornehmen. So wird eine vollständige, sachgemäße Besichtigung gewährleistet.

Bei der Beschau sind im allgemeinen nach § 23 zu berücksichtigen: 1. das Blut, 2. der Kopf und die oberen Hals- und Kehlgangslymphdrüsen, 3. die Lungen sowie die Lymphdrüsen an der Lungenwurzel und im Mittelfell, 4. der Herzbeutel und das Herz, 5. das Zwerchfell, 6. die Leber und die Lymphdrüsen an der Leberpforte, 7. der Magen und der Darmkanal, das Gekröse, die Gekrösdrüsen und das Netz, 8. die Milz, 9. die Nieren mit ihren Lymphdrüsen sowie die Harnblase, 10. Gebärmutter mit Scheide und Scham, 11. das Euter und dessen Lymphdrüsen, 12. das Muskelfleisch.

Je nach dem Ausfall der Untersuchung hat der Tierarzt dann den ganzen Tierkörper oder das einzelne Organ in eine der obengenannten Kategorien unterzubringen[1]).

I. Taugliches Fleisch.

Als „tauglich" — gleichbedeutend mit dem „bankwürdigen" Fleische der älteren Fleischbeschauverordnungen — ist nach der Begründung des Gesetzentwurfes dasjenige Fleisch zu betrachten, welches „von normaler Beschaffenheit ist und in gesundheitlicher Hinsicht zu Bedenken keinen Anlaß gibt."

Mit Recht sagt Ostertag, daß „diese Begriffsbestimmung nicht ganz klar und außerdem nicht ausreichend ist." Denn normal beschaffenes Fleisch kann zu gesundheitsschädlichen Bedenken keinen Anlaß geben. Andererseits ist auch Fleisch, welches von Tieren herstammt, die nur mit unerheblichen Erkrankungen behaftet waren (z. B. geringgradige Gelbsucht), als „tauglich" zu bezeichnen.

Das normale, „taugliche", Fleisch zeigt folgende Beschaffenheit:

1. *Die Haut:* nur beim Schweine zum „Fleisch" gerechnet. Rein weiß, elastisch; bei alten Mutterschweinen gleichmäßig derb, bei älteren Ebern an beiden Seiten der Brust knorpelartig.
2. *Das Blut:* nach dem Austritt aus den Gefäßen an der Luft zuerst etwas heller, dann dunkler; gerinnt schnell. Spezifischer Geruch; Deckfarben; Reaktion alkalisch.

---

[1]) Glaubt der Tierarzt auf Grund dieser Untersuchung zu einem sicheren Resultat nicht kommen zu können so wird er zweckmäßig eine „bakteriologische" Fleischbeschau vornehmen oder vornehmen lassen.

3. *Magen:* Überzug glatt, glänzend, feucht, weißgrau. Pansen der Wiederkäuer stets gefüllt. Netzmagen zuweilen leer, das „Buch" (3. Magen) nur dann, wenn die Tiere vor dem Schlachten länger hungerten.
4. *Darm:* äußerlich wie Magen. Durchgängige Füllung.
5. *Milz:* bei den einzelnen Haustieren von verschiedener Beschaffenheit (auch bei demselben Tiere physiologische Schwankungen).
   a) Pferd: rotbraun; Schnittfläche braunrot. Länge 45 cm, 15—25 cm Breite, 2,5 cm Höhe. Ränder mäßig abgerundet. Gewicht 500—750 g.
   b) Rind: rotbraun (Kuh: graubläulich); Form: langgezogenes Oval, platt gedrückt. Gewicht 1 kg.
   c) Schwein: hell-rotbraun, lang, schmal, zungenförmig (38—45 cm lang, 5—8 cm breit).
   d) Schaf-Ziege: ähnlich Rindermilz, jedoch runder, dunkler. Gewicht ca. 60 g.
6. *Leber:* lebenswarm hellbraun bis graugelb, erkaltet rotbraun; bei gemästeten Tieren gelbbraun. Konsistenz zuerst festweich, später elastisch und derb.
   a) Pferd: dreilappig, ohne Gallenblase. Gewicht 3—8 kg.
   b) Rind: undeutlich zweilappig; am rechten der sog. Spiegelsche Lappen. Gallenblase birnenförmig. Gewicht ca. 4,5 kg.
   c) Schwein: 4 größere, 1 kleinerer (dreieckiger Spiegelscher) Lappen. Gallenblase. Gewicht 1—2,45 kg. Läppcheneinteilung sehr deutlich.
   d) Schaf-Ziege: meist 2 große Lappen und ein kleiner; manchmal mehr Lappen. Gewicht 375—875 g.
7. *Lungen:* blaß-rosarot; Oberfläche glatt, glänzend, elastisch. Schnittfläche hellrot; Schleimhaut der kleineren Bronchien weiß.
   a) Pferd: linker vorderer, hinterer Hauptlappen; dazu rechts der sog. mittlere pyramidenförmige Lappen.
   b) Rind: links 2—3, rechts 4—5 Lappen; starkes interlobuläres Bindegewebe.
   c) Schwein: links 2—3, rechts 4—5 Lappen.
   d) Schaf-Ziege: wie bei Rind.
8. *Herz:* braunrote Farbe, glatt, glänzender Überzug (Epikard), glänzende Auskleidung (Endokard). Konsistenz derb; Gestalt rund oder kegelförmig. Beim Rinde in der Herzscheidewand an der Ursprungsstelle der Aorta zwei kleine Knochen (Herzknochen). Bei älteren Schweinen Herzknorpel zuweilen verknöchert.
9. *Nieren:* Farbe rotbraun, Konsistenz fest. Oberfläche glatt und glänzend; durchsichtige Kapsel.
   a) Pferd: linke bohnenförmig, rechte herzförmig; besitzt ein Nierenwärzchen. Beide zusammen wiegen etwa 1500 g.
   Rind: ovale Gestalt, lappiger Bau (16—26 einzelne Lappen); jeder Lappen mit Nierenwärzchen. Gewicht beider zusammen etwa 1000 g.
   c) Schwein: bohnenförmig, ungelappt, mit 6—11 Nierenwärzchen. Bei hochgemästeten Tieren oft graubraune Farbe.
   d) Schaf-Ziege: bohnenförmig, ungelappt, mit 1 Nierenwärzchen.
10. *Brust-Bauchfell:* glatt, glänzend, durchsichtig, hellgraue Farbe.
11. *Zunge:*
   a) Rind: starker Rückenwulst, schlanke Spitze; von Hornscheide umkleidet, mit stacheligen und nach rückwärts gerichteten „fadenförmigen Papillen" sowie mit etwa 24 „umwallten Wärzchen".
   b) Pferd: ähnlich Rinderzunge; jedoch ohne Rückenwulst, Spitze breiter. 4 „umwallte Wärzchen".
   c) Schwein: ohne Rückenwulst. Die fadenförmigen Papillen fein, samtartig. Auf jeder Seite 2 „umwallte Papillen".

d) Schaf-Ziege: in der Mitte der Spitze ausgekerbt. Die fadenförmigen Papillen stumpf, nicht verhornt.

e) Hund: flach, mit Seitenrändern. An der hinteren oder unteren Fläche besitzt sie in der Medianlinie einen hohlen, spindelförmigen, knorpelartigen Körper.

12. *Knochen:* am wichtigsten in bezug auf Sanitätspolizei ist das Knochenmark. Rotes Mark beim ungeborenen und neugeborenen Tiere in sämtlichen Knochen. Kurze Zeit nach der Geburt in den Röhrenknochen der Gliedmaßen weißes oder gelbes Fettmark; in den übrigen Knochen bleibt das rote.
Rotes Knochenmark festweich — Fettmark weiche Konsistenz.

13. *Fettgewebe:* trübe, weiß oder gelb, blutarm; Schnittfläche: acinöser Bau. Konsistenz wechselnd je nach Schmelzpunkt der verschiedenen Fette und nach der Höhe der umgebenden Temperatur.

14. *Skelettmuskulatur:* an den Muskeln frisch geschlachteter Tiere kann man noch lebhafte Zuckungen beobachten. Ihr Geruch, wechselnd nach Geschlecht und Tierart, ist ein spezifischer. Die Farbe des Fleisches ist ebenfalls bei den einzelnen Schlachttieren verschieden; es zeigt eine hell- oder blaßrote, grau- oder dunkelrote Farbe. Nach Kühne ist sie unabhängig von der Blutmenge der betreffenden Muskeln; sie wird vielmehr bedingt von dem größeren oder geringeren Gehalt an Hämoglobin. So haben die Kälber und Ferkel gleich nach der Geburt ein beinahe farbloses Fleisch; noch einige Zeit lang zeigt es eine stärkere Blässe. Sobald sie dann Rauhfutter, bzw. feste Nahrung erhalten, wird die Fleischfarbe dunkler (Aufnahme von Hämoglobin in den Muskeln). Diese ändert sich allgemein im zunehmenden Alter; auch wird sie durch Rasse und Geschlecht, Fütterung, Arbeitsleistung usw. nicht unwesentlich beeinflußt.

Die Konsistenz der Muskeln ist festweich. Es zeichnen sich die frischen, noch reaktionsfähigen Muskeln durch ihren Glanz und ihre Elastizität aus. Mit Eintritt der Muskelstarre — einige Zeit nach dem Tode des Tieres — werden sie hart, trübe und undurchsichtig. Die Starre beginnt an den Kau-, Gesichts- und Nackenmuskeln, schreitet dann dem Rumpf und Vorderextremitäten zu, um sich schließlich nach rückwärts den Körper entlang fortzusetzen. Hohe Außentemperatur beschleunigt, Kälte verzögert den Eintritt der Starre. Die Totenstarre hält einen bis mehrere Tage an. In der Regel löst sie sich bei den Tieren am schnellsten wieder, bei denen sie frühzeitig in die Erscheinung tritt.

Ganz frisches Fleisch reagiert (S. 22) schwach alkalisch oder amphoter. 3—6 Stunden nach dem Tode des Tieres ist die Reaktion der Muskulatur bereits eine saure (Fleischmilchsäure und flüchtige Fettsäuren). Durch die Wirkung dieser wird vornehmlich das Bindegewebe aufgelockert, das Fleisch wird mürbe (sog. „Reifen" des Fleisches). Die saure Reaktion kann bei Tieren, die notgeschlachtet wurden, erst nach 2—3 Tagen oder sogar noch später eintreten; ja, sie kann völlig ausbleiben. Unter der Einwirkung von Fäulnisbakterien geht schließlich die saure Reaktion des Muskels in die alkalische über.

a) Rind: ziegelrote bis rotbraune Farbe; bei jungen Tieren heller als bei älteren. Junge, gemästete Tiere besitzen saftiges, weiches Fleisch; Muskelgewebe mit Fett durchwachsen, daher marmoriertes Aussehen. Bei älteren, abgetriebenen Tieren wenig oder gar kein Muskelfett; Fleischfaser grob, derb, fest. — Geringer, nicht unangenehmer spezifischer Geruch. — Kalbfleisch: blaßrot; feine, etwas zähe Faser; ebenfalls spezifischer Geruch.

b) Schwein: Schweinefleisch ist bezüglich der Farbe nach Rasse, Alter verschieden; blaß- bis dunkelrot. Fleischfaser junger Tiere zart, die älterer Tiere dunkler und gröber. Speck derb, fest, feinkörnig, reinweiß. — Geruch nicht näher definierbar; bei älteren Ebern charakteristischer, unangenehmer, urinöser Geruch.

c) Schaf: Farbe meist dunkelrot (zuweilen bei jungen, gemästeten Tieren hell- oder ziegelrot). Feinfaserig, dichtes Gewebe, mäßig feste Konsistenz, nicht durchwachsen; bei gemästeten Tieren von weißem, festem Fett umgeben. Spezifischer Geruch (leicht ammoniakalisch, erinnert an Schafstall).

d) Ziege: ähnlich dem Schaffleisch. Hellere Farbe. Fettablagerung meist in der Bauchhöhle; Muskeln sehr wenig mit Fett durchsetzt. Eigentümlicher Fett-Fleischgeruch, besonders bei Böcken. Klebrige Beschaffenheit der Unterhaut (infolgedessen bleiben beim Abhäuten leicht an dem Fleische Haare festkleben — wichtig für die Frage, ob es sich um Ziegen- oder Schaffleisch handelt [vgl. auch S. 43]).

e) Pferd: dunkelrote bis rotbraune Farbe; an der Luft dunkler werdend (schwarzrot bis schwarzbraun bis schwarz). Konsistenz fest. Fleischfaser ziemlich fein, eng verbunden, nicht mit Fett durchwachsen. Geruch widerlich süßlich. Fett der jungen Tiere fest, weißgelb; bei alten Tieren weich, körnig, gelb bis tief zitronengelb. Die die einzelnen Muskeln abgrenzenden sehnigen Häute sind straff, fest, von gelblicher Farbe.

f) Hund: Hundefleisch nach Rasse, Alter, Ernährung der Tiere verschieden; meist von dunkelroter Farbe, feinfaserig, wenig mit Fett durchwachsen. Konsistenz weich. Das Fett bei gut genährten Tieren, namentlich zwischen den Muskeln und unter der Haut, schmierig, weiß bis weißgrau. Fleisch und Fett riechen widerlich, namentlich bei älteren Hunden.

II. Untaugliches Fleisch.

Als „untauglich“ ist dasjenige Fleisch anzusehen, welches wegen der mit seinem Genusse verbundenen Gefahren für die menschliche Gesundheit von der Verwertung als Nahrungsmittel unbedingt ausgeschlossen werden muß. — Auch diese Determination ist nicht ausreichend. Denn der Tierarzt hat als untaugliches Fleisch zu bezeichnen:

1. solches, dessen Genuß die menschliche Gesundheit schädigt — sowohl roh als auch im zubereiteten Zustande —,
2. dasjenige, welches, ohne gesundheitsschädlich zu sein, so hochgradig verändert ist, daß es als menschliches Nahrungsmittel nicht verwendet werden kann (z. B. stark wässeriges Fleisch).

Die Merkmale aller Kategorien des „untauglichen Fleisches“ in Kürze hier aufzuführen, ist nicht möglich; es seien deshalb nur folgende, mit denen zudem am häufigsten Unterschleife versucht werden, vermerkt:

a) Ungeborene und totgeborene Tiere:

Im Darm kein Milchkot, sondern Darmpech; keine Milchgerinsel im Magen. Knochenmark rot. Lungen braunrot, zusammengefallen, luftleer.

b) Verendete oder im Verenden getötete Tiere:

Fleisch mehr oder weniger stark bluthaltig, dunkel gefärbt, meist stärker durchfeuchtet, mürbe. Die Venen der Eingeweide, namentlich der Unterhaut und Leber, auffallend stark mit Blut gefüllt. „Scheinbare Schlachtung“ (d. h. Schnitt- oder Stichwunde am Halse erst nach dem Tode angelegt) liegt vor, wenn die Wundränder nicht mit Blut durchtränkt sind.

Als untauglich zum Genusse für Menschen ist nach § 33 der Ausführungsbestimmungen zum Fleischbeschaugesetz der ganze Tierkörper (Fleisch mit Knochen, Fett, Eingeweiden, und den zum Genusse für Menschen geeigneten Teilen der Haut sowie das Blut) anzusehen, wenn einer der nachstehend aufgeführten Mängel festgestellt worden ist:

1. Milzbrand; 2. Rauschbrand; 3. Rinderseuche; 4. Tollwut; 5. Rotz (Wurm);
6. Rinderpest;
7. eitrige oder jauchige Blutvergiftung; wie sie sich anschließt namentlich an eitrige oder brandige Wunden, Entzündung des Euters, der Gebärmutter, der Gelenke,

der Sehnenscheiden, der Klauen und der Hufe, des Nabels, der Lungen, des Brust- und Bauchfells, des Darmes;
8. Tuberkulose, wenn das Tier infolge der Erkrankung hochgradig abgemagert ist;
9. Rotlauf der Schweine, wenn eine erhebliche Veränderung des Muskelfleisches oder des Fettgewebes besteht;
10. Schweineseuche und Schweinepest, wenn erhebliche Abmagerung oder eine schwere Allgemeinerkrankung eingetreten ist;
11. Starrkrampf, wenn die Ausblutung mangelhaft ist und sinnfällige Veränderungen des Muskelfleisches bestehen;
12. Gelbsucht, wenn sämtliche Körperteile auch nach Ablauf von 24 Stunden noch stark gelb oder gelbgrün gefärbt oder wenn die Tiere abgemagert sind;
13. hochgradige allgemeine Wassersucht;
14. Geschwülste, wenn solche an zahlreichen Stellen des Muskelfleisches, der Knochen oder Fleischlymphdrüsen vorhanden sind;
15. Finnen (Cysticercus cellulosae) oder Trichinen bei Hunden;
16. hochgradiger Harn- oder Geschlechtsgeruch, widerlicher Geruch oder Geschmack des Fleisches nach Arzneimitteln, Desinfektionsmitteln u. dgl., auch nach der Kochprobe und dem Erkalten;
17. vollständige Abmagerung des Tieres infolge einer Krankheit;
18. vorgeschrittene Fäulnis- und ähnliche Zersetzungsvorgänge.

Als untauglich zum Genusse für Menschen ist nach § 34 der ganze Tierkörper, ausgenommen, Fett, anzusehen, wenn:

1. Tuberkulose ohne hochgradige Abmagerung, wenn Erscheinungen einer frischen Blutinfektion vorhanden sind und diese sich nicht auf die Eingeweide und das Euter beschränken;
2. gesundheitsschädliche Finnen (bei Rindern Cysticercus inermis, bei Schweinen, Schafen und Ziegen Cysticercus cellulosae), wenn das Fleisch wässerig oder verfärbt ist, oder wenn die Schmarotzer, lebend oder abgestorben, auf einer größeren Anzahl der ergiebig und tunlichst in Handtellergröße, besonders auch an den Lieblingssitzen der Finnen anzulegenden Muskelschnitte verhältnismäßig häufig zu Tage treten. Dies ist in der Regel anzunehmen, wenn in der Mehrzahl der angelegten Muskelschnittflächen mehr als je eine Finne gefunden wird.

   Die finnenfreien Eingeweide dürfen, falls andere Mängel nicht vorliegen, dem freien Verkehr überlassen werden;
3. Mierschersche Schläuche, wenn das Fleisch dadurch wässerig geworden oder auffallend verfärbt ist;
4. Trichinen bei Schweinen.

Als untauglich zum Genusse für Menschen sind nach § 35 nur die veränderten Fleischteile anzusehen, wenn einer der nachstehenden Mängel festgestellt ist:

1. Tierische Schmarotzer in den Eingeweiden (Leberegel, Bandwürmer, Finnen, Hülsenwürmer, Gehirnblasenwürmer, Rundwürmer, Miescherscbe Schläuche u. dgl.), abgesehen von den Fällen des § 34.

   Wenn die Zahl oder Verteilung der Schmarotzer deren gründliche Entfernung nicht gestattet, sind die ganzen Organe zu vernichten, anderenfalls sind die Schmarotzer auszuschneiden und die Organe freizugeben; Organe mit gesundheitsschädlichen Finnen sind stets zu vernichten;
2. Geschwülste, wenn dieselben örtlich begrenzt sind;
3. Lungenseuche, wenn das Tier nicht abgemagert ist;
4. Tuberkulose, abgesehen von den Fällen des § 33 Nr. 8 und des § 34 Nr. 1:

   Ein Organ ist auch dann als tuberkulös anzusehen, wenn nur die zugehörigen Lymphdrüsen tuberkulöse Veränderungen aufweisen; das gleiche gilt von Fleischstücken, sofern sie sich nicht bei genauer Untersuchung als frei von Tuberkulose erweisen;

5. Strahlenpilzkrankheit (Aktinomykose) und Traubenpilzkrankheit (Botryomykose);
6. Starrkrampf, sofern nicht § 33 Nr. 11 Anwendung findet;
7. Maul- und Klauenseuche ohne Begleitkrankheit. Unschädlich zu beseitigen sind nur die erkrankten Stellen sowie die wertlosen Teile (Klauen). Kopf und Zunge sind frei zu geben, wenn sie unter amtlicher Aufsicht in kochendem Wasser gebrüht wurden;
8. Entzündungskrankheiten, soweit sie nicht schon genannt sind, ferner abgekapselte Eiter- oder Jaucheherde, wenn das Allgemeinbefinden des Tieres kurz vor der Schlachtung nicht gestört war, insbesondere wenn Anzeichen von Blutvergiftung nicht vorhanden sind;
9. Verletzungen (Wunden, Quetschungen, Knochenbrüche, Verbrennungen u. dgl.), wenn sie von einem fieberhaften Allgemeinbefinden nicht begleitet gewesen sind;
10. Nesselfieber (Backsteinblattern);
11. Rotlauf der Schweine, sofern nicht § 33 Nr. 9 Anwendung findet. Blut und Abfälle sind stets zu vernichten;
12. Schweineseuche und Schweinepest, sofern nicht § 33 Nr. 10 Anwendung findet;
13. Mißbildungen, wenn eine Störung des Allgemeinbefindens oder Veränderung der Fleischbeschaffenheit damit nicht verbunden ist;
14. Schwund von Organen oder einzelnen Muskeln;
15. blutige oder wässerige Durchtränkung, Kalk- oder Farbstoffablagerung (Schwarzfärbung, Braunfärbung, Gelbfärbung) in einzelnen Organen und Körperteilen;
16. oberflächliche Fäulnis, Schimmelbildung u. dgl. an einzelnen Körperteilen;
17. Verunreinigung des Fleisches mit Eiter, Jauche und Entzündungsprodukten;
18. Vorhandensein von Mageninhalt oder Brühwasser oder sonstige Verunreinigungen in den Lungen oder im Blute;
19. Veränderungen des Fleisches durch Aufblasen sowie derartige Beschmutzung des Fleisches, daß eine gründliche Reinigung der beschmutzten Teile nicht ausführbar ist.

Hundedärme sind stets (§ 36) als untauglich zum Genusse für Menschen anzusehen.

III. Bedingt taugliches Fleisch.

„Bedingt tauglich" ist solches Fleisch, welches in seinem natürlichen Zustande zum Genusse für Menschen ohne Gesundheitsgefährdung nicht verwendbar ist, jedoch durch entsprechende Behandlung seiner gefährlichen Eigenschaften entkleidet werden kann, z. B. finniges, trichinöses Fleisch usw. Die Zubereitungen sind Kochen, Dämpfen, Pökeln, Durchkühlen (Aufbewahren im Kühlhaus).

Als „bedingt tauglich" sind nach § 37 anzusehen:

I. das Fett in den Fällen des § 34, ferner

II. das ganze Fleischviertel, in welchem eine tuberkulös veränderte Lymphdrüse sich befindet, soweit es nicht nach § 35 Nr. 4 als untauglich anzusehen ist, endlich

III. der ganze Tierkörper (vgl. § 33) mit Ausnahme der nach § 35 etwa als untauglich zu erachtenden Teile, wenn einer der nachstehenden Mängel festgestellt worden ist:

1. Tuberkulose, die nicht auf ein Organ beschränkt ist, sofern hochgradige Abmagerung nicht vorliegt und entweder
   a) ausgedehnte Erweichungsherde vorhanden sind oder
   b) Erscheinungen einer frischen Blutinfektion, jedoch nur in den Eingeweiden oder im Euter vorliegen;
2. Rotlauf der Schweine, falls nicht die Bestimmung im § 33 Nr. 9 Anwendung zu finden hat;

3. Schweineseuche und Schweinepest, falls nicht die Bestimmung im § 33 Nr. 10 Anwendung zu finden hat;
4. gesundheitsschädliche Finnen im Sinne des § 34 Nr. 2 bei Rindvieh, Schweinen, Schafen und Ziegen, falls nicht die Bestimmung daselbst Anwendung zu finden hat; jedoch mit Ausnahme des Falles, daß sich nur eine Finne vorgefunden hat, auch nachdem eine Durchsuchung des ganzen Körpers nach Zerlegung des Fleisches in Stücke von ungefähr $2^1/_2$ kg Gewicht vorgenommen ist (vgl. § 40 Nr. 2).

   Leber, Milz, Nieren, Magen und Darm der finnigen Tiere und das Fett der finnigen Rinder sind als genußtauglich zu behandeln, sofern sie bei sorgfältiger Untersuchung finnenfrei befunden sind.

IV. Das im Nahrungs- und Genußwert erheblich herabgesetzte Fleisch.

Als im Nahrungs- und Genußwerte erheblich herabgesetztes (minderwertiges) Fleisch gilt solches, das mit mäßigen Abweichungen in bezug auf Haltbarkeit, Zusammensetzung, Geruch, Farbe usw. behaftet ist und deswegen nicht in den freien Verkehr gebracht werden darf. — Es ist das taugliche Fleisch nach § 40 als im Nahrungs- und Genußwert erheblich herabgesetzt zu erklären, wenn einer der nachstehenden Mängel festgestellt wird:

1. Tuberkulose, die nicht auf ein Organ beschränkt ist, wenn hochgradige Abmagerung nicht vorliegt, auch ausgedehnte Erweichungsherde nicht vorhanden sind und entweder
   a) die tuberkulösen Veränderungen sich nicht bloß in Eingeweiden und im Euter vorfinden, jedoch Erscheinungen einer frischen Blutinfektion fehlen, oder
   b) die Krankheit sonst an den veränderten Organen eine große Ausdehnung erlangt hat;
2. Vorhandensein nur einer gesundheitsschädlichen Finne im Sinne des § 34 Nr. 2 bei Rindvieh, Schweinen, Schafen und Ziegen, wenn sich weitere Finnen nicht vorfinden, auch nachdem eine Durchsuchung des ganzen Körpers nach Zerlegung des Fleisches in Stücke von $2^1/_2$ kg Gewicht vorgenommen ist;
3. fischiger und traniger Geruch oder Geschmack, ferner sonstige mäßige Abweichungen in bezug auf Geruch und Geschmack, sowie solche Abweichungen in bezug auf Farbe, Zusammensetzung und Haltbarkeit, namentlich oberflächliche Zersetzung, mäßiger unangenehmer Harngeruch, Geschlechtsgeruch, Geruch nach Arznei- oder Desinfektionsmittel u. dgl., mäßige Wässerigkeit, mäßige Gelbfärbung infolge von Gelbsucht, mäßige Durchsetzung mit Blutungen, Miescherschen Schläuchen (vgl. jedoch § 34 Nr. 3, § 35 Nr. 1) oder Kalkablagerungen;
4. vollständige Abmagerung, wenn nicht der Fall des § 33 Nr. 17 vorliegt;
5. unreife oder nicht genügende Entwickelung der Kälber;
6. unvollkommenes Ausbluten, insbesondere bei notgeschlachteten Tieren und in den im § 2 Nr. 1 bezeichneten plötzlichen Todesfällen, sofern nicht Veränderungen vorliegen, welche eine Behandlung des Fleisches nach Maßgabe der Bestimmungen in den § 33 und 34 erforderlich machen.

Anhang.

Im Handel mit Fleisch sind betrügerische Unterschiebungen nicht selten; Fleisch oder Fleischteile von geringem Wert werden an Stelle solcher von höherem Nahrungs- und Genußwert untergeschoben. Der Tierarzt wird meist bei Berücksichtigung der bekannten Unterscheidungsmerkmale der verschiedenen Fleischsorten die Herkunft eines ihm zur Beurteilung vorgelegten Fleischstückes bestimmen können. Weitere Fingerzeige bietet ihm das Knochengerüst der in Betracht kommenden Tiere. Im Zweifelsfalle entscheidet die chemische Untersuchung. — Es werden Unterschiebungen vornehmlich vorgenommen zwischen dem Fleisch von: Pferd—Rind, Schaf—Ziege, Schaf—Ziege—Reh, Schwein—Hund, Hase—Kaninchen, Hase—Katze.

Beurteilung von Fleisch von Wild, Geflügel, Fischen, Amphibien, Krusten- und Weichtieren.

Für das Fleisch von Wild, Geflügel, ferner von Fischen, Amphibien usw., welches letztere Fleisch (S. 18 u. 63) nicht unter das Gesetz betreffend die Schlachtvieh- und Fleischbeschau fällt, mögen die Anhaltspunkte für die Beurteilung nach dem tierärztlichen Befunde hier gesondert aufgeführt werden:

1. *Wild:* Farbe des Fleisches dunkler als das der Haustiere — meist rot bis rotbraun —; feinfaseriger, dichter. Geringer Gehalt an Fett. Reaktion sauer. Geruch für jede Wildart eigenartig. Wildbret geht schwerer in Fäulnis über. — In bezug auf die Beurteilung des Alters des Hasen wichtig: Verwachsungen und Festigkeit verschiedener Knochen, Beschaffenheit des Deckhaares, Festigkeit der Löffel, Farbe der Muskulatur usw., in bezug auf das des Wildschweines, Rehes, Hirsches: der Zahnwechsel.

   Bei erlegtem Wild: Schußwunde, Schußkanal blutig infiltriert. Bei ersticktem Wild (z. B. in Schlinge gefangen) blutiger Schaum in Luftröhre und deren Ästen; Venen stark mit dunklem Blut gefüllt.

   Faules Wildbret zeigt: stark eingefallene Augen, üblen Geruch, grün- bis blaugrün verfärbte Bauchdecken; wenn Fäulnis stark vorgeschritten, so ist das Fleisch mißfarben, schmierig, stinkend.

2. *Geflügel:* Fleischfarbe weiß oder dunkel. Weißes Fleisch besitzen: Haushuhn, Truthuhn, Perlhuhn; dunkles: Taube, Ente, Gans. — Fleischfaser fein, dicht; spärlicher Fettgehalt (mit Ausnahme der gemästeten Tiere). Reaktion bleibt lange alkalisch. Geruch verschieden nach Tierart und Nahrung. — Für Altersbestimmung: Schwungfeder, Sporn, bestimmte Knochen usw. wichtig.

   Geschlachtete Tiere zeigen charakteristische Schlachtwunde. — Bei krepierten oder kurz vor Verenden getöteten Tieren vermißt man diese und findet meist mehr oder weniger starke Abmagerung, Haut geschrumpft, welk, hier und dort ungleichmäßig bläulich bis schwärzlich verfärbt, beim Rupfen eingerissen; Kamm verfärbt; Fleisch gräulich, schmutzigrot oder gelb; säuerlicher Geruch.

3. *Fische:* Fleisch meist weiß (Mangel an Farbstoff im Blute); rot nur bei wenigen, z. B. Lachs (Blutfarbstoff); fest, derb, elastisch. Hoher Wassergehalt. Reaktion alkalisch. Fettarme — fettreiche Fische. — Oberfläche glänzend; Schuppen schwer ablösbar. Kiemen rot. Augen durchsichtig, glanzvoll, grell hervorstehend. Maul-Kiemendeckel geschlossen. Leib nicht aufgetrieben. Im Wasser untersinkend. Auf der flachen Hand sich nicht biegend.

   Fischfleisch zersetzt sich sehr schnell, namentlich das der verendeten sowie der nicht schnell und sachgemäß getöteten Tiere.

   Die Fäulniserscheinungen sind: Augen eingesunken, glanzlos; Hornhaut getrübt. Umgebung derselben gerötet. Schuppen leicht entfernbar, schleimig und schmierig. Kiemen dunkel, gelblich bis graurötlich verfärbt, unangenehm riechend. Fleisch welk, weich, nimmt Fingereindrücke an und löst sich leicht von den Gräten. Bauch meist aufgetrieben, bläulich verfärbt. Auf die Hand gelegt, leicht sich biegend; im Wasser untergehend. — In den stärkeren Graden der Fäulnis wird das Aussehen blaß, welk; Bauch bläulich verfärbt. Oberfläche mit grünlicher, schmieriger, stinkender Masse bedeckt. Schuppen ganz locker; Kiemen mißfarben, übelriechend. Augen verfallen.

4. *Amphibien:* Fleisch weiß, blaß, zart.

   a) Grüner Frosch (Wasserfrosch). Schnauze lang, rundlich-spitz. Schwimmhäute vollkommen. Sechste Zehe stark seitlich zusammengedrückt. Hinterbeine mit dunklen Querbinden. Rücken gelbgrün, dunkler gefleckt, mit heller Mittellinie. Leib an der Seite marmoriert. 8—11 cm lang.

b) Brauner Frosch (Grasfrosch). Schnauze kurz, stumpf. Rücken rotbraun, dunkler gefleckt. Sechste Zehe schwach, weich. Länge ca. 9 cm. — Fäulniserscheinungen: Fleisch dunkel-grünlich, matschig, stinkend.

5. *Krustentiere:*

a) Krebse. Flußkrebs — am häufigsten im Handel — dunkel, braun bis olivgrün gefärbt. Unterseite heller. Bis 20 cm lang. Seekrebs von verschiedener Färbung, Größe usw. — Männliche Krebse schlanker als weibliche; besitzen nur drei Schwimmfüße (Ostertag). Häutung in den Monaten Juli bis September. — Fleisch weiß. — Zeigt es auch nur geringe Abweichung von der Norm, so ist es als „untauglich" anzusehen (Krebsfleisch geht sehr schnell in Fäulnis über). Bei abgestorbenen Krebsen ist nach dem Kochen Schwanzflosse nicht unter den gekrümmten Hinterleib gezogen.

b) Hummer. Großer dunkelblauer Krebs — etwa 30—40 cm groß, mit starkem, muskulösem Schwanz, breitem Schwanzfächer. Über ihn — in frischem Zustande — gilt dasselbe, was über den Krebs gesagt wurde. Bei normalem, konserviertem Büchsenhummer ist der Deckel der Büchse nach innen gezogen; er ist nach außen getrieben, wenn Fäulnis entstanden (Wirkung der Fäulnisgase, vgl. S. 85 u. 92).

c) Krabbe: Nordsee-, Ostseekrabbe. Beurteilung siehe b).

6. *Weichtiere:*

a) Auster: Die gemeine Auster ist bis 10 cm groß; 1 Schließmuskel; Fuß fehlt; rechte Schalenhälfte flach, linke gewölbt. Fleisch gräulich-weiß; fest-weich; angenehmer, frischer Geruch. — Bei toten Austern klaffen die Schalen. Bei „zersetzten" auf innerer Schalenseite schwärzlicher Ring. Fleisch weich, mißfarbig, oft milchig; Leber stark vergrößert, weich, grau.

b) Miesmuschel: Größe 3—5 cm; Farbe außen schwarzblau, innen violettblau; sie selbst gelb; gleichmäßig dunkel pigmentiert. Mantelsaum gelbbraun. Kräftiger Bart. — Die Schalen toter Miesmuscheln schließen außerhalb des Wassers nicht. — „Giftige" Miesmuscheln sind weniger pigmentiert; süßlich, ekelerregender Bouillongeruch. Leber vergrößert, mürbe, Schalen schwach, leichter zerbrechlich, verhältnismäßig breit[1]).

c) Schnecke: Weinberg-, Schnirkel-, Baumschnecke. — Über die Beurteilung dieser kann hier Näheres nicht angegeben werden.

Über fehlerhafte Beschaffenheit und verschiedene Fischkrankheiten vgl. Bd. II, 1904, S. 486 u. 488, über Fischgifte ebendort S. 430. Eingehend finden sich die Fischkrankheiten behandelt in der Schrift von Br. Hofer, Handbuch der Fischkrankheiten 1907, ferner auch im Codex alimentarius austriacus 1912, II. Bd., S. 135 u. f.

[1]) Die Strandauster, auch Ping- (von Penis) oder Pißauster genannt, ist die Sand- oder Klaffmuschel (Mya arenaria), die im allgemeinen nur an der Nordseeküste genossen wird. Sie sitzt nach P. Buttenberg (Zeitschr. f. Untersuchung d. Nahrungs- u. Genußmittel 1911, **22**, 81) im Sande und wird bei Ebbe von den Fischern ähnlich wie Kartoffeln ausgegraben. Sie wiegt durchschnittlich 115 bis 227 g — sehr schwere Exemplare 300 bis 330 g —; das Gehäuse besteht aus zwei am Längsrücken durch das Schloß verbundenen, kräftig gebauten Schalen, die je nach dem Alter bis 13 cm lang und 7,5—8,0 cm breit sind. Das Fleisch, der sog. Herzteil, dieser Muschel hat folgende Zusammensetzung:

Wasser %	Stickstoffsubstanz %	Fett %	Stickstofffreie Extraktstoffe %	Asche %
79,51	11,06	0,19	7,46	1,78

Der Muschelinhalt soll nur gekocht gegessen werden.

Beurteilung des Fleisches nach dem chemischen Befunde.

Das zum Genusse bestimmte Fleisch darf keine starken Veränderungen in der äußeren Beschaffenheit, in der Farbe, dem Geruch und Geschmack erlitten haben.

1. Das Fleisch muß eine sauere Reaktion besitzen; eine alkalische Reaktion abgestorbenen Fleisches ist auf alle Fälle bedenklich.

2. Ein Wassergehalt von 85% und mehr spricht für embryonales Fleisch; im übrigen richtet sich der Wassergehalt nach dem Gehalt an Fett; je höher der Fettgehalt desto geringer der Gehalt an Wasser und umgekehrt. Während der Wassergehalt beim mageren Fleisch landwirtschaftlicher Nutztiere selten 77% übersteigt — bei magerem Kalbfleisch geht er wohl bis 79% hinauf — kann er bei magerem Fleisch von Fischen (besonders Seefischen) 84% erreichen.

Die Zumischung von Wasser zu Hackfleisch ist als Verfälschung anzusehen (vgl. S. 22).

3. Die einzelnen Fleischsorten enthalten im allgemeinen die gleichen Bestandteile, nur das Mengenverhältnis derselben zueinander kann verschieden sein.

4. Frisches, normales Fleisch enthält kein oder nur spurenweise Ammoniak; schon der qualitative Nachweis von Ammoniak läßt ein frisches Fleisch als normales zweifelhaft erscheinen. Deutliche, quantitativ nachweisbare Mengen Ammoniak sind aber — jedenfalls von 0,02% an — um so bedenklicher, je höher sie sind.

5. Wenn das Fett aus einem Fleisch eine höhere Jodzahl als 70 oder bei 40° eine höhere Refraktometerzahl als 51,5 aufweist, so ist auf Pferdefleisch zu schließen.

6. Wenn ein Fleisch in der fettfreien Trockensubstanz mehr als 1% Glykogen enthält, so spricht das in der Regel für Pferdefleisch, embryonales, Katzen- oder Hundefleisch. Bei geringerem Gehalt an Glykogen ist dagegen das Vorliegen von genannten Fleischsorten nicht ausgeschlossen, weil das Glykogen durch verschiedene Umstände zersetzt werden kann (vgl. S. 30).

7. Der Gehalt an sonstigen Bestandteilen, besonders an in Wasser löslichen Stoffen, den sog. Extraktivstoffen, kann noch weniger als das Glykogen zur Unterscheidung der einzelnen Fleischsorten und ihrer Beschaffenheit dienen.

8. Mehr als die Bestimmung einzelner Bestandteile und ihrer Eigenschaften ist bei sachgemäßer Ausführung das biologische Verfahren (vgl. I. Teil, S. 323ff.) zur Unterscheidung der einzelnen Fleischsorten zu leisten imstande.

9. Das Vorkommen von Fäulniserzeugnissen, d. h. von größeren Mengen Ammoniak, Schwefelwasserstoff bzw. Mercaptan neben Indol, Skatol, Phenol, Ptomainen (vgl. I. Teil, S. 295 u. 308ff.) macht ein Fleisch ungenießbar. Ein Nachweis dieser Erzeugnisse erübrigt sich aber in den meisten Fällen deshalb, weil sich bei ihrer Anwesenheit die Verdorbenheit schon durch die Sinnenwahrnehmungen von selbst kundgibt.

10. Über die Beurteilung von Frischhaltungs- und Farbmitteln vgl. S. 38 u. 41, sowie I. Teil S. 591.

Beurteilung von Fleisch und Fleischwaren nach dem bakteriologischen Befund.

I. Beurteilung des Befundes der „bakteriologischen Fleischbeschau“ bei verdächtigen Tieren[1]).

1. Der Befund von Bakterien vom Typus des Bacterium paratyphi B. Schottmüller und des Bacterium enteritidis Gärtner in der Tiefe unzerlegten Fleisches oder in den Lymphknoten spricht dafür, daß das betreffende Tier mit einer allgemeinen septischen Krankheit behaftet war, die das Fleisch und die Organe im ganzen gesundheitsschädlich macht. Auch bei massenhaftem Auftreten von Keimen, die nur kulturell, nicht aber agglutinatorisch den als „Fleischvergiftern“ bekannten Enteritisbakterien gleichen, wird bei gleichzeitigen verdächtigen Beschaufunden der Ausschluß vom Verkehr zu erwägen sein.

[1]) Bearbeitet von Prof. Dr. A. Spieckermann, Münster i. W.

2. Hoher Gehalt des Muskelfleisches an unverdächtigen Keimen macht es zum Genuß untauglich.

3. Spärlicher Gehalt des Muskelfleisches an unverdächtigen Bakterien bedingt keine Untauglichkeitserklärung. Bei notgeschlachteten Tieren zeigt die Muskulatur besonders im Sommer leicht einen geringen Keimgehalt.

Mit Rücksicht auf die geringen Erfahrungen, die auf dem Gebiete der bakteriologischen Untersuchung verdächtiger, insbesondere notgeschlachteter Tiere bisher vorliegen, muß bei der Beurteilung des Gehaltes der Muskulatur an bisher als Fleischvergifter nicht bekannten Bakterienarten der makroskopische Beschaubefund ausgiebig berücksichtigt werden.

II. Beurteilung des bakteriologischen Befundes zubereiteter Fleischwaren, Fischen, Weichtieren.

1. Fleischwaren, in denen Bacillus botulinus van Erm. gefunden wird, sind vom Verkehr auszuschließen; durch Erhitzen im Sterilisator auf 100° können sie gesundheitsunschädlich gemacht werden.

2. Betreffs der Beurteilung des Befundes von Bakterien der Paratyphus B-Gruppe gehen die Anschauungen zurzeit etwas auseinander. Die Schwierigkeit liegt darin, daß die verschiedenen Stämme dieser in der Außenwelt anscheinend häufig vertretenen Gruppe, obwohl sie kulturell und agglutinatorisch sich völlig gleich verhalten, in bezug auf Pathogenität für den Menschen grundverschieden sind, und daß es zurzeit kein Mittel gibt, harmlose und menschenpathogene Stämme zu unterscheiden. Diese Schwierigkeit wird durch die Neigung der Paratyphusbakterien zur Variation in der Pathogenität verschiedenen Tiergruppen gegenüber erhöht, da sie unter Umständen auch ein Pathogenwerden bisher harmloser Stämme gegenüber dem Menschen befürchten läßt. Es besteht kein Zweifel, daß Fleischwaren, die Bakterien der Paratyphusgruppe enthalten, in großen Mengen ohne Schaden genossen werden. Der Nachweis von Paratyphusbakterien spricht also nicht ohne weiteres für Gesundheitsschädlichkeit. Die Mehrzahl der Autoren neigt zu der Anschauung, daß jede Fleischware, in der Paratyphusbakterien gefunden werden, dem Verkehr entzogen werden muß, da sie vielleicht Gesundheitsschädigungen hervorrufen kann. In der Wirklichkeit kommen zur Untersuchung zurzeit fast nur Fleischwaren, die auch sonst den Verdacht einer gesundheitsschädlichen Beschaffenheit aufkommen lassen.

Man wird bei der Beurteilung eines Paratyphusbefundes in Fleischwaren zurzeit Rücksicht darauf nehmen müssen, ob die Bakterien in großer Zahl und gleichmäßig durch die ganze Masse verteilt sind. Es wird ferner von Bedeutung sein, wenn möglich festzustellen, ob die Besiedelung der Capillaren oder die Agglutinationsprobe des Fleischauszuges für eine intravitale Infektion sprechen, die das Fleisch natürlich ohne weiteres vom Verkehr ausschließen würde.

3. Oberflächliche Wucherungen von Schimmeln und harmlosen Bakterien (z. B. Leuchtbakterien) machen nur die etwa veränderten Teile untauglich. In den meisten Fällen kann durch Abwaschen die Tauglichkeit wieder hergestellt werden.

4. Ein hoher Keimgehalt läßt je nach der Art der Fleischware eine verschiedene Beurteilung zu. Bei Waren aus fein verarbeitetem Fleisch, wie Hackfleisch, Wurst, wird der Keimgehalt an sich stets aus den früher dargelegten Gründen durch die ganze Masse ein höherer sein. Altschüler bezeichnet als Grenze für 1 g Hackfleisch 100 Millionen Keime, Marxer 6 Millionen. Die Festlegung einer Grenzzahl macht hier ziemliche Schwierigkeiten. Es kommt schließlich nicht nur auf die Zahl, sondern auch auf die Art der Keime und die von ihnen ausgelösten Zersetzungen an; auch sinkt die Keimzahl oft mit dem Alter der Ware. Man wird daher in solchen Fällen auch die chemischen Reaktionen und den äußeren Befund berücksichtigen müssen. Ein höherer Gehalt an Bakterien der Proteus- und der Coligruppe macht derartige Waren wegen der Gefahr der Fleischvergiftung genußuntauglich.

Handelt es sich um zusammenhängende Waren, in die die Keime von außen hineinwachsen müssen, so wird ein höherer Keimgehalt im Innern stets mit starken Veränderungen des Fleisches verbunden sein, die es ohne weiteres untauglich zum Genuß machen.

4. Für die Beurteilung von Fischen und Weichtieren gelten dieselben Anschauungen wie für zubereitete Fleischwaren.

Beurteilung des Fleisches nach der Rechtslage.[1]

Für die strafrechtliche Beurteilung des Fleisches kommen außer

1. dem Reichsstrafgesetzbuch (RStrGB.) §§ 263, 324, 367 Abs.7 und
2. dem Reichsgesetz betreffend den Verkehr mit Nahrungsmitteln, Genußmitteln und Gebrauchsgegenständen vom 14. Mai 1879 (RMG.) in Betracht:
3. das Reichsgesetz betreffend die Schlachtvieh- und Fleischbeschau vom 3. Juni 1900 sowie die zu diesem Gesetz erlassenen Ausführungsbestimmungen des Bundesrates (RG. Bl. S. 547ff.);
4. Die zur Ausführung des RG. vom 3. Juni 1900 ergangenen Gesetze der deutschen Bundesstaaten, z. B. Preußisches Gesetz vom 28. Juni 1902 (GS. S. 229);
5. Polizeiverordnungen.

Die Gesetzgebung behandelt die Herstellung, das Feilhalten, Verkaufen und Inverkehrbringen gesundheitsschädlichen, verdorbenen, minderwertigen, verfälschten und nachgemachten Fleisches.

Über diese Begriffe vgl. S. 9 u. 64.

Nur mag hier nochmals besonders betont werden, daß unter den Begriff von verdorbenem Fleisch nicht nur solches Fleisch fällt, das vorher eine normale Beschaffenheit besessen hat, sondern auch solches, das noch nicht eine normale Beschaffenheit erlangt hat (unreifes Fleisch), sowie Fleisch von Tieren, das gewisse, wenn auch nicht für den Menschen gesundheitlich bedenkliche krankhafte Veränderungen erlitten hat.

Im übrigen sind zurzeit für die Beurteilung des Fleisches nach der Rechtslage folgende Gerichtsentscheidungen zu berücksichtigen:

Begriff Fleisch.

Unter den Begriff „Fleisch“ fallen alle diejenigen Teile des Schlachtviehs, die zwar nicht (Muskel-) Fleisch im engeren Sinne, aber zum menschlichen Genusse geeignet sind.

Preuß. Kammergericht, 23. April 1894 und 2. Dezember 1897.

Fleisch von totgeborenen Tieren. Die Ausführungsbestimmungen (§ 33 Abs. 2) des Fleischbeschaugesetzes erklären das Fleisch eines totgeborenen Tieres als untauglich zum Genusse für Menschen. Inverkehrbringen solchen Fleisches, welches die menschliche Gesundheit zu schädigen geeignet ist, bildet ein Vergehen gegen §§ 12, 14 NMG.

LG. München II, 10. Dezember 1908.

Fleisch unreifer Tiere. Das Fleisch eines neugeborenen Kalbes ist als verdorbenes Nahrungsmittel anzusehen, weil es seine naturgemäße volle Entwicklung und somit den normalen Zustand des wirklichen Fleisches noch nicht erreicht hat. (§ 367 Ziff. 7 StrGB.)

RG., 10. Oktober 1890.

Das Fleisch eines Kalbes, welches nur 3 Tage alt ist, ist zwar genießbar, ohne die menschliche Gesundheit zu benachteiligen, aber zum bestimmungsgemäßen Verbrauche als menschliches Nahrungsmittel unreif (genußunreif). Sein Verkauf verstößt gegen § 10 NMG

LG. Plauen, 20. September 1895.

Fleisch kranker Tiere. Es kann nicht jedes Fleisch eines im kranken Zustande gestochenen Tieres schlechtweg als verdorben oder gesundheitsschädlich erachtet werden. Es ist vielmehr jedesmal darauf zurückzugehen, an welcher Krankheit das Tier zugrunde gegangen ist, und ob durch diese Erkrankung eine solche Veränderung des Fleisches herbei-

[1] Bearbeitet von Prof. Dr. C. A. Neufeld, II. Direktor der Kgl. Untersuchungsanstalt f. Nahrungs- u. Genußmittel in Würzburg.

geführt wurde, daß dieses im Moment des Verkaufes als verdorben oder gesundheitsschädlich bezeichnet werden muß.

RG. Entsch. i. Strafs. Bd. 5, S. 444/45, Bd. 18, S. 137.

Verdorbensein im Sinne des § 10 NMG. ist auch dann anzunehmen, wenn die Abweichungen von der normalen Beschaffenheit ihren Grund in einer vor dem Schlachten vorhanden gewesenen Krankheit haben und mit Wertverminderung und Ekelerregung bei dem Publikum im allgemeinen verbunden sind.

RG., 2. November 1886.

Rotlauf. Bei dieser Krankheit ist es eigentümlich, daß infolge des Umlaufs des zersetzten Blutes das Fleisch von vornherein oder doch sehr bald nach dem tödlichen Ausgange in der Art krankhaft verändert wird, daß das schnell in faulige Zersetzung übergehende Fleisch höchst gefährlich für den Genuß für Menschen ist.... Dadurch, daß die Fetteile in gebratenem und die Fleischteile in gesalzenem Zustande genossen werden, wird an der Tatsache der Gesundheitsschädlichkeit nichts geändert. (§ 12 NMG.)

LG. Bromberg, 22. Januar 1901.

Milzbrand. Das Fleisch der an Milzbrand gefallenen Kuh war geeignet, die menschliche Gesundheit durch Übertragung der Krankheit auf den Menschen zu beschädigen. Vergehen gegen § 12 NMG.

LG. Posen, 13. Juli 1899.

Septicämie (Blutzersetzung). Die Septicämie ist durch septische Infektion des Blutes mit pathogenen Bakterien und durch Aufnahme von Toxinen bedingt. Beim Genuß solchen Fleisches, ob in rohem oder gekochtem Zustande ist gleichgültig, erkrankt der Mensch an einer sog. Fleischvergiftung, die stets die Gesundheit schwer gefährdet und auch geeignet ist, den Tod herbeizuführen. Der Verkauf solchen Fleisches ist ein Vergehen gegen § 12^1 NMG.

LG. Braunschweig, 14. Juni 1900.

Tuberkulose. Das Fleisch eines an Tuberkulose erkrankten Tieres ist in seinem Nähr- und Genußwert beeinträchtigt und verdorben im Sinne des § 10 NMG.

LG. München II, 5. Februar 1904.

Eine tuberkulöse Schaflunge ist in hohem Grade geeignet, die menschliche Gesundheit zu schädigen, indem, wenn auch nicht die Notwendigkeit, so doch die Möglichkeit besteht, daß durch ihren Genuß Tuberkulose auf den Menschen übertragen werden kann; dann ist sogar die Gefährdung des Lebens gegeben. Durch gehöriges Kochen werden die Tuberkelherde möglicherweise zerstört, aber nicht mit Sicherheit. Der fahrlässige Verkauf einer solchen Schaflunge verstößt gegen § 14 NMG.

LG. München II, 4. März 1899.

Der Verkauf einer Lunge mit äußerlich sichtbaren Tuberkeln enthält ein Vergehen gegen § 14 NMG.

LG. Gera, 12. Juli 1904.

Tierische Schmarotzer. Trichinen. Der Angeklagte hat sich der Übertretung der §§ 27^3, 24 des Reichsgesetzes vom 3. Juni 1900, betreffend die Schlachtvieh- und Fleischbeschau, bzw. des Art. 74 Abs. 1 Nr. 1 des Bayr. PolStrGB. schuldig gemacht. Er ist aber auch des Vergehens gegen §§ 14, 12, 13 NMG. überführt. Denn er hat fahrlässigerweise Gegenstände, deren Genuß die menschliche Gesundheit zu zerstören geeignet war, nämlich Fleisch- bzw. Wurstwaren von einem trichinösen Schwein in den Verkehr gebracht und dadurch einen Schaden an der Gesundheit von Menschen verursacht.

LG. Nürnberg, 12. Mai 1904.

Trichinen (Erkrankungen mit Todesfolge). Der Angeklagte (Fleischermeister) hat aus Fahrlässigkeit Gegenstände, deren Genuß die menschliche Gesundheit zu beschädigen und, wie ihm bekannt, auch zu zerstören geeignet ist, als Nahrungsmittel verkauft und in den Verkehr gebracht, dadurch aber den Tod eines Menschen und Schaden an der Gesundheit von Menschen verursacht. Er wurde deshalb wegen Vergehens der fahrlässigen Tötung (§ 222 Abs. 1 und 2 StrGB.) in Einheit mit einem solchen der fahrlässigen Körperverletzung (§ 230 Abs. 1 und 2 StrGB.) und einem Vergehen gegen § 12, 13 und 14 NMG. verurteilt.

LG. Chemnitz, 18. April 1905.

Finnen. Finniges Fleisch, roh genossen, ist geeignet, die menschliche Gesundheit in hohem Grade zu beschädigen, da aus den Finnen der Bandwurm entsteht, und sie, wenn sie ins Gehirn gelangen, Blindheit hervorrufen können. Daß das finnige Fleisch, wenn es stark gekocht wird, die Gesundheitsschädlichkeit verliert, ist dabei ganz gleichgültig, da der Verkäufer es nicht verhindern kann, daß das verkaufte Fleisch nicht roh oder nicht genügend gekocht genossen wird. Vergehen gegen § 12^1 NMG.

LG. Gleiwitz, 10. Oktober 1900.

Ausgelassenes Fett von einem finnigen Schwein ist als verdorben zu erachten, auch wenn nicht gerade feststeht, daß gerade in den verarbeiteten Fetteilen sich Finnen befunden haben.

RG., 25. März 1884.

Blasenwürmer (Echinokokken). Fleisch mit Echinokokken ist, wenn auch nicht gesundheitsschädlich, so doch ekelerregend. Jedenfalls ist es als verdorben anzusehen, da hier eine Veränderung des normalen Zustandes zum schlechteren besteht mit der Folge veränderter oder gar aufgehobener Verwertbarkeit zur menschlichen Nahrung.

Fahrlässiges Feilhalten eines solchen Fleisches und zwar nicht unter einer zur Täuschung geeigneten Bezeichnung verstößt gegen § 367 Ziff. 7 StrGB.

LG. I Berlin, 6. Mai 1901.

Fleisch magerer Tiere. Das Fleisch magerer Tiere kann wegen seines geringeren Nährwertes nicht als verdorben gelten, wenn seine Beschaffenheit in mangelhafter Ernährung oder in hohem Alter des betreffenden Tieres ihren Grund hat. Der Käufer abnorm mageren Fleisches wird diese Anomalie, insoweit ihr nicht besondere Verhältnisse (Krankheit) zugrunde liegen, zu erkennen imstande sein.

RG., 5. Juli 1883.

Abmagerung infolge von Erkrankung. Das Fleisch, welches von einer infolge von Krankheit abgemagerten Kuh herrührt und jeden Nährwertes entbehrt, muß als verdorben angesehen werden.

Für ein Nahrungsmittel liegt der Begriff des Verdorbenseins dann vor, wenn es in seinem Entwicklungsstadium nachteilige Veränderungen erlitten hat, durch die seine Tauglichkeit und Verwertbarkeit entweder ganz aufgehoben oder gemindert ist. (§ 10 NMG.)

RG., 22. März 1898.

Fleisch verendeter oder im Verenden getöteter Tiere. Allgemein. Das Fleisch von verendeten warmblütigen Tieren ist der menschlichen Gesundheit schädlich, ohne Rücksicht darauf, an welcher Krankheit das Tier verendet ist, da derartiges Fleisch nicht ausgeblutet ist, sich infolgedessen rasch und leicht zersetzt, schlecht aussieht und ekelerregend ist.

LG. Eichstätt, 3. April 1903.

Ob das Fleisch eines kranken geschlachteten oder eines verendeten Tieres gesundheitsschädlich ist, ist eine Tatfrage. Der Täter hat wissentlich gehandelt, wenn er Fleisch verkauft hat, bei dem er mit der Möglichkeit der Gesundheitsschädlichkeit rechnen mußte und konnte.

LG. Deggendorf, 11. Februar 1905.

Fleisch von Tieren im Verenden. Ein Nahrungsmittel, welches ekelhaft ist (von einem im Verenden begriffenen Tiere stammend) kann deshalb noch nicht als verdorben betrachtet werden.

RG., 5. Mai 1882.

(Lebbin-Baum, Nahrungsmittelrecht, I, 272.)

Fleisch infolge von Erkrankung verendeter Tiere. Das Fleisch eines jeden erkrankten und infolge einer Erkrankung verendeten Tieres ist im Falle des Genusses durch Menschen geeignet, deren Gesundheit zu schädigen. Wissentlich in Verkehrbringen solchen Fleisches ist ein Vergehen gegen § 12 NMG.

LG. München I, 21. März 1901.

Fleisch erstickter Tiere. Das Fleisch eines erstickten, nicht an einer organischen Krankheit verendeten Tieres ist als verdorben zu bezeichnen, weil durch das wenn auch nur kurze Verbleiben der Eingeweide des Tieres in den Hohlräumen des Körpers gewisse Gärungs- und Verwesungsprozesse hervorgerufen werden, die namentlich auch die rasche Zersetzung des Blutes bedingen. Abgesehen von dem Gefühle des Ekels, welches die Kenntnis und Vorstellung von der Herkunft des Fleisches in dem Konsumenten erwecken, hat solches Fleisch derartige Veränderungen in seiner normalen Beschaffenheit erlitten, daß seine Verwertbarkeit für den bestimmungsgemäßen Verbrauch als Nahrungsmittel beeinträchtigt ist. Vergehen gegen § 10^2 NMG.

LG. München I, 7. Dezember 1899.

Aufgeblasenes Fleisch. Mit dem Munde aufgeblasenes Fleisch ist als verdorben im Sinne des § 367 Nr. 7 StrGB. zu betrachten. Durch die mit dem Munde hineingetriebene Luft wird das Fleisch für die Mehrzahl der Konsumenten ekelerregend und dadurch sowie durch die Gefahr der Übertragung vorhandener Krankheitsstoffe seitens des Einblasenden zum gewöhnlichen Genusse ungeeignet, jedenfalls aber gegen seinen normalen Zustand verschlechtert und minderwertig gemacht.

RG., 27. Mai 1887.

Aufgeblasenes Fleisch ist geeignet, die menschliche Gesundheit zu beschädigen. Die eingeblasene Luft fördert die Zersetzung des Fleisches, dann aber liegt auch die Gefahr nahe, daß beim Einblasen von Atmungsluft Krankheitskeime, Bakterien (von Diphtherie, Phthisis, Syphilis usw.) in das Fleisch gelangen, welche durch die gewöhnliche Zubereitung, Kochen und Braten, nicht mit Sicherheit vernichtet werden. Abgesehen von diesen nur bedingungsweise eintretenden Schädlichkeiten ist aufgeblasenes Fleisch aber auch stets geeignet, bei Personen, die während des Genusses oder nachher zufällig Kenntnis von der vorausgegangenen Behandlung erhalten, durch Ekelerregung Krankheit hervorzurufen. Vergehen gegen § 12 NMG.

LG. Gleiwitz, 6. Oktober 1888.

Aufgeblasenes Geflügel. Durch das Einblasen von Luft wird mageren Gänsen das Aussehen fetter Gänse verliehen. Es bildet also eine Verfälschung im Sinne des § 10 NMG.

LG. Kassel, 7. März 1887.

Verdorbenes, ekelerregendes Fleisch. Allgemein. Nicht erforderlich für den Begriff „verdorbenes Fleisch“ ist eine innere chemische Zersetzung. Die Verschlechterung kann in einer quantitativen Veränderung der Bestandteile bestehen, wie es z. B. bei Fleisch der Fall ist, welches mit unschädlichen oder unschädlich gemachten Parasiten durchsetzt ist.

RG., 5. Oktober 1881.

Der bloß in der Vorstellung der Konsumenten beruhende Ekel ohne objektive Grundlage verdient keine Berücksichtigung. Nur eine objektiv ekelerregende Beschaffenheit eines Nahrungsmittels ist geeignet, den Begriff des Verdorbenseins zu erfüllen. Die frühere Verbindung des Fleisches mit ekelerregenden Teilen schafft an sich noch nicht die erforderliche objektive Grundlage.

RG., 2. April 1894.

Fleisch mit fremdartigem Geruch. Das Fleisch eines nicht kastrierten Ebers, welches Geschlechts- oder Harngeruch besitzt, ist verdorben im Sinne des NMG.

LG. Deggendorf, 2. Januar 1904.

Ein Stück Fleisch von einem Bullen zeigte einen ekelerregenden starken Phosphorgeruch, dessen Ursache nicht mit Sicherheit festgestellt werden konnte. Das Fleisch war als verdorben im Sinne des § 10² NMG. zu erachten.

Oberstes Landesger. München, 31. Oktober 1908.

Von Mäusen angefressenes Fleisch. Ein von Mäusen angefressenes Fleisch ist auch nach völliger Beseitigung der angefressenen Teile ekelerregend und deshalb verdorben im Sinne des § 10 NMG.

LG. Kempten, 3. Januar 1912.

Beschmutztes Fleisch. Die Benutzung eines Kessels, in dem schmutzige Wäsche gekocht wird, zum Abkochen von Schinken und Auslassen von Fett hat zur Folge, daß Reste von Schmutz, die dem Kessel trotz jedesmaliger Reinigung anhaften, sich dem Fleische bzw. Fette mitteilen. Sie werden zwar durch das Kochen im allgemeinen für die menschliche Gesundheit unschädlich gemacht, allein die Behaftung der Nahrungsmittel mit solchen Schmutzteilen erregt erfahrungsgemäß den Ekel des Publikums in einer Weise, daß Konsumenten bei nachträglich erlangter Kenntnis durch die bloße Vorstellung der Verunreinigung des Genossenen von schweren Verdauungsstörungen zu befallen werden pflegen. (§ 10² NMG.)

LG. Nürnberg, 22. Mai 1909.

Gesundheitsschädliches Fleisch. Ein Nahrungsmittel kann auch dann für geeignet erachtet werden, die Gesundheit zu beschädigen, wenn es nach seiner objektiven Beschaffenheit geeignet ist, bei demjenigen, der es genießt, Übelkeit und Erbrechen hervorzurufen.

RG., 8. Dezember 1893.

Zur Anwendung des § 12 NMG. ist nicht erforderlich, daß der Genuß des betreffenden Nahrungsmittels (finniges Fleisch) in jedem Falle und unter jeder Bedingung die menschliche Gesundheit schädigen muß, oder daß zur Erfüllung des Tatbestandes bereits eine Schädigung stattgefunden hat. Es genügt, daß die Beschädigung unter den gewöhnlich vorausgesetzten Verhältnissen eintreten kann und der Regel nach eintreten wird.

RG., 29. September 1885.

Die Gesundheitsgefährlichkeit muß im Augenblicke des Verkaufs bzw. des Inverkehrbringens zugegen sein. Die bloße Möglichkeit, daß Fleisch rasch in Verwesung übergehen und dadurch gesundheitsschädlich werden kann, genügt nicht für die Anwendung des § 12 NMG.

RG., 5. Mai 1882.

Fahrlässiger Verkauf. Der Metzger muß sich davon vergewissern, daß das Fleisch nicht gesundheitsschädlich ist, wenn es ein von dem gewöhnlichen abweichendes Aussehen hat. Andernfalls macht er sich nach § 14 NMG. strafbar.

LG. Passau, 2. Juni 1905.

Gesundheitsschädliches Geflügel. Der Verkauf von gesundheitsschädlichem (verdorbenem) Geflügel, dessen gesundheitsschädlichen Zustand der Verkäufer kennt, ist auch dann nach § 12¹ NMG. strafbar, wenn dieser Zustand dem Käufer bekannt war.

RG., 27. April 1906.

Gesundheitsschädliches Wild. Im Wildprethandel erfahrene Personen sind nach § 12¹ NMG. strafbar, wenn sie Hasen feilbieten, die sich in einem vorgeschrittenen Stadium der Fäulnis befinden.

RG., 19. Januar 1906.

Abgestorbene Fische und Schalentiere. Der Genußwert ist vermindert oder aufgehoben, wenn das Nahrungs- oder Genußmittel bei dem Publikum überhaupt oder bei derjenigen Klasse des Publikums, welcher der Käufer angehört, Ekel erregt. Nicht ist ferner Voraussetzung der Verdorbenheit die Ungenießbarkeit oder die Gesundheitsschädlichkeit. Hiernach aber sind abgestandene, d. h. tote Forellen — mögen sie schon länger oder erst seit kurzer Zeit abgestanden gewesen sein — zweifelsohne als verdorbene Nahrungsmittel anzusehen.... Aber der Genuß einer abgestandenen Forelle ist auch unter Umständen gesundheitsschädlich, weil bei ihr sich viel leichter Fischgift entwickeln kann, als bei einer frischen, abgeschlachteten Forelle.

LG. Schweinfurt, 26. November 1902.

Da es fast unmöglich sein wird festzustellen, wann die Krebse verendet sind, so ist es in allen Fällen unerlaubt, tote Krebse in den Handel zu bringen. Denn es besteht stets die Gefahr, daß dieselben verdorben sind und daher gesundheitsschädlich wirken.

AG. Berlin I, 3. Juli 1893.

Zusätze zu Fleisch. Absolutes Verbot der Stoffe des § 21 des Fleischbeschaugesetzes. Die Verwendung der in der Bekanntmachung des Reichskanzlers vom 18. Februar 1902 (zu § 21 des Reichsgesetzes vom 3. Juni 1900) aufgeführten Stoffe ist bei der gewerbsmäßigen Zubereitung von Fleisch überhaupt verboten, ohne Rücksicht darauf, ob die im Einzelfalle verwendete Menge gesundheitsschädliche Wirkungen hervorzubringen vermag.

RG., 10. Juli 1903.

Der Ausdruck „Zubereitung" umfaßt nach der Tendenz des § 21 jede Behandlung des Fleisches, welche dazu bestimmt ist, dem Fleisch diejenige Form oder Beschaffenheit zu geben, in welcher es in den Verkehr kommen soll. Andernfalls würde die Anwendung des § 21 gerade in den häufigsten Fällen versagen, da das unter Anwendung verbotener Stoffe zubereitete Fleisch den Charakter frischen Fleisches in der Regel behalten wird.

RG., 28. November 1904.

Konservierungsmittel. Natriumbisulfit. Die Wirkung des sog. Krystallsalzes (Natriumbisulfit) besteht darin, daß nicht eine bloß äußerliche mechanische Färbung des Fleisches erfolgt, sondern daß die in dem Salze enthaltene schweflige Säure die Fäulniserreger im Fleische in ihrer Wirksamkeit hemmt und den roten Farbstoff erhält. Hiernach bewirkt also der Zusatz, daß das Fleisch das Ansehen frischer Ware erhält oder behält für eine Zeit, zu welcher ohne diesen sich durch Veränderung der natürlichen Farbe zeigen mußte, daß das Fleisch nicht frisch war. Der Tatbestand der Verfälschung ist objektiv schon dadurch gegeben, daß dem gehackten Fleische für die Zeit des Verkaufs der Schein einer besseren Beschaffenheit verliehen wird, als es seinem Wesen nach hat. Der Verkauf des mit Krystallsalz präparierten Fleisches unter Verschweigung dieses Zusatzes enthält eine Täuschung des Publikums, da es in den Glauben versetzt wird, daß es frisch gehacktes Fleisch erhalte, was in Wirklichkeit nicht der Fall ist. Da außerdem das fragliche Salz Gesundheitsstörungen hervorzurufen geeignet ist, so kann unter Umständen in dem Zusatze eines solchen Stoffes objektiv schon wegen dessen gesundheitsgefährlicher Beschaffenheit eine qualitative Verschlechterung des Fleisches und daher eine Verfälschung gefunden werden. (§ 10^1 u. ^{2} NMG.)

RG., 17. März 1899.

Schweflige Säure und schwefligsaure Salze. Die Beifügung schwefligsauren Natrons zu Hackfleisch ist eine Verfälschung im Sinne des § 10^1 NMG., wenn sie auch nur den Erfolg hat, daß zu einer Zeit, wo das Fleisch noch nicht durch Zersetzung gelitten hat, der Eintritt einer solchen Änderung der Farbe, Grauwerden des Fleisches, verhindert wird, nach deren Eintritt die Konsumenten die Genußfähigkeit und damit den Wert des Fleisches für gemindert halten.

OLG. Kiel, 23. Juni 1904.

Außerdem liegt eine große Reihe von Urteilen vor, wonach die Verwendung von Sulfiten zum Auffärben von Hack- und Schabefleisch sowohl gegen § 10 NMG. als auch gegen §§ 21, 26 des Fleischbeschaugesetzes vom 3. Juni 1900 in Verbindung mit der Bekanntmachung des Reichskanzlers vom 18. Februar 1902 verstößt.

Viele Gerichte erblicken in der Verwendung von schwefliger Säure auch eine Verletzung des § 12^1 oder des § 14 NMG., „weil die Bekanntmachung des Reichskanzlers vom 17. Februar 1902 schweflige Säure für eine gesundheitsschädliche Substanz erklärt, welche dem Fleische unter keinen Umständen zugesetzt werden darf"

LG. Düsseldorf, 1. April 1905.

Borsäure. Das Fleisch erhielt durch die Borsäure den Schein besserer Beschaffenheit, war also im Sinne des § 10 NMG. verfälscht. Dieses Vergehen trifft mit dem gegen die §§ 21, 26 des Fleischbeschaugesetzes vom 3. Juni 1900 und die Bekanntmachung des Reichskanzlers vom 18. Februar 1902 zusammen, wodurch der Zusatz von Borsäure zu Fleisch ausdrücklich verboten ist.

AG. Aschaffenburg, 22. September 1903.

Formalin und Borsäure. Der Zusatz von Formaldehyd, ebenso wie der von Borsäure bei der gewerbsmäßigen Zubereitung von Fleisch ist durch § 21 Abs. 1 und 2 des Gesetzes vom 3. Juni 1900 in Verbindung mit der Bekanntmachung des Reichskanzlers vom 18. Februar 1902 verboten und das wissentliche Zuwiderhandeln gegen dieses Verbot in § 26 Nr. 1 des Gesetzes vom 3. Juni 1900 unter Strafe gestellt. Gleichzeitig stellt die Tat des Angeklagten eine Verfälschung im Sinne des § 10 NMG. dar. Verfälschung von Nahrungsmitteln liegt nicht nur dann vor, wenn der Ware der Anschein besserer Beschaffenheit gegeben wird, sondern auch wenn die Ware verschlechtert wird. Der Zusatz von schädlichen Substanzen, wie Borsäure und Formaldehyd zu Fleischwaren, stellt aber offenbar eine Verschlechterung der Ware dar.

Pr. Kammergericht, 14. März 1904.

Salicylsäure. Der Angeklagte hat bei der gewerbsmäßigen Zubereitung von Fleisch einen Stoff, der nach den Bestimmungen des Bundesrates nicht angewendet werden darf, weil er Salicyl enthält, angewendet und wissentlich derartig zubereitetes Fleisch verkauft, und hat durch dieselben Handlungen zum Zwecke der Täuschung im Handel und Verkehr Nahrungsmittel verfälscht und wissentlich Nahrungsmittel, die verfälscht waren, unter Verschweigung dieses Umstandes verkauft. Er wurde deshalb wegen Vergehens gegen § 10^1 u. ^{2} NMG. und gegen §§ 21, 26^1 des Gesetzes betreffend die Schlachtvieh- und Fleischbeschau vom 3. Juni 1900 in Verbindung mit der Bekanntmachung des Reichskanzlers vom 18. Februar 1902 verurteilt.

LG. Altenburg, 24. Januar 1905.

Gemisch von benzoesaurem und phosphorsaurem Natron. (Curtin.) Eine Zuwiderhandlung gegen §§ 26, 21 des Fleischbeschaugesetzes vom 3. Juni 1900 kommt nicht in Frage, weil die Mischung keine der in der Bekanntmachung des Reichskanzlers vom 18. Februar 1902 verbotenen Stoffe enthält. Das Gemisch hat jedoch die Wirkung, daß die Zersetzung des Fleischfarbstoffs gehemmt wird und das Hackfleisch seine rote Farbe noch länger, d. h. auch noch für die Zeit behält, zu der es bei Nichtverwendung des Zusatzes bereits grau geworden sein würde; die innere Zersetzung des Fleisches hält es nicht auf. Infolgedessen hat die Beimischung des Curtins die Wirkung, daß auch das ältere Fleisch, das in Wirklichkeit bereits begonnen hat sich zu zersetzen, vom Publikum für ganz frisch angesehen und als solches bewertet wird, d. h. dem älteren Hackfleisch wird der Anschein besserer Beschaffenheit gegeben. Dies ist eine Verfalschung im Sinne des § 10^1 NMG.

LG. Magdeburg, 28. Januar 1910; vgl. auch RG., 10. Oktober 1910.

Benzoesäure. Der Zusatz von Benzoesäure zu Hackfleisch ist eine Verfälschung im Sinne des § 10 NMG.

LG. Leipzig, 12. Januar 1909.

Farbstoff. Der Zusatz eines roten Farbstoffs (Ponceau-R) zu Hackfleisch, um dessen „schlechtes, wässeriges“ Aussehen zu beseitigen und ihm ein gutes, rotes und frisches Aussehen zu geben, ist Verfälschung eines Nahrungsmittels. (§ 10^1 u. ^{2} NMG.)

LG. Erfurt, 30. November 1897.

In dem Bestreichen der Kiemen von Fischen mit roter Farbe ist eine Verfälschung im Sinne des NMG. zu erblicken, weil dadurch den Fischen das Aussehen der Frische, also der Schein ihrer normalen, d. i. besseren Beschaffenheit bewahrt wird.

RG., 2. Dezember 1882.

Bindemittel. Der Zusatz von Kartoffelmehl als Bindemittel zu Hackfleisch ist zweifellos objektiv eine Verfälschung des Fleisches. (§ 10 NMG.)

LG. I Berlin, 20. August 1897.

Mechanische Beimengungen. Hackfleisch mit Emaillesplittern von 1 bis 3 cm Länge ist dadurch nicht gesundheitsschädlich im Sinne des § 12 NMG.

Die dort unter Strafe gestellte Gesundheitsschädlichkeit muß dem Nahrungsmittel selbst anhaften. Der schädliche Stoff muß Bestandteil des Nahrungsmittels geworden sein. Nicht das Nahrungsmittel, sondern die Fremdkörper (Splitter) haben eine gesundheitsschädliche Wirkung.

LG. Harburg, 14. März 1910.

Unterschiebung von Fleisch oder Fleischteilen von geringem Werte an Stelle solcher von höherem Nahrungs- und Genußwerte. Pferdefleisch an Stelle von Rindfleisch. Da Pferdefleisch bedeutend minderwertiger ist als gewöhnliches, d. h. unausgekochtes, von anderen Schlachttieren herstammendes Fleisch, so mußte auch in dem Verwenden von Pferdefleisch eine Verfälschung gesehen werden, insofern den feilgebotenen Speisen durch den Zusatz von Pferdefleisch eine schlechtere, minderwertige Beschaffenheit gegeben wurde. (§ 10 NMG.)

AG. I Berlin, 5. Mai 1892.

Rinderschmorbraten und Rouladen aus Pferdefleisch. Die Verfälschung liegt darin, daß die Angeklagte das Pferdefleisch, das von geringerer Beschaffenheit als Rindfleisch ist, dennoch zu angeblichen Rindfleischpreisen verwendete und solches den Gästen vorsetzte und somit dem Fleische den Schein einer besseren Beschaffenheit gab, als dasselbe in Wahrheit hatte. (§ 10^2 NMG.)

LG. II Berlin, 17. Januar 1899.

Unterschiebung von Pferdefleisch und Freibankfleisch. Die Unterschiebung von Pferdefleisch an Stelle des von den Käufern erwarteten Fleisches, auch in Zubereitungen (z. B. Leberknödel) trägt das Merkmal der Vorspiegelung falscher Tatsachen; daher ist die Anwendung des § 263 StrGB. berechtigt.

Dasselbe gilt von Freibankfleisch. Beide sind keine Nahrungsmittel, deren Genuß man den Gästen ohne Aufklärung über die Beschaffenheit der verwendeten Fleischwaren vorsetzen darf. Die Gäste erwarten nach der Speisekarte und der Bezeichnung der Speisen daselbst, daß diese nach den landläufigen Begriffen, d. i. ohne die Verwendung von Pferde- und Freibankfleisch hergestellt seien. Außerdem besteht gegen Pferdefleisch ein ausgesprochener Widerwillen.

Oberstes Landger. München, 19. Juli 1906.

Verwendung von übriggelassenen Speiseresten zu frischen Speisen. Hierin wurden die Merkmale des Betrugs und zugleich des Vergehens gegen § 10^2 NMG. erblickt. Die den Gästen vorgesetzten, mit den von anderen Gästen übriggelassenen Resten vermischten Speisen sind als verdorben im Sinne des NMG. zu bezeichnen. Denn solche Speisen sind im höchsten Maße ekelerregend, auch ist die Gefahr vorhanden, daß durch die vielleicht von einem kranken Gaste berührten Speisen Krankheiten auf andere Gäste übertragen werden; ihr Genußwert ist zweifellos erheblich vermindert, wenn nicht ganz aufgehoben. Dahingestellt kann bleiben, ob nicht auch ein „Nachmachen“ oder „Verfälschen“ im Sinne des NMG. vorliegt.

LG. II Berlin, 14. Oktober 1899.

Verkauf verdorbener Fleischspeisen. Übelriechendes, mit schlechtem Geschmack behaftetes, bereits in Zersetzung übergegangenes Bratenfleisch hat ohne Zweifel als verdorben im Sinne des NMG. zu gelten, weil es in seiner normalen Verwendbarkeit außerordentlich verringert, wenn nicht gar für den menschlichen Genuß unverwendbar ist. Es ist Pflicht eines jeden Gastgebers, voll Aufmerksamkeit darüber zu wachen, daß die Gäste nur gute, wohlmundende Speisen erhalten, sonst verstößt er gegen § 11 NMG.

LG. München II, 30. Oktober 1900.

Verwertung von beanstandetem Fleisch usw.

Die Beurteilung der Genußuntauglichkeit von Fleisch ist für Deutschland durch das Gesetz betr. die Schlachtvieh- und Fleischbeschau vom 3. Juni 1900 durch die §§ 33—39 geregelt. Der § 33 bestimmt die Fälle, wo der ganze Tierkörper für den menschlichen Genuß untauglich ist, der § 34 zählt die Fälle auf, wo vom ganzen Tierkörper wenigstens das Fett verwendet werden kann, der § 35 die Fälle, wo nur die veränderten Fleischteile als genußuntauglich zu vernichten sind; der § 36 bezeichnet Hundedärme als stets untauglich zum Genuß; der § 37 gibt an, wann der ganze Tierkörper und einzelne Teile als bedingt tauglich anzusehen sind, während die §§ 38 und 39 vorschreiben, wie bedingt taugliches Fleisch bzw. Fett behandelt werden muß, um sie für den Genuß brauchbar zu machen. Der § 45 und Anhang geben für inländisches und der § 28 für eingeführtes Fleisch genaue Vorschriften, wie beanstandetes und schädliches Fleisch unschädlich gemacht werden muß und eventuell alsdann noch technisch (als Dünge- oder Futtermittel) verwertet werden kann. Des Näheren möge auf dieses Gesetz verwiesen sein.

Fischfleisch fällt zwar nicht unter das genannte Gesetz, jedoch gelten hierfür sinngemäß dieselben Vorschriften. Verdorbenes oder für den Genuß untaugliches Fischfleisch muß in derselben Weise unschädlich gemacht und kann dann eventuell zum Düngen verwendet werden.

Fleisch von Warm- oder Kaltblütern, das wegen falscher Bezeichnung beanstandet, aber von sonst einwandfreier Beschaffenheit ist, kann für den Verkehr freigegeben werden, wenn eine Garantie für die richtige Bezeichnung gegeben wird.

Fleischdauerwaren.

Zu den Fleischdauerwaren kann man alle Erzeugnisse aus Fleisch, also auch Wurst, Fleischextrakt u. a. rechnen. Hier mögen indes unter Fleischwaren nur solche Erzeugnisse verstanden werden, die aus dem Fleisch als solchem nur mit Hilfe von Frischhaltungsmitteln ohne sonstige Zusätze oder Behandlungen hergestellt sind. Hierzu gehören:

1. Getrocknetes Fleisch (Fleischpulver, Carne pura), ***Rauchfleisch.*** Auch können hierher Charque dulce und Charque secca (Brasilien und Uruguay), der Pemmican (Indien), der Stockfisch u. a. gerechnet werden. Bei diesen Dauerwaren erfolgt die Wasserentziehung des in Scheiben geschnittenen mageren Fleisches entweder durch natürliche (Tropen-) oder künstliche Wärme. Neuerdings ist es M. Buchner gelungen, auch ganze Fleischstücke auf 8—10% von Wasser zu befreien, indem man sie gefrieren läßt und dann im Vakuum bei mäßiger Wärme, ohne daß das Fett schmilzt, austrocknet.

Die Fleischpulver lassen sich meistens direkt zu den Untersuchungen verwenden. Die Fleischstücke von getrocknetem und geräuchertem Fleisch lassen sich, da sie durchweg fettarm und gleichmäßig zusammengesetzt sind, meistens leicht ohne Vortrocknen so zerhacken oder mahlen, daß die zerkleinerte Masse direkt zu den einzelnen Bestimmungen verwendet werden kann. Enthalten die Fleischstücke Sehnen und zwischengelagertes Fett, so können diese für sich abgetrennt und untersucht werden; befinden sich die Stücke in feuchtweichem Zustande, so läßt sich unter Umständen ein Vortrocknen nicht umgehen.

Die chemische Untersuchung erfolgt wie bei dem durch Vortrocknen des frischen Fleisches erhaltenen Pulver und ist hier insofern von Bedeutung, als durch die Bestimmung der in kaltem Wasser löslichen Extraktivstoffe (des Albumins, der Fleischbasen, Mineralbestandteile), des leimgebenden Gewebes festgestellt werden kann, ob die Dauerware aus natürlichem Fleisch ohne Zutaten oder Entzüge hergestellt ist bzw. diesem entspricht; die Feststellung der Löslichkeit des fettfreien, äußerst feinen Fleischpulvers durch Pepsin-Salzsäure

(I. Teil, S. 250) kann Aufschluß darüber geben, ob sehr altes, schwer verdauliches Fleisch[1]) verwendet worden ist, die Bestimmung des Ammoniaks, ob das verwendete Fleisch schon eine fehlerhafte Beschaffenheit besaß oder während der Zubereitung — z. B. durch zu langsames Trocknen — angenommen hat.

2. Pökelfleisch, Büchsenfleisch bzw. eingelegtes Fleisch. Wenngleich das Fleisch landwirtschaftlicher Nutztiere jetzt nur in ganzen Stücken, und nicht mehr in Büchsen eingelegt, eingeführt werden darf, so kommen doch Fleischdauerwaren, die unter Anwendung fäulniswidriger Mittel in Büchsen eingelegt sind, von inländischem Fleisch noch viel, besonders aber von Fischen, in den Handel. Da jetzt eine große Anzahl Frischhaltungsmittel verboten sind (vgl. I. Teil, S. 591), so verwendet man durchweg

a) zum Einpökeln Kochsalz mit etwas Salpeter und Zucker (z. B. 16 Teile Kochsalz, $^1/_2$ Teil Salpeter und 1,5—2,0 Teile Zucker; vgl. auch Bd. II, 1904, S. 518); für die Bereitung von Salzheringen und Sardellen wird nur Kochsalz verwendet.

Nach dem Morganschen Verfahren[2]) wird die Salzlösung in die Blutbahn des geschlachteten Tieres eingeführt, das Fleisch muß aber zur Herstellung von Pökelfleisch dann auch noch äußerlich gesalzen werden; das Kochsalz verhindert die Zersetzungsvorgänge nicht, sondern hemmt sie nur. Das Pökelfleisch soll bei niedrigen Temperaturen ausreifen und zwar am besten in Holzfässern, welche wohl den Zutritt von Bakterien, nicht aber den von Luft vollständig abhalten.

b) Bei eingelegten Fischen verwendet man entweder Salz, Essig und Wasser oder nach 2—3tägigem Liegen in konzentrierter Salzlösung 4—6 proz. Essig unter verschiedenen Zusätzen, wie z. B. von Zwiebeln, Senfkörnern, Lorbeerblättern, schwarzem und Nelkenpfeffer, spanischem Pfeffer, einer Gurke oder Hagebutte usw. Dabei versteht man unter Bismarckheringen solche, die ausgenommen, entgrätet und von Köpfen befreit sind, unter Rollmöpsen solche, bei denen noch der Schwanz entfernt ist; die etwas kleineren, aber nicht entgräteten, ebenso behandelten Heringe werden Delikateßheringe, die ganz kleinen Heringe Sardellen genannt. Letztere werden nach dem Ausnehmen und Einlegen in Fässer auch noch schwach gepreßt, um sie von schlecht schmeckendem Öl zu befreien. In ähnlicher Weise wie Heringe werden in Norwegen die Brislinge verarbeitet, die im eingemachten Zustande unter dem Namen Anchovis oder Appetit-Sild bekannt sind. Letztere wie auch die gesalzenen Krabben haben bis jetzt regelmäßig einen Zusatz von Borsäure erhalten; obschon dieser Zusatz nach dem Schlachtvieh- und Fleischbeschaugesetz vom 3. Juni 1900 verboten ist, hat man ihn hier bis jetzt stillschweigend geduldet, weil die Fischer behaupten, ohne ihn nicht auskommen zu können. P. Buttenberg[3]) hat aber gezeigt, daß sich Krabben auch ohne Anwendung von Borsäure haltbar machen lassen.

c) Andere Fleischdauerwaren in Büchsen sucht man dadurch vor Luftzutritt zu schützen, daß man sie entweder in Öl (Oliven- oder Mohnöl), z. B. Sardines à l'huille oder in Schweineschmalz, z. B. Bratheringe, Geflügel, oder in Gelee, z. B. Aal, Hering einbettet.

Durch die Herstellung der Fleischdauerwaren werden verschiedene Änderungen im Fleisch selbst hervorgerufen. Durch das Kochen werden nach Chr. Ulrich[4]) sämtliche Gehaltszahlen des Fleisches erniedrigt; nur die Jodzahl des Fettes wird kaum merkbar heruntergedrückt. Beim Braten von fettarmem Fleisch (Fischen) in Fett findet eine Aufnahme

---

[1]) Die Möglichkeit, daß bei der Herstellung des getrockneten Fleisches und anderer Fleischdauerwaren Fleisch von alten oder heruntergekommenen Tieren verwendet wird, liegt besonders nahe, da sich bei ihnen die Beschaffenheit des Fleisches äußerlich nicht so leicht kundgibt, als bei frischem Fleisch.

[2]) Zeitschr. f. Untersuchung d. Nahrungs- u. Genußmittel 1913, **25**, 365.

[3]) Ebendort 1908, **16**, 92; 1910, **20**, 311.

[4]) Ebendort 1912, **23**, 466.

von fremdem Fett, von fettreichen Fischen dagegen ein Austritt von Fett statt. Das Backen in Mehl bedingt bei Fischen eine Erhöhung der kochsalzfreien Asche und durch das fremde Fett eine Erhöhung des Fettgehaltes; hierdurch wird auch die Jodzahl des Fettes bedeutend erniedrigt.

Als äußere fehlerhafte Beschaffenheit findet man bei Büchsenfleisch, besonders von Fischen, nicht selten beulenartige Auftreibungen der Büchsen, die sogen. Bombage. Diese wird nach O. Sammet[1]) bei Büchsenfischen, die in Essig und Gelee eingelegt sind, durch eine übergroße Anzahl von Essigsäurebakterien[2]) hervorgerufen und ist die Folge einer nicht genügenden Sterilisation. Pathogene Keime kommen hierbei nicht vor, weil sie sich in der Essigsäure nicht halten können. Bei in Salz eingelegten oder gleichzeitig geräucherten Fischen wurden durchweg Kokken, in einzelnen Fällen auch Bacillus mesentericus bzw. Bac. subtilis als Ursache der Bombage gefunden. Aus Ölfischen konnten Bacterium coli commune und Buttersäurebacillen isoliert werden. Das Vorkommen dieser Bakterien in den bombierten Büchsen ist nur einer mangelhaften Sterilisation zuzuschreiben; diese ist aber — mit Ausnahme bei den in Öl eingelegten Fischen — nicht möglich, weil dadurch der Geschmack der Fische leidet. Da auch bei letzteren Sorten Büchsenfleisch das Vorkommen von pathogenen Keimen so gut wie ausgeschlossen ist, so muß eine etwaige Vergiftung durch Büchsenfleisch darauf zurückgeführt werden, daß die eingelegten Fische schon vorher verdorben waren; denn fertig gebildete Toxine können sich einige Zeit in den Einmachflüssigkeiten halten; z. B. war Botulinustoxin bei 5 monatiger Aufbewahrung in 2 proz. Essigsäure nicht zerstört. Auch P. Buttenberg[3]) führt die Bombage bei Krabbendauerwaren in vielen Fällen auf Bakterientätigkeit zurück, da er für das Gas folgende Zusammensetzung fand:

Sauerstoff %	Wasserstoff %	Stickstoff %	Kohlensaure %	Schwefelwasserstoff %
0—0,25	0—1,8	27,0—58,9	33,1—67,2	0—13,0

Wenn dagegen die Ursache der Bombage auf einem chemischen Vorgange beruht, pflegt das Gas, wie E. Pfuhl und M. Wintgen[4]) fanden, vorwiegend Wasserstoff zu enthalten, nämlich nach 2 Proben:

Sauerstoff %	Wasserstoff %	Stickstoff %	Kohlensäure %	Methan %
1,5—3,5	60,9—59,2	rund 37	0	0

Kohlensäure und Methan waren in letztem Falle nicht vorhanden. Dagegen fand sich im Innern der verzinnten Büchsen ein körniger Ansatz an den Wandungen, der im wesentlichen aus Ferrophosphat mit 0,88% Zinn bestand. Die Bildung des Ansatzes läßt sich nur so erklären, daß die organischen Säuren (Milchsäure) unter Wasserstoffentwickelung erst den Zinnbelag und dann das Eisen der Wandung gelöst haben, und das gebildete milchsaure Eisen sich mit löslichen Phosphaten zu Ferrophosphat umgesetzt hat, wobei wiederum Wasserstoff entstehen konnte[5]).

Mitunter findet sich auf blanken verzinnten Blechen von Dosen, die mit Fleischwaren, besonders mit Siedewürstchen gefüllt sind, ein weißer Belag von Zinnoxyd. Letzteres soll nach H. Serger[6]) durch die oxydierende Wirkung des Salpeters im Salzwasser gebildet werden, wobei das Salzwasser eine sekundäre Rolle spielen soll.

---

[1]) Hygien. Rundschau 1911, **21**, 1014.

[2]) Auch in nicht bombierten Büchsen kommen Essigsäurebakterien vor, haben sich darin aber infolge niedriger Temperatur im Aufbewahrungsraum nicht oder nicht stark vermehren können.

[3]) Zeitschr. f. Untersuchung d. Nahrungs- u. Genußmittel 1910, **20**, 23.

[4]) Ebendort 1905, **10**, 757 und Zeitschr. f. Hygiene 1905, **52**, 145.

[5]) In solchen Fällen hat die Bombage ihre Ursache in der mangelhaften Verzinnung der Büchsen.

[6]) Zeitschr. f. Untersuchung d. Nahrungs- u. Genußmittel 1913, **25**, 465.

Wenn in derartigen bombierten Büchsen eine kleine Öffnung gemacht wird, so hört man ein pfeifendes Geräusch, indem das unter Druck stehende Gas plötzlich ausströmt. Das Geräusch kann auch bei normal aussehenden und starkwandigen Büchsen auftreten, wenn der Druck des Gases zur Wölbung der Wand nicht ausreichte. Es kann aber auch beim Öffnen von Büchsen mit Vakuum sich zeigen und hat dann seinen Grund darin, daß Luft einströmt. Indes selbst wenn sich äußerlich an den Dosen nichts Abnormes wahrnehmen läßt und der Inhalt beim Anstechen sich unverdächtig verhält, kann er von fehlerhafter Beschaffenheit sein. Bei verdorbenen Büchsenkrabben zeigt sich dann, worauf P. Buttenberg (l. c.) hinweist, das Fleisch violett verfärbt, es tritt ein fischiger, heringslakeartiger oder direkt fauliger Geruch auf, das Fleisch läßt sich zwischen den Fingern zerdrücken und zerfällt. Mitunter sind auch schon mit unbewaffneten Augen Schimmelrasen zu bemerken.

Bei Krabben — und auch anderen Fleischsorten — in Gallerte kann als weiteres Merkmal der verdorbenen Beschaffenheit die durch Bakterien bewirkte teilweise oder vollständige Verflüssigung der Gallertmasse hinzukommen, wobei indes zu berücksichtigen ist, daß durch übermäßig starkes Erhitzen die Gallerte ebenfalls verflüssigt, dabei aber keimfrei sein kann. Der äußere Befund kann dann durch eine Ammoniakbestimmung unterstützt werden.

Chemische Untersuchung.

Bei den Fleischdauerwaren in Büchsen ist zu beachten, ob der Inhalt gleichmäßig breiig ist und ganz genossen wird, oder ob er aus einzelnen festen Stücken Fleisch, Saft bzw. Öl usw. besteht. In ersterem Falle kann die breiige Masse nach gehörigem Durcheinandermischen — womöglich unter noch feinerem Zerhacken oder Zerstoßen — direkt zu den Untersuchungen verwendet werden. Man verfährt dann wie bei Wurst (folgender Abschnitt, S. 98). In letzterem Falle, wenn der Büchseninhalt ungleichmäßig ist und aus festen Stücken sowie Einbettflüssigkeit bzw. -Öl bzw. -Gelatine besteht, muß in der Regel eine getrennte Untersuchung des festen und Einbettanteiles erfolgen, besonders wenn nur der feste Anteil genossen wird. Handelt es sich aber um die Frage, ob der Büchseninhalt verbotene oder schädliche Stoffe enthält, so können auch Dauerware und Flüssigkeit zusammen untersucht werden. Man ermittelt alsdann, was an sich zur Feststellung des eßbaren Anteiles notwendig ist, das Gewicht der feuchten, von Einbettmasse (Flüssigkeit usw.) befreiten festen Anteile (D) und ebenso das Gewicht der Einbettmasse (M), darauf wägt man von ersterem (D) eine aliquote Menge g (etwa 50 g) ab und berechnet die zugehörige Menge Einbettmasse (Flüssigkeit usw.) nach der Gleichung

$$x = \frac{g \times M}{D}.$$

Letztere Menge wird mit der Dauerware (D) vereinigt und sorgfältig mit ihr durcheinander gemengt. Die Ergebnisse beziehen sich dann auf die Gesamtdauerware.

a) Untersuchung der Einmachflüssigkeit bzw. des Fettes oder Öles.

α) Pökellake. In die Pökellake treten nach den Gesetzen der Endesmose und Exosmose Bestandteile des Fleisches (Albumin, Fleischbasen und stickstoffreie Extraktivstoffe, Kali und Phosphorsäure) über, während Kochsalz und Salpeter in das Fleisch eindringen, von Kochsalz infolge der größeren angewendeten Menge mehr als von Salpeter. Ein Teil des letzteren verschwindet infolge Reduktion der Salpetersäure bis zu freiem Stickstoff; denn salpetrige Säure kann nicht immer nachgewiesen werden (II. Bd., 1904, S. 519), und das vorhandene Ammoniak rührt zweifellos von einer teilweisen Zersetzung des Fleisches, nicht von etwaiger Reduktion der Salpetersäure zu Ammoniak her. Nach diesen Umsetzungen ist die Untersuchung der Pökellake von selbst gegeben.

1. Albumin, Albumosen und Basen. Um die Menge des in Lösung gegangenen Albumins zu bestimmen, wird ein aliquoter Teil der Pökellake gekocht, das Albumingerinnsel abfiltriert, ausgewaschen und nach Kjeldahl verbrannt ($N \times 6{,}25 =$ Albumin). Im Filtrat kann man nach dem Eindampfen die Albumosen und ähnliche Stickstoffverbindungen durch

Zinksulfat und im Filtrat hiervon die Basen (auch etwaiges Pepton) nach Einsäuern mit Schwefelsäure durch phosphorwolframsaures Natrium fällen (vgl. S. 126 u. f.). In Lösung bleiben dann noch die nicht fällbaren Aminosäuren, Salpetersäure usw. Letztere wird für sich bestimmt, die Aminosäuren dagegen werden aus der Differenz berechnet.

Man bestimmt in einem aliquoten Teil der Pökellake (50 oder 100 ccm bzw. g oder noch mehr) den Gesamtstickstoff, indem man nach I. Teil, S. 240 a γ erst über kleiner Flamme eindunstet und dann nach I. Teil, S. 245 B. a mit Phenolschwefelsäure verbrennt oder ebenso zweckmäßig, indem man das Verfahren von Krüger und Milbauer I. Teil, S. 246 c) anwendet. Von dem Gesamtstickstoff wird der in Form von Albumin + Albumosen + Basen + Salpetersäure gefundene Stickstoff abgezogen, und der verbleibende Rest als in Form von Aminosäuren vorhanden, angenommen. Das Ammoniak kann man für sich durch Destillation mit Magnesia bestimmen (I. Teil, S. 260).

2. Salpetersäure. Die Salpetersäure in der Pökellake wird am zweckmäßigsten nach dem Schlösing-Wagnerschen Verfahren (I. Teil, S. 265) bestimmt. Man kann die Pökellake wie Pflanzenauszüge unter Zusatz von Kalkmilch auf ein kleines Volumen eindampfen, filtrieren und entweder das ganze Filtrat oder einen aliquoten Teil zu der Bestimmung verwenden. Fr. Nothwang[1]) empfiehlt das entwickelte Stickstoffoxydgas in dem Apparat von Zulkowski aufzufangen.

Auch Farnsteiner und Stüber[2]) halten das Schlösing-Wagnersche Verfahren in diesem Falle für das zuverlässigste und verwenden zum Auffangen des Stickstoffoxydgases den Schiffschen Apparat (I. Teil, S. 248), der mit 20 proz. ausgekochter Natronlauge gefüllt wird.

Nach Paal und Ganghofer[3]) läßt sich hier auch recht wohl das Nitronverfahren von M. Busch (I. Teil, S. 272) anwenden. Man kocht das Fleisch (50 g) 3 mal mit Wasser aus, so daß die Auszüge etwa 250 ccm betragen, oder man verwendet ebensoviel Pökellake, versetzt die Lösung mit 0,5—1,5 g festem Natronhydrat, dampft auf dem Wasserbade bis auf etwa 60 ccm ein und macht mit 25% Schwefelsäure schwach sauer. Wenn ein Niederschlag entsteht, so wird abfiltriert und nachgewaschen; das Filtrat wird zum Sieden erhitzt und je nach dem Gehalt an Salpetersäure mit 5 bzw. 10 ccm essigsaurer Nitronlösung sowie 5 Tropfen konzentrierter Schwefelsäure versetzt. Das wie üblich in der Kälte ausgeschiedene Nitronnitrat wird, wenn es gallertartige Flocken von Nitronchlorid einschließt, im Goochschen Tiegel erst mit 40 ccm einer kaltgesättigten Nitronnitratlösung und weiter mit 10 ccm Eiswasser ausgewaschen.

Polenske und Köpke[4]) konnten indes mit dem Nitronverfahren keine günstigen Ergebnisse erzielen; auch sie geben der volumetrischen Bestimmung mit der von Stüber angegebenen Abänderung den Vorzug.

Das Ulschsche Verfahren liefert bei Fleisch und Fleischauszügen zu hohe Werte.

J. Tillmans und A. Splittgerber[5]) zeigen, daß die Salpetersäure in Fleischdauerwaren auch genügend genau auf colorimetrischem Wege bestimmt werden kann. Eine bestimmte Menge (etwa 50 g) Pökelfleisch wird $^1/_2$ Stunde mit etwa 200 ccm Wasser ausgekocht nach dem Erkalten filtriert, nochmals mit etwa 100 ccm Wasser behandelt und das Filtrat auf 500 ccm aufgefüllt. Hiervon werden 50 ccm mit dem gleichen Volumen von Quecksilberchlorid-Salzsäure versetzt, welche durch Mischen aus gleichen Teilen einer 5 proz. Quecksilberchloridlösung und einer 2 proz. Salzsäure (8 ccm gewöhnliche Salzsäure von 1,125 spez. Gew. und 92 ccm Wasser) hergestellt wird. Als Vergleichslösung dient eine Lösung von 0,1 g

---

[1]) Archiv f. Hygiene 1892, **16**, 122; 1893, **18**, 80.

[2]) Zeitschr. f. Untersuchung d. Nahrungs- u. Genußmittel 1905, **10**, 329 u. 330.

[3]) Ebendort 1910, **19**, 322.

[4]) Arbeiten a. d. Kais. Gesundheitsamte 1911, **36**, 291.

[5]) Zeitschr. f. Untersuchung d. Nahrungs- u. Genußmittel 1912, **23**, 49.

(100 mg oder noch besser 50—60 mg) Kaliumnitrat in 1 l, wovon also 10 ccm 1 mg (bezw. 0,5—0,6 mg) Kaliumnitrat entsprechen. Die zur Untersuchung gelangenden 10 ccm Quecksilberchlorid-Salzsäure dürfen für das Nollsche Verfahren nicht mehr als 1 mg Kaliumnitrat enthalten. Man bestimmt die Salpetersäure alsdann entweder nach Noll mit Brucin-Schwefelsäure, die jedesmal frisch aus 0,25 g Brucin mit 10 ccm salpetersäurefreier konzentrierter Schwefelsäure hergestellt wird (vgl. die Ausführung unter Trinkwasser) oder mit Diphenylamin-Schwefelsäure nach J. Tillmans (vgl. unter Milch und Trinkwasser), indem man zum Vergleiche Salpeterlösungen verwendet, die höchstens 1—6 mg Kaliumnitrat enthalten, und indem man beim Verdünnen der zu untersuchenden Fleischlösung (Filtrat von Quecksilberchlorid-Salzsäure) stets gesättigte Kochsalzlösung zusetzt.

3. Zucker. Der Zucker kann in der Pökellake wie im wässerigen Fleischauszuge nach E. Polenske, S. 35, bestimmt werden.

4. Mineralstoffe. Die quantitative Bestimmung der gesamten Mineralstoffe (Asche) bereitet wegen des hohen Kochsalzgehaltes einige Schwierigkeiten; da außerdem wegen vorhandener freier Säuren (Schwefel- und Phosphorsäure) leicht Verluste eintreten und der vorhandene Salpeter beim Veraschen zersetzt wird, so liefert die übliche Veraschung keinen richtigen Ausdruck für die vorhandene Gesamtmenge Mineralstoffe. Am richtigsten ist noch das I. Teil, S. 476 für gesalzene Dauerwaren beschriebene Verfahren der Aschenbestimmung. In dieser Asche bestimmt man Schwefelsäure und Phosphorsäure und zählt hierzu das Mehr an diesen Säuren, welches man erhält, wenn man einen besonderen Teil der Pökellake mit Soda und Salpeter (I. Teil, S. 477) eindunstet, verascht und in dieser Asche ebenfalls die beiden Säuren bestimmt. Auch für die quantitative Bestimmung des Chlors empfiehlt sich dieselbe Veraschungsweise. Über die Bestimmung der Säuren selbst vgl. I. Teil, S. 489, über die der Basen I. Teil, S. 481ff.

5. Schwermetalle. Wenn Pökellake mit Metallen, Blei-, Messingröhren, Zinnbelag usw. in Berührung kommt, so löst sie wegen ihrer saueren Beschaffenheit leicht Metalle auf, die sich durch ihre Vermittelung dem eingepökelten Fleisch mitteilen können. Zum Nachweise der Schwermetalle verbrennt man die Lake wie das Fleisch mit konzentrierter Schwefelsäure ohne oder mit Zusatz von Salpetersäure nach den I. Teil, S. 478 angegebenen Verfahren.

6. Verbotene bzw. unerlaubte Frischhaltungsmittel. Sind zum Einmachen des Fleisches außer Kochsalz, Salpeter und Zucker auch unerlaubte Frischhaltungsmittel verwendet worden, so können diese auch in der Pökellake nachgewiesen und bestimmt werden. Man wendet dann sinngemäß die im I. Teil, S. 591—612 beschriebenen Verfahren an.

H. Kreis[1]) fand in geräuchertem Schinken 0,011—0,040% Ameisensäure und 0,44—1,38% flüchtige Säure als Essigsäure berechnet, ohne daß eine Haltbarmachung mit Ameisensäure angenommen werden konnte.

β) Einmachbrühe (von Einsalzen, Essig, Marinieren, Bouillon usw. herrührend). Zum Einlegen der Fische werden, wie schon oben gesagt, außer Salz auch Essig, Gewürze aller Art verwendet; zu manchen Dauerwaren benutzt man auch Bouillon. Außer den Extraktivstoffen des Fleisches bei Fischen geht durchweg mehr oder weniger Fett mit in die Brühe über. Infolgedessen gestaltet sich die Untersuchung dieser Brühe etwas anders als die der Pökellake, nämlich etwa wie folgt:

Die Brühe wird abgegossen, die einzelnen Fische werden mit destilliertem Wasser abgespült und die Waschwässer mit der Brühe vereinigt. Zur Beseitigung der in der Brühe schwimmenden Zutaten, wie Lorbeerblätter, Pfeffer usw., wird die Flüssigkeit filtriert, wobei das auf der Brühe schwimmende Fett teils durch das Filter läuft, teils von dem Papier aufgesaugt wird. Man schüttelt daher, um alles Fett zu gewinnen, das Filtrat wiederholt mit Äther aus, während man das Filter mit dem Rückstand nach dem Trocknen im Soxhlet-Apparat wie üblich mit Äther von Fett befreit. Die einzelnen Ätherauszüge werden vereinigt, der Äther wird ab-

---

[1]) Zeitschr. f. Untersuchung d. Nahrungs- u. Genußmittel 1913, **25**, 408.

destilliert und zuletzt im Wasserbade mittels eines Kohlensäurestromes ganz entfernt; das in der Kohlensäure-Atmosphäre aufbewahrte Fett kann zur näheren Untersuchung auf die Konstanten verwendet werden.

Die von Fett befreite Brühe wird in einer Porzellanschale auf offener Flamme unter fortwährendem Rühren gekocht und durch weiteres Eindampfen im Wasserbade auf ein kleineres Volumen gebracht. Hierbei scheidet sich das Albumin flockig aus; es wird abfiltriert, mit Wasser und Alkohol ausgewaschen, dann noch feucht samt Filter verbrannt — ein gleichgroßes Filter wird für sich allein verbrannt und der gefundene Stickstoff abgezogen —.

Das Filtrat von der Albuminfällung bringt man auf ein bestimmtes Volumen und bestimmt in aliquoten Teilen die einzelnen Bestandteile wie bei Pökellake, S. 86, oder wie bei wässerigen Fleischlösungen, S. 24 bzw. 126.

Soll auch wie z. B. in Heringslake das Trimethylamin neben Ammoniak bestimmt werden, so kann man nach H. Fleck[1]) wie folgt verfahren: Man macht die Einmachbrühe mit Natronlauge alkalisch und destilliert, indem man das Destillat in Salzsäure auffängt. Das Destillat verdampft man zur Trockne und zieht den Rückstand (die Hydrochloride) mit dem 5—6fachen Volumen siedenden absoluten Alkohols aus. Letzterer wird in einem Kolben abdestilliert und der Rückstand mit einer Lösung von Natronlauge abermals destilliert. Die übergehenden Gase werden in einer großen Menge Wasser aufgefangen, das Wasser wird mit Lackmuslösung versetzt, genau mit verdünnter Schwefelsäure neutralisiert und dann zur Trockne verdampft. Den Rückstand zieht man mit etwa 1 l kochendem Alkohol aus, wodurch das Ammoniumsulfat ungelöst bleibt, das Trimethylaminsulfat dagegen gelöst wird. Aus dem rückständigen Ammoniumsulfat läßt sich durch Destillation mit Magnesia (I. Teil, S. 260) das Ammoniak abdestillieren und quantitativ bestimmen, während man die Lösung von Alkohol befreit, den Rückstand in einer gewogenen Schale sammelt, trocknet und als Trimethylaminsulfat wägt. (1 Tl $N(CH_2)_3H_2SO_4$ = 0,376 $N(CH_3)_3$.) Die Trennung soll quantitativ verlaufen.

Von Frischhaltungsmitteln ist besonders Rücksicht auf Salicylsäure, Ameisensäure und Borsäure Rücksicht zu nehmen.

γ) **Die Einmach-Öle und -Fette.** Beim Einlegen der Fische (Sardinen) in Öl, als welches nur bestes Olivenöl verwendet werden soll, dringt ein Teil des Fischöles in das Einmachöl und verändert deren Konstanten. Letztere nähern sich denen der Pflanzenöle und sind, besonders die Jodzahl, großen Schwankungen unterworfen. So wurde u. a. für Fischfette gefunden[2]):

Spez. Gewicht	Jodzahl		Verseifungszahl	Reichert-Meißlsche Zahl	Freie Säure	Unverseifbares	Refraktion bei 40°
	des Fettes	der flüssigen Fettsäuren				%	
0,911—0,939	42—98[3])	121,3[4])	161—205	0,5—4,0[5])	0,6—37,0	0,54—0,98	52—(97)

Hiernach gleichen die Fischfette (Öle) in ihren Konstanten völlig den Pflanzenfetten (vgl. I. Teil, S. 416—419); man wird daher die Art des Einmachöles nur dann feststellen können, wenn das Öl (z. B. Sesamöl, Baumwollsaatöl) eigenartige Reaktionen zeigt. Daß umgekehrt Fischöl in das Einmachöl übergegangen ist, läßt sich durch den Nachweis von Cholesterin (I. Teil, S. 402) erbringen.

[1]) Journ. Amer. Chem. Soc. 1896, **18**, 670.

[2]) Vgl. J. König u. A. Splittgerber, Zeitschr. f. Untersuchung d. Nahrungs- u. Genußmittel 1909, **18**, 497.

[3]) Lewkowitsch gibt Jodzahlen von 84,2—193,2, G. Rosenfeld von 84,3—134,4 an.

[4]) Nur in einer Probe (mariniertem Hering), von der die Jodzahl des Fettes 92,3 betrug.

[5]) In einem Falle bei Brathering 6,0 R. M.-Zahl.

Wenn Fleisch von Warmblütern mit sonstigem festen Fett (gewöhnlich Schweineschmalz) eingelegt ist, so ist ein Austreten des Fleischfettes in das Einmachfett kaum anzunehmen, und wird man in diesem Falle durch die üblichen Verfahren (I. Teil, S. 349—412) die Natur des verwendeten Fettes feststellen können.

Die Bratheringe werden in Schweineschmalz gebraten und haftet ihnen dieses in geringer Menge unter Umständen mit etwas Mehl an; denn die ausgenommenen und gewaschenen Heringe werden in Mehl getaucht und dann 5—10 Minuten in das geschmolzene Schweineschmalz gelegt. Das etwaige Anhaften von etwas Schweineschmalz und Mehl rührt also von der Zubereitung her. Diese schwache Fett- und Mehlumhüllung schützt die Bratheringe auch nicht vor Auslaugung durch 6—8 proz. Essig, in den sie nach dem Erkalten unter Überschichten mit Zwiebeln gelegt werden. In diese Flüssigkeit gehen, wenn auch nicht soviel wie bei mariniertem und Matjeshering, so doch nicht zu vernachlässigende Mengen Albumin, Basen und sonstige organische Stoffe über.

δ) Gelee als Einmachmasse. Die in Gelee einzulegenden Fleischsorten werden vorher von nicht verwendbaren Teilen befreit, gereinigt, in Stücke zerschnitten, diese in einer verdünnten Lösung von Essig und Salz — wenigstens bei Hering und Aal — gekocht, nach dem Kochen in Dosen gelegt und mit einer heißen Lösung von Gelatine übergossen; beim Erkalten verkleinert sich das Volumen der Füllung und läßt Hohlräume entstehen. Diese werden mit verdünntem Essig ausgefüllt und dann erst werden die Dosen verschlossen.

Man hat daher bei den Dauerwaren in Gelee auch auf Essigsäure und sonstige, aber verbotene Frischhaltungsmittel Rücksicht zu nehmen.

Über die Art des Gelees gibt eine Bestimmung der Trockensubstanz und des Stickstoffes Aufschluß. Die Masse muß, wenn sie reine Knochengelatine ist, in der wasser- und aschenfreien Substanz 17—18% Stickstoff enthalten.

Der Gelee muß ferner feste Beschaffenheit zeigen und einen angenehmen, guten Geruch besitzen; eine flüssige Beschaffenheit des Gelees weist auf Zersetzungsvorgänge in dem Büchsenfleisch hin und kennzeichnet auch letzteres als verdorben (vgl. S. 86).

b) Das Fleisch für sich. Das in den Büchsen befindliche Fleisch wird, nachdem es aus der Einmachflüssigkeit herausgenommen und mit Wasser etwas abgespült ist, wie frisches Fleisch, S. 19 u. f., untersucht, indem man es, wie dort angegeben, von Knochen und Abfall befreit, dann zerkleinert und entweder bei genügend gleichmäßiger Beschaffenheit direkt auf die einzelnen Bestandteile untersucht oder vorher vortrocknet und zerkleinert.

Zur Beurteilung des eingemachten bzw. geräucherten Fleisches ist noch folgendes besonders zu bemerken:

α) Die **Fleischfasern** zeigen nicht selten eine derbe Struktur[1]), weil zu diesen Dauerwaren mit Vorliebe das Fleisch alter, abgetriebener und nicht regelrecht gemästeter Tiere[2]) verwendet wird (vgl. auch S. 26 u. 66).

Da das Fleisch für die Aufbewahrung in Büchsen durchweg vorher gekocht wird, so ist das Bindegewebe zum Teil in Leim (Gelatine) übergeführt und dieser umschließt die freigelegten Muskelfasern.

β) Auch liegt die Versuchung nahe, zu den Fleischdauerwaren in Büchsen das Fleisch von mit Krankheiten behafteten Tieren oder verdorbenes Fleisch zu verwenden, dessen fehlerhafte Beschaffenheit durch den Zusatz von fäulniswidrigen Mitteln verdeckt wird. Eine bakteriologische und chemische Untersuchung des geräucherten und eingelegten Fleisches ist daher sehr häufig geboten.

---

[1]) Vgl. Fr. Hofmann, Die Bedeutung der Fleischnahrung und Fleischkonserven. Leipzig 1880, S. 96.

[2]) Dieses war besonders bei dem früher eingeführten Büchsenfleisch der Fall. Die Einführung von Fleisch in Büchsen aus dem Auslande ist aber jetzt nicht mehr zulässig.

Guiseppe Teyxeira[1]) konnte in Fischdauerwaren, die giftig gewirkt hatten, nachweisen: Bacillus prodigiosus, B. botulinus von Emergem, B. enteritidis Gaertner, Penicillium glaucum und Aspergillus glaucus. In zwei Fällen gelang es ihm auch, nach dem Verfahren von Stas-Otto, verbessert von Baschieri (vgl. auch I. Teil, S. 295 u. 299) zwei basische Körper (Ptomaine) mit giftigen Eigenschaften nachzuweisen. Die Untersuchung wurde mit 120 g der betreffenden Fische nebst 100 g des Öles, worin sie lagen, ausgeführt.

Aus einer Probe Thunfische (Marke Barbata) wurden so 0,1096 g sehr bitter und scharf schmeckende Krystalle isoliert, die wenig löslich in Wasser und leicht löslich in Alkohol waren. Die Lösungen zeigten stark alkalische Reaktion. Schmelzpunkt 30° unter Zersetzung. Platinchlorid gab ein goldgelbes krystallinisches Salz, die üblichen Alkaloidreagenzien gaben Fällungen. Salpetersäure erzeugte weinrote Färbung, konzentrierte und verdünnte Schwefelsäure waren ohne Einwirkung. Die angestellten physiologischen Versuche ergaben deutliche Vergiftungserscheinungen, verliefen jedoch nicht tödlich. Eine andere Probe (Marke Gubbio) lieferte 0,210 g einer schmutzigweißen, stechend riechenden und adstringierend schmeckenden Substanz von alkalischer Reaktion, die in Wasser löslich, in Alkohol wenig löslich, in Chloroform leicht löslich, in Äther, Petroläther und Amylalkohol dagegen unlöslich war. Alkaloidreagenzien gaben Fällungen, Salpetersäure färbte strohgelb, verdünnte Schwefelsäure (1 : 20) bläulich, konzentrierte Schwefelsäure verkohlte. Auch hier ergab der physiologische Versuch Vergiftungserscheinungen ohne nachfolgenden Tod.

Zur Bestimmung des Ammoniaks kann man nach P. Buttenberg in einer besonderen Probe 50 g Fleisch direkt mit 250 ccm Wasser in einem Porzellanmörser fein zerreiben, eine Stunde lang im verschlossenen Kolben unter häufigem Umschütteln stehen lassen und dann durch ein Wattefilter filtrieren, das unten ziemlich fest und oben ganz locker gestopft ist. Gröbere Stücke oder Fasern bzw. Schalen (bei Krabben) werden vorher mit der Schere fein zerschnitten. Vom Filtrat verdünnt man 50—100 ccm mit 200 ccm Wasser in einem geräumigen Kolben, setzt 5 g frisch gebrannte Magnesia hinzu und destilliert in eine Vorlage, die in bekannter Weise mit titrierter (10 oder 20 ccm $^1/_4$ Normal-) Schwefelsäure gefüllt ist. Den Ammoniakgehalt (NH_3) gibt man zweckmäßig in mg für 100 g natürliche Ware an.

Buttenberg fand in 100 g Büchsenkrabbenfleisch zwischen 19,6—1088,0 mg Ammoniak (NH_3); Loock[2]) in einwandfreiem Seekrabbenfleisch 107 mg, während er eingelegtes Hummerfleisch schon für alt hält, wenn der Doseninhalt für 100 g über 20 mg Ammoniak (NH_3) aufweist (vgl. auch unter Fleisch S. 26).

γ) Wie in der Brühe, so können auch in dem Fleisch Metall-(Blei-)Kügelchen vorkommen, die von unvorsichtigem Verlöten der Büchsen herrühren und mit der Lupe ausgelesen werden können. Hierauf, wie auf Zusatz von verbotenen Frischhaltungsmitteln ist daher besonders Rücksicht zu nehmen. In der Verzinnung der Büchsen sind bis zu 50% Blei gefunden.

δ) Über die Auftreibung (Bombage) der Büchsen vgl. S. 85.

ε) Auf der Oberfläche von in Lake eingelegten Lebern wie auch im Innern der Lebergefäße finden sich nach Gröning[3]) mitunter kleine, rundliche, hirsekorngroße Körnchen, die ein gelbliches, von einer schmalen, weißgrauen Zone umrandetes Zentrum zeigen. Die Leber erscheint im Durchschnitt marmoriert, weiß gesprenkelt. Unter dem Mikroskop kann man bei den mit Glycerin aufgehellten Körnchen bei starker Vergrößerung einen undurchsichtigen gelben Kern unterscheiden, von dem feine, helle, bündelförmig dicht aneinander liegende Nadeln nach der Peripherie ausstrahlen. Sie werden als Tyrosin-Ablagerungen angesehen, die mit Salpetersäure eine grünliche, beim Erhitzen rot werdende Lösung geben (vgl. I. Teil, S. 287 k).

Dieselben Ablagerungen kommen auch mitunter in geräuchertem Schweinefleisch (westfälischem Schinken) als weiße Stippchen vor, welche makroskopisch mit verkalkten

[1]) Zeitschr. f. Untersuchung d. Nahrungs- u. Genußmittel 1902, **23**, 468.

[2]) Zeitschr. f. öffentl. Chemie 1900, **6**, 417.

[3]) Vgl. R. Edelmann, Lehrbuch der Fleischhygiene. Jena 1907, S. 356.

Trichinen verwechselt, aber mikroskopisch leicht als körnige Ablagerungen erkannt werdei können. Sie zeigen sich hier als unregelmäßige, ein bis mehrere Millimeter große Krystallhaufen welche sich über die Breite mehrerer Muskelfasern erstrecken. Nach Voit bestehen diese Ab lagerungen ebenfalls aus Tyrosin[1]); sie lösen sich außer in Säuren in Kalilauge und teilei die für die Ablagerungen in der Leber angegebene Reaktion.

Da die Tyrosin - Ablagerungen wohl nur durch nachträgliche Zersetzung entstandei sein können, so erscheinen die hiermit behafteten Lebern bzw. Schinken als untauglich fü den menschlichen Genuß.

ζ) Mitunter finden sich in faulendem Fleisch auch Tripelphosphat - Krystall (Krystalle von phosphorsaurem Ammoniummagnesium), die mikroskopisch durch ihre Sarg deckelform erkannt werden können. E. Salkowski fand in Fleischsäften (Fluid meat) Aus scheidungen von Trinatriumphosphat.

Bakteriologische Untersuchung.

Über die bakteriologische Untersuchung der Fleischdauerwaren vgl. unter „Fleisch" S. 62

Anhaltspunkte für die Beurteilung nach der chemischen Untersuchung.

1. Für die Herstellung der Fleischdauerwaren darf ebenso wie für den Verkauf voi frischem Fleisch nur fehlerfreies Fleisch verwendet werden. Das Fleisch soll für Büchsen dauerwaren von Tieren herrühren, die durch Entblutung getötet sind.

2. Bei der Herstellung von Trockenfleisch (trockenem Fleischpulver) und bei geräu chertem Fleisch dürfen dem verwendeten Fleisch keine anderen Bestandteile als Wasser un anhängendes Fett entzogen werden, z. B. ist der Zusatz von bereits mit Wasser ausgezogenen Fleisch (Fleischmehl, d. h. Rückstand von der Fleischextraktfabrikation) zu natürlichem trockenem Fleischpulver als Verfälschung anzusehen. Zum Nachweise derselben kann am erstei die Ermittelung der Zusammensetzung der wasser- und fettfreien Trockensubstanz der Fleisch dauerware dienen; für die wasser- und fettfreie Fleischtrockensubstanz müssen sich ergeben

Muskelfaser	Extraktivstoffe, d. h. wasserlösliche Stoffe			
	Gesamt-	Eiweiß[2])	Nichteiweißstoffe (Basen usw.)	Salze
%	%	%	%	%
75—77	25—23	7—6	11—10	7

Die nicht eiweißartigen Stoffe (Basen usw.) müssen daher rund $^1/_{10}$, die der Salze run $^7/_{100}$ der wasser- und fettfreien Trockensubstanz ausmachen, wenn das Fleisch vorher nich ausgezogen worden ist.

3. Das in Stücken eingemachte Fleisch muß in Struktur (Festigkeit der Fasern, S. 66, Nr. 14 und in Reaktion dem natürlichen, frischen Fleisch gleichen, die Reaktion des Fleisches al solchem muß sauer, vor allem darf sie nicht alkalisch sein. Die Farbe des Fleisches erleidet be der Herstellung von Dauerwaren, besonders bei der von trockenem Fleischpulver, eine größer oder geringere Veränderung. Auch kann bei den in Essigsäure eingelegten Fleischstückei nicht mehr die Reaktion des Fleisches festgestellt werden.

4. Fleisch aus aufgetriebenen, bombierten bzw. federnden Büchsen ist vom Genul auszuschließen. Mag in dem Falle, wo die Auftreibung der Büchsen auch keine Bakterien wirkung ist, sondern durch organische Säuren unter Wasserstoffentwickelung verursach wurde, der Inhalt der Büchsen nicht gesundheitsschädlich und noch genießbar sein, so is

[1]) Vgl. R. Ostertag, Handbuch der Fleischbeschau. Stuttgart 1899, S. 555.

[2]) Wenn durch das Trocknen das Eiweiß völlig unlöslich geworden sein sollte, fällt der Gehal an Muskelfaser um 7—6% höher, der an Gesamt-Extraktivstoffen um soviel niedriger aus.

doch die Verwendung des Fleisches aus aufgetriebenen Büchsen (mit Bombage) bedenklich und bedürfen diese vor ihrer Verwendung wenigstens einer näheren Untersuchung; ebenso die doppelt verlöteten Büchsen; denn die Büchsen mit Bombage werden vielfach angebohrt, um die Gase austreten zu lassen und die Auftreibung zu beseitigen, und werden dann wieder zugelötet.

Die doppelte Verlötung bzw. ein verlötetes Stichloch deutet aber nach H. Serger[1]) nicht immer auf vorher gewesene Bombage hin. Große Fleischstücke wie Schinken werden nämlich in Dosen verpackt, verschlossen und dann durch ein Stichloch im Deckel evakuiert, dann wird das Loch verlötet und sterilisiert. Hierdurch soll die Sterilisation abgekürzt und damit eine bessere und festere Beschaffenheit des Fleisches erhalten werden können.

5. Büchsen, die beim Eintauchen in kochendes Wasser feine Bläschen austreten lassen, sind feiner Undichtigkeiten bzw. des nachträglichen Eindringens von Luft verdächtig.

Bei nicht erwärmten Büchsen bildet das Schüttelgeräusch häufig ein Erkennungszeichen der Zersetzung. — Unter Umständen kann dasselbe aber auch durch einen geringeren Büchseninhalt, durch Mangel an Glutin oder durch den Säuregehalt bedingt sein. Immerhin ist dieses Verhalten verdächtig[2]).

6. Die Fleischdauerwaren dürfen keine nennenswerten Mengen Ammoniak enthalten. Die zulässigen Mengen dürften sowohl bei den einzelnen Fleischsorten als auch bei den einzelnen Haltbarmachungsverfahren verschieden sein, indes wird man annehmen können, daß eine Fleischdauerware mit mehr als 20 mg Ammoniak (NH_3) für 100 g Fleisch als mindestens bedenklich erscheint; P. Buttenberg setzt bei Ostsee-, Nordsee- und norwegischen Krabben diese Menge auf höchstens 100 mg fest, während bei 200 mg Ammoniak (NH_3) für 100 g Krabbenfleisch durchweg ein verdorbener Zustand vorliegt.

7. Das zum Einlegen bzw. Einbetten verwendete Fett oder Öl darf nicht ranzig sein bzw. keine nennenswerten Mengen freie Fettsäuren enthalten. Als Grenze für den Gehalt an letzteren wird man die für Butter annehmen können, nämlich 8° (oder hier vielleicht 10 Säuregrade), d. h. 1 g Fett darf zur Neutralisation höchstens 8 bzw. 10 mg Kaliumhydroxyd erfordern.

8. Die verwendete Geleemasse darf nicht flüssig sein.

9. Die Fleischdauerwaren dürfen keine nennenswerten Mengen Schwermetalle enthalten. Nach dem Codex alim. austr. sollen Büchsenkonserven, die in 1 kg mehr als 100 mg Zinn enthalten, als verdorben angesehen werden.

10. Bezüglich der Frischhaltungsmittel gilt dasselbe wie für frisches Fleisch.

11. Die Fleischdauerwaren dürfen selbstverständlich keine pathogenen, aber auch keine nennenswerte Anzahl indifferenter Keime und auch keine Schimmelpilze enthalten.

12. Die Büchsen mit Fleischdauerwaren sollen aus kräftigem Blech bestehen, zweifach verzinnt und mit einer Zeitangabe (Tag und Jahr) der Herstellung bzw. Füllung versehen sein.

Über die Beurteilung der Fleischdauerwaren nach dem bakteriologischen Befunde vgl. unter „Fleisch“ S. 73.

Für die Verwertung der beanstandeten Fleischdauerwaren gilt dasselbe wie für Fleisch (S. 83). Der Codex alim. austriacus 1912, II. Bd., S. 392, schreibt darüber folgendes vor:

„Gesundheitsschädliche Konserven dieser Gruppe sind zu vernichten, verdorbene und verfälschte dürfen unter geeigneten Vorsichtsmaßregeln hinsichtlich eines neuerlichen Inverkehrsetzens und in der Voraussetzung, daß sie sich hierfür eignen, als Viehfutter Verwendung finden. Die falschbezeichneten Waren kann man unter richtiger Bezeichnung im Verkehr belassen.“

---

[1]) Zeitschr. f. Untersuchung d. Nahrungs- u. Genußmittel 1913, **25**, 465.

[2]) Vgl. Mayer, Chem.-Ztg. 1912, **36**, 1113.

Beurteilung der Fleischdauerwaren nach der Rechtslage.[1])

Reinigung und Nachräucherung von verdorbenem Rauchfleisch. Es ist eine Verfälschung, wenn schimmeliges oder übelriechendes Rauchfleisch gereinigt und nochmals geräuchert wird und so demselben der Anschein eines in frisch geschlachtetem Zustande eingesuerten und geräucherten Fleisches gegeben wird. Denn durch den Räucherungsprozeß wird das bis dahin abgelaufene Verwesungsstadium nicht rückgängig gemacht, sondern nur der weitere Fortschritt verzögert. (§ 10 NMG.)

LG. München, 12. Juni 1893.

Reinigung und Räucherung von verdorbenen Fischen. Wenn grau angelaufene Heringe behufs Entfernung der Schimmellagen gewaschen, gebürstet und dann zur besseren Verheimlichung der Prozesse, welche sie bereits durchmachten, geräuchert werden so wird ihnen der Schein einer besseren Beschaffenheit verliehen. Demnach liegt objektiv eine Verfälschung im Sinne des § 10 NMG. vor.

LG. München I, 12. Juni 1893.

Verdorbene und gesundheitsschädliche Fleischdauerwaren. Stockfische in Kloakentonnen. Stockfische wurden für verdorben im Sinne des § 10 NMG. erklärt, weil sie in einem Faß gewässert worden waren, welches vorher zur Ausfuhr menschlicher Exkremente gedient hatte. Das Verdorbensein wurde darin gefunden, daß die Fische zur Zeit des Verkaufs infolge Vermischung mit den wenngleich minimalen Ausscheidungen aus den Wandungen der Kloakentonnen verunreinigt waren.

OLG. Posen, 31. Oktober 1896.

Verdorbene Rollmöpse in aufgetriebenen Blechdosen. Schon die Tatsache daß der Angeklagte die Fische zu sehr billigem Preise bezog und daß er selbst schon beim Bezuge feststellte, daß die Dosen aufgedunsen waren, läßt auf seine Kenntnis von der verdorbenen und gesundheitsschädlichen Beschaffenheit der Ware schließen. Er war wegen Vergehens gegen § 12^1 NMG. zu verurteilen.

RG., 5. Juni 1908.

Fahrlässiger Verkauf verdorbener Salzheringe. Die äußerlich gut aussehenden Heringe waren in ihrem Innern von Fäulnis ergriffen. Der Genuß solcher Fische ist geeignet die menschliche Gesundheit zu beschädigen. Dem Angeklagten fällt Fahrlässigkeit zur Last, indem er bei Anwendung der ihm als Kaufmann obliegenden Sorgfalt und Aufmerksamkeit durch eine genaue Untersuchung der Heringe vor dem Verkauf deren verdorbene und gesundheitsschädliche Beschaffenheit hätte erkennen können. Verurteilung nach § 14 NMG

LG. Magdeburg, 27. Mai 1897.

Zu Heilzwecken benutzter Speck. Das fragliche Stück Speck ist dadurch, daß es eine Nacht hindurch um den erkrankten Hals des Mannes gelegen hat und mit dessen Schmutz, Schweiß und den Hautschuppen, die sich bei dieser Behandlung vom Halse absondern, in die engste Berührung gebracht ist, derartig in seiner Substanz innerlich zersetzt und verändert, daß es nunmehr, namentlich nachdem es noch mehrere Tage lang gelegen hat und durch dieses Liegen dem fortwirkenden zersetzenden Einflusse der mit demselben in Berührung gebrachten und aufgenommenen fremden Stoffe ausgesetzt gewesen ist, zu einem derartigen Gegenstande geworden, dessen Genuß geeignet war, Krankheit des Magens, Übelkeit und Erbrechen bei dem Genießenden hervorzurufen, also dessen Gesundheit zu schädigen. Der Angeklagte wurde eines Vergehens gegen § 12^1 NMG. für schuldig befunden

RG., 3. März 1896.

Zusatz von Konservierungsmitteln. Schinken mit Borsäure. Es ist gleichgültig, o Borpulver in der vom Angeklagten angewendeten Menge überhaupt geeignet war, dem Schinken eine gesundheitsschädliche Beschaffenheit zu verleihen. Diejenigen Stoffe, welche als gesundheitsschädlich im Sinne des § 21 des Fleischbeschaugesetzes zu gelten haben, sind vom Bundes

[1]) Bearbeitet von Prof. Dr. C. A. Neufeld-Würzburg.

rate durch die Bekanntmachung vom 18. Februar 1902 gesetzlich bestimmt worden und diese Bestimmung hat als bindender Bestandteil des Gesetzes zu gelten, ohne daß eine Nachprüfung darüber zulässig wäre, inwieweit die genannten Stoffe als gesundheitsschädlich angesehen werden müssen.

Verurteilung wegen Vergehens gegen § 26[1] des Gesetzes vom 3. Juni 1900.

LG. Hamburg, 9. Mai 1910.

Appetitsild (Brislinge) mit 5,9% Borsäure. Allerdings fallen Fische nicht unter die Tiere, deren Fleisch überhaupt nach dem Gesetz vom 3. Juni 1900 und der Bekanntmachung vom 18. Februar 1902 nicht mit Borsäure behandelt werden darf. Es ist vielmehr bei Fischen ein geringer Zusatz von Borsäure nicht ohne weiteres als unzulässig anzusehen. Nach dem heutigen Stande der Wissenschaft ist aber Borsäure dann jedenfalls gesundheitsgefährlich, wenn sie in einer größeren Menge als 0,5% zugesetzt wird.

Verurteilung nach § 14 NMG.

LG. II Berlin, 2. November 1903.

Heringe mit Borsäure. Das Gericht gelangte zur Freisprechung, weil Fische nicht unter die Bestimmungen des Fleischbeschaugesetzes fallen. Überdies könne aus der Wirkung der Borsäure auf ein oder das andere Nahrungsmittel nicht gefolgert werden, daß sie die gleiche Wirkung bei jedem anderen hervorrufen müsse. . . .

Eine Verfälschung im Sinne des NMG. liegt gleichfalls nicht vor. Nach den Feststellungen des Gerichts handelt es sich lediglich um die Anwendung eines Konservierungsmittels, das die tatsächlich etwa eingetretene Verschlechterung eines Nahrungsmittels zu verdecken nicht imstande, sondern nur geeignet ist, den Zeitpunkt für deren Eintritt hinauszuschieben, und das einen für die Güte der Ware indifferenten Zusatz darstellt.

RG., 6. Februar 1906.

Krabben mit Borsäure. Eine Verfälschung der Krabben ist nicht nur darin zu erblicken, daß der Borsäurezusatz über ihre Frische zu täuschen geeignet ist, sondern schon darin, daß ihnen überhaupt Borsäure in der nicht unbeträchtlichen Menge von 1,03% zugesetzt war. Denn jeder Zusatz eines anderen Stoffes ist als eine Verfälschung der Ware anzusehen, wenn er diese ihrer Beschaffenheit oder ihrem Werte nach irgendwie zu beeinträchtigen vermag. (Nach der Feststellung des Berufungsgerichts ist der genannte Borsäuregehalt geeignet, die menschliche Gesundheit zu beschädigen.)

OLG. Stettin, 26. März 1907.

Krebsschwänze mit Borsäure. Krebsschwänze mit einem Borsäuregehalt von 0,3% sind als Nahrungs- und Genußmittel verwendet gesundheitsschädlich.

LG. Leipzig, 3. Januar 1908.

Verwendung von denaturiertem Salz zum Einsalzen. Der Angeklagte hatte Kaldaunen (Kuttelflecke) mit denaturiertem Salz gesalzen.

Der Angeklagte läßt Rindermagen salzen, damit die Ware zur Wurstbereitung verwendet werden kann, er nimmt einen Akt der Nahrungsmittelbereitung vor. Da der Angeklagte in einem Gewerbe, das Nahrungs- und Genußmittel für Menschen bereitet (§ 20 Ziff. 4 des Salzabgabengesetzes), steuerfreies Salz zu anderen als den gestatteten Zwecken verwendet hat, so muß die Defraudation als im Sinne des § 13 Ziff. 6 dieses Gesetzes objektiv als vollbracht angenommen werden.

RG., 11. Mai 1909.

Fleischdauerwaren in Büchsen mit zu stark bleihaltigem Lot. Lot von Sardinenbüchsen mit 56,8% Bleigehalt. Der Angeklagte wurde freigesprochen, weil die Lötung an der Außenseite der Büchse vorgenommen sei, das Gesetz vom 25. Juni 1887, betreffend den Verkehr mit blei- und zinkhaltigen Gegenständen, in den §§ 1 und 3 aber nur die Innenlötung mit einer in 100 Gewichtsteilen mehr als 10 Gewichtsteile Blei enthaltenden Metalllegierung verbiete.

Preuß. Kammerger., 19. Oktober 1899.

Konservenbüchsen mit mehr als 10% Blei enthaltendem Lot. Der Angeklagte hatte Fischkonserven in Büchsen verkauft, welche an der Außenseite mit einer in 100 Gewichtsteilen mehr als 10 Gewichtsteile Blei enthaltenden Metallegierung derart gelötet waren, daß Teile der Legierung durchgeflossen waren und an der Innenseite der Büchse sich befanden.

Nach § 1² des Gesetzes vom 25. Juni 1887 „dürfen Eß-, Trink- und Kochgeschirre usw. an der Innenseite nicht mit einer in 100 Gew.-T. mehr als 10 Gew.-T. Blei enthaltenden Metallegierung gelötet sein". Der § 3 Abs. 2 bestimmt ferner: „Konservenbüchsen müssen auf der Innenseite den Bedingungen des § 1 entsprechend hergestellt sein."

Diese Bestimmung, welche offenbar in Rücksicht darauf gegeben ist, daß Konservenbüchsen zur längeren Aufbewahrung von Nahrungsmitteln dienen, hat der Vorderrichter mit Recht dahin ausgelegt, daß die als gesundheitsgefährlich bezeichneten Metallegierungen an der Innenseite der Konservenbüchsen sich überhaupt nicht befinden dürfen.

LG. Altona, 22. November 1897.

Wurstwaren.[1]

I. Herstellung, Arten und Zusammensetzung der Würste.

Würste sind Fleischwaren, zu deren Bereitung gehacktes Muskelfleisch und Fett, ferner Blut und Eingeweide, d. h. Leber, Lunge, Milz, Herz, Nieren, Rindermagen und Gekröse, sowie Hirn, Zunge, Knorpel (Schweinsohr) und Sehnen der verschiedensten Schlachttiere (Rind, Kalb, Schaf und Schwein) unter Zuhilfenahme von Salz, Gewürzen, Zucker, Wasser, Bier und Wein, unter Umständen auch Milch und Eiern, verwendet werden. Als weitere Zutaten sind bei einzelnen Wurstarten Zwiebel, Knoblauch, Schnittlauch, Zitronenschalen, Trüffel, Sardellen und ähnliche Stoffe gebräuchlich.

Die Wurstmasse wird in Hüllen aus gereinigtem Darm, Magen oder Blase vom Rind, Schwein und Schaf oder in Hüllen aus Pergamentpapier eingefüllt.

Unter Verwendung von Teilen des Pferdes hergestellte Wurstwaren dürfen nur unter entsprechender Bezeichnung verkauft werden.

Aus Fischfleisch wird ebenfalls Wurst, Fischwurst, hergestellt; auch sie unterliegt der Deklarationspflicht.

Nach den Hauptbestandteilen der Würste unterscheidet man:

1. Fleischwürste. Sie bestehen aus Schweine-, Kalb-, Schaf- oder Rindfleisch, Je nach der Art ihrer Herstellung werden unterschieden:

a) Dauerwürste,

b) mit Wasser abgeriebene Würste, sog. ***Anrührwürste*** (Koch-, Brat- und Brühwürste, Bock- und Weißwürste nach Münchener Art).

Zu den ersteren gehören Zervelat-, Plock- oder Mettwurst, Salami, Gothaer Wurst und andere; zu den letzteren: Frankfurter und Wiener Würste, Knoblauchwurst, Bockwurst, Knackwurst, Dünn- und Dickgeselchte u. a. m.

2. Blutwürste. Sie enthalten meist Schweineblut, auch Rinds-, Kalbs- und Schafsblut, Schweinefleisch und Speck.

Hierher gehören die Blutwurst, auch Rotwurst genannt, Schwarzwurst, der Schwartemagen und bei Anwendung von gepökelter oder abgekochter ganzer Schweinszunge die Zungenwurst[2]), manchmal auch Leber und Grütze unter dem Namen „Grützwurst".

---

[1]) Nach den vorläufigen Vereinbarungen der Fr. Vereinigung deutscher Nahrungsmittelchemiker (vgl. Zeitschr. f. Untersuchung d. Nahrungs- u. Genußmittel 1909, **18**, 36; 1910, **20**, 344).

[2]) Statt der Zunge verwendet man auch vielfach andere Fleischteile, z. B. Herz; selbstverständlich dürfen solche Erzeugnisse nicht „Zungenwurst" genannt werden.

3. Leberwürste. Sie enthalten außer Leber: Lunge, Nieren, Sehnen, Knorpel sowie das sogenannte Geschlinge und Fett des Schweines und Rindes, in manchen Gegenden gebrühte Rindsköpfe und Rindsmagen bei gewöhnlichen Leberwürsten.

4. Weißwürste. Sie enthalten Kalbfleisch oder Kalbs- oder Schweinegekröse neben Schweinefleisch.

5. Leberkäse. Hierunter versteht man eine nicht in Hüllen gefüllte gebackene Wurstmasse, deren Hauptbestandteile rohe und feingewiegte Rinds-, Schweine-, Schaf- oder Bockleber, zuweilen auch nur Rind-, Schweine- und Kalbfleisch bilden. Für die Beurteilung ist der jeweils herrschende örtliche Gebrauch maßgebend. In manchen Gegenden (Baden) rechnet man den Leberkäse nicht zu den Wurstwaren, sondern zu den pastetenartigen Nahrungsmitteln und ist dort ein Zusatz von Mehl und Eiern üblich.

In ihrer Zusammensetzung den Würsten gleich oder ähnlich sind die Fleischpasteten. Sie werden zum Zwecke längerer Aufbewahrung nicht in Därme oder Membranen gefüllt, sondern in Metall- oder Porzellangefäßen, luftdicht verschlossen, aufbewahrt. Für den alsbaldigen Genuß wird die Pastetenmasse in sog. Blätterteig (aus Mehl, Eiern, Butter) eingefüllt. Zur Bereitung von Pasteten und den ähnlich hergestellten „Pains“ soll nur bestes Fleisch und Fett benutzt werden. Die bekannte Straßburger Gänseleberpastete besteht aus zerkleinerter Gänseleber, unter Umständen auch Gänsefleisch, Gänsefett, Trüffeln und Gewürzen.

Die Fleischwürste werden, wie schon oben angeführt, entweder geräuchert, gekocht oder gebraten, die übrigen Arten sämtlich in gekochtem Zustande und zwar entweder frisch oder geräuchert oder nachträglich gebraten genossen.

II. Veränderungen der Wurst, welche durch fehlerhafte Darstellung oder Aufbewahrung bedingt sind.

Werden die Würste zu locker gestopft, so entstehen Höhlungen oder Hohlräume, von denen aus sehr leicht eine Zersetzung der Wurst (Schimmelbildung) eintritt. Bei Verwendung von mangelhaft gereinigten Därmen nehmen Würste einen ekelhaften Geruch und Geschmack, sowie öfters eine grünliche Färbung an. Hervorgerufen werden diese Übelstände durch Pilzwucherungen an Stellen des schlecht gereinigten Darmes, an welchen sich noch Reste vom Darminhalte befinden. Zu bemerken ist, daß mit fortschreitendem Alter unter Umständen eine Entfärbung (Grauwerden) der Würste eintritt, welcher Vorgang als eine normale Veränderung der Wurst anzusehen ist.

Durch fehlerhafte Aufbewahrung, namentlich in feuchten, dumpfigen, nicht genügend gelüfteten und starken Temperaturschwankungen ausgesetzten Räumen werden Würste an ihrer Oberfläche schmierig und im Innern weich. Das Fleisch verliert seine rote, frische Farbe und wird grau und fahl, das Fett mißfarbig, gelb oder grünlich und öfters ranzig, der Geschmack der Wurst sauer.

Diese Mißstände können auch bei mangelhafter Räucherung eintreten, insbesondere auch bei der Schnellräucherung.

Gesichtspunkte für die Untersuchung der Wurstwaren.

Außer der Feststellung des Nährwertes (Bestimmung des Wassers, Proteins, Fettes, der Kohlenhydrate, Mineralstoffe), sowie außer dem Nachweise von mit Parasiten (Trichinen, Finnen usw.) behafteten Fleisch in der Wurst — welcher Nachweis dem Tierarzt vorbehalten bleibt —, kommen für die Untersuchung der Wurstwaren hauptsächlich folgende Punkte in Betracht:

1. Prüfung auf Verdorbenheit.
2. Der Nachweis eines übermäßig hohen Wassergehaltes.
3. Der Nachweis der sog. Bindemittel und zwar:

a) von Stärke (Weizen-, Roggen- und namentlich Kartoffelstärke bzw. Mehl, Semmel, Brot, Grieß, Graupen usw.);
b) von proteinhaltigen Bindemitteln (Pflanzenprotein, tierisches Protein).
4. Der Nachweis fremder Farbstoffe, auch in der Wursthülle.
5. Der Nachweis von Frischhaltungsmitteln.
6. Der Nachweis von Pferdefleisch.

Für die Untersuchung der Wurst genügen in der Regel 200—300 g, unter Umständen für Berücksichtigung aller vorstehenden Gesichtspunkte und für die Bestimmung auch der nur in geringer Menge vorhandenen Stoffe entsprechend mehr. Die Proben müssen aus der Mitte der Wurst entnommen und, in Pergamentpapier verpackt, tunlichst schleunig der Untersuchungsstelle eingesandt und von dieser ebenso schleunig in Untersuchung genommen werden.

Zu dem Zweck wird die entnommene Probe von der Hülle befreit, und der Inhalt entweder (z. B. bei Weichwürsten) in einer Reibschale innigst durcheinander gearbeitet, oder bei Hartwürsten bzw. Würsten mit groben Fleisch- und Fettstücken mittels eines Hackemessers bzw. einer Fleischhackmaschine bzw. -mühle fein zerkleinert.

Untersuchung der Wurstwaren.

Die gut durchgemischte und genügend zerkleinerte Wurstmasse kann zu allen Bestimmungen direkt verwendet werden; ein Vortrocknen und Zerkleinern der vorgetrockneten Substanz wie bei Fleisch S. 19 ist höchstens dann erforderlich, wenn das Wurstfüllsel von sehr grober, ungleichmäßiger Beschaffenheit ist und sich im natürlichen Zustande nicht genügend zerkleinern und mischen läßt.

1. Wasser. 5—10 g der zerhackten und — unter Umständen mit geglühtem Sand — gut durchgemischten Wurst werden in Trockenkölbchen zuerst, um Krustenbildung zu vermeiden, bei mittleren Temperaturen von 40—60° und zuletzt bei 105—110° bis zur Beständigkeit des Gewichtes getrocknet. Da aber hierbei Fleischbestandteile, wie Fett leicht eine Zersetzung erleiden, so ist für genaue Bestimmungen ein Trocknen im Vakuum und Wasserstoffstrome (vgl. I. Teil, S. 22) vorzuziehen.

H. Kaemmerer[1]) glaubte, weil das spezifische Gewicht der Fleischwaren und Würste mit dem Wassergehalt steigt und fällt, die Wasserbestimmung umgehen und an deren Stelle die rascher ausführbare Bestimmung des spezifischen Gewichtes setzen zu können. Er fand das spezifische Gewicht des frischen Schweinefleisches zu 1,0611, das des Ochsenfleisches zu 1,0731, von Leber- und Blutwürsten zwischen 1,0430—1,0480, von geräucherten Würsten zu 1,0350—1,0373 und von Frankfurter Leberwurst zu 1,0266, also am niedrigsten. Die Ergebnisse entsprachen aber nicht den Voraussetzungen, weil sich herausstellte, daß die Würste durch Wasserverlust leichter werden, indem der Raum des beim Trocknen oder Räuchern verdunstenden Wassers teilweise durch Luft ausgefüllt wird und diese Luft beim Eintauchen der in die Därme eingehüllten, fest zugebundenen Wurstmasse nicht durch Wasser verdrängt wird.

2. Stickstoff. Etwa 2 g der feinstzerkleinerten Wurstmasse werden am zweckmäßigsten nach I. Teil, S. 240 in einem aus Stanniolpapier gebildeten Schiffchen abgewogen, mit letzterem in den Kolben gegeben und nach Kjeldahl verbrannt. (Gefundener N × 6,25 = Stickstoffsubstanz.) Oder man verfährt bei ungleichmäßig beschaffener Wurstmasse in derselben Weise wie bei Fleisch S. 22.

3. Fett. Da die Würste durchweg sehr fettreich sind, so genügen zur Fettbestimmung meistens 5 g. Diese können in die zur Extraktion bestimmte Hülse gegeben und in einer Porzellan- oder Glasschale im Trockenschrank vorher mehrere Stunden getrocknet werden; das hierbei ausschmelzende Fett wird mit Äther gelöst und die Lösung, nachdem die Hülse

---

[1]) Bericht über die 6. Vers. der bayer. Vertreter der angew. Chemie 1887, S. 8.

in den Soxhlet-Apparat gebracht ist, durch diese in das vorher gewogene, vorzulegende Kölbchen filtriert und so mit dem weiter auszuziehenden Fett vereinigt. Wenn der Inhalt der Hülse durch die übliche Ausziehungsweise von Fett befreit ist, wird die rückständige Masse aus der Hülse in einen warmen Mörser umgefüllt und tunlichst mit reinem, warmem Sande äußerst fein zerrieben, mit dem Sande in die Hülse zurückgefüllt und weiter mit Äther ausgezogen; das wird so oft wiederholt, bis man sicher sein kann, daß alles Fett gelöst ist. Aber auch für Wurst gilt dasselbe, was oben (S. 27) unter Fettbestimmung im Fleisch gesagt ist; eine vollständige Entfettung wird auf diese Weise kaum möglich sein, weshalb sich auch bei Wurst die beim Fleisch S. 27 u. f. angegebenen Aufschließungsverfahren für eine genaue Fettbestimmung empfehlen dürften.

Th. Gruber[1]) empfiehlt für die Fettbestimmung in Wurst folgende Ausführung:

In das trockene Butyrometer (vgl. unter Fettbestimmung in der Milch S. 200) werden 5 g der Wurstmasse eingewogen, der untere Teil des Butyrometers wird mit einem Gummistopfen verschlossen und durch den dünneren Teil die „Sal-Rohm"-Lösung bis zur Hälfte des Prüfers eingefüllt. Dann wird im Wasserbade auf 60—80° erwärmt, die Wurstmasse verteilt und in Lösung gebracht. Man füllt mit Sal-Lösung bis zur Nullmarke auf, schüttelt um, erwärmt wieder im Wasserbade, zentrifugiert und liest bei 45—55° ab.

Für das Verfahren von Schmid-Bondzyndski schlägt Gruber folgende Ausführung vor:

In das Rohr werden 1,5 g Wurstmasse eingewogen, mit erwärmter Sal-Lösung hinabgespült, so daß die untere Kugel zu drei Viertel angefüllt ist, dann wird erwärmt (80°), bis gleichmäßige Lösung erzielt ist. Nach dem Abkühlen wird Petroläther vom Siedepunkt 60—70° eingefüllt und geschüttelt. Ein Teil der Ätherfettlösung dient zur Gewichtsbestimmung des Fettes in einem Becherglase. Die Vergleichung dieser beiden Verfahren mit dem Soxhletschen Extraktionsverfahren ergab eine genügende Übereinstimmung und die Brauchbarkeit der beiden Schnellmethoden.

4. Säuregrad des Fettes. 5—10 g des ausgeschmolzenen, klaren (filtrierten) Wurstfettes werden in 25—50 ccm Äther-Alkohol unter Zusatz von 3 Tropfen einer 1 proz. Phenolphthaleinlösung gelöst und mit $^1/_{10}$N.-Lauge titriert. Ein Säuregrad = 1 ccm Normallauge für 100 g Fett.

Bei gut beschaffenen Würsten pflegt der Säuregrad zwischen 5—10 zu liegen.

Der Säuregehalt des Wurstfettes scheint aber großen Schwankungen zu unterliegen und sehr hoch werden zu können, ohne daß eine Verdorbenheit angenommen werden kann. Das schweizerische Landwirtschaftsdepartement[2]) hat durch eine Verfügung vom 16. November 1909 bestimmt, daß Dauerwürste von der Einfuhr in die Schweiz zurückzuweisen sind, wenn das Wurstfett einen höheren Säuregrad als 12 hat, d. h. mehr als 12 ccm Normalalkali für 100 g Fett zur Neutralisation erfordert. Ed. Polenske[3]) hat aber gefunden, daß auch gute Dauerwürste vielfach höhere Säuregrade als 12 ergeben. Er schmolz das Fett aus 30 g Wurst mit heißem Wasser[4]) von 100° aus und bestimmte den Säuregehalt in üblicher Weise (vgl. I. Teil, S. 363). Zur Untersuchung gelangten je 5 Sorten Salami- und Zervelatwürste, die bis zu $1^3/_4$ Jahre lang aufbewahrt wurden und in dieser Zeit 53—83 Säuregrade angenommen hatten. Schon nach 1—2 monatiger Aufbewahrung hatten drei von den zehn Würsten 15,0—15,8 Säuregrade erreicht und nach dreimonatiger Aufbewahrung hatten alle zehn Würste den Säuregrad von 12 schon erheblich überschritten; 10 Monate alte Würste zeigten einen Säuregrad von 31,2—51,8 und konnten trotzdem in Farbe, Geruch und

[1]) Zeitschr. f. Untersuchung d. Nahrungs- u. Genußmittel 1912, **23**, 469.

[2]) Veröffentlichungen d. Kais. Gesundheitsamtes 1909, S. 1437.

[3]) Arbeiten a. d. Kais. Gesundheitsamte 1912, **38**, 556.

[4]) Das im Soxhlet-Apparat eine Stunde lang mit Äther ausgezogene Fett zeigte durchweg höhere Säuregrade.

Geschmack noch als genießbar bzw. guterhalten bezeichnet werden. Die Höhe des zulässigen Säuregrades bedarf daher noch weiterer Ermittelungen.

5. Wasserlösliche Säure. Zur Entscheidung der Frage, ob Fleisch oder ein Fleischfabrikat, welches durch Beizen in Essig oder saurer Milch präpariert wurde, sich im Zustande der Säuerung befindet, und um einen Maßstab für diesen zu gewinnen, hat H. Kaemmerer folgendes Verfahren vorgeschlagen:

Etwa 25 g gehörig zerkleinerte Fleisch- oder Wurstmasse werden dreimal im Kochkolben am Rückflußkühler mit Wasser digeriert, die wässerige Flüssigkeit abgegossen, schließlich filtriert und der Rückstand auf dem Filter bis zum Verschwinden der sauren Reaktion ausgewaschen. Das erhaltene Filtrat wird mit $^1/_{10}$N.-Natronlauge unter Anwendung von Phenolphthalein als Indicator titriert und die gefundene Anzahl Kubikzentimeter Natronlauge auf 100 g Substanz umgerechnet. Er fand für letztere:

	Normal-alkali ccm	Oder entsprechende Menge Milchsäure g
1. Rohwurst, der Schnellräucherung verdächtig	8,0	0,720
2. Rohwurst, der Schnellräucherung verdächtig	9,5	0,855
3. Geräuchertes Ochsenfleisch	8,0	0,720
4. Frisches Schweinefleisch	4,0	0,360

Hiernach hatte das frische Schweinefleisch nur den halben Säuregehalt als die geräucherten Fleischwaren. Man wird daher durch diese Prüfung bei weiterer Ausbildung derselben ähnlich wie bei den Fetten durch Bestimmung der freien Säuren (Ranzigkeit) einen Anhaltspunkt zur Beurteilung der Fleischkonserven, wie weiter durch Bestimmung der flüchtigen Säuren Aufschluß darüber gewinnen können, ob eine Schnellräucherung mittels Holzessigs oder Holzteeres stattgefunden hat.

6. Rohfaser. Falls der Verdacht auf Zusatz groben Mehles bzw. rohfaserreicher Stoffe vorliegt und eine Bestimmung der Rohfaser wünschenswert erscheinen sollte, so verwendet man hierzu zweckmäßig 5 g, zieht diese in einem Goochschen Tiegel erst mit kochendheißem Alkohol und darauf mit einem Gemisch von Alkohol und Äther aus, um sie tunlichst von Fett zu befreien; die entfettete und getrocknete Masse wird dann samt Asbest verlustlos in einen Kolben oder eine Schale gebracht und nach einem der I. Teil S. 453ff. angegebenen Verfahren auf Rohfaser untersucht.

7. Mineralstoffe. Die Bestimmung der gesamten Mineralstoffe erfolgt wie bei Fleisch, S. 30, die des Chlors bzw. des Chlornatriums nach I. Teil S. 489, die der Salpetersäure nach S. 87.

8. Stärke. Zur Bestimmung der Stärke in der Wurst sind eine Reihe Verfahren vorgeschlagen, so von L. Medicus und E. Schwab[1]) durch Behandeln mit Malzaufguß, von C. Amthor[2]) durch Behandeln mit Diastaselösung und Salzsäure, von N. Frikkinger[3]) durch Behandeln des Wurstbreies mit 5 proz. Schwefelsäure. Aber diese Verfahren haben keinen bleibenden Eingang in die Laboratorien gefunden. Über sonstige Verfahren zur Bestimmung der Stärke vgl. I. Teil, S. 437. Die Freie Vereinigung deutscher Nahrungsmittelchemiker hat auf Vorschlag von A. Reinsch[4]) folgendes Verfahren zur qualitativen und quantitativen Bestimmung der Stärke vereinbart.

a) Qualitativer Nachweis: Die frische Schnittfläche der Wurst wird mit einer Jodjodkaliumlösung betupft oder besser, die erkaltete wässerige Abkochung von ungefähr 10 g Wurst mit Jodjodkaliumlösung vermischt. Beim Vorhandensein von Mehl oder Stärke zeigt

---

[1]) Berichte d. Deutschen chem. Gesellschaft 1879, **12**, 1285.

[2]) Repertorium f. analyt. Chemie 1882, 356.

[3]) Archiv d. Pharmazie **215**, 235 und Zeitschr. f. analyt. Chemie 1880, **19**, 493.

[4]) Zeitschr. f. Untersuchung d. Nahrungs- u. Genußmittel 1909, **18**, 38.

die fettfreie Masse oder die wässerige Abkochung nach Zusatz der Jodlösung eine deutliche blaue Färbung. Der Befund ist durch die mikroskopische Untersuchung zu bestätigen und tunlichst die Art des Stärkemehles zu bestimmen. Zu beachten ist, daß eine schwache Stärkereaktion, d. h. das Auftreten einzelner kleinen schwarzblauen Pünktchen in der Wurstmasse durch Gewürzstärke hervorgerufen sein kann.

b) Quantitative Bestimmung: Abgeändertes Verfahren von J. Mayrhofer („Vereinbarungen", S. 41; vgl. auch I. Teil, S. 441):

10—20 g einer Durchschnittsprobe der gut zerkleinerten Wurst (je nachdem die Jodreaktion größere oder kleinere Stärkemengen anzeigt) werden in dünnen Schnitten in einem Becherglas oder einer tiefen Porzellanschale (Porzellankasserolle mit Stiel) mit 50 ccm 8 proz. alkoholischer Kalilauge übergossen, das Gefäß mit einem Uhrglase bedeckt und auf ein kochendes Wasserbad gesetzt. Nach kurzer Zeit ist die Wurstmasse aufgelöst (der Auflösung kann durch Zerdrücken der Schnitten mit einem Glasstab nachgeholfen werden); man verdünnt sodann mit heißem 50 proz. Alkohol, läßt absitzen und dekantiert durch einen mit Asbest beschickten Goochtiegel; man wäscht hierauf noch zweimal mit der heißen alkoholischen Kalilauge, sowie schließlich so lange mit heißem starkem Alkohol nach, bis das Filtrat auf Zusatz von Salzsäure klar bleibt. Nunmehr gibt man den Tiegelnhalt in das ursprüngliche Gefäß zurück und erwärmt mit etwa 60 ccm wässeriger Normalkalilauge so lange auf dem Wasserbade, bis alle Stärke gelöst ist. Man bringt dann nach dem Erkalten auf 200 ccm, hebert nach dem Absitzen 50 ccm der nicht filtrierten Lösung, in der feinste Asbestfasern schwimmen, ab, versetzt diese nach dem Ansäuern mit Essigsäure mit dem gleichen Volumen starken Alkohols und filtriert die ausgefallene Stärke nach dem Absitzen durch einen mit Asbest beschickten Goochtiegel. Nach dem Auswaschen mit starkem Alkohol und schließlich Äther wird bis zur Gewichtsbeständigkeit bei 105° getrocknet, gewogen und geglüht. Die Gewichtsdifferenz vor und nach dem Glühen ist asche- und wasserfreie Stärke.

Die gefundene wasserfreie Stärke ist auf Handelsstärke bzw. Handelsmehl umzurechnen. Von der gefundenen Stärke sind 0,5% für etwa vorhandene Gewürzstärke in Abzug zu bringen. Hierbei ist zu berücksichtigen, daß der mittlere Gehalt an Stärke beträgt: bei Kartoffelstärke ungefähr 80%, bei Getreidemehl ungefähr $66^2/_3$ %.

Polarimetrisches Verfahren. P. Lehmann und E. Schowalter[1]) halten auch das polarimetrische Verfahren zur Bestimmung der Stärke in der Wurst für geeignet und empfehlen folgende Ausführung:

27,5 g (oder, wenn ein Polarisationsrohr von 220 mm Länge zur Verfügung steht, 25,0 g) fein zerschnittene Wurst werden in einem Erlenmeyerkolben von etwa 300 ccm Inhalt mit 80 ccm alkoholischer Kalilauge (100 g Kaliumhydroxyd in 100 ccm Wasser gelöst und mit 96 proz. Alkohol zum Liter aufgefüllt) mehrere Stunden (am besten über Nacht) stehen gelassen und dann auf dem Wasserbade bis zur Lösung erhitzt. Man benutzt entweder einen Rückflußkühler oder tariert den Kolben vor dem Erhitzen und bringt nachträglich mit 96 proz. Alkohol auf das ursprüngliche Gewicht. Nach dem Absitzen und Dekantieren behandelt man nochmals in gleicher Weise mit etwa 30 ccm alkoholischer Kalilauge und wäscht mit 50—55 proz. Alkohol aus, bis die Waschflüssigkeit mit Säuren keine Trübung mehr gibt. Häufig gelingt dies ohne Anwendung eines Filters. Wenn es aber unmöglich ist, so verwendet man ein möglichst kleines Papierfilter und filtriert unter Anwendung der Saugpumpe (bei vorsichtigem Saugen ist bei alkoholischen Flüssigkeiten die Verwendung eines Konus nicht erforderlich) mit der Vorsicht, daß möglichst wenig von der ungelösten Substanz auf das Filter gebracht wird. Das Filter wird dann samt Inhalt in den Kolben gebracht und der ungelöste Rückstand mit 25 ccm Wasser und 5 ccm $^1/_2$ N.-Natronlauge durch vorsichtiges halbstündiges Erhitzen im Wasserbade gelöst. Hierauf wird mit N.-Salzsäure unter Zusatz von 1—2 Tropfen Phenolphthalein neutralisiert, der Kolben in das Wasserbad zurückgegeben, bis die Flüssigkeit die frühere Temperatur wieder angenommen hat (2—3 Minuten) und mit 25 ccm N.-Salzsäure unter mehrmaligem Umschwenken (ohne den Kolben aus dem Wasserbade herauszunehmen)

[1]) Zeitschr. f. Untersuchung d. Nahrungs- u. Genußmittel 1912, **24**, 312.

10 Minuten im Wasserbade erhitzt. Nunmehr wird rasch abgekühlt, durch Hinzufügen von 12,5 ccm $^1/_2$ N.-Natronlauge neutralisiert und die Lösung samt dem zerteilten Filter in ein 100-ccm-Kölbchen übergeführt. Vor dem Auffüllen gibt man den aus 3 ccm Bleiessig und 6 ccm 10 proz. Ammoniumnitratlösung erhaltenen Niederschlag hinzu und ergänzt durch Nachspülen des Kolbens zu 100 ccm. Nach kräftigem Durchschütteln läßt man einige Zeit absitzen, filtriert und polarisiert die klare Flüssigkeit im 200-mm-Rohr (bei Anwendung von 25,0 g Wurst im 220-mm-Rohr). Jeder Kreisgrad entspricht 1% reiner Stärke.

Bei Leberwürsten ist der Glykogengehalt der Leber zu berücksichtigen (vgl. S. 33),

9. Pflanzenproteine und Milchcasein. Um die Bindefähigkeit der Wurstmasse zu erhöhen, werden außer Stärke auch wohl Pflanzenproteine (Gluten, Kleber), die bei der Fabrikation von Reis-, Mais- und Weizenstärke abfallen, angewendet. A. Behre[1]) verreibt behufs Nachweises dieser Bindemittel die Wurstmasse mit viel Wasser, treibt durch ein engmaschiges Sieb, läßt absitzen und glaubt, durch die mikroskopische Untersuchung des Bodensatzes das pflanzliche Protein an bestimmten Formen nachweisen zu können.

A. Schmid[2]) kocht die Wurstmasse mit Wasser aus und versetzt die Auszüge mit Formol (Formaldehyd) oder konzentrierter Essigsäure; hierdurch sollen bei vorhandenen Pflanzenproteinen (von nur 1%) starke Trübungen oder Fällungen entstehen, die bei Auszügen aus Würsten ohne diesen Zusatz nicht eintreten sollen. Beide Reaktionen sind noch nicht nachgeprüft und an sich zweifelhaft.

Bei Anwendung von Weizenkleber (Aleuronat) dürfte eher als diese Verfahren die Ausziehung mit 60—70 proz. Alkohol, worin ein Teil des Weizenklebers löslich ist, zum Ziele führen.

Auch Milchcasein soll als Bindemittel für Wurst verwendet werden; hierfür gibt es ebenfalls kein sicheres Erkennungsmittel. Denn weil alle Proteinbindemittel nur in geringer Menge Verwendung finden und weil der Proteingehalt der Würste großen Schwankungen unterworfen ist, so kann auch eine Stickstoffbestimmung keinen Anhaltspunkt liefern.

Am ersten könnte noch das biologische Verfahren den Beweis erbringen (vgl. I. Teil, S. 339), aber es wird kaum gelingen, die zugesetzten Proteine von den natürlichen Proteinen der Wurst zu trennen und für die Herstellung eines geeigneten Serums genügend rein zu gewinnen.

Wenn die Wurstbindemittel mineralischer Art sind, z. B. wie „Carnoglen" aus Calciumphosphat und Magnesiumcarbonat bestehen, so ist der Nachweis durch eine Bestimmung und Untersuchung der Asche eher möglich.

A. Behre[3]) untersuchte Trüffelleberwurstsalze, die neben Kochsalz und Salpeter sehr geringe Mengen echter Trüffel, schwarze Pfefferschalen und feinste aromatisch schmeckende Salzgemische, hergestellt aus Pilzauszügen, enthielten.

10. Frischhaltungsmittel. Bei Wurst sind die auf Grund des § 21 des Schlachtvieh- und Fleischbeschaugesetzes aufgeführten Frischhaltungsmittel (I. Teil, S. 591) in gleicher Weise verboten, wie beim Fleisch, und werden hier auch in gleicher Weise nachgewiesen (vgl. I. Teil, S. 591—609). Über den Nachweis der Benzoesäure und sonstiger bis jetzt nicht verbotener Frischhaltungsmittel vgl. I. Teil, S. 609—613 und unter Fleisch S. 38 u. f.

11. Farbstoffe. Die künstliche Färbung der Wurst ist aus einem doppelten Grunde verwerflich, weil sie nicht nur die Frische des Fleisches, sondern auch dadurch, daß das Fett im zerhackten Zustande ebenfalls mitgefärbt wird (vgl. II. Bd. 1904, S. 528), eine größere Menge Fleisch vortäuschen soll. Über den Nachweis der Farbstoffe, deren Zusatz zu Wurst wie bei Fleisch zu beurteilen ist, vgl. I. Teil, S. 551; über das Verfahren von Ed. Spaeth (Aus-

[1]) A. Behre, Bericht des Chem. Untersuchungsamtes Chemnitz 1907, S. 14.

[2]) A. Schmid, Bericht des Thurgauischen Laboratoriums 1907, S. 7; Zeitschr. f. Untersuchung d. Nahrungs- u. Genußmittel 1908, **16**, 360.

[3]) Zeitschr. f. Untersuchung d. Nahrungs- u. Genußmittel 1912, **23**, 468.

ziehen der getrockneten Wurstmasse mit Petroläther, darauf mit einer Lösung von Natriumsalicylat usw.) vgl. I. Teil, S. 552.

Es ist schon oben S. 42 bei Fleisch auf die Beobachtung von A. Kickton und W. Koenig[1]) hingewiesen, daß die amtliche Vorschrift zum Nachweise von Farbstoffen im Fleisch gerade bei Wurst und Wursthüllen im Stiche lasse, indem der offenbar vorhandene und gelöste Farbstoff sich nicht auf Wolle ausfärben läßt. Th. Merl[2]) und A. Reinsch[3]) haben dieselbe Beobachtung gemacht; auch Ed. Spaeth[4]) bestätigt dieselbe und führt, wie schon gesagt, die störende Wirkung auf das vorhandene Glycerin zurück, weshalb er (vgl. I. Teil, S. 552) nur 5proz. Natriumsalicylatlösung anwendet. Kickton und Koenig wollen durch folgendes Verfahren bessere Ergebnisse erzielt haben:

Etwa 20—50 g des Wurstfleisches bzw. 5—10 g der möglichst von Fett und Fleisch befreiten Wursthüllen und, beim Vorliegen von wenig Untersuchungsmaterial, selbst erheblich geringere Mengen desselben werden im Becherglase mit soviel 96proz. Alkohol, daß der letztere etwa 1 cm hoch über der Substanz steht, gründlich durchgemischt, mit einem Uhrglase bedeckt und $^1/_4$ bis $^1/_2$ Stunde auf dem kochenden Wasserbade erhitzt; dann wird die Lösung abgegossen. Nach dem durch Einstellen in Eiswasser oder noch besser in eine Kältemischung zwecks möglichster Abscheidung gelösten Fettes bewirkten Abkühlen wird die Flüssigkeit filtriert, das klare Filtrat nach dem Zusatz von 5—10 ccm einer 5proz. Weinsäurelösung oder einer 10proz. Kaliumbisulfatlösung mit einem entfetteten Wollfaden auf dem kochenden Wasserbade bis zur völligen Verjagung des Alkohols erhitzt und unter Ersatz des verdampfenden Wassers im Wasserbade weiter erhitzt. Die Gesamtdauer des Erhitzens beträgt je nach der Menge des erhaltenen Auszuges etwa $^1/_4$—1 Stunde. Die beim Herausnehmen aus der Flüssigkeit durch anhaftendes Fett oder sonstige organische Substanzen häufig unansehnlich bräunlich gefärbten Wollfäden zeigen nach dem Auswaschen mit Wasser, Alkohol und Äther, wobei zur Verhütung des Hineinpressens der Verunreinigungen ein Ausdrücken der Fäden zu vermeiden ist, bei vorliegender künstlicher Färbung der Hüllen oder der Wurstmassen mit Teerfarbstoffen ein schön rotes oder gelbrotes Aussehen und bilden, auf weißem Papier befestigt, vorzügliche Beweisobjekte.

Ed. Spaeth hat aber mit diesem Verfahren keine guten Erfahrungen gemacht, weil durch Äthyl- wie Amylalkohol auch sonstige natürliche Fleischfarbstoffe gelöst werden und mitgelöstes Fett ungünstig auf die Ausfärbung wirkt. Er ist der Ansicht, daß man Teerfarbstoffe zum Färben der Wurst überhaupt verbieten und nur Safranstoffe zulassen solle, weil in manchen Gegenden an den gelb gefärbten Würsten ein gewisser Safrangeschmack beliebt werde.

12. Pferde- und sonstiges Fleisch. Für den Nachweis von Pferdefleisch gelten dieselben Gesichtspunkte, wie sie unter Fleisch S. 45 angegeben sind.

Mitunter wird den Würsten auch Fleisch von zu früh oder neugeborenen Kälbern zugesetzt. Dieses Fleisch zeichnet sich außer durch hohen Wassergehalt (S. 73 Nr. 2 u. 5), auch durch hohen Glykogengehalt[5]) aus. Der höhere Wassergehalt läßt sich in der Wurst nicht mehr feststellen. Würde aber die Wurst einen hohen Glykogengehalt aufweisen, das Fett aber nicht die Eigenschaften des Pferdefettes bzw. dessen Konstanten besitzen, so würde die Anwesenheit solchen Kalbfleisches um so wahrscheinlicher sein, je blasser das Wurstfleisch aussieht; denn dem Fleisch neugeborener Kälber fehlt die braunrote Farbe des Pferdefleisches.

Ob das Fleisch neugeborener Kälber auch biologisch nachgewiesen werden kann, darüber fehlen meines Wissens bis jetzt Untersuchungen.

---

[1]) Zeitschr. f. Untersuchung d. Nahrungs- u. Genußmittel 1909, **17**, 434.

[2]) Pharmaz. Centralh. 1909, **50**, 215.

[3]) Zeitschr. f. Untersuchung d. Nahrungs- u. Genußmittel 1901, **4**, 175.

[4]) Ebendort 1909, **18**, 587.

[5]) Auch für das Fleisch von Hunden und Katzen wird ein hoher Glykogengehalt angegeben.

13. Verdorbenheit. Zwecks Untersuchung der Würste auf Verdorbenheit sind die Würste der Länge nach zu durchschneiden. Durch Sinnenprüfung ist das Aussehen, die Farbe, Konsistenz, der Geruch und Geschmack festzustellen.

Die Verdorbenheit der Würste macht sich geltend durch ein schmieriges Aussehen, Lockerheit der Wurstmasse, zuweilen unter Auftreten von Hohlräumen, Verfärbung des Fleisches, gelbliches und grünlichgraues Aussehen des Fettes, Schimmelbildung, sauren oder fauligen Geruch und Geschmack usw.

Verdorbene Blutwürste[1]) pflegen eine hellrote Schnittfläche mit grünen Speckfeldern und saurem Geruch zu besitzen; auch verdorbene Leberwürste zeigen eine rote Schnittfläche und sauren Geruch; verdorbene Fleischwürste werden mißfarbig, rötlichgelb, und zeigen eine Verfärbung des Fettes; verdorbene Sülzwürste sind weich, bröckelig, sauer und gar stinkend. Das Grauwerden der Würste — nach Serafini durch den Bacillus mesentericus verursacht — ist aber nicht ohne weiteres auf eine Verdorbenheit derselben zurückzuführen (vgl. II. Bd., 1904, S. 442). Dagegen erregen stark gesalzene und stark gewürzte Würste in der Regel an sich den Verdacht, daß das zur Herstellung verwendete Material nicht einwandfrei gewesen ist, indem z. B. verdorbenes Fleisch, verdorbene Organe, Fleisch von zu früh oder ungeborenen Kälbern u. dgl. mitverwendet worden sind.

Die Reaktion der Wurst wird durch Betupfen von neutralem Lackmuspapier mit einem wässerigen Auszuge der Wurst festgestellt. Der etwaige Säuregehalt wird nach Nr. 5 bestimmt.

Zur Feststellung des Säuregrades des Fettes wird das Fett aus der wasserfreien Wurstmasse durch Petroläther ausgezogen (vgl. Nr. 4 S. 99 u. I. Teil, S. 363).

Über den Nachweis von Ammoniak und Schwefelwasserstoff vgl. unter Fleisch S. 26, über den Nachweis von Ptomainen und Fäulniserzeugnissen I. Teil, S. 295 und 308.

Die Prüfung auf krankheiterregende Lebewesen findet nach den bakteriologischen Untersuchungsverfahren statt und ist von einem auf diesem Gebiet besonders erfahrenen Sachverständigen vorzunehmen (vgl. hierzu unter Fleisch S. 57).

Anhaltspunkte für die Beurteilung der Wurstwaren nach der chemischen Analyse.

Für die Beurteilung der Wurstwaren ist es vorbehaltlich örtlicher Gebräuche und polizeilicher Vorschriften wünschenswert, folgende Grundsätze gelten zu lassen:

1. Zur Herstellung von Würsten soll nur frisches und gesundes, d. h. von Parasiten und Infektionskeimen freies Fleisch, welches von gesunden Tieren stammt, verwendet werden. Zur Aufnahme der Wurstmasse dürfen nur gut gereinigte, geruchfreie Därme gesunder Tiere bzw. bleifreie Pergamentschläuche verwendet werden.

Es dürfen nur solche Fleischsorten und Organe von Rind, Kalb, Schaf und Schwein verwendet werden, die unter Nr. 1, S. 96 namentlich aufgeführt sind. Würste aus sonstigem genießbarem Fleisch (Pferd, Hunde, Fisch usw.) müssen ausdrücklich als solche deklariert werden.

2. Der Wassergehalt soll bei Dauerwürsten 60%, bei solchen, welche für den augenblicklichen Konsum bestimmt sind, 70% nicht übersteigen.

Die Zumischung von Wasser zu Fleischwürsten ist als Verfälschung anzusehen (vgl. S. 22).

3. Der Säuregehalt des Fettes kann unter Umständen 12 Sauregrade (12 ccm N.-Alkali für 100 g Fett) übersteigen, ohne daß eine Verdorbenheit angenommen werden kann (vgl. S. 99).

4. Das Färben der Wurstmasse sowie der Wursthülle ist gesetzlich verboten, ausgenommen ist die Gelbfärbung der Hülle derjenigen Wurstsorten, bei denen die Gelbfärbung herkömmlich und als äußerlich ohne weiteres erkennbar ist, insofern dieselbe nicht anderweitigen Vorschriften zuwider läuft.

[1]) Vgl. G. Schneidemühl, Die animalischen Nahrungsmittel. Berlin und Wien, bei Urban & Schwarzenberg, 1902, S. 729.

5. Der Zusatz von Konservierungsmitteln, ausgenommen Kochsalz und eine geringe Menge Salpeter, zu Wurstwaren (also Borax, Borsäure, Salicylsäure, schwefligsaure Salze usw.) ist verboten. Wünschenswert ist die Feststellung einer Grenze für den zulässigen Salpetergehalt.

6. Zusatz von Stärkemehl, auch stärkemehlhaltigen Stoffen ist grundsätzlich unstatthaft. Dort, wo ein solcher Zusatz üblich ist (z. B. bei Leber- und Blutwürsten), ist er in der Höhe bis zu 2,0% zu dulden[1]); er muß aber zur Kenntnis des Käufers gebracht werden. Bei Fleisch-, d. h. solchen Würsten, bei denen man allgemein annimmt, daß sie nur aus Fleisch, Fett und Gewürzen bestehen, ist Stärkemehlzusatz bzw. solcher von anderen sog. Fleischbindemitteln auch gegen Deklaration nicht zu gestatten. Der Zusatz von proteinhaltigen Bindemitteln ist ebenfalls unzulässig.

7. Über die Beurteilung der Wurstwaren nach dem bakteriologischen Befunde vgl. unter Fleisch S. 73 u. 74.

Beurteilung der Wurstwaren nach der Rechtslage.[2])

Herstellung (Allgemeines). Die Herstellung des in die Därme einzufüllenden Wurstgutes ist schon die Herstellung eines zum Genusse für Menschen bestimmten Nahrungsmittels. Denn genossen werden soll an sich nur dieses Wurstgut, während die Einfüllung des Wurstgutes in die Därme nur dazu dient, dieses Nahrungsmittel in einer dem verkehrs- und hauswirtschaftlichen Bedürfnisse genügenden Form und Weise zusammenzufassen und zusammenzuhalten.

RG., 19. Dezember 1898.

Wurst aus Fleisch ungeborener Tiere. Der Nährwert des Fleisches ungeborener Kälber ist im Gegensatz zu reifem Kalbfleische gleich Null, es neigt sowohl in gekochtem wie in ungekochtem Zustande zur Fäulnis, ist also als Nahrungsmittel unverwendbar. Die Preßwurst, zu welcher der Kopf des ungeborenen Kalbes verarbeitet war, wurde als verfälscht erachtet. § 10 NMG.

LG. Gleiwitz, 9. April 1891.

Das Fleisch ungeborener Kälber ist als verdorben anzusehen, da es infolge der Störung seiner natürlichen Entwicklung den normalen Zustand nicht erreicht hat und nach allgemeiner Ansicht zum menschlichen Genuß ungeeignet erscheint. Der Angeklagte hat also wissentlich verdorbene Nahrungsmittel unter Verschweigung dieses Umstandes verkauft. § 10^2 NMG.

LG. Glatz, 18. März 1891.

Wurst aus Fleisch kranker Tiere. Das Fleisch von einem kranken Tiere, welches infolge seiner Krankheit abgemagert ist, weicht von dem Fleisch gesunder Tiere im Geschmack erheblich ab; es ist daher minderwertig. In seiner Verwendung zur Herstellung von Wurst liegt eine Verfälschung im Sinne des § 10 NMG., da dadurch, daß es, wenn auch nur in geringer Menge, mit gutem Fleisch vermischt wird, die ganze Fleischmasse verändert, die Beschaffenheit der hergestellten Wurst verschlechtert wird.

LG. Gera, 3. Dezember 1900.

Das Fleisch kranker Tiere ist als verdorben zu erachten. Die Verarbeitung von verdorbenem Fleisch zu Würsten ist eine Verfälschung im Sinne des § 10 NMG.

LG. Schweinfurt, 12. Mai 1899.

Wurst aus Fleisch von Tieren, die der Abdeckerei überwiesen wurden. Das Fleisch von Tieren, welche der Abdeckerei überwiesen wurden, ist gesundheitsschädlich, da es entweder von solchen Tieren stammt, welche an ansteckenden Krankheiten gelitten haben, oder von Tieren, welche im Zustande übermäßiger Anstrengung, Ermattung oder schwerer Erkrankung „notgeschlachtet" wurden, daher sich nicht ordentlich haben verbluten können.

[1]) Bei höheren Gehalten an Stärkemehl sollten Würste, welcherlei Fleischsorten sie auch enthalten mögen, nur mehr als Mehlwürste bezeichnet werden dürfen.

[2]) Bearbeitet von Prof. Dr. C. A. Neufeld-Würzburg.

Die Kenntnis, daß Abdeckereifleisch gesundheitsschädlich ist, ist eine so allgemein verbreitete, daß der Angeklagte dieselbe auch zweifellos gehabt hat. Vergehen gegen § 12^1 NMG.

LG. Magdeburg, 2. Januar 1896.

Wurst aus verdorbenem Fleisch. Die Verwendung von faulenden Schweinsköpfen zur Herstellung von Wurstwaren ist ein Vergehen gegen § 12^1 NMG.

LG. Essen, 25. Oktober 1898.

In der Mitverarbeitung von verdorbenem und verfaultem Pökelfleisch und verdorbener alter Würste zu Wurst hat die Strafkammer ein auf Täuschung im Handel und Verkehr abzielendes Verfälschen von Nahrungsmitteln erblickt, mit der Begründung, daß das Publikum in dem Glauben gewesen sei, frische Wurst zu kaufen, aber tatsächlich eine aus minderwertigen Stoffen hergestellte, ranzig schmeckende Ware bekommen habe. (Außerdem war das verdorbene Fleisch gesundheitsschädlich.) § 10^1 und § 12^1 NMG.

RG., 15. März 1912.

Wurst aus gesundheitsschädlichen Bestandteilen. Verwendung gesundheitsschädlichen Fleisches. Die wissentliche Verwendung tuberkulösen Kuhfleisches, dessen Genuß geeignet ist, die menschliche Gesundheit zu beschädigen, zu Wurst, ist eine Handlung gegen § 12^1 NMG.

LG. Braunschweig, 11. Oktober 1899.

Wurst mit Schweinsborsten u. dgl. Die fahrlässige Anfertigung von Wurst unter Verwendung von gesundheitsgefährlichen Bestandteilen, wie sehnigen Fleischresten und Schweinsborsten, verstößt gegen § 14 NMG.

Strafkammer b. d. AG. Strasburg, Westpr., 23. September 1898.

Verdorbene Wurst. Es ist nicht nötig, daß zur Herstellung der Würste bereits verdorbenes Fleisch verwendet wurde und daß die Würste bereits gestunken haben, es genügt, wenn die Häute schon „angelaufen" sind. Der Begriff der Verdorbenheit im Sinne des NMG. ist keineswegs lediglich nach chemischen oder medizinischen Grundsätzen zu beurteilen, vielmehr kann ein Vorhandensein im Sinne dieses Gesetzes auch schon ohne den Eintritt eines chemischen Zersetzungsprozesses vorliegen; denn das NMG. bringt die Frage des Verdorbenseins unter den Gesichtspunkt der Anforderungen des Publikums an ein normales Nahrungsmittel.... Da nun das Landgericht feststellt, daß die Wurst zur Zeit der Abholung beschlagen, das Beschlagensein aber ein Anzeichen dafür war, daß die Zersetzung der Haut bereits begonnen hatte, diese Zersetzung sich dann auch rasch auf den Wurstinhalt überträgt und ferner, daß selbst, solange sich die Zersetzung nur auf die Haut beschränkt, doch schon die Haltbarkeit der Wurst erheblich vermindert ist, und endlich, daß das Publikum eine Wurst, wenn es von dieser Beschaffenheit weiß, nicht zum vollen Preise kaufen will, also für normalwidrig erachtet, so unterliegt die Feststellung, daß die Wurst zur Zeit des Verkaufs verdorben war, auch nicht dem geringsten Bedenken.

OLG. Breslau, 10. Dezember 1907.

Stundenlanges Bespülen der Wurstwaren mit Hochwasser. Hierdurch werden die Waren in einen Zustand versetzt, der geeignet ist, die menschliche Gesundheit zu beschädigen. Denn das Hochwasser führt zahlreiche Bakterien mit sich, da es mit dem Inhalte von Dung-, Abfall- und Abortgruben u. dgl. in Berührung kommt. Diese Krankheitserreger bleiben an den Fleisch- und Wurstwaren — insbesondere in den Falten der Haut und in den feinen Spalten und Rissen — selbst dann haften, wenn jene gewaschen, gebürstet und geräuchert werden. Das Räuchern beeinträchtigt ihre Lebensfähigkeit nicht.

Der Verkauf solcher ungenießbar gewordenen Waren verstößt gegen § 12 NMG.

LG. Nürnberg, 22. Mai 1909.

Würste mit ekelerregenden Bestandteilen. Geschlechtsteile u. dgl. Die Verwendung ekelerregender Bestandteile — der Harnblase und des Faselsacks — zur Herstellung eines Nahrungsmittels ist, da sie eine Beimischung schlechter, minderwertiger Gegenstände darstellt, unbedenklich als eine „Verfälschung“ zu bezeichnen. Da sie ungebräuchlich ist, und das Publikum bei Kenntnis der Zubereitung das Nahrungsmittel nicht gekauft und zum Genusse verwendet haben würde, so ist eine „Täuschung“ des Publikums über die Herstellungsart festzustellen. Vergehen gegen § 10^1 NMG.

LG. Hagen, 2. August 1899.

Die Beimischung der Geschlechtsteile (Hoden) von Stieren zum Blutwurstfüllsel ist nach den Regeln des Metzgerhandwerks unzulässig. Daß sie außerdem ekelerregend ist und deshalb gegenüber der Beschaffenheit einer nach den Regeln des Handwerks hergestellten Wurst eine Verschlechterung der Wurst darstellt, bedarf ungeachtet der Zeugen, welche sich als Liebhaber der gedachten Teile bekannt haben, keiner weiteren Begründung.

Die Beimischung dieser Teile zum Wurstfüllsel ist daher im Sinne des § 10^1 NMG. als eine Verfälschung der Wurst zu erachten.

LG. Trier, 27. November 1899.

Die Trachten (Geschlechtsteile weiblicher Schweine) sind wegen ihres widerlichen Aussehens, wegen ihrer schleimigen Beschaffenheit und der in ihnen vorkommenden Substanzen ungeeignet zum menschlichen Genusse. Durch die Beimengung solcher nährwert- und geschmackloser ekelhafter Bestandteile erspart der Wurstfabrikant das gute Material, das zur Verarbeitung in die Würste gehört. Würste, in denen Trachten verarbeitet sind, sind demnach verfälscht im Sinne des § 10^1 NMG.

LG. Regensburg, 2. Oktober 1901.

Pferdedickdärme mit Pferdekot. Der in das Wurstfüllsel gewiegte Pferdekot mußte u. a. ein Faulen der zubereiteten Würste herbeiführen. Der Genuß dieser so zubereiteten Wurst war geeignet, die menschliche Gesundheit durch Magenkatarrh u. dgl. zu schädigen.

Der Angeklagte hat somit vorsätzlich Würste, die bestimmt sind, anderen als Nahrungsmittel zu dienen, derart hergestellt, daß ihr Genuß geeignet ist, die menschliche Gesundheit zu beschädigen. Vergehen gegen § 12 NMG.

LG. Glatz, 5. Juli 1905.

Verwendung von abgebundenen Wurstzipfeln, beim Essen übriggebliebenen, teilweise übelriechenden Fleischresten, älteren Preßsackresten, mit Würmern durchsetzten und deshalb für genußuntauglich erklärten Schaflungen zur Herstellung von Wurst. Die Wurstwaren waren im Sinne des § 10 NMG. nicht nur verfälscht, sondern auch verdorben, insoweit sie für den Konsumenten bei Kenntnis der Zusätze Ekel zu erregen, also zum Genusse minder geeignet oder überhaupt ungeeignet waren. Vergehen gegen §§ 10 und 12 NMG.

LG. Eichstätt, 8. Mai 1906.

Verwendung von „stichigen“ (widerlich riechenden) Schinken und Rippchen, ferner von Scheiden mit dem Scheidenhof, Afteröffnungen mit dem Mastdarmstück und von Tragsäcken junger Schweine zur Wurstbereitung. Durch diese Zusätze von verdorbenen, ekelerregenden und zur Nahrung und Wurstbereitung nicht geeigneten Bestandteilen wurden die Wurstwaren verfälscht. Daß die verfälschten Wurstwaren auch geeignet waren, die menschliche Gesundheit zu beschädigen, hielt das Gericht nicht für erwiesen. Vergehen gegen § 10^1 u. ^{2} NMG.

LG. München I, 16. Dezember 1905.

Verwendung von unverkäuflichen Würsten, Wurstzipfeln u. dgl., von Schweinsdärmen und Schinkenschwarten und von Geschlechtsteilen zu Wurstwaren. Die aus den Verkaufsstellen zurückkommenden unverkäuflichen Würste, Wurstzipfel und Preßsackreste, dann die angesäuerte, weich gebliebene Dauerwurst hatten bedeutend weniger Wert als normale Wurstwaren. Wurstwaren, denen solche Bestandteile beigesetzt sind, sind weniger wert und schlechter als solche von regelrechter Beschaffenheit. . . .

Schweinsdärme und Schinkenschwarten entbehren fast völlig des Nährwerts und dienen nur dazu, das Füllsel der Wurst zu vermehren und das Gewicht der Wurst zu erhöhen. Sie bilden keine normalen Bestandteile der Wurst; ihr Zusatz macht die Würste minderwertig. Das Publikum erwartet keine solchen wertlosen Stoffe in der Wurst.

Die äußeren Geschlechtsteile der Schweine und die Schweineafter sind, wenn die Schleimhaut nicht entfernt ist, infolge der durch diese Teile erfolgten physischen Funktion des Urinierens und Kotentleerens für das Publikum in hohem Maße ekelerregend. Das gleiche gilt von den Rinderhoden....

Die Beimengung der erwähnten minderwertigen Bestandteile zu den als Nahrungsmittel hergestellten Wurstwaren hat diesen eine Beschaffenheit verliehen, die gegenüber der regelmäßigen Beschaffenheit und gegenüber den berechtigten Erwartungen und Anforderungen des Publikums eine Verschlechterung bedeutet. (§ 10 NMG.)

LG. München I, 5. Dezember 1910.

Zusatz ungenießbarer Stoffe. Alte Wurstschalen. Die Verwendung der bereits früher gebrauchten Wurstschalen zur Zubereitung von Würsten stellt sich als eine Verletzung des § 10 NMG. dar. Der Angeklagte hat den von ihm verkauften Würsten Bestandteile zugesetzt, die nicht zur normalen Beschaffenheit von Würsten gehörten und minderwertig waren.

LG. Schneidemühl, 1. Dezember 1902.

Verwendung zerkleinerter Häute zu Blutwurst. Der Angeklagte hat die von 5 Faseln und einem Rinde herstammenden Häute, nachdem er sie in einen Brei verwandelt hatte, zur Zubereitung von Blutwürsten verwendet, so daß der Zusatz etwa $^1/_{10}$ der Wurstfüllung ausmachte, obwohl er wußte, daß die normalen Bestandteile der Blutwurst nur Blut, Speck von Schweinen und Gewürze bilden, und daß zwar allgemein üblich als Bindemittel klein gemahlene Schweineschwarte, nicht aber die Haut größerer Schlachttiere, wie von Kühen, Faseln und Rindern, verwendet wird, und daß die Haut solcher Schlachttiere zu den normalen Bestandteilen der Blutwurst nicht gehört.

Vergehen gegen § 10^1 u. ^{2} NMG.

Bayr. Oberstes Landesger., 4. September 1903.

Verarbeitung der Lederhäute von Rindern zu Wurst. Durch die Zusetzung von Haut hat der Angeklagte die von ihm hergestellte Wurst dadurch verschlechtert, daß er derselben eine Substanz hinzufügte, die schwerer verdaulich ist, als die zur Wurst gehörigen Normalbestandteile. Die Verschlechterung besteht aber ferner auch darin, daß dieselbe einen geringeren Nährwert hat, als die übrigen Teile der Wurst...

Verfälschung im Sinne des § 10 NMG.

LG. Dortmund, 10. April 1891.

Preßsack aus ungenießbaren Stoffen. Der Preßsack, der bei normaler Herstellung aus Schweinespeck und -schwarte, Ochsen- und Schweinefleisch besteht, enthielt außer diesen Bestandteilen Teile des Schlundkopfes, Talg vom Rind, Knorpel- und Sehnenstücke, Bindegewebsstücke und sog. Häutewerk.

Für den Begriff „Verdorbensein" ist es nicht erforderlich, daß das Nahrungsmittel infolge einer inneren Zersetzung eine Verschlechterung erleidet. Es ist gleichgültig, ob die das Verdorbensein bedingenden Mängel des Nahrungsmittels erst nach dessen fertiger Herstellung entstanden, ob sie schon vorher mit Rücksicht auf das verwendete Material vorhanden waren, oder ob sie durch die Art und Weise der Herstellung hervorgerufen wurden.

Bei der Abweichung des Preßsacks von der normalen Beschaffenheit durch die Beimischung einer überwiegenden Menge ungenießbarer Stoffe ist mit Recht derselbe als „verdorben" anzusehen. Die Verschweigung dieses Zusatzes hat den Angeklagten nach § 10^2 NMG. strafbar gemacht.

Bayr. Oberstes Landesger., 13. Dezember 1906.

Zusatz unnormaler Stoffe zu Wursten. Verwendung von Hart- oder Kartoffelbovist (Scleroderma vulgare) an Stelle echter Trüffeln (Tuber melarosperum oder brumale) zu Trüffelleberwurst, Gänseleberwurst und Gelatine „mit ff. Trüffeln". Die Angeklagten haben durch den Bovistzusatz ihren Wurstwaren minderwertige, fremde Stoffe an Stelle mehrwertiger, im Verkehr vorausgesetzter, insbesondere von ihren Kunden auf Grund der Bezeichnungen, des Preises sowie des Gebrauchszwecks erwarteter Stoffe (der Trüffeln) zugesetzt, den Wurstwaren den Anschein höheren Wertes gegeben, die Wurstwaren verschlechtert, mithin Nahrungs- und Genußmittel verfälscht. § 10^1 NMG.

Der Anklage aus §§ 12, 14 NMG. hat das Gericht nicht stattgegeben. Denn es ist nicht erwiesen, daß die von den Angeklagten hergestellten Wurstwaren bei der Art der Verwendung und der Beimischung von Bovist die menschliche Gesundheit zu beschädigen geeignet waren.

LG. Mannheim, 12. Juni 1911.

Verwendung von Trüffelschalen an Stelle ganzer Trüffeln. Die alleinige Verwendung von Trüffelschalen verstößt nicht gegen § 10 NMG., denn es steht nicht fest, daß in den oberen Schichten das Aroma der Trüffel geringer ist als in den anderen Teilen, und es ist nicht nachgewiesen, daß das konsumierende Publikum bei den nicht sehr teuer bezahlten Wurstwaren die Verwendung von Trüffeln voraussetzt.

LG. Mannheim, 12. Juni 1911.

Verwendung von Viehsalz. Der Angeklagte, der dem Wurstbrei denaturiertes Salz, sog. Viehsalz, beigemengt und solches auch zum Salzen der Därme benutzt hatte, mußte sich bei einiger Überlegung sagen, daß derartiges Salz zur Herstellung von Würsten ein durchaus unpassendes, die Güte der Ware im erheblichen Maße verschlechterndes Material wäre, und daß das Publikum, hätte es von dieser Zubereitung der Würste Kenntnis gehabt, dieselben nicht gekauft haben würde. Vergehen gegen § 10 NMG.

LG. Ulm, 8. Februar 1888.

Übermäßiger Wassergehalt. Die untersuchte Probe Geleeschwartemagen hatte einen Gehalt von 80,72% Wasser und 8—10% Leimstoffen. . . .

Auf Grund der Feststellungen ist der Geleeschwartemagen als verfälscht im Sinne des § 10^2 NMG. zu bezeichnen, da ihm in Abweichung von der im reellen Verkehr üblichen Form der erforderliche Fleischgehalt, der der Ware ihren Nährwert gab, fast völlig entzogen und statt dessen der überaus große Wassergehalt zugesetzt war, der den Wert des Schwartemagens in jeder Beziehung heruntersetzte. Von wesentlicher Bedeutung ist hierbei, daß der Angeklagte für den von ihm verkauften „Geleeschwartemagen" trotz dessen minderwertigen Beschaffenheit den für ordnungsmäßigen Schwartemagen der hier fraglichen Art üblichen Preis sich zahlen ließ.

OLG. Köln, 27. Oktober 1906.

Bindemittel. a) Stärkehaltige Bindemittel (Mehl, Brot u. dgl.). Wurst mit 4% Kartoffelmehl. Das in Frage kommende Kartoffelmehl hat einen weit geringeren Nährwert als die Fleischstoffe der Wurst. Ferner bekommt die mit Mehl vermengte Wurst, zumal bei der Höhe von 4%, einen größeren Wassergehalt, wodurch sowohl die Güte als auch die Haltbarkeit der Ware erheblich gemindert wird. Sodann wird der Schlächter bei der Fabrikation der Wurst durch Zusatz von Mehl in die Lage versetzt, minderwertige Fleischstoffe zu einer schnittbaren Wurst von normalem Äußeren zu verarbeiten, also der Wurst den Schein einer besseren Beschaffenheit zu geben.

Es ist mithin in dieser Beimengung von Kartoffelmehl eine Verfälschung der Wurst im Sinne des § 10 NMG. zu erblicken.

LG. Osnabrück, 4. Oktober 1899.

Zervelatwurst mit Mehlzusatz. Zervelatwurst darf keine fremden Bestandteile wie Mehl enthalten, weder in kleineren noch in größeren Quantitäten. Würste mit Mehlzusatz entsprechen bei ihrem erheblichen Wasserinhalte nicht den Anforderungen der Konsumenten, und jeder, auch der kleinste Zusatz solcher Art enthält eine Täuschung des Publikums zum Vorteile des Schlächters und Verkäufers und ist eine Verfälschung im Sinne des § 10 NMG.

RG., 3. Dezember 1894.

Zusatz von Sirona (Hirsenmehlpräparat). Indem der Angeklagte den tierischen Bestandteilen als Bindemittel Sirona (ein Präparat aus Hirsenmehl) hinzusetzte, verschlechterte er den Stoff, aus dem die Leberwurst herzustellen war, und verfälschte damit wissentlich dieses Nahrungs- und Genußmittel. § 10¹ NMG.

LG. I Berlin, 25. Juli 1902.

Zusatz von Reismehl und Brot. Die Wurstwaren werden durch Beimengung von Mehl oder Brot minderwertig, besitzen einen geringeren Nährwert und sind als verfälscht zu erachten. Bei längerer Aufbewahrung können sie sogar gesundheitsschädlich werden, weil durch den Zusatz von Kleister der Gärung und Zersetzung Vorschub geleistet wird. Vergehen gegen § 10¹ u. ² NMG.

LG. Eichstätt, 5. November 1901.

Semmelleberwurst. Der Wurstzusatz zu einem Wurstfabrikat ist nicht unter allen Umständen als eine Verfälschung zu erachten. Wenn einem örtlichen Gebrauche entsprechend die betreffende Wurst von vornherein als ein zwar der gewöhnlichen Wurst ähnliches, aber doch ihren Bestandteilen und ihrem Werte nach von dieser verschiedenes Nahrungsmittel und zu dem Zwecke hergestellt wird, um unter einer die Verschiedenheit klar andeutenden, jeden Zweifel über ihre Bestandteile ausschließenden Bezeichnung, also etwa wie hier als Semmelleberwurst und zu einem entsprechend niedrigeren Preise an ein mit der Zusammensetzung der Ware bekanntes und an die Unterscheidung von gewöhnlicher Wurst und der so hergestellten Wurst gewohntes Publikum abgegeben zu werden, so liegt eine Verfälschung nicht vor. In diesem Falle ist also weder § 10² NMG. noch § 367 Nr. 7 StrGB. anzuwenden.

Preuß. Kammerger., 14. November 1901.

Leberkäse mit Mehlzusatz. Es wurde einwandfrei festgestellt, daß nach dem reellen örtlichen Geschäftsgebrauche Mehl einen ordnungsmäßigen normalen Bestandteil des Leberkäses nicht bilde. Das Berufungsgericht stellte weiter fest, daß der Zusatz von Mehl die hergestellte Masse infolge der verhältnismäßigen Verringerung ihres Gehaltes an Eiweiß und der durch das Mehl ermöglichten Beimischung einer größeren Wassermenge gegenüber der Beschaffenheit eines ordnungsmäßig, d. i. nur aus Fleisch zubereiteten Leberkäses verschlechtere und ihr überdies den falschen Schein einer viel Fleischsaft enthaltenden und daher besonders schmackhaften Ware verleihe.

Der Angeklagte hat gewußt, daß die Beimischung von Mehl zum Leberkäse nicht ortsüblich sei und insbesondere vom Publikum nicht erwartet werde. . . .

Vergehen gegen § 10¹ u. ² NMG.

Bayr. Oberstes Landesger., 3. Juli 1906.

Leberkäse mit ortsüblichem, aber übermäßigem Mehlzusatz. Selbst dort, wo ein Mehlzusatz zu Wurst als ortsüblich vom Publikum erwartet wird, darf dessen Menge nicht beliebig groß gewählt werden.

Es ist mit Rücksicht auf die Beschaffenheit des Mehles als einer eiweißarmen Substanz im Gegensatz zu der eiweißreichen Fleischsubstanz einleuchtend, daß eine Grenze bestehen muß, bis zu welcher die Verwendung von Mehl bei der Herstellung von Fleischleberkäse auch bei vorhandener Ortsüblichkeit hinsichtlich des Mehlzusatzes statthaft erscheint, ohne daß man von einer Verfälschung der Ware im Sinne des NMG. sprechen könnte, und daß, wenn diese Grenze überschritten wird, diese Verfälschung auch ohne Rücksicht auf die erwähnte Ortsüblichkeit gegeben erscheint.

LG. München I, 23. März 1905.

Zusatz von Brot und Sauerkraut zu Leberwurst. Da die Würste lediglich aus einem Gemenge von Fleisch und Gewürzen bestehen sollen, haben sich die Angeklagten eines Vergehens gegen § 10¹ NMG. schuldig gemacht.

LG. Würzburg, 20. Februar 1897.

b) Eiweißhaltige Bindemittel. Zusatz von sog. amerikanischem Eiweiß. Der Zusatz von sog. amerikanischem Eiweiß zu fetten Wurstwaren bedeutet eine Verfälschung der Wurst in zweifacher Richtung:

a) Ihre Beschaffenheit wird gegenüber der normalen verschlechtert dadurch, daß die Wurst mehr Wasser und weniger Fleischbestandteile enthält als die ohne Beimischung künstlicher Bindemittel hergestellte, und dadurch, daß das Eiweißpräparat, mag es auch an sich betrachtet an Nährwert dem Fleische nicht nachstehen, den Genußwert des Nahrungsmittels in den Augen der Kundschaft herabsetzt, die nicht erwartet, daß zur Herstellung von Wurstwaren „künstlich fabriziertes", „nach Beschaffenheit und Herstellung unkontrollierbares" Eiweiß verwendet wird.

b) Der infolge des anormalen Wassergehaltes minder guten Wurst wird, weil sie sich vermöge des Zusatzes von künstlichem Eiweiß noch gut schneiden läßt, das äußere Ansehen einer Wurst mit normalem Wasser- und Fleischgehalte gegeben.

Bayr. Oberstes Landesger., 17. April 1909.

Wurst aus altem Fleisch mit Zusatz von Eiweiß. Der Angeklagte N. handelte in der Absicht, die Abnehmer in den Irrtum zu versetzen, er habe zu der Wurst bindefähiges Fleisch verwendet, während er in Wirklichkeit nicht bindefähiges, also minderwertiges Fleisch verwendet hatte. Er bezweckte demnach, seiner Ware den Anschein der normalen Beschaffenheit zu verleihen.

Verurteilung wegen Vergehens gegen § 10^1 u. ^{2} NMG.

Bayr. Oberstes Landesger., 14. November 1907.

Farbstoffe. a) Zusatz zur Wurstmasse. Wurst mit Carminfarbstoff. Nach den Urteilsfeststellungen gewährt der Zusatz von Carminfarbstoff zu Würsten der Ware nicht nur ein besseres äußeres Aussehen, vielmehr verleiht ihr die Färbung ein dem Scheine der Wahrheit nicht entsprechendes Aussehen, sofern die materielle Wirkung des Zusatzes der Farbe darin besteht, daß er die Farbe einer frischen, nicht schon länger gelagerten Ware auch für eine Zeit erhält, zu der ohne sie sich durch Veränderung der natürlichen roten Farbe ins Graue zeigen müßte, daß die Ware nicht mehr frisch sei. Durch den Farbzusatz wird somit einer älteren Ware der Anschein einer frischen verschafft....

Die Angeklagten haben gewußt, daß frische Wurst oder frisch aussehende Wurst einen höheren Genußwert hat als graue, sie haben auch gewußt, daß ihre Wurst, wenn sie nicht gefärbt gewesen wäre, ein graues Aussehen gezeigt haben würde. Es liegt somit eine Nahrungsmittelverfälschung vor durch scheinbare Verbesserung des Nahrungsmittels hinsichtlich des Genußwertes seiner minder guten bzw. minder gut gewordenen Beschaffenheit.

Gefärbte Wurst wird vom Publikum, sobald es von der Färbung Kenntnis erhält, allgemein zurückgewiesen; es legt der gefärbten Wurst, ganz abgesehen von ihrem substantiellem Nahrungs- und Genußwert, schon wegen des in ihr enthaltenen, an sich ihr fremden Farbstoffs einen verminderten Genußwert bei....

Auch das Nahrungsmittel als solches erlitt durch den Zusatz eine Verschlechterung seines Wesens. Eine mit Carmin gefärbte Wurstware läßt nämlich in ihrem äußeren Aussehen ein etwa eintretendes Verderben erst in einem ziemlich vorgeschrittenen Stadium erkennen, während eine ungefärbte Wurst ein solches schon in den allerersten Anfängen durch Farbveränderung kundgibt. Diese gerade für Eßware besonders wertvolle Eigenschaft ist der Wurstware der Angeklagten durch den Farbstoff entzogen und die Verschlechterung der normalen Ware den Abnehmern verheimlicht worden. Die objektiven Tatbestandsmerkmale eines Vergehens gegen § 10 NMG. sind gegeben.

RG., 21. Mai 1898.

Eine Verfälschung ist auch ohne Änderung der Qualität dadurch möglich, daß einer bestimmten Ware der Schein besserer Beschaffenheit verliehen wird. Wenn also einer zwar frischen, aber leicht verderblichen, an der Schnittfläche der Zersetzung durch Luft ausgesetzten Wurst durch Rotfärbung der Anschein einer Dauerware verliehen wird, so liegt hierin eine Verfälschung im Sinne des § 367 Nr. 7 StrGB.

Preuß. Kammerger., 6. Mai 1901.

Farbzusatz bei fettreichen Würsten. Eine scheinbare Verbesserung der Wurst durch den Zusatz von Farbe war darin zu finden, daß die Wurst durch den Zusatz den Anschein größeren Fleischinhaltes gewann. In dieser Beziehung wurde als erwiesen erachtet, daß infolge der künstlichen Färbung auch das Fett der Wurstfüllung eine mehr oder minder rötliche, dem frischen Fleisch ähnliche Farbe annehme, durch die der Schein erweckt werde, daß die Wurst fleischreicher ist.... Der Ware ist somit scheinbar eine Eigenschaft beigelegt worden, die sie in Wirklichkeit durch den Zusatz des Farbstoffs nicht erlangt hat und nicht erlangen konnte und nach der Erwartung des Publikums auch nicht haben soll. Tatbestandsmerkmal der Verfälschung zum Zwecke der Täuschung.

OLG. München, 21. Mai 1898.

Farbzusatz bei Deklaration. Der Umstand, daß die Färbung (der Wurst) bekannt gegeben ist, schließt die Anwendbarkeit des § 367 Nr. 7 nicht aus; vielmehr ist dann ausschließlich diese Strafvorschrift anzuwenden, während bei Verschweigung dieser Fälschung der § 10² NMG. anwendbar wird. Ebensowenig schließt die Tatsache, daß die betreffende Verfälschung allgemein üblich und bekannt ist, die Strafbarkeit nach § 367 Nr. 7 StrGB. aus, welcher nach seinem klaren Wortlaut und Sinn jeden trifft, der verfälschte oder verdorbene Getränke oder Eßwaren feilhält oder verkauft.

Preuß. Kammerger., 16. April 1903.

Farbzusatz bei ungenügender Deklaration. Ein nicht sichtbar angebrachter Anschlag ist keine Deklaration. Der Angeklagte hatte das Plakat (betr. Farbzusatz zu Wurst) so angebracht, daß es sich dem vor dem Ladentisch stehenden Käufer nicht gegenüber, sondern rechts rückwärts von ihm befand. Diese durchaus ungeeignete Anbringungsart beweist aber, daß der Angeklagte beabsichtigte, demjenigen Käufer, welcher nicht zufällig das Plakat las, keine Mitteilung von der Verfälschung der Wurst zu machen. Verurteilung nach § 10² NMG.

LG. II Berlin, 24. Februar 1900.

Paprika als Farbstoff. Der sog. edelsüße Paprika (Rosenpaprika), der wegen seines mangelnden Capsaicingehaltes keinen oder nur ganz geringen Geschmack besitzt und deshalb von den Fleischern mit Vorliebe zur Färbung der Wurstmasse verwendet, auch öfter als Färbemittel angepriesen wird, ist nach den Urteilen verschiedener Gerichte als Farbstoff im Sinne des § 21 des Gesetzes betreffend die Schlachtvieh- und Fleischbeschau vom 3. Juni 1900 anzusehen.

„Farbstoffe können auch solche Stoffe sein, die nebenher oder hauptsächlich einem anderen Zwecke (z. B. Würzen) dienen, wenn sie die Farbe der Masse, der sie zugesetzt werden verändern.“

OLG. Breslau, 1. Juli 1910.

b) Färbung der Wursthüllen. Die Färbung der Brühwürstchen mit sog. Räucherfarbe (einem Teerfarbstoff) ist eine Verfälschung insofern, als sie durch den Zusatz der Räucherfarbe den Anschein größerer Dauerhaftigkeit und ein wertvolleres Aussehen erhielten.

Preuß. Kammerger., 1. November 1907.

Die Verwendung von Wurstfarbe, sog. Kesselrot, zur Färbung der Wurstdärme ist ein Vergehen gegen §§ 21, 26 des Gesetzes betreffend die Schlachtvieh- und Fleischbeschau, vom 3. Juni 1900 in Verbindung mit der Bekanntmachung des Reichskanzlers vom 4. Juli 1908 betreffend gesundheitsschädliche und täuschende Zusätze zu Fleisch und dessen Zubereitungen.

LG. Colmar, 8. Februar 1911.

Konservierungsmittel. Zusatz von Borsäure zur Wurstmasse. Das Publikum sieht mit Borsäure versetzte Wurst begründeterweise als minderwertig an, da der Käufer durch die verwendete Säure verhindert wird, aus dem Aussehen der Ware Schlüsse auf die natürliche Frische des dazu verwendeten Fleisches zu ziehen. Der Angeklagte hat also zum Zwecke der Täuschung usw. Bierwürste durch Zusatz von Borsäure verfälscht usw., sowie wissentlich bei der gewerbsmäßigen Zubereitung von Fleisch Stoffe, welche der Ware eine gesundheitsschädliche Beschaffenheit zu verleihen vermögen, angewendet. Vergehen gegen § 10[1] u. [2] NMG., § 21 des Fleischbeschaugesetzes vom 3. Juni 1900 in Verbindung mit der Bekanntmachung des Bundesrates vom 18. Februar 1902.

LG. Flensburg, 24. Juli 1903.

Nach dem gerichtsärztlichen Gutachten steht außer Zweifel, daß der Genuß von Speisen, denen Konservesalz mit Bor beigemengt ist, eine Erkrankung des Magens usw. hervorrufen kann, also geeignet ist, die menschliche Gesundheit zu schädigen. Der Angeklagte wurde deshalb wegen Vergehens gegen § 12[1] NMG., rechtlich zusammentreffend mit einem solchen gegen § 21 des Fleischbeschaugesetzes und die Bundesratsbekanntmachung vom 18. Februar 1902 verurteilt.

LG. Hof, 19. Juni 1905.

Zusatz von Borsäure zur Lake von Frankfurter Würstchen. Zur Zubereitung gehört auch der Zusatz von Lake zu fertigen Würstchen zwecks Erhaltung derselben in Blechbüchsen. Die Beimischung geringer Mengen von Borsäure zu dieser Lake verstößt gegen §§ 21, 26 des Fleischbeschaugesetzes und die Bekanntmachung vom 18. Februar 1902.

OLG. Darmstadt, 20. August 1905.

Verwendung minderwertiger Fleischarten. Verkauf von Roßwurst als „Würstchen". Die Angeklagten haben nicht die unmittelbaren Käufer (die Wiederverkäufer), welche in vollem Einverständnis mit ihnen vorgingen, sondern die endgültigen Abnehmer, das konsumierende Publikum, täuschen wollen. Die Täuschungsabsicht genügt aber, um das Tatbestandsmerkmal des § 10[1] NMG. zu erfüllen. Insoweit die von den Angeklagten angefertigten Würstchen für den Versand nach außerhalb bestimmt waren, haben erstere eine Ware hergestellt, welche die von dem konsumierenden Publikum darin vermuteten Stoffe, nämlich Rind- und Schweinefleisch, in Wirklichkeit nicht enthielt, wohl aber den äußeren Anschein einer aus diesen Stoffen bestehenden Sache an sich trug. Sie haben somit die Würstchen in dem bezeichneten Umfange nachgemacht. Diese Handlungsweise der Angeklagten verstieß gegen § 10[1] NMG. Ferner haben sich die Angeklagten aber auch der Beihilfe zum Vergehen gegen § 10[2] l. c. schuldig gemacht, indem sie den Empfängern (den Wiederverkäufern) die nachgemachten Würstchen anfertigten und schickten, wissend, daß diese dem Publikum unter Verschweigung ihrer wahren Beschaffenheit verkauft werden sollten (§§ 49, 73 StrGB.).

RG., 28. Juni 1898.

Verwendung von Pferde- und Eselsfleisch. Der Vertrieb von Wurst, die ganz oder teilweise aus Pferdefleisch besteht, darf nur unter der im § 18 Abs. 2 und 3 des Fleischbeschaugesetzes vom 3. Juni 1900 vorgeschriebenen Bezeichnung erfolgen, welche in deutscher Sprache das Fleisch als Pferdefleisch erkennbar macht.

RG., 2. März 1908.

Das gleiche gilt von Salamiwurst, zu deren Herstellung Eselsfleisch verwendet ist.

Stenglein, Strafrechtl. Nebengesetze, 4. Aufl., Bd. I, 666.

Wurst aus Hundefleisch. Diese kann als nachgemachtes Nahrungsmittel gelten, weil durch die Verwurstung des fraglichen Fleisches, welches im Handel als Nahrungsmittel überhaupt nicht vorkommt, dem Produkt der Schein eines für Menschen geeigneten Nahrungsmittels gegeben ist.

RG., 12. Mai 1891.

Bezüglich der Verwertung von beanstandeten Wurstwaren gilt dasselbe, was S. 83 u. 93 von beanstandeten Fleischdauerwaren gesagt ist.

Pasteten, Pains, Krebsbutter und Sardellenbutter.

Diese Erzeugnisse stehen den Würsten nahe, weshalb ihre Begriffserklärung auch schon oben unter Wurstwaren, S. 97, angegeben ist. Sie unterscheiden sich von den Würsten nur dadurch, daß zu ihrer Darstellung nicht die Schlachtabfälle und minderwertigen Fleischstücke, sondern die geschätztesten Fleischteile und Fleischsorten verwendet werden. Bei den Pasteten wird das Fleisch fein zerhackt und mit dem Fett vermengt; bei den Pains werden die Fleischstücke oder auch ganze ausgeweidete und von allen ungenießbaren Teilen befreite Tierleiber (Feldhuhn, Schnepfe usw.) in festem Fett eingebettet. Als Fett wird meistens Schweineschmalz, Butterschmalz oder Gänsefett verwendet. Die Verwendung von minderwertigem oder anderem Fleisch bzw. Fett, als deren Bezeichnung entspricht, würde sich alsbald durch den Geschmack zu erkennen geben und ist hier um so weniger zu erwarten, als diese Fleischdauerwaren verhältnismäßig hoch bezahlt werden.

Nur die Unterschiebung von Margarine bzw. die teilweise Mitverwendung von Talg läßt sich hier erwarten und ermöglichen, wie sie tatsächlich von A. Beythien[1]) bei Krebsbutter[2]) die auch zu dieser Art Dauerwaren gerechnet werden kann, beobachtet worden ist. Er fand unter 11 Proben zwei, deren Fett vorwiegend aus Margarine bestand, und fünf, deren Fett 25—50% Talg enthielten, während drei Proben keinen sicheren Schluß zuließen und das Fett von nur einer Probe aus reinem Butterfett bestand.

Von anderer Seite ist hervorgehoben, daß die Krebsbutter zur Erhöhung der Haltbarkeit einen Zusatz von 10—14% Nierenfett oder einem anderen neutralen Fett erhalten müsse. Indes ist diese Annahme nach der Rechtsprechung nicht als berechtigt anzusehen (vgl. diese unten).

Dasselbe gilt von der Sardellenbutter bzw. -pasta. Auch hier erwartet man allgemein Butterfett als Einhüllungsmasse. Hierbei können auch Zusätze von Heringslake, Hering und anderen billigen Fischen als Verfälschungen vorkommen.

Die Beschaffenheit und Art des verwendeten Fettes, das mittels Petroläthers ausgezogen wird, wird nach den I. Teil, S. 349ff. beschriebenen Verfahren festgestellt. Das von Fett befreite Fleisch kann wie bei Wurst S. 98 bzw. wie bei frischem Fleisch S. 22 untersucht werden; auch gelten dafür die gleichen Bestimmungen wie für diese.

Beurteilung dieser Erzeugnisse nach der Rechtslage.[3])

Die V. Strafkammer des Landgerichtes in Berlin vom 19. Okt. 1904 (I./D. O. 106 — 04) und der II. Strafsenat des Kammergerichts in Berlin vom 17. Jan. 1905 (2. S. 216 — 04), ferner das Landgericht II in Berlin vom 10. Okt. 1904 und das Reichsgericht II. Strafsenat vom 16. Dez. 1904 (D. 6146, 04, IX. 3712) haben entschieden, daß Zusätze fremder Fette und künstlicher Farbstoffe zu Krebsbutter als Verfälschung angesehen werden müssen.

In der Begründung des letzten Urteiles heißt es u. a. wie folgt:

Krebsbutter ist ein Genußmittel, das nach der allgemeinen Verkehrsanschauung rein und unverfälscht lediglich aus Krebsen und Butter hergestellt sein muß und im reellen Verkehr in der Tat so hergestellt wird. Der Angeklagte hat statt reiner Butter ein minderwertiges Gemisch von Butter und Rindertalg verwendet, hat ein geringeres Krebsmaterial genommen, als zur Erzeugung der Farbe notwendig war und hat auf Kosten des Aromas

---

[1]) Zeitschr. f. Untersuchung d. Nahrungs- u. Genußmittel 1905, **10**, 6

[2]) Die Krebsbutter wird in der Weise hergestellt, daß man die ausgenommenen, dann gemahlenen und gepulverten Krebse mit Butter (d. h. Kuhbutter) mischt, zum Kochen erhitzt und dann eine bestimmte Zeit in ein Wasserbad legt. Dadurch lösen sich die schwereren festen Bestandteile der Krebsschalen los und sinken unter, während das Butterfett, welches die Farbe, das Aroma und den Geschmack aus den Krebsbestandteilen aufgenommen hat, sich oben ansammelt und dort abgeschöpft wird.

[3]) Bearbeitet von Prof. Dr. C. A. Neufeld-Würzburg.

und des Geschmacks ein billigeres Färbungsmittel, einen Anilinfarbstoff zugesetzt. Mit Recht hat der Vorderrichter hierin eine Verfälschung erblickt sowohl in der Richtung, daß hierdurch der von dem Angeklagten hergestellten und in den Verkehr gebrachten „Krebsbutter" der Schein einer besseren Beschaffenheit, als die ihr wirklich eigen war, verliehen wurde, als auch in der, daß die normale Beschaffenheit des Genußmittels verschlechtert wurde. Die untergeklebten Zettel — welche in sehr kleiner Schrift die Worte trugen: „hergestellt aus Edelkrebsen, Tafelbutter und Zutaten, leicht gefärbt mit gänzlich giftfreier unschädlicher Farbe" — hatten nicht den Zweck, das kaufende Publikum aufzuklären, waren zu solcher Aufklärung nicht geeignet und haben auch die Aufklärung nicht herbeigeführt.

RG., 16. Dezember 1904.

Krebsextrakt mit 45% Mehl und künstlichem Farbstoff. Insofern der Angeklagte die normale Beschaffenheit des Krebsextrakts durch den bedeutenden Mehlzusatz verschlechtert und seinem Fabrikat durch die Verwendung der künstlichen Farbe den Schein besserer Beschaffenheit und höheren Wertes verliehen hat, liegt die Verfälschung eines Genußmittels vor. (§ 10 NMG.)

LG. Hamburg, 14. Oktober 1909.

Anchovispaste mit Mehlzusatz. Es wurde festgestellt, daß nach den Anschauungen des normalen Verkehrs eine Anchovispaste nur aus Anchovis oder Sardellen und Gewürzen zusammengesetzt ist. Der Mehlzusatz enthält nach der weiteren unanfechtbaren Feststellung des Berufungsgerichtes eine Verschlechterung der normalen Beschaffenheit der Paste insofern, als der Genußwert der Anchovispaste dadurch herabgemindert und zugleich auch die Verderblichkeit der Ware gefördert wird. (§ 10 NMG.)

OLG. Dresden, 11. März 1908.

Knochen und Knorpel.

Die Knochen werden im Haushalt nur zur Bereitung von Suppen mit verwendet und liefern schwankende Mengen, nämlich 1,39—7,29% Trockenextrakt mit 0,80—4,39% Fett, 0,18—2,84% Stickstoff-Substanz und 0,10—0,25% Mineralstoffen. Dagegen werden die meisten an Knochen haftenden Knorpel und Sehnen, besonders von Kalbsfüßen, auch direkt gern gegessen; sie werden schwerer als Fleisch, aber doch bis zu 53—79% ausgenutzt (verdaut).

1. Knochen. Die Grundsubstanz der Knochen (und des Dentins der Zähne) ist von den die Zellen enthaltenden und zusammenhängenden Knochenhöhlen (bzw. Zahnkanälchen) durchsetzt und ist aus Kollagen (leimgebender Substanz) in inniger Durchwachsung mit mineralischen Salzen zusammengesetzt, die zum größten Teile aus Tricalciumphosphat, zum geringen oder sehr geringen Teil aus Carbonaten, Chloriden und Fluoriden des Calciums und Magnesiums sowie von Kalium und Natrium bestehen. Der innere hohle Raum der Knochen ist vielfach mit Fett (dem Knochenmark) mehr oder weniger angefüllt. Zur Untersuchung der Knochen kann man wie folgt verfahren:

a) Wasser. Die gewogenen und in einzelne Stücke gesägten oder gehauenen Knochen werden zunächst von dem Knochenmark befreit, das für sich quantitativ gesammelt und gewogen wird. Man kann die letzten Reste Fett aus den Röhrenknochen durch Ausspülen mit Äther entfernen und den Ätherrückstand mit dem mechanisch losgetrennten Fett vereinigen.

Die zerlegten Knochenteile werden dann gewogen und in einer Porzellanschale im Wasserdampftrockenschrank getrocknet. — Schmilzt hierbei noch Fett aus, so wird es nach Wägung des Gesamtrückstandes mit dem zuerst gewonnenen Fett vereinigt. Die vorgetrockneten Knochen bleiben erst mehrere Tage an der Luft liegen, um sie wieder mit Luftfeuchtigkeit zu sättigen und in den sog. lufttrockenen Zustand überzuführen. Sie werden dann gewogen, erst in einem eisernen Mörser zerstoßen und weiter mittels einer Schrotmühle gemahlen.

Von diesem Pulver dient ein Teil (5—10 g) zur vollständigen Entfernung des noch vorhandenen Wassers. Die übliche Erwärmung im Trockenschrank bei 100—110° genügt aber bei Knochen nicht; sie müssen vielmehr 6 Stunden bei 140° im Luftbade erwärmt werden, um sie vollständig wasserfrei zu erhalten. Man trocknet und wägt mehrmals bis zur Gewichtsbeständigkeit.

Die Berechnung des ursprünglichen Wassergehaltes erfolgt genau wie bei Fleisch (S. 19 u. f.).

b) Stickstoff. Wenn das Knochenpulver fein genug ist, so bestimmt man in 1—2 g den Stickstoff in üblicher Weise nach Kjeldahl (I. Teil, S. 240). Ist das Knochenpulver aber grob und ungleichmäßig, so daß durch 1—2 g keine genügende Durchschnittsprobe erhalten werden kann, so verfährt man wie folgt:

Es werden 10—15 g der sorgfältig gemischten Probe mit 150 ccm des Schwefelsäuregemisches in einer Porzellanschale so lange unter Umrühren mit dem Glasstabe auf dem Wasserbade erwärmt, bis sich alles zu einem flüssigen Brei gelöst hat; darauf gießt man die Lösung in ein 200 ccm fassendes Kölbchen, verwendet etwa 50 ccm der Schwefelsäure zum Nachspülen der Schale, läßt erkalten und füllt auf 200 ccm auf. Nach hinreichendem Umschütteln und Mischen werden von der Lösung 20 ccm, entsprechend 1,0 oder 1,5 g Substanz, abgemessen und in einen Kolben zur weiteren vorschriftsmäßigen Zerstörung der organischen Stoffe gegeben. Wenn die Substanz nicht völlig flüssig werden sollte, sondern breiartig bleibt, so verfährt man, wie unter Fleisch S. 22 angegeben ist. Man kann, wie Heß[1]) angibt, auch 5—10 g Substanz nach Kjeldahl verbrennen[2]), die Lösung auf 500 ccm auffüllen und in 200 ccm den Stickstoff durch Abdestillieren mit Natronlauge bestimmen.

Will man aus dem Stickstoffgehalt den Leimgehalt berechnen, so muß man, da der Knochenleim durchweg 18% Stickstoff enthält, den gefundenen Stickstoff mit 5,555 multiplizieren.

c) Fett. 10 g des Knochenpulvers werden in der bekannten Papierhülse erst 2—3 Stunden im Dampftrockenschrank getrocknet und weiter wie üblich mit Äther ausgezogen (I. Teil, S. 342). Nach vorschriftsmäßiger Behandlung mit Äther entleert man das rückständige Knochenpulver in einen trockenen Mörser, zerreibt soviel wie möglich, füllt es in die Hülse zurück und zieht aufs neue und solange aus, bis alles Fett gelöst ist (vgl. auch vorstehend unter Fleisch).

d) Kaltwasserauszug. Der durch Äther oder auch durch Alkohol-Äther entfettete Rückstand wird mit kaltem Wasser behandelt, indem man ihn 24 Stunden damit stehen läßt, filtriert und diese Behandlung 2 mal wiederholt. Die vereinten filtrierten Auszüge werden eingedampft, bei 105° getrocknet, gewogen, geglüht und wieder gewogen. Der Glühverlust des Abdampfrückstandes besteht aus löslichen Proteinen und stickstoffreien Extraktivstoffen — bei osteomalacischen Knochen kann auch Milchsäure vorkommen —, der Glührückstand dagegen aus Chlorkalium, Chlornatrium, schwefelsauren, kohlensauren und phosphorsauren Alkalien neben Spuren von Calcium- und Magnesiumsalzen. Die Stoffe des Kaltwasserauszuges gehören nicht dem eigentlichen Knochengewebe als solchem an, sondern entstammen den Blutgefäßen der Knochen, den Zellen- und Röhrenmembranen der Knochenkörperchen und sind naturgemäß bei jungen Knochen größer als bei älteren.

Will man diese in Wasser löslichen Stoffe im einzelnen bestimmen, so behandelt man größere Mengen entfetteten Knochenpulvers mit kaltem Wasser, füllt die eingedampften Auszüge auf ein bestimmtes Volumen (z. B. 1000 ccm) und verwendet einen aliquoten Teil, z. B. 100 ccm, zur Bestimmung des Stickstoffs (vgl. I. Teil, S. 240 a γ), 100 oder 200 ccm zur Bestimmung der Milchsäure (vgl. unter Fleisch, S. 36), den Rest zur Bestimmung der Mineralstoffe.

e) Salzsäureauszug. Den mit Äther und kaltem Wasser ausgezogenen Rückstand behandelt man wiederholt mit 0,2—0,5 proz. Salzsäure, bis alle unorganischen Bestandteile gelöst sind; man engt die Auszüge ein, bringt auf ein bestimmtes Volumen und bestimmt in aliquoten Teilen Kalk, Magnesia, Phosphorsäure usw. nach I. Teil, S. 481 u. f.

f) Kalkwasserauszug. Das durch Behandlung mit Salzsäure zurückbleibende Knochengewebe (Kollagen und Osteomukoid) wird durch fließendes Wasser, zuletzt durch

[1]) Zeitschr. f. angew. Chemie 1893, 75.

[2]) Die vollständige Verbrennung so großer Mengen Substanz ist aber sehr langwierig.

Waschen mit destilliertem Wasser von Salzsäure befreit und dann mit halbgesättigtem Kalkwasser (2—5 ccm auf je 1 g feuchte Substanz) behandelt. Nach 48stündigem Stehen unter häufigem Umschütteln in geschlossenem Gefäß ist alles Osteomukoid[1]) gelöst. Man filtriert die Lösung ab, fällt das Filtrat mit 0,2 proz. Salzsäure, wäscht den Niederschlag durch Dekantation mittels schwach salzsauren und reinen Wassers aus, reinigt durch nochmalige Lösung und Fällung, filtriert, wäscht mit Alkohol und Äther, trocknet und wägt.

Für das Osteomukoid wird folgende Elementarzusammensetzung angegeben:

47,07% C, 6,69% H, 11,98% N, 2,41% S.

g) Heißwasserauszug. Den von der Behandlung mit Kalkwasser verbleibenden Rückstand übergießt man mit Salzsäure, wäscht das gebildete Chlorcalcium mit kaltem Wasser aus und kocht nun wiederholt und so lange je eine Stunde aus, als noch Kollagen (als Glutin) gelöst wird, den unlöslichen Rückstand kann man trocknen und wägen und das Kollagen entweder aus der Differenz berechnen oder auch in einem aliquoten Teile des Filtrats durch Eindampfen, Trocknen und Wägen direkt bestimmen.

h) Gesamtasche. Eine besondere Probe des Knochenpulvers wird entweder direkt oder nach vorherigem Ausziehen mit Alkohol und Äther verascht, der weiße Aschenrückstand nach dem Erkalten mit Ammoniumcarbonat angefeuchtet, eingetrocknet, nochmals bis zur schwachen Rotglut erhitzt, erkalten gelassen und gewogen. Die Asche wird nach I. Teil. S. 479 u. f. auf ihre einzelnen Bestandteile untersucht; über die Bestimmung des Fluors in der Asche vgl. I. Teil, S. 604.

L. Gabriel[2]) hat ein Verfahren angegeben, die Mineralstoffe der Knochen und Zähne ohne Anwendung von Glühhitze zu gewinnen; er verfährt folgendermaßen:

In ein etwa 250 ccm fassendes Kölbchen bringt man 10—15 g getrocknete und gepulverte Knochen und 75 ccm alkalisches Glycerin, erhitzt allmählich unter häufigem Umschütteln bis 200° und erhält auf dieser Temperatur ungefähr 1 Stunde lang. Die Einwirkungsdauer hängt im wesentlichen von der Festigkeit des Knochengewebes und dem Feinheitsgrade des Pulvers ab. Die bis auf 150° erkaltete Masse entleert man in eine Schale, in welcher sich 500 ccm siedendes Wasser befinden, rührt um, läßt absitzen und zieht die überstehende Flüssigkeit mit einem mit Leinwand überspannten Heber ab. Letztgenannte Operationen wiederholt man so lange, bis das Waschwasser keine Spur alkalischer Reaktion mehr zeigt. Der Rückstand wird auf ein Filter gebracht und bei 100° getrocknet. Auf diese Weise erhält man ein weißes, bisweilen mit einem Stich ins Gelbliche versehenes Pulver, welches beim Glühen keinerlei Bräunung zeigt und die Struktur der ursprünglichen Knochen getreu wiedergibt; es ist sehr hygroskopisch, knirscht zwischen den Zähnen, wird beim Reiben stark elektrisch und löst sich mit äußerster Leichtigkeit in Säuren. Die Untersuchung dieser Lösung erfolgt selbstverständlich wie die der Knochenasche.

2. Knorpel und Sehnen. Der Knorpel besteht aus der Intercellularsubstanz und den eingelagerten Zellen[3]). Beim hyalinen Knorpel ist sie frei von faserigen Beimengungen, beim elastischen wird sie von elastischen, beim Bindegewebsknorpel von fibrillären Fasern durchzogen. Außer Kollagen und Chondromukoid, die den Bestandteilen der Knochen entsprechen, konnten in den Knorpeln noch besonders Chondroitinschwefelsäure, Albumoid und eine geringe Menge durch verdünnte Kochsalzlösung ausziehbares Globulin nachgewiesen werden; die ätherlöslichen und mineralischen Bestandteile sind qualitativ dieselben wie in den Knochen.

Für die chemische Untersuchung werden die Knorpel sehr fein zerhackt bzw. sehr fein mit der Schere zerschnitten und wie Fleisch auf Wasser, Stickstoff-Substanz, Ätherauszug und Asche untersucht. Einer besonderen Erwähnung bedarf nur die Bestimmung von:

[1]) Vgl. Hawk u. Gies, Amer. Journ. of Physiol. 1901, **5**, 387.

[2]) Zeitschr. f. physiol. Chemie 1894, **18**, 257.

[3]) Vgl. H. Thierfelder, Hoppe-Seyler's Handbuch d. physiol. u. pathol.-chem. Analyse 1903, S. 584.

a) Chondromukoid und *Albumoid.* Man behandelt die Knorpelmasse 1—2 Wochen mit 0,1—0,2 proz. Salzsäure bei 40°, bis sämtliches Kollagen in Glutin umgewandelt und gelöst worden ist, wäscht die Salzsäure vollständig aus, zieht dann mit 0,05—0,10 proz. Kalilauge aus und filtriert. Auf dem Filter bleibt neben den Knorpelzellen das Albumoid ungelöst zurück, während das Filtrat das Chondromukoid enthält, welches daraus durch verdünnte Säuren (bis zu 0,2—0,4%) gefällt, durch Wiederauflösen mit Hilfe von wenig Alkali und durch Wiederfällen mit Säure gereinigt, gesammelt, getrocknet und gewogen werden kann.

b) Glutin und Albumoid. Umgekehrt kann man auch durch Behandeln mit 0,2 bis 0,5 proz. Kalilauge das Chondromukoid und die Chondroitinschwefelsäure lösen, das Alkali durch Auswaschen entfernen und das Kollagen durch Dämpfen im Autoklaven bei 2—3 Atm. Druck in Lösung bringen. Beim Filtrieren dieser Flüssigkeit bleibt das Albumoid mit Knorpelzellen auf dem Filter, während aus dem Filtrat — außer durch Bestimmung des Stickstoffs in einem aliquoten Teil — der Leim durch Sättigen mit Natriumsulfat gefällt werden kann. Die Fällung wird dann wieder in Wasser gelöst und durch Dialyse von Salz befreit.

Der Stickstoffgehalt des Chondromukoids wird zu 12,58%, der Schwefelgehalt zu 2,5% angegeben.

Über den Nachweis der Chondroitinschwefelsäure vgl. C. Th. Mörner in Zeitschr. f. physiol. Chemie 1895, **20**, 358.

Gelatine.

Die Gelatine des Handels ist ein besonders gereinigter Leim, der farb-, geruch- und geschmacklos ist; beide bestehen im wesentlichen aus Glutin, das durch Erhitzen von sog. leimgebenden Stoffen des tierischen Körpers, besonders von Knochen (auch Haut- und Lederabfällen), aus dem Kollagen gewonnen wird; werden auch Knorpel hierzu mitverwendet, so schließt das Glutin auch das gleichartige Chondrin, ein Umwandlungserzeugnis des Chondrogens, mit ein.

Die Gelatine dient zu zahlreichen Verwendungen in der Technik (Klärung von Wein und Bier), im Haushalt zur Bereitung gallertartiger Speisen, z. B. der Fleisch- und Fischgelees (Sülzen, Aspiks) sowie unter Zusatz von Wein oder Fruchtsäften zur Herstellung von süßen Geleespeisen. Sie kommt sowohl in dünnen Tafeln, die entweder weiß und glashell oder rot gefärbt sind, als auch in Form von weißem Pulver im Handel vor. Die aus ihr hergestellten Kapseln dienen zum Einhüllen von Heilmitteln sowie zu Injektionen. — Die Gelatinetafeln sind meistens etwas wasserreicher als das Gelatinepulver; erstere pflegen zwischen 13,0—17,5%, letzteres zwischen 11—12% Wasser zu enthalten; der Aschengehalt schwankt bei beiden zwischen 1,0—2,7%; der Stickstoffgehalt zwischen 14,8—15,7%.

Da bei der Herstellung der Gelatine schweflige Säure, sei es zur Lösung des Kalkphosphates aus den Rohstoffen, sei es zum Bleichen des Leimes, verwendet wird, so ist eine Verunreinigung der Gelatine hiermit von vornherein zu erwarten. In der Tat fanden P. Buttenberg und W. Stüber[1]) in 12 bzw. 9 Proben durchschnittlich folgende Mengen schwefliger Säure und Schwefelsäure:

Grobes Gelatinepulver (grauweiß)			Weiße Gelatinetafeln		
Schweflige Säure SO_2 %	Schwefelsaure SO_3 %	Schweflige und Schwefelsaure als SO_3 ber. %	Schweflige Säure SO_2 %	Schwefelsäure SO_3 %	Schweflige und Schwefelsäure als SO_3 ber. %
0,0881	0,9206	1,0476	0,0373	0,7252	0,7717

[1]) Zeitschr. f. Untersuchung d. Nahrungs- u. Genußmittel 1906, **12**, 408.

Der Gehalt an schwefliger Säure schwankte von 0,0236—0,1399%, zwei rote Gelatinetafeln ergaben 0,0352 und 0,0401% schweflige Säure, dagegen konnte in 3 Proben Schusterleim keine schweflige Säure nachgewiesen werden. Ähnliche und z. T. weit höhere Ergebnisse erhielt W. Lange[1]), nämlich für den Gehalt an schwefliger Säure:

Weiße Gelatine (23) %	Rote Gelatine (7) %	Gelatinepulver (2) %	Gelatine z. Weinklären (4) %	Gelatinekapseln (6) %
0,002—0,467	0,024—0,129	0,130 u. 0,183	0,016—0,262	0,014—0,026

Die verschiedenen Qualitäten der Gelatine werden nach dem auf den Originalumhüllungen angebrachten Druck mit Gold-, Silber-, Kupfer- und Schwarzdruck unterschieden; für Speisezwecke sollen vorwiegend die zwei ersteren besseren Sorten — Gold- und Silberdruck — Verwendung finden und ergaben diese im allgemeinen die niedrigsten, die mit Kupfer- und Schwarzdruck versehenen Sorten die höchsten Gehalte an schwefliger Säure. Aber auch erstere enthielten z. T. nicht unerhebliche Mengen schwefliger Säure; so wurde in einer Sorte „Golddruck" 0,168%, in einer Sorte „Silberdruck" 0,219% schweflige Säure gefunden. Diese findet sich in der Handelsgelatine in freiem Zustande, möglicherweise auch in absorbiertem Zustande: sie kann daraus weder durch Lüften noch durch Kochen mit Wasser, wohl aber durch Wässern, z. B. durch 12stündiges Liegen in fließendem Wasser, fast vollständig entfernt werden.

O. Köpke[2]) fand als weitere Verunreinigung in 12 Proben Gelatine Spuren bis 0,3 mg Arsen für 10 g Gelatine und dabei in einer Sorte Golddruck (10 g) die größte Menge, nämlich 0,3 mg. Das Arsen rührt entweder aus den verwendeten Säuren oder dem Kalk oder aus Lederabfällen (Glacéleder) her, die wegen Behandlung der Häute mit Kalk und Schwefelarsen nicht selten arsenhaltig sind, weil das Arsen durch das weitere Gerbeverfahren nicht immer wieder entfernt wird.

Kržižan[3]) fand in französischer und belgischer Gelatine 0,014 bzw. 0,026% Kupfer, welches in Form von Kupfersulfat behufs Grünfärbung zugesetzt war.

Die Untersuchung der Gelatine erstreckt sich außer auf vorstehende Verunreinigungen durchweg nur auf Wasser, Asche und Stickstoff.

1. Wasser. Die in 2 cm breite Streifen zerschnittene Gelatine (etwa 10 g) werden nach W. Lange am zweckmäßigsten in senkrechter Lage, die eine gute Durchlüftung gestattet, in ein 2,5 cm hohes und 9 cm breites Wägegläschen gegeben und bei 100° bis zur Gewichtsbeständigkeit getrocknet. Bei Anwendung von Wägegläschen der gebräuchlichen hohen Form kann die Trocknung bis zur Gewichtsbeständigkeit bis zu 36 Stunden dauern. Die Wägegläschen müssen nach dem Trocknen sorgfältig vor Luftzutritt geschützt werden, weil die getrocknete Gelatine begierig Wasser aus der Luft anzieht.

2. Asche. Zur Bestimmung der Asche wird zweckmäßig die getrocknete Gelatine verwendet, weil sie weniger aufbläht als die wasserhaltige. Weil die Kohle aber sehr porös ist und nur schwer verbrennt, wird die verkohlte Masse zweckmäßig mit Wasser ausgezogen und nach I. Teil, S. 476, weiter verbrannt. Wo ein elektrischer Verbrennungsofen (I. Teil, S. 474) zur Verfügung steht, kann auch dieser zur direkten Veraschung benutzt werden, weil die Gelatine kaum flüchtige Aschenbestandteile enthält.

Sollen Phosphorsäure und Schwefelsäure in der Asche bestimmt werden, so verascht man unter Zusatz von reinem Natriumcarbonat nach I. Teil, S. 489.

3. Stickstoff. Etwa 1 g der in feine Würfelchen zerschnittenen Gelatine bzw. des Gelatinepulvers wird in üblicher Weise nach Kjeldahl (I. Teil, S. 240) verbrannt und wird der gefundene Stickstoff durch Multiplikation mit 5,555 — das Glutin enthält rund 18% Stickstoff — auf Glutin umgerechnet. Durch Addition von Wasser + Asche + Glutin erhält man dann

[1]) Arbeiten a. d. Kais. Gesundheitsamte 1909, **32**, 144.

[2]) Ebendort 1911, **38**, 290.

[3]) Zeitschr. f. Untersuchung d. Nahrungs- u. Genußmittel 1910, **19**, 106.

bei reiner Gelatine nahezu 100; stellen sich mehrere Prozent weniger heraus, so können noch andere Bestandteile vorhanden sein; ist die Summe höher als 100, so kann die Gelatine auch Abbauprodukte (Aminosäuren, Ammoniak, mit noch höherem Stickstoffgehalt) enthalten (über ihre Bestimmung vgl. I. Teil, S. 273ff.).

Mitunter enthält Gelatine geringe Mengen Albumin; man kann es in der Weise bestimmen, daß man die heiße Lösung mit Essigsäure ansäuert, längere Zeit erhitzt und die Albuminflocken abfiltriert, oder man kann die essigsaure Lösung auch mit Ferrocyankalium versetzen, wodurch nur das Albumin, nicht das Glutin gefällt wird.

Etwa vorhandenes Fett kann man wie bei „Käse" (weiter unten) bestimmen. Die meisten Gelatinesorten enthalten geringe Mengen löslicher und unlöslicher Fettsäuren, die bei der Destillation der schwefligen Säure mit übergehen.

4. Gehalt an Glutin und Glutose. Jul. Herold jun.[1]) weist darauf hin, daß durch die übliche fabrikmäßige Gewinnung der Gelatine ein Teil des Glutins in Glutose umgewandelt werde, wodurch die Gelatinierfähigkeit, die vorwiegend vom Glutin abhängig sei, eine Einbuße erleide. Jul. Herold jun. empfiehlt zur Bestimmung der Glutose folgendes indirekte Verfahren:

1. Man bestimmt den Schmelzpunkt einer 20proz. Gallerte der zu untersuchenden Gelatine.
2. Man ermittelt den Schmelzpunkt einer 10proz. Gallerte reiner Gelatine (Emulsionsgelatine „hart" der Deutschen Gelatinefabriken in Höchst, mit Wasser 17%, Asche 1%, Rest-Glutin 82%), beides nach $^1/_2$stündigem Stehen, im Thermostaten bei 19°. Die Differenz beider Schmelzpunkte sei a, dann gilt die Proportion[2]):

$$\frac{a}{1,2} = \frac{x}{82}; \quad x = \%\ \text{Glutin.}$$

Die zu untersuchende Gelatine besteht also aus x% Glutin und [100 — % (Wasser + Asche) — x] % Glutose (einschließlich organischer Verunreinigungen.) Zur exakten Bestimmung des Schmelzpunktes wurde unter den vielen ausprobierten Apparaten ein Apparat als geeignet befunden, der von Dr. Bender und Dr. Hobein in Karlsruhe i. B. zu beziehen ist. Nach vorstehendem Verfahren wurde festgestellt:

Art der Gelatine	Schmelzpunkt-differenz 10% Grad C	Glutin %	Glutose %	Wasser %	Asche %	Preis für 100 kg M.
Sehr gute Speisegelatine	1,0	68	12,5	18	1,5	190
Technische Gelatine	0,6	41	38	19	2	120

5. Schweflige Säure. Zur qualitativen Prüfung bzw. zur quantitativen Bestimmung der schwefligen Säure hat W. Lange die für Fleisch im Fleischbeschaugesetz gegebenen Ausführungsbestimmungen (vgl. I. Teil, S. 600) etwas abgeändert und verfährt für die qualitative Prüfung wie folgt:

Man läßt etwa 5—10 g zerschnittene Gelatine in einem weithalsigen, 150 ccm fassenden Kölbchen mit 30—40 ccm Wasser quellen, löst bei gelinder Wärme auf dem Wasserbade auf, fügt 5—10 g[3]) Phosphorsäure-Lösung (spez. Gewicht 1,15) hinzu, verschließt das Kölbchen lose mit einem Kork, an dem vermittels eines Einschnitts ein am unteren Ende befeuchteter Streifen Kaliumjodatstärkepapier befestigt ist, und erwärmt auf dem Wasserbade. Enthält die Gelatine erhebliche Mengen schwefliger Säure, so tritt fast augenblicklich eine Blaufärbung des Streifens ein, die je nach der Menge der Säure in mehr oder weniger kurzer Zeit verschwindet. In diesen Fällen gibt sich das Vorhandensein der schwefligen Säure auch durch ihren intensiven Geruch beim Abheben des Stopfens zu erkennen. Falls nur geringe Mengen vorhanden sind, erwärmt man das Kölbchen einige Minuten,

[1]) Chem.-Ztg. 1911, **35**, 93.

[2]) 1,2 ist die Schmelzpunktdifferenz einer 20- und 10proz. Lösung von reinem Glutin.

[3]) In den Mitteilungen aus dem Kaiserl. Gesundheitsamte heißt es im ersten Falle g, im zweiten ccm.

wobei man den Inhalt hin und wieder durch Umschwenken bewegt; die Blaufärbung des Streifens tritt dann meist an dem oberen Rande der feuchten Zone des Papierstreifens auf. Mit diesem Verfahren ließen sich 0,002% schweflige Säure noch mit Sicherheit nachweisen.

Zur quantitativen Bestimmung der schwefligen Säure verfuhr W. Lange wie folgt:

Man läßt 10—20 g zerschnittene Gelatine in einem Rundkolben von $^3/_4$ l Inhalt durch etwa 15 Minuten langes Stehenlassen mit 500 ccm Wasser aufquellen und bringt sie durch gelindes Erwärmen auf dem Wasserbade unter häufigerem Umschwenken des Kolbens in Lösung, wobei darauf zu achten ist, daß nicht an den Wandungen des unteren Kolbenteiles geringe Mengen Gelatine haften bleiben, die beim Erhitzen verkohlen und infolgedessen leicht ein Springen des Kolbens verursachen können. Da einige Sorten zum Schäumen neigen, ist es zweckmäßig, auf je 10 g Gelatine 2—3 g Tannin, das in wenig Wasser gelöst ist, hinzuzufügen. Dieses bildet einen flockigen, auf der Lösung schwimmenden Niederschlag, der sich später beim Erwärmen langsam wieder löst; auf diese Weise wird zugleich die Gefahr des Anbrennens des Kolbeninhaltes erheblich verringert. Bevor mit dem Erhitzen begonnen wird, vertreibt man die Luft aus dem Kolben und Kühler durch Kohlensäure, setzt 20 ccm[1]) Phosphorsäure-Lösung (spez. Gewicht 1,15) hinzu und erwärmt vorsichtig unter häufigem Umschütteln bis zum Sieden. Sodann destilliert man unter fortwährendem langsamen Einleiten von Kohlensäure 200—250 ccm der Lösung in eine Jodlösung enthaltende Vorlage ab, filtriert von etwa übergegangenen unlöslichen Fettsäuren ab, und bestimmt die Schwefelsäure in üblicher Weise als Bariumsulfat.

Die in der Gelatine vorkommenden Schwefelverbindungen lieferten nach 2 Kontrollbestimmungen 0,0007% und 0,0011% schwefliger Säure, die nicht von fertig gebildeter schwefliger Säure herrührten. Wenngleich diese Menge nur unbedeutend ist, wird man hierauf gegebenenfalls Rücksicht nehmen müssen.

6. Arsen. Zur Prüfung auf Arsen werden nach O. Köpke 10 g Gelatine in einem Rundkolben aus Jenaer Glas von 700 ccm Inhalt mit 20 ccm Schwefelsäure und 50 ccm rauchender Salpetersäure, die in kleinen Anteilen zugesetzt werden, aufgeschlossen, die klare, farblose Flüssigkeit wird eingeengt, so oft mit Wasser versetzt, bis die Salpetersäure verjagt ist, abermals eingeengt, und dann in üblicher Weise im Marshschen Apparat auf Arsen geprüft. Selbstverständlich müssen die Reagenzien und Gefäße in einem blinden Versuch auch auf Arsen geprüft werden.

Die für medizinische und Speisezwecke, zum Einlegen von Nahrungsmitteln bzw. zum Klären von Wein, Bier usw. verwendete Gelatine muß rein sein und darf besonders schweflige Säure und Arsen nicht oder nur in Spuren enthalten.

Lecithine des Handels.

Die Lecithine des Handels, die vorwiegend aus Eigelb (als Abfall bei der Eieralbumingewinnung), aber auch aus Leguminosen gewonnen werden, verhalten sich in ihrer Löslichkeit gegen kalten und warmen Alkohol sowie Äther etwas verschieden; einige lösen sich leicht und klar, andere lassen einen Bodensatz; ihr Gehalt an Stickstoff und Phosphor wurde von J. Nerking[2]) wie folgt gefunden:

Stickstoff	Phosphor
1,75—2,13%	2,97—3,94%

C. Virchow[3]) verfährt zur Bestimmung des Lecithins in Medizinaltabletten (vgl. auch I. Teil, S. 347) wie folgt:

---

1) Siehe Fußnote 2) S. 120.

2) Hygien. Rundschau 1910, **20**, 116.

3) Chem.-Ztg. 1911, **35**, 913.

1 g Substanz wird in ein enghalsiges Kölbchen von etwa 20 ccm Inhalt gebracht, dreimal mit je 10 ccm absolutem Alkohol aufgekocht, durch ein dichtes Filter in ein tariertes (100—110 ccm fassendes) Kölbchen filtriert, das Ungelöste ebenfalls auf das Filter gebracht und letzteres nochmals ausgewaschen, so daß das Filtrat 50—60 ccm beträgt. Der Alkohol wird abdestilliert, der Rückstand mit etwa 100 ccm absolutem Äther versetzt, die Lösung durch ein Asbestfilter filtriert, dreimal mit Äther nachgewaschen, der Äther abdestilliert, ausgeblasen, der Rückstand wird gewogen, mit rauchender Salpetersäure (3—4 ccm) oxydiert, diese Lösung heiß in einen Platintiegel gebracht, dreimal mit je 2 ccm rauchender Salpetersäure nachgespült, die Salpetersäure abgedampft und der Rückstand mit Soda und Salpeter geschmolzen. In der Schmelze bestimmt man nach Lösen derselben in heißem Wasser die Phosphorsäure mit Magnesiamixtur.

B. Cohn[1]) führt die Tatsache, daß das Lecithin sich aus Eiern oder ähnlichen Stoffen nicht quantitativ durch Äther allein, sondern zunächst nur durch Alkohol lösen läßt, darauf zurück, daß das kolloidale Lecithin durch kolloidales Eiweiß fest adsorbiert wird. Wenn durch kalten Alkohol nicht alles Lecithin gelöst wird, so spricht das für das Vorhandensein von Phosphatiden. Auch gibt Ausziehen mit Alkohol und Äther nur dann den gesamten Lecithingehalt, wenn die betreffenden Erzeugnisse keinen höheren Temperaturen ausgesetzt waren. Andererseits kann die Ausziehung mit Alkohol-Äther trügerischerweise zuviel Lecithin geben, nämlich dann, wenn die Erzeugnisse einen Zusatz von Phosphorsäure oder Glycerinphosphorsäure erhalten haben. In solchen Fällen ist es notwendig, den alkoholischen Auszug noch mit Chloroform aufzunehmen und erst in diesem Chloroformauszuge die Lecithinbestimmung auszuführen.

Fleischextrakt.

Unter Fleischextrakt versteht man den eingedickten albumin-, leim- und fettfreien Wasserauszug des Fleisches. Er wird durch Behandeln des tunlichst fett- und sehnenfreien, zerkleinerten Fleisches entweder mit kaltem oder etwa 80° heißem Wasser, durch Filtrieren und Eindunsten der Lösung im Vakuum erhalten; wenn das Fleisch mit kaltem Wasser ausgezogen wird, so muß es behufs Abscheidung des Albumins vor dem Eindampfen erst auf 80° erwärmt werden. Denn zum Begriff von Fleischextrakt bzw. einer guten normalen Beschaffenheit des Fleischextraktes gehört, daß er wie von Fett, so auch von Albumin und Leim tunlichst frei ist.

Der Liebigsche Fleischextrakt wird angeblich in der Weise gewonnen, daß das durch Maschinen zerkleinerte magere Fleisch unter Zusatz von Wasser in Hochdruckapparaten zerkocht, die Brühe durch Fettseparatoren und Klärkessel von Fett, Albumin und Fibrin befreit, dann filtriert und im Vakuum zum dicken Brei eingedunstet wird, indem man die Flüssigkeit während des Eindampfens noch ein oder mehrere Male durch Filterpressen bringt. Die eingedickte Masse wird in größere zum Versand bestimmte Behälter gebracht, aus welchen sie an den Einfuhrorten in kleine Büchsen umgefüllt wird. Bei dieser Darstellungsweise erklärt sich die Anwesenheit von löslichen Proteinen (Proteosen), die sich hierbei durch teilweise Hydrolyse der Proteine bilden können. Aus gleichem Grunde müßte der Fleischextrakt aber auch mehr oder weniger Leim enthalten, der sich nur schwer darin nachweisen und bestimmen läßt. K. Mays[2]) teilt nach einem Bericht in The Lancet 1908, Vol. 2, 1233 mit, daß der Fleischextrakt in Südamerika in der Weise hergestellt werde, daß das zerkleinerte Fleisch frisch getöteter Tiere mit der gleichen Menge Wasser durch Dampf auf 80—94° erhitzt werde, wobei letztere Temperatur nicht überschritten werden dürfe, um die Bildung von Leim zu vermeiden. Mays ist indessen der Ansicht, daß die Bildung von Leim (Glutin) auch bei dieser Temperatur nicht ausgeschlossen ist.

---

1) Zeitschr. f. öffentl. Chemie 1911, **17**, 203.

2) Zeitschr. f. physiol. Chemie 1912, **78**, 37.

Man verwendet zur Herstellung des Extraktes meistens das Fleisch von Rindern im Alter von mindestens 4 Jahren — der Extrakt von Fleisch von jüngeren Tieren ist pappig und schmeckt fade wie Kalbfleisch —; der Extrakt von Ochsenfleisch ist von dunkeler Farbe und kräftigem, im konzentriertem Zustande wildbretähnlichem, im verdünnten Zustande angenehmem Geschmack; der Extrakt von Kuhfleisch ist heller in der Farbe und milder im Geschmack.

Der Extrakt von Pferdefleisch, dessen Brühe beim Eindampfen wie Milch auf der Oberfläche Häute bildet, ist dick und schleimig, löst sich nicht klar in Wasser und hat einen eigenartigen fettigen Geschmack.

In Australien wird auch Schaffleisch zur Fleischextraktbereitung verwendet; der eigenartige Geschmack des Schaffleisches wird sich aber ebenso wie der von Fleisch anderer Tiere auch im Extrakt kundgeben.

Der Liebigsche Fleischextrakt besitzt die Konsistenz einer steifen Schmierseife oder dicken Salbe und eine hell- bis dunkelbraune Farbe. Er löst sich leicht in Wasser, reagiert sauer und ist hygroskopisch. Mitunter ist er von körnigen Ausscheidungen (Kreatin und Kaliumphosphat) durchsetzt.

Außer dem festen Liebigschen gibt es auch flüssige Fleischextrakte (Cibils, Kemmerich, Koch, Maggi) im Handel; sie sind, sofern sie nicht durch weniger starkes Eindampfen unter Zusatz von Kochsalz hergestellt sind, durch besonderes Behandeln des Fleisches mit Enzymen, mit Wasser unter höherem Druck oder mit Chemikalien gewonnen, weichen daher in der Zusammensetzung von dem Liebigschen Fleischextrakt ab und mögen im nächsten Abschnitt besprochen werden.

Zu den Bestandteilen des Fleischextraktes gehören:

1. In erster Linie unter den stickstoffhaltigen Stoffen die Fleischbasen, als welche bis jetzt 17 angegeben sind (vgl. auch I. Teil, S. 313), geringere und größere Mengen löslicher Proteosen und Aminosäuren (Alanin, Glutaminsäure und Taurin)[1]), sowie geringe Mengen von Phosphorfleischsäure. Die genannten Monoaminsäuren sind als solche im Fleischextrakt vorhanden und nicht etwa gleich den Proteosen durch nachträgliche Zersetzung gebildet[1]).

2. Stickstofffreie Extraktivstoffe wie Milchsäure, Glykogen, Inosit (0,36%) und Bernsteinsäure.

3. Mineralstoffe, die vorwiegend aus den Phosphaten und Chloriden der Alkalien bestehen.

Von wesentlichem Belang für die Beurteilung der Reinheit eines Fleischextraktes bzw. des Vorhandenseins von ihm in zahlreichen Ersatzmitteln ist der Gehalt an Kreatin bzw. Kreatinin, weil diese Basen bis jetzt nur im Fleisch und in tierischen Organen gefunden sind. Aber gerade die Angaben hierüber sind wegen der Ungenauigkeit der Verfahren zur Bestimmung dieser Basen recht schwankend. Baur und Barschall (vgl. weiter unten) fanden 3,0% Kreatinin und 1,75% Kreatin (= 3,95% Gesamt-Kreatinin), Grindley und Woods[2]) geben 1,30—6,38%, O. Hehner[3]) gibt (durch Fällen als Kreatininpikrat) 10—12% Gesamt-Kreatinin an, während im allgemeinen 6% als Höchstgehalt angesehen werden. A. M. Wright[4]) erhielt durch ausführliche neuere Untersuchungen für 6 Fleischextrakte aus Neuseeland im Vergleich zum Liebigschen Fleischextrakt aus Südamerika nach älteren Analysen (II. Bd., S. 555) folgende Zusammensetzung:

---

[1]) Vgl. K. Micko, Zeitschr. f. physiol. Chemie 1908, **56**, 180 und R. Engeland, Zeitschr. f. Untersuchung d. Nahrungs- u. Genußmittel 1908, **16**, 658.

[2]) Journ. of Biolog. Chem. 1907, **2**, 309.

[3]) Pharmaz. Journ. 1907, Supplement 683; vgl. auch Benedict und Meyers, Amer. Journ. of Physiol. 1907, **18**, 398.

[4]) Zeitschr. f. Untersuchung d. Nahrungs- u. Genußmittel 1912, **24**, 744.

	Fleischextrakt Neuseeland %	Fleischextrakt Liebigs, Mittel %		Fleischextrakt Neuseeland %	Fleischextrakt Liebigs, Mittel %
Wasser	14,49—17,54	17,70	Sonstige Fleischbasen	5,40— 8,04	—
Organische Stoffe .	61,31—66,50	61,04	Ammoniak	0,52— 0,90	0,59
Gesamt-Stickstoff .	7,88— 8,87	9,17	Fett	0,33— 0,42	—
Unlösliches Protein	0,98— 1,28	0,36 (zusammen)	Säure = Milchsäure .	(10,90—12,60)?[2]	—
Gerinnbares „	0,38— 0,68		Mineralstoffe . . .	16,57—21,63	21,26
Proteosen	10,21—15,49	6,01			NaCl
Peptonähnl. Stoffe[1]	5,40—10,99	—	Chlor	1,87— 3,07	3,49
Gesamt-Fleischbasen	11,17—14,00	—	Phosphorsäure . . .	4,60— 6,24	7,25
Kreatin, Kreatinin .	3,90— 6,60	—			Kali
Purinbasen	0,46— 1,84	—	Kaliumhydroxyd .	6,76— 8,82	8,98

Der Gehalt der Fleischextrakte an peptonähnlichen Stoffen bedingt den bitteren Geschmack; je niedriger der Gehalt hieran und je höher der Gehalt an Fleischbasen ist, um so heller sind sie nach Wright in der Farbe und um so höher werden die Fleischextrakte (wenigstens die Neuseeländer) geschätzt.

Eigentliche Verfälschungen kommen beim Fleischextrakt wohl kaum vor; dagegen befinden sich im Handel minderwertige Erzeugnisse, die entweder große Mengen Wasser enthalten oder einen Zusatz von Leim oder von Kochsalz oder von Pflanzenextrakten erfahren haben.

Als Gesichtspunkt für die chemische Untersuchung kommen in Betracht:

1. Bestimmung des Wassers;
2. Trennung und Bestimmung der einzelnen Stickstoff-Verbindungen, des Albumins, der Proteosen, Fleischbasen (besonders des Kreatins, des Kreatinins, der Xanthinbasen), des Leimes;
3. Bestimmung der in 80 proz. Alkohol löslichen Stoffe;
4. Bestimmung der Mineralstoffe (der Phosphorsäure, des Chlors, Kalis und Natrons).

Ausführung der chemischen Untersuchungsverfahren.

Der reine Liebigsche Fleischextrakt löst sich in der Regel ganz in kaltem Wasser. In diesem Falle löst man zweckmäßig 10—20 g von festem oder 25—50 g und mehr von flüssigem Fleischextrakt in kaltem Wasser, füllt damit auf ein bestimmtes Volumen (etwa 200 ccm), auf und verwendet davon aliquote Teile zur Bestimmung der einzelnen Bestandteile (des Wassers, bzw. der Trockensubstanz, des Stickstoffs, der einzelnen Stickstoff-Verbindungen, der Mineralstoffe usw.).

Verbleibt dagegen beim Behandeln mit kaltem Wasser ein unlöslicher Rückstand, so muß dieser für sich bestimmt und das auf ein bestimmtes Volumen aufgefüllte Filtrat in aliquoten Teilen zu den Bestimmungen verwendet werden.

Verdorbene Fleischextrakte geben durchweg eine trübe Lösung.

1. Unlöslicher Rückstand. Man sammelt den Rückstand auf einem vorher getrockneten und gewogenen Filter, wäscht genügend mit kaltem Wasser nach, trocknet, wäscht, verascht und wägt nochmals; man erfährt auf diese Weise Gesamtunlösliches und unlösliche Asche und aus der Differenz gesamte unlösliche organische Substanz. Soll in dem unlöslichen Rückstande auch Fett und Protein bestimmt werden, so muß man einen 2. Rückstand in derselben Weise auf einem Filter sammeln — dasselbe braucht nicht vorher getrocknet

[1]) Durch Fällen mit Tannin—Kochsalz nach Bigelow und Cook (S. 156) bestimmt.

[2]) Die Säure, die sehr hoch erscheint, wurde durch Auflösen von 0,5 g Fleischextrakt in 800 ccm Wasser und Titration mit $^1/_{10}$ N.-Kalilauge gegen Phenolphthalein bestimmt.

und gewogen zu werden — wäscht mit Wasser aus, trocknet das Filter mit Inhalt unter den üblichen Vorsichtsmaßregeln (d. h. Vermeidung oder Aufsammlung von ausfließendem Fett), bringt den Rückstand in den Soxhletschen Extraktionsapparat (I. Teil, S. 343) und sammelt das Fett in einem vorher gewogenen Kölbchen; den entfetteten Rückstand kann man samt Filter, dessen Stickstoff besonders ermittelt und abgezogen wird, zur Stickstoff-Bestimmung nach Kjeldahl (I. Teil, S. 240) verwenden. Gefundener N $\times$ 6,25 = Protein. Aus der Differenz von Gesamt-Unlöslichem minus (Mineralstoffe + Fett + Protein) läßt sich ermessen, ob und wieviel etwa unlösliche stickstofffreie Stoffe vorhanden sind.

Für die Bestimmung von Fett und Protein in dem unlöslichen Rückstand kann man auch statt durch ein Papierfilter ebenso zweckmäßig durch eine Asbestlage im Goochschen Tiegel filtrieren, den Rückstand samt Asbest trocknen — oder vorher mit Alkohol entwässern —, mit Äther ausziehen und dann samt Asbest in einen Kjeldahl - Kolben umfüllen. Man umgeht dann eine besondere Stickstoff-Bestimmung im Filter.

Vorstehendes Verfahren ist aber nur empfehlenswert, wenn die wässerigen Lösungen leicht filtrieren; bei schwer filtrierbaren Lösungen kann man zwar durch Saugpumpen unter Anwendung von Asbestfiltern (I. Teil, S. 455) unter Umständen eine genügend schnelle Filtration erreichen; am raschesten kommt man dann aber durchweg in der Weise zum Ziele, daß man von gleichen Mengen zwei Lösungen herstellt, von deren einer aliquote Teile nach jedesmaligem tüchtigen Durchschütteln ohne Filtration zur Bestimmung der einzelnen Bestandteile (Trockensubstanz, Stickstoff, Fett, Asche usw.) dienen, während die 2. Lösung durch ein trockenes Faltenfilter — bzw. Asbestfilter (I. Teil, S. 455) — filtriert wird und vom Filtrat gleiche aliquote Teile zur Bestimmung derselben Bestandteile verwendet werden. Die Differenz zwischen den in der unfiltrierten und filtrierten Lösung gefundenen Bestandteilen gibt die Menge der in unlöslicher Form vorhandenen Bestandteile.

2. Wasser. Wenn die Extrakte vollständig löslich sind, so verwendet man auch zur Wasserbestimmung einen aliquoten Teil der Lösung. Zu dem Zweck beschickt man eine Platinschale mit etwa 20 g Seesand oder einer entsprechenden Menge mäßig feingepulverten Bimssteins und mit einem kurzen, beiderseits zugeschmolzenen Glasröhrchen, glüht die Schale nebst Inhalt aus, läßt im Exsiccator erkalten und wägt. In diese Schale bringt man 20 ccm der Lösung, bzw. so viel, als etwa 1—2 g Trockensubstanz entspricht, dampft unter zeitweisem Umrühren mit dem Glasröhrchen im Wasserbade ein und trocknet bei 100—105° bis zur Gewichtsbeständigkeit. Genauere Ergebnisse dürften auch hier durch die Austrocknung im Vakuum und Wasserstoffstrom (I. Teil, S. 22) erhalten werden, weil auch die Fleischextrakte ebenso wie Pflanzenextrakte sich an der Luft bei 100° leicht zersetzen.

In letzterem Falle kann man auch verschließbare Trockenkölbchen anwenden; bei Anwendung von mit Sand usw. beschickten Platinschalen empfiehlt es sich, die Schalen vor und nach dem Wägen mit einem Uhrglase — selbstverständlich demselben — zu bedecken.

Auch kann man, besonders wenn der Extrakt in Wasser unlösliche Stoffe enthält, 2—4 g des Extraktes, die 1—2 g Trockensubstanz enthalten, nach gutem Durchmischen direkt in der mit geglühtem Sand usw. beschickten Platinschale abwägen, durch heißes Wasser im Sande verteilen und, wie angegeben, trocknen und deren Trockensubstanzgehalt ermitteln.

3. Gesamt-Stickstoff. 20 oder 25 ccm der Lösung (1—2 g Substanz entsprechend) werden in den Kjeldahl - Kolben gebracht, mit Schwefelsäure schwach angesäuert, über einer kleinen Flamme eingedunstet und nach I. Teil, S. 240 weiter behandelt. Oder man wägt 1—2 g des festen Extraktes in Stanniolschiffchen — bei flüssigen Extrakten 4—5 g in Glasbecherchen — ab und verfährt hiermit wie üblich (I. Teil, S. 240); oder wenn die Extrakte feste, unlösliche Stoffe enthalten, die sich nicht gleichmäßig verteilen lassen, so verfährt man mit einer größeren Menge Substanz (10—25 g) wie bei Fleisch S. 22 angegeben ist.

4. Die einzelnen Stickstoff-Verbindungen. Die Bestimmung der in kaltem Wasser unlöslichen Stickstoff-Verbindungen ist schon unter Nr. 1 angegeben. Zur Trennung und Bestimmung der in kaltem Wasser löslichen Stickstoff-Verbindungen verfährt man wie folgt:

a) Albumin. 25—50 ccm der Lösung (5—10 g Substanz entsprechend) werden, wenn sie noch nicht sauer reagieren, mit Essigsäure schwach angesäuert und gekocht. Scheidet sich hierbei Albumin in Flocken ab, so wird es entweder durch einen Goochschen Tiegel mit Asbestlage oder durch ein Papierfilter von bekanntem Stickstoffgehalt filtriert, mit heißem Wasser gewaschen und nach Kjeldahl verbrannt; gefundener N $\times$ 6,25 abzüglich des Filter-Stickstoffs ergibt die Menge des vorhandenen Albumins.

Wenn beim Kochen nur wenig Eiweißflocken sich abscheiden, so kann von ihrer quantitativen Bestimmung abgesehen und das Eiweiß (Albumin) den Proteosen zugerechnet werden.

b) Proteosen (Albumosen). Das Filtrat der Eiweißfällung oder 50 ccm der ursprünglichen Extraktlösung werden direkt, nachdem sie, um den Verbrauch einer sehr großen Menge Zinksulfat zu vermeiden, auf 30—40 ccm eingedunstet bzw. gebracht sind, nach A. Bömer (I. Teil, S. 258) mit feingepulvertem, krystallisiertem (nicht verwittertem) Zinksulfat[1]) im Überschuß unter öfterem Umrühren gefällt. Der 3—5 mal mit völlig gesättigter Zinksulfatlösung ausgewaschene Niederschlag wird in den Kjeldahl-Kolben gebracht und die an den Wandungen haftenbleibenden Teilchen der Fällung mit der zu verwendenden Schwefelsäure in den Kjeldahl-Kolben gespült. Etwa vorhandene größere Mengen Ammoniak müssen, wie dort angegeben ist, berücksichtigt werden. Der Liebigsche Fleischextrakt pflegt 5—9 % Proteosen zu enthalten.

Da die Proteosen den Proteinen noch nahestehen und Schwefel enthalten, so hat man auch noch die Menge des im Extrakt vorhandenen Schwefels (0,135—0,45%) als Maßstab für den Gehalt an Proteosen angesehen. Da aber K. Micko[2]) im Liebigschen Fleischextrakt 0,20% Taurin ($C_2H_4\langle{}^{NH_2}_{SO_3H}$ Aminoäthylensulfosäure), welches 31,70% Schwefel enthält, nachgewiesen hat, so entfällt nur ein Teil des Schwefels auf Proteosen. Über die Bestimmung des Schwefels vgl. S. 137 und I. Teil, S. 235.

K. Micko[3]) unterwarf die durch Zinksulfat ausgefällten Proteosen, die in der wasser- und aschenfreien Substanz 15,93% Gesamtstickstoff (mit 0,63% Stickstoff in Form von Ammoniak) enthielten und frei von Xanthin und Fleischbasen waren, der Hydrolyse mit konzentrierter Salzsäure und trennte die erhaltenen Aminosäuren nach dem von E. Fischer (I. Teil, S. 276) ausgearbeiteten Verfahren. Hierbei erhielt er auffallend viel Glykokoll, wie es vorwiegend bei der Hydrolyse des Leimes entsteht, z. B. auf je 100 Teile wasser- und aschenfreie Substanz im Vergleich zu Leim:

Substanz	Glykokoll %	Alanin %	Aminovaleriansäure %	Rac. α-Prolin %	Aktives α-Prolin %	Leucin %	Isoleucin %	Asparaginsäure %	Glutaminsaure %	Glutaminsäureanhydrid %	Phenylalanin %
Proteosen . .	9,70	2,23	0,65	0,56	1,24	2,11	0,22	1,93	1,86	1,08	0,51
Leim[4]) . . .	16,5	0,8	—	5,2		2,1	—	0,56	0,88	—	0,4

Trotz des ähnlichen Verhältnisses zwischen den Spaltungserzeugnissen von Proteosen und Leim ist Micko der Ansicht, daß der aussalzbare Teil des Fleischextraktes vorwiegend von Proteinstoffen herrührt; Leim als solcher ist im Fleischextrakt nicht vorhanden; es ist aber nicht ausgeschlossen, daß bei der Darstellung ein Teil des Fleischbindegewebes durch die vorhandene Säure (Milchsäure), in Acidglutin und Gelatose umgewandelt und als veränderter Leim den Proteosen beigemengt ist.

[1]) Zu 50 ccm Lösung gebraucht man etwa 70 g Zinksulfat.

[2]) Zeitschr. f. physiol. Chemie 1908, **56**, 180.

[3]) Zeitschr. f. Untersuchung d. Nahrungs- u. Genußmittel 1907, **14**, 253.

[4]) Nach den Untersuchungen von E. Fischer, Levene u. Anders (Zeitschr. f. physiol. Chemie 1902, **35**, 70).

Der nicht aussalzbare Teil des Fleischextraktes liefert durch Hydrolyse auch noch Monoaminosäuren, enthält also auch noch den Proteinen nahestehende Stoffe.

K. Mays gibt (l. c.) an, daß dem von ihm aus Liebigschem Fleischextrakt durch Magnesiumsulfat ausgesalzenen Körper verschiedene Reaktionen fehlen, die bei sonstigen Proteosen auftreten. Die rote Biuretreaktion schlage z. B. nicht so leicht ins Bläuliche um; der von ihm aus dem Fleischextrakt durch Aussalzen gewonnene Körper gebe nicht die Xanthoproteinreaktion, werde durch Essigsäure und Ferrocyankalium, durch neutrales und basisch-essigsaures Blei nicht gefällt, wie es bei den Proteosen der Fall ist. Diese Eigenschaften sprechen nach Mays eher für Glutin als Proteose. Dagegen stimmten die hydrolytischen Spaltungsprodukte (besonders die Menge an abgespaltenem Glykokoll und Pyrrolidincarbonsäure sowie das Fehlen von Glutaminsäure) nicht für Glutin. Die Natur des aussalzbaren Bestandteiles des Fleischextraktes ist hiernach noch nicht geklärt; vielleicht ist er ein Gemisch von Proteosen und Glutin.

*c) **Peptone.*** Sind neben den Proteosen auch Peptone vorhanden, so lassen sich diese durch Fällen mit phosphorwolframsaurem Natrium bestimmen. Die Bestimmung ist aber bei Vorhandensein von Fleischbasen nicht brauchbar, weil auch letztere zum bei weitem größten Teile durch phosphorwolframsaures Natrium gefällt werden. Man kann sich daher bei Fleischextrakten durchweg nur auf die qualitative Prüfung auf Peptone (I. Teil, S. 259) beschränken. J. König und A. Bömer[1]) haben indes nachgewiesen, daß reine Fleischextrakte kein oder nur Spuren von Pepton enthalten.

*d) **Leim.*** C. Karmrodt will seinerzeit im Liebigschen Fleischextrakt 10,40% Leim (mit 1,90% Stickstoff) nachgewiesen haben. E. Kemmerich[2]) gibt für ihn ebenfalls 6% Leim und 30% Eiweißstoffe an. Kemmerich verwendete für den Zweck eine fraktionierte Fällung mit verschieden starkem Alkohol, sowie die Fällung durch Ammonsulfat und phosphorwolframsaures Natrium und ging von der Annahme aus, daß, wenn auch nicht genau, so doch praktisch ausreichend gefällt werden:

1. Gelatine durch 50—60 proz. Alkohol,
2. Albumosen, Proteosen, durch 80 proz. Alkohol,
3. Peptone nur durch stärksten, über 90 proz. Alkohol.

Die durch Behandlung mit 80 und 90 proz. Alkohol erhaltenen Ergebnisse wurden durch Fällen mit Ammonsulfat und phosphorwolframsaurem Natrium nachgeprüft, und die schlechte Übereinstimmung durch allerlei unmaßgebliche Voraussetzungen zu erklären versucht. Auch A. Stutzer[3]) hat unter Anwendung eines sehr umständlichen Verfahrens — Eiskühlung usw. — Alkohol zum Fällen von Pepton, Albuminosen sowie Leim vorgeschlagen. Wir haben indes durch Alkoholfällung keine richtigen und mit Kemmerichs Angaben keine übereinstimmenden Ergebnisse erhalten und ebenso wie kein oder nur Spuren von Pepton, so auch kein Albumin und keinen Leim oder nur in Spuren in reinen Fleischextrakten nachweisen können. Da Leim ebenso wie die Proteosen durch Zinksulfat gefällt wird, so müßte die Zinksulfatfällung ihn mit einschließen. Aber auch E. Beckmann[4]) konnte im Liebigschen Fleischextrakt nur höchstens 0,5% Albumin + Leim (d. h. Formalinfällung) feststellen. E. Beckmann bereitet eine kalte wässerige Lösung von 5—10 g Extrakt, bringt auf 200 ccm, bestimmt in 100 ccm unter ev. Ansäuern mit Essigsäure durch Kochen das Albumin, während die andere Hälfte mit Formalin versetzt und auf dem Wasserbade eingedunstet wird. Nach kurzem Aufkochen des Rückstandes mit Wasser sammelt man den unlöslichen Teil im Goochschen Tiegel, wäscht mit Wasser und trocknet bei 100°. Nach Abzug der Menge des etwa gefundenen Albumins erfährt man die Menge der Gelatine.

---

[1]) Zeitschr. f. analyt. Chemie 1895, **34**, 548.

[2]) Ebendort 1894, **18**, 409.

[3]) Zeitschr. f. analyt. Chemie 1892, **31**, 501; 1895, **34**, 372 u. 568.

[4]) Forschungsberichte über Lebensmittel 1894, **1**, 423.

Wir haben dieses Verfahren in der verschiedensten Weise nachgeprüft[1]) und gefunden, daß die Lösung, wenn der Leim durch Formalin einigermaßen quantitativ abgeschieden werden soll, vor dem Eindunsten mit Formalin einige Zeit stehen muß und die Abscheidung des Leimes gefördert wird, wenn Baumwolle mit der Leimlösung getränkt und nach der Beobachtung von G. Heuser[2]) öfters mit Formalin betröpfelt wird, längere Zeit stehen bleibt und dann eingetrocknet wird. Aber auf diese Weise wird auch ein Teil der Proteosen unlöslich abgeschieden bzw. durch nachfolgendes Kochen nicht wieder gelöst, so daß eine Trennung des Leimes von Proteosen nicht möglich erscheint. In demselben Sinne sprechen sich auch Bigelow und Cook[3]) gegen das Beckmannsche Verfahren aus.

Vamvakas[4]) hat zur Abscheidung von Leim in Obstgelees und Marmeladen Nesslers Reagens in weinsaurer Lösung empfohlen, wodurch nur der Leim, nicht aber die Dextrine, Zucker usw. gefällt werden. Das trifft zwar zu, aber Proteine und Proteosen werden nach unseren Untersuchungen durch dieses Reagens ebenfalls gefällt, so daß es für die Bestimmung des Leimes in Fleischextrakt- und ähnlichen Lösungen keine Anwendung finden kann. Für die Fruchtsäfte hat aber das Reagens ebenfalls keine Bedeutung, weil hierin der Leim nach A. Bömer[5]) ebenso einfach auch durch Fällen der wässerigen Lösung mit Alkohol bestimmt werden kann.

F. Obermayer[6]) gibt an, daß Leim (Glutin) durch Trichloressigsäure im Überschuß vollständig gefällt werden kann, während Albumin- und Leimpepton durch Trichloressigsäure schon in geringem Überschuß des Fällungsmittels wieder gelöst werden sollen. Wir haben indes gefunden, daß Albumin und Proteosen durch überschüssige Trichloressigsäure — auf 0,25 g Substanz 30 ccm einer 10 proz. Lösung — nur unvollständig, Leimlösung aber gar nicht gefällt wird; mit einem sehr großem Überschuß des Fällungsmittels entsteht bei Leimlösung nur eine Trübung aber keine Fällung.

Dagegen geben nach unseren Beobachtungen die Eigenschaften des Leimes, mit Quecksilberchlorid in neutraler Lösung, keine Fällung, dagegen mit Quecksilberjodid in alkoholischer oder Acetonlösung — im Gegensatz zu den Proteosen — eine Fällung zu liefern, Mittel zur annähernden quantitativen Bestimmung, mindestens zum qualitativen Nachweis des Leimes ab. Man scheidet in einer Lösung (25—50 ccm) von Fleischextrakt, oder Fleischsaft, oder Proteosen, oder Pepton — etwa 0,2 bis 0,3 g Substanz entsprechend — durch Kochen zunächst etwaiges Albumin ab, fällt Proteosen + Leim mit Zinksulfat in vorstehender Weise (S. 126) und bestimmt beide, d. h. den Gesamtstickstoff darin, zusammen. In einer 2. Probe löst man den Zinksulfat-Niederschlag in Wasser wieder auf; erwärmt auf 50° und versetzt mit nicht ganz dem gleichen Volumen[7]) einer kaltgesättigten (etwa 6 proz.) Quecksilberchloridlösung. Der auf diese Weise sich abscheidende flockige Niederschlag wird — im Goochschen Tiegel mit Asbestlage — sofort filtriert und nach Kjeldahl verbrannt. Ist die gefundene Menge Stickstoff annähernd[8]) gleich der im Zinksulfat-Niederschlage gefundenen Menge, so ist kein Leim anzunehmen, ist dagegen die Differenz erheblich, so ist die Anwesenheit von Leim wahrscheinlich.

In letzterem Falle kann die Fällung mit Quecksilberjodid zur Erhärtung des Ergebnisses dienen. Man fällt eine dritte Probe der Lösung mit Zinksulfat, löst den Nieder-

---

[1]) Vgl. Greifenhagen, König u. Scholl, Biochem. Zeitschr. 1911, **35**, 217.

[2]) Münch. mediz. Wochenschr. **40**, 567.

[3]) Bigelow u. Cook, Meat Extracts and Similar Preparations. U. S. Departement of Agriculture. Bureau of Chemistry. Bulletin No. 114, 1908, S. 35.

[4]) Ann. chim. analyt. 1907, **12**, 58.

[5]) Chem.-Ztg. 1895, **19**, 553.

[6]) Zeitschr. f. analyt. Chemie 1890, **29**, 114.

[7]) Die Konzentration der Quecksilberchloridlösung darf nicht ganz halbe Sättigung erreichen, weil infolge Leimausscheidung die über der Fällung stehende Flüssigkeit trübe wird.

[8]) Die Proteosen werden durch das Quecksilberchlorid nicht ganz quantitativ gefällt.

schlag von Proteosen + Leim wieder auf und fällt die Lösung mit Quecksilberjodidlösung in Alkohol bzw. Aceton entweder in der Weise, daß man die halbgesättigte alkoholische Quecksilberjodidlösung mit dem gleichen Volumen Wasser verdünnt, den entstehenden Niederschlag durch Kochen wieder in Lösung bringt, hierzu die Lösung des Zinksulfat-Niederschlages setzt, die Mischung abkühlt und womöglich kurze Zeit auf Eis stellt; oder man versetzt, wenn man eine Lösung von Quecksilberjodid in Aceton anwendet, die Substanzlösung zweckmäßig mit Kaolin, schüttelt durch und fügt tropfenweise $^1/_{10}$ der Lösung an gesättigter Quecksilberjodidlösung in Aceton hinzu. Auf diese Weise erhält man flockige Niederschläge, die zweckmäßig sofort durch einen Gooch - Tiegel mit Asbestlage filtriert werden. Man kann in dem Niederschlage, wie üblich, den Stickstoff bestimmen. Weil sich derselbe aber wegen der schleimigen Beschaffenheit mit der Fällungsflüssigkeit nicht gut auswaschen läßt, so bringt man entweder die ganze Mischung oder das Filtrat auf ein bestimmtes Volumen und bestimmt in einem abgemessenen Teil des Filtrats durch Eindunsten den Stickstoff nach Kjeldahl. Enthält der Niederschlag größere Mengen Stickstoff oder ist die Differenz zwischen dem Gesamtstickstoff im Zinksulfat-Niederschlage und dem im Filtrat enthaltenen Stickstoff erheblich, so wird hierdurch das durch Quecksilberchlorid erhaltene Ergebnis bestätigt und ist die Anwesenheit von Leim als erwiesen anzunehmen.

Mehr als ein qualitativer Nachweis und eine annähernde quantitative Bestimmung des Leimes nach diesem Verfahren zu erbringen, ist aber bis jetzt nicht möglich.

M. Berrár[1]) macht einen anderen Vorschlag zur quantitativen Trennung des Leimes von den Proteinen, der auf der Löslichkeit des durch Pikrinsäure hervorgerufenen Niederschlages in warmer alkoholischer Pikrinsäure - Lösung beruht und, falls er sich allgemein bewährt, sehr einfach ist. Man fällt die Proteine + Leim mit gesättigter wässeriger Pikrinsäurelösung bei 8°, läßt 12 Stunden stehen, filtriert den Niederschlag und behandelt ihn genügend mit Quecksilberjodid-Jodkaliumlösung, um die überschüssige Pikrinsäure vollständig zu entfernen und bestimmt darin den Gesamt-Stickstoff nach Kjeldahl, nachdem man ihn vorher behufs Reduktion der Pikrinsäure mit etwa 1 g Eisenpulver, 5 ccm Essigsäure und 20 ccm konzentrierter Schwefelsäure und etwas Kupfersulfat behandelt hat. Eine zweite Probe wird in derselben Weise mit wässeriger Pikrinsäure gefällt, der Niederschlag mit 40° warmer alkoholischer Pikrinsäurelösung (1 Teil gesättigte wässerige Pikrinsäurelösung + 4 Teile Alkohol) behandelt, — wodurch nur pikrinsaurer Leim, nicht aber die pikrinsauren Verbindungen von Albumin, Casein, Mucin, Albumosen und Peptonen gelöst werden —, und darauf wird mit Quecksilberjodid-Jodkaliumlösung ausgewaschen. Ebenso zweckmäßig dürfte es sein, die zweite Probe von vornherein mit der doppelten Menge der alkoholischen Pikrinsäurelösung von 40° zu fällen und den Niederschlag wie angegeben auszuwaschen. Man bestimmt in dem rückständigen Niederschlag wie vorhin den Stickstoff und erhält aus der Differenz der ersten und letzten Stickstoffmenge den Stickstoffgehalt des Leimpikrates. Da je 10 Leim-Stickstoff 1 Mol. Pikrinsäure binden, so sind in je 13 Teilen Stickstoff des Leimpikrates 10 Teile Leim-Stickstoff enthalten; man erhält also durch Multiplikation des Leimpikratstickstoffs mit 0,7692 den Leim-Stickstoff und hieraus durch Multiplikation mit 5,555 den Leim.

*e) **Ammoniak.*** Während Albumin, Leim und Pepton durchweg nur in geringen, zu vernachlässigenden Mengen in den Fleischextrakten vorhanden sind, darf die meistens vorhandene Menge Ammoniak um so weniger vernachlässigt werden, als sie uns über die Art des verwendeten Fleisches bzw. der Verarbeitung Aufschluß geben kann; denn je höher der Ammoniakgehalt eines Fleischextraktes ist, um so weniger spricht er für seine Güte. Wir fanden in Fleischextrakten (bei einem flüssigen) 0,09 %, (bei einem festen) bis 0,47% Stickstoff in Form von Ammoniak.

---

[1]) Biochem. Zeitschr. 1912, **47**, 189.

Zur Bestimmung des Ammoniaks destilliert man einen Teil der wässerigen Lösung (3 bis 5 g Substanz entsprechend) mit frisch gebrannter Magnesia oder mit Kalkmilch oder richtiger nach einem der unter Nr. 2, I. Teil, S. 261 angegebenen Verfahren.

f) Fleischbasen. Der in dem Filtrat von der Zinksulfatfällung (unter b) durch phosphorwolframsaures Natrium erhaltene Niederschlag schließt fast nur die Fleischbasen ein. König und Bömer (l. c.) konnten nach 8—9tägigem Stehen 90%, Baur und Barschall[1]) bei zweitägigem Stehen rund 80% des Gesamtstickstoffs vom Fleischextrakt durch einen großen Überschuß des Reagenzes abscheiden. Nach König und Bömer soll man die 9—10fache Menge Phosphorwolframsäure auf 1 Teil zu fällenden Stickstoffs verwenden. Sie verwenden auf je 1 g Extrakt 75 ccm Phosphorwolframsäurelösung[2]), die im Liter 155 g Wolframsäure enthält, und ferner so viel Schwefelsäure, daß die Lösung etwa 1,5 normal an Schwefelsäure ist. Baur und Barschall verfahren in der Weise, daß sie 1 g Liebigschen Fleischextrakt in 100 ccm Wasser mit 7 g reiner Schwefelsäure lösen, 100 ccm Phosphorwolframsäure (bestehend aus 75 ccm Natriumphosphorwolframatlösung und 25 ccm verdünnter Schwefelsäure 1 + 3) hinzufügen und 2 Tage stehen lassen.

Für die Trennung der Fleischbasen haben K. Micko und Fr. Kutscher ausführliche Verfahren angegeben, welche im I. Teil, S. 314 und 321 beschrieben sind. Das Verfahren von Fr. Kutscher hat R. Engeland[3]) ergänzt, worauf verwiesen werden möge.

g) Isolierung des Kreatinins. Der wesentlichste Bestandteil der Fleischbasen ist das Kreatin bzw. das aus ihm beim Eindampfen sich bildende Kreatinin. Im I. Teil, S. 316 ist schon angegeben, wie Baur und Barschall die Jafféscheche Reaktion zur quantitativen Bestimmung des Kreatinins im Fleischextrakt benutzen. Grindley und ebenso L. Geret[4]) empfehlen, statt der im I. Teil, S. 316 angegebenen Mengen auf 10 mg Kreatinin (präformiertes) 10 ccm Natronlauge und 15 ccm Pikrinsäure zu verwenden. Für die Bestimmung des Gesamt-Kreatinins soll man die etwa 40 mg hiervon enthaltende Lösung auf 10 ccm eindunsten, mit 10 ccm N.-Salzsäure versetzen, im Autoklaven 30 Minuten bei 117—119° C dämpfen, dann auf 100 ccm verdünnen und davon 25 ccm (= etwa 10 mg Gesamt-Kreatinin) mit 30 ccm Pikrinsäurelösung und 10 ccm Natronlauge versetzen. Albumosen und Leim beeinträchtigen die Bestimmung nicht wesentlich. Ein höherer Gehalt an Gesamt-Kreatinin aber kann vorgetäuscht werden, wenn sich beim Dämpfen mit Salzsäure aus gleichzeitig vorhandenem Zucker Caramel gebildet hat. Man soll dann nach der Inversion mit gereinigter Tierkohle behandeln. K. Micko[5]) hat aber noch ein anderes Verfahren — allerdings ein sehr umständliches — ausgearbeitet, um das Kreatinin in Substanz rein zu gewinnen und die Frage zu entscheiden, ob Suppenwürzen oder andere Handelspräparate Fleischextrakt überhaupt enthalten, da es mit Hilfe des Verfahrens gelang, in Würzen noch Fleischextrakt nachzuweisen, wenn er in Mengen von nur einigen Gramm in 100 g Würze vorhanden war. Micko verfährt wie folgt:

Eine wässerige Lösung von 10 g Liebigschem Fleischextrakt wird bei Zimmertemperatur mit so viel Bleiessig versetzt, daß kein Niederschlag mehr entsteht und das Ganze bis zu 1 l mit Wasser verdünnt. Nach mehrstündigem ruhigen Stehen wird die Flüssigkeit, und zwar ohne den Filterrückstand mit Wasser nachzuwaschen, filtriert, das Filtrat nach Zusatz von Salzsäure auf dem Wasserbade eingedampft, das ausgeschiedene Chlorblei abfiltriert, mit kaltem Wasser nachgewaschen, das nunmehr erhaltene Filtrat eingeengt und mit dem mehrfachen Volumen heißen

---

[1]) Arbeiten a. d. Kais. Gesundheitsamte 1906, **24**, 552.

[2]) Man löst 120 g phosphorsaures und 200 g wolframsaures Natrium mit Wasser zu 1 l. Oder man löst 155 g Wolframsäure mit 23 g NaOH, gibt dazu 120 g phosphorsaures Natrium und füllt auf 1 l auf. Die Wolframsäure muß frei von Ammoniak sein.

[3]) Zeitschr. f. Untersuchung d. Nahrungs- u. Genußmittel 1908, **16**, 658.

[4]) Ebendort 1912, **24**, 570.

[5]) Ebendort 1910, **19**, 426.

Alkohols vermischt. Das Blei scheidet sich während des Abkühlens bei angemessenem Überschuß von Salzsäure vollständig ab. Das bleifreie Filtrat wird behufs Verjagung des Alkohols und der überschüssigen Salzsäure ganz eingedampft, der Rückstand mit etwa 80—100 ccm Wasser aufgenommen, die mit Natronlauge vorher neutralisierte Flüssigkeit mit 10 ccm einer Lösung von 200 g pulverigem Natriumbisulfit in 1 l Wasser und mit ebensoviel einer Lösung von 130 ccm Kupfersulfat in 1 l Wasser versetzt, aufgekocht, nach ruhigem Stehen bis zum Abkühlen auf Zimmertemperatur wird der Niederschlag abfiltriert und mit kaltem, aber vorher ausgekochtem Wasser gewaschen.

Aus dem von Xanthinbasen befreiten Filtrat wird die schweflige Säure durch Zusatz von Salzsäure und Eindampfen auf dem Wasserbade vertrieben und hernach das Kupfer mit Schwefelwasserstoff gefällt. Das kupferfreie Filtrat enthält große Mengen Chloralkalien, deren Hauptmenge sich durch Behandeln des Abdampfrückstandes mit heißem Alkohol und durch Filtration der erkalteten Flüssigkeit beseitigen läßt. Mit dem Abdampfrückstand des neuerlichen Filtrates wird derselbe Vorgang wiederholt, so daß zum Schlusse nur noch verhältnismäßig kleine Mengen Alkalien vorhanden sind. Die Salzrückstände müssen so lange mit Alkohol gewaschen werden, bis sie keine oder nur mehr eine geringe Reaktion nach Jaffé geben.

Der erhaltene Sirup wird mit etwa 50 ccm verdünnter Schwefelsäure (1 : 3) und mit so viel 30 proz. Phosphorwolframsäurelösung versetzt, bis kein Niederschlag mehr entsteht, und der Niederschlag nach zweitägigem Stehen abfiltriert. Als Waschflüssigkeit dient eine stark verdünnte, mit Schwefelsäure angesäuerte Phosphorwolframsäurelösung. Der Niederschlag wird bis zum Nachlassen der stärkeren Chlorreaktion im Filtrat gewaschen, hernach mit Hilfe der Luftpumpe abgesaugt, in heißem Wasser aufgeschwemmt und unter ständigem Umrühren mit so viel heißer gesättigter Bariumhydroxydlösung versetzt, daß das Bariumhydroxyd in mäßigem Überschuß vorhanden ist. Die alkalische Reaktion muß bestehen bleiben. Wird sie nur sehr schwach oder verschwindet sie gar, dann muß von neuem Bariumhydroxydlösung zugesetzt werden. Ein großer Überschuß an Bariumhydroxyd ist zu vermeiden, da sonst ein Verlust an Kreatinin bzw. an Kreatin eintreten könnte. Der Niederschlag wird abfiltriert, mit heißem Wasser gewaschen, das Filtrat mit verdünnter Schwefelsäure neutralisiert, wobei das überschüssige Bariumhydroxyd ausfällt, und die neutrale Flüssigkeit bis zur Sirupdicke eingedampft. Zur Überführung des gleichzeitig vorhandenen Kreatins, welches sich durch die Einwirkung des Bariumhydroxyds aus einem Teil des Kreatinins gebildet hat, in Kreatinin löst man den Sirup in etwa 10—15 ccm $^1/_2$ N-Schwefelsäure und 50 ccm Wasser auf, dampft die Lösung auf dem Wasserbade ein, nimmt den Rückstand mit etwa 50 ccm Wasser auf und dampft die Flüssigkeit abermals ein. Der Sirup wird mit Hilfe von möglichst wenig Wasser in einen Kolben gebracht, die konzentrierte Lösung mit heißem Alkohol vermischt, das Ganze bis zum nächsten Tag stehen gelassen, die klare Flüssigkeit von dem Ungelösten abgegossen, der Alkohol durch Destillation verjagt, der Destillationsrückstand abermals mit heißem Alkohol vermischt und weiter in derselben Weise behandelt wie vorher. Die in dem sauren Alkohol unlöslichen Anteile des Sirups enthalten kleine Mengen Kreatinin eingeschlossen. Um die letzteren in die alkoholische Lösung überzuführen, werden die am Boden der Kolben festklebenden Rückstände mit Hilfe von möglichst wenig Wasser gelöst und hierauf mit siedend heißem Alkohol vermengt. Am nächsten Tage gießt man die klare alkoholische Flüssigkeit ab, vereinigt sie mit dem die Hauptmenge des Kreatinins enthaltenden alkoholischen Auszuge, destilliert den Alkohol ab, nimmt den Rückstand mit etwa 25—30 ccm Wasser auf, erhitzt die Lösung zum Sieden, setzt Bleihydroxyd hinzu, bis die Flüssigkeit eine deutlich alkalische Reaktion angenommen hat, und verdünnt die Mischung mit dem mehrfachen Volumen heißen Alkohols. Die nach mehrstündigem ruhigen Stehen filtrierte Flüssigkeit ist frei von Schwefelsäure und Salzsäure, enthält aber gelöstes Blei, welches nach dem Abdestillieren des Alkohols aus der wässerigen Lösung des Destillationsrückstandes mit Schwefelwasserstoff ausgefällt wird.

Der nach dem Eindampfen der bleifreien Flüssigkeit erhaltene Sirup erstarrt in der Regel zu einer krystallinischen Masse; sie wird mit etwa 30—40 ccm Pikrinsäurelösung (1,2 proz.) aufgenommen. Das Reiben mit einem Glasstab an den Wandungen der Glasschale fördert wesentlich die Ausscheidung des Kreatininpikrats. Am nächsten Tage wird das ausgeschiedene Kreatininpikrat abfiltriert, das Filtrat im Vakuum bis zur Sirupdicke eingedampft, der Rückstand wieder mit Pikrinsäurelösung aufgenommen und die ganze Operation so lange wiederholt, bis die Menge des ausfallenden Kreatininpikrats nur noch gering ist.

Das Sättigen der Lösung des kreatininhaltigen Sirups bzw. seiner Lösung mit fester Pikrinsäure ist nicht anzuraten. Dieser Sirup löst nämlich die Pikrinsäure anfänglich in auffällig großer Menge auf, die sich bei weiterem Arbeiten als lästig fühlbar macht.

Das zu einem Ganzen vereinigte Pikrat wird mit verdünnter Salzsäure erwärmt, die frei gewordene Pikrinsäure durch Schütteln der noch heißen Flüssigkeit mit Toluol beseitigt und die wässerige Lösung des salzsauren Kreatinins behufs Verjagung der überschüssigen Salzsäure eingedampft. Die wässerige und mit ein wenig Tierkohle vollständig entfärbte Lösung bringt man durch Einengen zur Krystallisation, übergießt nach dem Abkühlen die feuchte Krystallmasse mit einem Gemisch von $^1/_3$ Aceton und $^2/_3$ absolutem Alkohol, sammelt das ungelöst gebliebene Salz rasch auf einem Filter und wäscht es mit demselben Gemisch nach. Im Filtrat befindet sich noch ein kleiner Teil des salzsauren Kreatinins, welches hauptsächlich durch das der Krystallmasse anhaftende Wasser in Lösung gehalten wird. Der Rest des Salzes kann durch Eindampfen des Filtrats und Behandeln des krystallinisch erstarrten Rückstandes mit dem erwärmten Gemisch von Aceton und absolutem Alkohol gewonnen werden. Eine einmalige Umkrystallisation aus Wasser genügt, um das Präparat völlig analysenrein zu bekommen.

Der Schmelzpunkt des bei 100° getrockneten salzsauren Kreatinins liegt in geschlossener Capillare bei 243—244°; an Stickstoff verlangt salzsaures Kreatinin 28,09%.

Aus 10 g Fleischextrakt konnte Micko auf diese Weise rund 0,4 g salzsaures Kreatinin gewinnen.

h) Aminosäuren. Nach Abzug des Stickstoffs in Form von Proteosen und Basen verbleibt in dem Fleischextrakt noch eine größere oder geringere Menge Stickstoff in Form von Aminosäuren, welche sich in ihrer Gesamtmenge nach Baur und Barschall (l. c.) im Filtrat des Phosphorwolframat-Niederschlages durch Fällen mit dem von E. Fischer und Bergell[1]) für diesen Zweck vorgeschlagenen β-Naphthalinsulfochlorid ($C_{10}H_7 \cdot SO_2 \cdot Cl$) bestimmen lassen. Die Reaktion verläuft z. B. für Glykokoll-Natrium nach folgender Gleichung:

$$CH_2 \cdot NH_2 \cdot COONa + C_{10}H_7 \cdot SO_2 \cdot Cl + NaOH = CH_2 \cdot NH \cdot SO_2 \cdot C_{10}H_7 \cdot COONa + NaCl + H_2O\,.$$

Man löst den Fleischextrakt (oder Pepton usw.) in Wasser (etwa 1 : 10), säuert mit Schwefelsäure an, setzt auf 15 g Extrakt oder 10 g Pepton 125 ccm Natriumphosphorwolframatlösung zu, welche einen Zusatz von 45 ccm verdünnter Schwefelsäure (1 : 3) erfahren hat, und läßt mindestens 2 Tage stehen. Dann wird filtriert und mit verdünnter Schwefelsäure ausgewaschen; das Filtrat wird neutralisiert und weiter auf je 1 l mit 4 g Natriumhydroxyd versetzt — die Lösung muß höchstens $^1/_{10}$ N-Alkali entsprechen. — Von dem sich etwa abscheidenden Calciumphosphat wird das Filtrat mit 150 (bzw. 300) ccm 5proz. ätherischer Lösung von β-Naphthalinsulfochlorid versetzt und 18 Stunden lang geschüttelt[2]). Hierauf wird vom Äther abgetrennt, mit Salzsäure übersättigt und einen Tag stehen gelassen. Der entstandene Niederschlag wird auf einem Filter von bekanntem Stickstoffgehalt gesammelt, das Filtrat nötigenfalls bis zur gänzlichen Klärung mit Äther ausgezogen, der Ätherrückstand mit dem Niederschlage vereinigt und das Ganze nach Kjeldahl verbrannt. Die erhaltenen Werte für Aminostickstoff werden schließlich für die in Lösung verbliebene Menge, nämlich 0,002 g N auf je 100 ccm, korrigiert. Baur und Barschall fanden auf diese Weise 0,69—0,96% Aminostickstoff im Fleischextrakt.

[1]) Berichte d. Deutschen chem. Gesellschaft 1902, **35**, 3779.

[2]) Bei diesem Schütteln setzt sich mitunter ein schmieriges Öl ab, welches sich mit Natronlauge emulgiert und beim Ansäuern sich wieder flockig ausscheidet. Die Menge des darin enthaltenen Stickstoffs beträgt etwa $^1/_4$ des aus der wässerigen Schicht mit Salzsäure fällbaren Aminosäuren-Stickstoffs. Die Verf. halten dieses Öl für eine Naphthalinsulfoverbindung des Methylamins und seiner Homologen.

Auch das Formolverfahren von S. P. L. Sörensen[1]) leistet für die Bestimmung der Aminosäuren in tierischen und pflanzlichen Säften gute Dienste, obschon es vorwiegend zur Bestimmung der Aminosäuren im Harn vorgeschlagen ist. Das Verfahren beruht darauf, daß die basische Aminogruppe in den Aminosäuren durch Formaldehyd eine solche Änderung erfährt, daß die vorher fast neutrale Aminosäure deutlich sauer wird. Die Reaktion verläuft z. B. für Glykokoll nach der Gleichung

$$\underset{\text{neutral}}{CH_2 \cdot NH_2 \cdot COOH} + CH_2O = \underset{\text{sauer}}{CH_2 : N \cdot CH_2 \cdot COOH} + H_2O.$$

Das Verfahren ist daher nur für neutrale Aminoverbindungen anwendbar. Viele Aminosäuren reagieren aber nicht ganz neutral, sondern z. B. gegen Phenolphthalein sauer.

Andererseits sind Formolverbindungen als ziemlich schwache Säuren in wässeriger Lösung stark ionisiert, so daß man mit Phenolphthalein weiter als bis zur beginnenden Rötung zu titrieren hat. Ferner verhalten sich Ammoniumsalze, deren Ammoniak durch Formol in Hexamethylentetramin verwandelt wird, analog den Aminosäuren. Schließlich wirken bei der Titration schwache anorganische Säuren wie Kohlensäure, Phosphorsäure störend.

Alle diese Störungen kann man aber ausschalten, wenn man etwa in folgender Weise verfährt:

50 ccm der zu untersuchenden Flüssigkeit[2]) werden in einem Kolben von 100 ccm mit 1 ccm 0,5 proz. Phenolphthaleinlösung und 10 ccm 20 proz. Bariumchloridlösung versetzt. Hierauf wird gesättigte Barytlauge bis zur Rotfärbung und dann noch ein Überschuß von etwa 5 ccm zugefügt. Nach dem Auffüllen auf 100 ccm läßt man alsdann 15 Minuten stehen und filtriert durch ein trockenes Filter.

50 ccm des rotgefärbten Filtrates neutralisiert man genau gegen Lackmuspapier (bis zur violetten Farbe)[3]). Diese dienen zur Formoltitration.

Erforderliche Lösungen:

1. $^1/_5$ N.-Baryt- oder Natronlauge (carbonatfrei);
2. $^1/_5$ N.-Salzsäure;
3. 0,5 g Phenolphthalein in 10 ccm Alkohol (50%);
4. 30—40 proz. Formollösung bis schwach Rosafärbung mit Phenolphthalein neutralisiert.
5. Vergleichslösung: 50 ccm ausgekochtes Wasser werden mit 20 ccm Formol und 5 ccm $^1/_5$ N.-Natronlauge sowie 1 oder 2 ccm Phenolphthaleinlösung versetzt und mit $^1/_5$ N.-Salzsäure schwach rosa titriert; dann werden noch 3 Tropfen Barytlauge zugegeben, so daß starke Rotfärbung eintritt.

Titration der Aminosäurenlösung: 50 ccm obiger Aminosäurenlösung werden, nachdem man 20 ccm Formol zugefügt hat, bis zur Farbstärke der Vergleichslösung titriert; dann werden noch einige Kubikzentimeter Lauge zugegeben, und wird soviel $^1/_5$ N.-Salzsäure zugesetzt, daß die Farbe schwächer als die Vergleichslösung erscheint. Schließlich wird wieder $^1/_5$ N.-Lauge zugefügt, bis die Farbe wieder erreicht ist. Der Formolstickstoff berechnet sich aus der Gleichung:

$$N = (^1/_5 \text{ N.-NaOH} - {}^1/_5 \text{ N.-HCl}) \cdot 2{,}8 \text{ mg}.$$

Man kann die Titration zur Kontrolle mit etwa 25 oder 30 ccm des Restes des wie oben beschriebenen gewonnenen Filtrates wiederholen, hat dann aber auch die Vergleichslösung auf dieses Volumen einzustellen[4]).

---

[1]) Biochem. Zeitschr. 1908, 7, 45; vgl. auch C. Neuberg, Der Harn. Berlin 1911, I, 574ff.

[2]) Ist diese stark konzentriert, so nimmt man entsprechend weniger und umgekehrt.

[3]) Der Farbenumschlag bei Lackmus ist nicht sehr scharf, ein Umstand, der eine gewisse Ungenauigkeit des Verfahrens bedingt; doch zeigten für die vorliegenden Zwecke die Resultate hinreichende Übereinstimmung.

[4]) Eine bessere Kontrolle gewährt aber eine Wiederholung des ganzen Verfahrens mit 50 ccm der ursprünglichen Lösung.

Ist Ammoniak vorhanden, so muß dieses nach einer der bekannten Methoden für sich bestimmt und dessen Stickstoff vom Aminosäuren-Stickstoff in Abrechnung gebracht werden. Oder man versetzt in einem 100-ccm-Kölbchen 50 ccm der Flüssigkeit mit Bariumchlorid und Bariumhydroxyd, füllt auf 100 ccm auf, entnimmt 80 ccm (= 40 ccm ursprünglicher Lösung) und treibt das Ammoniak im Vakuum aus. Den Rückstand im Kolben bringt man mit etwas Salzsäure in Lösung, leitet unter Evakuierung kohlensäurefreie Luft durch, neutralisiert genau, zuerst mit kohlensäurefreier Natronlauge unter Benutzung von empfindlichem Lackmuspapier bis zur schwachroten Farbe, und zuletzt mit $^1/_5$ N.-Salzsäure bis zur neutralen Reaktion. In der ammoniakfreien Lösung werden die Aminosäuren wie vorstehend bestimmt.

K. Micko bestimmte auch die einzelnen Arten der Aminosäuren, und zwar einerseits der fertig gebildeten[1]), andererseits der durch Hydrolyse entstehenden Aminosäuren in der durch Zinksulfatfällung von Proteosen befreiten Fleischextraktlösung[2]).

α) Die durch Hydrolyse des von Proteosen befreiten Anteiles des Fleischextraktes entstehenden Aminosäuren. Das Filtrat von der Zinksulfatfällung wurde, um das Zinksulfat und sonstige krystallisierende Salze zu entfernen, mit ammoniakalischem Alkohol ausgezogen, durch Fällen mit Bleiessig, Behandeln mit Schwefelwasserstoff usw. tunlichst von allen störenden Verbindungen befreit und zuletzt mit der 4fachen Menge Salzsäure 12 Stunden am Rückflußkühler gekocht. Die gekochte Flüssigkeit wurde durch Eindampfen von Salzsäure befreit, mehrere Wochen im Eisschrank stehen gelassen und durch Phosphorwolframsäure von Basen befreit. Die überschüssige Phosphorwolframsäure wurde durch Bariumhydroxyd, letzteres durch Kohlensäure, entfernt und das Filtrat eingedampft; beim Behandeln des Abdampfrückstandes mit salzsaurem Alkohol blieb neben Salzen Taurin ungelöst, während aus dem Filtrat Glykokoll, Alanin, Leucin, Asparaginsäure und Glutaminsäure gewonnen werden konnten. Die Menge der so erhaltenen Monoaminosäuren war aber nur gering, weshalb K. Micko weiter untersuchte, ob diese als solche im ursprünglichen Fleischextrakt vorhanden seien.

β) Fertig gebildete Monoaminosäuren im Fleischextrakt. Für ihren Nachweis wurde der Fleischextrakt in Wasser und verdünnter Schwefelsäure gelöst, die Lösung wurde erst mit Gerbsäure, das Filtrat hiervon mit Phosphorwolframsäure[3]) gefällt, das Filtrat hiervon durch Barythydrat von überschüssiger Phosphorwolframsäure, und das Filtrat dieser Fällung durch Kohlensäure von überschüssigem Barium befreit. Das bariumfreie Filtrat enthält alsdann die Salze der Alkalien, Milchsäure und die Monoaminosäuren bzw. Dipeptide. Nachdem die Milchsäure durch Äther entfernt, ein großer Teil der Salze durch Alkohol gefällt war, wurde die alkoholische Flüssigkeit bis zum Sirup verdunstet, der letztere wieder mit Alkohol aufgenommen, diese Lösung zur Darstellung der Ester mit Chlorwasserstoffgas gesättigt und wurden die Ester nach dem Verfahren von E. Fischer (I. Teil, S. 280) getrennt. Dipeptide konnten auf diese Weise im Fleischextrakt nicht nachgewiesen werden, dagegen fanden sich fertig vorgebildet 0,23% Alanin, 0,08% Glutaminsäure, 0,20% Taurin (und ferner 0,36% Inosit). Die genannten Manoaminosäuren können nicht als Zersetzungserzeugnisse der Proteine bzw. Proteosen angesehen werden, weil sie dem Fleischextrakt einen widerlichen Geruch und Geschmack erteilen würden, die er in Wirklichkeit nicht besitzt. Da bei der Hydrolyse des nicht von Zinksulfat fällbaren Anteiles vom Fleischextrakt durch Hydrolyse außer Alanin und Glutaminsäure noch Glykokoll, Leucin und Asparaginsäure nachgewiesen wurden, so sind im Fleischextrakt auch noch Verbindungen anzunehmen, die zwar die Biuretreaktion nicht geben, aber den Proteinen bzw. Proteosen noch insofern nahestehen, als sie bei der Hydrolyse diese Monoaminosäuren abspalten.

---

1) Zeitschr. f. physiol. Chemie 1908, **56**, 180.

2) Zeitschr. f. Untersuchung d. Nahrungs- u. Genußmittel 1908, **15**, 449.

3) Hierdurch wird wohl Kreatinin, aber nicht Kreatin gefällt.

Auf Einzelheiten des sehr umständlichen und schwierigen Trennungsverfahrens kann ich hier nicht weiter eingehen. Für gewöhnlich wird es auch genügen, die Gesamtmenge der Monoaminosäuren in den Fleischextrakten nach dem Verfahren von Baur und Barschall festzustellen.

i) Phosphorfleischsäure. Wie im lebenden Muskel so ist auch im Fleischextrakt eine eigenartige phosphor- und stickstoffhaltige Säure vorhanden, die von M. Siegfried[1]) nachgewiesen und von ihm „Phosphorfleischsäure" genannt worden ist. Das von ihm angegebene Verfahren wird von Balke und Ide[2]) in folgender Weise ausgeführt: Eine etwa 50 g Trockensubstanz entsprechende Menge Fleischextrakt[3]) wird in wenigstens 1 l Wasser gelöst, die Lösung wird, wenn nötig, filtriert, durch Kochen von Albumin befreit und nach dem Erkalten nochmals filtriert. Man versetzt das Filtrat unter fortwährender Neutralisation der entstehenden sauren Reaktion so lange mit Chlorcalcium und Ammoniak, bis bei ganz schwach alkalischer Reaktion durch Chlorcalcium kein Niederschlag mehr entsteht. Letzterer wird abfiltriert, das Filtrat gekocht, neutral gemacht und mit einer 1 proz. Lösung von Eisenchlorid, die man am besten aus einer Bürette zufließen läßt, gefällt.

Durch fortwährende Tüpfelproben mit Rhodankalium sucht man einen großen Überschuß von Eisenchlorid zu vermeiden, läßt, wenn Ferrireaktion eintritt, ein paar Minuten kochen und hört erst dann mit dem Zusatz von Eisenchlorid auf, wenn die Ferrireaktion auch nach dem Kochen noch bestehen bleibt. Hat man einen großen Überschuß von Eisenchlorid zugesetzt, so stumpft man die sauere Reaktion des Filtrates durch Zusatz von einigen Tropfen Ammoniak etwas ab. Die Flüssigkeit mit dem Eisenniederschlag wird nun aus der Schale, in der die Carniferrinfällung vorgenommen wurde, in ein größeres Gefäß gespült, wo sich der Niederschlag leicht absetzt und durch Dekantieren ausgewaschen wird, bis er nicht mehr die Salzsäurereaktion gibt. Zuletzt wird der Niederschlag noch zentrifugiert und mit Alkohol und Äther behandelt. In dem bei 105° getrockneten Eisenniederschlag wird der Stickstoff nach Kjeldahl bestimmt und der gefundene Gesamtstickstoff auf Fleischsäure berechnet, indem man ihn mit dem Faktor 6,1237 multipliziert.

5. Glykogen. Zur Bestimmung des Glykogens empfehlen Baur und Barschall (l. c.) 50 g Fleischextrakt mit 50 ccm 60 proz. Kalilauge zu versetzen und nach Pflügers Verfahren weiter zu verarbeiten (vgl. S. 32). Sie fanden 0,3366 g Glykogen in 50 g Extrakt = rund 0,7%.

6. Stickstofffreie organische Säuren. An stickstofffreien organischen Säuren im Fleischextrakt sind nachgewiesen: Essigsäure, Milchsäure und Bernsteinsäure. Von diesen Säuren ist die Milchsäure von jeher als natürliche Rechts- oder Paramilchsäure im Fleische angenommen; dagegen wird die Bernsteinsäure, die im natürlichen Muskelfleisch nicht nachgewiesen ist, von M. Siegfried[4]) als ein Erzeugnis der Hydrolyse der Phosphorfleischsäure während der Verarbeitung des Extraktes, oder von Kutscher und Steudel[5]) als ein Fäulnis- (bzw. Reduktions-) Erzeugnis angesehen. Ein Fäulnisvorgang kann aber bei der Herstellung des Fleischextraktes, wie schon oben gesagt ist, nicht statthaben, weshalb Baur und Barschall (l. c.) der Ansicht sind, daß die Bernsteinsäure ein Reduktionserzeugnis der stets vorhandenen Asperaginsäure durch Glykose oder ähnliche Stoffe bilde. Von der Essigsäure (d. h. flüchtigen Säure) dagegen kann angenommen werden, daß sie,

---

[1]) Zeitschr. f. physiol. Chemie 1896, **21**, 360.

[2]) Ebendort 1896, **21**, 380.

[3]) Oder 1 kg zerhacktes Fleisch, wenn dieses untersucht werden soll, wird dreimal mit je 1 l Wasser bei 50—60° ausgezogen, die Auszüge werden durch Kochen von Albumin befreit und dann wie oben behandelt. Aus der Milch entfernt man zuerst das Casein sowie die koagulierbaren Eiweißkörper und verfährt dann auch wie oben.

[4]) Zeitschr. f. physiol. Chemie 1903, **39**, 126.

[5]) Ebendort 1903, **38**, 101.

wenigstens größtenteils, während der Herstellung durch Bakterientätigkeit aus Kohlenhydraten gebildet wird.

Die genannten Säuren können wie folgt bestimmt werden:

a) Essigsäure (bzw. flüchtige Säure) durch Destillation von 15—20 g Fleischextrakt mit Phosphorsäure in bekannter Weise und Titration des Destillats. Baur und Barschall fanden auf diese Weise 0,3% Essigsäure bzw. flüchtige Säure im Fleischextrakt.

b) Bernsteinsäure. Baur und Barschall lösen 50 g Fleischextrakt mit 33,3 g reiner Schwefelsäure und Wasser zu 500 ccm, so daß die Lösung ungefähr gleich 1,5 normal ist, und durchschütteln im Scheidetrichter 6 mal mit je 250 ccm eines Gemisches von Äther-Alkohol, welches nach dem Vorschlage von F. Blumenthal auf 9 Raumteile Äther 1 Raumteil Alkohol enthält; mit diesem Gemisch erhält man eine bessere Trennung der beiden Schichten; die Alkohol-Ätherlösung wird eingedunstet, der Rückstand in wenig Wasser gelöst, mit Ammoniak neutralisiert und nach Kutscher und Steudel (l. c.) mit einem Überschuß von Silbernitrat gefüllt. Der entstandene Niederschlag von bernsteinsaurem Silber wird filtriert und weil nicht unlöslich in Wasser mit nur wenig kaltem Wasser gewaschen, da ein vollständiges Auswaschen von Silbernitrat nicht nötig ist. Das Silbersuccinat wird nämlich mit Salzsäure zersetzt, filtriert und zur Trockne verdampft. Der Rückstand wird, wenn er stark gefärbt ist, mit Wasser aufgenommen, die Lösung durch Tierkohle entfärbt und nochmals eingedampft. Die Bernsteinsäure kann an ihrem Schmelzpunkt (180°), ihrer Sublimation, den auftretenden Nadeln und dem Hustenreiz erkannt werden. Baur und Barschall fanden 0,8% Bernsteinsäure im Liebigschen Fleischextrakt.

c) Milchsäure. Die so erhaltene Bernsteinsäure schließt aber, wie Baur und Barschall selbst sagen, stets mehr oder weniger Milchsäure ein. Aus dem Grunde ist zweifellos das im I. Teil, S. 467 angegebene Verfahren hier vorzuziehen, indem die durch Äther-Alkohol gelösten Säuren in die Bariumsalze übergeführt und diese durch 96 proz. Alkohol getrennt werden; essigsaures wie milchsaures Barium sind in 80 proz. Alkohol löslich, bernsteinsaures Barium dagegen unlöslich. Vgl. auch über die Bestimmung der Milchsäure im Fleisch S. 36.

7. Fett. Ein Fleischextrakt, der sich klar in Wasser löst, enthält kein oder nur Spuren von Fett. Ist die wässerige Lösung trübe oder undurchsichtig, so kann Fett vorhanden sein. Man kann dann die angesäuerte wässerige Flüssigkeit direkt mit Äthyl- oder Petroläther ausschütteln (vgl. S. 26); scheidet sich aus der wässerigen Flüssigkeit beim Kochen ein flockiger Niederschlag von Albumin aus, so läßt sich das Fett auch in der Weise bestimmen, daß man den Niederschlag, der das Fett mit einschließt, nach dem Erkalten filtriert, mit kaltem Wasser auswäscht und nach dem Trocknen mit Äther auszieht.

Vielfach ist für die Bestimmung des Fettes vorgeschlagen, die Extrakte mit Sand einzutrocknen, zu zerreiben und mit Äther auszuziehen. Das Verfahren liefert aber ebenso wie bei Fleisch (S. 27) keine genauen Ergebnisse.

8. In Alkohol lösliche Stoffe. J. v. Liebig hatte seinerzeit vorgeschlagen, zur Beurteilung des Fleischextraktes die Menge der in 80 proz. Alkohol löslichen Stoffe, die etwa 60% betragen solle, zu bestimmen. Wenngleich dieses Verfahren wenig Bedeutung mehr hat, so möge es, des geschichtlichen Interesses wegen, hier noch mitgeteilt werden. Die Vorschrift lautet wie folgt: „2 g Extrakt werden in einem Becherglase abgewogen, in 90 ccm Wasser gelöst und darauf mit 50 ccm Weingeist von 93 Volumprozent versetzt. Der sich bildende Niederschlag setzt sich fest ans Glas an und kann der klare Weingeist in eine vorher gewogene Schale abgegossen werden. Der Niederschlag wird mit 50 ccm Weingeist von 80 Volumprozent ausgewaschen, der Weingeist zu dem ersten Auszuge gegeben, die gesamte Lösung im Wasserbade bei etwa 70° abgedampft und der Rückstand 6 Stunden lang bei 100° getrocknet."

Hierzu bemerkt H. Röttger[1]), daß zur völligen Extraktion einerseits ein einmaliges Auswaschen mit 50 ccm Alkohol, andererseits auch ein 6stündiges Trocknen nicht genügen, um alles

[1]) Bericht über die 8. Versammlung der freien Vereinigung bayer. Vertreter der angew. Chemie in Würzburg 1889, S. 99.

Wasser zu entfernen. Man soll öfters, mindestens dreimal, mit Weingeist von 80 Volumprozent nachwaschen und bis zur Gewichtsbeständigkeit trocknen, welche häufig erst durch 35—40 stündiges Trocknen bei 100° erreicht wird.

9. Mineralstoffe. 5—10 g des Extraktes werden wie üblich in Platinschalen eingedampft und verascht, indem man die im I. Teil, S. 476 unter b angegebenen Vorschriften, besonders die für kochsalzreiche Extrakte, beachtet. In der Asche müssen in der Regel Chlor und Alkalien bestimmt werden, um beurteilen zu können, ob vielleicht künstlich Kochsalz zugesetzt worden ist.

Über die Bestimmung der Alkalien vgl. I. Teil, S. 485, des Chlors I. Teil, S. 489; über die Zusammensetzung der Asche des Fleischextraktes vgl. S. 124 u. II. Bd., 4. Aufl. 1904, S. 556.

Wichtig auch ist die Bestimmung der Phosphorsäure und Schwefelsäure (vgl. I. Teil, S. 489). Indes wird diese zweckmäßig mit der des organisch gebundenen Phosphors bzw. Schwefels verbunden.

10. Phosphorsäure und organisch gebundener Phosphor. Nach M. Siegfried enthält der Fleischextrakt stets eine in Form von Phosphorfleischsäure (S. 135) vorhandene Menge organisch gebundenen Phosphors; diese Menge beträgt in echten und guten Fleischextrakten rund 10% des Gesamtphosphors. Die Phosphorfleischsäure wird indes leicht bei der Hydrolyse (durch Säuren oder Alkalien) unter Bildung von Phosphorsäure und, wie M. Siegfried ebenfalls annahm, unter Bildung von Bernsteinsäure, zersetzt. Wenngleich letztere Annahme unbegründet sein mag (vgl. S. 135 Nr. 6), so ist die Möglichkeit, daß der Gehalt an organisch gebundenem Phosphor einen Maßstab für die Beschaffenheit eines Fleischextraktes abgeben kann, nicht ausgeschlossen. Siegfried und Singewald[1]) verfahren zur Bestimmung des Gesamt- und organisch gebundenen Phosphors wie folgt:

a) Gesamtphosphor. 20—30 g Fleischextrakt werden in Wasser zu 500 ccm gelöst, 100 ccm der Lösung in einer Silberschale mit etwa 6 g Ätznatron und 3 g Salpeter eingedampft und verascht bzw. geschmolzen. Die Schmelze wird in salpetersäurehaltigem Wasser gelöst, die Lösung, wenn nötig, filtriert und im Filtrat die Phosphorsäure nach dem Molybdänverfahren (I. Teil, S. 490) bestimmt ($Mg_2P_2O_7 \times 0{,}2788$ = Phosphor).

b) Organisch gebundener Phosphor. Von der vorstehenden Lösung werden 200 ccm, um sämtliche fertig gebildete Phosphorsäure abzuscheiden, mit 10 proz. Chlorbariumlösung und 10 proz. Ammoniak versetzt, bis noch ein Niederschlag entsteht, der Niederschlag wird abfiltriert und ausgewaschen. Das Filtrat, welches den organisch gebundenen Phosphor enthält, wird wie vorstehend mit Ätznatron und Salpeter eingedampft und wie dort weiter behandelt. Gesamtphosphor (a) minus organisch gebundenem Phosphor (b) gibt die Menge unorganisch gebundenen Phosphor oder multipliziert mit 2,293 die Menge Phosphorsäure.

Man kann letzteres Ergebnis auch dadurch kontrollieren, daß man den durch Zusatz von Chlorbarium und Ammoniak erhaltenen und ausgewaschenen Niederschlag in Salpetersäure löst und darin die Phosphorsäure, also fertig gebildete Phosphorsäure im Fleischextrakt, bestimmt. Durch Abziehen des so erhaltenen Phosphors vom Gesamtphosphor erhält man den organisch gebundenen Phosphor.

Siegfried und Singewald fanden auf diese Weise in Prozenten der Extrakte:

		Gesamtphosphor	Organisch gebundener Phosphor
Liebigs Fleischextrakt	(6 Proben)	2,22—3,29%	0,22—0,38%
Cibils Extrakt	(1 Probe)	0,65%	0,05%

11. Schwefel und Schwefelsäure. Wie schon oben gesagt, kann auch der Gehalt des Fleischextrakt an organisch gebundenem Schwefel einen Anhalt für den Gehalt an schwefelhaltigen Proteinen bzw. Amiden (Taurin usw.) abgeben. Aus dem Grunde empfiehlt sich auch unter Umständen die Bestimmung des organisch gebundenen Schwefels.

[1]) Zeitschr. f. Untersuchung d. Nahrungs- u. Genußmittel 1905, **10**, 521.

a) Gesamtschwefel. Zur Bestimmung des Gesamtschwefels wird in derselben Weise wie zur Bestimmung des Gesamtphosphors eine 5—10 g Extrakt entsprechende Menge mit 6 g Kali — bzw. Natronhydrat — und 3 g Salpeter eingedampft (vgl. I. Teil, S. 238), hiermit verascht, bzw. geschmolzen, die Schmelze mit Salzsäure unter den üblichen Vorsichtsmaßregeln zur Trockne verdampft, der Rückstand mit salzsäurehaltigem Wasser aufgenommen, die Lösung, wenn nötig, filtriert und im Filtrat die Schwefelsäure durch Chlorbarium gefällt. $BaSO_4 \times 0{,}1373$ = Schwefel.

b) Fertig gebildete Schwefelsäure. Eine der obigen Menge Extrakt entsprechende klare evt. filtrierte Lösung wird mit Salzsäure angesäuert und mit Chlorbarium gefällt. Die Differenz des so gefundenen Schwefels vom Gesamtschwefel gibt die Menge des organisch gebundenen Schwefels. Er ist im Liebigschen Fleischextrakt, wie schon gesagt, zu 0,135—0,45% gefunden. Behufs Kontrolle kann man das Filtrat von dieser Bariumsulfat-Fällung wie unter a) mit Alkalihydrat und Salpeter zur Trockne verdampfen und in der Schmelze den organisch gebundenen Schwefel direkt bestimmen.

Anhaltspunkte für die Beurteilung von Fleischextrakten und Fleischpeptonen.

J. v. Liebig hat an den von ihm dargestellten Fleischextrakt folgende Anforderungen gestellt:

1. Der Fleischextrakt soll kein Albumin und Fett (oder letzteres = Ätherextrakt nur bis 1,5%) enthalten.
2. Der Wassergehalt darf 21% nicht übersteigen.
3. In Alkohol von 80 Volumprozent sollen 60% löslich sein.
4. Der Stickstoffgehalt soll 8,5—9,5% betragen.
5. Der Aschengehalt soll zwischen 15 und 25% liegen und neben geringen Mengen Kochsalz vorwiegend aus Phosphaten bestehen.

Diese Anforderungen können auch jetzt noch gelten, aber auf Grund neuerer Untersuchungen — auch für flüssige Extrakte — jetzt durch folgende Anforderungen ergänzt werden:

6. Die Fleischextrakte dürfen keine oder nur Spuren unlöslicher (Fleischmehl usw.) oder koagulierbarer Eiweißstoffe (Albumin) oder Fett enthalten.
7. Von dem Gesamt-Stickstoff dürfen nur mäßige Mengen in Form von durch Zinksulfat ausfällbaren löslichen Proteinstoffen — nur etwa 6—8% Proteosen-Stickstoff in Prozenten des Gesamt-Stickstoffs vorhanden sein.
8. Fleischextrakte dürfen nur geringe Mengen Ammoniak, nur etwa 3—4% in Prozenten des Gesamt-Stickstoffs, enthalten.
9. Fleischextrakte, welche in der Asche einen über 15% Chlor entsprechenden Kochsalzgehalt enthalten, sind als mit Kochsalz versetzt zu bezeichnen.
10. Ob und inwieweit der Gehalt des nach dem Mickoschen Verfahren ermittelten Kreatiningehaltes (S. 130), sowie inwieweit das Verhältnis von organisch gebundenem Phosphor zum Gesamtphosphor nach dem Vorschlage von M. Siegfried (S. 137) zur Beurteilung der Beschaffenheit eines Fleischextraktes verwertet werden können, muß noch durch weitere Untersuchungen festgestellt werden. Das Vorkommen von Bernsteinsäure kann nicht als ein Anhaltspunkt für die fehlerhafte Darstellung des Fleischextraktes angesehen werden.
11. Zusätze von Proteinen, Leim oder deren Umwandlungserzeugnissen, Zusätze von Pflanzenauszügen, von Dextrinen oder sonstigen löslichen Kohlenhydraten zu einer als „Fleischextrakt" angepriesenen Handelsware sind selbstverständlich als Verfälschung anzusehen. Alle derartigen Zusätze müssen wenigstens deutlich deklariert werden.
12. Fleischextrakte mit Schimmelbildung, einem unangenehmen Geruch, widerlich bitterem Geschmack und stark alkalischer Reaktion sind zu beanstanden,

Bezüglich der Rechtsprechung in Sachen Fleischextrakt liegt unseres Wissens nur ein Fall vor, nämlich:

Verwendung eines geringeren als vertraglich vorgeschriebenen Fleischextraktes bei Konserven. Die Angeklagten hatten den vom Militärfiskus bestellten Suppen und Konserven den die Leistungsfähigkeit und Widerstandskraft der Truppen erhöhenden Fleischextrakt in geringerer Menge und von schlechterer Beschaffenheit beigemengt, als vertragsmäßig vorgeschrieben war.

Nach der Entscheidung des Gerichts haben die Angeklagten die Konserven, deren Eigenschaften und Zweckbestimmung als Nahrungsmittel sie kannten, verfälscht, indem sie Stoffe wegließen, welche nach den berechtigten Erwartungen einen Bestandteil des Nahrungsmittels bilden müssen, deren Fehlen den Gebrauchswert des Nahrungsmittels verändert und vermindert. Ferner wurden die Tatbestandsmerkmale des Betruges als gegeben erachtet. Sie wurden wegen gemeinschaftlichen vollendeten und versuchten Betruges (§§ 263, 43, 47 StrGB.) zusammentreffend mit einem Vergehen gegen § 10[1] u. [2] NMG. verurteilt. Die Revision wurde verworfen.

RG., 20. März 1905.

Verwertung der beanstandeten Fleischextrakte wie bei Fleischsäften S. 148.

Fleischsäfte.

Zum Unterschied von Fleischextrakt, der aus dem von gerinnbaren Proteinen befreiten, wässerigem Auszuge des Fleisches hergestellt wird, versteht man unter „Fleischsaft" im Handel den Auszug, der durch Pressen des Fleisches oder auf andere Weise gewonnen und bei einer niedrigen, unter dem Gerinnungspunkt liegenden Temperatur eingedickt wird, also noch die gerinnbaren Proteine enthält.

Die staatlichen Untersuchungsanstalten der nordamerikanischen Staaten, in denen die Fleischsäfte eine größere Rolle spielen, haben für den Fleischsaft des Handels folgende Begriffserklärung gegeben: „Fleischsaft ist der flüssige Teil der Muskelfaser, der durch Auspressen oder auf sonstige Weise erhalten wird und bei einer Temperatur unter dem Gerinnungspunkt der löslichen Eiweißstoffe durch Eindampfen konzentriert werden kann. Der Rückstand (d. h. die Trockensubstanz) enthält nicht mehr als 15% Asche, nicht mehr als 2,5% Chlornatrium — aus dem gesamten Chlor berechnet —, nicht mehr als 4% und nicht weniger als 2% Phosphorsäure und nicht weniger als 12% Stickstoff. Die stickstoffhaltigen Stoffe enthalten nicht weniger als 35% gerinnbares Eiweiß und nicht mehr als 40% Fleischbasen." Diesen amerikanischen Forderungen an Fleischsäfte des Handels können auch wir uns im allgemeinen anschließen. Da die Fleischsäfte einerseits leicht zersetzlich, andererseits sehr teuer sind, so entsprechen sie vielfach nicht diesen Forderungen oder werden mit minderwertigen Stoffen versetzt.

Als solche Ungehörigkeiten bzw. Verfälschungen sind zu nennen:

1. Ersatz der gerinnbaren Muskelproteine durch Eieralbumin oder Blutserum.
2. Mischung von Fleischextrakt mit Eieralbumin (woraus seinerzeit der sog. Fleischsaft „Puro" bestand) oder Serumalbumin.
3. Zusatz von Glycerin, Zucker, Dextrinen, Kochsalz usw., ohne daß diese Zusätze deklariert werden.

Nennenswerte Mengen Fett sollen auch in diesen Erzeugnissen nicht vorkommen.

Bigelow und Cook[1]) fanden im Mittel je zweier reinen, selbst dargestellten Proben kalt und warm (bei 60° C) gepreßter Fleischsäfte folgende Zusammensetzung:

---

[1]) Bigelow u. Cook, Meat Extract and similar Preparations. U. S. Departement of Agriculture. Washington 1908, Bulletin No. 114, S. 18.

Gepreßt	Wasser	Gesamt-stick-stoff-	Proteine		Prote-osen	Pep-tone	Amino-verbin-dungen	Fett (Äther-auszug)	Milch-säure	Asche	Phos-phor-säure	Chlor
			unlös-lich	gerinn-bar								
	%	%	%	%	%	%	%	%	%	%	%	%
Kalt	86,31	1,91	1,41	7,35	0,41	0,85	0,97	0,28	0,29	1,70	0,34	0,16
Warm (bei 60°) . . .	91,28	1,13	0,97	2,91	0,35	0,69	1,09	0,42	0,18	1,32	0,33	0,17

Bezüglich der Frischhaltungsmittel gilt dasselbe wie bei Fleisch S. 38.

Für die Feststellung der Echtheit und Reinheit kommen in Betracht:

1. Chemische und physikalische Verfahren.

Außer den üblichen Bestimmungen des Wassers, Gesamt-Stickstoffs, Fettes und der Gesamtasche:

a) Unlösliche Stickstoff-Substanz.
b) Gerinnbare Proteine.
c) Proteosen.
d) Peptone.
e) Hämoglobin.
f) Kreatin bzw. Kreatinin.
g) Kohlenhydrate (Zucker).
h) Glycerin.
i) Chlornatrium.
k) Phosphorsäure.

2. Biologisches Verfahren.

1. Chemische und physikalische Untersuchung. Die Bestimmung des Wassers, des Gesamt-Stickstoffs, des Fettes, der Asche, des Chlornatriums und der Phosphorsäure erfolgt wie bei Fleischextrakt S. 124 u. f. Für die Wasserbestimmung in glycerinhaltigen Fleischsäften, die schwer austrocknen, empfiehlt K. Micko die Trocknung im Soxhletschen Trockenschrank bei 105°. Einer näheren Beschreibung bedarf die Bestimmung der gerinnbaren Proteine, des Hämoglobins, des Kreatins und Glycerins, wofür K. Micko[1]) folgende Verfahren ausgearbeitet hat:

a) Gerinnbare Proteine. Der reine Fleischsaft beginnt schon bei 40° und darunter zu gerinnen. Es lassen sich bei ihm nach E. Salkowski[2]) etwa drei Temperaturen, 56, 65 und 75°, unterscheiden, bei denen sich Proteine in Form von dichtem Gerinnsel abscheiden. Der Gerinnungspunkt ist wesentlich abhängig von dem Salzgehalt der Lösung. Aus dem Grunde verwendete K. Micko, um diesen Einfluß bei unbekannten Fleischsäften auszuschalten, eine gesättigte Lösung von Ammonsulfat, und versetzte ein Volumen der zu prüfenden Flüssigkeit mit einem gleichen Volumen der gesättigten Salzlösung, wodurch eine mit Salz zur Hälfte gesättigte Lösung — und unter Berücksichtigung des ursprünglichen Salzgehaltes eine etwas stärkere Lösung — entstand. Ein Teil der klar filtrierten Lösung wurde mit dem doppelten Volumen Wasser verdünnt und auf diese Weise eine gut 25proz. Sättigung mit Salz erhalten. In den beiden Lösungen, also vor und nach der Verdünnung mit dem gleichen Volumen Wasser, wurden die Gerinnungspunkte bestimmt. Um aber den Gang der Gerinnung besser festhalten zu können, wurden zwei Punkte gewählt, nämlich die Temperatur, bei der die Trübung der Lösung auftritt (der untere Gerinnungspunkt) und die Temperatur, bei der ein feinflockiger Niederschlag entsteht (der obere Gerinnungspunkt). Mischungen von Fleischextrakt mit Hühneralbumin einerseits und Serumalbumin andererseits weisen nämlich derartige Unterschiede in den erwähnten Gerinnungspunkten auf, daß sie unter Beobachtung noch sonstiger Umstände als solche nicht schwer erkannt werden. Fleischsäfte, einerlei ob sie in der Kälte oder in der Wärme, selbst bei 60°, hergestellt wurden, zeigen ein anderes Verhalten als die beiden genannten Eiweißkörper.

---

[1]) Zeitschr. f. Untersuchung d. Nahrungs- u. Genußmittel 1910, **20**, 537.

[2]) E. Salkowski, Praktikum d. physiol. u. pathol. Chemie 1900, S. 97.

Die Verwendung der gesättigten Ammonsulfatlösung hat den Vorteil, daß sich die Flüssigkeiten gut filtrieren lassen und völlig klare Filtrate erzielt werden, was bei der genaueren Feststellung der Temperatur, bei der die Trübung erscheint, eine Bedingung ist.

Manche Eiweißkörper, wie z. B. das Serumglobulin, werden bei 50proz. Sättigung der Lösung mit Ammonsulfat ausgesalzen. Es können daher die auf dem Filter zurückgebliebenen und mit Ammonsulfatlösung von gleicher Konzentration gewaschenen Rückstände noch einer gesonderten Prüfung unterzogen werden.

Ein weiteres Hilfsmittel zur Unterscheidung der Eiweißkörper des Fleischsaftes von Eier- und Serumalbumin in Mischungen mit Fleischextrakt ist das Verhalten der zur Hälfte mit Ammonsulfat gesättigten Lösungen gegen verdünnte Essigsäure. Bei herabgesetztem Eiweißgehalt der Lösungen sind nämlich die Eiweißstoffe des Fleischsaftes gegen verdünnte Essigsäure, die im Überschuß zugesetzt wird, insofern empfindlicher denn Eier- und Serumalbumin, als sie weit schneller gefällt werden als die letzteren.

Die auf diese Weise geprüften Lösungen verhielten sich bezüglich der Temperatur und Zeit der Gewinnung wie folgt:

Proteinlösungen	a) Lösung (Filtrat) zur Hälfte mit Ammonsulfat gesättigt		b) Lösung (Filtrat) a mit gleichem Volumen Wasser verdünnt		c) Lösung b mit gleichem Volumen 4proz. Essigsäure vermischt
	Gerinnung Grad C	Niederschlag Grad C	Gerinnung Grad C	Niederschlag Grad C	
1. Muskelpreßsaft, kalt gepreßt	28,5—31,5	46—56	38—39	42—44	Sofortige oder baldige Trübung
2. Muskelpreßsaft, bei 60° erwärmt[1])	43—49	56—59	55—60	63—64,5	Desgl.
3. Eieralbumin	64—67	68—70	64—67	68—70	Bleibt $^1/_4$ Stunde und länger klar
4. Serumalbumin	63—65	74—76	73—74	79—80	Bleibt 10 Minuten klar

Durch Zusatz von Fleischextrakt zu den Lösungen von Eieralbumin und Serumalbumin werden die Gerinnungspunkte im allgemeinen etwas herabgesetzt; nur in Mischungen von Fleischextrakt mit Serumalbumin schnellt der Gerinnungspunkt zum Unterschiede von Eieralbumin-Fleischextraktmischungen bei der Lösung b, d. h. der mit gleichem Volumen Wasser verdünnten Lösung a wieder schnell auf 80° hinauf.

Auch zeigt sich ein Unterschied darin, daß Mischungen von Eieralbuminlösung und Fleischextrakt in der zur Hälfte mit Ammonsulfat gesättigten Lösung a nach Mischen mit dem gleichen Volumen 20proz. Essigsäure alsbald eine starke Trübung geben, während Mischungen von Serumalbumin und Fleischextrakt mehrere Minuten klar bleiben. Das Vermischen mit der Essigsäure muß aber auf einmal stattfinden.

In weiteren Versuchen zog K. Micko[2]) auch noch das Milchalbumin und das Serumglobulin hinzu, indem er verschiedene Konzentrationen der Eiweißlösungen von 0,05—1,5% und diese vor und nach dem Aussalzen bei 50proz. und 25proz. Sättigung mit Ammonsulfat prüfte. Das Serumglobulin mußte, weil es bei 50proz. Sättigung mit Ammonsulfat ausgesalzen wurde, bei 25proz. und 12,5proz. Sättigung geprüft werden. Hier mögen nur die Ergebnisse der Eiweißlösungen, die 0,1 g Eiweiß in 100 ccm Lösung enthielten, mitgeteilt werden:

---

[1]) Bei dieser Temperatur gerinnt bereits ein Teil der gerinnbaren Proteine.

[2]) Zeitschr. f. Untersuchung d. Nahrungs- u. Genußmittel 1911, **21**, 646.

Eiweiß	Art des Eiweißes	50proz. Sättigung mit Ammonsulfat		25proz. Sättigung mit Ammonsulfat	
		Beginnende Trübung Grad C	Bildung eines feinflockigen Niederschlages Grad C	Beginnende Trübung Grad C	Bildung eines feinflockigen Niederschlages Grad C
Eieralbumin	ursprüngliches	69	71,5	68	69,5
	einmal ausgesalzen	67	71	66,5	68,5
Milchalbumin	ursprüngliches	68,5	77	90	95
	einmal ausgesalzen	48,5	56	80	88,5
Serumalbumin	ursprüngliches	70	74,5	77,5	80,5
	einmal ausgesalzen	56,5	71	75	78,5
	zweimal ausgesalzan	56,5	72	73,5	78,5
		25 proz. Salzlösung		12,5 proz. Salzlösung	
Globulin	einmal ausgesalzen	65	73,5	67	74
	zweimal ausgesalzen	65,5	72,5	68,5	74

Die Beziehungen zwischen den Unterschieden in den Gerinnungspunkten der einzelnen Eiweißlösungen wurde in den Konzentrationen von 0,05—1,5 g in 100 ccm Lösung nicht wesentlich geändert. Dagegen zeigt sich nach dem Aussalzen der Eiweißstoffe aus ihrer ursprünglichen Lösung eine Erniedrigung der Gerinnungspunkte, die bei Serum- und Milchalbumin am größten ist.

b) Hämoglobin. Die Anwesenheit von Hämoglobin ist für Beurteilung wesentlich entscheidend; denn ein Saft, der selbst viel gerinnbare Proteine, aber kein Hämoglobin enthält, kann nicht als Fleischsaft angesehen werden. Dem Nachweise des Hämoglobins kommt zugute, daß es durch Erwärmen auf 60° und ferner durch teilweise Ausscheidung der gerinnbaren Proteine zum Teil in Lösung bleibt, daher sich sowohl in den selbst in der Wärme hergestellten Fleischsäften, als auch in den Filtraten der zur Hälfte mit Ammonsulfat gefällten Lösung nachweisen läßt.

Das Hämoglobin wird spektroskopisch nachgewiesen (vgl. I. Teil, S. 585). Man benutzt hierzu sowohl die ursprüngliche, je nach Bedarf verdünnten Proben, als auch die ammoniakalische Lösung vor und nach der Reduktion mit der Stockschen Lösung (Ferrosulfat, Weinsäure und Ammoniak), ferner eine mit Natronlauge gekochte Lösung. In Präparaten, die das Hämoglobin in geronnenem Zustande enthalten, läßt sich der Blutfarbstoff des unlöslichen und mit Wasser gewaschenen Rückstandes mit Natronlauge in Lösung bringen und in dieser spektroskopisch nachweisen. Der Blutfarbstoff macht sich schon beim Erwärmen des unlöslichen Rückstandes mit Natronlauge dadurch kenntlich, daß die braune Farbe des Rückstandes in Blutrot übergeht.

c) Proteosen (Albumosen). Die Proteosen lassen sich nach Abscheidung sämtlicher gerinnbaren Proteine dadurch nachweisen, daß man das Filtrat hiervon bis zu dem ursprünglich angewendeten Volumen der Fleischsaftlösung eindampft, so daß man eine gesättigte Lösung von Ammonsulfat erhält. Daraus scheiden sich beim Erkalten die Proteosen aus oder können durch Zusatz von noch etwas mehr Ammonsulfat zur Abscheidung gebracht werden. Den Niederschlag löst man in Wasser, behandelt die Lösung mit soviel Magnesia, bis alles Ammoniak ausgetrieben ist und bestimmt in dem Rückstand den Proteosen-Stickstoff nach Kjeldahl. Oder man teilt die auf ein bestimmtes Volumen gebrachte wässerige Lösung in zwei Teile, bestimmt in der einen Hälfte den Gesamt-Stickstoff nach Kjeldahl, in der anderen Hälfte den Ammoniak-Stickstoff und erfährt den Proteosen-Stickstoff aus der Differenz.

Da aber die Ausschaltung des in großen Mengen vorhandenen Stickstoffs sehr lästig ist, so verfährt man ebenso zweckmäßig in der Weise, daß man in den gesamten gerinnbaren

Proteinen, die sich durch Auswaschen von Ammoniak befreien lassen, den Stickstoff bestimmt, dann nach I. Teil, S. 258 in einer zweiten Probe durch Zinksulfat die gerinnbaren Proteine + Proteosen ausfällt und hierin ebenfalls den Stickstoff bestimmt. Letzterer Stickstoff minus dem in den gerinnbaren Proteinen vorhandenen Stickstoff gibt die Menge Proteosen-Stickstoff, aus dem durch Multiplikation mit 6,25 die Menge der Proteosen berechnet wird.

d) Peptone. Zum Nachweise von Pepton löst man 10—20 g in 50 ccm Wasser, säuert mit verdünnter Schwefelsäure an und sättigt mit Zinksulfat. Das Filtrat wird mit heißem Wasser stark verdünnt, das Zink mit Natriumcarbonat ausgefällt, das Filtrat vom Zinkcarbonat mit Schwefelsäure bis zur schwach alkalischen Reaktion neutralisiert und auf dem Wasserbade bis zur Krystallisation eingedampft. Von der noch warmen Mutterlauge gießt man einen Teil ab und prüft ihn auf Peptone mit Hilfe der Biuretreaktion. Auf diese Weise lassen sich geringe Mengen von Peptonen nachweisen, während sich der Nachweis der Peptone in dem zinksulfathaltigen Filtrat von den Proteosen wegen der starken Färbung, welche eine schwache Reaktion unsichtbar macht, nicht durchführen läßt. Andererseits erweist sich die große Masse des Zinksulfats wegen des auftretenden Niederschlages auf Zusatz von Natronlauge als störend. Zum Auflösen des entstehenden Niederschlages benötigt man außerdem eine große Menge Natronlauge und durch die beträchtliche Verdünnung der Flüssigkeit können sich kleine Mengen Peptone dem Nachweise entziehen.

e) Kreatin und Kreatinin. Nach den Forderungen der Nordamerikanischen Vereinigten Staaten soll ein Fleischextrakt mindestens 10% der Stickstoff-Verbindungen in Form von Kreatin + Kreatinin enthalten. Man bestimmt zweckmäßig die Summe von Kreatin und Kreatinin, indem man ersteres durch Inversion mit Säure in letzteres überführt. K. Micko scheidet, wie unter a angegeben ist, zunächst die gerinnbaren genuinen Proteine ab, wäscht mit heißem Wasser aus, verdampft die Filtrate, nimmt den Rückstand in 50 ccm $^1/_2$ N-Salzsäure auf und erhitzt die Lösung 6 Stunden auf dem Wasserbade. Die invertierte Lösung wird dann nach dem Folinschen Verfahren in der von Baur und Barschall angebenenen Abänderung (I. Teil, S. 316) auf Gehalt an Kreatinin untersucht.

f) Fett. Falls die Fleischsäfte Fett in Emulsion enthalten sollten, verfährt man wie beim Fleischextrakt S. 124.

g) Glycerin. Eine Lösung von 10 g Substanz in Wasser wird behufs Gerinnung der möglicherweise vorhandenen genuinen Proteinkörper zum Sieden erhitzt, das auf Zimmertemperatur abgekühlte Filtrat mit so viel Gerbsäure unter Vermeidung eines unnötig starken Überschusses versetzt, bis kein Niederschlag mehr entsteht, und das Ganze auf 250 ccm gebracht. Das neuerliche Filtrat wird gemessen, bis zur Sirupdicke eingedampft, mit gelöschtem Kalk vermengt und die alkalisch gewordene Masse mit heißem Alkohol ausgezogen. Der Destillationsrückstand von den vereinigten alkoholischen Auszügen wird mit 20 ccm absolutem Alkohol aufgenommen, sodann werden 30 ccm Äther hinzugesetzt, am nächsten Tage wird filtriert und der Rückstand mit einem Gemisch von 20 ccm absolutem Alkohol und 30 ccm Äther ausgewaschen. Die vereinigten Filtrate versetzt man vorsichtig und tropfenweise mit verdünnter Schwefelsäure, wodurch in der Regel ein beträchtlicher Niederschlag entsteht. Nach dem Absitzen des Niederschlages wird wiederum verdünnte Schwefelsäure zugesetzt und dieses so lange wiederholt, bis nach noch weiterem Zusatz von einem Tropfen verdünnter Schwefelsäure in der über dem Niederschlage stehenden und geklärten Flüssigkeit keine Trübung mehr entsteht. Der Niederschlag wird abfiltriert, mit dem schon erwähnten Alkohol-Äthergemisch gewaschen, das Filtrat bis auf etwa 15 ccm abdestilliert, diese zur Neutralisation der freien Säure mit etwas Calciumcarbonat versetzt und der Rest des Alkohols im Wasserbade verjagt.

Der mit dem Calciumcarbonat vermengte Destillationsrückstand wird mit 20 ccm absolutem Alkohol aufgenommen und mit 30 ccm Äther vermischt, nach mehreren Stunden wird die Flüssigkeit filtriert und der Destillationsrückstand des Filtrates mit 30 ccm des Alkohol-Äthergemisches, also ohne vorherige Aufnahme mit absolutem Alkohol, behandelt.

Die letzte Behandlung wird nochmals wiederholt. Die nach mehreren Stunden geklärte und filtrierte Flüssigkeit bringt man in ein gewogenes Glycerinkölbchen und verfährt weiter wie bei der Bestimmung des Glycerins in Wein (vgl. I. Teil, S. 538).

Mit dem Rückstand werden zweckmäßig die Reaktionen auf Glycerin vorgenommen, da vorstehendes Verfahren hier nicht immer befriedigende Ergebnisse liefert. Das Verfahren von Zeisel und Fanto (I. Teil, S. 590) verhielt sich nicht besser. Nötigenfalls muß man daher das Rohglycerin einer Destillation im Vakuum unterwerfen.

h) Kohlenhydrate. Wenn die Fleischsäfte auch Zucker und Dextrin enthalten, so scheidet man, wie bei der Glycerinbestimmung, die gerinnbaren Proteine zweckmäßig vorher aus, indem man nötigenfalls etwa ein halbes oder gleiches Volumen Alkohol zu der Flüssigkeit setzt, filtriert, das Filtrat — nach Verdampfen des zugesetzten Alkohols — auf ein bestimmtes Volumen bringt, so daß man eine 1 proz. Lösung erhält, und in aliquoten Teilen den Zucker vor und nach der Inversion in bekannter Weise (vgl. I. Teil, S. 427 ff.) bestimmt. Die Bestimmung der Dextrine in der Fällung ist dort ebenfalls beschrieben.

Man kann die Kohlenhydrate auch dadurch von den Proteinen, Proteosen und Leim trennen, daß man die Lösung durch Nesslers Reagens unter Zusatz von Weinsäure fällt, wodurch Zucker und Dextrine nicht gefällt werden (vgl. S. 128). Indes ist es mit großen Schwierigkeiten verbunden, die für die Zuckerbestimmung störende Quecksilberverbindung und die Weinsäure zu entfernen.

i) Mineralstoffe. Die Mineralstoffe, Chlor, Phosphor- und Schwefelsäure werden wie bei Fleischextrakt S. 137 bestimmt.

2. Biologische Untersuchung. T. Hariuchi[1]) hat verschiedene Fleischextrakte und Fleischsäfte auch nach dem biologischen Verfahren untersucht und dabei zunächst festgestellt, daß die Eiweißkörper des Rinderblutserums von jenen der Organe (Muskel, Milz, Niere, Leber) in ihrer Konstitution wesentlich abweichen. Die Antisera dieser Organe reagieren sowohl mit den eigenen Antigenen als denen der anderen Organe, aber nicht mit dem Antigen des Rinderblutserums. Man kann daher mit einem Antiorganserum, z. B. dem Antifleischserum in den Fleischextrakten und Fleischsäften auch die Eiweißkörper anderer Organe derselben Tierspezies nachweisen. Hariuchi prüfte mittels dieses Verfahrens 19 verschiedene Nährpräparate.

Mit Antirindfleischserum reagierten positiv: Liebigs Fleischextrakt, Liebigs Fleischpepton, Oxo, Somatose, fl. Somatose, Ambours fester Extrakt of beef, Vigoral und Wittes Pepton. Mit Antirindfleischbouillonserum reagierten schwach, außer Vigoral, die genannten Präparate, aber auch der angebliche Pflanzenextrakt Marmite, mit Antirinderserum schwach positiv die beiden Liebigschen Präparate, die Somatose und wieder Marmite. Gegen die Antigene vom Pferde verhielten sich alle Präparate indifferent. Die Pflanzenextrakte Ovos, die Fleischextrakte Cibils, Bovril und Armours (flüssig) waren auch indifferent gegen die Rinderantigene. Durch das Ausbleiben der Reaktion bei den letztgenannten Extrakten ist keineswegs die Herkunft vom Rind definitiv auszuschließen, weil es denkbar ist, daß bei der Darstellung dieser Präparate infolge eingreifender Behandlung des Fleisches die letzte Spur von rindspezifischen Antigenen zerstört worden ist. Die Versuche lassen ferner den Schluß zu, daß auch das Globulin des Hämoglobins, wie die Eiweißkörper des Blutserums, vom Fleischeiweiß verschieden sind, daß ferner Pferdeserumantigen Präcipitin für Rinderserum und Rinderhämoglobin erzeugt, daß aber umgekehrt Antirinderserum das Pferdeserum nicht präcipitiert. Die Präparate Puro und Robur enthalten keine Spur von unverändertem Rindfleischeiweiß und auch kein anderes Rinderorganeiweiß; das native Eiweiß beider ist vielmehr Hühnereiweiß.

Dieser biologische Befund stimmte vollständig mit den chemischen Untersuchungsergebnissen überein. Denn nicht nur K. Micko (l. c.), sondern auch L. Geret[2]) fand, daß

[1]) Münch. mediz. Wochenschr. 1908, **55**, 900; Chem. Centralbl. 1908, I, 1901.

[2]) Münch. mediz. Wochenschr. 1908, **55**, 902.

die Gerinnungstemperatur der Eiweißstoffe des Präparates „Puro“ bei 60—61° lag, während auch Geret die Gerinnungstemperatur des echten Fleischsaftes bei 40—41° fand. Mischt man Eieralbumin- bzw. Blutalbuminlösungen im Verhältnis wie 14 : 25 mit Fleischextrakt, so fangen die Eiweißstoffe der Eieralbuminmischung bei 60, die der Blutalbuminmischung bei 70° an zu gerinnen; diese Mischungen verhielten sich ganz wie das seinerzeit viel besprochene Präparat „Puro“ und mußte deshalb letzteres als ein Gemisch von minderwertigem Fleischextrakt mit Eier- bzw. Blutalbumin bezeichnet werden.

3. Untersuchung auf Verdorbenheit. Die sehr leicht eintretende Zersetzung bei den Fleischsäften wird sich in den meisten Fällen schon durch den schlechten oder gar fauligen Geruch zu erkennen geben; gleichzeitig kann diese Prüfung durch den Nachweis von Schwefelwasserstoff (vgl. S. 43), von Ammoniak (vgl. S. 26 u. 42) und sonstigen Fäulniserzeugnissen (vgl. I. Teil, S. 308) unterstützt werden. In solchen Fällen muß auch die Untersuchung auf Bakterien (I. Teil, S. 624) und höhere Pilze (Schimmel, Hefe usw.) unbedingt hinzutreten.

4. Nachweis von Frischhaltungsmitteln. Derselbe erfolgt wie bei Fleisch (vgl. I. Teil, S. 590 u. f. sowie diesen Teil S. 38).

Beurteilung der Fleischsäfte nach der chemischen Analyse.

Die Fleischsäfte müssen nach obiger Begriffserklärung naturgemäß anders beurteilt werden als Fleischextrakt. Sie müssen

1. in erster Linie wirkliche, durch Pressen oder sonstwie erhaltene und mehr oder weniger bei niedrigen Temperaturen eingedickte Fleischsäfte sein, denen fremde Stoffe — seien es Kohlenhydrate, Glycerin oder Kochsalz usw. — ohne Deklaration nicht zugesetzt werden dürfen.

Selbstverständlich dürfen auch die beim Fleisch verbotenen Frischhaltungsmittel (I. Teil, S. 591) hier ebenfalls nicht angewendet werden.

2. Gehalt an Wasser. An den Wassergehalt der Fleischsäfte lassen sich keine bestimmten Anforderungen stellen, weil die Fleischsäfte flüssig bleiben sollen und der Grad des Eindampfens sich nach der schwankenden Beschaffenheit der Fleischauszüge richtet.

3. Gehalt der Trockensubstanz. Die Trockensubstanz der Fleischsäfte soll in Prozenten derselben enthalten:

a) rund 33% oder $^1/_3$ gerinnbare Proteine;
b) nicht mehr als 40% Fleischbasen (Kreatinin usw.);
c) nicht mehr als 15% Mineralstoffe und zwar
  α) nur 2.5% Chlornatrium, berechnet aus dem gesamten Chlorgehalt;
  β) nicht mehr als 4% und nicht weniger als 2% Phosphorsäure.

4. Der Gehalt der organischen Substanz an Stickstoff soll mindestens 14% betragen. Enthält die organische Substanz weniger als 14% Gesamtstickstoff[1]), so sind die Fleischsäfte verdächtig, mit fremden, stickstofffreien organischen Stoffen vermengt worden zu sein.

Bei den noch wenig bekannten Grundlagen zur Beurteilung der Handelspräparate dieser Art mögen hier die Analysen einiger Sorten und die Beurteilung derselben auf Grund dieser Analysen nach K. Micko mitgeteilt werden (siehe Tabelle S. 146).

Auf Grund dieser Analysenwerte sind die Präparate wie folgt zu beurteilen:

Carnine Lefranco (Sirup) besteht aus einem aromatisierten, mit Zucker und Glycerin versetzten Fleischsaft.

Armours Fluid Beef (flüssig, trübe) hat im allgemeinen die Zusammensetzung eines Fleischextraktes, dem vegetabilische Würzen und Kochsalz zugesetzt wurden.

---

[1]) Der Stickstoffgehalt der organischen Substanz des Fleischextrakts beträgt durchschnittlich 15%.

Bezeichnung der Bestandteile	Bezeichnung der Präparate							
	Carnine Lefranco	Armour's Fluid Beef	Bovril	Brand & Co's Meat Juice	Valentin's Meat Juice	Wyeth Beef Juice	Fleischsaft Karsan	Carvis
	%	%	%	%	%	%	%	%
Wasser	61,76	29,54	57,76	22,75	34,91	40,44	47,64	10,11
In der Trockensubstanz:								
Organische Substanz	98,51	43,30	69,62	58,73	67,08	59,22	72,10	75,66
Gesamt-Stickstoff	1,59	4,91	10,87	8,04	9,01	7,47	9,72	12,31
Unlösliche Stickstoff-Substanz	0,28	1,59	10,36	—	—	0,32	6,95	—
Gerinnbare Stickstoff-Substanz	5,72	—	—	6,92	0,12	8,22	0,22	—
Proteosen	0,14	6,57	18,08	3,29	1,25	0,97	13,84	31,19
Kreatinin u. Kreatin (als Kreatinin ber.)	0,39	1,96	4,32	5,33	3,27	2,36	4,41	3,16
Ammoniak	—	0,26	0,45	—	—	—	0,46	—
Fett	—	2,91	—	—	—	—	—	—
Zucker	71,71	—	—	—	—	—	—	—
Stärke (Dextrin) und Glykogen	—	3,52	—	—	—	—	—	—
Asche	1,49	56,70	30,38	41,27	32,92	40,78	27,90	24,34
Phosphorsäure	0,49	2,57	4,98	5,61	11,14	8,09	4,65	3,70
Chlornatrium	0,08	45,36	17,23	25,30	4,35	19,39	12,67	15,05
B. 100 Teile Asche enthalten Teile:								
Chlornatrium	5,38	80,00	56,73	61,30	13,21	47,56	45,41	61,87
C. 100 Teile organische Substanz enthalten Teile:								
Gesamt-Stickstoff	1,61	11,34	15,61	13,70	13,43	12,61	13,49	16,28
Unlösliche Stickstoff-Substanz	0,29	3,67	14,89	—	—	0,55	9,63	—
Gerinnbare Stickstoff-Substanz	5,81	—	—	11,79	0,19	13,88	0,30	—
Proteosen	0,14	15,17	25,97	5,61	1,87	1,64	19,19	41,22
Kreatin u. Kreatinin (als Kreatinin ber.)	0,39	4,54	6,20	9,08	4,87	3,98	6,11	4,18
Fett	—	6,72	—	—	—	—	—	—
Zucker	72,80	—	—	—	—	—	—	—
Stärke (Dextrin) und Glykogen	—	8,13	—	—	—	—	—	—
D. 100 Teile Gesamt-Stickstoff enthalten Teile:								
Unlöslicher Stickstoff	2,84	5,17	15,26	—	—	0,70	11,43	—
Gerinnbarer Stickstoff	57,56	—	—	13,77	0,22	18,03	0,36	—
Proteosen-Stickstoff	1,43	21,45	26,61	6,56	2,23	2,09	22,77	40,54
Kreatinin- und Kreatin-Stickstoff	22,93	14,87	14,75	24,63	13,47	11,73	16,85	9,54
Ammoniak-Stickstoff	—	4,31	3,41	—	—	—	3,93	—

Bovril (dickflüssig, trübe) hat die Beschaffenheit eines gewürzten, mit Fleischmehl und Kochsalz versetzten Fleischextraktes, dessen Gehalt an Proteosen erhöht ist.

Brand et Co.s Meat Juice (flüssig, klar) ist zwar ein Fleischsaft, sein Gehalt an gerinnbaren Eiweißstoffen ist aber im Verhältnis zu den stickstoffhaltigen Extraktivstoffen sehr niedrig. Dem Präparat wurden Glycerin und Kochsalz zugesetzt.

Valentins Meat Juice (flüssig) ist insofern kein Fleischsaft, als das Präparat fast keine gerinnbaren Eiweißkörper enthält und aus mit Glycerin versetzten Extraktivstoffen des Fleisches besteht.

Wyeth Beef Juice (flüssig, schwach trübe) ist ein mit Kochsalz versetzter Fleischsaft, dessen Gehalt an gerinnbaren Eiweißkörpern im Verhältnis zum Gesamt-Stickstoff zu niedrig ist. Dieses Präparat enthält in der organischen Substanz nur 12,61% Stickstoff. Es ließen sich aber in demselben weder Zucker, noch Dextrin, noch Glycerin nachweisen.

Fleischsaft Karsan entspricht insofern nicht der Definition des Fleischsaftes, als er gerinnbare Eiweißkörper in nur sehr geringer Menge enthält. Angenommen, daß in Anbetracht des Vorkommens von Blutfarbstoff in dem unlöslichen Teile dieser aus geronnenen Eiweißkörpern des Fleischsaftes besteht, ist deren Menge im Verhältnis zu den übrigen Stickstoff-Verbindungen nur gering. Dagegen enthält das Präparat im Verhältnis zum Gesamt-Stickstoff viel Proteosen. Das Präparat ist ferner mit Kochsalz und Glycerin versetzt.

Nach der Aufschrift enthält Karsan 35% Fleischeiweiß, während in Wirklichkeit die Summe der unlöslichen und gerinnbaren Eiweißkörper und der Proteosen bloß 10% des Gesamtgewichtes ausmacht. Peptone waren in diesem Präparat nicht vorhanden.

Carvis, sterilisierter Fleischsaft. Hier fand eine Peptonisierung der Eiweißstoffe statt. Blutfarbstoff wurde in diesem Präparat nicht vorgefunden, was insofern erklärlich ist, als bei einem derartigen Vorgang der Blutfarbstoff ausgeschieden wird. Das Präparat weist im Verhältnis zum Gesamt-Stickstoff einen hohen Gehalt an Proteosen auf und enthält außerdem noch Peptone. Die Abkunft dieser beiden Eiweißgruppen ist aus dem Befund nicht ersichtlich. Andererseits enthält das Präparat die Extraktivstoffe des Fleisches. Es ist als mit Kochsalz versetzt zu betrachten, wenn auch die prozentuale Menge des Kochsalzes in der ursprünglichen Probe nur gering ist.

5. Bezüglich fremder Zusätze, der Schimmelung, des unangenehmen Geruches und Geschmackes gilt dasselbe, was unter Nr. 11 und 12 bei der Beurteilung von Fleischextrakt S. 138 gesagt ist.

Beurteilung der Fleischsäfte nach der Rechtslage.[1])

Nachgemachter Fleischsaft. Der Angeklagte hatte ein Gemisch von Fleischextrakt mit in Wasser gelöstem getrocknetem Hühnereiweiß als Fleischsaft „Puro“ in den Verkehr gebracht. In den Prospekten und auf den Etiketten der Fläschchen befand sich die Angabe, Puro enthalte die natürlichen Eiweißkörper des Fleisches in unveränderter Form.

Dem Fleischsaft, d. i. dem aus rohem Fleisch gepreßten Saft kommt die Eigenschaft sowohl eines Nahrungs- als auch eines Genußmittels zu; eines Nahrungsmittels insofern, als die darin enthaltenen Eiweißkörper der Ernährung und die darin gleichzeitig vorkommenden Fleischbasen und Salze zur Anregung dienen. Daß der Angeklagte subjektiv in einer Täuschungsabsicht handelte, geht aus dem Prospekt hervor.

Der Angeklagte wollte dem „Puro“ den Anschein haltbar gemachten Fleischsaftes geben. Daß dieses an sich ungelöste Problem, wenn es in der Tat verwirklicht wurde, in der äußeren Erscheinung dem „Puro“ nahekäme, schließt das Gericht daraus, daß verschiedene Personen, Ärzte und Laien, „Puro“ in der Tat für solchen konservierten Fleischsaft gehalten haben. Auch hat sich das Gericht durch Augenschein davon überzeugt, daß man sich auf Grund der Erfahrungen, die mit der Haltbarmachung anderer Nahrungsmittel gemacht worden sind, den haltbaren Fleischsaft in ähnlicher Form und Farbe, wie „Puro“ hat, vorstellen muß. Damit ist auch das Tatbestandsmerkmal des Nachmachens gegeben. Da auch die übrigen Voraussetzungen, das in den Handel- und Verkehrbringen und Feilbieten unter einer zur Täuschung geeigneten Bezeichnung erfüllt sind, ist der Angeklagte wegen Vergehens gegen § 10 NMG. verurteilt worden.

LG. München I, 27. Oktober 1910.

---

[1]) Bearbeitet von Prof. Dr. C. A. Neufeld-Würzburg.

Verwertung der beanstandeten Fleischsäfte.

Gesundheitsschädliche und verfälschte Präparate sind, wie der Codex alim. austr. richtig sagt, zu vernichten; falsch bezeichnete Waren können unter richtiger Bezeichnung im Verkehr belassen werden.

Bouillonpräparate, Speise- und Suppenwürzen, käufliche Saucen.

Die Erzeugnisse vorstehender Art, die jetzt in außerordentlich großer Anzahl im Handel verbreitet sind und tagtäglich sich mehren, sollen den Fleischextrakt ersetzen und die Zubereitung in der Küche erleichtern. Ihr Wert hängt wesentlich davon ab, ob und wieviel Fleisch oder Fleischextrakt zu ihrer Herstellung mitverwendet worden ist. Im übrigen bestehen sie aus den verschiedensten Mischungen und lassen sich für sie bis jetzt kaum bestimmte Begriffserklärungen aufstellen, weil die Mischbestandteile vielfach ineinander übergehen. Nur einen Bestandteil haben alle gemein, nämlich Kochsalz, und zwar in vorwiegendster Menge. Da ihre Untersuchungsweise die gleiche ist, so mögen die zahlreichen Erzeugnisse hier zusammengefaßt werden. Im allgemeinen kann man sie durch folgende Gruppeneinteilung unterscheiden:

1. Bouillonwürfel, Bouillonkapsel, Bouillontafeln[1]), und dergleichen Präparate sind (bzw. sollen sein) Gemische von Fleischextrakt mit Kochsalz, Fett, Gemüseauszügen und sonstigen Würzen. Der Fleischextrakt ist als ihr wesentlicher Bestandteil aufzufassen (Codex alim. austr.). Th. Sudendorf[2]) fand für solche Suppenwürfel in Hamburg:

Wasser	Stickstoff-Substanz	Fett	Mineralstoffe	Kochsalz
1,97—9,67%	8,31—21,87%	4,00—9,91%	63,50—69,80%	55,57—77,22%

Wenn man 65% als höchsten zulässigen Kochsalzgehalt für solche Bouillonwürfel fordern will, so entsprachen von 17 Sorten vorstehender Bouillonwürfel 10 Sorten, also fast 60% dieser Forderung nicht, indem diese über 65% Kochsalz enthielten.

2. Suppen- und Speisewürzen. Unter eine erste Gruppe dieser Art fallen Erzeugnisse, die durch den Abbau von Proteinen gewonnen und durch Zusatz von Auszügen aus Suppenkräutern, Gemüsen bzw. Pilzen gewürzt sind. Hierzu gehört als Prototyp „Maggis Suppenwürze".

Die organische Substanz derselben enthält 13—15% Stickstoff; sie besteht aus geringen Mengen Proteosen (und Ammoniak), vorwiegend aus Aminosäuren und Pepton (bzw. Basen). Als Basen kommen nur Vertreter der Puringruppe (Xanthine) in Betracht; etwa vorhandenes Kreatin bzw. Kreatinin könnte nur aus mitverwendetem Fleischextrakt herrühren (vgl. Bd. II, S. 560).

3. Eine zweite Gruppe von Suppen- und Speisewürzen wird in der Hauptsache durch Ausziehen von Suppenkräutern, Gewürzen, Pilzen u. a. mit Wasser und Eindunsten der Auszüge unter Zusatz von mehr oder weniger Kochsalz gewonnen[3]). Andere Präparate dieser Art werden aus Hefe, die mit Wasser oder Essigsäure gewaschen ist, durch Dämpfen unter Zusatz von Gewürz- und Kräuterauszügen und Kochsalz hergestellt (Ovos, Bovos usw.).

Diese Erzeugnisse sind durch einen noch höheren Gehalt an Amminosäuren als die erste Gruppe und die Erzeugnisse aus Hefe auch durch einen hohen Gehalt an Xanthinbasen ausgezeichnet. Kreatin und Kreatinin sind auch hierin nicht enthalten. Der Gehalt der organischen Substanz an Stickstoff pflegt 8—11% zu betragen, also etwas niedriger als bei der ersten Gruppe zu sein.

[1]) In früheren Zeiten (vgl. II. Bd. 1904, S. 581) verstand man unter Bouillontafeln (Bouillonextrakt) Gelatinepräparate, die aus Knochen und Knorpeln hergestellt wurden.

[2]) Zeitschr. f. Untersuchung d. Nahrungs- u. Genußmittel 1912, **23**, 577.

[3]) Über den Anbau der hierzu erforderlichen Pflanzen und die Einrichtungen zur Verarbeitung der Rohstoffe von der Gutswirtschaft Maggi vgl. Deutsche Landw. Presse 1905, **32**, 407, 417 u. 435.

Durch Beimengungen von Fett erteilt man den Erzeugnissen einen höheren Fettgehalt. So ergab ein zweifellos in diese Gruppe gehörendes Erzeugnis „Ochsena", fälschlicherweise Pflanzenfleischextrakt genannt, nach C. Beese und Dryst[1]) folgende Zusammensetzung im Mittel von 4 Proben:

Wasser	Organische Stoffe	Gesamt-Stickstoff	Stickstoff in Form von			Fett	Mineral-stoffe	Kochsalz	Phosphor-säuren
			Proteosen	Basen	Ammoniak				
13,85%	35,39%	3,16%	0,06%	0,80%	0,28%	8,94%	50,76%	45,97%	0,48%

4. Auch für die Darstellung der käuflichen Saucen werden vorwiegend Suppenkräuter, Gewürze und Pilze aller Art verwendet, deren Auszüge aber dann noch Zusätze von Auszügen aus Fisch- und sonstigem Fleisch sowie von Zucker und Kochsalz erfahren. Hierzu gehört auch die japanische und chinesische Soya oder Shoja oder Soja (auch das japanische Shoyuugt.), die durch einen besonderen Gärvorgang gewonnen wird (vgl. II. Bd., 1904, S. 560).

Die Verfahren zur Untersuchung dieser Art Erzeugnisse sind mehr oder weniger gleich.

1. Spezifisches Gewicht. Bei den dünnflüssigen, klaren Würzen und Saucen bestimmt man das spezifische Gewicht am besten mit dem Pyknometer (I. Teil, S. 43) oder bei ganz klaren Flüssigkeiten mit der Westphalschen Wage (I. Teil, S. 46). Dasselbe läßt sich aber, weil die löslichen Bestandteile hier vorwiegend aus Salzen und Stickstoff-Verbindungen bestehen, nicht zur indirekten Bestimmung des Extraktes bzw. der Trockensubstanz verwenden. Diese muß vielmehr für sich bestimmt werden.

2. Wasser. Das Wasser wird wie bei Fleischextrakt (S. 125) bestimmt. Hierbei leistet, wie K. Micko bemerkt, der Soxhletsche Trockenapparat (I. Teil, S. 20) gute Dienste; mit ihm wird schon in einigen Stunden Gewichtsbeständigkeit erzielt, die in gewöhnlichen Trockenschränken nicht leicht möglich ist.

Man kann auch 3—4 g der Würzen und Saucen in einer mit trockenem Sande und Glasstab beschickten und gewogenen Nickelschale abwägen, mit wenig Wasser im Sande verteilen, auf dem Wasserbade unter Umrühren eindampfen und dann im Trockenschrank bei 102—103° bis zur Gewichtsbeständigkeit trocknen.

3. Gesamtstickstoff. Vgl. I. Teil, A, a, β.

4. Stickstoff-Verbindungen. Zur Trennung der einzelnen Stickstoff-Verbindungen löst man 30—50 g in 250 ccm kaltem Wasser und verwendet hiervon, wenn sich alles vollständig in Wasser löst, aliquote Teile zu den einzelnen Bestimmungen.

a) Unlösliche Stickstoff-Verbindungen. Bleibt ein Teil beim Behandeln mit kaltem Wasser ungelöst, so kann man die Lösung, wenn sie gut filtriert, eventuell unter Zuhilfenahme einer Saugpumpe entweder durch ein Papierfilter im Trichter mit Platinkonus oder durch einen Goochschen Tiegel mit Asbestlage filtrieren, den Niederschlag auswaschen und für sich wie beim Fleischextrakt (S. 124) auf Stickstoff usw. untersuchen, während man das Filtrat auf ein bestimmtes Volumen bringt und hiervon aliquote Teile für die einzelnen Bestimmungen verwendet.

Filtriert aber die unklare, wässerige Flüssigkeit nur schwierig, so kann man zweckmäßig wie folgt verfahren:

Man bringt zweimal gleiche Mengen (30—50 g) in Kölbchen von je 250 ccm, setzt unter ständigem Schütteln Wasser zu, füllt bis zur Marke auf, durchmischt nochmals gut und entnimmt von der trüben Flüssigkeit aus dem einen Kölbchen direkt aliquote Teile (25 oder 50 ccm) zu den einzelnen Bestimmungen. Den Inhalt des anderen Kölbchens filtriert man entweder durch ein trockenes Faltenfilter oder mit Hilfe des Aspirators durch ein glattes Filter, dessen Spitze in einem Platinkonus ruht, oder auch durch einen Goochschen Tiegel mit trockenem

[1]) Zeitschr. f. Untersuchung d. Nahrungs- u. Genußmittel 1913, **25**, 240.

Asbestfilter, und verwendet von dem Filtrat gleiche aliquote Teile wie von der unfiltrierten Flüssigkeit. Die Differenz zwischen den Gehalten der unfiltrierten und filtrierten Flüssigkeit gibt die Menge der in ungelöster Form vorhandenen Bestandteile an, z. B. die Differenz der Glühverluste der Trockenrückstände der unfiltrierten und filtrierten Flüssigkeit die Menge der unlöslichen organischen Stoffe, die der Glührückstände der unfiltrierten und filtrierten Flüssigkeit die Menge der unlöslichen unorganischen Stoffe, die Differenz zwischen dem Gehalt der unfiltrierten und filtrierten Flüssigkeit an Stickstoff die Menge des unlöslichen Stickstoffs usw.

b) Proteosen. Lösliche Albumine werden in den Suppenwürzen und Saucen wohl niemals vorhanden sein. Anderenfalls muß der beim Kochen eventuell nach schwachem Ansäuern entstandene Niederschlag abfiltriert und in ihm der Stickstoff ermittelt werden. In dem Filtrat hiervon oder in der ursprünglichen, klar gebliebenen Lösung werden die Proteosen wie beim Fleischextrakt (S. 126) bestimmt.

c) Peptone und Basen. Man bringt das Filtrat von b) zweckmäßig auf 250 ccm, entnimmt hiervon 10 ccm und gibt diese in ein großes Becherglas; in einem anderen Becherglase werden 30 ccm Wasser mit 30 ccm konzentrierter Schwefelsäure vermischt, hierzu 150—200 ccm Natriumphosphorwolframatlösung gegeben und das Ganze wird umgerührt. Die heiße Mischung wird zu den 100 ccm Filtrat zugefügt und umgerührt, indem man die Reihenfolge dieser Handhabungen genau innehält. Nach mehreren Stunden wird durch ein glattes quantitatives Filter filtriert, mit verdünnter Schwefelsäure ausgewaschen, das Filter mit Niederschlag in einen Kjeldahl-Kolben gebracht, indem man den Trichter mit der Schwefelsäure ausspült und den Niederschlag wie üblich verbrennt.

d) Xanthinstoffe. K. Micko[1]) hat gefunden, daß die Hefenextrakte (Ovos, Sitogen und ein Präparat X) ebenso wie Fleischextrakt (Liebig, Toril) reich an Xanthinstoffen sind, nämlich:

Bezeichnung	In der Trockensubstanz: Asche %	In der Trockensubstanz: Stickstoff %	In der fettfreien organischen Substanz: Stickstoff %	In der fettfreien organischen Substanz: Phosphorsäure %	Xanthin-Stickstoff in Prozenten: des Extrakts %	Xanthin-Stickstoff in Prozenten: der organ. Substanz %	Xanthin-Stickstoff in Prozenten: des Gesamtstickstoffs %
Fleischextrakt: Liebig	26,37	11,23	15,36	13,14	0,648	1,074	6,99
Fleischextrakt: Toril	39,21	9,17	15,07	10,31	0,394	0,900	5,98
Hefenextrakte: Sitogen	32,60	8,61	12,77	14,37	1,142	2,510	19,66
Hefenextrakte: Ovos	36,43	6,45	10,15	9.47	0,497	1,690	16,60
Hefenextrakte: X	46,16	6,93	12,90	11,50	0,303	1,650	12,84
Extrakte oder Würzen unbekannter Abkunft: Bovos konz.	36,33	6,78	10,66	10,49	0,897	1,970	18,44
Extrakte oder Würzen unbekannter Abkunft: Bovos flüssig	45,68	5,92	10,90	11,73	—	—	—
Extrakte oder Würzen unbekannter Abkunft: Vir	62,80	5,21	14,02	7,93	0,092	1,060	7,55
Extrakte oder Würzen unbekannter Abkunft: Bios	27,65	9,59	13,26	10,95	0,509	0,960	7,23
Extrakte oder Würzen unbekannter Abkunft: Maggi-präparate: Suppenwürze	51,34	7,20	14,79	5,30	0,011	0,050	0,35
Extrakte oder Würzen unbekannter Abkunft: Maggi-präparate: Bouillonkapseln 12 Pf.	62,35	3,04	14,05	8,95	0,147	0,730	5,21
Extrakte oder Würzen unbekannter Abkunft: Maggi-präparate: Bouillonkapseln 16 Pf.	73,90	3,80	14,66	9,54	0,205	0,870	5,96

Hiernach sind die Hefenextrakte oder -Würzen, wozu auch Bovos, Vir und Bios zu rechnen sein dürften, reicher an Xanthinstoffen — aus den Nucleinen herrührend — als Fleischextrakte. Aus dem Grunde kann die Bestimmung der Gesamtxanthinstoffe (I. Teil, S. 317) nicht zur Unterscheidung der Würzen bzw. zur Entscheidung der Frage dienen, ob eine Handelswürze einen Zusatz von Fleischextrakt erhalten hat oder nicht.

[1]) Zeitschr. f. Untersuchung d. Nahrungs- u. Genußmittel 1902, **5**, 193; 1903, **6**, 781; 1904, **7**, 257; 1904, **8**, 225.

Die Xanthinstoffe des Fleischextraktes unterscheiden sich aber dadurch von denen der Hefenpräparate, daß die Xanthinstoffe des Fleischextrakts vorwiegend aus Hypoxanthin bestehen, das Adenin kaum ein Zehntel des Hypoxanthins beträgt, und das Guanin nur in geringer Menge vorhanden ist, während die Hauptmasse der Xanthinstoffe in den Hefenextrakten aus Adenin und Guanin besteht, gegen welche das Hypoxanthin zurücktritt.

Die Hefenextrakte lieferten für je 100 g Substanz:

Adenin	Guanin	Hypoxanthin	Xanthin
0,25—1,08 g	0,16—2,01 g	0,08—0,27 g	0,01—0,05 g

Über die Trennung der Xanthinstoffe vgl. I. Teil, S. 318; hierzu sind mindestens 100 g der Extrakte bzw. Würzen erforderlich.

*e) **Kreatin und Kreatinin.*** Mehr als die Bestimmung der Xanthinstoffe kann die des Kreatins bzw. Kreatinins Aufschluß darüber geben, ob eine Würze oder Sauce Fleischauszug (Fleischextrakt) enthält oder nicht. (Über die Ausführung vgl. I. Teil, S. 314, und unter Fleischextrakt, S. 130.)

*f) **Aminosäuren*** wie beim Fleischextrakt S. 132, Ammoniak ebendort S. 129.

5. Fett. Ebenfalls wie beim Fleischextrakt S. 136.

6. Stickstofffreie Extraktstoffe. Als solche kommen hier organische Säuren und Kohlenhydrate in Betracht; über die Bestimmung der ersteren vgl. unter Fleischextrakt S. 135, über die der Kohlenhydrate unter Fleischsäfte, S. 144.

Unter den Kohlenhydraten muß besonders auf Hefengummi Rücksicht genommen werden, weil sich aus seiner Anwesenheit mit entscheiden läßt, ob ein Hefenpräparat vorliegt. K. Micko[1]) löst für den Nachweis des Hefengummis 1 Teil Extrakt in 3 Teilen heißem Wasser und versetzt die Lösung mit Ammoniak in mäßigem Überschuß. Das Filtrat von dem entstandenen Niederschlage wird nach dem Abkühlen auf gewöhnliche Temperatur mit frisch bereiteter, natronhaltiger, ammoniakalischer Kupferlösung (100 ccm 13 proz. Kupfersulfatlösung, 150 ccm Ammoniak, 300 ccm 14 proz. Natronlauge) im Überschuß vermengt.

Bei wirklichen Hefenextrakten entsteht hierdurch sofort ein dicker Niederschlag, der sich alsbald zu einem Klumpen zusammenballt. Reine Fleischextraktlösungen bleiben auf diese Weise selbst nach mehreren Stunden klar.

Man bringt den klumpenartigen Niederschlag auf Leinwand, preßt möglichst gut ab, löst ihn in verdünnter Salzsäure und fällt die Lösung mit dem 3 fachen Volumen Alkohol. Die Fällung kann filtriert, mit Alkohol sowie Äther gewaschen, über Schwefelsäure bzw. im Vakuum getrocknet und nach E. Salkowski[2]) auf ihre Eigenschaften geprüft werden:

Das trockene — nicht das ätherfeuchte — weiße staubige Hefengummipulver ist nicht merklich hygroskopisch und löst sich beim Erwärmen leicht und klar in Wasser. Eine 1,823 proz. Lösung ergab im Halbschattenapparat nach E. Salkowski einen molekularen Drehungswinkel $[\alpha] = +90{,}1^\circ$ während Meigen und Spreng 89,6°, Euler und Fodor 86,88—89,0° und O. Loew +78° fanden. Eine 1—2 proz. Lösung wird gefällt durch: Basisches Bleiacetat + Ammoniak gallertartig, desgl. durch Eisenchlorid und Ammoniak, durch Barytwasser entsteht ein zäher klebriger Niederschlag. Besonders bemerkenswert ist folgendes Verhalten: Versetzt man die Gummilösung mit ammoniakalischer Kupferlösung (Kupfersulfat + Ammoniak), so bleibt sie vollkommen klar; fügt man dann etwas Natronlauge oder Kalilauge hinzu, so entsteht sofort ein dicker klumpiger Niederschlag. Von arabischem Gummi, mit dem Hefengummi viel Ähnlichkeit hat, unterscheidet es sich dadurch, daß eine 1 proz. Lösung mit Fehlingscher Lösung sofort einen dicken Niederschlag gibt, eine 1 proz. Lösung von Gummi arabicum aber erst auf Zusatz von Natronlauge; dieselbe Lösung von arabischem Gummi gibt, mit dem gleichen Volumen Salzsäure von 1,12 spez. Gewicht und dann mit 5 proz. Lösung von Phosphorwolframsäure versetzt, eine starke Trübung, die sich im Überschuß

---

[1]) Zeitschr. f. Untersuchung d. Nahrungs- u. Genußmittel 1904, **8**, 225.

[2]) Berichte d. Deutschen chem. Gesellschaft 1894, **27**, 499.

des Fällungsmittels löst; Hefengummilösungen bleiben unter allen Umständen klar. Durch mehrstündiges Kochen mit 5 proz. Schwefelsäure — größere Säuregehalte wirken sehr schnell — wird Hefengummi in einen reduzierenden, gärungsfähigen, schwach rechts drehenden Zucker übergeführt. Die Hefe enthält in der Trockensubstanz rund 7,0% Gummi.

Meigen und Spreng[1]), ebenso Eisler und Fodor[2]) haben durch Hydrolyse (75 ccm einer 4—5 proz. Lösung mit 2 ccm konzentrierter Schwefelsäure 10 Minuten im Wasserbade erwärmt) festgestellt, daß das reine Hefengummi nur Mannose und Glykose liefert. Erstere fanden doppelt soviel Mannose wie Glykose, Euler und Fodor dagegen beide Zuckerarten entweder zu gleichen Teilen oder auf 4 Teile Mannose 3 Teile Glykose. Im übrigen sei auf die Quellen verwiesen.

7. Alkohol. Einige Speise- und Suppenwürzen, wie Japanisch- oder Chinesich-Soja, enthalten auch geringe Mengen Alkohol. Man bringt zu seiner Bestimmung je nach dem Alkoholgehalt 500 oder 1000 g Würze in eine mit Tubus versehene, 1 bzw. 2 l fassende Retorte, leitet mittels eines bis auf den Boden der Retorte reichenden Glasrohres so lange Wasserdampf ein, bis das Destillat 250 bzw. 300 beträgt. Diese werden mit Natronlauge neutralisiert, nochmals destilliert, bis das Destillat 100 ccm beträgt, hiervon wird das spezifische Gewicht bestimmt und der diesem entsprechende Alkoholgehalt aus Tabelle XI (I. Teil, S. 749) abgelesen. Hat man 500 g Würze angewendet, so muß man die abgelesenen Alkoholgewichtsprozente durch 5, hat man 1000 g Würze angewendet, so muß man durch 10 dividieren, um den Alkoholgehalt in Prozenten der Würze zu finden.

Zum qualitativen Nachweise des Alkohols versetzt man das Destillat mit einigen Tropfen einer gesättigten Lösung von Jod in Jodkalium (1 Teil Jodkalium auf 5—6 Teile Wasser), fügt darauf verdünnte Kalilauge zu, bis die braune Jodfarbe fast verschwunden ist, stellt kurze Zeit in heißes Wasser und läßt ruhig erkalten; bei Anwesenheit von Alkohol bildet sich ein gelber, kristallinischer Absatz von Jodoform, bei geringer Menge ein deutlicher Geruch nach Jodoform.

8. Mineralstoffe. 25 ccm der obigen Lösung zu Nr. 4 (oder 3—5 g der Würze selbst) werden in einer Platinschale verdampft, getrocknet und vorsichtig verascht, weil leicht ein Verspritzen stattfindet. Wenn man die kohlige Masse mehrfach mit einem Pistill zerdrückt und mit kleiner Flamme verascht, so kann man das Auslaugen mit Wasser vermeiden. Sonst verfährt man nach I. Teil, S. 476, wie bei kochsalzreichem Fleisch überhaupt (S. 30).

Zur Bestimmung des Chlors nimmt man die Asche mit Wasser auf, füllt auf 250 ccm auf, filtriert und titriert 50 ccm des Filtrats in üblicher Weise mit $^1/_{10}$ N-Silberlösung.

Phosphorsäure und Schwefelsäure werden wie bei Fleischextrakt bestimmt (S. 137).

Beurteilung der Speise- und Suppenwürzen usw. nach der chemischen Analyse.

Die Speise- und Suppenwürzen werden, wie schon gesagt, aus den verschiedensten Stoffen zubereitet und mehr nach ihrem Geschmack als ihrem Gehalt beurteilt und gekauft. Aus dem Grunde lassen sich an dieselben nicht solche bestimmte Anforderungen stellen, als an andere Nahrungs- und Genußmittel. Es sind aber folgende Forderungen berechtigt:

1. Die Würzen müssen unverdorben (frei von Schimmel usw.) und wohlschmeckend sein.

2. Die Bezeichnung darf keine bessere Beschaffenheit vortäuschen als sie ihrem Wesen nach beanspruchen kann.

Wenn die Bezeichnung, wie z. B. „Bouillontafeln, Bouillonwürfel, Bouillonkapseln" oder wie „Pflanzenfleischextrakt" usw., auf Mitverwendung von Fleischextrakt bzw. von Auszügen aus Fleisch schließen läßt, so müssen die Erzeugnisse auch wirklich Fleischextrakt oder Fleischauszüge enthalten. Es wäre berechtigt, hierfür sogar eine Mindestmenge an Fleischextrakt festzusetzen.

---

[1]) Zeitschr. f. physiol. Chemie 1908, **55**, 48.

[2]) Ebendort 1911, **72**, 339.

Eine z. B. Japanisch- oder Chinesisch-Soja bezeichnete Würze muß auch wirklich und ganz nach den in den Ursprungsländern üblichen Verfahren hergestellt sein.

3. Zur Entscheidung der Frage, ob eine Würze Fleischextrakt enthält, kann in erster Linie der Gehalt an Kreatin bzw. Kreatinin sowie der Gehalt an Hypoxanthin in den Xanthinstoffen dienen, während sich ein Hefenextrakt durch einen Gehalt an Hefengummi und durch einen hohen Gehalt an Adenin und Guanin in den Xanthinstoffen zu erkennen gibt.

4. Der Gehalt an Kochsalz soll bei den flüssigen Würzen nicht mehr als 50%, bei den festen bzw. pastenartigen Erzeugnissen nicht mehr als 65% der Trockensubstanz betragen.

5. Der Zusatz von Frischhaltungsmitteln muß sinngemäß wie bei Fleisch und Fleischdauerwaren beurteilt werden.

Beurteilung der Suppenwürzen nach der Rechtslage.[1])

Zusatz minderwertiger Suppenwürze. Das Gericht erblickte in dem Zusatz des weniger bekannten und weniger verkäuflichen Bios (einer Suppenwürze) eine Verfälschung der allbekannten, geschätzten und im Publikum wegen des besonderen Warenzeichenschutzes für garantiert echt angesehenen Maggiwürze. Durch die Beimischung erfuhr die Maggiwürze eine Umwandlung in ein Genußmittel von geringerer Beschaffenheit und geringerem Verkaufs- und Gebrauchswert als den, welchen sie zu haben schien und welchen die Käufer erwarteten.

Die Handlung erfüllt neben dem damit festgestellten Tatbestand des § 10[1] u. [2] NMG. auch den des § 14, Abs. 2 des Warenzeichengesetzes. Die Angeklagte hat, indem sie das Mischprodukt, welches nicht mehr Maggiwürze war, in der Originalflasche „Maggi" feilhielt, wissentlich eine Ware mit einem nach Maßgabe des Gesetzes zum Schutze der Warenzeichen geschützten Warenzeichen widerrechtlich versehen und dergleichen widerrechtlich gekennzeichnete Ware feilgehalten.

LG. Bremen, 28. Mai 1904.

Wasserzusatz zu Suppenwürze. Der Angeklagte hatte zu Maggis Suppen- und Speisewürze 45% Wasser zugesetzt.

Er hat also das Maggi verschlechtert, d. h. verfälscht, und in Kenntnis der verfälschten Beschaffenheit und unter widerrechtlicher Benutzung der geschützten Zeichen verkauft.

Er wurde des Vergehens gegen § 10[1] u. [2] NMG. in Idealkonkurrenz mit einem solchen gegen § 14 des Reichsgesetzes vom 12. Mai 1894 zum Schutze der Warenbezeichnungen schuldig befunden.

LG. Neustrelitz, 15. Januar 1906.

Verwertung der beanstandeten Würzen. Wie bei Fleischsäften S. 148.

Protein- und Proteosennährmittel.

Vielfach ist man bemüht, die in den verschiedenen Gewerben abfallenden Stoffe für die menschliche Ernährung wieder verwertbar zu machen. Dieses hat man besonders mit den proteinreichen Abfällen der Fleischextraktfabrikation, dem Blut der Schlachttiere, der Magermilch (Casein), dem Kleber von der Weizenstärke-, dem Protein bzw. Gluten von der Reis- und Maisstärkefabrikation u. a. versucht (vgl. II. Bd., 1904, S. 530ff.). Fast jeder Tag bringt neue derartige Vorschläge und Präparate. Man kann diese für die Untersuchung und Beurteilung zunächst in zwei größere Gruppen, nämlich solche mit nur unlöslichem und solche mit löslichem Protein einteilen.

I. Proteinnährmittel mit nur unlöslichem Protein.

Die Untersuchung dieser Präparate ist sehr einfach; 1. das Wasser wird wie üblich bei pulverförmigen Stoffen nach I. Teil, S. 14; 2. das Protein durch Bestimmung des Stickstoffs

[1]) Bearbeitet von Prof. Dr. C. A. Neufeld in Würzburg.

nach I. Teil, S. 240 und Umrechnung nach S. 252; 3. das Fett nach I. Teil, S. 342; 4. die Mineralstoffe (Asche) nach I. Teil, S. 474ff. bestimmt.

Die Summe des Prozentgehaltes dieser Bestandteile muß bei reinen Proteinnährmitteln nahezu (bis auf 2—4%) 100 geben. Ist das nicht der Fall, so müssen auch 5. die Kohlenhydrate (stickstoffreie Extraktstoffe) berücksichtigt und bestimmt werden. Diese können aus Zucker (z. B. Milchzucker bei Caseinpräparaten) oder auch aus Stärke bestehen. Für die Bestimmung des Zuckers zieht man 5 g oder mehr Substanz mit kaltem Wasser aus, bringt das Filtrat auf 500 ccm und bestimmt in je 25 oder bei geringem Zuckergehalt in je 50 ccm vor und nach der Inversion den Zuckergehalt nach I. Teil, S. 430.

Die Stärke, auf die man vorher das entfettete Präparat mikroskopisch untersucht, kann nach einem der I. Teil, S. 437ff. angegebenen Verfahren bestimmt werden.

Nicht unwichtig ist auch die Untersuchung dieser Präparate auf Mikroorganismen. Daß sie keine pathogenen Keime enthalten dürfen, ist selbstverständlich und durchweg auch durch die Art der Herstellung ausgeschlossen. Andere Mikroorganismen (Schimmel, Bakterien) lassen sich wohl niemals ganz ausschließen, aber sie sollen nur in sehr geringer Anzahl vorhanden sein. Etwaige Schimmelpilze in größerer Anzahl deuten auf einen zu hohen Feuchtigkeitsgehalt (14% und mehr) hin, während eine größere Menge von Bakterien auf eine Verwendung von unreinem Rohstoff, auf unsaubere Herstellungsweise oder Aufbewahrung schließen läßt.

C. Ehrmann und K. Kornauth[1]) fanden in 1 g verschiedener Nährpräparate zwischen Null bis unzählige Keime von Mikrophyten; in der Regel schwankten sie für je 1 g zwischen 3300—102 300 Keimen auf verschiedenen Nährböden.

Zur Bestimmung der Anzahl Mikroorganismen verteilt man etwa 1 g (bzw. mehr oder weniger, je nach Gehalt hieran) in 1 l sterilisiertem, kaltem Wasser und verwendet 1 ccm der Aufschwemmung oder auch weniger zur Anlegung einer Plattenkultur nach I. Teil, S. 626.

Ehrmann und Kornauth (l. c.) wendeten verschiedene Nährböden für die Feststellung der Anzahl der Mikrophytenkeime an, nämlich Agar-Agar, Zucker-Agar, Molken-Agar, Fleisch-Gelatine, Molken-Gelatine (vgl. I. Teil, S. 645), und fanden auf diesen verschiedenen Nährböden Unterschiede im Gehalt an Mikrophytenkeimen zwischen 23—95 700 (bei Sanatogen), 3300—82 500 (bei Eulaktol) usw.; im allgemeinen wuchsen auf Fleisch-Gelatine die wenigsten Keime — mit Ausnahme von „Puro", der 102 000 aufwies —, auf Agar-Agar und Zucker-Agar die meisten Keime. Ehrmann und Kornauth verfuhren bei den beiden festen Nährböden in der Weise, daß sie eine gewogene Menge der sorgfältigst entnommenen Nährmehle mit steriler Bouillon in Proberöhrchen, die mit sterilem Kautschukstopfen verschlossen wurden, solange schüttelten, bis eine Lösung oder vollständige Emulsion eintrat; von dieser wurde dann mittels steriler Pipetten rasch eine solche Menge für die Anlegung von Platten abgemessen, daß die angewendete Menge des Nährmehles 0,0015 g betrug. Die flüssigen Nährböden wurden mit je einer Öse (= 0,03 g) geimpft. Man ließ die Kulturen entweder bei 20° oder im Brutofen bei 38,5° stehen und stellte die Anzahl der Keime in der Regel nach 24 Stunden fest.

In den meisten Nährmehlen fanden sich neben Bakterien Kokken, Sarcinen und Schimmelpilze.

Anhaltspunkte zur Beurteilung.

Für die Beurteilung dieser Art Nährmittel sind bis jetzt bestimmte Vereinbarungen nicht getroffen; indes sind folgende Forderungen gerechtfertigt:

1. Der Wassergehalt soll nicht mehr als 12% betragen.

2. Die organische Substanz soll bis auf 2 bis 4% aus Protein bestehen; sind größere Mengen stickstoffreie, organische Stoffe (Zucker, Stärkemehl, Fett usw.) vorhanden, so sollen diese deklariert werden.

[1]) Zeitschr. f. Untersuchung d. Nahrungs- u. Genußmittel 1900, 3, 736.

3. Fremde Mineralstoffe (bzw. Salze) sind nur insofern zulässig, als sie unschädlich und nach bestehenden Verordnungen zulässig sind sowie zur etwaigen Fällung des Proteins aus seiner Lösung notwendig waren.

4. Der Zusatz von den bei Fleisch S. 38 und I. Teil, S. 591 verbotenen Mitteln ist auch hier nicht erlaubt.

5. Die Protein-Nährmittel müssen tunlichst frei von oder doch arm an Schimmelpilzen und Bakterien sein; pathogene Keime sind selbstverständlich ausgeschlossen.

6. Für die praktische Anwendung, besonders bei Massenernährung, sind auch die Preise zu berücksichtigen. Wenn sich der Preis des Proteins ebenso hoch wie in allgemein genossenen Nahrungsmitteln (z. B. Milch, Fleisch usw.) stellt, so verwendet man zweckmäßig diese zur Deckung des Protein-Bedarfs, weil sie besser zusagen, als die meist fade schmeckenden isolierten Nährstoffe.

II. Proteinnährmittel mit löslichem Protein.

Mehr noch als vorstehende werden Protein-Nährmittel mit löslichem Protein in den Handel gebracht und diese haben insofern eine größere Berechtigung, als sie bei Kranken die Verdauungstätigkeit unterstützen sollen. Man kann hier drei Lösungsmittel unterscheiden, nämlich: chemische Hilfsmittel, überhitzter Wasserdampf mit und ohne Zusatz von Chemikalien und proteolytische Enzyme.

1. Durch chemische Hilfsmittel löslich gemachte Proteinnährmittel.

Zur Überführung der Proteine in den löslichen Zustand werden meistens Alkalien und ihre Salze verwendet. In Bd. II, 1904, S. 536, sind mehrere derartige Präparate beschrieben.

Die chemische und mykologische bzw. bakteriologische Untersuchung erfolgt genau wie bei den vorstehenden Nährmitteln. Nur gesellt sich zu den dort angegebenen Bestimmungen die des löslichen Proteins. Hierzu verwendet man 2—3 g Substanz, versetzt sie in einem Becherglase oder einer Schale mit 50—100 ccm kaltem Wasser, rührt wiederholt durch und filtriert entweder durch ein Papierfilter von bekanntem Stickstoffgehalt oder durch einen Goochschen Tiegel mit Asbestlage, wäscht mit kaltem und zuletzt mit heißem Wasser bis zur völligen Erschöpfung aus und verbrennt den Rückstand samt Filter nach Kjeldahl. Die Differenz zwischen Gesamt- und unlöslichem Stickstoff, multipliziert mit 6,25, gibt die Menge des löslichen Proteins. Bei den besseren Nährmitteln dieser Art pflegen 60—90% des Proteins in Wasser löslich zu sein.

Bei der Beurteilung dieser Nährmittel sind dieselben Gesichtspunkte maßgebend als bei der vorstehenden Gruppe. Nährmittel mit löslichem Protein, die dickflüssig sind und über 40—50% Wasser enthalten, pflegen als Frischhaltungsmittel Alkohol zu enthalten, worauf bei der Untersuchung Rücksicht zu nehmen ist (vgl. S. 152). Bei anderen Nährmitteln, z. B. Sanatogen, das aus 95% Casein und 5% glycerinphosphorsaurem Natrium besteht, muß auch das Glycerin bestimmt werden, was wie bei Fleischsäften S. 143 g geschehen kann.

2. Durch überhitzten Wasserdampf mit und ohne Zusatz von chemischen Hilfsmitteln löslich gemachte Proteinnährmittel.

Durch überhitzten Wasserdampf ohne und mit Zusatz von etwas Natriumcarbonat oder Salzsäure lassen sich die meisten Proteine verflüssigen und löslich machen; auf diese Weise werden aus Fleisch und Fleischrückständen eine Reihe von Präparaten (Fluid beef, Fluid meat usw.) erhalten, wobei aber gleichzeitig Abbauerzeugnisse der Proteine, nämlich Proteosen, Peptone, Aminosäuren bis hinab zu Ammoniak entstehen bzw. entstehen können. Auch durch tagelange Behandlung der Proteine mit verdünntem Ammoniak oder Alkali kann, wie z. B. bei Somatose, eine geringere oder größere Hydrolyse des Proteins stattfinden.

Diese Art Nährmittel werden wie die folgenden untersucht und beurteilt, nämlich:

3. Durch proteolytische Enzyme löslich gemachte Proteinnährmittel.

Als Enzym zur Löslichmachung der Proteine dient in erster Linie Pepsin; vereinzelt wird auch Papayin angewendet; das vereinzelt angewendete Trypsin eignet sich schon deshalb nicht für diesen Zweck, weil die Erzeugnisse hiermit noch weniger haltbar sind, als die mit ersteren Enzymen. Im allgemeinen haben die Präparate dieser Art als Krankennahrungsmittel in letzter Zeit an Bedeutung verloren, seitdem durch E. Abderhalden u. a. nachgewiesen ist, daß die Körper-Proteine sich aus den im Darm vollständig zu Aminosäuren abgebauten Nahrungs-Proteinen und nicht aus Pepton als solchem wieder aufbauen, und zum Wiederaufbau die sämtlichen Abbauerzeugnisse erforderlich sind. Da aber die durch künstliche Verdauung hergestellten Erzeugnisse doch noch immer im Handel vorkommen, möge ihre Untersuchung wie Beurteilung hier noch mit aufgenommen werden.

1. Die **üblichen Bestimmungen** von Wasser, Stickstoff, Fett, Kohlenhydraten und Asche werden bei den flüssigen Präparaten wie bei Fleischextrakt S. 124 oder Fleischsaft S. 140, bei den festen Präparaten wie bei den ersten Protein-Nährmitteln ausgeführt.

2. **Proteosen** und **Peptone.** Über die Bestimmung der Proteosen und Peptone in diesen Erzeugnissen vgl. I. Teil, S. 258. Bigelow und Cook[1]) empfehlen dafür das Verfahren von Schjerning mit Tannin - Salzlösung in folgender Ausführung:

Von Fleischpulvern wird 1 g, von pastenartigen Erzeugnissen werden 2 g, von flüssigen oder halbflüssigen Extrakten 10—20 ccm in einen 100-ccm-Kolben gebracht, wobei die ersteren in etwa 20 ccm Wasser gelöst werden. Dann gibt man 50 ccm einer 30 g Chlornatrium in 100 ccm enthaltenden Salzlösung hinzu, schüttelt durch und kühlt auf etwa 12° ab, worauf 30 ccm einer 24 proz. Tanninlösung von 12° C zugefügt werden. Man füllt jetzt auf 100 ccm auf, schüttelt und läßt das Gemisch über Nacht im Eisschrank stehen. Dann filtriert man bei 12° 50 ccm ab und bestimmt hierin den Stickstoff. Ebenso macht man eine Stickstoffbestimmung in einem aliquoten Teile des Filtrats eines mit den Reagenzien allein (ohne Kühlung) angestellten, blinden Versuches. Den in den 50 ccm gefundenen Stickstoffgehalt multipliziert man mit 2, bringt die durch den blinden Versuch ermittelte Korrektur an und erhält so den als Ammoniak und in den Fleischbasen vorhandenen Stickstoff mit Ausnahme desjenigen, der sich in dem durch das Tanninsalz-Reagens ausgefällten Kreatin befindet. Bei der Untersuchung von Präparaten, die unlösliche und koagulierte Proteine enthalten, werden 20 ccm des Filtrates angewendet. Der so durch das Tanninsalz-Reagens gefällte, aus der Differenz berechnete Stickstoff besteht aus den in Form von Proteosen und Peptonen vorhandenen Stickstoff-Verbindungen. Den Pepton-Stickstoff erhält man durch Abzug des durch Ausfällung mit Zinksulfat erhaltenen Proteosen-Stickstoffs von der Gesamtmenge des durch das Tanninsalz-Reagens gefundenen. Den durch Ausfällung eines Teiles des Kreatins verursachten Fehler kann man korrigieren, indem man das Kreatin vor der Ausfällung mit dem Tanninsalz-Reagens und das in dem Filtrate nach der Fällung befindliche Kreatin bestimmt. Diese Bestimmung wird nach dem Verfahren von Folin, 1. Bd., S. 316, ausgeführt, wozu das Kreatin vorher durch Salzsäure in Kreatinin übergeführt werden muß. Man verfährt also folgendermaßen: 40—50 ccm des Tanninsalzfiltrates werden auf dem Wasserbade mit Salzsäure erwärmt; hierauf gibt man 5 ccm 10 proz. Chlorbariumlösung zu und macht mit Natronlauge alkalisch. Man schüttelt durch, filtriert und wäscht den Niederschlag mit Wasser aus. Aus dem Filtrat, welches jetzt praktisch tanninfrei ist, entfernt man das überschüssige Barium mit Schwefelsäure, filtriert und wäscht aus, worauf in dem Filtrat das Kreatinin in der üblichen Weise (S. 130 u. 143) bestimmt wird. Um den erhaltenen Wert wird die vorher ermittelte Menge der Peptone korrigiert. Es ist natürlich auch notwendig, den Ammoniakgehalt der ursprünglichen Probe zu bestimmen und beim ermittelten Peptongehalt eine entsprechende Korrektur anzubringen.

---

[1]) Journ. Amer. Chem. Soc. 1906, **28**, 1485 und Zeitschr. f. Untersuchung d. Nahrungs- u. Genußmittel 1907, **14**, 225.

Cook und Prescot[1]) bezeichnen als Nachteil des vorstehenden Verfahrens das starke Schäumen beim Erwärmen des mit Schwefelsäure versetzten Filtrats des Tanninsalzniederschlages. Sie versetzen daher 50 ccm des Tanninsalzfiltrates in einem Kjeldahl-Kolben mit einem Tropfen Schwefelsäure, evakuieren und dampfen auf dem Wasserbade ein. Dann werden etwa 30 ccm Schwefelsäure zugegeben, aber kein Kaliumsulfat, weil aus der Schwefelsäure und Kochsalz genügend Natriumsulfat gebildet wird, welches wie Kaliumsulfat wirkt. Im übrigen wird wie sonst verfahren.

3. Zur Entscheidung der Frage, ob das Präparat aus natürlichem **Fleisch,** ausgezogenen **Fleischrückständen** bzw. -Abfällen oder einem anderen Rohstoff hergestellt ist, kann die Bestimmung des Kreatinins (vgl. I. Teil. S. 316 u. hier S. 130) dienen. Unter Umständen wird auch das biologische Verfahren Aufschluß geben können.

4. Die **bakteriologische** bzw. **mykologische** Untersuchung erfolgt wie vorstehend S. 154.

5. Auch für die Beurteilung gelten im allgemeinen dieselben Gesichtspunkte wie bei den Nährmitteln S. 154. Die Bezeichnung vor allem muß ihrer Wesensbeschaffenheit entsprechen. Nur bezüglich der Beurteilung der Preiswürdigkeit sind hier mildere Anforderungen zu stellen, da ihre Herstellung größere Kosten verursacht, und sie als Nähr- und Stärkungsmittel für Kranke dienen sollen, für welchen Zweck der Preis nicht allein ausschlaggebend ist. Im übrigen wird der Wert dieser Präparate meistens überschätzt. Wenn sich die Untersuchungen E. Abderhaldens bestätigen, wird man für die Ernährung der Kranken statt der sogen. Peptone in Zukunft die durch Enzyme oder Mineralsäuren vollständig abgebauten Protein-Erzeugnisse anwenden, die sich auch noch durch besseren Geschmack vor den Peptonen auszeichnen sollen.

Die Verwertung der beanstandeten Nährmittel. Wie bei Fleischdauerwaren S. 93.

Suppentafeln bzw. kondensierte Suppen.

Die Suppentafeln oder auch gemischte bzw. kondensierte Suppen genannt, sind Gemische von durchweg besonders zubereitetem Mehl mit Fett und Gewürzen; andere Suppentafeln enthalten ferner noch zerhacktes und getrocknetes Fleisch (Fleischpulver) oder Fleischextrakt (vgl. II. Bd., 1904, S. 566).

Je nach den Mischbestandteilen ist die Zusammensetzung der Suppentafeln sehr großen Schwankungen unterworfen. H. Wagner und J. Clement[2]) fanden z. B. in 101 Sorten folgende Schwankungen:

Wasser %	Stickstoffsubstanz %	Fett %	Stickstofffreie Extraktstoffe %	Rohfaser %	Asche %	Kochsalz %	Phosphorsäure %
6,52—13,23[3])	1,56—23,96 (Sago) (Linsen)	0,33—23,07 (Sago) (Erbswurst)	28,12—76,09	0,08—3,63	5,25—19,63	3,48—18,23	0,07—1,00

Schon diese außerordentlichen Schwankungen im Nährstoffgehalt lassen eine Kontrolle dieser Erzeugnisse wünschenswert erscheinen, besonders für die Erzeugnisse, welche den Kindern oder der weniger bemittelten Klasse zur Ernährung dienen sollen.

Die gemischten Suppen befinden sich durchweg im trockenen gepreßten Zustande in besonderen Päckchen, weshalb sie sich leicht für die Analyse vorbereiten lassen. Man zerkleinert den Inhalt von 5—10 Päckchen erst gröblich und zerreibt ihn dann weiter in einer Reib-

[1]) Journ. Amer. Chem. Soc. 1907, **29**, 605 und Zeitschr. f. Untersuchung d. Nahrungs- u. Genußmittel 1907, **15**, 292.

[2]) Zeitschr. f. Untersuchung d. Nahrungs- u. Genußmittel 1909, **18**, 314.

[3]) In einer Tomatensuppe fanden die Verff. 20,53% Wasser.

schale. In anderen Fällen kann man sich auch einer Kartoffelreibe oder, wenn die Pulver nicht gar zu fett sind, einer Mahlmühle (I. Teil, S. 11) bedienen.

1. Die ***Bestimmung*** der ***gewöhnlichen Bestandteile*** erfolgt nach den allgemein üblichen Verfahren, nämlich:

a) Wasser nach I. Teil, S. 14; b) Stickstoff (bzw. Stickstoff-Substanz) nach I. Teil, S. 240; c) Fett nach I. Teil, S. 342; d) Kohlenhydrate (Stärke) nach S. 422 bzw. 437; e) Pentosane nach I. Teil, S. 447; f) Rohfaser nach I. Teil, S. 451 und g) Asche bzw. Mineralstoffe nach I. Teil, S. 474 und Chlor bzw. Chlornatrium nach I. Teil, S. 489.

Mit mehr Schwierigkeiten als diese Bestimmungen ist die Prüfung auf Verdorbenheit und auf Mischbestandteile verbunden.

2. Prüfung auf Verdorbenheit. Schon wenn ein Fabrikat dieser Art 14% Wasser und mehr enthält, ist es bedenklich, weil bei solchem Wassergehalt Schimmel usw. auftreten kann. Aber auch ein niedrigerer Wassergehalt schließt einen Gehalt an Schimmel und sonstigen Pilzen bzw. Bakterien nicht aus, weil sie durch die Anwendung schlechter bzw. verdorbener Rohstoffe oder durch fehlerhafte Zubereitung und Aufbewahrung in die Ware hinein gelangt sein können.

Die Verschimmelung und Verdorbenheit gibt sich in vielen Fällen schon durch den dumpfen, schimmeligen oder ranzigen Geruch zu erkennen. Weiter ist

a) Die Feststellung der Anzahl und Art der Mikroorganismen von Bedeutung. Man entnimmt aus dem Innern der Päckchen oder Behälter 1 g der Masse und verfährt damit wie unter Proteinnährmitteln S. 154 bzw. I. Teil, S. 626.

b) Der Säuregrad des Fettes. Zur Ermittelung desselben zieht man eine größere Menge der Suppentafeln, so daß man 5—10 g Fett erhält, mit Äther aus und verfährt damit nach I. Teil, S. 363. Da frische Fette und Öle durchweg nur wenig freie Fettsäuren enthalten, und zur Herstellung der Suppentafeln tadellose feste tierische Fette (Talg oder Schmalz) verwendet werden sollen, so deutet ein höherer Gehalt an freien Fettsäuren (vgl. I. Teil, S. 364) auf eine Zersetzung des Fettes durch Mikroorganismen hin.

c) Gehalt an Ammoniak und Zersetzungserzeugnissen von Proteinen. Über die Bestimmung des Ammoniaks vgl. vorstehend S. 26 u. 129 bzw. I. Teil, S. 260, über die der Amide bzw. der Differenz zwischen Roh- und Reinprotein I. Teil, S. 254 b.

Die nur aus Mehl, Fett und Gewürzen hergestellten Suppentafeln enthalten bei Anwendung von einwandfreien Rohstoffen und sorgfältiger Aufbewahrung kein oder nur Spuren von Ammoniak sowie in Prozenten des Gesamt-Stickstoffs nur einige wenige bis etwa 25% Stickstoff in Form von Amiden bzw. Nichtprotein. Sind daher diese Werte überschritten, so spricht das ebenfalls für eine Zersetzung.

Haben die Suppentafeln einen Zusatz von Fleisch erhalten, so muß man wohl geringe Mengen Ammoniak (1—3% in Prozenten des Gesamt-Stickstoff) und mehr als 25% Amid-Stickstoff (bzw. Nichtprotein) zugestehen. Ist den Suppentafeln indes Fleischextrakt oder eine Suppenwürze zugesetzt, so können diese vorstehenden Verhältniszahlen keine Anhaltspunkte liefern, weil diese Zusätze an sich schwankende Mengen Ammoniak und Amide bzw. Nichtprotein enthalten.

3. Ermittelung der Mischbestandteile. Die Art der Mischbestandteile kann auf mikroskopischem und chemischem Wege ermittelt werden.

a) Mikroskopische Untersuchung. Um die Art des verwendeten Mehles festzustellen, entfettet man vorher zweckmäßig mit Äther und untersucht den Rückstand mikroskopisch sowohl direkt auf Form der Stärke als auch nach Aufhellung (vgl. unter „Mehle") auf Gewebselemente.

Soll auch auf Fleisch Rücksicht genommen werden, so behandelt man den entfetteten Rückstand behufs Entfernung der Stärke nur mit verdünnter Salzsäure oder mit Diastase und untersucht die zurückbleibenden Gewebsfasern, unter denen sich die quergestreiften Muskelfasern unschwer erkennen lassen.

b) Durch chemische Untersuchung. Die Art des verwendeten Fettes läßt sich unter Umständen durch Bestimmung der Verseifungszahl, Jodzahl, der flüchtigen Fettsäuren, der Phytosterinacetatprobe usw. feststellen, für welchen Zweck das mit Petroläther ausgezogene Fett durch Schmelzen und Filtrieren gereinigt werden muß.

Der Zusatz von Fleischextrakt gibt sich durch den Nachweis von Kreatinin und den größeren Gehalt an Hypoxanthin, der von Hefenextrakt durch den Nachweis von Hefengummi und den höheren Gehalt an Adenin und Guanin unter den Xanthinstoffen zu erkennen. Über den Nachweis von Kreatinin vgl. S. 130, den von Hypoxanthin I. Teil, S. 321, den von Hefengummi S. 151 und den von Adenin I. Teil, S. 319.

4. *Frischhaltungsmittel.* Der Zusatz von Frischhaltungsmitteln muß hier wie bei Fleisch I. Teil, S. 591 u. f. beurteilt und kann wie dort und nach S. 38 ermittelt werden.

Anhaltspunkte für die Beurteilung.

Hier gelten im allgemeinen dieselben Anhaltspunkte zur Beurteilung wie bei den vorstehenden ähnlichen Nährmitteln.

1. Der Geruch und Geschmack muß angenehm, nicht dumpfig, schimmelig sein.
2. Der Wassergehalt soll 12% nicht übersteigen.
3. Bezüglich des Gehaltes an Mikroorganismen, an Ammoniak und Amiden sowie bezüglich der Beschaffenheit des Fettes vgl. unter Nr. 2b und c.
4. Die Suppentafeln müssen sauber verpackt sowie trocken und sauber aufbewahrt werden.
5. Die Bezeichnung muß auch hier der Wesensbeschaffenheit entsprechen: Fleisch-Suppentafeln oder Suppentafeln (bzw. Suppen) mit Fleisch, Fleischextrakt-Suppentafeln oder Suppentafeln mit Fleischextrakt usw. müssen auch wirklich einen genügenden Zusatz von Fleisch bzw. Fleischextrakt, der die Bezeichnung rechtfertigt, erhalten haben; wenn die nur aus Mehl, Fett und Gewürzen hergestellten Suppen als Bohnen- oder Erbsen- oder Reissuppe bezeichnet werden, so muß die Grundmasse (d. h. Mehl) auch nur aus diesen Mehlen bestehen.
6. Die Suppentafeln müssen frei von den für Fleisch verbotenen Frischhaltungsmitteln sein.
7. Der Preis muß auch bei diesen Nährmitteln, besonders bei den zur Massenernährung bestimmten, im Verhältnis zu ihrem Gehalt an Nährstoffen stehen.

Verwertung der beanstandeten Suppentafeln. Wie bei Fleischdauerwaren S. 93.

Kaviar.

Unter Kaviar versteht man die von Häuten und Sehnen befreiten und eingesalzenen Fischeier (Rogen, Laich). Am geschätztesten ist der Rogen der drei Störarten (Stör, Hausen und Sterlet) aus Rußland (Malossol- und Astrachan-Kaviar). Es wird aber auch der Rogen vieler anderen Fische verwendet, z. B. von Dorsch, Karpfen, Hecht, Barsch, Lachs, Forelle usw. Dieser Kaviar (z. B. Elbkaviar, Amerikanischer Kaviar) ist minderwertiger. Je nachdem man den Kaviar salzt und die Lake frei abfließen läßt, oder den gesalzenen Kaviar preßt, unterscheidet man körnigen (auch flüssigen) und gepreßten bzw. sog. Servietten-Kaviar (Paionsnaja).

Der Kaviar wird bei mangelhafter Aufbewahrung leicht schimmelig und ranzig, wobei der Gehalt an Säure stark zunimmt, die Färbung dunkler und der Geruch unangenehmer wird; die Eier schrumpfen ein und werden schmierig (seifig).

Als Verfälschung sind beobachtet Zusätze von Bouillon, Öl, Sago, Weißbier usw.; als Frischhaltungsmittel Borsäure und Salicylsäure, als Färbemittel Beinschwarz.

Die Untersuchung des Kaviars erfolgt im allgemeinen wie bei Fleisch bzw. Vogeleiern. Handelt es sich um Rogen bzw. Fischeier, die noch in Häuten eingeschlossen sind, so müssen zunächst

1. die ***Häute*** und ***Sehnen*** entfernt werden; das pflegt in der Weise zu geschehen, daß man eine abgewogene Menge Rogen rasch auf einem grobmaschigen eisernen 6-mm-Sieb zerreibt, die im Sieb zurückbleibenden Häute und Fasern sammelt und wägt, während die durchfallenden Eier auf einem engmaschigen, vorher gewogenen Haarsieb gesammelt und mit diesem gewogen werden. Falls die Häute und Sehnen weiter untersucht werden sollen, so zerschneidet man dieselben mit einer Schere oder einem Messer und bestimmt darin Wasser, Stickstoff, Fett, Asche usw. in üblicher Weise. Die Eier dagegen zerreibt man wie den fertigen gesalzenen Kaviar in einer Reibschale und verwendet aliquote Teile des Breis direkt zur Bestimmung der einzelnen Bestandteile. Ein Vortrocknen ist nicht notwendig, weil sich die breiartige Masse so gleichmäßig verarbeiten läßt, daß auch durch kleine Gewichtsmengen eine genügende Durchschnittsprobe für die Bestimmungen erhalten wird.

2. *Wasser:* 5—10 g des Breies werden wie bei Wurst S. 98 behandelt.

3. *Gesamt-Stickstoff:* ebenfalls wie bei Wurst S. 98.

4. *Die einzelnen Stickstoff-Verbindungen.* ***a) Proteine.*** Sollen die einzelnen Stickstoffverbindungen (Albumin, Basen, leimgebendes Gewebe usw.) bestimmt werden, so verfährt man wie bei Fleisch S. 23 oder auf folgende Weise:

Eine gewogene Menge Kaviar wird mit Wasser in einer Reibschale zerrieben und so lange ausgezogen, bis die überstehende Flüssigkeit klar ist.

Der Rückstand enthält vorwiegend die Eihäute (Eischalen), die man nach dem Trocknen und Erkalten zur Wägung bringt.

Die kolierte milchige Flüssigkeit gibt bei Zusatz von Essigsäure oder mäßigen Mengen Kochsalz oder auch durch einfache Verdünnung mit Wasser eine Fällung, die häufig von selbst, sonst durch Einleiten von Kohlendioxyd in eine flockige Form übergeht und sich absetzt. Ausgewaschen wird am besten durch öftere Dekantation. Man kann diesen Eiweißkörper mit G. Walter[1]) als Ichthulin bezeichnen. Hat man die Ausfällung mit Kochsalz bewirkt, so schafft man dieses am besten durch Dialyse fort. Nach Trocknung und Entfettung des Ichthulins kann man es als solches zur Wägung bringen oder in einem aliquoten Teil den Stickstoff bestimmen.

Die Dekantate vom Ichthulin geben beim Eindampfen eine Fällung von Albumin, das wahrscheinlich nach Hammarsten[2]) ein vitellinähnliches Nucleoalbumin ist. Man bestimmt es wie bei Fleisch S. 24. Das Filtrat vom Albumin kann man ebenfalls wie bei Fleisch S. 24 u. f. auf Basen untersuchen.

J. Großfeld bestimmte diese Bestandteile auf meine Veranlassung mit folgendem Ergebnis:

Kaviar	Wasser %	Eischalen (N×6,25) %	Albumin (N×6,25) %	Ichthulin (N×6,25) %	Basen + Aminosäuren[4]) %	Gesamt-Stickstoffsubstanz[4]) %	Gesamt-Stickstoff %	Fett (Ätherauszug) %	Asche %
Dorsch-[3]) .	59,39	2,26	0,85	5,94	15,31	26,36	3,53	4,44	9,81
Elb- . . .	55,53	2,20	3,32	13,87	3,51	22,90	3,74	15,36	6,21
Astrachan-	46,06	3,09	3,37	15,55	7,50	29,51	4,18	16,12	8,31

[1]) Zeitschr. f. physiol. Chemie 1891, **15**, 477.

[2]) Skand. Archiv f. Physiol. **17**, 113—132, 5/9.

[3]) Der Dorschkaviar wird unter starkem Salzen und Würzen in Norwegen und Schweden viel genossen.

[4]) Die gesamte Stickstoff-Substanz ist aus der Differenz von 100 — (Wasser + Fett + Salze), Basen + Aminosäuren sind aus der Differenz Gesamtstickstoff-Substanz — (Eihäute + Albumin + Ichthulin) berechnet. Durch Multiplikation von Stickstoff × 6,25 erhält man bei Elbkaviar etwas mehr, bei den anderen beiden Kaviarsorten etwas weniger Stickstoff-Substanz, je nachdem stickstoffärmere Aminosäuren oder Kohlenhydrate in größerer oder geringerer Menge vorhanden sind.

E. Rimini[1]) und P. Buttenberg[2]) fanden (vgl. auch II. Bd., S. 572) nach neueren Analysen für die Hauptbestandteile des Kaviars folgende Zusammensetzung:

Kaviar	Wasser %	Stickstoff-substanz %	Fett %	Extraktiv-stoffe %	Asche %	Kochsalz %	Phosphor-säure %
Dorsch-	66,28	10,62	1,27	—	20,14	19,05	0,196
Elb-	47,26	24,91	13,02	3,79	10,46	8,38	0,631
Russischer . . .	42,49	29,65	12,07	4,14	9,26	6,87	0,690

Russischer und Elbkaviar zeichnen sich hiernach vor Dorschkaviar und, wie wir fanden, auch vor sonstigen Rogensorten (Saibling, Karpfen, Hering, Kabeljau) durch größeren Fettgehalt aus.

Das Ichthulin ist durch hohen Schwefel- und Phosphorgehalt ausgezeichnet. Nach Analysen von J. Großfeld u. a. wurden z. B. gefunden:

52,98% C, 7,71% H, 15,77% N, 1,05% S, 0,77% P.

Das Albumin ergab in der wasser- und aschenfreien Substanz im Mittel 15,52% N, 1,37% S und 0,44% P.

Protamine konnten wir im Rogen nicht nachweisen[3]) (vgl. II. Bd. 1904, S. 19); dagegen lieferte das Ichthulin bei der Hydrolyse die Hexonbasen Arginin, Lysin und Histidin.

b) Basen und Aminosäuren. K. Linnert[4]) hydrolysierte 50 bzw. 80 g körnigen bzw. gepreßten Kaviar mit der 10fachen Menge 0,5proz. Schwefelsäure während 12 Stunden, entfernte die Schwefelsäure mit Bariumcarbonat, versetzte das Filtrat nach dem Eindunsten mit einem Gemisch von gleichen Teilen 33proz. Natronlauge und halbgesättigter Natriumcarbonatlösung, filtrierte, säuerte mit Salzsäure an, machte ammoniakalisch und fügte ammoniakalische Silberlösung hinzu. Es entstand aber keinerlei Niederschlag, woraus Linnert schließt, daß im Kaviar keine Xanthinbasen vorhanden sind.

Auch Olof Hammarsten[5]) fand im reifen und unreifen Barschrogen keine Purinkörper. Dagegen isolierten P. A. Levene und J. A. Mandel[6]) aus den Eiern des Schellfisches eine Substanz, aus der durch Hydrolyse u. a. Purin- und Pyrimidinbasen entstanden.

Aus den Eiern des Barsches stellte Carl Th. Mörner[7]) ein Nuclein von eigenartig „adstringierendem“ Geschmack und von der Eigenschaft, gewisse Glykoproteide und Polysaccharide zu fällen, dar.

J. Großfeld und Verf.[8]) konnten indes in dem Rogen von Hering, Karpfen, Saiblingen, Kabeljau, Hecht wie auch im Dorsch-, Elb- und russischen Kaviar dadurch, daß sie die

---

1) Staz. sperim. agric. Ital. 1903, **36**, 249.

2) Zeitschr. f. Untersuchung d. Nahrungs- u. Genußmittel 1904, **7**, 233.

3) Für das Sperma von Hering und Karpfen, welches auch genossen wird, fanden J. Grossfeld u. Verf. folgende Zusammensetzung:

Sperma von	Wasser	Stickstoffsubstanz	Fett	Asche	Stickstoff
Hering	75,62%	17,75%	4,42%	2,21%	4,12%
Karpfen	78,47%	16,02%	3,17%	2,34%	3,07%

Die Stickstoffsubstanz ist aus der Differenz berechnet; sie kann hier noch weniger wie beim Rogen durch Multiplikation des Stickstoffs × 6,25% berechnet werden, weil die im Sperma vorhandenen Protamine 25—30% statt 16% Stickstoff enthalten.

4) Biochem. Zeitschr. 1909, **18**, 209.

5) Zur Chemie des Fischeies. Skand. Archiv f. Physio.l **17**, 113—132, 5/4.

6) Zeitschr. f. physiol. Chemie 1907, **49**, 262.

7) Ebendort 1903/04, **40**, 429.

8) Biochem. Zeitschr. 1913, **54**, 333 u. 351.

Basen entweder erst nach Baur und Barschall (S. 130) zusammen fällten oder nach Micko (I. Teil, S. 317) erst die Xanthinbasen durch Kupferbisulfit abschieden und das Filtrat nach Entfernung des Kupfers durch Schwefelwasserstoff auf weitere Basen untersuchten, stets Xanthinbasen und auch Kreatin bzw. Kreatinin nachweisen. Die Aminosäuren bestimmten sie nach dem Verfahren von Sörensen (S. 133) und fanden auf diese Weise in Prozenten des gesamten löslichen Stickstoffs:

Kaviar	Basen-Stickstoff %	Davon Ammoniak-Stickstoff %	Aminosäure-Stickstoff %	Stickstoff in nicht bestimmter Form %
Dorsch-	24,1	17,5	68,3	7,6
Elb-	25,7	13,6	55,4	18,9
Russischer	25,2	11,5	32,7	42,2

Der hohe Gehalt des Dorschkaviars an Ammoniak und Aminosäuren dürfte von einer teilweisen Zersetzung infolge der Zubereitung herrühren.

Außer Xanthinbasen (vorwiegend Xanthin und Hypoxanthin), wovon König und Großfeld — bezogen auf organische Trockensubstanz der Extraktivstoffe — im Dorschkaviar 0,05%, im Elbkaviar 0,32% und im Astrachankaviar 0,40% fanden, und außer deutlich abscheidbarem, aber nicht quantitativ bestimmbarem Kreatinin konnten auch Thymin (5-Methyl-2,6-Dioxypyrimidin) im Kabeljaurogen und ferner unter den Aminosäuren u. a. Taurin, i-Tyrosin und Glykokoll nachgewiesen werden.

*c) **Ammoniak.*** Von Wichtigkeit ist für die Beurteilung des Kaviars die Bestimmung des Ammoniaks, wenn es sich um die Frage der Verdorbenheit eines Kaviars handelt. Über die Bestimmung vgl. I. Teil, S. 260 und unter Fleischdauerwaren S. 91.

5. Fett. Das Fett kann wie bei Fleisch S. 27 oder bei Wurst S. 98 oder wie Käse nach dem Verfahren von Bondzynski (vgl. S. 313) bestimmt werden.

Auf den Unterschied im Fettgehalt der Kaviarsorten ist schon vorstehend S. 161 aufmerksam gemacht. Das Fett des Fischrogens und auch das des Kaviars ist durch einen hohen Gehalt an Cholesterin und Lecithin (als Diolein-Lecithin berechnet) ausgezeichnet. König und Großfeld fanden hierfür und für die Jod- und Verseifungszahl folgende Werte (in Prozenten des Fettes):

Kaviar	Jodzahl	Verseifungszahl	Cholesterin %	Lecithin %
Dorsch-	164,4	175,3	14,00	0,96
Elb-	107,6	191,4	4,35	12,92
Russischer	133,9	187,1	3,91	10,67

Noch viel höhere Gehalte an Lecithin gaben die Fette der Rogen von:

Kabeljau	Saibling	Hering	Karpfen
35,19%	41,10%	43,61%	59,19%

Der Ätherauszug schließt außer Lecithin auch noch sonstige Stickstoff-Verbindungen (Trimethylamin usw.) ein.

6. Freie Säuren. Die geringwertigen Kaviarsorten sind durch einen hohen Gehalt an freien Säuren von den besseren Sorten unterschieden; außerdem nimmt der Säuregehalt beim Aufbewahren des Kaviars schnell zu. Zur Bestimmung der freien Säuren kann man wie bei Wurst (S. 99 u. 100) oder wie bei Käse (S. 318) etwa 5 g Kaviar mit warmem Wasser durchkneten, ausziehen und das Filtrat unter Verwendung von Phenolphthalein als Indicator mit $^1/_{10}$ N.-Lauge titrieren. Die verbrauchte Menge Lauge kann auch hier auf Milchsäure (1 ccm = 0,009 g Milchsäure) umgerechnet werden.

Auf diese Weise erhält man aber nicht die in Wasser unlöslichen freien Fettsäuren. Um auch diese zu bestimmen, muß man den Rückstand von Wasserauszuge trocknen, zerkleinern, in eine Papierhülse bringen und in üblicher Weise mit Äther ausziehen. Zu dem Ätherauszuge setzt man ein gleiches Volumen absoluten Alkohol und titriert mit $^1/_{10}$N.-Lauge unter Anwendung von Phenolphthalein als Indicator. Der Verbrauch an Lauge für ein gleiches Gemisch von Äther-Alkohol wird abgezogen und die verbrauchte Laugemenge hier auf Ölsäure (1 ccm = 0,0282 g Ölsäure) berechnet.

E. Rimini fand (l. c.) für verschiedene Kaviarsorten folgende Gehalte an freier Säure = Ölsäure:

Roter Kaviar	Italienischer	Deutscher	Russischer	Russischer gepreßter
0,63%	2,88%	4,23%	3,13%	4,68%

W. Niebel gibt (II. Bd. 1904, S. 572) für russischen Kaviar 0,16—0,51%, für deutschen 0,98—4,21% und für amerikanischen 1,24—6,76% freie Fettsäuren an.

J. Großfeld und Verf. bestimmten die in Wasser lösliche Säure als Milchsäure und die unlösliche Fettsäure als Ölsäure durch Ausziehen des mit Wasser erschöpften Rückstandes mit Alkohol-Äther, indem der Kaviar in verschlossenen Gefäßen wie üblich im kühlen Raum (Keller) aufbewahrt wurde; die Ergebnisse waren folgende:

Zeit der Aufbewahrung	Russischer Kaviar			Elbkaviar			Dorschkaviar		
	Milchsäure %	Ölsäure %	Gesamtsäure %	Milchsäure %	Ölsäure %	Gesamtsäure %	Milchsäure %	Ölsäure %	Gesamtsäure %
Im Anfange	0,50	1,57	2,07	0,52	1,91	2,43	1,26	2,28	3,54
Nach 33 Tagen	0,48	2,10	2,58	0,52	2,48	3,00	1,38	2,45	3,83
Nach 61 „	0,33	2,82	3,15	0,34	2,32	2,66	1,16	2,51	3,67

Der russische Kaviar als der beste enthält hiernach am wenigsten Säure, die wasserlösliche Säure hält sich beim Aufbewahren ziemlich beständig, während die freie Fettsäure regelmäßig zunimmt, bis zuletzt beide, in erster Linie die wasserlösliche Säure, wenn sich nach längerer Aufbewahrung Schimmel einstellt, wieder abnehmen.

E. Rimini will für unverdorbenen bzw. genießbaren Kaviar einen Gehalt an freien Säuren, berechnet als Ölsäure, bis zu 6% zulassen. Indes dürfte bei einem so hohen Säuregehalt meistens auch eine Zersetzung des Kaviars eingetreten sein. Schneider-Riga[1]) ist der Ansicht, daß die freien Fettsäuren sich durch eine Art Reifungsvorgang des Kaviars bilden müssen und dadurch den eigenartigen Geschmack bewirken; ganz frischer Preßkaviar soll leicht etwas fade schmecken.

7. Mineralstoffe (Asche). Die Bestimmung erfolgt wie bei Fleisch S. 30 u. a. (vgl. I. Teil, S. 474ff.). Zur Bestimmung des Chlors verwendet man die wässerige Lösung der ohne Zusätze dargestellten Asche (I. Teil, S. 489), zur Bestimmung der Phosphorsäure bzw. des Gesamtphosphors verascht man 5—10 g Kaviar entweder mit Natriumcarbonat und Salpeter (I. Teil, S. 477) oder man schließt mit einem Gemisch von konzentrierter Schwefelsäure und Salpetersäure (I. Teil, S. 478) auf und bestimmt die Phosphorsäure nach einem der im I. Teil, S. 490ff. angegebenen Verfahren.

8. Nachweis von Frischhaltungsmitteln. Als solche kommen außer Kochsalz als erlaubtem Frischhaltungsmittel für Kaviar vorwiegend Borsäure und Salicylsäure in Betracht. Die Borsäure wird wie bei Fleisch (vgl. I. Teil, S. 591), die Salicylsäure ebenso wie bei Fleisch (vgl. I. Teil, S. 605) nachgewiesen bzw. quantitativ bestimmt.

9. Nachweis von Verfälschungsmitteln. *a)* ***Bouillon***zusatz wird sich nur sehr schwierig nachweisen lassen. Mitunter kann ein erhöhter Gehalt an Wasser Aufschluß

[1]) Allgem. Fischerei-Ztg. 1912, **20**, 512.

geben. Echter Kaviar (von Störarten) enthält in der Regel zwischen 40—50% Wasser, im ganz frischen Zustande bis 57%, im gepreßten dagegen unter 40% Wasser; beim Kaviar bzw. Rogen anderer Fischarten, besonders dem fettarmen Rogen — der von Dorsch bzw. Kabeljau enthält nur 1 bis 2% Fett — geht der Wassergehalt bis 70% hinauf.

b) Bier wird sich am sichersten durch einen Gehalt an Alkohol und Maltose zu erkennen geben. Für die Bestimmung des Alkohols zieht man eine größere Menge Kaviar — etwa 100 g — mit etwa 200 ccm Wasser aus, filtriert, neutralisiert die Säuren mit Natriumcarbonat, destilliert etwa die Hälfte ab, bestimmt vom Destillat das spezifische Gewicht (I. Teil, S. 521) und liest eventuell den zugehörigen Alkohol aus der Tabelle XI im I. Teil, S. 749 ab. Der Zusatz von Bier wird aber selten so hoch sein, daß er sich in 100 g Kaviar wird nachweisen lassen; man müßte also schon viel größere Mengen anwenden. Man wird sich daher meistens auf einen qualitativen Nachweis des Alkohols im Destillat beschränken müssen (vgl. S. 152 u. I. Teil, S. 518). Den Destillationsrückstand kann man bis zum Sirup eindampfen, diesen mit Wasser aufnehmen, filtrieren und das Filtrat qualitativ und quantitativ auf Maltose bzw. Glykose untersuchen.

c) Öl. Ein Zusatz von Öl kann sich unter Umständen durch eine Erhöhung des Fettgehaltes kundgeben. Echter Kaviar enthält zwischen 9—19% Fett; im Meeräsche-Rogen fand E. Rimini 28,04% Fett. Wenn indes, was meistens der Fall sein wird, ein pflanzliches Öl verwendet worden ist, wird sich dasselbe in dem Ätherauszuge durch die Phytosterinacetatprobe (I. Teil, S. 402) zu erkennen geben.

d) Sago. Der Nachweis von Sago oder anderer Stärke ist in dem entfetteten Rückstand unschwer mikroskopisch und durch Jodlösung zu führen; zur quantitativen Bestimmung kann man den entfetteten Rückstand nach dem Verfahren von Mayrhofer oder Lintner bzw. Ewers (I. Teil, S. 441 bzw. 444) verwenden.

e) Beinschwarz. P. Buttenberg[1]) fand bei einem mit Beinschwarz gefärbten Kaviar (vom Dorsch), daß beim Aufstreichen desselben auf Brot eine stark färbende Masse darauf sitzen blieb, während die einzelnen Fischeier beim Rollen über die Unterlage eine fast weiße Farbe annahmen. Weiter ergab sich in dem Kaviar ein erhöhter Gehalt an Phosphorsäure. Reiner Dorschkaviar ergab 0,196%, der gefärbte dagegen 1,22% Phosphorsäure.

f) Biologischer Nachweis fremder Fischrogensorten. H. Kodama[2]) hat nachgewiesen, daß der russische Kaviar, wenn seine Auszüge (I. Teil, S. 328) Kaninchen ein erstes Mal intravenös und die beiden letzten Male intraperitoneal injiziert wurde, ein Antiserum liefern, welches nur mit russischem Kaviar, nicht aber mit anderen Fischrogenarten Präcipitationsreaktionen liefert. Auch reagieren die Antisera der Rogen z. B. von Karpfen, Rotaugen, Brassen, Schleie, Lachs, Forelle und Hering), nicht mit dem Serum des russischen Kaviars, wohl aber kommt die Familienverwandtschaft zwischen Rotauge, Brasse, Schleie und Karpfen einerseits sowie Lachs und Forelle andererseits deutlich in der Präcipitationsreaktion zum Ausdruck, indem jeder auf das Antiserum des anderen fast gleich stark positiv reagiert. Auch die verschiedenen russischen Kaviarsorten reagieren untereinander in gleicher Weise. Man kann durch die Präcipitation das Fischrogeneiweiß scharf von dem Fischfleischeiweiß desselben Tieres unterscheiden. Der Heringsrogen nimmt einen gewisse Sonderstellung ein.

Als Anhaltspunkte für die Beurteilung des Kaviars nach der chemischen Analyse können folgende dienen:

1. Im allgemeinen versteht man unter Kaviar den von Häuten und Sehnen befreiten Laich oder Rogen der großen Störarten (Rußland), welcher lediglich einen Zusatz von Kochsalz erhalten hat. Werden jedoch andere Fischrogen zur Kaviarbereitung verwendet, so ist diesen Erzeugnissen eine Deklaration beizufügen, durch welche die Fischart, von welcher der verarbeitete Rogen stammt, oder der Ort, wo er zubereitet worden ist, also z. B. Elb-,

---

[1]) Zeitschr. f. Untersuchung d. Nahrungs- u. Genußmittel 1904, **7**, 233.

[2]) Archiv f. Hygiene 1913, **78**, 247.

Dorsch-, amerikanischer Kaviar zum Unterschiede von russischem, kenntlich gemacht werden soll.

2. Die Körner (Eier) des Kaviars sind um so durchscheinender und heller, je frischer der Kaviar ist. Dabei sind die Eier der Störarten größer als die anderer Fische (Elb- und amerikanischer Kaviar). Durch die Behandlung und Aufbewahrung nimmt der Kaviar eine dunkelbraune bis schwärzliche Färbung an, und zwar bei den geringwertigen Sorten früher und tiefer als bei besseren Sorten (russischer Störkaviar).

3. Eine seifig-schmierige Beschaffenheit, ein schimmeliger oder ranziger Geruch und gallig-bitterer Geschmack sind ebenso wie eingeschrumpfte Körner Zeichen der Verdorbenheit.

4. Letztere ist sicher anzunehmen, wenn der Kaviar einen fauligen Geruch und eine alkalische Reaktion besitzt. Es ist dann auch ein Gehalt an freiem Ammoniak anzunehmen. Über die zulässige Menge des Ammoniaks liegen bis jetzt keine Angaben vor; vielleicht kann diese wie bei den Fleischdauerwaren, den Krabben S. 93 Nr. 6 angenommen werden.

5. Ein übermäßiger Gehalt an freien Säuren bedingt ebenfalls eine Verdorbenheit. Derselbe kann aber anscheinend in einem noch nicht verdorbenen Kaviar verhältnismäßig hoch sein. Vgl. vorstehend unter Nr. 6, S. 162.

6. Der Gehalt an Frischhaltungsmitteln (Borsäure, Salicylsäure usw.) ist, wenngleich der Kaviar, als von kaltblütigen Tieren herrührend, nicht unter das Gesetz betreffend die Schlachtvieh- und Fleischbeschau fällt (vgl. S. 18 u. 63), doch sinngemäß wie bei Fleisch als verboten zu beurteilen, weil sie als fremdartige Stoffe für die Zubereitung nicht zulässig und nicht notwendig sind; denn der Kaviar läßt sich durch den erlaubten Zusatz von Kochsalz, von dem bis zu 11% in ihm vorkommen, genügend haltbar machen.

7. Der Zusatz von Bouillon, Bier, Öl, Sago und ähnlichen Stoffen, sowie der Zusatz von Färbemitteln, wie Beinschwarz u. a., sind selbstverständlich als Verfälschung im Sinne des § 10 des NMG. anzusehen.

Für die **Beurteilung nach der Rechtslage**[1]) kommen zwei Gerichtsentscheidungen in Betracht, nämlich:

Nachgemachter Kaviar (gefärbte Dorscheier). Durch künstliche Schwarzfärbung war dem von Natur roten Rogen des Dorsches das Aussehen von echtem Kaviar, d. h. von Eiern der Störarten — Hausen, Stör, Sterlett — verliehen worden.

Der Angeklagte hat dem Publikum gegenüber durch Färbung der Dorscheier diesen das Aussehen von Eiern störartiger Fische verliehen, er hat seinem aus Dorscheiern hergestellten „Kaviar" hierdurch den Schein gegeben, als ob er aus einem anderen Stoffe, nämlich aus den Eiern störartiger Fische, gewonnen sei. Er hat also zum Zwecke der Täuschung im Handel und Verkehr Nahrungsmittel nachgemacht und sich dadurch eines Vergehens gegen § 10^1 NMG. schuldig gemacht.

LG. München II, 1. Oktober 1910.

Gefärbter Dorsch- und Kabeljaurogen mit Olivenöl, Ruß und Borsäure. Im allgemeinen bezeichnet man unter Kaviar den von Häuten und Sehnen befreiten Laich oder Rogen der großen Störarten, welcher lediglich einen Zusatz von Kochsalz erhalten hat. Werden jedoch andere Fischrogen zur Kaviarbereitung verwendet, so ist diesen Produkten eine Deklaration beizufügen, durch welche die Fischart des verarbeiteten Rogens kenntlich gemacht wird.

Im vorliegenden Falle ist dies nicht nur unterblieben, sondern den von Hause aus weißen Fischeiern ist nach Zusatz verschiedener Substanzen (u. a. Olivenöl), die in normaler Ware nicht enthalten sind, durch Kohlepulver die Farbe des echten Kaviars verliehen worden. Es ist daher das untersuchte Produkt als verfälscht zu beanstanden.

Ferner kann in der Beimengung der Borsäure ein Verstoß gegen das NMG. erblickt werden, sofern die Borsäure dazu gedient haben sollte, die Folge einer unsauberen Behandlung bzw. die Verwendung minderwertiger Rohware zu verdecken.

---

[1]) Bearbeitet von Prof. Dr. C. A. Neufeld-Würzburg.

Das Gericht ist der Überzeugung, daß der Angeklagte zum Zwecke der Täuschung im Handel und Verkehr ein Nahrungs- bzw. Genußmittel verfälscht hat, und zwar durch die ordnungswidrige Zutat von Farbstoff und Olivenöl. Bezüglich der Borsäure können in dieser Hinsicht Zweifel obwalten, weshalb diese ausscheidet. Dieses so verfälschte Nahrungs- und Genußmittel hat der Angeklagte wissentlich unter Verschweigung dieses Umstandes verkauft und unter einer zur Täuschung geeigneten Bezeichnung „Schwedischer Kaviar, Marke Trollhättan" feilgehalten. Vergehen gegen § 10^1 u. ^{2} NMG.

AG. Hamburg, 9. Oktober 1901.

Vogeleier.

Unter den vielen eßbaren Vogeleiern kommen bei uns für den Markt vorwiegend nur die Hühnereier, in vereinzelten Fällen auch Enten-, Gänse- und Puteneier in Betracht; an den Küsten begegnet man im Handel auch den Eiern der Seevögel (besonders der Seemöve), während der Verkauf der Singvögel-, neuerdings auch der der gesuchten Kibitzeier, verboten ist.

Die Eier aller Vögel bestehen aus der Schale, dem Eier-Eiweiß (Eiweiß, Eiklar) und Eier-Gelb (Eigelb). Über das Verhältnis der drei Bestandteile zueinander und über die chemische Zusammensetzung, die bei den Eiern aller Vögel im wesentlichen gleich ist, vgl. II. Bd., 1904, S. 578ff. Bei der Untersuchung der Eier handelt es sich aber weniger um die Ermittelung der chemischen Zusammensetzung, als um die Feststellung des Gewichtes, das bei derselben Vogelart in weiten Grenzen, z. B. bei den Hühnereiern zwischen 30—72 g (Mittel 50—53 g) schwanken kann, und um die Festsetzung der Beschaffenheit der Eier, ob frisch oder alt oder verdorben. Eine Verfälschung der in Schalen eingeschlossenen natürlichen Eier kann nicht vorkommen, und die Unterschiebung geringwertiger Sorten unter bessere gibt sich durchweg schon äußerlich durch die Verschiedenheit der Form und Farbe sowie der Größe der Eier zu erkennen.

Aus den Eiern, besonders dem Eigelb, werden aber mitunter auch Dauerwaren hergestellt, bei denen leicht Ungehörigkeiten und Verfälschungen vorkommen können.

I. Untersuchung der natürlichen Eier.

A. Untersuchung auf Zusammensetzung, d. h. Gehalt an einzelnen Bestandteilen.

Zur Vorbereitung für die Untersuchung müssen die Schalen erst von dem Ei-Inhalt getrennt werden. Das kann, wenn der ganze Inhalt (das Klare und Gelbe, der Dotter) zusammen untersucht werden soll, in der Weise geschehen, daß man an der spitzen und breiten Seite eine kleine Öffnung macht und den Inhalt in eine Schale ausbläst, oder indem man an der spitzen Seite eine Öffnung macht, das Ei mit der Spitze nach unten in einen auf einem Dreifuß befindlichen Ring bzw. in ein Dreieck über einer Schale bringt, welche sich unter einer zu evakuierenden Glasglocke (Trockenapparat) befindet. Durch Herstellung eines Vakuums kann der gesamte Inhalt des Eies entleert und in der unterstehenden Schale gesammelt werden.

Will man dagegen die beiden Teile, das Klare (Weiße) und das Gelbe (den Dotter), getrennt für sich untersuchen, so durchschneidet man das Ei am einfachsten in der Mitte der Längsseite, bricht es ganz auf und läßt das Klare vorsichtig vom Gelben ablaufen, indem man zur Entfernung des Restes des Klaren den Dotter von der einen Hälfte der Eischale in die andere umfüllt. Selbstverständlich muß man mehrere Eier derselben Sorte anwenden, um einen guten Durchschnitt zu erhalten.

Man wägt zunächst die gesamten Eier, trennt, wie angegeben, in die einzelnen Teile und wägt jeden für sich; zu dem Zweck empfiehlt es sich, die Porzellan- oder Glasschalen, in denen sie weiter untersucht werden sollen, nebst einem zugegebenen Glasstab vorher leer zu wägen. Die Summe des Gewichtes der einzelnen Teile muß mit dem festgestellten Gesamtgewicht übereinstimmen; die Differenz kann zu je der Hälfte auf Schalen und das Eierweiß verteilt werden, weil bei diesen beiden Teilen — nicht bei dem Dotter, wenn er richtig gesammelt ist — sei es durch Absprengen von Teilchen oder durch Wasserverdunstung, gleichmäßige Verluste vorausgesetzt werden können. Auf ein Vogelei entfallen durchweg 9,5—15% Schalen, 48—59% Eiklar und 42—28% Eigelb.

Die weitere Untersuchung richtet sich ganz nach der gestellten Frage. Soll nur der Nährwert, d. h. die allgemeine Zusammensetzung des Eiinhaltes festgestellt werden, so wird das Klare (Weiße) und Gelbe (der Dotter) zusammen weiter verarbeitet; sollen aber die einzelnen Stoffgruppen näher zerlegt werden, so werden die einzelnen Teile einer getrennten Untersuchung[1]) unterworfen.

1. Untersuchung des gesamten Eiinhaltes. Der gesammelte Inhalt der Eier wird in der Schale mit einem Glasstabe aufs innigste verrührt bzw. durcheinander geschlagen, darauf in einem siedenden Wasserbade unter fortwährendem Verrühren eingetrocknet. Die fest gewordene krümelige Masse wird dann noch einen oder zwei Tage im Lufttrockenschrank bei 50—60° weiter getrocknet, bis kein Wasser mehr verdunstet, und der lufttrocken gewordene Schaleninhalt nach I. Teil, S. 23 weiter behandelt.

Nachdem der Schaleninhalt gewogen ist, wird er in einer Reibschale sorgfältig verrieben und in ein mit Glasstopfen versehenes, gut schließendes Pulverglas umgefüllt. Die lufttrockene Masse läßt sich leicht verlustlos aus der Porzellanschale bzw. Reibschale entfernen bzw. umfüllen. Sollte Fett an den Wandungen haften bleiben, so werden die Schalen mit Äther ausgewaschen, der Äther wird nach der Filtration verdunstet und der gewogene Rückstand sowohl dem gesamten Rückstand als auch der gefundenen Fettmenge zugerechnet, um einerseits die gesamte Menge Trockensubstanz, andererseits das gesamte Fett zu erhalten. Die lufttrockene Masse wird dann wie üblich auf:

1. **Wasser** durch Trocknen bei 100—110° nach I. Teil, S. 14; 2. **Stickstoff** bzw. Stickstoff-Substanz (N $\times$ 6,25) nach I. Teil, S. 240; 3. **Fett** nach I. Teil, S. 342; 4. **Asche** nach I. Teil, S. 474 untersucht. Die **Kohlenhydrate** ergeben sich aus der Differenz zwischen der Summe dieser Bestandteile und 100.

Man berechnet die für die lufttrockene Masse gefundenen Werte erst auf Trockensubstanz und von dieser nach I. Teil, S. 23 auf natürliche Substanz. Weiter berechnet man die einzelnen Bestandteile auf die ganze absolute Menge ursprünglichen Eierinhaltes, und indem man diese Werte durch die angewendete Anzahl Eier dividiert, erfährt man den durchschnittlichen Gehalt eines Eies an den einzelnen Bestandteilen.

Bei der Bestimmung der **Asche** durch einfache Veraschung ist indes zu berücksichtigen, daß die Eier den Schwefel und den Phosphor durchweg ganz in organischer Bindung enthalten, und diese, weil die vorhandenen Basen zu ihrer Bindung nicht ausreichen, beim Veraschen zum Teil mit verflüchtigt werden. Man bestimmt für genaue Untersuchungen zunächst in der ohne Zusätze erhaltenen Asche Schwefelsäure und Phosphorsäure, verascht dann einen anderen Teil der lufttrockenen Masse unter Zusatz von Soda und Salpeter (vgl. I. Teil, S. 477), bestimmt in dieser Asche ebenfalls die Schwefel- und

[1]) Die Untersuchung der Eierschalen dürfte nur in den seltensten Fällen erforderlich sein. Ist dies aber der Fall, so werden die gesammelten, vom Inhalt völlig befreiten Eierschalen im Mörser fein zerstoßen und ein Teil hiervon (5—10 g) wird bei 105° getrocknet, gewogen, geglüht und wieder gewogen, indem man den ersten Glührückstand mit Ammoniumcarbonatlösung versetzt, eindampft und letzteres bei schwacher Rotglut verjagt. Den Glührückstand (die Asche) untersucht man in üblicher Weise auf Kohlensäure, Kalk, Magnesia und Phosphorsäure. Man kann zur Bestimmung der Kohlensäure auch die ursprünglichen Schalen verwenden. Unter Umständen mag auch noch eine Bestimmung des Stickstoffs nach Kjeldahl in letzteren erwünscht sein.

Phosphorsäure, zieht erstere Menge von letzterer ab und addiert das Mehr der ohne Zusätze erhaltenen Menge Asche zu.

Über die Bestimmung der einzelnen Bestandteile der Asche vgl. I. Teil, S. 479, und die Zusammensetzung der Asche der Eier vgl. II. Bd., 1904, S. 576[1]).

2. Untersuchung des Eierweißen (des Eiklars). Das Eiklar besteht bei einem Wassergehalt von 85,5—87,0% fast ausschließlich aus in Wasser löslichen Proteinen neben nur sehr wenig Fett (0,03—0,20%), wenig Asche (0,67—0,80%) und ebensoviel sonstigen stickstofffreien Stoffen.

a) Wasser. Der Wassergehalt kann von dem gesammelten Eiklar wie vorstehend vom Gesamt-Eiinhalt ermittelt werden. Da durch Erhitzung der Eier auf 80° nur eine physikalische Veränderung mit dem Eiinhalt statthat und besonders mit Erhärten des Inhaltes kein oder nur ein höchst unbedeutender Verlust an Wasser verbunden ist, so kann man auch, wenn es sich nur um die allgemeine Zusammensetzung von Eiklar und Eigelb handelt, die Eier 5—6 Minuten in kochendes Wasser bringen, recht hart sieden und nach Entfernung der Schale beide Teile voneinander trennen und für sich getrennt untersuchen. Im hart gesottenen Zustande lassen sich die Teile der Eier sogar schärfer als im frischen Zustande voneinander trennen.

Das feste Eiklar wird mit einem Messer fein zerschnitten bzw. gehackt, und werden von dieser Masse aliquote Teile zu den Bestimmungen benutzt, nämlich 5—10 g zur Bestimmung des Wassers und der Asche in üblicher Weise, 3—4 g zur Bestimmung des Stickstoffs nach Kjeldahl usw. Die Bestimmung des Fettes muß, da das nach dem Vortrocknen hornartige Albumin das Fett nur unvollständig abgibt, wie bei Fleisch S. 27 vorgenommen werden. Das Eiklar enthält auch reduzierende Kohlenhydrate (Glykose), die man vielfach als konstituierenden Bestandteil der Eiweißstoffe des Eiklars bzw. in Verbindung mit Lecithin bzw. Lecithalbumin angesehen hat[2]). Nach Abderhalden, Bergell und Dörpinghaus[3]) liefert reines Eieralbumin durch Hydrolyse zwar eine geringe Menge Glykosamin, aber kein vorgebildetes Kohlenhydrat. Das Kohlenhydrat (Glykose) muß daher, wie auch E. Salkowski[4]) nachgewiesen hat, als solches den Albuminen beigemengt sein.

Kenii Kojo[5]) fand im Eierklar durchschnittlich 0,55%, im Eigelb 0,27% Glykose im freien Zustande.

Das Eiklar soll nach K. Kaas[6]) wechselnde Mengen Phosphor (0,155—0,228%) enthalten, von dem wenigstens ein Teil an das Albumin gebunden ist. Diese Menge erscheint aber, wenn sie sich nicht auf Trockensubstanz beziehen soll, sehr hoch, da das Eiklar nach anderweitigen Untersuchungen nur 0,77% Asche mit 3,5—5,5% Phosphorsäure enthält, woraus sich für das natürliche Eiklar nur 0,035% Phosphorsäure im Durchschnitt berechnen.

b) Trennung der Albumine. Das Eiklar enthält, wie übereinstimmend angenommen wird, mehrere Proteine, die im allgemeinen die Eigenschaften des Albumins besitzen, im besonderen aber unter sich verschieden sind. Osborne und Campbell[7]) sowie a. unterscheiden 4 Albumine: Ovomucin, Ovoalbumin, Conalbumin und Ovomukoid; L. Langstein[8]) gewinnt

[1]) P. Hoffmann (Zeitschr. f. analyt. Chemie 1901, **40**, 460) und C. Hartung (Zeitschr. f. Biologie 1902 [N. F.] **25**, 195) u. a. haben versucht, durch künstliche Fütterung von Eisen (Ferrohämol und Hämogallol bzw. citronensaures Eisenoxyd) den Eisengehalt der Hühnereier zu erhöhen; in letzterem Falle trat auch nach monatelanger Fütterung eine Steigerung von 4,4 auf 7,3 mg Eisen für ein Ei ein; indes kann diese geringe Erhöhung keine therapeutische Bedeutung haben. In anderen Fällen wurden noch geringere Erhöhungen beobachtet.

[2]) Vgl. u. a. L. Langstein, Zeitschr. f. physiol. Chemie 1900, **31**, 49 und 1904, **42**, 171.

[3]) Ebendort 1904, **41**, 530.

[4]) Biochem. Zeitschr. 1911, **32**, 335.

[5]) Zeitschr. f. physiol. Chemie 1911, **75**, 1.

[6]) Monatshefte f. Chemie 1906, **27**, 403.

[7]) Journ. Amer. Chem. Soc. 1899, **21**, 477; 1900, **22**, 422.

[8]) Beiträge z. chem. Physiol. u. Pathol. 1901, **1**, 83.

durch Behandeln des Eiklars mit gesättigter Kaliumacetatlösung ein Protein, das er Euglobulin nennt. Parmenow[1]) u. a. nehmen nur zwei verschiedene Albumine an. Obermayer und Pick[2]) wollen unter den Eiweiß-Globulinen (dem Ovomucin usw.) 4 verschiedene Globuline, Gautier[3]) in dem Eiklar der Vogeleier sogar ein dem Blutfibrinogen ähnliches Ovofibrinogen nachgewiesen haben. Wenn somit schon über die Anzahl und Art der Albumine im Eiklar Unklarheiten herrschen, so gilt dieses noch mehr für die Trennung und Reindarstellung derselben.

Mit Ovomucin bezeichnen Osborne und Campbell den Anteil der Proteine des Eiklars, der durch Verdünnung der Lösungen oder durch Dialyse gefällt wird, eine gummiartige Masse bildet, die sich nach dem Trocknen in Salzwasser löst; die Lösung trübt sich bei 75° und wird bei 78° flockig. Das Ovomucin macht etwa 7% des Gesamtproteins aus.

Das Ovoalbumin wird dadurch erhalten, daß man das Weiße frischer Hühnereier nach Hofmeister[4]) mit genau der gleichen Menge gesättigter Ammonsulfatlösung zu Schaum schlägt und nach einiger Zeit filtriert. Zu dem Filtrat läßt man aus einer Bürette 10proz. Essigsäure zufließen, bis es milchig wird, und fügt dann noch für je 100 ccm 1 ccm der Essigsäure hinzu. Der Niederschlag ist anfangs amorph, wird aber bald krystallinisch. Man wäscht ihn mit halbgesättigter Ammonsulfatlösung, die 1 p. M. Essigsäure enthält, aus, löst ihn dann wieder in Wasser und krystallisiert ihn wiederholt unter Zusatz kleiner Mengen Ammonsulfat um. Durch Auswaschen mit gesättigter Kochsalzlösung, die 1% Essigsäure enthält, läßt sich der Niederschlag bzw. die Krystallmasse von Ammonsulfat reinigen. Osborne empfiehlt zur Ansäuerung Salzsäure, Langstein Schwefelsäure statt Essigsäure zur Neutralisation. Das verwendete Eiklar muß gegen Lackmus alkalisch, die Ammonsulfatlösung dagegen gegen Lackmoid völlig neutral sein. Die Krystallisation beruht darauf, daß das Albumin mit der Säure ein Salz bildet. Eine 2,5proz. wässerige Lösung trübt sich bei 60° und koaguliert bei 64°; ein Gehalt an Kochsalz erhöht den Koagulationspunkt.

Das Konalbumin bildet den nicht krystallisierbaren Anteil des Albumins und kann aus der Mutterlauge durch Erwärmen gewonnen werden. Es koaguliert bei 58°.

Das Ovomucoid läßt sich dadurch gewinnen, daß man die Eier-Eiweißlösung unter Zusetzung von Essigsäure kocht und das albuminfreie Filtrat mit Ammonsulfat oder nach mäßiger Einengung mit Alkohol fällt[5]).

Die Elementarzusammensetzung und die spezifische Drehung werden für die 4 Proteine wie folgt angegeben:

	C	H	N	S	O	$[\alpha]_D$
Ovomucin	50,69	6,71	14,49	2,28	25,83	—
Ovoalbumin	52,77	7,17	15,31	1,51	23,24	—29,4 bis —30,7°
Konalbumin	52,25	6,99	16,11	1,70	22,95	—36 „ —39°
Ovomucoid	48,93	6,68	12,61	2,27	29,51	—61,35°

Osborne gibt den Phosphorgehalt in dem Ovoalbumin zu 0,122% an; auch Wilcock und Hardy[6]) halten den Phosphor des krystallisierten Ovoalbumins (0,13%) für einen integrierenden Bestandteil desselben. Alle 4 Proteine liefern bei der Hydrolyse Glykosamin, das Ovomukoid etwa 35%. Die Abspaltung von Glykose aus dem Ovoalbumin, die von Osborne behauptet worden ist, ist nach Abderhalden (l. c.) nicht sicher erwiesen.

3. Untersuchung des Eigelbs. Das Eigelb hat eine vielseitigere Zusammensetzung als das Eiklar. Es ist im Gegensatz zu Eiklar reich an Fett und Lecithin (bzw.

---

1) Chem. Centralbl. 1898, II, 358 u. 487; 1899, II, 480.

2) Wiener klin. Rundschau 1902, Nr. 15.

3) Compt. rend. de l'Acad. des Sc. 1902, **135**, 133.

4) Zeitschr. f. physiol. Chemie 1892, **16**, 187.

5) Vgl. C. Th. Mörner, Zeitschr. f. physiol. Chemie 1894, **18**, 525.

6) Zeitschr. f. Untersuchung d. Nahrungs- u. Genußmittel 1909, **18**, 763.

Glycerinphosphorsäure daraus), enthält neben Salzen Albumin, einen globulinartigen Proteinstoff, das Vitellin sowie Nuclein; ferner Kohlenhydrate (Glykose) und Farbstoffe (Luteine), von denen ein eisenhaltiger dem Hämoglobin nahesteht. Lecithin soll z. T. an Vitellin gebunden sein. Über die Verteilung der Nährstoffe im Eiklar und Eigelb vgl. II. Bd., S. 574.

a) Wasser. Dasselbe kann wie bei Eiklar bestimmt werden, ebenso *b) Gesamt-Stickstoff* und *c) Asche.* Einer besonderen Erwähnung bedarf nur die Bestimmung des Vitellins, des Fettes und des Lecithins.

d) Vitellin. Ein gewogener (etwa 5—10 g) Teil des gemischten natürlichen Eigelbs wird mit 10proz. Kochsalzlösung vermischt und wiederholt mit Äther ausgezogen; die von Fett befreite Lösung wird entweder dialysiert oder in das 10—20fache Volumen Wasser gegossen; der hierdurch entstehende Rückstand bzw. Niederschlag wird in Salzsäure gelöst und die vorstehende Behandlung behufs Reinigung wiederholt; zuletzt behandelt man den Rückstand, um das Lecithin zu entfernen, mit heißem Alkohol, sammelt ihn entweder auf einem gewogenen Filter oder verbrennt ihn noch feucht nach Kjeldahl und berechnet in üblicher Weise (N $\times$ 6,25) den Vitellingehalt. Nach Osborne und Campbell (l. c.) enthält das Vitellin 51,24% C, 7,16% H, 16,38% N, 1,04% S und 0,94% P. Beim Behandeln des Vitellins mit Pepsin-Salzsäure erhält man das Paranuclein mit höherem, aber unbeständigem Phosphorgehalt[1]).

e) Fett. Etwa 5 g des durch Vortrocknen oder Kochen erhaltenen und zerkleinerten Eigelbs werden mit Sand vermischt, noch weiter getrocknet, in die üblichen Patronen gefüllt und im Soxhletschen Extraktionsapparat mit wasserfreiem Äther ausgezogen; die rückständige, fast fettfreie Masse wird aus der Patrone in eine Reibschale entleert, hierin sorgfältigst mit dem Sande verrieben, wieder in die Patrone gefüllt, aufs neue mit Äther ausgezogen und dieses nötigenfalls wiederholt, bis man sicher sein kann, daß alles Fett ausgezogen ist. Der von Äther befreite und getrocknete Rückstand wird gewogen und als Fett in Rechnung gestellt, obschon er eine große Menge (bis 10%) Lecithin und auch Farbstoff (Lutein) einschließt. Das Lecithin kann annähernd bestimmt und abgezogen werden, während für die quantitative Bestimmung des Luteins Verfahren nicht bekannt sind.

Durch Ausziehen mit Äther erhält man aber mit dem Fett nur das freie, nicht das an Vitellin bzw. Albumin gebundene Lecithin. Letzteres wird erst durch darauffolgendes Ausziehen mit absolutem Alkohol gewonnen. Man ersetzt daher das Kölbchen mit der ätherischen Fettlösung durch ein solches, welches absoluten Alkohol enthält und zieht den fettfreien Rückstand in der Patrone weiter mit Alkohol aus, indem man ihn auf einem mit Asbestplatte belegten Drahtnetz über freier Flamme erhitzt und dafür sorgt, daß der Alkohol im Extraktionsapparat eine Temperatur zwischen 55—60° besitzt. Um dieses zu erreichen, hält man den Alkohol in lebhaftem Sieden und umwickelt den Teil des Apparates, soweit er die Patrone einschließt, zwecks Isolierung mit Watte oder dergleichen. Nach 10—12 Stunden ist die Ausziehung beendet.

H. Lührig[2]) empfiehlt für den Zweck folgende von R. Sendtner vorgeschlagene Vorrichtung:

Man überbindet eine dünnwandige, etwa 30—40 g fassende und 10 cm hohe, beiderseits offene Glasröhre, die am unteren Ende mit einer Einschnürung versehen ist, mit Seidengaze und 2—3 Lagen entfettetem Filtrierpapier, bringt eine bestimmte Menge getrockneter und

---

[1]) A. Barbieri (Compt. rend. de l'Acad. des Sc. 1907, **145**, 133) will durch 30—40tägiges Behandeln von Eigelb mit Schwefelkohlenstoff, durch weiteres Behandeln des rückständigen Vitellins mit Alkohol und Äther, Verdampfen dieser vereinigten Lösungen, Wiederauflösen des Rückstandes in Äther, durch Fällen mit Alkohol, Wiederauflösen des Niederschlages in Äther und Fällen mit Aceton usw. einen neuen Körper „Ovin" erhalten haben, der bei 184° schmolz und 64,80% C, 11,30% H, 3,66% N, 1,35% P und 0,40% S enthielt.

[2]) Zeitschr. f. Untersuchung d. Nahrungs- u. Genußmittel 1904, **7**, 141.

fein gepulverter Substanz in die Röhre, bedeckt diese mit einem Wattebausch und hängt die Hülse in einen geeigneten Extraktionsapparat. Man zieht erst 10—12 Stunden lang mit wasserfreiem Äther und dann ebenso lange mit wasserfreiem Alkohol aus. Ebenso einfach dürften für diesen Zweck die von C. v. d. Heide angegebenen Fettextraktionsapparate sein (vgl. I. Teil, S. 343 bzw. 344).

F. Jean[1]) empfiehlt für die Fettbestimmung im Eigelb ein bestimmtes Extraktionsmittel zu vereinbaren; Petroläther gibt nach ihm die niedrigsten Werte (vorwiegend reines Fett), Äther und weiter Schwefelkohlenstoff und Chloroform liefern steigende Mengen Rückstand.

f) Lecithin. Die vorstehend durch Ausziehen mit Äther und Alkohol erhaltenen Fettrückstände werden mit alkoholischer Kalilauge verseift, die Seife wird in Wasser gelöst, die Lösung zur Trockne verdampft und der Rückstand verbrannt (vgl. auch I. Teil, S. 247). Ein Zusatz von Salpeter, um allen Phosphor in Phosphorsäure überzuführen, ist nicht erforderlich. Die Asche wird dann in Salpetersäure gelöst und die Phosphorsäure darin nach dem Molybdänverfahren (I. Teil, S. 490) bestimmt[2]).

Den entfetteten Rückstand von der Äther- und Alkoholextraktion kann man auch mit Alkali oder Alkalicarbonat durchfeuchten, in Schalen eintrocknen, veraschen und in derselben Weise auf Phosphorsäure untersuchen. Von diesem in Äther und Alkohol unlöslichen Phosphor ist ein Teil noch als Paranuclein (Hämatogen) organisch gebunden. Nimmt man die Menge des letzteren zu durchschnittlich 1,5% und seinen Phosphorgehalt nach Bunge[3]) zu 5,19% an, so würden im Eigelb 0,0778% Phosphor oder 0,178% Phosphorsäure auf Nuclein, der Rest auf unorganische Verbindungen entfallen.

A. Juckenack hat hiernach (vgl. II. Bd., 1904, S. 576) folgende Verteilung des Phosphors in 100 g Dottermasse von Hühnereiern angegeben, welcher die Ergebnisse von H. Lührig[4]) für 100 g Dottermasse Enteneier angeschlossen werden mögen:

Eier	Gesamte Phosphorsäure	In Äther löslich, reines Lecithin	In Alkohol löslich, Lecithin an Nuclein gebunden	In Alkohol unlöslich	
				als Nuclein	in unorganischer Bindung als Phosphate
	g	g	g	g	g
Hühnerei . .	1,279	0,478	0,345	0,178	0,278
Entenei . . .	1,255	0,643	0,218	0,178	0,216

Das Verhältnis von freiem : gebundenem Lecithin ist im Hühnerei wie 58: 42, im Entenei dagegen wie 75: 25. Es kann sein, daß ähnliche Unterschiede auch bei Eiern anderer Vögel auftreten, der Gesamtgehalt an Lecithin scheint hiernach im wesentlichen gleich zu sein.

Man pflegt wohl anzunehmen, daß das Lecithin (freies wie gebundenes) im Eigelb als Distearyllecithin oder als ein Gemisch[5]) von gleichen Teilen Dipalmityl-, Distearyl- und Dioleyl-

[1]) Zeitschr. f. Untersuchung d. Nahrungs- u. Genußmittel 1904, **7**, 232.

[2]) W. Fresenius und L. Grünhut (Zeitschr. f. analyt. Chemie 1911, **50**, 90) veraschen mit einem Gemisch von 3 Teilen Natriumcarbonat und 1 Teil Natriumnitrat und bestimmen die Phosphorsäure als $P_2O_5 \cdot 24\,MoO_3$ nach dem Verfahren von Woy bzw. G. Jörgensen (I. Teil, S. 493).

[3]) Zeitschr. f. physiol. Chemie 1882, **9**, 49.

[4]) Zeitschr. f. Untersuchung d. Nahrungs- u. Genußmittel 1904, **8**, 181.

[5]) Nach H. Cousin (Journ. Pharm. Chim. 1903 [6], **18**, 102) besteht das Eierlecithin aus einer Mischung von vier Lecithinen; er fand unter den Fettsäuren auch Leinölsäure, nämlich 24% Leinölsäure, 33% Ölsäure, 28,5% Palmitinsäure und 14,2% Stearinsäure.

Stern und Thierfelder haben (Zeitschr. f. physiol. Chemie 1907, **53**, 370) durch Fällen der ätherischen Fettlösung von Eigelb mit Aceton und durch wiederholtes Lösen des Niederschlags in Äther und Fällen mit Aceton neben wahren Lecithinen schließlich eine weiße Substanz ab-

lecithin vorhanden ist, die 3,84% bzw. 3,94 Phosphor verlangen; man pflegt deshalb auch wohl den Phosphorgehalt durch Multiplikation mit 26,04 bzw. 25,34 auf Lecithin umzurechnen. Da aber die Konstitution der Lecithine noch unsicher ist, so erscheint es zweckmäßig, nur die Lecithinphosphorsäure anzugeben.

Verteilt man die vorstehenden prozentualen Mengen auf die absoluten Mengen Eigelb und Eiklar je eines Eies, so erhält man:

Ei von	Ein Ei enthält durchschnittlich		Im Eigelb				Eiklar
	Eigelb g	Eiklar g	Gesamtphosphorsäure g	Lecithinphosphorsäure g	Von Lecithinphosphorsäure löslich in Äther g	Alkohol g	Gesamtphosphorsaure g
Huhn . .	16	31	0,2046	0,1317	0,0765	0,0552	0,0105
Ente . . .	24	36	0,3012	0,2066	0,1543	0,0523	—

Vorstehende Zahlen können hiernach zur Berechnung des Ei- bzw. Eigelbgehaltes einer Teig- usw. Ware verwendet werden; der Phosphor- bzw. Phosphorsäuregehalt des Eiklars fällt hierbei kaum ins Gewicht.

g) Cholesterin. Da das Eieröl nach A. Bömer (vgl. I. Teil, S. 420—421) sehr reich an Cholesterin ist — es enthält bis 4,5% Rohcholesterin —, so kann der Nachweis von Cholesterin neben dem von Lecithin im Fett einer angeblichen Eierware mit dazu benutzt werden, um zu entscheiden, ob zur Herstellung derselben Eier bzw. Eigelb verwendet sind. Man zieht für den Zweck nach A. Juckenack[1]) die für die Bestimmung der Lecithinphosphorsäure in vorstehender Weise gewonnene wässerige Seifenlösung mit Äther aus, reinigt das Rohcholesterin nach I. Teil, S. 403 und prüft außer auf Krystalle auch qualitativ nach I. Teil, S. 411. Vgl. weiter unter Eierteigwaren.

h) Konstanten des Fettes. Unter Umständen kann auch die Bestimmung der Konstanten (der Jodzahl, Refraktometerzahl, Verseifungszahl) für die Frage des Nachweises von Eieröl in Waren von Bedeutung sein (vgl. I. Teil, S. 355 u. 420).

i) Luteine. Zu den kennzeichnenden Bestandteilen des Eidotters gehört auch der gelbe Farbstoff, von dem Maly[2]) zwei, das Vitellorubin (Rot) und Vitellolutein (Gelb), unterscheidet. Der Farbstoff kommt aber auch im Blutserum, in den Corp. lutea, in manchen Pflanzenteilen (Staubfäden, Blüten, Maiskörnern) vor. Der Farbstoff ist in Äther wie in Alkohol löslich und in Aceton löslicher als Fett und Lecithin. Laves[3]) hat letztere Eigenschaft benutzt,

---

geschieden, aus der ein in Äther schwer lösliches Phosphatid gewonnen werden konnte. Die in Äther leicht löslichen Lecithine (Phosphatide) konnten in mehrere Lecithine zerlegt werden, von denen das eine in Alkohol leicht, die anderen in Alkohol schwer löslich waren. Die Elementarzusammensetzung der Lecithine bzw. Phosphatide war folgende:

In Alkohol leicht löslich . .	64,63% C,	10,96% H,	2,08% N,	3,97% P	48,7 Jodzahl
In Alkohol schwer löslich a	65,66% C,	11,54% H,	1,37% N,	3,96% P	70,4 „
In Alkohol schwer löslich b	59,68% C,	9,74% H,	1,57% N,	3,64% P	—
In Äther schwer lösliches Phosphatid aus der weißen Substanz	68,13% C,	12,14% H,	2,77% N,	3,22% P	34,3 „

Nach dem Verhältnis von Stickstoff zu Phosphor scheint in dem letzteren Phosphatid ein Diaminomonophosphatid ($C_{54}H_{113}N_2PO_8$) vorzuliegen, wie man es im Gehirn, in den Herzmuskeln und in der Galle des Eisbären nachgewiesen hat.

[1]) Zeitschr. f. Untersuchung d. Nahrungs- u. Genußmittel 1910, **3**, 1.

[2]) Monatshefte f. Chemie 1881, **2**, 18.

[3]) Zeitschr. f. Untersuchung d. Nahrungs- u. Genußmittel 1904, **7**, 754.

um durch wiederholtes Eindampfen der ätherischen Fettlösung und Ausziehen mit Aceton den Farbstoff tunlichst rein zu erhalten; es gelang aber nicht, den Farbstoff analysenrein zu gewinnen. R. Paladino[1]) gibt an, daß er das Lutein (gelbes Pigment, Lipochrom) in kennzeichnenden gelben Nadeln krystallisiert erhalten habe, indem er das Eigelb mit Chloroform auszog und die Lösung bei gewöhnlicher Temperatur verdampfen ließ. Die Krystalle lassen sich durch Waschen mit Alkohol und Äther reinigen: sie sind unlöslich in Wasser, dagegen leicht löslich in Äther und Chloroform. Die Lösung absorbiert das blaue und violette Licht sehr stark. Wenn diese Lösung mit Alkohol und Äther verdünnt wird, weist das Spektrum zwei Absorptionsstreifen auf, von denen der eine in der Nähe der Linie F, der andere zwischen F und G liegt[2]). Auch Lewin, Miethe und Stenger[3]) haben sich mit Untersuchungen über die spektralen Eigenschaften des Eigelbes befaßt, ohne bis jetzt praktisch verwertbare Ergebnisse erzielt zu haben.

Bemerkenswert ist dagegen die Th. Weylsche Reaktion auf Lutein, welche darin besteht, daß die gelbe ätherische Luteinlösung auf Zusatz von wässeriger, salpetriger Säure sofort entfärbt wird. Aus dieser Entfärbung läßt sich aber noch nicht auf Lutein aus Eigelb schließen, weil das Lutein auch, wie angegeben, in anderen Tier- und Pflanzenteilen vorkommt. Wenn aber eine gelbe, ätherische Lösung durch wässerige, salpetrige Säure nicht entfärbt wird, so läßt sich schließen, daß ein anderer gelber Farbstoff als Lutein oder neben diesem vorliegen muß. (Vgl. weiter unter Eierteigwaren.)

Das Eigelb enthält auch 0,27% freie Glykose (vgl. S. 168).

*k) **Biologischer Nachweis.*** Der biologische Nachweis von Eiklar und Eigelb ist schon I. Teil, S. 338 besprochen. Weiter haben sich mit dieser Frage befaßt D. Ottolenghi[4]) sowie Obermayer und Pick[5]). Nach Ottolenghi verliert das von Kaninchen gewonnene Eigelbserum durch mehrstündiges Erhitzen auf 35° seine Wirkung nicht, während Eigelblösungen, wenn sie mehrere Minuten gekocht werden, ihre Fähigkeit, mit den entsprechenden Sera zu reagieren, zum Teil einbüßen. Die Sera können in Eprouvetten mit etwas Äther aufbewahrt werden; sie verlieren dadurch ihr Fällungsvermögen nicht und halten sich längere Zeit wirksam; mit der Zeit nimmt allerdings ihre fällende Wirkung, aber nur ganz allmählich, ab. Obermayer und Pick zerlegten das Globulin des Eiklars (S. 169) in 4 verschiedene Proteine, spritzten diese unter die Haut von Kaninchen und wollen gefunden haben, daß die 4 Proteine keine 4 verschiedenen Präcipitine erzeugen, daß die Präcipitinbildung von einem durch die chemische Reinigung von den Proteinen nur schwer trennbaren Körper abhängt.

*l) **Kleinwesen** und **Enzyme.*** Daß durch die Begattung aus dem Eileiter Pilze und Bakterien, von welchen letzteren man schwefelwasserstoff- und farbstoffbildende unterscheidet, in das Ei (Eiklar) gelangen können, ist schon II. Bd., S. 578 erwähnt worden[6]). J. Palmans[7]) gibt an, im Eiklar von Eiern, deren Inhalt abnorm, aber nicht faul war, eine Bakterie gefunden zu haben, die morphologisch dem Bacillus anthracis, physiologisch den Tyrothrix-Arten glich,

---

[1]) Biochem. Zeitschr. 1909, **17**, 357.

[2]) Das Eieröl läßt sich wie die meisten Öle in ein festes und flüssiges Fett teilen; das dunkle orangegelbe, flüssige Öl zeigt im Spektroskop einen breiten Streifen, der das Grün, das Blau und das Violett absorbiert.

[3]) Pflügers Archiv f. d. ges. Physiologie 1908, **124**, 585.

[4]) Nach Archivio per le Mediche 1903, **27** in Zeitschr. f. Untersuchung d. Nahrungs- u. Genußmittel 1904, **8**, 438.

[5]) Nach Wiener klin. Rundschau 1902, Nr. 15 ebendort 1903, **6**, 809.

[6]) Krabbe (Archiv f. wissensch. u. prakt. Tierheilkunde 1876, **2**, 65) gibt an, daß sogar Eingeweidewürmer in Eiern gefunden sind und sogar kleine Gewebsteile (Federn, Steinchen usw.) aus dem Eileiter und der Kloake der Henne in das Ei gelangen können. Besonders in Eiern von Hausenten, die auf stagnierenden Teichen leben, kommen nicht selten Würmer vor.

[7]) Bull. No. 74 de l'Instit. Chim. & Bacteriol. de l'Etat à Gembloux. Bruxelles 1904, 68.

Milchcasein peptonisierte und aus Proteinen Ammoniak sowie Indol abspaltete. Größere Mengen Bouillonkultur töteten bei subcutaner und intraperitonealer Einverleibung Meerschweinchen.

Am meisten dringen die Kleinwesen an schwachen Stellen der Schalen von außen in das Ei ein. Drechsler[1]) fand unter den Schimmelpilzen vorwiegend Mucor, Penicillium und Aspergillus. Ihre Anwesenheit macht sich in der Regel durch dunkle Flecken beim Durchleuchten des Eies erkenntlich. Erst treten kleine farblose, stecknadelkopfgroße Vegetationen auf, die das umgebende Eiklar verfilzen können und beim Größerwerden sich dunkler färben. Die Fruktifikationsformen entwickeln sich nur im Luftraum der Eier. Das dunkel gefärbte Mycel findet sich in der Nähe der Schale, das helle Mycel durchdringt das ganze Ei bis zur Dotterhaut; das ergriffene Eiklar wird zähe, gallertartig, der Dotter dagegen bis zu wachsweicher Konsistenz verdickt. Ähnliche Beobachtungen machte auch Oertl[2]) über das Verhalten der Schimmelpilze in Eiern.

Nach K. Poppe[3]) liegt die Hauptquelle des Keimgehaltes normaler Eier in einer Infektion während ihrer Bildung (Begattung usw.); denn frisch gelegte Eier unbegatteter Tiere haben sich überwiegend als keimfrei erwiesen. Die Keime, sowohl die ursprünglich vorhandenen als die später eingedrungenen, bestehen vorwiegend aus Staphylo- und Streptokokken sowie Bacillen. Unbewegliche Bakterien scheinen nicht durch die Schale dringen zu können.

Grigorjeff[4]) und Bohnhoff[5]) berichten, daß auch Toxine durch Vibrionen in Eiern erzeugt werden können, während Wilm[6]) und Dönitz[7]) feststellten, daß auch Choleravibrionen, sowie Piorkowski[8]), daß auch Typhusbacillen unter geeigneten Bedingungen (gewisse Größe und Beweglichkeit) in unverletzte Eier einzudringen vermögen.

Wenn demnach bis jetzt durch Eier keine Vergiftung bzw. keine Infektion beobachtet ist, so liegt das daran, daß die infizierten Eier auch verdorben zu sein und nicht genossen zu werden pflegen.

Die Enzyme haben nach J. Wohlgemuth[9]) ihren Sitz im Eigelb und vermögen hier Proteine, Lecithin und Fett zu zerlegen. Joh. Müller und Masuyama[10]) haben im Eigelb ein diastatisches Ferment nachgewiesen, während O. Stepanek[11]) ein solches auch in der Eizelle gefunden hat.

B. Untersuchung der Eier auf Verdorbenheit.

Die Eier sind nach vorstehenden Ausführungen trotz der schützenden Schale beim Aufbewahren leicht dem Verderben ausgesetzt; dasselbe wird durch den flüssigen Zustand des Albumins und den hohen Gehalt hieran wesentlich begünstigt. Deshalb sind eine große Anzahl von Mitteln zur Frischhaltung der Eier vorgeschlagen (vgl. II. Bd., S. 579). Fr. Prall[12]) hat sehr eingehende vergleichende Versuche über die Wirksamkeit der einzelnen Frischhaltungsverfahren angestellt und kommt zu folgenden Hauptergebnissen:

---

[1]) Zeitschr. f. Fleisch- u. Milchhygiene 1896, **6**, 184.

[2]) Wiener Zeitschr. f. Nahrungsm.-Untersuchung, Hygiene u. Warenk. 1895, **9**, 173.

[3]) Arbeiten a. d. Kais. Gesundheitsamte 1910, **34**, 186.

[4]) Archiv f. Hygiene 1894, **21**, 142.

[5]) Ebendort 1894, **22**, 351.

[6]) Ebendort 1895, **23**, 145.

[7]) Zeitschr. f. Hygiene u. Infektionskrankh. 1895, **20**, 31.

[8]) Archiv f. Hygiene 1895, **25**, 145.

[9]) Zeitschr. f. physiol. Chemie 1905, **44**, 540.

[10]) Zeitschr. f. Biologie 1900 [N. F.] **21**, 542.

[11]) Centralbl. f. Physiol. 1904, **18**, 188.

[12]) Zeitschr. f. Untersuchung d. Nahrungs- u. Genußmittel 1907, **14**, 445.

a) Frische, sauber gehaltene Eier halten sich, frei aufgestellt, in kühlen, aber frostfreien, nicht zu feuchten Räumen mit guter Ventilation viele Monate lang ebenso gut brauchbar als in Packungsmaterial (Häcksel, Sand) eingebettete Eier.

b) Besonders günstig sind die Verhältnisse für die trockene Aufbewahrung von Eiern bei der Kaltlagerung in modernen Kühlhäusern, in denen die Eier auf etwa 0° abgekühlt gehalten und mit frischer Luft von 80% relativer Feuchtigkeit umspült werden.

c) Von den Verfahren, bei welchen die Eier in Flüssigkeiten, wie Lösungen von Wasserglas, Kochsalz, Kalkwasser, gelegt werden, ist das Einlegen in eine etwa 10 proz. Wasserglaslösung jetzt wohl am meisten in Gebrauch.

Wenn die Wasserglaslösung dagegen alkalisch reagiert, so kann sie auch schädlich wirken; H. Bornträger[1]) fand z. B., daß das Eiklar und ein Teil des Eigelbs der in solcher Wasserglaslösung aufbewahrten Eier eine gelatinöse Beschaffenheit angenommen hatten, wobei indes das Eiklar durchsichtig wie Horn geblieben war.

J. M. Bartlett[2]), Evéqnoz und Häußler[3]) haben bei in einer Lösung von Wasserglas, das eine hohe Alkalität besaß, aufbewahrten Eiern eine ähnliche Beobachtung gemacht. Das Eiweiß der Eier hatte eine gelbe Farbe angenommen, war gelatinös, fest, durchsichtig eigelb geworden; sogar das Eigelb kann fest werden und eine grünliche Farbe annehmen. Legt man derartig veränderte Eier in verdünnte Säuren, so wird das Eiweiß wieder weiß, es bleibt aber fest und undurchsichtig, als wenn das Ei gekocht worden wäre. Die verdorbenen Eier ergaben 6,57% Asche und 1,27% Alkalität (als Natriumhydroxyd berechnet). Die Zusammensetzung des fehlerhaften Wasserglases, worin sich die Eier nach der üblichen Verdünnung nicht gut, und die eines normalen Wasserglases, worin sich die Eier gut gehalten hatten, war folgende:

Wasserglas	Spez. Gewicht	Kieselsäure	Natron
Fehlerhaftes	1,322	1,40%	23,71%
Normales	1,361	36,07%	10,25%

Sogar durch Einbetten der Eier in Holzasche kann, wenn sie irgendwie feucht wird, nach Svoboda[4]) Alkali in die Eier dringen und die Eier, deren Inhalt unter Umständen fest wird, unbrauchbar machen. Der Inhalt roch unangenehm, reagierte alkalisch und zeigte bei 4 monatigem Aufbewahren einen um 1—3% steigenden Aschengehalt.

Daß bei Aufbewahrung der Eier in Kochsalzlösungen auch Kochsalz in das Innere eindringen kann, hat nach Bd. II 1904, S. 579 W. Hanna[5]) nachgewiesen; er fand nach vierwöchiger Aufbewahrung von Eiern in einer gesättigten (35 proz.) Kochsaltlösung im Dotter 1,1%, im Eiweiß 1,5% NaCl. Wenn dieses sich auch durch den Geschmack nicht bemerkbar machte, so wird doch allgemein behauptet, daß Eier bei monatelanger Aufbewahrung in Kochsalzlösung einen deutlichen Kochsalzgeschmack annehmen.

Auch Kalk kann beim Einlegen von Eiern in Kalkwasser in das Ei dringen, unter Umständen bei alten Kalkeiern das den Dotter umhüllende Häutchen lösen und eine teilweise Vermischung des Eigelbs mit dem Eiklar bewirken. Iv. Közsényi[6]) fand, daß der Kalkgehalt in Prozenten der Asche beim 11 monatigem Aufbewahren in Kalkwasser von 1,83% auf 12,2% und bei 35 monatigem Aufbewahren auf 15,21% der Asche gestiegen war; er glaubt sogar, daß sich aus dem Kalkgehalt der in Kalkwasser aufbewahrten Eier auf das Alter schließen lasse.

Die Eier nehmen bei der Aufbewahrung stetig an Gewicht ab und naturgemäß bei trockener Aufbewahrung mehr als in Flüssigkeiten und bei Umhüllungen. Fr. Prall fand die tägliche

[1]) Österr. Chem.-Ztg. 1900, **3**, 295.

[2]) Chem.-Ztg. 1912, **36**, 1311.

[3]) Zeitschr. f. Untersuchung d. Nahrungs- u. Genußmittel 1913, **25**, 96.

[4]) Österr. Chem.-Ztg. 1902, **5**, 483.

[5]) Archiv f. Hygiene 1897, **30**, 341.

[6]) Chem.-Ztg. 1904, **28**, 620.

durchschnittliche Gewichtsabnahme bei trockener Aufbewahrung zu 0,0369—0,0753%, in Kalkwasser zu 0,0253% in Prozenten des ursprünglichen Gewichtes der Eier.

Alle diese Verhältnisse müssen bei der Beurteilung der aufbewahrten Eier mit in Betracht gezogen werden.

Die Feststellung der Beschaffenheit der Eier (Aussehen, Geruch, Geschmack) läßt sich mit Sicherheit nur durch Öffnen des Eies beurteilen. Bei einem guten Ei ist die Innenfläche der Schale rein weiß, das Eiklar hell und klar, nicht wolkig getrübt, die Dotterhaut nicht zerrissen und der Dotter lebhaft gelb gefärbt (Prall). Italienische Eier haben nach Schuhmacher[1]) infolge der Mais- und Sesamfütterung stark gelbe, steierische, griechische und türkische Eier hellgelbe Eidotter; Grün- und Würmerfutter bewirkt rotgelbe, Eichelfutter dunkle Eidotter. Der Geschmack der Eier wird ebenfalls durch die Fütterung bedingt, dann aber auch durch das Verpackungsmaterial und die Aufbewahrungsart (Asche, Kalkwasser, Kochsalzlösung, Wasserglas); längere Berührung mit zerbrochenen faulen Eiern beeinträchtigt ebenfalls den Geschmack und begünstigt die Zersetzung. Der Geschmack läßt sich am besten bei weich gekochten Eiern beurteilen. Der Geruch muß frisch sein.

Beim Aufschlagen von verdorbenen Eiern (Fleck- und Heueiern) fließt das Eiklar und Eigelb beim Aufschlagen durcheinander.

Das Aufschlagen macht aber die Verwendung auch guter Eier zum Kochen unbrauchbar oder kommt, wenn es nicht in der Küche selbst geschieht, einer völligen Vernichtung des Inhaltes gleich. Deshalb wendet man für die Prüfung auf Beschaffenheit im Marktverkehr andere Mittel an, nämlich:

a) Die Durchsichtigkeit der Eier. Die Durchsichtigkeit der Eier pflegt mittels des Ovoskops, des Eierspiegels oder der Eierlupe, aber auch auf sonst einfache Weise festgestellt zu werden. Der Eierspiegel besteht aus einem kastenförmigen Behälter (von Holz, Pappe oder Blech) ohne Boden, der in der Mitte durch eine horizontale Scheidewand geteilt ist. In letzterer befindet sich ein kreisförmiger Ausschnitt von etwa 4 cm Durchmesser oder von der Form und Größe eines Eies, in den das zu untersuchende Ei, mit der Spitze nach unten, gestellt wird. Richtet man die untere Öffnung gegen ein möglichst helles und weißes Licht und blickt man durch die obere Öffnung, so erscheint ein frisches Ei durchscheinend und hell, während ein bebrütetes Ei, in dem der Embryo schon entwickelt ist, mehr oder weniger dunkel oder fleckig erscheint.

Man kann sich auch damit behelfen, daß man das Ei mit der hohlen Hand umschließt und dicht vor dem beschatteten Auge gegen helles Licht hält.

Werden bei der Durchleuchtung des Eies mehr oder weniger scharf begrenzte, kleinere oder größere dunkle oder schwarze Flecken beobachtet, so spricht man von Fleckeiern Pilzfleckeiern. Der Fleck kann im Eidotter oder direkt an der Innenseite der Schale sitzen. Im ersten Falle ist eine Infektion bereits im Eidotter erfolgt und im zweiten Falle sind Schimmel- oder Hefepilze oder Bakterien durch die Schale eingedrungen. Man spricht nach K. Borchmann[2]) auch von Coccidienfleckeiern, wenn die Eier mit Coccidium avium s. tenellum behaftet sind. Bei derartigen Eiern erscheint das Eiweiß bei der Durchleuchtung mit hellgrauen bis hellgelben, leicht zu übersehenden, stecknadelkopfgroßen Flecken durchsetzt, die sich beim Kochen rostgelb und braun verfärben. Das Vorkommen von Coccidien in Eiern wird aber noch nicht als erwiesen angesehen.

Die sogen. Heueier zeigen nur einen starken Schatten, der nach zweimaligem Umdrehen verschwindet.

Beim Aufschlagen der Fleck- und Heueier fließt das Eiklar und Eigelb durcheinander.

---

[1]) Zeitschr. f. Untersuchung d. Nahrungs- u. Genußmittel 1907, **13**, 751.

[2]) Karl Borchmann, Denkschrift, betr. die amtliche Kontrolle des Marktverkehrs mit Eiern. Berlin 1906.

In einem Gutachten, betreffend die Frage, unter welchen Voraussetzungen Fleckeier als verdorben und unter welchen Umständen sie als gesundheitsschädlich anzusehen sind, sowie ob und unter welchen Vorsichtsmaßregeln etwa Fleckeier für Menschen genießbar sein würden, hat die Wissenschaftliche Deputation für das Medizinalwesen in Preußen bestimmte Anhaltspunkte gegeben, die S. 184 mitgeteilt sind.

b) Kälteprüfung. Bei der sog. Kälteprüfung berührt man mit der Zunge nacheinander die beiden Enden des Eies. Das lebende (frische) Ei fühlt sich an der Spitze kalt, am stumpfen Ende warm an. Aufbewahrte (konservierte) und faule Eier sind an beiden Enden kalt.

c) Spezifisches Gewicht. Beim Aufbewahren der Eier nimmt zwar infolge Wasserverdunstung das absolute Gewicht der Eier ab und müßte hiernach ihr spezifisches Gewicht zunehmen. Weil aber gleichzeitig der Luftgehalt allmählich zunimmt, so wird das spezifische Gewicht der Eier beim Aufbewahren entsprechend geringer.

Frische Eier haben nach Drechsler[1]) ein Volumgewicht von 1,0784 bis 1,0914, im Mittel von 1,0845; im April und Mai erfährt das Volumgewicht beim Aufbewahren der Eier eine tägliche Verminderung von 0,0018, im Juni und Juli eine solche von 0,0017. Eier, welche ein Volumgewicht von 1,05 besitzen, sind demnach mindestens 3 Wochen alt und sollten als dem baldigen Verderben entgegengehend nicht mehr gekauft werden; ist das Volumgewicht auf 1,015 gesunken, so zeigen die Eier schon Zeichen von Fäulnis.

Zur raschen Bestimmung des spezifischen Gewichtes der Eier bedient man sich im allgemeinen einer Kochsalzlösung von 1,027 spez. Gewicht (oder von 60 g Kochsalz in 1 l Wasser). Frische Eier legen sich in der Richtung der Längsachse auf den Boden des mit der Kochsalzlösung gefüllten Gefäßes (Becherglas), über 3 Wochen alte Eier stellen sich auf die Spitze, schwimmend bleibende Eier sind als verdorben anzusehen.

Reinhardt hat für den Zweck einen Eierprüfer „Ovarum" eingerichtet, der aus einem Glasgefäß mit Drahteinsatz und Marken besteht, die je nach der Lage der Eier, die diese in der in dem Gefäß befindlichen Flüssigkeit einnehmen, Angaben über das Alter usw. der Eier machen sollen. Die Flüssigkeit bildet eine 5—6 proz. Kochsalzlösung. Zur Selbstdarstellung der Prüfungsflüssigkeit ist außerdem ein weißes Pulver beigegeben, das aus einer Mischung von Kalium- und Natriumsulfat mit geringen Mengen Teerfarbstoff besteht und sich in Wasser mit roter Farbe löst. Der Apparat hat sich aber nach E. Baier[2]) als höchst unzuverlässig erwiesen.

II. Untersuchung der Eierdauerwaren.

Sowohl aus den ganzen Eiern wie aus dem Eiklar und Eigelb werden durch Zusatz von Kochsalz, Sterilisieren, durch Eintrocknen für sich oder unter Zusatz von Bindemitteln Dauerwaren hergestellt und mit den verschiedensten Phantasienamen in den Handel gebracht, z. B. Dauerwaren aus ganzen Eiern mit der Bezeichnung Puregg (gefärbt mit einem Anilinfarbstoff), Desikkated Eggs, solche aus Eigelb mit der Bezeichnung Ovon, Ovamin, Ovolin, Omletin, Genuine-Eigelb-Safran, Hyper-Samphire, Ice cream powder usw. Wegen des starken Verbrauchs von Eiklar zur Herstellung von photographischen Platten bzw. zu photochemischen Zwecken sind die Dauerwaren aus dem Eigelb am verbreitetsten; dasselbe würde sich zwar direkt zur Herstellung von Eier-Teigwaren, Eierkognak vorteilhaft verwenden lassen, seine Verwendung hierzu scheint aber nur eine beschränkte zu sein. Die Dauerwaren aus Eigelb kommen teils in flüssigem, teils in teigförmigem, teils in krümelförmigem Zustande vor, indem sie gleichzeitig durch Zusatz von Kochsalz, Borsäure, Borax, Salicylsäure, salicylsaures Natrium, Sulfite usw. haltbar gemacht sind. Man begegnet auch Dauerwaren aus Eigelb unter der

[1]) Zeitschr. f. Fleisch- u. Milchhygiene 1906, 6, 184.

[2]) Jahresbericht d. Untersuchungsamtes f. d. Prov. Brandenburg 1903, 4; Zeitschr. f. Untersuchung d. Nahrungs- u. Genußmittel 1903, 6, 811.

Bezeichnung Spriteigelb, Methyleigelb, die durch Zusatz von Sprit (Äthyl-) oder Methylalkohol haltbar gemacht sind.

Sehr häufig erfährt aber das Eigelb für die Herstellung von Dauerwaren Zusätze von Mehl, Stärke, Zucker, pflanzlichem Fett, Eiweiß (Casein) unter Zusatz von gelben Anilinfarbstoffen; als Eierersatzmittel sind im Handel auch Mischungen von nur Stärkemehl oder Casein und Farbstoff oder gelbgefärbte Mischungen von Magermilch und Weizenmehl vorgefunden.

Dabei sind die Präparate vielfach von Schimmelpilzen und Bakterien durchsetzt. A. Brüning[1]) konnte in einer Eigelbdauerware z. B. neben zahlreichen Bakterien und einer Torula-Hefe die Schimmelpilze Penicillium glaucum und P. luteum. Mucor rhichopodiformis, Clonostachys candida und Spicaria nivea nachweisen.

1. Die chemische Zusammensetzung. Die Bestimmung des Wassers, Stickstoffes (bzw. der Stickstoffsubstanz), des Fettes, der Asche werden wie üblich ausgeführt. Für die Bestimmung des Fettes im Eigelb gilt das S. 170 Gesagte. Von Vignon und Meunier wird Chloroform als Lösungsmittel für das Fett im Eigelb empfohlen. In Dauerwaren aus ganzem Ei oder Eiweiß muß die Fettbestimmung wie bei Fleisch (S. 27) oder wie bei Käse nach dem Verfahren von Bondzynski oder von Gottlieb-Weibell (vgl. S. 195 bzw. 313) ausgeführt werden.

Reine Eierdauerwaren aus Hühnereiern haben für die Trockensubstanz folgende chemische Zusammensetzung:

Bestandteil	Stickstoff %	Stickstoff-substanz %	Fett %	Stickstofffreie Extraktstoffe %	Asche %
Ganzes Ei	7,64	47,74	45,67	2,53	4,06
Eigelb	5,23	32,71	64,50	0,71	2,08
Eiklar	14,20	88,74	1,24	5,40	4,62

Die prozentuale Zusammensetzung der Eiertrockensubstanz anderer Vögel, von denen z. B. auch die Eier der Enten mitunter im Handel vorkommen, ist von vorstehender Zusammensetzung nur wenig abweichend. Wenn daher das Verhältnis der einzelnen Bestandteile der berechneten Trockensubstanz von vorstehendem Verhältnis um mehr als einige Prozente abweicht, so sind fremde Zusätz zu der Dauerware anzunehmen. Aus der einseitigen Erhöhung eines Bestandteiles wird man auf dessen künstlichen Zusatz schließen können. Enthält die Dauerware von Eigelb 5% und mehr, die von Eiklar 10% stickstofffreie Extraktstoffe unter gleichzeitiger Erniedrigung von Protein und Fett, so kann man auf Zusatz von Stärke bzw. Mehl oder Zucker (bzw. Milchzucker aus Magermilch) schließen. Man muß diese dann noch besonders nachweisen und quantitativ bestimmen.

2. Bestimmung der Kohlenhydrate. Zur qualitativen und quantitativen Bestimmung der Kohlenhydrate zieht man bei den fettreichen Dauerwaren das Fett vorher mit Äther aus und untersucht den Rückstand mikroskopisch. Die Stärke gibt sich dann leicht zu erkennen, und wenn Mehl zugesetzt ist, werden sich auch die betreffenden sonstigen Formelemente nachweisen lassen. Die Art wie Menge des Zuckers bestimmt man im wässerigen Auszuge nach Abscheidung von Albumin durch Kochen auf gewichts- und polarimetrischem Wege in üblicher Weise (I. Teil, S. 434ff.). Die Stärke kann quantitativ wie bei Wurst (S. 100) bestimmt werden.

3. Nachweis von fremdem Protein und Fett. Der Nachweis von fremdem Protein in den Eierdauerwaren ist sehr schwierig, unter Umständen mag das Verfahren von K. Micko (S. 140) Aufschluß geben können; das biologische Verfahren dürfte wohl ausgeschlossen sein; wenigstens ist es hier bis jetzt noch nicht geprüft. Leichter möglich ist der Nachweis von

[1]) Zeitschr. f. Untersuchung d. Nahrungs- u. Genußmittel 1908, **15**, 414.

fremdem Fett; hier kann besonders die Jodzahl und die Bestimmung des Lecithins (bzw. der Phosphorsäure), des Cholesterins (unverseifbaren Anteils), woran das Eieröl besonders reich ist, bzw. die Phytosterinacetatprobe nähere Anhaltspunkte liefern (I. Teil, S. 420 und 421).

4. Nachweis von Frischhaltungsmitteln. Der Nachweis von Frischhaltungsmitteln erfolgt wie bei Fleisch oder Wurst (S. 38 u. I. Teil, S. 591).

5. Nachweis von Teerfarbstoff, ebenfalls wie bei Fleisch und Wurst (S. 41, 102 u. I. Teil, S. 552).

6. Nachweis von Pilzen und Bakterien. A. Brüning (l. c.) empfiehlt zum Nachweis von zunächst Schimmelpilzen Scheiben des Berliner „Sökeland-Pumpernickels" und verwendet je nach dem Gehalt an Pilzen Verdünnungen mit sterilisiertem Wasser von 1:10, 1:100 und 1:1000; weitere Kulturen können mit Bouillon- und Pflaumengelatine in Petrischalen und bei gewöhnlicher Temperatur angesetzt werden (vgl. folgenden Abschnitt S. 180).

C. Mykologische Untersuchung von Eiern.[1])

Eier enthalten zuweilen Bakterien oder Fadenpilze (vgl. vorstehend S. 173). Sie erleiden dabei entweder mehr oder minder tiefgreifende stoffliche Zersetzungen, oder sie bleiben unverändert. Die Infektion kann in das fertige Ei durch Beschmutzung der Schale mit Keimen oder während der Entstehung des Eies im Eileiter erfolgen. Die unverletzte Schale des fertigen Eies scheint unter normalen Verhältnissen (trockene Aufbewahrung) für Mikrokokken und unbewegliche Stäbchenbakterien undurchlässig zu sein, während bewegliche Bakterien und Fadenpilze hindurchwandern[2]). Die Hauptquelle des Keimgehaltes normaler Eier liegt in der Infektion im Eileiter, bei der die Begattung eine wichtige Rolle spielt. Frisch gelegte Eier nicht begatteter Tiere sind meist keimfrei, solche begatteter meist keimhaltig[3]).

An Bakterien werden in normalen, nicht zersetzten Eiern meist Kokken (Staphylo- und Streptokokken) und Stäbchen gefunden. Auch pathogene Bakterien können durch Eier verbreitet werden, wenn diese von Tieren stammen, die an einer für den Menschen ansteckenden Krankheit leiden, oder wenn sie äußerlich mit pathogenen Bakterien beschmutzt werden, oder wenn aus einer solchen äußerlichen Infektion durch Einwandern der Bakterien in das Ei eine innerliche sekundär zustande kommt. Von pathogenen Bakterien können nach den bisherigen Erfahrungen übertragen werden Tuberkel-[4]), Cholera-[5]), Typhus-, Paratyphus-, Gärtner-, Koli-[6]), Ruhrbakterien[7]), vielleicht auch Diphtherie- und Tetanusbakterien[8]).

Bei verdorbenen Eiern unterscheidet man nach einem Vorschlag von Schrank[9]) im wesentlichen drei Formen, nämlich verschimmelte, faule mit Schwefelwasserstoffgeruch und stinkend faule mit Kadavergeruch. Verschimmelte Eier besitzen entweder im ganzen oder

---

[1]) Bearbeitet von Prof. Dr. A. Spieckermann-Münster i. W.

[2]) Diese Anschauung vertreten Wilm, Golowkow, Cao, Piorkowski, Lange, Poppe, während Sachs-Müke annimmt, daß eine Infektion nur durch feinste Risse zustande kommt.

[3]) Zimmermann, Landw. Jahrb. 1878, **7**, 755; Poppe, Arbeiten a. d. Kais. Gesundheitsamte 1910, **34**, 186; hier auch weitere Literatur. Vgl. ferner Bd. II, S. 578.

[4]) Gärtner, Zeitschr. f. Hygiene 1893, **13**, 101; Koch u. Rabinowitsch, Virchows Archiv 1907, **190**, Beiheft 246; Mohler u. Washburn, Bericht üb. 9. internat. tierärztl. Kongreß im Haag 1909.

[5]) Wilms, Hygien. Rundschau 1894, **4**, 1009; Archiv f. Hygiene 1895, **23**, 145; Golowkow, Baumgartens Jahresber. 1896, **12**, 583.

[6]) Piorkowski, Archiv f. Hyg. 1895, **25**, 145; Lange, ebendort 1907, **62**, 201; Cao, Annal. d'Igien. sperim. 1908, **18**, 39; Chrétien, L'Hygiène de la viande et du Lait 1908, **2**, 247; Poppe, Arbeiten a. d. Kais. Gesundheitsamte 1910, **34**, 136.

[7]) Sachs-Müke, Archiv f. Hygiene 1907, **62**, 229.

[8]) Artault, Centralbl. f. Bakt., I. Abt., Ref., 1894, **16**, 461.

[9]) Wiener med. Jahrbücher 1888, 103; Hygien. Rundschau 1895, **5**, 1051.

stellenweise eine graugrüne Verfärbung der Schale. Zuweilen findet man im Innern zwischen Schale und Eihaut olivgrüne oder schwarze, mehr oder minder dicke Pilzkolonien. Auch im Eiweiß und Dotter können solche vorkommen. Unter Umständen ist das ganze Eiweiß in eine dunkle, gallertartige Pilzmasse verwandelt. Die Pilzkolonien erscheinen bei der Durchleuchtung als Flecken, und man nennt daher solche Eier Fleckeier. Nach Borchmann[1]) sollen Flecken auch durch Coccidien entstehen können. Der Geruch verschimmelter Eier ist dumpfig, aber nicht faulig. An Pilzen kommen in ihnen vor in erster Linie Arten der Gattung Penicillium und Cladosporium, ferner Aspergillus, Mucor, Sporotrichum, Stysanus stemonitis und Torulahefen.

In Eiern, die durch Bakterien unter Schwefelwasserstoffbildung zersetzt werden und den Typus der „faulen" Eier zeigen, ist das Eiweiß anfangs weißlichgrau, trübe, aber dünnflüssig, später verfärbt es sich graugrün. Der Dotter wird mißfarbig, oliven- bis schwarzgrün, schließlich wird der ganze Eiinhalt dickflüssig und färbt sich schwarzgrün. In Eiern, die keinen Schwefelwasserstoff, sondern Faecesgeruch besitzen, beginnt die Zersetzung ähnlich wie bei der ersten Gruppe. Doch tritt hier keine grüne, sondern eine lichtockergelbe Färbung ein. Dotter und Eiweiß mischen sich bald, und der anfangs dünnflüssige Inhalt verwandelt sich schließlich in eine dicke, breiartige Masse. Zuweilen nimmt auch nur das Eiweiß eine grünliche Fluorescenz an.

Aus den nach Schwefelwasserstoff riechenden Eiern hat Zörkendörfer[2]) eine größere Zahl Bakterien herausgezüchtet, die er als Bacillus oogenes hydrosulfureus α—$\varkappa$ beschrieben hat. Sie sind lediglich durch die Schwefelwasserstoffbildung verwandt, gehören aber im übrigen zu verschiedenen Gruppen. So weit sich dies aus den Beschreibungen feststellen läßt, sind darunter Vertreter der Proteusgruppe und der sporenbildenden Bodenbakterien. Von letzteren hat auch Palmans[3]) eine Art in abnormen Eiern gefunden. Aus der zweiten Gruppe verdorbener Eier hat Zörkendörfer verschiedene als Bacillus oogenes fluorescens α—ε bezeichnete Arten gezüchtet, die in die Gruppe des Bacterium fluorescens gehören. Auch von anderen Beobachtern[4]) sind ähnliche Bakterien, ferner Bacterium prodigiosum, farbstoffbildende Kokken und Sarcinen gefunden worden. Die Bakteriologie der Eier bedarf daher weiterer systematischer Untersuchungen.

1. Mikroskopische Untersuchung. Die mikroskopische Untersuchung kommt in Betracht bei Eiern, die offensichtliche Veränderungen zeigen. Sind in der Schale Flecken vorhanden, so müssen von den innen zwischen Schale und Eihaut etwa befindlichen dunkel verfärbten Pilzwucherungen ungefärbte Deckglaspräparate angelegt werden, die zunächst ergeben, ob es sich um Fadenpilze, Hefen oder Bakterien handelt. Von etwaigen Fadenpilzen wird man die Art zuweilen schon an den Conidienträgern bestimmen können; wo solche fehlen, muß die Kultur zu Hilfe genommen werden. Sollen Eiweiß und Dotter mikroskopisch untersucht werden, so fängt man sie in der im nächsten Abschnitt näher beschriebenen Weise getrennt auf und legt ebenfalls Ausstrichpräparate an. Bakterien lassen sich in diesen nur durch Färbung nachweisen. Man fixiert die Präparate am besten durch Einlegen in Spiritus und färbt mit Methylenblau.

2. Kulturelle Untersuchung. Handelt es sich darum, die auf der Eischale vorhandenen Keime zu bestimmen, so reibt man die Eier mit sterilen Instrumenten und steriler Watte in 0,8 proz. Kochsalzlösung ab und gießt mit dem Waschwasser in der üblichen Weise Gelatine- und Agarplatten. Sollen die Keime im Eiinhalt untersucht werden, so reinigt man die Schale (falls die Keime auf dieser ebenfalls bestimmt werden sollen, nach der eben beschrie-

---

[1]) Denkschrift über die amtliche Kontrolle des Marktverkehrs mit Eiern. Berlin 1906.

[2]) Archiv f. Hygiene 1893, **16**, 369.

[3]) Bull. No. 74 de l'Instit. Chim. et Bacteriol. de l'Etat à Gembloux. Brüssel 1904.

[4]) Schrank, a. a. O.; Cao, a. a. O.; Poppe, a. a. O.; Artault, a. a. O.; Raebiger, Zeitschr. f. Fleisch- u. Milchhygiene 1911, **11**, 315.

benen Behandlung mit Kochsalzlösung) zunächst mit Bürste und Seifenwasser, legt sie $^1/_4$ Stunde in eine 0,1 proz. Sublimatlösung und bürstet sie mit dieser nochmals ab. Dann spült man das Ei mit sterilem Wasser ausgiebig ab, übergießt es nacheinander mit Alkohol und Äther und läßt es trocknen. Hierauf bricht man es in der Mittellinie durch Aufschlagen auf den Rand einer sterilen Petrischale auf, fängt Eiweiß und Dotter getrennt auf und überträgt mittels Pipetten von beiden in Bouillon- oder verflüssigte Agarröhrchen und legt Platten an. Gegen das Eindringen von Luftkeimen sicherer wird das Verfahren, wenn man das in oben beschriebener Weise desinfizierte und getrocknete Ei an beiden Polen mit einer sterilisierten Nadel ansticht, die eine Polöffnung auf den Hals eines Kölbchens mit steriler Bouillon setzt und in diese einen größeren Teil des Eiweißes sich entleeren läßt. Ist das ganze Eiweiß entleert, so sticht man den Dotter mit einer sterilen Nadel an, setzt das Ei mit der anderen Polöffnung auf ein zweites Kölbchen und läßt in dieses eine große Menge Dotter hineinlaufen. Man mischt Bouillon und Eiweiß bzw. Dotter in den Kölbchen bis zur Homogenität, legt mit einem Teil Platten an und läßt den anderen, durch einen sterilen Wattepfropfen gut verschlossen, 24 Stunden im Brutschrank stehen, um vereinzelte Keime zur Anreicherung zu bringen und gießt wieder Platten.

3. Beschreibung der in verdorbenen Eiern häufiger vorkommenden Pilze. Betreffs der Penicillien, Aspergilleen, Mucoreen und der in den Kreis des Cladosporium herbarum gehörenden Pilze (Hormodendron cladosporioides Sacc. Macrosporium verruculosum Zimm., Dactylium oogenum Mont.) und anderer Pilze sei au, Teil I, S. 694 verwiesen[1]).

Bacterium fluorescens (Flügge) Lehm. et Neum.

Gestalt, Größe: Schlanke, öfter zu Fäden auswachsende Stäbchen, 0,4 : 1,4—6 μ. Zuweilen auch kurze, plumpe Formen. Lebhaft beweglich, endständige Geißel. Keine Endosporen.

Färbbarkeit: Färbt sich gut mit Anilinfarben, nicht nach Gram.

Verhalten zu Sauerstoff und Temperatur: Meist streng aerob. Wächst bei Luft- und Bruttemperatur gleich gut.

Wachstum auf verschiedenen Nährböden: *Kolonienform auf Gelatineplatte:* Oberflächliche und innen liegende Kolonien anfangs rund, glattrandig, zart punktiert, gelblich. Nach 12—24 Stunden wird der Rand der oberflächlichen Kolonien infolge der beginnenden Verflüssigung der Gelatine lappig, und die Kolonie sinkt ein. Es entsteht eine Schale verflüssigter Gelatine mit krümeligem Inhalt.

Gelatinestich: Es tritt eine schalenartige Verflüssigung der Oberfläche und eine Verflüssigung im Stichkanal ein. Der Trichterinhalt fluoresziert gelbgrün bis blaugrün.

Kolonienform auf Agarplatte: Rund, meist glattrandig, zart granuliert hellgelb bis grüngelb.

Bouillonkultur: Stark getrübt und fluorescierend. Oberflächenhäutchen, mäßiger Bodensatz.

Milchkultur: Milch wird koaguliert und später verflüssigt. Reaktion alkalisch.

Kartoffelkultur: Anfangs gelber, glänzender Rasen, später braun werdend.

Chemische Leistungen: Bildet wasserlösliches Bakteriofluorescin, keinen Schwefelwasserstoff, kein Indol, aus Glykose wenig Säure und kein Gas. Aus Nitraten und Nitriten wird von vielen Stämmen elementarer Stickstoff abgespalten.

Von dieser Art diagnostisch kaum zu trennen ist Bacterium pyocyaneum (Gessard, Flügge) Lehm. et Neum. Nur tritt bei ihm neben dem Bakteriofluorescin noch das in Chloro-

[1]) Über diese Pilze bringen Angaben: Mosler, Virchows Archiv 1864, **29**, 510; Zopf, Die Pilze, Breslau 1890; Zimmermann, Sechster Bericht d. naturw. Gesellsch. Chemnitz 1878; Berlese, Bull. soc. mykol. de France 1895, **11**, 34; Guéguen, ebendort 1898, **14**, 88; Bruhne, Beiträge z. Physiol. u. Morphol. niederer Organismen a. d. kryptogam. Laborat. d. Univ. Halle a. S. 4. Heft 1894; Drechsler, Zeitschr. f. Fleisch- u. Milchhygiene 1896, **6**, 184; Oertl, Zeitschr. f. Nahrungsmitteluntersuchg., Hygiene u. Warenkunde 1895, **9**, 173.

form lösliche blaue Pyocyanin in den Kulturen auf. Doch bestehen auch in diesem Punkte Übergänge. Man vergleiche hierzu die Angaben in Lehmann - Neumann, Atlas und Grundriß der Bakteriologie, Bd. II.

Bacterium putidum (Flügge) Lehm. et Neum.

Gestalt, Größe: Schlanke, zu langen Fäden auswachsende Stäbchen, 0,4—0,8 : 1,9—5 μ. Lebhaft beweglich; eine, selten zwei polare Geißeln.

Färbbarkeit: Färbt sich nicht nach Gram.

Verhalten zu Sauerstoff und Temperatur: Streng aerob, Optimaltemperatur 25—30°.

Wachstum auf verschiedenen Nährböden: *Kolonienform auf Gelatineplatte:* Rund, glattrandig, hellgelb, fein gekörnt. Die Gelatine wird nicht verflüssigt.

Gelatinestich: Weißlichgraue, matte bis fettglänzende lappige Oberflächenkolonie. Stich fadenförmig, uncharakteristisch. Gelatine fluoresciert gelbgrün. Auf allen anderen Nährböden wächst diese Art wie die vorhergehende.

Bacterium prodigiosum (Ehrenberg) Lehm. et Neum.

Gestalt, Größe: Kurze, kokkenähnliche Stäbchen von etwa 1 μ Durchmesser. Lebhaft beweglich, 6—8 peritriche Geißeln.

Färbbarkeit: Färbt sich nicht nach Gram.

Verhalten zu Sauerstoff und Temperaturen: Fakultativ anaërob. Optimaltemperatur 22—25°.

Wachstum auf verschiedenen Nährböden: *Kolonienform auf Gelatineplatte:* Innen liegende Kolonien rund, glattrandig. Oberflächenkolonien anfangs rund, glattrandig,

Bacillus oogenes hyd

	α	β	γ	δ
Morphologie	$^3/_4 : 2$—$4\ \mu$, Fäden, peritrich begeißelt, bildet Sporen	$^1/_2 : 1$—$2\ \mu$, bis zu 6 polare Geißeln	$^1/_2 : {^3/_4}$—$1^1/_2\ \mu$, kurze Fäden, anscheinend nicht schwärmfähig	$^1/_2 : {^3/_4}$—$1^1/_3\ \mu$, polare Geiße
Gelatineplatten	Schalenförmige, verflüssigende Kolonien	Runde, weiße, langsam verflüssigende Kolonien	Kreisrunde, verflüssigende Kolonien mit gefranstem Rand	Kreisrunde, verf gende, ganzran Kolonien
Gelatinestich	Stich und Oberfläche verflüssigt, dicke Oberflächenhaut, Gelatine oben braun verfärbt	Langsame, oberflächliche Verflüssigung, verflüssigte Gelatine fluoresziert grün	Verflüssigung nur an der Oberfläche, verflüssigte Gelatine trüb, keine Kahmhaut	Verflüssigung ar Oberfläche und in
Bouillon	Dicke Kahmhaut, Flüssigkeit klar	Diffuse Trübung, keine Kahmhaut	Diffuse Trübung, keine Kahmhaut	Diffuse Trübu schwaches Häut
Kartoffel	Dicker, fadenziehender Belag	Graugelber Belag	Weißlicher Belag	Weißlichgelber
Temperatur	Optimum Bruttemperatur	Optimum Bruttemperatur	Optimum 25°	Optimum 20—
Farbstoffbildung	Färbt Gelatine und Bouillon braun	Bildet fluoreszierenden Farbstoff	—	—
Sauerstoff	Streng aerob	Streng aerob	Streng aerob	Streng aero
Gramfärbung	Positiv	Negativ	Negativ	Negativ
Verhalten in Eiern	Eiweiß wird dünnflüssig, trüb, Dotter verändert, Geruch unangenehm	Eier verdorben ohne typische Fäulnis	Typische Fäulnis	Typische Fäul Grünfärbun

Alle Arten bilden Schwefelwasserstoff in Eiern.

zart granuliert. Die Gelatine wird verflüssigt. Später Randzone aus zottigen, zusammenhängenden Haarbüscheln gebildet.

Gelatinestich: Schnelle schalenförmige Verflüssigung der Oberfläche. Stich verflüssigt. Verflüssigungstrichter mit weißen bis rosaroten Flocken erfüllt.

Kolonienform auf Agarplatte: Runde, glattrandige, blaß rosa bis rote Oberflächenkolonien. Innenkolonien rund, uncharakteristisch.

Bouillonkultur: Starke, diffuse Trübung, mehr oder minder rot gefärbte, schwache Oberflächenhaut.

Milchkultur: Nach 24 Stunden fest geronnen. Das Koagulum löst sich später wieder.

Kartoffelkultur: Rosaroter, saftiger Belag, der allmählich dunkelrot und konsistenter wird und gelegentlich einen grünlich goldenen Reflex zeigt.

Chemische Leistungen: Erzeugt einen roten, in Wasser unlöslichen Farbstoff, Prodigiosin, ferner Methylamin, Trimethylamin und Ammoniak, Spuren Indol, keinen Schwefelwasserstoff, aus Glykose Gas und organische Säuren, manchmal auch nur letztere.

Die von Zörkendörfer beschriebenen Formen von Bacillus oogenes hydrosulfureus lassen sich mit Sicherheit nicht mit bekannten Arten identifizieren. Es kann daher hier nur eine Übersicht ihrer Eigenschaften gegeben werden (siehe unten).

Beurteilung der Eier nach der Sinnen- und sonstigen Prüfung.

1. Das Gewicht der Eier ist je nach der Rasse großen Schwankungen unterworfen und liegt z. B. bei Hühnereiern zwischen 35—70 g (in der Regel zwischen 50—53 g); aus dem Grunde sollte der Verkauf der Eier nach Gewicht und nicht nach Stückzahl stattfinden.

sulfureus Zörkendörfer.

ε	ζ	η	ϑ	ι	ϰ
½ : 1—1½ μ, peritrich begeißelt	½ : 1—2¼ μ, beweglich	½ : 1—1⅓ μ, peritriche Geißeln	½ : 1—3 μ, kurze Fäden, peritrich (?) begeißelt	½ : 1½—2 μ, wenig beweglieh	½ : ¾—2¼ μ, beweglich
Kleine, tropfenförmige, gelbweiße Kolonien	Kreisrunde, weiße, schnell verflüssigende Kolonien	Weiße, unregelmäßig begrenzte, tropfenförmige Kolonien	Anfangs runde, dann unregelmäßig begrenzte Kolonien	Runde, weiße, dichte Kolonien	Weiße, runde Kolonien
Im Stich langsame Verflüssigung, in die die Oberflachenkolonie einsinkt	Verflüssigung von der Oberfläche her, Gelatine trüb, keine Kahmhaut	Im Stich geringes Wachstum, Oberflächenkolonie dünn, weiß, mit welligem Rand	Im Stich geringes Wachstum, Oberflächenkolonie weißlich, mit unregelmäßigem Rand	Im Stich geringes Wachstum, Oberflächenkolonie weiß, mit gelapptem Rand	Im Stich geringes Wachstum, Oberflächenkolonie rötlichweiß
Klar, nur einige Flocken an der Oberfläche	Diffuse Trübung, keine Kahmhaut	Diffuse Trübung, keine Kahmhaut	Diffuse Trübung, geringe Hautbildung	Diffuse Trübung, keine Kahmhaut	Klar, Kahmhaut
Gelber, dicker Belag	Weißer, erhabener, feinst glanzender Belag	Weißlichgrauer, körniger Belag	Weißer, dicker, gekörnter Belag	Weißer, dicker, höckeriger Belag	Blaßrötlicher, dicker Belag
Optimum Bruttemperatur	Optimum Bruttemperatur	Optimum 25°	Optimum bei Zimmertemperatur	Optimum Bruttemperatur	Optimum bei Zimmertemperatur
Rasen gelb gefärbt	—	—	—	—	Rasen blaßrot
Streng aerob	Streng aerob	Streng aerob	Streng aerob	Streng aerob	Streng aerob
Negativ	Negativ	Negativ	Negativ	Negativ	Negativ
Eiweiß flüssig, trübe	Typische Fäulnis	Gelbliche Verfärbung, unangenehmer Geruch, aber keine eigentliche Fäulnis	Keine merkliche Veränderung	Keine merkliche Veränderung	Keine merkliche Veränderung

2. Die Eier sollen tunlichst frisch, von angenehmem Geruch und Geschmack sein.

3. Bebrütete, verdorbene Eier sind vom Marktverkehr und von der Verwendung auszuschließen, einerlei, ob die Pilze und Bakterien, welche die Zersetzung bewirkt haben, schon bei der Begattung oder bei der Aufbewahrung in das Ei gelangt sind (vgl. S. 173 u. 179).

4. Zur Beurteilung der Frische bzw. der Beschaffenheit der Eier kann am ersten das Durchleuchten, dann auch das spezifische Gewicht Anhaltspunkte liefern. Die Schale von frischen Eiern ist durchweg rein weiß, die von verdorbenen Eiern fleckig oder mißfarben; die von bebrüteten oder in Kalkwasser aufbewahrten Eiern dünn.

5. Sicher jedoch läßt sich die Beschaffenheit der Eier nur durch Aufschlagen ermitteln. Bei einem guten Ei soll die Innenfläche der Schale rein weiß, das Eiweiß hell und klar, nicht wolkig getrübt, die Dotterhaut nicht zerrissen, der Dotter lebhaft gelb gefärbt und der Geruch des ganzen Eiinhaltes ein frischer sein. Der Grad und die Ursache der Zersetzung läßt sich nur durch eine eingehende chemische (Bestimmung von Schwefelwasserstoff, Ammoniak und sonstigen Fäulnisstoffen [vgl. S. 42]) und bakteriologische Untersuchung nachweisen.

6. Die Eierdauerwaren müssen rein und gut sein, d. h. der natürlichen Zusammensetzung des Eies und seiner Bestandteile entsprechen und dürfen nur eine mäßige Anzahl von Pilzen und Bakterien enthalten.

Zusatz fremder Stoffe (wie Protein, Fett, Stärke, Zucker, Mehl usw.), ebenso das Auffärben mit künstlichen Farbstoffen ist ohne deutliche Deklaration nicht gestattet.

Die Verwendung der für Fleisch verbotenen Frischhaltungsmittel ist auch hier unstatthaft und wie bei Fleisch zu beurteilen.

Verwertung der beanstandeten Eier. Verdorbene Eier sind unter allen Umständen, sei es für sich oder nach Vermengung mit anderen Nahrungsmitteln oder in besonderer Zubereitung, von der Verwendung zur menschlichen Ernährung auszuschließen. Ob sie für die Tierfütterung verwendet werden können, hängt von dem Grad der Verdorbenheit ab und davon, ob die schädlichen Stoffe und Keime genügend beseitigt werden können und beseitigt werden. Minderwertige Eier, wie Fleckeier, können unter der folgenden Nr. 3 für Fleckeier angegebenen Bedingung für menschliche Ernährungszwecke zugelassen werden.

Beurteilung von Eiern nach dem mykologischen Befund.[1])

1. Eier, die äußerlich oder innerlich mit für den Menschen pathogenen Bakterien infiziert sind, sind als gesundheitsschädlich vom Verkehr auszuschließen. Sie können allenfalls in vollständig durchgekochtem Zustande Verwendung finden.

2. Die Anwesenheit einzelner saprophytischen Bakterienkeime im Innern der Eier ist, sofern keine stoffliche Zersetzung oder offensichtliche Veränderung eingetreten ist, als unbedenklich zu beurteilen.

3. Eier, in denen sich saprophytische Pilze und Bakterien reichlich vermehrt haben, und die offensichtliche Veränderungen zeigen, sind als verdorben zu betrachten. Hierzu gehören auch die Fleckeier. Gaffky und Abel[2]) haben über diese der Kgl. Preußischen Deputation für das Medizinalwesen ein Gutachten erstattet, dessen Schlußsätze lauten:

a) Fleckeier, d. h. Eier, in welchen sich bei der Durchleuchtung, dem sog. „Klären", sichtbare Schimmelpilzwucherungen entwickelt haben, sind ausnahmslos als verdorben anzusehen.

b) Beobachtungen über Gesundheitsschädigungen durch den Genuß von Fleckeiern liegen unseres Wissens nicht vor. Es läßt sich aber nicht ausschließen, daß unter besonderen Umständen, namentlich bei bereits bestehenden krankhaften Veränderungen der Verdauungsorgane der Genuß

---

[1]) Über die Bedeutung der Kontrolle der Eier vergleiche man: K. Borchmann, Denkschrift betr. die amtliche Kontrolle des Marktverkehrs mit Eiern. Berlin 1906.

[2]) Vierteljahrsschr. f. gerichtl. Medizin u. öffentl. Sanitätswesen 3. Folge, **38**, 2 und Zeitschr. f. Untersuchung d. Nahrungs- u. Genußmittel: Gesetze und Verordnungen usw. 1910, **2**, 299.

von Fleckeiern, in denen sich Pilze, wie Aspergillus- und Mucorarten entwickelt haben, gesundheitsschädigend wirkt.

c) Die von der Pilzwucherung offensichtlich durchsetzten Teile sind als genießbar nicht anzusehen. Die für das bloße Auge unveränderten oder wenig veränderten Teile sind zwar nicht als ungenießbar, aber stets als minderwertig anzusehen und daher vom freien Verkehr auszuschließen. Falls ihre Verwendung als Nahrungsmittel oder zur Herstellung von Nahrungs- und Genußmitteln zugelassen wird, müssen Vorkehrungen dahin getroffen werden, daß der Käufer über die Beschaffenheit der Eier und der mit ihnen hergestellten Waren nicht im Zweifel gelassen wird.

Auch nach der Verordnung des Schweizerischen Bundesrates[1]) vom 29. Januar 1909 über den Verkehr mit Nahrungsmitteln, Artikel 75, dürfen Fleckeier nicht in den Handel gebracht werden.

Beurteilung der Eier nach der Rechtslage.[2])

Verdorbene Eier. Die Angeklagte wußte, daß verdorbene Eier, genossen, die menschliche Gesundheit zu schädigen geeignet sind, und hätte bei Beobachtung der gebotenen Sorgfalt die verdorbene Beschaffenheit der von ihr zum Markt gebrachten Eier erkennen müssen. Sie wurde wegen fahrlässigen Feilhaltens und Verkaufens aus §§ 12, 14 NMG. verurteilt.

LG. Landshut, 22. Januar 1907.

Fleckeier: Unter Fleckeiern versteht man im Handelsverkehr und insbesondere beim kaufenden Publikum solche Eier, die nicht mehr ganz tadellos sind, sondern deren Dotter an einer oder höchstens zwei Stellen sich zu zersetzen beginnen. An dieser Stelle sitzt der Dotter fest an der Schale, und diese Stelle erscheint bei der Durchleuchtung als Fleck. Die Stelle bleibt beim Aufschlagen des Eies an der Schale haften, der Rest kann abgegossen und verwendet werden. Eier, welche wie hier schon an vielen Stellen in Zersetzung überzugehen beginnen, und von denen sich deshalb ein brauchbarer Teil nicht mehr absondern läßt, sind also nicht das, was das Publikum unter Fleckeiern versteht. Mithin sind die verdorbenen Eier im Geschäfte des Angeklagten unter einer zur Täuschung geeigneten Bezeichnung feilgehalten worden. Es ist auf Fahrlässigkeit des Angeklagten zurückzuführen, daß die Durchleuchtung der Eier unterblieben und deshalb ihre Verdorbenheit nicht entdeckt worden ist. Vergehen gegen § 11 NMG.

LG. Frankfurt a. M., 16. September 1910.

Verkauf alter Eier als frische. Genießbar waren die verkauften Eier zwar, aber durch die fortgeschrittene Zersetzung zum Genusse weniger und als Trinkeier überhaupt nicht geeignet, und ihr Genuß konnte für kränkliche Personen weniger bekömmlich sein. Sie waren daher, wenn auch nicht wertlos, so doch weniger wert als 0,15 Mk. für das Stück; ihre natürliche Verwendbarkeit war im Vergleich zu wirklich frischen Eiern infolge ihres Alters (3 Wochen) und der damit verbundenen Zersetzung bedeutend herabgemindert. Durch den Verkauf der fraglichen Eier zu dem genannten hohen Preise wollte die Angeklagte sich einen rechtswidrigen Vermögensvorteil verschaffen. Sie wurde deshalb des Vergehens gegen § 10^2 NMG. in einheitlichem Zusammenhange mit versuchtem Betruge für schuldig befunden. (§§ 263, 43, 44 StGB.)

LG. Bonn, 24. Januar 1902.

Kalkeier als frische Eier. Der Angeklagte hatte die Kalkeier unter ausdrücklicher Haftung für gute und frische Ware verkauft. Ein Teil der Kalkeier erwies sich zudem als verdorben. Er wurde wegen Vergehens gegen § 10^2 NMG. verurteilt.

LG. Regensburg, 19. Februar 1908.

Nachgemachte Eierpräparate. Eier - Ersatz „Gluck - Gluck“. Die Präparate bestanden aus gelbgefärbter Maisstärke und doppeltkohlensaurem Natron, enthielten aber nichts von den wesentlichen Bestandteilen des Vogeleies.

---

1) Veröffentlicht v. Kais. Gesundheitsamt 1909, 713.

2) Bearbeitet von Prof. Dr. C. A. Neufeld-Würzburg.

Chemie und kaufmännischer Verkehr kennen pulverförmige Eierpräparate, die alle wesentlichen Bestandteile des Eies enthalten und frische Eier ersetzen. Als eine Nachahmung derartiger Eierpräparate zum Zwecke der Täuschung i. H. u. V. ist aber das M.sche Pulver anzusehen. Einem an sich von der Substanz der Eier völlig verschiedenen Stoff war durch Färbung zunächst ein Aussehen gegeben, als handle es sich etwa um getrocknete, pulverisierte Eidotter. Dann war durch Angabe einzelner Eigenschaften und durch Vergleich mit „frisch gelegten Eiern" die Annahme nahe gelegt, daß das Präparat ein dem Ei wesentlich gleicher — etwa aus Eiern gewonnener — Stoff sei ... Die gewählte Reklame zeigt, daß es bei der Nachmachung auf eine Täuschung im Handel und Verkehr ankam. Das Fabrikat ist auch, solange es den Namen „Eierersatz" trug, unter einer zur Täuschung geeigneten Bezeichnung feilgehalten, weil nach der Verkehrsauffassung ein „Ersatz"mittel wesentlich den gleichen Zweck erfüllen soll, wie das zu ersetzende Mittel, und das wäre beim Ei der Nährwert, nicht aber die Farbe, so daß das Publikum im Eierersatz einen dem Ei gleichen Nährwert vermuten mußte. (§ 10^1 und ^{2} NMG.) RG., 27. Juni 1905.

Nachgemachtes Eipulver. Unter Eipulver ist ein aus den Bestandteilen getrockneter Eier hergestelltes Erzeugnis in Pulverform zu verstehen. Ein Eipulver, das nur zu etwa 17% aus Eibestandteilen, im übrigen aus mit einem Teerfarbstoff gelb gefärbtem Casein besteht, hat nur den Namen und den Schein, nicht aber das Wesen und den Gehalt eines bestimmten Nahrungsmittels, es ist also nachgemacht im Sinne des NMG.

LG. Dresden, 8. Juni 1906.

Clarks Eierpulver-Extrakt. (Gemisch von künstlich gelb gefärbtem Stärkemehl mit doppeltkohlensaurem Natron.) Der Angeklagte hat unter dem Namen „Eierpulverextrakt" zum Zwecke der Täuschung im Handel und Verkehr getrocknetes Eigelb nachgemacht. Der auf den Paketen befindliche Aufdruck „Bester Ersatz für Eier" ist ebenfalls zur Täuschung geeignet, denn aus diesen Worten mußte entnommen werden, daß der Extrakt denselben Nähr- und Geschmackswert habe, wie die zu ersetzenden frischen Eier, sonst kann man ihn unmöglich „besten Ersatz" nennen.

Vergehen gegen § 10 NMG.

LG. Hamburg, 28. November 1904.

Triumph-Eierpulver-Extrakt. Das Präparat bestand aus einem künstlich gelb gefärbten Gemisch von Rohrzucker und Kartoffelmehl, dem 2,5% getrocknetes Eigelb zugesetzt waren. Es wurde als nachgemacht zum Zwecke der Täuschung in Handel und Verkehr erachtet (§ 10^1 und ^{2} NMG.).

LG. Halberstadt, 5. Juni 1907.

Pulverisierte Eimischung. Sie bestand aus Maismehl, getrocknetem Ei und Teerfarbstoff. Der Eidotterinhalt eines Pakets entsprach nur dem 3. bis 4. Teil eines mittelgroßen Eies, die Farbstoffmenge reichte aber hin, um einen Gehalt von 5 Eidottern hervorzurufen, wie dies auch die Aufschrift auf den Paketen besagte: „Der Inhalt ... entspricht ... 5 Eidottern". Es lag eine Nachmachung von pulverisierter Eimischung vor. (§ 10^1 und ^{2} NMG.)

LG. II, Berlin, 27. März 1908.

Nachgemachtes frisches Eiweiß. Der Angeklagte hatte getrocknetes Eiweiß in Wasser gelöst, zur Hälfte mit Eiweiß aus frischem Ei versetzt und das Gemisch als frisches Eiweiß verkauft. Das Gericht erachtete ein Vergehen gegen § 10^1 und ^{2} NMG. als erwiesen, insofern der Angeklagte anstatt aus frischen Eiern hergestelltes Eiweiß nachgemachtes, d. h. solches, welches er aus getrockneten Eiweißkristallen hergestellt hatte, unter Verschweigung dieses Umstandes verkaufte. Nach dem Gutachten der Sachverständigen ist dieses Präparat im Verhältnis zu dem aus frischen Eiern hergestellten, natürlichen Eiweiß minderwertig, weil es zu Backzwecken weniger geeignet ist als dieses und sich auch weniger lange hält.

LG. Hamburg, 25. Oktober 1906.

Konservierungsmittel. Eigelb mit Borsäure. Borsäure ist ein dem Eigelb, einem Naturprodukt, fremder, in dieses nicht hineingehörender und auch vom Publikum in ihm nicht vermuteter Stoff. Das Eigelb ist durch den Borsäurezusatz verschlechtert und infolgedessen ein verfälschtes Nahrungsmittel geworden, zumal die Borsäure verhindert, die schlechte Beschaffenheit des Eigelbs zu erkennen und dem Eigelb den Anschein besserer Beschaffenheit gibt. Vergehen gegen § 10 NMG.

Preuß. Kammerger., 11. Dezember 1908.

Eiweiß mit Borsäure. Unzweifelhaft wird durch den Zusatz von Borsäure dem flüssigen Eiweiß eine Substanz beigefügt, welche nicht hineingehört und, da sie ein Gift ist, das Eiweiß an sich verschlechtert, es also verfälscht. Eine solche Verfälschung tritt aber auch schon deshalb ein, weil die Borsäure ein wirksames Mittel der Konservierung nicht darstellt, vielmehr nur einen Teil der die Zersetzung bewirkenden Fäulniserreger, nämlich die stinkenden, in der Entwicklung hemmt, dagegen andere nicht, die Zersetzung daher trotz dieses Zusatzes ihren Fortgang nimmt, der in Wirklichkeit verdorbenen Ware also durch den Zusatz nur der Schein einer besseren, unverdorbenen gegeben wird. Ein Zusatz von 1,5—2% Borsäure zu flüssigem Eiweiß ist auch geeignet, die menschliche Gesundheit zu beschädigen.

LG. I Berlin, 6. Januar 1911.

Milch und Molkereierzeugnisse.

I. Vollmilch.[1])

Vorbemerkungen.

Unter „Milch" im allgemeinen versteht man die von der Milchdrüse der weiblichen Säugetiere nach einem Geburtsakte längere Zeit über abgesonderte, für die Ernährung ihrer Säuglinge bestimmte Flüssigkeit.

Im gewöhnlichen Leben und für den Handel versteht man unter Milch besonders die Kuhmilch, die überall und seit den ältesten Zeiten als menschliches Nahrungsmittel verwendet wird.

Zum Begriff „Handelsmilch" gehört noch besonders die Voraussetzung einer vollständigen Entnahme der im Euter gesunder Kühe zurzeit durch regelrechtes (d. h. ununterbrochenes und vollständiges) Ausmelken erhältlichen Milch. Die feilgehaltene und verkaufte Milch soll also das ganze Gemelke umfassen.

Die in den ersten Tagen nach dem Kalben von der Milchdrüse abgesonderte Flüssigkeit zeigt im Vergleich zur gewöhnlichen Milch einige Besonderheiten und wird mit der Bezeichnung Biestmilch, Kolostrum oder Kolostrummilch unterschieden; sie darf nicht feilgehalten und verkauft werden[2]).

Die Milch stellt eine Emulsion von Fett in einer weißen dünnschleimigen Flüssigkeit, dem Milchplasma, dar; sie enthält ferner Lymphkörperchen und mehr oder weniger veränderte Zellreste aus der Milchdrüse. Sie entsteht wahrscheinlich durch die Abtrennung eines Teiles der Drüsenbläschenzellen und durch dessen Zerfall.

Die Bestandteile der Milch sind außer Wasser: Fett, Proteinstoffe (Casein, Globulin, Albumin, Molkenprotein), Milchzucker und Salze, sowie einige andere in geringer Menge vorhandene Stoffe, wie Zitronensäure, Lecithin, Cholesterin, Harnstoff, wahrscheinlich auch Kreatin, Kreatinin, Xanthin und Hypoxanthin, ferner auch Rhodannatrium. Außerdem kommen in der Milch noch einige Gase vor, wie Kohlensäure, Stickstoff und Sauerstoff. Je nach der Art der Gewinnung und Behandlung enthält die Milch mehr oder weniger Bakterien, welche

[1]) Bei Bearbeitung dieses Abschnittes sind die Vereinbarungen deutscher Nahrungsmittelchemiker (Zeitschr. f. Untersuchung d. Nahrungs- u. Genußmittel 1907, **14**, 65; 1908, **16**, 6 u. f.; 1909, **18**, 34) mit zugrunde gelegt.

[2]) Über die Erkennung der Biestmilch vgl. unter „Beurteilung der Milch" S. 281.

neben den im Sekret bereits vorhandenen Enzymen die Ursache der in ihr auftretenden bekannten Veränderungen sind.

Der durchschnittliche Gehalt der Milch der in Deutschland gehaltenen Viehschläge beträgt etwa:

Spez. Gewicht (bei 15° C)[1]	Wasser %	Stickstoff-Substanz %	Fett %	Milchzucker %	Mineralstoffe %	Fettfreie Tr.-Substanz %
1,0315	87,75	3,30	3,40	4,83	0,72	8,75

Diese Zahlen sind aber großen Schwankungen unterworfen, die durch eine Reihe von Umständen bedingt sein können, nämlich:

1. Von der Veranlagung des Einzeltieres; diese Kuh gibt eine fettreiche, jene eine fettarme Milch.

2. Von der Rasse; Niederungsschläge geben durchweg viel, aber eine weniger gehalt- und fettreiche Milch, Höhenschläge zeichnen sich dagegen im allgemeinen durch eine gehalt- und fettreichere Milch aus.

3. Von der Art des Melkens; die zuerst ermolkene Milch ist wesentlich fettärmer als die zuletzt ermolkene.

4. Von dem Laktationsstadium; die Milch frischmilchender Kühe ist in der Regel etwas weniger gehaltreich als später, der Fettgehalt im letzten Drittel der Laktation steigt zumeist an und kann teilweise recht hoch werden. In den letzten Wochen der Laktation aber unterliegt bei manchen Kühen der Fettgehalt der Milch großen täglichen Schwankungen.

Ein starkes Sinken im Fettgehalt der Milch tritt oft bei einer der Tagesmelkzeiten infolge des Rinderns (Brunst der Kühe) ein. Gewöhnlich ist es die Morgenmilch, welche den niedrigeren Fettgehalt aufweist; der Gehalt an Trockenmasse ändert sich dabei in gleichem Sinne. Meist schnellt der Fettgehalt am gleichen Tage noch, also bei der nächsten Melkung schon, um fast den gleichen Betrag wieder in die Höhe, so daß man am Tagesgemelke kaum einen Unterschied gegenüber anderen Tagesmelken bemerkt.

5. Von der Melkzeit; der Fettgehalt der Milch mit der größeren Zwischenmelkzeit ist der niedrige und umgekehrt. Bei dreimaligem Melken ist daher, den ungleichen Zwischenzeiten entsprechend, die Abendmilch fettreicher als die Morgenmilch. Bei zweimaligem Melken ist gewöhnlich die Zeit zwischen Abend- und Morgenmilch länger, daher der Fettgehalt der Morgenmilch geringer.

6. Von der Fütterung; sie übt gewöhnlich einen größeren Einfluß auf die Milchmenge als auf den Fettgehalt der Milch aus. Immerhin erhöht reichliches Futter den Fettgehalt etwas, wenn auch nur wenig (nur 1—2 Zehntelprozente durchschnittlich; Verschiedenheiten, die durch die Veranlagung des Einzeltieres bedingt sind und sich allen Einflüssen gegenüber geltend machen, kommen hier ganz besonders zum Ausdruck). Anhaltende Darreichung von ungenügendem und wasserreichem bzw. die Milcherzeugung anreizendem Futter verursachen die Absonderung einer gehaltarmen Milch.

7. Einen wesentlichen Einfluß auf den Fettgehalt der Milch hat aber eine plötzliche Änderung in der Fütterung, und der Fettgehalt der Milch nicht nur einzelner Tiere, sondern eines ganzen Viehstapels kann bei Darreichung eines anderen Futters ohne Übergang eine wesentliche Einbuße erleiden, ganz besonders, wenn das neue Futter für die Tiere weniger schmackhaft ist. Andererseits hat der Übergang zur Weide und selbst zum Grünfutter eine Erhöhung des Fettgehalts um einige Zehntelprozent und während der Dauer mehrerer Tage (10—14) zur Folge. Dieser Vorteil kann sich aber auch in seine Kehrseite verwandeln, wenn auf der Weide rauhe und naßkalte Witterung eintritt. In solchem Falle kann der Fettgehalt der Milch sehr stark zurückgehen.

---

[1]) Das spezifische Gewicht des Milchserums, der Milchtrockensubstanz und der fettfreien Trockensubstanz pflegt zu betragen:

Milchserum	Milchtrockensubstanz	Fettfreie Milchtrockensubstanz
1,0260—1,0300	1,33	1,60

8. Von nachteiligem Einfluß auf die Zusammensetzung der Milch können auch noch andere äußere Umstände sein, wie ungewohnte Arbeitsleistung, Beunruhigung der Tiere u. dgl.

Für die Beurteilung der Handelsmilch ist daher zu berücksichtigen, daß sie infolge vorstehender Einflüsse etwa folgenden Gehaltsschwankungen unterliegen kann:

Spez. Gewicht bei 15°	Wasser	Fett	Fettfreie Trockensubstanz
1,0270—1,0350	86,0—89,5%	2,3—5,0%	7,8—10,5%

Verschiedene Veränderungen der Milch infolge von Eutererkrankung und Einwirkung von Bakterien.

1. Griesige und sandige Milch zeichnet sich vor normaler Milch durch das Auftreten von weichen bzw. harten Konkrementen aus.

2. Träge, d. h. schwer entrahmende Milch entsteht vielfach durch Aufnahme besonderer Pflanzen oder Futtermittel oder sie ist durch fortgeschrittenes Laktationsstadium bedingt.

3. Das rasche Nachlassen und Aufhören der Milchabsonderung pflegt mit Verdauungsstörungen oder Krankheitsursachen verbunden zu sein.

4. Blutige Milch rührt entweder von inneren Verletzungen oder Hyperämie des Euters (Blutmelken) oder von Bluthamen, das sich bei Waldweidegang leicht einstellt, her.

5. Fischige Milch tritt selten und meist nur bei einzelnen Kühen auf. Die Ursache ist noch nicht bekannt, es scheint aber, als ob das Futter schuld daran sein könne. So will man beobachtet haben, daß Fischmehl sowie Gras von Marschwiesen, auf welchen bei Überschwemmungen Crustaceen zurückbleiben, fischige Milch, dann allerdings bei mehreren Tieren zugleich, verursacht habe.

6. Mehr oder weniger äußerlich wahrnehmbare und chemische Veränderungen entstehen bei Euterentzündungen (Mastitis), deren Ursache verschiedene Kokken und Colibakterien sind. Der Grad der Zersetzung hängt vom Grad der Entzündung ab; am stärksten ist sie beim seltener auftretenden gelben Galt, bei welchem die Milch vielfach von eiterig gelber Farbe und von Gerinnsel durchsetzt ist. Die chemische Veränderung besteht meist in einer Zunahme der Trockensubstanz und des Chlornatriums und einer Abnahme der phosphorsauren Salze, daher solche Milch meist salzigen Geschmack hat. Von geringerem Grade ist die Veränderung bei der rässen oder räßsalzigen Milch, welche nach neueren Beobachtungen schon in der Zitze ohne gleichzeitige wahrnehmbare Erkrankung des Euters bei unvollständigem Ausmelken entsteht.

E. Seel[1]) fand als besondere Veränderungen der Milch bei Euterentzündungen: die gegen Lackmus alkalische Reaktion, den geringen Gehalt an Chloriden, den vermehrten Gehalt an Albumin (auch Phosphaten) sowie das veränderte Lichtbrechungsvermögen des Fettes in der Gesamtmilch der kranken Kuh. Denn auch die Milch der nicht ergriffenen Euterviertel zeigt Abweichungen von normaler Milch.

Mezger, Fuchs und Jessen[2]) haben ähnliche Beobachtungen gemacht; auch nach ihnen hatte die Milch der Kühe nach Euterentzündungen eine stark alkalische Reaktion und wies einen hohen Leukocytengehalt auf. Diese Verhältnisse zeigen sich nicht plötzlich oder verschwinden nicht plötzlich, sondern halten mehrere Tage an. C. Amberger[3]) teilt zwei Fälle von euterkranken Kühen mit, wonach bei der pathologischen veränderten Milch gerade die beständigsten Anteile der Milch — fettfreie Trockensubstanz — den größten Schwankungen unterworfen waren und letztere auch innerhalb der Stallprobenzeit (3 Tage) auftraten.

Die Milch tuberkulöser Kühe nimmt nach A. Monvoisin[4]) nach und nach die normale Zusammensetzung des Blutserums an.

7. Vorzeitig gerinnende Milch scheint durch ein besonders starkes Auftreten entweder von Milchsäurebakterien oder — in den weitaus meisten Fällen wohl — von solchen

[1]) Zeitschr. f. Untersuchung d. Nahrungs- u. Genußmittel 1911, **21**, 129.

[2]) Ebendort 1910, **19**, 720.

[3]) Ebendort 1912, **23**, 369.

[4]) Ebendort 1911, **22**, 301.

Bakterien hervorgerufen zu werden, welche ein labartiges Enzym in größerer Menge auszuscheiden vermögen.

8. Die nicht gerinnende Milch und der nicht säuernde, nicht verbutternde Rahm dagegen verdanken ihre Entstehung solchen Bakterien, welche ein kräftig peptonisierendes tryptisches Enzym erzeugen und durch Auflösen des Caseins seine Fällung durch Milchsäurebakterien verhindern. Milch und Rahm, die in dieser Weise verändert sind, lassen sich nur sehr schlecht verbuttern und schäumen dabei sehr stark.

9. Käsige Milch hat ungefähr dieselbe Ursache, es tritt hier nur infolge des Überwiegens von säuernden Bakterien vor der Auflösung des Caseins eine Abscheidung desselben auf.

10. Der seifige Geschmack, der gelegentlich des Auftretens von viel peptonisierenden Bakterien in der Milch beobachtet wird, wird scheinbar von besonderen Bakterien verursacht.

11. Bittere Milch entsteht zunächst durch manche Futtermittel und Pflanzen. Die Knollen und Blätter der meisten Cruciferen, ferner Lupinen, Wicken, Sedum- und Laucharten, die Hundskamille, der Reinfarn, dumpfig gewordenes Stroh werden als die Ursache von bitterer Milch angesehen. Zumeist rührt der bittere Geschmack der Milch von besonderen Bakterien her. Am häufigsten dürften es wohl die schon im Euter auftretenden sog. lab- und säurebildenden Mikrokokken sein (Micrococcus Cohn und M. casei amari von Freudenreich), seltener andere peptonisierende Bakterien (Bac. liquefaciens lactis amari von Freudenreich, Vertreter der Kartoffel- und Heubacillen, der Colibakterien), auch Hefen sind als Erreger der bitteren Milch nachgewiesen.

12. Gärende und schäumende Milch wird durch gasbildende Bakterien bzw. Hefen verursacht.

13. Als Erreger der schleimigen Milch ist bereits eine Mehrzahl von Bakterien bekannt.

14. Faulige Milch dürfte dem Zusammenwirken von Coli- und Aerogenesbakterien (Stallgeruch und Stallgeschmack der Milch, soweit er nicht unmittelbar von Kot herrührt) sowie peptonisierenden und Buttersäurebakterien zuzuschreiben sein.

15. Milch mit Rübengeruch und Rübengeschmack, die bei Fütterung von Steckrüben, Rübenblättern, Spörgel u. dgl., manchmal auch durch die Tätigkeit von Bakterien entsteht, hat meist einen etwas fauligen Geruch und Geschmack.

16. Sog. stickige Milch ist Milch, welche infolge der Aufbewahrung in geschlossenen Kannen einen scharfen unangenehmen Geruch angenommen hat.

17. Blaue, rote, gelbe Milch verdankt ihre Färbung gewissen Bakterienarten.

Alle Milch solcher Art, wie Milch mit außergewöhnlichem, unangenehmem Geruch oder Geschmack, mit außergewöhnlichem Aussehen, sowie Milch von kranken Tieren ist vom Verkauf auszuschließen.

Außer durch vorstehende natürliche Ursachen kann aber Handelsmilch noch durch Verfälschungen eine fehlerhafte Beschaffenheit annehmen; als solche kommen vorwiegend vor:

1. Zusatz von Wasser,

2. größerer oder geringerer Fettentzug (Entrahmung) oder Zusatz von entrahmter Milch zu Vollmilch,

3. gleichzeitige Entrahmung und Wasserzusatz.

Ferner ist noch zu beachten:

4. der Zusatz von Frischhaltungsmitteln (Natriumcarbonat und -bicarbonat, Borsäure [Borax], Salicylsäure, Benzoesäure, Formaldehyd),

5. Zusatz von Zuckerkalk (besonders auch zu Sahne),

6. Zusatz von Farbstoffen,

7. zu hoher Gehalt an Schmutz (Kotteilchen usw.).

Zum Nachweis der Verfälschungen unter 1, 2 und 3 sind folgende Bestimmungen und Berechnungen:

a) unbedingt notwendig:
1. des spezifischen Gewichtes bei 15° (s),
2. des Fettgehaltes (f),
3. der Trockensubstanz (t),
4. des spezifischen Gewichtes der Trockensubstanz (m) bzw. des Fettgehaltes der Trockensubstanz,
5. der fettfreien Trockensubstanz;

b) wünschenswert:
1. des spezifischen Gewichtes des Serums,
2. des Lichtbrechungsvermögens des Serums,
3. der Mineralstoffe der Milch,
4. desgl. des Serums,
5. der qualitative Nachweis von Salpetersäure.

Unter Umständen ist auch die Feststellung des Säuregrades der Milch von Belang.

Für eine vollständige Untersuchung der Milch ist ferner noch erforderlich: die Bestimmung des Milchzuckers und der Stickstoff-Substanzen (bzw. die Trennung der letzteren).

Untersuchungsverfahren.

Probenahme. Die Richtigkeit der Beurteilung einer Milch hängt in erster Linie von der richtigen Probenahme ab. Da sich die Milch bei ruhigem Stehen unter Abscheidung des Rahmes entmischt, so ist die Milch bei der Entnahme von Proben für die Untersuchung vorher durch Umrühren oder besser durch mehrmaliges Umgießen von dem einen Gefäß in ein anderes sorgfältig zu mischen[1]), und die entnommene Probe von etwa $^1/_2$—1 l tunlichst schnell der Untersuchungsstelle einzusenden.

Hat sich am Rande der Flüssigkeit gar ein Rahmring angesetzt, so muß derselbe vor dem Vermischen des Gesamtinhaltes erst mit einem Löffel oder Messer abgetrennt und wieder in der Milch verteilt werden. Teilweise gefrorene Milch muß vor der Probeentnahme vollständig aufgetaut werden[2]). Gefrorene Milch scheint wie gefrorenes Fleisch leichter zu verderben als andere Milch.

Bei der Lieferung in mehreren Kannen ist Probe aus jeder Kanne zu nehmen, wobei zu beachten ist, daß es sich bei der Milch aus einzelnen Kannen, auch um die Milch einiger Kühe oder nur einer Kuh oder sogar um einen Teil des Gemelkes einer Kuh handeln kann.

Es ist möglichst festzustellen, wie groß der Inhalt der Kanne ist, von welchem Gemelk und von wie viel Kühen die Milch herrührt[3]).

Zum Einfüllen der gut durchgemischten Milch dienen Flaschen von $^1/_2$—$^3/_4$ l Inhalt, die völlig sauber und trocken sein müssen; das gilt auch ganz besonders von dem Verschluß (Pfropfen oder Siphonverschluß). Flasche wie Verschlußvorrichtung werden außerdem noch vorher mit der zu prüfenden Milch aus- bzw. abgespült und diese Milch wird weggegossen. Die Flaschen werden nur bis 4 oder 5 cm unter dem Pfropfen mit Milch gefüllt. Die Etikette oder der mit den nötigen Bemerkungen (Name des Lieferers usw.) versehene Zettel wird am Halse der Flasche angebracht.

Frischhaltung der Milchproben für die Untersuchung. In der heißen Jahreszeit und auch sonst, wenn die Untersuchung der Milchproben nicht alsbald nach der Entnahme erfolgen kann, empfiehlt es sich, die Milchproben für die Untersuchung haltbar zu machen, um namentlich der vorzeitigen Gerinnung vorzubeugen. Hierzu empfiehlt sich nach Allen[4]) in erster Linie ein Zusatz von 1 g Kaliumbichromat auf 1 l Milch.

Der Zusatz von Kaliumbichromat verhindert aber nach A. Monvoisin[5]) die Säurebestimmung sowie die Anwendung der Kryoskopie und Refraktometrie; er soll ferner die Bildung aldehydartiger Stoffe, die das Vorhandensein von Formalin vortäuschen können, verursachen.

[1]) Über die von verschiedenen Seiten (Schaffer, Reinsch, Steinle) angegebenen Milchprobenstecher scheinen bis jetzt noch keine Erfahrungen vorzuliegen.

[2]) Vgl. u. a. C. Mai, Zeitschr. f. Untersuchung d. Nahrungs- u. Genußmittel 1912, **23**, 250.

[3]) Über die bei der Stallprobe zu beobachtenden Regeln vgl. S. 267.

[4]) Milch-Ztg. 1892, **21**, 659.

[5]) Zeitschr. f. Untersuchung d. Nahrungs- u. Genußmittel 1910, **20**, 230 u. 730.

Bestimmung des Kaliumbichromats in der Milch. M. Gonère[1]) empfiehlt 10 ccm Milch zu veraschen und in der Asche nach Zusatz von Jodkalium und Salzsäure das freigemachte Jod mit Natriumthiosulfat zu titrieren. Wenn man eine Lösung von 5,06 g Thiosulfat in 1 l anwendet, so entspricht 1 ccm der Lösung 1 mg Kaliumbichromat.

Unmittelbar vor dem Abwägen für die einzelnen Bestimmungen ist die Milch jedesmal gründlich durchzumischen.

1. Bestimmung des spezifischen Gewichtes. Das spezifische Gewicht der Milch darf bei frisch gewonnener Milch nur nach vorausgegangener starker Kühlung oder erst mehrere Stunden nach dem Melken[2]), muß aber im übrigen möglichst bald nach dem Eintreffen im Laboratorium, und zwar möglichst bei 15° oder doch bei Wärmegraden von 10—20° bestimmt werden; in letzterem Falle ist dasselbe auf 15° umzurechnen.

Chr. Müller hat eine Tabelle angefertigt, nach der man die über oder unter 15° ermittelten Zahlen auf das spezifische Gewicht bei 15° umrechnen kann (vgl. Tabelle XV, Nr. 1 und 2 am Schluß).

Um das spezifische Gewicht geronnener Milch zu bestimmen, setzt M. Weibull[3]) einem bestimmten Volumen der geronnenen Milch (v_m) ein abgemessenes Volumen Ammoniak (v_a) (meistens $^1/_{10}$ der Milch) von bestimmtem spezifischem Gewicht (s_a) zu, mischt durch, ermittelt das Volumen der Mischung (V) sowie deren spezifisches Gewicht (S) und berechnet das spezifische Gewicht der geronnenen Milch (s_m) nach der Gleichung:

$$s_m = \frac{V \cdot S - v_a \cdot s_a}{v_m}.$$

Man mischt 100 ccm der geronnenen Milch in einem Kolben mit 10 ccm Ammoniak, läßt, gut verkorkt, 1 Stunde stehen und bestimmt nach vollständiger Verflüssigung das spezifische Gewicht mittels des Pyknometers.

Ist z. B.: v_m = Volumen der sauren Milch = 100 ccm,
v_a = Volumen Ammoniak = 10 ccm und
s_a = Spezifisches Gewicht des Ammoniaks = 0,960,
V = Volumen der Milchammoniakmischung = 110,
S = Spezifisches Gewicht dieser Mischung C = 1,024,

so ist das spezifische Gewicht (s) der ursprünglichen Milch, also in diesem Falle:

$$s = \frac{110 \times 1{,}024 - 10 \times 0{,}96}{100} = 1{,}0304\ .$$

Das Verfahren wird als zuverlässig bezeichnet.

L. de Koningh[4]) empfiehlt, zur Bestimmung des spezifischen Gewichtes von geronnener Milch 95 ccm Milch 5 Minuten lang mit 5 ccm Natronlauge vom spezifischen Gewicht 1,030 schwach zu schütteln; genügt die Natronlauge nicht, so werden weitere 5 ccm hinzugesetzt. Weicht das nunmehr bestimmte spezifische Gewicht der Milch (s) erheblich von 1,030 = 30 Laktodensimeter-Graden ab, so wird das wirkliche spezifische Gewicht der Milch (S = Laktodensimetergrade) aus dem gefundenen berechnet nach den Formeln:

bei Anwendung von 5 ccm Lauge $\quad S = \frac{s - 1{,}5}{0{,}95}$ $\qquad$ 10 ccm Lauge $\quad S = \frac{s - 3{,}0}{0{,}90}$.

---

1) Ann. Chim. analyt. 1908, **13**, 262.

2) Die frisch ermolkene Milch erfährt nämlich, sei es infolge Quellens des Kaseins, sei es infolge allmählichen Erstarrens des Fettes oder Entweichens von Luftbläschen, eine geringe Verdichtung.

3) Chem.-Ztg. 1893, **17**, 1670; Milch-Ztg. 1894, **23**, 247.

4) Analyst 1899, **24**, 142; Zeitschr. f. Untersuchung d. Nahrungs- u. Genußmittel 1899, **2**, 862.

Über die Bestimmung des spezifischen Gewichtes des Milchserums vgl. S. 251.

Zur Bestimmung des spezifischen Gewichtes können dienen: a) Pyknometer, b) die Westphalsche oder eine ähnliche, auf demselben Grundsatz beruhende Wage, c) hinreichend genaue Laktodensimeter, d. h. Aräometer, die das spezifische Gewicht noch auf 4 Dizimalen genau anzeigen und welche ebenso wie die Westphalsche Wage mittels des Pyknometers auf ihre Richtigkeit geprüft sind.

a) Bestimmung des spezifischen Gewichtes mit dem Pyknometer. Für die Bestimmung des spezifischen Gewichtes der Milch kann ein Pyknometer von Fig. 47 I. Teil S. 43 und etwa 30—50 ccm Inhalt verwendet werden.

Fig. 1.

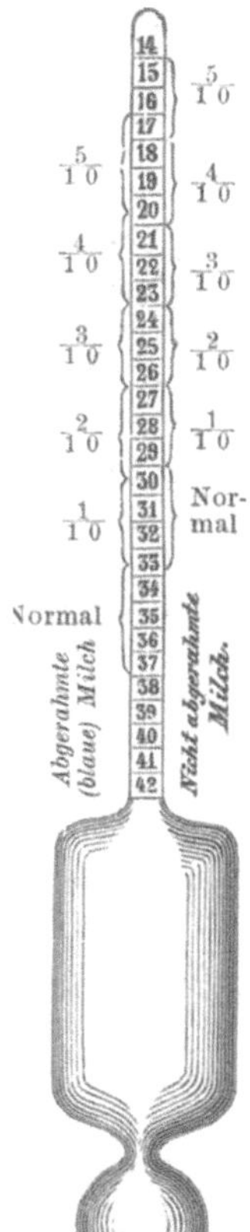

Quevennesche Senkwage.

Zuerst bestimmt man den genauen Rauminhalt desselben, indem man zuvor das Gewicht des trockenen Pyknometers feststellt, alsdann vollständig mit destilliertem Wasser von 15° füllt, den Glasstopfen fest einpreßt, das überschüssige Wasser durch die feine Kapillarröhre des eingeschliffenen Glasstopfens austreten läßt und, nachdem man möglichst schnell das Kölbchen durch Abputzen mittels Fließpapiers von anhaftender Feuchtigkeit gereinigt hat, wieder wägt.

Nach Füllung des Kölbchens mit der gut gemischten Milch, die vorher auf 15° gebracht sein muß, erhält man durch abermaliges Wägen das Gewicht der gleichen Raummenge Milch, worauf man durch einfache Division des Gewichtes der Milch durch das des Wassers das spezifische Gewicht der Milch erfährt.

Statt des genannten Pyknometers kann man sich auch der für die Weinuntersuchung (vgl. im 3. Teile) vorgeschriebenen Pyknometer bedienen; indes ist bei der pyknometrischen Bestimmung zu berücksichtigen, daß sich die Milch beim Abkühlen leicht entmischt und daß sie daher vor dem Einfüllen in das Pyknometer sorgfältigst gemischt werden muß. Auch findet das Verfahren hier vorwiegend nur deshalb Aufnahme, weil danach die anderen Verfahren bzw. Apparate auf ihre Richtigkeit geprüft werden sollen.

b) Mit der Westphalschen Wage (vgl. I. Teil, S. 46).

c) Mit der Milchwage oder dem Laktodensimeter.[1]) Die Quevennesche (Fig. 1), von Chr. Müller verbesserte Milchwage oder das Laktodensimeter ist nichts anderes als ein Aräometer, an dessen Spindel sich nur die 2. und 3. Dezimalstelle hinter den hinzu zu denkenden Zahlen 1,0 befinden, so daß die Zahl 29 ein spezifisches Gewicht von 1,029, die Zahl 30 ein solches von 1,030 bedeutet usw. Diese Zahlen heißen auch Laktodensimetergrade oder einfach Grade.

Tabelle XV, Nr. 1 und 2 am Schluß gibt die von Chr. Müller berechneten Korrektionszahlen an, welche sich ergeben, wenn die bei anderen als 15° abgelesenen Grade auf solche von 15° umgerechnet werden müssen und zwar für Vollmilch und für abgerahmte Milch.

H. D. Richmond[2]) hat eine Milchwage herstellen lassen, welche die Verwendung derartiger Korrektionstabellen überflüssig macht, bei der man vielmehr aus einem an ihr befindlichen Thermometer die erforderliche Korrektur abliest.

Auf der Spindel der Laktodensimeter finden sich (wie auch in der Fig. 1) häufig Angaben über die Beurteilung der Milch (ob normal, gewässert oder entrahmt). Diese Angaben sind für die sachverständige Beurteilung nicht maßgebend, da das spezifische Gewicht der Milch allein hierfür nicht geeignet ist und unter Umständen direkt zu Täuschungen führen kann.

[1]) Genaue Laktodensimeter mit den vierten Dezimalen werden nach den Angaben Fr. Soxhlets von der Firma Joh. Greiner in München, Neuhauserstraße 49, angefertigt.

[2]) Analyst 1898, **23**, 2; Zeitschr. f. Untersuchung d. Nahrungs- u. Genußmittel 1898, **1**, 211.

H. Poda[1]) hat durch Joh. Greiner in München Aräometer für geringe Milchmengen herstellen lassen, bei denen die Milch in Reagensgläsern von 22 cm Länge und 2,3 cm Weite gefüllt wird, die durch ein System von Cardanischen Ringen in genau lotrecher Stellung gehalten werden. Diese Aräometer eignen sich namentlich zur Bestimmung des spezifischen Gewichtes von Milchserum.

Von geronnener Milch läßt sich weder mit der hydrostatischen Wage noch mit dem Laktodensimeter das spezifische Gewicht bestimmen (vgl. S. 192).

2. Bestimmung des Fettes. Für die Bestimmung des wichtigsten Bestandteiles der Milch, des Fettes, ist eine ganze Anzahl von Verfahren in Vorschlag gebracht, von denen das Gerbersche und das Röse-Gottliebsche Verfahren wegen ihrer sicheren und schnellen Ausführbarkeit jetzt am meisten in Gebrauch sind.

a) Gewichtsanalytische Verfahren. **α) Das Sand- (Gips-), Bimsstein- usw. Verfahren.** 20—25 g Milch werden in Hoffmeisterschen Glasschälchen mit etwa 10 g ausgeglühtem Sand (und 1 g gebranntem Gips)[2]) oder mit entsprechenden Mengen ausgeglühten Bimssteinpulvers, Asbestes oder Glaspulvers unter öfterem Umrühren mit einem dünnen, beiderseits zugeschmolzenen Glasröhrchen auf dem Wasserbade zur Trockne eingedampft, Schale nebst Inhalt in einem bedeckten Mörser sorgfältig zerrieben und das Pulver in eine Papierhülse gebracht, welche im Soxhletschen, kontinuierlich wirkenden Extraktionsapparat mit Äther gegen 5 Stunden ausgezogen wird. Das vorher gewogene Kölbchen, welches das gesamte Fett der angewendeten Milch enthält, wird nach Verdunstung des Äthers 1 Stunde lang im Dampftrockenschrank getrocknet und darauf gewogen. Die Gewichtszunahme gibt die Fettmenge an.

Statt die Milch in Hoffmeisterschen Glasschälchen einzudampfen, und diese mit zu zerreiben, kann man sie auch in Nickel-, Zinn- oder gut glasierten Porzellanschalen eintrocknen; man muß dann aber mehr und so viel von den genannten Trockenmitteln nehmen, daß sie die zugewogene Milch vollständig einschließen, ferner fleißigst rühren, damit sich keine Milchbestandteile fest an die Schalenwandung ansetzen; im übrigen wird wie vorhin verfahren und Schale wie Mörser mit dem Äther, der zur Ausziehung dient, ausgewaschen, indem der Äther in die offene, im Soxhletschen Extraktionsrohr befindliche Papierhülse gegossen wird.

β) Das Adamssche Verfahren mit Papier als Aufsaugemittel[3]). 5—10 g Milch werden aus einer kleinen gewogenen und später zurückzuwiegenden Spritzflasche mit Milch auf einen horizontal ausgespannten, 560—570 mm langen, 65 mm breiten, vorher mit Äther von ätherlöslichen Stoffen befreiten[4]) und getrockneten Papierstreifen[5]) sorgfältig aufgespritzt. Nach-

---

[1]) Zeitschr. f. Untersuchung d. Nahrungs- u. Genußmittel 1901, **4**, 22.

[2]) Die Eintrocknung mit gebranntem Gips allein empfiehlt sich nicht, weil derselbe für sich etwas an Äther abgibt; denn die Ausziehung der mit gebranntem Gips eingetrockneten Milch gibt nach Fleischmann und Schmöger stets etwas mehr Fett, als die Ausziehung der mit Sand eingetrockneten Milch.

[3]) Analyst 1885, **10**, 46; vgl. die Besprechung der Fehlerquellen dieses Verfahrens von M. Siegfried (Zeitschr. f. Untersuchung d. Nahrungs- u. Genußmittel 1903, **6**, 259). Siegfried macht in dieser Arbeit darauf aufmerksam, daß auch neue Korkstopfen nicht unbeträchtliche Mengen ätherlöslicher Stoffe enthalten.

[4]) Die Firma Schleicher & Schüll in Düren liefert für den Zweck besonders entfettete Papierstreifen, in denen aber M. Siegfeld (Zeitschr. f. Untersuchung d. Nahrungs- u. Genußmittel 1903, **6**, 259) noch 4,5—20 mg ätherlösliche Stoffe fand. Es empfiehlt sich daher, auch diese Streifen vor dem Gebrauch vollständig zu entfetten.

[5]) Nach dem ersten Vorschlage wurde der entfettete und getrocknete Papierstreifen vorher zu einer Rolle von 35 mm Durchmesser aufgerollt, mit Platindraht zusammengehalten, dann mit Milch getränkt, indem man 5—10 ccm Milch in ein Bechergläschen gab, wog, den Papierstreifen hineintauchte und das Bechergläschen, nachdem der Papierstreifen mit Milch durchtränkt und aus dem Gläschen entfernt war, zurückwog.

dem letzterer lufttrocken geworden ist, rollt man ihn leicht zusammen, umwickelt ihn mit einem feinen Platindraht, trocknet ihn auf einem Uhrglase bei 100° und erschöpft ihn im Soxhletschen Apparat, wie üblich, mit Äther.

Bei sog. homogenisierter Milch liefert das Adamsche Verfahren nach Buttenberg zu niedrige, bei saurer Milch zu hohe Ergebnisse[1]) infolge gelöster Milchsäure, und zwar um so höhere, je wasserhaltiger der Äther ist.

Th. Dietrich[2]) empfiehlt als Aufsaugemittel schneeweiße Verbandwatte, die in die Papierhülse für die Soxhlet-Apparate eingefüllt wird, J. Bellier[3]) Schwämme, die keine zu feinen und keine zu großen Poren enthalten und vorher durch Waschen mit Salzsäure, Wasser, Alkohol und Äther gereinigt werden.

G. Timpe[4]) saugt die Milch durch einen mit Asbest gefüllten Goochtiegel auf und verbindet mit der Bestimmung des Fettes gleichzeitig die der Trockensubstanz und der Asche.

γ) Das Verfahren von Röse-Gottlieb (Ausschüttelungsverfahren). Das Verfahren von B. Röse[5]) wird in der Verbesserung von E. Gottlieb[6]) neuerdings fast allgemein angewendet und den übrigen gewichtsanalytischen Verfahren als mindestens gleichwertig, teilweise sogar als diesen überlegen bezeichnet.

Fig. 2.

Apparat zur Fettbestimmung nach Röse-Gottlieb.

Die Ausführung geschieht nach dem Vorschlage von K. Farnsteiner[7]) in folgender Weise:

10 ccm Milch werden gewogen (1), in die nebenstehend (Fig. 2) abgebildete Meßröhre (2) gebracht und darauf der Reihe nach mit 2 ccm 10proz. Ammoniak (3), 10 ccm absolutem Alkohol, 25 ccm Äther und 25 ccm niedrigsiedendem Petroläther (4) versetzt. Nach jedem dieser Zusätze wird die Mischung kräftig geschüttelt. Der Zusatz des Petroläthers erfolgt am besten erst nach einigen Minuten, wenn sich die ätherische und wässerige Schicht vollständig getrennt haben. Nachdem die Röhre nunmehr mindestens 2 Stunden (5) ruhig gestanden hat, wird das Volumen der Ätherschicht, deren Grenzflächen bei genauer Einhaltung der angegebenen Mengenverhältnisse stets in die graduierten Teile der Röhre fallen, abgelesen. 25 oder 40 ccm (6) der ätherischen Lösung werden darauf mit einer Pipette entnommen (7), in ein gewogenes Kölbchen gebracht, der Äther verdunstet, das zurückbleibende Fett eine Stunde bei 100° getrocknet und nach dem vollständigen Erstarren gewogen. Aus der Menge des gefundenen Fettes, der angewendeten Ätherlösung und dem Gesamt-Volumen der Ätherlösung berechnet man die in der angewendeten Milchmenge vorhandene Fettmenge, die man auf Gewichtsprozente umrechnet (8).

Anmerkungen zu vorstehendem Verfahren: 1. Da nach K. Farnsteiner eine für 10 ccm Wasser geeichte Pipette nicht genau 10 ccm Milch ausfließen läßt — die bei zahlreichen Versuchen ausfließende Milchmenge betrug 0,02—0,14 g weniger, als sich durch Multiplikation mit dem spezifischen Gewichte ergab —, so ist das Abmessen weniger genau. Doch dürfte es bei Milch, welche noch nicht sauer ist, meist genügen, 10 ccm abzumessen und für die Berechnung auf Gewichtsprozente ein mittleres spezifisches Gewicht von 1,03 anzunehmen. K. Farn-

[1]) Zeitschr. f. Untersuchung d. Nahrungs- u. Genußmittel 1903, **6**, 964.

[2]) Zeitschr. f. angew. Chemie 1889, 413. Die Verbandwatte kann von M. Küstermanns Nachfolger in Freiburg a. d. U. bezogen werden.

[3]) Zeitschr. f. Untersuchung d. Nahrungs- u. Genußmittel 1906, **11**, 613.

[4]) Zeitschr. f. öffentl. Chemie 1899, **5**, 413; Zeitschr. f. Untersuchung d. Nahrungs- u. Genußmittel 1900, **3**, 340.

[5]) Zeitschr. f. angew. Chemie 1889, 100.

[6]) Landw. Versuchs-Station 1892, **40**, 1.

[7]) Zeitschr. f. Untersuchung d. Nahrungs- u. Genußmittel 1904, **7**, 105.

steiner bedient sich zum Abwägen der Milch besonders zu diesem Zwecke angefertigter Reagensgläser mit Fuß, welche in 5 und 10 ccm geteilt sind und mit einer aufgeschliffenen Glasplatte bedeckt werden können. Bei Rahm ist das Abwägen unerläßlich; man wägt von diesem nur 5 ccm ab und ersetzt das fehlende Volumen durch 5 ccm Wasser. Die Wägegläschen spült man mit den erforderlichen Reagenzien der Reihe nach aus.

2. Statt dieser von K. Farnsteiner empfohlenen Meßröhre kann man sich auch eines in $^1/_{10}$ ccm geteilten Meßzylinders mit Stopfen bedienen.

A. Röhrig[1]) hat für die Ausführung des Gottliebschen Verfahrens einen besonderen eingeteilten Standzylinder[2]) eingerichtet, der in etwa $^1/_2$ Höhe ein Abflußrohr mit Glashahn hat, durch den ein bestimmter Teil der Ätherfettlösung abgelassen werden kann.

E. Rieter[3]) empfiehlt für den Zweck eine an einem Ende zugeschmolzene, graduierte Röhre, die bei dem Teilstrich 25 ccm unter einem Winkel von 45° seitlich gebogen ist und gestattet, daß die überstehende ätherische Fettlösung abgegossen werden kann, ohne daß die untere Milchflüssigkeit in Mitbewegung gerät.

Adorjan[4]) hat eine noch andere Einrichtung angegeben, nämlich eine kalibrierte, unten mit Glashahn versehene Röhre, die ermöglicht, die untere Serumflüssigkeit zuerst abfließen zu lassen.

Eichloff und Grimmer[5]) verwerfen aber die Meßzylinder und die Verwendung eines Teiles der Ätherfettlösung, weil sie mit Hesse[6]) finden, daß das in vorstehender Weise ausgeführte Gottliebsche Verfahren bei Vollmilch 0,05% und bei Magermilch 0,02% Fett im Durchschnitt zu wenig liefert, vorwiegend deshalb, weil etwas Fett an den Wandungen haften bleibt. Man soll die ganze Ätherfettlösung verwenden und das Gefäß 2mal mit 25 ccm Äther nachspülen. Dann hat man aber keine kalibrierte Röhre notwendig, sondern kann ein Standgefäß mit Fuß anwenden, das sich bequem wägen läßt. Dieser Schüttelkolben wird mit Stopfen leer und darauf nach Einfüllung von 10 ccm Milch gewogen. Man setzt 1 ccm Ammoniak und dann 10 ccm Alkohol[7]) (unter Umständen Methylalkohol) zu, indem nach jedesmaligem Zusatz leicht geschüttelt wird. Dann werden 25 ccm Äther, mit dem kräftig durchgeschüttelt wird, und weiter 25 ccm Petroläther zugesetzt, womit leicht vermischt wird. Man soll dann mindestens 6 Stunden stehen lassen, die klare ätherische Fettlösung mittels eines Hebers (eines spritzflaschenähnlichen Aufsatzes) ganz in ein gewogenes Trockenkölbchen abfüllen, den Schüttelkolben noch 2mal mit je 25 ccm Äther nachspülen, diese zu der ersten Lösung fügen, den Äther abdestillieren, den Rückstand bei 105° völlig austrocknen und wägen. Ist f die gefundene Fettmenge, m die angewendete Milchmenge, so ist der prozentuale Gehalt $F = \frac{f \times 100}{m}$.

W. Bremer und W. Greifenhagen[8]) empfehlen ein kalibriertes Zylinderrohr, in welches nach Art der Gay-Lussacschen Bürette seitlich ein Heberrohr eingeschmolzen ist, das bis ins Innere geht und etwas über der wässerig alkoholischen Schicht in die Ätherfettlösung reicht[9]).

3. 10proz. Ammoniak hat ein spezifisches Gewicht von 0,96. Während K. Farnsteiner bei saurer Milch die Anwendung von stärkerem Ammoniak empfiehlt, kann man nach M. Popp jedes beliebige 5—25proz. Ammoniak (spezifisches Gewicht 0,98—0,91) verwenden und genügt 1 ccm auch des 5proz. Ammoniaks bei Buttermilch mit 70,4 Säuregraden.

---

1) Zeitschr. f. Untersuchung d. Nahrungs- u. Genußmittel 1905, **9**, 531.

2) Diese und die anderen Apparate können nebst Gebrauchsanweisung von Franz Hugershoff in Leipzig bezogen werden.

3) Zeitschr. f. Untersuchung d. Nahrungs- u. Genußmittel 1907, **13**, 570.

4) Ebendort 1907, **14**, 588 u. 1908, **15**, 692.

5) Milchwirtschaftl. Zentralbl. 1910, **6**, 114.

6) Molkerei-Ztg. Hildesheim 1902, **16**, 49 u. 1903, **17**, 277.

7) Die Verwendung von einem geringhaltigeren als 90volumprozentigem Alkohol kann nach M. Weibull (Zeitschr. f. Untersuchung d. Nahrungs- u. Genußmittel 1909, **17**, 442) wesentlich zu niedrige Ergebnisse liefern.

8) Zeitschr. f. Untersuchung d. Nahrungs- u. Genußmittel 1913, **25**, 580.

9) Der Apparat wird von der Firma Warmbrunn, Quilitz & Co. in Berlin NW geliefert.

4. Während Gottlieb einen bis zu 80° siedenden Petroläther vorschrieb, empfehlen M. Popp, sowie Eichloff und Grimmer solchen, der bei 60° und M. Siegfried solchen, der bei 50° vollkommen flüchtig ist.

5. Nach Gottlieb sollte die Mischung mindestens 6 Stunden stehen; nach M. Popp genügt schon $^1/_2$stündiges Stehen der Mischung. Die Ätherlösung ist dann zwar nicht ganz klar, dies kommt aber auch bei 6stündigem Stehen vor; nach 24stündigem Stehen ist sie vollkommen klar; er empfiehlt 1stündiges Stehenlassen. Nach K. Farnsteiner kann die Mischung auch über Nacht stehen. Nach Kühn enthält das gefundene Fett etwa 0,01% „Nichtfett". Die in Äther unlösliche Substanz besteht anscheinend aus einem durch Ammoniak erzeugten Umsetzungserzeugnis des Lecithins.

6. A. Hesse[1]) empfiehlt ebenso wie Eichloff die ganze Ätherlösung abzuhebern, die gleiche Menge Äther nachzugeben und abermals abzuhebern. Er fand bei fettreicher Milch und Rahm auf diese Weise etwas höhere Werte.

7. Gottlieb hatte schon das Überdrücken der Fettlösung mit einer Röhrenanordnung wie bei Spritzflaschen unter Anwendung eines kleinen Gummiballons empfohlen; ebenso empfiehlt M. Popp Abhebern der Ätherlösung. Gottlieb und Popp empfehlen 1,5 ccm Fettlösung in dem Zylinder zurückzulassen, alsdann entspreche der gefundene Fettgehalt direkt 10 g Milch.

8. Beispiel: Angenommen, es seien 10,3 g Milch angewendet, das Volumen der ätherischen Fettlösung habe 52,5 ccm betragen, von diesem seien 40 ccm abpipettiert und in diesen seien 0,2540 g Fett gefunden. Dann enthielt die Milch:

$$\frac{0{,}2540 \times 52{,}5 \times 100}{40 \times 10{,}3} = 3{,}24\,\%_0 \text{ Fett.}$$

δ) Sonstige Verfahren. W. Schmid[2]) gibt zur schnellen Bestimmung des Fettes in der Milch in ein in $^1/_{10}$ ccm eingeteiltes Reagensglas von etwa 50 ccm Inhalt — St. Bondzynski[3]) hat für den Zweck ein kalibriertes Röhrchen mit zwei kugeligen Erweiterungen empfohlen — 10 ccm Milch oder 5 ccm Rahm, setzt 10 ccm Salzsäure zu, kocht unter Umschwenken bis die Proteinstoffe sich wieder gelöst haben und die Flüssigkeit dunkelbraun geworden ist, kühlt auf etwa 40° ab und fügt 30 ccm Äther zu. Es wird tüchtig durchgeschüttelt, 15—20 Minuten bei Zimmertemperatur oder besser im Wasserbade bei 40° stehen gelassen, das Volumen der Ätherlösung genau gemessen und hiervon werden nach vollständigem klarem Absetzen 10 bzw. 20 ccm, die keine Wassertröpfchen zeigen dürfen, abpipettiert. Man gibt letztere in einen gewogenen Porzellantiegel, läßt im Wasserbade verdunsten, trocknet kurze Zeit im Luftbade bei 100° und wägt.

Anmerkungen: 1. Kommt die Milch, wie nicht selten im Sommer, in geronnenem, saurem Zustande ins Laboratorium, so hält es schwer, durch Schütteln allein ein vollständig homogenes Gemisch wieder herzustellen. Man setzt alsdann am zweckmäßigsten einige Tropfen Ammoniak oder auch, aber weniger empfehlenswert, 40proz. Kalilauge bis zu eben eintretender alkalischer Reaktion hinzu und schüttelt anhaltend durch. Genügen einige Tropfen nicht, so mischt man eine bestimmte Menge von letzterer ab und korrigiert hiernach die gefundene Fettmenge. Vgl. oben S. 192 über die Bestimmung des spezifischen Gewichtes in geronnener Milch.

2. Zum Eintrocknen empfiehlt sich nach M. Kühn[4]) in letzterem Falle ein Gemisch von Sand, Gips und 1—3 g saurem schwefelsaurem Kalium, welches letztere eine Verseifung des Fettes durch freies Alkali verhindert. Man kann letzteres zu dem Zweck vor dem Eintrocknen auch durch Essigsäure neutralisieren.

3. Es empfiehlt sich, für Fett- sowohl wie für Trockensubstanzbestimmung in geronnener Milch Doppelbestimmungen auszuführen.

---

[1]) Molkerei-Ztg. Hildesheim 1902, **16**, 49; Zeitschr. f. Untersuchung d. Nahrungs- u. Genußmittel 1902, **5**, 863.

[2]) Zeitschr. f. analyt. Chemie 1888, **27**, 464.

[3]) Landw. Jahrb. d. Schweiz 1889; Chem.-Ztg. 1890, **14**, Rep. 20.

[4]) Milch-Ztg. 1889, **18**, 561.

4. Mitunter gehen bei geronnener saurer Milch nicht unerhebliche Mengen „Milchsäure“ mit in die ätherische Lösung über; G. Schmöger empfiehlt alsdann, den Ätherauszug mit heißem Wasser durchzuschütteln, nach dem Erkalten durch ein feuchtes Filter zu filtrieren und das Fett durch Alkohol und Äther in das Kölbchen zurückzubringen.

5. Manetti und Musso[1]) fanden, daß der Ätherauszug der Milch (besonders der sauren Milch) mitunter dunkelrote Tröpfchen einschließt, die in Äther und Wasser löslich, dagegen in Schwefelkohlenstoff unlöslich sind; H. Ritthausen, welcher diese dunkelroten Tröpfchen ebenfalls beobachtete, ist der Ansicht, daß sie in ihren Eigenschaften mehr dem Dextrin als dem Milchzucker ähnlich sind.

Fig. 3.

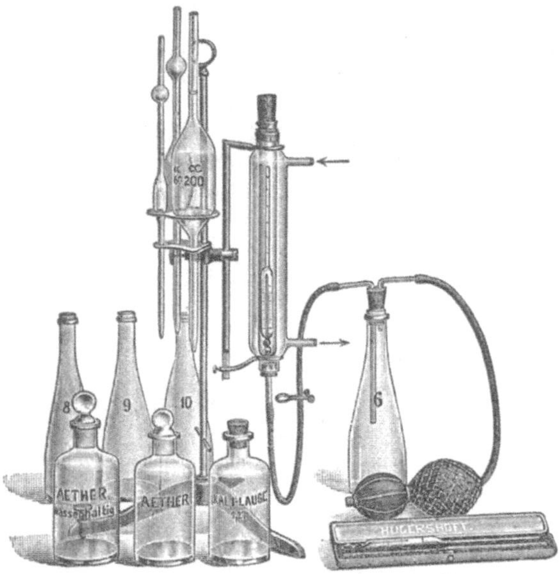

b) Das aräometrische Fettbestimmungsverfahren von Fr. Soxhlet. Schüttelt man eine bestimmte Menge Milch mit Kalilauge und einer bestimmten Menge Äther, so nimmt der Äther alles Fett aus der Milch auf, es bildet sich eine Ätherfettlösung, deren spezifisches Gewicht im Verhältnis zu der aufgenommenen Menge Fett steht[2]). Hat man dieses Verhältnis empirisch festgestellt, so läßt sich im gegebenen Falle aus dem spezifischen Gewicht der Ätherfettlösung auf deren Gehalt an Fett schließen.

Zur Ausführung des Verfahrens sind erforderlich:

1. Der Apparat für die Ausführung der Dichtebestimmung mit den gegebenen drei Pipetten zum Abmessen von Milch, Kalilauge und Äther sowie mehrere Schüttelflaschen (Fig. 3).
2. Kalilauge vom spezifischen Gewicht 1,26—1,27.
3. Wasserhaltiger (wassergesättigter) Äther.
4. Gewöhnlicher Äther.
5. Ein Gefäß von mindestens 4 l Inhalt mit Wasser, welches man auf die Temperatur von 17—18° zu bringen hat. Für die gleichzeitige Ausführung mehrerer Versuche muß das Gefäß entsprechend größer sein. Bei warmer Zimmertemperatur nimmt man 17°, bei kühler 18° als Anfangstemperatur.

Ausführung des Verfahrens: Von der gründlich gemischten Milch, welche man auf 17,5° (17—18°) abgekühlt bzw. erwärmt hat, mißt man 200 ccm ab, indem man die große Pipette bis zur Marke vollsaugt; man läßt den Inhalt derselben in eine der Schüttelflaschen von 300 ccm Inhalt auslaufen und entleert sie schließlich durch Einblasen.

Auf gleiche Weise mißt man 10 ccm Kalilauge mit der kleinen Pipette ab, fügt diese der Milch zu, schüttelt gut durch und setzt nun 60 ccm wasserhaltigen Äther zu, welchen man in der hierfür bestimmten Pipette abgemessen hat. Der Äther soll beim Einmessen eine Temperatur von 16,5—18,5° haben (17,5° normal). Nachdem die Flasche gut mittels eines Korkes oder Gummistöpsels verschlossen wurde, schüttelt man dieselbe $^1/_2$ Minute heftig durch, setzt sie in das Gefäß

---

[1]) Zeitschr. f. analyt. Chemie 1877, **16**, 397.

[2]) Natürlich unter der Voraussetzung, daß das Milchfett stets annähernd dasselbe spezifische Gewicht besitzt, was angenommen werden kann.

mit Wasser von 17—18° und schüttelt $1/_2$ Stunde lang von $1/_2$ zu $1/_2$ Minute die Flasche ganz leicht durch, indem man jedesmal 3—4 Stöße in senkrechter Richtung macht. Nach weiterem $1/_4$stündigem ruhigem Stehen hat sich im oberen verjüngten Teile der Flasche eine klare Schicht angesammelt. Die Ansammlung und Klärung dieser Schicht wird beschleunigt, wenn man in der letzten Zeit dem Inhalt der Flasche eine schwach drehende Bewegung verleiht. Zur schnelleren Abscheidung der Ätherfettlösung hat Soxhlet eine Handschleuder eingerichtet. Engström empfiehlt einen Zusatz von 20—30 Tropfen Essigsäure, tüchtiges Durchschütteln erst der geronnenen, dann der mit 60 ccm Äther versetzten Milch, darauf erst Zusatz von 13—15 ccm Kalilauge. G. Schmöger setzt 10 g Kaliumsulfatlösung zu und berechnet den Fettgehalt nach einem eigenen Verfahren. Es ist gleichgültig, ob sich die ganze Fettlösung an der Oberfläche angesammelt hat oder nur ein Teil, wenn dieser nur genügend groß ist, um die Senkspindel zum Schwimmen zu bringen. Die Lösung muß vollkommen klar sein. Bei sehr fettreicher Milch ($4^1/_2$—5%) dauert die Abscheidung länger als die angegebene Zeit, manchmal, aber ausnahmsweise, 1—2 Stunden. In solchen Fällen, wie überhaupt, wenn man ein genügend großes Wassergefäß hat, ist es zweckmäßig, die wohlverschlossenen Flaschen horizontal zu legen.

Wenn die Ätherfettlösung klar geworden ist, füllt man den Kühler *A* durch den Schlauch *b* mit Wasser von 17,5°, verschließt die Schlauchenden, vertauscht den ursprünglichen Pfropfen mit dem Pfropfen *E*, schiebt das langschenklige Rohr bis an die untere Ätherfettschicht, verbindet *D* mit dem inneren Rohr *B* im Kühler und drückt nach Öffnen des Quetschhahnes die Ätherfettlösung in das Aräometer, welches man, um eine Verdunstung des Äthers zu vermeiden, mit einem Kork verschließt. Man wartet 1—2 Minuten, bis Temperaturausgleichung stattgefunden hat, und liest den Stand der Skala ab, nicht ohne vorher die Spindel in die Mitte der Flüssigkeit gebracht zu haben, was durch Neigen des Knierohrs am beweglichen Halter und durch Drehen an der Schraube des Stativfußes sehr leicht gelingt. Ist die Temperatur der Ätherfettlösung genau 17,5°, so ist die Angabe des Aräometers ohne weiteres richtig, im anderen Falle hat man das abgelesene spezifische Gewicht auf die Temperatur von 17,5° zu reduzieren; man zählt für jeden Grad, den das Thermometer mehr zeigt als 17,5°, einen Grad zum abgelesenen Aräometerstand hinzu und zieht für jeden Grad, den es weniger zeigt als 17,5°, einen Grad von demselben ab. Aus dem für 17,5° gefundenen spezifischen Gewicht ergibt sich direkt der Fettgehalt in Gewichtsprozenten aus der Tabelle XVIa am Schluß.

Um nach Beendigung einer Untersuchung den Apparat für die folgende Bestimmung instand zu setzen, lichtet man den Kork der Schüttelflasche und läßt die Fettlösung in diese zurückfließen. Hierauf gießt man das Aräometerrohr *B* voll mit gewöhnlichem Äther und läßt auch diesen abfließen. Treibt man mittels des Blasebalgs einen kräftigen Luftstrom durch den ganzen Apparat, so erhält man ihn rasch rein und trocken.

Um das Verfahren auch bei Magermilch oder abgerahmter Milch von etwa 1% Fettgehalt anzuwenden, setzt man nach Fr. Soxhlet zweckmäßig etwas (20—25 Tropfen) Seifenlösung, am besten stearinsaures Kalium — dasselbe wird bereitet, indem man 15 g von der Masse einer Stearinkerze mit 25 ccm Alkohol und 10 ccm der für die Ausführung der Bestimmung vorrätigen Kalilauge von 1,27 spezifischem Gewicht einige Minuten im Wasserbade erhitzt, bis alles klar gelöst ist, und auf 100 ccm auffüllt — der in die Schüttelflasche eingemessenen Milch zu, schüttelt gut durch und verfährt sonst genau, wie für Milch vorgeschrieben ist.

Es ist natürlich bei Magermilch ein besonderes Aräometer für niedrigere spezifische Gewichte erforderlich. Die Korrekturen für Temperatur über oder unter 17,5° sind die gleichen wie bei der Milch.

Für die Ablesungen des prozentualen Fettgehaltes aus dem spezifischen Gewicht ist ebenfalls eine besondere Tabelle entworfen. (Siehe Anhang unter Hilfstabellen Nr. XVIb.) Infolge der vollkommenen Ausbildung des Zentrifugalverfahrens wird das Soxhletsche Verfahren jetzt wenig mehr angewendet.

H. Timpe[1]) hat ein aräometrisches Fettbestimmungsverfahren in der Milch angegeben, welches auf demselben Grundsatz wie das Soxhletsche Verfahren beruht, und sich von diesem

[1]) Den von Franz Hugershoff in Leipzig gelieferten Soxhlet-Apparaten wird eine Gebrauchsanweisung beigegeben.

nur dadurch unterscheidet, daß zur Verflüssigung der Milch konzentrierte Schwefelsäure statt Kalilauge verwendet wird.

c) Die Zentrifugalverfahren. Seit etwa zwei Jahrzehnten sind die Verfahren, nach welchen das Fett der Milch durch Zentrifugieren quantitativ abgeschieden wird, in einer Weise ausgebildet, daß sie z. T. den gewichtsanalytischen und dem aräometrischen Verfahren nicht mehr nachstehen. Da die Richtigkeit der Ergebnisse bei diesen Verfahren aber stets von der richtigen Kalibrierung der Meßröhrchen abhängt, so dürfte es sich empfehlen, diese entweder im Laboratorium nachzuprüfen oder nur amtlich geeichte Röhrchen zu verwenden.

Ohne auf die ersten Einrichtungen dieser Art, den Laktokrit und das Zentrifugalverfahren von Wilh. Thörner[1]) hier näher einzugehen, möge nur das Gerbersche Verfahren hier näher beschrieben werden, welches jetzt fast ausschließlich in Gebrauch ist und von dem man ein Acid-, Sinacid-, Neusal- und Sal-Verfahren unterscheidet.

Fig. 4.

Normal-Butyrometer nach Gerber.

α) **Die Acid-Butyrometrie**[2]) von N. Gerber. Dieses Verfahren, welches auf der Lösung des Nichtfettes der Milch durch starke Schwefelsäure unter Zusatz von Amylalkohol beruht, hat in den letzten Jahren in Deutschland wegen der Einfachheit und Schnelligkeit der Ausführung die ausgedehnteste Anwendung gefunden. Die nachfolgenden Ausführungen sind nach der Gebrauchsanweisung vom Juli 1904 ergänzt. Man verfährt in folgender Weise:

10 ccm (1) technisch reine Schwefelsäure (2) bringt man mittels einer Pipette (3) in das schräg gehaltene „Butyrometer" (Fig. 4) (4), wobei man die Säure so einfließen läßt, daß der Butyrometerhals möglichst wenig von der Säure befeuchtet wird. Darauf mißt man 11 ccm Milch von 15° ab, läßt dieselbe aus der Pipette an der Bauchung des Butyrometers entlang langsam auf die Säure fließen, so daß sich beide möglichst wenig vermischen, alsdann gibt man 1 ccm Amylalkohol (5) hinzu. Diese Reihenfolge ist genau innezuhalten (6).

Nachdem sämtliche Butyrometer in dieser Weise beschickt sind, verschließt man jedes einzelne mit einem trockenen und rissefreien Gummipfropfen und schüttelt rasch (7) und kräftig, bis sich die Milch unter Erwärmung und Dunkelbraunfärbung zu einer gleichmäßigen Flüssigkeit ohne Flocken gelöst hat (8). Ist dies geschehen, so wiegt man die Butyrometer noch einige Male hin und her und stellt sie vor dem Zentrifugieren kurze Zeit — höchstens 15 Minuten (9) — in ein Wasserbad von 60—70°. Alsdann bringt man die Butyrometer (10) mit den Stopfen nach außen in die Metallhülsen der Zentrifuge, wobei des Gleichgewichtes wegen stets 2 Butyrometer einander gegenüberliegen müssen. Darauf schraubt man den Deckel der Zentrifuge fest zu, setzt die Zentrifuge in Bewegung (11) und hält sie 5 Minuten lang bei einer Umdrehungszahl (12) von etwa 700—800 in der Minute in Bewegung. Nach dieser Zeit hat sich das Fett in einer schön lichtbrechenden Schicht in dem Butyrometer abgeschieden (13). Man legt darauf die Butyrometer noch einige Minuten in ein Wasserbad von 60—70° (möglichst 65°, da auf diese Temperatur die Butyrometer justiert sind), und zwar so, daß möglichst auch die ganze Fettschicht in der Skala von warmem Wasser umgeben ist (14). Darauf werden die Butyrometer nacheinander aus dem Wasserbade herausgenommen und nun rasch abgelesen, indem man das Butyrometer gegen das Licht hält, den Propfen etwas hereindrückt, bis die untere scharfe Grenze der Fettschicht dadurch genau mit einem Hauptteilstrich zusammenfällt und nun rasch die Höhe der Fettschicht in $^1/_{10}$ Teilstrichen oder Graden abliest. Bei Vollmilch gilt der niedrigste, bei fettarmer Magermilch, Buttermilch oder Käsemilch dagegen der mittlere

[1]) Chem.-Ztg. 1892, **16**, 1101. Die Zentrifuge wird angefertigt von Dirks & Möllmann in Osnabrück.

[2]) Sämtliche Apparate und Reagenzien werden von der Firma Franz Hugershoff in Leipzig (Karolinenstr. 13) für 2, 4, 8, 16, 24 und 32 gleichzeitige Fettbestimmungen geliefert.

Punkt des oberen Meniskus als der richtige Ablesungspunkt. Die abgelesene Anzahl Teilstriche oder Grade × $^1/_{10}$ gibt die Fettprozente an (also z. B. abgelesene Grade 35 × $^1/_{10}$ = 3,5 Gewichtsprozent Fett). Die Ablesung kann mit Sicherheit auf $^1/_2$° = 0,05 Gewichtsprozent geschehen, also 33$^1/_2$° = 3,35 Gewichtsprozent Fett; $^1/_2$ und $^1/_4$° lassen sich, besonders mittels einer Lupe, noch abschätzen.

Man liest stets zweimal ab, wobei zu beachten ist, daß der untere Einstellungspunkt mit dem Pfropfen auch wirklich festgehalten wird. Stimmen zwei Ablesungen nicht untereinander, so setzt man das Butyrometer noch einmal kurze Zeit ins Wasserbad und liest nochmals ab.

Sind den Milchproben zur Frischhaltung zu große Mengen von Kaliumbichromat oder Formaldehyd zugesetzt, so werden nach M. Siegfried[1]) die Fettbestimmungen ungenau.

A. W. Kaniß[2]) hat den Nachweis von nitrathaltigem Wasser mit der Fettbestimmung nach Gerber verbunden, indem er einen geringen Zusatz von Formaldehyd macht; vgl. unten Nr. 17b S. 248 „Nachweis von Salpetersäure in der Milch".

Anmerkungen zu vorstehendem Verfahren: 1. Alle Reagenzien und die Milch sollen eine Temperatur von möglichst nahe 15° haben.

2. Die Schwefelsäure soll bei 15° ein spezifisches Gewicht von 1,820—1,825, entsprechend 90—91% reiner Schwefelsäure oder 1650—1660 g H_2SO_4 im Liter haben. Diese Säure paßt für die gehaltreichsten Milchsorten; nach M. Siegfried (Zeitschr. f. Untersuchung d. Nahrungs- u. Genußmittel 1903, **6**, 259) genügt eine Säure von 1,810 spezifischem Gewicht; bei stärkerer Säure tritt leicht Pfropfenbildung ein.

3. Für Massenuntersuchungen werden automatische Abmeßvorrichtungen von verschiedener Einrichtung empfohlen.

4. Außer dem Normal-Rund-Butyrometer, dessen Form die Fig. 4 zeigt, werden ferner noch geliefert: a) „Präzisions-Butyrometer", bei denen die Hauptstriche um das ganze Rohr herumgezogen sind und das Lumen des oberen Skalenstückes um mehr als das Doppelte verengt ist, und zwar ohne Schwächung des Rohres. Hierdurch wird genauere Ablesung des Fettgehaltes (bis auf 0,025%) ermöglicht. Diese Butyrometer eignen sich namentlich für die Untersuchung von fettärmeren Milcharten (Magermilch, Buttermilch, Käsemilch). — b) „Plan- bzw. Konvex-Butyrometer" mit breiter Skala und runder Lichtung. Diese Butyrometer sollen eine größere Genauigkeit, Schnelligkeit und Sicherheit unter möglichster Schonung der Augen auch bei fettarmer Milch ermöglichen und werden von Gerber zurzeit als die besten empfohlen.

5. Der Amylalkohol soll bei 15° ein spezifisches Gewicht von nahezu 0,815 oder 95—96° Tralles haben. Siedepunkt 128—130°. Der Amylalkohol ist nur dann brauchbar, wenn 1 ccm desselben im Butyrometer mit 10 ccm Schwefelsäure und 11 ccm Wasser geschüttelt, hierauf 2—3 Minuten geschleudert und 24 Stunden stehen gelassen, keine ölige Abscheidung gibt; anderenfalls wird durch Verwendung desselben zu viel Fett gefunden. M. Siegfried[3]) empfiehlt zur Beurteilung der Brauchbarkeit eines neuen Amylalkohols vergleichende Fettbestimmungen unter Verwendung eines bewährten Amylalkohols auszuführen.

6. H. Droop-Richmond und F. R. O' Shaughnessy[4]) fanden unter Umständen bis 0,5% zu hohe Ergebnisse und dabei dunkelgefärbte Fette, wenn sie Schwefelsäure und Amylalkohol zuerst mischten und dann erst die Milch hinzugaben.

7. Schüttelt man nicht rasch, so kann es vorkommen, daß dadurch die Fettschicht lichtbraun bis violett gefärbt wird und sich ein dünnes Scheibchen unter der Fettschicht bildet, wodurch die genaue Ablesung erschwert wird.

8. Um eine größere Anzahl Proben gleichzeitig für das Ausschleudern vorzubereiten und sofort noch warm zentrifugieren zu können, bedient man sich besonderer Schüttelgestelle, mit denen man, je nach ihrer Größe, 4—32 Butyrometer auf einmal schütteln kann.

---

[1]) Zeitschr. f. Untersuchung d. Nahrungs- u. Genußmittel 1903, **6**, 397.

[2]) Molkerei-Ztg. Berlin 1901, **11**, 374.

[3]) Zeitschr. f. angew. Chemie 1903, **16**, 1217.

[4]) Analyst 1899, **24**, 146.

9. Bei längerem Erhitzen zeigen sich leicht dunkle Ausscheidungen unter der Fettschicht.

10. Vor dem Einlegen in die Zentrifuge müssen die Butyrometer so hoch gefüllt, d. h. die Gummistopfen so weit hineingeschraubt werden, daß der Flüssigkeitsspiegel in der Nähe des Nullpunktes steht.

11. Für die Butyrometrie sind folgende Zentrifugenkonstruktionen hergestellt worden: a) „Ideal" (Universal) mit beweglichen Hülsen und zusammenlegbarem Schleuderschirm und Riemenzug; für 2 oder 4 Proben; besonders für die Reise geeignet. — b) „Simplex", Kreiselzentrifuge mit Schnurantrieb; einfachste Konstruktion, leicht auseinandernehmbar; für 4, 8 oder 16 Proben. — c) „Original-Rapid" mit Rapid-Antrieb (Riemenzug). Die Umdrehungsgeschwindigkeit kann während des Laufes noch gesteigert werden; für 4, 8, 16 oder 24 Proben. — d) „Excelsior" mit Federantrieb; für 8, 16 oder 24 Proben. — e) „Turbine" für Dampf- und Wasserbetrieb; für 16, 24 oder 32 Proben. — f) „Blitz" mit Kurbelantrieb; für 8, 16, 24 oder 32 Proben. — g) „Elektro" für elektrischen Antrieb (110 bzw. 220 Volt Spannung und $1^1/_2$ Ampère Stärke); für 8, 16, 24 und 32 Proben. — h) „Triumph" mit Heizvorrichtung und Kurbelantrieb; für 24 und 32 Proben.

12. Die Umdrehungsgeschwindigkeit kann mit einem auf dem Deckel anbringbaren Tourenzähler — die neueste Konstruktion ist das „Bifluid-Tachometer" — gemessen werden. Geschwindigkeiten von über 1200 Umdrehungen sind zwecklos und bei den 32er Zentrifugen bedenklich, d. h. unter Umständen gefährlich.

13. Sollte das Fett, etwa infolge zu geringer Umdrehungsgeschwindigkeit oder Dauer, nicht scharf abgeschieden sein, so werden die Butyrometer abermals einige Minuten erwärmt und abermals zentrifugiert.

14. Hierzu geeignete Wasserbäder können von dem Fabrikanten bezogen werden.

K. Windisch[1]) hält das Säure- (Acid-) Verfahren für alle Fälle am geeignetsten; das Sinacid- wie das Salverfahren liefern für ältere Milchproben, die mit Kaliumbichromat haltbar gemacht sind, ungenaue Ergebnisse. Auch A. Stein[2]) spricht sich ebenfalls für das Acidverfahren aus; das aräometrische Verfahren nach Soxhlet ist für Kontroll- und Schiedsanalysen ungeeignet.

β) Sinacid-Butyrometrie. Die Sinacid-Butyrometrie unterscheidet sich von vorstehender dadurch, daß sie nach Sichlers Vorschlage statt der in mancher Hinsicht unangenehmen Säure zur Lösung der Milchbestandteile eine Lösung von Alkalisalzen vorschreibt, und zwar eine Lösung von 10% Trinatriumcitratphosphat (Klassert) oder eine solche von 15% Trinatriumphosphat + 1% Trinatriumcitrat [Lotterhos[3])]. Außerdem wird statt Amylalkohol reiner Isobutylalkohol angewendet, der durch Zusatz von Farbstoffen gefärbt ist; letztere gehen in die Fettsäureschicht über und verschärfen die Ablesung.

Man gibt in das Sinacid-Butyrometer 10 ccm der Salzlösung, 10 ccm Milch und 1 ccm Isobutylalkohol, verschließt und schüttelt gut durch. Nach Erwärmen im Wasserbade auf eine Temperatur von 75—90° schüttelt man nochmals kräftig, zentrifugiert dann mindestens 1 Minute lang und liest bei 75° ab.

Zur Auflösung von saurer Milch soll man kein Ammoniak, sondern konzentrierte Kalilauge[4]) nehmen, die man tropfenweise zusetzt. Das Urteil über dieses Verfahren lautet durchweg [so von M. Popp, O. Baumgarten, Gordan, Köhler und du Roi, C. Beger, W. Schneider[5])] gegenüber dem Gerberschen Acidverfahren nicht günstig, von anderer Seite [so von Aufrecht, Küttner und Ulrich, Cornalba[6])] wird es als gleichwertig mit dem Gerberschen Acidverfahren bezeichnet.

---

[1]) Milchwirtschaftl. Zentralbl. 1909, **5**, 344.

[2]) Ebendort S. 209.

[3]) Zeitschr. f. Untersuchung d. Nahrungs- u. Genußmittel 1905, **10**, 596.

[4]) Die Lösung der Milch erfolgt auch durch die obige Salzlösung allein, aber die Milch muß behufs Abmessung vorher gelöst sein.

[5]) Vgl. Zeitschr. f. Untersuchung d. Nahrungs- u. Genußmittel 1906, **11**, 120, 407, 458.

[6]) Zeitschr. f. Untersuchung d. Nahrungs- u. Genußmittel 1906, **11**, 458 und 1906, **12**, 478.

γ) **Sal-Butyrometrie.** Das Sal-Verfahren (von Wendler und N. Gerber) ist dem Sinacid-Verfahren nachgebildet. Bei ihm wird eine aus Alkali- (Natron-) Hydrat, weinsaurem Salz und Kochsalz[1]) bestehende Salzmischung (gefärbt oder wasserhell) angewendet und der Amyl- bzw. Butylalkohol durch Isobutylalkohol ersetzt. Die Salzmischung kann in fester und flüssiger Form bezogen werden. Die Ausführungsweise gsetaltet sich ebenfalls verschieden von der des Acid- und Sinacid-Verfahrens, wie aus der unteren Zusammenstellung hervorgeht.

Die Art des Mischens und Zentrifugierens ist dieselbe wie bei dem Acid-Verfahren. Das Sal-Verfahren hat aber außer der Vermeidung der starken Schwefelsäure und des unangenehm riechenden Amylalkohols den weiteren Vorteil, daß die Mischflüssigkeit vor und nach dem Zentrifugieren nicht so hoch erwärmt zu werden braucht, als bei den beiden anderen Verfahren.

Die nach dem Sal-Verfahren erhaltenen Ergebnisse werden allgemein als sehr günstig und als gleich mit den nach dem Acid-Verfahren erhaltenen Ergebnissen bezeichnet.

δ) **Neusal-Verfahren.** Das von Wendler angegebene Salzgemenge besteht aus salicylsauren und citronensauren Salzen, denen ein blauer Farbstoff zugesetzt ist. Das Salzgemisch findet sich in Kartons für etwa 125, 250, 500 und 1000 Proben. Das Neusal-Pulver (250 g) wird in einem 2-l-Kolben mit 600 ccm Wasser in Lösung gebracht, dann mit Neusal-Alkohol (350 ccm) versetzt und mit Wasser auf 2 l aufgefüllt. Die so hergestellte Lösung hat ein spezifisches Gewicht von 1,0400 und ist gebrauchsfähig. Die Ausführung der Fettbestimmung nach diesem Verfahren ist unter Benutzung der für die Gerbersche Acid-Butyrometrie gebräuchlichen Butyrometer folgende:

„Man füllt 12 ccm Neusal-Lösung in die Butyrometer und hierauf 9,7 ccm Milch (Spezialpipette). Nach Verschließen der Röhrchen mittels Gummistopfens mischt man den Inhalt unter mehrmaligem Stürzen und Schütteln gut durch und stellt die Butyrometer 3 Minuten in ein auf etwa 50° C angewärmtes Wasserbad. Alsdann werden die Röhrchen nochmals durchgeschüttelt und gestürzt, wieder 3 Minuten in das Wasserbad zurückgestellt und schließlich 3 Minuten lang bei etwa 1000 Touren in der Minute in der Zentrifuge geschleudert. Das Ablesen der Fettschicht erfolgt dann nach kurzem Einstellen in ein vorgewärmtes Wasserbad bei 45° C."

Sowohl F. E. Nottbohm u. J. Angerhausen[2]) als auch M. Siegfeld[3]) haben nach diesem Verfahren, welches verschiedene Annehmlichkeiten vor den anderen Verfahren besitzt, befriedigende und mit dem acidbutyrometrischen Verfahren genügend übereinstimmende Ergebnisse erhalten. Andere Urteile, z. B. von C. Beger, W. Grimmer, O. v. Sobbe[4]) lauten weniger günstig.

Die Verschiedenheit in der Ausführung der vorstehenden 4 Zentrifugalverfahren erhellt aus folgender Zusammenstellung:

	Gerbers Acid-Verfahren	Gerber-Wendlers Sal-Verfahren	Sichlers Sinacid-Verfahren	Wendlers Neusal-Verfahren
Lösungsmittel . . .	10 ccm Schwefelsäure	11 ccm Sal-Lösung	10 ccm Sinacid-Lösung[5])	12 ccm Neusal-Lösung
Milchmenge	11 ccm Milch	10 ccm Milch	10 ccm Milch	9,7 ccm Milch
Alkoholzusatz . . .	1 ccm Amylalkolhol	0,6 ccm Isobutylalkohol	1 ccm Butylalkohol-Gemisch	—
Anwärmung im Warmbade	3 Minuten auf 65—70°	2—3 Minuten auf 45°	2—5 Minuten auf 75—90°	3 Min. b. 50°, nach d. Schütteln nochmals 3 Minuten
Ablesung bei	65—70°	45°	75°	45°

[1]) Das weinsaure Salz soll die Ausscheidung von Kalksalzen verhindern, während das Kochsalz vorwiegend dazu dienen soll, das spezifische Gewicht der Flüssigkeit zu erhöhen, wodurch die Fettabscheidung unterstützt wird.

[2]) Zeitschr. f. Untersuchung d. Nahrungs- u. Genußmittel 1910, **20**, 495.

[3]) Molkerei-Ztg. Hildesheim 1910, **24**, 713.

[4]) Vgl. Zeitschr. f. Untersuchung d. Nahrungs- u. Genußmittel 1911, **21**, 427.

[5]) 150 g Salz im Liter.

d) Die refraktometrische Fettbestimmung mittels des Milch-Refraktometers nach Wollny. R. Wollny benutzt die Refraktion einer konzentrierten Ätherfettlösung von 17,5° zur Bestimmung des Fettgehaltes. Die Ausführung der Fettbestimmung geschieht nach Naumann[1]) in folgender Weise:

30 ccm der gut durchgemischten, möglichst 17,5° warmen Milch (1) werden in das Wollnysche Fläschchen (Fig. 5) von etwa 50 ccm Inhalt, welches bei 30 ccm eine Marke trägt, gegeben (2), mit 3 ccm kupferoxydhaltiger Lauge (3) versetzt und in einem Schüttelwerke (4) 10 Minuten lang geschüttelt. In die darauf wieder in das Wasserbad von 17,5° gebrachten Fläschchen gibt man mittels einer automatischen Pipette (Fig. 6) 6 ccm mit Wasser gesättigten Äther (5) von 17,5°, worauf man das Fläschchen sofort wieder verschließt und abermals mindestens 15 Minuten im Schüttelwerke schüttelt. Zur Abscheidung einer klaren Ätherfettschicht werden die Fläschchen nunmehr in einer Zentrifuge (6) geschleudert. Die ausgeschleuderten Proben kommen dann nochmals etwa 3 Minuten in das Wasserbad von 17,5° und sind damit für die refraktometrische Untersuchung fertig vorbereitet.

Fig. 5.

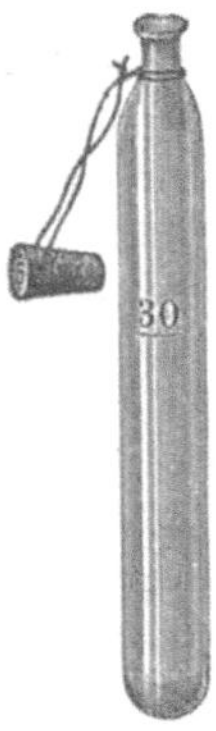

Wollnysches Fläschchen.

Fig. 6.

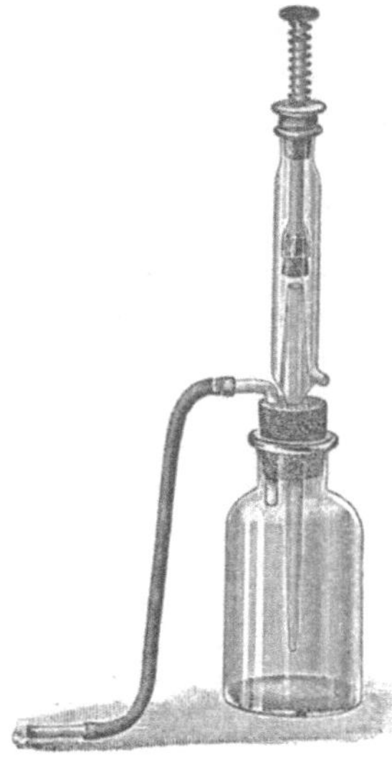

Automatische Pipette für die Abmessung des Äthers.

Das Wollnysche Milchfett-Refraktometer (7) wird mittels eines Pulfrichschen Apparates zur Erzeugung eines beständig temperierten Wasserstromes oder einer ähnlich wirkenden Vorrichtung auf 17,5° (8) gebracht, auf seine genaue Justierung (9) geprüft und gereinigt (10). Nachdem es wieder geschlossen ist, entnimmt man mittels eines Glasröhrchens (11) aus dem schräggehaltenen Wollnyschen Fläschchen einen Teil der klaren Ätherfettlösung und bringt diese so schnell wie möglich durch die an dem Refraktometer befindliche Spaltöffnung zwischen die Prismenflächen. Hierauf beobachtet man den Stand der Schattengrenze (12) im Fernrohr, wobei man sich zur genauen Ablesung des Standes der vorhandenen Mikrometerschraube bedient, indem man diese auf einen ganzen Skalenteil einstellt. Darauf werden die Prismenflächen wieder gereinigt (10) und kann nunmehr mit der Untersuchung weiterer Proben begonnen werden.

Aus den abgelesenen — und sofern die Temperatur nicht genau 17,5° betrug, auf diese Temperatur umgerechneten (13) — Refraktometerzahlen ermittelt man mit Hilfe der Tabelle Nr. XVII (am Schlusse) den prozentualen Fettgehalt der Milch.

Anmerkungen zu vorstehendem Verfahren: 1. Naumann gibt auch eine eingehende Vorschrift für Molkereien und Landwirte zur sachgemäßen Probenahme von Milch während eines längeren Zeitraumes zwecks Bezahlung derselben nach dem Fettgehalt. Auf diese Ausführungen kann an dieser Stelle nur verwiesen werden. Bemerkt sei hier nur, daß die zu dem genannten Zwecke von Naumann vorgeschlagenen Apparate: a) „Stößer" zum Durchmischen der Milch, b) numerierte Blechzylinder zur Milchprobenahme, c) Kästen zur Aufnahme der Blechzylinder und d) Selbstfüllpipette zur Einfüllung der Proben in die Wollnyschen Fläschchen von den Firmen Harnisch & Körner in Halle a. S. (Große Brauhausstr. 16) und Franz Hugershoff in Leipzig (Karolinenstraße 13) bezogen werden können.

---

[1]) Milch-Ztg. 1900, **29**, 50.

Wenn mehrere Einzelproben innerhalb eines längeren Zeitraumes entnommen und zu einer Durchschnittsprobe vereinigt werden sollen, empfiehlt Naumann die Verwendung einer Haltbarmachungsflüssigkeit, welche in der Weise hergestellt wird, daß zu 70 g umkrystallisiertem und gereinigtem Kaliumbichromat 312,5 ccm konzentriertes Ammoniak und 1000 ccm Wasser gegeben werden. Von dieser Haltbarmachungsflüssigkeit werden in jedes Wollnysche Fläschchen 12 Tropfen gegeben; nach dem Einfüllen einer jeden Teilprobe wird das Fläschchen gehörig durchgeschüttelt. H. Tiemann[1]) hält eine Haltbarmachung nicht für erforderlich; S. Hals und H. Gregg[2]) dagegen fanden ohne Anwendung des Frischhaltungsmittels etwas zu niedrige Ergebnisse.

2. War die Milchprobe (gemäß der vorstehenden Vorschrift) haltbar emacht, so ist vor dem Zusatze der Lauge zunächst mit 12 Tropfen konzentrierter Essigsäure anzusäuern und das gut verschlossene Wollnysche Fläschchen 1—2 Minuten in dem Schüttelwerke (vgl. Nr. 4) zu schütteln.

3. Die kupferoxydhaltige Lauge wird in folgender Weise hergestellt: 800 g Kalihydrat (in Stangen) werden in wenig Wasser gelöst, nach dem Erkalten mit 600 g Glycerin gemischt und dazu 200 g gepulvertes Kupferoxydhydrat (zu beziehen von Th. Schuchardt in Görlitz) gegeben. Diese Mischung wird auf 3 l aufgefüllt. Nach 3—4 Tagen ist die Lauge, nachdem sie in der Zwischenzeit gehörig durchgemischt ist und nicht mehr schäumt, für den Gebrauch fertig. Durch den Zusatz von Kupferoxydhydrat soll bewirkt werden, daß im Refraktometer die Grenze zwischen dem hellen und dem dunklen Teile schärfer hervortritt.

4. Das für diese Zwecke besonders eingerichtete Schüttelwerk kann durch Wasser, Dampf oder Elektrizität betrieben werden; es kann von den unter 1 genannten Firmen bezogen werden.

5. Viermaliges Schütteln des Äthers mit jedesmal erneuten Mengen von Wasser gibt einen für die Untersuchung brauchbaren Äther.

6. Es kann zum Schütteln u. a. die Gerbersche Zentrifuge verwendet werden. Die Fläschchen werden in die Zentrifuge so eingelegt, daß die Stopfen dem Mittelpunkte am nächsten zu liegen kommen. Dauer und Umdrehungsgeschwindigkeit können dieselben sein, wie man sie bei der Gerberschen Acidbutyrometrie anwendet.

7. Das Wollnysche Milchfett-Refraktometer gleicht äußerlich vollkommen dem Wollnyschen Butter-Refraktometer und sei bezüglich seiner allgemeinen Einrichtung auf dieses (I. Tl. S. 110) verwiesen. Es wird ebenfalls von der Firma Karl Zeiß in Jena hergestellt. Vom Butter-Refraktometer unterscheidet es sich im wesentlichen nur durch seine abweichende Skala, ein abweichendes Thermometer und den neben der das Thermometer haltenden Hülse mündenden, nach außenhin etwas erweiterten Kanal, durch den die zu prüfende Ätherfettlösung zwischen die beiden Prismenflächen gebracht wird.

Die Skala des Milchfett-Refraktometers ist so eingerichtet, daß der Brechungsindex für den Skalenteil 0 gleich ist dem Brechungsindex (1,3332) für destilliertes Wasser bei 17,5° und der Brechungsindex für den Skalenteil 100 genau übereinstimmt mit dem Brechungsindex (1,4220) für den Skalenteil 0 des Butter-Refraktometers. Die angegebenen Brechungsindices gelten nur für Natriumlicht. Die Messung kann aber auch bei Tages- oder Lampenlicht vorgenommen werden. Die Prismen sind so eingerichtet, daß bei Tages- oder Lampenlicht die Grenzlinie für eine Ätherfettlösung nach Wollny-Naumann bei einer Milch mit mittlerem Fettgehalt farblos erscheint. Bei Ätherfettlösungen von höherem oder geringerem Fettgehalt besitzt die Grenzlinie einen blauen bzw. einen roten Saum. Erscheint der Farbstreifen hier und bei anderen Flüssigkeiten für eine genaue Ortsbestimmung der Grenzlinie zu breit, so ist eine Natriumflamme zu verwenden.

Das Thermometer (Fig. 7 S. 206) ist so eingerichtet, daß darauf die Temperatur 17,5° mit 0 bezeichnet ist und ferner darauf die Anzahl Zehntel Skalenteile verzeichnet sind, welche der im Fernrohre abgelesenen Refraktometerzahl bei höherer Temperatur hinzuzuzählen bzw. bei niedrigerer Temperatur davon abzuziehen sind, um die der Temperatur von genau 17,5° entsprechende Refraktion zu erhalten. Wäre z. B. in dem Fernrohr die Refraktometerzahl 52,0 abgelesen und zeigte

[1]) Milch-Ztg. 1895, **24**, 716.

[2]) Ebendort 1902, **31**, 433.

Fig. 7.

Thermometer zum Milch-Refraktometer. Nach Wollny.

das Thermometer den in der Fig. 7 angegebenen Stand, so wäre die Refraktometerzahl bei 17,5° 52,0 + 0,8 = 52,8.

8. Beträgt die Beobachtungstemperatur nicht genau 17,5°, so ist die Refraktometerzahl in der unter Nr. 7 Absatz 3 angegebenen Weise zu korrigieren.

9. Die Refraktometerskala ist richtig justiert, wenn destilliertes Wasser in dem mit größter Sorgfalt gereinigten Refraktometer bei 17,5° die Refraktion 0 (den Nullpunkt der Skala) anzeigt. Um sich selbst von Zeit zu Zeit von der richtigen Justierung des Refraktometers zu überzeugen, gibt man mittels eines Glasröhrchens etwas destilliertes Wasser von 17,5° durch die Spaltöffnung auf die vorher angehauchten Prismenflächen. Nach richtiger Einstellung des Beobachtungsspiegels beobachtet man durch das Fernrohr, ob die Schattengrenze im Refraktometer bei Beleuchtung mit Natriumlicht auf den Skalenteil 0 einsteht.

Man öffnet dann die beiden Prismen durch Drehen des Keilverschlusses, reinigt sie mittels eines weichen Tuches, schließt die Prismen wieder und gibt dann mit einem neuen Röhrchen eine genügende Äthermenge durch die Spaltöffnung auf die Prismenflächen. Der hierzu verwendete Äther ist der wassergesättigte Äther, den man nach Nr. 5 erhalten und mit dem man auch die zu untersuchenden Proben angesetzt hat. Während man durch das Fernrohr die Brechung des Lichtes beobachtet, regelt man den Stand des Schattens mittels der Mikrometerschraube in der Weise, daß er genau mit einem ganzen Skalenteile abschließt, d. h. zwischen Skalenteil und Schattengrenze darf sich kein heller Zwischenraum befinden, sondern beide müssen sich gerade decken. Man stellt also auf die Grenzlinie des dunklen Teiles ein, ohne sich durch die zuweilen vor ihr auftretenden feinen Linien beirren zu lassen. Zu den abgelesenen Zahlen addiert man die Zehntel, welche sich auf der Trommel der Mikrometerschraube befinden und durch einen Zeiger angegeben werden. Ist auf diese Weise der Skalenteil **20,6** erreicht, so ist das Refraktometer richtig justiert. Diese Vorversuche, die eine Zeit von etwa 1—2 Minuten in Anspruch nehmen, sind der Sicherheit halber nie zu unterlassen.

10. Die Reinigung der Prismen von den Ätherfettlösungen geschieht am besten durch ein weiches Tuch, worauf man durch ein zweites weiches Flanelltuch die letzten Fettspuren entfernt.

11. Naumann empfiehlt beiderseits abgeschmolzene Glasröhrchen (aus hartem Glase) von 15 cm Länge und 3 mm lichter Weite. Selbstverständlich ist für jede Ätherfettlösung ein anderes Glasröhrchen zu verwenden.

12. Die Schattengrenze muß tief dunkelblau und scharf abgrenzend gegen die helle linke Fläche sein. Ein fehlerhaftes Arbeiten, so z. B. Aufnahme von der trüben Ausscheidung, welche sich unterhalb der klaren Ätherfettschicht in den fertig vorbereiteten Proben vorfindet und Aufbringen derselben auf die Prismenflächen, oder nicht sorgfältiges Reinigen der Prismenflächen, bewirkt ein dunkles, verschwommenes Bild, welches natürlich nicht zur Ablesung geeignet ist und zu falschen Ergebnissen führt. Die Untersuchung einer solchen Probe ist sofort zu wiederholen; sie gibt nach Abstellung des Fehlers ein klares Bild und somit eine richtige Zahl. Ein längeres Offenstehenlassen der nochmals zu untersuchenden Probe muß dabei tunlichst vermieden werden.

13. Vgl. Anm. 7 Absatz 3.

A. Einecke[1]) prüfte das refraktometrische Verfahren im Vergleich zum Gerberschen bei Milch, die nach Verfütterung von recht verschiedenen Ölen (Rüb-, Cocosnuß- und Leinöl) erhalten war. Wenngleich die Unterschiede der Milch-(Butter-)fette in den chemischen Konstanten (besonders Jodzahl) deutlich hervortraten, so lagen doch die Abweichungen bei der Bestimmung des Fettgehaltes einerseits nach Gerber, andererseits mit dem Refraktometer innerhalb solcher Grenzen, daß sie für die Praxis ohne Bedeutung waren.

1) Mitteilung d. Landw. Instituts d. Universität Breslau 1904, **3**, 147.

S. Hals und H. Gregg[1]) erhielten nach der ursprünglichen Wollnyschen Vorschrift[2]) im großen und ganzen recht genaue Ergebnisse, nach der Naumannschen Vorschrift nur bei Vollmilch befriedigende, bei Magermilch, bzw. fettarmen Milchen ungenaue Werte. Sie sind der Ansicht, daß durch die Schwankungen in dem Lichtbrechungsvermögen des Butterfettes selbst (39,2—43,0 Refraktometer-Grade bei 45°) Unterschiede bis 0,12% hervorgerufen werden können.

Tiemann[3]) und besonders auch E. Baier und P. Neumann[4]) halten aber das Verfahren bei Massenuntersuchungen sowohl für wissenschaftliche als auch praktische Zwecke für gleich vorzüglich geeignet. Baier und Neumann haben für das Verfahren verschiedene neue Apparate eingerichtet und empfehlen das Refraktometer auch zur Bestimmung des Fettgehaltes in der Sahne, des Milchzuckers und zur Feststellung der Wässerung der Milch (vgl. unten).

e) Verfahren zur annähernden Bestimmung des Fettes. Aus der großen Zahl der Verfahren, welche gestatten, den Fettgehalt verhältnismäßig einfach, aber meist nur annähernd zu bestimmen, seien folgende hervorgehoben:

α) **Das Lactobutyrometer von Marchand** (verbessert von Salleron, sowie von Tollens und Schmidt)[5]). Das Lactobutyrometer (Fig. 8) besteht aus einer engen Glasröhre, welche von 0—30 ccm in je 10 ccm geteilt ist. Der Teil der Röhre zwischen 20 und 30 ist wieder in $^1/_{10}$ ccm geteilt. Man füllt in dieselbe nach tüchtigem Mischen der zu untersuchenden Milch bis zum Teilstrich 10 (also 10 ccm, in der Figur bis *L*) Milch, dann entweder einige Tropfen (2—3) Natronlauge (Marchand) oder 3—5 Tropfen Essigsäure (Tollens und Schmidt) und bis zum 20. Teilstrich (oder *E*) 10 ccm Äther. Jetzt wird gehörig und so lange geschüttelt, bis das Ganze eine gleichmäßige Masse bildet und der Äther nach einigem Stehen sich nicht mehr von der Milch trennt. Nach gehörigem Schütteln mit Äther werden 10 ccm Alkohol (90 bis 92° Tr.) bis zum Teilstrich 30 (oder *A*) zugesetzt und abermals geschüttelt. Durch den Zusatz von Alkohol wird das Fett wiederum aus der ätherischen Lösung ausgeschieden und sammelt sich, wenn jetzt die Glasröhre in den mit Wasser von 40° gefüllten Blechzylinder gesetzt wird, in kurzer Zeit als flüssige, ätherhaltige Ölschicht über der Flüssigkeitsmasse an. Letztere besteht aus einer klaren Flüssigkeit und ausgeschiedenem, geronnenem Casein, das sich unten am Boden ansammelt. Aus der Höhe der Öl- (bzw. Fett-)Schicht, die man in $^1/_{10}$ ccm an der kalibrierten Glasröhre

Fig. 8.

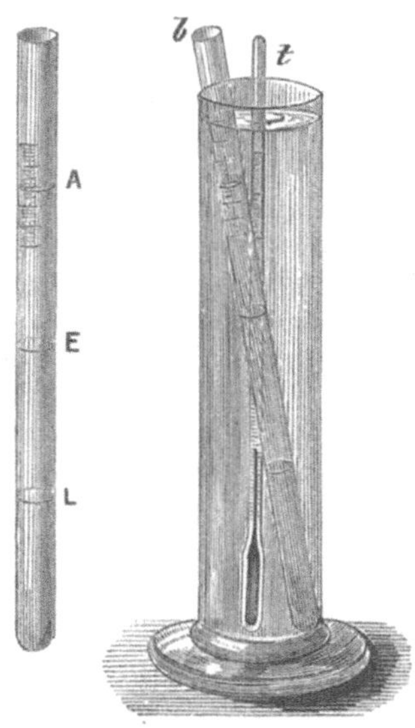

Lactobutyrometer.

---

[1]) Milch-Ztg. 1902, **31**, 433.

[2]) Die ursprüngliche Wollnysche Vorschrift ist nach Hals und Gregg folgende: 20 ccm Milch mit 1 Tropfen Konservierungsflüssigkeit (238 g Kupferchlorid in 1 l) werden mit 3 Tropfen Eisessig versetzt, auf 17,5° gebracht und 2—3 Minuten im Schüttelapparate geschüttelt. Darauf wird 1 ccm kupferoxydhaltige Lauge (500 ccm Kalilauge [aus gleichen Gewichtsteilen Wasser und gereinigtem Kalihydrat], 250 ccm Wasser, 250 ccm Glycerin und 100 g Kupfercarbonat) zugesetzt, die Flüssigkeit wieder auf 17,5° gebracht, mit 4 ccm wassergesättigtem Äther (17,5°) versetzt, 15 Minuten geschüttelt und darauf zentrifugiert.

Die Tiemannsche Vorschrift (Milch-Ztg. 1895, **24**, 178), nach welcher an der milchwirtschaftlichen Versuchsstation Kiel gearbeitet wird, weicht von dieser Vorschrift etwas ab.

[3]) Bericht der Versuchsstation und Lehranstalt für Molkereiwesen zu Wreschen 1902/03, S. 2.

[4]) Zeitschr. f. Untersuchung d. Nahrungs- u. Genußmittel 1907, **13**, 369.

[5]) Journ. f. Landwirtschaft 1878, **36**, 361.

einfach abliest, ermißt man den Fettgehalt. B. Tollens und Fr. Schmidt haben eine Tabelle entworfen, welche die den abgeschiedenen und abgelesenen $^1/_{10}$ ccm Ätherfettlösung entsprechenden Fettprozente (in 100 ccm Milch) direkt angibt. Diese Tabelle befindet sich am Schluß unter Hilfstabellen Nr. XVIII.

E. Isnard[1]) empfiehlt, alle bei dem Marchandschen Verfahren anzuwendenden Flüssigkeiten auf dasselbe spezifische Gewicht zu bringen; z. B. Milch durch Verdünnen mit Wasser auf das spezifische Gewicht 1,020 bei 15° und dazu ein Äther-Alkoholgemisch von 70 ccm 86 proz. Alkohol und 50 ccm Äther von 0,724 spezifischem Gewicht anzuwenden. Hierdurch dürften aber die Unsicherheiten des Verfahrens auch noch nicht behoben werden.

β) Sonstige Verfahren, welche auf der Behandlung der Milch mit Chemikalien beruhen und bei denen die abgeschiedene Fettschicht gemessen wird. Von diesen seien folgende erwähnt:

Das Alkali-Cremometer von Quesneville[2]) beruht auf der Aufrahmung der Milch unter Zusatz von Alkalilauge und Erwärmen; Short[3]) erwärmt die Milch mit Alkali, bis alles Fett verseift ist, scheidet dann die Fettsäuren durch Schwefelsäure ab und mißt diese abgeschiedene Fettsäureschicht.

G. E. Patrik[4]) kocht die Milch in einer engen Röhre mit einem Gemisch von 9 Volumen reiner 90 proz. Essigsäure, 5 Volumen Schwefelsäure von 1,83 spezifischem Gewicht, 2 Volumen Salzsäure von 1,19 spezifischem Gewicht und so viel Glaubersalz, als sich in dem Säuregemisch lösen will. Alle Bestandteile der Milch lösen sich bis auf das Fett; dieses schwimmt auf der Flüssigkeit und wird dessen Menge an einer an der Glasröhre angebrachten Skala abgelesen.

Nahm[5]) scheidet ebenfalls in einer Glasröhre, die im oberen engeren Teil kalibriert ist, aus 20 ccm Milch durch Zusatz einer Flüssigkeit (wesentlich Alkalilauge) und unter Erhitzen in einem Wasserbade das Fett ab und liest die Menge an dem kalibrierten Teil der Glasröhre ab. Letztere ist für den Zweck unten mit einem Gummiboden versehen, welcher gestattet, durch Pressen den unteren Meniskus der Fettschicht auf Null einzustellen. E. Fouard[6]) hat das Nahmsche Verfahren etwas abgeändert; er schüttelt 20 ccm Milch in einem besonderen kalibrierten Prüfer mit 10 ccm einer ammoniakalischen, alkoholischen, Amylalkohol enthaltenden Kalilauge, erwärmt zeitweise im Wasserbade und liest die Höhe der Fettschicht in der kalibrierten Röhre ab.

Fig. 9.

L. Lindet[7]) erwärmt die Milch mit konzentrierter Resorcinlösung, worin sich die Probeinstoffe lösen, und bedient sich zur Abmessung der Fettschicht kalibrierter Röhrchen, welche dem Gerberschen Acidbutyrometer ähnlich sind.

γ) Das Cremometer von Chevallier. Dasselbe gibt zwar nur einen sehr rohen Ausdruck für den Rahm- und den diesem entsprechenden Fettgehalt. Da es aber noch vielfach bei der Marktkontrolle angewendet zu werden pflegt und dem Nichtchemiker auf einfache Weise wenigstens darüber Aufschluß geben kann, ob eine Milch in grober Weise gewässert oder entrahmt ist, so möge dasselbe hier auch beschrieben werden. Es ist ein Zylinder (Fig. 9) von etwa 25 cm Höhe und 4 cm Durchmesser,

1) Nach Ann. chim. anal. 1907, **12**, 358; Zeitschr. f. Untersuchung d. Nahrungs- u. Genußmittel 1909, **17**, 326.

2) Milch-Ztg. 1885, **14**, 289.

3) Vgl. O. Reitmair in Zeitschr. f. angew. Chemie 1889, 288.

4) Chem.-Ztg. 1891, **15**, Rep. 83.

5) Milch-Ztg. 1894, **23**, 555; 1895, **24**, 220; 1897, **26**, 793; 1899, **28**, 5.

6) Annal. chim. analyt. 1903, **8**, 208; Zeitschr. f. Untersuchung d. Nahrungs- u. Genußmittel 1904, **7**, 107; vgl. auch R. Lézé, Rép. Pharm. 1901, **57**, 1; Zeitschr. f. Untersuchung d. Nahrungs- u. Genußmittel 1901, **4**, 895.

7) Journ. Pharm. Chim. 1900 [6], **11**, 368; Zeitschr. f. Untersuchung d. Nahrungs- u. Genußmittel 1900, **3**, 644.

welcher, in 10 Teile geteilt, bis zum Nullpunkte 100 ccm Milch faßt. Der Raum von 0—50 enthält weitere Teilstriche, von denen jeder 1 ccm bedeutet. Man füllt diesen Zylinder bis zum Nullpunkt mit der gut gemischten Milch und läßt dieselbe bei Kellertemperatur 24 Stunden stehen, worauf man nachsieht, wieviel Raumteile Rahm sich oben gebildet haben. Gute Vollmilch soll eine Rahmschicht von 10—14% bilden; halb abgerahmte Milch soll 6—8% haben.

Von Wichtigkeit ist es ferner, die im Cremometer zurückbleibende abgerahmte Milch auf ihr spezifisches Gewicht zu untersuchen, um durch Vergleichung desselben mit dem der ursprünglichen Milch und Berücksichtigung der gewonnenen Rahmschicht einen gewissen Anhaltspunkt dafür zu erhalten, ob die Milch ursprünglich rein oder mit Wasser oder abgerahmter Milch versetzt war. Die reiner Vollmilch entsprechende abgerahmte Milch muß ein um 0,002—0,0035 höheres spezifisches Gewicht oder 2—3½ Lactodensimetergrade mehr zeigen als die ursprüngliche Milch. Hat die abgerahmte Milch nicht um so viel höhere Grade und liegt der Rahmgehalt der ursprünglichen Milch zwischen 8—10%, so kann der Milch vorher bereits halb abgerahmte Milch zugesetzt sein. Zeigt die abgerahmte Milch aber ein nur um 0,0015—0,002 höheres spezifisches Gewicht oder 1,5—2,0° mehr als die ursprüngliche Milch, und liegt der Rahmgehalt unter 6 oder zwischen 6—8%, so ist ein Zusatz von ganz abgerahmter Milch anzunehmen. Ist das spezifische Gewicht der abgerahmten Milch fast gleich (1° Differenz) der ursprünglichen Milch und bildet sich nur eine geringe Rahmschicht, so ist letztere nicht nur teilweise abgerahmt gewesen, sondern hat auch einen Zusatz von Wasser erfahren.

Eine ähnliche Messung der Höhe der Rahmschicht wie beim Cremometer erfolgt auch bei dem Bergschen Lactoskop[1]), bei dem aber die Abscheidung des Rahms mittels Zentrifugalkraft erfolgt.

δ) Optische Milchprüfungsapparate. Es sind in früherer Zeit eine Reihe von Vorschlägen gemacht worden, um auf optischem Wege, d. h. durch Untersuchung der Lichtdurchlässigkeit usw. der Milch, einen Anhalt über die Beschaffenheit der Milch zu erhalten. Man kann nach diesen Verfahren nur sehr grobe Verfälschungen der Milch erkennen; sobald es sich aber um nur einigermaßen genaue Untersuchungen handelt, lassen sie vollständig im Stiche. Diese Verfahren können daher nur für Kleinkonsumenten, für Bäckereien oder auch für Haushaltungen, wo man sich in schnellster und einfachster Weise über die Beschaffenheit der Milch eine annähernde Rechenschaft geben will, in Betracht kommen. Die verschiedenen vorgeschlagenen Verfahren gründen sich darauf, daß die Milch um so undurchsichtiger ist, je mehr Fettkügelchen sie enthält, dagegen um so durchsichtiger, je mehr diese durch Abrahmen entfernt, bzw. je mehr sie durch Zusatz von Wasser verteilt sind. Auf diesem Grundsatz beruht z. B. das Fesersche Lactoskop. Dasselbe besteht aus einem zylindrischen Gefäß, in dessen verjüngten Boden ein Milchglaskonus eingeschmolzen ist. Man mißt 4 ccm Milch ab, gießt dieselben in den Zylinder und setzt unter fortwährendem Schütteln so viel Wasser zu, bis die auf dem Milchglaskonus angebrachten 5 schwarzen Striche eben zu erkennen sind. Die in gleicher Höhe mit der Flüssigkeitssäule befindliche Zahl am Instrument entspricht direkt den vorhandenen Fettprozenten. Sind die Striche bei einem Wasserzusatz bis 2½ deutlich zu erkennen, so ist die Milch verdächtig und der chemischen Prüfung zu unterwerfen. — Auf demselben Grundsatz beruht auch der Magermilchprüfer von Alexander Bernstein[2]).

Die sonstigen optischen Milchprüfungsapparate, das Lactoskop von Donné, Vogel, Trommer-Vogel, Seidlitz, Reischauer, der optische Milchprüfer von Gebr. Mittelstraß in Magdeburg, der Milchspiegel von Heusner usw. seien hier nur erwähnt.

Bestimmung des Lecithins im Milchfett. Die Bestimmung des Lecithins wird im Milchfett nach I. Teil, S. 347 ausgeführt. W. Gilkin[3]), der in der Kuhmilch, übereinstim-

[1]) Vgl. Milch-Ztg. 1899, **28**, 183 und 1902, **31**, 825.

[2]) Milch-Ztg. 1903, **32**, 37; vgl. auch daselbst 434 und Molkerei-Ztg. Berlin 1903, **13**, 505; Zeitschr. f. Untersuchung d. Nahrungs- u. Genußmittel 1904, **7**, 400 und 401. — Der Apparat wird hergestellt von der Firma Göran Lantesson vorm. Th. Oehlenschläger & Co., Berlin, Jägerstraße 63.

[3]) Biochem. Zeitschr. 1909, **22**, 348.

mend mit früheren Untersuchungen (Bd. II, S. 587), 0,05158% Lecithin gefunden hat, hat weiter nachgewiesen, daß von dem an das Fett gebundenen Lecithin nur ein sehr geringer Anteil in die Magermilch übergeht, daß ferner das Eisen, von dem er 0,00812 % (Kuhmilch) bzw. 0,00711% (Frauenmilch) fand, mit dem Lecithingehalt steigt und fällt, und daß von der Gesamtmenge desselben die Hälfte auf das Lipoideisen, d. h. auf das in dem Lecithin bzw. den Lipoiden enthaltene Eisen entfällt.

3. Bestimmung der Trockensubstanz bzw. des Wassers. Der Gehalt der Milch an Trockensubstanz bzw. Wasser wird in der Weise ermittelt, daß man 3—5 g der gut durchgemischten Milch in einer mit Deckel versehenen flachen Schale genau abwägt, im Wasserbade oder Soxhletschen Trockenschrank bis zu ausreichend gleichbleibendem Gewicht trocknet und wieder wägt. Will man eine größere Menge Milch zur Bestimmung der Trockensubstanz verwenden, so ist es notwendig, sich eines Aufsaugungsmittels (am besten des Seesandes) zu bedienen.

1. Es ist bei der größten Sorgfalt nicht zu vermeiden, daß die eingetrocknete Milch, besonders wenn sie sauer ist, eine gelbe oder braune Farbe annimmt, jedenfalls ein Zeichen, daß eine gewisse Zersetzung stattgefunden hat. Um diesen Fehler zu vermeiden, stellt man wohl die auf dem Wasserbade nahezu eingetrocknete Milch auf eine Schale mit erwärmtem Sand und bringt beides unter den Rezipienten einer Luftpumpe.

2. Nach H. Lührig[1]) erhält man durch Trocknen bei 105° im Soxhletschen Trockenschranke im Mittel etwa 0,12—0,15% Trockensubstanz weniger als nach 3—4stündigem Trocknen im Wassertrockenschranke.

3. Nach A. Reinsch und H. Lührig[2]) liefert die Berechnung der Trockensubstanz zuverlässigere Ergebnisse als die direkte Bestimmung, da die Trockensubstanz von Tag zu Tag eine beträchtliche Abnahme erfährt. Bis zum Zeitpunkt des Gerinnens der Milch können diese Differenzen 0,22—1,04% betragen. Auch Vieth hat bereits früher auf diese Abnahme des Trockensubstanzgehaltes hingewiesen. Er fand nach 48 Stunden in bei 10—15° aufbewahrter Milch eine Abnahme von 0,30% und in bei 19—21° aufbewahrter eine solche von 0,78%.

4. A. Splittgerber[3]) findet stets gute Übereinstimmung zwischen berechneter und direkt gefundener Trockensubstanz bei Anwendung von 3—4 g Milch und 30minutiger Trocknung[4]) in dem Soxhletschen Trockenschrank mit Wasserfüllung, sei es mit oder ohne Zusatz von Alkohol oder Aceton. Zusatz von Essigsäure oder von dieser und Formalin bewirkt zu hohe Werte. Bei alter Milch findet A. Splittgerber ebenfalls etwas niedrigere Werte als bei frischer Milch.

5. H. Lührig[5]) hält es für richtiger, 2,5—3,0 g Milch auf dem Wasserbade einzudampfen und 3—4 Stunden und mehr, d. h. bis zur Gewichtsbeständigkeit, zu trocknen.

6. G. Borghesio[6]) empfiehlt 2,5 ccm Milch mit 1 ccm Aceton zu versetzen, zunächst $^1/_2$ Stunde auf dem Wasserbade zu erwärmen und dann $^1/_2$ Stunde bei 105° zu trocknen.

Die Bestimmung der Trockensubstanz soll nach vorstehenden Beobachtungen tunlichst sofort nach der Einlieferung vorgenommen werden. Über die Berechnung der Trockensubstanz nach der Formel von W. Fleischmann vgl. unter Nr. 23, S 257. Außer dieser Formel hat auch die von Halenke und Möslinger $t = \frac{f + \frac{d}{5}}{0,8}$ sich als brauchbar erwiesen, worin t = Trockensubstanz, f = Fett, d = Lactodensimetergrade der Milch bedeutet.

---

1) Milch-Ztg. 1900, **29**, 75.

2) Zeitschr. f. Untersuchung d. Nahrungs- u. Genußmittel 1900, **3**, 521.

3) Ebendort 1911, **22**, 583.

4) Die Trocknung in einem gewöhnlichen Trockenschrank nimmt 1 Stunde in Anspruch.

5) Zeitschr. f. Untersuchung d. Nahrungs- u. Genußmittel 1912, **23**, 14.

6) Ebendort 1912, **24**, 285.

4. Bestimmung des Stickstoffs und der Stickstoff-Verbindungen. *a) Bestimmung des Gesamt-Stickstoffs* 15—20 g Milch werden direkt in einem Kolben mit 20 ccm Schwefelsäure nach Kjeldahls Verfahren versetzt, erst im Wasserbade oder über kleiner Flamme erhitzt und, wenn das Wasser verdunstet ist, weiter nach Kjeldahl (I. Teil, S. 240) verbrannt. Oder man trocknet die Milch unter Zusatz von etwas Gips im Kolben ein und setzt dann die Schwefelsäure hinzu.

Für die Berechnung des Gesamt-Stickstoffs auf Stickstoff-Substanz empfiehlt es sich, nicht den sonst üblichen Faktor 6,25, sondern, da das Casein nur 15,7—15,8%[1]) und nicht 16% Stickstoff enthält, nach dem Vorschlage von J. Munk bei Frauenmilch den Faktor 6,34 und bei Kuhmilch den Faktor 6,37 zu wählen.

b) Bestimmung der Gesamt-Proteine der Milch nach Ritthausen. 25 ccm Milch werden mit 400 ccm Wasser verdünnt, mit 10 ccm Fehlingscher Kupferlösung (34,63 g Kupfersulfat in 500 ccm) und weiter mit 6,5—7,5 ccm einer Lösung von Kalilauge oder Natronlauge versetzt, welche 14,2 g Kalihydrat oder 10,2 g Natronhydrat in 1 l enthält. — 10 ccm der letzteren entsprechen allerdings 10 ccm der Kupferlösung, d. h. fällen diese eben aus, indes genügt ein Zusatz von 6,5—7,5 ccm Kali- oder Natronlauge, weil die Milch Triphosphat und freies Alkali enthält. — Die Flüssigkeit muß nach dem Absitzen des Niederschlages noch ganz schwach sauer oder neutral, keinesfalls aber darf sie alkalisch reagieren; beim geringsten Überschuß von Alkali bleibt die Flüssigkeit trübe. Die letztere wird, wenn sie klar geworden ist, durch ein getrocknetes und gewogenes Filter filtriert, der Niederschlag einigemal mit Wasser dekantiert, dann aufs Filter gebracht, mit Wasser ausgewaschen, mit Alkohol und Äther entfettet, nach dem Trocknen gewogen und verascht oder der Niederschlag wird samt dem Filter[2]) nach Kjeldahl verbrannt. Aus dem gefundenen Stickstoff (d. h. Gesamt-Stickstoff — Filter-Stickstoff) berechnet man die Stickstoff-Substanz durch Multiplikation mit 6,34 bzw. 6,37; Richmond[3]) empfiehlt den Faktor 6,39, da nach ihm das Casein 15,65% Stickstoff enthält.

Den Gehalt an stickstoffhaltigen Nichtproteinen erfährt man durch Eindampfen des Filtrats in Hoffmeisterschen Glasschälchen und durch Verbrennen des samt Schälchen zerstoßenen Rückstandes nach Kjeldahl.

c) Trennung von Casein und Albumin. Wenn Casein und Albumin getrennt bestimmt werden sollen, so verfährt man am einfachsten nach Hoppe-Seyber bzw. J. Schmidt[4]), indem man 20 g Milch mit der 10- oder 20fachen Menge Wasser verdünnt und tropfenweise 0,4 proz. oder 1 : 100 verdünnte Essigsäure so lange zusetzt, bis ein flockiger Niederschlag entsteht. Darauf leitet man entweder bei gewöhnlicher Temperatur oder nach Erwärmen auf 30—40° während einer halben Stunde Kohlensäure ein, bis die Flüssigkeit sich völlig geklärt hat. Die klare Flüssigkeit wird erst für sich filtriert, dann der Niederschlag mit Hilfe zurückgegossener Anteile des Filtrats auf ein — gewogenes — Filter gebracht, auf dem Filter erst mit Wasser, dann mit Alkohol und Äther ausgewaschen, bei 120—125% getrocknet, darauf gewogen, der Rückstand wird verascht und die Asche von dem ersten Gewicht des wasserfreien Niederschlages abgezogen, um die Menge des Caseins zu erhalten. Man kann den Niederschlag mit Filter ebenso zweckmäßig nach Kjeldahl verbrennen und das Casein aus dem Stickstoffgehalt wie vorstehend berechnen. In dem Filtrat kann man das Albumin durch Kochen bzw. Erwärmen auf 70—80° fällen, den auf einem Filter gesammelten Niederschlag samt Filter nach Kjeldahl verbrennen und den Stickstoff durch Multiplikation mit 6,25 — oder vielleicht ebenso richtig mit 6,34[5]) — auf Albumin umrechnen.

---

[1]) v. Sobbe (Milchwirtschaftl. Zentralbl. 1909, **5**, 538) fand in Übereinstimmung mit Hammarsten in reinem Casein 15,6—15,9% Stickstoff.

[2]) Das Filter darf alsdann nicht getrocknet werden.

[3]) Analyst 1908, **33**, 179.

[4]) Zeitschr. f. physiol. Chemie 1885, **9**, 591.

[5]) A. Bonnema (Pharmaz. Weekblad 1908, **45**, 1254) empfiehlt sogar den Faktor 6,99, weil er gefunden haben will, daß das Milchalbumin durchschnittlich nur 14,3% Stickstoff enthalten soll.

Schlossmann[1]) fällt das Casein aus der fünffach verdünnten Milch mit Kalialaun, Sebelien[2]) aus der vierfach verdünnten Milch mit Magnesiumsulfat.

Das Verfahren von Schlossmann, das empfohlen werden kann, wird wie folgt ausgeführt:

Etwa 10 g Milch werden nach vorherigem Verdünnen mit 3—5 Teilen Wasser auf 40° erwärmt und dann mit 1 ccm einer konzentrierten Alaunlösung versetzt. Das Casein fällt in Form eines flockigen Niederschlages aus. Ist dies nicht der Fall, so setzt man noch 0,5 ccm Alaunlösung zu, wartet einige Zeit, bis der Niederschlag sich flockig abgeschieden hat. Nötigenfalls setzt man noch weitere 0,5 ccm der Lösung zu. Der mit Wasser ausgewaschene und gegebenenfalls entfettete Niederschlag wird nach Kjeldahl verbrannt. Aus dem Filtrat wird dann mit 10 ccm einer Tanninlösung das Albumin gefällt und der Niederschlag dreimal mit Wasser gewaschen. Auch letzterer wird mit dem Filter nach Kjeldahl verbrannt. Zur Bestimmung des in den Molken enthaltenen Molkenproteins werden dieselben unter Zusatz einiger Tropfen Schwefelsäure möglichst weit eingedampft und darauf ebenfalls nach Kjeldahl verbrannt.

Anmerkung: Das Tannin fällt aber nicht allein das Albumin, sondern auch das Molkenprotein (bzw. -pepton), so daß, wenn auch dieses bestimmt werden soll, zweckmäßig mit wenig Essigsäure versetzt und auf 80° erhitzt wird.

Über den Gehalt der Kuhmilch an Molkenprotein, über dessen Zusammensetzung und Eigenschaften noch wenig Klarheit herrscht und welches wohl als Überbleibsel bzw. Zersetzungserzeugnis vom Casein oder Albumin aufgefaßt wird, liegen nur verhältnismäßig wenig Untersuchungen vor. P. Cornalba[3]) und H. Höft[4]) multiplizierten den Gesamt-Stickstoff sowie den in Form von Casein und Albumin gefundenen Stickstoff mit 6,37; das Molkenprotein läßt sich nach diesen Untersuchungen aus dem, was als Rest an der Summe fehlt, berechnen. Hiernach würde betragen:

Gehalt	1. Untersuchungen von Cornalba Milch (10)			2. Untersuchungen von Höft Milch (9)			Rahm (9)		
	Casein %	Albumin %	Molkenprotein %	Casein %	Albumin %	Molkenprotein %	Casein %	Albumin %	Molkenprotein %
Niedrigst	2,65	0,35	0	2,53	0,51	0,06	2,11	0,40	0,04
Höchst	3,18	0,46	0,249	2,77	0,65	0,18	2,31	0,57	0,16
Mittel	2,89	0,41	0,126	2,59	0,57	0,119	2,19	0,51	0,107

Nach diesen und anderen Untersuchungen kann man den Gehalt der Milch an Stickstoff in der Form von Casein, Albumin und Molkenprotein wie folgt annehmen:

	Casein- Milch	Casein- Rahm	Albumin- Milch	Albumin- Rahm	Molkenprotein-Stickstoff Milch	Molkenprotein-Stickstoff Rahm
Niedrigst	0,35%	0,33%	0,055%	0,062%	0,006%	0,006%
Höchst	0,55%	0,36%	0,125%	0,090%	0,030%	0,025%
Mittel	0,45%	0,34%	0,075%	0,080%	0,017%	0,018%

F. Sutherst[5]) fällte in der Milch (7 Tage nach dem Kalben) das Casein mit gesättigter Alaunlösung, das Globulin durch Sättigen mit Magnesiumsulfat und in dem Filtrat hiervon das Albumin durch alkoholische essigsäurehaltige Tanninlösung und fand:

Gesamtprotein	Casein	Globulin	Albumin	Molkenprotein
3,295%	2,304%	0,192%	0,562%	0,237%

[1]) Zeitschr. f. physiol. Chemie 1896, **22**, 197 u. Milch-Ztg. 1897, **26**, 169.

[2]) Zeitschr. f. physiol. Chemie 1885, **9**, 445; 1889, **13**, 135.

[3]) Annuario della Soc. Chim. di Milano **13**, Heft 1 und 2.

[4]) Milchwirtschaftl. Zentralbl. 1907, **3**, 521.

[5]) Chem. News 1902, **86**, 1.

Die Molkenprotein- bzw. Stickstoff-Verbindungen als Rest, erscheinen den vorstehenden Bestimmumgen gegenüber etwas hoch.

Anmerkung: Für Handelscaseine fanden Dornic und Daire[1]) folgende Gehalte:

Lab-Caseine	8,76—12,02% Wasser,	1,0 —3,4% Fett,	5,4—7,76% Asche.
Milchsäure-Caseine	6,46—10,12% „	1,25—4,2% „	2,2—2,91% „

5. Bestimmung des Milchzuckers. ***a) Gewichtsanalytisch nach A. Scheibe.***[2]) „25 ccm Milch, verdünnt mit 400 ccm Wasser, werden mit 10 ccm der als Bestandteil der Fehlingschen Lösung vorrätig gehaltenen Kupfersulfatlösung (69,28 g im Liter), dann mit 3,5—4,0 ccm N.-Natronlauge, darauf mit 20 ccm einer kaltgesättigten Lösung von Fluornatrium versetzt, nach halbstündigem Stehen zu 500 ccm aufgefüllt und 100 ccm des Filtrats mit 50 ccm Fehlingscher Lösung in einer tiefen Porzellanschale 6 Minuten lang im Sieden erhalten. Das ausgeschiedene Kupferoxydul wird in einem Asbestfilterrohre gesammelt, im Wasserstoffstrome reduziert und die entsprechende Milchzuckermenge aus der von Soxhlet angegebenen Tabelle (vgl. Tabelle VII im I. Teil, S. 740) berechnet."

Man kann das Kupferoxydul auch ebenso zweckmäßig durch einen Goochschen Porzellantiegel abfiltrieren und das Kupferoxydul durch Multiplikation mit 0,888 auf Kupfer umrechnen und dann der Soxhletschen Tabelle sich bedienen.

Oder man glüht den Gooch-Tiegel in einem Glühschälchen an der Luft, wägt als Kupferoxyd und multipliziert mit 0,7988, um Kupfer zu erhalten (vgl. auch Tabelle II im I. Teil, S. 732).

Die Bestimmung des Milchzuckers kann natürlich auch volumetrisch nach Soxhlet mit Fehlingscher oder Sachssescher Lösung erfolgen (vgl. I. Teil, S. 434).

Riegler[3]) hat vorgeschlagen, in einem 100 ccm-Kolben 10 ccm Milch mit 15 ccm Asaprolreagens [15 g Asaprol (β-Naphthol-α-monosulfonsaures Calcium) + 15 g Citronensäure + 500 ccm Wasser] zu vermischen, auf 100 ccm aufzufüllen, durchzuschütteln, auf 60° zu erwärmen und zu filtrieren. Von dem klaren Filtrat sollen 20 ccm mit 10 ccm Fehlingscher Kupferlösung, 10 ccm Seignettesalzlösung und 30 ccm Wasser 10 Minuten erhitzt und im Filtrat soll der Überschuß an Kupferoxyd durch Titration mit Natriumthiosulfat bestimmt werden.

b) Polarimetrisch nach A. Scheibe.[4]) „75 ccm Milch werden mit 7,5 ccm einer 20 gewichtsprozentigen Schwefelsäure und 7,5 ccm einer Quecksilberjodidlösung versetzt, die, wie folgt, bereitet wird: 40 g Jodkalium werden in 200 ccm Wasser gelöst, mit 55 g Quecksilberjodid geschüttelt, zu 500 ccm aufgefüllt und von ungelöst gebliebenem Quecksilberjodid abfiltriert. Nach dem Auffüllen der mit den Klärflüssigkeiten versetzten Milch zu 100 ccm wird das Filtrat im 400 mm-Rohre bei 17,5° polarisiert. Bei Benutzung des Halbschatten-Apparates mit doppelter Quarzkeil-Kompensation von Schmidt und Hänsch ist 1 Sacchari-

---

[1]) Zeitschr. f. Untersuchung d. Nahrungs- u. Genußmittel 1910, **20**, 229.

[2]) Zeitschr. f. analyt. Chemie 1901, **40**, 1. Nach A. Scheibe ist für eine genaue gewichtsanalytische Milchzuckerbestimmung die Entfernung der gelösten Kalksalze erforderlich, da durch die Gegenwart dieser 0,07—0,11% Milchzucker weniger gefunden wurden, als nach ihrer Ausfällung durch Fluornatrium. Eine Berücksichtigung des Volumens des Niederschlages der Eiweißkörper und des Fettes ist nicht erforderlich, da bei der 20fachen Verdünnung dadurch nur Fehler von +0,01 bis +0,02% bedingt werden.

Als weitere Klär- bzw. Fällmittel sind vorgeschlagen: von Carrez Ferrocyankalium (150 g im Liter) und Zinkacetat (300 g im Liter), die nacheinander angewendet werden sollen; von Guérin auf 10 ccm Milch 92 ccm einer wässerigen Lösung, die in 1 1 5 g Quecksilberacetat und 2 g Essigsäure enthält. Das Filtrat soll kurze Zeit mit Zinkstaub verrührt und dann mit Fehlingscher Lösung titriert werden (vergl. auch folgende Seite).

[3]) Zeitschr. f. analyt. Chemie 1898, **37**, 34.

[4]) Ebendort 1901, **40**, 1.

meter-Grad auf 0,16428 g[1]) Milchzucker in 100 ccm Lösung umzurechnen. Bei Polarisationsapparaten mit Kreisteilung und Natriumlicht ist bei 20° zu polarisieren und 1° im 400 mm-Rohr = 0,4759 g[1]) Milchzucker in 100 ccm zu setzen."

Zur Beseitigung des durch das Volumen des Niederschlags hervorgerufenen Fehlers ist nach A. Scheibe bei Vollmilch (mit 2,8—4,7% Fettgehalt) der gefundene Milchzuckergehalt mit 0,94 und bei Magermilch mit 0,97 zu multiplizieren.

Bei Rahm und Colostrummilch ist das Volumen des Niederschlages jedesmal zu ermitteln. Hierfür hat A. Scheibe ein besonderes Verfahren angegeben, auf das hier verwiesen sei.

Wenn in der vorstehenden Weise verfahren wird, geben nach A. Scheibe die gewichtsanalytische und die polarimetrische Bestimmung vollkommen übereinstimmende Werte. Die entgegengesetzten Angaben von Schmoeger[2]), Bechamp[3]), v. Raumer und Spaeth[4]) sind nach Scheibe irrig.

Bei der polarimetrischen Milchzuckerbestimmung ist, wie A. Scheibe und Svoboda[5]) gefunden haben, die Anwendung von Bleiessig zur Ausfällung und Klärung unzulässig und die fehlerhaften Befunde früherer Untersuchungen sind teils auf die Anwendung von Bleiessig und die Vernachlässigung des Volumens des Niederschlages bei der polarimetrischen Bestimmung, teils auf die unrichtige Ausführung des gewichtsanalytischen Verfahrens zurückzuführen. Für das Vorhandensein des die Unterschiede angeblich herbeiführenden dextrinartigen Kohlenhydrates liegen keine Beweise vor.

G. Patein[6]) glaubt ebenfalls, daß bei der Bestimmung des Milchzuckers nach dem gewichtsanalytischen wie dem polarimetrischen Verfahren für die Volumverminderung durch die Ausfällung des Caseins und Fettes mit Quecksilbernitrat — welches besser als Bleiessig geeignet sein soll — eine Korrektur notwendig sei und empfiehlt hierfür, um den Milchzuckergehalt in 1 l Milch (= x) zu finden, folgende Formel:

$$\frac{x}{P} = \frac{D - E}{1{,}000 - 0{,}605 \times P},$$

worin P = Gehalt des Serums an Lactose, D = spezifisches Gewicht und E = Trockensubstanz in 1 l bedeutet.

C. Carrez[7]) empfiehlt für die Bestimmung des Milchzuckers:

50 ccm Milch mit je 5 ccm einer Lösung von Ferrocyankalium (150 g im Liter) und Zinkacetat (300 g im Liter) zu fällen.

G. Guérin[8]) versetzt 10 ccm im Becherglase mit 95 ccm einer wässerigen Lösung, die im Liter 5 g Quecksilberacetat und 2 g Essigsäure enthält, rührt, filtriert, verrührt das Filtrat kurze Zeit mit Zinkstaub, filtriert wieder und bestimmt in diesem Filtrat den Milchzucker mit Fehlingscher Lösung. Nach Schoorl und Giltag soll man 50 ccm mit 10 ccm einer 4 proz. Kupferacetatlösung und 1 ccm 10 proz. Ammoniak versetzen, 20 Minuten stehen lassen, mit 1 ccm einer 40 proz. Essigsäure ansäuern, dann Aluminiumhydroxyd zusetzen, auf 100 ccm auffüllen, schütteln, filtrieren, das Filtrat mit Zinkpulver schütteln, abermals filtrieren und endlich das Filtrat im 400-mm-Rohr polarisieren. Dieses Klärverfahren und das von Carrez liefern brauchbare Ergebnisse, nur muß man, wie C. van Driel[9]) hervorhebt, vor allen Dingen das schwankende Volumen des Casein-Fett-Niederschlages mit berücksichtigen.

---

1) Nach Landolt, Das optische Drehungsvermögen usw. 1898, 445.
2) Bericht über die Tätigkeit des Milchw. Instit. Proskau 1883/84, 22.
3) Chem.-Ztg. 1891, **15**, 1126, 1319.
4) Zeitschr. f. angew. Chemie 1896, 70.
5) Zeitschr. d. Vereins f. Rübenzucker-Industrie 1896, **46**, Heft 481.
6) Zeitschr. f. Untersuchung d. Nahrungs- u. Genußmittel 1906, **11**, 288 und 459.
7) Ebendort 1908, **16**, 701.
8) Ebendort 1908, **16**, 702.
9) Ebendort 1910, **19**, 220.

Ein ähnliches Verfahren schlägt E. Salkowski[1]) vor:

50 ccm Milch werden in einem womöglich etwas breithalsigen graduierten, mit Glasstöpsel versehenen Meßzylinder von 150—200 ccm Inhalt abgemessen, 17,5 g Ammonsulfat hineingeschüttet und durch energisches Schütteln in Lösung gebracht. Alsdann füllt man mit gesättigter Ammonsulfatlösung auf 100 ccm auf, mischt durch und filtriert durch ein nicht angefeuchtetes glattes Filter von etwa 16 cm Durchmesser (Schleicher & Schüll, Nr. 597 oder 604 bzw. ein gleichwertiges Filtrierpapier). In wenigen Minuten erhält man soviel Filtrat, wie zur polarimetrischen Bestimmung erforderlich ist. Das Filtrat ist von vornherein ganz klar, es kommt kaum vor, daß die ersten Tropfen trüb sind. Man bestimmt die Drehung und multipliziert mit 2. Macht man die Bestimmung mit einem kleinen auf Traubenzucker graduierten Halbschattenapparat, so ist, wenn man den Milchzucker als $C_{12}H_{22}O_{11} + H_2O$ angibt, nach Ansicht Salkowskis eine Umrechnung nicht nötig, da die spezifische Drehung des krystallwasserhaltigen Milchzuckers mit der des Traubenzuckers praktisch übereinstimmt (52,53° gegen 52,6°). Will man die Angabe für wasserfreien Milchzucker machen, so multipliziert man mit 52,53 und dividiert durch 55,46, bzw. multipliziert mit 0,94717 (log 97643).

c) Refraktometrische Bestimmung. Diese wird nach der Vorschrift von Wollny wie folgt ausgeführt: 5 ccm Milch werden in einem Schüttelfläschchen mit 5 Tropfen einer 4proz. Chlorcalciumlösung versetzt, die Fläschchen dann verkorkt und mit Bindfäden überbunden, in ein siedendes Wasserbad gestellt, darin 10 Minuten belassen und dann zum Abkühlen in das Temperierbad gebracht. Zur Untersuchung saugt man einige Tropfen des kalten Serums in ein Glasröhrchen, das an dem eingetauchten Ende behufs Filtration mit einem Baumwollpfröpfchen versehen ist, bringt einige Tropfen der Flüssigkeit zwischen die Prismenfläche des Refraktometers und liest bei 17,5° ab.

Nach R. Braun[2]), E. Baier und P. Neumann[3]) ist das Verfahren für praktische Zwecke ausreichend genau genug. Für die Berechnung des Milchzuckergehaltes aus den abgelesenen Skalenteilen ist eine besondere Tabelle ausgearbeitet, bezüglich derer auf die angegebenen Quellen verwiesen sei; vorwiegend auf die Arbeit von Baier und Neumann, worin auch die sonstigen refraktometrischen Bestimmungen in der Milch behandelt sind.

Der Gehalt der Kuhmilch an Milchzucker schwankt in der Regel zwischen 4,3—5,3% und beträgt im Mittel 4,85%.

6. Bestimmung der Mineralstoffe. 10—20 g Milch werden nach Fleischmann unter Zusatz von einigen Tropfen Essigsäure in einer Platinschale auf dem Wasserbade völlig eingetrocknet und dann über freier Flamme langsam verkohlt. Nachdem man den verkohlten Rückstand mit Wasser ausgezogen hat, brennt man den Rückstand vollständig weiß, bringt die Schale auf das Wasserbad, setzt den wässerigen Auszug nach und nach zu, verdampft, glüht gelinde und wägt nach dem Erkalten.

Der Gehalt der Kuhmilch an Mineralstoffen schwankt in der Regel zwischen 0,60—0,80% und beträgt im Mittel 0,72%. Bezüglich der Bestimmung einzelner besonderen Mineralstoffe sei noch folgendes bemerkt:

a) Eisenbestimmung in der Milch. Neuerdings werden Kühe wohl mit Eisenpräparaten (Lactocon, Sango usw.) gefüttert, um die Milch dieser Kühe als Heilmittel gegen Anämie, Chlorose usw. in Vorschlag zu bringen. Es kann aber nach bisherigen Versuchen auf diese Weise der Eisengehalt der Milch nicht oder kaum erhöht werden. G. Fendler, L. Frank und W. Stüber[4]) verdampfen 200 ccm Milch in einer Platinschale, veraschen, übergießen die Asche mit 5 ccm Salzsäure (1,125) und ziehen mit Wasser aus. Der unlösliche Teil wird samt dem eisenfreien Filter

---

[1]) Zeitschr. f. physiol. Chemie 1912, **78**, 89.

[2]) Milch-Ztg. 1901, **30**, 578.

[3]) Zeitschr. f. Untersuchung d. Nahrungs- u. Genußmittel 1907, **13**, 369.

[4]) Ebendort 1910, **19**, 369.

weiter verascht, hierzu der erste Aschenauszug gegeben und das Ganze zur Trockne verdampft; der Rückstand soll mit rauchender Salzsäure nochmals eingedampft, darauf mit 30 ccm konzentrierter Schwefelsäure einige Zeit digeriert und schließlich über einem Pilzbrenner bis zum Entweichen reichlicher weißer Schwefelsäuredämpfe erhitzt werden. Man füllt die salzsäurefreie Flüssigkeit auf 110 ccm auf, filtriert, bringt 100 ccm des Filtrats in einen 300 ccm fassenden Erlenmeyerkolben und dazu ein Stück reines, mit Platindraht umwickeltes Stangenzink. Nach $^1/_2$stündigem Erwärmen auf dem Wasserbade nimmt man das Zinkstückchen heraus und titriert mit $^1/_{20}$ N.-Kaliumpermanganatlösung, deren Titer man jodometrisch feststellt. Gleichzeitig wird mit den verwendeten Reagenzien ein blinder Versuch angestellt und die so erhaltene Menge Eisen in Abzug gebracht. Die Verfasser fanden auf diese Weise in gewöhnlicher Kuhmilch 4,0—12,0 mg, in Milch von mit Eisenpräparaten gefütterten Kühen 5,0—7,9 mg Eisenoxyd in 1 l Milch.

C. Mai[1]) hat das Eisen auf colorimetrischem Wege bestimmt und in solcher Milch rund 1,0 mg Eisen in 1 l gefunden. Fendler und Mitarbeiter weisen aber darauf hin, daß das colorimetrische Verfahren bei Gegenwart von Phosphaten versagt.

Edelstein und v. Csonka[2]) verwenden ein ganzes Liter Milch zur Eisenbestimmung, indem sie es anteilweise in einer Platinschale eindampfen, einäschern, neue Anteile Milch zugeben, wieder eindampfen und veraschen usw., bis das ganze Liter verascht ist. Die Asche wird in heißem Wasser und wenig verdünnter Salzsäure gelöst, in ein Becherglas übergespült, mit einigen Tropfen Salpetersäure oxydiert, in einen Kjeldahl-Kolben filtriert, und mit heißem Wasser so lange nachgewaschen, bis ein Tropfen des Filtrats keine Spur von Eisenreaktion mehr gibt. In der Lösung wird dann das Eisen nach dem jodometrischen Verfahren bestimmt. Die Verfasser fanden auf diese Weise nur 0,4—0,7 mg Eisen (Fe) in 1 l Kuhmilch, während nach Bahrdt und Edelstein[3]) Frauenmilch 1,4—1,9 mg Eisen in 1 l enthält.

F. E. Nottbohm und W. Weißwange[4]) benutzen das Kupferron (Ammoniumsalz des Nitrosophenylhydroxylamins), das zur Trennung des Eisens von Aluminium und Chrom empfohlen wird und sich in Äther wie Chloroform löst, zur Bestimmung des Eisens in der Milch in folgender Weise:

100 ccm Milch werden am besten in zwei Platinschalen, unter Glastrichtern auf dem Wasserbade eingetrocknet, im Lufttrockenschrank allmählich auf 150—180° erhitzt und dann möglichst in einer Quarzmuffel verascht. Die völlige Veraschung nimmt man bei bedeckten Schalen über Pilzbrennern vor.

Um die letzten Spuren Kohle zu entfernen, verreibt man die Asche mit etwas Wasser, trocknet wieder auf dem Wasserbade ein und glüht nochmals schwach. Die gänzlich weißgebrannte Asche wird zweimal mit eisenfreier Salzsäure auf dem Wasserbad zur Trockne eingedampft, mit etwa 40 ccm $^1/_2$ N.-Salzsäure aufgenommen, in einen Erlenmeyer-Kolben übergeführt und nach Zusatz einiger Tropfen Salpetersäure oxydiert.

Nach völligem Erkalten spült man die Aschenlösung in einen Scheidetrichter, versetzt mit 2 ccm einer 5 proz. Kupferronlösung, mischt gut durch und läßt $^1/_4$ Stunde stehen. Dann schüttelt man die Lösung zweimal mit etwa 25 ccm Chloroform aus, läßt die gelb bis grünlich gefärbte Chloroformschicht in einen 100 ccm fassenden weithalsigen Erlenmeyer-Kolben aus Jenaer Glas fließen und destilliert das Chloroform auf dem Wasserbade bis auf die letzten Spuren ab, was durch Neigen des Kölbchens leicht zu erreichen ist. Der Rückstand wird durch vorsichtiges Erhitzen des Kölbchens über freier Flamme völlig verascht.

Das nun deutlich wahrnehmbare Eisenoxyd bringt man durch Erwärmen mit Salzsäure und etwas Salpetersäure in Lösung, raucht noch zweimal mit Salzsäure ab und bestimmt schließlich

---

1) Zeitschr. f. Untersuchung d. Nahrungs- u. Genußmittel 1910, **19**, 21.

2) Biochem. Zeitschr. 1912, **38**, 14.

3) Zeitschr. f. Kinderheilkunde 1910, **1**, 182.

4) Zeitschr. f. Untersuchung d. Nahrungs- u. Genußmittel 1912, **23**, 514.

in der üblichen Weise das Eisen colorimetrisch. Die Verfasser fanden hiernach in 1 l Marktmilch 1,3 mg Eisen.

b) Präformierte Schwefelsäure und Schwefel in der Milch. J. Tillmans und W. Sutthoff[1]) prüften die häufig umstrittene Frage, ob Milch fertig gebildete Schwefelsäure enthalte, in folgender Weise:

1 l Milch wurde mittels Essigsäure gefällt, mit Hilfe eines reinen Messingdrahtnetzes unter gründlichem Auswaschen vom Koagulum befreit und das Filtrat nach Zusatz von 4 g Tannin stark eingeengt. Die abgekühlte Flüssigkeit wurde durch Glaswolle — geringe mitdurchgehende Flocken des Niederschlages stören nicht — in einen Literkolben filtriert. Es wurden dann 7,5 g krystallisiertes Kupferchlorid ($CuCl_2 + 2\,H_2O$) und außerdem so viel Natronlauge zugegeben, daß die Flüssigkeit nur noch eben sauer reagierte. Das nach dem Auffüllen erhaltene Filtrat war klar oder zeigte doch nur eine ganz geringe Trübung, die bei Zusatz von Salzsäure verschwand; es mußte ferner die gesamte präformierte Schwefelsäure enthalten, da die Flüssigkeit stets sauer gehalten war, so daß das Ausfallen der Schwefelsäure etwa als Gips ausgeschlossen erscheint. Zwar ergibt auch schon die mit Tannin eingekochte und abgekühlte Flüssigkeit ein klares Filtrat, jedoch fiel hier nach Zusatz von Bariumchlorid außer dem Bariumsulfat ein flockiger, brauner Niederschlag aus. Diese störende Erscheinung wurde durch die nachfolgende Kupferfällung vermieden, wodurch die Gerbsäure zum größten Teil wieder ausgeschieden wurde, so daß das Filtrat mit Chlorbarium einen rein weißen Niederschlag gab.

Tillmans und Sutthoff untersuchten den mit Chlorbarium erhaltenen Niederschlag noch auf Reinheit und wiesen ferner nach, daß die Milch keine gepaarte Schwefelsäure (wie der Harn) sondern nur eine einfache (Sulfat-) Schwefelsäure enthält. Das Serum enthielt aber noch organisch gebundenen Schwefel — z. B. in Form von Rhodanverbindungen —, den sie durch Veraschen von 100 ccm mit Soda und Salpeter ermittelten. Den Gesamt-Schwefel (also auch den in Form von Protein vorhandenen Schwefel) bestimmten sie in der Weise, daß sie 100 ccm mit rauchender Salpetersäure und Salzsäure versetzten und bei kleiner Flamme so lange erhitzten, bis alles — bis auf das Fett — zu einer klaren Flüssigkeit gelöst war. Das Fett wurde abfiltriert, das Filtrat eingeengt, mit Natronlauge schwach alkalisch gemacht und der scharf getrocknete Schaleninhalt auf einem Spiritusbrenner verascht. Auf diese Weise fanden Tillmans und Sutthoff in 1 l Milch präformierte Schwefelsäure im Mittel einer größeren Anzahl Proben:

Kuhmilch	Ziegenmilch	Stutenmilch	Frauenmilch
92,1 mg	50,4 mg	22,8 mg	23,7 mg

oder in Prozenten der Asche bei Kuhmilch 1,23%, bei Ziegenmilch 0,59%.

In anderen Milchproben fanden sie folgende Verteilung:

Milch	Milligramm Schwefel im Liter				in Prozenten des Gesamtschwefels		
	Gesamtschwefel mg	organischer Schwefel		präformierter Schwefel mg	organischer Schwefel		präformierter Schwefel %
		Protein mg	Nichtprotein mg		Protein %	Nichtprotein %	
Kuhmilch .	347,7	294,6	17,0	36,1	84,7	4,9	10,4
Ziegenmilch	346,6	304,5	21,9	20,2	87,9	6,3	5,8

c) Chlorbestimmung. P. Poetschke[2]) gibt auch ein Verfahren zur direkten Bestimmung des Chlors in der Milch durch Titration mit Rhodanammonium an, worauf wegen seiner Umständlichkeit nur verwiesen sei.

d) Von dem ***Kalk*** der Milch sind nach Rona und Michaelis[3]) 0,06—0,07%, oder 40—50% des im ganzen vorhandenen Kalkes diffusibel; durch Behandeln der Milch mit Eisen-

[1]) Zeitschr. f. Untersuchung d. Nahrungs- u. Genußmittel 1910, **20**, 49.

[2]) Ebendort S. 480.

[3]) Biochem. Zeitschr. 1909, **21**, 114.

hydroxyd geht der Kalk aus der indiffusibelen in die diffusibele Form über und erhöht die elektrolytische Leitfähigkeit. Der Kalkgehalt der Milch erleidet nach L. Frank[1]) weder durch Mangel an Kalk im Futter noch durch Zufütterung von kohlensaurem oder phosphorsaurem Kalk eine Veränderung.

e) Bordas und Touplain[2]) bestimmen den ***unorganisch und organisch gebundenen Phosphor*** in der Weise, daß sie zunächst 10 ccm Milch bei dunkler Rotglut veraschen, die Asche in Salpetersäure lösen und in dieser Lösung die Gesamt-Phosphorsäure bestimmen. Dann werden 20 ccm Milch in 50 ccm einer 5 proz. Trichloressigsäure unter Umschwenken eingegossen, die Mischung wird 5 Minuten lang gekocht, das Koagulum nach 12 stündigem Stehen durch Dekantieren und zuletzt unter Zugabe von etwas trichloressigsäurehaltigem Wasser durch Zentrifugieren gewaschen. Die vereinigten Filtrate werden auf 100 ccm abgedampft, hiervon werden 50 ccm eingedampft und verascht; die in dieser Asche bestimmte Menge Phosphorsäure soll die Menge des unorganisch gebundenen Phosphors, der mineralischen Phosphorsäure, geben. Das Koagulum wird durch Aceton entfettet, das Aceton verdampft, das rückständige Fett verseift, die Seife durch Salpetersäure zersetzt, das Filtrat von den abgeschiedenen Fettsäuren mit dem entfetteten Casein vereinigt, das Ganze verascht und hierin ebenfalls die Phosphorsäure als organisch gebundener Phosphor bestimmt.

Anmerkungen: Durch getrennte Bestimmung der Phosphorsäure in der Acetonlösung und dem Casein würde man gleichzeitig die Lecithin-Phosphorsäure und den an Casein gebundenen Phosphor erhalten.

Im übrigen wird es sich empfehlen, die Einäscherung der Milch wie des Caseins unter Zusatz von Natriumcarbonat vorzunehmen (I. Teil, S. 478).

Da die Milchasche mitunter Pyro- und Metaphosphat[3]) enthält, empfiehlt es sich, die stark salpetersaure Lösung der Asche vor dem Zusatz von molybdänsaurem Ammon mindestens 20 Minuten lang zu kochen bzw. im kochenden Wasserbade zu erhitzen (zu invertieren).

7. Bestimmung des Säuregehaltes. ***a) Bestimmung der Gesamtsäure.*** ***α) Verfahren von Soxhlet und Henkel.***[4]) Die Säurebestimmung in der Milch wird in der Regel nach dem Verfahren von Soxhlet-Henkel ausgeführt. 50 ccm Milch werden nach Soxhlet und Henkel mit 2 ccm einer 2 proz. Lösung von Phenolphthalein in Alkohol versetzt und darauf mit $^1/_4$ N.-Natronlauge titriert, bis eine eben bemerkbare Rötlichfärbung eintritt. Die verbrauchte Anzahl Kubikzentimeter $^1/_4$ N.-Natronlauge ergibt die Säuregrade. Dieses Verfahren muß genau innegehalten werden, um vergleichbare Ergebnisse zu erhalten; besonders darf nicht mit Wasser verdünnt werden. Der Säuregrad wird auf 100 ccm Milch berechnet angegeben. Dabei ist anzugeben, wie warm die Milch bei der Probenahme und bei der Untersuchung im Laboratorium war und wie lange Zeit zwischen Probenahme und Untersuchung verstrichen ist.

Die Schwankungen der Säuregrade betragen 6,0—9,0°, im Mittel 6,8—7,5° (bzw. ccm $^1/_4$ N.-Natronlauge). Nach Höft[5]) und Kirsten[6]) nimmt die Milch durch Kochen um etwa 0,56 Säuregrade ab, was wahrscheinlich auf einen Verlust an Kohlensäure zurückzuführen ist. W. van Dam[7]) führt die Säureabnahme durch Kochen auf eine Konzentration der Wasserstoffionen zurück und gibt an, daß nach einigen Stunden die ursprünglichen Werte wiederhergestellt würden. Milch mit weniger als 6 Säuregraden ist als fehler- oder krankhaft verdächtig (räße Milch, Milch bei Euterentzündungen).

---

[1]) Chem.-Ztg. 1910, **34**, 978.

[2]) Zeitschr. f. Untersuchung d. Nahrungs- u. Genußmittel 1913, **25**, 65.

[3]) Vgl. E. H. Miller, Zeitschr. f. Untersuchung d. Nahrungs- u. Genußmittel 1912, **24**, 415.

[4]) Milchwirtschaftl. Zentralbl. 1907, **3**, 340.

[5]) Milch-Ztg. 1901, **30**, 103.

[6]) Ebendort 1902, **31**, 114.

[7]) Zeitschr. f. Untersuchung d. Nahrungs- u. Genußmittel 1910, **20**, 228.

β) Verfahren von Thörner[1])-Pfeiffer.[2]) Thörner verdünnt 10 ccm Milch mit 30 ccm, Pfeiffer mit 40 ccm Wasser; beide titrieren dann die verdünnte Milch unter Zusatz von 5 Tropfen einer 5proz. alkoholischen Phenolphthaleinlösung mit $^1/_{10}$ N.-Alkalilauge und bezeichnen jedes verbrauchte $^1/_{10}$ ccm als Säuregrad. Durch die Verdünnung mit Wasser wird aber die Acidität der Milch angeblich verändert bzw. verringert, da hierdurch alkalisch reagierendes Kalkphosphat gelöst wird.

Schrot-Fiechtl[3]) verwendet zur Titration eine Alkalilauge, von der 1 ccm genau 0,01 g Milchsäure entspricht, so daß bei Verwendung von 10 ccm Milch jedes Kubikzentimeter dieser Lösung 0,1% Milchsäure anzeigt. Morres[4]) schlägt vor, 20 ccm Milch mit $^1/_{10}$ Normallauge zu titrieren, während Dornic[5]) eine Natronlauge, die 4,405 g NaOH im Liter enthält, sowie 10 ccm Milch verwendet und den Verbrauch eines jeden $^1/_{10}$ ccm als einen Säuregrad bezeichnet.

Diese Vorschläge haben aber bis jetzt die unter a und b angegebenen nicht verdrängt. Jedenfalls ist es notwendig, bei Angabe des Säuregrades das Verfahren, wonach er ermittelt ist, mit anzugeben.

b) Einzelne Säuren. **α) Bestimmung der Milchsäure.** H. Weigmann[6]) wendet hierfür folgendes indirekte Verfahren an:

Das die Milchsäure enthaltende Serum wird mit Bariumhydroxyd versetzt und der hauptsächlich aus Bariumphosphat bestehende Niederschlag abfiltriert. Die Milchsäure bleibt als Kalk- und Barytsalz in Lösung. Durch überschüssige verdünnte Schwefelsäure wird der Baryt ausgefällt und der Schwefelsäureüberschuß mit Bariumcarbonat entfernt, wobei die freigewordene Milchsäure wieder an Baryt gebunden wird. Die Menge dieses gelösten Baryts gibt alsdann ein Maß für die Menge der vorhandenen Milchsäure. Das Verfahren gab mit Milchsäurelösungen wie auch mit Serum geronnener Milch gut stimmende Zahlen, so daß es Verwendung finden konnte zur Bestimmung der Milchsäure, die in Casein-Kalk-Milchzuckerlösungen mit Reinkulturen von Milchsäurebakterien gebildet worden war.

β) Citronensäure in Milch. Th. Henkel[7]) hat die Citronensäure aus der Milch dadurch in Substanz ausgeschieden und annähernd quantitativ bestimmt, daß er in dem Serum der Milch den citronensauren Kalk fällte, diesen durch Schwefelsäure zerlegte und die Citronensäure mit Äther auszog. Dieses Verfahren ist von A. Scheibe[8]) durch ein genaueres ersetzt, indem er die Eigenschaft der Citronensäure durch Oxydation mit Kaliumbichromat und Schwefelsäure nach der Gleichung:

$$C_6H_6O_7 + 3\,K_2Cr_2O_7 + 12\,H_2SO_4 = 3\,K_2SO_4 + 3\,Cr_3(SO_4)_3 + 16\,H_2O + 6\,CO_2$$

zu zerfallen, zu ihrer quantitativen Bestimmung benutzt. Hiernach vermögen 885 g Kaliumbichromat 192 g Citronensäure, oder 4,61 g Bichromat, 1 g Citronensäure zu oxydieren. Man muß aber zur vollständigen Oxydation stets einen Überschuß von Bichromat anwenden. Die gebildete Kohlensäure zur quantitativen Bestimmung der Citronensäure zu verwerten, empfiehlt sich wegen der Ungenauigkeit nicht; dagegen erhält man gute Ergebnisse, wenn man die im Überschuß zugesetzte titrierte Kaliumbichromatlösung durch eine im Überschuß zugesetzte titrierte Lösung von Ferroammoniumsulfat (Mohrsches Salz) reduziert und den Überschuß hieran mit Bichromatlösung unter Anwendung von Ferricyankalium zurück-

---

[1]) Milch-Ztg. 1893, **22**, 58.

[2]) Chem.-Ztg. 1891, **15**, 1108, 1896; **16**, 1496 u. 1596.

[3]) Milch-Ztg. 1892, **21**, 611; 1893, **22**, 690.

[4]) Ebendort 1908, **37**, 385.

[5]) Dornic, La contrôle du lait. Besançon 1897.

[6]) Zeitschr. f. Untersuchung d. Nahrungs- u. Genußmittel 1902, **5**, 170.

[7]) Landw. Versuchsstationen 1891, **39**, 143.

[8]) Ebendort S. 153.

titriert. Die Endreaktion mit Ferricyankalium wird durch die Farbe des Chromoxyds nicht gestört. Verwendet werden:

a) Chromatlösung: 46,1 g Kaliumbichromat in 1 l.

b) Eisenlösung: 150 g Ferroammoniumsulfat werden in 700 ccm Wasser gelöst, mit 100 ccm konzentrierter Schwefelsäure versetzt und zu 1 l aufgefüllt. 20 ccm dieser Eisenlösung mit 80 ccm Wasser verdünnt, verbrauchen etwa 7,7—8,0 ccm der Chromatlösung.

c) Citronensäurelösung: Etwa 0,685 g Citronensäure werden zu 100 ccm in Wasser gelöst; 20 ccm dieser Lösung (= 0,137 g Citronensäure) werden mit 25 ccm der Bichromatlösung (a) und 20 ccm konzentrierter Schwefelsäure $^1/_4$ Stunde lang erhitzt, ohne daß die Flüssigkeit zum Sieden gelangt, darauf mit 50 ccm Wasser verdünnt, mit 40 ccm der Eisenlösung (b) versetzt und mit der Chromsäurelösung zurücktitriert. Entsprechen den 40 ccm Eisenlösung etwa 15,2 ccm Bichromatlösung und sollen durchschnittlich 13,4 ccm Bichromatlösung zur Oxydation von 34 mg Citronensäure verwendet sein, so entspricht 1 ccm der Bichromatlösung 0,0102 g Citronensäure. Bei ganz reinem Bichromat hätten auf 137 mg Citronensäure 13,7 ccm Bichromatlösung verbraucht werden müssen.

Für die Bestimmung der Citronensäure in der Milch verfährt man wie folgt:

Man versetzt, um ein eiweiß- und fettfreies Milchserum, in welchem die Citronensäure sicher gelöst ist, zu gewinnen, 400 ccm Milch mit 4 ccm $2^1/_2$ N.-Schwefelsäure, kocht auf, setzt ca. 10 g spanische Klärerde zu, die zuvor mit Wasser zu einem dicken Schleim angerieben wurde, kocht nochmals auf, spült nach dem Erkalten in einen $^1/_2$ l-Kolben und füllt auf die Marke auf. Das Filtrat ist in den meisten Fällen vollkommen klar, zeigt die Flüssigkeit noch eine schwache Trübung, so filtriert man noch einmal mit spanischer Erde, die im trockenen Zustande zuvor mit der Flüssigkeit selbst angerieben wird. Zu 100 ccm Filtrat, entsprechend 80 ccm Milch, wird soviel Barytwasser hinzugefügt, als der zugesetzten Schwefelsäure (0,8 ccm $2^1/_2$ N.-Schwefelsäure auf 80 ccm Milch) entspricht, wodurch die Milch wieder auf ihre ursprüngliche Acidität gebracht wird. Diese Vorsichtsmaßregel — Eindampfen nach bewirkter Neutralisation — ist in der leichten Zersetzbarkeit der Citronensäure durch konzentrierte Mineralsäuren in der Hitze begründet. Man dampft nun in einer Porzellanschale auf dem Wasserbade bis zur Sirupkonsistenz ein; gegen Ende des Abdampfens muß zur Erzielung eines ganz homogenen Sirups fleißig umgerührt werden. Bevor der Sirup noch vollständig erkaltet und der Milchzucker erstarrt ist, setzt man demselben 3,2 ccm der $2^1/_2$ N.-Schwefelsäure unter Umrühren zu. Diese Menge genügt, um alle Citronensäure in Freiheit zu setzen. Zu dem so erhaltenen angesäuerten Sirup setzt man nach und nach unter Umrühren 20 ccm absoluten Alkohol und nach kurzem Absitzenlassen 60 ccm Äther. Die Filtration und das Auswaschen des Rückstandes mit Äther-Alkohol (20 ccm absoluten Alkohol, 60 ccm Äther) erfolgt am zweckmäßigsten in der Weise, daß man einen kleinen, mit Baumwolle gefüllten Trichter mit der Basis nach unten in die Porzellanschale einstellt und die Flüssigkeit mit der Wasserluftpumpe in bekannter Weise absaugt. Der Milchzucker fällt nach dem angegebenen Verfahren immer krystallinisch aus, und man erhält einen leicht auswaschbaren Krystallbrei. Das klare Filtrat wird in einen Destillierkolben gespült, mit soviel alkoholischem Ammoniak versetzt, daß eine bleibende Trübung auftritt, also neutralisiert und der Äther bis auf einen Flüssigkeitsrückstand von etwa 20 ccm abdestilliert, letzteres deshalb, weil ein größerer Äthergehalt auf die krystallinische Abscheidung des citronensauren Ammons einen ungünstigen Einfluß ausübt. Zum Destillationsrückstande — ca. 20 ccm — werden 60 ccm absoluten Alkohols hinzugefügt, die Lösung im Wasserbade zum Kochen erhitzt und nun die Citronensäure durch 10 ccm alkoholischen Ammoniaks vollständig ausgefällt. Nach mehrstündigem Stehen erhält man eine völlig klare Lösung und einen krystallinischen Absatz, von welchem sich die überstehende klare Flüssigkeit in der Regel direkt abgießen läßt. Der Niederschlag ist frei von Milchzucker, enthält aber neben citronensaurem noch schwefel- und phosphorsaures Ammon, nebst sehr geringen Mengen von Chlorammonium; außerdem noch eine geringe Menge einer organischen Substanz. Die Anwesenheit letzterer Verunreinigung in der gefällten Substanz ergibt sich daraus, daß bei doppelter Fällung stets eine etwas niedrigere Zahl für den Verbrauch an Kubikzentimetern Chromsäurelösung gefunden wird, als bei einmaliger Fällung, eine Differenz, die bei der Schwerlöslichkeit des

Ammoncitrates nicht auf Verluste an Citronensäure zurückgeführt werden kann. Eine dritte Fällung gibt hingegen das gleiche Resultat wie die zweite Fällung, woraus hervorgeht, daß durch einmalige Wiederholung der Fällung ein Niederschlag erhalten wird, der keine andere organische Substanz als Citronensäure enthält und daß eine dritte Fällung zur Erzielung dieses Effektes überflüssig ist.

Zur Ausführung der zweiten Fällung verfährt man in der folgenden Weise: Man gießt die über dem ersten Niederschlage stehende alkoholische, etwas gelblich gefärbte Flüssigkeit ab, filtriert eventuell suspendierte Teilchen ab, wobei man möglichst vermeidet, vom Absatze etwas auf das Filter zu bringen. Zu dem im Kolben befindlichen Niederschlage setzt man 1 ccm $2^1/_2$ N.-Schwefelsäure und 1 ccm Wasser, um die Citronensäure wieder alkohollöslich zu machen, fügt 60 ccm absoluten Alkohol zu und fällt mit 10 ccm alkoholischem Ammoniak. Die Flüssigkeit klärt sich bei dieser zweiten Fällung sehr schwer; sie ist oft nach 24 Stunden noch trübe, weshalb man zweckmäßig die Flüssigkeit unmittelbar nach der Fällung, unter Zusatz von kohlensaurem Ammon, wie früher angegeben, am Rückflußkühler erhitzt.

Zur Filtration der nach mehrstündigem Stehen klar gewordenen Flüssigkeit bedient man sich eventuell desselben Filters, auf welchem man suspendierte Teilchen der ersten Fällung abfiltriert hat, nachdem dasselbe mit absolutem Alkohol ausgewaschen wurde. Die Lösung des Niederschlages mit Wasser, das Konzentrieren der Lösung auf etwa 20 ccm, die Zersetzung des Ammoniumcitrats mit Bichromat erfolgt schließlich genau nach den gemachten Angaben.

Auf diese Weise sind an Citronensäure rund für 1 l Milch gefunden:

Kuh- und Ziegenmilch	Stuten- und Büffelmilch	Frauenmilch
1,0—1,5 g	0,6—0,8 g	0,5—0,6 g.

Von anderer Seite ist die Bestimmung der Citronensäure durch Oxydation mittels Calciumpermanganat in saurer Lösung vorgeschlagen. Hierdurch wird die Citronensäure zu Acetondicarbonsäure ($HOOC \cdot CH_2 \cdot CO \cdot CH_2 \cdot COOH$) oxydiert, die mit Quecksilbersulfat im Überschuß einen in Wasser unlößlichen, in konzentrierten Säuren löslichen Niederschlag gibt. Beau[1]) hat dieses Verhalten zur quantitativen Bestimmung der Citronensäure ausgearbeitet.

Setzt man einer Citronensäurelösung erst Bromwasser und dann Kaliumpermanganat zu, so bildet sich nach A. Wöhlk[2]) bei gewöhnlicher Temperatur im wesentlichen Pentabromaceton, bei höherer Temperatur (45—60°) dagegen wesentlich Bromoform. Die Reaktion verläuft aber niemals quantitativ. Wöhlk hat daher ein dem von Henkel angegebenen ähnliches Verfahren zur quantitativen Bestimmung der Citronensäure angewendet. Er erhitzt 10 l zentrifugierte Magermilch auf 30°, setzt Lab zu, läßt einige Stunden stehen und koliert durch Leinen. Das klare Serum wird mit einigen Gramm Essigsäure versetzt und aufgekocht, indem während des Kochens 50—70 g mit Wasser zu dünnem Brei angerührten Kaolins hinzugesetzt werden, das Filtrat wird solange mit Bleiacetat versetzt, als noch ein Niederschlag entsteht; letzterer wird abfiltriert, darauf in Wasser suspendiert, durch Schwefelwasserstoff zersetzt und das Filtrat vom Bleisulfid solange auf dem Wasserbade eingedampft, bis die Flüssigkeit schleimig und schwach braun zu werden anfängt. Dann wird sie mit $1^1/_2$ Vol. 96 proz. Alkohol gefällt, wobei die Proteine (Albumin usw.) eine durchsichtige gallertartige Masse bilden; das Filtrat hiervon wird eingedampft, und falls sich hierbei Ausscheidungen bilden, nochmals filtriert, die klare Lösung mit Chlorcalcium und Ammoniak versetzt, wodurch ein starker Niederschlag entsteht und im Filtrat hiervon durch Zusatz von 2 Vol. Weingeist das Calciumcitrat gefällt. Man kann letzteres durch Umkrystallisieren, durch Fällen mit Bleiacetat, Zersetzen des Bleicitrats durch Schwefelwasserstoff, Wiederüberführen in das Kalksalz reinigen und quantitativ gewinnen.

---

[1]) Beau, Revue générale du Lait 1904, **3**, 385.

[2]) Zeitschr. f. analyt. Chem. 1902, **41**, 77.

b) Verfahren von Soxhlet und Plaut zur Bestimmung des Inkubationsstadiums. Soxhlet nennt die Zeitdauer, welche vom Melken bis zum Eintritt der Zunahme des Säuregrades verstreicht, Inkubationsstadium. Dasselbe dauert bei lauwarmer Milch 3—8 Stunden, bei 10° dagegen 52—75 Stunden, und zwar um so länger, je reinlicher die Milch gemolken war. Nach A. Kirsten[1]) rührt das anfängliche Gleichbleiben des Säuregrades daher, daß gleichzeitig so viel freie Kohlensäure entweicht, als Milchsäure neugebildet wird; er erklärt daher das Inkubationsstadium als denjenigen Zeitraum, in welchem durch die Tätigkeit der Milchsäurebakterien nur so viel Milchsäure gebildet wird, wie der beim Stehen der Milch entweichenden Kohlensäure hinsichtlich der Säurewirkung entspricht.

Das von Plaut ausgearbeitete Verfahren ist folgendes:

Man bestimmt zunächst von der zu untersuchenden Milch den Säuregrad in gekochtem und in ungekochtem Zustande. Die Ausführung dieser Bestimmung geschieht folgendermaßen: In zwei Kölbchen von 100 ccm Inhalt werden je 25 ccm der frisch angekommenen, gut umgeschüttelten Milch gebracht und dann das eine über dem Bunsenbrenner unter fortwährendem Drehen so lange mittels Papierhalters gehalten, bis einmaliges Aufkochen erfolgt (etwa 1 Minute), worauf das Kölbchen in kaltes Wasser gesetzt wird. Dann gibt man zum anderen Kölbchen 1 ccm 2 proz. alkoholische Phenolphthaleinlösung, titriert mit Barytlösung (1 ccm = 5 mg SO_3), bis die Rosafärbung deutlich eingetreten ist. Nach dem Abkühlen des ersten Kölbchens wird dieses in derselben Weise titriert.

Ist diese Säurebestimmung in der frisch angekommenen Milch erfolgt, so setzt man 120 ccm derselben in Wasser von 40°, um sie auf 37° zu bringen, und dann mit Wattepfropf bedeckt in den Brutofen von 37°. Nach gewissen Zeiträumen nimmt man mit der Pipette 2 mal 25 ccm heraus und titriert wieder in der gekochten und ungekochten Milch, was man nötigenfalls mehrmals wiederholt.

Plaut hat nach vielfachen derartigen Untersuchungen folgende Regeln für die Beurteilung gefunden:

Frische, reinlich gemolkene Milch hält sich mindestens 5 Stunden lang unverändert im Brutofen. Frische, unreinlich gemolkene Milch zeigt nach 4 Stunden noch keine, nach 5 Stunden schon eine beginnende Zunahme der Säuerung. Mittelreinlich gemolkene Milch, die sich noch in den ersten zwei Dritteln des Inkubationszeitraumes befindet, zeigt nach 2 Stunden gewöhnlich eine Abnahme der Säuerung in der ungekochten Probe und vollständige Säurebeständigkeit in der gekochten Probe. Nach $3^1/_2$ Stunden beginnt das Steigen der Säurekurve.

Jede Milch, welche sich im letzten Drittel der Inkubation befindet, zeigt nach 2 Stunden (gekochte und ungekochte Probe) in bezug auf Säuremenge keine oder eine geringe Erhöhung gegenüber der Anfangstitrierung; nach 3 Stunden eine starke Zunahme in beiden Proben. Jede Milch, die das Inkubationsstadium überschritten hat, zeigt schon nach der ersten Stunde deutliche Säurezunahme in beiden Proben, auch bei Zimmertemperatur.

Die vorstehenden Verfahren der Prüfung der Marktmilch auf ihre Haltbarkeit bzw. ihren ökonomischen Wert können sich selbstverständlich nur auf rohe Milch oder gewöhnliche Marktmilch erstrecken. Marktmilch, welche vorher gekocht oder auch pasteurisiert worden war, wird sich anders verhalten und namentlich stets eine Zunahme des Säuerungsgrades, eine Ausscheidung von Casein (durch ein von Bakterien erzeugtes labähnliches Ferment) oder eine Peptonisierung der Milch oder beide Erscheinungen aufweisen.

c) Prüfung der Milch auf Frische durch Alkoholzusatz. Nach G. Walck[2]) kann man sich durch allmählich gesteigerten Alkoholzusatz in folgender Weise ein Urteil über die Frische der Milch verschaffen: Man setzt zu 10 ccm Milch nach und nach 2,5, 5,0, 7,5 und 10 ccm 68 proz. Alkohol. Hierbei bleibt eine frische Milch mit höchstens 20 Thörner-Pfeifferschen Säuregraden unverändert, wenn man 10 ccm Alkohol zusetzt. Eine Milch mit über 35 Thörner-

---

[1]) Zeitschr. f. Untersuchung der Nahrungs- u. Genußmittel 1902, **5**, 97.

[2]) Pharmaz. Ztg. 1899, **44**, 906; Zeitschr. f. Untersuchung d. Nahrungs- u. Genußmittel 1900, **3**, 343.

Pfeifferschen Säuregraden gerinnt schon bei Zusatz von 2,5 ccm, eine solche mit 30—35 Säuregraden gerinnt bei Zusatz von 5,0 ccm, eine solche mit 25—30 Säuregraden bei Zusatz von 7,5 ccm und eine solche mit 20—25 Säuregraden bei Zusatz von 10 ccm Alkohol.

H. Große-Bohle[1]) unterscheidet zwischen einfacher (1 Vol. Milch und 1 Vol. Alkohol) und doppelter Alkoholprobe (1 Vol. Milch und 2 Vol. Alkohol, und zwar einerseits von 68—70 Vol.-Proz. und 50 Vol.-Proz). Er findet, daß frische oder schwachzersetzte Milch (bis etwa 8 Säuregrade nach Soxhlet-Henkel) mit dem doppelten Vol. 70proz. Alkohols nicht gerinnt; mäßig zersetzte (etwa 8—9 Säuregrade) gerinnt mit dem doppelten Vol. 70proz., aber nicht mit dem doppelten Vol. 50proz. Alkohols; stark zersetzte Milch (9 Säuregrade und darüber) gerinnt mit dem doppelten Vol. 50proz. Alkohols.

G. Fendler und C. Borkel[2]) halten den Zusatz von dem doppelten Volumen 70proz. Alkohols nicht für geeignet zur Beurteilung des Frischzustandes von Markt- (auch Vorzugs-) milch; dagegen ist die Verwendung von einem doppelten Volumen 50proz. Alkohols für die Beurteilung des Frischezustandes der Marktmilch zur Vorprüfung bei ambulanter Nahrungsmittelkontrolle geeignet; eine ausschlaggebende Bedeutung darf aber auch ihr nicht zuerkannt werden. Feste Beziehungen zwischen Alkoholprobe und Säuregrad bestehen nach Fendler und Borkel nicht.

Nach A. Anzinger[3]) gerinnen mit 68—70proz. Alkohol häufig: Colostrummilch, Milch frischmelker Kühe, Milch euterkranker oder euterkrank gewesener Kühe, abnorme Milch (z. B. nach Verkalben der Kühe, nach krankhafter Brunst, Allgemeinerkrankungen). Im übrigen bietet die Alkoholprobe neben der Leukocytenprobe nach Trommsdorff und der Katalasenbestimmung im Gärröhrchen nach Koninck das einfachste und beste Mittel, um schnell Aufschluß über die Beschaffenheit einer Milch zu erlangen.

W. Morres[4]) empfiehlt für die Alkoholprobe die Alizarin-Alkoholprobe bzw. Alizarolprobe (d. h. eine klare gesättigte Alizarinlösung in 68 Vol.-Proz. Alkohol), von der man 1 ccm zu 2 ccm gut durchgemischter Milch setzt; Milch mit 8 Säuregraden gibt damit ein sehr feinflockiges Gerinnsel und gleichzeitig einen blaßroten Farbenton; mit steigendem Gehalt an Säure geht die Feinflockigkeit mehr und mehr in Dickflockigkeit, der Farbenton durch Rötlichbraun bis zu Braungelb über. Die Alizarin-Alkoholprobe hält auch gleichen Schritt mit der Reduktaseprobe. Der geringste Zersetzungsgrad, welchen die Alizarin-Alkoholprobe noch anzeigt (nämlich 8,0 Säuregrade), entspricht einer Entfärbungszeit von 16 Minuten bei 40° (vgl. auch unter Rahm S. 291).

8. Die Bestimmung der Haltbarkeit der Milch. ***a) Gärprobe nach Walther und Gerber.*** Die so benannte Untersuchung hat den Zweck, die Milch auf ihre Haltbarkeit zu prüfen, d. h. die Zeit zu bestimmen, welche verfließt, bis sie gerinnt. Man hat gefunden, daß frische, gute Milch bei einer Temperatur von 45° erst nach 12 Stunden gerinnt. Eine von Natur aus kranke Milch oder solche, welche bei ungenügender Reinigung der Milchgefäße Fäulnisstoffe wie Spaltpilze in größerer Menge beigemischt enthält, gerinnt schon nach viel kürzerer Zeit.

Das für diese Untersuchung von W. und G. vorgeschlagene, von Dietzsch veränderte Verfahren ist folgendes:

Ein kleiner viereckiger Glaskasten mit Blechboden von der Größe eines hohen Zigarrenkistchens wird mit Wasser von 45° gefüllt. Auf dem Rande des Kastens liegen durchlöcherte Blechstreifen, deren Öffnungen so groß sind, daß sie Reagensgläser von $2^1/_2$ cm Durchmesser fassen. Die 15 cm hohen, zuvor durch Erhitzen auf 150—160° sterilisierten und mit sterilisiertem Wattepfropfen verstopften Reagensgläschen werden etwa $^3/_4$ mit der zu untersuchenden Milch gefüllt, mit

[1]) Zeitschr. f. Untersuchung d. Nahrungs- u. Genußmittel 1907, **14**, 82.

[2]) Ebendort 1911, **21**, 477.

[3]) Milchwirtschaftl. Zentralbl. 1909, **5**, 293.

[4]) Ebendort 1910, **7**, 441 u. Zeitschr. f. Untersuchung d. Nahrungs- u. Genußmittel 1911, **22**, 459.

dem Wattepfropfen schnell geschlossen und in das auf 45° erwärmte Wasser gesenkt. Durch eine kleine Flamme hält man das Wasser des Kastens 12 Stunden lang auf 45°; durch zeitweiliges Nachschauen sieht man, welche Veränderung mit der Milch vor sich geht.

Ist sie nach 12 Stunden nicht geronnen, so kann man von einer gesunden Beschaffenheit und Haltbarkeit der Milch überzeugt sein. Findet indes schon nach 9 Stunden ein Gerinnen statt, so ist die Milch als verdächtig zu bezeichnen und sie verlangt eine wiederholte Revision.

Eine Milch, welche schon nach 6 Stunden eine Veränderung erlitten hat, einen unangenehmen Geruch zeigt, geronnen oder flockig geworden ist, Kohlensäurebläschen entwickelt usw., ist zu beanstanden, von der Käserei auszuschließen und verlangt eine aufmerksame Forschung nach der Ursache des vorzeitigen Verderbens.

Es ist einleuchtend, daß die Gärprobe nur bei einer frischen oder höchstens wenige Stunden alten Milch von Wert sein kann; denn wenn im Hochsommer eine am Abend gemolkene Milch am folgenden Morgen dieser Probe unterworfen wird, so ist so viel Zeit verflossen, daß die nicht von der Milch fernzuhaltenden Pilze sich in so großer Menge vermehrt haben, daß die Säuerung und das Gerinnen schon sehr früh eintreten müssen. Auch kann eine einmalige Probe nicht stichhaltig sein für die Beurteilung der Haltbarkeit der Milch; nur durch 3—4 Tage hintereinander angestellte Gärproben der Milch eines Viehstapels lassen sich Urteile über Tauglichkeit oder Untauglichkeit derselben für Molkerei- oder Genußzwecke gewinnen.

b) Caseinprobe nach Schaffer. Nach Schaffer wird die Caseinprobe folgendermaßen ausgeführt: 100 ccm Milch werden in mit Marke versehene Milchgläser gegeben, welche in ein Wasserbad von 35° eintauchen. Ferner löst man eine Hansensche Labtablette (kleinste Nummer) in Wasser von 25—30° und füllt auf $^1/_2$ l auf. Von dieser Lablösung werden 2 ccm jenen auf 35° erwärmten 100 ccm Milch zugegeben, durch Schütteln und Umrühren gemischt und die Gläser wieder in das Wasserbad gesenkt. Darauf wird durch häufiges Nachschauen beobachtet, wann ein vollständiges Gerinnen eintritt.

Normale frische Milch gerinnt in kaum weniger als 10 und kaum mehr als 20 Minuten vollständig und gleichmäßig. Dauert die Gerinnung sehr lange oder tritt sie gar nicht ein, ist ferner das Gerinnsel ungleichmäßig klumpig oder feinflockig und die Molke milchig, so ist die Milch zum Käsen nicht brauchbar. Colostrum (Biestmilch) und saure Milch sollen schon nach 7—8 Minuten, dagegen räße oder salzige Milch nur teilweise oder gar nicht gerinnen (dicken). Milch von fieberkranken Tieren gerinnt nur langsam und solche von Tieren mit Euterentzündung soll flockig gerinnen.

Die Meinungen über die Brauchbarkeit dieses Verfahrens zur Auffindung von Milchfehlern sind sehr verschieden und werden namentlich die angeführten Angaben über das Verhalten verschiedenartig kranker Milch als nicht immer zutreffend angezweifelt.

c) Labgärprobe nach Diethelm. Ein drittes ähnliches Verfahren ist die Labgärprobe von Diethelm. Sie ist in ihrer Ausführung eine Abänderung der gewöhnlichen Gärprobe, indem der Milch in den Probegläschen einfach 2 ccm frische Labflüssigkeit (wie sie zur Caseinprobe verwendet wird) zugesetzt werden. Die Milch gerinnt dann schon nach kurzer Zeit. Nach 12stündigem Stehen werden die Käschen auf ihre Form und Lochung untersucht. Die zylindrischen Käschen erscheinen entweder gerade oder spiralig gewunden oder gebläht oder zerrissen, blasig und rissig. Schneidet man sie auseinander, so sind sie entweder gleichmäßig dicht oder haben ganz kleine wenige Löcher oder sind großlochig, blasig oder rissig. Manchmal haben sich gar keine Käschen gebildet, sondern die Caseinmasse liegt als zerrissene, flockige Masse am Boden. Auch die Molke kann eine abnorme Farbe haben und von Blasen durchsetzt sein. Gesunde, gute Milch soll ein glattes geschmeidiges Käschen, frei von Lochung, liefern. Fehlerhafte „triebige" Milch soll dagegen Käse geben, welche hart, lederartig sind, „rissige" Lochung besitzen und bisweilen stark aufgetrieben sind. Biestmilch gibt ein unappetitliches, stark gefärbtes Käschen.

Die Meinungen, welches von den 3 Verfahren das sicherste ist, sind sehr geteilt, doch wird allgemein der Gärprobe der Vorzug gegeben, und fast sämtliche Analytiker stimmen darin überein, daß nicht alle Fehler durch ein Verfahren ausfindig gemacht werden können und daß man öfters

Täuschungen ausgesetzt ist. Es wird daher empfohlen, neben der Gärprobe, wenn möglich, auch die beiden anderen Proben auszuführen. Die Erfahrungen über sämtliche Verfahren sind noch nicht ausreichend.

9. Bestimmung des Schmutzgehaltes der Milch. Die bisherigen Verfahren zur quantitativen Bestimmung des Schmutzgehaltes ergeben kein richtiges Bild von der wirklichen Verschmutzung der Milch. Um sich über den Grad derselben ein ungefähres Urteil zu bilden, genügt es, eine Menge von $^1/_2$ l Milch in einem hellen Glasgefäß $^1/_2$ Stunde lang stehen zu lassen und festzustellen, ob sich ein Bodensatz gebildet hat, oder auch dieselbe Menge Milch durch eine Wattescheibe zu filtrieren und zu sehen, ob sie verschmutzt wird[1]). Milch von solcher schmutziger Beschaffenheit soll nach Fendler und Kuhn[2]) vom Verkehr ausgeschlossen werden. Es kommt aber ganz auf die Art des Schmutzes an, um solche Maßregel rechtfertigen zu können. Es kann daher eine quantitative Bestimmung und qualitative Untersuchung des Milchschmutzes notwendig erscheinen und fragt es sich, welches Verfahren für den Zweck angewendet werden soll. Fendler und Kuhn[2]) verwerfen die sämtlichen früheren Verfahren und schlagen selbst vor, 100 ccm Milch in geeigneten Zylinderröhrchen, die in ihrem unteren verjüngten Ansatz eine Einteilung von 0,005 ccm haben und sich in die Gerbersche Zentrifuge einfügen lassen, 10 Minuten lang bei 750 Touren zu zentrifugieren und den Schmutz dem Volumen wie Gewicht nach zu bestimmen. Ein solches Verfahren ist auch schon von Thörner und Schlicht[3]) sowie von E. Eichloff[4]) vorgeschlagen. Letzterer verwendet 300 ccm Milch, die er in 8 starkwandige Reagensgläser verteilt und diese zentrifugiert. Diese Verfahren erscheinen aber nicht zweckmäßig, weil einerseits 50 oder 100 ccm Milch in den meisten Fällen nicht genügen, um wägbare Mengen Schmutz zu erhalten, andererseits die geringen Mengen Schmutz aus den engen Ansatzröhrchen sich nicht quantitativ herausbringen lassen.

Aus dem Grunde ist das ursprünglich von Renk[5]) angegebene und von A. Stutzer[6]) verbesserte Verfahren noch immer vorzuziehen. Der erforderliche Apparat besteht aus einer Milchflasche, einem auf ihren Hals passenden Gummischlauch von wenigen Zentimeter Länge, einem Quetschhahn und einem ebenfalls in den Gummischlauch passenden starken Reagensglase. Man befeuchtet zunächst den kleinen Gummischlauch, stülpt ihn über das Reagensrohr, setzt den Quetschhahn auf, schiebt das Ganze über die mit etwa 1 l Milch gefüllte Flasche und kehrt letztere um. Die Flasche bleibt unter Öffnen des Quetschhahnes etwa 1—3 Stunden umgekehrt stehen, bis sich der ärgste Schmutz im tiefsten Teile des Reagensglases angesammelt hat, dann schraubt man den Quetschhahn zu, stellt die Flasche wieder in die gewöhnliche Lage, nimmt den Gummischlauch[7]) mit dem mit Schmutz gefüllten Reagensglase fort, gießt den Inhalt des letzteren in ein Becherglas oder besser in ein hohes zylindrisches Gefäß, übergießt mit Wasser und dekantiert nach dem Absitzen bis auf einen kleineren Rest, ohne den Niederschlag aufzurühren. Die Dekantation wiederholt man so oft, bis das überstehende Wasser hell und klar ist. Dann gibt man den Niederschlag entweder in ein Allihnsches Röhrchen (I. Tl. S. 429) oder in einen Neubauer-Tiegel, zieht den Rückstand mit Alkohol und Äther aus und trocknet bis zum gleichbleibenden Gewicht.

---

[1]) Eine derartig beschaffene Milch enthält nach Fendler und Kuhn im allgemeinen 10 mg Schmutz im Liter.

[2]) Zeitschr. f. Untersuchung d. Nahrungs- u. Genußmittel 1909, **17**, 513. Hier ist auch die Gesamtliteratur über diese Bestimmung angegeben.

[3]) Zeitschr. f. Untersuchung d. Nahrungs- u. Genußmittel 1900, **3**, 343 und 1903, **6**, 552.

[4]) Zeitschr. f. Untersuchung d. Nahrungs- u. Genußmittel 1898, **1**, 678.

[5]) Münch. mediz. Wochenschr. 1891, Nr. 6 und 7.

[6]) A. Stutzer, Die Milch als Kindernahrung usw. Bonn 1895, Verlag von Strauß.

[7]) Der Gummiverschluß wird zweckmäßig gleich nach der Abtrennung gereinigt, damit sich nicht Milchteile fest an ihm ansetzen, die sich später nur schwer entfernen lassen.

A. Beythien und P. Bohrisch[1]) verfuhren ebenso wie A. Stutzer, sammelten aber nach 2stündigem Stehen den Schmutz nicht auf einem gewogenen Filter, sondern brachten ihn, nach schließlichem Dekantieren mit Alkohol und Äther, direkt mit etwas Alkohol in einen gewogenen Porzellantiegel.

W. Bersch[2]) läßt die mit etwa der Hälfte Wasser verdünnte und mit Formalin versetzte Milch 24 Stunden in einem Becherglase stehen, hebert die Flüssigkeit ab, setzt Wasser hinzu und wiederholt dies etwa 8—10mal.

H. Weller[3]) filtriert eine gewogene Menge Milch direkt durch getrocknete und gewogene Wolsiffersche Wattescheiben — anfänglich Papierfilter — auf Siebplatten aus Porzellan.

G. Fendler und O. Kuhn[4]) haben ebenso wie bereits früher Bohrisch und Beythien, Große-Bohle, Lührig und Wiedemann nachgewiesen, daß das Verfahren von H. Weller unrichtige Ergebnisse liefert.

Am vorteilhaftesten aber dürfte die N. Gerbersche Vorrichtung (Fig. 10)[5]) sein, nämlich ein Schmutzfänger mit eingeteiltem Capillarrohr und verschließbarer Capillaröffnung, welche Einrichtungen die Annehmlichkeit besitzen, den Schmutz nicht nur bequem dem Volumen, sondern auch dem Gewichte nach bestimmen und weiter zur mikroskopischen Untersuchung verwenden zu können.

Fig. 10.

Schmutzfänger nach Gerber.

Die Teilstriche sollen bedeuten:

$$0{,}5 = 0{,}05 \text{ ccm}, \ 1{,}0 = 0{,}1 \text{ ccm usw.}$$

Die Bestimmung des Schmutzgehaltes nach Volumen kann naturgemäß den Gewichtsmengen nicht völlig entsprechen; denn je nach dem etwaigen Sandgehalt — vom Reinigen der Gefäße herrührend — muß die Gewichtsmenge verhältnismäßig größer ausfallen als die nach dem Volumen gemessene Menge. Aus dem Grunde kann man auch nicht sagen, daß z. B. 1 Teilstrich der Gerberschen Skala — erhalten aus $^1/_2$ l Milch — gleich 10 mg Schmutz im Liter bedeutet, wie von einigen Seiten behauptet ist. Ferner bleiben selbst nach 24stündigem Stehen noch beträchtliche Mengen feiner Schmutzteilchen in der Schwebe[6]), die sich erst durch Zentrifugieren ausscheiden lassen. Die Volumenwerte haben daher nur eine relative Bedeutung; aber sie genügen bei längerer Erfahrung, um beurteilen zu können, ob eine zulässige oder unzulässige Schmutzmenge vorhanden ist, zumal wenn man den Schmutz einer mikroskopischen Untersuchung unterwirft, was stets zu empfehlen ist. Sammelt man den Schmutz gleichzeitig in einem vorher gewogenen Neubauerschen oder Goochschen Tiegel mit Asbestlage, so kann man nach dem Auswaschen mit etwas Ammoniak, Alkohol und Äther durch Wägen des getrockneten und danach geglühten Tiegels auch die Menge der organischen Schmutzteile bestimmen.

Die vorstehende Vorrichtung ist neuerdings von Dr. Lobeck dahin abgeändert, daß die Sedimentierflaschen an dem abgeschliffenen Hals mit einem vernickelten Drahtnetz-Hebelverschluß versehen sind, mittels dessen unter Zuhilfenahme eines Kautschukringes ein Wattescheibchen so fest auf den Rand der Flasche angepreßt werden kann, daß die Milch beim Umkehren der unten offenen Flasche, ohne seitlich austreten zu können, durch das

[1]) Zeitschr. f. Untersuchung d. Nahrungs- u. Genußmittel 1900, **3**, 319.

[2]) Zeitschr. f. landw. Versuchswesen in Österreich 1898, **1**, 245; Zeitschr. f. Untersuchung d. Nahrungs- u. Genußmittel 1898, **1**, 653.

[3]) Zeitschr. f. Untersuchung d. Nahrungs- u. Genußmittel 1905, **10**, 591 u. 1909, **18**, 309.

[4]) Zeitschr. f. Untersuchung d. Nahrungs- u. Genußmittel 1910, **19**, 13.

[5]) Der Apparat nebst Gestell kann von der Firma Franz Hugershoff in Leipzig bezogen werden.

[6]) Lührig und Wiedmann fanden, daß bei 2stündigem Stehen nach Stutzers Verfahren von Kuhkot nur etwa 10% der Trockensubstanz wieder gefunden wurden.

Wattescheibchen filtriert und dort den Schmutz zurückläßt. Die Milch muß für den Zweck auf 30—35° angewärmt werden.

Renk fand nach seinem Verfahren im Durchschnitt etwa 9,0—10,3 mg Schmutz im Liter. A. Beythien und P. Bohrisch fanden für Dresden nach dem von ihnen abgeänderten Stutzerschen Verfahren in 40 Proben Wintermilch (Stallfütterung) 2,7—24,6 mg, im Mittel 6,3 mg und in 39 Proben Sommermilch (Weidegang) 0—6,5 mg, im Mittel 2,6 mg Schmutz im Liter; O. Bach[1]) fand in der Milch von Mainz bei 70 Proben 3—42 mg im Liter, die im Mittel gefundene Menge war etwa 10 mg, und diese soll nach allgemeinem Urteil nicht überschritten werden.

10. Unterscheidung von erhitzter und nicht erhitzter (roher) Milch. Infolge des in neuerer Zeit beim Auftreten von ansteckenden Krankheiten vielfach vorgeschriebenen Erhitzens der Milch hat man zahlreiche Verfahren[2]) zum Nachweise von auf etwa 70° und höher erhitzter Milch bzw. zur Unterscheidung von erhitzter und nicht erhitzter („roher") Milch vorgeschlagen, die in folgende beiden Hauptgruppen zerfallen:

a) Verfahren, die auf dem Nachweise des Albumins in dem vom Casein befreiten Serum der Milch beruhen. Nach M. Rubner[3]) setzt man zu der Milch so lange Kochsalz unter häufigem Umschütteln hinzu, bis sich ungelöstes Kochsalz am Boden des Gefäßes ansammelt, dann erwärmt man auf 30—40°, filtriert und erhitzt das licht-gelbliche Filtrat zum Kochen. Vorher gekochte Milch gibt keine oder nur eine geringe Abscheidung von Albumin; tritt letztere ein, so liegt ungekochte Milch oder ein Gemenge von gekochter und ungekochter Milch vor.

Ebenso zweckmäßig ist es nach Kirchner, die Milch auf natürliche Weise gerinnen zu lassen und das Filtrat (Serum) zur Prüfung zu verwenden. Ferner empfehlen für die Ausfällung des Caseins v. Soxhlet verdünnte Säuren, de Jager und Faber Magnesiumsulfat.

b) Mikroskopischer Nachweis von gekochter Milch. W. Morres[4]) schlägt zum Nachweise von gekochter Milch eine mikroskopische Prüfung vor. Beim Kochen laufen die Fettkügelchen zu größeren Tröpfchen von 20—100 und mehr Mikra Durchmesser zusammen, während letzterer bei gewöhnlicher Milch 10 Mikra selten überschreitet; beim Abkühlen der gekochten Milch bilden sich in den zusammengeflossenen Fetttröpfchen strahlige Gebilde, in den kleinen Fetttröpfchen moosartig verzweigte Äste von Krystallstrahlen. Zur mikroskopischen Prüfung genügt eine 300fache Vergrößerung. Aus den Verzweigungen und der Form der Gebilde soll sich sogar beurteilen lassen, ob die gekochte Milch schnell oder langsam, ob nur wenig oder tief abgekühlt gewesen ist.

c) Verfahren, welche auf der Wirkung der Enzyme der nicht erhitzten (rohen) Milch beruhen. In den letzten Jahren sind in der Milch verschiedene Enzyme nachgewiesen, die mehrere recht empfindliche Reaktionen zeigen; da sie aber durch Erhitzen der Milch mehr oder weniger ganz zerstört werden, so kann man aus dem Ausbleiben der empfindlichsten Reaktionen auf eine Erhitzung oder Sterilisation der Milch schließen. Über die Art und Bedeutung der Enzyme und ihren Nachweis ist eine große Fülle von Untersuchungen veröffentlicht[5]), weshalb es angemessen erscheint, diese in folgendem Abschnitt besonders zu behandeln.

11. Die Enzyme der Milch und ihr Nachweis. Man hat in der Milch eine Reihe von Enzymen nachgewiesen[5]), deren Eigenart und Unterscheidung im einzelnen noch

[1]) Zeitschr. f. Untersuchung d. Nahrungs- u. Genußmittel 1900, **3**, 819. O. Bach bestimmte den Milchschmutz in einem von ihm selbst konstruierten, an den Stutzerschen sich anlehnenden Apparate.

[2]) Eine kritische Übersicht über die vorgeschlagenen Verfahren lieferte M. Siegfeld (Zeitschr. f. angew. Chemie 1903, **16**, 764), der wir hier zum Teil folgen.

[3]) Hygien. Rundschau 1895, **5**, 1021.

[4]) Milchwirtschaftl. Zentralbl. 1909, **5**, 416 u. 502.

[5]) Eine vortreffliche Zusammenstellung der Literatur hat A. Splittgerber in Pharmaz. Zentralhalle 1912, Nr. 46—51 gegeben.

nicht vollständig aufgeklärt sind. Man unterscheidet jetzt vorwiegend drei (bzw. vier) Gruppen, die Oxydase, Katalase, Reduktase (und Diastase), die zum Teil noch wieder Untergruppen haben.

A. Oxydasen bzw. Peroxydasen und ihr Nachweis.

Man unterscheidet Oxydasen (auch Aërooxydasen genannt), die ohne Gegenwart von Wasserstoffperoxyd den Sauerstoff der Luft auf leicht oxydabele Körper (Guajactinktur) zu übertragen vermögen, und Peroxydasen (auch Anaërooxydasen oder indirekte Oxydasen genannt), welche nur dadurch oxydierend wirken, daß sie das Wasserstoffperoxyd spalten und den aktivierten Sauerstoff auf farbstoffbildende Körper übertragen: $H_2O_2 = H_2O + O$. Weil aber bei den nachstehenden Reaktionen durchweg Wasserstoffperoxyd zugesetzt werden muß, so kann man diese, wie Waentig[1]) eingehend begründet hat, unter dem Namen Peroxydasenreaktionen zusammenfassen.

Als leicht oxydierbare Stoffe unter Zuhilfenahme von etwas Wasserstoffsuperoxyd kann man α-Naphthylamin verwenden, Jodkalium und Stärke, Guajacol, Kreosot, Hydrochinon, α-Naphthol, Paraphenylendiamin, Dimethylparaphenylendiamin, Pyrogallussäure. Paraamidophenol, Benzidin, Orthomethylaminophenolsulfat, Paramido-Diphenylaminhydrochlorid, Hämatein, Ortol, Ursol D und andere. Hiervon haben aber bis jetzt nur Guajacol (Arnoldsches Reagens), Paraphenylendiamin (Storchsches Reagens) und ein Gemisch von Paraphenylendiamin und Guajacol (Rothenfußersches Reagens), eine weitere Verbreitung gefunden und gilt besonders das letztere zurzeit als das empfindlichste Reagens.

1. Guajac-Reaktion. Diese zuerst 1881 von Arnold[2]) angegebene Reaktion beruht nach Waentig[1]) darauf, daß das Guajac-Harz in dem Chromogen einen autoxydabelen Stoff enthält, der mit der Zeit unter der Einwirkung des Lichtes an der Luft in Peroxyd übergeht und hierdurch eine langsame selbsttätige Bläuung des Chromogens bewirkt, welche Reaktion durch einen im Serum gelösten und aus diesem in völlig trockenem Zustande gewinnbaren Stoff beschleunigt wird. Wasserstoffsuperoxyd unterstützt die beschleunigende Wirkung, vernichtet aber andererseits in größerer Konzentration die Peroxydase der Milch nach der Gleichung:

$$\text{Peroxydase} + \text{Wasserstoffperoxyd} \rightarrow \text{inaktive Peroxydase.}$$

Die Reaktion wird in der Weise angestellt, daß man die Milch stets auf 12° C abkühlt, 10 ccm derselben in einem kalibrierten Maßzylinder erst mit einigen Tropfen 3 proz. Wasserstoffsuperoxyd (nach W. Rullmann[3]) 10 Tropfen) umschüttelt, und darauf mit Hilfe einer Pipette 2 ccm der Guajaclösung langsam an dem Zylinderhalse herunterlaufen läßt, um eine Schichtreaktion in Form eines scharf begrenzten blauen Ringes zu erhalten. Man kann aber auch mischen, wodurch sich bei roher Milch die ganze Mischflüssigkeit blau färbt. Die Intensität nimmt beim Stehen zu.

Man kann zur Herstellung der Guajaclösung nach M. Siegfeld[4]) Guajac-Harz oder Guajaclösung und als Lösungsmittel Alkohol oder Aceton anwenden; die Lösungen sollen aber nach P. Waentig nicht konzentrierter als 5—10 prozentig sein. Von anderer Seite wird eine Lösung der Guajaconsäure[5]) in Aceton empfohlen. Auch werden jetzt Guajaclösungen hergestellt[6]), die eines Zusatzes von Wasserstoffperoxyd nicht bedürfen.

Vor allem ist beim Zusatz von Wasserstoffperoxyd die größte Vorsicht nötig, weil nach P. Waentig durch etwas zuviel hiervon die Peroxydase der Milch zerstört wird.

---

[1]) Arbeiten aus dem Kaiserl. Gesundheitsamte 1907, **26**, 464.

[2]) Archiv d. Pharm. 1881, **219**, 41.

[3]) Zeitschr. f. Untersuchung d. Nahrungs- u. Genußmittel 1904, **7**, 81.

[4]) Zeitschr. f. angew. Chemie 1903, **16**, 764.

[5]) Vgl. Arnost, Zeitschr. f. Untersuchung d. Nahrungs- u. Genußmittel 1905, **10**, 539.

[6]) Z. B. von H. Hauptner in Berlin NW.

Anmerkungen. 1. Aus dem Grunde kann, wie auch Kühn[1]) nachgewiesen hat, Wasserstoffsuperoxyd, wenn es in Mengen von 1,5—3 ccm einer 3 proz. Lösung auf 100 ccm Milch angewendet wird, rohe Milch als abgekocht vortäuschen, während es, abgekochter Milch zugesetzt, bei der Guajacprobe niemals rohe Milch vortäuschen kann. Ähnlich verhält sich Formalin; es schwächt, wenn es roher Milch zugesetzt wird, die Guajac-Reaktion erst bei großen Zusatzmengen — 20 ccm auf 1 l Milch — ab.

Kaliumbichromat, abgekochter Milch zugesetzt, täuscht bei der Guajacprobe stets rohe Milch vor, in roher Milch verstärkt es die Reaktion.

Andere Frischhaltungsmittel (wie Natriumbicarbonat, Borax, Borsäure, Salicylsäure) haben keine derartige Wirkung, daß sie rohe Milch als abgekocht und abgekochte Milch als roh vortäuschen.

2. Nach Raudnitz[2]) kann die Reaktion mit Guajac und Wasserstoffperoxyd durch kleine Mengen Rhodankalium gehemmt werden.

3. J. J. van Eck[3]) behauptet, daß der Säuregrad der Milch von Einfluß auf die Guajac-Reaktion ist, daß dagegen die Peroxydase durch bloßes Erhitzen der Milch nicht leicht vernichtet wird; in einer bei 80° erhitzten Milch erhält man, wenn das Erhitzen nicht gar zu lange gedauert hat, mit den Storchschen Reagenzien noch immer eine geringe Blaufärbung.

4. Umgekehrt kann nach H. Weigmann[4]) ein Unerhitztsein der Milch durch Futterstaub wahrscheinlich auch durch Mehlstaub, durch Straßenstaub jedoch nur in äußerst geringem Grade vorgetäuscht werden, und zwar, da er aktivierten Sauerstoff enthält, schon in einer Menge von 0,08—0,10%; es tritt in diesem Falle die Reaktion in etwa einer Viertelstunde ein — dann ist aber die Reaktion schwerlich mehr maßgebend.

2. Reaktion von V. Storch.[5]) V. Storch hält zum Nachweise der Oxydasen das Paraphenylendiamin[6]) für das beste Reagens, dessen Brauchbarkeit auch von anderer Seite vielfache Bestätigung gefunden hat. Man verwendet eine 2 proz. Lösung von Paraphenylendiamin, das man sich nach M. Siegfeld[7]) durch Sublimation zwischen zwei Uhrgläsern leicht in weißen, vollkommen reinen Krystallen herstellen kann. Man löst es in heißem Wasser und bewahrt die nötigenfalls filtrierte Lösung in braunen Fläschchen an einem kühlen Orte auf; sie bleibt so etwa 2 Monate haltbar. V. Storch verwendet ferner eine 0,2 proz., mit 1 ccm konzentrierter Schwefelsäure auf 1 Liter angesäuerte Wasserstoffsuperoxydlösung, die in brauner Flasche lange Zeit haltbar ist. Nach M. Siegfeld tritt die Reaktion noch rascher und stärker mit der 1,5 proz. offizinellen Wasserstoffsuperoxydlösung ein. Man verfährt nach V. Storch wie folgt:

Etwa 10 ccm Milch (Rahm oder Molke) werden in einem Reagensglase mit 1 Tropfen Wasserstoffsuperoxydlösung und 2 Tropfen Paraphenylendiaminlösung geschüttelt. Wird die Milch sofort stark indigoblau (bei Milch und Rahm) oder violett bis rotbraun (bei Molke) gefärbt, so ist sie nicht bis 78° bzw. überhaupt nicht erwärmt gewesen. Wird die Milch (Rahm) sofort oder binnen $^1/_2$ Minute hellblaugrau gefärbt, so ist sie auf 79—80° erwärmt worden; behält sie dagegen ihre weiße Farbe oder nimmt sie nur einen äußerst schwachen violett-roten Farbenton an, so ist sie über 80° erwärmt worden. Saure Milch ist vor der Prüfung mit Kalkwasser zu neutralisieren. Nach M. Siegfeld tritt die Reaktion schon bei einem Gehalt von

[1]) Zeitschr. f. Fleisch- u. Milchhygiene 1912, **22**, 115.

[2]) Zeitschr. f. Untersuchung d. Nahrungs- u. Genußmittel 1900, **3**, 329.

[3]) Ebendort 1911, **22**, 395.

[4]) Milchwirtschaftl. Zentralbl. 1912, N. F. **41**, 33.

[5]) Zeitschr. f. Untersuchung d. Nahrungs- u. Genußmittel 1899, **2**, 239.

[6]) Noch geeigneter ist zwar nach M. Siegfeld (Zeitschr. f. angew. Chemie 1903, **16**, 764) das Dimethyl-Paraphenylendiamin; dasselbe ist aber in der Form des salzsauren Salzes 5 mal und in der Form der freien Base 20 mal teurer als Paraphenylendiamin; aus diesem Grunde sah auch V. Storch von dessen Verwendung ab.

[7]) Milch-Ztg. 1901, **30**, 723 u. Zeitschr. f. angew. Chemie 1903, **16**, 764.

5% roher Milch sofort ein. Die Farbe verblaßt frühestens erst nach mehreren Stunden. Erst nach stundenlangem Stehen auftretende Verfärbungen sind unberücksichtigt zu lassen, da sie auch bei gekochter Milch eintreten können. Bei Gegenwart von größeren Mengen Formaldehyd ist die Reaktion nach R. Eichholz[1]) nicht anwendbar. Enthält eine Milch reduzierende Stoffe (Rhodansalze, Ferrosalze), welche den Sauerstoff des Wasserstoffsuperoxyds zur Oxydation verwenden, so tritt nach F. Wirthle[2]) die Reaktion nicht ein, wohl aber, wenn man mehr Wasserstoffsuperoxyd hinzusetzt.

W. Rullmann[3]) empfiehlt, die Reaktion als Schichtreaktion auszuführen und hält diese für die schärfste und einfachste. Milch, welche 1 Stunde auf 68—69° erhitzt ist, gibt noch eine Reaktion, solche, welche $^1/_2$ Stunde auf 72° erhitzt ist, aber innerhalb 10 Minuten nicht mehr.

J. Tillmans[4]) führt die Reaktion in der Weise aus, daß er je 10—20 ccm Milch in Bechergläsern mit einer Prise Bariumsuperoxyd und mit einer oder zwei Prisen Paraphenylendiamin versetzt und umschüttelt. Ungekochte Milch färbt sich in einigen Sekunden über Grün tiefblau, während gekochte Milch farblos bleibt oder erst nach 10—15 Minuten eine Farbenänderung zeigt.

Im allgemeinen wird die Storchsche Reaktion als zuverlässig und brauchbar bezeichnet. Als Mängel werden von Weber[5]), Rothenfußer (l. c.), Wilkinson und Peters (l. c.) die geringe Haltbarkeit des Reagenzes und der Umstand hervorgehoben, daß auch hier die Frischhaltungsmittel störend wirken; so tritt die Reaktion in ungekochter Milch nach Rothenfußer nicht ein bei Zusatz von Benzoesäure (0,5 : 100), Natriumcarbonat (1 : 100), Natriumsulfit (0,2 : 100), Natriumthiosulfat (0,1 : 100), während Borsäure (1 : 100), Salicylsäure (1 : 100), Formaldehyd (0,1 : 100) — nur große Mengen Formaldehyd stören nach Große-Bohle[6]) —, Chloroform (5 Tropfen zu 100 ccm), Sublimat (0,1: 1000) und Senföl (1 Tropfen zu 100 ccm) keinen Einfluß haben. Nach Monvoisin[7]) stört auch Kaliumbichromat die Reaktion; nach H. La Wall[8]) muß auch bei dieser Reaktion ebenso wie bei der Arnoldschen Reaktion ein Überschuß von Wasserstoffsuperoxyd vermieden werden.

3. Die Benzidin- (Paradiamidodiphenyl** $NH_2(C_6H_4)NH_2$**) Reaktion. Wilkinson und Peters[9]) empfehlen folgende Prüfung mit diesem Reagens:

Zu 10 ccm der zu prüfenden Milch fügt man 2 ccm einer 4proz. alkoholischen Benzidinlösung, dann 2—3 Tropfen Essigsäure — welche Menge zur Gerinnung der Milch ausreicht — und schließlich 2 ccm einer 3proz. Wasserstoffsuperoxydlösung, die man zweckmäßig an der Wandung des schräg gehaltenen Reagensrohres hinunterfließen läßt. Bei ungekochter Milch tritt sofort deutliche Blaufärbung ein; Milch, die bis 78° oder darüber erhitzt worden ist, bleibt unverändert.

4. Reaktion von S. Rothenfußer[10]). Rothenfußer hat gefunden, daß vorstehende beiden Reaktionen viel schärfer hervortreten, wenn man statt der zu prüfenden Milch deren Serum anwendet; er verfährt wie folgt:

100 ccm Milch werden mit 6 ccm basischem Bleiacetat (Bleiessig) versetzt, stark geschüttelt und filtriert. Zu dem klaren Filtrat setzt man einige Tropfen (auf je 10 ccm Serum

---

1) Molkerei-Ztg. Berlin 1900, **10**, 271.
2) Chem.-Ztg. 1903, **27**, 432.
3) Zeitschr. f. Untersuchung d. Nahrungs- u. Genußmittel 1904, **7**, 81.
4) Ebendort 1912, **24**, 61.
5) Ebendort 1904, **7**, 99.
6) Ebendort 1907, **14**, 88.
7) Ebendort 1910, **20**, 230 u. 731.
8) Ebendort 1910, **19**, 666.
9) Ebendort 1908, **16**, 172.
10) Ebendort 1908, **16**, 63.

1—2 Tropfen) 0,3 proz. Wasserstoffsuperoxydlösung und dann etwas von nachstehenden beiden Reagenzien:

1. Reagens: 1,0 g Paraphenylendiaminchlorhydrat wird in 15 ccm Wasser gelöst und mit einer Auflösung von 2,0 g Guajacol in 135 ccm 96 proz. Alkohol vermischt. Das Reagens ist wasserklar, farblos und lange haltbar; es bewirkt bei ungekochter und selbst bei gekochter Milch, die geringe Zusätze von ungekochter Milch erfahren hat, eine rein violette Färbung. Zusätze von Frischhaltungsmitteln beeinträchtigen die Reaktion nicht.

2. Reagens: 2,0 g Benzidin werden in 100 ccm 96 proz. Alkohol gelöst, und von dieser Lösung werden 5—10 Tropfen zu dem vorstehenden mit 2 Tropfen der 3 proz. Wasserstoffsuperoxydlösung vermischten Serum gesetzt. Bei dem Serum von ungekochter Milch tritt sofort eine schöne, kornblumenblaue, bei erhitzt gewesener Milch keine Färbung auf.

Eine schöne Farbenreaktion wurde auch erhalten durch eine Mischung aus gleichen Teilen einer 2 proz. α-Naphthylamin- und 2 proz. Benzidinlösung; ebenso durch eine Mischung von gleichen Teilen 2 proz. alkoholischer Lösungen von α-Naphthylamin und Diphenylhydracin.

Die Reagenzien lassen sich auch bei der Milch direkt anwenden, aber zeigen dann nicht die Empfindlichkeit wie mit ihrem Serum.

Die Reaktion Rotherfußers ist nach Hesse und Kooper[1]) auch geeignet, um nachzuweisen, ob Butter aus sterilisiertem Rahm bzw. sterilisierter Milch gewonnen worden ist.

5. Reaktion mit Jodkalium-Stärkekleister. Du Roi und Köhler[2]) haben diese bereits von V. Storch geprüfte, aber weniger geeignet befundene Reaktion in folgender Ausführung empfohlen: Man schüttelt eine größere Menge Milch (etwa 100 ccm) mit 1 ccm[3]) (ursprünglich waren 2% empfohlen) einer 1 proz. Wasserstoffsuperoxydlösung. Von der so behandelten Milch gibt man 3 ccm zu 3 ccm Jodkaliumstärkelösung — hergestellt durch Auflösen von 2—3 g Jodkalium in wenig Wasser und Zugeben dieser Lösung zu 100 ccm einer 2—3 proz. wässerigen Stärkelösung — in ein Reagensglas und schüttelt kräftig um. Bei Gegenwart von nur 10% roher Milch tritt sofort eine starke Blaufärbung ein; nach Du Roi und Köhler lassen sich durch das Reagens noch 2% rohe Milch in gekochter Milch nachweisen, die Reaktion tritt dann aber langsamer ein. Erhitzte Milch bleibt rein weiß. Wie Vollmilch verhalten sich auch Rahm, Magermilch und Molken. Bei saurer Milch muß die Hauptmenge der Säure vorher neutralisiert werden. Ein Gehalt der Milchproben an Kaliumbichromat oder Formaldehyd beeinträchtigt die Brauchbarkeit der Reaktion nicht.

Utz empfiehlt, eine 0,1 proz. Lösung von Wasserstoffsuperoxyd anzuwenden.

Nach M. Siegfeld, der das Verfahren für recht brauchbar hält, ist die offizinelle Jodzinkstärkelösung der Jodkaliumstärkelösung vorzuziehen, da erstere haltbarer ist und auch reinere Farbentöne gibt.

Anmerkung. Bordas und Touplain[4]) leugnen das Vorhandensein von Peroxydase in der Milch und behaupten, daß die Oxydation der leicht oxydierbaren Stoffe wie auch die Entwicklung von Sauerstoff aus Wasserstoffsuperoxyd durch das kolloidale Kalkcaseinat bewirkt werden. J. Sarthou[5]) tritt aber dieser Auffassung entgegen und nimmt, da nicht ein und derselbe Körper (das Kalkcaseinat) zweierlei Wirkungen haben könne, eine Anaeroxydase, die nur in Gegenwart von Wasserstoffsuperoxyd eine Oxydation leicht oxydabler Körper, wie von p-Phenyldiamin, Guajacol usw., und eine Aeroxydase an, welche direkt, ohne intermediäre Wirkung von Wasserstoffsuperoxyd die Oxydation dieser Stoffe hervorrufe. In Übereinstimmung mit Bordas und Touplain behaupten indes auch Hesse und Kooper[6]), daß die Oxydation des Rothenfußerschen

[1]) Zeitschr. f. Untersuchung d. Nahrungs- u. Genußmittel 1911, **21**, 425.
[2]) Milch-Ztg. 1902, **31**, 17 u. 113.
[3]) Vgl. M. Siegfeld, Zeitschr. f. angew. Chemie 1903, **16**, 764.
[4]) Zeitschr. f. Untersuchung d. Nahrungs- u. Genußmittel 1910, **20**, 726; 1911, **22**, 303.
[5]) Ebendort 1910, **20**, 726 u. 727; 1911, **22**, 611.
[6]) Ebendort 1011, **21**, 385; 1911, **22**, 611; 1912, **23**, 1.

Reagenzes nicht durch die Oxydase bzw. Peroxydase, sondern lediglich durch alkalisch reagierende Stoffe der Milch verursacht werde. Würde die alkalische Beschaffenheit der Milch durch Kochen, Säurebildung oder -zusatz usw. aufgehoben, so verschwinde auch die oxydierende Wirkung der Milch, lasse sich aber durch Neutralisation der Säuren wiederherstellen. Grimmer[1]) dagegen folgert aus seinen Versuchen, daß die Peroxydase der Milch in bestimmten Beziehungen zu den löslichen Eiweißstoffen (zu dem Albumin) der Milch steht, sich durch Aussalzen mit Magnesiumsulfat oder Ammoniumsulfat nicht fällen läßt, wohl aber beim Ansäuern der mit den Salzlösungen versetzten Sera. Diese Ansicht stimmt auch mit der von Waentig (l. c.) und Sames[2]) überein.

Nachdem sich Hesse und Kooper[3]) von den Beweisgründen W. Grimmers mehr oder weniger überzeugt haben, behaupten sie, daß die katalytische Wirkung der Milch durch Eisenverbindungen, wie milchsaures Eisenoxydul, bedingt werde. W. Grimmer[4]) widerlegt aber auch diese Ansicht, und so dürfte die Ansicht Grimmers, daß die Peroxydase ein dem Milchalbumin ähnlicher Eiweißkörper selbst oder an diesen fest adsorbiert ist, die meiste Wahrscheinlichkeit für sich haben.

B. Katalase.

Die 1900 von O. Loew in der Milch nachgewiesene Katalase — von Raudnitz, Seligmann u. a. auch Superoxydase, von Sarthou auch Peroxydase genannt — hat die Eigenschaft, Wasserstoffperoxyd nach der Gleichung $2\ H_2O_2 = 2\ H_2O + O_2$ zu spalten, also Sauerstoff zu entwickeln, ohne ihn, wie die Oxydasen, zu aktivieren. Aus der Menge des aus einer bestimmten Menge Milch entwickelten Sauerstoffs kann daher auf die Menge der Katalase geschlossen werden. Diese aber ist jedoch von verschiedenen Umständen abhängig, die bei der Bestimmung des entwickelten Sauerstoffs berücksichtigt werden müssen. Der Katalasegehalt ist abhängig von der Rasse, Fütterung und Haltung. Colostralmilch und Milch altmelker Kühe pflegt reicher an Katalase zu sein als normale Milch frischmilchender Kühe; Milch euterkranker Kühe und Mastitismilch zeigt besonders hohe Katalasezahlen (Köstler). Auch durch Bakterientätigkeit kann die Katalasezahl verändert werden. Nach v. Heygendorff und Meurer[5]), ferner nach Mogendorff[6]) u. a. soll daher die Katalasezahl tunlichst bald nach dem Melken, spätestens 3 Stunden nach demselben bestimmt werden.

Zur quantitativen Bestimmung der Katalase vermischt Lam[7]) 10 ccm Milch mit 5 ccm 1 proz. Wasserstoffsuperoxydlösung und beobachtet die Menge Gas, die sich nach 24stündigem Stehen bei 22—35° entwickelt hat. Gute Kuhmilch soll unter diesen Bedingungen 0,6—2,0 ccm Sauerstoff entwickeln; eine höhere Katalasezahl soll auf Euterkrankheiten schließen lassen; eine Milch mit 6,0 Katalasenzahl soll als unbrauchbar anzusehen sein, während Jencke[8]) behauptet, daß auch die Entwickelung unschädlicher Milchbakterien eine noch höhere Katalasezahl verursachen könne. Koning[9]) schlägt vor, entweder die Menge des zersetzten Wasserstoffsuperoxyds durch Titration mit Jodkalium und Thiosulfat vor und nach dem Versuch oder die Menge des entwickelten Sauerstoffs in Gärkölbchen bekannter Art zu bestimmen; diese sollen einen Durchmesser von 1 cm haben und ungefähr

[1]) Milchwirtschaftl. Zentralbl. 1911, **7**, 395; 1912, N. F. **41**, 166.

[2]) Ebendort 1910, **6**, 462.

[3]) Zeitschr. f. Untersuchung d. Nahrungs- u. Genußmittel 1912, **24**, 301.

[4]) Ebendort 1913, **25**, 85.

[5]) Milchwirtschaftl. Zentralbl. 1910, **6**, 580.

[6]) Ebendort S. 325.

[7]) Intern. Kongreß f. angew. Chemie in Rom 1906.

[8]) Zentralbl. f. Bakteriologie II. Abt., 1907, **18**, 218.

[9]) Milchwirtschaftl. Zentralbl. 1907, **3**, 261.

20 ccm Flüssigkeit fassen können; der geschlossene Arm soll etwa 15 ccm aufnehmen können. Man bringt in das Kölbchen 15 ccm Milch und 5 ccm einer 1 proz. Wasserstoffsuperoxydlösung, schüttelt um und läßt 2 Stunden bei 22—30° stehen; 100 g gute frische Handelsmilch sollen innerhalb 2 Stunden höchstens 110 mg Wasserstoffsuperoxyd zerlegen und ein Gasvolumen von höchstens 25 mm in dem Röhrchen entwickeln.

Burri und Staub[1]) verwenden ein graduiertes, 15 ccm fassendes Glasrohr[2]), das vom Nullpunkt an zu einem zylindrischen, 13 ccm fassenden Behälter, der mit einem eingeschliffenen Gasstöpsel verschlossen werden kann, erweitert ist. Man senkt in das Glasrohr bis zum Nullpunkt einen Agarpfropfen, füllt unter Umdrehen des Apparates in die zylindrische Erweiterung 10 ccm Milch und 3,1 ccm 1 proz. Wasserstoffsuperoxydlösung, verschließt, dreht wieder um und stellt erst in ein warmes Wasserbad, dann in den Thermostaten.

Fig. 11.

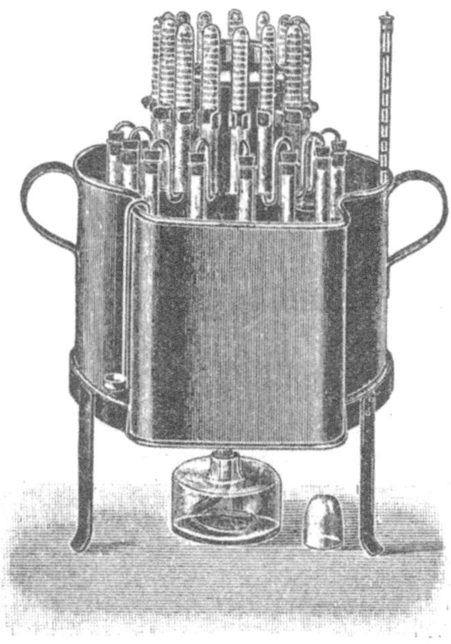

Fig. 12.

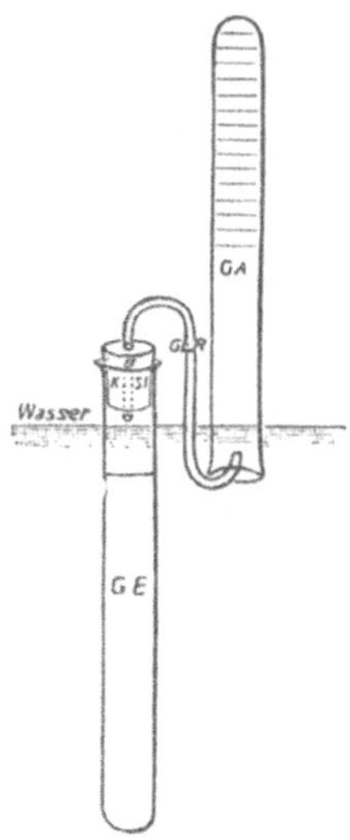

Katalaseprober nach Henkel.

G. Köstler[3]) hat einen ähnlichen Apparat für diesen Zweck angegeben.

Für Massenuntersuchungen am geeignetsten und auch genügend genau dürfte der nebenstehende Apparat von Henkel (Fig. 11 u. 12)[4]) sein.

Eine bestimmte Menge Milch wird gleichzeitig mit Wasserstoffsuperoxyd in demselben Verhältnis, wie es Koning vorstehend angegeben hat, gefüllt und in derselben Weise wie dort weiter behandelt. Der sich entwickelnde Sauerstoff wird über Wasser aufgefangen; die Art der Ausführung erhellt aus der Abbildung.

Dr. Gerber und Dr. Lobeck[5]) haben zwei Apparate dieser Art angefertigt, die auf demselben Grundsatz beruhen, aber eine genauere Bestimmung ermöglichen.

O. Laxa[6]) konnte weder mit dem Funkeschen noch mit dem Verfahren von Burri und Staub gute Werte erhalten und schlägt eine neue einfache Vorrichtung (eine oben mit Glashahn verschlossene Tropfpipette) vor, die mit dem Gemisch von Milch und H_2O_2 durch Aufsaugen gefüllt, geschlossen und einfach in ein Becherglas gestellt wird, in das die Milch durch das entwickelte Gas ausgetrieben wird und austropft. O. Laxa verwendet nach dem Vorgange Konings 15 ccm Milch und 5 ccm 1 proz. Wasserstoffsuperoxyd.

---

[1]) Zeitschr. f. Untersuchung d. Nahrungs- u. Genußmittel 1909, **17**, 88.

[2]) Der Apparat kann von der Firma C. Desaga in Heidelberg bezogen werden.

[3]) Milchwirtschaftl. Zentralbl. 1908, **4**, 532.

[4]) Molkerei-Ztg. Berlin 1910, **20**, Nr. 2.

[5]) Die Apparate nebst Beschreibung können von der Firma Franz Hugershoff bzw. von N. Gerber & Co. in Leipzig bezogen werden.

[6]) Zeitschr. f. Untersuchung d. Nahrungs- u. Genußmittel 1911, **21**, 417.

Für andere Apparate werden jetzt auch vielfach 9 ccm Milch und 3 ccm 1 proz. Wasserstoffsuperoxyd angewendet. Gerber und Ottiker[1]) fanden auf diese Weise mit dem Lobeckschen Apparat die aus frischer Milch gesunder Tiere nach 2 Stunden entwickelte Menge Sauerstoff stets über 3 ccm und aus späterer Milch nicht unter 4 ccm; bei altmelkenden Kühen ist die Menge öfters erhöht, ebenso bei Vorhandensein von nur 5% Milch kranker Kühe; blutige Milch gibt schon nach einer Stunde über 4 ccm Sauerstoff.

W. Kuntze[2]) ist der Ansicht, daß eine Handels-(Vorzugs-)milch, wenn sie bei der Katalaseprobe innerhalb 30 Minuten aus 50 ccm, mit 3 ccm einer 1 proz. Wasserstoffsuperoxydlösung versetzt, nur 2,5 ccm Gas entwickelt, keiner weiteren Prüfung bedarf; wenn sie dagegen direkt mehr als 2,5 ccm Gas entwickelt, so weist sie einen Keimgehalt von über 50 000 für 1 ccm auf und soll auch nach der Bebrütung untersucht werden.

C. J. Koning[3]) wendet einen anderen Grundsatz für die Festsetzung der Katalase an; er setzt zu 5 ccm Milch 5 ccm 1 proz. Wasserstoffperoxydlösung, läßt 2 Stunden stehen und setzt dann 10 ccm starke Salzsäure und 10 ccm 10 proz. Jodkaliumlösung zu. Nach Ablauf von 15 Minuten und nach Verdünnung mit 10 ccm Wasser titriert er das ausgeschiedene Jod unter Zusatz von etwas Stärkekleister mit $^1/_{10}$ N.-Thiosulfatlösung (1 ccm = 0,0017 g H_2O_2). Die durch 100 ccm Milch innerhalb zweier Stunden zerlegte Menge Wasserstoffsuperoxyd ist die Katalasezahl. Sie beträgt für normale Milch 110 mg H_2O_2.

Anmerkungen. 1. A. Faitelowitz[4]) behauptet im Gegensatz zu Kooper, daß die Säuren in der Milch die Katalase nur lähmen, nicht vernichten; die Lähmung kann durch Neutralisation wieder rückgängig gemacht werden. Die Katalase vervielfacht sich in frischer Milch bei Zimmertemperatur nach 24—30 Stunden, bei Bruttemperatur nach 6—8 Stunden, bei Eiskühlung nach 3—4 Tagen, da die Katalase durch Wasserstoffsuperoxyd — durch konzentrierteres sehr rasch — zerstört wird, so ergibt die Sauerstoffzahl keinen richtigen Maßstab für die Katalase; ihre Ermittlung erfolgt am sichersten und schnellsten durch die Ermittlung des Ausdruckes (Geschwindigkeitskonstante) $K = \frac{1}{t} C \left(\frac{a}{a - x}\right)$, worin t die Zeit, a die Anzahl Kubikzentimeter Sauerstoff des angewendeten (15—50 ccm O), x diejenigen des zerlegten Wasserstoffsuperoxyds, l die Milchmenge — in der Regel 100 ccm — bedeuten. In frischer, nicht neutralisierter Milch schwankt dieser Ausdruck zwischen 0,0025—0,0055. Zusatz von Chloroform hemmt die Entstehung neuer Katalase, hebt aber vorhandene nicht auf, Formalinzusatz lähmt dagegen die Katalase.

2. Bordas und Touplain[5]) behaupten, daß es gar keine Katalase in der Milch gebe, daß die Reaktion mit Wasserstoffsuperoxyd durch das kolloide Kalkcasein bedingt werde (vgl. S. 231).

C. Reduktasen.

Auf das Reduktionsvermögen der Milch (Entfärbung von Indigocarmin) hat zuerst Duclaux (1887), dann Winter Blyth (1901, Entfärbung von Lackmus) aufmerksam gemacht, während Fr. Schardinger[6]) (1902) auf die Entfärbung von Methylenblau-Lösung aufmerksam machte, welche dann von M. Neisser und Wechsberg[7]) zur Beurteilung der Milch auf ihre Beschaffenheit vorgeschlagen wurde. Fr. Schardinger gibt zwei verschiedene Lösungen an:

Lösung I oder M besteht aus 5 ccm gesättigter alkoholischer Methylenblaulösung und 195 ccm Wasser.

---

1) Milchwirtschaftl. Zentralbl. 1910, **6**, 316.
2) Zentralbl. f. Bakteriologie 1911, II. Abt., **30**, 1.
3) J. C. Koning, Biologische u. Biochemische 1908, 50.
4) Milchwirtschaftl. Zentralbl. 1910, **6**, 299, 362, 420.
5) Zeitschr. f. Untersuchung d. Nahrungs- u. Genußmittel 1910, **20**, 726.
6) Ebendort 1902, **5**, 1113 u. 1121.
7) Ebendort 1906, **11**, 382.

Lösung II oder *FM* besteht aus 5 ccm gesättigter alkoholischer Methylenblaulösung, 5 ccm Formalin (40 proz.) und 190 ccm Wasser.

Zu je 20 ccm Milch setzte Schardinger 1 ccm dieser Lösungen, stellte die Mischung in ein Wasserbad von 45—50° C und beobachtete dabei, daß

1. von zwei Proben frisch ermolkener Milch, die mit *M* bzw. *FM* gefärbt werden, bei der oben angeführten Temperatur die Probe mit *FM* innerhalb kurzer Zeit — in etwa 10 Minuten — entfärbt wird, während die Probe mit *M* gefärbt bleibt;
2. von zwei ähnlich behandelten Proben einer Milch, die das von Soxhlet sog. Inkubationsstadium überschritten hat, sich also im Zustande der Säuerung befindet, die Probe mit *FM* immer entfärbt wird, während die Probe mit *M* manchmal entfärbt wird, manchmal aber auch gefärbt bleibt, je nach dem Alter bzw. dem Säuregrade der verwendeten Milch. Je näher die Milch der Gerinnung (durch Kochen), um so rascher wird gewöhnlich eine mit *M* gefärbte Probe entfärbt;
3. Proben von gekochter Milch keine Entfärbungserscheinungen zeigen, weder bei Färbung mit *M* noch mit *FM*.

Das verschiedene Verhalten der Milch gegen die beiden Methylenblaulösungen hat in der Folge durch die Annahme eine Erklärung gefunden, daß die Reduktion der Methylenblaulösung *M* vorwiegend auf einer Bakterientätigkeit, die Reduktion der Methylenblaulösung *FM* auf einer Enzymwirkung beruhen soll. Der Zusatz von Formalin, das 0,5% in dem Reagens — das nach obiger Vorschrift angefertigte Reagens enthält 0,125% — nicht überschreiten soll, verhindert das Bakterienwachstum in der Milch, nicht aber die Wirkung des Enzyms, das als Katalysator wirkt und die reduzierende Tätigkeit des Formalins vermittelt. Man unterscheidet daher jetzt eine Reduktase und Aldehydkatalase, weil auch Acetaldehyd in derselben Weise wirkt wie Formaldehyd.

1. Reduktase. Die Reduktase ist, wie man jetzt allgemein[1]) annimmt, eine reine Bakterienwirkung.

Für die Ausführung der Reduktaseprobe und ihre Verwertung zur Beurteilung der Milch sind verschiedene Vorschläge gemacht. Smidt[2]) löst 1,0 g Methylenblau in 20 ccm absol. Alkohol und 29 ccm destilliertem Wasser, setzt zu der jedesmaligen frischen Lösung eine sterile Kochsalzlösung im Verhältnis wie 1 : 250 und ermittelt mit 3 Tropfen dieser Lösung zu 0,01—4,0 ccm Milch die geringste Milchmenge, die in einer gewissen Zeit eine bestimmte Methylenblaulösung zu reduzieren vermag. Er findet, daß ein gewisser Zusammenhang zwischen dem Bakteriengehalt und dem Reduktionsvermögen der Milch besteht. P. Th. Müller[3]) benutzt dieselbe alkoholische Methylenblaulösung und ermittelt umgekehrt die Reduktionsgeschwindigkeit, d. h. den Zeitraum, den eine gewisse Milchmenge zur Entfärbung der Lösung erfordert. Kuhkot und etwas saure Milch zu reiner Milch verkürzt die Reduktionszeit. Am Ende des Inkubationsstadiums (S. 222) beträgt die Reduktionszeit etwa 1 Stunde. P. Th. Müller gibt außer dem eigentlichen Verfahren für chemische Laboratorien, das aber sehr umständlich ist, folgendes einfache Verfahren an, das auch in Haushaltungen ausgeführt werden kann, nämlich:

Arzneifläschchen von 15 g Raumgehalt werden zur Hälfte mit Milch gefüllt. Man setzt 15 Tropfen Methylenblaulösung (0,02 g Methylenblau + 100 g Wasser) zu und überschichtet mit 1 ccm Olivenöl. Sowohl das Öl wie die Farblösung muß man zuvor im kochenden Wasserbade erhitzen, um eine allzu reichliche Zunahme von Mikroorganismen zu verhindern. Die Versuchsfläschchen werden wohlverkorkt in ein Wasserbad von 40° gesetzt. Jede Probe,

---

[1]) Vgl. u. a. Schmidt, Zeitschr. f. Untersuchung d. Nahrungs- u. Genußmittel 1907, **13**, 282; Seligmann, ebendort 1906, **11**, 454; Orla-Jensen, ebendort 1909, **18**, 675; Burri u. Kürsteiner, Milchwirtschaftl. Zentralbl. 1912, N. F. **41**, 40 u. 137.

[2]) Hygien. Rundschau 1904, **14**, 1137.

[3]) Archiv f. Hygiene 1906, **56**, 108.

welche die Methylenblaulösung innerhalb einer Stunde entfärbt, muß als unbrauchbar zur Säuglingsnahrung betrachtet werden.

Chr. Barthel[1]) empfiehlt, als Methylenblaulösung das Zinkchloriddoppelsalz des Tetramethylthionins $[2\,(C_{16}H_{18}N_3SCl) + ZnCl_2 + H_2O]$ [2]) zu verwenden und verfährt wie folgt:

10 ccm der zu untersuchenden Milch werden mit der genannten formalinfreien Methylenblaulösung versetzt, mit einigen Kubikzentimetern Paraffinum liquidum überschichtet und in ein Wasserbad von 40—45° gestellt. Die Zeit, in der die Entfärbung vor sich geht, wird vermerkt. Tritt die Entfärbung schon nach einigen Minuten ein, so enthält die Milch sicherlich hundert Millionen oder noch mehr Bakterien in 1 ccm. Auch in den Fällen, in denen die Entfärbung innerhalb 1 Stunde bewirkt wird, muß die Milch als eine solche betrachtet werden, die allzu stark bakteriell verunreinigt ist, als daß sie als Nahrungsmittel, insbesondere für Säuglinge, dienen könnte. Milch, die innerhalb 3 Stunden entfärbt wird, muß als Milch von geringerer Qualität angesehen werden, während Milch, die mehr als 3 Stunden zur Entfärbung der Methylenblaulösung erfordert, als gute Handelsmilch betrachtet werden kann. Die Probe braucht also nicht längere Zeit als 3 Stunden in Anspruch zu nehmen.

Fig. 13.

Es müssen immer 2 Milchproben untersucht werden; einige Zeit gestandene Milch gibt infolge Zunahme von Bakterien die Reaktion schneller als frische Milch; mit dem Säuregrad dagegen nimmt das Bakterienwachstum der frischen Milch ab.

Vielfach wird jetzt für die Anstellung der Reduktaseproben die Lobeck-Gerbersche Vorrichtung[3]) angewendet (Fig. 13 u. 14).

Fig. 14.

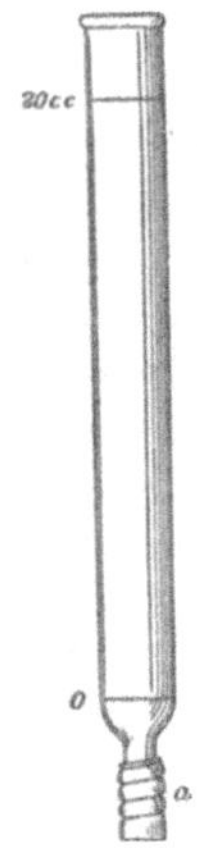

Man schraubt das untere Ventil an das Probierglas, füllt Methylenblaulösung bis zur Marke 0 ein und gibt bis zum oberen Rande der Röhre (20 ccm) Milch hinzu. Darauf setzt man den Teil *b* des Gummistöpsels auf, mischt Farbstofflösung und Milch, schraubt den kleinen Stöpsel *a* am Boden ab und schiebt den Gummistöpsel mit daraufsitzendem Glaskörper *c* soweit ein, daß die Milch beginnt durch das Ventil herauszudringen, dann schraubt man *a* wiederum fest und setzt die Röhre, die jetzt fast luftfrei ist, in ein Wasserbad.

Dieser Reduktaseprober kann durch Reinigen mit Sodawasser genügend steril gemacht werden. Für die Prüfung einer größeren Menge Milch hat Lobeck ein besonderes Reduktasebad eingerichtet.

Auch mit diesem Apparat sollen stets 2 Proben derselben Milch untersucht werden.

Barthel und Jensen[4]) empfehlen an Stelle der alkoholischen Methylenblau-Stammlösungen „Reduktase-Tabletten“[5]) von bestimmter Stärke.

Sons und Goujoux[6]) verwenden eine Mischung von Methylenblaulösung (1:4000) mit einer Fuchsinlösung (0,25 g Fuchsin in 50 g Alkohol gelöst und mit Wasser zu 1 l verdünnt); diese Mischung zeigt, je nach dem Alter der Milch, bei 38—40° innerhalb weniger Minuten Farbenveränderungen von Aschgrau über Lila zu Rosa; je rascher dieses Farbenspiel vor sich geht, desto veränderter und desto unbrauchbarer ist die Milch.

---

[1]) Zeitschr. f. Untersuchung d. Nahrungs- u. Genußmittel 1908, **15**, 385; 1911, **21**, 514; 1911, **22**, 304.

[2]) Hiermit ist das „Methylenblau medicinale Höchst“ wahrscheinlich identisch.

[3]) Zu beziehen von Dr. N. Gerber & Co. in Leipzig. Auch die Firma Paul Funk & Co. in Berlin fertigt Apparate dieser Art an.

[4]) Milchwirtschaftl. Zentralbl. 1912, N. F. **41**, 423.

[5]) Zu beziehen von Blauenfeldt & Toede in Kopenhagen.

[6]) Pharmaz. Zentralhalle 1911, **52**, 1326.

Sommerfeld[1]) hat statt Methylenblau Neutralrot (Toluylenrot), dessen Rosafärbung durch Reduktion in eine strohgelbe Farbe umgewandelt wird, Trommersdorff[2]) indigoschwefelsaures Natrium vorgeschlagen, welche Mittel aber vor dem Methylenblau keine Vorzüge haben dürften.

Die reduzierende Wirkung der Milch äußert sich auch darin, daß sie, ebenso wie Hefe und Leber, außer den Farbstoffen Indigo, Lackmus, Methylenblau nach L. Rosenthaler[3]) auch Benzoylameisensäure reduziert und in l-Mandelsäure verwandelt: $C_6H_5 . CO \cdot COOH \rightarrow C_6H_5 \cdot CHOH$ COOH. Man setzt 4 g Benzoylameisensäure, die mit Natriumcarbonat neutralisiert werden, zu 250 g Milch, läßt genügend lange (8—12 Tage) bei 25° einwirken, fällt das zum Teil sich ausscheidende Casein vollständig mit Salzsäure aus und filtriert. Das Filtrat nebst Waschwasser wird mit Äther ausgezogen, letzterer abdestilliert, der Rückstand mit Wasser aufgenommen und die wässerige Lösung für die Polarisation mit Kieselgur geklärt. Schmelzpunkt der l-Mandelsäure = 118—119°; $[\alpha]\frac{20}{D}$ in Wasser = — 153°.

2. *Aldehydkatalase,* auch *FM*-Reduktase oder Schardinger-Enzym oder Hydrogenase genannt. Für die Fermentnatur der Aldehydkatalase führt Barthel (l. c.) vorwiegend die Erscheinung an, daß durch Bakteriengifte wie Chloroform, Toluol, Thymol, Benzol usw. das Enzym wohl geschwächt, aber keineswegs zerstört wird.

Aus dem Grunde soll man die Prüfung mit der *FM*-Lösung bei einer höheren Temperatur als mit der *M*-Lösung vornehmen, nämlich einer solchen, bei der die Bakterien schon zum Teil absterben; Brand[4]) empfiehlt 70°, Reinhardt und Seibold[5]), weil bei 70° auch das Enzym abgeschwächt wird, 65°, Burri und Kürsteiner[6]) dagegen wieder 70°.

P. Buttenberg[7]) empfiehlt folgende Ausführung der Probe: Man bringt zuerst die Farblösung (1 ccm) in das Reagensglas, läßt die zu prüfende Milch (20 ccm) zufließen und mischt bei nur durchquirlender Bewegung. Das Durchschütteln der beiden Flüssigkeiten würde eine Sauerstoffaufnahme und damit eine Verzögerung der Reaktion zur Folge haben.

Im allgemeinen entfärbt normale Kuhmilch die *FM*-Lösung spätestens innerhalb 20 Minuten.

Anmerkungen: 1. Wasserstoffperoxyd in größerer Menge (Waentig) und 1 mg Rhodansalz (Raudnitz), ferner Kaliumbichromat und Kupferammoniumsulfat (Hesse) verhindern die Reaktion.

2. Nach K. Schern[8]) entfärbt die frische Milch „altmilchender“ Kühe durchweg das Formalin-Methylenblaugemisch nach den Angaben Schardingers; dieses ist bei frischer Milch „frischmilchender“ Kühe nicht der Fall, besonders dann nicht, wenn das Kalb längere Zeit am Euter der betreffenden Kuh saugt oder gesaugt hat. Die Menge des die Formalin-Methylenblaulösung entfärbenden Enzyms — ausschließlich der Colostrummilch — steigt im gleichen Verhältnis mit der zeitlichen Entfernung vom Geburtsakt allmählich zur Norm an.

3. Nach P. H. Römer und Th. Sames[9]) liefert Anfangsmilch die Schardingersche Reaktion in der Regel nicht; bei der Endmilch tritt sie stets deutlich, bei der Mischmilch in der Regel auf. Je höher der Fettgehalt ist, um so deutlicher pflegt die Reaktion zu sein. Auch Rahm zeigt eine stärkere Reaktion auf die *FM*-Lösung als gewöhnliche Milch und besonders stärker als Magermilch. Es scheint demnach das Ferment vorwiegend an das Milchfett gebunden zu sein. Eine

[1]) Pharmaz. Zentralhalle 1912, 53, Nr. 51.

[2]) Zentralbl. f. Bakteriologie 1909, I. Abt., **49**, 296.

[3]) Zeitschr. f. Untersuchung d. Nahrungs- u. Genußmittel 1910, **20**, 498.

[4]) Münch. mediz. Wochenschr. 1907, Nr. 17.

[5]) Biochem. Zeitschr. 1911, **31**, 294.

[6]) Milchwirtschaftl. Zentralbl. 1912, N. F. **41**, 170.

[7]) Zeitschr. f. Untersuchung d. Nahrungs- u. Genußmittel 1906, **11**, 380.

[8]) Biochem. Zeitschr. 1909, **18**, 261.

[9]) Zeitschr. f. Untersuchung d. Nahrungs- und Genußmittel 1910, **20**, 1.

gebundene Reduktase, die Koning[1]) nach Zusatz von Alkali beobachtet haben will, gibt es nach Römer und Sames nicht. Denn die Reduktion von Formalin-Methylenblau, die in sonst versagender Milch auf Zusatz von Alkali eintritt, rührt von Milchzucker her.

Ebenso wie Alkali kann nach P. H. Römer[2]) auch Ferrosulfat, wenn es gekochter Milch zugesetzt wird, Rohmilch vortäuschen, indem es ebenfalls Entfärbung der Methylenblaulösung bewirkt.

4. Hesse[3]) macht darauf aufmerksam, daß gekochte Milch, wenn sie einen gewissen Säuregrad (10°) überschritten hat, die Entfärbung der Methylenblaulösung in ähnlicher Weise bewirkt wie rohe Milch. Das Verfahren ist also nur unter der Voraussetzung anwendbar, daß die Milch bis zur Prüfung keine Zersetzung erlitten, insbesondere im Säuregrad nicht zugenommen hat.

5. Auch Burri und Kürsteiner[4]) geben ebenso wie Rullmann an, daß durch Kochen der Milch reduzierende Stoffe entstehen, welche Reduktase vortäuschen können; nicht der über dem Reaktionsgemisch befindliche, sondern der in letzterem vorhandene molekulare Sauerstoff kann störend wirken. Bei nichterhitzter bakterienreicher oder zellenreicher Milch gibt die Ausführung der *FM*-Reaktion keinen sicheren Aufschluß über die Menge des vorhandenen Enzyms.

Aus Untersuchungen von R. Reinhardt und E. Seibold[5]), die in vielen Punkten zu gleichen Ergebnissen wie den vorstehenden führten, mag noch hervorgehoben werden, daß die Milch euterkranker Kühe die Schardingersche Reaktion fehlerhaft beeinflußt.

D. Diastase bzw. Amylase.

C. J. Koning[6]) nimmt in der Milch auch eine Diastase an und bestimmt dieselbe in folgender Weise: Man bereitet einige Reagensröhrchen vor, die je 10 ccm Milch enthalten, und eine mit 1 proz. Stärkelösung gefüllte Pipette, die 20 Tropfen auf 1 ccm ausfließen läßt. Hierauf fügt man zum Inhalt des ersten Röhrchens einen Tropfen, zu dem des zweiten Röhrchens zwei Tropfen usw., schüttelt alle Proben gleichzeitig durch und läßt schließlich bei 15° C stehen. 30 Minuten später bringt man in jedes Röhrchen 1 ccm einer aus 1 g Jod, 2 g Jodkalium und 300 ccm Wasser bereiteten Jodlösung. Färbt sich die Milch citronengelb, so ist alles Stärkemehl umgesetzt, wird sie gelbgrau, so sind noch Spuren von Stärkemehl zugegen, enthält sie mehr unzersetztes Stärkemehl, so ist die Färbung grau, graublau oder blau. Die diastatische Kraft der Milch wird in Grammen gelöster Stärke ausgedrückt und auf 100 ccm Milch und 30 Minuten Einwirkungsdauer bezogen. Normal beträgt sie 0,015—0,020 g und steigt höchstens auf 0,0225 g.

In gut pasteurisierter Milch läßt sich der Zusatz auch nur eines Tropfens Stärkelösung zu 10 ccm Milch noch nach Verlauf einer halben Stunde nachweisen.

Anmerkungen zum Enzymgehalt der Milch.

Entstehung derselben. 1. Grimmer[7]) hält die Peroxydase und die Katalyse für eigentliche ursprüngliche Enzyme; die Peroxydase ist ein Endoenzym, die Katalase dagegen ein extracelluläres Enzym, das sich aus der Drüsenmasse der milchenden Tiere (Rind, Schaf, Ziege, Schwein und Pferd) in großer Wirksamkeit ausziehen läßt. Aldehydkatalase, Reduktase und Hydrogenase sollen keine der Milch ursprünglich angehörende Enzyme, sondern bakterielle Enzyme sein. Die Glycerinauszüge der Milchdrüsen von Schaf, Ziege, Schwein und Pferd vermögen Salol

[1]) Milchwirtschaftl. Zentralbl. 1907, **3**, 41.

[2]) Biochem. Zeitschr. 1912, **40**, 5.

[3]) Zeitschr. f. Untersuchung d. Nahrungs- u. Genußmittel 1910, **20**, 480.

[4]) Milchwirtschaftl. Zentralbl. 1912, **41**, 168.

[5]) Biochem. Zeitschr. 1911, **31**, 294 u. 385.

[6]) C. J. Koning, Biologische und biochemische Studien 1908, S. 21.

[7]) Milchwirtschaftl. Zentralbl. 1909, **5**, 243.

(Phenylsalicylat $C_6H_4(OH) \cdot COO \cdot C_6H_5$) zu spalten, die vom Rind dagegen nicht. Hier handelt es sich um ein echtes Enzym.

2. C. J. Koning[1]) hat umfangreiche Untersuchungen über Biologie und Biochemie der Milch angestellt und unter anderem gefunden, daß z. B. die Frauenmilch am reichsten an Enzymen ist. Gleich nach dem Gebären ist die Milch aller Säuger meist arm an Peroxydase, dagegen reich an Katalase; nach 3 Wochen tritt jedoch ein Ausgleich ein, indem Peroxydase auf normale Menge zu-, Katalase und Diastase auf die normale Menge abnehmen. Beim Melken nehmen Katalase und Reduktase von den ersten bis zu den letzten Strahlen zu. Durch Erwärmen der Milch auf 63—70° und auf 35° nach Ansäuerung können unter Umständen infolge Gärungen bedeutende Änderungen im Gehalt von Albumin, Globulin sowie Enzymen eintreten, so daß man aus einem abnorm niedrigen spezifischen Gewicht und einem niedrigen Reduktionswert des Serums nicht ohne weiteres auf Wasserzusatz, zumal nicht bei pasteurisierter Milch, schließen darf. Koning empfiehlt bei der Serumbereitung die Milch mit einer Reinkultur irgendeiner Milchsäurebakterie zu impfen, am besten nach vorheriger Erwärmung der Milch auf 60° während 10—15 Minuten. Gleich nach der Abscheidung des Caseins soll das Serum klar abfiltriert werden, oder es kann nach Zusatz von Formalin zur späteren Untersuchung aufgehoben werden.

Aus dem Verhalten beim Erhitzen des auf diese Weise aus pasteurisierter Milch hergestellten Serums kann man nach Verfasser auf den Erhitzungsgrad der Milch schließen. Milch, welche bis auf 68° erhitzt worden ist, gibt ein Serum, welches bei 70° sich zu trüben anfängt; bei ansteigender Temperatur wird diese Trübung stärker, bis sich bei 80° ein flockiger Niederschlag bildet. War die Milch erhitzt bis 68—70°, so bilden sich diese Flocken bei 85°. Bei Milch, welche über 70° erhitzt worden ist, bleibt die Bildung dieser Flocken im Serum gänzlich aus; die Trübung des Serums ist um so schwächer und zeigt sich bei um so höherer Temperatur, je stärker die Milch erhitzt war. So zeigte z. B. das Serum einer Milchprobe, welche auf 75° erhitzt war, bei 85° eine Spur, bei 95° eine deutliche Trübung, während das Serum einer auf 85° erhitzten Milchprobe erst bei 95° eine ganz geringe Trübung aufwies.

3. Chr. Barthel[2]) stellte vergleichende Versuche über die Beziehungen zwischen Alkoholprobe und Säuregrad, zwischen letzterem, der Reduktase-, Katalaseprobe sowie dem Bakteriengehalt[3]) an und fand unter anderem:

a) Mischmilch beginnt bei 21 Säuregraden (nach Thörner) auf die Alkoholprobe zu reagieren; alle Milch, deren Säuregrad höher ist, reagiert stets positiv, während Milch mit weniger als 21 Säuregraden in den weitaus meisten Fällen keinen Ausschlag gibt. Die Alkoholprobe bildet zwar ein scharfes Mittel, um eine beginnende Säuerung bei Mischmilch nachzuweisen, aber in manchen Fällen bei Milch mit sehr hohem Bakteriengehalt und schlechter hygienischer Beschaffenheit der Milch kann die Alkoholprobe versagen.

b) Die Katalasezahl (d. h. Kubikzentimeter entwickeltes Sauerstoffgas aus 15 ccm Milch + 5 ccm 1 proz. Wasserstoffsuperoxyd nach 2 Stunden) kann, selbst bei bakterienarmer und guter Milch, bis zu 4,5 ccm — Koning nimmt 2,5 ccm an — hinaufgehen; über diese Grenze hinaus entspricht der Katalasenzahl in der Regel ein Bakteriengehalt von 10000000 Keimen[3]) für 1 ccm Milch. Ein Zusammenhang zwischen Katalasezahl und Säuregrad ließ sich nicht feststellen; auch ist die Beziehung zwischen der Katalasezahl und der hygienischen Beschaffenheit der Milch bei weitem nicht so beständig als zwischen der Reduktionszeit nach der Reduktaseprobe und dieser Beschaffenheit.

---

[1]) Milchwirtschaftl. Zentralbl. 1909, **5**, 101, 156 u. 217; ferner Pharm. Weekblad 1909, **46**, 417, 441 u. 466; Zeitschr. f. Untersuchung d. Nahrungs- u. Genußmittel 1910, **19**, 214 u. 215.

[2]) Zeitschr. f. Untersuchung d. Nahrungs- u. Genußmittel 1911, **21**, 513.

[3]) Als Nährmedium wendete man das von O. Jensen angegebene Gemisch an: 1000 g Leitungswasser, 2,5 g Natriumchlorid, 2 g Kaliumphosphat (K_2HPO_4), 1,0 g Magnesiumsulfat, 10 g Glykose, 10 g Lactose, 20 g Wittes Pepton, 120 g Gelatine.

Die Molkengelatine wurde durch Zusatz von 10% Gelatine zu neutralisierter Molke hergestellt.

c) Bei der Reduktaseprobe entspricht eine Reduktionszeit von weniger als 1 Stunde einem Bakteriengehalt von 10 Millionen und mehr für 1 ccm Milch; bei einem Bakteriengehalt von 4 bis 10 Millionen ist die Entfärbung bei 50% der Proben innerhalb 1 Stunde vor sich gegangen, bei einem noch geringeren Bakteriengehalt beträgt sie sonst stets mehr als 3 Stunden. Eine Erhöhung des Säuregrades über den normalen hinaus bedingt stets eine verkürzte Reduktionszeit.

d) Die Entfärbungszeit für die formalinhaltige Methylenblaulösung (*FM*) steht durchweg nicht in einem direkten Verhältnis zum Bakteriengehalt.

O. Schroeter und Löhnis[1]) haben ganz ähnliche Untersuchungen angestellt und können die Ergebnisse Barthels bezüglich der Beurteilung der Katalaseprobe bestätigen; nur bezüglich der Reduktionsprobe beobachteten sie nicht die Regelmäßigkeit wie Barthel; sie schließen, „daß die Gärprobe in Verbindung mit der Ermittlung der Menge und dem mikroskopischen Aussehen des Sedimentes zweifellos die besten Auskünfte über die Beschaffenheit einer Milch zu gewähren imstande ist. Nimmt man eventuell noch die Reduktionsprobe (aber nicht in Verbindung mit der Gärprobe) hinzu, so hat man die zurzeit vollkommenste Prüfung. Aber sämtliche Prüfungsverfahren können bei Lieferung von Vorzugsmilch die fortlaufende Kontrolle des Personals und des Viehbestandes nicht ersetzen."

4. Was den Ursprung der Enzyme in der Milch anbelangt, so ist O. Jensen[2]) der Ansicht, daß die Peroxydase (indirekte Oxydase) der Kuhmilch ausschließlich vom Muttertier (und wahrscheinlich der Hauptsache nach vom Futter), die Katalase zum geringen Teil von den Leukocyten, zum größeren Teil von den Mikroorganismen, die Reduktase und Hydrogenase ausschließlich von Mikroorganismen, die Aldehydkatalase ausschließlich von den Milchkügelchen herrühren.

W. O. Kooper[3]) zieht aus seinen Untersuchungen über die Verteilung der Enzyme bei der Verarbeitung der Milch und über ihr Verhalten beim Kochen und gegen Frischhaltungsmittel folgende Schlußfolgerungen:

I. Katalase. 1. Sie geht sowohl beim Entrahmen mittels Zentrifugen als auch durch Abrahmen nach dem Eissystem hauptsächlich in den Rahm über. — 2. Beim Älterwerden der Milch steigt der Katalasegehalt, um bei einem zwischen 40—50 liegenden Säuregrade wieder abzunehmen. — 3. Sie wird durch Konservierungsmittel entweder ganz vernichtet oder geschwächt oder nur ihre Vermehrung unmöglich gemacht. — 4. Gekochter Milch kann durch Impfen mit sehr wenig roher Milch katalytische Eigenschaft mitgeteilt werden. — 5. Sie kann sich in gekochter Milch nach Impfung stark vermehren. — 6. Sie rührt deshalb höchstwahrscheinlich von den Mikroorganismen her.

II. Reduktase. 1. Sie geht beim Entrahmen mittels Zentrifugen in den Rahm, durch Abrahmen mit der Hand weniger stark in denselben über. — 2. Sie vermehrt sich in der Magermilch stärker als in dem Rahm; das Substrat, auf welches sie wirkt, ist deshalb wohl zum größten Teile in der fettärmeren zurückbleibenden Magermilch zu suchen. — 3. Die Intensivität ihrer Wirksamkeit steigt anfangs, nimmt bei einem zwischen 35—40 schwankenden Säuregrade ab, um später wieder etwas zu steigen. — 4. Sie verhält sich gegen Desinfektionsmittel ähnlich wie die Katalase. — 5. Sie vermehrt sich stark in mit roher Milch geimpfter, gekochter Milch. — 6. Sie ist deshalb höchstwahrscheinlich bacillären Ursprunges.

III. Indirekte Oxydase. 1. Sie geht sowohl beim Entrahmen mittels Zentrifugen als durch Abrahmen mit der Hand ausschließlich in die Magermilch über. — 2. Beim Älterwerden der Milch ist keine intensivere Wirksamkeit zu beobachten. — 3. Von einem zwischen 40—50 liegenden Säuregrade an nimmt die Intensivität der Blaufärbung mittels Paraphenylendiaminlösung fortwährend ab, um schließlich ganz zu verschwinden. — 4. Sie wird durch Sublimatlösung in einer für Fermentorganismen tödlichen Verdünnung nicht vernichtet, scheinbar sogar nicht geschwächt. — 5. Sie vermehrt sich nicht in gekochter Milch nach dem Impfen derselben mit roher Kuhmilch. — 6. Sie

[1]) Zentralbl. f. Bakterienkunde 1912, Abt. II, **32**, 181.

[2]) Zentralbl. 1907, II. Abt., **18**, 211.

[3]) Zeitschr. f. Untersuchung der Nahrungs- u. Genußmittel 1910, **20**, 564.

rührt deshalb nicht von Mikroorganismen, sondern wahrscheinlich vom Muttertier her, obwohl auch einfache chemische Vorgänge zur Erklärung der Oxydationsvorgänge ausreichen.

W. Rullmann[1]) untersuchte 20 Proben steril gewonnener Kuhmilch und fand, daß Katalase, direkte Oxydase, Peroxydase, Schardingers Enzym und Diastase originäre Bestandteile keimfreier Milch, Reduktase, Hydrogenase und Katalase in der Milch bakteriellen Ursprungs sind.

Mehrfach wurden Mikrokokkenstämme isoliert, die in sterilisierter und keimfrei befundener Milch bei 37° gleichzeitig Katalase und Reduktase bilden. Bei der Milch eutererkrankter Kühe zeigte sich der Gehalt an Katalase, Schardinger-Enzym und Reduktase erhöht. Das Methylenblauformalin nach Schardinger wird auch durch künstlich sterilisierte keimfreie Milch in einer allerdings wesentlich längeren Zeit als durch keimhaltige Milch entfärbt.

Grimmer[2]) untersuchte die Milchdrüse selbst auf Enzyme und kommt zu gleichen Schlüssen mit den vorstehenden Untersuchungen, insofern als die Reduktase ausschließlich auf bacillären Ursprung zurückzuführen ist, die Peroxydase dagegen ausschließlich vom Muttertier — nicht zum Teil vom Futter — stammt.

14. Nachweis von Frischhaltungsmitteln.[3]) ***a) Natriumcarbonat.*** Zum sicheren Nachweis von Natriumcarbonat, von welchem bis zu 1 g wasserfreies Salz auf 1 l zugesetzt wird, um die Säuerung der Milch zu verdecken, werden nach A. Hilger 50 ccm Milch mit der 5fachen Wassermenge verdünnt, erhitzt, mit wenig Alkohol zum Gerinnen gebracht und filtriert. Das auf die Hälfte eingeengte Filtrat läßt an der alkalischen Reaktion die Gegenwart von Alkalicarbonat deutlich erkennen.

Nach Soxhlet und Scheibe bestimmt man in der Milchasche quantitativ die Kohlensäure, wobei zu berücksichtigen ist, daß die Asche der natürlichen Milch nicht mehr als 2% Kohlensäure enthält.

Nach P. Süß[4]) kann man noch 0,05% Natriummono- und -bicarbonat in der Milch deutlich nachweisen, wenn man zu 100 ccm Milch 5—10 ccm Alizarinlösung hinzugibt. Die Milch nimmt alsdann eine sehr deutliche Rosafärbung an, während carbonatfreie Milch gelblich wird. Die Alizarinlösung wird durch Auflösen von 2 g Alizarin in 1 l 90 proz. Alkohol unter gelindem Erwärmen erhalten.

Selli[5]) empfiehlt, 10 ccm Milch mit 10 ccm Wasser zu verdünnen, mit 0,1 g Aspirin oder 1—2 ccm einer gesättigten alkoholischen Lösung von Aspirin zu versetzen, 10—20 Minuten — oder bei weniger als 0,5% Zusatz von Natriumcarbonat länger — bei 60° im Wasserbade zu erwärmen, zu filtrieren und die undurchsichtige Flüssigkeit mit 8—10 Tropfen einer 10 proz. Eisenchloridlösung zu versetzen. Bei Anwesenheit von 0,5% Natriumbicarbonat soll ein rötlichgelber Niederschlag entstehen.

b) Salicylsäure. Über den qualitativen Nachweis vgl. I. Teil, S. 605, über den quantitativen Nachweis I. Teil S. 607.

c) Benzoesäure (und Salicylsäure). (Vgl. I. Teil, S. 610 und diesen Teil, S. 39). E. Philippe[6]) hat das im Schweizer. Lebensmittelbuch angegebene Verfahren zum Nachweise von Benzoesäure und Salicylsäure in Milch wie folgt abgeändert:

---

[1]) Archiv f. Hygiene 1910, **73**, 81 u. Biochem. Zeitschr. 1911, **32**, 446.

[2]) Milchwirtschaftl. Zentralbl. 1909, **5**, 243; 1913, **42**, 617, 637 u. f. An letzteren Stellen bespricht Grimmer noch das Vorkommen von sonstigen Enzymen (z. B. Proteasen, Eroptasen, Monobutyrinase u. a.) in der Milchdrüse und in der Milch, worauf verwiesen sei.

[3]) Da die Prüfung vieler Milchproben auf die verschiedenen Frischhaltungsmittel sehr zeitraubend ist, hat M. Wynter Blyth (Analyst 1901, **26**, 148; Zeitschr. f. Untersuchung d. Nahrungs- u. Genußmittel 1902, **5**, 172) ein Verfahren ausgearbeitet, nach welchem zunächst untersucht wird, ob überhaupt Frischhaltungsmittel vorhanden sind. Auf dieses Verfahren, bei welchem die Milchproben auf gleichen Alkalitätsgrad und gleichen Bakteriengehalt gebracht werden, wie eine Kontrollmilch, kann hier nur verwiesen werden.

[4]) Pharmaz. Zentralhalle 1900, **41**, 465.

[5]) Zeitschr. f. Untersuchung d. Nahrungs- u. Genußmittel 1908, **16**, 531.

[6]) Ebendort 1912, **23**, 532.

100 ccm der gut durchgemischten Milch werden in einem geräumigen Becherglase mit 40 ccm Fehlingscher Kupfersulfatlösung und 10 ccm N.-Natronlauge versetzt. Hierauf fügt man noch 150—200 ccm Wasser hinzu, rührt kräftig um, filtriert nach einigen Minuten, bringt das völlig klare Filtrat in einen Scheidetrichter und schüttelt nach Zusatz von 5 ccm Salzsäure 2—3 mal mit Äther aus. Die sorgfältig abgetrennten Ätherauszüge werden in ein Faltenfilter gegossen und in einer flachen Glasschale von etwa 5 cm Durchmesser und 3 cm Höhe bei gelinder Wärme auf dem wesentlich unter Siedetemperatur gehaltenen Wasserbade verdunstet. Zeigt der hinterbleibende Rest nach dem Erkalten deutliche Neigung zur Krystallisation, was stets der Fall ist, wenn wenigstens 2 mg Benzoesäure oder Salicylsäure in 100 ccm Milch anwesend sind, so bedeckt man die Glasschale mit einem über deren Rand etwas hinausragenden und mit der konvexen Seite nach unten liegenden Uhrglase, bringt in die Konkavität des Uhrglases etwas kaltes Wasser und unterwirft das Ganze auf dem Sandbade oder in anderer geeigneten Weise der Sublimation. Das Sublimat läßt fast ausnahmslos schon aus der unter eventueller Zuhilfenahme des Mikroskops zu beobachtenden Krystallform erkennen, um welche der beiden Säuren es sich handelt, worauf es zur Vornahme der Identitätsreaktionen Verwendung zu finden hat, nachdem es mit wenigen Tropfen Wasser aufgenommen ist. Während nun der Nachweis der Salicylsäure keine Schwierigkeiten bietet, existieren für den der Benzoesäure verschiedene, zum Teil weniger empfehlenswerte Methoden, von denen zurzeit die auf der Überführung in Salicylsäure beruhende von A. Jonescu (S. 39) die empfehlenswerteste ist. Diese Reaktion, die in 100 ccm Milch noch 1 mg Benzoesäure nachzuweisen gestattet, ist stets zu empfehlen, wenn letztere in krystallisierter Form vorliegt. Man löst in diesem Falle das Sublimat, wenn nötig, unter schwachem Erwärmen in höchstens 1 ccm Wasser, setzt 1 Tropfen einer Mischung von 1 Raumteil offizineller Eisenchloridlösung (spezifisches Gewicht 1,28) und 9 Raumteilen Wasser, sowie 1 Tropfen einer in gleicher Weise (1 + 9) verdünnten 3 proz. Wasserstoffsuperoxydlösung zu, mischt und läßt stehen. Bei Anwesenheit von Benzoesäure wird der anfänglich gelbliche Farbenton nach Verlauf von etwa 1 Stunde deutlich violett. Zweckmäßig wird diese Reaktion auf einer weißen Porzellanplatte mit kreisrunden Vertiefungen als Tüpfelreaktion ausgeführt. Hat man bei der Isolierung kein krystallisiertes Sublimat erhalten, so ist der Benzoesäurenachweis nach dem wesentlich umständlicheren, aber in hohem Grade zuverlässigen Verfahren von E. Mohler (vgl. C. von der Heide und F. Jakob, S. 38) zu führen. Man verfährt dabei am besten in der Weise, daß der in Lauge gelöste Ätherrückstand in einem Porzellantiegel von 2,5 cm oberem Durchmesser und etwa 2 cm Höhe auf dem Wasserbade eingetrocknet, mit 5—10 Tropfen konzentrierter Schwefelsäure und einer Federmesserspitze voll Kaliumnitrat versetzt und sodann 10 Minuten lang in einem vorher auf 120—130° eingestellten Lufttrockenschrank erhitzt wird, wobei man das Quecksilbergefäß des Kontrollthermometers in den oberen Tiegelraum hineinragen läßt. Nach vollendeter Nitrierung läßt man erkalten, löst in 1 ccm Wasser, gießt den Tiegelinhalt in ein Reagensglas, spült mit etwas Ammoniak nach, macht nunmehr deutlich alkalisch, zerstört etwa gebildetes Ammoniumnitrat durch kurzes Aufkochen, kühlt ab und läßt vorsichtig 1 Tropfen starkes Schwefelammonium auf die Flüssigkeitsoberfläche fließen. Bei Anwesenheit von Benzoesäure gibt sich die gebildete Dinitrobenzoesäure durch einen Ring von mehr oder minder stark rotbrauner Färbung zu erkennen, die sich beim Umschütteln der ganzen Flüssigkeit mitteilt.

Das als besonderes Frischhaltungsmittel für Milch im Handel vertriebene Accoine besteht nach Monier-Williams[1]) aus einer wässerigen Lösung von 13,97% Natriumbenzoat und 1,94% Natriumcarbonat.

d) Borsäure. Der qualitative Nachweis der Borsäure kann in der Weise geschehen, daß man 15 ccm Milch mit 5 ccm Salzsäure von 1,124 spezifischem Gewicht versetzt, filtriert und das Filtrat mit Curcumapapier prüft. Schärfer aber ist der Nachweis nach E. Meißl[2]) in folgender Weise: 100 ccm Milch werden mit Kalkmilch oder Natriumcarbonat alkalisch gemacht, eingedampft und verascht. Die Asche wird in möglichst wenig konzentrierter

[1]) Zeitschr. f. Untersuchung d. Nahrungs- u. Genußmittel 1912, **23**, 346.

[2]) Zeitschr. f. anal. Chemie 1882, **21**, 531.

Salzsäure gelöst, die Lösung von der Kohle abfiltriert und das wieder alkalisch gemachte Filtrat zur Trockne eingedampft; hierauf befeuchtet man den Rückstand mit stark verdünnter Salzsäure, durchtränkt den Krystallbrei mit Curcumatinktur und trocknet auf dem Wasserbade ein. Bei Gegenwart der geringsten Spur Borsäure erscheint der Rückstand deutlich zinnober- bis kirschrot. (Eine etwa durch konzentrierte Salzsäure entstehende kirschrote Färbung des Curcumafarbstoffes verschwindet auf Wasserzusatz sofort.) Die mit Curcuma geprüfte Asche kann noch zur Flammenreaktion benutzt werden, indem man mit Methylalkohol versetzt, in einem Kölbchen mit doppelt durchbohrtem Pfropfen mit Zu- und Ableitungsrohr Wasserstoff durchleitet und diesen anzündet. Vgl. weiter I. Teil, S. 591 und die quantitative Bestimmung I. Teil, S. 592.

e) Fluorwasserstoffsäure. Vgl. I. Teil, S. 604. Natriumfluorid oder Silicofluorid, das vorwiegend zur Frischhaltung von Margarine bzw. Butter verwendet zu werden pflegt, kann man nach Monier-Williams[1]) leicht in der Weise nachweisen, daß man 10 g Butter schmilzt, in einem Scheidetrichter mit Äther und 1—2 ccm Wasser schüttelt, letzteres in ein Reagensglas abläßt, einige Tropfen Wasserstoffsuperoxyd und 1 ccm einer Lösung von 2% Titansulfat in 10proz. Schwefelsäure zugibt. Eine gleichzeitig angestellte Kontrollprobe ohne ein lösliches Fluorid gibt auf diese Weise eine orangegelbe Farbe; wenn aber ein lösliches Fluorid vorhanden ist, so wird die Untersuchungsprobe bedeutend heller sein. Bei Milch würde man für diese Reaktion, die noch 0,1% der genannten Fluoride anzeigen soll, das eingedickte Serum verwenden können.

f) Formaldehyd und Nitrit. Über den Nachweis von Formaldehyd vgl. I. Teil, S. 594. Ein für Milch empfohlenes Frischhaltungsmittel „Mystin" bestand nach Monier-Williams[1]) aus einer wässerigen Lösung von 9,85% Natriumnitrit und 0,30% Formaldehyd, dessen Geruch durch eine Spur Pfeffermünzöl verdeckt war. Man muß daher unter Umständen eine Milch nach dem Verfahren von Griess-Ilosvay auf salpetrige Säure (vgl. unter Trinkwasser) prüfen und, falls diese Prüfung positiv ausfällt, die salpetrige Säure erst durch Zusatz von Harnstoff zerstören und dann auf Formaldehyd prüfen.

g) Wasserstoffsuperoxyd. Das Wasserstoffsuperoxyd wird vorwiegend deshalb als Frischhaltungsmittel für Milch empfohlen, weil es in ihr allmählich in Wasser und Sauerstoff zerfällt und dann nicht mehr schädlich wirkt. Wenngleich dieses nur bis zu einem gewissen Grade richtig ist, indem von einer gewissen Grenze an (von 0,06% an aufwärts) immer nachweisbare Mengen Wasserstoffsuperoxyd in der Milch bleiben[2]), so wird es doch vielfach als Frischhaltungsmittel benutzt und muß auch die Milch hierauf häufig geprüft werden.

α) Nachweis mit Formalin-Schwefelsäure bzw. -Salzsäure. Die Reaktion mit Formalin-Schwefelsäure (eine mit wenig Formalin versetzte konzentrierte Schwefelsäure) auf Salpetersäure (S. 248) — daher Nitratreagens genannt — kann auch zum Nachweise von Wasserstoffsuperoxyd verwendet werden. Bei Anwesenheit von Salpetersäure tritt blauviolette, bei solcher von Wasserstoffsuperoxyd (0,03%) violette Färbung auf. E. Feder[3]) verwendet statt Schwefelsäure Salzsäure in folgender Weise:

5 ccm Milch werden mit 5 ccm konzentrierter Salzsäure (1,19) und einem Tropfen schwacher Formalinlösung versetzt, darauf stellt man in ein Wasserbad und beobachtet kurze Zeit (höchstens 3—4 Minuten), wobei man zweckmäßig einige Male umschüttelt. Bei einem Gehalt von 0,006% Wasserstoffsuperoxyd tritt schon eine deutliche, bei einem Gehalt von 0,003% nur mehr eine schwache Violettfärbung auf.

[1]) Zeitschr. f. Untersuchung d. Nahrungs- u. Genußmittel 1912, **23**, 346.

[2]) Nach A. Benard (Zeitschr. f. Untersuchung d. Nahrungs- u. Genußmittel 1910, **20**, 230) erhält sich Wasserstoffsuperoxyd (12volumprozentiges), wenn es in Mengen von 2% zugesetzt wird, nur 6—8 Stunden in frischer Milch; auch Nicolle und Duclaux (ebendaselbst), die 1—2% Wasserstoffsuperoxyd zusetzten, geben an, daß es nur in den ersten Stunden einen Rückgang, später eine langsame Vermehrung der Keime hervorrufe.

[3]) Zeitschr. f. Untersuchung d. Nahrungs- u. Genußmittel 1908, **15**, 234.

β) Nachweis mit Benzidin (Paradiamidodiphenyl). Wilkinson und Peters[1]), ebenso S. Rothenfußer[2]) benutzen eine 4proz. alkoholische Benzidinlösung wie zum Nachweise von ungekochter und gekochter Milch (S. 230), umgekehrt auch zum Nachweise von Wasserstoffsuperoxyd in der Milch. Zu 10 ccm Milch oder Serum (vgl. S. 230) setzt man 5 bzw. 10 Tropfen — Rothenfußer verwendet eine 2proz. Lösung — alkoholische Benzidinlösung sowie einige Tropfen Essigsäure; bei Anwesenheit von Wasserstoffsuperoxyd entsteht eine schöne Blaufärbung. Persulfate geben nach Rothenfußer eine ähnliche, wenn auch weniger empfindliche Reaktion.

γ) Reaktion mit Vanadinsäure.[3]) Arnold und Mentzel[4]) lösen 1 g Vanadinsäure in 100 g verdünnter Schwefelsäure und setzen von dieser Lösung 10 Tropfen zu 10 ccm Milch. Bei Gegenwart von Wasserstoffsuperoxyd — noch 0,01 g in 100 ccm Milch lassen sich nachweisen — entsteht eine Rotfärbung.

δ) Reaktion mit Jodkaliumstärkekleister. Wasserstoffsuperoxydhaltige Milch gibt mit Jodkaliumstärkekleister eine blaue Farbe. Diese Reaktion läßt sich auch zur annähernden quantitativen Bestimmung[5]) benutzen:

Zu 25 ccm Milch gibt man 0,5 ccm Schwefelsäure (1 + 3), filtriert das koagulierte Casein und Fett ab, entnimmt von dem Filtrat 5 ccm und versetzt diese in einer mit Glasstöpsel versehenen Flasche mit 10 ccm einer 10proz. Jodkaliumlösung und 0,5 ccm Schwefelsäure (1 + 3). Die Flasche wird umgeschüttelt, 4 Stunden im Dunkeln stehen gelassen und das frei gewordene Jod in bekannter Weise mit $^1/_{10}$ N.-Natriumthiosulfatlösung (24,646 g $Na_2S_2O_3 \cdot 5\,H_2O$) titriert. Nach der Gleichung $H_2O_2 + 2\,KJ + H_2SO_4 = K_2SO_4 + 2\,H_2O + J_2$ entspricht 1 ccm der Thiosulfatlösung $^1/_2$ Mol. $H_2O_2 = 0{,}00169$ g H_2O_2.

Die mit Wasserstoffsuperoxyd behandelte Milch (Perhydrasemilch) besitzt nach Hans Much[6]) gegenüber Typhusbacillen, Staphylococcus aureus und Kolibakterien noch bactericide Wirkungen. Die Wasserstoffsuperoxydbehandlung der Milch schadet den bactericiden Stoffen nicht nur nicht, sondern übt auf dieselbe nach Muchs Ansicht eine erhaltende Wirkung aus. Durch das Perhydraseverfahren ist es möglich, die Bakteriocidine 24 Stunden in der Milch zu erhalten, was bei gewöhnlicher roher Milch nicht möglich ist.

Man soll die Perhydrasemilch aber nicht dem Licht aussetzen, weil sie dann infolge der Zersetzung des Fettes einen unangenehmen Geruch und Geschmack annimmt. Much und Römer[7]) empfehlen daher, die Flaschen, worin bisher Säuglingsmilch abgegeben wird, mit grünem oder rotem Papier zu umwickeln.

h) Sterilisation der Milch durch ultraviolettes Licht. Ultraviolettes Licht (Quecksilberquarzlampe von 6 Amp. Stärke) ist nach Römer und Sames[8]) imstande, die Keimzahl in Milch — bei 1,5 cm Schichthöhe in 15 ccm von der Lichtquelle — nicht unbeträchtlich herabzusetzen. Die nach 20 Minuten langer Belichtung noch virulenten Organismen erwiesen sich als Schimmelpilze, Kokken, Stäbchenbakterien mit und ohne Sporen, darunter auch peptonisierende. Auch das Milchfett erleidet eine Veränderung; das Butterfett wurde gebleicht, seine Jodzahl nahm bei $^1/_2$—$1^3/_4$stündiger Belichtung von 0,9—7,0% ab. Die oxydierende Wirkung (die Oxydase) der Milch gegen Guajacholztinktur und verdünnte Wasserstoffsuperoxydlösung wird vernichtet.

---

[1]) Zeitschr. f. Untersuchung d. Nahrungs- u. Genußmittel 1908, **16**, 172.

[2]) Ebendort S. 589.

[3]) Amberg hat auch Titanhydrat zum Nachweise von Wasserstoffsuperoxyd in der Milch empfohlen.

[4]) Chem.-Ztg. 1902, **26**, 589.

[5]) K. Teichert, Methoden zur Untersuchung der Milch. Stuttgart 1909, 175.

[6]) Münch. mediz. Wochenschr. 1908, **55**, 384.

[7]) Zeitschr. f. Untersuchung d. Nahrungs- u. Genußmittel 1908, **15**, 690.

[8]) Hygien. Rundschau 1910, **20**, 873.

15. Übergang von Arzneimitteln in Milch. L. van Itallie[1]) verabreichte an Kühe Arsentrioxyd, Fluorescein, Phenolphthalein und Rhabarber; er konnte im Harn alle 4 Bestandteile, in der Milch dagegen kein Phenolphthalein und keinen Rhabarber (bzw. kein Oxymethylantrachinon) nachweisen, während sich von Arsen in der Milch nach fortgesetzter Verabreichung von Liquor Fowleri nur Spuren vorfanden. Der Übergang von Fluorescein in die Milch konnte durch Ausschütteln dieser mit Alkohol-Äther nach Gottlieb-Röse, Ansäuern der wässerigen Flüssigkeit mit Salzsäure sowie durch Zusatz von Bromwasser und Alkali nachgewiesen werden.

A. Reijst-Scheffer[2]) verabreichte an zwei Kühe an zwei aufeinander folgenden Tagen je 10 g Jodkalium und untersuchte während einiger Tage Milch und Harn auf Jod mit folgendem Ergebnis:

Das Milchfett erwies sich als völlig jodfrei, das Casein enthielt Spuren von Jod; die Hauptmenge des in der Milch anwesenden Jods fand sich in dem mit Alkohol und Essigsäure abgeschiedenen Milchserum. Auf folgende Weise wurde das Jod quantitativ bestimmt:

15 ccm Milch (bzw. casein- und fettfreie Milch) wurden mit Alkali versetzt, auf dem Sandbade eingetrocknet und der Rückstand auf einer kleinen Flamme verkohlt. Die feingeriebene Kohle wurde mit Wasser ausgelaugt, die Lösung mit Schwefelsäure angesäuert und nach Zusatz von Kaliumnitrat 3 mal mit Chloroform (zusammen 10 ccm) ausgeschüttelt. Die Lösung des Jods in Chloroform wurde mit Tragant entwässert und das Jod colorimetrisch bestimmt. Während sich im Harn ziemlich erhebliche Mengen Jod vorfanden (0,060—0,08%), enthielt die Milch viel geringere Mengen (0,0018—0,0037%).

Auch G. Wesenberg[3]) hat nachgewiesen, daß nach Verfütterung von 0,7 g Jodkalium, bei einmaliger Einreibung von 3 g Jothion (Dijodhydroxypropan), nach Versuchen mit Sajodin (Calciumsalz der Monojodbehensäure), von Sabromin (Calciumsalz der Dibrombehensäure) deutliche Mengen Jod und Brom in die Milch der Ziege übergingen. Bei Verabreichung von Helmitol wurden geringe Mengen Formaldehyd in der Milch nachgewiesen. Eosin aber, an Ziegen und Katzen verfüttert, ging weder in die Milch, noch in das Körperfett. Nach H. B. Koldewyn[4]) gehen die als Salze im Futter gereichten Schwermetalle (Quecksilber, Blei, Antimon, Zink, Wismut) nicht in die Milch über; in gleicher Weise sollen sich Morphin, Chinin, Cytisin, Aspirin, Phenolphthalein und Fluorescein verhalten; es lassen sich nach ihrer Verabreichung höchstens Spuren von ihnen oder ihren Derivaten im Harn nachweisen.

16. Nachweis fremder Farbstoffe. Um die bläuliche Färbung gewässerter oder teilweise entrahmter Milch bzw. Fettarmut im Rahm zu verdecken, werden hier und da gelbe Farbstoffe der Milch zugesetzt. Da die natürliche Gelbfärbung der Milch durch die Farbe des Fettes bedingt wird, während bei einer künstlichen die ganze Milchflüssigkeit gelb gefärbt ist, so kann man eine künstlich gefärbte Milch von einer natürlichen schon in der Regel durch Beobachtung ihres Verhaltens beim Aufrahmen in einem Glase unterscheiden. Bei natürlicher Milch ist nur die Rahmschicht gelblich und die unterstehende Magermilch bläulich; bei künstlich gefärbter dagegen ist infolge der Färbung der ganzen Flüssigkeit auch die Magermilch nach dem Aufrahmen gelblich. Bezüglich des Nachweises der künstlichen Färbung und der Erkennung der Farbstoffe sei auf die Arbeiten von A. E. Leach, H. C. Lytgoe, A. Leys und M. W. Blyth usw. verwiesen[5]).

Nach dem im Hygienischen Institut in Hamburg ausgearbeiteten Verfahren verfährt man wie folgt:

---

1) Berliner Molkerei-Ztg. 1905, **15**, 426.

2) Zeitschr. f. Untersuchung d. Nahrungs- u. Genußmittel 1910, **19**, 217.

3) Zeitschr. f. angew. Chemie 1910, **23**, 1347. Hier findet sich auch eine übersichtliche Zusammenstellung der Versuche über diese Frage.

4) Zeitschr. f. Untersuchung d. Nahrungs- u. Genußmittel 1911, **22**, 420.

5) Vgl. ebendort 1898, **1**, 651; 1899, **2**, 237; 1900; **3**, 646; 1901, **4**, 611 und 1903, **6**, 228 und A. E. Leach, Food inspection and analysis. New York 1904. S. 134.

106—200 ccm Milch oder Rahm werden mit Essigsäure schwach angesäuert (oder bis zur spontanen Gerinnung stehen gelassen), dann bis auf 80° erwärmt. Das Koagulum, daß außer den Proteinen auch das Fett und den Farbstoff enthält, wird mittels Koliertuch von dem Serum getrennt, noch 2 mal zur Entfernung von Milchzucker mit Wasser digeriert, abgepreßt und dann noch feucht wiederholt mit Alkohol ausgekocht, bis dieser nicht mehr gefärbt wird. Die vereinigten Alkoholauszüge werden bis auf etwa 10—20 ccm eingedampft, der Rest, erforderlichenfalls nach Zusatz der gleichen Menge absoluten Alkohols, im Eisschrank gekühlt. Nach 12stündigem Stehen gießt man die nur noch wenig gelöstes Fett enthaltende, bei Anwesenheit fremder Farbstoffe ziemlich stark gefärbte alkoholische Lösung in einen kleinen Zylinder ab und stellt in die Lösung einen Streifen von Filtrierpapier. Die Flüssigkeit steigt langsam bis nahe zum Rande des Gefäßes durch Capillaritätswirkung auf und verdunstet dort; während bei reiner Milch, je nach der natürlichen Farbe, eine schwach gelbliche bis bräunliche bandförmige Verfärbung am oberen Teile des Papiers entsteht, zeigen sich bei dem Zusatze der meist gebrauchten „Käsefarben“ charakteristische breite Färbungen (Orleans z. B. rosa bis rötlich orange) unterhalb des auch bei reiner Milch auftretenden Bandes. Die Papierstreifen befreit man vorteilhaft von dem anhaftenden Fett durch Waschen mit Petroläther, der die Farbstoffe auf der Faser nicht angreift. Nach diesem Verfahren lassen sich viele der in milchwirtschaftlichen Betrieben gebrauchten Farbstoffe auffinden, manche andere aber auch nicht.

17. Nachweis von Salpetersäure in der Milch. Da die Milch im natürlichen normalen Zustande — selbst, wie Schrodt, Rothenfußer u. a. gefunden haben, nach 5tägigem Füttern mit Futterrüben und Kalisalpeter[1]) — keine Salpetersäure oder salpetrige Säure, Brunnenwasser dagegen stets mehr oder weniger Salpetersäure enthält, so kann die Prüfung auf Gehalt an letzterer unter Umständen ein Mittel zur Entscheidung der Frage mit abgeben, ob eine Milch gewässert ist oder nicht.

Angeblich soll man auch in manchen Gegenden den sog. Rübengeschmack der Milch dadurch zu beseitigen suchen, daß man ihr Salpeter zusetzt[2]). Offenbar handelt es sich hierbei um weit größere Mengen (20 g auf 100 l)[3]) als durch Wässerung in die Milch gelangen werden. Ferner ist zu berücksichtigen, daß Spuren von Salpetersäure von dem an den Milchgefäßen etwa anhängenden Wasser herrühren können, mit dem die Gefäße ausgespült wurden. Doch hat Rothenfußer[4]) nachgewiesen, daß hierdurch praktisch niemals positive Nitratreaktionen bedingt werden. Auf weitere, aber wohl praktisch kaum in Frage kommende Möglichkeiten, durch welche Nitrate in die Milch gelangen können, haben N. Gerber und P. Wieske[5]) hingewiesen. Selbstverständlich kann man überhaupt nicht allein auf Grund einer Nitratreaktion eine Milch als gewässert bezeichnen; es muß vielmehr stets die ganze Zusammensetzung der Milch in Rücksicht gezogen werden.

a) Nachweis mittels Diphenylamin-Schwefelsäure. **α) Verfahren von J. Möslinger.** Dem ursprünglichen Verfahren von Fr. Soxhlet[6]) hat Möslinger[7]) auf Grund eingehender Versuche folgende Form gegeben:

---

[1]) Orla Jensen, Henseval und Müller sowie Marcas und Huyge konnten (Zeitschr. f. Untersuchung d. Nahrungs- u. Genußmittel 1906, **11**, 452 und 6151; 1907, **13**, 702) entweder nach Verfütterung von kleinen Mengen (2 g) Kalisalpeter im Tage keine, nach Verfütterung von großen Mengen (5 oder 10 g) Kalisalpeter im Tage oder bei kranken Kühen nur eine schwache bzw. positive Diphenylaminreaktion vorübergehend beobachten.

[2]) Vgl. F. Reiss, Zeitschr. f. Untersuchung d. Nahrungs- u. Genußmittel 1911, **22**, 731.

[3]) Milch-Ztg. 1881, **10**, 635, 765, 807.

[4]) Zeitschr. f. Untersuchung d. Nahrungs- u. Genußmittel 1909, **19**, 353.

[5]) Molkerei-Ztg. Berlin 1902, **12**, 61; Zeitschr. f. Untersuchung d. Nahrungs- u. Genußmittel 1902, **5**, 867.

[6]) Nach Soxhlet wird das nach Behandlung mit Chlorcalcium erhaltene Filtrat mit einigen Tropfen einer konzentrierten Schwefelsäure, welche 2% Diphenylamin enthält, versetzt und diese milchige Flüssigkeit auf konzentrierte Schwefelsäure geschichtet.

[7]) Bericht üb. d. 7. Versammlung bayer. Chemiker in Speier 1888. Berlin 1889. S. 88.

1. 100 ccm Milch werden unter Zusatz von 1,5 ccm 20proz. Chlorcalciumlösung[1]) aufgekocht und filtriert.

2. 20 mg Diphenylamin werden in 20 ccm verdünnter Schwefelsäure (1 Volumen Schwefelsäure + 3 Volumen Wasser) gelöst und diese Lösung zu 100 ccm mit reiner konzentrierter Schwefelsäure aufgefüllt.

3. 2 ccm der Diphenylaminlösung (2) werden in ein kleines weißes Porzellanschälchen gebracht. Alsdann läßt man vom Filtrat (1) $^1/_2$ ccm tropfenweise in die Mitte der Lösung fallen und das Ganze, ohne zu mischen, 2—3 Minuten ruhig stehen. Erst dann bewege man die Schale anfangs langsam hin und her, lasse wieder einige Zeit stehen usw., bis die bei Vorhandensein von Salpetersäure zunächst auftretenden, mehr oder weniger intensiv blauen Streifen sich verbreitert haben und schließlich die ganze Flüssigkeit gleichmäßig mehr oder weniger stark blau gefärbt erscheinen lassen.

Auf diese Weise lassen sich nach Möslinger noch eben 2 mg, ganz deutlich aber noch 3—4 mg Salpetersäure in 1 l Milch nachweisen.

Wenn kleinere Mengen Salpetersäure vorhanden sind, werden 450 ccm Milch mit 6—7 ccm der 20proz. Chlorcalciumlösung aufgekocht, das Filtrat (etwa 300 ccm) wird mit 2 ccm konzentrierter Schwefelsäure versetzt und hiervon werden etwa 120—150 ccm abdestilliert. Das Destillat wird mit Natronlauge schwach alkalisch gemacht, über der Flamme in der Platinschale auf etwa 5 ccm eingedampft und diese Lösung, wie oben das Milchfiltrat selbst, in der beschriebenen Weise geprüft.

Durch Anwendung von mehr Milch und durch stärkere Konzentration des Destillats lassen sich die geringsten Mengen Salpetersäure nachweisen; indes hat ein derartiger Nachweis, wie schon oben hervorgehoben wurde, keine praktische Bedeutung. Eine weitere Verschärfung der Diphenylaminreaktion auf Grund der Ciminoschen Probe hat R. Hefelmann[2]) beschrieben.

a) Das von Szilasi vorgeschlagene Verfahren, die Milch direkt zu verwenden, einige Tropfen derselben auf 1 ccm einer 2proz. Diphenylamin-Schwefelsäurelösung zu schichten und ruhig stehen zu lassen, ist nach Möslinger trügerisch und zu verwerfen.

b) Wenn die Milch mit Kaliumchromaten haltbar gemacht ist, so versagt die Reaktion des Diphenylamins, weil sich Chromate ihm gegenüber wie Nitrate verhalten. Man soll die Chromate dann nach A. Reinsch[3]) durch Kochen mit Alkohol und Schwefelsäure erst reduzieren und die Reaktion im Filtrat hiervon vornehmen. Geringe Mengen Chromate sollen die Reaktion nicht beeinträchtigen.

c) Willeke, Schellbach und Silke[4]) machen darauf aufmerksam, daß die Blaufärbung von Diphenylamin-Schwefelsäure (Nitratreaktion) auch durch Wasserstoffsuperoxyd verursacht werden könne. Wenn daher letzteres in der Milch vermutet wird, soll man mit Vanidin- Schwefelsäure (S. 244) prüfen, weil hiermit Nitrate nicht reagieren.

β) **Verfahren von J. Tillmans und A. Splittgerber.**[5]) Die vorstehenden Verfahren zur Prüfung der Milch auf Salpetersäure sind durch das Verfahren von J. Tillmans und A. Splittgerber überholt, welches hier daher eingehend beschrieben werden möge:

1. Bereitung des Reagenzes. 0,085 g Diphenylamin werden in einen 500-ccm-Meßkolben gebracht und 190 ccm verdünnte Schwefelsäure (1 + 3) daraufgegossen; darauf wird konzentrierte Schwefelsäure (spezifisches Gewicht 1,84) zugegeben und umgeschüttelt. Dabei erwärmt sich die Flüssigkeit so stark, daß das Diphenylamin schmilzt und sich löst. Man füllt jetzt mit konzentrierter

[1]) Nach Rothenfußer (Zeitschr. f. Untersuchung d. Nahrungs- u. Genußmittel 1909, **18**, 353) kann hierzu auch das nach S. 253 gewonnene Serum verwendet werden.

[2]) Zeitschr. f. öffentl. Chemie 1901, **7**, 20.

[3]) Zeitschr. f. Untersuchung d. Nahrungs- u. Genußmittel 1906, **11**, 408.

[4]) Ebendort 1913, **25**, 227.

[5]) Ebendort 1910, **20**, 676 u. 1911, **22**, 401.

Schwefelsäure fast bis zur Marke auf und kühlt ab. Dann füllt man ganz bis zur Marke auf und mischt. Das gut durchgemischte Reagens wird in einer geschlossenen Flasche aufbewahrt und hält sich unbegrenzt.

Die obengenannten Mengenverhältnisse sind genau innezuhalten.

2. Bereitung des Serums und Anstellung der Reaktion. Statt des ursprünglich verwendeten Chlorcalciumserums unter Zusatz von Kalkhydrat usw. verfahren Tillmans und Splittgerber in einfacher Weise wie folgt:

25 ccm Milch werden in einem verschließbaren Schüttelzylinder von 50 ccm Inhalt mit 25 ccm einer Mischung aus gleichen Teilen einer 50proz. Quecksilberchloridlösung (Hydrarg. bichlorat. puriss. p. a.) und einer 2proz. Salzsäure (8 ccm Salzsäure vom spezifischen Gewicht 1,125 und 92 ccm Wasser) versetzt und kurz umgeschüttelt. Darauf wird durch ein Faltenfilter filtriert und das wasserklar ablaufende Filtrat sofort der Reaktion mit Diphenylamin-Schwefelsäure unterworfen, indem man 1 ccm des Filtrates mit 4 ccm des obigen vorgeschriebenen Reagenzes in Röhrchen versetzt, umschüttelt und nach 1 Stunde die entstandene Färbung beobachtet.

3. Herstellung der Vergleichslösungen für die quantitative Bestimmung.

„Man geht aus von einer Lösung, die 100 mg N_2O_5 im Liter enthält, wie sie bei der Salpetersäurebestimmung im Wasser nach Noll zur Anwendung kommt (0,1871 g Kaliumnitrat im Liter). Von dieser Lösung gibt man in Meßkölbchen von 100 ccm Inhalt je 0,45, 0,85, 1,2, 1,5 und 2,0 ccm, setzt 2 ccm kaltgesättigte Kochsalzlösung (weil die Reaktion nur bei Anwesenheit von Chloriden gut eintritt) und 10 ccm Eisessig hinzu und füllt auf 100 auf. Die so hergestellten Vergleichslösungen, die sich unbegrenzt halten, entsprechen einem Gehalte von 1,0, 2,0, 3,0, 4,0, 5,0 mg N_2O_5 im Liter in der Milch.

Man gibt je 1 ccm der Vergleichslösungen der Sera in Reagensröhrchen, läßt 4 ccm Diphenylamin-Schwefelsäure an der Wand des Röhrchens herunterfließen, mischt und kühlt ab. Die Röhrchen bleiben unter öfterem Durchschütteln eine Stunde stehen. Die bei den zu untersuchenden Serumproben entstandenen Färbungen werden dann mit denen der Vergleichslösungen verglichen.

Bei höheren Gehalten an Salpetersäure muß man verdünnen, da sonst die Färbungen so stark werden, daß die Töne nicht mehr zu unterscheiden sind. Das geschieht in diesem Falle am besten so, daß man anstatt der 25 ccm nur 12,5 oder 10 ccm usw. Milch anwendet und die an den 25 ccm fehlende Menge mit destilliertem Wasser ergänzt. Man kann aber auch so vorgehen, daß man das Serum wie gewöhnlich bereitet und es einfach mit destilliertem Wasser soweit wie notwendig verdünnt. Bei dieser Art des Arbeitens sind bei einer 5fachen Verdünnung noch die notwendigen Mengen von Chlor vorhanden."

b) Nachweis mittels Formaldehyd-Schwefelsäure. E. Fritzmann[1]) beobachtete bei gewässerten Milchproben, die mit Formaldehyd haltbar gemacht waren, bei der Ausführung der Gerberschen acidbutyrometrischen Fettbestimmung eine Violettfärbung anstatt der sonst auftretenden Braunfärbung. Er benutzt daher umgekehrt eine Formaldehyd enthaltende Schwefelsäure vom spezifischen Gewicht 1,82, die er in demselben Verhältnis wie bei den acidbutyrometrischen Verfahren mit Milch vermischt, dazu, um Nitrate in der Milch nachzuweisen, indem bei Gegenwart von Nitraten eine violette bis tiefblauviolette Färbung auftritt. Kleine Mengen von Nitraten entgehen der Beobachtung, wenn man zu viel Formaldehyd anwendet.

M. Siegfeld[2]) hat vorgeschlagen, die Reaktion als Ringreaktion auszuführen und die auf 10 ccm mit 1 Tropfen verdünnten Formalins versetzte Milch über konzentrierte Schwefelsäure zu schichten. Die Reaktion ist bei dieser Ausführung ungefähr ebenso scharf wie die Diphenylaminreaktion; bei Ungeübten können aber durch unvorsichtiges Übereinanderschichten leicht Täuschungen dadurch entstehen, daß auch bei nitratfreier Milch rotviolette Farbentöne auftreten.

---

[1]) Zeitschr. f. öffentl. Chemie 1897, **3**, 23.

[2]) Molkerei-Ztg. Hildesheim 1902, **16**, 161.

N. Gerber und P. Wieske[1]) schlagen vor, den Formaldehyd mit der konzentrierten Schwefelsäure zu mischen und dieses Reagens mit der gleichen Menge Milch zu vermischen. Statt Schwefelsäure läßt sich auch Salzsäure verwenden (vgl. unter „Wasserstoffsuperoxydnachweis" S. 243).

18. Nachweis von Saccharose und Saccharosekalk (Zuckerkalk) in Milch und Rahm. Der Zusatz von Zucker und Zuckerkalk zu Milch oder Rahm bezweckt nach Fr. Reiß[2]), E. Baier und P. Neumann[3]) die Vortäuschung eines höheren Fettgehaltes (d. h. einer besseren Beschaffenheit); er kann die Säuerung hintanhalten und eine Wässerung der Milch ermöglichen, ohne daß diese an dem Aussehen erkannt werden kann.

1. Für den Nachweis geben Baier und Neumann folgende Verfahren an:

a) Nachweis der Saccharose von Zuckerkalklösungen in Milch und Rahm mit Ammoniummolybdat.[4]) 25 ccm Milch oder Rahm werden in einem kleinen Erlenmeyerkölbchen mit 10 ccm einer 5 proz. Uranacetatlösung versetzt, umgeschüttelt, etwa 5 Minuten stehen gelassen und durch ein Faltenfilter filtriert. Das Filtrat ist in der Regel vollkommen klar und braucht nur in seltenen Fällen nochmals durch dasselbe Filter zurückgegossen zu werden. Von dem Filtrat gibt man 10 ccm in ein Reagensglas — bei Rahm erhält man kaum mehr als 10 ccm, so daß man hier das gesamte Filtrat nehmen kann —, gibt 2 ccm einer kalt gesättigten Ammoniummolybdatlösung und 8 ccm einer Salzsäure hinzu, die aus 1 Teil 25 proz. Säure und 7 Teilen Wasser besteht. Man schüttelt dann um und setzt das Reagensröhrchen zunächst in ein auf 80° C gebrachtes Wasserbad, worin man es 5 Minuten beläßt. Nach dieser Zeit ist bei Anwesenheit von Saccharose in Milch und Rahm die Lösung mehr oder weniger blau, je nach der vorhandenen Menge der zugesetzten Saccharose. Ein längeres Stehen der Röhrchen im Wasserbade bewirkt, daß die blaue Farbe noch stärker wird.

Nach 10 Minuten ist sie tiefblau, während bei normaler Milch die Farbe nach 5 Minuten schwach grünlich, nach 10 Minuten etwas stärker grünlich ist, jedoch ohne den eigenartigen blauen Farbenton aufzuweisen. Nimmt man die Röhrchen nach 10 Minuten aus dem Wasserbade und läßt sie im Reagensgestell zugestopft über Nacht stehen, so hat sich ein schwacher, bläulicher Niederschlag am Boden abgesetzt, während die darüberstehenden klaren Lösungen von tiefblauer Farbe sind, bei normaler Milch ohne Saccharose dagegen von rein grüner Farbe. Die Farbentöne sind am besten bei durchfallendem Lichte zu beobachten.

b) Nachweis durch die Kalkbestimmung. *α*) **Bei Milch:** 250 ccm Milch von etwa 15° werden mit 10 ccm einer 10 proz. Salzsäure versetzt, umgeschüttelt und $^1/_2$ Stunde bei gewöhnlicher Temperatur stehen gelassen. Alsdann wird durch ein Faltenfilter filtriert. Das zuerst Durchgehende fängt man im Reagensglase wieder auf und gießt es aufs Filter zurück. Die Filtration geht, ähnlich wie bei der Gewinnung des Milchserums, langsam; man muß, um alles Serum zu erhalten, nötigenfalls über Nacht filtrieren lassen. Der Trichter ist, um Verdunstung zu vermeiden, zu bedecken. Vom Filtrat nimmt man 104 ccm, entsprechend 100 ccm Milch, gibt sie in ein 200-ccm-Kölbchen, fügt 10 ccm einer 10 proz. Ammoniaklösung hinzu, füllt mit Wasser von 15° bis zur Marke auf, läßt $^1/_2$ Stunde stehen und filtriert durch ein Faltenfilter, wobei man das zuerst Durchgehende wieder besonders in einem Reagensgläschen auffängt und auf das Filter zurückgießt. Von diesem Filtrat versetzt man 100 ccm, entsprechend 50 ccm Milch, mit 10 ccm einer 5 proz. Ammoniumoxalatlösung und führt dann die Kalkbestimmung in der üblichen Weise, jedoch ohne zu erwärmen, aus.

β) **Bei Rahm:** 250 ccm Rahm von 15° werden mit 8 ccm einer 10 proz. Salzsäure versetzt, umgeschüttelt und eine $^1/_2$ Stunde stehen gelassen. Alsdann filtriert man das Serum durch ein Faltenfilter, und zwar auch wieder mit der Vorsicht, daß man das zuerst durchlaufende Filtrat wieder in einem Reagensglase auffängt. Von dem Serum nimmt man nun $\frac{208}{4} = 52$ ccm, entsprechend

---

[1]) Molkerei-Ztg. Berlin 1902, **12**, 61.

[2]) Zeitschr. f. Untersuchung d. Nahrungs- u. Genußmittel 1904, **8**, 605.

[3]) Ebendort 1908, **16**, 51.

[4]) Die vorgeschlagene Reaktion, Kochen mit Sesamöl und Salzsäure (umgekehrte Reaktion auf Sesamöl) erwies sich nicht als zuverlässig genug.

50 ccm Rahm, ab, gibt diese 52 ccm in ein Kölbchen von 100 ccm, fügt 5 ccm 10proz. Ammoniak hinzu, füllt es mit Wasser bis zur Marke auf, läßt $1/2$ Stunde stehen und filtriert. Von dem Filtrat versetzt man 50 ccm, entsprechend 25 ccm Rahm, mit 10 ccm 5proz. Ammoniumoxalatlösung und läßt die Flüssigkeit in einem kleinen Bechergläschen über Nacht stehen. Die Bestimmung des Kalkes geschieht weiter in derselben Weise, wie umstehend bei Milch beschrieben worden ist. Das Ergebnis multipliziert man mit 4.

Der Kalkrest des Serums bei normaler Milch beträgt 13—18 mg in 100 ccm, während er bei Milch oder Rahm, die mit Zuckerkalk versetzt waren, stets erheblich höher ausfällt, z. B. ergaben Handelsproben, die Zuckerkalk enthielten, 26—58 mg Kalkrest.

Die Unterschiede in den absoluten Mengen sind zwar nicht sehr groß, aber die Kalkbestimmung kann sehr genau ausgeführt werden, so daß die geringen Unterschiede doch Bedeutung haben.

2. S. Rothenfußer[1]) hat sein Verfahren zum Nachweise von Saccharose und Zuckerkalk in Milch und Rahm zuletzt wie folgt angegeben:

a) Angewendete Reagenzien.

Diphenylaminreagens. Die Zusammensetzung des Reagenzes ist folgende:

10proz. alkoholische Diphenylaminlösung	10 ccm
Eisessig	25 „
Salzsäure (rein), spezifisches Gewicht 1,19	65 „

Der Alkohol wird 96proz. verwendet. Das gemischte Reagens ist haltbar und farblos. Die alkoholische Diphenylaminlösung kann vorrätig gehalten werden.

Bleiacetatlösung. 500 g neutrales Bleiacetat werden in 1200 ccm destilliertem Wasser gelöst.

Ammoniak. Die Konzentration des Ammoniaks spielt eine wesentliche Rolle und sind für den Nachweis von Saccharose und Zuckerkalk die an betreffender Stelle angegebenen Verhältnisse auch für Ammoniak möglichst einzuhalten. Kleine Verschiedenheiten schaden nicht. Man hält zweckmäßig Ammoniak in zwei verschiedenen Konzentrationsgraden vorrätig:

1. Ammoniak vom spezifischen Gewicht 0,944 = 14,469% Ammoniak
2. „ „ „ „ 0,967 = 8,07 % „

Ammoniak vom spezifischen Gewicht 0,967 findet ausschließlich Verwendung bei sehr fettreichem Rahm, während bei Milch und Milchprodukten sowie bei Rahm mit unter etwa 20% Fettgehalt das stärkere Ammoniak zur Anwendung kommt.

Ammoniakalische Bleiacetatlösung: I. 2 Vol. Bleiacetatlösung und 1 Vol. Ammoniak (spezifisches Gewicht 0,944). II. 2 Vol. Bleiacetatlösung und 1 Vol. Ammoniak (spezifisches Gewicht 0,967). Die Mischung darf namentlich bei I erst kurz vor dem Gebrauch erfolgen.

b) Nachweis von ungebundener Saccharose in Milch. Milch wird im Wasserbade auf 85—90° erwärmt, mit gleichem Volumen einer kurz vor dem Gebrauch bereiteten Mischung von 2 Volumen Bleiacetatlösung und 1 Volumen Ammoniak (spezifisches Gewicht 0,944 = 14,469% NH_3) versetzt, sofort während etwa $1/2$ Minute tüchtig geschüttelt und nach einigen Minuten filtriert. Von dem vollständig wasserklaren und farblosen Filtrat werden etwa 3 ccm mit dem gleichen Volumen des neuen Diphenylaminreagenzes gemischt und im kochenden Wasserbade bis zu 10 Minuten belassen. Ein längeres Erhitzen ist zu vermeiden, weil bei Anwesenheit von Saccharose schon nach 1—2 Minuten die Reaktion einsetzt und nach etwa 5 Minuten sich schon in intensiver Blaufärbung zeigt. Ein weiteres Erhitzen bewirkt nur noch eine dunklere Nuancierung der Reaktionsfarbe. Wenn auch nicht nötig, so doch zweckmäßig ist für den weniger Geübten eine gleichzeitig ohne Müheaufwand und Zeitverlust erfolgende Reduktionsprobe mit Fehlingscher Lösung, die in der Weise erfolgt, daß man einen weiteren Teil des Filtrates mit etwa dem gleichen Volumen Fehlingscher Lösung versetzt und gleichzeitig mit der anderen Probe

[1]) Zeitschr. f. Untersuchung d. Nahrungs- u. Genußmittel 1909, **18**, 135; 1910, **19**, 465.

ins kochende Wasserbad stellt. Es tritt bei richtiger Ausführung der Fällung keine Reduktion ein. — Erhält man nun bei negativem Ausfall der Reduktionsprobe eine deutliche bis intensive Blaufärbung der Diphenylaminprobe, so ist Saccharose vorhanden.

Die Mischung der heißen Milch mit der ammoniakalischen Bleilösung erfolgt zweckmäßig im graduierten Meßzylinder mit Stopfen; es genügen 30 ccm Milch und 30 ccm der Bleilösung. Bei 0,1% Saccharose tritt schon eine sehr starke Reaktion ein; es sollen aber noch 0,02% erkannt werden können.

Von Rahm verwendet man zum Nachweise von Saccharose, obschon sie kaum vorkommen wird, zweckmäßig 45 ccm Ammoniak (0,944) und wenn er sehr fettreich ist (über 18—20%), ein Ammoniak von 0,967 spezifischem Gewicht.

Von Milchpulvern löst man 6 g in 50 ccm Wasser, erwärmt auf 85—90°, versetzt hiervon 30 ccm mit dem gleichen Volumen Bleiacetatlösung unter Verwendung des starken Ammoniaks.

Von kondensierter Milch erwärmt man eine Mischung mit Wasser im Verhältnis von 1 : 5 auf 85—90° und verfährt mit 30 ccm hiervon wie bei Vollmilch.

Auch bei Mager-, Butter- und Sauermilch wird die etwaige Prüfung auf Saccharose wie bei Vollmilch vorgenommen.

c) Nachweis von Zuckerkalk (gebundener Saccharose). Der Zuckerkalk wird in derselben Weise wie freie Saccharose nachgewiesen. Man muß auch hier auf 85—90° erwärmen und bei fettärmeren Rahmsorten (bis 18%) das starke, bei fettreichem Rahm das schwächere Ammoniak anwenden.

Man versetzt 45 ccm Rahm (85—90° C) mit 45 ccm ammoniakalischer Bleizuckerlösung, schüttelt sofort tüchtig während $^1/_4$—$^1/_2$ Minute und filtriert nach 3—5 Minuten. Das Filtrat wird in der üblichen Weise weiterbehandelt. Es ist auch hier von großer Wichtigkeit, daß die bei Milch schon erwähnten Verhältnisse eingehalten werden. Dies gilt auch für das Diphenylaminreagens, welches zu gleichen Teilen mit dem Filtrat vermischt wird. Innerhalb 5—10 Minuten tritt bei Anwesenheit von Zuckerkalk in der oben angegebenen und noch geringerer Menge eine deutliche Reaktion ein, während eine Kontrollprobe keine Färbung in der Durchsicht erkennen läßt. Die Anstellung einer Reduktionsprobe mit Fehlingscher Lösung ist auch bei Rahm zu empfehlen.

Es empfiehlt sich, nach Zusatz der Bleilösung zu dem erwärmten Rahm die Mischung noch kurze Zeit im Wasserbade stehen zu lassen, damit sie wieder die Temperatur von 60—65° annimmt; ein längeres Erwärmen und auf höhere Temperaturen ist zu vermeiden.

Die Prüfung auf Farbe wird stets gegen das Licht angestellt.

Als Träger der Reaktion dürfte nach Ansicht von K. J. Lintner das Oxymethylfurfurol [$O \cdot C(CH_2OH) : CH \cdot CH : C \cdot CHO$] anzusehen sein.

19. Untersuchung des Milchserums. Für den Nachweis der Wässerung ist neben anderem die Untersuchung des Milchserums oder der Molken, d. h. der beim Gerinnen der Milch von Casein und Fett sich abscheidenden grünlich-gelben Flüssigkeit von Bedeutung. Da der Gehalt der Milch an Milchzucker und Mineralstoffen, den wesentlichsten Bestandteilen des Serums, ein verhältnismäßig sehr gleichbleibender ist, so schwankt die Zusammensetzung des Serums viel weniger als die der ganzen Milch.

a) Gewinnung des Serums mittels Essigsäure und Bestimmung des spezifischen Gewichtes. Zur Gewinnung des Serums gibt man von der zur Untersuchung eingelieferten Milch nach gehöriger Durchmischung etwa 100—200 ccm in einen Erlenmeyerkolben, erwärmt denselben — falls nicht von selbst beim Erwärmen Gerinnung eintritt, was man an einer besonderen kleineren Probe im Reagensglase feststellen kann — unter Zusatz von 2 ccm 20proz. Essigsäure zu je 100 ccm Milch unter losem Bedecken des Kolbens kurze Zeit auf etwa 40°, bis die Milch geronnen ist. Nach dem Erkalten stellt man das ursprüngliche Gewicht durch Zusatz von Wasser wieder her, mischt gut durch und trennt durch ein Faltenfilter

— nötigenfalls unter Rückgabe des ersten Filtrates auf das Filter — das Serum von dem Koagulum.

Fendler, Borkel und Reidemeister[1]) stellen nach dem Vorgange von N. Schoorl und Fred Con[2]) das Essigsäureserum wie folgt her:

250 ccm Milch werden in einen Erlenmeyerkolben gegeben, in Eiswasser gut gekühlt und mit 5 ccm 20 proz. Essigsäure versetzt. Man taucht alsdann den Kolben in ein auf 65—70° erwärmtes Wasserbad ein und überläßt ihn bis zur Abscheidung des Serums völliger Ruhe. Die Abscheidung erfolgt meist innerhalb kurzer Zeit, während welcher die Temperatur des Kolbeninhaltes auf 40—45° steigt. Alsdann kühlt man unter Vermeidung heftiger Bewegung den Kolben durch Einstellen in Eiswasser und filtriert hierauf durch ein Doppelfilter.

Hierdurch erhält man rasch, aber auch nicht immer ein klares Filtrat. Dieses ist immer der Fall bei dem folgenden, von W. Stüber angegebenen Verfahren:

100 ccm Milch werden in einer Medizinflasche mit 0,4 ccm Eisessig durchgeschüttelt, worauf man die Flasche in ein Wasserbad von 50—60° hängt. Nach etwa 1—2 Stunden hat sich das Serum abgeschieden. Man kühlt die Flasche unter Vermeidung allzu heftiger Bewegung in Eis und filtriert. Das Serum ist klar, wenn man es vermieden hat, den zusammenhängenden Caseinkuchen durch Schüttelbewegung zu zerteilen.

1. Bei der Ausführung der Bestimmung des spezifischen Gewichtes des Serums hat man sich zu vergewissern, ob die Milch einer höheren, das Milcheiweiß fällenden Erhitzung unterworfen gewesen ist oder nicht. Wenn die Milch bereits geronnen ist, kann das durch Filtrieren gewonnene Serum benutzt werden, doch ist zu beachten, daß in diesem Falle das spezifische Gewicht meist etwas niedriger ausfällt als im Serum, das durch Essigsäurezusatz gewonnen wird.

2. Es empfiehlt sich nicht, wie dies früher vorgeschlagen worden ist, das Serum durch freiwillige Säuerung der Milch zu gewinnen, da bei dieser Säuerung und auch nach Eintritt der Gerinnung infolge der Bildung der Milchsäure aus dem Milchzucker eine ständige Abnahme des Trockensubstanzgehaltes und auch des spezifischen Gewichtes des Serums eintritt; das letztere nimmt bei Zimmertemperatur von Tag zu Tag um etwa 0,0002—0,0007 ab. Wir fanden bei 3 Milchproben zwischen dem sofort mit Essigsäure hergestellten Serum und dem durch freiwillige Gärung gewonnenen Unterschiede von 0,0006—0,0013.

3. Aus demselben Grunde empfiehlt es sich nicht, das Milchserum nach einigen Vorschlägen, so von E. Reich[3]) unter Zusatz von Eisessig (0,4 ccm auf 100 ccm Milch), erst bei 60—65° und später im kochenden Wasserbade so zu erwärmen, daß das Albumin mit abgeschieden wird. Hierdurch kann das spezifische Gewicht des Serums um 0,0008—0,0017 erniedrigt werden.

4. H. Schlegel[4]) hält die Herstellung des Serums mit Milchsäure statt Essigsäure für natürlicher und richtiger.

Das spezifische Gewicht des Serums reiner Milch ist ziemlich beständig, in der Regel liegt es zwischen 1,0270—1,0300. Einem spezifischen Gewicht der natürlichen Milch von 1,033 und höher entspricht nach Vieth[5]) ein spezifisches Gewicht der Molken von 1,029, dem von Milch = 1,032—1,033 spezifischem Gewicht ein solches der Molken von 1,0285—1,029 spezifischem Gewicht; bei weniger gehaltreicher Milch mag das spezifische Gewicht der Molken wohl auf 1,028—1,027 sinken; jedenfalls pflegt es nicht unter 1,0260 herunterzugehen.

b) Herstellung des Serums mittels Chlorcalcium und refraktometrische Untersuchung. Auch das Lichtbrechungsvermögen des Serums vermag zur Erkennung des Wasserzusatzes wertvolle Anhaltspunkte zu liefern. In dieser Fassung hat die Freie

[1]) Zeitschr. f. Untersuchung d. Nahrungs- u. Genußmittel 1910, **20**, 156.

[2]) Ebendort 1910, **14**, 637.

[3]) Milch-Ztg. 1904, **33**, 81.

[4]) Zeitschr. f. Untersuchung d. Nahrungs- u. Genußmittel 1908, **16**, 530.

[5]) Forschungen auf dem Gebiete der Viehhaltung. Heft 15, S. 332.

Vereinigung deutscher Nahrungsmittelchemiker 1908 die refraktometrische Untersuchung des Milchserums nach dem von E. Ackermann[1]) vorgeschlagenen und von C. Mai und S. Rothenfußer[2]) weiterbegründeten Verfahren zur Erkennung eines Wasserzusatzes empfohlen.

Zur Herstellung des Milchserums wird eine Lösung von Chlorcalcium von 1,1375 spezifischem Gewicht verwendet, die in der Verdünnung von 1 : 10 im Eintauchrefraktometer bei 17,5° eine Brechung von 26 Skalenteilen zeigt. Von dieser Chlorcalciumlösung setzt man 0,25 ccm zu 30 ccm der zu untersuchenden Milch in entsprechend große Reagensgläser, die für Aufschrift von Nummern mit einem mattgeschliffenen Schilde versehen sind, verschließt die Reagensgläser mit Gummipfropfen, die mit 22 cm langen Kühlröhren versehen sind, und erwärmt 15 Minuten lang in einem siedenden Wasserbade. Darauf werden die Reagensgläser (bzw. ein Halter für diese) in einen Behälter[3]) mit kaltem Wasser (von 17,5°) gestellt und die geringe Menge Kondenswasser, die sich im oberen Teile der Reagensgläser und im Kühlrohre angesetzt hat, durch vorsichtiges Umkehren (ohne Schütteln) mit dem Serum vereinigt. Letzteres kann direkt in die kleinen für die Untersuchung bestimmten Bechergläschen ohne vorherige Filtration abgegossen und nach Einstellung des Wasserbehälters auf genau 17,5° mittels des Eintauchrefraktometers untersucht werden.

In der Regel liegt die Lichtbrechung des in vorstehender Weise hergestellten Serums normaler Milch zwischen 38—40 Skalenteilen und geht nur ausnahmsweise unter 37 Skalenteile[4]) herunter.

Indes sollen die Grenzzahlen in jedem Falle an der ortsüblichen normalen Milch vorher bzw. gleichzeitig ermittelt werden.

Nach einer großen Anzahl untersuchter Milchsorten von einzelnen wie von mehreren Kühen schwankt das Lichtbrechungsvermögen bei Milch einzelner Kühe nur zwischen 0,2 bis 0,6, bei Mischmilch nur zwischen 0,1—0,55 Skalenteilen.

Das Verfahren ist von den verschiedensten Seiten nachgeprüft und für zuverlässig wie wertvoll erklärt; nur C. Kippenberger und M. Siegfeld erklären dasselbe bis jetzt als überflüssig und bedeutungslos. C. Mai und S. Rothenfußer[5]) geben eine Übersicht dieser Meinungsäußerungen — außer den genannten von E. Baier, K. Teichert, H. Lührig, Fendler, Borkel und Reidemeister, G. Formenti, Menger, Fuchs und Jesser — und schließen unter Hinzufügung einer großen Anzahl Milchproben von einzelnen Kühen, daß die Lichtbrechung des Chlorcalciumserums den geringsten natürlichen Schwankungen unterliegt und den sichersten Maßstab zur Feststellung eines Wasserzusatzes zur Milch abgibt, wobei nicht der absolute Wert, sondern die Differenz zwischen Verdachts- und Vergleichsproben maßgebend sein kann.

H. Witte wie auch E. Ackermann[6]) weisen nach, daß das spezifische Gewicht des Essigsäureserums viel größere Schwankungen aufweist und mit der Refraktomatorzahl viel weniger gut übereinstimmt als das Chlorcalciumserum.

G. Wiegner[7]) weist nach, daß sowohl die spezifische Refraktion des Chlorcalciumserums als auch das spezifische Volumen desselben additive Eigenschaften sind, die sich als Summe der spezifischen Refraktionen bzw. als Summe der spezifischen Volumen der das Serum zusammensetzenden

---

[1]) Zeitschr. f. Untersuchung d. Nahrungs- u. Genußmittel 1907, **13**, 186.

[2]) Ebendort 1908, **16**, 7 und 1909, **18**, 737. An ersterer Stelle ist auch die gesamte Literatur über das von den verschiedenen Seiten empfohlene Verfahren angegeben.

[3]) Die Vorrichtungen hierfür werden von der Firma Franz Hugershoff in Leipzig geliefert.

[4]) Hier muß ausdrücklich betont werden, daß den Refraktometern eine Reduktionstafel beigegeben wird, die in jedem Einzelfall berücksichtigt werden muß.

[5]) Zeitschr. f. Untersuchung d. Nahrungs- u. Genußmittel 1911, **21**, 23. Hier findet sich eine Zusammenstellung der Meinungsäußerungen über das Verfahren.

[6]) Zeitschr. f. Untersuchung d. Nahrungs- u. Genußmittel 1911, **22**, 405.

[7]) Ebendort 1910, **20**, 70.

Einzelbestandteile berechnen lassen. Ist z. B. N der Brechungsexponent des Chlorcalciumserums bei 17,5°, $d\frac{15}{15}$ dessen spezifisches Gewicht bei 15°, bezogen auf Wasser von 15°, so ist

$$\frac{N^2 - 1}{N^2 + 2} \cdot \frac{1}{d\frac{15}{15}} = 0{,}2056\,.$$

Das spezifische Gewicht der Trockenmasse des Chlorcalciumserums ist, sofern es gleichmäßig hergestellt ist, mit großer Wahrscheinlichkeit konstant, und zwar 1,685 bei 20° bezogen auf Wasser von 4°.

Fendler, Borkel und Reidemeister[1]) stellten an einer großen Anzahl Milchproben fest, daß eine Beziehung zwischen der Refraktion des eiweißfreien (Chlorcalcium-) Serums und dem spezifischen Gewicht des „eiweißhaltigen" (Essigsäure-) Serums nicht besteht.

K. Alpers[2]) findet die Refraktion des Chlorcalciumserums der Milch einer Einzelkuh zwischen 35,8—42,3° bei 17,5° C im Mittel bei 39,11°; bei rindrigen Kühen sind die Schwankungen noch größer. Bei Ziegenmilch betrugen die Schwankungen zwischen 34,7—40,3°; als Mittel für Ziegenmilch ergab sich 38,0°.

E. Baier und P. Neumann[3]) benutzen zur Herstellung des Serums das von Rigler[4]) empfohlene Asaprol; es hat vor dem Chlorcalcium den Vorzug der noch rascheren Herstellung des Serums, bedingt aber eine stärkere Verdünnung der Milch, die als Nachteil anzusehen ist.

Auch H. C. Lythgol[5]) hält reines Asaprol für geeigneter als Chlorcalcium; er selbst stellt das Serum in der Weise her, daß er 40 ccm Milch mit 10 ccm Kupfersulfatlösung (72,5 g Kupfersulfat in 1 l; die Lösung hat bei 20° die Brechung 36) stark schüttelt, einige Minuten stehen läßt und filtriert. Ein so hergestelltes Serum soll eine Brechung 36,1—39° zeigen.

Nach Ackermann und Valencien[6]) bietet das Verfahren aber eher Nach- als Vorteile.

c) Herstellung des Tetraserums zur Bestimmung des spezifischen Gewichtes, der Refraktion usw. B. Pfyl und R. Turnau[7]) haben ein weiteres Verfahren zur Herstellung eines Milchserums angegeben, das sie für verschiedene Prüfungen desselben empfehlen. Sie verwenden zur Gewinnung des Serums Tetrachlorkohlenstoff sowie Essigsäure und stellen hiermit zwei Sera her, welche sie als Tetraserum I und Tetraserum II unterscheiden.

1. Das Tetraserum I für albumin- und globulinhaltiges Serum wird wie folgt gewonnen:

„50 ccm Milch werden mit etwa 5 ccm Tetrachlorkohlenstoff in einer Stöpselflasche 5—10 Minuten gut durchgeschüttelt, mit 1 ccm einer 20 proz. Essigsäure versetzt, nochmals einige Minuten geschüttelt und zentrifugiert.

Die über dem zusammenhängenden Kuchen sich abscheidende Flüssigkeit ist klar und braucht nur für die pyknometrische Bestimmung des spezifischen Gewichtes und für die Messung der Polarisation gegebenenfalls von etwa losgelösten Fetzchen filtriert zu werden.

Wo eine Zentrifuge nicht zur Verfügung steht, kann das Koagulum auch durch Filtrieren abgetrennt werden, was rasch und ohne Schwierigkeiten vonstatten geht.

Bei Kolostrum oder bei Milch kranker Tiere kann es erforderlich werden, die doppelte Menge Essigsäure anzuwenden. Bei der Verwendung derartiger Seren zur Messung der Lichtbrechung ist der vermehrte Essigsäurezusatz durch Abzug von 0,2 Refraktometergraden zu berücksichtigen.

[1]) Zeitschr. f. Untersuchung d. Nahrungs- u. Genußmittel 1910, **20**, 156.

[2]) Ebendort 1912, **23**, 497.

[3]) Ebendort 1907, **13**, 369.

[4]) Zeitschr. f. anal. Chemie 1898, **37**, 22.

[5]) Zeitschr. f. Untersuchung d. Nahrungs- u. Genußmittel 1912, **23**, 533.

[6]) Ebendort 1913, **25**, 612.

[7]) Arbeiten aus d. Kaiserl. Gesundheitsamte 1912, **40**, 245.

Der Tetrachlorkohlenstoff muß rein sein. Insbesondere darf er bei längerem Schütteln mit Wasser und nachfolgendem Zentrifugieren oder Filtrieren die Lichtbrechung des Wassers höchstens um 0,2 Refraktometergrade ändern."

2. Tetraserum II für albumin- und globulinfreies Serum:

„Die Milch wird 20 Minuten lang in einem Glaskolben mit Rückflußrohr in kochendem Wasserbade erwärmt. Nach dem Erkalten wird das im Kühlrohr befindliche Kondenswasser mit der Milch im Kolben heruntergespült. 50 ccm der Flüssigkeit werden sodann in gleicher Weise wie zur Herstellung des Tetraserums I behandelt.

Nach den Verff. zeichnen sich beide Seren durch Klarheit, Fettfreiheit und chemische Zusammensetzung vor anderen Seren aus. Die Filtration hat keinen Einfluß auf das Ergebnis, während die zugesetzte Essigsäure (1 ccm 20proz. Essigsäure auf 50 ccm Flüssigkeit) die Refraktometergrade um 0,2° erhöht, der Tetrachlorkohlenstoff dagegen keinen Einfluß weder auf die Refraktion noch das spezifische Gewicht ausübt. Für 100 Milchsorten stellten sich folgende Beziehungen zwischen den Refraktometergraden (Eintauchrefraktometer) bei 17,5° heraus, nämlich:

Tetraserum I	Tetraserum II	Chlorcalciumserum	Spontanserum[1]	Differenz der Lichtbrechung zwischen Tetraserum I und II	Tetraserum II und Chlorcalciumserum	Tetraserum I und Spontangerinnung
39,4—45,3°	37,3—42,5°	37,1—41°	37,4—43,8°	1,5—3,1°	1,0—1,6°	0,8—1,0°

Die Lichtbrechung von Tetraserum II und Chlorcalciumserum sollten gleich sein; da das letztere aber um 1,0—1,6° niedriger ist, so schließen Pfyl und Turnau, daß das Chlorcalcium entgegen anderweitigen Angaben eine Entfernung von Lösungsbestandteilen (Calciumsalze) zur Folge haben muß. Die Lichtbrechung des Spontanserums, welches ebenfalls noch Globulin und Albumin enthält, müßte mit der von Tetraserum I gleich sein. Die Verff. führen dieses zum Teil auf die Essigsäure und den Tetrachlorkohlenstoff (0,4°), zum Teil auf die Zersetzung des Milchzuckers usw. beim freiwilligen Gerinnen zurück.

Das spezifische Gewicht des Tetraserums II ist naturgemäß ebenso wie das Lichtbrechungsvermögen niedriger als das des Tetraserums I. Die Beziehungen zwischen spezifischem Gewicht und Lichtbrechung stellten sich — die Milchsorten waren bei den einzelnen Sera verschieden — wie folgt:

	Tetraserum I	Tetraserum II	Chlorcalciumserum	Spontanserum
Lactodensimetergrade[2]	27,4—30,1	26,3—28,6	22,8—26,7	22,2—31,9
Refraktometergrade bei 17,5° .	41,8—44,7	34,5—41,7	36,6—40,8	37,3—44,0

Die Lichtbrechungen bei Tetraserum I und II schwanken hier zwischen 1,8—3,1°, die Lactodensimetergrade dagegen nur zwischen 0,3—1,7°, die Lichtbrechung ist daher empfindlicher als das spezifische Gewicht.

Mit der Erhitzung nimmt natürlich die Lichtbrechung des Tetraserums I ab, aber erst nach Erhitzen der Milch über 75° während 10—30 Sekunden verliert sich die Peroxydasenreaktion ganz. So verhielt sich das Tetraserum I von Milch bei verschiedenen Temperaturen im Mittel mehrerer Proben wie folgt:

Milch bei	Zimmertemperatur	65°	70°	76,5°	100°
Refraktometergrade bei 17,5°	43,4	42,9	42,2	40,6	40,5
Peroxydasereaktion	+	+	+	—	—

Auf diese Weise läßt sich, wie auch G. Kapeller[3]) bestätigt hat, durch Vergleich der Lichtbrechung des Tetraserums I mit II nachweisen, ob eine Milch auf über 75° erhitzt worden

[1]) Nur in 11 Fällen vergleichend festgestellt.

[2]) Bei 15° bezogen auf Wasser von 4°.

[3]) Zeitschr. f. Untersuchung d. Nahrungs- u. Genußmittel 1913, **25**, 285.

ist. Ebenso ist das Tetraserum I bei Wässerungen nach Kapeller etwas empfindlicher als das Chlorcalciumserum.

d) Der Aschengehalt des Serums als Mittel zur Ermittelung eines Wasserzusatzes zur Milch. A. Reinsch[1]), H. Lührig[2]), Burr und Berberich[3]), ferner H. Sprinkmeyer und A. Diedrichs[4]) haben nachgewiesen, daß auch der Aschengehalt des Spontanserums der Milch zur Erkennung eines Wasserzusatzes dienen kann. Man läßt etwa 100 bis 200 ccm Milch in einer verschlossenen Flasche bei Zimmertemperatur freiwillig gerinnen, filtriert nach eingetretener Gerinnung, wägt sofort 25 g Serum in einer Platinschale ab, verdampft im Wasserbade zur vollständigen Trockne und verkohlt vorsichtig über freier Flamme. Die zerkleinerte Masse wird mit heißem Wasser ausgelaugt, das Unlösliche weiß geglüht, der wässerige Auszug hiermit vereinigt und das Ganze zur Trockne verdampft. Der Schaleninhalt wird schwach geglüht, nach dem Erkalten mit einigen Tropfen Ammoniumcarbonatlösung durchfeuchtet, nochmals gelinde geglüht und nach dem Erkalten im Exsiccator möglichst schnell gewogen.

Der Aschengehalt des Serums ist geringeren Schwankungen unterworfen als der der Milch; sie betragen 0,70—0,80%; im Mittel liegt der Aschengehalt des Serums normaler Milch bei 0,75% (Gewichtsprozent); wenn er unter 0,70% heruntergeht, ist die Milch nach den bisherigen Erfahrungen eines Wasserzusatzes verdächtig.

Doberty[5]) hält auch die Bestimmung der Phosphorsäure, deren Gehalt in normaler Milch nur zwischen 0,2130—0,2231 in 100 ccm schwanken soll, für ein geeignetes Mittel zur Ermittelung von Wasserzusatz zur Milch.

20. *Milchkonstante.* Unter Milchkonstante versteht G. Cornalba[6]) die Summe der gelösten Milchbestandteile (also Albumin, Milchzucker, Salze usw.) und bestimmt dieselbe entweder durch Eindampfen des durch Fällen mit Essigsäure erhaltenen Serums oder aus der Differenz, indem er von der gesamten Trockensubstanz der Milch die besonders bestimmten Mengen des Fettes und Caseins abzieht. Diese Größe ist beständiger als die Menge des in kolloidaler oder suspendierter Form vorhandenen Caseins und Fettes bzw. der Gesamttrockensubstanz. Diese Milchkonstante besagt aber nichts mehr als das spezifische Gewicht bzw. der Refraktometergrad des Serums.

21. *Kryoskopische Untersuchung der Milch.* E. Beckmann[7]) wies zuerst und später mit Jordis[8]) darauf hin, daß normale Kuhmilch einen Gefrierpunkt von — 0,54° bis — 0,58° besitzt und durch Zusatz von Wasser einen niedrigeren Gefrierpunkt (z. B. bei Verdünnung mit 2 Volumen Wasser einen solchen von — 0,26°, bei Verdünnung mit 4 Volumen Wasser einen solchen von — 0,129°) annimmt. Das Verfahren ist dann von den verschiedensten Seiten, so z. B. von Bonnema[9]), Léjoux[10]), Barthel[11]), besonders von Winter und Parmentier[12]), L. Stoeklin[13]) u. a. nachgeprüft und ebenfalls für den

---

[1]) Jahresbericht d. Untersuchungsamtes Altona 1905, S. 16.

[2]) Molkerei-Ztg. Hildesheim 1907, Nr. 41 und 1908, Nr. 45.

[3]) Chem.-Ztg. 1908, **32**, 317.

[4]) Zeitschr. f. Untersuchung d. Nahrungs- u. Genußmittel 1909, **17**, 505.

[5]) Ebendort 1909, **17**, 681.

[6]) Revue général de Lait 1908, **7**, 33 u. 56.

[7]) Milch-Ztg. 1894, **23**, 703.

[8]) Jordis, Inaug.-Diss., Erlangen 1894.

[9]) Milchwirtschaftl. Zentralbl. 1906, **2**, 468.

[10]) Ebendort 1907, **3**, 448.

[11]) Revue générale de Lait 1905, **4**, 505 und Zeitschr. f. Untersuchung d. Nahrungs- u. Genußmittel 1906, **11**, 610.

[12]) Revue générale de Lait 1904, **3**, 193 und desgleichen 1905, **9**, 159; 1905, **10**, 916 und 917.

[13]) Ann. des Falsific. 1911, **4**, 232.

Nachweis der Wässerung der Milch empfohlen worden. Nach diesen Untersuchungen schwankt der Gefrierpunkt der Milch von — 0,53 bis — 0,59° und liegt im Mittel bei — 0,55°. Es wird behauptet, daß nach dem Verfahren noch 1—2% (wenigstens 5%) Wasserzusatz zur Milch nachgewiesen werden können. Winter bringt sogar folgende Formel zur Berechnung der Höhe des Zusatzes in Vorschlag:

$$E = V \cdot \frac{a - d}{a},$$

worin E = Volumen Wasser in einem Volumen V (= 100 ccm) der Milch, a = Gefrierpunktskonstante (— 0,55) und d = gefundener Gefrierpunkt der fraglichen Milch bedeutet. Über die Ausführung des Verfahrens vgl. I. Teil, S. 57.

Anm. Das Verfahren ist aber viel zu umständlich in der Ausführung, als daß es in der Praxis Anwendung finden könnte. Dazu aber versagt es, wenn der Milch salzreiches Wasser oder Salz zugesetzt wird.

22. *Bestimmung der elektrolytischen Leitfähigkeit der Milch.* Thörner[1]) hat auch die Bestimmung der elektrolytischen Leitfähigkeit (vgl. I. Teil, S. 62) zur Feststellung eines Wasserzusatzes zur Milch vorgeschlagen. Er findet den Leitungswiderstand der natürlichen Milch zu 180—210 Ohm, Beckmann und Jordis (l. c.) finden ihn zu 204,2—221,8 Ohm oder die elektrolytische Leitfähigkeit im Vergleich zu $^1/_{50}$ N.-Chlorkaliumlösung zu 1,635—1,776. J. Th. Flohil[2]) findet das elektrische Leitvermögen von Handelsmittel zwischen $45{,}7 \times 10^{-4}$ bis $54{,}2 \times 10^{-4}$ im Mittel zu $50{,}25 \times 10^{-4}$. Das Verfahren ist in der Ausführung zwar einfacher als die Bestimmung des Gefrierpunktes, hat aber auch den Nachteil, daß die elektrolytische Leitfähigkeit wesentlich von dem Salzgehalt des etwa zugesetzten Wassers abhängt und durch Säurebildung sowie durch Zusatz von Frischhaltungsmitteln in der Milch wesentlich beeinflußt wird.

23. *Berechnung von spezifischem Gewicht, Trockensubstanz und Fett.* Von den vielen Formeln, nach denen bei den vorhandenen Beziehungen zwischen spezifischem Gewicht, Trockensubstanz und Fett aus zweien dieser Werte der dritte, insbesondere aus spezifischem Gewicht und Fettgehalt der Trockensubstanzgehalt berechnet werden kann, seien hier nur die zuletzt von W. Fleischmann[3]) angegebenen Formeln mitgeteilt, welche unter der Annahme des spezifischen Gewichts des Milchfettes = 0,93 bei 15° und der fettfreien Trockensubstanz = 1,5847 berechnet worden sind.

Ist t = Trockensubstanzgehalt, f = Fettgehalt und s = spezifisches Gewicht der Milch, so ist:

$$t = 1{,}2\,f + 2{,}665\,\frac{100\,s - 100}{s}; \qquad s = \frac{266{,}5}{266{,}5 + 1{,}2\,f - t},$$

$$f = 0{,}833\,t - 2{,}22\,\frac{100\,s - 100}{s} \quad \text{oder} \quad f = \frac{t - 2{,}665 \times \dfrac{100\,s - 100}{s}}{1{,}2}.$$

Hat z. B. eine Milch ergeben:

Spezifisches Gewicht (s) = 1,0315, Fett (f) = 3,50% und Trockensubstanz (t) = 12,30%, so ist:

$$t = 1{,}2 \times 3{,}50 + 2{,}665 \times \frac{100 \times 1{,}0315 - 100}{1{,}0315} = 12{,}23\,\%$$

und

$$f = 0{,}833 \times 12{,}30 - 2{,}22 \times \frac{100 \times 1{,}0315 - 100}{1{,}0315} = 3{,}47\,\%.$$

1) Milch-Ztg. 1891, **20**, 1178.

2) Zeitschr. f. Untersuchung d. Nahrungs- u. Genußmittel 1913, **25**, 592.

3) Journ. f. Landwirtschaft 1885, **33**, 251.

Die Formeln können daher zur Berechnung eines Bestandteiles aus den beiden anderen oder als Kontrolle dazu dienen, ob man richtig gearbeitet hat; doch ist hierbei zu berücksichtigen, daß nach A. Reinsch und H. Lührig (vgl. oben S. 210) nur bei unmittelbar nach dem Melken erfolgender Trockensubstanzbestimmung der bestimmte und berechnete Trockensubstanzgehalt eine gute Übereinstimmung zeigen.

H. Schrott-Fiechtl[1]) hat bei J. Greiner in München ein Lactodensimeter herstellen lassen, bei dem man den zu jedem spezifischen Gewichte gehörigen Wert $2{,}665\frac{100s - 100}{s}$ der Fleischmannschen Formel direkt ablesen kann. Auch die Tabelle Nr. XIX am Schluß gibt diese Werte an.

E. Ackermann[2]) hat einen Apparat in Form zweier konzentrisch verbundenen Blechscheiben eingerichtet, mittels dessen man auf einfache Weise den zu einem bestimmten spezifischen Gewichte und Fettgehalte gehörigen, nach der Fleischmannschen Formel berechneten Trockensubstanzgehalt ablesen kann. Der Apparat ist von der Firma Dr. Bender und Dr. Hobein in München zu beziehen.

N. Leornard[3]) hat verschiedene Formeln für die Beziehungen zwischen spezifischem Gewicht, Fett und fettfreier Trockensubstanz ermittelt, auf die hier verwiesen sei. Die Formel von Leys[4]) ist aus der Fleischmannschen Formel abgeleitet.

24. Berechnung des spezifischen Gewichtes der Trockensubstanz, des Gehaltes an fettfreier Trockensubstanz und des prozentualen Fettgehaltes der Trockensubstanz. Diese drei Werte sind für die Beurteilung der Reinheit einer Milch von Bedeutung. Man ermittelt sie in folgender Weise:

a) Das spezifische Gewicht der Milchtrockensubstanz (m) wird aus dem spezifischen Gewichte (s) und dem Trockensubstanzgehalte (t) der Milch berechnet nach der Formel:

$$m = \frac{ts}{ts - 100s + 100}\,.$$

b) Der Gehalt an fettfreier Trockensubstanz (r) wird durch Subtraktion des Fettgehaltes (f) vom Trockensubstanzgehalte (t) erhalten: $r = t - f$. Er läßt sich auch aus dem spezifischen Gewicht (d) und dem Fettgehalt (f) der Milch durch die Formel

$$r = \frac{d}{4} + \frac{f}{5} + 0{,}2$$

berechnen.

S. M. Babcock[5]) hat für diese Berechnungen sowie für die der Trockensubstanz (t) noch einfachere Formeln aufgestellt und kommt so zu dem Schluß, daß die Prozente an fettfreier Trockensubstanz in der Milch für je 1 Lactodensimetergrad um rund 0,25 (bei gleichem Fettgehalt) und für je $^1/_{10}$% Fett um 0,02 (bei gleichem Lactodensimetergrad) zunehmen. Dieses Verhältnis findet, wenn L = Lactodensimetergrade, f = Fett bedeutet, seinen Ausdruck in folgenden Formeln:

$$r = {}^1/_4\,L + 0{,}2\,f; \qquad t = {}^1/_4\,L + 1{,}2\,f.$$

Diese einfachen Formeln sollen nur 0,04% von den nach Fleischmanns Formeln berechneten abweichenden Werte geben.

---

[1]) Milch-Ztg. 1901, **30**, 180.

[2]) Vgl. Steinmann, Ann. chim. analyt. 1898, **3**, 253; Zeitschr. f. Untersuchung d. Nahrungs- u. Genußmittel 1899, **2**, 236.

[3]) Analyst 1900, **25**, 67 und 1901, **26**, 318; Zeitschr. f. Untersuchung d. Nahrungs- u. Genußmittel 1901, **4**, 76 und 1902, **5**, 865.

[4]) Vgl. Gobert und Bonin, Zeitschr. f. Untersuchung d. Nahrungs- u. Genußmittel 1909, **17**, 325.

[5]) Twelfth annual report of the Agric. Experim. Stat. of the University of Wisconsin 1896, 120.

c) Den prozentualen Fettgehalt der Milchtrockensubstanz (ft) ermittelt man aus dem Gehalt der Milch an Fett (f) und Trockensubstanz (t) nach der Formel:

$$f\,t = \frac{f \cdot 100}{t} .$$

Bakteriologische Untersuchung der Milch.[1])

I. Die wichtigsten Milchbakterien.

Von der normalen Bakterienflora, die zum geringen Teile aus dem Euter, zum größeren von der Körperoberfläche und der Umgebung stammt, treten je nach der Temperatur der Aufbewahrung folgende physiologische Gruppen in den Vordergrund[2]). 1. Unter 5° fluorescierende Stäbchen; 2. bei 5—10° fluorescierende, außerdem Mikrokokken, alkalibildende Stäbchen, Bacterium vulgare L. et N.; 3. bei 10—15° fluorescierende, außerdem Streptococcus Güntheri L. et N.; 4. bei 15—25° fluorescierende, vorzugsweise Streptococcus Güntheri L. et N.; 5. bei 25—30° fluorescierende, außerdem andere milchsäurebildende Streptokokken; 6. bei 30—40° fluorescierende, außerdem Vertreter der Gruppe des Bacterium coli, Bacterium aerogenes, Bacterium caucasicum; 7. über 40° fluorescierende, vorzugsweise Milchsäurestäbchen des Bacterium caucasicum und Lactose vergärende Saccharomyceten.

In erhitzter Milch entwickeln sich je nach der Höhe der Erhitzungstemperatur und der Art der Aufbewahrung Buttersäurebakterien oder anaerobe oder aerobe Fäulnisbakterien.

An höheren Pilzen enthält Milch Oidium lactis, Saccharomyceten und Torulahefen, die sich erst bei stärkerer Säuerung entwickeln.

Außer der normalen Flora ist zuweilen eine anormale vorhanden, die Milchfehler erzeugt. Pathogene Bakterien enthält die Milch bei gewissen Krankheiten der Kühe, besonders des Euters. Es kommen hier wesentlich in Betracht Tuberkelbacillen und die Streptokokken der Euterentzündung. Auch kann die Milch als Überträgerin nach dem Melken in sie gelangter menschenpathogener Keime dienen.

Diagnosen können hier nur von den wichtigsten Gruppen der normalen Flora gegeben werden. Betreffs der zahlreichen, oft sehr unvollständig beschriebenen Erreger von Milchfehlern muß auf die Spezialwerke[3]) verwiesen werden.

1. Die Milchsäurebakterien.

Eine einheitliche Einteilung dieser Bakterien ist noch nicht erzielt[4]); es herrscht in der Benennung der Arten größte Willkür. Hier möge der Einteilung von Löhnis gefolgt werden, bei der die natürlichen Beziehungen dieser Bakterien zu pathogenen Arten berücksichtigt sind.

1. Die Gruppe des Bacterium pneumoniae Frdldr. (Gruppe des Bacterium acidi lactici Hueppe). Form sehr variabel. Plumpe Kurzstäbchen von $^3/_4$—1 : 1—$1^1/_2\,\mu$ typisch, aber auch Ausmessungen von $^1/_2$—2 : $^3/_4$ — 15 μ. Geißeln und Sporen fehlen. Meist gramnegativ. Oberflächenkolonien auf Gelatine halbkugelig gewölbt, kreisrund oder koliartig. Innere Kolonien rund oder wetzsteinförmig. Verflüssigung sehr selten; in der Stichkultur in Gelatine Wachstum meist im ganzen Stich; das Oberflächenwachstum entspricht dem auf Platten. Bouillon wird stark getrübt; Oberflächenhäutchen meist dünn und locker, fehlt

---

1) Bearbeitet von Prof. Dr. A. Spieckermann, Münster i. W.

2) Esten, Ann. Rep. Stons Exper. Stat. 1904; Luxwolda, Centralbl. Bakteriol. II. Abt., 1911, **31**, 129; Wolf, Inaug.-Diss. Zürich 1908.

3) Lafar, Handbuch d. techn. Mykologie Bd. II; Löhnis, Handbuch d. landw. Bakteriologie; Lehmann und Neumann, Bakteriologische Diagnostik Bd. II, 5. Aufl.

4) Vgl. Weigmann in Lafars Handbuch Bd. II; Löhnis, Centralbl. Bakteriol., II. Abt., 1907, **18**, 104 und 1911, **29**, 333.

zuweilen. In Milch tritt Gerinnung nach 1—2 Tagen, zuweilen später, oder auch gar nicht ein. Gasbildung manchmal vorhanden, manchmal fehlend. Zuweilen wird Lab erzeugt. Die entstehende Milchsäure dreht meist links, seltener rechts oder gar nicht. Auf der Kartoffel gelbe bis braune erhabene Auflagerungen. An chemischen Leistungen sind Vergärung verschiedener Zucker zu Milch-, Essig-, Bernsteinsäure, Wasserstoff und Kohlendioxyd zu nennen, ferner Bildung spezifischer Geruchs- und Geschmacksstoffe. Wachstum bei Luft und unter Abschluß meist gleich gut. Zu dieser Gruppe gehören Bacterium acidi lactici Hueppe, Bacillus lactis aerogenes Escherich; betreffs weiterer Arten vergleiche man die Darstellung von Löhnis.

2. Die Gruppe des Streptococcus pyogenes Rosenbach (Gruppe des Streptococcus Güntheri L. et N.). Form sehr variabel. Typisch sind ovale, zuweilen lanzettlich zugespitzte Formen in Verbänden von zwei bis sechs. Größe 0,5 : 0,6 — 1,0, zuweilen auch 0,3 : 2,0 μ. In Bouillon Neigung zum Längenwachstum. Unbeweglich, ohne Sporen, grampositiv. Wachstumsintensität gering; eiweißartige Stoffe unbedingt erforderlich. Im allgemeinen ist das Wachstum unter anaeroben Verhältnissen besser als bei Sauerstoffzutritt. Auf Gelatineplatten Oberflächen- und Tiefenkolonien sehr klein, kreisrund, mit glattem oder wellig gebuchtetem, zackigem Rand. Gelatine wird meist nicht verflüssigt. Im Gelatinestich ist die Entwickelung vorwiegend auf den Stich beschränkt; Oberflächenwachstum kaum vorhanden. Bouillon bleibt meist klar und es entsteht ein lockerer Bodensatz. Auf der Kartoffel bleibt das Wachstum aus oder ist sehr kümmerlich. In Milch tritt meist schon nach 24 Stunden Gerinnung durch Säuerung ein. Es entsteht meist Rechts-, seltener Links- oder inaktive Milchsäure. Gasbildung fehlt.

In diese Gruppe gehören die Erreger der normalen Milchsäuerung. Von den als verschiedene Arten beschriebenen Formen sind zu nennen: Streptococcus Güntheri L. et N. = Bacterium Güntheri L. et N. = Bacterium lactis acidi Leichm. = Bacillus lacticus Kruse = Streptococcus lacticus Kruse = Bacillus acidi paralactici Kozai = Streptococcus acidi lactici Grotenf. Von pathogenen Formen gehören hierher die Streptokokken der Mastitis.

3. Die Gruppe des Bacterium caucasicum (Kern) L. et N. (Gruppe des Bacterium casei). Die Zellform ist außerordentlich variabel. Typisch sind Stäbchen von $^1/_2$—$^3/_4$: 2—3 μ; doch kommen Schwankungen in der Dicke von 0,3—1,2 μ, in der Länge bis zu 50 μ vor. Beweglichkeit und Sporen nicht beobachtet. Grampositiv. Die Wachstumsintensität ist gering; eiweißartige Stoffe sind unbedingt erforderlich. Wachstum besser anaerob als an der Luft. Wachstum auf Gelatine, Kartoffeln und in Bouillon dem der Gruppe 2 gleich. In Milch langsame Säuerung, meist Linksmilchsäure. An chemischen Leistungen ist die Vergärung verschiedener Zuckerarten zu erwähnen. Manche Formen peptonisieren Casein.

In diese Gruppe gehören die Milchsäurebakterien des Emmentaler Käses (Bacillus casei v. Freud.), der Gärmilcharten (Bacillus bulgaricus aus Yoghurt, Bacterium caucasicum L. et N. aus Kefir), der Brauereimaische (Bacillus Delbrücki Leichm.), der Sauerteiggärung.

4. Die Gruppe des Micrococcus pyogenes Rosenbach (Gruppe des Micrococcus lactis acidi). Form kugelig, 0,8—1,6 μ, einzeln, zu zweien oder in Haufen. Beweglichkeit selten, Sporen fehlen, grampositiv. Wachstumsintensität größer als bei Gruppe 2 und 3; Ansprüche an Nährstoffe bescheidener. Verhalten zu Sauerstoff wie bei Gruppe 1.

Auf Gelatineplatten sind die Oberflächenkolonien teils flach, teils erhaben, weiß bis braun. Gelatine wird häufig verflüssigt. Im Gelatinestich Wachstum meist im ganzen Stich, Oberflächenwachstum wie auf der Platte. Manche Formen verflüssigen die Gelatine. Bouillon bleibt klar oder wird mehr oder minder getrübt. Auf Kartoffeln entstehen weiße bis orangegelbe erhabene Beläge. Milch wird langsam oder nicht koaguliert; bei der Gerinnung wirkt Labenzym mit. Zuweilen wird das Koagulum wieder gelöst. An chemischen Leistungen sind neben Milchsäure flüchtige Fettsäuren zu erwähnen.

In diese Gruppe gehören im Euter wiederholt gefundene Kokken, Mastitisstaphylokokken und die Erreger mancher Milchfehler.

2. Die Buttersäurebakterien.

Eine Beschreibung der Buttersäurebakterien stößt zurzeit auf größere Schwierigkeiten, da eine scharfe Scheidung der beschriebenen Arten auf Grund morphologischer und physiologischer Merkmale kaum möglich ist [vgl. Schattenfroh und Graßberger[1]), Bredemann[2]), Lehmann und Neumann[3])]. Es seien daher für die in der Milch vorwiegend gefundenen Buttersäurebakterien die Bezeichnungen von Graßberger und Schattenfroh festgehalten.

Bacillus saccharobutyricus v. Klecki = Bacillus saccharobutyricus mobilis Graßb. et Schattenfr. Schlanke, lebhaft bewegliche peritrich begeißelte Stäbchen, 0,6—1,0 : 3,0 — 5,0 μ, grampositiv. Clostridiumformen mit Granuloseeinlagerung. Große Neigung zur Sporenbildung, der Granuloseeinlagerung vorangeht. Spore endständig oder doch einem Ende näher. Reife Sporen oval, 1,3—1,7 : 1,8 — 2,3 μ. Obligat anaerob. Auf Glykoseagar meist schleimige ausgebreitete Kolonien; Tiefenkolonien wetzsteinförmig, z. T. mit stacheligen Ausläufern. Zuckergelatine wird nicht verflüssigt. Nach Graßberger und Schattenfroh entstehen auf Zuckergelatineplatten drei Wuchsformen: kompakte, ohne Ausläufer, solche mit Ausläufern und Schlingen und diffuse, feinkörnige. Vergärt Mono-, Disaccharide und Stärke zu Buttersäure, Milchsäure, Kohlendioxyd, Wasserstoff, während Fett und Eiweiß nicht wesentlich verändert werden. In der Milch kommt diese Art angeblich seltener vor, dagegen stets in Erde, Schmutzwasser, Käse.

Bacillus saccharobutyricus immobilis Graßb. et Schattenfr. = Bacillus capsulatus aerogenes Welch = Bacillus phlegmonis emphysematosae (E. Fränkel).

Plumpe Stäbchen, ohne Eigenbewegung, grampositiv, selten Sporen bildend. Sporen bald end-, bald mittelständig. Vergärt außer Zucker auch milchsauren Kalk. Ist in Milch stets vorhanden.

3. Die Fäulnisbakterien.

Von den in der Milch auftretenden Fäulnisbakterien sind die fluoreszierenden Arten, die Colibakterien, die Proteusbakterien an anderen Stellen bereits beschrieben (S. 53 u. 181). Von den aeroben Arten kommen hier noch besonders die sporenbildenden Stäbchenbakterien der Bodenflora, von den anaeroben der Bacillus putrificus in Betracht.

Die Heu- und Kartoffelbacillen. Mit diesen Vulgärnamen werden zahlreiche Stäbchenbakterien mit kochfesten Sporen bezeichnet, die zum größten Teil die Gelatine verflüssigen, Milch bei alkalischer oder schwach saurer Reaktion koagulieren und das gefällte Casein peptonisieren, Zucker nicht vergären, kein Indol bilden. Alle sind grampositiv, meist peritrich begeißelt. Von den vielen Arten können hier nur wenige beschrieben werden. Es sei hier auf die Arbeit von Gottheil[4]) verwiesen (siehe Tabelle S. 262).

Bacillus putrificus Bienstock. Stäbchenbakterie mit Köpfchensporen. Obligat anaerob. Greift Zucker anscheinend nicht an, vergärt Eiweiß unter Bildung stinkender Produkte.

II. Die Bestimmung der Bakterienzahl.

Die Zahl der Bakterien in der Milch kann bestimmt werden durch direkte mikroskopische Zählung, durch Zählung der aus bestimmten Milchmengen auf künstlichen Nährböden wachsenden Kolonien und durch Messung gewisser Eigenschaften der Milch, die sich parallel dem Bakteriengehalt ändern, insbesondere des Reduktionsvermögens.

a) Mikroskopische Zählung der Milchbakterien. Die mikroskopische Zählung der Milchbakterien wird in der Weise vorgenommen, daß man mit genau bestimmten Milchmengen gefärbte Trockenpräparate herstellt, die dann in der in Teil 1, S. 166 und 175,

[1]) Archiv f. Hygiene 1900, **37**, 54; 1902, **42**, 219; 1903, **48**, 177; 1907, **60**, 40.

[2]) Centralbl. f. Bakteriol., II. Abt., **23**, 384.

[3]) Bakteriol. Diagnostik, II. Teil, 5. Aufl., S. 479.

[4]) Centralbl. f. Bakteriol., II. Abt., 1901, **7**, 430.

	Bacillus mycoides Flügge	Bacillus subtilis Cohn	Bacillus vulgatus (Flügge) Migula	Bacillus mesentericus (Flügge) Lehm. et Neum.
Größe	0,8 : 1,6—3,6 μ; Fäden	0,8—1,2:1,2—3,0 μ; Fäden	0,8 : 1,6—5,0 μ; Fäden	0,7—0,9 : 0,8—2,4μ
Sporenform	Oval	Oval	Rundlichoval	Rundlich
Bewegung	Kaum vorhanden	Zahlreiche peritriche Geißeln	Mehrere peritriche Geißeln	Mehrere peritriche Geißeln
Gelatineplatte	Farblose, gewundene, verschlungene Fäden, im Mittelpunkt der Kolonie meist verfilzt; verflüssigt	Kolonien anfangs rundlich, glattrandig, später Randteile wellig, lockenartig; verflüssigt	Im Innern grobkörnige Kolonien aus lose zusammenhängenden Bakterienhäufchen; Randteile lappig zerschlitzt; verflüssigt	Ähnlich wie Bacillus subtilis
Gelatinestich	Längs des Stiches feine parallele Härchen, Verflüssigung schalenförmig, nach unten zylindrisch. Dicke weiße Oberflächenhaut	Verflüssigung tellerförmig, nach unten zylindrisch. Weiße dicke haftende Kahmhaut	Verflüssigung schalenförmig. Fettglänzende, grauweiße, zackige Kahmhaut	Trichterförmige, dann zylindrische Verflüssigung; weißgraue Kahmhaut
Agarplatte	Wie Gelatineplatte	Unregelmäßige Kolonien mit meist zerrissenem Rand. Randpartie lockig	Rundliche, graue, homogene Kolonien, an der Peripherie durchscheinend, mit längeren, lockigen Haaren besetzt	Gelbbräunliche, zarte, schwach punktierte, durchscheinende, unregelmäßige Kolonien
Kartoffelkultur	Weißer, etwas erhabener, krümeliger, matter Belag, am Rande mit zarten Fransen	Schmutzig weißer bis gelblicher Belag mit welligem Rand; erhaben, matt	Weißliche oder gelbliche wulstige Schlingen; zuweilen schleimiger Belag	—

beschriebenen Weise mit starken Systemen, am besten Immersionssystemen, mikroskopisch ausgezählt werden. Solcher Zählverfahren sind viele beschrieben[1]). Ausführlich sei hier das von Breed[2]) geschildert, dem die anderen mehr oder minder gleichen:

0,01 ccm Milch werden mittels einer besondern Saugpipette auf einer quadratischen oder kreisrunden Fläche von 1 qcm auf einem sorgfältig gereinigten Objektträger gleichmäßig ausgestrichen. Letzteren legt man zu diesem Zweck auf ein Papier, auf dem Flächen der genannten Größe vorgezeichnet sind. Man läßt die Milch unter vorsichtigem Erwärmen eintrocknen, entfettet das Präparat mit Xylol, trocknet es wieder, fixiert es einige Minuten in Alkohol und färbt es mit Methylenblau oder anderen Anilinfarbstoffen. Alkalische Lösungen,

---

[1]) Eberle, Centralbl. f. Bakteriol., II. Abt., 1896, **19**, 2; Winterberg, Zeitschr. f. Hyg. 1898, **29**, 75; Klein, Centralbl. f. Bakteriol., II. Abt., 1900, **27**, 834; Arch. f. Hyg. 1902, **45**, 117; 1906, **59**, 283; Mac Neal, Latzer u. Kerr, Journ. Infect. Dis. 1910, **7**, 632; Winslow u. Willcomb, Journ. Infect. Dis. Suppl. 1905, 209, 273; Slack, Techn. Quart. 1906, **19**, 4.

[2]) Centralbl. f. Bakteriol., II. Abt., 1911, **30**, 337.

die Casein angreifen, dürfen nicht verwendet werden. Nach dem Trocknen kann das Präparat ohne Deckglas mit Cedernöl versehen und ausgezählt werden. Stellt man den Mikroskoptubus so ein, daß der Durchmesser des Gesichtsfeldes 0,16 mm beträgt, so ist das Feld 0,0002 qcm groß und jede Bakterie in ihm entspricht 500 000 in 1 ccm Milch. Man zählt 100 Felder in allen Teilen des Präparates aus. Bedingung für brauchbare Zahlen ist möglichste Gleichmäßigkeit des Präparates.

Bei diesem Verfahren werden lebende und tote Keime gezählt. Doch färben letztere sich meist nicht mehr oder nur schwach. Wo eine sichere Unterscheidung zwischen lebenden und toten Keimen ausgeführt werden soll, wird man vielleicht das Färbeverfahren von Proca[1]) in der von Kayser[2]) angegebenen Form anwenden können. Es besteht darin, daß lufttrockene, gelinde erwärmte Präparate 2—3 Minuten mit Löfflerschem Methylenblau gefärbt, dann in Wasser vorsichtig abgespült, darauf 5—11 Sekunden in verdünnter Carbolfuchsinlösung (10 ccm Ziehlsche Lösung in 100 ccm Wasser) gefärbt werden. Lebende Zellen erscheinen blau, tote rot. Zur Kontrolle sind auf demselben Objektträger Ausstriche notorisch lebender und toter Kulturen anzulegen.

Der Vergleich des Zählverfahrens mit dem Plattenkulturverfahren hat ergeben, daß ersteres eine um ein Vielfaches höhere Zahl als letzteres liefert.

Das direkte Zählverfahren gibt durch die Art seiner mikroskopischen Bilder auch schon einen gewissen Aufschluß über die Zusammensetzung der Milchflora. Besser läßt sich ein solcher auf mikroskopischem Wege erzielen, wenn etwa 100 ccm auf 60—70° erwärmter Milch in nach unten etwas verengten Gläsern etwa 5 Minuten zentrifugiert werden, so daß sich ein fester Bodensatz niederschlägt, der beim Ausgießen der Milch im Glase haften bleibt. Von dem Bodensatz werden Ausstrichpräparate angelegt und mit Methylenblau gefärbt. Neben Leukocyten findet man in keimarmer Milch nur vereinzelte Kokken, in normaler Marktmilch zahlreiche Milchsäurestreptokokken, in unsauber gewonnener Milch daneben auch Stäbchenbakterien verschiedener Art. Über die Bedeutung dieser Untersuchung für den Nachweis von Tuberkelbacillen und Mastitisstreptokokken vgl. S. 266 u. 267.

b) Zählung der Milchbakterien mittels des Plattenverfahrens. Bei der Herstellung von Plattenkulturen verfährt man in der in Teil 1, S. 626 beschriebenen Weise. Von keimarmer Milch legt man Platten mit $^1/_{10}$, $^1/_{100}$, $^1/_{1000}$, von Marktmilch mit $^1/_{10\,000}$—$^1/_{1\,000\,000}$ ccm an. Die entsprechenden Verdünnungen stellt man her, indem man 1 ccm der Milch in 100 ccm sterilisiertem Wasser verteilt, hiervon 1 ccm zu 9 ccm sterilisiertem Wasser fügt und in dieser Weise weiter verdünnt. Da die Flora der Milch in bezug auf Nährstoffe sehr verschiedene Anforderungen stellt, so verwendet man mehrere Nährböden nebeneinander. Zu den in Teil 1, S. 645 genannten Fleischwassergelatine- und -agarnährböden fügt man vorteilhaft 2% Lactose. Ferner eignen sich für Milchbakterien gut Nährböden aus Molken. Man erhält eine brauchbare Molke, wenn man Milch mit Lab bei 35° gerinnen läßt, das Koagulum zerkleinert, auf 80° erhitzt und durch ein Tuch abgießt. Die Molke wird mit 1% Pepton versetzt, eine Stunde lang im Dampftopf gekocht, filtriert und in der üblichen Weise weiter mit Agar oder Gelatine (vgl. Teil 1, S. 645) zu festen Nährböden verarbeitet. Molkenagar darf nicht zu hoch erhitzt werden, auf keinen Fall höher als 110°. Alle Nährböden können, um sie in bezug auf manche Arten zu Elektivnährböden zu machen, mit verschiedenen Zusätzen versehen werden. Lackmus eignet sich für den Nachweis der Säure- und Alkalibildner, Kreide zum Nachweis der Säurebildner.

Die Herstellung der Platten, Aufbewahrung und Auszählung erfolgt in der in Teil 1, S. 627 und 651, beschriebenen Weise.

Die Zahl der auf den Platten wachsenden Kolonien ist stets erheblich geringer als die der in der Milch vorhandenen Bakterien, da manche Arten (z. B. die Anaeroben) überhaupt nicht

---

[1]) Compt. rend. soc. biol. 1909, **66**, 148.

[2]) Centralbl. f. Bakteriol., I. Abt., Orig., 1912, **62**, 174.

wachsen und die Keime vielfach zu mehreren zusammenhängen. Da ferner ein Ergebnis erst nach mehreren Tagen erhalten wird, so hat diese Art der Zahlbestimmung praktisch, von bestimmten Fällen abgesehen, wenig Wert.

Für Anaerobier kommen die Teil 1, S. 635 beschriebenen Verfahren in Betracht.

c) Die Bestimmung des Thermophilentiters. Bei diesem Verfahren, das Petruschky und Pusch[1]) sowie Baehr[2]) vorgeschlagen haben, wird die geringste Menge Milch bestimmt, aus der bei Bruttemperatur noch Bakterien wachsen. Es entspricht dem in Teil 1, S. 633, erwähnten Verdünnungsverfahren. Man mischt 50 ccm sterilisiertes Wasser in einem Erlenmeyer-Kolben mit 0,5 ccm der Milch, gibt von diesem Gemisch 0,5 ccm in 50 ccm sterilisiertes Wasser, und wiederholt dies noch zweimal, so daß man Verdünnungen von 1 : 100, 1 : 10 000, 1 : 1 000 000 und 1 : 100 000 000 erhält. Aus jedem Kölbchen wird dann 1 und 0,1 ccm in sterile Bouillonröhrchen gegeben, die in dem Brutschrank bei 37° aufbewahrt werden. Nach 24 bzw. 48 Stunden wird festgestellt, in welchen Röhrchen Trübung oder Bodensatz zu sehen ist, und eine mikroskopische Untersuchung vorgenommen. Soll der Titer eines bestimmten Bacteriums bestimmt werden, so müssen von den gewachsenen Bouillonkulturen Agarplatten angelegt werden.

d) Bestimmung der Bakterienzahl durch Messung von Enzymwirkungen. Der Enzymgehalt der Milch verändert sich mit dem Bakteriengehalt (vgl. S. 239). Die Messung gewisser Veränderungen der Milch nach dieser Richtung gibt, wenn auch keinen absolut quantitativen, so doch einen sehr annähernden Begriff von dem Keimgehalt. Für diese Zwecke sehr brauchbar hatten sich bisher die Fähigkeiten der Bakterien, Methylenblau zu reduzieren und Wasserstoffsuperoxyd zu spalten, erwiesen.

1. Die Reduktaseprobe. Milch reduziert Methylenblau im allgemeinen um so schneller je mehr Bakterien sie enthält und je lebenskräftiger diese sind[3]). Die Reduktionsfähigkeit der einzelnen Arten ist sehr verschieden[4]). Da die Milchsäurebakterien sehr langsam reduzieren, so kommt eine schnelle Vermehrung anderer, weniger harmloser Arten um so deutlicher zum Ausdruck. Die Reduktionskraft verändert sich mit der Zunahme der Bakterienzahl viel schneller als jede andere Eigenschaft der Milch. In Dänemark wird daher die Reduktionsprobe in umfassender Weise zur Kontrolle der Milch benutzt.

Die Reduktaseprobe wird in der Weise ausgeführt, daß man entweder die Zeit bestimmt, in der eine bestimmte Milchmenge eine bestimmte Menge Methylenblau entfärbt, oder die kleinste Menge Milch bestimmt, die in einer bestimmten Zeit die Reduktion zustandebringt. Für gewöhnlich führt man die Reaktion jetzt so aus, daß man gleiche Mengen Milch mit der gleichen Menge Methylenblau versetzt und die Zeit der Entfärbung bestimmt. Betreffs der verschiedenen Verfahren sei auf S. 234 verwiesen. Hier sei ergänzend das für Massenuntersuchungen geeignetste nach Barthel und Jensen[5]) kurz geschildert.

Genau 40 ccm Milch werden in 2 cm weite Röhrchen gefüllt, mit 1 ccm Methylenblaulösung versetzt und gut gemischt, indem man sie mit einem Korken oder einer stets wechselnden Stelle des Handballens verschließt. Darauf setzt man die Röhrchen in ein Wasserbad von 38—40°. Man benutzt am besten hierzu einen Gärprobenapparat. In den ersten 20 Minuten müssen die Röhrchen andauernd beobachtet werden, später genügt eine Besichtigung in viertelstündlichen Pausen.

Nach den Erfahrungen in Dänemark teilen Barthel und Jensen Milch und Rahm nach ihrem Verhalten bei der Reduktaseprobe in folgende 4 Klassen:

---

1) Zeitschr. f. Hyg. 1903, **43**, 304.

2) Arch. f. Hyg. 1910, **72**, 91.

3) Neißer u. Wechsberg, Münch. med. Wochenschr. 1900, 1261; Smidt, Hyg. Rundsch. 1904, 1137.

4) Jensen, Centralbl. f. Bakteriol. II. Abt., 1907, **18**, 211.

5) Milchwirtsch. Centralbl. 1912, 417.

1. Die Reduktion tritt frühestens nach $5^1/_2$ Stunden ein; weniger als $^1/_2$ Million Bakterien in 1 ccm (nach dem Plattenverfahren bestimmt). Gute Qualität.

2. Die Reduktion tritt frühestens nach 2, aber vor $5^1/_2$ Stunden ein; $^1/_2$—4 Millionen Bakterien in 1 ccm. Mittlere Qualität.

3. Die Reduktion tritt frühestens nach 20 Minuten, aber vor 2 Stunden ein; 4—20 Millionen Bakterien in 1 ccm. Schlechte Qualität.

4. Die Reduktion tritt nach höchstens 20 Minuten ein; mehr als 20 Millionen Bakterien in 1 ccm. Sehr schlechte Qualität:

In erhitzter Milch tritt die Reduktion je nach dem Grade der Erhitzung langsamer ein, als in roher. Rohe Marktmilch (morgens eingekauft und sofort untersucht) soll nach Jensen[1]) frühestens nach 2, pasteurisierte nach $5^1/_2$ Stunden reduzieren[2]). Nach Schroeter sollen Bakterienzahl und Reduktion nur innerhalb recht weiter Grenzen übereinstimmen.

Jensen hat vorgeschlagen, die Reduktaseprobe mit der Gärprobe zu vereinigen; vgl. hierzu S. 223 u. 234.

2. Die Katalaseprobe. Die Katalase der Milch ist (vgl. S. 240) teils tierischen, teils bakteriellen Ursprunges. Die Katalasezahl frischer normaler Milch ist gering. Sie beträgt bei Verwendung von 20 ccm Milch bei 20—25° 2—3,5 ccm. Die Katalasebildung ist bei verschiedenen Bakterienarten verschieden. Milchsäure- und Buttersäurebakterien erzeugen keine, Fäulnisbakterien und manche Mikrokokken viel Katalase[3]). Milch, in der sich infolge falscher Behandlung solche Bakterien stark vermehrt haben, hat daher eine höhere Katalasezahl. Nach Schroeter ist allerdings die Katalasezahl nur in geringem Maße von der Bakterienzahl abhängig und kann durch die Trommsdorffsche Schleuderprobe (S. 267) völlig ersetzt werden. Erhitzte Milch spaltet Wasserstoffsuperoxyd nicht mehr. Zeigt sie eine hohe Katalasezahl, so spricht dies für eine hohe Bakterienzahl[4]).

Über die Ausführung der Katalaseprobe vgl. S. 230.

III. Bakteriologische Analyse der Milch.

a) Untersuchung der Saprophytenflora. Für die Untersuchung von Milchproben auf ihren biologischen Charakter kommt eine eingehende Feststellung und Charakterisierung der in ihr enthaltenen Pilzarten meist wegen der Langwierigkeit nicht in Betracht. Soll sie doch erfolgen, so wird die bakteriologische Analyse entweder mittels des Plattenverfahrens ausgeführt, wobei man, wie auf S. 263 beschrieben, verfährt und die verschiedenen Kolonien nach der Überimpfung auf andere Nährböden nach Teil 1, S. 662, weiter untersucht. Bei Untersuchung von Milchfehlern wird dieses Verfahren fast immer anzuwenden sein. Soll die Analyse nur Auskunft über die Anwesenheit oder das Überwiegen gewisser physiologischer Gruppen geben, so benutzt man entsprechende Anhäufungsverfahren (vgl. Teil 1, S. 633). Für die Untersuchung der Milch für Genuß- und Käsereizwecke kommt in Betracht die Gärprobe nach Gerber (S. 223), für die Untersuchung auf Höhe und Dauer der Erhitzung die Gärprobe nach Buttenberg (vgl. S. 297).

Die Gärprobe der nicht erhitzten Milch zeigt, ob viele gasbildende Bakterien vorhanden sind, die auf unreine Behandlung der Milch oder Krankheit der Kühe deuten. Röhrchen von 2 cm Durchmesser werden mit 40 ccm Milch beschickt, mit Zinkdeckeln verschlossen und in einem Wasserbad bei 38° gehalten. Die Proben werden nach 12 und 20—24 Stunden untersucht. Frische Milch ist noch nach 12 Stunden flüssig. Je schneller sich die Milch verändert,

---

[1]) Die Bakteriologie in der Milchwirtschaft. Jena 1913, S. 171.

[2]) Vgl. hierzu auch Buttenberg, Zeitschr. f. Untersuchung d. Nahrungs- u. Genußmittel 1906, **11**, 377.

[3]) Jensen, Centralbl. f. Bakteriol. II. Abt., 1907, **18**, 211.

[4]) Knüsel, Zeitschr. f. Fleisch- u. Milchhyg. 1908, **18**, 149. Allerdings zersetzen manche Bakterien, z. B. Buttersäurebakterien, Wasserstoffsuperoxyd nicht.

desto mehr Gewicht kann der Gärprobe beigelegt werden. Dagegen gibt bakterienarme Milch oft sehr schwankende Resultate. Nach Peter[1]) unterscheidet man den gallertartigen, den blähenden, den ziegerigen und käsigen Milchtyp. In der blähenden Milch sind die Gärungserreger (Bact. aerogenes), in der ziegerigen Lactosehefen stark vertreten, der käsige Typ wird durch labbildende Bakterien und peptonisierende Milchsäurekokken verursacht. Im gallertigen herrschen die echten Milchsäurebakterien vor. Bedenklich sind die stärkeren Grade des blähenden und ziegerigen Typus.

Jensen[2]) schlägt vor, Gär- und Reduktaseprobe zu vereinigen; Schroeter hält die getrennte Durchführung beider für rätlicher.

Will man die bei den Gärproben nach Gerber und Buttenberg besonders hervortretenden Bakterienarten genauer untersuchen, so müssen in der üblichen Weise Plattenkulturen von der vergorenen Milch angesetzt werden.

b) Nachweis von Krankheitserregern. Der Nachweis der durch Milch übertragbaren Krankheitserreger (Bd. II, S. 623) erfolgt meist durch das Kulturverfahren. In bezug auf die meisten dieser Bakterien muß auf die hygienische Literatur verwiesen werden. Für die in Milch in den letzten Jahren häufiger gefundenen Bakterien aus der Paratyphus-B-Gruppe[3]) gelten die auf S. 52 beschriebenen Verfahren.

Der Nachweis der Tuberkelbacillen, die unter den Krankheitserregern der Milch die Hauptrolle spielen, geschieht mikroskopisch und kulturell. Für den mikroskopischen Nachweis wird die Milch stark zentrifugiert. Sowohl aus dem Bodensatz wie aus dem Rahm werden Ausstrichpräparate angelegt, die nach besonderen Verfahren gefärbt werden. Das empfehlenswerteste ist folgendes: Das Präparat wird mit Karbolfuchsin 2 Minuten unter wiederholtem Aufkochen gefärbt, 2—3 Sekunden in 5proz. Schwefelsäure oder 25proz. Salpetersäure und 70proz. Spiritus entfärbt, bis das Präparat farblos erscheint, 5—10 Sekunden in gesättigter wässeriger Methylenblaulösung nachgefärbt und in Wasser abgespült. Die Tuberkelbacillen erscheinen rot, alle anderen Bakterien blau. Nur einige andere Arten verhalten sich wie Tuberkelbacillen, können aber durch die Kultur unterschieden werden.

Eine Anreicherung der Tuberkelbacillen kann mittels Antiformin (alkalischer Natriumhypochloritlösung) nach Uhlenhuth vorgenommen werden. Man mischt das Sediment in 10 ccm Wasser mit 20 ccm 50proz. Antiformin, läßt die Mischung unter öfterem Schütteln 10—30 Minuten stehen, setzt 30 ccm Brennspiritus hinzu, schüttelt um, zentrifugiert, streicht den Bodensatz zu Präparaten aus und färbt wie gewöhnlich.

Sicherer, als mittels Färbung gelingt der Nachweis der Tuberkelbacillen durch den Tierversuch. Als Versuchstier dient das Meerschweinchen. Zur Injektion dienen das Gemisch von Bodensatz und Sahne aus 50 ccm zentrifugierter Milch, das mit etwas physiologischer Kochsalzlösung aufgeschwemmt wird. Die Impfung wird intraperitoneal vorgenommen. Das Tier wird mit dem Kopf nach unten gehalten, so daß die Darmschlingen auf das Zwerchfell herabsinken. Man hebt dann oberhalb der Blase eine Bauchfalte ab und injiziert in diese. Besteht der Verdacht, daß viele andere für Meerschweinchen pathogene Keime vorhanden sind, so reichert man vorteilhaft nach dem Antiforminverfahren an und injiziert das Sediment.

Sind Tuberkelbacillen vorhanden, so erkrankt das Tier und geht ein. Stirbt es nicht, so wird es etwa 4 Monate nach der Impfung getötet und seziert. Zweckmäßig werden 2—3 Tiere geimpft; nach 2—3 Wochen kann das erste getötet und auf Anwesenheit tuberkulöser Herde untersucht werden. Über Verfahren zur Frühdiagnose der Tuberkulose vergleiche man die Angaben bei Bauer[4]).

---

[1]) Wyßmann u. Peter, Milchwirtschaft. Frauenfeld 1910; Düggeli, Centralbl. f. Bakteriol. II. Abt., 1907, **18**, 37.

[2]) Molkerei-Ztg. 1909, 373.

[3]) Vgl. Hübener, Fleischvergiftungen und Paratyphusinfektionen. Jena 1910. S. 70; Klein, Centralbl. f. Bakteriol. II. Abt., 1905, **38**, 392.

[4]) Bauer, Die Methodik der biologischen Milchuntersuchung. Stuttgart 1913, S. 81.

Noch nicht ganz geklärt ist die Frage nach der Pathogenität der in der Milch gelegentlich vorkommenden Streptokokken der Mastitis der Kühe. Während manche Beobachter (Petruschky und Kriebel, Brüning, Holst) einen Zusammenhang zwischen der Sommersterblichkeit der Säuglinge und den Streptokokken der Milch als erwiesen betrachten, lassen die meisten anderen die Frage dahingestellt. Schwierig wird sie besonders dadurch, daß der Streptococcus lacticus von diesen pathogenen Streptokokken schwer unterschieden werden kann[1]). Da bei der Streptokokkenmastitis eine Eiterabsonderung erfolgt[2]), so hat man nach dem Vorschlage von Trommsdorff[3]) die Menge der in der Milch enthaltenen Leukocyten als Indikator für das Vorhandensein von Mastitismilch gewählt. Die Trommsdorffsche Probe wird in der Weise ausgeführt, daß in besonderen capillar ausgezogenen Röhrchen (Fig. 15) 5 ccm Milch 5 Minuten bei etwa 1200 Umdrehungen in der Minute zentrifugiert werden. In der Capillare setzt sich ein Sediment von Schmutz, Bakterien, Eiweiß, Haaren und Leukocyten ab. In normaler Milch ist dies Sediment gering und steht in der Capillare meist zwischen Marke 0,2 und 0,4. Erreicht es die Marke 1 (1%), so ist die Milch verdächtig, steht es darüber, so handelt es sich meist um Mastitismilch. Die Probe muß aber durch die mikroskopische Untersuchung auf Streptokokken stets ergänzt werden[4]). Da die harmlosen Milchstreptokokken von denen der Mastitis nur schwer unterschieden werden können, so darf die Probe nur an frisch gemolkener Milch ausgeführt werden und kommt daher in erster Linie für die Kontrolle an der Milchproduktionsstelle in Betracht. Hier leistet sie besonders zur Feststellung mastitiskranker Tiere Vorzügliches. Für polizeiliche Kontrollmaßnahmen ist die Probe nicht geeignet[5]).

Fig. 15.

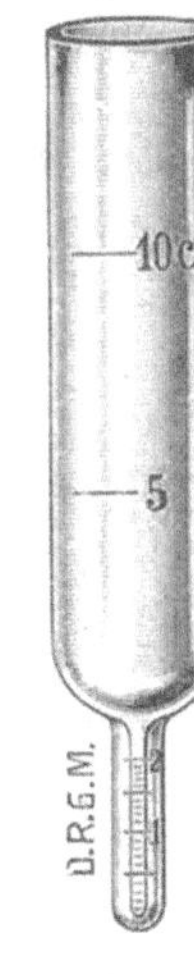

Die Überwachung des Verkehrs mit Milch.

Für die Überwachung des Verkehrs mit Milch sind noch verschiedene Umstände, z. B. die bei zweifelhafter Zusammensetzung der Marktmilch notwendig werdende Stallprobe, die Berechnung der zugesetzten Wassermenge bzw. der entzogenen Fettmenge aus der Marktmilch- und Stallprobe, die Beachtung polizeilicher Vorschriften u. a. erforderlich, die hier noch besonders zu besprechen sind.

a) Die Stallprobe. Die Stallprobe ist nur möglich, wenn sicher festgestellt werden kann, aus welchem Stalle bzw. von welchen Kühen eines Stalles die fragliche Milch stammt und sie hat nur dann einen Zweck, wenn ganz genau bekannt ist, von welcher Melkzeit[6]) die Milch herrührt. Sie besteht darin, daß man zu derselben Melkzeit, zu der die verdächtige Milch gemolken sein soll, am besten von derselben Person, welche gewöhnlich melkt, das Melken besorgen läßt, eine Durchschnittsprobe von der ganzen ermolkenen Milchmenge nimmt,

---

1) Baehr, Archiv f. Hyg. 1910, **72**, 91; Saito, Archiv f. Hyg. 1912, **75**, 121; eine Literaturzusammenstellung bei Kaiser, Archiv f. Hyg. 1906, **56**, 51, Müller, Archiv f. Hyg. 1906, **56**, 90; Ernst, Monatshefte f. prakt. Tierheilkunde 1909, **20**, 414; **21**, 63.

2) Bergy, Dep. of agric. Bull. 125. Commonwealth of Pennsylvania 1904.

3) Münch. med. Wochenschr. 1906, Nr. 12; vgl. auch Rullmann u. Trommsdorff, Archiv f. Hyg. 1906, **56**, 224; Schuppius, Archiv f. Hyg. 1907, **62**, 137; Trommsdorff, Archiv f. Hyg. 1907, **63**, 122a, Prescott u. Breed, Centralbl. f. Bakteriol. II. Abt., 1911, **27**, 230.

4) Vgl. besonders Lenzen, Arb. bakt. Laborat. d. städt. Schlachthofes Berlin. 1911, Heft 3; Philippe, Mitteilung d. Schweizer. Gesundh.-Amt 1911, **2**, 1.

5) Berl. Molkerei-Ztg. 1909, **19**, 182, 195.

6) Stammt die Milch von einer einzelnen Kuh, so ist die Stallprobe mehrmals an verschiedenen Tagen zu wiederholen, weil nicht nur das einzelne, sondern auch das Tagesgemelk einer einzelnen Kuh von einem Tage zum anderen so schwanken kann, daß sich auf Grund einer Stallprobe ein sicheres Gutachten über eine beanstandete Milch nicht abgeben läßt.

diese untersucht, die nunmehr erhaltenen Ergebnisse mit den früheren vergleicht und sorgfältig erwägt, ob die Vergleichung den bestehenden Verdacht bestätigt oder nicht.

Bei der Stallprobe, die durch den Sachverständigen selbst oder eine hinreichend unterrichtete Person (Polizeibeamten) erfolgen muß, ist auf folgende Punkte besonders, und zwar stets Rücksicht zu nehmen:

1. Die Stallprobe ist bei derjenigen Melkzeit bzw. denjenigen Melkzeiten vorzunehmen, welcher bzw. welchen die fragliche Probe entstammte.

2. Die Stallprobe ist am besten schon 24 Stunden später, auf keinen Fall später als 3 Tage nach der Melkzeit der fraglichen Milch vorzunehmen.

3. Die Probe muß sich auf alle Kühe, aber auch nur auf diejenigen erstrecken, welchen die fragliche Milch entstammte.

4. Es ist dafür zu sorgen, daß sämtliche Kühe vollständig ausgemolken werden und ist dies von demjenigen, welcher die Stallprobe vornimmt, zu kontrollieren.

5. Von der gut durchmischten, abgekühlten Milch sämtlicher in Frage kommenden Kühe ist eine Durchschnittsprobe von $^1/_2$—1 l, in einer reinen, trockenen, vollständig gefüllten Flasche versiegelt möglichst schnell der Kontrollstelle einzusenden, wobei es sich empfiehlt, die Milch im Sommer mit Eis zu kühlen.

6. Es ist möglichst genau zu erforschen und anzugeben:

a) die Anzahl der vorhandenen milchenden Kühe, von denen die Milch entstammt,

b) Ernährungs- und Gesundheitszustand, sowie Zeit der Lactation der Kühe,

c) ob und welche Veränderungen in der Haltung der Kühe zwischen der Zeit, welcher die fragliche Probe entstammte bzw. kurz vorher und der Zeit der Stallprobe stattgefunden haben, insbesondere auch, ob und gegebenenfalls wieviel Tiere in der in Frage kommenden Zeit rinderig gewesen sind,

d) ob in dieser Zeit ein Witterungsumschlag stattgefunden hat.

Es empfiehlt sich, für die Stallprobe gedruckte Vorschriften vorrätig zu halten, auf denen die unter 1—6 angegebenen Punkte angeführt sind, auf denen die unter 6 bezeichneten Angaben zu machen und die gleichzeitig mit der entnommenen Milchprobe der Kontrollstelle einzusenden sind.

Wird die Stallprobe unter genauer Einhaltung vorstehender Vorschriften vorgenommen und ist eine wesentliche Veränderung in den unter 6 b—d aufgeführten Punkten nicht eingetreten, so werden sich die Ergebnisse der beiden Analysen, falls eine Fälschung nicht vorliegt, gewöhnlich für das spezifische Gewicht der Mischmilch um nicht mehr als 2 Einheiten der dritten Dezimale, für den Gehalt an Fett um nicht mehr als 0,3% und für den an Trockensubstanz um nicht mehr als 1% unterscheiden. Größere Unterschiede sind nur ausnahmsweise bei der Milch einzelner Kühe beobachtet worden[1]). Sind dagegen hinsichtlich der Punkte 6b—d wesentliche Veränderungen, welche die Zusammensetzung der bei der Stallprobe gewonnenen Milch im günstigen Sinne beeinflussen könnten, seit dem Tage eingetreten, an dem die fragliche Milch gewonnen wurde, so wird unter den meisten Fällen durch die Stallprobe ein bestimmtes Ergebnis für die Beurteilung der Milch nicht erhalten werden können.

Fr. J. Herz[2]) berechnete bei einer großen Zahl von Stallproben (60), die er an aufeinanderfolgenden Tagen aus einem Stalle von 7 milchenden Kühen entnahm, aus den 1, 2, 3—20 Tage vorher genommenen Proben Wasserzusätze bis zu 4% und eine Abnahme des Fettgehaltes der Trockensubstanz, die im ganzen zwischen 27,17 und 32,78% schwankte, gegen den Tag zuvor bis zu 2,64%.

---

[1]) Von anderer Seite gegen die Zuverlässigkeit der Stallprobe gemachte Einwendungen sind von Mader (Milch-Ztg. 1894, **23**, 167) als auf unrichtigen analytischen Befunden beruhend zurückgewiesen.

[2]) Über den Wert der Stallprobe. Mitteilungen des Milchwirtschaftl. Vereins im Allgäu 1895, **5**, 37.

Da geringe Fälschungen dem Fälscher nicht den beabsichtigten Gewinn bringen und bei den Schwankungen auch von vorschriftsmäßig vorgenommenen Stallproben für die Beurteilung einer Milch große Vorsicht geboten ist, so empfiehlt es sich, wenn es sich um die Milch mehrerer Kühe handelt, lediglich auf Grund der Stallprobe erst dann eine Milch als gewässert zu beanstanden, wenn der berechnete Wasserzusatz wenigstens 10% beträgt, oder erst dann eine Milch als teilweise entrahmt bzw. mit Magermilch vermischt zu bezeichnen, wenn der Fettgehalt der Trockensubstanz in der fraglichen Probe um wenigstens 5% geringer ist als in der bei der Stallprobe entnommenen Probe.

b) Berechnung der zugesetzten Wassermenge und der entzogenen Fettmenge. **a) Wenn nur Wasser zugesetzt ist.** Für die annähernde Berechnung der einer Milch zugesetzten Wassermenge muß neben der Untersuchung dieser Milch auch die einer mindestens innerhalb der drei nächsten Tage entnommenen Stallprobenmilch vorliegen. Bedeuten

bei der Stallprobenmilch L_1 die Lactodensimetergrade, t_1 den Trockensubstanzgehalt, f_1 den Fettgehalt und r_1 den Gehalt an fettfreier Trockensubstanz, und

bei der fraglichen Milch L_2, t_2, f_2 und r_2 die den Werten L_1, t_1, f_1 und r_1 entsprechenden Werte,

so kann man die auf 100 Teile reiner Milch zugesetzte Wassermenge (W) nach einer der folgenden vier Formeln berechnen:

$$\text{I. } W = \frac{100(L_1 - L_2)}{L_2}, \qquad \text{II. } W = \frac{100(t_1 - t_2)}{t_2},$$

$$\text{III. } W = \frac{100(f_1 - f_2)}{f_2}, \qquad \text{IV. } W = \frac{100(r_1 - r_2)}{r_2}.$$

Ist z. B. gefunden worden:

bei der Stallprobenmilch. . . .	$L_1 = 31{,}8$	$t_1 = 12{,}33$	$f_1 = 3{,}47$	$r_1 = 8{,}89$,
bei der fraglichen Milch	$L_2 = 28{,}5$	$t_2 = 11{,}09$	$f_2 = 3{,}09$	$r_2 = 8{,}00$,

so ergeben sich nach den vorstehenden 4 Gleichungen auf 100 Teile reiner Milch folgende Mengen zugesetzten Wassers (W):

	I.	II.	III.	IV.
$W =$	11,58%	11,18%	12,30%	11,12%.

Man kann daher in diesem Falle die Milch als mit etwa 11—12% Wasser versetzt bezeichnen. Da die fettfreie Trockensubstanz im allgemeinen der konstanteste Bestandteil der Milch ist, so sind die nach der Formel IV ermittelten Werte am zuverlässigsten. Wenn eine Stallprobenmilch nicht vorliegt, so wird man daher bei einer gewässerten Milch den Wasserzusatz am besten nach der Formel IV berechnen, indem man den durchschnittlichen Gehalt an fettfreier Trockensubstanz für die betr. Gegend, also z. B. 8,50%, zugrunde legt. In derartigen Fällen ist natürlich das berechnete Ergebnis nur ein sehr unsicheres.

Die obige Formel IV ist auch von J. Herz[1]) für die Berechnung des Wasserzusatzes als am besten geeignet bezeichnet worden.

Die in 100 Teilen gewässerter Milch enthaltene zugesetzte Wassermenge (W) berechnet er nach der Formel:

$$W = \frac{100(r_1 - r_2)}{r_1}. \qquad \text{(V.)}$$

H. D. Richmond[2]) hat vorgeschlagen, statt der fettfreien Trockensubstanz die Summe der Lactodensimetergrade und des Fettgehaltes für die Berechnung des Wassergehaltes zugrunde zu legen.

---

1) Chem.-Ztg. 1893, **17**, 836.

2) Analyst 1898, **23**, 169; Zeitschr. f. Untersuchung d. Nahrungs- u. Genußmittel 1898, **2**, 239.

b) Wenn die Milch nur entrahmt ist, so berechnet J. Herz[1]) die von 100 Teilen reiner Milch durch Entrahmung weggenommene Fettmenge (φ) nach der Formel:

$$\varphi = f_1 - f_2 + \frac{f_2(f_1 - f_2)}{100} .$$

Es ist indes zu berücksichtigen, daß bei den beträchtlichen Schwankungen des Fettgehaltes der Milch diese Berechnungen weit unzuverlässiger sind, als die der zugesetzten Wassermenge. Annähernd erhält man die entzogene Fettmenge einfach aus der Differenz der in der Stallprobe und der fraglichen Milch enthaltenen Fettmengen.

c) Wenn die Milch teilweise entrahmt und mit Wasser versetzt ist. Schwieriger wird die Rechnung, wenn die Milch teilweise entrahmt und gleichzeitig mit Wasser versetzt ist. In diesem Falle kann man sich folgender 2 Formeln von Recknagel bedienen:

$$\text{I.}\quad W = 2{,}8(s_1 - s_2) + 3(f_1 - f_2) ,$$

$$\text{II.}\quad \varphi = \frac{100(f_1 - f_2) - f_1 W}{100 - W - f_2} ,$$

worin bedeuten:

W = Wasserzusatz,
s_1 = Lactodensimetergrade der Stallprobenmilch,
s_2 = Lactodensimetergrade der fraglichen Milch,
f_1 = Fettgehalt der Stallprobe,
f_2 = Fettgehalt der fraglichen Milch,
φ = Größe der Entrahmung, ausgedrückt in Prozenten entzogenen Fettes.

	Ist z. B.				so wird:	
					W =	φ =
Fall	s_1	s_2	f_1	f_2	Proz. zuges. Wasser	Proz. entzogenes Fett
I	31,8	28,5	3,47	3,09	10,4	0,02
II	34,0	32,5	4,04	2,86	7,4	1,00
III	31,2	24,6	4,19	3,27	20,9	0,05
IV	29,6	31,8	4,20	2,10	0,14	2,18

Bei Milch I und III liegt daher ein Wasserzusatz, bei Milch IV eine Entrahmung, bei Milch II eine kombinierte Fälschung: Wasserzusatz und Entrahmung vor.

Die von J. Herz für diesen Zweck aufgestellte Formel lautet:

$$\varphi = f_1 - \frac{\left(100 - \frac{m f_1 - 100 f_2}{m}\right) \cdot \left(f_1 - \frac{m f_1 - 100 f_2}{m}\right)}{100} ,$$

worin bedeutet:

φ = das von 100 Teilen reiner Milch durch Entrahmung weggenommene Fett,
f_1 = Fettgehalt der Stallprobenmilch,
f_2 = Fettgehalt der verdächtigen Milch,
$m = 100 - w$ = die in 100 Teilen gewässerter Milch enthaltene Menge ursprünglicher, ungewässerter Milch (vgl. die Formel V unter 3a, S. 269).

Andere Formeln für diesen Zweck haben L. und Ch. Riquier[2]), ferner V. Genin[3]) entworfen, auf die hier verwiesen sei.

---

[1]) Chem.-Ztg. 1893, **17**, 836.

[2]) Compt. rend. 1901, **132**, 992 und 1903, **136**, 122; Zeitschr. f. Untersuchung d. Nahrungs- u. Genußmittel 1902, **5**, 173 und 1904, **7**, 686.

[3]) Compt. rend. 1901, **133**, 743; Zeitschr. f. Untersuchung d. Nahrungs- u. Genußmittel 1903, **6**, 230.

c) Die Marktkontrolle. Soll eine wirksame Kontrolle des Verkehrs mit Milch ausgeübt werden, so ist eine große Anzahl von Proben zu kontrollieren. Da die chemische Untersuchung hierfür zu weitläufig und zu kostspielig ist, so ist eine häufige Vorprüfung einer großen Zahl von Milchproben durch geeignete Organe der Marktpolizei unbedingt erforderlich. Diese senden alsdann nur Proben verdächtiger Milch möglichst schnell der Kontrollstelle ein. Es empfiehlt sich, hierbei so gut wie möglich bereits festzustellen, von welcher Melkzeit und wieviel Kühen die fragliche Milch entstammt usw.

Die geeignetsten Apparate für die Kontrolle der Milch seitens der Organe der Marktpolizei sind hinreichend genaue Lactodensimeter (vgl. S. 193), und im allgemeinen dürften Milchproben, deren spezifisches Gewicht unter 1,029 oder über 1,033 (29—33 Lactodensimetergrade) liegt, als verdächtig der Kontrollstelle einzusenden sein. Dasselbe gilt für Milchproben, die bei einem normalen spezifischen Gewicht ein auffallend dünnes, mageres Aussehen zeigen.

Im übrigen ist bei der Beurteilung der Milch noch folgendes zu berücksichtigen:

Handelsmilch darf keinerlei fremde Zusätze erhalten, noch nicht so sauer sein, daß sie beim Aufkochen gerinnt, darf bei längerem, ruhigem Stehen weder Schmutz noch Gerinnsel absetzen, darf pathogene Bakterien nicht enthalten, darf keinen außergewöhnlichen Geruch oder Geschmack, auch kein außergewöhnliches Aussehen besitzen und darf vor dem Verkaufe weder aufgekocht noch pasteurisiert worden sein. Letztere Anforderung fällt für die Zeiten weg, in denen Viehseuchen (Maul- und Klauenseuche) herrschen und in denen Pasteurisierung oder Sterilisierung der Milch vor dem Verkaufe gesetzlich geboten ist.

d) Allgemeine Maßregeln für den Milchhandel. Für die Kontrolle der Handelsmilch sind sowohl im Interesse des reellen Milchlieferers wie des Abnehmers die strengsten Maßregeln angebracht. Schwierig aber ist hierbei die Frage, ob und welche Grenzzahlen für den Gehalt einer reinen Milch aufgestellt werden sollen? Denn der Gehalt natürlicher und reiner Milch, besonders an Fett, ist sehr verschieden je nach der Viehrasse, der Individualität der einzelnen Tiere, der Fütterung, Pflege usw. und kann unter Umständen durch besondere Verhältnisse, wie plötzlichen Futter- und Witterungswechsel, Brunst, Krankheiten der Tiere usw. außerordentlich beeinflußt werden (vgl. S. 189).

Eine einheitliche Regelung des Verkehrs mit Milch ist für das ganze Deutsche Reich wegen der örtlichen Verschiedenheiten nicht angängig. Dagegen hat das Kgl. Preußische Ministerium an Stelle der Erlasse vom 27. Mai 1899 und 29. Mai 1900 durch Erlaß vom 26. Juli 1912 folgende

Grundsätze

für die Regelung des Verkehrs mit Kuhmilch[1]) als Nahrungsmittel für Menschen aufgestellt:

A. Milch für den allgemeinen Verkehr.

I. *Begriffsbestimmung.* Unter Milch im Sinne dieser Grundsätze ist zu verstehen frische (unveränderte oder entrahmte), gekochte oder sonst zubereitete Kuhmilch, saure und Buttermilch, sowie Sahne (Rahm, Schmand).

II. *Überwachung.* Der Verkehr mit Milch ist der gesundheitspolizeilichen Überwachung zu unterstellen. Wer nicht nur vorübergehend Milch an Verbraucher verkaufen will, hat, einerlei, ob die Milch im eigenen Betriebe gewonnen oder im Zwischenhandel bezogen, ob sie öffentlich feilgehalten oder nur an bestimmte Besteller geliefert werden soll, vor Eröffnung seines Handels der Polizeibehörde seines Wohnortes und, bei Einrichtung einer festen Verkaufsstelle außerhalb seines Wohnortes, auch der für diese zuständigen Polizeibehörde Anzeige zu erstatten. In gleicher Weise ist die Aufgabe oder Verlegung des Betriebes und die Einrichtung von Zweigniederlassungen anzuzeigen.

---

[1]) Auf den Verkehr mit Milch anderer Tiergattungen können die Grundsätze insoweit Anwendung finden, als nicht Besonderheiten dieser Tiergattungen dagegen sprechen.

III. *Allgemeine Anforderungen an die Beschaffenheit der Milch.* Vom Verkehr auszuschließen ist Milch:

a) die so verunreinigt ist, daß 0,5—1 l davon nach halbstündigem Stehen in einem zylindrischen oder flaschenförmigen Glasgefäß aus ganz oder fast farblosem Glase mit ebenem Boden, dessen Durchmesser ungefähr der Hälfte der Höhe entspricht, bis zu der das Gefäß mit Milch gefüllt ist, einen deutlich wahrnehmbaren Bodensatz erkennen läßt;

b) die einen Zusatz von fremdartigen Stoffen, insbesondere von Wasser, Eis oder Konservierungsmitteln erhalten hat; zulässig ist ein Zusatz von Milcheis bei frischer Milch, von Lab oder Säurebakterien bei saurer Milch und saurer Sahne;

c) die übelriechend, faulig, verfärbt, blutig, schleimig oder bitter ist;

d) die kurz vor oder in den ersten Tagen nach dem Abkalben gewonnen ist, solange sie beim Kochen gerinnt oder nach Aussehen, Geruch und Geschmack die Eigenschaften gewöhnlicher Milch nicht besitzt;

e) von Kühen, deren Allgemeinbefinden erheblich gestört ist, sofern nicht ein Tierarzt die Milch für verkaufsfähig erklärt. Krankheiten, deren Vorhandensein die Milch einer Kuh genußuntauglich macht, sind insbesondere alle fieberhaften Erkrankungen, ferner Entzündungen und Ausschläge am Euter, andauernde Durchfälle und andere schwere Verdauungsstörungen, krankhafte Ausflüsse aus den Geschlechtsteilen.

Milch von Kühen, die mit Maul- und Klauenseuche oder mit Tuberkulose im Sinne des § 10 Abs. 1 Nr. 12 des Viehseuchengesetzes vom 26. Juni 1909 behaftet oder einer dieser Seuchen verdächtig sind, darf nur nach Maßgabe und unter Beobachtung der Vor-Vorschriften der §§ 154ff., insbesondere des § 162 Abs. 1 unter e, und der §§ 305, 311 der viehseuchenpolizeilichen Anordnung des Ministers für Landwirtschaft, Domänen und Forsten vom 1. Mai 1912 (Reichs- und Staatsanzeiger vom 1. Mai 1912) in den Verkehr gebracht werden.

f) von Kühen, die mit stark wirkenden, in die Milch übergehenden Arzneimitteln behandelt werden oder in den letzten drei Tagen behandelt worden sind, so besonders mit Aloe, Arsen, Brechweinstein, Arekolin, Nießwurz, Quecksilberpräparaten, Jod, Eserin, Pilocarpin, Strychnin oder anderen Alkaloiden;

g) von Kühen, die mit schimmeligen, fauligen, ranzigen oder sonst verdorbenen Futtermitteln, mit Ricinuskuchen oder Senftrebern gefüttert worden sind.

IV. *Bezeichnungen der Handelsmilch.* 1. Als frische Milch kann nur solche Milch gelten, die weder beim Aufkochen noch beim Vermischen mit gleichen Teilen Spiritus von 70 Volumprozenten gerinnt.

Frische Milch darf nur unter den Bezeichnungen Vollmilch (d. h. vollwertige Milch) oder Magermilch (d. h. magere, fettarme Milch) in den Handel gebracht werden.

Als „Vollmilch“ kurzweg, ohne nähere Kennzeichnung ihrer Beschaffenheit, darf nur solche Milch bezeichnet werden, die eine gründliche Mischung des vollen Gemelkes mindestens einer Kuh aus wenigstens einer Melkzeit darstellt, der, abgesehen von Vollmilcheis, nichts zugesetzt und nichts von ihren Bestandteilen entzogen ist und die zugleich wenigstens 2,7% Fett enthält.

Vollmilch, für die ein Fettgehalt von 2,7% nicht gewährleistet werden soll oder kann, ist als „Vollmilch zweiter Güte“ oder „Vollmilch mit weniger als 2,7% Fettgehalt“ zu bezeichnen.

Alle frische Milch, an deren Fettgehalt Veränderungen vorgenommen worden sind, darf nur als „Magermilch“ bezeichnet werden. Die Angabe eines gewährleisteten Mindestfettgehaltes daneben ist gestattet.

Es kann vorgeschrieben werden, daß Magermilch nur in besonders geformten oder gefärbten Gefäßen eingeführt, feilgehalten und verkauft werden darf.

2. Milch, die einer Behandlung durch Erhitzen auf 70° C und darüber unterworfen worden ist, darf nur unter einer die Tatsache der Erhitzung erkennbar machenden Bezeichnung eingeführt, feilgehalten und verkauft werden. Erfolgt das Feilhalten und der Verkauf in Flaschen oder ähnlichen Gefäßen, so ist auf diesen der Tag der Erhitzung anzugeben.

Als **pasteurisiert** darf Milch nur dann bezeichnet werden, wenn sie spätestens 14 Stunden nach dem Melken mittels eines als wirksam anerkannten Pasteurisierungsverfahrens sachgemäß behandelt worden ist; als **sterilisiert** nur dann, wenn sie innerhalb gleicher Frist nach einem als wirksam anerkannten Sterilisierungsverfahren sachgemäß behandelt worden und der dabei erforderliche Verschluß noch unverletzt ist.

Bei der Einfuhr, dem Feilhalten und Verkaufen von erhitzter Milch ist ferner anzugeben, ob die Milch Vollmilch oder Magermilch (s. A IV 1) ist.

Mischungen von erhitzter und frischer Milch sind als solche kenntlich zu machen.

3. **Saure Milch** (Setzmilch, Dickmilch, Schlippermilch) ist die auf natürliche Weise oder durch Zusatz von Lab oder Säurebakterien geronnene ungekochte Milch. Aus Magermilch gewonnene saure Milch ist beim Feilhalten und Verkaufen als solche zu bezeichnen.

4. Als **Buttermilch** darf nur die Flüssigkeit bezeichnet werden, die beim Verbuttern von Milch oder Sahne nach Entfernung des Butterfettes übrigbleibt. Ist bei der gewerbsmäßigen Buttergewinnung ein Wasserzusatz genacht worden, so darf dieser 25% des Butterungsgutes nicht überschreiten und muß beim Feilhalten und Verkaufen angegeben werden.

5. **Sahne (Rahm, Schmand)** ist die unmittelbar aus Milch gewonnene fettreiche Flüssigkeit ohne fremdartige Zusätze irgendwelcher Art. Sahne ohne nähere Bezeichnung und Kaffeesahne muß einen Mindestfettgehalt von 10% haben, Schlagsahne von 25%. Saure Sahne ist auf natürlichem Wege oder durch Zusatz von Lab oder Säurebakterien sauer gewordene Sahne von mindestens 10% Fettgehalt.

6. Andere zu menschlichen Ernährungszwecken dienende **Zubereitungen aus Milch**, die nach Aussehen und Geschmack der Milch ähnlich sind, müssen eine genaue, ihre Art kennzeichnende Benennung an jedem Verkaufsgefäße tragen.

V. *Milchgewinnung.* 1. Unbeschadet der Vorschriften zur Bekämpfung übertragbarer Krankheiten sind vom Melkgeschäft auszuschließen Personen, die mit nässenden oder eitrigen Ausschlägen, Geschwüren oder eiternden Wunden an den unbedeckten Körperteilen behaftet sind.

2. Das Melken hat sauber zu geschehen. Falls nicht zwingende Gründe entgegenstehen, ist folgendes vorzuschreiben: Wer melkt, hat sich vor Beginn des Melkgeschäftes Hände und Unterarme gründlich mit Seife und sauberem Wasser zu waschen. Die Reinigung ist zu wiederholen, falls während des Melkens die Hände wieder schmutzig geworden sind. Das Euter der Kuh und dessen Umgebung ist vor dem Melken durch Abreiben mit einem sauberen trockenen Tuche sorgfältig zu reinigen; falls das Euter grob beschmutzt ist, muß es zuvor mit Wasser abgewaschen werden.

3. Die ersten Striche sind auf den Boden zu melken. Unmittelbar nach der Gewinnung ist die Milch durch Seihen, Filtern, Zentrifugieren oder auf andere geeignete Art von Schmutzteilen zu befreien und möglichst zu kühlen.

4. Gebrauchtes Bett- und Packstroh darf in Stallabteilungen, in denen Milchvieh steht, nicht als Streu benutzt werden. Die Erneuerung der Streu und das Füttern ist während des Melkens zu vermeiden.

5. Soweit die örtlichen Verhältnisse es angemessen erscheinen lassen, können die der Milchgewinnung dienenden Ställe und Viehhaltungen sowie das Verfahren beim Melken weitergehenden Bestimmungen unterworfen werden, die für reinliche Gewinnung und gute Behandlung der Milch angezeigt sind. Hierzu gehören Vorschriften über die Verwendung geeigneten Materials für Fußböden und Krippen, Beseitigung der Jauche, regelmäßige Reinigung und Lüftung der Ställe, Reinhaltung der Kühe, Sauberkeit der bei der Milchgewinnung beteiligten Personen, Reinigung, Kühlung und Aufbewahrung der Milch nach dem Melken sowie etwa erforderliche Kontrollvorschriften.

VI. *Behandlung der Milch bis zur Übergabe an den Verbraucher.* 1. Die nach A V 1 vom Melkgeschäft auszuschließenden Personen dürfen auch bei der weiteren Behandlung und dem Vertriebe der Milch sowie zum Reinigen der Milchgefäße und Milchaufbewahrungsräume nicht zugelassen werden.

2. Gefäße, aus denen die Milch fremdartige Stoffe aufnehmen kann, wie Gefäße aus Kupfer, Messing, Zink, aus gebranntem Ton mit schlechter oder schadhafter innerer Glasur, aus Eisen mit

schadhafter innerer Emaillierung oder innen verrostete Gefäße, ferner Gefäße aus Kiefernholz oder anderem Weichholz dürfen zur Aufnahme von Milch nicht verwendet werden.

Stand- und Verkaufsgefäße mit Ausnahme von Flaschen müssen übergreifende Deckel haben, die, solange die Milch in den Gefäßen ist, außer beim Ein- und Abfüllen stets aufliegen müssen.

Sämtliche Milchgefäße einschließlich der Meßgefäße sind in größter Sauberkeit zu halten. Die Reinigung hat mit sauberem Wasser zu erfolgen. Die Benutzung von Sodalösungen oder Kalkmilch zur Reinigung ist zulässig, falls eine gründliche Nachspülung mit reinem Wasser darauf folgt. Die gereinigten Gefäße sind an einem sauberen Platze auf einem Gestell mit der Öffnung nach unten aufzustellen.

3. Lappen, Papier, Stroh und ähnliche Stoffe, rissige oder bleihaltige Gummiringe sind als Verschluß- und Dichtungsmittel für Milchgefäße nicht zulässig. Gestattet sind besonders hergestellte Papierplättchen für den Flaschenverschluß bei einmaligem Gebrauch.

4. Milchgefäße von 2 l und mehr Inhalt müssen eine so weite Öffnung haben, daß die Hand eines Erwachsenen bei der Reinigung des Innern bequem eingeführt werden kann. Kleinere Gefäße müssen so eingerichtet sein, daß sie mittels einer Bürste leicht und gründlich zu reinigen sind. Meßgefäße müssen mit einer geeigneten Handhabe versehen sein, so daß die Hand des Messenden nicht mit der Milch in Berührung kommt.

5. Zapfhähne an Milchgefäßen oder geschlossenen Milchwagen müssen stets saubergehalten werden. Wenn sie aus Metall bestehen, darf dieses oder seine, stets gut zu erhaltende Verzinnung nicht mehr als 1% Blei oder Zink enthalten.

6. Auf Milchfuhrwerken dürfen Lumpen und Gefäße mit Wasser nicht mitgeführt werden, Küchenabfälle nur, wenn sie in besonderen, fest verschlossenen Behältern aufbewahrt sind. Kranke Personen auf Milchfuhrwerken zu befördern, ist unstatthaft, ebenso das Sitzen auf Milchgefäßen. Die Milch ist während der Beförderung vor der Einwirkung der Sonnenwärme zu schützen.

7. Die Gefäße, aus oder in denen die Abgabe der Milch an den Verbraucher erfolgt, müssen an der Seitenwand mit deutlichen, unabnehmbaren Bezeichnungen der in ihnen enthaltenen Milchart versehen sein. Nur an Flaschen sind auch angeklebte oder angebundene Zettel zulässig. Bei geschlossenen Milchwagen sind die Bezeichnungen auf der Wagenwand über den Auslaßöffnungen anzubringen. Diese Vorschriften können auf die Abgabe der Milch an Milchhändler ausgedehnt werden. Sie finden jedoch keine Anwendung auf Gefäße, in denen Lieferer einer Sammelmolkerei an diese die von ihnen gewonnene Milch abliefern, ebensowenig auf Gefäße, in denen die Molkerei Magermilch an solche Lieferer zurückgibt. Standgefäße sind in den Verkaufsstätten so aufzustellen, daß der Kauflustige die Bezeichnung ohne weiteres lesen kann.

Sofern es die Rücksicht auf eine wirksame Milchkontrolle erfordert, ist anzuordnen, daß Gefäße mit Milch, die an Milchhändler durch Dritte befördert werden, bis zur Übernahme durch den Empfänger unter Plombenverschluß zu halten sind.

8. Beim Einzelverkauf aus größeren Gefäßen ist deren Inhalt vor jeder Entnahme gut zu durchmischen. Bei Gefäßen, aus denen die Milch durch Zapfhähne entnommen wird, ist dafür Sorge zu tragen, daß durch geeignete Vorrichtungen eine ständige Durchmischung des Inhaltes oder durch Umrühren mit einer sauberen Rühreinrichtung eine Mischung vor jeder Entnahme stattfindet.

9. Die Verwendung von Milchgefäßen jeder Art zu anderen Zwecken ist verboten.

10. Die für den Verkauf bestimmte Milch ist in Räumen aufzubewahren, die stets sauber, insbesondere möglichst staubfrei und kühl gehalten, täglich ausgiebig gelüftet, nicht als Wohn-, Schlaf- oder Krankenzimmer benutzt werden und mit solchen Räumen auch nicht in offener Verbindung stehen; Verbindungstüren zu solchen Räumen sind, abgesehen von dem Augenblick des Hindurchgehens, geschlossen zu halten. Der Fußboden der Räume muß fest sein und leichte Reinigung gestatten. In Räumen, die zur Aufbewahrung und zum Verkauf von Milch dienen, dürfen Haustiere nicht gehalten und Gegenstände, deren Geruch sich der Milch mitteilen kann, außer Molkereiwaren, nicht aufbewahrt werden.

11. Den Polizeibehörden und ihren Organen ist der jederzeitige Zutritt zu Räumen, in denen Milch zum Verkauf aufbewahrt oder feilgehalten und verkauft wird, vorzubehalten.

B. Besondere Vorschriften für Vorzugsmilch.

I. *Begriffsbestimmung.* Frische Milch, bei deren Gewinnung, Behandlung und Vertriebe außer den unter A gegebenen Vorschriften auch die nachfolgenden Bestimmungen beobachtet werden und die mindestens 3% Fett enthält, darf als Vorzugsmilch (Kindermilch, Säuglingsmilch, Gesundheitsmilch, Kurmilch, Kontrollmilch und unter ähnlichen Bezeichnungen, die eine besonders gute Beschaffenheit erwarten lassen) in Verkehr gebracht werden.

Es kann bestimmt werden, daß die für Vorzugsmilch geltenden Vorschriften auch gegenüber solcher Milch Anwendung finden, die, ohne daß sie als Vorzugsmilch bezeichnet wird, unter Umständen in den Verkehr gebracht wird, die die Annahme begründen, daß es sich um Vorzugsmilch handele.

II. *Meldepflicht.* Wer Vorzugsmilch in den Verkehr bringen will, hat bei der gemäß A II vor Beginn des Milchhandels der Polizeibehörde zu erstattenden Anzeige anzugeben, wo er die Milch zu gewinnen oder woher er sie zu beziehen beabsichtigt.

III. *Gewinnung und Behandlung von Vorzugsmilch.* 1. In Ställen, in denen zur Gewinnung von Vorzugsmilch bestimmte Kühe aufgestellt sind, darf außer dem Zuchtstier anderes Vieh nicht untergebracht werden. Der Stall muß hell und luftig, mit undurchlässigen, leicht zu reinigenden Fußböden und Krippen und mit guten Vorrichtungen zur Beseitigung der Jauche versehen sein, mindestens so viel Raum bieten, daß alle Kühe gleichzeitig sich legen können und Wände besitzen, die bis wenigstens 1,50 m Höhe mit undurchlässigem Belag oder Anstrich versehen sind. Die Ställe sind täglich, die Krippen nach jeder Fütterung gründlich zu reinigen, möglichst staubfrei und dauernd in gutem Zustande zu halten.

Im Stalle oder in seiner unmittelbaren Nähe muß eine Wascheinrichtung für die melkenden Personen vorhanden sein.

Unter besonderen Umständen kann angeordnet werden, daß das Melken in bestimmten Abteilen oder außerhalb des Stalles stattzufinden hat.

2. Zur Gewinnung von Vorzugsmilch dürfen nur Tiere dienen, die vom beamteten Tierarzt (§ 2 Abs. 2 des Viehseuchengesetzes vom 26. Juni 1909, Reichsgesetzblatt S. 519) untersucht, auch, falls dieser es für nötig befindet, der Tuberkulinprobe unterworfen und geeignet befunden worden sind. Die Untersuchung durch den beamteten Tierarzt ist alle 3 Monate, eine etwaige Tuberkulinprobe nach dessen Ermessen zu wiederholen.

Die Kühe sind täglich, und zwar nach Beendigung einer Melkzeit, gründlich zu putzen. Danach ist der Stall ausgiebig zu lüften.

Erkrankte Kühe, insbesondere solche, die von einer der unter A III 1 e genannten Krankheiten befallen sind, müssen aus dem Stalle entfernt oder in eine räumlich abgegrenzte Abteilung des Stalles verbracht werden. Ihre Wiedereinstellung unter die Vorzugsmilchkühe darf erst erfolgen, nachdem der beamtete Tierarzt sie für unbedenklich erklärt hat.

3. Zur Fütterung der für die Gewinnung von Vorzugsmilch dienenden Kühe dürfen nur bestimmte, in der Polizeiverordnung zu bezeichende Futtermittel benutzt werden.

Statthaft sind namentlich gut gewonnenes Heu, das nicht mit giftigen Pflanzen durchsetzt, nicht schimmelig, dumpfig, staubig und nicht von Befallpilzen überzogen ist, Stroh von Halmfrüchten von gleicher Beschaffenheit, Getreidekleie, Getreideschrot und Leinsamenmehl. Frisches Grünfutter und Weidegang auf gut bestandenen Wiesen und Weiden sind zulässig, wenn diese Art der Fütterung nicht nur gelegentlich, sondern regelmäßig für längere Zeit erfolgt und sich der Übergang dazu allmählich vollzieht. Auszuschließen sind Molkereirückstände, ferner alle Futtermittel und Futtermischungen, die Durchfall oder andere Verdauungsstörungen bei den Kühen erzeugen, der Milch einen ungewöhnlichen Geruch oder Geschmack verleihen oder sie sonst minderwertig machen. Dazu rechnen insbesondere Schlempe, Schnitzel (außer getrockneten), Melasse, Rübenblätter, weiße Rüben, Steck-, Kohl- und Stoppelrüben, eingesäuertes Futter, Fleisch-, Fisch- und Blutmehl, Pülpe.

4. Die mit dem Melken befaßten Personen haben dabei saubere Kleidung und reine Schürzen zu tragen.

5. Beim Melken ist jedes gefüllte Melkgefäß sofort aus dem Stalle zu entfernen, die Milch alsbald zu filtern, zu seihen oder in sonst geeigneter Weise zu reinigen und, soweit sie nicht etwa sofort vom Verzehrer in Empfang genommen wird, sogleich möglichst tief zu kühlen und in nicht über 12° C warmen Räumen in Gefäßen ohne Deckel, deren Öffnung mit Leinentuch oder unbenutztem sauberen Papier überdeckt ist, aufzubewahren.

6. Die in den Handel gebrachte Milch darf nicht vor mehr als 15 Stunden gewonnen sein und ist bis zur Ablieferung an den Verzehrer in geeigneter Weise kühl zu halten.

Die Milch darf nur in fest verschlossenen, mit Streifband verklebten Flaschen aus ganz oder fast farblosem Glase in den Verkehr gebracht werden. Nur bei Lieferung in Mengen von mehr als 20 Liter täglich an Krankenhäuser, Krippen und dgl. kann von dieser Vorschrift Abstand genommen werden.

IV. *Überwachungsvorschriften für Vorzugsmilchbetriebe.* 1. Über die zur Lieferung von Vorzugsmilch dienenden Kühe ist eine Liste nach untenstehendem Muster zu führen. Anzugeben sind für jede Kuh der Tag der Untersuchung durch den beamteten Tierarzt, der Einstellung der Kuh unter die Vorzugsmilchkühe, der Bedeckung, des Abkalbens, Erkrankungen und etwaige zeitweilige Ausschließung (B III 2).

2. Für jede Kuh ist mindestens zweimal wöchentlich die während 24 Stunden gelieferte Milchmenge festzustellen und in eine Liste einzutragen, die sechs Monate lang aufzubewahren ist.

3. Der beamtete Tierarzt ist jederzeit befugt, die Ställe, die Milchkühl- und Aufbewahrungsräume und die Futter- und Milchvorräte zu besichtigen, die Milchkühe zu untersuchen und die Listen einzusehen. Die gleiche Berechtigung hat der Kreisarzt, dem außerdem die Untersuchung der mit der Pflege der Milchtiere befaßten Personen auf ihren Gesundheitszustand freisteht.

Kontrolliste

über die zur Gewinnung von Vorzugsmilch aufgestellten Kühe des

.... in ....

Laufende Nr.	Farbe, Abzeichen, Alter und sonstige besondere Kennzeichen[1])	Tag der ersten Untersuchung durch den beamteten Tierarzt	Tag der Aufstellung im Stall	Tag der Zuführung zum Bullen	Tag des Abkalbens	Zeitweilige Ausschließung Tag, Dauer, Grund	Tag der Ausscheidung der Kuhe aus der Reihe der zur Gewinnung von Vorzugsmilch dienenden	Revisionsvermerk des kontrollierenden beamteten Tierarztes oder Arztes: Tag der Besichtigung	Ergebnis der Besichtigung	Etwaige Anordnungen und sonstige Bemerkungen

Zu M. 6742.

Anmerkungen zu vorstehenden Grundsätzen:

1. Bei der großen Verschiedenheit in den Verhältnissen der Milchgewinnung und des Milchhandels in den einzelnen Teilen des Staatsgebietes ist es nicht angängig, sämtliche Bestimmungen der Grundsätze unterschiedslos überall zur Anwendung zu bringen. Insbesondere trifft dies für die Vorschriften über die Milchgewinnung zu, hinsichtlich deren die Grundsätze selbst unter A V bereits die Möglichkeit einer unterschiedlichen Regelung andeuten. Auch wird z. B. für den Erlaß besonderer Vorschriften über den Verkehr mit Vorzugsmilch (B der Grundsätze)

[1]) Die Beschreibung der Kühe ist so genau aufzunehmen, daß sie mit Bestimmtheit erkannt werden können. Zur Erleichterung der Erkennung empfiehlt sich die Verwendung von Ohrmarken oder Hornbränden.

nicht allerorts ein Bedürfnis vorhanden sein. Demgemäß muß vor dem Erlaß von Polizeiverordnungen sorgfältig, unter Anhörung von geeigneten Vertretern oder Vereinigungen aus den Interessentenkreisen (Landwirtschaftskammer, Handelskammer) sowie der öffentlichen Nahrungsmitteluntersuchungsanstalten, geprüft werden, welche Vorschriften nach Lage der Verhältnisse angezeigt und durchführbar erscheinen.

Im allgemeinen verdienen Polizeiverordnungen für ganze Provinzen oder Regierungsbezirke den Vorzug, weil sie leichter als solche für einzelne Kreise oder Gemeinden, die für Produzenten und Handeltreibende gleich wünschenswerte Übereinstimmung der Vorschriften herbeiführen. Jedoch muß auch hierin die Rücksicht auf die örtlichen Verhältnisse maßgebend für die Entscheidung im Einzelfalle sein.

Je tiefer neu zu erlassende Vorschriften in die bisher obwaltenden Verhältnisse des Milchverkehrs eingreifen, um so mehr muß Bedacht genommen werden auf hinreichend lange Bemessung der Frist bis zum Inkrafttreten der neuen Vorschriften.

2. Die bis jetzt den Milchverkehr ordnenden polizeilichen Bestimmungen legen fast allgemein zu einseitig den Hauptwert auf einen angemessenen Fettgehalt der Milch. Demgegenüber ist hervorzuheben, daß neben dem Fettgehalt reinliche Gewinnung der Milch und Erhaltung ihrer Frische bis zur Abgabe an den Verbraucher von ganz besonderer Wichtigkeit sind, mithin die Vorschriften unter A III a und A IV 1 Abs. 1 der Grundsätze eingehender Berücksichtigung bedürfen.

Für die als „Vollmilch" kurzweg gehandelte Milch kann, wenn die örtlichen Verhältnisse es zulässig erscheinen lassen, ein höherer Mindestfettgehalt als der in den Grundsätzen vorgesehene von 2,7% (A IV 1) festgesetzt werden.

Von der Zulassung einer Milch unter der Bezeichnung „Halbmilch" zum Handel soll künftig gänzlich abgesehen werden.

Bei der Aufstellung von Vorschriften über die Bezeichnung von Milch als Vorzugsmilch usw. (B I) ist darauf zu achten, daß die Einfuhr von Milch aus dem Reichsauslande unter wahrheitsgemäßen Bezeichnungen, wie z. B. Schweizer Milch, Alpenmilch, durch die Bestimmung nicht unmöglich gemacht wird.

3. Die deutliche Bezeichnung der Gefäße, aus und in denen der Verkauf von Milch erfolgt, ist wesentlich, damit das Publikum jederzeit in der Lage ist, eine Kontrolle darüber auszuüben, daß ihm Milch der geforderten Sorte und Beschaffenheit verkauft wird. Es wird dementsprechend unter Umständen angezeigt sein, in den Polizeiverordnungen eine bestimmte Mindestgröße der Aufschrift, und zwar in allen ihren Teilen, auf den Gefäßen vorzuschreiben.

Als nützlich hat sich mehrfach die Forderung einer leicht wahrnehmbaren unterscheidenden Kennzeichnung der Magermilchgefäße, beispielsweise durch einen roten Streifen an den Gefäßen nach Art der Behälter für Margarine, erwiesen.

4. Für die Frage, unter welchen Umständen erhitzte Milch als pasteurisierte oder als sterilisierte anzusehen ist (A IV 2 Abs. 2 der Grundsätze), können im allgemeinen folgende Bestimmungen als Anhaltspunkte dienen:

Als pasteurisiert ist Milch anzusehen, die auf mindestens 70° C erhitzt worden ist.

Als sterilisiert ist nur solche Milch zu bezeichnen, die wenigstens 15 Minuten lang auf mindestens 100° C in Gefäßen erhitzt worden ist, deren Öffnung während des Erhitzens oder unmittelbar danach luftdicht verschlossen worden und bis zur Abgabe an den Verbraucher luftdicht verschlossen geblieben ist.

Entsprechende Bestimmungen können in die Polizeiverordnungen aufgenommen werden. Als wirksam sind nur solche Pasteurisierungs- und Sterilisierungsverfahren anzuerkennen (A V 2 Abs. 2 der Grundsätze), die bei regelrechtem Betriebe die Erfüllung der genannten Bedingungen gewährleisten.

Zu verhindern ist, daß pasteurisierte Milch, die durch ihre weitere Behandlung bakteriellen oder sonstigen Verunreinigungen ausgesetzt gewesen ist, den Verbrauchern unter dem Anschein besonders guter Beschaffenheit oder Behandlungsweise angepriesen und verkauft wird.

5. Da jetzt fast im gesamten Staatsgebiete öffentliche Nahrungsmitteluntersuchungsanstalten zur Verfügung stehen, die bei der Durchführung einer geregelten Milchkontrolle mit Rat und Tat mitzuwirken berufen sind, da ferner für die Beurteilung der hygienischen und veterinären Fragen die beamteten Ärzte und Tierärzte als Sachverständige zu Gebote stehen, ist unsererseits davon abgesehen worden, Anweisungen für die Ausübung der Milchkontrolle im einzelnen zu geben. Wir beschränken uns darauf, zu betonen, daß die Wichtigkeit der Milch als Nahrungsmittel und namentlich für die Ernährung im Kindesalter eine dauernde und ausgiebige Kontrolle des Verkehrs erfordert. Diese ist sowohl in Form der Marktkontrolle wie derjenigen durch die öffentlichen Nahrungsmitteluntersuchungsanstalten und sonstigen Sachverständigen auszuführen. Es gibt einfache Geräte und Hilfsmittel zur Prüfung auf Schmutzgehalt, Frische und Fettgehalt der Milch, deren Handhabung auch die etwa mit der Entnahme von Nahrungsmittelproben für die Untersuchung oder mit der Ausübung der Marktpolizei betrauten Polizeiorgane leicht zu erlernen imstande sind. Schmutzgehalt und Frische der Milch lassen sich mit ihrer Hilfe in der Regel so sicher feststellen, daß die zur Herbeiführung einer Bestrafung nötigen Unterlagen gegeben sind; der Fettgehalt wenigstens so weit, daß der Verdacht einer Fälschung nahegelegt wird und auf Grund dessen eine geeignete Auswahl von Proben für die chemische Untersuchung erfolgen kann oder Anlaß zu weiteren Ermittelungen für eine etwaige Strafverfolgung geboten ist. Die chemische Untersuchung hat sich aber auch auf andere Proben als auf die bei der Marktkontrolle durch Polizeibeamte als verdächtig befundenen zu erstrecken. Die Gefahr des Verderbens der Milchproben während der Einsendung an die Untersuchungsstelle läßt sich vermeiden durch Zusätze bestimmter, zur Fälschung der Milch im Handelsverkehr nicht gebrauchter Konservierungsmittel, als welche zumal Senföl und doppeltchromsaures Kali in Betracht kommen, nach näherer Weisung der Untersuchungsanstalt.

Bei Beanstandungen von Milch muß erwogen werden, ob nach Lage des Falls eine Bestrafung oder nur eine Verwarnung am Platze ist. Namentlich bei unerheblichem Mindergehalt der Milch an Fett wird, wenn er nur ausnahmsweise bei einem Produzenten oder Händler festgestellt wird, Zurückhaltung in der Beurteilung der Schuldfrage angebracht sein und in der Regel zunächst eine zweckdienliche weitere Ermittlung, erforderlichenfalls unter Mitwirkung der Untersuchungsanstalt, zu erfolgen haben. Dagegen ist bei erwiesenen absichtlichen Fälschungen, z. B. durch Wässerung der Milch, mit aller Strenge vorzugehen, und zwar nicht durch Polizeistrafen, sondern durch Herbeiführung gerichtlicher Bestrafung auf Grund des Nahrungsmittelgesetzes.

6. Auch bei der Vornahme der Stallprobe, die in gewissen Fällen zum Nachweis von Fälschungen nicht wird entbehrt werden können, haben die unter Nr. 5 erwähnten sachverständigen Stellen durch Ratschläge für die Art der Ausführung mitzuwirken. Wir haben es daher für entbehrlich gehalten, unsererseits besondere Vorschriften nach dieser Richtung zu geben.

7. An manchen Orten ist es üblich geworden, regelmäßig, etwa in monatlichen oder vierteljährlichen Zwischenräumen, die Ergebnisse der Milchkontrolle unter Angabe des Namens der Verkäufer und eines Urteils über die Beschaffenheit der von ihnen vertriebenen Milch in den Tagesblättern zu veröffentlichen. Wir finden gegen dieses Verfahren, das dem Publikum erwünschte Klarheit über die Beschaffenheit der feilgehaltenen Milch, den Verkäufern Anlaß zum Vertriebe nur einwandfreier Milch bietet, nichts einzuwenden, wenn die Veröffentlichung unparteiisch, unter Beschränkung auf das Wesentliche und in allgemein verständlicher Form geschieht.

8. Um das Verständnis für richtige Gewinnung und Behandlung der Milch in den Kreisen der Landwirte, Molkereibesitzer, Milchhändler und im Publikum selbst zu fördern, muß jedes brauchbare Mittel ergriffen werden. Belehrende Aufsätze in den Tageszeitungen können dafür besonders geeignet sein, ebenso die Verbreitung des im Kaiserlichen Gesundheitsamte bearbeiteten Milch-Merkblattes (Verlag von J. Springer, Berlin). Die Ausübung der Milchkontrolle wird Gelegenheit zur Beseitigung von Mißständen geben. Auf die ländlichen Milchprozudenten wird durch die landwirtschaftlichen Wanderlehrer wirksamer Einfluß ausgeübt werden können."

Gezeichnet:

Der Minister für Landwirtschaft, Domänen und Forsten.	Der Minister für Handel und Gewerbe.	Der Minister des Innern.

Anhaltspunkte für die Beurteilung der Milch.

a) Nach der chemischen Untersuchung.

Nach der oben (S. 187) gegebenen Begriffserklärung soll die in den Verkehr gebrachte Handelsmilch das volle Gemelke in gehöriger Durchmischung, bzw. einen Teil davon darstellen; es darf ihr daher nichts weggenommen und nichts (auch nicht Rahm) hinzugesetzt sein. Der Gehalt der für den Verkehr bestimmten Milch an Fett und Trockensubstanz soll die unteren Grenzen der für die betreffende Gegend beobachteten Werte nicht unterschreiten (vgl. S. 189 und Erlaß der Preuß. Ministerien S. 271 u. f.).

Die Beurteilung, ob eine Verfälschung der Milch vorliegt oder nicht, stützt sich zunächst auf das Ergebnis der chemischen Untersuchung und dann auf den Vergleich mit der Stallprobe. Dabei ist vor allem wichtig, zu wissen, ob die Milch das Gemelke einer einzelnen Kuh darstellt oder Mischmilch von mehreren Kühen ist und ob sie Tagesmilch oder die Milch von nur einer Melkzeit ist. Die Beurteilung wird dann namentlich mit Bezug auf den Fettgehalt eine verschiedene sein müssen.

Es ist deshalb auch nicht angängig, die Milch lediglich nach gewissen Grenzzahlen zu beurteilen. Diese sollen nur ein allgemeiner Anhaltspunkt sein, ob möglicherweise eine Verfälschung vorliegt oder nicht. In zweifelhaften Fällen wird meist die Stallprobe und die Nachforschung nach den die Milchgewinnung begleitenden Umständen Aufschluß geben. es muß jedoch mit Bezug auf erstere darauf hingewiesen werden, daß auch unter gewöhnlichen Verhältnissen Schwankungen in der Zusammensetzung der Milch in mäßigem Grade vorkommen können.

Solche Änderungen in der Milch treten besonders bei euterkranken Kühen auf, und zwar von einem Tage zum anderen, d. h. innerhalb der Stallprobenzeit (vgl. S. 189). Wenn eine Milch eine stark alkalische Reaktion und höheren Leukocytengehalt zeigt, so deutet das auf Euterkrankheiten hin und ist alsdann auch die Stallprobe noch mit großer Vorsicht zu behandeln. Es kann dann in vielen Fällen nur eine ausführliche Untersuchung auf alle Bestandteile der Milch (Stickstoffsubstanz, Asche, Chlor usw.) Aufschluß darüber geben, ob die Milch gewässert oder durch die Euterkrankheit verändert worden ist. Die gewöhnliche Bestimmung des spezifischen Gewichtes, des Fettes und der Trockensubstanz genügt in der Regel nicht. Ist das Verhältnis der einzelnen Bestandteile der Verkaufs- und Stallprobenmilch zueinander das gleiche und sind alle Bestandteile prozentual gleichmäßig erniedrigt, so kann wohl in der Regel mit Sicherheit eine Wässerung angenommen werden. Ist aber das Verhältnis der einzelnen Bestandteile zueinander in der Verkaufs- und Stallprobenmilch verschieden und z. B. der Gehalt an Gesamt-Stickstoffsubstanz, Asche, Chlor usw. in der Verkaufsmilch gegenüber der Stallprobenmilch gleichmäßig erhöht, so wird schwerlich von einer Wässerung die Rede sein können.

Die üblichen Fälschungen sind Zusatz von Wasser, Entrahmung oder Zusatz von Magermilch und Wässerung mit gleichzeitigem Rahmentzug oder Magermilchzusatz. Auch der Zusatz von Frischhaltungsmitteln, wie Borsäure, Salicylsäure, Benzoesäure, Soda, Formaldehyd, von Fluoriden und ähnlichen Stoffen, sowie der Zusatz von Farbstoffen, ist als Verfälschung zu betrachten.

1. Eine Wässerung der Milch bewirkt eine Herabminderung der sämtlichen Bestandteile der Milchtrockenmasse. Erkenntlich ist sie hauptsächlich an der Veränderung des spezifischen Gewichts, der Trockenmasse und der fettfreien Trockenmasse, wie auch des Aschengehaltes. Dabei ist das gegenseitige Verhältnis der einzelnen Bestandteile zueinander das gleiche wie in der unverfälschten Milch.

Eine Milch ist, falls es sich nicht um die Milch einer einzelnen Kuh handelt, als gewässert zu bezeichnen, wenn das spezifische Gewicht der Milch unter 1,028 (wenigstens unter 1,027), das des Serums unter 1,026 und der Gehalt an fettfreier Trockensubstanz unter 8% (wenigstens unter 7,8%) herabsinkt.

Fällt hierbei der Fettgehalt der Milchtrockensubstanz nicht unter 20%, bzw. steigt das spezifische Gewicht derselben nicht über 1,4, so ist nur eine Wässerung anzunehmen.

Der Nachweis von Salpetersäure kann als Ergänzung des analytischen Nachweises einer Wässerung dienen (vgl. S. 246).

Auch das Lichtbrechungsvermögen des Serums vermag zur Erkennung des Wasserzusatzes wertvolle Anhaltspunkte zu liefern (vgl. S. 252).

In allen Fällen ist, soweit wie möglich, die Stallprobe zur Entscheidung heranzuziehen. Beim Vorliegen der Stallprobe läßt sich auch der Wasserzusatz zu 100 Teilen unverfälschter Milch nach der Formel:

$$w = \frac{100(r_1 - r_2)}{r_1} \quad \text{(vgl. S. 269)}$$

berechnen. Es ist zu beachten, daß beim Gefrieren eine weitgehende Entmischung der Milch stattfindet.

2. Eine Entrahmung wie ein Magermilchzusatz macht sich durch Erhöhung des spezifischen Gewichtes und durch Verminderung des prozentualen Fettgehaltes der Milch wie des Fettgehaltes der Trockenmasse und durch Erhöhung des spezifischen Gewichts der Trockenmasse bemerkbar.

Eine Milch ist, falls es sich nicht um die Milch einer einzelnen Kuh handelt, im allgemeinen als entrahmt oder als mit entrahmter Milch vermischt zu bezeichnen, wenn bei erhöhtem spezifischem Gewicht der Milch und bei normalem spezifischem Gewicht des Serums der Fettgehalt der Milchtrockensubstanz unter 20% erheblich sinkt bzw. ihr spezifisches Gewicht über 1,4 erheblich steigt.

K. Teichert[1]) wies nach, daß eine Entrahmung normal fetthaltiger Milch nicht immer eine Erhöhung des spezifischen Gewichtes der Milchtrockensubstanz über 1,40 zur Folge hat und daß die Bestimmung des spezifischen Gewichtes der Milchtrockensubstanz bei Beurteilung einer Verfälschung durch Magermilchzusatz vielfach im Stiche läßt.

Bei der Beurteilung, ob eine Milch Rahmentzug oder Magermilchzusatz erfahren hat, kommt die Frage ganz besonders in Betracht, ob die Milch einem oder mehreren Ställen entstammt und Milch einer bzw. einiger weniger oder mehrerer Kühe ist. Entstammt die Milch mehreren Ställen und ist die Vornahme der Stallprobe nicht ausführbar, so können unter Umständen der Beurteilung die Mittelzahlen des Fettgehaltes der Milch zugrunde gelegt werden, wie sie die Erfahrung und zahlreiche Feststellungen für die betreffende Zeit (Lactation); Rinderrasse und Gegend an die Hand geben. Bei der Milch aus einem Stall und bei der Milch einiger Kühe ist Stallprobe unerläßlich. Bei wenigen (etwa 3 Kühen) ist der Nachweis einer teilweisen Entrahmung schon ziemlich unsicher. Bei der Milch einer Kuh können nur große Abweichungen in Frage kommen und eine Sicherheit, daß eine Fälschung vorliegt, ist nur dann gegeben, wenn sowohl von der verdächtigen Milch wie von der Stallmilch mehrere an ziemlich nahe aufeinander folgenden Tagen entnommene Proben untersucht werden.

3. Bei einer doppelten Verfälschung (also durch Wasser- und Magermilchzusatz bzw. Wasserzusatz und Entrahmung) kann das spezifische Gewicht der Milch normal sein, dagegen wird das des Serums erniedrigt (unter 1,026), ferner ist der Gehalt der Milch an fettfreier Trockenmasse und besonders der prozentische Fettgehalt der Trockenmasse (erheblich unter 30%) erniedrigt. Das spezifische Gewicht der Trockensubstanz ist erhöht und liegt über 1,4.

4. Unter frischer Milch ist nur solche zu verstehen, die beim Zusatz gleicher Raumteile Alkohol von 68—70 Vol.-Proz. nicht gerinnt und deren Säuregrad 9° Soxhlet-Henkel (auf 100 ccm Milch berechnet) nicht übersteigt (vgl. S. 218).

5. Milch, welche einer Behandlung durch Erhitzen unterworfen worden ist, sollte nur unter entsprechender Bezeichnung in den Verkehr gebracht werden.

---

[1]) Landwirtschaftl. Versuchsstationen 1910, **67**, 407.

6. Die Milch kranker Kühe, Biestmilch sowie fehlerhafte Milch sind vom Verkehr auszuschließen. Als Biestmilch wird eine Milch so lange angesprochen, als sie im frischen Zustande beim Kochen oder bei der Probe mit gleichen Raumteilen Alkohol von 68—70 Vol.-Proz. gerinnt.

7. Milch anderer Säugetiere. Ziegenmilch, Schafmilch und Eselinnenmilch kommen in einzelnen Gegenden in beschränktem Umfange im Handel vor. Sie dürfen dann nur unter dem ihre Herkunft angebenden Namen feilgehalten und verkauft werden. Mischungen von Kuhmilch und von Milch anderer Säugetiere, insbesondere von Ziegenmilch, können nicht als Milch im allgemeinen gelten.

Ziegenmilch besitzt einen eigenartigen Geruch und Geschmack; sie pflegt reicher an Fett und Proteinen zu sein als die Kuhmilch. Beim Schaf macht sich Rasse wie Individualität auf die Zusammensetzung der Milch noch stärker geltend als es bei der Kuh und Ziege der Fall ist. Eselinnenmilch ist ärmer an Fett und Proteinen als Kuhmilch und steht in ihrem Nährstoffverhältnis der Frauenmilch am nächsten.

b) Beurteilung der Milch nach dem bakteriologischen Befunde.

Die Beurteilung des biologischen Charakters der Milch stützt sich auf die Zahl und Qualität der Keime.

1. Eine Marktkontrolle ist in dieser Beziehung wegen der langen Dauer aller Untersuchungsverfahren ausgeschlossen. Die bakteriologische Untersuchung kann aber, zumal wenn sie an Milch gleicher Herkunft wiederholt in kürzeren Zwischenräumen ausgeführt wird, wertvolle Anhaltspunkte über die Gesundheit der Tiere, die Sauberkeit des Betriebes und die Behandlung der Milch ergeben.

2. Als Untersuchungsverfahren kommen die direkte Zählung der Milchbakterien, die Reduktase-, Katalase-, Schleuder- und Gärprobe, ferner die Verfahren zum Nachweis pathogener Bakterien in Betracht.

3. Für die Keimzahl der Marktmilch können Grenzzahlen nicht aufgestellt werden, da sie nach den örtlichen Verhältnissen innerhalb weiter Grenzen schwankt. Wo man solche Grenzzahlen geschaffen hat, sind sie jetzt fast überall außer Gebrauch gesetzt. Dagegen kann für Vorzugsmilch eine Grenzzahl verlangt werden; mit 20000 Keimen in 1 ccm dürfte die zulässige, überall erreichbare obere Grenze gegeben sein.

4. Von den enzymatischen Proben kommt für die Bestimmung der Keimzahl ernstlich nur die Reduktaseprobe in Betracht, für deren Bewertung das Schema von Barthel und Jensen (vgl. S. 264) herangezogen werden kann. Doch wird man gut tun, durch längere Prüfung des Verfahrens der Milch eines engeren Gebietes eine eigene Stufenskala aufzustellen.

5. Für die Bestimmung des Charakters der Milchflora eignet sich in erster Linie die Gärprobe. Für die Bewertung kann man sich des Schemas von Peter (vgl. S. 266) bedienen; doch wird auch hier eine längere Prüfung an Proben eines engeren Bezirkes zu empfehlen sein. Über die Beurteilung des Erhitzungsgrades der Milch durch das Gärverfahren nach Buttenberg vgl. S. 297.

6. Die Schleuderprobe mit der mikroskopischen Untersuchung und die Katalaseprobe leisten für die Bestimmung der Keimzahl nur geringe Dienste, geben dagegen bei gleichzeitiger Ausführung über den Gehalt an Körperzellen ein gutes Bild. Über die Beurteilung ihrer Ergebnisse vgl. S. 267.

7. Der Nachweis für den Menschen pathogener Bakterien erfordert eine entsprechende Erhitzung der Milch vor der Freigabe für den Verbrauch.

c) Beurteilung der Milch nach der Rechtslage.[1])

Allgemeines. Begriff der Vollmilch. Auch an und für sich noch fettreiche Milch kann bei teilweiser Entrahmung nicht mehr als Vollmilch gelten. Unter Vollmilch ist Milch

[1]) Bearbeitet von Prof. Dr. C. A. Neufeld in Würzburg.

zu verstehen in ihrer ursprünglichen, vollen Zusammensetzung, Milch, der nichts von ihren natürlichen Bestandteilen entzogen und an der nichts durch Zusätze oder weitere künstliche oder natürliche Einwirkungen verändert ist, also im Gegensatz z. B. zu Rahm, Magermilch, Butter-, saurer Milch u. dgl., kurz — wenn von Kuhmilch die Rede ist — wie sie von der Kuh kommt.

RG., 21. Dezember 1899.

Sammelmilch. Wer Sammelmilch in den Verkehr bringt, die er aus Beiträgen von Landwirten zusammensetzt, ist als der eigentliche Verkäufer dieser Milch anzusehen und als solcher verpflichtet, sich davon zu überzeugen und dafür zu sorgen, daß die von seinen einzelnen Lieferanten an seine Kunden versandte Milch den gesetzlichen Anforderungen entspreche. Er kann sich auf guten Glauben nicht berufen und macht sich, wenn er diese Prüfung unterläßt, der Fahrlässigkeit im Sinne des § 11 NMG. schuldig.

OLG. Darmstadt, 13. Oktober 1899.

Haftbarkeit des Verkäufers der Milch für deren Beschaffenheit. Wer Lebensmittel verkauft, hat an sich die Pflicht, sich über die Beschaffenheit zu unterrichten. Der Angeklagte hat die erforderliche Sorgfalt außer acht gelassen; bei Anwendung genügender Sorgfalt hätte er von der Entrahmung der Milch Kenntnis erlangt, und der Verkauf der gefälschten Milch wäre vermieden worden. Der Angeklagte, der auch wegen der gleichen Verfehlung schon einmal verurteilt worden ist, hat fahrlässig im Sinne des § 11 NMG. gehandelt.

Bayr. Oberstes Landesger., 28. September 1911.

Polizeiverordnungen über die Beschaffenheit der Milch. Polizeiverordnungen dürfen sowohl im gesundheitlichen Interesse, wie im Interesse von Treu und Glauben beim Marktverkehr oder dem öffentlichen Feilhalten von Nahrungsmitteln den Begriff der Vollmilch nach Fettgehalt und spezifischem Gewicht so festsetzen, wie es in der F.er Polizeiverordnungen und sonst geschieht. Auch das Verbot, ein Gemisch von Vollmilch und Magermilch als Milch in den Handel zu bringen, ist nicht gesetzwidrig, wenn auch überflüssig, weil es bereits im NMG. und im § 367 Nr. 7 RStGB. enthalten und unter Strafe gestellt ist.

Dagegen ist die Polizei nicht befugt, reine natürliche Milch deshalb vom Handel auszuschließen, weil sie einen bestimmten Fettgehalt nicht hat. Verboten darf werden, daß solche Milch unter dem Namen Vollmilch verkauft werde, weil dadurch die Auffassung beim kaufenden Publikum erweckt wird, sie habe 3% Fettgehalt. Allein sie unter ihrem richtigen Namen „Milch", „reine, frische Milch" feilzubieten und zu verkaufen, kann nicht untersagt werden. Irgendeine Täuschung im Verkehr findet dann nicht statt, und irgendwelche Gefahr für die Gesundheit liegt nicht vor. Noch weniger darf bestimmt werden, daß unter „abgerahmter Milch" keine bessere Qualität verkauft werde, mag die betreffende Milch gar nicht abgerahmt sein oder weniger als die Polizei vorauszusetzen für gut befindet. Auch hier kann weder von einer Täuschung im Verkehr zum Nachteil des Publikums, noch von einer Gefahr für die Gesundheit gesprochen werden. Das Gegenteil ist sogar der Fall.

Soweit also die Polizeiverordnungen für F. den Verkauf reiner unverfälschter Milch, welche weniger als 3% Fettgehalt besitzt, verbieten, vorausgesetzt, daß solches nicht unter dem Namen „Vollmilch" geschieht, und soweit sie für „abgerahmte Milch" eine nicht zu überschreitende Bestqualität vorschreiben, sind sie unverbindlich.

Preuß. Kammerger., 22. Mai 1902.

Milch mit weniger als dem vorgeschriebenen Fettgehalt. Die Polizeiverordnung der Stadt X. schreibt im § 1 Abs. 4 vor: „Vollmilch soll einen Fettgehalt von mindestens 3% haben." Die vom Angeklagten verkaufte Vollmilch hatte weniger als 3%.

Die Polizeiverordnung will offenbar durch die Bestimmung in § 1 Abs. 4 die Kuhhalter nötigen, in der einen oder anderen Weise darauf hinzuwirken, daß ihre Milch den vorgeschriebenen Mindestfettgehalt erreicht. Nach den Feststellungen des Landgerichtes hat der Angeklagte weder Maßnahmen ergriffen, um die Milch seiner Kühe auf den vorgeschriebenen Fettgehalt zu bringen, noch hat er auch nur die Milch, bevor er sie in den Verkehr brachte, auf ihren Fettgehalt untersucht, obwohl ihm hierzu ein Milchmesser zu Gebote stand. Darin hat der Vorderrichter ohne erkennbaren Rechtsirrtum eine Fahrlässigkeit des Angeklagten erblickt. Die Voraussetzungen seiner Strafbarkeit nach § 1 und 7 der Polizeiverordnung liegen also vor.

OLG. Jena, 8. November 1906.

Milch unter täuschenden Bezeichnungen. Gewöhnliche Milch als Kindermilch; Begriff Kindermilch. Als Kindermilch wird allgemein diejenige Milch angesehen, die besonders sorgfältig behandelt wird und von Kühen herstammt, die besonders gute, insbesondere nur Trockenfütterung erhalten und in bezug auf ihren Gesundheitszustand einer besonderen ärztlichen Kontrolle unterstehen.

Nicht durch den Verkauf derselben Milch zu verschiedenen Preisen wurde die Vermögensbeschädigung herbeigeführt, sondern dadurch, daß die Angeklagten denen, die tatsächlich einen höheren Preis zahlten, die falsche Tatsache vorspiegelten, daß die von ihnen gekaufte Milch die mehrwertige Kindermilch sei. Vergehen des Betrugs (§ 263 StGB.).

RG., 21. April 1898.

Soweit die Angeklagten Vollmilch als Kindermilch verkauften, lag eine Nahrungsmittelfälschung nicht vor, denn sie nahmen hier keine Veränderungen an der Substanz der Ware vor. Diese Handlung erfüllte aber den Tatbestand eines Vergehens des Betrugs gemäß § 263 StGB.

LG. München II, 2. Mai 1906.

Vollmilch mit Zusatz von gekochter Milch. Aus den Gründen des Vorderrichters ergibt sich, daß der Angeklagte verpflichtet war, als „Vollmilch" die Milch so zu liefern, wie sie von den Kühen kam, daß er indes die gelieferte Vollmilch mit gekochter Milch vermischt hat, und daß diese Mischung im Verhältnis zur Vollmilch minderwertig war. Diese letztere Feststellung wird überdies noch durch die Tatsache gestützt, daß die Milch zum Zwecke der Butterbereitung geliefert wurde, zu welcher sich, wie vom Landgericht offenbar als notorisch unterstellt ist, gekochte Milch nicht eignet.

OLG. Hamburg, 29. Juli 1903.

Kuhmilch mit artfremder Milch. Der Zusatz von Geißmilch zu Kuhmilch ist eine Verfälschung der letzteren, wenn auch die beigemischte Menge nur gering war, wenn auch die verkaufte Milch zum Backen verwendet werden sollte und wenn auch Geißmilch an Gehalt und Zusammensetzung der Kuhmilch gleichkommt. Im Geschmack besteht aber ein Unterschied, für den manche Menschen besonders empfindlich sind.

Unter „Milch" wird regelmäßig Kuhmilch verstanden, und ein Zusatz von Milch anderer Tiere ohne Wissen und Zustimmung des Käufers ist als Täuschung desselben und unerlaubte Veränderung der Kuhmilch zu erklären. Vergehen gegen § 10^1 NMG.

LG. Würzburg, 29. März 1906.

Verkauf zusammengegossener Milchreste als Vollmilch. Der Begriff der Verfälschung im Sinne des NMG. ist von dem Vorderrichter keineswegs verkannt, wenn dieser bei der als Vollmilch verkauften Milch davon ausgeht, daß eine Verfälschung auch dann vorliegen könne, wenn eine Qualitätsverschlechterung des Nahrungsmittels ohne Zusatz fremder Stoffe zum Zwecke der Täuschung bewirkt wird, so durch Zusammengießen gleichnamiger, ursprünglich gleichartiger, in der Folge aber durch irgendwelche Einwirkung in ihrer normalen Beschaffenheit wesentlich veränderter und somit verschlechterter Stoffe, so daß das als normal verkaufte Nahrungsmittel nicht diejenigen Eigenschaften bietet, welche die Abnehmer bei reellem Geschäftsverkehr zu erwarten berechtigt sind. Der Entscheidung lag die Feststellung zugrunde, daß die zusammengegossenen Reste von Milch aus den Verkaufsgefäßen naturgemäß fettärmer sind und nicht mehr Vollmilch darstellen.

OLG. Köln, 14. Oktober 1898.

Verunreinigte Milch. Milch mit Streuteilchen, Kuhhaaren und Kuhkot. Das Gericht hat für erwiesen erachtet, daß die von der Angeklagten verkaufte Milch sich in einem so hochgradig verunreinigten Zustande befunden hat, daß deren Genuß die menschliche Gesundheit zu beschädigen geeignet war. Der Angeklagten fällt Fahrlässigkeit zur Last, denn es hätte ihr bei Anwendung der gewöhnlichsten Aufmerksamkeit und Sorgfalt die äußerst unsaubere Beschaffenheit der Milch nicht entgehen können. § 14 NMG.

LG. München I, 5. September 1905.

Milch mit Kuhkot und einem menschlichen Finger- oder Zehennagel. Milch mit schmutzigem Satze, vermischt mit Kuhkot, enthaltend einen Finger- oder Zehennagel, verabreicht in einem unsauberen Geschirr, ist unter allen Umständen geeignet, dem genießenden Menschen Übelkeit und Erbrechen und infolgedessen krankhafte Störungen des körperlichen Befindens hervorzurufen, d. h. die menschliche Gesundheit zu beschädigen. Vergehen gegen § 14 NMG.

Strafk. b. d. AG. Lublinitz, 22. Oktober 1896.

Milch mit Kuhdünger (absichtlicher Zusatz). Es wurde festgestellt, daß der Angeklagte die Verunreinigung der Milch durch Zusatz von Kuhdünger absichtlich verursacht hat. Ferner ist auch angenommen worden, daß der Angeklagte, ebenso wie jeder Mensch von gewöhnlicher Erfahrung, wußte, daß derartige Milch gesundheitsschädlich sei. Vergehen gegen § 12^1 NMG.

RG. 29. Juni 1896.

Milch, die von einem Hunde abgeleckt ist. Die Milch ist als verdorben anzusehen, da der ursprünglich vorhanden gewesene normale Zustand dieses Nahrungs- und Genußmittels durch das Ablecken des Rahmes seitens des Hundes eine Veränderung zum Schlechteren mit der Folge verminderter Tauglichkeit und Verwertbarkeit erlitten hat, außerdem auch der Genuß derartig veränderter Milch Ekel erregen mußte. Der Verkauf dieser Milch unter Verschweigung ihrer ekelerregenden, verdorbenen Beschaffenheit verstößt gegen § 10^2 NMG.

LG. München II, 28. März 1900.

Milch mit einer toten Ratte. Milch, in der ein so ekelhaftes Tier verendet ist, ist nach allgemeiner Anschauung völlig ungenießbar, zur menschlichen Nahrung nicht mehr geeignet und daher als verdorben anzusehen. Vergehen gegen § 10^2 NMG.

LG. Lübeck, 5. August 1901.

Milch mit Eiter und Blut aus dem erkrankten Kuheuter. Jedermann muß es einleuchten, daß der Genuß durch Krankheit erzeugter Stoffe, krankhafter Aussonderungen in einem Nahrungsmittel, geeignet ist, wieder Krankheiten zu erzeugen, und daß der Genuß von Milch, die durch Beimengung solcher Stoffe verdorben ist, auf die Gesundheit schädigend wirken kann. Ganz besonders muß diese Kenntnis bei den mit der Milchwirtschaft betrauten Personen vorausgesetzt werden, welche die leichte Verderblichkeit der Milch kennen. Vergehen gegen § 12^1 NMG.

LG. München I, 2. August 1906.

Aufbewahrung in Gefäßen, in denen schmutzige Wäsche gewaschen worden ist. Die Benutzung eines Waschkessels, in welchem schmutzige Wäsche gewaschen worden ist, zur Aufbewahrung von Milch ist etwas so Ekelhaftes, Widerliches und Unnatürliches, daß der Angeklagten von selbst der Gedanke aufsteigen mußte, es könne eine solche Handlungsweise auch der Gesundheit der Konsumenten schädlich sein. Wenn sie es trotzdem unterließ, hierüber genaue Erkundigungen einzuziehen, so handelte sie fahrlässig (§ 14 NMG.).

LG. Neisse, 16. Dezember 1896.

Milch in schmutzigen Transportgefäßen. Die Milch befand sich in einem unbeschreiblich schmutzigen Kübel, in dessen Innern sich ein braungelber Ansatz gebildet hatte, der säuerlich roch. In der Milch selbst fanden sich Fettkügelchen, die höchstwahrscheinlich von Schweinetrank herrührten.

Die Angeklagten haben grob fahrlässig gehandelt, indem sie den fraglichen Kübel in dem geschilderten schmutzigen und die Milch selbst gesundheitschädlich machenden

Zustande ablieferten, denn sie mußten sich der Möglichkeit bewußt sein, daß eine derartig beschmutzte Milch geeignet sei, die Gesundheit der Konsumenten zu beschädigen (§ 14 NMG.).

LG. München II, 8. November 1897.

Kochen von Milch in Waschgefäßen. Milch, die in Gefäßen gekocht wird, die gleichzeitig als Waschgeschirre für Menschen dienen, ist ekelerregend und für den menschlichen Genuß verdorben (§ 10 NMG.).

LG. Bamberg, 26. September 1907.

Milch von kranken Kühen. Maul- und Klauenseuche. Der Angeklagte mußte daran denken, daß die Milch der an Maul- und Klauenseuche erkrankten Kuh möglicherweise die menschliche Gesundheit beschädigen könnte. Es wäre daher seine Pflicht gewesen, zunächst die Milch bzw. die Kuh von einem Sachverständigen untersuchen zu lassen. Indem er dies zu tun unterließ und die Milch ohne eine solche Untersuchung zum Verkauf brachte, handelte er fahrlässig (§ 14 NMG.).

LG. I Berlin, 28. Juni 1899.

Tuberkulose. Die Angeklagte hatte die Milch von einer an Tuberkulose erkrankten Kuh unter ihre Verkaufsmilch gemischt.

Die Milch von tuberkulösen Kühen ist, auch wenn ihr Euter von dieser Krankheit nicht befallen ist, nach dem Gutachten des tierärztlichen Sachverständigen, unter allen Umständen gesundheitsschädlich, da in solchen Fällen lebende Tuberkelbacillen in die Milch kommen und dann bei den Konsumenten, namentlich bei Kindern, die sog. Darmtuberkulose hervorrufen können.

Angesichts der Krankheit der Kuh und des anormalen Aussehens der Milch hätte die Angeklagte erkennen müssen, daß die Milch gesundheitsschädliche Wirkung haben könnte, und es wäre daher ihre Pflicht gewesen, die Milch entweder untersuchen zu lassen oder vom Verkaufe auszuscheiden. Indem sie diese Pflicht außer acht ließ, hat sie die gesundheitsschädliche Wirkung der Verkaufsmilch fahrlässigerweise herbeigeführt. Vergehen gegen § 10^1 und ^{2} NMG. im rechtlichen Zusammenflusse mit einem solchen gegen § 14^1, 12^1 a. a. O.

LG. Augsburg, 30. August 1904.

Milch mit Wasserzusatz. Gewässerte Milch. Das Naturprodukt „Milch“ ist ein Nahrungsmittel, welches, wenn es als solches in Handel und Verkehr gebracht, in seiner vollen Reinheit von den Konsumenten gefordert wird. Wird nun der Milch in mehr oder minder erheblicher Menge Wasser zugesetzt, so wird dadurch eine Verdünnung des reinen Naturproduktes verursacht, dessen Nahrungs- und Verkaufswert verringert, mithin die Milch verfälscht.

LG. Allenstein, 11. Juli 1894.

Milch mit 20% Wasser. Aus dem von der Angeklagten verfolgten Zweck, für die minderwertige verfälschte Milch den für unverfälschte Milch bedungenen Preis zu erhalten, und zwar durch Täuschung der Käuferin, entnimmt die Strafkammer mit Recht die Absicht der Angeklagten, sich einem rechtswidrigen Vermögensvorteil zu verschaffen. Sonach sind die sämtlichen Tatbestandsmerkmale des § 263 RStGB. vom Berufungsgericht rechtlich einwandfrei festgestellt.

Ohne ersichtlichen Rechtsirrtum hat das Berufungsgericht ferner festgestellt, daß die Angeklagte zum Zwecke der Täuschung im Handel und Verkehr die fragliche Milch, also ein Nahrungsmittel, verfälscht und daß sie wissentlich das verfälschte Nahrungsmittel unter Verschweigung dieses Umstandes verkauft hat, womit der Tatbestand sowohl der Nr. 1 als der Nr. 2 des § 10 NMG. erschöpft ist.

Bayr. Oberst. Landesger., 13. Oktober 1900.

Zusatz von Eis. Der Angeklagte hat Eisstückchen in die Milch hineingetan und diese dadurch gewässert. Vergehen gegen § 10^1 und ^{2} NMG.

LG. Bremen, 4. April 1903.

Fahrlässiger Verkauf gewässerter Milch. Die von der Angeklagten verkaufte Milch, der 14% Wasser zugesetzt worden war, muß als ein verfälschtes Nahrungsmittel angesehen werden.

Mochte nun auch angenommen werden, es sei nicht erwiesen, daß die Angeklagte selbst der Milch das Wasser zugesetzt oder diesen Zusatz gekannt habe, so war doch im Hinblicke auf die langjährige Beschäftigung der Angeklagten im Milchhandel davon auszugehen, daß dieselbe bei Anwendung der ihr obliegenden Sorgfalt und bei der ihr tatsächlich eigenen Sachkenntnis wohl imstande gewesen wäre, das bläuliche und verdächtige Aussehen der Milch zu erkennen und diese vom Verkauf auszuschließen. Indem die Angeklagte diese Sorgfalt und Aufmerksamkeit bei ihrem Milchhandel außer acht ließ, handelte sie fahrlässig (§ 11 NMG.).

LG. Breslau, 13. März 1896.

Zusatz von schmutzigem Wasser. Der Angeklagte hatte zu der Milch etwa 20% trübes, schmutziges Wasser geschüttet. Nach dem Gutachten des Sachverständigen verursache derartig gewässerte Milch bei Säuglingen und Kranken Ernährungsstörungen. Der Umstand, daß das zur Verdünnung verwendete Wasser schmutzig und trübe war, hatte die Gesundheitsschädlichkeit der Milch noch erhöht, da durch unreines Wasser der Milch Zersetzungserreger beigemischt werden können, welche dieselbe sehr bald in einen für die menschliche Gesundheit schädlichen Zustand überführen. Das Gericht war der Überzeugung, daß der Angeklagte als Milchhändler die Gesundheitsschädlichkeit der von ihm durch einen so erheblichen Zusatz von noch dazu trübem, schmutzigem Wasser verfälschten Milch kannte, und verurteilte ihn wegen Vergehens gegen § 12 Ziff. 1 NMG.

LG. Nürnberg, 22. April 1892.

Gewässerte Magermilch. Die Milchlieferanten sollten laut Vertrag von der an die Genossenschaft täglich gelieferten Vollmilch 75% als Magermilch zurückerhalten. Diese wurde von dem Angeklagten gewässert.

Da die Magermilch nicht nur zur Viehfütterung verwandt, sondern auch von Menschen genossen wurde, war sie als Nahrungsmittel anzusehen. Die Lieferanten, welche mit Wasser versetzte Magermilch zurückerhielten, wurden getäuscht, da sie reine Magermilch erhalten sollten, und auch geschädigt. Vergehen gegen § 10 NMG.

LG. Flensburg, 19. September 1902.

Abgerahmte Milch mit Wasserzusatz. Die als „abgerahmte Milch" feilgebotene Milch hatte einen Zusatz von 38% Wasser.

Die Angeklagte hat diese Verfälschung in der Absicht vorgenommen, um diese Milch als eine zwar abgerahmte und deshalb allerdings minderwertige, nicht jedoch als eine weiter durch Wasserzusatz verfälschte, in ihrem Nähewerte herabgesetzte Milch zu verkaufen... Sie hat in Ausführung dieses Vorsatzes einen Teil der so verfälschten Milch wissentlich unter Verschweigung der Verfälschung verkauft. § 10^1 und ^{2} NMG.

LG. München I, 10. Juli 1900.

Entrahmte Milch. Durch Entrahmung hat die Milch eine Verminderung ihres Fettgehaltes erfahren und entsprach daher nicht mehr den Anforderungen, wie sie für Vollmilch und die dafür geltenden Preise verlangt werden können. Die entrahmte Milch ist eine in ihrer natürlichen Beschaffenheit auf Kosten ihres ursprünglichen Nährwertes veränderte und verschlechterte Milch (§ 10 NMG.).

LG. München II, 14. Juni 1893.

Entrahmte und gewässerte Milch. Durch die Entrahmung und Wässerung der Milch hat die Angeklagte ein Nahrungsmittel verfälscht, da sie der Milch einen wesentlichen Stoff (Fett) entzogen und einen fremden Stoff (Wasser) zugesetzt und sie dadurch verschlechtert hat (§ 10^1 NMG.).

LG. Fürth, 3. Januar 1901.

Nach dem ärztlichen Gutachten ist entrahmte und mit 66% Wasser versetzte Milch geeignet, besonders bei kleinen Kindern die menschliche Gesundheit zu beschädigen Nach Ansicht des Gerichts unterlag es keinem Zweifel, daß die Angeklagte als Mutter, Ehefrau und Milchhändlerin wußte, daß eine so stark mit Wasser versetzte Milch für ein kleines

Kind gefährlich und schädlich war. Sie wurde wegen Vergehens gegen § 12^1 NMG. in idealer Konkurrenz mit Betrug verurteilt.

LG. Nürnberg, 4. April 1892.

Zusatz von entrahmter Milch zu Milch. Vollmilch mit entrahmter Milch. Die Angeklagte hat längere Zeit zu der Vollmilch, die vertragsmäßig zu liefern war, ein Quantum schon in ihrer Wirtschaft entrahmter Milch zugegossen. Sie hat sich durch diese Handlungsweise eines Betruges in einheitlichem Zusammentreffen mit einem Vergehen gegen das Nahrungsmittelgesetz schuldig gemacht (§ 263 StGB. und § 10^1 NMG.).

LG. Altona, 20. April 1894.

Vollmilch mit Magermilch. Die Vollmilch wird durch den Zusatz von Magermilch verschlechtert und wird dem Abnehmer, der sie für nicht verschlechtert hält und zahlt, als nicht verschlechtert, weil unter Verschweigung des wertmindernden Zusatzes geliefert. Der Abnehmer wird daher über Gehalt und Wert der gelieferten Ware getäuscht, und solche Täuschung ist des zu erwartenden Gewinnes halber Zweck der Fälschung und erfolgte an einer als Nahrungs- und Genußmittel bestimmten Ware, hier der von der Angeklagten gelieferten Milch (§ 10^1 NMG.).

LG. München II, 6. Juli 1894.

Verkauf eines Gemisches von Magermilch mit abgerahmter Abendmilch als „frische Milch". In der Entrahmung liegt zweifellos eine Verfälschung im Sinne des Nahrungsmittelgesetzes, weil durch dieselbe der natürliche Fettgehalt der Milch verringert, der Nährwert derselben vermindert und hierdurch dieselbe verschlechtert wird. Dadurch, daß der Angeklagte die entrahmte und hierdurch verschlechterte und verfälschte Milch der nicht entrahmten zugesetzt hat, hat er diese durch den Zusatz verschlechtert. Der Angeklagte hat einem höherwertigen Stoff einen geringerwertigen beigemischt und hiermit die in Frage stehende Kuhmilch verfälscht.

LG. Hamburg, 3. Dezember 1894.

Fremde Zusätze. Brennesselkraut. Das Brennesselkraut wurde auf Wunsch der Konsumenten beigefügt und soll nach Ansicht der Angeklagten dazu dienen, dem Umschlagen der Milch bei Gewitterneigung vorzubeugen.

Nach dem Gutachten des Sachverständigen ist die Milch durch das Eindringen der löslichen und unlöslichen Bestandteile des Brennesselkrautes verfälscht. Denn in der durchgeseihten Milch befanden sich als lösliche Bestandteile der Pflanze Ameisensäure, als nicht lösliche die Haare der Pflanze.

Objektiv war die Milch also geeignet, die menschliche Gesundheit zu beschädigen.

LG. I Berlin, 7. April 1902.

Zuckerkalk. Der Zusatz von Zuckerkalk zu Milch ist eine Verfälschung im Sinne des § 10 NMG.

LG. Leipzig, 14. Januar 1908.

Mit Soda versetzte entrahmte Milch. Der Fettgehalt betrug nur 1,90%; die Milch war also erheblich entrahmt. Außerdem war die Milch mit Alkalicarbonat (Soda) versetzt und hatte daher einen widerlichen seifigen Geschmack bekommen. Die Milch war bereits in Gärung übergegangen. Durch den Zusatz des Alkalicarbonats wird die Milchsäure abgestumpft und das Zusammenlaufen der Milch verhindert, der Gärungsprozeß, in dem sich die Milch befindet, wird aber nicht aufgehalten, sondern dauert fort. Durch den Zusatz von Soda und die dadurch bewirkte Verschleierung der Zersetzung der Milch wird das Publikum nicht nur über die Beschaffenheit der Milch getäuscht, sondern es wird auch die Milch erheblich verschlechtert. Die Milch war auch geeignet, die Gesundheit eines Menschen zu beschädigen. Sonach ist tatsächlich festgestellt, daß der Angeklagte aus Fahrlässigkeit a) Nahrungsmittel, nämlich Milch, die verfälscht war, nämlich entrahmte und zur Verschleierung der Zersetzung mit Soda versetzte Vollmilch, unter Verschweigung dieses Umstandes verkauft hat, b) Gegenstände, deren Genuß die menschliche Gesundheit zu beschädigen geeignet war, nämlich Milch, die mit Alkalicarbonat (Soda) versetzt war, als Nahrungsmittel verkauft hat. Der Angeklagte war daher gemäß § 10 Ziff. 2, 11, 12 Ziff. 1, 14 NMG. zu bestrafen.

RG., 15. März 1912.

Konservierungsmittel. Formalin. Nach den Darlegungen des Sachverständigen ist Formalin ein Konservierungsmittel, das einerseits geeignet ist, den Zersetzungsprozeß der Milch aufzuhalten, und daß andererseits schon in Zersetzung begriffener Milch den Anschein normaler Beschaffenheit verleiht. Vergehen gegen § 10^1 NMG.

LG. Düsseldorf, 23. Januar 1905.

Borax und Borsäure. In dem Zusatz von Borax oder Borsäure zu Milch, um zu verhindern, daß sie sauer werde, hat das Gericht, da es zur Täuschung des Publikums beim Verkaufe der Milch geschehe, ein Vergehen gegen § 10 NMG. erblickt.

AG. Hamburg, 15. Juni 1901.

II. Rahm, Magermilch, Buttermilch, Molken.

Begriffserklärungen.

1. Der Rahm. Die Milch läßt sich durch freiwillige Aufrahmung oder durch Zentrifugieren in einen mehr oder weniger fettreichen Teil, den Rahm, und in einen anderen, fettarmen Teil, die Magermilch, trennen. Rahm, der einige Zeit gestanden hat und gesäuert ist, nennt man sauren Rahm, im Gegensatz zu frischem oder süßem Rahm. Je nach dem Fettgehalt unterscheidet man „Kaffeerahm" oder „Kaffeesahne", Doppelrahm und Schlagrahm oder Schlagsahne.

Rahm (Sahne, Obers) soll mindestens 10%, Doppelrahm 20%, Schlagrahm (Schlagsahne) mindestens 25% Fett enthalten.

Der Wert des Rahmes wird einzig durch seinen Fettgehalt bedingt und kann wie folgt berechnet werden:

Ist a der ortsübliche Marktpreis eines Liters Milch in Pfennigen und F der prozentuale Fettgehalt des Rahms, so erhält man annähernd den Wert eines Liters Rahm (x) aus der Gleichung:

$$x = \frac{a \cdot F}{3{,}4} \text{ Pfennige.}$$

Kostet z. B. das Liter Milch 17 Pf. und wäre F = 10, so erhielte man x = 50 Pf.

Die Verdickung des Rahmes mit Zuckerkalk ist als eine Verfälschung anzusehen.

2. Die Magermilch enthält nach den älteren Aufrahmungsverfahren gewöhnlich nicht über 0,5%, nach dem Zentrifugalverfahren durchweg 0,1—0,2% Fett.

Grenzen für den Fettgehalt der Magermilch lassen sich nicht festsetzen.

Auch die Magermilch des Handels darf noch nicht so weit gesäuert sein, daß sie das Aufkochen nicht mehr verträgt, ohne zu gerinnen. Verfälscht wird sie zuweilen durch Zusatz von Wasser.

Für den Nachweis des Wasserzusatzes genügt, wenn man sicher ist, daß eine Magermilch vorliegt, in den meisten Fällen die Bestimmung des spezifischen Gewichtes. Dieses beträgt für reine Magermilch bei 15° im Mittel 1,0345 und schwankt gewöhnlich zwischen 1,032 und 1,0365; die fettfreie Trockensubstanz der Magermilch stellt sich im Mittel auf etwa 9% und schwankt im allgemeinen zwischen etwa 8 und 10%. Für den sicheren Nachweis einer Wässerung dienen die bei Vollmilch (S. 251 u. 258) angeführten Untersuchungen bzw. Berechnungen.

3. Die Buttermilch. Buttermilch ist das Nebenerzeugnis der Butterbereitung, das vielfach als menschliches Nahrungs- oder als Genußmittel dient. Aus technischen Gründen ist es vielfach üblich, dem Butterungsgute bei der Buttergewinnung Wasser zuzusetzen. Wenn dieser technisch notwendige, mitunter unvermeidliche Wasserzusatz 25% nicht übersteigt, ist er nicht als Fälschung zu bezeichnen, wenn vorauszusetzen ist, daß die Käufer von diesem Zusatz Kenntnis haben. Die zugesetzte Wassermenge ist nach dem spezifischen Gewicht des Serums zu berechnen, als dessen untere Grenze bei frischer Buttermilch im allgemeinen 1,0260 angesehen werden kann. Ungewässerte, bei regelrechtem Buttern gewonnene Buttermilch pflegt ein spezifisches Gewicht von 1,028—1,033 bei 15° und einen Fettgehalt von 0,3—0,8% zu haben.

4. Die Molken. Die Molken sind Abfallerzeugnisse der Käserei; man unterscheidet Süßmolken, die bei der Bereitung von Labkäsen, und Sauermolken, die bei Bereitung von Sauermilchkäsen gewonnen werden. Der Wert der Molken hängt wesentlich von ihrer Gewinnungsart ab; ein Wert von allgemeiner Gültigkeit läßt sich nicht angeben; er ist im wesentlichen durch den Milchzucker (4,5—5,5%) bedingt; denn bei etwa 93,94% Wasser enthalten sie nur wenig Stickstoffsubstanz (0,5—1,0%), wenig Fett (0—0,5%) und 0,4—0,6% Mineralstoffe. Das spezifische Gewicht der Sauermolken schwankt gleich dem des Milchserums im allgemeinen von 1,027—1,029, das der Süßmolken zwischen 1,025—1,028.

Die chemischen Untersuchungsverfahren für Rahm, Magermilch, Buttermilch und Molken sind im allgemeinen dieselben wie die für Milch, doch sind unter Umständen geringere (z. B. bei Fettbestimmung im Rahm) oder größere (z. B. bei Magermilch) Substanzmengen zu verwenden, als sie dort bei den einzelnen Verfahren schon angegeben sind. Ferner ist zu beachten, daß die Fleischmannsche Formel auf diese Milcherzeugnisse nicht anwendbar ist. Im einzelnen ist noch folgendes zu bemerken:

1. Untersuchung des Rahmes.

Für die Untersuchung des Rahmes ist die richtige Probenentnahme[1]) noch schwieriger als bei Milch. Man soll die Probe nicht direkt aus den Versandgefäßen entnehmen, sondern diese, wenn möglich, in einen größeren Behälter entleeren und hieraus nach sorgfältigem Durchrühren die Probeentnahme bewirken.

a) Spezifisches Gewicht. Dasselbe kann nur mit Hilfe des Pyknometers (I. Tl. S. 43) sicher ermittelt werden. Es schwankt je nach dem Fettgehalt in weiten Grenzen, nämlich zwischen 0,9469—1,026 (im Mittel etwa 1,010).

b) Fett. Bei dem Gottlieb-Röseschen Verfahren empfiehlt es sich, die Anmerkungen Nr. 1 und 6 (vgl. S. 195 u. 196) besonders zu beachten.

Beim acidbutyrometrischen Verfahren soll man 20 g Rahm mit 80 g Wasser abwägen — nicht messen —, die Mischung auf 40° erwärmen und nun wie Vollmilch untersuchen. Da der Rahm ein niedrigeres spezifisches Gewicht als die Milch — im Durchschnitt für Kaffeesahne zu 1,03 angenommen — besitzt, sollen nach Kämnitz[2]) die gefundenen Zahlen, weil die Butyrometer auf Volumen geeicht sind, mit 1,03 multipliziert werden. Hat der in vorstehender Weise verdünnte (1 : 4) Rahm im Butyrometer z. B. 4,00% Fett ergeben, so berechnet sich der Fettgehalt des Rahmes $= 4{,}00 \times 5 \times 1{,}03 = 20{,}60\%$ Fett. Während H. Hesse[3]) den Faktor 1,03 gutheißt, hält ihn Siegfeld[4]) für fehlerhaft und empfiehlt folgendes Verfahren:

Der Rahm wird zusammen mit einer kleinen Pipette in einem Kölbchen gewogen. Dann wird die erforderliche Rahmmenge mit Hilfe der Pipette in das Butyrometer gegeben und zurückgewogen. Man mißt je nach dem zu erwartenden Fettgehalt 1,5—3,0 g Rahm ab. Zweckmäßig ist es, in die Butyrometer vorher 10 ccm Schwefelsäure einzufüllen. Dann fügt man mit einer Pipette oder Spritzflasche so viel Wasser hinzu, daß Rahm und Wasser 11 ccm ausmachen. Dies kann nach dem Augenmaß geschehen. Darauf wird Amylalkohol zugesetzt, geschüttelt

[1]) Vgl. Rusche, Milchwirtschaftl. Zentralbl. 1908, **4**, 385.

[2]) Milch-Ztg. 1898, **27**, 694.

[3]) H. Hesse, Die Rahmuntersuchung. Leipzig 1907.

[4]) Molkerei-Ztg. (Hildesheim) 1907, **21**, 331 u. 839.

und zentrifugiert. Den Fettgehalt des Rahmes erhält man, indem man die abgelesenen Fettgehalte mit 11 multipliziert und durch die abgewogene Menge Rahm dividiert.

Burr und Berberich[1]) haben mit diesem Verfahren gute Ergebnisse erzielt.

Das ursprünglich Gerbersche Verfahren besteht darin, daß man 5 g Rahm in einem Becherchen abwägt und dieses in besonderer Weise mit in das Butyrometer gibt, das eine entsprechende Einrichtung besitzt und nebst Gebrauchsanweisung von Franz Hugershoff - Leipzig bezogen werden kann.

Nach Baier und Neumann[2]) läßt sich der Fettgehalt in der Sahne auch durch das refraktometrische Verfahren bestimmen. Man soll für den Zweck 1 Teil Sahne mit 9 Teilen Magermilch verdünnen und das Gemisch refraktometrisch untersuchen. Der Fettgehalt der Magermilch muß natürlich in Abzug gebracht werden.

Rasche[3]) empfiehlt, den Rahm, um die vorhandenen Luftbläschen zu entfernen, vor der Verwendung zur Fettbestimmung stets auf 40—50° zu erwärmen; dieses muß besonders geschehen, wenn der Rahm vielleicht zum Teil schon aufgerahmt ist; man soll dann auch Dextrinlösung oder 10proz. Kalilauge (1,275) zusetzen, erwärmen, gehörig durchschütteln und dann die Fettbestimmung nach einem der üblichen Verfahren ausführen. Rasche hält die Anwendung des Faktors von 1,03 für notwendig.

M. Siegfeld[4]) macht wiederholt darauf aufmerksam, daß der Faktor 1,03 nur dann richtig sei, wenn eine gewogene Menge Milch auf ein bestimmtes Volumen aufgefüllt werde. Grimmer[5]) dagegen behauptet, daß, wenn man ein bestimmtes Gewicht Rahm (etwa 10 g) auf ein bestimmtes Volumen (etwa 50 ccm) auffülle, das spez. Gewicht der Mischung gleichgültig sei, weil man nicht wisse, wie viel Gramm Rahm in jedem Kubikzentimeter der Mischung vorhanden sei. Hat man dagegen den Rahm abgemessen und bedeutet c diese abgemessene Menge, s das spez. Gewicht des Rahmes, a die abgelesene Fettmenge, so berechnet sich der Fettgehalt des Rahmes (f) nach der Gleichung $f = \frac{a \times 11 \times 1{,}03}{c \times s}$, d. h., man muß in diesem Falle nicht nur mit 1,03 multiplizieren, sondern auch gleichzeitig durch das spez. Gewicht des Rahmes dividieren. Die einseitige Multiplikation mit 1,03 ist nach Grimmer in diesem Falle nur angebracht, wenn das spez. Gewicht des Rahmes gleich 1 ist; in allen anderen Fällen ist sie nach Grimmer unrichtig.

R. Hammerschmidt[6]) hat zur Fettbestimmung im Rahm eine Vorrichtung beschrieben, die aus einem besonderen Butyrometer und einem den Rahm aufnehmenden, in den Stopfen des Butyrometers einzusetzenden pyknometerartigen Gefäße besteht. Letzteres gestattet, die Schwefelsäure vorher mit Wasser und Amylalkohol zu mischen und dann erst den Austritt des Rahmes in die von selbst erwärmte Flüssigkeit zu ermöglichen. Man füllt das Butyrometer mit 10 ccm Schwefelsäure (1,820—1,825) und schichtet 5 ccm Wasser und 1 ccm Amylalkohol darüber. Der Rahm ist vorher durch Erwärmen auf 35—40° luftfrei zu machen, dabei gut durchzumischen und wieder auf 15° zu bringen. Die Pyknometer zum Abmessen des Rahmes sind kleine zylindrische Gefäße, die unten einen Stiel zum Einsetzen in die Kautschukstopfen der Butyrometer haben und oben in zwei kleine Röhrchen auslaufen; sie fassen, wenn sie senkrecht stehen und oben glatt abgestrichen werden, genau 5 ccm. Man füllt sie, indem man mit einer Pipette soviel Rahm in eines der Röhrchen einfließen läßt, bis dieser durch das andere Röhrchen wieder reichlich austritt. Dann wird das so mit Rahm beschickte Gefäß mit dem Stopfen in das Butyrometer eingesetzt, dieses umgeschüttelt, in üblicher Weise geschleu-

---

1) Milchwirtschaftl. Zentralbl. 1907, **3**, 306.

2) Zeitschr. f. Untersuchung d. Nahrungs- u. Genußmittel 1907, **13**, 369.

3) Milchwirtschaftl. Zentralbl. 1908, **4**, 385.

4) Ebendort S. 439 u. 496.

5) Ebendort S. 433 u. 495.

6) Milch-Ztg. 1908, **37**, 109 u. Zeitschr. f. Untersuchung d. Nahrungs- u. Genußmittel 1910, **19**, 219.

dert und nach dem Temperieren auf genau 65° der Fettgehalt in Gewichtsprozenten abgelesen, wobei das obere Ende der Fettschicht auf Null einzustellen ist. R. Eichloff[1]) hat mit diesem Verfahren gute Ergebnisse erhalten, wenn die Skala nicht über 40° geht.

c) Prüfung des Rahmes auf Säuregrad. Der Rahm enthält durchweg einen Säuregrad weniger als die Milch, aus der er hergestellt wurde. W. Morres[2]) empfiehlt zur qualitativen Prüfung des Rahmes folgendes Verfahren: Man versetzt 2 ccm des gut durchgemischten Rahmes mit 1 ccm gesättigter alkoholischer Alizarinlösung und beobachtet die entstehende Färbung; es gibt:

Frischer Rahm mit 6 Säuregraden	Rahm in beginnender Zersetzung mit 7,4 Säuregraden	Rahm mit 9 Säuregraden	Rahm mit 11—12 Säuregraden
rötlichbraunen	braunen	gelbbraunen	gelben Farbenton.

d) Prüfung des Rahmes auf Rohr- bzw. Rübenzucker und Zuckerkalk, vgl. unter Milch, S. 249. Nach H. C. Lythgoe[3]) soll man 25 g Rahm veraschen, die Asche in 20 ccm $^1/_{10}$ N.-Schwefelsäure lösen, kochen und mit $^1/_{10}$ N.-Natronlauge zurücktitrieren. Die Alkalität wird in ccm $^1/_{10}$ N.-Natronlauge für 100 g Rahm ausgedrückt. Die filtrierte Lösung wird mit Essigsäure angesäuert, in dieser Lösung der Kalk durch Ammoniumoxalat gefällt und wie üblich bestimmt.

Die unter dem Namen „Försin“ 1, 2 und 3 als Zusatzmittel für Rahm empfohlenen Präparate bestehen nach Kappeller und Gottfried aus 51,4—86,6% Zucker, 2,0—5,78% Mineralstoffen und Formaldehyd; Nr. 1 und 2 enthalten auch ein Verdickungsmittel (wahrscheinlich Tragant).

e) Nachweis von Gelatiniermitteln bzw. Schutzkolloiden, Eiereiweiß und Gelatine (vielleicht auch Tragant bzw. Agar-Agar). Statt Zuckerkalk werden der Sahne (Rahm), besonders der Schlagsahne als Versteifungs- bzw. Verdickungsmittel auch wohl Eiereiweiß und Gelatine (oder Tragant oder Agar-Agar) zugesetzt. Hiervon dienen die reversibelen Kolloide, Leim, Tragant und Agar-Agar als Schutzkolloide für das irreversibele Kolloid Casein, d. h. sie verhindern die Ausflockung bzw. Gerinnung des letzteren durch Säuren oder Salze (Elektrolyte). Es kann daher von Belang sein, diese Gelatiniermittel neben Zuckerkalk in Sahne, Schlagsahne — und auch in Speiseeis — nachzuweisen. Zu dem Zweck hat W. Burberg auf meine Veranlassung folgenden Weg eingeschlagen:

150 g Rahm bzw. Schlagsahne oder Speiseeis — nach dem Verflüssigen — werden mit Wasser zu 500 ccm verdünnt und gut durchgemischt. Je 25 ccm = 7,5 g Sahne dienen zur Bestimmung des Gesamt-Stickstoffs, Fettes und der Asche; 400 ccm entsprechend 120 g ursprünglichem Rahm (oder Speiseeis) werden nach Schloßmann (vgl. S. 212) mit 12 ccm einer konzentrierten Lösung von Kalialaun versetzt, auf 40° erwärmt, abgekühlt und wieder auf 500 ccm aufgefüllt. Nach tüchtigem Durchschütteln werden die 500 ccm in einen Scheidetrichter umgefüllt, worin sich das Casein und Fett oben abscheidet, während sich das Serum mehr oder weniger klar unten ansammelt. Letzteres wird nach einiger Zeit, wenn es sich genügend abgeschieden hat, abgelassen und filtriert[4]). Von dem Filtrat dienen:

a) 25 ccm = 6,0 g Sahne zur Bestimmung des gesamten Stickstoffs (Albumin, Molkenprotein); die Differenz zwischen diesem und dem zuerst gefundenen Gesamt-Stickstoff gibt die Menge Casein-Stickstoff;

b) 25 ccm zur Bestimmung des Trübungs- bzw. Gerinnungspunktes[5]) nach K. Micko (vgl. S. 140);

---

[1]) Milchwirtschaftl. Zentralbl. 1909, **5**, 98.

[2]) Ebendort S. 540.

[3]) Zeitschr. f. Untersuchung d. Nahrungs- u. Genußmittel 1912, **23**, 533.

[4]) Mitunter tritt auch die umgekehrte Scheidung ein; man läßt dann den Niederschlag erst ausfließen und sammelt zuletzt das Serum, um es ebenfalls vor der Verwendung zu den einzelnen Bestimmungen zu filtrieren.

[5]) Da die Lösungen meist trübe sind, kommt nur die Bestimmung des Gerinnungspunktes in Betracht.

c) 25 ccm zur Fällung und Bestimmung des Albumins, indem man das Serum mit etwas Essigsäure ansäuert und auf 70° erwärmt. Man sammelt den Niederschlag entweder in einem Goochschen Tiegel mit Asbestlage oder auf einem stickstofffreien Papierfilter und verbrennt ihn nach Kjeldahl unter Mitverwendung des Filters.

d) Das Filtrat von der Albuminfällung wird unter Zusatz von einigen Tropfen Schwefelsäure in einem Kjeldahl-Kolben über einer kleinen Flamme bis auf 10—15 ccm eingedunstet, erkalten gelassen, mit der nötigen Menge konzentrierter Schwefelsäure versetzt und nach Kjeldahl verbrannt. Dieser Stickstoff wird als Molkenprotein-Stickstoff bezeichnet. Wenn Leim als Schutzkolloid zugesetzt ist, so schließt dieser Stickstoff auch den des Leimes mit ein und erfährt eine wesentliche Erhöhung gegenüber dem reinen Molkenprotein.

Man kann das Molkenprotein nach Abscheidung des Albumins auch durch Quecksilberchlorid fällen, wodurch Leim nicht gefällt wird, während auf letzteren nach S. 128 mit Quecksilberjodid geprüft werden kann. Der Molkenprotein-Stickstoff bzw. der nach Abscheidung des Caseins und Albumins im Serum verbleibende Stickstoff wird aber durch Quecksilberchlorid nicht quantitativ gefällt, so daß die erste Bestimmungsweise die einfachere und bessere ist.

Erwähnenswert auch ist es, daß die qualitative Prüfung auf Leim in dem casein- und albuminfreien Filtrat durch die Biuret-Reaktion (vgl. S. 143) ausbleibt.

e) 25 ccm des Serums werden wie unter c) von Albumin befreit, das Filtrat wird auf etwa 25 ccm eingedunstet, mit 25 ccm Alkohol gefällt, der Niederschlag filtriert und mit 90 proz. Alkohol ausgewaschen. Dann wird der Niederschlag auf dem Filter mit heißem Wasser versetzt, die Lösung in ein untergesetztes 100 ccm-Kölbchen filtriert und das Nachwaschen bis zur Marke fortgesetzt; in 50 ccm wird der Abdampfrückstand bestimmt, die anderen 50 ccm werden zur Bestimmung der Goldzahl nach R. Zsigmondy benutzt.

R. Zsigmondy[1]) gibt für die Herstellung der Goldlösung und die Ausführung des Verfahrens folgende Vorschrift:

„120 ccm Wasser, welches durch Destillation von gewöhnlichem destilliertem Wasser unter Anwendung eines Silberkühlers hergestellt und in einem Kolben aus Jenaer Geräteglas — wir verwendeten Leitfähigkeitswasser — aufgefangen wurde, werden in ein Jenaer Becherglas von 300 bis 500 ccm Inhalt gebracht und zum Kochen erhitzt. Während des Erwärmens fügt man 2,5 ccm einer Lösung von Goldchlorid-Chlorwasserstoff (6 g der Krystalle[2]) von $AuCl_4H_1 \cdot 4\,H_2O$ in 1 l Wasser) und 3 bis 3,5 ccm einer Lösung von reinstem Kaliumcarbonat (0,18 normal = 24,894 g wasserfreies K_2CO_3 im Liter) hinzu. Gleich nach dem Aufkochen fügt man unter lebhaftem Umschwenken der Flüssigkeit ziemlich schnell, aber partienweise 3 bis 5 ccm einer verdünnten Lösung von Formaldehyd (0,3 ccm käuflichen Formols in 100 ccm H_2O) hinzu und erwartet unter Umrühren den meist nach einigen Sekunden, längstens 1 Minute, erfolgenden Eintritt der Reaktion. Man beobachtet dabei das Auftreten einer hellen, in wenigen Sekunden intensiv hochrot werdenden Farbe, die sich nicht weiter verändert. Alle Flüssigkeiten, die zur Herstellung der Goldlösungen dienen, lassen sich unverändert aufbewahren. Hat man sie einmal vorrätig, so wird man bei einiger Übung in einer Stunde leicht 1 bis 2 l Goldlösung und mehr herstellen können. Man erhält auf diese Weise hochrote oder auch purpurrote kolloide Goldlösungen von großer Beständigkeit, deren Teilchen ultramikroskopisch sichtbar gemacht werden können. Die erhaltene hochrote Lösung färbt sich bei der Koagulation durch einen Elektrolyten blau. Dieser Farbenumschlag wird durch verschiedene Mengen der verschiedenen als Schutzkolloide wirkenden Substanzen verhindert. Die Schutzwirkung wird gemessen durch die Goldzahl. „Als Goldzahl wird diejenige Anzahl Milligramm Schutzkolloid bezeichnet, welche eben nicht mehr ausreicht, den Farbenumschlag von 10 ccm hochroter Goldlösung nach Violett oder dessen Nuancen zu verhindern, welcher ohne Kolloidzusatz durch 1 ccm einer 10 proz. Kochsalzlösung hervorgerufen wird.“

---

[1]) R. Zsigmondy, Kolloidchemie. Leipzig 1912, S. 94.

[2]) Die Krystalle, welche sich nach genügendem Eindampfen einer Lösung von reinem Gold in Königswasser beim Erkalten ausscheiden.

Zu ihrer Bestimmung verfährt man folgendermaßen: In 3 kleine Bechergläser (a, b, c) bringt man der Reihe nach 0,01, 0,1 und 1 ccm der zu prüfenden Lösung; hierauf werden unter heftigem Umschütteln am besten auf einmal je 10 ccm der vorstehenden Goldlösung zugesetzt. Nach 3 Minuten läßt man in jedes Becherglas noch 1 ccm 10 proz. Kochsalzlösung zufließen. Ist in Glas a Farbenumschlag eingetreten, in b und c nicht, so liegt die der Goldzahl entsprechende Schutzkolloidmenge zwischen 0,1 und 0,01 ccm, die dann in gleicher Weise festgestellt wird. Man ermittelt so aus den abgemessenen Mengen Schutzkolloid die Anzahl Milligramm, welche eben nicht mehr ausreicht, um 10 ccm Goldlösung vor dem Farbenumschlag zu bewahren. Bei unscharfen Farbenübergängen schließt man die Goldzahl zwischen diejenigen Grenzen ein, in welchen sie nach Beurteilung der Farbentöne liegen muß.

Die Konzentration der zu prüfenden Kolloide soll so gewählt werden, daß man davon, um den gewünschten Farbenumschlag zu erzielen, etwa 1,0 ccm, höchstens 1,5 ccm der Lösungen gebraucht; gebraucht man nur kaum meßbare ($^1/_{10}$ ccm), so soll man entsprechend verdünnen, gebraucht man 1,5 ccm und darüber, so soll man die Lösung eindunsten.

R. Zsigmondy ermittelte für die häufigsten Kolloide, die von W. Burberg für Eiereiweiß, albuminfreie Milchserum-Fällung[1]) und Agar-Agar ergänzt worden sind, folgende Goldzahlen:

	Goldzahl mg	Reziproke Goldzahl $\left(\frac{1}{\text{Goldzahl}}\right)$
Gelatine	0,005—0,01	200—100
Casein	0,01	100
Eiereiweiß	0,22—0,25	5,0—4,0
Milchserumfällung (albuminfrei)	0,15—0,25	6,6—4,0
Gummi arabicum	0,15—0,5	6,7—2,0
Tragant	ca. 2,0	ca. 0,5
Agar-Agar	ca. 6,0	ca. 0,17
Dextrin	6—20	0,17—0,05
Kartoffelstärke	ca. 25	0,04

Da die Goldzahl umgekehrt proportional der Schutzwirkung ist, so ist die reziproke Goldzahl, d. h. solche für die Gewichtseinheit (1 mg) Kolloid, ein direkter Ausdruck für die Schutzwirkung. Um die vorstehenden Verfahren zu prüfen, wurden 4 Proben Sahne, die im Mittel 37,68% Fett enthielt, mit Eiweiß-, Leim- und Agar-Agarlösung versetzt und nach vorstehenden Angaben untersucht; die Proben ergeben:

Sahne unter Zusatz von	Stickstoff in Form von (für 100 g Sahne Milligramm)					Gerinnungspunkt nach Micko in 12,5 proz. $(NH_4)_2SO_4$-Lösung Flockenausscheidung	Abdampfrückstand (organischer)		Goldzahl	Reziproke Goldzahl
	Casein	Albumin	Molkenprotein	vom Molkenprotein durch Quecksilberchlorid			in Proz. des Gesamtrahmes	in 100 ccm von 6 g		
				fällbar	nicht fällbar					
	mg	mg	mg	mg	mg	Grad C	g	mg		
Ohne Zusatz	261,8	37,4	42,6	19,8	23,7	85—94	0,348	20,7	0,17—0,25	6—4
Eieralbumin	278,5	119,5	43,3	14,1	30,2	72—74	0,425	25,0	0,24—0,43	4—2
Gelatine . .	323,2	37,4	111,5	20,6	90,2	89—94	0,890	51,6	0,05—0,14	20—7
Agar-Agar .	263,5	40,1	44,7	25,3	27,9	88—95	0,658	39,5	0,76—0,95	1—1,4

[1]) Wie vorstehend beschrieben, mit 50 proz. Alkohol gefällt und wieder gelöst.

Durch Zusatz von Eiereiweiß und Gelatine zu Sahne geht ein kleiner Teil derselben mit in den Casein-Niederschlag über, wodurch die Verhältnisse etwas verschoben werden; im übrigen kann das eingeschlagene Verfahren recht wohl Aufschluß über die genannten Verfälschungen geben, nämlich:

1. Durch Zusatz von Eiereiweiß zu Sahne (Schlagsahne oder Speiseeis) wird das Verhältnis von Casein : Albumin verändert, d. h. verengt, während in reiner Sahne 6—7 Teile Caseinstickstoff auf 1 Teil Albuminstickstoff kommen, beträgt das Verhältnis bei der mit Eiereiweiß versetzten Sahne wie 2—3 : 1; oder wenn auf 100 Teile Caseinstickstoff mehr als 20 Teile Albuminstickstoff entfallen, so ist die Sahne eines Eiereiweißzusatzes verdächtig. Als weiterer sicherer Anhalt kann die Gerinnungsprobe nach K. Micko (S. 141) dienen. Entscheidend dabei ist besonders die Flockenbildung, die bei vorhandenem Eiweiß schon bei 71—72°, bei reiner Sahne dagegen erst bei mehr als 85° auftritt.

2. Der Leimzusatz gibt sich durch eine Erhöhung des Molkenproteins bzw. des von Casein und Albumin befreiten Serumstickstoffs zu erkennen. Da natürliche Milch nach S. 212 nur bis zu 30 mg Molkenproteinstickstoff enthält, in den untersuchten Sahneproben aber bis zu 66 mg für 100 g gefunden wurden, so geht das Molkenprotein entweder in verhältnismäßig größerer Menge in den Rahm über, oder es bilden sich im Rahm beim Aufbewahren lösliche Stickstoff-Verbindungen; jedenfalls wird man auf Grund der bisherigen Untersuchungen erst dann auf Leimzusatz schließen dürfen, wenn der nach Abscheidung des Caseins und Albumins verbleibende Serumstickstoff 70 mg übersteigt, oder wenn auf 100 Teile Caseinstickstoff mehr als 27 Teile Molkenproteinstickstoff entfallen. Zum weiteren Nachweise des Leimes kann man die S. 127 bis 129 beschriebenen Verfahren anwenden.

3. Tragantgummi, Agar-Agar und ähnliche Versteifungsmittel lassen sich nur durch eventuelle Erhöhung des Alkoholniederschlages in dem von Fett, Casein, Albumin befreiten Serum unter gleichzeitiger Bestimmung, seines Stickstoffgehaltes nachweisen. Bei Vorhandensein genannter Versteifungsmittel darf der Stickstoffgehalt gegenüber dem von reiner Sahne nicht erhöht sein, wie es der Fall ist, wenn der Niederschlag von Leim herrührt.

4. Zur Unterscheidung von Leim und den stickstofffreien Schutzkolloiden kann auch die Bestimmung der Goldzahl dienen, die sich entsprechend den natürlichen Kolloidlösungen auch für die Lösungen der Alkoholfällungen ändert. Die Zahlen werden nur dadurch verwischt, daß die Alkoholfällungen noch leicht Elektrolyte einschließen, und das natürliche fett-, casein- und albuminfreie Serum ebenfalls ein Schutzkolloid (Molkenprotein?) enthält.

Die vorstehenden Ergebnisse bedürfen bei den Schwankungen in der Zusammensetzung von Milch und Rahm noch weiterer Nachprüfung und Ergänzung. Jedenfalls empfiehlt es sich, bei dieser Prüfung reine Sahne zum Vergleich mit heranzuziehen.

2. Untersuchung der Magermilch.

Die Untersuchung der Magermilch geschieht wie die der Vollmilch. Für die Fettbestimmung nach dem acidbutyrometrischen Verfahren soll man, sobald die Magermilch in der Säure gelöst ist, die Butyrometer, ehe sie in die Zentrifuge oder das Wasserbad gelegt werden, 2—3 Minuten anfangs schwach, nachher mäßig stark schütteln; hierdurch wird die Ausschleuderung des Fettes bedeutend erleichtert. Um sicher zu sein, daß alles Fett abgeschieden ist, empfiehlt es sich, die Proben 2—3 mal je 2—3 Minuten mit mindestens 700 Touren in der Minute zu schleudern und vor jeder Schleuderung einige Minuten im Wasserbade von 60—70° zu erwärmen. Bei geheizten Zentrifugen genügt ein einmaliges, 6—8 Minuten langes Zentrifugieren mit 800—1000 Touren in der Minute. Für die Fettbestimmung in Magermilch, Buttermilch und Molken empfehlen sich in erster Linie die sog. Präzisions-Butyrometer mit ihren im oberen Teile verengten Lumen, da sie eine bequemere und schärfere Ablesung gestatten.

Zu erwähnen ist noch, daß bei Milch, die im erwärmten Zustande einer starken mechanischen Behandlung (z. B. Weiterbeförderung mittels Ejektors) unterworfen worden ist, und ebenso bei homogenisierter Milch (vgl. S. 297) infolge der Zerteilung der Milchfettkügelchen in feinste Teile die Fettbestimmungen nach den Extraktionsverfahren, namentlich bei Magermilch, zu niedrige Ergebnisse liefern sollen. Auf das Gottlieb - Rösesche sowie das acidbutyrometrische Verfahren soll diese Behandlung ohne Einfluß sein[1]).

Sauermilch wird wie geronnene Milch untersucht; für spezifisches Gewicht vgl. S. 192, für Fettbestimmung S. 194.

3. *Untersuchung der Buttermilch.*

Die in der Buttermilch vorhandenen Fettklümpchen werden, wie bei geronnener Milch, mit Ammoniak gleichmäßig verteilt, und die gleichmäßige Mischung wird dann wie sonst (vgl. S. 192 u. 194) untersucht.

4. *Untersuchung der Molken.*

Zur Fettbestimmung empfiehlt es sich, eine größere Menge Molken einzudunsten und die konzentrierte Flüssigkeit wiederholt mit Äther auszuschütteln. Oder man verdampft die Molken (100—200 g) in Hofmeisterschen Glasschälchen bis zur Trockne, bringt die zerdrückten, fettfreien Glasschälchen mit Inhalt auf ein Papierfilter, wäscht den Milchzucker mit Wasser aus, bringt den Rückstand mit Filter nach dem Trocknen in den Soxhletschen Extraktionsapparat und zieht ihn wie üblich mit Äther aus.

Einen etwaigen Wasserzusatz erkennt man aus dem spezifischen Gewicht, etwaigen Zusatz vom Ablauf des Salztisches aus einer Bestimmung des Kochsalzes.

Beurteilung der Molkereierzeugnisse nach der Rechtslage.[2])

Rahm, Sahne. Verkauf von einfachem Rahm als Doppelrahm. Soweit die Angeklagten einfachen Rahm als Doppelrahm verkauften, lag eine Nahrungsmittelfälschung nicht vor; denn sie nahmen hier keine Veränderungen an der Substanz der Ware vor. Diese Handlungen erfüllen aber den Tatbestand eines Vergehens des Betruges gemäß § 263 StrGB.

LG. München II, 2. Mai 1906.

Mit Milch verdünnter Rahm. Die Kunden wurden dadurch geschädigt, daß sie verdünnten, also verfälschten Rahm zum Preise des unverfälschten erhielten. Daß der Zusatz von Vollmilch zu Rahm eine Fälschung im Sinne des NMG. ist, bedarf keiner Erörterung.

Vergehen des Betruges (§ 263 StrGB.) im rechtlichen Zusammenflusse mit einem Vergehen wider § 10[1] und [2] NMG.

LG. München II, 16. Februar 1901.

Rahm mit gelbem Farbstoff. Der Angeklagte wurde für überführt erachtet, vorsätzlich den Rahm durch Vermischen mit gelber Farbe verfälscht zu haben, um der Ware den Schein eines höheren Fettgehaltes, also eines höheren Wertes, zu geben und damit die Abnehmer über den wahren Fettgehalt zu täuschen. § 10[1] NMG.

LG. Hamburg, 24. Oktober 1905.

Buttermilch. Buttermilch mit 15% Wasserzusatz. Die Bereitungsmethode der Butter, bei welcher eine Wasserspülung während des Butterns vorgenommen wird, so daß sich das Spülwasser mit der sich abscheidenden Buttermilch verbindet, ist hierzulande eine normale und übliche. Wird Buttermilch verkauft, so ist das in der Regel eine mit mäßigen Mengen Wasser versetzte Buttermilch; der Zusatz von einer geringen Menge Wasser kann daher im Sinne des Verkehrs als nicht normal oder ungewöhnlich nicht angesehen werden. Der Tatbestand des Vergehens gegen § 10 NMG. kann daher keine Anwendung finden.

Wohl aber fällt die Handlungsweise des Angeklagten unter die Strafbestimmung der §§ 12, 14, [2] des Hamburgischen Gesetzes, betreffend den Verkehr mit Kuhmilch, da Wasser

---

[1]) Vgl. Milch-Ztg. 1903, **32**, 337, 481 u. 577.

[2]) Bearbeitet von Prof. Dr. C. A. Neufeld in Würzburg.

auch für Buttermilch ein fremdartiger Stoff und seine Vermischung in jeder Menge mit der für den Verkehr bestimmten Buttermilch ausdrücklich verboten ist.

LG. Hamburg, 17. März 1905.

Buttermilch mit 25—30% Wasserzusatz. Das Landgericht versteht unter Buttermilch den bei der Ausscheidung der Butter aus Sahne verbleibenden Rückstand; die Buttermilch soll von Haus aus aus reiner Milch bestehen. Trotzdem läßt es auf Grund eines lokalen Geschäftsgebrauches in der Altenburgischen Landwirtschaft, nach dem bei Herstellung der Butter Wasser zur Verwendung kommt, einen 10proz. Wasserzusatz passieren. Erst von da ab nimmt es eine Verfälschung der Buttermilch an.

Die mit 25—30% Wasser versetzte Buttermilch ist als ein verfälschtes Nahrungsmittel im Sinne des § 367 Nr. 7 StrGB. zu erachten.

OLG. Jena, 8. November 1906.

Molken. Zusatz salzhaltiger Molke zu süßer. Der Zusatz der stark salzhaltigen Molke, welche von dem Käsebeiztisch abläuft, zur süßen Molke wurde als Sachbeschädigung erachtet.

AG. Kempten, 8. Juli 1908.

III. Milchdauerwaren.

Hierher gehören:

1. pasteurisierte, sterilisierte, buddisierte und homogenisierte Milch.
2. mit oder ohne Zuckerzusatz eingedickte Milch, Magermilch, Rahm oder Molken, die entweder sterilisiert oder nicht sterilisiert sind,
3. Milchtafeln und Milchpulver.

Über Verfälschungen dieser Erzeugnisse ist bis jetzt sehr wenig bekannt geworden. Sicher weiß man nur, daß man es versuchte, eingedickte Magermilch als eingedickte Milch zu verkaufen oder statt Vollmilch schwach entrahmte Milch zu verwenden. Pasteurisierte und sterilisierte Milch darf nicht braungelb gefärbt sein und an der Oberfläche keine Butterklumpen oder Fettaugen zeigen. Milchtafeln und Milchpulver müssen frei von ranzigem Geruch und von Frischhaltungsmitteln (ausgenommen Zucker) sein.

Bei der Beurteilung dieser Stoffe wird man sich auf eine chemische Untersuchung nicht beschränken dürfen, sondern wird auch häufig noch eine mikroskopische und bakteriologische Prüfung sowie eine Prüfung auf Haltbarkeit und Frischhaltungsmittel vornehmen müssen.

Der Gang der Untersuchung ist im allgemeinen derselbe wie bei der Milch, doch ist im besonderen über die Untersuchungsverfahren und die Anhaltspunkte für die Beurteilung noch folgendes hervorzuheben:

1. Pasteurisierte, sterilisierte, buddisierte und homogenisierte Milch.

1. Unter **„pasteurisierter“** Milch pflegt man eine solche zu verstehen, die kurze Zeit (einige Minuten) auf Temperaturen zwischen 60—100° (Siedepunkt des Wassers) erhitzt worden ist, während man unter **„sterilisierter“** Milch eine in luftdicht verschlossenen, vor unberufener Öffnung geschützten Flaschen auf mindestens 100° erhitzte Milch versteht.

Derartig behandelte Milch soll unter einer entsprechenden Bezeichnung in den Verkehr gebracht werden (vgl. S. 272, IV, Nr. 2).

Die chemische Zusammensetzung der pasteurisierten und sterilisierten Milch ist natürlich dieselbe wie die der verwendeten frischen Milch; auch gelten für sie die gleichen Regeln zum Nachweise von Fälschungen. Besondere Vorsicht ist bei der pasteurisierten und sterilisierten Milch darauf zu verwenden, daß etwa ausgeschiedene größere Fetttröpfchen oder -klümpchen vor der Abwägung der Probe möglichst gut verteilt werden. Bei regelrecht gewonnenen Erzeugnissen kann diese Verteilung durch schwaches Erwärmen auf 30—40° erreicht werden.

Weiterhin aber ist bei pasteurisierter und sterilisierter Milch durch eine bakteriologische Untersuchung festzustellen, wie weit sie keimfrei ist, und namentlich ist auf das Vorhandensein von Frischhaltungsmitteln ein besonderes Augenmerk zu richten.

P. Buttenberg[1]) verwendet außer der Guajacprobe die Schardingersche Reaktion mit Methylenblau-Formalinlösung (vgl. S. 234), die Reaktion von Neißer und Wechsberg[2]) mit Methylenblau und besonders die Gärprobe zur Beurteilung der pasteurisierten Milch. Letztere wird wie folgt ausgeführt:

Eine 100 g-Medizinflasche wird mit der zu untersuchenden Milch bis zum Halse gefüllt und mit einem Gummistopfen verschlossen. Flasche und Stopfen müssen vorher sterilisiert sein. Die mit Milch beschickten Flaschen werden im Brutschrank oder durch Einstellen in ein Wasserbad bei 37° bis zum Eintritt der Zersetzung bebrütet. Je nach dem Grad des Erhitzens der ursprünglichen Milch treten vier Erscheinungen auf:

a) Milchsäuregärung. Rohe und niedrig erhitzte Milch gerinnt durch das Wachstum der Milchsäurebakterien zu einer gleichmäßig dicken Masse. Gasdruck ist beim Lüften der Flasche nicht zu bemerken.

b) Buttersäuregärung. Eine auf 75—90° erhitzte Milch zeigt infolge des anaeroben Wachstums der Erreger der Buttersäuregärung eine starke Gasentwicklung (Kohlensäure und Wasserstoff), so daß unter Umständen der Pfropfen der Flasche fortgeschleudert wird. In dem klaren Milchserum schwimmt das Casein mit dem eingeschlossenen Fett; es macht sich ein unangenehmer Geruch bemerkbar.

c) Übergangsform. Wenn die Milch 15—20 Minuten auf 70° erhitzt war, so tritt eine Übergangsform auf, nämlich anfängliche gleichmäßige Gerinnung und spätere flockige Abscheidung im klaren Serum; Gasdruck meistens nur gering.

d) Peptongärung. War die Milch 10 Minuten auf 95° und darüber erhitzt, so fallen erstere beiden Gärungsformen fort und es tritt durch peptonisierende Bakterien fäulnisartige Zersetzung auf, die sich durch langsame Gerinnung, Geruch nach Schwefelwasserstoff, alkalische Reaktion und bitteren Geschmack usw. kenntlich macht.

2. Buddisierte Milch (Perhydrasemilch). Hierunter versteht man eine nach dem Vorschlage von Budde[3]) mit Wasserstoffsuperoxyd (Perhydrol) behandelte Milch; sie soll infolge dieser Behandlung keimfrei sein. Da aber schon ein Gehalt von 0,05 g Wasserstoffsuperoxyd in 1 l Milch dieser einen wahrnehmbaren, unangenehmen Geschmack erteilt, so darf die Milch auch kein Wasserstoffsuperoxyd mehr enthalten. Auf den Gehalt an letzterem prüft man nach S. 243, auf Keimfreiheit in vorstehender Weise nach Buttenberg.

3. Homogenisierte Milch wird nach dem Verfahren von Gaulin in der Weise hergestellt, daß die auf 85° vorgewärmte Milch unter einem Druck von 250 Atmosphären durch sehr feine Kanäle zwischen zwei federnden, fest aufeinandergepreßten Achat- oder Metallflächen hindurchgepreßt wird. Hierdurch werden die Milchfettkügelchen in feinste Tröpfchen zerteilt und eine derartige Milch rahmt im sterilisierten Zustande selbst bei längerem Aufbewahren nicht auf, sondern zeigt eine vollkommen gleichmäßige — homogene — Beschaffenheit.

Nach P. Buttenberg[4]) erhält man bei homogenisierter Milch nach den Extraktionsverfahren (Adams usw.) zu niedrige Fettgehalte, während nach dem Gottlieb-Röseschen

[1]) Zeitschrift f. Untersuchung der Nahrungs- und Genußmittel 1906, **11**, 377.

[2]) Das Reagens besteht aus einer Auflösung von 1,0 g Methylenblau in 20 ccm absolutem Alkohol unter Zusatz von 29 ccm Wasser. Von dieser haltbaren Lösung wird jedesmal frisch 1 ccm mit 249 ccm steriler Kochsalzlösung versetzt. Gegen diese Lösung verhält sich verschieden erhitzte Milch wie gegen das vorstehende Reagens.

[3]) Molkerei-Ztg. (Hildesheim) 1905, **19**, 1029.

[4]) Zeitschr. f. Untersuchung d. Nahrungs- u. Genußmittel 1903, **6**, 964.

sowie dem acidbutyrometrischen Verfahren richtige Ergebnisse erhalten werden. Für letzteres soll man die homogenisierte Milch nach Eury[1]) abwägen — nicht abmessen — und 10Minuten zentrifugieren. Oder man soll unter öfterem Erwärmen so lange zentrifugieren, bis sich kein Fett mehr abscheidet.

2. Kondensierte Milch, Milch- und Rahmpulver.

Unter kondensierter Milch versteht man die auf $^1/_3$ bis $^1/_5$ ihres Volumens — im Vakuum — ohne und mit Zusatz von Zucker eingedickte Milch.

Milchtafeln bzw. -pulver sind dagegen Trockenmilch, die nur mehr 4—5% Wasser enthält. Anfänglich wurden sie in der Weise gewonnen, daß man Milch (auch Rahm und Magermilch) bis zur Sirupkonsistenz eindickte, die sirupartige Masse in dünne Schichten auswalzte und diese trocknete; jetzt werden sie durchweg in der Weise hergestellt, daß die Milch sprühregenartig fein verteilt wird und die feinen Tröpfchen durch einen heißen Luftstrom vom Wasser befreit werden.

Die mittlere Zusammensetzung dieser Erzeugnisse möge aus folgenden Zahlen erhellen:

Erzeugnis		Wasser %	Stickstoff-substanz %	Fett %	Milch-zucker %	Rohr-zucker %	Salze %
Kondensierte Milch	ohne Rohrzucker	61,46	11,17	11,42	13,96	—	1,99
	mit „	26,44	10,47	10,07	14,16	36,87	2,00
Milchpulver aus	Rahm	4,76	21,31	41,28	28,39	—	4,26
	Vollmilch	4,77	23,02	24,55	42,32	—	5,34
	Magermilch . . .	8,02	31,76	1,52	51,86	—	6,84

Selbstverständlich ist die Zusammensetzung dieser Milcherzeugnisse je nach der Art der Milch und des Eindickens bzw. Eintrocknens Schwankungen unterworfen. Die Milchpulver werden durchweg um so leichter ranzig, je fettreicher sie sind.

Einige andere Milcherzeugnisse ergaben folgende Zusammensetzung, so z. B. das Milchpulver („Full Cream", Laktogea) nach R. Sanfelici[2]):

Wasser	Stickstoffsubstanz	Fett	Milchzucker	Asche
5,65%	25,48%	23,42%	38,99%	6,46%

Die Asche enthielt 20,32% Chlornatrium und 26,17% Phosphorsäure.

Milchlin ist eingedickte Magermilch von folgender Zusammensetzung[3]):

Wasser	Protein	Fett	Milchzucker	Asche	Spez. Gewicht
86,40—90,60%	3,25—4,30%	Spur—0,13%	4,58—6,66%	0,82—0,97%	1,0372—1,0471

A. Schaeffer[4]) fand für Milchlin eine gleiche Zusammensetzung.

M. Mansfeld[5]) untersuchte zwei Milchpräparate „Galafer" und „Leciplasma" mit folgendem Ergebnis:

	Wasser %	Stickstoff-substanz %	Fett %	Milchzucker %	Saccharose %	Asche %	Eisenoxyd %	Phosphorsaure Gesamt- %	Phosphorsaure Lecithin- %
Galafer	34,22	9,46	3,50	11,74	39,42	1,96	0,19	3,12	—
					Sonstige N-freie Stoffe				
Leciplasma	9,80	29,06	3,76	42,98	4,95	9,45	—	3,12	0,34

Galafer ist eine eingedickte, teilweise entrahmte Milch mit Zusatz von Zucker und Eisenoxydulhydrat, Leciplasma ist eine fettarme Trockenmilch mit Lecithinzusatz.

[1]) Zeitschr. f. Untersuchung d. Nahrungs- u. Genußmittel 1908, **15**, 33.

[2]) Ebendort 1911, **21**, 232.

[3]) Vgl. v. Sobbe, Zeitschr. f. Untersuchung d. Nahrungs- u. Genußmittel 1910, **20**, 511.

[4]) Zeitschr. f. Untersuchung d. Nahrungs- u. Genußmittel 1911, **21**, 232.

[5]) Ebendort 1911, **21**, 424.

1. Untersuchung der kondensierten Milch.

Bei der Untersuchung von eingedickter Milch kommt es vor allem auf eine gleichmäßige Durchmischung der Probe für die einzelnen Bestimmungen an, die im allgemeinen in derselben Weise erfolgen wie bei Milch, nur sind natürlich entsprechend geringere Substanzmengen in Arbeit zu nehmen. Auch kann man in der Weise verfahren, daß man die Proben vor der Untersuchung in der Wassermenge verteilt, die zur Lösung für den Gebrauch vorgeschrieben ist, und, wenn es an solchen Vorschriften fehlt, in so viel Wasser, daß die Lösung ein spezifisches Gewicht von etwa 1,032 erreicht.

Um eine gleichmäßige Mischung zu erzielen, nimmt man aus der Büchse eine etwas größere Menge heraus und treibt sie durch ein Drahtsieb.

Um annähernd zu ermitteln, wie weit die Eindickung bei kondensierter Milch ohne Zuckerzusatz getrieben worden ist, dividiert man mit der gefundenen Trockensubstanz in die Zahl 1250. Der Quotient a besagt dann, daß die ursprüngliche Milch annähernd im Verhältnis von 100 : a eingedickt worden ist.

*a) **Wasser bzw. Trockensubstanz.*** Zur Bestimmung des Wassergehaltes bzw. der Trockensubstanz werden 1,0—2,0 g der gesiebten Probe mit etwa 5 ccm Wasser vermengt, in einer flachen Schale auf dem Wasserbade eingedampft und so lange bei 105° getrocknet, bis Gewichtsbeständigkeit eingetreten ist. Bei Anwendung einer größeren Menge Substanz muß dieselbe mit Sand eingetrocknet werden und kann dann die Trockensubstanz zugleich zur Fettbestimmung benutzt werden. Am sichersten trocknet man auch hier den Rückstand vollständig bei 100° im Vakuum aus. Im übrigen vgl. oben S. 210 unter Vollmilch.

*b) **Fett.*** Die Fettbestimmung geschieht am besten nach einem der gewichtsanalytischen Verfahren[1]) (S. 194).

Will man das Fett nach dem Gerberschen acidbutyrometrischen Verfahren bestimmen, so verdünnt man die genau abgewogene Substanz mit 9 Teilen Wasser und verfährt im übrigen wie gewöhnlich; nur muß man sich stets durch mehrmaliges Erwärmen auf 70° und durch mehrmaliges Zentrifugieren von der vollständigen Ausscheidung des Fettes überzeugen. Die Ergebnisse sind natürlich, der Verdünnung entsprechend, mit 10 zu multiplizieren. Auch empfiehlt es sich hierbei, das spezifische Gewicht der verdünnten Milch zu bestimmen und das oben (S. 289 u. f.) für die Bestimmung des Fettgehaltes im Rahm Gesagte bei der Berechnung des Fettgehaltes zu berücksichtigen.

Die Bestimmung des Fettes kann auch gleichzeitig mit der der Stickstoff-Substanz in der nachstehend unter c) angegebenen Weise erfolgen. Sonstige Verfahren sind nicht anwendbar.

*c) **Proteinstoffe.*** Die Proteinstoffe können bei kondensierter Milch zweckmäßig nach Ritthausen (S. 211) bestimmt werden. Nach letzterem Verfahren werden etwa 2 g der gesiebten Probe mit etwa 400 ccm Wasser verdünnt und genau wie natürliche Milch (S. 211) weiter behandelt.

Da mit den Proteinstoffen zugleich auch alles Fett ausgefällt wird, so kann der Niederschlag zugleich zur Fettbestimmung benutzt werden. Man nimmt alsdann das vorher getrocknete und gewogene Filter samt Niederschlag mittels eines Platinspatels aus dem Trichter, wickelt es in eine Papierrolle und bringt es in den Soxhletschen Extraktionsapparat, indem man den Trichter sowie den Platinspatel mit Äther abspült.

Der entfettete Niederschlag wird sodann über Schwefelsäure so lange getrocknet, bis er hellblau und erdig aussehend geworden ist, worauf man ihn bis zur Gewichtsbeständigkeit im Luftbade weiter trocknet und wägt; der Rückstand wird zuerst vorsichtig, dann stärker geglüht, die Asche gewogen und in Abzug gebracht.

*d) **Zucker.*** Den Milchzuckergehalt der ohne Rohrzuckerzusatz eingedickten Milch bestimmt man, nachdem man sich durch die mikroskopische Untersuchung von der Reinheit derselben überzeugt hat, meistens aus der Differenz der Summe der übrigen festen Bestand-

---

[1]) Vgl. E. Rieter, Schweizer. Wochenschr. Chem. u. Pharm. 1903, **41**, 39.

teile und der Trockensubstanz. In der mit Rohrzucker- bzw. Rübenzuckerzusatz eingedickten Milch läßt sich die Menge des zugesetzten Zuckers annähernd berechnen, wenn man annimmt, daß der ursprüngliche Gehalt der Milch an Milchzucker 60% des Gehaltes derselben an Fett + Stickstoff-Substanz + Asche beträgt.

Die direkte Bestimmung des Milchzuckergehaltes kann in derselben Weise wie bei Milch — natürlich unter Berücksichtigung der in jedem Falle anzuwendenden Substanzmengen — nach den Verfahren von Scheibe (vgl. S. 213) ausgeführt werden, doch sind diese Bestimmungen bei gleichzeitigem Vorhandensein von Saccharose stets etwas ungenau.

Zum qualitativen Nachweis, ob eine eingedickte Milch oder ein Milchpulver mit Rüben- bzw. Rohrzuckerzusatz hergestellt ist, kann nach Cayaux[1]), C. E. Carlson[2]) und Utz[3]) die Seliwanoffsche Reaktion mit Resorcin und Salzsäure dienen (vgl. auch S. 250, 414 und unter „Honig").

Die quantitative Bestimmung des Saccharosegehaltes in eingedickter Milch zwecks Ausführung des Zuckersteuergesetzes soll nach dem Beschlusse des Bundesrates vom 18. Juni 1903[4]) nach Anlage E der Ausführungsbestimmungen in folgender Weise erfolgen:

„100 g der Milchprobe werden abgewogen, mit Wasser zu einer leicht flüssigen Masse verrührt und in einen Meßkolben von 500 ccm Raumgehalt gespült. Die Flüssigkeit wird darauf mit etwa 20 ccm Bleiessig versetzt, mit Wasser zu 500 ccm aufgefüllt, durchgeschüttelt und filtriert.

Vom Filtrat werden 75 ccm in einen Kolben von 100 ccm Raumgehalt gebracht und, wenn erforderlich, mit etwas Tonerdebrei versetzt. Darauf wird mit Wasser zur Marke aufgefüllt, filtriert und nach Anlage C polarisiert[5]).

Ferner werden 75 ccm desselben Filtrats mit 5 ccm Salzsäure vom spezifischen Gewicht 1,19 versetzt, nach Vorschrift der Anlage B invertiert[6]), zu 100 ccm aufgefüllt und filtriert, worauf wiederum die Polarisation für 20° bestimmt wird. Hiernach berechnet sich der Gehalt Z der eingedickten Milch an Rohrzucker nach der Gleichung[7]):

$$Z = 1{,}25\ (1{,}016 \cdot P + J),$$

worin P die vor der Inversion, J die nach der Inversion gefundene Polarisation bedeutet."

„Beispiel: Die Polarisation P sei + 28,10, die Polarisation J werde zu — 0,30 ermittelt. Setzt man diese beiden Zahlenwerte für P und J in die oben angegebene Formel ein, so erhält man:

$$Z = 1{,}25\,(1{,}016 \cdot 28{,}10 + 0{,}30) = 36{,}06.$$

Demnach ist der Gehalt der eingedickten Milch an Saccharose zu 36,1 vom Hundert anzunehmen."

---

[1]) Zeitschr. f. Untersuchung d. Nahrungs- u. Genußmittel 1899, **2**, 238.

[2]) Ebendort 1904, **7**, 304.

[3]) Milch-Ztg. 1903, **32**, 632.

[4]) Zentralbl. f. das Deutsche Reich 1903, 284; Zeitschr. f. Untersuchung d. Nahrungs- u. Genußmittel 1903, **6**, 1082, vgl. auch weiter unten unter „Zucker".

[5]) Nach der Anlage C der Ausführungsbestimmungen vom 18. Juni 1903 darf für die Bestimmung der Polarisation für Zwecke der Steuerverwaltung nur ein Halbschattensaccharimeter benutzt werden. Für dieses entspricht bei Beobachtung im 200 mm-Rohre ein Grad Drehung einem Gehalte von 0,26 g Zucker in 100 ccm Flüssigkeit bei der Normaltemperatur von 20°; das Normalgewicht beträgt also 26 g in 100 ccm.

[6]) Nach der Anlage B der Ausführungsbestimmungen vom 18. Juni 1903 wird die zu invertierende Zuckerlösung (75 ccm) in einem 100 ccm-Kölbchen mit 5 ccm Salzsäure (1,19) versetzt und im Wasserbade auf 67—70° erwärmt. Auf dieser Temperatur wird der Kolbeninhalt noch 5 Minuten unter häufigem Umschütteln gehalten; da das Anwärmen $2^1/_2$—5 Minuten dauern kann, wird die Arbeit $7^1/_2$—10 Minuten in Anspruch nehmen; in jedem Falle soll sie in 10 Minuten beendet sein.

[7]) Über die Herleitung dieser Formel vgl. die Ausführungsbestimmungen vom 28. Oktober 1897. (Zeitschr. f. analyt. Chem. 1899, **38**, Anhang S. 1.) In der Formel ist die erforderliche Korrektur für das Volumen des Niederschlages bereits berücksichtigt.

L. Grünhut und S. H. R. Riiber[1]) haben sich eingehend mit der Bestimmung des Rohr- bzw. Rübenzuckers in der eingedickten Milch beschäftigt und halten die Ausführungsbestimmungen zum Zuckersteuergesetz (vom 28. Oktober 1897!) für empfehlenswert, wenn

a) die eingedickte Milch zur Beseitigung des schädlichen Einflusses der Multirotation des Milchzuckers mit siedendem Wasser übergossen und die Lösung dann erkalten gelassen wird;

b) bei der Polarisation vor und nach der Inversion genau die Temperatur von 20° eingehalten wird;

c) zur Berechnung die Clerget-Herzfeldsche Formel $Z = \frac{100\,(P - J)}{131{,}84 - 0{,}05\,J}$ angewendet wird;

d) als Klärmittel nur Bleiessig verwendet wird;

e) zur Korrektur des durch das Volumen des Niederschlages bedingten Fehlers das Scheiblersche Verfahren der doppelten Verdünnung angewendet wird, anstatt des allgemeinen Korrektionsfaktors 0,962 in der Bundesratsvorschrift. Bringt man dieselbe Substanzmenge mit denselben Reagenzienmengen das eine Mal auf das Volumen V und das andere Mal auf das Volumen $2\,V$, so verhalten sich die Polarisationen der beiden Filtrate P_v und P_{2v} zueinander wie $(V - x) : (2\,V - x)$, worin x das Volumen des Niederschlages bedeutet; es ist dann $(V - x) : (2\,V - x) = P_v : P_{2v}$. Hieraus kann x berechnet und die dementsprechende Korrektur für das Volumen des Niederschlages angebracht werden.

Das Inversionsverfahren von A. W. Stokes und R. Bodmer[2]), bestehend in 7—10 Minuten langem Kochen der Lösung mit 2 proz. Citronensäure, führt zwar ebenfalls eine vollständige Inversion der Saccharose ohne eine Veränderung des Milchzuckers herbei, allein die Einwirkung der Citronensäure auf die Polarisation ist, wie Grünhut und Riiber[3]) bemerken, noch nicht hinreichend bekannt und für die von Stokes und Bodmer vorgeschlagenen Bestimmungen des Zuckers vor und nach der Inversion nach dem Reduktionsverfahren fehlen noch die erforderlichen, für die verschiedenen Mengenverhältnisse beider Zuckerarten besonders zu ermittelnden Tabellen. S. H. R. Riiber und C. N. Riiber[4]) bedienen sich einer besonderen Korrektur bei dem Reduktionsverfahren und haben auf diese Weise ebenfalls hinreichend genaue Ergebnisse erhalten.

e) ***Asche.*** 2—5 g der gut durchgemischten Probe werden in einer Platinschale auf dem Wasserbade eingetrocknet und wie bei Vollmilch (S. 215) verascht.

f) Bei der Untersuchung von eingedickter Milch ist außerdem noch Rücksicht zu nehmen auf einen etwaigen Gehalt an Frischhaltungsmitteln, welche wie bei Milch (S. 241) nachgewiesen werden, und ferner auf etwa vorhandene Schwermetalle, welche von den Aufbewahrungsgefäßen oder dgl. in dieselbe gelangt sein können (vgl. S. 88 und I. Teil, S. 478).

g) ***Anhaltspunkte zur Beurteilung.*** 1. Das bei pasteurisierter bzw. sterilisierter bzw. eingedickter Milch abgeschiedene Fett darf nicht ausgebuttert, sondern muß ausgerahmt sein.

Läßt sich das ausgeschiedene Fett durch Erwärmen des Flascheninhaltes auf 30—40° wieder gleichmäßig verteilen, so ist es ausgerahmt, wenn nicht, so ist es ausgebuttert.

2. Verfälschungen sind bis jetzt bei eingedickter Milch nur insofern beobachtet, als sie aus teilweise oder ganz entrahmter Milch hergestellt und unter Verschweigung dieses Umstandes als kondensierte Milch schlechthin oder gar kondensierte Vollmilch in den Handel gebracht worden ist.

Diese Ungehörigkeit läßt sich aber leicht durch eine Bestimmung des Fettes und der Stickstoff-Substanz feststellen. Da in der natürlichen Kuhmilch im allgemeinen auf 100 Teile Stickstoff-Substanz 100—110 Teile Fett kommen, so muß dieses Verhältnis auch in der kondensierten Milch vorhanden sein, wenn sie unter der einfachen Bezeichnung „kondensierte Milch" oder gar „kondensierte natür-

---

[1]) Zeitschr. f. analyt. Chem. 1900, **39**, 19.

[2]) Analyst 1885, **10**, 62 und Chem. News 1885, **51**, 193; Chem. Zentralbl. 1885, 522.

[3]) Zeitschr. f. analyt. Chem. 1900, **39**, 19.

[4]) Ebendort 1901, **40**, 97.

liche Kuhmilch“ in den Handel gebracht wird. Ist dagegen weniger Fett als Stickstoff-Substanz vorhanden, so ist der Verdacht, daß abgerahmte Milch verwendet worden ist, um so größer, je erheblicher diese Differenz ist.

2. Untersuchung der Milch- bzw. der Rahmpulver.

Die Untersuchung der Milchpulver weicht nur dadurch von der der kondensierten Milch ab, daß man nach Herstellung einer guten Mischung zur **Stickstoff**bestimmung direkt 1—2 g nach Kjeldahl verbrennen, zur Bestimmung der **Asche** etwa 2 g nach S. 215 direkt veraschen kann, während zur **Fett**bestimmung nur das Verfahren von Gottlieb-Röse (S. 195) als zuverlässig bezeichnet wird. Für die Ausführung des Verfahrens gibt Haupt[1]) folgende Vorschrift:

Man führt 1 g lufttrockene Substanz in eine Gottlieb-Rösesche Bürette ein und schüttelt mit etwa 9 ccm warmem Wasser 3—5 Minuten kräftig durch. Nach 1—2 Minuten werden 10 ccm 96 proz. Alkohols hinzugefügt und abermals durchgeschüttelt. Die Flüssigkeit, welche vorher milchig, undurchsichtig erschien, wird hierdurch schon durchscheinend trübe. Nunmehr werden 25 ccm Äther hinzugefügt und wiederum kräftig geschüttelt, sodann 25 ccm Petroläther hinzugegeben und nach abermaligem kräftigen Schütteln der Apparat zur Scheidung der Flüssigkeiten der Ruhe überlassen. Nach 3 Stunden kann der Stand der Flüssigkeitsschichten abgelesen werden. Aus dem Hahn der Bürette wird alsdann eine beliebige Menge (20—30 ccm) der ätherischen Lösung in ein gewogenes Glasschälchen abgelassen, der Äther und Petroläther bei niederer Temperatur verdunstet und das Fett 10 Minuten bei 100° getrocknet und gewogen, abermals getrocknet und wieder gewogen. Die gewogene Fettmenge, umgerechnet auf das Gesamtvolumen der ursprünglichen ätherischen Lösung, ist der Fettgehalt in 1 g Milchpulver.

Zur Bestimmung des Zuckers löst bzw. verteilt man das Milchpulver mit der 10 fachen Menge Wasser und verfährt wie bei Milch S. 213.

Die Ranzigkeit kann meistens schon durch den Geruch und Geschmack erkannt werden; unter Umständen kann auch die Bestimmung der freien Fettsäuren im Ätherauszug mit herangezogen werden (vgl. unter Rahm S. 291 und I. Teil, S. 363).

Auf Zusatz von Frischhaltungsmitteln wird wie bei Milch (S. 241) geprüft; einen Zusatz von Natriummono- oder bicarbonat erkennt man schon aus der alkalischen Reaktion des mit Wasser angerührten Milchpulvers auf Lackmuspapier.

Etwaige Beimengungen von Stärke lassen sich nach der Entfettung des Pulvers mikroskopisch durch Jodlösung nachweisen, und wenn durch Ausziehen mit Wasser auch der Zucker entfernt ist, nach der Inversion mit Salzsäure (I. Teil, S. 441) quantitativ bestimmen.

Zur Beurteilung, ob Rahm, ob Voll- oder entrahmte Milch zur Herstellung der Milchpulver verwendet wurde, ergibt sich auch hier aus dem Verhältnis von Stickstoff-Substanz zu Fett.

Richtig hergestelltes Milchpulver darf keine klumpigen Fettausscheidungen zeigen, sondern muß sich mit warmem Wasser zu einer gleichmäßigen Emulsion verteilen; es darf nicht gebräunt sein und weder ranzigen Geruch noch Geschmack besitzen.

Außer Rohr- oder Rübenzucker dürfen kondensierte Milch wie auch Milchpulver keine der Milch nicht angehörende Stoffe, also auch keine Frischhaltungsmittel, enthalten.

Erzeugnisse unter Zusatz von Zucker aus Magermilch oder aus Mischungen derselben mit Vollmilch dürfen unter deutlicher Kennzeichnung des Sachverhaltes in den Verkehr gebracht werden.

---

[1]) Zeitschr. f. Untersuchung d. Nahrungs- u. Genußmittel 1906, **12**, 217.

Käse.

I. Vorbemerkungen.

1. Begriffsbestimmung.[1]) Käse ist das aus Milch, Rahm, teilweise oder vollständig entrahmter Milch (Magermilch), Buttermilch oder Molke oder aus Gemischen dieser Flüssigkeiten durch Lab oder durch Säuerung (bei Molke durch Säuerung und Kochen) abgeschiedene Gemenge aus Proteinstoffen, Milchfett und sonstigen Milchbestandteilen, das meist gepreßt, geformt und gesalzen, auch mit Gewürzen versetzt und entweder frisch oder auf verschiedenen Stufen der Reifung zum Genusse bestimmt ist.

Es werden unterschieden:

1. nach der Tierart, von der die verwendete Milch gewonnen ist: Kuhkäse, Schafkäse, Ziegenkäse usw.;
2. nach dem Fettgehalt des Käses:
   a) Rahmkäse (Sahnekäse) mit mindestens 50%,
   b) Fettkäse (vollfetter Käse) mit mindestens 40%,
   c) dreiviertelfetter Käse mit mindestens 30%,
   d) halbfetter Käse mit mindestens 20%,
   e) viertelfetter Käse mit mindestens 10%,
   f) Magerkäse mit weniger als 10%
   Fett, auf Trockenmasse berechnet;
3. nach den zur Abscheidung des Käses benutzten Mitteln:
   a) Labkäse, durch Lab abgeschieden,
   b) Sauermilchkäse, durch Säuerung (aus Molke durch Säuerung und Kochen) abgeschieden;
4. nach der Konsistenz:
   a) Hartkäse,
   b) Weichkäse;
5. nach den Einzelheiten der Herstellungsweise eine große Zahl verschiedener Käsesorten;
6. nach dem Orte der Herstellung verschiedene entsprechend bezeichnete Käsesorten.

Margarinekäse sind käseartige Zubereitungen, deren Fettgehalt nicht oder nicht ausschließlich der Milch entstammt.

Margarinekäse unterliegt den Bestimmungen des Gesetzes vom 15. Juni 1897, betreffend den Verkehr mit Butter, Käse, Schmalz und deren Ersatzmitteln, sowie den Bekanntmachungen vom 4. Juli 1897 und 23. Oktober 1912, betreffend Bestimmungen zur Ausführung des genannten Gesetzes.

Auf Grund der vorliegenden Analysen ergibt sich bei den nach dem Fettgehalt unterschiedenen Käsesorten etwa folgender Gehalt an den sonstigen Bestandteilen:

---

[1]) Bei den Ausführungen über Käse sind die Beschlüsse des Reichsgesundheitsrates, ausgearbeitet im Kaiserlichen Gesundheitsamt, mit zugrunde gelegt.

Käseart	Wasser		In der Trockensubstanz										
			Fett		Stickstoff-Substanz (N × 6,25)		In Wasser lösliche Stickstoff-Substanz	Ammoniak	Milchzucker	Säure = Milchsäure[1]	Asche	Kochsalz	Fett zu Stickstoff-Substanz (N × 6,25) wie 100:
	Schwankungen %	Mittel %	Schwankungen %	Mittel %	Schwankungen %	Mittel %	%	%	%	%	%	%	
Rahmkäse	30,0—62,0	42,00	50,0—80,0	64,50	42,0—16,0	27,50	3,75	0,20	2,67	0,25	5,08	—	20— 75
Fett- (bzw. Vollfett-) Käse	28,1—56,6	36,45	40,0—50,0	47,55	45,0—38,0	41,89	9,83	0,22	1,68	1,71	7,17	2,83	85— 115
Dreiviertelfettkäse .	22,0—56,8	37,25	30,0—40,0	34,25	59,0—49,0	53,55	16,55	0,44	1,40	2,05	8,75	4,45	125— 190
Halbfettkäse	22,0—63,5	45,50	20,0—30,0	26,52	64,0—56,0	58,02	17,41	0,45	2,65	1,95	10,86	4,65	200— 300
Einviertelfettkäse .	33,6—57,9	47,60	10,0—20,0	16,15	71,0—59,0	65,60	19,68	0,50	3,74	2,55	11,95	—	300— 700
Magerkäse	35,0—65,0	52,35	unter 10	4,55	86,5—77,5	80,15	20,54	0,48	3,65	2,50	9,15	—	800—4000
Quarg[2])	73,0—80,0	76,70	1,8— 4,9	2,80	85,0—82,0	84,10	8,40	—	6,45	3,55	6,74	—	—
Ziegenkäse	24,6—58,8	38,90	38,0—51,0	45,85	45,0—35,0	40,85	6,10	0.35	1,67	1,21	10,41	6,89	75— 115
Schafkäse	29,0—60,7	40,25	35,0—58,0	50,50	45,0—25,0	38,50	5.77	0,33	1,87	2,09	7,04	4,02	50— 120

2. *Übersicht über die Käsesorten.*[3]) Die bekannteren Käsesorten sind:

A. *Labkäse aus Kuhmilch.* **a) Hartkäse.** Deutschland: Allgäuer Rundkäse (fett); Schweizer und Emmentaler Käse (fett); Tilsiter und der ganz ähnliche Ragniter Käse (in mehreren Fettgehaltsstufen); Elbinger oder Werder Niederungs-Käse (fett und halbfett); Wilstermarsch- oder Holsteinischer Marsch-Käse (meist fett, aber auch halb- und drittelfett); Gouda-Käse (fett); Edamer Käse (fett und mager); Holsteinischer Mager- oder Leder-Käse (mager, neuerdings auch $^1/_3$-fett).

Schweiz: Emmentaler (fett) oder Schweizer-Käse (fett, auch mager); Greyerzer (Gruyères) Käse (fett); Saanen-Käse (fett, halbfett, mager); Spalen-, Battelmatt-Käse (fett, halbfett), alle nach Emmentaler Art bereitet; Appenzeller Käse und Prättigauer Pressen-Käse (beide mager); Sarrasin-Roquefort (Nachahmung von Roquefort-Käse, mager).

Frankreich: Port-du-Salut (fett); Cantal (fett, halbfett, mager); Gruyères (fett); Géromé oder Géradmer (als Hartkäse); Rangiport (fett); Gex und Septmoncel (beide grüngeaderte fette Käse), ebenso Roquefort aus Kuhmilch (mager); Gautrais und Providence (fette Käse).

Italien: Parmesan- oder Grana- oder Lodisaner Käse (halbfetter Reibkäse); Cacio cavallo (eine Art Kochkäse, fett, halbfett, mager); Chiavari (fett); Battelmatt-Käse (fett, halbfett).

Holland: Gouda-Käse (fett); Edamer Käse (fett und mager; in neuester Zeit beabsichtigt man auch vollfetten Edamer unter staatlicher Kontrollmarke in den Handel zu bringen; der magere Edamer wird fast ausschließlich in Westfriesland bereitet und heißt daher auch Westfriesischer oder Friesischer Edamer); Leydener oder Leidscher oder Schlüssel-Käse (Magerkäse nach Gouda-Art mit Kümmel- oder Käsekraut vermengt); Koeyekaas oder Komynde Kaas (ebensolcher Käse mit Nelken oder anderem Gewürz).

England: Stilton (fett, auch Rahmkäse) und Blue Dorset (mager), beide grüngeadert; Chester- oder Cheshire-Käse (fett); Cheddar (fett und halbfett) und der diesem ähnliche Derby- und Faktory-Käse; Gloucester und Leicester Käse (fett und halbfett).

Dänemark: Thybo-Ost (nach Gouda-Art); Dänischer Export-Käse (nach Cheddar-Art).

Schweden: Schwedischer Cheddar; Schwedischer Güter- oder Herrenhofkäse, Herregaardsost (zwischen Emmentaler und Chester-Käse stehend).

Rußland: Steppenkäse (eine Art Goudakäse).

---

[1]) Unter den freien Säuren des Käses hat Orla Jensen (Landw. Jahrbuch 1904, 8) Capronsäure, Valeriansäure, Propionsäure, Buttersäure, Essigsäure und Ameisensäure — letztere nur in Spuren — nachgewiesen.

[2]) Es gibt auch Fettquarg, für den A. Burr (Milchwirtschaftl. Zentralbl. 1910, **6**, 392) im Mittel 54,66% Wasser und 64,00% Fett in der Trockensubstanz fand.

[3]) Nach den Vereinbarungen des Vereins Deutscher Nahrungsmittelchemiker; vgl. Zeitschr. f. Untersuchung d. Nahrungs- u. Genußmittel 1912, **24**, 133ff.

Österreich-Ungarn: Emmentaler (Schweizer-) Käse; Battelmatt-Käse (fett); Lüneburger Hauskäse (backsteinartig, fett); Vezzena- und Manezza-Käse (fette Reibkäse); Ovarer Käse (nach Tilsiter Art, fett).

Amerika: Emmentaler oder Schweizer-Käse; Cheddar-Käse; Chester-Käse; Pineapple-cheese (fett, in Ananasform).

b) Weichkäse. Deutschland: Allgäuer Backsteinkäse (Allgäuer Limburger), Romadur oder richtiger Remoudou (mit wenigstens 40% Fett, bisher auch Allgäuer Rahmkäse genannt), Weißlacker, alle drei in verschiedenen Fettgehaltsstufen (siehe unten); Woriener, Brioler und Kaschauer Käse (ostpreußische Limburger bzw. Romadour-Käse, ebenfalls verschieden fettreich); Münster-Käse oder Schachtelkäse (fett); Bayerische Schachtelkäse; Hohenheimer Käse (halbfett); Käse mit Phantasienamen wie Klosterkäse, Schloßkäse, Jägerkäse; Schlesische Sahnenkäse (aus Magermilch); Neufchâteller, Gervais, Brie, Camembert in verschiedenen Fettgehaltsstufen und unter Bezeichnungen, welche eine Täuschung ausschließen.

Schweiz: Schweizer Limburger Käse oder Hauskäse (mager); Bellelay oder Mönchsköpfe (fette Streichkäse); Vacherins; Chevrotin oder Geishäsli.

Frankreich: Die frischen ungesalzenen oder gesalzenen Lab- und Rahmkäse wie Fromage à la crême, Fromage double crême, Bondon oder Bondon de Rouen Malakoff, Gervais- oder Chevalier-Käse (Petit Suisse); Ancien Impérial; Petit carré (alle aus sog. überfetter Milch oder aus Vollmilch mit Rahmzusatz oder sogar ganz aus Rahm bereitet); Brie-, Camembert- und Neufchâtel-Käse (alle drei ursprünglich fett, dann auch weniger fett und mager hergestellt); Coulommier (halbfett); die runden Käse von Olivet (halbfett), von Mont d'Or (fett), von Géromé oder Géradner (fett und mager), von Livarot (mager); die viereckigen Käse Pont l'Evêque (meist fett), Void und Villiers.

Italien: Mascarpone (aus Rahm), Stracchino fresco oder Stracchino Milano (fett und halbfett); Gorgonzola (fett).

Belgien: Echter Limburger (fett, halbfett und mager) und Romadour- oder Remoudou-Käse (fett und halbfett).

England: Cream cheese (aus Rahm); Brickbat (viereckiger Weichkäse aus Vollmilch, auch mit Rahmzusatz).

Dänemark und Schweden: Außer Romadur-, Backsteinkäsen Smaaländischer Priesterkäse (Prestot).

Österreich-Ungarn: Meist Nachahmungen von Limburger, Backstein- und Romadur-Käsen unter den Namen: Schloß- oder Hagenberger Schloßkäse, Schwarzenberger, Grottenhofer, Harrach-, Konopister Käse (meist fett, teilweise auch halbfett). Steierischer Streichkäse (fett). Nachahmungen von Camembert unter der Bezeichnung Monopol-Käse und Waldmeister.

B. *Lab- (Hart-) Käse aus Ziegen-, Schaf- usw. Milch.* Ziegenkäse: Gewöhnliche Ziegenkäse (Deutschland, Österreich und Schweiz), Ziegenkäse von St. Claude, von Mont d'Or, Chevretin u. a. (Frankreich), Formaggio di capra (Italien), Hvidost (Schweden).

Schafkäse: Gewöhnliche Schafkäse (Deutschland), Brinsen- oder Liptauer oder Zipserkäse, Szeklerkäse, Kaskaval-, Arnauten- oder Trafnikerkäse (Österreich-Ungarn), Roquefort (Frankreich), Pecorino und verschiedene Lokalkäse (Italien). Der Roquefort wird aus halbabgerahmter Abendmilch und unabgerahmter Morgenmilch bereitet, die übrigen Käse wohl aus unabgerahmter Milch.

Büffelkäse: Provole und Scamorza (Italien).

Renntierkäse in Nord-Schweden, Norwegen, Lappland.

C. *Sauermilchkäse* (aus saurer Magermilch vielfach unter Zusatz von Buttermilch bereitete Käse). Deutschland: Ostpreußische Glumse, Schlesischer Weichquark, fetter Sauermilchquark und Buttermilchquark oder Quarg, Kümmelkäschen (frischer saurer Handkäse), Thüringer Kümmelkäschen, westfälischer Sauerkäse, alter Kuhkäse oder Berliner Kuhkäse (schlesischer Sauermilchkäse), Rinnenkäse, Form- oder Satzkäse, Fabrikkäse, Märkischer Preßkäse, Harzer Käse oder Harzkäse, Mainzer Handkäse, Brandkäse (teilweise mit etwas Butter versetzt), Kräuterkäse, Nieheimer- oder Hopfenkäschen, Pimpkäse, Sächsischer Sauermilchkäse, Ihlefelder Käse, Baudenkäse

(Gros- oder Koppenkäse), Lothringer Käschen, Münchener, Dresdener usw. Bierkäse, Topf- und Kochkäse, z. B. Holsteinischer Gesundheitskäse (mit Butter oder Rahm bereitet).

Schweiz: Glarner Schabziger (Glarner grüner Kräuterkäse), grüner Kräuterkäse, Bloderkäse.

Frankreich: Französischer Bauernkäse (Fromage de ferme), Broccio (korsischer Schafkäse).

Italien: Chiavarikäse (Cacio Romano).

Belgien: Fromage de Bruxelles, Fromage de panier; Belgischer Kochkäse oder Belgischer Sauermilchkäse.

Dänemark und Schweden: Dänischer Räucherkäse, Schwedischer und Norwegischer Gamelost, Pultost oder Knadost.

Österreich-Ungarn: Quarg oder Topfen, Olmützer Quarkeln, Tiroler oder Vorarlberger Sauermilchkäse, Trappistenkäse, Sperr- oder Trockenkäse, Montavoner Kräuterkäse; Kärntner oder Steirer Käse.

Rußland: Livländer Sauermilchkäse, Krutt.

Amerika: Pot, Cottage Cheese, Dlutch Cheese, Sour curds (Quark in verschiedener Form); Mendes Sauermilchkäse, Queso de cincho (Cincho) in Chile und Venezuela.

D. *Zigerkäse.* Ziger- oder Ziegerkäse (in Frankreich recuit, mit Zucker und Rahm gruau de montagne, in Italien ricotta); Hüdeliziger; Mascarpone (Schweiz).

E. *Molkenkäse.* Mysost (eingedickter Rückstand der Labkäserei), Surprim (desgl. der Sauermilchkäserei), beide Skandinavien; in der Schweiz heißen die entsprechenden Zubereitungen Molkensick (süße Molke) und Schottensick oder Schottenzug (saure Molke).

3. Käsefehler. Käsefehler sind Abweichungen von der allgemeinen normalen Beschaffenheit der Käse. So sind unregelmäßig gestaltete, geplatzte, rissige, von für die betreffende Käsesorte fremdem Schimmel befallene, mißfarbige, fleckige Käse allgemein fehlerhaft; ebenso blähende, rißlerige sowie „kurze" oder bröckelige Käse; Gläsler, spaltende Gläsler treten bei Hartkäsen der Emmentaler Art auf.

Flecken zeigen sich nicht bloß außen, sondern auch innen an Käsen (blaue, schwarze, rostfarbige Punkte bzw. Flecken im Teig). Streifen oder Schichtfärbungen schreiten meist von außen nach innen fort (blaue oder blauschwarze Backsteinkäse, braunrote Tilsiter oder Romadurkäse). Mißfärbungen zeigen sich im Teig von Cheddar-, Gouda-, Edamer, Tilsiter, Parmesan- usw. Käsen.

Geschmacksfehler sind: bitter, seifig, talgig, unrein, sauer, ranzig, zu stark salzig, „nach Stall", faulig.

Das Platzen und Reißen bei Hartkäsen entsteht durch zu trockene und warme Luft, durch Zugluft wie auch durch Stoßen und Werfen bei der Behandlung und beim Transport. Bei Weichkäsen, speziell bei denen nach Limburger Art, bewirkt zu niedrige Kellertemperatur und zu starkes Salzen das Weißschmierigwerden[1]), das sich in einer weißen Farbe außer- und innerhalb, in einer schmierigen Beschaffenheit der Rinde und in einem scharfen salzigen Geschmack geltend macht. Zu hohe Kellertemperatur bewirkt das Laufen der Weichkäse.

Das Blähen der Hartkäse hat seine Ursache in dem zu starken Auftreten gewisser gasbildender Mikroorganismen. Zumeist sind es Coli- und Aerogenesbakterien, hier und da aber auch Hefen, vielleicht auch sog. Buttersäurebakterien. Die erste Gruppe von Bakterien bewirkt ausschließlich die im Beginn der Reifung oder noch während der ersten Behandlung des Käses auftretende Blähung; so entstehen z. B. bei Emmentaler Käsen schon beim Pressen die sog. Preßler und ladtönigen Käse, oder die Blähung tritt während des Salzens bzw. im Keller im Verlauf der ersten Reife auf. Entstehen dabei größere in der Nähe der Rinde liegende Blasen, so heißt der Käse järbhohl oder randhohl, verteilen sich die Gase auf die ganze Käsemasse, so daß viele kleine Augen entstehen, dann nennt man den Käse einen

[1]) Solche weißschmierig gewordenen Käse sind nicht zu verwechseln mit den Weißlackern, einer weichen Labkäsesorte, die im bayrischen Allgäu in quadratischer Form und in der Größe von 2—$2^1/_2$ Pfd. bereitet werden.

Rißler. Ob die nachträglich, d. h. im späteren Verlauf der Reifung eintretenden Blähungen ebenfalls den Coli- und Aerogenesbakterien oder Hefen bzw. Buttersäurebakterien zuzuschreiben sind, ist noch nicht ermittelt; wahrscheinlich entstehen sie durch die eine wie durch die andere Gruppe.

Gläsler sind Schweizerkäse, die gar keine oder zu schwache Lochung zeigen. Nicht selten besitzen diese Käse schief- oder querlaufende Schlitze und Spalten, in welchem Falle sie dann spaltende Gläsler genannt werden. Die Gläslerkäse sind im Gebrauch meist normal bis fein, während die blähenden Käse selten guten, meist seifigen, süßlich-faden bis kuhigen Geschmack haben; vielfach sind sie auch mißfarbig. Die Mißfärbungen in Cheddarkäsen sind ebenfalls durch Colibakterien verursacht.

Bei Schweizerkäsen mit zu dichtem Teig treten kleine weißliche Krystalldrusen, sog. Salzsteine, auf, welche hauptsächlich aus Tyrosin und anderen organischen krystallisierenden Zersetzungsprodukten der Käse bestehen.

Mit Bezug auf die fehlerhaften äußeren und inneren Färbungen sei auf § 62 des II. Bandes des Lafarschen Handbuches der technischen Mykologie verwiesen. Es möge hier nur noch besonders erwähnt werden, daß die Blau- und Blauschwarzfärbungen an Limburger und Backsteinkäsen meist chemischen Ursprungs und durch Eisenverbindungen, manchmal auch durch Kupfer und Blei herbeigeführt sind. Die Blaugrünfärbung im Parmesankäse ist durch Kupfer verursacht.

Das Bankrotwerden kann nach K. Teichert[1]) außer durch chemische und bakteriologische Wirkungen, durch Eindringen von Holzsaft (vorwiegend Weißtannen-, aber auch Rottannenholz) — nachweisbar durch Phloroglucin-Salzsäure — verursacht werden.

Die durch Genuß von Käse (sowohl frischem wie altem) hervorgerufenen Vergiftungserscheinungen (Übelkeit, Erbrechen und starke Diarrhöen) werden wohl in den meisten Fällen durch besondere pathogene Varietäten von Colibakterien, manchmal vielleicht auch durch sogenannte peptonisierende Bakterien (Flüggesche sporenbildende Milchbakterien) oder anaerobe Buttersäurebakterien bewirkt. Der chemische Nachweis der von solchen Bakterien in Käse gebildeten toxischen Körper (Tyrotoxicon Vaughans, Tyrotoxin Dokkums) gelingt selten.

H. Kühl[2]) fand bei einer Käsevergiftung, bei der fertiggebildete Gifte im Käse nicht nachgewiesen werden konnten, als Erreger mit Bacterium lactis aërogenes übereinstimmende Bakterien, die nicht sofort, sondern erst nach gewisser Zeit giftig wirkten.

4. Verfälschungen, Nachmachungen und Verunreinigungen des Käses. Als Zuwiderhandlungen gegen das Nahrungsmittelgesetz und das Gesetz vom 15. Juni 1897 oder eines von beiden sind anzusehen:

1. Die Unterschiebung von Margarinekäse als Käse.

Käse und käseartige Zubereitungen, denen nachträglich nicht der Milch entstammende Fette zugesetzt sind — z. B. um sie streichfähig zu machen —, sind als Margarinekäse anzusehen und unterliegen daher denselben gesetzlichen Bestimmungen wie diese.

2. Der Verkauf und das Feilhalten von Käsen, deren Fettgehalt nicht der vorstehenden (S. 303) Bezeichnung entspricht.

3. Das Feilhalten und der Verkauf von Ziegen- und Schafkäsen, zu deren Herstellung eine Kesselmilch verwendet worden ist, die nicht mindestens zur Hälfte aus Ziegen- bzw. Schafmilch bestand.

4. Wenn im Inlande hergestellte ausländische Käsearten unter Bezeichnungen (z. B. in ausländischer Sprache usw.) oder Marken feilgeboten und in den Verkehr gebracht werden, welche eine Täuschung des Käufers hervorzurufen geeignet sind; doch gilt dies nicht für solche Käsenamen, die Gattungsbezeichnungen geworden sind (Emmenthaler, Edamer,

[1]) Molkerei-Ztg. (Hildesheim) 1913, **27**, 489.

[2]) Zeitschr. f. Untersuchung d. Nahrungs- u. Genußmittel 1913, **25**, 193.

Tilsiter, Camembert, Gervais usw.). Wenn diese im Inlande hergestellt werden, sind an sie die gleichen Anforderungen zu stellen wie an die aus dem Auslande eingeführten Käse.

5. Die Herstellung, der Verkauf und das Feilhalten von Käse mit zu hohem Wassergehalt. Es kommt bei manchen frischen Käsesorten vor, daß sie in betrügerischer Absicht zu wasserreich gemacht werden; bei Käsen, welche eine Reifung durchmachen und haltbar sein sollen, verbietet sich ein solches Vorgehen von selbst. Magere Käse sind an sich wasserreicher als fette und ganz frische wasserreicher als etwas ältere.

6. Der Zusatz von stärkemehlhaltigen Stoffen (Kartoffelbrei usw.) und sonstigen minderwertigen organischen Stoffen, sowie der Verkauf und das Feilhalten von Käsen mit derartigen Zusätzen, sofern diese Zusätze nicht zur Herstellung besonderer Käsearten (Kartoffelkäse usw.) dienen und deklariert sind.

7. Der Zusatz von anorganischen Stoffen — ausgenommen Kochsalz, sowie geringe Mengen Salpeter (0,05—0,1%) und Natriumbicarbonat — und von Konservierungsmitteln, sowie der Verkauf und das Feilhalten von derartig hergestellten Käsen. Von außen dürfen die Käse mit Öl oder Paraffin behandelt oder mit einer dünnen Schicht überzogen werden; die Verwendung von Bariumsulfat und sonstigen schädlichen Stoffen zu dieser Umhüllung ist unzulässig.

8. Die Herstellung, der Verkauf und das Feilhalten von Margarinekäsen ohne oder mit weniger als 5% Sesamöl in 100 Teilen Fremdfett oder mit Sesamöl von unvorschriftsmäßiger Beschaffenheit.

9. Der Verkauf und das Feilhalten von verdorbenem Käse.

Ein Käse ist dann als verdorben zu bezeichnen, wenn er für den menschlichen Genuß nicht mehr geeignet ist. Mit Käsefehlern behaftete Käse sind nicht ohne weiteres verdorben, ebensowenig überreife und angeschimmelte Käse.

10. Üblich ist bei manchen Käsen das Färben; die hierzu verwendeten Farben müssen unschädlicher Natur sein.

11. Als mehr oder weniger zufällige Beimengungen kommen vor: Spuren von Blei, Kupfer, Zink und Eisen, herrührend aus den Herstellungsgefäßen oder der Verpackung.

12. Für Genußzwecke dürfen — auch in Mischungen oder Zubereitungen — als verboten zum Schutze der Gesundheit nicht in den Verkehr gebracht werden:

a) Käse, zu dessen Herstellung Milch verwendet ist, die nach den „Festsetzungen über Speisefette und Speiseöle" unter II 1[1]) zur Herstellung von Butter für Genußzwecke nicht verwendet werden darf;

---

[1]) Nach den angeführten Bestimmungen dürfen für Genußzwecke nicht in den Verkehr gebracht werden:

1. Butter, auch Ziegen- und Schafbutter, zu deren Herstellung verwendet worden ist:
   Milch von Tieren, die mit Rinderpest, Milzbrand, Rauschbrand, Wild- und Rinderseuche, Tollwut oder Blutvergiftung behaftet sind oder die an Eutertuberkulose leiden oder bei denen das Vorhandensein von Eutertuberkulose als in hohem Grade wahrscheinlich anzusehen ist, oder
   rohe Milch von Tieren, bei denen einfacher Verdacht der Eutertuberkulose besteht oder das Vorhandensein äußerlich erkennbarer Tuberkulose, sofern sie sich in der Lunge in vorgeschrittenem Zustande befindet oder Gebärmutter oder Darm ergriffen hat, festgestellt oder in hohem Grade wahrscheinlich ist;
2. Margarine, zu deren Herstellung Milch der in Nr. 1 bezeichneten Art verwendet worden ist;
3. Fett, zu dessen Herstellung Teile von gefallenen Tieren oder bei der Fleischbeschau als untauglich beanstandete Teile geschlachteter Tiere verwendet worden sind;
4. Fett, zu dessen Herstellung bei der Fleischbeschau als bedingt tauglich beanstandete tierische Teile verwendet worden sind, es sei denn, daß diese nach Maßgabe der Vor-

b) Margarinekäse, zu dessen Herstellung Milch der in Nr. 1 (Anm. 1, S. 308) bezeichneten Art verwendet worden ist;

c) Margarinekäse, zu dessen Herstellung Fette oder Öle verwendet worden sind, die nach den „Festsetzungen über Speisefette und Speiseöle" unter II 3—6 (Anm. 1, S. 308) für Genußzwecke nicht in den Verkehr gebracht werden dürfen;

d) Käse oder Margarinekäse, bei deren Herstellung die nachbezeichneten Stoffe verwendet worden sind:

Ameisensäure, Benzoesäure, Borsäure, Fluorwasserstoffsäure, Salicylsäure, schweflige Säure, Salze oder Verbindungen dieser Säuren, unterschwefligsaure Salze (Thiosulfate), Formaldehyd oder solche Stoffe, die bei ihrer Verwendung Formaldehyd abgeben.

5. Erforderliche Prüfungen und Bestimmungen. Bei der Untersuchung von Käse sind im allgemeinen, sofern es sich nicht um die Beantwortung bestimmter Einzelfragen handelt, folgende Prüfungen und Bestimmungen auszuführen:

1. Sinnenprüfung;
2. Bestimmung des Wassergehaltes;
3. Bestimmung des Fettgehaltes;
4. Prüfung auf fremde Fette;

in besonderen Fällen auch:

5. Bestimmung des Stickstoffs;
6. Prüfung auf Konservierungsmittel;
7. Prüfung auf sonstige fremde Stoffe (Mineralstoffe, Stärkemehl, Schwermetalle usw.).

Margarinekäse ist außerdem auf den vorgeschriebenen Gehalt an Sesamöl zu untersuchen, dagegen auf die Art der fremden Fette nur in besonderen Fällen.

6. Probenahme und Vorbereitung der Proben für die Untersuchung. Für die chemische Untersuchung sind etwa 200—300 g zu entnehmen; hierfür sind bei kleineren Käsen ganze Käse (wenn nötig, mehrere) zu wählen, bei größeren Käsen solche Stücke auszuschneiden, die durch alle Schichten des Käses sich erstrecken. Eine etwaige Stanniol- oder Papierumhüllung darf nicht entfernt werden. Von gefärbten oder sonst auffallenden Außenschichten sind besondere Proben zu entnehmen.

Die Proben sind in sorgfältig gereinigte Gefäße aus Glas, Porzellan oder Steingut zu füllen, die sofort möglichst luft- und lichtdicht zu verschließen sind.

Zur Erzielung von möglichst gleichmäßigen Durchschnittsproben für die einzelnen analytischen Bestimmungen werden die Proben — nach Entfernung einer etwa vorhandenen schmierigen oder mit Schimmelpilzen überzogenen oder hornartigen Außenschicht oder einer besonderen Hüllschicht oder eines Farbüberzugs — in einer Porzellanreibschale rasch zerdrückt und gemischt, bei den härteren Sorten auf einem Reibeisen oder in einer Fleischhackmaschine zerkleinert und gemischt. Die so vorbereitete Käsemasse wird sofort in weithalsige Glasgefäße mit Glasstopfen von etwa 50 ccm Inhalt gebracht, die möglichst angefüllt sein sollen.

Die Proben für die einzelnen Bestimmungen sind tunlichst unmittelbar nach der Herstellung der Durchschnittsprobe abzuwägen.

---

schriften des Fleischbeschaugesetzes zum Genusse für Menschen brauchbar gemacht worden sind;

5. solche Arten von Fetten und Ölen, deren Unschädlichkeit für den Menschen nicht feststeht;
6. Fette oder Öle, denen die nachbezeichneten Stoffe zugesetzt worden sind:

Ameisensäure, Benzoesäure, Borsäure, Fluorwasserstoffsäure, Salicylsäure, schweflige Säure, Salze oder Verbindungen dieser Säuren, unterschwefligsaure Salze (Thiosulfate), Formaldehyd oder solche Stoffe, die bei ihrer Verwendung Formaldehyd abgeben.

II. Untersuchung des Käses.

1. Sinnenprüfung. Der Käse ist auf die Art der Verpackung, auf Konsistenz, Aussehen, Geruch und Geschmack zu prüfen.

Dabei ist festzustellen, ob sich die inneren und äußeren Schichten in bezug auf Konsistenz und Farbe unterscheiden, ob eine besondere Rindenschicht vorhanden ist, ob an der Außenfläche angebrachte Fremdstoffe zu erkennen sind, ob die Farbe gleichmäßig oder fleckig ist; auch ist auf das Vorhandensein und die Beschaffenheit von Löchern zu achten, sowie darauf, ob der Käse von Schimmel oder von Maden durchsetzt oder von Milben befallen ist.

Ferner ist darauf zu achten, ob der Käse einen der betreffenden Käsesorte fremden Geruch oder Geschmack oder einen krankhaft bitteren, seifigen oder ekelerregenden Geschmack oder einen fauligen oder sonst ekelerregenden Geruch besitzt.

Die äußere Beschaffenheit von Käse ist sehr verschiedenartig; sie wechselt mit den Ausgangsstoffen, mit der Art der Abscheidung des Käsestoffs, mit der Art seiner weiteren Behandlung, mit dem Grade der Reife.

Zwischen quargartigem Zustande und hartem, sprödem (z. B. bei Parmesankäse), bröckligem (z. B. bei Roquefort) und zerfließendem (bei manchen überreifen Käsen) sind alle Stufen der Konsistenz vertreten; auch ist bei manchen Käsesorten infolge der Reifung die äußere Schicht entweder härter oder weicher als das Innere. Gewisse Käsesorten (z. B. Schweizer) sind infolge der Reifung mit Löchern durchsetzt.

Das Aussehen wechselt zwischen undurchsichtig und durchscheinend, weiß, gelblichweiß, gelb, braungelb, bei der Rindenschicht bis braun; mitunter ist die ganze Käsemasse (durch Zusatz von Farbstoffen zur Milch) oder die äußere Schicht künstlich gelb oder rot oder mittels Pflanzenauszügen grün gefärbt. Bei gewissen Käsesorten gehört eine Schimmeldecke oder eine Schimmelwucherung im Innern zur normalen Beschaffenheit.

Geruch und Geschmack der Käse sind je nach den Einzelheiten der Herstellungsweise sehr verschieden.

Von den einzelnen Käsesorten zeichnet sich fast jede durch ein bestimmtes Gesamtbild der äußeren Eigenschaften — Konsistenz, Aussehen, Geruch und Geschmack — aus.

2. Bestimmung des Wassers. 2—3 g der Durchschnittsprobe (vgl. S. 309) des Käses werden in einer — zweckmäßig mit 20 g grobkörnigem, ausgeglühtem Quarzpulver oder mittels Salzsäure gereinigtem, ausgeglühtem Seesand oder mit 10 g Bimssteinpulver sowie einem Glasstäbchen beschickten — flachen Nickel- oder Platinschale rasch abgewogen und mit dem Sand oder Bimsstein möglichst gleichmäßig vermischt. Die Schale wird sodann 1/2 Stunde im kochenden Wasserbade erhitzt, der Inhalt nochmals verrieben und darauf 1 Stunde in einem Trockenschrank bei 105—110° getrocknet[1]). Nach einer Stunde wird das Gewicht festgestellt, ebenso nach je weiteren 30 Minuten, bis keine Gewichtsabnahme mehr zu bemerken ist. Das Gewicht des Käserückstandes entspricht der Trockenmasse, der Gewichtsverlust dem Wassergehalt des Käses. (Über den schwankenden Wassergehalt der einzelnen Käsesorten vgl. S. 304.)

Anmerkung. K. Windisch[2]) empfiehlt, nur 1—2 g Käse und auf je 1 g Käse 10 g Sand zu verwenden, im Wasserdampf-Trockenschrank zunächst 10 Minuten zu trocknen, dann nochmals zu verreiben, wiederum 2 Stunden zu trocknen, zu wägen und dann zur Kontrolle nochmals 1/2 Stunde zu trocknen.

---

[1]) Vgl. Reuchlin u. Rachel, Zeitschr. f. Untersuchung d. Nahrungs- u. Genußmittel 1913, **26**, 20.

[2]) Arbeiten a. d. Kais. Gesundheitsamte 1898, **14**, 506.

Schaeffer[1]) schlägt für Quarg vor, ihn innigst mit geglühtem Bimssteinpulver zu mischen und diese Mischung bis zum gleichbleibenden Gewicht im Glycerintrockenschrank zu trocknen.

Burstert[2]) wägt 5 g des gut zerriebenen Käses in einem besonderen verschließbaren Wägegläschen ab, bringt dasselbe nach Entfernung des Deckels in einen Vakuumtrockenschrank und läßt bei gewöhnlicher Temperatur über Nacht oder so lange stehen, bis sich die Masse mittels eines pistillförmigen Glasstäbchens in einem auf Glanzpapier gestellten Schiffchen zu feinem Pulver zerdrücken läßt. Die zerkleinerte Masse wird dann noch 2 Stunden bei gewöhnlicher Temperatur im Vakuumtrockenschrank weiter getrocknet, letzterer allmählich erhitzt und 2 Stunden im Vakuum auf 100° gehalten. Man läßt im Exsiccator erkalten und wägt nach aufgesetztem Deckel.

K. Teichert[3]) gibt an, daß die zur Wasserbestimmung in der Butter vorgeschlagene Kontrollwage (S. 347 u. 348) auch zur Wasserbestimmung im Käse für praktische Zwecke geeignet ist. Man beschickt zu diesem Zweck den mit einem unten abgeplatteten Glasstab versehenen Becher mit 5 g gereinigtem und ausgeglühtem Seesand und 5 g Käse, schmilzt auf dem Wasserbade und erhitzt das Gemisch unter mehrfachem Durchrühren einige Stunden im Wassertrockenschrank bis zu eben beginnender ganz leichter Bräunung, worauf zurückgewogen wird. Die Befunde sollen bis auf etwa 1% mit denen der Gewichtsanalyse übereinstimmen.

Fig. 16.

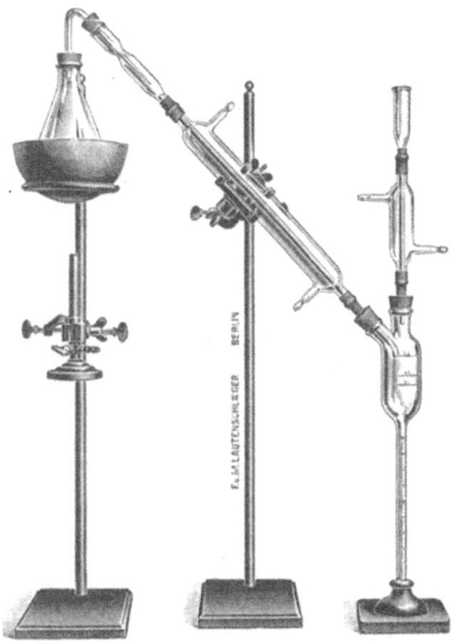

Apparat zur Bestimmung des Wassers im Käse von Mai u. Rheinberger.

C. Mai und Rheinberger[4]) bestimmen das Wasser in ähnlicher Weise, wie es bei Getreide (vgl. weiter unten) geschieht, direkt, indem sie sich des beistehenden Apparates (Fig. 16) bedienen:

Der Apparat[5]) besteht aus einem im Sandbad stehenden Erlenmeyerkolben aus Jenaer Glas von 300 ccm, der bei 200 ccm eine Marke trägt, einem Kühler von etwa 30 cm Mantellänge und der Vorlage. Letztere trägt einen kleinen Kühler von etwa 12 cm Mantellänge, dessen Wasserablauf mit dem Zulauf des größeren Kühlers verbunden wird. Der Erlenmeyerkolben wird mit einem sehr gut passenden, rissefreien, weichen Kork fest verschlossen, durch dessen Bohrung die ganz kurze Ableitungsröhre von 8 mm Lichtweite geht, deren schief abwärts gebogener Teil zu einer Spitze von 2 mm Weite ausgezogen ist und bis fast zum Ende des Kühlervorstoßes hinunterreicht. Letzterer besitzt in der Mitte eine flache Einschnürung. Der Kork, womit die Ableitungsröhre im Kühlervorstoß befestigt ist, muß ebenfalls sehr gut und dicht sitzen. Kautschukstopfen sind wegen ihrer Angreifbarkeit durch das heiße Petroleum nicht verwendbar, und auch die Korke müssen öfters erneuert werden. Das untere Ende der etwa 8 mm weiten Kühlröhre geht durch einen Kautschukstopfen im Seitentubus des oberen bauchigen Teiles der Vorlage bis in dessen Mitte und ist hier schwach abwärts gebogen. Der Auslauf soll senkrecht über der Meßröhre der Vorlage stehen, so daß die ablaufenden Tropfen des Destillates direkt in die Meßröhre hineinfallen. Die Vorlage ist der von Fabris angegebenen ähnlich; sie besteht aus einem zylindrischen Gefäß von etwa 150 ccm Inhalt, das bei 50, 75 und 100 ccm Marken trägt und sich unten in die 10 ccm fassende, in $^1/_{10}$ ccm

[1]) Molkerei- u. Käserei-Ztg., Liegnitz 1906, **3**, 198.

[2]) Vgl. K. Teichert, Methoden z. Untersuchung d. Milch u. Molkereierzeugnisse 1909, 311.

[3]) Zeitschr. f. Untersuchung d. Nahrungs- u. Genußmittel 1910, **20**, 482.

[4]) Ebendort 1912, **24**, 125.

[5]) Beziehbar von der Firma F. u. M. Lautenschläger - München.

geteilte Meßröhre von etwa 23 cm Länge und 8 mm Weite verjüngt. Am zylindrischen Teil oben befindet sich je ein Tubus zur Aufnahme der beiden Kühlerröhren. Die Vorlage steht senkrecht in einem Holzfuß.

Das Verfahren gestaltet sich damit folgendermaßen:

„Der sorgfältig gereinigte und getrocknete Kolben wird leer und dann nach der Beschickung mit 8—12 g Käse[1]) gewogen und sofort mit Petroleum[2]) bis zur Marke gefüllt. Nach Zugabe von 3—5 g ausgeglühtem, gekörntem, durch Absieben von feinem Pulver befreitem Bimsstein wird der Kolben bis zur Marke ins Sandbad gesetzt, mit Kühler und Vorlage verbunden und das Sandbad zunächst mit nicht zu großer Flamme angeheizt. Die Destillation beginnt langsam und durchaus gleichmäßig; sie wird mit allmählich verstärkter Flamme unter Vermeidung des Überschäumens fortgesetzt, bis die Vorlage 75 ccm Destillat enthält und die in der Meßröhre sich sofort klar abscheidende untere wässerige Schicht keine sichtbare Zunahme mehr erfährt, was nach 30—45 Minuten in der Regel der Fall ist. Die Destillation wird dann unterbrochen, die Vorlage in ein Temperierbad von 15° gestellt und nach einer weiteren halben Stunde das Volumen der scharf abgegrenzten unteren Schicht in der Meßröhre abgelesen, wobei die zweite Dezimale noch geschätzt werden kann.

Die Berechnung des prozentischen Wassergehaltes des Käses W erfolgt nach der Formel: $W = \frac{V \cdot 100}{G}$, wobei V das bei 15° abgelesene Volumen der wässerigen Destillatschicht und G das Gewicht des angewendeten Käses bedeuten."

Das zur Destillation verwendete Petroleum soll ein farbloses, gutes, etwa zur Hälfte unter 200° übergehendes Brennöl sein, das neben Kohlenwasserstoffen keine anderen flüchtigen Bestandteile enthält.

Die Destillation beginnt bei etwa 93°, und die ersten Anteile des Destillates bestehen in der Hauptsache aus Wasser. Im Anfang ist darauf zu achten, daß kein Siedeverzug und dadurch verursachtes Überspritzen von Kolbeninhalt in die Vorlage stattfindet, weil dadurch an der Grenze zwischen Petroleum und Wasser in der Meßröhre eine flockige Schicht entsteht, die das scharfe Ablesen erschwert. Später geht die Destillation ganz ruhig vonstatten und bedarf keiner ständigen Beaufsichtigung. Nach dem Übergang von etwa 50 ccm Destillat ist die Temperatur im Kolben auf etwa 150° gestiegen und das Wasser ist dann in der Regel schon völlig übergetrieben. Mehr als 75 ccm abzudestillieren ist so gut wie stets überflüssig; die Temperatur ist alsdann über 180° gestiegen. Das Übertreiben von mehr als 100 ccm ist unter allen Umständen zu vermeiden, weil die Temperatur dann über 200° steigt und eine beginnende Zersetzung des Käses sich durch Erscheinen eines gelblichen Ansatzes im Kühler bemerkbar macht. Bei in der Reifung weit vorgeschrittenen Käsen geht diese Substanz zuweilen auch schon früher über; bei Roquefort z. B. erscheint der Ansatz im Kühler schon bei Temperaturen von etwa 150—170°. Diese Substanz ist in Petroleum unlöslich, in Wasser aber löslich. Sie hat auf das Ergebnis keinen Einfluß, wenn dafür Sorge getragen wird, den Kühler vor einer neuen Benutzung mit Wasser zu reinigen und zu trocknen. Besser ist es aber immerhin, die Bildung dieses Ansatzes zu vermeiden.

Das Hängenbleiben von Wassertropfen im oberen Teil der Meßröhre oder von Petroleumtropfen in deren unterem Teil ist bei richtig geleiteter Destillation und Verwendung einer sorgfältig gereinigten Vorlage nahezu ausgeschlossen; sollte trotzdem einmal durch Zufall ein Tropfen hängen bleiben, so ist er mit einem Draht leicht zur Vereinigung mit der übrigen Flüssigkeit zu bringen.

Die wässerige Schicht des unter 200° übergehenden Destillates ist kein reines Wasser. Sie ist farblos, besitzt alkalische Reaktion und enthält Ammoniak, dessen Menge vom Reifungsgrad des Käses abhängig zu sein scheint, und anscheinend auch geringe Mengen anderer Stoffe. Ihr spezifisches Gewicht bei Anwendung sehr reifen Limburger Käses ist 1,0008; 10 ccm davon ver-

---

[1]) Von sehr wasserreichem Käse, Quarg usw. nur 5 g.

[2]) Es empfiehlt sich in manchen Fällen, nur die durch gebrochene Destillation erhaltenen, unter 150° übergehenden Anteile des Petroleums — zu beziehen durch die Firma Carl Buchner & Sohn in München — zu verwenden.

brauchen etwa 6,8 ccm $^1/_{10}$ N.-Säure zur Neutralisation und hinterlassen beim Abdampfen etwa 2 mg Trockenrückstand. Über die Art dieses Rückstandes sowie des oben erwähnten, beim Erhitzen über 200° auftretenden gelblichen Ansatzes im Kühler vermögen die Verff. zurzeit noch keine Auskunft zu geben und behalten sich eine nähere Mitteilung darüber vor. Möglicherweise gibt die Zusammensetzung des wässerigen Destillates sowie die Art und Menge des gelben Stoffes auch ein Mittel zur Bestimmung des Reifungsgrades der Käse an die Hand.

Bei Quarg besitzt das Destillat sauere Reaktion.

Die geringfügige Abweichung des spezifischen Gewichtes der wässerigen Destillatschicht von dem des Wassers kann indessen wohl unbedenklich vernachlässigt werden; sie beeinflußt das Ergebnis nur um etwa drei Einheiten der zweiten Dezimale, was innerhalb der unvermeidlichen Fehlergrenze liegt.

Geiger[1]), ebenso Reuchling u. Rachel[2]) empfehlen die Anwendung einer Meßröhre, die in $^1/_{100}$ ccm eingeteilt ist. Letztere finden außerdem, daß das Petroleumdestillat (Siedep. 153—167°) für die Destillation des Wassers nicht ausreicht; sie empfehlen tunlichst viel Käse (12—14 g) und entweder gleiche Teile Petroleum und Petroleumdestillat (Siedep. 180—187°) oder ein Gemisch von 1 Teil Ligroin (Siedep. 120—135°) und 3 Teilen Petroleum (mit Endtemperatur 180—187°) anzuwenden. Das mit dem Wasser übergehende Ammoniak, das durch Titration des destillierten Wassers, nach Entfernung des Petroleums, mit Schwefelsäure bestimmt werden kann, soll einen Anhalt für den Reifegrad des Käses abgeben können.

3. Bestimmung und Untersuchung des Fettes. ***a) Bestimmung des Fettes.*** 3—5 g der Durchschnittsprobe des Käses werden nach dem im Kaiserl. Gesundheitsamte abgeänderten Verfahren von Bondzynski-Ratzlaff[3]) in einem weithalsigen Glaskölbchen von etwa 50 ccm Inhalt mit 10 ccm 38 proz. Salzsäure sowie einigen Körnchen Bimsstein über einer kleinen Flamme bis zur Lösung der Proteinstoffe erhitzt. Nach dem Erkalten wird die Mischung in einen bürettenartigen, etwa 100 ccm fassenden, in halbe Kubikzentimeter geteilten Glaszylinder von etwa 20 mm lichter Weite gebracht, der unmittelbar oberhalb der 25 ccm-Marke ein seitliches Ausflußrohr mit Glashahn besitzt. Das Kölbchen wird zuerst mit 10 ccm absolutem Alkohol, dann mit 25 ccm Äther, schließlich mit 25 ccm Petroläther nachgewaschen. Die Waschflüssigkeiten werden einzeln der Käselösung zugefügt und der mit einem Glasstopfen verschlossene Zylinder nach jedem Zusatz etwa 20—30 mal vorsichtig umgeschwenkt und bis zur Trennung der Schichten stehen gelassen. Nach 2—3-stündigem Stehen des erhaltenen Gesamtgemisches muß die ätherische Schicht, die das Fett gelöst enthält, sich völlig klar abgeschieden haben. Nach Ablesung des Volumens der Fettlösung wird ein möglichst großer, durch Ablesung festgestellter Teil davon in ein gewogenes, etwa 120 ccm fassendes Glaskölbchen abgelassen, das Lösungsmittel abdestilliert, das zurückbleibende Fett eine Stunde bei etwa 100° getrocknet und nach dem Erkalten im Exsiccator gewogen. Die gefundene Fettmenge, auf das gesamte Volumen der Fettlösung umgerechnet, ergibt den Fettgehalt der angewendeten Menge Käse.

An Stelle der angegebenen Arbeitsweise kann man die Ausschüttelung auch in einem Glaszylinder von etwa den gleichen Abmessungen, aber ohne Teilung und ohne seitliches Ausflußrohr, vornehmen, sodann einen Gummistopfen mit engen Glasröhren nach Art der Spritzflaschenaufsätze anbringen, den größten Teil der ätherischen Schicht in ein gewogenes Glaskölbchen abblasen oder abhebern und die Ausschüttelung in gleicher Weise noch zweimal mit kleineren Mengen eines Gemisches aus gleichen Teilen Äther und Petroläther wiederholen. Darauf wird das Äthergemisch aus dem Glaskölbchen abdestilliert und im übrigen wie oben weiter verfahren. Die so gefundene Fettmenge ergibt den Fettgehalt der angewendeten Menge Käse.

---

[1]) Milchwirtschaftl. Zentralbl. 1812, **8**, 737.

[2]) Zeitschr. f. Untersuchung d. Nahrungs- u. Genußmittel 1913, **26**, 20.

[3]) Milch-Ztg. 1903, **32**, 65.

Der Fettgehalt ist unter Benutzung des Ergebnisses der Wasserbestimmung auf Gramm Fett in 100 g Trockenmasse des Käses zu berechnen. (Über den schwankenden Fettgehalt der einzelnen Käsesorten vgl. S. 304.)

b) Abscheidung und Prüfung des Käsefettes. Je nach dem Fettgehalt des Käses werden etwa 50—100 g der Durchschnittsprobe des Käses nach dem S. 316 angegebenen Verfahren von Buttenberg und Koenig in einer Porzellanschale mit einer ausreichenden Menge entwässerten Natriumsulfats innig vermischt, bis eine gleichmäßige krümelige Masse entsteht. Diese wird in einem Kolben mit einer zur Lösung des Fettes genügenden Menge Petroläther wiederholt durchgeschüttelt. Nach mehrstündigem Stehen wird der Kolbeninhalt auf ein Filter gebracht und der auf dem Filter verbliebene Rückstand mehrmals mit Petroläther nachgewaschen. Aus dem Filtrate wird der Petroläther abdestilliert und das zurückbleibende Käsefett in der Wärme mehrmals durch ein Faltenfilter gegeben.

Das so abgeschiedene Käsefett wird nach den in den „Festsetzungen über Speisefette und Speiseöle" angegebenen Untersuchungsverfahren auf die Abwesenheit fremder tierischer oder pflanzlicher Fette und Öle geprüft.

Anmerkungen. 1. Zur Bestimmung des Fettes. α) K. Windisch empfiehlt, zur Aufschließung ein Erlenmeyerkölbchen zu verwenden und die angewendeten Äthermengen zu wägen. Er verfährt folgendermaßen:

3—5 g Fettkäse oder 10 g (oder mehr) Magerkäse werden in einem Erlenmeyerkölbchen von etwa 250 ccm Inhalt mit Salzsäure vom spezifischen Gewicht 1,125 (auf 3 g Käse 10 ccm, auf 10 g 20 ccm) auf dem Drahtnetze erhitzt. Sobald die Auflösung erfolgt ist, gibt man nach dem Erkalten Wasser (auf 10 ccm Salzsäure 20—30 ccm, auf 20 ccm 40 ccm Wasser) hinzu, tariert das Ganze (einschließlich des zu verwendenden Korkstopfens) auf einer Wage, die noch 0,01 g anzeigt, gibt darauf 80—120 g mit Wasser gesättigten Äther hinzu, verschließt das Kölbchen mit dem Korkstopfen und wägt wieder; das Gemenge wird nun 2—3 Minuten kräftig geschüttelt. Nachdem es darauf $^1/_2$—1 Stunde gestanden und die ätherische Schicht sich klar abgesetzt hat, gießt man einen Teil derselben in ein tariertes Kölbchen, verschließt das erste Kölbchen wieder mit dem Korkstopfen und wägt es zurück. Der Äther der abgegossenen ätherischen Fettlösung wird bei niedriger Temperatur verdunstet und das Fett nach dem Trocknen (1 Stunde) im Wasserdampf-Trockenschranke gewogen.

Die Berechnung des prozentualen Fettgehaltes erfolgt nach der Gleichung:

$$x = \frac{100\,b \cdot d}{a(c - d)},$$

in welcher bedeutet:

a das Gewicht der angewendeten Käsemenge,
b „ „ des zugesetzten wassergesättigten Äthers,
c „ „ der abgegossenen Ätherfettlösung,
d „ „ des in c enthaltenen Fettes,
x den prozentualen Fettgehalt des Käses.

β) Verfahren von Gottlieb. Statt der vorstehenden, allgemein empfohlenen Verfahren kann nach Weibull[1]) auch das von Gottlieb angewendet werden. M. Weibull erwärmt 1,03 g des feinzerriebenen Käses bei 75° C mit 10 ccm 20proz. Ammoniak, setzt dann 10 ccm 90proz Alkohol[2]) zu und, falls der Käse nach einigen Minuten nicht vollständig gelöst ist, weitere 10 ccm Alkohol; die gesamte Flüssigkeit bleibt unter öfterem Umschütteln noch kurze Zeit bei 70—75° stehen wird dann gekühlt und weiter der Reihe nach mit je 25 ccm Äther und Petroläther ausgeschüttelt

γ) Acidbutyrometrisches Verfahren von Gerber[3]). Unter gewissen Umständen wird man sich zur Fettbestimmung in Käsen auch dieses Verfahrens bedienen können. Da es indes mit

[1]) Zeitschr. f. Untersuchung d. Nahrungs- u. Genußmittel 1909, **17**, 442.

[2]) Der Zusatz von Alkohol soll die Lösung des Käses wesentlich befördern.

[3]) Vgl. Zeitschr. f. Untersuchung d. Nahrungs- u. Genußmittel 1899, **2**, 242; 1904, **7**, 409 u. 410; 1905, **9**, 569—570.

unter, z. B. bei harten Magerkäsen, nur schwierig ausführbar ist, außerdem den Apparaten Gebrauchsanweisungen beigegeben werden, so soll hier von einer Beschreibung des Verfahrens abgesehen werden.

δ) Sonstige Verfahren. Wollny löst 2 g Käse in 20 ccm verdünnter Kalilauge, zieht mit 4 ccm wassergesättigtem Äther bei 17,5° aus und verwendet diese Lösung für die refraktometrische Untersuchung. Burstert[1]) hat für die Fettbestimmung im Käse ein Lipometer eingerichtet; der Käse wird in einem Säuregemisch gelöst, die Lösung direkt zentrifugiert, das abgeschiedene Fett in eine Meßröhre übergeführt, an der die Fettprozente direkt abgelesen werden können. Herz[2]) hat für den Zweck eine besondere Senkwage (Käsewage) eingerichtet, die aber nur annähernde Werte für den Fettgehalt liefert.

2. Gewinnung und Untersuchung des Neutralfettes. Zur Gewinnung des Neutralfettes kann man dieses unmittelbar nach den folgenden Verfahren α und β abscheiden oder aber zunächst die sauren Fette nach den Verfahren γ und c) S. 316 abscheiden und diese alsdann neutralisieren. Die brauchbarsten[3]) Verfahren sind folgende:

α) Verfahren von A. Devarda[4]). 50—100 g des von der Rinde befreiten Käses werden in kleine Stücke geschnitten — wohl besser auf einer Reibe zerrieben — oder mit wenig Wasser in einer Reibschale verrieben und in einer Wolfbauerschen Scheideflasche[5]) mit 50—80 ccm Wasser, 100—150 ccm Äther und mit 2 Tropfen Phenolphthalein-Lösung versetzt. Das Ganze wird fleißig geschüttelt und so lange mit verdünnter Kalilauge versetzt, bis die wässerige Flüssigkeit deutlich rot gefärbt bleibt. Darauf wird das Ganze noch einige Male gehörig geschüttelt. Die nach kurzer Zeit sich abscheidende Ätherfettschicht wird abgezogen, nötigenfalls filtriert und der Äther abdestilliert. Das so gewonnene Fett wird bei 100° getrocknet und, wenn notwendig, nochmals filtriert.

β) Verfahren von A. Kirsten[6]). 50—100 g der zerriebenen, zerdrückten oder sonstwie zerkleinerten Käsemasse werden (bei wasserarmen Hartkäsen unter Zusatz von etwas Wasser) in einer großen Reibschale mit Äther zu einem dünnen Brei zerrieben. Gleichzeitig wird zur Neutralisation der freien Säure so viel stark verdünnte Kalilauge zugegeben, bis eine deutlich alkalische Reaktion[7]) nachweisbar ist. Der Brei wird in Soxhletsche Schüttelflaschen gefüllt und in diesen durch kräftiges Umschütteln mit mehrmals erneuerten Äthermengen versetzt, die mindestens $^1/_2$ Stunde mit der Käsemasse in Berührung bleiben. Zur besseren Abscheidung der Ätherfettlösung kann man die Flaschen in der Soxhletschen Handschleuder zentrifugieren. Trübe Fettlösungen werden filtriert, der Äther abdestilliert und das Fett unter schwachem Durchleiten von trockenem Wasserstoff bei 100° getrocknet.

γ) Verfahren von K. Windisch[8]). 50—100 g zerkleinerte Käsemasse werden in einer Reibschale mit der $1^1/_2$—2fachen Menge Salzsäure vom spezifischen Gewicht 1,125 zerrieben, die Mischung

---

[1]) Vgl. Mühlbach, Milchwirtschaftl. Zentralbl. 1908, **4**, 193.

[2]) Molkerei-Zeitung (Hildesheim) 1906, **20**, 374.

[3]) Die Verfahren von Henzold (Milch-Ztg. 1897, **36**, 751) und von Hefelmann (Zeitschr. f. öffentl. Chemie 1897, **3**, 118) gleichen den nachstehenden Verfahren und dürften ebenfalls geeignet sein.

[4]) Zeitschr. f. analyt. Chem. 1897, **36**, 751.

[5]) Diese Flasche hat in der Mitte eine starke Einschnürung und besteht somit gleichsam aus zwei verbundenen Kugeln.

[6]) Zeitschr. f. Untersuchung d. Nahrungs- und Genußmittel 1898, **1**, 742.

[7]) In der Vorschrift ist nicht angegeben, wie die Reaktion nachgewiesen werden soll; da die Beschreibung des Verfahrens sich in der Arbeit von A. Kirsten unmittelbar an das Devardasche Verfahren anschließt, so darf wohl angenommen werden, daß auch hier 2 Tropfen Phenolphthaleinlösung zugesetzt werden sollen.

[8]) Arbeiten a. d. Kaiserl. Gesundh.-Amte 1898, **14**, 554 und 1900, **17**, 281.

in ein Becherglas übergeführt und im kochenden Wasserbade erhitzt, bis das Fett sich als klare ölige Schicht an der Oberfläche der braunen bis violetten Flüssigkeit abgeschieden hat. Darauf stellt man das Becherglas in eiskaltes Wasser, bis das Fett erstarrt ist, hebt die Fettscheibe heraus, spült sie mit kaltem Wasser gut ab, bringt sie in eine Porzellanschale, gibt zur Entfernung etwa in dem Fette enthaltener kleiner Mengen Salzsäure Wasser hinzu, erwärmt bis zum Schmelzen des Fettes und rührt Wasser und Fett mit einem Glasstabe leicht durcheinander. Man läßt das Fett wieder erstarren, hebt die Fettscheibe ab, trocknet sie mit Filtrierpapier sorgfältig ab, schmilzt sie und filtriert das getrocknete Fett durch ein trockenes Filter.

Auf diese Weise erhält man das Neutralfett einschließlich der im Käse vorhandenen freien und der darin in Form von Seifen vorhandenen Fettsäuren. Um das für die Prüfung auf Reinheit allein zu untersuchende Neutralfett zu erhalten, löst man das erhaltene Fett in Alkohol und Äther, setzt einige Tropfen alkoholischer Phenolphthaleinlösung hinzu und versetzt die Lösung unter starkem Umschütteln oder Rühren so lange mit wässeriger Kalilauge, bis alle Fettsäuren neutralisiert sind, wobei meist 2 Schichten entstehen, da die zuzusetzende Kalilaugemenge durchweg sehr beträchtlich ist. Alkohol und Äther dunstet man darauf auf dem Wasserbade bei möglichst niederer Temperatur ab, kühlt dann stark, hebt den erstarrten Neutralfettkuchen ab, trocknet ihn mit Filtrierpapier, schmilzt das Fett bei möglichst niedriger Temperatur und filtriert es durch ein trockenes Filter.

c) Verfahren von P. Buttenberg und W. Koenig[1]. Bei fettreichen, nicht zu wasserhaltigen Käsen läßt sich genügend Fett durch direktes Ausschmelzen beschaffen (vgl. unter b). Man stellt den in Scheiben geschnittenen oder zerdrückten Käse, in einer Porzellanschale untergebracht, in den Trockenschrank. Das nach und nach abfließende Fett braucht nur durch ein kleines Filter gegossen zu werden. Sollte dabei etwas Wasser mit durchlaufen, so läßt sich dies durch Absetzenlassen oder Zentrifugieren leicht entfernen. Das Zerdrücken des eingetrockneten Käses mit Pistill beschleunigt zuweilen die Fettabsonderung.

Wenn das direkte Ausschmelzen nicht zum Ziele führt, oder wenn das Fett aus Mangel an Material möglichst vollständig gewonnen werden muß, so mischt man den Käse innigst im Mörser mit so viel entwässertem schwefelsauren Natrium, daß eine krümlige Masse entsteht, die in einen Kolben gebracht und mit Petroläther übergossen wird. Nach etwa 4—12 Stunden bringt man den Kolbeninhalt auf ein Filter und wäscht mehrmals mit Petroläther nach. Das nach dem Abdestillieren zurückbleibende Fett läßt man, um die letzten Spuren des Petroläthers zu entfernen, im Trockenschrank mehrmals durch ein freistehendes, sehr kleines Faltenfilter tropfenweise laufen. Der vom Fette durch Destillation getrennte Petroläther kann nach zweckentsprechender Reinigung (Behandlung mit Kohle und Sodalösung sowie Rektifikation) für weitere Bestimmungen verwertet werden.

4. Schätzung des Sesamölgehaltes in dem Fett von Margarinekäse. Das nach der oben gegebenen Vorschrift abgeschiedene Fett von Margarinekäse wird geschmolzen und klar filtriert.

a) Reaktion nach Baudouin. Wenn keine Farbstoffe vorhanden sind, die sich mit Salzsäure rot färben, so wird 1 ccm des Fettes in 9 ccm Petroläther gelöst und in einem mit Glasstopfen verschließbaren Probierglase mit 10 ccm 38 proz. Salzsäure und 0,1 ccm einer 1 proz. alkoholischen Lösung von möglichst farblosem Furfurol eine halbe Minute lang kräftig geschüttelt. Hat das Fett den vorgeschriebenen Gehalt an Sesamöl von der vorgeschriebenen Beschaffenheit, so muß die sich absetzende Furfurolsalzsäure eine bleibende deutliche Rotfärbung zeigen.

b) Reaktion nach Soltsien. Wenn Farbstoffe vorhanden sind, die sich mit Salzsäure rot färben, so wird 1 ccm des Fettes in 25 ccm Petroläther gelöst. Zu 10 ccm dieser Lösung werden in einem mit Glasstopfen verschließbaren Probierglase 2,5 ccm stark rauchen-

[1]) Zeitschr. f. Untersuchung d. Nahrungs- u. Genußmittel 1910, **19**, 477.

der Zinnchlorürlösung[1]) zugesetzt. Die Mischung wird kräftig durchgeschüttelt, so daß alles gleichmäßig gemischt ist (aber nicht länger), und nun in Wasser von 40° getaucht. Nach Abscheidung der Zinnchlorürlösung taucht man das Probierglas 3 Minuten in Wasser von 80° so weit ein, daß nur die Zinnchlorürlösung erwärmt und ein Sieden des Petroläthers verhindert wird. Hat das Fett den vorgeschriebenen Gehalt an Sesamöl von der vorgeschriebenen Beschaffenheit, so muß die Zinnchlorürlösung eine nicht alsbald verschwindende deutliche Rotfärbung zeigen.

5. Stickstoff. a) Zur Bestimmung des Gesamt-Stickstoffs werden 1—2 g Käsemasse in der im I. Teil, S. 241 beschriebenen Weise nach Kjeldahl verbrannt.

Soll der Stickstoff auf Stickstoff-Substanz bzw. Casein umgerechnet werden, so dürfte sich bei Käsen, welche nur eine schwache Reifung durchgemacht haben, die Anwendung des Casein-Faktors 6,37 (vgl. S. 211) empfehlen; dagegen dürfte bei stark gereiften Käsen schon der Faktor 6,25 reichlich hoch sein. Jedenfalls empfiehlt es sich, im Untersuchungsbericht den verwendeten Faktor stets anzugeben.

(Über den Proteingehalt der Käse und sein Verhältnis zum Fett vgl. S. 304.)

b) Trennung und Bestimmung der durch die Reifung gebildeten löslichen Stickstoffverbindungen. Zur Bestimmung des Caseins bzw. der nicht zersetzten Proteinstoffe verreiben Trillat und Sauton 2 g Käse mit 10 ccm heißem Wasser in einem Becherglase — harten Käse mit schwach ammoniakalischem Wasser —, setzen 50 ccm Wasser hinzu, erhitzen 5 Minuten zum Sieden, geben 0,5 ccm Formalin hinzu, kochen weitere 3 Minuten und fällen nach 5 Minuten langem Stehen, während welcher Zeit sich das Fett an der Oberfläche ansammelt, das Casein und sonstige unzersetzte Proteine durch 5 Tropfen Essigsäure. Sobald Klärung eingetreten ist, wird der Niederschlag auf einem gewogenen Filter gesammelt, mit Aceton ausgewaschen, getrocknet und gewogen. Selbstverständlich kann man auch hier den Niederschlag nach Kjeldahl verbrennen und den Stickstoff auf Casein umrechnen. In der Acetonlösung kann das Fett bestimmt werden. Auch kann man Casein und Albumin in der verriebenen Käseemulsion wie bei Milch (S. 211) bestimmen.

Für die Bestimmung der löslichen Stickstoff-Verbindungen im Käse haben van Slyke und Hart[2]) sowie Jensen und Plattner[3]) Verfahren angegeben. Letztere verreiben 40 g der Käsemasse im Mörser sorgfältig mit 40—50° warmem Wasser, spülen die Emulsion in einen Literkolben, setzen die Hauptmenge des Wassers zu, durchschütteln und füllen mit Wasser bis zur Marke auf. Das sich oben ansammelnde Fett kann man durch Nachfüllen mit Wasser über die Marke treiben. Nach 15stündigem Stehen in der Kälte, wobei man anfänglich gut umschüttelt, wird der Fettpfropfen entfernt und die Flüssigkeit filtriert. Von dem Filtrat dienen:

a) 50 ccm (= 2 g) zur Bestimmung des gesamten löslichen Stickstoffs (vgl. S. 125 Nr. 3),

b) 100 ccm zur Bestimmung des Ammoniaks (vgl. S. 26 bzw. I. Teil, S. 260 u. 261).

c) 50 ccm werden mit 30 ccm verdünnter Schwefelsäure (1 : 4) und 20 ccm 10proz. Phosphorwolframsäurelösung[4]) versetzt und im Filtrat hiervon der Stickstoff (in Form von Aminosäuren) bestimmt. Der gefällte Stickstoff schließt aber außer Proteinstickstoff den in Form von Ammoniak und Basen (Diaminosäuren) ein. Man muß daher von letzterem wenigstens den Ammoniakstickstoff

[1]) Zur Herstellung der Zinnchlorürlösung werden 5 Gewichtsteile krystallisierten Zinnchlorürs mit einem Gewichtsteil konzentrierter Salzsäure zu einem Brei angerührt; dieser wird mit trockenem Chlorwasserstoff gesättigt. Die dadurch erzielte Lösung wird nach dem Absetzen durch Asbest filtriert und in kleinen, mit Glasstopfen verschlossenen, möglichst angefüllten Flaschen aufbewahrt.

[2]) Zeitschr. f. Untersuchung d. Nahrungs- u. Genußmittel 1908, **15**, 41.

[3]) Ebendort 1905, **9**, 168.

[4]) Statt Phosphorwolframsäure kann auch Gerbsäure, Kupferhydroxyd und Zinnchlorür verwendet werden (vgl. I. Teil, S. 255).

abziehen, um annähernd den löslichen Proteinstickstoff zu erhalten. Gesamtwasserlöslicher Stickstoff abzüglich löslichem Protein- + Ammoniakstickstoff wird als Amidstickstoff bezeichnet. Letzterer beträgt in gutem Reifegrade des Käses 5—20% des Gesamtstickstoffs (vgl. S. 304).

6. *Milchzucker.* Der Milchzucker ist im Käse nur in geringer Menge vorhanden und wird meistens aus der Differenz der Summe von (Wasser + Nh.-Substanz [N × 6,25] + Fett + Milchsäure + Salze) von 100 angenommen. Wenn er direkt bestimmt werden soll, so muß die Käsemasse zuerst entfettet werden; man zieht deshalb eine bestimmte Menge (etwa 5 g) besonders mit Äther aus oder verwendet einen aliquoten Teil (etwa die Hälfte) der bei der Fettbestimmung erhaltenen entfetteten Masse, zieht diese mit Wasser aus, bringt auf ein bestimmtes Volumen und bestimmt in einem aliquoten Teil des wässerigen Auszuges den Milchzucker wie bei Vollmilch (S. 213).

7. *Freie Säure (Milchsäure).* „10 g Käsemasse werden mehrmals mit Wasser ausgekocht, die Auszüge vereinigt, filtriert und auf 200 ccm aufgefüllt. In 100 ccm der Flüssigkeit titriert man nach Zusatz einiger Tropfen einer alkoholischen Phenolphthaleinlösung die freie Säure mit $^1/_{10}$ N.-Alkalilauge. Die Säure des Käses ist auf Milchsäure zu berechnen; 1 ccm $^1/_{10}$ N.-Alkalilauge entspricht 0,009 g Milchsäure."

Jensen und Plattner[1]) machen indes darauf aufmerksam, daß man auf diese Weise nicht die gesamte freie Säure erhält, weil ein Teil derselben durch das Kalkphosphat und Paracasein oder Ammoniak im Käse gebunden ist. Sie empfehlen 10 g Käse mit 40—50° warmem Wasser so vollständig wie möglich zu zerreiben, die Emulsion auf 100 ccm aufzufüllen, zu durchschütteln und entweder ganz oder einen Teil davon mit $^1/_4$ normaler Lauge unter Verwendung von Phenolphthalein als Indicator zu titrieren.

Zur Bestimmung der flüchtigen Fettsäuren, durch welche sich die einzelnen Käsesorten am besten kennzeichnen lassen, soll man nach Jensen 100 g Käsemasse mit 200 ccm ausgekochtem Wasser und 2 ccm Schwefelsäure — wohl ebenso zweckmäßig Phosphorsäure — versetzen und mit Wasserdämpfen destillieren, bis 1 l Destillat gewonnen ist. Der in Kubikzentimetern $^1/_{10}$ Normallauge ausgedrückte Titer dieses Destillats wird nach Jensen „Destillationszahl" genannt. Da die flüchtigen Fettsäuren in verdünnten wässerigen Lösungen um so schneller destillieren, je niedriger ihr Molekulargewicht ist, so kann man die Destillate auch in Fraktionen auffangen und jede einzelne Fraktion titrieren. Man erhält auf diese Weise auch einen Anhalt über die Molekulargröße der flüchtigen Fettsäuren. Noch besser geben hierüber die Silbersalze Aufschluß, die man nach Duclaux[2]) durch Behandeln der Fraktionen mit Silbercarbonat darstellen kann.

8. *Mineralstoffe.* a) Die Bestimmung der Gesamtmineralstoffe geschieht wie üblich durch vorsichtiges Veraschen von etwa 5—10 g Käse wie bei Milch nach S. 215.

Hierbei ist jedoch zu berücksichtigen, daß durch die entstehende freie Phosphorsäure Chlor ausgetrieben wird. Man muß daher eine zweite Probe zerriebener Käsemasse mit 1 Teil Salpeter und 2 Teilen Natriumcarbonat innig mischen, im zugedeckten Tiegel sorgfältig verpuffen, in der mit und ohne Zusatz hergestellten Asche das Chlor bestimmen und das in letzterem Falle mehr gefundene Chlor zu der ohne Zusatz erhaltenen Asche hinzuaddieren.

Um das namentlich bei fettreichen Käsen beim Veraschen eintretende Spritzen zu vermeiden, empfiehlt A. Kirsten[3]), ein am Rande umgebogenes aschenfreies Filter in die Platinschale über den Käse zu legen.

b) Den Gehalt an Kochsalz bestimmt man in der wässerigen Lösung der unter Zusatz von Salpeter und Natriumcarbonat hergestellten Asche oder in einem aliquoten Teil derselben durch Titration des Chlors mit $^1/_{10}$ N.-Silberlösung, indem man die Asche in Wasser

[1]) Zeitschr. f. Untersuchung d. Nahrungs- u. Genußmittel 1906, **12**, 193.

[2]) Duclaux, Traité de microbiologie 1900, **3**, 338 u. 1901, **4**, 685.

[3]) Zeitschr. f. Untersuchung d. Nahrungs- und Genußmittel 1898, **1**, 751.

löst, die Lösung auf ein bestimmtes Volumen bringt, hiervon einen aliquoten Teil mit Essigsäure neutralisiert und titriert.

c) Einen etwaigen Zusatz von „Käsereifen“, welche neben Kochsalz vorwiegend aus Natriumcarbonat bzw. Natriumbicarbonat bestehen, kann man, wenn nennenswerte Mengen davon zugesetzt sind, in der Weise nachzuweisen suchen, daß man in der ohne Zusatz hergestellten Asche neben dem Chlorgehalte auch den Natriumgehalt bestimmt und ermittelt, ob ein wesentlicher Überschuß an Natron vorhanden ist.

9. Nachweis von Beimengungen. ***a) Fremde Farbstoffe.*** Beim Käse pflegen dieselben Farbstoffe wie bei Butter — nur werden sie beim Käse in alkalischer Lösung, bei Butter dagegen in Öllösung zugesetzt — angewendet zu werden; auch kann der Nachweis in ähnlicher Weise erfolgen wie bei Butter (vgl. S. 394 u. I. Teil, S. 565).

b) Kupfer, Blei, Zink usw., die unter Umständen aus den Herstellungsgefäßen oder durch die Verpackung in den Käse geraten können, lassen sich durch Einäschern unter Zusatz von Soda und Salpeter, Lösen der Asche in Salpetersäure oder Salzsäure, Fällen mit Schwefelwasserstoff usw. nachweisen.

Zum Nachweise und zur Bestimmung von Kupfer und Zink kann man die Käsemasse auch mit Vorteil durch Erhitzen mit konzentrierter Schwefelsäure und Salpetersäure zerstören und in der so gewonnenen Lösung diese Metalle in üblicher Weise bestimmen (vgl. I. Teil, S. 497).

c) Fremde mineralische Zusätze (Gips, Kreide usw.), welche früher als Verfälschungsmittel des Käses hier und da Verwendung gefunden haben sollen, erkennt man durch Untersuchung der Asche, die bei reinem Käse neben Kochsalz vorwiegend nur phosphorsauren Kalk enthält.

Ebenso wird man zum Nachweise der sog. Käsereifen (vgl. unter 8c)) eine ausführliche Aschenuntersuchung ausführen und dabei insbesondere das Verhältnis von Chlor zum Natrium in Rücksicht ziehen müssen.

d) Prüfung auf Stärke und Bestimmung derselben. **α) Qualitative Prüfung.** 10 g der Durchschnittsprobe (S. 309) des Käses werden mit 50 ccm Wasser aufgekocht. Die wässerige Flüssigkeit wird nach dem Erkalten abfiltriert und mit Jod-Jodkaliumlösung vermischt. Tritt dabei eine deutliche schwarzblaue oder blaue Färbung auf, so ist ein Zusatz von stärkehaltigen Stoffen erwiesen. Eine schwache Bläuung kann auch durch den Stärkegehalt zugesetzter Gewürze hervorgerufen sein.

β) Quantitative Bestimmung der Stärke. Etwa 5 g der Durchschnittsprobe des Käses, bei hohem Stärkegehalt entsprechend weniger, werden in einem bedeckten Becherglase von etwa 400 ccm Inhalt mit 150 ccm alkoholischer Kalilauge (80 g Kaliumhydroxyd in einem Liter Alkohol von 90 Volumprozenten gelöst) auf dem Wasserbade unter zeitweiligem Umrühren etwa eine halbe Stunde lang bis zur Lösung der Käsemasse erwärmt; Stärke bleibt hierbei ungelöst. Das heiße Gemisch wird mit 100 ccm 50 proz. Alkohol versetzt und nach dem Erkalten zweckmäßig mit Hilfe einer Filterscheibe filtriert. Der Rückstand wird zunächst mit etwa 30 ccm auf 50° erwärmter alkoholischer Kalilauge, alsdann mit 90 proz. kaltem Alkohol so lange gewaschen, bis das Filtrat auf Zusatz einiger Tropfen verdünnter Salzsäure nicht mehr getrübt wird. Den Rückstand erwärmt man in einem Kolben von 110 ccm Inhalt mit 50 ccm wässeriger Normalkalilauge eine halbe Stunde lang auf dem Wasserbade, um die Stärke zu lösen. Nach dem Erkalten wird die Lösung mit konzentrierter Essigsäure angesäuert, mit Wasser auf das Volumen von 110 ccm gebracht und filtriert. In 100 ccm des Filtrates fällt man mit 150 ccm absolutem Alkohol die Stärke, sammelt nach 12 Stunden den Niederschlag in einem gewogenen Filtertiegel, wäscht mit 70 proz. Alkohol so lange, bis eine Probe des Filtrates einen Rückstand nicht mehr hinterläßt, sodann noch mit absolutem Alkohol und schließlich mit Äther, trocknet zunächst bei 40°, dann bei 100° bis zum gleichbleibenden Gewicht und wägt.

10. Prüfung auf Frischhaltungsmittel. Die Prüfungen auf Frischhaltungsmittel werden im allgemeinen nach I. Teil, S. 591 ff. bzw. nach S. 38 unter Fleisch bzw. wie unter Fett S. 353 ausgeführt; indes hat das Reichsgesundheitsamt im Kaiserl. Gesundheitsamte für Käse noch folgende besondere Vorschriften gegeben:

*a) **Prüfung auf Borsäure und Borate.*** 10 g Käse werden mit 75 ccm Wasser und 1 ccm 25proz. Salzsäure eine halbe Stunde lang unter wiederholtem Umschütteln auf dem Wasserbade erwärmt und die Mischung nach dem Erkalten filtriert. Das Filtrat wird nach Zusatz von Phenolphthalein mit Natronlauge ganz schwach alkalisch gemacht, von etwaigen Ausscheidungen abfiltriert, auf etwa 10 ccm eingedampft und wiederum filtriert. 5 ccm dieser Flüssigkeit werden nach der in den „Festsetzungen über Speisefette und Speiseöle" gegebenen Vorschrift zur „Prüfung auf Borsäure und Borate" weitergeprüft.

*b) **Prüfung auf Salicylsäure und deren Verbindungen.*** 10 g Käse werden mit 75 ccm Wasser und 1 ccm 25proz. Salzsäure eine halbe Stunde lang unter wiederholtem Umschütteln auf dem Wasserbade erwärmt und die Mischung nach dem Erkalten filtriert. Das Filtrat wird mit 50 ccm einer Mischung aus gleichen Teilen Äther und Petroläther eine Minute lang kräftig durchgeschüttelt. Die ätherische Lösung wird mit 10 ccm 5proz. Natronlauge behandelt, die alkalische Flüssigkeit mit verdünnter Schwefelsäure angesäuert und die saure Flüssigkeit wiederum mit 25 ccm der Äther-Petrolähermischung ausgeschüttelt. Der ätherische Auszug wird zweimal mit je 5 ccm Wasser gewaschen und sodann unter Zusatz von 1 ccm Wasser abgedunstet. Der Rückstand wird mit einigen Tropfen einer 0,05proz. Eisenchloridlösung versetzt; eine hierbei auftretende Rotviolettfärbung zeigt die Gegenwart von Salicylsäure an.

*c) **Prüfung auf Benzoesäure und Benzoate.*** 10 g Käse werden wie bei der Prüfung auf Salicylsäure behandelt; der letzte ätherische Auszug wird zweimal mit je 5 ccm Wasser gewaschen und sodann mit 2 ccm $^1/_2$ N.-Alkalilauge ausgeschüttelt. Der alkalische Auszug wird in einem Probierglas bei 100—115° zur Trockne eingedampft und der Rückstand nach der in den „Festsetzungen über Speisefette und Speiseöle" für die „Prüfung auf Benzoesäure und Benzoate" angegebenen Vorschrift (S. 355) weiterbehandelt.

*d) **Prüfung auf Formaldehyd und solche Stoffe, die Formaldehyd abgeben.*** 25 g Käse werden in einem Kolben mit 2—3 g Weinsäure, 10 g Kochsalz und 100 ccm Wasser erhitzt und 75 ccm davon abdestilliert. 5 ccm des durch Umschütteln gemischten und filtrierten Destillates werden sodann mit 2 ccm frischer Milch[1]) und 7 ccm 25proz. Salzsäure, die auf 100 ccm 0,2 ccm einer 10proz. Eisenchloridlösung enthält, in einem geräumigen Probierglase erhitzt und eine Minute lang in lebhaftem Sieden erhalten. Die Gegenwart von Formaldehyd bewirkt Violettfärbung.

*e) **Prüfung auf Ameisensäure und Formiate.*** Der Rest des für die Prüfung auf Formaldehyd benutzten Destillates (etwa 70 ccm) wird mit 10 ccm N.-Alkalilauge auf dem Wasserbad zur Trockne verdampft. Der Rückstand wird, wenn die Prüfung auf Formaldehyd positiv ausgefallen war, nach 1stündigem Erhitzen auf 130°, im anderen Falle ohne weiteres mit 10 ccm Wasser und 5 ccm 25proz. Salzsäure aufgenommen und die Lösung in einem kleinen, mit einem Uhrglase zu bedeckenden Kölbchen nach und nach mit 0,5 g Magnesiumspänen versetzt. Nach 2stündiger Einwirkung des Magnesiums werden 5 ccm der Lösung in ein geräumiges Probierglas abgegossen und in der angegebenen Weise mit Milch und eisenhaltiger Salzsäure auf Formaldehyd geprüft. Färbt sich hierbei die Flüssigkeit oder wenigstens das unmittelbar nach Beendigung des Kochens sich abscheidende Eiweiß deutlich violett, so ist der Nachweis von Ameisensäure erbracht und deren quantitative Bestimmung auszuführen.

*f) **Bestimmung der Ameisensäure.*** 50 g Käse werden in einem langhalsigen Destillierkolben von etwa 500 ccm Inhalt mit 2—3 g Weinsäure versetzt. Durch den Gummistopfen des Kolbens führt ein unten verengtes Dampfeinleitungsrohr sowie ein gut wirkender

---

[1]) Durch Vorversuche ist festzustellen, einerseits, daß die Milch frei von Formaldehyd ist, andererseits, daß sie auf Zusatz von Formaldehyd die Reaktion gibt.

Destillationsaufsatz, der durch zweimal gebogene Glasröhren in einen zweiten, gleich großen und gleich geformten Kolben überleitet. Dieser enthält etwa 3 g reines Calciumcarbonat in 100 ccm Wasser aufgeschwemmt. Das in den zweiten Kolben führende Einleitungsrohr ist für eine wirksame Aufrührung zweckmäßig unten zugeschmolzen und dicht darüber mit vier horizontalen, etwas gebogenen Auspuffröhrchen von enger Öffnung versehen. Der Kolben trägt ebenfalls einen gut wirkenden Destillationsaufsatz, der durch einen absteigenden Kühler zu einer geräumigen Vorlage führt.

Nachdem die Calciumcarbonataufschwemmung zum schwachen Sieden erhitzt ist, wird durch das Käsegemisch ein Wasserdampfstrom geleitet und so geregelt, daß die Aufschwemmung nicht zu heftig schäumt; gleichzeitig wird das Käsegemisch erhitzt, so daß sein Volumen allmählich auf etwa ein Drittel verringert wird. Wenn etwa 750 ccm Destillat vorliegen, unterbricht man die Destillation und filtriert die noch heiße Aufschwemmung, wäscht das Calciumcarbonat mit heißem Wasser aus und dampft das Filtrat auf dem Wasserbade zur Trockne ein. Der Rückstand wird im Lufttrockenschrank eine Stunde lang auf 125—130° erhitzt, in etwa 100 ccm Wasser gelöst und die Lösung zweimal mit je 25 ccm reinem Äther ausgeschüttelt. Nachdem man durch vorsichtiges Erwärmen der wässerigen Lösung auf dem Wasserbade den gelösten Äther entfernt hat, bringt man die klare Lösung in einen Erlenmeyerkolben, gibt 2 g reines krystallisiertes Natriumacetat, einige Tropfen Salzsäure bis zur schwach sauren Reaktion und 40 ccm 5proz. Quecksilberchloridlösung hinzu und erhitzt die Lösung 2 Stunden lang im siedenden Wasserbade, in das der mit einem Kühlrohr versehene Kolben bis an den Hals eintauchen muß. Das ausgeschiedene Kalomel wird unter wiederholtem Dekantieren mit warmem Wasser auf einen Platinfiltertiegel gebracht, gut ausgewaschen, mit Alkohol und Äther nachgewaschen, im Dampftrockenschrank bis zur Gewichtskonstanz — etwa 1 Stunde — getrocknet und gewogen.

Durch Erhitzen des wässerigen Filtrates mit weiteren 5 ccm Quecksilberchloridlösung überzeugt man sich, daß ein hinreichender Quecksilberüberschuß vorhanden war.

Die gefundene Menge Kalomel, mit 0,0975 multipliziert, ergibt die in 50 g Käse enthaltene Menge Ameisensäure.

Die Prüfungen auf Fluorwasserstoff und Fluoride, schweflige Säure, Sulfite und Thiosulfate sind nach den in den „Festsetzungen über Speisefette und Speiseöle" gegebenen Vorschriften sinngemäß auszuführen (vgl. S. 353 u. f.).

11. Untersuchung auf Käsegift. C. Vaughan[1]) hat aus Käsen, deren Genuß die Erkrankung von 300 Personen zur Folge gehabt hatte, durch Ausziehen mit Alkohol und Verdampfen des letzteren bei niedriger Temperatur nadelförmige Krystalle dargestellt, welche auf der Zungenspitze eine scharfe, brennende Empfindung, Trockenheit und Konstriktion im Schlunde sowie Diarrhöe hervorriefen. Er stellte einen wässerigen Auszug aus dem Käse her, versetzte mit Natronlauge im Überschuß, schüttelte mit Äther durch, ließ diesen in der Kälte verdunsten, löste den Rückstand in Wasser und schüttelte abermals mit Äther durch; beim Verdunsten dieses Ätherauszuges im Vakuum hinterblieben dieselben nadelförmigen Krystalle, welche die obigen Wirkungen hervorriefen. Wurde der wässerige Auszug verdunstet, so wirkte der Rückstand nicht giftig; mithin scheint das Gift bei oder unter 100° flüchtig zu sein. Diese Krystalle gaben keine Alkaloidreaktionen.

L. Dokkum[2]) und Lepierre[3]) wollen in giftigen Käsen ptomainähnliche Körper nachgewiesen haben, welche wie die Ptomaine Alkaloidreaktionen zeigten. Nolst[4]) erblickt die Ursache der giftigen Wirkung eines Käses weniger in einem spezifischen chemischen Stoff

[1]) Zeitschr. f. physiol. Chemie 1886, **10**, 146; Chem. Zentralbl. 1886, 70 u. 405.
[2]) Nederl. Tijdschr. Pharm. 1894, **6**, 213; Chem. Zentralbl. 1894, II, 485.
[3]) Milch-Ztg. 1894, **23**, 591.
[4]) Zentralbl. f. Bakteriologie I. Abt., 1896, **20**, 160.

(Intoxikation) als vielmehr in einer Infektion durch coliähnliche Bakterien, die wie einige Proteusarten und Anaerobier auch in Milch giftige Stoffe erzeugen.

Die Krankheitserscheinungen stellen sich meistens innerhalb 24 Stunden nach dem Genuß ein und bieten im allgemeinen das Bild von Brechdurchfall, nämlich: Frösteln, Hitze, Blässe des Gesichtes, Kopfschmerz, Schwindel, Zittern, Angstgefühl, Erbrechen, wässeriger Durchfall, Würgen, Brennen im Hals, Durst und Schwäche.

Ganz ähnliche Erscheinungen sind bei einer Käsevergiftung aufgetreten, die nach H. Kühl[1]) durch eine Aerogenesbakterie hervorgerufen worden war, die dem Bacterium lactis aerogenes Escherich (Bacillus acidi lactici Hueppe) nahe stand.

Die Vergiftungen treten im allgemeinen bei überreifem Käse auf.

Die Verbreitung von Infektionskrankheiten durch Käse ist zwar nicht ausgeschlossen, aber bei reifen Käsen unwahrscheinlich und jedenfalls selten, weil die pathogenen Bakterien durch die Reifung ihre Virulenz verlieren.

III. Mykologische Untersuchungen des Käses.[2])

1. Die wichtigsten Käsebakterien. Die Pilzflora der Käse stammt in erster Linie aus der Milch und dem Lab, in zweiter aus dem Wasser, der Luft und den Käsereigeräten. Die Zahl der Bakterien nimmt in den meisten Käsesorten anfangs zu, später wieder ab. Die Zusammensetzung der Flora zeigt bei den einzelnen Käsesorten entsprechend ihrer verschiedenartigen Herstellungsweise mehr oder minder große Verschiedenheiten.

Am stärksten vertreten sind in allen Fällen Milchsäurebakterien. Von den vier Gruppen dieser Bakterien (vgl- S. 259) sind die Milchsäurestreptokokken (Gruppe 2), ferner in den Hartkäsen die Vertreter der Gruppe des Bacterium caucasicum (Gruppe 3) in überwiegender Zahl vorhanden. Dagegen spielen die peptonisierenden Milchsäuremikrokokken (Gruppe 4) als caseinlösende Pilze eine gewisse Rolle. Die übrigen peptonisierenden Arten aus der Gruppe der Heu- und Kartoffelbazillen (vgl. S. 261) treten an Zahl schon in den ersten Tagen der Reifung stark zurück und sind später kaum noch nachweisbar. Auch die sporenbildenden Anaerobier verschwinden in den meisten Käsen bald. Nur in wenigen Käsesorten (Gorgonzola, Limburger) spielen Anaerobe, im Schabzieger besonders Buttersäurebakterien eine Rolle.

An Sproßpilzen sind Sauermilch- und Labweichkäse reich, während sie in Hartkäsen fast fehlen. Ebenso beschränken sich Schimmelpilze auf Weichkäse. Von solchen kommen Oidium lactis (vgl. I. Teil, S. 708) und Penicillien (vgl. I. Teil, S. 702) in Betracht.

Betreffs der abnorme Reifungsvorgänge hervorrufenden zahlreichen Arten muß auf die Spezialliteratur (vgl. S. 259) verwiesen werden.

2. Nährböden für Käsebakterien. Für die Züchtung der Käsebakterien kommen in erster Linie die für die Milchbakterien beschriebenen Nährböden (vgl. S. 263) in Betracht. Für die Milchsäure- und Buttersäurebakterien eignen sich Peptonmolkennährböden. Einen den Verhältnissen des Käses am besten entsprechenden Nährboden haben Boekhout und Ott de Vries[3]) angegeben. 14 Tage alter Käse wird gemahlen, mit der $1^1/_2$-fachen Menge Wasser 2 Stunden bei 40° digeriert, dann unter Umrühren auf 50° erwärmt, filtriert, mit 10% Gelatine gekocht und filtriert. Oder die Flüssigkeit wird nach der Entfernung von Fett und Eiweiß im Vakuum bei 50° auf $^1/_4$ des ursprünglichen Volumens eingedampft und mit 10% neutralisierter Gelatine versetzt. Letztere erhält man, wenn man Gelatine in destilliertem Wasser neutralisiert und trocknet.

Betreffs der Züchtungstechnik sei auf I. Teil, S. 626 u. f. verwiesen.

---

[1]) Zeitschr. f. Untersuchung d. Nahrungs- u. Genußmittel 1913, **25**, 193.

[2]) Bearbeitet von Prof. Dr. A. Spieckermann, Münster i. W.

[3]) Centralbl. f. Bakteriol. II. Abt. 1901, **7**, 820, 1905, **15**, 327.

3. Bestimmung der Keimzahl. Etwa 1 g Käse wird mit 10 ccm sterilisiertem Wasser in einem sterilisierten Porzellanmörser unter Benutzung von sterilisiertem Quarzsand fein verrieben und in einem sterilisierten 1 l-Meßkolben mit sterilisiertem Wasser aufgefüllt. Nach gehöriger Mischung legt man von dieser Aufschwemmung weitere Verdünnungen (vgl. S. 263) an und verarbeitet diese zu Platten, wobei die dort beschriebenen Nährböden heranzuziehen sind. Neben dem gewöhnlichen Plattenverfahren muß auch ein anaerobes Verfahren benutzt werden.

Es ist bei diesen Untersuchungen zu berücksichtigen, daß Rinde und innere Schicht der Käse sich mykologisch ganz verschieden verhalten. Zur Entnahme der Probe benutzt man am besten einen durch Abbrennen sterilisierten Korkbohrer oder ein Glasrohr.

Um ein Bild über die Verteilung der Bakterien im Käse zu erhalten, legt man am besten Klatschpräparate an, indem man Deckgläser oder Objektträger an die glatte Schnittfläche preßt, die Präparate nach dem Antrocknen mit Chloroform oder Äther entfettet und in der üblichen Weise färbt. Von Hartkäsen lassen sich auch leicht Mikrotomschnitte[1]) herstellen und färben.

4. Nachweis von Krankheitserregern. Als Krankheitserreger kommen im Käse besonders Bakterien aus der Gruppe des Bacterium coli und — in frischem Käse und Quarg — Tuberkelbacillen in Betracht. Der Nachweis der letzteren muß mittels Tierversuches erfolgen, wobei man mit Rücksicht auf den hohen Gehalt des Käses an Bakterien vorteilhaft das Antiforminverfahren benutzen dürfte (vgl. S. 266).

Bakterien der Colityphusgruppe haben bei Käsevergiftungen Holst[2]) und Kühl[3]) gefunden. Ihre Wirkung scheint mehr infektiös als toxisch zu sein. Wie weit sie in Beziehungen zur Paratyphusgruppe stehen, bedarf weiterer Untersuchungen. Für die Untersuchung solcher Fälle kommen die in Abschnitt „Fleisch" S. 51 u. f. beschriebenen Verfahren in Betracht.

5. Untersuchung von fehlerhaftem Käse. Für die Untersuchung von fehlerhaften Käsen kommen die allgemeinen Verfahren der Reinzüchtung und Charakterisierung der Pilze (vgl. I. Teil S. 625 u. 655) in Betracht. Die Aufklärung von Käsefehlern greift meist in das Gebiet der speziellen Milchbakteriologie über und ist als solche Aufgabe der Spezialinstitute.

IV. Anhaltspunkte für die Beurteilung des Käses.

Nach der Sinnenprüfung und chemischen Untersuchung.

Allgemeiner Grundsatz für die Beurteilung ist auch hier, wie bei anderen Nahrungsmitteln, daß der Käse eine normale Beschaffenheit und, wenn er mit dem Namen einer bestimmten Käsesorte bezeichnet ist, die normale Beschaffenheit dieser Sorte besitzen muß. Abweichungen hiervon müssen wie folgt beurteilt werden:

1. Käse, der von Maden oder in ungewöhnlicher Weise von Schimmel durchsetzt, von Milben in erheblichem Maße befallen oder durch Kleinlebewesen tiefgreifend verändert ist oder einen krankhaft bitteren, seifigen oder ekelerregenden Geschmack oder einen fauligen oder sonst ekelerregenden Geruch besitzt, ist als verdorben anzusehen.

2. Ob ein Käse, der infolge fehlerhafter Herstellung oder fehlerhafter Reifungsvorgänge eine ungewöhnliche Konsistenz oder Farbe besitzt, als verdorben anzusehen ist, muß nach den Umständen des Einzelfalles beurteilt werden.

3. Ergibt die Sinnenprüfung eines mit dem Namen einer bekannten Käsesorte bezeichneten Käses, daß äußere Beschaffenheit, Konsistenz, Aussehen, Geruch oder Geschmack wesentlich von den die betreffende Käsesorte kennzeichnenden Eigenschaften abweichen,

---

[1]) Trioli-Petersson, Centralbl. f. Bakteriol. II. Abt., 1904, **11**, 212; Gorini, das. 1904, **12**, 78, Harrison, Révue génér. du Lait 1905, **5**, 409.

[2]) Centralbl. f. Bakteriol. I. Abt., 1896, **20**, 160.

[3]) Zeitschr. f. Untersuchung d. Nahrungs- u. Genußmittel 1913, **25**, 193.

so muß nach den Umständen des Einzelfalles beurteilt werden, ob Verdorbenheit, Verfälschung, Nachmachung oder irreführende Bezeichnung (vgl. S. 9 u. f.) vorliegt.

4. Als verfälscht, nachgemacht oder irreführend bezeichnet sind anzusehen:

a) als Käse oder mit dem Namen von Käsesorten bezeichnete Erzeugnisse, die der Begriffsbestimmung für Käse nicht entsprechen;

b) als Rahmkäse, Fettkäse (vollfetter Käse), dreiviertelfetter Käse, halbfetter Käse oder viertelfetter Käse oder gleichsinnig bezeichnete Käse, die den Begriffsbestimmungen dieser Käsesorten nicht entsprechen;

c) Käse, bei dem ein bestimmter Fettgehalt angegeben ist, sofern er dieser Angabe nicht entspricht;

d) Käse, bei dem der Fettgehalt in Prozenten angegeben ist, sofern er nicht daneben seinem Fettgehalt entsprechend als „Fettkäse", „dreiviertelfetter Käse" usw. bezeichnet ist;

e) als Gervais, Imperial oder Stilton bezeichnete Käse mit weniger als 50% Fett, auf Trockenmasse berechnet, sofern sie nicht dem geringeren Fettgehalt entsprechend bezeichnet sind;

f) alle Käse mit weniger als 40% Fett, auf Trockenmasse berechnet, sofern sie nicht dem geringeren Fettgehalt entsprechend bezeichnet sind, ausgenommen:

Limburger, Parmesankäse, alle Sauermilchkäse, Kräuterkäse, Kümmelkäse, Backsteinkäse, Quadratkäse, Holsteiner, Lederkäse, Graukäse, Schichtkäse, Yoghurtkäse;

g) als Limburger, Parmesankäse oder Yoghurtkäse bezeichnete Käse mit weniger als 20% Fett, auf Trockenmasse berechnet, sofern sie nicht dem geringeren Fettgehalt entsprechend bezeichnet sind.

Liegt der durch die Untersuchung gefundene, auf Trockenmasse berechnete Fettgehalt weniger als 1% unterhalb des für die betreffende Käsesorte festgesetzten Mindestfettgehaltes oder des angegebenen Gehaltes, so kann wegen der unvermeidlichen Fehlergrenzen von Probenahme und Analyse der Käse daraufhin nicht als verfälscht oder irreführend bezeichnet angesehen werden.

Zur Beurteilung der Frage, welcher Klasse ein Handelskäse, wenn sein Fettgehalt nicht angegeben ist, angehört, kann unter Umständen die Bestimmung der Stickstoff-Substanz zur Berechnung des Verhältnisses zwischen Fett und dieser herangezogen werden. Im Durchschnitt kommen auf 1 Teil Fett rund folgende Teile Stickstoff-Substanz (N × 6,25):

Rahmkäse	Fett- oder Vollfettkäse	Dreiviertelfettkäse	Halbfettkäse	Einviertelfettkäse	Magerkäse
0,7 Teile	0,8—1,0 Teile	1,0—1,40 Teile	1,4—1,8 Teile	1,8—2,5 Teile	2,5—6,0 und mehr Teile.

5. Als verfälscht, nachgemacht oder irreführend bezeichnet sind anzusehen:

a) als Ziegen- oder Schafkäse bezeichneter Käse, der nicht vorwiegend aus Ziegenmilch bzw. Schafmilch hergestellt ist;

b) als Rahmschichtkäse (Sahneschichtkäse) bezeichneter Käse, der nicht Schichten von Rahmkäse enthält;

c) mit dem Namen einer bekannten Käsesorte bezeichneter Käse, dessen Eigenschaften dieser Bezeichnung nicht entsprechen;

d) mit einem Herkunftsnamen bezeichneter Käse, dessen Herkunft dieser Bezeichnung nicht entspricht, sofern diese nicht Gattungsbezeichnung geworden ist; als Gattungsbezeichnungen sind insbesondere anzusehen:

Schweizer, Emmentaler, Tilsiter, Ragniter, Holländer, Gouda, Edamer, Münster, Limburger, Harzer, Mainzer, Nieheimer, Thüringer, Brie, Camembert, Neufchâteler;

e) mit einem Herkunftsnamen, der Gattungsbezeichnung geworden ist, bezeichneter Käse, sofern durch die besondere Art der Bezeichnung, Verpackung oder Aufmachung der Eindruck erweckt wird, daß eine Herkunftsbezeichnung vorliegt, die Herkunft der Bezeichnung aber nicht entspricht.

Anmerkung. Bezüglich der Beurteilung des Reifungsgrades der Käse ist zu beachten, daß bei den verschiedenen Käsesorten im genußfähigen Zustande und auch bei den einzelnen Sorten in verschiedenem Reifungsgrade innerhalb weiter Grenzen schwankende Mengen löslicher Stickstoff-Verbindungen vorhanden sind, so daß diese im allgemeinen keinen zuverlässigen Maßstab für die Beurteilung des Reifegrades des Käses abgeben.

6. Als verfälscht, nachgemacht oder irreführend bezeichnet ist anzusehen Käse, bei dessen Herstellung andere Konservierungsmittel als Kochsalz oder sonstige fremde Stoffe verwendet worden sind, unbeschadet

a) der Verwendung von Natriumbicarbonat, Salpeter und Chlorcalcium,
b) der Einführung von Reifungsbakterien, bei Roquefortkäse auch in Form von verschimmeltem Brot;
c) des Zusatzes von anderen stärkehaltigen Stoffen als verschimmeltem Brot (bei Roquefortkäse) und Gewürzen, sofern dieser Zusatz aus der Bezeichnung des Käses hervorgeht,
d) der Färbung mit kleinen Mengen unschädlicher Farbstoffe,
e) des Aufbringens kleiner Mengen unschädlicher Stoffe auf die Außenflächen.

Anmerkung. Bei der Prüfung auf Ameisensäure und Formiate ist zu berücksichtigen, daß geringe Mengen dieser Stoffe auch bei der Reifung der Käse entstehen können. Ergibt die quantitative Bestimmung weniger als 25 mg Ameisensäure in 100 g Käse, so ist der Nachweis eines Zusatzes von Ameisensäure oder Formiaten nicht als erbracht anzusehen.

7. Als verfälscht, nachgemacht oder irreführend bezeichnet sind anzusehen:

a) dem Käse ähnliche Zubereitungen, deren Fettgehalt nicht oder nicht ausschließlich der Milch entstammt, sofern sie nicht als Margarinekäse bezeichnet sind;
b) Margarinekäse, der unter Verwendung widerlich schmeckender oder riechender oder für den menschlichen Genuß untauglicher Fette oder Öle oder anderer derartiger Stoffe hergestellt ist.

8. Als gesetzwidrig hergestellt ist anzusehen:

Margarinekäse, der in 100 Gewichtsteilen der angewendeten Fette und Öle nicht mindestens 5 Gewichtsteile Sesamöl von der vorgeschriebenen Beschaffenheit enthält.

Anmerkung. Bei den Schlußfolgerungen aus der Prüfung des abgeschiedenen Käsefettes auf fremde Fette ist zu berücksichtigen, daß durch die Reifung aus dem ursprünglichen Fett Glycerin abgespalten und zerstört wird und somit freie Fettsäuren gebildet werden und daß dabei auch aus anderen Käsebestandteilen flüchtige und nichtflüchtige Fettsäuren entstehen. Die Untersuchungen sind daher stets an den *Neutralfetten* des Käses (vgl. oben S. 315) anzustellen. Diese haben bei reinen Käsen im reifen Zustande nach K. Windisch[1]) annähernd dieselbe Zusammensetzung (Reichert-Meißlsche Zahl, Verseifungszahl, Refraktometerzahl, Jodzahl) wie das Fett des frischen Käses bzw. der zur Herstellung des Käses verwendeten Milch[2]). Die sauren Käsefette dagegen zeigen bei reifen Käsen eine beträchtliche Erniedrigung der Reichert-Meißlschen Zahl; Verseifungszahl und Refraktometerzahl und eine starke Erhöhung der Jodzahl gegenüber dem Fette der betreffenden frischen Käse.

Über den Nachweis von Sesamöl vgl. S. 818.

Bezüglich der Schwermetalle gilt dasselbe, was S. 93 unter Nr. 9 gesagt ist.

---

1) Arbeiten a. d. Kaiserl. Gesundh.-Amt 1900, **17**, 281.

2) Nur bei völlig verdorbenen und ungenießbaren Käsen trifft dies nicht mehr zu.

Die Beurteilung des Käses nach dem bakteriologischen Befunde.

Für die Beurteilung des biologischen Charakters kommt lediglich die Art der Pilzflora und das Verhältnis ihrer verschiedenen Gruppen zueinander in Betracht. Die Nahrungsmittelkontrolle wird sich im wesentlichen auf den Nachweis menschenpathogener Bakterienarten und die Aufklärung von Käsefehlern, die die Genußfähigkeit beschränken oder aufheben, erstrecken.

Käse, die für den Menschen pathogene Bakterien enthalten, sind vom Genusse auszuschließen. Bei Reifungsfehlern auf bakteriologischer Grundlage hängt die Genußfähigkeit von ihrem Grade ab.

Beurteilung des Käses nach der Rechtslage.[1])

Gültigkeit von Polizeiverordnungen über Käse. In § 7 der Polizeiverordnung zu Barmen vom 3. August 1897 wird bestimmt:

„Unter der Bezeichnung ‚Holländer Käse' darf nur ein lediglich aus Milch, Kochsalz und eventuell Kräutern bereiteter Fettkäse mit mindestens 24% Fettgehalt feilgehalten oder verkauft werden."

In Preußen darf auf Grund des § 6c des Gesetzes über die Polizeiverwaltung vom 11. März 1850 das öffentliche Feilhalten von Nahrungsmitteln durch Ortspolizeiverordnungen geregelt werden. Dies darf nicht nur geschehen im Interesse von Leben und Gesundheit (§ 6f des Gesetzes), sondern auch unabhängig von diesem Gesichtspunkte zur Abwehr der Gefahren, welche dem redlichen Verkehr durch Täuschung und unreelles Wesen drohen, zur Sicherung von Treu und Glauben im öffentlichen Handel. Offenbar verfolgt aber der § 7 der Polizeiverordnung den letztgenannten Zweck und erscheint demnach auf Grund der angeführten Gesetzesvorschrift als materiell gültig. Es muß dahingestellt bleiben, ob die Bestimmung geeignet ist, in der Stadt Barmen den gewollten Zweck zu erreichen, und ob das dortige Publikum unter Holländer Käse eine Form- und Geschmacksbezeichnung oder eine Qualitätsbezeichnung versteht. Dies muß deshalb ungeprüft bleiben, weil der § 17 des Gesetzes vom 11. März 1850 den Gerichten die Prüfung der Notwendigkeit und Zweckmäßigkeit der polizeilichen Vorschriften entzieht. Der § 7 a. a. O. steht auch nicht im Widerspruch mit den Gesetzen oder Verordnungen einer höheren Instanz. Insbesondere widerspricht diese Bestimmung nicht dem Nahrungsmittelgesetz vom 14. Mai 1879 und dem Reichsgesetz, betr. den Verkehr mit Butter usw. vom 15. Juni 1897.

Das freisprechende Berufungsurteil des Landgerichts zu Elberfeld vom 28. April 1906 wurde deshalb aufgehoben und die Sache zur anderweitigen Entscheidung an das Berufungsgericht zurückverwiesen.

Preuß. Kammerger., 24. September 1906.

Verunreinigter Käse. Durch das Gutachten des Sachverständigen ist erwiesen, daß, wenn zur Bereitung von Käse der Spüleimer benutzt wurde, der vorher beim Reinigen des Klosetts gebraucht worden war, wenn ferner die zum Verpacken von Käse bestimmten Kisten in der Wanne, in welcher Kinder gebadet worden, und in dem Wasser, in welchem zuvor die schmutzige Wäsche gewaschen worden war, gescheuert wurden, und wenn der Angeklagte beim Hantieren mit Käse schmutzige Wäschestücke zum Abwischen seiner Hände benutzte, hierdurch Krankheitskeime in die von dem Angeklagten in den Handel gebrachten Nahrungsmittel gelangen konnten, und daß vermöge der dadurch begründeten Gefahr der Genuß der so hergerichteten bzw. verkauften Gegenstände die menschliche Gesundheit zu beschädigen geeignet war.

Darnach sind die Tatbestandsmerkmale der §§ 12^1, 14 NMG. gegeben.

LG. Breslau, 20. Mai 1901.

---

[1]) Bearbeitet von Prof. Dr. C. A. Neufeld - Würzburg.

Verunreinigter Topfenkäse. Der Topfen (Quark) war vor seiner Verarbeitung zu Käsen in einen schmutzigen, mit Küchenabfällen gefüllten Schweinetrankkübel gefallen und wurde mit Wasser nur oberflächlich gereinigt.

Durch die Berührung mit den im Schweinetrank in großen Mengen vorhandenen schädlichen Keimen wird der ohnehin sehr empfindliche Käse mit solchen vermengt; sie können durch bloßes Waschen nicht getötet werden. Da der Topfen ungekocht zu Topfenkäse verarbeitet wird, so war der in den Schweinetrank gefallene Topfen und das aus ihm hergestellte Produkt infolge der Durchsetzung mit den schädlichen Keimen nicht bloß verdorben und genußuntauglich, sondern im Falle des Genusses auch geeignet, die Gesundheit des Genießenden zu schädigen. § 12 NMG.

LG. München II, 12. Juni 1909.

Verdorbener Käse. Beim Schneiden des Backsteinkäses floß aus diesem eine jauchige Flüssigkeit, außerdem war der Käse mit einer dicken Schimmellage bedeckt. Der Schweizer Käse war in bröckeligem Verfall und mit vielen Maden behaftet.

Nach dem Gutachten des Sachverständigen befanden sich beide vorgelegte Käsesorten in völliger Zersetzung. Ihr Genuß war geeignet, die menschliche Gesundheit zu beschädigen, da er Magen- und Darmkrankheiten hervorrufen und durch Vergiftung selbst den Tod des Menschen herbeiführen konnte. Vergehen gegen § 12^1 NMG.

LG. Potsdam, 24. Februar 1897.

Die Angeklagten hatten Käse verkauft, der schimmelig und von Maden durchsetzt war und in einem derart verdorbenen und ekelerregenden Zustande sich befand, daß nach dem Gutachten der Sachverständigen der Genuß des Käses die menschliche Gesundheit zu beschädigen geeignet war.

Nach Lage der Sache haben die Angeklagten beim Verkauf des Käses fahrlässigerweise die erforderliche Aufmerksamkeit und Sorgfalt außer acht gelassen, bei deren Anwendung sie die Gesundheitsgefährlichkeit desselben hätten erkennen können und müssen. § 14 NMG.

LG. Kempten, 10. Dezember 1897.

Von Schimmel äußerlich nicht befallene Stücke von stark verschimmeltem Käse. Der größte Teil des Käses war mit Schimmel durchsetzt und befand sich in fauliger Zersetzung. Nach dem Gutachten der Sachverständigen war aber auch der Teil des Käses verdorben, der noch äußerlich gut aussah, da er mit dem durch Schimmel völlig verdorbenen Teile in so enger Verbindung gestanden hat, daß die Fäulnisstoffe auch in ihn, allerdings in geringerem Maße eingedrungen waren und ihn verdorben hatten. In einem Käse, von dem Teile so stark mit Schimmelpilzen durchsetzt sind, wie im vorliegenden Falle, bilden sich so schwere Gifte, daß auch die äußerlich als gut erscheinenden Teile als giftig anzusehen sind.

Das Gericht ist der Ansicht. daß der Angeklagten die Gesundheitsgefährlichkeit infolge von Fahrlässigkeit unbekannt geblieben ist. Mit leichter Mühe, etwa durch Nachfrage beim städtischen chemischen Untersuchungsamt, hätte sich die Angeklagte vergewissern können, ob die gut aussehenden Käsestücke gesundheitsgefährlich seien oder nicht. Solche Erkundigungen einzuziehen war die Angeklagte im vorliegenden Falle verpflichtet, da sie als Inhaberin eines Lebensmitteldetailgeschäftes sorgsam darüber wachen muß, ob die von ihr zum Verkauf gestellten Lebensmittel unbedenklich von Menschen genossen werden dürfen. Diese Sorgfalt hat die Angeklagte verletzt. Vergehen gegen §§ 14, 12^1 NMG.

LG. Essen, 27. Juni 1910.

Käse mit Milben. Nach dem Gutachten des Sachverständigen für Käsehandel ist das Auftreten von Milben auf der harten Rinde von Tilsiter Käse kein Zeichen von Verdorbensein und das vom Angeklagten vorgenommene Abkratzen und Abwaschen der Oberfläche zur Beseitigung der Käsemilben ein bedenkenfreies, allgemein übliches Verfahren.

Demnach hat der Angeklagte mit diesem Käse kein verdorbenes, die menschliche Gesundheit zu beschädigen geeignetes Nahrungsmittel in den Verkehr gebracht.

LG. I Berlin, 17. November 1905.

Verkauf von Käse unter irreführender Bezeichnung.

Rahmkäse (Sahnenkäse). Rahmkäse aus Magermilch. Nach dem Gutachten des Sachverständigen, dem sich das Gericht in allen Punkten anschließen mußte, ist für die Bezeichnung eines Käses als „Rahmkäse" in erster Linie der Fettgehalt maßgebend. Käse sind vollfett bei einem Fettgehalt von über 45% der Trockenmasse; sie sind fett bei einem Fettgehalt von über 35—45%, halbfett bei einem Fettgehalt von 25—35%, mager bei einem Fettgehalt von unter 25% der Trockenmasse. Aus dieser Aufstellung ergibt sich, daß der hier in Rede stehende Käse bei einem Fettgehalte von 18,35% der Trockenmasse ohne weiteres in die Klasse der „Magerkäse" zu rechnen ist.

Der Rahmkäse ist ein im wesentlichen aus Vollmilch und Rahm hergestellter Käse. Durch Vervollkommnung der Technik ist es gelungen, aus Vollmilch allein und zuletzt sogar aus Magermilch Weichkäse herzustellen, der dem äußeren Schein nach genau wie „Rahmkäse" aussieht, während er es in Wirklichkeit nicht ist.

Aller nicht aus Vollmilch mit Rahm hergestellter, als Rahmkäse verkaufter, nur aus Magermilch hergestellter Käse ist nach Ansicht des Sachverständigen als nachgemacht im Sinne des § 10^2 NMG. anzusehen. Durch die Bezeichnung dieses minderwertigen Käses als „Rahmkäse" wird der Ware der äußere Schein einer besseren Beschaffenheit gegeben.

LG. Frankfurt a. M., 7. Juli 1910.

Sahnenkäse aus entrahmter Milch. In Übereinstimmung mit dem Gutachten des Sachverständigen hat das Gericht als erwiesen erachtet, daß die normale Herstellungsweise eines Sahnenkäses die Herstellung eines Käses zu einem erheblichen Teil aus Sahne ist, zum mindesten einer Milch, die ihres Sahnegehaltes nicht beraubt ist, einer Vollmilch.

Normale Vollmilch hat einen Fettgehalt von wenigstens 3%. Das Gemisch, aus dem der Käse des Angeklagten fabriziert wird, enthält dagegen nur 1,19% Fett. Es ist sonach hergestellt unter Erzeugung des Scheins, nicht aber des Wesens und Gehaltes eines normalen Sahnenkäses. Sahnenkäse ist sonach nachgemacht worden.

Dem Angeklagten ist zuzugeben, daß die von ihm befolgte Herstellung des Sahnenkäses auch in anderen Betrieben üblich sein mag; insoweit handelt es sich indessen nicht um einen Usus, sondern um einen Abusus, einen Gebrauch, der den berechtigten Erwartungen des Publikums widerspricht. § 10^2 NMG.

AG. Dresden, 6. Dezember 1909.

Sahnenschichtkäse aus Vollmilch ohne Sahnenzusatz. Die Strafkammer hat festgestellt, daß unter einem Sahnenkäse — und damit natürlich auch einem Sahnenschichtkäse — ein Käse zu verstehen sei und auch von den Abnehmern und Verbrauchern verstanden werde, der wenigstens teilweise aus Sahne hergestellt sei, und daß man unter „Sahne" ein Erzeugnis versteht, welches aus Vollmilch durch ein besonderes Verfahren erst gewonnen und ausgeschieden würde und erheblich fettreicher als Vollmilch sei.

Wenn sie auf Grund dieser mit der Revision nicht anfechtbaren Feststellungen zu dem Schluß gelangt, daß der von dem Angeklagten aus Milch ohne Sahnenzusatz hergestellte und verkaufte „Sahnenschichtkäse" ein nachgemachtes Nahrungsmittel sei, so ist darin ein Rechtsirrtum nicht zu finden, so daß ihre Feststellung, der Angeklagte habe ein nachgemachtes Nahrungsmittel unter Verschweigung des Umstandes, daß es nachgemacht sei, verkauft, nicht zu beanstanden ist.

OLG. Düsseldorf, 28. Mai 1910.

Romadourkäse. Ein in Stanniol verpackter weicher Käse, der die Aufschrift „Romadourkäse" trug und als Rahmkäse verkauft worden war, hatte einen Fettgehalt von nur 18,35% der Trockenmasse.

Aller nicht aus Vollmilch mit Rahm hergestellter, als Rahmkäse verkaufter, nur aus Magermilch hergestellter Käse ist nach der Ansicht des Sachverständigen, der sich das Gericht anschließen muß, als nachgemacht im Sinne des § 10² NMG. anzusehen. Durch die Bezeichnung dieses minderwertigen Käses als Rahmkäse wird der Ware der äußere Schein einer besseren Beschaffenheit gegeben.

Wenn sich bei einem Teil des Handels allmählich die Gepflogenheit ausgebildet hat, unter der Bezeichnung „Romadourkäse" auch Magerkäse zu verkaufen, so kann diese Gepflogenheit nur als ein Handelsmißbrauch bezeichnet werden. Im reellen Handel wird auch heute noch guter Romadourkäse mit mindestens 40% Fettgehalt der Trockenmasse verkauft.

LG. Frankfurt a. M., 7. Juli 1910.

Gervaiskäse. Gervaiskäse aus Magermilch. Der Käse hat nur einen Fettgehalt von 20,73%, während nach Aussage des Sachverständigen echter Gervaiskäse mindestens 40—45%, Rahmkäse mindestens 25% Fettgehalt habe.

Der Stoff der vom Angeklagten verkauften Käse ist demnach ein wesentlich anderer wie der der „Rahm"- oder „Gervais"-Käse. Diese aus einem dem Rahm wirtschaftlich minderwertigen Stoffe hergestellten Käse hat der Angeklagte in einer Verpackung feilbieten und verkaufen lassen, die ihrer Form nach geeignet war, das kaufende Publikum über das Wesen der Kaufsache zu täuschen. Zudem hat die Ehefrau des Angeklagten dem Käufer, der Gervaiskäse zu kaufen verlangte, erklärt, der Käse sei „Deutscher Gervaiskäse", sie verkaufe ihn auch als Rahmkäse. Diese Bezeichnung des Käses als „Rahm"- oder „Deutscher Gervaiskäse" ist aber ebenfalls geeignet, die Käufer über die Beschaffenheit der Kaufsache zu täuschen; denn derjenige, der einen dem echten „Gervaiskäse" ähnlichen oder einen „Rahmkäse" zu kaufen glaubt, erwartet eine in der Beschaffenheit über dem Quarkkäse stehende Ware zu erhalten; er erwartet als Grundstoff der Ware keineswegs Milchquark, sondern Rahm. Endlich ist aber auch der vom Angeklagten geforderte Preis so hoch, daß der Käufer erwarten müßte, einen besonders guten Käse zu erhalten.

Es steht demgemäß fest, daß der in dem Geschäfte des Angeklagten verkaufte Käse nach Stoff, Form, Bezeichnung und Preis eine andere Sache zu sein schien, als er wirklich war, und daß er unter Verschweigung dieser Umstände und unter einer zur Täuschung geeigneten Bezeichnung verkauft worden ist (§ 10 NMG.). Diese Handlung ist vom Angeklagten aus Fahrlässigkeit verschuldet worden. Als Inhaber des Käsegeschäftes war er für die Art und Weise, wie in seinem Geschäfte der Käse verkauft wurde, verantwortlich. Bei nur geringer Sorgfalt hätte er die gesetzwidrige Verkaufsart verhindern können. § 11 NMG.

LG. Köln, 15. Februar 1910.

Gervaiskäse aus Vollmilch und Butter. Bedenkenfrei hat die Strafkammer aus der festgestellten Tatsache, daß der Angeklagte aus Vollmilch, der zuweilen etwas Butter zugesetzt worden sei, einen Weichkäse von 19—22% Fettgehalt hergestellt, die einzelnen Käse mit einer Papierhülle versehen und in Kisten mit der Aufschrift „Germania-Gervaiskäse" an seine Kunden geliefert hat, den Schluß gezogen, daß er ein Nahrungsmittel, nämlich den 30—40% Fettgehalt aufweisenden echten „Gervaiskäse" nachgemacht habe.

Ebenso bedenkenfrei hat die Strafkammer weiter festgestellt, daß der Angeklagte zum Zwecke der Täuschung im Handel und Verkehr den echten Gervaiskäse nachgemacht habe, indem er die einzelnen Käse unter der Papierhülle mit einer kleinen Etikette mit der Auf schrift „Charles Gervais 94" versehen habe und sich bewußt gewesen sei, daß diese Etikette geeignet und bestimmt sei, das verbrauchende Publikum zu täuschen. Mit Recht hat die Strafkammer daher den Angeklagten wegen Vergehens gegen § 10¹ NMG. verurteilt.

OLG. Düsseldorf, 1. Oktober 1910.

Camembert. Camembert aus Voll- mit Magermilch. Der Käse wurde aus einem Gemisch von halb Voll-, halb Magermilch hergestellt. Er enthielt 35% Fettgehalt und befand sich in Holzschachteln mit der Aufschrift: „Le petit fromage de Camembert. Qualité supérieure" ohne Angabe des Erzeugernamens und des Herstellungsortes.

Daß ein aus Mischmilch erzeugter Camembert schlechthin, also ohne weitere Zusatzbezeichnung, an sich unbedenklich in den Handel und Verkehr eingeführt werden dürfe, verkennt das Landgericht an sich nicht; es spricht aus, daß heutzutage selbst von Frankreich, dem Ursprungslande des dort früher allein als Vollfettkäse aus ganzer Vollmilch erzeugten Camembert, auch ein fettärmerer Camembert tatsächlich ausgeführt wird.

Der Angeklagte hat nun eine in Wirklichkeit gegenüber bestem Camembert um 10% fettärmere Camembertsorte, zugleich unter Verschweigung seines Namens und des Herstellungsortes, unter einer Bezeichnung feilgeboten und verkauft, mit der er nach der Feststellung des Landgerichts dem Publikum einen höchstwertigen Camembert anpries. Hierbei hat das Landgericht den Begriff der Normalmäßigkeit für besten Camembert dahin bestimmt, daß nach den berechtigten Anschauungen und Erwartungen der überwiegenden Mehrzahl der Angehörigen der sich für Camembert überhaupt interessierenden Konsumentenkreise dann, wenn einmal „qualité supérieure“ angekündigt wird, dies unbedingt eine erste Sorte aus ganzer Vollmilch mit 45% Fettgehalt sein müsse. Nicht aus den einseitigen Anschauungen und Gewohnheiten der Erzeuger und Händler, die ihre Ware in den Handel zu bringen suchen, sondern aus dem, was, zumal gegenüber von Anpreisungen der erwähnten Art, das interessierte Publikum erwarten darf, ist die Norm für die solchergestalt angebotene Ware zu gewinnen.

Nach den Grundsätzen von Treu und Glauben und aus der Natur der Sache folgt, daß es irgendwo kenntlich gemacht werden muß, wenn Waren angeboten werden, die nur den Schein, nicht das Wesen einer anderen besseren Ware haben.

Objektiv ist hiernach unbedenklich eine Zuwiderhandlung gegen § 10^1 und ^{2} NMG. festgestellt worden.

OLG. Dresden, 14. Dezember 1910.

Camembert mit 19—25% Fettgehalt. Der als „Allerfeinster fetter Camembert“ in den Handel gebrachte Käse hatte nur 19,64—25,40% Fettgehalt in der Trockensubstanz, während aus Vollmilch hergestellte Camemberts nach dem Gutachten der Sachverständigen mindestens 40% Fettgehalt in der Trockensubstanz aufweisen müssen.

Das Gericht erklärte den Angeklagten für schuldig, nicht vollfetten Camembert unter einer zur Täuschung geeigneten Bezeichnung wissentlich feilgeboten und verkauft zu haben. § 10^2 NMG.

LG. I Berlin, 26. Februar 1912.

Margarinekäse. Verschweigung der Beschaffenheit. Der Angeklagte hatte Milchkäse und Kunstkäse, welcher letzterer aus Oleomargarine und Magermilch hergestellt war, untereinander, ohne daß der Margarinekäse äußerlich als solcher erkennbar gemacht war, feilgehalten und den Käufern nur in dem Falle eröffnet, daß es Margarinekäse sei, wenn sie nach der Beschaffenheit des Käses fragten.

Wenn auch Margarinekäse vielfach als ein erwünschtes Nahrungsmittel zur Verwendung gelangt, so ist er doch bei dem Bestreben des Verkäufers, ihn als aus reiner Milch herrührenden Käse erscheinen zu lassen, als ein verfälschtes und nachgemachtes Nahrungsmittel anzusehen. Vergehen gegen § 10^2 NMG.

LG. Posen, 25. September 1894.

Margarinekäse als Fettkäse. Die normale Beschaffenheit einer feilgehaltenen Ware ist stets nach den berechtigten Erwartungen des konsumierenden Publikums zu beurteilen. Dieses erwartet aber im allgemeinen unter der Bezeichnung „Holsteiner Fettkäse“ ein Produkt aus Milch zu erhalten. Die Bezeichnung „Fett“-Käse — insbesondere mit dem Zusatz „Holsteiner“ — läßt keineswegs erkennen, daß es sich hier um etwas anderes handele. Verurteilung wegen Vergehens gegen § 10^2 NMG.

Die Revision hiergegen wurde verworfen. Die Feststellung ist durchaus zutreffend, daß Margarinekäse, gleichviel welche Eigenschaft er im übrigen hat, sich als eine Nachahmung des aus Milch hergestellten Käses darstellt. Das entspricht der Auffassung und dem Sprachgebrauch des Verkehrs, und es findet obendrein Ausdruck im Gesetz selbst, welches sich in der Überschrift bezeichnet als Gesetz, betr. den Verkehr mit Butter, Käse, Schmalz und deren „Ersatzmitteln".

OLG. Hamburg, 18. Februar 1910.

Anhang zu Käse.

Pflanzenkäse.

Wie aus Sojabohnen der Bohnenkäse „Natto" bzw. „Tofu" (Japan) bzw. Tao-hu (China) hergestellt wird (vgl. II. Bd., S. 789), so verwendet man in Afrika auch die Samen von Parkia africana R. Br. (Familie Mimosaceen), die eine ähnliche chemische Zusammensetzung wie Sojabohnen besitzen, zur Herstellung eines Kuchens bzw. Käses, „Daua-Daua" oder „Afiti" genannt. Die Herstellung des letzteren ist in den einzelnen Landesteilen Afrikas etwas verschieden. Die Samen werden entweder einen ganzen Tag gekocht, etwa 3 Tage lang stehen gelassen, gereinigt, unter Wasser mit den Händen gewaschen, enthülst und nochmals mit Wasser gekocht, bis die Kerne zerdrückbar weich geworden sind; darauf setzt man Salz, roten Pfeffer und die gekochten und enthülsten Samenkörner von Hibiscus sabdariffa zu, stampft die ganze Masse, formt daraus Kuchen und trocknet sie an der Sonne. Oder man entfernt die Samenschalen gleich nach dem Kochen durch Zerstampfen im Holzmörser und Waschen mit Bachsand, kocht zum zweiten Male, läßt die Masse 3 Tage stehen und trocknet, ohne sie zu formen, an der Sonne. In Atakpame genießt man die Masse auch frisch, ohne sie an der Sonne zu trocknen, oder bestreut sie, nachdem sie 3 Tage gestanden und dann in der Sonne gelegen hat, mit Holzasche.

Während beim Reifen des Nattos 3 Mikrokokkenarten und eineBacillusart, welche letztere große Ähnlichkeit mit dem Bac. fluorescens liquefaciens hat, die Umsetzung der Stoffe in der Sojabohne, besonders der Proteine in Peptone und Amide, bewirken, sind nach H. Fincke[1]) bei der Bereitung der Daua-Daua zwei aerobe Bakterien — ein kleineres und ein größeres Stäbchen — mit endogener Sporenbildung tätig, welche stark proteinspaltende Wirkung bis hinab zu Ammoniak besitzen, ferner zwei anaerobe Bakterien, von denen die eine ein Säurebildner (vermutlich Buttersäurebacillus), die andere ein Fäulnisbacillus ist und das Protein unter Gas- und Geruchentwickelung zersetzt. Die Aromastoffe dürften auch hier durch Symbiose dieser Bakterien entstehen.

H. Fincke fand für Daua-Daua folgende chemische Zusammensetzung:

Wasser	Fett (Ätherauszug)	Protein in Form von						Zucker	Säure = Milchsäure	Rohfaser	Asche
		Gesamt-	Reinprotein-	Proteosen-	Pepton- + Basen-	Amiden	Ammoniak				
%	%	%	%	%	%	%	%	%	%	%	%
17,45	35,40	5,89	2,42	0,12	0,58	0,24	1,05	0	1,74	3,38	2,73

Die Asche enthielt 1,24% Sand, aber kein Kochsalz. Das Fett lieferte folgende Konstanten:

Fett	Refraktometerzahl bei 40°	Säuregrad	Verseifungszahl	Jodzahl	Reichert-Meißl-Zahl	Hehnersche-Zahl
Parkia-Samen .	58,8	2,5	184,5	91,6	0,6	95,5
Daua-Daua-Käse	56,5	31,7	187,2	88,9	3,3	93,5

Das Fett erleidet hiernach ebenfalls eine teilweise Zersetzung, Spaltung der Glyceride unter Bildung von freien und flüchtigen Säuren; auch waren im wässerigen Auszuge Ammoniakseifen nachweisbar.

Die Untersuchung dieser Erzeugnisse erfolgt wie bei Käse (siehe vorstehend) bzw. nach I. Teil, S. 258 ff., S. 355 und S. 363 ff.

---

[1]) Zeitschr. f. Untersuchung d. Nahrungs- u. Genußmittel 1907, **14**, 511.

Kefir, Kumys, Mazun, Yoghurt, Leben raïb, Mezzoradu und ähnliche Milcherzeugnisse.

Diese Milcherzeugnisse werden zwar auf verschiedene Weise und aus verschiedener Milch hergestellt, aber das Wesen ihrer Darstellung ist gleich; es handelt sich bei allen Erzeugnissen dieser Art um eine säuerlich-alkoholische Gärung, die außer für Milchzucker auch mehr oder weniger eine gleiche oder ähnliche Umsetzung (Peptonisierung) des Caseins und Albumins bewirkt.

Die Umsetzung beruht nach A. Ginzberg[1]) darauf, daß dem Casein Kalk und Phosphorsäure entzogen und es wie Albumin hydrolysiert wird. Außer Milchsäure, Alkohol, Kohlensäure und Peptonen neben den unveränderten Bestandteilen der Milch finden sich noch geringe Mengen Glycerin, Bernsteinsäure, Butter- und Essigsäure. Auf diese Bestandteile muß man daher bei allen diesen Erzeugnissen Rücksicht nehmen, falls es sich um eine eingehende Untersuchung handelt.

1. Kefir (Kefyr, Kifyr, Kiafyr, Kafyr, im Kaukasus auch Kephor, Kyppe genannt, von Kefy = Wonnetrank) ist das mit Hilfe der Kefirkörner vorwiegend aus Kuhmilch, aber auch aus Ziegen- und Schafmilch hergestellte dickflüssige Getränk (bzw. Speise). Die Umwandlung der Milchbestandteile wird durch verschiedene Mikroorganismen bewirkt, die in Symbiose tätig sind. Freudenreich findet (II. Bd., 1904, S. 745) in den Kefirkörnern vier verschiedene Mikroorganismen, während E. Nikolaewa[2]) behauptet, daß nur zwei, das Bacterium caucasicum und Torula kefir, die eigentliche Umsetzung bewirken, die anderen Mikroorganismen (Bacterium Güntheri, Torula ellipsoidea, Streptococcus lacticus, Bacillus mesentericus u. a.) dagegen schädliche oder unschädliche Beimischungen seien. Das Bacterium caucasicum bedingt nach ihm die eigentliche Milchsäuregärung und bringt die Milch zum Gerinnen; es ist bei günstigen Temperaturen fähig, in Reinkulturen 2—3% Milchsäure zu entwickeln; der zweite beständige Organismus, Torula kefir, ruft eine energische Alkoholgärung hervor und vermag Milchzucker in Gärung zu versetzen. Durch Impfung der Milch mit diesen beiden Organismen gelang es Nikolaewa, künstlichen Kefir zu gewinnen. W. Kuntze[3]) konnte in den Kefirkörnern unter 7 verschiedenen Organismen regelmäßig vier Formen nachweisen, nämlich: 1. Echte Milchsäurebakterien, 2. Bakterien von der Gruppe Bacterium acidi lactis Hüppe bzw. Bacterium lactis aerogenes, 3. Torula- und Hefearten, 4. zwei sporenbildende Bacillenarten von der Gruppe der Buttersäurebacillen. Auch Kuntze stellt sich die Kefirgärung als eine kombinierte Gärung vor. Nach ihm setzt zuerst eine Buttersäuregärung ein, die Hefe verhindert im Wettbewerb das Überhandnehmen derselben, daneben findet gleichzeitig echte Milchsäuregärung statt, aber auch diese muß, durch die Konkurrenz gezwungen, langsamer verlaufen als in Reinkultur; schließlich sollen in altem Kefir die Buttersäurebacillen das Feld behaupten.

Welche Ansicht auch richtig sein möge, jedenfalls kann die Zusammensetzung des Kefirs je nach dem Vorwalten des einen oder anderen Organismus gewissen Schwankungen unterliegen, zumal die Tätigkeit des Organismus von der Temperatur und auch von der Länge der Einwirkung (der Zeit) abhängig ist. Auch sonstige Umstände sind von Einfluß, z. B. öfteres und stärkeres Umschütteln; denn das Casein der Kuhmilch bildet beim Gerinnen große Klumpen, welche die Mikroorganismen umhüllen und sie in der Tätigkeit behindern. Infolgedessen geht auch bei der Kefirbereitung aus Kuhmilch die Zersetzung im allgemeinen nicht so weit, wie bei der Kumysbereitung aus Stutenmilch.

---

[1]) Biochem. Zeitschr. 1911, **30**, 1.

[2]) Bull. du Jardin Imp. botan. de St. Petersbourg 1907, **7**, 4, 121.

[3]) Zentralbl. f. Bakteriologie 1909, II. Abt., **24**, 101.

2. *Kumys* ist das aus Stuten- (zum Teil auch Kamel- und Eselinnen-) Milch mit Hilfe von altem Kumys oder an der Sonne eingetrocknetem Kumysabsatz[1]) zubereitete dünnflüssige Getränk (Milchwein, Vinum lactis oder Lac fermentatum). Über die Erreger der Kumysgärung liegen bis jetzt nur dürftige Angaben vor. Nach Schipius[2]) ist neben einem Saccharomyces und den gewöhnlichen Milchsäurebakterien ein spezifischer Kumysbacillus tätig, der die Merkmale der Lactobacillen trägt. Rubinsky[3]) wies darin — von einzelnen Streptokokken abgesehen — fast ausschließlich in 2—5gliedrigen Ketten liegende schlanke Stäbchen (Lactobacillen) und Hefezellen nach. Mischkulturen von Stäbchen und Hefe, in Stutenmilch geimpft, lieferten guten Baschkirenkumys. Das Temperaturoptimum lag bei den Bakterien bei 30 bis 37° in Symbiose, mit Hefe sank es auf 25—32°. W. Kuntze (l. c.) glaubt, daß auch bei der Kumysbereitung eine echte Buttersäuregärung mitspricht. F. Löhnis[4]) erklärt aber die Buttersäurebildung im Kumys als eine fehlerhafte Gärungserscheinung.

Zweifellos beruht auch die Bereitung des Kumys auf einer Milchsäure- und alkoholischen Gärung, verbunden mit einer teilweisen Peptonisierung der Proteinstoffe; die Umsetzung verläuft hier verhältnismäßig rascher und tiefer als beim Kefir. Infolge der dünnflüssigen Beschaffenheit können vom Kumys größere Mengen — täglich 3 bis 5 l — genossen werden als vom Kefir.

3. *Mazun* ist das durch Säure- und Alkoholgärung aus Büffel-, Schaf- oder Ziegenmilch, neuerdings auch aus Kuhmilch mit Hilfe eines Stückes alten Mazuns hergestellte Nahrungs- und Gebrauchsmittel, das entweder direkt gegessen (mit dem Löffel genommen) oder nach Verdünnen und Verrühren mit Wasser getrunken oder als Ansäuerungsmaterial bzw. als Gärungserreger bei der Butterbereitung — um der Butter ein angenehmes Aroma zu erteilen — oder zur Bereitung von Milchspeisen verwendet wird. Auch die unter Benutzung von Mazun bei der Butterbereitung gewonnene Buttermilch wird genossen, sowie der nach dem Abpressen gewonnene Quarg (Than), der mit Mehl versetzt und an der Sonne getrocknet wird. Der getrocknete Than wird Tschorathan genannt; er liefert, mit Spinat und Reis zusammengekocht und mit Pfefferminz und anderen Gewürzen schmackhaft gemacht, im Winter eine beliebte Speise, Thanapur genannt. Der Mazun findet daher eine vielseitige Verwendung; er stammt ursprünglich aus Armenien. Seine Bereitung erfolgt in der Weise, daß die zuvor aufgekochte Milch auf Blutwärme gebracht und dann mit einem in Milch oder Wasser verriebenen Stück alten Mazuns[5]) versetzt wird. Das Gemisch wird in einem mit einem dicken Tuch umhüllten Topf in einem mäßig warmen Raume aufbewahrt und ist nach 12—18 Stunden zum Genusse reif. Die Reifung erfolgt also viel schneller als bei Kefir und Kumys, bei denen sie durchweg einige Tage (2—5) dauert. Kann der Mazun nicht sofort verwendet werden, so wird er, um eine zu starke Säuerung zu vermeiden, in einem kühlen Raum aufbewahrt.

Mit der Untersuchung der Mikroflora des Mazuns haben sich vorwiegend Kalanthar[6]), O. Emmerling[7]), Düggeli[8]), H. Weigmann[9]) und Mitarbeiter sowie W. Kuntze[10])

---

[1]) Statt durch fertigen Kumys kann man den spezifischen Gärungserreger auch dadurch erhalten, daß man Pferdemilch durch sauer gewordene Kuhmilch in Gärung versetzt und die gärende Pferdemilch 5—6 mal in frische Pferdemilch umimpft. Mitunter benutzt man auch flüssige Bierhefe, wobei aber eine vorherige Hydrolyse des Milchzuckers angenommen werden muß.

[2]) Zentralbl. f. Bakteriologie 1900, II. Abt., **6**, 775.

[3]) Rubinsky, Studien über den Kumys. Leipzig 1910.

[4]) F. Löhnis, Handbuch d. landw. Bakteriologie, Berlin 1910, S. 292.

[5]) In Ermangelung von altem Mazun wird auch wohl Sauerteig, der Lactobacillen enthält, genommen.

[6]) Zeitschr. f. physiol. Chemie 1898, **26**, 99.

[7]) Zentralbl. f. Bakteriologie 1898, II. Abt., **4**, 418.

[8]) Ebendort 1905/06, II. Abt., **15**, 577.

[9]) Ebendort 1907, II. Abt., **19**, 70.

[10]) Ebendort 1909, II. Abt., **21**, 737.

befaßt. Kalanthar und Emmerling fanden mehrere Hefen und Milchsäurebakterien, unter denen ein Mikrococcus inaktive Milchsäure erzeugte, ferner gelatineverflüssigende Stäbchen, die Emmerling für Bacillus subtilis hält. Wahrscheinlich ist letzterer gleich mit dem von Düggeli beschriebenen Lactobacillus, durch dessen Einimpfung gleichzeitig mit den aus Mazun isolierten Milchsäurebakterien und Hefen aus aseptisch gewonnener Milch ein normales Mazun gewonnen werden konnte. H. Weigmann und Mitarbeiter (Gruber und Huss) fanden in der Mikroflora des Mazuns Lactobacillen, die sie Bacterium Mazun nennen, Hefen, die sie als Sacchar. Pasteurianus identifizierten, Milchsäurebakterien und Oidien sowie weiter einen sporenbildenden Bacillus Mazun, der stark peptonisierende Eigenschaften besaß und wegen der Erzeugung des käseartigen Geruches besonders für den sogenannten Than sowie für das Eintreten des Reifegeschmackes wichtig zu sein schien. A. Kalanthariantz[1]) und P. Lindner[2]) haben im Mazun neun verschiedene Arten Hefen nachgewiesen und darunter drei, die Milchzucker vergärten. Eine Anomalushefe (Nr. 481 der Sammlung des Instituts für Gärnugsgewerbe in Berlin) erzeugte einen angenehmen Fruchtestergeruch, eine andere, die α-Mazunhefe, verursachte den sauren und eigenartigen aromatischen Mazungeruch. Die Mikroflora des Mazuns ist daher sehr zahlreich, und wenn auch noch nicht mit Sicherheit erwiesen ist, welche der Organismen für die Erzeugung des Mazuns als wesentlich bzw. notwendig anzusehen sind, so wirken hier doch ähnliche Organismen in Symbiose wie bei der Bereitung von Kefir und Kumys.

4. Yoghurt (Ja-urt oder Yaourte der Griechen und Türken) ist ebenso wie Mazun eine unter verschiedenem Namen in den Balkanstaaten aus Büffel-, Schaf- und Ziegenmilch (bzw. auch Kuhmilch) in der Wärme zubereitete Sauermilch. Auch hier wird die abgekochte Milch auf 40—45° abgekühlt, mit einem Rest älterer Dickmilch geimpft und in einem mit Pelzwerk umhüllten Topfe so lange hingestellt, bis sie ein festes, porzellanartiges Koagulum — ohne wesentliche Molkenausscheidung — gebildet hat, was in der Regel schon nach 8—10 Stunden, also noch schneller als beim Mazun, einzutreten pflegt. Mitunter wird auch die Milch beim Aufkochen gleichzeitig bis zur Hälfte eingedampft. Wenn die geimpfte und in einem Ziegenbalg aufgehängte Milch häufig bewegt wird, so bleibt sie flüssig und wird unter der Bezeichnung „Schüttelyoghurt“ als Getränk genossen. Die dem Than bzw. Tschorathan beim Mazun entsprechenden Zubereitungen heißen hier Podkwassa (Bulgarien) oder Maja (Türkei) oder Keschk (Syrien bis Afghanistan). Die von der Impfmasse bewirkten Umsetzungen scheinen beim Yoghurt je nach den bei der Bereitung obwaltenden Umständen in sehr verschiedenem Grade zu verlaufen; der in Westeuropa hergestellte Yoghurt pflegt 0,3—0,5%, der echte bulgarische Yoghurt 1,0—1,5% Milchsäure zu enthalten. M. Piorkowski[3]) fand in selbst hergestelltem Yoghurt 0,50—0,91% Milchsäure, welcher Gehalt nur durch sorgfältiges Fortzüchten des Yoghurtbacillus neben seinen Begleitmikroben auf Nährböden, bei denen das Milchserum eine wesentliche Grundlage bildet, hochgehalten werden kann. Guerbet[4]) gibt den Säuregehalt verschieden zubereiteter Yoghurtmilch zu 0,31—1,26% Milchsäure, den an flüchtiger Säure (Essigsäure) zu 0,011—0,019%, Fuhrmann[5]) für Yoghurt aus Streptokokken zu 0,558%, für solchen aus Maya zu 0,620% Milchsäure und zu 0,017% bzw. 0,026% Essigsäure an. Bertrand und Weisweiller[6]) ließen ein von Metschnikoff bezogenes Ferment 30 Tage einwirken, während welcher Zeit das Casein von 3,11% auf 2,75% abnahm, der lösliche Stickstoff dagegen von 0,056% auf 0,103%, die Milchsäure von 0,41 auf 2,29% stieg, das Fett unverändert blieb. Nach Oehler und Tillmans[7]) schwankte der Milchsäuregehalt

[1]) In Kochs Jahresbericht über Bakteriologie 1898, **9**, 322.

[2]) P. Lindner, Mikroskopische Betriebskontrolle in den Gärungsgewerben. Berlin 1901.

[3]) Zeitschr. f. Untersuchung d. Nahrungs- u. Genußmittel 1910, **20**, 226.

[4]) Compt. rend. hebdom. des sceances de la Soc. de Biologie 1906, **60**, 495.

[5]) Zeitschr. f. Untersuchung d. Nahrungs- u. Genußmittel 1907, **13**, 598.

[6]) Ann. Inst. Pasteur 1906, **20**, 977.

[7]) Zentralbl. f. Bakteriologie 1911, II. Abt., **30**, 149.

in Handelsyoghurt von 0,76—1,16%, bei einem Trockensubstanzgehalt von 10,68—15,76%. Der Alkoholgehalt schwankt nach mehreren Angaben von Spuren bis 0,25%; neben Bildung von geringen Mengen flüchtiger Säuren und Aldehyd ist vielfach eine namhafte Lösung des Caseins beobachtet worden.

Grigoroff[1]) fand in der Mikroflora einen Diplococcus und 2 Langstäbchen, die auch Alkohol zu bilden imstande sein sollen. Mazé[2]) erklärt die aus Yoghurt gewonnenen Lactobacillen und Lactokokken für Streptococcus lebenis Rist et Khoury. Fuhrmann[3]) wies in bulgarischer Maja schlanke Stäbchen, Streptobacillen und Hefen nach; die Streptokokken erzeugten, obschon sie weder Alkohol bildeten noch die koagulierte Milch merklich zu peptonisieren vermochten, einen guten Yoghurt (Ja-urt). Lürssen und Kühn[4]) beschreiben einen Bacillus bulgaricus, einen „Körnchenbacillus" und einen Diplostreptococcus, die sie neben Hefen im Yoghurt fanden; sowohl Einzelkulturen wie Mischkulturen lieferten richtigen Yoghurt; die Streptokokken wirkten stark peptonisierend. Klotz[5]) erklärt die Hefen für nebensächliche Verunreinigungen und nennt die Lactobacillen Bacillus bulgaricus, denen die Alkoholbildung zuzuschreiben sein soll. W. Kuntze[6]) unterscheidet neben Lactobacillen, die er Bacterium Yoghurt nennt, Diplostreptokokken, Hefen und eine dem Bacillus Mazun Weigmann nahestehende sporenbildende Bacillenform. Kuntze nimmt an, daß die Organismen dem Darm entstammen. Die Hefe ist nach ihm für die Aromabildung von Bedeutung. Die mit der Hefe geimpften Milchkulturen werden in ihrer stürmischen Gärung durch gleichzeitige Impfung mit Streptokokken nicht gehemmt, dagegen hört bei Anwesenheit von Lactobacillen die Gärung auf. Beijerinck[7]) hält die Lactobacillen im Yoghurt lediglich für Varietäten des Lactobacillus caucasicus, während Severin[8]) Yoghurtbakterien für gleich mit Streptobacillus lebenis erklärt. Bertrand, Weisweiler und Duchacek[9]) prüften auch das physiologische Verhalten der Lactobacillen und stellten fest, daß sie durch ein darin enthaltenes Endoenzym Milchzucker in Glykose und Lactose zerlegen und aus diesen Rechts- und Linksmilchsäuren erzeugen, indem gleichzeitig geringe Mengen Bernstein-, Essig- und Ameisensäure entstehen, aber kein Alkohol und Aceton gebildet werden; dagegen konnte eine geringe Caseinlösung festgestellt werden.

Man hat auch versucht, Reinkulturen aus der Maja behufs Gewinnung von Yoghurt herzustellen; sie haben aber bis jetzt wenig günstige Ergebnisse geliefert. Dagegen wird jetzt auch durch Eintrocknen des bakterienreichen Quargs von Yoghurt usw. eine Originalimpfmasse im Handel angetroffen. Andererseits wird behauptet, daß unsere gewöhnliche saure Buttermilch auf gleiche Stufe mit der bulgarischen Sauermilch zu setzen sei.

R. Oehler[10]) hat in Trockenpräparaten dieser Art (Pulver, Tabletten, Pastillen) keine lebenden Yoghurtbakterien nachweisen können. Er empfiehlt zur Arterkennung Kultur in Milch bei 40—50°, nach 12—16 Stunden die Anlegung eines Ausstrichpräparates, das mit verdünntem Kollodium (1 : 20) fixiert und 10 Sekunden in Löfflerscher Methylenblaulösung gefärbt wird. Die Yoghurtbakterien zeigen die arteigentümlichen Rotkörner.

Für die Beurteilung der Yoghurtmilch mögen hier einige ausführliche, von Dr. A. Scholl ausgeführte Analysen von Handels- und selbst hergestellten Erzeugnissen mit-

---

[1]) Jahresbericht d. Gärungsorganismen 1905, **16**, 293.

[2]) Ann. de l'Inst. Pasteur 1905, **19**, 397.

[3]) Zeitschr. f. Untersuchung d. Nahrungs- u. Genußmittel 1907, **13**, 598.

[4]) Zentralbl. f. Bakteriologie 1908, II. Abt., **20**, 241.

[5]) Ebendort 1908, II. Abt., **21**, 392.

[6]) Ebendort S. 737.

[7]) Archiv neerland. 1908 (2), **13**, 371.

[8]) Zentralbl. f. Bakteriologie 1908, II. Abt., **22**, 3.

[9]) Ann. de l'Inst. Pasteur 1906, **20**, 977; 1909, **23**, 402.

[10]) Zentralbl. f. Bakteriologie 1911, II. Abt., **30**, 149.

geteilt werden. Das für letztere verwendete Ferment war unter der Bezeichnung „Mayofirm“ als Trockenpräparat des Handels bezogen. Sowohl bei der direkten Untersuchung des Präparates als auch bei der Prüfung des bei 40° erhaltenen Yoghurt waren Graham-positive Stäbchen in reichlicher Menge zu erkennen, auch konnten sehr deutlich die Körnchen erkannt werden.

Die Ergebnisse der chemischen Untersuchungen waren folgende:

Bestandteile	Handelsproben			Selbstbereiteter Yoghurt		Gekochte Milch
	I	II	III	nach 13 Std.	nach 23 Std.	
Trockensubstanz	12,98%	10,36%	11,33%	11,96%	11,85%	11,92%
Gesamtstickstoff	0,558	0,510	0,516	0,525	0,517	0,512
Casein- und Albuminstickstoff	0,517	0,473	0,464	0,486	0,473	0,476
Löslicher Stickstoff	0,041	0,037	0,052	0,039	0,044	0,036
Albuminstickstoff (gelöst)	0,003	0,001	0,004	0,004	0,002	0,001
Proteosenstickstoff (Zinksulfatfällung)	0,013	0,017	0,019	0,016	0,017	0,012
Peptonstickstoff (Phosphorwolframsäurefällung)	0,025	0,016	0,025	0,021	0,024	0,023
Fett	3,37	2,27	2,72	2,73	2,69	2,73
Lactose	3,66	2,87	3,96	4,88	4,47	4,18
Gesamtsäure, als Milchsäure berechnet	1,56	1,20	0,70	0,13	0,54	0,82
Flüchtige Säure, als Essigsäure berechnet	0,025	0,013	0,052	0	0,002	0,003
Asche	0,82	0,75	0,77	0,80	0,78	0,76
Alkohol	0,28	0,31	0,11	0	0	0

Die Probe I war mittels Lactobacillin Metschnikoff, die Probe II „nach Dr. Axelrodt“ bereitet; der Geruch war bei allen drei Handelsproben angenehm, der Geschmack ebenfalls bei allen nicht unangenehm, aber bei den Proben I und II zu sauer. Keine der Handelsproben war aus eingedickter, die Probe II aber zweifellos aus teilweise entrahmter oder schwach gewässerter Milch bereitet. Die naheliegende Vermutung, daß gelöstes Albumin nur noch in Spuren vorhanden sein würde, bestätigt sich in allen Fällen. Von einer erheblichen Peptonisierung kann indes keine Rede sein, wie namentlich auch der Vergleich zwischen der gekochten Milch und den aus ihr bereiteten Yoghurtproben ergibt. Auch das Fett ist völlig unverändert geblieben. Die Abnahme an Lactose in den selbst hergestellten Proben entspricht genau der Zunahme an Milchsäure, und die Summe von Milchsäure und Lactose in der Milch ist gleich mit der in den Yoghurtproben. In dem Gehalt an flüchtigen Säuren und Alkohol zeigen sich erhebliche Unterschiede. Während die Bildung derselben in den selbst hergestellten Proben äußerst gering bzw. Null war, zeigen die Handelsproben verschiedene und teilweise recht beträchtliche Gehalte an flüchtigen Säuren und Alkohol. Das verwendete Ferment enthielt keine Hefen, lieferte aber ein recht angenehm schmeckendes Erzeugnis.

Hiernach dürfte es sich empfehlen, sowohl die verschiedenen Fermente als auch Yoghurtmilch einer Nachprüfung zu unterziehen.

5. Leben raïb oder ägyptisches Leben. Das „Leben raïb“ der Ägypter ist ein aus Büffel-, Kuh- oder Ziegenmilch mit Hilfe von altem, Roba genanntem Leben hergestelltes süßsäuerliches Getränk, welches dem Kefir ähnlich ist, sich aber dadurch von ihm unterscheidet, daß die Alkoholgärung gegen die Säuerung zurücktritt, und daß das Casein der Milch flockig und nicht wie beim Kefir fein geronnen ist. Die Milch wird wie bei Yoghurt aufgekocht, auf 40° abgekühlt, mit altem Leben (Roba) geimpft und an einen warmen Ort gestellt, wo sie nach 6 Stunden zur Gerinnung gelangt. Rist und Khoury[1]) wiesen im Leben

[1]) Ann. de l'Inst. Pasteur 1902, **16**, 65.

raïb fünf verschiedene Organismen nach, einen Streptobacillus lebenis, einen Bacillus lebenis, einen Diplococcus lebenis, eine echte Hefe- und Mykodermaart. Der Streptobacillus lebenis bewirkt bei 37° in 6 Stunden eine Säuerung und Gerinnung, der Bacillus lebenis wohl eine Säuerung, aber keine Gerinnung der Milch, der Diplococcus lebenis rief neben Säuerung und Gerinnung einen schwachen Käsegeruch hervor. Die Hefe vergärt Glykose, Saccharose und Maltose, aber keine Lactose; in Gemeinschaft mit ersteren beiden Bacillen und der Mykodermaart versetzt sie dagegen die Lactose in alkoholische Gärung.

6. Mezzoradu oder Gioddu (sardinisch Cieddu) ist ein auf Sizilien hergestelltes, dem Leben raïb völlig ähnliches Getränk. Die Verarbeitung der Milch geschieht unter Zusatz von altem Gioddu genau wie dort. Grisconi[1]) fand im Gioddu einen Bacillus sardous sowie einen Saccharomyces sardous; der dem Lactobacillus im Yoghurt ähnliche Bacillus entwickelt sich nur in Gemeinschaft mit der Hefe. Im sardinischen Cieddu hat Samarini[2]) eine Art Lactobacillus und Milchsäurestreptokokken nachgewiesen.

7. Taette (auch Tätmjölk, Longmjölk, Piima u. a. m. gt.) ist eine besonders zubereitete Sauermilch der Skandinavier, die jetzt auch vereinzelt in Deutschland, z. B. von der Firma Bolle in Berlin, hergestellt wird. Die Kuhmilch wird abgekocht, auf 30° abgekühlt, mit früher hergestellter, genußfertiger „Taette" geimpft und 3 Tage bei gleichbleibender Temperatur gehalten.

Nach Olsen-Sopp[3]) wirken bei der Herstellung der Taette, die schleimig, kohlensäure- und alkoholhaltig ist, einen säuerlich aromatischen Geruch, sowie angenehmen, mildsauren Geschmack besitzt und beim Trinken im Munde ein kühlendes Gefühl hervorruft, mehrere Mikroben in Symbiose mit, nämlich hauptsächlich ein Streptobacillus, ein Lactobacillus und eine Saccharomyces-Hefe, während die meist gleichzeitig auftretenden Torula- und Monilia-Hefen, Lactococcus und Oidium lactis, nur als Begleitorganismen auftreten.

8. Sonstige ähnliche Milcherzeugnisse. Außer den vorstehenden Milcherzeugnissen, deren Darstellung auf mehr oder weniger derselben Grundlage beruhen, gibt es noch verschiedene andere, die hiervon weiter abweichen, die aber doch zu dieser Gruppe gerechnet werden können. Hierzu gehören:

a) Der ***Galaktonwein*** A. Bernsteins[4]). Sterilisierte Milch wird mit einem von Bernstein[1]) aufgefundenen Bakterium peptofaciens geimpft, 8 Tage bei 20—30° aufbewahrt, sodann erhitzt und filtriert, um das ungelöst gebliebene (nicht peptonisierte) Casein zu entfernen. Das gelblichrote Filtrat, „Galakton" gt., wird eingedampft und kann nach dem Sterilisieren unverändert aufbewahrt und durch Imprägnieren mit Kohlensäure schmackhaft gemacht werden. Setzt man eine milchzuckervergärende Hefe hinzu, so erhält man ein dem Bier ähnliches alkoholisches Getränk. Durch Zusatz von Zucker kann der Alkoholgehalt erhöht werden. Es wurden in einer Probe neben Spuren von Butter- und Essigsäure 0,2% Milchsäure, Proteosen, eine Spur Tyrosin und 0,7% gebundenes Ammoniak gefunden.

b) ***Arakà*** oder ***Ojràn*** ist ein in Sibirien von den Burjaten, Tungusen, Tataren u. a. aus Milch hergestelltes alkoholisches Getränk. Man läßt nach S n. v. Zaleski[5]) die Milch in großen Gefäßen gären und destilliert sie dann in einfachen Retorten. Das erste Destillat enthält etwa 7—8% Alkohol, ist aber wegen der vorhandenen flüchtigen Säuren unangenehm schmeckend. Durch wiederholte Destillation wird die Arakà nicht nur alkoholreicher, sondern auch wohlschmeckender.

c) ***Molkenchampagner, Molkenpunsch*** sind durch Gärung aus Molken hergestellte alkoholische Getränke. Ekstrand[6]) benutzt hierzu verschiedene milchzuckerver-

---

[1]) Zentralbl. f. Bakteriologie 1905/06, II. Abt., **15**, 750.

[2]) Ann. R. Staz. sperim. Casei f. Lodi 1907, 95.

[3]) Vgl. W. Freund, Molkerei-Ztg. (Hildesheim) 1913, **27**, 661.

[4]) Milch-Ztg. 1894, **23**, 542; 1895, **24**, 85.

[5]) Chem.-Ztg. 1895, **19**, 77.

[6]) Milch-Ztg. 1899, **28**, 21.

gärende Hefen, Appel[1]) sterilisiert erst mit Citronensäure und vergärt das Gemisch mit einer Reinkultur von Saccharomyces Kefir; auf diese Weise werden kumys- bzw. kefirähnliche Getränke erhalten. Durch Zusatz von Zucker, Honig, Malz und Kräutern können alkoholreichere Getränke von entsprechendem zusagenden Beigeschmack erhalten werden. „Galazyme“ heißt nach Farines[2]) ein schäumendes Getränk aus Milch, Rohrzucker und Bierhefe.

Aus den vergorenen Molken kann in üblicher Weise Molkenessig gewonnen werden.

Man hat auch versucht, natürliche Milch mit Kohlensäure zu sättigen und unter dem Namen Milchchampagner[3]) oder Brausemilch in den Handel zu bringen. Aber die letztere Art Erzeugnisse haben sämtlich nur eine geringe Bedeutung.

d) Unter ***Skyr*** versteht man in Island ein aus Milch durch saure Gärung und durch Zusatz von Lab hergestelltes Getränk, das, zur Sirupdicke eingekocht, folgende Zusammensetzung besitzt:

Wasser	Stickstoff-Substanz	Fett	Milchsäure	Asche
81,07%	11,09%	3,28%	2,69%	1,74%

Über Zusammensetzung der Asche vgl. I. Bd. 1903, S. 327.

e) ***Lactomaltose.*** A. Kossowicz[4]) fand für zwei Proben Lactomaltose folgende mittlere Zusammensetzung:

Wasser %	Casein %	Albumin %	Amid-stickstoff %	Fett %	Maltose + Glykose %	Milch-zucker %	Säure = Milch-säure %	Asche %	Alkohol und freie Kohlen-säure
87,30	3,17	0,28	0,045	3,33	2,11	2,35	0,82	0,85	Spuren

Als Mikroben fanden sich darin: Bacterium Güntheri, Oidium lactis, Bacillus subtilis, eine bewegliche Buttersäurebakterie und Hefen (Saccharomyceten). Von Bedeutung erscheint nur das Bacterium Güntheri, das aus in der Kälte sauer gewordener Milch fast in Reinkultur gewonnen werden kann. Das Fabrikat gleicht daher einer gewöhnlichen Sauermilch.

Verfälschungen.

Als Verfälschungen vorstehender Milcherzeugnisse können folgende vorkommen:

1. Verwendung einer anderen als der regelrecht zu verwendenden Milch, z. B. bei der Kumysbereitung die Verwendung von Kuhmilch statt der Stuten-, Kamel- oder Eselinnenmilch; Verwendung von Magermilch an Stelle von Vollmilch, wo letztere regelmäßig verwendet zu werden pflegt.

2. Der Zusatz von Zucker vor der Vergärung, womöglich gleichzeitig mit dem von Wasser, ohne daß dieser Zusatz genügend deklariert ist.

3. Die Verwendung einer fremdartigen oder unreinen Fermentmasse und Belegung des Erzeugnisses mit einem Namen, der auf die Verwendung der richtigen Ursprungsfermentmaße schließen läßt.

Z. B. hat man nach Kogelmann[5]) $^1/_3$ saure Milch mit $^2/_3$ süßer Milch vermischt, unter öfterem Umschütteln 3 Tage stehen lassen und als Kefir angesehen bzw. bezeichnet.

Hierher gehört auch die Verwendung eines Fermentes mit Zusätzen, die sonst nicht üblich sind, z. B. die Verwendung von mit Kartoffelbrei oder mit Mehl vermischten Kefirkörnern.

[1]) Vgl. H. Weidemann, Molkerei-Ztg. Berlin 1901, **11**, 52.

[2]) Jahresbericht über Gärungsorganismen **14**, 416.

[3]) Die Bezeichnung Champagner für ein solches Getränk ist wegen des Fehlens von Alkohol irreführend; es kann höchstens heißen „Mit Kohlensäure imprägnierte Milch“.

[4]) Zeitschr. f. d. landw. Versuchswesen in Österreich 1909, **12**, 771.

[5]) Milch-Ztg. 1887, **16**, 223.

Podwyssozki[1]) führt auch für Kefirkörner zwei Krankheiten an, nämlich eine Schleimkrankheit, wobei die Kefirkörner, besonders die großen, mit einem schleimigen Überzug bedeckt werden, ihre elastische Struktur verlieren und mürbe werden. Die ganze Masse besteht aus Schleim und ist mit langen Bakterienfäden durchsetzt; die Hefe ist darin fast völlig verschwunden. Eine andere Krankheit besteht darin, daß gewisse Buttersäurebakterien überhandnehmen und dem Kefir einen unangenehmen ranzigen Geschmack verleihen. In solchem Falle fehlt die Kohlensäure, die Flüssigkeit schäumt nicht, das Casein gerinnt rasch und nicht feinflockig, sondern in großen Klumpen. Auch in solchem Kefir fehlen die Hefezellen.

H. Weigmann[2]) erwähnt, daß gewisse Hefen, die sonst Butterbukettstoffe erzeugen, wenn sie im Übermaß vorhanden sind, das Butterfett spalten und damit das Ranzigwerden der Flüssigkeit bewirken können. Andere wirken unter Bildung bitterschmeckender Stoffe zersetzend auf die Proteinstoffe und lassen jenen herben, etwas bitteren Geschmack entstehen, den man als Hefengeruch und -geschmack bezeichnet.

Für die Güte der vorstehenden Getränke ist daher die Reinheit und gute Beschaffenheit der Fermentmasse mit von ausschlaggebender Bedeutung.

4. Künstliches Imprägnieren der Erzeugnisse mit Kohlensäure ohne Deklaration.

5. Künstlicher Zusatz von Zucker oder Alkohol oder Milchsäure nach der Vergärung zur Verbesserung des Geschmackes oder zur Vortäuschung eines durch saure oder alkoholische Gärung gewonnenen Erzeugnisses.

Als Verunreinigungen können Schwermetalle, von den Gerätschaften oder den Flaschenverschlüssen herrührend, vorkommen.

Das Vorkommen von pathogenen Keimen ist nicht ausgeschlossen, aber im allgemeinen bei diesen Erzeugnissen nicht so wahrscheinlich wie in Naturmilch, weil sie in Konkurrenz mit den Gärungserregern und der sauren Beschaffenheit der Flüssigkeiten abzusterben pflegen, z. B. Typhusbacillen nach 48 Stunden bei der Kefirgärung; Tuberkelbacillen leisten allerdings der Kefirgärung länger (mehr als 5 Tage) Widerstand.

Gesichtspunkte für die Untersuchung.

Für die Untersuchung kommen vorwiegend in Betracht:

1. Prüfung auf Geruch und Geschmack,
2. Bestimmung der Trockensubstanz,
3. Bestimmung der Stickstoff-Substanz,
4. Bestimmung des unlöslichen Caseins und des löslichen Stickstoffs (Albumin, Proteosen, Peptone und eventuell Ammoniak),
5. des Fettes,
6. Bestimmung des Milchzuckers,
7. Bestimmung der Asche,
8. Bestimmung der Gesamtsäure,
9. Bestimmung der flüchtigen Säure,
10. Bestimmung des Alkohols,
11. Bestimmung der Kohlensäure,
12. Bakteriologische Untersuchung.

Ausführung der Untersuchung.

Die vorstehenden Milcherzeugnisse, bei denen die Umsetzungen der Milchbestandteile in mehr oder weniger gleicher Richtung, wenn auch in verschiedenem Grade verlaufen, können sinngemäß auch in gleicher Weise untersucht werden. Die Bestandteile, welche in ganz oder teilweise unverändertem Zustande wie in der ursprünglichen Milch vorhanden sind, können auch wie in der Milch bestimmt werden. Nur für die neugebildeten Stoffe gelten besondere Verfahren.

Zur eingehenden Untersuchung gehört mindestens 1 l bzw. eine dieser Menge entsprechende Anzahl Flaschen, die gut verschlossen sein müssen.

---

[1]) Podwyssozki, Der Kefir. Übersetzt von Rechtshammer (Zeitschr. f. diät. u. physik. Therapie 1901, **5**, 570.

[2]) H. Weigmann, Mykologie d. Milch. Leipzig 1911, S. 92.

Der Inhalt der Flaschen, die beim Öffnen einen Überdruck zeigen müssen, wird zunächst auf Geruch und Geschmack geprüft; sie sind bei den einzelnen Erzeugnissen verschieden und läßt sich auch bei ihnen einerseits die Art, andererseits die Beschaffenheit des Erzeugnisses beurteilen.

Für die Bestimmung der einzelnen Bestandteile muß der Inhalt der Flaschen vor jedem Abwägen gehörig durchgeschüttelt werden, wodurch infolge der Feinflockigkeit des Gerinnsels durchweg eine gleichmäßige Mischung der Flüssigkeit bzw. der Masse erreicht werden kann. Ist das nicht der Fall, so verfährt man wie bei geronnener Milch (S. 192).

Für die Bestimmung aller Bestandteile müssen die Getränke erst von Kohlensäure befreit werden, indem man sie wie Bier in einem Gefäß wiederholt bei etwa 15° C schüttelt bzw. von einem Gefäß in ein anderes gießt.

Die einzelnen Bestandteile können dann wie folgt bestimmt werden:

1. Trockensubstanz; in 3—6 g wie bei Milch (S. 210).

2. Gesamt-Stickstoff; in 15—20 g wie bei Milch (S. 211).

3. Casein. 20—50 g des Getränkes werden wie bei Milch (S. 211) mit der 10—20 fachen Menge Wasser verdünnt und, falls die vorhandene Säure zur Abscheidung des Gerinnsels nicht ausreicht, so lange tropfenweise mit verdünnter (1 : 100) Essigsäure versetzt, bis ein flockiger Niederschlag entsteht; darauf verfährt man genau wie bei Milch (S. 211).

4. Die löslichen Stickstoff-Verbindungen. ***a) Albumin.*** Das Filtrat von der Fällung des Caseins wird zum Kochen erhitzt, das ausgeschiedene Gerinnsel von Albumin auf einem Filter gesammelt, nach dem Auswaschen samt Filter nach Kjeldahl verbrannt und der Stickstoff durch Multiplikation mit 6,25 — oder wohl ebenso richtig mit 6,34 — auf Albumin berechnet.

b) Proteosen. Das Filtrat vom Albumin wird auf etwa 30—40 ccm eingedunstet und mit Zinksulfat ausgesalzen (vgl. I. Teil S. 258).

c) Pepton. Im Filtrat des Zinksulfatniederschlages werden die Peptone mit phosphorwolframsaurem Natrium gefällt, wie im I. Teil S. 259 unter Nr. 2 angegeben ist.

d) Ammoniak. Das eventuell vorhandene Ammoniak wird in einer besonderen Probe von etwa 50 g und mehr nach I. Teil S. 276 bestimmt.

Erreicht die Summe des Casein- + Albumin- + Proteosen- + Pepton- + Ammoniakstickstoffs nicht die Gesamtmenge Stickstoff, so sind noch andere Stickstoff-Verbindungen vorhanden, die als Aminoverbindungen angenommen werden können. Eine Differenz von mehr oder weniger als $\pm$ 0,1 zwischen Gesamtstickstoff und der Summe der einzelnen Stickstoff-Verbindungen liegt innerhalb der zulässigen Analysenfehler.

J. Biel[1]) hat seinerzeit für die Trennung der einzelnen Stickstoffverbindungen im Kefir folgendes Verfahren vorgeschlagen:

20 g Kefir u. a. werden mit 100 ccm 1 pro mille Essigsäure verdünnt, das Gemisch wird filtriert, der Niederschlag mit 1 pro mille Essigsäure kalt und warm ausgewaschen, mit Alkohol, dann 7 bis 8 mal mit Äther ausgezogen, bis letzterer, auf einem Urglase verdunstet, keinen Rückstand hinterläßt, darauf wird getrocknet und gewogen. Das Filtrat wird mit Sodalösung bis zur schwach sauren Reaktion abgestumpft, zum Sieden erhitzt, das Albumin abfiltriert, heiß gewaschen, entfettet, getrocknet und gewogen. Das Filtrat wird weiter mit Sodalösung bis zur schwach alkalischen Reaktion versetzt, abermals erhitzt, das Acidalbumin abfiltriert, heiß gewaschen, getrocknet, gewogen und verascht. Das Filtrat hiervon wird wiederum schwach angesäuert, auf 20 ccm abgedampft, das ausgeschiedene Casein auf gewogenem Filter gesammelt, im Filtrat nach Zusatz von $^1/_{10}$ Vol. 20 proz. Chlornatriumlösung die noch vorhandenen Proteinstoffe durch 4 proz. Tanninlösung gefällt. Von der durch Tanninbestimmung erhaltenen Zahl wird die gefundene Peptonmenge (vgl. unter Milchzucker Nr. 6) subtrahiert und so der Gehalt an Hemialbumose gefunden.

Das erste Verfahren dürfte aber diesem von J. Biel angegebenen vorzuziehen sein.

---

[1]) J. Biel, Studien über die Eiweißstoffe im Kumys und Kefir. St. Petersburg 1886.

5. Fett. In 10—20 g Substanz wird das Fett gewichtsanalytisch entweder nach dem Sand- (Gips-) Bimssteinverfahren (S. 194) oder nach Röse - Gottliebs Verfahren (S. 195) bestimmt.

6. Milchzucker. Derselbe wird wie bei Milch (S. 213) bestimmt. Man kann aber, da ein größerer oder geringerer Teil desselben umgesetzt ist, zweckmäßig eine größere Menge Substanz (25—50 g) anwenden.

J. Biel fällt (l. c.) die Proteine in anderer als der unter Nr. 4 zuerst angegebenen Weise und benutzt die Probe gleichzeitig zur Bestimmung des Peptons und Milchzuckers in folgender Weise:

100 g Kefir werden mit 10 ccm gesättigter Natriumacetatlösung und 5 ccm Eisenchloridlösung von 1,30 spezifischem Gewicht vermischt, neutralisiert und aufgekocht. Nach dem Erkalten wird das Volum der Flüssigkeit gemessen bzw. gewogen, filtriert und von dem Filtrat ein abgemessenes Volum mit Phosphorwolframsäure und Salzsäure ausgefällt. Der Niederschlag dient zur Bestimmung des Peptons, das Filtrat unter Berücksichtigung der Verdünnung zur Bestimmung des Milchzuckers mit Fehlingscher Kupferlösung.

7. Mineralstoffe (Asche); in 10—20 g genau wie bei Milch (S. 215).

8. Gesamtsäure. 10—20 g des entkohlensäuerten Milcherzeugnisses werden mit der gleichen Menge Wasser verdünnt und unter Anwendung von Phenolphthalein als Indicator mit $^1/_{10}$ oder $^1/_4$ N.-Alkalilauge titriert; die verbrauchte Menge Alkali wird auf Milchsäure umgerechnet (1 ccm $^1/_{10}$ N.-Alkali = 0,009 g Milchsäure).

Nach anderen Angaben sollen 20 g Getränk usw. mit Wasser verdünnt, filtriert, gut ausgewaschen und das vereinigte Filtrat soll unter Zusatz von Phenolphthalein mittels $^1/_{10}$ N.-Natronlösung titriert werden. Das Filtrieren und Auswaschen des Gerinnsels scheint aber in der Regel nicht erforderlich zu sein und kann leicht Fehler bedingen.

9. Flüchtige Säure. Die flüchtige Säure kann mit der des Alkohols verbunden werden. Etwa 200 g und mehr des Getränkes werden in einen 500 ccm-Kolben gegeben und hieraus wie bei Bestimmung der flüchtigen Säure im Wein mittels eingeleiteten Wasserdampfes die flüchtigen Säuren und der Alkohol abdestilliert; wenn etwa 100 ccm Destillat übergegangen sind, so titriert man in demselben die vorhandenen Säuren unter Zusatz von Phenolphthalein als Indicator mit $^1/_{10}$ oder $^1/_4$ N.-Alkali und berechnet die verbrauchte Anzahl Kubikzentimeter Alkali auf Essigsäure (1 ccm $^1/_{10}$ N.-Alkali = 0,006 g Essigsäure). Soll neben Milch- und Essigsäure auch Bernsteinsäure bestimmt werden, so verfährt man mit dem Rückstande des Destillats nach I. Teil, S. 462.

10. Alkohol. Das mit Alkali genau neutralisierte Destillat von Nr. 9 wird wie bei Wein oder Bier in einen Destillationskolben gegeben und abermals destilliert, um den Alkohol überzutreiben. Man fängt das Destillat in einem 50 ccm-Kölbchen (wie bei Wein) auf, bestimmt das spezifische Gewicht desselben und entnimmt den dem letzteren entsprechenden Alkoholgehalt der Tabelle XI, I. Teil, S. 749. Die so für das Destillat (50 g) erhaltene Grammenge Alkohol muß man, wenn man 200 g Getränk angewendet hat, durch 2 dividieren, um die Menge Alkohol in Gramm für 100 g des Getränkes zu erhalten.

Um sich zu überzeugen, ob wirklich Äthylalkohol vorliegt, kann man die bekannten, im I. Teil, S. 518 bzw. diesen Teil, S. 152, angegebenen Reaktionen vornehmen.

Bei sehr geringen Mengen Alkohol muß man eventuell 400 g des Getränkes anwenden und dann die gefundene Menge zur Berechnung auf 100 g durch 4 dividieren.

11. Kohlensäure. Eine genaue Bestimmung der Kohlensäure ist nur bei den Milchgetränken möglich, die in Flaschen erzeugt und bei denen die Flaschen mit Korkpfropfen verschlossen werden. In diesen treibt man einen hohlen, unten mit einer Seitenöffnung versehenen durchbohrten Pfropfenzieher, dessen oberes, durch einen Hahn abschließbares Ende durch einen Gummischlauch mit einem Kühler verbunden wird. Man verfährt weiter wie bei Bestimmung der Kohlensäure im Flaschenbier (vgl. unter Bier).

Handelt es sich nur um Bestimmung der in der breiigen Flüssigkeit suspendierten Kohlensäure und kann die geringe Menge Druckkohlensäure im Luftraum vernachlässigt werden, so kann nach Langer und Schultze[1]) auch in der Weise verfahren werden, daß man die Flüssigkeit (etwa 300 g) behutsam mittels Hebers in einen evakuierten, gewogenen Kolben von etwa 1 l Inhalt umfüllt und wägt. Der Kolben wird mit einem als Rückflußkühler aufgestellten Destillierapparat, der wie in Fig. 275, I. Teil, S. 480 angeordnet ist, erwärmt, bis alle Kohlensäure ausgetrieben ist, und dann saugt man noch kohlensäurefreie Luft durch den ganzen Apparat. Die Gewichtszunahme der Natronkalkröhren ergibt die Menge der vorhandenen Kohlensäure.

12. Nachweis von Frischhaltungsmitteln. Der Nachweis von Frischhaltungsmitteln erfolgt wie bei Milch (S. 241).

13. Bakteriologische Untersuchung von gegorenen Milchpräparaten.[2]) Die Untersuchung gegorener Milch oder zu ihrer Herstellung bestimmter Präparate erstreckt sich auf den Nachweis der charakteristischen Gärungspilze im lebenden Zustande.

Yoghurt. Über die Bakterien des Yoghurt vgl. S. 335. Als Hauptbakterie ist das zum Typus des Bacterium caucasicum (v. Freud.) Lehm. et Neum. (vgl. S. 260) gehörende Bacterium bulgaricum anzusprechen, das nach White und Avery[3]), sowie Griebel[4]) in Varietäten auftritt, die sich durch den Besitz bzw. das Fehlen von metachromatischen Körnchen, sowie die Menge und Art der gebildeten Milchsäure unterscheiden. Der Nachweis des Bacterium bulgaricum geschieht durch gefärbte Präparate und die Kultur. Handelt es sich um die Untersuchung von Trockenpräparaten, so werden 50 ccm sterilisierte Magermilch mit etwa 1% des Präparates bei 40—45° bebrütet. Im Laufe eines Tages tritt meist gallertige Gerinnung ein; Peptonisierung der Milch und Gasbildung deutet auf fremde Arten. Es wird sodann ein hängender Tropfen und ein gefärbtes Präparat hergestellt. Bacterium caucasicum ist unbeweglich. Die Ausstrichpräparate fixiert man nach dem Trocknen mit verdünntem Kollodium (1 Teil Kollodium, 14 Teile Äther, 5 Teile Alkohol), indem man es in dünner Schicht über den Ausstrich rinnen läßt. Gefärbt wird mit Methylenblau.

Sind Bakterien des Körnchentypus vorhanden, so tritt eine charakteristische Körnchenfärbung auf, die meist berechtigt, die Bakterien als Bacterium bulgaricum anzusprechen. Bleibt die Körnchenfärbung aus, so müssen auf jeden Fall Kulturen angelegt werden Griebel schlägt folgendes Kulturverfahren vor. Eine Öse der Milchkultur wird in 1 ccm sterilem Milchserum (mit Lab hergestellt und 1% Pepton versetzt) oder Bouillon mit 2% Glykose oder Lactose verteilt; von dieser Mischung wird eine Öse mittels rechtwinkligen Glasstabes auf einer Agarplatte verrieben und mit demselben Stab noch eine Verdünnung angelegt (vgl. Teil 1 S. 630).

In manchen Fällen, wenn man schlecht wachsende Yoghurtbakterien vor sich hat muß man die Aussaat stärker wählen. Als Nährböden eignen sich 2 proz. Glykosenähragar und Milchagar nach Kuntze. Dieser wird in folgender Weise hergestellt: In 100 ccm Wasser werden 8 g Lactose und 3 g Agar gelöst, dazu werden 200 ccm Milch und 3 g Pepton Witte gegeben. Das Ganze wird mehrmals in strömendem Dampf sterilisiert und dann durch Watte filtriert. Die Kulturschalen werden bei 35—45° bebrütet. Nach 24, mitunter auch erst nach 48 oder 72 Stunden erscheinen die Kolonien des Bacterium bulgaricum. Sind auf den Platten

---

[1]) Zeitschr. f. d. ges. Brauwesen 1879, **34**, 369.

[2]) Bearbeitet von Prof. Dr. A. Spieckermann-Münster i. W.

[3]) Centralbl. f. Bakteriol. II. Abt., 1910, **25**, 161.

[4]) Vgl. C. Griebel, Zeitschr. f. Untersuchung d. Nahrungs- u. Genußmittel 1912, **24**, 543 Hier ausführliche Mitteilungen über Yoghurt-Untersuchungen in der Nahrungsmittelkontrolle Vgl. ferner Hohenadel, Pharm. Ztg. 1912, **57**, 218; Öhler, Centralbl. f. Bakteriol. II. Abt., 1911 **30**, 149; Henneberg, Zeitschr. f. Spiritusindustrie 1912, **35**, 405.

viele Kolonien von Kartoffel- oder Heubacillen, so werden die Kolonien des Bacterium bulgaricum überwuchert. In solchem Fall wird von der Milchkultur eine Öse noch zwei- bis dreimal auf sterile Milch übergeimpft, bis die anderen Arten unterdrückt sind, und dann wird wieder eine Plattenkultur angelegt.

Platten mit Trockenpräparaten selber anzulegen ist nicht zu empfehlen, da die in diesen meist geschwächten Yoghurtbakterien auf festen Nährböden nicht wachsen; die Milchkultur soll stets vorangehen.

Für die Beurteilung der Yoghurtpräparate kommt außer dem Nachweis lebender Yoghurtbakterien der Nachweis der Brauchbarkeit der Präparate für die Herstellung von Yoghurt in Betracht.

Man versetzt gekochte und auf 45° gekühlte Milch mit dem Präparat und bebrütet sie bei 40—45°. Nach 10—15 Stunden soll die Milch in bezug auf Geruch, Geschmack und Gerinnung echtem Yoghurt entsprechen; die Anwesenheit des Bacterium caucasicum ist durch Präparate im hängenden Tropfen und Färbung nachzuweisen.

Yoghurtkäse wird in derselben Weise untersucht. Für andere gegorene Milcharten (Kefir, Kumys, Mazun) kommen vorläufig, da über die Bedeutung der in ihnen wirksamen Bakterien völlige Klarheit noch nicht herrscht (vgl. S. 332 u. f.), besondere Untersuchungsverfahren noch nicht in Betracht.

Anhaltspunkte für die Beurteilung.

1. Der Geruch und Geschmack müssen aromatisch säuerlich oder bei stärker vergorenen Getränken aromatisch weinig säuerlich sein. Erzeugnisse mit schimmeligem oder ranzigem Geruch und Geschmack sind von dem Genuß auszuschließen.

2. Die Erzeugnisse müssen in Geruch, Geschmack und chemischer Zusammensetzung den Anforderungen entsprechen, die nach ihren Bezeichnungen vorausgesetzt werden können, sowohl was verwendete Art Milch, als auch Ferment, als auch Art der Darstellung anbelangt.

Um einen Anhalt für die chemische Zusammensetzung zu geben, mögen hier die Analysen aus dem II. Bd., S. 743 u. f. wiederholt und durch einige neue Analysen ergänzt werden. Danach ergaben Analysen von Erzeugnissen, die als rein angesehen werden können, im Mittel folgenden Gehalt:

Erzeugnis	Wasser %	Casein %	Albumin %	Proteosen %	Pepton %	Gesamt-Nh.Substanz %	Fett %	Milch-zucker %	Milchsäure %	Alkohol %	Asche %	Kohlen-säure %
1. Kumys aus Stutenmilch (65)	91,29	1,07	0,31	0,35	0,14	2,27	1,46	1,98	0,87	1,72	0,41	0,75
Kuh-Vollmilch (11)	89,50	—	—	0,41	—	2,85	2,23	2,09	0,57	1,14	0,66	0,81
Kuh-Magermilch (10)	90,32	—	—	0,49	—	2,77	0,88	2,16	0,79	1,21	0,65	0,73
2. Kefir	88,86	2,80	0,38	0,18	0,03	3,39	2,76	2,52	0,98	0,84	0,65	—

Über die Zusammensetzung von Yoghurt und anderen Erzeugnissen vgl. S. 334 u. f.

Diese Zahlen sind aber je nach der Dauer der Zubereitung nicht unerheblichen Schwankungen unterworfen; so nimmt beim Kefir und Kumys mit der Dauer der Zubereitung der Gehalt an Säure, Alkohol und Proteosen + Pepton zu, der Milchzucker entsprechend ab; in der Regel wird 3tägiges Gärungsgetränk genossen, wofür im allgemeinen vorstehende Zahlen gelten. Im übrigen schwankt beim Kumys aus Stutenmilch je nach dem Alter (1.—22. Tag) der Gehalt an Alkohol von 0,15—3,29%, der an Milchsäure zwischen 0,34—2,92%, der an Kohlensäure zwischen 0,133 bis 1,860%, der an Pepton von 0,09—0,26%, während der Gehalt an Milchzucker von 6,80% bis auf Spuren abnehmen kann. Die Schwankungen für Kefir aus Kuhmilch betragen: für Alkohol von 0,16—0,22%, für Milchsäure von

0,16—1,53%, für Pepton von Spur bis 0,08%, für Proteosen von 0,05—0,41%, für Milch zucker zwischen 3,75—1,25%.

3. Zu stark vergorene bzw. gesäuerte Milcherzeugnisse verlieren an Wohlgeschmack. Guter Kefir bzw. Kumys soll in der Regel nicht mehr als 1% Milchsäure enthalten, oder es sollen 10 g bzw. 10 ccm der Getränke nicht mehr als 11—12 ccm $^{1}/_{10}$ N.-Alkali zur Neutralisation erfordern. Nach A. Ginzberg (l. c. S. 332) soll man die Beschaffenheit von Kumys und Kefir nicht nach der Dauer der Gärung, sondern nach dem Gehalt an Alkohol und Milchsäure bzw. an letzterer allein bemessen. Diese Getränke sind als vollends reif anzusehen, wenn sich Molken in der Flüssigkeit zu bilden beginnen bzw. wenn das Casein anfängt sich abzusetzen.

4. Der Gehalt an Gesamtprotein und Fett muß im großen und ganzen dem der für das betreffende Getränk vorgeschriebenen bzw. zu verwendenden Milch entsprechen. Bei den meisten Milcharten ist der Gehalt an Gesamt-Stickstoffsubstanz etwas niedriger als der an Fett oder beide Gehalte sind mehr oder weniger gleich. Nur bei Stuten- und Eselinnenmilch verhält sich Gesamt-Stickstoffsubstanz zu Fett wie 1 : 0,6 bzw. 1 : 0,7. Wenn aber bei Kuhmilcherzeugnissen die Stickstoffsubstanz zu Fett wie 1 : 0,5 (und weniger) beträgt, kann man auf Verwendung von Magermilch schließen.

Stuten- und Eselinnenmilch unterscheiden sich von Kuhmilch ferner dadurch, daß sie an sich weniger Stickstoffsubstanz und Fett, aber mehr Milchzucker als diese enthalten; außerdem ist das entstandene Caseingerinnsel bei Stuten- und Eselinnenmilch feinflockiger als bei Kuhmilch.

5. Der Zusatz von Frischhaltungsmitteln dürfte wohl kaum vorkommen, da die entstehende Milchsäure, Kohlensäure und der Alkohol eine genügende Haltbarkeit, wenigstens bei vorschriftsmäßig hergestellten Erzeugnissen, gewährleisten. Wenn sie dennoch angetroffen werden, so gilt von ihnen dasselbe wie beim Fleisch bzw. unter Käse S. 319 u. 325.

6. Bezüglich des Vorkommens von Schwermetallen gilt dasselbe, was beim Käse (S. 308) und bei Fleischdauerwaren S. 93 unter Nr. 9 gesagt ist.

Butter, Speisefette und Speiseöle.[1]

I. Butter.

Butter ist das durch schlagende, stoßende oder schüttelnde Bewegung (Buttern) aus dem Rahm — seltener auch unmittelbar aus Milch durch Zentrifugalkraft — abgeschiedene innige Gemisch von Milchfett und wässeriger Milchflüssigkeit, das durch Kneten zu einer gleichmäßigen, zusammenhängenden Masse verarbeitet und von der anhaftenden Buttermilch sowie dem etwa zum Kühlen und Waschen verwendeten Wasser möglichst befreit ist.

Unter der Bezeichnung „Butter" schlechthin versteht man Kuhbutter. Ziegenbutter und Schafbutter sind die der Butter entsprechenden Erzeugnisse aus Ziegen- und Schafmilch.

Je nach der Bereitungsweise unterscheidet man Butter aus süßem Rahm, aus gesäuertem Rahm und auch aus Molken (Molkenbutter, Vorbruchbutter), je nach der Jahreszeit und Fütterungsweise Winterbutter, Sommerbutter, Stallbutter, Grasbutter. Außerdem werden im Handel nach der Güte unterschieden: Teebutter, Tafelbutter, Streichbutter, Molkereibutter, Landbutter, Bauernbutter, Faßbutter, Packbutter (Faktoreibutter), Kochbutter, Dauerbutter usw.

Vielfach, namentlich in Norddeutschland, wird die Butter gesalzen.

---

[1]) Bearbeitet von Dr. A. Bömer, a. o. Prof. a. d. Westfäl. Wilhelms-Universität und Vorsteher der Landw. Versuchsstation in Münster i. W.

Die mittlere Zusammensetzung der Butter ist nach zahlreichen Analysen in runden Zahlen etwa folgende:

	Wasser	Fett	Casein	Milchzucker	Milchsäure	Salze
Ungesalzen. . . .	14,0%	84,4%	0,8%	0,5%	0,1%	0,2%
Gesalzen	13,3 „	83,7 „	0,8 „	0,5 „	0,1 „	1,6 „

Butterschmalz (Schmelzbutter oder Schmalzbutter, in Süddeutschland auch Rindsschmalz oder einfach Schmalz genannt) ist das durch Schmelzen von Butter und größtmögliche Trennung des Fettes von den anderen Bestandteilen (Wasser, Casein, Milchzucker, Salze) erhaltene, zuweilen auch mit Kochsalz versetzte Butterfett. Butterschmalz enthält daher im ungesalzenen Zustande in der Regel nicht mehr als 0,5% nicht fetter Bestandteile (Wasser, Casein, Milchzucker, Salze). Wenn geschmolzenes Butterfett sehr langsam erstarrt, findet unter Umständen eine Entmischung statt, wobei sich am Boden des Gefäßes vorwiegend feste Glyceride abscheiden, während zu oberst ein mehr oder weniger klares Öl abgeschieden wird. Über die Zusammensetzung beider Teile vgl. unten S. 403.

Das Butterfett unterscheidet sich dadurch von anderen tierischen Fetten — insbesondere auch vom Körperfette der Kuh —, daß es neben den Glyceriden der Ölsäure, Palmitinsäure und Stearinsäure beträchtliche Mengen von Laurin- und Myristinsäure und ferner auch Buttersäure, Capron-, Capryl- und Caprinsäure enthält. Die unlöslichsten Glyceride des Butterfettes bestehen nach den Untersuchungen von C. Amberger[1]) und A. Bömer[2]) aus Stearodipalmitin, Palmitodistearin sowie aus geringen Mengen Tristearin. Das Butterfett enthält wie alle tierischen Fette Cholesterin, doch ist sein Gehalt hieran (0,3—0,5%) wesentlich höher als der des Körperfettes von Rind, Schaf, Schwein usw.

Die Butter unterliegt beim längeren Aufbewahren einer allmählichen Veränderung (Ranzigwerden), die sich schon durch Geruch und Geschmack kennzeichnet. Durch fehlerhafte Darstellung und Aufbewahrung wird diese Veränderung beschleunigt. Mangelhaftes Auskneten, d. h. ungenügende Entfernung der Buttermilch, läßt die Butter rascher in Zersetzung übergehen, die sich in der Regel auch in der Zunahme des Gehaltes an freien Fettsäuren äußert. Namentlich bewirkt die Aufbewahrung in unreinen Gefäßen sowie Zutritt von Luft und Licht das schnelle Ranzigwerden und das sogenannte Talgigwerden der Butter. Durch die Tätigkeit niederer Organismen entstehen ferner auch sonstige Fehler im Geschmack, Geruch und Aussehen der Butter (verschimmelte, fleckige, streifige, rote, bittere, saure Butter usw.).

Um der Butter, welche im Winter bei Trockenfütterung nahezu weiß ist, im Sommer bei Grünfütterung dagegen eine mehr oder minder gelbe Farbe hat, das ganze Jahr hindurch eine gleichmäßige Farbe zu geben, wird die Winterbutter vielfach gefärbt.

Vielfach wird, namentlich in Amerika[3]), ranzige und sonstwie verdorbene Butter durch Auslassen, Behandeln mit Luft, erneutes Emulgieren mit Milch und durch darauffolgende Kirnung aufgefrischt (Renovierte oder Prozeßbutter).

Die hauptsächlichen Verfälschungen der Butter bzw. des Butterschmalzes sind:

1. Absichtliche Erhöhung des Wassergehaltes oder Belassung von zuviel Buttermilch in der Butter;
2. Zusätze von anderen Fetten tierischen oder pflanzlichen Ursprungs;
3. Zusatz von anderen Frischhaltungsmitteln als Kochsalz;
4. Zusatz von sonstigen fremden Stoffen.

---

[1]) Zeitschr. f. Untersuchung d. Nahrungs- u. Genußmittel 1913, **26**, 65.

[2]) Noch nicht veröffentlicht.

[3]) Vgl. Ch. A. Crampton, Die Zusammensetzung von „Prozeß- oder Renovated-Butter". Journ. Americ. Chem. Soc. 1903, **25**, 358; Zeitschr. f. Untersuchung d. Nahrungs- u. Genußmittel 1904, **7**, 43; ferner A. Bömer in Zeitschr. f. Untersuchung d. Nahrungs- u. Genußmittel 1908, **16**, 27.

Als Nachahmungen der Butter und des Butterschmalzes kommen vorwiegend in Betracht die renovierte oder sog. Prozeßbutter sowie butterähnliche Fette oder Fettmischungen anderen Ursprungs (z. B. Margarine, Oleomargarin usw.).

Probenahme.[1])

Für die Untersuchung und richtige Beurteilung der Butter ist zunächst die richtige Probenahme von großem Belang. Hierfür ist zu beachten:

1. Die Entnahme der Proben hat bei in Fässern oder Kübeln befindlicher Butter möglichst an verschiedenen Stellen des Buttervorrates zu erfolgen, und zwar von der Oberfläche, vom Boden und aus der Mitte. Zweckmäßig bedient man sich dabei eines hinreichend langen Stechbohrers aus Stahl (vgl. Fig. 5 u. 6, I. Teil S. 5). Bei in Einzelpackung (1 Pfd.- oder $^1/_2$ Pfd.-Pakete) feilgehaltener Butter entnimmt man ein halbes oder ganzes Paket. Die Menge der Probe soll nicht unter 250 g betragen.

2. Die einzelnen entnommenen Proben sind mit den Handelsbezeichnungen (z. B. Dauerbutter, Tafelbutter usw.) zu versehen.

3. Aufzubewahren bzw. zu versenden ist die Probe in sorgfältig gereinigten Gefäßen von Porzellan, glasiertem Ton, Steingut (Salbentöpfe der Apotheken) oder von dunkel gefärbtem Glas, welche sofort möglichst luft- und lichtdicht zu verschließen sind. Die Versendung geschehe ohne Verzug. Insbesondere für die Beurteilung eines Fettes hinsichtlich einer etwaigen Verdorbenheit ist jede Verzögerung, ungeeignete Aufbewahrung sowie Unreinlichkeit zu vermeiden.

Die chemische Untersuchung der Butter kann sich erstrecken auf:

1. die Bestimmung des Gehaltes am Wasser, Fett, Casein, Milchzucker, Salze usw.,
2. den Nachweis von Frischhaltungsmitteln,
3. „ „ der Verdorbenheit,
4. „ „ aufgefrischter Butter,
5. „ „ fremder Fette im Butterfett,
6. „ „ fremder Farbstoffe.

Bei den unter Nr. 1—4 aufgeführten Untersuchungen verwendet man die natürliche, nicht ausgeschmolzene Butter, bei den beiden letzten dagegen das bei möglichst niedriger Temperatur geschmolzene und klar filtrierte Butterfett[2]).

Bei dem Beginn der Untersuchung ist, nötigenfalls nach der Prüfung auf äußere Beschaffenheit (Aussehen, Geruch, Geschmack usw.), auf Vorkommen von Schimmel- und anderen Pilzen, die Gesamtprobe, wenn nötig, unter vorsichtigem, gelindem Erwärmen, am besten in einer Reibschale zu einer gleichmäßigen salbenähnlichen Masse zu durchmischen.

A. Burr[3]) hat vorgeschlagen, die Butter in einem weithalsigen Glase mit eingeschliffenem Stöpsel bis eben zum Schmelzen zu erwärmen und unter öfterem Abkühlen bis zum Erstarren zu schütteln.

Untersuchungsverfahren.

1. Bestimmung des Wassers. ***a) Indirekte Bestimmung aus der Gewichtsabnahme beim Erhitzen.*** α) 5 g der gleichmäßig durchmischten Butter werden in einer mit grob gepulvertem, ausgeglühtem Bimstein beschickten, tarierten, flachen Nickel- oder Platinschale abgewogen. Die Schale wird in einem Trockenschranke auf 105° erwärmt. Nach einer halben Stunde wird die erfolgte Gewichtsabnahme festgestellt, ebenso nach je

[1]) Im wesentlichen nach der amtlichen „Anweisung" vom 1. April 1898 zum Gesetz, betr. den Verkehr mit Butter usw., vom 15. Juni 1897.

[2]) Bei Butterschmalz muß natürlich die Prüfung auf Verdorbenheit in diesem vorgenommen werden; ebenso bestimmt man auch den Säuregrad in der Regel nur im ausgeschmolzenen Butterfette.

[3]) Zeitschr. f. Untersuchung d. Nahrungs- u. Genußmittel 1905, **10**, 286.

weiteren 10 Minuten, bis keine Gewichtsabnahme mehr zu bemerken ist; zu langes Trocknen ist zu vermeiden, da alsdann durch Oxydation des Fettes wieder Gewichtszunahme eintritt.

Nach F. Bengen[1]) sollen diese und die ähnlichen Verfahren der Wasserbestimmung mehr oder weniger zu hohe Ergebnisse für den Wassergehalt liefern; er schlägt daher vor, den Wassergehalt aus der Differenz von 100 — (Fett + fettfreier Trockensubstanz) zu berechnen. Die Ausführungen von F. Bengen erscheinen aber wenig überzeugend, da durch die von ihm angegebenen Gründe (Verflüchtigung von Glyceriden niederer Fettsäuren und der daraus durch hydrolytische Spaltung entstandenen freien Fettsäuren), falls sie überhaupt zutreffend sein sollten, jedenfalls nicht Differenzen bis zu 2,96% zwischen dem obigen Verfahren und dem von Bengen erklärlich sind.

Über die Verfahren von M. Dominikiewicz und von E. Glimm vgl. unter Nr. 2 (Bestimmung der fettfreien Trockensubstanz S. 351).

β) Schnellmethoden durch Erhitzen der Butter über freier Flamme. In den letzten Jahren sind zur Bestimmung des Wassergehaltes in Butter für Molkereien, Butterhändler usw. einfache Vorrichtungen beschrieben worden, bei denen das Wasser aus der in kleinen Bechern befindlichen Butter durch direktes Erhitzen mit einer Flamme ausgetrieben und der so entstandene Gewichtsverlust durch eine einfache Wage festgestellt wird. Da die Ergebnisse dieser sehr schnell ausführbaren Verfahren von denen der oben beschriebenen genaueren Bestimmung nur wenig — etwa 0,1—0,2% — abweichen, kann das Verfahren auch als Vorprobe bei der Nahrungsmittelkontrolle verwendet werden.

Fig. 17.

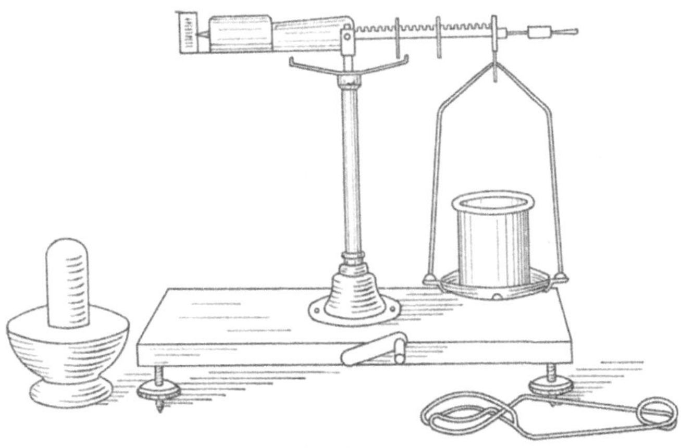

Perplex-Apparat.

Für diese Zwecke empfohlene Apparate sind z. B. der „Sensible"-Apparat von F. W. Nicholls in London[2]), der auf Veranlassung von L. Müller[3]) durch die Firma Paul Funke & Co. in Berlin N, Chausseestr. 10, hergestellte „Perplex"-Apparat, die Universal-Wage „Superior" von Dr. N. Gerbers Co. in Leipzig und die „Butter-Wasserwage" von E. Wörner.

Der „Perplex"-Apparat (Fig. 17) besteht aus einer ungleicharmigen Wage nach Art der bekannten Westphalschen Wage. Der Wagebalken mit der Wagschale ist mit Einkerbungen zur Aufnahme der beiden Reitergewichte von 1 und 0,1 g versehen; außerdem ist ein Anhängegewicht von 10 g zur Tarierung, entsprechend den anzuwendenden 10 g Butter beigegeben. Zur Aufnahme der letzteren dient ein Nickel- oder Aluminiumbecher.

Zur Ausführung der Wasserbestimmung wird die Wage mit Becher und dem 10 g-Gewicht austariert, dann werden nach Entfernung des Gewichtes genau 10 g Butter eingewogen. Darauf wird der Becher mit Hilfe einer Zange über einer nicht zu starken Gas- oder Spiritusflamme

[1]) Zeitschr. f. Untersuchung d. Nahrungs- u. Genußmittel 1908, **15**, 587. Hier findet sich auch eine Zusammenstellung der ziemlich umfangreichen Literatur über die Wasserbestimmung in Butter.

[2]) Vgl. A. Wingler u. J. von Sury in Zeitschr. f. Untersuchung d. Nahrungs- u. Genußmittel 1908, **16**, 403.

[3]) Zeitschr. f. Untersuchung d. Nahrungs- u. Genußmittel 1908, **16**, 725.

unter ständigem vorsichtigem Umschwenken so lange erhitzt, bis die Butter aufhört zu schäumen und der Bodensatz sich leicht gebräunt hat; ein etwas zu langes Erhitzen ändert das Ergebnis der Bestimmung nicht wesentlich. Nach kurzem Abkühlen wird der Becher auf die Wagschale gestellt und durch Anhängung der beiden Reitergewichte die Wage wiederum in die Gleichgewichtslage gebracht. Die an den betreffenden Stellen des Wagebalkens befindlichen Zahlen geben unmittelbar den Wassergehalt in ganzen und $^1/_{10}$ Prozenten an. Bei Margarine brennen die Proteinstoffe leicht in dem Metallbecher fest; man vermeidet dies nach L. Müller dadurch, daß man den Becher nicht über freier Flamme, sondern über einer Asbestplatte von 3 mm Dicke erhitzt.

Die Ausführung der Wasserbestimmung mit der Universalwage „Superior" (Fig. 18) erfolgt in ähnlicher Weise wie mit dem „Perplex"-Apparat.

Die von E. Wörner[1]) für den gleichen Zweck empfohlene „Butter-Wasserwage" ist eine abgeänderte Briefwage (Fig. 19), bei der aus der Zeigerstellung unmittelbar der prozentuale Wassergehalt abgelesen werden kann. Im übrigen geschieht die Wasserbestimmung unter Anwendung von 15 g Butter in der gleichen Weise wie beim „Perplex"-Apparat.

Fig. 18.

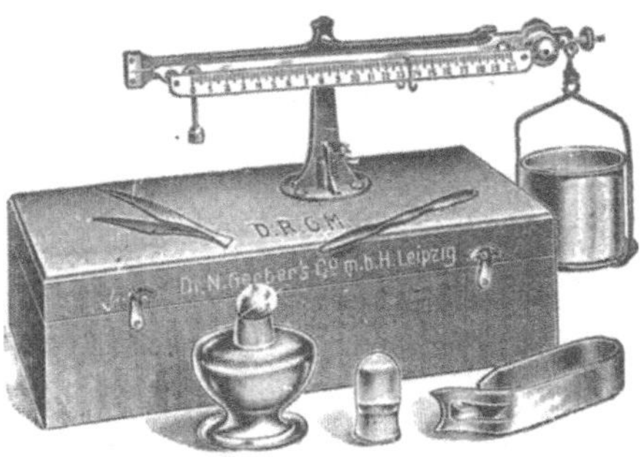

Wage „Superior"

Fig. 19.

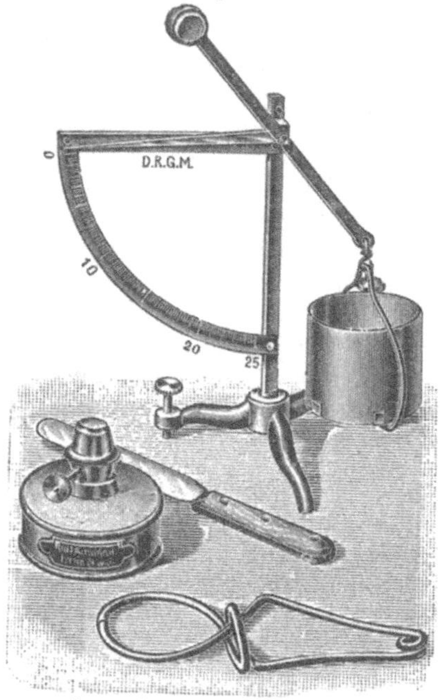

„Butter-Wasserwage nach Wörner" (Paul Altmann, Berlin.)

In chemischen Laboratorien kann man sich natürlich auch der analytischen Wage zur Feststellung des Gewichtsverlustes bedienen.

G. Fendler und W. Stüber[2]) haben bei der Nachprüfung die Wasserbestimmung in Butter mit dem „Perplex-Apparat" als sehr brauchbar gefunden. Einige Margarineproben spritzten aber beim Erhitzen so stark, daß in ihnen die Wasserbestimmung nach diesem Verfahren nicht ausgeführt werden konnte.

Zur genauen Feststellung des Endpunktes der Wasserverdampfung halten sie aber das öftere Aufdecken eines kalten Uhrglases für erforderlich, das einen Beschlag aufweist, solange das Wasser noch nicht ganz verdunstet ist. A. Wingler und J. von Sury empfehlen für den gleichen Zweck bei dem Sensible-Apparat das kurze Auflegen eines als Deckel geformten Spiegels.

Auf ähnlichem Prinzip wie die vorstehenden beruhen die Verfahren von H. D. Richmond[3]), der nach einem von ihm bereits 1899 beschriebenen Verfahren die Erhitzung in einer

[1]) Zeitschr. f. Untersuchung d. Nahrungs- u. Genußmittel 1912, **24**, 741.

[2]) Ebendort 1909, **17**, 90.

[3]) Vgl. H. Faber in Maelkeritidende 1907, 199—211; Milchwirtsch. Zentralbl. 1908, **4**, 9.

Porzellanschale vornimmt, von G. E. Patrick[1]), der anfangs die Erhitzung in einem Reagensglase, später in einem Aluminiumbecher empfohlen hat, und von W. Fabrion[2]), der Erhitzen im offenen Platintiegel vorschlägt.

b) Direkte Bestimmung durch Messung des abdestillierten Wassers. Dieses Verfahren, welches zuerst von C. Aschmann und J. P. Arend[3]) beschrieben worden ist, wird zweckmäßig in folgender Weise ausgeführt:

Ein Kolben (Fig. 20) aus Jenaer Geräteglas von etwa 300 ccm Inhalt trägt ein eingeschliffenes Kühlrohr von etwa 7 mm lichter Weite, das zweimal rechtwinklig gebogen, in seinem abwärts gerichteten Teile auf eine Länge von etwa 25 cm von einem Wasserkühler umgeben und an der Mündung etwas verjüngt ist. Als Vorlage dient ein Trichter von etwa 80 ccm Inhalt mit einem angeschmolzenen, etwa 5 ccm fassenden und 7 mm weiten Meßrohr, das durch Auswägen mit Quecksilber in $^1/_{20}$ ccm geteilt und unten durch einen Glashahn verschließbar ist. Vor der Bestimmung wird das Meßrohr durch einen Trichter mit engem Ansatzrohr blasenfrei mit Quecksilber gefüllt[4]).

Fig. 20.

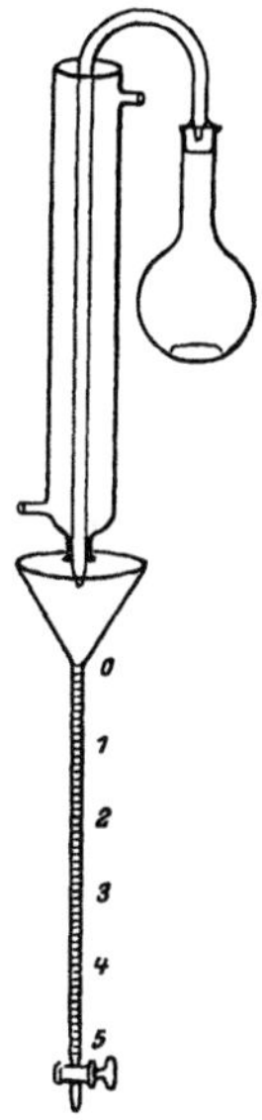

20—25 g Butter werden in dem Kolben mit etwa 75 ccm Xylol und etwas grobem Bimssteinpulver versetzt und allmählich zum ruhigen Sieden erhitzt. Die Destillation wird so lange fortgesetzt, bis etwa 70 ccm Xylol übergegangen sind, was etwa $^1/_2$ Stunde dauern soll. Wird die Destillation zu rasch ausgeführt oder stößt die Flüssigkeit beim Sieden, so entsteht in der Vorlage eine sich nur langsam trennende Emulsion. Gegen Ende der Destillation läßt man für einige Minuten das Wasser aus dem Kühler ablaufen, um größere im Kühlrohr hängende Wassertropfen zu beseitigen. Nachdem das übergangene Xylol klar geworden ist, läßt man so viel Quecksilber aus dem Meßrohr ablaufen, daß das unter dem Xylol abgeschiedene Wasser sich vollständig im Meßrohr befindet. Am Trichter hängende Wassertropfen stößt man mittels einer mit Xylol benetzten Federfahne nach unten. Zu dem bei 15° abgelesenen Wasservolumen rechnet man 0,1 ccm hinzu, als Korrektur für den Unterschied von Quecksilber- und Wassermeniskus und für Wasserverluste durch Haftenbleiben im Kühlrohr.

Für die Bestimmung sehr kleiner Wassermengen ist das Verfahren ungeeignet.

c) Sonstige Verfahren. Zunächst sind hier die Zentrifugalverfahren zu erwähnen, z. B. die von Thörner[5]), N. Gerber und M. M. Craandijk[6]), H. Poda[7]).

Eine Reihe anderer Verfahren beruht darauf, daß man die Butter schmilzt [A. Beythien, H. Hempel und P. Bohrisch[8]), ferner Carroll[9])] oder das Fett mit einem geeigneten Lösungsmittel [nach C. E. Gray[10]) ein Gemisch von 5 Teilen Amylacetat und 1 Teil Amylvalerianat,

---

[1]) Journ. Americ. Chem. Soc. 1906, **28**, 1161 u. 1907, **29**, 1126; Zeitschr. f. Untersuchung d. Nahrungs- u. Genußmittel 1907, **13**, 573 u. 1908, **15**, 613.

[2]) Chem.-Ztg. 1906, **30**, 267.

[3]) Ebendort, S. 953.

[4]) Der Apparat wird von der Firma Fr. Müller, Dr. Geißlers Nachfolger, in Bonn hergestellt.

[5]) Chem.-Ztg. 1891, **15**, 1201 u. 1892, **16**, 1103.

[6]) Milch-Ztg. 1898, **27**, 593.

[7]) Zeitschr. f. Untersuchung d. Nahrungs- u. Genußmittel 1901, **4**, 492.

[8]) Ber. d. Chem. Untersuchungsamtes Dresden 1902, 13; Zeitschr. f. Untersuchung d. Nahrungs- u. Genußmittel 1904, **7**, 240.

[9]) Vgl. H. Faber in Maelkerietidende 1907, **20**, 199; Milchwirtsch. Zentralbl. 1908, **4**, 7.

[10]) U. S. Dep. of Agriculture. Bureau of animal Ind. Circulår No. 100 (1906); Chem. Zentralbl. 1907, **I**, 1149; Zeitschr. f. Untersuchung d. Nahrungs- u. Genußmittel 1909, **17**, 52.

nach A. Trillat[1]) Tetrachlorkohlenstoff] löst und nach Trennung der Schichten das Volumen des Wassers, welches sich in einer entsprechend engen Röhre befindet, abliest. Ein weiteres Verfahren wurde von Wibel[2]) vorgeschlagen. Alle diese Verfahren sind teils ungenau, teils stehen sie an praktischer Brauchbarkeit hinter den unter a, β angeführten Schnellmethoden mit direkter Erhitzung über der Flamme zurück.

2. Bestimmung des „wasserfreien Nichtfettes“ (oder der fettfreien Trockensubstanz). a) 5—10 g Butter werden in einem flachen Wägeglas unter häufigem Umschütteln im Trockenschranke bei 100° vom größten Teile des Wassers befreit; nach dem Erkalten wird das Fett mit absolutem Alkohol und Äther gelöst, der Rückstand durch ein gewogenes Filter von bekanntem geringem Aschengehalte filtriert und mit Äther hinreichend nachgewaschen. Das getrocknete Filter wird in dem benutzten Wägeglas gewogen. Man findet so die Menge des wasserfreien Nichtfettes (bei reiner Butter im wesentlichen Casein, Milchzucker und Mineralstoffe).

Zur Bestimmung der Asche wird das Filter samt Inhalt und der am Gläschen etwa verbliebene Rückstand in einer Platinschale mit kleiner Flamme verkohlt. Die Kohle wird wiederholt mit kleinen Mengen heißen Wassers ausgewaschen, der wässerige Auszug durch ein kleines Filter von bekanntem Aschengehalt filtriert und das Filter samt der Kohle in der Schale verascht. Alsdann gibt man die filtrierte Lösung in die Platinschale zurück, verdampft sie unter Einleiten von gereinigtem Kohlendioxyd zur Trockne, glüht ganz schwach, läßt im Exsiccator erkalten und wägt.

Zieht man die auf diese Weise ermittelte Aschenmenge von der Gesamtmenge des wasserfreien Nichtfettes ab, so erhält man die Menge des organischen Nichtfettes (bei reiner Butter im wesentlichen Casein und Milchzucker).

Das Chlor wird in dem wässerigen Auszuge der Asche bzw. bei hohem Kochsalzgehalte der Asche in einem abgemessenen Teile des auf ein bestimmtes Volumen gebrachten Aschenauszuges gewichtsanalytisch oder maßanalytisch in folgender Weise bestimmt:

α) Gewichtsanalytisch. Der wässerige Auszug der Asche oder ein abgemessener Teil desselben wird mit Salpetersäure angesäuert und das Chlor mit Silbernitratlösung gefällt. Der Niederschlag von Chlorsilber wird auf einem Filter von bekanntem geringem Aschengehalte gesammelt und bei 100° getrocknet. Dann wird das Filter in einem gewogenen Porzellantiegel verbrannt. Nach dem Erkalten befeuchtet man den Rückstand mit einigen Tropfen Salpetersäure und Salzsäure, verjagt die Säuren durch vorsichtiges Erhitzen, steigert dann die Hitze bis zum Schmelzen des Chlorsilbers und wägt nach dem Erkalten. Jedem Gramm Chlorsilber entsprechen 0,247 g Chlor oder 0,408 g Chlornatrium.

β) Maßanalytisch. Man versetzt den wässerigen Aschenauszug bzw. einen abgemessenen Teil desselben mit 1—2 Tropfen einer kalt gesättigten Lösung von neutralem, gelbem Kaliumchromat und titriert ihn unter fortwährendem sanften Umschwenken oder Umrühren mit $^1/_{10}$ N.-Silbernitratlösung; der Endpunkt der Titration ist erreicht, wenn eine nicht mehr verschwindende Rotfärbung auftritt. Jedem Kubikzentimeter $^1/_{10}$ N.-Silbernitratlösung entsprechen 0,003546 g Chlor oder 0,005846 g Chlornatrium.

Zur Bestimmung des Caseins wird aus 5—10 g Butter durch Behandlung mit Alkohol und Äther und darauffolgendes Filtrieren durch ein möglichst stickstofffreies Filter die Hauptmenge des Fettes entfernt. Im Filter nebst Inhalt wird der Stickstoff nach Kjeldahl bestimmt. Durch Multiplikation der gefundenen Menge des Stickstoffs mit 6,37 erhält man die Menge des Caseins.

Zieht man von dem gefundenen Gehalte an „wasserfreiem Nichtfett“ die getrennt bestimmten Mengen von Casein und Asche ab, so bleibt in der Regel nur ein kleiner

[1]) Rev. intern. des falsific. 1907, **20**, 97; Zeitschr. f. Untersuchung d. Nahrungs- u. Genußmittel 1909, **17**, 548.

[2]) Zeitschr. f. angew. Chemie 1893, 220.

Rest[1]), zu dessen Bestandteilen die geringen in der Butter vorhandenen Mengen Milchzucker gehören.

b) E. Späth[2]), M. Dominikiewicz[3]) und E. Glimm[4]) bestimmen den Gehalt an Wasser, wasserfreiem Nichtfett usw. ebenfalls im wesentlichen nach dem unter a angegebenen Prinzip, schlagen aber für die praktische Ausführung besondere Apparate vor.

Späth benutzt ein Glasschiffchen, das zu $^1/_3$ mit erbsengroßen Bimssteinstückchen gefüllt ist; auf diese bringt er die Butter (8—10 g) und trocknet bei 100°. Nachdem auf diese Weise der Wassergehalt ermittelt ist, bringt er das Glasschiffchen in ein gewogenes Wägegläschen, dessen Boden und Deckel durchlöchert sind und auf dessen Boden sich ein Asbestfilter befindet. Das Wägegläschen wird darauf im Soxhletschen Extraktionsapparate 4—6 Stunden extrahiert. Die hierbei eintretende Gewichtsabnahme entspricht dem Fettgehalt der Butter, der aber auch durch Abdestillieren des Äthers und Trocknen und Wägen des Rückstandes ermittelt werden kann. Behandelt man die ätherunlöslichen Stoffe (das „wasserfreie Nichtfett") mit Wasser, so gehen Milchzucker und etwa vorhandenes Kochsalz in Lösung, in der sie quantitativ bestimmt werden können.

Dominikiewicz benutzt einen glasierten Porzellantiegel mit Siebboden, der mit einem becherartig geformten, getrockneten und gewogenen Papierfilter bedeckt wird, so daß seine Ränder die innere Wand des Tiegels bedecken. Auf das Filter kommt ein Siebchen aus Porzellan und darauf eine Schicht von zuerst kleineren, dann größeren (von etwa 5 mm Durchmesser), mit Salzsäure gut gewaschenen und ausgeglühten Bimssteinstückchen. Der Tiegel wird in einen mit Hahn versehenen Trichter gebracht, der mit dem unteren breiteren Teile in den Hals eines Erlenmeyer-Kölbchens mit seitlichem Tubus eingeschliffen ist[5]).

Fig. 21.

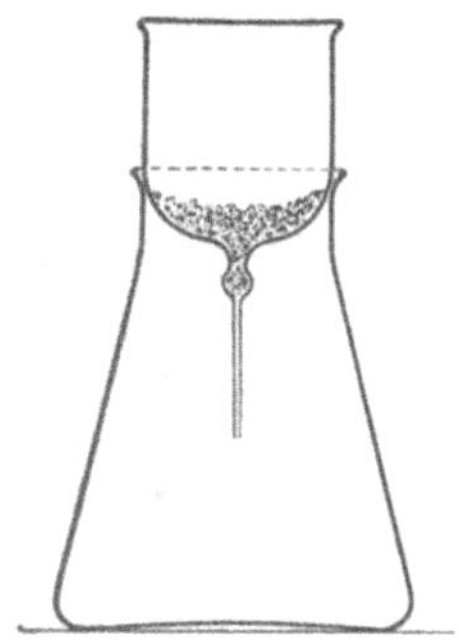

Zur Untersuchung werden 5—6 g Butter in den Tiegel eingewogen und der ganze Apparat in den Wassertrockenschrank gestellt. Bezüglich der weiteren Ausführung der Untersuchung sei auf die Originalmitteilung verwiesen.

Anknüpfend an die Arbeit von Dominikiewicz hat E. Glimm die nebenstehend (Fig. 21) abgebildete Vorrichtung[5]) benutzt. Von besonderer Wichtigkeit ist die richtige Vorbereitung des Trichters. Zunächst wird die kleine Kugel des Trichters mit Glaswolle gestopft und zwar so, daß diese in den becherförmigen Teil hineinragt, so daß ein Verstopfen des Trichtergrundes durch feine Asbestteilchen nicht stattfinden kann. Auf den Trichtergrund bringt man nochmals Glaswolle und schlämmt dann groben, langfaserigen Asbest bis zu $^1/_2$ cm Höhe auf. Die Trichter müssen an der Saugpumpe sehr schnell laufen, ohne Saugen schnell hintereinander tropfen. Das Erlenmeyer-Kölbchen dient einerseits zum Halten des Trichters, andererseits zur Aufnahme des Fettes.

Die Untersuchung kann in folgender Weise ausgeführt werden:

Zuerst wird der Apparat (Trichter + Erlenmeyer-Kolben) gewogen, ferner das Gewicht des Kolbens allein bestimmt. Nun werden in den Trichter etwa 5 g Butter gegeben und das Gewicht bestimmt; dann trocknet man den Apparat in einem Vakuum-Trockenschrank bei 95—98° zwei Stunden lang. Der nach dem Trocknen festgestellte Gewichtsverlust ergibt den Wassergehalt. Bei dem Trocknen schmilzt zunächst die Butter und sickert teilweise durch den Asbest in den Erlenmeyer-Kolben, während Wasser und Nichtfett auf dem Asbestfilter zurückbleiben und das Wasser gleichzeitig verdampft. Nach Bestimmung des durch Trocknen hervorgerufenen Gewichtsverlustes wird das auf dem Trichter zurückgebliebene Fett mit warmem Tetrachlorkohlenstoff gelöst und

[1]) Ergibt sich eine größere Differenz, so wird diese auf fremde Zusätze zur Butter, wie z. B. auf Kartoffelbrei oder dgl., zurückzuführen sein. Vgl. unten S. 353.

[2]) Zeitschr. f. angew. Chemie 1893, 513; Milch-Ztg. 1901, **30**, 499.

[3]) Zeitschr. f. Untersuchung d. Nahrungs- u. Genußmittel 1906, **12**, 274.

[4]) Ebendort 1910, **19**, 644.

[5]) Der Apparat wird von der Firma Fr. Hugershoff in Leipzig angefertigt.

fließt in den Erlenmeyer-Kolben. Zur Beschleunigung ist es zweckmäßig, diesen auf ein Wasserbad zu setzen, um das unten fest gewordene Fett zu schmelzen. Durch das schwache Erwärmen wird gleichzietig ein schnelleres Lösen und Filtrieren des Fettes erzielt. Das Lösen wird so lange fortgesetzt, bis ein auf einem Uhrglas aufgefangener Tropfen nach dem Verdunsten keinen Rückstand mehr zeigt. Ist das erreicht, so wird der Trichter im Trockenschranke bei 90—100° bis zur Gewichtsbeständigkeit getrocknet; die Gewichtsabnahme ergibt den Fettgehalt. Zur Kontrolle kann man den Tetrachlorkohlenstoff aus dem Erlenmeyer-Kolben abdestillieren und nach dem Trocknen bei 100° das Fett direkt durch Wägung bestimmen.

Der Trichter mit dem zurückgebliebenen Nichtfett wird auf einen geeichten Meßkolben von 100 ccm Inhalt gesetzt und durch Aufgießen von warmem Wasser werden Kochsalz und Milchzucker gelöst. Noch besser ist es, die Lösung des Kochsalzes und Milchzuckers an der Saugpumpe durch Saugen vorzunehmen. Es hat dies den Vorteil, daß die Extraktion schneller geht und daß kein Casein mitgerissen wird. Das Filtrat wird auf 100 ccm aufgefüllt und das Kochsalz in 10 ccm titrimetrisch mit $^1/_{10}$ N.-Silbernitratlösung bestimmt. Der Trichter wird dann mit Alkohol und Äther gewaschen und bei 100° getrocknet. Der auf dem Trichter zurückgebliebene Rückstand ergibt den Gehalt an Casein, die Differenz von Nichtfett und Casein den Gehalt an Kochsalz und Milchzucker. Nach Abzug des direkt bestimmten Kochsalzes erhält man den Gehalt an Milchzucker.

Glimm gibt außer diesem noch zwei andere Arbeitsweisen mit dem Apparat an, auf die hier verwiesen sei.

c) An sonstigen Vorschlägen seien erwähnt das Verfahren von H. Lührig und F. Wiedmann[1]), welche die Butter durch in Glashülsen befindliche Papierschnitzeln aufsaugen lassen, ferner das Verfahren von P. Soltsien[2]), welcher Fett und Wasser in einem Gemisch gleicher Teile von Aceton und Äther löst, das Verfahren von W. Fahrion[3]), der das durch Erhitzen im offenen Tiegel von Wasser befreite Fett mit Petroläther löst, und endlich das Verfahren von F. Bengen[4]), der das Fett in einem Gemisch von gleichen Teilen Äther und Petroläther löst.

3. Bestimmung des Fettes. Der Fettgehalt der Butter kann bestimmt werden:

1. Indirekt, indem man den Gehalt an Wasser + „wasserfreiem Nichtfett" von 100 abzieht.

2. Direkt nach einem der ersten 3 folgenden Verfahren:

a) Durch Eindampfen eines aliquoten Teiles der bei der Bestimmung des „wasserfreien Nichtfettes" (Casein + Milchzucker + Salze) erhaltenen, auf ein bestimmtes Volumen aufgefüllten Fettlösung.

b) 5 g Butter werden in einer Porzellanschale geschmolzen und mit 20 g gebranntem Gips gemischt, dann 6 Stunden lang bei etwa 100° getrocknet und das nach dem Erkalten erhaltene trockene Pulver mit absolutem Äther im Extraktionsapparate bis zur Erschöpfung ausgezogen.

c) Nach dem Röse-Gottliebschen Prinzip. A. Hesse[5]), A. Burr[6]) und A. Froehner[7]) haben die Anwendung dieses Verfahrens (vgl. S. 195) für die Bestimmung des Fettes in der Butter vorgeschlagen. Man verfährt folgendermaßen: Etwa 3,0 g der gut durchgemischten Butter werden in ein bedecktes Wägegläschen gegeben, das Gläschen mit der Butter wird

[1]) Zeitschr. f. Untersuchung d. Nahrungs- u. Genußmittel 1904, **8**, 247.

[2]) Chem. Revue d. Fett- u. Harzindustrie 1905, **12**, 125.

[3]) Chem.-Ztg. 1906, **30**, 247.

[4]) Zeitschr. f. Untersuchung d. Nahrungs- u. Genußmittel 1908, **15**, 587; vgl. ferner Chem.-Ztg. 1910, **34**, 149 und die Kritik von M. Siegfeld, daselbst 330.

[5]) Zeitschr. f. Untersuchung d. Nahrungs- u. Genußmittel 1904, **8**, 673.

[6]) Ebendort 1905, **10**, 286.

[7]) Chem.-Ztg. 1906, **30**, 1250.

wogen und mittels eines Spatels etwa die Hälfte der Butter entnommen und das Gläschen wieder gewogen. Die entnommenen etwa 1,5 g Butter werden mit 8—10 g heißem Wasser unter Zuhilfenahme eines kleinen mit kurzem Rohr versehenen Trichters quantitativ in den Gottliebschen Apparat gebracht und mit 1 ccm Ammoniak versetzt. Nach dem Durchschütteln werden Spatel und Trichter mit 10 ccm Alkohol abgespült; dann wird wieder durchgeschüttelt und schließlich werden nach dem Erkalten der Flüssigkeit Spatel und Trichter noch mit 25 ccm Äther nachgespült, durchgeschüttelt und nach Zusatz von 25 ccm Petroläther abermals durchgeschüttelt. Sobald die Fettlösung klar geworden ist, hebert man sie in ein Kölbchen ab, schüttelt darauf mit 50 ccm einer Mischung von gleichen Teilen Äther und Petroläther durch und fügt diese Lösung nach vollständigem Absetzen und Klarwerden zu den ersten beiden Abheberungen im Fettkölbchen; darauf verdunstet man den Äther, trocknet und wägt das zurückbleibende Fett.

d) N. Gerber hat auch ein acidbutyrometrisches Verfahren zur Bestimmung des Fett- und Wassergehaltes der Butter ausgearbeitet. Nach H. Lührig und F. Wiedmann[1]) können diese Verfahren wohl zur Vorprobe dienen, dagegen sind sie als genaue Verfahren nicht anzusehen. A. Hesse[2]) und G. Cornalba[3]) verwerfen das Verfahren wegen seiner Ungenauigkeit vollständig. — Vgl. ferner die Angaben von A. Behre[4]).

M. Kersten[5]) glaubt dagegen die Sal - Methode für die Fettbestimmung in Butter empfehlen zu können.

R. Hefelmann[6]) verwendet das Schmid - Bondzynskische Verfahren der Milchfettbestimmung.

4. Nachweis und Bestimmung von Getreidemehl, Kartoffelbrei, Quark usw. Vereinzelt hat man Butter mit Mehl, Kartoffelbrei, Quark usw. verfälscht. Derartige Zusätze erkennt man leicht durch Behandeln der Butter mit Alkohol-Äther, wobei sie ungelöst zurückbleiben und durch Sammeln auf einem getrockneten und gewogenen Filter der Menge nach bestimmt werden können. Man überzeugt sich ferner durch eine mikroskopische Untersuchung von der Art des Rückstandes und ermittelt je nach der Art des Zusatzes den Stärke- bzw. den Stickstoffgehalt (bei Quarkzusatz) in üblicher Weise quantitativ. Bei der Beurteilung eines etwaigen Quarkzusatzes hat man selbstverständlich auf den normalen Caseingehalt der Butter Rücksicht zu nehmen.

5. Nachweis und Bestimmung von Frischhaltungsmitteln. In diesem Abschnitt sind vorwiegend die Verfahren zur Bestimmung der Frischhaltungsmittel nach der Anlage C der Ausführungsbestimmungen D vom 22. Februar 1908 zum „Fleischbeschaugesetz“ vom 3. Juni 1900 berücksichtigt worden.

Als Frischhaltungsmittel für Butter kommen vorwiegend in Betracht: Borsäure, Fluorwasserstoffsäure, Benzoesäure und Salicylsäure, sowie die Salze dieser Säuren. Es sollen daher im nachfolgenden nur die Verfahren zum Nachweise und zur Bestimmung dieser Säuren und Salze beschrieben werden. Liegen Anzeichen dafür vor, daß sonstige Frischhaltungsmittel verwendet sein könnten, so erfolgt deren Bestimmung sinngemäß nach den im I. Teile auf S. 591—613 angegebenen Untersuchungsverfahren. Ferner ist hier noch zu berücksichtigen die Prüfung auf die Hydroxyde und Carbonate der Alkalien und Erdalkalien, die namentlich bei der sog. Auffrischung der Butter verwendet werden und auf die daher namentlich bei dem Verdachte

---

1) Zeitschr. f. Untersuchung d. Nahrungs- u. Genußmittel 1904, **8**, 247.

2) Milchwirtsch. Zentralbl. 1905, **1**, 433.

3) Staz. sperim. agrar. Ital. 1906, **39**, 119; Zeitschr. f. Untersuchung d. Nahrungs- u. Genußmittel 1907, **14**, 712.

4) Pharm. Zentralhalle 1909, **50**, 158.

5) Molkerei-Ztg. Hildesheim 1910, **24**, 311..

6) Pharm. Zentralhalle 1894, **35**, 251; Zeitschr. f. analyt. Chemie 1896, **35**, 101.

des Vorliegens von aufgefrischter Butter und derartigem Butterschmalz Rücksicht genommen werden muß.

Da die Frischhaltungsmittel für Butter, wenn sie wirksam sein sollen, vorwiegend in der in der Butter vorhandenen Milch bzw. wässerigen Flüssigkeit gelöst sein müssen, so kann man für den qualitativen Nachweis der Frischhaltungsmittel mit Vorteil die beim Schmelzen der Butter sich abscheidende wässerige Schicht verwenden.

a) Borsäure. Der Nachweis kann nach dem im I. Teile (S. 591—592) angegebenen Verfahren der amtlichen Anweisung zum Fleischbeschaugesetz erfolgen, wobei die Borsäure bzw. Borate durch Schütteln der Butter mit Wasser auf dem Wasserbade ausgezogen werden; im allgemeinen wird es aber genügen, wenn man für den Nachweis die sich beim Schmelzen der Butter abscheidende wässerige Flüssigkeit verwendet.

Die quantitative Bestimmung der Borsäure kann nach den im I. Teile (S. 592 bis 593) beschriebenen Verfahren von Jörgensen oder Hebebrand erfolgen. Zweckmäßiger ist es jedoch, sich des von A. Beythien[1]) angegebenen einfachen Verfahrens zur Bestimmung der Borsäure in Margarine zu bedienen, das in folgender Weise auszuführen sich empfiehlt:

50 g Margarine bzw. Butter werden in einem weithalsigen Erlenmeyer-Kolben mit 50 g Wasser versetzt und nach dem Verschließen der Flasche durch einen Gummistopfen mit Steigrohr etwa 15 Minuten auf dem siedenden Wasserbade unter öfterem kräftigem Umschütteln erwärmt. Man läßt erkalten und filtriert darauf den Kolbeninhalt durch ein trockenes Filter. In einem abgemessenen Teile (etwa 40 ccm) des Filtrats bestimmt man darauf die Borsäure nach dem Verfahren von Jörgensen. Bei der Berechnung des prozentualen Gehaltes nimmt man entweder einen mittleren Wassergehalt von 10% in der Margarine (Butter) an oder wenn man eine größere Genauigkeit wünscht, so zieht man den besonders bestimmten Wassergehalt der betreffenden Butter in Rechnung und wägt auch den mit der Butter und dem Wasser beschickten Kolben vor und nach dem Erwärmen.

Ist z. B. der Wassergehalt der Butter zu 14,00% gefunden und durch das Erwärmen auf dem Wasserbade 1 g Wasser verdunstet, sind ferner in den 40 ccm des Filtrates 0,0500 g Borsäure gefunden, so findet man den prozentualen Gehalt der Butter an Borsäure (x) nach der Gleichung:

$$x = \frac{\left(50 + \frac{50}{100} \times 14{,}00 - 1\right) \times 0{,}0500 \times 2}{40} = 0{,}140\,\%.$$

Nimmt man dagegen den mittleren Wassergehalt von 10% an und vernachlässigt man die beim Erwärmen auf dem Wasserbade etwa verdunstete Wassermenge, so ergibt sich ein prozentualer Wassergehalt von

$$\frac{(50 + 5) \times 0{,}0500 \times 2}{40} = 0{,}1375\,\%.$$

H. D. Richmond und J. B. P. Harrison[2]) sowie M. Monhaupt[3]) haben das Verfahren von Jörgensen für die Untersuchung von Butter auf Borsäure etwas abgeändert. G. Cornalba[4]) hält bei sehr casein- und säurereicher Butter den Nachweis der Borsäure in der Asche der Butter für besser.

b) Fluorwasserstoffsäure. Der Nachweis kann nach dem im I. Teile, S. 604 angegebenen Verfahren der amtlichen Anweisung zum Fleischbeschaugesetz erfolgen; bei diesem Verfahren wird die Butter mit dem gleichen Volumen Wasser in einem Kolben vermischt, dann $^1/_2$ Stunde Wasserdampf eingeleitet und der nach dem Absitzen und Erkalten erhaltene wässerige Auszug zum Nachweise der Fluoride verwendet. Im allgemeinen wird es

---

1) Zeitschr. f. Untersuchung d. Nahrungs- u. Genußmittel 1902, **5**, 764.

2) Analyst 1902, **27**, 179; Zeitschr. f. Untersuchung d. Nahrungs- u. Genußmittel 1903, **6**, 380.

3) Chem.-Ztg. 1905, **29**, 362.

4) Boll. chim. Farm. 1912, **51**, 433; Chem. Zentralbl. 1912, II, 1697.

aber auch hier genügen, für den Nachweis der Fluoride die sich beim Schmelzen der Butter abscheidende wässerige Flüssigkeit zu verwenden.

O. und Ch. W. Hehner[1]) verfahren zum Nachweise von Fluoriden folgendermaßen: 50 g Butter werden geschmolzen, das Fett über der wässerigen Schicht wird entfernt, diese mit Natronlauge leicht alkalisch gemacht und eingedampft. Der Rückstand wird geglüht, in einen Platintiegel übergeführt und mit starker Schwefelsäure versetzt. Den Tiegel bedeckt man jetzt mit einem wachsüberzogenen Uhrglas, nachdem man in die Wachsschicht ein Zeichen eingraviert hat, und erwärmt ihn 2 Stunden lang schwach im Sandbade. Auf diese Weise erhält man noch mit 1 mg Fluorcalcium oder Fluornatrium eine deutliche Ätzung. Bei gleichzeitiger Gegenwart von borhaltigen Konservesalzen ist das Verfahren nicht anwendbar, da auf Zusatz starker Schwefelsäure dann Fluorbor entwickelt wird. Die Borverbindungen müssen deshalb vorher entfernt werden, was auf folgende Weise geschieht: Die wässerige Schicht von 50 g Butter wird ohne vorherige Filtration mit Chlorcalcium versetzt und zum Sieden erhitzt; mittels eines geringen Überschusses von Natriumcarbonat werden sodann die Kalkverbindungen ausgefällt. Der Niederschlag, welcher aus Calciumborat, -fluorid, -carbonat, -phosphat und unter Umständen noch -sulfat besteht, wird abfiltriert, geglüht und mit heißer verdünnter Essigsäure behandelt, wobei das Carbonat, Borat und Phosphat in Lösung gehen. Der abfiltrierte Rückstand wird abermals geglüht und mit starker Schwefelsäure behandelt. Der Nachweis von Fluor geschieht dann in oben beschriebener Weise. Nach diesem Verfahren konnte Fluor nachgewiesen werden in Fällen, wo ohne vorherige Abscheidung der Borate keine Reaktion eintrat.

O. und Ch. W. Hehner benutzen zur annähernden Schätzung der Fluoridmengen die Gewichtszunahme des geglühten Niederschlages beim Behandeln mit Schwefelsäure, indem Calciumfluorid (Mol.-Gew. 78) in Calciumsulfat (Mol.-Gew. 136) übergeführt wird; sie fanden so etwa 0,04—0,08% Fluornatrium in der aus Frankreich nach London eingeführten Butter.

Über das von G. W. Monier-Williams zum Nachweise von Fluoriden in Butter und Margarine eingeschlagene Verfahren, welches auf der bleichenden Wirkung der Fluoride auf Titanperoxydlösung beruht vgl. unter Milch, S. 243.

A. Leys[2]) hat zur Prüfung auf Fluoride als Vorprobe ein vereinfachtes Verfahren vorgeschlagen, das aber bei Gegenwart von viel Casein und Calciumphosphat und nur wenig Fluoriden versagen kann und auf das daher hier nur verwiesen sei.

*c) **Benzoesäure.*** Über den Nachweis der Benzoesäure und ihrer Salze in Fetten vgl. den I. Teil, S. 610—613, ferner oben unter Fleisch (S. 38—40).

Nach dem „Entwurfe zu Festsetzungen, betr. Speisefette und Speiseöle" dient zum Nachweise der Benzoesäure die Mohlersche Reaktion, die auf Überführung der Benzoesäure in m-Dinitrobenzoesaures Ammon und der Rotbraunfärbung des daraus durch Reduktion erhaltenen m-diamidobenzoesauren Ammons beruht. Man verfährt in folgender Weise:

50 g Fett werden in einem verschlossenen Kolben auf dem Wasserbade geschmolzen und mit 100 ccm (bei Fett mit sehr hohem Säuregrad entsprechend mehr) einer erwärmten, etwa $^1/_{10}$-normalen wässerigen Natriumbicarbonatlösung 1 Minute lang kräftig durchgeschüttelt. Alsdann wird der Kolben auf dem Wasserbade so lange erwärmt, bis sich die wässerige Flüssigkeit klar oder milchigtrüb abgeschieden hat. Die von dem Fette abgegossene Flüssigkeit wird mit verdünnter Schwefelsäure stark angesäuert, bis zum Sieden erhitzt und nach dem Erkalten filtriert. Das klare Filtrat wird in einem Scheidetrichter mit 25 ccm Äther kräftig ausgeschüttelt, die ätherische Lösung zweimal mit 5 ccm Wasser gewaschen und mit 2 ccm $^1/_2$ N.-Alkalilauge ausgeschüttelt. Der alkalische Auszug wird in einem Probierrohr bei 110—115° zur Trockne eingedampft.

---

[1]) Analyst 1902, **27**, 173; Zeitschr. f. Untersuchung d. Nahrungs- u. Genußmittel 1903, **6**, 370.

[2]) Journ. Pharm. et Chim. 1904, [6] **19**, 238; Annal. Chim. analyt. 1904, **9**, 163; Zeitschr. f. Untersuchung d. Nahrungs- u. Genußmittel 1905, **9**, 42 u. 417.

Den erkalteten Rückstand erhitzt man mit 8—10 Tropfen (nicht mehr) konzentrierter Schwefelsäure und etwa 0,1 g Kaliumnitrat 10 Minuten lang im Glycerinbade auf 120—130°. Nach dem Erkalten fügt man etwa 1 ccm Wasser hinzu, macht deutlich ammoniakalisch und erhitzt zum Kochen. Auf die Oberfläche der wieder erkalteten Lösung läßt man vorsichtig 1 Tropfen Schwefelammoniumlösung fließen. Waren Benzoesäure oder Benzoate vorhanden, so entsteht dabei ein rotbrauner Ring, der bei längerem Kochen der Flüssigkeit wieder verschwindet.

G. Halphen[1]) schüttelt die Butter mit warmem konzentriertem Kalkwasser, wobei man sich davon überzeugt, daß das Wasser alkalisch bleibt. Nach dem Erkalten trennt man die wässerige Flüssigkeit von dem Butterfett, säuert mit Phosphorsäure an und schüttelt mit dem halben Volumen Äther aus; wenn eine Emulsion entsteht, setzt man tropfenweise Alkohol hinzu. Man läßt darauf den Äther freiwillig verdunsten — wenn der Rückstand wasserhaltig ist, wiederholt man die Ausschüttelung mit Äther — und den Rückstand an der Luft trocknen.

Darauf wendet Halphen ebenfalls die Mohlersche Reaktion, jedoch in einer etwas abweichenden Ausführungsart an, worauf hier lediglich verwiesen sei.

L. Robin[2]) bedient sich gleichfalls der Mohlerschen Reaktion in der Halphenschen Ausführung. Er scheidet die Benzoesäure aus der Butter in folgender Weise ab: In einen Schütteltrichter von etwa 200 ccm Inhalt bringt man 50 ccm Wasser, 15 ccm 95 proz. Alkohol und 0,4—0,5 g Natriumcarbonat. Darauf gibt man 25 g erwärmte Butter hinzu und schwenkt den Inhalt des Schütteltrichters etwa zehnmal nach allen Seiten. Dann läßt man die Butter sich 10 Minuten absetzen und sammelt die alkalisch reagierende Flüssigkeit in einem Kolben. Es wird mit 7—8 ccm Schwefelsäure oder Salzsäure angesäuert, bis zum Sieden erhitzt und etwas Talkum oder Infusorienerde hinzugefügt; man schüttelt kräftig durch, filtriert durch ein angefeuchtetes großes Faltenfilter, indem man die ersten filtrierten Anteile ein- oder zweimal zurückgibt. Das kalte Filtrat wird im Schütteltrichter mit 40 ccm Äther ausgeschüttelt, der Äther einmal mit einer Mischung von 20 ccm Wasser und 5 ccm Alkohol gewaschen und daraus die Benzoesäure durch eine Auflösung von 2—3 g Natriumbicarbonat in 20 ccm Wasser und 5 ccm Alkohol entzogen. Die wässerige Flüssigkeit wird in einem Becherglase auf dem Wasserbade zur Trockne verdampft. In dem Rückstand wird die Benzoesäure nach der Methode von Halphen nachgewiesen. Es gelingt auf diese Weise im Verlaufe einer Stunde noch 3 mg Benzoesäure in 25 g Butter nachzuweisen.

d) Sonstige Frischhaltungsmittel. α) Die sonstigen zur Frischhaltung von Nahrungsmitteln verwendeten Mittel kommen bei Butter und anderen Speisefetten nicht oder jedenfalls bisher nur selten vor, es sei daher bezüglich ihrer Bestimmung auf den I. Teil verwiesen, wo auch auf den Nachweis dieser Stoffe in Fetten besondere Rücksicht genommen ist, und zwar bezüglich schweflige Säure auf S. 601—602, Salicylsäure, S. 606 und Formaldehyd S. 594—598.

In Ergänzung des dort angegebenen Verfahrens der Ausführungsbestimmungen zum „Fleischbeschaugesetz" sei hier noch die etwas abweichende Vorschrift des „Entwurfes zur Festsetzungen über Speisefette und Speiseöle" zum Nachweise des Formaldehyds und der bei der Verwendung Formaldehyd abspaltenden Stoffe aufgeführt; sie lautet:

50 g Fett werden in einem Kolben mit 50 ccm Wasser und 10 ccm 25 proz. Phosphorsäure erwärmt. Nachdem das Fett geschmolzen ist, destilliert man unter Einleiten eines Wasserdampfstroms 50 ccm Flüssigkeit ab. 5 ccm des filtrierten Destillats werden mit 2 ccm frischer Milch[3]) und 7 ccm Salzsäure vom spezifischen Gewicht 1,124, die auf 100 ccm 0,2 ccm einer

[1]) Annal. Chim. analyt. 1908, **13**, 382; Zeitschr. f. Untersuchung d. Nahrungs- u. Genußmittel 1909, **18**, 478.

[2]) Annal. Chim. analyt. 1908, **13**, 431; Zeitschr. f. Untersuchung d. Nahrungs- u. Genußmittel 1909, **18**, 479.

[3]) Durch Vorversuche ist festzustellen, einerseits, daß die Milch frei von Formaldehyd ist, andererseits, daß sie auf Zusatz von Formaldehyd die Reaktion gibt.

10 proz. Eisenchloridlösung enthält, in einem geräumigen Probierglase erhitzt und eine Minute lang in lebhaftem Sieden erhalten. Die Gegenwart von Formaldehyd bewirkt Violettfärbung. Tritt eine solche nicht ein, so bedarf es einer weiteren Prüfung nicht.

Im anderen Falle wird der Rest des Destillats mit Ammoniakflüssigkeit im Überschusse versetzt und in der Weise, unter zeitweiligem Zusatze geringer Mengen Ammoniakflüssigkeit, zur Trockne verdampft, daß die Flüssigkeit immer eine alkalische Reaktion behält. Bei Gegenwart von nicht zu geringen Mengen von Formaldehyd hinterbleiben charakteristische Krystalle von Hexamethylentetramin. Der Rückstand wird in etwa 4 Tropfen Wasser gelöst, von der Lösung 1 Tropfen auf einen Objektträger gebracht und mit 1 Tropfen einer gesättigten Quecksilberchloridlösung versetzt. Entsteht hierbei sofort oder nach kurzer Zeit ein regulärer krystallinischer Niederschlag (drei- und mehrstrahlige Sterne, später Oktaeder), so ist der Nachweis von Formaldehyd erbracht.

β) A. Hesse[1]) hat Versuche über die Verwendung von Wasserstoffsuperoxyd zur Herstellung von haltbarer Butter angestellt. Es ist daher mit der Möglichkeit zu rechnen, daß auch gelegentlich der Nachweis derselben in Butter erforderlich ist. Hierfür dürften die für den Nachweis von Wasserstoffsuperoxyd in Milch vorgeschlagenen Verfahren in Frage kommen (vgl. S. 243).

6. Nachweis von Neutralisationsmitteln (Hydroxyde und Carbonate der Alkalien und Erdalkalien). Bei der Auffrischung der Butter und Neutralisation der sonstigen Fette und Öle werden in der Regel Hydroxyde oder Carbonate der Alkalien oder Erdalkalien verwendet. Zum Nachweise einer Verwendung dieser Neutralisationsmittel verfährt man nach der von den Ausführungsbestimmungen zum Fleischbeschaugesetz (I. Teil, S. 599) etwas abweichenden Vorschrift des „Entwurfes zu Festsetzungen über Speisefette und Speiseöle", wie folgt:

a) 30 g geschmolzenes Fett werden mit der gleichen Menge destilliertem Wasser in einem mit Kühlrohr versehenen Kolben von etwa 500 ccm Inhalt (Kolben und Kühlrohr aus Jenaer Geräteglas) vermischt. In das Gemisch wird $^1/_2$ Stunde lang aus destilliertem Wasser erzeugter Wasserdampf durch ein Rohr aus Jenaer Geräteglas eingeleitet. Die Verbindungsschläuche sind vorher längere Zeit mittels Durchleitens von Wasserdampf zu reinigen. Nach dem Erkalten wird der wässerige Auszug durch ein möglichst aschefreies Filter filtriert.

b) Das zurückbleibende Fett sowie das unter a benutzte Filter werden gemeinsam nach Zusatz von 5 ccm Salzsäure vom spezifischen Gewicht 1,124 und 25 ccm destilliertem Wasser in gleicher Weise, wie unter a angegeben, behandelt.

Das Filtrat bringt man in einen Schütteltrichter, fügt etwa 3 g Kaliumchlorid hinzu und schüttelt mit etwa 10 ccm Petroläther einige Minuten lang aus. Nach dem Abscheiden der wässerigen Flüssigkeit filtriert man diese durch ein angefeuchtetes, möglichst aschefreies Filter. Nötigenfalls wird das anfangs trübe ablaufende Filtrat so lange zurückgegossen, bis es klar abläuft.

Das klare Filtrat von a wird auf 25 ccm eingedampft und nach dem Erkalten mit verdünnter Salzsäure angesäuert. Bei Gegenwart von Alkaliseife scheidet sich Fettsäure aus, die mit Äther auszuziehen und als solche zu kennzeichnen ist. In diesem Falle ist das Fett als mit Alkalihydroxyden oder -carbonaten behandelt anzusehen. Entsteht jedoch beim Ansäuern eine in Äther schwer lösliche oder gelblichweiße Abscheidung, so ist diese gegebenenfalls nach der beim Nachweis von Thiosulfaten angegebenen Vorschrift auf Schwefel weiter zu prüfen.

Das klare Filtrat von b wird durch Kochen mit Ammoniakflüssigkeit und Ammoniumcarbonatlösung in einem Gefäß aus Jenaer Geräteglas auf alkalische Erden geprüft. Tritt eine deutliche Fällung von Calciumcarbonat ein, so ist das Fett als mit Calciumhydroxyd oder -carbonat behandelt anzusehen.

---

[1]) Milchwirtsch. Zentralbl. 1906, 2, 487.

Tritt keine deutliche Fällung ein, dann ist die filtrierte Flüssigkeit in einer Platinschale auf etwa 25 ccm einzudampfen und durch Zusatz von etwa 10 ccm Ammoniakflüssigkeit und etwa 1 ccm Natriumphosphatlösung auf Magnesium zu prüfen. Entsteht hierbei innerhalb 12 Stunden eine deutliche krystallinische Ausscheidung von Magnesium-Ammoniumphosphat, so ist das Fett als mit Magnesiumhydroxyd oder -carbonat behandelt anzusehen.

Zur Prüfung der Reagenzien und Geräte auf Reinheit ist ein blinder Versuch ohne Fett in genau gleicher Weise auszuführen.

7. *Untersuchung der Butter auf Verdorbenheit (Ranzigkeit).* Über die Ursachen des Ranzigwerdens der Butter liegt eine eingehende Arbeit von Orla Jensen[1]) vor, in welcher er zu dem Ergebnisse kommt, daß das Ranzigwerden der Butter durch die gemeinsame Wirkung aerober Bakterien und Schimmelpilze verursacht wird, und zwar findet die Spaltung des Fettes und die Bildung flüchtiger Säuren anfangs durch die Bakterien Bacillus fluorescens liquefaciens und Bacillus prodigiosus, später durch die beiden Schimmelpilze Oidium lactis und Cladosporium butyri statt. Beim Ranzigwerden erfahren die nichtflüchtigen Fettsäuren eine starke Zunahme und gleichzeitig bilden sich auch Buttersäureester und unter Umständen aldehydartige Verbindungen.

Beim sog. Talgigwerden, welches durch die Einwirkung des Lichtes verursacht wird, nimmt das Butterfett eine weiße Farbe an, die Jodzahl erfährt eine starke Abnahme und es bilden sich nur geringe Mengen hauptsächlich flüchtiger freier Fettsäuren; Buttersäureester bilden sich dabei nicht.

Das Butterschmalz ist nicht in dem Maße dem Verderben ausgesetzt, wie dies bei der Butter infolge ihres Gehaltes an sonstigen Milchbestandteilen der Fall ist.

Die Untersuchung der Butter auf Verdorbenheit zerfällt in die Sinnenprüfung, die bakteriologisch-hygienische und die chemische Untersuchung.

a) Über die ***bakteriologisch-hygienische Prüfung der Butter*** (Nachweis von Krankheitskeimen und Butterfehlern, soweit sie Bakterien ihre Entstehung verdanken) vgl. den nachfolgenden Abschnitt 8 (S. 359).

b) Bestimmung des Säuregrades. Für gewöhnlich begnügt man sich damit, den Säuregrad des ausgeschmolzenen Butterfettes zu bestimmen. Hierbei ist zu beachten, daß die Butter nur wenig über ihren Schmelzpunkt und nicht zu lange erwärmt werden darf. Mit dem filtrierten Fett verfährt man nach I. Teil, S. 363.

Da unter Umständen ein Teil der freien Säuren im Wasser der Butter gelöst sein kann, so ist es mitunter wünschenswert, auch den Gehalt der natürlichen Butter an Säuren zu bestimmen. Man versetzt zu dem Zweck etwa 5 g der gut durchgemischten Butter mit 25 ccm Alkohol, fügt 25 ccm Äther hinzu und titriert die Emulsion unter Zusatz von Phenolphthalein als Indikator.

Der Gehalt an Säuren pflegt in Säuregraden (vgl. I. Teil, S. 363) ausgedrückt zu werden.

c) „Verdorbenheits-Reaktion". H. Kreis[2]) hat eine Reaktion beschrieben, welche nicht die frischen, sondern nur solche Fette und Öle geben, welche längere Zeit dem Lichte und der Luft ausgesetzt waren. Fr. Wiedmann[3]) hat diese Reaktion nachgeprüft und als brauchbar befunden. Die Kreissche Reaktion wird in folgender Weise ausgeführt:

In einem Reagensglase werden 2 ccm Salzsäure mit 2 ccm Öl oder Fett und 2 ccm einer 0,1 proz. ätherischen Phloroglucinlösung überschichtet und hierauf durch Schütteln gemischt. Nach kurzer Zeit (schneller beim Erhitzen im Wasserbade) treten bei belichteten bzw. verdorbenen Fetten prachtvolle beständige Violett- oder Rotfärbungen der Salzsäure auf, die sich

---

[1]) Zentralbl. f. Bakteriol. II. Abt. 1902, 8, 11ff.; Zeitschr. f. Untersuchung d. Nahrungs- u. Genußmittel 1903, 6, 376.

[2]) Chem.-Ztg. 1902, 26, 1014 u. 1904, 28, 956.

[3]) Zeitschr. f. Untersuchung d. Nahrungs- u. Genußmittel 1904, 8, 136.

auch auf Zusatz von Wasser nicht verändern und in ihrem Farbenton an Anilinfarbstofflösungen erinnern.

8. Mykologische Untersuchung der Butter.[1] **a) Die Pilzflora der Butter.** Die Pilzflora der Butter entstammt in ihrem überwiegenden Teile der Milch. Quantitativ treten gegenüber den Milchpilzen die aus Wasser und Buttereigeräten stammenden völlig zurück; sie können aber auf die Qualität der Butter in sehr unerwünschter Weise einwirken.

Unter den Butterbakterien überwiegen die Milchsäurestreptokokken (vgl. S. 259). Stets aber nur in geringer Zahl vorhanden sind die übrigen Milchsäurebakterien. Zum festen Bestande der Butterflora gehören ferner Bakterien aus der Gruppe des Bacterium coli (vgl. S. 59), Bacterium vulgare (vgl. S. 60), Bacterium fluorescens (vgl. S. 181), der Pigmentbakterien, der Heu- und Kartoffelbacillen (vgl. S. 261) und der Oospora-Arten (Actinomyceten) (vgl. I. Teil, S. 680). An höheren Pilzen sind stets Sproßpilze (Torula und Mycoderma, vgl. I. Teil, S. 710), Oidium lactis (vgl. I. Teil S. 708), Penicillien (vgl. I. Teil, S. 702), Mucoreen (vgl. I. Teil, S. 688) und Cladosporien (vgl. I. Teil, S. 704) vorhanden.

Die Zahl der Bakterien nimmt in Süßrahmbutter zunächst erheblich zu, dann wieder ab. In Sauerrahmbutter bleibt die Keimzahl in der ersten Zeit konstant, nimmt dann aber wieder ab. Weitere Angaben hierüber findet man in Bd. II, S. 686 sowie in den Spezialwerken von Löhnis und Weigmann[2]).

An pathogenen Bakterien enthält die Butter gelegentlich Tuberkelbacillen. Andere Krankheitserreger werden seltener durch sie übertragen (vgl. hierzu Bd. II, S. 687).

b) Die Bestimmung der Keimzahl. Die Bestimmung der Keimzahl erfolgt am besten durch das Plattenverfahren. Man wägt etwa 1 g Butter auf im Trockenschrank bei 150° sterilisierten Fließpapierscheiben ab, emulgiert sie mit dem Papier in einer bestimmten Menge sterilisierten Wassers von 40°, stellt Verdünnungen her (vgl. S. 263) und legt Gußplatten an. Neben Fleischnährböden sind die für die Milchuntersuchung empfohlenen (S. 263) zu verwenden. Für höhere Pilze (Sproß- und Fadenpilze) kommen saure Nährböden (S. 322 und 342 sowie I. Teil S. 646) in Betracht.

Die direkte mikroskopische Zählung kommt für die Keimzahlbestimmung der Butter weniger in Betracht, da sich der Herstellung gleichmäßiger Präparate größere Schwierigkeiten entgegenstellen.

Hesse[3]) hat neuerdings zum Nachweis schädlicher Bakterien in der Butter das Katalaseverfahren empfohlen. 100 ccm geschmolzene Butter werden mit 40 ccm Wasser von 45° ausgeschüttelt; die wässerige Flüssigkeit wird wie Milch (S. 232 u. f.) der Prüfung unterworfen. Ist die Butter aus mit reinen Milchsäurebakterien (vgl. S. 259) gesäuertem Rahm hergestellt, so wird die Katalasezahl sehr niedrig sein. Sind andere Bakterien in wesentlicher Zahl vorhanden, was besonders bei Verwendung unreinen Wassers der Fall sein kann, so wird die Katalasezahl heraufgehen. Das Verfahren bedarf aber weiterer Prüfung.

c) Die mykologische Analyse der Butter. Die mykologische Analyse der Butter wird, soweit es sich um Bakterien handelt, am besten mittels des Plattenverfahrens, wie unter b) beschrieben, bewirkt. Für den Nachweis höherer Pilze kommt neben diesem gelegentlich auch die mikroskopische Untersuchung in Betracht, wenn eine stärkere Entwicklung solcher Pilze eingetreten ist und eventuell auch an einzelnen Stellen auffällige Verfärbungen entstanden sind. Über die Herstellung solcher Präparate vgl. I. Teil, S. 197.

d) Nachweis von Krankheitserregern. Als Krankheitserreger kommen in der Butter (vgl. Bd. II, S. 687) fast ausschließlich Tuberkelbazillen in Betracht. Der Nachweis er-

---

[1]) Bearbeitet von Prof. Dr. A. Spieckermann, Münster i. W.

[2]) Löhnis, Handbuch der landw. Bakteriologie; Weigmann in Lafars Handbuch der technischen Mykologie Bd. II.

[3]) Molkerei-Ztg. Hildesheim 1912, **26**, 81.

folgt durch den Tierversuch. Man verfährt nach Obermüller[1]) in der Weise, daß man die Butter bei möglichst niedriger Temperatur schmilzt, stark zentrifugiert und Bodensatz und Serum gemischt in der S. 266 beschriebenen Weise Meerschweinchen intraperitoneal injiziert. Wird Butter selbst injiziert, so entwickeln sich auch andere den Tuberkelbacillen färberisch sich gleich verhaltende Stäbchen („säurefeste" Bakterien), die pathologische Prozesse ähnlicher Art hervorrufen, bei Übertragung auf künstliche Nährböden aber im Gegensatz zum Tuberkelbacillus sehr schnell und auch bei Zimmertemperatur wachsen.

Der mikroskopische Nachweis der Tuberkel- und „säurefesten" Bakterien wird in der Weise vorgenommen, daß man 1 g Butter in etwa 25 ccm warmem Wasser emulgiert und zentrifugiert dann das Sediment in der auf S. 266 beschriebenen Weise färberisch behandelt.

e) Untersuchung von Butterfehlern. Unerwünschte Eigenschaften der Butter treten entweder sofort oder im Laufe der Aufbewahrung hervor. Soweit sie biologischer Natur sind, stammen sie von ursprünglichen Milchfehlern, Fehlern beim Säurungsprozeß und der Aufbewahrung her, oder sie sind Alterserscheinungen einer ursprünglich normalen Ware.

Die Untersuchung muß in der Weise erfolgen, daß mit Hilfe des Plattenverfahrens die Zusammensetzung der Flora festgestellt und verdächtige Formen in entsprechender Weise weiter geprüft werden. Die Untersuchungsweise wird von Fall zu Fall eine andere sein müssen.

Treten begrenzte fehlerhafte Färbungen auf, so wird man die Erreger schon durch Ausstreichen der betreffenden Butterteile auf verschiedenen Nährböden herauszüchten können.

Die Untersuchung von Butterfehlern ist, soweit es sich um die Feststellung ihres Entstehungsortes und der sie begünstigenden Betriebsverhältnisse handelt, Sache eines Molkereibakteriologen.

Über die Erreger von Butterfehlern vgl. man Bd. II, S. 688, sowie die früher genannten Spezialwerke.

9. *Erkennung von aufgefrischter Butter.*[2]) Die aufgefrischte (Renovated- oder Prozeß-) Butter unterscheidet sich von frischer Butter dadurch, daß das in ihr enthaltene Fett in mehr oder weniger krystallinischem Zustande vorhanden und das Wasser sehr innig mit dem Fett verbunden ist. Infolgedessen zeigt die aufgefrischte Butter beim Schmelzen und Erhitzen nicht die Eigenschaften der frischen Butter, sondern — natürlich von der Zusammensetzung des Fettes selbst abgesehen — die der Margarine. Bei der sog. Schmelzprobe (S. 362 und 371) bleibt sie trübe. Nach Ch. A. Crampton[3]), der über die in Amerika weitverbreitete Renovated- oder Prozeßbutter eingehender berichtet, können zur Erkennung dieser Butter dienen: a) das Verhalten des Fettes gegen polarisiertes Licht nach Brown-Taylor-Richards, b) das Verhalten der Butter beim Erhitzen im offenen Gefäß und c) das Verhalten der Butter beim Behandeln mit Milch (Waterhouse-Probe).

a) Untersuchung der Butter im Polarisationsmikroskop. Dieses Verfahren, das bereits im Jahre 1874 von J. Brown[4]) zum Nachweise von Margarine in der Butter angewendet worden ist, beruht auf der bekannten Eigenschaft aller flüssigen und amorphen, sowie der im regulären System krystallisierenden, optisch isotropen Körper, daß sie im Polarisationsmikroskop optisch inaktiv sind, während alle optisch anisotropen Krystalle, zu denen auch

---

[1]) Hyg. Rundschau, 1899, **9**, 57; Centralbl. Bakteriol. I. Abt., 1899, **26**, 194.

[2]) Vgl. A. Bömer, Zeitschr. f. Untersuchung d. Nahrungs- u. Genußmittel 1908, **16**, 27.

[3]) Journ. Americ. Chem. Soc. 1903, **25**, 358; Zeitschr. f. Untersuchung d. Nahrungs- u. Genußmittel 1904, **7**, 43. — Bezüglich der Waterhouse-Probe vgl. auch die Arbeit von G. F. Patrick in Proceedings 20. Annual Convent. of the Agric. Chemists 1903, Washington 1904; Zeitschr. f. Untersuchung d. Nahrungs- u. Genußmittel 1905, **9**, 174.

[4]) Archiv d. Pharm. 1874, 153. — Eine Zusammenstellung der älteren Literatur über dieses Verfahren findet sich in der bekannten Arbeit von Sell, „Über Kunstbutter" (Arbeiten a. d. Kaiserl. Gesundheitsamte 1886, **1**, 481—528), auf die hier verwiesen sei.

die aus Schmelzfluß erstarrten Fettsäureglyceride gehören, optisch aktiv sind und daher das dunkle Gesichtsfeld des Polarisationsmikroskopes bei gekreuzten Nikolschen Prismen je nach ihrer Dicke und der Stärke ihrer Doppelrechnung mehr oder weniger aufhellen[1]), oder verschiedenartig gefärbt erscheinen lassen.

Da bei sehr schwacher Doppelbrechung eines Krystalls die entstehende, nur schwache Aufhellung des Gesichtsfeldes leicht übersehen wird, kann man das Gesichtsfeld dadurch empfindlicher machen, daß man zwischen die Nikolschen Prismen ein Gipsplättchen vom Rot erster Ordnung einschiebt. Dadurch wird das Gesichtsfeld bei gekreuzten Nikolschen Prismen rotviolett und ein auf dem Objektträger befindlicher anisotroper Krystall, der auch nur eine sehr schwache Doppelbrechung zeigt, verursacht eine leicht erkennbare Veränderung der Farbe des rotvioletten Gesichtsfeldes. Die Anwendung dieses Gipsplättchens mag für den mit dem Verfahren weniger Vertrauten eine Erleichterung bedeuten, sie ist jedoch im allgemeinen nicht zu empfehlen, da ohne das Gipsplättchen ein besserer Einblick in die Natur der polarisierenden Körper gewonnen wird.

Zwecks Untersuchung der Butter im Polarisationsmikroskope verfährt man in folgender Weise: Man bringt eine kleine Probe der Butter auf einen Objektträger, legt ein Deckglas darauf und breitet die Butter durch Aufdrücken des letzteren zu einer dünnen Schicht aus. Die so hergerichtete Probe bringt man unter das Polarisationsmikroskop. Liegt natürliche frische Butter vor, so verändert sich dadurch die Dunkelheit bzw. bei Anwendung des Gipsplättchens die rotviolette Farbe des Gesichtsfeldes nicht. Alle aus Schmelzfluß erstarrten Fette dagegen, wie z. B. Schweinefett, Talg, Oleomargarin, Cocosfett, Baumwollstearin und ferner auch Margarine und aufgefrischte Butter, deren Fett ja ebenfalls aus dem Schmelzfluß erstarrt ist, zeigen in dem Polarisationsmikroskope eine Aufhellung des dunklen Gesichtsfeldes in den verschiedensten Farben[2]) oder bei Anwendung des Gipsplättchens, eine Veränderung der Farbe des rotvioletten Gesichtsfeldes.

Bei dieser Untersuchung muß man berücksichtigen, daß auch bei natürlicher Butter an den Rändern des Präparates sowie in der Umgebung von Hohlräumen oder größeren Wassertröpfchen im Innern des Präparates Lichtbrechungserscheinungen auftreten können, die nicht auf Doppelbrechung vorhandener Fettkrystalle, sondern auf einfache Brechung des Lichtes an den schiefen Begrenzungsflächen zwischen dem Fett und der Luft bzw. dem Wasser zurückzuführen sind. Ferner ist zu berücksichtigen, daß alte Butterproben, auch wenn sie nicht geschmolzen gewesen sind, allmählich mehr oder minder krystallinisch werden und daß sich darin unter Umständen auch größere Krystallkugeln (sog. Sphärokrystalle) bilden, die anscheinend aus freien Fettsäuren bestehen. Endlich wirken natürlich auch Frischhaltungsmittel, wie Borsäure, Salicylsäure, sofern sie nicht im Fett oder Wasser der Butter gelöst, sondern als doppelbrechende Krystalle vorhanden sind, auf das Polarisationsmikroskop in ähnlicher Weise ein wie Fettkrystalle. Dagegen ist ungelöstes, oder bei alter Butter nachträglich wieder auskrystallisiertes Kochsalz ohne Einwirkung auf das polarisierte Licht, da das Chlornatrium im regulären System krystallisiert und daher optisch isotrop ist. Es zeigen sich aber in der unmittelbaren Umgebung der Kochsalzwürfel, die sich im Polarisationsmikroskop meist als scharf begrenzte dunkle Quadrate zu erkennen geben, ganz ähnliche Lichtbrechungserscheinungen, wie in der Umgebung von Hohlräumen und größeren Wassertropfen. Schließlich ist noch zu berücksichtigen, daß, wenn etwa durch die hohe Temperatur

[1]) Die doppelbrechenden Krystalle zeigen nur dann keinen Einfluß auf das dunkle Gesichtsfeld des Polarisationsmikroskops, wenn ihre Lichtschwingungsrichtung, die sog. Auslöschungsrichtung, mit der eines der beiden gekreuzten Nikolschen Prismen zusammenfällt oder wenn das Licht durch optisch einachsige doppelbrechende Krystalle in der Richtung der optischen Achse hindurchgeht.

[2]) Die Krystalle der aufgefrischten Butter und der Margarine, die infolge der schnellen Abkühlung bei der Herstellung sehr klein und dünn sind, zeigen meist eine mehr oder minder blaugraue Farbe.

im Sommer oder aus anderen Gründen, einzelne Teile der natürlichen Butter geschmolzen und nachträglich wieder erstarrt sind, diese Teile natürlich ebenfalls im Polarisationsmikroskop optisch wirksam sind.

J. A. Hummel[1]) empfiehlt das Verfahren als das beste zur Erkennung von aufgefrischter Butter, und zwar verwendet er ebenfalls ein Gipsplättchen zwischen den Nikolschen Prismen. A. Crampton[2]) weist darauf hin, daß das Verfahren viel Sorgfalt bei seiner Anwendung erfordere, da man auch bei reiner Butter häufig ein etwas abweichendes Bild beobachte, das wahrscheinlich auf geringe Krystallbildungen während irgend einer Periode der Herstellung der Butter zurückzuführen sei. Er hebt aber hervor, daß dieses Verfahren trotzdem Beachtung verdiene neben der von Hess und Doolittle vorgeschlagenen „Löffelprobe", die als die beste anzusehen sei.

Auch A. E. Leach[3]) weist in seinem Werke darauf hin, daß bei der Beurteilung der Butter auf Grund der Untersuchung im Polarisationsmikroskope eine gewisse Vorsicht notwendig sei, da sich auch bei reiner Butter geringe Polarisationserscheinungen zeigen könnten. Nach ihm gibt auch schon die einfache mikroskopische Untersuchung der Butter im diffusen Licht bei 120—150facher Vergrößerung wichtigen Aufschluß über die Natur der Butter. Hierbei gibt sich ein kennzeichnender Unterschied zwischen natürlicher und aufgefrischter Butter — wie letztere verhält sich auch Margarine — in der relativen Undurchsichtigkeit der Gesichtsfelder zu erkennen. Die Fettschicht von natürlicher Butter ist weit mehr durchscheinend als die von aufgefrischter. Außerdem ist der Quark in natürlicher Butter so fein verteilt, daß das ganze Gesichtsfeld bei ihr viel gleichmäßiger ist als bei aufgefrischter Butter, in der sich häufig breite undurchsichtige Flecken und Streifen des Quarks finden.

b) W. H. Hess und R. E. Doolittle[4]), die sich eingehender mit der Untersuchung von aufgefrischter Butter befaßt haben, beschreiben folgende Verfahren zur Unterscheidung von natürlicher und aufgefrischter Butter:

α) **Die Löffelprobe** (spoon test). Erhitzt man etwa 1 g Butter in einem geeigneten Gefäße — besonders empfehlenswert soll für diesen Zweck ein Löffel sein — über freier Flamme, so beobachtet man ein starkes Schäumen, falls natürliche Butter vorliegt. Bei aufgefrischter Butter dagegen tritt ebenso wie bei Margarine dieses Schäumen nicht ein, vielmehr stößt und spritzt die Masse wie wasserhaltiges Fett.

β) **Prüfung des Aussehens des Quarkes.** Eine Probe der fraglichen Butter wird in einem Becherglase geschmolzen, das Fett dekantiert und der Quark mit Äther gewaschen, um das noch rückständige Fett zu entfernen. Der Quark wird auf eine reine Glasplatte ausgegossen und in dünner Schicht der Trocknung überlassen; ebenso behandelt man zum Vergleich eine Probe von natürlicher echter Butter. Prüft man die getrocknete Masse mit einer Lupe bei 3—6facher Vergrößerung, so zeigt der Quark von natürlicher Butter ein amorphes, nicht körniges Aussehen, während er bei aufgefrischter Butter ein sehr grobes, geronnenes Aussehen hat. Im ersteren Falle soll es sich um das Casein des Rahmes, das eine gelatinöse, zähe Masse darstellt, im letzteren um das Casein der Milch handeln, das eine körnige, sich leicht trennende Substanz ist. Das Casein der Milch soll sich leicht in Säuren oder Alkalien lösen, der Quark der natürlichen Butter dagegen nur nach längerer Behandlung mit diesen Reagenzien.

γ) **Nachweis des Ursprungs des Quarkes.** 25—100 g Butter werden in einem Becherglase bei 45—50° ausgeschmolzen. Hierbei gibt aufgefrischte Butter selbst nach 24 oder 48 Stunden kein klares Fett, während natürliche Milch- oder Rahmbutter nach dem Schmelzen alsbald ein klares Fett liefert. Sobald wie möglich wird das Fett dekantiert und darauf wird das Zurückbleibende, bestehend aus Casein, Wasser, Salz und dem durch das Dekantieren nicht entfernten Fett, auf ein angefeuchtetes Filter gebracht, durch welches die wässerige Flüssigkeit abfließt. Zu

---

[1]) Journ. Americ. Chem. Soc. 1900, **22**, 327—329.

[2]) Ebendort, S. 703—705.

[3]) A. E. Leach, Food inspection and analysis. New York bei John Wiley & Sons 1904, 449.

[4]) Journ. Americ. Chem. Soc. 1900, **22**, 150—152.

dem Filtrate, das die löslichen Proteinstoffe, Milchzucker und Salz enthält, gibt man einige Tropfen Essigsäure und erhitzt zum Sieden. Liegt natürliche Butter vor, so zeigt die Flüssigkeit nur eine schwache milchige Trübung; bei aufgefrischter Butter dagegen entsteht ein weißer flockiger Niederschlag von Albumin, ein sicheres Zeichen, daß der Quark aus frischer Milch herrührt. Zum weiteren Nachweise, daß Albumin vorliegt, gibt man zu dem Filtrat konzentrierte Salzsäure; bei Gegenwart von Albumin tritt Violettfärbung (Liebermannsche Albuminreaktion) ein.

c) Quantitative Untersuchung des Quarkes. Dieses Verfahren beruht darauf, daß im Quark der aufgefrischten Butter das Verhältnis von Casein zu Albumin annähernd dasselbe sein muß wie in der Milch, nämlich 9 : 1[1]). Man verfährt in folgender Weise: 50 g Butter werden in einem Becherglase in Äther gelöst. Bei natürlicher Butter ist der Quark so fein verteilt, daß er anfangs in der ätherischen Lösung suspendiert bleibt und die Flüssigkeit erst nach längerer Zeit klar wird. Man dekantiert soviel wie möglich von der Ätherlösung und bringt den Rückstand in einen Scheidetrichter. Das Casein und die wässerige Flüssigkeit werden von der ätherischen Lösung getrennt und zur Entfernung des noch vorhandenen Fettes dreimal oder noch öfter mit Äther gewaschen. Darauf filtriert man das Casein ab, wäscht es mit Wasser aus und bestimmt seinen Stickstoffgehalt nach Kjeldahl. Das Filtrat vom Casein säuert man schwach mit Essigsäure an und erhitzt zum Sieden; das sich dabei abscheidende Albumin wird abfiltriert und darin ebenfalls der Stickstoff bestimmt.

d) Die Waterhousesche Probe. Dieses Verfahren wurde von dem Molkereiinstruktor C. H. Waterhouse in New-Hampshire zur Unterscheidung von Butter und Margarine ausgearbeitet; es wird aber von Chr. A. Crampton[2]) und A. E. Leach[3]) auch für den Nachweis von aufgefrischter Butter empfohlen. Das Verfahren beruht auf der Beobachtung, daß geschmolzene Butter beim Eintragen in warme Milch und durch darauffolgendes Abkühlen der letzteren sich innig mit der Milch vermischt, während dies bei Margarine und aufgefrischter Butter nicht der Fall ist. Die Probe wird nach Ch. L. Parsons[4]) in folgender Weise ausgeführt:

50 ccm süße, gut gemischte Milch[5]) werden in einem Becherglase von 100 ccm Inhalt bis nahe zum Sieden erhitzt; darauf werden 5—10 g Butter hinzugegeben und mit einem dünnen Stäbchen — am besten mit einem solchen von Holz — umgerührt, bis das Fett geschmolzen ist. Das Becherglas wird darauf in eiskaltes Wasser gestellt und das Rühren fortgesetzt[6]), bis das Fett seinen Erstarrungspunkt erreicht hat. Liegt Margarine vor, so kann man nunmehr das Fett leicht mittels des Rührstabes zu einem Klumpen vereinigen, während dies bei natürlicher Butter nicht möglich ist. diese vielmehr im granulierten Zustande in der Milch verteilt bleibt. Mischungen von Margarine mit bis zu 25% Butter, ferner Schweinefett und Baumwollstearin (cottolene) verhalten sich ebenso wie Margarine.

Nach A. E. Leach unterscheidet sich bei dieser Probe aufgefrischte Butter von natürlicher Butter dadurch, daß letztere nach der Abkühlung auf den Erstarrungspunkt des Fettes beim Rühren sich mit der Milch emulgiert, ohne dem Holzstäbchen anzuhaften, und nach der Unterbrechung des Rührens nur langsam an die Oberfläche der Flüssigkeit kommt, während aufgefrischte Butter sich nicht emulgieren läßt, sondern bei der Unterbrechung des Rührens sich fast sofort in einer Schicht an der Oberfläche der Milch sammelt. Sie klumpt zwar nicht zusammen wie Margarine, zeigt jedoch Neigung, dem Holzstäbchen anzuhaften. Unter Umständen, z. B. wenn die

---

1) In aufgefrischter Butter des Handels wurde das Verhältnis 8,6 : 1 beobachtet.

2) Journ. Americ. Chem. Soc. 1903, **25**, 358—366.

3) A. E. Leach, Food inspection and analysis. New York bei John Wiley & Sons 1904, 447.

4) Journ. Americ. Chem. Soc. 1901, **23**, 200.

5) Patrick (Farmers Bulletin Nr. 131; vgl. A. E. Leachs Food inspection and analysis. New York 1904, 447) empfiehlt die Verwendung von vollständig oder teilweise entrahmter Milch und erhitzt nach der Zugabe der Butter zunächst bis zum Sieden.

6) Es ist nicht unbedingt erforderlich, ständig zu rühren, jedoch muß unbedingt einige Zeit vorher gerührt werden, ehe das Fett erstarrt.

Abkühlung zu schnell erfolgt, zeigt auch die aufgefrischte Butter zuweilen die Eigenschaft, ähnlich wie Margarine zusammenzuklumpen, jedoch nicht in so ausgesprochenem Maße wie letztere.

C. Deguide, J. Graftiau und P. Hardy[1]) emulgieren 10 g Butter durch allmähliches Erhitzen bis auf 37,5° in einem Liter Magermilch und wollen durch dieses Verfahren fremde Fette sogar quantitativ in Butter bestimmen können. Oberhalb 37,5° (Körpertemperatur) verhält sich die Butter wie alle anderen Fette.

G. F. Patrick[2]) hat sich ebenfalls mit der Waterhouseschen Probe beschäftigt und sie zum Nachweise von aufgefrischter Butter, wie folgt, abgeändert:

100 ccm destilliertes Wasser werden in einem Becherglase von $2^3/_4$ Zoll (= 7 cm) Durchmesser bis etwas unter 50° erhitzt; darauf wird ein Teelöffel voll Butter hinzugefügt und bis zu ihrem Schmelzen gerührt. Die Temperatur wird dann genau bis auf 50° gesteigert und das Glas nun sofort in eine Schale gesetzt, welche 1 l Wasser von 12° C enthält. Der Inhalt des Becherglases wird mit einem Holzstäbchen 10 Minuten lang schnell gerührt, wobei von Minute zu Minute das Kühlwasser in der Schale mittels des Glases gut durchgemischt wird; nach 10 Minuten ist die Prüfung beendet. Bei diesem Verfahren zeigten alle aufgefrischten Butterproben mit Ausnahme einer einzigen ein gleiches Zusammenklumpen wie Margarine, während natürliche Butter eine körnige Ausscheidung lieferte. Nur einzelne Butterproben, zu deren Herstellung angeblich pasteurisierter Rahm verwendet worden war, zeigten Klumpenbildung wie aufgefrischte Butter, während bei anderen, angeblich aus sterilisiertem Rahm hergestellten Butterproben keine klumpige Ausscheidung eintrat.

10. Untersuchung des Butterfettes auf Reinheit. Zur Gewinnung des Butterfettes wird die Butter bei 50—60° geschmolzen und das flüssige Fett nach einigem Stehen durch ein trockenes Filter filtriert. Das Ausschmelzen und Filtrieren ist möglichst zu beschleunigen und jede übermäßig hohe und lange Erhitzung zu vermeiden. Das so gewonnene Butterfett dient zur Untersuchung auf fremde Fette. Vor der Entnahme der Proben zu den verschiedenen Bestimmungen ist das Butterfett jedesmal wieder bei möglichst niedriger Temperatur zu schmelzen und gut durchzumischen. Zur Untersuchung des Butterfettes auf fremde Fette ist eine große Zahl von Untersuchungsverfahren vorgeschlagen worden. Trotzdem ist es bis jetzt nicht immer möglich, gewisse Verfälschungen, wenn sie geschickt ausgeführt sind und sich in mäßigen Grenzen halten, mit voller Bestimmtheit nachzuweisen.

a) Vorproben für den Nachweis fremder Fette. Da das Butterfett sich von allen anderen Speisefetten und -ölen durch seinen hohen Gehalt an niederen Fettsäuren, insbesondere Buttersäure unterscheidet, so sind die Verfahren, welche diesen Gehalt am besten und am einfachsten zum Ausdruck bringen, zur Erkennung jeglicher Fremdfette im Butterfette bzw. zur Begründung eines Verdachtes auf solche im allgemeinen am besten geeignet; es sind dies die Bestimmungen der Reichert-Meißlschen Zahl und der Verseifungszahl, da diese beiden Bestimmungen sich gegenseitig ergänzen, so werden sie bei jeder Butter zweckmäßig nebeneinander ausgeführt. Wegen ihrer leichten und schnellen Ausführbarkeit ist vielfach auch die Bestimmung der Refraktion zur Vorprüfung bei der Marktkontrolle empfohlen worden. Ferner ist für die Prüfung der Butter im Haushalte auch ihr Verhalten beim Ausschmelzen vorgeschlagen worden.

Im allgemeinen empfiehlt sich für die Untersuchung des Butterfettes auf Reinheit folgender Untersuchungsgang:

Man bestimmt von dem zu untersuchenden Butterfette zunächst die Reichert-Meißlsche Zahl und die Verseifungszahl und prüft es außerdem auch noch mittels der Furfurol-

[1]) Bull. de l'Association belge des chimistes 1902, **16**, 333—346; Zeitschr. f. Untersuchung d. Nahrungs- u. Genußmittel 1903, **6**, 612—613.

[2]) Proceedings of the 20. Annual Convention of the Association of official Agricultural Chemists 1903. Herausgeg. von H. W. Wiley. Washington, Gouvernementsbuchhandlung 1904, 81—83; Zeitschr. f. Untersuchung d. Nahrungs- u. Genußmittel 1905, **9**, 174—177.

reaktion auf Sesamöl und mittels der Halphenschen Reaktion auf Baumwollsamenöl. Je nach dem Ausfall dieser Prüfungen sind alsdann folgende 3 Fälle zu unterscheiden:

a) Liegt die Reichert-Meißlsche Zahl unter einer gewissen Grenze, die man je nach der Herkunft der Butter, der Jahreszeit und der Sorgfalt, die bei der Untersuchung geboten ist, auf 22, 24 oder 26 annehmen kann, oder fällt — auch bei höherer Reichert-Meißlscher Zahl — eine der vorgenannten beiden Farbenreaktionen positiv aus, so unterwirft man 50—100 g des Fettes der Phytosterinacetatprobe.

b) Zeigt sich bei verhältnismäßig niedriger Reichert-Meißlscher Zahl (etwa unter 28) zwischen dieser und Verseifungszahl gleichzeitig ein für reines Kuhbutterfett abnormes Verhältnis (vgl. S. 403), so führt man ebenfalls die Phytosterinacetatprobe und auch die Bestimmung der Polenskeschen Zahl und der sonstigen zum Nachweise von Cocosfett brauchbaren Verfahren aus.

c) Gibt die Untersuchung nach a und b keinen Anhaltspunkt für die Anwesenheit von Pflanzenfetten, so liegt noch die Möglichkeit einer Verfälschung mit tierischen Fremdfetten vor, und es kann dann, falls nicht auffallend niedrige Reichert-Meißlsche Zahlen gefunden werden, nur durch weitere Ermittelungen über die Herkunft der Butter (nötigenfalls durch die Stallprobe) und unter Umständen durch die Untersuchung im Polarisationsmikroskop (S. 360) ein Urteil über die Reinheit des Butterfettes erlangt werden.

Über die einzelnen als Vorproben dienenden Verfahren ist folgendes zu bemerken:

α) Bestimmung der Refraktion. Die Refraktion (Refraktometerzahl, Refraktometergrade, Brechungsvermögen usw.) der Fette und Öle wird in Deutschland vorwiegend mit dem Zeißschen Butterrefraktometer bestimmt.

Über die Grundlagen der Refraktometrie, die Einrichtung der Refraktometer und die Einflüsse auf die Höhe der Refraktion vgl. I. Teil, S. 100—113 u. 355—359.

αα) Bestimmung des Brechungsvermögens von Fetten und Ölen.

Die Ausführungsbestimmungen vom 22. Februar 1908 zum Fleischbeschaugesetz vom 3. Juni 1900 enthalten folgende Vorschrift für die Bestimmung des Brechungsvermögens[1]).

Die wesentlichen Teile des Refraktometers (vgl. Fig. 22) sind zwei Glasprismen, die in den zwei

Fig. 22.

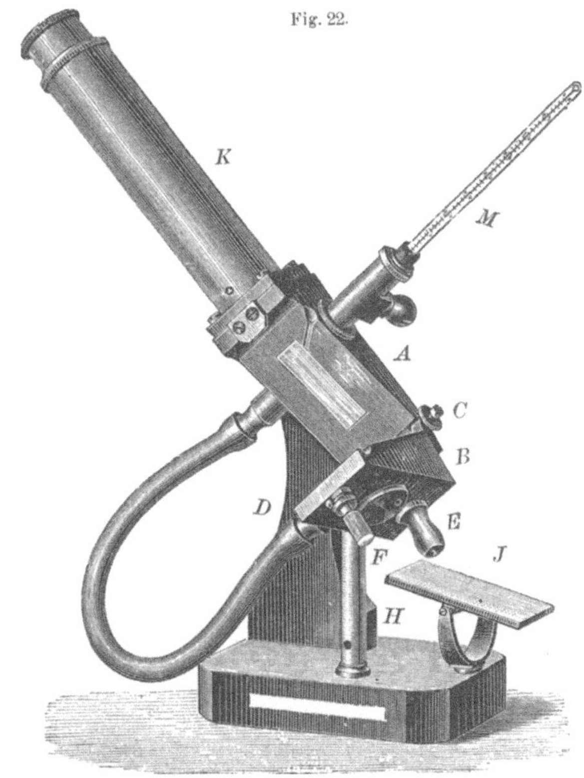

1) Zentralbl. f. d. Deutsche Reich 1908, **36**, 59—103. — Für die polizeiliche Prüfung der Fette auf Grund des § 8 des Gesetzes, betr. den Verkehr mit Butter usw., vom 15. Juni 1897 ist vom Reichsamte des Innern unter dem 27. August 1897 eine Verordnung zur Ausführung der refraktometrischen Untersuchung für Polizeibeamte erlassen, auf die hier nur verwiesen werden kann.

Metallgehäusen A und B enthalten sind. Je eine Fläche der beiden Glasprismen liegt frei. Das Gehäuse B ist um die Achse C drehbar, so daß die beiden freien Glasflächen der Prismen aufeinander gelegt und voneinander entfernt werden können. Die beiden Metallgehäuse sind hohl; läßt man warmes Wasser hindurchfließen, so werden die Glasprismen erwärmt. An das Gehäuse A ist eine Metallhülse für ein Thermometer M angesetzt, dessen Quecksilbergefäß bis in das Gehäuse A reicht. K ist ein Fernrohr, in dem eine von 0—100 eingeteilte Skala angebracht ist; J ist ein Quecksilberspiegel, mit Hilfe dessen die Prismen und die Skala beleuchtet werden.

Fig. 23.

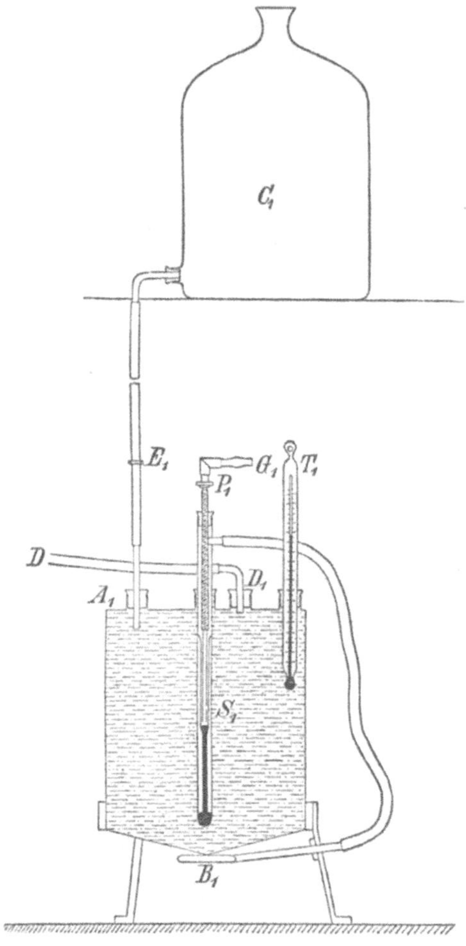

Zur Erzeugung des für die Prüfung erforderlichen warmen Wassers kann die in Fig. 23 gezeichnete Heizvorrichtung dienen. Der einfache Heizkessel ist mit einem gewöhnlichen Thermometer T_1 und einem sog. Thermoregulator S_1 mit Gasbrenner B_1 versehen. Der Rohrstutzen A_1 steht durch einen Gummischlauch mit einem $^1/_2$ bis 1 m höher stehenden Gefäße C_1 mit kaltem Wasser (z. B. einer Glasflasche) in Verbindung; der Gummischlauch trägt einen Schraubenquetschhahn E_1. Vor Anheizung des Kessels läßt man ihn durch Öffnen des Quetschhahns E_1 voll Wasser fließen, schließt dann den Quetschhahn, verbindet das Schlauchstück G_1 mit der Gasleitung und entzündet die Flamme bei B_1. Durch Drehen an der Schraube P_1 reguliert man den Gaszufluß zu dem Brenner B_1 in der Weise, daß die Temperatur des Wassers in dem Kessel bei der Untersuchung fester Fette 40—45° C, bei derjenigen von Ölen 25—30° C beträgt. Sollten jedoch Fette zur Untersuchung gelangen, die schon bei 42° erstarren, so ist die Bestimmung des Brechungsvermögens bei einer Temperatur vorzunehmen, welche ausreicht, um das Fett geschmolzen zu erhalten; hierzu wird es einer Erhöhung der Temperatur über 60° hinaus nicht bedürfen. An Stelle der hier beschriebenen Heizvorrichtung können auch andere Einrichtungen verwendet werden, welche eine möglichst gleichbleibende Temperatur des Heizwassers gewährleisten. Falls eine Gasleitung nicht zur Verfügung steht, behilft man sich in der Weise, daß man das hochstehende Gefäß C_1 mit Wasser von etwa 45° oder 30° füllt, dasselbe durch einen Schlauch unmittelbar mit dem Schlauchstücke D des Refraktometers verbindet und das warme Wasser durch das Prismengehäuse fließen läßt. Wenn die Temperatur des Wassers in dem hochstehenden Gefäße C_1 bis auf 40° oder 25° gesunken ist, muß es wieder auf die Temperatur von 45° oder 30° gebracht werden.

α) Aufstellung des Refraktometers und Verbindung mit der Heizvorrichtung. Man hebt das Instrument aus dem zugehörigen Kasten heraus, wobei man nicht das Fernrohr K, sondern die Fußplatte anfaßt, und stellt es so auf, daß man bequem in das Fernrohr hineinschauen kann. Zur Beleuchtung dient das durch das Fenster einfallende Tageslicht oder das Licht einer Lampe.

Man verbindet das an dem Prismengehäuse *B* des Refraktometers (Fig. 22) angebrachte Schlauchstück *D* mit dem Rohrstutzen D_1 des Heizkessels; gleichzeitig schiebt man über das an der Metallhülse des Refraktometers angebrachte Schlauchstück *E* einen Gummischlauch, den man zu einem tiefer stehenden leeren Gefäß oder einem Wasserablaufbecken leitet. Man öffnet hierauf den Schraubenquetschhahn E_1 und läßt aus dem Gefäße C_1 (Fig. 23) Wasser in den Heizkessel fließen. Dadurch wird warmes Wasser durch den Rohrstutzen D_1 (Fig. 23) und mittels des Gummischlauchs durch das Schlauchstück *D* (Fig. 23) in das Prismengehäuse *B*, von hier aus durch den in der Fig. 22 gezeichneten Schlauch nach dem Prismengehäuse *A* gedrängt und fließt durch die Metallhülse des Thermometers *M*, den Stutzen *E* und den daran angebrachten Schlauch ab. Die beiden Glasprismen und das Quecksilbergefäß des Thermometers werden durch das warme Wasser erwärmt.

Durch geeignete Stellung des Quetschhahns regelt man den Wasserzufluß zu dem Heizkessel so, daß das aus *E* austretende Wasser nur in schwachem Strahle ausfließt und daß das Thermometer bei festen Fetten eine Temperatur von nicht unter 38° und nicht über 42°, bei Ölen nicht unter 23° und nicht über 27° anzeigt. Liegen Fette zur Untersuchung vor, welche schon bei 42° erstarren, so darf die Temperatur des Heizwassers nur allmählich gesteigert und nach Beendigung der Messungen nur allmählich wieder vermindert werden. Einer Erhöhung der Temperatur über 60° hinaus wird es nicht bedürfen.

β) Aufbringen des geschmolzenen Fettes auf die Prismenfläche und Ablesung der Refraktometerzahl. Man öffnet das Prismengehäuse des Refraktometers, indem man den Stift *F* (Fig. 22) etwa eine halbe Umdrehung nach rechts dreht, bis Anschlag erfolgt; dann läßt sich die eine Hälfte des Gehäuses (*B*) zur Seite legen. Die Stütze *H* hält *B* in der in Fig. 22 dargestellten Lage fest. Man richtet das Instrument mit der linken Hand so weit auf, daß die freiliegende Fläche des Glasprismas *B* annähernd horizontal liegt, bringt mit Hilfe eines kleinen Glasstabes 3 Tropfen des filtrierten Fettes auf die Prismenfläche, verteilt das geschmolzene Fett mit dem Glasstäbchen so, daß die ganze Glasfläche davon benetzt ist, und schließt dann das Prismengehäuse wieder. Man drückt zu dem Zwecke den Teil *B* an *A* an und führt den Stift *F* durch Drehung nach links wieder in seine anfängliche Lage zurück; dadurch wird der Teil *B* am Zurückfallen verhindert und zugleich ein dichtes Aufeinanderliegen der beiden Prismenflächen bewirkt. Das Instrument stellt man dann wieder auf seine Bodenplatte und gibt dem Spiegel eine solche Stellung, daß die Grenzlinie zwischen dem hellen und dunklen Teile des Gesichtsfeldes deutlich zu sehen ist, wobei nötigenfalls der ganze Apparat etwas verschoben oder gedreht werden muß. Ferner stellt man den oberen ausziehbaren Teil des Fernrohrs so ein, daß man die Skala scharf sieht.

Nach dem Aufbringen des geschmolzenen Fettes auf die Prismenfläche wartet man etwa 3 Minuten und liest dann in dem Fernrohr ab, an welchem Teilstriche der Skala die Grenzlinie zwischen dem hellen und dunklen Teile des Gesichtsfeldes liegt; liegt sie zwischen zwei Teilstrichen, so werden die Bruchteile durch Abschätzen ermittelt. Sofort hinterher liest man das Thermometer ab.

Die abgelesenen Refraktometerzahlen sind in der Weise auf die Normaltemperatur von 40° umzurechnen, daß für jeden Temperaturgrad, den das Thermometer über 40° zeigt, 0,55 Teilstriche zu der abgelesenen Refraktometerzahl zuzuzählen sind, während für jeden Temperaturgrad, den das Thermometer unter 40° zeigt, 0,55 Teilstriche von der abgelesenen Refraktometerzahl abzuziehen sind.

γ) Reinigung des Refraktometers. Nach jedem Versuche müssen die Oberflächen der Prismen und deren Metallfassungen sorgfältig von dem Fette gereinigt werden. Dies geschieht durch Abreiben mit weicher Leinwand oder weichem Filtrierpapier, wenn nötig, unter Benutzung von etwas Äther.

δ) Prüfung der Refraktometerskala auf richtige Einstellung. Vor dem erstmaligen Gebrauch und späterhin von Zeit zu Zeit ist das Refraktometer daraufhin zu prüfen, ob nicht eine Verschiebung der Skala stattgefunden hat. Hierzu bedient man sich der dem Apparat beigegebenen Normalflüssigkeit[1]). Man schraubt das zu dem Refraktometer gehörige gewöhnliche Thermometer auf, läßt Wasser von Zimmertemperatur durch das Prismengehäuse fließen (man heizt also in diesem Falle die Heizvorrichtung nicht an), bestimmt in der vorher beschriebenen Weise die Refraktometerzahl der Normalflüssigkeit und liest gleichzeitig den Stand des Thermometers ab. Wenn die Skala richtig eingestellt ist, muß die Normalflüssigkeit bei verschiedenen Temperaturen folgende Refraktometerzahlen zeigen:

Bei einer Temperatur von Grad C	Skalenteile	Bei einer Temperatur von Grad C	Skalenteile	Bei einer Temperatur von Grad C	Skalenteile
25	71,2	19	74,9	13	78,6
24	71,8	18	75,5	12	79,2
23	72,4	17	76,1	11	79,8
22	73,0	16	76,7	10	80,4
21	73,6	15	77,3	9	81,0
20	74,3	14	77,9	8	81,6

Weicht die Refraktometerzahl bei der Versuchstemperatur von der in der Tabelle angegebenen Zahl ab, so ist die Skala bei der seitlichen kleinen Öffnung *G* (Fig. 22) mit Hilfe des dem Instrument beigegebenen Uhrschlüssels wieder richtig einzustellen.

ββ) Umrechnung der Refraktometerzahlen auf die entsprechenden Brechungsexponenten.

Für diese Umrechnung dient folgende Tabelle:

Refraktometerzahl	Brechungsexponent (n_D)	Refraktometerzahl	Brechungsexponent (n_D)	Refraktometerzahl	Brechungsexponent (n_D)	Refraktometerzahl	Brechungsexponent (n_D)
33	1,4474	48	1,4580	63	1,46785	78	1,47715
34	1,4481	49	1,45865	64	1,4685	79	1,47775
35	1,4488	50	1,4593	65	1,4691	80	1,4783
36	1,4495	51	1,4600	66	1,46975	81	1,4789
37	1,4502	52	1,4607	67	1,4704	82	1,4795
38	1,45095	53	1,4613	68	1,4710	83	1,48005
39	1,4517	54	1,4620	69	1,47165	84	1,48065
40	1,4524	55	1,4626	70	1,4723	85	1,4812
41	1,4531	56	1,4633	71	1,4729	86	1,4818
42	1,4538	57	1,46395	72	1,47355	87	1,48235
43	1,4545	58	1,4646	73	1,4742	88	1,4829
44	1,4552	59	1,46525	74	1,4748	89	1,48345
45	1,4559	60	1,4659	75	1,4754	90	1,4840
46	1,4566	61	1,46655	76	1,4760		
47	1,4573	62	1,4672	77	1,4766		

γγ) Was die *Brauchbarkeit der Refraktometerzahlen für die Beurteilung der Reinheit des Butterfettes* betrifft, so hat man ihren Wert anfänglich sehr überschätzt. Spätere Untersuchungen haben aber gezeigt, daß die Refraktometerzahlen des reinen Butterfettes innerhalb verhältnismäßig weiter Grenzen schwanken; auch lassen sich Zusätze von Cocosfett durch diese Zahl nicht nachweisen, insbesondere dann nicht, wenn neben Cocosfett auch Margarine, Schweinefett oder ähnliche Fette zugesetzt sind. Es hat daher die Bestimmung der Refraktometerzahl bei den geschickten Verfälschungen der Butter heute sehr an Bedeutung verloren.

---

[1]) Die Normalflüssigkeit ist von der Firma Carl Zeiß in Jena zu beziehen; sie ist vor Licht geschützt und in gut verschlossenen Gefäßen aufzubewahren und darf nicht älter als 6 Monate sein.

Als obere Grenzen der Refraktometerzahlen bei reinem Butterfett sind nach R. Wollny anzusehen:

Temperatur Grad	Refrakto-meterzahl	Temperatur Grad	Refrakto-meterzahl	Temperatur Grad	Refrakto-meterzahl	Temperatur Grad	Refrakto-meterzahl
45	41,5	40	44,2	35	47,0	30	49,8
44	42,0	39	44,8	34	47,5	29	50,3
43	42,6	38	45,3	33	48,1	28	50,8
42	43,1	37	45,9	32	48,6	27	51,4
41	43,7	36	46,4	31	49,2	26	51,9
40	44,2	35	47,0	30	49,8	25	52,5

Diese Grenzzahlen liegen auch dem Spezialthermometer[1]) für Butterfett von Wollny zugrunde.

E. Baier[2]) hat aber auf Grund eines großen statistischen Materials gezeigt, daß diese Grenzzahlen nicht ganz zutreffend sind, daß sie vielmehr für Winterbutter zu erniedrigen und für Sommerbutter etwas zu erhöhen sind. Er hat daher von der Firma Carl Zeiß in Jena ein Spezialthermometer für Butterfett mit zwei Grenzzahlen herstellen lassen, von denen die niedrigere für Winterbutter, die höhere dagegen für Sommerbutter gilt. Die diesen Grenzzahlen zugrunde liegenden oberen Grenzen sind folgende:

Obere Grenze für	bei 25°	bei 35°	bei 40°
Winterbutter (November bis Mai) . . .	51,2	45,7	43,0
Sommerbutter (Juni bis Oktober) . . .	53,2	47,7	45,0

Bei der Vorprobe des Butterfettes mittels des Refraktometers pflegt man vielfach alle jene Butterproben, welche bei Anwendung der Spezialthermometer eine positive (+) Differenz ergeben, als verdächtig für die exakte chemische Untersuchung auszuscheiden. Indes ist es ratsam, auch bei geringen negativen (—) Differenzen die weitere Prüfung durch die Bestimmung der Reichert-Meißlschen Zahl und der Verseifungszahl vorzunehmen. Es ist schon oben darauf hingewiesen, daß anderenfalls grobe Verfälschungen (z. B. die mit Cocosfett bzw. mit Gemischen von Cocosfett mit anderen Fremdfetten) übersehen werden können.

β) Bestimmung der Reichert-Meißlschen (und Polenskeschen) Zahl. Über die Ausführung der Bestimmung, auch in Verbindung mit der Bestimmung der Polenskeschen Zahl,

---

1) Diese Spezialthermometer zeigen auf ihrer Skala nicht Temperaturgrade an, sondern die höchsten Brechungszahlen, die Butterfette bei der im Refraktometer herrschenden Temperatur aufweisen dürfen.

Bei Verwendung dieser Thermometer zieht man die daran abgelesenen Grade von der in dem Fernrohr abgelesenen Refraktometerzahl ab und gibt den Unterschied mit dem dazugehörigen Vorzeichen an. Wurde z. B. im Fernrohr die Refraktometerzahl 44,5, am Thermometer aber 46,7° abgelesen, so ist die Refraktometerdifferenz des Fettes 44,5 — 46,7 = —2,2°.

Es empfiehlt sich, die Spezialthermometer von Zeit zu Zeit mit einem Normalthermometer auf ihre Richtigkeit zu prüfen. Der Nullpunkt des Spezialthermometers für Butter nach Wollny muß der Refraktometerzahl 44,2 und der des Spezialthermometers für Schweinefett der Refraktometerzahl 50,7 bei 40° entsprechen.

K. Farnsteiner (Zeitschr. f. Untersuchung d. Nahrungs- u. Genußmittel 1904, **8**, 407) hat mit Recht empfohlen, die Spezialthermometer überhaupt fallen zu lassen und stets die Normalthermometer zu verwenden, auf denen aber, ähnlich wie beim Zeißschen Milchfettrefraktometer (vgl. S. 204—206), neben der Temperatur auf der anderen Seite eine Korrektionsskala angebracht ist, mittels welcher die beobachteten Refraktometerzahlen auf die Normaltemperaturen 25° und 40° reduziert werden können.

2) Zeitschr. f. Untersuchung d. Nahrungs- u. Genußmittel 1902, **5**, 1145.

vgl. I. Teil, S. 371—374. Daselbst ist auch schon auf die Tatsache hingewiesen, daß bei der Bestimmung der Reichert-Meißlschen Zahl nicht die Gesamtmenge der flüchtigen Fettsäuren bestimmt wird, sondern nur etwa 90%. Der von Goldmann[1]), E. Wrampelmeyer[2]) u. a. gemachte Vorschlag, durch weitere Destillation die Gesamtmenge dieser Fettsäuren zu bestimmen, verlängert die Arbeitsdauer und bietet keinen praktischen Vorteil.

Hinsichtlich der Bestimmung der Reichert-Meißlschen Zahl haben in neuerer Zeit M. Siegfeld[3]) und H. Kreis[4]) vorgeschlagen, statt der Natronlauge beim Leffmann-Beamschen Verfahren Kalilauge zu verwenden, weil deren Seifen nicht so leicht erstarren als die entsprechenden Natronseifen. Siegfeld empfiehlt ein Gemisch von 150 ccm Kalilauge 1 : 1 mit 850 ccm Glycerin vom spezifischen Gewicht 1,25. Die mit dieser Lauge bestimmten Reichert-Meißlschen Zahlen zeigen gute Übereinstimmung mit den mittels Glycerin-Natronlauge ausgeführten Bestimmungen. H. Kreis[4]) hat gefunden, daß das käufliche Glycerin vielfach so viel flüchtige Säuren enthält, daß beim blinden Versuch damit Reichert-Meißlsche Zahlen von 1,5 gefunden werden. Er schlägt daher vor, die Menge des Glycerins zu vermindern und statt mit 20 ccm Glycerin-Kalilauge bei Butterfett mit 2 ccm Kalilauge (1 + 1) und 2 ccm Glycerin, und bei Schweinefett mit 2 ccm Kalilauge und 4 ccm Glycerin zu verseifen, zumal durch den geringeren Glycerinzusatz die Verseifung beschleunigt und die Bestimmung verbilligt werde, ohne daß die Ergebnisse von der Verseifung mit 20 ccm Glycerin-Kalilauge abweichen. M. Siegfeld[5]) sowie G. Heuser und G. Ranft[6]) bestätigen die Angabe von Kreis, doch fanden letztere, daß bei der gleichzeitigen Bestimmung der Polenskeschen Zahl in so verseiften Cocosfetten, nicht dagegen bei Butterfetten, etwas niedrigere Werte gefunden werden.

Bei der Bestimmung der Polenskeschen Zahl sind nach W. Arnold[7]), um fehlerhafte Ergebnisse zu vermeiden, folgende Punkte genau zu beachten:

1. Der Apparat muß in allen seinen Teilen und Maßen der Polenskeschen Vorschrift entsprechen.
2. Als Unterlage des Kolbens dürfen keine Eisendrahtnetze verwendet werden, sondern am besten verwendet man Asbestteller mit einem Kreisausschnitt von 6,5 cm Durchmesser.
3. Die Entfernung des Brenners vom Kolbenboden ist so zu wählen, daß nur der freie Kolbenboden, nicht aber der Asbestteller von der Flamme getroffen wird.
4. Man verwende nur Bimssteinpulver und keine groben Stücke.
5. Das Volumen des Destillates betrage genau 110 ccm.
6. Man verwende genau 20 ccm Glycerin; bei Anwendung geringerer Mengen müßte die grundlegende Polenskesche Tabelle umgearbeitet werden.
7. Als beste Kontrolle für die richtige Aufstellung des Apparates und einwandfreie Arbeitsweise empfiehlt sich eine Kontrollanalyse mit reinem und unverdorbenem Schweinefett; bei diesem muß die Polenskesche Zahl nahe bei 0,5 liegen, jedenfalls darf sie 0,65 nicht übersteigen.
8. Bei Doppelbestimmungen sollen die Schwankungen nicht erheblich mehr als folgende Höhe zeigen:

Polenskesche Zahlen	bis 2	2—5	5—10	über 10
Zulässige Schwankungen	10%	8%	5%	4%

[1]) Chem.-Ztg. 1888, **12**, 308.

[2]) Landw. Versuchsstationen 1897, **49**, 215.

[3]) Chem.-Ztg. 1908, **32**, 1128.

[4]) Ebendort 1911, **35**, 1053.

[5]) Ebendort, S. 1292.

[6]) Zeitschr. f. Untersuchung d. Nahrungs- u. Genußmittel 1912, **23**, 16.

[7]) Ebendort, S. 389. — An dieser Stelle führt W. Arnold die einschlägige Literatur übeh die Ausführung des Polenskeschen Verfahrens an; es kann daher hier von der Aufzählung deh einzelnen Arbeiten abgesehen werden.

γ) **Bestimmung der Verseifungszahl.** Über die Ausführung der Bestimmung vgl. I. Teil, S. 365—369.

δ) **Verhalten der Butter beim Schmelzen.** Ein auch im Haushalte leicht anwendbares Verfahren, um Margarine bzw. überhaupt künstlich emulgiertes Fett und daher auch die sog. aufgefrischte Butter von natürlicher Butter zu unterscheiden, das auch bei der Untersuchung im Laboratorium als Anhaltspunkt mit dienen kann, beruht auf dem Verhalten der Butter beim Ausschmelzen. Natürliche Butter liefert beim Ausschmelzen ein klares, durchsichtiges überstehendes Fett, während dieses bei Margarine bzw. überhaupt bei künstlich emulgierten Fetten — daher auch bei aufgefrischter Butter — trübe ist und bleibt. C. Bischoff hat für diese Prüfung eine besondere Schmelzvorrichtung anfertigen lassen.

b) Nachweis von Pflanzenfetten und -ölen. *α*) Zum Nachweise von Pflanzenfetten und -ölen aller Art dient die **Phytosterinacetatprobe** nach A. Bömer (vgl. I. Teil, S. 402—410). — Da für die Herstellung von Margarine in Deutschland ein Zusatz von Sesamöl gesetzlich vorgeschrieben ist (vgl. unter *β*) und außerdem auch sonst durchweg Pflanzenfette und -öle bei der Herstellung von Margarine verwendet werden, so kann die Phytosterinacetatprobe auch zur Erkennung der meisten Margarinesorten in Butter dienen.

β) **Nachweis von Sesamöl.** Da durch die Ausführungsbestimmungen des Bundesrates vom 4. Juli 1897 zum Gesetz, betreffend den Verkehr von Butter usw., vom 15. Juni 1897 zur Erleichterung der Erkennung von Margarine in Butter vorgeschrieben ist, daß bei der Herstellung von Margarine den dazu verwendeten Fetten beim Vermischen vor der weiteren Fabrikation so viel Sesamöl von bestimmten Eigenschaften (vgl. unten S. 429) zugesetzt werden muß, daß in 100 Gewichtsteilen der angewendeten Fette und Öle mindestens 10 Gewichtsteile Sesamöl enthalten sind, so kann die Prüfung auf Sesamöl auch zur Erkennung von vorschriftsmäßig hergestellter deutscher Margarine in Butterfett dienen; diese Prüfung wird nach den Ausführungsbestimmungen D vom 22. Februar 1908 zum Fleischbeschaugesetz vom 3. Juni 1900 in folgender Weise ausgeführt:

„1. Wenn keine Farbstoffe vorhanden sind, die sich mit Salzsäure rot färben[1]), so werden 5 ccm geschmolzenes Fett in 5 ccm Petroleumäther gelöst und mit 0,1 ccm einer alkoholischen Furfurollösung (1 Raumteil farbloses Furfurol in 100 Raumteilen absolutem Alkohol gelöst) und mit 10 ccm Salzsäure vom spezifischen Gewicht 1,19 mindestens $^1/_2$ Minute lang kräftig geschüttelt. Bei Anwesenheit von Sesamöl zeigt die am Boden sich abscheidende Salzsäure eine nicht alsbald verschwindende deutliche Rotfärbung.

2. Wenn Farbstoffe vorhanden sind, die durch Salzsäure rot gefärbt werden, so werden 5 ccm geschmolzenes Fett in 10 ccm Petroleumäther gelöst und 2,5 ccm stark rauchender Zinnchlorürlösung zugesetzt. Die Mischung wird kräftig durchgeschüttelt, so daß alles gleichmäßig gemischt ist (aber nicht länger) und die Mischung nun in Wasser von 40° getaucht. Nach Abscheidung der Zinnchlorürlösung taucht man die Mischung in Wasser von 80°, so daß dieses nur die Zinnchlorürlösung erwärmt und ein Sieden des Petroleumäthers verhindert wird. Bei Gegenwart von Sesamöl zeigt die Zinnchlorürlösung nach 3 Minuten langem Erwärmen eine deutliche bleibende Rotfärbung.

Die Zinnchlorürlösung ist aus 5 Gewichtsteilen krystallisiertem Zinnchlorür, die mit 1 Gewichtsteil Salzsäure anzurühren und vollständig mit trockenem Chlorwasserstoff zu sättigen sind, herzustellen, nach dem Absitzen durch Asbest zu filtrieren und in kleinen, mit Glasstopfen verschlossenen, möglichst angefüllten Flaschen aufzubewahren."

[1]) Zum Nachweise dieser Farbstoffe werden 2—3 g Butterfett in 5 ccm Äther gelöst und die Lösung in einem Probierröhrchen mit 5 ccm konzentrierter Salzsäure vom spezifischen Gewicht 1,19 kräftig durchgeschüttelt. Bei Gegenwart gewisser Azofarbstoffe färbt die unten sich absetzende Salzsäureschicht sich deutlich rot.

H. Sprinkmeyer und H. Wagner[1]) haben ein Verfahren beschrieben, nach dem es gelingt, 1% Margarine mit nur 0,1% Sesamöl in Butter nachzuweisen.

50—100 g Butterfett werden in einem Schütteltrichter mit 20—30 ccm Eisessig kräftig durchgeschüttelt. Man verwendet das Fett am besten bei einer Temperatur von etwa 60°. Die Eisessiglösung setzt sich bald ab und wird in ein Porzellanschälchen abgelassen. Das Ausschütteln wird mit der gleichen Menge Eisessig wiederholt. Man vereinigt die beiden Lösungen und dampft den Eisessig auf dem Wasserbade ab. Durch den Eisessig wird sowohl der die Baudouinsche Reaktion bedingende Körper, als auch etwa vorhandener Farbstoff dem Fette entzogen. Der Eisessigrückstand wird mit 5 ccm gesättigter Barythydratlösung versetzt, nach Zusatz von 10 ccm Alkohol verseift und die Seife auf dem Wasserbade getrocknet. Der Trockenrückstand wird in einer Porzellanschale fein zerrieben und mit Petroläther mehrmals ausgezogen, wodurch der die Reaktion bedingende Körper in Lösung geht, während der Farbstoff der Butter in der Bariumseife zurückbleibt. Die vereinigten und durch ein Barytfilter filtrierten Petrolätherauszüge werden bis auf 1—2 ccm in einer Porzellanschale eingeengt. Das eingeengte farblose Petrolätherfiltrat gibt man in ein enges Probierröhrchen, nachdem man den Schalenrand einige Male mit wenigen Tropfen Petroläther nachgespült hat. Sodann fügt man 1 ccm Salzsäure (spezifisches Gewicht 1,19) und 2 Tropfen einer 1 proz. alkoholischen Furfurollösung hinzu und schüttelt kräftig durch. Auftretende Rotfärbung zeigt das Vorhandensein von Sesamöl und somit auch von Margarine in Butter an.

γ) **Nachweis von Baumwollsamenöl.** Hierzu dient die Halphensche Reaktion; vgl. unten, S. 476.

δ) **Nachweis von Erdnußöl.** Die Erkennung von Erdnußöl beruht auf dem Nachweise der Arachinsäure (vgl. unten, S. 469).

ε) **Nachweis von Cocosfett.** Nachdem die Verfälschung der Butter mit Cocosfett in den letzten Jahren einen größeren Umfang angenommen hat, sind eine Reihe von Verfahren zum Nachweise dieses Fettes in Butterfett veröffentlicht worden. Diese Verfahren beruhen durchweg auf der Tatsache, daß das Cocosfett eine weit geringere Menge flüchtiger und in Wasser leicht löslicher Fettsäuren (Buttersäure, Capronsäure), dagegen eine größere Menge flüchtiger und in Wasser unlöslicher bzw. schwer löslicher Fettsäuren (Capryl- und Caprinsäure) enthält, als das Butterfett.

Wenngleich die meisten dieser Verfahren bei der Nachprüfung sich nicht in allen Fällen als zuverlässig erwiesen haben, so sollen sie im nachfolgenden doch beschrieben werden, weil sie vielfach unter bestimmten Verhältnissen anwendbar sind, andererseits aber dem auf diesem Gebiete arbeitenden Fachgenossen die Wege zeigen, die man zum Nachweise des Cocosfettes schon beschritten hat.

Ähnliche Eigenschaften wie das Cocosfett besitzt auch das Palmkernfett. Sein Nachweis wird daher in gleicher Weise erfolgen wie der des Cocosfettes; andererseits beweisen daher die nachfolgenden Verfahren bei positivem Ausfall nicht lediglich einen Gehalt an Cocosfett, sondern sie treten auch bei Anwesenheit von Palmkernfett in derselben Weise ein.

αα) **Die Bestimmung der Polenskeschen Zahl („Neue Butterzahl")**[2]) kann leicht mit der Bestimmung der Reichert-Meißlschen Zahl verbunden werden. Über die Ausführung der Bestimmung vgl. I. Teil, S. 372.

Nach diesem Verfahren fand Polenske:

	Reichert-Meißlsche Zahl	Polenskesche Zahl
bei 31 verschiedenen Butterproben . .	23,3—30,1	1,5— 3,0
„ 4 Cocosfettproben	6,8— 7,7	16,8—17,8

Durch einen Zusatz von Cocosfett wird die Reichert-Meißlsche Zahl der Butter herabgesetzt und die Polenskesche Zahl erhöht.

[1]) Zeitschr. f. Untersuchung d. Nahrungs- u. Genußmittel 1905, **10**, 347.

[2]) Arbeiten a. d. Kais. Gesundheitsamte 1904, **20**, 545; auch Zeitschr. f. Untersuchung d. Nahrungs- u. Genußmittel 1904, **7**, 273.

Nach Polenske haben Butterproben mit niedriger Reichert-Meißlscher Zahl auch eine niedrigere Polenskesche Zahl und das Ansteigen der Reichert-Meißlschen Zahl und der Polenskeschen Zahl verläuft in ziemlicher Regelmäßigkeit, so daß bei reinen Butterfetten zu jeder Reichert-Meißlschen Zahl eine nur wenig schwankende Polenskesche Zahl gehört. Diese Beobachtung ist die erste Grundlage, auf die sich das Verfahren stützt.

Einer Erhöhung der Reichert-Meißlschen Zahl um 1,0 entspricht bis zu der Zahl 27 eine Erhöhung der Polenskeschen Zahl um 0,1, während den Erhöhungen der Reichert-Meißlschen Zahl auf 28, 29 und 30 solche der Polenskeschen Zahl um 0,2, 0,3 und 0,5 entsprechen.

Bei den 31 untersuchten Butterproben fand Polenske folgende Beziehungen zwischen Reichert-Meißlscher Zahl und Polenskescher Zahl, denen die von ihm für den qualitativen Nachweis von Cocosfett in der Butter vorgeschlagenen obersten Grenzen (die um 0,5 höher liegen als die gefundenen Werte) beigefügt sind:

Reichert-Meißlsche Zahlen (R.-M.-Z.)	Schwankungen der Polenskeschen Zahlen (P.-Z.) (nach E. Polenske)	Höchstzulässige Polenskesche Zahlen (P.-Z.) (nach E. Polenske)	Schwankungen der Polenskeschen Zahlen (nach M. Siegfeld)
20—21	1,3—1,4	1,9	1,95—2,20
21—22	1,4—1,5	2,0	1,70—2,80
22—23	1,5—1,6	2,1	1,75—2,80
23—24	1,6—1,7	2,2	1,30—2,73
24—25	1,7—1,8	2,3	1,40—2,65
25—26	1,8—1,9	2,4	1,50—3,10
26—27	1,9—2,0	2,5	1,85—2,98
27—28	2,0—2,2	2,7	1,30—2,75
28—29	2,2—2,5	3,0	1,20—4,10
29—30	2,5—3,0	3,5	1,35—4,85

Das Polenskesche Verfahren ist vielfach[1]) nachgeprüft worden; im allgemeinen sind dabei die Angaben Polenskes bestätigt worden. Verschiedene Nachprüfer haben jedoch gefunden, daß die Beziehungen zwischen der R.-M.-Zahl und der P.-Zahl nicht so regelmäßig sind, wie sie in der obigen Tabelle von Polenske aufgeführt sind, sondern größere Schwankungen aufweisen.

Größere Abweichungen nach oben, d. h. Überschreitungen der von Polenske als höchstzulässig bezeichneten Zahlen, beobachteten H. Lührig[2]) und R. K. Dons[3]) bei Fütterung mit Cocoskuchen und M. Siegfeld[4]), ferner C. Amberger[5]) im Herbste bei Fütterung von Rüben, Rübenblättern, Rübenköpfen und Rübenschnitzeln, doch dürfte die Einwirkung der Cocoskuchenfütterung für die Praxis von geringerer Bedeutung sein — da man die Cocoskuchen im allgemeinen nicht in solchen großen Mengen verfüttert, wie die Versuchsansteller sie anwendeten

[1]) Vgl. A. Hesse (Milchwirtsch. Zentralbl. 1905, **1**, 13), M. Siegfeld (ebendort 1905, **1**, 155) K. Farnsteiner (Zeitschr. f. Untersuchung d. Nahrungs- u. Genußmittel 1905, **10**, 78), R. Sendtner (ebendort 1905, **10**, 100), W. Arnold (ebendort 1905, **10**, 230), O. Jensen (ebendort 1905, **10**, 265), H. Kreis (Chem.-Ztg. 1906, **30**, 768), M. Fritzsche (Zeitschr. f. Untersuchung d. Nahrungs- u. Genußmittel 1908, **15**, 193), C. H. Cribb u. P. A. E. Richards (Analyst 1911, **36**, 327; Zeitschr. f. Untersuchung d. Nahrungs- u. Genußmittel 1912 **23**, 360).

[2]) Zeitschr. f. Untersuchung d. Nahrungs- u. Genußmittel 1906, **11**, 18.

[3]) Ebendort 1907, **14**, 341.

[4]) Ebendort, **13**, 516; ferner Chem.-Ztg. 1907, **31**, 512 u. Milchwirtsch. Zentralbl. 1906, **2**, 293,

[5]) Zeitschr. f. Untersuchung d. Nahrungs- u. Genußmittel 1907, **13**, 614.

— als die Rübenfütterung. Endlich haben H. Sprinkmeyer und A. Fürstenberg[1]) darauf hingewiesen, daß das Ziegenbutterfett erheblich höhere Polenskesche Zahlen aufweist als das Kuhbutterfett.

Wie W. Arnold[2]) fand, stimmen aber die Polenskeschen Zahlen der Butter mit den Werten der obigen Tabelle von Polenske dann ziemlich gut überein, wenn die bekannte „Differenz“ zwischen Verseifungszahl und Reichert-Meißlscher Zahl +200 etwa —1 bis +1 beträgt. Weist aber die Differenz einen erheblichen Minuswert auf, so liegt die Polenskesche Zahl wesentlich höher.

Die von Polenske vorgeschlagene quantitative Bestimmung bzw. Berechnung des Cocosfettes beruht auf dem Befunde, daß durch einen Zusatz von 10% Cocosfett zur Butter die P.-Zahlen derselben um 0,8—1,2, im Mittel um 1,0 erhöht werden. Man hat zunächst die gefundenen R.-M.-Zahlen mit der gleich hohen R.-M.-Zahl der Tabelle zu vergleichen und dann zu ermitteln, ob die gefundene P.-Zahl ebenso hoch oder höher ist, als sie nach der Tabelle in reinen Butterfetten sein soll. Ist sie größer, dann entspricht jede Erhöhung der P.-Zahl um 0,1 einem Zusatz von 1% Cocosfett. Um aber eine unrichtige Beurteilung der Butter zu verhüten, soll eine Erhöhung der P.-Zahl um weniger als 0,5 noch nicht als für das Vorhandensein von Cocosfett beweisend angesehen werden. Ist aber die Differenz, die sich aus beiden P.-Zahlen ergibt, größer als +0,5, dann ist sie ihrem ganzen Betrage nach gemäß der zweiten Spalte der Tabelle auf Cocosfett zu berechnen.

Beispiele:

1. Gefunden: R.-M.-Zahl 24,5, P.-Zahl 3,2. Der R.-M.-Zahl 25,4 entspricht nach der Tabelle die P.-Zahl 1,75. Hierzu ergeben sich: $3{,}2 - 1{,}75 = +1{,}45 \times 10 = 14{,}5\%$ Cocosfett.
2. Gefunden: R.-M.-Zahl 24,5, P.-Zahl 1,8. Hieraus ergeben sich: $1{,}8 - 1{,}75 = +0{,}05 \times 10 = 0{,}5 = 0\%$ Cocosfett.

Th. Sundberg[3]) hat neuerdings darauf hingewiesen, daß diese Art der Berechnung prinzipiell unrichtig ist; sie würde richtig sein, wenn in dem obigen Beispiel 24,5 wirklich die Reichert-Meißlsche Zahl der ursprünglichen Butter wäre, was aber nicht der Fall ist. Diese letztgenannte Zahl liegt für die reine Butter höher, da der Zusatz von Cocosfett gleichzeitig mit einer Erhöhung der Polenskeschen Zahl eine Erniedrigung der Reichert-Meißlschen Zahl zur Folge hat. Die Zahl, die durch die Polenskesche Berechnungsmethode erhalten wird, drückt richtiger den Cocosfettgehalt in Prozenten des Butterfettes in der Mischung aus. Nimmt man an, das im obigen Beispiel die Zahl **14,5** die Prozente Cocosfett, berechnet auf das Butterfett in der Mischung, ausdrückt, und rechnet man diesen Wert auf Prozente der Mischung um, so erhält man $\frac{14{,}5 \times 100}{100 + 14{,}5} = 12{,}7\,\%$.

$\beta\beta$) **Das Verfahren von A. Muntz und H. Coudon**[4]), welches ungefähr gleichzeitig mit dem von Polenske beschrieben wurde, deckt sich im Prinzip mit letzterem Verfahren, weicht aber in der Ausdrucksweise wesentlich von ihm ab. Muntz und Coudon berechnen, wieviel Teile unlösliche flüchtige Fettsäuren (U) auf 100 Teile lösliche flüchtige Fettsäuren (L) — beide als Buttersäure ausgedrückt — kommen. Bei 40 Proben reinen Butterfettes fanden sie $L = 4{,}79 - 6{,}01\%$ und $U = 0{,}50 - 0{,}87\%$, und dementsprechend das Verhältnis $\frac{U \times 100}{L}$ zu 9,1 — 15,6, im Mittel 12,04; bei Cocosfetten dagegen war letzteres Verhältnis 250,3 — 314,7, im Mittel 280. Nach Ansicht von Muntz und Coudon kann man bestimmt auf einen Zusatz von Cocosfett schließen, wenn U den Wert 0,87% und $\frac{U \times 100}{L}$ den Wert 15,6% überschreitet.

---

[1]) Zeitschr. f. Untersuchung d. Nahrungs- u. Genußmittel 1907, **14**, 388.

[2]) Ebendort, S. 147.

[3]) Ebendort 1913, **26**, 422.

[4]) Bull. mensuel de l'Office des Renseignements agricoles, Februar 1904; Rev. gén. du Lait 1904, **3**, 352—355; Zeitschr. f. Untersuchung d. Nahrungs- u. Genußmittel 1905, **9**, 41.

Sie verfahren folgendermaßen: 10 g des geschmolzenen und filtrierten Butterfettes werden mit 5 ccm einer bei 20° gesättigten Kalilauge 20 Minuten lang innig gemischt und dann 20 Minuten lang bei 70—80° in den Trockenschrank gestellt. Die vorher mit einem Glasstabe verteilte Seife wird in genau 200 ccm Wasser gelöst; man setzt jetzt einige Stückchen Bimsstein und 30 ccm Phosphorsäure (spezifisches Gewicht 1,15) hinzu und evakuiert den Kolben zur Entfernung der Kohlensäure. Hierauf wird er unter Einschaltung eines Siebelschen Aufsatzes mit dem Kühler verbunden. Die vorgeschriebenen Maße aller angewendeten Apparate müssen genau innegehalten werden. Man destilliert 200 ccm ab und läßt das Destillat einen Tag lang stehen, worauf die abgeschiedenen unlöslichen Fettsäuren abfiltriert werden; die Vorlage wird mit 5 ccm Wasser nachgespült. Die löslichen flüchtigen Fettsäuren werden unter Zusatz von 6 Tropfen Phenolphthalein mit Kalkwasser titriert und das Resultat als Buttersäure angegeben. Die im Kühler, in der Vorlage und auf dem Filter zurückgebliebenen unlöslichen flüchtigen Fettsäuren werden in Alkohol gelöst und mit Kalkwasser und Phenolphthalein titriert; man berechnet sie ebenfalls auf Buttersäure.

A. Reychler[1]) hat bereits im Jahre 1901 ein ähnliches Verfahren beschrieben, bei dem er angibt, wieviel Teile lösliche Fettsäuren auf 100 Teile gesamte flüchtige Fettsäuren entfallen; dies sind nach seinen Untersuchungen beim Butterfett etwa 90, beim Cocosfett etwa 33 Teile.

Auf das Verfahren von J. Jean[2]), der zunächst die Fettsäuren durch Fällen mit Magnesiumsulfat trennt, kann hier nur verwiesen werden.

γγ) Verfahren von A. Juckenack und R. Pasternack[3]). Das Verfahren beruht auf der Bestimmung des Molekulargewichtes der flüchtigen löslichen Fettsäuren, für welches Juckenack und Pasternack bei Butterfett (3 Proben) 95,1—98,3 und bei Cocosfett (3 Proben) 132,8—145,1 fanden; M. Siegfeld[4]) fand für Butterfett die Werte 97,2—104,3.

Über die Ausführung des Verfahrens vgl. I. Teil, S. 386.

Nach W. Arnold[5]) leistet das Verfahren in vielen Fällen gute Dienste; bei seiner Ausführung ist jedoch, um genaue Ergebnisse zu erhalten, darauf zu achten, daß 1. die Neutralisation der Fettsäuren namentlich bei niedrigen Reichert-Meißlschen Zahlen mit $^1/_{10}$ N.-Lauge sehr genau erfolgt; 2. die Seifen genau 3 Stunden getrocknet werden. Das Verfahren ist nur dann brauchbar, wenn die Reichert-Meißlsche Zahl mindestens 2,5 beträgt.

δδ) Bestimmung der „Cadmiumzahl" nach C. Paal und C. Amberger[6]). Diese benutzen zur Trennung der flüchtigen Fettsäuren die Cadmiumsalze, von denen die der Butter- und Capronsäure leicht löslich, dagegen die der höheren Fettsäuren schwer löslich sind, und bedienen sich zur Destillation der flüchtigen Fettsäuren eines besonderen Apparates.

Sie verfahren, wie folgt: Genau 2,5 g Butterfett werden mit 10 g Leffmann-Beamscher Glycerin-Natronlauge (20 ccm einer 50 proz. Natronlauge mit Glycerin auf 200 ccm aufgefüllt) verseift. Die Seife löst man in 50 ccm heißem ausgekochtem Wasser und scheidet aus der auf 55—60° abgekühlten Lösung die freien Fettsäuren durch 25 ccm verdünnte Schwefelsäure (25 ccm Schwefelsäure im Liter) ab. Nach ungefähr 10—12 stündigem Stehen wird das erstarrte Fettsäuregemisch mittels eines kleinen Trichters auf einer mit genau passender Filtrierpapierscheibe bedeckter Porzellanfilterplatte ohne oder unter sehr gelinder Anwendung der Saugpumpe abfiltriert und mit 50 ccm kaltem Wasser nachgewaschen. Die Fettsäuren werden

---

[1]) Bull. Soc. chim. Paris 1901, [3] **25**, 142; Zeitschr. f. Untersuchung d. Nahrungs- u. Genußmittel 1901, **4**, 752.

[2]) Annal. chim. analyt. 1903, **8**, 441; Zeitschr. f. Untersuchung d. Nahrungs- u. Genußmittel 1905, **9**, 175.

[3]) Zeitschr. f. Untersuchung d. Nahrungs- u. Genußmittel 1904, **7**, 193.

[4]) Milchwirtsch. Zentralbl. 1905, **1**, 155.

[5]) Zeitschr. f. Untersuchung d. Nahrungs- u. Genußmittel 1907, **14**, 147.

[6]) Ebendort 1909, **17**, 1 u. 23.

samt der Papierscheibe möglichst verlustlos in das Gläschen D des nachstehend beschriebenen Apparates (Fig. 24) gegeben und etwa noch am Trichter haftende Fettsäurepartikelchen durch Nachspülen mit 5 ccm einer 1 proz. Schwefelsäure ebenfalls in das Gläschen gebracht, welches dann an das Destillationsrohr C angesetzt wird. Der so beschickte Destillationsapparat wird dann in den 800 ccm Wasser und 1 g fein gepulverten Bimsstein enthaltenden Dampfentwickelungskolben so eingefügt, daß sich der Boden des die Fettsäuren enthaltenden Gläschens ungefähr 1 cm über dem Boden des Rundkolbens befindet, worauf der aus dem Kolben herausragende, knieförmig gebogene Teil des Halses B mit dem schräg nach abwärts gerichteten Kühler verbunden wird, welcher in einem als Vorlage dienenden, graduierten Meßzylinder von 250 ccm Inhalt mündet.

Darauf erhitzt man den Kolben, der sich auf einem Drahtnetz befindet, mittels eines Pilzbrenners und leitet die Destillation so, daß innerhalb 35—40 Minuten 200 ccm Destillat übergehen. Sind diese überdestilliert, so unterbricht man sofort die Destillation, entfernt den Destillierapparat und verbindet an dessen Stelle einen mit neutralisiertem absolutem Alkohol beschickten Kolben mit dem Kühler. Durch Destillation von genau 50 ccm Alkohol werden die im Kühler haftenden Fettsäuren gelöst und vereinigen sich mit dem wässerigen Destillat. Das nun 250 ccm betragende, alkoholisch-wässerige Destillat, eine durch darin suspendierte, schwerlösliche Fettsäuren getrübte Flüssigkeit, wird dann unter Zusatz von etwas Phenolphthalein mit 10—15 ccm $^1/_{10}$ N.-Kalilauge deutlich alkalisch gemacht. Nach kräftigem Schütteln titriert man die nun klare, die Säuren als Kaliumsalze enthaltende Lösung mit $^1/_{10}$ N.-Schwefelsäure bis eben zum Verschwinden der Phenolphthaleinfärbung zurück und erfährt so die zur Neutralisation der flüchtigen, in Wasser schwer löslichen Fettsäuren erforderliche Menge $^1/_{10}$ N.-Kalilauge. Um bei dem darauffolgenden Konzentrieren des neutralisierten Destillates eine Verflüchtigung von Fettsäuren infolge von Hydrolyse möglichst hintanzuhalten, wird noch 1 ccm $^1/_{10}$ N.-Kalilauge zugegeben, die nun alkalische Lösung in einer Porzellanschale auf dem Wasserbade auf etwa 10—15 ccm eingeengt, ohne Verlust in einen kleinen graduierten Meßzylinder gebracht, mit destilliertem Wasser auf 50 ccm aufgefüllt und mit $^1/_{10}$ N.-Schwefelsäure bis eben zum Verschwinden der Phenolphthaleinfärbung neutralisiert. Ein Säureüberschuß ist sorgfältig zu vermeiden. Durch Zugabe von 2 ccm einer 20 proz. Cadmiumsulfatlösung (bei Cocosfett oder mehr als 40% Cocosfett enthaltendem Butterfett sind 4 ccm Cadmiumsulfatlösung erforderlich) führt man das in der Lösung vorhandene Gemisch der fettsauren Kaliumsalze in die Cadmiumsalze über, von denen sich die schwerlöslichen als weißer, voluminöser Niederschlag ausscheiden, der sich nach mehrmaligem Umschwenken des Zylinders gut absetzt und nach ungefähr einstündigem Stehen im Gooch-Tiegel abfiltriert wird, wobei das Filtrat zum Nachspülen des an den Wänden des Zylinders hängenden Niederschlages benutzt wird. Die im Tiegel angesammelte Fällung lockert man dann mit einem dünnen Glasstab etwas auf und wäscht in der Weise aus, daß immer erst dann neues Waschwasser zugegeben wird, wenn das vorhergehende völlig abgelaufen ist. So gelingt es, mit 50 ccm Waschwasser den Niederschlag sulfatfrei zu erhalten.

Fig. 24.

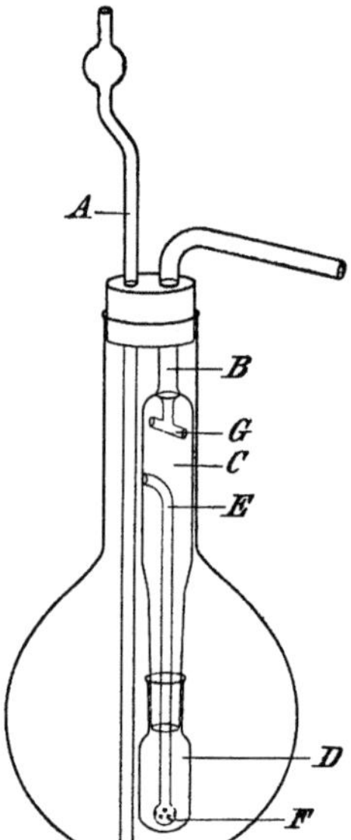

Die Fällung wird im Tiegel bis zur Gewichtskonstanz bei 102—106° getrocknet, wozu gewöhnlich einstündiges Erhitzen genügt, nach dem Erkalten gewogen und so die Menge der schwer- bzw. unlöslichen Cadmiumsalze ermittelt, die, in Milligrammen ausgedrückt, die „Cadmiumzahl" darstellen.

Der Destillationsapparat (Fig. 24) besteht aus einem weithalsigen Rundkolben von ungefähr $1^1/_2$ l Inhalt, in welchem der Wasserdampf entwickelt wird. Der Kolben ist durch einen doppeltdurchbohrten Kautschukstopfen verschlossen, durch dessen eine Bohrung ein Steigerohr *A*, durch die andere der Hals *B* des eigentlichen Destillationsapparates gesteckt wird. Dieser besteht aus zwei Teilen, einem sich vom Hals nach abwärts erweiternden Rohr *C*, über dessen unteres Ende ein eingeschliffenes Gläschen *D* geschoben werden kann, in welches die mit Wasserdampf zu destillierende Substanz gebracht wird. Der im Kolben entwickelte Wasserdampf tritt durch das in das Destillationsrohr *C* angeschmolzene enge Glasrohr *E* ein und strömt durch dessen untere, kugelförmige, durchlöcherte Erweiterung *F* in das Gläschen *D* ein. Im Halse *B* ist zur Sicherung gegen mechanisches Mitreißen von Wasser- und Fettsäuretröpfchen ein Tropfenfänger *G* angebracht. Das aus dem Kolben ragende Ende des Halses *B* ist knieförmig nach abwärts gebogen und wird mit dem in der Zeichnung weggelassenen Kühler verbunden[1]).

Paal und Amberger fanden für 32 „normale" Butterfette die Cadmiumzahlen 69,8—90, für Butterfette bei Cocoskuchenfütterung 72—112 und bei Rübenfütterung 71—130.

H. Lührig[2]) und J. Prescher[3]) haben das Verfahren von Paal und Amberger nachgeprüft. Lührig weist auf die Notwendigkeit hin, daß die Destillation einen stets gleichmäßigen Gang aufweist, weil sonst abweichende Ergebnisse erhalten werden; vor allem dürfen nur geringe Mengen eines leicht zerfallenden Papiers in das Destillationsgefäß gebracht werden. Ferner bietet die genaue Neutralisation der eingeengten alkalischen Flüssigkeit Schwierigkeiten; auf keinen Fall darf die Flüssigkeit schwach sauer sein. Lührig hält einstweilen eine Analysenlatitüde von 10 mg für unvermeidlich; er fand bei Butterfetten von mit Rüben gefütterten Kühen Cadmiumzahlen bis 130,4. — Prescher empfiehlt unter anderem die Verseifung in einem Polenskeschen Verseifungskolben vorzunehmen und durch Einstellen in Eiswasser dafür Sorge zu tragen, daß die Fettsäuren hartbrüchig werden, da sie dann leicht auf das Filter, am besten ein Porzellannutschtiegel mit Filtrierpapierauskleidung, gebracht werden können. Um die schädliche Einwirkung des Leuchtgases zu vermeiden, empfiehlt Prescher das Eindampfen auf dem Wasserbade vorzunehmen.

εε) Verfahren, welche auf der Bestimmung der Silbersalze der Fettsäuren beruhen. I. Nach Orla Jensen[4]) ist das beste Verfahren zur Erkennung der Natur der flüchtigen Fettsäuren die fraktionierte Fällung der Silbersalze und die Ermittelung des Silbergehaltes ihrer Salze. Dabei ist zu berücksichtigen, daß die Löslichkeit eines Salzes bei Gegenwart eines zweiten mit gemeinschaftlichem Ion sinkt und daß die Löslichkeit der Silbersalze daher um so mehr abnimmt, je größer der Überschuß an Silbernitrat ist, den man für ihre Ausfällung verwendet. O. Jensen fand folgende Löslichkeitsverhältnisse:

Löslichkeit der Silbersalze bei 20° nach O. Jensen.

Bezeichnung des Silbersalzes	In ccm $^1/_{10}$ N.-Lösung ausgedrückt		In g ausgedrückt	
	In 100 ccm Wasser	In 100 ccm $^1/_{20}$ N.-Silbernitratlösung	In 100 ccm Wasser	In 100 ccm $^1/_{20}$ N.-Silbernitratlösung
Butyrat	25,1	17,8	0,489	0,347
Capronat	4,0	1,3	0,089	0,029
Caprylat	0,7	0,2	0,018	0,005

Man erreicht ein scheinbares Minimum der Löslichkeit der Silbersalze bei folgendem Überschuß an N.-Silbernitratlösung auf 100 ccm: Bei Silbercaprylat durch 1 ccm, bei Silbercapronat durch 2 ccm und bei Silberbutyrat durch 5 ccm. Kommen in einer wässerigen Lösung

[1]) Der Apparat kann von der Firma Franz Hugershoff in Leipzig bezogen werden.

[2]) Pharmaz. Zentralhalle 1909, **50**, 442.

[3]) Pharmaz. Zentralhalle 1910, **51**, 123.

[4]) Zeitschr. f. Untersuchung d. Nahrungs- u. Genußmittel 1905, **10**, 265.

Caprylsäure, Capronsäure und Buttersäure gleichzeitig vor, so verdünnt man die Lösung am besten so stark, daß man außer der für die vollständige Ausfällung der beiden ersteren Säuren nötigen Silbernitratmenge auf 100 ccm Flüssigkeit noch ungefähr 2 ccm N.-Silbernitratlösung zusetzen kann, ohne daß sich Silberbutyrat ausscheidet. Handelt es sich z. B. um ein bei der Bestimmung der Reichert-Meißlschen Zahl gewonnenes Destillat, so füllt man die titrierten 100 ccm desselben auf 150 ccm auf, setzt 3,5 ccm N.-Silbernitratlösung hinzu und filtriert nach wiederholtem Schütteln die ausgefällten Silbersalze ab. Aus ihrem Gewicht und ihrem Gehalt an Silber läßt sich die Menge der Capryl- und Capronsäure in den 100 ccm Destillat berechnen. Zu dem gefundenen Gehalt an diesen Säuren muß man jedoch, entsprechend den obigen Löslichkeitszahlen, noch 0,3 ccm $^1/_{10}$ N.-Caprylsäure bzw. 2 ccm $^1/_{10}$ N.-Capronsäure addieren, um die Gesamtmenge dieser Säuren zu finden. Die Buttersäuremenge ergibt sich als Differenz zwischen dem Titer der verwendeten 100 ccm Destillat und der gefundenen Menge Caprylsäure + Capronsäure. O. Jensen hat auch die Löslichkeit von Caprin-, Capryl- und Capronsäure in Wasser von 15° — Buttersäure mischt sich mit Wasser in jedem Verhältnis — bestimmt und folgende Ergebnisse erhalten:

a) Caprinsäure ist in ausgekochtem Wasser von 15° fast unlöslich; 100 ccm Wasser, längere Zeit mit Caprinsäure geschüttelt, werden nach Zusatz von Phenolphthalein durch 1 Tropfen $^1/_{10}$ N.-Lauge schon bleibend rot gefärbt.

b) Caprylsäure: 100 ccm bei 15° gesättigte Caprylsäurelösung verbrauchen zur Neutralisation 5,5 ccm $^1/_{10}$ N.-Lauge, entsprechend 0,079 g gelöster Caprylsäure.

c) Capronsäure: 100 ccm bei 15° gesättigte Capronsäurelösung verbrauchen zur Neutralisation 76 ccm $^1/_{10}$ N-Lauge, entsprechend 0,872 g gelöster Capronsäure.

Da aber diese Säuren in den natürlichen Fetten stets mit einander gemischt vorkommen, so beeinflussen sie sich gegenseitig in ihrer Löslichkeit. So z. B. lösten nach O. Jensen von einem Gemisch aus 1 Teil Caprylsäure und 3 Teilen Capronsäure 100 ccm Wasser nicht eine der Löslichkeit der beiden einzelnen Säuren entsprechende Menge = 76 + 5,5 = 81,5 ccm $^1/_{10}$ N.-Lauge, sondern nur eine 63 ccm $^1/_{10}$ N.-Lauge entsprechende Säuremenge; die Lösung enthielt nur eine Spur Caprylsäure, die also mindestens eine 13 ccm $^1/_{10}$ N.-Lauge entsprechende Menge Capronsäure ausgefällt bzw. an der Lösung verhindert hat. Noch stärker macht sich eine derartige Wirkung geltend, wenn die eine Säure in großem Überschuß vorhanden ist und die andere sich in dieser Säure löst, wie dies bei Capryl- und Capronsäure der Fall ist. Um über diese unberechenbaren Unregelmäßigkeiten hinwegzukommen, muß man entweder nur 1 g Fett bei der Destillation nach Reichert - Meißl anwenden, so daß die ganze darin enthaltene Caprylsäure sich in den 110 ccm Wasser löst, oder man muß bei 5 g Ausgangsfett die Destillation im Wasserdampfstrome vornehmen und 1 l abdestillieren. O. Jensen zieht für die Bestimmung der Gesamtmenge der flüchtigen Fettsäure das erstere Verfahren vor und verfährt, wie folgt:

Genau 1 g[1]) Fett werden unter Beobachtung der von Polenske angegebenen Regeln wie bei der Bestimmung der Reichert - Meißlschen Zahl destilliert, die Bestimmung der gelösten und ungelösten flüchtigen Fettsäuren wie bei der Reichert - Meißlschen und Polenskeschen Zahl vorgenommen und die Ergebnisse in ccm $^1/_{10}$ N.-Lauge für 5 g Fett umgerechnet.

O. Jensen fand auf diese Weise für

	Butterfett	Cocosfett
Gelöste flüchtige Säuren	30,6	19,2 ccm $^1/_{10}$ N.-Lauge
Ungelöste „ „ („Caprinsäure-Zahl") . . .	5,7	34,2 „ „

Die Bestimmungen der Caprylsäure mit Hilfe der Silbersalzfällungen (Caprylsäurezahl) in der vorstehend beschriebenen Weise ergaben bei 10 untersuchten Butterfetten im Reichert-Meißlschen Destillat von 5 g Butterfett nie über 1,9 ccm $^1/_{10}$ N.-Lauge hinausgehende Mengen.

---

[1]) Die Abweichungen sollen auf keinen Fall mehr als 0,05 g betragen.

Die Gesamtmengen der einzelnen flüchtigen Fettsäuren bei der Destillation von 1 l im Dampfstrom und deren Anteil im Reichert - Meißlschen Destillat von 5 g Fett fand O. Jensen nach der Silbersalzmethode, wie folgt:

Flüchtige Säuren, ausgedrückt in ccm $^1/_{10}$ N.-Lösung auf 5 g Fett.

Fettsäuren	Butterfett I		Butterfett II		Cocosfett		Palmkernfett	
	Nach Reichert-Meißl gewonnen	Mit Wasserdampf abdestilliert	Nach Reichert-Meißl gewonnen	Mit Wasserdampf abdestilliert	Nach Reichert-Meißl gewonnen	Mit Wasserdampf abdestilliert	Nach Reichert-Meißl gewonnen	Mit Wasserdampf abdestilliert
Polenskesche Zahl	2,2	—	2,1	—	12,7	—	9,3	—
Caprinsäure	—	6,0	—	6,4	—	31,2	—	23,0
Caprylsäure	1,6	6,7	1,8	6,6	5,6	20,5	3,9	11,1
Capronsäure. . . .	6,2	6,3	6,3	7,4	1,2	1,4	1,3	2,5
Buttersäure	17,9	21,4	20,2	24,0	—	—	—	—
Gelöste Säuren im ganzen	25,7	34,4	28,3	37,9	6,8	21,9	5,2	13,6

Nach diesen Befunden gehen von der Gesamtmenge der flüchtigen Fettsäuren des Butterfettes in das Reichert - Meißlsche Destillat über von der Buttersäure 85—88%, von der Capronsäure 85—100%, von der Caprylsäure 24—25% und von der Caprinsäure 26—40%.

II. Zum Teil sich stützend auf die vorstehenden Untersuchungen von O. Jensen, haben H. P. Wijsman und J. J. Reijst[1]) ihre **„Silberzahl"-Methode** zum Nachweise von Cocosfett in Butter beschrieben; sie beruht auf der Annahme, daß die Menge der Capryl- und Capronsäure — die durch Fällung mit Silbernitratlösung bestimmt werden — im Butterfett so gering ist, daß sie sich in den 110 ccm des Reichert-Meißlschen Destillates lösen kann, während beim Cocosfett dies nicht der Fall ist, vielmehr bei 300 ccm Destillat die verbrauchte Silbermenge größer ist als bei 110 ccm Destillat.

Wijsman und Reijst verfahren daher bei der Bestimmung der Silberzahl, wie folgt:

Zunächst wird in gewöhnlicher Weise die Reichert-Meißlsche Zahl bestimmt, wobei die Glycerin-Natron-Verseifung vorzuziehen ist. Zu dem Filtrate werden nach der Titration 40 ccm $^1/_{10}$ N.-Silbernitratlösung hinzugefügt; darauf wird filtriert und der Niederschlag bis auf etwa 200 ccm Filtratmenge ausgewaschen. Zur Flüssigkeit werden 50 ccm $^1/_{10}$ N.-Chlornatriumlösung und 2 Tropfen einer gesättigten Kaliumchromatlösung hinzugefügt und der Überschuß an Chlornatrium mit $^1/_{10}$ N.-Silberlösung zurücktitriert. Der Unterschied zwischen den im ganzen verwendeten Kubikzentimetern $^1/_{10}$ N.-Silberlösung und den Kubikzentimetern $^1/_{10}$ N.-Chlornatriumlösung, erhöht um $^1/_{10}$, ist die „erste Silberzahl".

Es wird nun eine zweite Reichert-Meißlsche Zahl bestimmt in der Art, daß, nachdem je etwa 100 ccm Flüssigkeit überdestilliert sind, aufs neue zweimal 100 ccm Wasser durch einen Hahntrichter in den Destillierkolben gegeben werden und die Destillation fortgesetzt wird, bis im ganzen 300 ccm Destillat erhalten sind. Das Destillat wird umgeschüttelt, filtriert, und darauf werden 250 ccm des Filtrates unter Anwendung von Phenolphthalein als Indicator wie bei der Bestimmung der Reichert-Meißlschen Zahl neutralisiert. Zu der neutralisierten Flüssigkeit werden 40 ccm $^1/_{10}$ N.-Silberlösung zugefügt, der Niederschlag wird abfiltriert, bis auf etwa 350 ccm Filtrat ausgewaschen und im übrigen wird wie oben verfahren. Die erhaltene Zahl, erhöht um $^1/_5$, ist die „zweite Silberzahl".

[1]) Zeitschr. f. Untersuchung d. Nahrungs- u. Genußmittel 1906, **11**, 267.

Es kommt bei diesem Verfahren nicht auf die absolute Höhe der Silberzahlen an, sondern nur auf ihr Verhältnis zueinander.

Ist die zweite Silberzahl höher als die erste, so darf auf die Anwesenheit von Cocosfett geschlossen werden.

Wijsman und Reijst fanden bei 14 Butterfettproben in 12 Fällen die zweite Silberzahl gleich oder 0,1—0,5 niedriger als die erste, in 2 Fällen war sie um nur 0,05 höher, eine Differenz, die innerhalb der Fehlergrenzen liegt. Bei einem Zusatz von 5% Cocosfett zu 12 von diesen Butterfetten fanden sie die zweite Silberzahl um 0,4—4,3, im Mittel um 2,1 höher und bei einem Zusatz von 10% Cocosfett um 1,4—4,4, im Mittel um 2,6 höher als die erste Silberzahl.

Das Silberzahlverfahren ist von F. Jean[1]), H. Lührig[2]), H. Svoboda[3]) — letzterer fand bei 80 untersuchten reinen Butterfetten die zweite Silberzahl in 2 Fällen gleich und in 57 Fällen höher als die erste Silberzahl —, F. v. Morgenstern und W. Wolbring[4]), Chr. Barthel[5]), H. Matthes und F. Streitberger[6]) und anderen nachgeprüft, aber nicht brauchbar gefunden, weil sehr häufig, auch bei reinen Butterfetten, die zweite Silberzahl höher ist als die erste.

III. Ebenfalls auf die unter I aufgeführten Untersuchungen von O. Jensen sich stützend, hat R. K. Dons[7]) die Bestimmung der **Caprylsäurezahl** zum Nachweise von Cocosfett in Butter vorgeschlagen. Auf Grund der Beobachtungen von O. Jensen, daß das erste Reichert-Meißlsche Destillat 85—88% des Buttersäure-, 85—100% des Capronsäure- und nur 24—25% des Caprylsäuregehaltes des Butterfettes enthält, stellt Dons nach Zugabe von 110 ccm Wasser in derselben Weise ein zweites Destillat her, in dem nur geringe Mengen Butter- und Capronsäure, aber etwa 30% der restlichen Caprylsäure enthalten sind. Hieraus zieht Dons den Schluß, daß der Caprylsäuregehalt im zweiten Destillat sich leicht durch eine einfache Silbertitration bestimmen lasse, und daß man aus dem so gefundenen Caprylsäuregehalt des zweiten Destillates („zweite Caprylsäurezahl") den des ersten (Reichert-Meißlschen) Destillates („erste Caprylsäurezahl") berechnen könne, weil ein bestimmtes Verhältnis zwischen den Caprylsäuregehalten bei beiden Destillate bestehen müsse, wenn die Destillationen unter genau gleichen Verhältnissen vorgenommen würden, und die übergegangene Menge der Säure nur ein kleiner Anteil der Gesamtmenge der Caprylsäure des Butterfettes sei. Ferner glaubt Dons, daß die Bestimmung der „zweiten Caprylsäurezahl" für den Nachweis von Cocosfett in Butter von Bedeutung sein könne, indem bei Gegenwart von Cocosfett in Butterfett außer dem größeren Steigen der Caprylsäuremenge im ersten Destillat ein geringeres Ansteigen derselben im zweiten Destillate erfolge, ein Steigen, das vielleicht nicht zur endgültigen Beurteilung der Butter genüge, aber völlig ausreiche, um zu entscheiden, ob die weitläufigere Caprylsäurebestimmung im ersten Destillate (erste Caprylsäurezahl) auszuführen sei, so daß also die Bestimmung der zweiten Caprylsäurezahl gleichsam als eine vorläufige Prüfung auf Cocosfett gelten könne, zu dessen endgültigem Nachweis die erste Caprylsäurezahl diene.

Dons verfährt, wie folgt: Zur Bestimmung der ersten Caprylsäurezahl werden 100 ccm des neutralisierten Reichert-Meißlschen Destillates mit 40 ccm $^1/_{10}$ N.-Silbernitratlösung versetzt und die ausgeschiedenen Silbersalze nach dem Schütteln — um die Ausscheidung zu erleichtern — abfiltriert, auf einem Filter sorgfältig gesammelt, kurze Zeit zwischen Filtrierpapier getrocknet, in einen Porzellantiegel gebracht und schließlich im Vakuumexsikkator bis zum konstanten Gewicht getrocknet. Nach der Bestimmung des Gewichtes der getrockneten Silbersalze wird der Prozentgehalt an Silber bestimmt, indem man die organischen Bestandteile der Silbersalze vorsichtig ver-

[1]) Annal. chim. analyt. 1906, **11**, 121; Zeitschr. f. Untersuchung d. Nahrungs- u. Genußmittel 1906, **12**, 613.

[2]) Zeitschr. f. Untersuchung d. Nahrungs- u. Genußmittel 1906, **12**, 588.

[3]) Ebendort 1907, **13**, 15.

[4]) Ebendort, 1907, **13**, 184.

[5]) Ebendort 1908, **15**, 487.

[6]) Pharmaz. Zentralhalle 1908, **49**, 81.

[7]) Zeitschr. f. Untersuchung d. Nahrungs- u. Genußmittel 1907, **14**, 333.

glüht. In einem abgemessenen Teile des Filtrates (100 ccm) von den Silbersalzen wird durch Titration nach Mohr die zum Fällen verbrauchte Menge Silbernitrat bestimmt, und hieraus wird die in der ganzen gefällten Menge Silbersalz enthaltene Silbermenge berechnet. Aus dem Prozentgehalte der Silbersalze an Silber und der gesamten Silbermenge wird die Menge von caprylsaurem Silber berechnet; diese wird als ccm $^1/_{10}$ N.-Caprylsäurelösung angegeben, und die gefundene Zahl +0,3 ccm (die der nach O. Jensen in 150 ccm $^1/_{20}$ N.-Silbernitrat löslichen Caprylsäuremenge entsprechen), mit 1,1 multipliziert, ist die „erste Caprylsäurezahl".

In einem zweiten Reichert-Meißlschen Destillate derselben 5 g Butterfett fällt man die Silbersalze in genau derselben Weise wie bei der Bestimmung der „ersten Caprylsäurezahl" durch Zusatz von 40 ccm $^1/_{10}$ N.-Silbernitratlösung, filtriert die unlöslichen Silbersalze ebenfalls ab und wäscht darauf das Filter mit 20 ccm Wasser aus. Zu dem Filtrate gibt man 40[1]) ccm $^1/_{10}$ N.-Chlornatriumlösung und titriert den Überschuß an Chlornatrium unter Verwendung von Kaliumchromat als Indicator mit $^1/_{10}$ N.-Silbernitratlösung zurück. Die Differenz zwischen der Gesamtmenge der verbrauchten Kubikzentimeter Silbernitratlösung und Chlornatriumlösung, mit 1,1 multipliziert, ergibt die „zweite Caprylsäurezahl".

Bei der Untersuchung einer Butter auf Cocosfett bestimmt man also zunächst die zweite Caprylsäurezahl, die nach Dons als konstant zu bezeichnen ist, wenn man die Reichert-Meißlsche Zahl berücksichtigt. Er fand bei 200 Proben Butter dänischer, schwedischer, finnländischer, russischer und sibirischer Herkunft folgende Beziehungen:

Reichert-Meißlsche Zahl . .	19—22,9	23—26,9	27—30,9	31 und darüber
Zweite Caprylsäurezahl . . .	0,9—1,1	1,0—1,3	1,2—1,5	1,3—1,65
Zahl der untersuchten Proben .	8	72	100	20

Sobald die zweite Caprylsäurezahl höher ist als diese Werte, was auf Cocosfettzusatz hindeutet, bestimmt man die erste Caprylsäurezahl. Ist diese annähernd gleich der zweiten, so liegt reines Butterfett vor. Bei Gegenwart von Cocosfett steigt die erste Caprylsäurezahl beträchtlich, und zwar stärker als die zweite Caprylsäurezahl; die Steigung beträgt bei Gegenwart von 10% Cocosfett um 0,8—1,0.

Hiernach sind die Caprylsäurezahlen von Dons etwas niedriger als die von O. Jensen.

Dons hat dann in einer zweiten Mitteilung[2]) die Bestimmung der ersten Caprylsäurezahl abgeändert und gibt nunmehr für die Bestimmung der „endgültigen Caprylsäurezahl" ein neues Verfahren an, das auf der durch Versuche gestützten Annahme beruht, daß beim Ausschütteln der Butterfettsäuren mit Wasser von 80° in diesem sich nur eine geringe und bestimmte Menge Caprylsäure löst, dagegen die in Wasser leichter lösliche Butter- und Capronsäure sich leicht ausschütteln lassen. Er verfährt, wie folgt:

5 g Butterfett werden in einem Kolben auf gewöhnliche Weise verseift, mit 100 ccm Wasser und nach Lösung der Seife mit 50 ccm verdünnter Schwefelsäure vermischt. Die Mischung läßt man stehen, bis die Fettsäureschicht erstarrt und die unter den Fettsäuren befindliche wässerige Flüssigkeit ganz klar ist. Man scheidet dann die wässerige Flüssigkeit ab[3]), indem man sorgfältig vermeidet, feste Fettsäuren mitzunehmen, spült die übriggebliebenen festen Säuren zweimal mit kaltem Wasser und schüttelt dann zweimal mit 150 ccm Wasser von 80° C aus. Nach beendigtem Ausschütteln versetzt man die festen Säuren mit 20 g Glycerin, 150 ccm Wasser, 5 g Natriumsulfat sowie Bimssteinpulver, wonach die Mischung einer Destillation in der bei der Feststellung der Reichert-Meißlschen Zahl üblichen Weise unterworfen wird, indem man 110 ccm Destillat aufsammelt. Dieses Destillat wird mit $^1/_{10}$ N.-Alkalilauge neutralisiert und 100 ccm des neutralisierten Destillates werden mit 40 ccm $^1/_{10}$ N.-Silbernitrat versetzt. Die ausgeschiedenen Silber-

[1]) In der Veröffentlichung von Dons findet sich, wohl irrtümlich, die Angabe 50 ccm.

[2]) Zeitschr. f. Untersuchung d. Nahrungs- u. Genußmittel 1908, **15**, 75.

[3]) Bei der Abgießung der wässerigen Flüssigkeit von den festen Fettsäuren spannte Dons ein Stückchen mit Wasser befeuchtete Gaze über die Öffnung des Kolbens.

salze werden abfiltriert und das Filter mit 20 ccm Wasser nachgespült. Zu dem Filtrate gibt man 40[1]) ccm $^1/_{10}$ N.-Chlornatriumlösung und titriert den Überschuß an Chlornatrium unter Verwendung von Kaliumchromat als Indicator mit $^1/_{10}$ N.-Silbernitratlösung zurück. Die Differenz zwischen der Gesamtmenge der verbrauchten Kubikzentimeter Silbernitrat und Chlornatrium, mit 1,1 multipliziert, +0,4 (= Korrektur für die Caprylsäuremenge, als ccm $^1/_{10}$ N.-Lösung angegeben, die in 150 ccm $^1/_{20}$ N.-Silbernitratlösung und 20 ccm Wasser löslich ist), ergibt die Caprylsäurezahl.

Dieses Verfahren hat Dons bei 10 Proben reiner Butter angewendet und die so erhaltenen „endgültigen" Caprylsäurezahlen zwizchen 1,6—2,0 schwankend und um 0,4—0,5 ccm N.-Säure höher gefunden als die ursprüngliche „zweite" Caprylsäurezahl.

Bei einer Probe Cocosfett fand er die endgültige Caprylsäurezahl 5,3 und bei vier mit 10% Cocosfett versetzten Butterfetten die Zahlen 2,6—3,0. Dons will diese Mitteilung nur als eine vorläufige aufgefaßt wissen. Dieses letztere Verfahren von Dons ist anscheinend noch nicht nachgeprüft worden, dagegen haben H. Lührig und A. Hepner[2]) bei 18 Butterfetten die zweite Caprylsäurezahl nach Dons bestimmt und zum Teil höhere Werte als dieser, nämlich 1,12—2,09 bei Reichert-Meißlschen Zahlen von 27—31,9 gefunden.

IV. Auf das ebenfalls auf der verschiedenen Löslichkeit der Silbersalze der Fettsäuren beruhende Verfahren von S. H. Blichfeldt[3]), welcher die löslichen und unlöslichen Silbersalze bestimmt, sei hier nur verwiesen.

Über das Verfahren von A. Kirschner, welches in erster Linie zum Nachweise von Butterfett in Cocosfett bzw. Margarine dient, vgl. unten S. 415.

ζζ) Bestimmung der Magnesiumzahl nach E. Ewers[4]). Das Verfahren beruht auf der partiellen Fällung der neutralen Alkaliseifen mittels Magnesiumsulfats und der Trennung der Fettsäuren der wasserlöslichen Magnesiumseifen nach ihrem Löslichkeitsgrade in Petroläther und Wasser.

E. Ewers verfährt, wie folgt:

5 g des bei möglichst niedriger Temperatur ausgeschmolzenen und filtrierten Fettes werden mit 20 ccm einer alkoholischen etwa $1^1/_4$ N.-Kalilauge (200 g Ätzkali in 1400 ccm absolutem Alkohol gelöst, nach Filtration mit Wasser und Alkohol auf etwa $1^1/_4$-normal — 20 ccm = 50 ccm $^1/_2$ N.-Säure — und etwa 70% Alkoholgehalt verdünnt), bei deren Abmessen stets in genau gleicher Weise zu verfahren ist, auf einem lebhaft siedenden Wasserbade in einem weithalsigen Kolben von etwa 250 ccm Inhalt unter Umschütteln erhitzt, bis klare Lösung eingetreten ist. Der Kolben ist während dieser Operation mit einem etwa 1 m langen und etwa 7 mm weiten Glasrohr, welches am oberen Ende ein Bunsen-Ventil trägt, verschlossen. Die verseifte Masse wird noch 10 Minuten am Rückflußrohr auf dem Wasserbade erhitzt, sodann vom Wasserbade entfernt und, sobald der Alkohol nicht mehr aus dem Kühlrohr tropft, mit $^1/_2$ N.-Schwefelsäure zurücktitriert. Bei der Titration werden zunächst nur 3 Tropfen Phenolphthaleinlösung (1 : 100) zugesetzt, gegen Ende, wenn die Färbung rötlichgelb geworden ist, noch 0,5 ccm derselben Lösung. Die verbrauchte Anzahl Kubikzentimeter $^1/_2$ N.-Schwefelsäure wird von der durch einen blinden Versuch ermittelten Anzahl Kubikzentimeter $^1/_2$ N.-Schwefelsäure abgezogen, welche nötig sind, um 20 ccm Lauge zu sättigen. Die Differenz der Kubikzentimeter $^1/_2$ N.-Säure beider Bestimmungen, mit 5,615 multipliziert, ergibt die Verseifungszahl.

Die neutrale Lösung wird auf dem Wasserbade erwärmt, bis durch den Geruch kein Alkohol mehr wahrnehmbar ist, die Seife in heißem Wasser gelöst, die Lösung in einen 250-ccm-Kolben gespült und auf etwa 180 ccm verdünnt. Nach dem Abkühlen auf 20° C werden 50 ccm einer etwa $^1/_2$ N.-Magnesiumsulfatlösung (61,5 g Magnesiumsulfat, $MgSO_4$, 7 H_2O, auf 1 l) ohne umzuschütteln zugefügt, bis zur Marke aufgefüllt und durch kräftiges Schütteln gut gemischt. Von dieser Lösung

[1]) Auch hier findet sich in der Arbeit von Dons die wohl irrige Angabe von 50 ccm.

[2]) Pharmaz. Zentralhalle 1907, **48**, 1049.

[3]) Journ. Soc. Chem. Ind. 1910, **29**, 792; Zeitschr. f. Untersuchung d. Nahrungs- und Genußmittel 1912, **23**, 361.

[4]) Zeitschr. f. Untersuchung d. Nahrungs- u. Genußmittel 1910, **19**, 529.

werden 200 ccm durch eine Wasserstrahlluftpumpe in einen 200-ccm-Kolben abgesogen und in einen Scheidetrichter von etwa 1 l Inhalt gebracht. Der Kolben wird mit 10 ccm $^1/_2$ N.-Schwefelsäure nachgespült und diese Säure der in dem Scheidetrichter befindlichen Lösung zugefügt, um die gelösten fettsauren Magnesiumsalze zu zersetzen.

Die Flüssigkeit wird nunmehr zweimal mit je 50 ccm und dann einmal mit 25 ccm leichtsiedendem Petroläther ausgeschüttelt, wobei durch 100, 75 bzw. 50 Schüttelschläge gemischt wird, und die Fettsäure-Petrolätherlösung nach jedem Ausschütteln in einen zweiten Scheidetrichter von gleicher Größe gebracht. Der erste Scheidetrichter wird nach der dritten Ausschüttelung mit 40 ccm Wasser nachgespült und mit diesem Wasser die Petrolätherlösung zum ersten Male gewaschen. Der Petroläther wird nochmals mit 40 ccm und dann mit 20 ccm Wasser geschüttelt, die wässerige saure Flüssigkeit und die Waschwässer (zusammen 310 ccm) werden in einem etwa 750 ccm fassenden Erlenmeyerkolben vereinigt und mit 1 ccm verdünnter Schwefelsäure (1 + 3) und einigen Bimssteinstücken versetzt. Durch Erhitzen mit einer Bunsen-Flamme auf einfachem Drahtnetz werden 250 ccm unter Benutzung eines Liebigschen Kühlers abdestilliert. Die Destillation dauert etwa 1 Stunde. Das Destillat wird in ein Becherglas gespült, mit 0,5 ccm Phenolphthaleinlösung versetzt und mit $^1/_{10}$ N.-Kalilauge bis zur bleibenden starken Rötung titriert. Zum Verschwinden der Rötung soll 0,1 ccm $^1/_{10}$ N.-Säure nötig sein. Die verbrauchte Anzahl Kubikzentimeter $^1/_{10}$ N.-Lauge ist die „Destillat-Magnesium-Zahl" („D. M. Z."). Diese Zahl gibt die Anzahl Kubikzentimeter $^1/_{10}$ N.-Lauge an, welche nötig sind, um die nach dem Ausschütteln mit Petroläther in wässeriger Lösung bleibenden Fettsäuren der löslichen Magnesiumsalze aus fast genau 4 g Fett zu neutralisieren.

Die Petrolätherlösung wird unter Nachspülen in eine Glasstöpselflasche von 250 ccm Inhalt übergeführt, in welcher sich 50 ccm nach Zusatz von 0,5 ccm Phenolphthaleinlösung mit $^1/_{10}$ N.-Lauge neutralisierten etwa 50 proz. Alkohols befinden, und unter starkem Schütteln — nach jedem Zusatz bei geschlossener Flasche — mit $^1/_{10}$ N.-Kalilauge bis zur starken Rötung titriert. Der Überschuß der Lauge wird mit $^1/_{10}$ N.-Säure zurückgemessen. Die zur Neutralisation verbrauchte Anzahl Kubikzentimeter $^1/_{10}$ N.-Lauge ist die „Petroläther-Magnesium-Zahl" („P. M. Z."). Diese Zahl drückt die Anzahl Kubikzentimeter $^1/_{10}$ N.-Lauge aus, welche die in Petroläther eingehenden Fettsäuren der löslichen Magnesiumsalze aus der gleichen Menge Fett wie bei der „D. M. Z." neutralisieren.

Die Summe der Destillat-Magnesium-Zahl und der Petroläther-Magnesium-Zahl ist die „Gesamt-Magnesium-Zahl" („G. M. Z.").

Neben dieser Bestimmung ist ein blinder Versuch ohne Fettzusatz in gleicher Weise auszuführen, und die erhaltenen Zahlen sind von den betreffenden Titrationen des Hauptversuches in Abzug zu bringen. Die Ausschüttelung der sauren Lösung kann hierbei in einem Male mit 125 ccm Petroläther erfolgen.

Beispiel:

Blinder Versuch: 20 ccm alkoholische Kalilauge = 48,90 ccm $^1/_2$ N.-Schwefelsäure
250 „ Destillat . . . . . . = 0,30 „ $^1/_{10}$ N.-Kalilauge
Petrolätherlösung . . . . . . = 0,10 „ $^1/_{10}$ N.-Kalilauge.

Hauptversuch: 5 g Fett verbrauchen die 48,90 — 8,30 = 40,60 ccm $^1/_2$ N.-Schwefelsäure entsprechende Menge Kalihydrat zur Verseifung; dann ist die Verseifungszahl („V.-Z.") = 40,6 × 5,615 = 228,0.

Das Destillat erfordert 19,8 ccm $^1/_{10}$ N.-Kalilauge zur Neutralisation, abzüglich 0,3 ccm für den blinden Versuch; also Destillat-Magnesium-Zahl „D. M. Z." = 19,5 ccm $^1/_{10}$ N.-Kalilauge.

Die Petrolätherlösung erfordert zur Rötung	9,5 ccm	$^1/_{10}$ N.-Kalilauge
zur Rücktitration sind erforderlich	0,6 „	$^1/_{10}$ N.-Schwefelsäure
also verbraucht	8,9 ccm	$^1/_{10}$ N.-Kalilauge
abzüglich für den blinden Versuch	0,1 „	
also Petroläther-Magnesium-Zahl („P. M. Z.") . . =	8,8 ccm	$^1/_{10}$ N.-Kalilauge
Gesamt-Magnesium-Zahl („G. M. Z.") . . . . . . =	28,3 „	„ „
„Differenz" („D. M. Z." — „P. M. Z.") . . . . =	10,7 „	„ „

E. Ewers fand bei der Untersuchung von 19 Proben Butterfett, 4 Proben Palmfett (Cocosfett) und 8 Proben Schweinefett folgende Schwankungen für Verseifungszahl, Reichert-Meißlsche Zahl sowie für die „neuen Zahlen", letztere ausgedrückt in Kubikzentimeter $^1/_4$ N.-Säure für 4 g Fett:

	Butterfett	Cocosfett	Schweinefett
Verseifungszahl	225,2—232,5	256,6—258,6	193,7—196,0
Reichert-Meißlsche Zahl	26,4—30,4	6,4— 6,7	—
Gesamt-Magnesium-Zahl (G. M. W.)	25,5—30,4	26,7—27,2	0—0,4
Destillat-Magnesium-Zahl (D. M. Z.)	17,8—20,8	1,3— 1,4	0—0,3
Petroläther-Magnesium-Zahl (P. M. Z.)	7,7—10,1	25,3—25,9	0—0,1
Differenz D. M. Z. — P. M. Z. =	+10,1—11,9	—23,9—24,6	0—0,2

Sobald die Differenz zwischen Destillat- und Petroläther-Magnesium-Zahl (D. M. Z. — P. M. Z.) bei einem Butterfett unter 9 sinkt, liegt nach Ewers eine Beimischung von Palmfett vor; bei reinem Cocosfett sind die Differenzen negativ. 18 Butterfette, denen 10% Palmfett zugesetzt waren, hatten die Differenzen 6,8—8,3; 3 Proben, die 20% Palmfett enthielten, zeigten die Differenzen 2,7—4,3. Die „Differenz" zeigt keine Beziehungen zur Reichert-Meißlschen Zahl und zur Verseifungszahl.

C. Amberger[1]) hat das Verfahren von Ewers bei Butterfett nachgeprüft und abweichende Werte für die Differenzen (D. M. Z. — P. M. Z.) gefunden, nämlich bei 8 altmilchenden Kühen Differenzen von 6,6—9,5, bei Kühen mit Cocoskuchenfütterung Differenzen von 7,0—9,8 und bei Kühen mit Rübenfütterung Differenzen von 7,4—10,2. — Auch E. Nockmann[2]) fand bei 8 reinen Butterfetten von mit Rübenblättern gefütterten Kühen in 6 Fällen Differenzen (D. M. Z. — P. M. Z.) von 7,8—8,95, also Werte, die unter der Ewersschen Grenze 9 liegen; in den anderen beiden Fällen betrugen die Differenzen 9,2 und 10,5.

ηη) Verfahren von J. Bellier, beruhend auf der Bestimmung der löslichen Kupfersalze. J. Bellier[3]) hat bereits im Jahre 1890 ein auf der verschiedenen Löslichkeit der Magnesiumseifen der Fettsäuren beruhendes Verfahren beschrieben, das nach seinen Angaben ebenso brauchbar ist, wie die sonstigen Verfahren; für empfindlicher hält er aber die Trennung der Kupferseifen, wodurch man 5% und weniger Cocosfett in Butter und Schweinefett nachweisen könne; er verfährt, wie folgt:

1 g Butterfett wird in einem Erlenmeyer-Kolben von 50—75 ccm Inhalt mit 5 ccm alkoholischer Kalilauge in üblicher Weise verseift und die Verseifungszahl berechnet. Nachdem man dann die Flüssigkeit durch $^1/_{10}$ N.-Kalilauge eben rosa gemacht hat, gibt man unter Umrühren 20 ccm Kupfersulfatlösung (21,85 g reines, frisch umkrystallisiertes Kupfersulfat und 50 g Natriumsulfat in 1 l) hinzu. Hierdurch werden die nichtflüchtigen und flüchtigen unlöslichen Fettsäuren als Kupferseifen gefällt, während die löslichen flüchtigen Fettsäuren in Lösung bleiben. Durch Erwärmen ballt sich der Niederschlag zusammen. Nach dem vollständigen Erkalten filtriert man durch ein tariertes trockenes Filter. Zum klaren Filtrat gibt man noch einige Tropfen Kupfersulfatlösung. Bleibt die Flüssigkeit klar oder trübt sie sich nur ganz schwach, so liegt Butterfett oder solches mit Zusatz von Schweinefett oder Margarine, aber kein Cocosfett vor. Tritt dagegen eine schwache Trübung ein, die sich schnell verliert, dann liegt Cocosfett, aber nicht über 10% vor; bei größeren Cocosfettmengen tritt sofort ein sehr reichlicher Niederschlag auf. Beim Klarbleiben des Filtrates kann man den Niederschlag auf dem Filter sofort auswaschen, in den anderen Fällen gibt man einen Überschuß von Kupfersulfatlösung zum Filtrat, filtriert und wäscht bis zum Verschwinden der Sulfatreaktion im Filtrat. Das Filter mit Inhalt wird getrocknet und gewogen. Butter gibt hierbei einen Rückstand von 0,99 g, Margarine, Cocosfett und Schweinefett geben einen solchen von 1,05—1,06 g. Darauf wird in einem Porzellantiegel verascht, wobei Butterfett und

1) Zeitschr. f. Untersuchung d. Nahrungs- u. Genußmittel 1911, **21**, 598.

2) Ebendort, 1911, **21**, 754.

3) Annal. chim. analyt. 1906, **11**, 42; Zeitschr. f. Untersuchung d. Nahrungs- u. Genußmittel 1907, **14**, 713.

Schweinefett 0,141—0,142 g, Cocosfett dagegen 0,177—0,178 g Kupferoxyd geben. Nach Bellier ist das Butterfett rein, wenn die Menge des fettsauren Kupfers nicht erheblich von 0,99 g abweicht und die Kupferoxydmenge nahe 0,142 g liegt. Wenn das Gewicht des fettsauren Kupfers 0,99 g nicht erheblich übersteigt, dagegen der Gehalt an Kupferoxyd 0,142 g beträchtlich übersteigt, so ist wenig Cocosfett vorhanden, wenn beide Zahlen erheblich überschritten werden, so ist viel Cocosfett vorhanden. Wenn das Gewicht des fettsauren Kupfers 0,99 erheblich übersteigt, das des Kupfers aber 0,142 g beträgt, so ist Schweinefett oder Margarine vorhanden.

Bellier will sogar nach diesem Verfahren den Cocosfettgehalt von Butter quantitativ bestimmen können, indem jede Vermehrung des Kupferoxyds gegenüber der Normalzahl 0,142 um 0,00036 g 1% Cocosfett anzeige.

F. Jean[1]) beobachtete in einigen Fällen Zahlen, die nicht mit dem Bellierschen Befunde übereinstimmen.

ϑϑ) Verfahren, welche auf der Bestimmung der löslichen Bariumsalze beruhen. I. G. Firtsch[2]) hat zuerst versucht, die Bestimmung der löslichen Bariumsalze der Fettsäuren zum Nachweise der Reinheit des Butterfettes, das er unter Druck mit Bariumhydroxyd verseifte, zu verwenden; er hielt aber selbst das Verfahren für nicht empfindlich genug. — J. König und F. Hart[3]) verseifen das Fett mit alkoholischer Barytlauge und bezeichnen als „Barytzahl" die Milligramm Bariumoxyd, welche den wasserlöslichen Bariumseifen aus 5 g Fett entsprechen. Es beträgt nach ihnen die Barytzahl von Butterfett 200—239 mg, von anderen tierischen Fetten 13—36 mg, Margarine 20—23 mg, Cocosfett 117—120 mg, sonstige Pflanzenfette 7—29 mg BaO. — H. Kreis und W. Baldin[5]) fanden für Butterfett wesentlich größere Schwankungen der Barytzahl. — Um die bei der Bestimmung der Barytzahl bestehende Schwierigkeit der vollständigen Extraktion der löslichen Bariumseifen aus dem Verdampfungsrückstande zu beseitigen, hat E. Laves[5]) das Verfahren von König und Hart etwas abgeändert.

II. E. Avé-Lallemant[6]) hat ein wesentlich anderes Verfahren zur Bestimmung der löslichen Bariumseifen angewendet: Er versetzt die neutralisierte, wässerige heiße Lösung der Kaliseifen mit einem gemessenen Überschusse von Bariumchlorid und bestimmt die Menge der dabei in Lösung bleibenden Bariumseifen. Er verfährt in folgender Weise:

1,9—2,0 g Fett werden in einem leichten Wägegläschen genau abgewogen und mit 25 ccm alkoholischer ungefähr $^1/_2$ N.-Kalilauge genau wie bei der Bestimmung der Verseifungszahl nach Köttstorfer $^1/_2$ Stunde lang am Steigrohr verseift. Die noch warme Seifenlösung wird mit 3 bis 4 Tropfen 2proz. Phenolphthaleinlösung versetzt und mit alkoholischer, ungefähr $^1/_2$ N.-Salzsäure genau neutralisiert. Nun setzt man in ein siedendes Wasserbad und entfernt den Alkohol durch Einblasen von Luft möglichst vollständig. Zur festen Seife gibt man etwa 10 ccm Wasser und bläst wiederum unter Erhitzen im Wasserbade Luft ein, bis die Seife fest zu werden beginnt, um auch die letzten Reste Alkohol nach Möglichkeit zu entfernen. Alsdann löst man in ausgekochtem, siedendem Wasser und spült die durch Dissoziation rot gewordene Lösung in einen 250-ccm-Maßkolben quantitativ über. Das Volumen der Seifenlösung soll jetzt etwa 150—180 ccm betragen. Man setzt den Maßkolben etwa 5 Minuten auf das siedende Wasserbad, um sicher zu sein, daß die Lösung genügend heiß bleibt, und läßt dann unter gelindem Umschwenken des Kolbens aus einer Pipette mit Auslaufmarke 50 ccm einer etwa $^1/_5$ N.-Bariumchloridlösung (25 g Bariumchlorid zu 1 l) von genau 15° einfließen, deren Gehalt zuvor genau bestimmt wurde. Darauf setzt man den Kolben noch etwa 15 Minuten auf ein siedendes Wasserbad, bis die festen, unlöslichen Bariumseifen

[1]) Annal. chim. analyt. 1907, **12**, 385 u. 434; Zeitschr. f. Untersuchung d. Nahrungs- u. Genußmittel 1908, **16**, 405.

[2]) Dinglers Polytechn. Journal **278**, Heft 9.

[3]) Zeitschr. f. analyt. Chemie 1891, **30**, 292.

[4]) Schweizer. Wochenschr. f. Chemie u. Pharmazie 1892, **30**, 189; Chem. Zentralbl. 1892, I, 1005.

[5]) Archiv d. Pharmazie 1893, **231**, 356.

[6]) Zeitschr. f. Untersuchung d. Nahrungs- u. Genußmittel 1907, **14**, 317.

sich zusammenballen. Man läßt auf Zimmertemperatur erkalten, füllt genau zur Marke auf, filtriert nach gründlicher Durchmischung 200 ccm der wasserhellen, gegen Lackmus und Phenolphthalein neutralen Lösung durch ein dichtes trockenes Filter in einen Maßkolben, indem man die zuerst ablaufenden Anteile 2—3-mal zurückgießt, jedesmal kräftig durchschüttelt und dann erst endgültig auffängt. In diesen 200 ccm Filtrat bestimmt man nach dem Ansäuern mit Salzsäure das Barium als Sulfat; die auf diese Weise gefundenen Milligramm Bariumoxyd multipliziert man mit 1,25 und erhält so die der angewendeten Fettmenge entsprechenden Milligramm Bariumoxyd. Indem man die auf diese Weise gefundene Menge Bariumoxyd (mg) von der Gesamtmenge des zugesetzten Bariumoxyds (mg) abzieht und durch die angewendete Menge Fett dividiert, erhält man die durch 1 g Fett unlöslich abgeschiedene Bariumoxydmenge, den „unlöslichen Barytwert". Aus der Verseifungszahl des Fettes berechnet man die Gesamtmenge des zur Verseifung erforderlichen Bariumoxyds (a) und indem man von dieser den „unlöslichen Barytwert" (b) abzieht, erhält man die durch 1 g Fett löslich gebundene Menge Bariumoxyd (c), den „löslichen Barytwert". Aus diesen Zahlen berechnet Avé-Lallement dann noch den Wert $b - (200 + c)$, der eine Funktion der quantitativen Verhältnisse der Fettsäuren mit löslichen und unlöslichen Bariumsalzen in Verbindung mit ihrer Molekulargröße darstellt; dieser Wert $b - (200 + c)$ ist bei Butterfett infolge seines relativ geringen Gehaltes an hochmolekularen Fettsäuren mit unlöslichen Bariumsalzen und seines relativ reichlichen Gehaltes an niedrigmolekularen Fettsäuren mit löslichen Bariumseifen bei weitem niedriger als bei den Fetten (Schweinefett, Talg usw.), bei denen die Mengenverhältnisse der beiden Fettsäuregruppen die umgekehrten sind. Der Wert $b - (200 + c)$ ist nach Avé-Lallement bei Butterfett stets negativ, während er bei allen anderen Fetten stets stark positiv ist. Das Cocosfett nimmt eine gewisse Mittelstellung ein; bei ihm ist der Wert b weit höher, der Wert c dagegen etwas niedriger. Infolgedessen ist die Differenz $b - (200 + c)$ beim Cocosfett noch sehr reichlich positiv.

Avé-Lallement fand bei den verschiedenen Fetten folgende Schwankungen und Mittelwerte:

Barytwerte	Butter (50 Proben)		Cocosfett (3 Proben)		Schweinefett (5 Proben)	
	Schwankungen	Mittel	Schwankungen	Mittel	Schwankungen	Mittel
Gesamt-Barytwert (a)	300,9—329,6	310,7	351,8—354,1	353,1	265,0—267,7	266,4
Unlöslicher „ (b):	247,4—254,8	250,7	296,5—299,2	297,8	257,2—259,2	257,7
Löslicher „ (c):	50,8—76,7	60,3	54,1—57,6	55,3	7,6—10,4	8,6
Differenz b—(200+c):	—0,7 bis —23,8	—9,6	+ 38,9 bis 45,1	+ 42,5	+ 46,9 bis +50,3	+ 49,0

Sesam-, Erdnuß-, Baumwollsamen- und Mohnöl sowie Rindstalg zeigen ähnliche Werte wie Schweinefett.

Nach Avé-Lallement ist ein Butterfett mit einem unlöslichen Barytwerte (b) über 254 oder einem löslichen Barytwerte (c) über 50 stets „hochgradig verdächtig"; ein Butterfett mit einem Werte von b — (200 + c) über +1 ist als verfälscht anzusprechen; Cocosfett gibt sich durch eine starke Erhöhung des unlöslichen Barytwertes (b) zu erkennen. Kombinierte Verfälschungen mit Cocosfett und Talg usw. lassen sich in den meisten Fällen schon in Mengen von 10—15% mit Sicherheit erkennen. Bei stark ranzigem Butterfett sowie stark erhitztem Butterschmalz ist das Verfahren nicht anwendbar.

M. Fritzsche[1]) hat das Verfahren von Avé-Lallement nachgeprüft und bei der großen Mehrzahl der untersuchten Butterfette bestätigt gefunden, dagegen versagte es bei zwei reinen, aber „abnormen" holländischen Butterfetten, bei denen für die Differenz b — (200 + c) die Werte +1,2 und +6,6 gefunden wurden.

III. E. Ewers[2]) hat bei seinen Untersuchungen sich eines dem Avé-Lallementschen ähnlichen Verfahrens zur Bestimmung seiner „Bariumzahl" bedient; er hält aber selbst seine „Ma

[1]) Zeitschr. f. Untersuchung d. Nahrungs- u. Genußmittel 1907, **14**, 329.

[2]) Ebendort 1910, **19**, 529.

gnesiumzahl" (vgl. S. 382), weil diese leichter und einfacher zu bestimmen ist, zur Untersuchung des Butterfettes für geeigneter.

xx) Verfahren, welche auf der Bestimmung der in 56,5 bzw. 60proz. Alkohol löslichen Fettsäuren beruhen. Derartige Verfahren, welche sich im wesentlichen auf den hohen Gehalt des Cocosfettes an der in wässerigem Alkohol löslichen Laurin- und Myristinsäure gründen, sind von L. Vandam, L. Robin und G. Fendler vorgeschlagen worden.

1. Verfahren von L. Vandam[1]), beruhend auf der Bestimmung der in 60volumproz. Alkohol löslichen Fettsäuren. Man verfährt in folgender Weise:

5 g Butterfett werden in einen 100 ccm-Kolben, dessen Hals noch weitere 50 ccm aufnehmen kann, mit 25 ccm 8 proz. alkoholischer Kalilauge gebracht. Nach einmaligem Aufkochen der Flüssigkeit werden 50 ccm Alkohol (spezifisches Gewicht 0,832) und Wasser zugefügt und das Volumen wird nach dem Erkalten bei 15° auf 100 ccm mit Wasser aufgefüllt. Die alkoholische Seifenlösung wird hierauf mit 25 ccm Schwefelsäure versetzt, welche so eingestellt ist, daß die angewendeten 25 ccm Kalilauge genau gesättigt werden. Man läßt die erhaltene Emulsion sehr langsam erkalten und einige Zeit bei 15° stehen, worauf man filtriert und einen aliquoten Teil des Filtrats unter Verwendung von Phenolphthalein als Indicator mit $^1/_2$ N.-Natronlauge titriert. Das Volumen der unlöslichen Fettsäuren, sowie des ausgeschiedenen Kaliumsulfats muß bei der Berechnung berücksichtigt werden.

Das Volumen des Kaliumsulfats beträgt etwa 1,7 ccm, während das der ungelöst gebliebenen Fettsäuren nach dem Auskochen mit Wasser und Lösen der erstarrten Säuren in 10 ccm Alkohol aus der Volumvermehrung desselben zu erfahren ist.

Die Löslichkeit der Fettsäuren von Butter, Margarine und Cocosfett in Alkohol verschiedener Stärke, ausgedrückt in Kubikzentimetern $^1/_2$ N.-Natronlauge für 5 g Fett, ist folgende:

Fettsauren aus	Stärke des Alkohols in Vol.-Proz.					
	50%	55%	60%	65%	70%	80%
Cocosfett	4,3	13,3	44,2	44,0	—	—
Butterfett . . .	—	8,5	10,9	25,8	27,7	30,0
Margarinefett . .	—	—	3,6	9,5	22,8	26,2

Die Löslichkeit der Fettsäuren von 5 Butterfetten in 60proz. Alkohol schwankte von 10,3 bis 11,8, während die Cocosfettsäuren bis auf geringe Spuren in diesem Alkohol löslich waren.

Noch mehr in die Augen springend wird der Unterschied in dem Verhalten der Fettsäuren des Cocosfettes und des Butterfettes, wenn man die in 60 proz. Alkohol gelösten Säuren nach dem Verdampfen des Alkohols mit heißem Wasser behandelt und den ungelöst gebliebenen Teil nach dem Wiederauflösen in heißem Alkohol titriert. Vandam erhielt bei diesem Verfahren die nachstehenden, ccm $^1/_2$ N.-Natronlauge auf 5 g Fett anzeigenden Zahlen:

Butterfett (4 Proben)	Margarinefett	Cocosfett
4,6—5,2	3,1	42,3

Nach Vandam gelingt es, nach diesem Verfahren schon geringe Beimengungen von Cocosfett in Butterfett nachzuweisen,

2. Verfahren von L. Robin[2]). Dieses Verfahren beruht auf der Bestimmung der Verseifungszahl, der Menge der in 56,5 proz. Alkohol löslichen Fettsäuren und der Menge der wasserlöslichen und wasserunlöslichen Fettsäuren, und es ist so eingerichtet, daß zu sämtlichen Bestimmungen nur eine Butterprobe von 5 g nötig ist. 1. Herstellung der Reagenzien: a) Alkohol von 56,3—56,5%. Man verdünnt 1 l neutralen, absoluten Alkohol mit 837 ccm Wasser. — b) $^1/_2$ N.-alkoholische Salzsäure. 737 ccm Wasser, 100 ccm reine Salzsäure von 22% und 1 l absoluter Alkohol

[1]) Annal. de Pharmacie 1901, **7**, 201; Zeitschr. f. Untersuchung d. Nahrungs- u. Genußmittel 1902, **5**, 221.

[2]) Annal. chim. analyt. 1906, **11**, 454; Annal. des Falsifications 1912, **5**, 180—184; Zeitschr. f. Untersuchung d. Nahrungs- u. Genußmittel 1907, **14**, 714 u. 1913, **26**, 213.

werden gemischt und gegen $^1/_2$ N.-Kalilauge unter Verdünnen mit obigem Alkohol eingestellt. — c) Kalilauge vom spezifischen Gewichte 1,35. 285—290 g Kaliumhydroxyd werden in 250 ccm Wasser gelöst und nach dem Erkalten auf 500 ccm aufgefüllt. — d) Alkoholische Kalilauge zum Verseifen. 500 ccm absoluter Alkohol werden mit 80 ccm der Kalilauge vom spezifischen Gewicht 1,35 vermischt und der Titer der Mischung mit der alkoholischen $^1/_2$ N.-Salzsäure bestimmt. — 2. Ausführung der Analyse: In einem 150 ccm-Meßkolben wägt man 5 g der geschmolzenen und filtrierten Butter möglichst genau ab, gibt 25 ccm der Verseifungslauge hinzu, erhitzt unter einem Rückflußkühler 5 Minuten lang und verdünnt nach dem Erkalten mit 17 ccm Wasser. Nach Zusatz von 2 Tropfen Phenolphthaleinlösung neutralisiert man mit alkoholischer $^1/_2$ N.-Salzsäure (deren Menge man notiert) und gibt dann noch so viel Salzsäure hinzu, daß das Gesamtvolumen dem Titer der Verseifungslauge entspricht. Man schüttelt den Kolben zwecks Abkühlung einige Minuten unter fließendem Wasser und füllt mit 56,5 proz. Alkohol zur Marke auf, kühlt nach dem Umschütteln auf 15° ab und filtriert durch ein Filter von 16—18 ccm Durchmesser. — 3. Bestimmung der in 56,5 proz. Alkohol löslichen Fettsäuren. 50 ccm des Filtrats werden mit $^1/_{10}$ N.-Kalilauge titriert (Indicator: 2 Tropfen Phenolphthaleinlösung). Verbrauchte ccm $\times$ 0,6 = Menge Fettsäuren aus 1 g Butter, löslich in 56,5 proz. Alkohol. Verf. bezeichnet die Menge mit SA. — 4. Bestimmung der wasserlöslichen Fettsäuren. 60 ccm des Filtrates werden mit einem Kaffeelöffel voll Talkum in einem 120 ccm-Kolben gemischt, auf 120 ccm aufgefüllt, nach Verschluß mit einem Gummistopfen gut umgeschüttelt und durch ein Filter von 14—15 cm Durchmesser filtriert. 100 ccm Filtrat werden mit $^1/_{10}$ N.-Kalilauge titriert. Verbrauchte ccm $\times$ 0,6 = wasserlösliche Fettsäuren in 1 g Butter (SE). — Die in Wasser unlöslichen Fettsäuren (JE) erhält man durch Subtraktion der wasserlöslichen Fettsäuren von den in 56,5 proz. Alkohol löslichen Fettsäuren. $JE = SA - SE$. — 5. Die Berechnung der Verseifungszahl erfolgt nach der Formel $\frac{0{,}028 \cdot x}{5}$, wobei x = Differenz zwischen Titer der Verseifungslauge und der Anzahl Kubikzentimeter alkoholischer $^1/_2$ N.-Salzsäure, die zur Neutralisation nach der Verseifung nötig waren. — Eine Butter ist mit Margarine verfälscht, wenn SE kleiner ist als 5,9, wenn das Verhältnis $\frac{JE}{SE} \cdot 10$ kleiner ist als 12,5 und wenn das Verhältnis $\frac{\text{Verseifungszahl}}{SE}$ größer ist als 38. — Die Menge der zugesetzten Margarine berechnet sich nach der Formel $\frac{SE \cdot 100}{6{,}15}$. Eine Butter ist mit Cocosfett verfälscht, wenn SE kleiner ist als 5,9, das Verhältnis $\frac{JE}{SE} \cdot 10$ wenigstens 12,5 beträgt und das Verhältnis $\frac{\text{Verseifungszahl}}{SE}$ größer ist als 38. Eine Butter ist außerdem als verfälscht mit Cocosfett anzusprechen, wenn SE größer ist als 5,9 und wenn $\frac{JE}{SE} \cdot 10 + SA$ ungefähr 30 beträgt. Eine mit Cocosfett verfälschte Butter hat stets JE größer als SE. Nachstehende Tabelle gibt die so erhaltenen Werte für Verfälschungen mit Cocosfett:

Verhältnis $\frac{JE}{SE} \cdot 10$	Cocosfettgehalt	Verhältnis $\frac{JE}{SE} \cdot 10$	Cocosfettgehalt
12,5—15,0	10%	25,0—30,0	25%
15,0—20,0	15%	30,0—35,0	30%
20,0—25,0	20%	35,0—40,0	35%

Der Wert SE, multipliziert mit 4,8, ergibt die Reichert-Meißlsche Zahl.

F. Jean[1]) beurteilt das Verfahren von L. Robin sehr günstig.

3. „Alkohollöslichkeitszahl“ und „Destillatzahl“ nach G. Fendler[2]). G. Fendler hat für den Nachweis von Cocosfett in Butter und Schweinefett zwei verschiedene Verfahren vor-

[1]) Annal. chim. analyt. 1907, **12**, 472; Zeitschr. f. Untersuchung d. Nahrungs- u. Genußmittel 1909, **17**, 549.

[2]) Zeitschr. f. Untersuchung d. Nahrungs- u. Genußmittel 1910, **19**, 544.

geschlagen, von denen das erste (Bestimmung der Alkohollöslichkeitszahl) mit der Bestimmung der Reichert-Meißlschen Zahl verbunden werden kann. Im Falle des Nachweises von Cocosfett hierdurch bestätigt man den Befund durch das zweite Verfahren (Bestimmung der Destillatzahl).

Bestimmung der Alkohollöslichkeitszahl, beruhend auf der leichten Löslichkeit der Laurin- und Myristinsäure des Cocosfettes in 60 proz. Alkohol. Zur Gewinnung dieser Säuren verfährt man nach Fendler, wie folgt:

5 g Fett werden in einen Erlenmeyer-Kolben von 300 ccm Inhalt mit 10 ccm carbonatfreier alkoholischer Kalilauge (etwa 70 Vol.-% Alkohol und etwa 1,5 g Kalihydrat in 10 ccm) auf dem Wasserbade verseift; die Seife wird alsdann auf dem Wasserbade unter Einblasen von Luft bis zur Verjagung des Alkohols erwärmt, in 100 ccm kohlensäurefreiem Wasser gelöst und die Lösung auf etwa 50° abgekühlt. Darauf gibt man eine breite Messerspitze Bimssteinstückchen und 40 ccm 10 proz. Schwefelsäure hinzu, worauf man sofort mittels eines schwanenhalsförmig gebogenen Glasrohres von 20 cm Höhe und 6 mm lichter Weite, welches an beiden Enden stark abgeschrägt ist, mit einem Kühler (Länge nicht unter 50 cm) verbindet, wobei der Kolben auf ein doppeltes Drahtnetz zu stehen kommt. Es werden genau 110 ccm abdestilliert, das Destillat wird in üblicher Weise zur Ermittlung der Reichert-Meißlschen Zahl benutzt. Den im Destillationskolben verbleibenden Rückstand kühlt man auf etwa 40° ab, gibt dann ungefähr 25 ccm Petroläther hinzu, schwenkt bis zur völligen Lösung der Fettsäuren und gießt den gesamten Inhalt des Kolbens in einen graduierten Schüttelzylinder von 100 ccm Inhalt. Man spült den Kolben mit kleinen Mengen Petroläther nach, welche man mit dem Inhalt des Schüttelzylinders vereinigt, bis die ätherische Schicht darin genau 50 ccm beträgt. Nachdem man den verschlossenen Zylinder einige Male umgeschwenkt hat, läßt man die petrolätherische Schicht sich einige Minuten klären und entnimmt alsdann mittels einer Pipette 25 ccm derselben mit der Vorsicht, daß nichts von der wässerigen Flüssigkeit aufgesogen wird. Die abgenommenen 25 ccm werden in einen mit 10 g gepulvertem und getrocknetem Bimsstein[1]) beschickten Stehkolben von etwa 200 ccm Inhalt übergeführt. Durch Erwärmen auf dem Wasserbade unter stetem kräftigem Umschwenken verjagt man den Petroläther, dessen letzte Spuren durch ein viertelstündiges weiteres Erwärmen unter Ausblasen mittels des Handgebläses entfernt werden. (Auf die völlige Entfernung des Petroläthers ist besonderer Wert zu legen, weil anderenfalls zu niedrige Ergebnisse erhalten werden.) Der Kolben wird nun gut abgekühlt; sein Inhalt bildet alsdann ein sich zusammenballendes, zum Teil an den Wandungen haftendes Pulver. Man gibt hierauf mittels einer Pipette 50 ccm Alkohol vom spezifischen Gewicht 0,9123 (bei 15° C einzustellen) hinzu, verschließt den Kolben mittels eines Kautschukstopfens und schüttelt 5 Minuten lang kräftig. Dann wird der Kolben 1 Stunde lang unter häufigem Umschütteln in einem Wasserbade von 15° C belassen, worauf man den Inhalt nach dem Abtrocknen des Kolbens auf ein großes, trockenes Filter gibt. Sobald eine ausreichende Menge durchfiltriert ist, mißt man mittels einer Pipette 10 ccm des Filtrats ab und titriert sie mit $^1/_{10}$ N.-Kali- oder Natronlauge unter Verwendung von Phenolphthalein als Indicator. Die verbrauchte Menge, mit 10 multipliziert, gibt an, wieviel Kubikzentimeter $^1/_{10}$ N.-Lauge notwendig sind, um den in 60 volumproz. Alkohol bei 15° C löslichen Anteil der aus 5 g Fett erhaltenen nichtflüchtigen Säuren zu neutralisieren.

Fendler fand auf diese Weise folgende Werte:

Zur Neutralisation erforderliche	Butterfett (10 Proben)	Cocosfett (4 Proben)	Palmkernfett (1 Probe)	Schweinefett (10 Proben)
ccm $^1/_{10}$ N.-Lauge	40,0—48,0	192,5—205,0	188,0	14,0—18,0

Fendler nimmt an, daß die oberste Grenze für Butterfett 50 betrage und bei einer Zahl von 60 und mehr eine Verfälschung mit Cocosfett als vorliegend anzusehen sei; bei Zusatz von 10% Cocosfett betrug die Zahl 63—66. Für reines Schweinefett nimmt Fendler als oberste Zahl 20 an.

---

[1]) Der Bimsstein darf nach dem Befeuchten mit Wasser Lackmuspapier nicht verändern.

Bestimmung der „Destillatzahl", beruhend auf der Überführung der Fettsäuren in die Äthylester und der Bestimmung der bei 190—300° destillierbaren Mengen dieser Ester. Die Siedepunkte der Ester der Fettsäuren gibt Fendler nach der Literatur, wie folgt, an:

Siedepunkte der Äthylester der					
Buttersäure	Capronsäure	Caprylsäure	Caprinsäure	Laurinsäure	Myristinsäure
119,9°	167,0°	208,0°	245,0°	269,0°	295,0°

Die Äthylester der Palmitin-, Stearin- und Ölsäure sieden bei gewöhnlichem Druck unzersetzt über 300°.

Man verfährt in folgender Weise:

Zur Gewinnung der Äthylester aus den Fetten werden 85 g des geschmolzenen Fettes in einem etwa 300 ccm fassenden Kolben bei Butter mit 40 ccm, bei Schmalz mit 60 ccm Petroläther gemischt, worauf man bei Butter 70 ccm, bei Schmalz 60 ccm alkoholische N.-Kalilauge hinzugibt[1]) und solange schüttelt, bis die Flüssigkeit klar geworden ist, was in 1—2 Minuten erreicht wird. Man läßt über Nacht stehen, mischt alsdann mit 100 ccm 99 proz. Alkohol[2]), gibt in einen 500 ccm fassenden Schütteltrichter, gießt 200 ccm Wasser hinzu und mischt den Inhalt des Schütteltrichters durcheinander, indem man diesen etwa 10-mal sanft in horizontaler Lage um seine Achse schwenkt, ohne kräftig zu schütteln[3]). Die trübe ätherische Flüssigkeit scheidet sich alsdann sofort über der undurchsichtig trüben Seifenlösung scharf begrenzt ab. Man läßt letztere, trübe wie sie ist, ab, mischt den Inhalt des Trichters mit 45 ccm 99 proz. Alkohol, gibt 55 ccm Wasser hinzu[4]) und mischt durch gelindes Schwenken, wiederum ohne zu schütteln. Fast sofort setzt sich die meist noch trübe ätherische Fettlösung über der milchig trüben alkoholisch-wässerigen Flüssigkeit ab. Man trennt von dieser, mischt nochmals mit 45 ccm 99 proz. Alkohol, gibt abermals 55 ccm Wasser hinzu und schüttelt diesmal kräftig etwa $^1/_2$ Minute lang durch. In etwa 1 Minute setzt sich die fast klare ätherische Flüssigkeit über der mehr oder weniger klaren alkoholisch-wässerigen Flüssigkeit ab. Die erstere wird von letzterer getrennt, in eine Porzellanschale übergeführt und $^1/_2$—$^3/_4$ Stunde auf dem siedenden Wasserbade erwärmt. Die Ester sind alsdann für die Destillation fertig.

Die Destillation der Ester muß, da nicht die Gesamtmenge der Laurin- und Myristinsäure erhalten wird, um vergleichbare Werte zu erhalten, genau in der folgenden Weise vorgenommen werden:

Man wägt 50 g der Äthylester in den Destillationskolben[5]), gibt 1 ccm Äther und eine Messer-

---

1) Die alkoholische N.-Kalilauge wird in der Weise hergestellt, daß man die vielfach verwendete alkoholische Kalilauge nach Meißl (mit etwa 70 volumproz. Alkohol und etwa 1,3 g Kaliumhydroxyd in 10 ccm), deren Gehalt vorher genau zu ermitteln ist, mit 99 proz. Alkohol auf ein solches Volumen verdünnt, daß sie 56,16 g Kaliumhydroxyd im Liter enthält.

2) Sollte die Flüssigkeit durch Ausscheidungen getrübt sein, was in seltenen Fällen bei alten Butterproben eintritt, so erwärme man vor dem Alkoholzusatz bis zur Klärung.

3) Bei starkem Schütteln können Emulsionen eintreten; verfährt man jedoch genau wie oben angegeben, so werden dieselben völlig vermieden, und sämtliche drei Ausschüttelungen lassen sich in 5—6 Minuten durchführen. Schwierigkeiten hatte Fendler in dieser Beziehung unter über 100 Versuchen nur mit zwei sehr alten Butterproben, bei welchen auch die Ester Neigung zum Erstarren zeigten, während sie bei den übrigen Versuchen flüssig blieben.

4) Alkohol und Wasser müssen nacheinander und nicht im fertig gemischten Zustande zugegeben werden. Bei dem angewendeten Verfahren werden die Ester der niederen Fettsäuren größtenteils gelöst, während die der Laurin- und Myristinsäure nicht gelöst werden.

5) Der Destillationskolben soll folgende Abmessungen haben: Inhalt der Kugel 110 ccm; Länge des Halses im ganzen 16 cm, bis zum Destillationsrohransatz 9 cm, Länge des Destillationsrohres 25—30 cm; lichte Weite des Kolbenhalses 15—16 mm, des Destillationsrohres 5 mm.

spitze voll Bimssteinstückchen hinzu, worauf das Thermometer[1]) mittels eines Korkes derart in den Kolbenhals eingesetzt wird, daß der obere Rand der Quecksilberkugel mit dem unteren Rande des Destillationsrohres des Kolbens zusammenfällt. Die Skala befindet sich alsdann bis etwa zum Teilstrich +50° innerhalb des Kolbenhalses. Man schiebt sodann die Kugel des Kolbens in einen auf einem Drahtnetz stehenden zylindrischen Asbestmantel von 7 cm lichtem Durchmesser und 8 cm Höhe, so daß die Kugel das Drahtnetz berührt, und befestigt den Hals des Kolbens in üblicher Weise mit einer Klemme am Stativ. Alsdann stellt man den angezündeten, mit Schutzmantel versehenen und auf eine bestimmte Flammenhöhe[2]) eingestellten Brenner derart genau unter den Kolben, daß die Brennermündung 6,5 cm vom Drahtnetz entfernt ist. Man läßt den Brenner nun ruhig stehen, ohne ihn zu bewegen. Zunächst destilliert der zugesetzte Äther ab, nimmt Spuren von Feuchtigkeit mit und leitet so ein ruhiges Sieden ein. Nach etwa 10 Minuten erreichen die Dämpfe der siedenden Äthylester die Thermometerkugel und der Quecksilberfaden schießt unvermittelt empor, ohne daß unterhalb 200° außer dem Äther etwas überdestilliert. Sobald etwa 190° erreicht sind, stellt man als Vorlage einen in $^1/_5$—$^1/_{10}$ ccm geteilten Zylinder unter. Die Destillation beginnt bei 230—240°. Man beobachtet das Steigen des Thermometers, und sobald dasselbe zwischen 299 und 300°[3]) zeigt, nimmt man den bis dahin ruhig in seiner Stellung belassenen Brenner unter dem Kolben fort. Man läßt das Thermometer bis etwa 270° sinken, stellt den Brenner wieder unter, läßt das Quecksilber noch einmal bis genau zu der oben angegebenen Temperatur steigen, entfernt den Brenner sofort, läßt das nachfließende Destillat abtropfen und liest die Menge desselben ab. Die so erhaltene Zahl ist die „Destillatzahl".

Fendler fand nach diesem Verfahren folgende „Destillatzahlen":

Butterfett (66 Proben)	Cocosfett (3 Proben)	Palmkernfett (1 Probe)	Schweinefett (18 Proben)
2,5—6,1	40,0—42,0	37,0	0,5—1,1

Durch einen Zusatz von 10% Cocosfett erhöht sich die Destillatzahl des Butterfettes im Mittel um 3,4, durch 20% um 7,7; bei Schweinefett erhöht sich die Destillatzahl durch 10% Cocosfettzusatz um etwa 1,2—1,3, durch 20% um etwa 3,8.

A. Hepner[4]) hat dieses zweite Verfahren von Fendler bei reinen Butterfetten nachgeprüft, die bei Rübenblattfütterung gewonnen waren, und hierbei „Destillatzahlen" von 5,7—9,5 gefunden, die nach Fendlers Angaben auf Cocosfettzusatz hindeuten würden.

λλ) Aussalzungsverfahren von R. Cohn[5]). Das Verfahren gründet sich darauf, daß die Cocos- und Palmkernfettseifen im Gegensatz zu anderen Fettseifen schwer bzw. unvollständig aussalzbar sind. Dies beruht auf dem verhältnismäßig hohen Gehalt der Palmfette an Glyceriden der Capron-, Capryl- und Caprinsäure. Verseift man ein Gemisch von Butter und Cocosfett und salzt die wässerige Seifenlösung durch Kochsalz aus, so läßt sich diese Aussalzung derart gestalten, daß nur die Seifen der hochmolekularen Fettsäuren (Laurin-, Myristin-, Palmitin-, Stearin- und Ölsäure)

[1]) Um die Korrektur des herausragenden Fadens vermeiden zu können, welche bei der in Betracht kommenden Temperatur nicht unbeträchtlich ist, ist es, um vergleichbare Werte zu erhalten, erforderlich, ein ähnliches Thermometer zu verwenden, wie es Fendler angewendet hat, nämlich ein Einschlußthermometer mit der Skala —20 bis +360° C, welches von —20 bis +300° eine Skalenlänge von annähernd 22 cm besitzt. Das benutzte Thermometer muß bezüglich des Punktes 300° mit einem Normalthermometer verglichen sein. Die Temperaturangaben sind bezüglich des herausragenden Fadens unkorrigiert und beziehen sich auf normalen Barometerstand.

[2]) Die Flammhöhe wird im leuchtenden Zustande auf genau 13 cm eingestellt und dann entleuchtet. Die Brennermündung soll eine lichte Weite von 9 mm haben.

[3]) Korrigiert unter den angegebenen Verhältnissen = 309—310°.

[4]) Zeitschr. f. Untersuchung d. Nahrungs- u. Genußmittel 1911, **21**, 758.

[5]) Chem.-Ztg. 1907, **31**, 855; Zeitschr. f. öffentl. Chemie 1907, **13**, 308; Zeitschr. f. Untersuchung d. Nahrungs- u. Genußmittel 1908, **15**, 299 u. **16**, 407.

vollkommen ausgesalzen werden, nicht aber die der Capron-, Capryl- und Caprinsäure. Letztere bleiben daher im Filtrat von der Seifenabscheidung in Lösung und lassen sich durch Zusatz von Mineralsäuren ausfällen und somit nachweisen. Zur Ausführung der Methode verfährt man bei Schweinefett, Talg, Kakaofett, Sesam-, Erdnuß-, Baumwollsamen-, Rapsöl und anderen Fetten, welche frei sind von Capron-, Capryl- und Caprinsäure, wie folgt:

5—6 g des geschmolzenen, klar filtrierten Fettes werden auf der Tarierwage in einen Stehkolben von $^1/_4$ l Inhalt hineingewogen und mit 10 ccm alkoholischer Kalilauge von 70% Alkohol genau wie bei der Reichert-Meißlschen Methode verseift. Der Alkohol wird dann im siedenden Wasserbade unter Einblasen von Luft vertrieben und die Seife in 100 ccm warmem Wasser gelöst. Nach dem Erkalten wird die Seifenlösung in ein Becherglas übergeführt, ohne mit Wasser nachzuspülen, und unter Umrühren mit 100 ccm einer kalt gesättigten Kochsalzlösung versetzt. (Diese wird durch Auflösen von etwa 400 g Handelskochsalz in 1 l Wasser bereitet; die Lösung wird stark durchgeschüttelt und klar filtriert.) Durch den Kochsalzzusatz werden dicke, krümelige, weiße Seifenmassen aus der Seifenlösung abgeschieden; sie werden nach etwa 15 Minuten abgesogen, bis etwa 90 ccm Filtrat erhalten worden sind. Hierzu werden dann weitere 100 ccm der Kochsalzlösung zugefügt und die hierdurch verursachte Seifenabscheidung nach 10 Minuten durch ein Faltenfilter in einen Erlenmeyer-Kolben von $^1/_2$ l Inhalt filtriert. Fügt man alsdann zu dem klaren Filtrate 2—3 ccm Salzsäure (spezifisches Gewicht 1,12) hinzu, so entsteht, falls Palmfett vorhanden ist, sofort eine milchige Trübung , wogegen die Lösung bei palmfettfreien Fetten klar und durchsichtig bleibt. Die milchige Trübung nimmt mit der Zeit noch zu; man beobachtet diese Zunahme vorteilhaft, indem man die Flüssigkeit in ein schmales Becherglas von etwa 10 cm Höhe gießt und es auf eine schwarze Unterlage oder auf ein beschriebenes weißes Blatt Papier stellt. Liegt reines Cocosfett vor, so läßt sich bereits nach wenigen Minuten die Schrift nicht mehr durch die Flüssigkeit hindurch erkennen, während bei Fetten, welche 15% Cocosfett oder weniger enthalten, erst nach 1—2 Stunden die Schriftzüge unleserlich werden. Bei Fetten, welche frei von Cocosfett sind, bleibt die Lösung selbst bei stundenlangem Stehen unverändert klar und durchsichtig.

Für den Nachweis von Palmfetten in Butter bedarf die Methode einer kleinen Abänderung, weil in dem Butterfett ebenfalls Capron-, Capryl- und Caprinsäure in geringen Mengen enthalten ist, welche bei der oben beschriebenen Aussalzung größtenteils in Lösung bleiben. Die Aussalzung muß verstärkt, darf jedoch nicht zu weit getrieben werden. Man verfährt zunächst genau wie bereits beschrieben, nur bei der zweiten Aussalzung nimmt man statt 100 ccm Kochsalzlösung die doppelte Menge. Versetzt man nunmehr 250 ccm der nach 10 Minuten langem Stehen durch ein Faltenfilter klar filtrierten Lösung mit 3—5 ccm Salzsäure (spezifisches Gewicht 1,12), so bleibt bei reiner Butter diese Lösung entweder vollständig klar, oder sie nimmt eine schwache Opalescenz ein, welche bei längerem Stehen der Lösung nicht zunimmt; vielmehr bleibt die Flüssigkeit durchsichtig, so daß sich Schriftzüge auf dem Papier selbst nach mehreren Stunden noch deutlich durch die Lösung hindurch lesen lassen. Bei Gegenwart von Cocosfett (10—15%) tritt die bereits beschriebene, mit der Zeit immer stärker werdende milchige Trübung auf, welche die Flüssigkeit undurchsichtig macht.

Liegen geringere Mengen als 10% Cocosfett vor, so wendet man 10 g Fett an, verseift mit 20 ccm Lauge, löst in 125—150 ccm Wasser und salzt zuerst mit 200 ccm und sodann mit 300 ccm Kochsalzlösung aus; zum letzten Filtrat setzt man dann 5 ccm konzentrierte Salzsäure hinzu. Es lassen sich nach R. Cohn nach diesem Verfahren noch 5% Cocosfett nachweisen.

Es ist aber unerläßlich, daß man sich über diese verschiedenen Erscheinungen durch Versuche mit reiner Butter, sowie mit Mischungen von Butter und Cocosfett in wechselnden Mengen erst völlig klar wird, bevor man an die Untersuchung von unbekannten Fettgemischen herangeht.

Zu bemerken ist noch, daß die Seifen der Buttersäure zwar ebenfalls nicht ausgesalzen werden, sondern in Lösung bleiben, ihre Gegenwart in der Lösung wirkt jedoch nicht störend, weil die durch die Salzsäure abgeschiedene Buttersäure in der wässerigen Kochsalzlösung klar löslich ist.

Das Verfahren ist bei stark ranzigen Fetten, welche sich beim Verseifen intensiv bräunen, nicht anwendbar, weil sich nach Annahme von R. Cohn beim Ranzigwerden mehr oder weniger große Mengen von Capron-, Capryl- und Caprinsäure bilden, worauf auch das Versagen des Polenskeschen Verfahrens bei ranzigen Fetten zurückzuführen ist.

$\mu\mu$) **Optisches Verfahren von G. Cesaro.** G. Cesaro[1]) hat ein Verfahren zum Nachweise von Cocosfett in Butter beschrieben, welches auf dem optischen Verhalten der Cocosfettglyceride im Polarisationsmikroskope beruht, das wesentlich verschieden ist von dem der Butter. Die Krystalle des Cocosfettes haben optisch positiven Charakter, d. h. ihre optische Hauptachse liegt in der Richtung der Längsachse, während die Fettkrystalle der übrigen Fette (Butterfett, Margarine usw.) optisch negativ sind. Wenn das Cocosfett der Butter im festen Zustande zugesetzt ist, kann der Nachweis direkt unter dem Polarisationsmikroskop erfolgen; ist dagegen das Cocosfett im geschmolzenen Zustande mit dem Butterfette vermischt worden, so muß man die Cocosfettglyceride zunächst wieder mit Alkohol aus dem Gemisch extrahieren und krystallisieren lassen. L. Herlant[2]) hat das Verfahren eingehender beschrieben; es erscheint nicht aussichtslos. Da es indessen noch nicht eingehender geprüft zu sein scheint, begnügen wir uns hier mit diesem Hinweise.

$\nu\nu$) **Sonstige Verfahren.** Von den sonstigen zum Nachweise von Cocosfett in Butter vorgeschlagenen Verfahren seien die nachfolgenden hier kurz angeführt:

1. Das Verfahren von T. R. Hodgson[3]), beruhend auf der Oxydation der Fettsäuren mit Kaliumpermanganat, ist nach H. D. Gibbs und F. Agcaoili[4]), R. Ross und J. Race[5]), sowie G. R. Thompson und J. Race[6]) unbrauchbar.

2. E. Hinks[7]) hat ein Verfahren zum qualitativen Nachweis von Cocosfett in Butter vorgeschlagen, welches den Nachweis von 5—10% Cocosfett in Butter gestatten soll und auf der mikroskopischen Untersuchung des bei 5° in Alkohol löslichen, aber bei 0° sich daraus ausscheidenden Anteiles des Fettes beruht. R. Ross[8]) hat versucht, dieses Verfahren quantitativ zu gestalten, aber keine befriedigenden Ergebnisse erhalten.

3. W. Ludwig und H. Haupt[9]) haben eine Farbenreaktion zum Nachweise von Cocosfett in Butter angegeben.

c) Nachweis von fremden tierischen Fetten. Der Nachweis von fremden tierischen Fetten (Schweinefett, Rinds- und Hammeltalg, Oleomargarin) in Butter ist meistens schwierig.

α) Für den **Nachweis von Schweinefett** hat E. Polenske sein „Differenzzahl"-Verfahren vorgeschlagen; über dessen Ausführung vgl. I. Teil S. 352 und hier S. 354, ferner unten. Polenske fand für Butterfett folgende Zahlen:

Schmelzpunkt	Erstarrungspunkt	Differenzzahl
34,5—35,5°	21,2—22,7°	11,8—14,3

Die geringste in Butterfett nachweisbare Schweinefettmenge ist nach Polenske abhängig von der Beschaffenheit des Schweinefettes und der Höhe der Differenzzahl des damit versetzten Butterfettes. Da bei der starken Schwankung der letzteren Zahl zuweilen selbst

---

1) Bull. de l'Acad. roy. de Belgique, Cl. des Sciences 1907, 1004—1019; Chem. Centralbl. 1908, I, 1611.

2) Publications du 12. Congrès de l'Alimentation Lüttich 1912, 394—403; Zeitschr. f. Untersuchung d. Nahrungs- u. Genußmittel 1913, **26**, 214.

3) Chem. News 1907, **96**, 273 u. 288; Zeitschr. f. Untersuchung d. Nahrungs- u. Genußmittel 1909, **17**, 56.

4) Philippine Journ. Science 1907, **2**, 371; Zeitschr. f. Untersuchung d. Nahrungs- u. Genußmittel 1909, **18**, 327.

5) Chem. News 1908, **97**, 110; Zeitschr. f. Untersuchung d. Nahrungs- u. Genußmittel 1909, **18**, 613.

6) Chem. News 1908, **97**, 146; Zeitschr. f. Untersuchung d. Nahrungs- u. Genußmittel 1909, **18**, 613.

7) Analyst 1907, **32**, 160; Zeitschr. f. Untersuchung d. Nahrungs- u. Genußmittel 1908, **16**, 263.

8) Analyst 1908, **33**, 457; Zeitschr. f. Untersuchung d. Nahrungs- u. Genußmittel 1909, **17**, 552.

9) Zeitschr. f. Untersuchung d. Nahrungs- u. Genußmittel 1907, **13**, 605.

Buttergemische mit 25% Schweinefett nicht nachweisbar sein würden, empfiehlt Polenske, um das Verfahren empfindlicher zu machen, Gemische von 75% des Butterfettes mit 25% Rindstalg herzustellen, weil bei derartigen Gemischen die Differenzzahlen in wesentlich engeren Grenzen, nämlich zwischen 14,0—14,7% schwanken; infolgedessen lassen sich noch Polenske Schweinefettzusätze von 20% in den meisten Fällen durch Differenzzahlen von über 15° nachweisen. Bei einem Butterfette mit dem Schmelzpunkte 34,5°, dem Erstarrungspunkte 22,0° (bei einer Temperatur des Kühlbades von 16°) und der Differenzzahl 12,5 stiegen durch die Beimischung von 25% Rindstalg die betreffenden Zahlen auf 41,3°, 27,1° und 14,2, und es ließen sich in diesem Gemische Zusätze von 20% amerikanischem Schweinefett und 15% Liesenfett durch die Differenzzahlen 15,1 nachweisen.

Nach Polenske ist Butter als mit Schweinefett — oder anderen Fetten, welche eine höhere Differenzzahl als Butterfett haben — versetzt anzusehen, wenn bei dem aus 75 Teilen Butterfett und 25 Teilen Rindstalg hergestellten Gemische eine höhere Differenzzahl als 15 bei dem ursprünglichen Butterfette dagegen eine niedrigere Differenzzahl als in dem Talggemisch erhalten wird. Der zu der Mischung zu verwendende Rindstalg soll möglichst einen Schmelzpunkt von 49,0—49,7° und eine Differenzzahl von 14,4—14,6 haben, jedoch kann auch, wenngleich mit geringerem Erfolge, ein Talg oder ein Gemisch mehrerer Talge mit der Differenzzahl von 14,2 verwendet werden. Derartiger harter Rindstalg ist, im Eisschranke aufbewahrt, nach Polenske sehr lange Zeit haltbar.

K. Fischer und K. Alpers[1]), M. Fritzsche[2]) sowie L. Laband[3]) haben das Polenskesche Verfahren nachgeprüft. Fischer und Alpers fanden bei reiner Butter Differenzzahlen, die z. T. weit außerhalb der von Polenske angegebenen Grenzen lagen, nämlich bei den reinen Butterfetten zwischen 12,93 und 16,41 und bei den Butterfett-Talg-Gemischen zwischen 13,93 und 15,63 schwankten. Fritzsche fand bei 126 Proben reiner holländischer Butterfette Schwankungen der Differenzzahlen von 11,15 (Dezember-Butter) bis 16,45 (Mai-Butter).

β) Brauchbarere Ergebnisse für den Nachweis von Schweinefett in Butterfett scheint das allerdings nur erst bei wenigen Proben durchgeführte Verfahren von A. Bömer und R. Limprich (vgl. S. 445) zu liefern, das auf der Bestimmung der Schmelzpunktsdifferenz der aus dem Butterfett abgeschiedenen festen Glyceride und ihrer Fettsäuren beruht. Wir begnügen uns einstweilen mit diesem Hinweise.

γ) Unter gewissen Umständen kann zum Nachweise tierischer Fette in Butter auch das Verhalten der Butter im Polarisationsmikroskope dienen, doch ist zu berücksichtigen, daß die sog. aufgefrischte Butter und auch eine mit festen Pflanzenfetten[4]) versetzte Butter dasselbe Verhalten zeigt, wie mit tierischen Fremdfetten versetzte Butter. Über die Grundlagen dieses Verfahrens und seine Durchführung vgl. oben S. 360.

δ) J. Lewkowitsch[5]) hält für den Nachweis tierischer Fremdfette in Butterfett die Bestimmung des spezifischen Gewichtes für wertvoll, es erscheint aber sehr fraglich, ob hierdurch mehr erreicht werden kann, als durch die sonstigen Untersuchungsverfahren.

11. *Untersuchung des Butterfettes auf fremde Farbstoffe.*

Die Ausführungsbestimmungen D vom 22. Februar 1908 zum Fleischbeschau-Gesetze vom 3. Juni 1900 enthalten für den Nachweis fremder Farbstoffe[6]) in Fetten folgende Vorschriften:

---

[1]) Zeitschr. f. Untersuchung d. Nahrungs- u. Genußmittel 1909, **17**, 181.

[2]) Ebendort, S. 532.

[3]) Ebendort, **18**, 289.

[4]) Vgl. auch S. 393 über das optische Verhalten des Cocosfettes (Verfahren von G. Cesaro).

[5]) J. Lewkowitsch, Chemische Technologie und Analyse der Öle, Fette und Wachse. Braunschweig, Fr. Vieweg & Sohn, 1905, **2**, 441.

[6]) Mit Saflor gefärbte Fette sollen, wie Fendler behauptet, nach diesem Verfahren nicht nachweisbar sein, dagegen nach dem Essigsäureverfahren von H. Sprinkmeyer und H. Wagner erkannt werden können.

„Die Gegenwart fremder Farbstoffe erkennt man durch Auflösen des geschmolzenen Fettes (50 g) in absolutem Alkohol (75 ccm) in der Wärme. Bei künstlich gefärbten Fetten bleibt die unter Umschütteln im Eis abgekühlte und filtrierte alkoholische Lösung deutlich gelb oder rötlich-gelb gefärbt. Die alkoholische Lösung ist in einem Probierrohre von 18—20 mm Weite im durchfallenden Lichte zu beobachten.

Zum Nachweise bestimmter Teerfarbstoffe werden 5 g Fett in 10 ccm Äther oder Petroleumäther gelöst. Die Hälfte der Lösung wird in einem Probierröhrchen mit 5 ccm Salzsäure vom spezifischen Gewicht 1,124, die andere Hälfte der Lösung mit 5 ccm Salzsäure vom spezifischen Gewicht 1,19 kräftig durchgeschüttelt. Bei Gegenwart gewisser Azofarbstoffe ist die unten sich absetzende Salzsäureschicht deutlich rot gefärbt."

H. Sprinkmeyer und H. Wagner[1]) empfehlen folgendes Verfahren:

10 ccm geschmolzenes Fett werden in einem kleinen Schütteltrichter, wie ein solcher zum Nachweise von Sesamöl in Margarine gebraucht wird, in 10 ccm Petroläther gelöst; die Lösung wird alsdann nach Zusatz von 15 ccm Eisessig kräftig durchgeschüttelt. Ein Farbstoffzusatz ist an der Gelb- oder Rosafärbung des sich als untere Schicht absetzenden Eisessigs erkennbar. Bei nur geringer Farbstoffanwesenheit empfiehlt es sich, die Eisessigfarbstofflösung in eine Porzellanschale zu bringen und sie auf dem Wasserbade einzuengen.

G. Fendler[2]) hat vorgeschlagen, zu vorstehender Reaktion statt Eisessig eine Essigsäure vom spezifischen Gewicht 1,0610 (97—98%) zu verwenden. Nach diesem Verfahren sind nachweisbar die künstlichen Färbungen mit Saflor, Safran, Ringelblume, Orleans, Curcuma, Anilingelb, Tropaeolin und Dimethylamidoazobenzol (Buttergelb), nicht dagegen die mit Martiusgelb.

Fendler verwendet zum Farbstoffnachweise das von J. Vandriken[3]) beobachtete Verhalten von Fetten gegen salpetrige Säure und schlägt folgende Arbeitsweise vor:

Man übergießt in einem Kölbchen ein Stück Kaliumnitrat mit Äther, fügt etwas verdünnte Schwefelsäure hinzu und wartet etwa 1 Minute. Darauf mischt man in einem Reagensglase 1 Vol. geschmolzenes Fett mit 2 Vol. des klar abgegossenen, genügend salpetrige Säure enthaltenden Äthers, der jedesmal frisch zu bereiten ist. Nach Fendler werden natürliches Butterfett und Premier jus hierbei sofort entfärbt und bleiben auch längere Zeit farblos, ebenso werden entfärbt die mit Saflor, Ringelblume, Orleans, Safran und Martiusgelb gefärbten Fette, während nicht entfärbt, also nachgewiesen werden können, die mit Curcuma, Anilingelb, Tropaeolin und Dimethylamidoazobenzol (Buttergelb) gefärbten Fette (Butter und Premier jus). — Schweinefett löst sich zunächst farblos, nimmt aber beim Stehen einen gelblichen Farbenton an. Lebertran, Sesamöl, Erdnußöl und Leinöl werden nicht entfärbt, die Färbungen werden im Gegenteil, namentlich bei Sesamöl, viel stärker.

Fendler schließt aus seinen Versuchen, daß keine von den bisher bekannten Verfahren den Nachweis aller künstlichen Färbungen erkennen läßt, er hält es deshalb für zweckmäßig, in Zweifelsfällen mehrere Verfahren anzuwenden.

Ferner sind noch folgende Vorschläge gemacht:

a) Wenn beim Auslassen der Butter die sich absetzende wässerige Schicht eine gelbe Farbe haben sollte, so führt man mit der klar filtrierten, wässerigen Schicht folgende Reaktionen aus:

α) Bewirkt ein Zusatz von Ammoniak oder Alkalien eine Bräunung bzw. braunrote Färbung der Flüssigkeit, so ist die Butter mit Curcuma gefärbt.

β) Wird die Flüssigkeit auf Zusatz von konzentrierter Schwefelsäure blau und scheiden sich auf Zusatz von Wasser schmutziggrüne Flocken aus, so deutet das auf Orleans hin; geht hin-

---

[1]) Zeitschr. f. Untersuchung d. Nahrungs- u. Genußmittel 1905, **9**, 598.

[2]) Chem. Revue d. Fett- u. Harz-Ind. 1905, **12**, 207 u. 237; Zeitschr. f. Untersuchung d. Nahrungs- u. Genußmittel 1906, **11**, 624.

[3]) Annal. de Pharm. 1901, **7**, 110; Zeitschr. f. Untersuchung d. Nahrungs- u. Genußmittel 1901, **4**, 978.

gegen die blaue Färbung bald in Lila oder ins Violettbraune über und bewirkt in einer anderen Probe Citronensäure eine grasgrüne Färbung, so ist auf Saflor zu schließen.

γ) Entsteht auf Zusatz von Salzsäure ein krystallinischer Niederschlag unter gleichzeitiger Entfärbung der Flüssigkeit, so war Viktoriagelb (Dinitrokresolkalium, Safransurrogat) zugesetzt; dieses geht durch Schütteln der wässerigen Flüssigkeit mit Benzol in letzteres über und färbt es gelb. Tritt beim Bilden des gelben Niederschlages keine Entfärbung der Flüssigkeit ein, so ist Martiusgelb vorhanden; Zusatz von Ätznatron zu einer anderen Probe bewirkt dann einen rotbraunen Niederschlag.

δ) Bildet sich auf Zusatz von Eisenchlorid ein flockiger Niederschlag mit schwärzlich-brauner Farbe, so sollen Ringelblumen, entsteht eine braunschwarze Färbung, so soll Saflor, entsteht eine dunkelbraunrote Färbung, so soll Safran verwendet sein.

b) In der Regel wendet man aber die Butterfarben in Öllösung[1]) an und diese Farben gehen durchweg nicht in das Abschmelzwasser über; man muß daher das Butterfett auf fremde Farbstoffe prüfen.

A. R. Leeds[2]) verfährt zu dem Zweck, wie folgt:

Von Butter und Kunstbutter werden 10 g in 300 ccm reinem Petroläther (vom spezifischen Gewicht 0,638) gelöst; die Lösung wird mittels eines Scheidetrichters von Wasser und Salzen getrennt und im Scheidetrichter wiederholt mit Wasser, im ganzen mit 100 ccm, gewaschen. Sodann läßt man die Fettlösung im Winter in der Kälte, im Sommer in eiskaltem Wasser 15—20 Stunden stehen, wobei viel Stearin auskrystallisiert. Die hiervon abdekantierte klare Lösung wird mit 50 ccm $^1/_{10}$ N.-Kalilauge geschüttelt, wobei die Farbstoffe dem Petroläther entzogen werden. Die wässerige Farbstofflösung trennt man von der Fettlösung und säuert sehr sorgfältig mit verdünnter Salzsäure an, bis die Lösung gegen Lackmuspapier eben sauer reagiert. Hierbei wird der Farbstoff (zugleich mit sehr wenig Fettsäure) abgeschieden. Man filtriert ihn durch ein tariertes Filter und wäscht mit kaltem Wasser. Zu beachten ist, daß die Lösung der Fette in Petroläther stets eine hellgelbe Farbe hat, die von den Fetten und Ölen selbst herrührt.

Zur Erkennung der einzelnen Farbstoffe versetzt man je 2—3 Tropfen ihrer alkoholischen Lösung mit je 2—3 Tropfen konzentrierter Schwefelsäure, konzentrierter Salpetersäure, Schwefelsäure + Salpetersäure und konzentrierter Salzsäure. Hierbei treten folgende Reaktionen ein:

Farbstoff	Der Farbstoff wird beim Zusatz von			
	konz. Schwefelsaure	konz. Salpetersaure	Schwefelsäure + Salpetersaure	konz. Salzsäure
Anatto	indigoblau; geht in Violett über	blau; wird beim Stehen farblos	blau; wird beim Stehen farblos	keine Veränderung, nur leicht schmutzig-gelb oder braun
Anatto + entfärbte Butter	blau; wird grün und allmählich violett	blau, durch Grün und gebleicht	entfärbt	keine Veränderung, nur leicht schmutzig-gelb
Curcuma[3])	rein violett	violett	violett	violett; beim Verdampfen der HCl kehrt die ursprüngliche Farbe wieder

[1]) M. Fritzsche (Zeitschr. f. Untersuchung d. Nahrungs- u. Genußmittel 1909, **17**, 528) fand in zwei Butterfarben auch 53 und 60% Mineralöl.

[2]) Analyst 1887, **12**, 150; Chem.-Ztg. 1887, **11**, Rep. 188.

[3]) Curcuma wird durch Ammoniak rötlich-braun und beim Vertreiben des Ammoniaks kehrt die ursprüngliche Farbe zurück.

Farbstoff	Der Farbstoff wird beim Zusatz von konz. Schwefelsäure	konz. Salpetersäure	Schwefelsäure + Salpetersäure	konz. Salzsäure
Curcuma + entfärbte Butter	violett bis purpurn	violett bis rötlich-violett	violett bis rötlich-violett	sehr schön violett
Safran	violett bis kobaltblau, wird rötlichbraun	hellbraun, wird hellrötlich-braun	hellblau; wird hellrötlich-braun	gelb; wird schmutzig-gelb
Safran + entfärbte Butter	dunkelblau, wird schnell rötlichbraun	blau, durch Grün in Braun	blau; wird schnell purpurn	gelb; wird schmutzig-gelb
Mohrrübe	umbrabraun	entfärbt	gibt NO_2-Dämpfe und Geruch nach verbranntem Zucker	nicht entfärbt
Mohrrübe + entfärbte Butter	rötlich-braun bis purpurn, ähnlich Curcuma	gelb und entfärbt	gelb und entfärbt	leicht braun
Ringelblume	dunkelviolettgrün, bleibend	blau; geht augenblicklich in Schmutziggelbgrün über	grün	grün bis gelblichgrün
Saflorgelb	hellbraun	teilweise entfärbt	entfärbt	keine Veränderung
Anilingelb	gelb	gelb	gelb	gelb
Martiusgelb	blaßgelb	gelb, rötliche Fällung	gelb	gelbe Fällung; verpufft beim Behandeln mit NH_3 und Glühen
Viktoriagelb	teilweise entfärbt	teilweise entfärbt	teilweise entfärbt	entfärbt; die Farbe kehrt wieder beim Neutralisieren mit NH_3

Stebbins[1]) schmilzt 50 g des filtrierten Fettes in einem engen Becherglase auf dem Wasserbade, rührt 5—10 g fein gepulverte Walkerde (weißen Bolus) ein und läßt nach 3 Minuten langem Durchrühren auf dem Wasserbade absitzen. Man gießt möglichst viel Fett ab, gibt 20 ccm Benzol hinzu, rührt durch, läßt absitzen, gießt das Benzol auf ein Filter ab und wiederholt das Auswaschen mit Benzol, bis alles Fett entfernt ist. Das Filter wird mit Benzol gewaschen und die Filtrate werden vereinigt. In denselben ist das Carotin enthalten, auf welches nach vorstehender Tabelle geprüft wird. Die Walkerde wird auf dem Wasserbade von Benzol befreit, 3-mal mit etwa 20 ccm 94 proz. Alkohol ausgekocht, die Auszüge in einer tarierten Schale verdampft, der Rückstand bei 100° getrocknet und gewogen bzw. nach den vorstehend angegebenen Reaktionen auf die Natur des Farbstoffes geprüft.

[1]) Journ. Amer. Chem. Soc. 1887, **9**, 41; Analyst 1887, **12**, 150.

Nachweis der Verfälschungen und Beurteilung auf Grund der Analyse.

1. Zusammensetzung der Butter (Gehalt an Wasser, Fett usw.) und Zusatz von Frischhaltungsmitteln. Die Beurteilung der Butter hinsichtlich ihres Gehaltes an Wasser, Fett, Casein, Salzen usw. bietet keine Schwierigkeiten, da die hierauf gerichteten Untersuchungsverfahren hinreichend genau sind und zu Zweifeln in der Regel keinen Anlaß geben.

a) Für die Beurteilung des Wassergehaltes dürften in Beanstandungsfällen in erster Linie nur die genauen wissenschaftlichen Verfahren maßgebend sein. Ist durch eine der Schnellmethoden ein zu hoher Wassergehalt nachgewiesen, so empfiehlt es sich, diesen Befund durch eines der genauen wissenschaftlichen Verfahren nachzuprüfen.

b) Ein Zusatz von Quark, Kartoffelbrei, Getreidemehl und ähnlichen Stoffen kann auf Grund der quantitativen chemischen Bestimmung dieser Stoffe bzw. ihrer wesentlichen Bestandteile (Stärke usw.) unter Zuhilfenahme des Mikroskopes seiner Art und Menge nach in der Regel leicht bestimmt werden. Bei der Berechnung der Menge des Zusatzes ist jedoch zu berücksichtigen, daß die genannten Stoffe nicht im wasserfreien Zustande zugesetzt zu werden pflegen, sondern in der im Handel üblichen Zusammensetzung, z. B. Kartoffelmehl mit einem Gehalt an Wasser von etwa 20%, Quark mit einem solchen von etwa 40—60%, wobei der natürliche Caseingehalt der Butter in Berücksichtigung zu ziehen ist usw.

c) Frischhaltungsmittel können durch die angegebenen qualitativen Verfahren ihrer Art nach mit hinreichender Zuverlässigkeit erkannt werden. Die Bestimmung ihrer Menge bietet jedoch bei den meisten derselben bis jetzt noch Schwierigkeiten; bei der Borsäure dürfte diese mit hinreichender Genauigkeit erfolgen können. Im allgemeinen begnügt man sich daher bis jetzt mit dem qualitativen Nachweise der Frischhaltungsmittel. Das gleiche wie für die Frischhaltungsmittel gilt auch für den Nachweis von Neutralisationsmitteln.

2. Nachweis der Verdorbenheit. a) Der Gehalt des Butterfettes an freien Fettsäuren (Säuregrad) nimmt zwar im allgemeinen mit der Ranzigkeit zu; trotzdem kann aber ein erhöhter Säuregrad nicht allein als ein Beweis für die Verdorbenheit (Ranzigkeit) angesehen werden, da es einerseits Butter mit höherem Gehalt an freien Säuren gibt, die trotzdem nicht ranzig ist und andererseits auch Ranzigkeit ohne abnorm hohen Gehalt an freien Fettsäuren beobachtet wird.

b) Der Säuregrad feiner Tafelbutter hält sich unter 5° und soll im allgemeinen 8° nicht überschreiten. Damit soll jedoch nicht gesagt sein, daß Butter mit höherem Gehalt an freien Fettsäuren verdorben ist, denn solche läßt sich sehr wohl zum Kochen und Braten verwenden. Auf Grund des Säuregrades allein kann daher eine Butter bzw. ein Butterschmalz nicht als verdorben erklärt werden, solange nicht eine schädliche physiologische Wirkung der freien Fettsäuren in nicht ranzigem Butterfett nachgewiesen ist.

c) Die mikroskopische und bakteriologische Untersuchung liefert nur in wenigen Fällen Anhaltspunkte für die Verdorbenheit der Butter. Insbesondere kann der Beginn einer Zersetzung durch höhere Pilze auf mikroskopischem Wege gelegentlich schneller und sicherer als durch die rein sinnliche Prüfung erbracht werden. Die bakteriologische Untersuchung ist, abgesehen von der aus dem Rahmen der Nahrungsmittelkontrolle herausfallenden Aufklärung von Butterfehlern, wegen ihrer langen Dauer für die Prüfung auf Verdorbenheit, wenig brauchbar. Die Keimzahl an sich gibt hierüber keine Aufklärung (vgl. S. 359). Nur in bezug auf die Anwesenheit pathogener Keime ist die bakteriologische und mikroskopische Untersuchung allein maßgebend.

d) Als das brauchbarste Verfahren zum Nachweise der Verdorbenheit von Butter ist daher zurzeit noch die Geschmacks- und Geruchsprobe anzusehen. Doch ist hierbei besondere Vorsicht zu empfehlen, da der Geschmack gerade hinsichtlich der Beurteilung der Butter sehr verschieden ist. Auch ist zu berücksichtigen, daß eine Butter, welche auch nach der Geschmacks- und Geruchsprobe zum direkten Genuß nicht mehr brauchbar ist, trotzdem noch zu Kochzwecken Verwendung finden kann. In zweifelhaften Fällen dürfte es sich empfehlen, die Geschmacksprobe auch durch einen erfahrenen praktischen Sachverständigen (Butterhändler usw.) ausführen zu lassen.

e) Als verdorben ist Butter (Butterschmalz) anzusehen, welche in dem Maße ranzig, sauer-ranzig, faulig, sauer-faulig, talgig, ölig, dumpfig (mulstrig, grabelnd), schimmelig, kratzend, bitter oder sonst ekelerregend riecht oder schmeckt, oder auf andere Weise so tiefgreifend verändert oder sonst so stark verunreinigt ist, daß sie für den bestimmungsgemäßen Gebrauch nicht geeignet ist.

3. Nachweis aufgefrischter Butter. Hinsichtlich der Beurteilung der Verfahren zum Nachweise aufgefrischter Butter fand Ch. A. Crampton[1]), der sich eingehender mit der Untersuchung aufgefrischter Butter beschäftigt und eine größere Anzahl von derartigen Proben auf ihr Verhalten im Polarisationsmikroskop, bei der „Löffelprobe" und bei der Waterhouseschen Probe vergleichend untersucht hat, daß alle drei Verfahren nicht immer einwandfreie Ergebnisse liefern; für am zuverlässigsten hält er die Waterhousesche Probe (S. 363). Seine und die übrigen amerikanischen Angaben beziehen sich anscheinend durchweg auf die Unterscheidung von natürlicher und aufgefrischter Butter als solcher, und in dieser Hinsicht wird auch die Untersuchung im Polarisationsmikroskope dem, der sich mit diesem Untersuchungsverfahren hinreichend vertraut gemacht hat, keine Schwierigkeiten bereiten. Anders liegen jedoch die Verhältnisse, wenn natürliche Butter nur mit mäßigen Mengen wiederaufgefrischter Butter vermischt wird, wie dies vielfach geschieht. Hier werden die meisten der angegebenen Untersuchungsverfahren mehr oder weniger im Stich lassen; am ehesten wird jedoch wahrscheinlich die Untersuchung im Polarisationsmikroskope zum Ziele führen, wenngleich bei ihrer Anwendung aus den oben (S. 360) angegebenen Gründen bei nur geringen Mengen polarisierender Krystalle Vorsicht in den Schlußfolgerungen geboten ist.

4. Nachweis fremder Fette im Butterfett. Der Nachweis von fremden Fetten im Butterfette bietet unter Umständen große Schwierigkeiten. Diese sind nicht so sehr dadurch bedingt, daß den Untersuchungsverfahren selbst Mängel bezüglich der zu erreichenden Genauigkeit anhaften, sondern es liegt das zeitweise vollständige Versagen eines Teiles dieser Verfahren an den großen Schwankungen in der Zusammensetzung der Butter selbst. Infolge im allgemeinen abnormer, aber auch zeitweise unter bestimmten Verhältnissen mit einer gewissen Regelmäßigkeit auftretender Umstände gleicht das reine Kuhbutterfett in seiner Zusammensetzung einem Gemische von normalem Kuhbutterfett mit Rindstalg.

Man hat hie und da angenommen, in derartigen Fällen durch die gleichzeitige Bestimmung mehrerer analytischen Konstanten (spezifisches Gewicht, Refraktometerzahl, Reichert-Meißlsche Zahl, Verseifungszahl, Hehnersche Zahl, Jodzahl, Molekulargewicht der nichtflüchtigen Fettsäuren usw.) ein zuverlässigeres Urteil über die Reinheit eines Butterfettes erhalten zu können, als wenn man nur die Reichert-Meißlsche Zahl und die Verseifungszahl bestimmt. Diese Ansicht ist im allgemeinen nicht zutreffend. Die nach den vorgenannten Verfahren erhaltenen Werte sind durchweg von denselben Bestandteilen abhängig, nämlich von dem mehr oder minder hohen Gehalte des Butterfettes an Glyceriden der niederen Fettsäuren einerseits und den im umgekehrten Verhältnisse dazu stehenden mehr oder minder hohen Gehalte an Glyceriden der höheren Fettsäuren andererseits. Es besagen uns daher — wenn wir von einer Verfälschung mit Cocosfett absehen — auffallend niedrige Werte für das spezifische Gewicht, die Reichert-Meißlsche Zahl und die Verseifungszahl hinsichtlich der Reinheit des betreffenden Butterfettes nach unseren heutigen Erfahrungen nichts mehr

[1]) Journ. Americ. Chem. Soc. 1903, **25**, 358—366; vgl. Zeitschr. f. Untersuchung d. Nahrungs- u. Genußmittel 1904, **7**, 43—44.

und nichts weniger als auffallend hohe Werte für die Refraktometerzahl, die Hehnersche Zahl, die Jodzahl und das Molekulargewicht der nichtflüchtigen Fettsäuren.

Sehr gut werden diese Beziehungen veranschaulicht durch die umfangreichen Untersuchungen von Th. E. Thorpe[1]), der 357 zuverlässig reine, unter den verschiedensten Verhältnissen in England gewonnene Butterfettproben untersuchte. Thorpe hat aus den gefundenen Einzelwerten in der Weise Mittelzahlen berechnet, daß er bei den Butterfettproben mit den Reichert-Meißlschen Zahlen 22,0—22,9, 23,0—23,9 .... je die Mittelwerte für die übrigen Konstanten berechnete und diese nach steigenden Reichert-Meißlschen Zahlen 22,5, 23,5 .... ordnete. Auf diese Weise wurden folgende Mittelwerte erhalten:

Reichert-Meißlsche Zahl	Zahl der Proben	Spez. Gewicht bei $\frac{37,8^\circ}{37,8^\circ}$	Verseifungs-äquivalent	Verseifungs-zahl	Refraktometerzahl bei 45°	Lösliche Fettsäuren (berechnet als Buttersäure) %	Unlösliche Fettsäuren %	Mittleres Molekulargewicht der unlöslichen Fettsäuren
22,5	7	0,9101	255,4	219,6	42,0	4,3	90,1	266,9
23,5	17	0,9104	253,4	221,4	41,5	4,5	89,7	265,5
24,5	15	0,9108	251,3	223,2	41,5	4,7	89,4	265,0
25,5	27	0,9110	251,1	223,4	41,3	4,8	89,3	264,2
26,5	37	0,9113	248,9	225,4	41,0	4,9	88,9	261,9
27,5	51	0,9114	247,4	226,8	40,6	5,2	88,7	261,7
28,5	78	0,9118	245,7	228,3	40,1	5,4	88,4	260,9
29,5	56	0,9120	244,0	229,9	40,1	5,6	88,3	259,6
30,5	41	0,9123	242,4	231,4	39,9	5,8	87,9	260,1
31,3	18	0,9125	241,5	232,3	39,7	5,7	87,9	258,0
32,0	10	0,9130	241,2	232,6	39,4	6,0	87,7	257,8

Die Beziehungen zwischen der Jodzahl und dem mittleren Molekulargewicht der nichtflüchtigen Fettsäuren einerseits und der Reichert-Meißlschen Zahl andererseits treten sehr gut in den nachfolgenden, von M. Siegfeld für die Milch einer großen Molkerei (Milch von über 1000 Kühen aus über 100 Wirtschaften) zutage:

Reichert-Meißlsche Zahl	**24,2**	**25,0**	**26,1**	**27,4**	**28,6**	**29,6**	**30,8**
Jodzahl (nach Wijs)	41,6	44,6	34,2	33,5	31,6	30,7	30,7
Molekulargewicht der nichtflüchtigen Fettsäuren	268,7	265,3	262,7	262,2	259,6	260,7	256,5

Reines Butterfett hat im allgemeinen eine Reichert-Meißlsche Zahl von 26—32 und eine Verseifungszahl von 222—232. Doch ist eine Unterschreitung dieser Zahlen noch kein Beweis für eine Verfälschung des Butterfettes mit fremden Fetten, denn unter den verschiedensten durch Jahreszeit, Lactationsstadium, Fütterung, Individualität verursachten Bedingungen können nicht nur bei der Milch einzelner Kühe, sondern auch bei größeren Herden weit niedrigere Reichert-Meißlsche Zahlen auftreten. R. Sendtner[2]) fand z. B. für Mischbutter von 133 Kühen bei Fütterung von Maisstärkefabrikabfällen Reichert-Meißlsche Zahlen bis herab zu 17,6, Köttstorfersche Zahlen bis herab zu 207,1, bei der Jodzahl 45,7 und der Refraktometerzahl 46,8 bei 40°. van

[1]) Journ. Chem. Soc. London 1904, **85**, 248—259; Zeitschr. f. Untersuchung d. Nahrungs- u. Genußmittel 1904, **8**, 581. Eingehend hat über diese Arbeit M. Siegfeld im Milchwirtsch. Zentralbl. 1905, **1**, 168, referiert. Diesem Referate sind auch die von Siegfeld aus dem Verseifungsäquivalent — worunter man die durch ein Äquivalent Kaliumhydroxyd (56,1 Teile) verseifbare Fettmenge versteht — berechneten Verseifungszahlen der Tabelle entnommen.

[2]) Forschungsberichte über Lebensmittel 1895, **2**, 339.

Rijn beobachtete bei einer Herde von 6 Kühen eine Reichert-Meißlsche Zahl von 17. Für das Milchfett einzelner Kühe wurden sogar Zahlen wie 13,4 (A. Meyer)[1]) und 15,6 (A. J. Swaving)[2]) gefunden.

Reichert-Meißlsche Zahlen unter 24 treten sogar in gewissen Bezirken Norddeutschlands und in einem Teile von Holland in den Herbstmonaten mit einer gewissen Regelmäßigkeit auf[3]).

Ferner ist in analytischer Hinsicht noch zu berücksichtigen, daß sich die Reichert-Meißlsche Zahl beim Aufbewahren der Butter verändern kann; nach A. J. Swaving[4]) nimmt sie bei nichtausgeschmolzener Butter mehr oder minder ab, und zwar im offene Gefäße mehr als im verschlossenen und bei Lichtabschluß mehr als bei Lichtzutritt; bei ausgeschmolzenem Butterfett dagegen findet sowohl im verschlossenen wie im offenen Gefäß eine schwache Zunahme der Reichert-Meißlschen Zahl statt, und zwar im verschlossenen Gefäße eine etwas stärkere als im offenen; ein Unterschied in der Einwirkung des Lichtes ist hierbei nicht zu erkennen.

Es ist daher nicht möglich, allgemein gültige, praktisch brauchbare untere Grenzzahlen für die Reichert-Meißlsche Zahl und die Verseifungszahl oder obere Grenzzahlen für die Refraktometerzahl, die Jodzahl, das Molekulargewicht der nichtflüchtigen Fettsäuren usw. aufzustellen. Trotzdem bleiben aber die Bestimmungen der Reichert-Meißlschen Zahl und der Verseifungszahl die geeignetsten Verfahren, um die einer Fälschung verdächtigen Butterfette von den unverdächtigen[5]) zu trennen. Um indes einen Zusatz fremder Fette in verdächtigen Butterfetten bestimmt nachzuweisen, sind noch andere Verfahren anzuwenden, von denen z. Z. folgende als die zuverlässigsten anzusehen sind:

a) In Fällen, in denen sich die Herkunft der Butter aus einer bestimmten Wirtschaft oder aus einer bestimmten Molkerei — sofern diese nicht etwa auch fremde Butter zukauft — sicher nachweisen läßt, empfiehlt sich, wie bei der Milchuntersuchung, die Stallprobe (bzw. die Molkereiprobe), bei der, wie bei der Milch, alle näheren Umstände (Futterwechsel, Witterungswechsel usw.), die auf das Butterfett von Einfluß sein können, zu berücksichtigen sind.

---

[1]) Landw. Versuchsstationen 1888, **25**, 261 u. 1892, **41**, 15.

[2]) Zeitschr. f. Untersuchung d. Nahrungs- u. Genußmittel 1901, **4**, 577.

[3]) Vgl. hierzu P. Vieth in Chem.-Ztg. 1907, **31**, 1215.

[4]) Zeitschr. f. Untersuchung d. Nahrungs- u. Genußmittel 1898, **1**, 759.

[5]) H. Fincke (Zeitschr. f. Untersuchung d. Nahrungs- u. Genußmittel 1908, **16**, 666) hat darauf hingewiesen, daß durch Zusatz von Triacetin die Reichert-Meißlsche und Verseifungszahl des Butterfettes künstlich erhöht werden kann. Reines Triacetin hat theoretisch die Reichert-Meißlsche Zahl 682,1 und die Verseifungszahl 766,2. Ein Gemisch von 60% Butterfett (R.-M.-Zahl 29,37), 38% Margarine und 2% Triacetin ergab z. B. die Reichert-Meißlsche Zahl 28,35 und die Verseifungszahl 229,24. H. Fincke hat aber auch nachgewiesen, daß man einen Triacetinzusatz leicht in der Weise erkennen kann, daß man 30 g Fett mit 150 ccm Wasser + 150 ccm 95 proz. Alkohol unter Zusatz von etwas Bimsstein 1 Stunde lang im Rückflußkühler kocht, nach dem Erkalten das Fett von der alkoholischen Flüssigkeit trennt und das Fett auf dem Wasserbade von Wasser und Alkohol befreit. Mit Triacetin versetztes Fett von obiger Zusammensetzung zeigte hierbei eine Abnahme der Reichert-Meißlschen Zahl von 28,35 auf 19,52 und der Verseifungszahl von 229,24 auf 218,23, während bei triacetinfreien Gemischen eine Abnahme der genannten Zahlen nicht beobachtet wurde.

Endlich haben E. Bemelmans (Zeitschr. f. Untersuchung d. Nahrungs- u. Genußmittel 1907, **13**, 492) sowie C. Grimaldi (Chem.-Ztg. 1908, **32**, 794) noch darauf hingewiesen, daß auch durch einen Zusatz von Salicylsäure und Benzoesäure die Reichert-Meißlsche Zahl des Butterfettes erhöht werden kann.

b) Ein Zusatz von ***Pflanzenfetten*** und ***-ölen*** und solche enthaltenden Fettzubereitungen (Margarine, Kunstspeisefett usw.) läßt sich mittels der Phytosterinacetat-Probe bestimmt nachweisen [1]).

Fällt diese Probe positiv aus, d. h. beträgt der korrigierte Schmelzpunkt der letzten Krystallisation 117° oder darüber, so sind dem Butterfette bestimmt Pflanzenfette oder solche enthaltende Fettzubereitungen zugesetzt worden. Liegt der korrigierte Schmelzpunkt zwischen 116 und 117°, so ist ein solcher Zusatz anzunehmen, und zwar um so eher, wenn das Butterfett gleichzeitig eine niedrige Reichert-Meißlsche Zahl neben niedriger oder hoher Verseifungszahl aufweist und die Reaktionen auf Baumwollsamenöl, Sesamöl oder sonstige Pflanzenfette positiv ausgefallen sind.

Beispiele: A. Bömer [2]) fand für reine und von ihm selbst gemischte Butterfette, sowie für solche des Handels, folgende Werte:

Art des Fettes	Reichert-Meißlsche Zahl	Furfurol-Reaktion auf Sesamöl	Korrigierte Schmelzpunkte der Acetate				
			3.Kryst.	4.Kryst.	5.Kryst.	6.Kryst.	7.Kryst.
Reines Butterfett	27,8	0	114,3	114,3	114,1	**114,9**	—
Dasselbe Butterfett mit Zusatz von Sesamöl 1%	—	positiv	115,6	116,3	116,9	**117,4**	—
Dasselbe Butterfett mit Zusatz von Sesamöl 3 „	—	positiv	117,3	119,1	120,4	**121,2**	—
Dasselbe Butterfett mit Zusatz von a) deutscher Margarine 10%	25,1 [3])	positiv	116,1	116,3	116,4	117,1	**117,3**
Dasselbe Butterfett mit Zusatz von a) deutscher Margarine 20 „	22,4 [3])	positiv	115,6	117,6	118,6	119,1	**120,3**
Dasselbe Butterfett mit Zusatz von b) holländ. Margarine 10 „	25,1 [3])	0	116,0	116,5	117,1	117,5	**117,9**
Dasselbe Butterfett mit Zusatz von b) holländ. Margarine 20 „	22,4 [3])	0	117,7	118,8	119,7	121,6	**123,7**
Verfälschte Butter des Handels: holländische	18,5	0	119,5	121,0	122,5	126,0	**127,4**
Verfälschte Butter des Handels: deutsche	18—19	0	116,3	116,9	117,3	117,7	**119,5**
Verfälschte Butter des Handels: „	25,0	schwach	116,8	117,6	117,9	117,9	**120,2**
Verfälschte Butter des Handels: „	19,6	stark	122,1	122,8	**123,4**	—	—
Margarine: deutsche (a)	—	stark	128,0	129,2	130,2	**131,1**	—
Margarine: holländische (b)	—	0	128,9	128,9	129,1	**130,5**	—

c) Da die vorschriftsmäßig hergestellte deutsche — auch die österreichische und belgische — ***Margarine*** einen Zusatz von Sesamöl enthalten muß, so kann der Nachweis des Sesamöles im Butterfett mittels der Furfurol-Reaktion (vgl. S. 414 u. 473) auch zum Nachweise von solcher Margarine dienen, falls die Reaktion eine deutliche und nicht nur spurenweise auftretende ist.

Hatte jedoch die zur Verfälschung angewendete Margarine keinen oder nicht den gesetzlich vorgeschriebenen Sesamölgehalt, so läßt sich ihr Vorhandensein nur auf Grund des Nachweises fremder tierischer Fette oder pflanzlicher Fette oder Öle erweisen.

Bei den vorliegenden Versuchen über den Übergang des die Furfurol-Reaktion und auch die Zinnchlorür-Reaktion (vgl. S. 474) verursachenden Körpers aus dem Futter in das Milchfett ist von der Mehrzahl der Versuchsansteller ein solcher Übergang nicht beobachtet worden, dagegen ist von einigen Versuchsanstellern [Backhaus [4]), Utz [5])] eine sehr schwache Furfurol- und Zinnchlorür-Reaktion in dem Butterfett von mit Sesamölemulsion bzw. Sesamkuchen gefütterten Kühen beobachtet worden.

[1]) Von Baumwollsamenöl, Sesamöl, Erdnußöl, Rüböl, Maisöl usw. lassen sich 1—2% in der Butter nachweisen; dagegen sind bei Anwendung von 50—100 g Butterfett von Cocosfett, das weit geringere Mengen Phytosterin enthält als jene Öle, nur etwa 5—10% nachweisbar.

[2]) Zeitschr. f. Untersuchung d. Nahrungs- u. Genußmittel 1902, **5**, 1018.

[3]) Diese Zahlen sind nicht bestimmt, sondern aus der R.-M.-Zahl der Butter und der für die Margarineproben angenommenen R.-M.-Zahl (1,0) berechnet und daher etwas zu niedrig.

[4]) Bericht des Landw. Instituts Königsberg 1900, **5**, 110.

[5]) Chem.-Ztg. 1902, **26**, 730.

Auch ist durch Versuche sicher erwiesen, daß der die Halphensche Reaktion auf Baumwollsamenöl verursachende Körper bei der Fütterung von Baumwollsamenmehl in größerer Menge unverändert in das Butterfett übergeht[1]).

d) Da das ***Cocosfett*** — ähnlich verhält sich auch das Palmkernfett — im Verhältnis zum Butterfett eine niedrige Reichert-Meißlsche Zahl (Cocosfett 6,0—8,5, Palmkernfett 4 bis 7), aber eine hohe Verseifungszahl (Cocosfett 254—269, Palmkernfett 242—252) und Polenskesche Zahl (Cocosfett 16,8—17,8, Palmkernfett 8,5—11) hat, so erwecken eine erhöhte Verseifungs- und Polenskesche Zahl neben einer niedrigen Reichert-Meißlschen Zahl bei einem Butterfette den Verdacht eines Zusatzes von Cocosfett.

Die Differenz zwischen der Reichert-Meißlschen Zahl und der um 200 verkleinerten Verseifungszahl ist bei reinem Butterfett im allgemeinen nahe gleich 0, meist zwischen + 4 und — 4; bei Cocosfett beträgt sie etwa — 40 bis — 60. Bei Zusatz größerer Mengen von Cocosfett zum Butterfett nimmt daher diese Differenz einen beträchtlichen negativen Wert an, vorausgesetzt, daß nicht das in der Mischung befindliche Butterfett ursprünglich eine erhebliche positive Differenz hatte.

Bezüglich der Beurteilung des Butterfettes auf Grund aller dieser Zahlen ist aber zu berücksichtigen, daß unter Umständen, namentlich bei Fütterung mit Rüben, Rübenblättern, Rübenköpfen und Rübenschnitzeln, ferner auch durch sehr starke Gaben zum Cocoskuchen, endlich auch durch Beimischung von Schaf- und Ziegenbutter[2]) diese Zahlen so wesentlich verschoben sein können, daß sie einen Gehalt von Cocosfett vorzutäuschen geeignet sein können (vgl. oben S. 373).

Der sichere Nachweis von Cocosfett ist in allen diesen Fällen durch die Phytosterinacetat-Probe zu erbringen. Im allgemeinen wird erst bei einem Schmelzpunkte des Acetates von 117° (korr.) der Nachweis von Pflanzenfetten und -ölen als sicher erbracht angesehen. Sind jedoch bei einem Butterfette die Verseifungszahl und Polenskesche Zahl ungewöhnlich hoch, die Reichert-Meißlsche Zahl ungewöhnlich niedrig, so ist auch bei einem Schmelzpunkt des Acetates von 116—117° ein Zusatz von Cocosfett oder Palmkernfett als erwiesen anzusehen.

e) Ein ***Zusatz von tierischen Fremdfetten*** (Talg, Oleomargarin, Schweinefett) zum Butterfett ist nicht immer mit der wünschenswerten Sicherheit nachzuweisen. Einen Anhalt gibt hier unter Umständen das Verhalten der Butter unter dem Polarisationsmikroskope bei gekreuzten Nikolschen Prismen, wo die reine, frische Butter isotrop, d. h. gleichmäßig dunkel erscheint, während einmal geschmolzen gewesene Fette (Talg, Oleomargarin, Schweinefett usw. und auch Cocosfett) mehr oder minder deutliche Polarisationserscheinungen zeigen. Besondere Vorsicht ist jedoch für diese Prüfung bei älteren Butterfetten geboten, da in diesen allmählich neue Krystallbildungen eintreten; diese können indes bei einiger Übung unschwer von den meist durch die ganze Masse verteilten Krystallen zugesetzter Fette unterschieden werden. Die sog. aufgefrischte (Prozeß-) Butter zeigt natürlich, da ihr Fett ja schon geschmolzen war, ebenfalls Krystallbildungen unter dem Polarisationsmikroskope. Einen gewissen Anhaltspunkt für die Erkennung zugesetzter tierischer Fremdfette bietet, wenn Pflanzenfette und -öle nicht nachweisbar sind, unter Umständen die sog. Schmelzprobe (vgl. S. 371).

Das von E. Polenske zum Nachweise von Schweinefett in Butter empfohlene Differenzzahl-Verfahren hat sich bei der Nachprüfung nicht als zuverlässig erwiesen.

f) Die gelegentlich beobachtete Erscheinung, daß Butterschmalz sich entmischt und zu oberst ein Öl abgeschieden wird, rechtfertigt keinerlei Verdacht auf Zusatz fremder Fette, sondern diese Erscheinung ist lediglich darauf zurückzuführen, daß in solchen Fällen das ge-

---

[1]) Vgl. Zeitschr. f. Untersuchung d. Nahrungs- u. Genußmittel 1902, **5**, 914 u. 1903, **6**, 97.

[2]) Vgl. die Veröffentlichungen von H. Sprinkmeyer und A. Fürstenberg (Zeitschr. f. Untersuchung d. Nahrungs- u. Genußmittel 1907, **14**, 388) sowie von R. K. Dons (daselbst 1907, **14**, 342 u. 1908, **15**, 72).

schmolzene Fett sehr langsam abgekühlt ist und sich infolgedessen die festen Glyceride in verhältnismäßig großen Krystallen abgeschieden und zu Boden gesetzt haben, während der überstehende ölige Teil infolgedessen natürlich arm bzw. frei von festen Glyceriden ist. Bei schnellem Erstarren des geschmolzenen Butterfettes scheiden sich natürlich die festen Glyceride kleinkrystalliner ab und durchsetzen infolgedessen die ganze Masse, die dadurch gleichmäßig erstarrt.

A. Röhrig[1]) sowie G. Fendler, L. Frank und W. Stüber[2]) haben den öligen und den festen Teil derartig langsam erstarrten Butterfettes untersucht und folgende Ergebnisse erhalten:

Nähere Bezeichnung	Schmelzpunkt Grad	Erstarrungspunkt Grad	Refraktometergrade (bei 40°)	Verseifungszahl	Reichert-Meißlsche Zahl	Polenskesche Zahl	Jodzahl	Säuregrade
Nach A. Röhrig:								
Öliger Teil	—	—	46,0	230,2	33,00	3,30	51,4	14,0
Fester „	—	—	44,2	225,5	27,78	2,65	39,3	8,8
Nach G. Fendler u. a.:								
Öliger Teil	+11,3	+ 4,2	45,3	227,4	31,0	—	50,0	7,3
Fester „	+32,5	+24,2	43,3	223,2	26,6	—	36,7	5,5

Hiernach ist der ölige Teil etwas reicher an niederen Fettsäuren und Ölsäure als der feste Teil.

Beurteilung der Butter nach der Rechtslage.

Bei der Beurteilung der Butter nach der Rechtslage kommt außer dem Nahrungsmittelgesetz das Gesetz, betr. den Verkehr mit Butter, Käse, Schmalz und deren Ersatzmitteln, vom 15. Juni 1897 — im nachfolgenden kurz als „Margarinegesetz" bezeichnet — nebst dem auf Grund des § 11 dieses Gesetzes ergangenen Bundesratsbeschluß vom 1. März 1902 (RGBl. S. 64), betr. den Fett- und Wassergehalt der Butter, zur Anwendung.

1. Gehalt der Butter an Fett, Wasser, Salz usw. *a)* Über den zulässigen ***Wasser- und Fettgehalt*** hat der Reichskanzler unter dem 1. März 1902 folgende Bekanntmachung erlassen:

„Auf Grund des § 11 des Gesetzes, betr. den Verkehr mit Butter usw., vom 15. Juni 1897 (RGBl. S. 475) hat der Bundesrat beschlossen:

Butter, welche in 100 Gewichtsteilen weniger als 80 Gewichtsteile Fett oder im ungesalzenen Zustande mehr als 18 Gewichtsteile, im gesalzenen Zustande mehr als 16 Gewichtsteile Wasser enthält, darf vom 1. VII. 1902 ab gewerbsmäßig nicht verkauft und feilgehalten werden."

Der Zusatz von Wasser oder Milch zur Butter oder die Belassung zu großer Wasser- oder Buttermilchteile in der Butter bei deren Herstellung sind gleichzeitig auch als Verfälschungen im Sinne des Nahrungsmittelgesetzes anzusehen.

Hinsichtlich einer Übertretung des obigen Bundesratsbeschlusses über den zulässigen Wassergehalt genügt nach einem Urteil des Kammergerichts vom 22. XI. 1904[3]) zu einer Verurteilung nicht ein objektiver Verstoß, sondern es bedarf auch des Nachweises eines vorsätzlichen oder fahrlässigen Verschuldens. Nach dem Urteile des Kammergerichts ist auch zu prüfen, ob nicht eine strafbare Fahrlässigkeit schon darin liegt, daß die Verkäuferin es versäumt hat, nach Empfang der Buttersendungen von dem Lieferanten, diese vor dem Beginne des Feilhaltens und Verkaufens in geeigneter Weise zu untersuchen oder untersuchen zu lassen, ob die Butter in ihrer Zusammensetzung der vom Bundesrat getroffenen Bestimmung entsprach.

[1]) Zeitschr. f. Untersuchung d. Nahrungs- u. Genußmittel 1908, **16**, 405.

[2]) Ebendort 1910, **19**, 370.

[3]) Vgl. Gesetze und Verordnungen, betr. Nahrungsmittel usw., 1909, **1**, 59.

Im Anschlusse an dieses Urteil hat das LG. I Berlin entschieden, daß die Angeklagte, die die Butter — es handelte sich um gesalzene Butter mit 17,84% Wasser — überhaupt nicht untersucht hatte, ihre Pflicht als Butterhändlerin vernachlässigt und fahrlässig gehandelt hatte; demgemäß ist Verurteilung der Butterhändlerin auf Grund des § 11, 10² des Nahrungsmittelgesetzes und des § 11 des Margarinegesetzes erfolgt.

Auch das LG. Dortmund und das OLG. Hamm[1]) haben in einem Falle entschieden, daß ein Butterhändler verpflichtet ist, sich durch die Schmelzprobe von dem Wassergehalt seiner Butter zu überzeugen.

Nach einem Urteil des LG. Osnabrück[2]) muß ein größerer Butterhändler die gekaufte Butter, ehe er sie weitergibt, auf ihren Fettgehalt prüfen, auch wenn diese Prüfung nur mittels eines besonderen Apparates erfolgen kann.

In einem Urteil vom 4. VII. 1905[3]) hat das Kammergericht auf die eingelegte Revision, welche unrichtige Anwendung des § 10 des Nahrungsmittelgesetzes sowie Nichtanwendung des § 11 des Margarinegesetzes rügte, wie folgt, entschieden:

„Neben dem Tatbestande des § 10 Nr. 1 des Nahrungsmittelgesetzes ist für die Anwendung der auf Grund des § 11 des Gesetzes vom 13. VI. 1897 erlassenen Bekanntmachung des Reichskanzlers vom 1. März 1902 kein Raum; denn diese enthält ohne Rücksicht auf eine etwa vorhandene Fälschung das allgemeine Verbot des Verkaufes von Butter, welche einen Wassergehalt von mehr als 16% aufweist. Sie kommt für die Beurteilung der Frage, ob ein Verkauf von verfälschter Butter unter Verschweigung dieses Umstandes stattgefunden hat (§ 10 Nr. 2 des Nahrungsmittelgesetzes) nur insoweit in Betracht, als die darin festgesetzte Grenze einen Maßstab für die normale Beschaffenheit der Butter bietet, ohne daß sie etwa einen Zusatz von Wasser zu Butter bis zu dieser Grenze für straflos erklären will. Wenn das Berufungsgericht es unterlassen hat, neben dem § 10 Nr. 2 des Nahrungsmittelgesetzes auch noch den § 11 des Gesetzes, betreffend den Verkehr mit Butter, sowie die Bekanntmachung des Reichskanzlers vom 1. März 1902 als verletzt anzuführen, so kann der Angeklagte sich dadurch nicht beschwert fühlen, weil gemäß § 73 des Reichsstrafgesetzbuches für die Bestimmung der Strafe § 10 des Nahrungsmittelgesetzes maßgebend war, der von beiden Strafvorschriften die schwerste Strafe und Strafart enthält."

In einem weiteren Urteile vom 13. XII. 1904[3]) hat das Kammergericht entschieden, daß die Einziehung der Maschine, mit welcher das Wasser in eine Butter hineingeknetet war, nicht zulässig ist; es führt dazu folgendes aus:

„Zwar gestattet § 40 des Reichsstrafgesetzbuches unter anderem auch die Einziehung von Gegenständen, welche zur Begehung eines Vergehens gebraucht oder bestimmt sind. Das Nahrungsmittelgesetz enthält jedoch eine solche Bestimmung nicht, läßt vielmehr nach § 15 nur die Einziehung der Gegenstände zu, welche den Vorschriften dieses Gesetzes zuwider hergestellt sind. Nach der ständigen Rechtsprechung des Reichsgerichtes regelt der § 15, wie auch sein Wortlaut deutlich ergibt, die Einziehung erschöpfend und unabhängig von den Vorschriften der §§ 40—42 des Reichsstrafgesetzbuches, die bei Vergehen gegen die Bestimmungen des Nahrungsmittelgesetzes nicht Anwendung finden können."

b) Über den zulässigen ***Kochsalzgehalt*** der Butter liegen direkte gesetzliche Bestimmungen nicht vor; gleichwohl wird in einem übermäßigen Kochsalzzusatze eine Verfälschung im Sinne des Nahrungsmittelgesetzes zu erblicken sein. Meistens wird durch einen übermäßigen Kochsalzgehalt auch der Fettgehalt im Sinne des Bundesratsbeschlusses vom 1. März 1902 (vgl. oben unter a) unter 80% sinken.

Die „Entwürfe zu Festsetzungen über Speisefette und Speiseöle" sehen als höchstzulässige Grenze des Salzgehaltes für Dauerbutter 5% und für sonstige Butter und Butterschmalz 3% vor.

---

1) Gesetze und Verordnungen, betr. Nahrungsmittel usw., 1910, **2**, 319.

2) Ebendort, 1910, **2**, 475.

3) Zeitschr. f. Untersuchung d. Nahrungs- u. Genußmittel 1906, **11**, 122 u. 123.

c) ***Mineralische Beimengen*** (außer Kochsalz) und solche von Quark, Kartoffelbrei, Getreidemehl oder dgl., welche gelegentlich beobachtet sind, sind natürlich als Verfälschungen der Butter anzusehen.

2. Zusätze von chemischen Frischhaltungsmitteln außer Kochsalz sind zu beanstanden. Diese Zusätze sind zwar bei der Butter nicht wie bei den unter das Fleischbeschaugesetz vom 3. VI. 1900 fallenden übrigen Speisefetten (Margarine, Schweinefett usw.) gesetzlich ausdrücklich verboten (vgl. S. 429), allein, da ihre Verwendung durch das genannte Gesetz vorwiegend wegen ihrer Gesundheitsschädlichkeit verboten ist, so dürften sie aus diesem Grunde auch in der Butter zu beanstanden sein.

Auch wenn bei der vorhandenen geringen Menge der Frischhaltungsmittel eine Gesundheitsschädigung durch den Genuß der betr. Butter nicht anzunehmen ist, liegt in dem Zusatz dieser Frischhaltungsmittel eine Verfälschung der Butter. — Vgl. die Entscheidung des Reichsgerichts vom 3. VII. 1906, betr. Salicylsäurezusatz zu Bier[1]).

Das LG. Osnabrück[2]) hat in dem Zusatz des Benzoesäure enthaltenden Frischhaltungsmittels Hydrin zu Butter eine Verfälschung erblickt.

3. Verdorbene Butter. Der wissentliche Verkauf verdorbener Butter unter Verschweigung ihrer Verdorbenheit und das Feilhalten verdorbener Butter unter einer zur Täuschung geeigneten Bezeichnung verstößt gegen die § 10 Nr. 2 bzw. § 11 des Nahrungsmittelgesetzes. Ebenso verstößt das Feilhalten oder Verkaufen von verdorbener Butter schlechthin gegen den § 367 Nr. 7 des Strafgesetzbuches. Über den Begriff der Verdorbenheit bei Butter vgl. S. 399.

4. Aufgefrischte („renovierte") Butter.[3]) Aufgefrischte Butter ist eine hinsichtlich der Emulsionsbildung nachgemachte Butter; ihr Verkauf und Feilhalten als Butter schlechthin oder unter sonstigen Bezeichnungen, welche für echte Butter üblich sind, verstößt gegen den § 10 Nr. 2 des Nahrungsmittelgesetzes. Ihre Beimischung zu echter Butter stellt eine Verfälschung der letzteren dar.

Aufgefrischte Butter, welche aus verdorbener Butter hergestellt worden ist, ist ebenfalls als verdorben anzusehen.

5. Die künstliche Färbung der Butter ist, auch wenn sie mit unschädlichen Farbstoffen geschieht, wohl als Unsitte zu rügen, indessen wird man, da sie seit langer Zeit gebräuchlich ist, kaum mit Erfolg dagegen einschreiten können. Gleichwohl kann es Fälle geben, wo auch die künstliche Färbung mit unschädlichen Farbstoffen als Fälschung aufzufassen sein wird, nämlich da, wo beispielsweise als garantiert frische Grasbutter eine alte künstlich gefärbte Winterbutter verkauft wurde; freilich wird hier die Feststellung der künstlichen Färbung allein für den Sachverständigen nicht maßgebend sein, vielmehr werden auch noch andere Prüfungsverfahren (Geschmack, Geruch, Säuregrad) herangezogen werden müssen.

Färbung mit schädlichen Farbstoffen ist selbstverständllch unzulässig. — Vgl. hierzu auch die Bestimmungen des Gesetzes, betr. die Verwendung gesundheitsschädlicher Farben usw., vom 5. VII. 1887.

6. Zusatz fremder Fette zu Butter und Butterschmalz. a) Da Butter und Butterschmalz die wertvollsten Speisefette sind, ist der Zusatz von allen anderen Fetten und Ölen zu Butter und Butterschmalz als eine Verfälschung derselben im Sinne des § 10 Nr. 1 des Nahrungsmittelgesetzes anzusehen.

b) Nach § 1 des Gesetzes, betr. den Verkehr mit Butter usw., vom 15. VI. 1897 müssen alle der Milchbutter oder dem Butterschmalz ähnlichen Zubereitungen, deren Fettgehalt nicht ausschließlich der Milch entstammt, als Margarine bezeichnet werden. — Vgl. ferner S. 426.

---

[1]) Zeitschr. f. Untersuchung d. Nahrungs- u. Genußmittel 1907, **13**, 300.

[2]) Gesetze und Verordnungen, betr. Nahrungsmittel usw., 1910, **2**, 475.

[3]) Vgl. A. Bömer, Zeitschr. f. Untersuchung d. Nahrungs- u. Genußmittel 1908, **16**, 27.

Der § 3 dieses Gesetzes bestimmt ferner:

„Die Vermischung von Butter oder Butterschmalz mit Margarine oder anderen Speisefetten zum Zwecke des Handels mit diesen Mischungen ist verboten." Die Herstellung von Mischungen von Butter und Margarine und der Handel mit diesen Mischungen sind also schlechthin, d. h. auch bei richtiger Deklaration nicht zulässig.

c) Der wissentliche Verkauf und das wissentliche Feilhalten von durch Zusatz fremder Fette verfälschter Butter oder von Margarine anstatt Butter sind nach § 10 Nr. 2 des Nahrungsmittelgesetzes vom 14. V. 1879 strafbar.

Margarine ist nicht schlechthin als nachgemachte Butter anzusehen; sie kann jedoch in besonderen Fällen als solche beurteilt werden. — Vgl. unter Margarine S. 430.

7. Verkauf von fremder (sibirischer) Butter als Molkereibutter. Das Landgericht Magdeburg hat in einem Urteil vom 19. V. 1911[1]) in einem Falle, wo ein Molkereibesitzer der in seiner Molkerei sonst nur aus Milch der Umgegend hergestellten Butter sibirische Butter von guter Beschaffenheit beigemischt, das Gemisch in der sonst bei seiner unvermischten Molkereibutter gebräuchlichen Weise mit dem eingepreßten Aufdruck „Germania W . . . ." und einer Papierumhüllung mit dem Aufdruck „Dampfmolkerei Germania W . . . ." versehen und dieses Produkt unter Verschweigung der Beimischung an seine Kundschaft abgegeben hatte, auf ein Vergehen gegen den § 10 Nr. 2 des Nahrungsmittelgesetzes erkannt und sein Urteil unter anderem, wie folgt, begründet:

In Handel und Verkehr ist die normale Beschaffenheit der Ware stets nach den berechtigten Erwartungen des konsumierenden Publikums zu beurteilen (vgl. Entscheidungen des Reichsgerichts in Strafsachen **15**, 161; **16**, 316). Die Kundschaft des Angeklagten war der sicheren Annahme, ihr werde aus einheimischer, in und um W. gewonnener Milch hergestellte Butter verkauft. Diese Erwartung, diese Meinung des Publikums kannte der Angeklagte genau; er wollte ihr auch scheinbar gerecht werden, indem er jener, mit sibirischer Butter vermengten Ware dieselbe Bezeichnung gab, auf welche nur eine reine, aus einheimischer Milch hergestellte Butter Anspruch hatte. Angeklagter hat jenen Zusatz fremder sibirischer Butter verschwiegen, und er hat die vermengte, mit der sibirischen versetzte Butter unter einer zur Täuschung geeigneten Bezeichnung „Dampfmolkerei Germania W. . . ." feilgehalten. Diese Ware war nachgemacht, denn ihr war jene fremde, sibirische Butter zugesetzt, die schon infolge des Transportes auf der Bahn geringwertiger als einheimische, frische Butter erscheint. Eins der Hauptmerkmale guter Butter ist gerade ihre Frische; diese Eigenschaft wird gerade von den Konsumenten als besonders wesentlich eingeschätzt und erfordert. Durch die mehrfachen nachteiligen Einflüsse, das Ein- und Auspacken, den mehrfachen Temperaturwechsel wurde die Butter in ihrer Güte, ihrer Frische nach dem Gutachten des gehörten Sachverständigen, des Direktors des städtischen Nahrungsmitteluntersuchungsamtes Dr. K. zu M., nicht unwesentlich beeinträchtigt und lief unter anderem Gefahr, rascher ranzig zu werden. Das kaufende Publikum verlangt aber gerade, und erwartete besonders unter den gegebenen Umständen eine gänzlich frische, reine Butter. So hat Angeklagter, indem er eine in angegebener Weise vermischte Butter verkaufte, eine seines Wissens nachgemachte Ware verkauft. Er hat sie auch unter einer zur Täuschung geeigneten Bezeichnung feilgehalten, indem er sie in den Verkehr brachte und die Tatsache der Vermischung verschwieg, ja durch die Bezeichnung der Ware als solche der „Dampfmolkerei Germania W. . . ." die Annahme der Echtheit absichtlich hervorrief. — Ob die so in den Handel gebrachte Butter vom nahrungsmitteltechnischen Standpunkte aus vielleicht an sich nicht oder nur in unerheblichem Maße schlechter war als reine Butter der Molkerei W., erscheint unerheblich.

Im gleichen Sinne hat auch das Landgericht Hannover in einem ähnlich liegenden Falle geurteilt[2]).

---

[1]) Gesetze und Verordnungen, betr. Nahrungsmittel usw., 1912, **4**, 62.

[2]) Zeitschr. f. Untersuchung d. Nahrungs- u. Genußmittel 1906, **11**, 367.

II. Margarine.

Margarine im Sinne des Gesetzes, betr. den Verkehr mit Butter usw., vom 15. VI. 1897 sind diejenigen der Milchbutter oder dem Butterschmalz ähnlichen Zubereitungen, deren Fettgehalt nicht ausschließlich der Milch entstammt.

a) Während man zur Herstellung der Margarine ursprünglich nur das Oleomargarin, d. h. den von einem Teile des „Stearins" — richtiger des Tristearins, Palmitodistearins, und Stearodipalmitins — befreiten Rindstalg verwendete, ist man allmählich dazu übergegangen, zu ihrer Herstellung ein Gemisch von verschiedenen tierischen und pflanzlichen Fetten und Ölen zu verarbeiten, wodurch man im allgemeinen einen weniger „talgigen" Geschmack der Margarine erreicht.

Als Fettmasse finden vorwiegend folgende Fette Verwendung:

α) Premier jus, das ist gereinigter Talg;

β) Oleomargarin;

γ) Neutral lard, das ist Neutralschmalz, gereinigtes Schweineschmalz, gewonnen aus dem Netz- und Gekrösefett des Schweines;

δ) Baumwollsamenöl (Cottonöl) oder der feste Anteil desselben, das Baumwollsamenstearin (Cottonstearin);

ε) Sesamöl;

ζ) Erdnußöl (Arachisöl);

η) Cocosfett und Palmkernfett; fast ausschließlich aus diesen beiden Fetten und Sesamöl wird neuerdings sog. Pflanzenmargarine (auch als koschere Margarine bezeichnet) hergestellt.

Seltener finden auch andere Fette: Maisöl, Palmfett, Preßtalg (das bei der Herstellung des Oleomargarins abgepreßte „Stearin"), Pflanzentalge (Mowrahfett) u. dgl. Verwendung.

Durch die Verwendung der Fette von Hydnocarpus-Arten („Cardamon"- oder „Maratti"-Fett genannt) zur Herstellung von Margarine seitens einer Altonaer Fabrik sind im Jahre 1910 zahlreiche Vergiftungen (Erbrechen usw.) hervorgerufen, die im wesentlichen auf die in diesen Fetten vorhandene Chaulmugrasäure zurückzuführen war[1]).

Im allgemeinen hat jede Margarinefabrik ihre besonderen Vorschriften für die Herstellung ihrer Marken, die meist streng geheim gehalten werden. Um der Margarine die der Butter eigene Eigenschaft des Bräunens und Schäumens beim Braten zu verleihen, werden verschiedene Zusätze (z. B. solche von Eigelb und Zucker) gemacht.

In Deutschland und anderen Ländern sind für die Herstellung der Margarine einige besondere Vorschriften erlassen. Hierüber vgl. unten S. 429.

b) Die Zusammensetzung der Margarine (Gehalt an Wasser, Fett, Salzen usw.) ist im allgemeinen der der Kuhbutter ähnlich, jedoch ist der Wassergehalt in regelrecht hergestellter Margarine meist etwas geringer als in der Butter; außerdem ist die Margarine meistens gesalzen[2]). Ferner unterscheidet sich das Fett der Margarine von dem Butterfett in chemischer Hinsicht wesentlich dadurch, daß ihm der hohe Gehalt des Butterfettes an wasserlöslichen flüchtigen Fettsäuren fehlt.

c) Die Veränderungen, welche die Margarine und Schmelzmargarine durch mangelhafte Zubereitung, Aufbewahrung u. dgl. erleiden kann, sind denen der Butter und des Butterschmalzes ähnlich; doch beobachtet man bei alter Margarine seltener ein Ranzigwerden als ein sog. Fleckigwerden, d. h. eine Bildung von Kolonien von Penicillium glaucum usw.

d) Als Verfälschungen der Margarine kommen hauptsächlich in Betracht:

1. Absichtliche Erhöhung des Wassergehaltes der Margarine;
2. Verwendung verdorbener oder für den menschlichen Genuß untauglicher Fette;

---

[1]) Vgl. H. Thoms u. Fr. Müller in Zeitschr. f. Untersuchung d. Nahrungs- u. Genußmittel 1911, **22**, 226.

[2]) Ungesalzen ist vielfach die Margarine für Backzwecke.

3. Zusatz von anderen Konservierungsmitteln als Kochsalz;
4. Zusatz von fremden Stoffen, z. B. unverseifbaren Fetten und Ölen (Paraffin, Ceresin usw.)

Probenahme.

Für die Probenahme von Margarine sind im wesentlichen die gleichen Gesichtspunkte maßgebend, wie für die Entnahme von Butterproben (vgl. oben S. 346). Besonderes Augenmerk ist jedoch bei der Entnahme von Margarine auch auf die Verpackung, Aufschrift der Gefäße usw. zu richten, um zu beurteilen, ob die hierauf bezüglichen gesetzlichen Bestimmungen erfüllt sind (vgl. unten S. 431).

Die Untersuchung der Margarine kann sich erstrecken auf:
1. Die Bestimmung des Gehaltes an Wasser, Fett, Casein, Salze usw.;
2. den Nachweis von Frischhaltungsmitteln;
3. den Nachweis der Verdorbenheit;
4. Die Zusammensetzung des Fettes, und zwar
   a) auf den vorgeschriebenen Sesamölgehalt;
   b) auf den Gehalt an Butter- bezw. Milchfett;
   c) auf den Gehalt an sonstigen tierischen Fetten (Schweinefett, Talg [Premier jus], Oleomargarin);
   d) auf einen Gehalt an gesundheitschädlichen Fetten (z. B. Hydnocarpus-Fett);
   e) auf einen Gehalt an unverseifbaren Stoffen, wie Paraffin, Ceresin usw.

Bei den unter Nr. 1—3 aufgeführten Untersuchungen verwendet man die natürliche, nicht ausgeschmolzene Margarine, bei den unter Nr. 4 dagegen das bei möglichst niedriger Temperatur geschmolzene und klar filtrierte Margarinefett.

Untersuchung der in das Zollinland eingehenden Fette.

Die amtliche Anweisung für die chemische Untersuchung von Fleisch und Fetten, Anlage d zu den Ausführungsbestimmungen D vom 22. Febr. 1908[1]) zum Gesetz, betr. die Schlacht- und Fleischbeschau, vom 3. Juni 1900, enthält in ihrem zweiten Abschnitt („Untersuchung von zubereiteten Fetten") über die Untersuchung und gesundheitspolizeiliche Behandlung des in das Zollinland eingehenden Fleisches — zu dem auch Schweineschmalz, Talg, Oleomargarin, Kunstspeisefett und Margarine gehören — folgende Vorschriften über die bei der Auslandsfleischbeschau auszuführenden Bestimmungen:

Untersuchung von zubereiteten Fetten.

(Vgl. § 15 und 16 der Ausführungsbestimmung D.)

Proben, bei denen ein bestimmter Verdacht vorliegt, sind zunächst auf den Verdachtsgrund zu untersuchen.

Sobald sich bei der Untersuchung eines Fettes herausstellt, daß dasselbe nach Maßgabe der im folgenden unter I angegebenen Prüfungen einer der im § 15 Abs. 3 unter a bis d der Ausführungsbestimmungen D ausgeführten Bestimmungen nicht entspricht, so ist von einer weiteren Untersuchung des Fettes abzusehen.

Eine jede Durchschnittsprobe ist vor der Vornahme der einzelnen Prüfungen gut durchzumischen und für sich zu untersuchen.

I. Allgemeine Gesichtspunkte.

1. Bei der Prüfung, ob äußerlich am Fette wahrnehmbare Merkmale auf eine Verfälschung oder Nachahmung oder sonst auf eine vorschriftswidrige Beschaffenheit hinweisen, ist auf Farbe, Konsistenz, Geruch und Geschmack zu achten. Dabei sind die folgenden Gesichtspunkte zu berücksichtigen:

---

[1]) Zentralbl. f. d. Deutsche Reich 1908, **36**, 59—103; Zeitschr. f. Untersuchung d. Nahrungs- u. Genußmittel 1908, **15**, 547.

Bei der Beurteilung der Farbe ist darauf zu achten, ob das Fett eine ihm nicht eigentümliche Färbung oder eine Verfärbung aufweist oder fremde Beimengungen enthält.

Bei der Prüfung des Geruches ist auf ranzigen, sauer-ranzigen, fauligen, sauer-fauligen, talgigen, öligen, dumpfigen (mulstrigen, grabelnden) schimmeligen Geruch zu achten. Die Fette sind hierzu vorher zu schmelzen.

Bei der Prüfung des Geschmacks ist festzustellen, ob ein bitterer oder ein allgemein ekelerregender Geschmack vorliegt. Auch ist darauf zu achten, ob fremde Beimengungen durch den Geschmack erkannt werden können.

Ist ein ranziger Geruch oder Geschmack festgestellt, so ist die Bestimmung des Säuregrades gemäß III unter h dieses Abschnitts auszuführen.

2. Margarineproben sind auf die Anwesenheit des vom Bundesrat in Ausführung des Gesetzes vom 15. VI. 1897, betreffend den Verkehr mit Butter, Käse, Schmalz und deren Ersatzmitteln (RGBl. 1897, S. 591), vorgeschriebenen Erkennungsmittels (Sesamöl) zu prüfen. Die Ausführung der Untersuchung geschieht gemäß III unter d, γ dieses Abschnittes.

3. Bei Schweineschmalz ist die refraktometrische Prüfung mit einem Zeiß-Wollnyschen Refraktometer unter Verwendung des gewöhnlichen Thermometers auszuführen. Die Ausführung der refraktometrischen Prüfung geschieht gemäß III unter a dieses Abschnittes.

4. Soweit nicht auf Grund der Untersuchungen nach 1 bis 3 eine Beanstandung erfolgt, ist in Ausführung des § 15 Abs. 3 unter b der Ausführungsbestimmungen D zu prüfen:

a) ob das Fett anderweitig verfälscht oder verdorben ist;

b) ob es unter das Verbot des § 3 des Gesetzes vom 15. VI. 1897 (RGBl. S. 475) fällt;

c) ob es einen der im § 5 Nr. 3 der Ausführungsbestimmungen D verbotenen Stoffe enthält.

Die Untersuchungen unter a und *b* sind nach den nachstehend unter III aufgestellten Bestimmungen auszuführen. In den Fällen des § 12 Abs. 4 der Ausführungsbestimmungen D hat sich jedoch die Ausdehnung der Untersuchung zunächst nur auf dasjenige Bestimmungsverfahren zu beschränken, welches zu der Beanstandung geführt hat; soweit sich hiernach ein Verdacht nicht ergibt, bedarf es einer weiteren Untersuchung über die Stichprobenuntersuchung hinaus nicht.

Liegt ein bestimmter Verdacht vor, daß Fette, welche unter einer für Pflanzenfette üblichen Bezeichnung oder als Butter, Butterschmalz u. dgl. eingeführt werden, unter das Gesetz, betreffend die Schlachtvieh- und Fleischbeschau, vom 3. VI. 1900 fallen, so sind diese Fette einer Untersuchung gemäß III zu unterziehen.

Die Untersuchung unter c geschieht nach der nachstehend unter II gegebenen Anweisung.

Die Anzahl der zu untersuchenden Proben für die vorstehend angeführten Prüfungen richtet sich nach dem letzten Absatze des § 15 der Ausführungsbestimmungen D.

II. Untersuchung der Fette auf die im § 5 Nr. 3 der Ausführungsbestimmungen D verbotenen Zusätze.

Sofern nicht ein besonderer Verdachtsgrund vorliegt (Zweiter Abschnitt Abs. 1), ist in allen Fällen auf die nachstehend unter 1 angeführten Stoffe zu untersuchen. Verläuft diese Untersuchung ergebnislos, so ist mindestens noch auf einen der übrigen Stoffe zu prüfen, wobei je nach der Lage des Falles tunlichst auf einen Wechsel bei der Auswahl der Stoffe, auf die geprüft werden soll, auch bei den aus einer Sendung entnommenen Stichproben zu achten ist.

1. Nachweis von Borsäure und deren Salzen. — Vgl. I. Teil, S. 592 unter β.

2. Nachweis von Formaldehyd und solchen Stoffen, die bei ihrer Verwendung Formaldehyd abgeben. — Vgl. I. Teil, S. 595 unter b.

3. Nachweis von Alkali- und Erdalkali-Hydroxyden und Carbonaten. — Vgl. I. Teil, S. 599 unter a.

4. Nachweis von schwefliger Säure und deren Salzen und von unterschwefligsauren Salzen. — Vgl. I. Teil, S. 601 unter β.

5. Nachweis von Fluorwasserstoff und dessen Salzen. — Vgl. I. Teil, S. 604 unter β.
6. Nachweis von Salicylsäure und deren Verbindungen. — Vgl. I. Teil, S. 606 unter β.
7. Nachweis von fremden Farbstoffen. — Vgl. I. Teil, S. 551 unter b.

III. Untersuchung der Fette auf ihre Abstammung und Unverfälschtheit beziehungsweise darauf, ob sie den Anforderungen des Reichsgesetzes vom 15. Juni 1897 entsprechen.

Zu diesem Zwecke sind, soweit nicht nachstehend Abweichungen angegeben sind, die Verfahren der „Anweisung zur chemischen Untersuchung von Fetten und Käsen" anzuwenden, welche auf Grund des § 12 Ziffer 2 des Gesetzes vom 15. Juni 1897 durch Bekanntmachung des Reichskanzlers vom 1. April 1898 (Zentralblatt für das Deutsche Reich 1898, S. 201 bis 216) erlassen wurde.

Bei allen tierischen Fetten, ausgenommen Margarine und Kunstspeisefett (z. B. bei Schmalz, Talg und Oleomargarin), ist in allen Fällen außer der Bestimmung des Brechungsvermögens (a) die Prüfung auf Pflanzenöle nach den nachstehenden Vorschriften unter d, α oder β und e auszuführen, bei Schmalz auch die Prüfung nach c; dagegen hat die Prüfung unter g nur in dem dort angegebenen Umfange, die Bestimmung der Verseifungszahl (f), bei mindestens je einer Probe einer Sendung und die Bestimmung der Jodzahl (b), abgesehen von besonderen Verdachtsfällen, nur dann zu erfolgen, wenn bei 40° die Refraktometerzahl:

a) von Schmalz außerhalb der Grenzen 48,5—51,5,
b) von Talg außerhalb der Grenzen 45,0—48,5,
c) von Oleomargarin außerhalb der Grenzen 46—50 liegt.

Bei der Untersuchung von Margarine und von Kunstspeisefetten sind die Bestimmung des Brechungsvermögens (a), der Jodzahl (b) und die Prüfung auf Pflanzenöle (c, d, e und g), unbeschadet der Bestimmung im zweiten Abschnitt unter I 2 zu unterlassen[1]); die Bestimmung der Verseifungszahl (f) hat bei mindestens je einer Probe einer Sendung stattzufinden.

Sofern der Verdacht vorliegt, daß tierische Fette unter einer für Pflanzenfette üblichen Bezeichnung oder als Butter, Butterschmalz und dgl. eingeführt werden, sind je nach Lage des Falles die in Betracht kommenden Verfahren der oben genannten „Anweisung zur chemischen Untersuchung von Fetten und Käsen" anzuwenden.

Läßt bei Fetten aller Art die Geruchs- und Geschmacksprobe auf eine ranzige, sauer-ranzige oder sauer-faulige Beschaffenheit des Fettes schließen, so ist die Bestimmung des Säuregrades (h) auszuführen.

Die vorstehend besonders genannten Prüfungen sind nach folgenden Verfahren auszuführen:

a) Bestimmung des Brechungsvermögens. — Vgl. oben S. 365.
b) Bestimmung der Jodzahl nach v. Hübl. — Vgl. I. Teil, S. 377.
c) Nachweis von Pflanzenölen in Schmalz nach Bellier. — Vgl. unten S. 439.
d) Nachweis von Sesamöl. — Vgl. unten S. 414.
e) Nachweis von Baumwollsamenöl. — Vgl. unten S. 476.
f) Bestimmung der Verseifungszahl (der Köttstorferschen Zahl). — Vgl. I. Teil, S. 365 und unten S. 438.
g) Prüfung auf das Vorhandensein von Phytosterin. — Vgl. I. Teil, S. 406, Anmerkung 1.
h) Bestimmung der freien Fettsäuren (des Säuregrades). — Vgl. I. Teil, S. 363.

Der vorstehend in ihren Bestimmungen über die auszuführenden Untersuchungen wiedergegebenen Anlage d zu den Ausführungen D zum Gesetz, betr. die Schlachtvieh- und Fleischbeschau, ist die nachfolgende Übersicht über die auszuführenden Untersuchungen beigegeben:

---

[1]) Die beiden Worte „zu unterlassen" fehlen in der Veröffentlichung im Zentralbl. f. d. Deutsche Reich; sie sind nach den „Veröffentlichungen des Kaiserl. Gesundheitsamtes" 1908, **32**, 433 hier hinzugesetzt.

Übersicht über die bei der chemischen Untersuchung der Fette auszuführenden Prüfungen.

<table>
<tr><th></th><th></th><th>Schweineschmalz</th><th>Talg</th><th>Oleomargarin[1])</th><th>Kunstspeisefett</th><th>Margarine</th></tr>
<tr><td rowspan="2">Vorprüfung</td><td rowspan="2">Auszuführen bei allen von einer Sendung gemäß § 15 (5) der Ausführungsbestimmungen D entnommenen Stichproben</td><td colspan="5">a) Prüfung, ob die Packstücke den Angaben in den Begleitpapieren entsprechen und gemäß den für den Inlandverkehr bestehenden Vorschriften bezeichnet sind („Margarine"), „Kunstspeisefett" (Ausführungsbestimmungen D § 15 (2) a und Anlage c C)</td></tr>
<tr><td colspan="5">b) Prüfung auf äußere Beschaffenheit: Farbe, Konsistenz, Geruch und nötigenfalls Geschmack, auf Vorhandensein von Schimmelpilzen und Bakterienkolonien sowie auf sonstige Anzeichen von Verdorbensein (Ausführungsbestimmungen D § 15 (2) b und Anlage c C)</td></tr>
<tr><td rowspan="12">Hauptprüfung</td><td rowspan="2">Auszuführen bei allen gemäß § 15 (5) der Ausführungsbestimmungen D entnommenen Stichproben</td><td colspan="5">a) Prüfung, ob äußerlich am Fette wahrnehmbare Merkmale auf eine Verfälschung oder Nachmachung oder sonst auf eine vorschriftswidrige Beschaffenheit hinweisen (Ausführungsbestimmungen D § 15 (3) a und Anlage d, zweiter Abschnitt I 1)</td></tr>
<tr><td>b) Bestimmung des Brechungsvermögens (Ausführungsbestimmungen D § 15 (3) d)</td><td>—</td><td>—</td><td>—</td><td>Prüfung auf den vorgeschriebenen Gehalt an Sesamöl (Ausführungsbestimmungen D § 15 (3) c)</td></tr>
<tr><td rowspan="5">Auszuführen bei den gemäß § 15 (6) der Ausführungsbestimmungen D entnommenen Stichproben</td><td>a)</td><td colspan="2">Bestimmungen des Brechungsvermögens (Anlage d, zweiter Abschnitt III)</td><td>—</td><td>—</td></tr>
<tr><td colspan="5">b) Prüfung auf Borsäure (Anlage d, zweiter Abschnitt II)</td></tr>
<tr><td colspan="5">c) Sofern die Prüfung auf Borsäure ergebnislos verlauft, Prüfung auf einen weiteren verbotenen Stoff je nach Lage des Falles (Anlage d, zweiter Abschnitt II)</td></tr>
<tr><td colspan="3">d) Prüfungen auf Pflanzenöle (Anlage d, zweiter Abschnitt III)</td><td rowspan="2">—</td><td rowspan="2">—</td></tr>
<tr><td>Prüfung nach Bellier. Prüfung auf Sesamöl, Prüfung auf Baumwollsamenöl</td><td colspan="2">Prüfung auf Sesamöl, Prüfung auf Baumwollsamenöl</td></tr>
<tr><td rowspan="3">Auszuführen bei Verdachtsgründen</td><td colspan="3">a) Bestimmung der Jodzahl, wenn die Refraktometerzahlen bei 40° außerhalb der Grenzen liegen (Anlage d, zweiter Abschnitt III):</td><td rowspan="2">—</td><td rowspan="2">—</td></tr>
<tr><td>48,5—51,5</td><td>45,0—48.5</td><td>46—50</td></tr>
<tr><td colspan="5">b) Bestimmung des Säuregrads (Anlage d, zweiter Abschnitt III)</td></tr>
<tr><td rowspan="2">Auszuführen bei einer beschränkteren Anzahl von Proben</td><td colspan="3">a) Phytosterinacetatprobe, wenn die Bestimmung des Brechungsvermögens, die Bestimmung der Jodzahl und die Prüfungen auf Pflanzenöle darauf hinweisen, daß eine Verfälschung mit Pflanzenölen stattgefunden hat, sowie bei mindestens einer von 25 der gemäß § 15 (6) entnommenen Stichproben (Anlage d, zweiter Abschnitt III)</td><td>—</td><td>—</td></tr>
<tr><td colspan="5">b) Bestimmung der Verseifungszahl in mindestens je einer Probe einer Sendung (Anlage d, zweiter Abschnitt III)</td></tr>
</table>

[1]) Sonstige tierische Fette sind wie Talg und Oleomargarin zu untersuchen.

Untersuchungsverfahren.

Die Untersuchungsverfahren für Margarine sind im allgemeinen dieselben wie für Butter; sie sind durch die amtliche „Anweisung" vom 1. April 1898 zum Gesetz, betr. den Verkehr mit Butter usw., vom 15. Juni 1897, sowie durch die Anlage d zu den Ausführungsbestimmungen D vom 22. Februar 1908 zum Fleischbeschaugesetz vom 3. Juni 1900 vorgeschrieben (vgl. oben S. 409—412). Außerdem enthalten die letzteren Ausführungsbestimmungen noch die Vorschrift für die Schätzung des Sesamölgehaltes der Margarine (vgl. unten S. 414).

1. Untersuchung auf Zusammensetzung. ***a) Die Bestimmung des Gehaltes an Wasser, Casein, Fett, Milchzucker, Salze usw.*** erfolgt nach den oben S. 346—359 für Butter angegebenen Verfahren.

b) Nachweis von Eigelb. Mecke[1]) verfährt zum Nachweise von Eigelb in Margarine in folgender Weise:

100 g Margarine werden bei 45° geschmolzen und mit 50 ccm 1 proz. Chlornatriumlösung im Scheidetrichter gut durchgeschüttelt. Nach dem Absetzen wird die wässerige Lösung abgelassen, zur Entfernung des suspendierten Fettes mit Petroläther ausgeschüttelt und nach Zusatz von Tonerdehydrat durch ein dichtes Filter filtriert, wobei das Filtrat gewöhnlich etwas trübe bleibt. Verdünnt man darauf das Filtrat mit etwa 250 ccm Wasser, so scheidet sich das Vitellin in weißen Flocken ab. Das Ausschütteln läßt sich umgehen, wenn man die geschmolzene Margarine mit Petroläther mischt, die obere Fettschicht abgießt und den Rückstand wiederholt mit Äther wäscht; der Rückstand wird dann wie vorher mit Chlornatriumlösung behandelt.

Nach G. Fendler[2]) läßt dieses Verfahren, welches bei konzentrierten Eigelblösungen anwendbar ist, bei den verdünnten Lösungen der Eigelbmargarine im Stich. G. Fendler verfährt daher zum Nachweise von Eigelb in Margarine, wie folgt:

300 g Margarine werden in einem Becherglase in ein großes Wasserbad von 50° gehängt und 2—3 Stunden darin belassen. Man gießt alsdann in einen angewärmten Schütteltrichter, schüttelt mit 150 ccm 2 proz. Chlornatriumlösung durch und hängt den Schütteltrichter noch etwa 2 Stunden zum Absetzen in das Wasserbad von 50°. Die wässerige Flüssigkeit wird alsdann abgelassen, gut abgekühlt, um suspendiertes Fett zum Erstarren zu bringen, und so oft durch ein angefeuchtetes Filter filtriert, bis das Filtrat klar oder nahezu klar abläuft. In den meisten Fällen erhält man so ohne allzu große Mühe eine klare Flüssigkeit, während manchmal allerdings das Filtrieren sich zu einer sehr langwierigen Arbeit gestaltet. Für die Vorprüfungen mit rauchender Salzsäure sowie mittels Nachweises des Eigelbfarbstoffes ist jedoch eine völlig klare Lösung auch nicht erforderlich. Fallen diese beiden Vorprüfungen negativ aus, so kann man, da alsdann die Abwesenheit von Eigelb erwiesen ist, auf ein vollkommen klares Filtrat verzichten, welches jedoch bei positivem Ausfall der Vorprüfungen für die entscheidende Prüfung mittels Dialyse erforderlich ist.

Zur Vorprüfung mit rauchender Salzsäure wird ein Teil der chlornatriumhaltigen Margarineausschüttelung mit dem gleichen Volumen rauchender Salzsäure vermischt. Die zunächst klar bleibende Lösung wird bei eine Minute langem Kochen, wahrscheinlich unter Abscheidung von Zersetzungsprodukten des Lecithins, trübe und in kurzer Zeit setzt sich die Trübung in charakteristischer Weise an der Oberfläche der Flüssigkeit ab, einen weißen Ring an der Wandung des Reagensglases bildend. Eine Eiweißlösung liefert dagegen, in gleicher Weise behandelt, eine klare Flüssigkeit ohne Abscheidung.

Zur Prüfung auf Eigelbfarbstoff werden 10 ccm der Margarineausschüttelung mit 1 ccm 1 proz. Schwefelsäure in einem Reagensglase kurze Zeit zum Sieden erhitzt, abgekühlt und mit 2 ccm Äther einige Minuten kräftig durchgeschüttelt. Bei ruhigem Stehen setzt sich der Äther dann meist klar ab. Emulsionen werden nötigenfalls durch einige

[1]) Zeitschr. f. öffentl. Chemie 1899, **5**, 231.

[2]) Zeitschr. f. Untersuchung d. Nahrungs- u. Genußmittel 1903, **6**, 977.

Tropfen Alkohol zerstört. Ist die Ätherschicht gelblich oder gelb gefärbt, was man am besten im auffallenden Lichte beobachtet, so kann Eigelb zugegen sein, anderenfalls ist das Vorhandensein genuinen Eigelbs ausgeschlossen. Dieser Nachweis ist sehr scharf und überzeugend; er tritt auch bei mit wasserlöslichen Farbstoffen gefärbten Margarinen ein, so daß der positive Ausfall nicht ohne weiteres auf die Anwesenheit von Eigelb zu schließen gestattet.

Prüfung auf Vitellin mittels Dialyse: 50 ccm der vollkommen klaren Margarineausschüttelung werden in einen gut ausgewaschenen, noch feuchten Dialysierschlauch gefüllt und dieser in ein großes Gefäß mit Wasser gehängt und 5—6 Stunden dialysiert. Ist die Flüssigkeit alsdann deutlich trübe und wird sie auf Zusatz von Chlornatrium wieder klar, so ist die Anwesenheit von Eigelb in der Margarine erwiesen. (Eieralbumin, Casein und Pflanzenalbumin besitzen diese dem Vitellin eigentümliche Löslichkeit in Chlornatriumlösung nicht.)

c) Nachweis und Bestimmung von Zucker (Saccharose). Der qualitative Nachweis des zum Zwecke des Bräunens der Margarine zugesetzten Zuckers (Saccharose) neben dem Milchzucker der Margarine kann in der beim Schmelzen der Margarine sich abscheidenden wässerigen Flüssigkeit nach dem Verfahren von S. Rothenfußer (vgl. oben S. 250) oder auch mittels der Seliwanoffschen Reaktion[1]) (vgl. oben S. 300) erfolgen.

Zur quantitativen Bestimmung der Saccharose bedient sich Mecke[2]) der Eigenschaft der Citronensäure, nur die Saccharose, nicht aber den Milchzucker zu invertieren; er verfährt, wie folgt: 100 g Margarine werden in einem Mörser mit 60 ccm einer erwärmten schwachen Sodalösung (um Inversion durch die Milchsäure zu vermeiden) übergossen, gemischt und in ein Spitzglas gegossen, das man darauf einige Stunden in warmes Wasser stellt. Nach dem Erkalten durchbohrt man die Fettmasse, gießt die wässerige Lösung ab, säuert zur Abscheidung des Caseins mit Citronensäure an und filtriert. Darauf wird in 25 ccm des Filtrates direkt und in weiteren 25 ccm nach der Inversion durch $^1/_2$ stündiges Erhitzen mit 5 ccm 10 proz. Citronensäure und Neutralisation der reduzierende Zucker mittels Fehlingscher Lösung bestimmt. Bei der Berechnung des Saccharosegehaltes ist der Wassergehalt der Margarine zu berücksichtigen; beträgt dieser z. B. 15%, so ist die gefundene Saccharosemenge auf $60 + 15 = 75$ ccm zu berechnen und die darin befindliche Menge drückt den prozentualen Gehalt der Margarine an Saccharose aus.

2. Nachweis und Bestimmung von Frischhaltungs- und Neutralisationsmitteln. Diese erfolgen genau in derselben Weise wie bei Butter (vgl. oben S. 353—358). Bei Margarine ist besonders auf die häufig verwendeten Frischhaltungsmittel Borsäure und Benzoesäure Rücksicht zu nehmen.

3. Nachweis der Verdorbenheit. Auch hierbei sind die oben bei Butter (S. 358—360) hervorgehobenen Gesichtspunkte maßgebend.

4. Nachweis und Bestimmung einzelner Bestandteile des Margarinefettes. Entsprechend der Mannigfaltigkeit der zur Herstellung von Margarine dienenden Fette und Öle (vgl. oben S. 408) weist das Margarinefett eine sehr verschiedene Zusammensetzung auf.

Zum Nachweise von Baumwollsamenöl, Erdnußöl, Sesamöl, Cocosfett und Palmkernfett, Butterfett dienen im allgemeinen die verschiedenen zur Untersuchung des Butterfettes und des Schweinefettes üblichen Verfahren.

Die Gesetzgebung über Margarine erfordert jedoch verschiedene besondere Untersuchungen, deren Verfahren im nachfolgenden aufgeführt sind.

a) Prüfung auf den Sesamölgehalt. Zur Prüfung von Margarine auf den durch die Ausführungsbestimmungen zum Gesetz, betr. den Verkehr mit Butter usw., vom 15. Juni 1897 vorgeschriebenen Sesamölgehalt verfährt man nach der Anlage d zu den Ausführungsbestimmungen D vom 22. Februar 1908 zum Fleischbeschaugesetz vom 3. Juni 1900, wie folgt:

---

[1]) Seliwanoff verwendet auf 2 Teile Saccharose 1 Teil Resorcin und konz. Salzsäure, (womit erwärmt wird (Ber. d. D. chem. Gesellsch. 1887, **20**, 181).

[2]) Zeitschr. f. öffentl. Chemie 1899, **5**, 496.

„Bei der Untersuchung von Margarine auf den vorgeschriebenen Gehalt an Sesamöl werden, wenn keine Farbstoffe vorhanden sind, die sich mit Salzsäure rot färben, 0,5 ccm des geschmolzenen, klar filtrierten Fettes in 9,5 ccm Petroleumäther gelöst und die Lösung nach dem unter α (S. 371) angegebenen Verfahren geprüft.

Wenn Farbstoffe vorhanden sind, die durch Salzsäure rot gefärbt werden, so löst man 1 ccm des geschmolzenen, klar filtrierten Margarinefetts in 19 ccm Petroleumäther und schüttelt diese Lösung in einem kleinen zylindrischen Scheidetrichter mit 5 ccm vom spezifischen Gewicht 1,124 etwa $^1/_2$ Minute lang. Die unten sich ansammelnde rot gefärbte Salzsäureschicht läßt man abfließen und wiederholt dieses Verfahren, bis die Salzsäure nicht mehr rot gefärbt wird. Alsdann läßt man die Salzsäure abfließen und prüft 10 ccm der so behandelten Petroleumätherlösung nach dem unter α (S. 371) angegebenen Verfahren.

Hat die Margarine den vorgeschriebenen Gegalt an Sesamöl von der durch die Bekanntmachung vom 4. Juli 1897 — RGBl. S. 591 — vorgeschriebenen Beschaffenheit (vgl. unten S. 429), so muß in jedem Falle die Sesamölreaktion noch deutlich eintreten."

b) Nachweis und Bestimmung von Butterfett und Palmfetten in Margarine. Der Gehalt eines Margarinefettes an Butterfett gibt sich bei Abwesenheit von Palmfetten (Cocos- und Palmkernfett) durch eine erhöhte Reichert-Meißlsche Zahl zu erkennen. Ist aber gleichzeitig eines der beiden Palmfette vorhanden, was neuerdings sehr häufig der Fall ist, so kann auf Grund der Reichert-Meißlschen Zahl allein ein Urteil über den Gehalt an Butterfett nicht abgegeben werden.

Zur Bestimmung des Gehaltes an Butterfett neben Palmfetten dienen folgende Verfahren:

α) Verfahren von A. Kirschner[1]. Es ist eine Abänderung des von K. Jensen[2] vorgeschlagenen Verfahrens, das auf dem Buttersäuregehalt des Butterfettes beruht. A. Kirschner verfährt, wie folgt:

5 g Margarinefett werden in einem 300 ccm-Kölbchen genau abgewogen und darauf mit 10 ccm Alkohol[3] und 2 ccm Natronlauge[4] im siedenden Wasser unter anhaltender Bewegung des Kölbchens erwärmt, so daß die gebildete Seife sich als ein Überzug auf die Innenseite des Kölbchens setzt. Während der ganzen Verseifung befindet sich im Halse des Kölbchens ein Kork mit einem dünnen Glasrohre, durch welches der Alkohol entweicht. Darauf läßt man das Kölbchen im siedenden Wasser schwimmen und verjagt den letzten Rest des Alkohols durch einen Luftstrom, der zuvor eine Waschflasche mit Natronlauge passiert hat. Während dieses letzten Teiles der Behandlung ist ein zweimal durchlöcherter Kork mit zugehörenden Glasröhren in den Hals des Kölbchens eingesetzt. Darauf werden 100 ccm Wasser[5] zugesetzt und man erwärmt, bis die Seife gelöst ist. Nachdem das Kölbchen etwas abgekühlt ist, werden nach Zugabe einiger Bimssteinstückchen 45 ccm Schwefelsäure (25 ccm konzentrierte Schwefelsäure in 1 l enthaltend) hinzugesetzt. Das Kölbchen wird schnell mit dem Kühler verbunden und dann zunächst langsam erwärmt, bis die Fettsäuren klar auf der Flüssigkeit schwimmen. Darauf wird die Destillation so geleitet, daß 110 ccm Flüssigkeit in einer Stunde übergehen. Nach dem Umschütteln wird das Destillat durch ein kalkfreies, trockenes Filter filtriert, und 100 ccm vom Filtrat werden mit $^1/_{10}$ N.-Barytlauge unter Verwendung von Phenolphthalein als Indicator titriert. Nach Multiplikation mit 1,1 bekommt man so die gewöhnliche Reichert-

[1] Zeitschr. f. Untersuchung d. Nahrungs- u. Genußmittel 1905, **9**, 65.

[2] Farmaceutisk Tidende 1903, 385; vgl. A. Kirschner an vorgenannter Stelle.

[3] Der Alkohol wird mit Kaliumpermanganat destilliert. (Vgl. Benedict-Ulzer: Analyse der Fette 1903, 63.)

[4] 1 Teil Natronhydrat wird in 1 Teil Wasser gelöst. Nach mehrtägigem Stehen gießt man die klare Flüssigkeit ab.

[5] Durch alles angewendete Wasser und die verdünnte Schwefelsäure wird vorher drei Stunden kohlensäurefreie Luft gesaugt.

Meißlsche Zahl (RMZ). Zu dem neutralisierten Destillate werden 0,5 g Silbersulfat hinzugesetzt, nach einstündigem Stehen unter zeitweiligem Umrühren wird die Flüssigkeit durch ein trockenes Filter filtriert und 100 ccm des Filtrates werden in einem Destillationskölbchen nach Zusatz von etwas Bimsstein, 35 ccm Wasser und 10 ccm verdünnter Schwefelsäure versetzt, worauf wiederum 110 ccm in einer Stunde abdestilliert werden. Das Destillat wird durch ein kalkfreies trockenes Filter filtriert, vom Filtrat werden 100 ccm abgemessen und wie oben titriert. Nach dem Umrechnen des erhaltenen Wertes auf 5 g Fett erhält man die „Kirschnersche" Zahl (KZ), welche den Gehalt an denjenigen flüchtigen Säuren angibt, deren Silbersalze in neutralen Flüssigkeiten löslich sind. Durch eine Reihe von Versuchen, die teils mit reinen Caprylsäurelösungen, teils mit Mischungen von Caprylsäure- und Buttersäurelösungen angestellt wurden, hat Kirschner sich überzeugt, daß Buttersäure durch den Zusatz von Silbersulfat nicht gefällt wird.

Vor der Berechnung führt man einen blinden Versuch mit Alkohol, Natronhydrat und Schwefelsäure aus, dessen Ergebnis von den beiden Titerzahlen in Abzug gebracht werden muß.

Der prozentuale Gehalt des Margarinefettes an Butterfett (B) ergibt sich alsdann aus der Gleichung:

$$B = 4{,}319 \times KZ - 0{,}456 \times RMZ - 2{,}15\,.$$

Bezüglich der Ableitung dieser Gleichung vgl. die Originalmitteilung. Da in der Gleichung die Faktoren 4,319 und 0,456 durch praktische Destillationsversuche mit verschiedenen Butter-, Cocos- und Margarinefetten festgestellt, die Destillationsergebnisse (bzw. Reichert-Meißlschen Zahlen) aber namentlich bei dem Butterfette wesentlichen Schwankungen unterworfen sind, so kann natürlich die Berechnung der Butterfettgehaltes nur annähernde Ergebnisse liefern. A. Kirschner fand bei 14 Margarinefetten mit Zusätzen von 0—14% Butterfett und 0—20% Cocosfett nach obiger Formel folgende Butterfettgehalte:

Butterfett	zugesetzt:	0	2,5%	5%	10%	14%
	gefunden:	0,08—0,19%	2,26%	4,85—5,30%	9,71—10,35%	13,22%
Cocosfett zugesetzt:		10%	7,5%	10%	0—20%	16%
Zahl der Proben:		2	1	2	8	1

C. Revis und E. R. Bolton[1]), welche die Brauchbarkeit des Kirschnerschen Verfahrens für die Bestimmung des Butterfettgehaltes in cocosfetthaltiger Margarine anerkennen und selbst 2% Butterfett neben 75% Cocosfett in Margarine nachweisen konnten, empfehlen für die Bestimmung der Reichert-Meißlschen, Polenskeschen und Kirschnerschen Zahlen folgende Arbeitsweise:

5 g Fett und 20 g Glycerin werden mit einem 300 ccm-Kolben gewogen. Man gibt 2 ccm 50 proz. Natronlauge hinzu und erhitzt über freier Flamme unter ständigem Umschütteln bis zur plötzlichen Klärung. Die Seife wird nach dem Abkühlen in 100 ccm frisch ausgekochtem Wasser gelöst. Man fügt 0,1 g Bimssteinpulver und 40 ccm Schwefelsäure hinzu. (Letztere wird dargestellt, indem 20—25 ccm konz. Schwefelsäure auf 1000 ccm verdünnt werden; die Lösung wird so eingestellt, daß 35 ccm 2 ccm der Natronlauge neutralisieren.) Am Kühler wird zuerst mit kleiner Flamme erwärmt bis die unlöslichen Säuren ganz geschmolzen sind, dann destilliert man 110 ccm ab, wozu 19—21 Minuten gebraucht werden sollen. Die Maße des Apparates sind die des Polenskeschen; das Kühlwasser soll 18—20° haben. Sobald 110 ccm abdestilliert sind, entfernt man die Flamme und stellt einen 25 ccm-Zylinder zum Auffangen der Tropfen unter den Kühler. Das Destillat wird abgekühlt, gemischt und filtriert; 100 ccm davon werden mit $^1/_{10}$ N.-Barytlauge gegen Phenolphthalein titriert usw. Kühler, Zylinder und Vorlage werden mit 18 ccm kaltem Wasser nachgewaschen, die dann durch das zum Filtrieren des Destillates benutzte Filter filtriert werden. Der Kühler wird viermal mit je 10 ccm neutralem Alkohol nachgespült, die in dem Zylinder aufgefangen und durch das Filter in das 110 ccm-Kölbchen filtriert werden. Die gemischten Alkohollösungen werden mit $^1/_{10}$ N.-Baryt

1) Analyst 1911, **36**, 333; Zeitschr. f. Untersuchung d. Nahrungs- u. Genußmittel 1912, **23**, 357

lauge titriert (Phenolphthalein), wozu ein blinder Versuch angestellt wird. Eine Polenskesche Zahl, welche über 0,5 höher ist, als die der bestimmten Reichert-Meißlschen Zahl entsprechende, zeigt die Gegenwart von Cocosfett oder Palmkernfett an. Zu den 100 ccm des mit Barytlauge titrierten Destillates gibt man 0,5 g feingepulvertes Silbersulfat und läßt unter gelegentlichem Umschütteln 1 Stunde lang stehen. Dann filtriert man, mißt 100 ccm ab, setzt 35 ccm Wasser, 10 ccm Schwefelsäure (wie oben) und ein langes Stück Aluminiumdraht hinzu und destilliert in dem Polenske-Apparat wieder 110 ccm innerhalb 20 Minuten ab. Hiervon werden 100 ccm titriert und die so erhaltene Anzahl Kubikzentimeter nach folgender Formel auf die Kirschnersche Zahl (KZ) berechnet:

$$\mathrm{KZ} = x \times \frac{121 \times (100 + y)}{10\,000}.$$

Hierin bedeutet x die korrigierte Kirschner-Titration, y die zur Neutralisation der 100 ccm des Reichert-Meißlschen Destillates erforderliche Anzahl Kubikzentimeter Barytlösung. Der Vorzug des Kirschnerschen vor anderen Verfahren, die auch Silbersalze verwenden, beruht darin, daß es praktisch einen Maßstab für den Gehalt der Mischung an Buttersäure bildet und dabei die den anderen Methoden anhaftenden Fehler nicht besitzt.

Auch M. Mohnhaupt[1]) urteilt günstig über das Kirschnersche Verfahren; er macht aber darauf aufmerksam, daß bei steigendem Cocosfettgehalt in butterfettfreien Mischungen infolge des Capronsäuregehaltes des Cocosfettes mit zunehmender Polenskescher Zahl auch die Kirschnersche Zahl steigt, und zwar in der Art, daß einer bestimmten Polenskeschen Zahl auch eine bestimmte Kirschnersche Zahl entspricht. Mohnhaupt hat daher für die Fälle, in denen die Kirschnersche Zahl nicht sicher zum Ziele führt, ein abgeändertes Verfahren unter Anwendung von 20 g Fett vorgeschlagen. Über die Ausführung dieses Verfahrens, dessen Ergebnisse als „neue Reichert-Meißlsche Zahl" und „neue Kirschnersche Zahl" bezeichnet werden, muß auf die Quelle verwiesen werden. — Auch O. Jensen[2]) spricht sich sehr günstig über die Kirschnersche Zahl aus.

β) Anreicherungsverfahren zum Nachweise von geringen Mengen Butterfett und Cocosfett in Schweinefett, Rindsfett und Margarine. Da die Glyceride der niederen Fettsäuren in Alkohol löslicher sind als die der höheren, kann man aus Schweinefett, Rindsfett bzw. Margarine, falls sie Butterfett, Cocosfett oder Palmkernfett enthalten, durch Ausziehen mit Alkohol einen mehr oder minder größeren Teil der Glyceride dieser Fette im Alkoholauszuge gewinnen und durch Untersuchung dieses alkohollöslichen Fettanteiles ein Urteil über die Reinheit der Ausgangsfette gewinnen.

Nachdem sich bereits früher Mecke[3]) und F. Morrschöck[4]) dieser Ausziehung mit Alkohol zum Nachweise von Cocosfett im Schweinefett bedient hatten, hat W. Arnold[5]) diese Frage eingehender behandelt; er gibt für die Gewinnung des alkohollöslichen Anteiles der Fette („Alkoholfette") folgende Vorschrift:

150 g des zu untersuchenden Fettes werden mit 1100 ccm 95 proz. Alkohol nach Zugabe von etwas Bimsstein in einem 2 l fassenden Kolben eine Stunde lang im Wasserbade unter Rückfluß gekocht, worauf etwa verflüchtigter Alkohol wieder zugefügt wird; während dieser Zeit wird der Kolbeninhalt einige Male durch kräftiges Umschwenken durchgemischt. Man läßt den Kolben etwa 4 bis 5 Stunden — am besten über Nacht — bei 12 bis 14° stehen, filtriert den Alkoholauszug und destilliert den Alkohol ab. Den öligen Rückstand bringt man in ein kleines Porzellanschälchen und erhitzt im Wasserbade so lange, bis das Fett wasser- und alkoholfrei geworden ist; meist ist das nach einer Stunde der Fall. Die Menge des auf diese Weise gewonnenen, in Alkohol löslichen Fettes beträgt bei Schweine-, Rindsfetten und Margarine etwa 6—8 g, während sie bei Butterfett und Cocosfett enthaltenden Speisefetten viel höher ist. Gegenüber

[1]) Chem.-Ztg. 1909, **33**, 305.
[2]) Zeitschr. f. Untersuchung d. Nahrungs- u. Genußmittel 1905, **10**, 265.
[3]) Zeitschr. f. öffentl. Chemie 1904, **10**, 8.
[4]) Zeitschr. f. Untersuchung d. Nahrungs- u. Genußmittel 1904, **7**, 586.
[5]) Daselbst 1907, **14**, 147.

dem Ausgangsfette zeigen die Alkoholfette bei Speisefetten, welche kein Butterfett und Cocosfett enthalten, erheblich höhere Refraktometer- und Jodzahlen, sowie im allgemeinen etwas höhere Reichert-Meißlsche und Polenskesche Zahlen, während ihre Verseifungszahlen, namentlich infolge ihres höheren Gehaltes an Sterinen (Cholesterin, Phytosterin) erheblich niedriger sind.

Bei Gegenwart von Cocosfett steigen Reichert-Meißlsche und Polenskesche Zahlen, während Refraktometerzahl, Jodzahl und Verseifungszahl je nach der Höhe des Cocosfettzusatzes steigen oder fallen; in ähnlicher Weise gibt sich die Anwesenheit von Butterfett zu erkennen, doch ist bei diesem das Verhältnis zwischen Reichert-Meißlscher und Polenskescher Zahl ein wesentlich anderes als bei Gegenwart von Cocosfett.

Über die Anwendung des Anreicherungsverfahrens für die Beurteilung von Margarine und Schweinefett vgl. unten S. 419—424.

Nachweis der Verfälschungen und Beurteilung der Margarine auf Grund der Analyse.

1. Zusammensetzung der Margarine (Gehalt an Wasser, Casein, Fett, Milchzucker, Salze usw.) und ***2. Zusatz von Frischhaltungsmitteln.*** Für die Beurteilung der Margarine auf Grund der Analyse hinsichtlich ihrer Zusammensetzung sind die gleichen Gesichtspunkte maßgebend wie bei Butter. — Vgl. oben S. 398.

3. Nachweis der Verdorbenheit. Auch hinsichtlich des Nachweises der Verdorbenheit auf Grund der Analyse und Sinnenprüfung finden die entsprechenden Anhaltspunkte bei Butter für Margarine sinngemäße Anwendung. — Vgl. oben S. 398.

4. Nachweis und Bestimmung einzelner Bestandteile des Margarinefettes. Die Zusammensetzung des Margarinefettes ist eine sehr mannigfaltige und bei den verschiedenen Fabriken mehr oder weniger schwankend, auch richtet sie sich bei derselben Fabrik z. T. nach den zeitlichen Schwankungen der Preise der Rohfette.

Für die Nahrungsmittelkontrolle ist die Ermittelung der Zusammensetzung des Margarinefettes, abgesehen von den durch die Gesetzgebung geforderten Bestandteilen, daher im allgemeinen von geringerem Interesse als für die Technik der Margarinefabrikation.

In vielen Fällen wird es kaum möglich sein, die Natur aller Bestandteile des Margarinefettes einwandfrei nachzuweisen. Einzelne Bestandteile sind durch die qualitativen Farbenreaktionen, die Bestimmung der Verseifungszahl und Jodzahl usw. ihrer Art nach erkennbar (vgl. unter Butter S. 402), dagegen ist es nur in seltenen Fällen möglich, die Menge der einzelnen Bestandteile annähernd zuverlässig zu bestimmen.

Einwandfrei zu beantworten ist die Frage, ob eine Margarine nur tierische oder neben diesen auch pflanzliche Fette enthält, durch die Phytosterinacetat-Probe (vgl. unter Butter S. 402). Umgekehrt ist auch in manchen Fällen mit mehr oder weniger Zuverlässigkeit die Frage zu beantworten, ob eine Margarine tierische Fette enthält.

Im einzelnen ist folgendes zu bemerken:

a) Prüfung auf den Sesamölgehalt. Durch die amtliche Prüfungsvorschrift (S. 415) ist die Beantwortung der Frage, ob die Margarine den gesetzlich vorgeschriebenen Sesamölgehalt (S. 429) aufweist, direkt gegeben, da die Eigenschaften, welche das zu verwendende Sesamöl haben muß, ebenfalls durch den Bundesratsbeschluß vom 4. Juli 1897 genau festgelegt sind.

Zu erörtern bleibt hier nur die Frage, ob die zum Nachweise und zur Schätzung des Sesamölgehaltes amtlich vorgeschriebene Baudouinsche Reaktion in der vorschriftsmäßig hergestellten Margarine nachträglich eine Abschwächung erfahren kann.

A. Reinsch und Fr. Bolm[1]) berichten über einen Fall, in dem bei einem Margarinekäse die anfangs vorschriftsmäßig ausfallende Sesamölreaktion nach 6-monatiger Lagerung des Käses vollständig verschwand; der Säuregrad des Fettes war dabei von 35,0 auf 50,7 gestiegen.

---

[1]) Zeitschr. f. Untersuchung d. Nahrungs- u. Genußmittel 1912, **24**, 350.

b) Prüfung auf den Butterfett-, Cocosfett- und Palmkernfettgehalt. Mit der gesetzlichen Bestimmung, daß ein Zusatz von so viel Butterfett zur Margarine gestattet ist, als bei ihrer Herstellung von der Verwendung von 100 Gewichtsteilen Milch oder einer dementsprechenden Menge Rahm auf 100 Gewichtsteile der nicht der Milch entstammenden Fette in die Margarine gelangen kann, ist keine scharfe Grenze für den zulässigen Butterfettgehalt gezogen, da der Fettgehalt natürlicher Milch in verhältnismäßig weiten Grenzen schwankt.

Einem Gehalte von 3—6% Butterfett, welche letztere Menge durch Verwendung einer sehr fettreichen Milch unter Umständen in die Margarine gelangen kann und die daher als gesetzlich zulässig angesehen werden muß, würden Reichert-Meißlsche Zahlen von etwa 1,5—2,5 entsprechen, während das butterfett- und cocosfettfreie Margarinefett meistens Reichert-Meißlsche Zahlen von 0,7—1,0 hat.

Es können jedoch bei Margarine noch höhere Reichert-Meißlsche Zahlen vorkommen, ohne daß der Butterfettgehalt die erlaubte Grenze überschreitet, ja sogar ohne daß überhaupt Butterfett im Margarinefett vorhanden ist, nämlich wenn sie Palmkernfett und Cocosfett, welche die verhältnismäßig hohen Reichert-Meißlschen Zahlen 3,5—7 bzw. 6—8,5 besitzen, enthält.

Ern. Bemelmans[1]) hat ferner darauf hingewiesen, daß auch durch einen Gehalt der Margarine an Benzoesäure eine Erhöhung der Reichert-Meißlschen Zahl bedingt sein kann. Schweinefett mit 2 % Benzoesäure hat die Reichert-Meißlsche Zahl 1,92.

α) Für die Entscheidung der Frage, ob Margarine (Schweinefett, Rindsfett, Kunstspeisefett usw.) Cocosfett oder Butterfett oder beide enthalte, kann nach W. Arnold[2]) in erster Linie das Verhältnis von Verseifungszahl, Reichert-Meißlscher Zahl und Polenskescher Zahl zueinander dienen. Aus diesem Verhältnis, insbesondere dem der Polenskeschen zur Reichert-Meißlschen Zahl kann man zunächst beurteilen, ob in dem untersuchten Fette Butterfett vorhanden ist oder nicht. Das Verhältnis dieser Zahlen hat W. Arnold für Mischungen von Butterfett und Cocosfett mit Rindstalg — und ebenso liegen die Beziehungen bei Mischungen mit Schweinefett, Margarine und Kunstspeisefett — in folgenden Tabellen A und B zum Ausdruck gebracht:

A. Mischungen von Rindsfett mit Butterfett.
(Rindsfett mit R. M. Z. 0,55; V. Z. 195,8; P. Z. 0,50.)

Butterfett I (R. M. Z. 27,6, V. Z. 228,5, P. Z. 2,25)				Butterfett II (R. M. Z. 22,2, V. Z. 225,1, P. Z. 2,3)				Schwankungen der Verseifungszahl
Reichert-Meißlsche Zahl	Polenskesche Zahl	Verseifungszahl	Gehalt an Butterfett %	Reichert-Meißlsche Zahl	Polenskesche Zahl	Verseifungszahl	Gehalt an Butterfett %	
1,15	0,48	196,7	2,5	1,01	0,60	196,6	3,4	196—201
2,10	0,55	198,2	6,0	1,95	0,65	197,8	6,9	197—202
3,14	0,60	199,4	9,0	2,95	0,70	198,8	11,1	198—203
4,02	0,63	200,5	12,0	4,00	0,85	199,8	16,0	199—204
5,00	0,65	201,1	15,5	4,95	0,90	201,5	20,0	200—205
6,20	0,70[3])	202,0	19,0	6,05	0,95	203,0	26,0	201—206
6,95	0,75[3])	203,1	21,4	7,10	1,05	205,4	30,6	202—207
8,00	0,80	204,4	25,6	8,00	1,15	206,4	34,5	203—208
9,10	0,90	205,3	28,8	8,95	1,20	207,5	39,2	204—209
9,85	0,97	206,8	31,6	10,20	1,30	208,6	44,0	205—210

[1]) Zeitschr. f. Untersuchung d. Nahrungs- u. Genußmittel 1907, **13**, 492.

[2]) Ebendort, 1907, **14**, 147 u. 1911, **21**, 587.

[3]) Diese beiden Zahlen finden sich in der Arbeit von W. Arnold wohl infolge eines Druckfehlers in umgekehrter Reihenfolge.

B. Mischungen von Rindsfett mit Cocosfett.

Reichert-Meißlsche Zahl	Polenske-sche Zahl	Schwankungen der Verseifungszahl[1])	Gehalt an Cocosfett %	Reichert-Meißlsche Zahl	Polenske-sche Zahl	Schwankungen der Verseifungszahl[1])	Gehalt an Cocosfett %
0,5	0,5	—	0	5,0	3,9	214,2—220,8	32
0,75	0,6	195,5—200,7	1	5,5	4,5	217,2—224,0	37
1,0	0,7	196,7—202,0	3	6,0	5,2	219,6—226,6	41
1,5	0,92	198,3—203,6	5,5	6,5	6,2	223,5—230,9	47,5
2,0	1,1	199,5—204,9	7,5	7,0	7,45	228,6—236,4	56
2,5	1,35	201,6—207,2	11	7,5	9,3	234,9—243,2	66,5
3,0	1,55	202,8—208,5	13	8,0	11,1	240,6—252,9	76
3,5	2,1	205,5—211,4	17,5	8,5	12,45	244,8—253,9	83
4,0	2,5	207,7—213,8	21,3	9,0	14,4—15,6	252,0—265,0	95—100
4,5	3,0	210,0—216,1	25				

Ein wichtiges Untersuchungsverfahren für den Nachweis und die Bestimmung von Cocosfett und Butterfett in Mischungen mit anderen Fetten ist ferner nach W. Arnold die Bestimmung des Molekulargewichts der flüchtigen wasserlöslichen Fettsäuren in den Reichert-Meißlschen Destillaten nach Juckenack und Pasternack (vgl. I. Teil S. 386), bei der man aber besonders darauf zu achten hat, daß, besonders bei niedrigen Reichert-Meißlschen Zahlen, die Neutralisation sehr genau erfolgt und die Seifen genau 3 Stunden getrocknet werden. Die Bestimmung wird ungenau, wenn die Reichert-Meißlschen Zahlen sehr niedrig sind, also z. B. unter 2,5 oder 3,0 liegen.

Mit den gewonnenen trockenen Seifen kann man zweckmäßig qualitative Reaktionen auf Buttersäure anstellen. Zu dem Zwecke verfährt man, wie folgt:

a) Ein Teil der trockenen Seife wird mit verdünnter Schwefelsäure zersetzt: Geruch nach Buttersäure bzw. Capron- oder Caprylsäure.

b) Ein weiterer Teil der trockenen Seife wird mit 3 ccm absol. Alkohol und etwa 6—8 ccm konzentrierter Schwefelsäure im Reagensglase mäßig erhitzt: Bildung von Buttersäureäthylester (Rumgeruch) oder Capron- und Caprylsäureäthylester (Kognakgeruch)[2]).

Auf Grund seiner Untersuchungen schlägt W. Arnold für den Nachweis von Butterfett und Cocosfett folgenden Analysengang vor:

Man bestimmt: a) Refraktometerzahl, b) Verseifungszahl, c) Reichert-Meißlsche Zahl, e) den Aggregatzustand der Polenskeschen Fettsäuren, f) das Molekulargewicht der flüchtigen, wasserlöslichen (Reichert-Meißlschen) Fettsäuren.

Ferner führt man mit den bei f gewonnenen trockenen Seifen die obigen qualitativen Reaktionen auf Buttersäure aus.

Man vergleicht die gefundenen analytischen Werte mit denen der vorstehenden Tabellen A und B. Hierbei geht man von der Höhe der Polenskeschen Zahl aus, vergegenwärtigt sich, daß diese bei reinen Rindsfetten usw. 0,5—0,6 beträgt und beachtet das zwischen Polenskescher und Reichert-Meißlscher Zahl bestehende Verhältnis. Hierbei können folgende Fälle eintreten:

Es stimmt das Analysenbild auf:

1. Cocosfettmischung (Tabelle B), wenn das Molekulargewicht der Reichert-Meißlschen Säuren 132—145 beträgt;

---

[1]) Aus der Tabelle XII der Arbeit von W. Arnold entsprechend dem Cocosfettgehalte berechnet.

[2]) Bei Gegenwart von Benzoesäure würde hierbei der bekannte Benzoesäureäthylestergeruch auftreten.

oder auf:

2. Butterfettmischung (Tabelle A), wenn das Molekulargewicht der Reichert - Meißlschen Säuren 100—106 beträgt;

oder auf keine von beiden, dann liegen vor:

3. Mischungen, die Cocosfett und Butterfett gleichzeitig enthalten.
   α) Die Polenskesche Zahl ist kleiner, als sie nach der Reichert - Meißlschen Zahl beim Vergleich mit der Cocosfett-Tabelle B sein dürfte: Beweis des Vorhandenseins von Butterfett.
   β) Die Polenskesche Zahl ist größer, als sie nach der Reichert-Meißlschen Zahl beim Vergleich bei der Butterfett-Tabelle A sein dürfte: Beweis des Vorhandenseins von Cocosfett.
   γ) Das Molekulargewicht der Reichert - Meißlschen Säuren liegt zwischen 106—132: Beweis des gleichzeitigen Vorhandenseins von Cocosfett und Butterfett.

Ist die Reichert - Meißlsche Zahl größer als 2, und ist es möglich, unter Zugrundelegung der Polenskeschen Zahl nach der Cocosfett-Tabelle B den Cocosfettgehalt annähernd genau zu berechnen, dann muß man bei der Beurteilung von Margarine die für den berechneten Cocosfettgehalt nach der Cocosfett-Tabelle B zugehörige Reichert-Meißlsche Zahl von der bei der Analyse gefundenen abziehen, so daß dann annähernd diejenige Reichert-Meißlsche Zahl übrig bleibt, welche allein durch den Butterfettgehalt bedingt ist. Diese Zahl liegt nicht über 2,5, wenn der Butterfettgehalt den gesetzlichen Bestimmungen[1]) entspricht.

Beispiel: Es wurde bei der Analyse einer Margarine gefunden:

Polenskesche Zahl	1,35
Reichert - Meißlsche Zahl	4,1
Molekulargewicht der Reichert - Meißlschen Säuren	126,5

Der Polenskeschen Zahl 1,35 entspricht nach der Cocosfett-Tabelle B eine Reichert-Meißlsche Zahl von 2,5; es beträgt daher die durch den Butterfettgehalt allein bedingte Reichert-Meißlsche Zahl 4,1 — 2,5 = 1,6, so daß der Butterfettgehalt innerhalb der gesetzlichen Grenzen liegt.

Ist aus irgendwelchen Gründen eine bestimmte Auffassung über die Zusammensetzung einer Mischung nicht zu erhalten gewesen, dann wird es nötig, das „Anreicherungsverfahren" anzuwenden und den in Alkohol löslichen Teil des Fettes („Alkoholfett") zu untersuchen.

Die Beziehungen, welche bei Butter- und Cocosfett enthaltenden Fettgemischen sich für das „Alkoholfett" ergeben, hat W. Arnold unter anderen in den auf S. 422 befindlichen Tabellen zusammengestellt.

Für die Analyse des „Alkoholfettes" schlägt W. Arnold folgenden Gang vor:

Man bestimmt: a) Refraktometerzahl, b) Verseifungszahl, c) Reichert - Meißlsche Zahl[2]), d) Polenskesche Zahl, e) Laurin-Myristinsäurezahl = Polenskesche Zahl für 0,5 g angewendetes Fett, f) Laurin-Myristinsäurezahl des ursprünglichen Fettes, g) den Aggregatzustand der Polenskeschen Säuren, h) Molekulargewicht der flüchtigen wasserlöslichen (Reichert - Meißlschen) Fettsäuren. Ferner führt man je nach der Sachlage qualitative Reaktionen mit den trockenen Seifen der flüchtigen wasserlöslichen Fettsäuren aus. Man vergleicht die gefundenen analytischen Werte mit denen der Tabellen C—E (S. 422). Der Ausgangspunkt für die Beurteilung ist die Höhe der Polenskeschen Zahl und die Beschaffenheit der Polenskeschen Fettsäuren und man beachtet das zwischen Reichert - Meißlscher und Polenskescher Zahl bestehende Verhältnis. Alsdann können folgende Fälle eintreten:

1. Cocosfett gilt als nachgewiesen, wenn:
   α) die Polenskesche Zahl des Alkoholfettes mindestens 1,2 beträgt (Beweis des Vorhandenseins von mindestens 10 % Cocosfett, entsprechend 1 % im Ausgangsfett);
   β) die Polenskeschen Säuren des Alkoholfettes flüssig sind (Beweis des Vorhandenseins von Caprylsäure);

---

[1]) Vgl. unten S. 429.

[2]) Hierbei ist stets angenommen, daß die Reichert-Meißlsche Zahl nicht größer als 12 ist.

γ) die Laurin-Myristinsäurezahl des Alkoholfettes größer ist als die des Ausgangsfettes (Beweis für angereicherte Laurin-Myristinsäure);

δ) das Molekulargewicht der flüchtigen wasserlöslichen Fettsäuren des Alkoholfettes mindestens 130 beträgt;

ε) die trockenen Reichert-Meißlschen Seifen die qualitativen Caprylsäurereaktionen geben.

Beziehungen zwischen den „Ausgangsfetten" (F) und den „Alkoholfetten" (A) bei Butterfett und Cocosfett enthaltenden Mischungen.

Nr.	Art des Fettes	Cocosfett-gehalt	*F* und *A*	Refraktometer-zahl bei 40°	Verseifungs-zahl	Reichert-Meißlsche Zahl	Molekulargewicht der Reichert-Meißlschen Säuren	Polenskesche Zahl für 5 g Fett: ccm $^1/_{10}$ N.-Lauge	Polenskesche Zahl für 5 g Fett: Molekulargewicht der Fettsäure	Polenskesche Zahl für 5 g Fett: Aggregatzustand der Fettsäure	Laurin-Myristinsäurezahl (=Polenskesche Zahl für 0,5 g Fett)
	C. Cocosfett enthaltende Mischungen:										
1	Schweinefett	1%	*F*	49,8	195,4	0,55	—	0,60	—	—	0,55
			A	51,0	194,3	2,50	136,1	1,25	—	fast flüssig	0,85
2	Margarine	2%	*F*	47,3	201,0	1,30	—	0,65	—	—	—
			A	50,0	207,5	3,95	—	1,75	212,0	flüssig	—
3	Schweinefett	3%	*F*	49,6	196,0	1,00	—	0,70	—	—	—
			A	49,3	205,5	4,13	139,2	2,35	—	flüssig	—
4	desgl.	4%	*F*	48,9	202,7	1,50	—	0,80	—	—	—
			A	49,1	216,2	5,70	136,7	3,50	194,2	flüssig	1,70
5	desgl.	5%	*F*	49,2	198,8	1,35	—	0,90	—	—	—
			A	49,0	210,6	5,60	142,0	3,95	190,0	flüssig	—
6	desgl.	10%	*F*	48,3	202,2	2,37	—	1,30	—	—	—
			A	46,9	229,0	8,00	135,3	7,85	178,0	flüssig	—
	D. Butterfett enthaltende Mischungen:	Butterfett									
1	Margarine	4%	*F*	48,7	197,1	1,95	—	0,55	—	fest	0,45
			A	51,5	200,0	6,80	102,3	0,90	—	fest	0,65
2	desgl.	5%	*F*	48,2	201,0	2,10	104,5	0,55	—	fest	0,45
			A	52,9	207,0	6,60	102,4	0,90	—	fest	0,60
3	Rindsfett	5%	*F*	46,5	201,3	2,26	104,1	0,70	—	fest	0,55
			A	46,9	205,6	9,10	105,5	0,95	—	fest	0,70
	E. Cocosfett und Butterfett enthaltende Mischungen:	Cocosfett / Butterfett									
1	Margarine	2% / 5%	*F*	47,5	201,2	2,04	—	0,70	—	fest	0,55
			A	51,4	210,0	9,13	111,6	2,35	205	flüssig	1,30
2	desgl.	5% / 5%	*F*	47,1	201,6	2,92	118,0	0,85	—	fest	0,70
			A	46,3	220,7	11,61	117,6	4,25	186	flüssig	2,10
3	desgl.	6% / 4%	*F*	46,9	202,2	2,81	126,8	0,90	—	fest	0,75
			A	45,4	221,8	10,67	123,7	5,15	182	flüssig	2,35

2. Butterfett gilt als nachgewiesen, wenn:
   α) die Polenskesche Zahl des Alkoholfettes kleiner ist als 1,2 (Beweis des Nichtvorhandenseins von Cocosfett);
   β) die Polenskeschen Säuren des Alkoholfettes nicht flüssig sind (Beweis des Nichtvorhandenseins von Cocosfett);
   γ) die Reichert-Meißlsche Zahl des Alkoholfettes über 2 liegt (Beweis des Vorhandenseins von Butterfett);
   δ) das Molekulargewicht der flüchtigen wasserlöslichen (Reichert-Meißlschen) Fettsäuren des Alkoholfettes 100—106 beträgt (Beweis des Vorhandenseins von Butterfett und des Nichtvorhandenseins von Cocosfett).
3. Cocosfett und Butterfett sind vorhanden, wenn:
   α) die Polenskesche Zahl des Alkoholfettes größer ist als 1,2 (Beweis des Vorhandenseins von Cocosfett);
   β) die Polenskeschen Säuren des Alkoholfettes flüssig sind (Beweis des Vorhandenseins von Cocosfett);
   γ) die Laurin-Myristinsäurezahl des Alkoholfettes erheblich größer ist als die des Ausgangsfettes (Beweis für angereicherte Laurin- und Myristinsäure aus Cocosfett);
   δ) die Reichert-Meißlsche Zahl des Alkoholfettes erheblich größer ist, als sie unter Zugrundelegung der gefundenen Polenskeschen Zahl nach der Cocosfett-Tabelle C sein sollte (Beweis des Vorhandenseins von Butterfett);
   ε) das Molekulargewicht der flüchtigen wasserlöslichen Fettsäuren des Alkoholfettes zwischen 106—132 liegt (Beweis des Vorhandenseins von Butter- und Cocosfett).

Für die Untersuchung von Margarine ist noch folgendes zu beachten:

War die Reichert-Meißlsche Zahl des Ausgangsfettes größer als 2 und bei der Analyse des Ausgangsfettes der Cocosfettgehalt aus irgendwelchen Gründen nicht genügend genau ermittelbar, dann konnte diejenige Reichert-Meißlsche Zahl, welche lediglich die Folge des Butterfettgehaltes war, nicht festgestellt werden. Dies ist jedoch durch die Analyse des Alkoholfettes möglich; nach der Höhe der Polenskeschen Zahl des letzteren wird auf Grund der Tabelle C der Cocosfettgehalt des Ausgangsfettes berechnet. Man sieht die zu diesem Cocosfettgehalt gehörige Reichert-Meißlsche Zahl von der gefundenen des Ausgangsfettes ab; der Rest ist die gesuchte Reichert-Meißlsche Zahl des Butterfettes.

Beispiel (Nr. 2 der Tabelle E). Es habe ergeben die Analyse:

	a) des Ausgangsfettes	b) des Alkoholfettes
Reichert-Meißlsche Zahl:	2,92	11,61
Polenskesche Zahl:	0,85	4,25

Nach Tabelle C Nr. 5 entspricht die Polenskesche Zahl des Alkoholfettes 4,25 einem Cocosfettgehalt von etwas mehr als 5 % im ursprünglichen Fett; nach Tabelle B gehört zu einem Cocosfettgehalt von 5 % eine Reichert-Meißlsche Zahl des Ausgangsfettes von rund 1,4. Es beträgt also die Reichert-Meißlsche Zahl des Ausgangsfettes, die lediglich durch Butterfett bedingt ist, 2,92 — 1,4 = 1,52. Nach Tabelle A entspricht dieser Zahl 4,25 — 5,15 % im Mittel, also ungefähr 4,7 % Butterfett, ein Wert, der dem tatsächlich vorhandenen von 5 % ziemlich nahe kommt.

Genau wird man den Butterfettgehalt überhaupt nicht bestimmen können, da die Höhe der Reichert-Meißlschen Zahlen bei den einzelnen Butterfettsorten an sich schon ziemlich verschieden ist; eine solche Aufgabe soll auch gar nicht gelöst werden. Für die Beurteilung von Margarine kommt lediglich in Betracht, ob der Butterfettgehalt erheblich größer ist, als er bei Benutzung der erlaubten Milch- bzw. Rahmmenge sein darf. Wenn man als höchste Reichert-Meißlsche Zahl den Wert 2,5 wählt, hat man allen Schwankungen in der Zusammensetzung des Butterfettes Rechnung getragen. Da kleine Cocosfettzusätze zu der Margarine mit vorschriftsmäßigem Butterfettgehalt die Reichert-Meißlsche Zahl der Margarine erheblich, die Polenskesche unter Umständen kaum merklich beeinflussen, hat man sich bei der Beurteilung von Margarine mit Reichert-Meißlschen Zahlen über 2,5 von der Abwesenheit von Cocosfett zu überzeugen, bzw. in der oben beschriebenen Weise die Reichert-Meißlsche Zahl des ermittelten Cocosfettgehaltes in Abzug zu bringen.

β) Zur quantitativen Bestimmung des Butterfettgehaltes neben Cocosfett in Margarine dient ferner das Kirschnersche Verfahren (S. 415), das von verschiedenen Seiten als brauchbar bezeichnet worden ist.

γ) Für die quantitative Bestimmung des Cocosfettgehaltes in Schweinefett, Rindsfett, Kunstspeisefett und Margarine, die keine wesentlichen Mengen von Butterfett enthalten, empfiehlt W. Arnold[1]) die Berechnung aus der Polenskeschen Zahl nach Tabelle B (S. 420) oder bei Polenskeschen Zahlen unter 1 die Anwendung des Anreicherungsverfahrens (S. 417) und die Berechnung des Cocosfettgehaltes aus den Polenskeschen Zahlen des „Alkoholfettes" unter Berücksichtigung folgender Beziehungen:

Cocosfettgehalt %	0	1	2	3	4	5	6	7	8	9	10
Polenskesche Zahl des Alkoholfettes	0,6—0,8	1,4	1,75	2,35	3,40	4,0	5,5	5,9	6,4	7,5	7,9

Bei Verseifungszahlen von 205 und darüber kann man nach W. Arnold den prozentualen Cocosfettgehalt (C) mit großer Annäherung aus der Verseifungszahl (VZ) nach folgenden Formeln berechnen:

αα) Bei Mischungen, die außer Cocosfett im wesentlichen Fette mit der Verseifungszahl 197, wie Rinds- und Schweinefett, Sesamöl und Margarine ohne nennenswerte Mengen Butterfett enthalten, nach der Formel $C = \frac{VZ - 197}{0,62}$.

ββ) Bei Mischungen, die außer Cocosfett im wesentlichen nur Sesamöl (Verseifungszahl 190) enthalten, nach der Formel $C = \frac{VZ - 190}{0,69}$.

γγ) Bei Mischungen, die außer Cocosfett und Sesamöl nur Baumwollsamensterarin enthalten, ferner bei solchen, die außer Cocosfett nur Baumwollsamen- oder Erdnußöl enthalten, nach der Formel $C = \frac{VZ - 194}{0,65}$.

c) Nachweis von tierischen Fetten in Pflanzenmargarine. Die meisten Margarinefette sind Gemische von tierischen und pflanzlichen Fetten und Ölen; bei der in den letzten Jahren immer mehr in den Handel kommenden Pflanzen-Margarine („koschere Margarine"), die meist aus Cocosfett, Palmkernfett, Mowrahfett, Sesamöl, Erdnußöl und Baumwollsamenöl hergestellt wird, wird jedoch hier und da die Frage gestellt, ob tierische Fette, insbesondere Schweinefett, darin enthalten sind.

In vielen Fällen kann hierüber das Verfahren von A. Bömer und R. Limprich (vgl. unten S. 445) Aufschluß geben.

d) Nachweis von Hydnocarpusfett. Die giftigen Hydnocarpusfette („Cardamonfett", „Marattifett", „Chaulmugrafett") sind chemisch gekennzeichnet durch ihr hohes optisches Drehungsvermögen. A. Reinsch[2]) fand für 5 Proben ungereinigtes und 2 Proben gereinigtes „Cardamonfett" folgende Konstanten:

Cardamonfett	Refraktometerzahl bei 40°	Jodzahl	Verseifungszahl	Reichert-Meißlsche Zahl	Säuregrade	Spezifische Drehung
Ungereinigt . .	70,4—71,3	93,0—94,7	203,1—205,3	0,85—1,33	18,8—28,7	+ 58,8 bis 64,5°
Gereinigt . . .	69,7—71,1	88,5—94,0	203,5—208,1	0,62—1,14	0,7— 7,9	+ 54,0 „ 58,0°

[1]) Zeitschrift f. Untersuchung d. Nahrungs- u. Genußmittel 1911, **21**, 587. Hier findet sich eine mit der Tabelle B im wesentlichen übereinstimmende, aber etwas erweiterte Tabelle für die Berechnung des Cocosfettgehaltes aus der Polenskeschen Zahl.

[2]) Chem.-Ztg. 1911, **35**, 77; vgl. auch Fr. Litterscheid, daselbst 1911, **35**, 9—11.

Die giftige Wirkung des Hydnocarpusfettes beruht auf ihrem Gehalt an Chaulmugrasäure und Hydnocarpussäure[1]), zwei zyklischen Fettsäuren von der Formel $C_{18}H_{32}O_2$, die nur 2 Atome Jod addieren. Power, Gornall und Barrowcliff[2]) fanden für beide Säuren:

	Schmelzpunkt	Spezifische Drehung
Chaulmugrasäure . . .	68°	+55°
Hydnocarpussäure . . .	60°	+68,1°

Die endgültige Entscheidung darüber, ob Hydnocarpusfett oder andere giftige Stoffe in einer Margarine vorhanden sind, ist durch einen exakten physiologischen Tierversuch zu erbringen.

*e) **Nachweis von unverseifbaren Fetten*** (Paraffin, Ceresin, Paraffinöl). Der Nachweis und die Bestimmung der unverseifbaren Fette und Öle erfolgt durch Ausschütteln oder Ausziehen der verseiften Fette mit Fettlösungsmitteln nach I. Teil S. 400—402. Beträgt der so gefundene Gehalt an unverseifbaren Stoffen mehr als etwa 0,5 %, so ist die nähere Kennzeichnung der unverseifbaren Stoffe nach dem Verfahren von E. Polenske (vgl. I. Teil S. 409) und den übrigen Verfahren I. Teil S. 410—412) erforderlich.

Beurteilung der Margarine nach der Rechtslage.

Bei der Beurteilung der Margarine nach der Rechtslage kommen außer dem Nahrungsmittelgesetz in Betracht:

1. Das Gesetz, betr. den Verkehr mit Butter, Käse, Schmalz und deren Ersatzmitteln, vom 15. VI. 1897 — im nachfolgenden kurz „Margarinegesetz" bezeichnet.

2. Das Gesetz, betr. die Schlachtvieh- und Fleischbeschau, vom 3. VI. 1900 — im nachfolgenden kurz „Fleischbeschaugesetz" bezeichnet. — Nach § 4 dieses Gesetzes fallen auch die „aus warmblütigen Tieren hergestellten Fette . . ." unter den Begriff „Fleisch" im Sinne dieses Gesetzes. Nach dem § 1 der Ausführungsbestimmungen D vom 3. Juni 1900 sind als „Fleisch" insbesondere anzusehen: „. . . . Fette, unverarbeitet oder zubereitet, insbesondere Talg, Unschlitt, Speck, Liesen . . ., Gekröse und Netzfett, Schmalz, Oleomargarin (Premier jus, Margarine) und solche Stoffe enthaltende Fettgemische, jedoch nicht Butter und geschmolzene Butter (Butterschmalz) . . ."

Über die Möglichkeit einer Idealkonkurrenz von § 10 des Nahrungsmittelgesetzes mit § 14 des Margarinegesetzes hat sich das Reichsgericht in seinem Urteil vom 23. V. 1803[3]), wie folgt, geäußert:

Die von dem Oberreichsanwalt beanstandete Annahme von Idealkonkurrenz zwischen § 14 Nr. 1 des Gesetzes vom 15. Juni 1897 und § 10 Nr. 1 des Nahrungsmittelgesetzes unterliegt keinen rechtlichen Bedenken. § 3 des Gesetzes vom 15. Juni 1897 verbietet die Vermischung von Butter oder Butterschmalz mit Margarine oder anderen Speisefetten zum Zwecke des Handels mit diesen Mischungen, und § 14 Nr. 1 a. a. O. bedroht die Herstellung einer hiernach unzulässigen Mischung zum Zwecke der Täuschung im Handel und Verkehr ohne Rücksicht darauf, ob die hergestellte Mischung sich zugleich als eine Verfälschung im Sinne des Nahrungsmittelgesetzes § 10 Nr. 1 darstellt, was keineswegs notwendig der Fall zu sein braucht, mit Strafe. Letztere Gesetzesvorschrift setzt dagegen die Verfälschung eines Nahrungsmittels, welche mit der vorerwähnten Vermischung bei Butter keineswegs unter allen Umständen identisch ist, mit der Folge einer Minderwertigkeit des verfälschten Nahrungsmittels voraus, beide Tatbestände decken sich mithin keineswegs, und es läßt sich ebensowenig behaupten, daß aus dem generellen Tatbestande des § 10 Nr. 1 des Nahrungsmittelgesetzes durch § 14 Nr. 1 des Gesetzes vom 15. Juni 1897 ein spezieller Fall herausgehoben und zum Gegenstand einer besonderen Strafandrohung gemacht worden sei. Fehlt es aber an diesen Voraussetzungen, so

[1]) H. Thoms u. Fr. Müller, Zeitschr. f. Untersuchung d. Nahrungs- u. Genußmittel 1911, **22**, 226.

[2]) Journ. Chem. Society London 1904, **85**, 835 u. 1905, **87**, 884.

[3]) Gesetze u. Verordnungen, betr. Nahrungsmittel usw., 1911, **3**, 302.

erscheint die Annahme von Gesetzeskonkurrenz ausgeschlossen und kann das Vorliegen von Idealkonkurrenz um so weniger rechtlicher Beanstandung unterliegen, als in § 20 des Gesetzes vom 15. Juni 1897 ausdrücklich und ohne jeglichen Vorbehalt sich bestimmt findet, daß hierdurch die Vorschriften des Gesetzes vom 14. Mai 1879 unberührt bleiben.

Auf Grund dieser Gesetze ist Margarine, wie folgt, zu beurteilen:

I. Begriff „Margarine“.

§ 1 Abs. 2 des Margarinegesetzes bestimmt: „Margarine im Sinne dieses Gesetzes sind diejenigen der Milchbutter oder dem Butterschmalz ähnlichen (1) Zubereitungen (2), deren Fett nicht ausschließlich der Milch entstammt.“

(1) Begriff „ähnlich“. Das Reichsgericht hat in einem Urteil vom 3. VI. 1899 [1]) in Sachen gegen P. in München, in denen es sich um gefärbten Speisetalg, der unter der Bezeichnung „raffiniertes Rinderfett“ in Rollenform erzeugt und in den Handel gebracht war, handelte, den Begriff „ähnlich“, wie folgt, erklärt: „Der Begriff der ‚Ähnlichkeit‘ ist allerdings überaus unbestimmt. Im gewöhnlichen Sprachgebrauche, also abgesehen von der hier nicht verwertbaren fachwissenschaftlichen Bestimmung des Begriffes Ähnlichkeit in der Geometrie, bezeichnet man als Ähnlichkeit die Übereinstimmung mehrerer Merkmale (Adelung), allenfalls mit dem Beisatze ‚sich der Gleichheit nähernd‘ (Sanders), ‚der Übereinstimmung annähernd‘ (Weigand), ‚an das Gleiche rührend‘, ‚nicht völlig gleich‘ (Grimm). Es besteht kein Grund für die Annahme, die Sprache des Gesetzes habe sich von diesem Sprachgebrauche entfernen wollen; vielmehr wurde eine sich so sehr der völligen Gleichheit aller Merkmale nähernde Übereinstimmung der Margarine mit der Butter, daß sie nur mittelst schwieriger chemischer Untersuchung unterschieden werden können, als nicht seltener Grad der Ähnlichkeit beider Stoffe bezeichnet. (Vgl. Stenogr. Bericht des Reichstages 1895/97 Bd. VII, S. 5483; Drucksachen des Reichstags 1887, Bd. I, Nr. 16, S. 32.) Das ist nun freilich nur die oberste Grenze nach der Seite der Gleichheit; bis zur untersten, wo die Ähnlichkeit aufhört und die Unähnlichkeit anfängt, ist ein weiter Spielraum; diese Grenze selbst aber ist fließend und schlechthin unbestimmbar. Denn selbst eine Abgleichung zwischen der Zahl der übereinstimmenden und nichtübereinstimmenden Merkmale allein führt nicht zum Ziele, da nicht nur die Zahl, sondern auch die innere Bedeutsamkeit der einzelnen Merkmale zu beachten ist, und diese ein der arithmetrischen Abgleichung entgegengesetztes Ergebnis haben kann. Daraus ergibt sich, daß die Feststellung der Ähnlichkeit nicht nur die Äußerlichkeit, sondern auch die innere Beschaffenheit berücksichtigen muß und auf deren Vergleichung beruht, somit Sache der Beweisprüfung und wegen ihrer tatsächlichen Natur der Revision entzogen ist. Diese Beweisführung hat die Strafkammer zu der Feststellung geführt, „daß das Rollenfett nicht Butterschmalz ähnlich ist“. . . . „Der in der Revision aufgestellte Rechtssatz, das jedes Fett, das als Ersatz für Butterschmalz dient, unter den Begriff „Margarineschmalz“ falle, sobald es in der Farbe dem Butterschmalz gleiche, ist rechtsirrig, denn sonst würde auch Speiseöl von dieser Farbe unter jenen Begriff fallen. Auch der Gebrauchswert ist kein Ähnlichkeitsmerkmal, weil er mit dem Begriff eines Ersatzmittels von selbst notwendig vorhanden ist, aber dessen besondere Eigenschaft, dem Butterschmalz ähnlich zu sein, nicht vertritt. Mit Recht hat die Strafkammer den ganzen „Komplex“ der wahrnehmbaren Erscheinungen in Betracht gezogen und nach dem daraus gewonnenen Eindruck entschieden.

In einer neueren Entscheidung vom 12. XII. 1907 [2]) spricht sich das Reichsgericht über den Begriff „ähnlich“, wie folgt, aus:

„Gleich dem Gesetze vom 12. Juli 1887, betr. den Verkehr mit Ersatzmitteln für Butter, verfolgt auch das Gesetz vom 15. Juni 1897, betr. den Verkehr mit Butter usw., den Zweck, Täuschungen des Publikums zu verhüten und im allgemeinen Verkehr die Gefahr einer Verwechslung ordnungs-

---

[1]) Zeitschr. f. Untersuchung d. Nahrungs- u. Genußmittel 1900, **3**. 653 u. 825; auch „Entscheidungen des Reichsgerichts in Strafsachen“ **37**, 203.

[2]) Gesetze u. Verordnungen, betr. Nahrungsmittel usw., 1911, **3**, 403.

mäßiger Erzeugnisse der Milchwirtschaft mit solchen, die als Ersatzmittel dienen können, auszuschließen (vgl. Verhandlung des Reichstags, 7. Legislaturperiode, 1. Session, 1887, Drucksachen I, Nr. 16, Seite 5 und 9, Legislaturperiode, 4. Session 1895/97, Anl.-Bd. I, Seite 291 ff. 295). Zu diesem Zwecke trifft das Gesetz insbesondere Bestimmungen über den Verkehr mit „Margarine“ und erklärt als solche im Sinne des Gesetzes in § 1 Abs. 2 „diejenigen der Milchbutter oder dem Butterschmalz ähnlichen Zubereitungen, deren Fettgehalt nicht ausschließlich der Milch entstammt“. Der Begriff „ähnlich“ ist hier in anderem Sinne gebraucht als in dem Worte „weinähnlich“ des Gesetzes vom 24. Mai 1901, betr. den Verkehr mit Wein, weinhaltigen und weinähnlichen Getränken. Weinähnlich kann ein Getränk auch sein, ohne daß die Möglichkeit besteht, es mit Wein zu verwechseln (Entscheidungen des Reichsgerichts Bd. 37, Seite 422, 425); die Ähnlichkeit im Sinne der angeführten Stelle des Gesetzes vom 15. Juni 1897 setzt aber nach dem Zwecke des Gesetzes gerade die Möglichkeit einer Täuschung des Publikums voraus und ist danach immer dann als vorhanden zu erachten, wenn eine Zubereitung Eigenschaften besitzt, zufolge deren im allgemeinen Verkehr eine Verwechslung mit Milchbutter oder Butterschmalz möglich ist. Ob diese Voraussetzungen gegeben sind, ist im einzelnen Falle eine Frage tatsächlicher Natur und es besteht kein Anhalt dafür, daß die Strafkammer den gesetzlichen Begriff der Ähnlichkeit verkannt hat, indem sie eine solche wegen der der Milchbutter „oder dem Butterschmalz“ „gleichen Farbe“, „derselben Konsistenz“ und des „annähernd gleichen Aussehens“ der Erzeugnisse des Angeklagten und der hiernach gegebenen Möglichkeit einer Verwechslung angenommen hat.“

Bei der Beurteilung des Begriffes „ähnlich“ ist es nach dem Urteil des Reichsgerichts vom 25. XI. 1909[1]) nicht notwendig, auch den Geruch und Geschmack zu berücksichtigen.

Auch eine erstarrte Emulsion von Fett, Wasser usw. von weißlicher Farbe kann nach dem Urteil des Reichsgerichts vom 3. XI. 1908[2]) als butterähnlich bezeichnet werden, da ungefärbte Winterbutter normalerweise auch eine solche Farbe besitzt.

(2) Begriff „Zubereitung“. Das Reichsgericht hat sich in dem Urteil vom 3. VI. 1899 (vgl. oben unter 1), auch über den Begriff „Zubereitung“ geäußert. Der Vorderrichter hatte als erwiesen angenommen, daß der Angeklagte gefärbten Speisetalg unter der Bezeichnung „raffiniertes Rinderfett“ in Rollenform erzeugt und in den Handel gebracht hat, daß dieses sog. Rollenfett, abgesehen von einem unschädlichen Farbzusatz ein reines Naturprodukt Rinderfett und keine dem Butterschmalz ähnliche Zubereitung war. Im Hinblick auf die Behauptung des Staatsanwalts, daß dieser letztere Begriff im Sinne des § 1 Abs. 2 des Margarinegesetzes verkannt sei, führt das Reichsgericht aus, daß jede menschliche Tätigkeit, durch welche ein Naturerzeugnis zur wirtschaftlichen Verwendung erst geeignet gemacht oder ihm eine Verwendungsfähigkeit verschafft werde, die ihm als Rohprodukt nicht zukomme, Zubereitung sei; daher gehörten sowohl Butter und Butterschmalz wie Margarine zu den Zubereitungen im Sinne des Gesetzes, aber auch das Rollenfett im Gegensatze zu dem Rohprodukt Rindstalg. Auch das Raffinieren, das Pressen und die Beobachtung bestimmter Temperaturen beim Erkalten des Rollenfettes seien Zubereitung, so daß die Ansicht der Strafkammer, in letzterem liege ein reines Naturprodukt vor, nur im Sinne des Gegensatzes zu einer Verfälschung, nicht aber im Sinne des Gegensatzes zum Begriffe einer Zubereitung richtig sei.

Auf die Frage, ob eine der Margarine ähnliche Zubereitung „unverfälscht“ ist (§ 1 Abs. 4 des Margarinegesetzes) kommt es nicht an. Das Reichsgericht hat darüber unter dem 12. XII. 1907, wie folgt, entschieden[3]):

„Darauf, ob das hier in Betracht kommende gefärbte Pflanzenfett als ‚unverfälscht‘ im Sinne des § 1 Abs. 4 des Gesetzes bezeichnet werden könnte, hat es hier nicht anzukommen. Die Ausnahmebestimmung des Abs. 4 gilt nur für die dort behandelten Fälle der Ähnlichkeit einer Zubereitung mit ‚Schweineschmalz‘ (‚Kunstspeisefett‘) nicht aber für solche Zubereitungen, die im Sinne des § 1

---

[1]) Gesetze und Verordnungen, betr. Nahrungsmittel usw., 1911, **3**, 421.

[2]) Ebendort 1910, **2**, 398.

[3]) Gesetze u. Verordnungen, betr. Nahrungsmittel usw., 1911, **3**, 403.

Abs. 2 des Gesetzes als Margarine angesehen werden müssen (Verhandlungen des Reichstags 1895/97 Anl.-Bd. I, Seite 295)."

In demselben Sinne hat sich ferner das Reichsgericht auch in seinem Urteil vom 3. XI. 1908[1]) geäußert, wo es ausführt:

„Die Auffassung des ersten Richters, daß die in § 1 Abs. 4 des Gesetzes, betr. den Verkehr mit Butter usw., vom 15. Juni 1897, für unverfälschte Fette bestimmter Tier- oder Pflanzenarten gemachte Ausnahme sich nur auf schweineschmalzähnliche, nicht aber auf die im Sinne des Gesetzes als Margarine anzusehenden butterähnlichen Zubereitungen bezieht, ist nicht zu beanstanden."

Im Sinne des § 1 Abs. 2 des Margarinegesetzes sind in besonderen Fällen folgende Fette als der Milchbutter oder dem Butterschmalz ähnliche Zubereitungen und daher als Margarine angesehen worden:

Sennin, ein reines Oleomargarin [Urteil des OLG. Dresden vom 15. VI. 1897[2])].

Gelbes Gemisch von amerikanischem Talg und Baumwollsamenöl [Urteile des LG. Stettin vom 13. V. und 4. XI. 1908 und des OLG. Stettin vom 24. VII. 1908[3]).]

„Vegetaline" und „Cesarine", gelb gefärbte und streichfähig gemachte Cocosfette [Urteile des LG. Hamburg vom 2. VIII. 1905 und des Reichsgerichts vom 15. I. 1906[4]) betr. Vegetaline und Urteile des LG. Hamburg vom 26. III. 1907 und des OLG. Hamburg[5]), betr. Cesarine].

„Palmbutter", ein gelb gefärbtes mit 2 % Sesamöl vermischtes Cocosfett [Urteile des LG. Stuttgart vom 14. I. 1907 und des OLG. Stuttgart vom 15. IV. 1907[6])].

Cocosfett, gelb gefärbt und mit einem Zusatz von Erdnußöl ohne jeglichen Milchzusatz [Urteil des Reichsgerichts vom 25. XI. 1909[7]].

Centra-Cocospflanzenbutter, ein künstlich gelb gefärbtes, bei Zimmertemperatur streichfähiges Gemisch von 80 % Cocosfett mit Wasser und Eigelb [Urteile des LG. und OLG. Hamburg vom 29. X. 1906 bzw. 13. II. 1907[8])].

Palmsana, „gewürztes Palmfett", eine Cocosfettzubereitung mit Sahne und Eigelb [Urteile des LG. Danzig vom 2. III. 1910 und des OLG. Marienwerder vom 9. VII. 1910[9])].

Anka, „feinste Eigelbpflanzenbutter", eine künstlich gelb gefärbte, bei Zimmertemperatur streichbare Mischung von Cocosfett mit Magermilch, Salz und Eigelb [Urteile des LG. und OLG Kiel vom 8. I. bzw. 8. III. 1906[10])].

„Quisisana", eine erstarrte Emulsion von Fett mit Wasser, Salz, Milchzucker und Lecithin mit weißlicher Farbe [Urteil des Reichsgerichts vom 3. XI. 1908[11])].

Dagegen ist nach dem Urteil des LG. Nürnberg vom 10. II. 1909 und des Reichsgerichts vom 17. V. 1909[12]) das gelb gefärbte, harte Cocosfett in Tafelform „Palmarol" nicht als der Milchbutter oder dem Butterschmalz ähnlich anzusehen.

---

[1]) Gesetze und Verordnungen, betr. Nahrungsmittel usw., 1910, **2**, 398.

[2]) Ebendort 1912, **4**, 225.

[3]) Ebendort 1911, **3**, 405.

[4]) Zeitschr. f. Untersuchung d. Nahrungs- u. Genußmittel 1906, **11**, 498.

[5]) Ebendort 1908, **16**, 559.

[6]) Gesetze u. Verordnungen, betr. Nahrungsmittel usw., 1909, **1**, 62.

[7]) Ebendort 1911, **3**, 421.

[8]) Zeitschr. f. Untersuchung d. Nahrungs- u. Genußmittel 1907, **13**, 769.

[9]) Gesetze u. Verordnungen, betr. Nahrungsmittel usw., 1911, **3**, 415.

[10]) Zeitschr. f. Untersuchung d. Nahrungs- u. Genußmittel 1907, **13**, 766.

[11]) Gesetze u. Verordnungen, betr. Nahrungsmittel usw., 1910, **2**, 398.

[12]) Ebendort 1911, **3**, 429.

II. Gesetzliche Vorschriften für die Zusammensetzung der Margarine.

1. Das **Margarinegesetz** vom 15. VI. 1897 enthält über die Zusammensetzung der Margarine folgende Vorschriften:

a) (§ 3.) „Die Vermischung von Butter oder Butterschmalz mit Margarine oder anderen Speisefetten zum Zwecke des Handels mit diesen Mischungen ist verboten.

Unter diese Bestimmung fällt auch die Verwendung von Milch oder Rahm bei der gewerbsmäßigen Herstellung von Margarine, sofern mehr als 100 Gewichtsteile Milch oder eine dementsprechende Menge Rahm auf 100 Gewichtsteile der nicht der Milch entstammenden Fette in Anwendung kommen."

b) (§ 6.) „Margarine und Margarinekäse, welche zu Handelszwecken bestimmt sind, müssen einen die allgemeine Erkennbarkeit der Ware mittels chemischer Untersuchungen erleichternden, Beschaffenheit und Farbe nicht schädigenden Zusatz enthalten.

Die näheren Bestimmungen werden vom Bundesrat erlassen und im Reichsgesetzblatte veröffentlicht."

Der Bundesrat hat hierzu unter dem 4. Juli 1897 folgende Ausführungsbestimmungen erlassen:

1. „Um die Erkennbarkeit von Margarine und Margarinekäse, welche zu Handelszwecken bestimmt sind, zu erleichtern (§ 6 des Gesetzes, betr. den Verkehr mit Butter, Käse, Schmalz und deren Ersatzmitteln, vom 15. Juni 1897), ist den bei der Fabrikation zur Verwendung kommenden Fetten und Ölen Sesamöl zuzusetzen. In 100 Gewichtsteilen der angewandten Fette und Öle muß die Zusatzmenge bei Margarine mindestens 10 Gewichtsteile, bei Margarinekäse mindestens 5 Gewichtsteile Sesamöl betragen.

Der Zusatz von Sesamöl hat bei dem Vermischen der Fette vor der weiteren Fabrikation zu erfolgen."

2. „Das nach Nr. 1 zuzusetzende Sesamöl muß folgende Reaktion zeigen:

Wird ein Gemisch von 0,5 Raumteilen Sesamöl und 99,5 Raumteilen Baumwollsamenöl oder Erdnußöl mit 100 Raumteilen rauchender Salzsäure vom spezifischen Gewicht 1,19 und einigen Tropfen einer 2 proz. alkoholischen Lösung von Furfurol geschüttelt, so muß die unter der Ölschicht sich absetzende Salzsäure eine deutliche Rotfärbung annehmen.

Das zu dieser Reaktion dienende Furfurol muß farblos sein."

2. Das **Fleischbeschaugesetz** vom 3. VI. 1900 enthält über den Zusatz von Konservierungsmitteln und Farbstoffen zu Margarine — die nach den Begriffsbestimmungen dieses Gesetzes (vgl. oben S. 425) — unter den Begriff „Fleisch" fällt, folgende Vorschriften:

(§ 21.) Bei der gewerbsmäßigen Zubereitung von Fleisch dürfen Stoffe oder Arten des Verfahrens, welche der Ware eine gesundheitsschädliche Beschaffenheit zu verleihen vermögen, nicht angewendet werden. Es ist verboten, derartig zubereitetes Fleisch aus dem Auslande einzuführen, feilzuhalten, zu verkaufen oder sonst in Verkehr zu bringen.

Der Bundesrat bestimmt die Stoffe und die Arten des Verfahrens, auf welche diese Vorschriften Anwendung finden.

Der Bundesrat ordnet an, inwieweit die Vorschriften des Abs. 1 auch auf bestimmte Stoffe und Arten des Verfahrens Anwendung finden, welche eine gesundheitsschädliche oder minderwertige Beschaffenheit der Ware zu verdecken geeignet sind.

Auf Grund dieses § 21 hat der Bundesrat nach der „Bekanntmachung, betr. gesundheitsschädliche und täuschende Zusätze zu Fleisch und dessen Zubereitungen", vom 18. Februar 1902 bzw. 4. Juli 1908 nachstehende Bestimmungen beschlossen[1]):

---

[1]) Über die technische Begründung dieses Bundesratsbeschlusses vgl. Zeitschr. f. Untersuchung d. Nahrungs- u. Genußmittel 1902, **5**, 333. — Siehe ferner ebendort 1908, **16**, 620.

„Die Vorschriften des § 21 Abs. 1 des Gesetzes finden auf die folgenden Stoffe, sowie auf die solche Stoffe enthaltenden Zubereitungen Anwendung:

Borsäure und deren Salze.
Formaldehyd und solche Stoffe, die bei ihrer Verwendung Formaldehyd abgeben,
Alkali- und Erdalkali-Hydroxyde und -Carbonate,
Schweflige Säure und deren Salze sowie unterschwefligsaure Salze,
Fluorwasserstoff und dessen Salze,
Salicylsäure und deren Verbindungen,
Chlorsaure Salze.

Dasselbe gilt für Farbstoffe jeder Art, jedoch unbeschadet ihrer Verwendung zur Gelbfärbung der Margarine und der Hüllen derjenigen Wurstarten, bei denen die Gelbfärbung herkömmlich und als künstlich ohne weiteres erkennbar ist, sofern diese Verwendung nicht anderen Vorschriften zuwiderläuft."

Hinsichtlich des Zusatzes von Benzoesäure zu Margarine haben das LG. Halle (Saale) unter dem 3. V. 1910[1]) und das OLG. Dresden unter dem 7. VI. 9111[2]) dahin entschieden, daß in den zur Beurteilung vorliegenden Fällen in dem Zusatz von Benzoesäure ohne Kennzeichnung ein Vergehen gegen den § 10 des Nahrungsmittelgesetzes nicht zu erblicken war.

3. Bezüglich der Beurteilung der Margarine nach dem **Nahrungsmittelgesetz** ist folgendes zu bemerken:

a) Wenngleich die Margarine nicht schlechthin als eine nachgemachte Butter anzusehen ist, sondern eine selbständige Ware darstellt, so kann sie nach Ansicht des Reichsgerichts im konkreten Falle als eine nachgemachte Butter im Sinne des § 10 des Nahrungsmittelgesetzes aufgefaßt werden.

Das Reichsgericht hat in seinem Urteil vom 25. III. 1889[3]) — also noch unter der Gültigkeit des alten Margarinegesetzes vom 12. VII. 1887 — ein Urteil des LG. Leipzig bestätigt, welches eine Angeklagte wegen Verkaufs nachgemachter Butter aus § 10 des Nahrungsmittelgesetzes verurteilt hatte, weil sie längere Zeit auf einem Wochenmarkte wissentlich Margarine ohne jegliche Umhüllung in der Form runder Stückchen mit einem Kleeblatt, wie sie bei Butter herkömmlich sind, mit dem Bewußtsein feilgehalten hatte, daß die bis dahin ausschließlich der Butter eigene Form die Käufer über die Natur der feilgehaltenen Stücke in Irrtum setzen werde. Das Reichsgericht führt dazu noch des weiteren folgendes aus: Das Reichsgesetz vom 12. Juli 1887 bietet daher kein Hindernis dar, den Fall, wenn jemand wissentlich Margarine, welcher der äußere Anschein von Milchbutter gegeben worden ist, unter Verschweigung des wahren Sachverhaltes verkauft oder unter einer zur Täuschung geeigneten Bezeichnung feilhält, der Vorschrift des § 10 Abs. 2 des Nahrungsmittelgesetzes vom 14. Mai 1879 zu unterstellen... Ebensowenig ergibt sich aber auch von einem sonstigen Gesichtspunkte aus ein begründetes Bedenken dagegen, ein Nahrungsmittel, mag es immerhin an sich eine ehrliche Ware sein, dann, wenn ihm durch Behandlung seines Stoffes oder seiner Form der äußere Schein eines anderen Nahrungsmittels verliehen worden ist, als nachgemachtes Nahrungsmittel der letzteren Art zu bezeichnen. Es entspricht dies unzweifelhaft auch der allgemeinen Auffassung des Verkehrs. . .

b) Der Beschluß des Bundesrates, betr. den höchsten zulässigen Wassergehalt (S. 404) und den mindesten Fettgehalt der Butter, gilt nicht unmittelbar auch für Margarine. Doch wird man hinsichtlich der Beurteilung des zulässigen Wassergehaltes usw. sich im allgemeinen auch bei der Margarine auf denselben Standpunkt stellen dürfen, da die normale Margarine keine höheren Wassergehalte aufweist und die Margarine durch das Einkneten größerer Wassermengen in ihrem Gebrauchswerte verschlechtert und daher verfälscht wird. Auch hinsicht-

[1]) Gesetze u. Verordnungen, betr. Nahrungsmittel usw., 1912, **4**, 67.

[2]) Ebendort 1912, **4**, 69.

[3]) Ebendort, 1911, **3**, 3.

lich des Kochsalzgehaltes der Margarine dürften dieselben Gesichtspunkte maßgebend sein wie für Butter. — Vgl. S. 405.

c) Die Verwendung verdorbener, widerlich schmeckender oder riechender oder für den menschlichen Genuß untauglicher Fette oder Öle zur Herstellung von Margarine stellt ein Vergehen gegen den § 10 Nr. 1 des Nahrungsmittelgesetzes dar.

4. Gesetzliche Bestimmungen über **Behandlung der aus dem Auslande eingeführten Margarine.** Auf Grund des § 16 des Fleischbeschaugesetzes gelten die Bestimmungen des § 21 (vgl. oben S. 429) auch für das in das Zollinland eingehende „Fleisch", also auch für Oleomargarin, Margarine usw. Nach dem § 20 der Ausführungsbestimmungen D vom 3. Juni 1900 sind zubereitete Fette (also auch Margarine) bei der Auslandsfleischbeschau zurückzuweisen:

1. wenn sie nicht den für den Inlandverkehr bestehenden Vorschriften entsprechend bezeichnet sind („Margarine", „Kunstspeisefett");
2. wenn das Fett ranzig, sauer, mit Fäulnisgeruch oder -geschmack behaftet oder innerlich mit Schimmelpilzen oder Bakterienkolonien durchsetzt oder sonst verdorben befunden wird;
3. wenn das Fett in einem Packstück äußerlich derartig mit Schimmelpilzen oder Bakterienkolonien besetzt ist, daß der Inhalt des ganzen Packstücks als verdorben anzusehen ist;
4. wenn eine Probe einen der gemäß § 21 des Gesetzes verbotenen Stoffe (Borsäure usw.) enthält;
5. wenn eine Probe als verfälscht oder nachgemacht befunden wird;
6. wenn eine Probe Margarine den Bestimmungen des Gesetzes vom 15. Juni 1897 (vgl. oben S. 429) nicht entspricht.

III. Gesetzliche Bestimmungen über Gefäße und Umhüllungen, Feilhalten und Verkauf von Margarine.

Das Margarinegesetz bestimmt hierüber im § 2 folgendes:

(1) Die Gefäße und äußeren Umhüllungen, in welchen Margarine, Margarinekäse oder Kunstspeisefett gewerbsmäßig verkauft oder feilgehalten wird, müssen an in die Augen fallenden Stellen die deutliche, nicht verwischbare Inschrift „Margarine", „Margarinekäse", „Kunstspeisefett" tragen. Die Gefäße müssen außerdem mit einem stets sichtbaren, bandförmigen Streifen von roter Farbe versehen sein, welcher bei Gefäßen bis zu 35 cm Höhe mindestens 2 cm, bei höheren Gefäßen mindestens 5 cm breit sein muß.

(2) Wird Margarine, Margarinekäse oder Kunstspeisefett in ganzen Gebinden oder Kisten gewerbsmäßig verkauft oder feilgehalten, so hat die Inschrift außerdem den Namen oder die Firma des Fabrikanten, sowie die von dem Fabrikanten zur Kennzeichnung der Beschaffenheit seiner Erzeugnisse angewendeten Zeichen (Fabrikmarke) zu enthalten.

(3) Im gewerbsmäßigen Einzelverkaufe müssen Margarine, Margarinekäse und Kunstspeisefett an den Käufer in einer Umhüllung abgegeben werden, auf welcher die Inschrift „Margarine", „Margarinekäse", „Kunstspeisefett" mit dem Namen oder der Firma des Verkäufers angebracht ist.

(4) Wird Margarine oder Margarinekäse in regelmäßig geformten Stücken gewerbsmäßig verkauft oder feilgehalten, so müssen dieselben von Würfelform sein, auch muß denselben die Inschrift „Margarine", „Margarinekäse" eingepreßt sein.

Zur Ausführung der Vorschriften dieses § 2 hat der Bundesrat in Gemäßheit des § 12, Nr. 1 nach der Bekanntmachung des Reichskanzlers vom 4. VII. 1897 nachstehende Bestimmungen beschlossen:

(Nr. 1 und 2 beziehen sich auf den § 6 des Gesetzes. — Vgl. oben S. 429.

„3. Für die vorgeschriebene Bezeichnung der Gefäße und äußeren Umhüllungen, in welchen Margarine, Margarinekäse oder Kunstspeisefett gewerbsmäßig verkauft oder feilgehalten wird (§ 2 Abs. 1 des Gesetzes), sind die anliegenden Muster mit der Maßgabe zum Vorbilde zu nehmen, daß die Länge der die Inschrift umgebenden Einrahmung nicht mehr als das Siebenfache der Höhe, sowie nicht weniger als 30 cm und nicht mehr als 50 cm betragen darf. Bei runden oder länglichrunden Gefäßen, deren Deckel einen größten Durchmesser von weniger als 35 cm hat, darf die Länge der die Inschrift umgebenden Einrahmung bis auf 15 cm ermäßigt werden.

4. Der bandförmige Streifen von roter Farbe in einer Breite von mindestens 2 cm bei Gefäßen bis zu 35 cm Höhe und in einer Breite von mindestens 5 cm bei Gefäßen von größerer Höhe (§ 2 Abs. 1 des Gesetzes) ist parallel zur unteren Rundfläche und mindestens 3 cm von dem oberen Rande entfernt anzubringen. Der Streifen muß sich oberhalb der unter Nr. 3 bezeichneten Inschrift befinden und ohne Unterbrechung um das ganze Gefäß gezogen sein. Derselbe darf die Inschrift und deren Umrahmung nicht berühren und auf den das Gefäß umgebenden Reifen oder Leisten nicht angebracht sein.

5. Der Name oder die Firma des Fabrikanten, sowie die Fabrikmarke (§ 2 Abs. 2 des Gesetzes) sind unmittelbar über, unter oder neben der in Nr. 3 bezeichneten Inschrift anzubringen, ohne daß sie den in Nr. 4 erwähnten roten Streifen berühren.

6. Die Anbringung der Inschriften und der Fabrikmarke (Nr. 3 und 5) erfolgt durch Einbrennen oder Aufmalen. Werden die Inschriften aufgemalt, so sind sie auf weißem oder hellgelbem Untergrunde mit schwarzer Farbe herzustellen. Die Anbringung des roten Streifens geschieht durch Aufmalen. Bis zum 1. Januar 1898 ist es gestattet, die Inschrift „Margarinekäse", „Kunstspeisefett", die Fabrikmarke und den roten Streifen mittels Aufklebens von Zetteln oder Bändern anzubringen.

7. Die Inschriften und die Fabrikmarke (Nr. 3 und 5) sind auf den Seitenwänden des Gefäßes an mindestens zwei sich gegenüberliegenden Stellen, falls das Gefäß einen Deckel hat, auch auf der oberen Seite des letzteren, bei Fässern auch auf beiden Böden anzubringen.

8. Für die Bezeichnung der würfelförmigen Stücke (§ 2 Abs. 4 des Gesetzes) sind ebenfalls die anliegenden Muster zum Vorbilde zu nehmen. Es findet jedoch eine Beschränkung hinsichtlich der Größe (Länge und Höhe) der Einrahmung nicht statt. Auch darf das Wort „Margarine" in zwei, das Wort „Margarinekäse" in drei untereinander zu setzende, durch Bindestriche zu verbindende Teile getrennt werden.

9. Auf die beim Einzelverkaufe von Margarine, Margarinekäse und Kunstspeisefett verwendeten Umhüllungen (§ 2 Abs. 3 des Gesetzes) findet die Bestimmung unter Nr. 3 Satz 1 mit der Maßgabe Anwendung, daß die Länge der die Inschrift umgebenden Einrahmung nicht weniger als 15 cm betragen darf. Der Name oder die Firma des Verkäufers ist unmittelbar über, unter oder neben der Inschrift anzubringen."

Zu den vorstehenden Bestimmungen des § 2 des Margarinegesetzes und den Beschlüssen des Bundesrats sind unter anderen folgende gerichtlichen Entscheidungen ergangen:

Zu § 2 Abs. 1: a) Gefäße der Käufer: Die Bestimmung des § 2 über die Art der Gefäße bezieht sich nur auf die Gefäße, in denen der Verkauf stattfindet, nicht auf die Gefäße der Käufer, in die die Margarine eingefüllt wird, auch wenn diese zum Einfüllen übersendet werden [Urteil des OLG. Hamburg vom 12. VII. 1900[1])].

b) Flachgefäße (Teller): Diese sind keine Gefäße im Sinne des § 2 Abs. 1; sie bedürfen daher nicht der Inschrift „Margarine" und der Anbringung des roten Streifens [Urteile des LG. Hagen i. W. vom 8. VII. 1908[2]) und des OLG. Naumburg vom 16. VIII. 1910[3])].

In demselben Sinne hatte sich auch bereits der Reichskanzler in einem Erlaß vom 6. IV. 1900[4]) ausgesprochen.

---

[1]) Gesetze u. Verordnungen, betr. Nahrungsmittel usw., 1911, **3**, 323.

[2]) Ebendort 1909, **1**, 116.

[3]) Ebendort, 1911, **3**, 569.

[4]) Vgl. K. v. Buchka, Die Nahrungsmittelgesetzgebung im Deutschen Reiche. Berlin 1912 bei J. Springer. 2. Aufl., S. 183.

c) Süßrahm-Margarine: Es ist nicht verboten, auf den Gefäßen oder äußeren Umhüllungen, in welchen Margarine gewerbsmäßig verkauft oder feilgehalten wird, der vorgeschriebenen Inschrift „Margarine" Zusätze hinzuzufügen, die nicht geeignet sind, die Täuschung hervorzurufen, daß die Ware nicht Margarine, sondern Butter sei. Die Bezeichnung „Süßrahm-Margarine" ist daher nicht zu beanstanden [Urteil des OLG. Celle vom 15. XII. 1902[1])].

Zu § 2 Abs. 1 und 2: Pappschachteln, welche zur Aufnahme und Versendung von Margarinewürfeln in Faltschachteln dienen, sind keine Gefäße, Gebinde oder Kisten im Sinne dieser Absätze; sie bedürfen daher nicht der Anbringung des roten Streifens und der Fabrikmarke [Urteil des Kammergerichts vom 2. V. 1911[2])].

Zu § 2 Abs. 4: Wenn Margarine im Einzelverkauf in Würfelform abgegeben wird, so muß diesen die Inschrift „Margarine" eingepreßt sein; dagegen bedürfen die Umhüllungen dieser Würfel (Papier, Faltkarton) der Inschrift „Margarine" im Sinne des Abs. 3 des § 2 nicht [Urteile des OLG. Rostock vom 18. III. 1905[3]), des Kammergerichts vom 21. VI. 1907[4]) und 12. XI. 1909[5]) sowie des OLG. Hamburg vom 31. I. 1908[6])].

IV. Gesetzliche Bestimmungen über die Räume, in denen Margarine hergestellt, aufbewahrt, verpackt und feilgehalten wird.

Das Margarinegesetz bestimmt hierüber in § 4 folgendes:

(1) In Räumen, woselbst Butter oder Butterschmalz gewerbsmäßig hergestellt, aufbewahrt, verpackt oder feilgehalten wird, ist die Herstellung, Aufbewahrung, Verpackung oder das Feilhalten von Margarine oder Kunstspeisefett verboten. Ebenso ist in Räumen, woselbst Käse gewerbsmäßig hergestellt, aufbewahrt, verpackt oder feilgehalten wird, die Herstellung, Aufbewahrung, Verpackung oder das Feilhalten von Margarinekäse untersagt.

(2) In Orten, welche nach dem endgültigen Ergebnisse der letztmaligen Volkszählung weniger als 5000 Einwohner hatten, findet die Bestimmung des vorstehenden Absatzes auf den Kleinhandel und das Aufbewahren der für den Kleinhandel erforderlichen Bedarfsmengen in öffentlichen Verkaufsstätten, sowie auf das Verpacken der daselbst im Kleinhandel zum Verkaufe gelangenden Waren keine Anwendung. Jedoch müssen Margarine, Margarinekäse und Kunstspeisefett innerhalb der Verkaufsräume in besonderen Vorratsgefäßen und an besonderen Lagerstellen, welche von den zur Aufbewahrung von Butter, Butterschmalz und Käse dienenden Lagerstellen getrennt sind, aufbewahrt werden.

(3) Für Orte, deren Einwohnerzahl erst nach dem endgültigen Ergebnis einer späteren Volkszählung die angegebene Grenze überschreitet, wird der Zeitpunkt, von welchem ab die Vorschrift des zweiten Absatzes nicht mehr Anwendung findet, durch die nach Anordnung der Landeszentralbehörde zuständigen Verwaltungsstelle bestimmt. Mit Genehmigung der Landeszentralbehörde können diese Verwaltungsstellen bestimmen, daß die Vorschrift des zweiten Absatzes von einem bestimmten Zeitpunkt ab ausnahmsweise in einzelnen Orten mit weniger als 5000 Einwohnern nicht Anwendung findet, sofern der unmittelbare räumliche Zusammenhang mit einer Ortschaft von mehr als 5000 Einwohnern ein Bedürfnis hierfür begründet.

(4) Die auf Grund des dritten Absatzes ergehenden Bestimmungen sind mindestens sechs Monate vor dem Eintritte des darin bezeichneten Zeitpunktes öffentlich bekanntzumachen.

Zu den vorstehenden Bestimmungen des § 4 des Margarinegesetzes sind unter anderen folgende gerichtlichen Entscheidungen ergangen:

---

1) Gesetze u. Verordnungen, betr. Nahrungsmittel usw., 1912, **4**, 66.

2) Ebendort 1911, **3**, 325.

3) Ebendort 1912, **4**, 90.

4) Ebendort 1909, **1**, 110.

5) Ebendort 1910, **2**, 477.

6) Ebendort 1909, **1**, 114.

Zu § 4 Abs. 1: a) Durch den § 4 Abs. 1 ist zwar das Feilhalten, nicht aber das Verkaufen von Margarine in einem Raum, in welchem Butter feilgehalten wird, verboten [Urteil des OLG. Celle vom 16. XII. 1901[1])].

b) Über die Frage, inwiefern das Hinreichen und Übergeben von Margarine seitens des Verkäufers an den Käufer ein bloßes Feilhalten zum Verkauf oder die Erfüllungshandlungen eines schon abgeschlossenen Kaufes darstellen, hat sich das OLG. Celle in seinem Urteil vom 16. XII. 1901[1]), wie folgt, geäußert:

Es fragt sich daher nur, ob der Angeklagte in seinem Laden, in welchem von ihm Butter feilgehalten wurde, auch Margarine feilgehalten hat. Hier ist zunächst zu bemerken, daß unter dem Feilhalten nicht bloß das Bereithalten der Ware zum Verkauf an einen noch unbestimmten Kreis von Kauflustigen, an das Publikum im allgemeinen, sondern auch das Anbieten und Vorzeigen der Ware an einen bestimmten Kauflustigen, wie es bei den zum Kaufabschluß führenden oder führen sollenden Verhandlungen häufig vorkommt, zu verstehen ist. In letzterem Falle pflegt das Feilhalten als Feilbieten bezeichnet zu werden, so in der Gewerbeordnung (§ 42 a, b, 55, 56 a, 59, 139 e). Nun ist nicht zu verkennen, daß der Verkauf im Kleinhandel in einem Geschäftsraume sich so abwickeln kann, daß das Hinreichen und Übergeben der Ware seitens des Verkäufers an den Käufer dem festen Kaufabschlusse nachfolgt. In diesem Falle würde in dem Hinreichen und Übergeben kein Feilhalten mehr liegen, weil nicht mehr zum Kaufen angeboten, sondern ein abgeschlossener Kauf erfüllt wird. Es kann aber auch sein, daß jene Handlungen dem Kaufabschlusse vorausgehen. Alsdann stellen sie ein Feilhalten, ein Anbieten zum Kauf dar. Regelmäßig wird nun, wenn, wie im vorliegenden Falle, der Käufer die Ware gleich mitnimmt und bezahlt, als übereinstimmender Wille des Verkäufers und des Käufers anzunehmen sein, daß der Käufer noch bis zur Übergabe der Ware an ihn — und worauf es indessen hier nicht ankommt, unter Umständen auch bis zur Bezahlung des Kaufpreises — berechtigt sein soll, die Ware zu prüfen und sich darüber schlüssig zu machen, ob er sie nehmen will oder nicht, so daß also bis zu diesem Zeitpunkte ein Kauf noch nicht abgeschlossen gelten kann. Dies wird besonders dann gelten müssen, wenn, wie im vorliegenden Falle, der Käufer die Ware bei der Überreichung noch gar nicht besichtigt hatte. In solchem Falle wird auch der Umstand, daß die Ware bei der Überreichung bereits eingewickelt war, was in anderen Fällen eher auf einen bereits abgeschlossenen Kauf deuten könnte, zu einer solchen Annahme nicht berechtigen. Auch eine etwa vor der Überreichung der Ware bereits erfolgte Einigung über den Kaufpreis würde an dieser Auffassung nichts ändern können. Besondere Umstände, welche eine andere Auffassung des Willens des Angeklagten und des Käufers rechtfertigen könnten, sind nicht hervorgetreten. Das Überreichen der Margarine seitens des Angeklagten an S. stellte daher noch ein Feilhalten dar.

c) Durch den § 4 des Margarinegesetzes wird nur verlangt, daß die Räume, in denen Butter und Margarine feilgehalten werden, voneinander gesondert sind, es wird aber nicht verlangt, daß unter dem von dem anderen abzusondernden Raume eine nach allen Seiten, insbesondere auch nach oben festumschlossene Betriebsstätte verstanden werden soll. Es wird immer Sache der tatsächlichen Würdigung im Einzelfalle sein, ob die Trennung der Räume derartig durchgeführt ist, daß gesonderte Räume vorliegen [Urteil des OLG. Hamburg vom 15. XII. 1898[2])].

d) Ein eiserner Schrank von $1^3/_4$ m Höhe, 1 m Breite und $^1/_2$ m Tiefe mit Wänden aus engmaschigem Drahtgeflecht, der in einem Laden steht, in welchem Butter feilgehalten wird, ist kein gesonderter Raum im Sinne des § 4 [Urteil des OLG. Cöln vom 24. VIII. 1900[3])].

e) Das Zusammenbringen von Butter und Margarine auf demselben Transportwagen ist keine Aufbewahrung in demselben Raume im Sinne des § 4 [Urteil des OLG. Hamburg vom 12. VII. 1900[4])].

---

[1]) Gesetze u. Verordnungen, betr. Nahrungsmittel usw., 1912, **4**, 64.

[2]) Zeitschr. f. Untersuchung d. Nahrungs- u. Genußmittel 1900, **3**, 654.

[3]) Gesetze u. Verordnungen, betr. Nahrungsmittel usw., 1911, **3**, 313.

[4]) Ebendort 1911, **3**, 323.

V. Gesetzliche Bestimmungen über öffentliches Angebot und Schriftstücke, welche sich auf die Lieferung von Margarine beziehen.

Das Margarinegesetz bestimmt hierüber in § 5 folgendes:

In öffentlichen Angeboten, sowie in Schlußscheinen, Rechnungen, Frachtbriefen, Konnossementen, Lagerscheinen, Ladescheinen und sonstigen im Handelsverkehr üblichen Schriftstücken, welche sich auf die Lieferung von Margarine, Margarinekäse oder Kunstspeisefett beziehen, müssen die diesem Gesetz entsprechenden Warenbezeichnungen angewendet werden.

Nach einer Entscheidung des Kammergerichts vom 1. IX. 1909[1]) ist die Anzeige in einer Zeitung, in der Margarine mit dem Wortlaut: „Die Butter, die Sie täglich kaufen, ist zu teuer. Sie können von uns ein vollständig gleichartiges Produkt zur Hälfte des Preises erwerben. Verlangen Sie heute noch kostenfreie Zusendung unserer Offerte. — P.-Pflanzenbutter-Gesellschaft m. b. H., P. Bez. H." angeboten wird, als ein öffentliches Angebot im Sinne des § 5 anzusehen; es muß daher die Anzeige die Warenbezeichnung „Margarine" enthalten.

VI. Von den weiteren Paragraphen des Margarinegesetzes behandelt § 7 die Anzeigepflicht der Betriebe, § 8 die Befugnisse der Polizei betr. Revisionen der Fabriken usw., § 9 die Verpflichtung zur Auskunft über Herstellungsverfahren, § 10 die Verpflichtung der Beauftragten der Polizei zur Verschwiegenheit.

III. Schweineschmalz.

Das Schweineschmalz (Schweinefett, in Norddeutschland auch einfach Schmalz genannt) ist das aus fettreichen Teilen der Schweine ausgeschmolzene Fett. In Deutschland verwendet man zu seiner Gewinnung vorwiegend das Bauchwandfett (Liesen, Flomen, Lünte, Schmer, Wammenfett), Gekröse- (Micker-, Darm-) Fett, Netzfett, ferner seltener den Rückenspeck und Fettgewebe von anderen Körperteilen.

Je nach der Bereitungsweise, Güte und Herkunft unterscheidet man: Rohschmalz, Dampfschmalz, Neutralschmalz, raffiniertes Schweineschmalz, deutsches Schweineschmalz, amerikanisches Schweineschmalz usw. — Bratenschmalz ist das durch Erhitzen von Schweineschmalz unter Zusatz von Gewürzen, Zwiebeln, Äpfeln und dergleichen gewonnene Erzeugnis. — Schmalzöl (Specköl) ist das aus Schweineschmalz bei niedriger Temperatur durch Pressung gewonnene Öl. Der dabei verbleibende Preßruckstand heißt Schmalzstearin (Solarstearin).

Der größte Teil des aus dem Auslande eingeführten Schweinefettes kommt aus den Vereinigten Staaten von Amerika, woselbst nicht, wie bei uns, von den einzelnen Metzgern, sondern in großen Schlächtereien und „Packhäusern" vielfach das ganze Fett des Schweines auf Schmalz verarbeitet wird. Von Amerika eingeführt wird namentlich das Dampfschmalz oder Rohschmalz (steam lard), welches in eisernen Kesseln unter Druck durch unmittelbare Einwirkung von Dampf auf das Fett gewonnen wird, ferner das Neutralschmalz (neutral lard).

Die Raffination des Schmalzes besteht in einem teilweisen Auspressen des „Schmalzöles" bei niedriger Temperatur aus dem für Speisezwecke zu flüssigem Rohschmalz.

Kunstspeisefett sind diejenigen dem Schweineschmalz ähnlichen Zubereitungen, deren Fett nicht oder nicht ausschließlich aus Schweinefett besteht. Vgl. S. 455.

Das Schweinefett besteht vorzugsweise aus den Triglyceriden der Palmitin-, Stearin- und Ölsäure, daneben finden sich auch mehr oder weniger leinölsäurehaltige Glyceride. Die festen Triglyceride bestehen nach den Untersuchungen von A. Bömer[2]) aus α-Palmitodisterain (Korrigierter Schmelzpunkt 68,5°) und einem Stearodipalmitin (Korrigierter Schmelzpunkt 58,2°).

[1]) Gesetze u. Verordnungen, betr. Nahrungsmittel usw., 1911, **3**, 398.

[2]) Zeitschr. f. Untersuchung d. Nahrungs- u. Genußmittel 1913, **25**, 321.

Das Vorkommen von Tristearin im Schweinefett ist nicht erwiesen; ebensowenig das von Heptadekyldistearin[1]) sowie von Laurin- und Myristinsäure[2]).

Die unverseifbaren Bestandteile des Schweinefettes bestehen im wesentlichen nur aus Cholesterin; Phytosterine kommen im Schweinefette nicht vor.

Das Schweineschmalz enthält nur Spuren von Wasser.

Schweineschmalz kann infolge ungewöhnlicher Fütterung (Fische bzw. fettreiche tranige Fischmehle, Spülicht) oder medikamentöser Behandlung, auch infolge bestimmter Krankheiten der Schweine einen ungewöhnlichen Geruch und Geschmack annehmen; auch kann das Fett von Ebern einen widerlichen (urinösen) Geruch und Geschmack haben.

Reines Schweineschmalz ist sehr haltbar; Fett mit Gewebsteilen oder größeren Mengen Wasser verdirbt leichter.

Als Verfälschungen und Nachahmungen von Schweineschmalz kommen hauptsächlich in Betracht:

1. Zusatz von anderen tierischen Fetten, insbesondere Talg (Preßtalg, Rindertalg oder Hammeltalg);
2. Zusatz von Pflanzenfetten oder -ölen, vornehmlich Baumwollsamenöl und -stearin, ferner Cocosfett, Palmkernfett, Erdnußöl, Sesamöl usw.;
3. Gleichzeitiger Zusatz von Talg und Pflanzenfetten oder -ölen;
4. Zusatz von Wasser oder Belassung von zuviel Wasser im Schweineschmalz;
5. Zusatz von Frischhaltungsmitteln (oder Farbstoffen);
6. Zusatz von anderen fremden Stoffen, z. B. von Stärkemehl oder Mineralstoffen; zuweilen wurde auch beobachtet, daß das Schweinefett mit Alkalien teilweise verseift wurde, um größere Mengen Wasser zu binden.

Bei der Untersuchung von Schweineschmalz kommen im allgemeinen folgende Prüfungen in Betracht:

1. Prüfung auf zu hohen Wassergehalt und sonstige fremde Zusätze;
2. Prüfung auf fremde tierische oder pflanzliche Fette;
3. Prüfung auf unverseifbare Stoffe;
4. Prüfung auf Frischhaltungsmittel;
5. Prüfung auf Verdorbenheit.

Bei der Probenahme finden die bei Butter (S. 346) aufgeführten Gesichtspunkte sinngemäße Anwendung. Über die bei der Untersuchung der in das Zollinland eingehenden Fette vgl. oben S. 409.

Untersuchungsverfahren.

1. Bestimmung des Wassers, des Fettes und der nicht fettartigen Bestandteile. ***a) Bestimmung des Wassers.*** Ein größerer Wassergehalt des Schweineschmalzes gibt sich durch das trübe Aussehen des geschmolzenen Fettes zu erkennen.

α) Nach der Anlage 2 zu dem Preußischen Ministerialerlaß vom 24. Juni 1909[3]) zum „Fleischbeschau-Gesetz" soll der Nachweis geringer Mengen von Wasser im Schweineschmalz nach folgendem Verfahren von E. Polenske[4]) erfolgen:

---

[1]) Das von H. Kreis und A. Hafner (Zeitschr. f. Untersuchung d. Nahrungs- u. Genußmittel 1904, **7**, 641) als Heptadekyldistearin angesehene schwerlöslichste Glycerid des Schweinefettes ist nach A. Bömer das α-Palmitodistearin.

[2]) Das von A. Partheil und F. Ferié (Arch. der Pharmacie 1903, **241**, 565) auf Grund ihrer Lithiummethode angenommene Vorkommen von Laurin- und Myristinsäure ist von K. Farnsteiner (Zeitschr. f. Untersuchung d. Nahrungs- u. Genußmittel 1904, **8**, 129) als unmöglich nachgewiesen.

[3]) Gesetze und Verordnungen, betr. Nahrungs- u. Genußmittel, 1909, **1**, 384—387.

[4]) Arbeiten a. d. Kaiserl. Gesundheitsamte 1907, **25**, 505.

„Man bringt in ein starkwandiges Probierröhrchen aus farblosem Glase von 9 cm Länge und 18 ccm Rauminhalt etwa 10 g der vorher gut durchgemischten Schmalzprobe und verschließt es mit einem durchlochten Gummistopfen, in dessen Öffnung ein bis 100° reichendes Thermometer so weit eingeschoben wird, bis sich dessen Quecksilberbehälter in der Mitte der Fettschicht befindet. Darauf wird das Probierröhrchen in einer Flamme allmählich erwärmt, bis das Fett die Temperatur von 70° angenommen hat. Stellt das geschmolzene Schweineschmalz bei dieser Temperatur eine vollkommen klare Flüssigkeit dar, dann enthält es weniger als 0,3% Wasser, und es bedarf keiner weiteren Untersuchung. Ist das Fett dagegen bei 70° trübe geschmolzen oder sind in demselben Wassertröpfchen sichtbar, dann wird das Probierröhrchen in einer Flamme allmählich auf 95° erwärmt und bei dieser Temperatur 2 Minuten lang kräftig durchgeschüttelt. In der Mehrzahl der Fälle wird das Fett dann zu einer völlig klaren Flüssigkeit geschmolzen sein. Alsdann läßt man das Fett unter mäßigem Schütteln in der Luft abkühlen und stellt diejenige Temperatur fest, bei der eine deutlich sichtbare Trübung des Schmalzes eintritt. Das Erwärmen auf 95°, das Schütteln und Abkühlenlassen wird 2—3-mal oder so oft wiederholt, bis sich die Trübungstemperatur des Fettes nicht mehr erhöht. Beträgt die konstante Trübungstemperatur des Schweineschmalzes mehr als 75°, dann enthält es mehr als 0,3% Wasser und ist als mit Wasser verfälscht zu betrachten.

Ist das Schweineschmalz bei 95° nicht zu einer klaren Flüssigkeit geschmolzen, dann enthält es entweder mehr als 0,45% Wasser oder andere unlösliche Stoffe, wie Gewebsteile oder chemische Stoffe (Fullererde), und ist als verfälscht zu betrachten."

Nach E. Polenske kann man den Wassergehalt des Schweinefettes — falls es nicht andere trübende Stoffe enthält — nach den Trübungstemperaturen innerhalb der Gehalte von 0,15—0,45% in kurzer Zeit genauer feststellen, als nach dem unter *β* angegebenen Verfahren; er fand für die verschiedenen Wassergehalte folgende Trübungstemperaturen:

Trübungstemperatur . . .	40,5°	53,0°	64,5°	75,2°	85,0°	90,8°	95,5°
Wassergehalt	0,15	0,20	0,25	0,30	0,35	0,40	0,45 %

Bei höheren Wassergehalten als 0,30% und falls sonstige trübende Bestandteile vorhanden sind, bestimmt man den Wassergehalt nach dem unter *β* angegebenen Verfahren.

K. Fischer und W. Schellens[1]) bestätigen die Bruchbarkeit des Polenskeschen Verfahrens; dagegen ist es bei Talg — wofür Polenske es auch nicht vorgeschlagen hat — nicht brauchbar.

β) Die **gewichtsanalytische Bestimmung** des Wassergehaltes erfolgt wie bei Butter (vgl. oben S. 346 a, *α*).

b) Bestimmung der Asche. 10 g Schweineschmalz werden geschmolzen und durch ein getrocknetes, dichtes Filter von bekanntem geringen Aschengehalte filtriert. Man entfernt die größte Menge des Fettes von dem Filter durch Waschen mit entwässertem Äther, verascht alsdann das Filter und wägt die Asche.

c) Bestimmung des Fettes. Man erhält den Fettgehalt des Schweineschmalzes, indem man den Gehalt an Wasser und Asche von der Gesamtmenge abzieht.

Falls größere Mengen nicht schmelzbarer Bestandteile vorhanden sind, so sind diese wie die nicht fetten Bestandteile der Butter zu bestimmen und in Abzug zu bringen (vgl. S. 350).

2. Nachweis und Bestimmung von Frischhaltungsmitteln.

Der Nachweis und die Bestimmung von Frischhaltungsmitteln im Schweineschmalz, die im allgemeinen nur selten bei diesem angewendet werden, erfolgt nach der Anlage d der Ausführungsbestimmungen D vom 22. Februar 1908 zum Fleischbeschaugesetz vom 3. Juni 1900. Vgl. I. Teil, S. 591—613.

Dagegen empfiehlt sich zum Nachweise der häufiger verwendeten Neutralisationsmittel (Alkali- und Erdalkalihydroxyde und -carbonate) das oben S. 357 angegebene, von der Vorschrift der Anlage d etwas abweichende Verfahren.

---

[1]) Zeitschr. f. Untersuchung d. Nahrungs- u. Genußmittel 1908, **16**, 161.

3. Nachweis von fremden Fetten. Zu diesem Nachweise darf nur ein bei 50—60° vollkommen klares Fett verwendet werden. Schmilzt das zu untersuchende Schweinefett trübe, so muß es bei etwa 50—60° durch ein Papierfilter filtriert werden.

Im allgemeinen empfiehlt sich für die Untersuchung eines Schweineschmalzes auf fremde Fette folgender Untersuchungsgang:

Man bestimmt von dem zu untersuchenden Schweineschmalz die Refraktometerzahl und die Verseifungszahl, nötigenfalls auch die Jodzahl, führt ferner auch die Halphensche Reaktion auf Baumwollsamenöl (S. 476), die Baudouinsche oder Soltsiensche Reaktion auf Sesamöl (S. 473) und die Belliersche Reaktion auf Pflanzenöle (S. 439) aus. Ist alsdann:

a) die Refraktometerzahl verhältnismäßig hoch und tritt eine der Farbenreaktionen positiv auf, oder ist die Refraktometerzahl niedrig und die Verseifungszahl hoch, oder endlich treten bei normalen Refraktometer- und Verseifungszahlen eine oder mehrere der Farbenreaktionen positiv ein, so prüft man mittels der Phytosterin- und Phytosterinacetat-Probe auf einen Zusatz von Pflanzenfetten aller Art;

b) die Verseifungszahl normal, sind dagegen die Refraktometerzahl und die Jodzahl sehr niedrig, oder ist das Schmalz sehr hart, so führt man die Polenskesche Prüfung oder die Bömer und Limprichsche (S. 445) Methode zum Nachweise von Talg aus.

a) Vorproben. Als Vorproben können dienen:

α) Die Bestimmung der Refraktion (Ausführung siehe I. Teil, S. 100—113 und 355 bis 359, sowie oben S. 365—368). Über den Wert dieser Bestimmung gilt das oben bei Butter (S. 368) Gesagte.

Die Refraktometerzahl liegt bei reinen Schweinefetten in der Regel zwischen 48,5 und 51,5 bei 40°. Wollny hat für die refraktometrische Untersuchung des Schweinefettes ein Spezialthermometer anfertigen lassen; die Einrichtung desselben ist eine ähnliche wie die des Spezialthermometers für die Butteruntersuchung (vgl. S. 369).

β) Die Bestimmung der Jodzahl des Fettes und der flüssigen Fettsäuren (Ausführung siehe I. Teil, S. 374—380 und 388—393).

γ) Die Bestimmung der Verseifungszahl. (Ausführung siehe I. Teil, S. 365—369).

Nach Anlage d der Ausführungsbestimmungen D zum Fleischbeschaugesetz sollen jedoch bei Schweineschmalz nicht 1—2 g, sondern 2—2,5 g Fett angewendet werden.

δ) Die Wulstprobe. Allgemein bekannt sind die Unterschiede, welche die Oberfläche von erstarrtem Schweineschmalz einerseits und Rinds- und Hammeltalg sowie Gemische von diesen mit Schweineschmalz und Ölen (Kunstspeisefette) andererseits aufweisen, wenn sie in größeren Mengen in Kübeln und Schüsseln erstarren. A. Langfurth[1]) hat dieses Verhalten zum Nachweise von Verfälschungen des Schweineschmalzes zu verwerten gesucht. Nach ihm erstarren Kunstspeisefette (Gemische von „Rindsstearin" mit Ölen) zu einer grobkrystallinen Masse, die eine mehr oder weniger glatte Oberfläche darstellt, während reines Schweinefett eine feinkrystalline Struktur mit einer matten, gefalteten Oberfläche zeigt. — P. Soltsien[2]), E. Dieterich[3]) sowie B. Kohlmann[4]) haben sich ebenfalls mit diesen Erscheinungen beschäftigt. Soltsien schlägt vor, die Probe in der Weise auszuführen, daß man das Fett bei gelinder Wärme schmilzt und in halbkugeligen Gefäßen schnell erstarren läßt. Schweinefette, welche nicht zu weich sind, zeigen hierbei teils radiale Wulstbildung mit ziemlich plötzlicher Kontraktion zu einer Vertiefung in der Mitte, oder sie weisen auch einen gefalteten wulstigen Ring an der Wandung des Gefäßes auf. Dem-

---

[1]) Chem.-Ztg. 1888, **12**, 1660.

[2]) Pharmaz. Ztg. 1894, **39**, 350 u. 1896, **41**, Nr. 33; ferner Chem. Revue d. Fett- u. Harz-Ind. 1908, **15**, 103.

[3]) Helfenberger Annalen 1897, 138.

[4]) Zeitschr. f. öffentl. Chemie 1898, **4**, 108.

gegenüber weisen Talge glatte bis spiegelnde Oberflächen auf. Nach Soltsien kann man mittels der Wulstprobe auch Schweinefett in Talgen erkennen.

b) Nachweis von Pflanzenfetten und -ölen. **α) Nachweis von Pflanzenfetten und -ölen im allgemeinen.**

αα) Phytosterin- und Phytosterinacetat-Probe. Der Nachweis von Pflanzenfetten und -ölen im Schweinefett erfolgt am zuverlässigsten durch die Phytosterin- und Phytosterinacetat-Probe; über die Ausführung dieser Prüfungen vgl. I. Teil, S. 402—410.

Man verwendet am besten 50—100 g Fett; bei zu vermutendem höheren Gehalt an Pflanzenfetten reichen auch unter Umständen geringere Mengen aus; für die Phytosterinprobe allein genügen meist 10—20 g Fett.

ββ) Farbenreaktionen von Welmans (H. Serger) und Bellier zum Nachweise von Pflanzenölen. Für diesen Nachweis können die Welmanssche Reaktion[1]) mit Phosphormolybdänsäure oder besser die Reaktion von Bellier dienen.

Die Welmanssche Reaktion wird nach der amtlichen Anweisung vom 1. April 1898 zum Gesetz, betr. den Verkehr mit Butter usw., vom 15. Juni 1897, wie folgt, ausgeführt:

„1 g des geschmolzenen, klar filtrierten Schmalzes löst man in einem dickwandigen, mit Stöpsel verschließbaren Probierröhrchen in 5 ccm Chloroform, setzt 2 ccm einer frisch bereiteten Lösung von Phosphormolybdänsäure oder phosphormolybdänsaurem Natrium und einige Tropfen Salpetersäure zu und schüttelt so kräftig wie möglich. Bei Abwesenheit von fetten Ölen bleibt das Gemisch gelb, bei deren Anwesenheit jedoch tritt eine Reduktion ein: Die Mischung nimmt eine grünliche, bei bedeutenden Zusätzen eine smaragdgrüne Färbung an. Durch Vergleich mit reinem Schmalz läßt sich der Unterschied zwischen Gelb und Grün leichter beobachten. Läßt man einige Minuten stehen, so scheidet sich die Flüssigkeit in 2 Schichten; die untere (Chloroform) erscheint wasserhell, während die obere grün gefärbt ist. Man vermeide niedere Temperaturen, damit sich das Fett nicht in festem Zustand wieder abscheidet. Macht man die saure Mischung mit Am moniak alkalisch, so geht die grüne Farbe in Blau über, dessen Intensität der vorherigen Grünfärbung entspricht. Ein nur schwach blauer Schimmer ist unberücksichtigt zu lassen."

H. Serger[2]) hat statt des Welmansschen ein anderes zusammengesetztes Molybdän-Reagens zum Nachweise von Pflanzenölen empfohlen. Es wird in der Weise hergestellt, daß man kurz vor der Untersuchung des Fettes in einem Zylinder mit Glasstopfen 10 ccm konzentrierter Schwefelsäure einfüllt, dann 0,1 g feingepulvertes Natriummolybdat hinzugibt und 2 Minuten tüchtig schüttelt. Nach 5 Minuten ist das Reagens verwendbar, dagegen ist es länger als $^1/_2$—1 Stunde nach der Herstellung nicht mehr zuverlässig. Zur Ausführung der Reaktion werden 5 g Fett oder Öl in einem starkwandigen, mit Glasstopfen verschließbaren graduierten Reagensglase in 10 ccm Äther durch Schwenken gelöst. Darauf wird die ätherische Lösung mit 1 ccm des Reagenzes vorsichtig durch Schräghalten des Rohres unterschichtet, worauf man ganz kurz, aber kräftig durchschüttelt. Bei Gegenwart von Pflanzenölen zeigt die untere Schicht eine nach 15 Minuten zu beurteilende grüne bis blaue Färbung. Die Empfindlichkeit liegt bei etwa 2%.

Die Belliersche Reaktion wird nach den Ausführungsbestimmungen zum „Fleischbeschau-Gesetz" in folgender Weise angestellt:

„5 ccm geschmolzenes, filtriertes Fett[3]) werden mit 5 ccm farbloser Salpetersäure vom spezifischen Gewicht 1,4 und 5 ccm einer kalt[4]) gesättigten Lösung von Resorcin in Benzol

[1]) Pharmaz. Ztg. 1891, **36**, 798 u. 1892, **37**, 7. — Bei Talg und Oleomargarin ist die Welmanssche Reaktion nicht anwendbar.

[2]) Chem.-Ztg. 1911, **35**, 581.

[3]) Das Fett soll nicht wesentlich über 35° warm sein.

[4]) Nach A. Olig und E. Brust darf das Reagens höchstens bei 8—10° gesättigt sein; die Probierröhrchen dürfen nicht warm sein und die Reagenzien müssen in der angegebenen Reihenfolge zugesetzt werden.

in einer dickwandigen, mit Glasstopfen verschließbaren Probierröhre 5 Sekunden lang tüchtig durchgeschüttelt. Treten während des Schüttelns oder 5 Sekunden nach dem Schütteln rote, violette oder grüne Färbungen auf, so deuten diese auf die Anwesenheit von Pflanzenölen hin. Später eintretende Farbenerscheinungen sind unberücksichtigt zu lassen."

Nach A. Olig und E. Brust[1]), die die Reaktion bei Mohnöl, Baumwollsamenöl und -stearin, Sesamöl, Maisöl, Rüböl, Erdnußöl, Olivenöl, Cocosfett und Leinöl anwendeten und mit ihr günstige Erfahrungen gemacht haben, kann die Beobachtungsdauer auf 20 Sekunden erweitert werden. Zu beachten ist, daß schwache Rotfärbungen auch durch Beimischungen von Oleomargarin und Talg verursacht werden können und daß es durch gewisse Behandlungsweisen gelingt, die Fette gegen das Bellier sche Reagens zu inaktivieren.

Nach H. Kreis[2]) kann die Resorcinlösung durch eine 1‰-ige ätherische Phloroglucinlösung ersetzt werden. Die hierbei entstehenden Rotfärbungen sind etwas beständiger als die Färbungen mit Resorcinlösung. Die Reaktionsmischung muß aber sofort mit Wasser verdünnt werden, da sonst nach einigen Minuten eine heftige Entwicklung von Stickoxyden eintritt.

β) Nachweis von Cocosfett und Palmkernfett. αα) Der Nachweis von Cocosfett und Palmkernfett in Schweineschmalz bietet keine Schwierigkeiten. Diese Palmfette enthaltendes Schweineschmalz zeigt eine erhöhte Verseifungszahl, Reichert-Meißlsche und Polenskesche Zahlen. Sehr geringe Mengen von Palmfetten lassen sich auf Grund dieser Zahlen nach dem „Anreicherungsverfahren" von W. Arnold (vgl. oben S. 419) nachweisen und auch annähernd quantitativ bestimmen.

ββ) „Äthylesterzahl" nach J. Hanus[3]). Die „Äthylesterzahl" gibt an, wieviel Kubikzentimeter $^1/_{10}$ N.-Kalilauge erforderlich sind, um die in 100 ccm des wässerigen Destillates aus 5 g Fett vorhandenen Ester zu verseifen.

Man verfährt nach J. Hanus und J. Thian[3]) in folgender Weise:

In einen Erlenmeyer-Kolben von etwa 300 ccm Inhalt (14 cm hoch, 8 cm breit, Durchmesser des Halses 2 cm) wägt man genau 5 g geschmolzenes und filtriertes Schmalz ein, stellt 15 Minuten lang in ein auf 50° erwärmtes Luftbad (oder in einen Thermostaten), fügt nach dieser Zeit schnell aus einer Bürette 30 ccm alkoholische $^1/_{10}$ N.-Kalilauge (die Lösung muß genau $^1/_{10}$-normal sein) hinzu, schüttelt tüchtig um, bis die Lösung vollkommen klar und hell erscheint. — Das Schütteln dauert beim Schweineschmalz, je nachdem mehr oder weniger Cocosfett vorhanden ist, 4—6 Minuten; je mehr Cocosfett vorhanden ist, desto kürzer ist die Schüttelzeit. — Alsdann stellt man nochmals 10 Minuten lang in das Luftbad und darauf stumpft man die Lauge mit 2,2 ccm verdünnter Schwefelsäure ab (2 ccm der Schwefelsäure entsprechen genau den 30 ccm $^1/_{10}$ N.-Kalilauge; der Überschuß von 0,2 ccm dient dazu, um dem lästigen Schäumen der etwa alkalisch gebliebenen Flüssigkeit vorzubeugen), ergänzt mit 113 ccm destilliertem Wasser auf 145 ccm, gibt einige Bimssteinstückchen hinzu und destilliert aus einem Roseschen Metallbade. Der Destillationsaufsatz ist einkugelig (hoch 15 cm, Durchmesser der Kugel etwa 3,5 cm), der Destillationskühler ist 70 cm lang und wird in der gewöhnlichen geneigten Lage (nicht senkrecht stehend) benutzt. Die ersten 30 ccm der alkoholischen Fraktion werden getrennt aufgefangen und beiseite gestellt; dieselben sollen in etwa 10 Minuten abdestillieren. Darauf nimmt man als Vorlage einen 100-ccm-Kolben, um den wässerigen Anteil von 100 ccm aufzufangen, was etwa in 20—25 Minuten geschehen soll.

Das wässerige Destillat gießt man in einen geräumigen Erlenmeyer-Kolben (von 500 ccm Inhalt) aus böhmischem oder Jenaer Glas, spült mit Alkohol gut nach, fügt soviel Alkohol hinzu,

---

[1]) Zeitschr. f. Untersuchung d. Nahrungs- u. Genußmittel 1909, **17**, 561.

[2]) Chem.-Ztg. 1902, **26**, 897 u. 1014. Vgl. ferner Schweizerisches Lebensmittelbuch, 2. Aufl. 1909, S. 27.

[3]) Zeitschr. f. Untersuchung d. Nahrungs- u. Genußmittel 1907, **13**, 19; vgl. ferner J. Hanus u. L. Stekl, daselbst 1908, **15**, 577, sowie J. Hanus u. J. Thian, daselbst 1910, **20**, 745.

bis die trübe Lösung klar wird und alle Ester gelöst sind[1]), stumpft unter Verwendung von Phenolphthalein als Indicator die vorhandene freie Säure ab und verseift $^3/_4$ Stunde lang in einem Wasserbade am Rückflußkühler mit 40 ccm alkoholischer $^1/_5$ N.-Kalilauge. Die einigermaßen erkaltete Flüssigkeit titriert man mit $^1/_{10}$ N.-Salzsäure zurück. Die Äthylesterzahl ist dann $2 \times 40 - a$, wo a die verbrauchten Kubikzentimeter $^1/_{10}$ N.-Salzsäure bedeutet.

Um in den Fällen, wo die Äthylesterzahl unter 10 gefunden wird, allen Zweifel, ob es sich um Butter oder Cocosfett handelt, auszuschalten, kann in gleicher Weise auch das alkoholische neutralisierte Destillat verseift werden. Zur Verseifung verwendet man 25 ccm alkoholische $^1/_5$ N.-Kalilauge. Aus der Differenz $2 \times 25 - a'$ (a' ist die zur Rücktitration verbrauchte Menge von $^1/_{10}$ N.-Salzsäure) berechnet man die Äthylesterzahl der alkoholischen Fraktion. Diese schwankt bei Butter von 21—30, beim Cocosfett von 10—15 und bei dem Schweineschmalz steigt sie ein wenig über 1. Es muß also der gefundenen Äthylesterzahl der wässerigen Fraktion, namentlich aber der daraus berechneten Menge Cocosfett die Äthylesterzahl des alkoholischen Destillates vollauf entsprechen. Ist das nicht der Fall, so deutet dies auf Zusatz eines anderen Fettes mit entsprechend hoher Äthylesterzahl (es kann sich dabei nur um Butter handeln). Wurde z. B. die Äthylesterzahl 5 gefunden, so entspricht diese entweder 20% Butterfett oder nur 5% Cocosfett; es müßte dann, wenn das Schmalz mit Butter vermischt worden wäre, die Zahl der alkoholischen Fraktion etwa 5,8 sein, und in dem Falle, daß die Verfälschung mit Cocosfett durchgeführt worden war, nur etwa 1,7. Dies ist ein so großer Unterschied, daß alle Zweifel ausgeschlossen sind.

Die Höhe der Äthylesterzahlen ist in erster Linie bedingt durch den Gehalt der Fette an Capryl-, Caprin- und Laurinsäure; es beträgt der Siedepunkt der Äthylester der

Caprylsäure	207—208°
Caprinsäure	243—245°
Laurinsäure	269°

J. Hanus und seine Mitarbeiter fanden für die verschiedenen Fette folgende Äthylesterzahlen der wässerigen Fraktion, denen auch die zur Verseifung der alkoholischen Fraktion erforderliche Menge Kalilauge, beide ausgedrückt in Kubikzentimeter $^1/_{10}$ N.-Kalilauge, beigefügt sind:

Bezeichnung	Butterfett (15 Proben)	Cocosfett (4 Proben)	Palmkernfett (1 Probe)	Schweinefett (4 Proben)	Margarine (frei von Palmfetten) (5 Proben)
Alkoholische Fraktion	21,8—28,1	10,65—15,55	1,5	0,6—1,8	1,0—2,7
Wässerige Fraktion (Äthylesterzahl) . .	7,1—13,4	41,45—43,5 (rohes Cocosfett 45,30)	23,15	2,7—3,2	1,7—3,0

Nimmt man als oberste Äthylesterzahl für Schweinefett 3,2 und für Cocosfett 44 an und ist a die in dem fraglichen Schweinefette gefundene Äthylesterzahl, so berechnet sich nach Hanus der Gehalt eines Schweinefettes an Cocosfett (x) nach der Gleichung:

$$x = \frac{100(a - 3{,}2)}{44 - 3{,}2} = \frac{100\,a - 320}{40{,}8}.$$

$\gamma\gamma$) Außerdem kann zum Nachweise von Cocos- und Palmkernfett in Schweineschmalz auch die Mehrzahl der für den Nachweis dieser Fette in Butterfett vorgeschlagenen Verfahren (vgl. oben S. 372—393) dienen; von diesen sind für den Nachweis von Cocos- und Palmkernfetten in Schweineschmalz von den Autoren besonders empfohlen worden die Bestim-

[1]) Größere Mengen von Alkohol dienen auch zum Unterdrücken der Hydrolyse der Seifen bei späterer Titration; nach Kanitz (Berichte d. Deutsch. Chem. Gesellschaft 1903, **36**, 403) ist die hydrolytische Spaltung in 40proz. alkoholischer Lösung so gering, daß sie titrimetrisch nicht mehr nachweisbar ist.

mung der „Magnesiumzahl" von E. Ewers (S. 382—384), der „Alkohollöslichkeitszahl" und der „Destillatzahl" von G. Fendler (S. 388—391).

γ) **Nachweis von Baumwollsamenöl, Sesamöl und Erdnußöl.** Baumwollsamenöl und -stearin enthaltendes Schweinefett gibt die Halphensche Reaktion (S. 476) auf Baumwollsamenöl, und Sesamöl enthaltendes die Baudouinsche und die Soltsiensche Reaktion (vgl. S. 473) auf Sesamöl. Erdnußöl erkennt man an dem Gehalt an Arachinsäure und Lignocerinsäure (vgl. S. 467).

c) Nachweis von Rinds- und Hammeltalg. Von tierischen Fetten werden namentlich Rinds- und Hammeltalg bzw. Preßtalge aus diesen zur Verfälschung des Schweineschmalzes verwendet.

α) **Mikroskopische Untersuchung der Krystallisation aus Äther (des „Stearins").** M. C. Husson[1]) hat bereits im Jahre 1876 die Beobachtung bekanntgegeben, daß man bei der Krystallisation von Schweinefett und Rindsfett aus einem Gemisch von Glycerin, Alkohol und Äther charakteristische Unterschiede zwischen den aus beiden Fetten sich ausscheidenden Krystallen erhält, indem Rindsfett in Nadeln, die von einem Punkte aus nach allen Richtungen gehen, Schweinefett dagegen in polyedrischen Schüppchen krystallisiere.

Das Verfahren ist später vielfach, so von Belfield, A. Goske, W. F. Keating-Stock, Zune, C. A. Neufeld, P. Soltsien, O. Hehner, Mansfeld, Th. S. Gladding, A. Zega, H. Dunlop, E. Seiter, Ch. Arragon, H. Witte, O. Mezger, H. Jesser und K. Hepp[2]) und anderen nachgeprüft worden. Eine eingehende Zusammenstellung der Arbeiten über das Krystallisationsverfahren findet sich in der zuletzt genannten Arbeit von O. Mezger, H. Jesser und K. Hepp sowie in einer Veröffentlichung von H. Kreis und A. Hafner[3]), die der Ursache der verschiedenen Krystallformen nachgegangen sind und sie in der Verschiedenheit der unlöslichsten Glyceride von Schweinefett einerseits und von Rinds- und Hammeltalg andererseits gefunden haben. Sie haben aus Rinds- und Hammeltalg als schwerlöslichsten Körper ein Glycerid abgeschieden, das in den für diese Talge charakteristischen feinen Nadeln in pferdeschweifähnlicher Gruppierung (Fig. 25) krystallisiert und nach ihren Untersuchungen aus einem Palmitodistearin besteht, während sie aus dem Schweinefett als Unlöslichstes ein in sehr dünnen, langen und schmalen Tafeln krystallisierendes Glycerid (Fig. 26) dargestellt haben, das sie für ein Heptadekyldistearin hielten.

Durch die neueren Untersuchungen von A. Bömer[4]) ist zwar nachgewiesen worden, daß im Rinds- und Hammeltalge neben dem *β*-Palmitodistearin als unlöslichstes Glycerid auch Tristearin vorkommt und daß das unlöslichste Glycerid des Schweinefettes kein Heptadekyldistearin, sondern das *α*-Palmitodistearin ist, allein die von Kreis und Hafner angegebenen Abbildungen für die Glyceride des Schweinefettes und Talges wurden auch von A. Bömer bei den betreffenden Glyceriden (*α*- und *β*-Palmitodistearin) beobachtet.

Das Tristearin des Rinds- und Hammeltalges krystallisiert, wie A. Bömer fand, in ähnlichen breiten langen, schräg abgeschnittenen Nadeln wie das *α*-Palmitodistearin des Schweinefettes; daß diese bei der Krystallisation von Rinds- und Hammeltalg aus Äther im allgemeinen nicht gefunden werden, beruht auf ihrer gegenüber dem *β*-Palmitodistearin weit geringeren Menge und darauf, daß sie bei der mikroskopischen Untersuchung im allgemeinen weniger deutlich in die Erscheinung treten, wie die pferdeschweifartig angeordneten Krystallnadeln des *β*-Palmitodistearins. Die Beobachtungen von P. Soltsien[5]) und H. Dunlop[6]), daß man

[1]) Journ. Pharm. Chim. 1878, [4] **27**, 100.

[2]) Pharmaz. Zentralhalle 1912, **53**, 99.

[3]) Zeitschr. f. Untersuchung d. Nahrungs- u. Genußmittel 1904, **7**, 641.

[4]) Zeitschr. f. Untersuchung d. Nahrungs- u. Genußmittel 1907, **14**, 90; 1909, **17**, 353; 1913, **25**, 321; ferner nach noch nicht veröffentlichten neuen Untersuchungen.

[5]) Pharmaz. Ztg. 1893, **36**, 634 u. Chem. Revue d. Fett- u. Harz-Ind. 1906, **13**, 240.

[6]) Journ. Soc. Chem. Ind. 1906, **25**, 458; Zeitschr. f. Untersuchung d. Nahrungs- u. Genußmittel 1907, **13**, 358.

bei geeigneter Ausführung der mikroskopischen Untersuchung der Krystallisationen aus Talg ebenfalls längere Tafeln erhält, welche den Krystallen aus Schweinefett ähnlich sind, beruht offenbar auf dem Tristearingehalt der Talge.

Trotzdem bleibt die Verschiedenheit der Krystallformen der Glyceride aus Talgen und Schweinefett bestehen und das Krystallisationsverfahren aus Äther beruht auf einer erwiesenen Verschiedenheit der aus Äther krystallisierten unlöslichsten Glyceride und nicht, wie O. Hehner und C. A. Mitchell[1]) annahmen, auf dem höheren Stearingehalt der Rindsfettkrystalle. Andererseits haben aber diese Forscher sowie auch A. Goske[2]) hervorgehoben, daß auch beim Schweinefett die Ausbildung der Krystalle je nach der Härte der Fette eine etwas verschiedene ist, indem weiche, d. h. oleinreiche Sorten — nach Goske die amerikanischen Dampfschmalze — nur breite Nadeln liefern, während harte, d. h. oleinarme Sorten — nach Goske z. B. die deutschen Metzgerschmalze — mehr spitze, den Talg-

Fig. 25.

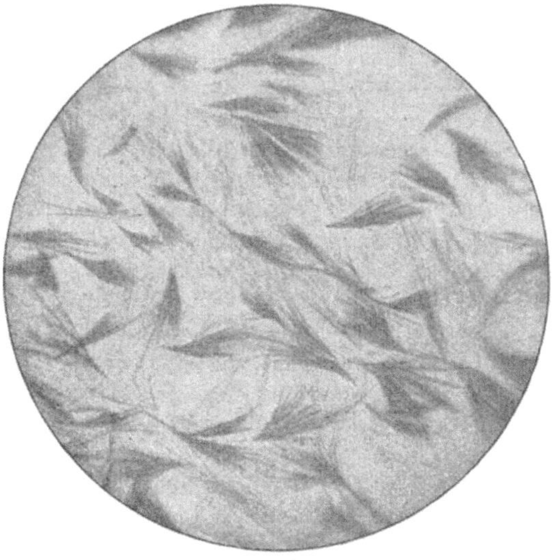

β-Palmitodistearin aus Hammeltalg.

Fig. 26.

α-Palmitodistearin[3]) aus Schweinefett.

krystallen ähnliche Formen liefern. Trotzdem ist das Krystallisationsverfahren die geeignetste Vorprobe für den Nachweis von Talg in Schweinefett. Die Ausführung geschieht nach A. Goske[4]) zweckmäßig in folgender Weise:

1 g Schweineschmalz — nicht mehr — wird in 10 ccm Äther in einem Reagensglase gelöst, letzteres mit Baumwollepfropfen verschlossen und die Lösung bei 12—13° der Krystallisation überlassen. Sobald sich Krystalle gebildet haben, wird die klare Lösung vorsichtig abgegossen, etwas farbloses Arachis- oder Cottonöl zugegeben und die ausgelesenen Krystalle werden bei 300-facher Vergrößerung unter dem Mikroskop betrachtet. — Das „Stearin" aus etwa zugesetztem Talg krystallisiert in kleinen, büschelförmig angeordneten Nadeln, die von einem Zentrum ausgehen und harte Krystalldrusen bilden. „Schmalzstearin" dagegen bildet zarte, lose zusammenhängende Büschel, die sich aus schräg abgeschnittenen Tafeln mit einem stumpfen Winkel von 115° zusammensetzen und oft bis $^1/_4$ mm breit sind.

[1]) Journ. Amer. Chem. Soc. 1897, **19**, 32.
[2]) Chem.-Ztg. 1895, **19**, 1034.
[3]) Heptadekyldistearin nach Kreis und Hafner.
[4]) Chem.-Ztg. 1892, **16**, 1560 u. 1597.

Das Schweizerische Lebensmittelbuch[1]) gibt folgende Vorschrift:

1 ccm geschmolzenes Fett wird in 10 ccm Äther gelöst und bei 9—10° so lange stehen gelassen, bis sich Krystalle ausgeschieden haben. Der Äther wird abgegossen und ein kleiner Teil der Krystalle in Öl bei 50—100-facher Vergrößerung mikroskopisch untersucht. Wenn sich, was bei oleinreichen Fetten der Fall sein kann, nach dem Stehen über Nacht keine Krystalle ausscheiden, so wiederholt man den Versuch mit 2 ccm Fett auf 10 ccm Äther. — Rinds- und Hammelfett krystallisieren in zu Büscheln angeordneten, spitzen, meist gebogenen Nadeln, Schweinefett wird in länglichen Tafeln mit schief abgeschnittenen Enden erhalten.

β) Differenzzahlverfahren nach E. Polenske.[2]) Das Verfahren beruht auf der von E. Polenske gemachten Beobachtung, daß die Temperaturdifferenz zwischen den Schmelzpunkten und den Erstarrungs- (oder richtiger Trübungs-) Punkten bei Schweinefett und Talg verschieden groß ist. Die Differenz beträgt beim Schweinefett 19—21°, bei Talg dagegen nur 12,8—15°.

A. Bömer u. R. Limprich[3]) haben das Polenskesche Verfahren theoretisch begründet, indem sie nachwiesen, daß es auf der Verschiedenheit der Glyceride des Schweinefettes und der Talge beruht, und zwar im wesentlichen auf dem verschiedenen Verhalten des α-Palmitodistearins des Schweinefettes mit der Differenzzahl 18,4 und des β-Palmitodistearins der Talge mit der Differenzzahl 11,8.

Um brauchbare Ergebnisse zu erhalten, ist es notwendig, die Bestimmung des Schmelz- und Erstarrungspunktes genau in folgender Weise auszuführen:

Vorbereitung der Fettproben: Das Fett muß vollkommen klar und wasserfrei sein; dies erreicht man dadurch, daß 20—25 ccm des filtrierten klaren Fettes in einem Reagensglase 1/2 Stunde lang in einem Glycerinbade auf 102—106° erhitzt werden und daß während dieser Zeit durch das Fett ein langsamer, sorgfältig getrockneter Kohlensäurestrom geleitet wird.

Über die Ausführung der Schmelzpunkts- und Erstarrungspunktsbestimmung nach E. Polenske vgl. den I. Teil, S. 352 und 354 unter γ.

Zu bemerken ist hierbei noch, daß bei der Bestimmung des Erstarrungspunktes das Wasser des Kühlgefäßes beim Nachweise von Talg in Schweineschmalz eine Temperatur von 18° und beim Nachweise von Schweineschmalz in Gänseschmalz und Butter eine solche von 16° haben muß; K. Fischer und K. Alpers[4]) empfehlen die letztere Temperatur auch bei der Untersuchung von Oleomargarin.

Die Schwankungen der Differenzzahlen bei Schweinefett und verschiedenen tierischen Fetten, die als Fälschungsmittel für Schweinefett in Betracht kommen können, sind nach E. Polenske folgende:

Art des Fettes	Schmelzpunkt Grad	Erstarrungspunkt (bei 18°) Grad	Differenzzahl
Schweineschmalz	42,2—49,0	22,8—29,0	19,0—21,0
Rindstalg	41,2—50,0	28,4—35,4	12,8—14,6
Hammeltalg	47,8—52,0	23,8—37,3	13,0—15,0
Premier jus, amerikanisch	46,5—49,7	32,0—35,2	14,4—14,6
Kalbsfett	40,0—44,0	27,0—30,0	12,3—14,2
Oleomargarin, amerikanisch	30,2—39,5	19,0—26,3	11,2—13,2
Preßtalg	54,2—56,0	41,5—43,5	12,5—12,7
Cocosfett	24,5—26,0	19,0—22,5	4,8—6,0°
Sheabutter	45,0	25,0	20,0°
Borneotalg	48,5	40,0	8,5°

1) Schweizerisches Lebensmittelbuch, 2. Aufl. 1909, S. 26.

2) Arbeiten a. d. Kais. Gesundheitsamte 1907, **26**, 444 u. 1908, **29**, 272; Zeitschr. f. Untersuchung d. Nahrungs- u. Genußmittel 1907, **14**, 758—762 u. 1909, **17**, 281.

3) Zeitschr. f. Untersuchung d. Nahrungs- u. Genußmittel 1913, **25**, 367.

4) Ebendort 1909, **17**, 181.

Das Verfahren ist von verschiedenen Seiten nachgeprüft und im allgemeinen zum Nachweise von Talg in Schweineschmalz als brauchbar gefunden worden. K. Fischer und K. Alpers[1]) halten das Verfahren zum Nachweise gröberer Verfälschungen von Schweineschmalz mit Talg für geeignet; für die Grenzen der Differenzzahlen halten sie jedoch eine Erweiterung für erforderlich, da sie bei selbst ausgelassenen Fetten und Oleomargarin des Handels folgende Schwankungen fanden:

	Rindsfette (3 Proben)	Ziegennierentalg (1 Probe)	Schweinefette (3 Proben)	Oleomargarin (5 Proben)
Schmelzpunkt	47,98—50,90	48,40	45,55—48,26	30,95—39,80
Erstarrungspunkt	33,40—36,29	34,50	23,87—28,16	19,00—25,55
Differenzzahl	13,80—14,61	13,90	20,10—21,68	11,20—15,46

L. Laband[2]) fand für 8 Proben selbst ausgeschmolzener Rindsfette von verschiedenen Körperstellen Schmelzpunkte von 46,65—52,25°, Erstarrungspunkte von 31,8—38,6° und Differenzzahlen von 13,65—14,85°; bei 9 Schweinefettproben des Handels waren die Schmelzpunkte 43,95 bis 51,40°, die Erstarrungspunkte 23,90—30,80° und die Differenzzahlen 19,35—20,60.

O. Mezger, H. Jesser und K. Hepp[3]) haben das Polenskesche Verfahren bei 20 Proben selbstausgeschmolzener Schweinefette von verschiedenen Körperteilen nachgeprüft und bei Schmelzpunkten von 41,5—50,6° und Erstarrungspunkten von 23,3—31,3° Differenzzahlen von 18,2—21,4 gefunden; 4 Proben Speckfett zeigten Differenzzahlen unter 18,5. Bei einer Probe selbstausgelassenem Rindstalg fanden sie die Werte 50,0°, 36,8° bzw. 13,2 und bei einer Probe selbstausgelassenem Hammeltalg die Werte 49,9°, 36,8° bzw. 13,1. Bei 7 selbsthergestellten Mischungen von Schweinefetten mit je 10% Rindstalg beobachteten sie Differenzzahlen von 17,1—18,9.

A. Bömer und R. Limprich[4]) fanden für selbstausgeschmolzene Schweinefette und Talge die folgenden Zahlen:

	Schweinefette (4 Proben)	Rindstalge (3 Proben)	Hammeltalg (1 Probe)
Schmelzpunkt	45,1—47,3°	46,7—50,0°	54,9°
Erstarrungspunkt	25,2—27,5°	32,1—36,6°	38,0°
Differenzzahl	19,7—20,4	13,4—14,6	16,9

Bei Schweinefettgemischen mit 10% Talg fanden sie Differenzzahlen von 18,6—20,1 und bei solchen mit 20% Talg Differenzzahlen von 17,4—19,0.

γ) Verfahren von A. Bömer und R. Limprich.[5]) Das Verfahren gründet sich auf die Verschiedenheit der Glyceride der gesättigten Fettsäuren im Schweinefett einerseits und im Rinds- und Hammeltalg andererseits. Nach A. Bömer[6]) bestehen diese Glyceride bei Rinds- und Hammeltalg aus Tristearin, β-Palmitodistearin und einem Stearodipalmitin, beim Schweinefett dagegen aus α-Palmitodistearin und einem Stearodipalmitin. Die Schmelzpunkte dieser Glyceride und der aus ihnen erhaltenen Fettsäuren sind folgende:

Bezeichnung der Glyceride		Schmelzpunkt der Glyceride (korr.) (Sg) Grad	Schmelzpunkt der Fettsäuren daraus (korr.) (Sf) Grad	Schmelzpunkts-Differenz (d = Sg − Sf) Grad
Glyceride des Schweinefettes	α-Palmitodistearin	68,5	63,3	5,2
	Stearodipalmitin	58,2	55,2	3,0
Glyceride der Talge	Tristearin	73,0	70,5	2,5
	β-Palmitodistearin	63,3	63,2	0,1
	Stearodipalmitin	57,5	55,7	1,8

[1]) Zeitschr. f. Untersuchung d. Nahrungs- u. Genußmittel 1909, **17**, 181.

[2]) Ebendort 1909, **18**, 289.

[3]) Pharmaz. Zentralhalle 1912, **53**, 99.

[4]) Zeitschr. f. Untersuchung d. Nahrungs- u. Genußmittel 1913, **25**, 367.

[5]) Ebendort 1913, **26**, 559.

[6]) Ebendort 1907, **14**, 90; 1909, **17**, 353; 1913, **25**, 321.

Wie diese Zusammenstellung zeigt, weisen die Schmelzpunkte der Glyceride aus Schweinefett einerseits und den Talgen andererseits sowie die der aus ihnen dargestellten Fettsäuren wesentliche Verschiedenheiten auf. Namentlich ist die Differenz zwischen den Schmelzpunkten des α- und β-Palmitodistearins und der aus beiden dargestellten Fettsäurengemische sehr groß; sie beträgt beim α-Palmitodistearin aus Schweinefett 5,2° und beim β-Palmitodistearin aus den Talgen nur 0,1°. Auf dieser Verschiedenheit beruht das Verfahren zum Nachweise von Rinds- und Hammeltalg in Schweinefett[1]). Man stellt durch Umkrystallisieren aus Äther oder einem anderen geeigneten Fettlösungsmittel die unlöslichsten Glyceride dar, bestimmt deren Schmelzpunkt und vergleicht ihn mit dem Schmelzpunkt der aus denselben Glyceriden abgeschiedenen Fettsäuren; die Differenz dieser beiden Schmelzpunkte ist bei Schweinefetten wesentlich größer als bei Rinds- und Hammeltalgen.

Die Ausführung des Verfahrens ist folgende:

I. Darstellung der Glyceride. 50 g des geschmolzenen und klar [1][2]) filtrierten Fettes werden in einem Becherglase von etwa 150 ccm Inhalt in 50 ccm Äther gelöst, und die Lösung, mit einem Uhrglase bedeckt, bei etwa 15° unter häufigem Umrühren der Krystallisation überlassen. Nach etwa einer Stunde wird der ausgeschiedene Krystallbrei mittels eines Trichters mit eingeschliffener Wittscher Saugplatte und angepaßtem Papierfilter an der Saugpumpe abfiltriert, scharf abgesaugt und der Krystallbrei durch Aufpressen eines Uhrglases möglichst von der Mutterlauge befreit. Die Krystallmasse wird darauf wieder in dem vorher verwendeten Becherglase in 50 ccm Äther gelöst und in gleicher Weise der Krystallisation überlassen. Nach einer Stunde wird genau wie das erstemal filtriert und der Krystallbrei wiederum möglichst von der Mutterlauge befreit [2]. Bei reinen Schweinefetten bekommt man auf diese Weise meistens Glyceride, die bei 63—64° schmelzen, während bei talghaltigen Schweinefetten in der Regel Glyceride mit niedrigeren Schmelzpunkten erhalten werden.

Liegt jedoch der Schmelzpunkt unter 61°, so krystallisiert man, ehe zur Darstellung der Fettsäuren geschritten wird, zunächst nochmals bzw. so lange in derselben Weise aus Äther um, bis ein über 61° liegender Glycerid-Schmelzpunkt erhalten wird. In der Regel genügt aber ein zweimaliges Umkrystallisieren.

Liegen sehr oleinreiche, weiche Fette zur Untersuchung vor, die unter obigen Krystallisationsbedingungen keine oder nur eine geringe Ausscheidung von Krystallen liefern, so läßt man entweder noch $^1/_2$—1 Stunde bei niedrigerer Temperatur (etwa 5—10°) zur Krystallisation stehen oder man verwendet von vornherein statt des Äthers ein Gemisch von 3—4 Teilen Äther und 1 Teil Alkohol oder noch besser möglichst wasserfreies Aceton als Lösung- und Krystallisationsmittel für das Fett. Falls man eines der beiden letzteren Krystallisationsmittel angewendet hat, wird stets eine zweite Krystallisation, und zwar am besten aus Äther vorgenommen, um die oleinhaltigen Glyceride sicher zu entfernen.

II. Darstellung der Fettsäuren. Aus einem kleinen Teile der nach I gewonnenen Glyceride werden die Fettsäuren dargestellt. Es kommt hierbei besonders darauf an, daß der Teil der Glyceride, welcher zur Abscheidung der Fettsäuren verwendet wird, vollkommen gleich zusammengesetzt ist, wie der Teil der Glyceride, welcher selbst auf seinen Schmelzpunkt untersucht werden soll. Man verreibt daher etwa 0,1—0,2 g der nach I gewonnenen Glyceride zunächst in einem kleinen Mörser zu einem vollkommen gleichmäßigen Pulver und verseift etwa die Hälfte davon in einem bedeckten kleinen Bechergläschen mit 10 ccm farbloser alkoholischer, etwa $^1/_2$ N.-Kalilauge 5—10 Minuten lang auf einer Asbestplatte unter lebhaftem Sieden. Darauf

[1]) Bei höheren Gehalten des Schweinefettes an Talg kann man diesen auch durch Darstellung des Tristearins der Talge nachweisen. — Vgl. Zeitschr. f. Untersuchung d. Nahrungs- u. Genußmittel 1913, **26**, 566 und unten S. 449.

[2]) Die Zahlen in den eckigen Klammern beziehen sich auf die nachfolgenden Erläuterungen zu dem Verfahren.

führt man die Seifenlösung mit etwa 100 ccm Wasser in einen Scheidetrichter über, zersetzt darin die wässerige Seifenlösung, die vollkommen klar sein muß, mit etwa 2—3 ccm 25 proz. Salzsäure und schüttelt mit etwa 25 ccm Äther aus. Nach vollkommener Trennung der Schichten läßt man die wässerige Lösung ab, wäscht die Ätherlösung zweimal mit etwa 25 ccm Wasser und filtriert sie durch ein trockenes Papierfilterchen in eine kleine Glasschale oder ein kleines Becherglas. Darauf verdunstet man den Äther auf dem Wasserbade und trocknet die Fettsäuren etwa $^1/_2$—1 Stunde im Wasserdampftrockenschranke oder im Lufttrockenschranke bei etwa 100°. Die nach dem Abkühlen erstarrten Fettsäuren [3] zerdrückt man in den Schälchen mit einem kleinen Pistill oder im Bechergläschen mit einem Messer oder Spatel zu einem feinen gleichmäßigen Pulver.

III. Bestimmung der Schmelzpunkte. Um zuverlässige Ergebnisse zu erhalten, ist es unbedingt erforderlich, daß die Bestimmung des Schmelzpunktes der Glyceride und der zugehörigen Fettsäuren [3] unter vollkommen gleichen Bedingungen erfolgt; dies erreicht man am besten dadurch, daß man die Schmelzpunktbestimmung beider Substanzen gleichzeitig ausführt. Man kann sich hierfür zweckmäßig der von A. Bömer[1]) vorgeschlagenen Einrichtung bedienen. Man bringt dabei die Glyceride und die zugehörigen Fettsäuren, in zwei U-förmige Schmelzröhrchen von gleicher — $^3/_4$ mm — lichter Weite und gleicher Wandstärke, indem man die Substanz mittels eines Platindrahtes von entsprechender Stärke durch die trichterförmige Erweiterung des einen Schenkels des Schmelzröhrchens einführt und etwa $^1/_2$—1 cm von der unteren Biegung zu einem festen Säulchen von etwa 2—3 mm Länge zusammenschiebt. Die in dieser Weise beschickten beiden Schmelzröhrchen werden mit ihrem anderen Schenkel mittels eines schmalen, aus dünnem Gummischlauch geschnittenen Ringes rechts und links des Thermometers so befestigt, daß die Substanz sich in beiden Röhrchen neben der Mitte des Quecksilberkörpers des Thermometers befindet. Durch ständiges Umrühren des Wärmebades mit dem beweglich aufgehängten Thermometer wird für eine gleichmäßige Erwärmung Sorge getragen und dabei die Erwärmung so geregelt, daß von etwa 50° an die Temperatur nur etwa $1^1/_2$—2° in der Minute steigt. Als Schmelzpunkte sind diejenigen Temperaturen anzusehen, bei welchen das Fettsäulchen vollkommen [4] klar geworden sind. Es empfiehlt sich, unter allen Umständen die Schmelzpunktsbestimmungen mit neuen Substanzmengen in derselben Weise zu wiederholen [5]. Das Mittel zweier gut übereinstimmenden [6] Bestimmungen ist der Beurteilung der Fette zugrunde zu legen.

IV. Beurteilung der Ergebnisse. Für die Beurteilung der Reinheit eines Schweinefettes eignen sich in erster Linie die nach I dargestellten Glyceride mit den Schmelzpunkten von 61—65°.

Ein Schweinefett ist als mit Talg (Rindstalg, Hammeltalg, Preßtalg) — oder anderen Fetten [7], welche ähnliche Schmelzpunkts-Differenzen wie die Talge aufweisen — vermischt zu bezeichnen, wenn die Schmelzpunkts-Differenz (d) zwischen dem Schmelzpunkte des Glycerids (Sg) und dem der daraus dargestellten Fettsäuren (Sf) unterhalb folgender Grenzwerte liegt (siehe Tabelle auf S. 448).

Da diese Zahlenreihen arithmetische Progressionen darstellen, von denen die eine (Sg) steigt und die andere (d) fällt und außerdem die Differenz zweier aufeinander folgenden Glieder bei d nur halb so groß ist als bei Sg, so erhält man für die Summe Sg + 2d von je zwei zusammengehörigen Werten Sg und d stets den gleichen Wert und zwar im vorliegenden Falle den Wert 71.

Da sich die zusammengehörigen Zahlen der umstehenden Tabelle nur schwierig dem Gedächtnis einprägen, so ist es bei der praktischen Anwendung des Verfahrens im Laboratorium am zweckmäßigsten, den Wert Sg + 2d zu berechnen — wobei d einschließlich Vorzeichen in Rech-

[1]) Vgl. den I. Teil, S. 51—52.

Korrigierte Schmelzpunkte.

Glycerid-Schmelzpunkt (Sg)	Schmelzpunkts-Differenz (d)	Glycerid-Schmelzpunkt (Sg)	Schmelzpunkts-Differenz (d)	Glycerid-Schmelzpunkt (Sg)	Schmelzpunkts-Differenz (d)	Glycerid-Schmelzpunkt (Sg)	Schmelzpunkts-Differenz (d)
61,0	5,0	62,0	4,5	63,0	4,0	64,0	3,5
61,1	4,95	62,1	4,45	63,1	3,95	64,1	3,45
61,2	4,9	62,2	4,4	63,2	3,9	64,2	3,4
61,3	4,85	62,3	4,35	63,3	3,85	64,3	3,35
61,4	4,8	62,4	4,3	63,4	3,8	64,4	3,3
61,5	4,75	62,5	4,25	63,5	3,75	64,5	3,25
61,6	4,7	62,6	4,2	63,6	3,7	64,6	3,2
61,7	4,65	62,7	4,15	63,7	3,65	64,7	3,15
61,8	4,6	62,8	4,1	63,8	3,6	64,8	3,1
61,9	4,55	62,9	4,05	63,9	3,55	64,9	3,05
						65,0	3,0

nung zu setzen ist — und nach diesem zu beurteilen, ob ein reines Schweinefett vorliegt oder nicht. Dagegen empfiehlt es sich, in den Untersuchungsberichten den Schmelzpunkt des Glycerides und der Fettsäuren, sowie die Schmelzpunkts-Differenz selbst anzugeben.

Für die bei 61—65° schmelzenden Glyceride aus reinen und mit Rinds-, Hammel- und Preßtalg vermischten Schweinefetten verschiedener Art wurden z. B. folgende Werte für Sg + 2d gefunden:

	Sg + 2d
Schweinefett (16 Proben)	73,4—78,1
Rindstalg (2 Proben) . .	62,8—67,0
Hammeltalg (1 Probe) .	63,9—66,0
Preßtalg (1 Probe) . . .	65,6—67,0

		Sg + 2d 10 %	Sg + 2d 20 %
Schweinefette mit Zusatz von	Rindstalg . .	67,7—75,4	65,3—73,9
	Hammeltalg .	67,9—70,1	64,0—66,0
	Preßtalg . . .	64,4—66,0	63,9—66,2

Liegt der Wert für Sg + 2d nur wenig über oder unter 71, so empfiehlt es sich, den Rest der Glyceride nochmals [8] aus Äther umzukrystallisieren und die so erhaltenen Glyceride in derselben Weise wie vorher durch Darstellung der Fettsäuren und Bestimmung der Schmelzpunkte zu untersuchen; wird jetzt der Wert Sg + 2d unter 71 gefunden, so ist ein Zusatz von Talg oder einem sich ähnlich verhaltenden Fett als erwiesen anzusehen.

Für die Beurteilung der Reinheit eines Schweinefettes am geeignetsten sind Glyceride vom Schmelzpunkt 61—65° (korr.). Bei zwischen 60 und 61° schmelzenden Glyceriden ist ein Talggehalt als erwiesen anzusehen, wenn die Schmelzpunkts-Differenz unter 5 und bei über 65 bis 68,5° schmelzenden Glyceriden, wenn sie unter 3 liegt [9].

V. Verbindung des Verfahrens mit der Phytosterinacetat-Probe. In dem Filtrate von der ersten Glyceridkrystallisation ist außer dem größten Teil der oleinhaltigen Glyceride auch fast die Gesamtmenge der Sterine (Cholesterin und Phytosterine) vorhanden, man kann es daher — allein oder auch zusammen mit dem zweiten Filtrate — zur Untersuchung auf Pflanzenfette mittels der Phytosterinacetat-Probe verwenden. Zu dem Zwecke destilliert man den Äther oder das sonst verwendete Krystallisationsmittel ab, verseift den Rückstand und verfährt weiter nach der bei der Phytosterinacetat-Probe maßgebenden Vorschrift. Auf diese Weise sind für die Prüfung des Schweinefettes auf Pflanzenfette und auf Talg im ganzen nur 50 g Substanz erforderlich.

Hat die Untersuchung nach IV für Sg + 2d einen Wert unter 71 ergeben, so kann dieser Befund außer durch die Gegenwart von Talg (Rinds- und Hammeltalg bzw. Preßtalg) auch durch eine solche von gehärteten Ölen (Pflanzenölen und Tranen)[1]) bedingt sein; es ist daher in diesem Falle stets die Phytosterinacetat-Probe mit dem neuen Verfahren zu verbinden, um auf diese Weise ein möglichst zuverlässiges Urteil über die Art des in dem Schweinefette vorhandenen Fremdfettes zu gewinnen.

Erläuterung zu vorstehendem Verfahren.

1. Die Fette müssen vollkommen klar in dem Lösungsmittel (Äther, Aceton usw.) löslich sein, weil sich anderenfalls selbst geringe Trübungen in den ausgeschiedenen Glyceriden konzentrieren und daher unter Umständen die genaue Bestimmung des Schmelzpunktes der Glyceride stören. Vgl. auch unter 4.

2. Falls nach der ersten Krystallisation der Krystallbrei nicht schmierig, sondern trocken und körnig ist, bedarf es der zweiten Krystallisation nicht, sondern es genügt zur Befreiung der Krystalle von der anhaftenden oleinhaltigen Mutterlauge, wenn man die auf dem Filter befindlichen Glyceride in das Becherglas zurückbringt, 50 ccm Äther hinzugibt, die Glyceride mit einem Glasstabe in dem Äther gut verteilt, etwa 5—10 Minuten unter öfterem Umrühren stehen läßt und alsdann die Glyceride in derselben Weise wie nach der ersten Krystallisation abfiltriert und möglichst von der Mutterlauge befreit.

3. Die Bestimmung der Schmelzpunkte erfolgt zweckmäßig unmittelbar nach der Trocknung der Fettsäuren. Falls dies nicht möglich ist, müssen die Fettsäuren in einem ammoniakfreien Raume — am besten im Exsikkator über Schwefelsäure — aufbewahrt werden, da anderenfalls infolge Bildung von Ammoniakseifen ihr Schmelzpunkt außerordentlich stark erhöht werden kann.

4. Auch die nach dem Schmelzen der Hauptmenge der Fettsäuren etwa noch vorhandenen mehr oder minder schwachen wolkigen Trübungen der im übrigen geschmolzenen Glyceride und Fettsäuren müssen vollkommen verschwunden sein. Dagegen hüte man sich, die in dem geschmolzenen Fett und den Fettsäuren unter Umständen vorhandenen zahlreichen kleinsten Luftbläschen als Trübungen anzusehen.

5. Zu den Bestimmungen der Glycerid-Schmelzpunkte dürfen nur aus Lösung krystallisierte Glyceride verwendet werden; es ist unter keinen Umständen zulässig, bereits geschmolzen gewesene und aus dem Schmelzflusse wieder erstarrte Glyceride nochmals zu den Schmelzpunktsbestimmungen zu verwenden.

6. Die Übereinstimmung beider Bestimmungen ist eine hinreichende, wenn die Schmelzpunkte bei den Glyceriden und Fettsäuren je nicht mehr als 0,2° und die Schmelzpunkts-Differenzen zwischen den jedesmal gleichzeitig ausgeführten Bestimmungen nicht mehr als 0,1° voneinander abweichen; bei größeren Abweichungen ist eine dritte gleichzeitige Bestimmung der Schmelzpunkte von Glycerid und Fettsäuren auszuführen.

7. Solche Fette, welche ähnliche Schmelzpunkts-Differenzen aufweisen wie die Talge, sind z. B. die gehärteten Öle (Pflanzenöle und Trane).

8. Bei den immerhin verhältnismäßig geringen Unterschieden in den Schmelzpunkts-Differenzen bei reinen und mit Talg vermischten Schweinefetten empfiehlt es sich, wenn möglich stets noch eine weitere Krystallisation vorzunehmen und auch die hierbei erhaltenen Glyceride auf ihre Schmelzpunkts-Differenz zu untersuchen.

9. Oberhalb 68,5° schmelzende Glyceride sind im Schweinefett nicht vorhanden. Wird daher bei häufigerem Umkrystallisieren ein Glycerid-Schmelzpunkt über 69,5° oder ein Schmelzpunkt der Fettsäuren über 64,5° gefunden, so beweisen derartige Werte, unabhängig von der Höhe der Schmelzpunkts-Differenz, die Gegenwart von Talgen. In beiden Fällen ist hier ein Sicherheitsabstand und zwar in der Höhe von 1 bzw. 1,3° von den beobachteten höchsten Werten für α-Palmitodistearin und dessen Fettsäuren gewählt worden.

---

[1]) Möglicherweise verhalten sich ähnlich wie die Rinds- und Hammeltalge sowie die gehärteten Öle auch noch andere feste Pflanzenfette, z. B. Mowrahbutter usw., die bisher noch nicht geprüft worden sind.

δ) **Verfahren von A. Leys**[1]) **und J. A. Emery.**[2]) Diese beiden Verfahren beruhen gleichfalls auf der Verschiedenheit der Glyceride des Schweinefettes und der Talge.

Das Verfahren von Leys beruht auf der Bestimmung des Schmelzpunktes der festen Glyceride, die durch Behandeln des Fettes mit Eisessig, welcher Quecksilberacetat gelöst enthält, praktisch frei von Olein gewonnen werden. Die Arbeitsweise ist folgende: Man wägt in einem Erlenmeyer-Kolben von 250 ccm Inhalt und weitem Halse etwa 2 g Fett ab, gibt 4 g Quecksilberoxyd und 50 ccm Eisessig zu, erhitzt am Rückflußkühler auf einer Asbestplatte langsam bis zum Sieden und erhält darin 5 Minuten lang. Alsdann läßt man 2—3 Stunden lang zum Abkühlen stehen, wobei das gebildete Quecksilberacetat vollständig auskrystallisiert. Nun bringt man den Kolben auf ein Wasserbad, erwärmt auf 50°, fügt 50 ccm absoluten Alkohol zu, mischt unter leichtem Umschwenken die Flüssigkeiten und läßt über Nacht ruhig stehen. Am folgenden Tage bringt man den aus Quecksilberacetat und den festen Glyceriden bestehenden Niederschlag quantitativ auf ein kleines Filter, wäscht mit 100 ccm absolutem Alkohol aus und trocknet bei gewöhnlicher Temperatur im Exsikkato durch Überleiten eines trockenen Luftstromes. Die Glyceride werden hierauf auf dem Filter durch Übergießen von kleinen Mengen warmem Petroläther (insgesamt etwa 50 ccm) gelöst, in ein gewogenes Kölbchen filtriert, der Petroläther auf dem Wasserbade verdunstet, das Kölbchen 12 Stunde lang bei einer Temperatur von 10—15° kühl aufbewahrt und das Gewicht der Glyceride ermittelt Zur Bestimmung des Schmelzpunktes bringt man die Glyceride auf die Oberfläche eines Queck silberbades, in welches ein empfindliches Thermometer eintaucht; das Quecksilberbad wird in Wasserbade langsam erwärmt. Als Schmelzpunkt ist die Temperatur anzusehen, bei welcher di Glyceride zu schmelzen beginnen. Der Schmelzpunkt der auf vorstehende Weise erhaltene Glyceride ist für ein bestimmtes tierisches Fett, von welchem Teile des Tieres es auch herrührt ziemlich konstant, bei Butter und Pflanzenfetten sind die Schwankungen etwas größer. Ley fand für die Glyceride folgende Schmelzpunkte: Schweinefett 60,4—61,0°, Rindsfett 55,8—56,2° Kalbsfett 53,0—53,4°, Hammelfett 57,6°, Pferdefett 53,0°, Oleomargarin 52,6°, Kuhbutter 48, bis 52,0°, Kakaobutter 55,8—58,8°. Er zeigte ferner, daß man bei einem Gemisch von Schweine schmalz mit anderen Fetten keinen mittleren Schmelzpunkt erhält, sondern den niedrigen Schmelz punkt, der dem fremden Fett eigen ist. Leys hält ein Schweineschmalz für verfälscht, wenn de Schmelzpunkt der Glyceride unter 60° liegt. Der Nachweis von Pflanzenölen im Schweine schmalz kann durch die Methode nicht erbracht werden, da der Schmelzpunkt der Glyceride durc den Zusatz von Öl nicht verändert wird.

J. A. Emery hat das Verfahren von Leys etwas umgearbeitet und praktischer gestalte Er benutzt für die Darstellung der festen Glyceride Äther als Lösungsmittel und verfährt in fo gender Weise:

5 g Fett werden in einem verschließbaren Meßzylinder von 25 ccm Inhalt, 150—175 m Höhe und etwa 18 mm lichtem Durchmesser mit 25 ccm Äther gelöst und 18 Stunden bei 15—20 stehen gelassen. Dann wird die Lösung von den am Boden als feste Masse abgeschiedenen Glyceride abgegossen und zweimal mit je 5 ccm kaltem Äther nachgespült. Mit weiteren 5 ccm kaltem Äth werden die Krystalle auf ein Filter gebracht und je nach ihrer Menge mit 10—15 ccm kaltem Äth gewaschen. Die lufttrockenen Krystalle werden zerrieben und dann wird ihr Schmelzpunkt bestimm

Nach den Untersuchungen von Emery schmelzen bei diesem Verfahren die festen Glyceri des Schweinefettes bei 63,6—64,1° und die des Rindsfettes (Talg und Preßtalg) bei 60,6°; d Schmelzpunkt der festen Glyceride aus Gemischen beider liegt innerhalb dieser Grenzen. Liegt d Schmelzpunkt unter 63,4°, so ist Gegenwart von Rindsfett möglich; bei 63° und darunter ist ei Verfälschung mit Rindsfett mit Sicherheit anzunehmen.

Das Verfahren scheint, wenigstens nach der Art der Veröffentlichung zu schließen, in d Vereinigten Staaten von Nordamerika amtlich empfohlen zu sein.

---

[1]) Compt. rend. 1907, **145**, 199; Journ. de Pharm. et Chim. 1907, **26**, 289.

[2]) Landwirtschaftsministerium der Vereinigten Staaten von Nordamerika, Abt. für Vie verwertung. Rundschreiben 132; Chem. Centralbl. 1908, II, 1066.

Auf das weitere Verfahren von D. Werson[1]), welches darauf beruht, daß nach gleichmäßiger Erwärmung der Fette beim Abkühlen die festen Glyceride des Talges bei erheblich höheren Temperaturen auskrystallisieren als die des Schweinefettes und dabei andere Krystallisationserscheinungen zeigen, und das vorwiegend zu orientierenden Prüfungen in Schlachthöfen dienen soll, möge hier nur verwiesen werden.

4. Nachweis von Paraffin und Paraffinöl. Zum Nachweise größerer Mengen von Paraffin und Paraffinöl in Schweinefett können dienen die Bestimmung der Verseifungszahl, die dadurch wesentlich erniedrigt wird, und die Bestimmung des Unverseifbaren (vgl. I. Teil, S. 400). Zum Nachweise sehr geringer Mengen von Paraffin und Paraffinöl eignet sich das von E. Polenske für diesen Zweck vorgeschlagene Verfahren (vgl. I. Teil, S. 409).

Nachweis der Verfälschungen und Beurteilung des Schweineschmalzes auf Grund der Analyse.

1. Gehalt an Wasser und nicht fettartigen Bestandteilen; Nachweis von Frischhaltungs- und Neutralisationsmitteln. Die Beurteilung des Schweineschmalzes hinsichtlich seines Gehaltes an Wasser und sonstigen nichtfettartigen Bestandteilen bietet keine Schwierigkeiten.

1. Für die Beurteilung des Wassergehaltes ist das Ergebnis der gewichtsanalytischen Bestimmung als maßgebend anzusehen, während das Polenskesche Verfahren als eine sehr zweckmäßige Vorprobe zu bezeichnen ist.

Reines Schweineschmalz enthält im allgemeinen nur Spuren von Wasser.

2. Fremde nichtfettartige Bestandteile (Fleischfasern usw.) geben sich, ebenso wie ein Gehalt an größeren Mengen Wasser, durch Trübungen des geschmolzenen Schweineschmalzes zu erkennen. Ihre Menge kann ohne Schwierigkeit durch Filtration des Fettes, durch gewogene Papierfilter und Auswaschen des Filters mit Äther, ähnlich wie bei Butter, bestimmt und ihre Natur durch mikroskopische Untersuchung des Rückstandes erkannt werden. Die etwa vorhandenen mineralischen Beimengungen können ihrer Menge nach durch Veraschung des Fettes bzw. der in Äther unlöslichen Bestandteile leicht bestimmt und ihre Art durch qualitative Untersuchung der Asche festgestellt werden.

3. Frischhaltungs- und Neutralisationsmittel können ihrer Art nach durch die angegebenen qualitativen Verfahren mit hinreichender Zuverlässigkeit erkannt werden; im allgemeinen begnügt man sich mit ihrem qualitativen Nachweis, zumal die Bestimmung ihrer Menge vielfach bis jetzt unsicher ist.

4. Aufgefrischtes Schweineschmalz gibt sich durch die Gegenwart von Neutralisationsmitteln, deren Reste in der Regel in Form von Seifen darin vorhanden sind, zu erkennen.

2. Nachweis der Verdorbenheit. Der Säuregrad des Schweineschmalzes schwankt im allgemeinen zwischen 0,5—1,5°. Ein hoher Gehalt an freier Säure und ebenso der positive Ausfall der Verdorbenheitsreaktion nach H. Kreis (vgl. S. 358) weisen im allgemeinen auf Verdorbenheit des Schweineschmalzes hin, die jedoch durch die Sinnenprüfung bestätigt werden muß.

Als verdorben ist auf Grund der Sinnenprüfung Schweineschmalz anzusehen, welches durch Kleinlebewesen oder auf andere Weise so tiefgreifend verändert oder sonst so stark verunreinigt ist, daß es für den bestimmungsgemäßen Gebrauch nicht geeignet ist, insbesondere solches Schweineschmalz, welches in diesem Grade ranzig, sauer-ranzig, faulig, sauer-faulig, dumpfig, schimmelig, kratzend, bitter oder sonst ekelerregend riecht oder schmeckt.

---

[1]) Seifenfabrikant 1907, **27**, 873; Zeitschr. f. Untersuchung d. Nahrungs- u. Genußmittel 1908, **16**, 264.

3. Nachweis von fremden Fetten und Ölen. Reines Schweineschmalz zeigt im allgemeinen folgende analytischen Konstanten:

Schmelzpunkt 41—51° } nach dem Verfahren von Polenske bestimmt
Erstarrungspunkt 22—31° }
Differenzzahl: 19—21 }

Brechungsindex bei 40°: 1,4583—1,4607, entsprechend den Skalenteilen 48,5 bis 52 des Butter-Refraktometers

Jodzahl des Fettes: 46—77; Jodzahl der ungesättigten flüssigen Fettsäuren: 89—116.

Verseifungszahl: 193—198

Reichert-Meißlsche Zahl: 0,3—0,9

Schmelzpunkt der Fettsäuren: 35—47°

Erstarrungspunkt der Fettsäuren: 34—42°

Geringere Abweichungen von diesen Zahlen sind jedoch für die Gegenwart fremder Fette im Schweineschmalz nicht beweisend, und Übereinstimmung mit obigen Konstanten ist kein Beweis für die Reinheit eines Schweineschmalzes.

Über den Nachweis fremder Fette ist folgendes zu bemerken:

a) Ein ***Zusatz von Pflanzenfetten*** ist als bestimmt erwiesen anzusehen, wenn die Phytosterinacetat-Probe positiv ausfällt, d. h. wenn der korrigierte Schmelzpunkt der letzten Kristallisation 117° oder darüber beträgt.

Ist jedoch die Verseifungszahl eines Schweineschmalzes höher als 200 — auch Reichert-Meißlsche Zahl und Polenskesche Zahl pflegen dann auffallend hoch zu sein — und sprechen auch die Werte des Alkoholfettes beim Anreicherungsverfahren nach W. Arnold (vgl. S. 419) für Anwesenheit von Cocosfett, so ist auch bei einem (korrigierten) Schmelzpunkte des Phytosterinacetates von 116—117° ein Zusatz von Cocosfett (Palmkernfett) als erwiesen anzusehen.

Beispiele: A. Bömer[1]) fand für reine und mit Pflanzenfetten versetzte Schweinefette folgende (korrigierten) Schmelzpunkte der Acetate:

Angabe der Krystallisation	Reines Schweinefett	Dasselbe Fett mit Zusatz von			
		Baumwollsamenöl		Erdnußöl	
	Grad	1% Grad	2% Grad	1% Grad	2% Grad
Dritte Krystallisation	114,3	117,3	122,0	118,7	121,0
Vierte „	114,3	117,3	123,8	120,5	122,0
Fünfte „	114,6	118,4	124,4	121,0	123,5

A. Juckenack und R. Pasternack[2]) fanden für mit Cocosfett verfälschte Schweinefette, sowie für weiße Kunstspeisefette des Handels folgende Werte:

Nr.	Art des Fettes	Reichert-Meißlsche Zahl	Verseifungszahl	Refraktion (Schweinefett-Skala)	Jodzahl	Phytosterinacetat-Probe (Korrig. Schmelzp. der 5. Krystallisation) Grad
1	Schweinefett . . .	2,53	204,65	—2,1	55,60	119,5
2	„ . . .	2,55	205,79	—2,6	52,52	118,8
3	„ . . .	4,65	219,55	—5,4	42,18	119,4
4	Kunstspeisefette[2]) .	0,93	197,40	+3,3	81,36	127,0
5	„ . . .	1,60	199,60	+4,1	84,09	123,0

[1]) Zeitschr. f. Untersuchung d. Nahrungs- u. Genußmittel 1901, 4, 1070.

[2]) Ebendort 1904, 7, 193. Die Kunstspeisefette gaben positive Halphensche Reaktion.

Ebenso wie die natürlichen Pflanzenfette und -öle sind auch die gehärteten Pflanzenfette und -öle im Schweineschmalz mittels der Phytosterinacetat-Probe nachweisbar.

Früher hat man den Nachweis von Verfälschungen des Schweinefettes vorwiegend durch die Bestimmung der Jodzahl und der Refraktometerzahl sowie verschiedene Farbenreaktionen zu erbringen gesucht. Die Untersuchungen der letzten Jahre haben gezeigt, daß im Handel reine Schweinefette mit weit höheren Jodzahlen vorkommen, als man früher angenommen hat. — W. D. Richardson[1]) fand für das Bauchschmalz (Leaf lard) des im Südwesten der Union gehaltenen sog. Eichelmastschweines vom Markte in St. Louis sogar die Jodzahlen 78,8—82,0 und für das Rückenschmalz dieser Tiere die Jodzahlen 81,5—84,7; andererseits kann die Jodzahl eines mit Baumwollsamenöl verfälschten Schweinefettes ja auch leicht durch Zusatz von Talg, Preßtalg, Cocosfett wieder herabgedrückt werden. Zwar wird unter diesen Umständen die Jodzahl der flüssigen Fettsäuren meistens einen besseren Anhaltspunkt gewähren, als die Jodzahl des Fettes selbst, allein auch sie schwankt in weiten Grenzen (92—115,5)[2]) und dazu kommt noch, daß ihre Bestimmung mit verhältnismäßig großen Schwierigkeiten verknüpft ist.

Die Farbenreaktionen auf das neben Cocosfett vorwiegend zur Verfälschung dienende Baumwollsamenöl (Bechi, Halphen usw.) haben nur einen bedingten Wert; einmal, weil der diese Reaktionen verursachende Körper durch die Fütterung der Tiere mit Baumwollsamenmehl in das Körperfett übergehen kann, so daß also auch reine Schweinefette, wenn die Schweine mit Baumwollsaatmehl gefüttert sind, die betr. Reaktionen zeigen können; sodann, weil durch entsprechende Behandlung des Baumwollsamenöles diesem die Reaktionsfähigkeit auf die betr. Reagenzien genommen werden kann. Andererseits sind namentlich die Bechische und Welmanssche Reaktion noch in der Richtung unsicher, als sie auch durch nachträglich in das Fett hineingekommene Stoffe (Zwiebeln usw.) verursacht werden können. Aus allen diesen Gründen kommt den hier in Frage kommenden Reaktionen auf Baumwollsamenöl (Bechi, Halphen, Gantter, Welmans) keine entscheidende Bedeutung zu. Sie sind dagegen sehr geeignete Vorproben und in dieser Hinsicht hat auch die Welmanssche und besonders die Belliersche Reaktion bei Schweinefett einige Bedeutung. Die Farbenreaktionen auf Baumwollsamenöl, Sesamöl usw. haben aber ferner in der Richtung einen gewissen Wert, als sie bei positivem Ausfall der Phytosterinacetat-Probe einen Anhalt dafür geben, welches Pflanzenöl wahrscheinlich zugesetzt ist. Ebenso läßt der Nachweis größerer Mengen Arachinsäure dann auf einen Zusatz von Erdnußöl schließen.

Bei Gegenwart von größereren Mengen von Cocosfett und Palmkernfett in Schweineschmalz zeigt dieses, wie schon oben hervorgehoben wurde, eine erhöhte Verseifungszahl (über 200) und auch erhöhte Reichert-Meißlsche und Polenskesche Zahlen (beide über 0,5 liegend) und ferner — sofern nicht gleichzeitig Öle mit hoher Jodzahl vorhanden sind —, eine erniedrigte Jodzahl. Bei Gegenwart geringerer Mengen von Cocosfett und Palmkernfett zeigen die Alkoholfette nach W. Arnold (vgl. S. 419) die für Cocosfett kennzeichnenden Werte. Daneben ist aber andererseits zu berücksichtigen, daß bei starker Fütterung mit Cocoskuchen — die allerdings im allgemeinen bei Schweinen nicht üblich ist — Verseifungszahl, Polenskesche Zahl usw. in demselben Sinne beeinflußt werden, wie durch den Zusatz von Cocosfett und Palmkernfett; dieselbe Erscheinung wird sich wahrscheinlich auch bei Nachprüfung der neueren Spezialverfahren zum Nachweise von Cocosfett ergeben, wenn diese eingehender nachgeprüft werden. Der Nachweis von Cocosfett kann daher nur als erbracht angesehen werden, wenn gleichzeitig die Phytosterinacetat-Probe (vgl. oben, S. 452) ein

[1]) Journ. Americ. Chem. Soc. 1904, **26**, 372; Zeitschr. f. Untersuchung d. Nahrungs- u. Genußmittel 1905, **9**, 45.

[2]) Vgl. J. Lewkowitsch, Chemische Technologie und Analyse der Öle, Fette und Wachse. Braunschweig, Fr. Vieweg & Sohn, 1905, **2**, 369.

positives Ergebnis geliefert hat. — Vgl. hierzu die Untersuchungen von J. König und J. Schluckebier[1]).

b) Für den ***Nachweis von Rinds- und Hammeltalg*** in Schweineschmalz kann als Vorprobe die mikroskopische Untersuchung der Krystallisationen aus Äther dienen, als ausschlaggebend kann diese Probe jedoch nicht angesehen werden.

Zum sicheren Nachweise von Rinds- und Hammeltalg in Schweineschmalz dienen die „Differenzzahl" von E. Polenske und das Verfahren von A. Bömer und R. Limprich, von denen das letztere wesentlich empfindlicher ist als das erstere.

α) **Differenzzahl nach E. Polenske:** Ein Schweineschmalz, dessen Differenzzahl kleiner als 18 ist, ist als mit fremden Fetten (Rindstalg, Hammeltalg, Preßtalg usw.) vermischt anzusehen. Nach den Angaben von E. Polenske lassen sich mit Hilfe dieses Verfahrens 15% Talg im Schweineschmalz nachweisen, doch hat Polenske bei seinen Untersuchungen noch die Zahl 18,5 als Grenzwert der Differenzzahl für reines Schweineschmalz angenommen. Sieht man jedoch als Grenzwert für die Differenzzahl den Wert 18 an, so konnten nach den Untersuchungen von A. Bömer und R. Limprich[2]) bei 3 von 4 untersuchten Schweinefetten nach dem Differenzzahlverfahren selbst Zusätze von 20% Rindstalg nicht, wohl aber 20% Hammeltalg nachgewiesen werden.

Ferner sei noch darauf hingewiesen, daß sich die gehärteten Öle beim Polenskeschen Differenzzahlverfahren ähnlich verhalten wie die Talge, nämlich erniedrigend auf die Differenzzahl wirken. Man wird daher auf Grund dieses Verfahrens nur dann ein Schweineschmalz als vermischt mit Talg bezeichnen können, wenn gleichzeitig auch die Phytosterinacetat-Probe ein negatives Ergebnis geliefert hat. Gehärteter Tran erniedrigt die Differenzzahl in ähnlicher Weise wie Talg.

β) **Verfahren von A. Bömer und R. Limprich:** Ein Zusatz von Rindstalg, Hammeltalg, Preßtalg ist nach diesem Verfahren als erwiesen anzusehen, wenn der Wert Sg + 2d kleiner als 71 ist. Nach den bisherigen Untersuchungen lassen sich mittels dieses Verfahrens in den meisten Fällen 5—10% Talg nachweisen. Hierbei ist jedoch zu berücksichtigen, daß auch die sog. gehärteten Öle den Wert Sg + 2d erniedrigen und daß sich in ähnlicher Weise vielleicht auch noch andere, bisher noch nicht geprüfte Fette verhalten. Einen Zusatz von gehärteten Pflanzenfetten und -ölen erkennt man jedoch leicht durch die Phytosterinacetat-Probe, die daher zweckmäßig stets gleichzeitig mit der Prüfung auf Talg ausgeführt wird. Unter Berücksichtigung dieser Verhältnisse wird man daher den Leitsatz über den Talgnachweis nach dem Verfahren von A. Bömer und R. Limprich richtiger, wie folgt, aufstellen müssen:

Ein Schweineschmalz ist als frei von Talg (Rinds-, Hammeltalg, Preßtalg) zu bezeichnen, wenn der Wert Sg + 2d gleich oder größer als 71 ist.

Da bei der Herstellung von Oleomargarin die Glyceride der gesättigten Fettsäuren (Tristearin, Palmitodistearin, Stearodipalmitin) zum größten Teil aus dem Talge entfernt werden, so ist Oleomargarin nach dem Verfahren von Bömer und Limprich nicht oder nur beim Vorhandensein größerer Mengen nachweisbar.

4. Nachweis von Paraffin und Paraffinöl. Der Gehalt des reinen Schweineschmalzes an unverseifbaren Stoffen (vorwiegend Cholesterin) schwankt im allgemeinen zwischen 0,1—0,3%. Ein Zusatz von Paraffin und Paraffinöl (Mineralöl) ist als erwiesen anzusehen, wenn der Gehalt des Schweineschmalzes an unverseifbaren Stoffen wesentlich höher ist als 0,3% und die Prüfung auf Paraffin bzw. Paraffinöl nach Polenske (vgl. I. Teil, S. 409) ein positives Ergebnis geliefert hat.

Beurteilung von Schweineschmalz nach der Rechtslage.

Bei der Beurteilung von Schweineschmalz nach der Rechtslage kommen außer dem Nahrungsmittelgesetze in Betracht:

---

[1]) Zeitschr. f. Untersuchung d. Nahrungs- u. Genußmittel 1908, **15**, 641.

[2]) Ebendort 1913, **25**, 367.

1. Das Gesetz, betr. den Verkehr mit Butter, Käse, Schmalz und deren Ersatzmitteln, vom 15. VI. 1897 — im nachfolgenden kurz „Margarinegesetz" bezeichnet.

2. Das Gesetz, betr. die Schlachtvieh- und Fleischbeschau, vom 3. VI. 1900 — im nachfolgenden kurz „Fleischbeschaugesetz" bezeichnet. Nach § 4 dieses Gesetzes fallen auch die „aus warmblütigen Tieren hergestellten Fette" ... unter den Begriff „Fleisch" im Sinne dieses Geseztes. Nach dem § 1 der Ausführungsbestimmungen D vom 3. VI. 1900 sind als Fleisch insbesondere anzusehen: „... Fette, unverarbeitet oder zubereitet, insbesondere Talg, Unschlitt, Speck, Liesen ..., Gekröse und Netzfett, Schmalz, Oleomargarin (Premier jus, Margarine) und solche Stoffe enthaltende Fettgemische, jedoch nicht Butter und geschmolzene Butter (Butterschmalz) ..."

Bezüglich der Möglichkeit einer Idealkonkurrenz des Nahrungsmittelgesetzes mit dem Margarinegesetz vgl. oben S. 425.

Auf Grund dieser Gesetze sind Schweineschmalz und seine Ersatzmittel, wie folgt, zu beurteilen:

I. Verfälschung des Schweineschmalzes. Zusätze von Talg, Talgstearin und minderwertigen Pflanzenfetten zu Schweineschmalz sind als Verfälschungen im Sinne des Nahrungsmittelgesetzes anzusehen. (Urteil des Reichsgerichts vom 30. I. 1897 [1].) Solche Gemische sind als Kunstspeisefette zu bezeichnen. Vgl. nachstehend unter II.

Auch der Zusatz von Wasser zum Schweineschmalz oder die absichtliche Belassung von Wasser darin sind als Verfälschungen im Sinne des § 10 Nr. 1 des Nahrungsmittelgesetzes anzusehen.

II. Begriff „Kunstspeisefett". § 1 Abs. 4 des Margarinegesetzes bestimmt: Kunstspeisefett im Sinne dieses Gesetzes sind diejenigen dem Schweineschmalz ähnlichen (1) Zubereitungen (2), deren Fettgehalt nicht ausschließlich aus Schweinefett besteht. Ausgenommen sind unverfälschte (3) Fette bestimmter Tier- oder Pflanzenarten, welche unter den ihrem Ursprung entsprechenden Bezeichnungen (4) in den Verkehr gebracht werden."

(1) Begriff „ähnlich". Hierüber vgl. oben, S. 426.

(2) Begriff „Zubereitung". Hierüber vgl. oben, S. 427.

(3) Begriff „unverfälschte Fette". Der Begriff „unverfälscht" ist nicht ohne weiteres gleichbedeutend mit „unvermischt"; so z. B. haben das LG. Dortmund und das OLG. Hamm in ihren Urteilen vom 19. IV. 1909 und 19. VII. 1909 [2]) sowie das LG. Düsseldorf in seinem Urteil vom 30. IX. 1910 [3]) sich dahin ausgesprochen, daß ein Zusatz von geringen Mengen Sesamöl bzw. Baumwollsamenöl zu Cocosfett keine Verfälschung des letzteren darstelle, weil die beiden Öle keine minderwertigen Bestandteile seien und ihr Zusatz erfolge, um das Cocosfett geschmeidiger zu machen. Gegenüber dem genannten Urteile des LG. Düsseldorf hat jedoch das OLG. Düsseldorf in seinem Urteile vom 30. I. 1911 [3]) dahin entschieden, daß jede dem Schweineschmalz ähnliche Fettmischung als Kunstspeisefett zu bezeichnen sei; es begründet sein Urteil, wie folgt:

Das Berufungsgericht begründet seine Entscheidung im wesentlichen damit, daß die Mischung zweier Pflanzenfette diese nicht zu verfälschten Fetten machen, anderenfalls hätte der Gesetzgeber an jener Gesetzesstelle nicht das Wort „unverfälscht", sondern das Wort „unvermischt" gebraucht. — Dem kann nicht beigetreten werden. Zuzugeben ist, daß in § 1 Absatz 4 a. a. O. der Wille des Gesetzgebers nicht klar zum Ausdruck gekommen und die Bestimmung mißverständlich ist. Ihr Wortlaut verführt zu der Auffassung, daß auch die Mischung mehrerer Fette, wenn nur jedes derselben das unverfälschte Fett einer bestimmten Tier- und Pflanzenart ist, und wenn ferner nicht das eine Fett durch den Zusatz des anderen zu einem verfälschten wird, kein Kunstspeisefett im Sinne des Margarinegesetzes sei. Das Gesetz ist aber nicht so gemeint, sondern geht

[1]) Zeitschr. f. Untersuchung d. Nahrungs- u. Genußmittel 1900, 3, 652.

[2]) Gesetze und Verordnungen, betr. Nahrungsmittel usw., 1911, 3, 391.

[3]) Ebendort 1911, 3, 395.

weiter. Aus den dem Gesetze beigegebenen, unter den Reichstagsdrucksachen befindlichen „Technischen Erläuterungen" erhellt, daß jede Fettmischung als Kunstspeisefett gekennzeichnet werden sollte; diese Erläuterungen sind zwar selbstverständlich nicht selbst Gesetz geworden, müssen aber bei der Auslegung mehrdeutiger Gesetzesstellen in Betracht gezogen werden.

Unter Nr. 5 derselben, wo über Schweineschmalz und Kunstspeisefett gesprochen wird, heißt es in Absatz 9: „Schmalzähnliche Fette, die einer bestimmten einzelnen Tier- oder Pflanzenart entstammen, brauchen nicht als Kunstspeisefett bezeichnet zu werden; . . . hierher gehören z. B. Gänseschmalz, Cocosnußfett usw., sobald sie jedoch mit anderen Fetten gemischt sind, müssen sie als Kunstspeisefett bezeichnet werden." Jede Fettmischung ist hiernach Kunstspeisefett, und dies sollte auch im § 1 Absatz 4 a. a. O. zum Ausdruck gebracht werden. Daß dies nicht ganz gelungen ist, beruht lediglich auf der gewählten Ausdrucksweise, indem der Gesetzgeber — in sprachlich durchaus zulässiger und üblicher Weise — die Erzeugnisse, die er kennzeichnen wollte, in die Mehrzahl setzte; er sagt, die Gesamtheit der Einzelfälle zusammenfassend: „Fette bestimmter Tier- oder Pflanzenarten" und meint damit für den einzelnen Fall: das Fett einer bestimmten Tier- oder Pflanzenart. Dieses eine Fett muß außerdem frei sein von Verfälschungen, die ja nicht gerade im Zusatze eines weiteren Fettes zu bestehen braucht; es ist dies noch ein besonderes weiteres Erfordernis, das aufgestellt wird. Man braucht daher, um zu der hier vertretenen mit der Rechtsprechung des Kammergerichts übereinstimmenden Gesetzesauslegung zu kommen, gar nicht anzunehmen, daß das Wort „Unverfälscht" im vorliegenden Falle einen anderen Sinn habe als sonst, nämlich den von „rein" oder „unvermischt"; das Gesetz macht die Ausnahme zunächst überhaupt nur für das Fett einer bestimmten einzelnen Tier- oder Pflanzenart und schließt damit Fettgemische schlechthin aus, gleichgültig, ob sie „verfälscht" sind oder nicht. Es muß aber für das eine Fett noch hinzukommen, daß es unverfälscht ist, wenn es nicht dennoch als Kunstspeisefett gelten soll. Da nun das von dem Angeklagten in den Verkehr gebrachte Erzeugnis zugestandenermaßen eine dem Schweineschmalz ähnliche Zubereitung ist, deren Fettgehalt nicht aus Schweineschmalz besteht, und da es ferner ein Fettgemisch ist und deshalb nicht unter die in Absatz 4 Satz 2 a. a. O. bezeichneten Ausnahmen fällt, mußte der Angeklagte es nach Maßgabe der §§ 1 und 2 des Gesetzes vom 15. Juni 1897 als Kunstspeisefett kennzeichnen. Da er dies nicht getan hat, ist er auf Grund des § 18 daselbst zu bestrafen, und das freisprechende Urteil der Strafkammer unterliegt der Aufhebung.

(4) Begriff „dem Ursprung entsprechende Bezeichnung". Das OLG. München hat in seinem Urteile vom 1. VII. 1899[1]) die Bezeichnung „Palmin" für ein unverfälschtes Cocosfett als eine dem Ursprung entsprechende Bezeichnung angesehen. Demgegenüber hat das LG. Cöln in seinem Urteil vom 21. IV. 1908[2]) Palmin als eine schweineschmalzähnliche Zubereitung angesehen und die Bezeichnung als eine nicht dem Ursprunge entsprechende, sondern als einen reinen Phantasienamen bezeichnet. Letzterem Urteil gegenüber hat das OLG. Cöln in seinem Urteil vom 20. VI. 1908[2]) ausgeführt, daß zwar die vorgenannten Feststellungen tatsächlicher Art und daher das Revisionsgericht an sie gebunden sei, daß aber noch festzustellen sei, ob nicht durch den Zusatz „feinstes Cocosfett" zu dem Namen Palmin eine dem § 1 Absatz 4 Satz 2 genügende Bezeichnung des Ursprungs vorliege. In einer erneuten Verhandlung vom 23. IX. 1908[2]) hat das LG. Cöln diese Frage bejaht und auf Freispruch erkannt.

Im Sinne des § 1 Abs. 4 des Margarinegesetzes sind in besonderen Fällen folgende Fette als Kunstspeisefette angesehen worden:

Vegetaline, ein weißes, streichfähig gemachtes Cocosfett. (Urteile des LG. Hamburg vom 2. VIII. 1905 und des Reichsgerichts vom 15. I. 1906[3]).)

Buttera, ein weißes, mit etwa 2% Sesamöl versetztes, streichfähiges Cocosfett (Urteile des LG. und OLG. Hamburg vom 5. XII. 1906 bzw. 13. III. 1907[4]).)

[1]) Zeitschr. f. Untersuchung d. Nahrungs- u. Genußmittel 1900, **3**, 653.

[2]) Gesetze und Verordnungen, betr. Nahrungsmittel usw., 1911, **3**, 400.

[3]) Zeitschr. f. Untersuchung d. Nahrungs- u. Genußmittel 1906, **11**, 498.

[4]) Ebendort 1907, **13**, 764.

Letella und „Cocosbratenschmalz", weiße Gemische aus Cocosfett und Baumwollsamenöl; sie werden unter der Bezeichnung „Schmalz" verkauft, worin auch ein Vergehen gegen das Nahrungsmittelgesetz erblickt wurde. (Urteile des LG. I Berlin vom 7. III., 21. III., 20. VI. und 17. VIII. 1910 und des Kammergerichts vom 25. V. und 25. X. 1910[1].)

III. Zusatz von Frischhaltungsmitteln, Neutralisationsmitteln und künstliche Färbung. Da Schweineschmalz und Kunstspeisefette, letztere soweit sie tierische Fette enthalten, unter das Fleischbeschaugesetz fallen, findet auf sie der § 21 dieses Gesetzes sowie der dazu ergangene Beschluß des Bundesrates vom 18. II. 1902 bzw. 4. VII. 1908 Anwendung. Der Zusatz der in letzterem genannten Stoffe ist daher schlechthin verboten.

IV. Gesetzliche Bestimmungen über die Einfuhr von Schweineschmalz und tierische Fette enthaltendem Kunstspeisefett. Es gelten dieselben Bestimmungen wie für Margarine; vgl. oben S. 409.

IV. Rindstalg und Hammeltalg.

Rindstalg (Rindertalg, Rindsfett, Rinderfett) ist das aus fettreichen Teilen von Rindern ausgeschmolzene Fett. Zu seiner Herstellung verwendet man hauptsächlich das Gekröse-(Micker-)Fett, Netzfett, Nierenfett, Herzfett, Mittelfellfett, Sackfett (Hodensackfett von Ochsen), Eingeweidefett (Magenfett, Darmfett, Lungenfett), seltener andere fettreiche Körperteile.

Rindstalg ist fast weiß, grauweiß, schwach gelblich, bei bestimmter Fütterung (Weidemast) auch stark gelb, von schwachem, eigenartigem Geruch und Geschmack und fester Konsistenz; das Sackfett ist das weichste, das Eingeweidefett das härteste Fett. Rindertalg enthält nur Spuren von Wasser.

Feintalg (Premier jus) ist der aus frischen, ausgewählt guten Teilen bei nicht zu hoher Temperatur ausgeschmolzene und sorgfältig gereinigte Rindstalg.

Oleomargarin ist der aus gereinigtem Rindstalg (Feintalg) durch Auspressen bei mäßiger Temperatur gewonnene niedriger schmelzende Anteil des Rindstalges. Oleomargarin ist ein lichtgelbes, mehr oder weniger körniges, geruchloses Fett von mildem Geschmack, das auf der Zunge sofort schmilzt. Seine Zusammensetzung hängt wesentlich von der Pressungstemperatur ab; je niedriger diese ist, desto niedriger sind Schmelz- und Erstarrungspunkt. Oleomargarin findet entweder unmittelbar zu Speisezwecken Verwendung oder wird zu Margarine und Kunstspeisefett verarbeitet.

Preßtalg (Rindsstearin) ist der bei der Gewinnung des Oleomargarins als Preßrückstand verbleibende höher schmelzende Anteil des Rindstalges; er zeigt in der Regel einen Erstarrungspunkt über 50°. Preßtalg dient zur Herstellung von Margarine und Kunstspeisefett.

Hammeltalg (Hammelfett, Schaffett) ist das aus fettreichen Teilen von Schafen ausgeschmolzene Fett. Zu seiner Herstellung verwendet man hauptsächlich das Gekrösefett, Netzfett, Nierenfett, Herzfett, Mittelfellfett, seltener andere fettreiche Körperteile. Hammeltalg ist dem Rindstalg ähnlich; er ist brüchig, weiß und im frischen Zustande fast geruchlos.

Hammelfeintalg, Hammeloleomargarin und Hammelpreßtalg sind von Schafen nach Art des Feintalges, Oleomargarins und Preßtalges gewonnene Fette.

Rindstalg und Hammeltalg sind sich in ihrer chemischen Zusammensetzung sehr ähnlich; sie bestehen vorwiegend aus Triglyceriden der Stearin-, Palmitin- und Ölsäure. W. Hansen[2]), H. Kreis und A. Hafner[3]) sowie A. Bömer[4]) fanden in beiden Talgsorten verschiedene gemischte Triglyceride; letzterer stellte aus Hammeltalg — als unlöslichste Glyceride — Tristearin (Korrigierter Schmelzpunkt 73,0°), Palmitodistearin (Korrigierter Schmelzpunkt

---

1) Gesetze und Verordnungen, betr. Nahrungsmittel usw., 1911, **3**, 379, 381, 384 u. 387.

2) Archiv f. Hygiene 1902, **42**, 1.

3) Zeitschr. f. Untersuchung d. Nahrungs- u. Genußmittel 1904, **7**, 641.

4) Ebendort 1907, **14**, 90 u. 1909, **17**, 353.

63,3°) und Dipalmitostearin (Korrigierter Schmelzpunkt 57,5°) dar; die Menge des Tristearins betrug etwa 3%, die des Palmitodistearins und Dipalmitostearins je etwa 4—5%. In einem Rindstalge fand A. Bömer etwa $1^1/_2$% Tristearin.

Bei der Herstellung von Oleomargarin werden die Glyceride der gesättigten Fettsäuren mehr oder weniger vollständig entfernt; diese gehen neben oleinhaltigen Glyceriden in den Preßtalg über.

Die Zusammensetzung der Talge wechselt je nach den Körperteilen, aus denen sie gewonnen sind.

Rinds- und Hammeltalg enthalten nur geringe Mengen (0,1—0,2%) von unverseifbaren Stoffen (Cholesterin).

Verfälschungen der Talge. Nach Benedikt-Ulzer[1]) wird Talg mit Cocosfett, Palmkernfett, Baumwollstearin, Paraffin, Harz, Harzöl und Wollfett verfälscht; dagegen kommen nach Hefter[2]) Verfälschungen der Talge verhältnismäßig selten vor; hie und da wird nach ihm ein Zusatz von Wollfett, Knochenfett, Fischtalg und Wasser angetroffen. Das früher geübte teilweise Verseifen des Talges zum Zwecke der Härtung wird nach Hefter heute kaum mehr angewendet.

Untersuchungsverfahren.

Die Untersuchungsverfahren für Rinds- und Hammeltalg sind im allgemeinen dieselben wie für Butterfett und Schweineschmalz, die in sinngemäßer Weise anzuwenden sind. Es sei jedoch darauf hingewiesen, daß die Welmanssche und die Belliersche Reaktion zum Nachweise von Pflanzenfetten bei Talg und Oleomargarin nicht anwendbar sind, weil auch reine pflanzenfettfreie Fette dieser Art unter Umständen eine positive Reaktion geben. Vgl. auch oben S. 439. — Auch das von E. Polenske für den Nachweis geringer Mengen von Wasser im Schweineschmalz vorgeschlagene Verfahren (vgl. S. 436) ist für Talg nicht anwendbar[3]).

Der Nachweis von Wollfett kann nach L. Mayer[4]) an dem hohen Gehalt des letzteren an Unverseifbarem (Cholesterin und Isocholesterin) erkannt werden.

Zolltechnische Unterscheidung des Talges, der schmalzartigen Fette[4]) und des Stearins. Hierzu dient in erster Linie die von den Zollämtern vorzunehmende Feststellung des Erstarrungspunktes nach dem Finkenerschen Verfahren (vgl. I. Teil, S. 353). Liegt der ermittelte Erstarrungspunkt unter 30, so sind die Fette als schmalzartige Fette, liegt er zwischen 30 und 45, so sind sie als Talge, und liegt er über 45°, so sind sie als „Kerzenstoffe" zu behandeln.

„Bestehen über die Richtigkeit der Ermittelungen nach dem Verfahren der Prüfung des Fettes in bezug auf den Erstarrungspunkt Zweifel oder Meinungsverschiedenheiten, so ist durch einen Chemiker die Jodzahl des Fettes zu bestimmen.

Zu dem Zwecke bringt man etwa 0,35—0,45 g des fraglichen Fettes (genau gewogen) in eine 500—700 ccm fassende, mit gut eingeschliffenem Stopfen versehene Flasche, löst in 20 ccm Chloroform und setzt 20 ccm Hüblsche Jodlösung, die 30—36 ccm $^1/_{10}$ N.-Natriumthiosulfatlösung entsprechen müssen, hinzu. Man verschließt die Flasche gut, läßt sie 2 Stunden unter öfterem Umschwenken bei 15—20° stehen und titriert dann, nachdem man noch 20 ccm Jodkaliumlösung (1 : 10) und 200 ccm Wasser hinzugesetzt hat, den Jodüberschuß mit $^1/_{10}$ N.-Natriumthiosulfatlösung zurück. — Die Jodlösung ist unmittelbar vor dem Gebrauch unter Zusatz von Chloroform, Jodkaliumlösung und Wasser in den oben angegebenen Mengenverhältnissen zu kontrollieren. Ist sie schwächer, als oben vorgeschrieben ist, so hat man entsprechend mehr zu nehmen.

---

[1]) Benedikt-Ulzer, Analyse der Fette und Wachsarten. Berlin bei Jul. Springer, 5. Aufl. 1908, 995.

[2]) Hefter, Technologie der Öle und Fette. Berlin bei Jul. Springer, 1908, **2**, 797.

[3]) Vgl. K. Fischer u. W. Schellens, Zeitschr. f. Untersuchung d. Nahrungs- u. Genußmittel 1908, **16**, 161.

[4]) Ausgenommen sind hiervon die Schmalze von Schweinen und Gänsen.

Liegt die ermittelte Jodzahl zwischen 30 und 42, so ist das Fett als Talg anzusprechen, bei Abweichungen von diesen Zahlen aber nach Maßgabe des gefundenen Erstarrungspunktes entweder als Kerzenstoff oder als schmalzartiges Fett zu behandeln.

Die schmalzartigen Fette zeigen höhere Jodzahlen als 42, die Kerzenstoffe dagegen niedrigere als 30.

Wenn die vorbezeichneten Untersuchungsverfahren sich nicht so weit ergänzen, daß eine endgültige Entscheidung getroffen werden kann, oder wenn es sich um die Unterscheidung des Stearins von dem sog. Preßtalge handelt, d. i. den im wesentlichen aus Neutralfetten bestehenden, durch das Auspressen von tierischen Fetten bei niederer oder höherer Temperatur gewonnenen Preßrückständen von nicht schmalzartiger Konsistenz, welche nicht mehr als 5% freie Fettsäure enthalten und in der Regel einen Erstarrungspunkt über 50° zeigen, so hat der mit der Sache befaßte Chemiker eine Untersuchung der Durchschnittsprobe auf ihren Gehalt an Fettsäure im Wege des Titrierverfahrens vorzunehmen. Wird bei der Titration in der Warenprobe ein Gehalt von mehr als 30, in Proben von Preßtalg ein Gehalt von mehr als 5% freier Fettsäure ermittelt, so ist die betreffende Ware als Kerzenstoff anzusehen."

Beurteilung von Rindstalg und Hammeltalg auf Grund der Analyse.

Im allgemeinen werden bei Rindstalg, Hammeltalg, Oleomargarin und Preßtalg folgende analytischen Konstanten beobachtet:

	Rindstalg	Hammeltalg	Oleomargarin	Preßtalg
Schmelzpunkt (nach dem Verfahren von Polenske bestimmt)	43—51°	48—52°	28—40° [1])	56,2 [2])
Erstarrungspunkt (nach dem Verfahren von Polenske bestimmt)	30—38°	34—38°	17—27°	—
Differenzzahl (nach dem Verfahren von Polenske bestimmt)	13—15	13—15	—	—
Refraktometergrade bei 40°	46—48,5	46—48,5	47,5—49,5	—
Jodzahl	32—46	35—46	44—64	14,1 [2])
Verseifungszahl	193—198	192—198	192—200	201,1 [2])
Reichert-Meißlsche Zahl	0,1—0,6	0,1—1,2	0,1—0,7	—
Schmelzpunkt der Fettsäuren	41—47°	41—57°	42—45°	49—53°
Erstarrungspunkt der Fettsäuren	39—47°	39—52°	40—43°	47—51°
Jodzahl der ungesättigten flüssigen Fettsäuren	89—92,4	92,7	Wie bei den Talgen	Wie bei den Talgen

Bei der großen Ähnlichkeit in der Zusammensetzung von Rindstalg und Hammeltalg ist es auf Grund der chemischen Analyse in der Regel nicht möglich, beide Talge zu unterscheiden.

Im übrigen sind für den Nachweis der Verdorbenheit, sowie von pflanzlichen Fetten und Ölen usw. die für Schweineschmalz anzuwendenden Verfahren auch bei Rinds- und Hammeltalg in sinngemäßer Weise maßgebend.

Eine ungewöhnlich hohe Jodzahl kann außer durch pflanzliche Fette und Öle auch durch einen Zusatz von Pferdefett bedingt sein.

Beurteilung von Rinds- und Hammeltalg nach der Rechtslage.

Bei der Beurteilung von Rinds- und Hammeltalg nach der Rechtslage kommen außer dem Nahrungsmittelgesetze das Gesetz, betr. die Schlachtvieh- und Fleischbeschau, vom 3. VI. 1900 und in gewissen Fällen auch das Gesetz, betr. den Verkehr mit Butter, Käse, Schmalz und deren Ersatzmitteln, vom 15. VI. 1897 in Betracht. Im einzelnen ist folgendes zu beachten:

1. Da Rinds- und Hammeltalg, Oleomargarin, Preßtalg usw. unter die Bestimmungen des Fleischbeschaugesetzes fallen, ist es auf Grund des Beschlusses des Bundesrates vom 18. Februar 1902 verboten:

---

[1]) F. Wallenstein (Chem.-Ztg. 1892, **16**, 883) fand für amerikanisches Oleomargarin die Schmelzpunkte 17,3—27° und für österreichisches 23—26,5°.

[2]) Nach A. Bömer in Zeitschr. f. Untersuchung d. Nahrungs- u. Genußmittel 1907, **14**, 106.

α) die oben S. 430 aufgeführten Frischhaltungsmittel (Borsäure, Formaldehyd usw.) zuzusetzen;

β) sie zu färben; hiervon ist jedoch ausgenommen die Gelbfärbung der der Milchbutter oder dem Butterschmalz ähnlichen Zubereitungen. — Vgl. unter 3.

2. Durch die Ausführungsbestimmungen D zum genannten Gesetze sind besondere Bestimmungen für die Beurteilung der in das Zollinland eingehenden Talgfette festgelegt (vgl. S. 409).

3. Werden Talge, Oleomargarin und diese enthaltende Fettgemische in einer der Milchbutter oder dem Butterschmalz ähnlichen Zubereitung in den Handel gebracht, so dürfen sie gelb gefärbt werden; sie müssen aber dann als Margarine bezeichnet werden und den vorgeschriebenen Gehalt an Sesamöl haben (vgl. S. 429).

4. Im übrigen sind hinsichtlich der Vermischung des Talges, Oleomargarins usw. mit minderwertigen Fetten, Wasser u. dgl., des Verkaufs von verdorbenen Fetten usw. die Beurteilungsgrundsätze für Schweinefett in sinngemäßer Anwendung zutreffend.

V. Gänseschmalz.

a) Das Eingeweide- und Brustfett der Gänse wird in vielen Haushaltungen wegen seines angenehmen Geschmackes als Speisefett verwendet und ist auch vielfach im Handel verbreitet. Es ist durchscheinend, weiß bis blaßgelb und von körniger Konsistenz. Wegen seines niedrigen Schmelzpunktes erhält es für seine Verwendung als Streichfett im Haushalte vielfach einen Zusatz von Schweinefett.

Das Gänsefett besteht im wesentlichen aus Glyceriden der Palmitin-, Stearin- und Ölsäure. J. Klimont und E. Meissls[1]) fanden im Gänsefett als schwerlöslichstes Glycerid ein Stearodipalmitin vom Schmelzpunkt 59°.

b) Die Untersuchungsverfahren des Gänsefettes sind dieselben wie für Schweinefett. Ein Nachweis geringer Zusätze von Schweinefett zum Gänsefett ist nach den bis jetzt bekannten Untersuchungsverfahren nicht zu erbringen.

Das von E. Polenske für diesen Zweck vorgeschlagene, auf der Differenz der Schmelz- und Trübungspunkte beruhende Verfahren (vgl. S. 444) ist bis jetzt bei Gänsefett noch nicht nachgeprüft worden. Polenske fand bei reinem Gänsefett die „Differenzzahlen" 14,7—16,7 und bezeichnet 17 als oberste zulässige Differenzzahl für Gänsefett; er glaubt Zusätze von 20% Schweinefett nach diesem Verfahren nachweisen zu können.

c) Das Gänsefett fällt unter die Bestimmungen des Gesetzes, betr. die Schlachtvieh- und Fleischbeschau, vom 3. VI. 1900; es ist daher der Zusatz der Frischhaltungsmittel (Borsäure, Formaldehyd usw., vgl. S. 430) und ein solcher von Farbstoffen — sofern sie beim Gänsefett überhaupt Anwendung finden sollten — verboten.

d) Im übrigen sind hinsichtlich der Beurteilung des Gänsefettes die für Schweinefett maßgebenden Grundsätze in sinngmäßer Weise zugrunde zu legen. Außerdem ist ein Zusatz von Schweinefett zum Gänsefett, sofern er nicht hinreichend deklariert wird, als eine Verfälschung des Gänsefettes anzusehen.

VI. Pflanzliche Speisefette und -öle.

Von den festen Pflanzenfetten werden vorwiegend Cocosfett und Palmkernfett als Speisefette verwendet. Unter den pflanzlichen Ölen ist das Olivenöl das am meisten geschätzte Speiseöl; neben diesem finden als Speiseöle und namentlich zur Herstellung von Margarine Erdnußöl, Sesamöl, Baumwollsamenöl, Rüb- und Rapsöl die ausgedehnteste Verwendung. Diese Fette und Öle werden im nachfolgenden eingehender behandelt.

Von den sonstigen Speisefetten und -ölen aus dem Pflanzenreiche, deren Verwendung nur eine beschränkte oder rein örtliche ist, seien folgende hier noch besonders aufgeführt

[1]) Monatshefte f. Chemie 1909, **30**, 341; Zeitschr. f. Untersuchung d. Nahrungs- u. Genußmittel 1911, **21**, 240.

1. Mohnöl ist das aus den Samen des Mohnes (Papaver somniferum L.) gewonnene Öl. Es ist fast farblos, höchstens schwach goldgelb gefärbt, fast geruchlos und von angenehmem Geschmack. (Das von der Nachpressung stammende „rote Mohnöl" ist nicht als Speiseöl anzusehen.) Das Mohnöl gehört zu den trocknenden Ölen; es enthält vorwiegend Glyceride von Linolsäure und Ölsäure neben solchen von Linolensäure, Palmitinsäure und Stearinsäure und etwa 0,5% unverseifbare Stoffe.

2. Leinöl ist das aus dem Leinsamen (Linum usitatissimum L.) gewonnene Öl. Es ist klar, gelb, von eigenartigem Geruch. Das Leinöl gehört zu den trocknenden Ölen; es besteht hauptsächlich aus den Glyceriden von Linolsäure, Linolensäure und Isolinolensäure neben solchen von Ölsäure, Palmitinsäure und Myristinsäure und enthält bis 1,2% unverseifbare Stoffe.

3. Maisöl ist das aus den bei der Stärkefabrikation entfernten Samenkeimen des Maises (Zea mays L.) gewonnene Öl. Es ist ein hell- bis goldgelbes Öl von charakteristischem Geruch und Geschmack; letzterer erinnert an frisches Mehl.

4. Walnußöl ist das aus den Samen der Walnuß (Iuglans regia L.) gewonnene, sehr geschätzte Speiseöl. Das kaltgepreßte Öl ist fast farblos; es hat einen angenehmen Geruch und nußartigen Geschmack. Das Walnußöl gehört zu den trocknenden Ölen; seine Fettsäuren bestehen hauptsächlich aus Ölsäure und Leinölsäure.

5. Bucheckernöl wird aus den Samen der Rotbuche (Fagus silvatica L.) gewonnen. Das kalt gepreßte Öl hat eine hellgelbe Farbe und einen angenehmen Geschmack.

6. Sonnenblumenöl wird aus den Samen der Sonnenblume (Helianthus annuus) gewonnen; es ist hellgelb, hat einen milden Geschmack und angenehmen Geruch.

Probenentnahme und Vorbereitung der Öle zur Untersuchung. „Aus dem gut durchmischten Ölvorrate sind mindestens 100 g Öl zu entnehmen; die Ölproben sind in reinen, trockenen Glasflaschen, die mit Kork oder eingeriebenen Glasstöpseln verschließbar sind, aufzubewahren und zu versenden. Falls die Öle ungelöste Bestandteile enthalten, sind sie zu erwärmen und, wenn sie dann nicht vollkommen klar sind, durch ein trockenes Filter zu filtrieren." (Amtliche Anweisung vom 1. April 1898.)

Anhaltspunkte für die Untersuchung und Beurteilung. 1. Die Identifizierung einzelner der nachstehend beschriebenen Fette und Öle, soweit sie nicht durch besonders kennzeichnende Reaktionen und Eigenschaften ausgezeichnet sind, sowie der Nachweis von Verfälschungen sind nicht immer mit vollkommener Sicherheit möglich. Bezüglich der Farbenreaktionen sei nochmals hervorgehoben, daß sie nur als maßgebend angesehen werden können, wenn sie unter strengster Einhaltung aller Vorschriften in ausgeprägter, jeden Zweifel ausschließender Deutlichkeit auftreten. Die einzelnen Zahlen (Konstanten) der verschiedenen Fette und Öle sind aus den Tabellen (I. Teil, S. 416—421) zu ersehen, in die auch noch einzelne hier nicht besprochene Fette Aufnahme gefunden haben, die möglicherweise bei der Beurteilung eines Speisefettes in Betracht kommen können.

2. Gegen die Verwendung dieser Fette und Öle, von denen das Olivenöl am meisten geschätzt wird, für die menschliche Ernährung ist nichts einzuwenden, falls sie als das bezeichnet werden, was sie sind. Es ist aber als eine Verfälschung anzusehen, wenn z. B. ein Sesamöl usw., welches als rein oder einfach als solches verkauft wird, mit einem minderwertigen Öle, z. B. mit Baumwollsamenöl versetzt ist oder dgl.

Selbstverständlich sind alle für den menschlichen Genuß dienenden Öle, auch wenn sie nur als Speiseöle bezeichnet sind, als verfälscht zu erklären, wenn sie Zusätze von Harzöl oder Mineral- (Paraffin-)ölen erfahren haben.

3. Bei frisch gepreßten Speiseölen ist der durchschnittliche Gehalt an freien Fettsäuren im allgemeinen etwas höher als bei den tierischen Fetten. Den niedrigsten Säuregrad hat in der Regel das Baumwollsamenöl, da es meist mit Alkali entsäuert und gereinigt wird. Der Säuregehalt kann höchstens für die Gütebeurteilung der Speiseöle von Wert sein, nicht aber, sofern er sich in mäßigen Grenzen bewegt, für die Frage des Verdorbenseins, für dessen Nachweis vorwiegend die Geruchs- und Geschmacksprüfung in Frage kommt.

Als verdorben sind pflanzliche Speisefette und -Öle anzusehen, die durch Kleinlebewesen oder auf andere Weise so tiefgreifend verändert oder sonst so stark verunreinigt sind, daß sie für den bestimmungsgemäßen Gebrauch nicht geeignet sind, insbesondere solche, welche in dem angegebenen Grade ranzig, sauer-ranzig, faulig, sauer-faulig, dumpfig, schimmelig, kratzend, bitter oder sonst ekelerregend riechen oder schmecken.

1. Cocosfett und Palmkernfett.

Cocosfett (Cocosöl, Cocosnußöl, Cocosbutter) ist das aus dem getrockneten Kernfleisch (Copra) der Frucht der Cocospalme (Cocos nucifera und Cocos butyracea) durch Pressung gewonnene und gereinigte Fett. Cocosfett ist ein weißes, festes Fett; durch mechanische Bearbeitung kann es streichbar gemacht werden. Es ist von schwach nußähnlichem Geruch und fast geschmacklos. Es besteht vorwiegend aus Glyceriden der Caprylsäure, Caprinsäure, Laurinsäure, Myristinsäure und Ölsäure.

Palmkernfett (Palmkernöl) ist das aus den Fruchtkernen der Ölpalme (Elaeis guineensis und Elaeis melanococca) durch Pressung oder durch Ausziehen mit Lösungsmitteln gewonnene und gereinigte Fett. Palmkernfett ist ein weißes oder gelbliches, festes Fett; durch mechanische Bearbeitung kann es streichbar gemacht werden. Es ist fast geruchlos nnd geschmacklos und besteht vorwiegend aus Glyceriden der Caprylsäure, Caprinsäure, Laurinsäure, Myristinsäure, Palmitinsäure und Ölsäure.

Palmfett (Palmbutter, Palmöl) ist das aus dem Fruchtfleisch der Ölpalme gewonnene Fett. Da die Art der Gewinnung in den Tropen bis jetzt eine sehr rohe ist und dadurch die hydrolysierende Wirkung der Fermente des Fruchtfleisches befördert wird, kommt das Palmfett bisher meist in einem stark zersetzten Zustande mit hohem Gehalt an freien Fettsäuren und Farbstoffen in den Handel, so daß seine Verwendung zu Speisezwecken bisher kaum in Frage kommt, sondern meistens zur Seifen- und Kerzenfabrikation üblich ist.

Palmfett hat je nach der Art der Gewinnung und nach der Herkunft eine butterartig weiche bis talgartige Konsistenz; seine Farbe ist gelb bis dunkelrot. Im Handel wird das Palmfett daher vielfach durch Erhitzen oder mit Hilfe von Chemikalien gebleicht. Im frischen Zustande soll es einen angenehmen, etwas süßlichen Geschmack und einen veilchenähnlichen Geruch besitzen. Palmfett besteht vorwiegend aus Glyceriden der Palmitin- und Ölsäure; sein Gehalt an Stearinsäure beträgt nur 0,5—1%.

Infolge ihres hohen Gehaltes an Glyceriden der niederen Fettsäuren unterscheiden sich Cocosfett und Palmkernfett in ihren analytischen Konstanten wesentlich von Palmfett und der Mehrzahl der übrigen tierischen und pflanzlichen Speisefette und -öle; sie sind vielmehr darin dem Butterfette ähnlich.

Im allgemeinen werden bei Cocosfett und Palmkernfett sowie bei Palmfett folgende analytischen Konstanten beobachtet:

	Cocosfett	Palmkernfett	Palmfett[1]
Schmelzpunkt (nach Polenske)	24—27°	27—30°	27—43°[1]
Erstarrungspunkt (nach Polenske)	19—23°	20—23°	?—39°[1]
Refraktometergrade bei 40°	33,5—36,3	36—39	—
Jodzahl	8—10	13—17	53—58
Verseifungszahl	254—262	242—252	200—206
Reichert-Meißlsche Zahl	6—8,5	4—7	0,7—1,9
Polenskesche Zahl	16,8—18,2	8,5—11	—
Schmelzpunkt der Fettsäuren	24—27°	26—27°	47—50°
Erstarrungspunkt der Fettsäuren	16—23°	21—23°	35—46°

[1]) Nach J. Lewkowitsch, Chemische Technologie und Analyse der Öle, Fette und Wachse. Braunschweig bei Fr. Vieweg & Sohn, 1905, **2**, 281. — Die Bestimmungen der Schmelz- und Erstarrungspunkte sind bei dem Palmfett nicht nach dem Polenskeschen Verfahren bestimmt.

Cocosfett und Palmkernfett enthalten in den unverseifbaren Stoffen wesentlich weniger Phytosterine als die meisten sonstigen Pflanzenfette und Öle.

In den letzten Jahren hat die Herstellung von Speisefetten aus Cocosfett einen beträchtlichen Umfang angenommen, nachdem es gelungen ist, das Rohfett durch einen Raffinationsprozeß von seinem ranzigen Geruch und Geschmack zu befreien.

Die gereinigten Cocosfette kommen teils im natürlichen erstarrten, nicht streichfähigen Zustande (Palmin usw.) als Brat- und Backfett, teils im streichfähig gemachten, ungefärbten Zustande (Vegetaline), teils streichfähig gemacht und gelb gefärbt in den Handel.

Verfälschungen von Cocosfett und Palmkernfett sind bisher nur selten beobachtet worden. Bisweilen ist ein Zusatz von Sesamöl und Mineralöl gefunden worden, der die Streichfähigkeit der Fette erhöhen soll.

Untersuchungsverfahren.

Cocosfett und Palmkernfett unterscheiden sich von den meisten anderen Speisefetten und -ölen des Tier- und Pflanzenreiches — mit Ausnahme des Butterfettes — durch ihre hohen Verseifungs-, Reichert-Meißlschen und Polenskeschen Zahlen und ihre niedrigen Refraktometer- und Jodzahlen. Sie sind durch diese Zahlen im allgemeinen leicht zu erkennen und größere Mengen davon auch in den meisten anderen Fetten mehr oder weniger leicht nachweisbar; große Schwierigkeiten bietet dagegen der Nachweis von Cocos- und Palmkernfett in Butterfett, die noch dadurch besonders erhöht werden, daß Cocos- und Palmkernfett verhältnismäßig wenig Phytosterine enthalten. Über den Nachweis von Cocosfett in Butterfett vgl. S. 372, in Margarine S. 419, in Schweinefett S. 440.

Zusätze von Erdnußöl, Sesamöl und Baumwollsamenöl usw. werden wie im Olivenöl (vgl. S. 466) nachgewiesen.

Für den Nachweis kleiner Mengen von fetten Ölen und Mineralöl im Cocosfett empfiehlt W. Arnold[1]) als Vorprobe die Bestimmung der Refraktometerzahl, die durch die fetten Öle und namentlich durch Mineralöle (Arnold fand bei 2 Mineralölen bei 40° die Refraktometerzahlen 68,2 und 70,9) erhöht werden. Ergibt sich eine erhöhte Refraktometerzahl, so bestimmt man zunächst die Jodzahl. Eine zu niedrige Jodzahl bei erhöhter Refraktometerzahl deutet auf Zusatz von Mineralöl, eine erhöhte Jodzahl auf Zusatz von fetten Pflanzenölen, die wenn möglich durch die kennzeichnenden Farbenreaktionen usw. sicher nachgewiesen werden können. Besteht der Verdacht auf Mineralöl, so empfiehlt Arnold auch noch die Bestimmung der Verseifungszahl und endlich die der unverseifbaren Stoffe. Es dürfte sich empfehlen, letztere Bestimmung beim Verdacht auf Mineralöl zweckmäßig vorab auszuführen und von der Bestimmung von Jodzahl und Verseifungszahl in solchen Fällen überhaupt abzusehen.

Nachweis von Palmfett (Palmöl). Für den Nachweis von Palmöl, das nach C. A. Crampton und F. D. Simons[2]) in Amerika wegen seiner tiefgelben Farbe in Mengen von 2—5% dem Baumwollsamenöl zugesetzt wird, um dieses als Butteröl zur Färbung von Margarine[3]) zu verwenden, schlagen die genannten Autoren folgende beiden Verfahren vor:

I. 100 ccm des zu untersuchenden Fettes werden in 300 ccm Petroläther gelöst und mit 50 ccm einer 0,5 proz. Natronlauge geschüttelt. Die wässerige Schicht wird getrennt, mit Salzsäure angesäuert und mit 10 ccm Tetrachlorkohlenstoff ausgeschüttelt. Die Tetrachlorkohlenstoffschicht wird abgetrennt und ein Teil derselben folgendermaßen geprüft: Man bringt in einer Porzellanschale 2 ccm einer Mischung von 1 Teil krystallisiertem Phenol und 2 Teilen Tetrachlorkohlenstoff mit der erhaltenen Tetrachlorkohlenstofflösung zusammen, gibt 5 Tropfen Bromwasserstoffsäure (spezifisches Gewicht 1,19) hinzu und rührt leicht um. Bei Gegenwart von Palmöl tritt fast sofort eine blaugrüne Färbung auf.

---

[1]) Zeitschr. f. Untersuchung d. Nahrungs- u. Genußmittel 1908, **15**, 283.

[2]) Journ. Americ. Chem. Soc. 1905, **27**, 270; Zeitschr. f. Untersuchung d. Nahrungs- u. Genußmittel 1906, **11**, 298.

[3]) In den Vereinigten Staaten von Nordamerika liegt auf künstlich gefärbter Margarine eine besondere Abgabe.

II. 10 ccm des geschmolzenen und filtrierten Fettes werden mit dem gleichen Volumen Essigsäureanhydrid geschüttelt, darauf wird ein Tropfen Schwefelsäure (spezifisches Gewicht 1,53) zugesetzt und noch einmal einige Sekunden lang geschüttelt. Die Gegenwart von Palmöl gibt sich durch blaugrüne Färbung der sich absetzenden unteren Schicht zu erkennen.

Von den gebräuchlichen Speisefetten und -ölen geben nur Sesamöl und Senföl ähnliche Färbungen. Diese sind aber wegen ihrer natürlichen Färbung mit dem Palmöl nicht zu verwechseln, außerdem ist das Sesamöl durch die Furfurolreaktion, das Senföl durch seinen hohen Brechungsindex charakterisiert. Gebleichtes Palmöl gibt die beschriebenen Farbreaktionen nicht; diese beruhen demnach auf der färbenden Substanz des Palmöles selbst oder auf einem Bestandteile der letzteren, der durch das Bleichen zerstört wird.

Bei der Ausführung dieser beiden Farbenreaktionen ist folgendes zu beachten: 1. Die Reagenzien müssen chemisch rein und farblos sein. Eine gelbliche Färbung des Tetrachlorkohlenstoffs, des Essigsäureanhydrids oder des Phenols ist von deutlichem Einflusse auf das Eintreten der Färbung. 2. Die zu prüfende Fettprobe muß frisch filtriert sein, und zwar bei einer Temperatur nicht über 70°; die Erwärmung muß so kurz wie möglich dauern. 3. Bis zur Untersuchung muß die Probe an einem kühlen, dunklen Orte aufbewahrt werden; unnötige Einwirkung von Luft und Licht, wie auch die Gegenwart von Wasser, Alkohol, Äther und ähnlichen Stoffen beeinträchtigen die Farbenreaktion. 4. Die bei beiden Verfahren auftretende Blaugrünfärbung ist vorübergehend; Veränderungen derselben nach einigen Minuten sind nicht zu berücksichtigen. 5. Einen weiteren Beweis für die Gegenwart von Palmöl gibt der Brechungsindex der mit Alkali abgeschiedenen Fettsäuren. Dieser liegt bei einer Margarine, die Baumwollsamenöl und etwas Palmöl enthält, nicht über 1,4615 bei 15°, während alle anderen bei der Margarinefabrikation in Betracht kommenden Pflanzenöle einen weit höheren Brechungsindex der Fettsäuren zeigen.

2. Olivenöl.

a) Bestandteile, Gewinnung und Verfälschungen. Das Olivenöl (Baumöl) wird aus dem Fruchtfleische des Ölbaumes (Olea europaea L.) durch Auspressen (Speiseöle) und darauffolgendes Ausziehen gewonnen.

Je nach der Olivenart, dem Reifezustande der Früchte, der Art der Ernte (gepflückt, geschlagen, geschüttelt), der Art und Dauer der Aufbewahrung der Früchte und der Art ihrer Verarbeitung unterscheidet man verschiedene Sorten von Olivenöl; die besten, mit besonderer Sorgfalt durch schwache kalte Pressung gewonnenen Olivenöle werden als Jungfernöl, Provenceröl, Aixeröl, Nizzaöl bezeichnet.

Das sog. marokkanische „Olivenöl", welches eine auffallend hohe Jodzahl hat, stammt nach Edw. A. Sasserath[1]) nicht vom Ölbaum (Olea europaea L.), sondern von dem Arganbaume (Arganum sideroxylon); es wird daher mit Unrecht als Olivenöl bezeichnet.

Olivenöl ist bei gewöhnlicher Temperatur flüssig, schwach strohgelb bis goldgelb, bisweilen auch grünlichgelb. Der Geschmack wechselt mit der Herkunft, der Bereitungsweise und dem Alter des Öles.

Das Olivenöl gehört zu den nichttrocknenden Ölen. Es enthält sehr wechselnde Mengen (2—25%) fester Fettsäuren, die neben geringen Mengen Arachinsäure aus Palmitinsäure und Stearinsäure[2]) bestehen. An flüssigen Fettsäuren sind vorwiegend Ölsäure, daneben aber auch

---

[1]) Zeitschr. f. Untersuchung d. Nahrungs- u. Genußmittel 1910, **20**, 749.

[2]) J. Bellier (Annal. chim. analyt. 1899, **4**, 4) und D. Holde (Mitteil. Kgl. Materialprüfungsamt 1905, **23**, 36—44 u. Berichte d. Deutsch. Chem. Gesellschaft 1905, **38**, 1247) haben auf das Vorkommen geringer Mengen höhermolekularer Fettsäuren im Olivenöl hingewiesen, während L. Archbutt (Journ. Soc. Chem. Ind. 1907, **26**, 453) bei 10 tunesischen und algerischen Olivenölen nach dem Rénardschen Verfahren bei Anwendung von 10 g Öl keine Arachinsäure und Lignocerinsäure nachweisen konnte.

mehr oder minder geringe Mengen Linolsäure vorhanden[1]). Die unverseifbaren Stoffe des Olivenöles (0,5—1,5%) enthalten ebenso wie alle anderen Pflanzenfette Phytosterin, doch ist dessen Menge nur gering. Olivenöl trübt sich im allgemeinen bei etwa 2—4° und scheidet bei etwa — 6° ein festes Produkt („Stearin") aus.

Das Olivenöl ist vielfachen Verfälschungen mit anderen Pflanzenölen ausgesetzt; so dienen namentlich Sesamöl, Erdnußöl, Baumwollsamenöl, Rüböl, ferner auch, aber seltener, trocknende Öle, wie Mohnöl, Leinöl, zur Verfälschung des Olivenöles und namentlich des sog. „Baumöles" des Handels; vereinzelt ist ein Zusatz von Mineralöl beobachtet worden. Ebenfalls vereinzelt ist im Handel als „Malagaöl" ein mit Grünspan gefärbtes Olivenöl beobachtet worden.

b) Untersuchungsverfahren und Beurteilung. 1. Von allen Untersuchungsverfahren ist die Bestimmung der Jodzahl das genaueste und zuverlässigste zur Erkennung größerer Mengen der hier in Betracht kommenden Verfälschungsmittel, da diese durchweg eine höhere Jodzahl als das Olivenöl aufweisen.

Die Jodzahl des reinen Olivenöles schwankt im allgemeinen zwischen 79 und 88. Da die zur Verfälschung dienenden Öle mehr oder minder erheblich höhere Jodzahlen haben, so zeigen verfälschte Olivenöle auch eine mehr oder minder erhöhte Jodzahl. Es kommen aber unzweifelhaft echte Olivenöle mit Jodzahlen bis 88 vor und ausnahmsweise sind reine Öle mit Jodzahlen bis 94,7 (L. Archbutt) gefunden worden.

In zweifelhaften Fällen kann die Bestimmung der Jodzahl der flüssigen Fettsäuren gute Dienste leisten, die bei reinen Olivenölen zwischen 92,8—104,2 schwankend gefunden wurde, während sie bei Erdnußöl 105—129, bei Sesamöl 129—140 und bei Baumwollsamenöl 142—152 beträgt.

M. Tortelli[2]) empfiehlt zur Untersuchung der Olivenöle die Anwendung des „Thermoleometers", dessen Prinzip mit dem der Maumenéschen Probe (Erwärmung beim Vermischen mit konzentrierter Schwefelsäure) übereinstimmt, doch wird man in analytischen Laboratorien die Jodzahl-Bestimmung im allgemeinen der Prüfung mit dem Thermoleometer vorziehen.

Die zollamtliche Anweisung zur chemischen Untersuchung von Baumöl[3]) schreibt für die Prüfung des Baumöles bei der Einfuhr folgende Untersuchungen vor: Bestimmung des spezifischen Gewichts, des Brechungsvermögens, der Jodzahl (nach v. Hübl), die Elaidinprobe und die Prüfungen auf Baumwollsamenöl, Sesamöl und Erdnußöl. — Da die Vorschriften zur Ausführung dieser Bestimmungen sich mit den allgemein üblichen durchweg decken, kann von ihrer Aufnahme hier abgesehen werden. Nur für die Elaidinprobe, welche allerdings heute nur mehr eine untergeordnete Bedeutung hat, sei hier die zollamtliche Vorschrift mitgeteilt, da sie bei den Untersuchungsverfahren der übrigen Speisefette und -öle nicht mit aufgeführt worden ist. Sie beruht darauf, daß die nicht trocknenden, vorwiegend Glyceride der Ölsäure enthaltenden Öle durch salpetrige Säure in festes Elaidin umgewandelt werden, während die trocknenden Öle, welche viel Glyceride der Leinölsäure enthalten, beim Behandeln mit salpetriger Säure mehr oder weniger flüssig bleiben.

Man verfährt bei der Elaidinprobe, wie folgt: „10 g Baumöl werden in ein Probierröhrchen gebracht und mit 5 ccm Salpetersäure von der Dichte 1,410 hinzugefügt. Nachdem man 2 Minuten lang geschüttelt hat, wird 1 g Quecksilber hinzugefügt und dieses durch starkes Schütteln gelöst.

---

[1]) Aus dem von Holde und Stange (Berichte d. Deutsch. chem. Gesellschaft 1901, **34**, 2406) aus Olivenöl abgeschiedenen „Oleodimargarin" hat sich nach späteren Untersuchungen von Holde (Berichte d. Deutsch. chem. Gesellschaft 1905, **38**, 1247) Stearinsäure und Palmitinsäure darstellen lassen. Das natürliche Vorkommen von Margarinsäure in natürlichen Fetten erscheint daher wieder fraglich.

[2]) Chem.-Ztg. 1905, **29**, 530.

[3]) Zeitschr. f. Untersuchung d. Nahrungs- u. Genußmittel 1906, **11**, 633.

Sodann läßt man die Mischung etwa $1/2$ Stunde stehen. Reines Baumöl gibt dann eine farblose oder schwach gelb gefärbte feste Masse."

2. Die Art des zur Verfälschung eines fraglichen Olivenöles verwendeten Öles wird aus den für die einzelnen in Frage kommenden Öle kennzeichnenden (meist Farben-) Reaktionen erkannt.

a) Sesamöl. Mit Sesamöl versetztes Olivenöl gibt die Baudouinsche Furfurolreaktion und die Soltsiensche Zinnchlorürreaktion (S. 473). Hierzu ist jedoch zu bemerken, daß auch manche reinen Olivenöle bei der Baudouinschen Reaktion schwache Färbungen geben. In solchen Fällen empfiehlt sich nach Milliau die Verwendung der bei 105° getrockneten (nicht mit Wasser gewaschenen) Fettsäuren und nach Tortelli und Ruggeri die der flüssigen Fettsäuren.

b) Erdnußöl (Arachisöl). Der Nachweis dieses Öles wird durch den Nachweis bzw. — da Spuren von Arachinsäure auch in Olivenöl vorkommen sollen — die quantitative Bestimmung der Arachinsäure und Lignocerinsäure (S. 469—473) geführt.

c) Baumwollsamenöl (Cottonöl). Dieses Öl wird mittels der Halphenschen Reaktion (S. 476) nachgewiesen. Da es indes möglich ist, durch geeignete Behandlung den diese Reaktion des Baumwollsamenöles verursachenden Körper zu entfernen, so kann man sich in Fällen, wo dies anzunehmen ist, zum Nachweise des Baumwollsamenöles der Salpetersäurereaktion (S. 478) bedienen.

d) Rüböl und Rapsöl. Größere Mengen dieser Öle im Olivenöl geben sich durch die Erniedrigung der Verseifungszahl zu erkennen. — Der zuverlässigere Nachweis gründet sich auf die Abscheidung und Kennzeichnung der Erucasäure des Rüb- und Rapsöles. — Vgl. S. 479 bis 482.

e) Mohnöl, Hanföl, Leinöl und sonstige trocknende Öle erkennt man durch die beträchtliche Erhöhung der Jodzahl bei Abwesenheit der unter a—d genannten Öle.

f) Fischöle. Sie geben sich zu erkennen durch eine Erhöhung der Jodzahl. O. Eisenschime und H. N. Copthorne[1]) haben eine Reaktion zum Nachweise von Fischölen in pflanzlichen Ölen angegeben, die aber anscheinend noch keine Nachprüfung erfahren hat und auf die daher hier nur verwiesen sei.

g) Mineralöl. Man findet seine Menge durch Bestimmung des Unverseifbaren des Öles, wobei zu berücksichtigen ist, daß reine Olivenöle selbst etwa 0,5—1,5% Unverseifbares enthalten. Man verfährt zur Bestimmung des Unverseifbaren, wie folgt:

10 g Öl werden mit 5 g Kalihydrat und 50 ccm Alkohol verseift; die alkoholische Lösung wird mit dem gleichen Volumen Wasser verdünnt und mit Petroläther, welcher keine über 80° siedenden Bestandteile enthält, ausgeschüttelt. Der mit Wasser gewaschene Petroläther wird verdunstet, der Rückstand gewogen und zweckmäßig nochmals in gleicher Weise behandelt. Oder die verseifte Masse wird von Alkohol befreit, in einer Porzellanschale nach Zusatz von Sand vollständig eingetrocknet, der trockene Rückstand in eine Papierkapsel gebracht und im Soxhletschen Extraktionsapparat mit obigem Petroläther erschöpft.

3. Außerdem kann unter Umständen auch die Bestimmung des spezifischen Gewichtes, des Schmelz- und Erstarrungspunktes der Fettsäuren, sowie des Brechungsexponenten durch das Refraktometer zur Erkennung von gröberen Verfälschungen dienen. Letztere Probe ist namentlich als Vorprobe bei Massenuntersuchungen mit Vorteil verwendbar.

4. Kupfer wird in grüngefärbten Ölen durch Verbrennen einer größeren Menge derselben in einem Porzellantiegel und Untersuchung des Rückstandes in bekannter Weise nachgewiesen.

---

[1]) Journ. of Ind. and Engin. Chemistry, 1910, **2**, 43; Zeitschr. f. Untersuchung d. Nahrungs- u. Genußmittel 1912, **23**, 33.

Man kann nach H. Fresenius und A. Schattenfroh[1]) das Kupfer im Olivenöl jedoch auch in der Weise quantitativ bestimmen, daß man eine abgewogene Menge Öl in der 3-fachen Menge Äther löst, in einem Scheidetrichter mit verdünnter Salpetersäure kräftig durchschüttelt, die saure Lösung abfließen läßt und 3-mal, das erste Mal mit Säure, das zweite und dritte Mal mit Wasser behufs Auswaschens nachschüttelt, die abgezogenen Flüssigkeiten zur Trockne verdampft, glüht, den Rückstand mit salzsäurehaltigem Wasser aufnimmt, in diese Lösung Schwefelwasserstoff leitet und das ausgeschiedene Schwefelkupfer nach dem Filtrieren, Auswaschen und Glühen als Kupferoxyd wägt.

Kupferhaltige Öle sind als verfälscht zu beanstanden.

3. Erdnußöl (Arachisöl).

Erdnußöl (Arachisöl) ist das aus den Samen der Erdnuß (Arachis hypogaea *L.*) nach Entfernung der Samenhaut und der Keime gewonnene Öl.

Erdnußöl ist fast farblos und geruchlos und hat keinen besonders kennzeichnenden Geschmack. Es ist vor allen anderen Speisefetten und Ölen chemisch dadurch gekennzeichnet, daß es neben Glyceriden der Ölsäure, Leinölsäure und Stearinsäure Arachinsäure und Lignocerinsäure in Mengen von etwa 5% — Tortelli und Ruggeri fanden in 7 Erdnußölproben 4,31 bis 5,40% Arachin- + Lignocerinsäure vom Schmelzpunkt 74,1 bis 75,4° — enthält, während diese Säuren in anderen Ölen (Olivenöl, Rüböl) nur spurenweise[2]) vorkommen sollen.

Die Jodzahl des Erdnußöles ist bis jetzt zwischen 83,0—105,0 gefunden worden; sie liegt in der Regel zwischen 85 und 102.

Der Gehalt des Erdnußöles an unverseifbaren Stoffen beträgt 0,4—1%.

Als Verfälschungsmittel für Erdnußöl kommen nach Lewkowitsch Sesamöl, Baumwollsamenöl, Mohnöl und Rüböl in Betracht.

Zu berücksichtigen ist noch, daß in Fabriken, die Erdnußöl und Sesamöl mit denselben Maschinen und Preßtüchern herstellen, bei Erdnußölen häufiger die sehr empfindliche Baudouinsche Reaktion auf Sesamöl auftritt, während die Soltsiensche Zinnchlorürreaktion in solchen Fällen, wenn es sich um in ordnungsmäßigen Betrieben gewonnene Öle handelt, nicht einzutreten pflegt[3]). — H. Kreis[4]) empfiehlt zur Entscheidung der Frage, ob ein Erdnußöl nur Spuren oder mehrere Prozente Sesamöl enthält, die von ihm angegebene Reaktion mit Wasserstoffsuperoxyd-Schwefelsäure (vgl. S. 474), die bei Gegenwart von weniger als 5% Sesamöl nicht mehr deutlich eintritt. Das Hauptgewicht aber legt er auf den Nachweis des Sesamins mittels mikroskopischer Untersuchung und der von A. Bömer angegebenen Farbenreaktion mit Essigsäureanhydrid und konzentrierter Schwefelsäure (S. 474), die nicht eintritt, wenn das Erdnußöl nur Spuren von Sesamöl enthält.

Verfahren zum Nachweise von Erdnußöl.

Zuverlässige Farbenreaktionen zum Nachweise von Erdnußöl sind nicht bekannt. — Alle sonstigen zum Nachweise des Erdnußöles vorgeschlagenen Verfahren beruhen auf dem zuerst von A. Rénard[5]) vorgeschlagenen Nachweise der Arachinsäure und Lignocerinsäure,

---

[1]) Zeitschr. f. analyt. Chemie 1895, **34**, 381.

[2]) L. Archbutt (Journ. Soc. Chem. Ind. 1898, **17**, 1009) fand in reinem Rapsöl bis zu 1,4% und in Senföl 1,8% Arachinsäure.

[3]) Vgl. A. J. J. Wijs in Zeitschr. f. Untersuchung d. Nahrungs- u. Genußmittel 1902, **5**, 1150 und G. Fendler, daselbst 1903, **6**, 411.

[4]) Mitteil. a. d. Gebiete d. Lebensmitteluntersuchung u. Hygiene, veröffentl. v. Schweizer. Gesundheitsamt 1910, **1**, 293.

[5]) Zeitschr. f. analyt. Chemie 1873, **12**, 231.

die gegenüber den in den meisten anderen Ölen vorkommenden gesättigten Fettsäuren durch ihre Schwerlöslichkeit und ihren höheren Schmelzpunkt sowie die geringere Löslichkeit ihrer Salze gekennzeichnet sind; die meisten dieser Verfahren sind für den Nachweis von Erdnußöl in Olivenöl ausgearbeitet[1]).

Da der Nachweis der Arachinsäure nach den unter b aufgeführten Verfahren verhältnismäßig zeitraubend ist, sind eine Reihe von auf der Schwerlöslichkeit des arachin- und lignocerinsauren Kaliums beruhenden Vorproben beschrieben worden, nach deren positivem Ausfall man erst zur Darstellung der Arachinsäure schreiten soll. Diese Vorproben mögen daher hier zuerst beschrieben werden.

a) Vorproben. **α) Verfahren von D. Holde**[2]): 0,65 ccm Öl werden mit 5 ccm alkoholischer Kalilauge (33 g Kaliumhydroxyd in 1 l 90 proz. Alkohol) 2 Minuten gekocht; der verdampfte Alkohol wird durch neuen ersetzt. Bei Gegenwart von viel Erdnußöl wird die Seifenlösung bei 19—20° breiig bis gallertig fest. Zusätze von 10—15% Erdnußöl verraten sich in Olivenölen und Mohnölen nach etwa $^1/_4$ stündigem Stehen bei 19—20°, in Ricinusöl bei 0° durch flockige Niederschläge in den alkoholischen Seifenlösungen. Auch Sesamöl und Baumwollsamenöl bedingen bei 20° starke flockige Ausscheidungen; Rüböl gibt eine fast feste Masse. Beim Eintreten einer Ausscheidung ist der Nachweis der Arachinsäure erforderlich, während beim Ausbleiben eines Niederschlages im allgemeinen eine weitere Prüfung auf Erdnußöl überflüssig ist.

β) Verfahren von P. Bohrisch[3]): 10 ccm Öl werden mit 125 ccm alkoholischer $^1/_2$ N.-Kalilauge verseift und die Seifenlösung 4—5 Stunden bei Zimmertemperatur stehen gelassen. Ist die Flüssigkeit nach dieser Zeit vollständig klar geblieben, so sind größere Mengen Erdnußöl (über 10%) sowie Sesamöl und Baumwollsamenöl (über 20%) nicht vorhanden. Ist die Flüssigkeit trübe geworden oder hat sich ein Niederschlag gebildet, so kann man auf die Gegenwart von Erdnußöl bzw. Sesam- und Baumwollsamenöl schließen. Falls eine Ausscheidung eingetreten ist — im anderen Falle sofort — erwärmt man die Flüssigkeit bis zur Lösung der Ausscheidung und neutralisiert möglichst genau mit konzentrierter Salzsäure, stellt 10 Minuten lang in Wasser von 15° und filtriert dann durch ein Filter von 12 cm Durchmesser. Hinterbleibt auf dem Filter nur ein kleiner weißer Rückstand, so ist die Anwesenheit größerer Mengen Erdnußöl (15—20%) sowie Baumwollsamenöl (40—50%) ausgeschlossen. Ist das Filter dagegen mit einem groben Krystallbrei zu $^1/_3$ oder mehr gefüllt, so liegt eines dieser beiden Öle vor. Von dem Filtrat werden nun 10—20 ccm in ein Reagensglas gebracht und dieses in Wasser von 9—10° gestellt. Entsteht nach $^1/_2$ Stunde keine Trübung oder kein Niederschlag, so ist das Öl frei von Erdnußöl sowie von erheblichen Mengen Sesamöl und Baumwollsamenöl (10% und darüber). Hat sich eine Trübung oder ein Niederschlag gebildet, so läßt man den Rest des Filtrates über Nacht im Eisschranke stehen, löst den entstandenen Niederschlag in 10 ccm 90 proz. Alkohol, erwärmt die alkoholische Lösung einige Minuten auf dem Wasserbade und läßt dann 1 Stunde bei Zimmertemperatur stehen. Hat sich nach dieser Zeit kein flockiger Niederschlag gebildet, so ist Erdnußöl nicht vorhanden. Ist dagegen eine flockige Ausscheidung entstanden, so kann bei Abwesenheit von Sesamöl mit Sicherheit auf Erdnußöl geschlossen werden (es sind auf diese Weise noch 5% Erdnußöl nachweisbar); trotzdem empfiehlt P. Bohrisch in diesem Falle die Isolierung der Arachinsäure und die Bestimmung von deren Schmelzpunkt.

Ähnliche auf der Schwerlöslichkeit der Kaliumsalze der Arachin- und Lignocerinsäure beruhende Verfahren sind von De Negri und Fabris[4]) und Blarez[5]) beschrieben.

---

[1]) Eine ausführliche Besprechung dieser Verfahren veröffentlichte P. Bohrisch in Pharmaz. Zentralhalle 1910, **51**, 361—364, 393—394, 423—427 u. 450—454.

[2]) Holde, Untersuchung der Schmiermittel. Berlin bei Jul. Springer, 1897, S. 158.

[3]) Pharmaz. Zentralhalle 1910, **51**, 454.

[4]) Zeitschr. f. analyt. Chemie 1894, **33**, 552.

[5]) Rep. de Pharm. 1897, [3] **9**, 446; Pharmaz. Zentralhalle 1898, **39**, 32.

γ) **Verfahren von Fr. Franz und L. Adler**[1]) **in der Abänderung von H. Luers**[2]), beruhend auf der Krystallisationstemperatur der alkoholischen Seifenlösung, auf die bereits Tortelli und Ruggeri zur Schätzung des Erdnußölgehaltes hingewiesen haben.

Man verfährt nach H. Luers, wie folgt:

1 ccm des zu untersuchenden Öles wird genau abpipettiert und mit 5 ccm einer etwa 8 proz. alkoholischen Kalilauge (80 g Kaliumhydroxyd alc. dep. in 80 g Wasser gelöst und mit 90 proz. Alkohol zu 1 l aufgefüllt) in einem etwa 75 ccm fassenden Erlenmeyer-Kölbchen 4 Minuten lang unter öfterem Umschütteln im kochenden Wasserbade verseift. Das Kölbchen ist mit einem 80 cm langen Kühlrohr zu versehen; überhaupt soll ein Alkoholverlust möglichst vermieden werden. Dann kühlt man schwach ab (auf etwa 25° C), gibt genau 1,5 ccm einer verdünnten Essigsäure (1 Volumen Eisessig + 2 Volumen Wasser) und genau 3 Tropfen Eisessig hinzu, sowie 50 ccm 70 proz. Alkohol und schüttelt gut durch. Sollte die Lösung nicht klar werden, was meist durch einen höheren Gehalt an Erdnußöl bedingt ist, so erwärmt man so lange, bis in der Flüssigkeit jegliche Trübung verschwunden ist. Hierauf kühlt man durch Eintauchen in kaltes Wasser und Umschütteln vorsichtig bis zur genauen Temperatur von 16° C ab. Unter wiederholtem Umschütteln wartet man genau 5 Minuten. Dabei hält man die Lösung, nötigenfalls durch kurzes Abkühlen, stets auf der gewünschten Temperatur. Hat sich nach dieser Zeit in der Flüssigkeit keine deutliche Trübung gebildet, so geht man auf 15,5° herunter und wartet wiederum 5 Minuten. Zeigt sich auch jetzt noch kein Niederschlag, so ist entweder gar kein oder sicherlich weniger als 5% Erdnußöl vorhanden.

b) Nachweis und Bestimmung der Arachinsäure.[3]) Die zu diesem Zwecke dienenden Verfahren beruhen teils auf der Abscheidung der Arachinsäure mittels ihrer Bleisalze, teils auf der Abscheidung über die Kaliumsalze, teils auch auf der direkten Abscheidung der Arachinsäure. Die auf der Abscheidung mittels der Bleisalze beruhenden Verfahren sind zwar z. T. umständlicher als die übrigen, dürften dafür aber auch die zuverlässigeren Ergebnisse liefern.

α) **Abscheidung der Arachinsäure mittels ihrer Bleisalze.** Das ursprüngliche Verfahren von A. Rénard[4]) hat im Laufe der Jahre durch De Negri und Fabris[5]), Archbutt[6]), H. Kreis sowie durch Tortelli und Ruggeri Abänderungen erfahren, von denen die beiden letzteren als die brauchbarsten hier beschrieben werden sollen. Ein Vorzug des Kreisschen Verfahrens besteht in der durch die Abscheidung mit alkoholischer Bleiacetatlösung in ätherischer Lösung bedingten lockeren Beschaffenheit der unlöslichen Bleisalze. — Wahrscheinlich dürfte auch das Verfahren von K. Farnsteiner (vgl. I. Teil, S. 391—393), welches auf der verschiedenen Löslichkeit der Bleisalze der gesättigten und ungesättigten Fettsäuren in Benzol beruht, für den Nachweis der Arachinsäure brauchbar sein; es scheint aber bisher für diesen Zweck noch nicht angewendet worden zu sein.

αα) Verfahren von H. Kreis[7]): 20 g Öl werden durch Kochen mit 100 ccm 40 proz. Natronlauge und 50 ccm 95 vol.-proz. Alkohol verseift, die Fettsäuren nach Entfernung des Alkohols durch Kochen mit Salzsäure abgeschieden und in 300 ccm Äther gelöst. In diese Lösung gießt man allmählich eine heiße Lösung von 15 g Bleiacetat in 150 ccm 95 proz. Alkohol und läßt über Nacht stehen. Von den ausgeschiedenen Bleisalzen der festen Fettsäuren wird

---

1) Zeitschr. f. Untersuchung d. Nahrungs- u. Genußmittel 1912, **23**, 676.

2) Ebendort 1912, **24**, 683.

3) Der Kürze halber ist hier und im folgenden für das aus Arachinsäure und Lignocerinsäure bestehende Gemisch der unlöslichsten Fettsäuren nur die Bezeichnung „Arachinsäure“ gewählt worden.

4) Zeitschr. f. analyt. Chemie 1873, **12**, 231.

5) Ebendort 1894, **33**, 553.

6) Journ. Soc. Chem. Ind. 1898, **17**, 1124.

7) Chem.-Ztg. 1895, **19**, 451; vgl. ferner Schweizer. Lebensmittelbuch, 2. Aufl. Bern bei Neukomm & Zimmermann, 1909, S. 28.

die klare überstehende Flüssigkeit abgegossen, der Rückstand durch ein Papierfilter filtriert und einmal mit Äther gewaschen.

Zur Zersetzung der Bleisalze der festen Fettsäuren erhitzt man solange mit 250 ccm 5 proz. Salzsäure, bis das aufschwimmende Öl ganz klar geworden ist und kocht mit Wasser aus, bis die Fettsäuren bleifrei sind (Prüfung durch Lösen einer Probe in Alkohol und Versetzen mit Schwefelammonium). Die Fettsäuren läßt man erstarren, preßt sie zwischen Filtrierpapier ab, löst sie durch gelindes Erwärmen in 100 ccm 90 vol.-proz. Alkohol und stellt die Lösung in Wasser von 15°.

Wenn nach $^1/_2$ Stunde keine Ausscheidung erfolgt, so ist keine Arachinsäure vorhanden. Tritt Krystallisation ein, so überzeugt man sich durch eine Schmelzpunktbestimmung der nötigenfalls mehrmals aus 90 vol.-proz. Alkohol umkrystallisierten Substanz, ob eine Säure vom Schmelzpunkt 74—75° vorliegt. Soll der Gehalt an Arachinsäure bestimmt werden, so ist die erste Krystallisation nach dem Trocknen zu wägen. Das Gewicht, mit 110 multipliziert, ergibt annähernd den prozentualen Gehalt an Erdnußöl.

Neuerdings haben H. Kreis und E. Roth[1]) das vorstehende Verfahren noch wesentlich vereinfacht und ihm dadurch, daß nur eine teilweise Fällung[2]) der Bleisalze der gesättigten Fettsäuren vorgenommen wird, eine Form gegeben, in der es auch zum Nachweise der Arachinsäure in gehärtetem Erdnußöl möglich ist; sie verfahren, wie folgt:

20 g Öl werden durch Kochen mit 10 ccm 40 proz. Natronlauge und 50 ccm Alkohol verseift. Die Seifenlösung wird zur Trockne verdampft und der Rückstand mit Wasser und Salzsäure im Überschuß erhitzt, bis die Fettsäuren klar aufschwimmen. Die im Scheidetrichter abgetrennten Fettsäuren werden nun bei gewöhnlichen Ölen in 100 ccm, bei gehärteten Ölen in 200 ccm Alkohol gelöst und in der Siedehitze mit 1,5 g Bleiacetat, gelöst in 50 bzw. 100 ccm Alkohol, versetzt. Nach dem Stehen über Nacht (bei gehärteten Ölen nach 3 Stunden) werden die ausgeschiedenen Bleisalze durch Kochen mit 5 proz. Salzsäure zersetzt. Die Menge der so gewonnenen Fettsäuren beträgt in allen Fällen etwa 2 g. Sie werden in 50 ccm 90 proz. Alkohol durch gelindes Erwärmen gelöst und während 30 Minuten in Wasser von 15° gestellt. Erhält man eine Krystallisation, so werden die Krystalle abgesaugt und noch einmal aus 25 ccm, dann aus 12,5 ccm 90 proz. Alkohol umkrystallisiert. Bei Anwesenheit von mindestens 5% Erdnußöl wird der Schmelzpunkt der 3. Krystallisation über 70° liegen. Ist die Menge der ausgeschiedenen Krystalle gering, so empfiehlt es sich, im Allihnschen Röhrchen über Asbest abzusaugen, den Rückstand in Äther zu lösen und den Äther zu verdunsten. Auf diese Weise wird man immer genügend Substanz zu weiteren Krystallisationen haben.

Man kann das Verfahren ferner nach Kreis und Roth noch dadurch vereinfachen, daß man die 20 g Öl mit 40 ccm alkoholischer Kalilauge verseift, 60 ccm Alkohol hinzusetzt, mit 50 proz. Essigsäure ansäuert — wozu in der Regel 15 ccm erforderlich sind —, darauf ohne Abscheidung der Fettsäuren die Bleizuckerlösung hinzugibt und im übrigen wie oben verfährt.

ββ) Verfahren von Tortelli und Ruggeri[3]). 20 g Öl werden in einem Kolben von etwa 250 ccm Inhalt mit 50 ccm alkoholischer Kalilauge (120 g Kalihydrat + 1000 ccm Alkohol von 90°) unter Aufsetzen eines als Rückflußkühler dienenden 70 cm langen, gebogenen Glasrohres auf dem siedenden Wasserbade verseift; darauf setzt man 3 Tropfen Phenolphthalein hinzu und neutralisiert mit 10 proz. Essigsäure. Diese Seifenlösung gießt man in dünnem Strahle in eine in einem weithalsigen Erlenmeyer-Kolben befindliche siedendheiße Lösung von 200 ccm 10 proz. Bleiacetatlösung und 100 ccm Wasser, wobei man die Flüssigkeit fortwährend gut schüttelt. Darauf kühlt man den Erlenmeyer-Kolben unter häufigem Umschütteln unter der Wasserleitung 10 Minuten lang ab, wobei sich die Bleiseife an den Wandungen und auf dem

---

[1]) Zeitschr. f. Untersuchung d. Nahrungs- u. Genußmittel 1913, **25**, 81.

[2]) Eine nur teilweise Fällung der Bleisalze war auch schon von Archbutt (Journ. Soc. Chem. Ind. 1898, **17**, 1124) vorgeschlagen worden.

[3]) Chem.-Ztg. 1898, **22**, 600.

Boden des Kolbens festsetzt und die Flüssigkeit klar wird; letztere gießt man ab und wäscht die Bleiseifen noch 3-mal nacheinander mit je etwa 200 ccm heißem Wasser (70—80°) und kühlt jedesmal wieder ab. Die wenigen noch der Bleiseife anhaftenden Wassertropfen tupft man mit Filtrierpapier ab und gibt darauf zu der Seife 220 ccm frisch destillierten Äther, mit welchem man unter Umschütteln den größten Teil der Bleiseifen von den Wandungen entfernt. Darauf erwärmt man 20 Minuten lang unter häufigem Umschütteln am Rückflußkühler und kühlt den Kolben etwa $^1/_2$ Stunde lang unter der Wasserleitung ab. Man dekantiert die Ätherlösung vorsichtig ab, wiederholt die Erwärmung des Rückstandes im Kolben mit 100 ccm Äther und kühlt abermals in obiger Weise ab. Darauf dekantiert man die Ätherlösung durch dasselbe Filter, bringt schließlich den ganzen Rückstand auf das Filter und wäscht mit Äther so lange aus, bis das Filtrat keinen Rückstand mehr hinterläßt. Alsdann durchbohrt man das auf einen Scheidetrichter gesetzte Filter und spült seinen ganzen Inhalt mit etwa 220 ccm Äther in den Scheidetrichter. Nachdem man 150 ccm 20 proz. Salzsäure hinzugesetzt hat, schüttelt man stark durch, läßt absitzen und die Salzsäure mit dem ausgeschiedenen Bleichlorid abfließen; die ätherische Fettsäurenlösung schüttelt man noch 2 mal mit je 150 ccm Wasser, filtriert sie durch ein kleines Filter in einen Erlenmeyer-Kolben, wäscht Kolben und Filter mit kleinen Mengen Äther nach und destilliert alsdann den Äther ab.

Der Rückstand, der aus den gesättigten Fettsäuren des Öles besteht, wird unter Zusatz eines Tropfens verdünnter Salzsäure mit 100 ccm 90 proz. Alkohol unter Verwendung eines Glasrohres als Rückflußkühler auf dem Wasserbade bis ungefähr 60° erwärmt, bis völlige Lösung eingetreten ist. Beim Abkühlen auf Zimmertemperatur scheiden sich alsdann bei Gegenwart von Erdnußöl zunächst sehr feine Nadeln von Lignocerinsäure und darauf perlmutterglänzende Blättchen von Arachinsäure ab[1]). Nach etwa 3-stündigem Stehen bei 15—20° sammelt man den Niederschlag auf einem Filter, wobei man die durchfiltrierte Flüssigkeit dazu verwendet, um den gesamten Niederschlag auf das Filter zu bringen. Filter mit Niederschlag wäscht man 3-mal mit je 10 ccm 90 proz. und dann mehrmals mit 70 proz. Alkohol aus. Den Rückstand löst man mit siedendem absolutem Alkohol vom Filter in einen Erlenmeyer-Kolben, destilliert den Alkohol ab und löst den Rückstand wiederum in 100 ccm 90 proz. Alkohol; darauf verfährt man nochmals in genau derselben Weise wie vorher. Schließlich löst man die Fettsäuren wiederum in absolutem Alkohol, verdunstet den Alkohol, trocknet den Rückstand 1 Stunde lang bei 100° und wägt ihn. Hierauf wird der Schmelzpunkt der Fettsäuren im Capillarrohr bestimmt, der in der Regel bei 74—75,5° gefunden wird.

Behufs Berechnung des Gehaltes an Erdnußöl in einem Ölgemische ist zu berücksichtigen, daß die Erdnußöle 4,30—5,40%, im Mittel etwa 4,80% des wie vorstehend gewonnenen Fettsäuregemisches (Arachinsäure + Lignocerinsäure) enthalten und daß die Löslichkeit des letzteren in 90 proz. Alkohol — in 70 proz. Alkohol ist es unlöslich — folgende ist:

Menge des Fettsaurengemisches von 74—75,5°	100 ccm 90 proz. Alkohols lösen bei 15°	17,5°	20°
a) 0,05—0,11 g	0,033 g	0,040 g	0,045 g
b) 0,17—0,47 g	0,050 g	0,060 g	0,070 g
c) 0,50—2,70 g	0,070 g	0,080 g	0,090 g

Man erhält daher den Gehalt der angewendeten 20 g des betreffenden Öles an Erdnußöl, indem man zu der gefundenen Fettsäurenmenge die Korrektur für die in dem verwendeten 90 proz. Alkohol in Lösung gebliebene Fettsäurenmenge hinzuaddiert und durch 0,048 dividiert.

Die Ergebnisse dieser Berechnung des Gehaltes an Erdnußöl sind nur annähernde; 5% sollen indes nach Tortelli und Ruggeri in Olivenöl noch bestimmbar sein. Man kann

[1]) Bei Gegenwart von Baumwollsamenöl scheiden sich auch die festen Fettsäuren dieses Öles mit ab.

die Empfindlichkeit des Verfahrens erhöhen, wenn man bei geringen Ausscheidungen nur jedesmal 50 ccm 90 proz. Alkohol zur Krystallisation verwendet oder größere Mengen des betreffenden Öles in Arbeit nimmt.

Um zu entscheiden, ob man tatsächlich Arachinsäure oder Lignocerinsäure vor sich hat, bestimmt man den Schmelzpunkt der Fettsäuren; dieser beträgt bei:

Palmitinsäure	Stearinsäure	Arachinsäure	Lignocerinsäure
62,6°	70°	77°	80,5°

W. B. Smith[1]) weist darauf hin, daß man bei Prüfung fester Fette auf Arachinsäure die mittels der Bleisalze abgeschiedenen Fettsäuren nicht aus größeren Alkoholmengen krystallisieren, sondern die in der vorgeschriebenen Weise abgeschiedenen Fettsäuren so oft umkrystallisieren solle, bis ein höherer Schmelzpunkt als der der Stearinsäure erreicht sei.

β) Abscheidung der Arachinsäure mittels ihrer Kaliumsalze oder direkte Abscheidung.

P. Bohrisch[2]) empfiehlt folgende Arbeitsweise:

20 g Öl werden mit 250 ccm alkoholischer $^1/_2$ N.-Kalilauge (35 g mit Alkohol gereinigtes Kaliumhydroxyd in 96 proz. Alkohol gelöst und auf 1 l aufgefüllt) verseift und noch heiß unter Verwendung von Phenolphthalein mit konzentrierter Salzsäure möglichst genau neutralisiert, dann nochmals kurze Zeit auf dem Wasserbade erwärmt und mittels Heißwassertrichters vom ausgeschiedenen Chlorkalium abfiltriert. Das in einem Becherglase befindliche Filtrat wird mehrere Stunden, am besten über Nacht, in den Eisschrank gestellt. Bei Anwesenheit von Erdnußöl haben sich dann an den Wandungen und auf dem Boden des Becherglases mehr oder weniger sternförmige Kryställchen abgeschieden. Sie werden abfiltriert, der Trichter mit dem Filter in den Heißwassertrichter gebracht und die noch in dem Becherglas befindlichen Krystalle von arachninsaurem (und lignocerinsaurem) Kalium durch Behandeln mit etwa 50 ccm heißem 90 proz. Alkohol in Lösung gebracht, die Lösung wird auf das im Heißwassertrichter befindliche Filter gegossen und der Filterrückstand nochmals mit 25 ccm heißem 90 proz. Alkohol behandelt. Das in einem Becherglase aufgefangene Filtrat wird wiederum mehrere Stunden in den Eisschrank gestellt. Der entstandene voluminöse Niederschlag, der bei Gegenwart von 20% Erdnußöl ungefähr die Hälfte der Flüssigkeit erfüllt, wird abgesaugt, in das Becherglas zurückgebracht und darauf werden etwa 30 ccm Wasser sowie 20 bis 30 Tropfen konzentrierter Salzsäure hinzugegeben, worauf sich die Arachinsäure (ünd Lignocerinsäure) in dicken Flocken ausscheidet. Sie wird nach kurzem Erwärmen auf dem Wasserbade samt der Flüssigkeit in einen Scheidetrichter gebracht und mit Äther ausgeschüttelt. Nach dem Ablassen der wässerigen Flüssigkeit wird die ätherische Fettsäurelösung nochmals mit etwa 50 ccm Wasser ausgeschüttelt und darauf durch ein trockenes Filter in ein tariertes Becherglas filtriert. Nach dem Abdunsten des Äthers wird das Gewicht des zurückbleibenden krystallinen Rückstandes festgestellt, der darauf in 50 ccm heißem 90 proz. Alkohol gelöst wird. Nach kurzer Zeit scheiden sich lockere Krystallblättchen ab, deren Schmelzpunkt nach dem Absaugen und Trocknen bestimmt wird und die in der Regel bei 71—72° schmelzen.

Der qualitative Nachweis von Erdnußöl ist auf diese Weise auch ohne Anwendung des Heißwassertrichters sicher zu erbringen, das Verfahren liefert aber auch nach Bohrisch befriedigende quantitative Ergebnisse, soweit man solche bei dem schwankenden Gehalt des Erdnußöles an Arachinsäure und Lignocerinsäure erwarten kann. Durch Multiplikation mit 220 findet man den Gehalt des Öles an Erdnußöl. Enthält ein Olivenöl weniger als 15—20% Erdnußöl — was sich aus der obigen Vorprobe von Bohrisch ergibt — so darf man nur 10 g Öl mit 125 ccm alkoholischer Kalilauge verseifen und muß dann, um richtige Werte zu erhalten, zu dem Ätherrückstand 0,015 g hinzuaddieren und darauf mit 220 multiplizieren.

---

[1]) Journ. Americ. Chem. Soc. 1907, **29**, 1756; Zeitschr. f. Untersuchung d. Nahrungs- u. Genußmittel 1908, **15**, 615.

[2]) Pharmaz. Zentralhalle 1910, **51**, 396.

J. Bellier[1]) hat vorgeschlagen, die aus dem Öl abgeschiedenen Fettsäuren direkt aus Alkohol umzukrystallisieren. Benedikt-Ulzer[2]), L. Archbutt[3]) sowie P. Bohrisch haben aber mit diesem Verfahren bei quantitativen Bestimmungen keine günstigen Ergebnisse erhalten.

G. Perrin[4]) bedient sich zur Abscheidung der Arachinsäure der Schwerlöslichkeit der sauren Kaliumsalze in Alkohol.

4. *Sesamöl.*

Sesamöl ist das Öl der Samen von Sesamum orientale und Sesamum indicum. Es ist hellgelb, ohne besonderen Geruch und hat einen milden Geschmack.

Es besteht aus Glyceriden der Palmitinsäure, Stearinsäure, Ölsäure sowie Leinölsäure und enthält in dem Unverseifbaren (0,95—1,32%) außer Phytosterin zwei wohl gekennzeichnete Körper, von denen der eine, das Sesamin, schön kristallisierende, bei 123° schmelzende Nadeln bildet und die verhältnismäßig hohe Rechtsdrehung des Öles (vgl. I. Teil S. 361) verursacht, während der zweite, ein Öl, das H. Kreis[5]) für einen phenolartigen Körper hält, dem er den Namen Sesamol gibt, die Ursache der Rotfärbung mit Furfurol ist.

Die Jodzahl des Sesamöles ist bis jetzt zwischen 103—116,8 gefunden; sie liegt in der Regel zwischen 105—115.

Farbenreaktionen zum Nachweise von Sesamöl.[6])

Das Sesamöl ist gekennzeichnet durch verschiedene Farbenreaktionen, von denen die beiden ersteren die empfindlicheren[7]) sind.

a) Reaktion mit Furfurol und Salzsäure nach Baudouin[8]) in der Verbesserung von V. Villavechia und G. Fabris[9]): Man wählt nach letzteren eines der beiden folgenden Verfahren, zu denen man eine farblose Lösung von 2 g Furfurol in 100 ccm Alkohol verwendet:

α) In einem Probierglase oder besser in einem kleinen Meßzylinder oder zylindrischen Scheidetrichter gibt man zu 0,1 ccm Furfurollösung 10 ccm Öl, dann 10 ccm Salzsäure vom spezifischen Gewicht 1,19, schüttelt das Ganze $^1/_2$ Minute lang und überläßt die Mischung sich selbst. Bei Gegenwart von Sesamöl ist die am Boden sich abscheidende Salzsäure deutlich karmoisinrot; im anderen Falle bleibt sie farblos oder nimmt höchstens eine schmutziggelbe Farbe an.

β) Oder man verwendet nur 1 ccm konzentrierter Salzsäure und setzt nach dem Schütteln 10 ccm Chloroform hinzu; alsdann ist bei Gegenwart von Sesamöl die sich an der Oberfläche abscheidende Salzsäure karmoisinrot gefärbt.

---

[1]) Annal. chim. analyt. 1899, **4**, 4; Zeitschr. f. Untersuchung d. Nahrungs- u. Genußmittel 1899, **2**, 726.

[2]) Benedikt-Ulzer, Analyse der Fette und Wachsarten. Berlin bei Julius Springer. 5. Aufl. 1908, S. 792.

[3]) Journ. Soc. Chem. Ind. 1907, **26**, 453; Zeitschr. f. Untersuchung d. Nahrungs- u. Genußmittel 1908, **16**, 266.

[4]) Monit. scientifique 1901, [4] **15**, 320; Zeitschr. f. Untersuchung d. Nahrungs- u. Genußmittel 1901, **4**, 986.

[5]) Chem.-Ztg. 1903, **27**, 1030.

[6]) Eine ausführliche Besprechung der Farbenreaktionen des Sesamöles haben F. Utz (Pharm.-Ztg. 1900, **45**, 490) sowie H. Sprinkmeyer u. H. Wagner (Zeitschr. f. Untersuchung d. Nahrungs- u. Genußmittel 1905, **10**, 347) veröffentlicht.

[7]) Vgl. oben S. 467 über die Furfurolreaktion bei Erdnußölen.

[8]) Die Reaktion von Baudouin, die durch den vorgeschriebenen Zusatz von Sesamöl zur Margarine eine erhöhte Beachtung gefunden hat, ist ferner außer von Sprinkmeyer-Wagner eingehender behandelt worden von W. Kerp (Zeitschr. f. Untersuchung d. Nahrungs- u. Genußmittel 1899, **2**, 473), H. Bremer (ebendort 1899, **2**, 789), M. Siegfeld (ebendort 1898, **1**, 563), Utz (ebendort 1906, **11**, 466), P. Soltsien (ebendort 1906, **12**, 483).

[9]) Zeitschr. f. angew. Chem. 1893, 505.

Über die Vorschrift in der Verordnung des Bundesrats vom 27. August 1897 und der amtlichen „Anweisung" vom 1. April 1898 zum Gesetz, betr. den Verkehr mit Butter usw., vom 15. Juni 1897 bzw. in den Ausführungsbestimmungen D vom 22. Februar 1908 zum Fleischbeschaugesetz vom 3. Juni 1900 vgl. S. 371 und 414.

Über die Verschärfung der Baudouinschen Reaktion zum Nachweis von Sesamöl in Butter vgl. oben S. 372. Mit dem Einfluß der Ranzigkeit auf die Baudouinsche Reaktion haben sich A. Laufs und J. Huismann[1]) sowie H. Kreis[2]) beschäftigt, ohne jedoch zu übereinstimmenden Ergebnissen gekommen zu sein.

*b) **Reaktion mit Zinnchlorür*** (Bettendorfs Reagens) ***nach Soltsien***[3]): Zu 2—3 Volumenteilen des zu untersuchenden Öles (oder geschmolzenen Fettes) wird 1 Volumen mit Salzsäure versetzter Zinnchlorürlösung (Bettendorfs Reagens) gesetzt und das Öl so lange kräftig damit geschüttelt, bis eine Emulsion entstanden ist; darauf setzt man das Reagensglas in ein heißes Wasserbad. Die sich dann schnell absetzende Zinnchlorürlösung hat bei Gegenwart von Sesamöl eine hellhimbeerrote bis dunkelweinrote Färbung. Bei einem sehr geringen Gehalte an Sesamöl kann nach wiederholtem Schütteln die anfängliche Färbung wieder verblassen. Vgl. auch S. 371.

Zur Herstellung von Bettendorfs Reagens werden 5 Teile krystall. Zinnchlorür mit 1 Teil Salzsäure zu einem Brei angerührt und letzterer vollständig mit trockenem Chlorwasserstoff gesättigt. Die so erhaltene Lösung wird nach dem Absetzen durch Asbest filtriert. Man bewahrt sie am besten in kleinen, mit Glasstopfen verschlossenen, möglichst gefüllten Flaschen auf.

*c) **Reaktion mit Wasserstoffsuperoxyd-Schwefelsäure nach H. Kreis***[4]). In einem Reagensglase schüttelt man 5 ccm Sesamöl, 5 ccm konz. Schwefelsäure (75 proz.) und 0,3 ccm Wasserstoffsuperoxyd (2—3 proz.). Nach kurzer Zeit tritt eine intensiv olivgrüne Färbung ein, und beim Verdünnen mit Wasser wird die Säure hellgelb mit grüner Fluorescenz. Die Reaktion tritt noch in Gemischen mit 5% Sesamöl deutlich ein. Olivenöl, Baumwollsamenöl, Erdnußöl, Mohnöl, Mandelöl, Pfirsichöl, Leinöl und Ricinusöl geben mit dem Reagens keine irgendwie bemerkenswerten Färbungen.

d) J. Bellier[5]) sowie H. Serger[6]) beschreiben eine Reihe weiterer Reaktionen mit Salpeter-Schwefelsäure (Reaktion von Crace-Calvert oder Behrens), Salzsäure (Bishop), Pyrogallussäure-Salzsäure (Tocher), Salpetersäure-Salzsäure (Cavalli), Ammoniumvanadat-Schwefelsäure, Formaldehyd-Schwefelsäure, Resorcin, auf die hier nur verwiesen werden möge.

*e) **Darstellung des Sesamins und seine Farbenreaktionen nach A. Bömer.***[7]) Man läßt in der im I. Teile (S. 404) beschriebenen Weise die unverseifbaren Bestandteile des Sesamöles aus Alkohol krystallisieren, trennt die Krystalle (Phytosterin und Sesamin) von der Mutterlauge und behandelt sie mit einer geringen Menge Äther, in dem das Phytosterin sehr leicht, das Sesamin dagegen wesentlich schwerer löslich ist (100 ccm Äther lösen bei 20° nur etwa 1 g Sesamin). Man gießt die Ätherlösung ab und behandelt den Rückstand noch zweimal in derselben Weise mit geringen Mengen Äther.

Schüttelt man eine Lösung von einigen Milligrammen Sesamin in Chloroform mit 1 ccm konzentrierter Schwefelsäure, so färbt sich die Schwefelsäure zunächst braunrot, dann stark kirschrot bis blau, während die Chloroformschicht farblos bleibt.

---

[1]) Chem.-Ztg. 1907, **31**, 1023.

[2]) Ebendort 1908, **32**, 87.

[3]) Zeitschr. f. öffentl. Chem. 1897, **3**, 63.

[4]) Chem.-Ztg. 1903, **27**, 1030.

[5]) Annal. chim. analyt. 1899, **4**, 217; Zeitschr. f. Untersuchung d. Nahrungs- u. Genußmittel 1900, **3**, 116.

[6]) Chem.-Ztg. 1911, **35**, 602.

[7]) Zeitschr. f. Untersuchung d. Nahrungs- u. Genußmittel 1899, **2**, 705.

Der mikroskopische Nachweis von Sesamin und seine Unterscheidung von Phytosterin kann sehr leicht in folgender Weise erfolgen: Man läßt das Unverseifbare des Sesamöles aus Alkohol krystallisieren und bringt einen Teil der Krystalle oder den in der eingangs beschriebenen Weise gewonnenen, in Äther schwerlöslichen Rückstand auf einen Objektträger unter das Mikroskop. Man kann auf diese Weise die dicken, an den Enden unregelmäßig begrenzten Krystallnadeln des Sesamins leicht von den dünnen beiderseitig abgeschrägten Nadeln des Phytosterins unterscheiden. Einfacher gelingt aber hierbei der Nachweis von Sesamin durch folgende mikrochemische Reaktion: Zu den auf dem Objektträger trocken gewordenen Krystallen gibt man 2—3 Tropfen eines Gemisches von Essigsäureanhydrid und konzentrierter Schwefelsäure. Alsbald zeigen die Sesaminkrystalle unter allmählicher Auflösung zunächst eine schwach braungrüne Farbe, die allmählich stärker wird und schließlich durch Blaugrün in ein dunkles Kirschrot und Violett übergeht. Die Phytosterinkrystalle dagegen verändern weder ihre Form noch ihre Farbe.

5. Baumwollsamenöl (Cottonöl).

Baumwollsamenöl (Cottonöl) ist das aus den Samen verschiedener Arten der Baumwollstaude (Gossypium) durch Pressung gewonnene und gereinigte Öl.

Raffination[1]): Das von der Presse ablaufende Rohöl ist dunkelorange bis rotbraun gefärbt; es hat einen ihm eigentümlichen Geruch und enthält neben Harz- und Schleimstoffen stets etwas Wasser und Eiweißstoffe. Das Rohöl findet als solches keinerlei Verwendung; es wird stets durch Behandeln mit Alkalilaugen oder Alkalicarbonatlaugen raffiniert, wobei die freien Fettsäuren und Harzstoffe verseift werden. Die ausfallenden Seifenflocken reißen die Farbstoffe und sonstigen Verunreinigungen mit nieder und bilden mit diesen den sog. Soapstock; das von diesem befreite raffinierte Öl ist in der Regel hellgelb; dunklere Sorten werden meist durch Fullererde gebleicht.

Da das Öl verhältnismäßig leicht „Stearin" abscheidet und fest wird, so entfernt man vielfach einen Teil dieses Stearins durch „Demargarinieren" und erhält so das Baumwollstearin (Cottonstearin) sowie das sog. „Winteröl" im Gegensatz zu dem nicht demargarinierten sog. „Sommeröl". Das Baumwollsamenöl ist das billigste der zur menschlichen Ernährung dienenden Öle und dient daher vielfach zur Verfälschung der sonstigen Öle und Fette. In großen Mengen wird es zur Herstellung von Margarine und Kunstspeisefett verwendet und in neuerer Zeit kommt es auch unter der Bezeichnung „Salatöl, Tafelöl, Butteröl usw." als Speiseöl in den Handel.

Das Baumwollsamenöl besteht vorwiegend aus Glyceriden der Palmitin-, Öl- und Leinölsäure und enthält etwa 0,7—1,7% unverseifbare Stoffe. Da es bei der Raffination für Speisezwecke stets mit Alkalien behandelt wird, ist der Säuregehalt der Handelsöle meist nur sehr gering.

Die Jodzahl des Baumwollsamenöles beträgt im allgemeinen 105—117, die des Baumwollsamenstearins 89—104; die Jodzahl der flüssigen Fettsäuren ist in frischen Ölen meist 146—152.

Farbenreaktionen zum Nachweise von Baumwollsamenöl.

Das Baumwollsamenöl ist gekennzeichnet durch eine Reihe von Farbenreaktionen, von denen die Halphensche Reaktion als die zuverlässigste anzusehen ist, die aber außer diesem auch Kapoköl und Baobaöl geben[2]).

---

[1]) Vgl. Hefter, Technologie der Fette und Öle. Berlin bei J. Springer, 1908, **2**, 202.

[2]) Nach E. Milliau (Annal. chim. analyt. 1905, **10**, 9) lassen sich diese beiden Öle vom Baumwollsamenöl jedoch dadurch unterscheiden, daß ihre Fettsäuren die Milliausche Reaktion (vgl. S. 478) mit Silbernitrat schon in der Kälte geben, während das Baumwollsamenöl erst in der Wärme reagiert.

a) Halphensche Reaktion[1]). Der Träger dieser Reaktion ist trotz mehrerer darüber angestellten Untersuchungen[2]) noch nicht sicher nachgewiesen. B. Kühn und F. Bengen[3]) die auch über die einschlägige Literatur eingehend berichten, halten ihn für eine an Glycerin gebundene ungesättigte saure Verbindung, und zwar entweder für einen Äthylenabkömmling mit nicht normaler Kohlenstoffkette oder für ein Acetylenderivat. L. Rosenthaler[3]) hält diese Hypothese für nicht zutreffend.

Die Halphensche Reaktion wird nach der Anlage d zu den Ausführungsbestimmungen D vom 22. Februar 1908 zum Fleischbeschaugesetz vom 3. Juni 1900, wie folgt, ausgeführt:

„5 ccm Fett werden mit der gleichen Raummenge Amylalkohol und 5 ccm einer 1 proz. Lösung von Schwefel in Schwefelkohlenstoff in einem weiten, mit Korkverschluß und weitem Steigrohre versehenen Reagensglas etwa $^1/_4$ Stunde lang im siedenden Wasserbad erhitzt. Tritt eine Färbung nicht ein, so setzt man nochmals 5 ccm der Schwefellösung zu und erhitzt von neuem $^1/_4$ Stunde lang.“ Bei Gegenwart von Baumwollsamenöl tritt eine deutliche Rotfärbung der Flüssigkeit ein.

Die Halphensche Reaktion hat im Laufe der Jahre zahlreiche Nachprüfungen erfahren, die durchweg ihre Brauchbarkeit — unter den später anzuführenden Beschränkungen — bestätigen, aber mancherlei Abänderungsvorschläge veranlaßt haben.

K. Fischer und H. Peyau[4]), ferner B. Kühn und F. Bengen[5]) haben auf den Einfluß der Apparatur für den Ausfall der Reaktion hingewiesen, soweit sie auf das Entweichen des Schwefelkohlenstoffs von Einfluß ist. Mit der Dauer des Entweichens des Schwefelkohlenstoffs verzögert sich der Eintritt der Reaktion und wenn infolge Anwendung eines Rückflußkühlers der Schwefelkohlenstoff überhaupt nicht entweichen kann, ergeben selbst Ölgemische mit 4% Baumwollsaatmehl bei halbstündigem Erhitzen im kochenden Wasserbade überhaupt keine Reaktion, wahrscheinlich, weil dann die nach Halphen für den Eintritt der Reaktion erforderliche Temperatur von 100—105° nicht erreicht wird. Andererseits darf aber der Schwefelkohlenstoff, der zum Eintritt der Reaktion erforderlich ist, auch nicht ganz fehlen.

Nach Versuchen von A. Steinmann[6]), B. Sjollema und J. E. Tulleken[7]), E. Rupp[8]) sowie von H. Wagner und J. Clement[9]) empfiehlt es sich, die Reaktion unter Druck auszuführen. Steinmann empfiehlt dafür das Arbeiten in einem zugeschmolzenen Rohre, während Sjollema und Tulleken sowie Rupp die Reaktion in festverschlossenen Glasstöpselflaschen von 50 ccm Inhalt ausführen und Wagner und Clement besondere Fläschchen[10]) von $11^1/_2$ cm Länge, 2 cm lichter Weite, 2—3 mm Wandstärke empfehlen, welche durch einen Porzellankopf mit Gummiplatte verschlossen werden, der durch einen Bügel mit Schraube fest angedrückt wird. Die geschlossenen Gefäße werden 15—30 Minuten im siedenden Wasserbade erhitzt, wodurch die günstigste Reaktionstemperatur von 100—105° er-

---

1) Journ. Pharm. Chim. 1897, [6] **6**, 390. — Vgl. auch Zeitschr. f. Untersuchung d. Nahrungs- u. Genußmittel 1900, **3**, 773.

2) Vgl. z. B. P. N. Raikow und Tscherweniwanow (Chem.-Ztg. 1899, **23**, 1025 u. 1900, **24**, 562), G. Halphen (Zeitschr. f. Untersuchung d. Nahrungs- u. Genußmittel 1906, **11**, 30), H. Serger (Chem.-Ztg. 1911, **35**, 610.)

3) Zeitschr. f. Untersuchung d. Nahrungs- u. Genußmittel 1910, **20**, 453.

4) Ebendort 1905, **9**, 81.

5) Ebendost 1906, **12**, 145.

6) Schweizer. Wochenschr. Chem. u. Pharm. 1901, **39**, 560; Zeitschr. f. Untersuchung d. Nahrungs- u. Genußmittel 1902, **5**, 1138.

7) Zeitschr. f. Untersuchung d. Nahrungs- u. Genußmittel 1902, **5**, 914.

8) Ebendort 1907, **13**, 74.

9) Ebendort 1908, **16**, 145.

10) Diese Druckfläschchen fertigt die Firma C. Gerhardt in Bonn an; sie können zu 10 Stück in ein Gestell gebracht und so in das Wasserbad eingetaucht werden.

reicht wird. Die roten Farbentöne haben beim Erhitzen unter Druck einen Stich ins Bläuliche, während sie beim Erhitzen im offenen Reagensrohr einen gelblichen Stich haben. Am Lichte dunkeln die Farbentöne etwas nach. Die Empfindlichkeitsgrenze liegt bei etwa $^1/_2$% Baumwollsamenöl.

Ferner sind verschiedene Vorschläge über die Abänderung der Reagenzien gemacht worden. P. Soltsien[1]) fand, daß die Reaktion auch ohne Amylalkohol eintritt, wenn man die Erhitzungsdauer verdreifacht, ferner daß der Amylalkohol durch Äthylalkohol ersetzt werden kann, daß aber die Anwendung von Schwefelkohlenstoff notwendig ist; Schwefel allein genügt nicht. — L. Rosenthaler[2]) hat eine Reihe von Körpern auf ihre Reaktionsfähigkeit bei der Halphenschen Reaktion geprüft, wobei er nach dem Vorschlage von Rupp mit Druckfläschchen arbeitete. Er erhielt positive, wenn auch nicht immer gleich starke Reaktionen, wenn er den Amylalkohol ersetzte durch Methyl-, Äthyl-, Propyl- und Isobutylalkohol, durch Amylenhydrat, Benzylalkohol, Santalol und Allylalkohol, Äthylenglykol, Glycerin, Acetessigester (alkoholhaltig), Aceton, Methyläthylketon; dagegen reagierten nicht: Phytosterin, Hypnon, Aldehyde (Formaldehyd, Benzaldehyd, Paraldehyd), Acetessigester (alkoholfrei), Benzol, Phenol, Nitrobenzol, Anilin und Eisessig. Die Versuche, den Schwefel oder den Schwefelkohlenstoff durch andere schwefelhaltige Körper (Senföl, Thialdin, Kaliumxanthogenat, Disulfone) zu ersetzen, waren ohne Erfolg.

E. Gastaldi[3]) dagegen hat gefunden, daß der Träger der Reaktion nicht der Amylalkohol, sondern seine Verunreinigungen sind. Als farbstoffbildend können nach ihm wirken Pyridin, Chinolin, Anilin, Kalilauge, Natronlauge und Ammoniak. Die Reaktion wird nach Gastaldi am einfachsten, wie folgt, ausgeführt: 5 ccm des zu prüfenden Öles werden mit 1 Tropfen Pyridin und 4 ccm Schwefelkohlenstoff, der 1% Schwefel gelöst enthält, im Wasserbade bis zu $^1/_2$ Stunde erwärmt. Die Empfindlichkeitsgrenze ist hierbei 0,25% Baumwollsaatöl.

Über die Zuverlässigkeit und Empfindlichkeit der Halphenschen Reaktion liegen folgende Beobachtungen vor:

1. Außer dem großen Einflusse, den die Art der Ausführung der Reaktion auf deren Stärke ausübt, zeigen nach K. Fischer und H. Peyau[4]) sowie H. Wagner und J. Clement[5]) auch die verschiedenen Öle des Handels bei derselben Ausführung der Reaktion verschieden starke Färbungen. Auf diese beiden Umstände ist jedenfalls die Verschiedenheit in den Angaben über die Empfindlichkeit der Reaktion zurückzuführen. Nach R. D. Oilar[6]) sollen in farblosem Schweineschmalz noch 0,0625% Baumwollsamenöl nachweisbar sein; nach J. Wauters[7]) und P. Soltsien[8]) liegt die Empfindlichkeitsgrenze bei 0,25%, nach P. N. Raikow und Tscherweniwanow[9]) bei 0,5%, nach K. Fischer und H. Peyau[10]) sowie nach H. Wagner und J. Clement[5]) bei der amtlichen Vorschrift bei 1%. Die von C. Strzyzowski[11]), R. D. Oilar[6]) und J. Wauters[7]) vorgeschlagene colorimetrische Bestimmungsart erscheint daher von vornherein nicht angängig.

---

[1]) Zeitschr. f. öffentl. Chem. 1901, **7**, 25; Zeitschr. f. Untersuchung d. Nahrungs- u. Genußmittel 1901, **4**, 753; vgl. ferner 1899, **2**, 725 u. 1907, **13**, 47.

[2]) Zeitschr. f. Untersuchung d. Nahrungs- u. Genußmittel 1910, **20**, 453.

[3]) Giorn. Farmac. Chim. 1912, **61**, 289; Chem. Zentralbl. 1912, II, 758.

[4]) Zeitschr. f. Untersuchung d. Nahrungs- u. Genußmittel 1905, **9**, 81.

[5]) Ebendort 1908, **16**, 145.

[6]) Americ. Chem. Journ. 1900, **24**, 355; Zeitschr. f. Untersuchung d. Nahrungs- u. Genußmittel 1901, **4**, 753.

[7]) Bull. Assoc. Belge Chim. 1899, **13**, 404; Zeitschr. f. Untersuchung d. Nahrungs- u. Genußmittel 1900, **3**, 439.

[8]) Zeitschr. f. öffentl. Chem. 1899, **5**, 106 u. 135; 1901, **7**, 140.

[9]) Chem.-Ztg. 1899, **23**, 1025.

[10]) Zeitschr. f. Untersuchung d. Nahrungs- u. Genußmittel 1905, **9**, 85.

[11]) Pharm. Post 1899, **23**, 736; Zeitschr. f. Untersuchung d. Nahrungs- u. Genußmittel 1900, **3**, 439.

2. Die Zuverlässigkeit der Halphenschen Reaktion erleidet aber eine wesentliche Einbuße dadurch, daß die Empfindlichkeit der Reaktion nach K. Fischer und H. Peyau[1]) sowie H. Sprinkmeyer[2]) mit dem Alter der Öle wesentlich abnimmt. — H. Wagner und J. Clement[3]) konnten dagegen einen solch starken Einfluß des Alters der Öle nicht beobachten — und daß ferner nach den Untersuchungen von Soltsien[4]), Holde und Pelgry[5]), C. Strzyzowski[6]), P. N. Raikow[7]), Utz[8]), K. Fischer und H. Peyau[1]) der die Halphensche Reaktion verursachende Körper durch Behandeln mit schwefliger Säure und rauchender Salzsäure, durch Erhitzen der Fette und Öle auf höhere Temperaturen (150—200°) mehr oder weniger geschwächt und z. B. durch 6-stündiges Erhitzen vollständig zerstört wird, wobei allerdings auch das Öl so verändert wird, daß es zu Speisezwecken nicht mehr verwendbar ist.

3. Endlich sei auch an dieser Stelle noch darauf hingewiesen, daß der die Halphensche Reaktion verursachende Körper beim Füttern von Baumwollsamenrückständen sowohl in das Butterfett (vgl. oben S. 403) als auch in das Körperfett der Schweine (vgl. oben S. 453) und Rinder übergehen kann, so daß also bei diesen Fetten eine positive Halphensche Reaktion auftreten kann, ohne daß die betreffenden Fette eine Beimischung von Baumwollsamenöl enthalten.

b) Sonstige Reaktionen. Vor dem Bekanntwerden der Halphenschen Reaktion wurde zum Nachweise von Baumwollsamenöl namentlich die Bechische Reaktion verwendet; sie wird nach den Vorschriften der von der italienischen Regierung zur Prüfung der Reaktion eingesetzten Kommission[9]), wie folgt, ausgeführt:

10 ccm Öl werden mit 1 ccm Silbernitratlösung (1 g Silbernitrat in 200 ccm 98 proz. Alkohol + 40 ccm Äther + 0.1 g Salpetersäure) gemischt, hierauf werden 10 ccm Rüböllösung (15 ccm Kolzaöl in 100 ccm Amylalkohol) hinzugefügt. Nach starkem Umschütteln wird die Mischung in 2 Teile geteilt, von denen der eine $^1/_4$ Stunde lang in kochendem Wasser erhitzt wird, während der andere in der Kälte stehen bleibt. Die erhitzte Probe wird bei Gegenwart von Baumwollsamenöl braun. Rübölmischung und Silbernitratlösung müssen vor jedem Versuch für sich, d. h. ohne Zusatz des zu untersuchenden Öles, geprüft werden.

E. Milliau[10]) empfiehlt für die Ausführung der Silbernitratprobe die Verwendung der Fettsäuren statt der Öle selbst: 5 ccm Fettsäuren werden in 15 ccm 90 proz. Alkohol gelöst und mit 2 ccm 3 proz. wässeriger Silbernitratlösung 1—3 Minuten zum Kochen erhitzt. Bei Gegenwart von Baumwollsamenöl tritt Dunkelfärbung ein und die Fettsäuren steigen, durch metallisches Silber dunkelgefärbt, an die Oberfläche. Es sollen sich auf diese Weise z. B. 5% Baumwollsamenöl in Olivenöl nachweisen lassen. Tortelli und Ruggeri empfehlen die Verwendung der flüssigen (ungesättigten) Fettsäuren zur Anstellung der Silbernitratreaktion.

Außer der Silbernitratreaktion ist vielfach auch die Salpetersäure-Reaktion (Hauchecornesche Reaktion) zum Nachweise von Baumwollsamenöl vorgeschlagen worden. Nach J. Lew-

[1]) Zeitschr. f. Untersuchung d. Nahrungs- u. Genußmittel 1905, **9**, 85.

[2]) Ebendort 1908, **15**, 19.

[3]) Ebendort 1908, **16**, 145.

[4]) Zeitschr. f. öffentl. Chem. 1899, **5**, 106 u. 135; 1901, **7**, 140.

[5]) Chem. Rev. Fett- u. Harzind. 1899, **6**, 90.

[6]) Pharm. Post 1899, **23**, 736; Zeitschr. f. Untersuchung d. Nahrungs- u. Genußmittel 1900, **3**, 439.

[7]) Chem.-Ztg. 1900, **24**, 562 u. 583.

[8]) Chem. Rev. Fett- u. Harz-Ind. 1902, **9**, 125.

[9]) Vgl. G. De Negri u. G. Fabris: Die Öle, bearbeitet von D. Holde in Zeitschr. analyt. Chemie 1894, **33**, 547—572.

[10]) Compt. rend. 1888, **106**, 550; vgl. L. Ubbelohde, Chemie, Analyse, Gewinnung der Öle, Fette und Wachse. Leipzig bei S. Hirzel, 1908, **1**, 282. — Andere Ausführungsweisen der Milliauschen Probe sind in den Spezialwerken von Lewkowitsch (**2**, 109) und Benedikt-Ulzer (5. Aufl. S. 732) angegeben.

kowitsch[1]) gibt die Mehrzahl der Baumwollsamenöle, auch wenn in ihnen durch Erhitzen der die Halphensche Reaktion gebende Körper zerstört ist, eine positive Reaktion mit Salpetersäure. Diese wird nach Lewkowitsch am besten in folgender Weise ausgeführt:

Einige ccm Öl werden mit dem gleichen Volumen Salpetersäure vom spezifischen Gewicht 1,375 durchgeschüttelt und darauf einige Zeit — bis 24 Stunden — stehen gelassen. Die meisten Baumwollsamenöle nehmen dabei eine kaffeebraune Färbung an.

Nach P. Soltsien gibt nicht nur erhitztes Baumwollsamenöl diese Reaktion, sondern es geben sie überhaupt alle auf höhere Temperaturen erhitzten Öle.

Bezüglich sonstiger Farbenreaktionen (Reaktionen von Hirschsohn, Labiche, Perkins, Gantter usw.) sowie der Literatur zur Silbernitrat- und Salpetersäure-Reaktion sei lediglich auf die Spezialwerke, namentlich auf das von Benedikt - Ulzer (5. Aufl.) und auf die Veröffentlichung von De Negri und Fabris[2]) verwiesen, zumal diese Reaktionen heute keine praktische Bedeutung mehr haben.

6. *Rüböl (Rapsöl, Kolzaöl).*

Als Rüböl (Rapsöl, Kolzaöl) kommt das Öl der Samen verschiedener Varietäten von Brassica campestris in den Handel. Diese Öle sind gekennzeichnet durch eine verhältnismäßig niedrige Verseifungszahl (168—179), die durch den Gehalt des Öles an Erucasäure ($C_{22}H_{42}O_2$) bedingt ist. Ferner soll das Rapsöl nach L. Archbutt[3]) auch Arachinsäure — er fand 1,4% — enthalten.

Die Jodzahl des Rüböles beträgt 94—106.

Die Verfälschungen des Rüböles bestehen vorwiegend in Zusätzen von trocknenden Ölen (Leinöl, Mohnöl), die man durch die erhöhte Jodzahl erkennt, von Tran, von Harzöl, das durch seine starke Rechtsdrehung (vgl. I. Teil, S. 411), und von Paraffinöl, das durch die Bestimmung des Unverseifbaren (vgl. S. 466 und I. Teil, S. 411) erkannt wird.

Verfahren zum Nachweise von Rüböl (Cruciferenölen).

Die nachfolgenden 3 Verfahren zur Erkennung von Cruciferenölen und zu ihrem Nachweis in anderen Ölen (Olivenöl, Leinöl usw.) beruhen auf dem Nachweise der Erucasäure, einer ungesättigten Fettsäure, die gegenüber den anderen ungesättigten Fettsäuren (Ölsäure, Leinölsäure, Linolensäure usw.) durch ihr hohes Molekulargewicht (338) und ihren verhältnismäßig hohen Schmelzpunkt (33—34°) gekennzeichnet ist.

1. Verfahren von D. Holde und J. Marcusson[4]). Das Verfahren beruht auf der Abscheidung der Erucasäure und deren Kennzeichnung durch ihren verhältnismäßig hohen Schmelzpunkt, ihr hohes Molekulargewicht und die Schwerlöslichkeit ihres Bleisalzes in kaltem Äther. Um zu diesen Zahlenwerten zu gelangen, wird das nachstehende Verfahren angewendet: 20—25 g der zu prüfenden Fettsäuren werden im doppelten Raumteil 96 proz. Alkohols gelöst und in einem weiten Reagensglase mit Hilfe einer Eis-Viehsalz-Mischung auf — 20° unter Rühren mit einem Glasstabe abgekühlt. Der entstehende Niederschlag von vorwiegend gesättigten Fettsäuren wird im Kältetrichter, wie er zur Bestimmung des Paraffingehaltes von Ölen nach dem Alkohol-Äther-Verfahren verwendet wird, bei — 20° abgesaugt und mit gekühltem Alkohol etwas ausgewaschen. Das Filtrat wird eingedampft, der Rückstand mit dem vierfachen Raumteil 75 vol.-proz. Alkohols aufgenommen und wiederum auf — 20° abgekühlt. (Man kann natürlich auch unter Vermeidung des Eindampfens durch

[1]) J. Lewkowitsch, Chemische Technologie und Analyse der Öle, Fette und Wachse. Braunschweig, Fr. Vieweg & Sohn, 1905, **2**, 107.

[2]) Zeitschr. analyt. Chemie 1894, **33**, 547.

[3]) Journ. Soc. chem. Ind. 1898, **17**, 1009.

[4]) Zeitschr. angew. Chem. 1910, **23**, 1260—1262; Zeitschr. f. Untersuchung d. Nahrungs- u. Genußmittel 1911, **21**, 435—436.

geeigneten Wasserzusatz die erforderliche Wasserkonzentration herbeiführen.) Die nunmehr bei Gegenwart von Cruciferenölen langsam, im Verlaufe von etwa einer Stunde entstehende durch Rühren beförderte krystallinische Fällung, welche nach dem Absaugen und Auswaschen mit gekühltem 75 proz. Alkohol rein weiß erscheint, besteht zum größten Teile aus Erucasäure. Man löst sie mit warmem Benzol oder Äther vom Filter, das zuvor aus dem Kältetrichter herauszunehmen ist, dampft die Lösung ein und verwendet den Rückstand zur Molekulargewichtsbestimmung nach dem Titrationsverfahren. Das Molekulargewicht liegt, falls im Ausgangsmaterial Rüböl oder ein sonstiges Cruciferenöl zugegen war, zwischen 310—320 (reine Erucasäure 338). Es ist natürlich nicht schwierig, die geringen, das Molekulargewicht erniedrigenden Verunreinigungen zu entfernen, indessen ist für die technischen Analysen der angegebene Molekulargewichtsbefund vollkommen ausreichend. (Die flüssigen, von Erucasäuren freien Fettsäuren anderer Öle haben ein wesentlich niedrigeres Molekulargewicht als Erucasäure, z. B. Ölsäure 282, Linolsäure 280, Linolensäure 278). Zur Ergänzung der Molekulargewichtsbestimmung kann man noch den Schmelzpunkt ermitteln, der in der Regel etwas unter 30° liegen wird, und die Jodzahl, welche für reine Erucasäure 75,1 beträgt. Der bei der ersten Fällung aus 96 proz. Alkohol ausfallende Niederschlag besteht im allgemeinen aus festen gesättigten Säuren. Ist aber der Gehalt der zu prüfenden Fettsäuren an Erucasäure beträchtlich, so fällt auch ein Teil der Erucasäure mit den gesättigten Säuren gleichzeitig aus. Trotzdem bleibt bei Verwendung von 20—25 g Ausgangsmaterial noch so viel Erucasäure in der alkoholischen Lösung, daß bei dem nachfolgenden Abkühlen der gelösten Säuren in 75 proz. Alkohol eine zur Molekulargewichtsbestimmung genügende Menge ausfällt. Bei hohem Gehalt des Ausgangsmaterials an gesättigten Fettsäuren, z. B. bei Tran, bildet sich beim Abkühlen der Fettsäuren im doppelten Raumteil 96 proz. Alkohols bei — 20° ein so starker Niederschlag, daß die Filtration sehr erschwert wird. Für solche Fälle empfiehlt es sich, die alkoholische Lösung zunächst auf 0° abzukühlen und bei dieser Temperatur abzusaugen, um die Hauptmenge der festen Säuren zunächst zu entfernen. Die weitere Verarbeitung des Filtrates erfolgt dann wie oben angegeben. Beim Abkühlen der Fettsäuren in 75 proz. Alkohol können geringe Mengen nach dem Behandeln mit 96 proz. Alkohol in Lösung verbliebener fester Fettsäuren auch bei Abwesenheit von Cruciferenölen ausfallen. Diese sind durch höheren Schmelzpunkt und niedrigeres Molekulargewicht leicht von der Erucasäure zu unterscheiden. — Holde und Marcusson konnten nach diesem Verfahren noch 20% Rüböl in Leinöl nachweisen.

2. Verfahren von M. Tortelli und V. Fortini[1]). Zum Nachweise der Erucasäure bestimmt man: 1. Die Jodzahl der festen Fettsäuren, die ein in Äther unlösliches oder wenig lösliches Bleisalz geben. 2. Den Schmelzpunkt dieser Fettsäuren. 3. Die kritische Lösungstemperatur des Natriumsalzes der Fettsäuren, deren Bleiseife in Äther löslich ist. Mit Hilfe dieser drei Prüfungsmethoden ist man nicht nur in der Lage, das Rüböl zu identifizieren, sondern man kann auch seine Anwesenheit in den verschiedenen Gemischen erkennen. Die Trennung und Darstellung der Fettsäuren geschieht, wie folgt: Die nach dem Verfahren von Tortelli und Ruggeri abgeschiedenen Bleiseifen werden in 80 ccm Äther 20—30 Minuten lang unter ständigem Umschütteln am Rückflußkühler erwärmt und dann der Kolben verschlossen 1 Stunde lang im Wasserbade bei 15° stehen gelassen (Zeit und Temperatur sind genau innezuhalten). Hierauf filtriert man die über dem pulverförmigen Niederschlage stehende klare Ätherlösung durch ein gut laufendes Fliter in einen Scheidetrichter, wobei man Sorge trägt, daß möglichst wenig von dem Niederschlag auf das Filter gelangt, und stellt das Filter bedeckt beiseite. Der im Kolben verbliebene Rückstand wird von neuem mit 40 ccm Äther 20 Minuten lang am Rückflußkühler erwärmt und wiederum wie vorher 1 Stunde bei 15° stehen gelassen. Man bringt nun die ungelöste Seife auf das vorher benutzte Filter und wäscht Kolben und Niederschlag mit 40 ccm Äther aus. Die unlösliche Seife wird hierauf nach Durch-

[1]) Annal. des Falsifications 1911, **4**, 139—145; Zeitschr. f. Untersuchung d. Nahrungs- u. Genußmittel 1911, **22**, 665; auch Gaz. chim. Ital. 1911, **41**, I, 173—182.

stoßung des Filters mit 100 ccm Äther in einen zweiten Scheidetrichter gespült. Zu beiden Scheidetrichtern, von denen der eine die ätherlöslichen, der andere die ätherunlöslichen Bleiseifen enthält, gibt man 150 ccm 20proz. Salzsäure, schüttelt stark durch, läßt nach dem Absetzen die Salzsäure mit dem Bleichlorid ablaufen, wiederholt diese Behandlung noch 1- oder 2-mal mit 100 ccm Salzsäure und wäscht dann 2-mal mit 100—150 ccm Wasser, ohne stark zu schütteln, um die Bildung einer Emulsion zu vermeiden. Die Ätherlösungen werden durch Faltenfilter in Glasschalen filtriert und der Äther bei möglichst niedriger Temperatur verdunstet.

Man bestimmt von den festen Fettsäuren den Schmelzpunkt und die Jodzahl. Von den flüssigen Fettsäuren stellt man die Natriumseife dar. Man löst die Fettsäuren in 40 ccm absolutem Alkohol, verseift mit gesättigter Natriumcarbonatlösung, verdampft fast bis zur Trockne und trocknet im Vakuumexsiccator über Schwefelsäure. Zur Entfernung des überschüssigen Natriumcarbonats löst man die Seife durch 3—4-maliges Erwärmen mit je 40 bis 50 ccm absolutem Alkohol und filtriert jedesmal mit Hilfe eines Heißwassertrichters. Die beim Abkühlen der vereinigten alkoholischen Flüssigkeiten als klebrige weiße oder leicht gelbliche Masse abgeschiedene Seife wird mittels der Saugpumpe abgesaugt und über Schwefelsäure getrocknet. 0,5 g der ganz trockenen Seife (Hauptbedingung des Versuches) werden mit 20 ccm absolutem Alkohol in ein großes Reagensglas gegeben, das durch den Verschlußkorken eines mit Wasser gefüllten Erlenmeyer-Kolbens so hindurchgesteckt ist, daß es nicht bis auf den Boden reicht. In das Reagensglas setzt man ein Thermometer und erwärmt den Kolben, wobei man mit dem Thermometer umrührt, bis die Seife völlig klar gelöst ist. Nun läßt man abkühlen und beobachtet die Bildung von Krystallen, die anfangs schwach sichtbar, allmählich in größerer Zahl auftreten und schließlich die ganze Masse durchsetzen. In dem Augenblick, wo diese Erscheinung anfängt, wird die Temperatur abgelesen. Diese Temperatur ist die kritische Lösungstemperatur (vgl. I. Teil, S. 361). — Nach Tortelli und Fortini ist die Bestimmung der kritischen Lösungstemperatur der Fettsäuren sehr geeignet zur Vorprüfung auf die Reinheit eines Olivenöles; die erzielten Ergebnisse sind genauer und sicherer als die nach dem Crismerschen Verfahren aus den Ölen selbst gewonnenen. Angewendet wurden 5 ccm Fettsäuren und 10 ccm 70proz. Alkohol. Nachstehende Tabelle gibt Aufschluß über die bei Anwendung des Verfahrens auf verschiedene Öle und Gemische von Rüböl mit Olivenöl erhaltenen Werte:

Art der Öle	Jodzahl der festen Fettsäuren	Schmelzpunkt der festen Fettsäuren Grad C	Kritische Lösungstemperatur des Natriumsalzes der flüssigen Fettsäuren Grad C	Art der Öle	Kritische Lösungstemperatur der Fettsäuren in 70proz. Alkohol Grad C
Olivenöl	7,8	58—59	24—20	Olivenöl	16
Rüböl	62	41—42	50—45	„ (ausländisches)	18
Olivenöl 50%, Rüböl 50%	32	47—48	40—35	„ („)	20
„ 70% „ 30%	28	48—49	35—30	„ (mehr. Jahre alt)	36
„ 80% „ 20%	22,1	50—51	35—30	Erdnußöl	59
„ 90% „ 10%	12,8	54—55	34—30	Rüböl	80
Sesamöl	9,2	55—56	20—18	Sesamöl	53
Erdnußöl	13	57—58	22—18	Baumwollsamenöl	67
Baumwollsamenöl	19	57—58	16—14	Olivenöl 90, Erdnußöl 10%	45

3. Verfahren von H. Kreis und E. Roth[1]). Das Verfahren beruht auf der fraktionierten Fällung der Fettsäuren mit Bleiacetat. Man verfährt, wie folgt: 20 g Öl

[1]) Zeitschr. f. Untersuchung d. Nahrungs- u. Genußmittel 1913, **26**, 38.

werden durch Kochen mit 10 ccm 40 proz. Natronlauge und 50 ccm Alkohol verseift. Die Seifenlösung wird zur Trockne verdampft und der Rückstand mit Wasser und Salzsäure im Überschusse erhitzt, bis die Fettsäuren klar aufschwimmen. Diese werden in 100 ccm 95 proz. Alkohol gelöst[1]). Die Lösung wird zum Sieden erhitzt und mit einer siedenden Lösung von 1,5 g Bleiacetat in 50 ccm Alkohol versetzt, worauf man am besten über Nacht bei einer Temperatur von nicht unter 15° stehen läßt. Die ausgeschiedenen Bleiseifen werden scharf abgesaugt und mindestens dreimal mit Alkohol gewaschen. Hierauf kocht man sie so lange mit 5 proz. Salzsäure, bis die Fettsäuren klar aufschwimmen, läßt erstarren und bestimmt den Schmelzpunkt („Fraktionsschmelzpunkt")[2]).

Als Fraktionsschmelzpunkte wurden auf diese Weise bei verschiedenen Ölen folgende gefunden:

	Olivenöl (14 Proben)	Rüböl (2 Proben)	Leinöl	Sesamöl	Erdnußöl	Baumwollsamenöl	Tran
Fraktions-Schmelzpunkt:	50,5—54,5°	29—30°	51—52°	52,5°	56,8°	58,4°	51—52°

Durch die Erniedrigung des Fraktionsschmelzpunktes lassen sich Zusätze von Rüböl im Olivenöl nachweisen; je 5% Rüböl im Olivenöl erniedrigen den Fraktionsschmelzpunkt des Olivenöles um je 1°; z. B. fanden Kreis und Roth für Mischungen eines Olivenöles mit dem Fraktionsschmelzpunkte 51,5° und eines Rüböles mit einem solchen von 30° folgende Fraktionsschmelzpunkte: Olivenöl mit 10% Rüböl 49,0°, bei 20% 47,0°, bei 30% 45,0°, bei 40% 42,0° und bei 50% 41,5°.

Zur Verschärfung des Rübölnachweises verfahren Kreis und Roth folgendermaßen:

Die durch Fällung mit 1,5 g Bleiacetat erhaltenen Fettsäuren werden in 100 ccm Alkohol gelöst, siedend mit einer heißen Lösung von 1 g Bleiacetat in 50 ccm Alkohol versetzt und über Nacht stehen gelassen. Das Filtrat von der ausgeschiedenen Bleiseife wird durch Abdampfen vom Alkohol befreit und der Rückstand durch Kochen mit 5 proz. Salzsäure zersetzt. Die so aus Olivenöl erhaltenen Fettsäuren schmelzen bei etwa 47°, während die Fettsäuren aus Gemischen mit 5—20 proz. Rüböl bei gewöhnlicher Temperatur mehr oder weniger weich sind, jedenfalls aber weit unter 47° schmelzen. Rüböl ergibt, nach diesem Verfahren behandelt, Fettsäuren, die bei 24—25° schmelzen. Auf diese Weise können auch geringe Beimengungen von Rüböl in Olivenöl mit Sicherheit erkannt werden, und man wird bei Verdacht auf Rüböl immer in dieser Weise vorgehen müssen, wenn der erste Fraktionsschmelzpunkt nicht wesentlich unter 50° liegt.

Das Verfahren dürfte demnach zum Nachweise des Rüböls im Olivenöl in allen Fällen genügend empfindlich sein; eine genaue Bestimmung des Gehaltes an Rüböl ist naturgemäß nur möglich, wenn der Fraktionsschmelzpunkt des zugrunde liegenden Olivenöles bekannt ist. Da dies aber nur ausnahmsweise der Fall ist, muß man sich mit einer annähernden Schätzung begnügen, nämlich eines mittleren Fraktionsschmelzpunktes für Olivenöl von 51° und für Rüböl von 30°.

VII. Gehärtete Öle.

In den letzten Jahren sind die Verfahren der Ölhärtung, welche auf der Überführung der ungesättigten Fettsäuren (Ölsäure, Leinölsäure, Linolensäure) in Stearinsäure durch Einwirkung von Wasserstoff unter Anwendung eines als Katalysator dienenden fein verteilten

---

[1]) Aus dieser Lösung scheiden sich die Fettsäuren der bisher von Kreis und Roth untersuchten Öle bei Temperaturen von 10° und darüber selbst nach 24-stündigem Stehen nicht aus.

[2]) Kreis und Roth haben alle Schmelzpunkte auf dem Block Thiele bestimmt (Zeitschr. angew. Chemie 1902, 780; vgl. auch I. Teil, S. 55 und 56). Geschieht die Bestimmung im Schmelzpunktröhrchen, was wesentlich umständlicher ist, so werden die Schmelzpunkte etwas höher gefunden werden; die Differenzen bleiben aber natürlich gleich.

Metalles (Platin, Palladium, Nickel) bei höherer Temperatur unter Druck auf die Öle beruhen, im großen angewendet worden. Man begegnet derartigen gehärteten Ölen daher heute bereits im Handel.

Nähere Untersuchungen über gehärtete Öle liegen von A. Bömer[1]) sowie von H. Kreis und E. Roth[2]) vor.

A. Bömer fand für eine Reihe von mit Hilfe von Nickel als Katalysator gehärteten Ölen folgende analytischen Werte:

Nr.	Bezeichnung der Öle bzw. Fette		Aussehen (Farbe und Konsistenz)	Schmelzpunkt Grad C	Erstarrungspunkt Grad C	Differenzzahl	Refraktometergrade bei 40°	Säurezahl (mg KOH für 1 g Fett)	Verseifungszahl	Jodzahl
				nach Polenske bestimmt						
1	Gambia-Erdnußöl	Rohöl	gelb, flüssig	—	—	—	56,8	1,1	191,1	84,4
2	Gambia-Erdnußöl	gehärtet	weiß, talgartig	51,2	36,5	14,7	50,1	1,0	188,7	47,4
3	Gambia-Erdnußöl gehärtet	weich	weiß, schmalzartig	44,2	30,2	14,0	52,3	1,3	188,3	56,5
4	Gambia-Erdnußöl gehärtet	mittel	weiß, schmalzartig	46,1	32,1	14,0	50,5	0,9	188,4	54,1
5	Gambia-Erdnußöl gehärtet	hart	weiß, talgartig	53,5	38,8	14,7	49,0	1,2	189,0	42,2
6	Erdnußöl		weiß, schmalzartig	43,7	27,7	14,0	51,7	2,3	191,6	61,1
7	Sesamöl, gehärtet		weiß, schmalzartig	47,8	33,4	14,4	51,5	0,5	190,6	54,9
8	Desgl. technisches		weiß, talgartig	62,1	45,3	16,8	(38,4*)	4,7	188,9	25,4
9	Baumwollsaatöl		hellgelb, schmalzartig	38,5	25,4	13,1	53,8	0,6	195,7	69,7
10	Cocosfett	natürlich	weiß, weich	25,6	20,4	5,2	37,4	0,3	255,6	11,8
11	Cocosfett	gehärtet	weiß, schmalzartig	44,5	27,7	16,8	35,9	0,4	254,1	1,0
12	Waltran, gehärtet		weiß, talgartig	45,1	33,9	11,2	49,1	1,2	192,3	45,2
13	Desgl. technisch		hellgelb, talgartig	45,4	33,7	11,7	49,1	1,1	193,0	46,8

*) Bei 50° bestimmt.

Über die äußeren Eigenschaften und die analytischen Konstanten ist nach A. Bömer folgendes zu bemerken:

1. Die gehärteten Öle zeigen infolge der mehr oder minder vollständigen Umwandlung der ungesättigten flüssigen Fettsäuren (Ölsäure, Leinölsäure, Linolensäure) in Stearinsäure eine Erhöhung des Schmelz- und Erstärrungspunktes, sowie eine Erniedrigung der Refraktometerzahl und Jodzahl, während die Verseifungszahl nur wenig verändert wird.

2. Die weichen und mittelharten gehärteten Öle zeigen in Farbe, Konsistenz und zum Teil auch in Geruch und Geschmack eine mehr oder minder große Ähnlichkeit mit dem Schweineschmalz und die stärker gehärteten mit dem Rinds- oder Hammelstalge, so daß man sie von diesen tierischen Fetten äußerlich nicht unterscheiden kann; es glichen z. B. die obigen mittelharten Erdnußöle so vollkommen dem Neutral lard und die gehärteten Waltrane derartig dem Hammeltalge, daß sie nach Aussehen, Konsistenz, Geruch und Geschmack von diesen Fetten nicht zu unterscheiden waren.

3. Auch die üblichen analytischen Konstanten sind denen des Schweinefettes und Hammeltalges so ähnlich, daß man z. B. die gehärteten Erdnußöle Nr. 3, 4, 6 und das gehärtete Sesamöl Nr. 7 nach ihren analytischen Konstanten nicht von Schweinefett und die Waltrane Nr. 12 und 13 nicht vom Hammel- und Rindstalge unterscheiden kann.

[1]) Zeitschr. f. Untersuchung d. Nahrungs- u. Genußmittel 1912, **24**, 104.

[2]) Ebendort 1913, **25**, 81.

Bei letzteren stimmen sogar auch die Polenskeschen Differenzzahlen überein, während diese Zahlen bei den gehärteten Erdnuß- und Sesamölen wesentlich niedriger sind als beim Schweinefett.

4. Die Sterine werden durch den Härtungsprozeß weder in ihren Krystallformen, noch in ihren Schmelzpunkten und denen ihrer Acetate verändert.

Die Phytosterinacetatprobe gestattet daher nicht nur die gehärteten Pflanzenöle als solche zu erkennen, sondern sie auch selbst in geringen Mengen in tierischen Fetten nachzuweisen.

Über die bekannten Farbenreaktionen auf Pflanzenöle, insbesondere Sesamöl und Baumwollsamenöl liegen folgende Angaben vor:

A. Bömer fand, daß die Halphensche Reaktion bei gehärtetem Baumwollsamenöl vollständig negativ ausfiel, während die Baudouinsche Reaktion auf Sesamöl nicht nur positiv blieb, sondern sogar auffallend stark eintrat. Nach Prall[1]) wird dagegen die Hauchecornesche Reaktion auf Baumwollsamenöl durch den Härtungsprozeß nicht beeinflußt.

H. Kreis und E. Roth bestätigen die Angaben von A. Bömer und machen folgende weitere Angaben:

1. Die Belliersche Reaktion auf Samenöle (Salpetersäure 1,4 und Resorcin in Benzol) trat bei gehärtetem Sesamöl, Erdnußöl und Baumwollsamenöl ebenfalls ein, wenn auch mit etwas anderen Nuancen der Färbung als bei den unveränderten Ölen; bei gehärtetem Tran färbten sich Säure und Öl orangegelb.

2. Sonstige Farbenreaktionen des gehärteten Sesamöles: Mit Salzsäure (spez. Gew. 1,19) geschüttelt (Bishopsche Reaktion) trat keine Grünfärbung ein. — Mit Salpetersäure (spez. Gew. 1,4) färbte sich das Öl tief orange, die Säure intensiv gelb. — Mit Schwefelsäure (75 Gew.-%) entstand eine grauschwarze Färbung; wurden der Schwefelsäure 2 Tropfen Formalin [Bellier[2])] oder 2 Tropfen Wasserstoffsuperoxyd [Kreis[3])] zugesetzt, so erschienen die charakteristischen Blau- bzw. Olivengrünfärbungen. — Die Soltsiensche Reaktion trat in normaler Weise ein.

Direkt gab das Fett mit Diazonaphthionsäure keine Sesazoreaktion [Kreis)[4]], wohl aber nach kurzem Schütteln mit Salzsäure vom spez. Gew. 1,19. Das Sesamol wird also durch den Hydrierungsprozeß nicht aus seiner immer noch unbekannten Verbindungsform gelöst. — Die Abscheidung des Sesamins nach dem Verfahren von A. Bömer (vgl. S. 474) gelang ohne Schwierigkeiten.

Über das von H. Kreis und E. Roth beschriebene Verfahren zum Nachweise von Erdnußöl in gehärteten Ölen mit Hilfe der Arachinsäureabscheidung vgl. oben S. 470.

Für den Nachweis von Nickel, von dem nach Prall bei Verwendung von Rohölen, welche wesentliche Mengen freier Säure enthalten, geringe Mengen aus dem Katalysator in das gehärtete Öl übergehen, wird von Prall folgendes Verfahren vorgeschlagen:

5—10 g Fett werden mit dem gleichen Volumen konzentrierter Salzsäure in einem Reagensglase im Wasserbade $^1/_2$ Stunde lang unter öfterem Umschütteln erwärmt; dann wird die Masse durch ein angefeuchtetes Filter filtriert und der saure Auszug in einer Porzellanschale verdampft. Der Rückstand wird mit einer 1 proz. alkoholischen Dimethylglyoximlösung betupft. Beim Vorhandensein von Nickel zeigt sich eine Rotfärbung, die mitunter beim Zusatz von etwas Ammoniak noch besser hervortritt. Ist der sauere Auszug selbst schon stark gefärbt, so entfernt man vor Anstellung der Reaktion den Farbstoff durch Tierkohle.

---

[1]) Mitgeteilt von A. Bömer in Zeitschr. f. Untersuchung d. Nahrungs- u. Genußmittel 1912, **24**, 104.

[2]) Schweizer. Wochenschrift f. Chem. u. Pharm. 1899, **37**, 472.

[3]) Chem.-Ztg. 1903, **27**, 1030.

[4]) Ebendort 1904, **28**, 956.

Nach den Beobachtungen von Prall zeigen auch manche frisch gepreßten Öle beim Behandeln mit Salzsäure und bei direkter Prüfung mit Dimethylglyoximlösung und Ammoniak eine Rotfärbung, obgleich kein Nickel darin vorhanden ist.

Beurteilung der gehärteten Öle. Bisher werden angeblich namentlich gehärtete Trane (Talgol) und andere Öle zu technischen Zwecken im großen dargestellt. Da die gehärteten Pflanzenöle aber voraussichtlich in Zukunft auch zur Herstellung von Speisefetten verwendet werden, seien hier die 3 Hauptbedingungen angegeben, welche nach A. Bömer erfüllt sein müssen, wenn gehärtete Öle zu dem genannten Zwecke dienen sollen; es sind folgende:

1. Die gehärteten Öle dürfen kein Nickel und keine anderen fremden, aus dem Härtungsprozeß herrührenden Stoffe enthalten.
2. Die gehärteten Öle müssen durch sorgfältige physiologische Versuche auf ihr Verhalten im menschlichen Körper geprüft sein und sich als unschädlich erwiesen haben.
3. Die zu verwendenden Rohfette und -öle müssen an sich zur menschlichen Ernährung geeignet sein.

Mehle und ihre Rohstoffe.

I. Rohstoffe der Mehle.

Als Rohstoffe für die Herstellung der Mehle kommen vorwiegend nur die Früchte bzw. Samen von Getreide- und Leguminosenarten in Betracht. Ihr Anbau, ihre Gewinnung und Zusammensetzung unter verschiedenen Verhältnissen sind schon in Bd. II, 1904, S. 756 u. f. bzw. S. 783 u. f. eingehend besprochen. Es möge hier aber nochmals eine kurze Übersicht über dieselben und ihre Untersuchung, soweit sie für die Nahrungsmittelchemie in Betracht kommt, gegeben werden.

A. Die Getreidearten.

Unter „Getreide" versteht man die ausgedroschenen oder gerebelten reifen Früchte von Weizen, Roggen, Gerste, Hafer, Mais, Reis, Hirse und Buchweizen, die, mit Ausnahme des Knöterichgewächses „Buchweizen", zu den Gräsern (Gramineen) gehören und im Handel entweder wie Spelt- (bespelzter) Weizen, Gerste (bespelzte), Hafer und Hirse von Spelzen umschlossen oder wie Nacktweizen, Roggen, Nacktgerste, Mais und Reis entspelzt vorkommen (Codex alim. austr.).

Anmerkung. Hartwich u. Håkanson[1]) berichten, daß auch der Samen von Glyceria fluitans eine den anderen Gramineensamen gleiche Zusammensetzung besitzt und wie diese reich an Stärke ist, welche der des Hafers gleicht.

1. Weizen. Bei Weizen mit zahlreichen Spielarten unterscheidet man je 3 Hauptarten, nämlich:

a) Nackte Weizensorten: der gemeine Weizen (Triticum sativum vulgare Lam.); der englische Weizen (Tr. sativum turgidum Lam.) und der Hartweizen (Tr. sativum durum Lam.)

b) Bespelzte Weizensorten: Dinkel, Spelz (Triticum Spelta L.); Zweikorn, Emmer (Tr. dicoccum Schrank) und Einkorn (Tr. monococcum L.).

Die Weizensorten werden sämtlich auf Graupen, Grieße und Mehle verarbeitet und nehmen unter den Mehlerzeugnissen in Europa den größten Umfang ein; die Nacktweizen dienen auch zur Herstellung von Stärkemehl.

Der unreife Spelz liefert in gedörrtem Zustande das sog. Grünkorn, welches in Form von Graupen oder Mehl vorwiegend zur Bereitung von Suppen dient.

2. Roggen. Der Roggen kommt nur in einer einzigen Art (Secale cereale L.), aber mit vielen Spielarten vor und wird nur auf Mehl für die Grau- bzw. Schwarzbrote verarbeitet.

3. Gerste. Bei den Gersten unterscheidet man:

a) als ***bespelzte,*** d. h. mit den Spelzen verwachsene ***Gersten:*** die zweizeilige (Hordeum sativum distichon L.), die vierzeilige (H. sativum tetrastichon L.) und sechszeilige Gerste (H. sativum hexastichon L.);

b) als ***nackte,*** d. h. beim Dreschen aus den Spelzen fallende Gerste die Kaffee- oder Jerusalemgerste (H. nudum L.).

---

[1]) Zeitschr. f. Untersuchung d. Nahrungs- u. Genußmittel 1905, **10**, 473.

Hiervon dient nur die zweizeilige Gerste als Sommergerste vorwiegend zur Malz- und Bierbereitung. Die anderen bespelzten Gersten werden neben der zweizeiligen im gekeimten und gedarrten Zustande zur Darstellung von Malzkaffee verwendet, oder sie werden ohne vorherige Keimung direkt gedarrt und geröstet und liefern den Gerstenkaffee oder sie werden geschält und poliert und dienen als sog. Rollgerste, Perlgerste oder Gerstengraupen zur menschlichen Ernährung, oder sie dienen im gequetschten Zustande als Gerstenflocken oder im gemahlenen Zustande als Gerstengrieß oder Gerstenschleimmehl zu demselben Zweck.

Die nackte Gerste findet vorwiegend zur Gerstenkaffee-Erzeugung Verwendung, erscheint aber nur selten auf dem Markt.

4. Hafer. Von den Arten des Hafers bildet meistens nur der gemeine oder Rispenhafer (Avena sativa L.) eine Handelsware. Seine Körner sind von den Spelzen umschlossen, aber nicht mit ihnen verwachsen. Sie liefern den Rohstoff für die Herstellung von Hafergrütze (geschälter Hafer), Haferflocken oder Quäker-Oats (geschälter und gequetschter Hafer), und gemahlen von Hafergrieß und Hafermehl (Kindernährmehl).

5. Mais. Von den vielen Varietäten und Sorten[1]) des Maises (Zea Mays L., auch Kukuruz, Türkenweizen, Welschkorn genannt) sind folgende von Wichtigkeit:

a) Der ***gemeine Mais,*** mit rundlichen, an der Basis plattgedrückten und keilförmigen Körnern von weißer, gelber bis rötlicher Farbe.

b) ***Pferdezahnmais,*** dessen Körner eine der Rinde (Kunde) in der Krone des Pferdeschneidezahnes sehr ähnliche Vertiefung besitzen, welche das kennzeichnende Merkmal dieser Maissorte bildet.

c) ***Kleinkörniger Mais,*** der im Vergleich mit den beiden vorgenannten Maissorten kleine scharfkantigen Körner von roter oder orangegelber, seltener von weißer bis blaßgelber Farbe hat.

Aus dem Mais wird in erster Linie der Maisgrieß (bzw. Maismehl) hergestellt, der zur Bereitung von „Polenta“ oder „Mameliga“ und auch von Brot bzw. Nudeln (gequetscht) verwendet wird; in umfangreicher Weise dient der Mais auch zur Gewinnung von Stärke (dem in der Küche verwendeten Mondamin), ferner auch in der Brennerei und Brauerei zur Bereitung von Branntweinen und Bier; im gerösteten Zustande wird er auch dem gerösteten Kaffee untergemischt.

6. Reis. Von den beiden Reissorten, dem gewöhnlichen Reis (Oryza sativa L.) und dem Klebreis (Oryza glutinosa L.) besitzt die erstere eine große Anzahl von Kulturformen. Man unterscheidet je nach dem Ursprungsland ostindischen, Japan- und Java-Reis u. a.; der italienische Reis (mit dem Karolinenreis) bleibt beim Kochen hart und gilt als die beste Qualität. Bruchreis besteht aus den aus geringeren Sorten abfallenden gebrochenen Reiskörnern.

Der einfach geschälte, von Spelzen befreite Reis enthält noch den Keim, der ungefähr 2 mm lang und dem Rücken der Frucht entsprechend oberflächlich geschrumpft ist. Er springt in der Mitte kielartig vor und liegt am unteren Ende der etwas stärker gewölbten Kante. Im polierten Reis, dem Koch- oder Tafelreis, der meistens verwendet wird, fehlt der Keim bis auf höchstens einen kleinen Rest. Auch als Mehl und besonders zur Gewinnung von Stärke, ferner in den Gärungsgewerben (Arrak, Bier) wird der Reis verwendet.

7. Hirsen. Von den Hirsen kommen in Betracht:

a) Gewöhnliche oder Rispenhirse (Panicum miliaceum L.) mit den Varietäten „Flatterhirse“ und „Klumphirse“;

b) Besenhirse (Andropogon Sorghum Brot.) mit den Varietäten „Zuckerhirse“ und „Kafferhirse“.

c) Kolben- oder Borsthirse (Setaria italica Beauv.), auch deutsche Hirse genannt.

---

[1]) Vgl. Codex alim. austr. 1911, Bd. I, S. 24.

Die von den Spelzen umschlossenen Früchte kommen teils roh (ungeschält) teils geschält (russische Hirse) in den Handel und werden zur Herstellung von Graupen, Grießen und Mehlen verwendet. Die Früchte von Sorghum tataricum dienen auch zur Branntweinbereitung, während der Halm (das Rohr von Sorghum saccharatum [Andropogon Sorghum]) den Rohrzucker liefert.

8. Buchweizen. Man unterscheidet:

a) den gemeinen Buchweizen (Fagopyrum esculentum Moench oder F. sagittatum Gilib.), auch „Heiden" oder„ Heidekorn" genannt, und

b) den tatarischen oder sibirischen Buchweizen (F. tataricum [L.] Gaertn.), auch „Wild-heiden" genannt, der nur in Rußland angebaut wird und für Schälzwecke wenig Wert hat.

Der gemeine Buchweizen liefert im geschälten Zustande die Buchweizengrütze, im gemahlenen das Buchweizenmehl; Mischungen von letzterem mit anderen Mehlen, wie Reismehl u. a., werden vielfach als „Grützenmehl" bezeichnet.

B. Hülsenfrüchte (Leguminosen).

Die reifen und ausgedroschenen Samen der zu der großen Familie der Schmetterlingsblütler (Papilionaceen) gehörenden Pflanzengruppe zeichnen sich vor den Früchten der Getreidearten durch einen hohen Gehalt an Protein (24% und mehr) aus; sie werden in der verschiedensten Weise zur menschlichen Ernährung verwendet. Als solche kommen für Deutschland vorwiegend in Betracht:

1. Die Bohne (Phaseolus). Unter den vielen botanischen Arten wiegen vor:

a) Die ***Schmink- oder Vits- bzw. Veitsbohne*** (Phaseolus vulgaris L.) mit zahlreichen Unterarten. Der Samen ist sehr vielgestaltig, kugelrund bis sehr lang und nierenförmig; der Nabel ebenfalls kreisrund bis länglich und kurz; seine Länge beträgt ein Achtel bis ein Siebentel der Samenlänge.

b) Die ***türkische*** oder ***Feuerbohne*** (Phaseolus multiflorus Willd.): der Nabel hat eine lineal-längliche Form; die Größe beträgt ein Fünftel bis ein Viertel der Samenlänge.

Diese Bohnen werden im reifen Zustande auf Mehl verarbeitet oder im gekochten Zustande ganz als solche verzehrt; die unreife Schote wird entweder als Salatbohne (ganz) oder in Streifen geschnitten als Schnittbohnen verwendet.

2. Pferdebohne. Die große Pferdebohne (Vicia Faba [L.] var. major Lob.), auch Puffbohne, mitunter auch Saubohne genannt, wird in einigen Gegenden gern im unreifen Zustande gegessen, die kleine Pferdebohne, Saubohne (Vicia Faba [F.] var. minor Lob.) dagegen nur im reifen Zustande. Die dicke Schale pflegt nach dem Kochen abgezogen zu werden. In einigen Gegenden dient das Mehl der Pferdebohne auch zur Brotbereitung.

3. Erbse. Hiervon gibt es zwei wichtige Unterarten, nämlich:

a) ***Zuckererbse*** (Pisum sativum var. gullosum Risso), von der auch die zarte Hülse im unreifen Zustande genießbar ist;

b) ***Kern- oder Pflückerbse*** (Pisum sativum [L.] var. pachylobum Dierb.) mit derber, nicht genießbarer Hülse. Die Pflückerbse ist unter den Leguminosensamen bei uns am meisten in Gebrauch; sie dient im unreifen wie reifen Zustande zur Ernährung. Beim Schälen zerfällt der reife Samen in die beiden Samenhälften.

4. Linse (Lens esculenta Mnch.) kommt nur in einer Varietät vor; sie wird wie die vorhergehenden Samen verwendet.

5. Kichererbse (Cicer arietinum L.). Sie hat weiße, rötlichweiße bis schwarze, widderkopfähnliche Samen, die vereinzelt zur Herstellung eines Kaffee-Ersatzmittels verwendet werden.

6. Sojabohne. Die Sojabohne (Soja oder Glycine hispida Maxim.), die in China, Japan und Indien in vielen Spielarten angebaut wird und sich außer durch hohen Proteingehalt

(28—43%) auch durch hohen Fettgehalt (15—22%) vor den anderen Hülsenfruchtsamen auszeichnet, aber keine Stärke enthält, wird bei uns selten als Mehl verwendet, sondern kommt meistens in Form von Erzeugnissen daraus, z. B. als „India Soja", S. 149 oder Tofu, S. 331, zu uns. Neuerdings werden auch die entölten Preßrückstände, das Sojabohnenmehl, als Viehfutter bei uns eingeführt.

7. Lupine. Von der Lupine, deren Samen 27—40% Stickstoffsubstanz und 4—7% Fett zu enthalten pflegt, kommen drei Arten vor, nämlich die gelbe Lupine (Lupinus luteus L.), die blaue Lupine (L. angustifolius L.) und die weiße Lupine (L. albus L.). Sie ist wegen des Gehaltes an giftigen, bitter schmeckenden Alkaloiden direkt für die menschliche Ernährung nicht geeignet. Im entbitterten Zustande findet sie jedoch zur Herstellung von Kaffee-Ersatzmitteln oder auch von Mehl als Zusatz zu Brot in geringer Menge oder als Vieh- und Fischfutter Verwendung.

Verunreinigungen und Verfälschungen.

Als Verunreinigungen sind anzusehen:

1. Das Vorkommen von Unkrautsamen aller Art (siehe unter „Mehl", S. 498), von Erde, Steinen, Strohteilchen, von Pilzen (Brand, Mutterkorn bei Getreide, Rost bei Linsen usw.).

2. Vorkommen von Insekten, z. B. der schwarze Kornwurm (Calandra granaria L.) im deutschen Getreide, der indische Kornwurm oder Reiskäfer (Calandra Oryzae L.) im amerikanischen Getreide, das Weizenälchen (Tylenchus Tritici Roffr.) in den sog. „Radenkörnern" oder „Gichtkörnern", der häufig massenhaft auftretende Bohnen-, Erbsen- und Linsenkäfer (Bruchus rufimanus Sch., Bruchus Pisi L. und Bruchus lentis L.) usw.

3. Vorkommen von Bruchkörnern, zerschlagenen, angefressenen und unreifen bzw. notreifen Körnern.

Als Verfälschungen müssen angesehen werden:

1. Die Untermischung geringwertiger Sorten unter bessere (besonders bei Weizen und Gerste).

2. Das Ölen bei Weizen und Reis zur Erhöhung des Hektolitergewichtes, sowie das Anfeuchten oder Netzen des Getreides zur Erhöhung des absoluten Gewichtes.

3. Das Schwefeln sowie das Polieren mit Talkerde z. B. bei Reis.

4. Das Färben und Polieren z. B. bei Reis und geschälten Erbsen.

Als verdorben müssen bezeichnet werden:

Ausgewachsene und wieder getrocknete, muffige und verschimmelte oder havarierte Früchte und Samen.

Probenahme. Die Probenahme von Früchten und Samen dieser Art erfordert, um eine gute Durchschnittsprobe zu erhalten, besondere Um- und Vorsicht, weil beim Lagern derselben in Haufen oder in Säcken leicht eine Entmischung eintritt, indem die größeren Anteile sich durch Bewegung oder Umschaufeln oben, die feineren unten ansammeln. Man muß daher Teilproben senkrecht durch die ganze Schicht oder beim Aufbewahren in Säcken aus dem oberen, mittleren und unteren Inhalt, und zwar aus mindestens jedem 10. Sack oder an mindestens 10 Stellen der Haufen entnehmen und mischen, um auf diese Weise eine gute Durchschnittsprobe zu erhalten. Die Vorrichtungen für die Probeziehung sind im I. Teil, S. 4 angegeben.

Chemische und technische Untersuchung der Früchte und Samen.

Die chemische Untersuchung der Früchte und Samen auf die üblichen Bestandteile (Protein, Fett, Stärke, Pentosane, Rohfaser und Asche) kann nur in fein gemahlenem Zustande vorgenommen werden und wird dann wie bei den Mehlen ausgeführt (vgl. diese). Für die chemische und technische Untersuchung der ganzen Früchte und Samen kommen noch folgende Bestimmungen besonders in Betracht:

1. Wasser. Es wird jetzt wohl meistens nach dem Verfahren von J. F. Hoffmann (vgl. unter Mehl S. 502 und unter Käse S. 310) bestimmt. Wenn die Früchte und Samen normal lufttrocken sind, so kann man sie auch mahlen und von dem Mahlgut 5—10 g bei 105° bis zur Gewichtsbeständigkeit trocknen. Enthalten die Früchte aber verhältnismäßig viel Feuchtigkeit, so lassen sie sich nur schlecht mahlen und können infolge der Erwärmung leicht etwas Wasser verlieren; sind sie aber verhältnismäßig sehr trocken, so können sie umgekehrt beim Mahlen in feuchter Luft leicht etwas Wasser aufnehmen. Eine Wasserbestimmung in den natürlichen Früchten und Samen nach dem angegebenen Verfahren dürfte daher im allgemeinen am richtigsten sein.

2. Verunreinigung (Besatz). Aus einer abgewogenen Menge (mindestens 100 g bei Getreide- und mindestens 200 g bei Hülsenfruchtarten) werden alle fremden Bestandteile (Unkrautsamen, Stroh, Steine, Erde, Auswuchs, ferner auch angefressene, verschrumpfte Körner) mit Hilfe eine Pinzette und Lupe ausgelesen, gewogen und in Gewichtsprozenten angegeben. Bruchkörner derselben und Körner einer anderen als der deklarierten Getreideart pflegen nicht als „Besatz" angesehen, sondern für sich gesammelt und gewogen zu werden.

3. Volumengewicht. Das Hektolitergewicht wird von größeren Mengen entweder dadurch bestimmt, daß man von mindestens 30 l des Getreides auf Normalwagen das Gewicht feststellt oder ein Hohlmaß von 50 l vorsichtig mit dem Getreide füllt, den Überschuß mit einem Streichbrett abstreicht und dann das Gewicht des Inhaltes ermittelt. Beim Einfüllen und Abstreichen soll jede Erschütterung vermieden werden. In Laboratorien verwendet man zu dem Zweck Gefäße von $^1/_4$ l Inhalt, die nach bestimmter Vorschrift gefüllt werden müssen, und stellt das Gewicht hiervon mit Hilfe der von den Normal-Eichungskommissionen der einzelnen Länder[1]) eingerichteten Wagen fest, für deren Handhabung Gebrauchsanweisungen beigefügt werden.

4. Absolutes oder „1000-Korn"-Gewicht. Zweimal je 1000 Korn des reinen, gut gemischten Saatgutes werden abgezählt und bis auf $^1/_{10}$ g genau gewogen. Gleichzeitig wird das Wasser bestimmt und das festgestellte Gewicht auf Trockensubstanz berechnet.

5. Keimfähigkeit und Keimungsenergie. Zweimal 200 Körner werden 6 Stunden in Wasser eingeweicht, dann gleichmäßig in einem befeuchteten Keimbett aus doppelt gefaltetem, starkem Filtrierpapier und im Keimschrank bei etwa 18° der Keimung überlassen. Nach 72 Stunden einschließlich der Weichdauer wird (nur bei Gerste) die erste Zählung vorgenommen; die Anzahl der jetzt gekeimten Körner umgerechnet in Zählprozente, gibt die Keimungsenergie an. Von da an zählt man die nachgekeimten Körner jeden Tag oder alle zwei Tage bis zum 10. Tage, an welchem im allgemeinen bei den Getreide- und Hülsenfruchtarten die Keimung als beendet angesehen werden kann. Man addiert die gekeimten Körner und drückt die Keimfähigkeit in Prozenten aus.

6. Glasigkeit und Mehligkeit. Diese Bestimmungen werden nur bei Weizen und Gerste ausgeführt. Man durchschneidet bei Weizen dreimal je 100 Körner im Farinotom von Printz, entfernt das eventuell aufliegende Mehl mit einem weichen Haarpinsel und zählt die rein glasigen, übergehenden (halbglasigen, halbmehligen) und mehligen Körner. Das arithmetische Mittel aus den glasigen und der Hälfte der übergehenden Körner aller drei Bestimmungen ergibt die Glasigkeit in Zählprozenten.

Bei Gerste pflegt man sich des Verfahrens von Prior[2]) zu bedienen. Etwa 500 bis 1000 Körner werden in der Priorschen Vakuumweiche in Kalkwasser von 10 deutschen Härtegraden 24 Stunden lang eingeweicht und durch weitere 24—48 Stunden in dem Priorschen Vakuumtrockenapparat getrocknet. Hierauf bestimmt man von 500 Körnern in dem Printzschen Farinotom die Anzahl der mehligen Körner und berechnet daraus wie vorher die Glasigkeit so hier den Prozentsatz der Mehligkeit.

---

[1]) Vgl. z. B. für Preußen: J. König, Untersuchung landw. u. gewerbl. wichtiger Stoffe 1911 S. 507.

[2]) Allgem. Zeitschr. f. Bierbrauerei und Malzfabrikation 1906, S. 11.

7. Vollkörnigkeit. Die Vollkörnigkeit — vorwiegend bei Gerste — wird in der Weise bestimmt, daß man 100 g des reinen Saatgutes 5 Minuten lang auf dem Vogelschen Siebsatz schüttelt und den auf dem 2,2-mm-Siebe zurückgebliebenen Teil der Körner wägt. Das Gewicht gibt direkt die Gewichtsprozente der Vollkörnigkeit, d. h. der mehr als 2,2 mm großen Körner an.

8. Spelzengehalt. Bei Hafer kann man die Spelzen (von etwa 20 g) mit Hilfe der Neergardschen Haferzange direkt abziehen, die abgezogenen Spelzen wägen und auf Prozentgehalt der lufttrocknen Körner berechnen.

Bei Gerste wendet man das Luffsche Ammoniakverfahren[1]) an. Man wägt 50 Körner, übergießt sie in einem starkwandigen Glasgefäß mit 10 ccm einer 5 proz. wässerigen Ammoniakflüssigkeit, verschließt und stellt 30 Minuten in ein 75—80° warmes Wasserbad. Hiernach zieht man die Spelzen mit einer Pinzette verlustlos von den Körnern, bringt letztere in ein Wägegläschen, trocknet 4 Stunden im Wasserdampftrockenschrank bei etwa 95°, läßt im Exsiccator erkalten und wägt. Bei der Berechnung des Spelzengehaltes auf die Trockensubstanz der Körner wird zum Spelzengewicht ein Zwölftel hinzuaddiert.

9. Nachweis des Ölens bei Weizen und Reis. Man verwendet auf 1000 kg Weizen bzw. Reis $^1/_2$—1 l Öl, in das man Schaufeln eintaucht, und dann mit den geölten Schaufeln die Samen ein oder mehrere Male umwirft. Hierdurch wird bewirkt, daß sich die Samen dichter aneinander legen, infolgedessen das Hektolitergewicht steigt. Es wird also eine bessere Beschaffenheit vorgetäuscht.

Der Nachweis des Ölens ist kaum, wenigstens nicht immer, mit Sicherheit zu erbringen.

Wir behandelten[2]) 2 Stunden je 1 kg ungeölten und geölten Weizens in der Kälte mit 700 ccm Äther, gossen ab und spülten den Weizen mit weiteren 500 ccm Äther ab. Der Äther wurde filtriert, verdunstet und der Fettrückstand gewogen; nicht geölter Weizen gab auf diese Weise 0,90—1,02% Fett an den Äther ab, geölter dagegen 0,99—1,17%, also nur ganz unwesentlich mehr, was bei den geringen angewendeten Mengen Öl zu erwarten ist.

Nach Himly soll man den fraglichen Weizen in einem Glase mit etwas Bronzepulver schütteln, die Körner dann auf trockenes Papier bringen und damit etwas abreiben. Ist der Weizen geölt, so überzieht er sich mit der Bronze und vergoldet sich gleichsam; ungeölter Weizen dagegen reibt sich leicht ab; es bleibt nur in der Kerbe und an den Haaren, dem sog. Bart etwas hängen.

Ähnlich wie Bronzepulver verhält sich Curcumapulver; die Unterschiede treten hier sogar noch etwas deutlicher hervor.

Ein anderes Verfahren besteht darin, daß man ein absolut fettfreies Becherglas mit Wasser füllt und etwas Campherstaub auf die Wasserfläche streut. Die Campherteilchen geraten in eine lebhafte Bewegung; diese hört aber auf, wenn man geölten Weizen in das Becherglas gibt; sie bleibt dagegen, wenn der Weizen nicht geölt ist.

Die Prüfungen mit Bronze- und Curcumapulver sind im allgemeinen noch zuverlässiger als letztere, indes auch nicht so zuverlässig, daß sich hiernach mit Sicherheit geölter und nicht geölter Weizen unterscheiden ließe.

Ein anderes Verfahren besteht darin, daß man den Samen eine Stunde in Wasser eintaucht; geölter Weizen ist dann nicht so gequollen als ungeölter, weil das Wasser schwerer in ihn eindringt.

Es empfiehlt sich aber, bei allen diesen Prüfungen, stets nicht geölten und selbst geölten Weizen zum Vergleich heranzuziehen, um nicht irrezugehen.

10. Nachweis des Schwefelns und Polierens. Das bei mißfarbigem oder havariertem Getreide vorkommende Schwefeln und beim Reis mitunter vorkommende Polieren wird wie bei Graupen nachgewiesen (vgl. weiter unten S. 633).

---

[1]) W. Windisch, Das chem. Laboratorium des Brauers 1907, S. 201.

[2]) Vgl. H. Weigmann, Chem.-Ztg. 1888, **12**, 1358.

11. Nachweis der künstlichen Färbung. Gelb aussehender Reis wird wohl mit Kalkwasser oder blauen Farbstoffen z. B. Smalte, Berlinerblau, Indigo oder Ultramarin, geschälte Erbsen werden wohl mit gelbbraunen Teerfarbstoffen aufgefärbt. Die Auffärbung mit Kalkwasser läßt sich dadurch nachweisen, daß man den Reis, mit destilliertem Wasser unter Zusatz einiger Tropfen Salzsäure, filtriert und im Filtrat den Kalk bestimmt; natürlicher Reis gibt auf diese Weise nur Spuren Kalk ab. Smaltesplitterchen, die weder durch Säuren noch durch Alkalien beeinflußt werden, sehen unter dem Mikroskop bei 200—300 facher Vergrößerung bis zur Dicke von höchstens 0,018 mm vollständig farblos aus, größere Splitterchen zeigen einen blaßbläulichen Farbton, während Ultramarin und Berlinerblau bei genannter Vergrößerung stets blau sind. Über den weiteren Nachweis von Berlinerblau, Ultramarin und Indigo vgl. S. 635 u. unter Zucker und Kaffee, über den Nachweis der künstlichen Färbung von geschälten Erbsen bei diesen S. 636.

12. Nachweis des Anfeuchtens. Das Anfeuchten oder Netzen des Getreides, wodurch eine Erhöhung der absoluten Gewichtsmenge erzielt werden soll, kann unter Umständen durch eine Wasserbestimmung festgestellt werden.

13. Nachweis überjähriger Saat. Überjährige Saat gibt sich meistens durch eine sehr geringe Keimfähigkeit zu erkennen. Bei den Hülsenfrüchten macht sich überjährige Saat in neujähriger durch ein ungleiches Garkochen bemerkbar.

14. Nachweis von Schimmel, Brand, Mutterkorn, Käfern usw. wie unten bei Mehl.

Anhaltspunkte für die Beurteilung von Getreide und Hülsenfrüchten.

a) Nach der technischen und chemischen Untersuchung.

1. Die Früchte und Samen sollen eine gleichmäßige Größe, eine gleichmäßige lebhafte Farbe und einen der Art entsprechenden frischen, angenehmen Geruch besitzen.

2. Die Bezeichnung muß der Art bzw. Spielart sowie der Herkunft entsprechen. Wenn über das Alter nichts angegeben ist, pflegt man das nächst vorhergehende Gewinnungsjahr als Alter der Ware anzunehmen.

Je höher das „1000-Korn-" und Hektolitergewicht ist, um so besser ist im allgemeinen die Ware. Das Hektolitergewicht soll in der Regel mindestens betragen:

Weizen	Roggen	Gerste	Hafer
72 kg	67 kg	60 kg	38 kg.

3. Die Saatwaren sollen tunlichst frei von Unkräutern bzw. Verunreinigungen (Besatz) sein.

Anmerkung. Das österreichische Gesetz läßt bei Verkäufen ohne Muster als Höchstmengen des Besatzes zu:

Weizen	2	Gew.-%	Hirse	2,5	Gew.-%
Roggen	2	„	Buchweizen	3	Zähl-%
Braugerste	1	„	Bohnen	1,5	Gew.-%
Brennereigerste und andere	4	„	Kochbohnen	2	„
Hafer	3	„	Linsen	1,5	„

„Mahlgut" soll nur 0,5 Gew.-% Besatz enthalten.

4. Saatwaren mit muffigem, schimmligem Geruch, brand- und mutterkornhaltiges Getreide, von Käfern angefressene Hülsenfruchtsamen sind zu beanstanden.

Anmerkung. Der Codex alim. austr. läßt zu:

a) Bei Weizen spitzbrandige Körner nur in geringer Menge und nicht mehr als 2 Zähl-% Auswuchs.

b) Bei Roggen für die Mehlgewinnung $^{1}/_{10}$ Gew.-% Mutterkorn. Getreide mit mehr als $^{2}/_{10}$ Gew.-% Mutterkorn ist als gesundheitsschädlich zu bezeichnen.

c) Braugerste soll aus möglichst gleichförmigen, gut entwickelten und mehligen Körnern von gesunder Farbe bestehen. Kneifelgerste muß als solche bezeichnet werden. Der Proteingehalt der Gerste soll nicht über 12%, die Keimungsenergie mindestens 96%, die Keimfähigkeit mindestens 98% betragen. Die beiden letzten Eigenschaften können erst vom November des Erntejahres an gefordert werden. Zu stark getrocknete Gerste eignet sich zu Malzzwecken nicht.

d) Bei Mais zu Mahlzwecken ist das besondere Augenmerk auf seine Trockenheit zu richten, weil nasser Mais während des Transportes sehr leicht verschimmelt und in diesem Zustande oft Anlaß zum Auftreten der „Pellagra", einer in maiskonsumierenden Ländern sehr gefürchteten Krankheit, gibt. Als Norm hat bis auf weiteres zu gelten, daß der „Mais zu Mahlzwecken" keinen sog. „Kalkgeruch" (Maisgeruch) zeigen und nicht mehr als 5% verdorbene Körner enthalten soll.

e) Hirse darf keine brandigen Körner führen. Die Spelzen der Hirse sollen sich leicht von den Körnern trennen lassen, das heißt, sie soll „brein"fähig sein.

f) Buchweizen soll keinen „Wildheiden", nicht mehr als 25% Auswuchs und nicht mehr als 5% notreife Körner enthalten.

g) Vom Reis ist zu fordern, daß er rein und trocken sei. Mehlstaub, Spelzen und andere Verunreinigungen sollen im Reis nicht vorkommen.

5. Das Ölen von Getreide (Weizen und Reis), das Polieren mit Talkerde (bei Reis), das Anfeuchten (Netzen), das Schwefeln (bei mißfarbiger und havarierter Ware), das Bleichen mit nitrosen Gasen, das Färben (bei geschälten Erbsen) oder Schönen (bei Reis mit Kalkwasser, Smalte, Berlinerblau, Indigo oder Ultramarin), ohne deutliche und ausdrückliche Deklaration, sind als Verfälschungen anzusehen, weil sie den Waren den Schein einer besseren Beschaffenheit verleihen bzw. weil sie eine bessere Beschaffenheit, als die Waren beanspruchen können, vortäuschen.

Anmerkung. Das Schweizer. Lebensmittelbuch gestattet eine durch das Polieren veranlaßte Beschwerung bis 0,2%; nach einer preußischen bzw. deutschen Verfügung war das Polieren eine Zeitlang unter der Bedingung gestattet, daß keine wägbaren Mengen Poliererde an der Ware hängen blieben. Das Polieren ist aber bei normalem Saatgut nicht nötig und sollte daher überhaupt nicht gestattet werden (vgl. weiter unten unter „Graupen", S. 635).

6. Der Wassergehalt schwankt bei normalen Getreide- und Hülsenfruchtarten in der Regel zwischen 10—13% und geht bei Mais und Reis von normaler Beschaffenheit nicht über 10%. Bei anderen Getreidearten und bei Hülsenfrüchten darf der Wassergehalt jedenfalls 14% nicht überschreiten (vgl. S. 499 [Maurizio] u. S. 622 unter d).

b) Beurteilung nach dem mykologischen Befunde (vgl. unter Mehl S. 614 u. f.).

c) Beurteilung des Getreides nach der Rechtslage[1]).

Getreide ein Nahrungsmittel. Die Beschwerde des Angeklagten stellt in Frage, ob Getreide ein Nahrungsmittel sei, auf welches das Gesetz vom 14. Mai 1879 Anwendung zu finden habe, obgleich es erst durch Mahlen und Backen zum Nahrungsmittel werde; es sei nur ein Rohstoff. Allein das Gesetz bezieht sich nicht nur auf das zum Genuß fertiggestellte Nahrungsmittel, sondern auch auf diejenigen Rohstoffe, aus welchen stets oder doch häufig Nahrungsmittel bereitet werden, insofern diese Verwendung nicht durch besondere Umstände ausgeschlossen ist, und insofern das Verdorbensein sich auf die Zubereitung des Rohstoffs als Nahrungsmittel überträgt.

Daß bei Verkauf verdorbenen Getreides die Möglichkeit seiner Verwendung zum Nahrungsmittel so nahe liegt, daß es als Fahrlässigkeit anzurechnen ist, wenn der Verkäufer aus Mangel an Überlegung jene Möglichkeit nicht in Betracht zieht, steht außer Zweifel.

RG., 1. Juni 1893.

[1]) Bearbeitet von Prof. Dr. C. A. Neufeld in Würzburg

Verdorbenes Getreide. Ausgewachsener Roggen. Der Roggen war stark mit ausgewachsenen Körnern durchsetzt. Das aus ihm hergestellte Mehl gab ein klitschiges, kleisteriges Brot von widerlich süßem Geschmack.

Nun werden allerdings Roggenkörner, wie sie die Natur hervorbringt, nicht sofort von Menschen genossen. Allein das Gesetz verlangt auch nicht etwa, daß derartige Stoffe so wie sie die Natur hervorbringt oder sie in den Verkehr kommen, sofort genossen werden können, es findet vielmehr auch dann Anwendung, wenn sie vor dem Genusse oder behufs desselben noch einer besonderen Bearbeitung oder Zubereitung oder einer Verbindung mit anderen Stoffen bedürfen, wenn also z. B. Roggen vermahlen, gesäuert usw. und verbacken wird.

Die festgestellte gesundheitsschädliche Eigenschaft des Brotes ist nicht erst durch die Behandlung der Körner hervorgerufen, sondern lag schon in dem Stoffe selbst, d. h. in den ausgewachsenen, des Klebers entbehrenden Körnern, die ihre Eigenschaft, weil sie so zahlreich waren, dem Mehl, dem Teig und dem Gebäck mitteilten. Der Angeklagte hätte angesichts der immerhin ungewöhnlichen Menge der ausgewachsenen Körner in dem Roggen vorsichtig handeln müssen, um zu vermeiden, daß seine Dienstleute gesundheitsschädlichen Roggen erhielten. Der Angeklagte hat demnach fahrlässig gehandelt. § 14 NMG.

LG. Bromberg, 26. April 1897.

Verunreinigtes Getreide. Geschälte Gerste mit Mäuseexkrementen. Die geschälte (Suppen-) Gerste war mit Mäusekot und, wie zusammengeklebte Knollen von Gerstenkörnern zeigten, mit Mäuseurin vermischt.

Nach dem ärztlichen Gutachten ist eine mit Mäusekot versetzte Gerste direkt als gesundheitsschädlich zu bezeichnen, da schon ein erheblicher Teil der Fäkalsubstanz aus Spaltpilzen oder Bakterien besteht, aus denen die schwersten Infektionskrankheiten entstehen können, und zwar trotz der Zubereitung der Speisen auf heißem Wege, da die Dauerformen der Bakterien und die von ihnen erzeugten Stoffe (Toxine) selbst der Siedehitze widerstehn können. Dazu kommt noch, daß die Mäuse selbst an spezifischen Infektionskrankheiten leiden und die Erreger dieser Krankheiten in den Entleerungen der Tiere sich finden, daß die Mäuse häufig Gift fressen, das sich in ihrem Kot mitentleert, ferner daß die Mäuse auch Urin entleeren, der sich ebenfalls rasch zersetzt und einen guten Boden für Bakterien bildet. Vergehen gegen § 12 NMG.

LG. Nürnberg, 3. November 1904.

Reis mit Mäusekot. Dem Angeklagten fällt grobe Fahrlässigkeit zur Last. Durch Anwendung gehöriger Sorgfalt hätte er sich davon überzeugen müssen und können, daß der zum Verkauf als Nahrungsmittel für Menschen bestimmte Reis mit Mäusekot vermischt, dumpfig war und von Menschen genossen der Gesundheit schädlich sein mußte. Vergehen gegen § 12, 14 NMG.

LG. Schneidemühl, 8. Juni 1896.

Grünkern mit Milben, Maden usw. Der Grünkern war mit Maden, Milben und Käfern vermischt, deshalb ekelerregend und für den menschlichen Genuß unbrauchbar. Nach dem ärztlichen Gutachten ist derartiger Grünkern geeignet, Erbrechen, Magen- und Darmkrankheiten hervorzurufen.

Der Angeklagte hätte die Pflicht gehabt, sich mitunter von der Frische der Ware zu überzeugen, den Grünkern, der als unreife Frucht besonderer Aufmerksamkeit bedarf, durch öfteres Auslüften trocken zu halten und so vor dem Verderb zu schützen. Vergehen gegen § 14 NMG.

LG. München I, 3. Dezember 1903.

Getreide mit fremden Zusätzen. Roggenkleie mit Hafer- und Reisspelzen. Die Kleie enthielt 30% Hafer- und 20% Reisspelzen.

Die Kleie muß das Produkt aus gemahlenem Getreide sein und darf keine Zusätze enthalten. Treu und Glauben im redlichen Handelsverkehr lassen den Käufer, der von einer Mühle „Kleie" kauft, voraussetzen, daß er auch reine Kleie aus Roggen, Weizen oder Hafer ohne jeden Zusatz erhält, andernfalls müßte der Käufer über etwaige fremde Beimischungen zu unterrichten sein. Der Angeklagte hat dem X. vorgespiegelt, daß er ihm Roggenkleie ohne Zusatz von Surrogaten verkaufe; er wurde wegen Betrugs verurteilt. § 263 RStrGB.

LG. Stettin, 8. Februar 1906.

Kleie mit Sand. Die vom Angeklagten gelieferte Kleie war zu etwa einem Fünftel mit weißem Sande vermischt.

Der Angeklagte hat sich eines Betrugs schuldig gemacht. Während er den Abnehmern vorspiegelte, sie bekämen reine Kleie, lieferte er ihnen minderwertiges Erzeugnis und verschaffte sich dadurch einen Vermögensvorteil, auf den er keinen Anspruch hatte. Es handelte sich um Kleie, die zur Viehfütterung bestimmt war, also nicht um ein Nahrungsmittel. § 263 RStrGB.

LG. Lüneburg, 20. Februar 1902.

Getalkter und glasierter Reis. Der untersuchte Reis wies Talkumbeimengungen von 0,4—0,7% auf.

Der roh importierte Reis wird zur Entfernung der Fruchthülsen (Spelzen) durch Poliersteine getrieben, sodann in einer Trommel mit Talkum (pulverisiertes Steinmehl, bestehend aus kieselsaurer Magnesia) vermischt. Damit das Pulver besser anhaftet, werden die Reiskörner zuvor mit Siruplösung angefeuchtet. Durch Drehen der Trommel wird der Reis mit dem Pulver überzogen und erhält dadurch Glanz und Glätte. Das nennt man Glasieren. Um dieses Verfahren handelt es sich hier.

Es ist nun sicher, daß damit dem Reis etwas Fremdartiges beigemischt wird, und zwar eine unverdauliche Substanz. Es wird nun aber vom Gericht der Grundsatz festgehalten, daß einem Nahrungsmittel ohne triftige Gründe fremdartige Zusätze nicht beigefügt werden dürfen. Mögen sie auch harmlos erscheinen, so ist doch die Beurteilung der Harmlosigkeit oft Schwankungen unterworfen, und ein gesundheitsschädlicher Zusatz würde sogar gemäß § 12 NMG. strafbar sein. Der Zusatz von Talkum ist jedenfalls eine Verschlechterung des Reises gegenüber seinem natürlichen Zustande, den der unbefangene Käufer und Konsument gewahrt wissen will und von der zum Genusse bestimmten Ware erwartet. Das Gericht ist überzeugt, es werde die Mehrzahl der konsumierenden Käufer bei der Wahl zwischen getalktem und ungetalktem Reis den letzteren bevorzugen. Die Käufer sind getäuscht, wenn sie eine unerwünschte Ware empfangen, über deren Beschaffenheit sie nicht unterrichtet wurden. Es ist weiter durch Sachverständige widerlegt worden, daß getalkter Reis besser gegen Insekten geschützt sei als ungetalkter.

Das Berufungsgericht erklärt also den 0,6% Talkum enthaltenden Reis für ein gefälschtes Nahrungsmittel. Gefälscht ist es, weil beim Glasieren des Reises soviel Talkum verwendet wurde, daß dieses Steinmehl der Ware in ganz beträchtlicher Menge anhaftet, was der Käufer nicht wußte. Daß mit dem Glasieren auch bezweckt wurde, allenfalls auch minderen Sorten von Reis den Anschein besserer zu geben, ist nicht erwiesen worden.

Etwas anderes als § 11 NMG. kommt hier nicht in Frage, da nur der Angeklagte Berufung eingelegt hat. Die Verurteilung des Angeklagten erscheint demnach gerechtfertigt.

LG. Würzburg vom 9. Dezember 1909.

(Nach Pharm. Zentralhalle 1913, **54**, 382—383.)

Getalkter Reis. Reis, der 0,56% Talkum enthält, ist nicht verfälscht im Sinne des § 10² NMG., da die Menge des Talkums keine Vermehrung der Ware herbeigeführt hat, dieser Zusatz auch nur zum Zwecke des Polierens erfolgt war, um dem Reis ein glänzendes schöneres Aussehen zu verleihen, ohne die Farbe des Kornes selbst zu verdecken. Durch diese Eigenschaften unterscheidet sich der polierte von dem nur geschälten Reis, so daß jeder, der polierten Reis kauft, weiß bzw. beim Kochen merkt, daß er Talkum enthält. Wenn auch letzteres keinen Nährwert hat, so ist seine Menge zu gering gewesen, um zu einer Fälschung auszureichen, dazu kommt noch, daß der etwa erzielte Gewinn durch die Kosten des Talkens wieder aufgehoben wird.

RG., 21. Juni 1912[1].

---

[1] Pharm. Zentralhalle 1912, 53, 1045.

Mit Chemikalien behandeltes Getreide. Weizen mit Kupfervitriol. Der Angeklagte hatte Weizen mit 3—4% Weizen vermischt, der mit Kupfervitriol getränkt und als Rest einer größeren Menge Saatkorn übriggeblieben war.

Der Angeklagte wußte, daß mit Kupfervitriol getränkter Saatweizen zur Herstellung von Nahrungsmitteln ungeeignet und insofern unverkäuflich und unverwertbar ist. Wenn er ihn gleichwohl in der geschilderten Weise in den Verkehr brachte, ohne dem Käufer hiervon Mitteilung zu machen, so wollte er letzteren täuschen. In keinem Fall wünscht das Publikum Mehl zu erhalten, welches aus zum Teil mit Kupfervitriol getränktem Weizen hergestellt ist; dasselbe erwartet vielmehr Mehl aus reinem Weizen zu erhalten und ist deshalb unzweifelhaft getäuscht. Vergehen gegen § 10[1] NMG.

LG. Hannover, 27. Mai 1899.

Mit Chlorkalk durchräuchertes Getreide. Der Angeklagte hatte einen mit Kornwürmern behafteten Vorrat von Roggen einer intensiven Durchräucherung mit Chlorkalk unterstellt und dann, ohne sich weiter um die Folgen zu kümmern, den Roggen an einen Getreidehändler verkauft. Der Roggen wurde gemahlen und zu Brot verbacken. Letzteres war wegen Chlorgeruchs und -geschmacks ungenießbar.

Der Angeklagte hätte bei genügender Sorgfalt voraussehen können, daß die von ihm vorgenommene Chlorräucherung die eingetretene Folge haben würde. Seine Fahrlässigkeit lag darin, daß er eine gänzlich ungebräuchliche und unerprobte Art der Bekämpfung der Kornwürmer anwendete, von der er sich bei seiner Erfahrung als Landwirt bei einiger Überlegung hätte sagen müssen, daß sie leicht eine Veränderung des Roggens herbeiführen konnte, welche denselben zur Verwendung als Nahrungsmittel untauglich machte, und daß er trotzdem den Roggen verkaufte, ohne dem Käufer die Behandlung mit Chlorkalkdämpfen mitzuteilen und ohne sich darum zu kümmern, welche Folgen jene Behandlung haben würde.

.... Strafrechtlich steht die mittelbare Herbeiführung eines schädigenden Erfolges der unmittelbaren in der Regel gleich. Es ist ohne Zweifel ein mittelbarer Erfolg der Chlorräucherung des Roggens, daß das daraus bereitete Brot als ein verdorbenes erscheint. Verurteilung aus § 11 NMG.

RG., 1. Juni 1893.

Über ein Gerichtsurteil betreffend das Bleichen von Graupen mit schwefliger Säure vgl. S. 635.

II. Mehle.

Unter „Mehl" im engeren Sinne versteht man die durch den Müllereibetrieb hergestellten feinpulverigen Mahlerzeugnisse der Getreidesamen. Im weiteren Sinne und im Sinne des Nahrungsmittelgesetzes rechnet man aber zu den Mehlen alle von Schalen, Hülsen und Gewebsresten tunlichst befreiten Mahlerzeugnisse von solchen Samen, die zur Ernährung des Menschen dienen.

Bei den Getreidearten bestehen die hochfeinen Mehle fast nur aus dem Nährgewebe; bei den Leguminosen aus den Keimlappen, weil bei ihnen ein besonderes Nahrgewebe fehlt.

Die Getreidearten, besonders der Weizen, erfahren vielfach eine stufenweise Zerkleinerung und unterscheidet man je nach dem Grade der Zerkleinerung und Feinheit folgende Sorten Mahlerzeugnisse (II. Bd. 1904, S. 827):

Schrot: ungeschälte oder geschälte, aber zu größeren Bruchstücken zerteilte Körner (Weizen-, Roggen-, Buchweizenschrot);

Grütze: meist nur enthülste, gebrochene Körner (Gersten-, Hafer-, Hirse-, Buchweizengrütze);

Graupen: geschälte, polierte, rundliche Teilkörner (Roll-, Perlgerste, wobei Mehl und Kleie abfallen);

Grieße: gröbere oder feinere rundliche oder kantige Bruchstücke von verschiedener Feinheit, die aus harten, hornartigen Rohstoffen abgesiebt werden;

Dunste: Zwischenerzeugnisse beim Mahlverfahren, welche noch nicht den Feinheitsgrad der Mehle besitzen, sondern feine Grieße vorstellen;

Mehle: aus den Rohstoffen hergestellte, feine bis feinstpulverige Erzeugnisse, die von Gewebsresten ganz oder doch größtenteils frei sind;

Feines, glattes oder geschliffenes Mehl: ein feinstkörniges Mehl (Nr. I), welches sich zwischen den Fingern flaumig, schlüpfrig und außerordentlich weich anfühlt; es dient vorwiegend für den Küchengebrauch;

Griffiges (einfach- und doppelgriffiges) Mehl: ein grobkörnigeres bzw. gröberes Mehl, welches sich zwischen den Fingern rauh, körnig und feingrießig anfühlt; es wird von den Bäckereien vorgezogen, weil es leichter Wasser aufnimmt.

Beim Weizen unterscheidet man ferner eine große Anzahl Mehle nach Nummern, z. B. Nr. 000 (Kaiserauszugmehl), Nr. 00 (Auszugmehl), Nr. 1 und 2 (Bäckerauszug), Nr. 3 (Mundmehl), Nr. 4 (Semmelmehl) und weiter die Abfälle, so daß einzelne Mühlen bzw. Länder 8—13 verschiedene Mehlsorten unterscheiden.

Zu den Abfällen, die vorwiegend als Futtermittel dienen, rechnet man: Bollmehl bzw. Pollmehl (sogenanntes weißes und schwarzes), ein gewebereiches Mehl, Kehrmehl (Fußmehl) ist das in den Mühlen am Fußboden gesammelte Mehl; Kleie sind die abfallenden Gewebsreste (Hülsen, Schalenteile) mit noch anhaftenden Mehlbestandteilen; Grandkleie ist feinpulveriger und mehlreicher als Schalenkleie; Keimkleie enthält neben Schalen den Keim; Flugkleie besteht fast nur aus der äußeren Oberhautschicht und dem Bart; sie kann kaum mehr zur Fütterung verwendet werden.

„Paniermehl" ist, wie G. Benz[1]) definiert, als ein ausschließlich aus Weizenmehl durch Einteigen, Backen, Rösten (Trocknen) und Mahlen herzustellendes Erzeugnis aufzufassen. Farbstoffzusätze, die den Anforderungen des Gesetzes vom 5. Juli 1887 entsprechen, sind, insofern sie nicht in Verbindung mit einer entsprechenden Bezeichnung des Fabrikates eine Wesensverbesserung des gewöhnlichen Paniermehles vortäuschen sollen, zulässig. Die gefärbten Grießmehle (Mais-, Reis-, Hirse- usw. Grieß) sind als solche zu bezeichnen.

Unter „Streu- oder Staubmehle" versteht man die in der Bäckerei zum Bestreuen des Teiges (bzw. der Brotlaibe) beim Umwenden oder Einbringen in den Backofen verwendeten Mehle; es sind (vgl. II. Bd. 1904, S. 842) großenteils geringwertige Weizen-, Mais- oder Kartoffelmehle bzw. Kleien; unter Umständen verwendet man auch gepulvertes Holz oder gepulverte Schalen bzw. Spelzen von Hafer, Reis, Gerste usw., oder die Abfälle von der Bearbeitung des sogenannten vegetabilischen Elfenbeines, das sogenannte Korossusmehl; oder Futterkalk (entleimtes Knochenmehl „Ostal" genannt), nach Kapeller und Theopold[2]) mit 43,06% CaO, 42,54% P_2O_5 und 3% SO_2, oder Kieselgur.

Verunreinigungen, Verfälschungen und fehlerhafte Beschaffenheit.

1. Verunreinigungen der Mehle. Als Verunreinigungen der Mehle kommen vor:

a) ***Bestandteile*** von ***Unkrautsamen*** aller Art. Unter den zahlreichen Unkrautsamen können einige kennzeichnend für den Ursprung der Getreidearten und Hülsenfrüchte sein. So deutet das Vorkommen von Bifora radians auf österreichische Provenienz.

[1]) Zeitschr. öffentl. Chemie 1905, **11**, 386.

[2]) Zeitschr. f. Untersuchung d. Nahrungs- u. Genußmittel 1909, **17**, 686.

Nach T. Kupzis[1]) kommt im kaukasischen Weizen häufig der Unkrautsamen Cephalaria syriaca Schrader — im Kaukasus auch Machobeli genannt — vor und erteilt dem Brote in ähnlicher Weise wie Rhinanthus und Melampyrum eine bläuliche Farbe. Der Samen enthielt u. a. 15% Protein, 22,6% Fett, 11,2% Rohfaser, 5,85% Asche und nur Spuren von Stärke. Für sich allein genossen, hinterläßt der Samen wegen eines darin vorkommenden Bitterstoffes einen mehrere Stunden anhaltenden unangenehmen Geschmack, der fast Erbrechen erregt. Eine Beimengung von 10% des Samens zum Mehl bzw. Brot wirkte aber nicht schädlich.

Der Codex alim. austr. teilt die Unkrautsamen je nach ihrer Wirkung auf das Mehl in 4 Gruppen, nämlich:

a) Unkrautsamen mit ***giftiger*** oder ***gesundheitsschädlicher*** Wirkung. Als solche sind unter anderen anzusehen:
Taumellolch (Lolium temulentum L.).
Kornrade (Agrostemma githago L.).
Adonisröschen (Adonis aestivalis L.).
Wachtelweizen (Melampyrum arvense L.).
Klappertopfarten (Alectorolophus L.).
Ackerwinde (Convolvulus arvensis L.).
Hederich, sog. „Repsstengel" (Raphanus raphanistrum L.) u. a. m.

b) Unkrautsamen, welche die ***Farbe*** des ***Mehles*** beeinflussen, sind unter anderen:
Ackerhahnenfuß (Ranunculus arvensis L.).
Klappertopfarten (Alectorolophus spec.).
Kornrade (Agrostemma githago L.).
Verschiedene Arten von Platterbse (Lathyrus spec.) und Wicken (Vicia spec.).
Ackertrespe (Bromus secalinus L.) u. a. m.

c) Unkrautsamen, die dem Mehle einen ***unangenehmen Geruch*** oder ***Geschmack*** verleihen:
Ackersenf, sogenannter „Hederich" (Sinapis arvensis L.).
Hohldotter (Neslia paniculata (L., Desv.).
Feldpfennigkraut (Thlaspi arvense L.).
Feldrittersporn (Delphinium consolida L.).
Feldspörgel (Spergula arvensis L.).
Wachtelweizen (Melampyrum arvense L.).
Syrische Scabiose (Cephalaria syriaca Schrad.).
Koriander (Coriandrum sativum L.) u. a. m.

d) Indifferente Unkrautsamen:
Kornblume (Centaurea cyanus L.).
Gemeiner Knöterich (Polygonum persicaria L.)
Windenknöterich (Polygonum convulvulus L.)
Feldkamille (Anthemis arvensis L.).
Haftdolde (Caucalis daucoides L.).
Rainkohl (Lapsana communis L.) u. a. m.

b) Pflanzenparasitäre Pilze, ebenfalls von den Rohstoffen herrührend, nämlic] bei den Getreidearten: Brandpilze[2]) (Ustilagineae), Rostpilze (Uredineae), Mutterkorn

[1]) Zeitschr. f. Untersuchung d. Nahrungs- u. Genußmittel 1909, **17**, 332.

[2]) G. W. Chlopin erklärt (Zeitschr. f. Untersuchung d. Nahrungs- u. Genußmittel 1909, **17** 333) auf Grund der Mehrzahl der Versuche den Stein- oder Stinkbrand (Tilletia) für schädlich fü Tiere, und somit in Mehl und Brot auch für Menschen; zweifelhaft könne nur sein, ob die durc den Genuß von stinkbrandhaltigem Mehl bzw. Brot bei Tieren und Menschen hervorgerufene Erkrankungen durch die Sporen des Stinkbrandes oder durch die beim Keimen derselben in Mel und Brot entstehenden Stoffe (Ptomaine) hervorgerufen seien. Diese Frage sei aber bei der gesun(heitlichen Beurteilung des mit Stinkbrand behafteten Mehles oder Brotes gleichgültig. Auc Liskun (Arb. a. d. pathol.-anat. Laboratorium d. Kaiserl. Institutes f. exper. Medizin St. Peter burg 1908) kommt zu demselben Ergebnis wie Chlopin. Im Gegensatz hierzu ziehen Zwic] Fischer und Winkler (Arbeiten a. d. Kaiserl. Gesundheitsamte 1912, **38**, 450) aus ihren b 3 Rindern, 3 Schafen, 3 Ziegen, bei Ratten und Meerschweinchen angestellten Versuchen währe einer Versuchsdauer von 52 Tagen und mehr mit verhältnismäßig großen Mengen Brandspor unter Berücksichtigung aller sonstigen neuen Versuche den Schluß, daß brandsporenhaltiges G treide in keinerlei Weise schädlich auf die Tiere wirke, keinen Abortus und keine Veränderung (bz Ablagerung von Brandsporen) in den Organen zur Folge habe. Nur bei intrakardialer Einspritzu von Brandsporen bei kleinen Tieren konnten in den Lungen zahlreiche Brandsporen, selbst no nach 122 Tagen, nachgewiesen werden.

pilz (Claviceps), Meltaupilze (Erysiphe), die zuweilen auch auf den Spelzen weiße mehlartige Überzüge bilden und von diesen in die Körner gelangen können, Schwärzepilze, die mitunter alle Pflanzenteile überziehen und deren Sporen zuweilen auch in Mehl und Kleie vorkommen, der Loliumpilz, von dem Unkrautsamen Lolium temulentum herrührend u. a.

Bei den Leguminosen (Bohnen und Erbsen) kann das Mycel des Pilzes Gloeosporium oder Collelotrichum Lindemuthianum Sarc. (bei Bohnen) bzw. Ascochyta Pisi Tib (bei Erbsen) in die Samen eindringen und auf diese Weise in das Mehl gelangen.

*c) **Lebende tierische Schmarotzer*** selbst z. B. Pyroglyphus farinae de Geer. (syn. Acarus farina, Mehlmilbe), die von diesen lebende Raubmilbe Cheyletus eruditus Schrank, Calandra granaria (schwarzer Kornwurm), dem sogar schädliche Wirkungen (bei Pferden) zugesprochen sind — auch im Reis ist neuerdings ein Kornwurm (Calandra oryzae L.) beobachtet —, Tenebrio molitor L. (Mehlkäfer), die mit ihm verwandten Käfer Gnathocerus cornutus und Tribolium ferrugineum, ferner Silvanus frumentarius, Laemophloeus ferrugineus, Tinea granella L. (Kornmotte), Ephestia Kuhniella Zell., Sitotroga cerealella A. (französische Getreidemotte), Hadena basilinea W. V. (Queckeneule) u. a.

Die meisten dieser tierischen Schmarotzer können nachträglich durch fehlerhafte Aufbewahrung des Mehles in das Mehl gelangt sein.

A. Maurizio[1]) gibt an, daß die Milbenarten Tyroglyphus, Glycyphagus und eine Art von Tarsonemus erst bei einem Wassergehalt von 13—14% im Mehl sich lebhaft entwickeln, daß die untere Grenze für ihre Entwicklung bei 6—10% Wasser liege.

*d) **Sand und Ton*** (bzw. Erde), ***Mühlstaub, Schmutz*** (Mäusekot) und Käferteile.

e) Auch ***pathogene*** Keime können in Mehl und Mehlerzeugnissen vorkommen. Vagedes[2]) berichtet z. B., daß 7 Personen nach Genuß einer Grießspeise heftig an Gastroenteritis erkrankt seien und sich in den Organen und Dejekten der Kranken eine Bakterie habe nachweisen lassen, die von Paratyphusbacillus B, der sonst nur bei Fleischvergiftungen in Betracht komme, nicht zu unterscheiden gewesen sei.

Die meisten und die größten Mengen der vorstehend unter a und b aufgeführten aus den Rohstoffen in das Mehl übergehenden Verunreinigungen lassen sich durch sorgfältige Reinigung der Samen vor ihrer Vermahlung beseitigen. Hierüber hat K. B. Lehmann[3]) eingehende Untersuchungen ausgeführt, indem er gleichzeitig zwischen giftigen[4]) und ungiftigen Unkräutern[5]) unterschied; er fand z. B.:

Behandlung	Roggen: giftige Unkräuter %	Roggen: giftige Unkräuter Mittel %	Roggen: ungiftige Unkräuter %	Roggen: ungiftige Unkräuter Mittel %	Weizen: giftige Unkräuter %	Weizen: giftige Unkräuter Mittel %	Weizen: ungiftige Unkräuter %	Weizen: ungiftige Unkräuter Mittel %
Ungereinigt .	0,11—0,60	0,30	0,09—1,22	0,55	0,02—1,93	0,42	0,05—1,79	0,25
Gereinigt . .	0,02—0,27	0,08	0,02—0,22	0,14	0,02—0,10	0,06	0,02—0,32	0,11

[1]) Zentralbl. f. Bakteriologie II. Abt. 1906, **15**, 606.

[2]) Ebendort I. Abt. 1907, **39**, 376.

[3]) Archiv f. Hygiene 1893, **19**, 71.

[4]) Zu den giftigen Unkrautsamen rechnet K. B. Lehmann: Mutterkorn, Brandige Körner, Agrostemma githago, Adonis sp., Delphinium consolida, Delphinium staphysagria, Ranunculus arvensis und Lolium temulentum.

[5]) Als ungiftige Unkräuter wurden angesehen und gefunden: Bromus secalinus, Avena fatua, Convolvulus arvensis, Galium tricorne, Centaurea Cyanus, Raphanus, Sinapis und Camelina als Cruciferen, Polygonum Convolvulus und P. Persicaria, Melampyrum arvense und Rhinanthus spec., Fumaria spec. u. a.

Ebenso war das Reinigen von Schmutz (Spelzen, Hülsen, Steine, Erde, Mäusekot) beim Roggen von 0,66% (0,02—2,91%) auf 0,11% (0,04—0,23%), beim Weizen von 0,24% (0,01—1,00%) auf 0,16% (0,01—0,57%) heruntergegangen.

Die in den Samen vorkommenden natürlichen Verunreinigungen lassen sich daher durch sorgfältiges Reinigen zum größten Teile entfernen. Auf eine solche Reinigung sind jetzt auch alle größeren Mühlen eingerichtet; nur die kleineren Mühlen sind hierin bis jetzt noch nicht gefolgt und werden daran durch mangelnde Kraftquellen gehindert. Aus dem Grunde findet man die natürlichen Verunreinigungen auch mehr in den Schrotmehlen und Schrotbroten als in den feinen Mehlen und Broten.

2. *Verfälschungen der Mehle.* Zu den Verunreinigungen der Mehle gesellen sich noch verschiedene Verfälschungen, nämlich:

a) Beimischung von ***geringwertigeren*** und ***anderen*** Mehlen, als der Bezeichnung entsprechen. So werden mitunter die geringeren Weizenmehle mit Roggenmehl und umgekehrt letzteres auch mit ersterem vermischt, wenn Roggen fast so teuer oder teuerer als Weizen ist. Aber selbst bei gleichem Preise ist solche Mischung ohne Deklaration als Verfälschung anzusehen, ebenso die Vermischung von Getreidemehl mit Kartoffelstärke, von Buchweizenmehl mit Weizen- oder Reismehl usw. und Bezeichnung des ersten Gemisches als Getreidemehl, des letzteren als Buchweizenmehl. Letztere Mischungen werden vielfach als „Grützenmehl", oder die Mischung von Weizenmehl mit 5 oder 10% Pferdebohnenmehl als Kastormehl" bezeichnet, was zulässig ist, weil der Käufer darunter keine bestimmte reine Ware erwartet.

Hierbei ist indes zu berücksichtigen, daß die natürlichen Saatwaren des Handels mitunter unter sich vermischt werden, daß sie sich durch die Reinigungsmaschinen nicht immer voneinander trennen lassen. So enthält häufig Roggen aus Gegenden mit nicht hoher landwirtschaftlicher Kulturentwicklung 5—8% Weizen, der so kleinkörnig ist, daß er durch die Sortiermaschinen nicht ganz entfernt werden kann. Der Buchweizen aus manchen Gegenden (Rußland) enthält durchweg nicht unerhebliche Mengen Getreidesamen (Hafer, Gerste usw.), die, weil sie sich nicht vom Buchweizen trennen lassen, mit vermahlen werden und ein Buchweizenmehl liefern, welches als mit Getreidemehl verfälscht angesehen werden kann. Ein solches Mehl kann natürlich nicht als rein bzw. reines Buchweizenmehl bezeichnet, sondern höchstens als Buchweizenmehl aus Natursaat.

b) Zusatz von ***Alaun*** bzw. Tonerdesalzen, ***Kupfer-*** oder ***Zinksulfat*** zur Verdeckung der schlechten Beschaffenheit, d. h. der schlechten Backfähigkeit des Mehles. Demselben Zweck soll auch ein präcipitiertes Phosphat „Blanc flour" dienen.

c) Der Zusatz von ***Mineralstoffen,*** wie gemahlener Gips, Schwerspat, Kreide, Magnesit, Magnesiumsilicat (holländisches Kunstmehl), Ton und Infusorienerde; hiervon kommt der Zusatz von Gips und Kreidemehl bzw. Kalksteinmehl, besonders bei Futtermehlen wohl am meisten vor.

Auch haften an Graupen nicht selten wägbare Mengen Talkerde (Magnesiumsilicat) die vom Polieren mit letzterer herrühren. Wenn die polierten Grieße und Graupen gemahlen werden, so geht die Talkerde auch ins Mehl über.

Eury und Cailloux[1]) geben an, daß Talkerdegehalt im Mehle die Kleberabscheidung beeinträchtige, daß bei einem Gehalt von 15—20% Talkerde sich gar kein Kleber mehr bilde

d) Das ***Bleichen*** der Mehle mittels einer durch den elektrischen Lichtbogen bzw Funken ozonisierten Luft, salpetriger Säure, schwefliger Säure, Chlor, unterchloriger Säure Kaliumpersulfat.

e) ***Auffärbung mit künstlichen Farbstoffen.*** Vereinzelt mag auch die Auffärbung mißfarbiger Mehle mit künstlichen blauen oder gelben Farbstoffen (z. B. Anilinblau nach E. Rupp)[2]) vorkommen (vgl. unter Graupen, Grieße, S. 634). Häufiger dürfte das

[1]) Zeitschr. f. Untersuchung d. Nahrungs- u. Genußmittel 1909, **18**, 684.

[2]) Ebendort 1906, **12**, 141.

zufällige Vorkommen von künstlichen Farbstoffen in Mehlen sein. So kann aus Säcken mit eosinhaltiger Gerste Eosin in das nachher eingefüllte Getreide und damit ins Mehl gelangen; dasselbe ist der Fall beim Versand von Mehlsäcken in Eisenbahnwagen, worin vorher Farben verfrachtet waren. Auch das zufällige Vorkommen von Methylviolett im Mehl aus Farbstiften (Tintenstiften) usw. ist beobachtet.

3. Fehlerhafte Beschaffenheit. Die unter 1 erwähnten, in den Rohstoffen vorkommenden Verunreinigungen bedingen naturgemäß eine geringere oder größere fehlerhafte Beschaffenheit des Mehles, wenn sie nicht oder nur unvollständig entfernt werden. Andere fehlerhafte Eigenschaften des Mehles, wie dumpfiger, schimmeliger Geruch, mangelnde Griffigkeit, schlechte und mangelhafte Backfähigkeit können herrühren von:

1. klimatischen Einflüssen auf das Getreide selbst (Auswachsen des Getreides);
2. Fehlern im Mühlenbetriebe (z. B. Verbrennen des Mehles bei zu starker Mahlung, Verschmieren);
3. fehlerhafter Aufbewahrung des Getreides, sowie des Mehles selbst und infolge davon Auftreten und Entwicklung von Milben und Mikroorganismen mit allen Folgeerscheinungen;
4. der Art des Getreides (Mehl aus Rauhweizen bäckt sich schlecht).

In letzter Zeit werden Getreide und Mahlerzeugnisse entfeuchtet, indem man sie nach dem Gegenstromprinzip durch Zylinder gehen läßt, die äußerlich mit den noch heißen Feuerungsgasen erwärmt werden und eine Temperatur bis zu 120° annehmen. Die Abgase von den zu entfeuchteten Stoffen werden durch Ventilatoren entfernt. F. Toggenburg[1]) hat nachgewiesen, daß sich hierdurch die chemische Zusammensetzung der wasserfreien Substanz eines und desselben Mehles nicht verändert, dagegen die Menge der in Wasser löslichen Stoffe etwas erhöht wird, besonders wenn das Mahlgut vorher 12 Stunden mit Wasser von 25° behandelt wurde.

Über die Probenahme vgl. S. 489 bzw. I. Teil, S. 4.

Untersuchung der Mehle.

Für die Beurteilung der Reinheit und Beschaffenheit der Mehle kommen chemische, technische, mikroskopische und bakteriologische Untersuchungsverfahren in Betracht.

Die chemischen Verfahren wie die Bestimmung des Wassers, Proteins, Fettes, der Kohlenhydrate, Stärke, der Rohfaser und Asche dienen vorwiegend nur zur Bestimmung des Nährwertes der Mehle; hiervon kann die Bestimmung des Fettes, der Rohfaser und besonders der Asche zur Beurteilung der Feinheit des Mehles dienen; die Bestimmung des Säure- und Zuckergehaltes gibt unter Umständen Anhaltspunkte für die Verdorbenheit der Mehle; auch können Zusätze von Mineralstoffen, von Alaun, Kupfer, Zink und Blei nur durch eine chemische Untersuchung festgestellt werden, weniger sicher dagegen Mutterkorn und Unkrautsamen.

Letztere Verunreinigungen, ebenso der Zusatz von fremden Mehlen lassen sich durchweg sicher nur durch eine mikroskopische Untersuchung nachweisen; die fehlerhafte Beschaffenheit ergibt sich am sichersten durch eine bakteriologische Untersuchung.

Die Tauglichkeit der Mehle zu Backzwecken (die Backfähigkeit) wird ermessen nach dem Klebergehalt (Weizenmehl), der Teig-, Verkleisterungs-, diastatischen und Backproben u. a.

Zur Feststellung der äußeren Eigenschaften, der Identität der Mehle, ihres Feinheitsgrades, zum Nachweis von Weizen- und Roggenmehl und zur Erkennung von Milben dienen: das Pekarisieren, die Sieb-, Bamihlsche und Milbenprobe, katalytische Kraft u. a.

[1]) Schweizer. Wochenschr. f. Chem. u. Pharm. 1909, **47**, 447.

Die chemische und technische Untersuchung.

Die einzelnen chemischen Bestandteile werden im allgemeinen nach den im I. Teil beschriebenen Verfahren bestimmt. Im besonderen ist noch folgendes zu bemerken:

1. Wasser. Es wird gewöhnlich durch Trocknen von etwa 5 g bei 104—106° bis zur Gewichtsbeständigkeit bestimmt, wobei zu beachten ist, daß das Mehl sein Wasser hartnäckiger als andere organische Stoffe festhält und den ganzen Wassergehalt nur langsam abgibt. J. F. Hoffmann[1]) hat für die Bestimmung des Wassers im Getreide in Gemeinschaft mit Marienhagen, aber auch im Mehl[2]) in Gemeinschaft mit A. Ploetz ein Verfahren ausgearbeitet, das auch von Nichtchemikern ausgeführt werden kann und für Getreide wie folgt ausgeführt wird:

„In einem Destillierkolben aus Metall (vgl. unter Käse Fig. 16, S. 311) erhitzt man ein Gemisch von 200 ccm Schmieröl, 10 ccm Terpentinöl und 100 g ungeschrotenem Getreide mit starker Flamme in etwa 8 Minuten auf 180°, nachdem man den Kolben mit der Kühlvorrichtung und dem als Vorlage dienenden, in $^1/_{10}$ ccm eingeteilten Meßgefäß verbunden hat. Man hält die Masse bei dieser Temperatur 3—4 Minuten lang bei Roggen, 4 Minuten lang bei Hafer, 4 bis 5 Minuten lang bei Weizen, 5 Minuten lang bei Gerste und 8 Minuten lang bei Mais. Dann läßt man aus einem mit Hahn versehenen Trichterrohr 50 ccm Terpentinöl, welches 5% Toluol enthält, rasch zu dem Kolbeninhalt fließen und erwärmt denselben schnell auf 200°. Sobald diese Temperatur erreicht ist, nimmt man den Brenner fort und läßt auf 180° abkühlen. Nun nimmt man das Meßgefäß ab, rollt es einige Male zwischen den Händen hin und her, um das Absinken der dem Glase anhaftenden Wasserteilchen zu veranlassen, und liest an der Trennungsstelle zwischen Wasser und Terpentinöl ab. Für die im Terpentinöle gelöste Menge Wasser zählt man 0,2 ccm hinzu. — Man erhält zu wenig Wasser, wenn der Übertritt des Terpentinöls zu langsam erfolgt, zu viel, wenn das Destillat gefärbt ist oder übel riecht. Vor der Ausführung der Bestimmung sind alle Gewinde des Apparats gut mit Schmieröl zu tränken."

Für Mehl soll man 50 g mit 100 ccm Schmieröl in dem Kessel verreiben, 200 ccm Terpentinöl zusetzen und erhitzen, bis die ersten schwachen Dämpfe aufsteigen; dann soll man auf 160° abkühlen lassen und noch 5 Minuten bei dieser Temperatur erhitzen. Hoffmann glaubt, daß das Verfahren außer für die Praxis auch für die chemischen Laboratorien als hinreichend genau empfohlen werden könne.

2. Stickstoff-Substanzen. In der Regel genügt eine Bestimmung des Gesamt-Stickstoffs nach Kjeldahl (I. Teil, S. 240) und Multiplikation des gefundenen Stickstoffs mit 6,25%, obschon gerade die Proteine der Getreide- und Hülsenfruchtarten einen höheren Stickstoffgehalt als 16% besitzen (vgl. I. Teil, S. 252). Der Gehalt an „Amiden" ist in den Mehlen durchweg nur gering, er beträgt meistens nur 3—5% der Gesamtstickstoff-Substanz — bei den Körnern 5 bis 11% —; wenn dennoch eine Bestimmung des Reinproteins erforderlich sein sollte, so verfährt man nach I. Teil, S. 253, oder, weil der Kupferhydroxyd-Niederschlag bei den Mehlen wegen des hohen Stärkegehaltes sich nicht gut auswaschen läßt, zweckmäßiger nach der Abänderung von H. Tryller[3]), der 1—2 g Mehl in einem Becherglase mit 100 ccm Wasser übergießt, diese 10 Minuten in ein kochendes Wasserbad hält, um die Stärke zu verkleistern, die Flüssigkeit dann auf 65° abkühlt, mit 10 ccm Malzlösung (100 g Malz auf 500 ccm Wasser) versetzt, 20 Minuten auf dieser Temperatur erhält und dann wie üblich mit Kupferhydroxyd fällt usw. Der aus den 10 ccm Malzlösung durch Kupferhydroxyd gefällte und der im Filter enthaltene Stickstoff müssen für sich bestimmt und in Abzug gebracht werden.

Wichtiger dagegen ist unter Umständen die Trennung und Bestimmung der Reinproteine, z. B. der Albumine, Globuline und der in Alkohol löslichen Proteine. Zwar sind die

[1]) Wochenschr. f. Brauerei 1902, **19**, 301.

[2]) Zeitschr. f. Spiritusindustrie 1907, **30**, 520.

[3]) Chem.-Ztg. 1897, **21**, 54.

Trennungsverfahren noch recht ungenau und die Begriffserklärungen für die einzelnen Proteingruppen ebensowenig bestimmt wie streng wissenschaftlich, immerhin können sie einigen Anhalt für die Natur der Proteine gewähren und mögen hier deshalb Erwähnung finden.

a) Albumine und ***Globuline.*** Unter „Albuminen" versteht man bekanntlich die Proteingruppe, welche in kaltem Wasser löslich ist und durch Erwärmen der Lösung auf 50—80° in Flocken gefällt wird. Wenn man aber die Samen bzw. Mehle, die eine nicht geringe Menge löslicher Salze enthalten, mit kaltem Wasser behandelt, so werden nicht nur die Albumine, sondern auch mehr oder weniger Globuline gelöst, die nicht in reinem, wohl aber in salzhaltigem Wasser löslich sind. Osborne und Mitarbeiter[1]) haben daher zur Reingewinnung der Albumine und Trennung von den Globulinen einen anderen Weg eingeschlagen. Sie behandeln die Samen bzw. die Mehle mit 10proz. Kochsalzlösung und sättigen die Lösung mit Ammonsulfat, wodurch die Albumine und Globuline zusammen gefällt werden. Man löst den Niederschlag nach der Filtration wieder in 10proz. Kochsalzlösung und unterwirft letztere der Dialyse, bis alle Salze entfernt sind. Hierdurch gehen die Albumine mit den Salzen in Lösung, während die Globuline ungelöst zurückbleiben. Aus dem Dialysat können die Albumine durch Erwärmen auf verschiedene Temperatur (50—80°) gefällt und gesammelt werden. Die unlöslich ausgeschiedenen Globuline werden dagegen wieder in 10proz. Kochsalzlösung gelöst und hieraus durch Erwärmen auf verschieden hohe Temperatur bis zum Kochen gefällt und gewonnen.

Dieses in allgemeinem Zuge kurz beschriebene Verfahren wird den einzelnen Samen- und Mehlarten noch mehr oder weniger angepaßt, indem bald die Konzentration der Salzlösung oder die Gerinnungstemperatur usw. abgeändert wird. In den Getreidearten ergaben sich auf diese Weise 0,3—0,4% Albumin, das im Weizen, Roggen und Gerste gleich war, und 0,6—2,0% Globuline von verschiedener Beschaffenheit. Die Hülsenfrüchte enthalten kein oder nur Spuren Albumin, dagegen um so mehr Globuline (Phaseolin, Legumin usw. genannt); von 23,65% Gesamtprotein waren 16,96% als Globuline vorhanden. In der von Albuminen und Globulinen befreiten Lösung findet sich noch ein Protein, welches durch Erwärmen nicht ausgeflockt wird, es wird von Osborne und Mitarbeitern als Proteose bezeichnet.

b) Die in Alkohol löslichen Proteine (Kleberproteine). Die Getreidearten sind dadurch vor den Hülsenfrüchten und anderen Nahrungsmitteln ausgezeichnet, daß sie in Alkohol lösliche Proteine enthalten. Beim Weizen hat man in seinem Kleber drei verschiedene in Alkohol lösliche Proteine (Glutenfibrin, Gliadin und Mucedin) neben dem Glutencasein oder Glutenin unterschieden, das nicht in Alkohol löslich ist. E. Fleurent[2]), ebenso Kossel und Kutscher[3]) haben im Weizenkleber nur zwei verschiedene in Alkohol lösliche Proteine, Osborne und Vorpees[4]), ebenso J. Kjeldahl[5]) gar nur ein solches Protein angenommen; jedenfalls enthalten die anderen Getreidearten nur ein in Alkohol lösliches Protein und erklärt man hieraus, daß sie nicht wie der Weizen Kleber zu bilden imstande sind; z. B. enthält der Roggen das mit dem Weizengliadin übereinstimmende Gliadin (nahezu 2% des Mehles mit 52,75% C, 6,84% H, 17,72% N und 1,21% S), die Gerste das in verdünntem Alkohol lösliche Hordein (mit 54,29% C, 6,80% H, 17,21% N, 0,83% S), der Mais das in Alkohol lösliche Zein oder Maisfibrin (rund 33% des Gesamtstickstoffs in Form von Zeinstickstoff, mit 55,25% C, 7,26% H, 16,13% N, 0,60% S), der Hafer ebenso ein alkohollösliches Protein, aber von weniger ausgeprägten Eigenschaften (mit 53,0—53,70% C, 6,94—7,00% H, 16,38—16,71% N, 1,66—2,66% S).

---

[1]) Vgl. Victor Grießmayer, Die Proteide der Getreidearten, Hülsenfrüchte und Ölsamen. Heidelberg 1897.

[2]) Ann. de la Science agron. française et étrangère. Paris 1898, 371.

[3]) Zeitschr. f. physiol. Chemie **1900**, **31**, 165; **1903**, **38**, 11.

[4]) Victor Grießmayer, Die Proteide der Getreidearten usw. Heidelberg 1897.

[5]) Zentralbl. f. Agrik.-Chemie **1896**, **25**, 197.

Die Trennung der in Alkohol löslichen Kleberproteine des Weizens ist zuerst von H. Ritthausen[1]) angegeben. Derselbe konnte durch Alkohol von verschiedenem Gehalt drei verschiedene Proteine unterscheiden, nämlich:

α) Glutenfibrin, löslich in 80—90 proz. Alkohol,

β) Gliadin, löslich in 60—80 proz. Alkohol,

γ) Mucedin, löslich in 40—60 proz. Alkohol.

Alle drei Proteine lösen sich aber sowohl aus Kleber wie Weizenmehl durch 60—70 proz. Alkohol; wenn man den Gehalt auf 80—90% Alkohol erhöht, so bleibt das Fibrin gelöst, während Gliadin und Mucedin gefällt werden; verdünnt man dagegen die Lösung mit Wasser auf 40—60%, so bleibt nur noch das Mucedin gelöst. Verfasser und P. Rintelen[2]) haben daher zur Trennung der drei Proteine folgenden Weg eingeschlagen:

Frischer, völlig mit Wasser ausgewaschener Kleber (2—3 kg) wird unter Zusatz von etwas absolutem Alkohol, um denselben zerkleinern zu können, durch eine Fleischpreßmaschine getrieben, aus der er in Fäden hervorgeht; die zerkleinerte Masse wird behufs Entwässerung in hohen Standzylindern mit mehr absolutem Alkohol und darauf mit Äther versetzt, um auch das Fett zu entfernen. Die Einwirkung der Lösungsmittel wird durch häufiges Auf- und Umrühren unterstützt und so lange fortgesetzt, bis die abgeheberte Flüssigkeit beim Verdampfen keinen fettigen Rückstand mehr hinterläßt. Der entwässerte und entfettete Kleber wird durch leichtes Pressen und Ausbreiten an der Luft von Alkohol und Äther befreit und darauf die bröcklige Masse durch die Fleischpreßmaschine noch weiter zu einem Pulver zerkleinert. Durch die Behandlung mit Alkohol geht auch ein kleiner Teil der alkohollöslichen Proteinstoffe in Lösung; dieser scheidet sich nach Zusatz von Äther allmählich ab und kann von der Fettlösung nur schwer getrennt werden; die Abscheidung wird nach mehrmaligem Waschen mit Alkohol-Äther mit der rückständigen Hauptmasse wieder vereinigt. Diese wird alsdann mit 65 proz. Alkohol in der Weise behandelt, daß sie in lange, reine Leinenbeutel gefüllt und letztere in mit dem 65 proz. Alkohol gefüllte Glaszylinder gehängt werden; auf diese Weise werden durchweg klare alkoholische Lösungen erhalten, die einer besonderen Filtration nicht bedürfen. Der Alkohol wird öfters erneuert und die Behandlung der Klebermasse bis zur Erschöpfung fortgesetzt; schließlich werden die Beutel schwach ausgepreßt.

Zu der klaren alkoholischen Lösung wird dann so viel Alkohol — auf je 2,5 l Lösung durchweg 6,25 l Spiritus von 97% — gesetzt, daß eine Flüssigkeit von 85—90% Alkohol entsteht. Durch diesen Zusatz wird eine weißliche Fällung erhalten, die sich aber selbst bei längerem Stehen nur schwer absetzt; um dieses zu beschleunigen, werden die Flaschen längere Zeit in sehr kaltes bzw. in Eiswasser gestellt; auf diese Weise wird meistens ein flockiger Niederschlag und eine vollkommen klare, überstehende Flüssigkeit erhalten. In den Fällen, in welchen die Flüssigkeit noch nicht vollkommen klar ist, wird sie mit dem in der Schwebe befindlichen Niederschlage in Literkolben gefüllt und so lange im Schüttelapparat geschüttelt, bis sich der Niederschlag abgeschieden hat. Auf diese Weise gelingt die Trennung stets. Trotzdem der Niederschlag durchweg fest an der Kolbenwandung sich angesetzt hat und die Flüssigkeit klar ist, wird filtriert und das Filtrat, welches den in 88—90 proz. Alkohol löslichen Proteinstoff, das Glutenfibrin, enthalten muß, zur Wiedergewinnung des Alkohols der Destillation unterworfen und der alkoholfreie Rückstand im Wasserbade zur Trockne verdampft. Derselbe schließt noch Zucker und Fett ein. Zur Entfernung des Zuckers wird die feinst gepulverte Masse mit Wasser und darauf nach dem Trocknen mit Äther ausgezogen. Auf diese Weise gelingt es aber nicht, alles Fett zu entfernen. Um dieses zu erreichen, wird die Masse wiederum in Alkohol, dem etwas Kalilauge zugesetzt war, gelöst und diese Lösung mehrmals mit Äther ausgeschüttelt; die schwach alkalische Lösung wird mit Salzsäure genau neutralisiert und dann auf dem Wasserbade eingedampft.

---

[1]) H. Ritthausen, Die Eiweißkörper der Getreidearten, Hülsenfrüchte und Ölsamen. Bonn 1872.

[2]) Zeitschr. f. Untersuchung d. Nahrungs- u. Genußmittel 1904, 8, 401 u. 721.

Der durch 88—90 proz. Alkohol entstandene Niederschlag, der also Gliadin und Mucedin enthält, wird nach dem Auswaschen bzw. Abspülen mit Alkohol von diesem Gehalt wieder in 65 proz. Alkohol gelöst, so daß eine möglichst gesättigte Lösung entsteht. Hiervon wird nach Ritthausens Vorschrift die Hälfte Alkohol abdestilliert und der Rest erkalten gelassen; hierbei scheidet sich nach einiger Zeit ein Niederschlag ab, der so vollkommen und fest an der Kolbenwandung haftet, daß die überstehende Flüssigkeit ohne Filtration klar abgegossen werden kann. Dieser Niederschlag muß also das Gliadin sein. Die von diesem Niederschlag abgegossenen Flüssigkeiten mehrerer Destillationsrückstände werden vereinigt und hiervon nochmals $^1/_3$ des Volumens Alkohol abdestilliert. Beim Erkalten des Destillationsrückstandes bildet sich abermals ein Niederschlag von vorstehenden Eigenschaften, der aber nicht weiter berücksichtigt wird, weil er möglicherweise als eine Mischung von Gliadin und Mucedin angesehen werden kann. Erst der Rest der von dem zweiten Niederschlage getrennten klaren Flüssigkeit, die also das Mucedin rein enthält, wird zur Trockne verdampft und liefert auch noch einen bedeutenden Rückstand.

Dieses Trennungsverfahren gestattet also ein fortwährendes Arbeiten mit Alkohol und schließt die Fehler aus, die durch Abscheidung und Trocknung der einzelnen Proteinstoffe entstehen können; auch läßt es sich jederzeit leicht nachkontrollieren; ein Übelstand desselben ist, daß dabei große Mengen Alkohol erfordert werden und verarbeitet werden müssen. Drei Trennungsversuche mit drei verschiedenen Proben frischen Weizenklebers lieferten dieselben Ergebnisse. Aber auch aus trockenem Kleber (Aleuronat) lassen sich bei gewöhnlicher Temperatur mit 65 proz. Alkohol Proteinstoffe ausziehen, welche sich auf obige Weise in drei verschiedene Präparate zerlegen lassen. Dasselbe ist der Fall, wenn man entfettetes Weizenmehl oder Weizenbrot mit 65 proz. Alkohol auszieht. Nur muß man von Mehl und noch mehr von Brot sehr große Mengen verwenden; so gelang es bei Weizenbrot, bei Anwendung von 2—3 kg, nur das Gliadin einigermaßen rein zu gewinnen.

Für die auf vorstehende Weise getrennten Proteinstoffe wurde im Mittel von 5 bzw. 6 Einzelversuchen folgende Elementarzusammensetzung gefunden:

	Proteinstoff, löslich in Alkohol von	Kohlenstoff	Wasserstoff	Stickstoff	Schwefel	Sauerstoff
Glutenfibrin	88—90%	55,30%	8,17%	16,86%	1,07%	19,73%
Gliadin	60—70 „	52,70 „	7,62 „	17,77 „	0,95 „	20,96 „
Mucedin	30—40 „	53,33 „	8,07 „	16,83 „	0,78 „	20,99 „

Die von H. Ritthausen im Mittel aller seiner Untersuchungen und die von Osborne und Vorhees für Gliadin gefundene Elementarzusammensetzung war folgende:

Glutenfibrin	88—90%	54,31%	7,18%	16,89%	1,01%	20,61%
Gliadin: Ritthausen	60—70 „	52,76 „	7,10 „	18,01 „	0,85 „	21,37 „
Gliadin: Osborne u. Vorhees	60—70 „	52,70 „	6,88 „	17,62 „	1,09 „	21,91 „
Mucedin	30—40 „	54,00 „	6,90 „	16,63 „	0,88 „	21,49 „

Unsere Ergebnisse stimmen daher recht gut mit denen von Ritthausen überein und muß daraus geschlossen werden, daß im Weizenkleber in der Tat drei verschiedene, in Alkohol lösliche Proteinstoffe vorhanden sind, die zwar alle in Alkohol von 60—70% löslich sind, von denen sich aber einer, das Glutenfibrin, durch stärkeren Alkohol von 88—90% trennen läßt, während ein dritter, das Mucedin, auch im Alkohol von 30—40% gelöst wird.

Weiter haben wir versucht, nachzuweisen, ob auch in den Spelzweizen drei verschiedene, in Alkohol lösliche Proteinstoffe vorhanden sind; wir verwendeten drei Sorten: Roten Tiroler (I), Einkorn (II) und Emmerweizen (III). Es gelang aber nur aus Nr. 1 auswaschbaren Kleber zu gewinnen; deshalb wurden die entfetteten Mehle zur Gewinnung der in Alkohol löslichen Proteinstoffe verwendet. Auch diese ließen sich durch Alkohol von verschiedener Stärke in drei verschiedene Proteinstoffe zerlegen, jedoch gelang es selbst bei Anwendung von mehreren Kilogramm Mehl nicht, die als Glutenfibrin und Mucedin bezeichneten Proteinstoffe rein zu gewinnen. Für das

Gliadin dagegen fanden wir im Mittel mehrerer Bestimmungen für die wasser- und aschenfreie Substanz:

	Roter Tiroler	Einkorn	Emmerweizen
Stickstoff	17,72%	17,74%	17,61%

Ob in den Spelzweizen dieselben Kleberproteinstoffe, oder diese in einem anderen Mischungsverhältnis vorhanden sind, wie im Nacktweizen, muß einstweilen dahingestellt bleiben; das darin vorhandene Gliadin ist dagegen ohne Zweifel als mit dem des Nacktweizens gleich zu erachten.

c) Verhältnis der Kleberproteine zur Beurteilung der Backfähigkeit des Weizenmehles. Nach E. Fleurent[1]) hängt die Backfähigkeit eines Weizenmehles nicht von dem Gehalt an Gesamtkleber, sondern von dem Verhältnis der darin enthaltenen Proteinstoffe, namentlich von dem Verhältnis des in Alkohol unlöslichen Gluteincaseins (Glutenins) zu dem in Alkohol löslichen Gliadin (und sonstigen alkohollöslichen Stickstoff-Verbindungen) ab; dieses Verhältnis von Glutenin (Glutencasein) : Gliadin soll wie 25 : 75 sein; eine Veränderung dieses Verhältnisses irgendwelcher Art bedingt eine geringere Backfähigkeit des Mehles. Zur Ermittelung dieses Verhältnisses benutzt E. Fleurent ein ziemlich umständliches Verfahren.

Man bereitet zuerst eine alkoholische Kalilösung aus 70proz. Alkohol und 3,0—3,5 g Kali in 1 l, stellt sie genau gegen Normalsäure ein und berechnet den Wirkungswert auf kohlensaures Kalium (K_2CO_3). Darauf bereitet man aus 33,33 g Mehl in gebräuchlicher Weise den Kleber, zerschneidet ihn in Stücke, verreibt diese in einem Mörser mit der alkoholischen Kalilösung, spült unter Anwendung von im ganzen 80 ccm der Kalilösung in eine geeichte Flasche (von 150 bzw. 250 ccm), setzt Glasperlen zu und läßt unter öfterem Umschütteln 36—48 Stunden bzw. so lange stehen, bis aller Kleber fein flockig zergangen ist. Man leitet alsdann Kohlensäure bis zur Sättigung ein, füllt mit 70proz. reinem Alkohol auf 150 ccm — bei großen Mengen Kleber auf 250 ccm — auf, schüttelt gut um und filtriert; 50 ccm des Filtrats werden eingedampft, bei 105° bis zur Gewichtsbeständigkeit getrocknet, gewogen und so wird nach Abzug des in 50 ccm vorhandenen Kaliumcarbonats die Menge der in Alkohol löslichen Kleberproteinstoffe (Gliadin usw.) erhalten.

Dadurch, daß man entweder den aus 33,33 g Mehl erhaltenen Gesamtkleber bestimmt, oder dadurch, daß man 50 ccm der alkoholischen Kleberemulsion (also Glutencasein + Gliadin) ebenfalls eindampft, bei 105° trocknet, wägt, von diesem Rückstand ebenfalls die vorhandene Menge Kaliumcarbonat abzieht und von dem so gefundenen Gesamtkleber die erstere in Alkohol lösliche Menge in Abzug bringt, erhält man die Menge Glutencasein oder Glutenin, d. h. den alkoholunlöslichen Anteil. Beträgt z. B. die Menge des Gesamtklebers 7,47%, die des alkohollöslichen Anteiles 5,62%, so ist die Menge des Glutencaseins 7,47 — 5,62 = 1,85% oder das Verhältnis von letzterem zu ersterem wie 24,75 : 75,25.

Die Nachprüfungen dieses Verfahrens von z. B. A. Maurizio, Hamann, Snyder, Kosutány[2]), Komers und v. Haunalter, W. Schneidewind und Mitarbeitern[3]), sowie von Verfasser und Rintelen[4]) haben aber die Beziehungen zwischen der Backfähigkeit und Fleurentscher Verhältniszahl bei weitem nicht immer hervortreten lassen; es sind zum Teil sehr abweichende Verhältniszahlen erhalten worden. Das hat seinen Grund in den nicht unerheblichen Fehlerquellen des Verfahrens, nämlich einerseits darin, daß das, was man als Kleber bezeichnet und wägt, kein wirklich reiner Kleber ist, sondern noch mehr oder weniger Stärke, Öl, Mineralstoffe einschließt, andererseits darin, daß sich der Kleber äußerst schwierig durch die alkoholische Kalilösung verteilen läßt. Aus dem Grunde und weil das Verfahren an sich zu umständlich ist, hat E. Fleurent[5])

[1]) Ann. Science Agron. 1898 [2], **4**, I, 371 und Zeitschr. f. Untersuchung der Nahrungs- u. Genußmittel 1899, **2**, 583.

[2]) Journ. f. Landwirtschaft 1905, **51**, 139 u. 329.

[3]) Landw. Jahrbücher 1904, **33**, 269.

[4]) P. Rintelen, Inaug.-Dissertation, Münster i. W. 1905.

[5]) Compt. rend. 1901, **132**, 1421.

ein neues Verfahren angegeben, welches darin besteht, daß man 5 g Mehl $2^1/_2$—3 Stunden lang mit 150 ccm Alkohol von 74° G.-L. schüttelt und das spezifische Gewicht der Lösung bei 20° mit einem besonders eingerichteten Aräometer, dem Gliadimeter bestimmt; dasselbe hat 2 Gradeinteilungen, die eine zur Feststellung des vorgeschriebenen Alkoholgrades, die andere zur Ermittelung des spezifischen Gewichtes der Gliadinlösung. Aus einer dem Apparat beigegebenen Tabelle erfährt man den dem spezifischen Gewicht entsprechenden Gliadingehalt in 100 Teilen trockenen Klebers.

Ohne Zweifel ist folgendes von Verfasser und Rintelen ausgearbeitete Verfahren sicherer zur Bestimmung des Verhältnisses von Glutencasein zu Gliadin usw.: Man stellt aus 30 g Mehl, wie oben angegeben ist, den Kleber mit gesättigtem Gipswasser her, wägt ihn feucht, löst ihn in 50—100 ccm Kjeldahl-Schwefelsäure, füllt unter Nachspülen mit derselben Schwefelsäure in ein 250-ccm-Kölbchen um, läßt erkalten, füllt mit Schwefelsäure auf 250 ccm, mischt und entnimmt je 25 ccm (also 3 g Mehl entsprechend) zur Bestimmung des Gesamtkleber-Stickstoffs nach Kjeldahl.

Ferner werden 20 g des Mehles in einem Literkolben mit etwa 800 ccm 70 proz. Alkohol übergossen, 1 Stunde bei gewöhnlicher Temperatur in einem Schüttelapparat geschüttelt, die Flüssigkeit nach dem Schütteln mit Spiritus von demselben Gehalt bis zur Marke aufgefüllt, sorgfältig gemischt und durch ein trockenes Filter filtriert. Von dem Filtrat werden 200 ccm (4 g Mehl entsprechend) in einen Kjeldahl-Kolben gebracht, unter Zusatz von einigen Tropfen Schwefelsäure im Wasserbade oder über einer kleinen Flamme bis auf etwa 20—30 ccm eingedunstet, erkalten gelassen, dann mit 20 ccm der Kjeldahl-Schwefelsäure versetzt und wie üblich weiter behandelt; man erhält auf diese Weise den Stickstoff der in Alkohol löslichen Kleberproteinstoffe (des Gliadins nach Fleurent) und vermeidet die Ungenauigkeiten, welche durch die Beimengungen zum rohen Kleber bedingt sind. Ob aber auf diese Weise bessere Beziehungen zwischen der Backfähigkeit des Mehles und dem Verhältnis von Glutencasein (Glutenin) zu Gliadin usw. erhalten werden, erscheint nach einigen hiesigen Untersuchungen zweifelhaft.

Wir fanden nämlich für 7 verschiedene Mehle in der wasser- und aschenfreien Substanz:

	Mehl I	II	III	IV	V	VI	VII
Gesamtstickstoff	2,45%	2,48%	2,39%	2,43%	2,41%	2,01%	2,01%
In 65—70 proz. Alkohol löslicher Stickstoff	1,28 „	1,32 „	1,21 „	1,23 „	1,28 „	1 09 „	1,15 „
Kleberstickstoff	1,98 „	1,91 „	1,89 „	1,90 „	2,01 „	1,53 „	1,52 „
Verhältnis der verschiedenen Stickstoff-Verbindungen: In Prozenten des Gesamtstickstoffs:							
Kleberstickstoff	77,95%	77,01%	79,07%	77,73%	83,40%	76,11%	75,64%
Alkohollöslicher Stickstoff	52,24 „	53,22 „	50,62 „	50,61 „	53,11 „	54,22 „	57,21 „
In Prozenten des Gesamtkleberstickstoffs:							
Alkohollöslicher Stickstoff	67,01%	69,10%	64,02%	64,73%	63,67%	71,24%	75,65%
Volumen der Gebäcke von 125 g Mehl (zunftgemäß gebacken) in ccm:	585	588	515	468	470	428	470

Hier haben zwar die Mehle VI und VII mit dem geringsten Gehalt an Gesamt- und Kleberstickstoff die geringsten, d. h. am wenigsten lockeren Gebäcke geliefert, aber eine bestimmte Beziehung des Volumens (der Lockerheit) der Gebäcke zu dem Verhältnis von alkohollöslichem Stickstoff zum Gesamtkleberstickstoff läßt sich nicht erkennen.

Th. Macfarlane[1]) hat ein ähnliches Verfahren zur Bestimmung des Glutenins und Gliadins sowie sonstiger Bestandteile im Kleber angegeben, worauf verwiesen sei.

---

[1]) Vgl. Zeitschr. f. Untersuchung d. Nahrungs- u. Genußmittel 1906 **11**, 223.

Manget[1]) hat das Fleurentsche Verfahren u. a. dahin abgeändert, daß er den Kleber unter Anwendung einer 1 proz. Kochsalzlösung darstellt und ihn dann mit 71 proz. statt 70 proz. Alkohol auszieht. J. S. Chamberlain[2]) verwirft aber dieses Verfahren ebenso wie das von Fleurent und setzt an seine Stelle ein anderes, im wesentlichen darauf beruhendes Verfahren, daß er verschiedene Proben Mehl einerseits mit 5 proz. Kaliumsulfatlösung, andererseits 6—8 Stunden mit 70 proz. Alkohol auszieht, den Rückstand von letzterem wiederum mit 5 proz. Kaliumsulfatlösung behandelt und daraus Glutenin und Glutin berechnet.

Nach W. E. Mathewsen[3]) lösen 100 ccm 70 proz. Alkohol aus 4 g Mehl 8—17% mehr Gliadin als aus 16 g Mehl; 6 stündiges Trocknen hat keinen Einfluß, wenn man mit heißer Flüssigkeit auszieht, vermindert aber die lösliche Menge um 10—20%, wenn das Lösungsmittel kalt angewendet wird. Normalpropylalkohol gibt keine genaueren Werte als Äthylalkohol; wasserfreies Phenol löst eine beträchltiche Menge Proteine aus dem Mehl.

Lindet und Ammann[4]) teilen die alkohollöslichen Proteine des Weizenmehles in zwei Gruppen, von denen die eine in 40 proz. Alkohol unlöslich ist und einen spezifischen Drehungswinkel $\alpha_D = -81°$ hat, die andere in 40 proz. Alkohol löslich ist und einen spezifischen Drehungswinkel $\alpha_D = -95°$ besitzt. Für ein aus dem mit 70 proz. Alkohol erhaltenen Auszug durch starken Alkohol ausfällbares Protein fanden sie einen spezifischen Drehungswinkel $\alpha_D = -137{,}5°$.

H. Snyder[5]) benutzt den Drehungswinkel der alkoholischen Lösung zur Berechnung des Gliadingehaltes, indem er den spezifischen Drehungswinkel des Gliadins $[\alpha]_D = -92°$ annimmt; 15,97 g Mehl werden mit 100 ccm 70 proz. Alkohol während 2—3 Stunden öfters umgeschüttelt, 12—18 Stunden stehengelassen, filtriert und wird das Filtrat in einem 220 mm-Rohr polarisiert. Durch Multiplikation der abgelesenen Skalenteile des Zuckerpolarimeters mit 0,2 erhält man die Menge an Gliadinstickstoff. Mehle mit 12% Stickstoff ($N \times 6{,}25$), wovon 55—65% Gliadin sind, sollen von guter Beschaffenheit sein.

Marion[6]) zieht 10 g Mehl in einem verschlossenen Gefäß $^1/_4$ Stunde bei 40—50° mit 50 ccm Alkohol aus, kühlt auf 15—20°, setzt 0,8 g Tierkohle zu, schüttelt 1—2 Minuten, filtriert und polarisiert, indem er den spezifischen Drehungswinkel des reinen Gliadins $[\alpha]_D = -57{,}48°$ annimmt. Weil wir aber außer dem Gliadin noch andere alkohollösliche Proteine im Weizenkleber haben und die Angaben über den spezifischen Drehungswinkel sehr verschieden lauten, so kann das Verfahren auf Genauigkeit keinen Anspruch machen.

Th. Kosutány[7]) behauptet, daß das Gliadin nur das Hydrat des Glutenins bzw. letzteres das Anhydrid des Gliadins sei[8]) und beide sich ineinander überführen lassen. Auch B. v. Fenyvessy[9]) gibt an, daß das Gliadin durch Erwärmen mit Wasser in eine Substanz übergeführt werde, die sich bezüglich ihrer Löslichkeit und ihrer Einwirkung auf den Kleber wie das Glutenin verhalte, und nimmt an, daß eine derartige Umwandlung des Gliadins unter dem Einfluß von Feuchtigkeit und Wärme auch in den Körnern bzw. Mehlen vor sich gehen könne. Nach Fenyvessy geht sowohl das dem Mehl künstlich zugesetzte

---

[1]) Vgl. Zeitschr. f. Untersuchung d. Nahrungs- u. Genußmittel 1905, **9**, 222.

[2]) Ebendort 1907, **13**, 580 nach H. W. Wiley, Proceedings of the 20. Ann. Convention of the Off. Agric. Chemiste 1903; bzw. Journ. Amer. Chem. Soc. 1905, **28**, 1657.

[3]) Journ. Amer. Chem. Soc. 1908, **30**, 74.

[4]) Compt. rendus 1907, **145**, 253.

[5]) Journ. Amer. Chem. Soc. 1904, **26**, 263.

[6]) Ann. de Chim. analyt. 1906, **11**, 134.

[7]) Journ. f. Landw. 1903, **51**, 139.

[8]) Kosutány begründet seine Ansicht damit, daß das Gliadin den Teig weich und dehnbar, das Glutenin ihn bröcklig, brüchig und hart mache, daß unter Umständen beide ineinander übergehen können.

[9]) Zeitschr f. Untersuchung d. Nahrungs- u. Genußmittel 1911, **21**, 658.

Gliadin als auch das Glutenin in den Kleber über und beide erhöhen den Klebergehalt; weil aber das Gliadin hierbei mit steigenden Mengen die Backfähigkeit erhöht, das Glutenin sie aber herabsetzt bzw. vernichtet, so erklären sich hieraus vielleicht die verschiedenen Widersprüche in den vorstehenden Angaben.

d) In Wasser lösliche Stickstoff-Verbindungen und ihre Beziehung zur Backfähigkeit der Mehle. W. Bremer[1]) hat auch die Frage geprüft, ob die Menge der in Wasser löslichen Stickstoff-Verbindungen der Weizenmehle in einer Beziehung zu ihrer Backfähigkeit stehen.

20 g Mehl wurden mit 12 ccm Brunnenwasser eingeteigt. Der Teig blieb in einem Porzellanschälchen, mit einer Glastafel bedeckt, bei Zimmertemperatur $^1/_2$ Stunde sich selbst überlassen. Alsdann wurde der Teig mit Brunnenwasser von etwa 17° C ausgewaschen, wobei mit Hilfe eines Trichters mit großer Öffnung alles ablaufende Wasser in einem Kolben aufgefangen wurde. Bei einiger Vorsicht gelingt es leicht, das Wasser verlustlos aufzufangen. Die Flüssigkeit wurde alsdann zu 500 ccm aufgefüllt und nach dem Umschütteln und Absitzenlassen der Stärke wurden von der darüber stehenden, fast klaren Lösung 100 bzw. 50 ccm entsprechend 4 bzw. 2 g Mehl abpipettiert und nach Zusatz einiger Tropfen Schwefelsäure über freier Flamme bis auf 15—20 ccm eingeengt. Die auf diese Weise erhaltene Flüssigkeit wurde nach Überspülung in einen Kjeldahl-Kolben in bekannter Weise mit Schwefelsäure und Quecksilber verbrannt. Eine Korrektur für das Volumen der Stärke im 500 ccm-Meßkolben fand nicht statt; doch dürfte der hierdurch bewirkte Fehler verschwindend klein sein, so daß er außer Betracht bleiben kann.

Auf diese Weise fand W. Bremer nicht unerhebliche Unterschiede, nämlich zwischen 0,83—1,64% in Wasser lösliche Stickstoff-Substanz (N × 6,25), aber keine Beziehungen zwischen ihrer Menge und der Backfähigkeit des Mehles. Ein Weizen (preuß. Sommerweizen) mit der größten Menge löslicher Stickstoff-Substanz (1,64%) lieferte aus 100 g ein Gebäck von 428,2 ccm, während ein Gebäck aus Azimaweizen mit dem größten Volumen von 599,1 ccm aus 100 g Mehl nur 1,40% lösliche Stickstoff-Substanz ergab.

O. Rammstedt[2]) ermittelte in ähnlicher Weise einerseits den in 10 proz. Kochsalzlösung, in 70 proz. Alkohol löslichen Stickstoff, den Kleber- und Gesamtstickstoff, andererseits das Volumen der Gebäcke, berechnet auf 100 g Mehl, konnte aber auch auf diese Weise keine Beziehungen zwischen den Stickstoffmengen und der Backfähigkeit der Mehle feststellen.

e) Bestimmung des Oryzanins im Reis. Allgemein werden dem geschälten Reis gesundheitsstörende Eigenschaften zugeschrieben; Hühner, Tauben, Mäuse und sonstige Tiere werden durch ausschließliche Fütterung von Reis leicht krank und gehen unter starker Abnahme des Körpergewichtes zugrunde. Auch die Beriberi-Krankheit wird dem vorwiegenden Genusse von geschältem Reis zugeschrieben, während ungeschälter Reis solche Wirkungen nicht haben soll. Aus dem Grunde hat man auf den Philippinen sogar den Genuß von geschältem Reis verboten.

U. Suzuki, T. Shimamura und S. Odake[3]) erblicken die Ursache dieser Erscheinungen darin, daß dem geschälten Reis ein in der Schale bzw. der äußeren sog. Silberhaut vorkommender Körper, der trotz geringer vorhandener Menge eine große Bedeutung habe und dessen Verabreichung im isolierten Zustande die Krankheitserscheinungen nach ausschließlichem Genuß von geschältem Reis aufzuheben vermöge. Die Verfasser nennen den Körper „Oryzanin" und verfahren zu seiner Darstellung wie folgt:

300 g entfettete Reiskleie werden in einem Rundkolben mit 1 l Äthylalkohol (85—90%) am Rückflußkühler 3 Stunden lang gekocht. Man filtriert heiß ab, kocht den Rückstand noch 1 Stunde mit $^1/_2$ l Alkohol und saugt wieder ab. Diese Operation wird viermal wiederholt. Die gesamten alkoholischen Auszüge werden unter verminderten Druck solange eingedampft, bis der Alkohol

[1]) Zeitschr. f. Untersuchung d. Nahrungs- u. Genußmittel 1907, **13**, 69.

[2]) Zeitschr. f. d. gesamte Getreidewesen 1909, **1**, 286.

[3]) Biochem. Zeitschr. 1912, **43**, 89.

vollständig ausgetrieben ist. Der zurückgebliebene dickbraune Sirup wird wiederholt mit Äther geschüttelt, um die Fette, organischen Säuren, Lecithine und andere Verunreinigungen zu entfernen, und weiter bei gelinder Wärme eingedampft.

Der alkoholische Extrakt wird mit Wasser auf 100 ccm verdünnt und mit soviel Schwefelsäure angesäuert, bis sie ungefähr 3% der Flüssigkeit ausmacht, und mit einer 30%igen Phosphorwolframsäurelösung versetzt. Es entsteht dabei ein brauner flockiger Niederschlag in reichlicher Menge. Dazu sind etwa 20—30 ccm Phosphorwolframsäurelösung notwendig. Ein Überschuß des Reagenzes ist zu vermeiden. Nach einigen Stunden wird der Niederschlag abgesaugt, mit 3%iger Schwefelsäure einmal gewaschen, dann bringt man den Niederschlag in einen Mörser, gibt etwas Wasser zu und verreibt mit überschüssigem Barythydrat, bis der dicke Brei stark alkalisch reagiert (oder man löst den Niederschlag in acetonhaltigem Wasser und gibt soviel Barythydrat zu, bis die Flüssigkeit stark alkalisch reagiert.) Nach einiger Zeit saugt man ab und behandelt den Rückstand noch dreimal in derselben Weise. Das gesamte Filtrat wird durch Schwefelsäure sorgfältig von Baryt befreit und bei niederer Temperatur unter vermindertem Druck eingedampft. Es bleibt dabei ein schwach saurer, hellbrauner Sirup zurück, der beim Trocknen über Schwefelsäure in eine harzartige Masse „das Rohoryzanin", sich verwandelt.

Das Rohoryzanin läßt sich durch Auflösen in Wasser, Fällen mit Tannin, Lösen des Niederschlages in Aceton, Zerlegen mit Barythydrat reinigen.

Das Rohoryzanin löst sich außer in Wasser leicht in verdünntem Alkohol, reagiert sauer, gibt keine Biuretreaktion; seine Lösung, mit Millons Reagens erwärmt, färbt sich dunkelrot, und mit frisch bereiteter p-Diazobenzolsulfonsäure in ganz verdünnter Natronlauge blutrot. Das gereinigte Oryzanin gibt mit Pikrinsäure eine flockige Fällung, die beim Stehen in der Kälte krystallinisch wird. Das Rohcyanin liefert bei der Hydrolyse mit 3% Salzsäure oder Schwefelsäure außer zwei noch nicht näher charakterisierten Säuren ziemlich viel Cholin und Glykose, ferner Nicotinsäure (m-Pyridincarbonsäure).

3. Fett. 10 g Mehl werden in einer Reibschale zweckmäßig mit ebensoviel feinstem Sande verrieben, verlustlos in eine Patrone gefüllt, 2—3 Stunden in einem Wasserdampf-Trockenschrank bei 95—98° getrocknet und nach I. Teil, S. 342 im Soxhletschen Apparat mit Äther ausgezogen. Bei dextrinreichen Mehlen verfährt man zweckmäßig wie bei Kindermehlen S. 647.

4. Säure bzw. Säure und Maltose. Über die Bestimmung der Säure und Maltose vgl. auch unter „Kindermehle" S. 648. Der Gehalt eines Mehles an Säure und Maltose ist verschiedentlich als Maßstab für seine Beschaffenheit und Backfahigkeit vorgeschlagen worden. Die Säure nimmt mit dem Älterwerden des Mehles zu, die Menge und Beschaffenheit des Klebers ab. L. Vuaflart[1]) gibt z. B. den Säuregehalt — wahrscheinlich als H_2SO_4 berechnet — in frischen Mehlen zu 0,02%, den alter Mehle bis zu 0,12% an. Balland[2]) findet in altem Mehl neben mehr Säure weniger Fett[3]) und Kleber, welcher letzterer dabei zum Teil in Wasser löslich wird, z. B.:

	Säure	Fett	Kleber
Mehl, 1 Monat alt	0,025%	1,02%	3,5%
„ 4 Jahre alt	0,054 „	0,20 „	2,5 „

Außerdem sollen sich in altem Mehl Alkaloide bilden.

[1]) Ann. Chim. anal. 1908, **13**, 487.

[2]) Recherches sur les blés, les farines et le pain, Paris & Limoges 1894, 150.

[3]) Balland gibt in einer neueren Mitteilung (Journ. Pharm. Chim. 1904, [6], **19**, 61) an, daß beim Lagern des Mehles das Öl ab- und die Menge der freien Fettsäuren, die im frischen Mehl nur in geringer Menge vorhanden sind, zunimmt. Je mehr Fett ein Mehl enthält, desto zersetzlicher ist es; die aus hartem Weizen stammenden Mehle sind veränderlicher als die aus weichem Weizen. Der Kleber soll erst angegriffen werden, wenn die Fettsäuren verschwinden.

Polek will in verdorbenen Mehlen eine Abnahme des Klebers von 11,06 auf 6,54% und eine Zunahme der in Wasser löslichen Proteine von 1,44 auf 6,46% gefunden haben. Diese Veränderungen hängen wohl damit zusammen, daß im Getreidekorn wie Mehl, sei es durch die Wirkung von Enzymen, sei es durch die selbständige Lebenstätigkeit der Mikroben, eine fortwährende, wenn auch schwache Atmung stattfindet.

Halenke und Möslinger[1]) konnten auf Grund mehrjähriger Beobachtungen keine regelmäßigen Beziehungen zwischen der Backfähigkeit und dem Klebergehalt feststellen; dagegen glauben sie in folgendem Verfahren ein Mittel zur Feststellung der Güte der Mehle gefunden zu haben:

2 g Mehl werden mit 100 ccm Wasser, und zwar unter allmählichem Zufügen in einer Porzellanschale fein zerrieben, darauf in einen 250 ccm fassenden Kolben gespült, welcher $1^1/_2$—2 Stunden in einem Wasserbade bei 60—70° und zuletzt kurze Zeit bei 100° erwärmt wird. Nach dem Erkalten wird bis zur Marke aufgefüllt, filtriert und im Filtrat wie üblich der Zucker (auf Maltose umgerechnet) bestimmt; sie fanden so Maltose:

	Weizen	Roggen
Gutes Mehl	10—20%	10—15%
Schlechtes Mehl	40—50 „	30—50 „

R. Kayser[2]) konnte jedoch diese Ergebnisse nicht bestätigen; er erhielt z. B. für gut backfähiges Mehl nach vorstehendem Verfahren mehr Maltose, als für schlecht backfähiges Mehl.

Fr. Günther[3]) berücksichtigte außer der Maltose nach dem Verfahren von Halenke und Möslinger auch noch die ursprünglich vorhandene Menge Maltose (bzw. Zucker) und die freie Milchsäure. Für die Bestimmung der letzteren zog er 10 g Mehl, wie unter „Kindermehl" S. 646 angegeben ist, mit Alkohol[4]) aus und bestimmte in der einen Hälfte des Auszuges die Säure, in der anderen die Maltose. Günther fand auf diese Weise:

Bestandteile	Roggenmehl, gut			Roggen, ausgewachsen (Mehl nicht backfähig)			Weizenmehl, gut		
	Niedrigstgehalt %	Höchstgehalt %	Mittel %	Niedrigstgehalt %	Höchstgehalt %	Mittel %	Niedrigstgehalt %	Höchstgehalt %	Mittel %
Milchsäure	0,023	0,045	0,036	0,059	0,112	—	0,004	0,023	0,011
Maltose (ursprünglich) .	0,167	0,318	0,210	0,512	1,09	—	0,035	0,106	0,053
Maltose (gebildet) . . .	32,6	47,7	—	48,2	51,3	—	11,9	34,0	—

Hiernach zeigt das nicht backfähige Mehl aus ausgewachsenem Roggen gegenüber dem guten Mehl allerdings mehr Milchsäure, auch mehr Maltose, sowohl ursprünglich vorhandene, als auch durch Säuerung bzw. Diastase gebildete; indes sind die Unterschiede so gering, daß sich hierauf ein Unterscheidungsverfahren zwischen backfähigem und nicht backfähigem Mehle nicht gründen läßt.

Dazu kommt, daß die Gehalte an Säure usw. in den natürlichen Samen und Mehlen nicht unerheblich sind. R. Scherpe[5]) fand z. B. die Schwankungen für die Trockensubstanz der Getreidearten wie folgt:

	Säure = Milchsäure	Wasserlösliche Stoffe: Gesamte	Wasserlösliche Stoffe: Kohlenhydrate
Roggen . .	0,05—0,07 %	17—21%	Etwa 6,5%
Weizen . . .	0,03—0,045 „	10—15 „	3,0—3,5 „

[1]) Korrespondenzbl. d. freien Vereinigung bayer. Vertreter d. angew. Chemie 1884, Nr. I.

[2]) Ebendort 1885, Nr. II.

[3]) Mitteil. aus dem pharmaz. Institut in Erlangen von A. Hilger, 1889, **2**.

[4]) Nach Ferraro (Zeitschr. f. Untersuchung d. Nahrungs- u. Genußmittel 1912, **23**, 698) liefert nur die Ausziehung mit neutralem Alkohol bei Mehl und Mehlerzeugnissen richtige Werte für den Säuregehalt.

[5]) Arbeiten a. d. Kaiserl. Gesundheitsamte 1899, **15**, 387 und Zeitschr. f. Untersuchung d. Nahrungs- u. Genußmittel 1899, **2**, 550.

Dombrowsky[1]) fand — allerdings nach einem anderen Verfahren, vgl. S. 647 — bedeutend mehr Säuren in natürlichen Roggen- und Weizenmehlen, nämlich für die Trockensubstanz auf Milchsäure berechnet:

Roggenmehl	Weizenmehl
0,36—0,52%	0,23—0,40%

Nach S. 647 erscheinen diese Werte aber zu hoch und sind wahrscheinlich durch die Art des Untersuchungsverfahrens bedingt. Die Säuren bestanden, wie Dombrowsky angibt, aus 50,8% Essigsäure, 25,3% Milchsäure und 22,6% saurem Phosphat (KH_2PO_4). Durch Einteigen mit Hefe wird die Säure vermehrt; es gehen davon aber nur gewisse Anteile ins Brot über, nämlich vom Gesamtgehalt:

Roggenbrot	Grannbrot	Weizenbrot
74,61%	70,28%	58,50%

J. Sarthou[2]) dagegen gibt für natürliche Weizenmehle Säuregehalte (als H_2SO_4 berechnet) an, die denen von R. Scherpe und den anderen vorstehenden gleichkommen, nämlich:

Weizenmehl aus	Säure als H_2SO_4	Als Milchsäure
Weizen in der Ebene . .	0,0206—0,0516%	0,0360—0,0901%
„ im Gebirge . . .	0,0516—0,1238 „	0,0901—0,2163 „

Dieses erheblichen Unterschiede im Säuregehalt erklärt Sarthou aus der Art der Aufbewahrung des Weizens (im Gebirge in Silos); er fand in einem Mehl aus Weizen, der in Silos aufbewahrt war, einen Säuregehalt von 0,432% als H_2SO_4 = 0,755% Milchsäure[3]). Durch 20tägiges Aufbewahren eines Weizenmehles unter einer Glasglocke über einer Schale mit Wasser und dem Sonnenlicht ausgesetzt, stieg der Säuregehalt von 0,0583 auf 0,3982% (H_2SO_4) = von 0,1018 auf 0,6956% Milchsäure. Hieraus geht hervor, daß der Säuregehalt eines Mehles wesentlich von dem Wassergehalt und der Art der Aufbewahrung des Getreides abhängt, und daß er durch das Anfeuchten des Mehles vor dem Vermahlen erhöht werden muß. In Mehlen, die aus normal gelagertem Weizen gewonnen und normal aufbewahrt sind, steigt der Säuregehalt bei weitem geringer; so fand Sarthou in solchem Mehl folgende Säuregehalte:

	Ursprünglich	Nach 1 Monat	Nach 2 Monaten
Säure als H_2SO_4	0,0209%	0,0283%	0,0361%
„ „ Milchsäure . .	0,0365 „	0,0494 „	0,0631 „

Sarthou ist daher der Ansicht, daß Weizen mit einem Säuregehalt von mehr als 0,05% H_2SO_4 entsprechend = 0,0873% Milchsäure als minderwertig anzusehen ist.

Wenn es sich bloß um die Bestimmung von Zucker und Dextrin in einem Mehle handelt, kann man eine bestimmte Menge desselben in einem Maßkolben einfach wiederholt mit kaltem Wasser schütteln, bis zur Marke auffüllen, nach dem Mischen und Absetzen einen Teil der Flüssigkeit abmessen, mit Bleiacetat unter Zusatz einiger Tropfen von Tannin- und Leimlösung fällen, auf ein bestimmtes Volumen bringen und im Fitrat nach Entfernung des Bleis mit Natriumsulfat Zucker und Dextrin nach I. Teil, S. 427 vor und nach der Inversion bestimmen.

5. Stärke. Die Stärke in Mehlen kann jetzt einfach und sicher nach den polarimetrischen Verfahren von Ewers oder Lintner (I. Teil, S. 444) bestimmt werden. Nach Ewers' Verfahren, das auch wir geprüft haben, hat die Stärke der Getreidearten einen mittleren molekularen Drehungswinkel von +183,5°; man braucht daher die gefundenen Drehungs-

---

1) Archiv f. Hygiene 1904, **50**, 97.

2) Journ. Pharm. 1904 [6], **20**, 104.

3) 1 Tl. H_2SO_4 = 1,747 Tln. Milchsäure.

grade nach der Gleichung: $\frac{100 \cdot \alpha}{l \cdot 183,5} = 0,2725\,\alpha$ nur mit 0,2725 zu multiplizieren, um den Stärkegehalt in der angewendeten Menge zu erhalten. Nach dem Lintnerschen Verfahren, nach welchem der molekulare Drehungswinkel der Stärke zu rund $+202^\circ$ angenommen werden kann, lautet der Faktor 0,2475.

Es ist schon im I. Teil, S. 445 darauf hingewiesen, daß es bei Stoffen, die Zucker, Dextrin bzw. lösliche Kohlenhydrate enthalten, zweckmäßig ist, sie, vor der Behandlung mit Säure, mit Wasser usw. auszuziehen. Wir verfahren hierbei in der Weise, daß wir die vorgeschriebene Menge Substanz, also 2,5 g nach Lintner bzw. 5,0 g nach Ewers in einen Gooch-Tiegel (von Porzellan oder Nickel) bringen, darauf 3 mal kaltes Wasser füllen und durchsaugen, alsdann je 1- oder 2 mal mit Alkohol und Äther in derselben Weise verfahren. Die letzten Lösungsmittel sollen Fette, Wachs usw. entfernen, vorwiegend aber bewirken, daß die Substanz leichter aus dem Tiegel herausgebracht werden kann.

Nachdem man die Reinigung der Proben in dieser Weise vollendet hat, bringt man den Tiegelinhalt, wenn man das Lintnersche Verfahren anwenden will, in eine Porzellanschale. Bleiben noch Reste an der Tiegelwand hängen, so schabt man sie mit einem Spatel heraus und putzt mit einem Pinsel nach. Mittels eines Spatels und einer Pinzette zerzupft man die Masse und übergießt sie mit 15 ccm Wasser, das man mit einem Glasstab unter die Masse gleichmäßig verreibt. Dann fügt man 20 ccm der konzentrierten Salzsäure (1,19) hinzu, verrührt hiermit und wiederholt dieses letztere öfters, damit sich sämtliche Stärketeilchen lösen. Nach Verlauf von $^1/_2$ Stunde — die Zeit muß möglichst genau eingehalten werden — wird die ganze Masse in ein 100 ccm-Kölbchen gebracht und mit Salzsäure (1,125) nachgespült, bis das Volumen etwa 80 ccm beträgt. Dann werden einige Tropfen Phosphorwolframsäurelösung zugefügt, der Inhalt umgeschüttelt und wenige Minuten stehengelassen. — Der anfangs auftretende weiße Niederschlag, der teilweise mit ausgefällte Stärke enthält, löst sich beim Umschütteln wieder auf. — Nach dieser Zeit sieht man meist eine klare Flüssigkeit durchschimmern. Ist dies nicht der Fall, so fügt man noch einige Tropfen Fällungsflüssigkeit zu, wobei man aber immer vor Augen haben muß, daß eine zu große Menge derselben nachteilig ist, da Stärke mit niedergerissen werden kann und die Filtrate getrübt werden. Bei Futtermitteln und wohl auch bei stärkehaltigen Nahrungs- und Genußmitteln tritt auf Zusatz dieser Klärflüssigkeit auch ein Farbenumschlag ein, so daß man dadurch einen Anhaltspunkt für die zuzusetzende Menge hat. Dann füllt man bis zur Marke mit der Salzsäure (1,125) auf und filtriert durch ein doppeltes oder dreifaches Papierfilter. Faltenfilter sind nicht zweckdienlich, weil das Filtrat möglichst tropfenweise abfließen soll. Die so gewonnenen Lösungen sind fast immer ganz klar und gut polarisierbar.

Will man das Ewerssche Verfahren anwenden, so ist es unbedingt notwendig, den in der Porzellanschale zerkleinerten Tiegelinhalt im Trockenschrank eine kurze Zeit zu erwärmen. Versäumt man dies, so bleiben Äther und Alkohol in der Masse und der Kolbeninhalt beginnt beim Erhitzen im Wasserbade zu schäumen und leicht überzusteigen, so daß man den Versuch unterbrechen muß. Die getrocknete Masse bringt man auf einen Einfülltrichter und mittels eines dünnen Glasstabes in ein 100 ccm-Kölbchen. Mit 50 ccm der vorgeschriebenen Salzsäure bringt man dann die letzten Reste vom Trichter und vom Kölbchenhals in das Kölbchen. Ebenso wie das Rühren mit dem Glasstab bei dem Lintnerschen Verfahren, solange die Salzsäure auf die Masse einwirkt, äußerst wichtig ist, so ist auch das Umschütteln der erhitzten Lösung im Wasserbad bei dem Ewersschen Verfahren unbedingt notwendig, sonst ballen sich Stärketeilchen zusammen, die auch durch wiederholtes Umschwenken nicht wieder in Lösung gebracht werden können.

Die letzten Vorsichtsmaßregeln sind, wenn die vorhandenen Mengen löslicher Kohlenhydrate auch nur gering sind und den Polarisationswert der Stärke, wie wir uns überzeugt haben, nicht fehlerhaft beeinflussen, doch deshalb von Wichtigkeit, um stets klare, gut polarisierbare Filtrate zu erhalten. Sind die verwendeten Stoffe sehr voluminös (z. B. Kleien), so kann man sie statt auf 100 auf 200 ccm bringen, muß dann aber die Drehungsgrade natürlich mit 2 multiplizieren. Parow und Neumann[1]) haben das Verfahren von Ewers weiter abgeändert und folgende Ausführungsweise empfohlen:

10 g der zu untersuchenden Probe gibt man ohne Verlust in ein 100 ccm-Kölbchen, fügt 50 ccm Kochsalz-Salzsäure-Lösung hinzu — 200 g Kochsalz werden mit 800 ccm Wasser gelöst, hierzu gibt man 220 ccm konzentrierte Salzsäure vom spezifischen Gewicht 1,125 (= 25 proz.) — und schwenkt gut um, so daß alle Substanzteilchen von der Flüssigkeit benetzt werden und sich keine Klümpchen bilden. Hierauf versieht man das Kölbchen mit einem $^1/_2$ m langen Steigrohr und setzt es in das bereits lebhaft siedende Wasserbad. Nach einigen Minuten schwenkt man um; nach weiteren 10—15 Minuten wird abermals umgeschwenkt. Dieses dreimalige Umschwenken ist unbedingt nötig und bei Handelsstärken auch hinreichend zur Erzielung einer konstanten Drehung. Bei stärkehaltigen Produkten, wie Mais, Gerste usw. muß indes das Umschwenken noch mehrmals wiederholt werden. Das Kölbchen bleibt genau 1 Stunde im lebhaft kochenden Wasserbade. Sodann gibt man 10 ccm Bleiessig zu, kühlt ab und füllt bei Zimmertemperatur (18—20° C) zur Marke auf, gibt einige Messerspitzen mit Salzsäure gereinigter Knochenkohle hinzu, schüttelt gut durch, läßt $^1/_4$ Stunde unter eventuell wiederholtem Umschütteln stehen, filtriert und polarisiert das fast wasserhelle Filtrat im 200 mm-Rohr. Man benutzt entweder den Polarisationsapparat für Saccharoseuntersuchungen mit einer Teilung nach Soleil-Ventzke oder Apparate mit Kreisgradteilung, deren Teilung noch 0,01° abzulesen gestattet. Der abgelesene Polarisationsbetrag wird mit dem in einer dem Original beigegebenen Tabelle angegebenen für jede Stärkesorte etwas verschiedenen Polarisationsfaktor multipliziert und erhält man bei 10 g Einwage sofort den Stärkegehalt der Probe in Prozenten. Von einer Kartoffelstärke wurden 11 Proben angestellt — es sollen stets 3 Proben angesetzt werden — und bei 55 Ablesungen 39 mal 29,30° und 14 mal 29,40° nach Soleil-Ventzke gefunden. Gleichzeitig wurden von derselben Stärke Wasser, Asche und Gehalt an Stärkesubstanz nach dem Diastaseverfahren ermittelt. Erhalten wurden 15,17% Wasser, 0,24% Asche und 84,25% Stärkesubstanz, zusammen 99,66%. Hiernach berechnet sich der Polarisationsfaktor zu $\frac{84,25}{29,33} = 2,8721$ für Kartoffelstärke. In ähnlicher Weise haben Verff. auch für Mais, Reis und Weizenstärke den Polarisationsfaktor bestimmt.

6. *Pentosane.* Die Mehle enthalten in der Regel nur geringe Mengen Pentosane. Wenn sie bestimmt werden sollen, so verfährt man nach I. Teil, S. 447.

7. *Rohfaser.* Bei der geringen Menge Rohfaser, die in den Mehlen enthalten zu sein pflegen, verwendet man zweckmäßig die doppelte Menge Substanz, nämlich 5 oder 6 g.

8. *Mineralstoffe.* Die Mehle lassen sich meistens nur schwer veraschen und weißbrennen. Außerdem gehen durch längeres Glühen der Kohle über einer Glasflamme leicht Alkalichloride verloren. Am zweckmäßigsten verfährt man nach Schoorl und Pienbrock[2]) in der Weise, daß man 5 oder 10 g der Substanz über einer Spiritusflamme verkohlt, die Kohle mit reinem Wasser auslaugt und nach S. 476 im I. Teil weiter behandelt. Auf diese Weise erhält man in der Regel eine kohlenfreie Asche. Sie wird nach dem Glühen und Wägen in Salzsäure gelöst und falls nennenswerte Mengen ungelöst bleiben, so filtriert man die erwärmte salzsaure Lösung ab, wäscht aus, spült den unlöslichen Rückstand in eine geräumige Platinschale, erwärmt mit 5proz. Natriumcarbonatlösung, filtriert durch dasselbe Filter, wäscht aus und verascht den unlöslichen Rückstand; man erfährt auf diese Weise eine etwa vorhandene Menge Sand + Ton (bzw. auch Infusorienerde, Schwerspat, wenn solche vorhanden sind).

Soll auch die Kohlensäure bestimmt werden, so verfährt man nach S. 479 im I. Teil.

Eine größere Menge Kohlensäure in der Asche würde auf künstlichen Zusatz von Carbonaten (Kreide usw.) hindeuten. In solchem Falle muß auch das natürliche Mehl mit Salzsäure Kohlensäure entwickeln und in der salzsauren Lösung eine größere Menge Kalk,

---

[1]) Zeitschr. f. Spiritusind. 1907, **30**, 561.

[2]) Zeitschr. f. Untersuchung d. Nahrungs- u. Genußmittel 1905, **10**, 492.

als für das betreffende Mehl zulässig ist, enthalten. Letzteres ist auch der Fall, wenn etwa Gips zugesetzt sein sollte. Man wird dann in der schwach salzsauren Lösung vom Mehle sowohl eine erhöhte Menge Schwefelsäure als auch Kalk finden.

Sollten dem Mehle derartige mineralische Beschwerungsmittel in gewinnsüchtiger Weise zugesetzt sein, so machen sie sich auch durch Erhöhung des Aschengehaltes an sich bemerkbar.

Ivân Rözsényi[1]) hält die Bestimmung der Alkalität der Asche des Mehles bzw. Brotes zur Feststellung eines etwaigen Zusatzes von Kartoffelmehl für wichtig. Die Asche der Getreidemehle ist neutral oder nur schwach alkalisch, die des Kartoffelmehles besitzt dagegen eine hohe Alkalität, so daß auf 100 g Trockensubstanz berechnet, die Alkalität in 4 Fällen zu 27,38—30,11 ccm Normalsäure gefunden wurde.

Wenn das Mehl bzw. Brot gleichzeitig Kochsalz enthält, so setzen sich die Dialkaliphosphate unter Entbindung von Salzsäure um, so daß die Alkalität ihrer Asche zunimmt. Rözsényi setzt, um diese Fehlerquelle zu vermeiden, eine bestimmte Menge Magnesia oder Magnesiumacetat zu, indes besitzt das Verfahren dann eine gewisse Unsicherheit, desgleichen in noch höherem Maße, wenn gleichzeitig ein Backpulver zugesetzt worden ist. Auch fehlt es noch an genügenden Grenzwerten für die Asche von Kartoffelmehlen. Aus dem Grunde ist das Verfahren nicht minder unsicher als der Vorschlag von J. Toth[2]), der den Zusatz von Kartoffelmehl durch eine Bestimmung der Phosphorsäure in der Asche nachweisen will; die Asche des Kartoffelmehles enthält nur 18%, die des Roggen- und Weizenmehles 48—50% Phosphorsäure, d. h. auf kochsalzfreie Asche bezogen. Mischungen der genannten Mehlsorten ließen aber diese Beziehungen nicht deutlich hervortreten. (Über die Bestimmung der Phosphorsäure in den Mehlaschen vgl. I. Teil, S. 489ff., über die der Alkalität S. 510ff.)

9. Sand, Ton, sonstige Silicate, Phosphate. Durch das Polieren der Samen mit Talkerde (vgl. unter „Graupen“, kann auch Talkerde in das Mehl gelangen, wenn die polierten Samen gemahlen werden. Auch Sand von Mahlsteinen bzw. Sand- und Tonteilchen von Mahlsteinen oder nicht genügend gereinigten Samen, oder von Zusammenfegsel können im Mehl vorkommen. Um diese Beimengungen, die unter Umständen, besonders wenn sie grobkörnig sind, das Gebiß beschädigen, oder in den Falten der Verdauungsorgane sich festsetzen und Verdauungsstörungen hervorrufen[3]) können, festzustellen, hat man zur schnellen Bestimmung verschiedene Vorschläge[4]) gemacht.

a) Chloroformprobe. 5 oder 10 g des Mehles werden in einem Reagensglase mit Chloroform geschüttelt, kurze Zeit stehengelassen, die ausgeschiedenen mineralischen Beimengungen gesammelt und gewogen. J. Gram[5]) empfiehlt zum Ausschütteln Tetrachlorkohlenstoff.

b) Verfahren von A. Stutzer. 10 g des Mehles werden in einem Becherglase mit Alkohol durchfeuchtet, darauf mit 300—400 ccm 1 proz. Salzsäure übergossen und gekocht. Beim Umrühren setzt sich Sand, Erde usw. auf dem Boden des Becherglases ab; der Sand wird von der überstehenden Masse durch Dekantation gereinigt, auf einem Filter gesammelt, verascht und gewogen.

c) Verfahren von A. Emmerling[6]). Als schwere Flüssigkeit dient eine vollkommen gesättigte Lösung von Zinksulfat von etwa 1,43 spezifischem Gewicht — 1 kg krystallisiertes Salz auf 725 g Wasser. — Die Vorprüfung führt man in einem Reagensröhrchen aus, das man zur

[1]) Chem.-Ztg. 1907, **31**, 559.

[2]) Ebendort 1908, **32**, 685.

[3]) F. Barnstein teilt (Landw. Versuchs-Stationen 1902, **56**, 417) sogar einen Fall mit, wo der Magen eines Ochsen nach Verzehrung von einem Gerstenschrot, das 2,6% hellen Sand enthielt, so viel Sand aufgenommen hatte, daß das Eingehen des Ochsen nach Ansicht des Tierarztes hierauf zurückgeführt werden mußte.

[4]) Landw. Versuchs-Stationen 1893, **43**, 357.

[5]) Chem.-Ztg. 1907, **31**, 350.

[6]) Nach einer Privatmitteilung.

Hälfte mit der Zinksulfatlösung füllt, über welche man vorsichtig Wasser schichtet. Man schüttet dann etwa einen Teelöffel des Mehles auf das Wasser und rührt lebhaft mit einem Draht, ohne die untere Lösung viel aufzurühren. Man erkennt alsdann, ob stark lichtbrechende Sandkörner nach unten sinken, und unterscheidet 3 Fälle: Sand = 0, Sand vorhanden, aber augenscheinlich unbedeutend, Sand in solcher Menge vorhanden, daß die gewichtsanalytische Bestimmung erforderlich wird. Bei einzelnen Stoffen, wie Erdnußmehlen, läßt sich ein sicheres Urteil nur durch die Gewichtsanalyse erlangen, da die an den organischen Teilen haftenden staubartigen Sandkörnchen beim Rühren nicht vollständig niederfallen.

Fig. 27.

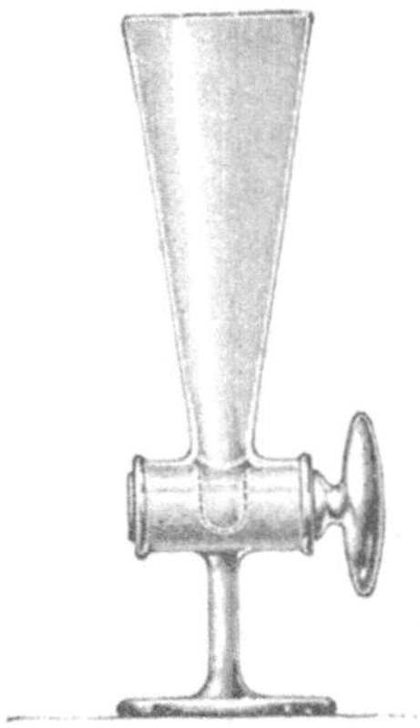

Sedimentierglas nach A. Spaeth.

Um den Sand nach demselben Grundsatz nicht allein auszurühren, sondern auch in Substanz zu gewinnen, kann man sich eines E. Spaethschen Scheidetrichters in Form eines Sektglases mit Hahn bedienen (vgl. Fig. 27). Nachdem sich der Sand in der Höhlung des Hahnes angesammelt hat, schließt man den Hahn, reinigt das Glas und kann dann die angesammelten Körnchen zum Zweck der Wägung und näheren Prüfung leicht gewinnen. Dieses Verfahren kann in manchen Fällen als Ausweg dienen, wo das gewichtsanalytische Verfahren infolge reichlichen Vorhandenseins stark verkieselter Spelzen Schwierigkeiten bietet.

Da diese Verfahren aber, wie A. Emmerling für sein Verfahren selbst hervorhebt, nur annähernd richtige Ergebnisse liefern, im letzten Falle auch die ständige Beibehaltung der Reinheit und Konzentration der Zinksulfatlösung mit Schwierigkeiten verbunden ist, so bestimmt man den Sand- und Ton- (Erde-) Gehalt am sichersten in der vorstehend unter Nr. 8 angegebenen Weise.

d) Nachweis von Phosphaten. Unter den Mitteln zur sogenannten Verbesserung bzw. Verschönerung der Mehle werden auch Phosphate empfohlen. Das für diesen Zweck in England in den Handel gebrachte „blanc flour" enthielt z. B. nach G. Gertel[1]): 4,70% Wasser, 48,7% Phosphorsäure — wovon 35,9% unlöslich waren —, 24,8% Kalk, 4,8% Eisenoxyd + Tonerde, 1,3% Kieselsäure und Sand, 15,2% Glühverlust.

Behufs Nachweises zentrifugiert man 5,0 g Mehl mit 40—50 ccm Tetrachlorkohlenstoff, trennt den Tetrachlorkohlenstoff und Mehl vom Bodensatz, löst letzteren in verdünnter Salpetersäure und prüft mit molybdänsaurem Ammon. Reine Mehle geben auf diese Weise keine Reaktion auf Phosphorsäure. Brot (10 g) soll man langsam trocknen, von dem Pulver 5,0 g mit 50 ccm Tetrachlorkohlenstoff 1 Stunde am Rückflußkühler kochen, darauf zentrifugieren und wie vorhin behandeln.

10. Schwermetalle. Falls Mehle auf Schwermetalle (Kupfer, Zink, Blei) untersucht werden sollen, schließt man sie am besten mit Kaliumsulfat und Schwefelsäure nach Kjehldahl (I. Teil, S. 478) auf und untersucht sie wie dort S. 497 angegeben ist.

Weil aber das Kupfer in der Natur sehr weit verbreitet ist und bei Getreide noch durch Beizen und Düngen in die Pflanzen gelangen kann. — K. B. Lehmann fand z. B. in 1 kg Getreide 1,5—12,5 mg Cu —, andererseits aber nur geringe Mengen Kupfersulfat — 10 bis 20 mg für 1 kg — notwendig sein sollen, um schlecht backfähige Mehle aufzubessern, so ist bezüglich des Urteils, ob einem Mehle künstlich Kupfersulfat zugesetzt ist, größte Vorsicht am Platze.

Dasselbe gilt vom Zinksulfat, das ebenfalls weit verbreitet ist und durch die Düngung in den Boden und in geringer Menge aus diesem in die Pflanzen gelangen kann (vgl. II. Bd. 1904, S. 875).

Blei dagegen kann wohl nur von den Gerätschaften in ein Mehl gelangt sein (vgl. II. Bd. 1904, S. 877), sein Vorkommen gehört aber zu den Seltenheiten.

---

[1]) Zeitschr. f. Untersuchung d. Nahrungs- u. Genußmittel 1913, **25**, 70

Vereinzelt hat man in Mehlen bzw. Brot auch Arsen gefunden, welches aus Versehen durch Mitverwendung von sogenanntem Rattengift — Mischung von Mehl mit arseniger Säure — hineingelangt war. Über seinen Nachweis vgl. I. Teil, S. 49C

11. Alaun. Wenngleich der Alaun behufs Erhöhung der Backfähigkeit der Mehle in größerer Menge (3 g für 1 kg) zugesetzt zu werden pflegt, als Kupfer- und Zinksulfate, so wird sein Nachweis doch dadurch erschwert, daß Aluminiumverbindungen (Ton, Tonerde) sehr weit verbreitet sind und aus dem Vorkommen von Aluminium an sich in der Asche — selbst in quantitativ nachweisbaren Mengen kein sicherer Schluß gezogen werden kann.

Für gewöhnlich verfährt man zum Nachweise von Alaun wie folgt:

Man füllt ein Becherglas bis zu einem Drittel mit Mehl, durchfeuchtet dasselbe mit etwas Wasser, setzt einige Tropfen einer frischbereiteten Campecheholztinktur — 5 g Blauholz werden einige Zeit mit 100 ccm 96 proz. Alkohol behandelt und filtriert — hinzu, schüttelt gut durch und füllt mit gesättigter Kochsalzlösung auf, ohne mehr zu schütteln; ein Gehalt von 0,05—0,1% Alaun soll sich durch eine blaue, 0,01% noch durch eine violette Färbung zu erkennen geben.

Das Schweizerische Lebensmittelbuch schreibt für die Campecheholztinkturprobe dieselbe Ausführung vor:

Man füllt ein Reagensglas zu einem Drittel mit Mehl und gibt etwas Wasser hinzu, um das Mehl zu durchfeuchten. Dann erst setzt man einige Tropfen frischbereiteter Campechetinktur zu (5 g Blauholz läßt man mit 100 ccm 96 proz. Alkohol stehen und filtriert), schüttelt gut durch und füllt mit gesättigter Kochsalzlösung auf, ohne mehr zu schütteln. 0,05—0,1 v. H. Alaun gibt sich durch blaue, 0,01 v. H. noch durch violette Farbe zu erkennen.

Brot soll man behufs Nachweises von Alaun 6—7 Minuten in obige Campecheholztinktur tauchen und dann ausdrücken; bei etwaigem Alaunzusatz soll sich nach 2—3 Stunden eine violette Färbung zu erkennen geben.

Statt Campecheholztinktur ist auch Alizarin vorgeschlagen.

G. Borghesi[1]) behandelt 10 g Mehl 5—10 Minuten mit 100 ccm Wasser unter öfterem Umschütteln, filtriert, fällt im Filtrat die Proteine durch Zusatz einer konzentrierten Tanninlösung, filtriert wiederum und prüft auf Alaun durch 2 Tropfen entweder von Cochenilletinktur oder 1 proz. alkoholischer Alizarinlösung. Bei Anwesenheit von Alaun färbt sich die Flüssigkeit durch Cochenilletinktur carmoisinrot, durch Alizarinlösung orangerot.

Der Codex alim. austr. empfiehlt die Alizarinprobe in folgender Ausführung: 0,25—0,50 g Mehl werden mit einigen Tropfen 1 proz. alkoholischer Alizarinlösung durchtränkt; es werden einige Tropfen Wasser hinzugefügt, worauf man im Wasserbade erwärmt. Die Anwesenheit von Alaun verrät sich noch bei einem Gehalte von 0,05—0,1 v. H, durch Rotfärbung der Mehlprobe.

Am sichersten dürfte der Nachweis auf capillaranalytischem Wege nach dem Verfahren von Fr. Goppelsroeder in der wässerigen Ausschüttelung der Mehle mit Morinlösung (vgl. I. Teil, S. 220) gelingen. W. Lenz[2]) empfiehlt für den Zweck eine Lösung von Hämatoxylin in folgender Weise: 2 g Mehl werden in einem Reagensglase mit 3 ccm Wasser und 1 ccm einer 1 proz. Lösung von Hämatoxylin in 50 proz. Weingeist gemischt und dann mit 10 ccm gesättigter Kochsalzlösung kräftig durchgeschüttelt. Reines Mehl setzt sich hellfleischfarbig aus der gelblichen Flüssigkeit ab, alaunhaltiges Mehl gibt schieferfarbige bis blauviolette Mischungen. Der Unterschied wird als sehr scharf bezeichnet.

Bei Gebäcken empfiehlt sich die mikroskopische bzw. mikrochemische (I. Teil, S. 210) Analyse der Asche. Man nimmt die Asche mit Salzsäure auf, fällt durch Ammoniak aus, löst den Niederschlag wieder in Salzsäure, versetzt die Lösung mit Kaliumsulfat, läßt krystallisieren und erkennt die Tonerde unter dem Mikroskop an den oktaedrischen Alaunkrystallen.

---

[1]) Zeitschr. f. Untersuchung d. Nahrungs- u. Genußmittel 1912, **23**, 698.

[2]) Nach Apoth.-Ztg. 1911, **26**, 687 in Chem.-Ztg., Repertorium, 1911, **35**, 541.

12. Unkrautsamen. Zum chemischen Nachweis kann man sich als Vorprobe des Verfahrens von A. E. Vogl[1]) bedienen:

2 g Mehl werden in einem Reagensrohre mit etwa 10 ccm 5% Salzsäure enthaltendem 70proz. Weingeist kräftig durchgeschüttelt, nötigenfalls auch erwärmt, absitzen gelassen und wird im reflektierten Lichte die Färbung beobachtet, welche das abgesetzte Mehl und die überstehende Flüssigkeitssäule, besonders an ihrem freien Saume, zeigt. Ganz reine und feine Weizenmehle bleiben hierbei rein weiß und die Flüssigkeit ist vollkommen farblos, wasserhell, klar, am Saume rein weiß; bei minder reinen Weizenmehlsorten, bei den gewöhnlichen Roggen-, Hafer- und Gerstenmehlen erscheint der Saum gelblich, strohgelb, schwach gelbrötlich, bei den gröbsten Mehlen gelb oder rötlichgelb.

Ein auffällige Färbung (orange, rot, violett, blau, grün) der Flüssigkeit und besonders ihres Saumes deutet auf die Anwesenheit gewisser Verunreinigungen von Samen oder Früchten, die im Ausreuter vorkommen, hin. Die Anwesenheit von Raden und Taumellolch verrät sich im feinen Weizen- und Roggenmehle durch orangegelbe, jene von Wicken durch rosenrote, violette oder purpurne, die von Wachtelweizen und Klappertopf durch blaugrüne oder grüne, jene von Mutterkorn durch fleischrote bis blutrote Farbe.

G. D'Ippolito[2]) verarbeitet das verdächtige Mehl direkt mit 10proz. Salzsäure zu einem Teig und beobachtet die Färbung. Melampyrum färbt sich grün und bildet in dem gelben Teig deutlich sichtbare Flecken. Lolium und Lathyrus färben sich rot. D'Ippolito hat eine farbige Tafel angefertigt, welche diese Unterschiede zum Ausdruck bringt.

Zum Nachweis der Kornrade bzw. des darin enthaltenen eigenartigen Saponins hat A. Petermann[3]) folgendes Verfahren vorgeschlagen:

500 g Mehl werden mit 1 l Weingeist von 85% im Wasserbade behandelt und heiß filtriert; das Filtrat wird mit absolutem Alkohol gefällt, der sich ausscheidende Niederschlag bei 100° getrocknet und mit kaltem Wasser aufgenommen. Fällt man diesen Auszug wiederum mit absolutem Alkohol, so erhält man durch Trocknen des filtrierten Niederschlages ein gelblichweißes Pulver welches einen bitteren, brennenden Geschmack besitzt und leicht in Wasser löslich ist; die Lösung bildet, geschüttelt, einen lang anhaltenden Schaum. Zur näheren Feststellung bedient man sich folgender Reaktion: Man versetzt Lösung oder Pulver mit Jodlösung; entsteht keine Färbung, so ist keine Stärke vorhanden; die wässerige Lösung reduziert Silber- und Fehlingsche Lösung, letztere aber erst nach Behandeln mit etwas Salzsäure (Abwesenheit von Zucker, Anwesenheit eines Glykosids); die wässerige Lösung wird durch Bleiessig, aber nicht durch Tannin oder durch Kochen gefällt (Abwesenheit von Eiweiß).

H. Medicus und H. Kober[4]) entfetten behufs Nachweises von Kornrade das Mehl erst im Soxhletschen Apparat mit Petroläther, ziehen darauf 20 g und mehr des entfetteten Mehles heiß mit 80 g Chloroform und 20 g absolutem Alkohol aus, filtrieren möglichst warm unter Zuhilfenahme der Wasserluftpumpe und dampfen das Filtrat auf dem Wasserbade ein. Reines Weizenmehl hinterläßt bei dieser Behandlung geringe Mengen einer schwach gelben Substanz, während von kornradehaltigem Mehle mehr Rückstand verbleibt. Der Rückstand wird mit wenig heißem Wasser versetzt, filtriert und wiederum eingedampft. Bei reinem Weizenmehl bleibt ein nur sehr geringer weißer Beschlag; kornradehaltiges Mehl dagegen gibt einen bedeutend größeren, gleichfalls fast rein weißen Rückstand. Diese Rückstände mit einigen Tropfen konzentrierter Schwefelsäure versetzt, liefern bei kornradehaltigem Mehle nach wenigen Minuten erst gelbe, dann braunrote Färbungen, während bei reinem Weizenmehl 2 Stunden lang die Schwefelsäure fast farblos bleibt. Eine auftretende schwache Rosafärbung zeigt die Gegenwart von Kornrade an. 1% Zusatz von Kornrademehl zeigt obige Reaktion schon sehr schön. Handelt es sich um noch geringere

[1]) A. E. Vogl, Die wichtigsten vegetabilischen Nahrungs- und Genußmittel 1899, 24.

[2]) Zeitschr. f. Untersuchung d. Nahrungs- u. Genußmittel 1912, **23**, 698.

[3]) Bulletin de l'Academie de Belgique 1879, août.

[4]) Zeitschr. f. Untersuchung d. Nahrungs- und Genußmittel 1902, **5**, 1077.

Mengen, so muß eben eine größere Menge Mehl ausgezogen werden. Es ist empfehlenswert, gleichzeitig einen vergleichenden Versuch mit reinem Weizenmehl auszuführen.

Am sichersten gelingt der Nachweis von Saponin im Mehl nach C. Sormani[1]) durch Hämolyse in folgender Weise:

Mittels einer 2proz. Lösung von neutralem Natriumcitrat stellt man einen Teig aus 4 g Lösung und 5 g Mehl her; dann zerquetscht man diesen Teig in einem dichten Garntuch unter fortwährendem Zufließen von Citratlösung auf den Teig; die Citratlösung beträgt 16 ccm. Die in dem unterstehenden Gefäß aufgefangene Flüssigkeit wird mehrmals filtriert, bis sie ganz klar wird. Dann führt man die Hämolyse aus, indem man 3 ccm der Lösung mit 1 ccm suspendierter roter Blutkörperchen versetzt. Nachdem die Mischung 2 oder 3 Stunden in dem Thermostaten gestanden hat, wird die Flüssigkeit noch auf einige Stunden in den Eisschrank gestellt, um die nicht hämolysierten Körperchen sich absetzen zu lassen. Ist die überstehende Flüssigkeit rot und durchsichtig, so ist das ein Zeichen für das Vorhandensein von Saponin.

Wenn aber das Mehl schon zu Brot verbacken ist, so fand Rusconi, daß man die Ausziehung des Saonins wie folgt abändern muß: Das zu prüfende Brot wird zerrieben und fein gesiebt; zu 10 g Brotpulver setzt man in einem Erlenmeyer-Kolben 5 ccm 95 proz. Alkohol und 5 ccm Chloroform. Man wärmt das Ganze bis zum Aufkochen, dann filtriert man rasch durch ein trockenes Faltenfilter.

Dieses Verfahren muß zweimal mit neuen Mengen von Alkohol und Chloroform wiederholt werden. Die Filtrate verdampft man auf dem Wasserbade, nimmt den Rückstand mit 5 ccm physiologischer Kochsalzlösung auf und sucht dabei den am Grunde der Schale zurückgebliebenen Rest zu lösen. Man filtriert wieder durch ein mit physiologischer Kochsalzlösung angefeuchtetes Filter und neutralisiert nötigenfalls; zu 2—3 ccm der filtrierten Flüssigkeit setzt man wenige Tropfen der Suspension von gewaschenen roten Blutkörperchen hinzu; im übrigen verfährt man, wie oben beschrieben wurde. Rusconi hat nachgewiesen, daß ein Brot, welches keine fremden Samen enthält, keine Hämolyse bewirkt, wohl aber Brote, die Samen von Agrostemma Githago, villosa oder coronaria enthalten; ferner bewirken auch Hämolyse die Samen von Sorghum, Atriplex und Delphinium, die ebenfalls Spuren von Saponin enthalten.

Über die Ausführung des hämolytischen Verfahrens bei anderen Nahrungsmitteln vgl. weiter unten unter Zuckerwaren.

13. Mutterkorn. Zum chemischen Nachweis von Mutterkorn, das schon bei einem Gehalt von 0,25—0,5% im Mehl giftige Wirkungen äußern soll, versetzt man in einem Kölbchen nach Hofmann-Kandel[2]) 10 g des Mehles mit 20 ccm und bei Kleien mit 30 ccm von über Natrium destilliertem Äther, setzt 1,2 ccm 5proz. Schwefelsäure zu, schüttelt gut durch und überläßt das verschlossene Kölbchen 6 Stunden der Ruhe.

Hierauf filtriert man den Kolbeninhalt durch ein kleines, vorher mit Äther angefeuchtetes doppeltes Filter in einen farblosen, bei 40 ccm mit Marke versehenen Zylinder (bzw. Reagensrohr) und wäscht den Rückstand so lange mit Äther aus, bis das Filtrat 40 ccm beträgt. Das Filtrat wird sodann mit 1,8 ccm einer gesättigten Lösung von doppeltkohlensaurem Natrium versetzt und gut durchgeschüttelt. In wenigen Minuten sondert sich ein Teil der Flüssigkeit am Boden des Zylinders ab, der bei Vorhandensein von Mutterkorn je nach der Menge eine schwache hell- bis stark dunkelviolette Färbung hat.

Man soll auf diese Weise noch 0,5% Mutterkorn in Mehl oder Kleie (nach Hilger sogar noch 0,005—0,1%) nachweisen können. Nach L. Medicus und H. Kober (l. c.) aber ist die Reaktion von Hofmann nicht allein für Mutterkorn kennzeichnend, sondern tritt auch bei Gegenwart von Kornrade ein, herrührend von seinem Farbstoff Sklererythrin.

Andere Unkrautsamen (wie Sauerampfer-, Knöterich-, Leguminosen- und Brassicaarten) geben diese Reaktion nicht.

---

[1]) Zeitschr. f. Untersuchung d. Nahrungs- u. Genußmittel 1912, **23**, 561.

[2]) Vgl. H. Lauck, Landw. Versuchs-Stationen 1804, **43**, 303.

Am sichersten ist zweifellos der mikroskopische Nachweis des Mutterkornes (vgl. weiter unten), indem man, wie E. Spaeth[1]) angibt, eine größere Probe Mehl mit Chloroform schütteln und zentrifugieren kann, wobei die dunklen Mutterkornteilchen neben Haaren und Kleienteilen oden aufschwimmen und mit einem Skalpell abgeschöpft und mikroskopisch untersucht werden können; für letzteren Zweck werden sie mit verdünnter Salzsäure gekocht und mit Chloralhydrat behandelt.

G. Lagerheim empfiehlt für den Zweck das mit salzsäurehaltigem Wasser behandelte Mehl mittels einer alkoholischen Lösung von Dimethylamidoazobenzol, Thionin und Safranin zu färben; hierdurch werden die Mutterkornfragmente gelb gefärbt und können schon bei schwacher Vergrößerung leicht von den blau, violett oder bunt gefärbten anderen Fragmenten unterschieden werden.

Auch sogar an Vorschlägen zur quantitativen Bestimmung des Mutterkorns fehlt es nicht. C. C. Keller[2]), der in den Mutterkornsorten 0,097—0,245% Alkaloide fand, will dazu den Gesamtalkaloidgehalt, Musset[3]) das Cornutin Koberts benutzen. R. Bernhart[4]) kocht das zu untersuchende Mehl mit der 5fachen Menge von 2proz. Salzsäure bis zur vollständigen Verzuckerung, filtriert durch ein Seidenfilter, wäscht zur Entfernung des Klebers mit 60—70proz. Alkohol, zur Entfernung des Fettes mit Tetrachlorkohlenstoff aus, behandelt den Rückstand dann behufs Lösung von Cellulose mit Kupferoxydammoniak, das bei 10facher Verdünnung Seide nicht angreift, und wägt den verbleibenden Rückstand. Derselbe beträgt bei reinem Roggenmehl nur einige Zehntelprozent, bei mutterkornhaltigem Mehl dagegen gleich erheblich mehr. Das Verfahren ist aber nur anwendbar, wenn in dem Mehl keine sonstigen Unkrautsamen (Kornrade usw.) enthalten sind.

Auch hat K. Bernhart für den Zweck die Bestimmung des Chitingehaltes versucht, indem er das Mehl erst 2 Stunden mit Tetrachlorkohlenstoff entfettet, dann 2 Stunden mit 2proz. Salzsäure kocht, durch ein Seidenfilter filtriert, den ausgewaschenen Rückstand 1 Stunde mit 3proz. Alkalilauge kocht und den ausgewaschenen Rückstand hiervon in der Kälte 12 Stunden mit konzentrierter Salzsäure stehen läßt; beim Verdünnen der salzsauren Lösung mit der 50fachen Menge Wasser scheidet sich das Chitin aus.

Reines Mutterkorn ergab auf diese Weise 2,305% Chitin. Selbstverständlich können diese quantitativen Bestimmungsverfahren nur als unvollkommen angesehen werden.

Eine bessere quantitative Bestimmung des Mutterkornes und der Unkrautsamen kann durch mikroskopische Auszählung erreicht werden; hierüber vgl. weiter unten.

F. Kraft[5]), G. Barger und H. H. Dale[6]) haben das Mutterkorn aufs neue einer näheren Untersuchung unterworfen, wobei ersterer in der Weise verfuhr, daß er das Mutterkornpulver nach Durchfeuchten mit Äther auszog, letzteren verdampfte und den Rückstand, um das Öl zu beseitigen, mit Petroläther auszog. Der durch Petroläther entfettete Rückstand bildet ein goldgelbes Pulver, worin sich für 10 g ergaben: 2,0 g Ergosterin, 4,0 g Alkaloide (darunter Ergotinin), 0,35 g Secalonsäure, 0,97 g sonstige Säuren, 1,7 g Mutterkornöl usw. Die Säuren lassen sich dem Rückstande durch Chloroform entziehen. Die Alkaloide werden aus dem Ätherauszug mit Weinsäurelösung ausgeschüttelt und aus dieser durch Übersättigen mit Natriumcarbonat ausgefällt. An wasserlöslichen Basen konnten Betain und Cholin nachgewiesen werden. Die reinen Alkaloide (Ergotinin und Hydroergotinin) sind die Träger für die Nebenwirkungen des Mutterkorns (Krampf und Gangräne); der Träger für die Uteruskontraktionswirkung ist bis jetzt noch nicht gefunden.

[1]) Pharmaz. Zentralhalle 1896, **37**, 542.

[2]) Schweizer. Wochenschr. f. Chemie u. Pharm. 1904, 44 und 121.

[3]) Pharmaz. Zentralhalle 1899, **40**, 353.

[4]) Zeitschr. f. Untersuchung d. Nahrungs- u. Genußmittel 1906, **12**, 321.

[5]) Archiv f. Pharm. 1906, **244**, 336.

[6]) Ebendort 1906, **244**, 550.

14. Milbenprobe. 300—400 g des fraglichen Mehles werden in einem weißen Pulverglase durch Aufstoßen auf Holz oder Tuchunterlage dicht zusammengeschüttet und die Oberfläche geebnet. Nach längerem Stehen (mindestens 24 Stunden) zeigen sich hinter den Glaswandungen die bekannten, durch die Bewegungen der Milben verursachten Gänge und die Oberfläche erscheint bei Anwesenheit größerer Mengen von Milben eigenartig verändert (fein gefurcht).

15. Das Bleichen des Mehles. Das Bleichen der Mehle wird nach dem Alsopschen Verfahren durch Luft, welche der Einwirkung eines elektrischen Lichtbogens ausgesetzt wird, bewirkt. Nach den Untersuchungen von Avery[1]), von Alwoy und Gortner[2]), C. Brahm[3]) und E. Fleurent[4]) wird die bleichende Wirkung, die sich vorwiegend auf die Farbstoffe des Mehlöles erstreckt, nicht durch Ozon, sondern durch die Oxyde des Stickstoffs (Stickstoffdioxyd bzw. salpetrige Säure usw.) verursacht.

E. F. Ladd[5]) behauptet, daß durch das Bleichen mit salpetriger Säure außer einer Veränderung des Öles, dessen Jodzahl erniedrigt wird, der Kleber eine nachteilige Veränderung erleiden und das Protein angegriffen werden soll, indem die Verdaulichkeit vermindert und sogar giftige Stoffe gebildet werden sollen. J. Buchwald und M. P. Neumann[6]) stellten außer mit dem Alsopschen auch noch mit anderen ähnlichen Verfahren Versuche an; die Verfahren beruhen sämtlich auf der bleichenden Wirkung von Stickstoffdioxyd, das durch Elektrisieren der Luft erzeugt wird. Die Flour Oxidizing Comp. Ltd. leitet Ammoniakgas durch ein glühendes Platinrohr, aber auch hier bildet sich Stickstoffdioxyd als wirkendes Agens. Bei regelrechtem Bleichen treten keine chemischen Veränderungen mit den Mehlbestandteilen ein, sondern erst bei übermäßiger Einwirkung, bei Überbleichung[7]); dann aber auch büßen die Mehle den gelblichen Ton ein, mit dem Bleichen sind aber keinerlei Vorteile verbunden; nur in technischer Hinsicht für die Verzollung (Ausfuhrprämie) läßt sich durch das Bleichen insofern ein Vorteil erzielen, als man einem durch die etwas höhere (um 5—8% höhere) Ausmahlung grau gefärbten und von dem Normaltypus (z. B. Nr. 0) abweichenden Mehle die hellere Normalfarbe erteilen kann; einem Mehl Nr. 1 kann man durch das Bleichen aber nicht das Merkmal von Mehl Nr. 0 geben und geringere Mehle lassen sich überhaupt nicht bleichen. J. F. Hoffmann[8]) gibt an, daß durch die salpetrige Säure die Proteine der Mehle zum Teil abgebaut werden und infolgedessen die Backfähigkeit eine Einbuße erleidet. Diesem Vorgange kann zwar durch Behandlung mit Ammoniak vorgebeugt werden; indes wird durch die Bildung von Ammoniaksalzen das Wachstum der Bakterien und Schimmelpilze unterstützt, die erst recht schädlich wirken. Auch Chlor, Brom und schweflige Säure äußern ähnliche Wirkungen[9]).

---

1) Journ. Amer. Chem. Soc. 1907, **29**, 571.

2) Ebendort 1907, **29**, 1503.

3) Mitteil. a. d. Versuchsanstalt d. Verbandes deutscher Müller, 1905, u. Zeitschr. f. Untersuchung d. Nahrungs- u. Genußmittel 1904, **8**, 669.

4) Comptes rendus 1906, **142**, 180.

5) Chem. News 1909, **99**, 110, 127 u. 133 u. Zeitschr. f. Untersuchung d. Nahrungs- u. Genußmittel 1911, **21**, 248.

6) Nach Zeitschr. f. d. gesamte Getreidewesen 1909, **1**, 137 u. 257, ebendort 1910, **19**, 284. u. 694.

7) C. Brahm stellte l. c. verschiedene Veränderungen durch das Ozonisieren der Mehle (gesteigerte Wasseraufnahme und Fallen der Gebäckgröße) fest und gibt an, daß das Brot von ozonisiertem Mehl einen unangenehmen (fruchtätherartigen) Geruch und einen bitteren Geschmack gehabt habe.

8) Wochenschr. f. Brauerei 1908, **25**, 108.

9) T. Rahmdor teilt z. B. mit, daß ein Weizenmehl infolge des Schwefelns eines Schiffes beim Versand seine Eigenschaft, Kleber zu liefern, verloren habe (Zeitschr. f. Untersuchung d. Nahrungs- u. Genußmittel 1907, **13**, 582). Über den Nachweis der schwefligen Säure vgl. weiter unten unter Brot (Teig) S. 691.

J. M. Hamill[1]) und G. W. Monier-Williams[2]) äußern sich in derselben Weise über das Bleichen wie die vorgenannten Verfasser; geringes Bleichen mit NO_2 wirkt nicht oder das weißliche Aussehen geht bald wieder in ein gelbliches über; übermäßiges Bleichen bewirkt von vornherein Gelbfärbung und ruft namhafte Veränderungen der Mehlbestandteile hervor. So stellte Monier-Williams fest:

Mehl	Für 1 kg Mehl			Fett-Konstanten			
	Gesamte lösliche Stoffe g	Lösliche Proteine g	Lösliche Kohlenhydrate g	Jodzahl	Verseifungszahl	Schmelzpunkt der Fettsäuren	Reichert-Meißlsche Zahl
Nicht gebleicht	96,0	17,1	48,6	96,9	158,1	26,5°	0,8
Stark gebleicht	145,6	41,7	73,3	61,3	166,3	32,4°	3,5

Auch soll durch das Stickstoffdioxyd die Lösung der Stärke durch Ptyalin eine Verzögerung erfahren.

Zum **Nachweise des Bleichens** löst Fleurent das durch Benzin aus 50 g Mehl erhaltene Öl in Amylalkohol und fügt 1 ccm 1 proz. alkoholische Kalilauge zu. Bei normalem Mehle soll die gelbe Farbe der Lösung nicht verändert werden, bei gebleichtem Mehle aber in eine um so tiefere orangerote Färbung übergehen, je mehr Stickstoffoxyde von dem Mehl absorbiert waren.

Die sonstigen Verfahren beruhen auf dem Nachweis der salpetrigen Säure. H. Shaw[3]) kocht zu dem Zweck 1 kg Mehl 4 Stunden am Rückflußkühler mit 95 proz. Alkohol, verdampft den Auszug bis fast zur Trockne, nimmt den Rückstand mit einem Gemisch gleicher Teile Alkohol und Äther auf, verdampft die Lösung bis zur Sirupkonsistenz und setzt einen Tropfen einer Lösung von Diphenylamin in Schwefelsäure zu, wodurch bei gebleichten Mehlen eine Blaufärbung auftreten soll. Von anderer Seite ist die Grießsche Reaktion mit Paraphenylendiamin, die eine Gelbfärbung bewirkt, oder die v. Ilosvaysche Reaktion (ein Gemisch von 0,5 g Sulfanilsäure in 150 ccm verdünnter Essigsäure und einer Abkochung von 0,2 g α-Naphthylamin mit 20 ccm Wasser unter nachherigem Zusatz von 150 ccm verdünnter Essigsäure) empfohlen worden, wodurch bei Gegenwart von salpetriger Säure Rotfärbung auftritt (vgl. auch unter Wasser).

J. Weil[4]) behauptet, daß das Grieß-v. Ilosvaysche Reagens auch mit ungebleichten Mehlen eine Rotfärbung gebe; er empfiehlt die Reaktion nur als Vorprobe, dann aber das des Bleichens verdächtige Mehl in einen trockenen Kolben zu geben, in diesen 1 Stunde trockenes Schwefelwasserstoffgas zu leiten und darin tüchtig umzuschütteln; hierdurch soll die ursprüngliche grauere Farbe wieder hervortreten. J. Buchwald und H. Treml[5]) konnten aber diese Angaben nicht bestätigen und schlagen folgendes Verfahren zum Nachweise des Bleichens vor:

Man schüttet etwas von dem fraglichen Mehl auf einen Bogen Papier, nimmt von diesem Mehl mittels eines Pekarisierstempels eine Probe in der Weise, daß man den Stempel, ohne auf den Kopf zu drücken, fest in das Mehl eindrückt, dann nimmt man den Stempel vorsichtig heraus und bringt ihn auf ein Holzbrett oder einen Bogen Papier, drückt oben auf den Kopf des Stempels, worauf das von dem Stempel aufgenommene Mehl in Form eines glatten Rechteckes herausfällt. Auf diese glatte Mehlfläche tröpfelt man 3 Tropfen des Grieß-

1) Zeitschr. f. Untersuchung d. Nahrungs- u. Genußmittel 1913, **26**, 55.

2) Ebendort 1913, **26**, 57.

3) Journ. Amer. Chem. Soc. 1906, **28**, 687.

4) Chem.-Ztg. 1909, **33**, 29.

5) Zeitschr. f. d. ges. Getreidewesen 1909, **1**, 96.

v. Ilosvayschen Reagens. Wird innerhalb 1 Minute die angefeuchtete Stelle blaßrosa oder rot, so ist dies ein Beweis dafür, daß das Mehl einem Bleichverfahren unterworfen war. Nach einer Einwirkung des Reagens von 3 Minuten oder länger tritt auch bei nichtgebleichten Mehlen eine Rosafärbung auf.

Auch M. Williams[1]) empfiehlt ebenfalls zum Nachweise des Bleichens das Grieß-v. Ilosvaysche Reagens, und behauptet, daß man das Stickstoffoxyd auch durch Behandeln des wässerigen Mehlauszuges mit Kupferzinklegierung in Ammoniak überführen und als solches nachweisen und bestimmen könne. Selbstverständlich muß man die wässerige Lösung vorher für sich auf farbig gebildetes Ammoniak prüfen. Williams bestätigt weiter, daß besonders das Fett durch die Stickoxydbleichung verändert, die Jodzahl (Hübl), je nach dem Grade der Bleichung von 96,9 auf 96,6 bzw. 61,3 (bei 3 mal stärkerer Bleichung) erniedrigt, die Verseifungszahl (Köttstorfer) von 158,1 auf 159,4 bzw. 166,3 erhöht werde.

Nachweis von Kaliumpersulfat. Zu demselben Zweck, Mehl mit Hilfe von ozonisierter Luft zu bleichen, wird neuerdings nach einer Mitteilung von E. Hinks[2]) auch Kaliumpersulfat verwendet, wovon 1 Teil auf 5000—10 000 Teile Mehl genügen sollen, um dem Mehl für Backzwecke eine bessere Farbe und eine größere Wasseraufnahmefähigkeit zu erteilen. Zum Nachweise des Kaliumpersulfats bedient sich Hinks der Rothenfußerschen 2—3 proz. alkoholischen Benzidinlösung[3]). Man bereitet aus dem Mehl einen Teig und übergießt diesen mit der Benzidinlösung (vgl. S. 231); hierdurch entsteht um jedes Körnchen Persulfat eine blaue Zone. Man kann unter Umständen das Kaliumpersulfat auch dadurch nachweisen, daß man eine Suspension des Mehles in Tetrachlorkohlenstoff zentrifugiert, die Abscheidung in Wasser löst, mit Jodkalium versetzt und das ausgeschiedene Jod in üblicher Weise mit Thiosulfatlösung titriert.

16. Fremde Farbstoffe. Die, sei es durch Zufall ins Mehl geratenen, sei es absichtlich zugesetzten Teerfarbstoffe lassen sich nach G. Rupp[4]) in der Weise nachweisen, daß man auf einen Teller eine etwa 2 cm hohe Wasserschicht gibt, auf das Wasser Filtrierpapier legt und das Mehl in dünner Schicht auf dem Papier ausbreitet; hierbei treten, wenn Anilinblau vorhanden ist, die einzelnen Farbstoffpartikelchen wie Kolonien als blaue Punkte hervor. F. Schwarz und O. Weber[5]) weisen Eosin, das dadurch in ein Roggenmehl gelangt war, daß in der Mühle vor der Vermahlung des Roggens eosinhaltige Gerste geschrotet war, nach der Gerstenzollordnung vom 1. Sept. 1909 wie folgt nach:

50 g Mehl werden mit 150 ccm einer Mischung von gleichen Teilen Alkohol und Wasser, der 2 ccm konzentrierte Salzsäure zugesetzt ist, übergossen und 1 Stunde maceriert, dann wird abfiltriert, mit dem Wasser-Alkohol-Gemisch nachgewaschen und das ziemlich dickflüssige Filtrat bis auf ein geringes Volumen eingedampft, zur Abscheidung von gelösten organischen Stoffen mit absolutem Alkohol versetzt, abermals filtriert und auf etwa 10—20 ccm eingedampft. Auf Zusatz von Ammoniak im Überschuß zu der Flüssigkeit tritt eine starke grüne Fluorescenz auf. Nach dem Wiederansäuern mit Salzsäure wird mit Äther ausgeschüttelt und der Äther in einer Porzellanschale, mit Ammoniakdampf überblasen. Es tritt sofort eine Rotfärbung des Äthers ein und auch der nach dem Verdunsten des Äthers verbleibende Rückstand wird mit Ammoniakdampf rot.

Den gleichen Verlauf zeigte die Untersuchung der roten Stellen im Brote.

17. Feinheitsgrad der Mehle. Der Feinheitsgrad der Mehle wird durchweg nach ihrer Farbe durch das Pekarisieren (vgl. unter „Zolltechn. Prüfung“, S. 535) festgestellt.

---

1) Zeitschr. f. Untersuchung d. Nahrungs- u. Genußmittel 1913, **25**, 69.

2) Ebendort 1903, **25**, 70.

3) Ebendort 1908, **16**, 589.

4) Ebendort 1906, **12**, 141.

5) Ebendort 1910, **19**, 441.

Von anderer Seite ist für den Zweck die mikroskopische Auszählung der Gewebselemente vorgeschlagen (vgl. unter „Mikroskopische Untersuchung", S. 561 u. f.). Es können hierfür auch noch folgende Verfahren dienen:

a) Der Gehalt an Asche, Fett usw. Nach vielen Untersuchungen, so von Dempwolf[1]), Vedrödi[2]), Cerkez[3]), S. Weinwurm[4]) u. a. hat sich herausgestellt, daß der Gehalt der Mehle an Asche und Fett um so geringer ist, je feiner das Mehl ist und umgekehrt. In gleicher Weise verhalten sich nach M. Miller[5]) Pentosane und Protein, während Stärke umgekehrt mit der Feinheit zunimmt; er fand im Mittel je dreier Versuchsreihen für die Trockensubstanz von 8 Weizenmehlsorten:

Mehl Nr.	00	0	1	2	3	4	5	6
	%	%	%	%	%	%	%	%
Stärke	83,61	83,01	81,22	79,33	77,33	72,59	64,16	51,59
Protein	11,86	12,20	12,33	12,70	13,06	14.78	17,33	19,50
Pentosane . . .	3,04	3,33	3,59	3,89	4,04	4,50	6,22	9,07
Fett.	0,93	0,99	1,25	1,38	1,59	2,36	3,52	5,01
Asche	0,43	0,52	0,57	0,81	0,92	1,69	2,59	3,93

Hierbei ist indes zu berücksichtigen, daß Stärke, Proteine und Pentasane je nach Jahrgang, Ort, Lage, Boden und Düngung bei den einzelnen Weizensorten und damit auch in den entsprechenden Mehlen nicht geringe Schwankungen im Gehalt aufweisen können. Am beständigsten sind die Gehalte an Fett und Asche, weshalb sie auch am ersten mit für die Beurteilung des Feinheitsgrades der Mehle mit herangezogen werden können.

L. v. Liebermann und V. Andriska[6]) bestimmten den Feinheitsgrad nach dem Gehalt der Mehle an Kleie in der Weise, daß sie 1 g Mehl in Röhrchen mit 10 ccm Chloroform schütteln und dann der Ruhe überlassen; hierbei setzt sich das Chloroform, durch gelöstes Fett mehr oder weniger gefärbt, ab, während das Mehl selbst mit der darin enthaltenen Kleie in die Höhe steigt und je nach dem Kleiengehalt eine mehr oder weniger bräunliche, bei den feinsten Mehlen fast weiße Scheibe bildet. Gleichzeitig stellen sie durch Auskochen mit Wasser aus reiner Weizenkleie und Zerreiben derselben stärkefreie Kleie her, vermischen diese in bestimmtem Gewichtsverhältnis mit zerriebenem feinsten — fast kleiefreiem — Weizengrieß und erhalten so durch die gleiche Behandlung mit Chloroform verschieden gefärbte Typen von bekanntem Kleiengehalt, mit denen das fragliche Mehl verglichen und bemustert werden kann.

b) Die katalytische Kraft der Mehle. Neumann und Wender[7]) haben die Ermittlung der katalytischen Kraft zur Bestimmung des Feinheitsgrades der Mehle vorgeschlagen. Eine gewogene Menge Mehl (20 oder 50 g) wird in einer Schale mit Wasser zu einem klümpchenfreien Brei verrieben und verlustfrei in ein Kölbchen gespült. Der Kolben ist mit einem doppelt durchbohrten Gummistöpsel verschlossen. Die eine Bohrung nimmt eine mit Glashahn verschließbare Meßpipette auf, während in der anderen Bohrung sich ein knieförmig gebogenes Glasrohr befindet, welches mit der Gasmeßröhre verbunden ist. Nach dem Verschließen des Kolbens wird das Wasser in der Meßröhre auf den Nullpunkt eingestellt und aus der Meßpipette die gewünschte Menge Wasserstoffsuperoxyd zufließen gelassen. Es beginnt sofort die Entwicklung des Gases, dessen Menge nach einer bestimmten Zeit im Meßrohr abgelesen wird.

[1]) Ann. d. Chemie u. Pharmazie 1869, **149**, 343.
[2]) Zeitschr. f. anal. Chemie 1898, **37**, 87 u. 260.
[3]) Zeitschr. f. angew. Chemie 1895, 663.
[4]) Österr.-ungar. Zeitschr. f. Zucker-Industrie 1890, 19.
[5]) Zeitschr. f. d. ges. Getreidewesen 1909, **1**, 194.
[6]) Zeitschr. f. Untersuchung d. Nahrungs- u. Genußmittel 1911, **22**, 291.
[7]) Ebendort 1905, **10**, 747.

50 g Mehl einer Czernowitzer Dampfmühle lieferten, in 200 ccm Wasser verteilt, mit 25 ccm 12 volumprozentigem Wasserstoffsuperoxyd in einer Stunde folgende Mengen Sauerstoff (ccm):

Weizenmehl Nr.	0	1	2	3	4	5	6	7	$7^1/_2$
Sauerstoff ccm	64	86	92	140	159	164	190	241	243

Je 25 g Roggenmehl in 2 Sorten, in 100 ccm Wasser verteilt, lieferten mit 10 ccm von 12 volumprozentigem Wasserstoffsuperoxid:

Mehl Nr.	0	0/1	1	2
Sauerstoff ccm	41 bzw. 36	64 bzw. 60	71,5 bzw. 76	118 bzw. 122

Die katalytische Kraft nimmt daher im allgemeinen mit der Feinheit des Mehles ab.

W. Bremer[1]) konnte aber nach diesem Verfahren bei demselben Mehle noch so wenig übereinstimmende Werte erhalten, daß er es einstweilen nicht für angezeigt hält, für die einzelnen Mehltypen eine sogenannte „Sauerstoffzahl" einzuführen.

P. Liechti[2]) ermißt die entwickelte Menge Sauerstoff aus dem mit Hilfe eines Quecksilbermanometers gemessenen Druck, den er für die Backmehle Nr. 1—6 aus 3 verschiedenen Sorten ziemlich übereinstimmend fand; der Druck stieg stufenweise von 0,9 auf 23,2 cm; der Unterschied zwischen dem Druck der gleichen Nummerbezeichnung betrug zwischen 0,4 bis höchstens 4 cm.

18. Beschaffenheit und Backfähigkeit der Mehle. Die Backfähigkeit der Mehle, d. h. ihre Tauglichkeit zu Backzwecken, wird vorwiegend nur bei Weizenmehlen bzw. bei Gemischen dieser mit anderen, weniger tauglichen Mehlen ermittelt. Sie ist von vielen Umständen abhängig, von der Beschaffenheit und dem Zerkleinerungsgrad der Mehle, von ihrem Gehalt an Kleber und seinen chemischen und physikalischen Eigenschaften, von den Eigenschaften der Hefe, der Menge und Beschaffenheit des Wassers, der Verarbeitung der Mehle zu Teig u. a. Es ist daher nicht möglich, nur durch Berücksichtigung des einen oder anderen dieser Umstände einen sicheren Anhaltspunkt für die Backfähigkeit zu gewinnen; es müssen vielmehr alle Umstände, welche den Backvorgang beeinflussen, berücksichtigt werden und kann nur ein wirklicher regelrecht ausgeführter Backversuch, sei es im kleinen sei es im großen, entscheiden. Es mögen hier aber die hauptsächlichsten Vorschlage für diesen Zweck kurz angeführt werden.

Inwieweit das Verhältnis der Kleberproteine zueinander, die in Wasser löslichen Proteine, der Gehalt an Säure und Maltose, die katalytische Kraft der Mehle zur Beurteilung der Beschaffenheit und der Backfahigkeit dienen können, ist schon vorstehend S. 506 bzw. 509 bzw. 510 bzw. 524 ausgeführt worden. Hier mögen noch folgende Verfahren, die ebenfalls als Wertmesser angesehen werden, Erwähnung finden:

a) Wasserbindende Kraft des Mehles, die sogenannte ***Teigprobe.*** Die Beschaffenheit eines Mehles, Festigkeit des Teiges bzw. die Tauglichkeit für Backzwecke hängt wesentlich mit der Größe seiner wasserbindenden Kraft zusammen. Zur Bestimmung derselben wird nach Rupp[3]) eine beliebige Menge Mehl in einer geräumigen Porzellanschale 2—3 cm aufgeschichtet und in die Oberfläche des Mehles mit einem geeigneten Gegenstande, z. B. mit einem kleinen Schälchen, eine Mulde geformt, in welche man genau 10 ccm Wasser vorsichtig einfließen läßt. Man rührt nun von dem Mehle mittels eines Glasstabes so viel in das Wasser, bis eine kompakte, am Glasstabe hängenbleibende Masse gebildet ist. Letztere wird auf die mit Mehl gut bestreute Handfläche gebracht und noch so viel Mehl eingeknetet, bis ein nicht mehr an den Fingern klebender, zusammenhängender, steifer, aber noch leicht knetbarer Teig entstanden ist.

---

[1]) Zeitschr. f. Untersuchung d. Nahrungs- u. Genußmittel 1906, **11**, 569.

[2]) Chem.-Ztg. 1909, **33**, 1057.

[3]) Rupp, Nahrungs- u. Genußmittel, Heidelberg 1894, 181.

Die so hergestellte Teigmasse wird gewogen und die wasserbindende Kraft des Mehles nach folgendem Ansatze berechnet:

$$G - 10 : 10 = 100 : W,$$

worin W die wasserbindende Kraft des Mehles, ausgedrückt in Teilen Wasser, welche 100 Teile Mehl zu binden vermögen, G das Gewicht des erhaltenen Teiges bedeutet. Der Versuch ist mindestens dreimal auszuführen und aus den Ergebnissen das Mittel zu nehmen.

Die Fähigkeit zur richtigen Teigbildung ergibt sich aus der nachstehenden Probe:

50 g Mehl werden mit 25 ccm Wasser mittels des Spatels, zuletzt zwischen den Händen, zu gleichmäßigem Teig verknetet. Man stellt die äußeren Eigenschaften dieses Teiges unmittelbar nach seiner Herstellung sowohl, wie nach kürzerem (1 stündigem) und längerem (24 stündigem) Liegen unter Glasbedeckung fest, indem man gleichzeitig hergestellte Teige aus anerkannt guten Mehlen derselben Getreideart zum Vergleich heranzieht.

J. F. Hoffmann und A. Ploetz[1]) verfahren zur Bestimmung der wasserhaltenden Kraft in anderer Weise; sie verwenden Porzellanplatten der Kgl. Porzellanmanufaktur von 26 × 26 cm und 6—8 mm Dicke in folgender Benutzungsweise: 50 g Mehl werden unter Beihilfe eines Glasstabes mit 200 g Wasser angerührt, indem man nach und nach kleine Portionen Mehl einträgt und so lange verrührt, bis keine Klümpchen mehr vorhanden sind. Das Gemisch wird eine Stunde stehengelassen, das über dem Mehle befindliche Wasser abgegossen und der Teig ohne Verluste auf die Platte gegeben, was mit Hilfe von kleinen Stückchen Filtrierpapier leicht gelingt. Eine zweite Platte deckt man über den Teig und legt einige Blätter Filtrierpapier darüber, sowie auch unter die Bodenplatte, um das Aufsaugen des Wassers zu beschleunigen. Dann belastet man die Platte mit einem Kilogrammgewicht und läßt sie 20 Minuten stehen. Hierauf wird die obere Platte abgenommen, welcher in den meisten Fällen nichts anhaftet. Der Teig wird mit einem Holzmesser abgehoben, was leicht vonstatten geht; endlich wird er in ein tariertes Porzellanschälchen gebracht und sofort gewogen. Von dem Gewichte werden die 50 g des ursprünglichen Mehles abgezogen und die gefundene Zahl verdoppelt gibt die Wasseraufnahme des Mehles in Prozenten ausgedrückt an. Verff. haben bei den stets ausgeführten Doppelbestimmungen in den meisten Fällen weniger als 1% Differenz gefunden, was als eine zufriedenstellende Genauigkeit betrachtet werden kann. Für Roggenmehl soll sich das Verfahren nicht eignen, weil sich dasselbe im Wasserüberschuß nicht absetzt.

Th. Kosutány[2]) hat vorgeschlagen, den Festigkeitsprüfer von Rejtö für teigartige Massen zu benutzen, um sowohl die Dehnungsfähigkeit als auch die Festigkeit des Weizenmehlteiges festzustellen und so Anhaltspunkte für die Beschaffenheit des Weizenmehles zu erhalten. Eine Nachahmung scheint dieser Vorschlag bis jetzt nicht gefunden zu haben.

b) Verkleisterungsprobe. Hierher ist auch die Verkleisterungsprobe zu rechnen; sie wird nach Halenke und Möslinger[3]) wie folgt angestellt: Man rührt 10 g Mehl und 50 ccm Wasser in einer Porzellanschale mit Hilfe des Spatels oder Pistills bis zur möglichst vollständigen Zerteilung der Klümpchen, setzt die Schale auf ein Wasserbad, das mit kleiner Flamme langsam erwärmt wird, und rührt den Brei anfangs von Zeit zu Zeit, sobald die Temperatur auf 45° gestiegen ist, beständig um. Durch Regelung der Flamme wird die Temperatur des Breies zwischen 60—70° langsam ansteigend etwa eine Viertelstunde hindurch gehalten und, sobald die Kleisterbildung zu Ende ist, die äußere Beschaffenheit des erzielten Kleisters festgestellt. Dieselbe kann je nach der Beschaffenheit des Mehles zwischen starr gelatinös und leichtflüssig schwanken.

Es ist stets ein gleichzeitiger Parallelversuch mit anerkannt gutem Mehl anzustellen.

---

[1]) Zeitschr. f. Spiritus-Industrie 1908, **31**, 42.

[2]) Journ. f. Landw. 1903, **51**, 329.

[3]) Korrespondenzbl. d. Freien Vereinigung bayr. Vertreter d. angew. Chemie 1884, Nr. 1.

c) Die diastatische Probe. Eine größere Bedeutung als letztere hat die diastatische Probe:

2 g Mehl werden mit 100 ccm Wasser, und zwar unter allmählichem Zufügen des letzteren, in einer Porzellanschale fein zerrieben und hierauf in einen 250-ccm-Kolben gespült, welcher in einem Wasserbade $1^1/_2$—2 Stunden bei 60—70° stehen bleibt und hierauf kurze Zeit auf 100° erwärmt wird. Nach dem Erkalten wird mit Wasser auf 250 ccm aufgefüllt und filtriert. Im Filtrat wird die Zuckermenge bestimmt, und zwar unter Verwendung der Maltosetabelle.

Auf diese Weise erfährt man die ursprünglich vorhandene und die durch vorhandene Diastase gebildete Zuckermenge zusammen. Um die durch die Diastase gebildete Zuckermenge für sich zu finden, bestimmt man die durch schnelles Ausziehen mit kaltem Wasser ohne vorherige Erwärmung sich lösende Zuckermenge und indem man diese von der in vorstehender Weise gefundenen gesamten Zuckermenge abzieht, erfährt man die durch Diastase gebildete Zuckermenge (Maltose).

T. B. Wood[1]) benutzt die durch die Gärprobe mit Hefe in dem kalten und warmen Wasserauszuge sich entwickelnde Kohlensäure zur Zuckerbestimmung und ist der Ansicht, daß die Backfähigkeit eines Mehles wesentlich mit von der ursprünglich vorhandenen und der durch die Diastase sich bildenden Zuckermenge abhängt. Tatsächlich kann man einerseits durch Zuckerzusatz, andererseits durch Malzmehl- oder Malzextraktzusatz zu schlechtgehendem Teig die Volumenzunahme der Gebäcke oder die Backfähigkeit der Mehle erhöhen.

Nach H. J. v. Liebig[2]) besteht der fertig gebildete Zucker im Mehl aus Saccharose (1,0—1,5%) und Glykose (0,1—0,4%). Er empfiehlt zur Bestimmung der beiden Zucker zusammen zunächst die Diastase durch $^1/_2$stündiges Kochen mit 90 proz. Alkohol sowie darauf folgende Verdunstung des Alkohols abzutöten und dann das Mehl mit Wasser auszuziehen. In der Hälfte der wässerigen Lösung bestimmt man die Glykose, die andere Hälfte invertiert man erst mit etwas Salzsäure und verwendet sie zur Bestimmung der Glykose + Saccharose.

Zur Feststellung des Fermentivvermögens werden 12,5 g Weizenmehl in einer Porzellanschale mit 8 ccm Wasser eingeteigt, der Teig wird dann sofort anteilweise mit 15—20 ccm, im ganzen mit 250—8 = 242 ccm Wasser durchgeknetet, indem die einzelnen Proben Knetwasser in einem Becherglase gesammelt werden. Man läßt die Stärke absitzen, filtriert und bestimmt dann die diastatische Kraft nach C. J. Lintner, wie bei Malz durch Verzuckerung von Stärkelösung (vgl. weiter unter Abschnitt Bier).

Schwere grobe Mehle besitzen etwa $^1/_3$, feine Auszugsmehle etwa $^1/_7$ der diastatischen Kraft normaler Darrmalze.

Ebenso wie durch Zusatz von Zucker (Maltose, Saccharose) und Malzmehl (Diamalt) läßt sich nach W. Schneidewind[3]), ferner nach M. P. Neumann[4]) auch durch mehrwöchiges Lagern die Backfähigkeit eines schlecht backfähigen Mehles verbessern. Nach Ford und Guthrie[5]) wird auch durch Zusatz von Kochsalz die Wirksamkeit der Diastase erhöht.

d) Menge und Beschaffenheit des Klebers. Der Menge wie der Beschaffenheit des Klebers ist von je her ein großer, ja von vielen Seiten ein alleiniger Einfluß auf die Backfähigkeit des Mehles zugeschrieben.

α) Zur quantitativen Bestimmung des Klebers werden nach den Vereinbarungen deutscher Nahrungsmittelchemiker[6]) 25 g Mehl mit 13 ccm Wasser — am besten gesättigtem Gipswasser — in einer Porzellanschale mit Hilfe eines Spatels zu einem gleichmäßigen Teig verknetet. Man läßt diesen Teig mit einem Glase bedeckt 1 Stunde lang liegen und wäscht

---

[1]) Nach Proc. Cambridge Philos. Soc. 1907, **14**, 115 in Chem. Zentralbl. 1907, II, 850.

[2]) Landw. Jahrbücher 1909, **38**, 251.

[3]) Zeitschr. f. d. ges. Getreidewesen 1909, **1**, 7, 33 u. 66.

[4]) Ebendort 1909, **1**, 281.

[5]) Journ. Soc. Chem. Ind. 1908, **27**, 389.

[6]) Vgl. Vereinbarungen z. einheitl. Untersuchung usw., Berlin 1899, **2**, 15.

ihn frei oder in einem Beutel von feiner Müllergaze eingeschlagen unter dem dünnen Strahle der Wasserleitung so lange aus, bis das Waschwasser klar, also frei von Stärke abläuft. Es empfiehlt sich zur Vermeidung von Verlusten das ablaufende Wasser durch ein Sieb aus feiner Müllergaze (Nr. 12) oder feinem Messinggewebe fließen zu lassen, um auf diesem etwa losgerissene Kleberteile zu sammeln. Der erhaltene Kleber wird in frischem Zustande gewogen, die äußeren Eigenschaften — Farbe, Dehnbarkeit — ohne Verzug festgestellt und in einem abgewogenen Teile die beim Trocknen bei 105° verbleibende Trockensubstanz ermittelt. Die Bestimmung des Klebers ist mindestens zweimal auszuführen.

Anmerkung. Nach Maurizio (l. c.) u. H. Stein[1]) beruht die Kleberausscheidung auf einer Enzymwirkung; das Enzym soll, wie H. Stein nachweist, den kleinen Stärkekörnern, nicht den großen anhaften. Für die Enzymwirkung soll der Umstand sprechen, daß die Kleberbildung durch Zusatz von Salzen, wie Kochsalz, Quecksilberchlorid (0,2—1,0%), auch Gipswasser beeinträchtigt werde. Auch durch einen gewissen Säuregehalt sowie durch eine schleimige Beschaffenheit der Stärke in geringwertigen Mehlen wird die Kleberbildung angeblich verhindert.

Nach Boland werden 30 g Mehl mit 15 g Wasser zu einem Teig angerührt, dieser wird einige Zeit (1—3 Stunden) stehen gelassen und entweder in einem Leinentuch oder auf einem Haarsieb durch einen Wasserstrahl unter fortwährendem Kneten ausgewaschen, der erhaltene Kleber frisch gewogen, alsdann (7 g davon) in dem Aleurometer auf Dehnbarkeit bzw. Zähigkeit geprüft. Kunitz verwendet entweder ebenfalls den ausgewaschenen Kleber oder direkt den Teig aus dem ganzen Mehl.

Oser macht einen Teig aus dem Mehl und prüft den Grad der Festigkeit einfach durch Drücken mit dem Finger; je fester der Teig, desto besser ist das Mehl (vgl. auch vorstehend S. 526).

Robbin[2]) behandelt 24 g Mehl mit 186,5 ccm verdünnter Essigsäure bei 93° und prüft das spezifische Gewicht der geklärten Lösung; je höher das spezifische Gewicht der Lösung ist, desto mehr Kleber soll vorhanden und desto besser das Mehl sein.

Um den Trockenkleber zu bestimmen hat W. Bremer[3]) eine besondere Vorrichtung[4]) angegeben, die einerseits aus zwei geschliffenen Schieferplatten, die durch eine Metallhülse verbunden werden können und wegen ihrer wasseraufsaugenden Eigenschaft zunächst zum Vortrocknen des plattgedrückten Klebers dienen, andererseits aus einem dünnwandigen Hohlzylinder von Porzellan mit durchlochter Oberfläche besteht. Man rollt die durchbrochene Zylinderfläche des vorher gewogenen Porzellankörpers über das Kleberstück, wodurch ein Festhalten des Klebers auf der Zylinderfläche erzielt wird. Infolge der vielen Durchlochungen kann das verdunstende Wasser schnell entweichen und ist die Trocknung bei 105—110° in höchstens 4—5 Stunden vollendet. Neumann und Salecker[5]) halten den Bremerschen Apparat bei Massenbestimmungen nicht für zweckmäßig; sie fanden, daß ein Austrocknen in flachen Nickelschalen bei 120° im Lufttrockenschrank am geeignetsten ist. Zur Austrocknung von Kleber aus 25 g Mehl (mit 12,5 ccm Wasser zu einem Teig angerührt) genügt ein $2^1/_2$stündiges Austrocknen bei 120°. O. Rammstedt[6]) dagegen hält das Bremersche Verfahren für zweckmäßig; er verwendet statt der Porzellankörper kleine Reibeisen ohne Bügel und behauptet, daß hierbei die Austrocknung bei 120° schon nach $1^1/_2$ Stunden erreicht werde. Statt der Nickel- lassen sich auch Petrischalen verwenden.

β) Neben der Menge entscheidet auch die Beschaffenheit des Klebers, d. h. seine Dehnbarkeit oder Steigkraft bei höherer Temperatur mit für die Beurteilung. Zur Ermitt-

[1]) Zeitschr. f. Untersuchung d. Nahrungs- u. Genußmittel 1904, **7**, 730.

[2]) Dinglers polytechn. Journ. **147**, 452.

[3]) Zeitschr. f. Untersuchung d. Nahrungs- u. Genußmittel 1907, **14**, 682.

[4]) Zu beziehen durch Paul Altmann, Berlin NW 6, Invalidenstraße.

[5]) Zeitschr. f. Untersuchung d. Nahrungs- u. Genußmittel 1908, **15**, 735.

[6]) Zeitschr. f. angew. Chemie 1909, **22**, 16.

lung der Dehnbarkeit des Klebers sind eine Reihe Apparate angegeben, so von Boland[1]) das Aleurometer, von K. W. Kunitz[2]) in Leipzig-Reudnitz das Farinometer, von Sellnick[3]) das Artopton u. a. Boland bestimmt die Dehnbarkeit des Klebers in der Weise, daß er den aus einer bestimmten Menge Mehl hergestellten frischen Kleber in eine Hülse mit beweglichem Pistill, das auf dem Kleber ruht, füllt, die geschlossene Hülse in ein Ölbad bringt und dieses bzw. den Kleber auf 250° erwärmt. Bei der Ausdehnung des Klebers steigt das Pistill und sollte ein Mehl, dessen Kleber nicht bis zum 25. oder 26. Teilstrich der angebrachten Skala steigt, nicht mehr als tauglich für die Herstellung eines guten Brotes bezeichnet werden können. A. Balland[4]), U. Kreusler[5]) u. a. aber haben gefunden, daß die zunftgerechten Backergebnisse durchaus nicht mit den Angaben des Aleurometers übereinstimmten, weshalb das Aleurometer jetzt in Vergessenheit geraten ist.

Bei den Apparaten, dem Farinometer von Kunitz und dem Artopton von Sellnick, werden die Teige der Mehle selbst, unter Zusatz von Backpulver oder Hefe, und nicht der Kleber gebacken und das Volumen der Gebäcke bestimmt. Da aber auch diese Apparate sich nicht bewährt[6]) und keinen Eingang gefunden haben, so mag auch hierauf nur verwiesen werden, zumal beiden Apparaten eine Gebrauchsanweisung beigegeben wird.

R. Heinrich und W. Meyer[7]) füllen Mehlteig, nassen Kleber oder Mischungen dieser mit Ammoniumcarbonat in Hülsen, stellen diese in einen besonders eingerichteten Trockenkasten und erhitzen letzteren rasch auf 150° (später 200°). Das Produkt aus der Menge des Klebers und seiner Volumvermehrung soll einen Maßstab für die Backfähigkeit des Mehles abgeben; indes knüpfen die Verf. selbst an ihr Verfahren keine großen Erwartungen.

L. Liebermann[8]) benutzt ebenfalls die Dehnbarkeit des Klebers beim Erhitzen zur Bestimmung der Backfähigkeit der Mehle, wendet aber ein etwas anderes Verfahren an, indem er das Volumen des gebackenen Klebers in ähnlicher Weise wie U. Kreusler (vgl. unter e) für das gebackene ganze Mehl bestimmt. 20 g Mehl werden mit 10 ccm gesättigtem Gipswasser eingeteigt, der Kleber wird sorgfältig unter Auswaschen gesammelt, in eine durchlöcherte Metallkugel gebracht, diese in einem mit Thermostaten und Ölstandsrohr versehenem Ölbade auf 170° erhitzt und von der Kleberkugel das Volumen bestimmt. M. Renner[9]) hat das Verfahren an drei verschiedenen Mehlsorten nachgeprüft und ebenso wie Liebermann gefunden, daß zwischen Menge und Ausdehnungsfähigkeit des Klebers keine Proportionalität besteht, daß dagegen die nach diesem Verfahren erhaltenen Ergebnisse mit den wirklichen Backversuchen gute Übereinstimmung zeigten. Ranziges (altes) Mehl gibt einen Kleber von geringerem Ausdehnungsvermögen, als nicht ranziges. Sehr weiße, glatt gemahlene Mehle geben Kleber von geringerer, griffige Mehle von größerer Ausdehnungsfähigkeit. Letztere soll man auch aus der Steighöhe des Öles im Ölbade an Stelle der Volumbestimmung der Gebäcke ermessen können.

e) Backprobe mit ganzem Mehl. Da weder die Menge noch die Beschaffenheit des Klebers (weder die Größe der Ausdehnung noch das Verhältnis der Kleberproteine zueinander)

---

1) Vgl. A. Balland, Recherches sur les blés, les farines usw., Paris 1894 und O. Dammers Lexikon der Verfälschungen 1887, 545.

2) Vgl. Fr. Nobbe in Landw. Versuchs-Stationen 1885, **31**, 184.

3) Sellnick, Das Artopton, Anweisung zum Gebrauch, Leipzig-Plagwitz.

4) Vgl. A. Balland, Anm. 1 und Maurizio, Getreide, Mehl und Brot. Berlin 1903. S. 287.

5) Die Mühle 1887, Nr. 35.

6) Vgl. A. Maurizio, Getreide, Mehl und Brot. Berlin 1903, 293; ferner G. Barth, Zeitschr. f. Untersuchung d. Nahrungs- u. Genußmittel 1902, **5**, 449 u. P. G. Twanow, ebendort 1902, **5**, 666.

7) Landw. Ann. d. mecklenb. patriot. Vereins 1890, Nr. 12.

8) Zeitschr. f. Untersuchung d. Nahrungs- u. Genußmittel 1901, **4**, 1009.

9) Ebendort 1908, **16**, 234.

bis jetzt Ergebnisse geliefert haben, die in allem mit denen des zunftgerechten Backens übereinstimmten, so hat man auch den Versuch gemacht, durch Verwendung des ganzen Mehles zum Backen richtige Anhaltspunkte für die Beurteilung der Backfähigkeit zu erhalten. Ein Verfahren dieser Art hat U. Kreusler[1]) angegeben:

25 g des zu prüfenden Mehles, 12,5 g Wasser, 0,6 g gute Preßhefe und 0,3 g Kochsalz werden in einem passenden Schälchen sorgsam und unter Vermeidung eines jeglichen Verlustes gemischt, indem man erst Hefe und Kochsalz in Wasser verrührt und dann das Mehl allmählich hinzufügt Man bedient sich anfangs eines Spatels, später, zum besseren Durchkneten, der Hände; um Verluste durch Anhaften zu vermeiden, wird etwas Mehl aufgehoben, mit welchem man die anhaftenden Teilchen losreibt.

Der fertiggestellte Teig wird in eine aus starkem Messingblech hergestellte Backkapsel gefüllt, welche aus einem annähernd 60 mm weiten und ebenso hohen Zylinder mit beiderseits eben geschliffenem Rande besteht; als Deckel und Boden dient je eine etwas größer bemessene eben geschliffene Scheibe. Nachdem der Teig mittels eines kleinen Mörserpistills mäßig fest eingedrückt ist, wird er bei offener Kapsel 2 Stunden in einem Trockenschrank bei 30° dem Aufgehen überlassen, darauf die betreffende Kapsel rasch mit dem zugehörigen Deckel und Drahtverschluß versehen und 20 Minuten lang in einem inzwischen bereits auf 250° erwärmten Ölbade[2]) ausgebacken Man nimmt die Backkapsel rasch heraus, läßt sie erkalten, schiebt das Gebäck heraus und ermittel das Volumen wie folgt:

Ein zylinderförmiges Glasschälchen mit ebengeschliffenem Rande und so groß, daß beim Einbringen des größten Probegebäckes allerseits noch 8—10 mm Spielraum verbleibt, wird unte behutsamem Einrütteln mit Glasperlen bis zum Überlaufen angefüllt, der Überfluß mit einem glatten Stäbchen abgestrichen und der Inhalt in einen graduierten Zylinder gebracht, indem man vorsichtig rüttelt und aufstößt.

Nachdem so mehrmals der Inhalt des Glasschälchens ermittelt ist, gießt man aus dem Zylinde so viel Glasperlen in das Glasschälchen, daß dessen Boden etwa 1 cm hoch damit bedeckt ist; darau drückt man das Brötchen sanft ein, füllt den frei bleibenden Raum unter leichtem Rütteln wie vorhin ganz mit Glasperlen aus, gibt die abgestrichenen, überschüssigen Glasperlen wieder in den Zylinder zurück und erfährt das Volumen des Gebäckes aus der Differenz des Glasperlenvolumen im Zylinder vor und nach dem Versuch.

Als Mangel an diesem Verfahren wird bezeichnet, daß dabei nicht das bei verschiedenen Mehlsorten höchst verschiedene Vermögen der zur Teigbildung erforderlichen Wasseraufnahme, worin seitens der Müller und Bäcker das Hauptmerkmal der Backfähigkeit gesucht wird, Berücksichtigung findet.

M. Märcker verwirft daher Laboratoriumsbackversuche überhaupt und glaubt ebenso wie M. Fischer[3]) die Backprobe nur dem Bäcker überlassen zu müssen. Letzterer sieht hierbe einen tunlichst hohen Feinheitsgrad des Mehles als maßgebend an und ist der Ansicht, daß der englische kleberarme Weizen bei tunlichst feiner Vermahlung ein ebenso gut backfähige Mehl liefere als kleberreicher Weizen. Die Versuche M. Fischers sind aber von Wyngaer und Wittmack[4]) sowie von Fr. Soxhlet[5]) u. a. sehr abfällig beurteilt; es wird bemängelt daß M. Fischer sich nur nach dem Urteil der Bäcker gerichtet, wohl die Wasseraufnahmefähigkeit der Mehle, nicht aber das Volumen und das spezifische Gewicht der Gebäcke usw bestimmt habe. Auch beim zunftgerechten Backversuch können Mängel und Fehler alle

[1]) Nach „Die Mühle" 1887, Nr. 35 in Zentralbl. f. Agrik.-Chemie 1887, **16**, 733.

[2]) Das Ölbad wird von Mechaniker Wolz in Bonn, die anderen Teile des Apparates von C. Gerhardt daselbst geliefert.

[3]) Fühlings Landw. Zeitung 1902.

[4]) Die Mühle 1902, Nr. 10 u. 11.

[5]) Gutachten an den Bayrischen Landwirtschaftsrat 1902.

Art auftreten, weshalb K. Komers und Haunalter[1]) behaupten, daß der Laboratoriumsversuch völlig ausreicht, wenn die üblichen Fehlerquellen hierbei ausgeschlossen werden. Als letztere bezeichnen sie:

1. Verwendung eines ungleichmäßig beschaffenen Gärmittels (Preßhefe oder Backpulver); sie empfehlen die Anwendung der Buchnerschen Zymase, der sogenannten „sterilen Dauerhefe" oder des „Zymins", welches von der Firma Schröder in München oder durch E. Merck in Darmstadt bezogen werden kann und in einer Menge von 2 g auf 25 g Mehl bei 27—30° angewendet werden soll. 2. Verwendung einer gleichen Menge Wassers für jedes Mehl; es muß die erforderliche Menge Wasser dem jedesmaligen Mehle angepaßt und davon nur so viel genommen werden, daß ein Teig von möglichst gleicher Festigkeit erhalten wird; je besser ein Mehl ist, um so größer ist durchweg zur Erzielung einer gleichen Festigkeit des Teiges seine Wasseraufnahmefähigkeit. 3. Feststellung des Volumens der Gebäcke; die Verfasser empfehlen zu dem Zweck statt der bis jetzt üblichen Verwendung von Blei-, Glas- oder Sandschrot ein Überziehen des Gebäckes mit Paraffin, Feststellung des Überzuges von Paraffin durch Wägen des Gebäckes vor und nach dem Überziehen, sowie Ermittelung des spezifischen Gewichtes in einem besonderen Pyknometer durch Wasserverdrängung, wobei das spezifische Gewicht des Paraffins berücksichtigt werden muß.

A. Maurizio[2]) hat den Laboratoriumsbackversuch noch weiter ausgebildet und erweitert, indem er im allgemeinen das Verfahren U. Kreuslers einschlug. Die Ausführung des Backversuchs von A. Maurizio zerfällt in folgende Einzelheiten:

α) Auf je 30 g Mehl verwendet er 0,7 g Hefe und 0,4 g Salz; im ganzen gelangen je nach der Ausdehnung des Versuches 90—180 g Mehl zur Verwendung. Der Wasserzusatz wird der wasserbindenden Kraft des Mehles angepaßt.

β) Der fertige Teig wird sofort in Gärzylinder, d. h. Glasröhren von 25 cm Höhe und etwa 3,5 cm Durchmesser, die mittels eines mit gefettetem Pergamentpapier bedeckten Korkpfropfens verschlossen sind, gefüllt und seine Volumenzunahme während der Gärung ermittelt[3]). Aus 100 g Mehl entsteht ohne Hefe ein Teig von durchschnittlich 120,86 ccm und daraus nach 2stündiger Gärdauer bei 30° ein gegorener Teig von 343—480 ccm je nach der Beschaffenheit der Mehle. Hierbei ist es von Wichtigkeit, die Gärkraft der Hefe zu bestimmen, da sie großen Schwankungen unterworfen sein kann (40—97,7% nach Meissl).

γ) Auch ist die während der Gärung wie auch während des Backens sich entwickelnde gesamte und die wirksame Kohlensäure zu bestimmen. Die fertigen Teige werden in Gärkolben (I. Teil S. 426) gefüllt, 2 Stunden bei 30° der Gärung überlassen, dann in ein Wasserbad gestellt, um sämtliche Kohlensäure auszutreiben, gewogen und die Kohlensäure aus dem Gewichtsverlust ermittelt. So kann auch mit dem fertigen Brot unter Durchleiten von Luft verfahren werden. Maurizio fand z. B. für je 100 g Mehl

		1a ccm	1b ccm	2 ccm	3 ccm	4 ccm	5a ccm	5b ccm	6 ccm
Gesamte in 2 Stunden Gärung bei 30° erzeugte Kohlensäure; bei 0° u. 714 mm Druck		591,4	535,6	583,3	538,8	535,6	556,4	580,7	525,6
Wirksame Kohlensäure währd.	der Gärung	323,5	324,2	328,7	324,2	299,2	256,2	256,2	214,2
	des Backens	381,2	381,2	361,7	342,2	293,2	213,2	213,2	139,2
Volumen des Teiges nach 2stündiger Gärung[4]) . . .		445	445	450	445	420	377	377	365
Volumen des Brotes		502	502	483	463	414	334	334	290

[1]) Zeitschr. d. landw. Versuchswesens in Österreich 1902, **5**, 1225.

[2]) A. Maurizio, Getreide, Mehl und Brot. Berlin 1903, 286—328.

[3]) Diese Größe läßt sich nicht genau ermitteln, weil die Hefe schon während der Einteigung wirkt.

[4]) Volumen des Teiges aus 100 g Mehl vor der Gärung 120,86 ccm.

Hieraus erhellt, daß die gesamte bei der Gärung erzeugte Menge Kohlensäure bei den einzelnen Mehlsorten keinen großen Schwankungen unterworfen ist, daß aber die beim Gären und Backen zurückgehaltenen bzw. wirksamen Mengen Kohlensäure sehr verschieden sind. Bei den besten Mehlen 1—3 sind vom Gesamtvolumen Kohlensäure 56—61% bei der Teiggärung und 63—67% beim Backen wirksam; bei den schlechten backfähigen Mehlen 4—6 sinkt das in ihnen enthaltene Gasvolumen auf 41 bzw. 27% des gesamten Volumens.

Da nach dem Einlegen der Brötchen in den Ofen die Kohlensäureentwicklung noch eine Zeitlang andauert, vermögen die Mehle Nr. 1—3 noch einen Teil der neugebildeten Kohlensäure zum Aufgehen des Brotes zu verwenden, so daß in ihnen 3,34—8,54% Kohlensäure mehr enthalten sind, als im gärenden Teig; bei den schlechteren Mehlen Nr. 4—6 entweicht beim Backen nicht nur die neugebildete Kohlensäure, sondern auch noch ein Teil (1,1—13,8%) derjenigen Kohlensäure, die bei der Gärung wirksam war. Die besseren Mehle setzen daher dem Entweichen der Kohlensäure bei der Gärung wie beim Backen einen größeren Widerstand entgegen und liefern infolgedessen lockere Gebäcke; dadurch ist es bedingt, daß die Gebäcke aus den besseren Mehlen ein größeres, die aus den schlechteren Mehlen ein geringeres Volumen aufweisen als die entsprechenden Teige[1]).

Wasserdampf und Alkohol bzw. Ester usw. haben an dem Auftrieb des Teiges wie Brotes nur einen schwachen Anteil.

δ) Zum Backen benutzt Maurizio einen doppelwandigen kupfernen, außen mit Asbest belegten Trockenkasten, der einen Innenraum von 15,5 cm Höhe sowie Breite und von 27 cm Länge, ferner zwei Öffnungen für Thermometer und zur Verbindung mit dem Raum der Doppelwandung besitzt. Der Teig kommt in konische Kuchenformen von verzinntem Eisenblech, die 3 cm hoch sind, oben einen Durchmesser von 8,5 cm und am Boden einen solchen von 5 cm besitzen. Der Backkasten wird erst auf 230—235° erhitzt, dann der Teig, der 2 Stunden gegoren hat, eingesetzt, wodurch die Temperatur auf etwa 210° sinkt; man erwärmt weiter und erhält 20 Minuten auf 235°, nach welcher Zeit die Brötchen meistens gar sind.

ε) Die Volumenmessung des Teiges kann in den Glasröhren vorgenommen werden[2]). Zur Volumenmessung der Brötchen (Gebäcke) verwirft Maurizio das Paraffin usw. und schlägt statt der Glasperlen nach Kreuslers Verfahren Bleischrot vor.

Recht genaue Zahlen gibt auch die Messung unter Wasser, nur muß hierbei das Brötchen geopfert werden. Füllt man einen Exsiccator mit flachgeschliffenem Rande voll Wasser und drückt die Glasplatte, zuerst seitlich anlehnend, vorsichtig an, so wird in dem Gefäße keine Luft eingeschlossen. Nun wird abgedeckt, das Brot bei geeigneter Beschwerung schnell unter Wasser getaucht und im gleichen Moment die eben geschliffene Glasplatte angedrückt. Das herausgeflossene Wasser befindet sich in der Schale, in der der Exsiccator steht, und ergibt das Volumen. Verfährt man rasch, so ist leicht zu sehen, daß das Wasser seitlich herausfließt, bevor nennenswerte Quantitäten von ihm ins Brot eindringen.

ζ) Das spezifische Gewicht des Teiges wie Brotes kann ebenfalls zur Beurteilung der Gebäcke dienen, man findet es bei ganzen Brötchen in der Weise, daß man das absolute Gewicht derselben durch das Volumen dividiert (vgl. auch unter Brot). Es ist um so niedriger, je größer das Volumen im Verhältnis zum absoluten Gewicht ist und umgekehrt. A. Maurizio fand z. B.:

	Beste Mehle	Mittelgute Mehle	Geringe Mehle
Volumen des Brotes aus je 100 g Mehl	560—580 ccm	400—480 ccm	250—350 ccm
Spezifisches Gewicht des Brotes . . .	0,23—0,28	0,35	0,46 und mehr.

[1]) Auch Ford und Guthrie (Journ. Soc. Chem. Ind. 1908, **27**, 389) haben gefunden, daß es für die Beurteilung der Backfähigkeit der Mehle weniger darauf ankommt, wie viel Gas aus der durch Diastase gebildeten Maltose gebildet wird, als darauf, welche Gasmenge im Teig zurückgehalten wird.

[2]) Alfr. Pollack beschreibt (Zeitschr. f. Spiritus-Ind. 1904, **27**, 125) ein Verfahren, wie man unter Anwendung von 100 g Mehl und 2 g Hefe in einem graduierten Zylinder die Triebkraft der Hefe bestimmen kann.

Auch M. P. Neumann und P. Salecker[1]) haben die Umstände, von denen der Backversuch im einzelnen abhängt, zu ermitteln gesucht und geben für einen solchen folgende Vorschrift: Ein Liter Wasser von 30° wird nach und nach mit 50 g Hefe (ev. 10 g Zucker), 20 g Salz und so viel Mehl zusammengearbeitet, daß ein „normaler Teig" entsteht. Dabei wird die Hefe in wenig Wasser fein verteilt, dann der Rest des Wassers und nun erst Salz und Mehl zugegeben. Der Teig wird in einem genügend regelbaren Gärschrank (Thermostaten) bei 30° eine Stunde lang der Gärung überlassen und während dieser Zeit 2—3 mal durchgearbeitet („ausgestoßen"). Dann werden Teigstücke in der gewünschten Gewichtsmenge abgewogen, nochmals durchgearbeitet und entweder in Kästen gelegt oder in die gewünschte Form gebracht. Diese Teigstücke überläßt man einer weiteren Gärung bei 30°, bis die „normale" Reife des Teiges erzielt, d. h. bis die Ausdehnung des Teiges die erwartete ist. Nach dieser Behandlung werden die Teigstücke oder die Kästen mit den Teigstücken in den Ofen gebracht.

Die Verfasser weisen darauf hin, daß auch der „Kunstgriff" des Bäckers zur Erzielung eines normalen Teiges, d. h. eines solchen von richtiger Konsistenz bei weitem nicht hinreicht. Sie empfehlen erst einen scheinbar normalen Teig herzustellen, dann in Parallelversuchen die verbrauchte Mehlmenge zu erhöhen und zu erniedrigen, so daß zu jedem Versuch mindestens dreierlei Teige mit verschiedenem Wassergehalt und in schwierigen Fällen noch mehr zum Backen gelangen. Ebenso haben die Verfasser eine Einrichtung für genaue Temperaturmessungen in den Broten während des Backens angegeben. Dieselben Verfasser[2]) haben Verfahren zur genauen Volumbestimmung von Gebäcken angegeben. Sie halten Rübensaat an Stelle von Glasperlen oder Bleischrot zur Ausfüllung eines bestimmten Raumes ohne und mit Gebäck für am besten, geben aber der Bestimmung des Volumens unter bzw. durch Wasser den Vorzug. Für den Zweck müssen die Gebäcke mit einer wasserundurchlässigen Schicht überzogen werden, wozu bei kleinen Gebäcken ein vorwiegend aus Kollodium bestehender Lack, bei größeren Gebäcken Paraffin dient, das bei 100° und nicht höher geschmolzen wird. Bei Anwendung von Kollodiumlack braucht, weil die Schicht sehr dünn ist, kein Abzug gemacht zu werden, bei Anwendung von Paraffin dagegen setzt man, weil ein Teil desselben in das Gebäck eindringt, die verwendeten Gramm gleich Kubikzentimetern und zieht sie von dem für das Gebäck gefundenem Volumen ab.

Neumann und Salecker[3]) bedienen sich des umstehenden Apparates (Fig. 28, S. 534):

Auf das Glasgefäß mit plangeschliffenem Rand paßt ein flacher, geschliffener Glasdecke mit eingekitteter 500 ccm-Bürette. Man füllt das Gefäß bis nahe zum Rande mit Wasser, fettet Gefäß- und Deckelrand etwas ein und schließt fest mittels der starken Messingklammern. Durch die Glaskugel läßt man nun so lange Wasser in das Gefäß laufen, bis es in der Bürette hochsteigt, stellt durch Senken der Glaskugel die Wassersäule auf den Nullpunkt der Bürette ein, schließt den Glashahn der Kugel und läßt das überschüssige Wasser aus der Kugel wieder auslaufen. Das Gefäß ist hiermit geeicht Man öffnet wieder den Glashahn und läßt durch Senken der Glaskugel das Wasser aus dem Gefäß in diese bis zum Rand eintreten; nach dem Schließen des Glashahnes hängt man die gefüllte Kugel an ein bereitstehendes Stativ oder einen Haken und bringt das Gebäckstück in das Glasgefäß, das wieder fest zu schließen ist. Erhebt man nach Öffnen des Glashahnes die Kugel über das Glasgefäß, so tritt das Wasser aus der Kugel wieder in das Gefäß zurück und steigt in der Bürette hoch, an der man die Kubikzentimeter des verdrängten Wassers in dem Augenblick direkt ablesen kann, wenn gerade alles Wasser aus der Kugel abgeflossen ist. Hat man größere Gebäckstücke zu untersuchen, so eicht man das Gefäß in zuvor beschriebener Weise, läßt dann aber, bevor man das Gebäck in das Gefäß bringt, das Wasser genau bis zu der am Hals der Glaskugel befindlichen Marke

---

[1]) Zeitschr. f. d. ges. Getreidewesen 1909, **1**, 41 u. 67.

[2]) Zeitschr. f. Untersuchung d. Nahrungs- u. Genußmittel 1908, **16**, 285.

[3]) Der Apparat kann von dem Mechaniker der Versuchsanstalt für Getreideverarbeitung in Berlin bezogen werden.

treten, schließt den Hahn und gießt das Wasser fort. Man hat dann 500 ccm aus dem Gefäß entnommen, die der abgelesenen Anzahl Kubikzentimeter zuzuzählen sind. Bei noch größeren Gebäcken kann man diese Manipulation noch ein zweites Mal wiederholen und hat dann natürlich 1000 ccm zu addieren.

Unter Einhaltung dieser und anderer Vorsichtsmaßregeln kann der Laboratoriumsbackversuch ebenso brauchbare Ergebnisse für die Beurteilung der Backfähigkeit eines Mehles liefern als der Versuch eines Bäckers. Will man aber nur letzteren Versuch gelten lassen, so soll man einerseits von der richtigen Ausführungsweise in der Bäckerei sich überzeugen, andererseits soll man die Bestimmung der Wasseraufnahmefähigkeit des Mehles sowie des Volumens und spezifischen Gewichtes des Gebäckes nicht unterlassen.

Fig. 28.

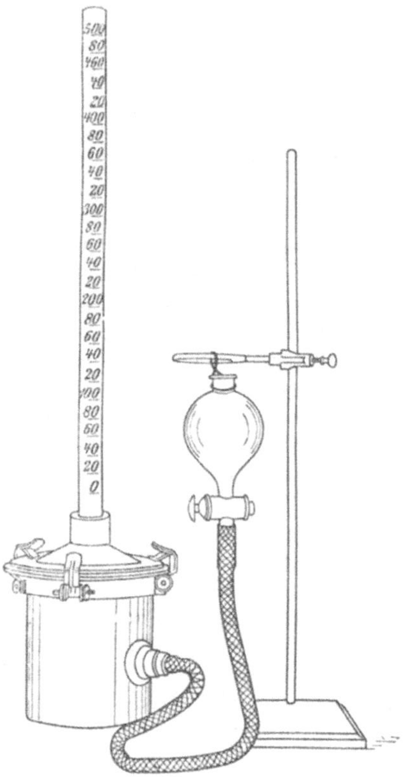

Brotvolumenmesser nach Neumann und Salecker.

η) Verhältnis der Aschenbestandteile zu den Proteinen der Cerealien und dessen Bestimmung als Mittel zur Erkennung ihrer Qualität. M. Levy[1]) hat einen ganz neuen Gesichtspunkt für die Beurteilung der Beschaffenheit der Cerealien angegeben, der im wesentlichen darauf beruht, daß er die Verteilung der Mineralstoffe im Korn und das Verhalten der Proteine gegen eine Farbstofflösung berücksichtigt. Er findet, daß z. B. das Kalium (und auch Calcium) im allgemeinen von der Mitte des Kornes nach der Peripherie hin abnehmen, dagegen Phosphorsäure (und Magnesium) umgekehrt von der Peripherie nach der Mitte hin zunehmen. Entsprechend diesem Befunde verhalten sich auch die Proteine gegen Pappenheims Triacid (Grüblers Trockenrückstand)[2]) verschieden. Levy bringt die mit dem Rasiermesser unterhalb des Embryos gemachten Querschnitte durch das reife Korn (Weizen, Roggen, Gerste) ohne weitere Behandlung in ein Uhrschälchen, in welchem ganz kurz vorher 1—2 Lanzetten von Grüblers Trockenrückstand von Pappenheims Triacid vollständig gelöst worden waren. Nach 5—10 Minuten langem Verweilen in dieser Lösung werden die Schnitte in destilliertem Wasser von überschüssigem Farbstoff befreit, in Alkohol gehärtet und in Xylol aufgehellt. Die mikroskopische Untersuchung geschieht im Deckglaspräparat nach dem Einbetten in Canadabalsam oder in Immersionsöl. Hierbei (Weizen und Roggen) zeigt sich nun, daß die Randpartien und die Kleberzellenschicht lebhaft blau oder grün, im Tone der Farbbase des Methylenblaus, gefärbt sind, während die Proteine des Endosperminhaltes, da die Stärke von der Farbe nicht betroffen wird, in der Regel rot, im Tone der Farbsäure gefärbt werden. Die ersteren Proteine der Randpartien (die Nucleoproteine bzw. Nucleoalbumine) besitzen hiernach vorwiegend Säure-, die Proteine des Endosperminhaltes (der Kleber) dagegen vorwiegend basische Eigenschaften. Bei der Gerste wird das Endospermprotein nur bei den schlechteren, für die Bierbrauerei ungeeigneteren Sorten direkt rot gefärbt, bei vorzüglichen Braugersten erscheint

[1]) Zeitschr. f. Untersuchung d. Nahrungs- u. Genußmittel 1910, **19**, 113.

[2]) A. Pappenheim, Grundriß der Farbchemie. Berlin 1901.

der ganze Endosperminhalt stark dunkelblau. Für Weizen und Roggen dagegen gilt das erste Verhalten als normal und schon Posner[1]) und Weissbein[2]) haben erklärt, daß ein Mehl, das vorwiegend rotgefärbte Proteinbestandteile (Kleber) und wenig grüne oder blaue Bestandteile (Samenschalenfragmente) enthalte, ein gutes sei. Das farbenanalytische Verfahren kann daher, wie Ley weiter auseinandersetzt, schon jetzt mannigfache Anhaltspunkte für Beurteilung der Beschaffenheit der Getreidekörner liefern wie nicht minder für die weitere Verwertung und Verarbeitung derselben.

19. Die zolltechnische Prüfung des Mehles. Für eingeführtes Getreide braucht kein Zoll entrichtet zu werden, wenn dafür eine entsprechende Menge von Mehl wieder ausgeführt wird; es wird angenommen, daß aus 100 kg Roggen 65 kg, aus 100 kg Weizen 75 kg ausfuhrfähiges Mehl gewonnen werden können. Um zu sehen, ob nicht etwa Mehl von einer größeren Ausbeute oder nur grobes Mehl mit höherer Ausbeute nach Entfernung der feinen Mehlanteile Nr. 0 für die Ausfuhr genommen ist, dient:

a) Die Beurteilung des Mehles nach der Farbe, für welche festgelegte Muster oder Typen zum Vergleich dienen, bzw. das Pekarisieren. Zur Erkennung der Farbenunterschiede formt man auf einer Glasscheibe oder besser auf einem dünnen, glatten (geölten) Brettchen von hartem Holze aus etwa 2 Teelöffeln (15—20 g) des fraglichen Mehles ein Parallelopiped von etwa 5 cm Länge, 3 cm Breite und 3 mm Höhe, indem man die Oberfläche mit einer zweiten Glasscheibe durch Aufpressen oder durch Auflegen eines Stückchen starken Schreibpapieres und durch Flachdrücken mit einem Lineal ebnet und durch Beschneiden mit dem Messer für eine scharfe Begrenzung sorgt, oder man bedient sich eines besonderen Formstechers[3]), mit dem man aus dem Mehl ein Rechteck heraussticht. Durch Vergleichung der Farbe dieser Rechtecke mit den festgelegten Mehltypen lassen sich schon geringe Unterschiede erkennen. Die Farbenunterschiede treten aber noch deutlicher hervor, wenn man das Brettchen mit den Mehlrechtecken, vorsichtig schräg haltend, einige Minuten unter Wasser taucht, bis keine Luftblasen mehr aufsteigen. Das Verfahren heißt „Pekarisieren" (nach dem Erfinder Pekar).

Fig. 29.

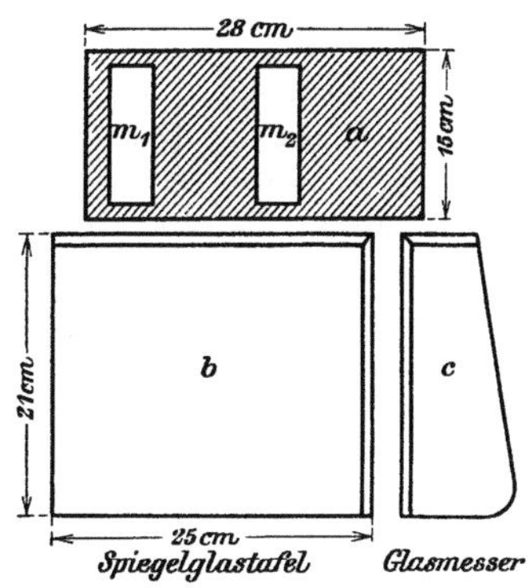

Oben ein Holzbrettchen von Buchenholz zum Eintauchen der pekarisierten Mehlproben in Wasser.

Eine andere von Kick[4]) angegebene Vorrichtung (Fig. 29) zum Pekarisieren besteht in folgendem:

Das Holzbrettchen *a* dient zum Auflegen der kleinen Proben von Mehl, die einzelnen Proben m_1 und m_2 werden mittels des Glasmessers *c* angedrückt und auf die entsprechende Größe beschnitten. Man nähert dann die Mehle durch leichtes Anschieben und wenn eine größere Anzahl auf dem Brette liegt, wird eine ebengeschliffene Glasplatte auf das Ganze gelegt und angedrückt. Die Mehle sind so zu einer einzigen Fläche vereinigt. Dem Wasser, in welches die Proben getaucht werden, kann man einige Tropfen Salzsäure zugeben, wodurch die Kleienpartikeln sich lebhafter färben.

H. Treml[5]) empfiehlt für diesen Zweck den von Dr. A. Fornet eingerichteten Apparat (Fig. 30, S. 536).

Derselbe besteht zunächst aus einem rechteckigen Blechkästchen von etwa 4 cm Höhe, welches durch der kurzen Wand parallele Streifen in 4 oder 8 Fächer eingeteilt ist. Diese Quer-

---

[1]) Berliner klin. Wochenschr. 1898, **35**, 241.

[2]) Ebendort 1903, **40**, 587

[3]) Der Formstecher wird zum Preise von 1,50 Mk. von dem Modellschlosser Kulitz, Berlin N, Invalidenstr. 42, angefertigt.

[4]) Vgl. A. Maurizio, Getreide, Mehl und Brot. Berlin 1903, 121.

[5]) Zeitschr. f. Untersuchung d. Nahrungs- u. Genußmittel 1911, **21**, 196.

streifen gehen jedoch nicht ganz bis auf den Boden des Apparates, sondern nur bis ungefähr 5 mm über den Boden. In dieser Höhe ist ein Schlitz angebracht, durch welchen ein breites Messer eingeführt werden kann, wodurch von den in Fächern befindlichen Mehlsäulen Blättchen von gleicher Höhe abgeschnitten werden können.

Um dies zu erreichen, ist jedoch noch notwendig, daß die Mehlsäulen etwas zusammengepreßt werden, was durch einen Holzstempel geschieht, der wie aus der Abbildung hervorgeht, den Fächern entsprechende Einschnitte hat. Bei der Benutzung des Apparates füllt man also, nachdem man das Messer eingeführt hat, die einzelnen Fächer mit den zu untersuchenden Produkten, drückt mit dem Holzstempel einmal kräftig auf die Prismen, zieht das Messer ganz heraus, drückt noch einmal leise auf den Holzstempel und schiebt das Messer wieder ein, wodurch jetzt die Blättchen alle von gleicher Größe abgeschnitten werden. Bei gewöhnlichen, glatten Mehlen zieht man das Messer jetzt wieder heraus und hebt den Apparat vorsichtig von den Blättchen ab. Bei griffigen Mehlen, Kleie usw., bleibt das Messer nach dem Abschneiden der Blättchen im Apparat stecken, da sonst die ganze Säule nachrutscht.

Fig. 30.

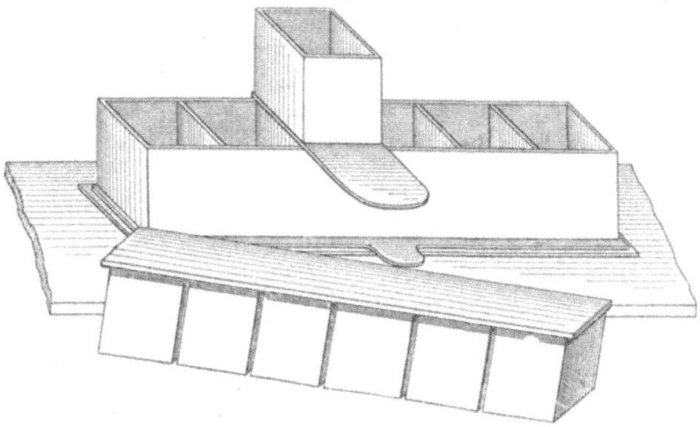

Mehlprüfer von A. Fornet.

Man erhält auf diese Weise, da unterhalb des Messers die Querwände fortfallen, lückenlos aneinanderstoßende Blättchen, die haarscharfe, allseitig glatte und vollkommen gleichmäßige Begrenzungsflächen haben. Man stellt den ganzen Apparat gewöhnlich auf ein längliches Brettchen, damit man die Wasserprobe anstellen kann, indem man das Brett mit den Blättchen vorsichtig unter Wasser taucht. Einen großen Vorteil bietet der Fornetsche Mehlprüfer noch dadurch, daß man ohne frisch nachfüllen zu müssen, mehrere Serien, meist 3 hintereinander, herstellen kann. Man kann auf diese Weise vollkommen gleiche Muster beliebig lange Zeit aufbewahren und im Bedarfsfalle ohne Mühe pekarisieren.

L. Lovinton[1]) gibt an, daß man ein Mehl auch auf folgende Weise in eine der gebräuchlichen Typen einreihen kann: Man übergießt in einem Reagensglase 5 g Mehl mit 10 ccm Benzin oder einem anderen farblosen Mineralöl; die weißen Stärketeile scheinen zu verschwinden, während die Kleie und die anderen gefärbten Mehlbestandteile mit besonderer Deutlichkeit hervortreten.

b) Beurteilung nach dem Aschengehalt. Wenn die Beurteilung des Mehles nach der Farbe durch Vergleichung mit den Mehltypen zweifelhaft bleibt, so soll zur Beurteilung auch der Aschengehalt mit herangezogen werden. Je geringwertiger ein Mehl ist, je mehr Kleie es enthält, desto höher ist der Aschengehalt; es sind daher auch für letzteren Grenzwerte festgestellt, nämlich:

	in der lufttrockenen Substanz	in der Trockensubstanz
Höchstgehalt für Weizen-Exportmehl	2,22%	2,50%
Höchstgehalt für Roggen-Exportmehl	1,73%	1,92%
Niedrigstgehalt für Einfuhr-Kleie aller Art . .	3,70%	4,10%

Zur Bestimmung der Asche werden 2 g angewendet und unter Benutzung der im I. Teil, S. 476 angegebenen Hilfsmittel und einer kleinen Flamme so verascht, daß die Asche rein weiß ist und nicht zusammensintert.

[1]) Ann. Chim. analyt. 1909, **14**, 412.

Da der Weizen eine dickere, holzigere Schale hat als der Roggen, so enthält grobes Weizenmehl mehr Asche als grobes Roggenmehl.

Anmerkung. Für die Ausfuhrmehlklassen werden jährlich vom Reichskanzleramt Grenzzahlen der zulässigen Aschen festgesetzt. Werden die Grenzaschengehalte überschritten, so ist die Zollrückvergütung in den betreffenden Klassen als nicht zulässig anzusehen. In solchen Fällen läßt die Einfuhrscheinordnung dann noch einen Büchernachweis offen. Die Grenzaschenwerte werden in der Weise bestimmt, daß der tatsächliche Aschengehalt der Typen bei den weißen Mehlen um 10—15%, bei den hinteren Mehlen je nach Bedarf um noch mehr erhöht werden. J. Buchwald[1]) ist der Ansicht, daß jede Mühle in der Lage ist, die Grenzaschenwerte stets einzuhalten.

c) Die Siebprobe. Falls durch Vermischen von gutem und geringem Roggenmehl und grobes Mahlen mehr als 70% Ausbeute erzielt worden sein sollten, ohne daß gegen die Typen verstoßen worden ist, so kann man dieses durch Ermittelung des Kleiengehaltes feststellen, indem beim Sieben durch Müllergaze Nr. 7 bei solchen Mehlen bis 20% Kleie und Grieß auf dem Siebe bleiben, während von der Type kaum 5% Rückstand sich ergeben.

Nach der Verordnung vom 1. Januar 1898 für Getreidemühlen und Mälzereien ist als gebeuteltes Weizenmehl nur das anzusehen, welches höchstens 7% Rückstand, als gebeuteltes Roggenmehl das, welches höchstens 3% Rückstand hinterläßt. Um dies festzustellen, werden je 50 g Mehl 2 mal 3 Minuten mit einem Siebe gesiebt, welches durch Überspannen eines rechteckigen Holzrahmens von 22 cm lichter Länge, 15 cm lichter Breite und 5 cm Höhe mit Müllergaze Nr. 8[2]) hergestellt ist.

Mikroskopische Untersuchung der Mehle und Stärkemehle[3]).

Die mikroskopische Untersuchung der Mehle und Stärkemehle hat in erster Linie die Frage nach der Art derselben zu entscheiden, sie muß ferner herangezogen werden, wenn das Vorhandensein von Verunreinigungen oder Verfälschungen durch pflanzliche Beimischungen und das Vorkommen von pflanzlichen oder tierischen Schädlingen festgestellt werden soll. Zur Entscheidung dieser Fragen ist es notwendig, sich eine gründliche Kenntnis der für die einzelnen Mehlarten sowie für die die verunreinigenden oder fälschenden Beimischungen kennzeichnenden, unter dem Mikroskop sichtbaren Gebilde anzueignen. Am besten geschieht dies an selbsthergestellten Präparaten der betreffenden Pflanzenteile, wo aber dieser Weg zu langwierig oder mangels geeigneten Materiales nicht gangbar ist, können auch gute Abbildungen diese Kenntnis vermitteln.

Wirklich gute Zeichnungen sind von manchen Objekten nur schwierig anzufertigen, weil die Wiedergabe der im Mikroskop in der Regel zu beobachtenden Plastik der Gebilde in vielen Fällen unbedingt notwendig ist, wenn der Gegenstand nach dem Bilde erkannt werden soll. Ferner ist zu beachten, daß Zeichnungen und Photogramme stets nur eine bestimmte Stelle des Präparates wiedergeben; da aber in der Form pflanzlicher Gebilde durchweg eine außerordentliche Mannigfaltigkeit herrscht, so suchen manche Autoren in den Zeichnungen nur die besonders kennzeichnenden Merkmale wiederzugeben unter Weglassung nicht zur Differenzierung geeigneter Gebilde. Hierdurch wird aber vielfach das Gegenteil des Gewollten erreicht, da auf diese Weise schematisierte Zeichnungen entstehen, welche von dem im Mikroskop wahrnehmbaren Bilde allzusehr abweichen. Die in dieser Beziehung wertvolleren Photogramme haben andererseits den Nachteil, daß die Deutlichkeit ihrer Zeichnung in der Regel erheblich hinter dem mikroskopischen Bilde zurückbleibt, falls es sich um nicht ganz dünne Objekte handelt, und weiter, daß eine Vereinigung charakteristischer

---

[1]) Zeitschr. f. d. ges. Getreidewesen 1909, **1**, 169.

[2]) Zu beziehen von Gebr. Stallmann in Dortmund bzw. Ruhrort.

[3]) Bearbeitet von Dr. A. Scholl, Abt.-Vorsteher d. Landw. Versuchsstation in Münster i. W.

Merkmale in der Zeichnung meist leichter gelingt. Für die Anfertigung von Zeichnungen zur mikroskopischen Erkennung pflanzlicher Gebilde sollte daher als Regel gelten, daß zwar eine möglichst große Anzahl von Unterscheidungsmerkmalen in einem Bilde vereinigt werden sollen, daß darunter aber die Naturtreue der Erscheinung nicht leiden, daß insbesondere die Schematisierung nicht zu weit ausgedehnt werden darf. Von diesem Gesichtspunkt aus betrachtet besitzen die bisher veröffentlichten Zeichnungen auf dem Gebiete der Nahrunsgmittelmikroskopie einen außerordentlich verschiedenen Wert.

Die mikroskopische Unterscheidung der Mehlarten stützt sich in erster Linie auf ihren Hauptbestandteil, die Stärke. Wenn nun auch das Bestreben der heutigen Müllerei vielfach auf Herstellung feinster Mehle gerichtet ist, so wird man doch bei geeigneter Behandlung selbst in den reinsten Mehlen noch einzelne Schalenteilchen finden, welche für die Mahlfrucht kennzeichnend sind; in zweiter Linie wird also die Erkennung der Mehlart durch die Schalenteile ermöglicht.

A. Die mikroskopische Unterscheidung der Stärkearten.

I. Untersuchung im Wassertropfen.

Zur Prüfung verwendet man zunächst eine auf dem Objektträger in einem Tropfen Wasser verteilte Probe. Bei feinen Mehlen nimmt man hierzu das Mehl ohne weitere Vorbereitung, bei gröberen Sorten trennt man vorher die Anteile verschiedener Größe durch Anwendung eines oder mehrerer Siebe von verschiedener Maschenweite, oder man bedient sich eines Schlemmverfahrens (s. unten). Natürlich darf man in diesem Falle nicht nur die feinsten Teile des Mehles untersuchen, vielmehr müssen auch die griesigen Bestandteile geprüft werden, wozu man dieselben, nötigenfalls einzelne Stückchen, in einem Wassertropfen zwischen zwei Objektträgern leicht zerreibt. Das zur mikroskopischen Untersuchung fertige Präparat soll zwar eine genügende Anzahl von Stärkekörnern enthalten, jedoch nicht so viele, daß sie sich gegenseitig überdecken. Man richtet sein Augenmerk auf die Gruppierung, Form, Struktur und Größe der Stärkekörner. Man unterscheidet nach der Gruppierung einfache und zusammengesetzte Körner, nach der Form runde, elliptische, linsenförmige, nierenförmige, polyedrische usw., nach der Struktur solche mit konzentrischer oder exzentrischer Schichtung, mit oder ohne Kernhöhlen oder Kernspalten verschiedener Form und Ausdehnung. Die Stärke kommt in der Pflanze als Assimilationsstärke (in den Chlorophyllkörnern), als transitorische Stärke (in wachsenden jungen Organen usw.) und als Reservestärke vor. In den Mehlen des Handels finden wir ausschließlich die letztere Form, denn für die Mehlbereitung werden als Rohstoffe die Reservebehälter verschiedener Pflanzen verwendet. Hierzu gehören einerseits Früchte und Samen, andererseits Stammknollen (Kartoffel) und Wurzelknollen (Tapioka), auch in Rhizomen (Maranta) und im Stamm vor der Blüte (Sagopalme) kann Stärke angehäuft werden. In den Samen findet sich die Stärke sowohl im Endosperm (Cerealien), wie im Perisperm (Pfeffer) und in den Kotyledonen (Leguminosen). Während die Assimilationsstärke und die transitorische Stärke stets kleinkörnig bleibt, erlangen die Reservestärkekörner oft eine recht beträchtliche Größe.

Die Form der Stärkekörner bietet in einigen Fällen ein hinreichendes Kennzeichen für die Art, in anderen läßt sich aber aus der Form allein kein sicherer Schluß ziehen, es muß vielmehr auch die Größe der Körner festgestellt werden. In der Regel ist die Größe nicht bei allen Körnern einer Stärkeart gleich, auch finden sich zwischen den größten und kleinsten Körnern Übergänge in verschiedenem Grade. Bei der Untersuchung muß daher sowohl auf die Grenzformen wie auf die Übergangsformen geachtet werden. Meist wird man eine in der Mehrzahl der Stärkekörner wiederkehrende Hauptform und einen bestimmten für die Art kennzeichnenden Größenunterschied zwischen größten und kleinsten Körnern finden. Daneben kommen aber in einzelnen Stärkesorten auch Formen vor, welche zwar nur in verhältnismäßig geringer Menge vorhanden, aber für die betreffende Art typisch sind und daher als wichtiges Erkennungsmerkmal dienen können (Leitformen und Nebenformen). Um die Form der einzelnen Körner genau feststellen zu können, ist es oft notwendig, sie in verschiedener Lage zu betrachten; dies läßt sich leicht dadurch erreichen, daß man zu dem unter dem Mikroskop liegenden Präparat an einer Seite einen Tropfen Wasser zugibt und dann an der entgegengesetzten Seite absaugt, wodurch die Körner in drehende Bewegung geraten.

Getreidestärke. Die Stärke der Getreidearten weist eine teilweise sehr verschiedene Form auf, welche, wenn reines Mehl einer einzigen Getreideart vorliegt, die letztere leicht zu bestimmen gestattet. Dagegen ist die Unterscheidung der Getreidestärkearten in Gemischen oft sehr schwierig oder gar unmöglich. Man kann nach der Ähnlichkeit der Formen 2 Gruppen von Getreidestärken unterscheiden, zu der einen gehören Weizen-, Roggen-, Gerstenstärke, zu der anderen Mais-, Hafer-, Reis- und Buchweizenstärke.

Tropische Stärkearten, Arrowroot. Die Bezeichnung Arrowroot kommt zwar ursprünglich nur der Stärke aus dem Wurzelstock der amerikanischen Pfeilwurzel (Maranta) zu, sie wird aber im allgemeinen auch für sonstige tropische Stärkearten gebraucht. Die Pflanzenteile, welche für die Gewinnung dieser Stärkearten verwendet werden, sind vorwiegend Wurzelknollen und Rhizome, außerdem werden aber auch Früchte bzw. Samen, sowie das Mark von Stämmen verarbeitet. Hiernach kann, wenn Mischungen von verschiedenen ausländischen Stärkesorten als Arrowroot bezeichnet werden, von einer Fälschung nicht gesprochen werden.

Übersicht über die Stärkearten.

Stärkeart	Formen	Größe der Körner in μ			Kern oder Kernspalten	Schichtung
		kleinste	mittlere	größte		
Weizen	Großkörner linsenförmig, Kleinkörner kugelig. Nebenform: polyedrische oder schüsselförmige Teilkörner von zusammengesetzten	2—9	30—40	45	zentral, Spalten selten	selten
Spelzweizen	Ähnlich wie Weizen, auch gerundet vierseitig	2—9	20—30	—	strahliger Spalt häufiger	nicht sehr selten
Roggen	Unregelmäßig rundlich, linsenförmig. Nebenformen: wulstige, bohnenartige, bucklige und zusammengesetzte Groß- und Kleinkörner	3—10	25—35	45—60	zentral, 3—4 strahl. Spalt häufig	nicht sehr selten
Gerste	Großkörner rundlich, knollen-, bohnenförmig, gerundet-mehrseitig, Kleinkörner rundlich oder eckig	2—10	20—25	30—42	zentral, längliche Spalte nicht selten	häufig
Hafer	Füllstärke rundlich oder eckig Zusammengesetzte Körner oval oder rundlich, Teilkörner scharfkantig oder gerundet. Nebenform: zitronen-, keulenförmige. Leiter: spindelförmige, gerade oder gebogen	2—5	5—15 5—8	28 12	nicht sichtbar	nicht sichtbar
Mais	Hornendospermkörner scharfkantig Mehlendospermkörner gerundet oder gestreckt, unregelmäßig, buckelig. Übergangsformen. Gestreckte oder gebogene Zwillinge und Drillinge	10 2	15—25 10—30	30 35	zentral, Spalte oft mehrstrahlig, ausgedehnte Höhle häufig	nicht sichtbar
Reis	Zusammengesetzte Körner mit kantigem Umriß, Teilkörner krystallartig. Füllstärke scharfkantig. Rundliche Körner sehr selten.	2	4—6	10	selten sichtbar	nicht sichtbar

Stärkeart	Formen	Größe der Körner in μ			Kern oder Kernspalten	Schicht
		kleinste	mittlere	größte		
Buchweizen	Einfache Körner im Hornendosperm polyedrisch-gerundet, im Mehlendosperm rundlich. Leiter: stäbchenförmige, oft gebogene, zusammengesetzte Körner, zuweilen ohne Trennungslinien	—	6—12	15	Kern häufig sichtbar	nich sichtl
Panicum und Setaria	Nur einfache Körner, scharfkantig krystallartig od. kugelig. Übergangsformen	—	4—12	18	Kern meist deutlich	nich sichtl
Sorghum	Hornendospermkörner scharfkantig	—	15—20	—	meist deutlich, Spalte oft strahlig	nich sichtl
	Mehlendospermkörner rundlich, Übergangsformen	—	15—30	35		
Leguminosen	Bohnen-, nierenförmig, gerundet-mehrseitig, wulstig, buchtig, oval, rund, vielfach Risse und Spalten	3	20—50	70	meist längliche Spalte, oft stark verzweigt	deutli
Kastanie	Einfache Körner gerundet-mehrseitig, birnförmig, unregelmäßig. Zwillinge und Drillinge. Leiter: Körner mit warziger Oberfläche	1,5	15—25	30	exzentrisch, Spalte einfach oder mehrstrahlig	undeu
Taumellolch	Ähnlich wie Hafer	—	2—5	8	nicht sichtbar	nich sichtl
Kornrade	Stärkekörper, mit sehr vielen und kleinen Teilkörnern	—	—	—	—	—
Trespe	Elliptisch, nierenförmig usw., vorgezogene Spitze nicht selten	—	5—9	—	strichförmige Spalte häufig	nich sichtl
Eichel	Bohnen-, nieren-, länglich eiförmig usw.	3	15—20	25	meist deutl., auch weite Kernhöhle	oft de lich
Roßkastanie	Birn-, eiförmig, gerundet-mehrseitig, rundlich. Zwillinge und Drillinge	6	15—25	30	zentral oder exzentrisch, auch Spalten	mei undeu
Kartoffel	Einfache Körner unregelmäßig, mehrseitig gerundet, beil-, keil-, muschelförmig, eirund usw. Zwillinge und Drillinge, halbzusammenges. Körner	2	45—65	110	exzentrisch, Spalte selten	sehr de teilwe kräft hervo
Canna	Sackartig, beutelförmig, oval usw. Halbzusammengesetzte Körner	18	60—95	130	exzentrisch, Spalte fehlt	deutli oft g
Maranta	Rundlich, oval, keulen-, birn-, spindelförmig, gerundet-mehrseitig	5	25—40	75	meist exzentrisch, Spalt gebogen oder strahlig	deutli abe zar
Alocasia	Zusammengesetzte Körner, mit pauken-, tonnenförmigen Teilkörnern	—	5—40	—	zentral, Spalte oft strahlig	nich sichtl
	Einfache rundliche	—	9—40	45		
	Füllstärke kantig-gerundet	—	2—10	—		

Stärkeart	Formen	Größe der Körner in μ			Kern oder Kernspalten	Schichtung
		kleinste	mittlere	größte		
Curcuma	Flach-scheibenförmig, sackartig, mit Vorsprung	15	35—60	85	exzentrisch	zart
Manihot	Zusammengesetzt, Zwillinge, selten Drillinge, Teilkörner paukenähnlich, oft verschieden groß	4	15—20	35	zentral, Spalt oft sternförm.	undeutlich
Dioscorea	Eiförmig, elliptisch, oft gekrümmt	10	30—50	80	exzentrisch, Spalte selten	deutlich
Arum	Zusammengesetzte Körner, Teilkörner gerundet-kantig; einfache rundliche Körner	3	7—15	21	zentral, Spalte vorhanden, oft strahlig	nicht sichtbar
Batate	Zusammengesetzt, Zwillinge und Drillinge, Teilkörner konisch, kegel-, glockenförmig, Stoßflächen oft gewölbt	3	25—35	55	exzentrisch, Spalte 2- bis mehrstrahlig	häufig sichtbar
Tacca	Unregelmäßig, rundlich-eiförmig, keulen-, schinkenförmig, halbzusammengesetzte Körner	15	38—50	85	meist exzentrisch, Spalte oft mehrstr.	deutlich
Conophallus	Einfache rundliche und zusammengesetzte Körner	—	2—9	—	—	—
Banane	Ei-, flaschen-, keulen-, wurst-, sackförmig, auch gebogen. Zusammengesetzte sichelartige Körner	4—12	20—40	100	exzentrisch, Spalte selten	deutlich
Artocarpus	Zusammengesetzte Körner, oval, unregelmäßig, Teilkörner kantig-gerundet	—	2—13	—	nicht sichtbar	nicht sichtbar
Inocarpus	Einfache rundliche	—	9—27	—	zentral, Spalte oft mehrstrahlig	nicht sichtbar
	Zusammengesetzte (Zwillinge u. Drillinge, selten höher), Teilkörner halbkugelig, pauken-, glockenförmig	—	6—27	—		
	Füllstärke	—	2—9	—		
Caryot	Gestreckt, walzen-, birn-, keulenförmig, schief-dreiseitig, unregelmäßig. Elliptisch, rundlich	8	—	140	exzentrisch, Spalte einfach oder strahlig, starke Kernhöhle nicht selten	deutlich
Metroxylon	Zusammengesetzt aus großem Hauptkorn, oft mit astartigen Ausstülpungen, und kleinen Nebenkörnern. Hauptkorn elliptisch, zuckerhut-, glockenförmig	30	50—70	80	exzentrisch, Spalt oft mehrstrahlig	häufig
	Nebenkörner schüssel-, paukenförmig	—	10—20	—		
	Einfache runde oder ovale	—	50—65	—		

Zu Tafel I.

1. **Weizenstärke** (Triticum vulgare). Dieselbe besteht aus zwei ziemlich scharf geschiedenen Formen. Großkörner: linsenförmig, sie erscheinen daher in der Flächenansicht rundlich, häufig etwas oval, meist mit schwach geschweifter Umrißlinie, also selten ganz kreisrund, auf der Kante liegend länglich-oval. Der Kern ist zentral, tritt aber meist nicht deutlich hervor, auch zentrale Schichtung ist selten deutlich sichtbar. Kernspalt in der Flächenansicht nur ausnahmsweise zu sehen und dann verschieden gestaltet, in der Seitenansicht zeigt er sich in der Regel als dunkle Längsspalte (nicht zu verwechseln mit dem nach oben l'egenden, zuweilen als scharfe Linie sichtbaren Rande). Durchmesser der Großkörner 30 bis 40 μ (selten bis 45 μ). Kleinkörner: einfach kugelig oder eiförmig, auch spitzeiförmig, spindelförmig, oder abgerundet-eckig, polyedrisch, letztere die Teilkörner von zusammengesetzten Körnern, welche als solche nur selten zu beobachten sind, da sie leicht zerfallen. Durchmesser der Kleinkörner 2—9 μ, gewöhnlich 6 μ. Zwischenformen kommen nur in geringerer Menge vor. — Fig. 31 bei *a* Stärkekörner aus gekeimtem Weizen. — Die Stärkekörner des Spelzweizens sind denen des Weizens ähnlich, die Großkörner aber durchschnittlich kleiner (20—30 μ). Häufig vertreten ist eine gerundet vierseitige Form. Konzentrische Schichtung und strahlige Kernhöhle häufiger als beim Weizen.

2. **Roggenstärke** (Secale cereale). Die Form ist der Weizenstärke ähnlich, doch zeigen die Großkörner unregelmäßigeren Umriß, neben der rundlichen Hauptform seltener wulstige, bucklige, bohnenartige, auch einseitig verdickte Nebenformen. Konzentrische Schichtung häufiger als bei Weizen sichtbar, desgleichen eine 3- oder mehrstrahlige Kernspalte. Letztere ist ein besonderes Merkmal der Roggenstärke, jedoch nicht so durchgreifend, daß sich Roggen- und Weizenstärke auf Grund desselben mit Sicherheit unterscheiden lassen, da auch Großkörner der Weizenstärke eine solche Kernspalte zeigen können, andererseits in manchen Roggensorten Großkörner mit deutlicher Kernspalte fast gar nicht vorkommen. Durchmesser der Großkörner 25—35 μ, ziemlich häufig 45—50 μ, selten bis 60 μ. Kleinkörner: fast immer rundlich, oder gerundet-eckig, oder unregelmäßig, zusammengesetzte Körner selten; Größe 3—10 μ. Auch zusammengesetzte Großkörner kommen vor, sind aber meist in die beiden Teilkörner zerfallen, an letzteren die Stoßflächen noch erkennbar. Zwischenformen zwischen Groß- und Kleinkörnern verhältnismäßig zahlreich. Fig. 32 bei *a* Stärke aus gekeimtem Roggen. Über die Quellung von Weizen- und Roggenstärke bei 62,5° vgl. S. 557.

3. **Gerstenstärke** (Hordeum distichum). In der Form unterscheidet sie sich kaum von Weizen- und Roggenstärke. Großkörner: rundlich, aber selten kreisrund, oft knollen-, bohnen- oder nierenförmig, unregelmäßig. Konzentrische Schichtung tritt an vielen Körnern deutlich hervor, häufig auch ein meist länglicher, seltener strahliger Spalt oder punktförmiger Kern. Durchmesser der Großkörner gewöhnlich 15—30 μ, meist um 25 μ, seltener 35—42 μ. Kleinkörner: zahlreich, meist rund, selten eckig und zusammengesetzt; Größe derselben, wie bei Weizen und Roggen, 2—10 μ. Mittelformen sind spärlich vorhanden.

4. **Haferstärke** (Avena sativa). Dieselbe besteht aus 2 Formen, der aus einzelnen Körnern gebildeten Füllstärke und den in diese eingelagerten zusammengesetzten Körnern. Füllstärke: rundliche, sowie eckige oder unregelmäßige Formen, dazwischen ziemlich zahlreich als Leiter typische spindelförmige, gerade oder gekrümmte, auch zitronen- oder keulenförmige Körner (Zwillinge, bei denen die Trennungslinie oft nur undeutlich hervortritt). Größe der Füllstärkekörner, von ganz kleinen (2—4 μ) abgesehen, 5—15, oder bei den länglichen Formen 15—28 μ. Die zusammengesetzten Körner bestehen aus 60—100, ja bis 200 Teilkörnern, in welche sie leicht zerfallen. Form der ersteren oval oder rundlich, auch wohl gestreckt oder sonst unregelmäßig, Form der Teilkörner entweder unregelmäßig scharfkantig-eckig, wenn sie aus dem Innern der zusammengesetzten Körner, oder an einer Seite abgerundet, wenn sie vom Rande stammen. Größe 5—8 μ, teilweise bis 12 μ; Schichtung, Spalt oder Kernhöhle nicht sichtbar.

Stärke, Vergr. 1 : 300 (Nach A. Scholl).

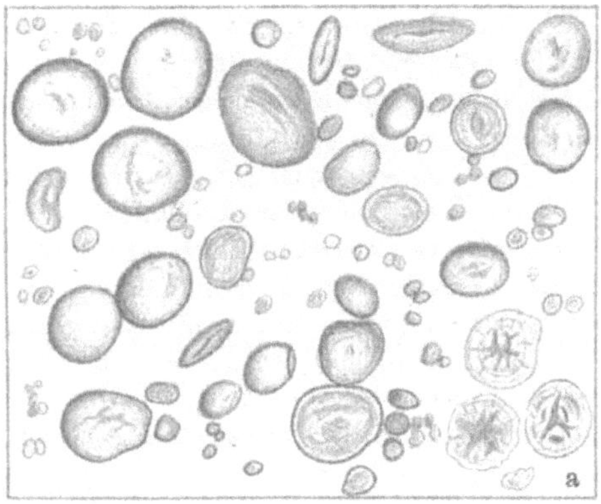

Fig. 31. Weizen (Triticum vulgare).

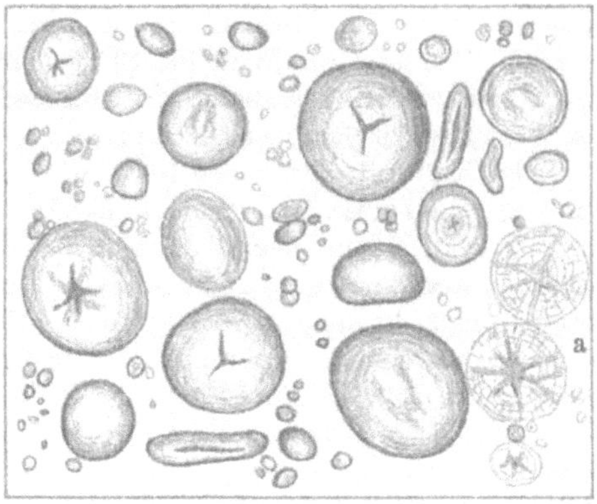

Fig. 32. Roggen (Secale cereale).

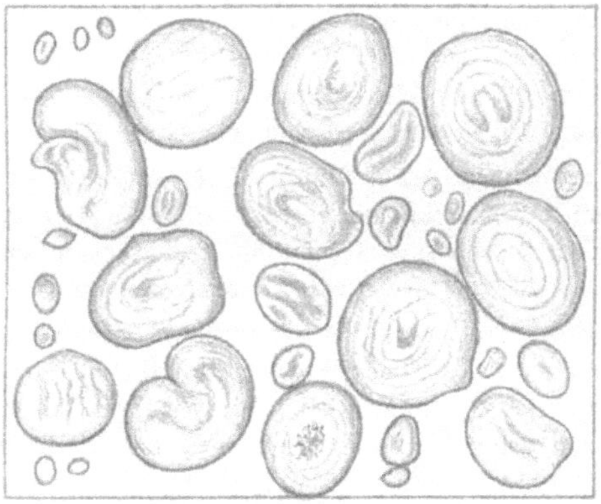

Fig. 33. Weizenstärke, auf 62,5° erhitzt.

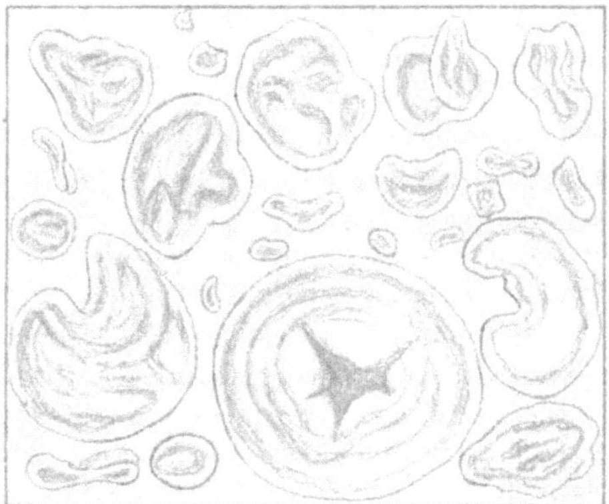

Fig. 34. Roggenstärke, auf 62,5° erhitzt.

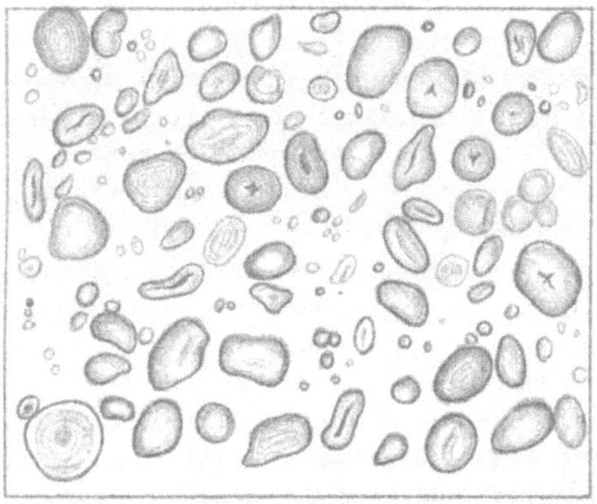

Fig. 35. Gerste (Hordeum distichum).

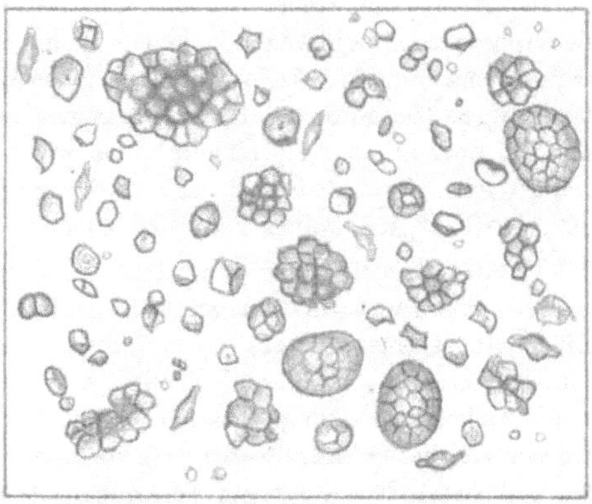

Fig. 36. Hafer (Avena sativa).

Zu Tafel II.

5. Maisstärke (Zea Mais). Das Endosperm des Mais besteht aus einer äußeren dunkler gefärbten hornartigen Schicht (Hornendosperm) und einem lockeren weißen Kern (Mehlendosperm). Hornendosperm: die Stärkekörner sind infolge der dichten Füllung der Zellen mehr oder weniger scharfkantig, isodiametrisch, mit fast ebenen Grenzflächen. Schichtung ist nicht zu erkennen, dagegen meist ein zentraler Kern oder eine strichförmige, auch mehrstrahlige Kernspalte oder eine Kernhöhle. An einzelnen Körnern auch zarte radiale Risse. Im vorsichtig hergestellten Präparat häufig die Körner noch klumpenweise zusammenhängend, bei starkem Reiben werden die Körner leicht zerdrückt, zersplittert. Mehlendospermkörner: abgerundete, auch kugelige oder gestreckte, unregelmäßige Formen. Meist ist ein ausgedehnter, oft zackiger Spalt zu sehen. Mehl- und Hornendosperm sind nicht scharf gegeneinander abgegrenzt, daher in der schmalen Übergangszone auch Übergänge zwischen den Formen der Stärkekörner. (Über die Größe der Stärkekörner vgl. S. 539.)

Nach T. F. Hanausek ist die Form der Mehlendospermkörner bei verschiedenen Maisarten verschieden. Nebenform: zusammengesetzte Körner (Zwillinge, seltener Drillinge und höher zusammengesetzte). Pferdezahnmais: Runde oder breiteiförmige, glatte Großkörner vorwiegend, zusammengesetzte Körner selten. — Perl- oder Büschelmais: gerundet-kantige, unregelmäßige Großkörner mit gebuckelter Oberfläche vorwiegend; zusammengesetzte Körner selten, darunter Zwillinge mit verschieden großen Teilkörnern. — Horn-, Schnabel-, Spitzkornmais: Großkörner rund, eiförmig, elliptisch oder unregelmäßig, mitunter gebuckelt. Zwillinge reichlich, lang, auch gebogen, zuweilen an den Stoßflächen erweitert. Fig. 38 (nach T. F. Hanausek) Körner des Mehlendosperms. I. vom kleinen gelben Perlmais, II. vom schmalen roten, III. vom breiten gelben Hornmais, IV. vom ungarischen gemeinen Mais.

6. Reisstärke (Oryza sativa). Wie beim Hafer zwei Arten Stärke; Füllstärke und zusammengesetzte Körner. Die Form beider Arten ist scharfkantig polygonal, 3- bis 6eckig, krystallartig, meist isodiametrisch, oft spitzwinklig, selten rund. Kernhöhle und Kern selten sichtbar. Handelsstärke enthält zusammengesetzte Körner meist nicht mehr.

7. Buchweizenstärke (Polygonum fagopyrum). Horn- und Mehlendosperm vorhanden. Die Körner des ersteren polyedrisch, meist gerundet, die des Mehlendosperms rundlich. Kennzeichnend stäbchenförmige, oft verdrehte Aggregate aus 2 oder mehr Körnchen, zwischen denen Trennungslinien oft nicht sichtbar sind. Nach Behandlung mit verdünnter kalter Lauge bleibt in den Endospermzellen ein Netz aus homogenen, nicht geperlten Fäden übrig. Zusammengesetzte runde Körner wie bei Hafer und Reis fehlen.

8. Hirsestärke. Die Stärke der Hirsearten ist verschieden, bei allen findet sich ein Horn- und Mehlendosperm. Bei der Rispen- und Kolbenhirse (Panicum- und Setariaarten) überwiegt ersteres, daher die meisten Stärkekörner scharfkantig-eckig, krystallartig, oft in Klumpen zusammenhängend, jedoch keine zusammengesetzten Körner. Körner des Mehlendosperms kugelig oder rundlich, dazwischen auch Übergänge. Kern meist deutlich. — Mohrhirse (Sorghumarten): Stärkekörner in der Form denen der Kolben- und Rispenhirse ähnlich, aber erheblich größer (ähnlich wie bei Mais). Spalt meist deutlich. — Für alle Hirsearten kennzeichnend ist, daß bei Behandlung der Endospermzellen mit kalter Lauge ein Eiweißnetz sichtbar wird, welches im Gegensatz zu Buchweizen geperlt ist.

Unterscheidungsmerkmale. Hafer: eiförmig zusammengesetzte Körner, spindelförmige Körner, runde und rundlich-eckige Einzelkörner, Kern meist nicht sichtbar. — Reisstärke: eiförmig zusammengesetzte Körner, runde Einzelkörner fehlen, Kern nicht sichtbar. — Mais: zusammengesetzte Körner als Zwillinge und Drillinge, eiförmige fehlen; Einzelkörner kantig, runde und unregelmäßige Formen häufig, Kern deutlich. — Buchweizen: zusammengesetzte Körner von besonderer (Stäbchen-) Form, eiförmige fehlen. Einzelkörner rundlich und eckig, Kern oft sichtbar. — Hirse: zusammengesetzte Körner fehlen, eckige, runde und gerundete Formen, Kern deutlich. Geperltes Eiweißnetz in den Endospermzellen.

Stärke, Vergr. 1 : 300 (Nach A. Scholl).

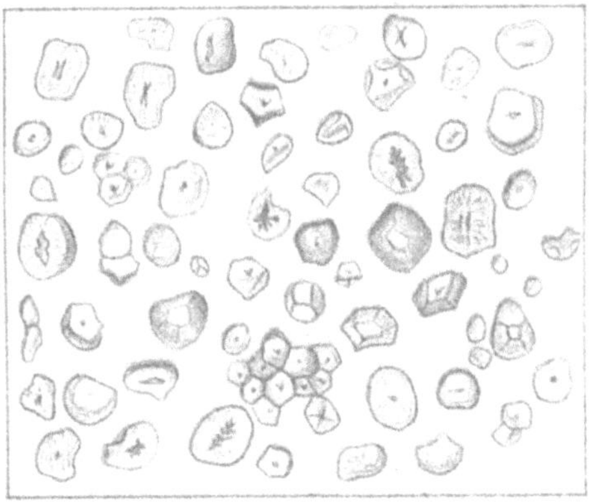

Fig. 37. Mais (Zea Mais).

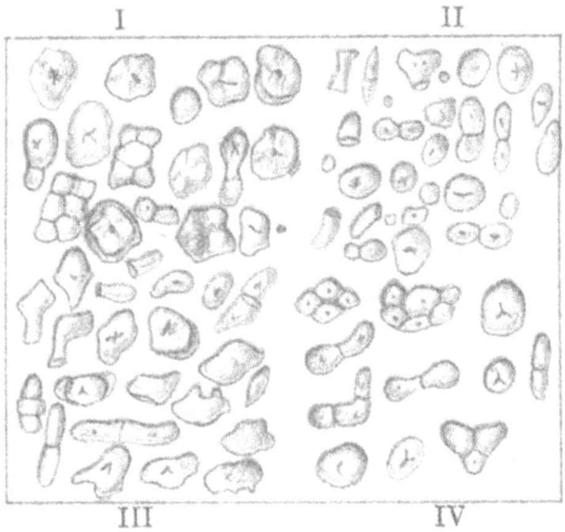

Fig. 38. Mais, Mehlendosperm.

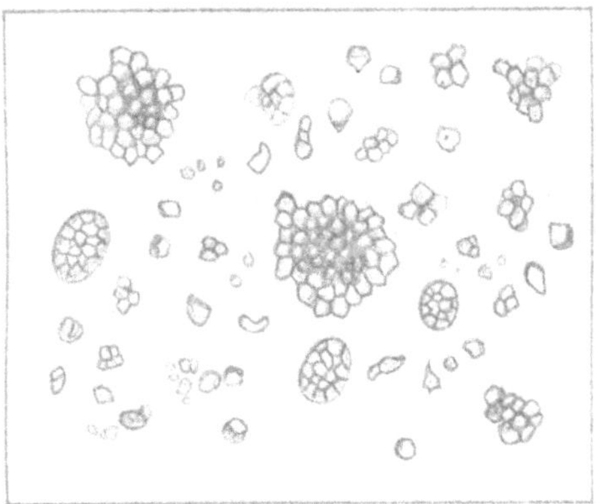

Fig. 39. Reis (Oryza sativa).

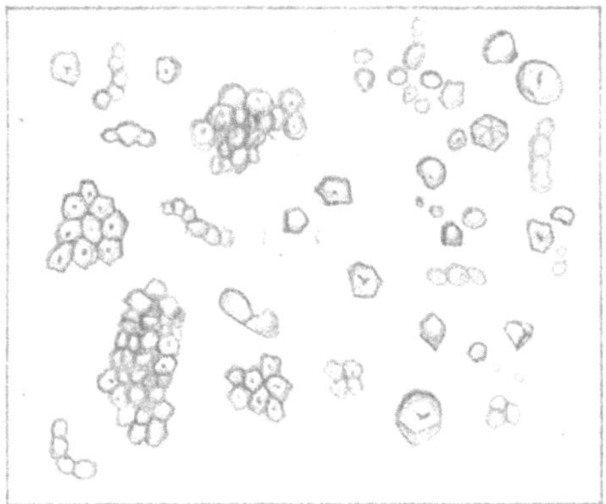

Fig. 40. Buchweizen (Polygonum fagopyrum).

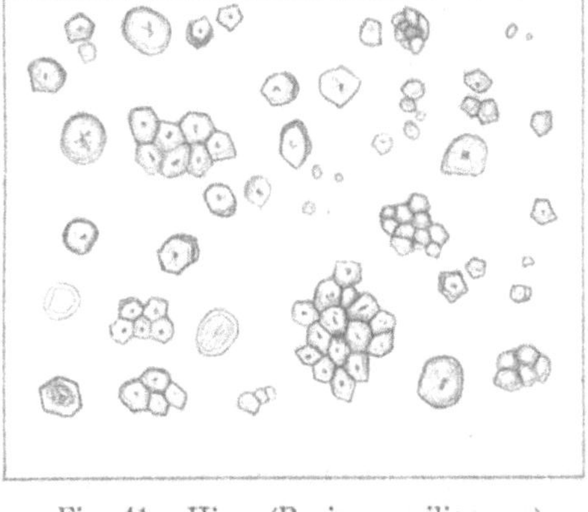

Fig. 41. Hirse (Panicum miliaceum).

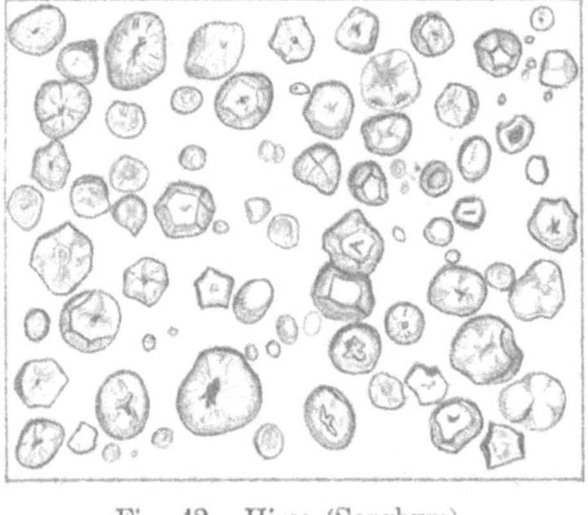

Fig. 42. Hirse (Sorghum).

Zu Tafel III.

Leguminosenstärke. Die Stärke der Hülsenfrüchte ist zwar als solche leicht zu erkennen, aber die genaue Unterscheidung der einzelnen Arten ist schwieriger als bei der Getreidestärke. Die Stärkekörner der Hülsenfrüchte sind einfach, in der Regel von bohnen-, nierenförmiger, ovaler oder auch runder Gestalt. Fast alle besitzen eine große, meist längliche, oft stark zerklüftete Kernspalte, welche allerdings häufig nur bei bestimmter Lage des Kornes zu sehen ist und durch Drehung desselben sichtbar gemacht werden kann. Die Schichtung ist deutlich sichtbar, viele Körner zeigen auch Risse, welche dem ganzen Korn ein stark zerklüftetes Aussehen verleihen können.

9. Bohnenstärke (Phaseolus vulgaris). Körner von verschiedener Gestalt und Größe, bohnenförmig, langgestreckt oder elliptisch. Als Nebenform finden sich runde oder rundlich-eiförmige, ferner dreieckig-gerundete oder ausgebuchtete Körner. Länge der großen Körner 20—40 μ, einzeln auch bis 57 μ. Kleine Körner bis herunter zu 8 μ. Der Querdurchmesser beträgt meist 8—30 μ. Kernhöhle stark ausgeprägt, lang, spaltenförmig, rissig.

10. Bohnenstärke (Faba vulgaris oder Vicia faba, Buff-, Pferde- oder Saubohne). Die Stärkeformen der verschiedenen Sorten sind erheblich verschieden. Bei Vicia faba major (Fig. 44 links) ist die Gestalt fast durchweg bohnenförmig, elliptisch, eiförmig, rundlich, also von ziemlich regelmäßigem Aussehen, wulstige Formen nur vereinzelt. Längendurchmesser gewöhnlich 25—35 μ, seltener bis 45 μ, aber auch kleinere Körner von 10—20 μ. Kernspalte deutlich, aber in der Regel nicht stark zerklüftet. Bei Vicia faba minor nähert sich die Form mehr dem Typus der Erbsenstärke, also viele buchtige, geschweifte Körner. Längsdurchmesser meist 40 bis 50 μ, auch bis 65 μ, daneben ganz kleine runde Körner von 3—8 μ. Kernspalte häufiger verzweigt als bei Vicia faba major.

11. Erbsenstärke (Pisum sativum). Neben bohnen-, nieren-, herzförmigen, auch regelmäßig-elliptischen und rundlichen Formen kommen in größerer Anzahl unregelmäßig buckelige, höckerige, wulstige, buchtige Körner vor. Die Kernspalte ist bei den verschiedenen Arten verschieden stark ausgeprägt, manchmal fehlt sie bei bestimmter Lage der Körner oder erscheint nur undeutlich, nicht selten finden sich Querspalten und Risse. Die Schichtung ist in einzelnen Fällen nicht deutlich erkennbar. Längsdurchmesser vorwiegend 25—45 μ, einzelne größer, auch kleinere rundliche Körner von 5—10 μ.

12. Kichererbsenstärke (Cicer arietinum). In der Form nähert sich die Cicerstärke der Phaseolusstärke. Vorwiegend vierseitig-gerundete, ovale, bohnen-, nierenförmige, daneben auch rundliche und vereinzelt gebuchtete Körner. Ein Längsspalt ist in der Regel deutlich sichtbar, aber meist nicht verzweigt. Längendurchmesser der Körner meist 25—35 μ, vereinzelt bis 47 μ, auch kleinere Körner mit (10) 15—20 (25) μ. Breitendurchmesser gewöhnlich 15—20 (30) μ.

13. Platterbsenstärke (Lathyrus sativus). Fig. 47 zeigt Stärkekörner von 2 Arten der Platterbse, links einer indischen und rechts der römischen Platterbse. Die Form ähnelt im allgemeinen der Erbsenstärke, neben rundlichen und ovalen Körnern mit ziemlich regelmäßigem Aussehen finden sich zahlreich wulstige, buchtige, stark zerklüftete Formen. Eine Kernspalte ist häufig nicht sichtbar. Die Größe der Körner ist äußerst verschieden, die größten haben einen Längendurchmesser bis zu 55 μ (nach Tschirch sogar 70 μ), die mittleren 15—30 μ, die kleinsten 5—10 μ.

14. Dolichosstärke (Dolichos sinensis und Dolichos Lablab oder Lablab vulgaris). Die Stärkekörner der Kotyledonen dieser beiden Dolichosarten ähneln einander in der Form und zeigen den Typus der Bohnenstärke. Die Körner sind vorwiegend bohnen-, nierenförmig, oval oder rundlich, auch abgerundet-dreiseitig, doch finden sich auch als Nebenform wulstige Körner vom Aussehen der Erbsenstärke. Eine Kernspalte ist im allgemeinen sichtbar, meist unverzweigt. Die Länge der Körner beträgt bei Dolichos sinensis 6—30 μ, bei Dolichos Lablab kommen auch größere bis zu 40 μ Durchmesser vor.

Stärke, Vergr. 1:300 (Nach A. Scholl).

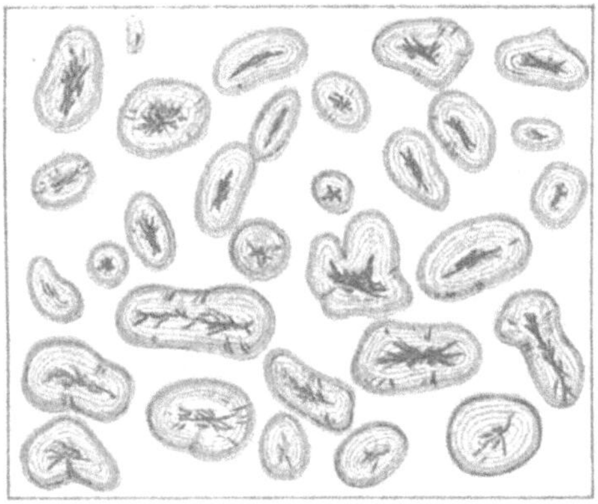

Fig. 43. Bohne (Phaseolus vulgaris).

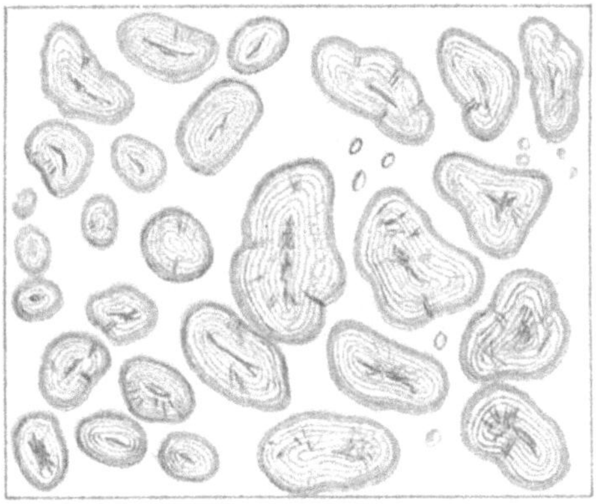

Fig. 44. Bohne (Vicia faba)
major minor

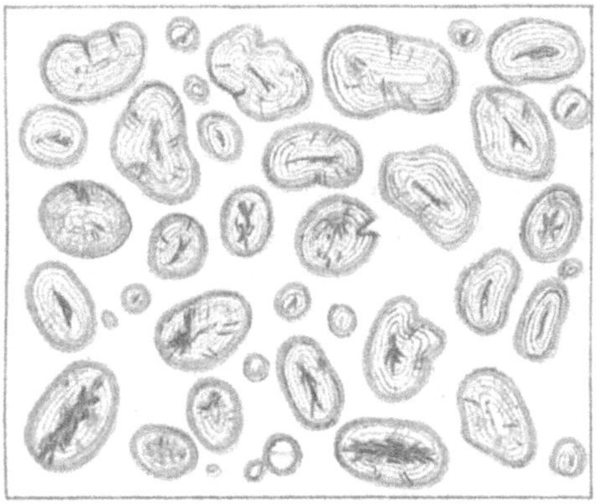

Fig. 45. Erbse (Pisum sativum).

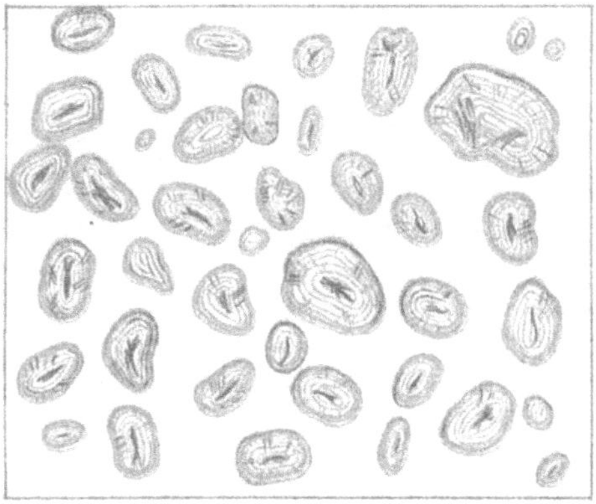

Fig. 46. Kichererbse (Cicer arietinum).

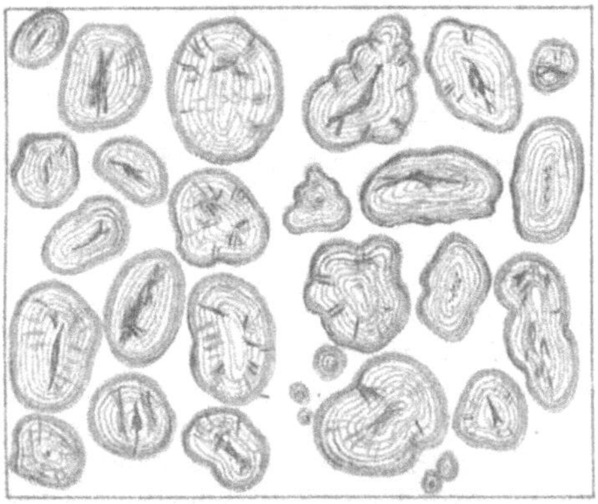

Fig. 47. Platterbse (Lathyrus)
indisch römisch

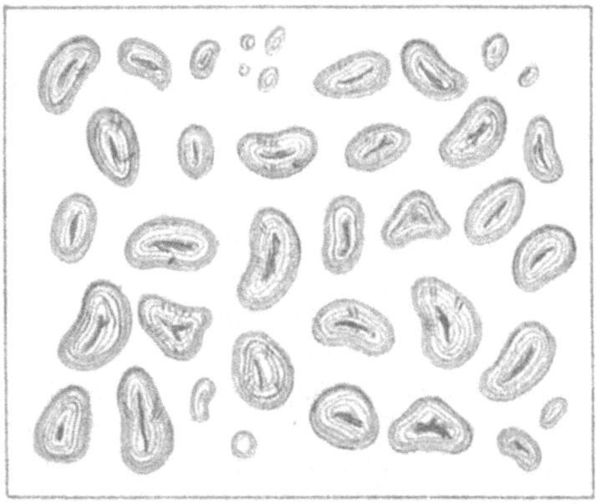

Fig. 48. Dolichos Lablab.

Zu Tafel IV.

15. **Linsenstärke** (Ervum Lens). Die Form der Linsenstärke steht zwischen der der Erbsen- und Bohnenstärke, nähert sich aber mehr der ersteren. Es finden sich neben rundlichen, bohnenförmigen Körnern zahlreiche wulstige Körner. Die Schichtung ist deutlich sichtbar, ebenso ist häufig, jedoch nicht in allen Fällen eine Kernspalte, meist verzweigt, zu sehen. Die Länge der Körner beträgt bei den größten bis zu 45 und 50 μ, in der Regel 30—40 μ, es finden sich auch erheblich kleinere Körner bis zu 3 μ herunter.

16. **Wickenstärke** (Vicia sativa). Die Stärkekörner der Wicke nähern sich in der Form mehr dem Typus der Bohnenstärke als der Erbsenstärke, doch sind die Formen weniger gleichmäßig als bei Phaseolus. Die Körner sind teils gestreckt-oval, bohnenförmig, teils gerundet drei- und vierseitig, herzförmig, auch geschweift oder rundlich. Ein Längsspalt ist meist, jedoch nicht immer deutlich sichtbar, oft stark verzweigt, viele Körner zeigen zahlreiche Risse. Die Schichtung ist in der Regel deutlich zu sehen. Der größte Durchmesser der Körner beträgt meist 25—40 μ, es finden sich auch größere bis zu 56 μ, sowie kleine von nur 2—10 μ Durchmesser.

17. **Kastanienstärke** (Castanea vesca). Dieselbe besteht vorwiegend aus einfachen Körnern, daneben finden sich auch Zwillinge und Drillinge, mit gleich- oder ungleichgroßen Teilkörnern. Die einfachen Körner zeigen sehr verschiedene Gestalt, in der Fläche sind die größten und großen Körner überwiegend gerundet — drei- oder vierseitig, häufig an einer oder mehreren Seiten eingezogen oder gebuchtet, auch runde, ei-, nieren-, herz-, halbmond-, birn- oder keulenförmige und höckerige Körner sind vorhanden. Typisch ist das Vorkommen einzelner Körner mit warziger oder buckeliger Oberfläche. Die größeren Körner zeigen manchmal einen, zuweilen auch mehrstrahligen, Kernspalt, einige auch einen rundlichen, exzentrischen Kern und undeutliche Schichtung. Der Längendurchmesser beträgt gewöhnlich 15—25 μ, selten bis 30 μ, bei den kleinsten Körnern 1,5—3 μ.

18. **Taumellolchstärke** (Lolium temulentum). Dieselbe gleicht sehr der Haferstärke sowohl in der Form wie in der Größe. In eine Grundmasse kleiner Füllstärkekörner sind zahlreiche rundliche oder ovale zusammengesetzte Körner eingelagert, deren Teilkörnerzahl von 2 bis zu zahlreichen schwankt und deren Längendurchmesser bis zu 65 μ beträgt. Die Teilkörner sowohl wie die Füllstärkekörner sind meist 2—5 μ, die größten 8 μ groß. Die bei Hafer vorkommenden spindelförmigen Körner fehlen.

19. **Kornradestärke** (Agrostemma Githago). Der Inhalt der Endospermzellen der Kornrade besteht aus spindel-, flaschen-, birn- oder keulenförmigen Stärkekörpern von 20—100 μ Länge, welche aus zahllosen winzigen Stärkekörnchen zusammengesetzt sind.

20. **Trespenstärke** (Bromus secalinus). Einfache, 5—9 μ lange, flachgedrückte Körner, welche von der Seite fast lineal mit linienförmigem Kern, in der Fläche elliptisch, seltener ei- oder nierenförmig, gerundet-, drei- oder vier- (seltener fünf- bis sechs-) seitig aussehen, auch eingebogene Seiten oder eine vorgezogene Spitze zeigen. Kern und Schichtung in der Flächenansicht meist nicht deutlich.

21. **Eichelstärke** (Quercus robur). Einfache Körner, in der Form an Leguminosenstärke erinnernd, gestreckt, länglich, eiförmig, häufig einseitig eingedrückt, bohnen- oder nierenförmig. Kern meist deutlich sichtbar, die größeren Körner mit gestreckter weiter Kernhöhle und Schichtung. Die Länge beträgt meist 15—20 μ, auch bis 25 μ, daneben kleine Körner von 3—15 μ. Tangentiale Spalten und Risse kommen vor.

22. **Roßkastanienstärke** (Aesculus hippocastanum). Die Gestalt dieser vorwiegend einfachen Körner ist meist birn- oder eiförmig, daneben auch gerundet, drei- bis fünfseitig und nierenförmig, ferner bei den kleinen Körnern auch oval oder rundlich. Ein Kern ist bei den meisten Körnern deutlich zu erkennen, er kann zentral und exzentrisch, rund und spaltenförmig, auch mehrstrahlig sein. Eine Schichtung ist meist nicht deutlich zu sehen, wo sie auftritt, ist sie exzentrisch. Vereinzelt kleine Zwillinge und Drillinge. Größe der typischen birnförmigen Körner 15—25 (30) μ, daneben kleinere von 6—15 μ und ganz kleine. Spalten und Risse zuweilen sichtbar.

Stärke, Vergr. 1 : 300 (Nach A. Scholl).

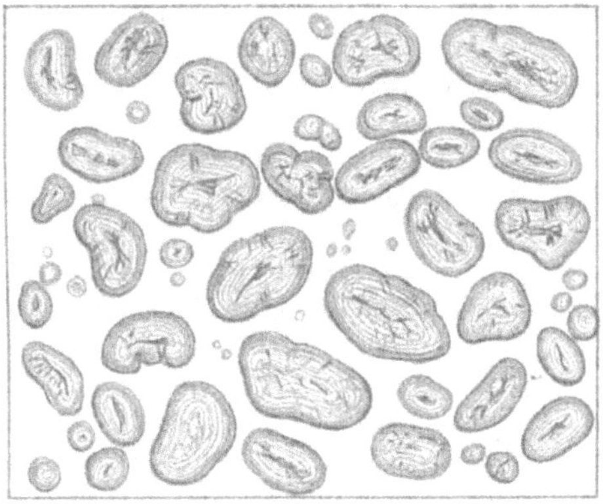

Fig. 49. Linse (Ervum Lens).

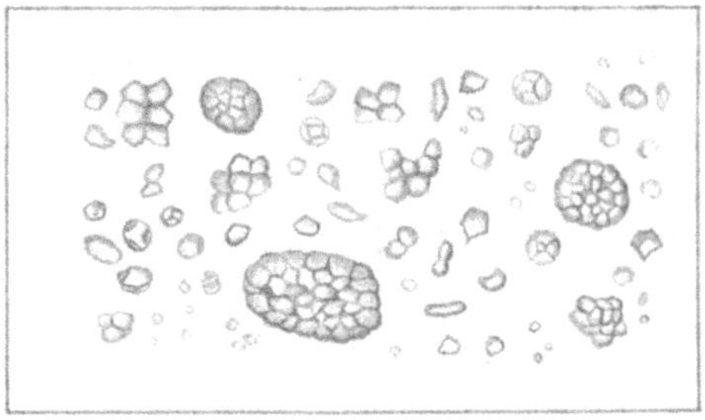

Fig. 52. Taumelloch (Lolium temulentum).

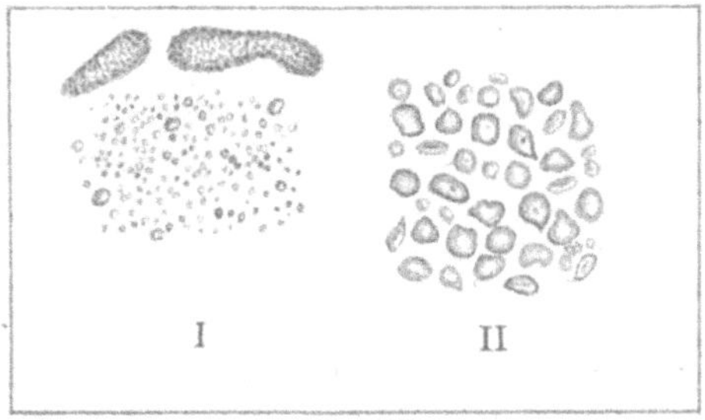

Fig. 53.

I Kornrade (Agrostemma Githago). II Trespe (Bromus secalinus).

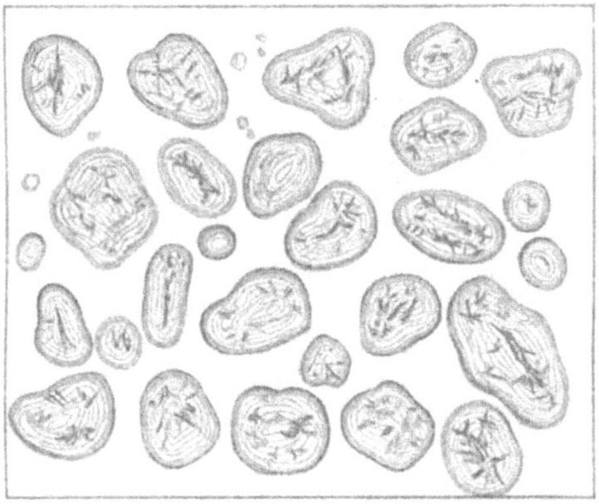

Fig. 50. Wicke (Vicia sativa).

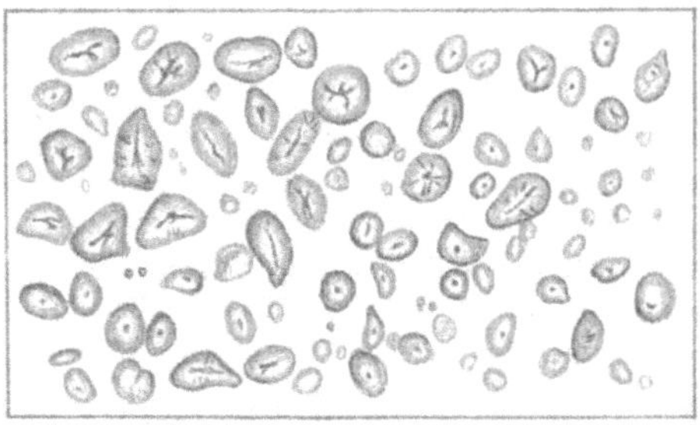

Fig. 54. Eiche (Quercus robur)

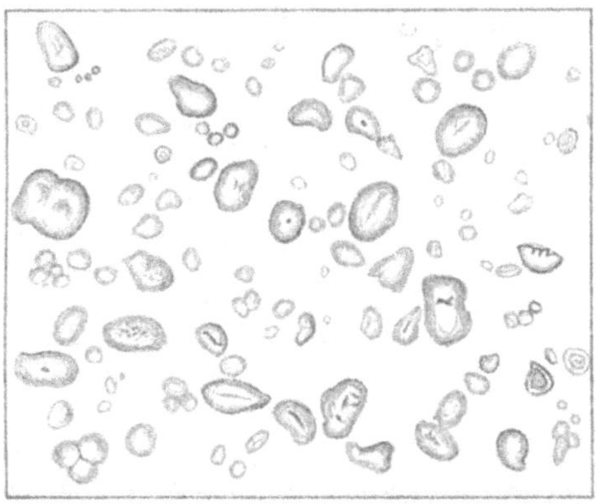

Fig. 51. Kastanie (Castanea vesca).

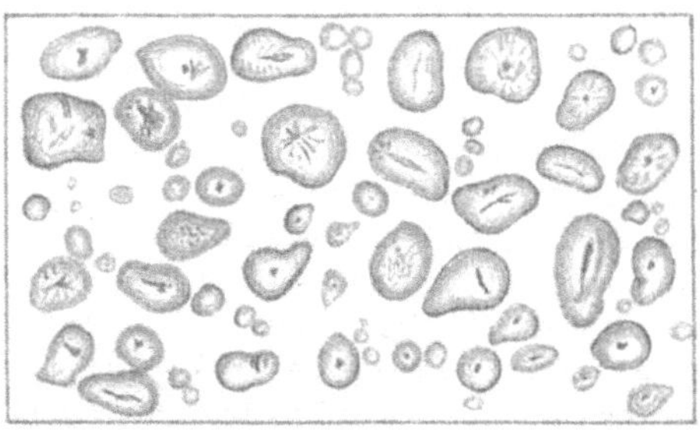

Fig. 55. Rosskastanie (Aesculus hippocastanum).

Zu Tafel V.

23. Kartoffelstärke (Solanum tuberosum). Die Stärkekörner der Kartoffel sind sehr charakteristisch. Typisch sind einfache große Körner mit sehr deutlicher Schichtung und exzentrischem Kern (Exzentrizität 1 : 3 bis 1 : 6). Der Kern liegt am schmaleren Ende, ein Spalt fehlt meist, wo er vorhanden ist, ist er in der Regel mehrstrahlig. Die Form der Körner ist unregelmäßig, drei- oder vierseitig-gerundet, muschelförmig, rhombisch, keil- oder beilförmig oder eirund, ellipsoidisch, bisweilen mit eingebogener oder ausgeschweifter Begrenzungslinie, nie zerklüftet. Daneben findet man kleine rundliche und mittelgroße, auch zu zwei oder drei zusammengesetzte Körner mit oft tiaraförmigen Teilkörnern und weniger deutlicher Schichtung. Die letztere ist bei den größeren Körnern so deutlich wie kaum bei einer anderen Stärkeart, besonders bemerkbar ist, daß neben zahlreichen sehr feinen Schichten stets einige kräftigere hervortreten. (Über die Größe vgl. S. 540).

Tropische Stärkearten, Arrowroot. (Vgl. auch S. 539).

24. Cannastärke (Queensland-, Neusüdwales-Arrowroot) aus den Rhizomen von Canna edulis. Die Form dieser Stärkekörner ist vorwiegend sackartig, und da sie dicklinsenförmig sind, so bieten sie in der Seitenansicht ein etwas abweichendes, nämlich breit-elliptisches, keulen- oder birnförmiges Aussehen. Die Flächenansicht ist schwach gestreckt, auch ei-, beutel-, herz-, nieren-, birnförmig, mehrseitig gerundet, rundlich, das schmalere Ende oft eingezogen oder ausgestülpt. Der Kern liegt stets exzentrisch, und zwar am schmaleren Ende, die Exzentrizität ist meist sehr stark (1 : 5—1 : 7). Die Schichtung ist bei Verwendung einer kleinen Blende in der Regel an allen Körnern gut wahrzunehmen, oft scharf und grob. Die Körner sind gewöhnlich einfach, nicht zusammengesetzt, doch führen einige einen doppelten Kern (halb zusammengesetzte Körner). Eine Kernspalte fehlt. (Über die Größe vgl. S. 540).

Als Queensland-Arrowroot kommt auch die Stärke von Zamiaarten in den Handel.

25. Marantastärke (westindisches, Jamaika-, Bermudas-, St.-Vincent-, Natal-Arrowroot) aus Rhizomen von Maranta arundinacea, M. indica, M. nobilis. Die Körner sind sehr verschieden gestaltet: rundlich, oval, ei- oder birnförmig, daneben finden sich gerundet-eckige, rhomboidische, spindel- und keulenartige Formen, einige sind seitlich ausgestülpt. Fast alle Körner zeigen einen deutlichen, exzentrisch oder seltener fast zentral gelegenen Spalt, welcher eine eigentümliche, gebogene, an einen schwebenden Vogel erinnernde Linie bildet; der Spalt kann auch mehrstrahlig sein. Die Schichtung ist bei den meisten Körnern deutlich, aber viel zarter als bei der Kartoffelstärke. (Über die Größe vgl. S. 540).

26. Alocasiastärke aus dem Rhizom von Alocasia macrorhiza (Familie der Araceae). Stärkekörner einfach und zusammengesetzt. Von den einfachen, rundlichen Körnern zeigen die großen eine zentrale, oft strahlige Kernspalte, die kleineren einen zentralen Kern. Die zusammengesetzten Körner meist Zwillinge und Drillinge. Teilkörner pauken-, tonnen-, luftballonförmig oft mit mehreren Stoßflächen. Kern oder Kernspalte stets vorhanden, letztere oft strahlig. Schichtung fehlt im allgemeinen, hin und wieder sind Quellungserscheinungen wahrzunehmen. Außer diesen Stärkearten ist noch Füllstärke von mehr oder minder scharfkantig-polyedrischer oder rundlicher Gestalt vorhanden. Größe der einfachen Körner 9—40 (45) μ, der Teilkörner 5—40 μ (in der Breite 5—30 μ), der Füllstärke 2—10 μ. (Nach E. Hess.)

27. Curcumastärke (ostindisches, Bombay, Malabar, Tellichery-Arrowroot, Tikmehl, Tikur, Travankora) aus Rhizomen von Curcuma angustifolia, C. leucorhiza, C. rubescens. Die stets einfachen Körner sind flach-scheibenförmig, daher in der Seitenansicht wurstartig. Die Flächenansicht zeigt spatel- oder eiförmige, elliptische, länglich recht- oder dreieckige, sackähnliche Formen. An der Schmalseite ein stumpfer Vorsprung oder Ansatz, in welchem der exzentrische Kern liegt. Um den Kern legt sich eine zarte Schichtung, welche nicht immer deutlich zu sehen ist. Spalten und Risse fehlen. Größe der typischen Körner: 35—60 μ lang, 25—35 μ breit, 7—8 μ dick. Vereinzelt Länge 65—70 (85) μ, Breite 45 μ, Dicke 10 μ. Die kleinen Körner messen 15—25 μ in der Länge und 15—20 μ in der Breite. Bei C. leucorhiza bisweilen sehr große Körner von 100, selbst 140 μ Länge.

Stärke, Vergr. 1 : 300 (Nach A. Scholl).

Fig. 56. Kartoffel (Solanum tuberosum)

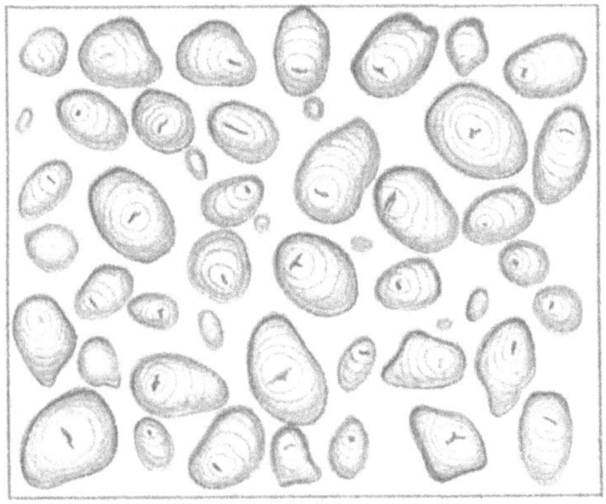

Fig. 58. Maranta arundinacea.

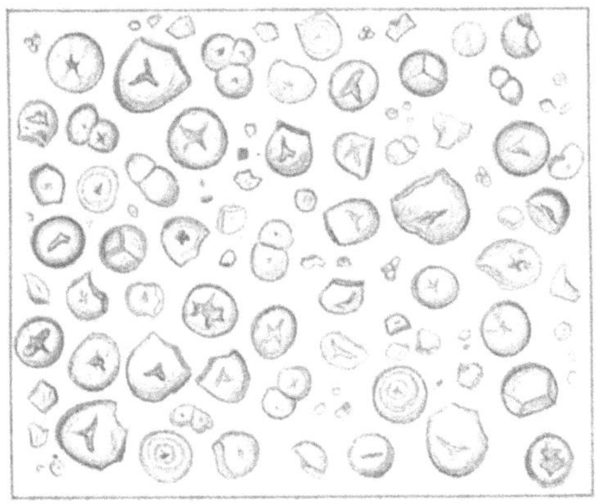

Fig. 59. Alocasia macrorhiza.

Fig. 57. Canna edulis.

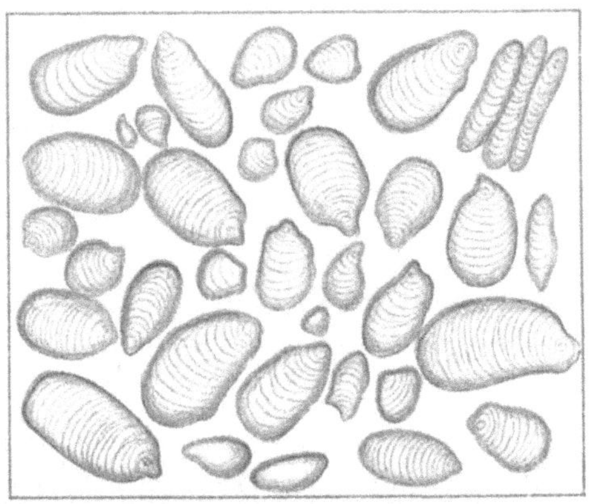

Fig. 60. Curcuma angustifolia.

Zu Tafel VI.

28. Manihotstärke (Maniokstärke, Brasilianisches Arrowroot, Mandioca, Cassava, Bahia-, Rio-, Para-Arrowroot, Tapiokastärke) aus den Wurzelknollen von Manihot utilissima, M. Aipi Pohl, M. Janipha, welche in allen Tropenländern angepflanzt werden. Der giftige Milchsaft der Knollen wird vor dem Vermahlen ausgepreßt. Das Mehl ist eines der wichtigsten Nahrungsmittel der Tropen (Cassavabrot). Die Stärkekörner sind zusammengesetzt, meist Zwillinge, seltener Drillinge, aber in der Handelsware in die Teilkörner zerfallen. Die Teilkörner sind gleich oder verschieden groß, von der Seite kesselpaukenähnlich, oder, wenn die Stoßfläche auf der abgekehrten Seite liegt, fast genau rund. Die meisten Körner besitzen einen zentralen, punkt- oder sternförmigen Kern. Schichtung meist undeutlich. Größe der Körner meist 15—20 μ, selten bis 35 μ, Kleinkörner 4—8—15 μ. — Aus dem Cassavamehl wird in den Tropen und in Frankreich die echte Tapioka, eine Sagoform, bereitet, indem man das feuchte Mehl durch Siebe preßt („körnt") und die Körner in flachen Schalen über freiem Feuer erhitzt (Fig. 72). Auch aus Kartoffel- und anderen Stärkemehlen wird „Tapioka" hergestellt.

29. Dioscoreastärke (Guyana-Arrowroot) aus den Wurzelknollen mehrerer Yam-Arten (Dioscorea alata und andere). Körner einfach, eiförmig, elliptisch, häufig etwas gekrümmt, im schmaleren Ende stark exzentrisch der Kern, selten Spalten. Schichtung deutlich. Größe der Körner 30—50, selten bis 80 μ, auch kleinere von 10—20 μ. — Tschirch beschreibt 2 Muster von Guyana-Arrowroot, welche sehr verschieden geformte Stärkekörner besaßen. Erste Sorte: kleine (15—19, selten 22—30 μ lange) Körner von unregelmäßiger, bald gestreckter, bald rundlicher Form, oft mit Längsspalt. Zweite Sorte: größere (30—42 μ lange) neben sehr vielen kleinen rundlichen oder eckigen Körnern (7,5—15 μ).

30. Arumstärke (Portland-Arrowroot) aus den Knollen von Arum maculatum, A. italicum, A. esculentum. Meist aus 2—8 Teilkörnern zusammengesetzt, aber in der Handelsware in diese zerfallen. Teilkörner außen abgerundet, zeigen gewöhnlich mehrere Stoßflächen. Größe der Körner meist 7—15 (21) μ. Außer den Teilkörnern einfache kleine rundliche Körner. Spalt bei fast allen Körnern vorhanden, zentral, oft mehrstrahlig.

31. Batatenstärke (Brasilianisches Arrowroot) aus den Knollen von Batatas edulis. Die Stärke ist regelmäßig zusammengesetzt, meist zu Zwillingen und Drillingen, selten aus mehr als 3 Teilkörnern (in der Handelsware fast ausnahmslos nur letztere). Die Stoßflächen sind vielfach gewölbt. Die Form der Körner ist sehr mannigfaltig, je nach der Anzahl der Teilkörner eines zusammengesetzten Kornes. Viele sind konisch, kegel-, glocken-, zuckerhutförmig, zuweilen haben die Teilkörner verschiedene Größe, die kleineren sind halbkugelig. Nach Tschirch kommen auch große kugelige Einzelkörner mit zentralem Spalt vor. Die meisten Körner zeigen einen exzentrischen rundlichen Kern oder zwei- bis mehrstrahligen Spalt. Schichtung ist häufig sichtbar, in der Regel exzentrisch. (Über die Größe vgl. S. 541.)

32. Taccastärke (Tahiti-, Williams-Arrowroot) aus den Knollen von Tacca pinnatifida. Die Körner zeigen ziemlich unregelmäßige Gestalt, die meisten sind rundlich-eiförmig, gerundet-rhombisch, gestreckt-elliptisch, schinken- oder keulenförmig, kleinere Körner auch oval. Kern rundlich oder mit mehrstrahligem Spalt, in der Regel exzentrisch, dem breiteren, oder schmaleren Ende genähert, seltener fast in der Mitte. Auch bei den kleinsten Körnern der Kern exzentrisch; bisweilen 2 Kerne. Schichtung bei fast allen Körnern schön zu sehen, sie ist verhältnismäßig grob, die Schichten sind breit. Größe der Körner 38—50, einige 60 bis 70 μ, die größten bis 85 μ, die kleineren Körner meist 15—25 μ.

33. Conophallusstärke aus den Knollen der in Japan vielfach angebauten Aracee Amorphophallus Rivieri. Das Stärkemehl heißt in Japan Koniyak. In den Parenchymzellen liegen zusammengesetzte Stärkekörner von unregelmäßig rundlicher, elliptischer oder eiförmiger Gestalt; sie sind 6,5—39 μ lang und 4,5—27 μ breit. Diese zusammengesetzten Körner zerfallen in meist sehr kleine polyedrische scharfkantige und abgerundete Teilkörner. Die Größe derselben beträgt 2—9 μ. Neben den zusammengesetzten Körnern finden sich zahlreiche Kleinkörner (Füllstärke) von rundlich polyedrischer, scharfkantiger Form. (Nach E. Hess.)

Stärke, Vergr. 1:300 (Nach A. Scholl).

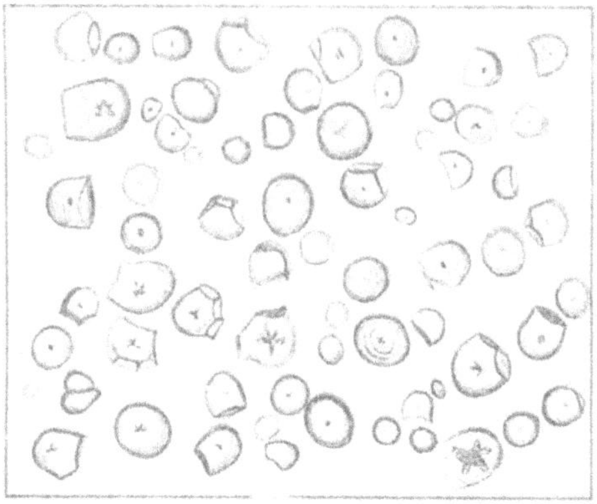

Fig. 61. Manihot utilissima.

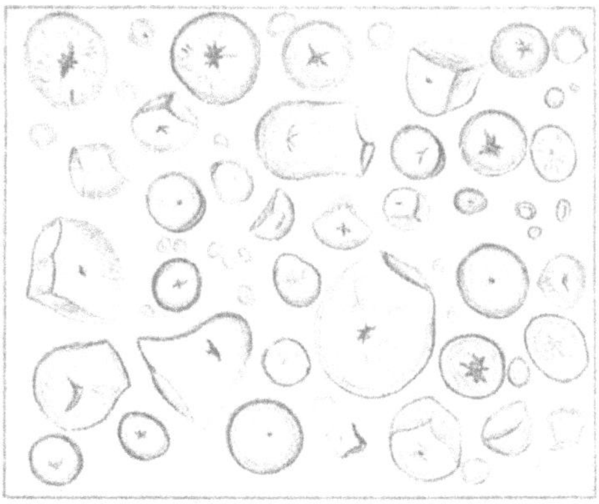

Fig. 64. Batatas edulis.

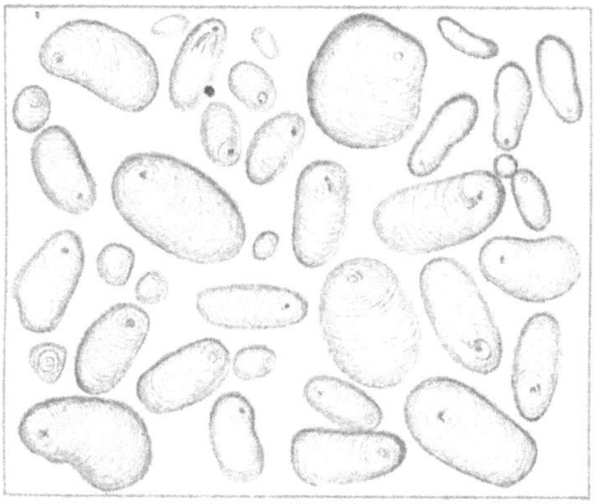

Fig. 62. Dioscorea alata.

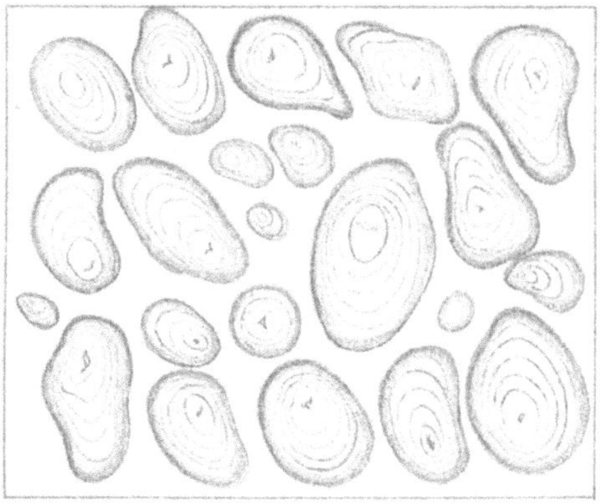

Fig. 65. Tacca pinnatifida.

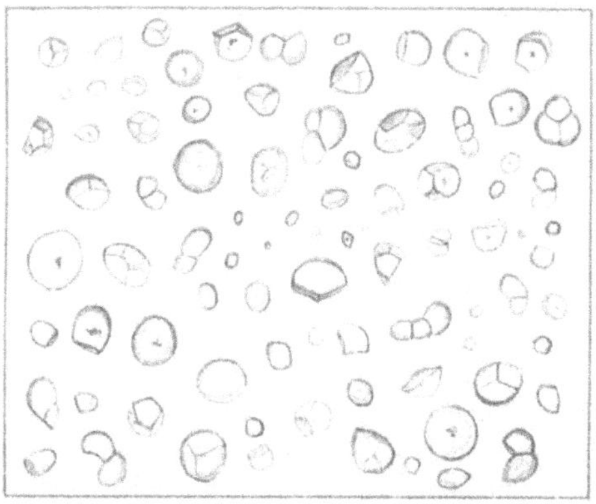

Fig. 63. Arum maculatum.

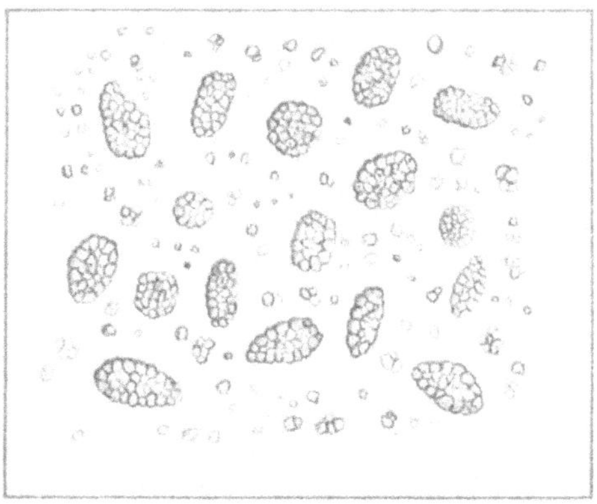

Fig. 66. Conophallus.

Zu Tafel VII.

34. **Bananenstärke**, kommt auch unter der Bezeichnung Guyana-Arrowroot in den Handel, aus den Früchten der Hauptobstfrucht der Tropen, der Banane, Paradiesfeige, Pisang (Musa paradisiaca). Das aus dem Fruchtfleisch gewonnene Mehl ist rein weiß und fein oder durch beigemischtes Fruchtfleisch rötlich gefärbt. Die Stärkekörner sind ei-, flaschen-, keulen-, wurst-, sackförmig, auch stark gebogen, sowie rundlich-viereckig, bisweilen mit Ausstülpung. Tschirch beschreibt auch zusammengesetzte Körner, welche aus zwei ziemlich gleichgroßen, meist gleichsinnig gebogenen Teilkörnern bestehen, so daß das Ganze einer Sichel ähnlich ist. Von der Seite betrachtet sehen die Körner wurstartig aus. Schichtung meist deutlich. Ein rundlicher, stark exzentrischer Kern liegt am breiteren oder schmaleren Ende, Spalten sind selten. Größe der Körner: bis 65 μ, bei einzelnen Arten bis 75 und 100 μ. (Vgl. auch S. 541.)

35. **Artocarpusstärke** aus dem Fruchtfleisch des Brotfruchtbaumes, Artocarpus incisa. Die Stärke besteht ausschließlich aus zusammengesetzten Körnern von unregelmäßig rundlicher, eiförmiger oder elliptischer Gestalt. Anzahl der Teilkörner 6—20. Größe der zusammengesetzten Körner 9—31,5 μ in der Länge, 4,5—22,5 μ in der Breite. Durchmesser der Teilkörner 2,5—13,5 μ. Die Form der letzteren ist je nach der Zusammensetzung des Großkornes abgerundet, polyedrisch, scharfkantig, zuweilen auch mit verbogenen Flächen. (Nach E. Hess.)

36. **Inocarpusstärke** (Mapé-Tahiti) aus den Samen („Ratta") von Inocarpus edulis (Leguminosae). Die Stärke besteht aus zusammengesetzten und einfachen rundlichen Körnern. Erstere sind meist Zwillinge, Drillinge, aber auch höher zusammengesetzt. Die Teilkörner sind halbkugelig, stumpfkegelig, pauken- bis glockenförmig. Kern und Schichtung fehlen, doch zeigen einzelne Teilkörner eine zarte Kernspalte. Größe der Teilkörner 6—27 μ in der Länge, 4,5—22 μ in der Breite. Die einfachen rundlichen Körner haben einen Durchmesser von 9—27 μ, sie zeigen eine zentrale, oft mehrstrahlige Kernspalte. Außerdem Füllstärke in Form von meist kantigen, polygonalen Körnchen von 2,5—9 μ Größe. (Nach E. Hess.)

37. **Caryotstärke** aus dem Marke von Caryota urens, Kitulpalme, Bastardsagopalme. Aus dem Mehl des Markes wird ein Sago hergestellt, welcher aber dem aus der Stärke von Sagus Rumphii gewonnenen an Güte nachsteht. Stärkekörner meist einfach, selten zusammengesetzt. Die Form der Körner ist langgestreckt, walzen-, ei-, birnen- oder keulenförmig, rundlich, bisweilen unregelmäßig und buckelig. Am schmäleren Ende ein deutlicher exzentrischer Kern, häufig eine querliegende einfache oder sternförmige Spalte; nicht selten findet sich eine rissige, fast durch das ganze Korn gehende Kernhöhle. Schichtung deutlich und exzentrisch, Schichten ziemlich breit. Länge der Körner 8—139,5 μ, Breite 4,5—63 μ. Außerdem kleine (4,5—8,5 μ) rundliche oder elliptische Körnchen. (Nach E. Hess.)

38. **Sagostärke** aus dem Marke der Sagopalmen Metroxylon Rumphii und M. laeve. Sie besteht aus einfachen und zusammengesetzten Körnern. Erstere, die Nebenform, sind meist sehr groß, 50—65 μ, eirund oder nahezu eirund, auch gestreckt oval. Am breiteren Ende haben sie einen exzentrischen Kern oder eine zwei- bis mehrstrahlige Spalte. Die zusammengesetzten Körner zeigen an einem auffallend großen Hauptkorn von 50—70 (80) μ, welches auch kleiner (30—45 μ) sein kann, ein oder mehrere (2—3, seltener bis 5) kleine (10—20 μ messende) Nebenkörner. Die Nebenkörner sitzen häufig an einer Ausstülpung des Hauptkernes, und zwar, wenn mehrere Nebenkörner vorhanden sind, in der Regel nicht weit voneinander entfernt am Hauptkorn, so daß das gegenüberliegende Ende des letzteren freibleibt. Meist sind die Nebenkörner abgefallen und im Mehle als pauken- oder schüsselförmige Körner zu sehen. Die Hauptkörner sind je nach der Lage im Präparat elliptisch oder von der Seite gesehen zuckerhutförmig. Der Kern liegt exzentrisch, er ist meist durch einen ein- oder mehrstrahligen Spalt kenntlich gemacht. Schichtung ist häufig zu sehen. — Zellbruchstücke, Haare u. dgl. kommen in Sagomehl vor, bilden aber keinen ständigen Bestandteil desselben. Im Sago findet man neben der unveränderten Sagostärke auch mehr oder weniger verkleisterte Körner.

Als Sago (brasilianischer Sago) wird auch häufig eine geperlte Tapioka gehandelt, welche aber leicht an der charakteristischen Form der Manihotstärke zu erkennen ist (Fig. 72).

Stärke, Vergr. 1 : 300 (Nach A. Scholl).

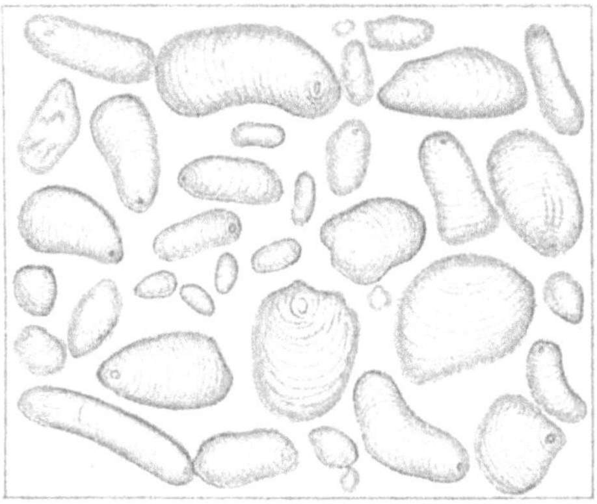

Fig. 67. Banane (Musa paradisiaca).

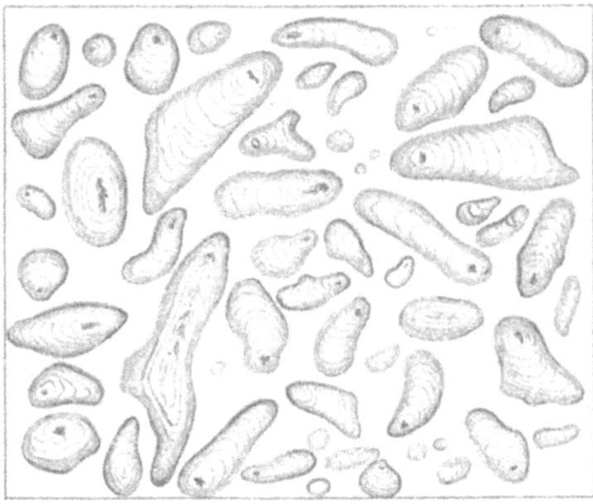

Fig. 70. Caryota urens.

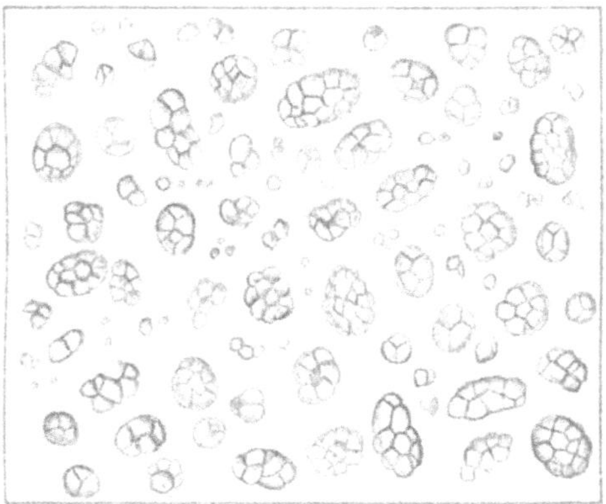

Fig. 68. Artocarpus incisa.

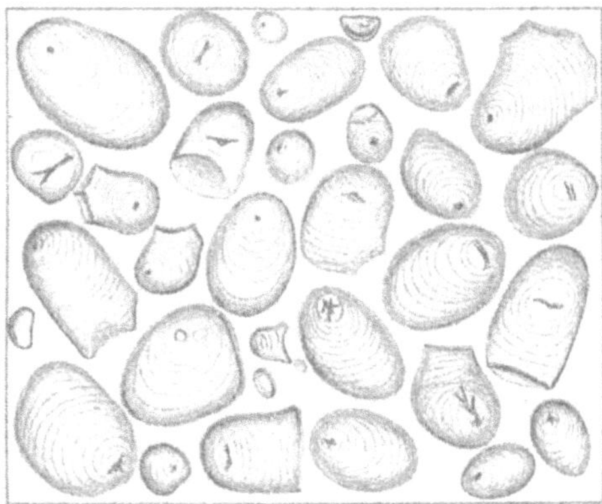

Fig. 71. Sago (Metroxylon Rumphii).

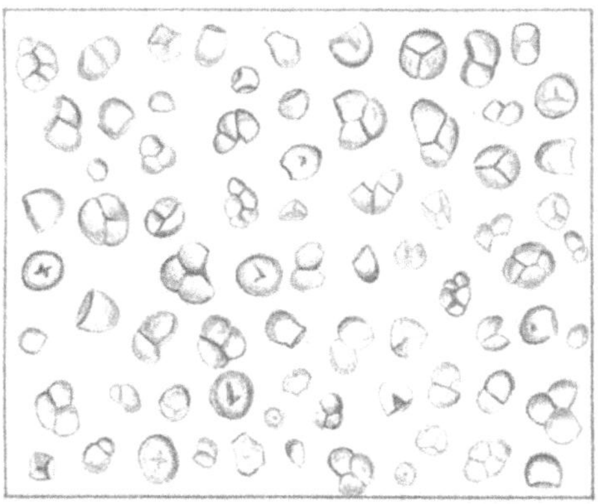

Fig. 69. Inocarpus edulis.

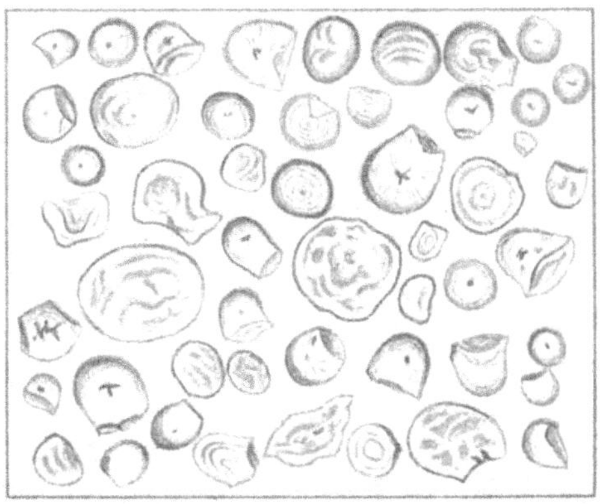

Fig. 72. Tapiocca.

II. Verhalten der Stärke gegen Reagenzien.

1. Färbung. *a) Durch Jod.* Wenn die Stärkekörner mit Jod enthaltenden Lösungen in Berührung gebracht werden, so wird Jod in ihnen abgelagert und die gebildete Jodstärke zeigt eine dunkle Färbung. Diese ist jedoch verschieden und zwar sowohl nach der Stärkeart wie auch nach der Jodlösung. Die Jodtinktur (2—3 proz. alkoholische Jodlösung) färbt ebenso wie die wässerige Jod-Jodkaliumlösung in der Regel tiefblau, nur bei Reisstärke und manchen Maisstärkearten ist die Farbe violettblau. In stark verdünnter Jodlösung findet nur eine Anfärbung der Körner statt, in vielen Fällen läßt sich auf diese Weise die Oberflächenstruktur der Stärkekörner schön sichtbar machen. Zum Nachweise von Stärke in stärkeführenden Pflanzenzellen eignet sich auch Jodmilchsäure (hergestellt durch Auflösen einiger Jodkrystalle in heißer, sirupdicker Milchsäure). Dieses Reagens stellt die natürliche Gestalt des Gewebes her und hellt es gleichzeitig auf, während das Jod die nur wenig gequollenen Stärkekörner färbt. Von Bleicher ist Jod in Dampfform zur Unterscheidung der Stärkearten angewendet worden. Man stellt unter einer Glocke auf verschiedenen Uhrgläsern die Stärke und einige Jodkrystalle nebeneinander auf; besser sättigt man die Stärke vorher mit Feuchtigkeit, indem man sie 24 Stunden unter einer Glocke neben einem Behälter mit Wasser stehen läßt und nach dieser Zeit das Wasser durch Jod ersetzt. Oder man trocknet die Stärke zunächst bei 105°, setzt sie dann 24 Stunden Joddämpfen aus und sättigt danach mit Wasser unter der Glocke. Hierbei wird Maisstärke schwarzviolett, Getreidestärke taubengrau gefärbt, Kartoffelstärke nimmt eine gelbstichige graue Farbe an, sie ist um so gelber, je mehr fremde Stoffe sie enthält, Sago färbt sich milchkaffeebraun.

Die Jodstärkereaktion wird durch Choralhydrat stark beeinflußt, und zwar erleidet sie eine um so stärkere Verzögerung, je konzentrierter die Lösung ist, bei einem Gehalte derselben von mehr als 70% Chloralhydrat wird sie ganz verhindert. Wendet man eine Lösung von Jod in Chloralhydratlösung an, so findet keine Jodstärkebildung statt, wenn der Gehalt an Chloralhydrat 80% beträgt, bei 70% und weniger werden aber die Stärkekörner sofort in Jodstärke verwandelt.

Wenn die Jodfärbung der Stärkekörner, welche nach der gewöhnlichen Ausführung nicht dauerhaft ist, haltbar gemacht werden soll, so kann man nach Lagerheim[1]) die mit Jod-Jodkalium blaugefärbten Körner mit Silbernitratlösung behandeln, dem Sonnenlicht aussetzen und darauf mit Hydrochinon entwickeln. H. Fischer[2]) läßt die mit alkoholischer Jodlösung überfärbten Körner an der Luft eintrocknen und bringt dann einen Tropfen Canadabalsam darauf; der Überschuß der Färbung löst sich farblos in dem Einbettungsmittel, während die Stärke braungelb gefärbt bleibt. C. O. Harz[3]) verwendet Jodparaffin (1% Jod in Paraffinum liquidum bei gelinder Wärme gelöst), nachdem die Stärke mit Jod-Jodkalium eingetrocknet ist. Das Deckglas wird mit 10proz. Gelatine umrandet. Hierbei zeigen die Stärkekörner ein verschiedenes Verhalten, Kassavestärke bleibt farblos, von Kartoffelstärke, ebenso von Maranta-, Curcuma- und Cannastärke werden die meisten Körner gelb bis dunkelgelbbraun gefärbt, dabei erscheint der Kern und eine sich ihm anreihende oft pferdeschweifähnliche Masse dunkelbraun. Daneben finden sich auch blaue Körner, so daß also die Stärkekörner der gleichen Art sich dem Reagens gegenüber verschieden verhalten können. Die gleichen Erscheinungen ergibt die von O. Tunmann[4]) vorgeschlagene Jodzuckerlösung. Eine konzentrierte, nötigenfalls mit Thymol oder Phenol haltbar gemachte Rohrzuckerlösung wird mit 0,5% Jodkalium und 1% Jod versetzt, bei dieser Konzentration kann die Vorbehandlung

[1]) Zeitschr. wiss. Mikr. 1897, **14**.
[2]) Bot. Zentralbl., Beiheft 1902, **12**, 226.
[3]) Zeitschr. wiss. Mikr. 1904, **21**, 25.
[4]) Apoth.-Ztg. 1912, **27**, 261—268.

mit Jod-Jodkaliumlösung fortfallen. Die Färbung hält sich auch ohne Umschließung des Deckglasrandes längere Zeit.

b) Durch organische Farbstoffe. Nach Gastine[1]) verteilt man auf einem Objektträger eine kleine Menge der Stärke oder des Mehles in 2 Tropfen der Farblösung (0,05 g Farbstoff in 100 ccm 33proz. Alkohol), trocknet bei 28—30° ein, steigert dann die Temperatur während einiger Minuten auf 50°, erhitzt schließlich auf 110—130°, gibt einen Tropfen Cedernöl oder Canadabalsam zu, legt ein Deckglas auf und läßt erkalten. Hiernach erscheint der Kern der Stärkekörner bei gewissen Arten sehr deutlich in Form eines roten Punktes. Bei Reisstärke, Mais- und Buchweizenstärke, ferner auch bei Lolchstärke ist der Kern sehr deutlich und verhältnismäßig groß zu sehen, bei anderer Getreidestärke ist er dagegen selten deutlich. Kartoffel-, Arrowroot- und Batatenstärke zeigen einen wenig deutlichen Kern und färben sich im Gegensatz zu den meisten Stärkesorten selbst. Als Farbstoffe können benutzt werden: Anilinblau, Lichtblau, Baumwollenblau, C_4B-Blau, Meldolablau, Benzoazurin, Anilingrün, Methylgrün, Anilinbraun und -gelb, Chrysanilin, Chrysoidin, Safranin, Phenolsafranin, Vesuvin, Auramin, Dinitronaphthol, Magdalarot und die Violette in starker Verdünnung. Auch mit Osmiumsäure, Silbernitrat (nach Belichtung) und mit Goldchlorid erhält man gute Präparate. Ähnliche Erscheinungen kann man nach Peltrisot[2]) erhalten durch Behandeln der Stärke mit absolutem Alkohol, Xylol und Paraffin.

2. Quellung und Verkleisterung der Stärke. α) In Wasser durch Temperaturerhöhung. Daß Stärke beim Erwärmen in Wasser verquillt, ist lange bekannt und diese Eigenschaft wurde schon 1883 von Wittmack für die Unterscheidung von Roggen- und Weizenstärke zu verwerten gesucht. Indem er die Stärke als verkleistert betrachtete, wenn bei der mikroskopischen Untersuchung die Mehrzahl der Körner deformiert ist, bestimmte er die Verkleisterungstemperatur für Roggenstärke zu $62^1/_2$° und für Weizenstärke zu 65° C. Zur Ausführung der Untersuchung werden 2 g Mehl oder Stärke mit 50 ccm Wasser in einem kleinen Becherglase gemischt, letzteres in ein mit Wasser gefülltes größeres Becherglas gestellt und dieses allmählich erhitzt, indem die Mehlaufschwemmung mit einem genauen in Zehntel Grade geteilten Thermometer beständig gerührt wird. Sobald das Thermometer $62^1/_2$° zeigt, wird das kleine Becherglas herausgenommen und in kaltes Wasser gestellt und nach dem Erkalten ein Tropfen der Mischung unter dem Mikroskop geprüft. Hierbei verhalten sich jedoch nicht alle Körner der beiden genannten Stärkearten gleichmäßig. S. Weinwurm[3]) schlägt deshalb vor, 2 g Mehl mit 200 ccm Wasser eine Stunde bei $62^1/_2$—63° C zu digerieren, alsdann sind von Roggenstärke fast alle Körner stark verändert (gequollen oder gelöst) und die wenigen unter dem Mikroskop noch in ihrer ursprünglichen Form sichtbaren Körner zeigen größtenteils keinen dunklen Rand mehr. Weizenstärke dagegen ist zwar gequollen, erscheint also stark vergrößert, die Körner haben aber fast alle noch den dunklen scharfen Rand, so daß Weinwurm dieses Verhalten zu quantitativen Bestimmungen durch mikroskopische Auszählung unter Verwendung von Vergleichspräparaten aus Mischungen von bekanntem Gehalt an den einzelnen Stärkesorten vorschlägt. Hierbei ergeben sich aber Schwierigkeiten (vgl. S. 558). Die noch in Zellen eingeschlossenen Stärkekörner sind nach dem Digerieren nicht gequollen, sondern zeigen nur Risse.

Die Quelltemperaturen für verschiedene Stärkearten sind von mehreren Autoren angegeben, so nach Lintner jr.:

---

[1]) Annal. chim. anal. 1906, **11**, 281; Zeitschr. f. Untersuchung d. Nahrungs- u. Genußmittel 1907, **14**, 716.

[2]) Annal. chim. anal. 1908, **13**, 50; Zeitschr. f. Untersuchung d. Nahrungs- u. Genußmittel 1907, **14**, 716.

[3]) Zeitschr. f. Untersuchung d. Nahrungs- u. Genußmittel 1898, **1**, 98—101.

Zustand der Stärkekörner	Kartoffelstärke	Weizenstärke	Maisstärke	Reisstärke
Noch unverändert	45°	45°	50°	60°
Starke Quellung	55°	60°	65°	70°
Völlige Verkleisterung	65°	80°	75°	80°
nach Symons:				
Deutliches Aufquellen	55°	60°	65°	70°
Beginn der Verkleisterung . . .	60°	65°	70°	75°
Völlige Verkleisterung	65°	70°	77°	80°

Lippmann gibt folgende Zahlen (Grade Celsius) an:

Stärkeart	Deutliches Aufquellen	Beginn der Verkleisterung	Vollkommene Verkleisterung
Roggenstärke	45,0	50,0	55,0
Roßkastanienstärke	52,5	56,2	58,7
Reisstärke	53,7	58,7	61,2
Gerstenstärke	37,5	57,5	62,5
Kartoffelstärke	46,2	58,7	62,5
Maisstärke	50,0	55,0	62,5
Kastanienstärke	52,5	58,7	62,5
Arumstärke	50,0	58,7	62,5
Weizenstärke	50,0	65,0	67,5
Manihotstärke (Tapioka) . . .	—	62,5	68,5
Marantastärke	66,2	66,2	70,0
Sagostärke	—	66,2	70,0
Buchweizenstärke	55,0	68,7	71,7
Eichelstärke	57,5	77,5	87,5

Buchwald[1]) benutzt die auf die vorstehend angegebene Weise ermittelte Verkleisterungstemperatur zum Nachweis von Bohnen-(Kastor-)Mehl in Weizenmehl, indem er die Mischung auf 65° C erhitzt. Die Weizenstärke ist dann verquollen, die Bohnenstärke nicht, der Unterschied soll besonders nach mehrtägigem Stehen der erhitzten Mischung hervortreten.

Fig. 73.

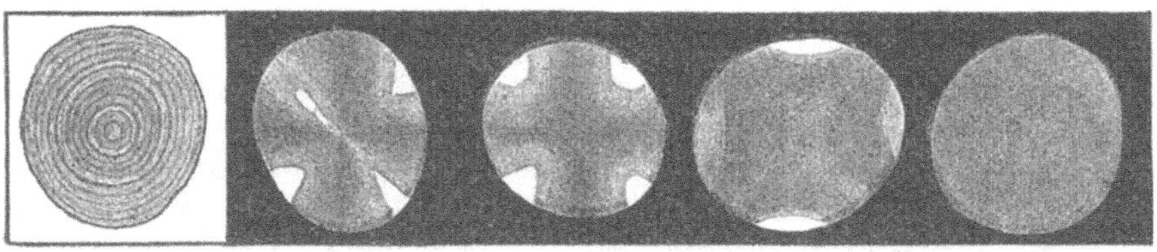

1 2 3 4 5

Polarisation von Weizenstärke.
1 und 2: Vor dem Erwärmen; 3: Beginn der Verkleisterung; 4: Fortschreitende Verkleisterung.
5: Vollständig verkleistertes Korn.

Da aber bei dieser Bestimmungsweise dem subjektiven Ermessen des Analytikers hinsichtlich des Eintrittes der Verkleisterung ein weiter Spielraum gewährt wird, so hat M. Nyman[2]) als Kennzeichen für die Verkleisterung nicht die mikroskopische Formänderung der

[1]) Die Mühle, 1904; Zeitschr. f. Untersuchung d. Nahrungs- u. Genußmittel 1904, **8**, 436.
[2]) Zeitschr. f. Untersuchung d. Nahrungs- u. Genußmittel 1912, **24**, 673—676.

Stärkekörner, sondern den Verlust der Polarisationserscheinungen (der Doppelbrechung, vgl. S. 561) gewählt, er bezeichnet also als Verkleisterungstemperatur diejenige, bei welcher die Doppelbrechung eben vollständig verschwunden ist (Fig. 73). Diese Temperatur ist bei Roggenstärke 57°, Gerstenstärke 58°, Weizenstärke 59°.

Für die Unterscheidung der Stärkearten in Gemischen zieht Nyman die Reaktionsgeschwindigkeit bei niedrigeren Temperaturen heran, wobei zu beachten ist, daß die größeren Körner schneller verkleistert sind als die kleineren. Beispielsweise ergaben sich für die größeren Körner (über 32 μ Durchmesser nach dem Verkleistern) von Roggen- und Weizenstärke bei Behandlung mit der 10fachen Menge Wasser folgende Werte:

	Verkleistert nach Minuten	
Versuchstemperatur	Roggenstärke	Weizenstärke
57°	0	$1^1/_2$
56°	$^1/_2$	3
55°	$1^1/_2$	5
54°	2	9
53°	6	24
52°	12	36

Wenn also eine Mischung von Roggen- und Weizenstärke etwa bei 53° 7 Minuten lang behandelt wird, so ist die Roggenstärke verkleistert, die Weizenstärke dagegen noch doppelbrechend. Für Kartoffelstärke ergab sich die Verkleisterungstemperatur bei frischem Material zu 59°, dagegen bei getrockneter Stärke zu 65°.

β) **In Kalilauge.** Namentlich zur Unterscheidung von großkörniger Getreidestärke (Weizen) von kleinkörniger Stärke (Reis, Mais) ist die Behandlung mit Kalilauge vorgeschlagen. In einer Bekanntmachung der Kgl. Kreishauptmannschaft in Dresden ist zum Nachweis von Maismehl in Weizenmehl auch 24stündiges Stehenlassen mit Chloralhydratlösung (8 g Chloralhydrat und 5 ccm Wasser) vorgeschrieben, nach K. Baumann[1]) ist aber in dieser Lösung schon nach 30—45 Minuten alle Maisstärke verkleistert. Letzterer hat daher empfohlen, etwa 0,1 g Mehl in einem Reagensglase zu 10 ccm 1,8 proz. Kalilauge zuzufügen, umzuschütteln, genau 2 Minuten unter mehrmaligem Umschütteln die Lauge einwirken zu lassen, dann 4—5 Tropfen 25 proz. Salzsäure zur Aufhebung der Wirkung der Lauge zuzusetzen und einen Tropfen der nur mehr ganz schwach alkalischen, nicht sauren Aufschwemmung mikroskopisch zu untersuchen. Da die Weizenstärke nun (abgesehen von den kleinsten Körnern) ganz verquollen, die Maisstärke aber noch fast unverändert ist, läßt sich auf diese Weise noch eine geringe Menge (1—2%) Maismehl nachweisen. Roggenstärke verhält sich wie Weizenstärke. Baumann hält eine quantitative Bestimmung unter Verwendung von Vergleichsmustern bekannter Zusammensetzung nach diesem Verfahren für möglich. J. Bellier[2]) verwendet zum Nachweise von Reis- oder Leguminosenstärke neben Weizenstärke ebenfalls Kalilauge und zwar in drei Lösungen. 1. Lösung von 5 g Kalihydrat in Stücken, 15 ccm Glycerin (30°) und 85 ccm Wasser. 2. 100 ccm der ersten Lösung und 5 ccm Glycerin. 3. 100 ccm des ersten Reagenzes und 300 ccm Wasser. Die erste Lösung greift den allergrößten Teil der Reisstärke nicht an, während die übrigen Stärkearten (ausgenommen Lolchstärke) nach 1—2 Stunden verquollen sind. Reagens Nr. 2 greift die Stärkekörner von Mais, Buchweizen und Hafer weniger leicht an als die übrigen, während Reagens Nr. 3 die Schichtung bzw. die Spalten der Bohnen-, Roggen- und Weizenstärke deutlich hervortreten läßt. Lösung 1 dient daher zum Nachweise von Reisstärke, Lösung 2 von Mais-, Buchweizen- und Haferstärke und Lösung 3 von Bohnenmehl. Die Prüfung geschieht durch Eintragen des trockenen Mehles bzw. der Stärke in einen auf dem Objektträger befindlichen Tropfen der Lösung; statt der Mehle kann man aber auch die Waschwässer von der Kleberbestimmung für die Untersuchung verwenden.

[1]) Zeitschr. f. Untersuchung d. Nahrungs- u. Genußmittel 1899, **2**, 27—29.

[2]) Annal. chim. anal. 1907, **12**, 224; Zeitschr. f. Untersuchung d. Nahrungs- u. Genußmittel 1908, **16**, 305.

L. Surre[1]) hat vorstehendes Verfahren in der Weise abgeändert, daß er von den kräftig durchgerührten Kleberwaschwässern 5 ccm 2 Minuten mit etwa 2000 Umdrehungen in der Minute zentrifugiert, die überstehende Flüssigkeit abgießt, den Rückstand mit 5 ccm der Lösung 1 nach Bellier gut verrührt, 5 Minuten bei 30—40° verkleistert, 25—30 ccm Wasser zufügt und wieder 5 Minuten zentrifugiert. Die klare Flüssigkeit wird bis auf 0,25—0,5 ccm abgegossen und der Rückstand mikroskopiert. Auch dieses Verfahren soll zur quantitativen Bestimmung von Reismehl in Weizenmehl an der Hand von Vergleichspräparaten verwendbar sein.

A. Collin und Perrier[2]) behandeln 0,5 g Mehl mit 10 ccm einer Mischung von 80 g Wasser, 15 g Glycerin und 5 g Kalihydrat unter Kneten mit den Fingern. Wenn man nach $^1/_2$stündigem Stehenlassen bei 300facher Vergrößerung unter dem Mikroskop untersucht, so findet man nur noch Reis- und Lolchstärke. Preßt man nun unter Reiben des Deckglases, so zerfallen die Elemente des Lolches und verschwinden, die Reisstärke dagegen bleibt unverändert.

Eine weitere Anwendung kann Lauge zur Erkennung von Hirsestärke finden, wenngleich in diesem Falle nicht ihre Einwirkung auf die Stärke selbst beobachtet wird. Wenn man nämlich zu größeren Klumpen von Hirsestärke verdünnte Kalilauge zufließen läßt, so wird die Stärke gelöst und es erscheint ein geperltes Netz von Eiweißstoffen, in welches die Stärke eingelagert war. Diese Eigenschaft zeigen alle Hirsearten, also Sorghum, Panicum und Setaria, auch die Stärke des zu letzterer Familie gehörenden, als lästiges Unkraut bekannten Borstengrases (Set. viridis). Auch bei Polygonumarten, insbesondere bei Buchweizen, bringt verdünnte Lauge ein Eiweißnetz zum Vorschein, indessen ist nach A. E. v. Vogl das Netz bei diesen Samen nicht perl- oder körnchenförmig, sondern „es besteht aus zarten Balken mit lufterfüllten kleinen Interstitien an den Verbindungsstellen der die polygonalen Maschen begrenzenden Netzbalken". Bei Mais sind die Stärkekörner durch eine dünne homogene Plasmamasse verkittet, welche in Kalilauge feinkörnig zerfällt und bei größeren Gruppen ein Netz aus feinkörnigen Fäden oder Balken bildet.

γ) **In Natriumsalicylat.** W. Lenz[3]) hat festgestellt, daß Stärke in einer Lösung von 1 g krystallisiertem Natriumsalicylat in 11 g Wasser langsam quillt, und zwar mit verschiedener Geschwindigkeit. Die Beobachtung geschieht im hängenden Tropfen in der Weise, daß man die Stärke mit Wasser aufschwemmt, einen Tropfen davon auf ein Deckglas bringt und bei gewöhnlicher Temperatur eintrocknen läßt. Bedingung für das Gelingen der Prüfung ist, daß die Stärke nach dem Trocknen wie ein zarter Hauch auf dem Glase erscheint, d. h. daß die Stärkekörnchen nur neben-, nicht übereinander liegen. Nachdem das Deckglas mit Vaseline umzogen ist, setzt man einen kleinen Tropfen Salicylatlösung auf die Stärke, dreht das Deckglas um und legt es auf die Höhlung eines für Versuche im hängenden Tropfen bestimmten Objektträgers. Der Tropfen soll so groß sein, daß er nicht von der Stärke gänzlich aufgesaugt wird, andererseits aber auch nicht so umfangreich, daß er sich an den Vaselinerand zieht, da in diesem Falle die Untersuchung unmöglich wird. Ein Teil der Stärkekörner löst sich vom Deckglase ab und schwimmt auf der unteren Oberfläche des Tropfens, man muß daher bei der Untersuchung alle Schichten des Tropfens berücksichtigen.

Hierbei verhalten sich die einzelnen Stärkearten wie folgt: Roggenstärke: Großkörner schon nach 10—15 Minuten deutlich gequollen, abgeplattet, zwischen gekreuzten Nicols ist kein Polarisationskreuz mehr zu sehen; nach einer Stunde sind die meisten Großkörner verändert, Kleinstärke noch unverändert. Nach 24—48 Stunden nur noch wenige

[1]) Ann. des Falsif. 1911, **4**, 569; Zeitschr. f. Untersuchung d. Nahrungs- u. Genußmittel 1913, **25**, 71.

[2]) Ann. des Falsif. 1911, **4**, 493; Zeitschr. f. Untersuchung d. Nahrungs- u. Genußmittel 1913, **25**, 71.

[3]) Zeitschr. f. öff. Chem. 1909, **15**, 224—227.

kleine Körner unverändert und mit Polarisationskreuz, nach 8 Tagen alles verquollen, Umrisse kaum sichtbar. — Weizenstärke: Nach einer Stunde nur vereinzelte Großkörner gequollen, bei der Mehrzahl ist der Rand scharf, Abplattung nicht wahrnehmbar. Nach 24 bis 48 Stunden die meisten Körner in der Form erhalten, die Mehrzahl zeigt das Polarisationskreuz. Nach 8 Tagen viele veränderte, gequollene, verbogene Körner, Umrisse meist zart, aber klar und scharf gezeichnet, Polarisation verschwunden. — Arrowroot: Nach 1—24 Stunden vereinzelte Körner gequollen, nach einer Woche die meisten Körner auf der Unterseite des Tropfens, Umrisse und Polarisationskreuz noch scharf. — Kartoffelstärke: Nach 1—24 Stunden nur wenige Körner gequollen, nach 2 Wochen lagern die Stärkekörner auf der Unterseite des Tropfens, nach 3 Wochen und länger noch eine große Anzahl erhalten mit Polarisationskreuz. — Gerstenstärke quillt nur zum Teil, Haferstärke ist nach einem Tage fast unverändert, von Hirsestärke ist nach 1—24 Stunden etwa $^1/_4$ gequollen, Reisstärke nach 1 Stunde nur schwach, nach 24 Stunden etwas mehr gequollen, auch Maisstärke zeigt nach 1—24 Stunden nur vereinzelt gequollene Körner, desgleichen Bohnen-, Erbsen- und Linsenstärke. Die Vergrößerung soll etwa 200fach sein. — Erwähnt sei, daß nach Lindet auch eine Resorcinlösung die Eigenschaft besitzt, Stärke zum Quellen zu bringen.

III. Lichtbrechung und Polarisation.

Über das verschiedene Lichtbrechungsvermögen der Stärkearten ist wenig bekannt, jedoch gibt A. C. Wilson an, daß man in einem Gemisch von Mais- und Weizenstärke die letztere zum Verschwinden bringen könne durch Einbetten in Nelkenöl, was jedenfalls auf verschiedenes Lichtbrechungsvermögen der Stärke zurückzuführen wäre.

Wenn man Stärke unter dem Mikroskop im polarisierten Licht betrachtet, so sieht man bei gekreuzten Nicols vier dunkle, vom Kern ausgehende Streifen, ein Zeichen dafür, daß die Substanz des Stärkekornes zu den anisotropen Medien gehört, also doppelbrechend ist.

Sowohl das einfach, wie das nach dem Durchgang durch eine Gipsplatte farbig polarisierte Licht benutzt G. Gastine[1]) zum Nachweise von Reis-, Maisstärke usw. in Weizenmehl. Er verwendet die nach seinem oben (s. S. 557) angegebenen Verfahren bei 110—130° entwässerten und in Canadabalsam eingebetteten Präparate. Zusammengesetzte Stärkekörner zeigen sowohl im einfach, wie im farbig polarisierten Licht charakteristische Bilder. Im ersteren erscheinen die Stärkekörner des Reises oder größere Brocken des Zellinhaltes glänzend beleuchtet und von granitartigem Gefüge. In farbig polarisiertem Licht sieht man ein vom Kern ausgehendes, aus gekreuzten blauen und hellorangefarbigen Streifen gebildetes Netz. Ganz ähnlich verhalten sich die der Reisstärke ähnlich geformten, wenn auch in der Größe abweichenden Stärkearten von Mais, Hirse, Buchweizen, Lolch usw. Die Maisstärke zeigt zwar verschiedenartige Formen, aber mit jedem aus mehreren Zellen bestehenden Bruchstück erhält man im polarisierten Licht das gleiche symmetrische Bild; das in farbig polarisiertem Licht auftretende Netz ist aber weitmaschiger als bei Reisstärke. Leguminosenstärke polarisiert ebenfalls sehr lebhaft und glänzend, sie ist aber an ihrer von den vorerwähnten Stärkesorten gänzlich verschiedenen Form leicht zu erkennen. Getreidestärke von linsenförmigem Bau (Weizenstärke) polarisiert in der Flächenaufsicht nur schwach, kräftig dagegen in der Seitenaufsicht. Haufen dieser Stärkekörner zeigen aber das für die oben genannten Stärkearten charakteristische Netz nicht. Nach der Entwässerung und Einbettung in Canadabalsam tritt bei Weizenstärke die in Wasser oder verdünntem Glycerin sichtbare Schichtung und das Netz im farbig polarisierten Licht nicht mehr auf.

IV. Quantitative Bestimmung in Gemischen von verschiedenen Stärkearten.

Da die chemische Analyse nur in verhältnismäßig seltenen Fällen gestattet, in einem Gemisch verschiedener pflanzlicher Produkte die Menge der Mischungsbestandteile

---

[1]) Ann. chim. anal. 1907, **12**, 85; Zeitschr. f. Untersuchung d. Nahrungs- u. Genußmittel 1909, **17**, 329.

quantitativ zu bestimmen, so hat man mehrfach versucht, das Mikroskop zur Lösung dieser Aufgabe heranzuziehen, ohne aber bisher einen allgemein verwendbaren und befriedigenden Weg gefunden zu haben. Alle diese Untersuchungsverfahren müssen in letzter Linie auf

Fig. 74.

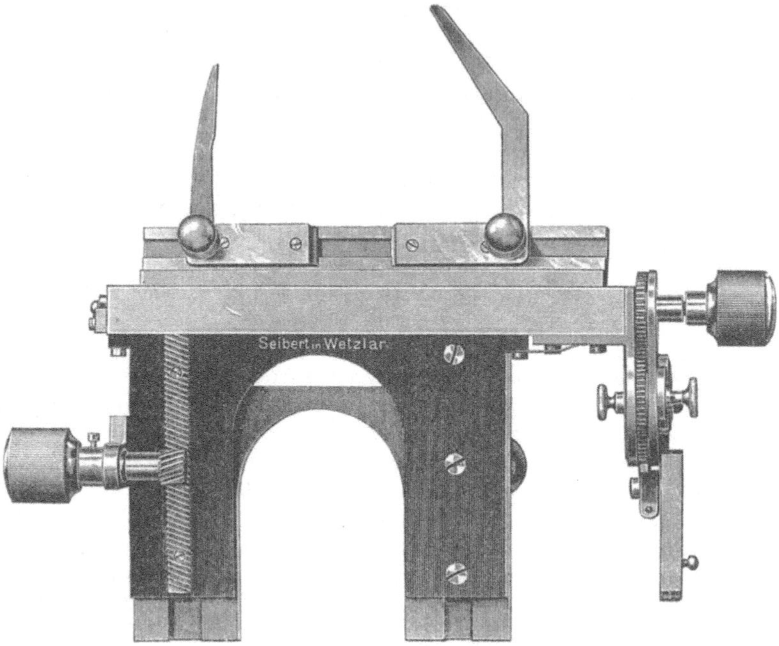

Suchtisch nach A. Meyer.

eine Zählung der im Mikroskop sichtbaren Teile des Präparates hinauslaufen. Daraus ergibt sich aber zunächst eine oft unüberwindliche Schwierigkeit. In der Regel gelingt es nicht, sämtliche in einem Präparate sichtbaren Stücke zu identifizieren, also einem der Mischungsbestandteile zuzuweisen. Namentlich für die Untersuchung von Stärkearten trifft dies zu, denn weder die Größen- und Formverhältnisse, noch die sonstigen bislang bekannten und angewendeten Unterscheidungsmerkmale genügen, um die Herkunft jedes einzelnen Stärkekornes festzustellen, ja in manchen Fällen ist diese nur bei einem kleinen Bruchteil aller sichtbaren Körner mit Sicherheit zu ermitteln. Dazu kommt, daß zur Bestimmung des Gewichtsanteiles der einzelnen Bestandteile die Zählung allein nicht genügt, daß hiermit vielmehr auch eine Größenbestimmung verbunden werden müßte, was aber in der Regel undurchführbar erscheint.

Fig. 75.

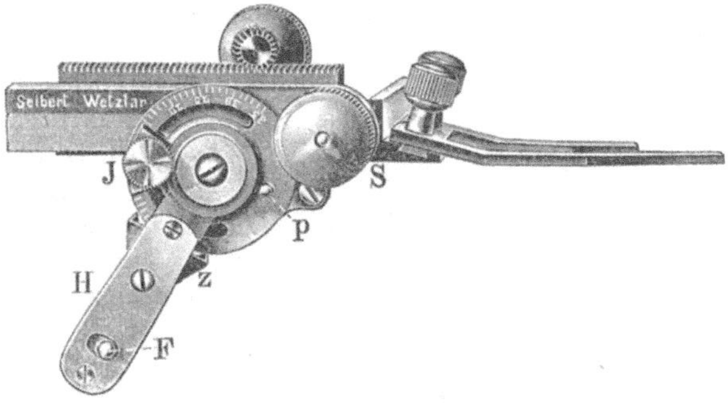

Suchtisch nach A. Meyer (Seitenansicht).

Oben ist bereits erwähnt, daß Weinwurm, Baumann, Surre u. a. die mikroskopische Untersuchung für quantitative Bestimmungen vorgeschlagen haben. Chamot führt die Zählung in der Weise durch, daß die Präparate bei schwacher Vergrößerung in einem quadratisch eingeteilten Gesichtsfelde untersucht werden. Nachdem in jedem Felde die Zahl der Teile verschiedener Herkunft festgestellt ist, wird das Ergebnis graphisch dargestellt durch Eintragung der Anzahl der normalen Teile und der fremden Bestandteile als Abszissen bzw. Ordinaten in ein Koordinatensystem. Die hiernach zu erwartende, vom Nullpunkt der Skala ausgehende gerade Linie wird aber nur in seltenen Fällen erhalten werden.

Zur Ausführung der mikroskopischen Zählung bedient man sich in der Regel eines Kreuztisches (vgl. Bd. III S. 159), welcher mit Noniusteilung für beide Bewegungsrichtungen versehen ist und hierdurch die willkürliche und gleichmäßige Verschiebung des Präparates um bestimmte Strecken gestattet. Bequemer ist ein von A. Meyer angegebener Suchtisch (Perquirator) (Fig. 74 u. 75), welcher von W. & H. Seibert in Wetzlar angefertigt wird. Dieser Kreuztisch trägt eine Einrichtung, welche gestattet, das Objekt fast genau um eine Sehfeldbreite seitlich fortzubewegen, falls der Durchmesser des Gesichtsfeldes 0,1 bis 3,5 mm beträgt. Bei der Einstellung noch übrigbleibende Bruchteile des Sehfeldes, welche kleiner als 0,1 mm sind, gleicht man durch geringes Ein- oder Ausschieben des Tubus oder vorteilhafter durch eine quadratische Irisblende im Okular aus.

Für gewisse Fälle ist die Verschiebung des Präparates um eine Sehfeldbreite nicht zweckmäßig, weil in diesem Falle die zwischen den runden Gesichtsfeldern liegenden Stellen des Präparates nicht berücksichtigt werden. Wenn man, was meist richtiger ist, Streifen des Präparates auszählen will, so verwendet man zweckmäßig eine in das Okular einzulegende Glasplatte, auf welcher die Seiten des größten in das Gesichtsfeld des betreffenden Okulars einzuzeichnenden Quadrates eingeritzt sind. Man benutzt dann den quadratischen Raum zur Zählung, kann aber doch auch die außerhalb desselben liegenden Teile in ihrer Fortbewegung verfolgen, wodurch häufig Irrtümer zu vermeiden sind.

A. Meyer[1]) sucht die oben angedeuteten Schwierigkeiten, nämlich die sichere Erkennung aller sichtbaren Teilchen, dadurch zu umgehen, daß er für jeden zu bestimmenden Mischungsbestandteil ein „Meßelement" einführt, also nicht jeden einzelnen Teil des Gemisches, sondern nur eine beschränkte Anzahl derselben, nämlich je einen für jeden Mischungsbestandteil charakteristischen zählt. Jedes Meßelement muß einwandfrei erkennbar und mikroskopisch zählbar sein, außerdem muß es von stets annähernd gleicher Größe und in einem Pflanzenpulver bestimmter Art in annähernd stets gleicher Menge vorhanden sein. Bei dieser Untersuchung ist also nicht nur die Zahl, sondern auch die Größe der Teilchen (mittels Okularmikrometers) festzustellen. Als Meßelement können z. B. für Maisstärke im Gemisch mit Reisstärke die Großkörner des Maises, d. h. die mehr als 9 μ im Durchmesser großen Körner dienen, ferner können in anderen Fällen Aleuronkörner, Pollenkörner, Spaltöffnungen, Sklerenchymzellen, Haare, Sekretzellen als Meßelemente brauchbar sein. Für jedes Meßelement bestimmt man zunächst die Normalzahl. Hierzu gebraucht man eine Zählkammer von 0,2 mm Tiefe, auf deren Boden eine quadratische Netzteilung von 0,05 mm Seitenlänge angebracht ist. Die Normalzahl bedeutet nun die Anzahl der Meßelemente in 16 Quadraten der Zählkammer (entsprechend 0,008 ccm = rund 0,01 g), wenn man die Kammer mit einem Gemisch aus 50 ccm Glycerin und 1 g des trockenen Pulvers füllt (nach Meyer beträgt z. B. die Normalzahl für die Großkörner der Maisstärke 115,7). Will man nun z. B. in einer Mischung von Reis- und Maisstärke die Menge der letzteren bestimmen, so verteilt man eine kleine Menge (w g) der Mischung in 50 ccm Glycerin und stellt die Anzahl der Meßelemente (Großkörner) in 16 Quadraten fest. Der Gehalt an Maisstärke ist dann zu berechnen nach der Formel $\frac{100 \cdot g}{n \cdot w}$, wenn g die gefundene Anzahl der Großkörner, n die Normalzahl und w das Gewicht der angewendeten Substanz bedeutet.

[1]) A. Meyer, Die Grundlagen und Methoden für die mikroskopische Untersuchung der Pflanzenpulver. 1901, S. 125.

Unter Normalzahl hat A. Meyer später[1]) (und zweckmäßiger) die Anzahl der in 1 mg des zu bestimmenden Stoffes enthaltenen Meßelemente verstanden. Sowohl bei der Bestimmung der Normalzahl, wie auch bei der Untersuchung eines Gemisches ist es vorteilhaft, das Pulver durch Mischen mit feinstem Zuckerpulver so weit zu verdünnen, daß bei Anwendung von 5 mg des verdünnten Pulvers auf jeden Zählstreifen 8—10 Meßelemente entfallen. Die Zählung wird an 5—10 Präparaten aus je 5 mg Pulver wiederholt. Der Gehalt der Mischung an dem zu bestimmenden Bestandteil ergibt sich dann zu $\frac{g \cdot 100}{n}$, wenn g die Zahl der in einem mg des Pulvers enthaltenen Meßelemente und n die Normalzahl für 1 mg bedeutet.

Daß dieses Verfahren die der mikroskopischen Zählung anhaftenden Schwierigkeiten nicht völlig beseitigt, hat A. Ezendam[2]) gezeigt. Schon die Bestimmung der Normalzahlen bleibt unsicher, weil es nur wenige pflanzliche Stoffe gibt, bei welchen die Anzahl der Meßelemente in allen Fällen eine auch nur annähernd gleiche Größe besitzt. Hierzu kommt bei Stärkekörnern, daß die Größe allein kaum ein geeignetes Kennzeichen für die Meßelemente abgeben kann, da die Schwankungen hinsichtlich derselben viel zu groß sind. Namentlich bei Handelsstärke ist das Verhältnis zwischen Körnern verschiedener Größe stets wechselnd, weil es in weitgehendem Maße durch die Herstellungsweise beeinflußt wird. Selbst die Art bzw. Herkunft der Stärke wird sich nicht in allen Fällen sicher entscheiden lassen, z. B. wenn es sich um die Unterscheidung von Hafer- und Reisstärke oder dgl. handelt.

Ferner ist zu bemerken, daß die Ausführung des Verfahrens gestört wird, sobald die Stärkekörner nicht ausschließlich einzeln, sondern teilweise auch in größeren Gruppen in dem Präparate sich finden. Wenn also schon für reine Stärkesorten das Verfahren im allgemeinen nur annähernde Werte ergeben kann, so trifft das erst recht zu für Mehle, welche einen mehr oder minder hohen Gehalt an Zellwand- bzw. Kleieteilen enthalten. Ezendam hat denn auch gefunden, daß das Verfahren bei Futtermehlen gänzlich versagte.

Während nach dem Verfahren von A. Meyer ein Mischungsbestandteil (oder mehrere) dadurch bestimmt wird, daß die Anzahl seiner Meßelemente in einer bestimmten Gewichtsmenge der Mischung ermittelt wird, kann man auch so verfahren, daß man in demselben Präparate gleichzeitig alle Mischungsbestandteile (bzw. deren Meßelemente) auszählt, wobei man nicht an die Anwendung einer bestimmten Gewichtsmenge gebunden ist. Will man hierbei als Meßelemente z. B. Schalenstücke oder sonstige Zellgruppen benutzen, so spielt deren Größe eine noch entscheidendere Rolle als diejenige der Stärkekörner. Für gewisse Fälle der Praxis hat sich aber herausgestellt, daß die Größe dieser Meßelemente in den im Handel befindlichen Waren nur mäßigen Schwankungen unterliegt, daß also dann eine hinreichende Genauigkeit der Ergebnisse zu erzielen ist. Nach diesem Verfahren bestimmen z. B. die landwirtschaftlichen Versuchsstationen die Reinheit von Leinmehl. Nach der Aufhellung durch Kochen mit 10proz. Salpetersäure und $2^1/_2$proz. Natronlauge werden in einigen Streifen des Präparates die Bestandteile einzeln ausgezählt und durch Multiplikation mit einem bestimmten Faktor (Verhältnis der Anzahl der Schalenteile in der gleichen Gewichtsmenge) auf gleiches Gewicht berechnet. Bedeutet L den Prozentgehalt an Leinsamenteilen, l die gezählten Leinsamenteile, u die Anzahl der vorhandenen fremden Schalenteile und f den (für jeden fremden Bestandteil verschiedenen) Faktor, so ist $L : 100 = l : (l + fu)$ oder $L = \frac{100 \cdot l}{l + fu}$.

B. Die mikroskopische Untersuchung der Gewebsteile.

Durch die Form, Größe und Unterscheidungsmerkmale der Stärkekörner läßt sich die Herkunft eines unvermischten Mehles meist leicht erkennen, bei Mischungen dagegen reicht die Untersuchung der Stärkekörner allein in der Regel nicht aus. Alle Mehle, selbst die feinsten

[1]) Zeitschr. f. Untersuchung d. Nahrungs- u. Genußmittel 1909, **17**, 497—504.

[2]) Ebendort 1909, **18**, 462—465.

Sorten, enthalten aber noch geringe Mengen von Schalenteilen, Haaren, Kleberzellen usw., welche für die einzelnen Mehlarten so kennzeichnend sind, daß sie die besten und sichersten Mittel zu deren Nachweis bieten. Allerdings ist die Menge dieser Gewebeteile oft so gering, daß die erste Aufgabe bei der Prüfung die Absonderung einer größeren Anzahl derselben ist, weil sie sonst unter der großen Menge der Stärkekörner leicht zu übersehen bzw. nur schwierig aufzufinden sind.

Will man sich zunächst einen vorläufigen Überblick über die Menge und Art der vorhandenen Gewebsteile verschaffen, so kann man eine kleine Probe des Mehles auf dem Objektträger in einem Tropfen Wasser oder besser Chloralhydratlösung bis zur Verkleisterung der Stärke erwärmen[1]). Man kann auch durch Zusatz von etwas salzsaurem Anilin und Salzsäure oder schwefelsaurem Anilin und Schwefelsäure oder Phloroglucin und Salzsäure die verholzten Teile der Gewebe gelb bzw. rot färben. Eine ähnliche einfache von v. Vogl angegebene Färbemethode ist folgende: In einem Schälchen werden etwa 2 g Mehl mit alkoholischer Naphthylenblaulösung (0,1 g Naphthylenblau, 100 g absol. Alkohol, 400 g Wasser) mittels eines Glasstabes gemischt. Nach einigem Stehen wird eine Probe mittels des Glasstabes oder eines Haarpinsels möglichst gleichmäßig auf einen Objektträger gestrichen, eintrocknen gelassen und in einem Tropfen Sassafrasöl (oder ähnlichem ätherischen Öl, auch Kreosot, Guajakol usw.) untersucht. Luftblasen sind durch gelindes Erwärmen zu beseitigen. Der Farbstoff färbt die Zellmembran der Oberhaut, der Mittelschicht, der Querzellen, der Haare, der Spelzen blau oder blauviolett, ebenso den Inhalt der Aleuron- und Keimzellen, während die Membran der Stärkezellen und die Stärkekörner ungefärbt bleiben und in dem Öl so durchsichtig erscheinen, daß nur die gefärbten Teile deutlich hervortreten.

Will man eine größere Anzahl der Gewebsteile absondern, so durchmustert man die glattgedrückte Oberfläche einer Probe des Mehles mit der Lupe und holt die gefärbten Teile mittels einer befeuchteten Präpariernadel heraus. E. Kohn empfiehlt, $^1/_2$ g Mehl mit 10 ccm Äther durchzuschütteln, von der Ätheroberfläche die Haare zu isolieren, die Mischung dann in eine flache Porzellanschale oder auf Filtrierpapier auszugießen und in dünner Schicht zu verteilen; die gefärbten Kleie- und Unkrautsamenteile sind dann leicht zu erkennen.

Um schneller eine größere Anzahl der Gewebsteile zu sammeln, kann man sich eines Schlemmverfahrens bedienen. C. Hartwich verwendet hierzu verschieden geformte Glasrohre. Zwei dieser Rohre bestehen aus 3 bzw. 4 Teilen, welche mittels geschliffener Enden aneinandergesteckt werden können; der unterste Teil ist unten geschlossen und hat die Form eines kleinen Becherchens. Das dritte Rohr besteht ebenfalls aus 3 Teilstücken, deren mittleres mit einem Glashahn versehen ist. Man schüttelt die Mehlprobe mit Wasser oder 10 proz. Glycerin in einer Flasche an, bis alle Luft beseitigt ist, und füllt dann die Mischung in die Rohre ein. Nach dem Absetzen finden sich im obersten Teile der feine uncharakteristische Detritus, darunter kleine Stärkekörner, Krystalle usw. Auf diese Weise läßt sich das Mehl bzw. Pulver leicht in mehrere Fraktionen zerlegen. E. Schaffnit hat als Absetzgefäß eine Trichterform mit birnförmigem Mittelteil angegeben (Fig. 76, S. 566). Letzterer kann oben oder unten mittels der eingeschliffenen Enden eines Glasstabes verschlossen werden. Etwa 30 g Mehl werden nach dem Verschließen der unteren Öffnung mit einem Korkstopfen in den zur Hälfte bis dreiviertel mit Chloroform gefüllten Apparat gebracht, die obere Öffnung des Mittelteiles geschlossen und durchgeschüttelt. Dann wird das Gefäß oben geöffnet und Chloroform bis fast zum Rande des oberen Trichters nachgefüllt. Nachdem die Aufschüttelung einige Zeit mit einer Glasplatte bedeckt gestanden hat, haben sich die gröberen Bestandteile, wie Schalenteile, Haare, Verunreinigungen usw., an der Oberfläche gesammelt und können nach abermaligem Verschließen

---

[1]) Ein solches Präparat benutzt man bei der Untersuchung von Mehl zweckmäßig auch zur Prüfung auf das Vorhandensein von Brandsporen. Diese lassen sich infolge ihrer stärkeren Färbung schön dadurch sichtbar machen, daß man die Blende vollständig öffnet, wobei schwächer gefärbte Gewebe und Stärkekörner vollkommen verschwinden.

der oberen Schliffóffnung abgegossen und vom Chloroform durch Filtrieren oder Abdunsten getrennt werden. Der im Trichter verbleibende Teil hat sich nach 24 Stunden in 2 Schichten getrennt, in der Birne hat sich eine dicke Mehldecke gebildet, während sich am Boden des Trichters die Kleberzellen angesammelt haben. Auch diese beiden Schichten können durch Verschließen der unteren Schliffóffnung voneinander getrennt werden.

Fig. 76.

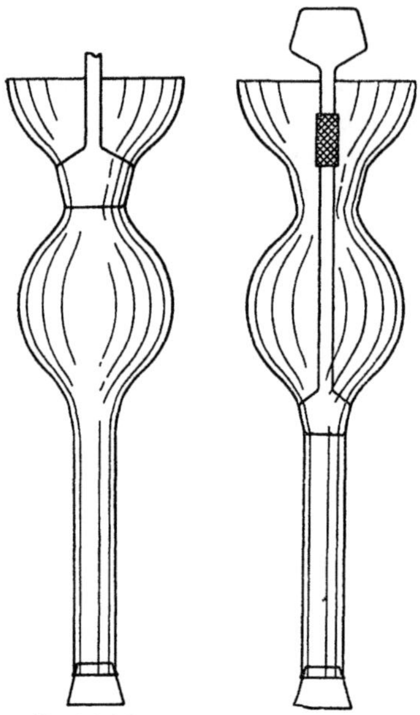

Absetztrichter nach E. Schaffnit.

Für die Untersuchung von Weizenmehl verwendet E. Collin das bei der Absonderung des Klebers aus dem eingeteigten Mehl erhaltene Waschwasser. Letzteres läßt man durch ein feines Gazesieb, welches die Gries- und Gewebsteile zurückhält, in ein konisches Gefäß fließen und in diesem zum Absetzen stehen. Nach 12 Stunden haben sich 3 Schichten eines Bodensatzes gebildet, die oberste besteht aus mittleren und kleineren Stärkekörnern, die mittlere aus Stärke und Teilen der Kleie und des Embryo, die unterste aus großen Stärkekörnern. Nach A. Ferraro findet man Spuren sehr fein gemahlener Kleie am besten nach dem Auswaschen der Stärke im Kleber.

Man kann auch die Hauptmenge der Stärke durch Verkleisterung oder Verzuckerung entfernen. A. Meyer übergießt 2 g Mehl mit 8 ccm 25proz. Salzsäure und 16 ccm Wasser, erwärmt, bis nach einigen Minuten völlige Lösung eingetreten ist, und versetzt nach dem Erkalten mit Kalilauge, bis die sich anfangs ausscheidende Masse wieder in Lösung gegangen und die Mischung schwach alkalisch geworden ist. Dann läßt man im Spitzglase absitzen und untersucht den Bodensatz.

A. F. W. Schimpers „Schaumprobe" besteht darin, daß man etwa 3 g Mehl mit 100 ccm Wasser anrührt und ohne umzurühren bis zum Sieden erwärmt. Von dem an der Oberfläche angesammelten Schaum, am besten vom Rande, breitet man etwas in dünner Schicht auf einem Objektträger aus, setzt einen Tropfen Chloralhydratlösung zu und kocht. Um die verquollenen Stärkekörner, Eiweißflocken usw. ganz zum Verschwinden zu bringen, kann man auch etwas von dem Schaum auf dem Objektträger eintrocknen und in einem Tropfen Nelken- oder Citronenöl untersuchen.

Zur „Bodensatzprobe" mischt man 2 g Mehl mit 100 ccm Wasser, fügt 2 ccm starke Salzsäure zu und kocht in einer Porzellanschale etwa 10 Minuten. Man läßt die Flüssigkeit ohne umzurühren erkalten, gießt die über dem Bodensatz stehende Flüssigkeit so weit wie möglich ab und untersucht einen Teil des Bodensatzes wie oben.

Filterprobe nach A. Stutzer. 5 g Mehl werden in einer Porzellanschale mit Alkohol durchfeuchtet, dann allmählich unter Umrühren mit $^1/_2$ l Wasser vermischt. Man erhitzt bis zur vollständigen Verkleisterung im Wasserbade, fügt 20 ccm konzentrierte Salzsäure zu und erwärmt unter zeitweisem Ersetzen des verdampften Wassers eine Stunde, wodurch die Stärke völlig gelöst wird. Man filtriert durch ein glattes Filter, spült die Gewebsteile in der Spitze des Filters zusammen, breitet letzteres flach aus und entnimmt die Proben für die mikroskopische Prüfung. Einen Teil der Gewebselemente durchfeuchtet man vor der Untersuchung in einem Schälchen mit Kalilauge.

Ferner hat sich folgendes Verfahren bei der Untersuchung von Mehlen als recht brauchbar erwiesen: Etwa 3 g Mehl werden, um Klumpenbildung zu vermeiden, mit Alkohol durchfeuchtet und mit wenig kaltem Wasser verrührt, so daß eine ziemlich dünnflüssige

Mischung entsteht. Man bringt in einem größeren Becherglase oder einer Porzellanschale etwa $^1/_2$ l Wasser zum Sieden, gießt die Stärkeaufschwemmung unter Umrühren in dünnem Strahle in das kräftig siedende Wasser und setzt schließlich 1—2 ccm 10 proz. Natronlauge zu. Diese Mischung gießt man dann in ein bereitstehendes hohes, etwa 2 l heißes Wasser enthaltendes Becherglas, läßt nach dem Umrühren absitzen, entfernt die über dem Bodensatz stehende Flüssigkeit, säuert den Rest mit Salzsäure schwach an, kocht, verdünnt mit Wasser und sondert den Bodensatz durch Absetzenlassen, Zentrifugieren oder Filtrieren ab. Gegen die Anwendung von Natronlauge könnte eingewendet werden, daß dieselbe die Größenverhältnisse der Membranen durch Quellung verändert, es hat sich aber gezeigt, daß bei der starken Verdünnung der Lauge dieser Einfluß nicht von Bedeutung ist.

Auch durch Behandlung mit Malzaufguß, oder, da durch diesen leicht Gewebsteile der Gerste in die Probe gelangen können, besser durch Diastaselösung kann die Lösung der Stärke bewirkt werden. Etwa 10 g des Mehles werden durch Kochen mit etwa 500 ccm Wasser verkleistert, die Mischung auf 55—60° abgekühlt und der filtrierte Malzaufguß bzw. die Diastaselösung zugesetzt. Nach 2—4stündiger Einwirkung bei obiger Temperatur läßt man absitzen, gießt die klare Flüssigkeit ab und behandelt nötigenfalls den Bodensatz mit verdünnter Lauge.

Wenn man von einer Messung der Zellwanddicken absehen, dafür aber eine bessere Durchsichtigkeit der Präparate erzielen will, so kommt es auf geringe Veränderungen durch Quellung nicht an, und man kann daher in diesem Falle stärker wirkende Aufhellungsmittel anwenden. Man erhitzt nach R. Woy 10 g Mehl mit 100 ccm Glycerin und 1—2 ccm Schwefelsäure mehrere Minuten oder man kocht etwa 5 g Substanz einige Minuten mit etwa 100 ccm 1,25 proz. Schwefelsäure oder 5 proz. Salpetersäure, filtriert durch ein sehr engmaschiges Gazefilter, kocht den Rückstand mit $2^1/_2$ proz. Natronlauge ebenfalls kurze Zeit, filtriert durch dasselbe Gazefilter und wäscht mit heißem Wasser aus. Da die Haare hierbei sehr stark quellen, so müssen sie gesondert untersucht werden.

Die Anwendung von Wasserstoffsuperoxyd und Ammoniak nach Lebbin schließt diesen Übelstand fast völlig aus. Man verrührt 3—5 g Mehl mit 100 ccm Wasser, kocht $^1/_2$ Stunde, setzt 50 ccm 20 proz. Wasserstoffsuperoxydlösung hinzu und kocht noch 20 Minuten. Während des Kochens setzt man 15 ccm 5 proz. Ammoniak in kleinen Anteilen von etwa 1 ccm zu und setzt das Kochen nach beendetem Ammoniakzusatz noch 20 Minuten fort. Schließlich läßt man absitzen und prüft den Bodensatz.

Fig. 77.

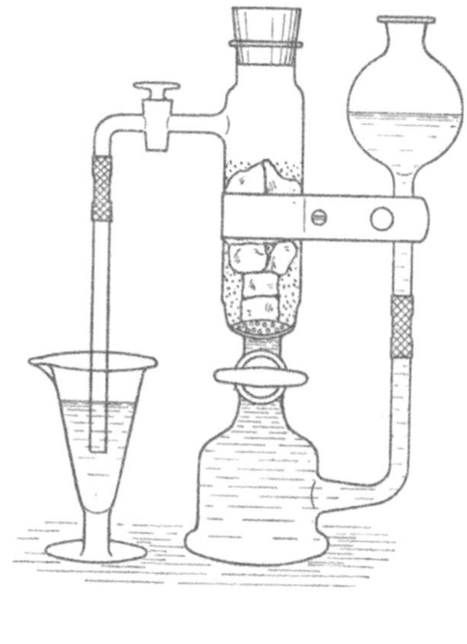

Außer den genannten werden in der mikroskopischen Technik als Aufhellungsmittel auch verwendet: Chloralhydratlösung (8 Teile Chloralhydrat und 5 Teile Wasser), Kaliumacetatlösung, Essigsäure, Milchsäure und Jodmilchsäure (vgl. S. 556), ferner Javellesche Lauge, Kaliumchlorat mit Salzsäure und freies gasförmiges Chlor. H. Haupt übergießt schwer aufzuhellende Pflanzenteile mit einer konzentrierten Lösung von Kaliumchlorat und 20 proz. Salzsäure und erwärmt gelinde. Sobald die Teilchen eine gelbe Farbe erlangt haben, werden sie von der Lösung getrennt, mit Wasser gewaschen, in $^1/_2$ N-Kalilauge kurze Zeit erwärmt und wieder ausgewaschen. Um stärkere Quellung der Zellwände zu vermeiden, wäscht man nach der Chlorbehandlung mit 50 proz. Alkohol aus und fügt alkoholische Kalilauge hinzu, worauf man nach abermaligem Auswaschen mit Alkohol direkt in Chloralhydrat oder Glycerin einbetten kann.

Th. Dieterich und A. Hebebrand wenden statt der in ihrer Wirksamkeit nicht immer zuverlässigen Javelleschen Lauge 7 proz. Sodalösung an, in welche sie 10—15 Minuten Chlor einleiten mit der Vorsicht, daß die Flüssigkeit stets alkalisch bleibt. Das Chlor wirkt hierbei auf das in der Sodalösung verteilte Pulver sehr kräftig ein, so daß nur dessen Absonderung und Auswaschung mit Wasser notwendig ist. H. Huss hat für die Anwendung des Chlors einen einfachen und brauchbaren Apparat (Fig. 77, S. 567) beschrieben, in welchem das Chlor durch Zersetzung von Chlorkalkwürfeln mit Salzsäure entwickelt wird. Durch den unter dem Chlorkalkbehälter angebrachten Hahn kann die zurückgedrängte Säure von dem Chlorkalkraum vollständig getrennt werden, wodurch eine weitere Chlorentwicklung unmöglich gemacht ist.

Gewebsformen.

A. Getreidearten (Gramineen).

Aus der Familie der Gräser werden als Brotfruchtgewächse angebaut Vertreter von 3 Unterfamilien, nämlich der Getreidegräser, Frumentaceae (Roggen, Weizen, Gerste), der Zuckergräser, Sacchariferae (Mais, Hirse) und der Reis- und Hafergräser, Phragmitiformes (Reis, Hafer, seltener Zizania palustris L., Glyceria fluitans). Bei allen diesen Pflanzen werden die in Rispen, Ähren oder Trauben angeordneten Blütenstände von Ährchen gebildet, welche von 2 Hüllspelzen umgeben sind; innerhalb der Hüllspelzen befinden sich eine oder mehrere Blüten, deren jede ebenfalls von 2 Spelzen, einer Vorspelze und einer Deckspelze, umschlossen wird. Jede Blüte enthält in dem Fruchtknoten nur eine Samenanlage. Bei der Reife verwächst die Samenhaut mit der Fruchtknotenwand, so daß eine Schließfrucht, Caryopse, entsteht, deren äußere Zellschichten von denjenigen der Frucht- und Samenhaut gebildet sind.

Fig. 78.

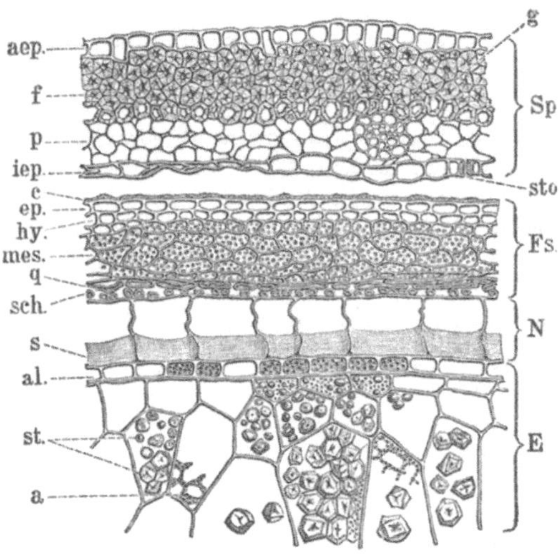

Besenmohrhirse. Querschnitt der Frucht und einer Hüllspelze. (Vergr. 160.)

Sp Hüllspelze, bestehend aus der äußeren Epidermis *aep*, der Faserschicht *f*, dem Schwammparenchym *p* und der inneren Epidermis *iep*, *g* Gefäßbundel, *sto* Spaltöffnung, *Fs* Fruchtschale, bestehend aus der Epidermis *ep* mit der Cuticula *c*, dem Hypoderm *hy*, dem stärkeführenden Mesokarp *mes*, den Querzellen *q* und den Schlauchzellen *sch*, *N* Nucellarrest oder hyaline Schicht mit gequollenen inneren Wänden *s*, *E* Endosperm, bestehend aus der Aleuronschicht *al* und dem mehlhaltigen Gewebe mit Stärkekörnern *st* und dem Proteinnetze *a*. (Nach Winton.)

Diese Frucht ist nach der Reife entweder nackt oder sie bleibt von den Spelzen umgeben. Das erstere ist der Fall bei Roggen, mehreren Weizenarten (Triticum vulgare, T. durum, T. polonicum, T. turgidum), Mais und den nackten Varietäten von Hafer und Gerste (Avena nuda und Hordeum nudum). Bei den übrigen Gersten- und Haferarten, ferner bei der Gattung Andropogon bleibt die Frucht mit den Spelzen verwachsen. Häufig fallen auch die Früchte in Ährchen ab, welche von den Hüllspelzen eingeschlossen sind, so bei Triticum Spelta, T. dicoccum, T. monococcum.

Aus dem Gesagten ergibt sich, daß Teile von Spelzen in den Mehlen von Weizen und Roggen äußerst selten vorkommen, während ihr Vorhandensein in Mahlprodukten von Spelzweizen, Gerste und Hafer häufiger, jedoch nicht immer, zu beobachten ist. Zur mikroskopischen Unterscheidung müssen daher, namentlich bei den ersteren, noch andere Gewebsteile heran gezogen werden, nämlich die Zellschichten der Frucht- und Samenschale (*F* u. *S* Fig. 79), sowie die äußerste Schicht des Endosperms *E*, die Aleuronschicht *K*. Die Fruchtschale besteht im allgemeinen aus 4 Schichten, nämlich der die Haare tragenden Epidermis (Epikarp), der Mittelschicht (Hypodermis), den Querzellen und den Schlauchzellen, während die Samenschale aus zartwandigen, meist zusammengedrückten braunen Zellen gebildet wird. Von diesen Gewebsformen sind für die mikroskopische Unterscheidung geeignet die Haare, die Längszellen (Epidermis und Mittelschicht), die Querzellen, z. T. auch die Aleuronzellen und die Samenschale.

Fig. 79.

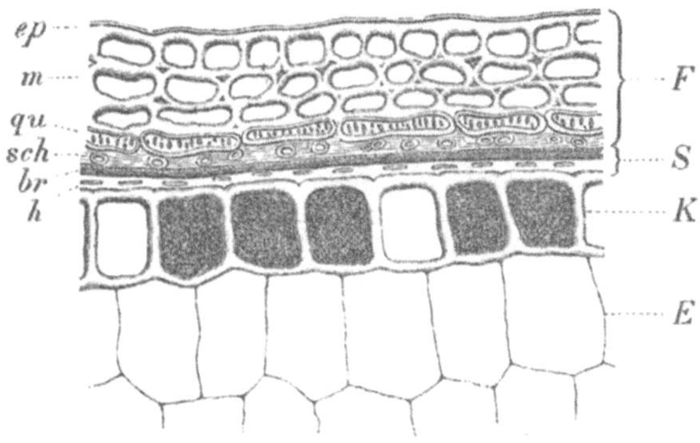

Randschicht des Weizens im Querschnitt. (Nach J. Möller.)

ep Oberhaut | *sch* Schlauchzellen
m Mittelschicht | *br* Samenhaut
qu Querzellen | *h* Perisperm

Die Lage der einzelnen Schichten auf dem Querschnitt läßt sich an vorstehenden Beispielen, nämlich Besenmohrhirse (Fig. 78) für bespelzte, und Weizen (Fig. 79) für nackte Getreidekörner erkennen.

I. Spelzen.

Als Blattgebilde bestehen alle Spelzen aus der Oberhaut der Außen- und Innenseite und dem dazwischen gelagerten Mesophyll. Die äußere Oberhaut wird von welligen, in Längsreihen angeordneten Zellen gebildet, welche meist langgestreckt sind und zwischen sich häufig isodiametrische Haar- oder Kieselzellen und Zwillingszellen einschließen. Die innere Oberhaut besteht gewöhnlich aus zartwandigen, oft Haare tragenden Zellen, während das Mesophyll meist aus 2 Schichten, dem Faserhypoderm und einem dünnwandigen Parenchym (Schwammparenchym) besteht. Die Ausbildung dieser Zellen ist aber nicht an allen Stellen der Spelze gleichmäßig. Während die Zellwände in der Mitte der Spelzen meist starke Verdickung aufweisen, werden sie nach den Spelzenrändern zu allmählich dünner und weniger stark gewellt, zuletzt fast gerade.

A. Äußere Epidermis.

1. Gerste. Die Epidermiszellen der Gerste (Fig. 80, umstehende Tafel VIII) sind gleichmäßig buchtig gewellt, in der Mitte der Deckspelze sehr dick, an den Rändern derselben und bei der Vorspelze (Fig. 80, B) dünner. Zur näheren Kennzeichnung der Spelzen dienen nach J. Formánek[1]) nicht nur die Form, sondern auch die Maße der Zellwände und des Zellumens. Es bezeichnet *a* die Breite der ganzen dickwandigen Zelle, *c* die Breite der Einbuchtungen und *d* das Lumen der Zelle (Abstand der gegenüberstehenden Vorsprünge der Zellwände). Bei der Gerste ist (bei den dickwandigen Zellen der Deckspelze) *a* 23—28 μ, *c* 10—12 μ und *d* 3—4 μ. Die Querwände der Zellen sind gleichmäßig verdickt, zuweilen gewellt. An den dünnwandigen Seitenteilen der Spelzen sieht man reichliche Spaltöffnungen. Die Langzellen wechseln ab mit Kurzzellen (*k*), halbmondförmigen Zellen und Zwillingskurzzellen (*m*). Die Kurzzellen sind rundlich und ohne kennzeichnende Unterscheidungsmerkmale. Die Zwillingskurzzellen sind derart gebaut, daß die größere halbmondförmige Zelle eine kleinere umfaßt. Zur Feststellung der Größenverhältnisse empfiehlt Formánek die Anwendung von 5 proz. Salzsäure sowie ganz schwacher (1 proz.) Kalilauge. Länge der Langzellen 80—100 μ (vereinzelt 150 μ). In der Granne (Fig. 81) setzt sich die Gewebsform der Spelze zunächst fort, nach

[1]) Zeitschr. f. Untersuchung d. Nahrungs- u. Genußmittel 1899, **2**, 833—842.

Getreidespelzen.

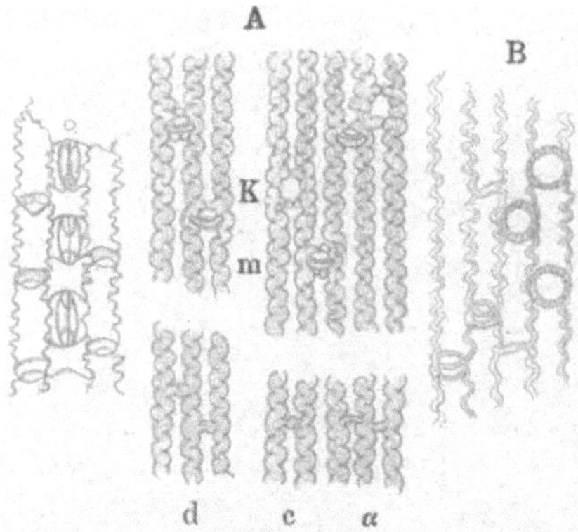

Fig. 80. Gerste, Spelzenoberhaut. A Deckspelze, B Vorspelze, K Kurzzellen, m Zwillingskurzzellen. Vergr. 120. (Nach J. Formánek.)

Fig. 81. Gerstengranne. Vergr. 100. (Nach A. Scholl.)

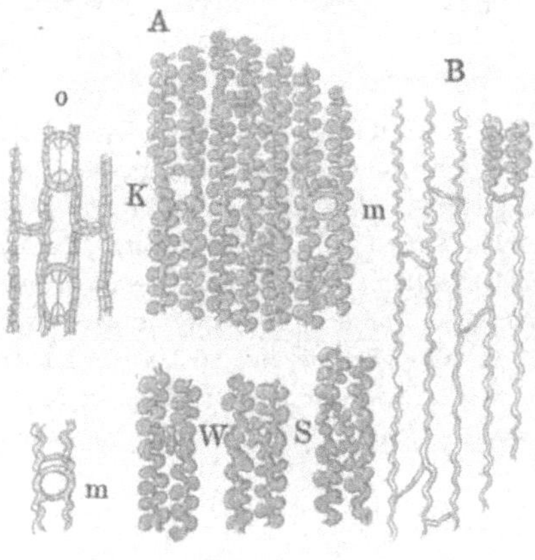

Fig. 82. Hafer, Spelzenoberhaut. A Deckspelze, B Vorspelze, K Kurzzellen, m Zwillingskurzzellen. Vergr. 120. (Nach J. Formánek.)

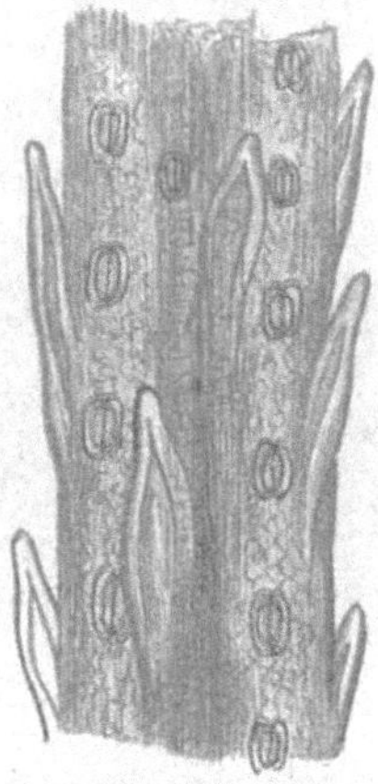

Fig. 83. Hafergranne. Vergr. 100. (Nach A. Scholl).

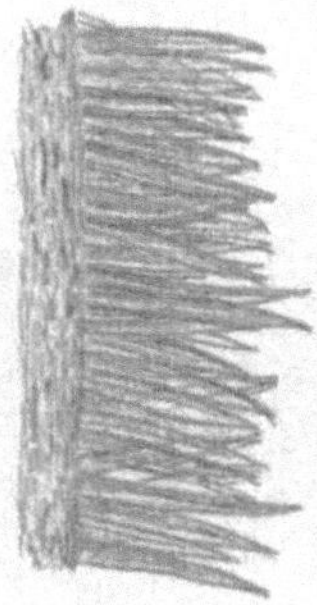

Fig. 84. Haarleiste der Haferspelze. Vergr. 60. (Nach A. Scholl.)

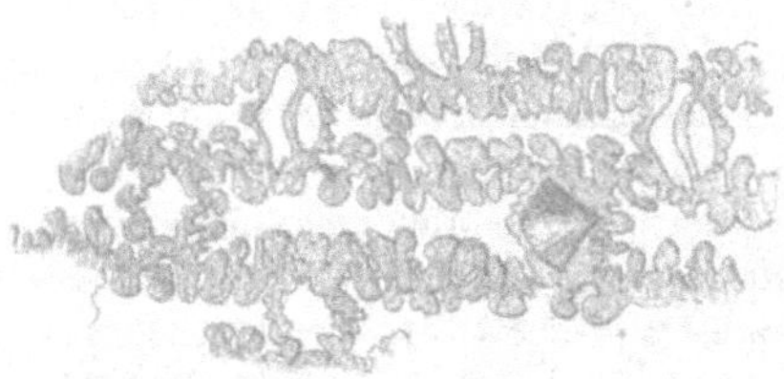

Fig. 85. Oberhaut der Vorspelze des Dinkels. Vergr. 260. (Nach Hauptfleisch.)

Fig. 86. Oberhaut der Hirsespelze (links von der Mitte, rechts vom Rande). Vergr. 120. (Nach A. Scholl.)

der Spitze zu werden die Zellen allmählich dünnwandiger, und es treten sowohl kleine zwiebelförmige wie auch derbe kegelförmige Haare zahlreich auf. Auch Spaltöffnungen sind in großer Zahl vorhanden.

2. Hafer. Die Zellwände der Oberhaut (Fig. 82) der Deckspelze sind, in der Fläche gesehen, ungleich verdickt, zickzackförmig mit rundlich ausgestülpten Zacken (nach Hauptfleisch trommelschlägelartig), die Verdickung ist in der Mitte der Spelzen stark, sie verschwindet allmählich nach den Rändern zu, sowie an der Vorspelze, so daß die Zellwände hier dünn und wellenförmig sind. Die Querwände (*w*) der Zellen haben knotenartige Anschwellungen, sie stehen zuweilen schief zur Längsrichtung der Zellen (*s*). Wie bei Gerste wechseln die Langzellen mit runden Kurzzellen (*k*) oder Zwillingszellen (*m*) ab, letztere sind aber umgekehrt wie bei Gerste gebaut, indem die rundliche Zelle die halbmondförmige an Größe übertrifft. An den Rändern Spaltöffnungen. Breite der dickwandigen Zellen (*a*) 32—40 μ, Breite der Einbuchtungen (*c*) 14—16 μ, Lumen (*d*) 4—8 μ. Besonders eigentümlich für Hafer sind zwei an der Vorspelze befindliche Leisten (Fig. 84), welche dicht mit mehreren Reihen von kurzen, derben Haaren besetzt sind. Die Hafergranne (Fig. 83) verhält sich ähnlich wie die Gerstengranne.

3. Spelzweizen (Spelt oder Dinkel, Emmer, Einkorn). Nach P. Hauptfleisch[1]) haben die Zellen der äußeren Epidermis der Vorspelze des Dinkels (Fig. 85) die am meisten kennzeichnende Form. Die Epidermis besteht wie bei der Gerste aus Lang- und Kurzzellen, welche in Längsreihen parallel der Hauptachse der Frucht angeordnet sind. Die Wände dieser Zellen sind stark verdickt, sie zeigen bei starker Vergrößerung, von der Fläche gesehen, ein buchtig hin und her gebogenes, an Darmwindungen erinnerndes Aussehen (daher als „Gekrösezellen" bezeichnet). In Lauge sind die Zellwände stark verquollen und die Windungen nicht mehr deutlich zu erkennen. Die Kurzzellen sind entweder rundlich und tragen bisweilen ein kurzes, stumpfkegelförmiges Haar, oder sie sind zu zweien in Zwillingszellen vereinigt, von denen die eine halbmondförmiges, die andere flach segmentförmiges Lumen besitzt.

4. Rispenhirse. Die Frucht der Rispenhirse ist von der kahlen, glänzenden Hüllspelze und der Vorspelze umschlossen. Die äußeren Epidermiszellen dieser Spelzen (Fig. 86) gleichen denjenigen der Gerstenspelze, jedoch fehlen die Kurzzellen. Die langgestreckten Zellen besitzen stark verdickte, gleichmäßig wellig-buchtige Längswände, auch die Querwände sind teilweise gewellt. Nach dem Spelzenrande zu wird die Wandverdickung geringer und der Verlauf der Zellwand deutlicher wellenförmig.

5. Kolbenhirse. Die Spelzen ähneln denen des Borstengrases. Die äußeren Epidermiszellen sind sehr verschieden groß, die Zähne ihrer Seiten sind in der Flächenansicht viel mannigfaltiger gestaltet als bei der Rispenhirse, bald spitz oder zugespitzt und scharf vorgezogen, bald stumpf, oft gelappt.

6. Borstengras (Setaria). Die die reife Frucht umschließenden Spelzen, nämlich die Deck- und Vorspelze, sind lederig, verkieselt und mit zahlreichen Querfalten versehen. Die äußere Oberhaut der Deckspelze und des mittleren Teiles der Vorspelze (Fig. 87) besteht aus mäßig gestreckten Zellen, die nicht nur in Längsreihen, sondern auch in unregelmäßigen Querreihen angeordnet sind, wodurch die Querfalten hervorgerufen werden. An der einen Seite tragen die Zellen häufig Cutikularwarzen mit einer Gruppe von Grübchen. An den Seiten der Vorspelze (Fig. 88) sind die Zellen länger, schmäler und weniger verwickelt.

7. Mohrhirse. Das Korn der Mohrhirse wird umschlossen von zwei glänzenden, dicken Hüllspelzen und drei häutigen behaarten Spelzen, nämlich der Deckspelze, der Vorspelze und der Spelze einer unvollständigen Blüte. Die Deckspelze ist begrannt, die Granne fällt aber beim Dreschen ab. Die Hüllspelzen sind von weichen Haaren bedeckt, welche jedoch beim Dreschen und Reinigen meist abfallen, so daß die Spelzen glatt und glänzend erscheinen. Die äußere Oberhaut der Hüllspelzen (Fig. 90) besteht aus Langzellen mit wellenförmigen, stark verdickten Längswänden. Zwischen diesen Langzellen erkennt man die Ansatzstellen der abgefallenen Haare als isodiametrische Zwischenräume bzw. Kurzzellen, welche stets von einer halbmondförmigen Zelle mit

[1]) Landw. Versuchsstat. 1903, **58**, 57.

Getreidespelzen.

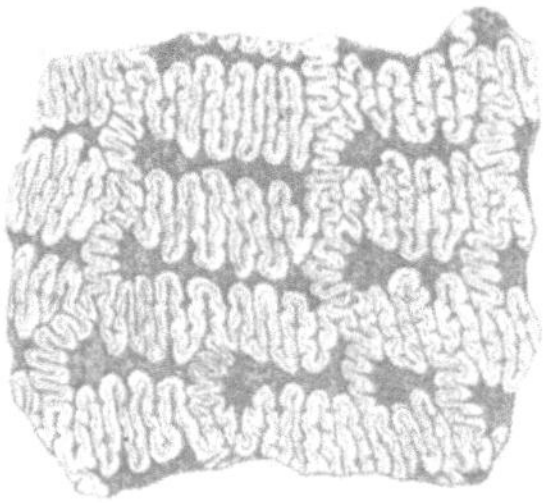

Fig. 87. Setaria.
Oberhaut der Mitte der Vorspelze.
Vergr. 200. (Nach A. L. Winton.)

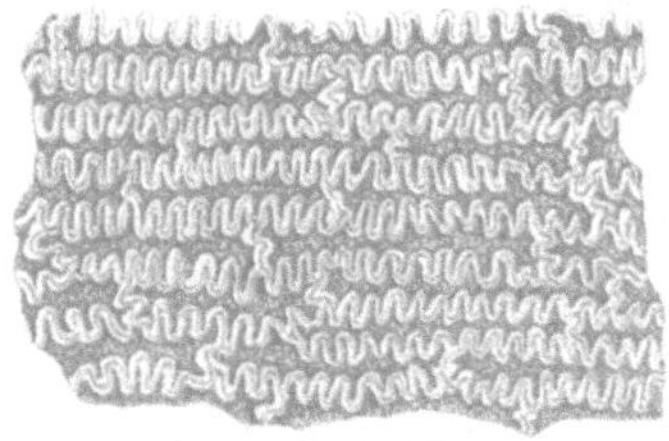

Fig. 88. Setaria.
Oberhaut am Rande der Vorspelze.
Vergr. 200. (Nach A. L. Winton.)

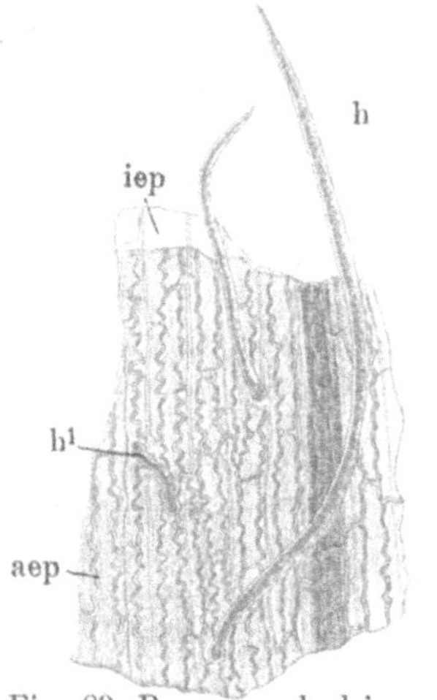

Fig. 89. Besenmohrhirse,
dünne Spelze. aep äußere, iep innere
Oberhaut, h und h1 Haare.
Vergr. 160. (Nach J. Möller).

Fig. 90. Besenmohrhirse,
Hüllspelze. aep äußere Epidermis
und f Faser der Hüllspelze.
(Vergr. 300.) Nach Winton.

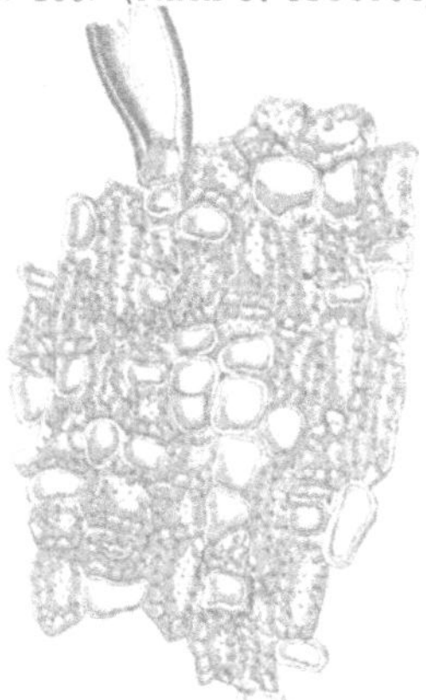

Fig. 91. Mais.
Oberhaut der oberen Hüllspelze.
Vergr. 200. (Nach A. L. Winton.)

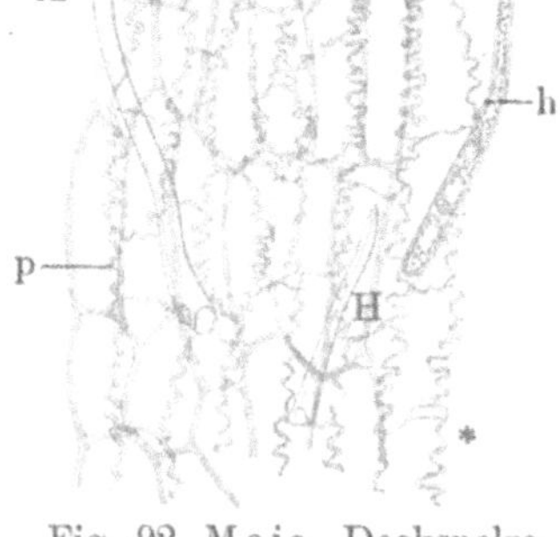

Fig. 92. Mais, Deckspelze.
p Grundgewebe, ep Oberhaut, H und
h 1—3zellige Haare, * Haarspuren.

körnigem Inhalt begleitet sind. Die Haare sind oft 1 mm lang, in der Mitte 12 μ breit, beiderseits verjüngt; das Lumen ist stets viel breiter als die Wand. Die Deck- und Vorspelze (Fig. 89) zeigen in der äußeren Oberhaut Zellen, welche denen der Hüllspelze in der Form ähnlich, jedoch enger und dünnwandiger sind. Die Haare sind einzellig, bis 500 μ lang, oder zwei- bis dreizellig, kurz und stumpf. Alle Haare sind sehr dünnwandig.

8. Mais. Die Fruchthüllen des Maiskornes bestehen aus zwei hornigen, mit der Maiskolbenspindel verwachsenen äußeren Hüllspelzen und 4 dünnen, seidenpapierähnlichen Hüll- bzw. Deck- und Vorspelzen. Auch die äußeren Hüllspelzen sind im oberen Teile papierdünn und den anderen Spelzen ähnlich. Die Oberhaut des hornigen Teiles der Hüllspelzen (Fig. 91) besteht aus zweierlei Zellformen, nämlich unregelmäßig geformten, dickwandigen, reich getüpfelten und aus gerundet rechteckigen, dünnwandigen, porenfreien Zellen, letztere liegen oft zu mehreren zusammen und in regelmäßigen Abständen. Die dünnen Teile der Hüllspelzen (Fig. 92) und die übrigen Spelzen bestehen nur aus 2 Zellagen, indem das Mesophyll nicht ausgebildet ist. Es bleibt also nur die aus ungleich wellig-buchtigen Zellen mit geschlängelten Längsseiten bestehende Oberhaut und das darunter liegende Parenchym mit zartwandigen Tafelzellen. Auf der Oberhaut sitzen einzellige, ziemlich dickwandige, bis 1000 μ lange Haare mit bis zur Spitze offenem Lumen, sowie auch kurze dünnwandige, 1—3zellige Haare.

9. Reis. Die Zellen der Außenoberhaut der Reisspelze zeichnen sich durch ihre Größe und die starke Wandverdickung aus. Sie sind kurz (in der Regel 2—4 Windungen der Längswände) und tragen auf den Querwänden häufig dicke kurze Haare; wo diese ausgefallen sind, sieht man einen runden leeren Raum zwischen den Zellen. In Wasser oder Chloralhydrat zeigen die Faltungen der Längswände glattrandige runde Form (Fig. 93 B), während nach Behandlung mit Lauge die Zellwände zerklüftet oder knorrig aussehen. Infolge der Zerstörung der Mittellamelle zwischen den Zellen treten dann die äußeren Umrißlinien derselben als scharfe, zahnartige Struktur hervor. Die in der Fläche gesehenen Zellwände sind höckerig, die Mitte der Zellen erscheint infolgedessen etwas verschwommen. Die Ansatzstellen der Haare treten im Laugenpräparat als dickwandige Kurzzellen hervor. Breite der dickwandigen Zellen 110—185 μ, Breite der Einbuchtungen 40—85 μ, Lumen 8—15 μ.

10. Hühnerfennich (Panicum crus galli). Die Oberhautzellen dieser Spelzen (Fig. 94) sind denen der Reis- und Rispenhirsenspelze teilweise ähnlich. Von den letzteren unterscheiden sie sich durch ihre Breite und sehr dichte, tief gefaltete Biegungen. An den Rändern der Spelze sind die Zellwände schwächer verdickt, die Querwände deutlich gewellt. Die Breite der Zellen (*a*) beträgt nach Formánek 56—96 μ, die Länge (*b*) 40—88 μ, die Breite der Einbuchtungen (*c*) 24—44 μ und die innere Entfernung der Einbuchtungen (*d*) durchschnittlich 8 μ. Es gibt aber auch Zellen, bei welchen beträgt: a 88—128 μ, *b* 56—88 μ, *c* 40—56 μ und *d* 8—16 μ, diese Zellen sind also breiter als lang. Von der Reisspelze ist die Hühnerfennichspelze auf Grund der genannten Maße zu unterscheiden, auch sind Ansatzstellen von Haaren nicht wahrzunehmen.

11. Quecke (Triticum repens). Die Oberhautzellen der Spelze (Fig. 95) gleichen denen der Gerstenspelze. Die Zellwände sind gleichmäßig buchtig gewellt, jedoch dünner als bei Gerste, auch ist das Zellumen breiter. Die Breite der ganzen dickwandigen Zelle beträgt nach Formánek 22—24 μ, die Breite der Einbuchtungen 7—8 μ, die Entfernung der Einbuchtungen 8 μ. Die Zellenquerwände, die Kurzzellen und die Zwillingskurzzellen sind denen der Gerstenspelze ähnlich, doch ist der Unterschied in der Größe bei den zu Zwillingen vereinigten Kurzzellen geringer als bei Gerste, und die umfassenden Zellen sind nicht so konisch, sondern mehr viereckig.

12. Flughafer (Avena fatua). Die Form der Zellen der Außenoberhaut (Fig. 96) gleicht im allgemeinen derjenigen beim Hafer, insbesondere auch bezüglich der Form der Verdickung. Einen geringen Unterschied beobachtet man bei den halbmondförmigen Kurzzellen, welche eine hufeisenartige Gestalt annehmen. Der wichtigste Unterschied zwischen Hafer- und Flughaferspelze scheint in den Größenverhältnissen der dickwandigen Zellen zu liegen. Dieselben sind breiter als die Zellen der Haferspelze, es beträgt die Breite der ganzen Zelle bei Flughafer

[1]) Landw. Versuchsstat. 1903, **58**, 57.

Getreidespelzen.

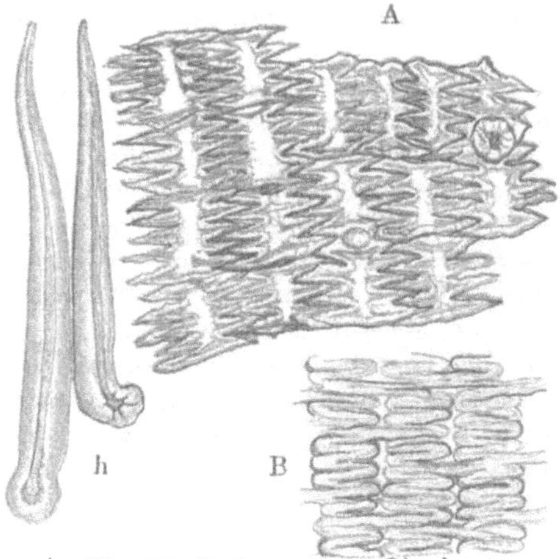

Fig. 93. Reisspelze, Oberhaut. A mit Säure und Lauge, B mit Chloralhydrat behandelt, h Haare. Vergr. 120. (Nach A. Scholl.)

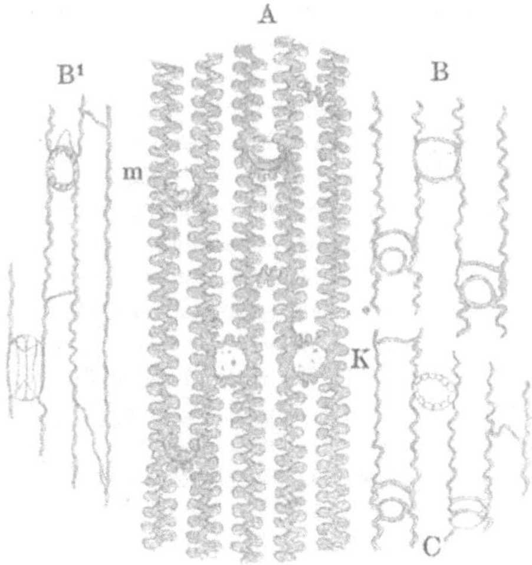

Fig. 96. Flughafer. A Deckspelze, B Vorspelze, B¹ Seitenteil, C Hüllspelze, K Kurzzellen, m Zwillingskurzzellen. Vergr. 120. (Nach J. Formánek.)

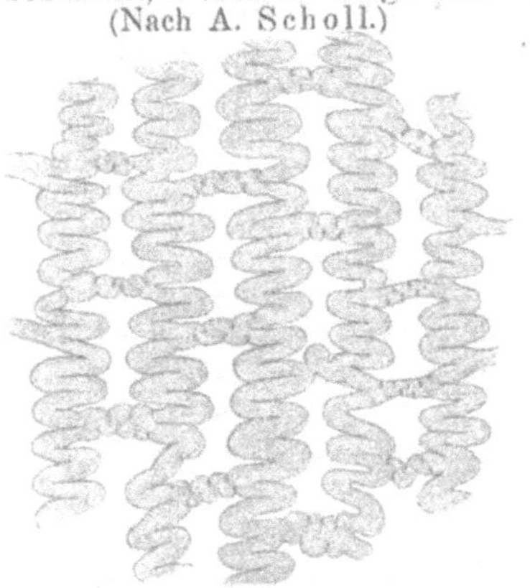

Fig. 94. Hühnerfennich. Deckspelze. Vergr. 120. (Nach J. Formánek.)

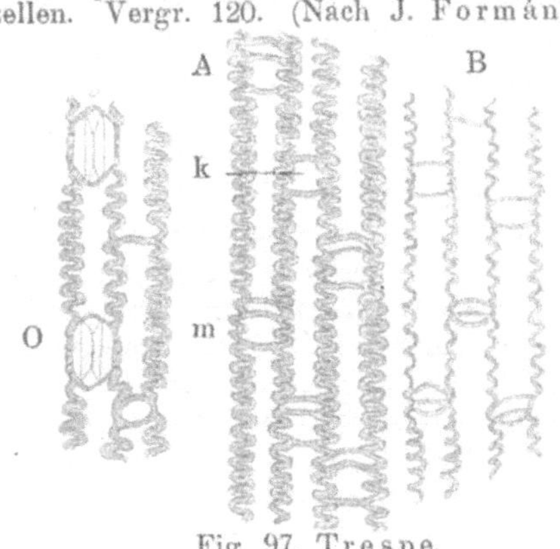

Fig. 97. Trespe. A Deckspelze, B Vorspelze, k Kurzzellen, m Zwillingskurzzellen, o Spaltöffnungen. Vergr. 120. (Nach J. Formánek.)

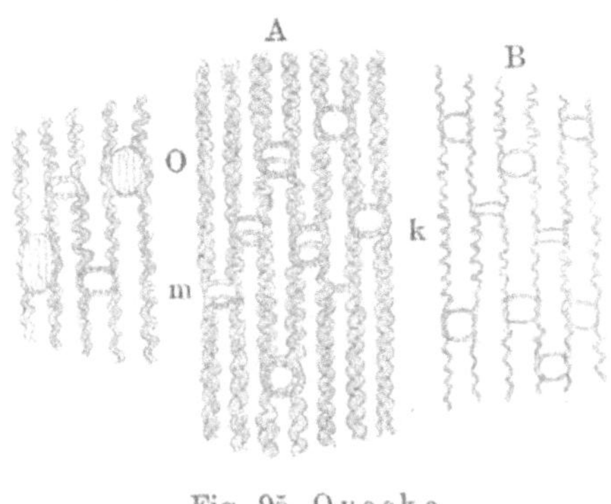

Fig. 95. Quecke. A Deckspelze, B Vorspelze, k Kurzzellen, m Zwillingskurzzellen, o Spaltöffnungen. Vergr. 120. (Nach J. Formánek.)

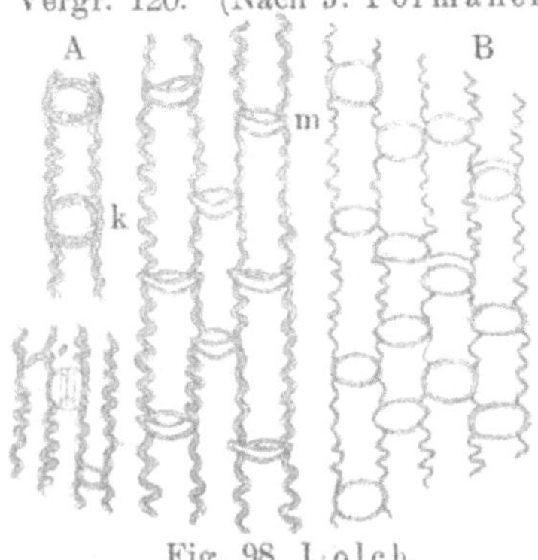

Fig. 98. Lolch. A Deckspelze, B Vorspelze, k Kurzzellen, m Zwillingskurzzellen. Vergr. 120. (Nach J. Formánek.)

nach Formánek 40—60 μ, die Breite der Einbuchtungen 17—26 μ, die innere Entfernung der Einbuchtungen 5—8 μ. An den Seiten der Spelze auch Spaltöffnungen und kurze konische Haare.

13. Trespe (Bromus secalinus). Die Zellen der Außenoberhaut der Spelzen (Fig. 97) zeigen gleichmäßig wellige, dickwandige Längsseiten, die Einbuchtungen sind scharf ausgeprägt und rund. Die Breite der dickwandigen Zellen beträgt nach Formánek durchschnittlich 32—44 μ, diejenige der Einbuchtungen 14—16 μ, die innere Entfernung der Einbuchtungen 3—12 μ. Wie bei anderen Gräserarten zwischen den Langzellen einzelne und Zwillingskurzzellen. Die Kurzzellen sind oval und zum Unterschiede von denen des Lolches an den Seiten zahnförmig, indem die Wellenlinie der Längsseiten der Langzellen in den Kurzzellen fortläuft. Die Zahl der Kurzzellen beträgt 8—12 auf 1000 μ Länge. Die kleinere Zelle der Zwillingskurzzellen ist größer als beim Lolch.

14. Lolch (Lolium temulentum). Die äußere Epidermis der Deckspelze des Lolches (Fig. 98) wird gebildet von gestreckten, an den verschiedenen Teilen der Spelze und der Vorspelze ungleich dickwandigen Zellen mit unregelmäßig gewellten Längswänden. Bei den dünnwandigen Zellen sind die Biegungen mehr zackig. Nach Formánek beträgt die Breite der dickwandigen Zellen 40—56 μ, die Breite der Einbuchtungen 12—20 μ und der innere Abstand zwischen den gegenüberliegenden Einbuchtungen im Durchschnitt 16 μ. Zwischen den Langzellen finden sich rundliche, an der Innenwand gezähnte Kurzzellen und Zwillingskurzzellen, deren größere, konisch gebogene eine kleinere umfaßt. Kurzzellen reichlich, auf 1000 μ Länge 12 bis 17 Kurzzellen. Spaltöffnungen und kurze konische dickwandige Haare kommen vor.

B. Hypodermfasern (Fig. 99—102).

Mit der Oberhaut der Spelzen verbunden sind die meist in 2—3facher Lage vorhandenen,

Fig. 99.

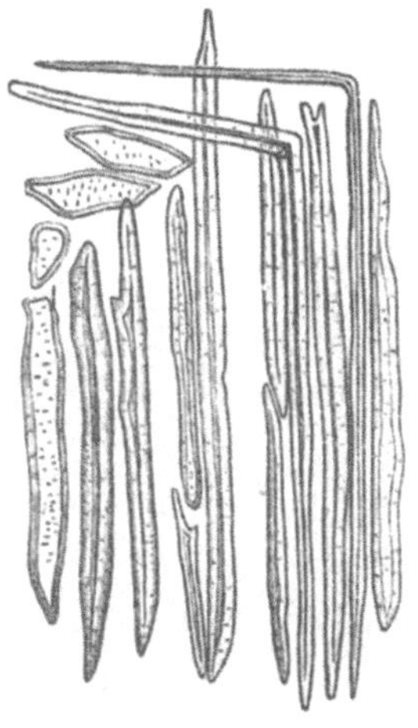

Hypodermfasern der Gerstenspelze, Vergr. 200. (Nach A. Scholl.)

Fig. 101.

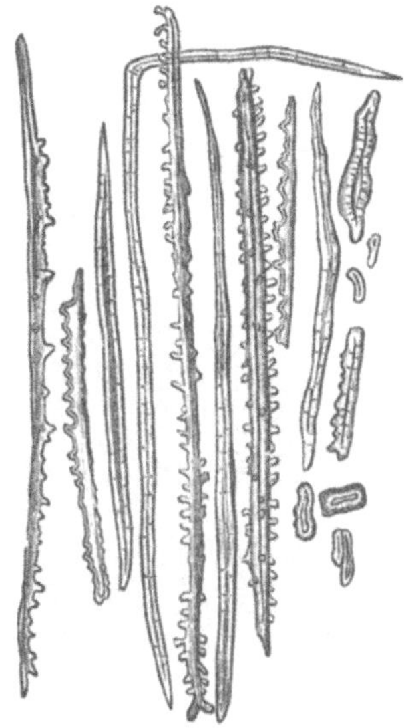

Hypodermfasern der Reisspelze, Vergr. 200. (Nach A. Scholl.)

Fig. 100.

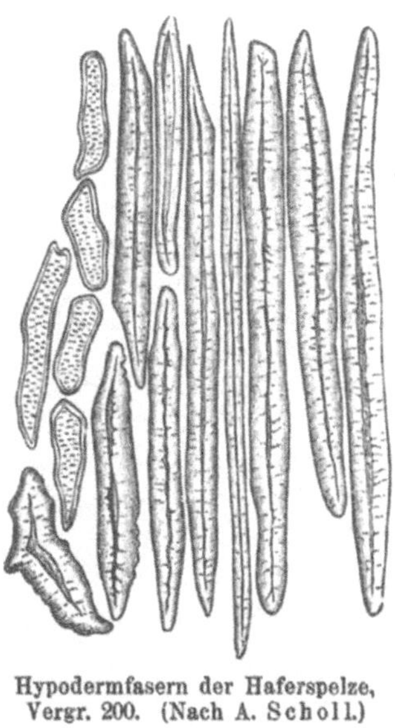

Hypodermfasern der Haferspelze, Vergr. 200. (Nach A. Scholl.)

Fig. 102.

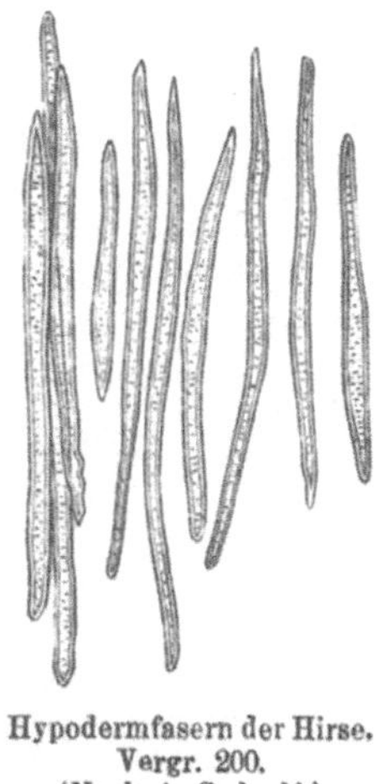

Hypodermfasern der Hirse. Vergr. 200. (Nach A. Scholl.)

Getreidespelzen, Parenchym und innere Oberhaut. Vergr. 200.

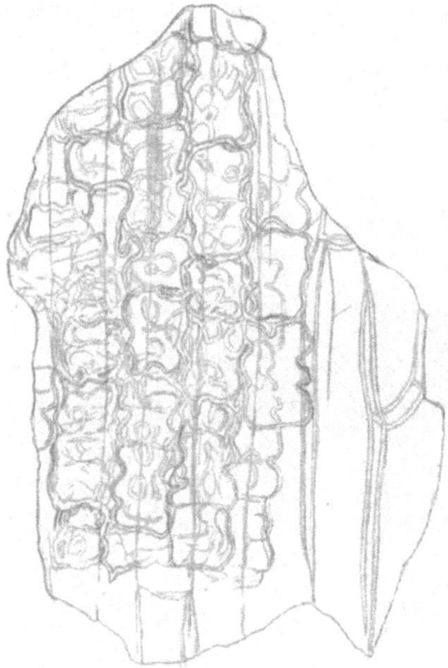

Fig. 103. Gerste.
(Nach A. Scholl.)

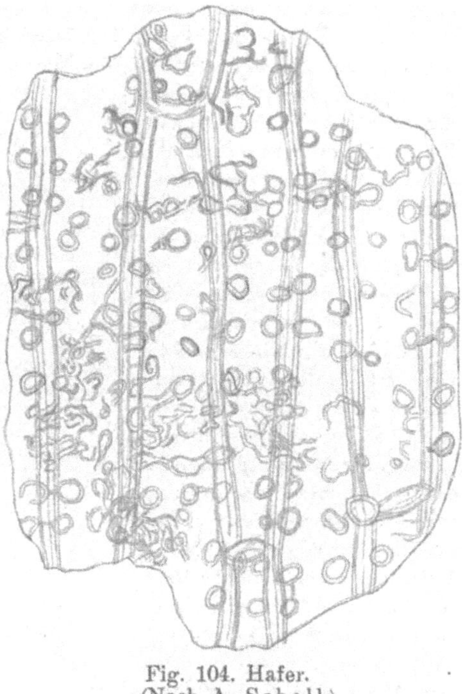

Fig. 104. Hafer.
(Nach A. Scholl.)

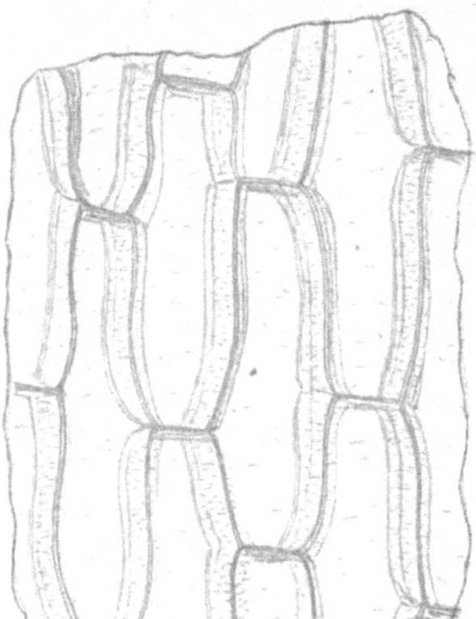

Fig. 105. Rispenhirse.
(Nach A. Scholl.)

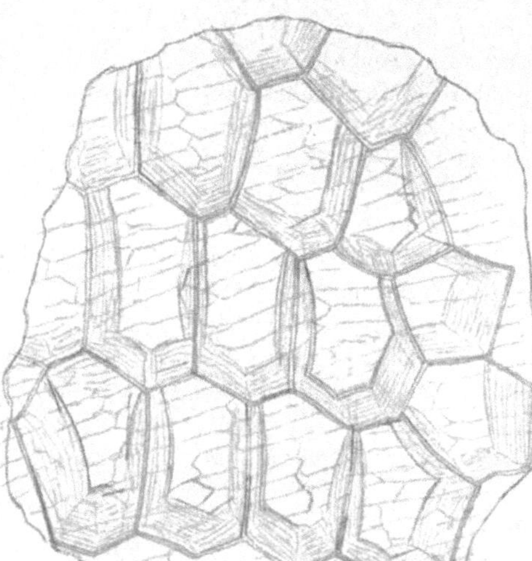

Fig. 106. Reis.
(Nach A. Scholl).

gewissermaßen ineinander verkeilten, lang gestreckten Faserzellen. Diese Zellen zeigen sowohl in den Größenverhältnissen wie auch in der Stärke der Wandverdickung und der Tüpfelung bei den verschiedenen Cerealien teilweise kennzeichnende Unterschiede (vgl. die Figuren). Auch die Form ist zum Teil zur Kennzeichnung geeignet, namentlich die höckerigen und schlauchartigen Ansätze beim Reis. Am Grunde der Spelzen finden sich vielfach an Stelle der langgestreckten Fasern kurze, steinzellenartige Formen.

C. Parenchym der Spelzen und innere Epidermis.

Das Parenchym der Spelzen weist in einigen Fällen Merkmale auf, welche besonders für die Unterscheidung der Spelzenfragmente geeignet sind. Um diese Zellschichten zu erhalten, kann man, wenn größere Bruchstücke der Spelzen zur Verfügung stehen, diese nach dem Einweichen in Wasser mit der Außenseite nach unten auf einen Objektträger legen und die Zellschichten der Innenseite mit dem Messer abschaben. In der Regel findet man aber auch in spelzenhaltigem Mehl bereits abgelöste Teile der inneren Zellagen, namentlich wenn man die gröberen Teile mittels des Siebes abtrennt und die feineren Anteile untersucht.

Bei der Gerste (Fig. 103) besteht das Schwammparenchym aus 2—3 Lagen gerundet-vierseitiger, buchtig-faltiger Zellen mit auffallenden Einfaltungen der Membran, also welligem Verlauf der Zellwand, wodurch kleinere und größere Interzellularräume entstehen. Die verhältnismäßig regelmäßige Form und Lagerung der Zellen verursacht in der Flächenansicht den Eindruck einer leiterartigen Anordnung. Auf dem Grunde der Zellen erscheinen die Einbuchtungen der Wände unregelmäßig rundlich oder eiförmig, oft paarweise. Unter dem Schwammparenchym tritt die Innenepidermis in Form langgestreckter, ziemlich dünnwandiger Zellen hervor, auf derselben zuweilen Haare und Spaltöffnungen.

Beim Hafer (Fig. 104) ist das Parenchym ebenfalls mehrreihig ausgebildet, die Zellen sind aber viel unregelmäßiger geformt und angeordnet, sternförmig, so daß zahlreiche Lücken zwischen ihnen entstehen, welche in der Flächenansicht häufig paarweise nebeneinander (brillenartig) erscheinen. Unter dem Parenchym sind die langgestreckten Zellen der inneren Oberhaut zu erkennen.

Beim Reis (Fig. 106) tritt das Schwammparenchym nur wenig deutlich in die Erscheinung, es besteht aus zwei, stellenweise mehr Lagen rechteckiger, dünnwandiger Zellen. Dagegen ist die innere Oberhaut kennzeichnend. In der Flächenansicht sind die Zellen annähernd isodiametrisch meist sechsseitig, zuweilen etwas gestreckt. Die dünnen radialen Membranen sind faltig zusammengedrückt und erscheinen infolgedessen zart gestreift.

Bei der Rispenhirse (Fig. 105) besteht das Parenchym aus regelmäßigen prismatischen, dünnwandigen, feingetüpfelten Zellen, deren Wände meist geschweift sind, so daß ein kettenartiges Aussehen hervorgerufen wird.

II. Frucht- und Samenschale.

A. Haare.

Die Haare der Fruchtoberhaut bilden, wo sie bei den Getreidearten vorhanden sind eines der wichtigsten Unterscheidungsmerkmale, da sie selbst in den feinsten Mehlen stets aufzufinden sind. Da die Wandungen der Haare in Lauge leicht quellen, müssen sie stets auch in Wasser oder Chloralhydratpräparaten untersucht werden.

1. Weizen. Die Anzahl der an der Spitze eines Weizenkornes sitzenden Haare ist so groß, daß dieselben einen mit bloßem Auge wahrnehmbaren Schopf bilden. Die Haare (Fig. 107) sind stets einzellig, gerade oder säbelförmig gebogen, allmählich von der Basis zur Spitze verjüngt oder an letzterer plötzlich scharf zugespitzt. Der Fuß ist abgerundet oder abgestutzt, oft etwas schief fersen- oder hakenförmig abgebogen, zuweilen etwas kolbig aufgetrieben, grobgetüpfelt. Die Länge der Haare ist sehr verschieden; die größten messen bis 1 mm. Die Breite des ganzen Haares beträgt in der Mitte bis zu 25 μ, meist 15—18 μ, an der Basis sogar bis 35 μ. Die Wanddicke

Getreide, Haare der Fruchtoberhaut.
A Vergr. 60, B Vergr. 200.

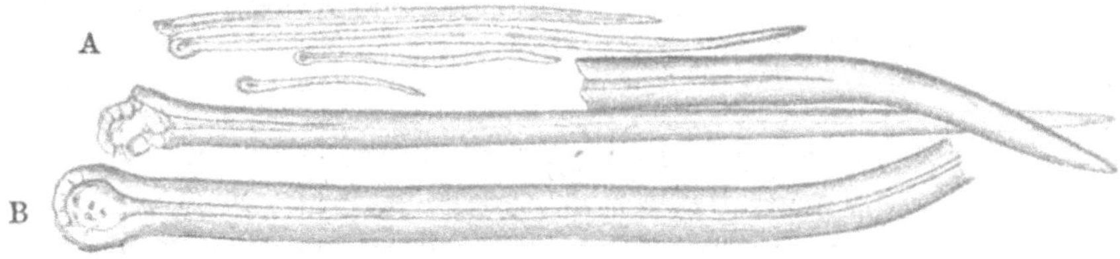

Fig. 107. Weizen. (Nach A. Scholl.)

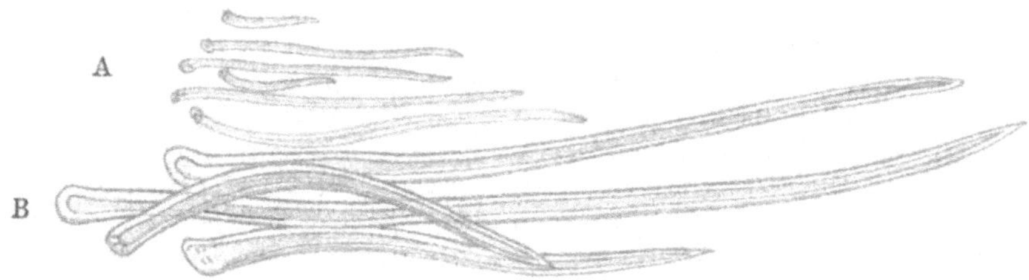

Fig. 108. Roggen. (Nach A. Scholl.)

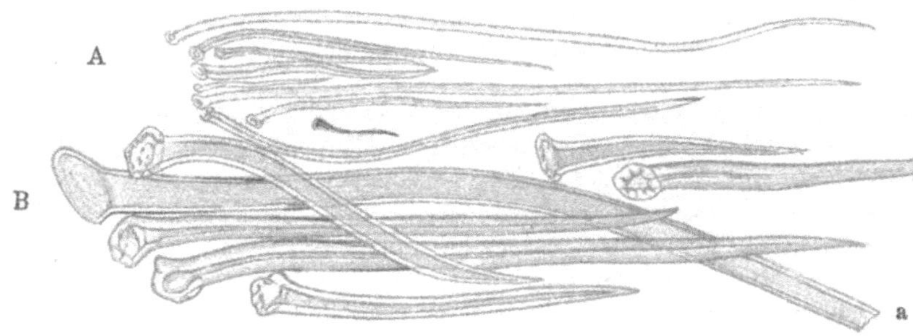

Fig. 109. Gerste. a Haar von einer lodicula. (Nach A. Scholl.)

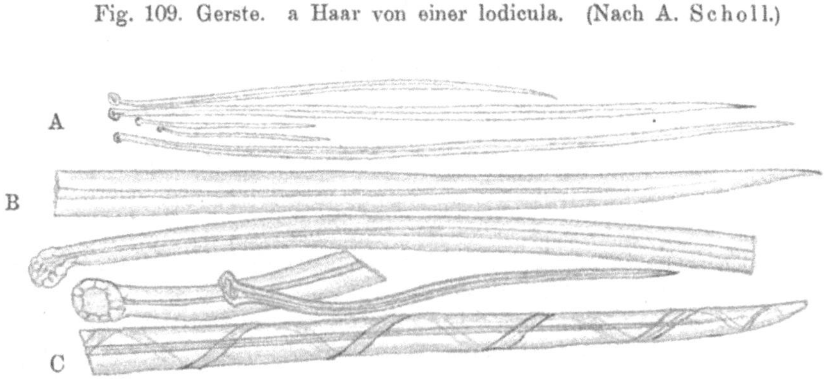

Fig. 110. Hafer. C nach Behandlung mit Säure. (Nach A. Scholl).

ist im Verhältnis zum Lumen sehr beträchtlich, letzteres nur im Fußteil und kurz über demselben weiter; im übrigen erreicht das Lumen höchstens die Wanddicke, größtenteils ist es enger und verliert sich allmählich als kaum meßbarer feiner Kanal nach der Spitze.

Die Haare der Spelzweizenarten sind verschieden; diejenigen des Emmers gleichen, was Länge und Dickenverhältnisse anlangt, am meisten denen des Roggens, die Haare des Einkorns denen des Weizens, während die Haare des Dinkels die Mitte zwischen beiden halten.

2. Roggen. Die Anzahl der Haare eines Roggenkornes ist in der Regel erheblich geringer als beim Weizen. Die Form (Fig. 108) ist vom Weizenhaar etwas abweichend; die kleineren Haare sind im größten Teil ihrer Länge ziemlich gleichbreit und gehen am Ende ziemlich rasch in eine scharfe Spitze über, die größeren Haare sind zuweilen über dem Fußteil etwas eingedrückt und von der Mitte zur Spitze sehr allmählich verschmälert. Die Länge beträgt bis zu etwa 700 μ, die Breite bis etwa 22 μ. Der wichtigste Unterschied gegenüber dem Weizenhaar ist das Verhältnis der Wandstärke zum Lumen; letzteres mißt 6—15 μ (auch noch mehr), die Wandstärke dagegen nur 2—6 μ. Das Lumen ist bis in die Spitze deutlich zu verfolgen, zuweilen ist es kurz unterhalb der letzteren verengt und in der Spitze wieder erweitert. Neben diesen dünnwandigen, weitlumigen Haaren kommen an demselben Roggenkorn fast stets einzelne Haare mit dicker Wand und engem Lumen vor, letzteres ist aber auch bei diesen Haaren am und über dem Fuße weiter als die Wanddicke.

3. Gerste. Die Haare (Fig. 109), welche die Fruchtoberhaut der Gerste an der Spitze des Kornes trägt, sind einzellig, scharf zugespitzt, am Grunde in der Regel bauchig erweitert, so daß die kürzeren kegel- oder trompetenförmig aussehen, während die längeren oft säbelförmig oder S-förmig gebogen sind. Die Länge ist sehr schwankend, zwischen ganz kurzen (30 μ) bis zu 500 μ langen finden sich alle Zwischenstufen; die Mehrzahl mißt um 200 μ. Die Breite beträgt 10—20 (25) μ, an der Basis bis 40 μ. Die meisten dieser Haare sind derbwandig (Wanddicke 4—8 μ), daneben finden sich aber auch dünnwandige Haare mit weitem Lumen. Außer diesen Fruchtoberhauthaaren sind die Haare zu erwähnen, welche die an der Basis der Frucht zwischen dieser und der Vorspelze eingeklemmten Schüppchen (Lodiculae) tragen. Diese Haare sind zumeist sehr lang, bis $1^1/_2$ mm, in der Regel dünnwandig und weitlumig, oft wurmartig gekrümmt. Auch bei diesen Haaren ist der Grund meist bauchig erweitert.

4. Hafer. Die Haferhaare (Fig. 110) sind über dem meist in stumpfem Winkel abgebogenen Fußteil etwas eingezogen, allmählich nach der Mitte zu breiter werdend und von hier aus allmählich und lang zugespitzt. Die Länge ist sehr verschieden, meist ist ein langes (bis 2 mm und mehr) Haar mit einem oder mehreren kurzen (bis etwa 200 μ lang) vereinigt. Die Breite beträgt bei den langen in der Mitte bis 35 μ, die Wanddicke bis 15 μ, das Lumen bis 10 μ, im allgemeinen sind Wanddicke und Lumen in der Mitte annähernd gleich. Wenn die Haare mit siedender Chloralhydratlösung oder mit starker Salz- oder Salpetersäure behandelt werden, so treten eigentümliche spiralige, schraubenförmige Streifungen auf der Oberfläche (Ätzungen) auf. Diese Ätzspiralen sind aber nicht für Haferhaare ausschließlich kennzeichnend, da dieselben nach L. Rosenthaler[1]) auch bei den Haaren verschiedener Weizensorten durch konzentrierte Salzsäure oder 50 proz. Kalilauge hervorgerufen werden, während bei Roggen vereinzelt bandartige Ätzungen beobachtet wurden.

B. Epidermis und Mittelschicht (Hypodermis).

Die obersten Schichten der Fruchtschale können in einigen Fällen zur Unterscheidung der Getreidearten verwendet werden, namentlich bei Weizen und Roggen.

1. Weizen (Fig. 111). Die Oberhaut besteht aus in der Längsachse der Frucht gestreckten 4—6 eckigen derbwandigen Tafelzellen mit in der Fläche nahezu geraden, nicht wellig gebogenen

---

[1]) Ber. Deutsch. Pharm. Ges. 1910, **20**, 368—371; Zeitschr. f. Untersuchung d. Nahrungs- u. Genußmittel 1912, **23**, 61.

Getreide, Fruchtschale, Epidermis und Hypodermis. Vergr. 200.

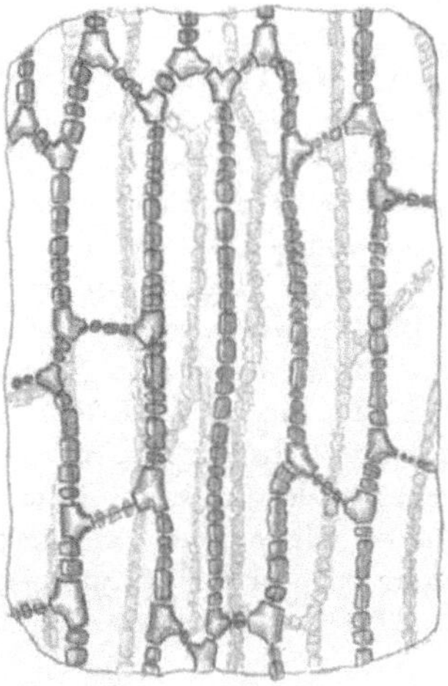

Fig. 111. Weizen.
(Nach A. Scholl.)

Fig. 113. Gerste. (Nach A. Scholl.)

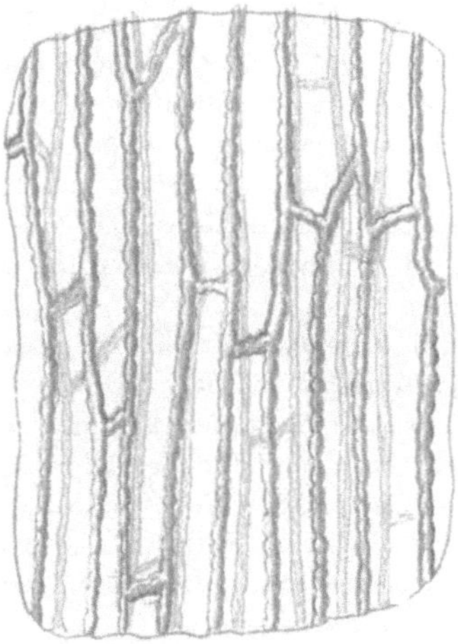

Fig. 112. Roggen.
(Nach A. Scholl.)

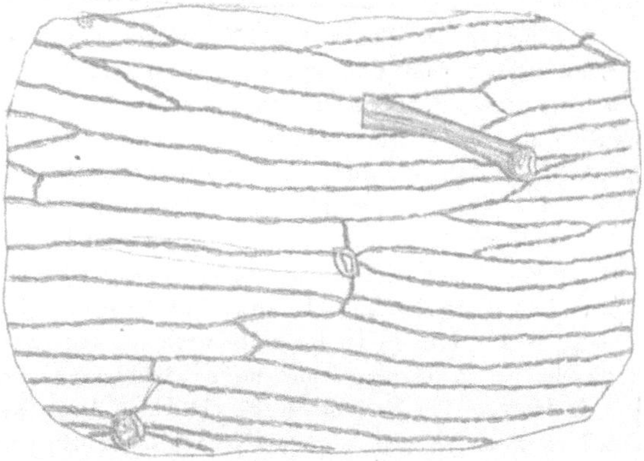

Fig. 114. Hafer. (Nach A. Scholl.)

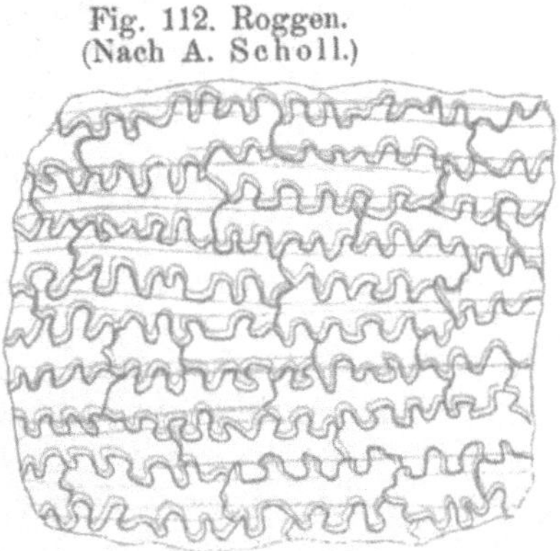

Fig. 115. Rispenhirse.
(Nach A. Scholl.)

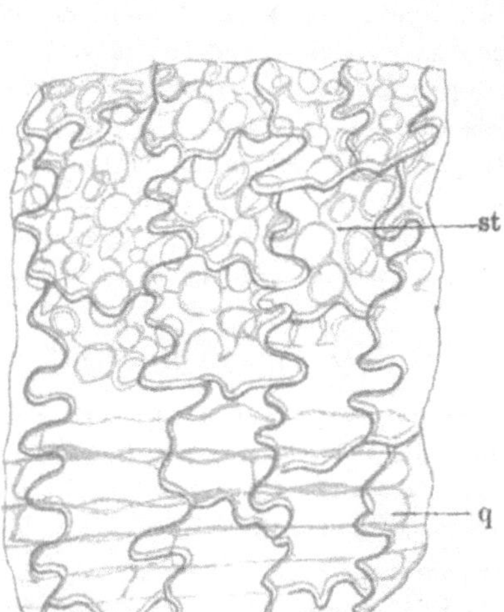

Fig. 116. Buchweizen.
st Sternparenchym, q Querzellenartiges Parenchym. (Nach A. Scholl.)

Seitenwänden. Nur am Scheitel und am Grunde der Frucht sind die Zellen kürzer, wenig oder nicht gestreckt. Die Längswände, teilweise auch die Querwände, sind stark verdickt und getüpfelt. Die Tüpfelung ist gleichmäßig, stellenweise rosenkranzförmig mit gewölbten rundlichen Verdickungen. Die Mittelschicht, aus 2 bis 3 Lagen bestehend, gleicht in der Zellform den Oberhautzellen, auch die Art der Tüpfelung und Wandverdickung ist die gleiche.

2. Roggen (Fig. 112). In der Form und Größe gleichen die Oberhaut- und Mittelschichtzellen des Roggens denen des Weizens; sie unterscheiden sich von diesen aber erheblich durch die Art ihrer Wandverdickung. Die Tüpfelung und die Wandverdickung ist beim Roggen ungleichmäßig, letztere größer oder kleiner, länger oder kürzer, flach oder gewölbt, polsterförmig oder knotig. Ein weiterer Unterschied zwischen Weizen und Roggen ergibt sich bei der Behandlung dieser Zellschichten mit Lauge; bei Weizen quellen die Wände gleichmäßig, die Anschwellungen sind gewölbt, rosenkranzartig; bei Roggen quellen die Wände ungleichmäßig, stellenweise, besonders an den Schmalseiten sehr stark (auf die 4—5fache Dicke).

Fig. 117.

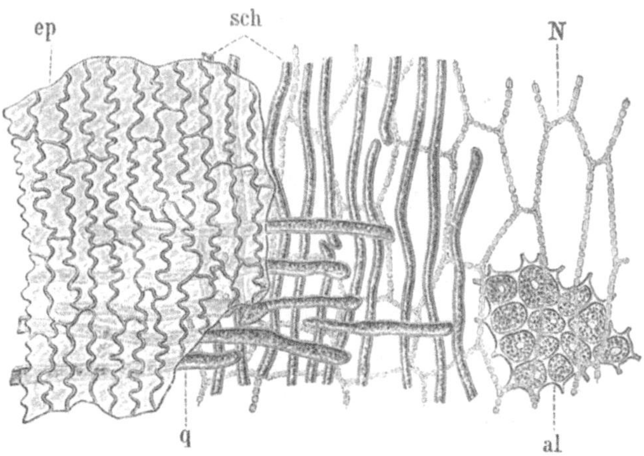

Fruchtschale von Setaria. Nach A. L. Winton. *ep* Oberhaut, *q* Querzellen, *sch.* Schlauchzellen, *N* Perisperm, *al* Aleuronschicht.

3. Gerste (Fig. 113). Die Oberhautzellen sind am Fruchtscheitel polygonal, weiterhin gestreckt, in der Fläche ohne wellig verbogene Seiten, ziemlich dünnwandig, zwischen den Zellen Haare und Spaltöffnungen. Die darunter liegenden Schichten sind in der Zellform ähnlich, zeigen aber häufig Andeutungen von knotigen Verdickungen. Eine ausgeprägte Tüpfelung wie bei Weizen und Roggen ist nicht vorhanden.

Fig. 118.

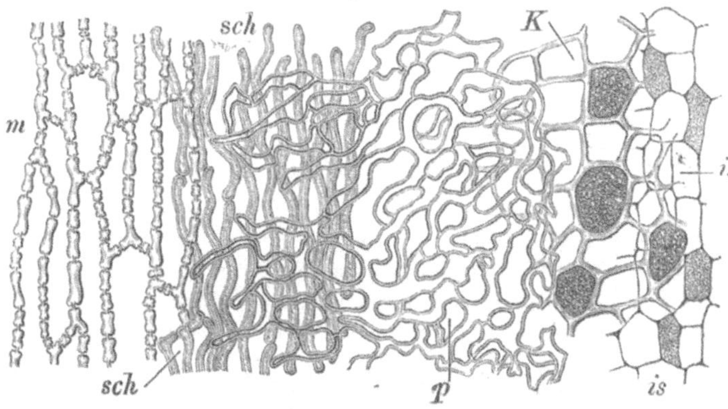

Die Schichten der Maisschale in der Flächenansicht. Nach J. Möller. *m* Mittelschicht, *p* Schwammparenchym, *sch* Schlauchzellen, *K* Aleuronschicht, *is* Perisperm.

4. Hafer (Fig. 114). Die gesamte Fruchthaut des Hafers besteht nur aus wenigen Zellschichten, welche stark zusammengedrückt sind. Deutlich erkennbar sind in der Regel nur die Oberhautzellen, nämlich langgestreckte, 4—6seitige Tafelzellen mit oft geschweiften, jedoch nicht welligen Seitenwänden; letztere zeigen feine Tüpfelung. Die Mittelschicht erscheint unter der Oberhaut meist nur als Gewirr zarter Fäden.

5. Rispenhirse (Fig. 115, vorstehende Talel XIII). Die Oberhaut wird gebildet von vorwiegend gestreckten Tafelzellen, deren Seitenwände in der Flächenansicht tief gebuchtet, ungleichmäßig gewellt erscheinen, während die Schmalseitenwände fast gerade oder etwas gebogen sind. Unter der Oberhaut bemerkt man im größten Teile der Frucht Reste eines Gewebes aus dünnwandigen, größtenteils in schräg zur Längsachse verlaufende Schläuche ausgezogenen Zellen, sowie rundliche Parenchymzellen. Die Fruchtschale der Setariaarten zeigt einen ähnlichen Bau (vgl. Fig. 117, S. 581). (Über die Zellen der Fruchtschale von Reis vgl. S. 584, von Buchweizen S. 589.)

Fig. 119.

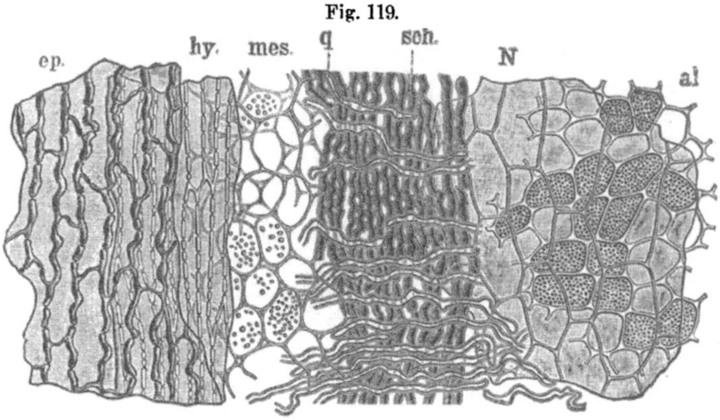

Fruchtschale der Besenmohrhirse in der Flächenansicht. Nach A. L. Winton.
ep Oberhaut, *hy* Hypoderm, *mes* Mesokarp, *q* Querzellen, *sch* Schlauchzellen, *N* Perisperm, *al* Aleuronschicht.

6. Mais (Fig. 118, S. 581). Die Oberhaut besteht aus gestreckten, stark getüpfelten, denen des Weizens ähnlichen, aber dickwandigeren Zellen. Die Mittelschicht ist in 6 oder mehr Zelllagen vorhanden, ihre Zellen sind denen der Oberhaut ähnlich, jedoch stärker verdickt. Unter der Mittelschicht liegt ein Schwammparenchym, welches die Stelle der Querzellen von Weizen usw. vertritt.

7. Besenmohrhirse (Fig. 119). Die Oberhaut wird gebildet aus gestreckten, dickwandigen, gewellten, getüpfelten Zellen. Unter ihr liegt ein Hypoderm aus mehreren Lagen dünnwandigerer Zellen, dann folgt das Mesokarp, welches meist, jedoch nicht immer, kleine runde Stärkekörner führt. Die Querzellen sind schlauchartig ausgebildet.

C. Querzellen.

Diese Zellschicht ist meist leicht aufzufinden, daher für die Unterscheidung der Getreidearten besonders wichtig.

1. Weizen (Fig. 120). In der Flächenansicht sind die Zellen vorwiegend gestreckt, 5—6seitig oder fast rechteckig, mit 2 gerade oder schwach gebogenen Langseiten und stumpf-dachförmigen oder seltener abgerundeten Kurzseiten. An letzteren schließen die Zellen meist dicht zusammen ohne Interzellularen, hier und da finden sich aber auch kleine Zwischenräume. Die Langseiten zeigen gleichmäßige oder ziemlich gleichmäßige dichte knoten- oder polsterförmige Verdickungen, daher „rosenkranzförmig", die Mittellamelle ist deutlich zu erkennen. In Lauge quellen die Wände gleichmäßig auf die doppelte Dicke. Stellenweise, oft inselartig, finden sich Querzellen, welche in Form und Art der Verdickung an den Kurzseiten denen des Roggens gleichen.

2. Roggen (Fig. 121). Die Zellen besitzen verschiedene Form und Größe, vorwiegend sind sie gestreckt und gerundet-vierseitig. Daneben kommen auch kurze, fast isodiametrische, rundliche, gerundet-polygonale Zellen, streckenweise in Längsreihen oder in inselartigen Komplexen zwischen den typischen Zellen vor. Durch die Form der Verdickungen an den Langseiten und an den Schmalseiten unterscheiden sie sich scharf von den Querzellen des Weizens. Die Schmalseiten sind auffallend stärker verdickt und nicht getüpfelt, ferner abgerundet, so daß zwischen den Nachbarzellen 3—4seitige Interzellularräume entstehen. Die Langseiten sind ungleichmäßig, oft undeutlich knotig verdickt; durch Lauge wird eine sehr starke Quellung der Verdickungen bewirkt. Zu bemerken ist, daß stellenweise ganze Gruppen von Querzellen bei

Roggen vorkommen, deren Schmalseiten nicht die typische Form zeigen, sondern den Weizenquerzellen ähnlich sind, also ohne Interzellularen und ohne stärkere Verdickung aneinanderschließen.

3. Gerste (Fig. 122). Die Querzellenschicht ist bei Gerste im Gegensatz zu Weizen und Roggen mehrreihig (2—3 Reihen). Die Zellen sind sehr dünnwandig, nur in der äußersten Schicht schließen sie lückenlos aneinander, während sie im übrigen zahlreiche Interzellularen an den geschweiften Lang- und Schmalseiten zwischen sich lassen.

Fig. 120.

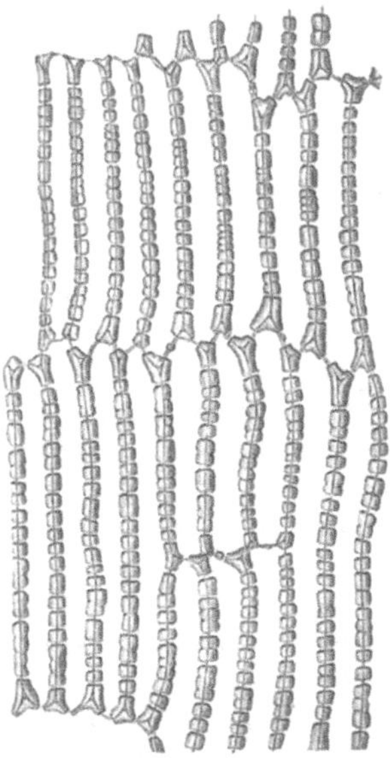

Querzellen des Weizens (Vergr. 200). Nach A. Scholl.

Fig. 121.

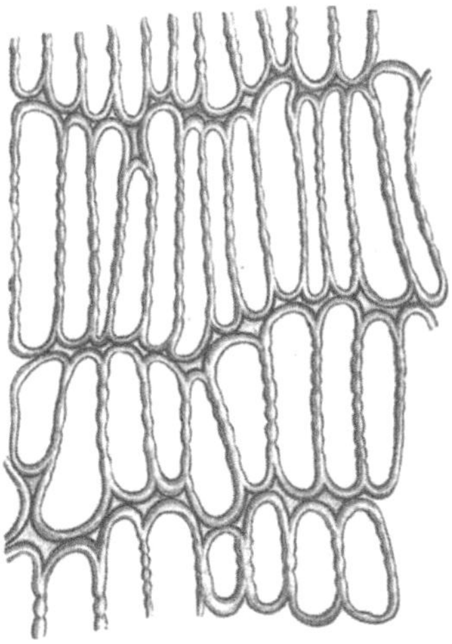

Querzellen des Roggens (Vergr. 200). Nach A. Scholl.

Fig. 122.

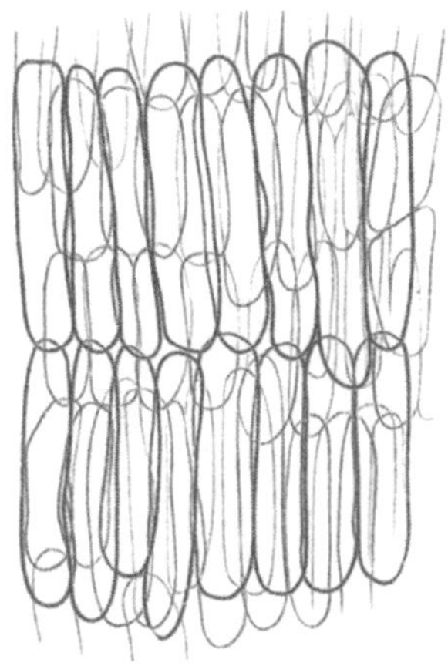

Querzellen der Gerste (Vergr. 200). Nach A. Scholl.

Die Querzellen des Hafers gleichen denen der Gerste, sie sind aber wenig widerstandsfähig, daher selten aufzufinden. Über die Querzellen der übrigen Cerealien vgl. S. 581, 582 u. 584.

D. Samenhaut und Perisperm.

Außer den beschriebenen Zellschichten findet man in den Mehlen noch die Schichten der Samenhaut nebst den Schlauchzellen und dem Perisperm (vgl. die Querschnitte S. 568 u. 569). Im allgemeinen bieten aber diese Zellschichten weniger sichere Unterscheidungsmerkmale.

Beim Weizen besteht die Samenhaut (Fig. 123, S. 584) aus zwei sich kreuzenden Lagen zarter gestreckter Zellen, während das Perisperm eine farblose, strukturlose, mit der Samenhaut verwachsene, nur selten sichtbare Membran bildet.

Die entsprechenden Zellschichten bei Roggen sind von denen des Weizens nicht zu unterscheiden. Bei Gerste kreuzen sich die beiden Zellschichten der Samenhaut nicht, die äußere besteht aus zartwandigen, die innere aus dickwandigen Zellen. Das Perisperm der Gerste ist ebenso wie Samenschale und Perisperm des Hafers meist nicht erkennbar. Bei Reis (Fig. 124, S. 589) besteht die Samenhaut aus nur einer Schicht dünnwandiger Zellen, während das Perisperm leicht erkennbar ist an den geperlten Radialwänden.

Die Samenschale des Maises zeigt wieder zwei sich kreuzende Lagen zarter, gestreckter Zellen, unter welchen sich das Perisperm (Fig. 118, S. 581) befindet, dessen Zellen denen der Kleberschicht ähneln, aber viel dünnwandiger und oft gestreckt sind. Bei den Hirsearten ist die Anordnung und das Aussehen der Zellschichten teilweise verschieden. Das Perisperm der Besenhirse (Fig. 119, S. 582) besteht aus großen, durch ihre gelbe oder braune Färbung auf-

Fig. 123.

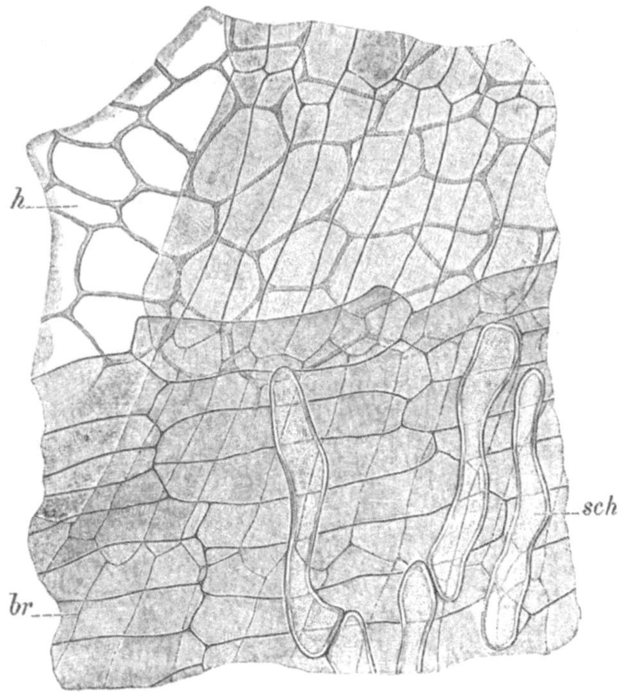

Die inneren Schichten der Weizenschale in der Flächenansicht. Nach J. Möller.
sch Schlauchzellen, *br* Samenschale, *h* hyaline Schicht (Perisperm).

Fig. 124.

Frucht- und Samenhaut (Silberhäutchen) von Reis in der Flächenansicht.
Nach A. L. Winton.
ep Oberhaut, *sch* Schlauchzellen, *mes* Mittelschicht, *S* Samenhaut, *q* Querzellen, *N* Perisperm.

fallenden Zellen, deren Wände glatt sind. Zum Unterschied hiervon haben die Perispermzellen der Setariaarten (Fig. 117, S. 581) getüpfelte Wände.

Die Samenhaut des Buchweizens (vgl. Fig. 116 auf Tafel XIII, S. 580) weicht in ihrem Bau von derjenigen der Cerealien ab. Deutlich zu erkennen sind die äußere Oberhaut und das darunterliegende Schwammparenchym bzw. die Querzellenschicht, weniger deutlich die innere Oberhaut aus langen dünnwandigen Zellen. Die äußere Oberhaut zeigt größtenteils wellig- oder unregelmäßig buchtige, ziemlich derbwandige, gestreckte oder isodiametrische Zellen, dazwischen auch solche mit glatten, kaum buchtigen Seitenwänden. Das Parenchym ist größtenteils in mehreren Lagen vorhanden und besteht hier aus dünnwandigen, sternförmigen oder unregelmäßig buchtigen Zellen mit zahlreichen Interzellularen; am unteren Teil des Samens werden die Zellen allmählich gestreckt mit schwach buchtigen Seitenwänden, die Interzellularen werden spärlich, und das Parenchym geht schließlich in eine einfache Lage von glattwandigen, dicht schließenden, quergestreckten Zellen über, welche der Querzellenschicht der Gerste ähnlich sind.

III. Aleuronschicht (Tafel XIV).

Die Aleuronschicht ist bei Weizen und Roggen, ferner bei Hirse, Reis und Mais einreihig, bei Gerste 2—3reihig. Bei Hafer ist sie ebenfalls einreihig, da aber auch die äußersten Zellen des Stärkeendosperms bei dieser Frucht teilweise verdickte Wände aufweisen, so kann bei Hafer in der Flächenansicht der Eindruck hervorgerufen werden, als ob die Aleuronschicht aus mehreren Reihen bestände. Die Form der Aleuronzellen ist im all-

Getreide, Aleuronzellen. Vergr. 200.
(Nach A. Scholl.)

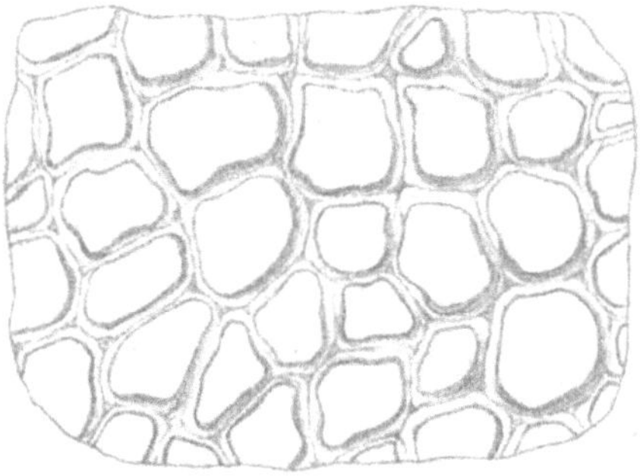

Fig. 125. Weizen.

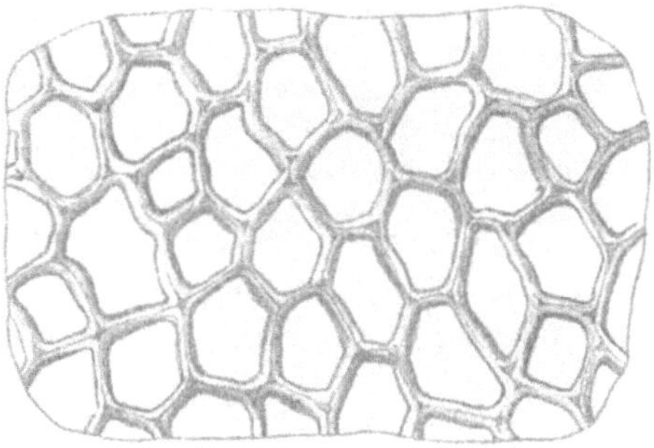

Fig. 126. Roggen.

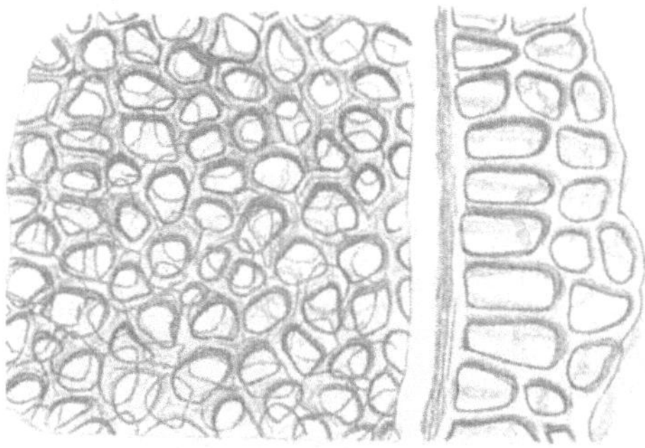

Fig. 127. Gerste, rechts in Querschnittlage.

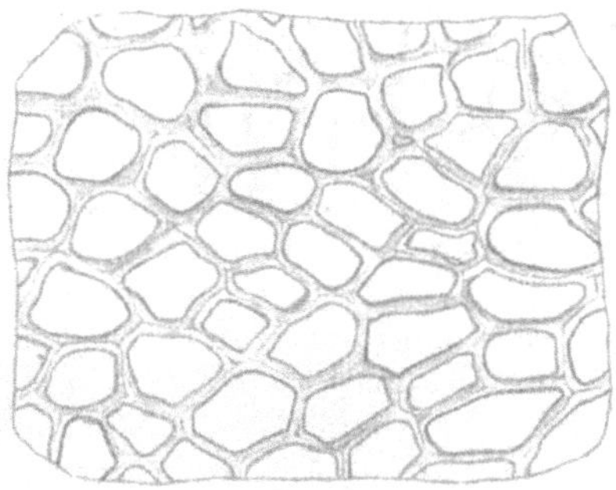

Fig. 128. Hafer.

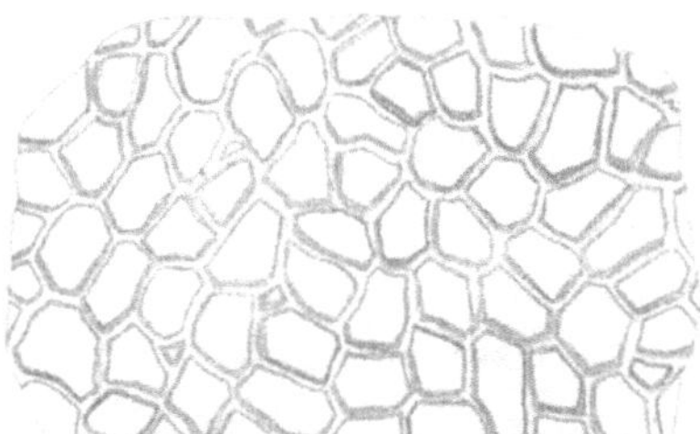

Fig. 129. Rispenhirse.

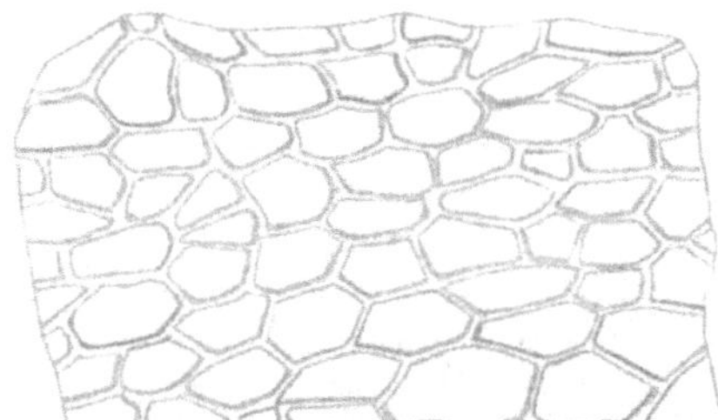

Fig. 130. Reis.

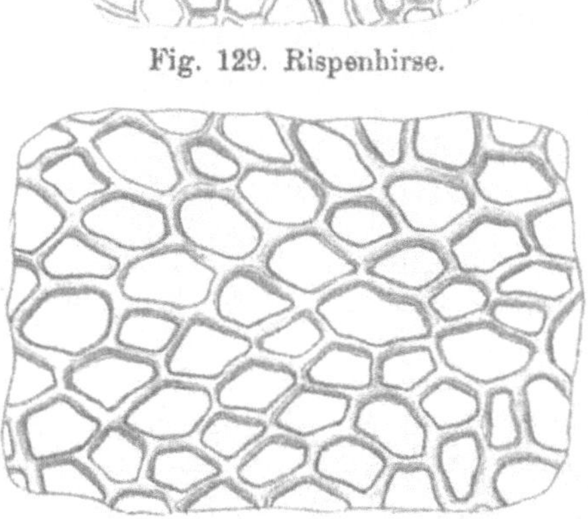

Fig. 131. Mais.

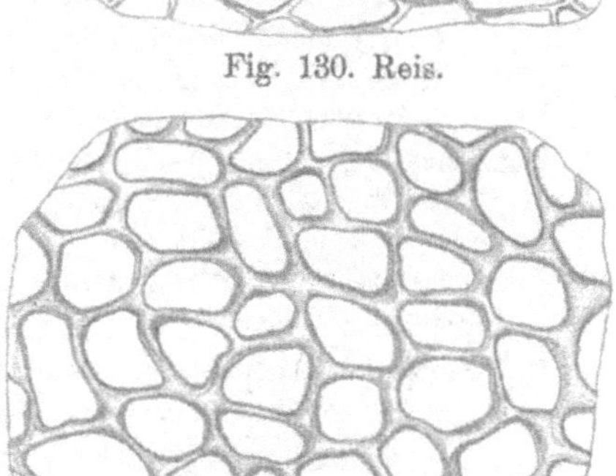

Fig. 132. Buchweizen.

gemeinen polygonal mit gerundeten Ecken, die Wände sind derb, farblos, in Wasser quellend, stark lichtbrechend, daher leicht auffallend, bei Hirse, Reis und Mais sind sie verhältnismäßig dünn. Bei gewissen Roggensorten sind die Aleuronkörner in einzelnen Zellen in eine feinkörnige blaugrüne Grundmasse eingebettet, die Aleuronschicht erscheint dadurch mosaikartig gefärbt. Auch bei Buchweizen führt die äußerste Zellenschicht des Nährgewebes feinkörnigen, durch Cochenille sich rot färbenden Inhalt, sie kann also ebenfalls als Aleuronschicht bezeichnet werden. Die Verdickung ist bei diesen Zellen etwas collenchymatisch.

J. Möller gibt folgenden analytischen Schlüssel für die Unterscheidung der Gewebsteile von Cerealien.

I. Auf dem Bau der Spelzen fußend.

A. Oberhaut der Außenseite aus gewellten Zellen nebst Rundzellen (oft zu Haaren ausgewachsen) und Zwillingszellen.

a) Schwammparenchym aus sternförmigen Zellen. [Hafer

1. Die Rundzellen bilden konische Haare; Kiel der Vorspelze sägeartig behaart

b) Schwammparenchym aus rechteckigen Zellen.

2. Rundzellen und Spelzenkiel wie beim Hafer . . . . Spelt

3. Rundzellen wie beim Hafer, jedoch Kiel der Vorspelze nicht behaart: Gerste

4. Anstatt der Rundzellen Haarspuren . . . . Sorghum

5. Rundzellen groß und getüpfelt; gewellte Zellen oft kurz . . . . . Lolch

6. Rundzellen mit gewellter und getüpfelter Wand; gewellte Zellen lang: Trespe

B. Oberhaut der Außenseite aus dickwandigen nicht gewellten Zellen mit Haaren.

7. Zellen des häutigen Randes dünnwandig und gewellt . . . . Mais

C. Oberhaut der Außenseite aus meist gleichartigen, stark verdickten und tief gewellten Zellen.

a) Oberhautzellen breiter als lang, farblos.

8. Oberfläche rauh, behaart; Schwammparenchym aus rechteckigen Zellen: Reis

b) Oberhautzellen etwas länger als breit, farblos oder gefleckt.

9. Oberfläche farblos . . . . Kolben- und Rispenhirse

10. Oberfläche gefleckt . . . . Borstengras

II. Auf dem Bau der Fruchtschale (Kleie) fußend.

A. Die gestreckt-polygonalen Querzellen bilden eine geschlossene Schicht.

a) Langseiten der Querzellen dickwandig; deutlich getüpfelt.

1. Haare unter 1 mm lang, englichtig. . . . . Weizen

2. Haare oft über 1 mm lang . . . . Spelt

b) Langseiten der Querzellen undeutlich getüpfelt.

3. Ihre Schmalseiten abgerundet und gequollen, Haare weitlichtig . . Roggen

4. Schmalseiten nicht gequollen . . . . Emmer

5. Querzellen wie bei Roggen, Haare wie bei Weizen . . . . Einkorn

c) Querzellen dünnwandig, nicht getüpfelt.

6. Querzellen zweischichtig . . . . Gerste

7. Haare sehr lang, am Grunde verengt . . . . Hafer

8. Gewöhnlich mit einer Pilzschicht . . . . Lolch

B. Querzellen wurmförmig, keine geschlossene Schicht bildend.

9. Oberhaut der Fruchtschale aus quergestreckten, ungetüpfelten, an der Schmalseite gewellten Zellen . . . . Reis

10. Oberhaut und Hypoderm aus gewellten und getüpfelten Zellen . . Sorghum

11. Oberhaut aus gewellten, nicht getüpfelten Zellen . . Hirse, Borstengras

C. Die Querzellen bilden ein Schwammparenchym. [Mais

12. Zellenäste lang u. schmal; Epikarp u. Mesokarp gut entwickelt, Zellen getüpfelt

13. Zellen sternförmig oder unregelmäßig; Epikarp aus getüpfelten Zellen; Mesokarp unentwickelt; Endosperm aus dickwandigen Zellen . . . . . . Trespe

Ferner gibt Tschirch die nebenstehende Tabelle an.

Gewebe	Weizen	Roggen	Gerste	Hafer	s	Reis
1. Fruchtschale: Epidermis	Gestreckte, getüpfelte Zellen, ziemlich dickwandig	Stark gestreckte, getüpfelte Zellen, dünnwandig	Breite, dünnwandige, gestreckte Zellen. Kurze Haare	Gestreckte, dünnwandige, getüpfelte Zellen. Zahlreiche lange Haare	Gestreck stark ver dickte, g ıpfelte Zellen	Gestreckte, oft wellig verbogene, dünnwandige Zellen
Haare des Bartes	Lange bis 700 μ, Durchmesser der größeren in der Mitte 15—30, meist 15—18,5 μ, der kleineren 9—10 μ. Durchmesser an der Basis bis 35 μ. Wanddicke 3,5—9,5 μ. Lumen 1,5—3,5 μ	Länge bis 500 μ. Durchmesser in der Mitte 9—22,5 μ, meist ca. 13 μ. Durchmesser an der Basis 20 μ und mehr, Wanddicke 3,5—4,5 μ. Lumen meist 3,7—7,5 μ, bis 11,5 μ	Länge meist um 150 μ. Durchmesser in der Mitte 10—25 μ, an der Basis bis 40 μ. Wanddicke 3—5 μ	Länge sehr verschieden, bis mehrere Millimeter. Durchmesser in der Mitte 7,5—34 μ. Wanddicke 2—15 μ. Lumen 2—9 μ	H ıre fehlen	Haare fehlen
Mittelschicht	Gestreckte, getüpfelte Zellen, dickwandiger als die Epidermis, 1—2 Reihen	Stark gestreckte, getüpfelte Zellen, dickwandiger als die Epidermis, 1—2 Reihen	Ziemlich breite, gestreckte und getüpfelte Zellen, zahlreiche Reihen	Zum größten Teil obliteriert und resorbiert	Ge eckte, stark verdi ɔe und getüpfelte Ze ɔn, die inneren Reih bis fast zum Vers vinden des Lumens ·dickt. Zahlreiche Reihen	)ünnwandiges Par ıym, oft ganz obli ıert oder resorbiert
Innenschicht (Zwischenschicht)	Nicht überall entwickelt, Zellen kurz, verbogen, schlauchartig, wulstig, getüpfelt. Stets entwickelt ist eine Parenchymschicht	Nicht uberall entwickelt, Zellen gestreckt, schlauchartig	Nicht different entwickelt	Nicht different entwickelt	·icht different entwickelt	ʼicht different entwickelt
Querzellen (rechtwinklig d. Mittelschicht schneidend)	Einschichtig, auf der Flächenansicht in Reihen, langgestreckt, dickwandig, reich getüpfelt, sehr ins Auge fallend. Lichte Weite 11—19, meist 15 μ, Länge 85—200, meist 120—150 μ. Dicke der Doppelwand meist 7—8 μ	Einschichtig, in Reihen, gestreckt, dünnwandiger als bei Weizen. Reich getüpfelt, an den Enden dicker, dort Intercellularen. Lichte Weite 11 bis 26 μ. Länge 25—110 μ. Dicke der Doppelwand meist 2—3,5 μ. Dicke an den Enden 7,5—9,5 μ	Zweischichtig, in Reihen, dünnwandig, kaum getüpfelt, wenig ins Auge fallend. Lichte Weite meist 15 μ. Länge bis 100—110 μ. Dicke der Doppelwand 1—2 μ	Einschichtig, dünnwa dige Zellen, in Reih angeordnet, wenig de lich	Einschichtig, nicht typisch in Reihen, sondern mehr oder weniger isoliert, verbogen, schlauchartig	Dünnwandig, gestreckt, kaum reihenförmig angeordnet, überhaupt nicht typisch
Schlauchzellen (innere Epidermis)	Langgestreckte Schläuche, meist leicht aufzufinden, Wand dicker als bei Gerste	Oft ganz fehlend, jedenfalls stets undeutlich	Oft nicht leicht aufzufinden, weil sehr isoliert. Wand dünn, Breite 10—15 μ	Fehlen (resorb rt)	Lange, schmale Schläuche, leicht aufzufinden. Dünn. Breite 5,5—9,5 μ	Typisch und sehr deutlich. Lange, 7—8 μ breite Schläuche
2. Samenschale	Zwei sich rechtwinklig kreuzende braune Schichten, undeutlich	Zwei sich schiefwinklig kreuzende braune Schichten, sehr deutlich	1—2 gleichsinnig gerichtete Schichten, schwer aufzufinden	Sehr undeutli , meist ganz reso ıert	Sehr undeutlich, oft resorbiert	Meist ganz resorbiert oder samt dem Nucellarrest zu einer hyalinen Haut zusammengedrückt
3. Nucellarrest (Perisperm)	Auf Quer- und Längsschnitten deutlich	Auf Quer- und Längsschnitten sehr deutlich	Auf Quer- und Längsschnitten undeutlich	Resork ırt	Auf Quer- und Längsschnitten nicht deutlich	

Erkennung von Mehlarten in Gemischen.

Als Beispiele für derartige Mischungen seien folgende erwähnt:

1. Weizen- und Roggenmehl. Die Verfälschung von Weizenmehl durch Roggenmehl und umgekehrt ist an den Stärkekörnern allein nicht mit Sicherheit zu erkennen. Ein Zusatz von Roggenmehl zu Weizenmehl würde sich zwar bei einer Anhäufung der Stärkekörner mit drei- oder mehrspaltigem Kern vermuten lassen, dagegen wäre es unmöglich, durch die Stärkeuntersuchung die Verfälschung des Roggenmehles mit Weizenmehl nachzuweisen. (Eine solche kommt zeitweise vor, wenn ersteres teurer ist als letzteres, auch wird minderwertiges Weizenmehl nicht selten dem Roggenmehl zugesetzt.) Zur vollkommenen Sicherheit ist es jedenfalls notwendig, die charakteristischen Gewebselemente aufzusuchen. Als solche sind hervorzuheben die Haare (S. 577), die Epidermis und Mittelschicht (S. 579), die Querzellen (S. 582), die Kleberzellen (S. 584), letztere besonders durch die Eigentümlichkeit der Roggenkleberzellen, in Kali- oder Natronlauge stark aufzuquellen, sowie durch ihre Färbung. Diese wird beobachtet, indem man das Mehl mit Chloroform schüttelt und die sich absetzenden Kleberzellen abtrennt. Dieselben sind bei reinem Roggenmehl grün (bzw. blau und gelb), bei Weizenmehl mehr oder weniger hellgelb gefärbt. Zu beachten ist, daß die Formen der Haare und Gewebszellen nicht immer typisch ausgebildet sind, daß z. B. die Querzellenschicht des Roggens der des Weizens stellenweise ähnlich, also frei von Intercellularräumen sein kann usw. — Als weiteres Unterscheidungsmittel kann die Verkleisterungsprobe der Stärke bei 62,5° herangezogen werden (vgl. S. 558).

2. Verfälschungen von Weizenmehl oder Roggenmehl mit Gersten- oder Hafermehl. Von diesen Verfälschungen ist die des Weizenmehles mit Gerstenmehl wohl seltener, weil letzteres eine dunklere Farbe besitzt und somit die Beschaffenheit eines Weizenmehles nur verschlechtert. Häufiger ist wohl eine Verfälschung des Roggenmehles mit Gerstenmehl. Beide lassen sich auf Grund der mikroskopischen Untersuchung der Stärkekörner nicht unterscheiden, weil die Stärkekörner der Gerste denen des Roggens und namentlich des Weizens sehr ähnlich sind. Aber wie bei Roggen- und Weizenmehl niemals einzelne Fragmente der Schalen derselben im Mehle fehlen, so enthalten auch die feinsten Sorten Gerstenmehl immer noch Reste der Gerstenspelzen, aus deren Form und Beschaffenheit sich leicht eine Beimengung erkennen läßt. Auch die Querzellen und die Aleuronzellen sind zu unterscheiden. Man muß sich hüten, Spelzen des Weizens oder Roggens für Gerstenspelzen anzusehen. Die Epidermiszellen der Weizen- und Roggenspelzen sind breiter und dünnwandiger.

Auch Verfälschungen mit Hafermehl würden sich an dem Vorhandensein der Spelzenfragmente sowie der zahlreichen dickwandigen langen Haare erkennen lassen; hier kommt außerdem noch der Umstand zu Hilfe, daß Hafer eine charakteristische Stärkeform hat.

3. Verfälschung von Weizen- (oder Roggenmehl) mit Reismehl. Der Nachweis ist schon durch die Untersuchung der Stärke leicht möglich. Weiter ist sehr charakteristisch die „Silberhaut" des Reises (S. 584), namentlich deren Schlauchzellen. Da letztere durch heiße Lauge leicht zerstört werden, ist nur verdünnte kalte Lauge oder Chloralhydratlösung zum Aufschließen zu verwenden. Bei einer Beimischung von Reismehlen geringerer Sorte oder von Abfällen würden auch die leicht erkennbaren Spelzenteile (S. 573) in das Mehl gelangen.

4. Nachweis von Maismehl in Weizen- und Roggenmehl. In erster Linie sind die Stärkekörner charakteristisch. Zur besseren Sichtbarmachung der Maisstärke kann man auch 2 g Mehl mit 100 ccm Wasser auf 70—72° erwärmen; Roggen- und Weizenstärke sind dann verquollen, dagegen die Maisstärke noch gut erhalten. Außerdem sind die Gewebsteile, namentlich das Schwammparenchym des Maises, leicht zu erkennen.

5. Verfälschung von Buchweizenmehl mit Reismehl. Diese hie und da vorkommende Verfälschung ist nicht leicht zu erkennen. Die Stärkekörner des Reises sind zwar größer als die des Buchweizens und außerdem enthält das Reismehl viele zusammengesetzte Stärkekörner, aber diese Unterscheidungsmerkmale bieten doch nicht genügende Sicherheit. Das einzig sichere Kennzeichen besteht in der Auffindung von Teilen des Silberhäutchens. Zur Unterscheidung des letzteren ist es notwendig, daß besonders die zwischen der Fruchthaut und Samenhaut liegenden Schlauchzellen erhalten bleiben, weil nach Auflösung derselben die Zellschichten der Fruchthaut und Samenhaut übrigbleiben, welche nicht immer die in den Abbildungen wiedergegebenen charakteristischen Formen haben, sondern bisweilen recht abweichende Gestaltungen aufweisen, so daß sie oft von den wellig geformten Oberhautzellen der Samenhaut des Buchweizens nicht leicht oder gar nicht mehr zu unterscheiden sind. Um die Struktur des Silberhäutchens deutlicher zu erkennen, ist es gut, die auf dem Objektträger befindlichen Fragmente mit etwas schwefelsaurem Anilin gelb zu

Fig. 133.

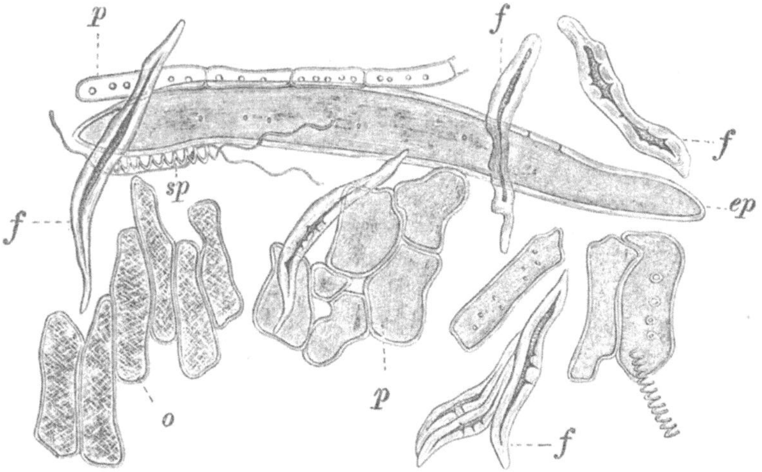

Elemente der Fruchtschale des Buchweizens. Nach J. Möller.
o Oberhaut, *f* Hypodermfasern, *p* Parenchym, *sp* Spiralgefäße, *ep* innere Epidermis.

färben. Ferner ist darauf zu achten, daß das Mehl nicht mit heißer, sondern mit kalter verdünnter Lauge behandelt wird. Die Fruchtschale des Buchweizens findet sich in dem Mehle nur selten. Sie besteht (Fig. 133) aus der Oberhaut (*o*) mit gestreckten derbwandigen Zellen, welche auf der Außen- und Innenwand sich rechtwinklig kreuzende Poren besitzen und daher gitterartig aussehen; ferner der sklerenchymatisch verdickten Mittelschicht (*f*) (spindelförmige, knotige, starkverdickte Fasern mit spärlichen Poren), einer Parenchymschicht (*p*) und der Innenepidermis (*ep*) aus großen, gestreckten, spärlich getüpfelten Zellen.

Nachweis von Verunreinigungen des Getreides.

Solche Verunreinigungen, welche sich auch im Mehl finden können, sind namentlich die Früchte und Samen von zahlreichen, als Unkraut in den Getreidefeldern wachsenden Pflanzen. Wenn auch die Müllerei bestrebt ist, das Getreide vor der Vermahlung tunlichst gründlich zu reinigen, um ein möglichst gutes Mehl zu erzielen, so können sich doch einzelne Unkrautsamen der Ausscheidung entziehen; je nach der Sorgfalt der Reinigung wird man also in einem Mehle Unkrautsamenteile in mehr oder weniger erheblicher Zahl vorfinden. Die Arten der Unkrautsamen sind außerordentlich zahlreich, so daß eine erschöpfende Behandlung kaum möglich ist. Die am häufigsten vorkommenden derselben mögen hier kurz beschrieben werden.

1. Unkrautsamen von Gräserarten. Diese sind ebenso wie die Kulturarten der Gräser, die Getreidearten, vorwiegend durch den anatomischen Bau der Spelzen verschieden, namentlich eignet sich zur Unterscheidung die äußere Oberhaut der Spelzen (vgl. S. 569).

Besonders wichtig ist der Nachweis der giftigen Unkrautsamen. Zu diesen gehört in erster Linie der Taumellolch (Lolium temulentum). Die Anordnung der Zellschichten der Fruchtschale (Fig. 134) ist der der anderen Gräserarten (Getreidearten) ähnlich, nur findet sich fast immer zwischen Perisperm und Aleuronschicht eine 20 μ dicke Mycelschicht eines Pilzes (*f*), welche sich bei Behandlung mit Lauge und Chlorzinkjod hellgelb färbt. In der Flächenansicht treten her-

Fig. 134.

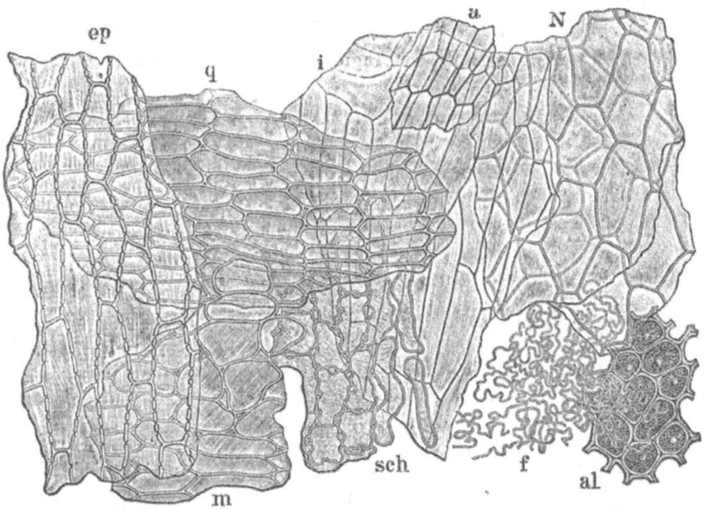

Samenschale des Taumellolchs (Vergr. 1:160). Nach A. L. Winton.

vor die mäßig dickwandigen, undeutlich geperlten Oberhautzellen (*ep*), die Querzellen (*q*), welche denen der Gerste ähneln und undeutlich geperlte Radialwände haben, weniger deutlich das Mesokarp (*m*), ferner Schlauchzellen und Schwammparenchym (*sch*). Die Samenschale (*a* und *i*) ist wenig charakteristisch, das Perisperm (*N*) besteht aus zwei Lagen gestreckt-polygonaler Zellen mit gequollenen Wänden. Aleuronschicht (*al*).

Fig. 135.

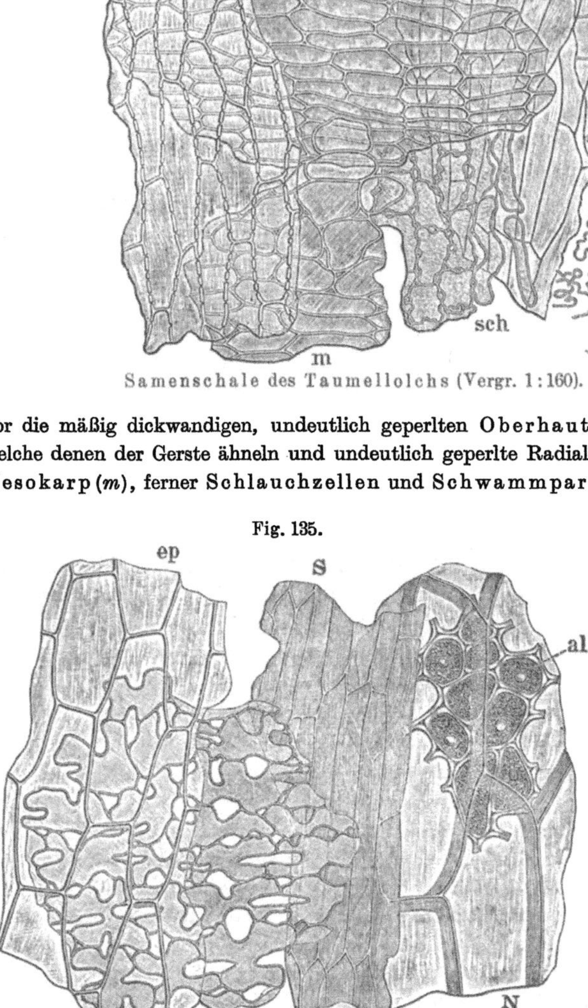

Samenschale der Trespe (Vergr. 1:160). Nach A. L. Winton.

Trespe (Bromus secalinus). Die Oberhautzellen (*ep*) der Fruchtschale (Fig. 135) sind groß, gestreckt-polygonal, dünnwandig, porenfrei. Die Querzellen (*q*) erscheinen als Schwammparenchym, die Samenschale bildet eine einzige Lage langer brauner Zellen (*S*), während das Perisperm (*N*) aus auffallend großen polygonalen Zellen mit gequollener Zellwand besteht. Aleuronschicht (*al*) ohne besondere Merkmale. Das Stärkeparenchym ist durch die dicken Zellwände (oft 10 μ) besonders kenntlich.

2. Kornrade (Agrostemma Githago). Da die Samen in den Samenschalen ein Alkaloid, das „Agrostemmin" und im Embryo ein stark wirkendes Sapotoxin enthalten, so ist ihr Nachweis besonders wichtig. Das beste Erkennungszeichen bildet die Oberhaut der Samenschale (Fig. 136). Sie ist gebildet aus einer einfachen Lage von nach außen höckerig ausgestülpten Riesen-

Fig. 136.

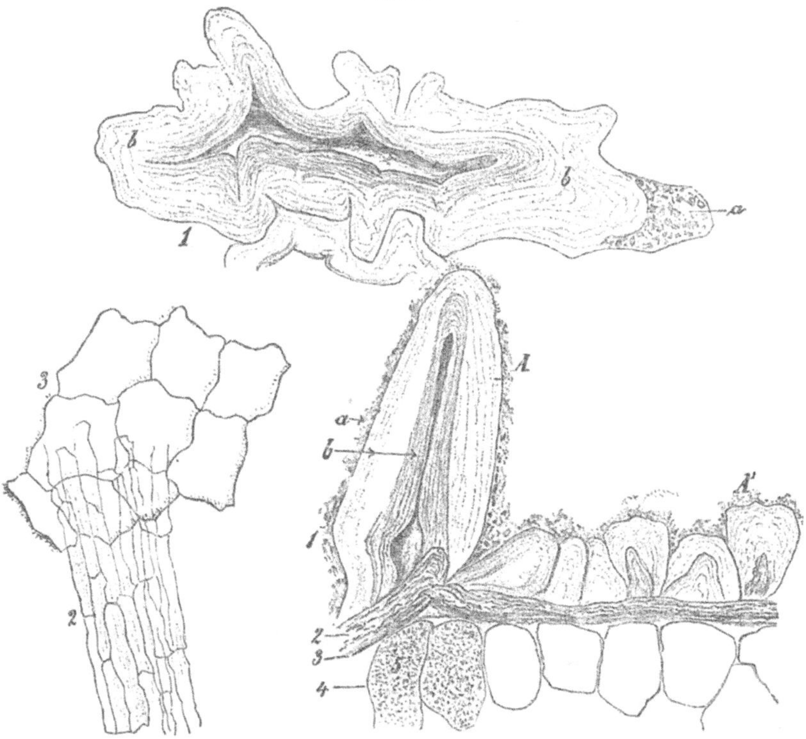

Samenschale der Kornrade (Vergr. 1:200). Nach C. Böhmer. Rechts Querschnitt, oben und links Flächenansichten.

zellen (100—600 μ), welche in der Flächenansicht tief buchtig-zackig, mit den Fortsätzen dicht ineinandergefügt erscheinen. Die Fortsätze sind länger und kürzer, spitz oder stumpf, gerundet, gestutzt, gelappt, geweihartig. Die stark verdickten Zellwände sind streifig geschichtet (*b*), außen mit zahlreichen Warzen (*a*) bedeckt und mit einem in kochender Lauge nicht löslichen Farbstoff imprägniert. Unter der Oberhaut folgen mehrere Schichten (2) eines radial zusammengepreßten Parenchyms und als innere Oberhaut der Samenschale eine Schicht farbloser, unregelmäßig polygonaler, isodiametrischer Zellen (3) mit zarter Netzverdickung.

Fig. 137.

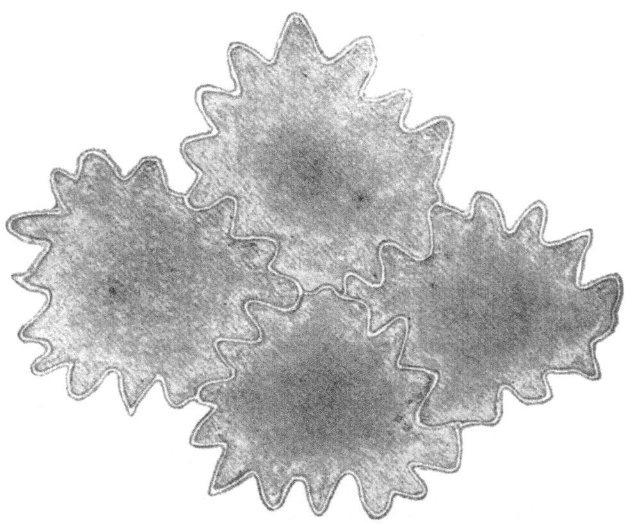

Oberhaut des Kuhkrautsamens. Nach J. Möller.

Zur Erkennung der Konrade können auch die spindelförmigen Stärkekörper (4) (vgl. S. 548) dienen, welche zweckmäßig in einem Glycerinwasserpräparat gesucht werden, da sie in reinem Wasser schnell zerfallen. Ähnliche zusammengesetzte Stärkekörner enthalten jedoch auch andere Unkrautsamen, z. B. Spörgel; man darf dieselben als sicher von Kornrade herstammend nur ansehen, wenn sie über 70 μ groß sind.

3. Kuhkraut (Vaccaria parviflora, Fig. 137, S. 591). Die Samen enthalten ebenfalls giftige Bestandteile (Sapotoxin), sie ähneln auch im Bau den Samen der Kornrade. Doch sind die für den Nachweis besonders wichtigen Oberhautzellen der Samenschale (Fig. 137) in der Flächenansicht gleichmäßiger sternförmig, indem die Grundform derselben ein Polygon mit stumpfen und spitzen ineinander greifenden Zacken bildet. Die Wände sind weniger stark verdickt als bei Kornrade, in denselben hebt sich eine dunkler gefärbte Mittellamelle ab. Das Nährgewebe enthält wie bei Kornrade zusammengesetzte Stärkekörper, jedoch sind dieselben mehr eiförmig oder kugelig, selten spindel-, keulen-, flaschenförmig, auch meist kleiner als bei Kornrade.

Fig. 138.

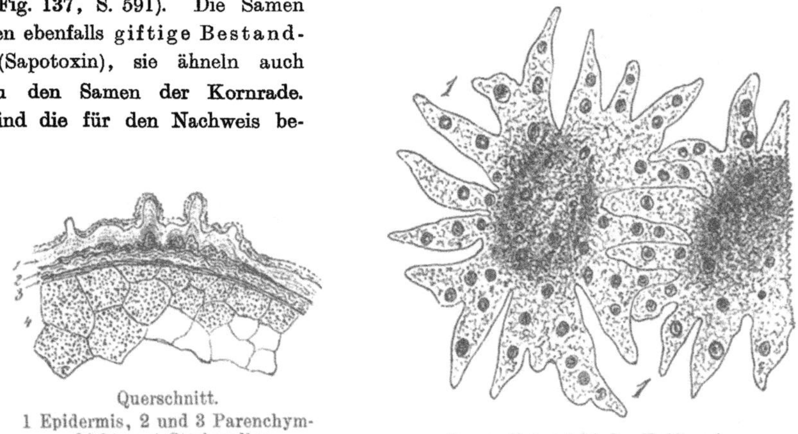

Querschnitt.
1 Epidermis, 2 und 3 Parenchymschichten, 4 Stärkezellen.

Tangentialansicht der Epidermis.

Samenschale der Vogelmiere (Vergr. 1:200). Nach C. Böhmer.

4. Vogelmiere (Stellaria media, Fig. 138). Der Samen gleicht denen von Kornrade und Kuhkraut. Die seesternförmigen Epidermiszellen (Fig. 138) lassen nach Behandlung mit Lauge zahlreiche Höckerchen und Wärzchen erkennen. Die Stärkekörper des Nährgewebes gleichen denen von Vaccaria.

Fig. 139.

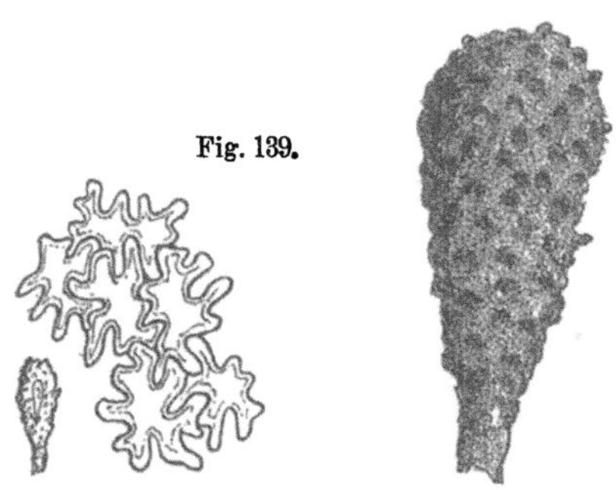

Vergr. 1:115. Vergr. 1:330.

Oberhaut der Samenschale des Ackerspörgel. Nach Benecke.

5. Ackerspörgel (Spergula arvensis, Fig. 139). Die Samen dieser, wie der drei vorgenannten, zu den Nelkengewächsen gehörenden Pflanze ähneln im Bau der Oberhautzellen (Fig. 139) dem Kuhkraut. Für sie eigentümlich sind aber keulenförmige, mit Warzen besetzte Körper, welche papillöse, stark verdickte Auswüchse der Membran einzelner Oberhautzellen bilden. Zuweilen sind sie abgefallen und erscheinen dann in ihrer eigentümlichen Form frei in dem Präparat.

6. Knöterich (Polygonum, Fig. 140—143). Die Erkennung der Knötericharten, zu deren Familie auch der Buchweizen zählt, stützt sich in erster Linie auf die Oberhaut der Fruchtschale.

Bei dem Windenknöterich (Pol. convolvulus) besteht dieselbe aus 100 μ hohen Zellen, deren Außen- und Seitenwände stark verdickt sind. Die Verdickung der letzteren ist im Querschnitt

(Fig. 143) keulenförmig, da das Lumen der Zellen nach außen hin stark verengt wird. In der Flächenansicht (Fig. 141) erscheint das Lumen dieser wellig-buchtigen Zellen unregelmäßig rundlich mit seitlichen Ausläufern und je nach der Einstellung enger oder weiter. Auf der Außenseite (Fig. 140) tragen die Zellen Warzen in unregelmäßigen Längsreihen. Unter der Oberhaut folgen mehrere Schichten eines dünnwandigen Parenchyms mit Gefäßbündeln.

Fig. 140.

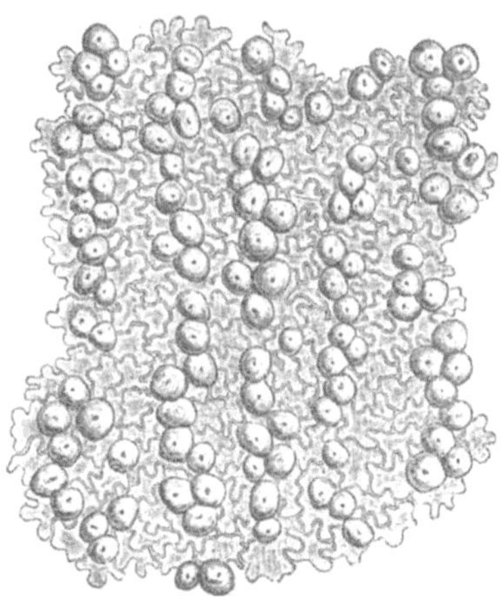

Oberhaut der Fruchtschale des Windenknöterichs, Flachenansicht (Vergr. 1:160). Nach A. L. Winton.

Fig. 141.

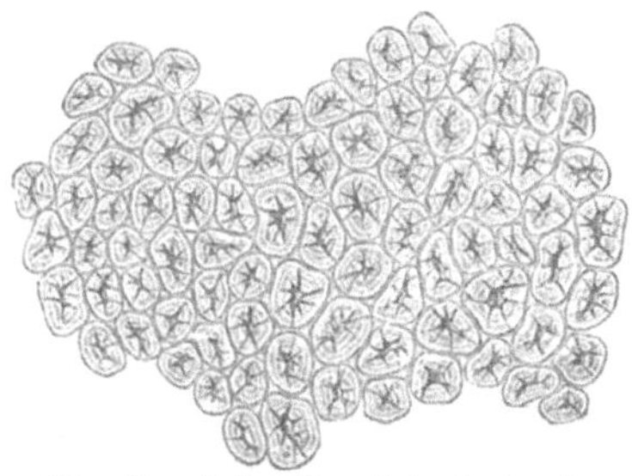

Oberhaut der Fruchtschale des Windenknöterichs, Tangentialschnitt (Vergr. 1:160). Nach A. L. Winton.

Die Oberhaut der Samenschale (Fig. 142) besteht aus langgestreckten welligen Zellen (*ae*) (gewöhnlich länger als bei Buchweizen). Die Querzellen (*q*) sind meist gestreckt, den Schlauchzellen der Zerealien ähnlich. An keiner Stelle bilden sie ein Schwammparenchym (Unterschied von Buchweizen). Die Aleuronschicht (*al*) und die Stärkekörner sind von denen des Buchweizens nicht zu unterscheiden. Innere Oberhaut (*ie*).

Fig. 142.

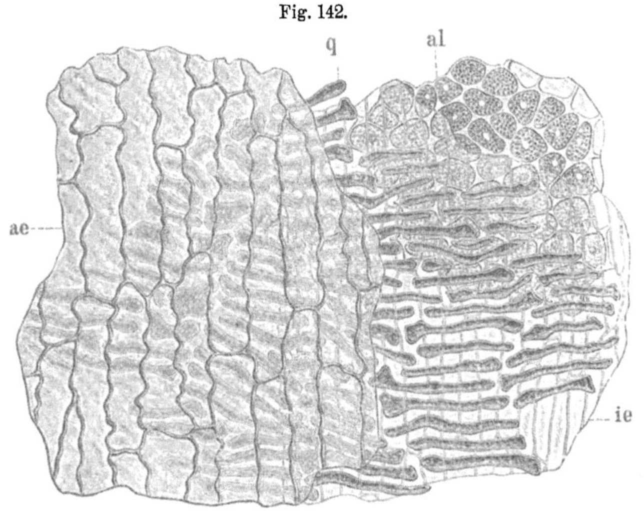

Samenschale des Windenknöterichs. Flachenansicht (Vergr. 1:160). Nach A. L. Winton.

Der Ampferblättrige Knöterich (Pol. lapathifolium, Fig. 144, S. 594) unterscheidet sich vom Windenknöterich hauptsächlich durch die Form der Oberhautzellen der Fruchtschale (Fig. 144). Die Verdickung der radialen Zellwände ist mehr säulenförmig, da das Lumen der Zellen nach außen hin weniger stark verengt wird als beim Windenknöterich. Dieser Unterschied macht sich auch in der Flächenansicht bei verschiedener Einstellung bemerkbar.

Weniger stark bemerkbar machen sich die Wandverdickungen beim Vogelknöterich (Pol. aviculare). Die Oberhautzellen sind bei diesem auch weniger hoch.

7. Sauerampfer (Rumex acetosa, Fig. 145, S. 594). Die Samenschale des zu den Polygonaceen zählenden Ampfers macht sich in der Flächenansicht kenntlich durch die unter einer

Fig. 143.

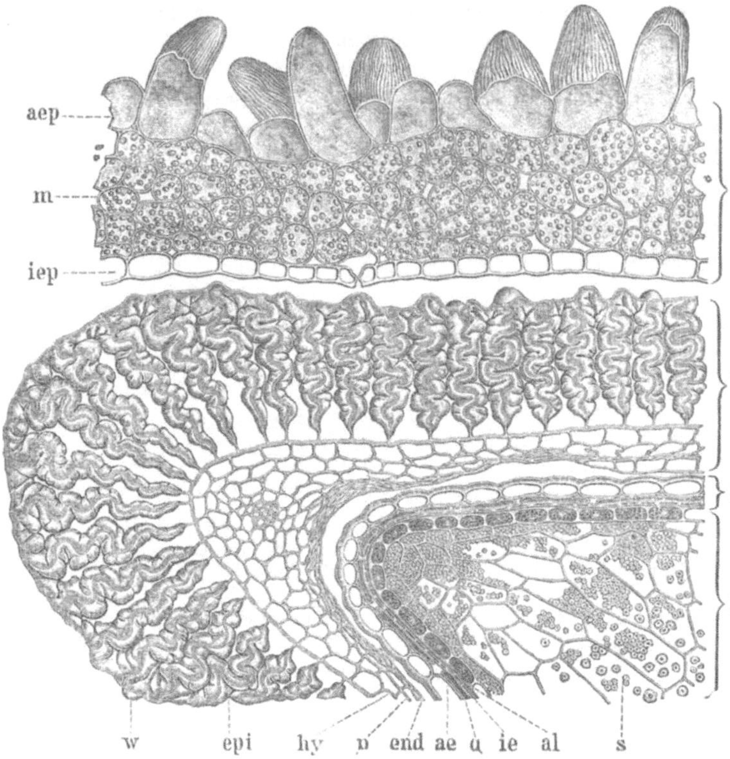

Querschnitt einer Kante des Windenknöterichsamens. Nach A. L. Winton.

C Kelch mit der äußeren (*aep*) und inneren (*iep*) Oberhaut und der Mittelschicht (*m*).

F Fruchtschale. (*epi*) äußere, (*end*) innere Oberhaut, (*hy*) Hypoderm, (*p*) Mittelschicht, (*w*) Warzen.

S Samenhaut mit der äußeren (*ae*), der inneren (*ie*) Oberhaut, Querzellen (*q*).

E Nährgewebe, Aleuronschicht (*al*), Stärkeparenchym (*s*).

glänzenden Cuticula liegenden, sternförmig gebuchteten Epidermiszellen und durch das unter diesen sichtbare, aus großen, stark quellenden mit braunrotem Farbstoff gefüllten Zellen bestehende Parenchym.

Fig. 144.

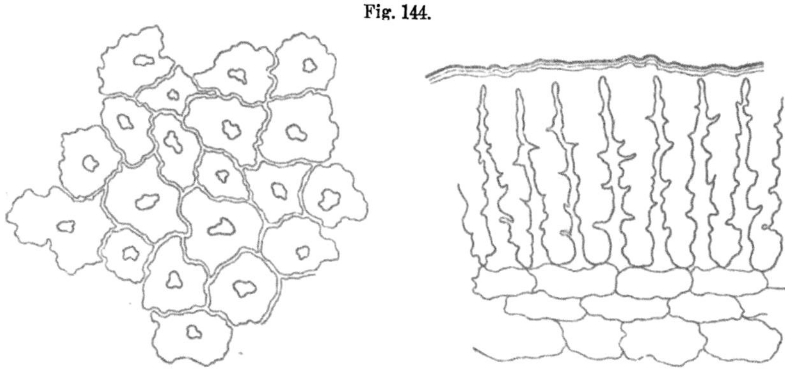

Flächenansicht der Oberhaut. Querschnitt.

Ampferblätteriger Knöterich, Samenschale (Vergr. 1:200). Nach C. Böhmer.

Die polygonalen, teilweise gerundeten Stärkekörner sind denen des Buchweizens ähnlich und zeigen eine Kernhöhle.

8. Wachtelweizen (Melampyrum arvense, Fig. 146, S. 595). Die sehr harten Samen besitzen nur eine äußerst dünne Samenschale, im übrigen bestehen sie aus einem harten, hornartigen

Fig. 145.

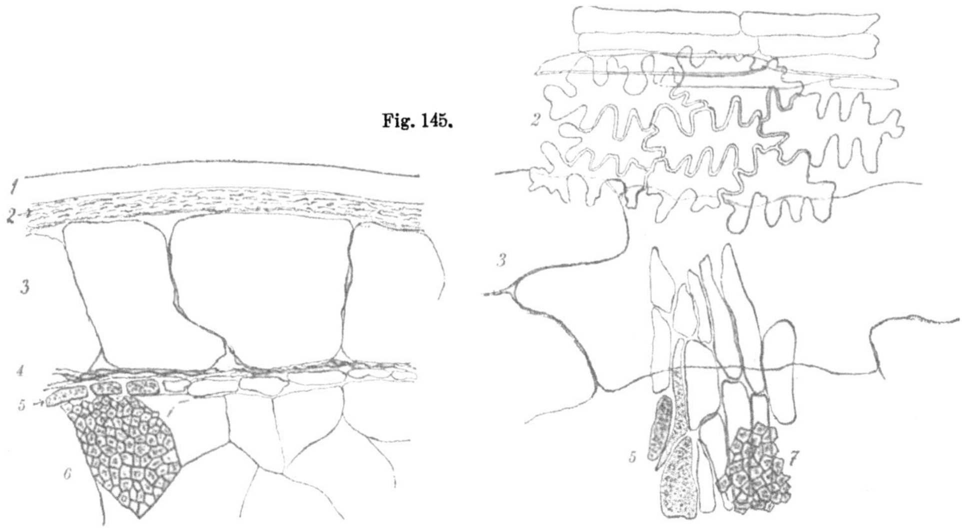

Querschnitt. Tangentialansichten.

Sauerampfer (Vergr. 1:200). Nach C. Böhmer.
1 Cuticula, 2 Epidermis, 3 Farbstoffschicht, 4 Parenchym, 5 Kleberzellen, 6 Stärkeparenchym, 7 Stärkekörner

Endosperm, welches den Keimling umschließt. Die Endospermzellen (Fig. 146) sind dickwandig und stark getüpfelt, in Lauge quellen sie erst beim Erwärmen auf. Die äußerste Zellschicht ist radial gestreckt, erscheint aber in der Fläche in Form von 5—6seitigen isodiametrischen Zellen mit rundlichem Lumen. Der Zellinhalt besteht aus Eiweiß und Fett, in älteren Samen ist er braunschwarz, seine in die Tüpfelkanäle reichenden Fortsätze können dann leicht beobachtet werden.

Fig. 146.

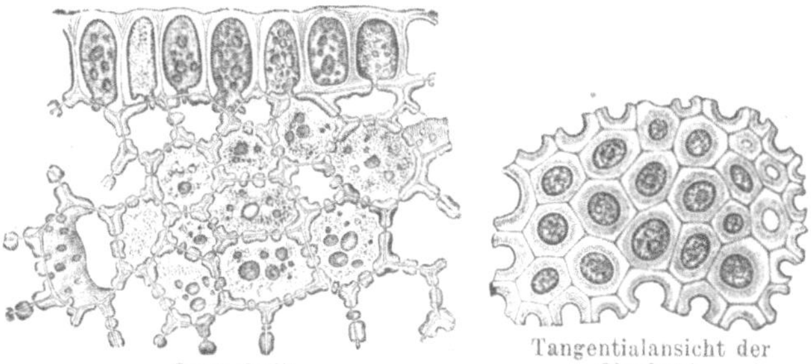

Querschnitt. Tangentialansicht der Oberhaut.

Wachtelweizen (Vergr. 1:160). Nach J. Möller.

9. Klappertopf (Rhinanthus Alectorolophus, Fistularia, Fig. 147). Der Samen ist ringsum von einem breiten Flügel umgeben, dessen Zellen in erster Linie für die mikroskopische Erkennung wertvoll sind. Die Flügel zeigen eine Epidermis aus axilgestreckten, in der Fläche 3—5seitigen, 30—180 μ langen Tafelzellen, deren Wand stellenweise grobknotige, wulstige, schwielige, polsterförmige Verdickungen besitzt. Die das Grundgewebe der Flügel bildenden Parenchymzellen (Fig. 147) sind derbwandig, verholzt, getüpfelt.

Fig. 147.

Rhinanthus. Zellen aus dem Samenflügel (Vergr. 1:300).

Fig. 148.

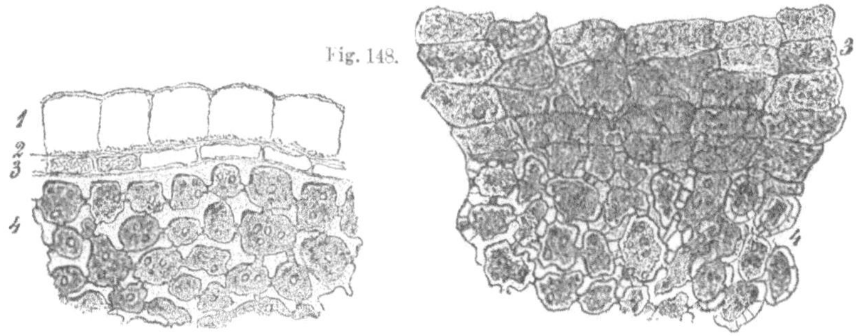

Querschnitt. Flächenansichten.

Wegerich (Vergr. 1:200). Nach C. Böhmer.

1 Epidermis, 2 Parenchym, 3 Farbstoffschicht, 4 Endosperm.

Fig. 149.

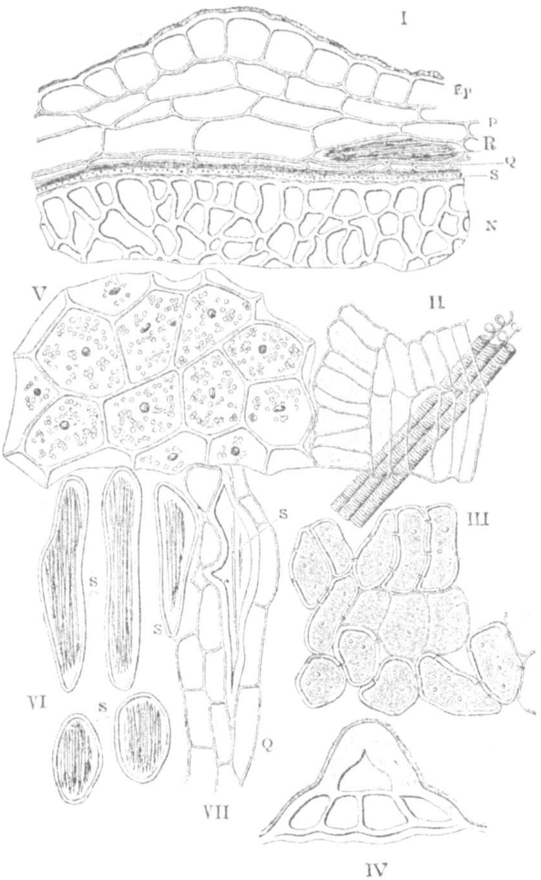

Labkraut (Vergr. 1:200). Nach A. E. v. Vogl.

I Querschnitt. *Ep* Oberhaut, *P* Mittelschicht, *R* Raphiden, *Q* Querzellen, *S* Samenhaut, *N* Nährgewebe, II Querzellen (innere Epidermis) mit Spiralgefäßen, Flächenansicht. III Sklerotische Parenchymzellen aus der Nähe der Fruchtöffnung. IV Papille der Oberhaut. V Samenhaut, Flächenansicht. VI Raphidenschläuche. VII Mittelschicht und innere Epidermis, Querschnitt.

Von den Schichten der **Samenschale** können als weitere Erkennungsmerkmale dienen die **Oberhaut** aus polygonalen Zellen und die **Innenschicht** aus derbwandigen kollenchymatischen 30—40 μ großen Zellen. Die Wand der **Endospermzellen** quillt in Kalilauge stark, ihr Inhalt besteht aus kugeligen oder rundlich-eckigen, braunen geballten Körnern.

10. Wegerich (Plantago lanceolata, Fig. 148). Die farblose **Oberhaut der Samenschale** sondert etwas Schleim ab, unter ihr liegt eine zusammengepreßte **Parenchymschicht.** Für den Nachweis wichtig ist die **dritte** aus tafelförmigen braunen Zellen bestehende **Schicht** und das aus kleinen Zellen mit stark porös verdickten Wänden gebildete **Endosperm.**

11. Labkraut (Galium Aparine, Fig. 149). Die **Fruchthaut** besteht aus Oberhaut, Mittel- und Innenschicht. Erstere zeigt in der Fläche polygonale, an den Seiten knotige, von einer körnigen Cuticula bedeckte Zellen. An einzelnen größeren Zellen ist die Außenwand hügelig vorgetrieben und stark verdickt. Zwischen den Epidermiszellen zerstreut liegen kleine Spaltöffnungen. Unter der Epidermis eine **Mittelschicht** aus schwammparenchymartigen, teilweise auch sklerenchymatischen und verholzten Zellen.

Im **Schwammparenchym** liegen Gefäßbündel und Raphidenschläuche. Es folgt die **Innenepidermis**, bestehend aus in der Fläche gestreckten, 4seitigen odér polygonalen, gruppenweise verschieden gelagerten, ziemlich derbwandigen, feinknotigen Zellen. **Samenhautzellen** in der Fläche polygonal, mit brauner, ziemlich dicker Wand und braunkörnigem Inhalt. **Endospermzellen** unregelmäßig verbogen, mit ungleich verdickter hyaliner Membran.

Fig. 150.

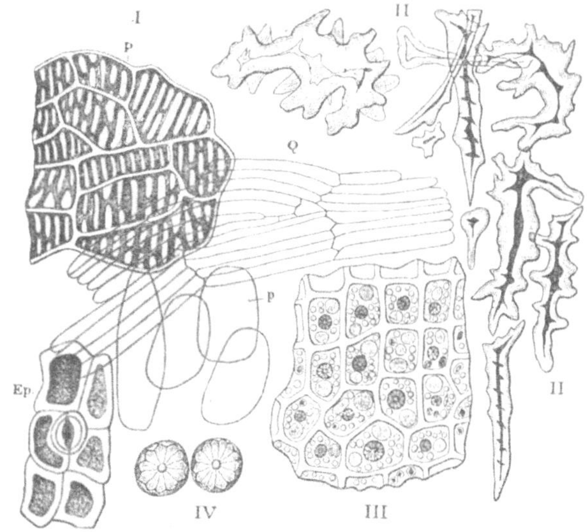

Hohlsamen (Vergr. 1:200). Nach A. E. v. Vogl.
I Fruchtschale, *Ep* Oberhaut mit Spaltöffnung, *p* Parenchymzellen der Mittelschicht, *P* Netzfaserzellen, *Q* Querzellen. II Steinzellen aus der Sklerenchymschicht der Fruchtschale. III Endosperm. IV Aleuronsolitäre mit Calciumoxalatrosetten, stärker vergrößert.

12. Hohlsamen (Bifora radians, Fig. 150). Die **Oberhaut** der **Fruchtschale** weist in der Fläche polygonale derbwandige, mit braunem Inhalt erfüllte Zellen und dazwischen zerstreut Spaltöffnungen auf. Es folgen 4—6 Lagen großer dünnwandiger **Parenchymzellen** und hierauf eine Sklerenchymschicht aus vielgestaltigen knorrigen, dickwandigen, englumigen, getüpfelten **Faser-** oder **Steinzellen**. Weiter folgt ein Parenchym und eine einfache Schicht großer polygonaler, derbwandiger, verholzter **Netzfaserzellen**. Die **Innenschicht** der **Fruchtschale** wird gebildet von schmalen, langgestreckten, dünnwandigen, gruppenweise verschieden orientierten, die Netzfaserzellen kreuzenden Zellen. Die **Endospermzellen** sind derbwandig, kollenchymatisch, gerundet-polyedrisch; als Inhalt führen sie außer einem öligen Plasma und Aleuronkörnern Krystalloide und Drusen oder Rosetten von Calciumoxalat, außerdem in jeder Zelle ein Solitär mit einer 9 μ großen Rosette von Calciumoxalat.

Fig. 151.

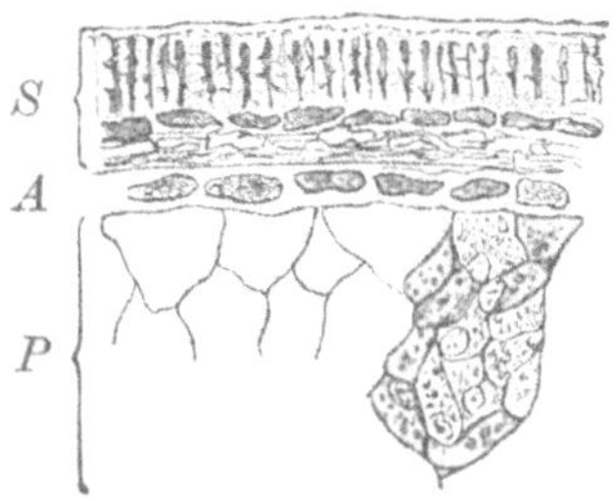

Querschnitt.
S Samenschale, *A* Aleuronschicht, *P* Perisperm.

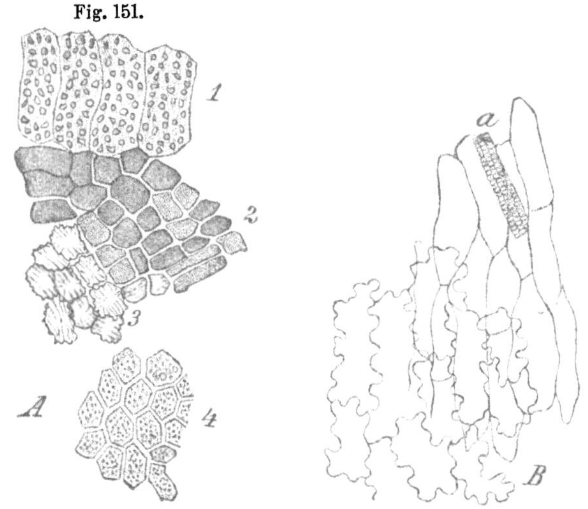

Flächenansichten.
A Samenschale, Schichten 1, 2, 3; Nährgewebe 4. *B* Den Samen umschließendes Häutchen (Perigon), *a* Gefäßbündelrest.

Gänsefuß (Vergr. 1:200). Nach C. Böhmer.

13. Gänsefuß (Chenopodium album, Fig. 151, S. 597). Für die mikroskopische Erkennung dieses Unkrautsamens sind besonders wichtig die zur Samenschale gehörenden Schichten 1, 2 und 3, von denen die der Oberhaut aus ziemlich niedrigen, rotbraun gefärbten Zellen bestehen, deren Lumina in der Flächenansicht die feingrubige Punktierung hervorrufen. Darunter liegen dünnwandige, 4—6seitige, ebenfalls mit dunkelrotbraunem Farbstoff angefüllte Zellen. Die schwach bräunlichgrau gefärbte Zellage der inneren Samenschale zeichnet sich durch feinnetzige Streifung der Membran aus.

Fig. 152.

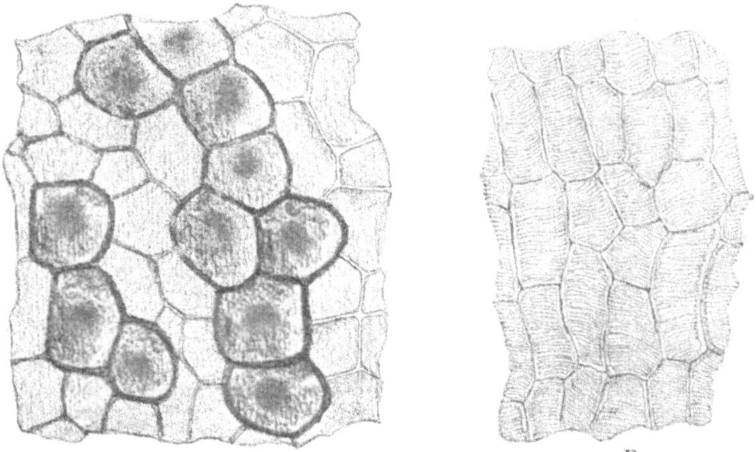

A B

Schwarzkümmel. Nach J. Möller.

14. Schwarzkümmel (Nigella arvensis, Fig. 152). Für diesen Samen sind charakteristisch die großen (100 μ breiten), papillenartigen, schwarzbraunen Oberhautzellen (*A*) und die 4—5seitigen quergestreckten, dichtgestreiften Zellen der dritten Schicht (*B*).

15. Karde (Cephalaria syriaca). Der Samen, welcher im Weizen aus südlichen Ländern vorkommen kann, sitzt in einem Außenkelch mit gelb gefärbter Außen- und hellerer Innenepidermis. Die Zellen der äußeren Epidermis sind mit großen, fast hervorragenden Krystallen von Calciumoxalat erfüllt, welche zierliche parallele Längsreihen bilden. Zwischen den beiden Epidermen bildet eine aus faserförmigen, porös verdickten Zellen bestehende breite Schicht, die im äußeren Teile dicht, nach innen lockerer ist, die Hauptmasse des Außenkelches. Die Fruchtschale ist dünn und farblos, die Samenschale gleichfalls dünn, aber braun. Letztere färbt sich mit saurem Alkohol intensiv rot, indessen nicht bei älteren Samen. Dann folgt das reichlich vorhandene glasige Endosperm und die beiden gelblichweißen oder grünlichgelben Keimblätter. Das Endosperm besteht aus sehr dünnwandigen, 5—7seitigen Zellen. Die Keimblätter zeigen ähnliche, aber mehr gestreckte Zellen.

Zusätze und Verfälschungsmittel für Getreidemehle.

1. Kartoffelmehl. Die Backfähigkeit der Weizen- und Roggenmehle soll durch ein sogenanntes Patentwalzmehl, ein gelbliches, aus gedämpften ungeschälten Kartoffeln hergestelltes Produkt gesteigert werden (vgl. S. 500 u. 679). Die Ausbeute an Brot soll um 5—10% erhöht werden können. Der Nachweis eines solchen Zusatzes läßt sich nur mikroskopisch erbringen, und zwar eignen sich hierfür nach C. Griebel das Korkgewebe der Schale, die Gefäßelemente (Spiral-, Ring- und Netzgefäße bzw. Tracheiden) und eigentümliche, verhältnismäßig wenig verdickte, poröse Zellen, welche aus der Rindenschicht der Kartoffel stammen.

Die Zellen des Korkgewebes der Kartoffelschale (Fig. 153) sind dünnwandig und in der Fläche polygonal; auch nach kurzer Behandlung mit verdünnter Säure und Lauge sind sie noch braun und daher meist leicht zu finden.

Die Gefäßbündelstränge kann man im Mehle in der Regel noch in größeren Bruchstücken auffinden, während im Brot meist nur noch die Trümmer einzelner oder mehrerer nebeneinander liegender Gefäße vorhanden sind. Besonders charakteristisch sind die Netztracheiden (Fig. 154), die oft einen beträchtlichen Durchmesser besitzen und erheblich größer sind als die in Roggen- und Weizenmehl vorkommenden Spiroiden.

Fig. 153.

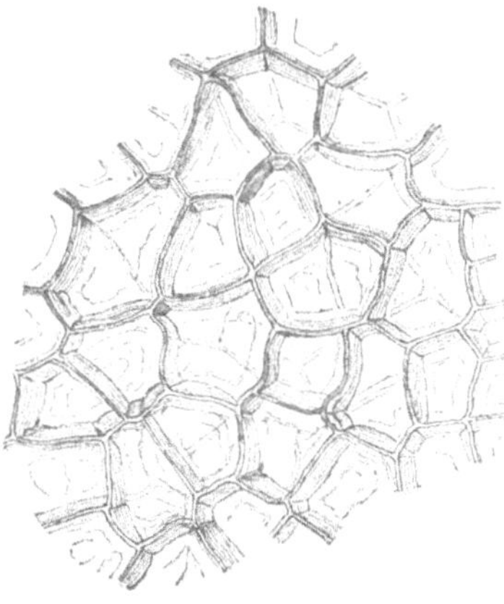

Kartoffelschale, Korkgewebe (Vergr. 1 : 100). Nach A. Bömer.

Fig. 154.

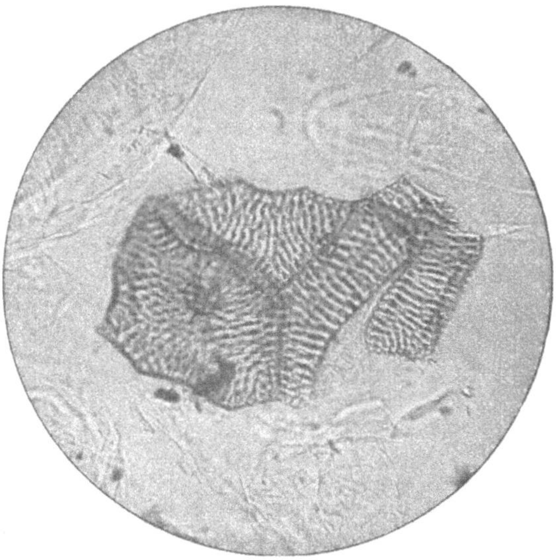

Kartoffel, Netztracheiden (Vergr. 1 : 200). Nach C. Griebel.

Die oben genannten porösen Zellen (Fig. 155) finden sich, allerdings nicht bei allen Kartoffelsorten, zwischen Schale und Gefäßbündelring einzeln oder seltener in Gruppen von 2—3 im Parenchym, von letzterem unterscheiden sie sich fast nur durch die verhältnismäßig geringe Verdickung der Wände. Beim Behandeln mit Lauge oder Chloralhydrat quellen die Wandverdickungen sehr rasch und lassen dann deutlich ihre Schichtung erkennen. Der Durchmesser dieser Zellen beträgt 70 bis 240 μ, meist 120—180 μ.

Fig. 155.

Kartoffel, verdickte Zellen aus der Rindenschicht (Vergr. 1 : 150). Nach C. Griebel.

2. Steinnußmehl. Die Abfälle von der Herstellung der Knöpfe aus vegetabilischem Elfenbein, d. h. den Samen der Steinnuß (Phytelephas macrocarpa) (Fig. 156) werden mehrfach unter den Fälschungsmitteln für Mehl erwähnt. Der Nachweis dieses Zusatzes ist leicht, da die außergewöhnlich stark verdickten Zellen des den weitaus größten Teil des Samens einnehmenden Endosperms äußerst charakteristisch sind. Diese Zellen sind farblos, gestreckt und gleichmäßig verdickt, die Verdickung ist unterbrochen durch eigentümliche, am Grunde knopfartig erweiterte, in der Auf-

Fig. 156.

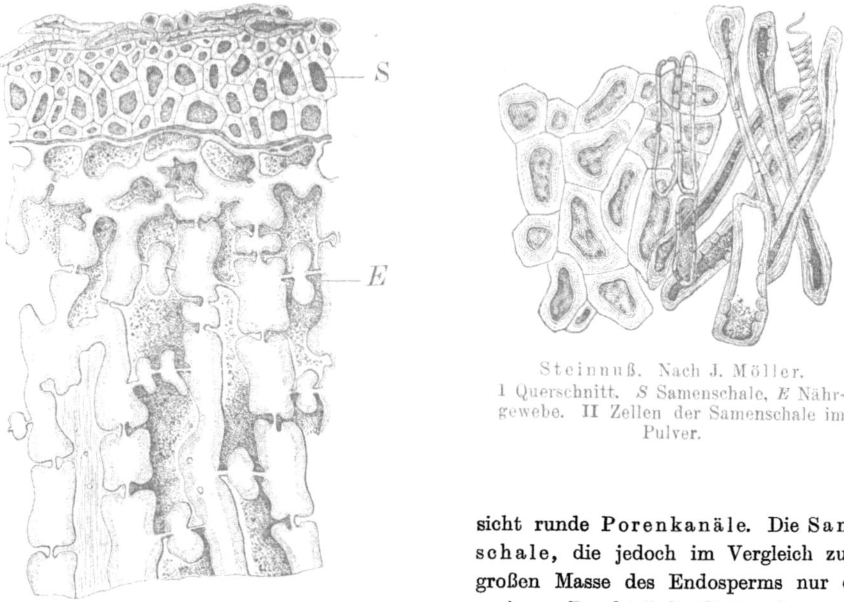

Steinnuß. Nach J. Möller.
I Querschnitt. *S* Samenschale, *E* Nährgewebe. II Zellen der Samenschale im Pulver.

sicht runde Porenkanäle. Die Samenschale, die jedoch im Vergleich zu der großen Masse des Endosperms nur einen geringen Bruchteil der Steinnuß ausmacht, besteht aus sklerotisch verdickten Elementen von verschiedener Form und Größe. Unter ihnen finden sich auch ungleich verdickte, doppelkeulenförmige Faserzellen.

Fig. 157.

Mais, horniger Teil der Hüllspelzen. Nach A. Scholl.
I Tangentialansicht (Vergr. 1 : 100). II Einzelne Elemente (Vergr. 1 : 200).

3. Maiskolbenspindelmehl. Infolge seiner fast weißen Farbe kann dieses Mehl als Fälschungsmittel für gröbere Mehle, andererseits aber auch als Streumehl verwendet werden. Die Spindel des Maiskolbens stellt eine aus holzigem Gewebe bestehende, einen inneren Markzylinder umschließende Röhre dar, auf deren Oberseite in Vertiefungen die von den Spelzen umschlossenen schmalen Enden der Maiskörner sitzen. Beim Entkernen bleiben die Spelzen (vgl. S. 573) in den Vertiefungen haften, so daß sie einen kennzeichnenden Bestandteil der zerkleinerten Spindel bilden. Der holzige Teil der Spindel besteht aus unregelmäßig geformten, dickwandigen, meist getreckten, reich getüpfelten, sowie aus dünnwandigeren, weniger getüpfelten Zellen von regelmaßigerer Form

(Fig. 158). Den kennzeichnendsten Bestandteil der hornigen Hüllspelzen bilden im aufgeschlossenen Maisspindelpulver die sklerenchymatisch verdickten, meist langgestreckten, getüpfelten Zellen von welliger oder buchtiger Oberfläche, neben denen sich auch regelmäßigere und isodiametrische Formen finden (Fig. 157).

4. Holzmehl. Als Verfälschungsmittel von Backmehlen kommt Holzmehl wohl nicht in Frage, es wird aber vielfach als Streumehl verwendet.

Namentlich die Elemente des Nadelholzes (Fig. 159, S. 602) sind leicht zu erkennen. Im Pulver findet man insbesondere die Tracheiden, und zwar teils in Bruchstücken, teils auch in ganzen Stücken

Fig. 158.

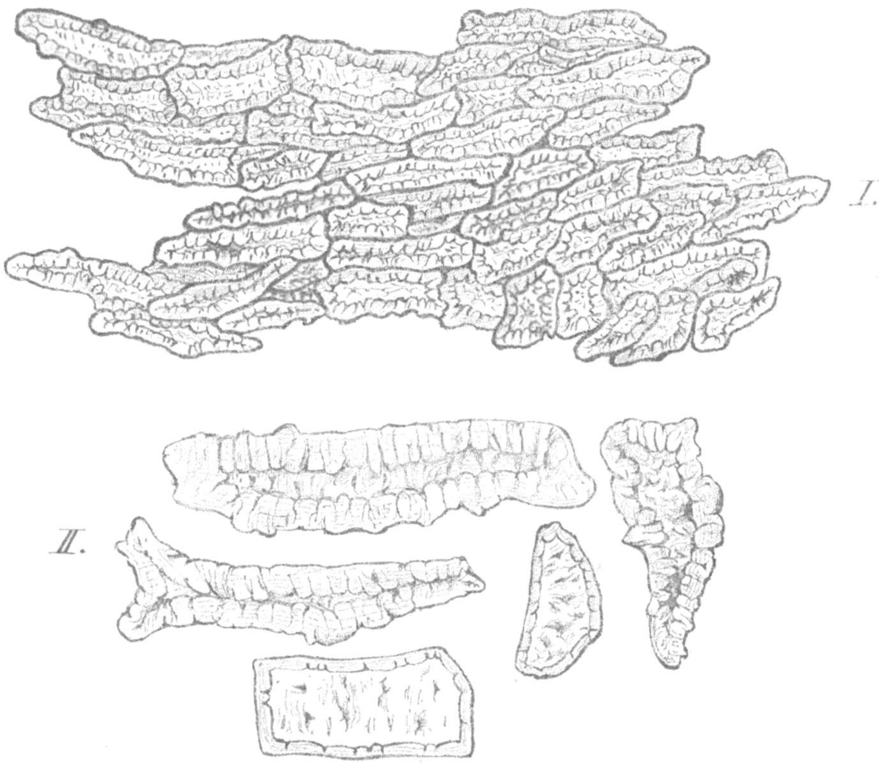

Maisspindel, holziges Gewebe. Nach A. Scholl.
I Zellverband (Vergr. 1:100). II Einzelne Elemente (Vergr. 1:200).

der Tracheidenbündel, bald in radialer, bald in tangentialer Längsansicht, oft mit eingeschlossenem oder anhängendem Markstrahlengewebe. Die Tracheiden sind langgestreckte, an den Enden schräg abgeschlossene Zellen mit ansehnlicher verdickter Wand, welche an zwei gegenüberliegenden Seiten eine, selten zwei Reihen großer behöfter Tüpfel trägt. Die Markstrahlen sind daran zu erkennen, daß ihr Gewebe die großen Tracheiden rechtwinklig kreuzt. Die Art ihrer Zellen ist bei verschiedenen Arten der Nadelhölzer verschieden. Bei Pinus bestehen sie aus den zackig verdickten, fensterartig getüpfelten Markstrahlenzellen; bei Picea wird eine aus Parenchym bestehende Markstrahlenfläche beiderseits von Tracheiden abgeschlossen und bei Abies bildet nur Parenchymgewebe die Markstrahlen.

Auch für die Erkennung von Laubholzmehl (Fig. 160, S. 602) sind die Tracheiden entscheidend, ihre Tüpfelung ist aber gegenüber dem Nadelholz kleiner und dichter, auch ist die

Kontur der Tüpfel häufiger elliptisch. Außer diesen Zellen finden sich aber im Laubholz auch reichlich Gefäße, und zwar in den verschiedensten Verdickungsformen (einfach und behöft

Fig. 159.

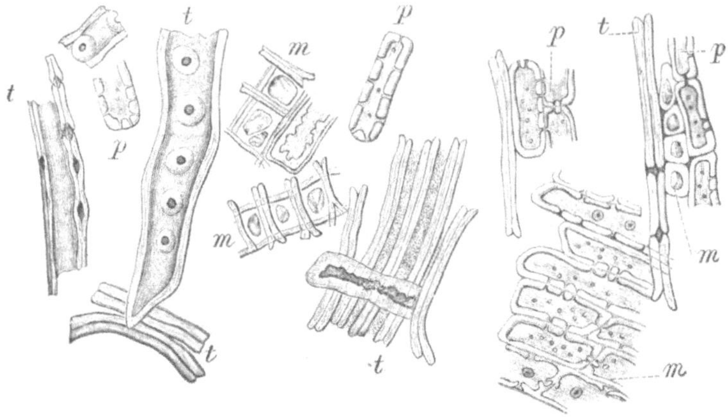

Nadelholz (Vergr. 1:160). Nach J. Möller.
t Tracheiden, m Markstrahlzellen, p Parenchymzellen.

getüpfelte Spiral- und Netzgefäße usw.), ferner Markstrahlengewebe, Parenchym, Libriformfasern. Letztere sind lang, stark verdickt und ihre Wand ist von spärlichen, schief gestellten Spalten durchsetzt. Eine sichere Unterscheidung der Laubholzarten ist im allgemeinen viel schwieriger als diejenige der Nadelholzarten.

Fig. 160.

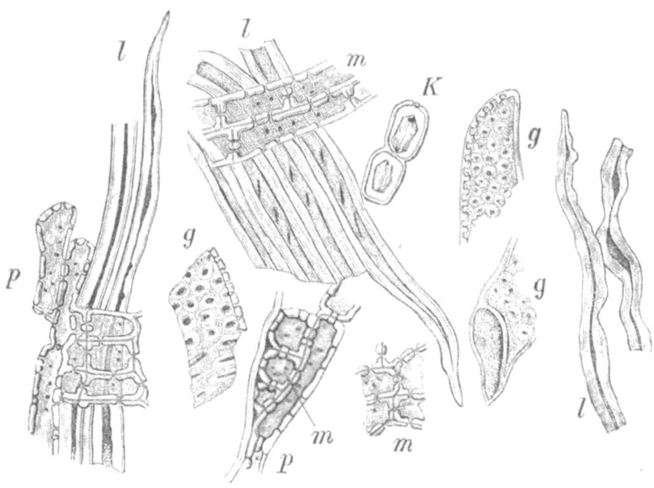

Laubholz (Vergr. 1:160). Nach J. Möller.
l Holzfasern, p Parenchym, m Markstrahlzellen, g Gefäße, K Krystallzellen.

Um den Hoftüpfeln eine Dauerfärbung zu erteilen, wendet G. Kowallik[1]) folgende Lösungen an: 1. 1 g Fuchsin S, (Rubin S) gelöst in 100 g 95 proz. Alkohol. 2. 1 g Anilingrün (Brillantgrün) gelöst in 100 g Wasser. 3. 1 g Chrysoidin gelöst in 100 g 95 proz. Alkohol. Das Präparat wird mit einigen Tropfen der Lösung 2 kurz auf dem Objektträger erwärmt, nach 1 Minute mit Wasser abgespült, 2 Minuten mit Lösung 3 behandelt, mit 95 proz. Alkohol gewaschen, 1 Minute mit Lösung 1 gefärbt, mit 95 proz. Alkohol abgespült, 1 Minute in absol. Alkohol, dann in Xylol gelegt und in Canadabalsam eingebettet. Die Tracheiden färben sich gelb, der Hof grün, der Torus glänzend rot.

[1]) Zeitschr. f. wissensch. Mikr. 1911, **28**, 26—27; Zeitschr. f. Untersuchung d. Nahrungs- u. Genußmittel 1913, **25**, 398.

B. Hülsenfrüchte.

Die Samen der Hülsenfrüchte sind im Gegensatz zu denen der Getreidearten nackt, indem sie durchweg in einfächerigen, zweiklappigen Hülsen (Schoten) sitzen. Zur Mehlbereitung finden Verwendung von den einheimischen Sorten in erster Linie die Erbsen, ferner auch Bohnen und Linsen; Wicken und Lupinen dagegen nur zu Futterzwecken oder in Notstandszeiten. Außerdem gibt es aber auch zahlreiche ausländische, namentlich in China und Japan angebaute Sorten von Leguminosen, welche für die Gewinnung menschlicher Nahrungsmittel vorwiegend im Heimatlande dienen, aber auch für uns von Bedeutung sind.

Das Nährgewebe der Leguminosensamen wird von den beiden fleischigen, dicken Keimblättern (Kotyledonen) des Embryos gebildet, es führt wie das Endosperm der Zerealien meist reichlich Stärke von charakteristischer Form. Seine Zellen sind derbwandig, getüpfelt und schließen Intercellularen ein. Vielfach wird angenommen, daß zwei völlig getrennte Gruppen von Leguminosen zu unterscheiden seien, von denen die eine stärkehaltige, die andere stets stärkefreie Samen aufweise. Diese Ansicht ist aber nicht zutreffend. Bei der Sojabohne z. B. findet sich meist keine Stärke, jedoch enthalten unreife oder nicht genügend nachgereifte Samen stets mehr oder weniger Stärke, nach M. Kondo ist es sogar wahrscheinlich, daß bei gewissen Sorten Stärkekörner immer vorhanden sind. Wie bei den Getreidearten die Aleuronschicht den Mehlkern, so umschließt bei den Leguminosensamen den Stärkekörper eine proteinhaltige Schicht. Diese ist aber mit den Stärkezellen so fest verwachsen, daß sie beim Schälen mit ihnen in Verbindung bleibt und daher in das Mehl übergeht. Das zwischen Samenschale und Keim liegende, bei den Zerealien so stark entwickelte Keimnährgewebe ist bei den Leguminosen in den meisten Fällen auf kaum merkbare Reste reduziert.

Die Samenhaut ist eine in trockenem Zustande spröde, nach dem Einweichen in Wasser oder verdünnter Lauge zähe, lederartige Hülle, welche sich leicht vom Samen ablösen läßt. Sie bietet neben der Stärke die besten Unterscheidungsmerkmale für die mikroskopische Unterscheidung der Leguminosenmehle. Sie besteht aus der Epidermis, der Hypodermschicht und einer verschieden starken Parenchymschicht, von denen namentlich die beiden ersteren die Unterscheidung ermöglichen, zumal wenn sie, was bei Mehlen öfters vorkommt, nicht nur in der Flächenansicht, sondern auch in Querschnittslage beobachtet werden können.

Die Oberhaut wird gebildet von einer einfachen, am Nabel doppelten Lage von radial gestreckten prismatischen, palissadenförmigen, dickwandigen Zellen (Sklereiden), deren Radialwände leistenförmig verdickt sind, und zwar derart, daß im Querschnitt das an dem nach innen gelegenen Ende weite Lumen allmählich nach außen bis auf einen engen Kanal verschwindet. In manchen Fällen sind die einzelnen Palissadenzellen nach außen vorgewölbt, so daß die Oberhaut mit rundlichen Höckern besetzt erscheint. Im Querschnitt kann man an den Palissadenzellen gewöhnlich eine der Cuticula genäherte und mit ihr parallele Zone, die sogenannte Lichtlinie, erkennen, deren Breite und Abstand von der Oberfläche einen gewissen Unterscheidungswert hat.

Das Hypoderm besteht aus einer einfachen Lage von sehr verschieden und auffallend gestalteten Zellen, welche wegen ihrer am Querschnitt sichtbaren eigenartigen Form als Träger-, auch Sanduhr- oder Becherzellen bezeichnet werden. Auf dem Querschnitt sind sie entweder viereckig, ohne Intercellularen aneinanderschließend, wobei aber die Radialwände im mittleren Teile verdickt und in das Zellinnere vorgewölbt sind, oder die Radialwände sind eingedrückt oder eingebogen und im mittleren Teil durch weite elliptische oder spindelförmige Intercellularräume voneinander getrennt, wobei die derbe Wand spaltenförmige Tüpfelung oder leistenförmige Verdickung aufweisen kann. In der Fläche erscheinen die Umrisse der Zellen als Polygone mit einem Doppelkreis innerhalb derselben, häufig ist aber nur der letztere deutlich zu erkennen. Zuweilen führen die Zellen Calciumoxalatkrystalle.

Unter der Hypodermschicht folgt ein mehrschichtiges Schwammparenchym, welches am Nabel auch das Hypoderm ersetzt und Gefäßbündel führt.

1. Erbse (Pisum sativum, Fig. 161). Palissadenzellen: 60—110 μ lang, 10—25 μ breit, außen flach. Lichtlinie unmittelbar unter der Cuticula. Wand auch im unteren Teil (am Querschnitt) ziemlich derb, knorrig, Lumen in der Mitte am engsten. Zellen oft verbogen.

Fig. 161.

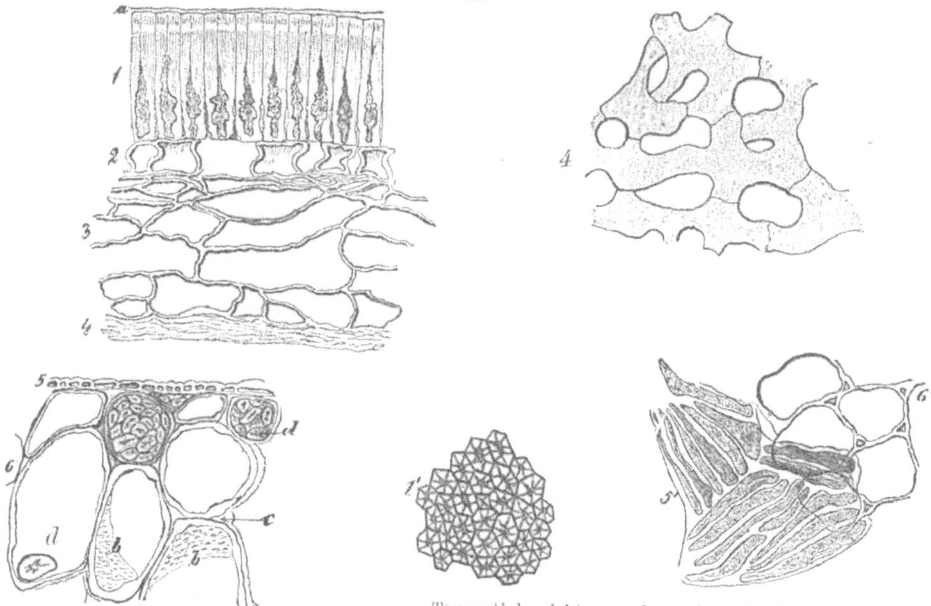

Querschnitt. Tangentialansichten zu den entsprechenden Nummern des Querschnittes.

Erbse (Vergr. 1:200). Nach C. Böhmer.

1' Palissadenzellen, *a* Cuticula; 2 Trägerzellen; 3 Parenchymzellen; 4 Innen-Oberhaut; 5 Oberhaut des Keimblattes; 6 Kotyledonargewebe, *b* getüpfelte Membranen, *c* Verdickung der Interzellularräume, *d* Stärkekörner.

Fig. 162.

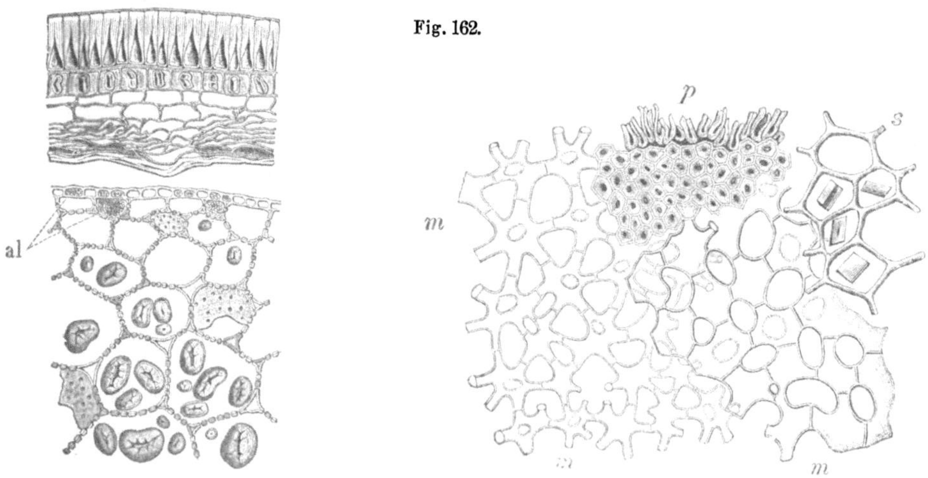

Querschnitt. Flächenansicht.

al Randzellen des Keimblattes. *p* Palissadenzellen, *s* Trägerzellen, *m* Schwammparenchym.

Bohne (Phaseolus). Nach J. Möller.

Hypoderm: Zellen sanduhrförmig, meist am inneren Ende breiter, ziemlich derbwandig, an den Seiten mit Spaltentüpfeln, in der Fläche 5—6seitig, mit strahlig gestellten Spaltentüpfeln zwischen dem Doppelringe und der feinknotigen Grenzmembran.

Kotyledonargewebe: Oberhautzellen zart, in der Fläche gruppenweise verschieden orientiert, schmal, gestreckt. Innenzellen ziemlich derbwandig, getüpfelt.

Fig. 163.

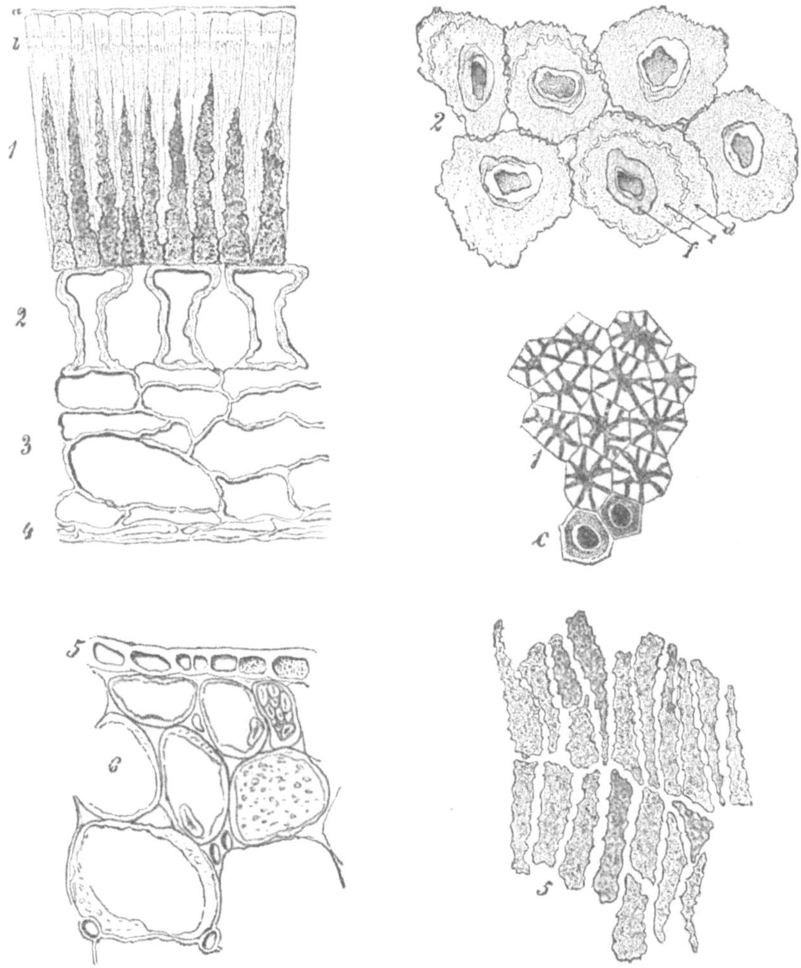

Feldbohne (Vicia Faba) (Vergr. 1:200). Nach C. Böhmer.

Links Querschnitt. 1 Palissadenzellen mit Cuticula *a*, Lichtlinie *b*; 2 Trägerzellen; 3 Parenchym; 4 innere Epidermis der Samenschale; 5 Oberhaut des Keimblattes; 6 Keimblattgewebe.

Rechts Flächenansichten zu den entsprechenden Nummern des Querschnittes. *c* im unteren Teil durchschnittene Palissadenzellen, *d* unterer, *e* oberer, *f* mittlerer Teil der Säulenzellen.

2. Bohne (Phaseolus vulgaris, Fig. 162). Palissadenzellen: 30—60 μ lang, 6—15 μ breit, außen flach, Lichtlinie in der Nähe der Cuticula. Wand glatt, Lumen (im Querschnitt) innen weit, nach außen verengt, spitz auslaufend.

Hypoderm: Zellen kurz, prismatisch, nicht sanduhrförmig. Wand mäßig dick, in Wasser und namentlich Alkalien stark quellend, so daß das Lumen dann in der Mitte eingeschnürt wird.

In jeder Zelle befindet sich ein das Lumen fast ausfüllender einfacher oder Zwillingskrystall von monoklinem Calciumoxalat.

Kotyledonargewebe: Oberhautzellen an der Berührungsseite der Kotyledonen gestreckt, an den Außenseiten polygonal isodiametrisch. Innenzellen dickwandig, grobgetüpfelt (knotig).

Phaseolus lunatus: Palissadenzellen und Kotyledonargewebe wie bei Ph. vulgaris, Trägerzellen trichterförmig, hoch, mit großen Intercellularräumen und seitlichen Fortsätzen, ähnlich wie bei Canavalia (vgl. S. 611), ohne Krystalle.

3. Feld- oder Saubohne (Vicia Faba, Fig. 163, S. 605). Palissadenzellen: (110) 150 bis 175 (300) μ lang, 10—25 μ breit, außen flach. Lichtlinie in der Nähe der Cuticula. Radialwände etwas knorrig, Lumen innen weit, nach außen spitz verengt.

Hypoderm: Zellen hantelförmig, derbwandig.

Kotyledonargewebe: Oberhautzellen gestreckt, grobknotig, verdickt. Innenzellen derbwandig, grob getüpfelt.

Fig. 164.

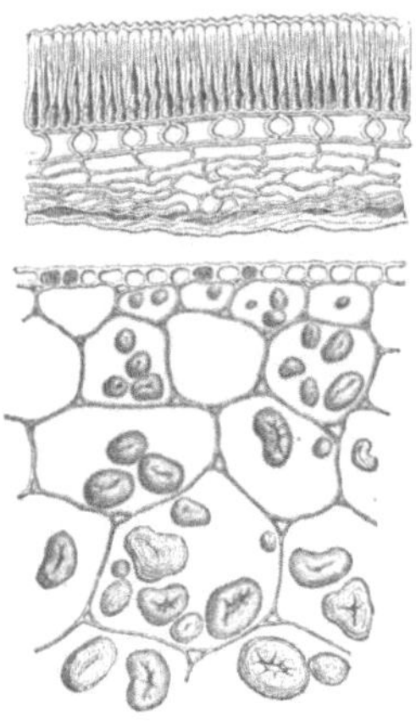

Linse, Querschnitt.
Nach A. L. Winton.

Fig. 165.

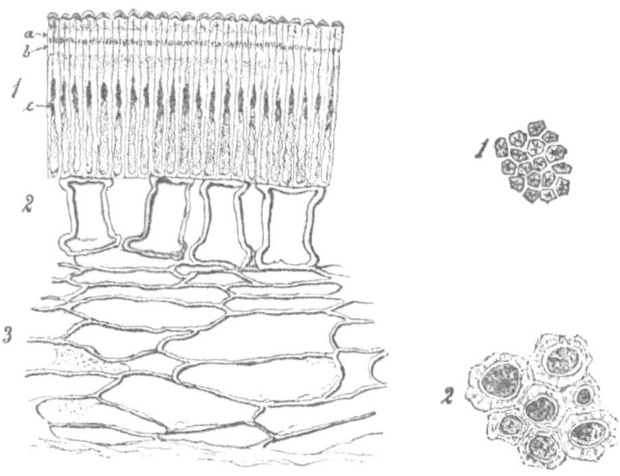

Querschnitt. Flächenansichten.
Wicke (Vergr. 1:200). Nach C. Böhmer.
1 Palissadenzellen mit Lichtlinien *a*, *b* und Farbstoffband *c*; 2 Trägerzellen; 3 Parenchym.

4. Linse (Ervum Lens, Fig. 164). Palissadenzellen: 36—45 μ lang, 8 μ breit, außen vorgewölbt. Lumen innen weit, nach außen allmählich verengt, Wand glatt. Lichtlinie 10 μ breit unmittelbar unter der Cuticula.

Hypoderm: Zellen sanduhrförmig, teilweise breiter als hoch, der innere Teil oft breiter als der äußere. Seitenwände stärker verdickt, meist mit Spaltentüpfeln.

Kotyledonargewebe: Oberhautzellen gestreckt. Innenzellen ziemlich dünnwandig, fein getüpfelt.

5. Wicke (Vicia sativa, villosa usw., Fig. 165). Palissadenzellen: 50—100 μ lang, 6 μ breit, Form wie bei der Linse, nach außen vorgewölbt, ziemlich glattwandig. Lichtlinie 10—15 μ breit, erscheint oft doppelt.

Hypoderm: Zellen spulenförmig, weitlumig, oft mit Spaltentüpfeln.

Kotyledonargewebe: Wie bei Linse.

6. Lupine (Lupinus albus, luteus, angustifolius usw., Fig. 166). Palissadenzellen: (110) 140—170 μ (300 μ) lang, 8—18 μ breit, außen flach vorgewölbt, stets am Querschnitt im inneren Drittel verbogen, und zwar wellenförmig (L. luteus) oder geknickt (L. angustifolius). Lumen in den beiden äußeren Dritteln strichförmig, im inneren Drittel erweitert. Lichtlinie unter der Cuticula, bei L. angustifolius ungefähr in der Mitte der Zellen ein dunkler bandförmiger Streifen.

Fig. 166.

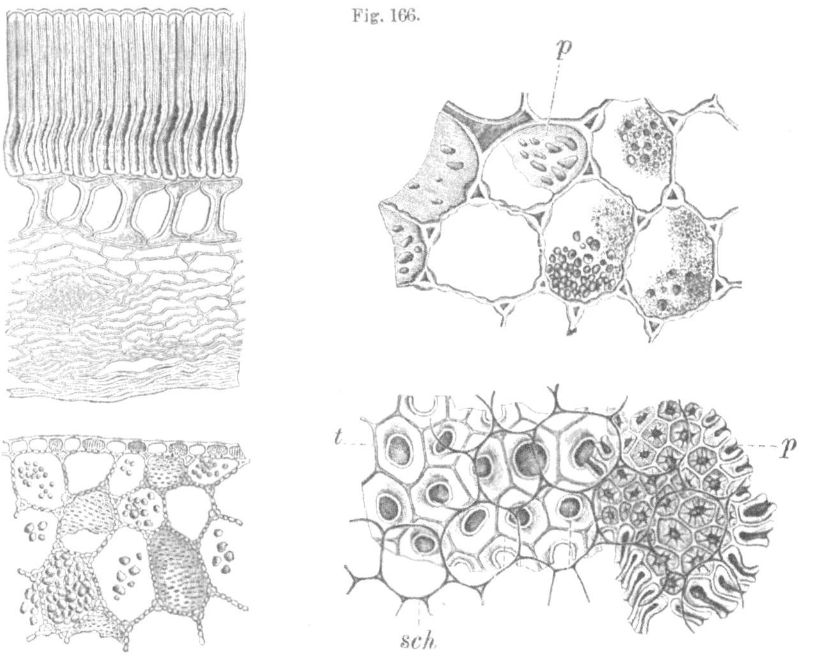

Querschnitt. Tangentialansichten.

Gelbe Lupine. Nach A. L. Winton.

p oben Kotyledonengewebe, *p* unten Palissadenzellen, *t* Trägerzellen, *sch* Schwammparenchym.

Hypoderm: Zellen hantelförmig, oft am inneren Ende kaum erweitert, grob getüpfelt.

Kotyledonargewebe: Oberhautzellen feinporig oder deutlich getüpfelt, polygonal oder etwas gestreckt. Innenzellen kollenchymatisch verdickt, mehr oder weniger grob getüpfelt, ohne Stärke.

Fig. 167.

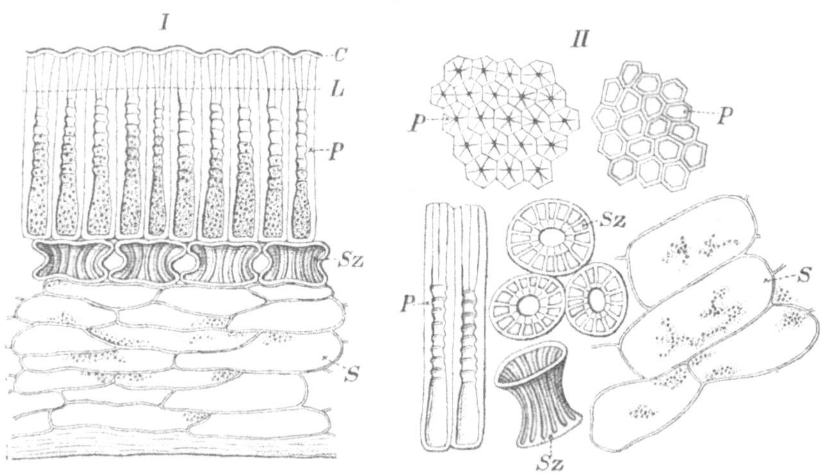

Platterbse, indische (Vergr. 1:265). Nach M. Kondo.

I Querschnitt der Samenschale. II Isolierte Zellen der Samenschale. *C* Cuticula, *L* Lichtlinie, *P* Palissadenzellen, *Sz* Trägerzellen, *S* Schwammparenchym.

7. **Platterbse** (Lathyrus sativus, Fig. 167, S. 607). Palissadenzellen: 80—100 μ lang, 12 bis 17 μ breit, am oberen Drittel dickwandig, nach außen vorgewölbt, mit Längsleisten versehen. In der Mitte ist die Zellwand querporös, am unteren Teil dünnwandig. Lichtlinie 17—24 μ von der Oberfläche entfernt.

Hypoderm: Zellen breit spulenförmig, Zwischenräume ziemlich klein. An den Radialwänden 12—18 Verdickungsleisten, so daß die Zellen in der Flächenansicht rosettenartig aussehen.

Kotyledonargewebe: Oberhautzellen der Außen- und Innenseite abgeplattet. Innenzellen polygonal gerundet.

Fig. 168.

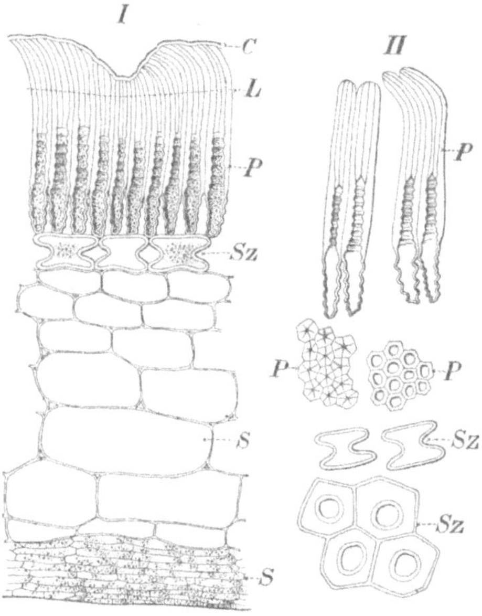

Kichererbse, kleine, braune, indische (Vergr. 1:177). Nach M. Kondo.

I Querschnitt der Samenschale. II Isolierte Zellen der Samenschale. *C* Cuticula, *P* Palissadenzellen, *L* Lichtlinie, *Sz* Trägerzellen, *S* Schwammparenchym.

Fig. 169.

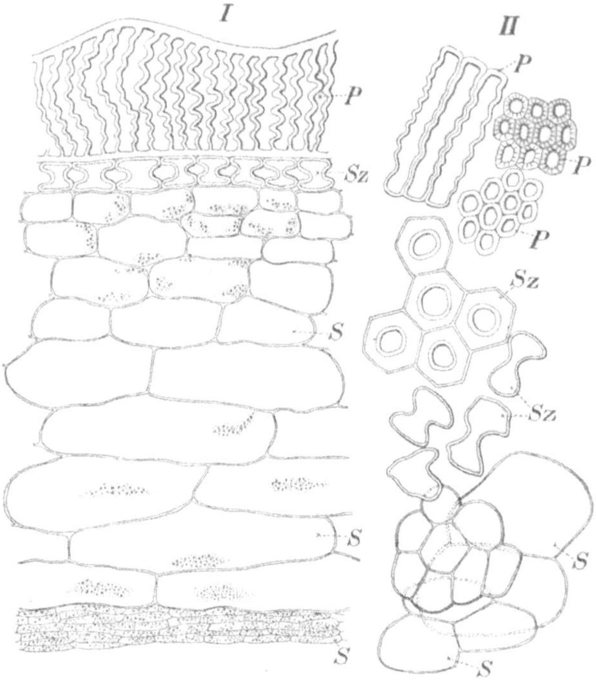

Kichererbse, große, weißgelbe, spanische (Vergr. 1:200). Nach M. Kondo. I Querschnitt der Samenschale. II Isolierte Zellen der Samenschale. *P* Palissadenzellen, *Sz* Trägerzellen, *S* Schwammparenchym.

8. **Kichererbse** (Cicer arietinum, Fig. 168 u. 169). Palissadenzellen: Bei verschiedenen Sorten sind dieselben abweichend gebaut. Braune indische Kichererbse: Palissadenzellen ähnlich denen der Platterbsen, also im oberen Teil dickwandig, mit Längsleisten versehen, in der Mitte querporös und im unteren Teile dünnwandig. Jedoch sind die Zellwände wellig gebogen, die Zellen selbst gekrümmt und gruppenweise allmählich länger und kürzer, so daß auf der Oberfläche Höcker und Vertiefungen abwechseln. Bei den gelben Kichererbsen sind die Palissadenzellen nur außen mäßig verdickt, die zarten Seitenwände wellig gebogen. Länge der Zellen 35—194 μ, Breite 12 bis 20 μ, Entfernung der Lichtlinie von der Oberfläche 35—64 μ.

Hypoderm der Kichererbse: Zellen unregelmäßig, sanduhrförmig, dünnwandig, mit verhältnismäßig kleinen, rundlichen Zwischenräumen.

Kotyledonargewebe: Oberhautzellen der Außen- und Innenseite etwas abgeplattet. Innenzellen im äußeren Teil radial gestreckt, im inneren Teil polygonal oder rundlich.

9. Lablabbohne (Dolichos Lablab, Fig. 170). Palissadenzellen sehr lang, nämlich 129—153 (182) μ, 10—12 μ dick, Lumen nach außen nur wenig verengt, Außenwand 28 μ dick mit radialen Leisten. Außerhalb der Palissadenzellen eine Wachs- und Cuticularschicht von 12 μ Dicke. Lichtlinie 19—24 μ unter der Oberfläche.

Fig. 170.

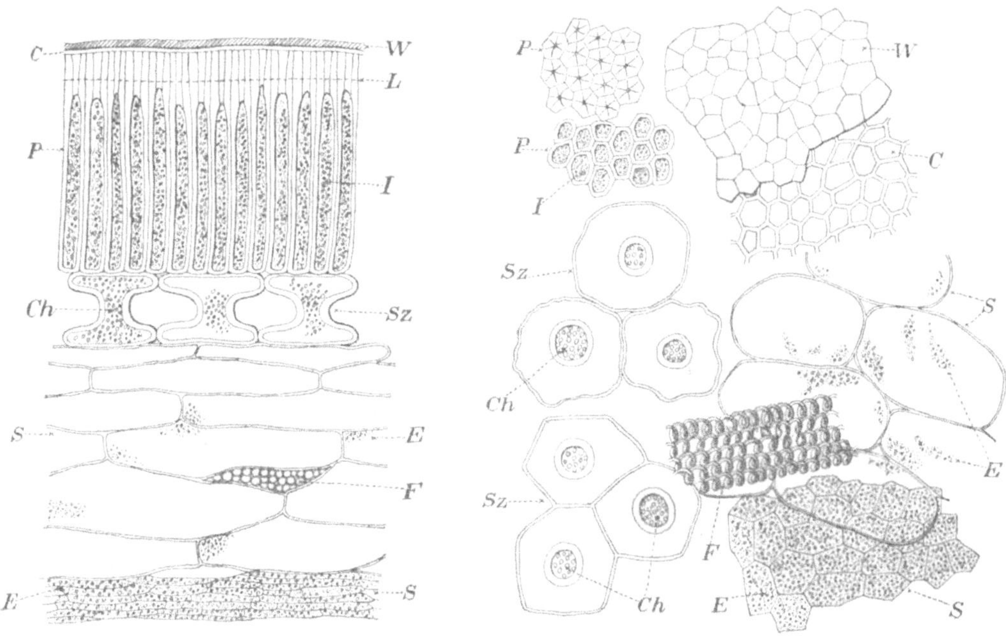

Dolichos Lablab (Vergr. 1:265). Nach M. Kondo.
Links Querschnitt, rechts Flächenschnitt der Samenschale.
W Wachsschicht, C Cuticula, L Lichtlinie, P Palissadenzellen, I Chromatophoren, Sz Trägerzellen, E Protein, F Gefäßbündel, S Schwammparenchym, Ch Chlorophyll.

Hypoderm: Zellen sanduhrförmig, breiter als hoch. In der Nabelgegend bis zu 6 Reihen dieser Zellen übereinander, auch das ganze Nabelparenchym besteht aus solchen.

Kotyledonargewebe von Dolichos Lablab: Oberhautzellen der Innenseite im Querschnitt flach, in der Fläche breit. Innenzellen in den äußeren Lagen radial gestreckt, im Innern rundlich oder polygonal, derbwandig, netzförmig getüpfelt.

Fig. 171.

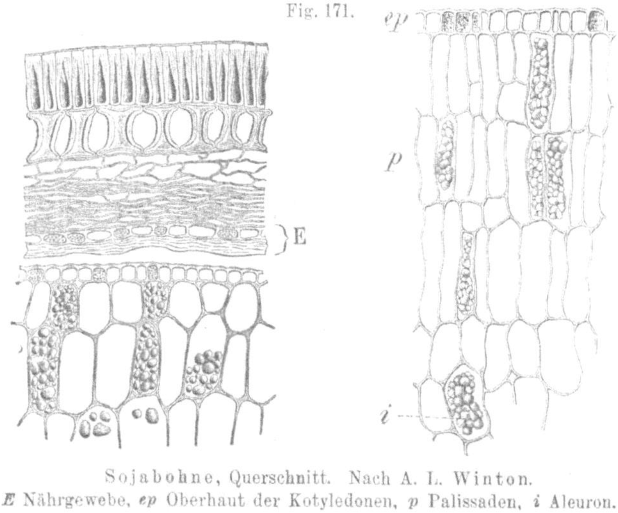

Sojabohne, Querschnitt. Nach A. L. Winton.
E Nährgewebe, ep Oberhaut der Kotyledonen, p Palissaden, i Aleuron.

10. Sojabohne (Soja hispida, Glycine soja, Fig. 171 u. 172). Palissadenzellen: 40—60 (100) μ lang, 6—19 μ breit, nicht vorgewölbt, in der Fläche elliptisch. Wand glatt,

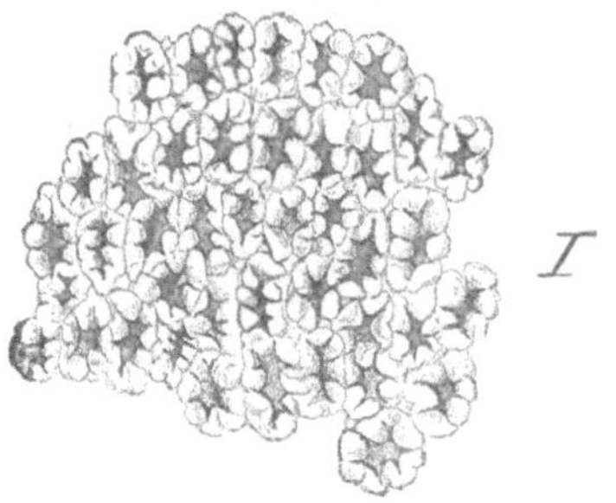

Fig. 172.

Sojabohne, Tangentialansichten. Nach A. Scholl.

I Palissadenzellen (Vergr. 1 : 400); II, *p* Palissadenzellen, *s* Trägerzellen bei tieferer Einstellung (Vergr. 1 : 200), III Parenchym unter den Trägerzellen (Vergr. 1 : 200).

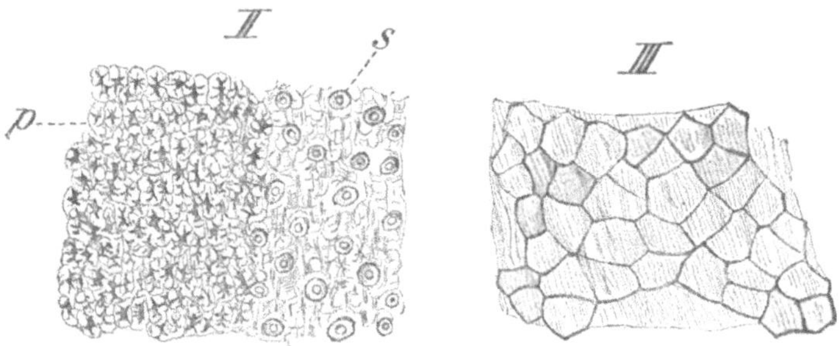

Lumen im äußeren Teil verengt. Lichtlinie nahe der Cuticula. Bei der schwarzen Sojabohne enthalten die Zellen einen Farbstoff, welcher mit Säuren, auch Chloralhydrat, schön kirschrot wird.

Hypoderm: Zellen hantelförmig, radial stark gestreckt, fast ebenso lang, teilweise noch länger als die Palissadenzellen. Die Ausstülpung an den Längsenden ist oft wenig ausgebildet. Die Tangentialwände häufig weniger dick als die Radialwände.

Fig. 173.

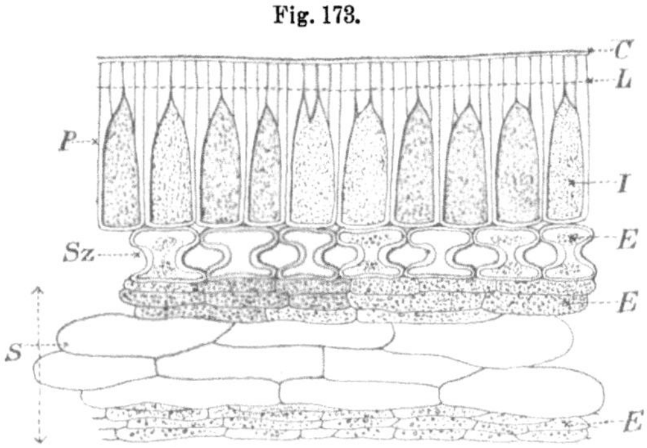

Vigna sinensis, Querschnitt der Samenschale (Vergr. 1 : 265). Nach M. Kondo.
C Cuticula, *L* Lichtlinie, *P* Palissaden, *I* Farbstoff, *Sz* Trägerzellen, *S* Schwammparenchym, *E* Protein.

Kotyledonargewebe: Oberhautzellen polygonal, ziemlich isodiametrisch. Innenzellen mäßig dickwandig, die äußeren 3—6 Reihen radial gestreckt, wenig Intercellularräume. Der Inhalt der Zellen ist oft ganz stärkefrei, vielfach sind aber, namentlich in den inneren Zellen, auch unregelmäßig geformte, verschieden große Stärkekörner mehr oder weniger zahlreich zu finden.

11. Chinesische Langbohne (Dolichos sinensis, Vigna sinensis, Fig. 173). Palissadenzellen: 60—75 μ lang, 11—19 μ breit, in der Fläche elliptisch. Lumen an der Innenseite weit, nach außen wenig verengt. Außenwand 14 μ dick und mit 6—7 Leisten versehen. Lichtlinie 7 μ unter der Oberfläche.

Hypoderm: Zellen sanduhrförmig, niedrig und breit, Seitenwände stark eingebogen.

Kotyledonargewebe: Oberhautzellen wie bei Dolichos melanophthalmus. Innenzellen sehr dickwandig, getüpfelt, fünf- oder sechseckig, die äußeren Reihen ganz stärkefrei.

Fig. 174.

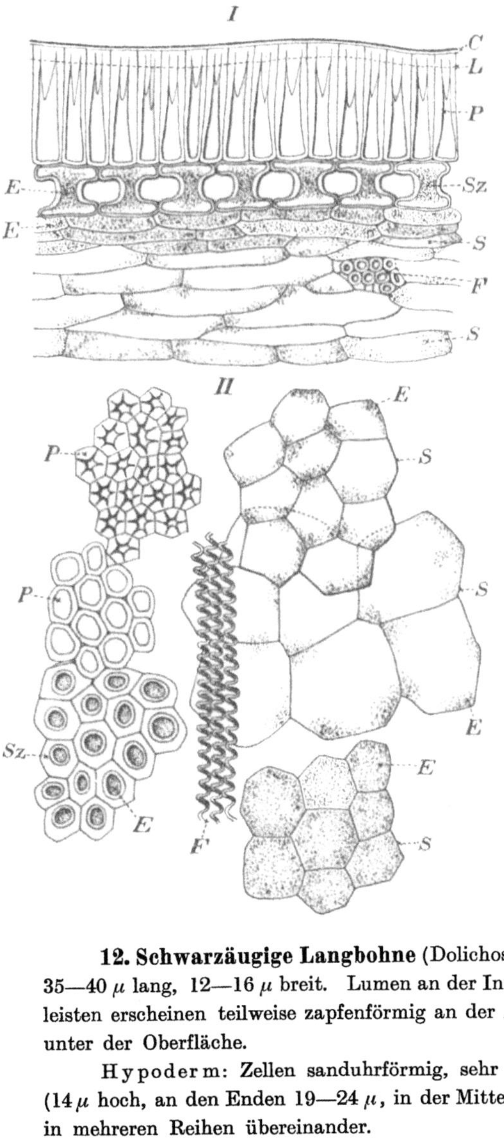

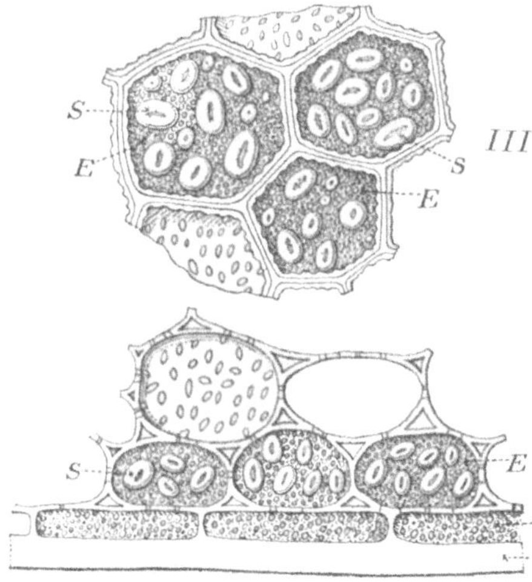

Dolichos melanophthalmus (Vergr. 1:265). Nach M. Kondo.

I Querschnitt der Samenschale. *C* Cuticula, *L* Lichtlinie, *P* Palissadenzellen, *Sz* Trägerzellen, *S* Schwammparenchym, *F* Gefäßbündel, *E* Protein.

II Tangentialschnitt der Samenschale. Die Buchstaben haben dieselbe Bedeutung wie bei I.

III Kotyledonengewebe, Querschnitt. *I* Innenepidermis, *C* Cuticula, *S* Stärke, *E* Protein.

12. Schwarzäugige Langbohne (Dolichos melanophthalmus, Fig. 174). Palissadenzellen: 35—40 μ lang, 12—16 μ breit. Lumen an der Innenseite weit, nach außen verengt, die Verdickungsleisten erscheinen teilweise zapfenförmig an der Außenseite (Länge der Zapfen 12 μ). Lichtlinie 7 μ unter der Oberfläche.

Hypoderm: Zellen sanduhrförmig, sehr breit und niedrig, Radialwände stark eingebogen (14 μ hoch, an den Enden 19—24 μ, in der Mitte 12 μ dick). An der Samennaht liegen diese Zellen in mehreren Reihen übereinander.

Kotyledonargewebe: Oberhautzellen der Innenseite stark tangential gestreckt, von einer sehr dicken Cuticula bedeckt. Innenzellen polygonal ohne Intercellularen oder rundlich mit solchen, derbwandig, getüpfelt, in den äußeren Lagen allmählich kleiner werdend als im Innern.

13. Canavaliabohne (Canavalia ensiformis, Fig. 175 u. 176): Palissadenzellen je nach der Sorte 125—260 μ lang, 10—24 μ dick, das Lumen ist bis nahe an die Außenwand weit, hier Verdickungsleisten. Lichtlinie 17—23 μ von der Oberfläche entfernt.

Hypoderm: Zellen groß, trägerförmig, dickwandig, an den Seitenwänden mit stachelförmigen Fortsätzen versehen. Die Zellen sind in 3 Reihen, in der Nabelumrandung sogar in 6 Reihen übereinander angeordnet, die inneren allmählich kürzer und abgeplattet. Im oberen und unteren Ende eiweißreicher Inhalt.

Schwammparenchym: Stark entwickelt, reich getüpfelt.

Kotyledonargewebe: Oberhautzellen der Innenseite etwas abgeplattet; die Epidermiszellen und 2—3 darauffolgende Zellreihen sind mit Protein gefüllt und stärkefrei. Innenzellen sternförmig, dickwandig, getüpfelt, mit Stärke und Protein gefüllt. Intercellularräume bei einigen Sorten sehr groß und zahlreich.

Fig. 175.

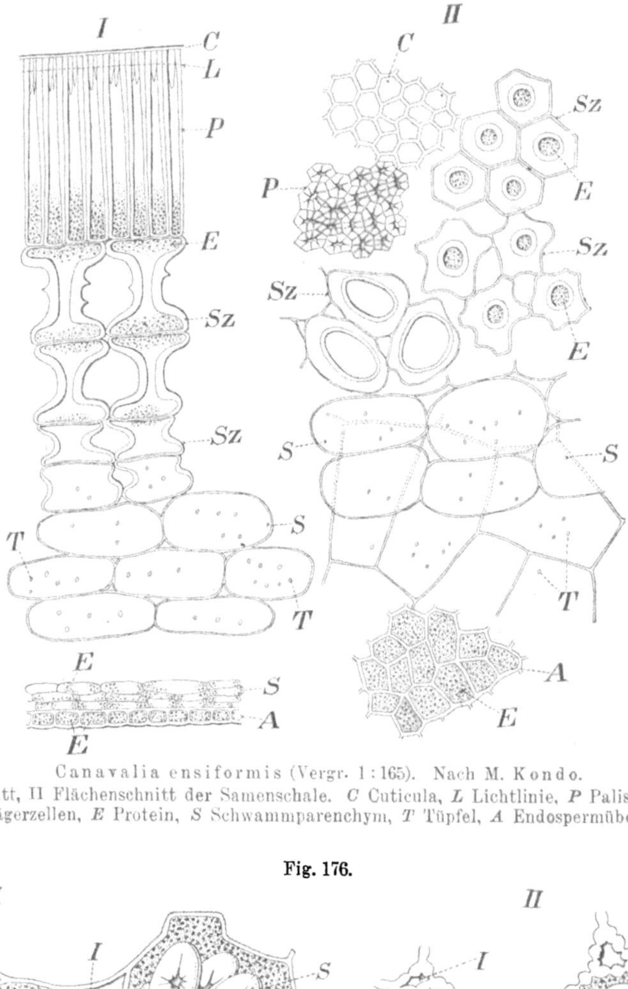

Canavalia ensiformis (Vergr. 1:165). Nach M. Kondo.
I Querschnitt, II Flächenschnitt der Samenschale. *C* Cuticula, *L* Lichtlinie, *P* Palissadenzellen, *Sz* Trägerzellen, *E* Protein, *S* Schwammparenchym, *T* Tüpfel, *A* Endospermüberreste.

Fig. 176.

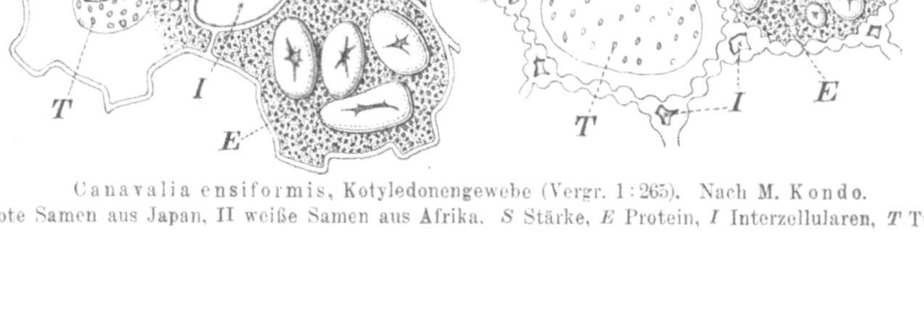

Canavalia ensiformis, Kotyledonengewebe (Vergr. 1:265). Nach M. Kondo.
I Rote Samen aus Japan, II weiße Samen aus Afrika. *S* Stärke, *E* Protein, *I* Interzellularen, *T* Tüpfel.

Stärkekörner: Elliptisch oder kugelförmig mit Kernhöhle von schwankender Form. Größe nach M. Kondo: Großkörner 47—70 μ lang, 35—47 μ breit; mittelgroße Körner 35—47 μ lang, 19—38 μ breit; kleine Körner 19—33 μ lang, 17—28 μ breit.

J. Möller gibt folgenden Analytischen Schlüssel für die Unterscheidung der Leguminosensamen an.

A. Die Samen enthalten Stärke.
 I. Die Palissaden sind englichtig:
  1. Unter 100 μ lang
   a) außen flach
    aa) Trägerzellen prismatisch, mit Krystallen
     α) Palissaden unter 60 μ lang, Trägerzellen dünnwandig, Krystalle groß Phaseolus vulgaris (Bohne)
     β) Palissaden über 60 μ lang, Trägerzellen dickwandig, Krystalle klein Phaseolus multiflorus (Feuerbohne)
    bb) Trägerzellen sanduhrförmig, ohne Krystalle
     [a] unter 20 μ hoch
      [aa] Stärkekörner unregelmäßig elliptisch
       α) bis 40 μ lang . . . . Pisum (Erbse)
       β) bis 90 μ lang . . . . Phas. Mungo
      [bb] Stärkekörner regelmäßig elliptisch
       bis 35 μ lang . . . . Vigna catjang (Chinabohne)
     [b] Trägerzellen 25—35 μ hoch, Stärkekörner bis 65 μ lang Phas. lunatus (Limabohne)
   b) Palissaden außen abgerundet oder spitz
    α) unter 45 μ hoch, Lichtlinie 10 μ breit . . . . Ervum (Linse)
    β) 50—65 μ hoch, Lichtlinie 10—15 μ breit . . . . Vicia (Wicke)
  2. Palissaden über 100 μ lang:
   a) Trägerzellen in einfacher Reihe
    α) Stärkekörner bis 70 μ lang . . . . Faba (Saubohne)
    β) Stärkekörner bis 40 μ lang . . . . Dolichos
   b) Trägerzellen in mehreren Reihen
    Stärkekörner bis 50 μ lang . . . . Canavalia
 II. Palissaden weitlichtig
  1. Palissadenwand getüpfelt, in den Keimblättern spärliche (oft erst nach Entfettung erkennbare) Stärke
   α) Palissaden unter 25 μ lang, über 25 μ dick, Stärkekörner kugelig, oft über 10 μ im Durchmesser. . . . . Arachis (Erdnuß)
   β) Palissaden über 50 μ lang, unter 25 μ dick, mit dunklem Inhalt, Stärke kugelig, unter 10 μ . . . . Coumarouna
  2. Palissadenwand nicht getüpfelt
   Palissaden von ungleicher Höhe, Stärkekörner groß elliptisch . Cicer (Kichererbse)
B. Die Samen enthalten keine Stärke oder nur Spuren.
 I. Palissaden zugespitzt, Trägerzellen gerippt, Schleimendosperm
  α) Palissaden 30—40 μ lang, Trägerzellen 15—45 μ breit . . . . Medicago (Luzerne)
  β) Palissaden 60–75 μ lang, Trägerzellen 30–75 μ breit, Samen aromatisch: Foenum graecum
  γ) Palissaden 125—150 μ lang, Trägerzellen 35—75 μ hoch . . Astragalus (Stragel)
 II. Palissaden flach oder abgerundet, Trägerzellen nicht gerippt
  1. Palissaden über 100 μ lang, gekniet
   a) Palissaden mit farblosem Inhalt und breiter Lichtlinie, Oberhautzellen der Kotyledonen nicht getüpfelt . . . . Lupinus albus

b) Palissaden im inneren Teil mit dunklem Inhalt, Oberhautzellen der Kotyledonen getüpfelt

α) dunkler Zellinhalt im inneren Drittel . . . . Lupinus luteus

β) dunkler Zellinhalt in der inneren Hälfte, Lichtlinie schmal: Lupinus angustifolius

2. Palissaden über 100 μ lang, gerade

α) Palissaden 170—250 μ lang, Endospermzellen dickwandig . . . . . . Ceratonia

β) Palissaden 150 μ lang, spindelförmig . . . . Parkia

3. Palissaden unter 100 μ lang, gerade

α) Palissaden 50—60 μ lang, 6—15 μ breit, Trägerzellen 35—50 μ hoch, sich leicht trennend . . . . Glycine (Soja)

β) Palissaden 60—75 μ lang, 3—7 μ breit, Trägerzellen 16—25 μ hoch, Endospermzellen dickwandig . . . . Cassia occidentalis (Mogdadkaffee)

Hierzu ist zu bemerken, daß die Maße für die Größe der Palissaden- und Trägerzellen nicht als entscheidend angesehen werden können, da sie sowohl bei den verschiedenen Sorten, wie auch an demselben Samen je nach der Stelle, an der sich die Zellen befinden, stark schwanken können, worauf es auch wohl zurückzuführen ist, daß von anderen Autoren teilweise erheblich abweichende Zahlen angegeben werden.

Biologische Untersuchung der Körnerfrüchte und Mehle. [1]

1. Die Flora der Körnerfrüchte und Mehle.

Die Pilzflora der Mehle entstammt zum größeren Teil den Rohstoffen, zum geringeren ist sie auf Verunreinigungen bei der Herstellung zurückzuführen. Dieser letztere Teil ist daher im wesentlichen die Flora des Bodens. Die den Rohstoffen eigentümliche Flora besteht aus parasitischen Pilzen, die auf und in den Samen oder anderen Pflanzenteilen leben, aus der epiphytisch lebenden Saprophytenflora und aus angeflogenen Keimen der Bodenflora. An gesundheitsschädlichen Pilzen enthalten Mehle solche, die auf den Rohstoffen vorkommen und entweder infektiös oder toxisch auf den menschlichen Körper wirken, oder sie können, meist allerdings nur in zubereiteter Form, als Überträger pathogener Keime von Mensch zu Mensch wirken. An infektiösen Pilzen kommen, wie hier in Kürze bemerkt werden kann, auf Getreide Vertreter der entweder zu den Hyphomyceten oder Bakterien gezählten Gattung Actinomyces Harz (Teil 1, S. 680) vor, die die Strahlenpilzkrankheit auch beim Menschen erzeugen, aber wohl nur durch Spelzen oder Grannen, die sich in die Kiefer bohren, übertragen werden. In den Mahlprodukten können unter besonderen Umständen[2]) die Sporen von Aspergillus flavus, A. fumigatus und A. niger gefährlich werden. Diese Pilze, deren Wachstumsoptimum bei Körperwärme liegt, erzeugen bei Leuten, die viel mit Mehl arbeiten, gelegentlich gefährliche Mykosen der Lunge.

A. Die pflanzenparasitären Pilze auf Cerealien.

a) Brandpilze. Von diesen kommen in Mahlprodukten von Cerealien häufiger die Sporen der sogen. „gedeckten" Brandarten des Weizens (Tilletia tritici und T. levis), der Gerste Ustilago Jensenii) und des Hafers (Ustilago levis), seltener die der Flugbrandarten (Ustilago tritici, U. hordei, U. avenae), des Maisbrandes (Ustilago Maydis) und des Roggenstengelbrandes (Urocystis occulta) vor. Das seltenere Vorkommen der Sporen der Flugbrandarten hängt damit zusammen, daß diese schon im Sommer verstäuben oder vom Regen abgespült werden, während die Sporen der gedeckten Brandarten erst beim Dreschen über das Korn entleert werden. Eine innere Infektion durch Brandsporen kommt bei der Gerste vor, wo sie

[1]) Bearbeitet von Prof. Dr. A. Spieckermann-Münster i. W.

[2]) Vgl. Lode, Archiv f. Hygiene 1902, **42**, 107.

gelegentlich unter den Spelzen gefunden worden sind[1]). Die embryonale Infektion des Weizen- und Gerstenkornes durch Mycel der Flugbrandpilze spielt in bezug auf ihre Verwendung für Nahrungszwecke keine Rolle. Die Brandsporen sind kugelige Zellen mit derber, glatter oder stellenweis verdickter, brauner, seltener farbloser Membran (Fig. 177). Nach Größe und Bau der Membran lassen sich die der einzelnen Arten gut unterscheiden, ferner auch nach der Art der Keimung. Appel und Gassner[2]) haben für die auf Weizen, Gerste, Hafer vorkommenden Brandarten die nachfolgende Zusammenstellung gegeben. Ergänzend sei hierzu bemerkt, daß die Sporen des Maisbrandes rund, dunkelbraun, feinstachelig und 9—12 μ dick sind und daß beim Roggenstengelbrand mehrere Sporen zu Knäueln von 24 μ Dicke vereinigt sind, von denen aber nur wenige größere keimen.

Fig. 177.

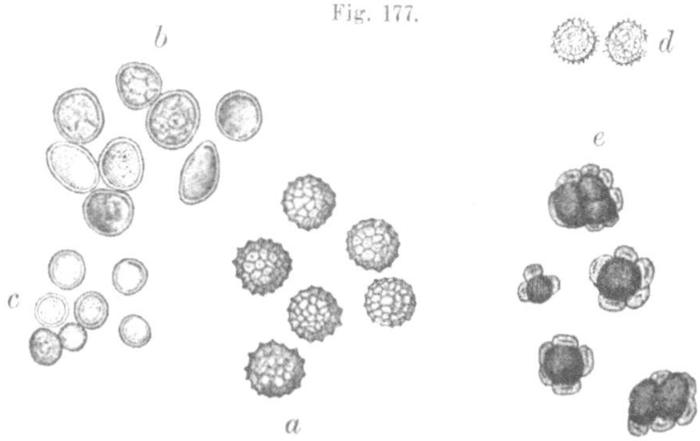

Brandsporen (1 : 300).
a von Tilletia tritici, *b* von T. levis, *c* von Ustilago Jensenii, *d* von Ustilago Maydis, *e* Sporenknäuel von Urocystis occulta, in denen nur die dunkleren Sporen keimfähig sind.

Tabelle über Eigenschaften der Sporen der Getreidebrandarten.

Getreideart	Art des Brandes	Name des Erregers	Beschaffenheit der Sporen	Größe der Sporen	Keimung der Sporen
Weizen	Flugbrand	Ustilago tritici	kugelig, fein bewarzt	5—8 μ	direkt mit Mycel (ohne Conidien) auskeimend
	Steinbrand	a) Tilletia tritici b) Tilletia levis	a) kugelig, durch erhabene Leisten gefeldert b) unregelmäßig kugelig, glatt	15—17 μ	auskeimend mit Promycel und Conidien
Gerste	Flugbrand	Ustilago hordei	kugelig, fein bewarzt	5—7 : 5—6,5 μ	direkt mit Mycel (ohne Conidien) auskeimend
	Hart- oder Schwarzbrand	Ustilago Jensenii	unregelmäßig kugelig, glatt	6,7—7,5 μ	auskeimend mit Promycel und Conidien
Hafer	Flugbrand	Ustilago avenae	kugelig, fein bewarzt	5—8 μ	auskeimend mit Promycel und Conidien
	Gedeckter Haferbrand	Ustilago levis	unregelmäßig kugelig, glatt	—	auskeimend mit Promycel und Conidien

[1]) Vgl. Chrzaszcz, Wochenschr. f. Brauerei 1902, **19**, 590.
[2]) Mitteil. d. Kaiserl. Biol. Anst. f. Land- u. Forstwirtschaft. Heft 3.

Der Nachweis der Brandsporen im Mehl läßt sich leicht führen, wenn man dünne Präparate auf dem Objektträger mit Natronlauge aufhellt oder mit solcher aufschließt. Bei Anwesenheit einer größeren Zahl findet man sie auch ohne diese Präparation in dünnen Präparaten leicht beim Arbeiten mit weit geöffneter Blende. Bei gröberen Mehlen empfiehlt es sich, die Mehlprobe durch ein 0,25—0,5 mm Sieb zu treiben und das Durchfallende für die Präparate zu benutzen.

Den Gehalt des Kornes selber an Brandsporen kann man in der Weise feststellen, daß man 100 g desselben in einem Rundkolben mit Wasser schüttelt und den sich oben sammelnden Schaum mikroskopisch untersucht. Schärfer wird das Verfahren, wenn man nach Appel[1]) das Wasser nach dem Schütteln zentrifugiert. Es lassen sich auf diese Weise noch 0,0001 g Brandsporen in 1000 g Getreide nachweisen.

Für die quantitative Bestimmung der Brandsporen in Mahlprodukten und Getreide hat Bredemann[2]) ein Verfahren auf der Grundlage des Verfahrens von Arth. Meyer[3]) zur quantitativen mikroskopischen Untersuchung von Pflanzenpulvern (vgl. S. 563) angegeben. Als „Meßelement" dienen die Sporen von Tilletia tritici und T. levis, deren „Normalzahl" 450 000 ist, d. h. 1 mg der bei 100° getrockneten Sporen enthält 450 000 Stück. Bredemann beschreibt das Verfahren folgendermaßen: Eine Probe von 3—5 g des zu untersuchenden Mehls wird durch ein 0,3 mm Sieb getrieben und im Wasserschrank getrocknet. Zur Voruntersuchung verrührt man eine aliquote kleine Menge auf einem Objektträger mit einigen Tropfen Salzsäure-Chloralhydrat-Glycerin (10 Teile Chloralhydrat werden in 5 Teilen Wasser gelöst, dazu werden 5 Teile Glycerin und 3 Teile 25 proz. Salzsäure von spez. Gew. 1,124 zugefügt) und erhitzt mit aufgelegtem Deckglas zum Sieden. Ist der Brandsporengehalt nicht erheblich (bei 150facher Vergrößerung in einem Gesichtsfelde nicht mehr als etwa 5 Sporen), so kann das Präparat sofort zur quantitativen Untersuchung benutzt werden. Anderenfalls verdünnt man einen Teil des zu untersuchenden Materials mit 9 Teilen Reisstärke, indem man im Porzellanmörser sehr sorgfältig, nötigenfalls unter Zuhilfenahme eines Borstenpinsels, mischt. Von diesem verdünnten Material werden auf einem Objektträger 5—8 mg sorgfältig abgewogen. Von Mehlen, bei denen sich eine Verdünnung meist nicht als nötig erweist, nimmt man 8—12 mg. Ebensoviel wird von Teigware (Nudeln, Eiergräupchen) angewendet, die man vorher durch Beuteln so fein wie möglich pulvert. Die abgewogene Menge wird auf dem Objektträger mittels einer feinen Nadel mit 3—4 Tropfen der genannten Chloralhydrat-Glycerinlösung aus einer sehr fein ausgezogenen Tropfpipette gleichmäßig verrieben. Man erwärmt gelinde, ohne zu kochen, über einem Mikrobrenner bis zur Verkleisterung, läßt etwas erkalten, legt ohne zu drücken ein 20 mm-Deckglas auf das Präparat und erhitzt zuerst gelinde, dann zur Entfernung von Luftblasen bis zum Sieden, bis sich die Flüssigkeit unter dem ganzen Deckglas verbreitet hat, ohne es aber zu überschreiten. Zur Herstellung guter Präparate kommt es besonders auf die richtige Menge des Salzsäurechloralhydrats an.

Das fertige Präparat wird mittels eines Suchtisches vollständig bei etwa 165facher Vergrößerung ausgezählt. Die gefundene Zahl rechnet man auf 10 mg um, dividiert durch die Normalzahl 450 000 und findet so, wieviel Milligramm Tilletia-Sporen in 10 mg der untersuchten Probe enthalten sind (z. B. angewendet 5 mg Mehl, gefunden 930 Stück Sporen, also in 10 mg 1860 Stück, 1860: 450 000 = 0,0041 mg = 0,041%).

Für die quantitative Bestimmung der Brandsporen in Getreide empfiehlt Bredemann 100 g grob zu schroten, davon 25 g durch ein 1 mm-Sieb zu treiben und von diesem Pulver 3—5 g weiter zu zerkleinern, bis sie durch ein 0,3 mm-Sieb gehen.

Zu empfehlen sind stets mindestens zwei Parallelzählungen.

---

[1]) Jahresber. d. Vereinigung f. angew. Botanik für 1906, S. 201.

[2]) Landw. Versuchsstat. 1911, **75**, 135; hier auch eine Zusammenstellung anderer weniger geeigneten Verfahren.

[3]) Zeitschr. f. Untersuchung d. Nahrungs- u. Genußmittel **1909**, **17**, 497.

b) Die Rostpilze. Von diesen Pilzen leben auf den Körnern nur wenige Arten. Puccinia glumarum (Schmidt) Eriks. und Henn. erzeugt auf den Körnern des Weizens und der nackten Gerste gelbe durch die Oberhaut schimmernde Conidienlager[1]). Das Mycel und die Sporen des

Fig. 178.

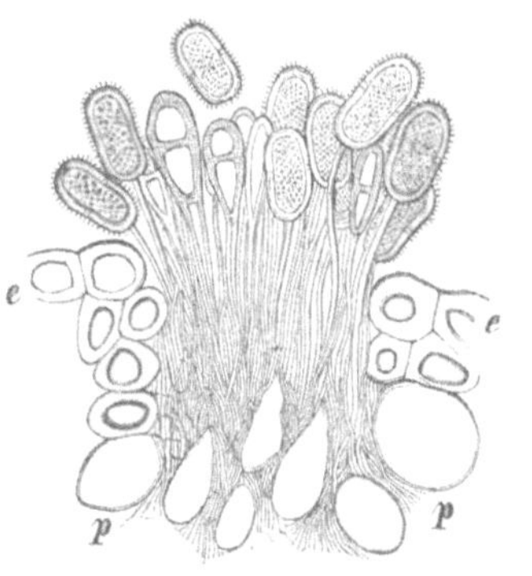

Durchschnitt durch ein Rosthäufchen von Puccinia graminis mit Uredo- und einigen Teleutosporen (200fach). Nach Frank.

e Epidermiszellen des Halmes, p zwischen den Zellen vegetierendes Pilzmycel.

Fig. 179.

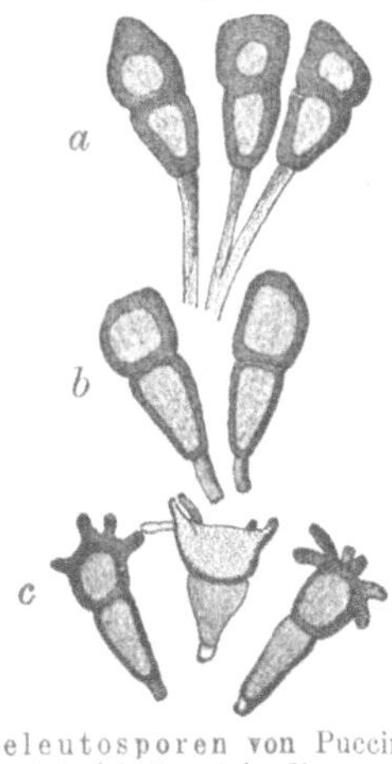

Teleutosporen von Puccinia graminis (a), Puccinia dispersa (b), Puccinia coronifera (c), 320fach. Nach Frank.

Schwarzrostes (Puccinia graminis Pers.) sollen in Haferkörnern[2]) vorkommen, die des Zwergrostes (Puccinia simplex (Körn.) Eriks. und Henn.) auf Gerstenkörnern[3]). Die Spelzen werden zuweilen von Puccinia glumarum und P. graminis stark befallen, so daß auch von ihnen beim Drusch Sporen dieses Pilzes in das Getreide kommen können. Die Rostpilze bilden Uredosporen (Fig. 178), die für die Verbreitung im Sommer sorgen und gelbe Lager bilden, und Teleutosporen für die Überwinterung, die schwarze Lager bilden. Die Uredosporen sind einzellig, rundlich und zeigen im mikroskopischen Bild eine gelbe Färbung, die Teleutosporen sind meist zweizellig, keulenförmig und dunkelbraun gefärbt (Fig. 178 u. 179). Über die Gestalt gibt umstehende Übersicht (S. 620) Auskunft.

Fig. 180.

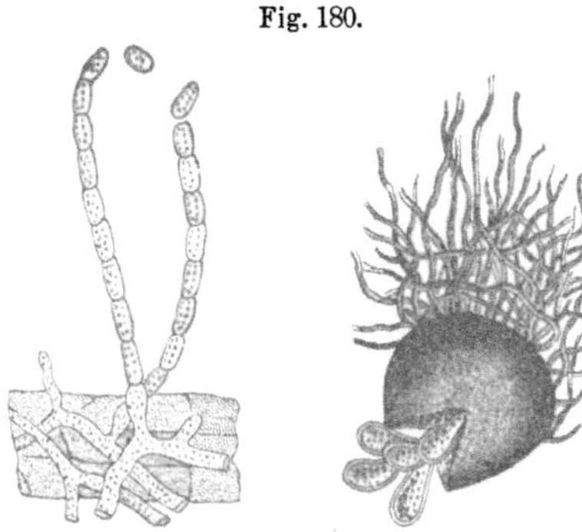

Erisyphe graminis D. C.
A Mycel mit Conidienträgern auf einem Weizenblatt (60fach), B aufgedrücktes Perithecium mit unreifen Schläuchen (100fach). Nach Frank.

c) Der Getreidemehltau, Erisyphe graminis D. C. aus der Gruppe der Perisporiales (Teil 1, S. 704) wuchert außer auf Blättern und Stengeln zuweilen auch auf den Spelzen der Getreidearten und kann beim Drusch ins Korn gelangen. An Fruchtformen kommen in Betracht farblose, eiförmige Conidien, die auf dünnen, kurzen Hyphen in Reihen abgeschnürt werden, und kugelige dunkelbraune bis schwarze Perithecien (Fig. 180). Beide sind in Mehlen und Kleien nicht eben häufig.

---

[1]) Eriksson, Zeitschr. f. Pflanzenkrankh. 1900, **10**, 15.

[2]) Smith, Gardeners Chronicle, ser. 2, 1885, **24**, 245.

[3]) Rostrup in Eriksson und Henning, Die Getreideroste, S. 240.

Die wichtigsten Unterscheidungsmerkmale der Uredo- und Teleutosporen der Getreiderostpilze.

Art des Rostes	Uredosporen	Teleutosporen
Puccinia graminis Schwarzrost	länglich, stachelig	langgestielt, spindel- oder keulenförmig, etwas eingeschnitten, kastanienbraun mit verdickter runder oder feiner Spitze
Puccinia dispersa Braunrost	kugelrund bis ellipsoidisch, stachelig, Wand der Spore farblos	kurzgestielt, keulenförmig, unsymmetrisch
Puccinia triticina Weizenbraunrost	kugelig bis ellipsoidisch, Wand der Spore gefärbt	wie bei Puccinia dispersa
Puccinia glumarum Gelbrost	kugelig bis kurz ellipsoidisch, stachelig, gelb, Wand der Spore farblos	kurzgestielt, unsymmetrisch, keulenförmig abgeflacht oder mit zwei seitlichen Hörnern
Puccinia simplex Zwergrost	kugelrund bis kurz ellipsoidisch, gelb	gestielt, meist einzellig, asymmetrisch, sackähnlich abgestutzt oder zugespitzt
Puccinia coronifera avenae Kronenrost	rundlich, Wand farblos, stachelig, zehn Keimsporen	mit nach Zahl u. Form wechselnden Krönchenfortsätzen

d) Das Mutterkorn, Claviceps purpurea Tul. Das Mutterkorn des Getreides ist das Sklerotium des oben genannten Pilzes aus der Gruppe der Hypocreales (Teil 1, S. 707). Es ist ein $^1/_2$—2 cm langer keulenförmiger, harter Körper, der aus einem weißen, aus verflochtenen Pilz-

Fig. 181.

Mutterkorn Sklerotium.

Fig. 182.

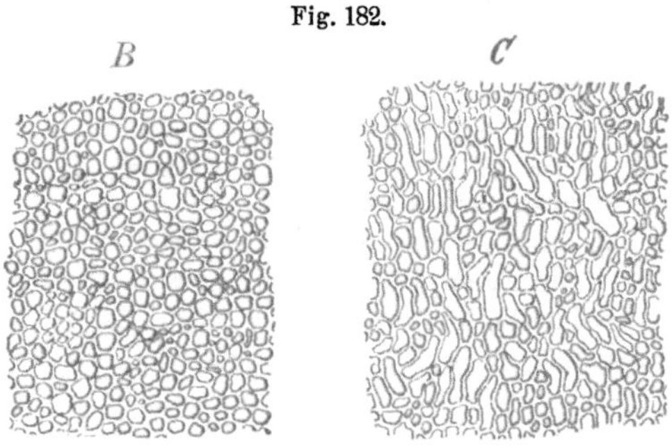

Mutterkorn. Inneres Gewebe, *B* im Querschnitt, *C* im Längsschnitt durch Äther entfettet.

hyphen gebildeten pseudoparenchymatischem Markgewebe und einer schwarzvioletten Rindenzone besteht (Fig. 181 u. 182). Mutterkorn kommt vorwiegend auf Roggen, seltener auf Weizen und Gerste vor. Das Mutterkorn ist wohl der einzige parasitäre Pilz der Getreidearten, der zweifellos für den Menschen direkt und stark giftig wirkende Stoffe enthält. In dem Korn selber ist das Mutterkorn an seiner Gestalt und Farbe, nötigenfalls auch mittels mikroskopischer Präparate leicht festzustellen. Schwieriger ist der Nachweis im gemahlenen Zustande im Mehl. Dieser Nachweis stützt sich zum Teil auf chemische Reaktionen (vgl. S. 519), zum Teil auf die mikroskopische Untersuchung; letztere ist die sicherere. Um die Mutterkornteilchen aus Mehl auszuscheiden, empfiehlt C. Böhmer[1]) zunächst die Probe mit Äther zu entfetten, dann mit

[1]) C. Böhmer, Die Kraftfuttermittel. Paul Parey, Berlin.

salzsäurehaltigem Wasser längere Zeit durchzurühren und dieses einige Male mittels des Meßzylinders zu dekantieren. Den Rückstand läßt man auf einem Porzellanteller abtropfen und sucht nun unter der Lupe alle rötlichen, rotbraunen oder grauen Teilchen heraus. Eine noch bessere Entfernung der Stärke wird erzielt, wenn man 5 g des Mehles in einer Schale mit Wasser und etwas Salzsäure unter öfterer Erneuerung 1 Stunde kocht und von dem Rückstand im Meßzylinder dekantiert. Ebenso kann Malzauszug zur Verzuckerung der Stärke benutzt werden[1]). Eine Verquellung der Stärke kann auch direkt auf dem Objektträger vorgenommen werden[2]), indem man das mit Wasser angerührte, mit dem Deckglas bedeckte Präparat vorsichtig über der Gasflamme erhitzt und dann mit etwas geöffneter Blende zunächst bei etwa 100facher Vergrößerung absucht. Hat man ein wenig Salzsäure oder Kalilauge hinzugesetzt, so erscheinen die Mutterkornfragmente rot bzw. violett und sind leicht zu finden. Markteile ohne Rindenschicht sind farblos. Die verdächtigen Stücke können dann bei 3—400facher Vergrößerung weiter untersucht werden. Man kann sie nötigenfalls auch mit der Pinzette bei schwachen Vergrößerungen heraussuchen und in derselben Weise weiter reinigen.

Die Mutterkornfragmente lassen sich meist an den am Rande hervorragenden Hyphenstücken erkennen. Von dem Gewebe der Getreidekeimlinge unterscheiden sich die Mutterkornteile durch die unregelmäßige Anordnung ihrer polyedrischen Zellen (Fig. 183). Man kann auch durch sanftes Quetschen der nicht durchsichtigen Stücke zwischen zwei Objektträgern klarere Bilder erhalten. Sind größere Fragmente vorhanden, so können auch Schnitte mit dem Rasiermesser zwischen Holundermark hergestellt werden. Nach Gruber sollen sich mittels des Objektträgerverfahrens noch 0,1% Mutterkorn leicht nachweisen lassen.

Fig. 183.

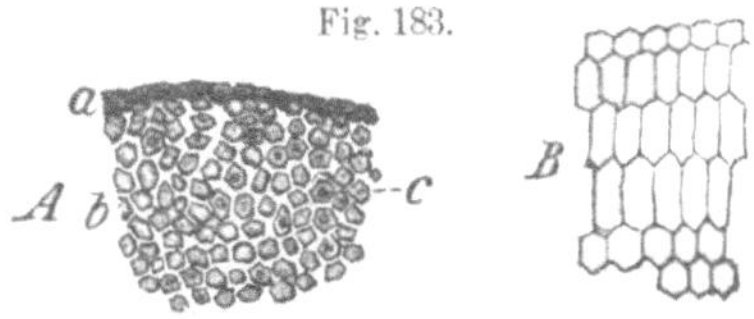

A Mutterkorn im Querschnitt. a Rinde mit Farbstoff, b Inneres, c Fetttropfen. B Parenchym aus dem Gewebe eines Getreidekeimes. Nach C. Böhmer.

Die Beseitigung der Stärke durch Behandlung des Mehles mit Wasserstoffsuperoxyd hat Lebbin[3]) vorgeschlagen.

Für die Abscheidung des Mutterkornes aus größeren Mehlmengen hat L. Wittmack[4]) das Ausschütteln mit Chloroform empfohlen. In einer 20 cm langen, 2,5 cm weiten Glasröhre, die an ihrem unteren geschlossenen Ende auf 3—4 cm Länge zu 1 cm lichter Weite verjüngt ist, schüttelt man 20 g Mehl mit Chloroform tüchtig durch, füllt mit Chloroform auf und zentrifugiert 1—2 Minuten. Mutterkorn und Gewebsteile des Kornes sammeln sich an der Oberfläche der Flüssigkeit oder des Mehles, können von hier abgeschöpft und mikroskopisch weiter geprüft werden. Dieses Verfahren, sowie die oben beschriebene Aufschließung größerer Mehlmengen mit Salzsäure kommen besonders beim Nachweise geringer Mutterkornmengen in Betracht.

Die quantitative Bestimmung des Mutterkornes geschieht meist mittels der chemischen Verfahren (vgl. S. 519 u. f.).

e) Die Schwärzepilze. Als solche bezeichnet man Vertreter der Gattungen Cladosporium Link, Sporidesmium Link, Alternaria Nees, die auf Getreide, auch auf Hülsenfrüchten, gelegentlich parasitär, meist aber als Saprophyten auftreten. Sie bilden wohl Sammelspecies. Von Cladosporium gehört eine Art zur Ascomycetenform Mycosphaerella Tulasnei Jancz. (vgl. Teil 1, S. 705), während die anderen vorläufig zur Gruppe der Hyphomyceten der Fungi imperfecti gestellt werden müssen. Das Luftmycel dieser Pilze ist braun oder olivgrün. Cladosporium bildet kleine meist einzellige, olivgrüne Sporen, die an der Spitze von Trägerhyphen

[1]) Vgl. Steenbuch, Bericht d. Deutsch. chem. Gesellschaft 1881, **14**, 2449.

[2]) Gruber, Archiv f. Hygiene 1895, **24**, 228.

[3]) Pharm. Ztg. 1897, **42**, 148.

[4]) L. Wittmack, Anleitung zur Erkennung organischer und unorganischer Verunreinigungen im Weizen- und Roggenmehl; vgl. auch Spaeth, Pharm. Centralhalle 1896, **17**, 542.

Fig. 184.

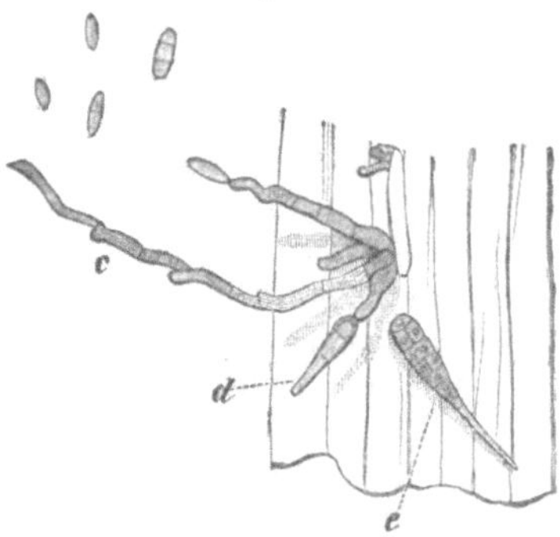

Cladosporium und Alternaria.
Aus der Spaltöffnung eines Weizenblattes hervortretende Conidienträger, die bei *c* Cladosporium-, bei *d* Alternariasporen abschnüren. Bei *e* und links oben reife Sporenbänder (195fach). Nach Frank.

in Reihen abgeschnürt werden. Die Sporen der Gattungen Alternaria und Sporidesmium sind keulig, flaschenförmig, mauerartig geteilt und durch schmale Zwischenstücke zu Ketten verbunden (Fig. 184 u. 185).

Fig. 185.

Sporen von Alternaria von geschwärztem Getreide (etwa 300fach).

In feuchten Jahren treten diese Pilze an den Körnern der Cerealien teils als oberflächlicher Anflug, besonders an behaarten Stellen und in der Furche, teils bei bespelzten Cerealien zwischen Fruchthaut und Spelze, teils parasitär innerhalb der ersten Zellreihen des Kornes oder durch seine ganze Masse auf. Die befallenen Körner zeigen schwärzliche Punkte oder Streifen oder bräunliche Verfärbungen. Letztere treten besonders bei der Gerste auf, die dann als „braunspitzig" bezeichnet wird[1]). Auch auf sog. Taumelroggen, der in der Mandschurei und in Schweden nervöse Erkrankungen bei Menschen und Tieren hervorruft, sind diese Schwärzepilze gefunden worden[2]).

In feuchten Jahren findet man die Sporen, zuweilen auch Mycelstücke der Schwärzepilze in Mehlen. Für ihren Nachweis gelten die bei den Brandpilzen angegebenen Verfahren.

f) Pilze der Gattung Helminthosporium Link. Von diesen Pilzen parasitieren einige Arten auf Hafer und Gerste, in letzterer auch in dem Korn[3]). Auch auf ussurischem Taumelroggen sind Pilze dieser Gattung gefunden worden[4]).

Fig. 186.

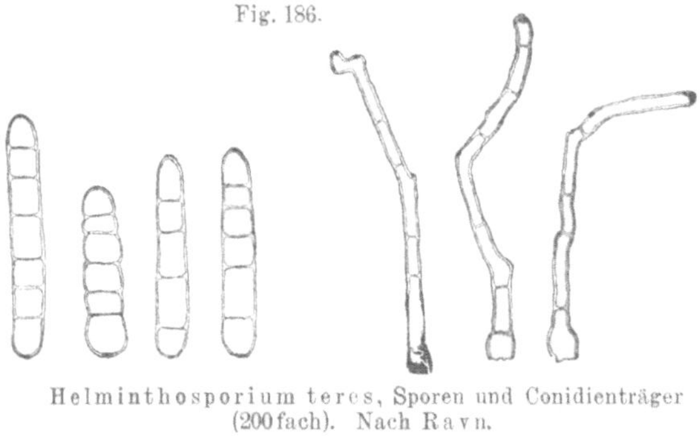

Helminthosporium teres, Sporen und Conidienträger (200fach). Nach Ravn.

---

[1]) Vgl. Zoebl, Allgem. Brauer- u. Hopfenztg. 1892, Nr. 106; Chrzaszcz, Wochenschr. f. Brauerei 1902, **19**, 590.

[2]) Über das Vorkommen der Schwärzepilze vgl. Frank, Zeitschr. f. Pflanzenkrankh. 1893, **3**, 28; Lopriore, Landw. Jahrb. 1894, **23**, 969; Woronin, Botan. Ztg. 1891, **49**, 80; Sorokin, Justs Botan. Jahresber. 1891, **19**, 1. Abt., S. 198; Gabrilowitsch, Biochem. Centralbl. 1907, **6**, 43; Remer, 80. Jahresber. d. schles. Gesellschaft f. vaterl. Kultur 1903, 2. Abt., S. 22; d'Ippolito, Staz. sperim. agr. ital. 1903, **36**, 1009; Eriksson, Justs Botan. Jahresber. 1883, **30**, 1. Abt., S. 379.

[3]) Zoebl, a. a. O.; Ravn, Zeitschr. f. Pflanzenkrankh. **1901**, **11**, 1.

[4]) Vgl. Woronin und Sorokin, a. a. O.

Es werden daher die braunen, sympodial verzweigten Conidienträger und die nur schwach gefärbten, wurmförmigen, meist 2—6, aber auch 10—12zelligen Conidien von 12—22 μ Dicke und 15—16 μ Länge gelegentlich in Mahlprodukten gefunden (Fig. 186).

B. Die pflanzenparasitären Pilze auf Leguminosen.

Neben Cladosporium[1]) und Cephalothecium roseum kommen besonders Ascochyta Pisi Lib. und Gloeosporium (Colletotrichum) Lindemuthianum Sacc. in Betracht, die in die Gruppen der Sphaeropsidales bzw. Melanconiales der Fungi imperfecti gehören (Teil 1, S. 706).

Fig. 187.

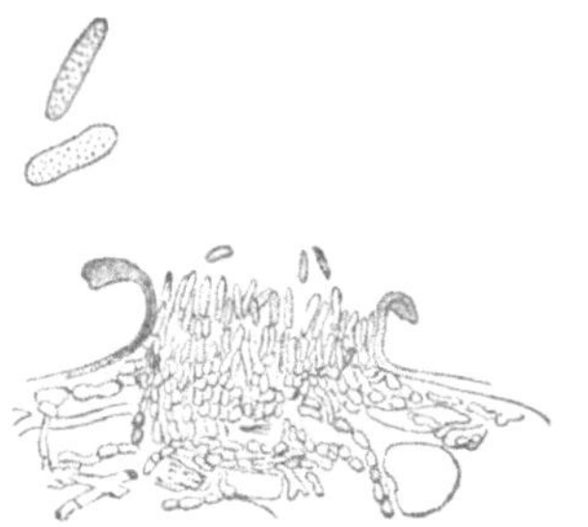

Sporenlager von Colletotrichum Lindemuthianum auf einem Bohnenfleck (65 fach). Darüber zwei Sporen (260 fach). Nach Frank.

Fig. 188.

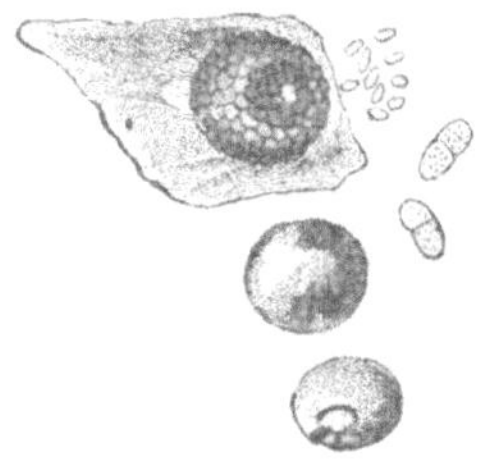

Pyknide von Ascochyta Pisi (200 fach). Daneben Sporen (500 fach). Darunter zwei Erbsen mit Infektionsherden. Nach Frank.

Neben anderen Teilen der Pflanzen befallen diese Pilze auch die Hülsen und Samen der Erbsen bzw. Bohnen und erzeugen in der Haut derselben braun verfärbte Flecken, an denen die Sporenlager bzw. Pykniden entstehen (Fig. 187 u. 188).

C. Die Saprophyten der Körnerfrüchte und Mehle.

Die wichtigsten Vertreter der epiphytischen Bakterienflora sind Bacterium fluorescens liquefaciens (vgl. S. 181) und Bacillus herbicola aureus, ein schwärmfähiges Stäbchen, das in goldgelben Zöoglöen wächst, Gelatine verflüssigt, Milch durch Säuerung zum Gerinnen bringt und in Zuckerlösung manchmal schwache Gärung erzeugt. Außerdem werden Bacterium putidum (vgl. S. 182), Bacterium coli (vgl. S. 53 u. 60) und Bacillus mesentericus (vgl. S. 262) öfter gefunden. Im übrigen enthalten Samen fast immer auch Vertreter der verschiedenen Milchsäurebakterien (S. 259), Buttersäurebakterien (S. 261), Fäulniserreger (S. 53, 181, 261), Pektinvergärer. Dieselbe Flora weisen daher auch die Mehle auf und man kann durch entsprechende Anhäufungsversuche (Teil 1, S. 633) auch nur in wenigen Vertretern anwesende Arten nachweisen.

Von Eumyceten kommen auf Samen und in Mehlen die gewöhnlichen Schimmelpilze (verschiedene Arten der Gattung Penicillium, Aspergillus, Mucor, Rhizopus, Monilia, Dematium), Sproßpilze verschiedener Art (Saccharomyces, Mycoderma, Torula) vor. Von den Fadenpilzen sind besonders die Vertreter der Hyphomycetengattung Fusarium zu erwähnen, die durch sichelförmige, mehrzellige Sporen charakterisiert ist. Die Fusariumpilze sind in feuchten Jahren auf Roggen sehr häufig, dem sie einen rosenroten Anflug verleihen. Sie werden von russischen Beobachtern zur Taumelkrankheit in Beziehung gebracht[2]).

---

[1]) Sorauer, Handbuch d. Pflanzenkrankheiten, 2. Aufl. S. 348.

[2]) Vgl. Woronin, Sorokin, Gabrilowitsch, Jatschewski a. a. O., Chem.-Ztg. 1905, **29**, Rep. 165.

a) Bestimmung der Keimzahl auf Körnern und im Mehl. Von Körnern wiegt man eine bestimmte Menge ab, schüttelt sie längere Zeit mit etwas sterilisiertem Wasser in einem Reagensröhrchen und gießt Platten mit aliquoten Teilen der Flüssigkeit. Da die Bakterien der Samen vielfach schleimige Zöoglöen bilden, so ist die Bestimmung relativ ungenau. Wo es auf größere Genauigkeit ankommt, wird es sich empfehlen, die Körner in einer mit 0,25 proz. Formaldehyd-Lösung sterilisierten und wieder getrockneten Handmühle zu mahlen, das Mehl mit sterilisiertem Wasser gut zu verreiben und mit aliquoten Teilen der Emulsion Platten anzulegen. Als Nährböden kommen sowohl neutraler Fleischwasserpeptonagar, wie saure für Eumyceten in Betracht.

Von Mehl verteilt man eine gewogene Menge so fein wie möglich in einer bestimmten Menge sterilisierten Wassers und gießt mit aliquoten Teilen der Aufschwemmung Platten. Die von Emmerling angegebene Probe auf Schimmelpilze ergibt kein einwandfreies Bild.

b) Mykologische Analyse von Körnern und Mehlen. Für die mykologische Analyse kommt das Plattenverfahren nur in begrenztem Maße in Betracht. Für den Nachweis von Bakterienarten, die nur in geringerer Zahl vorhanden sind oder auf den Fleischwassernährböden schwer wachsen, sind entsprechende Anreicherungsverfahren zu benutzen. Die angereicherten Kulturen müssen dann in üblicher Weise nach dem Plattenverfahren weiter verarbeitet werden.

c) Nachweis und Bestimmung der Erreger des Schleimigwerdens des Brotes im Mehl. Von besonderer Bedeutung für die Haltbarkeit der Backwaren ist der Gehalt des Mehles an Sporen der das Schleimig- oder Fadenziehendwerden des Brotes verursachenden Bakterien. Die Sporen dieser Bakterien (vgl. S. 261) überstehen großenteils die Backhitze. Man kann ihre Zahl in der Weise bestimmen, daß man eine bestimmte Menge Mehl mit sterilisiertem Wasser fein anrührt, das Gemisch eine halbe Stunde in einem Wasserbade auf 85° erwärmt und dann Agarplatten davon gießt.

Ein Verfahren, das die Fähigkeit eines Mehles, Brot schleimig zu machen, unmittelbar zeigt, ist von Watkins[1]) angegeben worden: Brotstücke von 3—10 cm Größe, die mit abgebrannten Messern aus der Mitte eines 2 Tage alten Brotes entnommen werden, werden mit 5 ccm sterilisierten Wassers in mit Wattestopfen verschlossenen Röhrchen 3 Tage nacheinander je $^1/_2$ Stunde bei 100° sterilisiert. Von dem verdächtigen Mehl verteilt man 2 g in 200 ccm sterilisiertem Wasser, stellt diese Mischung $^3/_4$ Stunden in siedendes Wasser und gibt nun davon 1—7 ccm in die Brotröhrchen. Eine größere Anzahl dieser bleibt unbeschickt als Kontrolle; alle Röhrchen werden bei etwa 28° aufbewahrt und nach 24 und 48 Stunden kontrolliert. Je nach dem Gehalt des Mehles an Sporen der Erreger der Schleimigkeit wird das Brot in den einzelnen Röhrchen früher oder später schleimig werden. Die Kontrollen müssen alle unverändert bleiben, wenn der Befund einwandfrei sein soll.

Kühl empfiehlt statt des Brotes Roggengrobmehl zu nehmen, von dem etwa 10 g mit 5 ccm Wasser in jedem Röhrchen sterilisiert werden. Von der Aufschwemmung des verdächtigen Mehles werden $^1/_2$, 1 und $1^1/_2$ ccm auf je ein Röhrchen gegeben. Die Anwesenheit der Schleimbildner erkennt man an dem eigenartig brenzlichen Geruch, den sie in Mehl erzeugen. Am sichersten ist ein Backversuch mit dem verdächtigen Mehl. Das Brot, das nicht zu stark ausgebacken werden darf, muß einige Tage warm aufbewahrt werden.

d) Untersuchung verdorbener Mehle. Mehl, das über 14% Wasser enthält, beginnt zu schimmeln. Bei einem Wassergehalt von 30% tritt Bakterienentwicklung ein. Mehle, in denen solche Veränderungen zeitweilig eingetreten sind, lassen sich schon äußerlich leicht erkennen. Verschimmelte Mehle „fallen" nicht mehr, auch wenn der Grad des Verschimmelns nur gering ist. Wenn infolge stärkerer Durchfeuchtung Bakterienentwicklung eingetreten war, sind meist Klumpen vorhanden. Diese Klumpen trüben Wasser, in das man sie bringt, infolge ihres Bakteriengehaltes leicht; durch ein gefärbtes Präparat kann man die Bakterien nachweisen.

---

[1]) Journ. Soc. Chem. Ind. 1906, **25**, 350; vgl. auch Kühl, Chem.-Ztg. 1911, **35**, 1321.

Auch Schimmelbildung läßt sich am einfachsten mikroskopisch nachweisen, wenn man die Stärke durch Erwärmen mit stark verdünnter Kalilauge oder Salzsäure — am besten direkt auf dem Objektträger — möglichst beseitigt. Oft kann die Art des Schimmelpilzes an den Conidienträgern direkt festgestellt werden. Nötigenfalls müssen Plattenkulturen angelegt werden. Für die Artbestimmung der Bakterien ist dies stets nötig.

2. Die Fauna der Körnerfrüchte und Mehle.

a) Von Nematoden erzeugt Tylenchus scandens Schneid. die sogen. Radekrankheit des Weizens, indem er die Fruchtknoten in rundliche, dunkel gefärbte Gallen verwandelt, deren Inhalt aus 0,8—0,9 mm langen Nematoden besteht. Der Nachweis erfolgt am besten in mit Jod etwas gefärbten Präparaten. In Deutschland sind Radekörner ziemlich selten (Fig. 189).

Fig. 189.

Älchengallen des Weizens. Am Querdurchschnitt die Älchen sichtbar.

b) Von Milben kommen in Getreidemehlen häufig Vertreter der Gattungen Tyroglyphus und Glycyphagus vor. Am häufigsten ist Tyroglyphus farinae de Geer. (syn. Acarus farinae) und Glycyphagus spinipes K. (syn. Acarus spinipes) (Fig. 190). Sind die Milben in größerer Zahl im Mehl vorhanden, so gelingt der Nachweis sehr leicht, wenn man auf einem Stück Karton etwa 0,5 g Mehl flach ausbreitet und mit einem breiten Objektträger bedeckt, der dicht anliegen muß. Nach 24 Stunden sieht man die Milbengänge unter dem Glase (vgl. auch S. 521). Handelt es sich darum, geringere Verunreinigungen nachzuweisen, so empfiehlt Maurizio[1]) 5 g Mehl in ein Pulverglas von 250 ccm zu bringen, das Mehl flach an die Wand zu drücken, so daß eine möglichst große Fläche davon bedeckt ist und den übrigen Teil der Wand mittels eines Pinsels sorgfältig zu säubern. Nach 24 Stunden sieht man die Milben an dem gereinigten Teil der Wand in lebhaftem Umherwandern.

Fig. 190.

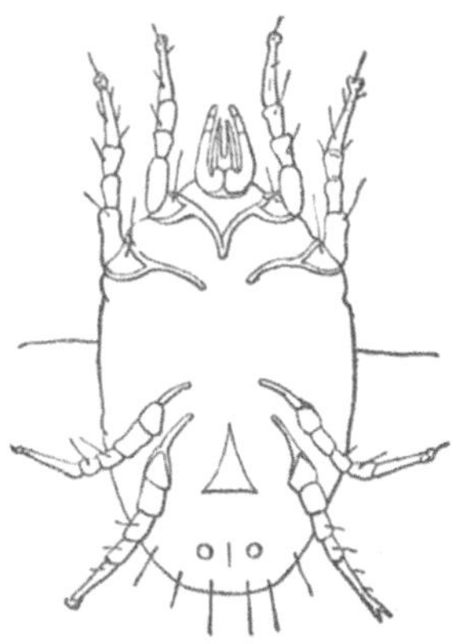

Mehlmilbe.

c) Von Käfern kommen in Cerealien eine größere Zahl von Arten vor. An den Körnern tritt der zu den Rüsselkäfern gehörende schwarze Kornwurm, Calandra granaria, häufig auf.

Er ist kaum 4 mm lang, einfarbig braun mit punktiertem Halsschild und gestreift punktierten Flügeldecken (Fig. 191). Die Larven fressen die Körner aus und verpuppen sich in der leeren Hülle. Ausgewachsene Käfer kann man in Kornproben leicht nachweisen, wenn man sie auf eine genügend warme Unterlage schüttet; die Käfer kommen dann nach oben. Mit Reis und La-Plata-Mais häufiger eingeschleppt wird in neuerer Zeit der Reiskäfer, Calandra oryzae L.[2]),

Fig 191.

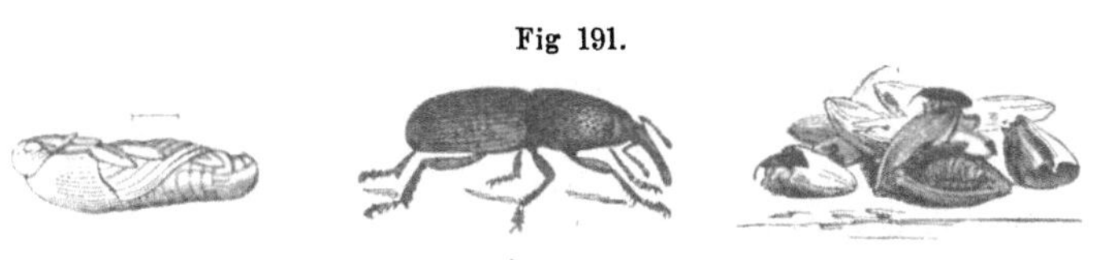

Puppe Käfer Larve und Käfer an Gerstenkörnern (kaum vergrößert).

Schwarzer Kornwurm.

[1]) A. Maurizio, Getreide, Mehl und Brot. Berlin 1903, S. 86; Centralbl. f. Bakteriologie, II. Abt. 1906, **15**, 606.

[2]) Vgl. Wahl, Zeitschr. f. landw. Versuchswesen Österr. 1907, **10**, 87.

der etwas kleiner als C. granaria ist und auf den schwarzen Flügeldecken je zwei rote Punkte besitzt. Ferner ist der Halsschild bei C. oryzae mit kreisrunden tiefen Einsenkungen dicht besetzt, während diese bei C. granaria länglich sind.

Fig. 192.

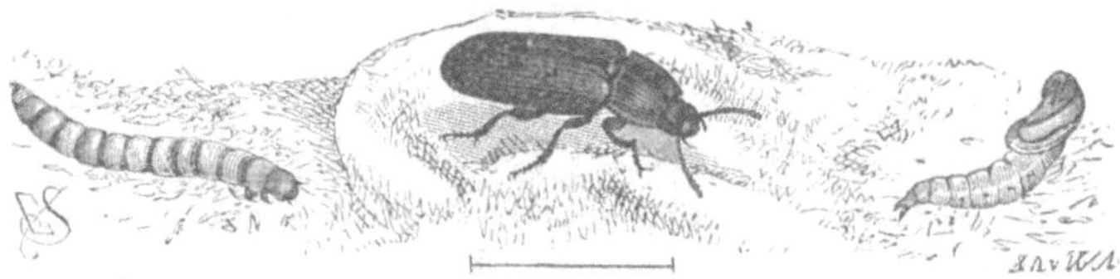

Larve Käfer Puppe
Mehlkäfer, Tenebrio molitor L. Nach Taschenberg.

d) Häufiger in Kleie und Mehl ist Larve, Puppe und Käfer von Tenebrio molitor L., dem Mehlkäfer (Fig. 192).

Er ist ein 14 mm langer, 5 mm dicker, pechbrauner Käfer mit gewölbten Flügeldecken. Die Larve, der sog. Mehlwurm, ist drehrund, gelb, so gut wie nackt. Die Puppe ist weich, im Hinterleibe schlank, seitlich an jedem Gliede in ein braun gezähntes Rändchen ausgezogen.

Nahe verwandt mit Tenebrio molitor und ihm in der Lebensart gleichend sind zwei mit Reis in La-Plata-Mais eingeschleppte Arten, die in Getreide, Mehl und Brot leben, nämlich Gnathocerus cornutus und Tribolium ferrugineum. Außer diesen kommen häufiger Silvanus frumentarius F., Laemophloeus ferrugineus Steph., gelegentlich auch Anobium paniceum F. vor. Zur Unterscheidung der häufigeren Arten dienen folgende Angaben.

Fig. 193.

1 Kopf und Brustschild von Gnathocerus cornutus, Männchen, 2 dasselbe von Tribolium ferrugineum.

Fig. 194.

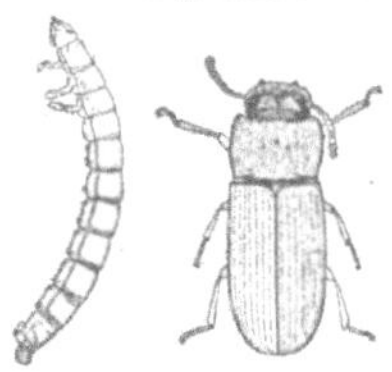

2 1
1 Gnathocerus cornutus, Weibchen, 2 Larve.

Fig. 195.

1 2 3
Tribolium ferrugineum.
1 Larve, 2 Puppe, 3 Käfer (5fach vergrößert). Nach Schaffnit.

e) Gnathocerus cornutus (Fig. 193 u. 194).

Käfer länglich, fast viereckig, 3—4 mm lang, rotbraun punktiert. Flügeldecken punktiert gestreift. Kopf des Männchens ohrenförmig erweitert, auf dem Scheitel zwei kurze, spitze Höcker, Kopf des Weibchens nur mit zwei schwachen Wülsten zwischen den Augen. Fühler nach der Spitze zu dicker, letzte Glieder etwa so lang wie breit. Halsschild mit deutlich vorstehenden Hinterecken. Kopfhinterwand sehr dicht, Halsschild erheblich feiner punktiert. Larve ähnlich der von Tenebrio.

f) Tribolium ferrugineum[1]) (Fig. 195).

Käfer langgestreckt, walzenförmig, mäßig gewölbt, 3 mm lang, 1 mm breit, kastanienbraun. Flügeldecken mit feinen, etwas erhöhten Streifen. Zwischenräume fein punktiert. Letzte Fühler-

[1]) Vgl. Schaffnit, Fühlings landw. Ztg. 1907, **56**, 499.

glieder nur wenig verlängert, deutlich breiter als lang. Halsschild ohne vorstehende Hinterecken. Halsschild und Kopf sehr dicht und grob punktiert, am Vorder- und Hinterrand des Kopfes dünner oder glatt. Kopfvorderrand ganzrandig.

g) Silvanus frumentarius (Fig. 196).

Käfer schmal, 3 mm lang, 0,75 mm breit, braun, gelb behaart. Halsschild am Rande ausgezackt, mit zwei tiefen Längsfurchen. Flügeldecken punktiert gestreift. Käfer stellt sich bei Beunruhigung tot und vermag an senkrechten Glaswänden emporzuklettern.

Fig. 196.

Silvanus frumentarius.

h) Laemophloeus ferrugineus.

Käfer 2,5 mm lang, 0,6 mm breit, rotgelb, mit gelben Haaren bedeckt. Flügeldecken mit acht vertieften Streifen. Halsschild und Kopf flachgedrückt. Fühler so lang wie Kopf und Halsschild. Stellt sich bei Beunruhigung nicht tot und vermag nicht an senkrechten Glaswänden emporzuklettern.

i) Von Schmetterlingen kommen die Raupen einiger Kleinschmetterlinge in Getreide und Mehlen vor. Am häufigsten und gefährlichsten ist in unseren Breiten Tinea granella L., die Kornmotte, deren Raupe als weißer Kornwurm bezeichnet wird (Fig. 197).

Fig. 197.

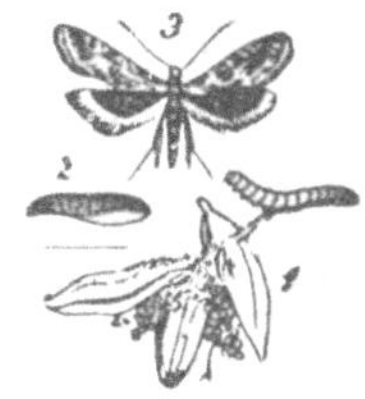

Tinea granella. Motte (vergrößert) und Raupe mit Nest. Nach Taschenberg.

Die Vorderflügel des Schmetterlings sind silberweiß, dunkelbraun bis schwarz veränderlich gezeichnet. Die weißgrauen Hinterflügel sind schmal und spitz. Körperlänge 5—2 mm, Flügelspannung 15 mm. Die Raupe ist sechzehnfüßig, beinfarben, mit hellbraunem Kopf und Nackenschild und mißt 7—10 mm. Die Puppe ist sehr beweglich, endigt hinten kolbig und trägt am Ende einige Dörnchen; sie ist etwa 5 mm lang. Die Raupe spinnt mehrere Körner zusammen, an denen sie gleichzeitig frißt. Andere Arten mit gleicher Lebensweise, die sich nur durch die Farbe des Schmetterlings unterscheiden, sind Ephestia Kuehniella Zell., E. interpunctella und Tinea lacteella.

k) In Reisfuttermehl öfter eingeschleppt wird neuerdings die Raupe der Ephestia figulilella Gregs. (Fig. 198)[1].

Fig. 198.

1 2 3

Ephestia figulilella. 1 Raupe, 2 Puppe, 3 Schmetterlinge (auf 1/3 verkleinert).

[1]) Vgl. Schaffnit, Landw. Versuchsstationen 1907, **65**, 457.

Die Raupe ist blaßrötlich bis fleischfarben, später heller, 1,2—1,4 cm lang. Der Nackenschild ist breit, häufig heller als der Kopf, in der Mitte oft mit einem helleren Streifen versehen. Auf dem Rücken und auf beiden Seiten besitzt sie sechs Reihen dunkler, kleiner Punktwärzchen, von denen jedes eine feine Borste trägt. Ebenso sind Kopf und Nackenschild mit kürzeren Borsten besetzt. Die Raupe spinnt Mehlteile zu Klumpen zusammen und lebt innerhalb derselben in einem Kokon. Die Puppe ist 0,6—0,8 cm lang, schlank, braungelb, am Kopfende kegelförmig und trägt am Ende des Hinterleibes spärliche, kurze Härchen. Der männliche Schmetterling hat eine Flügelspannung von 1,2—1,4 cm und gegen das Wurzelende zu zweimal verdickte Fühler. Der weibliche Schmetterling hat eine Flügelspannung von 1,5—2 cm. Die Vorderflügel sind hellrehbraun bis aschgrau und tragen auf der Oberseite eine gerade oder fast gerade dunkle, vorn hell begrenzte Querbinde im rechten Winkel. Die Hinterflügel sind hell, perlmutterglänzend, durchscheinend, von dunkelbraunen bis grauen Adern durchzogen. Der Rand beider Flügel ist mit einem Haarsaum versehen.

Fig. 199.

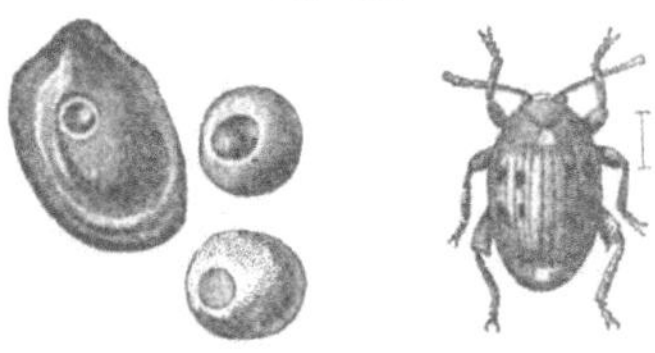

Erbsen- und Bohnenkäfer.
Samen der Ackerbohne und Erbse mit Löchern von Samenkäfern, Bruchus, gefressen. An der unteren Erbse ist das Loch noch verschlossen und der Käfer noch darin. Daneben der Käfer (vergrößert). Nach Frank.

l) Zu erwähnen ist ferner noch Sitotroga cerealella A., die französische Kornmotte.

Die 7 mm lange weiße nackte, am Kopf etwas gebräunte Raupe frißt die Körner leer, spinnt sie aber nicht zusammen. Der Schmetterling hat eine Flügelspannung von 17 mm. Die sehr langgestreckten Vorderflügel sind trüb lehmgelb mit schwachem, graubraunem Anfluge und gelbgrauen Franzen; die Hinterflügel sind grau. Die Taster sind etwas länger als der Mittelleib, die Widerhörner nach oben gebogen.

m) An Erbsen und Bohnen schaden die Larven der Käfer Bruchus pisi L. und B. rufimanus Schönb. (Fig. 199), die in die jungen Körner noch in der Hülse tiefe Löcher fressen, in denen sich dann die weitere Entwicklung bis zum Käfer abspielt. Dieser kriecht im Winter oder im Frühjahr aus den beschädigten Samen aus.

Anhaltspunkte für die Beurteilung der Mehle.

a) Nach der technischen und chemischen Untersuchung.

1. Die Bezeichnung eines Mehles muß seiner Art und Qualität entsprechen. Enthält ein Mehl ein anderes beigemengt, insbesondere auch ein Mehl, das wie Bohnenmehl, Malzmehl, Klebermehl die Backfähigkeit erhöhen soll, so muß dieses deklariert werden oder es muß, die Beimengung aus der Bezeichnung zu erkennen sein. Die Vermengung eines minderwertigen Mehles mit einem wertvolleren ohne entsprechende Deklaration ist als eine Verfälschung anzusehen.

2. Der Geruch eines Mehles muß mild und frisch, der Geschmack weder sauer noch ranzig sein. Ein Mehl mit dumpfem, muffigem Geruch, einem sauren, ranzigen Geschmack bzw. ein klumpiges Mehl ist als verdorben zu beurteilen.

3. Ein gesundes Mehl behält bei der Griffprobe die Fingerabdrücke, ohne sich festzuballen. Mehle, die sich bei der Handprobe warm anfühlen und sofort zerfallen, sind verdorben[1]).

4. Der Wassergehalt normaler Mehle liegt in der Regel zwischen 10—12%; ein höherer Gehalt als 13% Wasser ist als unzulässig anzusehen, weil ein höherer Wassergehalt das Auftreten von Schimmel (vgl. S. 154 u. 499 [Maurizzio]) begünstigt, abgesehen davon, daß ein höherer Gehalt von schlecht eingebrachtem Getreide, von feuchter Lagerung oder gar von künstlicher Befeuchtung und nicht genügendem nachfolgenden Trocknen herrühren kann, also von Umständen, die von vornherein eine schlechte Beschaffenheit des Mehles erwarten lassen.

[1]) Vgl. Ch. Arragon, Chem.-Ztg. 1910, **34**, 9, 17 u. 25.

5. Der Säuregrad guter Mehle liegt durchweg zwischen 1,0—1,2 °, d. h. Verbrauch von 1,0—1,2 ccm N.-Lauge oder um 0,1% Milchsäure herum für 100 g Mehl. Ein höherer Säuregrad als 1,5° ist bedenklich[1]) und ein Zeichen, daß das Mehl entweder aus einem schlecht gewonnenen oder schlecht aufbewahrten Rohstoff stammt oder selbst schlecht aufbewahrt war (vgl. S. 510 u. f.).

6. Von den sonstigen Bestandteilen haben für die Beurteilung, besonders von Weizenmehl zu Backzwecken, die Proteine einige Bedeutung. Ein Weizenmehl, das unter 10% Protein (N × 6,25) enthält und bei dem nicht $^2/_3$ der Proteine aus Kleberproteinen bestehen, pflegt für Backzwecke nicht empfehlenswert zu sein. Ebensosehr wie Menge entscheidet die Beschaffenheit des Klebers (vgl. S. 506 u. 527). Er soll elastisch und fast durchscheinend sein, ist er dagegen matt und leicht zerreißbar (krümelig), so ist das für Backzwecke ein schlechtes Zeichen. Das Verhältnis der Kleberproteine unter sich wie des Glutenins (Glutencaseins) zu Gliadin gibt keinen Anhalt für die Backfähigkeit eines Weizenmehles. Eine größere Bedeutung für die Beurteilung zu diesem Zweck hat das Wasserbindungsvermögen (S. 525), das zwischen 45—75% des Mehles beträgt und mit seiner Backfähigkeit ansteigt, ferner die diastatische Kraft (S. 527). Am sichersten gibt über die Backfähigkeit eines Mehles der zunftgerechte Backversuch Aufschluß, wenn dabei die größte Vorsicht und eine stets gleiche Bearbeitung angewendet wird. Wenn man aber im kleinen gleichmäßig arbeitet und gewisse Vorsichtsmaßregeln innehält, so lassen sich auch durch den Laboratoriums-Backversuch brauchbare Ergebnisse erzielen (vgl. S. 529 u. f.).

7. Der Feinheitsgrad wird am richtigsten durch das Pekarisieren ermittelt; der Gehalt an Asche und Fett (in weniger zuverlässiger Weise Stärke und Rohfaser) kann dieses Ergebnis unterstützen (vgl. S. 524). Nach Ch. Arragon (l. c.) beträgt der Gehalt der weißen Weizenmehle an Asche 0,35—0,40%, der der halbweißen 0,42—0,5%, der der Rohmehle zwischen 0,6—0,9%; bei Roggenmehlen liegen die Zahlen entsprechend höher, nämlich 0,52% bei Extramehl, 0,80% bei halbweißem Mehl und 2,00% Asche bei Schwarzmehl.

8. Die Asche der Mehle soll sich ganz in Salzsäure lösen; ein Mehl, welches mehr als 0,25% in Salzsäure unlösliche Bestandteile (Sand und Ton) enthält, ist als verunreinigt zu beanstanden, besonders dann, wenn der Sand grobkörnig ist und zwischen den Zähnen ein Knirschen verursacht.

9. Der Zusatz von Mineralstoffen[2]), sei es Ton, Kreide, Magnesit, Infusorienerde, Schwerspat oder Talkerde — letztere vom Polieren herrührend — ist ebenso als Verfälschung anzusehen wie der Zusatz von Alaun, Kupfer- oder Zinksulfat.

10. Auch das Bleichen mit Stickstoffoxyden oder Persulfaten oder Sulfiten oder Chlor, ebenso wie eine absichtliche künstliche Färbung der Mehle muß als Verfälschung im Sinne des § 10 des NMG. vom 14. Mai 1879 angesehen werden[3]).

b) Beurteilung von Getreide und Mehlen nach dem mykologischen Befund.

1. Unkrautsamen, Sporen und Mycel von parasitären Pilzen können, wenn sie in größeren Mengen, d. h. mehr als vereinzelt vorkommen, das Aussehen und den Geschmack der Backwaren ungünstig beeinflussen und sind daher zu beanstanden. Mögen diese

[1]) Nach dem Schweiz. Lebensmittelbuch soll ein Mehl erst der Verdorbenheit verdächtig sein, wenn es über 5,0 Säuregrade hat; Ch. Arragon will (l. c.) noch 2,5° zulassen. Ich glaube, daß diese hohen Zahlen durch das Untersuchungsverfahren bedingt sind (vgl. unter Kindermehlen, S. 646 u. f.).

[2]) Der Codex alim. austr. und das Schweizerische Bundesgesetz enthalten bezüglich der mineralischen Zusätze gleiche Bestimmungen.

[3]) Nach Artikel 61 der Schweizerischen Bundesgesetzgebung dürfen gebleichte Mehle nicht in den Verkehr gebracht werden. Der Codex alim. austr. erklärt diese ebenfalls für verfälscht. Auch in Dänemark ist nach dem dortigen Lebensmittelgesetz vom 16. Juli 1912 ein Entfärben (Affaroning) der Mehle verboten.

Beimengungen auch nicht direkt gesundheitsschädlich sein[1]), so folgt aus ihrer Anwesenheit im Mehle doch, daß der Müller es an der nötigen Reinigung des Getreides vor der Vermahlung hat fehlen lassen.

2. Über den zulässigen Gehalt des Mehles an Mutterkorn gehen die Anschauungen etwas auseinander. Nach K. B. Lehmann[2]) ist ein Gehalt von mehr als 0,2% als schädlich anzusehen. Dieser Beurteilung folgen auch die Vorschriften über die Nahrungsmittel für die Heeresverpflegung in Preußen. Der Codex alim. austr. setzt 0,1% als Höchstgrenze fest. Möller[3]) hält $^1/_3$—$^1/_4$% für unschädlich. Der wechselnde Alkaloidgehalt des Mutterkornes spielt bei dem Grad der Schädlichkeit sicher eine bedeutende Rolle. Immerhin ist ein Mehl mit nachweisbaren Teilen von Mutterkorn zu beanstanden.

3. Die Zahl der Saprophytenkeime an sich ist im allgemeinen kein Gradmesser für die Bewertung der Mehle. Ausschlaggebend ist, ob diese Zahl von den Rohstoffen kommt oder durch Vermehrung im Mehl selber entstanden ist. Nur in bezug auf die Sporen der Erreger des schleimigen Brotes ist die Zahl, unabhängig vom Orte ihrer Entstehung, ausschlaggebend.

4. Mehl, in dem Schimmelbildung eingetreten ist, ist als verdorben zu betrachten. Betreffs der Bewertung des Verschimmelns vom gesundheitlichen Standpunkt aus vgl. S. 614. Es ist beim Mehl insbesondere im Auge zu behalten, daß die Bedeutung der Pilze für die Entstehung des sog. Taumelroggens noch nicht geklärt ist.

5. Mehl, in dem eine Bakterienvermehrung eingetreten ist, ist als verdorben zu betrachten, da in ihm stets wesentliche Stoffveränderungen erfolgt sind und die Gefahr besteht, daß gelegentlich auch gesundheitsschädliche Stoffe entstehen können.

6. Mehl, in dem sich Insekten oder Milben angesiedelt haben, oder das aus von Insekten stark beschädigtem Korn hergestellt ist und Teile von Käfern oder Maden oder Abgänge von Tieren (z. B. Ratten- oder Mäusekot) enthält, ist als verdorben zu betrachten. Wenn auch Gesundheitsschädigungen ernster Art durch solches Mehl mit Sicherheit noch nicht festgestellt sind, so ist doch zu bedenken, daß, ganz abgesehen von den ekelerregenden Eigenschaften, durch die Anhäufung von Tierresten und Exkrementen, sowie durch den in solchen Mehlen stets erhöhten Wassergehalt die Gefahr schädlicher Zersetzungen und der Anhäufung gesundheitsschädlicher Pilze immer vorhanden ist.

c) Beurteilung der Mehle nach der Rechtslage.[4])

Verdorbenes Mehl. Klumpiges, dumpfiges Mehl. Das in Säcken befindliche Mehl war durch Feuchtigkeit klumpig, in große Stücke geballt und dumpfig geworden. Infolge eines bereits eingetretenen Zersetzungsprozesses war es verdorben und zur Beschädigung der menschlichen Gesundheit geeignet. Sein Genuß konnte Verdauungsstörungen und Darm- und Magenkatarrhe hervorrufen. Der Angeklagte wurde wegen fahrlässigen Verkaufs von Nahrungsmitteln, deren Genuß die menschliche Gesundheit zu beschädigen geeignet ist, nach § 14, § 12[1] NMG. verurteilt.

OLG. Dresden, 26. April 1900.

---

[1]) Über Fütterungsversuche mit von parasitären Pilzen befallenen Pflanzen und mit diesen selber vgl. man betreffs Brandpilze Zwick und Fischer, Arbeiten a. d. Kaiserl. Gesundheitsamte 1912, **38**, 450 (dort auch die umfangreiche Literatur) und hier S. 498, Anm. 2, betreffs Rostpilze von Tubeuf, Arbeiten a. d. Kaiserl. Biol. Amte 1901, **2**, 284, 467, betreffs Cladosporium Ritzema Bos, Hygien. Bladen 1901, Lopriore a. a. O. Im übrigen sei auf Lafar, Handbuch d. Techn. Mykologie **2**, 376 verwiesen. Über den geringen Einfluß selbst außergewöhnlicher Mengen Brandsporen auf den gewichtsprozentualen Gehalt vgl. Bredemann, Landw. Vers.-Stat. 1911, **75**, 135.

[2]) Archiv f. Hygiene 1893, **19**, 71.

[3]) Müllerstube, Zeitschr. f. Mühlenwesen, 1900, Heft 1.

[4]) Bearbeitet von Prof. Dr. C. A. Neufeld-Würzburg.

Verunreinigtes Mehl. Mehl mit Milben. Daß Mehl, in welchem Milben sich befinden, als verdorben zu betrachten ist, ist zweifellos. Nach dem Gutachten des Sachverständigen entwickeln sich Milben, Insekten, welche unter die Spinnentiere zu rechnen sind, nur in altem, bereits verdorbenem, schlechtem Mehle. Jedenfalls bewirken die Milben aber noch eine weitere Verschlechterung dadurch, daß sie den Kleber, den im Mehle enthaltenen Eiweißstoff aufzehren, anderseits in das Mehl ihre Exkremente abgeben. Nach Aufzehrung des Klebers verliert das Mehl an Nährwert und auch an seiner Backfähigkeit, es ist daher als minderwertig bzw. unbrauchbar als menschliches Nahrungsmittel anzusehen. § 11 NMG.

LG. Würzburg, 19. April 1900.

Mehl mit Mehlwürmern, Mottennestern usw. Das Mehl war durchsetzt mit Mehlwürmern, Nestern von Motten, Pilzgespinsten und Milben.

Nach dem Gutachten der Sachverständigen ist das von den Würmern befreite Mehl zwar nicht als gesundheitsschädlich, wohl aber als ekelhaft zu bezeichnen. Die in dem Mehl vorgefundenen Mycelien, d. h. Pilzgespinste, berauben es seines Nährwertes und die Milben beweisen die Verdorbenheit und Gesundheitsschädlichkeit des Mehles.

Es bedarf keiner Ausführung, das ein großer Teil des Publikums aus Ekel auf den Genuß eines Gebäckes verzichten würde, das aus einem mit Würmern durchsetzten Mehle hergestellt ist. Der Angeklagte wurde eines Vergehens gegen § 10^2 NMG. für schuldig erachtet.

Die Revision wurde verworfen. Denn ein Nahrungsmittel gilt als verdorben im Sinne des NMG., wenn dessen Genußwert nach den Anschauungen des Publikums vermindert oder ganz aufgehoben wird, besonders wenn es durch irgendwelche Veränderung in der normalen Beschaffenheit ekelerregend wirkt. Hätte das Publikum gewußt, daß das Brot aus solchem Mehl gebacken wäre, es hätte dasselbe, wie das Berufungsgericht tatsächlich ausführt, nicht gekauft und nicht genossen, selbst wenn das Mehl vorher durchgesiebt worden wäre.

OLG. Frankfurt a. M., 20. Oktober 1897.

Mehl mit Exkrementen, Insektengespinsten und Maden. In dem Mehl fanden sich bis 15% klumpige Stücke, Insektengespinste, lebende und tote Maden, ferner zahlreiche Exkremente von Mäusen und Ratten, wovon das Mehl selbst einen salzigen und säuerlichen Geschmack hatte.

Das Mehl war als verdorben anzusehen; es hatte derartige Veränderungen seines normalen Zustandes erfahren, daß es zum menschlichen Genusse ungeeignet und ekelerregend war. Der Angeklagte hatte es fahrlässig verkauft. § 11 NMG.

LG. Breslau, 23. Juni 1897.

Beimengung von fremdem Mehl. Roggenmehl mit Weizenmehl. Der Angeklagte hatte ein Gemisch von Roggenmehl mit 5% Weizenmehl als Roggenmehl verkauft.

Nach dem Gutachten der Sachverständigen ist die Vermengung des Roggenmehles mit Weizenmehl der Zusatz eines nicht normalen, das Ganze als Roggenmehl minderwertig und weniger backfähig machenden Bestandteiles und eine Verfälschung des Roggenmehles, das äußerlich diese Beimengung nicht erkennen läßt. Vergehen gegen § 10^1 NMG.

LG. Glogau, 17. Februar 1910.

Roggenmehl mit Maismehl. Der geringe Zusatz — etwa 1% — von Maismehl zu dem von den Kunden des Angeklagten gewünschten Roggenmehl ist eine Verfälschung im Sinne des § 10 NMG. Denn Roggenmehl ist ein Naturprodukt, welches als solches in den Handel und Verkehr gebracht und in seiner vollen Reinheit von den Konsumenten gefordert wird. Dasselbe ist mithin als verfälscht anzusehen, wenn ihm zum Zwecke der Täuschung im Handel und Verkehr ein anderer Stoff, möge auch quantitativ die Beimischung geringfügig sein, beigemischt wird, durch welche Mischung das Naturprodukt sich in den Augen des Publikums als minderwertig, mithin als verschlechtert darstellt. Vergehen gegen § 10^1 und ^{2} NMG.

OLG. Celle, 19. Dezember 1891.

Weizenmehl mit Maismehl und Castormehl. Unter Weizenmehl Nr. 3 und 4 bzw. Nr. 1 und 3 versteht man, wie der Sachverständige ausgeführt hat, nur das reine aus Weizen hergestellte Mehl, also ein Naturprodukt ohne fremde Zusätze. Maismehl ist eine dem Getreidemehl ganz fremde Substanz. Es ist aber auch ein geringwertigeres Mehl, enthält weniger Nährstoffe als Getreidemehl, ist arm an Kleber und reich an Fett und daher leicht geneigt ranzig zu werden, d. h. Zersetzungsprozesse einzugehen, welche dem Mehle einen unangenehmen Geruch und Geschmack verleihen. Ebenso unzulässig ist es, Weizenmehl mit Castormehl (Saubohnenmehl) zu vermischen und ohne Bezeichnung dieser Vermischung zu verkaufen. Der Zusatz von Castormehl in zu großer Menge macht zudem das Mehl nicht backfähiger, sondern verdirbt es. Der Konsument, der beim Bäcker seinen Bedarf an Mehl deckt, hofft bohnenmehlfreies Mehl zu erhalten. Der Angeklagte wurde aus § 10[1] und [2] NMG. verurteilt. Seine Revision wurde verworfen.

Nach dem Urteil besitzt Maismehl geringeren Nähr- und Geldwert als Weizenmehl; das Castormehl aber sollte die Minderwertigkeit von naßgeerntetem Getreide verdecken. Die Zusätze bewirkten somit Verschlechterung der Ware dem Wesen nach, Verbesserung zum Scheine; sie gelten im reellen und soliden Handelsverkehr als unzulässig und sind nicht üblich, wie der Angeklagte behauptet hatte. Eine Verfälschung im Sinne des § 10[1] NMG. liegt hiernach vor.

RG., 6. Dezember 1897.

Buchweizenmehl mit Reis- und Gerstenmehl. Die Zusätze betrugen bis zu 25%.

Daß der Zusatz von Gerstenmehl, zumal in solchen Mengen eine Verfälschung im Sinne des NMG. bedeutet, darüber hielt das Gericht keine weitere Ausführung für nötig.

Aber auch in dem Zusatze von Reis hat das Berufungsgericht eine solche Verfälschung erblickt. Durch den Zusatz von Reis wird dem Buchweizenmehl seine Feuchtigkeit genommen und dadurch seine Haltbarkeit und Verwendbarkeit zu Backzwecken erhöht. Gleichzeitig aber dient der Reiszusatz dazu, dem Mehle eine hellere Farbe zu geben. Da im allgemeinen Mehl für um so besser gehalten wird, je heller es ist, verleiht der Zusatz des Reismehles dem Mehl den Anschein einer besseren als seiner wirklichen Beschaffenheit.

LG. Elberfeld, 26. Februar 1909.

Roggenmehl mit Weizenmehl und Kehrmehl. Der Angeklagte stellte Schrotmehl in der Art her, daß er dem Roggenmehl 12% der besten Bestandteile entzog und dafür, um die Ware backfähig zu machen, etwa 1,5% Roggenmehl II, 1,5% Weizenmehl II bis III und 0,3—1% Kehrmehl zusetzte. Dieses Mehl vertrieb er als „Phönixmehl" in Säcken mit der Aufschrift „Garantiert prima reines Roggenmehl".

Die Verfälschung des Roggenmehles wurde darin gefunden, daß der Angeklagte Roggenmehl durch Entziehung eines sehr erheblichen Prozentsatzes seiner besten Bestandteile verschlechtert und diese Verschlechterung durch das Hinzusetzen anderer Bestandteile, eines geringen Prozentsatzes von Weizenmehl und Kehrmehl, nicht ausgeglichen, sondern verdeckt hat. Ferner wird aber auch dargelegt, daß im soliden Geschäftsverkehr Kehrmehl mit Brotmehl überhaupt nicht vermischt, sondern wegen seiner Schmutzteile höchstens zu Futterzwecken verwendet wird, und daß das von dem Angeklagten dem Roggenmehl beigemischte Kehrmehl Schmutzteile enthalten hat. Es wird mit Recht für gleichgültig erachtet, ob der Angeklagte die ersten Käufer oder deren Abnehmer habe täuschen wollen. Vergehen gegen § 10[1] NMG.

RG., 25. März 1898.

Andere pflanzliche Beimengungen. Mehl mit Kornrade. Das Mehl, welches Kornrade (Agrostemma Githago) in ungewöhnlich großer Menge enthielt, war geeignet, die menschliche Gesundheit zu beschädigen, auch dann, wenn es nicht im Übermaße, sondern seiner Bestimmung als menschliches Nahrungsmittel gemäß genossen wurde.

Es wurde ferner als erwiesen angesehen, daß der Angeklagte aus Fahrlässigkeit einen Gegenstand (Mehl), dessen Genuß die menschliche Gesundheit zu beschädigen geeignet war, verkauft habe. Der Angeklagte hat nämlich das fragliche Korn selbst zu Mehl vermahlen, es aber gänzlich unterlassen, das Korn, oder auch nach dem Vermahlen das Mehl daraufhin zu untersuchen, ob dasselbe Kornrade in größerer Menge enthalte. Schon durch bloße Besichtigung hätten ihm die zahlreichen schwarzen Schalen der Kornrade auffallen müssen; hätte er das Mehl angefaßt, so hätte er fühlen müssen, daß es sich ungewöhnlich grob anfasse; hätte er das Mehl geschmeckt, so hätte er schmecken müssen, daß dasselbe einen bitteren Geschmack habe. Wenn er nur zur Probe einen Teil des Kornes durchgesiebt hätte, hätte er sofort gesehen, daß eine Menge schwarzer kleiner Kornradekörner durch das Sieb gefallen wäre. Verurteilung aus § 12[1], 14 NMG.

LG. Altona, 29. April 1892.

Streumehl mit Steinnußabfällen. Das aus Abfällen von Reis hergestellte Streumehl war zu 5% mit gemahlenen Steinnußabfällen vermischt.

Nach dem Gutachten des sachverständigen Bäckermeisters dient das sog. Streumehl dazu, um das Anheften der noch nicht gebackenen Backwaren an den Backschüsseln zu verhindern. Etwa drei Vierteile des eingestreuten Mehles bleiben an den Waren haften und es wird so mit ihnen dem Backprozeß unterworfen, durch den es fest mit dem Gebäck verbunden wird, daß es auch durch Abbürsten nicht davon entfernt werden kann. Dies hat zur notwendigen Folge, daß das Streumehl zugleich mit dem Gebäck genossen wird. Im Hinblick auf diesen Umstand wird sowohl seitens der Bäcker als auch seitens des Publikums vorausgesetzt und gefordert, daß das Streumehl nur aus Hülsenfrüchten hergestellt werde; in der Regel wird Heidemehl, in neuerer Zeit auch Hirse- und Reismehl dazu verwendet. Die Beimischung von Steinnuß ist aber nach allgemein herrschender Auffassung vom Standpunkte eines soliden, ehrlichen Bäckereibetriebes aus unzulässig, da einerseits das in dieser Weise zusammengesetzte Mehl einen eigentümlichen, sandigen, von dem normalen Mehlgeschmack abweichenden, den Widerwillen des Genießenden erregenden Geschmack hat, der auch bei den mit solchem Streumehl hergestellten Backwaren hervortritt, anderseits aber solches Streumehl bald einen unangenehmen Geruch und reichliche Milbenbildung zeigt. Es wurde für erwiesen erachtet, daß der Angeklagte zum Zwecke der Täuschung in H. u. V. ein Genußmittel verfälscht und es unter Verschweigung der Verfälschung verkauft hat. Außerdem hat er durch den Verkauf des verfälschten Streumehles, in der Absicht, sich einen rechtswidrigen Vermögensvorteil zu verschaffen, das Vermögen des Käufers geschädigt. § 10[1] und [2] NMG., § 263 StrGB.

LG. Chemnitz, 29. Juni 1894.

Mineralische Beimengungen. Mehl mit Schwerspat und Zinksulfid. Das Mehl war durch einen Zufall zu etwa 2,5% mit dem Farbstoff Lithopone vermischt worden, der aus Schwerspat und Zinksulfid besteht. Es war also erwiesenermaßen nicht unerheblich verfälscht.

Ferner unterliegt es nach dem ärztlichen Gutachten keinem Zweifel, daß der Genuß dieses Gemenges die menschliche Gesundheit zu beschädigen, ja sogar zu zerstören vermag, denn Schwerspat löst sich im Magen nicht auf, wirkt als Fremdkörper reizend auf die Verdauung und kann demzufolge die Gesundheit beschädigen. Das Zinksulfid aber verbindet sich, in den Magen gebracht, mit der daselbst vorhandenen freien Salzsäure zu Chlorzink und eignet sich in dieser Gestalt dazu, schwere Erkrankungen herbeizuführen und selbst das Leben zu vernichten. § 12[1], 14 NMG.

LG. Zwickau, 16. März 1898.

Bleihaltiges Mehl. Der Bleigehalt stammte aus dem Balancelager eines Mahlganges, in welches ein Zapfen statt mit Gips mit Blei eingegossen war. Auf den Genuß von Brot und Speisen aus diesem Mehl waren Personen an Bleivergiftung erkrankt.

Bei einiger Aufmerksamkeit hätte der Angeklagte wahrnehmen müssen, daß zermahlenes Blei dem Mehl beigemengt war. Daß solches mit Blei vermengte Mehl verdorben ist, bedarf keiner weiteren Erörterung, und war sich dessen der Angeklagte nach Überzeugung des Gerichtes auch bewußt. Ob der Angeklagte auch gewußt hat, daß mit Blei vermengtes

Mehl gesundheitsschädlich ist, mag dahingestellt bleiben. Wenn er es nicht gewußt haben sollte, hat er es schuldhafterweise unterlassen, sich zu informieren, was ihm leicht möglich gewesen wäre. Er war als Müller und Geschäftsleiter, sonach als Hersteller und Verkäufer von Mehl verpflichtet, alle die Erkundigungen einzuziehen, die es ihm ermöglichten, nur reines und gesundes Mehl herzustellen.

Der Angeklagte wurde wegen Vergehens der fahrlässigen Körperverletzung, rechtlich zusammenfließend mit einem Vergehen gegen §§ 14, 12[1] NMG. und einer Übertretung der §§ 5, 4 des Reichsgesetzes vom 25. Juni 1887, betr. Verkehr mit blei- und zinkhaltigen Gegenständen verurteilt.

LG. München II, 28. Oktober 1907.

Futtermehl und Mehl mit Sand. Der Angeklagte hatte Mehl und Futtermehl dadurch verfälscht, daß er jedem Zentner der ihm zum Mahlen übergebenen Rohstoffe, namentlich Reishülsen, Bohnen, Erbsen, Linsen, aber auch Korn, mehrere Schaufeln Sand zusetzte. Der Sandzusatz betrug bei Futtermehl 8—12%, bei gemahlenen Erbsen und Linsen 3—14%.

Das Gericht erblickte in dieser Handlungsweise eine Reihe von fortgesetzten Betrügereien und verurteilte den Angeklagten auf Grund des § 263 StrGB.

LG. Altona, 28. Oktober 1892.

Besondere Mahlerzeugnisse und Mehle.

1. Graupen und Grieße der Getreidearten.

Über die Begriffserklärungen für Graupen und Grieße vgl. S. 497.

Die wesentlichste unerlaubte Behandlung, die unter Umständen sogar gesundheitsschädlich sein kann, besteht in dem Schwefeln und Polieren der Graupen. Schlecht aussehende, mißfarbige bzw. verdorbene Getreidearten (besonders Gerste, Hirse, Reis, unter Umständen auch Weizen) werden erst mit schwefliger Säure gebleicht, dann mit Talkum oder Talkerde, bzw. Speckstein (Magnesiumsilicate) als sogenannten Gleitmitteln poliert. Daß die Talkerde bzw. der Speckstein oder andere Silicate aber nicht als Gleitmittel gleichsam zur Erleichterung des Fabrikbetriebes dienen, geht daraus hervor, daß dem Talk, wie E. v. Raumer[1]) berichtet, nach einer Vorschrift beim Polieren auch verdünnter Sirup zugesetzt werden soll und bei poliertem Reis 47% gleichzeitig mit blauem Farbstoff versetzt waren. Die angebliche Reibungsverminderung infolge des Talkzusatzes wird durch die Zugabe von verdünntem Sirup wegen seiner Klebrigkeit wieder aufgehoben und hat letztere Zugabe zweifellos nur den Zweck, mehr Talk als wertlosen Ballast auftragen zu können, während die gleichzeitige Verwendung von Farbstoff (von blauem bei Reis, von gelbem bei Hirse) den Zweck der Talkerdebehandlung, nämlich eine bessere Beschaffenheit vorzutäuschen, unterstützen soll.

Auch der andere für das Polieren angegebene Grund, nämlich daß die Talkerde die Graupen oder Grieße oder Reis vor dem Befall von Milben schützen soll, ist hinfällig, weil die polierten Mahlerzeugnisse nach hiesigen Untersuchungen ebenso von Milben befallen werden, als die nicht polierten Erzeugnisse. Außerdem würde der Sirup, wenn er gleichzeitig angewendet wird, die Milben wohl eher anlocken als fernhalten.

Das Schwefeln und Polieren hat auch noch den weiteren Zweck, den Getreidekörnern die graue Kleberschicht in stärkerem Maße belassen zu können, sie weniger stark zu schälen, also um eine größere Ausbeute zu erzielen. Auch das verstößt gegen § 10 des Nahrungsmittelgesetzes.

Die chemische und mikroskopische Untersuchung der Graupen und Grieße erfolgt wie bei Mehl, nur müssen dieselben vorher fein gemahlen werden. Die Identität läßt sich hier durchweg besser wie bei Mehlen feststellen. Das Vorkommen von Unkrautsamen

[1]) Zeitschr. f. Untersuchung d. Nahrungs- u. Genußmittel 1905, **10**, 744.

und Fremdkörpern ist meistens schon mit freiem Auge oder mittels der Lupe zu erkennen. Milben lassen sich ebenfalls mit einer Lupe in der natürlichen Ware oder noch besser in dem abgesiebten feineren Teil nachweisen (vgl. auch unter „Mehl" S. 521 u. 623). Vor allem wichtig aber ist der Nachweis der sogenannten Schönungsmittel, richtiger aber der Verfälschungsmittel, nämlich:

1. Schweflige Säure. Durch das Schwefeln der Getreidearten gelangen größere oder geringere Mengen schwefliger Säure in die Graupen oder Grieße bzw. den Kochreis. Es sind angeblich bis an 0,5% schweflige Säure in Graupen gefunden worden[1]). Der qualitative wie quantitative Nachweis erfolgt wie bei Fleisch (vgl. I. Teil, S. 600 u. 602).

2. Talkerde, Speckstein oder sonstige Silicate. Beim Nachweis derselben muß man sich überzeugen, ob gleichzeitig Sirup bzw. Farbe zugesetzt ist.

a) Die gleichzeitige Mitverwendung von Sirup gibt sich in der Regel durch den sofortigen, aber bald wieder verschwindenden, süßen Geschmack zu erkennen, wenn man ein Löffelchen voll Graupen oder Reis in den Mund nimmt. Schüttelt man eine Probe mit kaltem Wasser und filtriert sofort ab, so erhält man mit dem Filtrate eine starke Reaktion mit Fehlingscher Lösung. In diesem Falle schüttelt man zur Bestimmung der Talkerde usw. eine Probe von 20—50 g wiederholt mit Wasser, bis letzteres klar bleibt, gießt es schnell ab und läßt die Wasserausschüttelungen sich absetzen. Wenn die Flüssigkeit genügend klar ist, hebert man das überstehende klare Wasser ab, filtriert den Bodensatz durch ein aschenfreies Filter, glüht den Rückstand und wägt.

b) Wenn es sich um Bestimmung der Talkerde allein handelt, so schüttelt man je nach der vorhandenen Menge 20—50 g Substanz in einem Schütteltrichter mit Chloroform, läßt das Chloroform mit dem Bodensatz direkt auf ein aschenfreies Filter fließen, sammelt das filtrierende Chloroform in einer Flasche, das im Filter haftende Chloroform läßt man verdunsten, verascht den Rückstand und wägt. Man kann auch mit Wasser wie vorhin ausschütteln; hierdurch gehen aber, weil man stärker schütteln muß, mehr Bestandteile der Substanz mit in die Flüssigkeit, die zwar hauptsächlich Stoffe organischer Natur sind, die aber auch mineralische Stoffe einschließen und dann den Rückstand so erhöhen können, daß er nicht mehr als Talkerde usw. allein angesehen werden kann.

Von der Natur des Rückstandes kann man sich mikroskopisch überzeugen; Talkerde zeigt nach E. v. Raumer ausgesprochene plattige Talkkrystallschuppen, Speckstein dagegen spießförmige und weniger deutlich krystallinische feinste Splitterchen. Man kann aber auch den Rückstand, um seine Natur sicher nachzuweisen, mit Soda und Salpeter aufschließen, die Schmelze mit Wasser behandeln, den ausgewaschenen Rückstand in Salzsäure lösen, in dieser Lösung wie üblich die Magnesia bestimmen und hieraus den Talk- usw. Gehalt berechnen.

A. Forster[2]) verkohlt für diesen Zweck direkt 5 g Graupen, schmilzt die Masse mit Soda und Salpeter, verfährt wie vorstehend angegeben und berechnet aus dem Magnesiagehalt den Gehalt an Talkerde, indem er für letzteren die Formel $H_2Mg_3Si_4O_{12}$ zugrunde legt, also den Gehalt an Magnesia (MgO) mit 3,143 multipliziert. Dieses Verfahren ist aber insofern nicht genau, als hierbei einerseits der natürliche Gehalt des Untersuchungsgegenstandes, der gewissen Schwankungen unterworfen ist, nicht berücksichtigt wird bzw. werden kann, andererseits die angenommene Formel nicht für alle Fälle richtig erscheint. Matthes und Müller[3]) verwenden daher nicht die natürliche Substanz, sondern den durch wiederholtes Schütteln mit Wasser abgespülten und durch Absetzenlassen erhaltenen Bodensatz zum Aufschließen,

[1]) H. Lührig und A. Sartori haben (Jahresbericht d. Chem. Untersuchungsamtes d. Stadt Breslau 1906/07, S. 23) gefunden. daß die schweflige Säure durch 3 monatige Aufbewahrung nur von 0,148 auf 0,128% herunterging und der Gehalt beim Kochen der geschwefelten Graupen im offenen Kolben sich nur um $^1/_3$ der ursprünglichen Menge verringerte.

[2]) Zeitschr. f. öffentl. Chemie 1905, **11**, 36.

[3]) Ebendort 1905, **11**, 76.

indem sie den geglühten Bodensatz noch vor der Aufschließung mit Soda und Salpeter vorher mit verdünnter Salzsäure ausziehen.

R. Kržižan[1]) macht weiter darauf aufmerksam, daß Talkerde und Speckstein eine verschiedene Zusammensetzung besitzen, daß ferner der Magnesiagehalt von 31,11—34,49% in ihnen schwankt und noch größere Schwankungen vorkommen, auch noch ganz andere Poliermittel, nämlich Ton und Talkschiefer (mit nur 0,81% bzw. 29,85 und 31,55% Magnesia), verwendet werden können. Auch werden die genannten Silicate, besonders im geglühten Zustande, durch verdünnte Salzsäure angegriffen. Križižan ist daher der Ansicht, daß das Sammeln, Veraschen, Glühen und Wägen des abgeschlämmten Poliermittels immer die besten Ergebnisse liefern wird. Er trennt die Poliermittel in der Weise ab, daß er 5 g und mehr Graupen in einem 100 ccm-Kölbchen mit 5 ccm Wasserstoffsuperoxyd (3 proz.), 2 ccm 10 proz. Ammoniak und 3 ccm Wasser versetzt, einige Sekunden in kochendes Wasser taucht und dann etwa 10 Minuten unter öfterem Umschütteln beiseite stellt. Die trübe Flüssigkeit wird dann abgegossen, die Graupen werden zehnmal mit je 10 ccm Wasser nachgespült, so daß etwa 110 ccm Flüssigkeit erhalten werden; letztere wird mit 12 ccm 18 proz. Säure angesäuert, dreimal mit einigen Dezigramm Chromsäure versetzt und gleichzeitig gekocht, bis sie klar ist. Dann läßt man absitzen, filtriert durch ein aschenfreies Filter, wäscht den Rückstand mit siedendem Wasser aus, verascht ihn mit möglichst kleiner Flamme und wägt.

H. Lührig und A. Segin[2]) schütteln 50 g Graupen mit einer mäßigen Menge alkoholhaltigen Wassers kräftig durch, bringen die Masse auf eine Siebplatte und spülen sie mit einem kräftigen Strahl destillierten Wassers ab, bis letzteres klar abläuft. Nach 24 stündigem Stehen wird die Flüssigkeit vom Bodensatz abgehebert und letzterer in einer Platinschale verascht, der Rückstand kurze Zeit mit 0,5 proz. Salzsäure ausgezogen, geglüht und gewogen. Letzterer kann dann noch mikroskopisch untersucht werden.

Hefelmann, Müller und Rückert[3]) schütteln zunächst 5 g Graupen kräftig mit 20 ccm Wasser, gießen letzteres in ein Reagensrohr und kochen einige Minuten mit 3 ccm 8 proz. Natronlauge. Bei Anwesenheit von Speckstein entsteht ein schnell zu Boden sinkender Niederschlag. Zur quantitativen Bestimmung werden 5 g Graupen oder 10 g Erbsen viermal mit je 15—20 ccm Wasser geschüttelt, die Waschwässer in eine Platinschale gegossen, eingedampft, geglüht und gewogen, indem man von dem Gewicht bei 5 g Einwage bei Reis 0,4 mg, bei Graupen 1,4 mg und bei 10 g Einwage Schälerbsen 12 mg abzieht.

F. W. Richardson[4]) ermittelt die dem Reis anhaftenden fremden Mineralstoffe in der Weise, daß er zunächst wie üblich die Gesamtasche bestimmt. Dann behandelt er in einer Platinschale 5 g Reis mit 0,5 g Ammoniumfluorid, 2 ccm Wasser und 2 ccm konz. Salzsäure unter öfterem Umrühren mit einem Platindraht 10 Minuten lang, wäscht mit Wasser und verascht wieder. Die Differenz zwischen der so gefundenen Asche und der Gesamtasche gibt die Menge der als Überzug dem Reis anhaftenden fremden Mineralstoffe — richtiger „Kieselsäure" d. Verf. —. Der natürliche Reis gibt eine Differenz von 0,2%; wenn man daher von der Gesamtasche 0,2% abzieht, wird aus der Differenz annähernd der Gehalt an fremder Überzugsmasse erhalten.

Beim Reis wird außer Talkerde zum Schönen noch ein geringer Zusatz von Berliner Blau, Indigo oder Anilinfarben gemacht.

c) Farbstoffe. Sind neben dem Poliermittel noch gleichzeitig Farbstoffe verwendet, so befinden sich diese mit dem Poliermittel in dem Bodensatz der Chloroformausschüttelung und lassen sich unter dem Mikroskop feststellen. Da bei Graupen, Grießen und Kochreis die

---

1) Zeitschr. f. Untersuchung d. Nahrungs- u. Genußmittel 1906 **11**, 641.

2) Chem.-Ztg. 1905, **29**, 782.

3) Zeitschr. f. öffentl. Chemie 1905, **11**, 309.

4) Zeitschr. f. Untersuchung d. Nahrungs- u. Genußmittel 1911, **22**, 748.

Farbstoffe mit verwendet werden, um einer gelb erscheinenden Ware ein weißes Aussehen zu verleihen, so kommen hierfür nur blaue Farbstoffe, wie Ultramarin, Berliner Blau und Indigo in Betracht. Ultramarin hält nach E. V. Raumer (l. c.) das Glühen aus und findet sich daher auch im geglühten Talkpulver noch unversehrt; auf Zusatz eines Tropfens Salzsäure verschwindet es dagegen sofort. Berlinerblau und Indigo sind im geglühten Bodensatz verschwunden. Im nichtgeglühten Bodensatz wird Berlinerblau durch einen Tropfen Kalilauge, Indigo durch einen Tropfen verdünnter Salzsäure sofort zerstört (vgl. auch S. 492 und weiter im III. Teile unter Kaffee).

Die Graupen oder Grieße von Hirse pflegen gelb gefärbt zu werden (vorwiegend mit Anilingelb); über den Nachweis gelber Farbstoffe vergleiche folgenden Abschnitt unter geschälten Erbsen S. 636.

Th. Dietrich[1]) teilt einen Fall mit, wo nach dem Genuß von mit Martiusgelb gefärbten Graupen in einer Familie Unwohlsein aufgetreten war (vgl. I. Teil, S. 548).

Als **Anhaltspunkte für die Beurteilung** können folgende dienen:

1. Geschwefelte Graupen, Grieße oder Reis sind im Sinne des § 10 des NMG. als verfälscht zu bezeichnen, weil hierdurch unter allen Umständen eine bessere Beschaffenheit vorgetäuscht werden soll. Denn einerseits will man eine verdorbene schlechte Gerste im Aussehen aufschönen, andererseits eine größere Ausbeute erzielen, indem das Schwefeln (Bleichen) die völlige Entfernung der von Natur aus grauen Kleberschicht unnötig macht. Größere Mengen schwefliger Säure können auch gesundheitsschädlich sein. Vgl. auch unter Dörrgemüse und Dörrobst.)

2. Auch das Polieren mit Talkerde usw. mit oder ohne gleichzeitige Verwendung von Sirup oder Farbstoffen ist aus demselben Grunde als Verfälschung anzusehen. Größere Mengen Talkerde (1% und mehr) neben Sirup müssen auch als betrügerische Gewichtsvermehrung beurteilt werden (vgl. auch S. 495 u. 632).

3. Mit Milben[2]), Schimmelpilzen und Bakterien behaftete Graupen usw. sind wie beim Mehl als verdorben anzusehen, weil sie stets auf eine unsaubere Herstellung oder Aufbewahrung schließen lassen.

Über das Vorkommen von Unkrautsamen, über den Wasser- usw. Gehalt, über die Bezeichnungsweise gelten dieselben Grundsätze wie bei Mehl S. 627.

4. Wenn Graupen unter dem Namen Eiergraupen, Eiergerstel feilgehalten und verkauft werden, so müssen sie auch wirklich Eier enthalten; denn nach den Reichsgerichtsentscheidungen vom 13. und 17. März 1902 müssen Nahrungsmittel, die eine bestimmte Bezeichnung führen, auch diejenigen Bestandteile enthalten, die der Name angibt.

5. Über mit schwefliger Säure gebleichte Graupen liegt folgendes gerichtliches Urteil vor:

Der Angeklagte hatte seine Graupe mit schwefliger Säure behandelt, um ihr den Schein einer besseren Beschaffenheit zu verleihen.

Wesentlich für den Begriff der Verfälschung im Sinne des NMG. sind die vom Vorderrichter festgestellten Tatsachen, daß der Angeklagte durch jenes Bleichverfahren seiner aus russischer Gerste hergestellten bläulichen und gelblichen Graupe ein weißes Aussehen gegeben hat, welches ihr den Anschein verlieh, als sei sie aus deutscher Graupe hergestellt, und daß er dies getan hat, um seiner Graupe einen besseren Absatz zu verschaffen, weil das Publikum der weißen Graupe den Vorzug gibt. Ob diese Bevorzugung eine begründete Berechtigung hat, darauf kommt es nicht an. Entscheidend ist hier nur, welche Ware das Publikum für die bessere und deshalb zu bevorzugende hält. Verurteilung aus § 10[1] und [2] NMG.

OLG. Breslau, 9. April 1907.

---

[1]) Zeitschr. f. Untersuchung d. Nahrungs- u. Genußmittel 1902, **5**, 364.

[2]) Die Milben können auch Träger von bedenklichen Bakterien sein.

2. Geschälte Erbsen und sonstige Hülsenfrüchte.

a) Geschälte Erbsen. Von den Hülsenfrüchten kommen jetzt besonders die Erbsen vielfach im geschälten ganzen oder gespaltenen Zustande in den Handel und sind dann, wie K. Lendrich[1]) gefunden hat, nicht selten mit Talkerde poliert und gefärbt (die gelben Erbsen mit gelben, die grünen mit grünen Farbstoffen). Derartig behandelte Erbsen sind äußerlich schon an ihrer Glattgriffigkeit und dem glänzenden Aussehen zu erkennen. Bei den gespaltenen Erbsen finden sich infolge der Entfernung des Keimlings in den Vertiefungen geringe Reste eines gelbweißen bzw. blauweißen Pulvers. Wenn man geschälte ganze oder gespaltene Erbsen in einem Kolben- oder Reagensglase mit so viel Wasser übergießt, daß sie davon bedeckt sind, dann gleich kräftig durchschüttelt, so erhält man in allen Fällen milchig trübe Flüssigkeiten, deren Filtrate bei den nichtpolierten und ungefärbten Erbsen farblos, bei den gelbgefärbten orangegelb, bei den grüngefärbten blaugrün sind. Gleichzeitig bildet sich bei den polierten Erbsen ein weißer spezifisch schwerer Niederschlag. Um die Natur des Farbstoffes nachzuweisen, übergießt man die Erbsen mit 95 proz. Alkohol, so daß sie davon bedeckt sind, und läßt 5 Minuten unter öfterem Umschütteln stehen; der Alkohol zeigt dann bei natürlichen Erbsen keine Färbung oder doch nur einen kaum merklichen Stich ins Gelbliche bzw. Grünliche; dagegen lassen sich in der alkoholischen Lösung die Teerfarbstoffe durch Färbversuche mit Wolle oder durch Capillaranalyse nachweisen (I. Teil, S. 215 u. f.).

Die Talkerde usw. läßt sich wie vorstehend bei Graupen durch Schütteln mit Chloroform bestimmen. Oder man verascht, nimmt die Asche mit verdünnter Salzsäure auf und bestimmt den unlöslichen Rückstand, der sich dann noch durch Aufschließen mit Soda und Salpeter an dem hohen Magnesiagehalt als Talkerde erkennen läßt. Lendrich fand z. B.

	Asche	Unlöslichen Ruckstand
bei nicht polierten reinen Erbsen	2,47—3,01%	Spuren —0,018%,
bei polierten und gefärbten Erbsen	2,74—3,62%	0,23—0,62%.

Es empfiehlt sich, selbstgeschälte ganze und gespaltene natürliche Erbsen zum Vergleich mit heranzuziehen (vgl. auch vorstehend unter Graupen S. 633).

W. Vaubel[2]) berichtet, daß auch mit schwefliger Säure vorbehandelte Bohnen unter dem Namen „Schwefelbohnen" in den Handel kommen und sich dadurch zu erkennen geben, daß die Schalen beim Anwärmen mit Wasser, noch ehe der Siedepunkt erreicht ist, zusammenschrumpfen und abfallen.

b) Giftige Hülsenfrüchte. a) Bohnen und Wicken. Davidsohn u. Stevenson haben schon 1884 in den Achery-Erbsen Blausäure als giftigen Bestandteil erkannt. L. Guignard[3]) machte dann darauf aufmerksam, daß es in den heißen Gegenden eine Reihe giftiger Bohnen gibt, die als Spielarten der indischen Bohne, Phaseolus lunatus L. anzusehen sind und als wildwachsende Pflanzen stark giftige Eigenschaften besitzen, während die kultivierte Pflanze die Giftigkeit mehr und mehr verliert. Die Pflanze stammt wahrscheinlich aus Amerika. Guignard unterscheidet zwei Hauptvarietäten, die Bohnen von Java und Birma und die Kap-Madagaskar-, Lima- und Sievabohnen oder auch Erbsen. Als Ursache der giftigen Wirkung erkannte Guignard die bei diesen Bohnen auftretende Blausäure, die sich aus einem Glykosid, Phaseolunatin, bildet. Gabriel Bertrand[4]) wies die Blausäure weiter in Vicia angustifolia Roth und V. macrocarpa Bertol. nach. In ersterer Wicke fand er 0,75 g Blausäure vor, in letzterer gemeinschaftlich mit Rivkind für 1 kg 1—2 g eines krystallinischen Körpers, Vicianin, der alle Eigenschaften eines Glykosids besaß. E. Kohn-

[1]) Zeitschr. f. Untersuchung d. Nahrungs- u. Genußmittel 1904, **7**, 1.

[2]) Zeitschr. f. öffentl. Chemie 1907, **13**, 7.

[3]) Bull. Science Pharmac. 1906, **13**, 129, 193 u. 337; 1907, **14**, 565.

[4]) Ebendort 1907, **14**, 65 u. 161.

Abrest[1]) bestätigt das Vorkommen von Blausäure in der Javaerbse bzw. -bohne, in der er 1,267 g Blausäure für 1 kg nachgewiesen hat. Evesque, Verdier und Bretin[2]) wollen auch in den „ungarischen Bohnen" Blausäure (0,342 g in 1 kg) nachgewiesen haben, deren Nachweis aber Guignard[3]) nicht gelang.

Guignard fand in den Samen verschiedener Varietäten der Phaseolus lunatus L. 0,004 bis 0,312 g Blausäure und in den von selbst in Paris angebauten Varietäten 0,008—0,360 g Blausäure für 100 g (in den Blättern der letzteren 0,026—0,063 g Blausäure). Die Blausäure ist in den Bohnen bzw. Wicken als Glykosid (Vicianin) vorhanden, das durch ein dem Emulsin ähnliches gleichsam diastatisches Enzym in Zucker- und Blausäure gespalten wird. Die Spaltung geht beim Genuß vorwiegend im Darm vor sich. Kohn-Abrest will durch Ausziehen der Javaerbsen mit Alkohol, Reinigen des Auszuges mit Bleiessig und Ausschütteln mit siedendem Essigäther 5 g einer krystallinischen Masse erhalten haben, die nach dem Ausziehen mit Äther durch fraktionierte Krystallisation aus Essigäther drei verschiedene Glykoside vom Schmelzpunkt 132—134°, 125—129° und 118—119° lieferte; sie wurden durch Säuren wie auch durch das aus Javaerbsen ausziehbare Ferment in Glykose und Cyanwasserstoff gespalten. Durch kaltes Wasser geht die Spaltung nach Guignard nur zum Teil vor sich, sie wird durch Kochen und sogar durch Dämpfen unterstützt. Das Vicianin enthält 3,2% Stickstoff in Form von Blausäure.

Morphologisch unterscheiden sich, wie C. Hartwich[4]), Guignard u. a. hervorheben, die giftigen von den nichtgiftigen Bohnen dadurch, daß die Trägerzellen der 2. Schicht der Samenschale bei den giftigen Bohnen nach oben kelchartig erweitert sind und keine Krystalle führen, während sie bei den nichtgiftigen Bohnen prismatisch sind und Oxalatkrystalle enthalten. Ferner sind die Zwillingshöckerchen, welche der Mikrophyle gegenüber auf der einen Seite der Nabelspalte, eines länglichen ovalen Fleckes auf der Bauchseite der Bohnen, liegen und den Eintritt des Gefäßbündels des Funiculus in die Samenschale darstellen, bei den nichtgiftigen Bohnen weiß, bei den indischen giftigen Bohnen dagegen gelblich gefärbt und etwas durchscheinend. Auch enthalten die Bohnen, die glykosidfrei und nicht giftig sind, kein glykosidspaltendes, blausäureliefferndes Ferment.

Behufs qualitativer Bestimmung der Blausäure bringt man je nach der vorhandenen Menge 10—25 g der gepulverten und gesiebten Probe in einen Literkolben, übergießt mit der fünffachen Menge destillierten Wassers und läßt 24 Stunden bei 20—30° stehen. Vor Beginn der Destillation verdünnt man die Flüssigkeit auf mindestens 200 ccm, setzt sie in ein Wasserbad, verbindet mit einem Dampfentwickler (wie bei Wein usw. zur Bestimmung der flüchtigen Säure) und destilliert mindestens 200 ccm ab.

Um qualitativ auf Blausäure zu prüfen, kann man nach Tatlock und Thomson[5]) in den ersten (Liter-) Kolben vor der Destillation Papierstreifen hängen, die mit 0,2 proz. Guajactinktur und einer 0,1 proz. Kupfersulfatlösung getränkt sind. Bei Gegenwart von Blausäure würden sich die Papierstreifen, wenn schwach erwärmt wird, sofort stark blau färben. Die Streifen müssen aber jedesmal frisch bereitet werden. Oder man verwendet nach Ch. Arragon[6]) das Destillat, indem man mit etwas Kalilauge deutlich alkalisch macht, Schwefelammonium zusetzt und zur Trockne verdampft. Den Rückstand nimmt man mit etwa 25 ccm Wasser auf und prüft nach Ansäuern mit Salzsäure mit Eisenchlorid auf Sulfocyanwasserstoff, der sich durch Rotfärbung zu erkennen gibt.

Zur quantitativen Bestimmung kann man das Destillat mit 5 ccm Ferriammoniumsulfat und so viel Salpetersäure, daß die Farbe der Eisenlösung verschwindet, dann mit einem

---

1) Compt. rend. 1906, **142**, 586.

2) Journ. Pharm. Chim. 1907, **26**, 348.

3) Bull. Science Pharmac. 1907, **14**, 689.

4) Schweizer. Wochenschr. f. Chem. u. Pharm. 1907, **15**, 75.

5) The Analyst 1906, **31**, 249.

6) Zeitschr. f. Untersuchung d. Nahrungs- u. Genußmittel 1906, **12**, 530.

Überschuß von titrierter $^1/_{10}$ N.-Silberlösung (16,989 g $AgNO_3$ in 1 l Wasser), versetzen und den Überschuß mit einer auf die Silberlösung eingestellten Lösung von Ammoniumrhodanid (7,612 g NH_4CNS in 1 l Wasser) zurücktitrieren (1 ccm $^1/_{10}$ N.-Silberlösung = 0,002702 g HCN). Zweckmäßiger ist es, das ausgeschiedene Cyansilber schnell abzufiltrieren und erst im Filtrat nach Zusatz von Ferriammonsulfat und Salpetersäure den Überschuß zurückzutitrieren. Man kann den Niederschlag von Cyansilber auch auf einem getrockneten und gewogenen Filter sammeln und wägen.

Von vielen Seiten wird aber das Verfahren von Denigès für ebenso richtig gehalten; es beruht darauf, daß in einer ammoniakalischen Lösung von Cyaniden und Jodiden durch Silbernitrat erst dann Jodsilber gefällt wird, wenn das Cyan als AgCN ausgefällt ist und Jodsilber, weil unlöslich bzw. sehr schwer löslich in Ammoniak, dann eine Trübung erzeugt. Man fügt also zu 100 ccm Destillat 10 ccm Ammoniak, weiter etwa 10 Tropfen einer 20 proz. Jodkaliumlösung und titriert mit $^1/_{10}$ N.-Silberlösung bis zur bleibenden Trübung. Zweckmäßig ist es, eine noch verdünntere als $^1/_{10}$ N.-Silberlösung zu verwenden. Verwendet man eine Lösung von 6,2992 g $AgNO_3$ in 1 l, so entspricht 1 ccm = 1 ,0 mg Cyanwasserstoff (HCN), wodurch die Rechnung sehr vereinfacht wird. Falls im Destillat etwa Schwefelsäure auftreten sollte, so kann man diese durch Zusatz von basischem Bleicarbonat und durch Filtration entfernen.

Durch eine einmalige Behandlung der indischen Bohnen mit Wasser in vorstehender Weise erhält man nach Guignard aber nicht die gesamte Blausäuremenge, die eine Bohne liefern kann. Man soll daher den ersten Destillationsrückstand nach dem Erkalten mit besonders aus anderen indischen Bohnen dargestelltem Ferment versetzen und nochmals wie vorher destillieren.

Arragon (l. c.) ist der Ansicht, daß die Menge der Blausäure in kultivierten indischen Bohnen, wenn sie küchengemäß vorher in Wasser eingeweicht und dann unter Weggießen des Einweichwassers gekocht werden, so gering bleibt, daß sie nicht mehr schädlich wirken könne. Hartwich (l. c.) widerspricht aber mit Recht dieser Ansicht und hält es für richtiger, blausäurehaltige Bohnen oder Wicken überhaupt vom Genuß auszuschließen.

W. Busse[1]) weiß aus Erfahrung, daß die Mondbohne bei küchenmäßiger Zubereitung entgiftet und meistens ohne giftige Wirkungen genossen wird und werden könne. Weil aber der Gehalt an Blausäure sehr verschieden ist und die giftigen Bohnen sich von nicht- oder schwachgiftigen nicht äußerlich unterscheiden lassen, so redet auch er einem allgemeinen Einfuhrverbot das Wort, zumal der Nährwert dem anderer Leguminosensamen nachstehe und ein Mangel an letzteren nicht vorhanden zu sein pflege.

A. Barille[2]) weist auch noch darauf hin, daß die giftigen Bohnen durch die Wässerung außerordentlich schnell dem Verderben ausgesetzt sind.

*c) **Alkaloidgehalt der Lupinen bzw. des giftigen Stoffes darin.*** Die Lupinenkörner können 0,1 bis zu 1,0% Alkaloide enthalten, denen man die Giftigkeit der Körner bzw. des Lupinenheus zugeschrieben hat. Man ist daher schon seit langem bestrebt, diese näher zu kennzeichnen und quantitativ zu bestimmen.

Mit Übergehung der älteren Verfahren (von Eichhorn, Beyer, Siewert) mögen hier die Verfahren von G. Liebscher[3]), M. Hagen[4]), G. Baumert[5]) kurz angedeutet und bezüglich eingehenderer Untersuchung und der einschlägigen Literatur auf die angeführten Quellen verwiesen werden.

Hiernach wird eine nicht zu geringe Menge gemahlener Lupinenkörner (mehrere 100 bis etwa 1000 g) mit salzsäurehaltigem Alkohol wiederholt ausgezogen, der Alkohol verdunstet,

---

[1]) Zeitschr. f. Untersuchung d. Nahrungs- u. Genußmittel 1907, **13**, 737.

[2]) Journ. Pharm. Chim. 1909 [6], **29**, 422.

[3]) Jul. Kühn, Berichte aus d. landw. Institut d. Universität Halle 1880, Heft **2**, 53.

[4]) Ebendort 1886, Heft **6**, 46.

[5]) Landw. Versuchs-Stationen 1882, **27**, 15 und 1884, **30**, 295.

der Rückstand mit Kalihydrat alkalisch gemacht und mit Petroleumäther ausgeschüttelt. Da letzterer Auszug noch immer Farbstoffe und Fette enthält, so wird er mit salzsäurehaltigem Wasser durchgeschüttelt, welches die Alkaloide wieder aufnimmt; der Petroleumäther wird abgehoben, die wässerige salzsaure Lösung der Alkaloide abermals mit Natriumcarbonat und Kaliumhydroxyd zerlegt und mit Äthyläther völlig ausgeschüttelt. Nach dem Abdestillieren des Äthers bleiben die noch immer etwas verunreinigten Alkaloide als braune, ölige Flüssigkeit zurück, die beim Erkalten unter Umständen krystallinisch erstarrt.

Zur weiteren Trennung der Alkaloide wird der Rückstand — wegen der großen Empfindlichkeit der Lupinenalkaloide gegen Sauerstoff — im Wasserstoffstrom wiederholt destilliert und auf diese Weise das „Lupinin“ ($C_{21}H_{40}N_2O_2$), welches den niedrigsten Siedepunkt besitzt, der Hauptmenge nach von den anderen Basen geschieden. Der krystallinische Rückstand wird dagegen durch Umkrystallisieren aus Äther gereinigt und weiter nach Neutralisieren der Mutterlauge mit Salzsäure und durch Fällen mit einer konzentrierten wässerigen Lösung von Platinchlorid von den flüssigen Basen befreit.

E. Täuber[1]) vereinfacht dieses Verfahren dahin, daß er etwa 25 g feingepulverte Lupinen nicht mit salzsäurehaltigem, sondern mit gewöhnlichem 80—90grädigem Alkohol ($^1/_2$ l) unter Anwendung eines Rückflußkühlers $^1/_2$ Stunde kocht, den Alkohol abgießt, die Ausziehung dreimal wiederholt und schließlich die Substanz noch auf dem Filter mit heißem Alkohol auswäscht. Die alkoholischen Auszüge werden mit 25—30 Tropfen Salzsäure versetzt und durch Destillation zuletzt unter Zusatz von Wasser vollständig von Alkohol befreit, der Rückstand wird in einen Scheidetrichter gegeben und durch fünfmaliges Ausschütteln mit Petroleumäther gereinigt. Den so gereinigten Auszug verdampft man bei etwa 50° bis fast zur Trockne, versetzt ihn mit Ammoniak und etwas Kalihydrat und schüttelt ihn fünfmal mit 50 ccm eines bei 40° siedenden Petroläthers aus. Die Ätherauszüge werden in ein gewogenes Kölbchen filtriert, der Äther abdestilliert, der Rückstand 8 Stunden lang bei einer 50° nicht übersteigenden Temperatur getrocknet und gewogen. Die Gewichtszunahme ergibt die Gesamtmenge der Alkaloide.

Der gewogene Rückstand wird möglichst genau mit einer mit der zehnfachen Menge Alkohol verdünnten Salzsäure und so lange tropfenweise mit Platinchloridlösung versetzt, als noch eine Fällung beobachtet werden kann, aber nicht mehr, weil der Niederschlag in überschüssiger Platinchloridlösung wie auch in freier Säure löslich ist. Entsteht im Filtrat durch Platinchlorid noch ein Niederschlag, so wird dieser ebenfalls auf das gewogene Filter gebracht. Von dem gewogenen Platinniederschlag werden 27,4% als auf flüssiges Alkaloid entfallend angenommen.

Nach den Untersuchungen von G. Liebscher (l. c.) besitzen die Lupinenalkaloide zwar stark giftige Eigenschaften, indes verursachen sie nicht die eigentliche Lupinenkrankheit, die sogenannte „Lupinose“; diese scheint durch einen fermentartigen Stoff bewirkt zu werden, den Liebscher dadurch gewinnen konnte, daß er fein gemahlene Lupinenkörner (oder Heu oder Schoten) 48 Stunden mit Glycerin in Berührung ließ, durch ein Tuch abpreßte und mit dem doppelten Volumen Alkohol vermischte; hierdurch schied sich ein schleimig-flockiger Niederschlag aus, welcher — nach 2tägigem Stehen und zweimaligem Auswaschen mit Alkohol — mit Wasser verrieben bei Kaninchen Gelbsucht verursachte. Dieser die Lupinose bewirkende Bestandteil verliert durch Dämpfen und durch Gärung seine Schädlichkeit.

3. Besonders zubereitete Mehle.

Hierzu gehören eine Reihe Erzeugnisse, die entweder durch besondere Zusätze zu den Mehlen oder durch eigenartige Behandlung (Einteigen, Dämpfen und Rösten usw.) oder durch Ausziehen der mittels Diastase teilweise verzuckerten Mehle hergestellt werden.

[1]) Landw. Versuchs-Stationen 1883, **29**, 452.

a) Backmehl. Unter Backmehl versteht man ein mit Lockerungsmitteln versetztes Mehl, das ohne Zusatz von Hefe direkt eingeteigt und gebacken werden kann. Die Lockerungsmittel sind meistens mineralischer Art, z. B. Natriumbicarbonat und primäres Calciumphosphat (J. v. Liebig), Natriumbicarbonat und Kaliumbitartrat oder statt dessen auch Weinsäure oder Citronensäure, mit und ohne Zusatz von Kaliumbitartrat, d. h. der saure Anteil stets in solcher Menge, daß er mit der Menge des Natriumbicarbonats unter Entbindung der Kohlensäure ein neutrales Salz bildet. Mitunter besteht das Lockerungsmittel auch aus Hefe und Natriumbicarbonat; in letzterem Falle bewirkt die durch Hefe erzeugte Säure (Milchsäure usw.) eine Zersetzung des Natriumbicarbonats[1]); weiter kommen in Betracht Natriumbicarbonat und Alkalibisulfate oder letztere mit Calcium- oder Magnesiumcarbonat; auch Schleimsäure wird als saurer Anteil angegeben.

Sollten aber gleichzeitig Alaun, Kupfer- oder Zinksulfate zugesetzt sein, um die Backfähigkeit eines schlechten Mehles zu erhöhen, so ist das als Verfälschung anzusehen. Oxalsäure darf wegen ihrer Giftigkeit selbstverständlich nicht verwendet werden (vgl. auch unter Mehl S. 516 und unter Brot S. 680).

Ebenso ist der Zusatz fremder Mehle oder Stärkemehle gleichzeitig mit dem mineralischen Backpulver nach §10 des NMG. zu beanstanden, wenn unter der Bezeichnung ein reines Mehl von bestimmter Art zu erwarten ist oder verstanden wird.

Die Untersuchung auf Zusammensetzung und Verunreinigungen erfolgt genau wie bei den gewöhnlichen Mehlen. Als besondere Untersuchungsverfahren kommen die Bestimmung der freiwerdenden Kohlensäure nach dem Anfeuchten und die Feststellung der Bestandteile des angewendeten Lockerungsmittels hinzu.

Die Menge der entbindungsfähigen Kohlensäure bestimmt man in der Weise, daß man etwa 3—5 g des Mehles entweder in ein Kohlensäure-Bestimmungskölbchen nach I. Teil, S. 479 gibt und mit Wasser anstatt mit Salzsäure übergießt und die Kohlensäure aus dem Gewichtsverlust indirekt oder mittels des Apparates S. 694 (wie bei Hefe Fig. 200) oder nach I. Teil, S. 480, direkt bestimmt, wobei ebenfalls die durch Zusatz von Wasser frei werdende Kohlensäure zur Bestimmung gelangt.

Um festzustellen, ob Carbonate im Überschuß vorhanden sind, setzt man zu dem Rückstand, nachdem erstere Kohlensäure ermittelt ist, Salzsäure und bestimmt die hierdurch sich noch entwickelnde Menge Kohlensäure ebenfalls. Die Art und Menge der verwendeten Säuren ermittelt man in der wässerigen Lösung, die, wenn Carbonate und saurer Anteil in richtigem Verhältnis angewendet sind, nahezu neutral reagieren muß.

Da man in der Regel auf Weinsäure und Citronensäure Rücksicht zu nehmen hat, so verfährt man zu qualitativem wie quantitativem Nachweise nach I. Teil, S. 462 u. f. Falls Bisulfate verwendet sind, wird die wässerige Lösung viel Schwefelsäure, im Falle der Anwendung von primärem Calciumphosphat viel Phosphorsäure enthalten.

Bei etwaiger Anwesenheit von Oxalsäure gibt die wässerige Lösung nach Ansäuern mit Essigsäure auf Zusatz von Chlorcalcium einen Niederschlag, der noch näher als Calciumoxalat identifiziert werden kann.

Diese Verfahren gelten nur dann, wenn die Carbonate aus Natriumbicarbonat, wie es meistens der Fall ist, bestehen; wenn aber Calcium- bzw. Magnesiumcarbonat verwendet sein sollten, wird man eine verdünnte kalte Salzsäure zur Lösung anwenden und mit dieser die Untersuchungen anstellen müssen.

Die Alkalien werden in der wässerigen Lösung nach I. Teil, S. 485, bestimmt, wobei man das Natrium auf Bicarbonat, das Kalium auf Bitartrat umzurechnen pflegt. Indem man die hieraus sich berechnende Menge Kohlensäure mit der wirklich entbundenen Kohlensäure vergleicht, kann man feststellen, ob beide Teile in äquivalenten Mengen vorhanden sind oder

---

[1]) Auch Weizenmehl mit etwas Ammoniumcarbonat unter dem Namen „Mathein" ist von H. Schlegel gefunden. Hier soll das flüchtige Ammoniumcarbonat die Lockerung bewirken.

ob vielleicht neben dem Kaliumbitartrat noch freie Weinsäure bzw. Citronensäure zugesetzt ist.

Für die Bestimmung des Kalkes und der Magnesia wird man zweckmäßig den durch stark verdünnte Salzsäure in der Kälte hergestellten Auszug verwenden, wobei die aus dem Mehle als solchem in Lösung gehenden Mengen Kalk und Magnesia, die allerdings nur unerheblich sind, durch Untersuchung eines anderen nicht mit Backpulver versetzten Mehles von gleicher Art und Feinheit mit in Betracht und abgezogen werden können.

b) Puddingmehl und Cremepulver. Puddingpulver sind (II. Bd. 1904, S. 843) Gemische von Mehl oder Stärkemehl mit Gewürzen (Vanille, Gewürznelken, Zimt usw.), zuweilen unter Mitverwendung von etwas Mandelmehl und Eierpulver (vgl. S. 177).

Die Creme-Pulver dagegen sind Gemische von Maisstärke usw. mit Streuzucker, trockenem Leimpulver und entsprechendem Pflanzenaroma (z. B. Himbeer, Citronen usw.), gefärbt mit roten bzw. gelben Anilinfarbstoffen.

Beythien, Hempel und Hennicke[1]) untersuchten derartige Erzeugnisse mit folgenden Ergebnissen: Ein Creme-Pulver und Dr. Cratos Vanille-Puddingpulver waren ein mit Vanillin aromatisiertes und mit Teerfarbstoff gelbgefärbtes Maismehl bzw. -stärke; Nutrina-Cocosnuß: mit Teerfarbe gelbgefärbte Reisstärke; Nutrina-Vanillezucker: mit Vanillin aromatisierter Rübenzucker; Hermann's Rote-Grütze-Pulver: mit Teerfarbe rotgefärbtes Gemisch von Mais und Kartoffelmehl mit etwas Weinsäure; Hermann's Creme-Pulver: künstlich rotgefärbtes Gemisch von Maismehl mit Vanillinzucker; Hermann's Gelee-Extrakt: rotgefärbte Gelatine in einem Pulver, in einem zweiten Weinsäure, zu beiden ein Fläschchen mit künstlichen Fruchtestern. Eine ähnliche Zusammensetzung fand A. Bömer[2]) für Gelee-Extrakte, die zur schnellen Bereitung von z. B. Himbeer- usw. Geleepudding dienen sollten und nur aus trockener Gelatine, Weinsäure bzw. Citronensäure und künstlichen Fruchtestern bestanden.

Die Bestandteile dieser Gemische lassen sich durch eine mikroskopische Untersuchung der Stärke und sonstiger Formelemente ermitteln; die Art der Gewürze gibt sich meistens durch den Geruch direkt oder nach Destillation mit Wasserdampf (vgl. unter Konditorwaren S. 716) zu erkennen, die Farbstoffe nach I. Teil, S. 550 und unter Teigwaren S. 666, während etwaiger Zusatz von Eierpulver durch die Lecithinbestimmung (vgl. unter „Nudeln und Makkaroni" S. 662) nachgewiesen werden kann. Mehle lassen sich als Grundmasse durch den höheren Stickstoffgehalt (1—2%) von den Stärkemehlen, die nur etwa 0,1—0,2% Stickstoff enthalten, unterscheiden, weiter aber mikroskopisch durch die in ihnen noch fast stets vorhandenen Formelemente (Haare, Teile von Querzellen, Spelzen usw.), wovon Stärkemehle so gut wie frei sind (vgl. unter „mikroskopische Untersuchung der Mehle" S. 588 u. f.). Besteht die Grundmasse nur aus Stärkemehl und ist kein Eierpulver oder Mandelmehl vorhanden, so deutet ein höherer Stickstoffgehalt als 0,2% auf Beimengung von Leimpulver. Man kann den Leim dann noch dadurch nachweisen, daß man die Mehle bzw. Pulver mit kaltem Wasser auszieht und mit dem Filtrat nach S. 143 durch Zusatz von Alkali und etwas verdünnter Kupfersulfatlösung die Biuretreaktion anstellt. Entsteht eine rotviolette Färbung, so sind auch lösliche Proteine (Albumine oder Globuline) vorhanden. Darauf zieht man den Rückstand vom Kaltwasserauszuge mit 30—40° warmem Wasser — so daß keine Verkleisterung der Stärke eintritt — aus und prüft das Filtrat wie vorher mit Alkali und sehr verdünnter Kupfersulfatlösung; bei Gegenwart von Leim entsteht eine blauviolette Färbung. Durch quantitative Bestimmung des Stickstoffs läßt sich auch annähernd die Leimmenge ($N \times 5{,}55$) berechnen. (Vgl. auch S. 127—129.)

Für die Beurteilung dieser Erzeugnisse ist zu berücksichtigen, daß es sämtlich Kunsterzeugnisse sind und man von ihnen nur verlangen kann, daß sie keine gesundheits-

---

[1]) Pharm. Zentralhalle 1908, **49**, 265.

[2]) Zeitschr. f. Untersuchung d. Nahrungs- u. Genußmittel 1901, **4**, 1130.

schädlichen Stoffe enthalten und keine irreführende Bezeichnungen führen, d. h. Bezeichnungen, die etwas anderes vermuten lassen, als was sie wirklich enthalten. Letzteres ist aber z. B. bei den Gelee-Extrakten der Fall, die zur Herstellung von Himbeergelee (bzw. Himbeergallerte bzw. Himbeersülze bzw. Himbeergelee-Pudding) dienen[1]) sollen, aber nur aus Gelatinepulver, etwas Wein- oder Citronensäure sowie künstlichen Farbstoffen und Fruchtestern bestehen. Wenn man in einer Speisewirtschaft Himbeergelee-Pudding verlangt und erhält, so setzt man stillschweigend voraus, daß der Geruch, Geschmack und die Farbe auch wirklich nur aus natürlichen Himbeeren herrühren. Dasselbe kann aber auch von den Stoffen erwartet werden, die zur Herstellung eines z. B. Himbeergelees dienen sollen. A. Bömer äußert sich hierzu (l. c.) mit Recht wie folgt:

„Es ist verschiedentlich behauptet worden, daß die Geleeextrakte keine Genußmittel seien, sondern Präparate, aus denen der Käufer ein Genußmittel herstellen könne, und daß aus diesem Grunde die Geleeextrakte nicht auf Grund des § 10 des Nahrungsmittelgesetzes beurteilt werden könnten. Daß eine derartige Behauptung unbegründet ist, liegt wohl auf der Hand. Würde man diesem Gedankengange folgen, so würde z. B. eine Verfälschung von Weizenmehl nicht auf Grund des § 10 des Nahrungsmittelgesetzes beanstandet werden können, denn das Mehl ißt auch niemand so, wie es aus der Mühle kommt, es dient vielmehr auch nur unter Vermischung mit Wasser, Milch und sonstigen Zutaten nach dem Backen oder Kochen zur menschlichen Ernährung. Eine bei diesem und ähnlichen Erzeugnissen immer wiederkehrende Behauptung ist auch noch die, der Käufer wisse, daß er für einen so niedrigen Preis keinen reinen oder natürlichen Geleextrakt erhalten könne und daß es technisch unmöglich sei, aus Himbeergelee einen so konzentrierten Saft herzustellen.

Wenn es z. B. auch noch nicht gelungen sein dürfte, ein natürliches Himbeergelee in so konzentrierter Form herzustellen, wie sie im Geleeextrakte vorliegt, so kann dies doch durchaus nicht als technisch unmöglich bezeichnet werden. Und was nun den niedrigen Preis betrifft, so ist dieser doch für den Käufer durchaus kein Beweis dafür, daß es sich um ein Kunsterzeugnis handelt, denn auch z. B. der Preis des Fleischextraktes, der ja an sich verhältnismäßig hoch ist, steht in keinem Verhältnis zu unseren einheimischen Fleischpreisen. Er ist nur im Vergleich zu letzteren deshalb so billig, weil er in Ländern hergestellt wird, in denen die Fleischpreise infolge des großen Viehreichtums sehr niedrig sind. Warum sollen die Käufer nicht auch annehmen, daß die Verhältnisse beim Geleeextrakt ähnlich liegen?"

Dazu aber kommt, daß bei den Detailpreisen die wirklichen Wertverhältnisse gar zu sehr verschoben werden, so daß die Käufer durchweg nicht in der Lage sind, den wirklichen größeren oder geringeren Geldwert gegenüber einer an sich nicht allgemein gangbaren Naturware zu beurteilen.

Ein mit dem Namen eines bestimmten Nahrungsmittels (z. B. Schokolade-Puddingpulver) oder einer bestimmten Frucht (z. B. Himbeerpuddingpulver) bezeichnetes Puddingpulver darf nicht künstlich gefärbt werden. In anderen Fällen ist die künstliche Färbung zu deklarieren.

Hieraus ergibt sich von selbst, wie derartige Erzeugnisse auf Grund des § 10 des Nahrungsmittelgesetzes zu beurteilen sind.

*c) **Suppenmehle.*** Unter Suppenmehlen versteht man eine Reihe bald mit, bald ohne fremde Zusätze zubereiteter Mehle, die zur Bereitung von Suppen dienen sollen. Die mit fremden Zusätzen, wie Fleisch, Fleischextrakt und tierischem Fett versetzten und gepreßten Mehle, die meistens Suppentafeln genannt werden, sind bereits S. 157 besprochen.

Es gibt aber noch eine Reihe solcher Erzeugnisse, die keine fremden Zusätze erhalten oder Gemische von Mehlen unter sich (Leguminosen- mit Getreidemehlen) oder mit Suppen-

[1]) Die beiden Pulver sollen z. B. mit Zucker verkocht werden und das verkochte Gemisch soll dann nach dem Abnehmen vom Feuer mit dem Inhalt des Fläschchens (mit den künstlichen Fruchtestern) versetzt werden.

kräutern, also rein pflanzlichen Ursprungs sind. Diese Erzeugnisse zeichnen sich, wenn sie nicht vorwiegend aus Hafer-, Mais- oder Sojabohnenmehl bestehen, gegenüber den fettreichen Suppentafeln, S. 157, allgemein durch niedrigen Fettgehalt (1—2%) aus und enthalten um so mehr Protein, je mehr Hülsenfruchtmehl verwendet worden ist. Durchweg sind die Mehle auch noch auf eine besondere Weise hergestellt, wodurch eine wenn auch nur geringe Dextrinierung und Verzuckerung der Stärke bewirkt und damit die Menge der in Wasser löslichen Stoffe erhöht wird.

Gerstenschleimmehl pflegt meistens nur durch eine besonders feine Mahlung des von Spelzen und Schalen befreiten Mehlkernes hergestellt zu werden.

Die Haferflocken, gewalzte Haferkerne oder Quäkeroats werden in der Weise hergestellt, daß man das entschälte Korn entweder direkt mit Maschinen zerquetscht oder dadurch, daß man die Körner im natürlichen Zustande oder nach Durchfeuchtung mit Wasser dämpft, entschält und dann weiter verarbeitet. Zur Bereitung der Hafermehle werden die gedämpften Körner noch gedarrt[1]).

Auf ähnliche Weise wird aus dem Kern des vorher entschälten, angefeuchteten und gedämpften Maiskornes eine Art Maisnudeln hergestellt.

Auch die Leguminosenmehle werden durchweg in der Weise hergestellt, daß man die Samen erst mit Wasser durchfeuchtet, dämpft, entschält, dann darrt und vermahlt. Sie werden entweder für sich unter den verschiedensten Namen (Revalescière, Revalenta, Kraftsuppenmehl, Sparsuppenmehl, Kraft und Stoff usw.) oder in Gemischen mit Getreidemehlen als Leguminose (mit Nummern- oder Buchstabenunterscheidung je nach dem Mischungsverhältnis) in den Handel gebracht; ist Sojabohnenmehl zur Mischung verwendet, so weisen die Erzeugnisse, wie schon gesagt, einen höheren Fettgehalt auf.

Vielfach werden zur Herstellung von sogenannten Kraft- und Eiweißsuppenmehlen auch Getreidemehl sowie Klebermehl (Aleuronat aus Weizen) oder Roboratmehl (aus Reisprotein) oder Glutenmehl (aus Maisprotein), die bei der Stärkefabrikation abfallen, verwendet.

Unter Grünkernmehl oder Grünkernextrakt versteht man ein aus unreifem Spelzweizen hergestelltes Mehl.

Tapioca Jülienne oder Julienne sind Mischungen von Tapioka oder anderen Stärkesorten mit Suppenkräutern aller Art.

Die Untersuchung dieser Erzeugnisse muß sich zunächst auf die Art der verwendeten Grundsubstanz bzw. der Mischbestandteile erstrecken, welche, sofern sie nicht schon makroskopisch erkannt werden können, mikroskopisch zu ermitteltn sind. Der mikroskopische Befund kann aber durch die chemische Untersuchung unterstützt werden. Reine Hülsenfruchtmehle enthalten 20—25%, Getreidemehle 9—12% Protein. Bei Gemischen beider liegt der Proteingehalt in der Mitte. Lassen sich in einem Suppenmehl mikroskopisch nur die Bestandteile eines Getreidemehles erkennen, enthält es aber im lufttrockenen Zustande 15% Protein und mehr, so ist der Zusatz eines Proteinmehles (Aleuronat oder Roborat oder Gluten) wahrscheinlich.

---

[1]) G. W. Chlopin (Zeitschr. f. Untersuchung d. Nahrungs- u. Genußmittel 1901, **4**, 481) hat nachgewiesen, daß die Hafergrütze weniger ausgenutzt wird als Weizenbrot, indem z. B. von dem Protein und den Kohlenhydraten in Prozenten ausgenutzt wurden:

	Weißbrot	Grahambrot	Pat. Hafergrützen
Protein	93,59%	88,60%	86,43%
Kohlenhydrate	95,50 „	95,80 „	92,00 „

Der hierdurch bedingte geringere Wert der Hafergrütze, die unter den verschiedensten Bezeichnungen, z. B. Herkulo, Champion, A. B. C. Oat Meal, Baehrs A. B. C., Silatsch, Livonia, Exzelsior, Avena, Atleto usw. in den Handel kommt, wird dadurch wieder ausgeglichen, daß sie infolge des höheren Fettgehaltes einen höheren Calorienwert besitzt.

Die Art der Herstellung läßt sich auch mikroskopisch wie chemisch mit Wahrscheinlichkeit beurteilen. Enthält ein Suppenmehl deformierte Stärkekörner und gleichzeitig verhältnismäßig viel lösliche Kohlenhydrate (über 1,5% Zucker und über 3,5% Dextrin), so ist zweifellos der Zerkleinerung ein Anfeuchten, Dämpfen und Darren vorhergegangen.

Im übrigen sind die Suppenmehle wie gewöhnliche Mehle zu untersuchen und zu beurteilen (S. 626). Nur bezüglich des Säuregehaltes wird man bei den durch Anfeuchten, Dämpfen und Darren hergestellten Mehlen einen anderen Maßstab anlegen und eine größere Menge zulassen müssen als bei den gewöhnlichen, trocken gemahlenen Mehlen.

d) Dextrinmehle. Es sind meistens dextrinierte Stärkemehle; die Dextrinierung geschieht entweder durch Darren der nur mit Wasser angefeuchteten Stärke bei 212—275° oder durch Darren der mit schwach angesäuertem Wasser versetzten Stärke bei 100—125°. Erstere Dextrinmehle sind meistens braun, letztere hellgelb bis weiß gefärbt. Derartige Mehle enthalten je nach der Herstellungsweise 5,64—18,09% Wasser, 1,42—8,77% Zucker, 49,78 bis 72,45% Dextrin und 14,51—30,80% unaufgeschlossene Stärke. Es werden aber auch Getreidemehle dextriniert; sie unterscheiden sich dann von ersteren durch einen höheren Gehalt an Stickstoffsubstanz (Protein), während erstere hieran arm sind (vgl. „Stärkemehle“ S. 653). So ergab eine Probe dextriniertes Getreidemehl bei einem Gehalt von 6,46% Wasser, 10,36% Stickstoff-Substanz, 57,96% lösliche und 23,84% unlösliche Kohlenhydrate.

Die Untersuchung dieser Erzeugnisse erfolgt wie bei Kindermehlen S. 646.

e) Mehlextrakte. Die Mehlextrakte werden durch Ausziehen verzuckerter Mehle und Eindampfen der Auszüge im Vakuum hergestellt. Die Verzuckerung wird entweder durch die in den Getreidemehlen fast stets vorhandene Diastase oder durch Zusatz von Malzmehl oder Malzaufguß bewirkt. Der aus Gerstenmehl selbst hergestellte Extrakt in fester Form, der Malzextrakt, darf nicht mit dem flüssigen Malzextrakt-Bier, worin ein Teil der Maltose vergoren ist, verwechselt werden. Die Mehlextrakte sind fast ganz in Wasser löslich und pflegen die von den Getreidemehlen zu enthalten:

Wasser %	Stickstoffsubstanz %	Glucose %	Dextrin %	Unlösl. Stoffe %	Asche %	Phosphorsaure %
2,0—17,0	1,2—7,0	25,0—58,1	22,4—60,0	0,2—0,6	0,3—2,1	0,4—0,8

Auch Leguminosenmehle lassen sich verzuckern; die eingedunsteten Extrakte unterscheiden sich auch hier durch einen höheren Gehalt an Stickstoffsubstanz (13,5%), Asche und Phosphorsäure von den Getreidemehlextrakten.

Die diastasierten Mehle werden aber auch als solche in den Handel gebracht und haben dann die Zusammensetzung der natürlichen Mehle, nur mit dem Unterschiede, daß die Stärke zum größten Teil in Zucker und Dextrin übergeführt ist. So ergab Hafermaltose 10,51% Wasser, 12,16% Stickstoffsubstanz, 5,84% Fett, 28,38% Zucker, 12,85% Dextrin, 27,13% unlösliche Kohlenhydrate (Stärke usw.), 1,47% Rohfaser und 1,66% Asche.

Die vorstehenden Mehlerzeugnisse werden vorwiegend zur Kindernahrung benutzt und sinngemäß wie Kindermehle, S. 646, untersucht und beurteilt.

f) Paniermehl. Unter Paniermehl[1]) versteht man ein ausschließlich aus Weizenmehl durch Einteigen, Backen, Rösten (Trocknen) und Mahlen hergestelltes Erzeugnis (gemahlene Zwiebacke oder Biskuits). Zum Wesen von Paniermehl gehört jedenfalls die Herstellung aus Backwerk. In den Haushaltungen selbst verwendet man dazu meistens alte zerriebene Brotreste. Es liegt die Versuchung nahe, daß auch das Paniermehl des Handels aus allerlei aufgekauften Brotresten hergestellt wird, und das ist ein unzulässiger Mißbrauch; denn wenn man im eigenen Hause die Art, Reinheit und saubere Aufbewahrung der Brotreste überwachen kann, so ist dieses bei Brotresten aus fremden Häusern, Anstaltsküchen und Wirtshäusern nicht möglich und liegt hier die Gefahr nahe, daß nicht nur unsaubere (angebissene, mit Mäusekot und Fliegenschmutz verunreinigte) und verschimmelte,

[1]) Vgl. G. Benz, Zeitschr. f. öffentl. Chemie 1905, **11**, 386.

sondern auch mit schädlichen[1]) Stoffen und Mikroben aller Art behaftete Brotreste zur Mitverwendung gelangen. Das ist ebenso verwerflich als der Zusatz von Schellack und Knopflack (Vaubel und Diller[2]) sowie die künstliche Färbung (mit gelben oder roten Anilinfarbstoffen). Einige Paniermehle des Handels ergaben nach E. Dinslage[3]) folgende Zusammensetzung:

Art des Mehles	Anzahl der Proben	Wasser %	Protein %	Fett %	Zucker (Maltose) %	Dextrin %	Sonstige Kohlenhydrate %	Rohfaser %	Mineralstoffe %
1. Weizenmehl	8	9,49	15,63	0,58	6,44	5,68	58,89	0,95	2,34
2. Desgl. und Kartoffelstärke	3	9,77	9,55	0,69	8,01	6,45	63,87	0,64	1,02
3. Maisgrieß	1	9,22	10,22	2,14	1,13	0,78	74,79	0,92	0,80

Die Proben enthielten 0,05—1,19% Kochsalz und Spuren bis 0,09% Sand.

Die Paniermehle enthalten hiernach naturgemäß mehr lösliche Kohlenhydrate (Zucker und Dextrin) als die Rohmehle; dabei ist die Stärke deformiert. Hieran läßt sich das Backen überhaupt erkennen und beurteilen. Schwach gebackene Erzeugnisse, z. B. die sogenannten Biskuits, zeigen wenig oder fast keine deformierten Stärkekörner; sie lassen sich aber auch ohne Zusatz von Zucker kaum fein mahlen[4]).

Falls sich, wie meistens, an der Form der Stärke nicht mehr die Art des verwendeten Mehles mit Sicherheit erkennen läßt, so muß man bei der mikroskopischen Untersuchung wie bei Brot nach sonstigen unterschiedlichen Formelementen (Haare, Querzellen, Spelzenteilchen usw.) suchen.

Hierüber wie über die chemische Untersuchung vgl. weiter unter „Brot". Über den Nachweis fremder Farbstoffe vgl. unter Teigwaren S. 666 und I. Teil, S. 550ff., über den Nachweis von Frischhaltungsmitteln I. Teil, S. 590ff.

Zur Beurteilung der Paniermehle des Handels können folgende Anhaltspunkte dienen:

1. Der Wassergehalt pflegt 8—10% zu betragen und soll 11% nicht überschreiten.

2. Das unter der einfachen Bezeichnung Paniermehl in den Verkehr gebrachte Erzeugnis soll aus frischem einwandfreiem gebackenem Weizenmehl hergestellt sein. Erzeugnisse aus Mehlen anderer Getreidearten (Mais, Reis, Hirse usw.) müssen als solche bezeichnet werden.

3. Die Verwendung von Brot, das bereits im Verkehr war bzw. dem Verbrauche gedient hat, bzw. von Brotresten dieser Art, ist als Verfälschung anzusehen.

4. Die Verwendung von fremden Farbstoffen oder Frischhaltungsmitteln ohne Deklaration ist nicht statthaft. Künstliche gelbe Farbstoffe sollen Milch- oder Eierzusatz zum Teig vortäuschen; die roten Farbstoffe dagegen können dazu dienen, um dem später zu panierenden Fleisch ein frisches saftiges Aussehen zu erteilen[5]). Frischhaltungsmittel im Paniermehl können unter Umständen die fehlerhafte Beschaffenheit des Fleisches bzw.

[1]) In Münster i. W. erkrankte z. B. eine ganze Familie nach Genuß von Paniermehl, bei dem aus Versehen ein mit Arsen vermischtes Brotpulver zur Vertilgung der Mäuse mit verwendet worden war.

[2]) Zeitschr. f. öffentl. Chemie 1912, **18**, 182.

[3]) Zeitschr. f. Untersuchung d. Nahrungs- und Genußmittel 1914, **27**, 173.

[4]) Vgl. Ambühl, Mitteil. d. Schweizer. Gesundheitsamtes 1910, **1**, 100.

[5]) G. Benz (l. c.) erklärt „Farbstoffzusätze, die den Anforderungen des Gesetzes vom 5. Juli 1887 entsprechen, für zulässig, insofern sie nicht in Verbindung mit einer entsprechenden Bezeichnung des Fabrikates eine Wesensverbesserung des gewöhnlichen Paniermehles vortäuschen sollen". Ich kann mich dieser Auffassung nicht anschließen.

der zu panierenden Speisen verdecken und auf diese Weise eine bessere Beschaffenheit der letzteren vortäuschen.

Auch das Schweizer. Bundesgesetz gibt an, daß Paniermehl aus Backwerk hergestellt werden soll, und daß es weder von Farbstoffen noch Konservierungsmitteln einen Zusatz erhalten darf.

Kindermehle.

Unter „Kindermehlen" versteht man im allgemeinen Gemische von eingedickter Vollmilch mit aufgeschlossenen d. h. verzuckerten bzw. dextrinierten Mehlen (vgl. Bd. II, 1904, S. 749). Im Laufe der Zeit ist aber dieser Begriff leider wie in so vielen Fällen sehr erweitert, indem man auch Gemische von Milch mit rohen, nicht besonders löslich gemachten Mehlen, oder aufgeschlossene Mehle ohne jeglichen Milchzusatz als Kindermehle bezeichnet. Als Mehl wird besonders Hafermehl verwendet; es kommen auch Weizen- und Leguminosenmehle in Betracht. Mitunter wird die Milch auch vor dem Eindicken und Vermischen peptonisiert (Löfflunds Kindernahrung). Außer pulverförmigen Mehlen gibt es auch sirupartige Kindernahrung bzw. solche in Pastenform, die durch Eindampfen wässeriger Auszüge diastasierter Mehle (S. 644) gewonnen zu werden pflegen.

Wenngleich die Kindermehle durch Verbesserung der Frischhaltungsverfahren der Milch wesentlich an Bedeutung abgenommen und durchweg nur mehr als Zusatzmittel bzw. Nebennahrung zu Mutter- und Kuhmilch Bedeutung haben, so sind sie im Handel doch noch vielfach anzutreffen und verdienen wegen ihrer Verwendung gerade im stärksten Wachstum des Menschen um so mehr eine Beachtung, als das Kind in den ersten Lebensmonaten rohe Mehle nicht oder nur schwach verdauen kann. Die Untersuchung erstreckt sich daher außer auf die gewöhnlichen Bestandteile (einschließlich Phosphorsäure und Kalk) vorwiegend auf die Bestimmung der löslichen Kohlenhydrate und unter Umständen auch der löslichen Stickstoff-Verbindungen.

1. Prüfung auf saure Beschaffenheit. Man rührt 10 g Mehl mit 20—30 ccm reinem neutralen Wasser an und titriert unter fortwährendem Umrühren mit $^1/_{10}$ N.-Lauge nach dem Tüpfelverfahren, indem man nach jedesmaligem tüchtigem Durchrühren einen Tropfen auf neutrales oder blaues, empfindliches Lackmuspapier gibt, die Flüssigkeit einsaugen läßt und damit fortfährt, bis Neutralisation eingetreten ist (vgl. auch unter Stärkemehl S. 653). Oder man vermischt 10—25 g Mehl mit 10 g gereinigtem Sand, gibt das Gemisch in eine Papierhülse für den Soxhletschen Apparat und zieht in üblicher Weise 12 Stunden mit säurefreiem absolutem Alkohol[1]) aus; letzteren bringt man nach dem Ausziehen auf 100 ccm und bestimmt in der einen Hälfte die freie Säure, in der anderen eventuell den gleichzeitig gelösten Zucker.

Das Schweizerische Lebensmittelbuch[2]) gibt folgende Vorschrift für die Säurebestimmung in Mehlen: 10 g Mehl werden in einem Becherglase mit 100 ccm destilliertem Wasser angerührt, mit einem Uhrglase bedeckt und während 30 Minuten auf ein kochendes Wasserbad gestellt. Hierauf fügt man 0,5 ccm einer 2 proz. Phenolphthaleinlösung hinzu und titriert mit $^1/_{10}$ N.-Natronlauge bis zur bleibenden Rotfärbung. Der Säuregehalt des Mehles ist durch die Anzahl Kubikzentimeter Normallauge auszudrücken, die zur Titration von 100 g Mehl erforderlich sind (Säuregrade).

Auch Ch. Arragon[3]) hält dieses Verkleisterungsverfahren für das einzig richtige. Ich möchte aber mit O. Rammstedt[4]) u. a. annehmen, daß bei der Verkleisterung, selbst

[1]) Nach Ferraro (Boll. Chim. Farm 1908, **47**, 224) genügt $^1/_2$stündiges Ausschütteln mit absolutem Alkohol. Vgl. auch O. Rammstedt, Zeitschr. f. angew. Chemie 1913, **26**, I, 677.

[2]) Schweizer. Lebensmittelbuch 1909, S. 63.

[3]) Chem.-Ztg. 1910, **34**, 17.

[4]) Zeitschr. f. angew. Chemie 1913, **26**, I, 677.

während nur 30 Minuten, leicht eine Säurebildung im Mehl eintreten kann, was Kreis und Arragon[1]) allerdings zu widerlegen suchen.

R. Scherpe[2]) schüttelt 10 g mit 50 bzw. 100 ccm Wasser, filtriert und bestimmt in einem aliquoten Teile des Filtrats die Säure unter Anwendung von Phenolphthalein als Indicator mit $^1/_{10}$ N.-Lauge.

Dombrowsky[3]) hält dieses Verfahren für unrichtig, weil das Mehl hartnäckig Säure zurückhält. Er rührt 50 g Mehl mit 200 ccm Wasser an und titriert den Brei direkt unter Zusatz von Phenolphthalein mit $^1/_5$ N.-Lauge.

Ich glaube, daß auch dieses Verfahren schon wegen der angewendeten großen Mengen Mehl infolge der Adsorption von Lauge oder Farbstoff leicht zu hohe Ergebnisse liefern wird.

Alfr. Pagniello[4]) empfiehlt 10 g Mehl in gut getrockneten und sterilisierten mit 100 ccm sterilisiertem Wasser gut durchzuschütteln, genau 1 Stunde stehen zu lassen, zu filtrieren und 20 ccm des Filtrats mit $^1/_{10}$ N.-Lauge unter Zusatz von Phenolphthalein als Indicator zu titrieren oder 10 g Mehl in ebenfalls sterilisierten Gefäßen mit 85—90 proz. Alkohol zu durchschütteln, 12 Stunden stehen zu lassen, zu filtrieren und 20 ccm des Filtrats wie vorhin zu titrieren. Auf diese Weise soll eine Steigerung der Azidität nicht zu befürchten sein.

Am richtigsten scheint das zuerst genannte Tüpfelverfahren (oder die Ausziehung mit Alkohol? vgl. unter Brot S. 690) zu sein.

2. Feinheit. Kindermehle sollen in erster Linie auch eine tunlichst feine Beschaffenheit besitzen. Die Feinheit kann durch die Siebprobe wie bei der zolltechnischen Prüfung der Mehle bestimmt werden (vgl. unter „Mehle" S. 537).

3. Wasser. Bei lufttrockenen Kindermehlen bestimmt man den Wassergehalt wie üblich durch Trocknen von etwa 5 g im Trockenschrank bei 100—105° bis zur Gewichtsbeständigkeit. Von sirup- oder pastenartiger Kindernahrung löst man 10 g mit Wasser zu 100 ccm, gibt hiervon 20 ccm in eine mit geglühtem Seesand beschickte Platin- oder Nickelschale und verfährt wie beim Fleischextrakt S. 125. Enthalten letztere, was kaum vorkommen wird bzw. darf, in Wasser unlösliche Stoffe, so können diese ebenfalls wie bei Fleischextrakt bestimmt werden.

4. Gesamtstickstoff. Von trockenen Kindermehlen werden 1—2 g nach Kjeldahl (I. Teil, S. 240 unter α), von sirup- oder pastenartiger Kindernahrung 2 bis 5 g — entsprechend 1 bis 2 g Trockensubstanz (ebendort S. 240 unter γ) — verbrannt.

5. Stickstoff-Verbindungen. Die Kindermehle sollen den Stickstoff vorwiegend nur in Form von Reinprotein enthalten. Ist aber auf sonstige Stickstoff-Verbindungen (Proteosen, Pepton usw.) Rücksicht zu nehmen, so verfährt man zu ihrer Trennung wie bei Nährmitteln (S. 142 bzw. 156) bzw. nach I. Teil, S. 258. Von größerem Belang ist durchweg die Bestimmung der verdaulichen Stickstoff-Substanz; hierüber vgl. I. Teil, S. 256.

6. Fett. Da die meisten Kindermehle, auch die trockenen, selbst wenn sie keinen Zusatz von Milch erhalten haben, lösliche Kohlenhydrate, die das Fett einschließen und vor der lösenden Wirkung des Äthers schützen, in größerer Menge enthalten, so empfiehlt es sich, dieselben vor der Behandlung mit Äther mit Wasser auszuziehen, den Rückstand wieder zu trocknen und dann erst in den Soxhletschen Apparat zu bringen, Der Rückstand nach der ersten Ausziehung kann, um ganz richtige Ergebnisse zu erhalten, mit reinem Seesand verrieben und nochmals ausgezogen werden.

Bei der Kindernahrung in Extraktform durchschüttelt man die wässerige bzw. die mit Salzsäure versetzte Probe mit Äther und verfährt im übrigen wie bei Milch nach dem Gottliebschen Verfahren S. 195.

---

[1]) Zeitschr. f. angew. Chemie 1914, **27**, I, 120.

[2]) Arbeiten a. d. Kaiserl. Gesundheitsamte 1899, **15**, 387.

[3]) Archiv f. Hygiene 1904, **50**, 97.

[4]) Zeitschr. f. Untersuchung d. Nahrungs- u. Genußmittel 1906, **11**, 33.

7. Lösliche Kohlenhydrate. Von größter Wichtigkeit bei Kindermehlen ist die Bestimmung der Menge löslicher Kohlenhydrate. Hierbei verfährt man nach N. Gerber und Radenhausen[1]) wie folgt:

a) Bei diastasierten Kindermehlen: 3—5 g des entfetteten Kindermehles werden mit dem 10fachen Gewicht (also 30—50 ccm) Wasser angerührt, ca. 3 Stunden bei 70—75° C. digeriert, zu der Lösung unter stetem Umrühren 100 ccm Weingeist von 50% gesetzt und so lange stehen gelassen, bis die Lösung klar ist; alsdann wird mit Hilfe der Saugpumpe filtriert und der Rückstand vollständig mit 50 grädigem Weingeist (mindestens 100 ccm) ausgewaschen, das Filtrat auf ein bestimmtes Volumen (250 oder 500 ccm) gebracht, hiervon ein aliquoter Teil zunächst in einem Becherglase auf $^1/_4$ seines Volumens verdampft und falls ein flockiger Niederschlag von Albuminaten usw. entsteht, nochmals filtriert; zuletzt verdampft man die Lösung in einer vorher gewogenen Platinschale zur Trockne, trocknet bei 100—105° C bis zur Konstanz des Gewichtes, wägt und äschert ein. Die Menge des Extraktes minus Asche ergibt die Menge der löslichen Kohlenhydrate.

b) Bei den gewöhnlichen Kindermehlen werden ebenfalls 3—5 g der entfetteten Substanz mit dem 10fachen Gewicht Wasser vermischt, 5 Minuten unter stetem Umrühren gekocht, nach dem Erkalten mit 100 ccm Weingeist von 50% versetzt, anfänglich wird wiederholt umgerührt und dann absitzen gelassen; hierauf wird die Lösung abfiltriert, der Rückstand wiederholt mit 50 grädigem Weingeist ausgewaschen, das Filtrat auf ein bestimmtes Volumen gebracht und weiter genau wie unter a verfahren.

c) Den hierbei verbleibenden Rückstand kann man gleich zur Bestimmung der unlöslichen Kohlenhydrate (Stärke) benutzen; man bringt ihn noch feucht in einen Kolben von 400 ccm Inhalt, übergießt ihn mit 200 ccm Wasser und 20 ccm Salzsäure und erwärmt 3 Stunden lang in siedendem Wasser. Nachdem sich der unangegriffene Teil abgesetzt hat, filtriert man in einen Literkolben, wäscht aus, neutralisiert mit Natronlauge, füllt auf 1000 ccm auf und schüttelt durch. Sollten sich nach der Neutralisation Flocken abscheiden, so filtriert man durch ein trockenes Filter und titriert oder fällt einen aliquoten Teil mit Fehlingscher Lösung (vgl. I. Teil, S. 429). Durch Multiplikation der gefundenen Glykose mit 0,9 ergibt sich die Menge Stärke.

8. Rohfaser. Da die Kindermehle nur geringe Mengen der Zellmembranteile enthalten, bzw. enthalten sollen, so verwendet man zu ihrer Bestimmung 5 oder 6 g nach dem Verfahren mit Glycerin-Schwefelsäure (I. Teil, S. 453) und wäscht am besten durch Dekantation aus (I. Teil, S. 455, Nr. 5; vgl. auch unter Stärke S. 653 f.).

9. Mineralstoffe. 5—10 g Substanz werden wie üblich verbrannt (vgl. unter Milch S. 215). In der salzsauren Lösung wird das Eisen bzw. Ferriphosphat durch Natriumacetat, wie üblich, gefällt und im essigsauren Filtrat der Kalk mit Ammoniumoxalat usw. Außer dem Kalk ist es auch wichtig, die Phosphorsäure zu bestimmen. Für den Zweck trocknet man zweckmäßig 5 g Kindermehl mit 50 ccm Natriumcarbonatlösung, die 50 g wasserfreies Natriumcarbonat in 1 l enthält, in einer Platinschale zur Trockne, verascht, nimmt mit Salpetersäure auf und bestimmt die Phosphorsäure nach dem Molybdänverfahren (I. Teil, S. 490). Sollen alle Bestandteile der Asche bestimmt werden, so verfährt man nach I. Teil, S. 479.

10. Bestimmung des Anteiles an Milch. Als Maßstab dafür, in welchem Verhältnis Milch und Mehl miteinander vermischt sind, kann der Fettgehalt dienen; ist z. B. neben Milch, die durchschnittlich mindestens 3,0% Fett enthält, nur Weizenmehl verwendet, das durchschnittlich nur 0,5% Fett enthält, und hat das Kindermehl 4,17% Fett ergeben, so sind auf 100 Weizenmehl bzw. aufgeschlossenes Weizenmehl rund 150 g Milch verwendet; letztere enthalten 4,5 g Fett, dazu 0,5 g im Weizenmehl = 5,0 g Fett im ganzen; ist die Milch mit dem Mehl bis auf 10% Wasser eingedampft, so geben 150 g Milch 20 g trockenen Rückstand, also mit 100 g Mehl 120 g, so daß sich $\frac{5{,}0 \times 100}{120} = 4{,}17\%$ Fett in dem Gemisch berechnen.

[1]) Forschungen auf d. Gebiete d. Viehhaltung 1879, Heft 7.

Ist dagegen Hafermehl, das durchschnittlich 5% Fett enthält, verwendet, so würde man durch Vermischen von 100 g Milch und 100 g Hafermehl, wenn sie bis auf 10% Wasser zusammen eingetrocknet werden, 112 g mit 8,0 g Fett bekommen, die also ein Kindermehl mit $\frac{8,0 \times 100}{112} = 7,15\%$ Fett liefern würden.

Von anderer Seite ist auch der Milchzucker zur Berechnung des Anteiles der Milch vorgeschlagen, indes ist die Bestimmung des Milchzuckers neben anderen Zuckerarten, die in natürlichen wie aufgeschlossenen Mehlen stets vorkommen, sehr schwierig und unsicher.

11. Bakteriologische Untersuchung. Diese kann in derselben Weise wie bei den Proteinnährmitteln (S. 154) erfolgen.

12. Gehalt an Diastase und Pepsin. a) Wenn es sich darum handelt, die Wirkungsgröße der Diastasemalzextrakte, welche hie und da als Kindernahrungsmittel empfohlen werden, zu ermitteln, so kann man nach W. Klinkenberg[1]) in folgender Weise verfahren: Man versetzt in mehreren Portionen nebeneinander je 100 ccm einer 1 proz. Stärkelösung mit wechselnden Mengen Malzextraktlösung und erwärmt 4 Stunden bei 60° C; alsdann prüft man einige Tropfen der einzelnen Flüssigkeiten auf einem Porzellandeckel mittels Jodlösung auf Stärke und erfährt auf diese Weise diejenige Menge Malzextrakt, bei welcher keine Stärkereaktion mehr auftritt.

b) Enthält ein derartiges Präparat neben aktiver Diastase noch Pepsin, so verreibt man 1 g bei 60—70° C getrocknetes Eiereiweiß mit Wasser, setzt eine bekannte Menge des Präparats und so viel Wasser zu, daß das Volum der Flüssigkeit 250 ccm beträgt. Diese Flüssigkeit wird sodann auf 40° C erwärmt und 4 mal in 2 stündigen Zwischenräumen mit 2,5 ccm einer 10 proz. Salzsäure versetzt, bis der Gehalt der Flüssigkeit an Salzsäure 1% beträgt. Nach 20—24 stündiger Digestion bei 40° C wird abfiltriert, erst mit Wasser, dann mit absolutem Weingeist ausgewaschen und im Rückstand der Stickstoff bestimmt. Die Differenz zwischen diesem und dem in einer 2. Portion vorher von dem bei 60—70° getrockneten Eiereiweiß ermittelten Stickstoff ergibt die Menge Eiweiß, welche durch ein bestimmtes Gewicht des Präparates in Lösung gebracht wird.

W. Klinkenberg fand z. B., daß 100 Teile Malzextrakt von Ed. Löfflund in Lösung brachten:

	a) Malzextrakt mit aktiver Diastase	b) desgl. und Pepsin
Stärke	13,4 Teile	9,9 Teile
Eiweiß	—	32,26 „

Im Anschluß hieran möge erwähnt sein, daß man reine Diastasefabrikate, die an Stelle von Malz zur Bereitung von Kindermehlen benutzt werden, in der Weise auf Verzuckerungsvermögen prüfen kann, daß man eine Lösung derselben von bestimmtem Gehalt auf eine Lösung von reiner Stärke einwirken läßt, wie dieses bei der Feststellung der diastatischen Kraft eines Malzes der Fall ist[2]).

Pepsinpräparate des Handels kann man auf ihre Wirksamkeit in der Weise prüfen, daß man 5 g derselben in 500 ccm Wasser löst und hiervon je 100 ccm unter Zusatz von je 2 ccm einer 10 proz. Salzsäure eine bestimmte Zeit (6 Stunden) bei 40° auf 2 g trockenes Proteinpulver (Klebermehl, Fibrin oder Eiereiweiß) einwirken läßt, indem gleichzeitig in $^1/_2$ stündigen Zwischenpausen je 1 ccm der 10 proz. Salzsäure — also im ganzen hiervon 10 ccm — zugesetzt wird. Oder man ermittelt die Zeit, die eine Pepsinlösung von bestimmtem Gehalt zum Lösen von 1 g trockenem Protein gebraucht.

---

[1]) Repertorium f. anal. Chemie 1882, S. 373.

[2]) Vgl. u. a. J. König, Untersuchung landwirtschaftlich und gewerblich wichtiger Stoffe. Berlin 1911, 4. Aufl., S. 861.

Anhaltspunkte zur Beurteilung.

1. Die Kindermehle sollen einen angenehm frischen und süßen Geschmack besitzen; sie müssen aus besten, fehlerfreien Rohstoffen hergestellt sein, sie dürfen keine Unkrautsamen, keine Schimmel- oder Hefenpilze und Bakterien oder letztere nur in geringer Anzahl enthalten. Irgendwie verdächtige Organismen sind hier in höherem Grade zu beanstanden als in Nahrungsmitteln für Erwachsene. — Aus diesen Gründen müssen besonders Kindermehle sterilisiert und in gutschließenden Büchsen und in trockenen, tunlichst staubfreien Räumen aufbewahrt werden.

2. Pulverförmige Kindermehle sollen tunlichst wasserarm sein oder nur 7—10% Wasser enthalten, sie dürfen höchstens 12% Wasser enthalten. — Für die sirup- oder pastenartigen Kindernahrungen läßt sich eine Grenzzahl für den Wassergehalt nicht angeben.

3. Die Kindermehle dürfen nur eine schwach saure Reaktion aufweisen und zur Neutralisation nicht mehr als 12 ccm $^1/_{10}$ N.-Lauge (= 0,108% Milchsäure) auf 100 g Substanz verbrauchen. Ein größerer Verbrauch als 15 ccm $^1/_{10}$ N.-Lauge zur Neutralisation von 100 g Mehl — oder ein größerer Gehalt als 0,135% Milchsäure, bzw. ein höherer Säuregrad als 1,5°, d. h. Verbrauch von 1,5 ccm N.-Lauge für 100 g Mehl — wird nicht zugestanden werden können[1]).

4. Ein gutes Kindermehl soll bei hinreichendem Gehalt an Stickstoff-Substanz, Fett und Phosphaten zum Aufbau der Körpersubstanz (von Muskeln und Knochen) den größten Teil der Kohlenhydrate (mindestens 66% derselben) in löslicher Form und höchstens 0,5% Rohfaser enthalten. Die löslichen Kohlenhydrate sollen nicht von Zuckerzusatz herrühren.

Ein Kindermehl von folgender Zusammensetzung würde den Anforderungen als Ersatz für Muttermilch nach dem 6. Lebensmonat entsprechen können:

Wasser	Stickstoff-substanz	Fett	Kohlenhydrate löslich	Kohlenhydrate unlöslich	Holzfaser	Asche	Phosphor-säure	Kalk	Nährstoffver-haltnis 1:
5,0%	14,0%	4,0%	50,0%	21,0%	0,5%	2,5%	0,6%	0,35%	5,7%

Ein Kindermehl von vorstehender Zusammensetzung, wenn es aus Milch und aufgeschlossenem Weizenmehl hergestellt ist, muß auf 100 Teile Mehl einen Zusatz von 150 Teile frischer Milch erhalten haben, also ein Kindermehl im wirklichen Sinne des Wortes sein.

5. Wenn bei allen Nahrungsmittelfabrikaten, so ist es besonders bei Kindermehlen erwünscht, daß auf der Verpackung und in Prospekten die Art der Mischung, die chemische Zusammensetzung und die Gebrauchsanweisung mitgeteilt werden.

Stärkemehl.

Unter „Stärkemehl" versteht man die nicht nur von Spelzen bzw. Schalen bzw. Fasern bzw. sonstigen Zellelementen, sondern auch die von Stickstoff-Substanz, Fett und mineralischen Bestandteilen der Rohstoffe tunlichst befreiten, nur aus fast reiner Stärke bestehenden Erzeugnisse, die sowohl zur menschlichen Ernährung als zu technischen Zwecken verwendet werden. Sie werden sowohl aus Samen, wie aus Wurzelgewächsen, Stämmen und sonstigen Pflanzenteilen gewonnen.

In Deutschland kommt vorwiegend die aus Kartoffeln, Weizen, Mais und Reis gewonnene Stärke in Betracht. Vereinzelt kommen auch Stärken aus einheimischen Roß-

[1]) Das Schweizerische Lebensmittelbuch hält ein gewöhnliches Mehl erst der Verdorbenheit verdächtig, wenn es über 5 Säuregrade enthält, d. h. über 5,0 ccm Normallauge zur Neutralisation für 100 g Mehl verlangt. Ein solcher Laugeverbrauch würde 0,45% Milchsäure entsprechen, also einem Gehalt, der für Kindermehle gewiß nicht zugelassen werden kann. Ch. Arragon will (l. c.) 2,5 Säuregrade als Höchstgrenze zulassen; ich glaube, daß auch diese noch zu hoch und durch das schweizerische Untersuchungsverfahren bedingt ist, bei dem eine Säurebildung durch die Verkleisterung nicht ausgeschlossen ist (vgl. S. 627 u. 647).

kastanien, Roggen und Gerste im Handel vor. Hierzu gesellen sich für die menschliche Ernährung noch vielfach Tapioka und Sago.

Unter Tapioka versteht man die vorwiegend aus den Wurzelstöcken[1]) von westindischen Marantaarten herrührende Stärke, die im feuchten Zustande auf heißen Platten getrocknet wird, wodurch sie körnig und teilweise verkleistert, d. h. teilweise in Wasser löslich wird.

Sago wird aus den Stämmen von Palmarten und in ähnlicher Weise zubereitet. Die erst getrocknete Stärke wird wieder mit Wasser angerührt und der Teig durch ein Metallsieb gerieben, welches unmittelbar über erhitzten, mit einem Pflanzenfett bestrichenen kupfernen oder eisernen Pfannen angebracht ist. Beim Erhitzen schwillt ein Teil der Stärke an und wird in Kleister verwandelt, wodurch die übrigen Stärkekörnchen zusammenkleben, während das Wasser entweicht; der Sago besteht daher aus teils unveränderten, teils verkleisterten (deformierten) Stärkekörnchen; häufig ist er durch Zuckercouleur oder Bolerde braun oder durch einen Farbstoff der Palme rot gefärbt.

Außer der Stärke aus den Wurzelstöcken von Marantaarten (westindisches und nordamerikanisches Arrowroot) gelangen bei uns (vgl. II. Bd., 1904, S. 851) auch noch zur Verwendung das ostindische Arrowroot aus den Wurzelstöcken von Curcumaarten oder von Dolichos bulbosus L., das brasilianische Arrowroot oder Cassavestärke oder Mannihot von Mannihot utilissima, die Ignamen- bzw. Dioscoreenstärke von Arum- und Dioscoreaarten, afrikanisches und australisches Arrowroot von Cannaarten, Arrowroot der englischen Kolonie Britisch-Guyana (Bananen- oder Pisangstärke) von Musa paradisiaca. E. Heß[2]) führt noch weiter folgende tropische Stärkearten auf: Carpot aus dem Mark der Palme Cariota urens L., die auch zur Sagobereitung dient; Fruit desséché de l'arbre à pain von Tahiti von Artocarpus incisa Forst; Fècule d'Apé Tahiti aus den Wurzelknollen von Alocasia macrorhiza Schott. (die Wurzelknollen müssen vorher eingeweicht und gekocht werden, um einen giftigen Stoff zu entfernen); Mapé Tahiti aus den Samen der Leguminose Inocarpus edulis Forst; Stärke aus den Knollen von Conophallus (zu der in Japan einheimischen Familie der Araceae gehörig).

Balland[3]) fügt diesen exotischen Stärkesorten noch folgende hinzu: Apé aus dem Wurzelstock von Arum macrorhizum, Taro von Arum esculentum, Tavolo aus den Knollen von Tacca pinnatifida (Madagascar), Talipot (Raw palmirah root flour auf Ceylon) aus den 10—15 Jahre alten Palmenstämmen Corypha umbraculifera, Neté aus dem Fruchtbrei einer baumartigen Leguminose Parkia biglobosa. Diese Stärkesorten bzw. stärkereichen Mehle enthielten: 9,9—14,8% Wasser, 0,79—4,76% Protein, 0,10—0,55% Fett, 75,51—85,84% Stärke (und andere Kohlenhydrate), 0—2,0% Rohfaser und 0,40—4,70% Asche. Eine gleiche Zusammensetzung hatten Bananenmehl, das Brotbaummehl (aus der Frucht des Brotbaumes Artocarpus incisa auf Tahiti) sowie eine Reihe Nährmittel aus Manihot.

Durch Zusätze erhalten die einzelnen Stärkesorten noch besondere Bezeichnungen; so bedeutet:

---

[1]) L. Vuaflart teilt (Zeitschr. f. Untersuchung d. Nahrungs- u. Genußmittel 1911, **22**, 174) mit, daß die Maniok- (Tapioka-) Wurzeln in unbearbeitetem Zustande, in welchem sie mitunter als Futtermittel (Tapiokafuttermittel oder für die Gärungsgewerbe nach Europa kommen, Blausäure (frei und gebunden) enthalten. Er konnte in einer solchen Probe nach Digestion mit 37—40° warmem Wasser durch Destillation mit salzsäurehaltigem Wasser bis 4,1 mg Cyanwasserstoff in 100 g Wurzeln nachweisen. Der Cyanwasserstoff wird durch Behandeln mit Wasser leicht entfernt und ist bis jetzt in der Tapiokastärke nicht nachgewiesen.

[2]) Nach Zeitschr. d. Allg. österr. Apoth-Ver. 1906, **44**, 25 in Zeitschr. f. Untersuchung d. Nahrungs- u. Genußmittel 1907, **13**, 586.

[3]) Journ. Pharm. Chim. 1903 [6], **17**, 316 u. 476; Zeitschr. f. Untersuchung d. Nahrungs- u. Genußmittel 1903, **6**, 1006.

Glanzstärke eine Weizenstärke mit 17% Stearin oder Borax,
Feuersicherheitsstärke eine Weizenstärke mit Ammonsulfat oder anderen Salzen,
Lazula eine gebläute Weizenstärke,
Silberglanzstärke eine Reisstärke mit 10—15% Borax,
Cremestärke eine mit Anilinfarbe oder Goldocker gefärbte Reisstärke,
Doppelstärke eine Reis- und Kartoffelstärke mit 6—7% Borax und 2,0—2,5% Stearin.

1. Als ***Verfälschungen*** sind für Stärkemehle folgende zu beachten:

a) Die Untermischung geringwertiger Sorten unter höherwertige, z. B. der Kartoffelstärke unter Getreidestärke.

b) Unterschiebung von Kartoffelsago an Stelle von echtem Palmensago.

c) Bleichen der Stärke oder Abtönung mit blauen Farbstoffen, um gelb aussehender Stärke ein weißeres Aussehen zu erteilen.

d) Beimengung von Mineralstoffen als Beschwerdemittel (wie Gips, Schwerspat, Kreide, Ton usw.).

2. Für die ***chemische Untersuchung*** der Stärke ist die richtige Probenahme von der größten Bedeutung. Man soll nach O. Saare Einzelproben aus 10% der Säcke bzw. Behälter entnehmen, diese gehörig mischen, von der Mischung Teilproben in ein trockenes, dicht verschließbares Glas- oder Blechgefäß — nicht Mustertüten, Säckchen oder Pappschachteln — füllen, dicht verschließen und den nochmals im Laboratorium gut durchgemischten Inhalt für die Untersuchung verwenden.

a) Spezifisches Gewicht und sonstige physikalische Eigenschaften. Die Stärkearten haben eine nahezu gleiche Verbrennungswärme (4148—4182 cal. für je 1 g) und auch ein nahezu gleiches spezifisches Gewicht. E. Parow[1]) bestimmte das letztere unter Wasser und Toluol bei lufttrockener und wasserfreier Stärke im Pyknometer — auf Wasser von 17,5° bezogen — mit folgenden Ergebnissen:

Art der Starke	Wasserfreie Stärke		Wasserhaltige Stärke			
			in Wasser		in Toluol	
	in Wasser	in Toluol	Wasser %	Spez. Gewicht	Wasser %	Spez. Gewicht
Kartoffelstärke	1,648	1,513	19,40	1,451	15,03	1,361
Weizenstärke	1,629	1,502	13,93	1,501	13,90	1,365
Maisstärke	1,623	1,499	12,77	1,505	12,60	1,378
Reisstärke	1,620	1,504	13,05	1,505	14,03	1,360

Auch im Kohlenstoff- und Wasserstoffgehalt sind die Stärkearten im wesentlichen gleich. Im übrigen besitzen sie eine sehr verschiedene Struktur und Dichtigkeit; ihre Verkleisterungstemperatur, die Art des Kleisters wie die Schnelligkeit ihrer Verzuckerung bei verschiedenen Temperaturen durch Diastase ist nicht unerheblich verschieden und letzteren Umständen verdanken die Stärkearten die verschiedene Wertschätzung im Handel.

b) Wasser. Um eine Verkleisterung der Stärke bei etwas größerem Wassergehalt zu vermeiden, werden 5—10 g der Stärkeprobe in einem Wägegläschen abgewogen, in einem gewöhnlichen Trockenschranke 1 Stunde bei 50° vorgetrocknet, dann wird die Temperatur in einer halben Stunde auf 120° gesteigert und 4 Stunden bei dieser gehalten. Besonders soll die Endtemperatur genau 120° sein.

J. F. Hoffmann[2]) hat vorgeschlagen, das Wasser wie in Getreide, so auch in Stärkemehl, Hefe, Hopfen usw. in der Weise zu bestimmen, daß man das Wasser abdestilliert und die übergegangene Menge Wasser in kalibrierten Zylindern auffängt und direkt bestimmt (vgl. unter Mehl, S. 502).

---

[1]) Zeitschr. f. Spiritus-Industrie 1906, **30**, 432.

[2]) Wochenschr. f. Brauerei 1903, **20**, 217.

O. Saare hat auch ein Verfahren zur Bestimmung des Wassergehaltes der Kartoffelstärke angegeben, welches darauf beruht, daß die Kartoffelstärke verschiedener Herkunft stets ein spezifisches Gewicht von 1,65 hat. Da das Verfahren aber nur für Kartoffelstärke berechnet und außerdem nur für die Praxis ausreichende Ergebnisse liefert, so sei hier nur darauf verwiesen.

Auch das Verfahren von Scheibler, welches darauf beruht, daß durch Mischen von 1 Teil Stärkemehl mit 11,4% Wassergehalt und 2 Teilen Alkohol von 0,8339 spezifischem Gewicht beide Bestandteile sich indifferent verhalten, während wasserreichere Stärke Wasser an den Alkohol abgibt und dessen spezifisches Gewicht erhöht, mag hier nur erwähnt sein.

Der Wassergehalt der Stärke liegt durchweg zwischen 10—15%; ein Wassergehalt über 18% (nach O. Saare 20%) muß jedenfalls als hoch bzw. als zu hoch für Primaware bezeichnet werden.

c) Stickstoff. Derselbe wird nach Kjeldahl (I. Teil, S. 240) bestimmt.

Der Stickstoffgehalt der Stärke schwankt zwischen 0,03—0,70% in der Trockensubstanz, bei reiner Stärke übersteigt derselbe indes nicht 0,15% in der Trockensubstanz.

d) Fett. Fett pflegt in der Stärke nur in Spuren bis höchstens 0,2% vorhanden zu sein und kann im allgemeinen vernachlässigt werden. Seine quantitative Bestimmung erfolgt nach I. Tl., S. 342, wobei man die abgewogene Stärkeprobe zweckmäßig erst bei 50° vortrocknet.

e) Stärke. Der Gehalt an Stärke kann meistens aus der Differenz von 100 minus [Wasser + Protein + Fett + Faser (Zellreste + Asche)] berechnet werden. Für eine direkte quantitative Bestimmung verfährt man nach S. 512 u. f. Bei der Kartoffelstärke wird in den Fabriken im allgemeinen nur eine Wasserbestimmung ausgeführt und gilt die Differenz 100 minus Wasser als Ausdruck für Stärkemehl in Prozenten.

f) Zellreste und Zellsaftreste. 10 g Stärke sollen nach Arthur Meyer mit 20 g einer 25 proz. Salzsäure (spezifisches Gewicht 1,134) angerührt, der entstehende Kleister soll einige Minuten bei 40° erwärmt, mit 20 ccm Wasser verdünnt, zum Absitzen hingestellt und die Zellreste sollen in üblicher Weise (wie Rohfaser) quantitativ bestimmt werden.

Reine Stärke enthält nur Spuren bis 0,3% Zellreste (bzw. Rohfaser).

Auf Zellsaftreste prüft A. Meyer qualitativ in der Weise, daß er die Stärke mit dem doppelten Volumen Ammoniakflüssigkeit, die 2 g Ammoniak in 100 ccm Wasser enthält, schüttelt. Die Flüssigkeit greift Stärke nicht an, färbt sich aber um so brauner, je mehr Zellsaft in der Stärke vorhanden ist.

g) Säure (bzw. *Alkali*). Auch Stärke, die nicht mit Hilfe von schwefliger Säure gewonnen ist, kann infolge einer während der Fabrikation eingetretenen Gärung freie Säure — meistens Milchsäure — enthalten. O. Saare bestimmt die Säure wie folgt: 25 g der Stärkeprobe, welche sauer reagiert, werden mit 25—30 ccm destilliertem Wasser angerührt und unter lebhaftem Rühren mit $^1/_{10}$ N.-Natronlauge titriert. Zur Feststellung der Endreaktion rührt man eine neutral reagierende Kontrollprobe zu ebenso dicker Stärkemilch an, bringt Tropfen von beiden Proben mit einem Glasstabe auf mehrfach gefaltetes Filtrierpapier und saugt das Wasser ab; dann setzt man aus einem Röhrchen verdünnte Neutral-Lackmuslösung auf die abgesaugte Stärkekuppe und titriert, bis die Färbung beider Proben übereinstimmt. Hierauf macht man eine zweite Probe, bei der die ganze erforderliche Menge Natronlauge auf einmal zugelassen wird. Zum Beispiel 25 g Stärke verbrauchen 1,8 ccm $^1/_{10}$ N.-Natronlauge (1 ccm = 0,004 g SO_3), also 100 g Stärke = 7,2 ccm $^1/_{10}$ N.-Natronlauge.

Eine Stärke, welche verbraucht

bis zu 5 ccm	$^1/_{10}$	N.-Natronlauge,	ist	= zart sauer,
„ „ 8 „	$^1/_{10}$	„	„	= sauer,
über 8 „	$^1/_{10}$	„	„	= stark sauer.

„Zart sauer" wird noch nicht beanstandet, aber angegeben; „sauer", wenn die Färbungen weinrot sind, läßt auf organische Säuren schließen; bei „stark sauer" und ziegelroter Färbung sind Mineralsäuren anzunehmen.

Die Anzahl der verbrauchten Kubikzentimeter $^{1}/_{10}$ N.-Natronlauge, multipliziert mit 0,009, gibt die Menge Milchsäure, multipliziert mit 0,004 die Menge Schwefelsäure (SO_3), und multipliziert mit 0,0032 die Menge schweflige Säure (SO_2) an.

Umgekehrt können Mais- und Reisstärke, die unter Zuhilfenahme von Soda bzw. Natronlauge gewonnen werden, bei ungenügendem Auswaschen alkalisch reagieren. Hier kann das freie Alkali umgekehrt in derselben Weise durch Titration mit $^{1}/_{10}$ N.-Schwefelsäure bestimmt werden.

O. Saare fand den Säuregehalt von Weizenstärke entsprechend 0—3,4 ccm, von Maisstärke entsprechend von 2,3—25,5 ccm $^{1}/_{10}$ N.-Alkali, während der Alkaligehalt bei Maisstärke in 4 Proben = 37,7—48,1 ccm $^{1}/_{10}$ N.-Säure gefunden wurde.

Auf Chlor bzw. unterchlorige Säure prüft man in der Weise, daß man auf die Stärke einen Tropfen Jodkaliumlösung tröpfelt; bei Anwesenheit von Chlor tritt Braun- bzw. Blaufärbung auf.

h) Asche. 5—10 g Stärke werden wie üblich verascht und unter Anwendung der (I. Teil, S. 476) angegebenen Hilfsmittel weiß gebrannt.

Je reiner die Stärke ist, desto weniger Asche enthält sie; beste Stärke pflegt 0,05—0,3% Asche zu enthalten; bei den unreineren Stärken geht der Gehalt bis zu 1,0% und darüber hinaus.

E. Fouard[1]) fand in einer Stärke 0,3310% Asche mit im ganzen 0,1915% Phosphorsäure (H_3PO_4). Durch 5maliges Auswaschen der Stärke mit salzsäurehaltigem Wasser ging die Asche auf 0,1240%, die Phosphorsäure dagegen nur auf 0,1117% herunter, woraus Fouard schließt, daß die Phosphorsäure von der Stärke kolloidal gebunden wird.

i) Äußeres Aussehen und Großkörnigkeit. Der Glanz oder das Lüster der Stärke ist um so stärker, die Farbe um so weißer und die Beschaffenheit der Stärke um so besser, je mehr große Stärkekörner als spiegelnde Flächen vorhanden sind.

Farbe und Glanz werden nach einem Muster feinster Stärke, z. B. dem Küstriner Muster B.K.M.F. beurteilt.

Die Großkörnigkeit wird durch Ermittelung des mittleren Durchmessers der Stärkekörner bestimmt. O. Saare verfährt für den Zweck wie folgt: 5 g Stärke werden mit 300 ccm Wasser aufgeschüttelt und wird hiervon schnell mit einem spitz ausgezogenen Glasrohr ein Tropfen entnommen, in eine Zählkammer (eine Hefenzählkammer) gebracht und weiter der mittlere Durchmesser der Stärkekörner in üblicher Weise ermittelt. O. Saare fand z. B. den mittleren Durchmesser verschiedener Kartoffelstärkesorten wie folgt:

Küstriner Stärke B.K.M.F.	Prima-Stärke (Superior) v. Genthin	Prima-Abfallstärke (Prima)	Sekunda-Stärke	Tertia-Starke
0,0355 mm	0,0328 mm	0,0210 mm	0,0169 mm	0,0125 mm

k) Klebfähigkeit der Stärke. Für die Bestimmung der Klebfähigkeit der Stärke sind eine Reihe Verfahren angegeben, so von Wiesner (vgl. O. Saare, Fabrikation der Kartoffelstärke 1897, S. 513), von Brown und Neron[2]), Dafert[3]) und Thomson[4]), die aber sämtlich anscheinend keine allgemeinere Verbreitung gefunden haben. In der Praxis geschieht die Prüfung auf Klebfähigkeit meistens in der Weise, daß man Stärke (etwa 50 g) mit Wasser (1 l) zu Kleister kocht und diesen vergleichend prüft. Oder man rührt, wie O. Saare angibt, 10 g Stärke mit einer kleinen, aber bestimmten Menge kalten Wassers an und setzt steigende gewogene Mengen heißen Wassers (70, 72, 74 g) zu, läßt 6 Stunden stehen und beobachtet, ob sich Wasser (Grenze der Klebrigkeit) abscheidet. Gute Stärke soll mindestens die achtfache Menge Wasser aufnehmen können. Nach A. Schreib[5]) verfährt man mit angeblich gutem Erfolge wie folgt:

---

[1]) Compt. rend. 1907, **144**, 501.

[2]) Liebigs Ann. d. Chemie **199**, 165.

[3]) Landw. Jahrbücher 1896, **25**, 259.

[4]) Dinglers Polytechn. Journal **261**, 88.

[5]) Zeitschr. f. angew. Chemie 1888, 694.

Die Stärke wird erst mit Wasser in einem Porzellantiegel zu einer Milch angerührt und dann der Inhalt direkt über einem gewöhnlichen Bunsen-Brenner unter stetigem Umrühren fertig gekocht. Sobald der Kleister durchsichtig wird und gleich darauf anfängt aufzuschäumen, entfernt man ihn vom Feuer und rührt noch einige Zeit gut um. Das Kochen darf nicht über eine Minute dauern. Bei Anwendung von 4 g Stärke auf 50 ccm Wasser soll eine gute Stärke einen nach dem Erkalten festen Kleister geben, der aus dem Schälchen nicht mehr ausfließt.

*l) **Viskosität.*** A. Emen[1]) hält vorstehendes Verfahren für nicht empfehlenswert, weil es zu sehr von subjektiven Einflüssen abhängig ist; er schlägt folgendes Verfahren vor: Eine abgewogene Menge Stärke (15 g) wird mit 230 ccm kaltem Wasser mittels einer Spritzflasche in einen 250 ccm Kolben gespült. Nachdem durch Schütteln eine gleichmäßige Suspension der Stärke im Wasser erzielt wurde, fügt man aus einer Bürette genau 15 ccm 10 proz. Natronlauge hinzu, füllt bis zur Marke mit Wasser auf und schüttelt ununterbrochen, bis die Lösung steif zu werden beginnt. Nachdem man sie über Nacht stehen gelassen hat, ist ein Beharrungszustand eingetreten, und man stellt dann die Viskosität des Kleisters mit einem Redwoodschen Viskosimeter fest.

Wenn die vorstehenden Vorschriften genau innegehalten und die Lösungen bei derselben Temperatur verglichen werden, fallen die Ergebnisse gut übereinstimmend aus. Eine Lösung von 5 g Kartoffelstärke in 250 ccm zeitigte z. B. eine Viskosität von 1345 Sekunden; 225 ccm dieser Lösung, die mit 25 ccm Wasser verdünnt wurden, also 4,5 g in 250 ccm enthielten, hatten nur die Viskosität von 195 Sekunden.

m) Die ***Ausgiebigkeit der Stärke*** bestimmen Saare und Martens[2]) in der Weise, daß sie in den heißen Stärkekleister einen Senkkörper, Metallscheibe mit Haken, bringen, den Kleister mit ihm erkalten lassen und den Widerstand bestimmen, den der Senkkörper dem Herausziehen aus dem fest gewordenen Kleister entgegensetzt. Der Widerstand wird mit Hilfe einer Wage gemessen, an deren einem Balken der Senkkörper befestigt ist und an deren anderen Balken die Gewichte, die behufs Herausziehens erforderlich sind, aufgehängt bzw. aufgelegt werden.

Gute Kartoffelstärke gibt schon durch Verrühren mit kochendem Wasser, geringere Kartoffelstärke erst nach 2 minutigem Kochen einen festen Kleister, während Mais-, Reis- und Weizenstärke eine Kochdauer von mindestens 10 Minuten erfordern.

*n) **Verunreinigungen.*** Die Stärke kann in mehrfacher Weise verunreinigt sein, nämlich zunächst auf natürliche Weise infolge mangelhaften Betriebes durch Kohlenstaub, Ruß, Staub, Holzteilchen, Fäden von Säcken; auch Reste von Kartoffelschalen und Pilzmycel können auf diese Weise in die Stärke gelangen. Infolge solcher Beimengungen bilden sich in der Stärke schwarze, braune oder gelbliche Pünktchen, sogenannte Stippen (auch Stiften genannt), nach deren Anzahl sich die Art des Betriebes beurteilen läßt. O. Saare bestimmt die Stippen wie folgt:

Eine Probe der Stärke wird auf Papier ausgebreitet und glatt gestrichen. An einer beliebigen Stelle wird eine kleine Glasplatte (z. B. ein Objektträger) aufgelegt, deren Flächeninhalt bekannt ist, und es werden die unter ihr oder einem bestimmten Teil von ihr liegenden Stippen gezählt. Die Probe wird mehrmals durchgemischt und wieder mit dem Glase gezählt. Die Stippenzahl wird dann in 1 qdm Fläche umgerechnet. Z. B. wurden auf einer Fläche von $76 \cdot 26{,}5 = 2014$ qmm gezählt: $12 + 22 + 17 + 17 + 18 = \frac{86}{5} = 17$, also auf 1 qdm $= 5 \times 17 = 85$ Stippen.

Bei einer stippenreicheren Stärke wurden auf einer Fläche von $26{,}5 \,.\, 26{,}5 = 702$ qmm gezählt: $53 + 49 + 53 + 33 + 49 = \frac{237}{5} = 47{,}4$, also auf 1 qdm $= \frac{4740}{7} = 678$ Stippen.

---

[1]) Journ. Soc. Chem. Ind. 1907, **26**, 501.

[2]) Zeitschr. f. Spiritus-Ind. 1903, **26**, 436.

Die Art der Stippen stellt man in der Weise fest, daß man sie mittels einer angefeuchteten Nadelspitze herausnimmt, auf einen Objektträger bringt und mit einem Tropfen Natronlauge befeuchtet; hierdurch wird die Stärke gelöst, während der die Stippen verursachende Körper ungelöst bleibt und dessen Art und Herkunft mikroskopisch festgestellt werden kann. Oder man verfährt mit einer größeren Probe (25 g) wie bei Mehl nach S. 564 u. f.

Mineralische Beimengungen zufälliger oder absichtlicher Art (Gips, Schwerspat, Calciumcarbonat, Sand) ergeben sich durch eine Bestimmung und Untersuchung der Asche oder auch z. B. für Sand nach S. 515.

Über die Feststellung der Art der Stärke vgl. S. 538 u. f.

3. Zur Beurteilung der Stärke können folgende Anhaltspunkte dienen:

a) Der Wassergehalt schwankt bei den Stärken, weil sie feucht verarbeitet und künstlich getrocknet werden müssen, mehr als bei den gewöhnlichen Mehlen. Jedoch wird man bei den meisten Stärken an der höchsten zulässigen Menge von 14% festhalten und nur bei Kartoffelstärke auf 18% Wasser als Höchstgehalt hinaufgehen müssen.

b) Der Stickstoffgehalt darf 0,25%, der Aschengehalt 1,0% in der Trockensubstanz nicht übersteigen. Fett und Zellreste (Rohfaser) sollen nur in geringen, 0,1—0,2% nicht übersteigenden Mengen vorhanden sein.

c) Den zulässigen Säure- bzw. Alkaligehalt anlangend, vgl. vorstehend S. 653.

d) Die Untermischung geringwertiger Stärke unter höherwertige ist ohne Deklaration als Fälschung anzusehen. In demselben Sinne ist das Feilhalten und der Verkauf von Kartoffelsago an Stelle des echten Palmensago zu beurteilen; selbst sogenannte Tapiokasago (bzw. Sago aus Marantastärke) soll deklariert werden.

e) Der Zusatz von Mineralstoffen (Gips, Kreide, Schwerspat usw.) ist ebenso wie das Bleichen oder Auffärben als Verfälschung anzusehen.

Andere Zusätze, wie von Borax, Stearin, Ammoniumsulfat sind gestattet, wenn aus der Bezeichnung hervorgeht, daß das Erzeugnis nicht eine reine Stärke vorstellen, sondern bestimmten technischen Zwecken dienen soll.

f) Verschimmelung und Verdorbenheit sind in demselben Sinne wie bei gewöhnlichen Mehlen S. 628 zu beurteilen.

Teigwaren.[1])

Unter dem Namen „Teigwaren“ faßt man eine Reihe von Erzeugnissen, wie Nudeln, Makkaroni, Gräupchen und Suppeneinlagen zusammen, welche aus einem Teige von kleberreichem Weizenmehl oder Gries ohne einen Gärungs- oder Backprozeß lediglich durch Trocknen hergestellt werden. Die sehr einfache Fabrikation besteht im Grunde darin, daß man aus Weizenmehl oder Gries (Hartweizen) durch Anrühren und Kneten mit Wasser einen Teig herstellt und diesen dünn auswalzt und in Streifen schneidet oder durch besondere Maschinen mit durchlöcherter Bodenplatte in Fadenform oder eine andere Form preßt und schließlich bei erhöhter Temperatur trocknet. Durch Zusatz von Eiern erhält man die Eierteigwaren.

Nach der Form unterscheidet man hauptsächlich Bandnudeln (Gemüsenudeln), Fadennudeln (Suppennudeln), Röhrennudeln (Makkaroni), Schnittnudeln (Hausmachernudeln), Perlgräupchen, Suppeneinlagen (Sternchen, Kreuze, Ringe, Hörnchen, Fleckerln, Buchstaben- und Tierformen).

Wichtiger ist die Unterscheidung nach der Art des Ausgangsmaterials in Wasserteigwaren und Eierteigwaren, von denen die ersteren lediglich aus einem Teige von Mehl und Wasser, die letzteren aus einem Gemische von Mehl und Eiern hergestellt werden. Vielfach erhalten beide Gruppen auch einen Zusatz von Kochsalz, selten einen solchen von Milch oder Kleber oder anderen Stickstoff-Substanzen.

[1]) Bearbeitet von Prof. Dr. A. Beythien - Dresden.

Die als Eierteigwaren, z. B. Eiernudeln, bezeichneten Erzeugnisse müssen auch wirklich eine faßbare Menge Eisubstanz enthalten, welche so groß ist, daß sie den Geschmack und Nährwert der Ware bedingt und ihren Charakter beeinflußt. In den Haushaltungen selbst pflegt man auf 1 kg Mehl 6—10 Eier zu nehmen. Bei Zusatz solcher Mengen Eier erfährt auch die chemische Zusammensetzung der Teigwaren eine vorteilhafte Veränderung. A. Beythien und E. Wrampelmeyer[1]), ferner H. Lührig[2]) fanden für die zur Nudelherstellung verwendeten natürlichen Weizenmehle und Grieße (je 12 Proben) folgende Zusammensetzung:

Gehalt	Beythien und Wrampelmeyer: Wasser %	In der Trockensubstanz: Stickstoffsubstanz %	Fett (Ätherauszug) %	Jodzahl des Fettes %	Phosphorsäure Gesamt- %	Phosphorsäure Lecithin- %	Asche %	H. Lührig: Wasser %	In der Trockensubstanz: Stickstoffsubstanz %	Fett (Ätherauszug) %	Phosphorsäure Gesamt- %	Phosphorsäure Lecithin- %	Asche %
Niedrigst-	12,40	10,71	0,54	110,5	0,2044	0,0145	0,46	11,94	11,84	0,46	0,2103	0,0168	0,47
Höchst- .	14,98	15,86	1,29	121,1	0,4896	0,0199	1,01	16,99	15,55	1,42	0,3529	0,0262	0,94
Mittel . .	13,57	13,46	0,84	115,3	0,3165	0,0165	0,71	14,39	14,17	1,06	0,2817	0,0229	0,63

Durch Zusatz von Eiern, die nach S. 178 vorwiegend nur aus Proteinen und Fett neben Wasser und Asche bestehen, außerdem reich an Lecithinphosphorsäure sind, nehmen naturgemäß diese Bestandteile im Mehle zu und dient besonders die Zunahme an Lecithinphosphorsäure dazu, festzustellen, ob die Nudeln einen Eierzusatz erhalten haben oder nicht. So fanden u. a.:

H. Luhrig (l. c.): Zusatz von Eiern für 1 Pfd. Mehl	Wasser %	In der Trockensubstanz: Stickstoffsubstanz %	Fett (Ätherauszug) %	Phosphorsäure Gesamt- %	Phosphorsäure Lecithin- %	Asche %	W. Ludwig[3]): Zusatz von Eiern f. 1 Pfd. Mehl	Wasser %	In der Trockensubstanz: Stickstoffsubstanz %	Fett %	Phosphorsäure Gesamt- %	Phosphorsäure Lecithin- %
0	13,91	14,93	0,94	0,2472	0,0200	0,52	0	13,41	12,63	1,13	0,3790	0,0248
2	14,59	15,66	2,54	0,2998	0,0602	0,69	1	13,12	13,69	2,40	0,4167	0,0454
4	14,88	17,48	3,55	0,3315	0,0944	0,81	2	13.08	14,39	3,43	0,4509	0,0784
							4	10,96	17,44	5,67	0,5433	0,1504

Ch. Arragon[4]) berücksichtigte auch noch die Jod- und Refraktometerzahl mit folgendem Ergebnis im Mittel von je 3 Proben:

Zusatz von Eiern für 1 Pfd. Mehl	Wasser %	In der Trockensubstanz: Stickstoffsubstanz %	Fett (Ätherauszug) %	Phosphorsäure Gesamt- %	Phosphorsäure Lecithin- %	Asche %	Jodzahl %	Refraktometerzahl °
0	11,74	14,39	0,81	0,347	0,0323	0,71	97,3	61,4
1	9,73	15,27	1,81	0,403	0,0517	0,81	88,1	56,6
2	9,90	16,53	2,57	0,440	0,0743	0,87	83,7	55,9
3	9,03	18,80	3,37	0,473	0,1013	0,97	74,3	55,1

1) Zeitschr. f. Untersuchung d. Nahrungs- u. Genußmittel 1901, **4**, 148.

2) Ebendort 1904, **7**, 141.

3) Ebendort 1908, **15**, 668.

4) Ebendort 1906, **12**, 455.

W. Plücker[1]) prüfte auch gleichzeitig, welchen Einfluß die Einteigung mit Milch statt mit Wasser ausübt und fand im Mittel von je 5 Proben:

Einteigung mit	Zusatz von Eiern für 1 Pfd. Mehl	Wasser %	In der Trockensubstanz: Äther-auszug %	Phosphorsäure Gesamt- %	Phosphorsäure Lecithin- %	Asche %	Jodzahl des Fettes %	Reichert-Meißl-Zahl %
Wasser	0	13,03	1,29	0,277	0,028	0,60	104,7	3,79
	1	12,37	2,09	0,375	0,051	0,78	85,0	3,81
	2	11,84	3,52	0,355	0,078	0,73	81,1	3,68
Milch .	0	11,22	3,04	0,473	0,028	1,06	62,3	18,53
	1	12,30	3,13	0,448	0,048	0,87	65,0	12,53
	2	10,48	4,19	0,483	0,071	1,07	69,7	12,20

A. Juckenack[2]), welcher zuerst auf die Bedeutung des Gehaltes der Teigwaren an Lecithinphosphorsäure für die Beurteilung hingewiesen hatte, erhielt für selbsthergestellte Eiernudeln im Vergleich zum Mehl folgende Werte:

Nudeln aus	Wasser %	In der Trockensubstanz: Äther-auszug %	Phosphorsäure Gesamt- %	Phosphorsäure Lecithin- %
Mehl ohne Zusatz	10,10	1,61	—	0,0499
Desgl. mit 2 Eiern für 1 Pfd.	8,11	3,28	0,665	0,1008

Die Lecithinphosphorsäure in 10 zur Nudelherstellung verwendeten Mehlen bzw. Grießen schwankte von 0,0372—0,053% und betrug im Mittel 0,0435%.

A. Beythien und E. Wrampelmeyer[3]) fanden in 7 guten Eiernudeln des Handels:

Preis für 1 Pfd. in Pfg.	Wasser %	In der Trockensubstanz: Stickstoff-substanz %	Fett (Petrolätherauszug) %	Phosphorsäure Gesamt- %	Phosphorsäure Lecithin- %	Asche %	Jodzahl des Fettes %
33—50	10,30—11,65	14,44—16,01	2,07—3,55	0,2852—0,4411	0.0790—0,1073	1,32—4,18	78,2—93,3

Die Eierteigwaren zeigen die eigentümliche Erscheinung, daß die Lecithinphosphorsäure beim Aufbewahren (Lagern) durch eine bis jetzt noch nicht aufgeklärte Ursache zurückgeht. Hierauf machte zuerst H. Jaeckle[4]) aufmerksam, indem er z. B. fand:

Bestandteile	Wassernudeln I 15. Febr. 1903 %	Wassernudeln I 20. Jan. 1904 %	Eiernudeln II (2 Eier auf 1 Pfd. Mehl) 2. Mai 1903 %	Eiernudeln II 22. Okt. 1903 %	Eiernudeln III (3 Eier auf 1 Pfd. Mehl) 15. Febr. 1903 %	Eiernudeln III 30. Aug. 1904 %	Eiernudeln IV (6 Eier auf 1 Pfd. Mehl) 15. Febr. 1903 %	Eiernudeln IV 30. Okt. 1904 %
In der Trockensubstanz: Ätherauszug	0,6467	0,4334	3,337	3,553	4,111	4,160	6,611	6,817
In der Trockensubstanz: Alkohollösl. Phosphorsäure	0,0220	0,0097	0,0907	0,0345	0,1226	0,0540	0,2053	0,1250
Jodzahl des Petrolätherauszuges .	110,9	120,9	86,2	90,5	82,4	86,8	77,0	80,2
Verlust an Lecithinphosphorsäure .	56%		62%		56%		39%	

[1]) Zeitschr. f. Untersuchung d. Nahrungs- u. Genußmittel 1907, **14**, 748.
[2]) Ebendort 1904, **8**, 94. [3]) Ebendort 1901, **4**, 145. [4]) Ebendort 1904, **7**, 513 u. 1905, **9**, 204.

Die Tatsache des Rückganges an Lecithinphosphorsäure ist zwar durch viele Untersuchungen, so z. B. von Sendtner[1]), H. Lührig[2]), Baier[3]), Röhrig, Ludwig und Haupt[4]), A. Beythien und P. Atenstädt[5]), Lepère[6]) sowie H. Matthes und Hübner[7]) bestätigt worden, indes sind die Verluste viel geringer als vorstehend gefunden, nämlich:

Untersucher	Anzahl der Proben	Bezeichnung bzw. Art der Aufbewahrung	Dauer der Aufbewahrung Monate	In der Trockensubstanz Lecithinphosphorsaure Anfang mg	In der Trockensubstanz Lecithinphosphorsaure Ende mg	Verlust an Lecithinphosphorsäure mg	Verlust an Lecithinphosphorsäure %
R. Sendtner	5	keine Angaben	8 1/2—17 1/2	24,1— 42,5	21,9— 36,8	0,8— 5,9	3,1—18,3
Lepère	6	desgl.	3 1/2—5	23,2—145,6	15,9—136,5	4,8—13,3	6,2—50,0
Röhrig, Ludwig u. Haupt	6	Wassernudeln	6	14,0— 35,5	10,4— 26,8	+2,6 bis —8,7	0—24,5
	6	Eiernudeln in Pulverform	6	32,2— 56,9	33,8— 47,8	+3,8 bis —14,1	0—29,4
Matthes und Hübner	4	in Bandform, ganz	16—24	38,0— 48,4	38,0— 99,4	0—19,0	0—39,2
	4	gemahlen	16—24	38,0— 48,4	29,9— 35,9	8,1—19,6	21,3—43,1
H. Lührig	8	in Bandform	4—13	23,8—177,6	18,3—164,4	0,6—13,2	1,5—23,7
	8	gemahlen	4—13	23,8—177,6	18,0—167,0	5,8—10,6[8])	4,5—24,3[8])
Beythien und Atenstädt	12	unzerkleinert	5—16	45,0— 98,9	40,8— 83,3	+4,1 bis —21,8	0—25,6
	12	gemahlen	5—16	45,0— 98,9	42,4— 84,4	+5,9 bis —25,3	0—25,6

In 5 von 53 Fällen liegen die Verluste der Nudeln an Lecithinphosphorsäure beim Aufbewahren ebenso hoch wie sie Jaeckle zuerst gefunden hat; in den meisten Fällen sind sie indes viel niedriger und zum Teil sogar unbedeutend; bestimmte Beziehungen zwischen der Menge an Lecithinphosphorsäure und der Form, in welcher die Nudeln aufbewahrt wurden, lassen sich nicht erkennen, so daß z. B. der mitunter gezogene Schluß, daß der Verlust um so größer ist, je höher der absolute Gehalt an Lecithinphosphorsäure ist, nicht in allen Fällen zutrifft. G. Popp[9]) gibt sogar an, daß Nudeln mit hohem Eigehalt sich beständiger im Gehalt an Lecithinphosphorsäure verhalten als Nudeln mit nur 1/2 oder 1 Ei für 1 Pfd. Mehl. In vielen Fällen ist der Verlust bei Aufbewahrung in gepulvertem Zustande größer als bei solcher in ganzem Zustande (Bandform), aber in fast ebenso vielen Fällen ist das Gegenteil der Fall. Vielleicht hat der verschiedene Wassergehalt dabei eine Rolle gespielt, worüber in den Untersuchungen keine Angaben gemacht sind.

Auffallend allerdings ist es, daß der Gesamtfettgehalt der Nudeln durch das Aufbewahren keine wesentliche Änderung zu erfahren scheint. So fanden Beythien und Atenstädt (l. c.) für 100 g Trockensubstanz den Petrolätherauszug und die Jodzahlen bei 5—16 monatiger Aufbewahrung wie folgt:

1) Zeitschr. f. Untersuchung d. Nahrungs- u. Genußmittel 1904, **8**, 101.

2) Ebendort 1904, **8**, 337 u. 1905, **10**, 153.

3) Ebendort 1904, **8**, 109.

4) Ebendort 1906, **11**, 35.

5) Ebendort 1907, **13**, 681.

6) Zeitschr. f. öffentl. Chemie 1905, **11**, 250 u. 462; 1906, **12**, 226.

7) Chem.-Ztg. 1906, **30**, 250.

8) In 2 Fällen wurden gefunden für die in Pulverform aufbewahrten Nudeln:

Erzeugnis	Dauer der Aufbewahrung Monate	Lecithinphosphorsaure Anfang mg	Lecithinphosphorsaure Ende mg	Verlust an Lecithinphosphorsäure mg	Verlust an Lecithinphosphorsäure %
Eiernudeln	11	97,2	50,0	46,6	47,2
desgleichen	7	174,0	70,0	104,0	59,8

9) Zeitschr. f. öffentl. Chemie 1908, **14**, 453.

Zeit	Gesamtfett		Jodzahl	
	Schwankungen %	Mittel %	Schwankungen %	Mittel %
Anfang der Aufbewahrung	1,78—4,04	3,12	82,6—95,0	87,3
Ende „ „	1,83—4,04	3,11	69,0—82,6	76,1

Die ständige Abnahme der Jodzahl bei gleichbleibendem Gehalt an Gesamtfett (Petrolätherauszug) muß wohl auf eine Sauerstoffaufnahme seitens der ungesättigten Fettsäuren zurückgeführt werden. Im Gegensatz hierzu hat H. Jaeckle eine Zunahme der Jodzahl beim Altern der Nudeln beobachtet.

Vielleicht finden die Widersprüche in vorstehenden Beobachtungen eine Erklärung durch Versuche von Else Nockmann[1]), wonach nicht das Altern der Nudeln an sich, noch auch der Einfluß der Wärme allein es sind, welche den Rückgang der Lecithinphosphorsäure in Teig- und Eierteigwaren bedingen, sondern erst unter der gleichzeitigen Einwirkung von Wärme und Feuchtigkeit die Veränderungen der Lecithinphosphorsäure in die Erscheinung treten. Ätherextrakt und Gesamtphosphorsäure hatten auch unter dem Einfluß von Wärme und Feuchtigkeit keine wesentliche Änderung erlitten; der Ätherextrakt kann daher, wenn sonst kein Fett außer Eierfett beim Einteigen verwendet ist, mit zur Beweisführung herangezogen werden, während die Berücksichtigung der Gesamtphosphorsäure wenig Wert hat, weil sie in den verwendeten Mehlen zu großen Schwankungen unterworfen ist.

Die Verfälschungen der Nudeln bestehen:

a) In dem Zusatz von Reis-, Mais- und Kartoffelmehl — die Mitverwendung von Kleber, Milch- und sonstigen Proteinen ist nicht als Verfälschung, sondern eher als Verbesserung anzusehen, weil dadurch eine Lockerung des Teiges bewirkt wird —.

b) In der Verwendung von Eierersatzmitteln oder von gar keinen Eiern und der trotzdem benutzten Bezeichnung als Eierware. A. Juckenack[2]) untersuchte drei solcher Ersatzmittel mit folgendem Ergebnis:

Bezeichnung	Wasser %	Protein (N×6,25) %	Fett (Ätherauszug) %	Mineralstoffe %	Phosphorsäure %	Lecithinphosphorsäure %	Fremde Farbstoffe
1. Eipulversurrogat	10,24	76,75	1,71	7,31	2,21	—	Teerfarbstoffe
2. Milcheiweis für Nudeln . . .	10,65	72,38	0,51	7,30	2,59	0,036	keine
3. Eigelbkonserve	44,72	—	32,15	2,42	—	0,810	keine

Selbstverständlich können die Erzeugnisse Nr. 1 und 2 nicht als Eierersatzmittel angesehen und bezeichnet werden.

c) In der Färbung mit Teerfarbstoffen.

Die Probeentnahme muß in der Weise erfolgen, daß die entnommene Probe einen guten Durchschnitt der Ware darstellt. Man entnimmt 200—500 g, die außer in Glas- und Blechgefäßen in weißem Papier — bedrucktes oder gefärbtes Papier ist unstatthaft — verpackt werden sollen. Annähernd die gleiche Menge kann auch in Originalverpackung entnommen werden.

Die Untersuchung der Nudeln (Makkaroni usw.) umfaßt die Sinnenprüfung und Kochprobe, die chemische und die mikroskopische Untersuchung.

---

[1]) Zeitschr. f. Untersuchung d. Nahrungs- u. Genußmittel 1913, **25**, 717.

[2]) Ebendort 1902, **5**, 1004.

I. Sinnenprüfung und Kochprobe.

Die Sinnenprüfung erstreckt sich auf die Feststellung der äußeren Beschaffenheit, nämlich der Farbe, des Geruches und Geschmackes, und zwar sowohl im rohen als gekockten Zustande.

Die Kochprobe wird durch 15—25 Minuten langes Kochen in Wasser angestellt. Hierbei macht sich, wenn faule Eier oder ein schlechtes Mehl verwendet sind, ein fauliger oder muffiger Geruch sowie ein entsprechender Geschmack an der Brühe bemerkbar. Auch gewinnt man beim Kochen am ersten ein Urteil über die Anwesenheit von Maden, welche an die Oberfläche der Flüssigkeit steigen. Von großer Wichtigkeit ist ferner die beim Kochen eintretende Volumenvermehrung; gute Teigwaren quellen beim Kochen um das Zwei- bis Dreifache auf. Mit fremden Mehlen (Reis-, Mais-, Kartoffelmehl) versetzte Nudeln zeigen diese Eigenschaft nicht, sondern zerfallen bei längerem Kochen und liefern eine milchige (stärkehaltige) Brühe. Für das Quellen aber gibt es keinen sicheren Maßstab, und weil es nicht allein von der Teigmasse als solcher, sondern auch von ihrer Form abhängt, so lassen sich hiernach nur ganz geringwertige Waren von besserer, nicht aber feine Qualitätsunterschiede feststellen.

II. Die chemische Untersuchung.

Für die chemische Analyse wird eine größere Durchschnittsprobe in einer Mühle zu einem feinen Pulver gemahlen und gut durchgemischt. Lediglich für die Bestimmung der alkohollöslichen Phosphorsäure und des Äther- bzw. Petrolätherextraktes ist es nötig, die Zerkleinerung durch mehrfaches Sieben und Mahlen bis zum äußersten Feinheitsgrade zu treiben.

1. Wasser. 10 g Substanz werden in üblicher Weise, wie bei Mehl, getrocknet und gewogen (S. 502).

2. Asche. Der bei der Wasserbestimmumg hinterbleibende Rückstand wird unter den bekannten Vorsichtsmaßregeln verbrannt und die Asche nach dem Ausziehen mit Wasser weiß gebrannt.

In der wässerigen Lösung der Asche bestimmt man den Chlorgehalt durch Titration der mit Salpetersäure angesäuerten Flüssigkeit nach Volhard und subtrahiert den auf Chlornatrium umgerechneten Chlorgehalt von der Asche (kochsalzfreie Asche).

Für den Nachweis von Borsäure und anderen anorganischen Konservierungsmitteln eignet sich besser die nach folgender Vorschrift für die Bestimmung der Gesamtphosphorsäure hergestellte Asche.

3. Gesamtphosphorsäure. Beim Verbrennen von eifreien oder mit dem Gesamteiinhalt hergestellten Teigwaren geht der gesamte vorhandene Phosphor in Form von Phosphorsäure in die Asche über, während die Menge der Basen bei Verwendung von Eigelb allein nicht zur Bindung des Phosphors ausreicht. Da man nun a priori nicht weiß, ob das ganze Ei oder nur der Dotter benutzt worden ist, empfiehlt es sich, stets einen Alkalizusatz zu machen.

Nach dem Vorschlage von Arragon[1]) mischt man 10 g der Durchschnittsprobe sorgfältig mit 10 g Natriumcarbonat und 8 g Salpeter, erhitzt vorsichtig in einer bedeckten Platinschale und brennt nach Beendigung der heftigen Zersetzung rein weiß. Die Asche wird mit 20 ccm Wasser auf dem Wasserbade erwärmt, dann in einem Becherglase mit konzentrierter Salpetersäure neutralisiert und nach dem Verjagen der Kohlensäure und nochmaligem Zusatz von 25 ccm konzentrierter Salpetersäure mit Ammoniummolybdat gefällt usw.

Der Zusatz von Salpeter ist nach den Feststellungen von Juckenack[2]) nicht erforderlich, vielmehr empfiehlt dieser, lediglich Natriumcarbonat zu verwenden, aber in gelöstem Zustande mit der Substanz zu vermischen.

---

[1]) Zeitschr. f. Untersuchung d. Nahrungs- u. Genußmittel 1906, **12**, 456.

[2]) Ebendort 1900, **3**, 15.

4. Stickstoff-Substanz. 1—2 g der Durchschnittsprobe werden nach dem Verfahren von Kjeldahl verbrannt. Die gefundene Stickstoffmenge multipliziert man nach dem Vorschlage von Juckenack (l. c.) mit 6,25. (Dem Weizenkleber würde der Faktor 6,37, dem Vitellin der Faktor 6,67 entsprechen.)

5. Säuregrad.[1]) 10 g der sehr fein gemahlenen Probe werden in einem Becherglase mit 100 ccm destilliertem Wasser angerührt, mit einem Uhrglase bedeckt und während 30 Minuten auf ein kochendes Wasserbad gestellt. Hierauf fügt man 0,5 ccm einer 2 proz. Phenolphthaleinlösung hinzu und titriert mit $^1/_{10}$ N.-Natronlauge bis zur bleibenden Rotfärbung. Der Säuregehalt ist durch die Anzahl Kubikzentimeter Normallauge auszudrücken, die zur Titration von 100 g Mehl erforderlich sind (Säuregrade). (Vgl. unter „Kindermehle" S. 646.)

6. Lecithinphosphorsäure nach A. Juckenack[2]). Etwa 35 g der möglichst fein gemahlenen Durchschnittsprobe werden, mit kleinen Flöckchen Asbest oder entfetteter Watte gemischt, oder auch für sich allein in eine Papierpatrone gegeben, deren unterer Teil mit Watte umwickelt ist, um ein Mitreißen des Mehles durch den abhebernden Alkohol zu verhindern. Mit den Patronen beschickt man einen Soxhletschen Extraktionsapparat, welcher, um das Lösungsmittel möglichst auf einer dem Siedepunkte nahen Temperatur zu erhalten, mit einem äußeren Glasmantel (Dampfmantel) umgeben ist, und extrahiert mindestens 12 Stunden lang mit absolutem Alkohol. Der Extraktionskolben, welcher zur Verhütung des Stoßens einige Bimssteinstückchen oder eine Platinspirale enthält, wird auf einem mit Asbestpapier belegten Drahtnetz über freier Flamme erhitzt. Der nach dem Abdestillieren des Alkohols verbleibende Rückstand wird mit etwa 5 ccm Meißlscher alkoholischer Kalilauge verseift, in Wasser gelöst und in eine Platinschale gespült. Nach dem Verdunsten des Wassers, Trocknen und Verbrennen des Rückstandes wird die Kohle vorsichtig unter Bedecken mit einem Uhrglase mit Salpetersäure angesäuert, die Lösung abfiltriert und das Filter für sich verascht. Nach Zusatz der salpetersauren Lösung zur Filterasche dampft man zur Umwandlung etwa entstandener Pyrophosphate zur Trockne, löst den Rückstand in verdünnter Salpetersäure und bestimmt die Phosphorsäure mit Ammoniummolybdat.

Da verdünnter Alkohol neben der Lecithinphosphorsäure auch anorganische Phosphorsäure löst, muß sorgfältig für die Fernhaltung von Wasser gesorgt werden. Bereits Juckenack (l. c.) hat empfohlen, die mit der Substanz beschickten Patronen vor der Extraktion mehrere Stunden in einen Exsiccator über Phosphorschwefelsäure zu legen, und W. Ludwig[3]) hat darauf hingewiesen, daß, besonders im Winter bei Verwendung zu kalten Kühlwassers, Kondenswasser in den Kühler gelangen kann. Man soll daher einerseits nicht zu stark kühlen und andererseits das Kühlrohr mit einem Wattebausch oder Chlorcalciumrohr verschließen.

Jaeckle[4]) äußerte die Befürchtung, daß beim Verseifen des Extraktionsrückstandes Kieselsäure aus dem Glase gelöst werden könne und empfahl daher, die salpetersaure Lösung vor der Molybdänfällung zu filtrieren.

Um die Extraktion zu vermeiden, kann man sich auch folgenden vereinfachten Verfahrens bedienen, das anscheinend ganz befriedigende Ergebnisse liefert:

Verfahren von Arragon[5]). 45 g Substanz werden in einen 500 ccm-Kolben gebracht und 150 ccm Alkohol zugesetzt: Das Ganze wird gewogen und eine halbe Stunde unter häufigem Umschütteln bei gewöhnlicher Temperatur aufbewahrt. Hierauf bringt man den Alkohol eine weitere halbe Stunde auf dem Wasserbade zum Sieden, indem man als Kühler ein einfaches Rückflußrohr verwendet, läßt dann erkalten, wägt den Kolben wieder, ergänzt auf das

---

[1]) Kreis-Arragon, Schweizer. Wochenschr. f. Chem. u. Pharm. 1900, S. 64 u. 1901, S. 304.

[2]) Zeitschr. f. Untersuchung d. Nahrungs- u. Genußmittel 1900, **3**, 13.

[3]) Ebendort 1908, **15**, 678.

[4]) Ebendort 1905, **9**, 211.

[5]) Ebendort 1906, **12**, 456. Vgl. 1906, **11**, 520.

frühere Gewicht mit Alkohol, schüttelt tüchtig und filtriert das Ganze direkt in einen Erlenmeyer-Kolben. Sollte das Filtrat trübe sein, so ist ein zweites Filtrieren unnötig, denn wenn man die Flüssigkeit ruhig stehen läßt, so setzen sich die Schwebestoffe an den Wandungen des Kolbens fest.

Es werden nun 100 ccm von dem die gesamte organische Phosphorsäure enthaltenden Alkohol abgemessen. Man läßt diese alkoholische Lösung in einer Platinschale, welche 2 g Kaliumnitrat, 3 g wasserfreies Natriumcarbonat und etwa 20 ccm Wasser enthält, vorsichtig verdunsten und verascht den Rückstand. In der Asche wird die Phosphorsäure nach der Molybdänmethode bestimmt.

Anmerkungen. 1. Die Menge der zugesetzten Eisubstanz wird durch die Stückzahl der auf 1 Pfd. Mehl verwendeten Eier mittlerer Größe (Gewicht des Inhaltes 47 g) ausgedrückt und aus nachstehender Tabelle abgeleitet, welche Juckenack mit Hilfe der Formel: $x = \frac{5\,T(c - a)}{100\,b - 12{,}375\,c}$[1] für den Gehalt an Asche, Phosphorsäure und Fett aus der mittleren Zusammensetzung der Eier- und Mehltrockensubstanz berechnet hat. Zur Anwendung der Tabelle sind die Analysenwerte auf Trockensubstanz umzurechnen.

Tabelle nach Juckenack[2]).

Stückzahl Eier bzw. Eidotter auf 1 Pfd. Mehl	Die Trockensubstanz der so dargestellten Nudeln enthält im Mittel							
	bei Verwendung des Gesamtinhaltes				bei Verwendung von Eidotter			
	Asche	Phosphorsäure		Äther-extrakt	Asche	Phosphorsäure		Äther-extrakt
		Gesamt-	Lecithin-			Gesamt-	Lecithin-	
	%	%	%	%	%	%	%	%
1 Ei	0,565	0,2716	0,0513	1,56	0,488	0,2720	0,0518	1,57
2 Eier	0,664	0,3110	0,0786	2,42	0,516	0,3127	0,0801	2,47
3 „	0,758	0,3482	0,1044	3,24	0,542	0,3520	0,1075	3,33
4 „	0,848	0,3834	0,1289	4,01	0,568	0,3901	0,1339	4,17
5 „	0,933	0,4172	0,1522	4,75	0,593	0,4268	0,1594	4,98
6 „	1,013	0,4490	0,1744	5,45	0,617	0,4625	0,1842	5,75
7 „	1,090	0,4795	0,1954	6,11	0,640	0,4968	0,2081	6,51
8 „	1,163	0,5086	0,2155	6,75	0,662	0,5301	0,2313	7,26
9 „	1,234	0,5362	0,2348	—	0,683	0,5622	0,2537	—
10 „	1,300	0,5626	0,2531	—	0,705	0,5937	0,2755	—

Obwohl spätere Analysen anderer Autoren, u. a. Filsinger[3]), Beythien und Wrampelmeyer[4]), Lührig[5]), Arragon[6]), Plücker[7]) und Juckenack[8]) selbst ergeben haben, daß die Zusammensetzung der zur Nudelfabrikation benutzten Grieße größeren Schwankungen unterliegt, als ursprünglich angenommen wurde, hat die Anwendbarkeit der Tabelle zur Ermittelung des Höchstgehalts an Eiern doch dadurch nicht gelitten. Die neueren Untersuchungen führten nämlich mehrfach zu erheblichen Überschreitungen der von Juckenack für Ätherextrakt und Lecithinphosphorsäure angenommenen Mittelwerte, die Abweichungen nach unten waren hingegen unbedeutend.

[1]) T bedeutet Trockensubstanz des Mehles, a = Proz.-Gehalt an Lecithinphosphorsäure oder Fett usw.; b = Lecithinphosphorsäure in 100 Mehl (= 0,0225) und c = Lecithinphosphorsäure in 1 Ei (0,1316 g in 12,735 g Eitrockensubstanz).

[2]) Zeitschr. f. Untersuchung d. Nahrungs- u. Genußmittel 1900, **3**, 11.

[3]) Zeitschr. f. öffentl. Chem. 1899, **5**, 346.

[4]) Zeitschr. f. Untersuchung d. Nahrungs- u. Genußmittel 1901, **4**, 148.

[5]) Ebendort 1904, **7**, 142. [6]) Ebendort 1906, **12**, 455.

[7]) Ebendort 1907, **14**, 748. [8]) Ebendort 1904, **8**, 97.

Die Tabelle wird daher den Eigehalt bisweilen zu niedrig, aber niemals zu hoch angeben und sonach keine ungerechte Beanstandung verursachen.

2. Gegen die Heranziehung der Lecithinphosphorsäure, welche die Grundlage der Juckenackschen Methode bildet, hat zuerst H. Jaeckle[1]) das Bedenken geäußert, daß dieser Bestandteil der Eierteigwaren, wie schon S. 658 gesagt, nur eine geringe Haltbarkeit besitze und mit fortschreitender Aufbewahrung einen Rückgang zeige, ja nahezu ganz verschwinden könne. In der Tat haben spätere Untersuchungen anderer Autoren die Tatsache des Rückganges der Lecithinphosphorsäure bestätigt, aber wie schon oben S. 659 begründet ist, durchweg keine so großen Verluste wie Jaeckle beobachtet und sind ebenso wie H. Witte[2]), A. Zoso[3]) sowie Heiduschka und Scheller[4]) der Ansicht, daß zwar vor der ausschließlichen Berücksichtigung der Lecithinphosphorsäure gewarnt werden müsse, daß sie aber im Gesamtbilde der Analyse sehr wohl zur Beurteilung herangezogen werden könne.

7. Fett. *a) Ätherextrakt.* 20 g der lufttrockenen feingepulverten Substanz werden 6 Stunden im Soxhletschen Extraktionsapparate mittels Äther ausgezogen. Nach dem Abdestillieren des Lösungsmittels wird der Rückstand gewogen.

An Stelle der Extraktion hat Ch. Arragon[5]) folgendes dem Spaethschen nachgebildete Ausschüttelungsverfahren ausgearbeitet:

30 g Substanz werden nach einstündigem Trocknen in einen mit Glasstöpsel versehenen, 200 ccm fassenden Maßzylinder, der genau 150 ccm Äther enthält, eingeführt. Nachdem man während 1 Stunde von Zeit zu Zeit kräftig umgeschüttelt hat, läßt man den Zylinder bis zur vollständigen Abklärung der Flüssigkeit ruhig stehen, ersetzt dann den Glasstöpsel durch einen doppelt durchbohrten Korkpfropfen, welcher mit einem kurzen Heberohre von sehr engem Lumen und mit einem kurzen Glasrohre, durch welches Luft eingeblasen werden kann, versehen ist. Das enge Lumen des Rohres, etwa 2,5 mm, läßt nur einen sehr langsamen Abfluß zu und verhindert somit alles Mitreißen von festen Stoffen. Es werden nun in einen tarierten Maßkolben 100 ccm Ätherlösung abgehebert, der Äther wird abdestilliert und der Rückstand nach zweistündigem Trocknen gewogen.

b) Petrolätherextrakt. Da der Ätherextrakt nach den Untersuchungen von Spaeth[6]) u. a. kein reines Fett darstellt und vor allem keine richtigen Jodzahlen liefert, so ist es für genauere Untersuchungen zweckmäßig, an Stelle des Ätherextraktes den kaltbereiteten Petrolätherextrakt zu verwenden. Für die Bestimmung der Jodzahl kann nur dieser, und zwar nach vorhergehender Trocknung im Wasserstoffstrom benutzt werden.

Zur Bestimmung des Petrolätherextraktes eignet sich das Verfahren von Arragon, wenn man den Petroläther im Wasserstoffstrome durch Erhitzen in einem Wasserbade von 60—70° entfernt, danach 10 Minuten bei 100° trocknet und nach einstündigem Erkalten im Schwefelsäureexsiccator wägt.

c) Die Bestimmung der ***Refraktion*** und der ***Jodzahl*** sowie der zur Beurteilung von Milch-Eierteigwaren nach Plücker erforderlichen Verseifungs- und Reichert-Meißlschen Zahl erfolgt nach den üblichen Methoden (vgl. I. Teil, S. 356, 371 und 374). Beim Zusatz von Eiern zum Mehlteig nehmen Jod- und Refraktometerzahl des Fettes ab, bei Verwendung von Milch statt Wasser läßt sich deutlich eine Zunahme der Reichert-Meißlschen Zahl erkennen (vgl. S. 658).

---

[1]) Zeitschr. f. Untersuchung d. Nahrungs- u. Genußmittel 1903, **6**, 513.

[2]) Ebendort 1909, **17**, 329 u. 687.

[3]) Ebendort 1908, **15**, 95.

[4]) Zeitschr. f. öffentl. Chemie 1910, **16**, 22.

[5]) Zeitschr. f. Untersuchung d. Nahrungs- u. Genußmittel 1906, **12**, 457.

[6]) Forschungsber. 1896, **3**, 49 u. 251; vgl. Beythien und Wrampelmeyer, Zeitschr. f. Untersuchung d. Nahrungs- u. Genußmittel 1901, **4**, 152.

8. Qualitativer Nachweis von Eigelb. Das von A. Juckenack (l. c.) ausgearbeitete Verfahren stützt sich auf die beiden charakteristischen Bestandteile des Eidotters: Lutein und Cholesterin, von denen das letztere im Mehl überhaupt nicht, das erstere nur in geringer Menge enthalten ist.

a) Lutein. Der gelbe Farbstoff des Eidotters, das Lutein, ist zum Unterschiede von den meisten zur künstlichen Färbung der Teigwaren benutzten Farbstoffen in Äther löslich und gibt außerdem die Th. Weylsche Reaktion (S. 173), d. h. es wird durch Zusatz von wässeriger salpetriger Säure entfärbt. Erhält man also beim Schütteln von Teigwaren mit der gleichen Menge Äther eine deutlich gelbe Lösung, welche durch Zusatz von wässeriger salpetriger Säure entfärbt wird, so ist die Anwesenheit von Eigelb überaus wahrscheinlich. Zur Bewertung dieser Reaktion empfiehlt es sich, die unter „Farbstoffnachweis, Ziff. 9" angegebenen Vorsichtsmaßregeln zu berücksichtigen und insbesondere nicht außer acht zu lassen, daß Lutein auch in gewissen Mehlen und Grießen enthalten ist.

Wichtiger ist der Nachweis des Cholesterins, welches im Eigelb in beträchtlicher Menge enthalten ist, während die Mehle Cholesterin überhaupt nicht, sondern nur Spuren Phytosterin enthalten.

b) Cholesterin. Zum qualitativen Nachweise des Cholesterins verfährt man nach A. Juckenack in folgender Weise: Etwa 15 g der zu grießartiger Feinheit gemahlenen Substanz werden in einem Kölbchen mit 30 ccm Äther übergossen und unter zeitweiligem Umschütteln des Kölbchens mehrere Stunden beiseite gestellt. Alsdann filtriert man den Äther ab und schüttelt den Rückstand nochmals mit 20 ccm Äther aus, verdunstet die vereinigten Ätherauszüge (unter Zusatz von wenigen Bimssteinstückchen) und erhitzt den Rückstand mit ca. 2 ccm alkoholischer Meißlscher Kalilauge bis zur vollständigen Verseifung des Fettes. Nach Aufnahme der Seife in ca. 5 ccm Wasser wird die Lösung mit Äther ausgeschüttelt. Das so erhaltene Rohcholesterin, welches nötigenfalls nochmals gereinigt werden kann, löst man in 12 ccm Chloroform und teilt die Lösung in zwei gleiche Teile.

Von der einen Hälfte wird das Chloroform verdunstet und der Rückstand zwecks mikroskopischer Untersuchung aus absolutem Alkohol umkrystallisiert. Falls Eier in den Teigwaren vorhanden waren, beobachtet man unter dem Mikroskop rein ausgeprägte Cholesterinkrystalle, wie sie A. Bömer in seiner Arbeit: „Über die Gewinnung und Krystallform des Cholesterins und Phytosterins aus Fetten"[1]) an der Hand der Abbildungen a, b und c (I. Teil, S. 404) beschrieben hat. Die Krystalle geben ferner folgende bekannte Reaktion: Läßt man vom Rande des Deckgläschens konzentrierte, mit $^1/_5$ des Volumens Wasser verdünnte Schwefelsäure zutreten, so schmelzen die Tafeln vom Rande und färben sich karminrot, bei nachträglichem Zusatz von Jodjodkaliumlösung violett.

Die zweite Hälfte der Chloroformlösung wird auf 2 Reagensgläser gleichmäßig verteilt. Zu der in einem Reagensglase befindlichen Chloroformlösung (3 ccm) gibt man etwa 3 ccm konzentrierte Schwefelsäure (Salkowskische Reaktion) und läßt 3 Stunden stehen. Bei Abwesenheit von Eigelb färbt sich das Chloroform von der Berührungszone an aufwärts höchstens schwach rosa, während bei Gegenwart von nur 1 Eigelb auf 1 Pfd. Mehl die Chloroformschicht stark rot gefärbt wird, und die unterstehende Schwefelsäure grüngelb fluoresciert. Aus dem zweiten Reagensglase verdunstet man das Chloroform, löst den Rückstand in etwa 3 ccm Essigsäureanhydrid, setzt einige Tropfen konzentrierte Schwefelsäure hinzu und schüttelt alsdann um (Liebermannsche Reaktion). Bei Abwesenheit von Eigelb tritt eine rötliche, ins blaßgrünliche übergehende Färbung auf, während bei Anwesenheit von nur 1 Eidotter auf 1 Pfd. Mehl eine vorübergehende stark rosenrote, dann tiefblaue bis blaugrüne Farbenreaktion auftritt (vgl. I. Teil, S. 411).

Falls es gelingt, genügend große Mengen von Cholesterin zu isolieren, empfiehlt es sich, den Schmelzpunkt des letzteren oder nach A. Bömer (l. c.) noch besser des Essigesters zu bestimmen. Das reine Cholesterin schmilzt bei 150,5°, das Acetat bei 114,3—114,8°.

[1]) Zeitschr. f. Untersuchung d. Nahrungs- u. Genußmittel 1898, **1**, 42.

G. Popp[1]) hat nach dem Vorgange von Windaus[2]) vorgeschlagen, die auf etwa 10 ccm eingedampfte ätherische Lösung, welche das Cholesterin von 50—100 g Teigwaren enthält, mit einigen Tropfen einer Bromlösung (1 g Brom in 10 ccm Eisessig) zu versetzen. Bei Anwesenheit von nur $^1/_2$ Ei auf 1 Pfd. Mehl entsteht eine deutliche Fällung von büschelförmig angeordneten Nadeln des Dibromcholesterins.

Für die quantitative Bestimmung des Cholesterins hat H. Cappenberg[3]) folgende Methode ausgearbeitet:

400 bis 500 g des zerkleinerten Rohmaterials werden mit wasserfreiem Äther völlig erschöpft. Die Lösung wird filtriert und der Äther abdestilliert. Der getrocknete Extrakt wird mit alkoholischer Kalilauge verseift, die Seifenlösung völlig zur Trockne eingedampft, der Rückstand zerrieben und mit absolutem Äther erschöpft. Die Ätherlösung wird filtriert, der Äther abdestilliert, der Rückstand in heißem Methylalkohol aufgenommen und die heiß filtrierte Lösung nach Zusatz von 20% Wasser bis zur beginnenden Krystallisation eingeengt. Aus der konzentrierten Methylalkohollösung krystallisiert nach völligem Erkalten bzw. nach dem Abkühlen auf 0° sämtliches Cholesterin aus. Man sammelt es auf gewogenem Filter, wäscht es erst mit 50 proz. Methylalkohol, dann mit heißem Wasser aus, trocknet im Wägegläschen bei 100° C 2—3 Stunden bzw. so lange, bis Gewichtsbeständigkeit eingetreten ist.

Das Fett der Mehle und Grieße enthält meistens nur Spuren von Phytosterin. Da Eieröl nach Juckenack 3%, nach A. Bömer 4,5% Cholesterin enthält, also auf Eiernudeln, die durch Verwendung von 1 Ei auf 1 Pfd. Mehl hergestellt sind, 0,15—0,25 g Cholesterin entfallen, so kann das Verfahren unter Umständen zur Entscheidung der Frage, ob Eier zugesetzt sind, mit verwendet werden. Bis jetzt scheint es aber noch wenig angewendet zu sein.

9. Nachweis künstlicher Färbung. Für die Beurteilung der Teigwaren ist es in der Regel ausreichend, festzustellen, daß überhaupt ein fremder Farbstoff (Safran, Orleans, Teerfarbstoff) zugegen ist. Auf Grund der Beobachtung, daß die meisten in der Praxis benutzten Teerfarben aus der gepulverten Nudelmasse durch Äther nicht ausgezogen werden, und daß sie überdies die für Lutein charakteristische Weylsche Reaktion nicht geben, hat Juckenack folgendes Verfahren ausgearbeitet, das zwar nicht unter allen Umständen, aber doch für die meisten Fälle ausreicht.

Verfahren von A. Juckenack[4]). Man beschickt 2 Reagensgläser von ca. 25—30 ccm Inhalt mit etwa 10 g möglichst fein gemahlener Teigware und schüttelt das eine mit 15 ccm Äther, das andere, bis zur gleichen Höhe mit 70 proz. Alkohol gefüllt, häufig kräftig durch, verschließt sie und läßt sie etwa 12 Stunden stehen.

a) Bleibt jetzt der Äther ungefärbt bzw. wird derselbe nur schwach gefärbt, während sich der Alkohol deutlich gelb färbt, so liegt unter allen Umständen ein fremder Farbstoff vor. Man erkennt dies auch in dem Falle noch daran, daß die unter der Alkoholschicht befindlichen Teigwaren alsdann entfärbt, also weiß sind, während die unter dem Äther befindlichen ihre ursprüngliche gelbe Farbe wegen der Unlöslichkeit des Farbstoffes in Äther behalten haben.

b) Färbt sich sowohl der Alkohol wie der Äther, so kann entweder 1. nur Lutein oder 2. Lutein im Zusammenhange mit fremden ätherlöslichen Farbstoffen vorliegen. In diesem Falle verfährt man wie folgt:

1. Man prüft eine Probe der ätherischen Lösung nach Weyl auf Lutein. Falls keine vollständige Entfärbung mit wässeriger salpetriger Säure sofort eintreten sollte, würde ein fremder ätherlöslicher Farbstoff vorliegen.

---

[1]) Zeitschr. f. öffentl. Chem. 1908, **14**, 459.

[2]) Archiv Pharm. 1908, **246**, 117.

[3]) Chem.-Ztg. 1909, **33**, 985; Zeitschr. f. Untersuchung d. Nahrungs- u. Genußmittel 1910, **20**, 595.

[4]) Zeitschr. f. Untersuchung d. Nahrungs- u. Genußmittel 1900, **3**, 4.

2. Man vergleicht die Farben der unter den Flüssigkeitsschichten befindlichen gemahlenen Teigwaren. Sind dieselben durch Alkohol entfärbt worden, durch Äther jedoch nicht, so liegt neben dem Lutein noch ein fremder Farbstoff vor, dessen Nachweis folgendermaßen gelingt: Die mit Äther behandelten Teigwaren schüttelt man wiederholt mit neuem Äther so lange (etwa dreimal) aus, bis der Äther farblos, also alles Lutein entfernt ist. Alsdann schüttelt man die so behandelte Nudelmasse mit 70 proz. Alkohol wiederholt, wie oben angegeben, um und läßt wieder 12 Stunden stehen. Der fremde, in Äther unlösliche Farbstoff geht jetzt in den luteinfreien Alkohol über und verrät so die künstliche Färbung. Der nähere Nachweis kann durch Ausfärbung auf Wolle geschehen.

Gegen das Verfahren von Juckenack sind verschiedene Einwendungen erhoben worden. So hat K. Dannenberg[1]) gefunden, daß sich zwar das Lutein mit Äther entfernen läßt, nicht aber die Farbstoffe des Grießes, welche zum Teil erst durch heißen Alkohol gelöst werden. Die Teigwaren können daher nach dem Ausschütteln mit Äther noch gelb erscheinen, auch wenn kein fremder Farbstoff zugesetzt ist. Dannenberg schüttelt aus diesem Grunde die Substanz mit 25 proz. Alkohol in der Kälte, wodurch nur die Teerfarbstoffe gelöst werden. Zum Nachweise der in Alkohol unlöslichen, aber in Äther löslichen Farbstoffe extrahiert er zunächst mit heißem Alkohol und prüft den Rückstand mit Äther.

Riechelmann und Leuscher[2]) verwenden zur Extraktion 70 proz. Aceton, filtrieren nach Zusatz von etwas kaltem Wasser von dem erstarrten Fett, welches den Eifarbstoff zurückhält, ab und färben einen unpräparierten Wollfaden aus.

Nach F. Fresenius[3]) lösen sich die meisten in der Nudelfabrikation benutzten Farbstoffe sowohl in Alkohol als auch in Wasser, nur Orleans ist in Wasser unlöslich. In Äther lösen sich Küchengelb, Goldgelb, Pikrinsäure, Aurantia, Martiusgelb, Azogelb, Tropäolin, Curcuma, Safran und Orleans, hingegen nicht Nudelgelb, Tartrazin und Chinolingelb. Da jedoch auch die an sich ätherlöslichen Farbstoffe aus den Nudeln durch Äther nicht mehr extrahiert werden, so bezeichnet Fresenius den zweiten Teil der Juckenackschen und Dannenbergschen Vorschrift als überflüssig und empfiehlt statt dessen folgendes Verfahren.

Verfahren von F. Fresenius. *I. Vorprobe auf die Stärke der Färbung.* 10 g der gepulverten Teigware werden mit Äther im Reagensglas geschüttelt; nach dem Absitzen der Teigware wird der Äther abgegossen. Dieses Ausziehen mit Äther wird mindestens 3—4 mal wiederholt, jedenfalls aber so oft, bis der Äther farblos bleibt. Das Teigwarenpulver wird auf Filtrierpapier getrocknet, in das Reagensglas zurückgegeben und mit 15 ccm 60 proz. Aceton oder 70 proz. Alkohol kräftig geschüttelt. Nachdem sich die Teigware abgesetzt hat, können aus der Färbung des Acetons annähernde Schlüsse auf die Stärke und Art der Teigwarenfärbung gezogen werden (siehe das Verfahren von Juckenack).

II. Vorprobe auf Azo- und ähnliche Farbstoffe. Geringe Mengen zerbröckelter Teigware werden in einem Porzellanschälchen mit einigen Tropfen verdünnter Salzsäure befeuchtet. Azo- und ähnliche Farbstoffe werden nach längstens 5 Minuten an einem deutlichen Farbenwechsel erkannt (siehe das Verfahren von Schmitz-Dumont S. 668).

III. Hauptprobe. Je nach der Stärke der Färbung werden 20—40 g möglichst fein gepulverter Teigware mit Äther so lange ausgezogen, bis der Äther farblos bleibt. Vorzüglich eignen sich hierzu die Soxhletschen Extraktionsapparate, welche auf einem elektrischen Heizapparat angebracht werden. Nach ungefähr 6 Stunden ist die Ausziehung beendet. Hierdurch werden die Fette, der ätherlösliche Teil der Grießfarbstoffe und etwa vorhandener Eigelbfarbstoff entfernt. Die so behandelte Teigware wird auf Filtrierpapier getrocknet und danach in einem Erlenmeyer-Kolben mit 120 ccm 60 proz. Aceton ungefähr $1/4$ Stunde lang kräftig geschüttelt, nach 12—14 Stunden hat sich die Teigmasse fest zu-

[1]) Zeitschr. f. Untersuchung d. Nahrungs- u. Genußmittel 1904, **8**, 535.

[2]) Zeitschr. f. öffentl. Chem. 1902, **8**, 204; Zeitschr. f. Untersuchung d. Nahrungs- u. Genußmittel 1903, **6**, 175.

[3]) Zeitschr. f. Untersuchung d. Nahrungs- u. Genußmittel 1907, **13**, 132.

sammengeballt und die überstehende Flüssigkeit kann gut filtriert werden. Von dem Filtrat werden 10—15 ccm getrennt weiter behandelt. Sowohl die Hauptmenge als auch der abgetrennte kleinere Teil des Filtrats dienen dazu, zu entscheiden, ob die Gelbfärbung von dem natürlichen Grießfarbstoff herrührt oder nicht. Beide Teile werden auf dem Wasserbade erhitzt und so von dem Aceton befreit. Es hinterbleibt in beiden Fällen eine wässerige Flüssigkeit mit ausgeschiedenen, zähen Bestandteilen, die den gelben Farbstoff mit niederschlagen.

1. Die größere Menge wird mit einem Überschuß verdünnter Essigsäure versetzt und verdünnt, wodurch die zähen Bestandteile sich fast klar lösen. Diese Lösung kann durch einige Tropfen Eisessig unterstützt werden. Die Flüssigkeit wird in einem Kölbchen mit einem kleinen entfetteten Wollfaden im kochenden Wasserbade erhitzt. Der natürliche Farbstoff des Grießes bzw. sein in Äther unlöslicher Anteil, der hier ja allein noch in Betracht kommt, färbt den Wollfaden nicht echt. Es empfiehlt sich, jeden Wollfaden nach der Ausfärbung noch in reiner verdünnter Essigsäure zu erhitzen, um sich so in jedem Falle der etwa vorhandenen echten Färbung zu vergewissern.

2. Zu der kleineren Menge des ursprünglichen Filtrats wird, nachdem auch hier das Aceton abgedampft ist, eine dem vorhandenen Wasser etwa gleiche Menge 95 proz. Alkohols gegeben. Nach dem Umrühren und schwachen Erwärmen lösen sich die zähen Bestandteile in diesem ungefähr 50 proz. Alkohol auf. Die Lösung wird zu vier gleichen Teilen in Reagensgläser gegeben; ein Teil dient als Vergleichsprobe, die anderen drei Teile werden der Reihe nach mit 2—4 Tropfen verdünnter Salzsäure, Ammoniak und Zinnchlorürlösung versetzt, die letzte Probe wird darauf erhitzt. Der natürliche Farbstoff des Grießes bzw. sein in Äther unlöslicher Teil wird durch verdünnte Salzsäure entfärbt, durch Ammoniak bedeutend verstärkt und durch Zinnchlorürlösung auch beim Erhitzen nicht verändert. Diese Reaktionen wurden an 10 verschiedenen Mehlen und Grießen deutschen, französischen und englischen Ursprungs in gleichem Sinne beobachtet.

Da einige Farbstoffe (Chloraminorange S und Direktgelb R) erst aus alkalischer Lösung extrahiert werden, haben A. Heiduschka und H. Menschhausen[1]) das Verfahren von Fresenius dahin ergänzt, daß sie nach negativem Ausfall der Prüfung je 5 Tropfen Natronlauge hinzusetzen und die Extraktion wiederholen.

Von weiteren Vorschlägen zum Nachweise fremder Farbstoffe seien noch folgende erwähnt:

F. Coreil[2]) schüttelt mit Alkohol aus und behandelt sowohl einen in der Lösung ausgefärbten Wollfaden als auch den Eindampfrückstand direkt mit konzentrierter Schwefelsäure. Aus den hierbei auftretenden Farbenreaktionen schließt er dann auf die Gegenwart bestimmter Farbstoffe. Da aber nach C. Brebeck[3]) auch der Farbstoff der Grieße ganz ähnliche Reaktionen gibt, so ist von mehreren Seiten, u. a. von Sendtner[4]) vor dieser Reaktion gewarnt worden.

W. Schmitz-Dumont[5]) hat empfohlen, das Substanzpulver mit verdünnter Salzsäure zu befeuchten, wodurch bei Gegenwart von Azofarbstoffen innerhalb 15 Minuten rote bis violette Färbungen entstehen, während Eipulver und Mehle 12 Stunden lang unverändert bleiben.

F. Schaffer[6]) prüft die mit 50—60 proz. Alkohol hergestellte Lösung mit Salzsäure. Bei Gegenwart von Safran bleibt die gelbe Farbe unverändert, während bei Anwesenheit von Martiusgelb Entfärbung und von Metanilgelb Umschlag nach Rot eintritt.

---

[1]) Pharm. Zentralh. 1908, **49**, 177; Zeitschr. f. Untersuchung d. Nahrungs- u. Genußmittel 1909, **17**, 687.

[2]) Hilgers Vierteljahrsschrift 1888, **3**, 378.

[3]) Zeitschr. f. öffentl. Chem. 1902, **8**, 397 u. Zeitschr. f. Untersuchung d. Nahrungs- u. Genußmittel 1903, **6**, 665.

[4]) Zeitschr. f. Untersuchung d. Nahrungs- u. Genußmittel 1904, **8**, 101.

[5]) Zeitschr. f. öffentl. Chem. 1902, **8**, 424; Zeitschr. f. Untersuchung d. Nahrungs- u. Genußmittel 1903, **6**, 665.

[6]) Schweizer. Wochenschr. Chem. Pharm. 1897, **33**, 251.

H. Schlegel[1]) entfernt zunächst den Eifarbstoff mit Äther und schüttelt danach zur Prüfung auf Martiusgelb und Ponceau mit einem Gemisch von 140 ccm Alkohol, 5 ccm Ammoniak und 105 ccm Wasser aus. In der Lösung wird ein Wollfaden ausgefärbt.

Auch G. Possetto[2]) benutzt ammoniakalischen Alkohol, während A. L. Winton und A. W. Ogden[3]) die zunächst mit 95 proz. Alkohol behandelte Substanz nachher noch mit einem Gemisch von 10 Teilen 95 proz. Alkohol und 1 Teil konzentrierter Salzsäure ausschütteln.

Zum Nachweise der in Italien verbotenen Farbstoffe: Martiusgelb, Metanilgelb, Viktoriagelb und Pikrinsäure haben A. Piutti und G. Bentivoglio[4]) ein Verfahren ausgearbeitet, welches auf der Extraktion mit ammoniakalischem Alkohol, Ausfärben und mehrfachem Umfärben auf Wolle und schließlicher Lösung in Tetrachlorkohlenstoff beruht; da das Verfahren aber von V. Vetere[5]) als unzuverlässig bezeichnet worden ist, kann hier von einer näheren Besprechung abgesehen werden.

Falls es in Ausnahmefällen erforderlich sein sollte, die Art des benutzten Farbstoffes näher zu bestimmen, so würde hierzu die Methode von G. Possetto[6]) oder eine andere der im allgemeinen Teile dieses Werkes beschriebenen Methoden heranzuziehen sein (vgl. I. Teil S. 550 u. f.).

10. Nachweis von Eiern durch das biologische Verfahren.

D. Ottolenghi[7]) hat zum Nachweise von Eiern in Nudeln auch das biologische Verfahren vorgeschlagen (vgl. auch I. Teil, S. 328 und 338). Er gewinnt das fällende Serum durch Injektion von Hühnereigelb und behauptet, daß solches Serum mit wässerigen Eigelblösungen noch in Verdünnungen von 1 : 25000—50000 einen kennzeichnenden Niederschlag gibt, und zwar nur mit Eigelb, nicht mit Eiweiß- oder Teigmasselösungen. Die Eigelblösungen verlieren durch Kochen die Eigenschaft, mit dem Serum einen Niederschlag zu liefern, während das Serum ohne Einbuße seiner Wirkung mehrere Stunden auf 35° erwärmt werden kann. Auch Zusatz von Äther (2—5 ccm) und rasches Trocknen auf Filtrierpapier ändert nicht das Fällungsvermögen; mit der Zeit aber nimmt die fällende Wirkung ab. Mit 30—40 ccm Kaninchenserum lassen sich 150—200 Reaktionen ausführen.

III. Mikroskopische Untersuchung.

Die mikroskopische Untersuchung, Feststellung fremder pflanzlicher Beimengungen, erfolgt wie bei Mehl (S. 538 u. f.). Auch Schimmel, Milben und derartige Verunreinigungen werden wie bei Mehl (S. 621) nachgewiesen.

Anhaltspunkte für die Beurteilung der Teigwaren nach der chemischen und mikroskopischen Untersuchung.

1. Teigwaren, die an sich oder nach dem Aufkochen einen muffigen oder gar fauligen Geruch oder einen sauren Geschmack besitzen, sind zu beanstanden.

---

[1]) Bericht der Untersuchungsanstalt Nürnberg 1906, S. 24. Zeitschr. f. Untersuchung d. Nahrungs- u. Genußmittel 1907, **14**, 421.

[2]) Giorn. Farm. Chim. 1905, **54**, 200; Zeitschr. f. Untersuchung d. Nahrungs- u. Genußmittel 1906, **12**, 298.

[3]) Bericht d. landw. Versuchsstation Connecticut 1901, S. 196 u. 1904 S. 138; Zeitschr. f. Untersuchung d. Nahrungs- u. Genußmittel 1902, **5**, 671 u. 1906, **11**, 36.

[4]) Gaz. chim. Ital. 1906, **36**, II, 385; Zeitschr. f. Untersuchung d. Nahrungs- u. Genußmittel 1907, **14**, 719.

[5]) Giorn. Farm. Chim. 1907, **56**, 97; Zeitschr. f. Untersuchung d. Nahrungs- u. Genußmittel 1909, **17**, 331.

[6]) Zeitschr. f. Nahrungsmitteluntersuchung, Hygiene u. Warenkunde 1892, **6**, 51.

[7]) Nach Archivio per el Scienze Mediche 1903, **27** in Zeitschr. f. Untersuchung d. Nahrungs- u. Genußmittel 1904, **8**, 438.

2. Gute Teigwaren müssen beim Aufkochen eine deutliche Volumvermehrung zeigen und dürfen nicht zerfallen; eine gegenteilige Beschaffenheit deutet auf eine schlechte Beschaffenheit des verwendeten Mehles oder auf fremde Zusätze hin (vgl. S. 661).

3. Die Teigwaren sollen aus einwandfreien kleberreichen Mehlen oder Grießen von nackten oder bespelzten Weizen (Weich- oder Hartweizen) hergestellt werden. Zusätze von Reis-, Mais-, Kartoffel-, Hülsenfruchtmehlen, Gewürzen und sonstigen Stoffen müssen deutlich deklariert werden; ohne Deklaration sind sie als Verfälschungen anzusehen. Zusätze von gutem Kleber oder sonstigen guten Proteinen, welche zur Lockerung des Teiges und nicht zur Vortäuschung von Eierzusatz dienen sollen, können auch ohne Deklaration gestattet werden. Diese Art Zusätze lassen sich durch einen erhöhten Stickstoffgehalt erkennen.

4. Der Wassergehalt soll 12%, jedenfalls 13% nicht übersteigen. Mit steigendem Wassergehalt nimmt zweifellos die Möglichkeit der Zersetzung der Waren zu.

5. Der Säuregehalt soll nach dem Schweizerischen Lebensmittelbuch 10 Säuregrade nicht überschreiten (1 ccm $^1/_4$ N.-Lauge auf 100 g Substanz = 1 Säuregrad; vgl. unter Milch, S. 218 und unter Kindermehlen S. 650).

6. Teigwaren, welche die Bezeichnung Eiernudeln, Eiergraupen, Eiergräupchen, Eierhörnchen, Eiergerstel, überhaupt irgendeine Bezeichnung führen, welche die Annahme eines Zusatzes von Eiern aufkommen läßt, müssen einen solchen Zusatz von Eiern erhalten haben, daß er auch in der besseren Beschaffenheit und dem höheren Nährwert gegenüber einer Wasserware zum Ausdruck gelangt. Dasselbe gilt von Teigwaren, welche als Milchnudeln usw. bezeichnet werden.

Über die zuzusetzende Niedrigstmenge an Eiern sind verschiedene Forderungen aufgestellt. Auf Vorschlag von A. Juckenack und R. Sendtner[1]) hat die Freie Vereinigung deutscher Nahrungsmittelchemiker in der 1. Jahresversammlung in Eisenach am 4. August 1902 folgende Vereinbarung getroffen:

„Als Eierteigware kann nur ein Erzeugnis angesehen werden, bei dessen Herstellung auf je $^1/_2$ kg Mehl die Eimasse von mindestens 2 Eiern durchschnittlicher Größe Verwendung fand. An ‚Hausmacher-Eiernudeln' sind dieselben Anforderungen zu stellen."

Nach dem Codex alim. austr. (1912, II. Bd., S. 89) müssen Teigwaren, die als Eierteigwaren bezeichnet werden, auf 1 kg Mehl mindestens 2 Eidotter als Zusatz enthalten, und solche, welche auf 1 kg Mehl nur 1 Eidotter als Zusatz erfahren haben, sollen als Teigwaren mit Eierzusatz bezeichnet werden.

Das Schweizerische Lebensmittelbuch verlangt für Eierteigwaren einen Zusatz von mindestens 150 g Eierinhalt (3 Eier) auf 1 kg Grieß.

Die Vertreter der Industrie bezeichneten diese Forderung, obgleich sie die Berechtigung einer Vorschrift über den Mindesteigehalt anerkannten, als zu weitgehend, und der Verband Deutscher Teigwarenfabrikanten beschloß daher am 20. September 1900, daß nur eine Ware mit mindestens 150 Eiern auf 100 kg Mehl als Eierteigware verkauft werden dürfe, ja eine erhebliche Minderheit der Versammlung (17 : 22) stimmte sogar für einen Mindestgehalt von 200 Eiern.

Dieser Beschluß ist allerdings später wieder aufgehoben worden, und zurzeit bekämpfen die Fabrikanten jede Festsetzung eines Eigehaltes, aber die Gründe, welche zu dieser ablehnenden Stellung geführt haben, können vom Standpunkte des Nahrungsmittelchemikers nicht als beweisend angesehen werden. Die Behauptung, daß der Eigehalt auf chemischem Wege nicht mit Sicherheit bestimmt werden könne, ist in dieser Allgemeinheit nicht richtig; aber selbst, wenn sie zuträfe, würde dadurch die Aufstellung des Normalbegriffs nicht überflüssig gemacht werden, da bekanntlich manche Verfälschungen nicht immer mit Sicherheit nachweisbar sind. Die weitere Angabe der Fabrikanten, daß die aus den stickstoffreichen Hartweizen hergestellten Teigwaren auch bei geringerem Eigehalte ebenso nahrhaft seien als die aus schlechterem Mehl und mehr Eiern be-

[1]) Zeitschr. f. Untersuchung d. Nahrungs- u. Genußmittel 1902, **5**, 1005.

reiteten, besagt ebenfalls nichts, da die Bestandteile des Hühnereis und des Weizens chemisch wie physiologisch völlig verschieden sind und nicht miteinander verglichen werden können.

Die Forderung eines Mindestgehaltes an Eiern ist daher nicht nur im Interesse der Konsumenten, sondern ebenso zum Schutze der reellen Produktion unbedingt aufrecht zu erhalten, und zwar um so mehr, als jetzt fast alle Eierteigwaren des Handels künstlich gefärbt werden und somit auch bei geringem Eigehalte die Farbe der gehaltreichsten Erzeugnisse besitzen. Normalerweise bietet die Intensität der Färbung einen Maßstab für die Beurteilung des Eigehaltes und wird auch vom Publikum in diesem Sinne bewertet. Hieran ändert auch die von den Fabrikanten oft hervorgehobene Tatsache nichts, daß es Eier mit sehr blassem Dotter gibt, da bei den von der Großindustrie benutzten großen Eigelbmassen ein Ausgleich der Farbennuance durch Mischung jederzeit erzielt werden kann.

7. Die Verwendung von Eigelbdauerwaren an Stelle von frischen Eiern verbietet sich schon aus dem Grunde, weil sie durchweg Frischhaltungsmittel (wie Borsäure, Fluorwasserstoffsäure bzw. deren Salze) oder andere dem Begriff der normalen Beschaffenheit frischer Eier fremde oder gar schädliche Stoffe enthalten und diese der Teigware zuführen. Da der Käufer, wenn er Eierteigware verlangt, voraussetzt, daß dazu frische Eier verwendet sind, so ist die Verwendung von Eigelbdauerwaren zu beanstanden und als Verfälschung anzusehen; unter Umständen kann sogar eine Gesundheitsschädlichkeit in Betracht kommen.

8. Zur Beurteilung eines Eierzusatzes zu Teigwaren können folgende Anhaltspunkte dienen:

Zunächst ist zu berücksichtigen, welche Mengen Bestandteile und welcher spezifischen Art durch den Eierzusatz dem Mehle bzw. Grieße zugefügt werden. Nach Bd. II 1904, S. 574 und nach A. Juckenacks Untersuchungen sind in einem Durchschnittsei enthalten:

Ei-Bestandteile	Wasser g	Trockensubstanz g	Stickstoffsubstanz g	Fett g	Salze g	Phosphorsaure Gesamt- g	Phosphorsaure Lecithin- g
31 g Eiweiß	26,54	4,46	3,96	0,07	0,21	0,0105	wenig
16 g Eigelb	8,15	7,85	2,57	5,07	0,06	0,2046	0,1317

Durch Zusatz von 1 Gesamteiinhalt auf 1 Pfd. (500 g) werden daher die Bestandteile des Mehles vermehrt um:

6,39% 2,25% 1,15% 0,94% 0,0677% 0,0393% 0,0241%

Oder indem man annimmt, daß der erhöhte Wassergehalt von 18,39% durch Erwärmen des Teiges auf 13% gebracht wird, wird der Gehalt des Mehles an vorstehenden Bestandteilen erhöht um:

— 2,39% 1,22% 1,00% 0,0712% 0,0409% 0,0257%

Hiernach kann der Zusatz von Eiern zu Teigwaren auf chemischem Wege nachgewiesen werden:

a) In erster Linie durch eine Bestimmung der Lecithinphosphorsäure, deren Menge nur durch das Eigelb, nicht durch das Eierweiß bedingt wird. Da Weizenmehl oder -grieß durchschnittlich in 100 g Trockensubstanz 25—30 mg Lecithinphosphosäure enthält, diese Menge aber durch Zusatz von 1 Ei verdoppelt, von 2 Eiern verdreifacht wird, so wird, wenn wirklich 2 Eier auf 1 Pfd. Mehl verwendet sind, die Schlußfolgerung aus dem Befunde im allgemeinen trotz des Verlustes an Lecithinphosphorsäure in einzelnen Fällen kaum fehlgehen (vgl. S. 659 und 664). Freilich muß nach den dortigen Ausführungen die Dauer und Art der Aufbewahrung der Nudeln stets berücksichtigt werden, auch soll man keinenfalls auf Grund dieses Befundes allein ein Urteil abgeben, aber in Gemeinschaft mit dem Gehalt an Gesamtfett, dessen Jod- und Refraktometerzahl kann die Bestimmung der Lecithinphosphorsäure noch immer zu richtiger Deutung führen.

b) Der Fettgehalt nimmt nämlich durch Zusatz von 1 Ei bzw. von einem Eidotter — das Eiklar enthält nur Spuren von Fett — um rund 1% zu. Da das Weizenmehl bzw. der Grieß nur 0,6—1,3% Fett in der Trockensubstanz zu enthalten pflegt und das Fett bei der Aufbewahrung nach S. 659 nicht abnimmt, so wird ein Gehalt von 1,6% Fett und mehr in der Trockensubstanz bei erhöhter Menge von Lecithinphosphorsäure die Schlußfolgerung auf Eierzusatz rechtfertigen.

Rührt das Fett von anderen Zusätzen (wie Milch, Cocosfett) her, so kann dieses aus den Fettkonstanten erkannt werden. Denn diese betragen:

	Jodzahl	Refraktometerzahl bei 40°	Verseifungszahl	Reichert-Meißlsche Zahl
Weizenmehl	95—105	75—85	167—183	0,4—0,6
Eieröl	69— 82	68,5[1])	184—191	0,4—0,7
Milch (Butter)	26— 39	29,4—46,5	219—233	20—34[2])
Cocosfett	8— 10	33,5—35,5	246—248	5,6—8,5

c) Die Jodzahl wird ebenso wie die Refraktometerzahl durch den Zusatz von Eiern erniedrigt.

Nach E. Späth spricht eine Jodzahl von über 98 für Wasserware. Das Schweizerische Lebensmittelbuch nimmt folgende Grenzwerte an:

	Jodzahl	Refraktometerzahl bei 40°
Eierware	70—80	61—70
Wasserware	90—100	80—85

Da die Jodzahl aber nach den Untersuchungen von Beythien und Atenstädt bei längerer Aufbewahrung heruntergeht, so kann sie ebenso wie die Refraktometerzahl nur bei verhältnismäßig frischer Ware mit zur Beurteilung herangezogen werden. Immerhin gewährt sie bei erhöhtem Gehalt an Fett und Lecithinphosphorsäure ein Urteil über das Alter der Nudeln.

d) Die Verseifungszahl kommt für die Beurteilung eines Eierzusatzes nicht in Betracht, weil Weizenmehlfett und Eieröl keine großen Unterschiede hierin aufweisen. Dagegen ist sie maßgebend für die Beurteilung, ob etwa Cocosfett zugesetzt ist; die Verseifungszahl des Fettes wird dann wesentlich höher, die Jodzahl und auch die Refraktometerzahl gleichzeitig wesentlich niedriger sein als die von Weizenmehlfett.

e) Die Reichert-Meißlsche Zahl ist vorwiegend entscheidend, wenn es sich um die Frage handelt, ob Milchnudeln vorliegen; sie ist gegenüber der des Weizenmehlfettes' (vgl. S. 658 u. 664) ebenso wie der Gesamtfettgehalt wesentlich erhöht; dasselbe ist, wenn auch in geringerem Grade für die Verseifungszahl und den Gehalt an Gesamtphosphorsäure der Fall, während die Jodzahl erniedrigt wird.

f) Zum Nachweise von Eiern kann weiter die Luteinreaktion (S. %0) und die Cholesterinprobe dienen — letztere auch zum Nachweise von Milch. — Weil aber zur Cholesterinprobe größere Mengen Fett erforderlich sind (vgl. I. Teil, S. 402), so wird sie wohl nur in Ausnahmefällen berücksichtigt werden können.

g) Die Gehalte an Asche, Stickstoff-Substanz und Gesamtphosphorsäure unterliegen bereits in den Mehlen zu großen Schwankungen, als daß sie für sich allein über den Eigehalt Aufschluß zu geben vermöchten. Trotzdem ist ihre Bedeutung nicht zu unterschätzen, weil sie die gezogenen Schlußfolgerungen unterstützen und insbesondere die Frage entscheiden, ob der Inhalt des ganzen Eies oder nur der Dotter Verwendung gefunden hat. In letzterem Falle wird nur der Fettgehalt, nicht aber in gleichem Maße der Proteingehalt erhöht sein.

---

[1]) Bei 25° C bestimmt.

[2]) In Einzelfällen kann die Reichert-Meißlsche Zahl unter 17 heruntergehen.

9. Die künstliche Färbung von Wassernudeln ist als Verfälschung anzusehen, weil sie, selbst bei Deklaration, einen Eigehalt, d. h. eine bessere Beschaffenheit vortäuscht[1]).

Auch die künstliche Färbung der wirklichen Eiernudeln muß als eine Verfälschung beurteilt werden, weil auch durch sie der täuschende Anschein eines höheren Eigehaltes, also einer besseren Beschaffenheit hervorgerufen wird. Hieran ändert auch der weitere an sich richtige Einwand nichts, daß die echten Eiernudeln bei längerem Lagern am Lichte verbleichen und deshalb eine künstliche Färbung als notwendig erscheinen lassen. Denn wenn in solchem Falle auch keine Eier vorgetäuscht werden sollen, so soll doch bei derartigen alten Waren durch die künstliche Färbung der täuschende Schein der Frische, also ebenfalls der Schein einer besseren Beschaffenheit hervorgerufen werden.

Beurteilung der Teigwaren nach der Rechtslage.

1. Daß künstlich gefärbte Eierteigwaren auch bei normalem Eigehalte als verfälscht zu beurteilen sind, ist durch folgende Gerichte entschieden worden:

Landgericht München I am 4. Oktober 1898[2]) und 11. Februar 1899[3]); Landgericht Chemnitz am 9. Januar 1903[4]); Landgericht Freiberg am 31. März 1903[5]) (der Aushang eines Plakates mit der Inschrift „Nicht als ungefärbt bezeichnete Teigwaren sind nach altem Herkommen mit leichtem unschädlichem Farbzusatz versehen" wurde nicht als zur Aufklärung des Publikums ausreichend anerkannt); Landgericht Altenburg am 3. Juni 1902[6]); Landgericht Leipzig am 28. April 1903[7]); Oberlandesgericht Hamm am 9. Juni 1902[8]); Landgericht München II am 19. Juni 1906[9]); Landgericht Hechingen am 23. Juni 1910 und Oberlandesgericht Frankfurt a. M. am 31. August 1910[10]).

Verneint wurde die Frage der Verfälschung durch Urteile des Oberlandesgerichts Stuttgart am 27. Juni 1910[11]), des Landgerichts und Oberlandesgerichts Rostock am 21. September 1905[12]) und des Landgerichts Rottweil am 6. Februar 1909[13]).

Trotz dieser vereinzelten Freisprechungen steht heute fest, daß eine künstliche Färbung der Eiernudeln deklariert werden muß.

2. Eierteigwaren, welche Eier entweder gar nicht oder doch nur in unwesentlicher Menge enthalten, statt dessen aber künstlich gefärbt worden sind, haben als nachgemacht im Sinne des NMG. zu gelten, weil sie nur den Schein, nicht aber das Wesen und den Gehalt der Normalware besitzen.

Von gerichtlichen Urteilen, welche diese Auffassung bestätigen, seien folgende angeführt:

Landgericht Neuburg a. D. am 14. Dezember 1900[14]); Landgericht München I am 4. März und 18. Mai 1904[15]) (die Deklaration der Färbung schützt nicht vor Bestrafung); Landgericht Berlin II am 27. April 1905[16]); Landgericht Duisburg am 12. November und 7. Dezember 1901 sowie 17. März 1903, bestätigt vom Reichsgericht am 13. und 17. März

---

[1]) Im Zwischenhandel wird die Deklaration gar zu gern übersehen und gelangt dem Käufer nicht zur Kenntnis. Die Behauptung einiger Fabrikanten, daß die Hausfrauen die künstliche Färbung schon beim Kochen erkennen könnten, hat Schindler (Zeitschr. f. öffentl. Chemie 1902, **8**, 286) als unzutreffend erwiesen, weil viele gefärbte Nudeln auch nach dem Kochen gelb bleiben.

[2]) Auszüge aus gerichtlichen Entscheidungen, Beilage zu den Veröffentl. d. Kais. Gesundheitsamtes 1907, **5**, 298.

[3]) Ebendort 1902, **5**, 299. [4]) Ebendort 1905, **6**, 299.

[5]) Ebendort S. 300. [6]) Ebendort S. 301.

[7]) Ebendort S. 300. [8]) Ebendort 1907, **7**, 478.

[9]) Ebendort S. 480. [10]) Ebendort 1912, **8**, 684.

[11]) Ebendort 1902, **5**, 300. [12]) Ebendort 1907, **7**, 482.

[13]) Ebendort 1912, **8**, 689. [14]) Ebendort 1902, **5**, 300.

[15]) Ebendort 1907, **7**, 479. [16]) Ebendort S. 478.

1902[1]). (Die Ausrede des Fabrikanten, daß die Bezeichnung nicht zur Vortäuschung eines Eigehaltes, sondern nur zur Unterscheidung von Gerstengraupen gewählt werde, blieb unbeachtet.)

Entgegenstehende Urteile sind nicht bekannt geworden.

3. Eierteigwaren mit geringem Eigehalte sind als verfälscht zu beurteilen, weil sie durch Fortlassung der wertbestimmenden Eisubstanz oder durch übermäßigen Zusatz des weniger wertvollen Mehles verschlechtert worden sind.

Im Sinne dieser Auffassung, daß greifbare Mengen von Eisubstanz zugegen sein müssen, sind folgende richterliche Urteile ergangen:

Landgericht Duisburg am 18. Juni 1901[2]) (Eiernudeln, welche neben künstlicher Färbung nur 25 Eier auf 100 Pfd. Mehl enthalten, sind verfälscht).

Landgericht Limburg am 17. März 1902[3]) („diese Nudeln — mit 33 Eiern auf 100 Pfd. Mehl — sind nicht Eiernudeln, sondern Wassernudeln, denn als Eiernudeln können nur solche Nudeln gelten, in denen Ei in einer den Nahrungswert der Nudeln wirklich erhöhenden Menge vorhanden ist. Noch weniger sind die Nudeln ‚Hausmacher-Eiernudeln', denn als solche können nur diejenigen Nudeln angesehen werden, zu denen wenigstens annähernd so viel Eisubstanz verarbeitet wird, wie es in den Haushaltungen mittlerer Lebensführung üblich ist, und das sind auf 0,5 kg Mehl etwa 3—4 Eier").

Landgericht Elberfeld am 12. August 1901 und Oberlandesgericht Cöln a. Rh. am 17. Oktober 1901[4]). (Hausmacher-Eiernudeln mit 60 Eiern auf 100 Pfd. Mehl sind verfälscht. Da die Angabe „nach Hausfrauenart" den Anschein erweckt, als ob die Nudeln nach Art der Herstellung durch die Hausfrauen nur aus Mehl und Eiern bereitet wären.)

Landgericht Dresden am 7. Juli 1903[5]). (Nudeln müssen normalerweise mehrere Hundert Eier auf 100 Pfd. Mehl enthalten. Auf alle Fälle sind Nudeln, welche weniger als 75 Eier — die von den Fabrikanten zunächst beschlossene Mindestzahl — enthalten, als verfälscht zu beurteilen.)

Landgericht Chemnitz am 3. November 1903[6]). (Eiernudeln mit 40 Eiern auf 100 Pfd. Mehl sind verfälscht.)

Landgericht Freiberg am 9. Februar 1909[7]). (Eiernudeln mit 60 Eiern auf 100 Pfd. Mehl sind verfälscht.)

Landgericht Elberfeld am 17. Januar und Oberlandesgericht Düsseldorf am 16. März 1907[8]). (Hausmacher-Eiernudeln mit 50 Eiern auf 100 Pfd. Mehl sind verfälscht. Das Gericht erkannte die Forderung der Nahrungsmittelchemiker, daß mindestens 200 Eier zugesetzt werden müssen, als berechtigt an und verurteilte, trotzdem die künstliche Färbung deklariert war.)

Im Gegensatz hierzu haben folgende Gerichte die Frage der Verfälschung bei geringen Eigehalten verneint:

Landgericht Hamburg am 4. Januar 1902[9]). (Eiernudeln mit 50 Eiern sind nicht verfälscht, wenn die künstliche Färbung deklariert wird); ebenso Landgericht München I am 3. Dezember 1904[10]), Landgericht Arnsberg am 3. Dezember 1910[11]) („weil es keine Norm

[1]) Auszüge aus gerichtlichen Entscheidungen, Beilage zu den Veröffentl. d. Kais. Gesundheitsamtes 1905, **6**, 295.

[2]) Ebendort S. 295.

[3]) Ebendort S. 296.

[4]) Ebendort 1905, **6**, 297.

[5]) Ebendort S. 299.

[6]) Ebendort 1907, **7**, 480.

[7]) Ebendort 1912, **8**, 688.

[8]) Gesetze u. Verordnungen. Beilage zur Zeitschr. f. Untersuchung d. Nahrungs- u. Genußmittel 1910, S. 187.

[9]) Auszüge aus gerichtlichen Entscheidungen, Beilage zu den Veröffentl. d. Kais. Gesundheitsamtes 1905, **6**, 301.

[10]) Ebendort 1907, **7**, 479.

[11]) Ebendort 1912, **8**, 683.

für den Eiergehalt gibt“); Landgericht Hanau am 24. Juni 1907 und Oberlandesgericht Kassel am 5. September 1907[1]) und Landgericht Frankfurt a. M. am 3. September 1907 und am 28. März 1908[2]). Das erste Urteil des Landgerichts Frankfurt wurde zwar am 23. Januar 1908 vom Reichsgericht aufgehoben mit der Begründung, daß die Strafkammer bei ihren Erwägungen die Anforderungen und Erwartungen der Abnehmer und Verbraucher nicht genügend beachtet, sondern die zu entscheidenden Fragen einseitig vom Standpunkte der Erzeuger aus beurteilt habe. In der erneuten Verhandlung gelangte die Strafkammer aber wiederum zu einer Freisprechung, und dieses Urteil ist, nachdem die Staatsanwaltschaft die anfangs eingelegte Revision zurückgezogen hat, rechtskräftig geworden.

Trotzdem haben die Nahrungsmittelchemiker im Hinblick auf die Rechtsprechung des Reichsgerichts keinen Anlaß, von der Forderung eines Mindestgehaltes an Eiern abzusehen, wenngleich es sich empfehlen dürfte, bei Verwendung von 1 Ei auf 1 Pfd. Mehl einstweilen von einer Beanstandung abzusehen.

Brot.

Unter Brot versteht man[3]) ein aus Mehl, Wasser und Salz oft unter Zusatz von Fett, Milch, Magermilch und Gewürzen, mit Anwendung von Auflockerungsmitteln, wie Hefe, Sauerteig, Backpulver hergestelltes Gebäck.

Zwar lassen sich aus allen Mehlen Gebäcke herstellen, aber vorwiegend liefern nur Weizen- und Roggenmehl lockeres und schmackhaftes Brot. Deshalb werden auch diese Mehle fast ausschließlich zur Bereitung von eigentlichem Brot verwendet. Je nach den verwendeten Mehlsorten oder ihren Mischungen, der Art der Einteigung und Lockerungsmittel unterscheidet man eine große Anzahl Brotsorten; man kann hauptsächlich 4 Gruppen unterscheiden:

1. Ganzbrote, die aus ganzem Korn unter Entfernung nur der äußeren Haut hergestellt sind (Graham-, Gelinck- usw. Brot).
2. Schwarzbrot, bei dem nur die gröbsten Schalenkleien (etwa 15—20%) entfernt sind (hierher gehören Pumpernickel, Soldatenbrot, schwedisches Knäckebrot u. a.).
3. Graubrote aus Mehl, bei dem ein größerer Anteil Kleie (etwa 30%) entfernt ist; oder auch Mischungen aus mittelfeinem Roggen- und Weizenmehl.
4. Feinbrot aus den feinsten Mehlen vielfach unter Einteigung mit Milch (Semmel, Wecken, Milchbrot). Werden auch noch Gewürze (Mohnsamen, Kümmel) angewendet, so heißen die Gebäcke Mohn-, Kümmelsemmel (bzw. -brot).

In den Tiroler Alpenländern verwendet man nach J. Nevinny[4]) wie zur Bereitung des Schabziger Käses so auch zum Würzen des Brotes den „Schabzigerklee“ oder Brotklee, Frauenklee (Trigonella coerulea Scr.).

Hierzu gesellen sich noch verschiedene Brote, die besonderen Zwecken dienen sollen, z. B. Brote (bzw. Zwiebacke) für Diabetiker, die viel Protein, aber nur tunlichst wenig Kohlenhydrate (Stärke usw.) enthalten, wie Kleber- oder Aleuronat-, Roborat-, Gluten- usw. Brot, das unter Zusatz von Kleber-, Aleuronat- bzw. Roboratmehl, Lactonbrot, das aus Mandeln[5]) hergestellt wird, ferner die Hungernotsbrote, die unter Mitverwendung der verschiedensten minderwertigen Stoffe außer Hafer-, Gersten-, Kartoffelmehl als den noch

[1]) Auszüge aus gerichtlichen Entscheidungen, Beilage zu den Veröffentl. d. Kais. Gesundheitsamtes 1912, **8**, 683.

[2]) Ebendort S. 685.

[3]) Vgl. Schweizerisches Lebensmittelbuch 1909, S. 68. Diese Begriffserklärung für Brot dürfte am meisten den tatsächlichen Verhältnissen entsprechen, weshalb ich mich ihr anschließe.

[4]) Zeitschr. f. Untersuchung d. Nahrungs- u. Genußmittel 1905, **10**, 493.

[5]) Auch Sojabohnenmehl wird für diesen Zweck verwendet.

wertvollsten Stoffen Unkrautsamen aller Art, wie Sauerampfer, Kornrade, Gänserich, Wicken, Rübsen enthalten; ferner sogar gemahlenes Stroh, Kiefern-, Föhrenrinde, Buchenholz, Eicheln, Spelzen usw.; ja bei den Negern Afrikas wird sogar gerösteter, etwas fettiger Lehm genossen, der nur als Magenfüllmittel gelten kann.

Daß die Art und Beschaffenheit der Mehle von größtem Einfluß auf die Beschaffenheit des Brotes ist, ist schon S. 525 u. f. auseinandergesetzt worden. Es gibt aber noch eine Reihe anderer Einflüsse.

Je nach dem verwendeten Lockerungsmittel und der Art und Dauer der Einteigung des Mehles, sowie je nach der Temperatur machen sich naturgemäße Unterschiede bei den Broten geltend. Die mit Sauerteig hergestellten Brote enthalten viel mehr Säure als die mit reiner Hefe hergestellten Brote, die Grau[1])- und Roggenbrote an sich mehr als die Weizenbrote. Je länger die Teiggärung dauert, desto mehr Säure bildet sich im allgemeinen. Auch nimmt in ersteren Broten beim Aufbewahren die Säure schneller zu und erreicht einen höheren Wert als bei letzteren. Es gibt auch süßschmeckende Brote. Bei ihnen wird das Mehl langsam und mit heißem Wasser behandelt, um die Diastasewirkung zu erhöhen. Zu letzterem Zweck setzt man auch wohl Malzmehl zu.

Von weiterem Einfluß ist die Art des Backens, sowohl was Dauer als Höhe der Temperatur anbelangt. Beide richten sich nach der Größe der Brote; je schwerer und umfangreicher die Teigformen sind, um so höher muß die Temperatur des Backofens und die Dauer des Backens sein. Im allgemeinen regelt man diese Verhältnisse so, daß bei einer Temperatur des Backofens von 200—300° das Brotinnere eine Temperatur von 100—103° erreicht. Kleine Brötchen (Semmel usw.) sind dann in 20—30 Minuten, größere Brote erst in 60 bis 85 Minuten ausgebacken. Hierbei wird die Stärke verkleistert und deformiert, Albumin und Kleber gerinnen, Zucker und Dextrin in der äußeren Schicht werden karamelisiert, wodurch die braune Farbe[2]) der Rinde bewirkt wird. Ihre Dicke beträgt je nach der Größe und Art des Brotes 3—8 mm, die Gewichtsmenge 22—44% des Brotes. Die Beschaffenheit der Rinde dient mit zur Beurteilung des Brotes. Sie soll braun, glänzend, knisterig und elastisch sein; sie darf nicht abspringen, unter sich keine Hohlräume haben, sondern muß allmählich in die Krume übergehen. Außerdem beurteilt man die Güte eines Brotes nach seinem eigenartigen aromatischen Geruch und Wohlgeschmack und weiter nach seiner Lockerheit (der Porengröße bzw. dem Volumen für gleiches Gewicht).

1. Verunreinigungen des Brotes. Für das Brot kommen selbstverständlich zunächst dieselben Verunreinigungen in Betracht, die in den verwendeten Mehlen vorkommen bzw. vorkommen können. Hierzu gesellen sich aber noch eine Reihe von Verunreinigungen, die durch den Bäckereibetrieb bedingt sind, zunächst solche, die durch Verwendung von unreinem Wasser[3]), unreinem, schlechtem Sauerteig oder Backpulver, von

[1]) Die Braun- bzw. Braunschwarzfärbung der Grau- und Schwarzbrote beruht nach Bertrand und Mutermilch (Bull. de Science Pharmacol. 1907, **14**, 437 u. 501) auf der Wirkung von zwei Enzymen, die in der Kleie enthalten sind. Das eine Enzym macht das Tyrosin als Farbstoffbildner frei, das andere Enzym (Tyrosinase) oxydiert bzw. hydrolysiert das Tyrosin bei Luftzutritt unter Bildung eines braunen bzw. braunschwarzen Farbstoffs.

[2]) Man sucht diese auch durch vorheriges Bestreichen der Teigformen mit Eiweiß- und Zuckerlösungen zu unterstützen.

[3]) A. Schmid (Zeitschr. f. Untersuchung d. Nahrungs- u. Genußmittel 1904, **8**, 438) teilt z. B. mit, daß das Brot einer Bäckerei während einiger Zeit gelbe Flecken gezeigt habe, die von einem farbstofferzeugenden Fadenpilz aus dem verwendeten schmutzigen Wasser hergerührt hätten. Nach Verwendung eines anderen Wassers zur Bereitung des Teiges habe das Brot eine normale Beschaffenheit angenommen.

H. B. Stockes (Zeitschr. f. Untersuchung d. Nahrungs- u. Genußmittel 1904, **8**, 613) beobachtete im Betriebe von Tragasol-Gummiwerken störende Einflüsse, die ebenfalls durch Bakterien des verwendeten Wassers verursacht wurden.

schlechter verdorbener Hefe in den Teig bzw. das Brot gelangen können. Das sind aber noch die kleineren Übel. R. Emmerich[1]) entwirft ein ergreifendes Bild über die schlechten hygienischen Verhältnisse in den Backkammern. Sie liegen meistens in kleinen, nicht genügend zu lüftenden und zu reinigenden Hintergebäuden oder gar Kellern. Nicht selten führen durch sie die Ableitungsrohre für Abwässer aller Art, deren Inhalt bei Undichtwerden auf Mehl und Teig tröpfelt. Unvollkommen sind vielfach die Reinigungsvorrichtungen; in Ermangelung von Waschbecken werden dieselben Eimer zum Waschen benutzt, die auch gleichzeitig zu Betriebszwecken, zum Brotstreichen dienen, und zwar, ohne daß der Inhalt selbst nach mehrmaliger Benutzung entleert wird. Infolge der mangelhaften Lüftung und des geringen Rauminhaltes herrscht in Backkammern eine große Hitze, die ein starkes Schwitzen der Arbeiter bedingt. Der Schweiß aber fließt nicht selten in den Teig herab und wird mit verbacken, was um so bedenklicher ist, wenn der Schweiß von kranken Arbeitern stammt. Die schmutzigen Handtücher dienen mitunter als Unterlagen für das Brot. Das auf den Boden gefallene, mit Sand, Asche, Auswurf usw. in Berührung gekommene Mehl (sogenanntes Fußmehl) wird zusammengefegt und zum Bestreuen der Backtücher oder gar zum Einteigen mit verwendet. Was das bedeutet, leuchtet erst ganz ein, wenn man bedenkt, daß die Fußböden nicht einmal mit Steinplatten belegt sind. In solchen unsauberen Räumen, ja mitunter in Schlafstuben oder über Pferdeställen werden auch Mehl, Butter und Schmalz aufbewahrt, die dazu noch der Einkehr von Ratten und Mäusen ausgesetzt sind. Die im Boden, Schmutz und in den benachbarten Aborten lebenden Tiere können aber außer der Verschmutzung durch ihren Kot recht wohl pathogene Keime auf das Mehl oder Brot übertragen. Außer Mäusen und Ratten kommen für eine derartige gefährliche Verunreinigung eine Reihe kleinerer Tiere, Käfer und Geradflügler (Schwaben, Russen, Mehl-Totenkäfer) in Betracht.

Im wesentlichen handelt es sich dabei um die Schaben oder Schwaben (Periplaneta orientalis). Diese Tiere lieben feuchte, warme Stellen. Sie halten sich während des Tages fast unbeweglich in Fugen und Ritzen der Wände, namentlich aber unter dem in den Backstuben fast stets defekten Fußboden auf; meist verkriechen sie sich ganz in den feuchtwarmen Boden. Nachts um 11 Uhr aber beginnen sie in Scharen herauszuwandern und Mehl und Backwaren zu beschnüffeln und zu benagen.

„Ganz gleich, wie die der Schwaben, sind die Lebensverhältnisse der noch weit behenderen Russen (Blatta germanica). Sie fressen alles, was ein Kerf verzehren kann, vornehmlich Brot, weißes lieber als schwarzes. Mehl und Fleisch verschmähen sie, solange sie etwas anderes haben.

In einem Alter von 14 Tagen wird die Schabe befruchtet und trägt die sich entwickelnde Eikapsel an der hinteren Leibesspitze mit sich. Nach der Entwicklung der 36 darin befindlichen Jungen läßt sie das Ei fallen und stirbt, während letztere sich an der Naht der Kapsel ans Tageslicht herausarbeiten. Durch diese große Fruchtbarkeit ist für den Fortbestand der Russen gesorgt.

Noch ekelhafter als die Russen und Schwaben sind die gemeinen Trauer- oder Totenkäfer (Blops mortisaga), welche oft zu Tausenden unter den Fußbodenbrettern einer Backstube vorkommen. Moufet sagt von Totenkäfern: „Er lebt in Kellern und ist Gastfreund der Mistgruben, kriecht in der Nacht in trägem Marsche hervor, kehrt aber beim leisesten Anzeichen von Licht oder menschlichen Stimmen in die Finsternis zurück; er liebt schmutzige Gastmähler usw.“

Ein Verwandter des Totenkäfers ist der sogenannte Mehlkäfer oder Müller (Tenebrio molitor). Ekelhafter als er selbst ist seine Larve, der Mehlwurm, welcher nicht nur in mit Mehl bestäubten Winkeln und Ecken der Mühlen und Backstuben, sondern mit Vorliebe in toten Mäusen und anderen Tier- und Käferleichen lebt. Der Mehlkäfer wird besonders des Nachts lebendig und fliegt umher, so daß die weite Verbreitung seiner Larve leicht erklärlich

---

[1]) R. Emmerich, Das Bäckereigewerbe vom hygienischen Standpunkt, in Deutsch. Vierteljahrsschrift f. öffentl. Gesundheitspflege 1903, **35**, 172.

ist. Seine braunen Flügeldecken oder Überreste seines mageren Körpers sowie seine Larve finden wir besonders oft im Brot eingebacken.

Außer den genannten, in Unzahl die Backstuben bewohnenden Geradflüglern und Käfern kommen im Mehle noch andere Tiere vor. Der Mehlzünsler (Asopia farinalis), dessen Raupe im Mehl und in Körnern lebt, die Mehlmilbe, welche ein sicheres Zeichen von der Feuchtigkeit und Verdorbenheit des Mehles abgibt usw.; ferner der Kornwurm und der Kornkäfer (Calandra granaria). Außer diesem Ungeziefer trifft man in Backstuben auch sehr viele andere größere Tiere, Kellerasseln und andere Asseln, Tausendfüßler usw. an.

Zur Abstellung dieser und anderer Übelstände ist die Einrichtung von Musterbäckereien oder städtischen Zentralbäckereien vorgeschlagen. Die Königl. preußischen Ministerien für Handel und Gewerbe sowie des Innern haben einen Entwurf zu reichsrechtlichen Bestimmungen für Bäckereien und Konditoreien ausgearbeitet, nach welchem R. Emmerling unter anderen folgende Bestimmungen aufführt:

A. Bestimmungen, welche sofort für alle Bäckereien gültig sind.

§ 1. Die Backstuben und Backräume müssen mit undurchlässigem Fußboden versehen werden, welcher die feuchte Reinigung leicht gestattet. Die Wände und Decken sollen frei von Rissen und Fugen und luftdurchlässig (porös) sein; hinter den an der Wand stehenden Arbeitstischen und Teigmaschinen soll ein mindestens 50 cm hoher, abwaschbarer Belag aus Mettlacher, Solnhofer Platten, Emailtafeln oder dergleichen angebracht werden. Die porösen Decken und Wände sind halbjährlich mit frischem Ätzkalk anzustreichen. Ein undurchlässiger abwaschbarer Wandbelag darf nur bei ausreichender künstlicher Ventilation angebracht werden. Die bekannten Schlupfwinkel des Ungeziefers, wie Holzlagerstätten und dergleichen, sind von den Arbeitsräumen fernzuhalten.

Die Arbeitsräume dürfen nicht in unmittelbarer Verbindung mit den Bedürfnisanstalten stehen.

§ 2. Die Zahl der in jedem Arbeitsraume beschäftigten Personen muß so bemessen sein, daß auf jede wenigstens 15 cbm Luftraum entfallen. Bei Zufuhr von 35 cbm frischer Luft pro Kopf und Stunde vermittels Pulsionsventilation kann der Arbeitsraum auf 10 cbm pro Kopf beschränkt werden. Die Behörden sind berechtigt, eine dichtere Belegung der Arbeitsräume zu gestatten, falls eine entsprechende Mehrzufuhr von Luft durch die Ventilationsanlage möglich ist, z. B. bei einem Kubikraum von 5 cbm pro Kopf eine Zufuhr von 70 cbm Luft pro Kopf und Stunde.

§ 3. In der Nähe der Arbeitsräume sind ausreichende Wascheinrichtungen anzubringen; dieselben sind mit Seife auszustatten und für jeden Arbeiter sind wöchentlich mindestens zwei Handtücher zu liefern. Es muß ferner dafür gesorgt werden, daß bei der Wascheinrichtung stets reines Wasser in ausreichender Menge vorhanden ist, und daß das gebrauchte Wasser an Ort und Stelle ausgegossen werden kann. Die Arbeiter sind gehalten, sich vor dem Zurichten und Teigmachen Hände und Arme mit reinem Wasser gründlich zu reinigen.

§ 4. Die Arbeitsräume sind dauernd in reinlichem Zustande zu erhalten und täglich mindestens einmal zu lüften. Die Fußböden müssen täglich, und zwar feucht, die Arbeitsräume wöchentlich gereinigt werden. Ungeziefer, Käfer, Ratten, Mäuse usw. dürfen in den Arbeitsräumen nicht geduldet werden. Die im Betriebe verwendeten Geräte, Gefäße, Tücher u. dgl. dürfen nicht zu anderen als zu Betriebszwecken benutzt und müssen in reinlichem Zustande erhalten werden. Back- und Streicheimer sind vor jeder Verwendung mit frischem Wasser zu füllen. Andere zum Streichen verwendete Lösungen müssen rein und in unzersetztem Zustande sein.

§ 5. In den Arbeitsräumen müssen ausreichende Sitzgelegenheiten (Stühle oder Bänke) für die Arbeiter vorhanden sein.

§ 6. In den Arbeitsräumen sind täglich zu reinigende Spucknäpfe in ausreichender Zahl aufzustellen. Das Ausspucken auf den Fußboden ist verboten.

§ 7. Die Arbeitsräume dürfen zu anderen, mit dem ordnungsmäßigen Betrieb nicht zu vereinbarenden Zwecken, insbesondere als Wasch-, Schlaf- oder Wohnräume nicht benutzt werden.

§ 8. Die Arbeiter müssen während der Arbeit mindestens mit Beinkleid und Brusttuch bekleidet sein.

§ 9. Arbeiter, welche mit ansteckenden oder ekelerregenden Krankheiten behaftet sind, müssen ärztlich untersucht werden. Der Arzt entscheidet, wie lange dieselben nicht beschäftigt werden dürfen.

B. Bestimmungen über die Einrichtung von neu zu errichtenden Bäckereien und solchen neuen Konditoreien, in welchen neben den Konditor- auch Bäckerwaren hergestellt werden.

§ 1. Der Fußboden der Arbeitsräume darf nicht tiefer als einen halben Meter unter dem ihn umgebenden Erdboden liegen.

§ 2. Die Arbeitsräume müssen mindestens 3 m hoch sein, die Fensterfläche für Backstuben muß im Parterre mindestens $^1/_7$—$^1/_8$ der Bodenfläche betragen. Für den Backofenraum (Backhaus) sind erleichterte Bestimmungen in bezug auf die Fensterfläche zulässig.

§ 3. In mit Wasserversorgung versehenen Städten ist für Wasserzu- und -ableitung in den Arbeitsräumen Sorge zu tragen. Die Abzugsrohre des Klosetts dürfen nicht durch die Arbeitsräume geführt werden.

§ 4. Für Backhaus und Backstube müssen getrennte Räume vorhanden sein. In jedem Arbeitsraum, mit Ausnahme der Mehlkammer, ist ein Thermometer anzubringen.

2. Verfälschungen des Brotes. Als Verfälschungen kommen für Brot, wie schon gesagt, selbstverständlich alle die Stoffe und Behandlungen in Betracht, die auch bei Mehl, aus dem das Brot bereitet ist, vorkommen. Hierzu kommen aber bei Brot noch eine Reihe Zusätze, die beim Einteigen gemacht werden und die ohne Deklaration ebenfalls als Verfälschung angesehen werden können, z. B.:

a) Gärungbefördernde Mittel. Als solche werden vorgeschlagen und verwendet: Malzmehl (Kaim [Malzena, Maltin usw.] genannt) mit 14—16% löslichen Kohlenhydraten, Malzmehlextrakte in flüssiger und fester Form, Diamalt genannt, — die flüssige Form ergab nach Fr. Strohmer[1]) und M. Mansfeld[2]) 18,50—32,84 %Wasser, 3,18—5,63% Protein, 42,70—65,15% Maltose (+ Glykose), 0,56—0,99% Milchsäure, 0,99—1,50% Asche, 0,30—0,56% Phosphorsäure. Ein „Reform-Bäckermalz" bestand nach A. Beythien[3]) aus 56% löslichen Stoffen (Maltose) neben unverändertem Gerstenmehl. Die unter den Bezeichnungen Diastase, Manna und Paniferin im Handel vorkommenden sogenannten Mehlverbesserungsmittel sind diastatische Erzeugnisse von ähnlicher Wirkung wie Malzmehl; Vandevelde und Masson[4]) geben an, daß sie allerdings die Wirkung der Hefe unterstützen und regelmäßiger gestalten, daß das damit hergestellte Brot auch mehr Feuchtigkeit behalte und weniger rasch austrockne, daß aber mit den Zusätzen sonstige Vorteile (etwaige bessere Verdaulichkeit) nicht verbunden seien.

Eine ähnliche aber noch größere Wirkung sollen das Patentwalzmehl und Reisbackmehl[5]) als Zusatzmittel zu Roggen- und Weizenbackmehl hervorrufen. C. Griebel[6]) teilt hierüber mit, daß das Patentwalzmehl aus ungeschälten Kartoffeln mit Hilfe eines Dämpfvorganges hergestellt werde und dem Weizenmehl in einer Menge von 1—5%, dem Roggenmehl in einer solchen von 5—5,7% zugesetzt werden solle. Hierdurch soll nicht nur die Backfähigkeit wenig ergiebiger Mehle, sondern auch die Ausbeute an Backware — bei 5% Zusatz um 5 bis 15% — erhöht und auch das Springen des Brotes verhindert werden.

In Amerika (und auch einigen Ländern Europas) wird eine Hopfen- oder Stockhefe in der Weise bereitet, daß man 220 g Hopfen mit etwa 27 l Wasser 5 Minuten lang kocht,

---

[1]) Österr.-Ungar. Zeitschr. f. Zuckerind. u. Landw. 1903, **32**, 226.

[2]) Zeitschr. f. Untersuchung d. Nahrungs- u. Genußmittel 1904, **7**, 302.

[3]) Ebendort 1906, **11**, 36.

[4]) Ebendort 1909, **18**, 685.

[5]) Diese Zusatzmittel werden von den Tätosinwerken in Berlin in den Handel gebracht.

[6]) Zeitschr. f. Untersuchung d. Nahrungs- u. Genußmittel 1909, **17**, 657.

auf 80° abkühlt und mit $2^1/_2$ kg Malz mischt; hieraus seiht man ab, läßt auf 21° abkühlen und gibt $^1/_2$ l alte Stockhefe hinzu; nach 24 Stunden ist die Hefe fertig.

In anderen Gegenden verwendet man sprossende Hefe, indem Preßhefe oder auch Sauerteig in Malzwürze oder Bierwürze vermehrt wird.

b) Ersatzmittel für Hefe, die Backpulver. Den (S. 640) bereits angegebenen Backpulvern werden mitunter noch andere Stoffe zugesetzt, die dem Gebäck einen fremdartigen Charakter erteilen können. Ein Backpulver (D. R. P. 142 693) besteht aus Natriumbicarbonat und einer Verbindung von Casein mit Monocalciumphosphat. Ein Nutrina-Backpulver war nach A. Beythien aus Maisstärke, Natriumbicarbonat und Weinstein (mit 33% Asche) zusammengesetzt; Dr. Cratos Backpulver war ein Gemisch von Natriumcarbonat und Weinstein mit 25% Maismehl bzw. -stärke; Germania - Backpulver ein solches aus 25% Natriumcarbonat, 60% Weinstein und 15% Maisstärke. Das Artopan, ein neues Hilfsmittel für die Bäckerei — zur angeblichen Unterstützung für das Hefenwachstum — besteht nach v. Czadek[1]) aus 80% Zucker, 3% ein- und 17% zweibasischem Kalkphosphat; „Fruto" ist nach Wagner und Prütz[2]) ein aus Maismehl, 10% Kochsalz und etwas Weinstein bestehendes sogenanntes Mehlverbesserungsmittel.

Winton und Mitarbeiter erwähnen, daß der Verbrauch an Backpulvern in Amerika[3]) außerordentlich groß sei ($1^1/_2$ Pfd. für den Kopf der Bevölkerung und Jahr), daß diese aber häufig stark mit Gips und auch Alaun versetzt seien.

c) Zusatz fremder Fette. Bei Backwaren soll allgemein das etwa angewendete Fett der Kuhmilch bzw. dem Rahm oder der Butter entstammen, wo solche nach althergebrachtem Gebrauch vom Publikum vorausgesetzt werden. Ganz zweifellos gilt dieses für Backwaren, welche die ausdrückliche Bezeichnung „Buttergebäck" tragen. Denn nach der Reichsgerichts-Entscheidung vom 16. Dezember 1904 darf auch Krebsbutter nur mit reiner Naturbutter und nicht mit Margarine oder anderen Butterersatzmitteln hergestellt sein (vgl. S. 114). Vielfach wird aber auch Margarine verwendet, während sich Palmin und Cocosnußfett schon durch den Geschmack zu erkennen geben würden (vgl. weiter unten unter Feinbackwaren).

Um das Gebäck einige Tage frisch zu erhalten, werden nach D. R. P. 132 704 Zusätze wie Pflanzenöl und Alkohol, Glycerin zu dem mit Hefe zubereiteten Teig vorgeschlagen.

d) Brotöl. Zum Bestreichen der Backbleche oder der Brote an den Seiten wird Fett, meistens Speck, Schmalz oder Talg bzw. ein sonstiges Speisefett verwendet. Statt dessen wird, wie schon II. Bd., S. 877 gesagt ist, vielfach Mineralöl (auch wohl Palmöl genannt) verwendet.

A. L. Winton[4]) untersuchte zwei solcher amerikanischen Öle für Bäcker mit folgendem Ergebnisse:

	Korno-Extramürb	Korno-Teigmurb
Feuchtigkeit	7,23%	6,32%
Kochsalz	4,36 „	1,64 „
Fett	88,41 „	92,04 „

Das Fett bestand vorwiegend aus Maisöl, Baumwollsaatöl und Stearin (?); es war in beiden Fällen mit Teerfarben gefärbt.

Für die Herstellung von Laugen- oder Bierbrezeln ist auch eine Flüssigkeit, „Spiralin" genannt, empfohlen, die nach J. M. Krasser[5]) ein spez. Gewicht von 1,3735 besaß und in 100 ccm 45,068 g Natriumhydroxyd, 0,297 g Chlornatrium neben Spuren Natriumcarbonat und organischer Substanz enthielt; die Brezeln sollen vor dem Backen einige Minuten in die Flüssigkeit gelegt werden.

---

1) Zeitschr. f. Untersuchung d. Nahrungs- u. Genußmittel 1907, **14**, 718.
2) Ebendort 1909, **18**, 684.
3) Ebendort 1906, **11**, 36.
4) Ebendort 1908, **15**, 620.
5) Ebendort 1911, **21**, 440.

Zum Bestreichen der Brote verwendet man, um eine schön aussehende Rinde zu erhalten, entweder Wasser, Zucker- oder Eiweißlösungen, wogegen sich nichts erinnern läßt, wenn sie an sich rein sind.

e) Weißmachen bzw. Färben von Nährteigen. L. Sibille[1]) untersuchte eine Flüssigkeit, die zum Weißmachen von Nährteigen dienen sollte; sie enthielt 0,51% freie schweflige Säure, 6,24% gesamte schweflige Säure, 4,24% gesamte Schwefelsäure und 21,27% Trockenrückstand; sie war durch Überleiten von schwefliger Säure in eine Sodalösung erhalten worden. Fr. Grimaldi[2]) erwähnt, daß auch im Handel ein Bleichen der Speiseteige durch schweflige Säure stattfinde.

Eine gelbe Teigfarbe (Jaune végétal) bestand nach B. Fischer[3]) aus Stannihydroxyd mit einem gelben Anilinfarbstoff.

f) Verwendung von Brot- und Teigresten. Nicht selten kommt es vor, daß man die in den Backtrögen verbliebenen Teigreste und nicht verzehrte Brotreste aus Familien und Speisewirtschaften wieder neuem Teig untermischt. Daß diese Reste Schmutz aller Art, Schimmelpilze, bedenkliche Bakterien enthalten können, liegt auf der Hand. Die abgekratzten Brotreste aus Backtrögen können auch leicht Holzsplitterchen einschließen[4]).

g) Verwendung fremdartiger Streumehle. Um das Anbacken der Mehle zu vermeiden, bestreut man nach althergebrachter Sitte die Brote mit kleiehaltigen geringwertigen Mehlen derselben Getreideart. Hiergegen läßt sich schwerlich etwas erinnern, weil man diesen Zusatz durchweg mit freiem Auge erkennen kann. Wenn aber Streu- oder Staubmehle aus Holz, Spelzen, Steinnuß, Schilf, Kieselgur usw. (vgl. S. 497) für diesen Zweck verwendet werden, so muß das als Verfälschung angesehen werden, weil sie fremdartig sind und den Nährwert des Brotes herabsetzen, indem sie an sich für den Menschen unverdaulich sind und die Verdaulichkeit des Brotes durch ihren Reiz auf die Darmwandungen, der eine schnellere Entleerung des Darminhaltes bewirkt, auch noch beeinträchtigen.

3. Krankheiten des Brotes und Veränderungen desselben beim Aufbewahren. Das Brot ist beim Aufbewahren verschiedenen Veränderungen, sei es durch Einwirkung von Pilzen und Bakterien, sei es durch rein chemisch-physikalische Vorgänge ausgesetzt; sie sind schon in Bd. II 1904, S. 868 und 865 u. f. angegeben, mögen hier aber unter Berücksichtigung der weiteren Untersuchungen nochmals kurz erwähnt werden.

a) Verschimmeln des Brotes. Das Brot ist ein besonders guter Nährboden für Schimmelpilze, wodurch es verschiedene Farben annehmen kann; Mucor mucedo bzw. Botrytis grisea erzeugen eine weißliche, Aspergillus glaucus bzw. Penicillium glaucum eine bläulichgrüne, Oidium auranticum (bzw. das Thamnidium von Mucor mucedo) eine gelbrötliche Färbung und Rhizopus nigricans schwarze Flecken. Die Schimmelpilze zersetzen (veratmen) in erster Linie die Kohlenhydrate unter Bildung von Kohlensäure; die Bildung von Alkohol konnte nur bei Aspergillus nidulans nachgewiesen werden. Die Proteine werden nur zu in Wasser löslichen Verbindungen umgewandelt; Peptone, Ammoniak und salpetrige Säure werden nicht gebildet; Aspergillus nidulans macht auch hier wieder eine Ausnahme, insofern er etwas Salpetersäure erzeugt. Ob eine Säurezunahme oder -abnahme stattfindet, ist bis jetzt nicht erwiesen. Dadurch, daß die Kohlenhydrate stark veratmet, aber die Proteine nicht zersetzt werden, nehmen letztere relativ zu, so daß ein stark verschimmeltes Gramineenbrot einen prozentualen Gehalt an Protein annehmen kann, als wenn es aus Leguminosen hergestellt ist.

Die gewöhnlich auftretenden Schimmelpilze (Pen. glaucum, Asp. niger und Muc. stolonifer) erzeugen keine giftigen Stoffwechselstoffe und können durch ihre Sporen vom

---

[1]) Zeitschr. f. Untersuchung d. Nahrungs- u. Genußmittel 1904, **8**, 612.

[2]) Ebendort 1905, **9**, 629.

[3]) Ebendort 1903, **6**, 665.

[4]) Vgl. Kapeller und Theopold, Zeitschr. f. Untersuchung d. Nahrungs- u. Genußmittel 1909, **17**, 686.

Darm aus kaum giftige Wirkungen hervorrufen. Auch haben Zippel sowie Welte[1]) durch Verfüttern von durch Pen. glaucum stark verschimmeltem Brot an Hunde, Katzen, Kaninchen, Ziegen, Pferde und Katzen keinerlei Gesundheitsstörungen wahrnehmen können. Indes ist verschimmeltes Brot schon wegen der widerlichen Geruchs- und Geschmacksveränderungen für den Menschen nicht genießbar.

b) Rotfleckig- bzw. Blutigwerden des Brotes. Im Sommer bis Herbst treten auf dem Brot mitunter rote Flecken („blutendes Brot" oder „blutende Hostie") auf, verursacht durch den Micrococcus prodigiosus Cohn, genannt Bacterium prodigiosum, der einen roten Farbstoff ausscheidet und auch auf gekochtem Hühnereiweiß, gekochten Mohrrüben, auf Fleisch, Milch und anderen Speisen vorkommt. Die runden bis ovalen Zellen des Micrococcus, von 0,5—1,0 μ Länge, selbst sind häufig ganz farblos. Der Farbstoff ist in Wasser unlöslich, aber leicht löslich in Alkohol, Xylol und in Fetten. Neben Farbstoff scheidet er ein peptonisierendes Enzym aus, das die Gelatine verflüssigt; auf einigen stickstoffreichen Stoffen bildet er Trimethylamin. Das davon befallene Brot zeigt äußerlich gar keine Veränderungen, sondern man bemerkt erst beim Aufschneiden rote Streifen in der Krume, die den Rissen und Spalten folgen. Das durch Micr. prodigiosus rot gefärbte Brot gilt ebenso wie das verschimmelte nicht als gesundheitsschädlich, erscheint aber schon wegen seines abnormen Aussehens als nicht genießbar und verkäuflich. Der Micrococcus pflanzt sich in den Bäckereien, in denen er sich einmal eingenistet hat, fort und kann nur durch die peinlichste Reinigung aller Gefäße, der Gerätschaften, des Fußbodens wie der Wände beseitigt werden.

c) Fadenziehendwerden des Brotes. Das Fadenziehendwerden des Brotes äußert sich darin, daß seine Krume klebrig sowie meistens etwas verfärbt ist und sich zu langen Fäden ausziehen läßt, wenn man einen Finger in das Brot drückt und dann wieder herauszieht. Dabei nimmt das fadenziehende Brot einen äußerst unangenehmen, muffig-säuerlichen Geruch sowie widerlichen Geschmack an; der Geruch haftet oft wochenlang sogar den Räumen an, worin solches Brot aufbewahrt wurde, und Bäckereien besonders von Weizenbrot, das am empfindlichsten für die Krankheitserreger ist, müssen, wenn sich die Krankheit einmal eingestellt hat und wenn mit Sauerteig gearbeitet wird, nicht selten für lange Zeit den Betrieb einstellen. Auch diese Krankheit tritt vorwiegend im Sommer auf und kann, wie schon II. Bd. 1904, S. 869 ausgeführt ist, durch verschiedene Bakterien erzeugt werden, die aber das eine gemeinsam haben, daß sie hitzebeständige Sporen erzeugen. Sie leiten sich allgemein von dem Kartoffelbacillus (Bac. mesentericus vulgatus Flügge) ab, hängen äußerlich dem Korne an und gelangen vorwiegend durch die äußere Schale (Kleie) ins Mehl.

Der Bacillus bildet schlanke Stäbchen von 1,6—5,0 μ und 0,5 μ Länge, die oft zu Fäden vereinigt sind. Er gedeiht am besten bei 20—28°, jedoch hört sein Wachstum bei 6—8° noch nicht auf. Die Backtemperatur reicht meistens nicht aus, die Sporen zu töten; erst durch ein 6stündiges Erhitzen im strömenden Wasserdampf von 100° oder eine $^3/_4$stündige Einwirkung von gespanntem Wasserdampf im Dampftopf bei 113—118° werden sie getötet. Gegen Säuren ist der Bacillus ziemlich empfindlich. Die Bakterien bewirken nach hiesigen Versuchen eine namhafte Veränderung der Brotsubstanz. Die Proteine werden über Albumosen und Peptone bis zu Ammoniak abgebaut; die Stärke bzw. unlöslichen Kohlenhydrate werden in Zuckerarten, Dextrine und zum Teil auch in Säuren (Milchsäure) übergeführt, gleichzeitig aber veratmet. Die Bildung des Schleimes beruht auf einer schleimigen Verquellung der äußeren Schichten der Membran der Bakterien, auf der Bildung schleimiger Zoogloeen, nicht auf der Zersetzung der Proteine und Kohlenhydrate (eventuell unter Bildung von sogenanntem Dextran bzw. Galaktan). Zur Ausrottung dieser Krankheit sind dieselben Mittel wie vorstehend bei b) zu ergreifen; auch Anwendung von Milchsäure bzw. saurer Milch oder Essigsäure werden als Mittel zur Verhinderung des Wachstums empfohlen.

[1]) Welte, Biol. u. pathol. Untersuchungen über das Verschimmeln des Brotes. Inaug.-Diss. München 1895 u. Archiv f. Hygiene 1895, **24**, 84.

d) Die sogenannte ***Kreidekrankheit des Brotes,*** bei der das Brot weiße Flecken zeigt, wird nach P. Lindner[1]) durch einen Pilz hervorgerufen, der Hutsporen in Ascis erzeugt und morphologisch durch die Bildung von Schnallen am Mycel gekennzeichnet ist; er vergärt verschiedene Zuckerarten und steht den Gattungen Endomyces und Wallia nahe. Lindner nennt den Pilz Endomyces fibuliger n. sp.

e) ***Altbackenwerden des Brotes.*** Unter Altbackenwerden des Brotes verstehen wir die Erscheinung, daß die Rinde des Brotes ihre Brüchigkeit einbüßt, zäher und etwas nachgiebiger wird, die Krume dagegen ihre Widerstandsfähigkeit verliert, ohne sich jedoch zwischen den Fingern leicht zerbröckeln zu lassen. Dieser Zustand tritt unter Temperaturerniedrigung nach bzw. innerhalb 24 Stunden nach dem Backen ein. Scheinbar wird das Brot hierbei trockener, in Wirklichkeit aber ist, wie schon II. Bd. 1904, S. 866 gesagt ist, der Wasserverlust nur ein geringer; auch kann man altbackenes Brot, wenn der Wassergehalt durch längeres Aufbewahren nicht unter 30% gesunken ist, durch Erwärmen auf 70—80° wieder frischbacken machen, obschon es hierbei noch wieder etwas Wasser verliert. v. Bibra nahm seinerzeit an, daß das Wasser mit der Stärke bzw. dem Kleber des Brotes beim Aufbewahren eine chemische Verbindung eingehe, die durch das darauffolgende Erwärmen wieder gelöst werde. In ähnlichem Sinne nehmen Boutroux und Lindet[2]) an, daß während des Backens Wasser von der Rinde in die Krume wandere und dort eine übersättigte Lösung von Amylodextrin bilde, beim Erkalten und Aufbewahren scheide sich dasselbe wieder aus, um beim Nachbacken wieder in Lösung zu gehen. E. Roux[3]) führt den Vorgang darauf zurück, daß Amylocellulose durch höhere Temperatur (bis 150°) in lösliche Stärke übergehe, die bei niederen Temperaturen wieder in Amylocellulose zurückverwandelt werde. Im Augenblick ist also die Ursache des Altbackenwerdens des Brotes noch nicht aufgeklärt; jedenfalls scheint es, als wenn in dem frischgebackenen Brote Lösungen von kolloidalen Stoffen vorhanden sind, die beim Erkalten und Aufbewahren aus dem Sol- in den Gelzustand übergehen und beim Erhitzen aus diesem wieder in jenen zurückverwandelt werden. Dementsprechend erklärt Lorenz[4]) in Übereinstimmung mit J. R. Katz sowie Verschaffelt den Vorgang in der Weise, daß aus dem Kleber des Mehles beim Backen ein Gerüst aus gehärteter Substanz entstehe, in welchem die verkleisterte Stärke eingebettet liege, ohne eine Differenzierung der Stoffe erkennen zu lassen. Beim Aufbewahren des Brotes geben die verkleisterten Stärketeilchen das Wasser an das Kleber-(Protein-)Gerüst ab und treten unter Änderung der Struktur als solche deutlich hervor, durch Erwärmen auf 50—60° wird ohne Zusatz von Wasser der ursprüngliche Zustand wiederhergestellt. Altbackenes Brot nimmt nach K. B. Lehmann[5]) eine geringere Menge Wasser und weniger schnell auf als frischbackenes. Durch warmes Wasser (40—60°) kann die Wasseraufnahmefähigkeit des altbackenen Brotes wieder erhöht werden. Wenn Brot längere Zeit an einem trockenen, luftigen Orte aufbewahrt wird, so geht der Wassergehalt auf 12—14% (den des Mehles) zurück und behält diesen, wenn es nicht künstlich getrocknet wird, jahrelang bei.

f) ***Säure- und Alkoholgehalt*** beim Aufbewahren. Die Säure des Brotes ist in erster Linie von der Art der Zubereitung abhängig, indem die mit Sauerteig bereiteten Brote mehr Säure zu enthalten pflegen, als die mit Hefe hergestellten Brote. Im allgemeinen pflegt der Säuregehalt beim Aufbewahren zuzunehmen, besonders bei solchen Broten, die unter Zusatz von Milch hergestellt werden.

Der Alkoholgehalt nimmt umgekehrt ab, indes sind die von Ballas (II. Bd. 1904, S. 865) mitgeteilten Zahlen anscheinend zu hoch (vgl. weiter unten S. 689).

---

[1]) Zeitschr. f. Spiritus-Industrie 1910, **31**, 162, 177 u. 189.

[2]) Zeitschr. f. Untersuchung d. Nahrungs- u. Genußmittel 1903, **6**, 173.

[3]) Chem.-Ztg. 1906, **11**, 401.

[4]) Ebendort 1913, **37**, 783.

[5]) Archiv f. Hygiene 1894, **21**, 238.

Untersuchung des Brotes.

Für die Untersuchung des Brotes kommen physikalische und chemische Verfahren in Betracht.

I. Physikalische Untersuchungsverfahren.

Als physikalische Untersuchungsverfahren zur Beurteilung des Brotes werden folgende angewendet:

1. Spezifisches Gewicht a) des porenhaltigen Brotes. Prausnitz und Menicanti[1]) verwenden ganze Brotlaibe, deren absolutes Gewicht ($= g$) und Volumen sie dadurch ermitteln, daß sie das Brot mit Butter bestreichen, unter Wasser bringen und die Menge des verdrängten Wassers in Gramm oder Kubikzentimeter ($= v$) bestimmen. Das spez. Gewicht des Brotes ist dann $s = \frac{g}{v}$ Sie fanden auf diese Weise das spez. Gewicht wie folgt:

Weizenbrote	Grau- (Weizen-Roggenbrote)	Roggenbrote
0,300—0,345	0,367—0,485	0,479—0,690

K. B. Lehmann[2]) stanzt mittels einer Messingröhre aus einer genau 5 cm hohen Brotscheibe einen Zylinder von bekanntem Inhalt aus und ermittelt sein absolutes Gewicht. Ein Zylinder Brot von 63,617 ccm Volumen wog im Mittel von 3 Bestimmungen 24,08 g (einzeln 24,5, 23,45 und 24,3 g), also spez. Gewicht $\frac{24,08}{63,617} = 0,379$.

b) Des porenfreien frischen Brotes. In eine mit Wasser genau kalibrierte Messingdose wird so viel frische Brotkrume glatt und fest hineingedrückt (geknetet), als eben möglich ist und dann gewogen. K. B. Lehmann verwendete z. B. eine Messingdose von 10,545 ccm Inhalt, die hineingeknetete porenfreie Semmelkrume wog 14,83 bzw. 15,03 g, hieraus also ergibt sich das spez. Gewicht des porenfreien Brotes im Mittel $= \frac{14,93}{10,545} = 1,416$.

c) Der porenfreien Trockensubstanz. Ist a das Gewicht des porenfreien frischen Brotvolums v und b das Gewicht der Trockensubstanz, so ist $\frac{b}{v - (a - b)} = St$ das spez. Gewicht der porenfreien Trockensubstanz.

Beispiel: Die unter b) erwähnten 14,83 bzw. 15,03 g frischer Substanz lieferten 8,44 bzw. 8,625 g Trockensubstanz.

Das Volum dieser Trockensubstanz betrug 10,545 — (14,83—8,44) = 4,155 bzw. 10,545—(15,03—8,625) = 4,14.

Daraus ergibt sich das spezifische Gewicht der Trockensubstanz $\frac{8,44}{4,155} = 2,03$ bzw. $\frac{8,625}{4,14} = 2,08$.

K. B. Lehmann fand auf diese Weise für 15 verschiedene Brotsorten folgende spezifischen Gewichte:

Porenhaltiges Brot	Porenfreies, frisches Brot	Porenfreie Trockensubstanz
0,24 (Semmel) — 1,0 (Pumpernickel)	1,37—1,42[3])	1,93—2,17

Nur das frische, porenhaltige Brot zeigt nennenswerte Unterschiede im spez. Gewicht; das der wasserhaltigen (42—46% Wasser) porenfreien Brotsubstanz beträgt durchschnittlich 1,40, das der porenfreien Trockensubstanz 2,05.

---

[1]) Zeitschr. f. Biologie 1894, **30**, 328.

[2]) Archiv f. Hygiene 1894, **21**, 216.

[3]) In verschiedenen Broten wurden auch Zahlen von 1,29—1,31 für das spez. Gewicht des porenfreien Brotes gefunden; das beruhte dann darauf, daß das Brot nicht mehr frisch war; denn altbackenes Brot, wenn es einzutrocknen beginnt, verliert seine plastischen Eigenschaften eher als seinen Wassergehalt.

2. *Das Porenvolumen.* Das Porenvolumen wurde zuerst von Jacoby[1]) in folgender Weise bestimmt: Man schneidet aus der Brotkrume mittels eines scharfen Messers und einer Schablone ein würfelförmiges Stück von einem bestimmten Kubikinhalt aus, knetet das Stück so lange zwischen den Fingern, bis man eine gleichförmige porenlose Masse erhält und bestimmt dann die letzteren Volumen unter Öl oder Wasser. Ursprüngliches Volumen minus dem der porenlosen Brotmasse gibt das Gesamtvolumen der Poren; es wird in Prozenten des scheinbaren (ursprünglichen) Volumens der Brotmasse ausgedrückt. Dasselbe Verfahren wendeten Samgin und Blauberg[2]) an; K. B. Lehmann dagegen berechnet das Porenvolumen wie folgt: Bezeichnet S das spez. Gewicht des porenhaltigen, S_1 das des porenfreien Brotes, so ist das Porenvolumen, d. h. die in einem Volum Brot enthaltene Luftmenge in Prozenten des Brotvolumens $P_0 = \frac{(S_1 - S)\,100}{S_1}$; oder wenn $S_1 = 1{,}31$, $S = 0{,}375$, so ist $P_0 = \frac{(1{,}31 - 0{,}375)\,100}{1{,}31} = 70{,}7\%$.

Das Porenvolumen schwankte nach K. B. Lehmann auf diese Weise in 15 Brotsorten von 28,5% (Westfälischer Pumpernickel) bis 82,8% (Würzburger Semmel). Die Schrot- und die Roggenbrote haben durchweg ein geringeres Porenvolumen als die Mehl- und Weizenbrote; so ergaben

Brotsorte	Porenvolumen	Brotsorte	Porenvolumen
Roggenschrotbrot	28,5—49,2%	Weizenschrotbrot	64,3%
Roggenmehlbrot	55,7—70,7 „	Weizenmehlbrot	73—83%

3. *Das Trockenvolumen.* Hierunter versteht K. B. Lehmann das Volumen der Trockensubstanz von 100 ccm frischem Brot und bestimmt es dadurch, daß er vom Volumen von 100 ccm frischem Brot das Volumen der Poren und des vorhandenen Wassers abzieht. Wenn keine Wasserbestimmung ausgeführt ist, legt Lehmann einen Gehalt von 42% zugrunde.

Beispiel: 100 ccm Würzburger Graubrot mit 41% Wasser in der Krume wogen 42 g und hatten 70,7% Porenvolumen. In 100 ccm sind $100 - 70{,}7 - 41 \times 0{,}42 = 100 - 70{,}7 - 17{,}2 = 12{,}1$ ccm Trockensubstanz; dieselbe ergab sich für Würzburger Semmel zu 7,1 ccm, für Westfälischen Pumpernickel zu 39,5 ccm; es wird also die Mehlmasse durch die Brotbereitung bei den Semmeln auf das rund 14fache, beim Schwarzbrot auf das 3,3fache erhöht.

4. *Porengröße.* Man schneidet aus dem Brot eine Scheibe heraus, drückt auf derselben einen Kreis von bestimmtem Inhalt (z. B. von 21,206 qcm), zählt die Menge der vorhandenen Poren und mißt gegebenenfalls ihre Größe. Kleinporige Brote haben im allgemeinen auch das kleinste, die großporigen Brote das größte Porenvolumen.

Die Porengröße, das Porenvolumen wie das Gesamtvolumen der Brote nimmt mit dem Austrocknen des Brotes beim Aufbewahren mehr oder weniger ab.

W. Prausnitz[3]) bettet das Brot in Kolloidin ein, macht mittels des Mikrotoms Schnitte durch das Brot und betrachtet sie bei 30facher Vergrößerung unter dem Mikroskop. Indem er mit Hilfe des Zeichenprismas eine Zeichnung von dem mikroskopischen Bilde anfertigt, erhält er eine recht gute Veranschaulichung über die Größe und Anzahl der Poren. Man würde diese auch photographisch herstellen können; und wenn man bei gleicher Vergrößerung der Gesamtbilder dann die mit der Schere ausgeschnittenen Porenflächen wöge, würde sich sogar die Größe der Porenfläche gegenüber der Teigfläche genau berechnen lassen.

5. *Zusammenhang der Poren.* Die Poren eines Brotes, wenigstens die größeren, hängen untereinander zusammen und bilden keine von einander unabhängige, abgeschlossene und von Teig umgebene Hohlräume. Das ergibt sich schon durch die sorgfältige Betrachtung

[1]) Russische Zeitschr. „Gesundheit" 1881, Nov.

[2]) Vgl. Erismann, Zeitschr. f. Biologie 1901 [N. F.] **24**, 672.

[3]) Archiv f. Hygiene 1893, **17**, 626.

eines Stückes Brot und kann man auch mit einer Borste sehr leicht derartigen Kanälen nachgehen. Es folgt dieses aber auch aus der Durchlässigkeit des Brotes für Luft und Wasser.

a) Luftdurchlässigkeit. Aus den einzelnen Broten werden mittels einer Röhre Zylinder von 3 cm Höhe ausgestanzt, so daß in allen Fällen das gleiche Volumen in Vergleich gezogen wird. Der Brotzylinder wird dann ringsum mit geschmolzenem Paraffin bestrichen und wieder in die Röhre zurückgeschoben. Darauf werden die Ränder nochmals mit Paraffin gedichtet, so daß durchgepreßte Luft ihren Weg nur durch das Brot nehmen kann. Die so vorbereitete Röhre wird an ein Gasometer angeschlossen und, um den Druck der Luft festzustellen, in ähnlicher Weise wie nach dem v. Pettenkoferschen Verfahren zur Prüfung der Luftdurchlässigkeit von Baumaterialien vermittels einer T-Röhre zwischen beide ein Wassermanometer geschaltet. Von der freien Seite der Röhre aus führt ein Schlauch unter einen über Wasser umgestülpten Meßzylinder, welcher die durchgepreßte Luft aufnimmt. Auf diese Weise läßt sich leicht bestimmen, in welcher Zeit 1 l Luft durch das Brot hindurchgeht. Z. B. ging 1 l Luft durch: für Semmel bei einer Druckhöhe von 13—15 cm in $1^1/_2$—3 Minuten, für Weißbrot bei einer Druckhöhe von 29—33 cm in 8—10 Minuten, für Pumpernickel bei einer Druckhöhe von 37 cm in 40—47 Minuten. Die Zahlen werden noch vergleichbarer, wenn man berechnet, wieviel Liter Luft bei einer gleichen Druckhöhe von 10 cm in einer Stunde durchgehen; es gingen hiernach im Mittel Liter Luft durch:

Semmel		Weißbrot		Pumpernickel	
frisch	alt	frisch	alt	frisch	alt
16,6 l	19,0 l	1,9 l	1,4 l	0,38 l	0,45 l

Frisches und altes Brot unterscheiden sich daher nicht wesentlich durch ihre Luftdurchlässigkeit.

b) Durchlässigkeit für Flüssigkeiten. Die Brotzylinder von 3 cm Höhe werden in derselben Weise wie vorhin in eine Glasröhre eingedichtet, auf diese wird 1 ccm einer wässerigen Fuchsinlösung gegossen und es wird die Zeit festgestellt, innerhalb welcher die Flüssigkeit auf der unteren Seite des Brotes erscheint. Hier stellten sich große Unterschiede nicht nur zwischen den einzelnen Brotsorten, sondern auch zwischen frischem und altem Brot heraus. Die Flüssigkeit trat z. B. durch:

Semmel		Weißbrot		Pumpernickel
frisch	alt	frisch	alt	frisch
in 5 Minuten	6 Stunden	1 Stunde	7 Stunden	24 Stunden

Der Weg der Flüssigkeit verlief auch nicht senkrecht, sondern mehrfach geteilt in verschiedenen Farbbahnen, meistens den großen Poren folgend.

6. Aufnahmevermögen für Flüssigkeiten (Imbibition). Diese Eigenschaft kann in folgender Weise ermittelt werden: Man stanzt aus den Broten wie vorhin Zylinder von 3 cm Höhe und 5 cm Durchmesser aus, bringt diese jedesmal für gleiche Zeit in ein Bad von 10% Schwefelsäure, spült darauf oberflächlich $^1/_7$ Minute mit Wasser ab, zerreibt den Brotzylinder und titriert unter Anwendung von Phenolphthalein so lange mit N.-Lauge, bis die Masse rosa gefärbt, d. h. neutralisiert ist. Aus der Anzahl der verbrauchten Kubikzentimeter N.-Lauge schließt man auf die Menge der aufgenommenen Schwefelsäure. Hier stellte sich die Flüssigkeits- (Wasser-) Aufnahme für frisches und altes Brot sehr verschieden heraus, indem z. B. die größte Wasseraufnahme (nach 72 Stunden) betrug:

Graubrot		Weißbrot	
frisch	alt	frisch	alt
219%	170%	289%	153%

In den ersten Minuten ist die Wasseraufnahme zwischen frischem und altem Brot fast gleich; nach $^1/_2$ Stunde hat letzteres aber fast sein Maximum erreicht, während bei frischem Brot die Zunahme fortdauert.

7. Gase im Brot. Im ausgebackenen Brot unmittelbar nach dem Verlassen des Ofens finden sich als Gase nur Kohlensäure und Wasserdampf (neben Spuren von etwas Alkohol und sonstigen flüchtigen Stoffen). Schon nach 1/4 Stunde werden diese, wie Balland nachgewiesen hat, zum Teil durch Sauerstoff und Stickstoff der Luft ersetzt und nach 1—2 Stunden finden sich als Gase Sauerstoff und Stickstoff im Brot in demselben Verhältnis, wie sie in der Luft enthalten sind.

II. Chemische Untersuchungsverfahren.

Für die chemische Untersuchung handelt es sich zunächst darum, ob man das ganze Brot oder die Rinde (Kruste) und Krume getrennt für sich untersuchen will. In letzterem Falle kann man zunächst das ganze Brot wägen, dann von der schmalen Seite aus quer durchschneiden und die Krume mittels der Finger vollständig, aber so vorsichtig von der Rinde trennen, daß letztere nicht verletzt wird. Die Rinde (Kruste) wird zurückgewogen, während sich die Menge der Krume, die durch Wasserverdunstung und Versprengen leicht Verluste erleidet, aus der Differenz des ganzen Brotes minus Rinde angenommen wird; man kann aber die abgetrennte Krume zur Kontrolle ebenfalls wägen.

Das Verhältnis von Rinde zu Krume ist je nach der Größe und Form des Brotes sehr verschieden; die Rinde macht 22—45%, die Krume dementsprechend 78—55% des ganzen Brotes aus.

Auch der Wassergehalt ist naturgemäß recht verschieden; er schwankt für:

	Ganzes Brot	Rinde	Krume
zwischen	30—45%	16—27%	37—50%

Im übrigen sind Rinde und Krume in der chemischen Zusammensetzung der Trockensubstanz nicht wesentlich verschieden; nur der Gehalt an Stickstoff-Substanz und an Zucker bzw. Dextrin pflegt infolge der stärkeren Caramelisierung in der Trockensubstanz der Rinde etwas geringer zu sein als in der der Krume. Bei gleichem Gewicht erhält man daher in einem rindenreichen Brot etwas mehr Nährstoffe als in einem rindenarmen Brot.

Die chemischen Bestandteile des Brotes werden im allgemeinen nach den üblichen Verfahren bestimmt; im einzelnen ist noch folgendes zu bemerken:

1. Bestimmung des Wassers. Wenn in Rinde und Krume die Bestimmung des Wassers getrennt ausgeführt werden soll, so sammelt man, wie vorstehend angegeben ist, Rinde und Krume für sich. Die Rinde läßt sich wohl stets durch Zerreiben in einer bedeckten Reibschale oder durch Mahlen so weit und gleichmäßig zerkleinern, daß Gewichtsmengen von 1—2 g und mehr einen Durchschnitt bilden und direkt zu den einzelnen Bestimmungen verwendet werden können; hiervon werden dann behufs Wasserbestimmung 5—6 g direkt bei 100—105° bis zur Gewichtsbeständigkeit getrocknet.

Auch die Krume von gut ausgebackenem und nicht ganz frischem Brot läßt sich durchweg mit Hilfe einer Kartoffelreibe so weit zerkleinern, daß sie ebenso wie die Rinde direkt zur Bestimmung des Wassers und anderer Bestandteile verwendet werden kann. Ist die Krume dagegen frisch oder pappig, so muß eine größere Menge vorgetrocknet werden, wie es für die Untersuchung des ganzen Brotes notwendig ist.

Soll nämlich das ganze Brot untersucht werden, so werden aus runden Broten sorgfältig durch Radialschnitte keilförmige Stücke mit der zugehörigen Rinde herausgeschnitten, längliche Brote dagegen werden durch Kreuz- und Querschnitte gevierteilt und diese Ausschnitte entweder ganz oder nach weiterer Teilung — etwa einige 100 bis 1000 g im ganzen — bei 50—60° so lange vorgetrocknet, bis sie sich pulvern (zerstoßen oder mahlen) lassen. Man erhält auf diese Weise die sogenannte lufttrockene Substanz, die zu den weiteren Bestimmungen dient. Eine kleinere Probe derselben (5—6 g) wird bei 100—105° bis zur Gewichtsbeständigkeit weiter getrocknet und der ursprüngliche Wassergehalt berechnet wie es im I. Teil, S. 23 angegeben ist.

2. Stickstoff. Je nach dem Wasserstoffgehalt werden 2—4 g nach Kjeldahl (I. Teil, S. 240) verbrannt. Eine weitere Zerlegung der Stickstoff-Verbindungen ist bei Brot durchweg nicht notwendig und auch kaum möglich, weil sowohl das Albumin wie der Kleber durch das Backen verändert bzw. zum Gerinnen gebracht werden. Wenn man nämlich aus Brotschnitten durch Malzauszug (Diastase) alle Stärke herauslöst, was meistens nach etwa 6 Stunden gelingt, darauf vorsichtig und gut auswäscht, so bleibt ein Skelett zurück, welches vorwiegend aus Kleber besteht bzw. als Kleberskelett angesehen werden kann und sich für Demonstrationszwecke in Carbolsäuregelatine aufbewahren läßt.

3. Fett. Wenn man Brot bzw. Brotpulver direkt mit Äther auszieht, erhält man stets zu wenig Fett, weil es von Dextrin und verkleisterter Stärke eingeschlossen ist. Man verfährt hierbei am zweckmäßigsten nach G. Polenske[1]) in folgender Weise:

In einer 200 ccm fassenden Flasche mit gut schließendem Glasstopfen werden 10 g Brotpulver mit 50 ccm Wasser, welchem 1 ccm Salzsäure vom spez. Gewicht 1,124 zugesetzt worden war, übergossen, gemischt und durch $1^1/_2$stündiges Einstellen des mit dem Stopfen lose geschlossenen Gefäßes in lebhaft kochendes Wasser die Inversion der Stärke herbeigeführt. Hierbei ist es zweckmäßig, nach Verlauf von 1 Stunde durch leichtes Schwenken der Flasche deren Inhalt nochmals zu mischen. Die noch heiße Flüssigkeit wird zum Abstumpfen der Säure vorsichtig mit etwa 1 g pulverisiertem Marmor versetzt und nach dem Erkalten mit Hilfe von 10 ccm Waschwasser in einen Scheidetrichter von etwa 200 ccm Rauminhalt übertragen. Darauf wird 10 Minuten lang mit 50 ccm Chloroform kräftig durchgeschüttelt und das Schütteln nach Verlauf von $^1/_2$ Stunde 5 Minuten hindurch wiederholt. Aus der schlammigen Flüssigkeit scheidet sich nach einigen Stunden die Menge des Chloroforms teilweise ab; durch zentrifugale Drehungen des Scheidetrichters kann die Menge des Chloroforms auf ungefähr $^3/_4$ des Zusatzes vermehrt werden. Das anfangs trübe Chloroform klärt sich, so daß es nach etwa 3 Stunden durch ein kleines Filter von 5 cm Durchmesser in ein Wägegläschen abgelassen werden kann. Nachdem diese Ausschüttelungen von nunmehr 1 Minute Zeitdauer noch 7 mal mit je 50 ccm Chloroform wiederholt werden, wobei jedesmal annähernd die zugesetzte Menge abgelassen werden kann, ist der wässerigen Flüssigkeit das Fett vollständig entzogen. Die Extraktrückstände der späteren Ausschüttelungen bestehen aus einem kaum wägbaren weißen Belage.

Es hat sich aber herausgestellt, daß praktisch alles Fett in den ersten Chloroformauszug übergeht. Man läßt daher die erste, 15 Minuten anhaltende Chloroformausschüttelung über Nacht stehen, hebt dann 25 ccm der klaren Chloroformlösung ab, filtriert diese durch ein kleines Filter, wäscht mit Chloroform nach, verdunstet letzteres, wägt und berechnet auf die im ganzen angewendete Chloroformmenge.

Man kann statt des Chloroforms auch Äther anwenden; hiervon setzt man zu der invertierten Flüssigkeit 80 g, schüttelt gut durch und läßt in gut verschlossener Flasche bis zum anderen Morgen stehen, überzeugt sich durch Wägen des Gefäßes, daß kein Gewichtsverlust stattgefunden hat, hebt dann 40 g (bzw. 30—50 g) von der klaren Ätherlösung ab, gibt diese in ein Wägegläschen, verdunstet, wägt den Rückstand und berechnet den Fettgehalt auf die angewendeten 80 g Äther um. Die Menge des abgehobenen Äthers kann man am besten durch Zurückwägen der sofort geschlossenen Flasche feststellen.

Im allgemeinen liefert der Auszug mit Äther eine kleine Menge Fett (etwa 0,01%) mehr als der mit Chloroform.

4. Nachweis von Milch- und Butterfett. Zum Nachweise der Natur des etwa zugesetzten Fettes in Gebäcken zieht man eine größere Menge derselben mit Petroläther aus, filtriert die Lösung, destilliert den Äther ab, prüft das Fett nach Baudouin und bestimmt eventuell Refraktion, Reichert-Meißlsche und Polenskesche Zahl. E. Hofstädter[2]) hat durch eigene Backversuche nachgewiesen, daß für den Nachweis von Margarine einzig die Baudouinsche Reaktion maßgebend ist; die Soltsiensche Reaktion wird durch anderweitige Zusätze, besonders von Eiern, zu sehr beeinflußt. Der Backvorgang an sich, wo-

---

[1]) Arbeiten a. d. Kaiserl. Gesundheitsamte 1893, **8**, 698.

[2]) Zeitschr. f. Untersuchung d. Nahrungs- u. Genußmittel 1909, **17**, 436.

durch die Butter verändert wird, und besonders der Zusatz von Eiern erniedrigt die Reichert-Meißlsche Zahl und erhöht die Polenskesche Zahl. Auch die Refraktion läßt im Stiche.

Für reines Weizenfett allein wird die Reichert-Meißlsche zu 1,8 im Mittel angegeben. Das Milchfett im Brot läßt sich nach A. Lam[1]) und E. Baier[2]) auch durch das Refraktometer nachweisen, jedoch muß das ausgezogene Fett im Vakuum oder in indifferenten Gasen getrocknet werden (vgl. auch unter Feinbackwaren).

5. Alkoholgehalt des Brotes. Der durch die Gärung entstehende Alkohol wird beim Backen teils verflüchtigt, teils bleibt er im Brot. Th. Balas[3]) hat seinerzeit den Alkoholgehalt für 6 frische Brote zu 0,2—0,4% angegeben. O. Pohl[4]) hat diese Angabe nachgeprüft, indem er aus dem Deckel eines gutschließenden Papinschen Topfes den Dampfhahn herausnahm, diesen durch eine Kugelröhre ersetzte, die mit einem Liebigschen Kühler verbunden wurde. Aus diesem Apparate, der 8 l faßte, ließen sich in einer Operation bequem $1^1/_2$ kg Brot destillieren. Zu diesem Zwecke wurden 2 l Wasser in den Topf gegeben und hierzu 990 g des zu untersuchenden Brotes, das vorher in kleine Würfel geschnitten war. Ein beträchtlicher Teil des Wassers wurde von dem Brote aufgesaugt, es blieb aber immer noch so viel übrig, um ein Anhängen und Anbrennen des Brotes am Boden des Gefäßes zu vermeiden. Der Topf wurde alsdann fest verschraubt und erhitzt. Während der Destillation mußte die Flamme stets geregelt werden, weil sonst leicht ein Überschäumen in die Vorlage eintrat. Es wurde etwa $^1/_2$ l überdestilliert und das Destillat in einer mit dem Kühler fest verbundenen Saugflasche aufgefangen. Das Destillat, welches einen intensiven Geruch nach frischem Brote besaß und sauer reagierte, verbrauchte zur Neutralisation 1,15 ccm Normalkalilauge. In vorliegendem Versuche waren zu 4419 g Brot 4 Destillationen notwendig. Die aus den 4 Destillationen vereinigten Destillate, etwa 2 l, wurden dann mit Kochsalz gesättigt. Hierauf wurde aus einem mit Hempelschem Aufsatze versehenen Glaskolben zunächst etwa 1 l überdestilliert.

Dieses Destillat wurde dann wieder mit Kochsalz gesättigt und davon die Hälfte überdestilliert usw., bis schließlich etwa 120 ccm aufgefangen wurden. Letztere 120 ccm wurden mit Chlorcalcium gesättigt und destilliert. Die übergehenden ersten 50 ccm wurden in einem Pyknometer aufgefangen und es wurde das spez. Gewicht bei 15° bestimmt.

Für den Versuch ergaben sich z. B. folgende Werte: Gewicht des Pyknometers 22,5928 g. Pyknometer + Wasser bei 15° 72,5333 g. Pyknometer + Destillat bei 15° 71,9600 g.

$$s = \frac{71,9600 - 22,5928}{72,5333 - 22,5928} = 0,9885\ .$$

Dem spez. Gewicht 0,9885 entsprechen 6,66 g Alkohol in 100 ccm des Destillats.

Aus 4419 g Brot waren also 3,33 g Alkohol gewonnen worden.

Hieraus berechnen sich auf 100 g Brot 0,0753 g Alkohol; in einer Kontrollbestimmung wurden 0,083 g Alkohol gefunden; das Weizenbrot war mit Sauerteig hergestellt. In einem mit Preßhefe bereiteten Brot fand Pohl 0,0508—0,0547 g Alkohol für 100 g Brot.

Zum Nachweise des Alkohols führte Pohl das Destillat mit überschüssigem rotem Phosphor und Jod in Jodäthyl über.

6. Säuregehalt des Brotes. Die Säuren des Brotes bestehen nach K. B. Lehmann[5]) einerseits aus freien organischen Säuren (vorwiegend Essigsäure und Milchsäure, stets neben einer geringen Menge einer höheren Fettsäure, zuweilen Spuren von Ameisensäure und Aldehyd, dagegen keine Buttersäure), andererseits aus saurem Monokaliumphosphat (KH_2PO_4).

1) Zeitschr. f. Untersuchung d. Nahrungs- u. Genußmittel 1904, **7**, 759.

2) Ebendort 1911, **8**, 613.

3) Dinglers Polyt. Journal **209**, 399.

4) Zeitschr. f. anal. Chemie 1906, **19**, 668.

5) Archiv f. Hygiene 1893, **19**, 362.

a) Gesamtsäure. Die Bestimmung der Gesamtsäure kann man im ganzen zerquetschten Brot vornehmen. Man zerreibt oder zerpflückt 50 g rindenfreie Brotkrume, übergießt in einem Becherglase mit etwa 150—200 ccm siedenden Wassers, bedeckt mit einer Glasplatte, läßt mehrere (bis 24) Stunden in der Kälte (am besten in einem Eisschrank) stehen, durchrührt oder zerquetscht die Masse kräftig und titriert in einer Porzellanschale zuerst mit $^1/_4$ N.-Natronlauge unter Anwendung von Lackmuspapier bis zur bläulichen Reaktion beider Papiere; darauf setzt man 2—3 ccm einer 2proz. Phenolphthaleinlösung und weiter so viel der $^1/_4$ N.-Natronlauge zu, bis der Brotbrei eine Rosafarbe angenommen hat.

Oder man übergießt 100 g feinzerpflücktes rindenfreies Brot in einem kalibrierten geräumigen Becherglase mit so viel heißem Wasser, daß das Volumen 400 ccm beträgt, rührt gut um und läßt einige Stunden kühl stehen; darauf entnimmt man von dem überstehenden Wasser zwei Proben von je 100 ccm und titriert mit $^1/_4$ N.-Lauge unter Anwendung von Phenolphthalein als Indicator.

b) Freie organische Säuren. Man übergießt 50 oder 100 g feinzerpflücktes Brot in einem Kolben mit 200 ccm Äther, läßt einen Tag stehen, gießt den Äther in ein Vorratsgefäß ab, setzt wieder 200 ccm Äther zu, durchschüttelt, gießt nach eintägigem Stehen ab und wiederholt dieses 14 Tage lang oder so lange, bis alle organischen Säuren gelöst sind, durchschüttelt die ganze gesammelte Ätherlösung, stellt deren Volumen fest, entnimmt etwa $^1/_4$ der Lösung, unterschichtet mit Wasser und titriert unter jedesmaligem Durchschütteln mit $^1/_4$ N.-Lauge unter Anwendung von Phenolphthaleinlösung als Indicator. Hierbei ist es gleichgültig, ob man wässerige oder alkoholische $^1/_4$ N.-Kalilauge anwendet.

Dagegen kommt man schneller oder wohl richtiger zum Ziel, wenn man ein Gemisch von gleichen Volumen Alkohol und Äther zum Ausziehen verwendet.

c) Saure Phosphate. Die Menge des saueren, in Äther bzw. Alkohol-Äther unlöslichen Monokaliumphosphats (KH_2PO_4) erhält man entweder aus der Differenz (Gesamtsäuren minus äther- bzw. alkoholätherlöslichen Säuren) oder dadurch, daß man den mit Äther bzw. Alkohol-Äther erschöpften Rückstand mit heißem Wasser übergießt und wie unter a titriert.

K. B. Lehmann fand auf diese Weise, daß sich die Säuren (bzw. die Acidität) in den Brotsorten zu fast gleichen Teilen auf ätherlösliche Säuren und sauere Phosphate verteilen, daß nur in seltenen Fällen die freien Säuren auf $^1/_3$ der Gesamtmenge sinken oder auf $^2/_3$ derselben steigen (vgl. unter Mehl, S. 510 u. 646).

Über die Trennung der organischen Säuren vgl. I. Teil, S. 459 u. f.

Mit der Bestimmung der Säuren muß gleichzeitig eine Bestimmung des Wassers verbunden werden, um durch Umrechnung des Gehaltes auf Trockensubstanz die Zahlen unter sich und mit anderen Gebäcken (z. B. Zwieback) besser vergleichbar zu machen.

Man kann den Säuregehalt auch in Graden ausdrücken und versteht unter Säuregraden die Anzahl der Kubikzentimeter Normalnatronlauge, die zur Neutralisation von 100 g Brotkrume erforderlich sind.

Man kann den Säuregrad auch ungefähr mit dem Geschmackssinn abschätzen und ist K. B. Lehmann der Ansicht, daß

wenn 100 g Brotkrume erfordern	1—2	2—4	4—7	7—10	10—15	15—20 ccm Normalalkali
ein Brot zu nennen ist	nicht sauer	schwach säuerlich	schwach sauer	kräftig sauer	stark sauer	sehr stark sauer

Die Schrotbrote, Schwarz- und Graubrote erreichen stets mehr oder weniger die höchsten Säuregrade; die Weißbrote und Semmel gehen selten über den Säuregrad von 4—7 ccm Normalalkali für 100 g Brotkrume hinaus.

7. Zucker und Dextrin. 10 g zerriebenes oder zerpflücktes Brot werden in einem $^1/_2$ l-Kolben längere Zeit mit etwa 400 ccm kaltem Wasser geschüttelt, die Flüssigkeit wird dann auf 500 ccm aufgefüllt, durchgemischt und durch ein trockenes Filter filtriert. Von dem Filtrat werden 100 ccm entnommen, zuerst bis fast zum Sieden erhitzt und falls ein

Niederschlag von Albumin — was kaum der Fall sein dürfte — entstehen sollte, nochmals filtriert. Das Filtrat hiervon oder die klar gebliebene Flüssigkeit wird direkt auf dem Wasserbade zum Sirup eingedampft, mit 10 ccm Wasser aufgenommen und mit 100 ccm 95 vol.-proz. Alkohol behufs Abscheidung der Dextrine versetzt; Zucker und Dextrin werden dann nach I. Teil, S. 425 u. f. für sich getrennt bestimmt.

8. Pentosane je nach dem Wassergehalt in 3—6 g nach I. Teil, S. 447.

9. Rohfaser in 5—6 g nach I. Teil, S. 453, vgl. auch unter Stärkemehl, S. 653.

10. Mineralstoffe wie bei Mehl, S. 514.

11. Nachweis von Kupfer-, Zinksulfat, Alaun und sonstigen fremden mineralischen Zusätzen wie bei Mehl, S. 516 u. 517.

12. Nachweis von schwefliger Säure in Speiseteig. Der Nachweis von schwefliger Säure kann wie bei Fleisch (I. Teil, S. 599 u. f.) erfolgen. S. Grimaldi (S. 681) versetzt 10 g des Teiges in einem Entwicklungsgefäß mit 150—200 ccm 10proz. Salzsäure und 5—6 Stückchen reinem granuliertem Zink und leitet das entwickelte Gas 2—3 Stunden in eine basische Bleiacetatlösung. Ein gewöhnlicher Teig zeigt dabei höchstens die Bildung eines schwärzlichen Ringes an der Austrittsstelle des Gases; bei einem mit schwefliger Säure gebleichten Teig entsteht dagegen eine deutliche Schwärzung der Bleilösungen und nach einigem Stehen ein schwarzer Niederschlag. Es empfiehlt sich ein gleichzeitiger Versuch mit reinem Teig.

13. Nachweis von Unkrautsamen wie bei Mehl, S. 518.

14. Für den Nachweis ***fremder Mehle*** gibt es chemische Untersuchungsverfahren nicht; inwieweit die für den Nachweis von Kartoffelmehl gemachten Vorschläge zuverlässig sind, ist schon unter Mehl, S. 515, auseinandergesetzt worden.

Diese Art Zusätze können nur mikroskopisch nachgewiesen werden (vgl. S. 600).

Als Erkennungszeichen für die Mitverwendung von Kartoffelmehl wird auch angesehen, daß das Brot stark feucht erscheint und nicht so schnell altbacken wird als reines Kornbrot.

15. Untersuchung der Brot-Lockerungsmittel. Als solche kommen Hefe, Gemische von Carbonaten und Säuren bzw. sauere Salze sowie auch freie Kohlensäure in Betracht.

a) Hefe.

Als Backhefe wird ausschließlich Oberhefe oder sogen. Preßhefe verwendet, die man beim Vergären einer Maische aus Roggen, Mais (mitunter auch aus Kartoffeln und Melasse) und Malz (Grünmalz) jetzt in besonderen Fabriken gewinnt. Wenn nur die als Schaum sich oben abscheidende Hefe abgeschöpft, durch Absieben und Waschen mit Wasser gereinigte Hefe verwendet wird, so spricht man von „Wiener Hefe“ oder „Kornsprithefe“; wird auch die in der Maische vorhandene mitgewonnen, indem man sie durch Einblasen künstlich zu vermehren sucht, so heißt sie auch „Lufthefe“ oder „Würzehefe“; wird fast ausschließlich Mais oder Melasse zu ihrer Gewinnung verwendet, so pflegt man sie auch mit „Maishefe“ bzw. „Melassenhefe“ zu bezeichnen.

Nach den Erläuterungen zu § 16a des Gesetzes betreffend Beseitigung des Branntweinkontingents vom 14. Juni 1912[1]) für das Deutsche Reich werden vorstehende Hefen unter der allgemeinen Bezeichnung „Branntweinhefen“ zusammengefaßt, während die in der Bierbrauerei gewonnenen Hefen als „Bierhefen“ von diesen zu unterscheiden sind. Werden letztere auch im gepreßten Zustande in den Handel gebracht, so müssen sie ausdrücklich als „Preßhefe aus Bierhefe“ oder als „Bierpreßhefe“ bezeichnet werden.

Die gute Preßhefe hat einen rein säuerlichen Geschmack und einen angenehmen, fast weinartigen Geruch. Beim Anrühren mit Wasser setzt sie sich nur langsam ab

[1]) Gesetze und Verordnungen in Zeitschr. f. Untersuchung d. Nahrungs- u. Genußmittel 1912, **4**, 377.

und liefert einen Bodensatz, der sich leicht wieder aufrühren läßt, der, wie man zu sagen pflegt „staubig“ ist.

Die Bierhefe dagegen liefert nach dem Anrühren und Aufschwemmen in Wasser rasch einen aus Flocken zusammengesetzten, festen Bodensatz, der sich nicht leicht aufrühren läßt; sie ist, wie man sagt, „flockig“.

Die Verunreinigungen der Back- oder Preßhefe bestehen vorwiegend in der Beimengung von wilder oder Kahmhefe (Saccharomyces mycoderma Rees), deren Wachstum durch das Lüftungsverfahren sehr begünstigt wird. Im Handel sind Branntweinhefen mit bis zu 65% Kahmhefe gefunden worden; hierdurch wird der Wert der Preßhefe sehr herabgesetzt, weshalb in den genannten Erläuterungen zu dem Entwurf von Vorschriften über den Verkehr mit Branntwein- und Bierhefe ein Höchstgehalt der Branntweinhefe an Kahmhefe auf 5 vom Hundert festgesetzt ist. Dabei darf eine kahmreichere Branntweinhefe durch eine reine und gute nicht zurückverbessert werden.

Eine weitere Verunreinigung bilden mitunter Essigsäure- und Fäulnisbakterien sowie Schimmelpilze.

Einer besonderen Erwähnung bedarf die Beimengung von Stärkemehl, die früher notwendig war, um wegen des hohen Wassergehaltes der Hefe die Haltbarkeit zu erhöhen. Nachdem jetzt geeignete Apparate ein genügend scharfes Abpressen der Hefe gestatten, ist ein solcher Zusatz von Stärkemehl nicht mehr notwendig; jedoch ist in den obigen Vorschriften für das Deutsche Reich vorgesehen, daß bis zum 1. Oktober 1914 Stärkemehl bis zur Höchstmenge von 20 Gewichtsteilen in 100 Gewichtsteilen des fertigen Erzeugnisses der Branntwein- oder Bierhefe zugesetzt werden darf, wobei zu beachten ist, daß in natürlicher Preßhefe selbst bis 2% Stärke vorkommen können.

Durch Verwendung von eisernen Gerätschaften kann Hefe mitunter blau gefärbt werden. Als Frischhaltungsmittel, besonders in der wärmeren Jahreszeit, können vorkommen: Borsäure, Benzoesäure, Flußsäure, Formaldehyd u. a.

Die Probenahme anlangend, so sind für die Untersuchung im allgemeinen mindestens 200—250 g erforderlich. Ist die Hefe in Einzelpaketen verpackt, so entnimmt man zweckmäßig ein Originalpaket von etwa diesem Gewicht oder Teilstücke derselben nebst der Umhüllung bis zu dem angegebenen Gewicht. Bei Verpackung in Kisten oder Fässern kann man sich zweckmäßig eines Probestechers (I. Teil, S. 5) bedienen. Wesentlich ist dabei, daß die Einzelproben in gut schließende Glasgefäße gefüllt, vor Temperatureinflüssen geschützt und tunlichst bald in Untersuchung genommen werden sollen.

Die entnommenen Proben müssen für die Untersuchung sorgfältig zerrieben und gemischt werden.

α) **Wasser.** Man wägt erst etwa 10 g ausgeglühtes Bimssteinpulver mit einem kurzen Glasstab in einem Trockengläschen ab, wägt dazu etwa 10 g Hefe, vermischt tunlichst innig mit dem Bimssteinpulver, trocknet erst 2 Stunden bei 50—60° und dann bei 105° weiter bis zur Gewichtsbeständigkeit.

β) **Stickstoff.** 2—3 g Hefe oder mehr je nach dem Stickstoffgehalt werden wie üblich nach Kjeldahl verbrannt (vgl. I. Teil, S. 240).

γ) **Fett.** Falls eine Fettbestimmung erforderlich sein sollte, verfährt man wie bei Käse S. 313.

δ) **Stärke.** Die Stärke läßt sich nach unseren Erfahrungen am sichersten nach dem Verfahren von J. Mayerhofer genau wie bei Wurst bestimmen (vgl. S. 101), nur ist es zweckmäßig, die zuletzt erhaltene Lösung der Stärke in Natronlauge erst mit dem vorgeschriebenen Volumen Alkohol und dann erst mit Essigsäure zu versetzen.

Anmerkung. Neumann-Wender[1]) hat für die Bestimmung der Stärke in Hefe ein Amylometer angegeben, welches darin besteht, daß man 1 g Hefe in einem Proberohr mit 10 ccm

[1]) Österr. Brennereiztg. 1903, 49.

Wasser und 1 ccm Jod (10 g Jod in 90 ccm Alkohol von 95 Vol.-Proz.) versetzt, den Inhalt mit 5 ccm Wasser in ein kalibriertes Sedimentierglas bringt und dieses 3 Minuten lang zentrifugiert. Die sich unten absetzende blaue Schicht wird als Stärke angesehen und deren Höhe an der Skala abgelesen. Auf dieses Verfahren sei nur verwiesen.

ε) **Hefe-Gummi.** Über eine etwa erforderliche Prüfung auf Hefegummi vgl. S. 151.

ζ) **Mineralstoffe.** Durch die übliche Veraschung, selbst unter vorheriger Ausziehung der verkohlten Masse mit Wasser (vgl. unter Milch S. 215) erhält man bei dem hohen Gehalt der Hefe an Schwefel- und Phosphorverbindungen zu niedrige Werte. Man verfährt zur richtigen Bestimmung der gesamten Menge unorganischer Bestandteile wie bei Fleischdauerwaren (S. 88 bzw. I. Teil, S. 477).

η) **Gärkraft.** Eine besondere Bedeutung hat die Prüfung der Hefe auf Gärkraft. Um in Gärungsgewerben, insbesondere auch in Bäckereien einen Anhaltspunkt für den Gebrauchswert einer Hefe zu gewinnen, bestimmt man deren Gär- und Triebkraft. Als erstere bezeichnet man die zuckerspaltende Kraft innerhalb eines bestimmten Zeitraumes, als letztere die Lebhaftigkeit des Eintrittes der Gärung unmittelbar nach der Verteilung der Hefe in der Zuckerlösung. Beide werden durch die Menge der entwickelten Kohlensäure gemessen.

Es sind hierfür zwei Verfahren ausgearbeitet: das eine von Meißl, nach welchem die Kohlensäure gravimetrisch, das andere von Hayduck und Kusserow, nach welchem die Kohlensäure volumetrisch bestimmt wird. Ersteres Verfahren verdient nach den jetzt gemachten Erfahrungen den Vorzug.

a) Verfahren von Meißl. 400 g Rübenzuckerraffinade, 25 g saures phosphorsaures Ammon ($NH_4H_2PO_4$) und 25 g saures phosphorsaures Kalium (KH_2PO_4) werden fein zerrieben und innig gemengt.

Von diesem Gemenge gibt man 4,5 g in einen Erlenmeyer-Kolben (I. Teil, S. 436) von 200 bis 300 ccm Inhalt, welcher in einem doppelt durchbohrten Kautschukpfropfen die dort angegebenen Röhrchen trägt. Das im Kolben befindliche Zuckergemisch wird sodann mit 50 ccm eines eigens hergestellten gipshaltigen Wassers gelöst. Letzteres stellt man her, indem man 30 Teile einer gesättigten Gipslösung mit 70 Teilen destilliertem, luftgesättigtem Wasser verdünnt. Die Sättigung mit Luft geschieht zu dem Zweck, Fehlerquellen zu vermeiden, welche dadurch entstehen könnten, daß das angewendete destillierte Wasser bald mehr, bald weniger Luft enthält. Man führt sie aus, indem man das Wasser in halbvollen Flaschen schüttelt oder Luft durchleitet. In die so hergestellte Lösung bringt man genau 1 g Hefe und verteilt dieselbe durch Schwenken und Zerdrücken mittels eines Glasstabes so weit, daß keine Klümpchen mehr erkennbar sind, sondern eine gleichmäßige Aufschlämmung hergestellt ist. Darauf wird der Kolben samt Inhalt gewogen, in Wasser oder einen Thermostaten von 30° gestellt und 6 Stunden auf dieser Temperatur erhalten. Nach Ablauf dieser Zeit nimmt man den Kolben heraus, kühlt ihn rasch ab, saugt Luft durch, um die Kohlensäure völlig auszutreiben, und wägt den Kolben samt Zubehör abermals. Der Gewichtsverlust gibt die Menge Kohlensäure an, welche durch Vergärung des Zuckers entstanden ist und ausgetrieben wurde.

Um die Gärkraft einer Hefe mit der einer anderen vergleichen zu können, nimmt Meißl eine Normalhefe an, unter der er Hefe versteht, welche unter den gleichen Bedingungen wie oben 1,75 g Kohlensäure entwickelt. Die Gärkraft dieser Hefe = 100 gesetzt, findet man durch die Proportion $1{,}75 : n = 100 : x$ die Gärkraft der Hefe, welche n g Kohlensäure entwickelt, in Prozenten der Gärkraft einer Normalhefe.

Gute Preßhefe gibt 75—85% Gärkraft.

b) Verfahren von Hayduck und Kusserow. Zu diesem Verfahren verwendet man einen Apparat (Fig. 200, S. 694), der dem Dumasschen Apparat zur Stickstoffbestimmung bzw. dem Scheiblerschen Kohlensäure-Bestimmungsapparat ähnlich ist und im wesentlichen aus einem in Kubikzentimeter eingeteilten Meßrohr von 500 ccm Inhalt besteht.

Vorerst werden 40 g Zucker in 400 ccm destilliertem Wasser gelöst, sodann 10 g der zu untersuchenden Hefe abgewogen, in eine Schale gegeben und mittels eines Pistills mit einer kleinen Menge der obigen Zuckerlösung zerrieben, bis keine Klümpchen mehr wahrnehmbar sind. Diese Aufschlämmung gibt man in eine Flasche von 1 l Inhalt, spült die Schale noch ein paarmal mit der Zuckerlösung nach und gießt zuletzt die ganze Zuckerlösung in die Flasche. Der Inhalt wird umgeschüttelt und die Flasche offen in ein Wasserbad von 30° gestellt, in welchem sie 1 Stunde lang stehen bleibt. Erst nach Verlauf dieser Zeit verbindet man die Gärflasche mittels Gummischlauches mit dem inzwischen mit Wasser bis zum Null-Teilstrich gefüllten Meßapparat. Zur Verhinderung der Absorption der Kohlensäure durch Wasser gibt man in den Meßschenkel des Apparates etwas Petroleum, welches sodann bei der Füllung mit Wasser in niedriger Schicht auf diesem schwimmt. Genau nach einer halben Stunde wird der Hahn der Meßröhre geschlossen, das Wasser in der engen Röhre durch den Hahn *e* (Fig. 200) so weit abgelassen, daß es mit der Höhe des Wassers bzw. der Petroleumschicht in der weiten Röhre gleich steht, und nun die Anzahl Kubikzentimenter, welche die entwickelte Kohlensäure ausfüllt, abgelesen. Eine stärkefreie Preßhefe liefert nach diesem Verfahren bei Anwendung von destilliertem Wasser 6—8 g, bei Anwendung von Brunnenwasser, das Carbonate enthält, 8—12 g Kohlensäure.

Fig. 200.

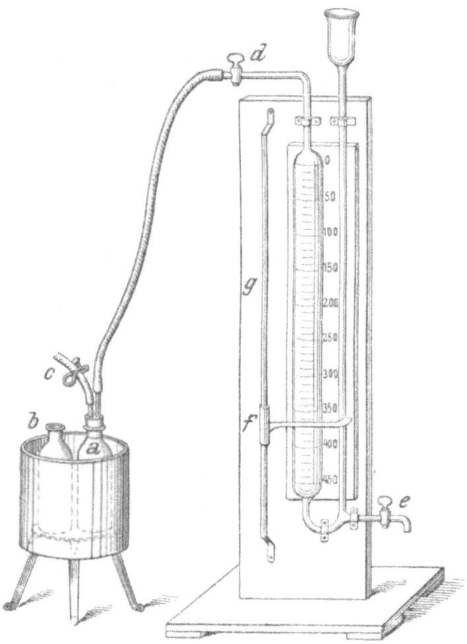

Apparat zur Ermittelung der Gärkraft nach Hayduck.

Bei dem Kusserowschen Apparat liest man die Menge des durch die Kohlensäure verdrängten, in einem geteilten Meßzylinder aufgefangenen Wassers ab. Diese Zahl kann dann entweder direkt als Ausdruck der Gärkraft der Hefe angegeben werden, oder man berechnet das Gewicht des durch 100 g Hefe zersetzten Zuckers, indem man die gefundene Zahl ccm Kohlensäure mit dem Faktor 0,003 841 multipliziert.

342 g Rohrzucker liefern bei vollständiger Vergärung 176 g Kohlensäure, und da 1 ccm Kohlensäure 0,001 977 g wiegt, so ist das Gewicht des Rohrzuckers, welches nötig ist, um 1 ccm Kohlensäure zu liefern: $\frac{342}{176} \cdot 0{,}001\,977 = 0{,}003\,841$ g.

ϑ) Gärzeit. Die Gärzeit der Hefe kann nach der Vereinbarung des Verbandes deutscher Preßhefefabrikanten[1]) wie folgt ausgeführt werden:

Man beschafft sich geeignete, rechteckige Backformen aus Blech, deren Kantenlänge sich an der unteren Grundfläche auf 14 × 9 cm, an den Seiten auf 8,4 cm und an der oberen Öffnung auf 15 × 10 cm beläuft; als Meßstäbchen hängt man einen Blechstreifen ein, dessen unterer Rand 7 cm weit vom Boden des Gefäßes absteht. Als Versuchsmehl dient eine bestimmte Type von Weizenmehl 3. Die erforderliche Salzlösung ist 5 proz. und wird durch Auflösen von chemisch reinem Chlornatrium in destilliertem Wasser hergestellt. Der zu verwendende Zucker muß ungeblaute gemahlene Raffinade sein, die man vor jedem Versuch in der vorgeschriebenen Menge Salzlösung auflöst. Zum Kneten gebraucht man eine halbkugelige Kupferschale von 22 cm Durchmesser und 11,5 cm Höhe,

[1]) Die Beschreibung des Verfahrens kann von der Firma W. J. Rohrbecks Nachfolger in Berlin und Wien bezogen werden. Vgl. auch Codex alim. austriacus. Wien 1912, **2**, 335.

als Keule eine 30 cm lange, hölzerne Walze von 4 cm Durchmesser; sie wird an ihrem unteren Ende bis auf 10 cm Höhe mit Kupfer beschlagen.

Zur Bestimmung der Gärzeit nimmt man 280 g Mehl, 160 ccm Salzlösung mit 2 g Zucker (siehe oben) und 10 g Hefe, bringt letztere in die Knetschale, fügt eine kleine Menge Salzlösung hinzu und rührt mit der Keule leicht um, bis sich die Hefe gleichmäßig verteilt hat. Nun gießt man den Rest der Salzlösung über die Masse, mischt sie kräftig durch und beginnt sofort mit dem Mehlzusatz. Ist etwa ein Drittel des Mehles eingetragen, so rührt man gut um und setzt dies fort, bis der Rest des Mehles verarbeitet ist. Vom Zusatz der Salzlösung bis zum Zusatz der gesamten Mehlmenge dürfen höchstens 3 Minuten verstreichen. Nun mischt man wieder einige Male durch, reinigt die Keule schnell mit dem Hornspatel, sammelt etwa verspritzte Teilchen, verteilt hierauf den Teig durch gelindes Drücken möglichst breit in der Schale und klappt ihn dann mit der Keule wieder zusammen. Dieses Verteilen und Zusammenklappen hat abwechselnd nach verschiedenen Richtungen zu geschehen und ist solange ohne Unterbrechung fortzusetzen, bis vom Beginn der Salzgabe gerechnet 10 Minuten verstrichen sind. Dann nimmt man ihn aus der Schale, formt ihn mit der Hand länglich rund, wobei keine Luftblasen mit eingeschlossen werden dürfen, und läßt ihn ohne Anwendung von Druck in die Backform fallen.

Die zur Teigbereitung zu verwendende Salzlösung muß auf 30° C vorgewärmt werden und das Mehl mindestens eine Stunde lang im Thermostaten bei 35° C gestanden haben. Man bringt nun in die Mitte der Backform das Meßstäbchen und stellt dann die Form in einen auf 33—35° C gehaltenen Thermostaten. Die Anzahl Minuten, die vom Beginn des Knetens gerechnet bis zu dem Augenblick verfließt, in dem der Teig das Meßstäbchen berührt, stellt die gesuchte „Gärzeit" dar.

ι) **Nachweis von Frischhaltungsmitteln.** Falls eine Untersuchung der Hefe auf Frischhaltungsmittel erforderlich sein sollte, kann sie wie bei Käse (S. 319 u. f.) geschehen.

b) Backpulver.

In der Regel bestehen die Backpulver bzw. sollen bestehen aus Mischungen von Natriumbikarbonat, Weinsäure oder Weinstein oder Zitronensäure in äquivalenten Verhältnissen. Über sonstige Mischungen im Handel vgl. S. 680 und über ihre Untersuchung unter Backmehlen S. 640.

c) Kohlensäure.

Auch mit Kohlensäure für sich allein ist unter Anwendung geeigneter Apparate nach dem Vorschlage von Douglish die Lockerung des Brotes versucht worden. Anscheinend hat sich das Verfahren nicht eingeführt. Wo es aber angewendet werden sollte, sind an die Kohlensäure dieselben Bedingungen zu stellen wie an die zur Herstellung von künstlichen Mineralwässern oder moussierenden Getränken verwendete Kohlensäure. Über die Untersuchung der flüssigen Kohlensäure vgl. im 3. Teile.

Über das gleichen Zwecken dienende Hirschhornsalz (Ammoniumcarbonat) vgl. unter Konditoreiwaren.

16. Nachweis von gärungbefördernden Mitteln. Da die gärungbefördernden Mittel in Zusätzen von Malzmehl oder in sonstigen mit Malz behandelten Mehlen bestehen, so läßt sich der Zusatz durch die Bestimmung des Zuckers (Maltose), dessen Gehalt erhöht ist, nachweisen. Oder man rührt etwa 2 g Mehl mit 100 ccm Wasser an, erwärmt die Mischung etwa 2 Stunden im Wasserbade bei 60—70° und bestimmt dann den direkt reduzierenden Zucker; reine Mehle liefern auf diese Weise bis 20% Zucker; malzmehlhaltige entsprechend mehr (vgl. S. 511 und unter Kindermehle S. 649).

Der Zusatz von Gerstenmehl läßt sich unter Umständen mikroskopisch aus den mit hineingeratenen Gewebselementen (besonders den Spelzenteilchen S. 569) nachweisen.

Mykologische Untersuchung der Backwaren.[1])

1. Die Flora der Backwaren.

Von der mannigfaltigen Flora der Mehle und den bei der Zubereitung der Backwaren, besonders beim Gärungsprozeß, in sie gelangenden und sich stark vermehrenden Keimen überleben den Backvorgang nur Saprophyten mit hitzebeständigen Sporen. Das Innere normal ausgebackener Brote und Backwaren ist daher, abgesehen von einer mehr oder minder großen Zahl entwicklungsfähiger Sporen der sogen. Heu- und Kartoffelbacillen (vgl. S. 261), keimfrei[2]). Die Zahl dieser hängt, abgesehen von dem Zustand und der Behandlung des verwendeten Kornes, in hohem Maße auch von der Feinheit des Mehles[3]), ferner von der Art der Brotgärung ab. In stark gesäuerten Broten ist sie geringer als in Hefebroten; in kleiehaltigen Backwaren ist sie größer als in Feinbroten. Wasser und Hefe[4]) spielen höchstens in Ausnahmefällen eine Rolle als Sporenüberträger.

Außer dieser inneren Flora enthalten frische Backwaren noch eine äußerliche Staubflora, von der besonders die Sporen der gemeinen Schimmelpilze eine Rolle spielen. Sowohl durch diese Pilze, wie durch manche Bakterien kommt häufig beim Aufbewahren des Brotes, besonders wenn es angeschnitten ist, eine sekundäre Infektion der Krume zustande.

A. Bestimmung der Keimzahl.

Für diesen Zweck wird aus der Mitte des mit sterilisierten Messern eröffneten Brotes etwa 1 g der Krume entnommen, in einem durch 2stündiges Erhitzen auf 200° sterilisierten Mörser mit soviel sterisiliertem Wasser verrieben, daß eine dünne Flüssigkeit entsteht. Diese wird in Nähragar, nötigenfalls auf mehrere Röhrchen verteilt und in der üblichen Weise (vgl. I. Teil, S. 626) zu Platten verarbeitet. Die entstehenden Bakterienkolonien werden gezählt.

B. Untersuchung des verschimmelten Brotes.

Verschimmeln tritt, besonders bei wasserreichen sauren Broten (Pumpernickel, Kommißbrot, Grahambrot) entweder auf der Oberfläche oder auch im Innern des Brotes ein. In letzterem Falle werden die Höhlungen der Krume mit Pilzrasen oft ganz erfüllt. Je nach der Art des Schimmelpilzes sind die Flecken weiß, grün, gelb oder rot (S. 681)[5]).

a) Weiße Flecken, die sogen. Kreidekrankheit, erzeugen Monilia variabilis Lindn. und ähnliche Arten (vgl. I. Teil, S. 707), Endomyces fibuliger Lindn.[6]), letzterer charakterisiert durch die 4 hutartigen Sporen in den Ascis (Fig. 201).

Graue und gelbe Rasen erzeugen Penicillien und Aspergilleen (vgl. 1. Teil, S. 698 u. f.).

b) In roten Flecken sind noch nicht genauer beschriebene Pilze aus der Gruppe Oidium (vgl. 1. Teil, S. 708) gefunden[7]). Die Untersuchung verschimmelten Brotes beschränkt sich meist auf die mikroskopische Feststellung der Art des Pilzes, die, da Fruktifikation wohl immer vorhanden ist, Schwierigkeiten nicht bereitet. Sollen die Schimmel in Reinkultur gewonnen

---

[1]) Bearbeitet von Prof. Dr. A. Spieckermann-Münster i. W.

[2]) Vgl. hierzu v. Fenyvessy und Dienes, Zeitschr. f. Hygiene 1911, **69**, 223; Welte, Archiv f. Hygiene 1895, **24**, 84, **25**, 104.

[3]) Zahlenangaben bei Thomann, Centralbl. f. Bakt. II. Abt., 1900, **6**, 740; König, Spieckermann und Tillmans, Zeitschr. f. Unters. d. Nahrungsm. 1902, **5**, 737.

[4]) Russell, Centralbl. f. Bakt. II. Abt., 1899, **5**, 234.

[5]) Vgl. auch Bd. II, S. 868.

[6]) Zeitschr. f. Spiritusindustrie **31**, 162 und Buchwald, Der Müller 1905, Nr. 41.

[7]) Betreffs der Literatur über diese sehr mangelhaft bekannten Pilze vgl. Lafar, Handbuch d. techn. Mykologie Bd. II, S. 530.

werden, so kommen die im 1. Teil, S. 626 und 642 beschriebenen Züchtungsverfahren in sauren Nährböden in Betracht.

Fig. 201.

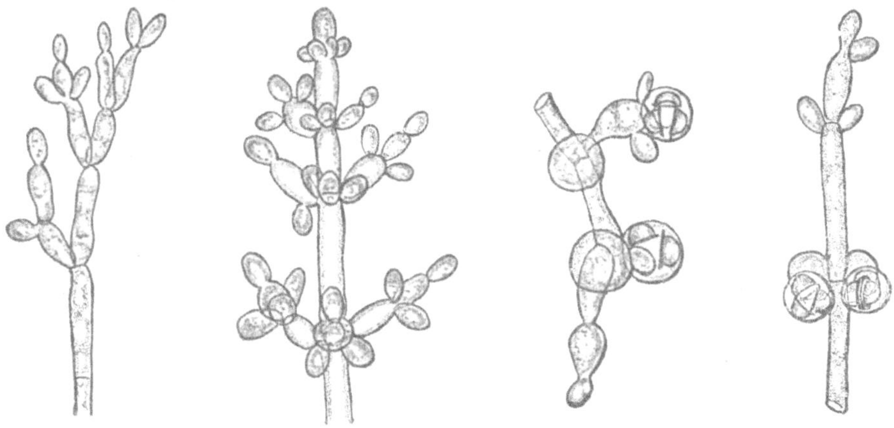

Endomyces fibuliger Lindn. Conidien- und Ascusbildung. Nach P. Lindner.

C. Untersuchung durch Bakterien veränderten Brotes.

An Veränderungen des Brotes durch Bakterien kommen in Betracht das sogen. Schleimig- oder Fadenziehendwerden und die Bildung von Farbflecken.

a) Das Schleimigwerden wird durch zahlreiche Arten der Gruppe der Heu- und Kartoffelbacillen (S. 682) erzeugt[1]), über deren sehr ähnliche Eigenschaften man S. 262 vergleiche. Der Nachweis der Bakterien gelingt sehr leicht auf mikroskopischem Wege, wenn man eine kleine Probe der erweichten oder schleimigen Krume in sterilisiertem Wasser durch Schütteln aufschwemmt. Sind Bakterien vorhanden, so wird die Flüssigkeit sofort milchig. In am besten mit Methylenblau gefärbten Deckglaspräparaten sieht man zahlreiche große Stäbchen sowie meist eine große Zahl ovaler Bakteriensporen. Für die Reinzüchtung kommen neutrale bis schwach alkalische Agarnährböden (1. Teil, S. 643) und das übliche Plattenkulturverfahren in Betracht. Sollen die Sporen der erzielten Reinkulturen auf Hitzebeständigkeit geprüft werden, so verfährt man nach Teil 1, S. 673.

Betreffs der Untersuchung von Mehlen auf Sporen oder Erreger des Schleimigwerdens vgl. S. 622.

b) An krankhaften Farbenveränderungen des Brotes kommt besonders das sogen. Bluten des Brotes in Betracht, das durch Bacterium prodigiosum erzeugt wird.

Der bakterielle Ursprung der roten Flecken läßt sich durch mikroskopische, gefärbte Ausstrichpräparate, die wie bei dem schleimigen Brot hergestellt werden, leicht nachweisen. Zur Sicherstellung der Artdiagnose ist Reinzüchtung mittels des Plattenkulturverfahrens nötig. Betreffs der Eigenschaften des Bacterium prodigiosum vgl. S. 182.

c) Auch blaufleckiges Brot soll durch Bakterientätigkeit entstehen können. Durch mikroskopische und biologische Untersuchung können solche Fälle von anderen Blaufärbungen, die durch Unkrautsamen entstehen, unterschieden werden.

Ob auch der altbackene Geschmack, der an frisch gebackenem Brot zuweilen beobachtet wird, durch Bakterien entsteht[2]), bedarf weiterer Untersuchung.

---

[1]) Vgl. hierzu die Angaben in Bd. II, S. 869, ferner Watkins, Journ. Soc. Chem. Ind. 1906, **25**, 350; Thomann, Centralbl. f. Bakt. II. Abt., 1900, **6**, 740; Fuhrmann, das. 1905, **15**, 385.

[2]) Vgl. Kühl, Pharm. Centralh. 1911, **52**, 639.

D. Untersuchung auf Krankheitserreger.

Für den Menschen schädliche Spaltpilze können nur infolge sekundärer Infektion durch Brot übertragen werden. Von pathogenen Fadenpilzen können Aspergillus flavus und A. fumigatus sich beim Schimmeln gelegentlich in Brot in großen Mengen ansiedeln.

E. Untersuchung auf Mutterkorn.

Hierüber vgl. man die Angaben bei Mehl S. 618.

Die biologische Analyse der Preßhefe.

Preßhefe, die aus obergäriger Hefe bestehen soll, wird gelegentlich mit untergäriger Hefe verfälscht. Der Nachweis dieser erfolgt entweder auf physiologischem Wege nach dem Vorschlage von Bau[1]) oder auf morphologischem nach Lindner. Obergärige Hefen vergären, mit wenigen Ausnahmen, Melibiose nicht, während untergärige mit wenigen Ausnahmen dies

Fig. 202.

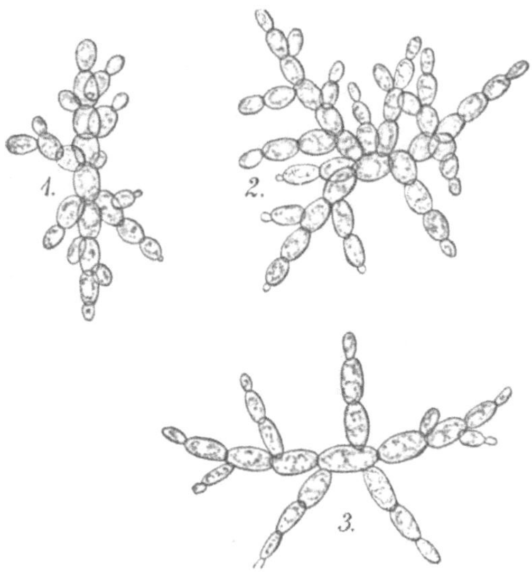

Fig. 203.

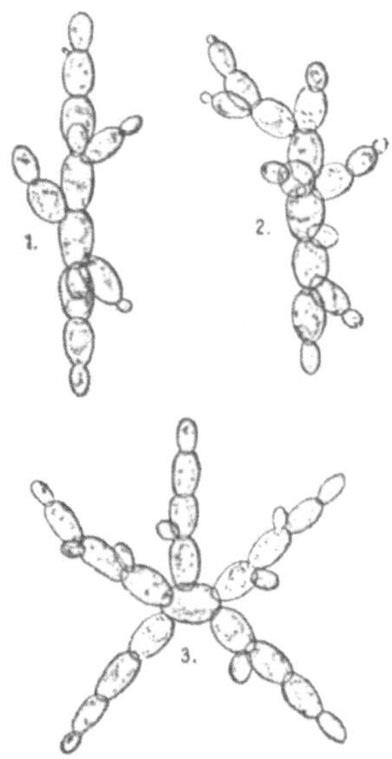

Keimungsbilder von Preßhefen in der Tröpfchenkultur.
Typen sperriger Sproßverbände.

1 und 2 gehören der Rasse XII an, 3 einer Wiener Preßhefe an.

1, 2 und 3 gehören ebenfalls Wiener Preßhefen an.

tun. Man versetzt daher je 10 ccm 1proz. Raffinoselösung in Reagensröhrchen mit je 0,4 g der zu prüfenden Hefe, verschließt mit Watte und bewahrt bei 30° auf. Nach 24, 48, 72 Stunden wird ein Röhrchen filtriert und zu 3 ccm des Filtrates 1 ccm Fehlingsche Lösung gesetzt. Bleibt die Lösung beim Kochen blau, so ist Unterhefe vorhanden, wird die Lösung erst nach 72 Stunden reduziert, so war nur Oberhefe vorhanden. Für quantitative Bestimmungen

[1]) Wochenschr. f. Brauerei 1898, **15**, 389; vgl. ferner über die Brauchbarkeit des Verfahrens bei alter Hefe und Lufthefe Lange, Brennerei-Ztg. 1903, Nr. 5; Saare und Bode, Zeitschr. f. Spiritusindustrie 1903, **26**, 1; Kusserow, Mitt. f. Brennerei u. Preßhefenfabrikation Nr. 7; Lindner, Zeitschr. f. Spiritusindustrie 1900, **17**, 713; Langfurth, Zeitschr. f. öffentl. Chem. 1901, **7**, 198, 281; Herzfeld, daselbst 1901, **7**, 220; Küthner und Ulrich, daselbst 1901, **7**, 185, 273; Kohn, Zeitschr. f. Unters. d. Nahrungsm. 1900, **3**, 756.

eignet sich das Verfahren nicht. Fehlschlüsse können, besonders bei alten Hefen, durch Bakterien verursacht werden.

Das botanisch-morphologische Verfahren von Lindner[1]) beruht darauf, daß die Zellen der Unterhefen durch eine schleimige Hülle zusammenbacken, während die Oberhefen sich mangels einer solchen in Flüssigkeiten leicht aufwirbeln lassen. Ferner wachsen die gebräuchlichsten Berliner und Wiener Preßhefen in sparrigen festen Verbänden mit monopodialer

Fig. 204.

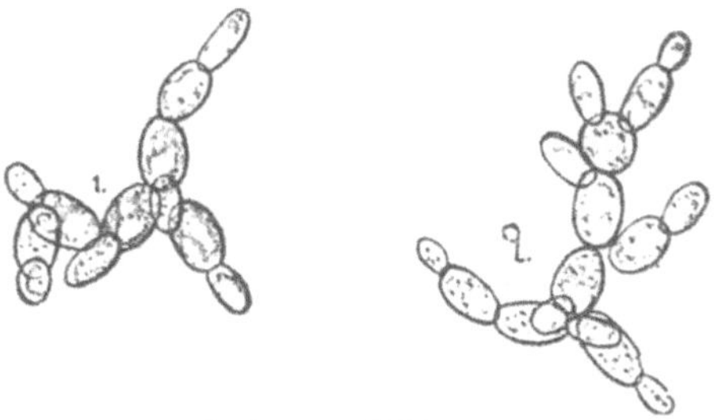

Keimungsbilder von untergärigen Typen lockerer

Die einzelnen Glieder sind nur noch in lockerem Zusammenhang. Kultur nach 24 Stunden.

Fig. 205.

Bierhefen in der Tröpfchenkultur. Sproßverbände.

Der Verband ist rechts schon sehr gelockert. Die abgefallenen Glieder können später aber wieder miteinander verkleben (Flockenbildung).

Verzweigung, während die Unterhefen lockere Verbände und eine sympodiale Verzweigung zeigen (Fig. 305). Lindner legt daher Tropfen- und Tröpfchenkulturen (I. Teil, S. 655) an, wobei auf jeden Tropfen höchstens eine Zelle kommen darf. Die Tröpfchenkulturen müssen nach 24 Stunden untersucht werden, da später auch die Verbände der Oberhefen zerfallen. Die Tropfenkulturen werden, sobald Hefeflecken entstanden sind, vorsichtig hin- und hergeschüttelt. In den Tropfen mit Unterhefe bleibt die Hefe als schleimige Masse liegen, in denen mit Oberhefe wird diese staubförmig aufgewirbelt und trübt die Flüssigkeit.

2. Die Flora der Mehlspeisen.

Die Flora der Mehlspeisen ist außer von der des Mehles von der der anderen verwendeten Rohstoffe, sowie von der Höhe der bei ihrer Herstellung angewendeten Temperatur abhängig. In Mehlspeisen finden ihrem hohen Wassergehalt entsprechend Bakterienkeime, besonders bei etwas warmer Aufbewahrung, sehr günstige Verhältnisse für ihre Vermehrung. Auch die Übertragung von Krankheitskeimen, besonders von Paratyphus B, ist bei Mehlspeisen wiederholt beobachtet worden[2]).

Für die mykologische Untersuchung gelten die allgemeinen Angaben über Anlage von gefärbten Präparaten und Plattenkulturen (vgl. Mehl und Brot).

Über die Fauna der Backwaren und Mehlspeisen vgl. unter „Mehle" S. 623.

Anhaltspunkte für die Beurteilung des Brotes.

a) Nach der technischen und chemischen Untersuchung.

1. Ein gut ausgebackenes Brot soll eine braune, glänzende, nicht verbrannte (nicht verkohlte) und nicht abspringende, knisterige, elastische Rinde besitzen, die allmählich in die Krume übergeht. Weder unter der Rinde noch in der Krume selbst dürfen große Hohlräume auftreten. Andererseits darf die Krume nicht pappig sein oder Wasserstreifen auf-

[1]) Zeitschr. f. Spiritusindustrie 1903, **26**, 229; 1904, **27**, 156, 225.

[2]) Levy und Fornet, Centralbl. f. Bakt. I. Abt., Orig. 1906, **41**, 161; Vagedes, das. Ref., 1907, **39**, 376.

weisen. Letztere (und eine verkohlte Rinde) haben ihren Grund entweder in einem überhitzten Ofen oder in einem zu starken Wasserzusatz zum Mehl oder in einer fehlerhaften Beschaffenheit des Mehles (von beregnetem oder ausgewachsenem Getreide); andererseits können pappige Beschaffenheit und Wasserstreifen auch in zu geringer Backtemperatur ihren Grund haben; dann aber ist auch die Rinde weich und nicht spröde. Die Krume muß gleichartig gelocht erscheinen und darf weder unverarbeitete Mehlklumpen, noch alte aufgeweichte Brotreste aufweisen. Geruch und Geschmack sollen angenehm brotartig sein.

2. Vielerorts bestehen polizeiliche Vorschriften für den zulässigen Wassergehalt des Brotes z. B. nach der alten Pariser Vorschrift: „Die Krume (die inneren weichen Teile) von gut ausgebackenem, vollkommen erkaltetem weißem Brot darf nicht über 45%, von schwarzem Brot nicht über 48% Wasser enthalten." Der Zweck dieser Bestimmung ist offenbar, zu verhindern, daß das Brot nicht im unausgebackenen teigigen bzw. pappigen, d. h. einem Zustande, der leicht schädlich sein kann, in den Verkehr gebracht wird. O. Mezger[1]) weist aber durch umfangreiche Untersuchungen von Broten Stuttgarts nach, daß diese Verordnung ihren Zweck nicht erreicht, da unter den Broten, die den höchsten zulässigen Wassergehalt nicht überschritten, verschiedene eine teigige, dagegen andere Brote mit höherem als dem zulässigen Wassergehalt eine nicht teigige Beschaffenheit besaßen. O. Mezger hält es daher für ausreichend, zu verlangen, daß das Brot „in gut ausgebackenem Zustande" feilgehalten und verkauft werde, dagegen für zweckmäßig, von einer polizeilichen Vorschrift für den zulässigen höchsten Wassergehalt abzusehen.

3. Der Gehalt des Brotes an Säure soll 10°, d. h. 10 ccm Normalalkali für 100 g Brotkrume nicht übersteigen (vgl. S. 690).

4. Für alle Brotsorten, für welche von jeher nach altem Brauch ein bestimmtes Mehl (also durchweg Weizen- und Roggenmehl) vorausgesetzt wird, oder welches mit einer ausdrücklichen Bezeichnung (als Weizenbrot, Roggenbrot) verkauft wird, ist der Zusatz fremder Mehle und Stoffe, sei es direkt oder indirekt in Form von Backmehlen, Backpulvern bzw. Backhilfsmitteln (vgl. S. 640 u. 680) als Verfälschung anzusehen. Selbst wenn diese Zusätze eine Verbesserung des Mehles für Backzwecke bewirken, dürfen sie nur gegen Deklaration gestattet werden, weil der Käufer die bessere Beschaffenheit des Gebäckes dem ursprünglichen Mehle zuschreibt; die Zusätze bedingen daher die Vortäuschung einer besseren Beschaffenheit.

5. Dasselbe gilt ohne Deklaration von der Verwendung anderer als der Milch entstammenden Fette, wenn der Käufer zu der Annahme berechtigt ist, daß zur Herstellung des Gebäckes Milch oder Rahm oder Butter verwendet ist (S. 688).

6. Die Verwendung von verdorbenen Mehlen, ebenso von Brotresten ist nach der Reichsgerichtsentscheidung vom 10. Januar 1899, sowie die von verschimmeltem Brot nach der Reichsgerichtsentscheidung vom 20. Januar 1888 als Verfälschung anzusehen (vgl. weiter unten S. 704).

7. Dasselbe gilt von der Verwendung fremdartiger Streumehle, z. B. von Holz, Spelzen, Schilf, Steinnuß, Kieselgur (vgl. S. 681).

8. Pappiges bzw. mit Wasserstreifen versehenes, fadenziehendes, verschimmeltes oder rotgeflecktes Brot ist als ungenießbar bzw. als verdorben anzusehen.

9. Der Gehalt an Unkrautsamen, an Zink- oder Kupfersulfat, an Alaun oder an fremden mineralischen Stoffen ist wie bei Mehl zu beurteilen (vgl. S. 627).

10. Der Zusatz von Kochsalz ist erlaubt, jedoch soll die Menge für Weizenbrot 1%, die für Roggenbrot 2% in der Trockensubstanz nicht übersteigen.

11. Über die Zulässigkeit von gärungbefördernden Mehlen (vgl. Nr. 4 und S. 679).

---

[1]) Zeitschr. f. Untersuchung d. Nahrungs- u. Genußmittel 1908, **16**, 395.

12. Die zum Backen verwendete Hefe darf weder sauer noch faulig riechen und soll nicht „warm“ sein; sie muß frei von Schimmelpilzen, Essigbakterien und wilden Hefen (Kahmhefe) sein. Von letzeren können nach dem Entwurf von Vorschriften im deutschen Reich bis $5^0/_0$ zugelassen werden (vgl. S. 691). — Zusatz von Bierhefe zu Preß-(Back-)hefe ist als Verfälschung anzusehen.

Die Preßhefe darf als natürlicher — vom Maischgut herrührender — Bestandteil nur $2^0/_0$ Stärke enthalten, es sei denn, daß besondere Verordnungen (vgl. S. 692) einen höheren Gehalt zulassen.

13. Der an Stelle von Preßhefe verwendete Sauerteig darf ebenfalls nicht faulig, dumpfig oder schimmelig riechen oder schmecken und nicht zu sauer sein, weil die alsdann vorwaltenden Säurebakterien ein zu saueres Brot liefern.

14. Backpulver müssen rein sein und dürfen keine gesundheitsschädlichen Bestandteile enthalten, also z. B. nicht Bisulfat, Chlorkalium, Kaliumcarbonat, Schwermetalle, und auch nicht Alaun. Carbonate und Säuren bzw. saure Salze sollen in äquivalenten Verhältnissen vorhanden sein, d. h. sollen gerade ausreichen, um die ganze vorhandene Menge Kohlensäure zu entbinden.

b) Beurteilung des Brotes nach dem mykologischen Befunde.

1. Die Zahl der Pilzkeime in Backwaren an sich ist belanglos, so lange dieselben im Ruhezustande verharren.

2. Backwaren, in denen sich Bakterien vermehrt und offensichtliche Veränderungen der normalen Beschaffenheit hervorgerufen haben, sind als verdorben zu betrachten. Wenn auch schwere Gesundheitsschädigungen durch solche Backwaren, insbesondere schleimiges und blutendes Brot, anscheinend sehr selten sind[1]), so wirken doch solche Nahrungsmittel zweifellos in hohem Maße ekelerregend.

3. Verschimmeltes Brot ist, sofern es sich nicht um vereinzelte, oberflächliche, leicht zu entfernende Kolonien handelt, als verdorben zu betrachten. Wenn auch in einwandfreien Versuchen[2]) die Ungefährlichkeit von Brot, das durch Penicillium glaucum, Aspergillus nidulans, Rhizopus nigricans stark zersetzt war, sowie der Pilzrasen dieser Arten festgestellt worden ist, so ist andererseits doch auch bekannt, daß das Mycel und die Sporen mancher Rassen von Aspergillus fumigatus und Penicillium glaucum in Italien und zu manchen Jahreszeiten krampferregende Gifte enthalten[3]). Man kann daher die Unschädlichkeit verschimmelten Brotes nicht mehr als allgemeingültige Tatsache betrachten. Außerdem kommt als schädlich der ekelerregende Geruch und Geschmack in Betracht. Auch ist zu bedenken, daß manche Schimmelarten wie Aspergillus flavus und A. fumigatus beim Menschen gefährliche Infektionen hervorrufen können.

4. Brot, das mehr als vereinzelte Teile Mutterkorn enthält, ist als gesundheitsschädlich zu betrachten (vgl. unter Mehl S. 628).

5. Mehlspeisen, in denen infolge Bakterienvermehrung Säuerung, Geruchstoffe (besonders Fruchtester) oder Fäulnis eingetreten sind, sind als gesundheitsschädlich zu betrachten, da neben den mehr oder minder unangenehmen oder ekelerregenden Veränderungen auch stets die Gefahr einer Intoxikation oder Infektion besteht.

---

[1]) Vgl. Juckenack, Zeitschr. f. Unters. d. Nahrungsm. 1899, **2**, 786 über Schädigungen durch schleimiges Brot.

[2]) Vgl. Welte, Archiv f. Hygiene 1895, **24**, 84 und **25**, 104; Zippel, Zeitschr. f. Veterinärk. 1894, **6**, 57.

[3]) Vgl. Otto, Zeitschr. f. klin. Med. 1906, **69**, 322 ferner verschiedene italienische Autoren; zahlreiche Literaturnachweise darüber in Lafar, Handbuch d. techn. Mykologie Bd. II, S. 381.

c) Beurteilung von Brot nach der Rechtslage[1]).

Hefe ein Nahrungsmittel. Die Strafkammer stützt die Freisprechung der Angeklagten von der Anschuldigung des Vergehens gegen § 10[1] NMG. auf die Erwägung, daß Hefe weder unter den Begriff des Nahrungsmittels, noch unter den des Genußmittels in Sachen des genannten Gesetzes falle; denn für sich allein sei Hefe ein zur Ernährung des Menschen ungeeigneter Gegenstand, auch werde sie nicht als solche genossen, sondern das durch sie zum Treiben gebrachte Gebäck; in diesem seien aber, nachdem sie die von ihr verlangte Wirkung geleistet habe, nur mehr derartig geringfügige Bestandteile von ihr zurückgeblieben, daß sie nur für die chemische Wissenschaft, nicht aber ein praktisches Interesse darböten.

Zutreffend wird diese Ausführung von der Revision der Staatsanwaltschaft als rechtsirrtümlich angefochten. Die Ausführung verkennt den Begriff des Nahrungsmittels im Sinne des gedachten Gesetztes, indem sie diesen Begriff zu eng auffaßt. Wie in der Rechtsprechung anerkannt, kommt es für den Begriff des Nahrungsmittels in Sachen des NMG. nicht darauf an, ob der betreffende Stoff für sich allein zur Ernährung des Menschen geeignet ist; es fallen vielmehr unter den Begriff auch alle die Stoffe, welche erst in Verbindung oder nach der Verarbeitung mit anderen Stoffen bestimmt sind, zur menschlichen Nahrung zu dienen. Nun stellt das Urteil fest, daß Hefe bei der Brot- (Gebäck-) Bereitung in der Weise angewendet wird, daß sie dem Brotteig im Verhältnis von 1 zu 100—200 Gewichtsteilen zugesetzt wird, zu dem Zwecke und mit der Wirkung, daß sie den Brotteig in seiner Beschaffenheit verändert, ihn „treibt", auflockert und durch diese seine Einwirkung das Brot (Gebäck) verdaulich macht. Die Hefe ist hiernach ein Ingrediens der Brotbereitung, das dem Grundstoff des Brotes zugesetzt und mit ihm verarbeitet wird zur Herstellung des unmittelbar zur Nahrung dienenden Produktes, des Brotes. Daraus ergibt sich die natürliche Auffassung, daß die Hefe ein Bestandteil des mit ihr hergestellten Brotes oder Gebäcks geworden ist, und es kann nicht darauf ankommen, ob und welche chemischen Veränderungen ihre ursprünglichen Stoffteile in der wechselseitigen Beeinflussung mit den übrigen im Brotteige enthaltenen Stoffen erlitten haben, und ob und wieviel von diesen ursprünglichen Bestandteilen in dem Produkte durch die chemische Wissenschaft noch nachweisbar ist.

RG., 28. Mai 1900.

(Zeitschr. f. Untersuchung, Beilage 1913, 428.)

Verunreinigte Backwaren. Durch Mäusekot verunreinigter Kuchenteig. Der Angeklagte hatte durch Mäusekot verunreinigten Kuchenteig, von dem er nach seiner Angabe den verunreinigten Teil weggeschnitten hatte, zum Backen verwendet und den Kuchen an die Gäste verkauft. Der Teig war aber nicht etwa eine feste Masse, sondern weich und in gewissem Maße durchlässig, so daß sich der flüssige Teil der Mäuseexkremente dem Teige in weiterem Maße mitgeteilt hatte, als der Angeklagte durch Wegschneiden beseitigen konnte. Zudem hatten die Mäuse sich auf dem Teige aufgehalten usw., so daß man ohne weiteres annehmen muß, der ganze Teig sei für den, welcher einen aus diesem Teige gewonnenen Kuchen essen sollte, ekelerregend und verdorben. § 10[2] NMG.

LG. Kempten, 3. Januar 1912.

Mohnkuchen mit Mäusekot. Der verwendete Mohn enthielt 3,7% Mäusekot. Das Gericht erachtete den Mohn für verdorben und seine Hinzunahme zu frischen Zutaten für eine Verfälschung nach § 10[2] NMG.

AG. Dresden, 29. April 1903.

Brot mit tierischen Exkrementen. Beiseiteschaffung beschlagnahmter Brote. Von den wegen Mindergewichtes beschlagnahmten Broten hatte der Angeklagte drei beseitigt. Der amtlichen Weisung, an ihrer Stelle drei neue Brote herzustellen, kam er in der Art nach, daß er ekelerregende tierische Exkremente in diesen Broten mit verbuk. Eine Zeugin war auf den Genuß dieser Brote erkrankt.

---

[1]) Bearbeitet von Prof. Dr. C. A. Neufeld in Würzburg.

Der Angeklagte erschien einer Beiseiteschaffung beschlagnahmter Gegenstände und der vorsätzlichen Herstellung von Nahrungsmitteln, deren Genuß die menschliche Gesundheit zu schädigen geeignet war, überführt. Verurteilung aus § 12[1] NMG., § 137 RStrGB.

LG. Zweibrücken, 29. April 1891.

Brotteig in einer beschmutzten Wanne. Der Angeklagte hatte zur Herstellung des Brotteigs fortgesetzt zwei Wannen benutzt, in denen ein Säugling und dessen schmutzige Leibwäsche und Windeln gewaschen wurden.

Nach dem Gutachten des ärztlichen Sachverständigen hatte die Verwendung dieser Wannen zur Folge, daß die Schmutz- und Kotteile mit dem Brotteige in Berührung kamen und sich mit diesen vermengten. Der Genuß des auf diese Weise hergestellten ekelerregenden Brotes war nach der Überzeugung des Gerichtshofes objektiv geeignet, die menschliche Gesundheit dadurch zu beschädigen, daß die mitverbackenen Kotteile Magen- und Darmentzündungen und die durch diese unsaubere Brotbereitung zur Entwicklung gelangenden Bakterien andere Krankheiten hervorrufen konnten. Der Angeklagte war als Bäckermeister besonders verpflichtet, sich von der guten Beschaffenheit der von ihm hergestellten Waren zu überzeugen. § 14 NMG.

Strafk. b. d. AG. Inowrazlaw, 22. März 1895.

Herstellung von Brot durch einen mit Ausschlag Behafteten. Der Angeklagte litt an einem nässenden Ausschlage an Armen und Händen, trotzdem beteiligte er sich am Mischen und Kneten des Mehles und Teiges.

Wenn der Angeklagte bei der Brotbereitung trotz seines Ausschlages mithalf und selbst das Waschwasser, in dem er seine mit Ausschlag behafteten Arme reinigte, wieder in den Teig schüttete, so ist das nach Aussage des Sachverständigen nicht nur eine „kolossale Schweinerei", sondern auch ein gesundheitsschädliches Verfahren, da in den Sekreten des Hautausschlages Krankheitsstoffe enthalten sind, die sich dem Brote mitteilen und beim Käufer, der das Brot genießt, krankhafte Veränderungen, besonders Verdauungsstörungen, hervorrufen konnten. Vergehen gegen § 12[1] NMG.

LG. München I, 13. Oktober 1905.

Verwendung von Milch, in der eine Ratte ertrunken war. Es ist ganz selbstverständlich, daß ein Tier wie die Ratte, welche mit Vorliebe in Kloaken und an anderen Orten lebt, wo Schmutz und Fäulnis aufgestapelt sind, eine ganze Menge Unrats an sich herumträgt, und daß daher, ganz abgesehen von der Möglichkeit, daß beim Ertrinken der Ratte auch noch Entleerung von Exkrementen stattfand, auf alle Fälle der Körper des Tieres allerlei Unrat an die Milch abgegeben hat, welcher sich mindestens zum Teil in dieser auflöste und durch das spätere Durchseihen unmöglich wieder entfernt werden konnte . . . Es kann also nicht bezweifelt werden, daß die Milch durch Unrat verunreinigt und dieser Unrat auch dem aus ihr hergestellten Brote mitgeteilt war, daß mithin letzteres zur Zeit des Verkaufs an die Kundschaft objektiv erheblich zum schlechteren verändert, als normales Brot nicht mehr zu erachten und nach allgemeiner Meinung höchst ekelhaft und als verdorben zum menschlichen Genuß völlig ungeeignet war. § 10[2] NMG.

LG. Bamberg, 16. Februar 1901.

Backwaren aus verdorbenen Stoffen. Verunreinigtes Wasser. Der Angeklagte hatte zum Einteigen des Brotes Brunnenwasser verwendet, welches wegen seines reichen Gehaltes an Ammoniak und salpetriger Säure zum menschlichen Genuß nicht geeignet war.

Der Angeklagte hat fahrlässig gehandelt, da er vom Besitzer des Brunnens hätte erfahren können, daß dieser das Wasser wegen seines verdächtigen Aussehens nicht verwendete. Bei pflichtgemäßer Sorgfalt hätte er aus dem Aussehen des Wassers den Schluß ziehen können, daß dasselbe gesundheitsschädliche Teile enthalte und hätte sich sagen müssen, daß das mit diesem Wasser hergestellte Brot geeignet sei, die menschliche Gesundheit zu beschädigen. § 14 NMG.

Strafk. b. d. AG. Inowrazlaw, 3. Januar 1896.

Mangelhaft gebackenes Brot aus verdorbenem Mehl. Die Rinde des Brotes war „abgehoben“ (abgebacken) und die unter dem dadurch gebildeten Hohlraum befindliche Masse durchaus teigig, fest und undurchbacken, von unangenehmem „mulsterigem“ Geruch und Geschmack.

Nach Aussage des Sachverständigen ließen Geruch und Geschmack erkennen, daß zur Bereitung des Brotes verdorbenes Mehl verwendet wurde. Die beschriebene Brotmasse müsse Magenverstimmung, Durchfall und Erbrechen hervorrufen, da der Magensaft sie nicht oder nur unvollkommen zu bewältigen vermöge. Diese gesundheitsschädliche Beschaffenheit des Brotes könne ihren Grund sowohl in dem verwendeten Material, als auch in der Art der Zubereitung, besonders in einem anormalen Gärprozesse haben.

Der Gerichtshof nahm an, daß der Angeklagte den infolge allzu reichlicher Beimengung von Abfallmehl möglicherweise auch durch konkurrierende Bereitungsfehler gänzlich verdorbenen und unbrauchbaren Teig als Gefangenenbrot herstellen ließ. Die Tätigkeit des Herstellens von Broten erreicht der Natur der Sache nach ihr Ende erst in dem Stadium, in welchem nach Beendigung des Backprozesses die Brote dem Ofen entnommen werden. Daraus folgt, daß der Angeklagte doch wissentlich Nahrungsmittel, welche die menschliche Gesundheit zu beschädigen geeignet, ihm auch in dieser Eigenschaft bekannt waren, hergestellt hat bzw., was damit gleichbedeutend ist, durch seinen Gesellen hat herstellen lassen. Er wurde wegen Vergehens gegen § 12[1] NMG. verurteilt. Die Revision wurde verworfen.

RG., 6. Oktober 1890.

Fadenziehendes Brot. Das aus Roggen — mit etwas billigem Weizenmehl — hergestellte Brot besaß eine nasse, stark klebrige Krume von eigentümlichem Geruche und brauner Farbe; beim Brechen des Brotes und Auseinanderziehen der Bruchstücke stellten zahlreiche feine, zum Teil mehrere Dezimeter lange Fäden die Verbindung zwischen den beiden Stücken her. Nach der Untersuchung war das Brot vollständig mit bräunlich aussehenden, zur Gruppe der Kartoffelbacillen gehörigen Bakterienkolonien durchsetzt, die sich zu langen Fäden ausziehen ließen. Das Mehl, welches zur Bereitung des Brotes gedient hatte, zeigte einen dumpfen, moderigen Geruch, hatte sich zu Klumpen zusammengeballt und zeigte vollständig den Charakter eines verdorbenen Mehles. Seine Untersuchung ergab, daß in dem Mehle zahlreich jene Bakterien vorhanden waren, die die fadenziehenden Kolonien im Brote gebildet hatten. Auf den Genuß des Brotes waren Personen erkrankt. Der Angeklagte war von seinem Gesellen auf die Beschaffenheit des Mehles aufmerksam gemacht worden.

Darin, daß der Angeklagte sich trotz dieser Anzeige des Gesellen nicht zu einer eingehenden Prüfung des Mehles vor dem Verbacken hat veranlaßt gesehen, ist eine grobe Fahrlässigkeit zu erblicken. Indem der Angeklagte dies unterließ, hat er fahrlässigerweise ein gesundheitsschädliches Nahrungsmittel hergestellt und verkauft und hierdurch unter Außerachtlassung der Aufmerksamkeit, zu der er vermöge seines Gewerbes besonders verpflichtet war, die Körperverletzung zweier Personen verursacht. § 230 Abs. 1 und 2 RStrGB. und § 14 NMG.

LG. München I, 23. Januar 1900.

Alte Brotreste zur Brotbereitung. Verwendung von altem Brot. Unter frisch gebackenem Brot versteht der Verkehr ein aus neuer Teigmasse hergestelltes, nicht aus Resten früher gebackener Brote zubereitetes Brot. Die Verfälschung liegt schon darin, daß der Angeklagte sein anscheinend frisch gebackenes Brot aus einem Stoffe zubereitete, der nach der Verkehrsauffassung zur Herstellung neuen, frischen Brotes von normaler Beschaffenheit nicht verwendet wird. § 10[1] N.MG.

RG., 12. April 1894.

Verwendung von verschimmelten alten Brotresten. Daß das neugebackene, mit einem auch nur geringen Bruchteil (1—1,5%) alten verschimmelten Brotes versetzte Brot als verfälscht im Sinne des Gesetzes anzusehen ist, unterliegt keinem Zweifel. Die Verfälschung bestand darin, daß der Stoff des neuen Brotes durch Zusatz von verschimmelten, also verdorbenen und demnach zur menschlichen Nahrung ungeeigneten Brotteilen verschlechtert ist. Daß der Genuß derartigen Brotes geeignet ist, die menschliche Gesundheit zu schädigen, wurde nicht als erwiesen erachtet. § 10 NMG.

LG. I Berlin, 28. März 1893.

Verwendung alter Backwaren bei Herstellung frischen Brotes. Der Bäcker H. hatte beim Backen des Brotes altbackene, unverkäufliche Semmeln, die erst eine Zeitlang in seinem Verkaufsladen gelegen hatten und dann 2—4 Wochen lang auf dem Backofen getrocknet worden waren, in der Weise verwendet, daß er sie klar stieß, durchsiebte, in Wasser aufweichte und mit dem Sauerteig im Verhältnis von etwa 2 auf 180 Pfund vermischte, das Gemisch buk und unter Verschweigung alles dessen an seine Kunden verkaufte.

Die normale Herstellungsart des Brotes besteht, wie H. wußte, in der Bereitung eines Teiges aus Getreidemehl, Wasser, Kochsalz und Sauerteig, sowie in dem nachfolgenden Backprozesse. Altbackene Semmeln aber nehmen an dem Backprozesse nicht mehr teil, sondern bilden in dem neuen Teige einen toten Ballast, der sich mit dem Teige nicht organisch verbindet. Hierdurch wird das Erzeugnis aus beiden minderwertig und das kaufende Publikum getäuscht. Denn es erwartet mit Recht, daß das Brot so bereitet sei, wie es von einem ehrlichen Bäcker im regelmäßigen Geschäftsverkehre nach Treu und Glauben vorausgesetzt werden darf.

Für den objektiven Tatbestand der Zuwiderhandlung gegen § 10 NMG. genügt jeder Zusatz, der eine Verschlechterung des reinen Stoffes verursacht. In Anbetracht dessen kann dahingestellt bleiben, ob die Verschlechterung nicht auch darin hätte erblickt werden dürfen, daß das Gebäck unappetitlich und ekelerregend, ebenso ob es gesundheitsschädlich im Sinne des § 12 NMG. gewesen sei.

OLG. Dresden, 10. August 1904.

(Zeitschr. f. Untersuchung, Beilage 1913, 82.)

Verschimmeltes Brot. Die Angeklagte hatte die Verpflichtung, sich vor dem Verkauf ihrer Waren von ihrem tadellosen, zum Genusse geeigneten Zustande zu überzeugen. Schon eine äußerliche Besichtigung der Brote würde ihr die Schimmelbildung gezeigt und sie auf die Durchsetzung mit Schimmelpilzen aufmerksam gemacht haben. Indem sie bei dem Verkaufe der Brote die pflichtgemäße Aufmerksamkeit außer acht ließ, handelte sie fahrlässig.

LG. Oppeln, 9. Februar 1894.

Gegenüber der Behauptung des Angeklagten, daß er das schimmelige Brot nur zur Verfütterung an Vieh verkauft habe, nahm das Gericht nach der Darstellung des Sachverständigen an, daß das fragliche Brot ebenso wie das frische zum Verkaufe bereit war, sowie weiterhin, daß der Angeklagte, wenn er einmal das überall als Nahrungsmittel übliche und seinem ganzen Zwecke nach für den Genuß durch Menschen bestimmte Brot öffentlich verkaufte, gar keine Verfügung über die Verwendungsart hatte und Konsum durch Menschen als die wahrscheinlichste und nächstliegende voraussehen mußte. § 14 NMG.

LG. Fürth, 13. Dezember 1890.

Beimengung fremder Stoffe. Brot mit Reis- und Maismehl und zu hohem Wassergehalt. Die Verschlechterung — die Abweichung von der normalen Beschaffenheit des Roggenbrotes — ist bei dem „Rogginabrot“ darin zu finden, daß es nicht nur bedeutende Mengen von Reis- und Maismehl, welche Mehlsorten nicht unerheblich billiger als Roggenmehl und weniger nahrhaft als dieses sind, sondern vor allem auch eine ganz außergewöhnliche Menge von Wasser (47,5%) enthielt, sonach in hohem Maße geringerwertige Bestandteile hatte, als es dem Roggenbrote eigen ist. Verurteilung aus § 10[1] und [2] NMG.

LG. Dresden, 12. März 1909.

Brot mit Kartoffelmehl. Der Angeklagte hatte einem zu 1/3 aus Roggen- und 2/3 aus Weizenmehl bestehenden Brote 6—7% Kartoffelmehl zugesetzt, welches er von einer Fabrik unter dem Namen „Cirion" und „Patentwalzmehl" gekauft hatte. Der Angeklagte hatte dieses Präparat untersuchen lassen und erfahren, daß es reines Kartoffelmehl sei. Trotz dieser Kenntnis und ungeachtet der Warnung des Marktinspektors hat er das damit hergestellte Brot, ohne den Zusatz zu deklarieren, unter der Bezeichnung „Langfrischbrot" verkauft.

Unter Brot schlechthin wird im allgemeinen das aus den Mehlerzeugnissen von Weizen und Roggen hergestellte Gebäck verstanden. Das Publikum in A. erwartet im allgemeinen, wenn es Brot kauft, ein Gebäck von Roggen- und Weizenmehl; es würde einen Zusatz von Kartoffelmehl ablehnen, weil solches Brot gegenüber dem reinen Getreidebrot für minderwertig gehalten und dadurch schon der Genußwert beeinträchtigt wird. Durch die Beigabe des Patentwalzmehles wird aber auch der Nährwert gegenüber dem reinen Getreidebrot verschlechtert. Das mit einem Zusatze von Patentwalzmehl hergestellte Brot ist demnach gegenüber dem normalen reinen Getreidebrote sowohl im Nährwerte als im Genußwerte verschlechtert, also ein verfälschtes Nahrungsmittel im Sinne des § 10 NMG. Durch die Bezeichnung des mit Kartoffelmehl hergestellten Brotes als „Langfrischbrot" ist das Publikum getäuscht worden. Der Name Langfrischbrot deutet auf nichts weiter hin, als auf die Eigenschaft des Brotes, sich länger frisch zu halten als gewöhnliches Brot. Auf einen Zusatz, insbesondere von Kartoffelmehl, läßt die Bezeichnung nicht schließen. Verurteilung wegen Vergehens gegen § 10^1 und ^{2} NMG. Die Revision wurde verworfen.

Bayr. Oberst. Landesger., 15. Juni 1909.

Brot mit geriebenen Kartoffeln. Nach dem Gutachten des Sachverständigen führt die Verwendung geriebener Kartoffeln der aus reinem Weizenmehl herzustellenden Backware Stoffe zu, die sich als Fremdstoffe darstellen und wegen ihres geringeren Nährwertes die Backware gegen die aus reinem Weizenmehl hergestellte Ware minderwertig erscheinen lassen, besonders auch in den Augen des Publikums, welches aus gutem reinen Weizenmehl hergestelltes, auf jeden Fall kartoffelfreies Gebäck haben will und erwartet. Durch den Kartoffelzusatz wird nicht nur die Kohlensäurebildung, sondern auch die Wasserbindung vermehrt, damit aber der Umfang und das Gewicht des Gebäckes erhöht. Diesem wird durch solche, den Verbraucher über die bestehende Minderwertigkeit meist hinwegtäuschende Veränderungen, die mit erkennbaren Verschlechterungen nicht verbunden zu sein brauchen, der Schein einer vorteilhafteren, besseren Beschaffenheit verliehen. Nach alledem sind die Begriffsmerkmale der Verfälschung im Sinne des NMG. gegeben. § 10^1 und ^{2} NMG.

LG. Bautzen, 1. September 1910.

Brot mit Viehsalz. Nach der Erklärung des Sachverständigen wird das gewöhnliche Speisesalz durch einen Zusatz von 0,5% Eisenoxyd und etwa 0,5% Wermutkrautpulver zum Genusse für Menschen unbrauchbar gemacht, denaturiert, und erhält durch diese Zusätze nicht nur die rote Färbung, sondern auch einen herben und bitteren Geschmack, infolgedessen es sich gegenüber dem Speisesalz als minderwertig darstellt, wie denn auch der Preis beider Salze um die Hälfte etwa differiert.

Indem die Angeklagte derart verschlechtertes und minderwertiges Salz beim Backen von Brot verwendete, so hat sie, da jeder Käufer erwartet, daß bei Bereitung des Brotes nur Speisesalz verwendet wird und sicherlich bei gleicher Preishöhe das mit Viehsalz gewürzte Brot zurückweisen würde, das zum Verkauf bestimmte Brot hierdurch vorsätzlich verfälscht. Vergehen gegen § 10^1 und ^{2} NMG., zusammentreffend mit einer Zuwiderhandlung gegen das bayerische Salzabgabengesetz vom 16. November 1867.

LG. Weiden, 1. Juni 1895.

Brot mit Kupfervitriol. Nach dem Gutachten des Sachverständigen ist es ein bei den Bäckern beliebtes und in den beteiligten Kreisen bekanntes Mittel, schlechtes Mehl durch Zusatz von Kupfersalz wieder backfähig zu machen. Nach dem Ergebnis der Untersuchung war das verbackene Mehl schlecht und die untersuchten Brote schon ohne den Kupferzusatz verdorbene Nahrungsmittel.

Der Angeklagte hat zum Zwecke der Täuschung im Handel und Verkehr Nahrungsmittel verfälscht und sie, wissend, daß sie verfälscht und außerdem verdorben waren, unter Verschweigung dieses Umstandes verkauft. § 10[1] und [2] NMG.

LG. Gera, 9. Januar 1911.

Brot mit Alaun. In dem Brote wurden Stückchen von schwefelsaurem Alaun bis zur Größe einer kleinen Haselnuß gefunden.

Ein Alaun enthaltendes Brot ist nach Ansicht des Gerichts als verdorbene Eßware, und wenn sich Alaunstücke in der angegebenen Größe vorfinden, als gesundheitsschädlich zu erachten. § 12[1] NMG.

LG. Braunschweig, 13. März 1894.

Backpulver mit 20% Alaun. Die Angeklagten hatten ein Backpulver mit einem Zusatz von 20% Alaun in augenblicklicher Ermangelung der sonst verwendeten Phosphorsäure hergestellt und in den Verkehr gebracht.

Nach dem medizinischen Gutachten muß ein solcher Zusatz von Alaun zu einem Genußmittel als gesundheitsschädlich erachtet werden. Wenn die Angeklagten von der alten Herstellungsweise des Backpulvers abwichen, hätten sie sich doch vorher über die Wirkung des Alauns als Zusatz zu Genußmitteln an zuständiger Stelle vergewissern sollen. Verurteilung aus § 14 NMG.

LG. Hannover, 19. August 1898.

Brot mit Verunreinigungen und Fremdkörpern. Backstubenkehricht, Papier usw. Der Angeklagte hatte dem Teig von Brötchen Backstubenkehricht (mit Holz- und Kohlenstückchen, auch Haaren), Eierschalen, Papierschnitzel, ferner Tabakstücke (Kautabak oder Zigarrenstummel) zugesetzt und diese Brötchen in die Brotkörbe eines Konkurrenten gelegt, um diesen mit seiner Backware in Verruf zu bringen.

Die von dem Angeklagten hergestellten Brötchen waren geeignet, die menschliche Gesundheit zu schädigen. Der Angeklagte wurde wegen Vergehens gegen § 12[1] NMG. und zugleich wegen Betrugsversuches (§ 263, 43 StrGB.) gegenüber dem anderen Bäckermeister verurteilt.

LG. Stettin, 14. Februar 1894.

Brot aus stark verunreinigtem Mehl. In dem Mehl fanden sich große Mengen Gips, Kohle und Mörtel, teils in Pulverform, teils in Stücken bis Haselnußgröße. Diese Körper wurden mit dem Mehl verbacken, obwohl der Angeklagte zweifellos ihr quantitativ bedeutendes Vorhandensein im Mehl kannte. Das also hergestellte Brot hat der Angeklagte verkauft, obwohl er wußte, daß das Brot, weil aus verfälschtem Mehle hergestellt, selbst ein verfälschtes Nahrungsmittel war. Vergehen gegen § 10[2] NMG.

LG. Saargemünd, 10. Mai 1895.

Verwendung von Fußmehl als Streumehl. In dem durchgesiebten Fußmehl (zusammengekehrtem Mehl vom Fußboden), das der stets feuchten rohen Backware untergestreut, zum großen Teil an dieser haften blieb und Bestandteil derselben wurde, waren mit höchster Wahrscheinlichkeit, ja, wie angenommen worden ist, mit Sicherheit allerlei Mikroben, Bacillen und sonstige Krankheitserreger, besonders auch mit Rücksicht auf den Mundauswurf der Bäckereiarbeiter enthalten. Nach medizinisch-wissenschaftlicher Erfahrung wurden solche Krankheitserreger durch die trockene Hitze des Backofens, die überdies zum Backen der Salzkuchen nicht mehr allzu hoch zu sein pflegt, keineswegs abgetötet. Die so hergestellten Backwaren waren geeignet, die menschliche Gesundheit zu schädigen. § 12 NMG.

LG. Landsberg a. W., 16. Dezember 1897.

Brot mit Kautabak. In ein Brot war fahrlässig Kautabak eingebacken worden, eine Frau mußte sich auf den Genuß des Brotes erbrechen.

Es wurde als erwiesen angesehen, daß der Angeklagte aus Fahrlässigkeit ein Nahrungsmittel derartig hergestellt hatte, daß durch dessen Genuß eine Körperverletzung der Zeugin verursacht worden ist. Hierbei hat er die Aufmerksamkeit außer acht gelassen, zu welcher er vermöge seines Gewerbes besonders verpflichtet war. (§ 14 NMG., § 230 Abs. 2 RStrGB.)

LG. Halberstadt, 11. August 1900.

Brot mit Auswurf einer Schwindsüchtigen. Der Angeklagte goß das Wasser, welches seine an Phthisis leidende Ehefrau zum Waschen ihres Körpers benutzt hatte, in eine Kanne und aus dieser zu dem Brotteig. In diese Kanne wurde auch ein Gefäß entleert, in das die Frau ihren Auswurf hineinspie. Ferner benutzte er Semmeln, welche die Frau in die Schüssel zurückspie, zur Anfertigung von Backwaren, die verkauft wurden.

Wie das Gericht feststellte, ermöglichte diese Handlungsweise des Angeklagten, daß Schwindsuchtskrankheitskeime von anderen Menschen genossen und dadurch auch andere Menschen von der tödlichen Krankheit der Phthisis ergriffen wurden. § 12 NMG.

LG. Posen, 7. September 1893.

Semmeln mit Stecknadeln. Die Angeklagte hatte in Semmeln je eine Stecknadel derartig gesteckt, daß diese von außen nicht sichtbar war. —

.... Wo es sich um das Hinzubringen eines schädlichen Stoffes zu dem unschädlichen Nahrungsmittel handelt, tritt der bezeichnete Erfolg nur unter der Voraussetzung ein, daß der zugebrachte Stoff ein wirklicher Bestandteil des Nahrungsmittels selbst wird. Nur bei solcher Gestaltung der Sachlage kann davon die Rede sein, daß das Nahrungsmittel eine gesundheitsschädliche Beschaffenheit angenommen habe, nicht aber in Fällen, wo — wie hier — auf mechanischem Wege eine völlig äußerliche Verbindung zwischen dem Nahrungsmittel und einem seiner Natur nach innerlich fremden Gegenstande hergestellt ist, der durch diese Verbindung weder selbst aufgehört hat, als selbständiges Ding zu existieren, noch durch seine Beseitigung die Natur des Nahrungsmittels irgendwie verändert hat. Das Nahrungsmittel blieb hier nach wie vor die Semmel; das Hineinstecken der Nadel machte die Semmel zu keiner nach irgendeiner Richtung anders gearteten Semmel, zu keinem für den Genuß minder tauglichen Nahrungsmittel. Nicht sie, sondern der in sie eingeschobene Fremdkörper war es, der eine gesundheitsschädliche Wirkung zu äußern vermochte, wenn er in den menschlichen Organismus eingeführt wurde. . . .

Nach dem Dargelegten greift § 12 des NMG. nicht Platz, weil ein gesundheitsschädliches Nahrungsmittel nicht vorliegt.

RG., 11. November 1898.

Brotöl. Ein Kaufmann war aus § 12 des NMG. verurteilt worden, weil er Brotöl, ein Destillat aus den Rückständen bei der Reinigung von Erdöl, in den Verkehr gebracht hatte. Das Brotöl dient zum Bestreichen der Brote beim Backen, um zu verhindern, daß Brote zusammenbacken oder an der Platte festkleben.

Die Anwendung des §12[1] ist rechtsirrig. Der Angeklagte hat weder das Brot, noch das Brotöl hergestellt, sondern nur mit letzterem gehandelt. Dasselbe hat bei der Herstellung des Brotes eine nebensächliche Verwendung gefunden und ist dadurch weder selbst Nahrungs- oder Genußmittel geworden, noch bestimmt gewesen, als solches zu dienen. Dadurch, daß Teile des Öles in die Rinde des Brotes eingedrungen und mit diesen genossen worden sind, ist das Öl nicht selbst zum Nahrungs- oder Genußmittel geworden. Da niemand es dazu bestimmt hat, das Eindringen vielmehr gegen die allgemeine Annahme erfolgt ist, ist das Öl nur diejenige Substanz gewesen, welche das Brot unter Umständen hat gesundheitsschädlich wirken lassen. Das Gift wird aber nie selbst zum Nahrungs- oder Genußmittel. Ferner hat der Angeklagte das Mineralöl nicht als Nahrungs- oder Genußmittel, das Brot aber überhaupt nicht verkauft. Wäre ein nachteiliger Einfluß festgestellt worden, so hätte er wegen fahrlässiger Körperverletzung oder Tötung, bei vorsätzlichem Handeln der Bäcker unter Umständen als Gehilfe verfolgt werden können.

RG., 17. September 1896.

Über die Beurteilung von Feinbackwaren (Zuckerwaren) nach der Rechtslage vgl. diesen Abschnitt S. 745.

Zwieback, Biskuit.

Mit dem Namen Zwieback bzw. Biskuit (vom italienischen biskotto, zweimal gebacken) bezeichnet man verschiedene Erzeugnisse. Nach der Bedeutung des Wortes versteht man darunter das aus den nochmals gerösteten Scheiben eines laibförmigen ungesäuerten und mit Zucker versetzten lockeren Weizenbrotes. Man belegt mit dem Namen Biskuit, Zwieback (Kakes, Teegebäck usw. usw.) eine große Anzahl von Gebäcken, die aus Mehl, Eiern, Butter und Zucker hergestellt, in besondere Formen geschnitten — einzelne Sorten auch noch mit Guß und Verzierungen — und auf Blechen, die sich durch einen langen Backofen bewegen, scharf ausgetrocknet bzw. schwach geröstet sind. Auch aus Mehl, Wasser und Salz werden, ohne Säuerung oder Gärung, durch starkes Austrocknen zwiebackähnliche Gebäcke hergestellt (Matzen der Juden); der Schiffs- und Manöverzwieback unterliegt vorher durch Zusatz von Hefe oder Sauerteig einer schwachen alkoholischen Gärung. Der Fleischzwieback erfährt einen gleichzeitigen Zusatz von zerhacktem Fleisch; der Zuckerzwieback einen solchen von Zucker; dem Mehl werden 20—40% gelber Rohzucker zugemischt, das Gemisch wird mit Wasser und Hefe versetzt und gebacken[1]).

1. Einer besonderen Erwähnung bedarf beim Zwieback der Zusatz von Seife bzw. von Zwiebacksüß. In manchen Gegenden (z. B. in Holland) ist es gebräuchlich, dem Zwiebackteig weiße Seife (Natronseife), die unter dem Namen „Seife für Bäcker" öffentlich feilgeboten wird, zuzusetzen, wodurch er lockerer werden soll[2]). F. Schwarz und L. Hartwig[3]) ebenso K. Fischer und O. Gruenert[4]) konnten bei uns zwar „Seife für Bäcker" im Handel nicht finden, dagegen um so häufiger Zwiebacksüß-Präparate bzw. Zwiebackextrakte, die demselben Zwecke dienen sollen, aber aus Mischungen von Fett mit Zucker, Sirup und etwas Alkalicarbonat bestehen und künstlich gelb gefärbt sind. Die Zusammensetzung möge aus folgenden Analysen (Nr. 1 von Schwarz und Hartwig, Nr. 2 von uns) erhellen:

Zwiebacksüß	Wasser %	Fett %	Glucose oder Invertzucker %	Saccharose %	Dextrin %	Asche %	Kaliumcarbonat %	Natriumcarbonat %
Nr. 1	11,50	26,86	9,36	38,20	nicht bestimmt	1,47	—	—
Nr. 2	11,80	28,07	9,72	34,60	10,43	1,95	0,51	0,73

Das Fett bestand bei Nr. 1 aus Schmalz, bei Nr. 2 aus Schmalz und Baumwollsaatöl.

Fischer und Gruenert untersuchten 14 derartige Erzeugnisse des Handels mit folgendem Ergebnis:

[1]) Der Armeezwieback wird nach E. Glaser wie folgt hergestellt: Der vorbereitete Teig, der bei 30° 20 Minuten lang der Gärung überlassen worden ist, wird auf der Teigpresse gepreßt und auf der Teigwalzmaschine bis auf eine Dicke von 6—10 mm ausgewalkt. Diese Teigbänder werden dann auf der Zwiebackformmaschine bei einer Walzenstellung von 3—4 mm in Flecken mit 18 Kuchen bzw. mit 72 Zeltchen geformt. Zwei Kuchen oder 8 Flecken kommen auf Bleche (Unterteile der Preßbrotformen) und werden etwa 30 Minuten lang der Nachgärung überlassen. Sodann werden sie im Dampfschrank 5—10 Minuten lang einem Dampfdruck von 0,2 Atm. ausgesetzt. Hierauf gelangt der Zwieback sofort zum Ausbacken bei einer Temperatur von über 200° während 25—30 Minuten.

[2]) Die in lauwarmem Wasser gelöste Seife wird mit einem Reisigbündel so lange gepeitscht, bis sie stark schaumig erscheint und dann mit Mehl vermischt.

[3]) Zeitschr. f. Untersuchung d. Nahrungs- u. Genußmittel 1907, **13**, 593.

[4]) Ebendort 1907, **13**, 692.

Fett	Jodzahl des Fettes	Verbrauch an N.-Lauge für den Auszug		Berechnete Natronseife		Alkalität der Asche von 100 g; verbrauchte ccm N.-Lauge
		vor dem Ansäuern	nach dem Ansäuern	vor dem Ansäuern	gesamt	
%		ccm	ccm	%	%	
6,52—23,17	52,70—73,20	0,6—9,9	0,05—7,57	0—2,24	0—5,17	2,90—80,49

Die Erzeugnisse enthielten bis auf 5 sämtlich etwas Seife[1]) und waren bis auf 8 künstlich gefärbt; 2 enthielten auch etwas Weinsäure. Durch längeres Aufbewahren der Erzeugnisse wurde keine Seife gebildet, wohl aber bei Anwendung eines Fettes mit hohem Säuregrad oder bei längerem Erwärmen, wobei dann allerdings Dextrin und Zucker leicht karamelisiert werden. Fischer und Gruenert bestimmen den Seifengehalt dieser Erzeugnisse wie folgt:

10 g des Extraktes werden mit 20 g Wasser in einem Mörser angerührt, dann 6 mal im Scheidetrichter mit Äther, die beiden ersten Male mit je 50 ccm, danach 4 mal mit je 30 ccm ausgeschüttelt. Die ätherische Ausschüttelung wird 6 mal mit Wasser gewaschen, durch ein trockenes Filter filtriert, der Äther abdestilliert, der Rückstand in neutralem Äther-Alkohol gelöst und mit $^1/_{10}$ N.-Lauge titriert.

Die mit Äther ausgezogene wässerige Lösung des Extraktes wird dann mit Salzsäure angesäuert, in derselben Weise wie oben erneut 6 mal mit Äther ausgezogen, der Äther sehr sorgfältig gewaschen, filtriert, abdestilliert und der Rückstand titriert. Aus dem ermittelten Fettsäuregehalt der saueren Ausschüttelung läßt sich dann die vorhandene Seife berechnen. Hierbei wird den Berechnungen das mittlere Molekulargewicht einer Natronseife = 296 zugrunde gelegt.

Die Berechnung des Seifengehaltes aus dem ersten Fettsäuregehalt muß naturgemäß zu hoch ausfallen, weil der erste Ätherauszug neben den von der zerlegten Seife herrührenden freien Fettsäuren auch die des angewendeten Fettes einschließt. Die aus diesen freien Fettsäuren berechneten Seifenwerte können daher nur als annähernd richtige angesehen werden.

Noch unsicherer ist der Nachweis von Seifen im Zwieback selbst, weil sich dieselben beim Backen zersetzen. Schwarz und Hartwich wollen geringe Mengen unzersetzter Seifen noch durch Ausziehen mit absolutem Alkohol, Zerlegen des eingedampften Rückstandes mit Schwefelsäure nachweisen können, indes ist das Verfahren ebenso unsicher wie das zur Bestimmung der Alkalität der Asche von dem Alkohol-Äther-Auszug, weil die natürlichen Säuren des Zwiebacks hierbei störend wirken müssen. Auch kann der Gehalt an Fett, Zucker und Dextrin nur dann einen Anhalt liefern, wenn ihre Menge verhältnismäßig hoch und gleichzeitig fremder Farbstoff vorhanden ist (über den Nachweis des letzteren vgl. S. 666).

Zweifellos bedeutet aber auch die Verwendung von „Zwiebacksüß" die Vortäuschung einer besseren Beschaffenheit, zumal wenn es gleichzeitig gelb gefärbt ist. Denn jedermann, der besonders lockeren und gelb aussehenden Zwieback, also eine bessere Sorte, verlangt und erhält, erwartet, daß er durch Zusatz von Zucker, Eiern, Milch oder Butter verbessert worden ist und würde die Ware zurückweisen, wenn ihm beim Einkauf gesagt worden wäre, daß die das bessere Aussehen bedingenden Zusätze aus Pflanzenfetten, Stärkesirup und Teerfarbstoffen bestehen. Erzeugnisse, die lediglich aus Fett, Sirup und Alkalicarbonat hergestellt sind, lassen sich nur schwierig mit Wasser oder Milch anrühren, dagegen wird, auch nur durch einen geringen Zusatz von Seife, die Emulsion sehr befördert. Die seifenhaltigen Erzeugnisse verfolgen daher den Zweck, möglichst an Eiern, die sonst das Binden des Fettes mit dem

[1]) H. van der Waerden fand (Zeitschr. f Untersuchung d. Nahrungs- u. Genußmittel 1911, **22**, 749) in 9 von 18 Proben Zwiebackextrakt 3,1—11,9% Seife; außerdem aber auch freie Fettsäuren, die auf Verwendung von verdorbenem Fett schließen ließen.

Teig bewirken, zu sparen und ebenso wie der Zusatz von künstlichen Farbstoffen, den Backwaren den Schein einer besseren Beschaffenheit zu verleihen.

2. Zwei eigenartige Verunreinigungen beim Armeezwieback beschreibt E. Glaser[1]). In dem einen Magazin wiesen die Zwiebacke teilweise grüne Stellen und Streifen auf, und zwar stets in der Nähe von Kümmelkörnern; diese waren aber mit dem unter dem Namen Malachitgrün, Viktoriagrün, Neugrün, Solidgrün, Vertdiamant, Bittermandelgrün, Echtgrün, Benzoylgrün, Benzolgrün im Handel vorkommenden Farbstoff künstlich gefärbt. Der Farbstoff am Kümmel wie Zwieback konnte durch Amylalkohol vollständig gelöst werden.

Der Amylalkoholauszug hinterließ beim Verdampfen auf dem Wasserbade einen braunroten Rückstand, der mit konzentrierter Schwefelsäure eine gelbe Lösung gab. Auf Zusatz von Salzsäure nahm der wässerige Auszug einen Stich ins Rotgelbe an. Wurde jedoch die wässerige Lösung mit Natronlauge versetzt, so trübte sie sich und wurde unter Bildung eines blaßgrünen Niederschlages entfärbt. Wurde nun mit Äther ausgeschüttelt, so färbte sich der farblose ätherische Auszug auf Zusatz von Essigsäure grün. Der Farbstoff wurde durch essigsaures Blei nicht gefällt, färbte Wolle grün und machte sich spektralanalytisch durch Auslöschung in Blau und einen Streifen in Orange, der auf Zusatz von Salpetersäure nicht verändert wurde, kenntlich.

In dem anderen Falle zeigten die Zwiebacke in einem Magazin nach zweijähriger Lagerung zweierlei braune, etwas ins Innere reichende Flecken, hatten einen dumpfen Geruch und einen unangenehmen, an ranziges Fett oder Öl erinnernden Beigeschmack. Die Zwiebacke hatten ein gesprenkeltes Aussehen. Die rotbraunen bis schwarzen, mohnsamengroßen Flecken rührten von Zwiebackbrösel früherer Backungen, die sich in dem Backblech festgesetzt hatten und karamelisiert waren, her. Die anderen stecknadelgroßen Flecken besaßen eine unregelmäßige Form, eine rostbraune Farbe und ließen unter der Lupe einen deutlichen Fettglanz erkennen. Die abgeschabten Flecken gaben auf Papier einen Flecken, der Rückstand des Ätherauszuges mit Sudan eine Rot-, mit Osmiumsäure eine Schwarzfärbung. Diese Fettflecken rührten von in den Preßbrotformen verwendeten Anisfrüchten her, dessen Endospermgewebe bis 10% Fett enthält, das leicht ranzig wird.

3. Im übrigen werden Zwiebacke wie vorstehend Brot untersucht und beurteilt.

4. *Über die Verwendung von Zwiebackextrakt mit Seife* zu Zwieback liegt folgendes gerichtliches Erkenntnis vor:

Der Sanitäts-Kindernähr-Zwiebackextrakt, der von den Bäckern als Zusatz zu sogenanntem holländischen Zwieback benutzt wurde, wurde aus 100 Pfund Sirup, 100 Pfund Zucker, 40 Pfund Fett und 2 Pfund Seife hergestellt.

Bei dem Extrakt handelt es sich um ein Nahrungsmittel. Wenn er auch nicht direkt genossen wird, so bildet er dennoch einen Teil des unter seinem Zusatz hergestellten Zwiebacks. Bei einem aus mehreren Substanzen hergestellten Nahrungsmittel ist nicht nur dieses Endprodukt, sondern sind auch die einzelnen Bestandteile als Nahrungsmittel aufzufassen. Mit dem Sachverständigen ist als unzweifelhaft anzunehmen, daß Seife ungeeignet und unter Umständen sogar schädlich ist, um in Nahrungsmitteln verwendet zu werden. Dieser Seifenzusatz, welcher die Verbindung der verschiedenen Substanzen bewirken soll, wird offenbar an Stelle der als Bindemittel richtigerweise verwendeten Eier benutzt. An Stelle dieser wird, offenbar um den Extrakt billiger herstellen zu können, die Seife genommen, durch welche der Extrakt unter dem Aussehen einer besseren Beschaffenheit tatsächlich verschlechtert wird. Eine Verfälschung liegt daher vor. Der Umstand, daß auch andere Bäcker Seife zusetzen, macht diese strafbare Handlung noch nicht erlaubt. Mag auch tatsächlich diese Unsitte unter den Zwiebackfabrikanten herrschen, so werden es doch nicht alle wissen und tun. Im Gegenteil werden alle diejenigen, die vom

[1]) Zeitschr. f. Untersuchung d. Nahrungs- u. Genußmittel 1908, **16**, 469.

Angeklagten den Extrakt beziehen, die Zusammensetzung desselben gar nicht kennen, und aus der Bezeichnung „Sanitäts-Kindernähr-Zwieback-Extrakt“ mit Recht annehmen, daß es sich um ein besonders empfehlenswertes Produkt handelt, während es in Wirklichkeit mit Seife durchgemengt ist. Beim Verkauf des Extraktes hat der Angeklagte dem Käufer den Seifenzusatz verschwiegen. Vergehen gegen § 10 [1] und [2] NMG.

LG. Neuß, 21./28. Februar 1906.

Feinbackwaren, Zuckerwaren (Konditorwaren, Kanditen).

Unter Fein- bzw. Zuckerbackwaren, Zuckerwaren (Konditorwaren, Kanditen) versteht man eine große Reihe von süßschmeckenden Nahrungs- und Genußmitteln, deren Hauptbestandteil Zucker ist. Neben Zucker enthalten sie noch die verschiedensten, größtenteils aromatischen Stoffe und werden teils gebacken, teils nur zerkleinert, gemischt und geformt. Eine scharfe Abgrenzung und Einteilung dieser zahlreichen Waren, die fast in jedem Lande und Orte Verschiedenheiten in den Mischungen aufweisen, ist kaum möglich. Nach Bd. II S. 885 kann man mit Strohmer und Stift folgende Einteilung wählen, die auch von dem Schweizer. Lebensmittelbuch 1909, S. 109 angenommen ist, nämlich:

1. Eigentliche Zuckerbackwaren, welche neben Zucker noch andere Nahrungsmittel, wie Mehl, Eier, Fette, Milch in erheblicher Menge enthalten. Hierher gehören die Kuchen, Torten, Biskuits, Waffeln und feineres Teegebäck, welche Erzeugnisse aus einem Teig mit oder ohne Beimischung von Backpulver gebacken werden. Auch die Cremes, welche durch bloßes Mischen, das Gefrorene, welches unter Anwendung von Eis und die Sulzen, welche unter Beimischung von Gelatine hergestellt werden, gehören zu dieser Gruppe.

Außer den verschiedenen Arten von Zucker und den oben erwähnten Nahrungsmitteln werden auch Honig, Kakao, Mandeln, Haselnüsse, Früchte, Konfitüren, Fruchtsäfte, Spirituosen, pflanzliche Säuren und Essenzen bei ihrer Herstellung verwendet.

2. Zuckerwaren im engeren Sinne, welche hauptsächlich nur aus Zucker bestehen. Hierher gehören die Drops, Rocks, Fondants, Dragees, Pralinés, Zeltchen, Pastillen, Malzzucker- und Caramelbonbons. Diese werden fabrikmäßig erzeugt, und zwar meistens durch Kochen von Zucker, wobei derselbe teilweise zersetzt wird, und durch nachheriges Ausgießen in Formen gebracht.

Auch bei der Herstellung dieser Erzeugnisse werden verschiedene Zusätze zur Erteilung von besonderen Eigenschaften (Geschmack, Geruch und Farbe) gemacht, auch finden Stärkesirup, Kakao, Bonbonmassen, Früchte, Samen und Kerne usw. Verwendung.

3. Kandierte Früchte, das sind mit Zucker überzogene und von diesem durchdrungene Früchte und andere Pflanzenteile, wobei der Zucker zur Konservierung dient. Der Zuckerüberzug umhüllt die Früchte entweder als dünne, glasige, gleichförmige Schicht (glasierte Früchte) oder in Form einer mehr oder weniger starken Kruste von Zuckerkrystallen (kandierte Früchte). Bei der Glasierung der Früchte ist ein Zusatz von Stärkesirup üblich. Hierzu gehören auch Citronat und Orangeat.

Die chemische Zusammensetzung der wichtigsten Erzeugnisse dieser Art wird bei den Untersuchungsverfahren mitgeteilt werden.

Die Verunreinigungen und Verfälschungen sind auch bereits Bd. II, 1904, S. 890 aufgeführt; es sind zunächst solche, welche bei den verwendeten Rohstoffen, Mehl, Eier, Fette, Milch, Rahm, Zucker, Stärkesirup und Honig usw. auch vorkommen. Als Verfälschung unter allen Umständen ist die Verwendung von künstlichen Süßstoffen anzusehen, ferner die Verwendung von Margarine, Palmin, Kunstspeisefett, wo man Butter erwartet, oder von Stärkesirup überall da, wo nach allgemeinem Brauch entweder Rohr- bzw. Rübenzucker (wie bei Marzipan) oder Honig (wie in Leb- und Honigkuchen) vorauszusetzen sind. Bei Bonbons dagegen ist die Verwendung von Stärkesirup, weil notwendig und nicht zur Täuschung geeignet, zulässig.

Der verwendete Stärkesirup selbst ist häufig von unreiner (durch schweflige Säure) oder von fehlerhafter Beschaffenheit.

Frese[1]) fand z. B. im Handel ein für die Herstellung von Zuckerwaren und Cremes empfohlenes Stärkepräparat, das in kaltem Wasser unlöslich war, mit kochendem Wasser nach einigen Minuten einen Kleister lieferte, der sich mit Jodlösung blau färbte und in dem sich mikroskopisch Stärkekörner erkennen ließen. Das Präparat war aus Weizenmehl gewonnen.

Bei Anwendung gewisser Stärkesirupe werden die festen Zuckerwaren (Bonbons) häufig klebrig und zerfließen. Diese Übelstände sollen nur bei Verwendung von Stärkesirupen auftreten, die durch Inversion mit Salzsäure gewonnen sind. A. Rössing[2]) weist z. B. darauf hin, daß die durch Salzsäure erhaltenen Stärkesirupe eine Modifikation der Glykose, δ-Glykose, und viel mehr Salze (Chloride) sowie mehr unvergärbare Stoffe von starkem Reduktionsvermögen und hygroskopischen Eigenschaften enthalten als sonstige Stärkesirupe; aus der δ-Glykose wird unter dem Einfluß von Barythydrat mehr Milchsäure gebildet als aus normaler Glykose. Zu den stärkeren hygroskopischen Eigenschaften vor und nach dem Schmelzen gesellt sich die Abspaltung von freier Säure (aus saurem Phosphat, Chlorcalcium und Chlormagnesium), die eine Inversion der Saccharose in den Zuckerwaren bewirkt.

E. Parow und O. Saare[3]) sind indes der Ansicht, daß das Zerfließen der Bonbons nur bei übermäßigem, etwa 60% betragendem Zusatz von Stärkesirup eintrete, aber nicht, wenn der Zusatz 30% nicht übersteige und der Sirup keine freie Schwefelsäure enthalte. Letztere könne bei fehlerhafter Herstellung von Stärkesirup mit Schwefelsäure — sauere Phosphate seien ohne Einfluß — auftreten und daher diese Art Stärkesirup ebensogut ein Zerfließen der Bonbons bewirken, als bei Anwendung von mit Salzsäure hergestelltem Stärkesirup. Am besten eigne sich ein Stärkesirup, der annähernd gleiche Menge Glykose und Dextrin enthalte.

Außer künstlichem Invertzucker wird als Honig-Ersatzmittel für Gebäcke und Mehlspeisen auch das aus Japan stammende Präparat „Midzu Ame“ erwähnt, das nach O. v. Czadek[4]) aus Reis und Malz hergestellt wird und folgende Zusammensetzung hat: 13,92% Wasser, 0,26% Protein, 53,03% Maltose, 31,85% Dextrin, 0,15% Asche und 0,79% Fett sowie Unlösliches (vgl. auch weiter unten).

Was die Verwendung von Mehl bzw. Stärkemehl anbelangt, so ist diese nur bei solchen Zuckerwaren zulässig, die gebacken werden. Bei allen Zuckerwaren im engeren Sinne dagegen, die durch einfaches Mischen hergestellt und ohne weitere Zubereitung direkt genossen werden, ist der Gehalt an Stärke bzw. Mehl unnatürlich, setzt ihren Nähr- und Genußwert herab und mag unter Umständen, besonders bei Kindern, sogar Verdauungsstörungen hervorrufen. Bei Zuckerwaren im engeren Sinne bilden Mehl bzw. Stärkemehl Beschwerungsmittel, die als Verfälschung anzusehen sind.

Nicht selten ist auch die Verwendung von mit Zuckerkalk verfälschtem Rahm (S. 291 u. 249) oder von anderem als der Milch bzw. Butter bzw. dem Rahm entstammendem Fett (vgl. S. 680).

Eine unter dem Namen „Zuckerbutter“ im Handel vertriebene butterähnliche Masse, die 80,76% Trockenrückstand und 0,70% Asche enthält, bestand nach B. Fischer[5]) aus einem Gemisch von Rüben- und Invertzucker; die Masse löste sich in Wasser, war aber undurchsichtig. Wodurch die Undurchsichtigkeit bedingt war, ließ sich nicht feststellen.

Hierzu gesellen sich bei Zuckerwaren, die gebacken werden, metall- (blei-) haltige Lockerungsmittel. Auch eine versehentliche Verwendung von Brechweinstein an Stelle

[1]) Zeitschr. f. Untersuchung d. Nahrungs- u. Genußmittel 1902, **5**, 31.

[2]) Chem.-Ztg. 1905, **29**, 867.

[3]) Zeitschr. f. Spiritusind. 1905, **28**, 88.

[4]) Zeitschr. f. Untersuchung d. Nahrungs- u. Genußmittel 1907, **14**, 233.

[5]) Ebendort 1903, **6**, 1121.

von Weinstein, eine überstarke Verwendung von Ammoniumcarbonat (Hirschhornsalz)[1]), welche Zusätze Erbrechen und Unwohlsein hervorgerufen hatten, sind beobachtet. Bei der Herstellung von Pfefferkuchen soll Zinnchlorür verwendet werden.

In Bonbons, sog. „Caramels des Alpes", durch welche Vergiftungserscheinungen hervorgerufen worden waren, fand Casadevante[2]) neben Benzaldehyd und Nitrobenzol Cyanwasserstoff, herrührend von den verwendeten künstlichen Essenzen.

Als Zusatz zur Bonbonsudmasse wurde ein Mittel „Avizolium" empfohlen, welches nach A. Röhrig[3]) aus einer 40proz. Natriumsulfitlösung bestand.

Kržižan[4]) stellte fest, daß Zeltchen, die „Manila-Creme" genannt wurden, aus Zucker, weißem Leim, Alaun, Weinsäure und Himbeeräther, gefärbt mit Rhodamin B, bestanden. Die 0,11—0,20% betragende Asche bestand vorwiegend aus Zinkoxyd, daher rührend, daß der verwendete Leim (russischer) 12,07% Asche mit 10,42% Zinkoxyd enthielt.

Auch Vergiftungen durch Bakterien, z. B. in Creme-Torten, sind in der Literatur mehrfach, so von P. Carles und L. Hugonnenq[5]), erwähnt worden. Beide schreiben, weil keine der bekannten Gifte nachgewiesen werden konnten, die Ursache der giftigen Wirkung einer Zersetzung durch Bakterien zu. P. N. Laschtschenkow[6]) konnte in der Tat aus einer Creme-Torte, nach deren Genuß in Charkow 200 Personen erkrankt waren, neben einer unschädlichen Kokkenart den Streptococcus pyogenes aureus reinzüchten, der, wie Tierversuche zeigten, außerordentlich virulent war und von L. als Erreger der Erkrankung angesehen wurde.

Die Untersuchung der Zuckerwaren kann sich hiernach recht vielseitig gestalten; sie erstreckt sich in der Regel auf die Bestimmung von:

1. Wasser.
2. Protein.
3. Fett und Natur des Fettes.
4. Zucker bzw. Honig und deren Ersatzstoffen (Stärkesirup und Saccharin).
5. Mineralstoffen und schädlichen Metallen.
6. Farbstoffen.
7. Aromastoffen (ätherische Öle und Ester).
8. Frischhaltungsmitteln.
9. Blausäure bzw. Nitrobenzol.
10. Organ. Säuren (sog. Fruchtsäuren).
11. Umhüllung und Verpackung.

Die Untersuchung wird durchweg dadurch erschwert, daß die Waren, wie Torten, Bonbons usw. aus sehr verschiedenartigen Mischungen in wechselnden Schichten bzw. mit festen und flüssigen Bestandteilen bestehen und es zunächst schwer hält, für die Untersuchung eine gute Durchschnittsmischung zu erhalten. Man wird daher bei der Probenahme je nach der Menge und Verschiedenartigkeit der Bestandteile einige hundert (bei Bonbons) bis 1000 g (bei Torten, Kuchen) verwenden müssen, um zu einer guten Durchschnittsprobe zu gelangen. Diese werden dann in einer Reibschale gut durcheinander gearbeitet und tunlichst schnell in eine mit eingeschliffenem Glasstöpsel versehene Flasche gefüllt, um einen Verlust an flüchtigen aromatischen Stoffen zu vermeiden. Genügend trockene Waren, wie Biskuits, Waffeln, Kakes usw. lassen sich durch Mahlen zerkleinern, wodurch eine noch gleichmäßigere Mischung erzielt wird.

Es mögen zunächst die für alle Zuckerwaren anzuwendenden Untersuchungsverfahren beschrieben werden und daran die Verfahren sich anschließen, welche für einzelne Waren besonders gelten.

[1]) Wir fanden in einem solchen Brotkuchen, der die genannten Wirkungen geäußert hatte, alkalisch reagierte und beim Reiben im Mörser Ammoniak entwickelte, 0,101% Stickstoff in Form von Ammoniak = 0,375% Hirschhornsalz.

[2]) Zeitschr. f. Untersuchung d. Nahrungs- u. Genußmittel 1909, **18**, 557.

[3]) Ebendort 1910, **19**, 345.

[4]) Ebendort S. 111.

[5]) Ebendort 1906, **11**, 36 u. 37.

[6]) Ebendort 1902, **5**, 32.

I. Allgemeine Untersuchungsverfahren für Zuckerwaren.

Die in vorstehender Weise hergestellte Mischprobe kann bei allen Zuckerwaren zu folgenden Bestimmungen benutzt werden:

1. Wasser. Eine genaue Wasserbestimmung in den Zuckerwaren ist wie in den Gewürzen nicht möglich, weil mit dem Wasser durch Erhitzen auch aromatische Stoffe sich verflüchtigen, während bei niederen Temperaturen nicht alles Wasser verflüchtigt wird.

Meistens werden etwa 5 g 2 Stunden im Wassertrockenschrank getrocknet und der Verlust als Wasser angesehen; oder man bringt 5 g in einen Exsiccator über konzentrierte Schwefelsäure bzw. Phosphorsäureanhydrid und beläßt sie darin, mit und ohne Anwendung eines Vakuums, unter öfterem Wägen, bis Gewichtsbeständigkeit eingetreten ist. — In beiden Fällen wird zweifellos nicht alles flüchtige Wasser gefunden, der Fehler aber wohl dadurch ausgeglichen, daß hierbei auch ätherische Öle und Ester verflüchtigt werden, so daß der beobachtete Verlust einen annähernd richtigen Ausdruck für den Wassergehalt gibt.

Immerhin dürfte das Verfahren von Winton, Ogden und Mitchell[1]) mindestens ebenso richtig sein. Sie trocknen 2 g Gewürze — bei Zuckerwaren wohl besser 5 g — bei 110° bis zur Gewichtsbeständigkeit und ziehen von diesem Verlust die Menge des besonders bestimmten ätherischen Öles (Nr. 4) ab, um aus der Differenz den wirklichen Wassergehalt zu finden.

2. Stickstoff. 2—5 g Substanz (1—2 g Trockensubstanz entsprechend) werden, wie I. Teil, S. 240 angegeben ist, nach Kjeldahl verbrannt. Wenn durch Zerreiben keine genügend gleichmäßige Mischung erreicht werden kann, so kann man auch eine größere Menge Substanz, 20—50 g, mit Schwefelsäure verflüssigen und von dieser Flüssigkeit einen aliquoten Teil verbrennen (vgl. unter Fleisch S. 22). Über die Bestimmung des Reinproteins vgl. unter Mehl S. 502.

In der Regel ist der Gehalt an Stickstoff-Verbindungen nur gering und spielt für die Beurteilung nur dann eine Rolle, wenn entschieden werden soll, ob Mehl statt Stärkemehl, ferner ob Milch, Eiweiß, Eigelb verwendet ist; in letzteren Fällen kann die Bestimmung des Stickstoffs ev. das durch die Untersuchung des Fettes gefundene Ergebnis unterstützen.

Wichtig ist mitunter die Bestimmung des Leimes in Bonbons und des Ammoniaks in Kuchen oder Torten.

Über die Bestimmung des Leimes vgl. S. 127 u. f. und unter Speiseeis S. 733 sowie unter Lakritzenbonbons S. 739.

Zur Bestimmung des Ammoniaks digeriert man 10—20 g mit Wasser, bringt auf 250 oder 500 ccm und bestimmt in einem aliquoten Teile des Filtrates das Ammoniak in bekannter Weise (vgl. I. Teil, S. 260).

3. Fett, seine Natur und Beschaffenheit. Bei trockenen, leicht zu pulvernden Gebäcken, wie Biskuits, Waffeln, Kakes, Teegebäck usw. zieht man in üblicher Weise 10 g Substanz mit Äther aus (vgl. I. Teil, S. 342). Den gewogenen Ätherrückstand kann man einerseits zur Bestimmung des Säuregrades (I. Teil, S. 363), andererseits zu der des Lecithins benutzen, wenn die Frage entschieden werden soll, ob ev. Eier bzw. Eigelb verwendet sind.

Um die Natur des Fettes festzustellen, zieht man eine größere Menge Substanz mit Petroläther aus, prüft auf Margarine, Palmin und sonstige Pflanzenfette durch die qualitativen Reaktionen und durch Bestimmung der Konstanten (vgl. S. 364—394). Bei den Kuchen, Torten, Bonbons usw., die gleichzeitig mehr oder weniger ätherische Öle usw. enthalten, kann man auf zweierlei Weise zur Bestimmung des Fettes verfahren. Entweder man schließt 15—30 g Substanz (10—15 g Trockensubstanz entsprechend) mit Salzsäure wie bei Brot bzw. Käse (S. 313) auf, entzieht dieser Flüssigkeit durch Äther bzw. Petroläther das Fett + ätherische Öle, wägt diese unter den im folgenden Abschnitt angegebenen Vorsichtsmaßregeln und erhält die Menge des Fettes, indem man von dem Gesamtrückstand die unter

[1]) Zeitschr. f. analyt. Chemie 1899, 2, 939.

Nr. 4 erhaltene Menge ätherischer Öle und Ester abzieht. Oder man bestimmt das Fett in dem durch Destillation mit Wasserdampf von ätherischen Ölen + Ester befreiten Rückstand in vorstehender Weise.

Der Verfasser hat in Gemeinschaft mit W. Burberg zur quantitativen Bestimmung des Gesamtätherauszuges bei den Feinbackwaren (Teegebäcken) und Zuckerbackwaren mit gutem Erfolge folgendes Verfahren angewendet:

10 g Substanz werden mit 40 ccm Wasser und 3 ccm Salzsäure (spez. Gewicht 1,125) in einem kleinen Erlenmeyer-Kölbchen etwa 2 Stunden im Wasserbade erhitzt, nach dem Erkalten mit präcipitiertem Calciumcarbonat neutralisiert und quantitativ in den Perforationsapparat von C. von der Heide (Fig. 270, Teil I, S. 468) gebracht, indem man das Kölbchen mit wenig Wasser und Äther ausspült. Um ein Übersteigen des Flüssigkeitsbreies, der noch mindestens 5 cm unter dem Abflußrohr stehen muß, zu vermeiden, kann man auf denselben ein passend ausgeschnittenes Stück feinen Drahtnetzes legen. Die vollständige Ausziehung des Fettes nimmt bis 16 Stunden in Anspruch, liefert dann aber bei vorsichtigem Arbeiten klare Fettlösungen ohne Suspensionen.

Für die Gewinnung größerer Fettmengen zur Bestimmung der Fettkonstanten schlossen wir größere Mengen Substanz in derselben Weise auf und zogen mit Petroläther dreimal im Scheidetrichter aus, destillierten den letzteren ab, nahmen den meistens noch Wasser und Suspensionen enthaltenden Rückstand nochmals mit Petroläther auf, filtrierten die klare Lösung, destillierten wieder ab und trockneten das Fett im Kohlensäurestrom. Von welcher Verschiedenheit die Fette, selbst in den besseren Gebäcken sind, möge die nebenstehende Tabelle zeigen.

Nur das Fett von Nr. 5, 8, 16, 17 und 18 entstammte nach dieser Untersuchung der Milch; zu Nr. 6, 7 und 19 ist Milch bzw. Milchfett mitverwendet, neben Margarine, die aber bei Nr. 6 und 7 keinen Sesamölzusatz erfahren hat; bei Nr. 9, 10 und 13 ist zweifellos Palmin mitverwendet; bei Nr. 4 besteht das Fett nach dem Gehalt an Lecithin-Phosphorsäure ausschließlich aus Eieröl; auch bei Nr. 2, 6 und 13% sind Eier mitverwendet; bei Nr. 4, 11, 12, 14, 15 und 20 ist nur Margarine verwendet, welche nur in 2 Fällen den vorgeschriebenen Zusatz von Sesamöl erhalten hatte; bei Nr. 1, 2 und 3 entstammte das Fett der mitverwendeten Kakaomasse. Durch Untersuchungen von Gebäcken, die der Verf. selbst aus Mischungen verschiedenster Art herstellen ließ, deren Mischung aber dem Untersucher unbekannt war, hat sich weiter feststellen lassen, daß die Ermittelung der Konstanten, der Lecithin-Phosphorsäure und Baudouinschen Reaktion auch bei diesen Gebäcken sichere Auskunft geben kann.

4. *Ätherische Öle und Essenzen bzw. künstliche Fruchtester.*

Zur Herstellung der Zuckerwaren, Liköre u. dgl. werden durchweg Gewürze mit ätherischen Ölen bzw. diese im isolierten Zustande, Fruchtessenzen (bzw. Tinkturen) und künstliche Fruchtester verwendet.

Unter „Ätherische Öle" versteht man die aromatischen flüchtigen Stoffe von Pflanzenteilen, welche daraus durch Destillation mit Wasserdämpfen gewonnen werden können; sie erzeugen auf Papier zwar Fettflecken, aber diese verschwinden zum Unterschiede von den fetten Ölen, nach einiger Zeit, es sei denn, daß sich infolge Oxydation an der Luft nicht flüchtige Verbindungen bilden. Sie bestehen meistens aus Terpenen $C_{10}H_{16}$; völlig terpenfreie Öle sind selten (Rosenöl), jedoch kommen neben Terpenen noch recht verschiedenartige Körperklassen vor, z. B. Phenole im Thymian-, Kümmel- und Nelkenöl, ein Keton im Rautenöl, ein Aldehyd im Zimtöl, eine Säure im Baldrianöl, zusammengesetzte Ester im Römischen Kümmelöl usw.

„Essenzen" (Tinkturen) sind die durch Ausziehen aromatischer Bestandteile aus Pflanzenstoffen mit Spiritus gewonnenen Flüssigkeiten. Man unterscheidet einfache und zusammengesetzte Essenzen; erstere enthalten nur einen einzigen aromatischen Stoff (z. B. Vanille-, Veilchen-, Wacholder-Essenz), letztere bestehen aus einer ganzen Reihe verwandter Stoffe (z. B. verschiedenen Kräutern bei den bitteren Likören).

Buttergebäcke und Blätterteigwaren.

Nr	Nähere Bezeichnung	Preis für 1/2 kg M	In der naturlichen Substanz: Wasser %	Stickstoff-substanz %	Fett %	direkt reduzierender Zucker %	Saccharose %	Dextrin %	Stärke %	Pentosane %	Sonst. N-freie Extraktstoffe %	Rohfaser %	Asche %	Polarisation der 10proz. Lösung: vor Inv.	nach Inv.	Saccharose aus Drehungsvermind. berechn.[4]) %	Lecithin P_2O_5 nach Juckenack in % d. Trockensubstanz	Konstanten des Fettes: Reichert-Meißl-Zahl	Polenske-Zahl	Verseifungszahl	Jodzahl	Refraktion bei 40°	Baudouinsche Reaktion
1	L.-Waffeln	2,20	6,95	8,53	17,99	5,69[1])	30,76	8,50	12,10	2,11	4,75	1,47	1,15	+3,92	−1,28	30,64	0,042	3,7	1,9	190,8	57,5	51,5	0
2	Runde Füllhippen	2,20	5,74	7,20	24,51	14,10[2])	27,91	6,70	8,64	2,13	0,79	1,08	1,20	+2,64	−2,44	26,96	0,053	2,1	0,8	204,8	50,3	50,2	0
3	Flache Fürsten-Waffeln	2,20	2,50	5,75	33,83	1,41	29,23	7,65	13,04	1,75	2,40	1,22	1,22	+3,16	−2,00	29,41	0,014	1,3	3,0	189,4	32,6	47,0	0
4	Champagner-Waffeln	2,00	7,01	9,26	4,63	2,50	42,83	4,20	25,28	2,06	1,36	0,31	0,56	+6,48	−0,72	43,32	0,161	0,6	0,8	181,0	63,5	55 1	0
5	Pangani- und Wiener Mischung	1,80	10,17	5,26	17,84	1,47	30,75	2,32	27,29	1,63	1,57	0,83	0,87	+4,16	−0,96	29,18	0,043	27,1	2,0	232,1	40,2	46,2	0
6	Marienburger Mischung	1,50	6,75	10,58	13,49	1,20	30,67	3,68	25,96	2,01	4,02	0,82	0,85	+3,92	−1,16	28,96	0,073	9,4	1,3	207,2	65,3	50,5	0
7	Steinhuder Mischung	1,30	9,80	7,56	8,68	2,70	27,68	2,56	34,84	2,66	1,98	0,78	0,76	+3,88	−1,00	27,81	0,043	7,9	2,5	211,5	52,9	46,0	0
8	L.-Kakes	1,20	7,78	7,68	12,03	2,21	17,01	3,08	43,11	2,85	2,12	0,98	1,15	+2,08	−0,76	16,19	0,033	22,6	3,4	217,3	42,7	47,2	0
9	Kolonial-Kakes	1,00	4,01	6,97	17,40	2,56	18,89	3,18	40,50	3,38	1,90	0,52	0,69	+2,58	−0,83	19,38	0,043	4,8	6,7	250,9	13,4	38,5	0
10	Demilunen-Vanille	1,00	8,37	7,32	8,02	3,76	19,62	3,53	44,83	2,53	0,98	0,32	0,72	+3,78	−0,70	19,84	0,025	3,7	6,6	247,4	22,5	38,6	0
11	Lebkuchen-Konfekt	0,80	3,94	7,44	11,09	9,56[3])	22,54	3,98	33,46	2,71	3,57	0,85	0,86	+4,20	−0,42	21,19	0,026	0,6	1,2	197,7	47,3	47,0	0
12	Kaiser-Mischung	0,70	5,80	7,32	12,04	1,50	25,78	3,90	38,53	2,71	0,79	0,95	0,68	+3,80	−0,25	25,25	0,039	2,3	2,0	213,0	61,7	53,2	0
13	Figaro-Mischung	0,60	3,94	7,44	6,14	1,68	15,38	4,05	54,44	3,13	2,38	0,31	0,91	+1,75	−0,92	15,22	0,050	3,5	5,4	259,6	19,2	40,7	0
14	Blätterteigwaren aus Münster i. W. M.	1,10	7,81	5,19	37,41	2,30	10,65	2,99	28,76	1,88	1,66	0,19	1,16	+1,56	−0,31	10,65	—	0,0	1,7	196,3	64,1	53,5	pos.
15	Blätterteigwaren aus Münster i. W. E.	0,70	5,26	4,55	29,46	3,90	21,24	2,78	20,86	3,33	4,80	2,28	1,54	+3,61	−0,23	21,89	—	0,2	5,5	201,1	63,9	51,7	pos.
16	Blätterteigwaren aus Münster i. W. Sch.	1,00	5,68	5,45	33,81	4,96	12,03	3,74	27,76	2,13	1,41	1,34	1,69	+2,63	?	—	—	20,35	1,4	216,8	24,2	47,2	0
17	Blätterteigwaren aus Münster i. W. Bo.	1,40	7,71	6,53	29,64	2,00	17,95	3,90	28,21	2,00	0,48	0,57	1,09	+2,46	−0,74	19,24	—	20,9	3,0	213,6	27,6	47,0	0
18	Spekulatius Bo.	0,80	5,46	8,38	8,80	1,61	22,27	1,38	43,38	3,93	3,55	0,55	0,69	+3,92	±0	20,96	—	24,6	5,5	227,1	39,3	45,5	0
19	Spekulatius Mö.	0,80	4,06	9,00	11,34	1,09	27,25	1,46	39,15	3,55	1,78	0,47	0,85	+3,70	−1,08	27,63	—	13,6	2,7	213,9	48,0	48,0	pos.
20	Spekulatius Mö.	0,60	5,09	8,94	9,39	0,84	26,51	1,75	39,42	3,70	3,05	0,58	0,73	+3,60	−1,05	27,42	—	3,1	1,4	195,1	67,0	51,5	pos.

[1]) Der direkt reduzierende Zucker bestand nur aus Glykose, war also in Form von Stärkesirup vorhanden.

[2]) Der direkt reduzierende Zucker bestand aus 2,26 % Invertzucker und 11,84 % Glykose, entstammte also auch vorwiegend dem Stärkesirup.

[3]) Der direkt reduzierende Zucker war nur Glykose.

[4]) Über die Berechnung vgl. weiter unten S. 723.

Auch natürliche und eingedickte Frucht- und Pflanzensäfte als solche werden verwendet.

Die „Fruchtester" bestehen meistens aus den künstlich dargestellten Äthyl- und Amylestern der Ameisensäure, Essigsäure, Buttersäure und Valeriansäure.

Die quantitative Bestimmung dieser Bestandteile ist wegen ihrer Flüchtigkeit kaum oder nur höchstens annähernd möglich, während die quantitative Trennung der ätherischen Öle und Fruchtester, welche letztere auch mit Wasserdämpfen übergehen, mit noch größeren Schwierigkeiten und Ungenauigkeiten verbunden ist.

In der Regel verfährt man zur Bestimmung der ätherischen Öle — in den Gewürzen, aber auch hier anwendbar — nach der von Ed. Spaeth[1]) gegebenen Vorschrift wie folgt:

Je nach dem Gehalt an ätherischem Öl in der zur Untersuchung gelangenden Substanz werden 10—40 g derselben — die festen Substanzen werden zweckentsprechend zerkleinert — mit ungefähr 50 ccm Wasser in einen nicht zu kleinen Kolben gebracht, der mit einem doppelt durchbohrten Kork versehen ist. In der einen Bohrung befindet sich ein rechtwinklig gebogenes, bis auf den Boden des Kolbens reichendes Glasrohr, das mit dem Wasserdampfentwicklungsgefäß verbunden wird; in der anderen Bohrung ist das in bekannter Weise gebogene Glasrohr eingefügt, das mit einem kleinen Liebigschen Kühler verbunden wird. Man leitet den entwickelten Wasserdampf durch den Kolbeninhalt mit dem Gewürz- bzw. Zuckerwarenpulver und sammelt das Destillat in einem passenden größeren Gefäß. Man setzt die Destillation so lange fort, als ätherisches Öl übergeht.

Das Destillat bringt man in einen großen Scheidetrichter, sättigt dieses mit Kochsalz (für je 100 ccm Flüssigkeit 35 g Salz), wodurch das ätherische Öl ausgesalzen wird, und setzt reinen Äther (50 ccm) hinzu. Mit Äther spült man noch die Röhre im Liebigschen Kühler mehrmals aus, bringt diesen Äther sowie die Menge, mit der man einigemal das Gefäß, in dem man das Destillat gesammelt hatte, ausgespült hat, ebenfalls in den Scheidetrichter und schüttelt nun mit dem Äther tüchtig aus. Die Ätherlösung wird gesammelt und der Rückstand im Scheidetrichter noch zweimal mit neuen Äthermengen behandelt. Die vereinigten Äthermengen läßt man an der Luft verdunsten und den Rückstand schließlich im Vakuum, im evakuierten Exsiccator, über Schwefelsäure trocknen, worauf man wägt. Man kann auch das ätherische Öl aus der Substanz (10—40 g) mit Äther in bekannter Weise in der sog. Papierpatrone im Soxhletschen Extraktionsapparate ausziehen, die ätherische Lösung, die neben ätherischem Öl auch Harze und fettes Öl enthalten wird, von Äther befreien, in besagter Weise trocknen, darauf den gewogenen Rückstand in den Kolben bringen, durch diesen, wie angegeben, Wasserdampf leiten und dann weiter in der geschilderten Weise behandeln. Wägt man auch den von Wasser befreiten Fettrückstand, so hat man in der Differenz des ersten und letzten Gewichtes eine Kontrolle für die direkt bestimmte Menge des ätherischen Öles.

Nach dem Schweizer. Lebensmittelbuch 1909, S. 183 läßt man die Ätherausschüttelungen 24 Stunden mit 20 g getrocknetem Chlorcalcium stehen, gießt ab und destilliert im Wasserbade bei 35° ab, indem man einen mit konzentrierter Schwefelsäure getrockneten Luftstrom durchsaugt. Ist der Äther abdestilliert, so wird das Erwärmen unter Luftdurchleiten fortgesetzt und von 5 zu 5 Minuten gewogen, bis die Gewichtsabnahme konstant geworden ist.

Weil mit dem Äthyläther auch schon ätherische Öle fortgehen können, hat Mann[2]) vorgeschlagen, statt des Äthyläthers Rhigolen anzuwenden, indem das entweichende Rhigolen in geeigneter Weise zur Entzündung gebracht und an dem Erlöschen der leuchtenden Flamme beurteilt wird, ob alles Rhigolen verdunstet ist. Mit Rhigolen läßt sich aber wegen des zu niedrigen Siedepunktes (18,3°) nur schwierig und nicht gefahrlos arbeiten. F. Härtel und

---

[1]) Pharmaz. Centralhalle 1908, **45**, Nr. 27.

[2]) Archiv d. Pharmazie 1902, **240**, 149.

R. Witt[1]) haben deshalb als Lösungsmittel Pentan (spezifisches Gewicht 0,633, Siedepunkt 30—36°) vorgeschlagen und verfahren zur Bestimmung der ätherischen Öle wie folgt:

15 g der Substanz werden in einem 1 l fassenden Rundkolben mit wenig Wasser gemischt; das ätherische Öl wird in bekannter Weise durch einen kräftigen Dampfstrom abgetrieben. Das Destillat wird in einem ungefähr $1^1/_2$ l fassenden Kolben aufgefangen, dessen Hals 3 Feilenstriche zur Markierung von zweimal 25 ccm trägt. Das gewonnene, gut gekühlte Destillat wird mit Kochsalz gesättigt und dann mit 50 ccm Pentan versetzt. Nach stattgefundenem Ausschütteln wird die Pentanschicht mit so viel Wasser in den engen Hals des Kolbens getrieben, daß die Berührungsfläche von Kochsalzlösung und Pentan gerade mit der untersten Marke abschneidet. Sodann wird die Lösung des ätherischen Öles durch weitere Zugabe bis zur dritten Marke auf 50 ccm ergänzt. Nach Mischung der Pentanschicht werden hiervon 25 ccm abpipettiert und in ein Verdunstungskölbchen gegeben, das als Wägegläschen benutzt wird und dessen Zu- und Abführungsrohr durch Glashähne verschließbar ist. Durch eine Wasserstrahlpumpe wird Luft durch einen mit Chlorcalcium und Ätzkalk gefüllten Trockenturm und weiterhin durch eine mit Schwefelsäure beschickte Waschflasche in das Verdunstungskölbchen mit der abpipettierten Auflösung des ätherischen Öles in Pentan gesaugt und dadurch das Pentan abgedunstet. Um zu erkennen, wann auf die angegebene Weise alles Pentan entfernt ist, läßt man das Wasser der Saugpumpe in eine mit 3 Tubus versehene Woulffsche Flasche fließen; ein unten angebrachter Tubus läßt das Wasser abfließen, die pentanhaltige abgesaugte Luft entweicht durch einen dritten Tubus und wird durch ein mit Chlorcalcium gefülltes Rohr und durch eine mit einer Platinspitze (vom Lötrohr) versehene Glasröhre entfernt. Die an der Spitze angezündete entweichende Luft brennt so lange mit stark carburiertem Lichtkegel, bis alles Pentan entfernt ist. Man wägt dann das Kölbchen. Man kann auch die Lösung des ätherischen Öles in Pentan an der Luft verdunsten lassen und den Rückstand im Vakuum trocknen.

R. Reich[2]) hat die vorstehenden Verfahren dahin abgeändert, daß er das in Äther oder Rhigolen oder Pentan gelöste ätherische Öl in ein Mannsches Wägekölbchen bringt, die Hauptmenge des Lösungsmittels verdunstet, indem er einen getrockneten Luftstrom hindurchschickt, alsdann eine geeignete Menge Isopropylchlorid zusetzt, die entweichenden Verdunstungsgase gegen ein erhitztes Kupferdrahtnetz strömen läßt und mit dem Durchleiten von trockener Luft so lange fortfährt, bis die grüne Halogenkupferfarbe verschwunden ist. Auf diese Weise konnte er eine große Anzahl ätherischer Öle quantitativ genau bestimmen, dagegen gelang die quantitative Bestimmung von Kümmelöl, Citronenöl, Eucalyptusöl und Terpentinöl nicht in befriedigender Weise, weil diese verhältnismäßig viel leichtflüchtige Terpene enthalten, die mit dem Lösungsmittel verdunsten.

M. Klassert[3]) bringt die Flüssigkeit in einem Schälchen unter eine doppelt (oben und unten) an der Seite tubulierte Glasglocke und leitet in bzw. durch diese (von oben) einen durch Phosphorsäureanhydrid und Chlorcalcium getrockneten Luftstrom, bis das Lösungsmittel verdunstet ist und trocknet schließlich im Vakuum aus.

E. Beckmann[4]) hat ein ganz anderes, nämlich kryoskopisches Verfahren zur Bestimmung der ätherischen Öle angegeben. Er berechnet den Prozentgehalt an ätherischen Ölen in Gewürzen bzw. Drogen usw. aus der Differenz der Gefrierpunktserniedrigungen, welche einerseits die Gesamtextraktlösung, andererseits die vom ätherischen Öl durch Destillation im Wasserdampfstrom befreite Extraktlösung geben. Als Lösungsmittel benutzt er Äthylenbromid (spezifisches Gewicht 2,18 bei 15°), das die Gewürze usw., die obenauf schwimmen,

---

[1]) Zeitschr. f. Untersuchung d. Nahrungs- u. Genußmittel 1907, **14**, 571.

[2]) Ebendort 1908, **16**, 497.

[3]) Ebendort 1909, **17**, 131.

[4]) Archiv d. Pharmazie 1907, **245**, 211; Zeitschr. f. Untersuchung d. Nahrungs- u. Genußmittel 1908, **15**, 742.

in 8—10 Stunden an ätherischem Öl usw. erschöpft und eine Molekulardepression $K = 118°$ besitzt. E. Beckmann verwendet jedesmal 30 g Äthylenbromid auf 5 g Substanz und zur Destillation des ätherischen Öles einen besonderen Apparat, der die Anwendung einer Temperatur des Wasserdampfes von 130° gestattet. Das Verfahren der Bestimmung der Gefrierpunktserniedrigung im allgemeinen ist im I. Teil, S. 57 beschrieben, bezüglich der Besonderheiten in der Anwendung bei Gewürzen zur Bestimmung des ätherischen Öles muß auf die Quelle verwiesen werden, da, wie E. Beckmann selbst sagt, das Verfahren einstweilen wohl kaum die vorstehenden einfachen Verfahren verdrängen dürfte.

5. Trennung der ätherischen Öle und der Fruchtester (Essenzen). Mit den ätherischen Ölen gehen nach den vorstehenden Verfahren bei den Zuckerwaren auch die Fruchtester in das Destillat über; eine quantitative getrennte Bestimmung derselben ist kaum möglich. Einigen Anhalt kann vielleicht folgender Weg bieten: Man löst den Rückstand von ätherischen Ölen + Fruchtestern in Alkohol und titriert die vorhandenen freien Säuren mit $^1/_{10}$ oder $^1/_4$ oder N.-Alkalilauge unter Anwendung von Phenolphthalein als Indicator; darauf setzt man einen Überschuß der titrierten Alkalilauge zu, kocht am Rückflußkühler bis zur vollständigen Verseifung und titriert den Überschuß an Natronlauge mit titrierter Säure zurück. Die verbrauchte Menge Alkali entspricht der vorhandenen Menge Estern; hat man $^1/_{10}$ N.-Lauge zur Verseifung angewendet, so bedeutet davon 1 ccm = 0,0088 g Äthylacetat und pflegt man hieraus den Estergehalt zu berechnen. Zieht man diese Menge von dem Gesamtrückstande ab, so erhält man als Rest annähernd die Menge ätherisches Öl. Man kann letztere auch noch dadurch kontrollieren, daß man die verseifte und wieder neutralisierte Flüssigkeit durch Eindunsten von Alkohol befreit, den Rückstand in Wasser aufnimmt, diese Flüssigkeit mit Petroläther ausschüttelt und in letzterer Lösung die ätherischen Öle, wie angegeben, bestimmt[1]). Die rückständige Flüssigkeit von dem Petrolätherauszug, welche die Salze enthält, kann mit Schwefelsäure versetzt und weiter destilliert werden, um die flüchtigen Säuren darin nach I. Teil, S. 459 zu bestimmen, während der Destillationsrückstand im Kolben mit Äther ausgeschüttelt werden kann, um etwa vorhandene, nicht flüchtige Säuren festzustellen.

Diese Trennung der flüchtigen aromatischen Bestandteile in ätherische Öle und Ester bzw. Essenzen kann aber nur als annähernd angesehen werden. Denn einerseits gibt es unter den ätherischen Ölen auch verseifbare, wie das Nelkenöl, andererseits gehen aus der verseiften Flüssigkeit alkoholische Bestandteile der Ester mit in die Petroläther-Ausschüttelung und vermehren die Menge der eigentlichen ätherischen Öle. Wenn es sich aber, wie meistens, nur darum handelt, einen annähernden Ausdruck für den Gehalt an ätherischen Ölen und Estern zu gewinnen, so mag das Verfahren ausreichen.

J. Helle[2]) gibt folgende Vorschrift zur Bestimmung der Ester in bzw. neben ätherischen Ölen:

Die sowohl zur Absättigung der freien Säure als zur Verseifung verbrauchte Menge Alkali berechnet man in Milligrammen für je 1,0 g Öl und bezeichnet die so erhaltenen Zahlen im ersten Falle als Säurezahl (SZ), im anderen Falle als Esterzahl (EZ); bei Anwendung von $^1/_2$ N.-Kalilauge hat man also die Gleichung: SZ bzw. $\mathrm{EZ} = \frac{a \cdot 28}{s}$, worin a die Anzahl der verbrauchten Kubikzentimeter $^1/_2$ N.-Kalilauge und s die Menge des angewendeten Öles in Grammen bedeutet. Im Gebrauch findet man häufig noch den Ausdruck Verseifungszahl (VZ); meist ist der so bezeichnete Wert identisch mit der Esterzahl, vielfach aber versteht man darunter die Summe von Säure- und

[1]) Man kann auch aus der verseiften und neutralisierten Flüssigkeit durch Einleiten von Wasserdampf die ätherischen Öle wieder abdestillieren und sie abermals im Destillat wie zuerst bestimmen. Da es sich aber in der verseiften Flüssigkeit auch um recht schwache und flüchtige Säuren handeln kann, deren Salze durch den Wasserdampf zerlegt werden können, so dürfte obiges Verfahren richtigere Ergebnisse liefern.

[2]) B. Neumann, Posts Chemisch-technische Analyse, II. Bd. 1909, S. 735.

Esterzahl; im Zweifelfalle ist immer anzunehmen, daß damit die zur Neutralisation und zur Verseifung nötige Menge Alkali gemeint ist. Bei der Säurezahl pflegt eine weitere Umrechnung nur in den Fällen stattzufinden, wo es sich um größere Mengen gut charakterisierter Säuren handelt, also z. B. um Myristinsäure im Irisöl. Das Ergebnis der Verseifung drückt man ebenfalls nur dann als Esterzahl aus, wenn man keinen Anhalt hat, um welchen Ester es sich handelt, also z. B. bei Ölen, deren Zusammensetzung noch nicht ermittelt ist; in allen anderen Fällen, z. B. beim Bergamott-, Lavendelöl u. a. gibt man stets den Gehalt an dem betreffenden Ester an und berechnet ihn in Prozenten (x) aus der vorher ermittelten Esterzahl nach der Gleichung $x = \frac{y \cdot \text{EZ}}{560}$ (für y setzt man das Molekulargewicht des betreffenden Esters, also bei den Acetaten der Alkohole $C_{10}H_{16}O$, $C_{10}H_{18}O$, $C_{10}H_{20}O$, $C_{15}H_{24}O$ [Santalol] und $C_{15}H_{26}O$ die Werte 194, 196, 198, 262 und 264, bei dem im Geraniumöl sich findenden Geranyltiglinat den Wert 236 ein). Führt man in die angegebene Gleichung für y das Molekulargewicht der betreffenden Alkohole, also die Werte 152, 154, 156, 220 und 222 ein, so erfährt man die dem betreffenden Estergehalt entsprechende Menge Alkohol. Ohne vorherige Ermittelung der Esterzahl kann man den Prozentgehalt an Estern, z. B. $C_2H_3O_2 \cdot C_{10}H_{17}$ direkt berechnen nach der Gleichung $x = \frac{a \cdot 9{,}8}{s}$, in der a wiederum die Anzahl der verbrauchten Kubikzentimeter $^1/_2$ N.-Kalilauge und s die Menge des angewendeten Öles in Grammen bedeutet.

6. Zucker, Dextrin, Stärke. Als Zuckerarten kommen für die Zuckerwaren in Betracht Saccharose, Invertzucker, Lactose, Glykose und Maltose, als Dextrine vorwiegend die des Stärkesirups. Über die Bestimmung des Zuckergehaltes von zuckerhaltigen Waren enthalten die Ausführungsbestimmungen (vom 18. Juni 1903) zum Zuckersteuergesetz vom 27. Mai 1896 und 6. Januar 1903 in Anlage E besondere Vorschriften, auf welche hier verwiesen sei.

Die quantitative Bestimmung des Stärkesirups neben Saccharose und Invertzucker kann wie bei Fruchtsäften (vgl. weiter unten) nach dem von A. Beythien abgeänderten Juckenackschen Verfahren vorgenommen werden.

Die Zollvorschriften nehmen an, daß Stärkezucker in den Zuckerwaren vorliegt, wenn für 100° Rechtsdrehung, welche sich aus der direkten Polarisation (vor der Inversion) berechnet, die Linksdrehung der zu untersuchenden Lösung nach der Inversion 28° oder weniger beträgt.

Sollen aber die Zuckerarten gleichzeitig getrennt und besonders auch die Maltose für sich bestimmt werden, so digeriert man 10—20 g der Zuckerware einige Zeit mit kaltem Wasser, füllt zu 500 ccm auf, filtriert durch ein trockenes Filter, verdampft von dem Filtrat 100 oder 200 ccm bis auf 10 bzw. 20 ccm und fällt mit Alkohol nach I. Teil, S. 424. Indem diese Behandlung und Fällung sowohl mit der alkoholischen Lösung nach dem Eindunsten als auch mit dem Niederschlage nach dem Wiederauflösen in Wasser wiederholt wird, trennt man die Zuckerarten, wenn auch Maltose bestimmt werden soll, durch Gärung nach I. Teil, S. 436 und 437, oder wenn es sich nur um Saccharose, Glykose und Fructose bzw. Invertzucker handelt, auf chemischem Wege (I. Teil, S. 434) oder durch Polarisation nach der Clergetschen Formel (vgl. unter Zucker S. 758).

Die durch Alkohol erhaltene Fällung bzw. Fällungen werden wieder in Wasser gelöst und dienen nach I. Teil, S. 427 zur Bestimmung des Dextrins (bzw. Gummis und nötigenfalls auch zur Prüfung auf Leim durch Bestimmung des Stickstoffs vgl. S. 127 und S. 641).

Der von der ursprünglichen Behandlung mit kaltem Wasser verbleibende Rückstand kann, wenn sich darin mikroskopisch Stärke zu erkennen gibt, zur quantitativen Bestimmung der Stärke — am einfachsten durch Inversion mit 2proz. Salzsäure, I. Teil, S. 441 oder polarimetrisch, S. 444 — verwendet werden.

7. Nachweis von Honig. Die vorstehende Trennung der Kohlenhydrate läßt sich nur in wenigen Fällen durchführen. Denn man erhält durch einfaches Behandeln mit

Wasser nur in den seltensten Fällen bei diesen Erzeugnissen filtrierbare und klare Lösungen. Der Zusatz der üblichen Klärmittel (Tonerdehydrat, Bleiessig, Asbest, Kieselgur, Kaolin) oder Zusatz von Salzen und Erzeugung von Niederschlägen (z. B. durch Zinksulfat und Natriumcarbonat oder Chlorbarium und Natriumsulfat oder Phosphorsäure und Barythydrat) sind teils nur selten imstande, den kolloidalen Zustand zu beseitigen, teils beeinträchtigen sie die Trennung der Zuckerarten in der Lösung oder der Stärke im Rückstande. Auch die Anwendung eines gleichen Volumens Wasser und Alkohol bzw. Aceton führt nicht zum Ziele. Ebensowenig gelingt es durch die warme Alkoholextraktion nach Scheibler — wie bei Zuckerrüben — allen Zucker auszuziehen, weil die Zuckerwaren selbst unter Vermischen mit Sand oder Asbest so zusammenbacken, daß keine Übereinstimmung der Ergebnisse erhalten werden kann. Aus dem Grunde bleibt nichts anderes übrig, als die Dextrine und Stärke wie üblich durch Fällen mit Alkohol von den Zuckerarten zu trennen und zwar unter Benutzung der ursprünglichen Substanz.

Wir behandelten z. B. 5 g der Substanz mit 20 ccm Wasser und setzten nach und nach 180 ccm Alkohol von 96% hinzu, ließen absitzen, filtrierten und behandelten den Rückstand noch zweimal in derselben Weise. Die alkoholischen Lösungen wurden durch Destillation von Alkohol befreit, der Rückstand wieder mit 20 ccm Wasser aufgenommen, in ein 200 ccm-Kölbchen gebracht und mit 96proz. Alkohol bis zur Marke aufgefüllt, um die gelösten Dextrine zu beseitigen. Der Rückstand der Substanz von der ersten Alkoholfällung wurde behufs Lösung der Dextrine mit Wasser behandelt, die Lösung zur Trockne verdampft, der Rückstand wieder in 20 ccm Wasser gelöst und mit 180 ccm 96proz. Alkohol gefällt, um den durch die erste Fällung mitgefällten Zucker von den Dextrinen zu trennen. Die beiden alkoholischen Lösungen wurden ebenso wie die beiden Dextrinfällungen zusammengegeben und weiter untersucht, während der Rückstand der ursprünglichen Substanz nach Behandlung mit Alkohol und Wasser zur Bestimmung der Stärke benutzt wurde.

Dieses an sich richtige Verfahren ist aber sehr umständlich. Verfasser hat daher in Gemeinschaft mit W. Burberg ein einfacheres Verfahren ausgearbeitet, welches zwar weniger genau, aber für eine Gebrauchsanalyse ausreichend sein dürfte.

8 oder 10 g der gut zerkleinerten Durchschnittsprobe werden in einem Schälchen mit 30 ccm kaltem Wasser verrührt und nach einigem Stehen verlustlos in ein 300 ccm-Kölbchen gebracht, indem man mit 50 ccm 96proz. Alkohol nachspült. Die Mischung wird tüchtig durchgeschüttelt und bleibt einige (etwa 2) Stunden stehen. Dann setzt man weitere 50 ccm Alkohol hinzu, schüttelt gut durch, läßt wieder einige Zeit stehen und fährt in derselben Weise mit dem Zusatz von je 50 ccm Alkohol fort, bis die Marke erreicht ist, durchmischt dann das Ganze und läßt stehen, bis die alkoholische Lösung ganz klar geworden ist. Dann filtriert man behutsam, ohne den Bodensatz mit aufzurühren, durch einen großen Gooch-Tiegel mit Asbestlage, durchschüttelt den Bodensatz im Kolben mehrmals mit 90proz. Alkohol und bringt ihn zuletzt ganz in den Tiegel, indem man die letzten Reste Alkohol mit der Wasserstrahlpumpe scharf absaugt.

Nach Entfernung der Saugflasche mit der alkoholischen Zuckerlösung setzt man eine neue Saugflasche unter und gibt kaltes Wasser in den Tiegel, welches das Dextrin löst und in den meisten Fällen — allerdings auch nur langsam — durchsickert, wenn nicht mit der Strahlpumpe gesaugt wird. Man filtriert so lange kaltes Wasser durch, bis alles Dextrin gelöst ist, dampft die Dextrinlösung ein, bringt dieselbe auf ein bestimmtes Volumen (etwa 200 ccm) und bestimmt in einem aliquoten Teil (etwa 50 ccm) durch Eindampfen, Trocknen, Wägen, Veraschen und Wiederwägen die Menge des Dextrins. Die Polarisation der Lösung ist in den meisten Fällen nicht möglich, weil sich die Lösung mit den üblichen Klärmitteln nicht genügend klären läßt. Man kann aber zur Kontrolle einen aliquoten Teil der Lösung mit Salzsäure invertieren und darin wie üblich den Zucker bestimmen (I. Teil, S. 427).

Den in Wasser unlöslichen Rückstand füllt man samt Asbest zur Bestimmung der Stärke in ein 200 ccm-Kölbchen und wendet sinngemäß entweder das polarimetrische

Verfahren von E. Ewers (I. Teil, S. 444) oder das gewichtsanalytische Verfahren von C. J. Lintner (Kochen mit 2proz. Salzsäure I. Teil, S. 441) an.

Größere Schwierigkeiten bereitet die Trennung und Bestimmung der Zuckerarten. Wir verfuhren für den Zweck wie folgt:

Die alkoholische Lösung nebst Nachfiltrate werden unter Benutzung eines Fraktionsaufsatzes von Hahn[1]) durch Destillation von Alkohol befreit und die trübe[2]) wässerige Lösung wird unter Zusatz von Tonerdehydrat als Klärmittel — unter Umständen muß man auch durch Bleiessig und Natriumsulfat bzw. -phosphat klären — mit Wasser auf 200 ccm aufgefüllt. Diese Lösung ist bei Anwendung von 8 g 4proz., bei Anwendung von 10 g 5proz., was für die nachfolgenden Bestimmungen zu berücksichtigen ist.

Die Lösung wird durch ein trockenes Filter filtriert und vor wie nach der Inversion polarisiert. Für die Inversion werden 50 ccm des Filtrats mit 2 ccm Salzsäure vom spez. Gewicht 1,125 30 Minuten im kochenden Wasserbade erhitzt, nach dem Erkalten ohne Neutralisation auf 55 ccm aufgefüllt und die Polarisationsgrade um $^1/_{10}$ erhöht. Die Drehungsgrade werden auf 10proz. Lösungen berechnet. Bringt man 27,5 ccm dieser invertierten Lösung nach Neutralisation mit Natronlauge bei ursprünglicher Anwendung von 8 g auf 100 ccm und bei ursprünglicher Anwendung von 10 g auf 125 ccm, so erhält man 1 proz. invertierte Lösungen, in denen man gewichtsanalytisch den Gesamt-Invertzucker bestimmen kann; sonst invertiert man 25 ccm bzw. 20 ccm des Filtrats von den 200 ccm in obiger Weise, verdünnt nach Neutralisation auf 100 ccm und bestimmt hierin wie üblich den Gesamt-Invertzucker.

Um den direkt reduzierenden Zucker vor der Inversion und den Gehalt an Glykose und Invertzucker titrimetrisch nach Soxhlet (I. Teil, S. 434) zu bestimmen, füllt man, bei ursprünglicher Anwendung von 8 g, 50 ccm auf 200 ccm, bei ursprünglicher Anwendung von 10 g, 50 ccm auf 250 ccm auf, bestimmt einerseits den gesamten direkt reduzierenden Zucker gewichtsanalytisch, andererseits den Reduktionswert gegen Fehlingsche und Sachsesche Lösung, indem man nicht 50 ccm, sondern 20 ccm dieser letzten Lösungen anwendet.

Aus der Differenz von Gesamtzucker vor und nach der Inversion erhält man durch Multiplikation mit 0,95 die Menge Saccharose, während sich aus den Titrationswerten die Gehalte an Glykose und Invertzucker bzw. an Glykose und Fructose (nach I. Teil, S. 435) berechnen lassen. Man kann diese Befunde aber noch auf verschiedene Weise aus den Polarisationswerten kontrollieren, nämlich:

*a) Der **Gehalt an Saccharose*** läßt sich durch Multiplikation der Drehungsverminderung (der verminderten Drehungsgrade) vor und nach der Inversion mit 0,57 annähernd berechnen. — Lehmann und Stadelmann[3]) geben den Faktor 0,5725 an, der ebenso richtig sein mag.

Wir fanden z. B. in 10proz. Lösung eines Lebkuchens eine Drehung von $+ 1{,}33\,\alpha$ vor und von $- 1{,}11\alpha$ nach der Inversion; also beträgt die Drehungsverminderung 2,44, der Saccharosegehalt $2{,}44 \times 0{,}57 = 13{,}91\%$, während gewichtsanalytisch 13,57% gefunden wurden. Hier ist die Übereinstimmung der beiden Werte recht gut, in anderen Fällen aber viel schlechter, was mit Rücksicht auf die vielseitigen Stoffe, welche die Drehung bei diesen Erzeugnissen beeinflussen, kaum anders als erwartet werden kann. E. J. Saron[4]) fand bei Honig, der eine einfachere Zusammensetzung als die Zuckerwaren besitzt, Differenzen zwischen Befund und Berechnung der Saccharose bis 0,82% im Mittel von 0,28%. Immerhin kann die Berechnung der Saccharose aus der Drehungsverminderung

[1]) Berichte d. deutschen chem. Gesellsch. 1910, 43, 419.

[2]) Die Trübung rührt bei Mehlgebäcken in der Regel von ausgeschiedenen Kleberproteinen her, die vorher durch den Alkohol gelöst waren. Wir fanden in den alkoholischen Auszügen 1,27 bis 3,18% Kleberproteine.

[3]) Zeitschr. f. Untersuchung d. Nahrungs- u. Genußmittel 1907, **13**, 397.

[4]) Zeitschr. f. analyt. Chemie 1913, **52**, 367.

zur Kontrolle der gewichtsanalytischen Bestimmung dienen, in einfachen und ausschließlichen Zuckergemischen ist die Berechnung der Saccharose aus der Drehungsverminderung für praktische Zwecke genau genug.

b) Berechnung des Glykose- und Invertzuckergehaltes aus der Polarisation und dem Gesamtreduktionswert. Von der Polarisation der Lösung vor der Inversion wird die durch die ermittelte Saccharose bewirkte Ablenkung abgezogen und so die Polarisation des Gemisches von Glykose und Invertzucker erhalten; kennt man außerdem die durch Gewichtsanalyse ermittelte Gesamtmenge beider Zuckerarten, so läßt sich nach der für Glykose und Fructose bestehenden Formel:

$$x = \frac{0{,}5122\,b + 0{,}952\,a}{1{,}49}$$ [1]

die Glykose berechnen, wenn

a = Gramm direkt reduzierender Zuckerarten in 100 ccm Lösung;
b = Grad Links (—)- bzw. Rechts (+)-Drehung der Lösung;
c = Gramm Glykose in 100 ccm der betreffenden Lösung;
$a - x$ ist dann der Fructosegehalt.

Z. B. eine Substanz enthält 9,56% direkt reduzierende Zuckerarten und 22,54% Saccharose; also 100 ccm einer 10 proz. Lösung 0,956 g und 2,254 g. Diese soll + 4,20° drehen. Da 1 g Saccharose + 1,33° dreht, so sind 2,254 × 1,33 = 3,00° zu subtrahieren, so daß b = 1,20° wird und, da a = 0,956 g, so ist:

$$x = \frac{0{,}5122 \cdot 1{,}20 + 0{,}952 \cdot 0{,}956}{1{,}49} = 0{,}953 \text{ g Glykose}$$

in 100 ccm; also besteht sämtlicher direkt reduzierender Zucker aus Glykose.

Ergibt sich ein Glykose- und Fructosegehalt, so ist dieser in einfacher Weise auf Glykose und Invertzucker umzurechnen, angenommen z. B. eine Lösung enthielte in 100 ccm 0,636 g Glykose und 0,343 g Fructose. Dann bilden 0,343 Fructose + 0,343 Glykose 0,686 g Invertzucker, so daß 0,636 — 0,343 = 0,293 g Glykose übrigbleiben.

c) Bestimmung der Glykose durch Zerstörung der Fructose. 100 ccm der Lösung, die 2,0—3,0 g der Zuckerarten enthält, werden mit 60 ccm sechsfach Normalsalzsäure (218,8 g HCl in 1 l) 3 Stunden lang in einem mit einem eingehängten Trichter lose geschlossenen Kolben im kochenden Wasserbade erhitzt, dann sofort abgekühlt, mit 56—58 ccm sechsfach Normalnatronlauge (240 g NaOH in 1 l) neutralisiert und auf 250 ccm aufgefüllt; hiervon werden 25 ccm zur Glykosebestimmung nach Meissl-Allihn benutzt. Beispiel:

Nach Zerstören der Fructose ist gefunden 16,71% Glykose. Die Lösung enthielt 19,0% direkt reduzierender Zuckerarten und 8,00% Saccharose. Da 1 g Saccharose infolge Wasseraufnahme bei der Inversion 0,526 g Fructose und 0,526 g Glykose liefert, so entstehen aus den 8% Saccharose 4,21% Glykose. Es bleiben noch 12,5% Glykose aus Invertzucker + Glykose. Was an 19,0 fehlt. ist zerstörte Fructose, also 6,5%; 6,5% Fructose + 6,5% Glykose bilden 13,0% Invertzucker, und für die ursprünglich vorhandene Glykose bleiben 6,0% übrig.

Selbstverständlich liefert auch dieses Verfahren keine genauen Ergebnisse, aber bei vorsichtigem Arbeiten doch solche, welche zur Kontrolle der vorstehenden durch Titration und Berechnung gefundenen Werte dienen können.

Die nach vorstehenden Verfahren für einige Handelserzeugnisse dieser Art erhaltenen Ergebnisse mögen in folgender Tabelle aufgeführt werden:

---

[1] Vgl. Abderhalden, Handbuch der biochemischen Arbeitsmethoden II, 146.

Tabelle I.

Zusammensetzung der natürlichen Zuckerwaren.

Nr.	Nähere Bezeichnung	Preis für 1 kg M	Wasser %	Stickstoffsubstanz %	Fett %	Glykose %	Invertzucker %	Saccharose %	Dextrin %	Stärke %	Pentosane %	Sonstige N-freie Stoffe %	Rohfaser %	Asche %	Zuckerlösung 1:10 Polarisation vor der Inversion Grad	Zuckerlösung 1:10 Polarisation nach der Inversion Grad	Saccharose aus der Drehungsverminderung berechnet
			In der ursprünglichen Substanz														
1	H. Sch. in Bo.: Pfeffernüsse	1,20	5,36	7,38	0,60	8,57	2,10	23,55	5,42	37,75	2,78	4,32	0,33	1,94	+4,44	+0,24	23,94
2	H. Sch. in Bo.: Honigkuchen	1,50	17,79	5,91	0,54	8,18	11,14	13,73	4,75	27,14	2,06	6,54	0,48	1,74	+2,36	−0,05	13,75
3	H. Sch. in Bo.: Speisepfefferkuchen	0,90	17,52	3,22	1,18	21,37	0	16,71	8,10	25,43	2,76	1,65	0,36	1,70	+4,87	+1,80	17,50
4	H. Sch. in Bo.: Spezial-Honigkuchen I	1,25	15,33	6,27	0,80	5,84	20,67	12,82	4,82	24,16	2,68	4,73	0,38	1,50	+1,39	−0,75	12,31
5	H. Sch. in Bo.: Spezial-Honigkuchen II	1,50	13,13	6,88	2,07	3,95	18,94	13,57	4,46	26,79	2,51	5,97	0,24	1,49	+1,33	−1,11	13,91
6	H. Sch. in Bo.: Spezial-Honigkuchen III	1,80	11,73	6,23	0,37	3,56	24,84	6,51	4,83	27,12	2,36	10,48	0,40	1,57	+0,60	−0,59	6,78
7	Aachener Printen, braune	1,60	5,36	5,93	0,66	Maltose	18,04	23,67	6,04	31,01	2,87	4,58	0,58	1,26	+6,25	+1,08	29,47
8	„ „ Prinzeß	2,00	3,66	9,23	5,72	Maltose	11,08	29,85	2,40	26,83	2,20	6,57	1,22	1,24	+7,10	+0,85	36,62
9	Nürnberger Lebkuchen H. H.: braune	1,70	5,09	7,67	1,64	8,29	13,21	14,41	7,24	35,20	2,68	2,91	0,50	1,16	+2,40	+0,16	12,77
10	Nürnberger Lebkuchen H. H.: mittelfeine weiße	1,95	7,39	9,86	8,39	1,13	1,14	34,50	3,75	29,05	2,19	0,83	0,86	0,91	+4,47	−1,16	32,09
11	Nürnberger Lebkuchen H. H.: feinste Honig-	2,00	5,84	5,32	0,10	2,27	33,04	3,21	6,37	33,15	3,06	6,29	0,33	1,02	−0,60	−0,96	2,05
12	Nürnberger Lebkuchen H. H.: feinste Vanille-Lebkuchen	3,65	4,07	8,77	7,97	2,98 (Glykose + Invertzucker)		46,91	4,40	5,09	2,56	15,40	1,17	0,98	+6,52	−1,00	42,86
13	Nürnberger Lebkuchen H. H.: feinste sortierte a	4,95	4,66	9,32	4,28	3,47 (Glykose + Invertzucker)		46,31	5,40	6,31	3,07	14,69	1,45	1,04	+6,72	−0,64	42,73
14	Nürnberger Lebkuchen H. H.: feinste sortierte b	5,20	3,27	8,77	4,25	3,04 (Glykose + Invertzucker)		51,40	4,70	10,37	2,19	9,62	1,32	1,07	+7,32	−2,00	53,12
15	Telgter Honigkuchen: braune	1,15	22,65	8,64	0,23	10,87	2,82	6,13	3,22	32,65	2,16	9,72	0,28	0,63	+2,10	+0,97	6,44
16	Telgter Honigkuchen: einfache	0,60	16,19	9,49	3,53	10,76	4,82	3,34	5,15	31,85	2,52	11,25	0,24	0,86	+2,19	+1,15	5,93
17	Honigkuchen: Ar. in Do.	1,56	19,29	7,19	1,31	12,46	8,82	1,99	3,08	27,91	2,39	13,58	0,31	1,67	+1,49	+1,36	0,74
18	Honigkuchen: Ma. in Dui.	1,16	19,69	6,66	2,48	19,35	4,95	0,80	4,08	36,31	2,38	1,52	0,50	1,24	+1,91	+1,74	0,99
19	Braunschweiger Frühstückskuchen: Wa.	1,30	18,25	3,65	0,49	26,08	0,92	5,29	7,83	27,82	2,86	5,36	0,35	1,10	+4,44	+3,65	4,50
20	Braunschweiger Frühstückskuchen: Ma.	2,00	21,15	4,42	0,19	27,88	0	3,37	6,95	29,35	2,89	2,58	0,32	0,87	+3,89	+3,27	3,53
21	Ostfriesische Honigkuchen: Mu. in Le.	1,70	19,65	3,18	0,95	10,84	23,91	12,23	4,47	16,75	2,16	4,23	0,39	1,24	+1,64	−0,42	11,74
22	Ostfriesische Honigkuchen: He. in No.	1,55	14,22	3,22	0,11	10,12	16,38	16,84	5,21	20,28	2,64	9,08	0,73	1,17	+2,74	−0,29	17,27

Die weitere Frage anlangend, ob und wie die in der Tabelle angegebenen Werte zur Beurteilung über Verwendung bzw. Mitverwendung von Honig als Süßstoff geeignet sind, so ist diese durch die Mitverwendung von Saccharose und Sirup erschwert, wie nicht minder dadurch, daß sich durch den Back- bzw. Röstvorgang die Saccharose z. T. in Invertzucker umsetzen und sich gleichzeitig Maltose und Dextrine während der Gärung oder Säuerung des Teiges bilden können. Nach den vielfach noch vorhandenen, großen Mengen Saccharose in den Erzeugnissen scheint ihre Inversion indes einen wesentlichen Umfang nicht anzunehmen. Auch die Bildung von Dextrin und Maltose aus der Stärke des verwendeten Mehles scheint sich innerhalb der bei Brot und Backwaren üblichen Grenzen zu halten. Man wird daher aus dem reduzierenden Zucker und der Polarisation vor und nach der Inversion auch hier in ähnlicher Weise wie bei Honig oder den Fruchtsäften auf einen Zusatz oder eine alleinige Verwendung von Stärkesirup bzw. -zucker neben Saccharose schließen können.

Zwar tritt auch hier störend dazwischen, daß der Honig unter Umständen viel Glykose im Verhältnis zu Fructose enthalten kann, wie z. B. Soxhlet und Sieben gefunden haben, nämlich:

	Glykose	Fructose	Invertzucker	Verhältnis von Glykose : Fructose wie 100 :
Gehaltsschwankungen	44,71%	33,92%	79,12%	74
	22,23%	46,89%	68,25%	211
Mittel	36,20%	37,11%	72,51%	102

Im Durchschnitt enthält daher der Honig etwas mehr Fructose als Glykose und da die Lebkuchenbäckereien, wenn überhaupt, so Honige von verschiedener Herkunft verwenden werden, so kann man auch hier aus einem bedeutend höheren Gehalt an Glykose gegenüber Fructose oder aus einem bedeutenden Überschuß an Glykose gegenüber Invertzucker wie aus einer Rechtsdrehung nach der Inversion auf eine Mitverwendung, oder wenn sich nur Spuren von Invertzucker ergeben, auf eine ausschließliche Verwendung von Stärkesirup bzw. Stärkezucker neben etwa Saccharose schließen.

Gleichzeitig wird auch der Preis Anhaltspunkte liefern, da Gebäcke mit Stärkesirupzusatz wesentlich billiger als die mit Honigzusatz geliefert werden können.

Dagegen kann der Gehalt an Invertzucker für sich allein neben Saccharose keinen Aufschluß liefern, da er teils als Invertzuckersirup zugesetzt sein kann oder sich z. T. aus der in Form von Rohr- oder Rübenzucker verwendeten Saccharose gebildet haben kann.

Die qualitative Reaktion auf Invertzucker nach J. Fiehe[1]), H. Ley[2]) u. a. kann hier nicht entscheiden, weil sowohl der Honig wie die Saccharose durch die Verarbeitung des Honig- oder Lebkuchenteiges eine solche Veränderung des Teiges erfahren können, daß sie diese Reaktion liefern.

Die Reaktion würde nur dann mit von Bedeutung sein, wenn sie negativ ausfiele und das Verhältnis der Zuckerarten zueinander für Honig spräche.

Betrachtet man unter diesen Erwägungen die vorstehenden Zahlen, so kann

a) nur die Probe Nr. 11 als ein wirkliches Honigkuchengebäck angesehen werden[3]);
b) Nr. 2, 4, 5, 6, 9, 21 und 22 enthalten als Süßstoffe zweifellos Stärkesirup neben Honig und Saccharose oder Invertzuckersirup und Saccharose (Rohr- oder Rübenzucker);
c) Nr. 1 und 15 desgleichen Stärkesirup neben Rohr- oder Rübenzucker und vielleicht etwas Honig;
d) Nr. 15, 16 und 18 desgleichen Stärkesirup und Invertzuckersirup;
e) Nr. 3, 19 und 20 desgleichen Stärkesirup und Rohr- oder Rübenzucker;
f) Nr. 10, 12, 13 und 14 desgleichen nur Rohr- oder Rübenzucker;
g) Nr. 7 und 8 desgleichen wahrscheinlich Maltose neben Rohr- und Rübenzucker.

---

[1]) Zeitschr. f. Untersuchung d. Nahrungs- u. Genußmittel 1908, **15**.

[2]) Zeitschr. f. angew. Chemie 1907, 993.

[3]) Freilich wäre nach der chemischen Zusammensetzung allein die ausschließliche Verwendung von Invertzuckersirup oder von diesem und etwas Stärkesirup nicht ausgeschlossen.

8. Freie organische Säuren. Als freie organische Säuren — herrührend von zugesetzten Fruchtsäften — sind wohl nur Äpfel- und Citronensäure (unter Umständen auch Weinsäure) zu berücksichtigen. Sie können nach I. Teil, S. 462ff. erkannt und quantitativ bestimmt werden.

9. Mineralstoffe. Die Veraschung erfolgt wie beim Mehl. Reine Zuckerwaren enthalten durchweg nur wenig, 1—2% in der Trockensubstanz nicht übersteigende Mengen Asche. Ist der Gehalt höher, so liegt der Verdacht auf künstliche Zusätze, sei es in Form von Backpulvern oder von Beschwerungsmitteln (Gips, Calciumcarbonat, Ton, Talkerde usw.) vor. Man prüft hierauf dann besonders, wie unter Mehl S. 514 u. f. angegeben ist

Zur etwaigen Bestimmung von Metallen (Blei, Kupfer, Zink, Zinn, Arsen und Antimon) schließt man eine größere Menge Substanz nach I. Teil, S. 478 mit reiner Schwefelsäure auf und trennt in dieser Lösung die Metalle in bekannter Weise (vgl. I. Teil, S. 497).

10. Blausäure und Nitrobenzol. Fr. Schwarz[1]) zieht behufs Nachweises von Blausäure etwa 25 g Substanz (Marzipan oder Bonbons) mit 30 ccm Wasser, dem einige Tropfen Kalilauge zugesetzt sind, eine Stunde aus, filtriert, säuert mit Schwefelsäure an, destilliert etwa 3 ccm ab und prüft diese auf Berlinerblau und Rhodanwasserstoff (vgl. S. 637). Die dort angegebenen Verfahren lassen sich auch hier zur quantitativen Bestimmung der Blausäure verwenden.

Zur Untersuchung auf Nitrobenzol wird die obige Menge Substanz mehrere Stunden mit 30 ccm Alkohol bei Zimmertemperatur behandelt; dann wird filtriert, das Filtrat mit der gleichen Menge Wasser, einer Messerspitze Zinkstaub sowie 3 g Kaliumhydroxyd versetzt und der Alkohol zum größten Teile auf dem Wasserbade verjagt. Die vom Zinkstaub klar abgegossene Lösung wird mit dem gleichen Raumteil Äther ausgeschüttelt, dieser verdampft, der Rückstand in 3 ccm Wasser gelöst und das gebildete Anilin durch die üblichen Reaktionen nachgewiesen. Versetzt man die verdünnte wässerige Lösung mit Chlorkalk und dann mit einigen Tropfen einer sehr verdünnten Lösung von Schwefelammonium, so entsteht bei Gegenwart von Anilin eine rosenrote Färbung (Rhodeinreaktion Jacquemins). Fügt man zu der Lösung des Anilins in konzentrierter Schwefelsäure einen Tropfen einer wässerigen Kaliumbichromatlösung, so entsteht eine blaue, bald verschwindende Färbung.

Für die quantitative Bestimmung des Anilins haben Reverdin und de la Harpe[2]) ein Verfahren angegeben, welches darauf beruht, daß man das Anilin in salzsaurer Lösung (3 ccm Salzsäure in 10 ccm Lösung) bei 0° durch Zusatz von 1 Mol. Natriumnitrit und einer titrierbaren Lösung des Natriumsalzes der β-Naphthol-α-Disulfonsäure (R-Salz) als Azofarbstoff fällt, wobei letztere Lösung gegen eine Anilinlösung von bekanntem Gehalt (7—8 g Anilin in 100 ccm) eingestellt wird.

11. Farbstoffe. Als solche kommen meistens Teerfarbstoffe in Betracht. Die schädlichen unter ihnen sind I. Teil, S. 548 und 559, die unschädlichen I. Teil, S. 549, ferner II. Bd. 1904, S. 891 mitgeteilt; ebenso sind die Verfahren zum Nachweise von Teerfarben I. Teil, S. 550, von Pflanzenfarben I. Teil, S. 562 beschrieben; vgl. auch unter Nudeln S. 666. Sollte auf Arsen zu prüfen sein, so verfährt man nach I. Teil, S. 499ff.

12. Frischhaltungsmittel. Als Frischhaltungsmittel kommen hier wohl vorwiegend Borax, Borsäure, Benzoesäure, Salicylsäure, Formaldehyd und schweflige Säure — letztere von der Verunreinigung des Stärkesirups herrührend — in Betracht. Über ihren Nachweis vgl. I. Teil, S. 590ff., über den der Benzoesäure auch unter Fleisch S. 38 u. f.

Bezüglich des Vorkommens von Formaldehyd geben Yoder und Taggart[3]) an, daß der Formaldehyd in der Zuckerfabrikation recht häufig zur Haltbarmachung der Zuckersäfte verwendet werde und mit dem Zucker unbeständige Verbindungen bilde. Sie verfahren zum Nachweise von Formaldehyd in Zuckerwaren wie folgt:

---

[1]) Zeitschr. f. Untersuchung d. Nahrungs- u. Genußmittel 1904, **7**, 705.

[2]) Berichte d. Deutschen chem. Gesellschaft 1889, **22**, 1004.

[3]) Zeitschr. f. Untersuchung d. Nahrungs- u. Genußmittel 1910, **20**, 208.

Die auf Formaldehyd zu prüfende Zuckerlösung wird mit Phosphorsäure angesäuert und dann in einem Bade mit siedender gesättigter Kochsalzlösung der Destillation mit überhitztem Wasserdampf unterworfen. Die Temperatur des letzteren wird so geregelt, daß das Volumen der im Destillationskolben befindlichen Lösung während des Destillierens möglichst geringe Veränderungen erfährt. 5 ccm des Destillates werden in ein Reagensglas von 20 mm Durchmesser und 180 mm Länge gebracht und mit 5 ccm einer 1 proz. Peptonlösung (frisch gelöst und filtriert) und 10 ccm konzentrierter Salzsäure, die in 5000 Teilen 1 Teil Eisenchlorid enthält, versetzt. Das Ganze wird mit einem dicken Glasstabe, den man während des Erwärmens im Wasserbade im Proberohr beläßt, ordentlich gemischt. In gleicher Weise wird eine Anzahl von solchen Proben hergerichtet, außerdem eine Reihe von Vergleichslösungen von der Stärke 1 : 50 000, 1 : 100 000, 1 : 200 000, 1 : 500 000, 1 : 1 000 000 und ein blinder Versuch. Alle Proberöhrchen werden in die ihrer Weite entsprechenden Ausschnitte eines Brettchens eingesetzt und damit alle zugleich in ein Wasserbad eingestellt, welches schon vorher auf etwas über 82,5° C angewärmt wurde, so daß die Temperatur durch Einstellen der kalten Proberöhrchen auf 82,5° sinkt. Bei dieser Wärme läßt man die Reagensgläser 5 Minuten lang im Wasserbade unter zeitweiliger rotierender Bewegung des Brettchens, wobei die Glasstäbe in drehende Bewegung geraten und die Lösungen in Mischung halten. Hierauf werden die Proberöhrchen in kaltes Wasser gebracht. Nach der Abkühlung wird die Intensivität der Färbung jeder Probe in bekannter Weise in Neßler-Röhren mit den Vergleichslösungen verglichen und aus dem Ergebnis die Stärke der Probe berechnet. Wenn die Probe mehr Formaldehyd als 1 : 100 000 enthält, muß sie vor dem Mischen und Erwärmen zehn- und hundertfach verdünnt werden, damit ihre Konzentration zwischen 1 : 100 000 und 1 : 1 000 000 zu liegen kommt. Da die verdünnten Formaldehydlösungen wenig haltbar sind, muß die Prüfung möglichst bald nach der Beendigung der Destillation vorgenommen werden. Aus dem gleichen Grunde darf man die Vergleichslösungen durch Verdünnung einer stärkeren Lösung nicht früher als einen oder höchstens zwei Tage vor dem Gebrauch herstellen.

13. Nachweis künstlicher Süßstoffe. Zum Nachweise des Saccharins sind eine Reihe Verfahren in Vorschlag gebracht, die mehr oder weniger sämtlich auf der Ausziehung der Substanzen mit Äther oder besser mit einem Gemisch von gleichen Teilen Äthyl- und Petroläther beruhen.

Qualitativ wird dann das Saccharin entweder durch die Geschmacksprobe — wenn es genügend rein ist — oder durch Überführen in Salicylsäure durch Schmelzen mit Natrium- oder Kaliumhydroxyd (Girard), oder durch Oxydation zu Schwefelsäure mittels Natriumcarbonat und -nitrat (Schmidt), oder durch Kondensation mit Resorcin und warmer konzentrierter Schwefelsäure (Börnstein), wodurch eine dem Phthalimid ähnliche, gefärbte und fluorescierende Substanz entsteht, nachgewiesen. Kastle[1]) kondensiert mit Phenol statt mit Resorcin, v. Maler[2]) verwendet zum qualitativen Nachweise metallisches Natrium und prüft auf entstehendes Sulfid durch Nitroprussidnatrium. Aber diese Reaktionen sind nur einwandfrei, wenn der erhaltene Extraktionsrückstand genügend, besonders auch frei von sonstigen Schwefelverbindungen ist. Um diese Verunreinigungen zu beseitigen, sind ebenfalls viele Vorschläge gemacht worden. Herzfeld und Wolff[3]) empfehlen zur Reingewinnung des mit Äther ausgezogenen Saccharins die Sublimation im luftverdünnten Raume. C. Boucher und F. de Bounqué[4]) ziehen z. B. bei Wein, Bier usw. mit Äther aus und oxydieren den Rückstand in der Kälte — Ed. Mackay Chace[5]) in der Wärme — mit Kaliumpermanganat, wodurch Tannin, Farbstoffe und etwa vorhandene Salicylsäure zerstört

[1]) Chem. Centralbl. 1906, I, 1575.

[2]) Chem.-Ztg. 1904, **28**, Rep. 270.

[3]) Zeitschr. d. Ver. f. d. Rübenindustrie 1898, 558.

[4]) Bull. Soc. Chim. 1903, **29**, 411; vgl. hierzu auch G. Testoni, Zeitschr. f. Untersuchung d. Nahrungs- u. Genußmittel 1909, **18**, 577.

[5]) Journ. Amer. Chem. Soc. 1904, **20**, 1627.

werden, während Saccharin unverändert bleibt. Villiers, Magnier de la Source, Rocques und Fayolle[1]) verjagen zunächst den etwa vorhandenen Alkohol, säuern mit Essigsäure an, klären bzw. fällen zur Entfernung von Proteinen, Fett und Stärke mit neutralem Bleiacetat, entbleien mit Schwefelsäure, filtrieren, ziehen mit Benzol aus und oxydieren, falls Salicylsäure vorhanden ist, ebenfalls mit Kaliumpermanganat, um reines Saccharin zu erhalten. A. Bianchi und F. di Nola[2]) haben das letzte Verfahren dahin abgeändert, daß sie das überschüssige Blei nicht durch Schwefelsäure, sondern durch Natriumsulfat entfernen und zum Ausziehen ein Gemisch von Äther und Benzol anwenden, welches das Saccharin gut, dagegen keine anderen Substanzen im Wein und Bier usw. löst.

Bei Milch fällen sie Casein usw. mit Essigsäure, ziehen mit Äther aus, und zwar zunächst bei alkalischer Reaktion, um die Fette zu entfernen, und dann erst in schwach saurer Lösung.

G. Jörgensen[3]) hat zum Nachweise von Saccharin im Bier folgendes Verfahren vorgeschlagen: 500 ccm Bier werden bis zur Sirupdicke eingedampft, der Sirup wird mehrmals, zuletzt nach Wiederauflösen in etwas heißem Wasser, mit 96 proz. Alkohol erschöpft, die geklärte alkoholische Lösung destilliert, der alkoholfreie Rückstand mit wenig Wasser aufgenommen, mit Schwefelsäure angesäuert und mit Äther ausgezogen. Der nach Verjagen des Äthers erhaltene Rückstand wird mit Wasser, verdünnter Schwefelsäure, gesättigter Kaliumpermanganatlösung in geringem Überschuß behandelt. Der letztere wird mit Oxalsäure entfernt und die farblose Flüssigkeit mehrmals mit einer Mischung von Äthyl- und Petroläther ausgezogen. Der nach Verjagen des Äthergemisches verbleibende Rückstand ist reines Saccharin. Wenn gleichzeitig Salicylsäure vorhanden ist, so kann man nach Guareschi[4]) diese durch Bromwasser abscheiden (vgl. unten).

G. Testoni[5]) hat diese Verfahren noch durch weitere ergänzt, indem er das Saccharin neben verschiedenen Substanzen quantitativ zu bestimmen suchte, z. B.:

a) Saccharin bei Gegenwart von Benzoesäure. Wenn der durch Ausziehen mit Äther oder Alkohol oder Benzol usw. erhaltene Rückstand neben Saccharin gleichzeitig Benzoesäure enthält, so kann man letztere entweder durch Erhitzen auf 110—115° sublimieren oder durch Destillation im Wasserdampfstrome entfernen, worauf man den Rückstand eindunstet, mit Natrium- oder Ammoniumsulfat anreichert und das Saccharin mit einem Gemisch von gleichen Teilen Äthyl- und Petroläther auszieht, oder man kann den benzoesäurehaltigen Rückstand auch in wenig Wasser lösen, ein kleines Volumen 96 proz. Alkohols hinzufügen und mit Silbernitrat fällen, wodurch Benzoesäure nicht gefällt wird. Der nach 12 stündigem Stehen gebildete Niederschlag ($C_7H_4SO_3NAg$) wird im Gooch-Tiegel mit Asbestlage filtriert, mit Alkohol ausgewaschen, bei 100° getrocknet und gewogen; 1 Teil $C_7H_4SO_3NAg \times 0{,}634$ = Saccharin.

b) Saccharin bei Gegenwart von Weinsäure und Citronensäure. Bei Gegenwart von Wein- und Citronensäure, besonders wenn größere Mengen davon erhalten sind, fällt man diese zweckmäßig in dem durch das Äthergemisch erhaltenen Rückstande zuerst in üblicher Weise durch Calciumchlorid und Natronlauge oder Bleiacetat aus, filtriert und entfernt noch etwa vorhandene sonstige Beimengungen durch Oxydation mit Permanganat.

c) Saccharin bei Gegenwart von Salicylsäure. Man entzieht den Substanzen Saccharin und Salicylsäure mit dem Äthergemisch, wägt die Summe, bestimmt dann entweder die Salicylsäure durch Überführen in Tetrabromphenol oder man zieht nach Entfernung dieses Niederschlages das Saccharin wieder durch Äther aus, wägt dieses direkt, während es im ersten Falle aus der Differenz berechnet werden kann. Die Überführung der Salicylsäure in

---

[1]) Rev. gén. chim. pure et appl. 1904, **7**, 144.

[2]) Boll. Chim. Farm. 1908, **47**, 599.

[3]) Bulletin denrées 1907, 90. Das Jörgensensche Verfahren hat sich hier sehr bewährt.

[4]) Ann. des falsificat. 1905, 58.

[5]) Zeitschr. f. Untersuchung d. Nahrungs- u. Genußmittel 1909, **18**, 577.

Tetrabromphenol wird nach F. Freyer[1]) wie folgt ausgeführt: Man säuert die Flüssigkeit mit 20 ccm verdünnter Salzsäure an, versetzt mit einer Lösung von 1,7 g Kaliumbromat ($KBrO_3$) und 6 g Kaliumbromid (KBr); von ersterer Lösung müssen 50% im Überschuß verwendet werden. Hat sich der Niederschlag nach 3—5 Minuten abgesetzt, so fügt man so lange 10proz. Lösung von Jodkalium zu, bis alles ausgeschiedene Jod gelöst ist (etwa 15 ccm) und titriert dann das Jod mit $^1/_{10}$ N.-Thiosulfatlösung zurück. Die Umsetzungen verlaufen hierbei wie folgt:

$$C_6H_4(OH) \cdot COOH + 4\,Br_2 = C_6H_2Br_3 \cdot OBr + 4\,HBr + CO_2$$

$$\text{und}\quad C_6H_2Br_3 \cdot OBr + 2\,KJ = 6\,C_6H_2Br_3 \cdot OK + KBr + J_2\,.$$

Also $^1/_{10}$ N.-Thiosulfatlösung = 0,01269 g Jod = 0,0069 g Salicylsäure.

*d) **Saccharin bei Gegenwart von flüchtigen und fetten Ölen.*** In solchen Fällen enthält der Auszug mit Äthergemisch eine Reihe dieser Stoffe, die nur auf umständliche Weise zu entfernen wären. G. Testoni verfährt dann, um diese Trennung zu umgehen, in der Weise, daß er entweder den mit dem Gemisch von gleichen Teilen Äther und Petroläther erhaltenen Rückstand, der natürlich frei von sonstigen Schwefelverbindungen sein muß, mit Natriumcarbonat und -nitrat oxydiert oder mit Salzsäure hydrolysiert und das entstehende Ammoniak bestimmt, wobei vorauszusetzen ist, daß der Rückstand auch kein Ammoniak enthält. In ersterem Falle schmilzt Testoni mit der 10fachen Menge eines Gemisches von gleichen Teilen Natriumcarbonat und Natriumnitrat und bestimmt die gebildete Schwefelsäure entweder in üblicher Weise als Bariumsulfat (1 Teil $BaSO_4$ = 0,785 $C_6H_4\langle{}^{CO}_{SO_2}\rangle NH$), oder fällt die Schwefelsäure nach dem Verfahren von J. Müller[2]) bzw. F. Raschig[3]) mit Benzidinchlorhydrat und titriert das ausgefällte und dann nach der Filtration in Wasser suspendierte Benzidinsulfat mit Natronlauge.

Oder man hydrolysiert, wenn der mit dem Äthergemisch erhaltene Auszug keine Ammoniakverbindungen enthält, mit Salzsäure von 1,1 spezifischem Gewicht, kühlt rasch ab, macht mit Kalilauge alkalisch und bestimmt das gebildete Ammoniak in üblicher Weise durch Destillation und Auffangen in titrierter Schwefelsäure. Durch Hydrolyse entsteht nämlich das Monoammoniumsalz der Benzoesulfosäure nach der Gleichung:

$$C_1H_4\left\langle{}^{CO}_{SO_2}\right\rangle NH + 2\,H_2O = C_6H_4\left\langle{}^{COO\,\cdot\,NH_4}_{SO_3H}\right.$$

1 Teil N ist daher = 13,071 Teilen Saccharin.

Die im Handelssaccharin häufig vorkommenden Verunreinigungen, wie Sulfamidobenzoesäure, Sulfamide, sollen hierbei nicht schädlich wirken, weil von dem Äthyl-Petroläther nur das Saccharin aufgenommen wird.

e) M. Tortelli und E. Piazza[4]) haben an Stelle aller dieser Vorschläge ein Verfahren gesetzt, welches ermöglicht, ***direkt reines Saccharin in wägbarem Zustande*** zu gewinnen. Man verwendet je nach der Natur der Substanzen verschiedene Mengen (z. B. von Milch 75 g, kondensierter Milch 20 g, Kakao und Schokolade 20 g, Backwaren mit Wasserzusatz ebenfalls 20 g, Wein und Bier etwa 200 g), versetzt diese in einem 150 ccm fassenden Becherglase oder in einer Porzellanschale mit 12—18 g feinem Sand und 7—10 g gelöschtem Kalk und verdampft Flüssigkeiten, wie Milch usw. so lange auf dem Wasserbade unter fortwährendem Rühren, daß ein fast, aber nicht ganz trockener Rückstand hinterbleibt. Man durchrührt bzw. durchmischt die Massen gehörig, gibt 50 ccm 95 proz. Alkohol zu, erhitzt auf dem Wasserbade zum Sieden und setzt dann 5—10 ccm gesättigter wässeriger Lösung von Chlornatrium hinzu; nach kurzem Stehen rührt man um und gießt auf ein Faltenfilter ab. Man wiederholt diese Behandlung 3 mal mit je 40 ccm 95 proz. Alkohol und 10 ccm Salzlösung, bringt die Masse nach der vierten Ausziehung auf das Filter und wäscht ein letztesmal mit der Alkohol-Salzmischung.

1) Chem.-Ztg. 1896, **20**, 820.

2) Berichte d. Deutsch. chem. Gesellschaft 1902, **35**, 1587.

3) Zeitschr. f. angew. Chemie 1903, **16**, 677 u. 818.

4) Zeitschr. f. Untersuchung d. Nahrungs- u. Genußmittel 1910, **20**, 489.

Die auf diese Weise erhaltene Flüssigkeit, die etwa 250 ccm beträgt, befreit man zunächst von dem größten Teil des Alkohols durch Destillation über direkter Flamme nach Zusatz von einigen Stückchen Bimsstein, um das Stoßen zu vermeiden; man unterbricht die Destillation, sobald die Flüssigkeit etwa noch ein Drittel beträgt, d. h. etwa 70—80 ccm. Der Rückstand wird abgekühlt und in einen Scheidetrichter gegossen; man fügt in diesem weitere 10—15 ccm der Salzlösung hinzu und dann etwa 100 ccm Petroläther (Siedepunkt 35—75°). Alsdann schüttelt man das Ganze etwa $^1/_4$ Stunde gut durch, wobei sich keine Emulsion bildet, vielmehr nach kurzer Zeit eine Scheidung der beiden Flüssigkeiten eintritt. Diese Behandlung wiederholt man so lange, bis der Petroläther beim Verdampfen keinen Rückstand zurückläßt, was gewöhnlich nach drei Extraktionen der Fall ist. Der Petroläther des ersten Auszuges wird natürlich abdestilliert und dient für die folgenden Auszüge. Die Einwirkung des Petroläthers würde eine um so schnellere und vollkommenere sein, je weniger Alkohol vorhanden ist, so daß es vorteilhafter wäre, die mit Petroläther zu extrahierende Flüssigkeit so viel wie möglich vom Alkohol zu befreien. Trotzdem ist es vorzuziehen, eine gewisse Menge Alkohol darin zu lassen, weil die Methode auch zur Bestimmung des Dulcins anwendbar ist. Dieser Süßstoff würde sicher unter diesen Bedingungen, d. h. wenn bei der Ausschüttelung zu wenig Alkohol vorhanden wäre, möglicherweise sich ausscheiden können.

Nachdem die Ausziehung mit Petroläther beendet ist, läßt man die im Scheidetrichter gebliebene Flüssigkeit in eine Retorte fließen, entfernt aus ihr durch Abdestillieren über direkter Flamme den Alkohol vollständig und bringt den noch warmen Rückstand in einen Scheidetrichter, den man durch Übergießen mit kaltem Wasser abkühlt. Wenn die Flüssigkeit vollständig abgekühlt ist, säuert man sie mit 10 ccm 10proz. Schwefelsäure an und schüttelt sie sodann mit etwa 70—80 ccm einer Mischung von gleichen Teilen Äthyläther und Petroläther aus. Auch in diesem Falle entsteht keine dauernde Emulsion und die Flüssigkeiten trennen sich rein und schnell in zwei Schichten. Man wiederholt diese Behandlung noch zweimal mit der Äthermischung und wäscht jedesmal — oder nur einmal, nachdem die drei ätherischen Auszüge vereinigt sind — die Flüssigkeit mit 5—6 ccm Wasser, um sie von jeder Spur Säure zu befreien. Darauf filtriert man die ätherische Lösung durch ein doppeltes Filter, destilliert auf dem Wasserbade die so erhaltene ätherische Flüssigkeit bis auf etwa 20 ccm ab, bringt den Rückstand in eine kleine Glasschale und dampft darauf langsam auf dem Wasserbade ab, indem man auch die kleine Menge der Äthermischung beifügt, mit der man den Destillationskolben ausgewaschen hat. Auf diese Weise gelingt es in der Mehrzahl der Fälle, das Saccharin gut krystallisiert in perlmutterartigen Blättchen, kaum oder gar nicht gefärbt, zu erhalten, also in einem Zustande, wie er nicht nur zu seiner Identifizierung, sondern auch zur quantitativen Bestimmung dienen kann. Die Identifizierung geschieht entweder durch die Geschmacksprobe, welche das sicherste und empfindlichste Mittel ist, oder durch die Schmelzpunktsbestimmung, oder aber durch den Nachweis des organischen Schwefels, der zunächst in Magnesiumsulfid übergeführt wird.

Im Falle, daß der letzte Auszug durch die Äthermischung etwas gefärbt oder aber mit einer kleinen Menge Fremdsubstanzen vermengt war, wird er in der Weise gereinigt, daß man ihn mit wenigen Kubikzentimetern Alkohol aufnimmt, das Saccharin mit einigen Tropfen Kalilauge verseift, einige Kubikzentimeter Chlornatriumlösung und eine 2—3fache Menge Wasser hinzufügt und endlich in einem kleinen Scheidetrichter ein- oder zweimal mit Petroläther auszieht. Läßt man dann die alkoholisch-salzige Flüssigkeit in eine kleine Retorte abfließen, befreit sie durch Destillation von darin enthaltenem Alkohol, säuert mit 4—5 ccm 10proz. Schwefelsäure an und schüttelt nun mit der Äthermischung, so erhält man nach der Verdunstung des Lösungsmittels das Saccharin vollkommen weiß und krystallinisch.

Der Schmelzpunkt des reinen Saccharins ist 227—228°.

Eine spezifische Reaktion beruht auf dem Nachweise des Schwefels. In ein 5—6 cm langes und etwa 2 cm weites Röhrchen bringt man 0,5 g Magnesiumpulver und setzt diesem etwas von dem krystallinischen Rückstand zu. Nachdem alles an den Boden gebracht ist, faßt man das Röhrchen mit einer Zange und erwärmt es vorsichtig am Boden bei fortwährendem Schütteln. Nach kurzer Zeit entzündet sich das Magnesium, unter Verbindung mit dem Schwefel, mit leichter Explosion. Man bringt das Röhrchen in ein kleines

Becherglas mit etwa 20 ccm Wasser, rührt mit einem Glasstabe um und filtriert. Zu dem Filtrat gibt man einige Tropfen einer frischen Lösung von Nitroprussidnatrium. Eine starke Violettfärbung beweist das Vorhandensein von Saccharin.

*f) **Nachweis von Dulcin oder Sakrol*** ($C_2H_5O \cdot C_6H_4 \langle {}^{NHCO}_{NH_2}$ Paraphenetolcarbamid). Wenngleich dieses wegen seiner geringeren Süßkraft nur wenig angewendet wird, kann sein Nachweis doch gelegentlich erforderlich sein; derselbe läßt sich dadurch bewirken, daß man die letzte Ausziehung mit Äther ohne vorherige Ansäuerung mit Schwefelsäure vornimmt. Das Dulcin ist nämlich nicht wie das Saccharin als Salz, sondern als Amid vorhanden und löst sich ziemlich gut in Äthyläther — in Petroläther ist das Dulcin gar nicht, in Äthyl- und Petroläther nur schwierig löslich, leichter löslich in einer Mischung von Äthyläther und Benzol —, während das als Salz vorhandene Saccharin durch Äthyläther nicht gelöst wird. Man kann daher den Äthylätherauszug vor und nach der Ansäuerung mit Schwefelsäure sammeln, verdampfen, wägen und identifizieren.

Das Dulcin schmilzt bei 173°.

Eine kleine Menge des Dulcins wird, in wenig Wasser (etwa 5 ccm) suspendiert, nach Jörissen in ein Porzellanschälchen gebracht und werden darauf 7—8 Tropfen einer neutralen Quecksilbernitratlösung, welche frei von Salpetersäure ist, gegossen. Man erhitzt 1/4 Stunde auf dem siedenden Wasserbade; bei Vorhandensein von Dulcin entsteht eine schwache Violettfärbung, welche auf Zusatz von etwas Bleisuperoxyd an Stärke zunimmt.

14. Umhüllung. Um in der verwendeten Zinnfolie, die nur 1% Blei enthalten darf, das Blei zu bestimmen, löst man am zweckmäßigsten in der Kälte, indem man 0,5 bis 1,0 g Zinnfolie auf die höchste Stelle des Bodens eines etwa 1 l fassenden Becherglases bringt, gießt am Rande auf die tieferen Stellen des Becherglasbodens rauchende Salpetersäure von 1,4—1,5 spezifischem Gewicht, bedeckt mit einem Uhrglase und stellt das Ganze in recht kaltes Wasser; durch Neigung des Becherglases bringt man die Zinnfolie unter fortwährendem Kühlen mit der Salpetersäure in Berührung; wenn alles gelöst ist, verdünnt man mit 600—700 ccm heißem Wasser und kocht noch etwa 1 Stunde im bedeckten Becherglase. Auf diese Weise wird die Zinnsäure rein abgeschieden und können in der Lösung Blei und eventuell Kupfer, wie bekannt, bestimmt werden. Man kann die Zinnfolie auch unter vorsichtigem Erwärmen in Salpetersäure von 1,3 spezifischem Gewicht lösen, zur Trockne verdampfen, den Rückstand mit Salpetersäure und Wasser aufnehmen, die abgeschiedene Zinnsäure abfiltrieren und im Filtrat die anderen Metalle bestimmen.

Papierumhüllungen dürfen keine giftigen organischen Farbstoffe (Nr. 11, S. 727) enthalten und müssen in Substanz wie Farbe frei sein von Arsen, Barium, Blei, Cadmium, Quecksilber, sowie von deren Verbindungen, ausgenommen Schwerspat und Zinnober. Dasselbe gilt für Schachteln und Dosen aus Pappe (vgl. auch unter „Gebrauchsgegenstände"). Die Untersuchung auf organische Farbstoffe erfolgt nach I. Teil, S. 550, die auf unorganische Bestandteile nach I. Teil, S. 478 und 479, wobei auch gegebenenfalls auf Quecksilber und Cadmium Rücksicht genommen werden kann.

II. Besondere Untersuchungsverfahren für einzelne Zuckerwaren.

Für einzelne Zuckerwaren sind noch besondere Untersuchungsverfahren zu beachten.

1. Speiseeis, Gefrorenes. Das Speiseeis soll als „Milchgefrorenes" aus Zucker, Milch (Rahm) und Fruchtsäften, eventuell unter Mitverwendung von genießbaren Samen und Gewürzen, als „Obstgefrorenes" aus Zucker und Fruchtsäften bestehen.

Wenn zur Bereitung des Speiseeises schlechte und verdorbene Milch (Rahm) oder Fruchtsäfte, die im Sommer nicht selten vorkommen, verwendet werden, so können nach Genuß von solchem Eis Gesundheitsstörungen auftreten. Häufig sind auch ungehörige Zusätze und Verfälschungen festgestellt. So führt Ch. D. Howard[1]) (für Amerika) auf:

[1]) Zeitschr. f. Untersuchung d. Nahrungs- u. Genußmittel 1908, **16**, 183.

a) Verwendung von Füllmassen. Zur Bereitung billigen Speiseeises werden Stärkemehle und Eier verwendet; erstere lassen sich in der entfetteten Masse mikroskopisch und durch Jodlösung erkennen, Eierzusatz durch eine Lecithinbestimmung in dem ausgezogenen Fett nachweisen.

Statt dieser Füllmittel werden auch Gelatine[1]), käufliches Casein, Gummi und Tragant verwendet. Man entzieht einer größeren Menge des geschmolzenen Eises das Fett zunächst durch Äther oder durch ein Gemisch von gleichen Teilen Äther und absolutem Alkohol, filtriert das ausgeschiedene Gerinnsel im Rückstande ab, löst es in Wasser wieder auf, bringt auf 200 ccm, verdampft 3 mal je 50 ccm im Wasserbade bis auf 10 ccm, fällt mit 100 ccm 90—95 proz. Alkohol und filtriert eine Probe durch ein getrocknetes und gewogenes Filter, wäscht mit 90 proz. Alkohol aus, wägt und verascht. Die zweite Probe wird nach dem Filtrieren und Auswaschen direkt samt Filter nach Kjeldahl verbrannt; ist die Menge Stickstoffsubstanz (N × 6,37 bei Casein und N × 5,55 bei Gelatine) nahezu gleich der gewogenen Menge Gesamtfällung, so liegen Casein und Gelatine als Füllmittel vor. Man kann dann die dritte Probe auf Gelatine nach S. 127 u. f. prüfen. Enthält die ausgefällte, filtrierte und ausgewaschene Masse dagegen nur wenig Stickstoff, so löst man den Filterrückstand der dritten Probe in Wasser, setzt 5 ccm Salzsäure von 1,125 spezifischem Gewicht zu, erhitzt 3 Stunden im kochenden Wasserbade und bestimmt in üblicher Weise darin den Zucker (dieser × 0,9 gibt den Dextrin- bzw. Gummigehalt, vgl. I. Teil, S. 427).

b) Nachweis von fremden Fetten, Zuckerkalk und sonstigen Stoffen. Statt Milch oder Rahm wird auch wohl Rahm mit Zuckerkalk oder fremdes pflanzliches Öl angewendet. Die Prüfung auf Zuckerkalk geschieht nach S. 249 wie bei Milch und Rahm. Zur quantitativen Bestimmung des Fettes ist das Gottliebsche Verfahren S. 195 vorgeschlagen. Die Art des Fettes wird durch Bestimmung der Konstanten in einer größeren, aus dem Speiseeis gewonnenen Menge Fett sowie aus den bekannten qualitativen Reaktionen ermessen. Howard verfährt wie folgt:

Mittels einer Pipette mit weiter Öffnung wägt man 18 g der Probe in einen Babcockschen Rahmkolben, fügt 3 ccm Chloroform hinzu, füllt den Kolben bis zu etwa $^3/_4$ mit Wasser auf, schüttelt, gibt 10 ccm Fehlingsche Kupfersulfatlösung hinzu, mischt und zentrifugiert 3 Minuten lang, wonach alles Fett sich in der Chloroformschicht befindet. Bei Gegenwart beträchtlicher Mengen Gummi, Tragant oder Gelatine bleibt die überstehende Flüssigkeit trübe; auf Zusatz von 2—3 ccm $^1/_{10}$ N.-Alkali wird das Gummi vollständig durch das gebildete Kupferhydroxyl ausgefällt. Die überstehende Flüssigkeit wird nun abgehebert, die Chloroformschicht wird noch einmal mit Wasser gewaschen, worauf das Chloroform abgeblasen wird, indem man durch ein Glasrohr mit feiner Öffnung einen Dampfstrom einbläst. Nach dem Abkühlen des Kolbeninhaltes füllt man mit Wasser zu 17,5 ccm auf und verfährt weiter in bekannter Weise, wobei darauf zu achten ist, daß man eine völlige Lösung der hart gewordenen Eiweißstoffe erzielt.

In Gemeinschaft mit W. Burberg hat Verfasser mit gutem Erfolge folgendes Verfahren zur Feststellung der Mischbestandteile des Speiseeises angewendet:

150 g Speiseeis werden in einer bedeckten Schale oder in einem bedeckten Becherglase bei Zimmertemperatur verflüssigt, die verflüssigte Masse in einen $^1/_2$ l-Kolben gebracht und auf 500 ccm aufgefüllt. Von dieser Flüssigkeit dienen aliquote Teile zur Bestimmung der einzelnen Bestandteile in genau derselben Weise wie bei Sahne S. 291.

Die Fettbestimmung führten wir nach dem Perforationsverfahren aus, nachdem eine Menge von etwa 20 g Speiseeis auf dem Wasserbade mit Salzsäure behandelt und die Flüssigkeit mit Calciumcarbonat neutralisiert war.

Die Saccharose wurde aus der Drehungsverminderung nach der Inversion berechnet (vgl. S. 717 und 723).

[1]) Die Gelatine, ein reversibles Kolloid (Schutzkolloid) verhindert nach J. Alexander (Zeitschr. f. Untersuchung d. Nahrungs- u. Genußmittel 1911, **22**, 178) die Ausfällung bzw. Gerinnung von Casein (ein irreversibles Kolloid) im Sahneneis.

Zur Prüfung auf künstliche Färbung wurden etwa 20 g Speiseeis unter Zusatz von Sand oder Bimssteinpulver und etwas Calciumcarbonat behufs Neutralisation der etwaigen organischen Säuren zur Trockne eingedampft, die trockne Masse fein zerrieben, in einem Soxhlet-Apparat mit absolutem Alkohol ausgezogen und in üblicher Weise mittels eines Wollfadens auf künstlichen Farbstoff untersucht.

Der Alkoholauszug kann auch gleichzeitig zur Bestimmung der Lecithin-Phosphorsäure dienen.

Wir erhielten auf diese Weise für einige Sorten Speiseeis folgende Zusammensetzung:

Bestandteile in 100 g Speiseeis	Vanilleeissorten: Gefrorene, gefärbte Milch	Vanilleeissorten: Milch und Eier	Vanilleeissorten: Milch, Eigelb und Gelatine	Vanilleeissorten: Milch, Eier und Gelatine	Schokoladeeis	Himbeereis: Natürliches ohne Zusatz	Himbeereis unter Mitverwendung von: Milch- und Eiereiweiß	Himbeereis unter Mitverwendung von: Milch, Eigelb und Gelatine	Himbeereis unter Mitverwendung von: Gelatine
	%	%	%	%	%	%	%	%	%
Wasser	77,30	78,38	77,46	72,36	73,51	75,56	78,68	74,78	74,20
Stickstoff-Substanz	1,82	4,83	5,41	5,20	1,80	0,16	0,91	1,25	1,02
Fett	1,42	3,53	3,06	4,06	1,69	0	0,77	1,59	0
Saccharose	15,45	5,93	5,99	12,13	17,51	10,76	9,01	12,43	13,13
Milchzucker und andere Stoffe (Mehl usw.)	3,27	6,61	7,33	5,58	4,70	12,47	9,93	8,41	11,47
Säure	—	—	—	—	0,36	0,93	0,42	1,07	—
Asche	0,41	0,72	0,75	0,67	0,43	0,12	0,28	0,47	0,18
Stickstoff-Verbindungen in 100 g:	mg	mg	mg	mg	mg	mg	mg	mg	mg
Gesamt-Stickstoff	292,7	772,6	866,2	821,3	292,4	27,7	145,1	295,2	164,3
Casein-Stickstoff	222,7	493,5	494,0	471,4	217,7	0	87,8	218,0	3,9
Albumin-Stickstoff	31,7	198,3	48,9	103,9	34,9	0	31,8	25,4	12,2
Löslicher, durch Säure nicht fäll- u. gerinnbarer Stickstoff	38,2	67,3	305,8	246,5	35,8	0	25,0	50,9	140,7
Albuminhaltiges Serum, fällbar durch wässerige Pikrinsäure	25,7	51,7	329,4	178,5	25,6	0	21,6	52,3	150,6
Albuminhaltiges Serum, fällbar durch alkoholische Pikrinsäure	25,7	51,7	56,4	50,4	24,2	0	22,0	22,3	9,4
Albuminfreies Serum, durch Quecksilberchlorid fällbar	25,4	29,8	33,6	70,9	6,4	0	9,6	19,1	18,4
Albuminfreies Serum, durch Quecksilberchlorid nicht fällbar	15,8	37,1	228,9	153,1	35,7	0	12,7	35,4	122,3
Gerinnungspunkt des Albumins[1])	95,0°	78,0°	95,0°	80°	75°	—	76°	94°	—
Durch Alkohol fällbar	6,4 mg	18,4 mg	97,9 mg	61,8 mg	14,7 mg	0	6,4 mg	22,3 mg	91,8 m
Goldzahl	∞	0,20	0,10	0,09	∞–0,26	—	∞	—	—
Lecithin-Phosphorsäure	12,0 mg	84,0 mg	93,0 mg	61,0 mg	13,3 mg	0	6,0 mg	34,7 mg	0
Künstlicher Farbstoff	vorhanden	0	0	0	0	vorhanden	0	0	0

[1]) Der Gerinnungspunkt gibt bei Speiseeis nur dann Aufschluß über die etwaige Mitverwendung von Eier-Eiweiß, wenn die Masse von Milch, Eiern u. a. vorher nicht gekocht wurde; ist sie gekocht worden, so liegt der Gerinnungspunkt stets, auch bei Mitverwendung von Eier-Eiweiß, über 90°.

Unter Berücksichtigung des Verhaltens der Stickstoff-Verbindungen gegen die angegebenen Fällungsmittel, sowie unter Berücksichtigung des Gerinnungspunktes des Allumins, der Lecithinphosphorsäure ist es möglich, die Mischbestandteile des Speiseeises zu ermitteln.

c) Als ***Frischhaltungsmittel*** werden Borax und Formaldehyd angewendet. Borax kann man am einfachsten in der Weise nachweisen, daß man 5 ccm des von der Fettschicht abgeschiedenen Serums mit 10 ccm Salzsäure ansäuert, 5 ccm Curcumatinktur zugibt und verdampft. Formaldehyd wird am besten nach dem Destillationsverfahren I. Teil, S. 594 bzw. nach vorstehendem Verfahren von Yoder und Taggart (S. 727) nachgewiesen.

d) Über den Nachweis von ***Saccharin*** vgl. vorstehend S. 728.

Anmerkung. In manchen Städten sind für den Handel mit Speiseeis auf den Straßen besondere Polizeiverordnungen[1]) erlassen, so in Magdeburg durch Bekanntmachung vom 4. August 1909, wonach für den Straßenhandel mit Speiseeis eine polizeiliche Erlaubnis erforderlich ist; in Wernigerode durch Polizeiverordnung vom 12. Mai 1909, wonach u. a. Speiseeis und Getränke (z. B. Bier, Limonaden, Selter- und andere Mineralwässer usw.) an Kinder unter 14 Jahren und an Schüler, welche als solche kenntlich sind, nicht verkauft werden dürfen, die Händler Spielplätze nicht betreten und sich denselben auf weniger als 200 m nicht nähern dürfen.

2. Marzipan. Unter „Marzipan" versteht man eine aus 2 Teilen feuchter, geriebener Mandeln und 1 Teil Zucker bestehende Masse, der zuweilen etwas Invertzucker zugesetzt wird. Die Verwendung von Mehl[2]) oder anderen Samen, z. B. von Aprikosen- und Pfirsichkernen, von Piniensamen, Mahagoninuß (Kernal, indische Mandeln) muß als Verfälschung angesehen werden[3]).

F. Härtel und P. Hase[4]) fanden für echte Marzipanmassen im Mittel von 3 Analysen folgende Zahlen:

Wasser	Fett	Saccharose	Asche	Alkalität der Asche; ccm N-Säure		Polarisation der Lösung 10 : 100 bei 20° im 200-mm-Rohr		Refraktometerzahl des Fettes
				lösliche	unlösliche	vor der Inversion	nach der Inversion	
12,09%	32,83%	34,64%	1,57%	1,29%	3,83%	+4,93°	—1,19°	64,5

Man setzt aber auch bis zwei Drittel der Masse Zucker zu; dann steigt die Polarisation vor der Inversion auf +8,0 bis 9,0°, nach der Inversion auf —2,0 bis —3,0°. Durch Zusatz von Stärkesirup steigt die Polarisation vor der Inversion je nach der zugesetzten Menge, aber nicht in dem Verhältnis wie die Minus-Polarisation nach der Inversion.

Die Kerne von Pfirsichen und Aprikosen ließen sich durch die Prüfung des Fettes nachweisen, indem das Fett der genannten Kerne die Reaktion von Bellier (S. 439) und die folgende von Kreis gab, das Fett der Mandelkerne dagegen nicht.

Das Preußische Arzneibuch schreibt zum Nachweise von Aprikosen- und Pfirsichkernöl folgende Prüfung vor:

„Werden 1 ccm rauchende Salpetersäure, 1 ccm Wasser und 2 ccm Mandelöl bei 10° kräftig durchgeschüttelt, so soll ein weißliches, nicht rotes oder braunes Gemenge entstehen, welches sich nach 2, höchstens nach 6 Stunden in eine feste, weiße Masse und eine braungefärbte Flüssigkeit scheidet."

---

1) Zeitschr. f. Untersuchung d. Nahrungs- u. Genußmittel 1911, **21**, 119.

2) In Bd. II, 1904, S. 886 ist „Mehl" irrigerweise als normaler Bestandteil von Marzipan aufgeführt.

3) Als Frischhaltungsmittel für Marzipan fand A. Röhrig (Zeitschr. f. Untersuchung d. Nahrungs- u. Genußmittel 1911, **22**, 669) ein Präparat, Cortesin genannt, welches aus 48% Benzoesäure und 52% Saccharose bestand.

4) Pharmaz. Centralbl. 1907, **48**, 1029.

Wenn Aprikosen oder -Pfirsichöl vorhanden ist, so färbt sich das Gemenge schon beim Durchschütteln mehr oder weniger rötlich und setzt sich in der Ruhe die Ölschicht rötlich gefärbt ab. Bieber[1]) hat folgendes Verfahren vorgeschlagen:

5 Raumteile Öl werden mit 1 Raumteil eines frisch bereiteten Gemenges gleicher Gewichtsteile Schwefelsäure, rauchender Salpetersäure und Wasser durchgeschüttelt. Reines Mandelöl verändert hierbei die Farbe nicht, Aprikosenöl wird sofort pfirsichblütenrot, Pfirsichkernöl nimmt nach einigem Stehen eine ähnliche, schwächere Färbung an. Frische Öle geben deutlichere Reaktionen als alte.

Auf diese Weise sollen erst 30% Aprikosenkernöl nachgewiesen werden können, während der Nachweis von Pfirsichkernöl noch weniger scharf ist.

Fendler, Frank und Stüber[2]) empfehlen aber Vorsicht mit beiden Verfahren und die gleichzeitige Mitprüfung verschiedener Sorten reiner Mandelöle. Das folgende Verfahren von Kreis halten sie für ganz unzuverlässig.

Kreis[3]) benutzt zum Nachweis von Pfirsichkernen in Marzipan das verschiedene Verhalten von Pfirsichkernöl und Mandelöl gegen konzentrierte Salpetersäure und Phloroglucin. Überschichtet man nämlich konzentrierte Salpetersäure vom spezifischen Gewicht 1,4 mit dem gleichen Volumen Pfirsichkernöl, hierauf mit ebensoviel einer 0,1 proz. ätherischen Phloroglucinlösung und schüttelt kräftig durch, so färbt sich das Gemisch stark himbeerrot mit einem Stich ins Violette, während Mandelöl unter denselben Bedingungen entweder keine oder nur eine schwache rosarote Färbung gibt.

A. Chwolles[4]) hat diese Reaktion nachgeprüft und verfährt zum Nachweise von Pfirsichkernen in Marzipan wie folgt: 200 g Marzipan werden im Mörser mit 100 ccm Alkohol verrieben und die Flüssigkeit in einem Beutel mit den Händen abgepreßt. Diese Operation wird mit dem Rückstande noch zweimal mit je 100 ccm 80 proz. Alkohol wiederholt. Der Preßrückstand läßt sich nun gut austrocknen und kann durch Extraktion mit Äther von dem letzten Rest Öl befreit werden. Den vereinigten alkoholischen Auszügen wird durch Behandeln mit Wasser und Äther das Öl entzogen und mit dem erhaltenen Öl die Reaktion nach Kreis ausgeführt, indem man konzentrierte Salpetersäure (spezifisches Gewicht 1,4) mit dem gleichen Volumen Öl und hierauf mit ebensoviel einer 0,1 proz. Lösung von Phloroglucin in Äther überschichtet und den Gefäßinhalt dann kräftig durchschüttelt. Reines Mandelöl verursacht eine schwach rosarote, Pfirsichkernöl eine intensiv himbeerrote Färbung mit einem Stich ins Violette. Man soll auf diese Weise noch 10% Pfirsichkernöl im Mandelöl nachweisen können. Die Reaktion ist nach Kreis auch dem Nuß- und Erdnußöl eigen, nach Chwolles auch dem Öle der Pignoles, des Samens einer in Südfrankreich und Spanien heimischen Pinie.

Auch R. Racine[5]) fand in Marzipanfiguren vielfach Piniensamen unter gleichzeitiger Parfümierung mit Bittermandelöl. Die Piniensamen lassen sich vielfach schon an den spröden braunroten Samenschalen, welche die Fabrikanten nicht abzutrennen pflegen, ferner an den rundlichen und kleinen Stärkekörnern in der entfetteten Masse erkennen. Nach Racine ist auch Nußschokolade als Naschwerk für Kinder fast ausnahmslos ein Gemisch von grob zerkleinerten Pinienkernen und Schokoladenmasse.

Nach Schenk[6]) wird auch die Mahagoninuß von Anacardium occidentale L. (auch „Kernol" oder „indische Mandeln" oder Acajounüsse genannt) an Stelle von Mandeln bei der Herstellung von Marzipan, Makronen u. dgl. verwendet. Die holzige Fruchtschale der Steinfrucht enthält einen äußerst scharfen, blasenziehenden, schwarzbraunen Milchsaft, der

[1]) Vgl. Lewkowitsch, The Analyst 1904, **29**, 105.

[2]) Zeitschr. f. Untersuchung d. Nahrungs- u. Genußmittel 1910, **19**, 371.

[3]) Chem.-Ztg. 1902, **26**, 897.

[4]) Chem.-Ztg. 1903, **27**, 33; Zeitschr. f. Untersuchung d. Nahrungs- u. Genußmittel 1903, **6**, 1121.

[5]) Zeitschr. f. öffentl. Chemie 1909, **15**, 206.

[6]) Zeitschr. f. Untersuchung d. Nahrungs- u. Genußmittel 1911, **22**, 749.

im wesentlichen aus Anacardsäure, Cardol, β- und γ-Harzsäure besteht. Da Teilchen der Fruchtschale mit den zu zerkleinernden Kernen in das Erzeugnis übergehen können, ist die Verwendung dieser Nüsse in den Konditoreien nicht unbedenklich. Der mikroskopische Nachweis in den Zuckerwaren dürfte kaum möglich sein. Schenk glaubt, daß eher das Öl einen Anhaltspunkt liefern könne; seine Konstanten sind:

Spez. Gewicht	Säuregrade	Refraktionszahl	Jodzahl	Verseifungszahl	Reichert-Meißlsche Zahl
0,9184	1,1	54,3	82,8	200	0,6

Mit Furfurol und nach Belliers Verfahren (S. 439) gibt das Öl keine Färbung. (Über die Konstanten des Mandelöles vgl. I. Teil, S. 18—19.)

Die Samenkerne der Mahagoninuß enthalten: 5,50% Wasser, 18,12% Stickstoff-Substanz, 46,50% Fett, 23,56% stickstofffreie Extraktstoffe, 3,80% Rohfaser und 2,55% Asche.

W. Theopold[1]) fand die Jodzahl des Öles zu 77,0—83,6, die Verseifungszahl zu 182,0 bis 187,0, die Refraktometerzahl zu 58,1—58,8. Abweichend von den Mandeln ist auch der Gehalt an Stärke, wovon die Acajounüsse 8,9% enthielten. Nach Hager enthalten sie als giftige Substanzen Cardol und Anarcadsäure.

J. Buchwald[2]) ist der Ansicht, daß für die Unterscheidung der Mandeln, der Pfirsich-, Pflaumen- und Aprikosenkerne neben der Kernform und Beschaffenheit der Samenschale der Geschmack der Samen und ihr Geruch nach dem Brühen mit heißem Wasser am meisten mitentscheidend sind und hierfür folgende Merkmale dienen können:

1. Mandeln lassen sich am besten am Geschmack und, mit heißem Wasser begossen, am charakteristischen kräftigen Geruch erkennen. Der Geschmack ist angenehm, die bittere Mandel läßt sich essen, ohne daß ihr Geschmack widerlich bitter wäre. Die Samenschale ist fest, lederartig, innen blaßgelblich braun.

2. Pfirsichkerne sind breit eiförmig, platter als Mandeln, auch kleiner als die meisten Mandeln, an den Rändern abgeschrägt, fast scharfkantig. Samenschale sehr dünn, innen bräunlich, Geschmack anfangs etwas süßlich mit bitterem Nachgeschmack. Der Geruch nach der Heißwasserbehandlung ist süßlich.

3. Pflaumenkerne sind länglich oder breit eiförmig, dickbauchig, an den Kanten abgerundet. Samenschale wie bei den Pfirsichen, Geschmack gleichfalls wie bei den Pfirsichen, aber der bittere Nachgeschmack noch unangenehmer. Der Geruch nach dem Brühen ist süßlich, an frische Pflaumen erinnernd.

4. Aprikosenkerne sind breit herzförmig, platt, die Samenschale fest, lederartig, innen weiß glänzend. Geschmack wie bei den Pfirsichen und Pflaumen, Geruch nach dem Brühen widerlich süßlich.

Im Gegensatz zu L. Wittmack und J. Buchwald ist E. Hannig[3]) der Ansicht, daß die mandelähnlichen Samen sich mikroskopisch recht wohl voneinander unterscheiden lassen. Er gibt dafür folgende Unterscheidungsmerkmale an:

Die zum Teil papillenförmig ausgestülpten Epidermiszellen der Samenschale sind nicht an jeder Stelle gleich groß; sie werden von der Mitte der Samenschale aus nach dem Nabelfleck zu stets kleiner, nach der Spitze des Samens zu bei Mandel und Pfirsich bedeutend größer, bei den Aprikosen etwas kleiner. Die Epidermiszellen sind zum Teil verholzt (Fig. 206, I—Vb S. 738), die dünnwandigen, nicht verholzten Zellen sind meist zerdrückt und daher nicht charakteristisch (Fig. 206, I—Vb′). Die äußeren Umrißformen der verholzten Epidermiszellen (Fig. 206, I—Va) bieten außer ihrer Größe ebenfalls nichts Unterscheidendes. Die Größe beträgt bei Mandel und

[1]) Zeitschr. f. Untersuchung d. Nahrungs- u. Genußmittel 1910, **19**, 388.

[2]) Ebendort 1902, **5**, 545.

[3]) Ebendort 1911, **21**, 577.

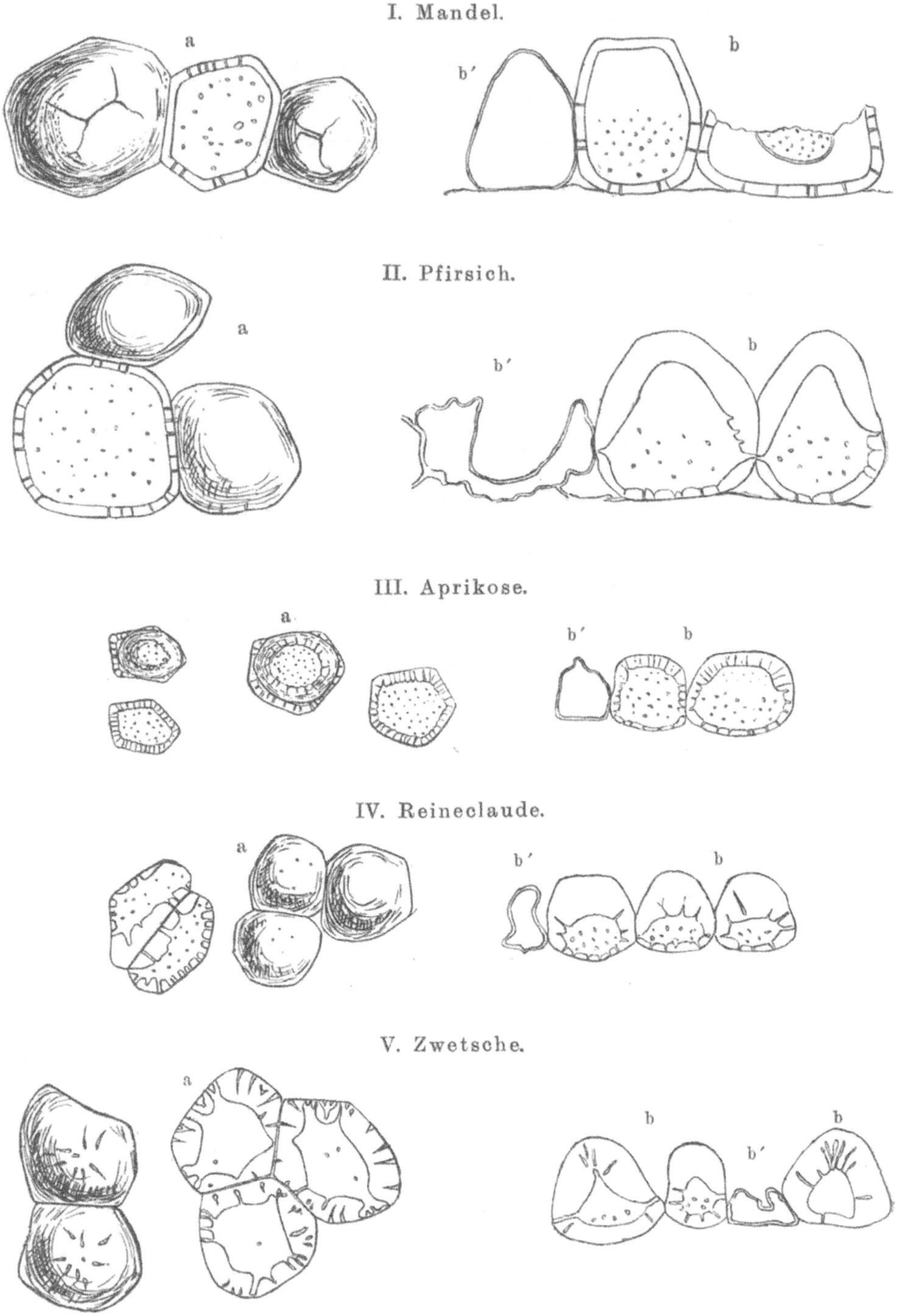

Fig. 206. Epidermiszellen (Vergr. 300).
a) Oberflächenansicht (schattiert) und Flächenschnitt durch die Basis der Epidermiszellen.
b) Querschnitt durch die verholzten, b') durch die nichtverholzten Epidermiszellen.

Pfirsich auf der Mitte der Samen etwa 88 μ, bei Aprikosen, Reineclauden und Zwetschen nur etwa 32—66 μ, ist bei diesen also wesentlich kleiner.

Im Querschnitt (Fig. 206, I—Vb) betrachtet, unterscheiden sich die Epidermiszellen der einzelnen Samenarten recht gut durch die Dicke ihrer Wandungen sowie durch deren Tüpfelung. Beim Pfirsich und noch mehr bei der Mandel sind die Zellwandungen im Verhältnis zum Zelldurchmesser erheblich schwächer als bei den übrigen Steinfrüchten. Der obere, der Steinschale zugekehrte Teil der Wandung ist bei Mandel und Pfirsich schwach oder gar nicht getüpfelt, beim Pfirsich kappenförmig verdickt, bei der Mandel dagegen nicht stärker als der getüpfelte, nach innen zu liegende Teil der Wandung. Infolge dieser schwachen Entwicklung ist die Außenplatte bei der Mandel meist rissig gesprungen, oft auch ganz zerdrückt und abgebrochen. Die verholzten Epidermiszellen der Aprikosen, Reineclauden und Zwetschen haben getüpfelte Wandungen, die im Verhältnis zum Zelldurchmesser stark verdickt erscheinen.

Ein weiteres gutes Unterscheidungsmerkmal bietet der Bau der Epidermis um den Nabelfleck. Bei den Pfirsichen bilden die Epidermiszellen an der Chalaza ein geschlossenes Ge-

Fig. 207.

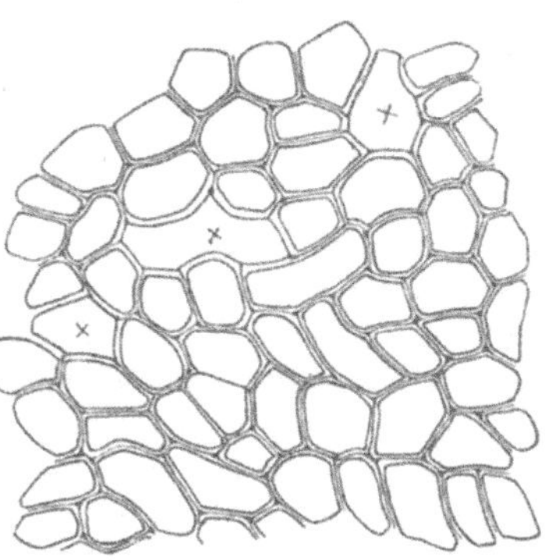

Epidermiszellen am Nabelfleck des Pfirsichsamens (Vergr. 300).

Fig. 208.

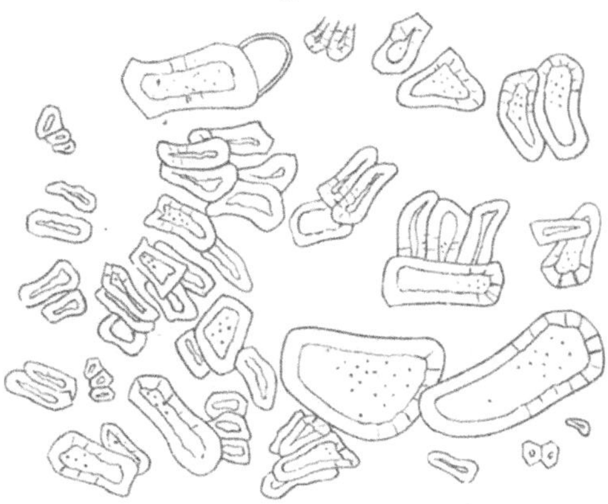

Epidermiszellen am Nabelfleck des Mandelsamens (Vergr. 300).

webe (Fig. 207), bei den Mandeln, Zwetschen, Aprikosen und Reineclauden sind die Epidermiszellen isoliert. Es liegen große und kleine, einfache und papillenförmig ausgewachsene Zellen in unregelmäßigen, großen und kleinen Zwischenräumen über die ganze Nabelfläche hin zerstreut (Fig. 208).

Der Verlauf der Nervatur bietet bei den einzelnen Samenarten keine Besonderheiten, dagegen unterscheiden sich die Aprikosen durch feine, baumartige Auszweigungen an den Nervenendigungen von allen anderen mandelähnlichen Samen.

3. Lakritzenbonbons. A. Auguet[1]) fand in Lakritzenbonbons 50—55% arabisches Gummi, 40—45% Saccharose oder Glykosesirup und 5% Lakritzensaft, gemischt mit etwas Kienruß zur Vortäuschung eines höheren Gehaltes an Süßholzsaft. Zur Ermittelung des Gehaltes von letzterem bestimmt Auguet das Glycyrrhizin wie folgt: Mindestens 20 g Bonbons werden in ungefähr 50 ccm Wasser gelöst, das Volumen durch 95 proz. Alkohol auf etwa 150 ccm gebracht und $^1/_4$ Stunde lang zentrifugiert. Der aus Gummi, den unlöslichen Substanzen des Süßholzsaftes und etwa vorhandenem Kienruß gebildete Niederschlag wird abfiltriert, mit wenig Alkohol gewaschen, das Filtrat auf dem Wasserbade auf mindestens 25 ccm eingedampft, das Glycyrrhizin durch Schwefelsäure (1 : 10) ausgefällt, filtriert, der Niederschlag mit destilliertem Wasser gewaschen, auf dem Filter in Ammoniak gelöst, die Lösung in einem gewogenen Kolben auf dem Wasserbade verdampft, der Rückstand bei 100°

[1]) Zeitschr. f. Untersuchung d. Nahrungs- u. Genußmittel 1911, **21**, 117; 1911, **22**, 177.

getrocknet und gewogen. Der erhaltene Wert, multipliziert mit 10, ergibt den Gehalt an Lakritzensaft. (Der mittlere Gehalt des Lakritzensaftes an Glycyrrhizin beträgt 10%.)

Der durch Alkohol entstandene Niederschlag läßt sich einerseits durch Hydrolyse mit Salzsäure (I. Teil, S. 427 unter B) auf Gummi und durch die Bestimmung des Stickstoffs auf Gelatine untersuchen, wobei zu berücksichtigen ist, daß das arabische Gummi (auch Tragant) wie auch der Kienruß geringe Mengen Stickstoff enthalten. Vgl. auch über die Bestimmung des Leimes S. 127 u. f.

4. Alkoholhaltige Konfitüren. A. Röhrig[1]) bestimmte den Alkoholgehalt in verschiedenen Konfitüren mit folgendem Ergebnis: Rumbohnen enthielten 10,2 Gewichtsprozent, Kognakbohnen 8,5—10,8, Arrakwürfel 7,2, Arrakfondant 2,35, Likörhimbeeren 2,35, Zuckererdbeeren 1,85, Rocks 1,05, Drops 1,8 Gewichtsprozent Alkohol.

Auch A. Forster[2]) untersuchte 15 derartige Konfektwaren bzw. Pralinés, die mit feineren Branntweinen, Burgunder bzw. Punsch gefüllt waren, und fand:

	Alkohol	
Preise für 1 kg	in 1 kg	in 1 Stück (Bohne)
3,20—9,20 M.	2,0—52,0 g	0,007—0,297 g

Von dem alkoholreichsten Konfekt (Souverain S. M. N. 1/115) müßte man, um den Alkoholgehalt (8,0 g) in einem Glase Kognak (20 ccm) zu sich zu nehmen, 27 Bohnen = 154 g, von dem geringhaltigsten Konfekt (Vanille-Likörbohnen) sogar 1128 Bohnen = 400 g verzehren. Wenn solche Mengen dieser Naschwerke auch wohl niemals im Tage von einem Menschen verzehrt werden, so ist doch zu berücksichtigen, daß auch Kinder hiervon naschen und auf diese Weise immer mehr zum Genuß von ganz alkoholischen Getränken verleitet werden können.

Zur Bestimmung des Alkohols gibt man eine größere Menge der Konfitüre (bis 100 g und mehr, je nach dem Alkoholgehalt) in eine geräumige tubulierte Retorte, durch deren Tubus ein rechtwinklig gebogenes Glasrohr bis auf den Boden der Retorte reicht. Man gibt in die Retorte etwa die doppelte Menge Wasser, verbindet den Retortenhals mit einem Liebigschen Kühler und leitet durch das Glasrohr Wasserdampf ein, indem man die Retorte gleichzeitig im Wasserbade erhitzt. Wenn etwa die Hälfte des zugesetzten Wassers überdestilliert ist, neutralisiert man das Destillat mit Natronlauge, füllt auf ein bestimmtes Volumen (200 oder 100 ccm) auf, destilliert hiervon nochmals die Hälfte (also 100 bzw. 50 ccm) ab, bestimmt davon das spezifische Gewicht und entnimmt den diesem entsprechenden Alkoholgehalt der Tabelle XI, I. Teil, S. 479. Die Umrechnung des Gehaltes auf die angewendete Substanz erfolgt wie unter Brot S. 689 auseinandergesetzt ist.

5. Ausländische Zuckerwaren[3]). Nachweis von Saponin. Die Zusammensetzung einiger ausländischen Zuckerwaren, die auch in Deutschland vertrieben werden, ist schon Bd. II, 1904, S. 889 mitgeteilt. Bei einigen dieser Zuckerwaren, wie sog. türkischem Honig, Sultanbrot, wird auch Seifenwurzelauszug verwendet. Ein solcher Zusatz ist auch bei der in Rußland gangbaren Chalwa üblich. Sie wird aus Sesamöl, Seifenkrautwurzel, Sirup und Zucker zubereitet, welcher Mischung verschiedene Fruchtsäfte oder Gewürze zugesetzt werden, die z. B. unter der Bezeichnung Apfelsinen-, Vanille-Chalwa in den Handel kommen. J. M. Silber[4]) fand für die Chalwa folgenden Gehalt: Wasser 2,28%, Fett 30,83%, Stickstoffsubstanz 12,20%, Kohlenhydrate 53,10%. Die besseren Sorten enthalten als süßenden Bestandteil Zucker, die geringeren Sorten dagegen Sirup.

Wenngleich der Zusatz von Seifenwurzelauszug zu diesen Zuckerwaren naturgemäß nur gering ist, so kann doch, weil das darin enthaltene Saponin giftige Eigenschaften besitzt, unter Umständen eine Bestimmung desselben hierin notwendig werden (vgl. S. 518 u. f.).

[1]) Zeitschr. f. Untersuchung d. Nahrungs- u. Genußmittel 1908, **16**, 412.

[2]) Zeitschr. f. öffentl. Chemie 1909, **15**, 243.

[3]) Vgl. Balland, Über die Zusammensetzung französischer Zuckerwaren in Zeitschr. f. Untersuchung d. Nahrungs- u. Genußmittel 1903, **6**, 1009.

[4]) Zeitschr. f. Untersuchung d. Nahrungs- u. Genußmittel 1908, **16**, 412.

a) Zum Nachweise von Seifenwurzel- wie auch Süßholzauszug gibt J. Vamvakas[1]) an, daß beide mit Nesslers Reagens — vgl. auch unter Gelatine S. 128 — eine braune bis graue Färbung geben, ähnlich wie Zuckerlösungen. Er fällt die Auszüge zunächst mit Bleiessig im Überschuß, zerlegt den Bleiniederschlag durch Schwefelwasserstoff und verwendet die von Schwefelwasserstoff befreite Lösung. A. Behre[2]) weist aber nach, daß das Verfahren völlig unzuverlässig ist. Als sichere Reaktion wird dagegen für Saponin und Glycyrrhizin die kennzeichnende Rotfärbung mit konzentrierter Schwefelsäure angesehen. Es kommt nur darauf an, das Saponin aus den Stoffen rein zu gewinnen. Frehse[3]) verdampft die wässerigen Lösungen zur Sirupdicke und zieht den Sirup mit Essigäther aus. A. Behre findet aber, daß reines Saponin in Essigäther nicht löslich ist. Auch Joh. Rühle[4]) konnte in saponinhaltigen Limonaden nach dem Frehseschen Verfahren Saponin nicht immer nachweisen. Dagegen erhielt er mit dem abgeänderten Verfahren von Brunner[5]), der zum Ausziehen des Saponins Phenol anwendet, bessere Ergebnisse. Joh. Rühle wendet dieses Verfahren wie folgt an: Die Flüssigkeit bzw. die wässerige Lösung der Substanz wird, wenn sie säurehaltig ist, mit Magnesiumcarbonat neutralisiert, und wenn sie, wie häufig, dextrinhaltig ist, auf 20 ccm eingedampft und sofort mit 50 ccm Alkohol von 96 Volumenprozent gefällt. Nach etwa $^1/_2$ Stunde wird auf dem Wasserbade bis zum Sieden erhitzt und sofort filtriert. Das klare alkoholische Filtrat wird nach Wasserzusatz völlig von Alkohol befreit, der Rückstand mit Wasser auf 100 ccm aufgefüllt, mit 20 g Ammoniumsulfat versetzt und nach dem Lösen des Salzes wiederholt stark mit 9 ccm Phenol (bei gewöhnlicher Temperatur fest) geschüttelt. Alsdann läßt man die wässerige Lösung samt der schwach blasigen Zwischenschicht aus dem Scheidetrichter ausfließen und setzt dem zurückbleibenden Phenol (etwa 5 ccm) 50 ccm Wasser, 100 ccm Äther sowie etwa 4 ccm Alkohol zu, um die Emulsionsbildung zu verhüten, und durchschüttelt das Ganze. Wenn die Emulsionsschicht nach 12—24 Stunden sich auf 1—2 mm vermindert hat, läßt man die wässerige Lösung, die bei Anwesenheit von Saponin stark schäumt, abfließen und verdunstet sie. Der verbleibende und vorsichtig (bei 100°) getrocknete Rückstand kann gewogen werden. Ist derselbe bräunlich gefärbt, so kann er durch mehrstündige Behandlung mit je 10 ccm Aceton aufgehellt, dann getrocknet, gewogen und zu der Reaktion verwendet werden. Verreibt man eine geringe Menge desselben mit einem Tropfen konzentrierter Schwefelsäure, so tritt bei Anwesenheit von Saponin nach 5 Minuten am Rande des Tropfens eine Rotfärbung auf und nach etwa $^1/_2$ Stunde ist der ganze Tropfen schön rotviolett gefärbt; von da an verblaßt die Farbe und geht in Grau über. Mit Fröhdes Reagens (100 ccm konzentrierte Schwefelsäure + 1 g Ammoniummolybdat) gibt das Saponin etwa $^1/_4$ Stunde nach dem Verreiben einen sofort im ganzen Tropfen entstehenden blauvioletten Farbton, der nach einer weiteren $^1/_4$ Stunde in ein ziemlich reines Grün übergeht, dann verblaßt und schließlich grau wird.

b) Hämolytisches Verfahren: In Fortsetzung dieser Untersuchungen hält aber J. Rühle[6]) auch diese Farbenreaktionen für unsicher, weil sie unter gewissen, leicht eintretenden Bedingungen versagen können, und empfiehlt ebenso wie C. Sormani (vgl. unter Mehl, S. 519) die hämolytische Prüfung, die nach Meyer darauf beruht, daß das Saponin das Stroma der Blutkörperchen zerstört, indem es dem Stroma das Lecithin entzieht. Hierbei wird auch ein Teil des Saponins von dem Cholesterin der Blutkörperchen gebunden und für das Lecithin unschädlich gemacht. Je mehr Cholesterin vorhanden ist, um so mehr Saponin ist für die Hämolyse erforderlich, so daß sich durch einen Zusatz von Cholesterin die hämolytische Wirkung des Saponins (4 Teilen Cholesterin auf 20 Teilen Saponin) aufheben läßt.

---

[1]) Zeitschr. f. Untersuchung d. Nahrungs- u. Genußmittel 1907, **13**, 271.
[2]) Ebendort 1911, **22**, 498. [3]) Ebendort 1899, **2**, 938; 1900, **3**, 365.
[4]) Ebendort 1908, **16**, 165. [5]) Ebendort 1902, **5**, 1197.
[6]) Ebendort 1912, **23**, 566.

Zur Ausführung der Untersuchung sind folgende Lösungen erforderlich:

1. Physiologische Kochsalzlösung (9: 1000), die zu allen Auflösungen und Verdünnungen dient (Lösung I).

2. 1 proz. Verdünnung von defibriniertem Blut[1]) in Lösung I (Lösung II).

3. Eine der Konzentration von Lösung II entsprechende Aufschwemmung der Blutkörperchen in Lösung I[2]) (Lösung III). Sie kommt zur Verwendung bei Gegenwart von sehr wenig Saponin zur Steigerung der Wirkung infolge Entfernung des Cholesterins des Serums.

4. Lösung des zu prüfenden Rückstandes in Lösung I.

Zur Ausführung der Reaktion wird stets je 1 ccm der Lösung II oder je nach Umständen der Lösung III in kleinen, etwa 10 ccm fassenden Reagensgläsern nebeneinander mit 1, 2 und 3 ccm der zu prüfenden Lösung versetzt, umgeschüttelt und nach der Aufstellung in einem Reagensglasgestelle beobachtet. Tritt Klärung ein, ist also hämolytische Wirkung erwiesen, so werden 10 ccm hämolytische Wirkung entfaltende Lösung mit Cholesterin versetzt und geprüft, ob hämolytische Wirkung weiterhin bemerkbar ist, oder nicht; ist diese nach der Behandlung mit Cholesterin geschwunden, so ist der bündige Beweis der Gegenwart von Saponin erbracht.

Zur Vornahme der Entgiftung wird die benötigte Menge Cholesterin in Äther gelöst (4 Teile Cholesterin auf 20 Teile Saponin), die ätherische Lösung heftig mit der hämolytisch wirkenden Lösung geschüttelt und darauf einige Stunden auf 36° erwärmt; die ätherfreie Lösung darf zum Unterschiede von anderen Hämolysinen nun nicht mehr hämolytisch wirken. Bei Gegenwart von nur sehr wenig Saponin oder bei Verunreinigung des erhaltenen Saponins mit anderen, bei Anstellung des Versuches im Reagensglase Trübung verursachenden Körpern ist die Reaktion unter dem Mikroskope anzustellen wie folgt: 1 Tropfen von Lösung II oder III wird wie üblich bei etwa 300facher Vergrößerung eingestellt; die Blutkörperchen sind scharf und in genügender Größe zu erblicken. Die Einstellung erfolgt praktisch nahe am Rande des Deckgläschens.

Dann läßt man an dem Rande, an dem die Einstellung geschehen ist, einen Tropfen der zu prüfenden Lösung zufließen; ist Saponin in noch so geringer Menge vorhanden, so ist zu beobachten wie die der Einflußstelle zunächst gelegenen Blutkörperchen, von denen man am besten einige besonders im Auge behält, erst quellen, dann stark lichtbrechend werden und darauf gleichsam erlöschen und aus dem Gesichtsfelde verschwinden. Daß bei allen Reaktionen zur Prüfung auf hämolytische Wirkung blinde Versuche mit physiologischer Kochsalzlösung und gegebenenfalls auch mit einer Lösung von Saponin in physiologischer Kochsalzlösung anzustellen sind, ist selbstverständlich.

Zur Erläuterung des Verfahrens mögen folgende Versuche mit reinen Substanzen, Saponin. puriss. und Glycyrrhin. ammoniacale hier aufgeführt werden:

	Je 1 ccm 1 proz. Blutlösung II, versetzt mit 1 ccm, 2 ccm, 3 ccm des zu prüfenden Stoffes
Physiologische Kochsalzlösung	trübe bleibend
Saponinlösung 0,5: 1000	längstens innerhalb 1 Minute klar
Glycyrrhizinlösung 2: 1000	trübe bleibend

		Versuchslösung war klar in		
Saponinlösung 0,5 : 1000, versetzt auf 100 ccm mit	2,5 mg Cholesterin	5 Min.	3 Min.	2 Min.
	5,0 „ „	10 „	6 „	4 „
	7,5 „ „	20 „	10 „	7 „
	10,0 „ „	sämtlich nach 90 Min. noch trübe wie zu Beginn des Versuches		

[1]) Es wird schnell erhalten, indem man frisches Rinderblut in ein vorher sterilisiertes in mit etwa 20 Glasperlen von 5—7 mm Durchmesser beschicktes Pulverglas von etwa 0,5 l Inhalt füllt und heftig schüttelt. Das Fibrin scheidet sich als eine zusammenhängende Masse aus.

[2]) Sie wird erhalten, indem man 100 ccm der Lösung II zentrifugiert, das cholesterinhaltige Serum abgießt und mit Lösung I zum ursprünglichen Volumen wieder auffüllt.

Die hämolytischen Eigenschaften des Saponins ermöglichen daher seinen sicheren Nachweis und seine einwandfreie Unterscheidung von Glycyrrhizin.

c) Reaktion der Pro-Sapogenine mit Schwefelsäure. L. Rosenthaler und H. Schellhaas[1]) wenden indes gegen das hämolytische Verfahren zum Nachweise von Saponin ein, daß nicht alle Saponine, z. B. nicht das Guajac-Saponin, das aus Bulnesia Sarmienti und möglicherweise auch nicht regenerierte Saponine des Handels hämolytische Eigenschaften besitzen. Die Verfasser benutzen daher wiederum die Reaktion mit Schwefelsäure zum Nachweise des Saponins, suchen dieses aber nicht als solches zu gewinnen, sondern verwenden dessen hydrolytisches Spaltungsprodukt. Bei der Hydrolyse der Saponine mit verdünnten Säuren auf dem Wasserbade entstehen neben Zuckerarten wohl nicht das Aglykon oder Endsaponin, sondern Zwischenprodukte, in denen das Sapogenin noch mit Zucker verbunden ist und welche die Verfasser Pro-Sapogenine nennen. Das Pro-Sapogenin hat sauere Eigenschaften; es löst sich in Essigäther, Äthyl- und Methylalkohol, in Eisessig gut, in Chlorofom wenig, ferner in wässeriger Lauge und Sodalösung zu einer Flüssigkeit, die beim Schütteln noch stark schäumt, während vollständig hydrolysierte Saponine keine schäumende Eigenschaft mehr besitzen.

Das Pro-Sapogenin gibt mit konzentrierter Schwefelsäure eine zunächst orangerote Färbung, die langsam in Kirschrot und schließlich — bei kleinen Mengen aber oft erst nach vielen Stunden — in Violett übergeht. Diese Eigenschaft benutzten Verfasser in folgender Weise zum Nachweise von Saponin:

Die zur Untersuchung bestimmte Flüssigkeit wird mit so viel Salzsäure versetzt, daß sie etwa 2,5% davon — unter Umständen auch weniger — enthält. Die Flüssigkeit oder, wenn durch die Salzsäure ein Niederschlag, z. B. von Glycyrrhizin, entstanden sein sollte, das Filtrat, wird auf dem Dampfbade erhitzt, bis die Hydrolyse beendigt ist, d. h. bis die Flüssigkeit beim Schütteln fast nicht mehr schäumt. Man läßt etwas erkalten und schüttelt, ohne abzufiltrieren, die noch warme Flüssigkeit mit Essigäther aus, und zwar werden auf 100 ccm wässeriger Flüssigkeit mindestens 50 ccm Essigäther auf einmal verwendet. Eine etwa eintretende Emulsion wird wie gewöhnlich durch Zusatz von ein wenig Weingeist aufgehoben.

Die klare Essigätherlösung wird zunächst mit kleinen Mengen Wasser (je 5—10 ccm) im Scheidetrichter gewaschen, bis die wässerige Flüssigkeit nicht mehr mit Silbernitrat reagiert und dann, wenn sie nur wenig gefärbt ist, sofort zur Trockne gebracht. Ist sie stärker gefärbt, so wird sie erst durch Erwärmen mit etwas Tierkohle entfärbt. Der vom Essigäther hinterlassene Rückstand, der nötigenfalls vorher in alkoholischer Lösung mit Tierkohle behandelt werden kann, dient zu den Reaktionen: 1. zur Farbreaktion mit konzentrierter Schwefelsäure. 2. Man löst ein wenig in Sodalösung und beobachtet, ob die wässerige Lösung schäumt. Das Eintreten der Schwefelsäurereaktion gilt als entscheidend.

Bei Bier hat die Methode in der soeben geschilderten Form versagt. Sie ließ sich aber durchführen, wenn das Bier einer Vorbehandlung unterworfen wurde: 100 g Bier wurden mit gleichviel 95 proz. Weingeist am Rückflußkühler erhitzt, bis eine flockige Ausscheidung erfolgte. Das Filtrat wurde dann nach Entfernung des Weingeistes zur Hydrolyse verwendet. Oder aber man dampfte das Bier ein, zog den Rückstand mit 70 proz. Weingeist durch $^1/_4$stündiges Erhitzen am Rückflußkühler aus und behandelte das Filtrat weiter wie oben.

Derartige Vorverfahren dürften sich auch in anderen Fällen empfehlen, wo die direkte Methode auf Schwierigkeiten stoßen sollte.

Glycyrrhizin gibt, wenn es gleichzeitig vorhanden sein sollte, keinen Rückstand, der mit Schwefelsäure violett wird.

Versagen die hämolytischen Verfahren, während das Sapogeninverfahren ein positives Ergebnis liefert, so soll damit, wie die Verfasser meinen, der Beweis erbracht sein, daß ein Saponin ohne hämolytische Eigenschaften vorlag.

---

[1]) Zeitschr. f. Untersuchung d. Nahrungs- u. Genußmittel 1913, **25**, 154.

Beurteilung der Feinbackwaren und Zuckerwaren.

a) Nach der chemischen und mykologischen Untersuchung.

1. Von Schimmel be- bzw. durchsetzte Zuckerwaren und solche von unangenehmem, säuerlichem Geruch und Geschmack sind als verdorben anzusehen.

2. Alles das, was bei den verwendeten Stoffen (Mehl, Eier, Fette, Milch, Rahm, Backpulver) für sich allein als Verunreinigung und Verfälschung angesehen wird, gilt auch für das von ihnen bei den Zuckerwaren angewendete Gemisch.

3. Für alle Back- und Zuckerwaren, bei denen von alters her oder nach der Bezeichnung das verwendete Fett als der Milch oder dem Rahm oder der Butter entstammend vorausgesetzt werden kann, gilt die Verwendung eines anderen Fettes ohne Deklaration als Verfälschung. Die Bezeichnungen einer Back- und Zuckerware müssen vielmehr den Bestandteilen entsprechen.

4. Bei allen Zuckerwaren, bei denen, sei es von alters her oder nach der Bezeichnung (z. B. bei Honig- oder Honiglebkuchen) der verwendete Zucker als von Honig herrührend vorausgesetzt wird, gilt die Verwendung von Stärkesirup oder einem anderen Süßstoff ohne Deklaration als Verfälschung.

5. Bei den Zuckerwaren im engeren Sinne, die ohne gleichzeitiges Backen hergestellt und ohne Zubereitung genossen werden, ist die Verwendung von reinem Stärkesirup auch ohne Deklaration gestattet, dagegen die Verwendung von Mehl ohne Deklaration als unerlaubtes Beschwerungsmittel und Verfälschung anzusehen.

6. Die Verwendung jeglichen künstlichen Süßstoffes bei Zuckerwaren ist eine Verfälschung und gesetzlich verboten.

7. Die Verwendung von Nitrobenzol oder von blausäurehaltigem Bittermandelöl ist, weil gesundheitsgefährlich — wenigstens für letzteres — unzulässig. In demselben Sinne sind stark saponinhaltige Zusätze zu beurteilen.

8. Der Gehalt an Mineralstoffen soll bei mehlhaltigen Zuckerbackwaren 2%, bei zuckerreichen Waren 1% in der Trockensubstanz nicht überschreiten. Der absichtliche Zusatz von Gips, Kreide, Ton, Talkerde oder Schwerspat ist als Verfälschung anzusehen.

9. Die Zuckerwaren dürfen weder in der Substanz noch in der Umhüllung Metalle (Antimon, Arsen, Barium, Blei, Cadmium, Chrom, Kupfer, Quecksilber, Uran, Zink, Zinn) enthalten, ausgenommen sind für die Umhüllungen die in I 2 des Farbengesetzes vom 5. Juli 1887 aufgeführten Verbindungen.

10. Als gesundheitsschädlich und unzulässig sind zu beurteilen: Berberin und Gummigutti von pflanzlichen Farbstoffen, ferner Corallin (Aurin R, Rosanilin-Rosolsäure), Pikrinsäure (symmetrisches Trinitrophenol), Viktoriagelb (Dinitrokresole, Safransurrogat) Martiusgelb (Naphthylamingelb, Manchestergelb, α-Dinitronaphtholsalze), Aurantia (Kaisergelb, Hexanitrodiphenylaminsalze), Metanilgelb (Phenylamidoazobenzol-m-Sulfosäure), Orange II (Sulfanilsäure-β-Naphthol, Mandarin G, Tropäolin 000 Nr. 2), Aurin (gelbes Corallin, Rosolsäure), Safranin (Pheno- und Tolusafranine, Pink), Methylenblau (Tetramethylthionin-Zinkchlorid), Äthylenblau (Methylenblau und Umwandlungsprodukte desselben) bis jetzt von den Teerfarbstoffen[1]). Diese Farbstoffe dürfen auch in der Umhüllung nicht vorkommen[2]).

---

[1]) Nach dem Schweizer. Lebensmittelbuch 1909, 119.

[2]) A. J. Winogradow hat (Zeitschr. f. Untersuchung d. Nahrungs- u. Genußmittel 1903, **6**, 589) durch künstliche Verdauungsversuche mit Albumin von Hühnereiern nachgewiesen, daß:

1. die 12 Farben: Safranin, Ponceau RR, Azofuchsin G, Orange II, Coerulein S, Phloxin R. B. N., Jodeosin, Chrysanilin, Magdalarot, Azoflavin, Benzopurpurin und Cerise schon in der Menge einiger Milligramme, die im Verhältnis zur Verdauungsflüssigkeit nur einige $^1/_{10}$ oder $^1/_{100}$%

11. Zur direkten Umhüllung von Zuckerwaren darf ebenso wie bei Fleisch, Käse, Fetten usw. keine Makulatur und kein abfärbendes Papier verwendet werden.

12. Der Zusatz von Frischhaltungsmitteln ist naturgemäß zu beurteilen wie bei Fleisch. Selbst Frischhaltungsmittel, die anerkannt unschädlich sind, können als fremdartige und nicht notwendige Stoffe ohne Deklaration nicht zugelassen werden.

b) Nach der Rechtslage.[1]

Verdorbene Margarine. Der Angeklagte hatte zu Semmel- und Schneckenteig umgeschmolzene Margarine verwendet, die bei einem Säuregrad von 68,4 eine grüngelbe schmutzige Farbe und einen widerlichen Geruch besaß und nach dem ärztlichen Gutachten geeignet war, die menschliche Gesundheit zu beschädigen.

Das Gericht kam zu dem Schlusse, daß der Angeklagte als Fachmann die gesundheitsschädliche Beschaffenheit der verwendeten Margarine und der Backwaren erkannt hat. Vergehen gegen § 12¹ NMG.

LG. Stettin, 14. Juni 1906.

Verschimmelte Margarine. Margarine mit Schimmelpilzen ist nach dem Gutachten der Sachverständigen widerlich verunreinigtes und deshalb zum Genusse für Menschen ungeeignetes Fett. Ist aber die Margarine verdorben, so sind es auch die mit ihr hergestellten Pfannkuchen; denn diese weisen infolge der in sie übergegangenen Margarine eine Veränderung des normalen Zustandes auf, die sie nach allgemeiner Ansicht zum Genusse für Menschen ungeeignet macht. § 10² NMG.

LG. Magdeburg, 3. September 1906.

Verdorbene Eier. Der Angeklagte hatte zur Herstellung von Blechkuchen und Schnecken grün und blau verfärbte, unangenehm riechende Kalkeier verwendet. Nach dem Gutachten des Sachverständigen ist es möglich, daß durch die Backhitze der üble Geruch und Geschmack des Teiges, zu dem die Eier benutzt wurden, zerstört werde, weil das durch die Fäulnis erzeugte Schwefelwasserstoffgas sich verflüchtige. Das zersetzte Eiweiß bleibt aber in dem Teige und in der fertig gestellten Ware. Die Ware ist deshalb als verdorben zu bezeichnen. Verurteilung aus § 10² NMG.

LG. Danzig, 8. Oktober 1894.

Cakes mit faulen Eiern. Es weiß jedermann, daß verdorbene, faule, stinkende Eier nicht nur Ekel erregen, sondern direkt gesundheitsschädlich sind. Es weiß auch jeder, daß faule Eier nicht dadurch wieder genießbar werden, wenn man sie stärkerer Hitze aussetzt oder gar kocht. Vergehen gegen § 12¹ NMG.

LG. II. Berlin, 1. Oktober 1909.

Verwendung fremder Fette an Stelle von Butter. Über die Verwendung von Butterersatzmitteln zu Backwaren liegt eine große Zahl von Entscheidungen, darunter von obersten Gerichten, vor. Diese gehen von verschiedenen Gesichtspunkten für die Beurteilung aus und gelangen infolgedessen teilweise auch zu verschiedenen Entscheidungen. Es seien hier deshalb einige dieser Entscheidungen wiedergegeben.

Mürbe Brotwaren mit Rindsfett und Butterschmalz. Das konsumierende Publikum geht hierorts durchwegs von der Anschauung aus, daß in den Bäckereien zur Herstellung des mürben Brotes ausschließlich reines Butterschmalz verwendet wird. Die Kunden des

---

ausmachen, auf die Verdauung des Eiweißes durch Pepsin einen stark verlangsamenden, fast gänzlich hindernden Einfluß ausüben;

2. die 13 Farben: Chinolingelb, Methylengrün, Säuregrün, Jodgrün, Azosäuregelb C, Gelb T, Naphtholgelb, Anilingrün, Primulin, Auramin O, Anilinorange, Martiusgelb, Metanilgelb, die Verdauungsfähigkeit des Pepsins merkwürdig schwächen, wenn auch in etwas geringerem Grade als die 12 ersten Farben; sie erscheinen in jedem Falle nicht indifferent.

[1]) Bearbeitet von Prof. Dr. C. A. Neufeld in Würzburg.

Angeklagten haben auch erklärt, daß sie dieser Meinung waren, und daß sie bei Kenntnis des Rindsfettzusatzes kein Brot von ihm gekauft hätten.

Die Handlungsweise des Angeklagten begründet deshalb zunächst eine Verfälschung des Butterschmalzes; denn Rindsfett gilt gegenüber Butterschmalz für minderwertig, wie dies schon der Verkehrsgebrauch und der weit geringere Preis zeigten. Butterschmalz ist aber ein wesentlicher Bestandteil des mürben Brotes, und es ist deshalb die Qualität des letzteren eine geringere, wenn statt des reinen Butterschmalzes solches mit Rindsfettzusatz verwendet wird, obwohl der Anschein der normalen, d. i. besseren Beschaffenheit desselben gewahrt bleibt. Der Angeklagte hat also abweichend von dem beim Publikum allgemein für reell geachteten Gebrauch bei Herstellung des mürben Brotes dieses auf eine Art und Weise zubereitet, die geeignet ist, bei den Abnehmern die irrige Meinung zu erregen, als ob die wahrgenommene bessere Qualität des Brotes in Aussehen, Geschmack usw. ihre Ursache in der Verwendung eines Stoffes habe, der im Verkehr bekannt und als wesentlicher Bestandteil der Ware in dem Sinne geschätzt ist, daß von seiner Verwendung der Nahrungs- und Genußwert der Ware als bedingt gilt, während in Wahrheit dieser Stoff nicht so reichlich verwendet worden ist, als es infolge der Beimischung des anderen Stoffes den Anschein hat. Vergehen gegen § 10[1] und [2] NMG.

LG. Bamberg, 11. Januar 1906.

Kaffeehörnchen mit Margarine. Die Strafkammer hat festgestellt, daß, obwohl es als Geschäftsgebrauch der meisten Bäckereien in X. erachtet werden könne, zur Herstellung der sog. Brot- oder Kaffeehörnchen Margarine zu verwenden, das Publikum diesen Geschäftsgebrauch nicht kennt, vielmehr darauf rechnet, daß die Hörnchen, die zugleich Nahrungs- und Genußmittel sind, aus Mehl und Schmalz (Butterschmalz d. Ref.) oder Butterfett bestehen.

Im Vergleiche mit dem Schmalz (Butterschmalz, d. Ref.) oder dem Butterfett erscheint die Margarine als ein minderwertiger Stoff. Es ergibt sich dies aus dem Inhalte des Gesetzes vom 15. Juni 1897, betreffend den Verkehr mit Butter usw., insbesondere aus den Vorschriften des Gesetzes über Aufbewahrung, Verpackung und Feilhalten von selbst. Es haben aber auch die Motive zu diesem Gesetze dies unmißverständlich ausgesprochen ... Es kann deshalb nicht beanstandet werden, wenn das Berufungsgericht die Margarine als ein im Vergleiche zur Naturbutter oder dem daraus gewonnenen Schmelze minderwertiges Produkt angesehen und darum deren Verwendung an Stelle von Butterfett oder -schmalz als eine Verfälschung im Sinne des Nahrungsmittelgesetzes erachtet hat.

Mit Recht hat die Strafkammer auf die Berufung des Angeklagten darauf, daß die Verwendung von Margarine bei Herstellung des mürben Brotes nahezu als ein allgemeiner Geschäftsgebrauch in X. anzusehen sei, für unberechtigt erklärt. Geschäftsgebräuche können, wenn sie den Zwecken des Gesetzes zuwiderlaufen, auch wenn sie in größtem Umfange geübt werden, dadurch niemals eine Berechtigung auf Bestehen oder Fortbestand erlangen.

Ebenso hat die Strafkammer mit gutem Grunde die Erwartungen des Publikums hinsichtlich der Zusammensetzung der Nahrungs- und Genußmittel, sowie den Geschmack des Publikums als einen wesentlichen Faktor für die Beurteilung behandelt. Ansichten und Geschmack des Publikums ändern sich nicht nur von Zeit zu Zeit, sondern auch von Ort zu Ort, und es kann darum die Rüge der Revision, daß bei Billigung der Ansicht der Strafkammer der Fall eintreten könnte, daß ein und derselbe Gegenstand in ein und derselben Zusammensetzung an dem einen Orte als ein einwandfreies, an dem anderen Orte als ein gefälschtes Nahrungs- oder Genußmittel angesehen werden kann, keineswegs als genügender Grund erscheinen, um die Anschauung der Strafkammer als rechtlich unzulässig hinzustellen.

Hiernach ist die Feststellung des Berufungsgerichtes, dahingehend, daß die in Frage stehenden Hörnchen nach der Auffassung des Publikums von X. nur dann vollwertig und ein einwandfreies Nahrungs- und Genußmittel seien, wenn sie aus Mehl und Schmalz oder Butterfet bestehen, um so weniger rechtlich zu beanstanden, als dabei das Berufungsgericht auch die Notorietät für sich haben kann. Vergehen gegen § 10^1 und ^{2} NMG.

Bayr. Oberst. Landesger., 15. Januar 1907.

Mürbes Gebäck mit Palmin und Margarine. Aus dem Urteil:

... Die Strafkammer hat ausdrücklich festgestellt, daß das Publikum in X. einschließlich der Kontrollorgane der Nahrungsmittelpolizei den Geschäftsgebrauch der dortigen Bäcker nicht gekannt hat, und daß der Übergang von der Butterverwendung zu Ersatzmitteln äußerlich nicht in die Erscheinung getreten ist. Der Einkauf und Verbrauch des mürben Gebäcks hat sich in bezug auf Preis und Gewicht nicht vorteilhafter für das Publikum gestaltet, welches damit rechnete, daß das mürbe Gebäck mit Naturbutter oder Butterschmalz hergestellt sei...

Die Strafkammer hat endlich nicht verkannt, daß der Preisunterschied zwischen Margarine oder Palmin und Butter oder Butterschmalz allein nicht ausschlaggebend für die Frage ist, ob in Palmin und Margarine minderwertige, eine Verschlechterung des Erzeugnisses herbeiführende Ersatzstoffe verwendet werden. Sie hat nur daraus, daß die Angeklagten selbst nicht angeben konnten, inwiefern Margarine und Palmin trotz ihres geringeren Preises der Butter und dem Butterschmalz gleichwertig sein sollten, gefolgert, daß sie die Minderwertigkeit, die in der Regel in niedrigen Marktpreisen zum Ausdrucke kommt, gekannt haben. Bezüglich der Beschwerdeführer ist zudem noch zutreffend darauf verwiesen, daß sie Margarine und Palmin nicht für gleichwertig mit Butter gehalten haben können, da sie sonst nicht noch zur Hälfte Butter als Fettstoff für den Teig des mürben Gebäcks verwendet hätten. Die Revision der Angeklagten wurde verworfen. Verurteilung aus § 10 NMG.

Bayr. Oberst. Landesger., 13. Juni 1908.

Kaffeehörnchen mit Margarine oder Palmin. Aus dem Urteil:

... Das Berufungsgericht hat ausdrücklich festgestellt, daß die Hörnchen zum ortsüblichen Preise verkauft wurden. Hierin liegt zugleich die Feststellung, daß gegenüber den Preisen für die mit Butter und Butterschmalz hergestellten Hörnchen keine besonderen Vorteile geboten worden sind...

Das Gesetz vom 15. Juni 1897 hat es aus Gründen der Zweckmäßigkeit unterlassen, den Bäckern, Speisewirten usw., die in ihren Betrieben Margarine verwenden, die Verpflichtung aufzuerlegen, hiervon dem konsumierenden Publikum Kenntnis zu geben. Daraus kann aber nicht gefolgert werden, daß die Verwendung von Margarine, abgesehen von den im Gesetze getroffenen Ausnahmen, keinerlei Einschränkung unterliegt. Insbesondere finden die Vorschriften des NMG. gegebenenfalls Anwendung.

... Die Strafkammer hat festgestellt, daß es in X. nicht allgemein üblich ist, daß zur Herstellung der mürben Kaffeehörnchen Margarine verwendet wird, daß das konsumierende Publikum in seiner Allgemeinheit von dem Gebrauche der Margarine keine Kenntnis hat, vielmehr beim Einkaufe von Kaffeehörnchen der Meinung ist, ein mit Butter oder Butterschmalz hergestelltes Gebäck zu erhalten, daß den Angeklagten diese Verhältnisse bekannt waren und daß sie trotzdem ihre Erzeugnisse unter Verschweigung der Art ihrer Herstellung verkauften. Verurteilung nach § 10^1 und ^{2} NMG. Die Revision wurde verworfen.

Bayr. Oberst. Landesger., 23. Juni 1908.

Butterkuchen mit Margarine. Nach den tatsächlichen Feststellungen der Strafkammer hat der Angeklagte Kuchen, den Brothändler als „Butter- oder Blechkuchen" bei ihm käuflich bestellt hatten, angefertigt, indem er dazu nicht Butter, sondern Margarine verwendete. Er hat ihn den Brothändlern unter der bestellten Bezeichnung geliefert, und zwar zum Preise von 1,60 M., während die gleiche Menge mindestens 3 M. gekostet haben würde, falls der Kuchen anstatt aus Margarine aus Butter angefertigt worden wäre.

In diesem Tatbestande hat die Strafkammer eine strafbare Handlung um deswillen nicht gefunden, weil sie weiter als festgestellt angenommen hat, daß es in Altona allgemeiner

Gebrauch der Bäcker sei, den sog. Butterkuchen nicht aus Butter, sondern aus Margarine herzustellen, und daß dieser Brauch dem kaufenden und konsumierenden Publikum bekannt sei, und daß dieses wisse, es erhalte beim Einkaufen von Butterkuchen nur Kuchen aus Margarine.

Die Verletzung irgendeines Strafgesetzes enthält diese Freisprechung nicht. Denn wenn, wie die Strafkammer zum Ausdruck bringen will, durch die Zusammensetzung des Butterkuchens aus Margarine und den übrigen Zutaten unter Ausschluß von Butter dessen im Verkehr für normal gehaltene Beschaffenheit hervorgebracht wird, dann kann der Kuchen des Angeklagten weder als verfälscht, noch als nachgemacht bezeichnet werden, da das Abweichen von der normalen Beschaffenheit wesentliches Merkmal eines verfälschten oder nachgemachten Nahrungs- oder Genußmittels ist. Daraus ergibt sich die Unanwendbarkeit der Strafvorschrift des § 10^1 NMG. von selbst. Aber auch die Strafe des § 10^2 und des § 11 daselbst wie die des § 367^7 RStrGB. kann den Angeklagten nicht treffen, da hierzu das Vorhandensein eines verfälschten oder nachgemachten Nahrungs- und Genußmittels bzw. von verfälschten Eßwaren notwendige Voraussetzung ist. Endlich läßt auch die geschehene Ablehnung einer Bestrafung des Angeklagten aus § 263 RStrGB. einen Rechtsirrtum der Strafkammer nicht erkennen.

OL. G. Kiel, 22. Dezember 1906.

Butterwaffeln aus Margarine. Die aus Mehl, Eiern und Margarine hergestellten Waffeln wurden als Butterwaffeln feilgeboten.

Nun ist allgemein bekannt, daß zwischen Butter und Margarine ein erheblicher Nährwert- und Preisunterschied besteht und daß, wer ausdrücklich eine mit Butter hergestellte Ware verlangt, eine mit Margarine bereitete nicht haben will. Die mit Margarine hergestellten „Butterwaffeln" waren also ein verfälschtes Genußmittel im Sinne des § 10^2 NMG. und wurden unter einer zur Täuschung geeigneten Bezeichnung feilgehalten.

LG. Hamburg, 24. April 1906.

Kuchen mit Margarine. Bei der Herstellung von Schnecken- und Napfkuchen war zur Hälfte Butter, zur Hälfte Margarine verwendet worden. Am Schaufenster seines Ladens hatte der Angeklagte Plakate angebracht, nach welchen seine Kuchen mit garantiert reiner Naturbutter hergestellt seien.

Der Käufer mußte auf Grund der Plakate Kuchen aus nur reiner Naturbutter erwerben. Er wurde in dieser Erwartung getäuscht. Der Angeklagte hat auch Margarine verbacken. Diese ist wirtschaftlich weniger wertvoll als der normale Bestandteil der Backwaren, die Butter. In der Verarbeitung dieses minderwertigen Materials aber lag eine Verfälschung. Vergehen gegen § 10^1 und ^{2} NMG.

LG. I Berlin, 1. August 1904.

Künstliche Färbung. Eierplätzchen mit Teerfarbstoff. Die Eierplätzchen waren unter Verwendung von wenig Eiern und viel sog. Eigelbfarbe, einem gelben Teerfarbstoff, hergestellt, ohne daß das Publikum auf die Verwendung des letzteren aufmerksam gemacht wurde.

Die Handlungsweise des Angeklagten hatte lediglich den Zweck, durch die Eigelbfarbe den Eierplätzchen ein schönes gelbes Aussehen und den Anschein eines hohen Eiergehaltes zu verleihen. Das Publikum mußte glauben, die Farbe der Plätzchen rühre von Eiern her, während sie tatsächlich zum großen Teile durch den Farbstoff erzeugt war. Der Angeklagte hat daher die Eierplätzchen verfälscht. § 10^1 und ^{2} NMG.

LG. Duisburg, 19. Mai 1903.

Nährbiskuits mit wenig Eiern und Teerfarbstoff. Nach dem Gutachten des Sachverständigen ist die normale Biskuitmasse gerade besonders eierhaltig; sie besteht aus Zucker, Mehl, Eiern usw., und zwar, was als besonderes Kennzeichen gilt, werden auf etwa ein Pfund Mehl 10—12 Eier genommen. Der Angeklagte hatte bei der Herstellung seiner Nährbiskuits auf ein Pfund Mehl nur etwa 2 bis $2^1/_4$ Eier verwendet, im übrigen den Biskuits die Eierfarbe durch die „Eigelbfarbe" (einen Teerfarbstoff) künstlich gegeben.

Das Gericht hielt eine Nachmachung im Sinne des § 10^2 NMG. für gegeben. Das Biskuit des Angeklagten hatte nicht den Gehalt und das Wesen des echten Biskuits. Ihm war durch die „Eigelbfarbe" nur der Schein eines solchen gegeben.

LG. Bonn, 26. Februar 1903.

Marzipan mit Stärkesirup. Auszugehen ist von den auf tatsächlichem Gebiet sich bewegenden und überdies rechtlich bedenkenfreien Feststellungen des Vorderrichters, daß „Marzipan" ein Kunstprodukt ohne eine normale und ein für allemal fest bestimmte Zusammensetzung ist, daß nach der jetzigen Fabrikationsmethode stets außer Zucker und Mandeln auch Stärkesirup bei der Herstellung des Marzipans verwendet wird, wenn auch in verschiedenen Mengen je nach den lokalen Wünschen und der Geschmacksrichtung des kaufenden Publikums, und daß der Angeklagte nicht mehr Stärkesirup als üblich verwendet hat. Ferner ist tatsächlich festgestellt, daß ein Zusatz von Stärkesirup den Konsumenten nicht etwa den Anschein besserer Beschaffenheit des Marzipans vortäuscht, sondern wirklich das Produkt länger frisch und geschmeidig erhält.

Preuß. Kammergericht, 2. März 1906.

Makronen aus Kokosnuß. Daß der Name „Kaisermakrone" für Kokosnußmakronen sehr geeignet ist, im Handel und Verkehr das Publikum zu täuschen, ergibt schon die Zusammensetzung des Wortes. Die Behauptung, daß das kaufende Publikum im hiesigen Bezirke von dem — wertvermindernden — Zusatz von Kokosnuß anstatt Mandeln zu „Kaisermakronen" Kenntnis hätte, ist widerlegt. Verurteilung aus § 10^1 und ^{2} NMG.

LG. Freiberg, 7. Dezember 1907.

Sandtorte mit Zuckersäure. Von der Angeklagten wurden dem Teige einer Sandtorte 2 Eßlöffel = 3,8 g Zuckersäure zugesetzt. Nach dem ärztlichen Gutachten ist Zuckersäure ein Gift, und die der Torte beigemischte Menge wenn auch nicht gerade tödlich wirkend, so doch geeignet, erhebliche Gesundheitsbeschädigungen herbeizuführen. Vergehen gegen § 12^1 NMG.

LG. Frankfurt a. O., 20. November 1906.

Süßstoffe.

Unter die Gruppe der Süßstoffe im weiteren Sinne fallen verschiedene Nahrungs- und Genußmittel, die durch einen besonders süßen Geschmack ausgezeichnet, bald fest, bald flüssig, bald tierischen (Honig), bald pflanzlichen Ursprungs sind. Es sind dieses fast ausschließlich die wahren Zuckerarten. Glycyrrhizin schmeckt auch süß, gehört aber nicht zu den Zuckerarten. Als solche kommen in den Nahrungsmitteln vor: Rohr- oder Rübenzucker (Saccharose), Traubenzucker (Glykose), Fruchtzucker (Gemisch von Glykose und Fructose; auch wird letztere wohl allein Fruchtzucker genannt), Milchzucker (Lactose), Malzzucker (Maltose), Sirupe; auch die zugehörigen Anhydride dieser Zuckerarrten, die Dextrine, sowie ihre entsprechenden Alkohole (Mannit, Dulcit usw.) können hierzu gerechnet werden.

Unter der einfachen Bezeichnung „Zucker" versteht man im praktischen Leben die Saccharose, die in zahlreichen Pflanzen vorkommt, aber in dem Rohr- oder Rübenzucker die weiteste Verbreitung im Handel gefunden hat. Hierzu gesellen sich vereinzelt noch Ahorn-, Palmen- und Hirsezucker.

Rohr- und Rübenzucker.

Der aus dem Zuckerrohr und der Zuckerrübe gewonnene Zucker des Handels ist chemisch kaum verschieden; beide Zuckerarten bestehen, bis auf sehr geringe Mengen Wasser und Asche, nur aus Saccharose. Der Zucker aus Zuckerrohr ist im allgemeinen etwas aromatischer als Rübenzucker. Für den deutschen Markt kommt z. Z. fast nur der Rübenzucker als Handelsware in Betracht. Er findet als Rohzucker, Verbrauchs-(Konsum-)zucker und als Zuckersirup Verwendung[1]).

Den Rohzucker, das erste Erzeugnis der Zuckerfabrikation, teilt man ein in erstes Produkt und in Nachprodukte. Die Kolonialnachprodukte, welche durch Abtropfen des Sirups — oder auch durch Zentrifugieren — gewonnen werden, heißen Muskovados. Das letzte, nicht mehr krystallisierende Produkt, die letzte Mutterlauge von der Krystallisation des Zuckers heißt Melasse, aus der noch vielfach durch chemische Verfahren der Melassezucker, gekennzeichnet durch einen hohen Gehalt an Raffinose neben Saccharose, gewonnen wird. Durch Umkrystallisieren erhält man aus dem Rohzucker den Raffinade-, durch Reinigen auf mechanischem Wege den Verbrauchszucker. Die Reinigung des Rohzuckers war früher durchweg den Zuckerraffinerien vorbehalten, sie geschieht jetzt auch vielfach in den Rübenzuckerfabriken selbst.

Von dem Verbrauchszucker gibt es eine ganze Anzahl von Sorten und Bezeichnungen, die dem Geschmacke und den Gewohnheiten der Verbraucher angepaßt sind, und auch im Laufe der Zeiten Änderungen erfahren haben. Man kann sie z. Z. auf 4 Hauptformen zurückführen, nämlich den Kandis, den Krystallzucker, den Pilé- und harten Zucker in festen Stücken oder Würfeln; hiezu kommen noch gemahlener Zucker und Farin.

1. Kandis ist raffinierter Zucker in sehr großen Krystallen, von weißer, gelber und brauner Farbe.

2. Krystallzucker besteht aus losen, deutlich ausgebildeten Zuckerkrystallen; Krystallzucker von mittlerer Körnung, besonders in England beliebt, heißt Granulated, ein solcher von besonders gleichmäßiger, feiner Körnung Kastorzucker.

3. Pilé besteht aus etwa erbsengroßen, unregelmäßig zerbrochenen Stücken (Knappern, Crushed), denen das beim Zerbrechen entstehende Mehl beigemischt ist. Das Pilékorn ist viel feiner als das des Krystallzuckers, aber stärker als das in den folgenden Sorten; es wird daher auch grobes Meliskorn genannt.

4. Harter Zucker (oder Raffinade, Melis) in den verschiedensten Formen als Brot-(Hut-)zucker, Plattenzucker (nach der Form benannt), Würfelzucker (annähernd kubisch geformte Stücke heißen auch Kubes), sämtlich von bald feinerer, bald gröberer Körnung.

Unter Farin versteht man den aus dem bei der Raffination des Rohzuckers abfallenden Grünsirup durch Verkochen auf Korn gewonnenen Zucker; da der Grünsirup viel reiner ist als der von der Rohzuckerfüllmasse, so ist er als zweites Produkt bzw. als zweitklassiger Verbrauchszucker von recht guter Beschaffenheit und wird als gelber Farin besonders in den Bäckereien und Konditoreien beliebt. In gemahlenem Zustande heißt dieses Erzeugnis auch weißer Farin. Im übrigen dürfte der gemahlene Zucker meistens aus den Abfällen bei der Herstellung aller genannten Sorten unter 2—4 bestehen. In flüssiger Form kommt der Zucker als Kandissirup, Abfallerzeugnis (Mutterlauge) in den Kandisfabriken, als Speisesirup aus Melasse der Rohzuckerfabriken, in den Handel. Letzterer wird häufig mit Stärkesirup versetzt.

Es wird aus dem festen Rübenzucker aber auch auf künstlichem Wege flüssiger Zucker hergestellt und unterscheidet man den Invertzucker (Invertsirup), bei dem die Saccharose fast vollständig, und die flüssige Raffinade, bei welcher sie bis etwa zur Hälfte invertiert ist.

Durch Eindicken des ganzen Rübensaftes erhält man ebenfalls einen Speisesirup, das sogenannte Rübenkraut, welches unter Obstkraut besprochen werden wird.

Verfälschungen des Zuckers (etwa Zusatz von Gips, Schwerspat, Ton, Mehl vorwiegend bei gemahlenem Zucker) dürften wohl kaum mehr vorkommen oder doch zu den Seltenheiten gehören.

---

[1]) Deutsche Zuckerindustrie 1904, S. 1990.

Nicht selten aber sind Verunreinigungen und sonstige nicht zu billigende Gebräuche.

1. Vorkommen von Mikroorganismen. A. Schöne[1]) fand z. B. in 19 Proben Rohzucker verschiedener Herkunft 400—1600 Keime von Bakterien bzw. Pilze in 1 g. Die saueren Rohzucker enthielten, wie auch A. Herzfeld[2]) fand, mehr Pilze als die alkalischen. Der Rohzucker mit der größten Anzahl Mikroorganismen wies auch den größten Feuchtigkeitsgehalt auf. Im allgemeinen werden die Keime der Diffusionssäfte durch die Saturation zum größten Teil zerstört, aber einige typische Bakterien gehen auch in den Rohzucker über und werden in die Raffinerien verschleppt. Es konnten 4 Gruppen unterschieden werden: Pilze (Penicillium glaucum, vorwiegend säurebildend und zuckerzerstörend, Aspergillus- und Mucorarten, vereinzelt eine Monilia- und Hefenart), Kokken, sporen- und nichtsporenbildende Stäbchen (Fäulnisbakterien), die sporenbildenden Stäbchen und einige koliartigen Bakterien.

In Farinzuckern, von denen einer auf dem Wege nach Ostasien vollständig in Zersetzung übergegangen war, konnte A. Schöne[3]) für 1 g viele Millionen Keime nachweisen, darunter Hefen, Schimmelpilze und Buttersäurebakterien. Auch Watts und Tempary[4]) berichten über Gärungserscheinungen in Muskovadenzuckern.

2. Auffärben mit Ultramarin. Zum Auffärben von gelblich gefärbtem Zucker pflegt allgemein Ultramarin angewendet zu werden. A. Herzfeld[5]) fand in 4 Sorten Ultramarin, das zum Bläuen des Zuckers verwendet war und Graufärbung des Zuckers hervorgerufen hatte, durch Kochen in Wasser, worin es suspendiert wurde, und Auffangen des Wasserdampfes in Silberlösung, 0,009—0,124% Schwefelwasserstoff. Er erklärt die nachträgliche Graufärbung des Zuckers durch Bildung von Schwefeleisen infolge Anwesenheit geringer Eisenmengen im Zucker. Die gelblichgraue Färbung des Zuckers kann auch unter Umständen von Eisenoxyd allein herrühren (Nikaido).

3. Zum Bleichen von Zucker in den Zuckerraffinerien werden nach A. Herzfeld[6]) Natriumhydrosulfit ($Na_2H_2S_2O_5$), Zinknatriumhydrosulfit (Eradit), ein Kondensationserzeugnis des Natriumhydrosulfits mit Formaldehyd, nach G. Gartz[6]) auch 2,8 proz. Wasserstoffsuperoxydlösung (Durabilu) angeboten.

In Füllmassen kommen vom Schwefeln herrührende Schwefelsäure, schweflige Säure und Schwefel vor. Erstere kann man nach M. Buisson[7]) durch direktes Fällen der mit Salzsäure angesäuerten Lösung durch Chlorbarium, schweflige Säure in bekannter Weise im Kohlensäurestrom nach Zusatz von Phosphorsäure und noch vorhandenen Schwefel dadurch bestimmen, daß man 100 ccm einer 20 proz. Lösung mit 2 g chlorsaurem Kali und 15 ccm Salzsäure während $^1/_2$ Stunde bis zum Sieden erhitzt, das Chlor verjagt und die gesamte Schwefelsäure durch Zusatz von Chlorbarium fällt; indem man hiervon die ursprüngliche und die auf Schwefelsäure berechnete schweflige Säure abzieht, erhält man als Rest die von freiem Schwefel herrührende Schwefelsäure.

4. Gehalt an Zinnchlorid in Kolonialzucker. M. Pintsch[8]) fand in 4 Proben Kolonialzucker 0,001—0,04% Zinnchlorid. Pintsch verkohlte 100—200 g Zucker nach Durchfeuchten mit Sodalösung bis auf 10—15% des angewendeten Zuckers, zerrieb den erkalteten Kohlekuchen, zog ihn erst mit konzentrierter Salzsäure, zuletzt unter Zusatz von chlorsaurem Kali aus, dampfte das Filtrat ein, fällte mit Schwefelwasserstoff und bestimmte das Zinn in

---

[1]) Zeitschr. f. Untersuchung d. Nahrungs- u. Genußmittel 1908, **15**, 359.

[2]) Ebendort 1904, **7**, 700.

[3]) Ebendort 1910, **20**, 39.

[4]) Deutsche Zuckerindustrie 1907, **15**, 366.

[5]) Zeitschr. d. Vereins f. deutsche Zucker-Ind. 1901 (N. F.) **38**, 1.

[6]) Zeitschr. f. Untersuchung d. Nahrungs- u. Genußmittel 1907, **13**, 707.

[7]) Ebendort 1901, **4**, 762.

[8]) Ebendort 1904, **8**, 515.

üblicher Weise als Zinndioxyd. A. Herzfeld[1]) fand in 4 Proben Demerarazucker ebenfalls Zinnchlorid, nämlich 0,0014—0,0420%, und gibt an, daß man in Britisch-Guyana unter der Bezeichnung „Bloomer" noch immer Zinnchlorid in der Zuckerfabrikation anwende.

Untersuchung des Zuckers.

Die nachstehenden Ausführungen gelten für den Roh- und Verbrauchszucker; für die Speisesirupe werden zum Teil andere Verfahren angewendet, die bei Obstsirupen besprochen werden.

1. Wasser. 10 g des feinen Zuckerpulvers werden in einem Trockenkölbchen (oder einem Tiegel von Kupferblech mit übergreifendem Deckel) bis zur Beständigkeit des Gewichtes (meistens genügen 2—3 Stunden) bei 103—107% getrocknet. Als Trockenschrank wird vielfach der von Soxhlet (I. Teil, S. 20) empfohlen.

2. Saccharose. a) Direkte Bestimmung. Das für die einzelnen Polarisationsapparate geltende Normalgewicht, nämlich:

fur Saccharimeter von	Normalgewichte
Soleil-Ventzke-Scheibler mit Zuckerskala	26,048
Soleil-Duboscq mit Zuckerskala	16,350
Wild mit Zuckerskala	10,000
Mitscherlich, Wild und Laurent mit Kreisgradteilung	15,000[2])

wird abgewogen, verlustlos in ein 100 wahre Kubikzentimeter fassendes Meßkölbchen gebracht, die Flüssigkeit wird auf 20° abgekühlt, bis zur Marke aufgefüllt, gut umgeschüttelt und, wenn die Lösung farblos ist — bei gefärbten Lösungen müssen Klärmittel angewendet werden — rasch in einen Zylinder filtriert. Die Lösung wird dann in einem 200 mm-Rohre auf Drehung untersucht, indem die Temperatur fortgesetzt auf 20° gehalten wird, für welchen Zweck die mit Kühlungsvorrichtung versehenen Beobachtungsröhren angewendet zu werden pflegen. Die beobachteten Drehungsgrade geben dann bei den mit voller Zuckerskala versehenen Polarisationsapparaten, wenn keine sonstigen optisch aktiven Stoffe vorhanden sind, direkt den Prozentgehalt an Zucker an.

5. Hat man nicht die für die einzelnen Apparate gültigen Normalgewichte, sondern andere Gewichtsmengen oder ein Saccharimeter mit Kreisgradteilung angewendet, so ist zu berücksichtigen, daß bei 17,5° im 200 mm-Rohr 1° Drehung entspricht:

im Polarisationsapparat von	g Saccharose in 100 ccm Lösung	g Glykose in 100 ccm Lösung
Mitscherlich, Laurent, Wild mit Kreisgradteilung	0,7500 g	0,9434 g
Soleil-Ventzke-Scheibler, Schmidt und Hänsch } mit Zuckerskala	0,26048 g	0,3268 g
Soleil-Duboscq	0,16350 g	0,2051 g

Für die Umrechnung der Drehungsbeträge der verschiedenen Polarisisationsapparate können folgende Faktoren dienen:

1° Ventzke = 1,5932° Laurent,	1° Wild (Kreisgrad) = 2,8827° Ventzke,
1° „ = 0,3469° Wild (Kreisgrade),	1° „ „ = 7,5281° Wild (Zuckerskala)
1° Laurent = 0,2167° „ „	1° „ (Zuckerskala) = 0,1328° Wild (Kreisgrade).
1° „ = 0,6277° Ventzke,	
1° Wild (Kreisgrad) = 4,6147° Laurent,	

Anmerkungen: 1. Für die Beleuchtung wird bei den Apparaten von Ventzke-Soleil-Scheibler und von Soleil-Duboscq mit Quarzkeilkompensation einfaches weißes helles Lampenlicht in 5—10 cm Entfernung vom Rohr angewendet, bei dem Wildschen Polaristrobometer und dem Halbschattenapparat dagegen homogenes, gelbes Licht, welches durch Ein-

[1]) Zeitschr. f. Untersuchung d. Nahrungs- u. Genußmittel 1906, **11**, 166.

[2]) Ist $^{1}/_{5}$ des Normalgewichtes.

bringen von Chlornatrium in die nichtleuchtende Flamme eines Bunsenschen Gasbrenners erzeugt wird.

Das weiße Licht kann mittels Petroleum, Gas, Spiritus oder Elektrizität erzeugt werden. Für die Petroleumbeleuchtung wird die Hinkssche Lampe, für Gasbeleuchtung das Auersche Glühlicht empfohlen, auch das Spiritusglühlicht wird als vorzüglich bezeichnet.

2. Als Durchschnittstemperatur der Lösungen gilt 20°, d. h. die Zuckerlösungen mit den Normalgewichten für 100 ccm drehen bei 20° der Lösung um 100° der Zuckerskala; weicht die Temperatur der letzteren hiervon ab, so ist eine entsprechende Korrektion anzubringen.

Um den Inhalt der Beobachtungsröhren genau auf eine bestimmte Temperatur zu bringen und darauf zu erhalten, verwendet man vielfach Beobachtungsröhren mit Messingmantel und Wasserumspülung.

Die Länge der Beobachtungsröhren beträgt durchweg 200 mm (Normalröhren). Für Massenbestimmungen wird meistens die Durchflußröhre für ununterbrochene Polarisation nach Pellet angewendet. Sie besitzt an beiden Enden, die wie gewöhnlich mit Deckglas und Schraube geschlossen werden, Rohrstutzen, durch welche gleich hinter dem Deckglas Zuckerlösung ein- und vor dem anderen Deckglas wieder ausgeführt werden kann. Hierdurch umgeht man das Reinigen und Auswechseln der Röhren.

4. Das Klären der Zuckerlösungen bietet nicht selten große Schwierigkeiten und bedingt unter Umständen Ungenauigkeiten, die berücksichtigt werden müssen. Nach Höglund absorbiert sogar das Filtrierpapier aus der alkoholischen Lösung Zucker, und zwar von dem ersten Aufguß am meisten; man muß daher die ganze Lösung filtrieren und das Filtrat mischen.

5. Noch größer sind die Fehler bei Klärung mit Knochenkohle.

H. Lührig[1]) macht darauf aufmerksam, daß bei Verwendung von Tierkohle zum Klären von Zuckerlösungen behufs Nachweises von Stärkesirup dadurch erhebliche Fehler entstehen können, daß die Tierkohle Zucker und Dextrin absorbiert und zwar in verschiedenen Mengen, von Dextrin mehr als von Saccharose und von dieser mehr als von Invertzucker. G. Wiske[2]) macht ebenfalls auf die verschiedene Absorption der Zuckerarten durch Knochen- bzw. Klärkohle aufmerksam und schlägt bestimmte Korrekturen vor, die für die einzelnen Kohlen- wie Zuckerarten und von Zeit zu Zeit besonders ermittelt werden müssen.

3—6 g getrocknete Tierkohle sollen aus Zuckerlösungen mit den Normalgewichten zwischen 0,3 bis 0,5 g Zucker zu absorbieren imstande sein, weshalb die Ergebnisse um diese Größen zu erhöhen wären.

Das neue Entfärbungsmittel „Ebonit", eine aus pflanzlichen Stoffen (wahrscheinlich Holz) hergestellte Kohle, teilt nach F. Strohmer[3]) die Eigenschaften der Tierkohle nicht. Der Ebonit gibt keine nennenswerten Mengen Stoffe an Zuckerlösungen ab und absorbiert auch keinen Zucker, wenn er in solchen Mengen angewendet wird, die zur völligen Entfärbung ausreichen.

6. Auch die übliche Klärung mit Bleiessig ist vielfach abfällig beurteilt und sind an deren Stelle andere Vorschläge gemacht.

G. Halphen[4]) klärt zucker- und dextrinhaltige Zuckerwaren wie folgt: Zu der verdünnten Lösung wird Calciumcarbonat im Überschuß zugesetzt; nach 10 Minuten fügt man neutrales Bleiacetat hinzu, füllt auf ein bestimmtes Volumen auf, schüttelt um, läßt absitzen und filtriert durch ein trockenes Filter. Aliquote Teile des Filtrates dienen zur Bestimmung des reduzierenden Zuckers, andere Teile zur Polarisation vor und nach der Inversion (kleine und große). Oder man wendet nur die kleine Inversion (S. 754 unter b und I. Teil, S. 433) zur Bestimmung der Saccharose an und bestimmt die Dextrine nach I. Teil, S. 424.

M. Buisson[5]) empfiehlt zum Klären von melassehaltigen Zuckerlösungen Permanganat

---

[1]) Pharm. Centralhalle 1905, **46**, 951.

[2]) Zeitschr. f. Untersuchung d. Nahrungs- u. Genußmittel 1903, **6**, 754.

[3]) Österr.-ungar. Zeitschr. f. Zuckerind. u. Landwirtsch. 1910, **39**, 687.

[4]) Annales de Chim. analyt. 1900, **5**, 370.

[5]) Zeitschr. f. Untersuchung d. Nahrungs- u. Genußmittel 1903, **9**, 756.

und Bleiacetat und zur Bestimmung des Invertzuckers nach Clerget die Berücksichtigung von $^1/_{10}$ Temperaturgraden.

W. D. Horne[1]) füllt bei Zucker das Normalgewicht auf 100 ccm bis zur Marke und setzt dann trockenes wasserfreies Bleisubacetat zu, bis die Verunreinigungen fast alle niedergeschlagen sind. Das Niederschlagsvolumen bedingt keinen Fehler, weil die freiwerdende Essigsäure eine Kontraktion der Flüssigkeit bewirkt.

Von anderer Seite sind basisches Bleinitrat, Zinkpulver, Gerbsäure zum Klären vorgeschlagen.

L. Nowakowski[2]) verwirft alle diese Klärmittel und empfiehlt (neben Bleiessig) eine Lösung von Quecksilberoxydulnitrat $Hg_2(NO_3)_2$, welches sich an der Luft leicht oxydiert und in wässeriger Lösung ein basisches Salz $Hg(NO_3)_2 \cdot 2\,HgO \cdot H_2O$ liefert. Die Art der Ausführung ist aber etwas umständlich und nach Herles[3]) auch nicht einwandfrei.

Pellet und Fribourg[4]) schlagen Chlorkalk zugleich mit neutralem Bleiacetat vor. Bei invertierten Lösungen erhöht Chlorkalk allein die Linksdrehung, gleiche Teile Chlorkalk und Bleiacetat sollen ohne Einfluß auf die Drehung sein. Auch die Fällungen mit neutralem Bleiacetat und Phosphorwolframsäure beeinflussen nach H. und L. Pellet die Drehung nicht[5]).

Leisy[6]) u. a. behaupten, daß Bleiessig aus Invertzuckerlösungen, zumal bei einem Überschuß des Klärmittels, Fructose — besonders wenn sonstige Verunreinigungen vorhanden sind — zum Teil ausfälle; man solle daher bei Invertzuckerlösungen Bleiessig vermeiden und durch trockenes Bleiacetat ersetzen, indem man die Lösungen vor der Fällung durch Essigsäure erst neutralisiere oder damit schwach ansäuere.

7. Zur Prüfung der Richtigkeit der Skala hat Scheibler die sog. Hundertpolarisation vorgeschlagen. Hierbei wird nach dem Ergebnis der ersten Polarisation mit dem Normalgewicht berechnet, wieviel der vorliegenden Zuckerprobe eine Drehung von 100° ergeben würde. Wenn die Skala ungenau ist, gibt diese Menge einen von 100 abweichenden Gehalt und läßt sich aus diesem Ergebnis die genaue Zahl für den Zuckergehalt berechnen. Diese Korrektion wird aber jetzt durch die von Schmidt und Haensch in Berlin hergestellte Keilkompension für Farben- wie Halbschattenapparate erspart.

b) Indirekte Bestimmung der Saccharose durch Inversion. Um erkennen zu können, ob die nach vorstehendem Verfahren gefundenen Polarisationswerte wirklich nur von Saccharose herrühren und nicht durch andere optisch aktive Stoffe fehlerhaft beeinflußt sind, kann man die Ergebnisse auch dadurch kontrollieren, daß man die Zuckerlösung invertiert und dann ebenfalls polarisiert.

Hierbei verfährt man, um richtige und einheitliche Ergebnisse zu erhalten, allgemein nach der von A. Herzfeld angegebenen Vorschrift:

Man wägt das halbe Normalgewicht (13,00 oder 13,024 g)[7]) ab, löst in einem Hundertkölbchen in 75 ccm Wasser, setzt 5 ccm Salzsäure von 1,19 spezifischem Gewicht hinzu und erwärmt auf 67—70° C im Wasserbade, wobei man ein Thermometer in die Flüssigkeit versenkt. Auf dieser Temperatur, 67—70° C, wird der Kolbeninhalt noch 5 Minuten unter häufigem Umschütteln gehalten. Da das Anwärmen $2^1/_2$—5 Minuten dauert, so wird die Ausführung dieser Operation im ganzen $7^1/_2$—10 Minuten in Anspruch nehmen; in jedem Falle soll sie in 10 Minuten beendet sein. Die invertierte Lösung wird darauf durch Einstellen des Meßkölbchens in kaltes Wasser und Umschwenken schnell auf +20° C abgekühlt und, nachdem das Thermo-

1) Zeitschr. f. Untersuchung d. Nahrungs- u. Genußmittel 1904, **8**, 513.

2) Ebendort 1905, **10**, 176. 3) Ebendort 1905, **10**, 178.

4) Ebendort 1908, **15**, 100.

5) Vgl. hierzu auch Zamaron u. Gongora, Zeitschr. f. Untersuchung d. Nahrungs- u. Genußmittel 1909, **17**, 753.

6) Zeitschr. f. Untersuchung d. Nahrungs- u. Genußmittel 1910, **19**, 107.

7) Je nachdem man Meßgefäße, die bei $\frac{20°}{4°}$ geeicht sind, oder Mohrsche Meßgefäße verwendet.

meter unter sorgfältigem Zurückspülen der anhängenden Zuckerlösung entfernt worden ist, mit destilliertem Wasser bis zur Marke aufgefüllt, gemischt und filtriert. Wenn nötig, wird mit $^1/_2$—1 g, bei dunkeln Sirupen mit 2—3 g mit Salzsäure ausgewaschener, pulverförmiger Knochenkohle entfärbt, welche man in trockenem Zustande in den Kolben bringt. Da die Kohle Invertzucker zu absorbieren imstande ist, muß ihr Absorptionskoeffizient bestimmt und in Rechnung gezogen werden.

Vielfach wird aber, wie vorstehend ausgeführt ist, geraten, von der Knochenkohle als Klärmittel ganz abzusehen und dafür in diesem Falle Zinkpulver zu verwenden oder die invertierte Zuckerlösung gewichtsanalytisch in folgender Weise auf Gehalt zu untersuchen:

50 ccm der in vorstehender Weise invertierten und wenn nötig filtrierten Lösung werden in einen Literkolben — bei $\frac{20^\circ}{4^\circ}$ geeicht, ebenso die Pipetten (I. Teil, S. 34) — und mit Wasser zur Marke aufgefüllt. Nach guter Durchmischung bringt man 25 ccm der Lösung, entsprechend 0,1625 g ursprünglicher Substanz, in einen Erlenmeyer-Kolben von etwa 250 ccm Fassungsraum, setzt zum Zwecke der Sättigung der freien Salzsäure 25 ccm nach Vorschrift bereiteter Sodalösung — d. i. 1,7 g wasserfreies Carbonat in 1000 ccm — und darauf 50 ccm frisch gemischter Fehlingscher Lösung zu. Die mit Fehlingscher Lösung versetzte Zuckerlösung wird auf einer über einem Drahtnetze liegenden Asbestplatte, die mit einem kreisförmigen Ausschnitte von 6,5 cm Durchmesser versehen ist, zum Kochen erhitzt. Die Flamme wird dabei so geregelt, daß die Anwärmung bis zum lebhaften Kochen $3^1/_2$—4 Minuten dauert; dann hält man — alles nach der Uhr — bei verkleinerter Flamme noch genau zwei Minuten lang im Kochen, verlöscht die Flamme und fügt zum Zwecke rascherer Abkühlung sofort 100 ccm kaltes, ausgekochtes, destilliertes Wasser zu. Nunmehr wird das ausgeschiedene rote Kupferoxydul so schnell wie möglich auf einem Papier- oder Asbestfilter gesammelt, anfangs mit kaltem, später mit heißem, ausgekochtem, destilliertem Wasser gewaschen und dann weiter behandelt, wie dies (I. Teil, S. 429) beschrieben worden ist.

Invertzucker $\times$ 0,95 = Saccharose (Tabelle IV, I. Teil, S. 736). Will man den Zucker volumetrisch nach Soxhlets Verfahren (I. Teil, S. 427) bestimmen, so invertiert man, um den Wirkungswert der Fehlingschen Lösung zu ermitteln, 9,5 g chemisch reinen, trockenen Rohrzucker im 100 ccm-Kölbchen genau nach vorstehender Vorschrift von A. Herzfeld; 9,5 g Saccharose sind genau gleich 10 g Invertzucker; wenn man 50 ccm der invertierten Lösung in einen Literkolben bringt, mit Natriumcarbonat neutralisiert, dann bis zur Marke auffüllt und mischt, so entspricht 1 ccm der Lösung 5 mg Invertzucker.

3. Bestimmung des Invertzuckers in Zuckererzeugnissen. Die gewichtsanalytische Bestimmung des Invertzuckers richtet sich nach dem Gehalt der Zuckersäfte bzw. des Zuckers an Saccharose, weshalb man sich hierüber zunächst durch eine Vorprüfung annähernden Aufschluß verschaffen muß. Die Zollvorschrift lautet hierfür wie folgt:

„In einer vorher tarierten Porzellanschale werden genau 10 g des Zuckers oder des vorher durch Erwärmen dünnflüssig gemachten Ablaufs abgewogen, in etwa 50 ccm warmem Wasser gelöst, in der Schale oder in einem Erlenmeyer-Kolben von 200 ccm Inhalt — bei starker Trübung der Zuckerlösung nach der Filtration — mit 50 ccm Fehlingscher Lösung (25 ccm der Kupferlösung und 25 ccm der Seignettesalzlösung) versetzt, zum Kochen erhitzt und 2 Minuten im Sieden erhalten. Nach Absetzen des Niederschlages hält man den Kolben gegen das Licht und beobachtet, ob die Flüssigkeit noch blau ist. Erscheint dieselbe noch blau, so sind weniger als 2% Invertzucker vorhanden und es wird nach Vorschrift a verfahren.

Ist die Flüssigkeit nicht mehr blau, so löst man abermals 10 g Zucker oder Zuckerablauf in 100 ccm Wasser, pipettiert hiervon 2, 4, 6, 8 ccm (also 0,2, 0,4, 0,6 und 0,8 g Zucker entsprechend) in ein Reagensgläschen, mischt jede Probe mit 5 ccm Fehlingscher Lösung und erhitzt dieselben der Reihe nach zum Kochen. Bleibt die Flüssigkeit bei Anwendung von 4 ccm der Zuckerlösung noch blau, ist sie aber bei 6 ccm derselben entfärbt, so darf man zur quantitativen Bestimmung des Invertzuckers auf 50 ccm Fehlingsche Lösung nur 4 g des Zuckers oder des Zuckerablaufes verwenden, dagegen

6 g desselben, wenn die 5 ccm Fehlingsche Lösung durch 6 ccm obiger Zuckerlösung noch blau erscheinen, durch 8 ccm derselben aber entfärbt werden. Alsdann wird nach Vorschrift b verfahren."

Vorschrift a. Man löst von Zuckern oder Säften, die eine klare Lösung liefern, 20 g mit Wasser zu 100 ccm oder 27,5 g zu 125 ccm, klärt in letzterem Falle genau wie bei der Polarisation mit Bleiessig, füllt bis zur Marke auf, mischt und filtriert. Von dem Filtrat mißt man 100 ccm in einen Meßkolben 100/110, fällt das überschüssig zugesetzte Bleisalz durch Zusatz von Natriumcarbonatlösung, füllt bis zur 2. Marke auf, mischt und filtriert abermals.

50 ccm des auf die eine oder andere Weise erhaltenen Filtrats = 10 g Substanz werden in einen 250 ccm-Kolben pipettiert, mit 50 ccm frisch gemischter Fehlingscher Lösung versetzt, in $3^1/_2$—4 Minuten zum Kochen gebracht und dann 2 Minuten im Kochen erhalten; darauf fügt man etwa 100 ccm kaltes Wasser hinzu und filtriert ohne Verzug.

Die der gewogenen oder berechneten Menge Kupfer entsprechende Menge Invertzucker entnimmt man der folgenden Tabelle.

Berechnung des Prozentgehaltes an Invertzucker bei Gegenwart von Saccharose aus dem gefundenen Kupfer nach Herzfeld.

A. Bei Anwendung von 10 g Substanz.

Kupfer mg	Invertzucker %	Kupfer mg	Invertzucker %	Kupfer mg	Invertzucker %	Kupfer mg	Invertzucker %	Kupfer mg	Invertzucker %
50	0,05	90	0,24	130	0,45	170	0,68	210	0,90
55	0,07	95	0,27	135	0,48	175	0,71	215	0,93
60	0,09	100	0,30	140	0,51	180	0,74	220	0,96
65	0,11	105	0,32	145	0,53	185	0,76	225	0,99
70	0,14	110	0,35	150	0,56	190	0,79	230	1,02
75	0,16	115	0,38	155	0,59	195	0,82	235	1,05
80	0,19	120	0,40	160	0,62	200	0,85	240	1,07
85	0,21	125	0,43	165	0,65	205	0,88	245	1,10

Anmerkung. Für sehr unreine Zuckererzeugnisse entstehen bei Anwendung von 10 g Substanz mitunter grüne kupferhaltige Ausscheidungen, welche die genaue Invertzuckerbestimmung beeinträchtigen. Man löst dann 10 g Substanz — ohne oder mit Zusatz von Bleiessig — in einem Meßkölbchen zu 50 ccm, verwendet hiervon 25 ccm, verdünnt mit 25 ccm Wasser und behandelt genau wie vorher mit 50 ccm Fehlingscher Lösung.

Zur Ablesung des Invertzuckergehaltes bedient man sich alsdann der von Baumann für 5 g Substanz aufgestellten Tabelle B.

B. Bei Anwendung von 5 g Substanz (nach Baumann).

Kupfer mg	Invertzucker %	Kupfer mg	Invertzucker %	Kupfer mg	Invertzucker %	Kupfer mg	Invertzucker %	Kupfer mg	Invertzucker %
(35)	(0,04)	95	0,66	155	1,31	215	1,98	275	2,68
40	0,09	100	0,72	160	1,37	220	2,04	280	2,74
45	0,14	105	0,77	165	1,42	225	2,10	285	2,79
50	0,19	110	0,83	170	1,48	230	2,16	290	2,85
55	0,25	115	0,88	175	1,54	235	2,21	295	2,91
60	0,30	120	0,93	180	1,59	240	2,27	300	2,97
65	0,35	125	0,99	185	1,65	245	2,33	305	3,03
70	0,40	130	1,04	190	1,70	250	2,39	310	3,09
75	0,45	135	1,10	195	1,76	255	2,44	315	3,15
80	0,51	140	1,15	200	1,82	260	2,50	320	3,21
85	0,56	145	1,21	205	1,87	265	2,56		
90	0,61	150	1,26	210	1,93	270	2,62		

Vorschrift b. Hat die Vorprüfung mehr als 1% Invertzucker im Zucker ergeben, so verfährt man zunächst genau wie nach a; man löst 27,5 g Substanz in einem 125 ccm-Kölbchen, klärt mit Bleiessig, füllt mit Wasser bis zur Marke auf, mischt und filtriert. Vom Filtrat verwendet man dann je nach dem Gehalt 80, 60, 40, 20 oder 10 ccm (je 17,6, 13,2, 8,8, 4,4 bzw. 2,2 g Substanz entsprechend), füllt sie in einen Meßkolben 100/110, fügt Wasser bis zur ersten, Natriumcarbonatlösung bis zur zweiten Marke zu, mischt und filtiert; 50 ccm dieses Filtrats (also entweder 8, 6, 4, 2 oder 1 g Substanz entsprechend) werden weiter wie unter a mit 50 ccm Fehlingscher Lösung 2 Minuten gekocht usw. Gleichzeitig muß hier unter Anwendung des Normalgewichtes die Polarisation bestimmt und annähernd das Verhältnis von Rohrzucker zu Invertzucker ($R : J$) ermittelt werden.

Die Berechnung[1]) erfolgt durch folgende Formeln, worin bedeuten:

Cu = Menge des gewogenen oder berechneten Kupfers (z. B. 0,242 g),
p = Menge der angewendeten Substanz (z. B. 6,0 g),
Pol. = Polarisation (z. B. 90,1).

1. $\frac{\text{Cu}}{2}$ oder $\frac{0{,}242}{2} = Z$ (0,121), d. h. annähernde absolute Menge Invertzucker[2]),

2. $\frac{100 \times Z}{p}$ oder $\frac{100 \times 0{,}121}{6{,}0} = Y$ (2,01), d. h. annähernde prozentuale Menge Invertzucker,

3. $\frac{100 \times \text{Pol.}}{\text{Pol.} + Y}$ oder $\frac{100 \times 90{,}1}{90{,}1 + 2{,}01} = R$ (97,8), d. h. Verhältniszahl für den Rohrzucker,

4. $100 - R$ oder $100 - 97{,}8 = J$ (2,2), d. h. Verhältniszahl für den Invertzucker.

Aus diesem Verhältnis $R : J$ oder 97,8 : 2,2 findet man einen Faktor F aus folgender Tabelle:

Verhältnis von Rohrzucker zu Invertzucker ($R : J$)	Annähernde absolute Menge Invertzucker (Z)						
	200 mg	175 mg	150 mg	125 mg	100 mg	75 mg	50 mg
0 : 100	56,4	55,4	54,5	53,8	53,2	53,0	53,0
10 : 90	56,3	55,3	54,4	53,8	53,2	52,9	52,9
20 : 80	56,2	55,2	54,3	53,7	53,2	52,7	52,7
30 : 70	56,1	55,1	54,2	53,7	53,2	52,6	52,6
40 : 60	55,9	55,0	54,1	53,6	53,1	52,5	52,4
50 : 50	55,7	54,9	54,0	53,5	53,1	52,3	52,2
60 : 40	55,6	54,7	53,8	53,2	52,8	52,1	51,9
70 : 30	55,5	54,5	53,5	52,9	52,5	51,9	51,6
80 : 20	55,4	54,3	53,3	52,7	52,2	51,7	51,3
90 : 10	54,6	53,6	53,1	52,6	52,1	51,6	51,2
91 : 9	54,1	53,6	52,6	52,1	51,6	51,2	50,7
92 : 8	53,6	53,1	52,1	51,6	51,2	50,7	50,3
93 : 7	53,6	53,1	52,1	51,2	50,7	50,3	49,8
94 : 6	53,1	52,6	51,6	50,7	50,3	49,8	48,9
95 : 5	52,6	52,1	51,2	50,3	49,4	48,9	48,5
96 : 4	52,1	51,2	50,7	49,3	48,9	47,7	46,9
97 : 3	50,7	50,3	49,8	48,9	47,7	46,2	45,1
98 : 2	49,9	48,9	48,5	47,3	45,8	43,3	40,0
99 : 1	47,7	47,3	46,5	45,1	43,3	41,2	38,1

Nach dieser Tabelle kommt dem Verhältnis 97,8 : 2,2 das in der mit $R : J$ überschriebenen ersten, senkrechten Spalte das vorletzte, nämlich 98 : 2 am nächsten, während der für Z gefundene

[1]) R. Frühling in Posts Chem.-techn. Analyse 1907, Bd. II, Heft 6.

[2]) Die Hälfte der gefundenen Kupfermenge ist annähernd gleich der Menge des Invertzuckers.

Wert 0,121 der in der obersten Querspalte der Tabelle befindlichen Zahl 0,125 am nächsten steht. Der Schnittpunkt der betreffenden beiden Spalten ergibt den Faktor $F = 47{,}3$ und man erhält:

5. $\frac{\mathrm{Cu}}{p} \times F$ oder $\frac{0{,}242}{6{,}0} \times 47{,}3 =$ richtige Invertzuckerprozente, nämlich $= 1{,}90\%$.

Außer dem vorstehenden Verfahren sind von H. Winter[1]), A. Scholvien[2]), Buisson[3]) und Müller[3]) titrimetrische Verfahren zur Bestimmung des Invertzuckers angegeben, die zum Teil einfacher als vorstehendes Verfahren sind. Von Verfahren dieser Art hat das von Ivar Bang[4]) nach L. Radlberger[5]) die meisten Vorzüge. Es beruht darauf, daß eine Lösung von Kupfercarbonat und Kaliumcarbonat mit Rhodankalium versetzt, bei der Reduktion mit Glykose nicht Kupferoxydul, sondern weißes Kupferrhodanür ausscheidet. Diese Reaktion verläuft quantitativ. Das nach der Reduktion noch vorhandene Kupferoxyd reduziert Bang mit Hydroxylamin in der Kälte. Bei großem Überschuß von Rhodankalium findet keine Abscheidung von Kupferrhodanür statt, weil dieses bei der fortgesetzten Reduktion gebildete Rhodanür als farblose Verbindung in der Lösung bleibt. Diese Umstände geben die Bedingungen für die Ausführung des Verfahrens.

Radlberger stellt nach dem Vorgange vor E. Hoppe die Titrationsflüssigkeiten wie folgt her:

250 g Kaliumcarbonat und 200 g Rhodankalium werden in einem 1 l haltenden Meßkolben mit 700 ccm Wasser im Wasserbade auf 70° erwärmt, unter Umschwenken gelöst, dann auf 30° abgekühlt. Nun wird eine Lösung von 50 g Kaliumhydrocarbonat in 150 ccm Wasser in vorerwähnte Lösung eingetragen, hierauf eine Lösung von 6,25 g krystallisierten Kupfervitriols zugesetzt und das Ganze längere Zeit stehen gelassen, dann nachgefüllt und filtriert.

In einem zweiten Literkolben werden 100 g Rhodankalium in kaltem Wasser gelöst, 1,625 g Hydroxylaminsulfat in Lösung eingetragen, zur Marke aufgefüllt und filtriert. Die titrimetrischen Bestimmungen werden in nachstehender Weise durchgeführt:

50 ccm der Kupferlösung werden mit 10 ccm der zu untersuchenden Zuckerlösung in einem Titrationskolben zum Kochen erhitzt, 3 Minuten im Kochen erhalten, auf 20° abgekühlt und endlich mit Hydroxylaminlösung bis zur Entfärbung zurücktitriert.

Über die weitere Ausführung vgl. die Schrift von J. Bang.

4. Saccharose neben Invertzucker. Man polarisiert vor und nach der Inversion — die genau nach S. 754 ausgeführt wird —, und berechnet für Erzeugnisse, die weniger als 2% Invertzucker enthalten, den Zuckergehalt nach der Clergetschen Formel gemäß der zollamtlichen Vorschrift, wie folgt:

Zur Berechnung des Zuckergehaltes Z dient die Formel[6]):

$$Z = \frac{100\,(P - J)}{C - {}^1/_2\,t}\,.$$

[1]) Die deutsche Zuckerindustrie 1909, 202.

[2]) Ebendort S. 204. [3]) Ebendort S. 521.

[4]) Ivar Bang, Eine Methode zur Invertzuckerbestimmung. Berlin, Jul. Springer, 1909.

[5]) Österr.-ungar. Zeitschr. f. Zuckerind. u. Landw. 1911, **40**, 6. Heft.

[6]) Diese Formel leitet sich wie folgt ab: Eine reine Saccharoselösung, die bei Anwendung des 200 mm-Rohres eine Drehung von +100° im Saccharimeter zeigt, gibt nach der Inversion eine Linksdrehung von 32,66° bei 20° und von 42,66° bei 0°. Die Drehungsverminderung infolge der Inversion beträgt also:

	bei 0°	20°	allgemein
	142,66	132,66	142,66 — 0,5 t

Bezeichnet S die gefundene Drehungsverminderung des zu untersuchenden Zuckers und Z den Prozentgehalt desselben an Saccharose, so verhält sich:

$$Z : S = 100 : (142{,}66 - 0{,}5\,t) \quad \text{oder}$$

$$Z = \frac{100 \cdot S}{142{,}66 - 0{,}5\,t}\,.$$

P ist die Polarisation vor der Inversion, bezogen auf eine Lösung des in dem ganzen Normalgewicht der zu untersuchenden Ware enthaltenen Zuckers zu 100 ccm und bestimmt im 200 mm-Rohr.

J bedeutet die Polarisation der vorstehenden Lösung nach der Inversion im 200 mm-Rohr. Benutzt man zur Inversion die nämliche Lösung, welche zur ersten Polarisation gedient hat, was zweckmäßig ist, so genügt es, wenn man hierzu 50 ccm der Lösung verwendet.

C ist ein Wert, der von der Menge des in der zu invertierenden Lösung wirklich vorhandenen Zuckers abhängt. Diese Menge erhält man mit hinreichender Annäherung durch Vervielfältigung der abgelesenen Polarisation vor der Inversion mit der Zahl Kubikzentimeter des zur Inversion benutzten Teiles der ursprünglichen Lösung und mit dem ganzen Normalgewicht in Gramm und durch Teilung mit 10 000. Die so ermittelte Menge, abgerundet auf ganze Gramm, ergibt den Betrag von C aus der nachfolgenden Tabelle:

Für g Zucker in 100 ccm	ist C einzusetzen mit	Für g Zucker in 100 ccm	ist C einzusetzen mit	Für g Zucker in 100 ccm	ist C einzusetzen mit
1	141,85	6	142,18	10	142,46
2	141,91	7	142,25	11	142,52
3	141,98	8	142,32	12	142,59
4	142,05	9	142,39	13	142,66
5	142,12				

t ist die Temperatur während der Polarisation nach der Inversion im Polarisationsapparat in Graden Celsius.

Beispiel: Es sei der in dem halben Normalgewichte der Ware, 13 g, enthaltene Zucker zu 200 ccm gelöst; 100 ccm der Lösung entsprechen also dem $^1/_4$ Normalgewichte. Die abgelesene Polarisation vor der Inversion betrage bei Benutzung des 100 mm-Rohres $+ 7°$. Sie ist demnach mit 4 und, weil das 100 mm-Rohr verwendet wurde, nochmals mit 2 zu vervielfältigen. Es ergibt sich $P = +56°$.

Von der Lösung seien 50 ccm zur Inversion benutzt. Die Polarisation nach der Inversion betrage bei Benutzung des 200 mm-Rohres $-2{,}35°$ und somit für die 100 ccm der obigen ursprünglichen Lösung $-4{,}7°$; da die Lösung dem $^1/_4$ Normalgewicht entspricht, so ist $J = -18{,}8°$. Ferner ist die Menge des Zuckers, der in den zur Inversion verwendeten 50 ccm enthalten ist, $= \frac{26 \times 14 \times 50}{10\,000} = 1{,}82$. Damit findet sich aus der Tabelle für C der Wert 141,91 und es wird nunmehr die Formel zur Berechnung des Zuckergehaltes, falls die Temperatur während der Polarisation nach der Inversion 19° betrug, $Z = \frac{100\,(56 + 18{,}8)}{141{,}91 - 9{,}5} = 56{,}49$ oder abgerundet 56,5 %.

5. Saccharose neben Glykose. Da auch die Glykose durch die Inversion nicht verändert wird, so gilt auch für glykosehaltige Zucker die Clergetsche Formel, nämlich $Z(\text{Saccharose} = \frac{100 \cdot S}{132 \cdot 66} = 0{,}7538\,S$, worin S die gesamte Drehungsveränderung bedeutet. Soll auch Glykose und Invertzucker getrennt bestimmt werden, so muß man nach Teil I, S. 435 verfahren.

6. Saccharose neben Raffinose. In ähnlicher Weise wie der Invertzucker wird auch nach R. Creydt[1]) die Raffinose ($C_{18}H_{32}O_{16}+5\,H_2O$), welche sich bei der Entzuckerung von Melasse durch Strontian bildet und 1,852 mal[2]) stärker nach rechts dreht als Saccharose, durch Polarisation vor und nach der Inversion bestimmt.

---

[1]) Zeitschr. d. deutschen Vereins f. Rübenzuckerindustrie 1888, 972.

[2]) Die Formeln ergeben sich aus folgenden Erwägungen:

a) Eine Lösung von 14,065 g wasserfreier oder 16,576 g wasserhaltiger Raffinose zu 100 Mohrschen ccm zeigt im Saccharimeter eine Drehung von $+100°$, die durch die Hydrolyse nach obiger Vorschrift (Herzfeld) auf $+51{,}24°$ ($t = 20°$) zurückgeht;

A. Herzfeld und Dammüller[1]) haben diesem Verfahren bei weniger als 2% Invertzucker folgende genaue Form gegeben:

a) Das halbe Normalgewicht (nämlich 13,024 g für den Soleil-Ventzke-Scheibler-Apparat) von raffinosehaltigen Zuckerprodukten wird im 100 ccm-Kolben in 75 ccm Wasser gelöst und mit 5 ccm Salzsäure (von 38,8% Gehalt an HCl) $7^1/_2$—10 Minuten auf 67—70° erwärmt. Nach dem Abkühlen, Auffüllen zur Marke und Klären mit durch Salzsäure ausgewaschener Knochen- oder Blutkohle wird die Beobachtung bei 20° ausgeführt. Zur Berechnung des Ergebnisses dienen folgende 2 Formeln[2]):

$$Z \text{ Saccharose} = \frac{0{,}5124\,P - J}{0{,}8390} \text{ und } R \text{ (Raffinoseanhydrid)} = \frac{P - Z}{1{,}852},$$

in welchen

P = direkte Polarisation,

J = Polarisation nach der Inversion für das ganze Normalgewicht mit Umkehrung des Vorzeichens

bedeutet[1]).

Hat man bei einer anderen (t) Temperatur als 20° polarisiert, so berechnet sich die Größe für die Temperatur 20° nach der Formel:

$$J_{20} = J_t + 0{,}0038\,S\,(20 - t),$$

worin S die Drehungsverminderung in der Clergetschen Formel bedeutet.

b) Bei einem Gehalte von 2% Invertzucker und darüber muß nach der Zollvorschrift an Stelle der direkten Polarisation (P) des vorigen Verfahrens die Bestimmung des Gesamtzuckers in dem invertierten Ablauf mittels Fehlingscher Lösung treten.

Nachdem die Prozente Brix ermittelt worden sind, bestimmt man den Gehalt des Ablaufs an Zucker (Z), indem man die durch den invertierten Ablauf aus Fehlingscher Lösung abgeschiedene

---

b) eine Lösung von 26,0 g wasserfreier Raffinose zu wahren 100 ccm ergibt bei der Polarisation +185,2°;

c) eine 100° zeigende Saccharoselösung geht durch die Inversion nach vorstehender Seite auf — 32,66 ($t = 0$) zurück.

Bezeichnet P die Polarisation des raffinosehaltigen Zuckers vor der Inversion, J die Polarisation nach der Inversion, Z den Rohrzuckergehalt und R den Gehalt an Raffinose-Anhydrid, so ist:

$$1)\quad P = Z + 1{,}852\,R \quad \text{und}$$
$$2)\quad J = -0{,}3266\,Z + (0{,}5124 \cdot R) \cdot 1{,}852.$$

Durch Elimination von R erhält man den Wert für

$$Z = \frac{0{,}5124 \cdot P - J}{0{,}839}$$

und durch Einsetzen dieses Wertes von Z in die Formel 1) den Wert für

$$R \text{ (Anhydrid} = \frac{P - Z}{1{,}852},$$

[1]) Zeitschr. d. deutschen Vereins f. Rübenzuckerindustrie 1889, 722 u. 742; ebendort 1890.

[2]) Da die Polarisation nach der Inversion stets negativ (—) ist, so ist der Betrag der Linksdrehung, da $-(-J) = +J$ ist, stets zu addieren und lautet die Formel in Wirklichkeit:

$$Z = \frac{(0{,}5182 \times P + J)}{0{,}839}.$$

Polarisiert ein Nachprodukt z. B. vor der Inversion = +94,5, nach der Inversion = —13,8°, so berechnet sich der Gehalt an Saccharose nach der Formel zu 90,6%, da

$$Z = \frac{(0.5124 \times 94{,}5) + (2 \times 13{,}8)}{0{,}839} = \frac{76{,}0218}{0{,}839} = 90{,}6 \text{ ist.}$$

Menge Kupfer (Cu) und die Inversionspolarisation (J) — bezogen auf das ganze Normalgewicht — feststellt.

Der Berechnung ist die folgende Formel zugrunde zu legen:

$$Z = \frac{582{,}98 \cdot \mathrm{Cu} - J \cdot F_2}{0{,}9491 \cdot F_1 + 0{,}3266 \cdot F_2},$$

in welcher F_1 und F_2 die Reduktionsfaktoren einerseits des invertierten Rohrzuckers, andererseits der invertierten Raffinose bedeuten. Nachstehend sind diese Werte unter der Voraussetzung, daß nur Zucker, Invertzucker und Raffinose vorhanden sind, für die hauptsächlich in Betracht kommenden Kupfermengen von 0,120—0,230 g berechnet und ist die Formel durch Einsetzung der berechneten Werte vereinfacht worden. Für

Cu = 120 mg	ist $Z = 247{,}0 \cdot \mathrm{Cu} - 0{,}608 \cdot J$	Cu = 180 mg	ist $Z = 249{,}2 \cdot \mathrm{Cu} - 0{,}604 \cdot J$
Cu = 130 „	„ $Z = 247{,}4 \cdot \mathrm{Cu} - 0{,}607 \cdot J$	Cu = 190 „	„ $Z = 249{,}7 \cdot \mathrm{Cu} - 0{,}604 \cdot J$
Cu = 140 „	„ $Z = 247{,}7 \cdot \mathrm{Cu} - 0{,}606 \cdot J$	Cu = 200 „	„ $Z = 250{,}0 \cdot \mathrm{Cu} - 0{,}604 \cdot J$
Cu = 150 „	„ $Z = 248{,}1 \cdot \mathrm{Cu} - 0{,}605 \cdot J$	Cu = 210 „	„ $Z = 250{,}4 \cdot \mathrm{Cu} - 0{,}605 \cdot J$
Cu = 160 „	„ $Z = 248{,}4 \cdot \mathrm{Cu} - 0{,}604 \cdot J$	Cu = 220 „	„ $Z = 251{,}2 \cdot \mathrm{Cu} - 0{,}606 \cdot J$
Cu = 170 „	„ $Z = 248{,}7 \cdot \mathrm{Cu} - 0{,}604 \cdot J$	Cu = 230 „	„ $Z = 251{,}7 \cdot \mathrm{Cu} - 0{,}607 \cdot J$

Da die Reduktionsfaktoren sich nur sehr langsam ändern, so genügt die vorstehende Berechnung von 0,01 zu 0,01 g Kupfer. Milligramme Kupfer rundet man beim Aufsuchen des entsprechenden Wertes in der Tabelle auf Zentigramme ab, und zwar unterhalb 5 nach unten, anderenfalls nach oben.

Den Gehalt an Raffinosehydrat findet man nach der Formel[1]):

$$R = (1{,}054 \cdot J + 0{,}344 \cdot Z) \cdot 1{,}178.$$

Beispiel: Der Ablauf habe eine Inversionspolarisation $J = -8{,}5°$ und eine Menge Kupfer — nach der Inversion und bezogen auf 0,1625 g Ablauf — Cu = 0,184 g ergeben, dann ist aus der Tabelle für Cu = 180 mg der Wert

$$Z = 249{,}2 \cdot \mathrm{Cu} - 0{,}604 \cdot J \text{ oder}$$
$$Z = 249{,}2 \cdot 0{,}184 - 0{,}604 \cdot (-8{,}5),$$
$$Z = 50{,}98\% \text{ oder abgerundet } 51{,}0\%.$$

Daraus berechnet sich nach obiger Raffinoseformel der Gehalt an Raffinosehydrat

$$R = [1{,}054 \cdot (-8{,}5) + 0{,}344 \cdot 51{,}0] \cdot 1{,}178 = 10{,}11\% \text{ oder abgerundet } = 10{,}1\%.$$

Enthält das Erzeugnis gleichzeitig größere Mengen Invertzucker und hätte für eine Bestimmung in 2 g Substanz nach S. 757 250 mg Cu geliefert, so würden dieser Kupfermenge nach den dort angegebenen Formeln 6,58% Invertzucker oder 6,58 · 0,95 = 6,25% Saccharose entsprechen. die von dem Gesamtzucker abgezogen werden müssen, um den wahren Saccharosegehalt (50,98 — 6,25 = 44,73%) zu finden. Das Zuckererzeugnis würde daher aus 44,73% Saccharose, 10,1% [nach Baumann[1]) 8,59%) Raffinose und 6,58% Invertzucker bestehen.

J. W. Gunning[2]) und R. Ofner[3]) behandeln die raffinosehaltigen Zuckererzeugnisse zuerst mit Methylalkohol, worin die Raffinose löslich ist, und untersuchen die raffinosereiche Lösung nach Entfernung des Methylalkohols vor und nach der Inversion.

R. Creydt[4]) schlug auch vor, die Raffinose durch Überführung in Schleimsäure mittels Salpetersäure zu bestimmen, hat aber bis jetzt noch kein bestimmtes Verhältnis zwischen Raffinose und Schleimsäure angegeben. Ferner ist vorgeschlagen, die Raffinose durch Behandeln mit Emul-

[1]) In der von Baumann angegebenen Formel fehlt der Faktor 1,178; sie lautet einfach $R = 1{,}053 \cdot J + 0{,}344 \cdot Z$; hiernach würde sich der Raffinosegehalt zu nur 8,59% berechnen.

[2]) Zeitschr. f. analyt. Chemie 1889, **28**, 45.

[3]) Zeitschr. f. Untersuchung d. Nahrungs- u. Genußmittel 1908, **16**, 180.

[4]) Zeitschr. f. analyt. Chemie 1894, **33**, 255. Vgl. hierzu J. Herzfeld, ebendort S. 256 und Zeitschr. f. Rübenzuckerindustrie **40**, 265.

sin, dem Enzym der bitteren Mandeln, zu bestimmen, wodurch Raffinose in Saccharose und Galaktose, Saccharose aber nicht hydrolysiert wird. Auch C. Neuberg und Marx[1]) haben das Emulsin erneut zum Nachweise kleiner Mengen Raffinose vorgeschlagen.

A. Herzfeld[2]) hält aber alle diese Verfahren in der Praxis für unbrauchbar. Nur die von B. Tollens[3]) angegebene Naphthoresorcinreaktion (auf Glykuronsäure) solle sich zum qualitativen Nachweise eignen und könne vielleicht die Auffindung eines Hydrazins, das mit der aus Raffinose entstehenden Melibiose ein in wägbarer Form ausfällbares Hydrazon bilde, zur quantitativen Bestimmung der Raffinose führen. Auch von anderer Seite[4]) wird das Herzfeldsche Verfahren, wenn die Ausführungsvorschriften genau innegehalten werden, bis jetzt als das einzig mögliche und genügend zuverlässige Verfahren bezeichnet.

L. Grzybowski[5]) beschreibt ein Verfahren zur Bestimmung der Saccharose, Raffinose, Invertzucker und Glykose in Gemischen nebeneinander, worauf verwiesen sei. Iwar Fogelborg[6]) macht verschiedene Aussetzungen an diesem Verfahren und selbst andere Vorschläge.

7. Bestimmung der Farbe. Zur Bestimmung der Farbe des Rohzuckers und anderer zuckerhaltigen Fabrikationserzeugnisse dient allgemein das Stammersche Farbenmaß, von dessen Beschreibung hier abgesehen werden mag, weil sie den Apparaten beigegeben zu werden pflegt.

8. Die Alkalitätsbestimmung. Die Vorschrift hierfür (bei Rohrzucker) lautet wie folgt: Für die Prüfung des Rohzuckers[7]) auf Alkalität wägt man einerseits 10 g Rohzucker ab, andererseits mißt man 100 ccm des schwach geröteten Lösungswassers[8]) und neutralisiert es in einer weißen Porzellanschale bis zur Farblosigkeit mit der Probesäure[9]). Darauf setzt man so viel von der Probelauge[10]) hinzu, daß die Flüssigkeit wiederum schwach rötlich gefärbt erscheint.

Die Färbung soll jedoch nur so stark sein, daß sie durch Zusatz eines Kubikzentimeters der Probesäure wieder zum Verschwinden gebracht werden kann.

Nunmehr werden ohne Verzug die bereits vorher abgewogenen 10 g Rohzucker in der Flüssigkeit aufgelöst. Bleibt die Rotfärbung des Wassers beim Lösen des Zuckers bestehen oder wird sie stärker, so ist der Zucker alkalisch, verschwindet dieselbe, so ist er sauer.

In Zweifelsfällen überzeugt man sich durch Titrieren mit Probesäure oder Probelauge, nach welcher Richtung der Farbenumschlag eintritt.

Bei dunkelen Zuckern genügen in der Regel 100 ccm des Lösungswassers nicht, es muß vielmehr so viel Wasser verwendet werden, bis die Zuckerlösung hell genug erscheint, um die Titration ausführen zu können.

Schließlich sei ausdrücklich bemerkt, daß bei Anwendung dieses Verfahrens die neutralen Zucker mit zu den alkalischen gerechnet werden.

---

1) Biochem. Zeitschr. 1907, **3**, 519.

2) Zeitschr. d. Vereins f. d. deutsche Zuckerindustrie 1910 (N. F.), **47**, 1204.

3) Berichte d. deutsch. chem. Gesellschaft 1908, **41**, 1788.

4) Vgl. F. Strohmer, Österr.-ungar. Zeitschr. f. Zuckerind. u. Landw. 1911, **40**, 3. u. 6. Heft.

5) Nach Zeitschr. f. deutsche Zuckerindustrie 1903, **28**, 1929 in Zeitschr. f. Untersuchung d. Nahrungs- u. Genußmittel 1904, **8**, 511.

6) Zeitschr. f. Untersuchung d. Nahrungs- u. Genußmittel 1905, **9**, 294 und 1905, **10**, 175.

7) Zeitschr. d. Vereins f. Rübenzuckerindustrie 1901, 381 und 1902, 115.

8) 10 l Wasser werden mit 5 ccm konzentrierter alkoholischer Phenolphthaleinlösung (1 : 30 Alkohol von 90%) versetzt und darauf mit Natronlauge so stark alkalisch gemacht, daß eine anhaltende deutliche Färbung der Flüssigkeit entsteht. Das Lösungswasser muß stets mehrere Stunden vor dem Gebrauch bereitet werden.

9) Man verdünnt 36 ccm Normalschwefelsäure mit Wasser bis zu 10 l; 1 ccm dieser Säure entspricht einer Kalkalkalität von 0,0001 g.

10) Hierzu dient in derselben Weise verdünnte Natronlauge, von der also 1 ccm (= 1 ccm der Schwefelsäure) ebenfalls einer Kalkalkalität von 0,0001 g entspricht.

9. Reinheit bzw. Rendement oder Ausbeute. Wenn man Wasser, Zucker und Asche in den zuckerhaltigen Fabrikationserzeugnissen addiert und die Summe von 100 abzieht, erhält man aus der Differenz die „organischen Nichtzuckerstoffe“.

Die Reinheit oder der Quotient wird gefunden, indem man den Zuckergehalt auf 100 Teile wirkliche Trockensubstanz bezieht.

Unter Ausbeute, Rendement oder Raffinationswert (bei Rohzucker) versteht man die Zahl, welche angibt, wieviel an krystallisiertem Zucker bei dem Raffinationsvorgang aus einem Rohzucker zu gewinnen bzw. „auszubringen“ ist.

Hierbei nimmt man an, daß durch 1 Gewichtsteil der in dem Rohzucker enthaltenen löslichen Salze (also ausschließlich Sand usw.) 5 Gewichtsteile Saccharose am Krystallisieren verhindert und der Melasse zugeführt werden.

Man löst zur Bestimmung der löslichen Salze 20—30 g Rohzucker in Wasser, filtriert, bringt das Filtrat auf etwa 200 ccm, verdampft die Hälfte desselben in einer flachen Platinschale und verascht, wie unter 10 beschrieben ist.

Angenommen, ein Rohzucker enthält 95% Zucker und 1,26% lösliche Salze, so verhindern letztere $1{,}26 \times 5 = 6{,}30\%$ Zucker am Krystallisieren, also beträgt das „Rendement“ des betreffenden Zuckers $95{,}0 - 6{,}30 = 88{,}7$.

Auch der Invertzucker gilt als melassebildend, d. h. er vermindert die Ausbeute; man pflegt daher im Ausfuhrhandel den gefundenen Gehalt an Invertzucker mit 5 zu multiplizieren und von dem Polarisationsbetrage abzuziehen.

Das Verfahren ist allgemein gebräuchlich, kann aber als ein wissenschaftliches nicht bezeichnet werden.

10. Asche. 3 g bzw. 5 g des Zuckers werden vorsichtig mit kleiner Flamme in einer geräumigen Platinschale verkohlt, die Kohle wird nach dem Zerdrücken mit Wasser ausgezogen und der Rückstand und das Filtrat nach Teil I, S. 476 weiter behandelt. Bei reinen Zuckersorten kann man die abgewogene Menge auch vorsichtig mit konzentrierter Schwefelsäure durchfeuchten, dann veraschen und von der Asche (d. h. der Sulfatasche), weil darin Chlor und Kohlensäure durch Schwefelsäure ersetzt sind, $^1/_{10}$ des Gewichtes abziehen. Das geht aber nicht, wenn die Asche auf etwaige mineralische Beimengungen untersucht werden soll.

11. Nachweis der Verunreinigungen des Zuckers. *a)* Etwaige ***mineralische Beimengungen*** oder Zusätze, wie Gips, Ton, Kreide, Schwerspat geben sich dadurch zu erkennen, daß der Zucker sich nicht klar in Wasser löst, außerdem aber auch einen höheren Aschengehalt aufweist. Über die Ermittelung der mineralischen Beimengung siehe unter Mehl S. 515. Über den Nachweis von Zinnchlorid vgl. S. 751. Sollte auf Blei geprüft werden müssen, so verfährt man wie bei Mehl S. 516.

Muß Strontian, herrührend von der Zuckergewinnung aus Melasse mittels Strontiumhydroxyds, bestimmt werden, so verascht man den Zucker, ohne Zusätze anzuwenden, löst die Asche in Salzsäure, neutralisiert mit Ammoniak unter Anwendung eines geringen Überschusses, filtriert, wenn ein Niederschlag entsteht, schnell, fällt das Filtrat mit Ammoniumcarbonat, löst den Niederschlag in Salpetersäure, verdampft die Lösung zur Trockne und behandelt den getrockneten und erkalteten Rückstand mit einem Gemisch von gleichen Teilen Äther und Alkohol. Das unlöslich bleibende Strontiumnitrat kann dann in bekannter Weise quantitativ bestimmt und spektralanalytisch auf Strontium geprüft werden. Bei etwaiger Prüfung auf Baryt würde man statt der Nitrate die Chloride herstellen und diese mit Äther-Alkohol behandeln, worin Bariumchlorid unlöslich ist usw.

b) Mehl und Stärke. Sie geben sich ebenfalls beim Auflösen des Zuckers durch die Trübung zu erkennen und lassen sich mikroskopisch leicht in bekannter Weise feststellen. Zur quantitativen Bestimmung löst man eine gewogene Menge Zucker in Wasser, filtriert durch ein getrocknetes gewogenes Filter, trocknet, wägt, verascht und wägt. Der zuerst gewogene Trockenrückstand minus Asche gibt die Menge Mehl, Stärke oder sonstige organische Substanz.

c) Ultramarin. Dasselbe befindet sich nach Auflösen des Zuckers in Wasser und nach einigem Stehen ebenfalls im Bodensatz und kann darin wie bei Graupen, S. 634, nachgewiesen werden.

d) Auf etwaige ***schweflige Säure***, die von der Behandlung der Zuckersäfte hiermit herrühren kann, löst man 10—20 g Zucker in etwa 25 ccm Wasser, fügt 0,3—0,5 g Magnesiumdraht sowie 5 ccm reine Salzsäure hinzu und hängt mittels eines lose aufgesetzten Korkes einen Streifen von mit Bleiessig getränktem Filtrierpapier in den Kolben, ohne daß der Streifen die Flüssigkeit berührt. Bei Anwesenheit von schwefliger Säure entsteht Schwefelwasserstoff, der das Bleipapier schwärzt.

Quantitativ kann die schweflige Säure wie bei Gelatine S. 121 u. I. Teil, S. 602, bestimmt werden.

e) Über die Prüfung auf ***Saccharin*** vgl. S. 728.

12. Zur Unterscheidung von Rübenzucker und Zuckerrohrzucker wird angeführt, daß indigschwefelsaures Kalium (Indigkarmin) beim Erwärmen mit konzentrierten Lösungen von Rübenzucker bei einer Temperatur, bei welcher dieser noch nicht die zum Erstarren nötige Konsistenz hat, infolge vorhandener Spuren von salpetersauren Salzen entfärbt wird, dagegen bei Zuckerrohrzucker nicht.

Anhaltspunkte zur Beurteilung des Zuckers.

1. Wenngleich die in den Zuckerrüben und dem Zuckerrohr vorhandene Saccharose chemisch gleich ist, so besitzen doch die aus beiden Rohstoffen hergestellten Zuckererzeugnisse nicht selten ungleiche Eigenschaften, weshalb im Handel je nach dem verwendeten Rohstoff auch in der Bezeichnung zwischen Rübenzucker und Zuckerrohr- (bzw. Rohr- oder Kolonial-)Zucker unterschieden werden sollte.

2. Der Zucker muß sich klar und ohne eine deutliche Trübung in Wasser lösen; I. Teil, Zucker muß sich in $^1/_2$ Teil Wasser zu einem klaren, nicht merklich gefärbten Sirup lösen, der sich mit Alkohol klar mischen läßt. Der Zucker soll geruchlos und ohne Beigeschmack sein.

3. Die außer Saccharose vorhandenen Stoffe (Wasser, Asche und organischer Nichtzucker) sollen bei reinem Zucker 0,5% nicht überschreiten; bei weniger reinen Sorten können sie 1—2% betragen.

4. Beimengungen von Gips, Kreide, Ton, Schwerspat, ebenso von Mehl oder Stärke oder Saccharin sind selbstverständlich als Verfälschungen anzusehen.

5. Durch pflanzliche (Schimmel, Hefen usw.) oder durch tierische Parasiten, durch Mäusekot, Fliegenreste und Fliegenschmutz verunreinigter Zucker ist zu beanstanden bzw. zu vernichten.

6. Das Vorkommen von Schwermetallen (Blei, Barium, Strontium u. a.), von schwefeliger Säure ist zu beanstanden.

7. Der Zusatz von Ultramarin zur Bläuung des Zuckers ist ein allgemein geduldeter Mißbrauch geworden[1]). Wenn er daher auch nicht grundsätzlich beanstandet werden kann, so ist doch zu berücksichtigen, daß der Zusatz die durch die Gelbfärbung bedingte fehlerhafte oder schlechte Beschaffenheit eines Zuckers verdecken soll; wenn daher ein solcher Zucker nicht zu einem billigeren Preise, aus dem die geringere Beschaffenheit zu ermessen ist, verkauft wird, so bedeutet die Bläuung mit Ultramarin in der Tat die Vortäuschung einer besseren Beschaffenheit. Auch kann der Zusatz von Ultramarin unter Umständen nach S. 751 dem Zucker ein mißfarbiges Aussehen verleihen oder beim Einkochen mit stark sauren Früchten die unangenehme Entwicklung von Schwefelwasserstoff zur Folge haben.

[1]) Das Schweizerische Lebensmittelbuch 1909, S. 108 betrachtet den Zusatz von Ultramarin weder als Verfälschung, noch als Verunreinigung. Dieser Auffassung kann ich mich nicht bedingungslos anschließen.

Verwertung von beanstandetem Zucker.

Zucker, der für die menschliche Verzehrung beanstandet bzw. zurückgewiesen ist, kann, falls er keine giftigen Stoffe enthält, für die Fütterung von Tieren oder in der Spiritusbrennerei verwendet werden.

Milchzucker (Laktose).

Der Milchzucker (Laktose) wird dadurch aus den süßen Molken gewonnen, daß man diese eindampft und die eingedampfte Flüssigkeit der Krystallisation überläßt. Hierbei wird zunächst der gelbgefärbte Rohmilchzucker (Schottenzucker) gewonnen, der durch mehrmaliges Umkrystallisieren gereinigt wird. Man hängt dünne Holzstäbchen in die Krystallisationsgefäße, um welche sich der Milchzucker entweder als eine zylindrische, 4—6 cm dicke bis 40 cm lange Krystallmasse oder in einzelnen, krystallinischen bis 2 cm dicken Tafeln und Krusten ansetzt. Die einzelnen Krystalle bestehen aus harten, durchscheinenden, weißen vierseitigen Prismen von wenig süßem Geschmack, die beim Zerkleinern ein weißes, in der 6—7 fachen Menge Wasser lösliches Pulver liefern. Bei der Fabrikation fallen ab: 1. das Molkenprotein (Molkenzieger), welches als solches oder als Proteose für die menschliche Ernährung, mit Vorliebe aber auch als Schweinefutter verwendet wird; 2. ein Filterpreßrückstand; und 3. die Milchzuckermelasse; letztere beiden Abfälle werden nur zur Düngung verwendet[1]).

Reiner Milchzucker soll nur etwa 0,2% Wasser, 0,1% Asche, dagegen 99,5% Laktose enthalten. Burr und Berberich[2]) fanden in 25 Proben deutscher Milchzuckerraffinade 0,02—1,58% Wasser, 0,025—0,250% Asche und 0—0,060% Stickstoff.

Der Rohmilchzucker dagegen ergab in 26 Proben:

	Wasser %	Milchzucker %	Asche %	Protein %	Fett %	Säure = Milchsäure %	Sonstige Bestandteile %
Schwankungen	0,18—14,07	78.45—95,95	1,19—5,44	0,62—3,22	0,08—0,41	0,068—2,136	0,03—5,09
Mittel	1,61	90,89	2,10	2,02	0,38	0,42	1,81

Der Milchzucker dient vorwiegend als Zusatz zu Kuhmilch für die Kinderernährung. Außer durch mangelhafte Reinigung kann der Wert desselben durch Zusatz von Rohr- oder Rübenzucker, Invertzucker, Stärkemehl, Gips usw. herabgesetzt werden.

Die Untersuchung anlangend, so wird

1. die Bestimmung von ***Wasser*** (5 g), ***Stickstoff*** (5 g), ***Asche*** wie vorstehend bei Rohr- und Rübenzucker ausgeführt;

2. das ***Fett*** kann nach Röse-Gottlieb, S. 195,

3. die ***Säure*** durch Auflösen von 10 g Milchzucker in 50 ccm Wasser und Titration mit Alkalilauge unter Verwendung von Phenolphthalein als Indikator bestimmt werden; die verbrauchten Kubikzentimeter Lauge werden auf Milchsäure (S. 318) umgerechnet.

4. Über die ***Bestimmung des Milchzuckers*** vgl. S. 213.

Das S. 215 von E. Salkowski angegebene Verfahren zur Bestimmung des Milchzuckers liefert nach G. Jahnson-Blohm[3]) und R. Rosemann[4]) keine richtigen Ergebnisse, weil das Ammonsulfat die Drehung herabsetzt, z. B. eine gesättigte Lösung nach

[1]) Bis 1906 wurde der in Deutschland verwendete Milchzucker fast ausschließlich aus Nordamerika eingeführt. Seit Einführung des Zolles für Milchzucker 1906 (40 Mark für 100 kg) hat die Fabrikation des Milchzuckers in Deutschland selbst sehr zugenommen; der jährliche Verbrauch beträgt in Deutschland etwa 700 000 kg.

[2]) Chem. Ztg. 1911, **35**, 751, 776, 794, 803.

[3]) Zeitschr. f. physiol. Chemie 1912, **83**, 441.

[4]) Ebendort 1814, **89**, 133.

Rosemann von 52,53° auf 50,47°; bei einer 40proz. Lösung (nach Salkowskis Vorschlage) von 52,53° auf 51,55°. Da aber das Salkowskische Verfahren an sich mehr Milchzucker liefert als andere Verfahren, so muß vielleicht irgendein anderer Umstand bei Gegenwart von Ammonsulfat den Fehler wieder aufheben.

5. Nachweis von Verunreinigungen bzw. Verfälschungen. Der Nachweis von Stärke kann mikroskopisch erfolgen; zur quantitativen Bestimmung kann man, nachdem die Stärke qualitativ nachgewiesen ist, 5 oder 10 g mit kaltem Wasser bis zur Erschöpfung behandeln, das Unlösliche abfiltrieren, trocknen, wägen, glühen und wieder wägen.

Der Zusatz von Mineralstoffen als Beschwerungsmittel ergibt sich aus der Bestimmung und Untersuchung der Asche; verunreinigende Schwermetalle aus der mit Schwefelsäure verbrannten Substanz (vgl. I. Teil, S. 497).

Invertzucker und Glykose, die wohl nur selten zugesetzt werden, können am besten nach dem titrimetrischen Verfahren von Soxhlet (I. Teil, S. 434) bestimmt werden.

Häufiger dürften Zusätze von dem billigeren Rohr- oder Rübenzucker sein. Für seinen Nachweis sind verschiedene Verfahren vorgeschlagen, die von Burr und Berberich nachgeprüft worden sind.

a) ***Vorschrift der deutschen Pharmakopoe:*** 0,5 g fein gepulverter Milchzucker werden in einem Probierröhrchen, das vorher mit Schwefelsäure ausgespült ist, mit 10 ccm Schwefelsäure (spezifisches Gewicht 1,836—1,841) gemischt und bei Zimmertemperatur hingestellt; reiner Milchzucker färbt sich innerhalb einer Stunde höchstens gelblich; tritt Braunfärbung auf, so ist Rohr- oder Rübenzucker anzunehmen.

b) ***Prüfung nach Lorin:*** Je 1 g Milchzucker und wasserfreie Oxalsäure werden in einem Reagensrohre im Wasserbade erhitzt. Reiner Milchzucker setzt nach 12 Minuten eine hellgelbe Flüssigkeit am Boden ab, während der nicht geschmolzene Teil noch farblos ist; bei Anwesenheit von nur 1% Rübenzucker tritt schon nach 3 Minuten eine schwache, nach 5 Minuten eine deutlich gelbe, nach 8 Minuten eine dunkelgelbe und nach 12 Minuten eine dunkelbraune Färbung auf.

c) ***Probe von H. Leffmann***[1]***:*** Zu 1 ccm Sesamöl und 1 ccm Salzsäure setzt man 0,5 g Milchzucker, durchschüttelt stark und läßt 30 Minuten stehen; bei Anwesenheit von nur 1% Rübenzucker tritt nach 2—3 Minuten eine leichte Rosafärbung auf, die allmählich in Hellrot übergeht und zwar um so schneller je mehr Rübenzucker vorhanden ist.

A. Conradi[2]) und C. E. Carlson[3]) wenden Resorcin-Salzsäure an (1 g Milchzucker, 10 ccm Wasser, 0,1 g Resorcin und 1 ccm konzentrierter Salzsäure 5 Minuten lang gekocht).

d) Pinoff[4]) führt die ***Resorcinprobe*** wie folgt aus: 0,05 g Milchzucker, 5 ccm Alkohol-Schwefelsäuregemisch (750 ccm 96 proz. Alkohol und 200 ccm konzentrierter Schwefelsäure), 5 ccm Alkohol und 0,2 ccm Resorcinlösung (5 g Resorcin in 100 ccm 96 proz. Alkohol) werden auf 95—98° erwärmt; Saccharose, Raffinose, Fructose, Sorbose reagieren schon nach 1 Minute mit dunkelroter Farbe; Glykose, Milchzucker und Maltose erst nach $^1/_2$stündigem Erhitzen.

Dieses Verfahren bietet aber nach Burr und Berberich gegen das unter c keine Vorzüge.

e) O. Anselmino[5]) hat vorgeschlagen, die Saccharose in Milchzucker durch Vergären mit frischer Preßhefe, wodurch Milchzucker nicht vergoren wird, nachzuweisen. Diese Eigenschaft könnte auch zur quantitativen Bestimmung der Saccharose, der Glykose und Fructose dienen (vgl. I. Teil, S. 436). Indes wird man sich für die quantitative Bestimmung zweckmäßig der Zollvorschrift, S. 300, bedienen.

---

1) Chem.-Ztg. 1906, **30**, 638.

2) Apoth.-Ztg. 1894, **9**, 984.

3) Pharm. Centralhalle 1903, **44**, 133.

4) Berichte d. Deutschen chem. Gesellschaft 1905, **38**, 3308.

5) Chem.-Ztg. 1908, **32**, Repert. S. 151.

Anhaltspunkte für die Beurteilung des Milchzuckers.

1. Der Milchzucker darf keinen ranzigen Geruch zeigen; die gesättigte wässerige Lösung muß gegen Lackmus neutral reagieren und darf nach dem Hinzufügen von Ammoniak durch Schwefelwasserstoffwasser nicht verändert werden (Schwermetalle).

2. Die Feuchtigkeit soll 0,2%, der Aschengehalt 0,25% nicht überschreiten, der Gehalt an Milchzucker 99,5% betragen.

3. Die Beimengung von anderen Zuckerarten (Rohr- oder Rübenzucker, Glykose, Invertzucker u. a.), von Mehl oder Stärkemehl, von Gips oder Schwerspat und dergleichen ist als Verfälschung zu beurteilen. Im übrigen gilt dasselbe, was bei Rohr- und Rübenzucker S. 764 gesagt ist.

Speisesirup.

Die Speisesirupe bestehen nur aus den reineren Melassen, entweder von der Kandisfabrikation aus Rüben oder von der Zuckerrohrzucker-Fabrikation (Kolonialzuckermelasse). Sie sind durchweg reich an Invertzucker, sowie Salzen und enthalten auch mehr oder weniger Raffinose.

Die Speisesirupe und Bäckersirupe sind häufig Mischungen von Melasse mit Stärkezucker bzw. -sirup. Letzterer kann, wie bei Zuckerwaren (S. 721) bzw. durch Gärung (vgl. S. 774) nachgewiesen und bestimmt werden.

Nach Casa-Major löst ein mit Stärkezucker gesättigter Methylalkohol aus einem fraglichen Gemisch nur die Saccharose, nicht aber den Stärkezucker.

Im übrigen werden diese Sirupe wie vorstehend der Verbrauchszucker untersucht.

Ahornzucker.

Der Ahornzucker kommt für den Markt in Europa kaum in Betracht, hat aber eine gewisse Bedeutung für Nordamerika. Er wird dort durch einfaches Eindicken des Frühlingssaftes vom Zuckerahorn (Acer saccharinum Michaux oder Acer saccharophorum C. Koch) gewonnen. Die Bäume liefern vom 20. Jahre an 40 Jahre lang und mehr im lichten Stande durchschnittlich jährlich 1 kg, unter günstigen Verhältnissen auch wohl bis 3 kg Zucker. Man bohrt ähnlich wie im Inlande bei den Birken, 50—75 cm über dem Boden in den Stamm der Bäume 2,5 cm tiefe Zapflöcher von 1,5 cm Durchmesser und befestigt darin Zinnrohre, an welche man gut verdeckte Zinneimer anhängt. Der Saft wird täglich 2 mal — während der Nacht fließt kein Saft aus — gesammelt und sofort eingedampft; er enthält neben etwas Albumin, Äpfelsäure (bis 0,005%), 0,15% Asche, zwischen 2,0—3,5% Saccharose und keine Stärke; der Ahornzucker ergab nach Buisson[1]) 85,40% Saccharose, 5,09% reduzierenden Zucker (nach Clergets Formel), 0,75% Asche und 8,75% sonstige organische Stoffe. Kennzeichnend für den Ahornzucker ist nach Jul. Horvet[1]) der nicht unbedeutende Gehalt an Äpfelsäure, der bei reinem Ahornzucker zwischen 0,98—1,67% liegt. Auch wird der Ahornsaft als Ahornsirup in den Handel gebracht, dessen Gehalt an Äpfelsäure zwischen 0,84—1,28% beträgt. Zucker wie Sirup sind weniger wegen ihres Gehaltes an Saccharose (wegen ihrer Süßigkeit), als wegen eines eigenartigen angenehmen, an Honig erinnernden Aromas geschätzt, dessen Natur bis jetzt noch nicht ermittelt ist. Wegen dieser Eigenschaften werden beide auch häufig verfälscht und zwar mit Rohrzuckersirup und Stärkesirup, die mit einer Abkochung von Hickoryrinde parfümiert werden und durch weiteres Eindunsten bis zur Krystallisation den künstlichen Ahornzucker liefern.

Zum Nachweise dieser Verfälschung benutzt Horvet einerseits den durch Bleiacetat bei Ahornzucker und -sirup entstehenden Niederschlag, der weit größer ist als bei Rohrzucker, andererseits den Gehalt an Äpfelsäure, der die vorhin angegebenen Mengen nicht unterschreitet.

---

[1]) Zeitschr. f. Untersuchung d. Nahrungs- u. Genußmittel 1905, **10**, 495, 496.

Gibt man 5 ccm des Ahornsirups oder 5 g des Ahornzuckers mit 10 ccm Wasser in ein für diesen Zweck eingerichtetes zylinderisches Gefäß, dessen unterer verengter Teil graduiert ist und setzt nach vollständigem Auflösen 0,5 ccm aufgeschlämmte Tonerde sowie 1,5 ccm basisches Bleiacetat zu, so entsteht nach kräftigem Durchschütteln und 60 Minuten langem Stehen ein voluminöser Niederschlag, der 60 Minuten lang in bestimmter Weise zentrifugiert wird. Das Volumen dieses Niederschlages beträgt alsdann unter Zufügung der Alkalitätswerte für die Asche:

Erzeugnis	Niederschlag mit Bleiacetat		Asche	Alkalität der Asche	
	ccm	Mittel ccm	%	mit Phenolphthalein	Gesamt-
Ahornsirup . .	1,38—2,89	1,87	0,76—1,53	0,30—0,62	1,09—2,18
Ahornzucker .	1,31—3,35	1,99	0,72—1,45	0,25—0,57	1,19—2,39

L. Winton und Lehn Kreider[1]) haben dieses Verfahren wie folgt abgeändert:

25 g (oder wenn auch eine polarimetrische Zuckerbestimmung vorgenommen werden soll, 26,048 g) des Materials werden in einem 100 ccm-Kolben mit 25 ccm Normalbleisubacetatlösung versetzt, worauf man bis zur Marke auffüllt, schüttelt, eine Stunde lang stehen läßt und dann filtriert. Vom klaren Filtrat werden 10 ccm auf 50 ccm verdünnt und mit einem geringen Überschuß an Schwefelsäure und 100 ccm 95proz. Alkohol versetzt. Man läßt über Nacht stehen, filtriert durch einen Gooch-Tiegel, wäscht mit 95proz. Alkohol aus, trocknet, glüht schwach 3 Minuten lang, wobei der reduzierende Teil der Flamme vermieden wird, und wägt. Die in dem Niederschlage befindliche Bleimenge wird berechnet (Faktor 0,6829) und von der in 2,5 ccm der Normallösung enthaltenen abgezogen. Durch Division des Restes durch 2,5 erhält man die Bleizahl. — Die Normalbleisubacetatlösung wird folgendermaßen dargestellt: Man kocht 430 g normales Bleiacetat und 130 g Bleiglätte mit 100 ccm Wasser eine halbe Stunde lang, läßt abkühlen, absitzen und verdünnt dann die überstehende Flüssigkeit, bis sie das spezifische Gewicht 1,25 hat; eine bestimmte Menge dieser Lösung wird mit dem 4fachen Volumen Wasser verdünnt und, wenn nötig, filtriert. In 25 ccm dieser Lösung wird nach der Sulfatmethode der Bleigehalt bestimmt. Diese Normallösung ist 4 bis 6 Wochen haltbar.

Auf diese Weise fanden die Verfasser für Ahornsirup 1,19—1,77, für Ahornzucker 1,83—2,48 Bleizahlen.

Alb. P. Sy[2]) bestätigt die Ergebnisse Horvets über den Niederschlag mit Bleiessig und gibt noch höhere Werte für das Volumen dieses Niederschlages als Horvet. Er fügt dieser Prüfung noch eine Farben- und Schaumprobe bei, worauf verwiesen sei.

Die Äpfelsäure bestimmt Horvet nach dem von Leach und Lythgoe[3]) bei Äpfelweinessig angewendeten Verfahren. Etwa 10 ccm (oder mehr) einer 10proz. Lösung werden mit 2 ccm (oder mehr) einer 10proz. Chlorcalciumlösung sowie Ammoniak versetzt, und wenn ein Niederschlag entsteht, filtriert. Zu dem Filtrat setzt man das dreifache Volumen Alkohol, kocht und filtriert von dem Dextrine und Calciumsulfat enthaltenden Niederschlage ab. Der Niederschlag wird getrocknet, in Salpetersäure gelöst und die Lösung eingedampft, wodurch das Malat in das Oxalat übergeht. Man kocht den Niederschlag mit Natriumcarbonatlösung, filtriert, säuert das Filtrat mit Essigsäure an, fällt die Oxalsäure mit Chlorcalcium, filtriert, glüht den Niederschlag in bekannter Weise und wägt den Kalk als CaO; 1 Teil CaO = 2,390 Teile Äpfelsäure (vgl. auch I. Teil, S. 462ff.).

Noch seltener als der Ahornzucker kommen die Zucker aus Zuckerhirse, Zuckermais oder Zuckerpalme im Handel vor; auch ihr wesentlichster Bestandteil ist Saccharose; sie enthalten aber neben dieser durchweg erheblich mehr Nichtzucker als Rüben- und Zuckerrohrzucker (über die Zusammensetzungen vgl. Bd. II, 1904, S. 896). Sie werden untersucht wie der Rüben- und Kolonialzucker.

[1]) Zeitschr. f. Untersuchung d. Nahrungs- u. Genußmittel 1907, **14**, 305.
[2]) Ebendort 1909, **17**, 753. [3]) Ebendort 1905, **9**, 236.

Invertzuckersirup.

Unter Invertzucker ist das durch Inversion von reiner Saccharose entstehende Gemisch von Glykose und Fruktose zu verstehen, unter Invertzuckersirup dagegen das technisch hergestellte Inversionserzeugnis, welches neben Glykose noch wechselnde Mengen unzersetzte Saccharose enthält. Zur Inversion werden verdünnte Säuren oder auch saure Salze verwendet.

P. Wendeler[1]) invertiert die Zuckerlösungen (375 g Zucker auf 600 ccm Wasser) durch mehrstündiges Kochen mit Weinsäure und verhindert das Auskrystallisieren der Glykose durch Erhitzen der invertierten Lösungen auf hohe Temperaturen.

Der Invertzucker unterscheidet sich von der Saccharose außer durch sein bekanntes verschiedenes Verhalten gegen Fehlingsche Lösung und das polarisierte Licht auch dadurch, daß seine Lösungen eine viel geringere Viscosität besitzen als gleiche Gewichtsmengen Saccharose[1]).

Ch. Fribourg[2]) gibt an, daß zur Bereitung einer Lösung von derselben Dichte wie eine Lösung von 10 g Saccharose nötig sind: 10,10 g Glykose, 9,96 g Fruktose, 9,95 g Invertzucker und 9,90 g Maltose; 100 g Invertzucker zeigen am Saccharometer nur 98,92 an; jedoch ist sein Einfluß auf das Brixsche Saccharimeter von dem der Saccharose nur wenig verschieden, so daß die bei den Rohzuckererzeugnissen auftretenden erheblichen Unterschiede zwischen scheinbaren und wirklichen Graden Brix auf die Gegenwart anderer organischen Stoffe zurückgeführt werden müssen.

Der Invertzuckersirup wird sehr vielseitig in der Herstellung von Nahrungs- und Genußmitteln verwendet, so z. B. bei der von Wein, Zuckerwaren und besonders auch zum Verfälschen des Honigs; Mischungen von Invertzuckersirup mit etwas echtem Honig oder Aromastoffen bilden den sog. Kunsthonig. An den zum Zuckern des Weines verwendeten Invertzuckersirup werden nach G. Morpurgo[3]) besonders hohe Anforderungen gestellt. Derselbe muß aus reiner Saccharose hergestellt sein und mindestens 66% reinen Zucker enthalten — geringhaltigere Erzeugnisse zersetzen sich, gären leicht beim Lagern und führen dem Wein zu viel Wasser zu. Der Invertzuckersirup muß dickflüssig, farblos oder höchstens gelblich gefärbt sein, angenehm — nicht brenzlich — riechen und rein süß schmecken. Die Reaktion darf leicht sauer sein, mit Wasser verdünnt, darf Kongopapier nicht gebläut werden. Der Gehalt an freier Säure — auf Weinsäure berechnet — darf 0,2%, die Asche 0,4%, der Gehalt an fremden Bestandteilen 1,0% nicht überschreiten; Kupfer, Zinn und Eisen dürfen nicht vorhanden sein, ebensowenig auch nur spurenweise Stärkezucker; 50 g einer 50 proz. Invertsiruplösung darf, mit dem gleichen Volumen 90 proz. Alkohols versetzt, nach 24 stündigem Stehen nur einen kaum merklichen Bodensatz liefern, der, mit Alkohol gewaschen und getrocknet, in wenig Wasser gekocht, nicht die Eigenschaften der Dextrine aufweisen darf.

Zur Untersuchung des Invertzuckersirups werden:

1. 10 g Sirup genau abgewogen, mit 90 g destilliertem Wasser verdünnt und wird von dieser Lösung (A) genau die Dichte bei 15° entweder mit dem Pyknometer oder der Westphalschen Wage bestimmt.

2. 10 ccm der Lösung werden mit destilliertem Wasser auf 100 ccm gebracht (Lösung B), worin durch Titration mit Fehlingscher Lösung (10 ccm + 25 ccm Wasser) der Gehalt an reduzierendem Zucker bestimmt wird (vgl. I. Teil, S. 427). Es ergaben z. B. sehr reine Invertzuckersirupe:

---

[1]) Zeitschr. f. Untersuchung d. Nahrungs- u. Genußmittel 1903, **6**, 756.

[2]) Ebendort 1908, **15**, 99.

[3]) Österr. Chem.-Ztg. 1901, **4**, 31; Zeitschr. f. Untersuchung d. Nahrungs- u. Genußmittel 1901, **4**, 651.

Dichte der Lösung A 1 Teil Sirup auf 9 Teile Wasser	Zuckergehalt unverdünnt %	Zur Reduktion von 10 ccm Fehlingscher Lösung erforderlich von Lösung B ccm	Dichte der Lösung A 1 Teil Sirup auf 9 Teile Wasser	Zuckergehalt unverdünnt %	Zur Reduktion von 10 ccm Fehlingscher Lösung erforderlich von Lösung B ccm
1,0240	60,00	8,25	1,0273	68,00	7,30
1,0244	61,00	8,12	1,0277	69,00	7,20
1,0248	62,00	8,00	1,0281	70,00	7,10
1,0252	63,00	7,90	1,0285	71,00	6,90
1,0256	64,00	7,75	1,0289	72,00	6,85
1,0260	65,00	7,60	1,0293	73,00	6,75
1,0265	66,00	7,50	1,0297	74,00	6,68
1,0269	67,00	7,45	1,0301	75,00	6,60

3. Für die Polarisation verdünnt man 50 g Invertzuckersirup mit 100 g Wasser, versetzt zur Entfärbung mit kleinen Mengen Bleicarbonat — um etwaige aktive Weinsäure zu entfernen — und Knochenkohle (vgl. vorstehend S. 753), durchschüttelt, filtriert und polarisiert bei 20°.

4. Zur Inversion verdünnt man 50 g Invertzucker mit etwa 90 ccm Wasser, setzt 5 ccm Salzsäure von 1,188 spezifischem Gewicht hinzu, erwärmt im Wasserbade rasch auf 70°, erhält 5 Minuten auf dieser Temperatur, kühlt ab, bringt die Lösung auf 150 g und polarisiert wie vorher. Die Polarisation nach links wird jetzt um so größer sein, je mehr noch unzersetzte Saccharose vorhanden ist. Man kann ihre Menge dann auch nach der Clergetschen Formel (S. 758) berechnen. Oder man verdünnt 3 ccm dieser Lösung zu 100 ccm und titriert diese wie unter 2 gegen 10 ccm Fehlingscher Lösung und berechnet hieraus den Saccharosegehalt. Zeigen die Lösungen vor und nach der Inversion keine genügende Linksdrehungen gegenüber dem titrimetrisch gefundenen Zuckergehalt, so ist der Zusatz von Stärkezucker wahrscheinlich. Wenn indes zur Inversion der Saccharose zu starke Säuren angewendet sind, so kann eine ungenügende Linksdrehung auch daher rühren, daß hierdurch Fructose zerstört wurde. Solche Invertzuckersirupe sind dann stets sehr dunkel gefärbt.

Goldensirup.

Unter echtem „Goldensirup" versteht man nach Bodmer, Leonard und Smith[1] eine unvollständig invertierte Saccharoselösung, deren spezifische Drehung $[\alpha]_D = +16$ gesetzt werden kann. Die im Handel vorkommenden Sorten Goldensirup sind aber meisten Gemische von Saccharose- (Zucker-) Lösungen mit Stärkesirup. Wenn man die spezifisch Drehung des letzteren $= + 116°$ annimmt bzw. findet, so berechnet sich der Gehalt a Stärkesirup nach der Formel $\frac{100\,[\alpha] - 16}{110 - 16}$. Die Verfasser stellen zur Untersuchung de Goldensirup eine 10 proz. Lösung (wie bei Honig) her und bestimmen von der Lösung da Drehungsvermögen nach ev. Klärung mit Tierkohle (vgl. unter Zucker S. 753), di Asche in 10 bzw. 20 ccm, indem 1—2 Tropfen konzentrierter Schwefelsäure zugesetzt un $^1/_{10}$ des Gewichtes abgezogen werden (vgl. unter Zucker S. 763), während sich der Gehal an Wasser bzw. Trockensubstanz aus dem spez. Gewicht ergibt (vgl. Tabelle XII, I. Tei S. 757). Die verschiedenen Zuckerarten (Glykose, Maltose und Invertzucker), Saccharos sowie Dextrine bestimmen sie in der Weise, daß sie a) 10 ccm der 10 proz. Lösung au 100 ccm verdünnen und 10 ccm der verdünnten Lösung mit 20 ccm Fehlingscher Lösun kochen; b) 10 ccm der verdünnten Lösung werden mit Wasser, welches 5 ccm konzentriert Salzsäure enthält, auf 50 ccm verdünnt, 10 Minuten nicht über 68° erhitzt, abgekühl

[1]) Zeitschr. f. Untersuchung d. Nahrungs- u. Genußmittel 1900, **3**, 361.

neutralisiert und — nötigenfalls unter nochmaliger 10facher Verdünnung — mit 25 ccm Fehlingscher Lösung behandelt; c) weitere 10 ccm der Lösung werden mit Wasser, welches 1,5 ccm konzentrierte Schwefelsäure — wohl besser 5 ccm konzentrierte Salzsäure — 3 Stunden auf dem Wasserbade erhitzt — wohl besser am Rückflußkühler gekocht —, neutralisiert, auf 100 ccm verdünnt und hiervon 10 ccm mit 30 ccm Fehlingscher Lösung behandelt. Das Ergebnis unter a) liefert den Ausdruck für Gehalt an Glykose, Maltose und Invertzucker, (b—a) für Gehalt an Saccharose, c—b) für Gehalt an Dextrin.

Diese Bestimmungsweise der Zuckerarten und des Dextrins ist, wie Miller und Petts[1]) hierzu bemerken, nicht genau, kann aber, wie Leonard[2]) entgegnet, als praktisch genügend angesehen werden, da es ein genaues Verfahren zur Untersuchung der Sirupe überhaupt nicht gibt.

E. W. T. Jones[2]) berechnet den Gehalt eines Zuckersirups an Stärkezucker wie folgt: Die spezifische Drehung eines reinen Zuckersirups $[\alpha]_D$ beträgt $+ 24{,}21°$, nach der Inversion $= - 11{,}07°$; Stärkesirup ergab spezifische Drehung $[\alpha]_D = + 109$. Wenn daher ein Sirup nach der Inversion Rechtsdrehung behält, so berechnet sich der Prozentgehalt an Stärkesirup nach der Formel:

$$\frac{([\alpha]_D \text{ nach der Inversion} + 11{,}07)\,100}{(109 + 11{,}07)}.$$

Beurteilung von Zuckerarten und Sirup nach der Rechtslage.[3])

Bezeichnung. Rübenzucker als Kolonialzucker. Die bloße Bezeichnung des Rübenzuckers als Kolonialzucker ist kein Verstoß gegen § 10 NMG.

RG., 14. Juli 1881.

(Lebbin und Baum, Deutsches Nahrungsmittelrecht, 1907, Bd. II, S. 444).

Fremde Zusätze. Zucker mit Weizenmehl. Der Zucker war mit 10% Weizenmehl versetzt. Dieser Zusatz konnte, wie das Gericht als erwiesen annahm, nur durch den Angeklagten und zwar absichtlich bewirkt sein. Verurteilung aus § 10 Abs. 2 NMG.

LG. Frankfurt a. O., 27. Juni 1893.

Rohrzuckersirup mit Stärkesirup. Der Zeuge hatte ausdrücklich „englischen Sirup L***", d. h. einen aus reinem Rohrzucker in Liverpool hergestellten Sirup, bestellt. Der Angeklagte hatte statt dessen ein in seinem Geschäft hergestelltes Gemisch, bestehend aus 70% englischem Sirup L***, 25% Stärkesirup und 5% Kandissirup geliefert.

Das Gericht hielt für erwiesen, daß sich der Angeklagte des Betruges schuldig gemacht hat. Der Angeklagte hat sich durch dieselbe Handlung auch des Vergehens gegen § 10 Abs. 1 und 2 NMG. schuldig gemacht, indem er zum Zwecke der Täuschung des Zeugen den von diesem bestellten englischen Sirup L*** verfälscht und ihn unter Verschweigung dieses Umstandes wissentlich verkauft hat. § 10 Abs. 1 und 2 NMG. und § 263 StrGB.

LG. Hannover, 17. Februar 1893.

Malzzucker mit Pferdefett. Der Angeklagte hatte zur Herstellung von Malzzucker Pferdefett verwenden lassen.

Mag auch das Pferdefett nicht gesundheitsschädlich sein, darüber sind die Sachverständigen alle einig, daß Pferdefett in reellen anständigen Geschäften zur Herstellung von Nahrungs- und Genußmitteln nicht verwendet wird. Überdies wird im allgemeinen beim Publikum die Verwendung von Pferdefett zu solchem Zwecke als ekelerregend empfunden. Trotz allem erachtete das Berufungsgericht ebenfalls mit Rücksicht auf die geringe Menge des verwendeten Pferdefettes eine Verfälschung nicht für gegeben, da es höchstens $^3/_{1000}$ des Gewichtes eines Bonbons ausmacht.

LG. Straßburg, 26. Januar 1905.

---

[1]) Zeitschr. f. Untersuchung d. Nahrungs- u. Genußmittel 1900, **3**, 362.

[2]) Ebendort 1900, **3**, 699.

[3]) Bearbeitet von Prof. Dr. C. A. Neufeld-Würzburg.

Zersetzter Milchzucker. Infolge von Zersetzungsvorgängen war ein Teil des Milchzuckers in organische Säuren umgewandelt worden. Der Milchzucker, der als solcher gar keine Säure enthalten soll, wies bei der Untersuchung 56,16% Säure auf, die sich nach Verlauf von 4 Wochen auf 57,5% steigerte.

Die Sachverständigen bezeichneten den Milchzucker als verdorben und als geeignet, die Gesundheit von Kindern zu gefährden. Tatsächlich war auf den Genuß des Milchzuckers ein Kind erkrankt. Der Angeklagte wurde aus subjektiven Gründen freigesprochen.

LG. Magdeburg, 24. September 1902.

Stärkezucker und Stärkesirup.

Über die Herstellung des Stärkezuckers und -sirups vgl. Bd. II, 1904, S. 989. Die wesentlichsten Bestandteile derselben sind Glykose, Maltose, Dextrin und Mineralstoffe. Zucker und Sirup unterscheiden sich nur dadurch, daß der Stärkezucker im Verhältnis zu den reduzierenden Zuckerarten weniger Dextrin als der Stärkesirup enthält. Behufs Probenahme müssen bei dem festen Zucker kleinere Proben von den größeren Stücken entnommen werden, während der Sirup vorher soviel wie möglich mit einem starken Stab oder Spatel oder Stechbohrer (I. Teil, S. 5) durchgearbeitet werden muß.

Zur Untersuchung sind je nach dem Umfange der vorzunehmenden Bestimmung 200—500 g erforderlich.

1. Wasser bzw. **Trockensubstanz.** Man macht am besten eine Stammlösung von 25 g in 250 ccm — bzw. mehr von beiden — und bestimmt davon entweder mit der Westphalschen Wage oder dem Pyknometer das spezifische Gewicht bei 15°; ist letzteres zu 1,0325 gefunden, so entsprechen diese nach der Tabelle von K. Windisch (I. Teil, Tabelle XII, S. 757) 8,15% Zucker und würde hiernach der Sirup 81,50% Trockensubstanz oder 18,50% Wasser enthalten. (Vgl. auch Nr. 8.)

Man kann auch von dieser Lösung 20 ccm in ein mit geglühtem Seesand beschicktes Glasschälchen geben, erst bis zum Sirup im Wasserbade und zuletzt bei 100° 4—5 Stunden im Vakuum eintrocknen. Von anderer Seite ist vorgeschlagen, die 20 ccm in trockenes Filtrierpapier von bekanntem Gewicht vollsaugen und diese bei 103—107° austrocknen zu lassen. Auch das Refraktometer (I. Teil, S. 113) kann zur Bestimmung des Wassers bzw. der Trockensubstanz benutzt werden.

Es empfiehlt sich unter allen Umständen, derartige zuckerhaltige Stoffe, welche unter gewöhnlichem Luftdruck bei 100° (selbst in Sand verteilt) nicht vollständig ihr Wasser verlieren und bei über 100° sich leicht zersetzen, im Vakuum auszutrocknen.

2. Glykose und Dextrin. 50 ccm der vorhin dargestellten Lösung werden auf 500 ccm verdünnt oder 10 g Stärkezucker bzw. -sirup werden zu 1000 ccm Wasser gelöst und in 25 ccm davon wird die Glykose nach Meißl-Allihn (I. Teil, S. 430) bestimmt.

Dieses Verfahren ist indes hier nicht genau. Denn die im Stärkezucker neben Glykose vorhandenen dextrinartigen Verbindungen reduzieren ebenfalls Kupferlösung, und zwar um so mehr, je größer der Überschuß an letzterer ist. Aus dem Grunde wird nach E. Sieben[1]) die Titration in diesem Falle verhältnismäßig richtigere Ergebnisse liefern als die Gewichtsanalyse. Aber auch so fallen die Ergebnisse noch um $^1/_3$ bis fast die Hälfte zu hoch aus. E. Sieben nimmt mit anderen an, daß im Stärkezucker auch Maltose vorkommt, und daß man den wahren Gehalt an Glykose ziemlich annähernd dadurch findet, daß man sie durch eine möglichst neutrale Lösung von Kupferacetat bestimmt, welche von Maltose und Dextrin nicht reduziert wird.

Man fertigt eine Lösung von tunlichst neutralem Kupferacetat an, bestimmt darin den Kupfergehalt durch Reduktion mit überschüssiger Glykoselösung, die freie Essig-

[1]) Zeitschr. d. Vereins f. Rübenzuckerindustrie d. Deutschen Reiches 1884, 837.

säure durch Übersättigen mit titrierter Natronlauge und Zurücktitrieren mit Schwefelsäure; die Kupferacetatlösung soll zweckmäßig „halbnormal“ sein, d. h. 15,86 g Kupfer im Liter enthalten.

Man löst 10 g des Stärkezuckers bzw. -sirups in 500 ccm Wasser und versetzt hiervon zwei Proben von 25 und 50 ccm in Medizinflaschen mit je 100 ccm der Kupferacetatlösung, verschließt mit gut schließenden Pfropfen und behandelt 2 Tage bei 45°. Nach beendeter Reduktion werden 50 oder 75 ccm der klaren Flüssigkeit abgezogen und, wenn nach eintägigem Stehen bei Zimmertemperatur keine weitere Reduktion erfolgt, mit 45 ccm Seignettesalznatronlauge und 40 ccm einer 1 proz. Glykoselösung versetzt, gekocht und das abgeschiedene Kupferoxydul als Cu gewogen. Die Differenz zwischen der ursprünglich angewendeten und zuletzt noch in Lösung befindlichen Kupfermenge gibt die von der Glykose des Stärkezuckers reduzierte Menge Kupferoxydul an.

Zur Bestimmung des Dextrins, d. h. der neben Glykose vorhandenen invertierbaren Stoffe, werden 5 g Stärkezucker in 400 ccm gelöst, mit 40 ccm Salzsäure von 1,125 spezifischem Gewicht versetzt, eine Stunde lang im Wasserbade erhitzt, mit Natronlauge neutralisiert, auf 500 ccm aufgefüllt und wird in 25 ccm oder 50 ccm der Zucker nach I. Teil, S. 429 gewichtsanalytisch oder durch Titration nach I. Teil, S. 434 bestimmt. Indem man von dem Gesamtzucker die gefundene Glykose abzieht, den Rest mit 0,9 multipliziert, erhält man die Menge „Dextrin“.

A. Rössing[1]) empfiehlt 50 ccm der 10 proz. Lösung mit 50 ccm Wasser zu verdünnen, mit 15 ccm rauchender Salzsäure im siedenden Wasserbade zu erhitzen und wie gewöhnlich weiterzubehandeln. Statt 0,9 soll der Faktor 0,93 angewendet werden.

Nach M. Hönig[2]) enthält der Stärkesirup neben Glykose zwei Gruppen von Dextrinen, von denen die eine (Erythro- und Achroodextrin) durch Alkohol von 87 Volumprozent fällbar ist, ferner Bariumverbindungen liefert, die in verdünntem Alkohol (1 Teil Alkohol + 3 Teile Wasser) unlöslich sind, während die andere Gruppe sich aus in Alkohol löslichen Dextrinen zusammensetzt, deren Bariumverbindungen in verdünntem Alkohol gleichfalls löslich sind, deren Reduktionsvermögen kleiner ist als das der Achroodextrine und die wahrscheinlich aus der Glykose durch Reversion entstanden sind. Beide Arten von Dextrinen, besonders die letzteren, sind schwer vergärbar.

Die Trennung der durch Alkohol fällbaren Dextrine nimmt Hönig in der Weise vor, daß er 20 g Stärkesirup mit Wasser zu 500 ccm löst, von der durchgemischten Lösung 100 ccm = 4 g Substanz in einem mit Stöpsel versehenen 200 ccm-Kolben mit 50 ccm kalt gesättigter Barythydratlösung und darauf mit so viel Alkohol von 95 Vol.-% versetzt, daß nach dem kräftigen Schütteln und Abkühlen durch Einstellen in kaltes Wasser dieser genau bis zur Marke reicht. Auf diese Weise bleiben noch Dextrine in Lösung, die erst nach Inversion Fehlingsche Lösung reduzieren. Die Menge derselben kann auch, wie Hönig zeigt, indirekt berechnet werden. Die Glykose bestimmt Hönig durch Titration einer 1 proz. Lösung nach Soxhlet, die nach dem Fällen mit Barythydrat in Lösung bleibenden Dextrine dadurch, daß er 150 ccm des Filtrats = 3 g Substanz mit verdünnter Schwefelsäure von überschüssigem Baryt befreit, 15 ccm Salzsäure (1,125) zusetzt, eine Stunde im kochenden Wasserbade erhitzt, darauf neutralisiert, auf 200 ccm auffüllt und wie üblich mit Fehlingscher Lösung kocht. Hönig fand in 5 Proben Stärkesirup 30,11—34,40% Glykose und 21,68—23,00% in Alkohol lösliche Dextrine.

Lindet[3]) hat ein Verfahren zur Bestimmung der Glykose und des Dextrins im Stärkezucker bzw. -sirup angegeben, welches unter der Annahme eines molekularen Drehungswinkels des Dextrins $[\alpha]_D$ von +195° auf einer polarimetrischen Untersuchung der wässerigen Lösung und einer elementar-

[1]) Zeitschr. f. Untersuchung d. Nahrungs- u. Genußmittel 1904, **8**, 515.

[2]) Ebendort 1902, **5**, 641.

[3]) Zeitschr. f. Spiritus-Industrie 1901, **24**, 41.

analytischen Bestimmung des Kohlenstoffs beruht. O. Saare[1]) bezweifelt aber wegen des Unbekanntseins der Bestandteile des Stärkezuckers bzw. -sirups die Richtigkeit dieses Verfahrens, weshalb hierauf nur verwiesen sei.

A. Rössing[2]) wendet gegen das Verfahren Hönigs ein, daß bei der Einwirkung von Barytwasser eine Reduktionsverminderung von 11,7% für reine Glykose eintrete, und diese verschieden sei; bei Einwirkung von Barytwasser in alkoholfreier Lösung dagegen würden gut übereinstimmende Zahlen für die Reduktionswirkung erhalten. Rössing[2]) empfiehlt daher folgendes Verfahren zur Bestimmung der Glykose und des Dextrins: 1. Bestimmung des Reduktionsvermögens auf Glykose berechnet in 0,25 g (50 g Sirup zu 1 l gelöst, dann 50 ccm auf 250 ccm gebracht, davon 25 ccm zur Fällung verwendet); 2. Bestimmung des Reduktionsvermögens nach Behandlung mit Barytwasser, auf Glykose berechnet. 50 ccm der Lösung 50 : 1000 werden mit 100 ccm kaltgesättigten Barytwassers versetzt, auf 200 ccm aufgefüllt, durchgeschüttelt und zwei Tage lang stehen gelassen. 100 ccm davon werden mit Natriumcarbonatlösung gefällt, auf 200 ccm aufgefüllt und filtriert: in 25 bzw. 50 ccm der Lösung wird das Reduktionsvermögen festgestellt. 3. Bestimmung des Reduktionsvermögens nach Inversion auf Glykose berechnet. Da die Differenz der bei 1 und 2 gefundenen Prozente Glykose (= Reduktionsverminderung r) nur dem Einflusse des Barytwassers auf die Glykose des Stärkesirups entspricht und da die Reduktionsverminderung für eine Glykose zu 11,7% bestimmt wurde, so ergibt sich die vorhandene Glykose D aus der Reduktionsverminderung r nach der Formel $D = \frac{100 \cdot r}{11,7}$. Die bei 3. gefundene Glykosemenge, vermindert um die nach obiger Formel berechnete, ergibt mit 0,93 multipliziert die Menge des vorhandenen Dextrins. Auch für festen Stärkezucker ist die Methode anwendbar.

3. Bestimmung der vergärbaren Stoffe. 50 g Stärkezucker bzw. -sirup werden in 1 l Wasser gelöst, hiervon etwa 200 ccm in einen 500 ccm-Kolben gegeben und dazu wird nach v. Raumer[3]) eine genügende Menge (20—30 g) untergärige Bierhefe[4]) gesetzt (vgl. weiter I. Teil, S. 425).

Den Verlust an Kohlensäure multipliziert man mit 2,15, um die in der angewendeten Menge Substanz vorhandene Menge Glykose zu finden.

Oder man ermittelt den Alkoholgehalt in dem vergorenen Rückstand, indem man von den 200 ccm die Hälfte abdestilliert, von dem Destillat das spezifische Gewicht bestimmt, die diesem entsprechenden Gewichtsprozente Alkohol aus einer Alkohol-Tabelle abliest und daraus durch Multiplikation mit 1,956 oder richtiger mit 2,06 den Gehalt an Glykose berechnet.

Angenommen, es seien in dem Destillat 5,82 g Alkohol gefunden, so haben die 200 ccm = 20 Substanz 5,82 · 2,06 = 11,989 g oder 100 g Stärkezucker = 59,95% Glykose bzw. vergärbare Stoff enthalten.

Man kann nach E. Sieben die Gärungsergebnisse nur auf vergärbare Stoffe und nicht auf „Glykose" zurückführen, weil der Stärkezucker neben Glykose noch Maltose bzw. dextrinartige Verbindungen enthält, welche ebenfalls mit Hefe zu Alkohol und Kohlensäure zerfallen. Über die Bestimmung der Maltose neben Glykose durch Gärung vgl. I. Teil, S. 436[5]).

M. Jodlbauer[6]) empfiehlt für die Gärversuche bei Zuckerarten eine 8 proz. Lösung, nämlich 2 g Zucker in 25 ccm Wasser, dazu 1 ccm der Hayduckschen Nährlösung (enthaltend: 0,025

[1]) Chem.-Ztg. 1902, **26**, 384.

[2]) Zeitschr. f. Untersuchung d. Nahrungs- u. Genußmittel 1903, **6**, 1120.

[3]) Ebendort 1905, **9**, 705.

[4]) Preßhefe ist weniger empfehlenswert, weil sie keine konstanten Eigenschaften besitzt und unter Umständen auch Dextrine angreift.

[5]) Unter Umständen läßt sich auch Weinhefe verwenden, welche zum Unterschiede von untergäriger Bierhefe Maltose nicht vergärt.

[6]) Zeitschr. d. Vereins f. Rübenzuckerindustrie **38**, 308; Zeitschr. f. analyt. Chemie 1889, **28**, 62

Monokaliumphosphat, 0,0085 g Magnesiumsulfat und 0,02 g Asparagin) und 1 g, d. h. 50% des verwendeten Zuckers von einer frischen, gereinigten, auf einer Tonplatte entwässerten Bierhefe. Die Gärung wird in einem Wasserbade vorgenommen, dessen Temperatur mittels eines Thermoregulators auf 38° gehalten werden kann. Das Gasableitungsrohr ist mit einem Kühler verbunden und daran schließt sich ein U-förmiges Rohr, welches mit konzentrierter Schwefelsäure angefeuchtete Glasperlen enthält, und weiter ein Kaliapparat. In letzterem wird die entwickelte Kohlensäure aufgefangen und direkt gewogen.

Saccharose gebraucht zur Vergärung doppelt so viel Zeit als Glykose. Zur Prüfung, ob aller Zucker vergoren ist, soll die verdünnte Gärflüssigkeit in einer Kontrollprobe mit 1 g salzsaurem Phenylhydrazin und 2 g essigsaurem Natrium auf dem Wasserbade erhitzt werden; wenn noch nicht aller Zucker vergoren ist, so färbt sich die Flüssigkeit gelb und liefert einen gelben Niederschlag.

Die letzten Mengen Kohlensäure werden wie vorstehend unter Erwärmen und Durchleiten von kohlensäurefreier Luft ausgetrieben.

Unter Einhaltung dieser Vorsichtsmaßregel ist nach Jodlbauer 1 Teil Kohlensäure gleich 2,029 Teilen Saccharose und gleich 2,148 Teilen Glykose.

Die unvergärbaren Stoffe des Stärkezuckers bzw. -sirups besitzen stark rechtsdrehende Eigenschaften und beruht hierauf das Verfahren, die Anwesenheit dieser Erzeugnisse in zuckerhaltigen Flüssigkeiten nachzuweisen. Versetzt man die stark konzentrierte wässerige Lösung mit 90proz. Alkohol, so bleiben die am stärksten rechtsdrehenden Stoffe (darunter das sog. Amylin) in der alkoholischen Flüssigkeit gelöst; verdampft man den größten Teil des Alkohols und setzt das 4—6fache Volumen Äther zu, so werden sie gefällt und lassen sich durch Lösen in Wasser, Entfärben mit gereinigter Knochenkohle auf ihre rechtsdrehenden Eigenschaften untersuchen.

Durch Fällen und Reinigen mit Alkohol läßt sich nach Schmitt und Cobenzl ein Körper „Gallisin" ($C_{12}H_{24}O_{10}$) isolieren, welcher zum Unterschiede von Dextrin Fehlingsche und Knappsche Lösung reduziert, mit schwachen Säuren in Glykose übergeht und stark rechtsdrehende Eigenschaften besitzt.

Diese Angaben von Schmitt und Coblenzl sind von J. Gatterbauer[1]) durch eingehende Untersuchungen bestätigt worden. Er fand in dem schwer vergärbaren Anteil des technischen Stärkezuckers keine wirklichen Dextrine, sondern ein „Disaccharid" ($C_{12}H_{22}O_{11}$), welches er Glykosin nennt. Durch Preßhefe wird es sehr langsam vergoren; die Reduktion beträgt, als Maltose berechnet, 66,70%, das spezifische Drehungsvermögen rund 100°. Hefenmaltose und Emulsin wirken ebenso wie verdünnte Mineralsäuren und Oxalsäure hydrolytisch unter Bildung von Glykose. Das Glykosin bildet sich durch Reversion aus der Glykose bei der technischen Darstellung von Stärkezucker, und die aus ihm gebildete Glykose erleidet durch Anwendung starker Säuren wiederum eine Reversion.

4. Asche. 5—10 g Stärkezucker bzw. -sirup werden eingetrocknet, dann verkohlt und die Kohle mit Wasser ausgezogen usw. (vgl. I. Teil, S. 476).,

Sollen in der Asche auch gleichzeitig die Säuren (Schwefelsäure, Phosphorsäure und Chlor) bestimmt werden, so verascht man unter Zusatz von Natriumcarbonat nach I. Teil, S. 477.

5. In Wasser unlösliche Stoffe. 20 g Stärkezucker oder -sirup werden in 300—500 ccm Wasser gelöst, durch ein vorher getrocknetes und gewogenes Filter filtriert, hinreichend ausgewaschen und der auf dem Filter verbliebene Rückstand nach dem Trocknen bei 105° gewogen. Derselbe kann weiter gleichzeitig zur mikroskopischen Untersuchung dienen.

6. Säuregehalt des Stärkesirups; Acidität. Nach O. Saare[2]) werden 50 g Sirup in 50 ccm Wasser gelöst und solange mit $^1/_{10}$ N.-Natronlauge versetzt, bis ein Tropfen der Lösung, auf hellem, neutralem Lackmuspapier ausgestrichen, eben die Rotfärbung

---

[1]) Zeitschr. f. Untersuchung d. Nahrungs- u. Genußmittel 1911, **22**. 265.

[2]) Zeitschr. f. Spiritusindustrie 1902, **25**, 479.

verschwinden läßt, so daß die Farbe des Lackmuspapiers unverändert bleibt. Andere Papier-Indicatoren dürfen nicht angewendet werden. Der durch die verbrauchten $^1/_{10}$ ccm N.-Natronlauge angezeigte Säuregehalt wird auf Schwefelsäure (H_2SO_4) umgerechnet und als solcher ausgedrückt. Nach anderen Vorschlägen aber wird die Acidität auch in Kubikzentimeter Normallauge auf 100 g Zucker oder Sirup angegeben.

7. Grädigkeit. Die Grädigkeit eines Stärkesirups wird nach wie vor in sog. alten Graden Beaumé[1]) ausgedrückt; Sirup von 44° Bé. ist demnach ein solcher, welcher ein spezifisches Gewicht von 1,44 bei 14° R oder 17,5° C mit den zulässigen Schwankungen von 1,433—1,447 zeigt. Das spezifische Gewicht soll direkt im Pyknometer — ein bei der Marke abgeschliffenes 50 ccm-Kölbchen mit Glasdeckel — bestimmt werden. Man bringt eine bestimmte Menge Sirup in das Pyknometer, wägt, entlüftet alsdann durch Erwärmen, kühlt ab und wägt wieder.

8. Gebrauchswert. (Zuckerbäckerprobe, Konfektionsrest.) Der Sirup wird schnell unter Umrühren auf 145° erhitzt und auf eine Marmorplatte oder auf weißes Papier ausgegossen, die erstarrte Masse soll farblos oder höchstens zart gelb gefärbt sein; bräunt sie sich oder wird sie trübe, so gilt sie als minderwertig. Der Gebrauchswert wird um so höher geschätzt, je höher die Temperatur ist, die die Masse verträgt, ohne sich zu färben.

9. Zähflüssigkeit. Der Stärkesirup bzw. -zucker wird statt des Rüben- oder Rohrzuckers aus dem Grunde gern zum Beimischen zu Obstsäften und -sirupen, Honig usw. verwendet, weil er eine größere Zähflüssigkeit besitzt, daher bei Anwendung einer gleichen Menge Trockensubstanz den genannten Flüssigkeiten und Sirupen ein gehaltreicheres Aussehen verleiht als bei Anwendung von Rüben- und Rohrzucker. J. König[2]) hat diese Verhältnisse sowohl mit dem Englerschen Viscosimeter als auch mit dem Konsistenzmesser von Weiß festgestellt und z. B. gefunden:

Gehalt der Lösung an Trockensubstanz	Viscosimeter nach Engler — Zum Auslaufen von 200 ccm Lösung erforderliche Zeit bei 20°			Konsistenzmesser nach Weiß — Zu 360 Umdrehungen der Scheibe erforderliche Zeit bei 20°		
Gew.-Proz.	Rübenzucker Sek.	Stärkezucker Sek.	Stärkesirup Sek.	Rübenzucker Sek.	Starkezucker Sek.	Stärkesirup Sek.
60	390	780	925	257	520	654
50	128	164	249	180	192	225
40	83	90	97	135	140	155
30	67	69	73	105	108	116

Sowohl im Viscosimeter von Engler wie im Konsistenzmesser von Weiß weisen Lösungen von 60% Trockensubstanz bei Stärkezucker eine nahezu 2fach größere, bei Stärkesirup eine 2,3—2,5fach größere Zähflüssigkeit auf als Rohrzuckerlösungen von gleichem Gehalt. Mit dem Sinken des Gehaltes nimmt die Zähflüssigkeit der sämtlichen Lösungen rasch ab und werden die Unterschiede zwischen den drei Süßmitteln immer geringer. Gegenüber reinem Wasser stellten sich die Umdrehungen im Weißschen Konsistenzmittel wie folgt:

1. Je 1 g Trockensubstanz in 100 g Flüssigkeit verursacht gegen reines Wasser eine Verlangsamung der Umdrehungen im Mittel			2. Oder je eine Umdrehung wird gegen reines Wasser verzögert im Mittel durch g Trockensubstanz in 100 g Flüssigkeit		
Rübenzucker g	Stärkezucker g	Stärkesirup g	Rübenzucker g	Stärkezucker g	Stärkesirup g
1,85	2,02	2,17	0,54	0,49	0,46

[1]) Die Tabelle XXI am Schluß gibt neue Grade Beaumé an; die alten Grade liegen von 2,0° anfangend bis 50° steigend um 0—1,0° niedriger als die neuen Grade.

[2]) Zeitschr. f. Untersuchung d. Nahrungs- u. Genußmittel 1900, **3**, 217.

Man kommt daher auf Grund dieser Mittelzahlen bezüglich der Zähflüssigkeit oder des dickflüssigen Aussehens, d. h. des augenfälligen Gehaltes an Extrakt mit 46 Gewichtsteilen Trockensubstanz Stärkesirup oder 49 Gewichtsteilen von Stärkezucker ebenso weit wie mit 54 Gewichtsteilen Trockensubstanz Rübenzucker (vgl. auch unter Honig S. 788).

10. Verunreinigungen des Stärkezuckers. ***a) Schweflige Säure.*** Nicht selten enthält der Stärkesirup, herrührend vom Klären, Bleichen usw., schweflige Säure. Matthes und Müller[1]) fanden z. B. bis 0,12% (SO_2). Auch freie Schwefelsäure ist bis zu 0,115% gefunden (II. Bd. 1904, S. 993). Man kann auf schweflige Säure qualitativ wie bei Zucker (S. 764) prüfen. Zur quantitativen Bestimmung löst man 50 oder 100 g Sirup bzw. Zucker in 100 ccm Wasser und verfährt im übrigen, wie bei Gelatine S. 120 und im I. Teil, S. 600 und 602 angegeben ist.

b) Arsen. Durch Anwendung unreiner Säure zur Hydrolyse kann unter Umständen Arsen in den Stärkesirup gelangen. Über den Nachweis vgl. I. Teil, S. 499.

c) Künstliche Süßstoffe. Da der Stärkezucker bzw. -sirup nur $^1/_3$—$^1/_4$ der Süßkraft des Rüben- oder Rohrzuckers besitzt, so liegt es nahe, ihm überall da, wo es auf große Süße[2]) ankommt, künstliche Süßstoffe zuzusetzen. Über den Nachweis vgl. unter Zuckerwaren S. 728.

d) Trübungen. Trübungen beim Auflösen von Stärkezucker bzw. -sirup können von unvollkommen aufgeschlossener Stärke oder von unvollkommen abgeschiedenem Gips herrühren. Unter Umständen können solche Trübungen (hellgraue bis schwarzbraune), worauf J. Parow[3]) hinweist, von Eisen- oder Kalkphosphat oder von Schwefeleisen herrühren, besonders dann, wenn die Wässer reich an Eisen und Kalk sind; denn die Stärkesirupe enthalten stets etwas phosphorsaure Salze und zuweilen auch Schwefelwasserstoff oder Sulfide, die in der zur Klärung verwendeten Kohle beim Glühen durch Reduktion von Gips entstanden sind.

e) Über eine sonstige mangelhafte Beschaffenheit des Stärkesirups vgl. unter Zuckerwaren S. 713.

Anhaltspunkte für die Beurteilung des Stärkezuckers und -sirups.

1. Die Stärkezucker wie -sirupe des Handels besitzen eine weiße bis gelbe bzw. dunkle Farbe; die weißen und hellen Sorten sind durchweg reiner und gehaltreicher als die dunklen.

2. Der Gehalt bewegt sich in folgenden Grenzen:

	Stärkezucker	Stärkesirupe
Wasser	20.0—14,0%	20,0—15,0%
Trockensubstanz	80,0—86,0%	80,0—85,0%
Reduzierender Zucker (als Glykose berechnet)	65,0—75,0%	35,0—45,0%
Vergärbarer Zucker	60,0—66,0%	32,0—42,0%
Dextrine	15,0— 5,0%	45,0—35,0%
Asche	0,2— 0,7%	0,3— 1,0%
Acidität, berechnet für 100 g Substanz: in Kubikzentimeter Normalalkali	0,5— 1,5 ccm	0,5— 2,0 ccm
Acidität, berechnet für 100 g Substanz: auf Schwefelsäure	0,025—0,075%	0,025—0,1%
Schweflige Säure	0—0,005 %	0—0,120%
Spezifischer Drehungswinkel der Trockensubstanz	75°—65°	145°—130°

3. Hiernach soll die Acidität 2,0 ccm Normalalkali, die Asche 1,0% in 100 g Substanz nicht überschreiten.

4. Stärkezucker wie -sirup müssen geruchlos und geschmacksrein sein und mit der doppelten Menge Wasser eine farblose und nahezu klare Lösung geben. Andere fremde Beimengungen oder mehr wie Spuren von Stärke und Gips dürfen nicht vorhanden sein.

---

[1]) Zeitschr. f. öffentl. Chemie 1903, **9**, 21.

[2]) In anderen Fällen wird der Stärkezucker bzw. -sirup gerade deshalb beliebt, weil er keine so große Süßigkeit als der Rübenzucker besitzt und deshalb weniger leicht widersteht.

[3]) Zeitschr. f. Spiritusindustrie 1910, **33**, 555.

5. Zusatz von künstlichen Süßstoffen ist selbstverständlich unzulässig.

6. Arsen darf unter keinen Umständen und schweflige Säure nur in Spuren vorhanden sein. Die im Schweizer. Lebensmittelbuch 1909, S. 111 zugelassene Menge von 4,0 mg schwefliger Säure in 100 g Substanz erscheint schon recht hoch.

Maltose.

Die zur Darstellung der Maltose verwendeten Rohstoffe, vorwiegend Mais, werden in Wasser eingequellt, im nassen Zustande zerrieben, durch Waschen mit kaltem Wasser von löslichen, schmeckenden und riechenden Stoffen befreit und dann mit Malz eingemaischt. Die klare Würze wird abgezogen und im luftverdünnten Raum bei niederer Temperatur bis zum Sirup eingedampft, der für sich allein oder als Zusatz- (Versüßungs-) und Genußmittel zu anderen Nahrungsmitteln (Zuckerwaren, Obstsirupen, Bier) Verwendung findet. Die in Bd. II 1904, S. 968, aufgeführten Proben ergaben bei einem Gehalt von 19,6—26,3% Wasser und Spur bis 1,97% Stickstoff-Substanz, 28,84—61,04% Maltose und 40,16—12,16% Dextrin usw. In Japan wird aus Reis oder Hirse unter Zusatz von Malzmehl (gekeimter Gerste) oder Koji ein ähnliches Präparat „Midzu-Ame" und „Ame" dargestellt, die nach Storer und Rolfe[1]) (Nr. 1), sowie Yei Furukawa[1]) (Nr. 2) ergaben:

	Wasser	Maltose	Dextrin	Protein	Fett	Asche
1. Midzu-Ame aus Hirse .	—	70,80%	29,20%	—	—	0,23%
2. Ame aus Reis	16,23%	54,19%	28,14%	1,00%	0,07%	0,39%

Die Untersuchung dieser Erzeugnisse auf Wasser und Asche erfolgt wie vorstehend bei Stärkezucker und -sirup, auf Stickstoff-Substanz nach I. Teil, S. 240, unter aβ), auf Maltose bzw. direkt reduzierenden Zucker nach I. Teil, S. 430 cc) unter Benutzung der Tabelle VI, S. 739. Sollen die gesamten vergärbaren Zuckerarten bestimmt werden, so müßte die Hefe aus Danziger Jopenbier (I. Teil, S. 436) angewendet werden, und will man die Maltose für sich getrennt bestimmen, so müßte man gleichzeitig einen 2. Gärversuch mit Saccharomyces Marxianus (und Sacch. Ludwigii) ansetzen, wodurch Glykose, Fruktose und Saccharose, nicht aber Maltose vergoren werden, so daß sich die Maltose aus der Differenz ergeben würde. Die Dextrine befinden sich im Gärrückstande von der Hefe aus Danziger Jopenbier und können wie üblich bestimmt werden.

Zuckercouleur. Färbecaramel.

Die Zuckercouleur wird bis jetzt meistens aus Stärkezucker, nur selten aus Rübenzucker unter Zusatz von organischen Säuren oder etwas Natriumcarbonat[2]) hergestellt. Am besten eignet sich zur Erhöhung der Färbekraft ein Zusatz von weinsaurem Ammon. Man unterscheidet:

1. Spirituosen- oder Rumcouleur (zum Färben der Spirituosen), welche in 80 proz. Alkohol vollständig löslich sein oder, wie man sagt, „stehen" muß.

2. Biercouleur (zum Färben von Bier, Wein, Essig usw.), welche noch etwas Dextrin aufweisen darf, aber auch in 75 proz. Alkohol löslich sein muß.

Man unterscheidet beide Sorten durch Lösen in 80 proz. Alkohol, worin erstere Couleur ganz löslich ist, letztere nicht. Ist eine Zuckercouleur in 75 proz. Alkohol nicht löslich oder gar zum Teil in Wasser unlöslich, so ist sie zu verwerfen.

---

[1]) Zeitschr. f. Untersuchung d. Nahrungs- u. Genußmittel 1906, **11**, 167.

[2]) Die zum Färben von Essig zu verwendende Zuckercouleur darf nicht unter Zusatz von Natriumcarbonat hergestellt sein.

3. Die Asche, welche wie bei Zucker (S. 763) bestimmt wird, soll nicht mehr als 0,5% betragen. Eine Zuckercouleur, welche z. B. aus Melasse dargestellt wurde, enthält erheblich mehr Asche.

4. Die Farbe kann mit dem Stammerschen Farbenmaß ermittelt werden.

Den vorstehenden Anforderungen unter 1 und 2 entsprechen aber die Färbecaramele vielfach nicht. Um einen zur Färbung von Likören geeigneten Caramel zu erhalten, der in 80proz. Alkohol löslich ist und dessen Lösung auch bei längerem Abkühlen auf —8° bis —10° sich nicht trübt, soll man bei der Fabrikation aus Rübenzucker zu Anfang einen Zusatz von Wasser machen, um den Zucker durch mäßiges Erwärmen zunächst zu invertieren; darauf soll man durch rasches Erhitzen auf 180—190° unter Vertreiben des überschüssigen Wassers und der entstehenden Säure die eigentliche Caramelbildung zu Ende führen[1]). Für Bier wird ein geeigneter Caramel dadurch erhalten, daß man beim Erhitzen von Invertzuckerlösung fortwährend Ammoniak zutropfen läßt. Der Färbestoff löst sich auch in 80proz. Alkohol, trübt sich bei —8° nicht, löst sich in Lagerbier klar auf, wird beim Ansäuern mit Essigsäure nicht aufgehellt und durch Bleiacetat nicht gefällt.

Für die Beurteilung der Qualität ist die Bestimmung der Färbekraft, der Asche (0,8%) und des Restes an noch vorhandenem Zucker (33,87%) von Wichtigkeit[2]). Wie mit reduzierendem und gärungsfähigem, verdünntem Alkohol soll die Caramellösung mit Essigsäure, Weinsäure und Citronensäure geprüft werden, da sich eine Caramellösung weder durch verdünnten Alkohol noch durch Lösungen der genannten Säuren trüben darf. Das spezifische Gewicht des flüssigen Caramels beträgt 1,377. Zur Erlangung eines hohen Färbevermögens sind Ammonsalze besser als Alkalien und Säuren geeignet.

Nach F. Stolle[3]) enthält Caramel die Verbindung $C_{12}H_{18}O_9$ (Caramelan) und gibt die konzentrierte Lösung mit ammoniakalischem Bleiessig einen Niederschlag von der Zusammensetzung $C_{12}H_{16}O_9 \cdot PbO$. Der Caramel hat die Eigenschaft, die blaue Seite des Spektrums mehr oder weniger auszulöschen; diese Eisenschaft benutzt Stolle, um mit Hilfe des Vogelschen Universalspektroskops für Lösungen von 0,1—1,0% den Gehalt an Caramelan festzustellen.

Das Caramelan läßt sich nach F. Ehrlich[4]) in der Weise darstellen, daß man Saccharose im Ölbade auf 200° im Vakuum erhitzt, mit Äthyl- und Methylalkohol auszieht, die zurückbleibende Masse in Wasser löst, die Lösung filtriert und im Vakuum zur Trockne verdampft.

Die Zusammensetzung der Zuckercouleur[5]) wird wie folgt angegeben:

Wasser	Reduzierende Stoffe (als Glykose)	Vergärbarer Zucker	Asche	Färbekraft
20—30%	10—25%	5—15%	0,4—2,0%	1200—1700

Die Anforderungen an das Verhalten der Zuckercouleur gegen Alkohol und Säuren sind vorstehend schon angegeben. Die wichtige Färbekraft derselben kann am einfachsten nach dem Verfahren von Lintner[6]) bestimmt werden, welches darauf beruht, daß die Zuckercouleur mit einer Normallösung — in diesem Falle eine essigsaure Lösung von Eisenammoniakalaun — verglichen wird. Ist die Farbentiefe genau gleich der Normallösung, so drückt man sie durch die Zahl 1 aus; ist sie, wie wohl immer, dunkler, so daß die Lösung der Couleur verdünnt werden muß, so drückt man die Färbekraft durch die Größe der Verdünnung aus.

Der zu verwendende Apparat[7]) besteht aus zwei ganz gleichen Glaskästchen mit parallelen Wandungen, von denen das eine (links) zur Aufnahme der Normallösung, das andere rechts für die

[1]) Zeitschr. d. Vereins für deutsche Rübenzuckerindustrie 1910 (N. F.) **47**, 1117.

[2]) Vgl. Salomon u. Goldie, Zeitschr. f. Untersuchung d. Nahrungs- u. Genußmittel 1901, **4**, 179.

[3]) Ebendort 1900, **3**, 357; 1901, **4**, 180.

[4]) Ebendort 1910, **19**, 109.

[5]) Muspratts Techn. Chemie 1905, Bd. VIII, S. 1493.

[6]) Zeitschr. f. d. ges. Brauwesen 1892, 213.

[7]) Derselbe ist von der Firma Johannes Greiner in München zu beziehen.

zu prüfende Flüssigkeit bestimmt ist, ferner aus einem Gehäuse von schwarzlackiertem Blech, einer Bürette (50 ccm fassend, in $^1/_2$ ccm geteilt zur Aufnahme des Wassers) und einer Meßpipette (10 ccm in $^1/_1$ ccm geteilt) zum Abmessen der zu prüfenden Flüssigkeit. Das Gehäuse ist für die Beobachtung der Färbungen auf der Vorderseite mit zwei Ausschnitten versehen, denen auf der Rückseite ein durchgehender, mit Milchglas bedeckter Spalt gegenübersteht. Diese einfache Anordnung gestattet die feinsten Unterschiede in der Farbentiefe der Flüssigkeiten zu erkennen. Beim Gebrauche wird der Apparat an einem Fenster aufgestellt. Als Normallösung dient eine essigsaure Lösung von Eisenammoniakalaun: 1 g Eisenammoniakalaun wird mit Wasser unter Zusatz von 7 ccm einer 32proz. Essigsäure zu 100 ccm gelöst. Die Ausführung der Bestimmung gestaltet sich dann folgendermaßen: In das linke Gläschen gibt man soviel Normallösung, daß der Spalt bedeckt ist. Von der Zuckercouleur werden 5 g zu einer 1000 ccm mit Wasser verdünnt und von der so verdünnten Lösung 5 ccm in das rechte Gläschen abgemessen. Darauf läßt man unter Umrühren mit dem Glasstab aus der Bürette so lange Wasser zufließen, bis die gleiche Farbentiefe wie die der Normallösung erreicht ist. Man liest nun die verbrauchten Kubikzentimeter Wasser an der Bürette ab und berechnet die Farbentiefe F der angewendeten Lösung nach der Formel $F = \frac{a+b}{a}$, worin a die abgemessene Menge der verdünnten Couleurlösung und b die an der Bürette abgelesene Menge des Wassers in Kubikzentimeter bedeutet. Die Färbekraft F erhält man dann zur Umrechnung auf die unverdünnte Zuckercouleur, z. B.: 5 g Zuckercouleur zu 1000 ccm verdünnt und hiervon 5 ccm zur Einstellung auf die Normallösung benutzt. Wasser wurden 37,5 ccm verbraucht, also $F = \frac{5 + 37,5}{5} = 8,5$ und die Färbekraft der Couleur ist dann $F k = 200 \times 8,5 = 1700$.

Bienenhonig.[1])

1. Begriffserklärung. Honig ist der süße Stoff, den die Bienen erzeugen, indem sie Nektariensäfte oder auch andere in lebenden Pflanzenteilen sich vorfindende Säfte aufnehmen, in ihrem Körper verändern, sodann in den Waben (Wachszellen) aufspeichern und dort reifen lassen.

Frisch ausgelassener Honig ist klar und dickflüssig, trübt sich aber allmählich und erstarrt je nach seiner Zusammensetzung durch Auskrystallisieren von Glykose früher oder später zu einer mehr oder weniger krystallinischen Masse.

Für die Farbe und den Geruch des Honigs sind beinahe ausschließlich die Blüten maßgebend, von welchen die Bienen den Honig sammeln; außerdem ist die Art der Gewinnung von Einfluß auf die Farbe und Beschaffenheit des Honigs.

Es sind zu unterscheiden

1. nach der Art der Gewinnung:
   a) Scheibenhonig oder Wabenhonig, Honig, der sich noch in den von Bienen gebauten, unbebrüteten Waben befindet;
   b) Tropfhonig, Laufhonig, Senkhonig, Leckhonig, aus den Waben von selbst, ohne Anwendung mechanischer Hilfsmittel ausgeflossener Honig;
   c) Schleuderhonig, aus den Waben mittels Schleudermaschine gewonnener Honig;
   d) Preßhonig, aus den Waben durch Pressen auf kaltem Wege gewonnener Honig;
   e) Seimhonig, aus den Waben durch Erwärmen und nachfolgendes Pressen gewonnener Honig;

---

[1]) Vgl. hierzu die Vereinbarungen der Freien Vereinigung Deutscher Nahrungsmittelchemiker nach den Vorschlägen von E. v. Raumer, Zeitschr. f. Untersuchung d. Nahrungs- u. Genußmittel 1907, **14**, 12; 1908, **16**, 21; 1909, **18**, 35; ferner sind die im Kaiserl. Gesundheitsamte unter dem 21. Juni 1911 beschlossenen Festsetzungen hier mit zugrunde gelegt.

2. nach der pflanzlichen Herkunft:
   a) Honig von Blüten: Linden-, Akazien-, Esparsette-, Heidehonig usw., auch Blütenhonig schlechthin;
   b) Honig von anderen Pflanzenteilen: Honigtauhonig, Coniferenhonig;
3. nach dem Orte der Gewinnung:
   deutscher Honig, Havannahonig, Chilehonig usw.

Stampfhonig (Rohhonig oder Rauhhonig, auch Werkhonig) ist mit den Waben eingestampfter Honig.

Von diesen Honigsorten sind naturgemäß die durch Ausschleudern und auf kaltem Wege gewonnenen besser als die, welche durch Auspressen und durch Erwärmen gewonnen wurden. — Manche Honige lassen sich allerdings wegen ihrer Zähigkeit überhaupt nicht schleudern.

2. Bestandteile, Zusammensetzung und Beschaffenheit des Honigs. Die Art der Bestandteile des Honigs ist im wesentlichen gleich, er besteht im wesentlichen aus einer konzentrierten wässerigen Lösung von Invertzucker, häufig mit einem Überschuß an Fructose; er enthält außerdem Saccharose, ferner mehr oder weniger dextrinartige und gummiähnliche Stoffe, geringe Mengen Eiweißstoffe, Fermente, Wachs, Farbstoffe, Riechstoffe, organische Säuren (Äpfelsäure, sowie Spuren von Ameisensäure), Mineralstoffe, unter denen die Phosphate überwiegen, endlich pflanzliche Gewebselemente (vor allem Pollenkörner).

Das Verhältnis dieser Bestandteile zu einander und die Beschaffenheit des Honigs sind aber je nach der Herkunft und Art der Gewinnung verschieden.

a) Der Blütenhonig. Dieser, als der am meisten verwendete Honig, bildet in frischem Zustande eine dickflüssige, durchscheinende Masse, die allmählich mehr oder minder fest und kristallinisch wird. Die Farbe wechselt zwischen weiß, hell- bis dunkelgelb, grünlichgelb und braun, je nach Herkunft und Gewinnung des Honigs. Geruch und Geschmack sind eigenartig, süß, aromatisch.

Lösungen von Blütenhonig drehen das polarisierte Licht im allgemeinen nach links.

Die Zusammensetzung von Blütenhonig ist im allgemeinen folgende:

Wasser	im Mittel 20%,
Invertzucker	65—80%,
Saccharose	bis zu 5%,
Zuckerfreier Trockenrückstand	5 und mehr %,
darunter:	
organische Säuren	0,1—0,3%,
oder 1,0—3,5 ccm Normallauge für 100 g Honig,	
Stickstoffverbindungen	0,3—0,7% und mehr,
Asche	0,1—0,35%.

Hierzu ist noch folgendes zu bemerken:

α) Saccharose. Vereinzelt sind in Honigen, besonders in solchen, die in der Nähe von Zuckerfabriken oder Lägern von Zuckern gewonnen wurden, größere Mengen, nämlich bis 13% Saccharose und mehr beobachtet.

E. Baier[1]) teilt über den Einfluß der Winterfütterung mit Rübenzucker folgende Ergebnisse mit:

Ein Volk war im Herbst sehr lange und gut mit Rübenzucker gefüttert worden; bei der Schleuderung des Honigs im Frühjahr betrug der Saccharosegehalt nur 1,9%. — Ein Volk war bei schlechter Tracht mit Rübenzucker gefüttert worden. Unmittelbar nach der Verdeckelung wurde der Honig geschleudert; er war sehr dünnflüssig, besaß wenig Aroma, besonders süßen Geschmack und ent-

[1]) Zeitschr. f. Untersuchung d. Nahrungs- u. Genußmittel 1910, **19**, 346.

hielt 8% Saccharose. — Ein Volk war bei guter Tracht stark mit Rübenzucker gefüttert worden. Der Honig besaß unmittelbar nach der Verdeckelung guten Geschmack, normale Beschaffenheit und enthielt 4% Saccharose.

Reese, Ritzmann und Isernhagen[1]) fanden für zwei durch reine Zuckerfütterung erhaltene Honige folgende Zusammensetzung:

Zellen	Wasser %	Invertzucker %	Saccharose %	Nichtzucker %	Asche %	Säure = ccm N.-Lauge	Polarisation der Lösung 1:10 im 200 mm-Rohr vor der Inversion Grad	nach der Inversion Grad
Bedeckelt	18,73	70,93	5,48	4,86	0,13	2,00	—1,15	—1,98
Nichtbedeckelt	20,26	67,05	8,08	4,61	0,10	1,55	—0,75	—2,05

Der Höchstgehalt an Saccharose betrug bei 81 Blütenhonigen 3,75%. Die Zuckerfütterungshonige gaben die Leysche wie auch Fiehesche Reaktion.

Auch H. Witte[2]) gibt an, daß wenn Honig mehr als 5,5 bzw. 6,0% Saccharose ergebe, dieses auf unreife Ernte, Zuckerfütterung oder Verfälschung deute.

β) Das Verhältnis zwischen Glykose und Fructose ist großen Schwankungen unterworfen, indem z. B. Soxhlet und Sieben (I. Bd. 1903, S. 915) fanden:

	Glykose	Fructose	Invertzucker
Äußerste Schwankungen	22,23%	46,89%	68,25%
	44,71%	33,92%	79,12%
Mittel	36,20%	37,11%	72,51%

Im Mittel also waltet die Fructose etwas vor.

γ) Aschengehalt. A. Röhrig[3]) fand in 38 reinen Honigen 0,068—0,284%, im Mittel 0,136% Asche. Invertzucker enthält nicht immer unter 0,1% Asche; 4 Proben ergaben 0,18 bis 0,292% Asche; H. Witte[4]) fand durchschnittlich 0,1—0,35% Asche; der Gehalt kann unter Umständen bei einheimischem Klee- und Rapshonig, ebenso wie bei ausländischem Honig, auf 0,065% heruntergehen.

δ) Der Gehalt an Stickstoff-Substanz ist in älteren Analysen zu 0,3—2,48 %, im Mittel zu 1,08% angegeben. Diese Menge ist nach neueren Analysen zu hoch; der Gehalt an Stickstoff-Substanz liegt bei Blütenhonigen in der Regel zwischen 0,4—0,5%, bei Invertzuckerlösungen in der Regel unter 0,2%.

Lendrich und Nottbohm fanden in ausländischen Honigen 0,15—0,60%, im Mittel 0,35% Stickstoff-Substanz.

b) Der von den Bienen aus **Honigtau** (süßen, klebrigen, meist von Blattläusen herrührenden Abscheidungen auf Pflanzenteilen) erzeugte Honig und der sogenannte **Coniferenhonig,** der von Abscheidungen auf Coniferen stammt, weichen in ihren äußeren Eigenschaften und in der Zusammensetzung wesentlich von Blütenhonig ab. Sie sind von dunkler Farbe, gewürzhaftem, harzigem oder auch melasseartigem Geruch und Geschmack und erstarren wegen ihres hohen Dextringehaltes schwierig. Ihre Lösung dreht das polarisierte Licht nach rechts. Der Gehalt an Rohrzucker und Dextrinen (von niedrigerem Molekulargewicht als die Dextrine des Stärkezuckers und Stärkesirups) sowie die Aschenmenge sind weit größer als bei Blütenhonigen. Der Gehalt an Invertzucker ist dementsprechend niedriger und beträgt im allgemeinen nur 60—70%. An Rohrzucker wurden in der Regel 5—10% und an Asche 0,4 bis 0,8% beobachtet.

[1]) Zeitschr. f. Untersuchung d. Nahrungs- u. Genußmittel 1910, **19**, 625.

[2]) Ebendort 1911, **21**, 305.

[3]) Ebendort 1909, **18**, 482.

[4]) Ebendort 1911, **21**, 305.

Für ausländischen Honigtauhonig, der in Hawai von dem Zuckerblattrohrhüpfer auf den Blättern der jungen Zuckerrohrpflanze erzeugt war, fanden K. Lendrich und F. Nottbohm[1]) folgende Zusammensetzung im Mittel von 4 Proben:

Spez. Gewicht 1+2	Wasser %	Invertzucker %	Saccharose %	Nichtzucker %	Asche %	Kochsalz %	Stickstoff-Substanz %	Fällung nach Lund ccm	Polarisation der Lösung 1:10 im 200 mm-Rohr vor der Inversion Grad	Polarisation der Lösung 1:10 im 200 mm-Rohr nach der Inversion Grad	Säure (ccm N.-Lauge für 100 g Honig)
1,1194	15,76	66,48	2,78	14,58	1,62	0,46	0,33	0,95	+1,31	+0,60	3,90

Auffallend ist der hohe Gehalt an Kochsalz und Säure; in Blütenhonigen aus Hawai wurde ein ebenso hoher Kochsalzgehalt, nämlich 0,37%, dagegen ein Säuregehalt von nur 0,98 ccm N.-Lauge für 100 g Honig gefunden.

c) Ausländischer Honig. J. Fiehe und Ph. Stegmüller[2]) untersuchten 111 Proben ausländischen (Europa, Asien, Amerika, Australien und von verschiedenen Inseln) Honig mit folgendem Ergebnis:

Gehalt	Wasser %	Invertzucker %	Saccharose %	Nichtzucker %	Säuregrad (ccm N.-Lauge für 100 g Honig) ccm	Eiweißfällung nach Lund, ccm Niederschlag ccm	Asche %	Phosphorsäure, PO_4 in 100 g Honig g
Höchst .	24,28	78,84	15,40	13,42	4,44	4,35	0,673	0,0932
Niedrigst	14,44	61,96	0,12	1,75	0,60	0,37	0,027	0,0075
Mittel . .	18,30	73,48	2,42	5,84	1,79	1,13	0,150	0,0198

Von diesen Honigen zeigte nur eine Probe die Fiehesche Reaktion auf Invertzucker in der Stärke, daß sie $^1/_2$ Stunde anhielt; diese Probe und noch drei andere, welche die Reaktion nicht in der genannten Stärke zeigten, waren stark erhitzt und schmeckten angebrannt. Die Reaktion von Ley auf Invertzucker dagegen versagte in 18 von 88 Fällen.

Ebenso bewährte sich die Fiehesche Reaktion auf Stärkezucker, während die Beckmannsche Reaktion in 10 von 88 Fällen versagte.

Bei 8 von 95 Proben fiel die Reaktion auf Diastase negativ aus.

Lendrich und Nottbohm (l. c.) konnten bei 62 ausländischen Honigen in keiner Probe eine als positiv anzusprechende Reaktion nach Fiehe erhalten.

Vorkommende Abweichungen, Veränderungen, Verfälschungen und Nachmachungen.

Manche Sorten von Auslandshonig sind sehr unrein, haben eine schmutziggelbe bis braune Farbe und einen schwachen, wenig angenehmen Geruch und Geschmack.

Honig, der aus ungedeckelten[3]) Waben gewonnen wurde (sogenannter unreifer Honig), ist dünnflüssig, besitzt einen abnorm hohen Wassergehalt und verdirbt leicht, indem er in Gärung übergeht und sauer wird.

Durch ungeeignete Behandlung und Lagerung kann auch sonst normaler (reifer) Honig in Gärung übergehen und sauer werden. Auch bei geeigneter Lagerung kann in den Sommermonaten eine leichte Gärung — das sogenannte Treiben des Honigs — eintreten.

Mit Mäuse-Urin verunreinigter Honig ist durch Mäusegeruch, verschimmelter Honig durch Schimmelgeschmack gekennzeichnet. Auch durch die Art der Gewinnung mittels Erwärmens oder Pressens kann Honig von veränderter Beschaffenheit erhalten werden.

[1]) Zeitschr. f. Untersuchung d. Nahrungs- u. Genußmittel 1913, **26**, 1.

[2]) Arbeiten a. d. Kaiserl. Gesundheitsamte 1913, **44**, 78.

[3]) Mitunter kommen ganze Waben in den Handel, die außer Honig Bienenbrot oder gar abgestorbene Brut enthalten.

Durch zu hohe Erwärmung gehen die fermentativen Eigenschaften sowie aromatische Bestandteile verloren, und es entstehen unter Umständen Zersetzungsprodukte des Zuckers. Durch Auspressen stark verunreinigten Honigs (Stampfhonig mit Brut und Bienen) gelangen fremdartige Bestandteile in den Honig.

Verfälscht wird Honig durch Zusätze von Wasser, Melasse, Rohr- oder Rübenzucker, Invertzucker, Stärkesirup und Stärkezucker, Farbstoffen und Aromastoffen[1]).

Nachgemacht wird Honig aus den genannten Zuckerarten, oft unter Zusatz von Farb- und Aromastoffen und Säuren, ferner durch Fütterung der Bienen mit Zucker oder zuckerhaltigen Zubereitungen. Nachgemachter oder verfälschter Honig weist vielfach sogenannten Bonbongeschmack auf.

Untersuchung des Honigs.

1. Probenahme. Zur Untersuchung sind, wenn möglich, wenigstens 250 g Honig zu entnehmen und in Gläsern mit weiter Öffnung, mit Kork- oder Glasstopfen verschlossen, aufzubewahren.

Bei der Probenahme ist darauf zu achten, daß der Vorrat gut gemischt wird; denn bei längerem Stehen scheidet sich der Honig oft in einen unteren kristallinischen, hauptsächlich aus Glykose bestehenden und einen oberen flüssigen, hauptsächlich Fructose enthaltenden Teil. Aus größeren Gebinden (Tonnen, Fässern) sind mittels Stahlbohrers oder Spatels entsprechende Teilmengen von verschiedenen Stellen zu entnehmen und zu mischen.

2. Ausdehnung der Untersuchung. Im allgemeinen sind bei der Untersuchung eines Honigs, sofern es sich nicht um die Beantwortung bestimmter Einzelfragen handelt, die nachstehend unter a bezeichneten Prüfungen und Bestimmungen stets, die unter b bezeichneten je nach Umständen auszuführen.

a) Stets auszuführen:
1. Sinnenprüfung,
2. Bestimmung des Wassers,
3. „ der freien Säure,
4. „ und Untersuchung der Asche,
5. „ des direkt reduzierenden Zuckers,
6. „ der Saccharose,
7. Messung der Drehung des polarisierten Lichtes.
8. Prüfung auf künstlichen Invertzucker,
9. „ „ Stärkezucker, Stärkesirup, Dextrine,
10. „ „ Teerfarbstoffe,
11. „ „ diastatische Fermente;

b) unter Umständen auszuführen:
12. Bestimmung des Stickstoffs,
13. mikroskopische Prüfung.

3. Herstellung einer einheitlichen Lösung. Vor der Untersuchung ist eine gründliche Durchmischung der gesamten Honigprobe vorzunehmen. Ist zu diesem Zwecke Erwärmung erforderlich, so soll diese auf das äußerst notwendige Maß beschränkt und nicht über 50° gesteigert werden. Soweit als möglich ist bei der Ausführung der Untersuchungen von einer einheitlichen Honiglösung auszugehen. Man löst entweder 50 g Honig mit Wasser zu 250 ccm, oder nach Witte 80 g Honig + 160 g Wasser, oder man löst ebenso zweckmäßig 125 g Honig mit Wasser zu 375 ccm; hiervon bestimmt man das spezifische Gewicht und füllt 300 g dieser Lösung (= 100 g Honig) zu 1 l mit Wasser auf, von welcher Lösung entsprechende Mengen zu den Untersuchungen verwendet werden. Zur Verhütung einer Zersetzung empfiehlt es sich, die Lösung mit 10 Tropfen Formalinlösung (40 proz.) zu versetzen; dabei ist zu berücksichtigen, daß eine derartig haltbar gemachte Lösung nicht zur Bestimmung des Säuregehaltes verwendet werden kann.

---

[1]) Eine Kunsthonigessenz bestand nach G. Ambühl aus einem schwach alkoholischen Auszuge aus Lindenblüten; der Alkoholgehalt betrug 12,4%.

Ausführung der Untersuchung.

1. *Sinnenprüfung.* Der Honig ist auf Aussehen, Konsistenz, Geruch und Geschmack zu prüfen. Insbesondere ist auf sogenannten Bonbongeschmack, auf Caramelgeschmack sowie auf künstliches Aroma zu achten.

2. *Bestimmung des Wassers bzw. der Trockensubstanz.* ***a) Aus dem Gewichtsverlust.*** 1—2 g Honig werden mit 5—10 g ausgeglühtem reinem Quarzsand in einer flachen Glas- oder Platinschale nebst einem kurzen Glasstabe abgewogen, mit 5 ccm Wasser vermischt und im Wasserbade unter Umrühren eingetrocknet. Das weitere Trocknen bis zum konstanten Gewicht wird im luftverdünnten Raume bei einer Temperatur, die 70° nicht überschreitet, ausgeführt. Die Schale wird in bedecktem Zustande gewogen und der Gewichtsverlust als Wasser angesehen.

b) Aus der Dichte der Honiglösung. Man wägt in einem kleinen Bechergläschen etwa 10 g Honig ab, löst in 25 ccm destilliertem Wasser und füllt die Lösung mittels Capillartrichter in ein Pyknometer von 50 ccm Inhalt. Gläschen und Trichter werden wiederholt mit Wasser nachgespült, und das Pyknometer so bei 15° C bis zur Marke aufgefüllt, wobei auf eine gute Durchmischung des Pyknometer-Inhaltes zu achten ist. Der Gehalt an Trockensubstanz wird aus dem gefundenen spezifischen Gewicht nach der amtlichen Zuckertabelle bzw. der von K. Windisch festgestellt (vgl. Tabelle XII, I. Teil, S. 757). Oder es wird aus der gefundenen Dichte d der Honiglösung (bezogen auf Wasser von 4°) der Prozentgehalt des Honigs an Trockenrückstand T nach der Formel $T = \frac{d - 0{,}99915}{0{,}000771}$ ermittelt.

3. *Polarisation.* 10 g Honig werden in einem Meßkolben von 100 ccm mit 50 ccm Wasser gelöst, die Lösung mit gefälltem, feucht aufbewahrtem Tonerdehydrat (oder nach Soxhlet durch Kieselgur und Holzschliff oder auch, wenn nötig, durch Zusatz von 3 ccm Bleiessig und 5 ccm gesättigter Natriumphosphatlösung) geklärt, auf 100 ccm aufgefüllt, filtriert und nach 24stündigem Stehen bei 20° im Halbschattenapparat polarisiert. Die Drehung wird für das 200 mm-Rohr in Kreisgraden angegeben. (Vgl. I. Teil, S. 434.) Ebenso wird die Drehung für die invertierte Lösung (vgl. unter Bestimmung der Saccharose Nr. 9) ermittelt.

Die Berechnung der spezifischen Drehung (von 100 g Honig-Trockensubstanz in 100 ccm Wasser im 100 mm-Rohr) kann Anhaltspunkte für die Beurteilung der Reinheit eines Honigs liefern.

4. *Bestimmung und Untersuchung der Asche.* 10 g Honig werden in einer Platinschale mit kleiner Flamme verkohlt. Die Kohle wird wiederholt mit kleinen Mengen heißen Wassers ausgezogen, der wässerige Auszug durch ein kleines Filter von bekanntem Aschengehalt filtriert und das Filter samt der Kohle in der Schale mit möglichst kleiner Flamme verascht. Alsdann wird das Filtrat in die Schale zurückgebracht, zur Trockne verdampft, der Rückstand ganz schwach geglüht und nach dem Erkalten im Exsiccator gewogen.

Die Asche wird mit überschüssiger $^1/_{10}$ N.-Salzsäure und Wasser in ein Kölbchen aus Jenaer Geräteglas gespült, das mit einem Uhrglas bedeckte Kölbchen 10 Minuten lang auf dem siedenden Wasserbad erwärmt und die erkaltete Lösung nach Zusatz von einem Tropfen Methylorange- und wenigen Tropfen Phenolphthaleinlösung mit $^1/_{10}$ N.-Alkalilauge bis zum Umschlag des Methylorange titriert. Darauf setzt man 10 ccm etwa 40proz. neutrale Chlorcalciumlösung hinzu und titriert weiter bis zur Rötung des Phenolphthaleins.

Die zur Neutralisation gegen Methylorange verbrauchten Milligramm-Äquivalente Säure (= ccm Normalsäure) ergeben die Alkalität der Asche; die vom Umschlag des Methylorange bis zum Umschlag des Phenolphthaleins verbrauchten Milligramm-Äquivalente Alkali (= ccm Normallauge) ergeben mit 47,52 multipliziert die in der Asche enthaltenen Milligramm Phosphatrest (PO_4).

5. *Freie Säuren.* 10 g Honig werden in 50 ccm Wasser gelöst. Die Lösung wird mit $^1/_{10}$ N.-Kalilauge titriert, bis ein Tropfen empfindliches blaues Lackmuspapier nicht mehr rötet. Der Gehalt an freier Säure ist in Milligramm-Äquivalenten (= ccm Normallauge) für 100 g Honig auszudrücken.

„Da die freie Säure des Honigs im wesentlichen nicht flüchtig ist, so kann, lediglich zur Erleichterung der Vorstellung über die Menge der freien Säure, diese vorläufig außerdem als Äpfelsäure ausgedrückt werden, deren Vorkommen im Honig nicht unwahrscheinlich ist."

1 ccm $^1/_{10}$ N.-Lauge = 0,0067 g Äpfelsäure.

A. Heiduschka und G. Kaufmann[1]) suchten, angeregt durch die Arbeit Farnsteiners[2]), der nachgewiesen hat, daß im Honig, wenn überhaupt, so nur sehr geringe Mengen Ameisensäure vorhanden ist, den Gehalt an flüchtigen Säuren im Honig dadurch zu ermitteln, daß sie 100 g Honig so lange der Destillation unterwarfen, bis das Destillat 1000 ccm betrug. In 50 ccm des Destillats wurde der Säuregehalt mit $^1/_{10}$ N.-Kalilauge und Phenolphthalein als Indicator festgestellt, der Rest des Destillats hiernach neutralisiert und bis auf ein geringes Volumen eingedampft. In der einen Hälfte dieser konzentrierten Lösung wurde die Ameisensäure nach Auerbach und Pludermann[3]) mit Quecksilberchlorid, in der anderen nach dem von Merl[4]) abgeänderten Wegenerschen Verfahren mit konzentrierter Schwefelsäure durch die Bildung von Kohlenoxyd bestimmt.

Zur Verseifung wurden 100 g Honig mit 100 ccm $^1/_{10}$ N.-Kalilauge stehen gelassen, hierauf mit 20 ccm 20 proz. Phosphorsäurelösung angesäuert und davon 100 ccm mit Wasserdampf überdestilliert.

Zur Bestimmung der Gesamtsäure wurden 10 g Honig in 100 ccm Wasser gelöst und mit $^1/_{10}$ N.-Lauge unter Anwendung von Phenolphthalein als Indicator titriert. Sie fanden auf diese Weise in 100 g von 5 reinen württembergischen Honigen:

Gesamtsäure $^1/_{10}$ N.-Lauge	Unverseift						Verseift				
	flüchtige Säure $^1/_{10}$ N.-Lauge	Ameisensäure				flüchtige Säure $^1/_{10}$ N.-Lauge	Ameisensäure			
		durch Reduktion		durch Kohlenoxyd			durch Reduktion		durch Kohlenoxyd	
ccm	ccm	g	$^1/_{10}$ N.-Lauge ccm	g	$^1/_{10}$ N.-Lauge ccm	ccm	g	$^1/_{10}$ N.-Lauge ccm	g	$^1/_{10}$ N.-Lauge ccm
18,2—26,9	1,7—3,1	0,0060 bis 0,0100	1,3—2,2	0,0050 bis 0,0073	1,1—1,6	4,0—5,0	0,0118 bis 0,0229	2,6—5,0	0,0096 bis 0,0208	2,1—4,5

Die Bestimmung der Ameisensäure durch Reduktion mit Quecksilberchlorid liefert etwas höhere Werte, als die durch Überführung in Kohlenoxyd mittels konzentrierter Schwefelsäure. Die vorherige Verseifung des Honigs ergibt etwas höhere Werte an flüchtigen Säuren als die Destillation des Honigs ohne vorherige Verseifung.

H. Fincke[5]) gelangt zu anderen Ergebnissen; er weist nach, daß geringe Mengen flüchtiger Säuren bei der Destillation des Honigs unter Zusatz von Phosphorsäure (und Schwefelsäure) infolge der Zersetzung des Zuckers entstehen. Er löst daher 100 g Honig mit Wasser zu 300 ccm, setzt statt Phosphorsäure 1,5 g Weinsäure zu, unterwirft der Wasserdampfdestillation und sammelt das Destillat in Anteilen zu je 500 ccm auf. Das Destillat wurde entweder in einer Calciumcarbonatanschwemmung gesammelt oder unter Zusatz von etwa 0,5 g Calciumcarbonat zuerst auf freier Flamme, dann auf dem Wasserbade auf 30—50 ccm eingedampft, filtriert, ausgewaschen und das Filtrat auf 25 ccm eingedampft. Hierin wurde die Ameisen-

[1]) Zeitschr. f. Untersuchung d. Nahrungs- u. Genußmittel 1911, **21**, 375.

[2]) Ebendort 1908, **15**, 598.

[3]) Arbeiten a. d. Kaiserl. Gesundheitsamte 1909, **30**, 178.

[4]) Zeitschr. f. Untersuchung d. Nahrungs- u. Genußmittel 1908, **16**, 385.

[5]) Ebendort 1912, **23**, 255.

säure unter Zusatz von 0,25 g Natriumacetat[1]) mit 2 ccm einer 10proz. Quecksilberchloridlösung möglichst genau bestimmt. H. Fincke schließt aus seinen Untersuchungen, daß Ameisensäure kein regelmäßiger Bestandteil des Honigs ist, in der Regel übersteigt die Menge die Ameisensäure, d. h. der flüchtigen reduzierenden Säuren nicht 0,003%, nur bei Heidehonigen steigt diese bis 0,02% (berechnet als Ameisensäure). Ameisensäureester konnte im Honig auch nicht nachgewiesen werden. Die freie Säure in den untersuchten Honigen entsprach 0,8—3,2 ccm (bei einem Coniferenhonig 4,2 ccm) N.-Lauge für 100 g Honig.

H. Fincke[2]) bedient sich zur Destillation behufs Nachweises der Ameisensäure des nebenstehenden Apparates[3]), dessen Handhabung von selbst verständlich ist:

Gefäß *a* ist der Wasserdampfentwickler, aus dessen Hahn *d* der Wasserdampf frei entweichen kann, wenn die Entwicklung zu stark ist; Kolben *b* enthält die zu untersuchende Substanz; Kolben *c* enthält Calciumcarbonatanschwemmung, durch die mittels des Dampfzerteilers am Boden der Dampf aus *b* geleitet wird. Nachdem der Inhalt des Dampfentwicklers zum Sieden gebracht ist, erhitzt man auch die beiden Kolben *b* und *c*, leitet aber schon Dampf durch, bevor der Inhalt des Kolbens *b* siedet. Wenn die Stoffe wie Honiglösungen leicht schäumen, so wählt man einen größeren Kolben *b* oder unterbricht für einige Augenblicke die Destillation. Nach beendeter Destillation verfährt man wie angegeben; man kann den Abdampfrückstand von der Lösung des Calciumformiats vor der Fällung behufs Entfernung nicht saurer flüchtiger Stoffe auch erst bei 125—130° erhitzen, weiter in etwa 100 ccm Wasser lösen und die Lösung zweimal mit je 25 ccm Äther ausschütteln (vgl. auch weiter unter „Essig").

Fig. 209.

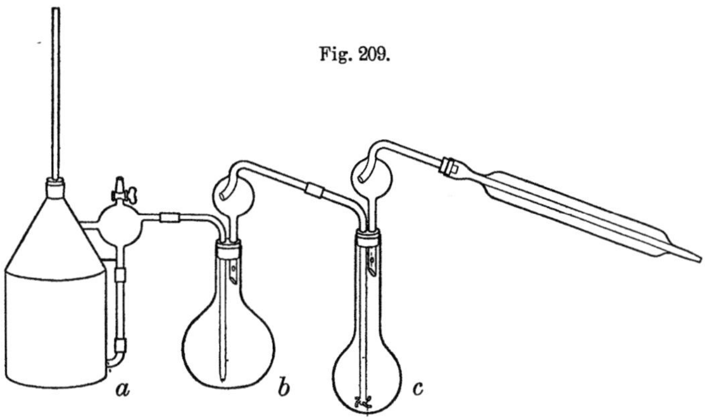

Apparat für die Destillation der Ameisensäure.

Die Frage, ob die Ameisensäure ursprünglich vorhanden gewesen ist, oder sich nachträglich durch Zersetzung der Zuckerarten und dergleichen gebildet hat, kann man nach H. Fincke an dem Gehalt der einzelnen Fraktionen des Destillats an Ameisensäure beurteilen. Wenn letztere ursprünglich vorhanden gewesen ist, werden die ersten Anteile des Destillates reicher an Ameisensäure sein als die letzten; hat sie sich dagegen während der Destillation aus anderen Stoffen gebildet, so bleibt ihre Menge in den einzelnen Fraktionen mehr oder weniger gleich oder nimmt gegen Ende der Fraktion noch gar zu.

6. Stickstoff-Substanz. Der Stickstoff wird nach Kjeldahl (I. Teil, S. 240 $\alpha\beta$) bestimmt und mit 6,25 multipliziert. Über den Gehalt des Honigs an Stickstoff-Substanz vgl. S. 782.

7. Bestimmung des direkt reduzierenden Zuckers (vgl. I. Teil, S. 429). 50 ccm einer etwa 0,4 proz. Honiglösung (40 ccm der 10 proz. Lösung S. 784 zu 100 ccm verdünnt) werden mit 50 ccm Fehlingscher Lösung in einem etwa 300 ccm fassenden Erlenmeyer-Kolben zum Sieden erhitzt. Das Anwärmen der Flüssigkeit soll möglichst rasch unter Benutzung eines Dreibrenners, eines Drahtnetzes und einer darüber gelegten Asbest-

[1]) Durch Zusatz von Natriumchlorid unter schwacher Ansäuerung mit Salzsäure kann die Fällung gefördert werden.

[2]) Biochem. Zeitschr. 1913, **51**, 253.

[3]) Der Apparat wird von der Firma Franz Hugershoff in Leipzig geliefert.

pappe mit kreisförmigem Ausschnitt vorgenommen werden und $3^1/_2$—4 Minuten in Anspruch nehmen; sobald die Flüssigkeit kräftig siedet, wird der Dreibrenner mit einem Einbrenner vertauscht und die Flüssigkeit genau 2 Minuten im Sieden erhalten. Nach Ablauf der Kochdauer wird die Flüssigkeit in dem Kolben sofort mit etwa der gleichen Raummenge luftfreien kalten Wassers verdünnt und durch ein gewogenes Asbestfilter filtriert. Das ausgewaschene Kupferoxydul ist als Kupferoxyd oder Kupfer zur Wägung zu bringen und mit den für Invertzucker geltenden Reduktionsfaktoren auf Zucker umzurechnen.

8. Glykose und Fructose. Da das Verhältnis zwischen Glykose und Fructose ein sehr schwankendes ist, außerdem in vielen Honigen nach neueren Untersuchungen auch Maltose vorkommt, und die Honige stets unvergärbare rechts- und linksdrehende, teilweise Fehlingsche Lösung reduzierende Bestandteile enthalten, so ist es durchweg bedeutungslos, das Glykose-Fructose-Verhältnis festzustellen. Erscheint es dennoch unter Umständen (z. B. bei vermutlichem Zusatz von Stärkezucker) von Wert, so ist das kombinierte Titrierverfahren nach Sachsse-Soxhlet anzuwenden. (Vgl. I. Teil, S. 434.)

9. Saccharose. Die Inversion der Saccharose wird nach der Vorschrift von Herzfeld in folgender Weise ausgeführt: 10 g Honig werden mit heißem Wasser zu 50 ccm gelöst und nach dem Erkalten mit 25 ccm Wasser und 5 ccm Salzsäure von spezifischem Gewicht 1,188 versetzt, in einem Wasserbade innerhalb 2—3 Minuten auf 67—70° C erwärmt. Der Kolbeninhalt wird nun genau 5 Minuten unter stetem Umschwenken bei einer Temperatur von 67—70° erhalten, mit Alkalilauge fast neutralisiert und dann rasch auf 20° C abgekühlt. Der Inhalt des Kölbchens wird auf 100 ccm aufgefüllt und im 200-mm-Rohr polarisiert; die Drehung wird in Kreisgraden angegeben.

Bezeichnet man für die 10proz. Boniglösung die Differenz D (vor) minus D_1 (nach der Inversion) $= \Delta$, so berechnet sich nach Lehmann und Stadlinger[1]) die Menge Saccharose nach der Formel $y = \Delta \cdot 0{,}5725$ für den Halbschattenapparat, oder

$y = \Delta \cdot 5{,}725$ für 10proz. Honiglösungen,
$y = [\alpha]\,\Delta \cdot 1{,}1448$ für Honiglösungen beliebiger Konzentration.

Hierbei sind 3 Fälle zu unterscheiden:

1. $(+D) - (+D_1) = D - D_1$, 2. $(+D) - (-D_1) = D + D_1$, 3. $(-D) - (-D_1) = D_1 - D$.

Oder man verdünnt 20 ccm dieser Lösung mit Wasser auf 500 ccm und bestimmt in 50 ccm wie unter Nr. 7 den gesamten reduzierenden Zucker mit Fehlingscher Lösung, die Differenz zwischen Gesamtzucker minus direkt reduzierendem Zucker, mit 0,95 multipliziert, ergibt die Menge der Saccharose.

10. Stärkezucker, Stärkesirup, Dextrine, Melasse, Mehl u. dgl. ***a) Vergärung.*** 25 g Honig werden in 200 ccm Raulinscher Nährsalzlösung (I. Teil, S. 426 u. hier S. 774 [Jodlbauer]) gelöst. Diese Lösung wird durch $^1/_4$stündiges Kochen in einem Kolben mit Watteverschluß sterilisiert. Nach dem Erkalten werden 5 ccm dünnflüssiger, gärkräftiger, untergäriger Bierhefe, am besten Reinzuchthefe (Saccharomyces cerevisiae), nicht Preßhefe oder Weinhefe[2]) zugesetzt. Die Flüssigkeit wird bei einer Temperatur von 37° C gehalten, bis die Gärung beendet ist (etwa 3 Tage) und dann bei 15° unter Zusatz von aufgeschlämmtem Tonerdehydrat auf 250 ccm aufgefüllt; nötigenfalls werden beim Auffüllen

---

[1]) Zeitschr. f. Untersuchung d. Nahrungs- u. Genußmittel 1907, **13**, 397; 1907, **14**, 643.

[2]) Preßhefe darf wegen der darin vorhandenen, Dextrine verzuckernden Fermente nicht verwendet werden. Weinhefe vergärt Maltose, die häufig im Honig vorkommt, nicht, ergibt somit einen zu hohen Dextringehalt. Als Parallelvergärung kann eine solche mit Weinhefe empfohlen werden (auch mit Saccharomyces Marxianus), um den etwaigen Maltosegehalt des Honigs zu bestimmen (vgl. S. 774 und 778). Der Vergärungskolben ist möglichst geräumig zu wählen, da bei der anfangs stürmischen Gärung bei zu kleinen Kolben die gärende Flüssigkeit leicht übersteigt.

zugleich 3 ccm Bleiessig zugegeben. Nach dem Filtrieren wird der überschüssige Bleiessig durch Zusatz von 5 ccm kalt gesättigter Natriumphosphatlösung zu 50 ccm des Filtrates entfernt. In letzterem Falle wird die Polarisation im 220 mm-Rohr ausgeführt (Verdünnung 10 : 11). Die abgelesenen Grade entsprechen dann der Polarisation der 10 proz. Lösung im 200 mm-Rohr.

Zeigt der Gärrückstand eine erhebliche Rechtsdrehung, so ist er durch Alkoholfällung noch besonders auf Dextrine zu prüfen.

b) Reaktion nach Fiehe.[1]) 5 g Honig werden in 10 ccm Wasser gelöst; die Lösung wird mit 0,5 ccm einer 5 proz. Gerbsäurelösung versetzt und nach erfolgter Klärung filtriert. Ein Teil des Filtrats wird nach Zugabe von je 2 Tropfen konzentrierter Salzsäure (spez. Gew. 1,19) auf jedes Kubikzentimeter der Lösung mit der 10fachen Menge absoluten Alkohols gemischt.

Durch das Auftreten einer milchigen Trübung wird die Gegenwart von Dextrinen des Stärkezuckers oder Stärkesirups angezeigt.

c) Spezifische Drehung. Honigdextrine zeigen durchweg ein niedrigeres spezifisches Drehungsvermögen als die des Stärkesirups und Stärkezuckers. A. Hilger[2]) fand den molekularen Drehungswinkel $[\alpha]$ für 4 Sorten Honigdextrin zu $+119,90°$, $+125,59°$, $+131,28°$ und $+157,00°$, während er bei Stärkedextrinen zwischen $+170$ und $+190°$ herum zu liegen pflegt.

Um zu diesem Zwecke sowohl die Polarisation als die Dextrinbestimmung möglichst genau ausführen zu können, empfiehlt es sich, die vergorene, geklärte und filtrierte Lösung, je nach dem aus der gefundenen Polarisation annähernd berechneten Dextringehalt, durch Eindampfen zu konzentrieren. Oder man fällt in der Koniglösung die Dextrine durch Alkohol, reinigt sie durch wiederholtes Auflösen und Fällen mit Alkohol und trocknet bei 150°.

In einem Teil der getrockneten Dextrine wird die Aschenmenge bestimmt (a%), ein anderer Teil (b g) dient nach Lösung in Wasser (zu v ccm) zur Messung der Drehung polarisierten Natriumlichtes. Aus dem abgelesenen Drehungswinkel (α_D) und der Länge des Rohres (l dm) wird die spezifische Drehung der wasser- und aschenfreien Dextrine berechnet nach der Formel:

$$[\alpha]_D = \frac{\alpha_D \cdot v \cdot 100}{l \cdot b \cdot (100 - a)} .$$

Eine spezifische Drehung von $+170°$ oder darüber läßt auf die Gegenwart von Dextrinen des Stärkezuckers oder Stärkesirups schließen.

Ebenso richtig und einfach aber dürfte es sein, die Dextrine nicht vorher zu trocknen, sondern in Wasser zu lösen, auf ein bestimmtes Volumen zu bringen, die Lösung zu polarisieren und in der Lösung zu bestimmen:

α) Ein aliquoter Teil der Lösung wird zur Trockne verdampft und darin der Trockenrückstand und die Asche bestimmt; hieraus und aus der Drehung der Lösung kann der spezifische Drehungswinkel nach I. Teil, S. 98 berechnet werden.

β) Ein anderer Teil der Lösung wird nach I. Teil, S. 427 invertiert und in der Lösung die gebildete Glykose bestimmt; die hieraus berechnete Menge Dextrin muß, wenn es sich nur um Dextrine handelt und wenn richtig gearbeitet ist, mit der in α) direkt gefundenen Menge Dextrin übereinstimmen.

d) Das Verfahren von König und Karsch.[3]) Dasselbe bietet beachtenswerte Vorteile in folgender Ausführung: 40 g Honig werden in einem Myßzylinder auf 40 ccm mit Wasser aufgefüllt. Von dieser Mischung werden 20 ccm in einem $^1/_4$ l-Kolben unter langsamem Zuträufeln und fortgesetztem Umschwenken mit absolutem Alkohol bis zur Marke aufgefüllt und unter Umschütteln 2—3 Tage stehen gelassen. Von dem nach dieser Zeit herzustellenden Filtrate können 100 ccm nach Verjagung des Alkohols zur Zuckerbestimmung nach

[1]) Zeitschr. f. Untersuchung d. Nahrungs- u. Genußmittel 1909, **18**, 30.

[2]) Ebendort 1904, **8**, 110.

[3]) Zeitschr. f. analyt. Chemie 1895, **34**, 1.

Sachsse-Soxhlet Verwendung finden, je weitere 100 ccm dienen nach Verdampfen zur Trockne und Wiederauflösen mit Wasser zur Beobachtung der Polarisation nach vorheriger Behandlung mit Bleiessig usw. Dextrinreiche Naturhonige zeigen Links-, stärkezucker- und stärkesiruphaltige Honige behalten dagegen Rechtsdrehung.

Letztere könnte allerdings auch von zugesetztem Rohrzucker herrühren, der ebenfalls nicht durch Alkohol vollständig gefällt wird. Davon aber, ob der Honig eine große Menge (von 10—18%) Saccharose enthält, kann man sich durch eine quantitative Bestimmung der Saccharose nach Nr. 9 (S. 788) überzeugen.

Auch wird die obige alkoholische Lösung nach dem Verdampfen des Alkohols und nach Inversion der wässerigen Lösung, wenn die Rechtsdrehung von Saccharose herrührt, Linksdrehung zeigen.

e) Verfahren von E. Beckmann. Bei dextrinhaltigen Honigen kann am raschesten durch die Beckmannsche[1]) Fällung mittels Barythydrat und Methylalkohol auf die Art des vorhandenen Dextrins geschlossen werden.

Durch eine quantitative Bestimmung des gewonnenen Niederschlages kann man erkennen, ob Dextrine des Stärkesirups, d. h. höhermolekulare Dextrine in solcher Menge vorhanden sind, daß man auf einen Zusatz von Stärkesirup schließen kann.

Qualitative Prüfung nach Beckmann: Man bringt in ein Reagensglas 50 ccm einer 20 proz. Honiglösung, versetzt sie mit 3 ccm Barythydratlösung [2 g $Ba(OH)_2$ zu 100 ccm] und fügt zu der noch klaren Mischung sofort auf einmal 17 ccm Methylalkohol. Liegt reiner Honig vor, so bleibt die Mischung beim Umschütteln klar, oder wird nur wenig getrübt. Bei starker, flockiger Trübung oder bei einem entstehenden Niederschlag ist auf Zusatz von Stärkesirup, Stärkezucker oder Dextrin des Handels zu schließen.

Die quantitative Bestimmung erfolgt ebenso, nur nimmt man bei geringer Trübung konzentriertere (bis 50 proz.) Honiglösungen. Der Niederschlag wird in einen bei 55—60° getrockneten Goochschen Tiegel gebracht und dann mit 10 ccm Methylalkohol und 10 ccm Äther gewaschen, bei 55—60° getrocknet und gewogen. Nach Beckmann geben 5 ccm einer 5 proz. Stärkesiruplösung 0,116 g Fällung; durchschnittlich berechnet sich auf 1 g Sirup 0,455 g Fällung. 5 ccm einer 5 proz. Stärkezuckerlösung geben 0,036 g Fällung; durchschnittlich gibt 1 g Stärkezucker 0,158 g Fällung. (Die Durchschnitte sind aus Versuchen mit 5-, 10- und 15 proz. Lösungen berechnet.)

Die Bestimmung des spezifischen Drehungsvermögens der nach der Gärung bleibenden Dextrine wird im Zusammenhalt mit dem Fällungsergebnis nach Beckmann einen sicheren Schluß auf die Abstammung der Dextrine zulassen.

Melasse im Honig kann nach E. Beckmann (l. c.) an der starken weißen bis weißgelblichen Fällung erkannt werden, welche in 25 proz. Honiglösungen durch Zusatz von Bleiessig und Methylalkohol entsteht. Die Versuche hierüber sind bis jetzt nicht abgeschlossen.

Mehlzusatz. Derselbe macht den Honig schleimig und weißstreifig.

Je nach dem zu vermutenden Gehalt werden 10—12 g Honig mit 70 proz. Alkohol behandelt, filtriert, mit 70 proz. Alkohol und zuletzt mit kaltem Wasser gewaschen und der unlösliche Rückstand nach einem der S. 512 u. 721 beschriebenen Verfahren auf Stärke untersucht. Auch wird der unlösliche Rückstand mikroskopisch auf Stärke geprüft.

Leim und Tragant. Diese Zusätze sind sehr selten und können durch Fällen der wässerigen Lösung mit Tanninlösung nachgewiesen werden, womit reiner, durch vorheriges Kochen mit Bolus geklärter Honig nur eine schwache Trübung und später geringe Flocken gibt.

11. Prüfung auf Teerfarbstoffe. Eine 20 proz. Honiglösung wird mit einigen Tropfen 10 proz. Kaliumbisulfatlösung versetzt und mit einem entfetteten Wollfaden 10 Minuten lang gekocht. Bei Gegenwart von Teerfarbstoffen färbt sich der Faden gelb. Das Verhalten des Fadens nach dem Auswaschen mit Wasser gegen Mineralsäuren, Alkalien und Ammoniak erlaubt unter Umständen eine nähere Kennzeichnung des Farbstoffes.

[1]) Zeitschr. f. Untersuchung d. Nahrungs- u. Genußmittel 1901, **4**, 1065.

Sofortige Rot- oder Rosafärbung einerÁniglösung nach Zugabe von Mineralsäuren läßt auch ohne Verwendung eines Wollfadens auf Teerfarbstoffe schließen.

12. Qualitative Reaktionen zur Prüfung eines Honigs auf Reinheit (besonders auf Invertzucker). Zur Prüfung eines Honigs auf Reinheit sind neuerdings verschiedene Reaktionen vorgeschlagen, von denen hier erwähnt werden mögen:

a) Die Reaktion von H. Ley mit Silbernitrat. Diese von H. Ley[1]) 1902 beschriebene Reaktion wird nach Utz[2]) wie folgt ausgeführt:

Zur Herstellung des Reagenzes löst man 10 g Silbernitrat in 100 ccm Wasser und setzt 20 ccm einer 15 proz. Natronlauge zu. Der Niederschlag von Silberoxyd wird auf einem Filter gesammelt, mit 400 ccm Wasser ausgewaschen und dann in 10 proz. Ammoniak gelöst. Die Lösung wird mit Ammoniak bis zum Gesamtgewicht von 115 g ergänzt und, gut verschlossen sowie vor Licht geschützt, aufbewahrt.

Zur Untersuchung des Honigs löst man 1 Teil desselben in 2 Teilen Wasser. Von dieser filtrierten Lösung werden 5 ccm in ein Reagensglas gegeben und 5 Tropfen des obigen Reagenzes hinzugefügt. Nach dem Mischen wird der Reagenszylinder mit einem Wattepfropfen verschlossen und in ein siedendes Wasserbad gestellt. Zweckmäßig ist es, die Operationen vor Beendigung der Reaktion nicht im direkten Sonnenlicht vorzunehmen. Ferner sind die Proben nach Zusatz des Reagenzes sofort in das siedende Wasserbad zu stellen, da schon an und für sich am Licht Farbenveränderungen des Reaktionsgemisches eintreten können. Nach 5 Minuten wird das Reagensglas aus dem Wasserbad herausgenommen und die Farbe der Flüssigkeit beobachtet.

Die Naturhonige zeigen nach obiger Behandlung eine dunkle Farbe, sind nicht direkt durchsichtig, aber im auffallenden Lichte fluoreszierend; namentlich besitzen die letztere Eigenschaft die Heidehonige. Beim Umschütteln des Reaktionsgemisches erscheint dasselbe braunrot, durchsichtig, an der Glaswandung einen braungrünlichen bzw. gelbgrünlichen Schein zurücklassend, wie etwa Liquor Ferri sesquichlorati beim Umschütteln an der Wandung des Gefäßes gefärbt erscheint. Dieser grünliche Farbenton ist das Charakteristische der Reaktion. Honigsurrogate oder Gemische derselben mit Naturhonig erscheinen nach gleicher Behandlung undurchsichtig braun bis schwarz, bzw. geben Silberspiegel, besonders aber entbehren dieselben beim Umschütteln des an der Glaswandung zurückgebliebenen gelbgrünlichen Scheines.

F. Schwarz[3]) empfiehlt wegen der Explosionsgefahr eine geringere Menge Reagens in der Weise zuzubereiten, daß man 0,5 g Silbernitrat in 5 ccm Wasser löst und mit 1,5 ccm einer 10 proz. Natronlauge vermischt; die Flüssigkeit wird durch ein kleines Filter abgegossen und der Niederschlag 4 mal mit je 5 ccm Wasser ausgewaschen, indem zweckmäßig möglichst wenig von dem Niederschlag auf das Filter gebracht wird. Der Niederschlag wird schließlich in 10 proz. Ammoniak gelöst und das Gesamtgewicht mit Ammoniak auf 6 g gebracht.

Das Wesen der Leyschen Reaktion beruht nach C. Amberger[4]) darauf, daß durch die Einwirkung des ammoniakalischen Silberlösung auf Invertzucker sich kolloidales Silber (Silberkydrosol) bildet, welches durch Honigalbumin als Schutzkolloid adsorbiert und in Suspension erhalten wird.

b) Die Reaktion von J. Fiehe.[5]) 5 g Honig werden mit reinem, über Natrium aufbewahrtem Äther im Mörser verrieben, der ätherische Auszug wird in ein Porzellanschälchen abgegossen. Nach dem Verdunsten des Äthers bei gewöhnlicher Temperatur wird der Rück-

---

[1]) Pharmaz. Ztg. 1902, 603.

[2]) Zeitschr. f. angew. Chemie 1907, 993.

[3]) Zeitschr. f. Untersuchung d. Nahrungs- u. Genußmittel 1908, **15**, 408.

[4]) Ebendort 1910, **20**, 665.

[5]) Nach der letzten im Abschnitt „Honig" im Kaiserl. Gesundheitsamte festgelegten Vorschrift. Vgl. auch J. Fiehe u. Ph. Stegmüller, Arbeiten a. d. Kaiserl. Gesundheitsamte 1912, **40**, 305; 1913, **41**, 78.

stand mit einigen Tropfen einer frisch bereiteten oder unter Lichtabschluß aufbewahrten Lösung von 1 g Resorcin in 100 g Salzsäure von spezifischem Gewicht 1,19 befeuchtet. Eine dabei auftretende starke, mindestens eine Stunde beständige, kirschrote Färbung läßt auf die Gegenwart von künstlichem Invertzucker schließen, während schwache, rasch verschwindende Orange- bis Rosafärbungen von einer Erhitzung des Honigs herrühren können.

Die Fiehesche Reaktion ist vielfach nachgeprüft, aber verschieden beurteilt[1]). Ohne auf die einzelnen Beurteilungen näher einzugehen, sei hier nur erwähnt, daß die Reaktion auch bei natürlichen Honigen mehr oder weniger stark eintritt, wenn der Honig, wie mitunter, erwärmt wurde oder die Bienen stark mit Zucker (Saccharose) gefüttert wurden. Darum aber ist die Reaktion für die Beurteilung von Honig nicht ohne Bedeutung. Denn wenn ein Honig die Reaktion nicht gibt und die Leysche Probe positiv ausfällt, d. h. eine fluorescierende Färbung im auffallenden Lichte zeigt, so ist eine nennenswerte Verfälschung mit Invertzucker ausgeschlossen; wenn dagegen durch die Leysche Probe eine Silberreduktion bzw. -spiegel und nach Fliehe eine Rotfärbung erhalten wird, so ist die Annahme von Kunsthonig oder von einer Verfälschung des Honigs mit Kunsthonig um so berechtigter, je mehr auch der sonstige Befund des Honigs von dem eines Naturhonigs abweicht[2]).

A. Jägerschmid[3]) vereinfacht die vorstehende Reaktion dahin, daß er ungefähr 3 g Honig mit Aceton in einer Porzellanschale verreibt, 2—3 ccm der Lösung in ein Reagensglas bringt und mit ebensoviel konzentrierter Salzsäure, aber ohne Resorcin, versetzt. Hierdurch tritt — wegen der Selbsterwärmung beim Zusatz von Salzsäure muß in Wasser abgekühlt werden — bei reinen Honigen eine bernsteingelbe Farbe, die einige Zeit anhält, später jedoch etwas in Rot übergeht, bei Kunsthonigen dagegen sofort eine tief violettrote oder carmoisinrote Farbe auf, die dauernd anhält und mit der Zeit dunkelrot wird.

Fr. Reinhardt[4]) betrachtet die Fiehesche Reaktion erst dann als positiv sicher, wenn sie längere Zeit (24—27 Stunden) bestehen bleibt. Nachdem man sich durch eine Vorprüfung von dem positiven[5]) Ausfall der Reaktion überzeugt hat, soll man nach Fr. Reinhardt wie folgt verfahren:

Die Honiglösung (20 g Honig und 40 ccm Wasser) bringt man nach der Filtration in einen Scheidetrichter von etwa 150—200 ccm Inhalt und schüttelt diese mit 30 ccm möglichst wasserfreiem Äther einige Minuten gelinde aus. Bildet sich eine Emulsionsschicht, so läßt man die unter dieser sich befindende Honiglösung ab, setzt nochmals 10 ccm Äther zu und schüttelt noch einige Male kräftig aus, wodurch die Emulsionsschicht sich gut absetzt. Diese läßt man dann auch ab und wäscht den Ätherauszug, falls er trübe sein sollte, mit 10 ccm Wasser aus, wodurch die Filtration des Äthers erspart werden kann. Nach Ablassen des Waschwassers gibt man den Äther in eine kleine Porzellanschale und läßt ihn bei Zimmertemperatur über Nacht ruhig verdunsten. Den vollständig trockenen Rückstand betupft man dann mittels eines Glasstabes an mehreren Stellen mit einem Tropfen des Reagenzes (1 g Resorcin zu 100 ccm 25 proz. Salzsäure) und verreibt dieselbe kurze Zeit mit dem Glasstabe. Die hierbei auftretenden Färbungen bzw. Farbenumschläge und besonders ihre Beständigkeit werden dann ganz genau beobachtet. Die Porzellanschalen läßt

[1]) Vgl. u. a. E. v. Raumer, Zeitschr. f. Untersuchung d. Nahrungs- u. Genußmittel 1909, **17**, 115.

[2]) Vgl. Witte, Zeitschr. f. Untersuchung d. Nahrungs- u. Genußmittel 1909, **18**, 625. Hier findet sich eine kritische Zusammenstellung aller einschlägigen Verfahren zur Untersuchung des Honigs auf Reinheit.

[3]) Zeitschr. f. Untersuchung d. Nahrungs- u. Genußmittel 1909, **17**, 113.

[4]) Ebendort 1910, **20**, 113.

[5]) Wenn bei der Vorprüfung nur gelbliche, gelbe oder gelbbräunliche Färbungen auftreten, die selbstverständlich niemals positive Fiehesche Reaktionen darstellen können, so erübrigt sich eine weitere Prüfung.

man mindestens 24 Stunden, mit einem Uhrglase bedeckt, stehen und erst dann gibt man ein Urteil über die Reaktion ab.

Drawe[1]) gibt an, daß erwärmter Honig auch die Reaktion liefere. Dasselbe beobachtete A. Reinsch[2]); er schreibt ihr aber einen hypothetischen Wert zu, wenn nämlich auch die Leysche Reaktion, geringer Aschengehalt, geringe Menge zuckerfreien Extraktes für einen Invertzuckerzusatz sprechen. Bei bleibender kirschroter Färbung grenzt die Wahrscheinlichkeit der Anwesenheit von Invertzucker fast an Sicherheit. E. v. Raumer[3]) und M. Klassert[4]) bezeichnen die Reaktion als sehr unsicher und unbrauchbar; v. Raumer zog auch die Sesamölreaktion hinzu. Organische Säuren sollen die Bildung von Furfurol bzw. von Oxymethylfurfurol aus der Fructose nicht bewirken. Utz[5]) schließt sich nach seinen Untersuchungen dieser Ansicht an, während K. Keiser[6]) gefunden hat, daß Invertzuckerpräparate, die unter Druck bei Gegenwart von Salzsäure, Kohlensäure, ferner auch von Oxalsäure, Bernsteinsäure, Äpfelsäure, Wein- und Citronensäure hergestellt waren, sämtlich eine deutliche Fiehesche Reaktion lieferten; der die Reaktion verursachende Körper ist β-Oxy-δ-methylfurfurol[7]). A. Behre[5]) will die Reaktion auch sogar bei reinen Blütenhonigen erhalten haben. Später hat jedoch Behre[5]) wie auch v. Raumer[3]) der Reaktion eine Bedeutung zugeschrieben, beide mit der Einschränkung, daß die Reaktion, wie naturgemäß, nicht allein für die Beanstandung eines Honigs maßgebend sein dürfe.

H. Lührig und A. Scholz[8]) geben zwar zu, daß reine Honige, auch nach dem Erhitzen, wie es vernünftigerweise in der Praxis vorzukommen pflegt, die Reaktion in der Regel nicht geben, daß die Reaktion aber von vielen anderen Ursachen als vom Invertzucker abhängen könne. Auch mit organischen Säuren invertierte Saccharose liefere die Reaktion; sogar 0,2% Oxalsäure genüge, um in einem mit 7% Saccharose versetzten Honig nach dessen Erhitzen die Fiehesche Reaktion hervorzurufen. Auch Flußsäure als Frischhaltungsmittel könne wohl die Reaktion bewirken; Honig, der durch Füttern mit Invertzucker und Stärkesirup gewonnen werde, gebe die Fiehesche Reaktion sowohl auf Invertzucker als auf Stärkesirup. Nach H. Witte[9]) kommt der Reaktion ebenfalls keine absolute Beweiskraft zu; nur bei einem stark positiven Ausfall sei auf eine Verfälschung mit Invertzucker fast mit Gewißheit zu schließen.

Witte[10]) hält die Fiehesche Reaktion wie auch die von Ley für sehr wertvoll. Reine Honige geben bei Anwendung von Salzsäure (spezifisches Gewicht 1,125) und einer frisch bereiteten Resorcinlösung niemals eine kirschrote Färbung, auch nicht nach dem Erhitzen. Letzteres behaupten auch G. Benz[11]) und G. Neufeld[11]), während H. Kreis[11]) durch einstündiges Erhitzen des reinen Honigs im kochenden Wasserbade eine allerdings nur schwache Reaktion nach Fiehe erhalten hat. E. Baier[12]) konnte durch Erhitzen von 12 Sorten reiner Honige, welche die Fiehesche Reaktion nicht gaben, durch 30 Minuten langes Erwärmen im siedenden Wasserbade oder durch Erhitzen auf freier Flamme bei 120° und darauffolgendes, je 3 Minuten langes Erhitzen auf 130° bis zu 180° keine nennenswerte Rotfärbung mit Resorcin-Salzsäure erhalten. Auch nach Nymann u. Wichmann[12]) hatte ein Erwärmen des reinen Honigs auf 100° keinen Einfluß auf die Reaktion. Reese, Ritzmann u. Isernhagen[13]) konnten bei 80 schleswig-holsteinschen reinen Honigen (von Raps, Obstblüten, Klee, Linden, Buchweizen) nicht die geringste Rotfärbung nach Fiehe feststellen. F. Riechen[14]) schreibt der Reaktion eine entscheidende Bedeutung zu. W. Hartmann[14]) gibt an, daß, wenn

---

1) Zeitschr. f. Untersuchung d. Nahrungs- u. Genußmittel 1908, **14**, 352.

2) Ebendort 1909, **17**, 646; 1910, **19**, 348.

3) Ebendort 1909, **17**, 115; 1910, **20**, 583.

4) Ebendort 1909, **17**, 128.

5) Ebendort 1909, **18**, 331 u. 332; 1910, **20**, 597.

6) Arbeiten a. d. Kaiserl. Gesundheitsamte 1909, **30**, 637.

7) Über den Träger der Reaktion vgl. auch Alberda van Eckenstein u. J. J. Blanksma in Zeitschr. f. Untersuchung d. Nahrungs- u. Genußmittel 1910, **19**, 346.

8) Zeitschr. f. Untersuchung d. Nahrungs- u. Genußmittel 1911, **21**, 626 u. 721.

9) Ebendort S. 305.

10) Ebendort 1909, **18**, 625.

11) Ebendort 1909, **18**, 482; 1909, **18**, 332.

12) Ebendort 1910, **19**, 348; 1911, **21**, 301.

13) Ebendort 1910, **19**, 625.

14) Ebendort 1911, **21**, 216 u. 374.

man 0,5—1,0 g des in einem flachen Porzellanschälchen ausgestrichenen Honigs mit etwa 2 Tropfen frischer Resorcin-Salzsäure (1 : 38%) übergießt, die Reaktion im Falle der Anwesenheit von künstlichem Invertzucker auch direkt im Honig beobachtet werden könne.

Über das Verhalten ausländischer Honige gegen die Fiehesche Reaktion vgl. S. 783.

*c) **Brownesche Reaktion.*** C. A. Browne[1]) überschichtet 5 ccm Honiglösung 1 : 1 im Reagensglase mit 1—2 ccm Anilinacetatlösung (5 ccm Anilin mit 5 ccm Wasser und 2 ccm Eisessig gelöst). Bei reinen Honigen, die nicht erhitzt wurden, tritt keine Reaktion ein. Bildet sich aber ein roter Ring und verbreitet sich die rote Farbe allmählich durch die ganze Schicht der Anilinlösung, so ist künstlicher Invertzucker anzunehmen. A. Jägerschmid[2]) destilliert den Honig mit Wasserdämpfen und prüft das Destillat mit Anilinacetat.

*d) **Jägerschmidsche Reaktion.*** A. Jägerschmid[2]) reibt 3 g Honig in einer Porzellanschale mit Aceton an, bringt 2—3 ccm dieser Lösung in ein Reagensglas und setzt ebensoviel konzentrierte Salzsäure, aber kein Resorcin zu, indem das Reagensglas abgekühlt wird. Bei reinen Honigen tritt eine bernsteingelbe Farbe ein, die einige Zeit anhält, später jedoch etwas in Rot übergeht. Bei Kunsthonigen soll sofort eine tief violettrote oder karmoisinrote Färbung eintreten, die dauernd anhält und mit der Zeit dunkelrot wird. Auch sind spektroskopische Unterschiede vorhanden.

W. Bremer und F. Sponnagel[3]) halten die Reaktion ebenso wie die Leysche für geeignet, im Falle sonstiger Verdachtsmomente die Beweisführung zu unterstützen.

Witte schreibt (l. c.) der Jägerschmidschen wie auch der Browneschen Reaktion nur wenig Bedeutung zu.

*e) **Bestimmung von Albumin (Tanninfällung nach Lund).*** Der Bienenhonig enthält regelmäßig Albumin. W. Bräutigam[4]) fällt dasselbe mittels Salpetersäure und konzentrierter Kochsalzlösung, Lund[5]) mittels einer 0,5 proz. Tanninlösung und bestimmt die Menge des Niederschlages in einem graduierten Glasrohr, wie es nach Barth zur Gerbstoff-Bestimmung im Wein angewendet wird. Das etwa 32,5 cm lange Rohr faßt etwa 40 ccm und hat oben einen Durchmesser von 16 mm, unten einen solchen von 8 mm; der untere Teil von etwa 4 ccm Inhalt ist in $^1/_{10}$ ccm, der obere in $^1/_2$ ccm eingeteilt. Damit der Niederschlag sich besser absetzt, muß der Übergang des weiteren Teiles zum engeren auf etwa 3 cm Länge verteilt sein[6]). Zu 20 ccm einer filtrierten 10 proz. Lösung des Honigs in destilliertem Wasser werden in das Rohr 5 ccm einer 0,6 proz. Tanninlösung gegeben, darauf wird mit destilliertem Wasser bis zu 40 ccm vorsichtig gemischt und 24 Stunden stehen gelassen, indem durch Drehen des Rohres um die Längsachse das Absetzen des Niederschlages befördert wird.

Das Volumen des Niederschlages von Naturhonigen nimmt nach dieser Zeit nicht unter 0,9 ccm ein, während das von sogenannten Kunsthonigen 0 bis nur 0,3 ccm beträgt.

Bei weiteren Untersuchungen hat R. Lund[7]) das Honigalbumin mit einer Lösung von schwefelsaurer Phosphorwolframsäure in derselben Weise gefällt und für 20 ccm einer 10 proz. Lösung bei Naturhonigen eine Schichthöhe von 0,60—2,70 ccm, im Mittel von 1,10 ccm, bei Kunsthonigen dagegen von nur 0—0,50 ccm beobachtet.

Kappeller und Gottfried[8]) fanden in echten Honigen 0,7—1,9, in einem Heideblütenhonig sogar 6,0 ccm Fällung nach Lund. Nach H. Witte[9]) hat bei reinen Honigen als niedrigster Wert für die Tanninfällung 0,9 ccm, für die mit Phosphorwolframsäure 0,6 ccm zu gelten. K. Lendrich

1) Zeitschr. f. Untersuchung d. Nahrungs- u. Genußmittel 1909, **17**, 469.
2) Ebendort S. 113 u. 761. 3) Ebendort S. 604.
4) Ebendort 1902, **5**, 622. 5) Ebendort 1909, **17**, 128.
6) Die Rohre werden von der Firma Franz Hugershoff in Leipzig geliefert.
7) Zeitschr. f. Untersuchung d. Nahrungs- u. Genußmittel 1911, **21**, 300.
8) Ebendort 1911, **22**, 372. 9) Ebendort 1911, **21**, 305.

und F. E. Nottbohm[1]) stellten in ausländischen Honigen 0,35—1,45 ccm, im Mittel 0,86 ccm Fällung mit Phosphorwolframsäure fest; nur ein einziger Honig aus Kalifornien gab keine Fällung.

f) Soltsiensche Prüfung.[2]) Eine Lösung von 1 Teil Honig in 3 Teilen Wasser wird mit Essigsäure angesäuert und mit Ferrocyankaliumlösung versetzt. Reine Honige geben hierbei eine starke Trübung und bald einen weißlichen Niederschlag (Protein), die mit Surrogaten versetzten Honige dagegen eine schwächere Trübung, wobei der Niederschlag von vorhandenem Eisen mehr oder weniger blau gefärbt ist. — In Schleudermaschinen gereinigter Honig kann indes auch Spuren Eisen enthalten. — Witte hält (l. c.) die Soltsiensche Reaktion an Stelle der Tanninfällung für entbehrlich. Letztere ergänzt die Stickstoff-Bestimmung.

g) Biologischer Nachweis von Bienenhonig. J. Langer[3]) dialysiert Honig[4]) 24 Stunden lang, versetzt das Dialysat mit gepulvertem Ammoniumsulfat und filtriert den nach 24 Stunden entstandenen Niederschlag ab. Der Filterrückstand wird in möglichst wenig Wasser aufgelöst, die Lösung behufs Entfernung des Ammoniumsulfats abermals 24 Stunden dialysiert, die Lösung des Rückstandes unter Zusatz von 1% Toluol bei 40° eingeengt oder auch, so wie sie erhalten worden war, unter Aufbewahrung im Eisschrank zur Injektion bei Kaninchen verwendet. Die Injektion erfolgte in 6tägigen Zwischenräumen mit steigenden Mengen von 5—15 ccm; am 6. Tage nach der 5.—6. Injektion wurden die Tiere durch Entbluten mittels einer in die Carotis eingebundenen Kanüle getötet; das sich abscheidende Serum wurde zentrifugiert und ließ sich durch Zusatz von 0,5% Toluol und Aufbewahren im Eisschrank durch mehrere Wochen als unverändert wirksam erhalten.

Die Reaktion wird wie folgt angestellt: Eine Lösung von 10 g Honig in 10 ccm Wasser wird filtriert und von dem Filtrat werden 5 ccm in 2 Dialysationshülsen von Schleicher und Schüll 24 Stunden lang gegen 2—3 mal gewechseltes Wasser dialysiert. Der Inhalt der Hülsen wird dann vereinigt, auf 30 ccm aufgefüllt und nochmals filtriert. Von diesen Lösungen werden die weiteren Verdünnungen hergestellt. Je 1 ccm Verdünnung und Immunserum werden nach Zusatz von 1 Tropfen Toluol 5 Stunden in den Brutschrank gestellt, dann 5 Minuten lang zentrifugiert und die Höhe des Niederschlages gemessen.

Das Serum bzw. seine Antikörper geben mit ihren Antigenen im Honig — bei einer gewissen Verdünnung —, ferner mit den wässerigen Auszügen von Köpfen und Bruststücken der Bienen stets, aber mit solchen von Blüten und Samen der honigliefernden Pflanzen niemals Präzipitate. Durch Erwärmen auf 70° verliert der Honig seine Präcipitierbarkeit; diese nimmt auch ab bei Honigen, die durch Schleudern von noch nicht gedeckelten Waben gewonnen werden.

J. Thöni[5]) hat das Verfahren von J. Langer bei 90 Honigen bewährt gefunden; die durch das Antiserum entstehenden Präcipitate schwankten zwischen 5,75—59,0 mm. Eine Beziehung zwischen dem durch Phosphorwolframsäure entstehenden Niederschlage und dem Präcipitate war nicht vorhanden. Zuckerarten und Kunsthonig liefern keine, Fütterungshonig bedeutend geringere und auch Waldhonig weniger Präcipitate als Blütenhonig. Nach J. Thöni[6]) läßt sich die Reaktion auch sogar zu annähernden quantitativen Abschätzungen benutzen, wenn 1. nur hochwertige Antisera zur Verwendung gelangen, 2. von jeder Honigprobe verschiedene Verdünnungen benutzt werden und 3. bei jeder Prüfung stets ein authentischer Bienenhonig zur Kontrolle mituntersucht wird, und zwar ein solcher, der mit dem zu prüfenden Honig die größte Ähnlichkeit hat.

---

[1]) Zeitschr. f. Untersuchung d. Nahrungs- u. Genußmittel 1913, **26**, 1.

[2]) Ebendort 1909, **17**, 471.

[3]) Archiv f. Hygiene 1909, **71**, 308.

[4]) Am besten eignet sich hierzu nach J. Thöni der Futterbrei aus Königinnenzellen und das sog. Bienenbrot, das sich in den Brutwaben findet und zur Ernährung der Brut dient.

[5]) Zeitschr. f. Untersuchung d. Nahrungs- u. Genußmittel 1911, **22**, 669.

[6]) Ebendort 1913, **25**, 490.

Von jeder Honigprobe werden je 10 g abgewogen, in 40—50 ccm warmem (vorher gekochtem oder sterilisiertem) Wasser gelöst, mit Natriumbicarbonatlösung neutralisiert und auf je 100 ccm aufgefüllt. Von den 10 proz. Lösungen werden noch je 2- und 1 proz. Lösungen bereitet. Die Beschickung der Zentrifugengläschen (Millimeter)[1]) erfolgt dann wie folgt:

1. 1 ccm der 10 proz.	Honiglösung	+0,5 ccm	Antibienenserum
2. 1 „ „ 2 „	(Kontroll- wie zu	+0,3 „	+ 1 Tropfen
3. 1 „ „ 1 „	prüfender Honig)	+0,2 „	Toluol.

Der Inhalt der mit passenden Gummipfropfen versehenen Röhrchen wird durch heftiges Schütteln durchgemischt, bei Bruttemperatur 5 Stunden lang stehen gelassen und dann während fünf Minuten bei einer Tourenzahl von 1500 in der Minute zentrifugiert. Durch Vergleich der Höhenschichten zwischen dem Kontroll- und dem zu prüfenden Honig läßt sich auf die Menge des letzteren in Mischungen mit Kunsthonig usw. schließen.

h) Nachweis von Enzymen. Da die Bienen die Saccharose des Nektars und Pollens zu invertieren vermögen, so hat man schon lange die Invertase in den Sekreten der Bienen, im Honig, angenommen und hat J. Langer (l. c.) sie neben Diastase durch Fällen mit Alkohol aus Honiglösungen dargestellt und nachgewiesen. Außer diesen beiden Enzymen können im Honig noch Katalase, Oxydase, Peroxydase und Reduktase angenommen werden. Für den Nachweis dieser Enzyme sind von A. Auzinger[2]) folgende Verfahren in Vorschlag gebracht:

α) Honig-Diastase. Die Diastaseprobe gilt als die zuverlässigste von den Enzymproben und soll nach der im Kaiserlichen Gesundheitsamt bei „Honig" angegebenen Vorschrift wie folgt ausgeführt werden:

5 ccm einer frisch bereiteten 20 proz. Honiglösung werden mit 1 ccm einer 1 proz. Lösung von löslicher Stärke versetzt und eine Stunde im Wasserbade bei 40° erwärmt. Sodann werden einige Tropfen einer Jod-Jodkaliumlösung (1 g Jod und 2 g Jodkalium in 300 ccm Wasser gelöst) hinzugefügt. Sind diastatische Fermente abwesend, zerstört oder geschwächt, so ist noch unveränderte Stärke vorhanden, die nunmehr durch Jod gebläut wird; bei ungeschwächten diastatischen Fermenten tritt dagegen eine gelbe bis gelbgrüne oder hellbraune Färbung auf. Nur die sofort nach Zugabe der Jodlösung auftretenden Färbungen sind als kennzeichnend anzusehen.

β) Honig-Katalase. Es werden in einem Reagensglase 10 ccm einer frisch bereiteten Honiglösung (1 : 2) mit 10 ccm einer 1 proz. Wasserstoffsuperoxydlösung gemischt, so daß keine Luftblasen entstehen, und dann in ein Einhornsches Saccharimeterkölbchen — wie für Zuckerbestimmungen im Harn — übergeführt, ohne daß Luft eingeschlossen bleibt. Man läßt am besten bei 30° 24 Stunden stehen und liest nach dieser Zeit die in dem graduierten Schenkel angesammelte Menge Sauerstoffgas in Millimetern ab.

Am besten eignet sich der von Th. Henkel[3]) für Milch angegebene Apparat (vgl. S. 233). Zuckerfütterungshonig verhält sich wie unreifer Blütenhonig aus ungedeckelten Waben; er enthält nur Spuren von Katalase und auch geringere Mengen Diastase.

γ) Honig-Oxydase, -Peroxydase und -Reduktase. Für den Nachweis dieser Enzyme hatte Marpmann[4]) die Storchsche Reaktion für Milch (S. 229) vorgeschlagen. Zu 10 ccm Honiglösung (1 + 2) werden 10 Tropfen einer 2 proz. Lösung von Paraphenylendiamin und nach dem Umschütteln 10 Tropfen einer 1 proz. — nach Marpmann ursprünglich 3 proz. Wasserstoffsuperoxydlösung — zugesetzt, worauf wieder umgeschüttelt wird. Die Proben bleiben zunächst 20 Stunden bei 15° stehen; hierauf stellt man den Farbenton fest — einige echte Honige werden

---

[1]) Die Millimeter sind so eingeteilt, daß ein Teilstrich 1,5 ccm bedeutet; sie werden von der Firma C. Desaga in Heidelberg geliefert.

[2]) Zeitschr. f. Untersuchung d. Nahrungs- u. Genußmittel 1910, **19**, 65.

[3]) Berliner Molkerei-Ztg. **10**, Nr. 2 u. 3.

[4]) Pharmaz. Ztg. 1903, **48**, 1010.

dabei schon ganz oder zum Teil entfärbt haben — und bringt alsdann sämtliche Gläser weitere 5—10 Stunden in ein Wasserbad von 45°, worauf man nach jeder Stunde die etwa entfärbten Proben herausnimmt und aufzeichnet. Alle normalen echten unerhitzten Proben entfärben die Lösungen bis hellgelb, hellorange, hellrötlichbraun, verschiedentlich beim Umfüllen erhitzte Honige rötlichbraun bis rotbraun; stark erhitzte oder gekochte Honige bleiben tief blauviolett oder werden tief rotbraun bis purpurrot; Kunsthonige und gefälschte Honige haben — öfters unter Bodensatz — einen tiefschmutzigroten oder schwarzbraunen Ton.

Die Bedeutung dieser Reaktion wird von verschiedenen Seiten angezweifelt.

A. Auzinger[1]) wies später nach, daß echte Peroxydasen im Honig nicht vorhanden sind, daß die von Marpmann angegebene Reaktion mit 2proz. Paraphenylendiamin eine einfache chemische Reaktion ist, die durch Fructose hervorgerufen wird. An die Stelle von Paraphenylendiamin setzt Auzinger folgende Reaktion: 10 ccm einer wässerigen, bei 15° gesättigten Lösung von Salicylsäure wurden mit 10 ccm Wasser verdünnt und mit 1 Tropfen Eisenchloridlösung versetzt. Die entstehende tiefblauviolette Lösung gleicht der einer starken Paraphenylendiaminreaktion; sie verschwindet durch Zusatz von echtem Honig in Hellrosa, Hellorange oder Hellrötlichbraun. Bei Anwendung einer Kunsthoniglösung bleibt die tiefblauviolette Färbung bestehen. Ameisensäure bringt die blaue Salicylsäurereaktion nicht zum Verschwinden; ebenso nicht ein Erhitzen des Honigs auf 60—100°, woraus geschlossen werden muß, daß die Farbenveränderung durch stark reduzierende, zum Teil flüchtige, organische Säuren bedingt wird. Auzinger bezeichnet daher die vorstehende Peroxydasereaktion als Parareaktion I und die zweite Phase bei 40°, die Reduktasereaktion als Parareaktion II. Mit Hilfe der Katalase-, Diastase- und der Parareaktion I und II lassen sich erhitzte von unerhitzten Honigen, Zuckerfütterungshonig von reifem vollwertigen Honig unterscheiden. Der Zuckerfütterungshonig muß hiernach nicht als minderwertig, sondern dem reifen Blütenhonig gegenüber als verfälscht bezeichnet werden.

E. Moreau[2]) verfährt zum Nachweise von Amylase und Invertase im Honig wie folgt:

10 g Honig werden unter gelindem Erwärmen in 2—3 ccm Wasser gelöst, die Lösung tropfenweise in 100 ccm absoluten Alkohol gegossen und so die Fermente, die Stickstoffsubstanzen, Dextrine und ein wenig Zucker ausgefällt. Man zentrifugiert, dekantiert die über dem Niederschlag stehende klare Flüssigkeit ab, nimmt den Rückstand mit destilliertem Wasser auf, kocht auf und filtriert nach Abkühlung. Man erhält so eine klare Lösung der Fermente. Eine zweite, auf genau dieselbe Weise hergestellte Lösung wird einige Minuten lang gekocht; sie dient als Kontrollprobe. Die schwach saure Lösung der Fermente wird mit $^1/_{10}$ N.-Natronlauge unter Verwendung von Helianthin als Indicator neutralisiert und 1,5 ccm einer 1 proz. Ameisensäure zugegeben. I. Bestimmung der Invertase: Man gibt zu jeder der beiden Lösungen 5 ccm einer 10proz. Saccharoselösung, füllt zu 100 ccm auf, kocht auf, läßt erkalten, fügt zur Verhinderung der Entwicklung von Mikroorganismen 5 Tropfen Toluol hinzu und bestimmt in 5 ccm der Lösung (nach der Verdünnung zu 25 ccm) den durch die Alkoholfällung mitgerissenen Zucker. Hierauf werden die Flaschen gut verschlossen und unter Abschluß des Lichtes 4 Tage lang im Thermostaten bei 25—30° stehen gelassen und nach dieser Zeit der reduzierende Zucker bestimmt. Die Differenz der Ergebnisse gibt die Menge des gebildeten reduzierenden Zuckers. II. Bestimmung der Amylase: Man verfährt wie bei der Bestimmung der Invertase, nur wird anstatt der Saccharoselösung eine 0,25 g Kartoffelstärke entsprechende Menge Stärkelösung zugegeben und 24 Stunden lang bei 45—50° stehen gelassen. Auf 100 g Honig berechnet, schwankten bei der Invertasebestimmung bei 25 untersuchten Honigproben die Mengen des gebildeten reduzierenden Zuckers zwischen 1,05 und 12,02 g, während bei der Amylasebestimmung bei 12 Proben die Zuckermengen zwischen 0,60 und 3,68 g lagen. Bei einstündigem Erhitzen von Honig auf 75—80° und beim Erhitzen auf 100° werden Invertase und Amylase vollständig zerstört.

---

[1]) Zeitschr. f. Untersuchung d. Nahrungs- u. Genußmittel 1910, **19**, 353.

[2]) Ebendort 1911, **22**, 669.

Vergleiche hierzu und auch über sonstige Prüfungsverfahren H. Wittes[1]) Abhandlung über Honiguntersuchungen.

i) Th. v. Fellenberg[2]) benutzt die ***Viscositätsbestimmung*** mit dem Ostwaldschen Viscosimeter zur Beurteilung einer Verfälschung des Honigs. Reine Honige haben in Lösungen von 1 + 2 wegen der vorhandenen — wenn unter Umständen auch nur geringen — Mengen Dextrine eine höhere Viscosität als Invertzucker (Kunsthonig) und Stärkesirup wieder eine höhere als Honig. Bezüglich der Einzelheiten vgl. die Quelle.

Mikroskopische Untersuchung.

Zum Zwecke der mikroskopischen Untersuchung des Honigs werden 50 g Honig in Wasser gelöst. Die Lösung wird filtriert oder zweckmäßiger zentrifugiert und der erhaltene unlösliche Rückstand mikroskopiert. Hierbei ist besonders auf Stärkekörner, Pollenkörner und Bruchteile von Bienenorganen oder Bienenbrut zu achten.

K. Fehlmann[3]) unterwarf eine große Anzahl Honige einer mikroskopischen Untersuchung in der Weise, daß er 1 Teil Honig in 2 Teilen Wasser in einem Sedimentierglas 24 Stunden absetzen ließ, den Bodensatz auf den Objektträger brachte, mit einem Deckgläschen bedeckte und in der Honiglösung untersuchte. Außer dem Pollen, der direkt oder indirekt aus dem von den Bienen gesammelten Nektar stammt, kann auch der den Höschen oder dem Haarkleide zufällig anhaftende Pollen in den Honig gelangen. Nur ersterer gestattet einen Schluß auf die Blüten, die zur Nektargewinnung aufgesucht waren. Außer Pollen kommen in dem Bodensatz vor: Stärkemehl — einige hundertstel Prozent, also ohne Verfälschung zu bilden —, grüne Algenzellen — Pleurococcus vulgaris, der grüne Überzüge auf den Rinden fast aller Bäume bildet und mit dem zuckerhaltigen Saft gewisser Blattläuse in den Honig gelangt —, schwarze Partikelchen (Ruß), weiter Holzmehl, Milben, Sporen von verschiedener Größe und Gestalt, Calciumoxalatkrystalle, Teile von Bienen, namentlich Haare, Schuppen von Schmetterlingen und Motten, Pflanzenfasern und Pflanzenhaare sowie vereinzelte Teilchen von Ultramarin, herrührend von mit Ultramarin gefärbtem Zucker. Der Pollen zeigt wohl die Art der von den Bienen besuchten Blüten an, die Menge der Pollen ist aber für die Frage der Echtheit nicht entscheidend, weil echte Honige wenig und viel Pollen enthalten können. Vereinzelte Pollenkörner von Picea und Pinus deuten noch nicht auf die Anwesenheit von Tannenhonig hin. Dagegen gestatten grüne Algen (Pleurococcus vulgaris) in Gemeinschaft mit Rußpartikelchen den Schluß auf Anwesenheit von Honigtau. Finden sich in einem Kunsthonig die Pollenkörner einer ganzen Reihe von Pflanzen, und zwar von solchen, von denen bekannt ist, daß sie von Bienen besucht werden, so ist mit Sicherheit anzunehmen, daß nicht eine Vermengung des Kunsthonigs nur mit Pollen, sondern mit Honig vorgenommen wurde. Findet man ferner in einem Kunsterzeugnis reichliche Mengen von Wachs in Kugeln oder Schollen, so ist das ebenfalls als ein Beweis für das Vorhandensein von Naturhonig anzusehen.

W. J. Young[4]) hat bei der mikroskopischen Untersuchung des Honigs die gleichen Ergebnisse gefunden; die Anzahl der Pollen schwankte für 10 Honigproben zwischen 123—5410 Pollenkörner in 1 g Honig.

Th. Nussbaumer[5]) fand in gärendem Canadahonig zwei verschiedene Hefenstämme, die er Zygosaccharomyceten nennt, die aber von der im Leibe der Honigbienen vorkommenden Hefe, Zygosaccharomyces priorianus (Klöcker) verschieden waren. Die Hefen wurden in Honigen der verschiedensten Herkunft nachgewiesen; ihre Reinkulturen verursachten in Honiglösungen Gärung.

---

[1]) Zeitschr. f. Untersuchung d. Nahrungs- u. Genußmittel 1911, **21**, 305.

[2]) Nach Mitt. a. d. Geb. d. Lebensmitteluntersuchung u. Hygiene, Schweiz. Gesundheitsamt 1911, **2**, 161 in Zeitschr. f. Untersuchung d. Nahrungs- u. Genußmittel 1912, **22**, 670.

[3]) Nach Mitt. a. d. Geb. d. Lebensmitteluntersuchung u. Hygiene, veröffentl. v. Schweiz. Gesundheitsamt 1911, **2**, 202 in Zeitschr. f. Untersuchung d. Nahrungs- u. Genußmittel 1911, **22**, 67.

[4]) Zeitschr. d. Vereins f. deutsche Zuckerindustrie 1908, **45**, 806.

[5]) Zeitschr. f. Untersuchung d. Nahrungs- u. Genußmittel 1910, **20**, 272.

Anhaltspunkte für die Beurteilung des Honigs.

a) Nach der Sinnenprüfung und der chemischen Untersuchung.

1. Reine Naturhonige enthalten meistens vereinzelte kleinste Wachspartikelchen, auch jederzeit Pollenkörner.

Da diese Bestandteile aber auch bei honigartigen Erzeugnissen als künstliche Zusätze beobachtet wurden, andererseits aber selbstredend auch bei Mischungen von echtem und Kunsthonig vorkommen, so kann das Auftreten derselben kein Merkmal für die Reinheit eines Bienenhonigs bilden, wohl aber das Fehlen ein Zeichen dafür sein, daß ein Kunsterzeugnis vorliegt.

2. Wabenhonig, der in bebruteten, d. h. tierische Bestandteile enthaltenden oder aus künstlichem Wachs hergestellten Waben in den Verkehr gebracht wird, ist kein Scheibenhonig. Honig in Kunst- (Ceresin-)Waben kann nämlich nicht als reiner Honig, bestimmt zum direkten Genuß, bezeichnet werden.

3. Die Entziehung von Farbstoffen sowie die Vermischung von gesuchten einheimischen Honigsorten mit minderwertigem auswärtigen Honig sind ebenso wie die künstliche Färbung als Vergehen gegen § 10 des NMG. vom 4. Mai 1879, d. h. als Verfälschung anzusehen.

4. Caramelgeschmack und dunkle Farbe lassen auf übermäßig erhitzten, angebrannten Honig schließen.

5. Das spezifische Gewicht der wässerigen Honiglösung 1 : 2 soll nicht unter 1,11 bzw. der Wassergehalt nicht mehr als 22% betragen. Ein höherer Gehalt läßt auf Zusatz von Wasser oder auf unreifen Honig schließen.

6. Honige, die mehr als 5 Milligrammäquivalente (= 5 ccm Normallauge) Säure in 100 g aufweisen, sind als verdorben anzusehen.

7. Der Gehalt an Mineralbestandteilen schwankt im allgemeinen von 0,1—0,8%; reine Honige enthalten meistens 0,1—0,35%. Honigtau vor allem erhöht den Gehalt an Mineralbestandteilen. Klee- und Rapshonig, ferner ausländische Honige, besonders italienische, haben oft einen weit niedrigeren Gehalt an Mineralstoffen.

8. Wie der Gehalt an Mineralstoffen, so kann auch der an Stickstoff-Substanz mit zur Beurteilung dienen. Reine Honige enthalten nicht unter 0,3% Stickstoff-Substanz (N × 6,25), Invertzuckerlösungen nicht über 0,2%.

Auch die Fällung mit Tannin nach Lund ist wertvoll, da der durch Tannin erzeugte Niederschlag bei reinen Honigen nicht weniger als 0,9 ccm zu betragen pflegt.

9. Die Honige sind in der Regel mehr oder weniger stark linksdrehend, doch gibt es auch rechtsdrehende Honige, und zwar namentlich sind dies Coniferen- und Honigtauhonige. Es muß ferner berücksichtigt werden, daß sich, insbesondere bei dünnflüssigen Honigen, unter Umständen krystallinische Ausscheidungen absetzen, die vorwiegend aus Glykose bestehen und rechtsdrehend sind.

Direkt oder nach der Inversion linksdrehende Honige können nach der Vergärung infolge eines geringen Dextringehaltes rechtsdrehend werden. Die Linksdrehung eines Honigs schließt daher das Vorhandensein von Dextrinen nicht aus.

Kleine Mengen von Saccharose setzen ebenfalls nur die Linksdrehung des Honigs herab, größere bewirken Rechtsdrehung. Solche Honige zeigen nach der Inversion entweder eine Zunahme der Linksdrehung oder eine Umwandlung der Rechtsdrehung in Linksdrehung.

Erhebliche Mengen von Dextrinen machen den Honig rechtsdrehend. Diese Rechtsdrehung verschwindet nicht nach der Inversion.

10. Sind durch die Untersuchungsergebnisse Anhaltspunkte dafür gegeben, daß ein Invertzuckerhonig (geringe Mengen Asche, wenig Nichtzucker usw.) vorliegt, so kann durch die Berechnung des spezifischen Drehungsvermögens des Gesamtzuckers ein weiterer Beweis für diesen Verdacht erbracht werden.

11. Die Bedeutung der Leyschen und Fieheschen Reaktion sowie die Prüfung auf Enzyme ist schon oben auseinandergesetzt. Bei einem positiven Ausfall der Fieheschen Reaktion ist die

Gegenwart von künstlichem Invertzucker nachgewiesen, wenn gleichzeitig die Prüfung auf diastatische Fermente positiv ausfällt; im anderen Falle beweist ein positiver Ausfall der Fieheschen Reaktion, daß entweder künstlicher Invertzucker vorhanden ist oder der Honig übermäßig erhitzt war, zumal wenn nach der Leyschen Reaktion ein deutlicher Silberspiegel auftritt.

12. Der Gehalt des Honigs an Saccharose soll bei Blütenhonig nicht 8%, bei Honigtau- und Coniferenhonig nicht 10% überschreiten[1]). Sind diese Mengen überschritten, so läßt dieses auf einen Zusatz von Zucker zum Honig oder auf eine Fütterung der Bienen mit Zucker oder zuckerhaltigen Zubereitungen schließen.

13. Enthält der Honig weniger als 1,5% Nichtzucker, berechnet aus der Differenz von Gesamtzucker und Trockensubstanz, so ist auf Zusatz von künstlichem Invertzucker, Saccharose oder Glykose zu schließen.

14. Beträgt die Rechtsdrehung der 10proz. vergorenen Honiglösung mehr wie +1 Kreisgrad bei Anwendung des 200 mm-Rohres und gibt der Honig die qualitativen Dextrinreaktionen, so besteht der Verdacht, daß der Honig mit Stärkezucker oder Stärkesirup verfälscht ist.

Zeigt das nach der Vergärung quantitativ bestimmte Dextrin ein spezifisches Drehungsvermögen, das dem der Dextrine des Stärkesirups ähnlich oder gleich ist (zwischen $[\alpha]_D = +170$ bis $+193°$) und werden nach der Beckmannschen Methylalkohol-Barytfällung mehr als Spuren eines Niederschlages erhalten, so liegen Dextrine des Stärkesirups oder Stärkezuckers vor.

Für 0,9 g Barytniederschlag berechnet sich 1 g dieser Dextrine.

Beckmann erhielt für 1 g Stärkesirup 0,455 g und für 1 g Stärkezucker 0,158 g Fällung. Da Stärkesirup durchschnittlich 40—50% und Stärkezucker etwa 16% Dextrine enthält, so berechnet sich für die Dextrine derselben ebenfalls eine annähernd gleiche Fällung wie für die reinen Dextrine des Stärkesirups und Stärkezuckers. Es kann somit aus der bestimmten Barytfällung auf die Menge des zugesetzten Stärkesirups bzw. Stärkezuckers geschlossen werden. Als sicherer gilt die Fiehesche Reaktion auf Stärkesirup (S. 789). Auch das Verfahren von König und Karsch (S. 789) kann zum Nachweis von Stärkezucker bzw. -sirup im Honig gute Dienste leisten.

15. Es ist wünschenswert, daß die honigartigen Zubereitungen, seien sie auf chemischem Wege oder durch Fütterung der Bienen mit Zuckerstoffen — Honig ausgenommen — entstanden, im Handelsverkehr nicht mit einem auf Honig hinweisenden Namen, auch nicht mit den Namen Zuckerhonig, Kunsthonig u. dgl. belegt werden dürfen, weil solche Bezeichnungen geeignet sind, über die Beschaffeneit der Ware zu täuschen.

b) Beurteilung des Honigs nach der Rechtslage.[2])

Zuckerfütterungshonig. I. Der allgemeine Sprachgebrauch begreift unter „Honig" ohne jede Rücksicht auf die Herkunft den süßen Saft, welchen die Bienen als Ergebnis einer eigenartigen, innerhalb ihres Körpers vor sich gehenden Verarbeitung ausscheiden. Zu gewissen Jahreszeiten ist den Bienen Zuckerlösung als Futter nützlich oder sogar unentbehrlich. Da die Gewohnheit der Bienen, an allen möglichen Stoffen Nahrung zu suchen, allgemein bekannt ist, erwartet niemand, daß der „Honig" immer und ausschließlich aus Blüten gesammelt sein müsse... Hieraus folgt, daß dem landläufigen Begriffe des Honigs das Merkmal der Herkunft aus den Honiggefäßen der Blüten nicht innewohnt, dagegen bedeutet „Kunst"- oder „Zuckerhonig" nicht etwa den durch künstliche Fütterung der Bienen erzielten Süßstoff, sondern ein auf künstlichem Wege, d. h. ohne den Durchgang durch den Bienenleib geschaffenes, mehr oder weniger honigähnliches Erzeugnis oder eine Mischung von solchen mit reinem, natürlichem Honig. Nach allem leiden die Urteilsgründe an keinem inneren Widerspruch, wenn sie den Angeklagten nicht des Nachmachens von Honig schuldig erachten; denn was

[1]) Jedoch sind ganz vereinzelt auch schon höhere Gehalte an Saccharose im natürlichen Honig gefunden worden. Vgl. z. B. Bensemann, Zeitschr. f. angew. Chemie 1888, 117 und v. Lippmann, ebendort 1888, 633.

[2]) Bearbeitet von Prof. Dr. C. A. Neufeld-Würzburg.

von seinen Bienen infolge ihrer Fütterung mit Zuckerlösung ausgeschieden worden ist, war nach Wesen und Gehalt in Wirklichkeit „Honig", nicht etwa der bloße Schein davon.

Ebensowenig hat der Angeklagte durch Verfüttern von Zuckerlösung ein Nahrungs- und Genußmittel verfälscht. Für die vorliegende Sache käme nur in Frage, ob überreichliche Fütterung von Bienen mit Zuckerlösung eine Aufnahme fremder Stoffe in den Süßsaft, das Wegbleiben eines begrifflich unentbehrlichen Bestandteils, unzureichende Verarbeitung des gefütterten Rohrzuckers oder seinen völlig unveränderten Durchgang durch den Bienenleib nach sich ziehen kann. Wenn das eine oder das andere der Fall wäre, würde das Erzeugnis zwar als körperliche Ausscheidung der Bienen immer noch für „Honig" ,aber wegen der einschneidenden Abweichung vom „reinen Naturprodukt" für gefälscht erachtet werden müssen. Allein in Anlehnung an ein Sachverständigengutachten stellen die Urteilsgründe fest, daß der von den Bienen aufgeleckte (Rohr-)Zucker in ihrem Körper genau so wie natürlichere Nahrung zu Trauben- und Fruchtzucker umgewandelt werde, daß die chemische Prüfung keinen wesentlichen Unterschied zwischen dem aus Zuckerlösung und dem aus Blüten gewonnenen Honig ergebe, und daß erstenfalls nur das selbst im besten Honig chemisch nicht nachweisbare „Aroma' fehle. Daß der durch Zuckerfütterung entstandene Honig eine chemisch nebensächliche Eigenschaft des Blütenhonigs, den Würzduft, nur in kleinerem Maße aufweist und zugleich einen kleineren Verkehrswert besitzt als Blütenhonig von durchschnittlicher Güte, fällt für die Frage der Verfälschung nicht ausschlaggebend ins Gewicht, vielmehr erscheint solcher „Zuckerhonig" zwar als ein geringer, aber doch immer noch als reiner Naturhonig, wie dasselbe auch bei einzelnen Gattungen von Blütenhonig der Fall zu sein pflegt. Beispielsweise ist Rapshonig „manchmal geruchlos", Kastanienhonig sogar „manchmal ekelerregend". Der Würzduft erscheint daher nicht als eine dem Honig in seiner natürlichen Grundform unbedingt innewohnende gute Eigenschaft.

RG., 30. März 1908.

II. Die Angeklagten hatten im Sommer die Bienen mit Zucker gefüttert; den auf diese Weise gewonnenen Zuckerfütterungshonig hatten sie als „reinen Bienenhonig" verkauft.

Die sämtlichen Sachverständigen sind darin einig, daß Honig, der durch außerhalb der bienenwirtschaftlichen Notwendigkeit liegende, auf künstliche Förderung der Honigerzeugung gerichtete Zuckerfütterung gewonnen ist, nicht als reiner echter Honig, als vollwertiger Bienen- oder Naturhonig in den Handel gebracht werden darf. Dieser Anschauung hat sich das Gericht angeschlossen und die Angeklagten wegen Betrugs verurteilt. § 263 StrGB. (LG. Augsburg, 11. März 1912.)

Die Revisionen der Angeklagten sind nicht begründet. Das Berufungsgericht hat mit Recht abgelehnt, die Frage zu entscheiden, wie der Honig entsteht und ob als Honig nur der Stoff oder Saft gelten kann, den die Bienen aus den Nektarien von Blüten sammeln, oder ob die Herkunft des Saftes aus Blütengefäßen nicht wesentlich ist. Denn maßgebend ist im gegebenen Falle, was man im Handel und Verkehr nach der allgemeinen Verkehrsanschauung unter „reinem Honig" und „Bienenhonig" versteht. Diese Frage hat das Berufungsgericht durch eine unanfechtbare tatsächliche Feststellung dahin beantwortet, daß der überwiegend durch Zuckerfütterung erzielte Honig nach der Verkehrsauffassung nicht als „reiner Honig" und „Bienenhonig" gelte. Die Auslegung, daß die Angeklagten nicht die Ware lieferten, die nach dem Inhalte der Anfragen der Besteller verlangt war, ist daher ebensowenig zu beanstanden, wie die Annahme, daß die Angeklagten durch die Lieferung des minderwertigen Zuckerhonigs zu einem Preise, der nur für reinen Honig üblich ist, einen Vermögensvorteil sich verschafften, auf den sie einen Rechtsanspruch nicht hatten, der also „rechtswidrig" im Sinne des § 263 StrGB. erlangt wurde....

Das Berufungsgericht hat ein auf Täuschung berechnetes Verhalten darin gefunden, daß die Angeklagten die Zuckerfütterung zum Zwecke der Täuschung ihrer Abnehmer vornahmen....

Nach den Urteilsgründen haben die Angeklagten gewußt, daß der Honig minderwertig ist, sie haben die Abnehmer über die Beschaffenheit der Ware deshalb getäuscht, um den höheren Preis, der für gute Ware bezahlt wird, zu erzielen, sie waren sich bewußt, daß sie ohne die Täuschung den höheren Preis nicht bezahlt erhielten und daß sie einen Rechtsanspruch auf den höheren Preis nicht hatten.

Bayr. Oberst. Landesger. München, 18. Mai 1912.

(Zeitschr. f. Untersuch., Beilage, 1912, **4**, 425.)

Zuckerfütterungshonig mit Teerfarbstoff in künstlichen Waben. Den durch Verfütterung von 10 Zentnern Schleuderhonig, 10 Zentnern flüssiger Raffinade und 30 Zentnern gemahlenem Zucker erhaltenen Erzeugnis der Biene setzte der Angeklagte gelben Teerfarbstoff zu und fügte in den Wabenbau aus Bienenwachs bestehende Mittelwände ein, während echter Honig sich nur in den von den Bienen selbst erzeugten Honigwaben bildet. Er verkaufte das Produkt als „feinsten hellen Scheibenhonig".

Da auf dem jeder Lieferung beigelegten Zettel das Gemisch als Scheibenhonig bezeichnet und nur bemerkt ist, daß das Verzuckern durch Zufütterung von Zuckersaft verhindert sei, muß der nicht sachverständige Leser in den Glauben versetzt werden, daß das Produkt trotz der Zufütterung des Zuckers Honig sei, und daß also auch der zugefütterte Zuckersaft von den Bienen zu Honig verarbeitet und in die von ihnen auf natürlichem Wege hergestellten Waben eingetragen worden sei. Noch weniger ist in dem Zettel von dem Zusatz des Teerfarbstoffs und von dem Einsetzen der künstlichen Mittelwände die Rede.

Wenn sich der Angeklagte darauf beruft, daß es vielfach üblich sei, Zucker an Bienen zu verfüttern und das so gewonnene Erzeugnis als Honig zu verkaufen, so ist dem mit dem Sachverständigen entgegenzuhalten, daß die Fütterung von Bienen mit Zucker eigentlich nur in der kalten Jahreszeit zu Zuchtzwecken stattfinden darf, und daß mindestens, wenn sie dennoch auch während der Tracht, d. h. während die Bienen Honig eintragen, stattfindet, das so gewonnene Erzeugnis niemals als Honig, sondern nur als Gemisch von solchem und Zucker in den Verkehr gebracht werden darf. Der Angeklagte wurde wegen Verkaufs verfälschten Scheibenhonigs aus § 10 Ziff. 1 und 2 NMG. verurteilt.

LG. Bautzen, 23. August 1904.

Zuckerhonig. Zuckerhonig mit 10—20% Honig. Der „Zuckerhonig" enthielt 10—20% reinen Honig und wurde zu dem außerordentlich billigen Preise von 0,35 M. das Pfund verkauft, während reiner Honig mindestens 1 M. kostete. Der Angeklagte wurde von der Anklage aus § 10 Ziff. 2 NMG. freigesprochen. Die von der Staatsanwaltschaft hiergegen eingelegte Revision wurde verworfen.

Die Frage, ob die Bezeichnung „Zuckerhonig" als eine zur Täuschung des Publikums geeignete anzusehen ist, ist eine Tatfrage. Das Landgericht hat die Frage im vorliegenden Falle auf Grund des Beweisergebnisses verneint. An dieser Feststellung müssen die Revisionsangriffe scheitern, die davon ausgehen, daß „Zuckerhonig" unter allen Umständen eine zur Täuschung des Publikums geeignete Bezeichnung ist.

OLG. Köln, 16. Januar 1909.

Zuckerhonig mit 20—25% Honig. Nach den tatsächlichen Feststellungen des Vorderrichters ist die vom Angeklagten aus Zucker unter Verwendung von 20—25% Bienenhonig hergestellte, von ihm als „Zuckerhonig" bezeichnete Ware im Handel und Verkehr als eine Ware eigener Gattung, nämlich als Kunsthonig, allgemein anerkannt, und ist die Bezeichnung „Zuckerhonig" nicht geeignet, über den wirklichen Charakter der Ware als eines Kunstproduktes zu täuschen.

Preuß. Kammergericht, 24. November 1908.

„Zucker-Honig" mit dem Zusatz „kein Kunstprodukt". Der Angeklagte hatte das aus 2 Teilen aufgelöstem Zucker und 1 Teil Honig hergestellte Gemisch als „Zucker-Honig, kein Kunstprodukt" angepriesen. Es war aber ein Kunstprodukt, eine Nach machung des reinen Bienenhonigs, d. i. des in Waben niedergelegten und entschleuderten oder ausgepreßten Produktes der Bienen.

Die Bezeichnung, unter der der Angeklagte die Mischung verkaufte und anpries, war von ihm wissentlich falsch gewählt, um das Publikum zu täuschen, um beim Publikum die irrige Ansicht zu erwecken, daß die fragliche Mischung kein Kunstprodukt, sondern ein Naturprodukt sei. Verurteilung aus § 10 Ziff. 1 und 2 NMG. und § 4 des G. z. B. d. unlauteren Wettbewerbs vom 27. V. 1896.

LG. Frankfurt a. O., 20. September 1907.

Zuckerhonig ohne Honig. Der „Zuckerhonig" war ein Kunstprodukt, zu dessen Sud 2 Zentner Zucker, 15—20 Pfund Traubenzucker, eine geringe Menge Honigaroma, ein wenig Weinsteinsäure, sowie etwas Farbstoff, aber überhaupt kein Bienenhonig verwendet wurden. Das Fabrikat entsprach also nicht den an „Zuckerhonig" zu stellenden Anforderungen; denn unter solchem versteht man ein Produkt aus Rübenzucker, Wasser und Bienenhonig, in dem der Bienenhonig nach der strengen Ansicht mit mindestens 50%, nach der minder strengen Ansicht mit mindestens 3—5%, jedenfalls aber überhaupt vertreten sein muß.

Das Gebaren des Angeklagten verstößt zunächst gegen § 4 des Gesetzes gegen den unlauteren Wettbewerb vom 7. Juni 1909. Ferner hat er sich gegen § 10 Ziff. 2 NMG. verfehlt. Das von ihm vertriebene Nahrungsmittel war, insofern es nichts von Honig enthielt, eine reine Honignachmachung.

LG. Leipzig, 12. Mai 1911.

Zusatz von Rohrzucker. Honig mit Rohrzucker. Der Honig enthielt 24,4 und 29% Rohrzucker.

Das Gericht ist auf Grund der Beweisaufnahme zu der Überzeugung gelangt, daß der vom Angeklagten als „garantiert rein" zum Verkauf gebrachte Honig ein künstliches Gemenge aus Blütenhonig und Zuckersirup war, daß der Angeklagte selbst dem zusammengemengten reinen Honig die festgestellte Menge Zuckersirup zugesetzt und daß er endlich die Ware an seine Abnehmer abgegeben hat, ohne sie über die Beimischung des Zuckersirups aufzuklären; er hat sich deshalb eines Vergehens gegen § 10 Abs. 1 und 2 NMG. schuldig gemacht. Gleichzeitig sind in dem Verhalten des Angeklagten die Tatbestandserfordernisse des Vergehens des Betrugs im Sinne des § 263 StrGB. enthalten. Offenbar um des ihm nicht zukommenden Gewinnes willen hat der Angeklagte den fraglichen Honig hergestellt und durch die falsche Bezeichnung desselben auch Abnehmer dafür gefunden. Auf diese Weise verschaffte er sich einen unrechtmäßigen Vermögensvorteil, während andererseits die Käufer des minderwertigen Mischproduktes eine Vermögenseinbuße erlitten.

LG. Leipzig, 15. Mai 1900.

Honig mit Rohrzucker als „neuer Honig". Der Kunsthonig, ein Gemisch von 50% reinem Bienenhonig und 50% Zuckersaft wurde als „neuer Honig" verkauft.

Der Angeklagte hat, indem er den zur Nahrung von Menschen bestimmten „Kunsthonig" in seinem Laden unter der Bezeichnung „neuer Honig" zum Verkauf ausstellte und mittels Anschlages anpries, wie auch durch seinen Geschäftsangestellten verkaufen ließ, ein Nahrungsmittel, welches verfälscht, nämlich mit einer fremden und minderwertigen Substanz versetzt war, feilgehalten und verkauft, und zwar unter einer zur Täuschung geeigneten Bezeichnung („neuer Honig"). Aus dieser Bezeichnung ist nicht für jedermann ohne weiteres erkennbar, daß die verkaufte Substanz nicht ausschließlich aus Honig besteht, sie erweckt im Gegenteil die Meinung, daß man es mit einem neuen, neu angekommenen oder frischen Honig, also dem Produkt der Bienen zu tun habe. Verurteilung aus § 11 NMG.

LG. Hamburg, 20. September 1900.

Honig mit Rohrzucker als „Feinster Tafelhonig, präpariert". Eine Mischung von Rohrzucker und Bienenhonig, die aus 52% Invertzucker, 21,7% Rohrzucker und im übrigen aus Wasser bestand, wurde zu 0,60 M. für das Pfund verkauft. Die Büchsen trugen die Aufschrift „Feinster Tafelhonig, präpariert". Der Angeklagte wurde eines Vergehens gegen § 10 Ziff. 2 NMG. für überführt erachtet und verurteilt. Die Revision wurde verworfen.

Die Revision rügt unrichtige Anwendung dieser gesetzlichen Bestimmung und führt aus, die Mischung sei zwar als „feinster Tafelhonig" feilgehalten und verkauft worden, allein diese Bezeichnung habe weder die Bedeutung, daß darunter eine besonders gute, reine Ware gemeint sei, noch sei sie geeignet, das Publikum über die Beschaffenheit der Ware zu täuschen. Gegen das Geeignetsein zur Hervorrufung eines Irrtums spreche insbesondere die Hinzufügung des Wortes „präpariert" zu der Bezeichnung „Tafelhonig" und die Niedrigkeit des geforderten Preises. Das Wort „präpariert" solle anzeigen, daß die Schärfe des reinen Honigs durch Zuckerzusatz gemildert und die Ware zum sofortigen Genuß an der Tafel vorbereitet sei, und das Publikum kenne hinlänglich die Preise des Honigs, um beurteilen zu können, daß reiner Honig nicht so billig verkäuflich und käuflich sei, wie der Preis für die feilgebotene und verkaufte Ware betrage.

Diesen Ausführungen stehen die vom Berufungsgerichte getroffenen tatsächlichen Feststellungen entgegen. Hiernach ist das Wort „präpariert" im vorliegenden Falle als gleichbedeutend mit „ausgelassen", d. h. von den Wachsbestandteilen geschieden anzusehen, das Wort „Tafelhonig" aber in dem Sinne einer reinen, unvermischten und guten Honigware gebraucht und verstanden worden. Es ist weiter als erwiesen angesehen worden, daß das Durchschnittspublikum mit den Preisen für Honig nicht hinlänglich vertraut sei, um aus dem Preise der feilgebotenen und verkauften Ware schließen zu können, daß es sich nicht um reinen Honig, sondern um eine Mischung handle.

OLG. Dresden, 12. September 1901.

Zusatz von Invertzucker. Honig mit Invertzuckersirup. Honig ist ein Produkt der Natur, für welches also die Natur die Norm gibt. Der Angeklagte hat seinen Honig als „Bienenhonig" und „naturreinen Bienenhonig" vertrieben. Jeder Zusatz, also auch derjenige von Invertzuckersirup, ist eine Verfälschung, denn es sind dem Honig Fremdkörper zugesetzt, welche nicht in ihn gehören und welche der Konsument nicht will. Auch wird durch den Zusatz von Invertzucker der Honig verschlechtert. Vergehen gegen § 10 Ziff. 2 NMG.

LG. I Berlin, 15. April 1910.

„Feinster Tafelhonig mit Invertraffinade". Der Honig befand sich in Gläsern mit Etiketten, welche außer der Bezeichnung „Feinster Tafelhonig" die Worte „bestehend aus garantiert reinem Bienenhonig und bester Invertraffinade" trugen. Der Honig selbst enthielt 7,34% Wasser, 19% Zucker, 66,10% Stärkesirup und nur 7,56% Honig, stellte also bei dem minimalen Honiggehalt keine Fälschung, sondern eine Nachmachung von Honig dar.

Jedenfalls waren die Etiketten dazu bestimmt und auch geeignet, die endgültigen Käufer, das kaufende Publikum zu täuschen. Das Fabrikat verdiente überhaupt nicht die Bezeichnung „Honig", weil es nur 7,5% Honig enthielt. Nach der Aufschrift mußte der aufmerksam lesende Käufer annehmen, daß die Ware nur aus Honig und „bester Invertraffinade" bestehe, wenn er überhaupt weiß, was Invertraffinade ist. Neben dem geringen Prozentsatz Honig und 19% Zucker, d. h. Frucht- und Traubenzucker, der aus 19% Rohr- oder Rübenzucker hergestellt ist (alias Invertraffinade), enthielt das Fabrikat aber 66,10% Stärkesirup, von dem auf der Etikette nichts zu lesen ist. Verurteilung aus § 10 NMG.

LG. I Berlin, 13. Februar 1904.

Honig mit Invertzucker als „Zuckerhonig", „Tafelhonig", „feiner Seim-Honig", „Deutscher reiner Bienenhonig" usw. Der Angeklagte hatte zur Herstellung von „Zuckerhonig" 20% natürlichen Honig mit einer Lösung von Invertzucker und 16% Wasser verkocht. Zur Herstellung des „Tafelhonig" wurden dem Zuckerhonig weitere 10—12% natürlichen Honigs beigemischt. Der „Tafelhonig" wurde vom Angeklagten auch unter anderen Bezeichnungen wie „feiner Seim-Honig", „Deutscher reiner Bienenhonig", „reiner inländischer Honig", „reiner Honig" verkauft.

Das Gericht erachtete den Honig durch den Zusatz von Invertzucker für objektiv verschlechtert und seinen Verkauf unter den genannten Bezeichnungen für eine Verfälschung im Sinne des § 10 Ziff. 1 und 2 NMG. Die Revision wurde verworfen.

Aus dem Urteil: Die Feststellung des Vorderrichters, daß der vom Angeklagten X. fabrizierte und vom Angeklagten Y in den Handel gebrachte Tafelhonig ein verfälschtes Nahrungsmittel im Sinne des NMG. ist, ist rechtlich nicht zu beanstanden. Jener Ausspruch des Urteils wird auf die für erwiesen angenommene Tatsache gegründet, daß der gedachte Kunsthonig aus einer Mischung von natürlichem Bienenhonig mit Zuckerlösung bestehe, daß dieses Mischungsprodukt zwar dem reinen Bienenhonig in mehrfacher Hinsicht gleich zu stellen sei, daß es aber des dem reinen Bienenhonig beiwohnenden Aromas jedenfalls in der gleichen Stärke entbehre und daher in betreff seiner wirtschaftlichen Bedeutung und Verwendung minderen Wert besitze, als der unvermischte Bienenhonig. . . .

RG. 22. September 1898.

Honig mit Invertzucker als „präpar. Blütenhonig“ oder „Tafelhonig“. Gewöhnlicher Rohrzucker wurde durch Kochen in Trauben- und Fruchtzucker umgewandelt und dann mit 20% natürlichem Honig versetzt. Schließlich wurde noch Wasser und eine geringe Menge Citronensäure zugegeben. Dieses Gemisch wurde als „Tafelhonig“ oder „präpar. Blütenhonig“ in den Zeitungen angepriesen, wobei stets der Schwiegervater des Angeklagten als „Imker“ unterzeichnet war.

Honig ist den Nahrungsmitteln im Sinne des NMG. zuzurechnèn, das Publikum erwartet allgemein, wenn ihm ein Produkt in der Form angeboten wird, wie es hier seitens des Angeklagten geschehen ist, einen reinen echten Honig zu erhalten, wie ihn die Biene durch Entnahme der zu seiner Bildung erforderlichen Bestandteile aus den Blütenkelchen und durch ihre eigene Tätigkeit geschaffen hat. Die in den Verkaufsangeboten gesperrt gedruckten Worte „Blütenhonig“ und „Tafelhonig“ im Verein mit der Unterschrift „Imker“ müssen in dem Leser die Vorstellung erwecken, es preise hier ein Bienenzüchter seine Naturware an. An dieser Auffassung vermag der Umstand nichts zu ändern, daß dem Worte „Blütenhonig“ in kleiner Schrift vorgesetzt sei „präpar.“. Der Laie und ein erheblicher Teil der Sachverständigen werden die Bezeichnung „präpariert“ dahin auslegen, es sei damit gemeint, daß der eigentliche Hauptsaft von Wachs und Unreinigkeiten vollständig gesäubert ist. Auch auf den billigen Preis können sich die Angeklagten nicht berufen.

Es steht weiterhin im vorliegenden Falle nicht ein „Verfälschen“, wohl aber ein „Nachmachen“ in Frage. Denn die in Rede stehende Ware war der Hauptsache nach keineswegs dasjenige, als was sie im Verkehre benutzt wird, und hat keineswegs nur durch eine Änderung einen geringeren Wert erlangt, als denjenigen, welchen sie zu haben scheint, und welchen das Publikum erwartet. Die Angeklagten haben vielmehr eine Ware angefertigt, welche den Anschein hatte, etwas anderes zu sein, als sie in Wirklichkeit war . . . Der höchst unbedeutende Zusatz von echtem Honig zu der von den Angeklagten hergestellten Ware kam nicht in Betracht, er verschwand unter der weitaus überwiegenden Menge der Bestandteile der Ware, welche nicht Naturhonig waren. Gleichzeitig haben die Angeklagten durch ihre Handlungsweise gegen § 4 des RG. vom 27. Mai 1896 verstoßen. Sie haben nämlich, um den Anschein eines besonders günstigen Angebotes hervorzurufen, in öffentlichen Bekanntmachungen über die Beschaffenheit und über die Bezugsquellen von Waren wissentlich unwahre Angaben tatsächlicher Art gemacht, und zwar in der Absicht, durch die in Rede stehenden Angaben den beschriebenen Anschein hervorzurufen. Verurteilung aus § 10 Ziff. 1 und 2 NMG. und § 4 RG. vom 27. V. 1896. (LG. Altona, 11. Mai 1906.) Die Revision wurde verworfen.

OLG. Kiel, 21. Juni 1906.

Invertzucker mit 5—10% Honig als „Honig kandiert“. Das aus Invertzucker mit 5—10% Bienenhonig bestehende Produkt wurde als „Honig kandiert“ und als „Zuckerhonig“ in den Handel gebracht.

Der Angeklagte hat durch die Herstellung seiner Produkte, die im wesentlichen aus Invertzucker bestanden und nur zu einem ganz geringen Teil Bienenhonig enthielten, Honig nachgemacht; denn er hat eine Sache hergestellt, welcher der Schein, nicht aber dasjenige gegeben wird, was nach Verkehrsbegriffen Wesen und Gehalt einer anderen (echten) Sache ausmacht. Das von dem Angeklagten hergestellte Produkt sollte nach seinem Inhalt als Wesentliches „Honig" enthalten, während es in Wirklichkeit nur den äußeren Schein desselben enthielt. Die von dem Angeklagten gewählten Bezeichnungen deuteten jedenfalls in keiner Weise auf ein nach seinen Bestandteilen im wesentlichen des Honigs entbehrendes Kunstprodukt hin. . . . Vergehen gegen § 10 Ziff. 1 NMG., im einheitlichen Zusammenhang mit einem solchen gegen § 4 des Gesetzes über den unlauteren Wettbewerb.

LG. Crefeld, 24. Juli 1907.

Honig mit Zusatz von Invertzucker und Teerfarbstoff. Der Prozentsatz des dem Honig zugesetzten Invertzuckers betrug zuerst etwa 33%, später 50% und schließlich 60—65%. Diese Ware wurde als reiner Naturhonig verkauft, zum Teil in Gefäßen mit den Aufschriften „Feinster Blütenhonig Valdivia" oder „Hannöverscher Honig". In vielen Fällen enthielt der sog. Honig einen gelben Teerfarbstoff beigemischt.

Aus dem Urteil sei folgendes hervorgehoben: Wie der Sachverständige J. in Übereinstimmung mit der herrschenden Rechtsprechung ausgeführt hat, ist unter Honig im Sinne der Verkehrsauffassung der von den Arbeitsbienen aufgesaugte, in der Honigblase der Bienen verarbeitete Saft zu verstehen, der in die Waben (Wachszellen) zum Zwecke der Ernährung des Bienenvolkes abgeschieden wird. Als Honig kann daher nur ein Naturprodukt bezeichnet werden, das die Honigblase der Biene passiert hat. Ein jeder nachträglich gemachte Zusatz bedeutet mithin eine Verfälschung des Honigs im Sinne des NMG., da die auf diese Weise gewonnene Mischung von der von der Natur selbst gegebenen und von dem Verkehr aufgenommenen Grundform abweicht.

Nun behauptet der Angeklagte W., eine Verfälschung des Honigs liege um deswillen nicht vor, weil derselbe durch den Zusatz von Invertzucker an Geschmack und Bekömmlichkeit gewonnen habe, mithin verbessert sei. Dieser Standpunkt kann als richtig aber nicht anerkannt werden.

Es gibt Nahrungsmittel, bei denen nach der Verkehrssitte jeglicher Zusatz anderer Stoffe als der allgemein und üblichen für unerlaubt gilt und als eine Verschlechterung der Waren aufgefaßt wird. Da, wie oben ausgeführt, unter Honig nur das absolut reine von den Bienen gewonnene Naturprodukt zu verstehen ist, bedeutet jeder Zusatz anderer Stoffe nach der Verkehrssitte eine Verschlechterung der Ware. Es kommt hinzu, daß Invertzucker auch im Preise erheblich niedriger steht als reiner Honig, so daß durch einen Zusatz mit diesem Stoff der Honig minderwertiger gemacht, also verschlechtert wird.

Wenn W. ferner einwendet, es sei dem Honig ja nur dasselbe zugesetzt, was sowieso in ihm enthalten sei, da Honig zum größten Teil aus einem chemisch gleichartigen Zuckerstoff besteht, so ist dem entgegenzuhalten, daß dieser Umstand den Begriff der Verfälschung nicht ausschließt. Ebenso wie Wein, der zum größten Teil aus im Traubensaft enthaltenem Wasser besteht, durch Zusatz von gewöhnlichem Wasser verdünnt und somit verschlechtert wird, wird der Honig durch noch weiteren Zuckerzusatz verlängert und somit verschlechtert, da dadurch der Prozentsatz der übrigen im reinen Naturhonig vorhandenen Stoffe im Verhältnis zum Zuckergehalt sinkt. (Vergehen gegen § 10^2 NMG.) . . .

In dem Verkaufen und Fakturieren der Ware unter der Bezeichnung „Feinster Blütenhonig Valdivia" und „Hannöverscher Honig" ist auch eine Vorspiegelung falscher Tatsachen zu erblicken, da, wie oben ausgeführt, im Verkehr unter Honig nur unvermischter Naturhonig verstanden wird und verstanden werden kann. . . .

Beim Angeklagten F. kommt ferner noch hinzu, daß er einen Teil des mit Invertzucker versetzten Honigs noch mit einem gelben Farbstoff versehen hat. Er will dies allerdings nur getan haben, um die bei der Lieferung des Honigs bereits vorhandene rötliche Verfärbung zu verdecken. Aber auch dann ist darin eine Verfälschung des Honigs im Sinne des § 10 Ziff. 1 NMG. zu erblicken, weil der gelbe Farbstoff der anders verfärbten Ware wieder ein normales Aussehen, also den Anschein einer besseren Beschaffenheit verleihen sollte. In diesem Zusetzen von Farbstoff ist keine besondere selbständige Handlung zu erblicken, es stellt sich diese Tat vielmehr als ein Ausfluß des von F. allgemein gefaßten Vorsatzes, Honig zu verfälschen, dar. (Verurteilung des Angeklagten W. aus § 263 StrGB., § 10^2 NMG. und § 4 des Gesetzes, betr. unlauteren Wettbewerb vom 27. Mai 1896; des Angeklagten F. aus § 10^1 NMG., §§ 263, 49 StrGB., § 4 des Gesetzes vom 27. Mai 1896 in Verbindung mit § 49 und § 73 StrGB.)

LG. Hamburg, 6. November 1911 und 9. Dezember 1912.

(Zeitschr. f. Untersuchung d. Nahrungs- u. Genußmittel, Beilage 1913, 383ff.)

Zusatz von Stärkesirup. Honig mit 50% Stärkesirup als „Hotelfrühstückshonig“ u. dgl. Der Angeklagte verkaufte sogenannten Hotelfrühstückshonig unter den Bezeichnungen Hotelfrühstückshonig, Frühstücksverschnitthonig (Hotelhonig), Verschnitthonig (Melitase), Hotelfrühstückshonig (Melitase), Hotelfrühstückshonig (Glucoseverschnitthonig-Melitase). Dieses Produkt enthielt neben amerikanischem Naturhonig 45—50% Stärkesirup, manchmal auch Invertzucker. Der vom Angeklagten hergestellte und verkaufte Hotelfrühstückshonig war verfälscht; dem echten Nahrungs- und Genußmittel wurde vom Angeklagten ein minderwertiger Stoff zugesetzt. Dadurch wurde der Honig wesentlich verschlechtert.

Daß durch wirklich ausreichende Aufklärungen (sog. Deklarationen) das Fehlen einer Täuschungsabsicht in der Regel dargetan werden kann, ist zweifellos. Die Erklärung muß aber tatsächlich ausreichend sein, um die Abnehmer über die wirkliche Beschaffenheit der Ware aufzuklären.... Nicht sowohl darauf kommt es an, daß überhaupt eine Erklärung gegenüber den Abnehmern erfolgt, als vielmehr darauf, wie sie erfolgt. Das Berufungsgericht stellt auf Grund des von ihm geprüften Inhaltes der Etiketten, Prospekte, Bestellzettel und Adressen fest, daß alle vom Angeklagten gewählten Bezeichnungen Wort für Wort auf Täuschung berechnet waren, und daß er nur darauf hingearbeitet hat, die wahre Beschaffenheit des Produktes zu verschleiern; es ist alles geschehen, um die in Betracht kommenden Abnehmer zu täuschen und irrezuführen. Tatbestand der Nr. 1 des § 10 NMG.

Auch der Tatbestand der Nr. 2 des § 10 NMG. wurde einwandfrei festgestellt. Das in Betracht kommende Publikum rechnete damit, ein Produkt zu erhalten, das Honig ist, jedenfalls ein anderes Produkt als das war, das der Angeklagte ihnen lieferte, das mit 45 bis 50% Stärkesirup vermengt und verschlechtert war.

Dem § 10 NMG. liegt der Gedanke zugrunde, daß im Handel und Verkehr einfache Wahrheit nötig ist, daß Kunststücke, die, um ein Geschäft zu machen, täuschen sollen, verboten sind. Die Strafkammer hat bei der Anwendung des Gesetzes auf den festgestellten Tatbestand gemäß diesem Grundsatze entschieden. Die Revision des Angeklagten wurde verworfen.

Bayr. Oberst. Landesger., 29. Dezember 1910.

Stärkesirup mit Honig als „präparierter Tafelhonig“. Das aus 2 Teilen Stärkesirup und 1 Teil Honig bestehende Fabrikat wurde als „feinster präparierter Tafelhonig“ verkauft.

Der Angeklagte hat Honig nachgemacht. Von einer Verfälschung von Honig kann bei dem erheblichen Übergewicht des Sirups über den Honig keine Rede mehr sein....

Das Wort „präpariert“ bringt nicht zum Ausdruck, daß es sich um ein Kunstprodukt handele, welches mit reinem Bienenhonig nur sehr wenig gemein hat, es läßt vielmehr die Deutung zu, daß der angebotene Tafelhonig der Bearbeitung unterzogen ist, welche wie bekannt, bei Honig, bevor dieser genossen und verkauft werden kann, stets angewandt werden muß. Im Zusammenhalt mit „feinster — Tafelhonig“ wird also das unbefangene Publikum glauben, daß es sich um ein Produkt von besonderer Güte handelte. Die Bezeichnung ist also objektiv geeignet, über die Ware zu täuschen....

Wenn der Angeklagte sein Fabrikat als „nicht reinen" oder gar als „nicht ganz reinen Honig" bezeichnet und regelmäßig noch den Grund eines Zusatzes, nämlich die Vermeidung der Krystallisation angibt, so erweckt er damit erst recht den Glauben, daß seine Ware doch in der Hauptsache Honig, der Zusatz nur nebensächlich sei, dies um so mehr, als zur Erreichung des angegebenen Zweckes des Zusatzes die geringe Menge von 8—10% Sirup genügt hätte. Er hat also bei seinen „Aufklärungen" die Wahrheit verschwiegen, daß seine Ware nach ihrem Gehalt an reinem Honig überhaupt nicht mehr ein solcher, sondern nur eine Nachahmung desselben sei. Vergehen gegen § 10 Ziff. 1 und 2 NMG.

LG. München I, 22. Mai 1906.

Honig mit Stärkesirup und Rohrzucker als Florida-Blütenhonig. Die Bezeichnung „Florida-Blütenhonig" mit der Schutzmarke in Form einer Biene und der klein gedruckten Deklaration „bestehend aus reinem Naturbienenhonig und ff. Invertzuckerraffinade" für ein 42% Stärkesirup und 26% Rohrzucker enthaltendes Produkt bildet ein Vergehen gegen das NMG.

LG. I, Berlin, 14. Januar 1904.

Honig mit Zusatz von Pflanzenbestandteilen. Schweizer Alpenkräuterhonig I. Das unter der Bezeichnung „Schweizer Alpenkräuterhonig" verkaufte Erzeugnis bestand zu 40% aus Bienenhonig und zu 60% aus Zuckersirup und einem Absud von Alpenkräutern zur Aromatisierung.

Die auf den Etiketten aufgedruckte Aufschrift, und zwar „Schweizer Honig" in roter Farbe gibt keineswegs zu verstehen, daß es sich bei dieser Bezeichnung nur um ein Surrogat, ein künstlich hergestelltes Produkt handelt, welches mit dem Naturprodukt nichts als den Namen „Honig" gemeinsam hat.

Wenn auch anzunehmen ist, daß einige von den direkten Abnehmern, von den Krämern und Spezereihändlern, die ihre Ware unmittelbar von der Firma M. bezogen haben, eine dunkle Ahnung davon gehabt haben, daß die Ware nicht Naturprodukt sei, so sind doch die mittelbaren Abnehmer, die Konsumenten, keineswegs darüber im klaren, daß dem unter dem Namen Schweizer Alpenkräuterhonig bezeichneten Genußmittel außer dem Bienenhonig noch andere minderwertige Stoffe, wie Glykose, Zuckersirup, Wasser usw. zugesetzt sind. Nach der Fassung der Etiketten hätten diese sogar annehmen können, daß der Schweizerhonig von den Bienen aus den Alpenkräutern gezogen, oder daß der Honig durch Zusatz eines aus Alpenkräutern gewonnenen Extraktes in einer der Gesundheit zuträglichen Weise aromatisiert sei, ohne in seiner naturgemäßen Zusammensetzung und Beschaffenheit zu sein. § 10 Ziff. 1 und 2 NMG.

LG. Mülhausen, 20. Januar 1893.

Schweizer Alpenkräuterhonig II. Das angefochtene Urteil findet erwiesen, daß die Käufer des Fabrikats glaubten, echten Naturhonig, verbessert durch einen Zusatz vor Kräutern, zu kaufen und in diesem Irrtum noch durch das Lesen des beigegebenen Prospekte bestärkt, also getäuscht wurde. Der Umstand, daß der Angeklagte den von ihm verfertigte Alpenkräuter-Honig auf dem Prospekte als Präparat oder Fabrikat bezeichnete und desse angebliche Zusammensetzung bekannt gab, ändert hierin nichts, da einerseits, wie das Urtei ohne Rechtsirrtum ausführt, eine Täuschung der Käufer hierdurch nicht ausgeschlossen wurde und andererseits die Angabe der Zusammensetzung einer unwahre war, indem hierin von de festgestelltermaßen in dem Präparate befindlichen 58% Glykose nichts erwähnt ist. Di Bezeichnung eines Fabrikates aber mit einer einem Naturprodukt zukommen den Benennung ist, abgesehen von speziellen, auf Grund des Gesetzes erlassenen Vor schriften, nur dann unverfänglich, wenn dabei jede Täuschung der Käufer übe die Natur des Fabrikates als eines Kunstproduktes ausgeschlossen ist. Ve urteilung aus § 10 Ziff. 1 und 2 NMG. Die Revision wurde verworfen.

RG., 13. Mai 1893.

Traubenbrusthonig. Der Tatbestand des § 4 des Gesetzes zur Bekämpfun des unlauteren Wettbewerbes ist einwandfrei nachgewiesen. Der Angeklagte hat sein

Erzeugnisse, die er Traubenbrusthonig und Traubelin nannte, als „wissenschaftlichen Grundsätzen entsprechende Vereinigungen von reinem Traubenhonig und bestgeläutertem Rohrzucker" angepriesen. In Wahrheit waren es Zuckersirupe, die nur verschwindend geringe, kaum nachweisbare Spuren von Traubenextrakt enthielten. Ihr Gebrauch konnte keine andere Heilwirkung erzielen, als der von Zuckersirup; der Angeklagte hatte sie dagegen als „unvergleichliche, niemals wirkungslose Stärkungs- und Heilmittel" ausgegeben und ihnen Erfolge bei einer ganzen Reihe von Krankheiten nachgerühmt. Danach konnte die rechtliche Würdigung des Tatbestandes dahin erfolgen, daß der Angeklagte über „Herstellungsart und Beschaffenheit" seiner Waren Angaben tatsächlicher Art gemacht und daß er namentlich hinsichtlich der Heilwirkungen nicht etwa nur sein Urteil bekannt gegeben habe. Ohne Rechtsirrtum sind die in den Mitteilungen enthaltenen Angaben als zur Irreführung des Publikums geeignet bezeichnet.

Der Angeklagte hat den Traubenbrusthonig nicht ausschließlich als Heilmittel angepriesen und verkauft, sondern auch als Genußmittel in den Verkehr gebracht, und zwar vorzugsweise als solches. Mit dem Namen „Traubenbrusthonig" verknüpft sich im Verkehr die Auffassung, es handle sich um eingedickten Traubenmost, der als Heilmittel gegen Brustkrankheiten verwendbar sei. Die Verfälschung ist darin erkannt, daß der Angeklagte an Stelle von Traubenhonig, wie ihn der Verkehr erwartete, ein Erzeugnis von einer „der Verkehrsauffassung zuwiderlaufenden Zusammensetzung" herstellte, indem er statt Traubenhonig einen anderen und überdies minderwertigen Stoff, nämlich gewöhnlichen Zuckersirup zur Herstellung verwendete und diesem nur eine verschwindende Menge von Traubensaft beisetzte.

RG., 24. Juni 1909.

Kunsthonig unter irreführenden Bezeichnungen. Kunsthonig als Honig. Das Berufungsgericht hat angenommen, daß der Angeklagte den Käufern die Beschaffenheit des Honigs als Kunsthonig absichtlich verschwiegen hat. Wie der Angeklagte sehr wohl wußte, versteht das Publikum unter Honig an sich keinen Kunsthonig, auch pflegt es über die Preise nicht derart unterrichtet zu sein, daß es ihm klar ist, zu solchem Preise keinen Naturhonig erhalten zu können; es kauft, weil es billig zu kaufen glaubt. Gerade das ist es aber, was von den Händlern mit Kunsthonig bezweckt wird; sie wollen den Glauben erwecken, daß für einen billigen Preis ein sehr beliebtes Genußmittel verkauft wird. Wenn der Angeklagte keine Täuschung beabsichtigte, so hätte er einfach eine Etikette mit der Inschrift „Kunsthonig" an der Kruke anbringen können. Verurteilung aus § 10 Ziff. 2 NMG.

LG. Kiel, 21. August 1900.

Kunsthonig als „präparierter Tafelhonig". Das Erzeugnis wurde aus Invertzucker, Wasser, Zuckercouleur mit einem geringen Zusatze von Honig und Wachs, sowie von Rosenöl zur Parfümierung hergestellt und als „Feinster präparierter goldgelber Tafelhonig" verkauft.

Durch Herstellung eines Kunsthonigs, der im wesentlichen aus Invertzucker und Wasser bestand und nur zu einem ganz geringen Teil Bienenhonig enthielt, und durch die Bezeichnung dieses Kunsthonigs als „präparierter Tafelhonig" hat der Angeklagte Honig zum Zwecke der Täuschung nachgemacht. Er hat sich damit eines Vergehens gegen § 10 Ziff. 1 und 2 NMG. schuldig gemacht.

Da die Bezeichnung „präparierter Tafelhonig" nur als Bearbeitung von Naturhonig zu verstehen ist, da ferner das Angebot von „präpariertem Tafelhonig" geeignet war, das Publikum, welches über die marktgängigen Preise von Naturhonig nicht unterrichtet war, über die Art der angebotenen Ware zu täuschen und es zur Bestellung von Kunsthonig zu veranlassen, während es Naturhonig zu kaufen glaubte, und da dies auch dem Angeklagten bewußt gewesen ist, so ist damit auch der Tatbestand des § 4 des Gesetzes vom 27. Mai 1896 (unlauterer Wettbewerb) gegeben.

LG. Güstrow, 4. Januar 1906.

Die Revision wurde verworfen. Aus den Gründen: Es ist festgestellt, daß die Bezeichnung „präparierter Tafelhonig" auf eine besondere, eine ganz hervorragende Eigenschaft verleihende Bearbeitung von Naturhonig hinweise und geeignet sei, dasjenige Publikum, welches über die marktgängigen Preise von Naturhonig nicht unterrichtet sei, zu täuschen, insofern dasselbe bei dem Erwerbe dieses Nahrungs- und Genußmittels in den Glauben versetzt werde, daß es Naturhonig kaufe, während es sich tatsächlich um ein in seinen Bestandteilen nur einen geringen Prozentsatz Honig enthaltendes Kunstprodukt handelte.

RG., 29. Juni 1906.

Kunsthonig als „Speisehonig". Der Angeklagte hatte ein Gemisch von Stärkesirup, invertiertem Zucker und ganz geringfügigen Teilen von Bienenhonig als „Speisehonig" feilgeboten und verkauft.

Der „Speisehonig" ist ein nachgemachtes Genußmittel im Sinne des § 10 NMG. Nach dem Sachverständigengutachten darf das Publikum, wenn ihm „Speisehonig" zum Kaufe angeboten wird, erwarten, daß es Naturhonig erhält. In dieser Erwartung wird es aber getäuscht wenn es die vom Angeklagten zum Verkauf gestellte Ware bekommt. Diese Täuschung wird auch nicht dadurch verhütet, daß dem Worte „Honig" das Wort „Speise" beigelegt wird. Verurteilung wegen fahrlässiger Zuwiderhandlung gegen das NMG. (§ 11).

LG. Dresden, 12. Februar 1909.

Honi-Butto. Unter dem Namen Honi-Butto hatte der Angeklagte ein Nahrungsmittel in den Verkehr gebracht, das in der Hauptsache aus einem Gemisch von Kokosbutter und Kunsthonig bestand.

Die Beschaffenheit des verwendeten Honigs hat bedenkenfrei zur Anwendung des § 10 Abs. 2 NMG. geführt. Wenn ein neu in den Verkehr eingeführtes Nahrungsmittel aus einer Vermischung bekannter Bestandteile zu einem einheitlichen Stoffe besteht und unter einem die Mischung andeutenden Namen bekannt gemacht wird, so kann dadurch die Erwartung einer bestimmten Zusammensetzung erweckt werden, die den Maßstab für die normale Zusammensetzung bildet. Durch die Verwendung eines von dieser Norm abweichenden Bestandteiles kann alsdann, sofern dadurch der Wert des Gesamterzeugnisses gegenüber der im Publikum erweckten Vorstellung vermindert wird, ein Nachmachen oder Verfälschen begangen werden. Der Fall liegt anders, als wenn unter ganz neuem Namen ein neues Erzeugnis in den Verkehr gebracht wird und der neue Name nicht zu täuschen vermag, wenn er auch auf den einen oder anderen Bestandteil hinweist. Hier ist nur neu die Verbindung der bereits bekannten Erzeugnisse und ihrer Namen. Eine Fälschung des einen oder anderen Bestandteiles oder des ganzen mußte zur Täuschung des Publikums führen. Die Verwendung von Kunsthonig statt Honig ist hiernach mit Recht als Verfälschung bestraft. § 10 Ziff. 2 NMG.

RG., 2. Mai 1907.

(Coermann, Nahrungsmittelgesetzgebung, E. Roth, Gießen, 1912, Hauptband.)

Honig mit Wasserzusatz. Der Gerichtshof nahm an, daß die Angeklagten den Honig zur Hälfte mit Wasser vermischt, daher verfälscht und den so verfälschten Honig wissentlich unter Verschweigung des Umstandes der Verfälschung verkauft habe. § 10 Ziff. 2 NMG.

LG. Amberg, 10. Mai 1890.

Honig mit einem Tierkadaver. In dem Kühlschiffe, welches dünnflüssigen Honig enthielt, war eine verendete Katze vorgefunden worden. Diese wurde entfernt und auch etwa 10 Pfund Honig von der Stelle, wo die Katze gelegen hatte, und ihrer Umgebung herausgeschöpft und weggeschüttet. Der übrige Honig wurde verkauft.

Der Honig ist als verdorben zu bezeichnen. Es ist davon auszugehen, daß auch der im Kühlschiffe nach dem Abschöpfen eines gewissen Teiles des Honigs zurückgebliebene Honig durch die Exhalationen der Katze mit infiziert worden ist. Der Honig war danach bereits infolge der erfolgten Infektion als zur menschlichen Nahrung ungeeignet, als verdorben zu bezeichnen. Indessen war diese Feststellung nicht einmal erforderlich. Die ekelerregende

Eigenschaft eines Nahrungs- oder Genußmittels reicht schon aus, um nach der allgemeinen Anschauung des konsumierenden Publikums ein Nahrungs- oder Genußmittel als verdorben erscheinen zu lassen. Und eine solche Eigenschaft hat hier dem Honig, nachdem eine tote Katze darin gelegen hatte, beigewohnt. § 10 Ziff. 2 NMG.

LG. Leipzig, 14./16. November 1903.

Künstliche Süßstoffe.

Die Herstellung der künstlichen Süßstoffe und ihre physiologische Wirkung ist schon im II. Bd., S. 1004—1012, 1904 auseinandergesetzt. Seit der Zeit sind wesentliche neue Untersuchungen hierüber nicht ausgeführt. Durch das Süßstoffgesetz vom 7. Juli 1902 und die Ausführungsbestimmungen zu demselben (Zentralbl. f. d. Deutsche Reich 1903, S. 103) ist der Verkehr mit künstlichen Süßstoffen genau geregelt.

Es erübrigt, noch einige Ergänzungen hierzu zu liefern.

I. Saccharin. $C_6H_4\langle{}^{SO_2}_{CO}\rangle NH$.

Das Saccharin kommt auch unter der Bezeichnung „Zuckerin" (Radebeul-Dresden), „Zykorin" (Staßfurt), „Süßstoff-Höchst" oder auch unter der Bezeichnung „Sucramin", „Sucre sucraminé" oder „Sucre de Lyon" in den Handel; letztere Fabrikate sind nach A. Bertschinger[1]) und J. Bellier[2]) nichts anderes als das Ammoniumsalz des Saccharins an Stelle von Saccharin-Natrium mit höherer Süßkraft als letzteres. Das Saccharin-Natrium heißt auch „leichtlösliches Saccharin" oder „Sykorin", „leichtlösliche Sykose" oder „Krystallose". „Extrait de Cannes" ist eine Lösung von Saccharin-Natrium in Glycerin; K. Urban[3]) fand darin 30,1% Saccharin-Natrium, 62,2% Glycerin und 7,7% Wasser; „Sucre double sucraminé" ein Gemisch von 96% Rohrzucker und 1,6% Sulfamidobenzoesäure (etwa 2% Ammoniumsalz).

Unter Saccharin „550" versteht man nach E. Downard[4]) ein Saccharin mit der 550fachen Süßkraft des Rohrzuckers; 1 g desselben soll sich in 10 ccm Aceton bei 16° vollständig lösen; das Saccharin „350" hinterläßt dagegen, in derselben Weise behandelt, einen erheblichen Rückstand.

G. Dain[5]) gibt für 4 Sorten Saccharin der Firma „Heyden" folgende Zusammensetzung:

Saccharin	Schmelzpunkt Grad C	Reines Saccharin berechnet auf		Parasulfamidobenzoesaure %	Beimengungen %
		Amid %	Natriumsalz		
1. „550 mal süßer als Zucker, schwer löslich	222—225	93,34	—	0,8	1,66
2. „Krystallose", 440 mal süßer als Zucker, leicht löslich	222—224	83,81	99,69	0	—
3. „350 mal süßer als Zucker", schwer löslich	212—241	81,49	—	13,9	18,51
4. „300 mal süßer als Zucker", leicht löslich	216—247	69,98	82,53	15,7	17,47

1) Zeitschr. f. Untersuchung d. Nahrungs- u. Genußmittel 1901, 4, 763.

2) Ebendort 1902, 5, 75.

3) Ebendort S. 76.

4) Ebendort 1901, 4, 763.

5) Ebendort 1902, 5, 76.

J. König[1]) fand für 3 Sorten, mit Natriumbicarbonat versetzte Proben folgende Zusammensetzung:

Saccharin	Wasser %	Saccharin-natrium %	Natrium-bicarbonat %	Parasulfamido-benzoesäure %	Milchzucker %
Sorte I	0,65	79,67	16,75	2,57	—
Sorte II	0,70	40,38	57,39	2,15	—
Sorte III	0,61	19,69	44,54	—	34,88

(Vgl. auch Bd. II, 1904, S. 1005.)

T. Gigli[2]) beobachtete eine sirupdicke Flüssigkeit mit der Bezeichnung „Essence de banane" im Handel, die im Anfange brennend und bitter — an Pyridin erinnernd —, später aber süß schmeckte und 54% Saccharin enthielt; sie war für die Mineralwasser-Bereitung bestimmt.

K. Kržižan[3]) stellte in Saccharintabletten des Handels 98—99% Gips fest, der nur äußerlich mit etwas Saccharin bestreut war. In einer Probe, bezeichnet „Zuckerin", waren 1,63% Saccharin und 91,76% Gips neben 3,03% Calciumphosphat, 1,19% Natriumbicarbonat, 0,63% Magnesium- und 1,79% Calciumcarbonat enthalten.

A. Stift[4]) berichtet, daß trotz des Verbotes der Verwendung von Saccharin bei Nahrungs- und Genußmitteln doch immer noch große Mengen Saccharin (besonders aus der Schweiz) nach Deutschland und Österreich-Ungarn eingeführt würden. Das Saccharin würde entweder in Gefäßen mit Doppelboden oder in Fässern unter einer Chlormagnesiumschicht oder in Lösung in Champagnerflaschen eingeführt.

Chemische Untersuchung.

Die amtliche chemische Untersuchung des Saccharins ist eingehend in den Ausführungsbestimmungen zum Süßstoffgesetz vom 2. Juli 1907 beschrieben und sei hierauf verwiesen. Indes mögen hier zu den wichtigsten Bestimmungen dieser Anweisung noch einige Ergänzungen gegeben werden.

1. Allgemeine Eigenschaften. Das reine Saccharin krystallisiert aus heißem Wasser in rhombenförmigen Blättchen, aus Alkohol in dicken Prismen. 1 Teil Saccharin erfordert 400 Teile kaltes Wasser von 15° und 28 Teile kochendes Wasser zur Lösung — das Natriumsalz ist leicht löslich in Wasser —. Das Saccharin ist löslich in Chloroform, leicht löslich in Alkohol und Äther, sowie in Ammoniak, Kali- und Natronlauge, dagegen unlöslich in Benzol.

Das Saccharin schmilzt bei 223—224°, völlig reines bei 227—228° (nach anderen Angaben bei 233°) und sublimiert im Vakuum (0,5 mm Quecksilbersäule) bei 200° ohne Zersetzung. Es reagiert gegen Lackmus sauer.

Zur Prüfung auf Reinheit wird empfohlen[5]), 0,2 g in 10 ccm konzentrierter Schwefelsäure zu lösen. Die Lösung soll vollkommen klar erscheinen und darf sich, 10 Minuten lang auf dem Wasserbade erwärmt, nicht bräunen — tritt Bräunung ein, so ist Zucker- oder Mehlzusatz zu vermuten.

Das Saccharin muß sich in Kali- oder Natronlauge klar lösen, die Lösung darf sich beim Erwärmen nicht bräunen (Bräunung deutet auf Verfälschung mit Stärkezucker), Fehlingsche Lösung darf nicht reduziert werden; anderenfalls sind reduzierende Zucker vorhanden.

---

[1]) Zeitschr. f. Untersuchung d. Nahrungs- u. Genußmittel 1901, **4**, 448.

[2]) Ebendort 1905, **10**, 180; Chem.-Ztg. 1904, **28**, 1048.

[3]) Zeitschr. f. Untersuchung d. Nahrungs- u. Genußmittel 1905, **10**, 245.

[4]) Zeitschr. f. Chemie u. Mikroskopie 1908, **1**, 275; 1909, **2**, 101.

[5]) Vgl. Muspratts Techn. Chemie Bd. X, S. 479.

Durch Erhitzen mit Ätznatron auf 250° wird das Saccharin in Salicylsäure $C_6H_4\langle{}^{OH}_{COOH}$, durch Schmelzen mit einem Gemisch von Soda und Salpeter zu Schwefelsäure oxydiert, durch welche beiden Säuren das Saccharin als solches nachgewiesen wird; 1 Teil $BaSO_4$ = 0,785 Teilen Saccharin.

2. Wasser. Durch Trocknen von etwa 0,5—1,0 g bei 105—110° bis zur Gewichtsbeständigkeit. Enthält das Präparat gleichzeitig Natriumbicarbonat, so trocknet man nach I. Teil, S. 26.

3. Saccharin. Den Gehalt an reinem Saccharin kann man, wenn keine anderen Stickstoff-Verbindungen vorhanden sind, durch Bestimmung des Stickstoffs (1—2 g nach Kjeldahl I. Teil, S. 240) und durch Multiplikation des gefundenen Stickstoffs mit 13,071 ermitteln (Saccharin enthält 7,65% Stickstoff). Um die Menge an Saccharin-Natrium zu bestimmen, verascht man die Probe mit Schwefelsäure und berechnet das Natriumsulfat durch Multiplikation mit 0,324 auf Natrium; sind keine sonstigen Natrium-Verbindungen vorhanden, so erhält man durch Multiplikation des gefundenen Natriums mit 8,918 das Saccharin-Natrium Vermutet man in dem Präparat Saccharin-Ammonium, so destilliert man 1—2 g mit gebrannter Magnesia (I. Teil, S. 260) und berechnet aus dem gefundenen Ammoniak-Stickstoff mit rund 7,000 den Gehalt an Saccharin-Ammonium.

4. Parasulfaminobenzoesäure. Enthält das Saccharin, wie häufig, Parasulfaminobenzoesäure, so muß von dem gefundenen Gesamtstickstoff der in dieser Form vorhandene Stickstoff abgezogen werden. Man benutzt zur Trennung beider Stickstoff-Verbindungen die Eigenschaft des Imid-Stickstoffes des Saccharins (I. Teil, S. 273), durch Kochen mit verdünnter Säure in Ammoniak überzugehen. Man bestimmt also, wie unter 3, zunächst den Gesamtstickstoff; darauf kocht man nach dem Vorschlage von E. Emmet Reid[1]) etwa 1 g (bzw. 0,65 g) 2 Stunden lang gelinde mit 50 ccm Salzsäure[2]) (120 ccm konzentrierte Salzsäure zu 1 l verdünnt) in einem Kolben am Rückflußkühler auf dem Sandbade, verdampft die Lösung bis zu etwa 10 ccm, verdünnt mit Wasser und destilliert das gebildete Ammoniak wie üblich in titrierte Säure. Der gefundene Stickstoff, multipliziert mit 13,045, gibt die Menge Saccharin. Durch Subtraktion dieser Stickstoffmenge vom Gesamtstickstoff erhält man den in Form von Parasulfaminobenzoesäure vorhandenen Stickstoff und durch Multiplikation desselben mit 14,328 die Menge Parasulfaminobenzoesäure $C_6H_4\langle{}^{COOH}_{SO_2 \cdot NH_2}$.

Ch. Proctor[3]) benutzt die Eigenschaft des Saccharins und der p-Sulfaminobenzoesäure, aus Lösungen von Jodkalium und Kaliumjodat Jod frei zu machen, zur quantitativen Bestimmung, worauf verwiesen sei.

R. Hefelmann[4]) behandelt eine abgewogene Menge des Saccharins mit Schwefelsäure von 70—73%, wodurch das Saccharin in saures o-sulfobenzoesaures Ammon umgewandelt wird, während die p-Sulfaminbenzoesäure unverändert bleibt und abfiltriert werden kann. Im Filtrat soll der Stickstoff bestimmt und aus ihm durch Multiplikation mit 11,9 das Saccharin (o-Benzoesäuresulfimid) berechnet werden. Reid will indes gefunden haben, daß durch 71 proz. Schwefelsäure auch die Parasulfaminbenzoesäure bei 100° in geringem Maße hydrolusiert wird.

5. Zucker. Die vorhandenen Zuckerarten (wohl meistens Saccharose oder Lactose) können nach I. Teil, S. 432 und unter Milch, S. 213 u. 300, bestimmt werden.

---

1) Zeitschr. f. Untersuchung d. Nahrungs- u. Genußmittel 1899, **2**, 886.

2) Schwefelsäure (71 proz. Schwefelsäure, wie Hefelmann vorgeschlagen) ist nicht so geeignet.

3) Nach Journ. Chem. Soc. London 1905, **87**, 242 in Zeitschr. f. Untersuchung d. Nahrungs- u. Genußmittel 1906, **12**, 668.

4) Pharmaz. Centralhalle 1894, **35**, 107.

6. Natriumbicarbonat. Es wird aus dem Gehalt an Kohlensäure, die nach I. Teil S. 479ff. bestimmt werden kann, berechnet: 1 Teil $CO_2 \times 1{,}909 = NaHCO_3$. Koehler[1]) behauptet, daß das Saccharin mit dem Natriumbicarbonat in den Tabletten sich in Sulfobenzoesäure und Natriummonocarbonat umsetze.

2. Dulcin.

Vom Harnstoff haben Berlinerblau[2]), Franchimont u. a. verschiedene Süßstoffe abgeleitet, nämlich:

a) Das Dulcin oder Sucrol (das Paraphenetolcarbamid), das entweder vom Harnstoff $CO\left\langle\begin{matrix} NH_2 \\ NH \cdot C_6H_4 \cdot O \cdot C_2H_5 \end{matrix}\right.$ oder vom Phenetol $C_6H_4\left\langle\begin{matrix} O \cdot C_2H_5 \\ NH \\ \end{matrix}\right. \begin{matrix} \\ \searrow \\ \nearrow \end{matrix} CO$ / NH_2 abgeleitet werden kann (vgl. auch II. Bd. 1904, S. 1010).

b) Der asymmetrische Dimethylharnstoff $CO\left\langle\begin{matrix} N(CH_3)_2 \\ NH_2 \end{matrix}\right.$.

c) Das Nitropyruvinureid $CO\left\langle\begin{matrix} N & : CH_2(NO_2) \\ & | \\ NH & \cdot\ CO \end{matrix}\right.$.

Hiervon aber kommt bis jetzt nur das Dulcin oder Sucrol als Süßstoff im Handel vor. Es krystallisiert in farblosen, glänzenden Nadeln, die bei 173—174° schmelzen und im Vakuum bei 17° sublimieren; es ist in 800 Teilen kaltem Wasser (15°), 50 Teilen siedendem Wasser 25 Teilen Alkohol löslich, ferner ziemlich leicht löslich in Essigäther, Chloroform, schwerer löslich in Äther und unlöslich in Chloroform; in kalter konzentrierter Schwefelsäure löst es sich ohne Schwärzung auf. Das Dulcin besitzt einen rein süßen Geschmack, der 200 mal stärker ist als Zucker und nicht den eigenartigen, dem Saccharin anhaftenden Nachgeschmack besitzt; in mäßigen Mengen (1—2 g) ist es im Tierkörper ohne nachteilige Wirkungen (vgl. II. Teil, 1904, S. 1811). Das Dulcin enthält 15,55% Stickstoff, also 1 Stickstoff × 6,43 = Dulcin. Zum Nachweise in den Nahrungsmitteln kann man diese (z. B. Wein) durch Zumischungen von Bleicarbonat erst von freien Säuren befreien (vgl. auch unter Zuckerwaren, S. 729), den Trockenrückstand erst mit Alkohol ausziehen, den Alkohol verdunsten und diesen trockenen Rückstand einer wiederholten Behandlung mit Äther unterwerfen. Die filtrierte ätherische Lösung hinterläßt das etwa vorhandene Dulcin in fast reinem Zustande, so daß es durch seinen süßen Geschmack und seinen Schmelzpunkt nachgewiesen werden kann. Noch reiner soll man das Dulcin durch Sublimation im Vakuum nach Herzfeld erhalten. Als kennzeichnend wird auch die Reaktion von Jörissen (unter Zuckerwaren S. 732) angesehen. Weniger empfindlich gelten folgende zwei Reaktionen[3]): Mit zwei Tropfen Phenol und konzentrierter Schwefelsäure im Reagensglase kurze Zeit erwärmt, liefern einige Körnchen Dulcin eine bräunlichrote, sirupartige Flüssigkeit. Setzt man dazu einige Kubikzentimeter Wasser und schichtet auf die erkaltete Mischung vorsichtig etwas Ammoniak, so entsteht an der Berührungsfläche eine blaue oder veilchenblaue Zone (Morpurgo).

Nach Neumann-Wender gibt Dulcin im Porzellanschälchen, mit einigen Tropfen rauchender Salpetersäure versetzt, unter heftiger Reaktion einen schön orangegelben Körper. Auf dem Wasserbade getrocknet und mit zwei Tropfen Phenol und zwei Tropfen konzentrierter Schwefelsäure versetzt, nimmt letztere eine blutrote Färbung an, die längere Zeit konstant bleibt.

---

[1]) Zeitschr. f. Untersuchung d. Nahrungs- u. Genußmittel 1906, **11**, 168.

[2]) Journ. f. prakt. Chemie 1884 (N. F.), **30**, 97 und Berichte d. Deutschen chem. Gesellschaft 1892, **25**, 824.

[3]) Muspratts Techn. Chemie 1912, 4. Aufl., Bd. IX, S. 484.

3. Glucin.

Das Glucin ist das Natriumsalz der Di- und Tri-Sulfosäuren des aus Diamidoazobenzol (Chrysoidin) und Benzaldehyd gewonnenen Triazins

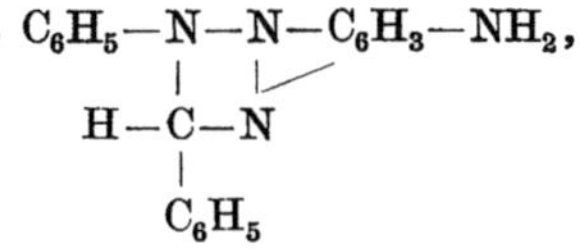

welches in umständlicher Weise gereinigt und in die Sulfosäure übergeführt wird (vgl. II. Bd. 1904, S. 1012). Das gereinigte Erzeugnis bildet ein gelbliches Pulver, welches in Alkohol, Aceton, Benzol leicht, in Äther und Chloroform sehr schwer, und in Ligroin unlöslich ist. Die Lösungen bräunen sich an der Luft. Der Schmelzpunkt des Glucins liegt bei 223°; es zersetzt sich beim Erhitzen selbst im Vakuum leicht. Diese Eigenschaften und der Umstand, daß seine Unschädlichkeit noch nicht erwiesen ist, lassen wohl den Schluß zu, daß das Glucin neben den beiden vorstehenden Süßstoffen wohl kaum jemals eine Bedeutung annehmen wird. Besondere Eigenschaften für seinen Nachweis sind bis jetzt nicht bekannt.

Beurteilung der künstlichen Süßstoffe nach der Rechtslage.[1])

Auf Grund des Süßstoffgesetzes vom 7. Juli 1902 haben u. a. folgende Rechtsprechungen stattgefunden:

Besitz von mehr als 50 g Süßstoff. Bei den Angeklagten wurden 90 bzw. 100 Röhrchen mit Saccharinplätzchen beschlagnahmt. Die Anklage faßte das Vorhandensein derartiger Mengen Saccharin als einen Verstoß gegen § 5 des Süßstoffgesetzes vom 7. Juli 1902 auf, das denjenigen bestraft, in dessen Besitz oder Gewahrsam mehr als 50 g Süßstoff vorgefunden werden.

Wenn das Gesetz in diesem Falle von Süßstoff spricht, so meint es reinen Süßstoff, im vorliegenden Falle also Saccharinum purum. Die beschlagnahmten Saccharinröhrchen enthielten nach dem überzeugenden Gutachten des Sachverständigen Täfelchen mit 110facher Süßkraft, was etwa $^1/_8$ der Süßkraft des reinen Saccharins entspricht, und die 90—100 Röhrchen mit je 25 Tabletten enthalten zusammen nur 23,20 bzw. 37,04 g reines Saccharin. Danach hat keiner der Angeklagten über 50 g reines Saccharin in seinem Besitz oder Gewahrsam gehabt. Sie waren daher von der Anklage des Vergehens gegen § 8 des Süßstoffgesetzes freizusprechen.

LG. I Berlin, 29. September 1905.

Unberechtigter Verkauf von künstlichem Süßstoff. Verkauf von Saccharin. Beim Angeklagten wurden ziemlich bedeutende Mengen von Saccharin vorgefunden. Es wurde festgestellt, daß er im Jahre 1903 in 7 Fällen an Schwärzer Saccharin verkauft hatte. Verurteilung wegen fortgesetzten Vergehens nach § 7 Abs. 1 mit § 2 lit. c des Süßstoffgesetzes vom 7. 7. 02.

LG. Deggendorf, 15. Dezember 1903.

Abgabe von Süßstofftäfelchen von nicht mehr als 110facher Süßkraft in unbeschränkter Zahl durch Apotheker. Die Angeklagten sind Apotheker. Sie haben Glasröhrchen mit Saccharintäfelchen in unbeschränkter Anzahl abgegeben. Sie hielten hierzu auf Grund des § 5 des Süßstoffgesetzes vom 7. Juli 1902 und des § 10 der Ausführungsbestimmungen zu genanntem Gesetze für berechtigt. Abs. 3 des § 10 bestimme, daß von Apothekern Süßstofftäfelchen ohne ärztliche Verordnung nur abgegeben werden dürfen, wenn sie nicht mehr als 110fache Süßkraft besitzen und in Fabrikpackung (Glasröhrchen) nicht mehr als 25 Stück mit zusammen nicht mehr als 0,4 g reinen Süßstoff enthalten. Eine Beschränkung bezüglich der Anzahl der Röhrchen, die abgegeben werden könnten, sei in dem Paragraphen nicht gegeben.

Auf einen anderen Standpunkt hat sich indessen das Reichsgericht in diesem Verfahren auf die seitens des Staatsanwalts eingelegte Revision in seinem Urteil vom 23. Mai 1905

---

[1]) Bearbeitet von Prof. Dr. C. A. Neufeld-Würzburg.

gestellt. Dieses Gericht ist der Ansicht, daß in jedem Falle nur 1 Röhrchen mit Süßstofftäfelchen abgegeben werden dürfe. Denn wie sich aus der Begründung zum Entwurfe zu § 10 der Ausführungsbestimmungen ergebe, liege diesem der Zweck zugrunde, den Gebrauch künstlicher Süßstoffe möglichst zu beschränken. Dieser Zweck nötige zu der dem Wortlaute dieses § 10 nicht entgegenstehenden Auslegung, daß immer nur eine Röhre ohne ärztliche Anweisung abgegeben werden dürfe. Andernfalls käme man zu dem widersinnigen Resultate, daß gemäß § 10 Abs. 1 auf ärztliche Verordnung nur 50 g Süßstoff abgegeben werden dürften, nach § 10 Abs. 3 aber solcher in unbeschränktem Maße.

Demnach muß das Abgeben von Röhrchen mit Saccharin seitens der Angeklagten in unbeschränkter Anzahl als Vergehen gegen § 5 des Süßstoffgesetzes und § 10 des Ausführungsgesetzes angesehen werden.

LG. I Berlin, 29. September 1905.

Die Revision wurde verworfen.

RG., 9. Januar 1906.

Unberechtigte Abgabe von Süßstoff durch Apotheker. Der Angeklagte, ein Apotheker, hatte in 900 Fällen je 151,5 g Saccharin an Private verkauft; in diesen 151,5 g Saccharin waren zugestandenermaßen jeweils 50 g Süßstoff im Sinne des § 1 des Gesetzes vom 7. Juli 1902 enthalten. Es wurde zwar in allen Fällen die erlaubte Höchstgrenze von 50 g Süßstoff nicht überschritten, der Angeklagte hat aber die Abgabe des Süßstoffs ohne ärztliche Anweisung vorgenommen. Der Angeklagte hat dann selbst zunächst die erforderlichen Anweisungsformulare auf die Namen der Kunden und auf je 151,5 g Saccharin ausgefüllt und erst nach Abgabe des Saccharins die von ihm ausgefüllten Formulare gelegentlich meist packweise zu dem praktischen Arzt K. oder zu dem Mitangeklagten Tierarzt M. zur Unterschreibung gebracht.

In den sämtlichen Fällen hat der Angeklagte eine Süßstoffabgabe an beliebige Kunden vorgenommen, ohne daß ein Zusammenhang mit der Ausübung des ärztlichen Berufes seitens des K. oder des M. vorlag. Wenn der Angeklagte nachträglich von dem praktischen Arzte K. oder von dem Tierarzte M. Anweisungen sich verschaffte, so hat er dies bewußterweise nur zur Verdeckung seiner verbotswidrigen Saccharinabgabe getan. Der Angeklagte wurde wegen Vergehens gegen §§ 1, 2, 5, 7 des Süßstoffgesetzes vom 7. Juli 1902, der Mitangeklagte M. wegen Beihilfe hierzu verurteilt.

LG. Landshut, 17. September 1909.

Unberechtigte ärztliche Anweisung von Saccharin. Angeklagter war der Arzt K., welcher die Saccharinrezepte des im vorhergehenden Urteile bezeichneten Apothekers nachträglich unterschrieben hatte.

Der Angeklagte wußte, daß die Abgabe von Süßstoff in der Apotheke im einzelnen Falle nur auf bestimmte ärztliche Rezepte hin erfolgen dürfe. Er wußte aber insbesondere auch, daß der Saccharinverkauf, wie er von dem Apotheker in diesen Fällen vorgenommen wurde, ohne vorgeschriebene ärztliche Anweisung erfolge, in keinem sachlichen Zusammenhange mit einer ärztlichen Berufstätigkeit stehe und deshalb verboten sei. Wenn dem Apotheker vorgeschrieben ist, daß eine bestimmte Ware nur auf ärztliche Anweisung abgegeben werden darf, so wußte der Angeklagte zweifellos, daß die Anweisung vom Arzte ausgehen muß, und daß seitens des Apothekers die im einzelnen Falle vom Arzte nur in Ausübung seiner ärztlichen Praxis regelmäßig verordnete Menge an einen bestimmten Kunden verabfolgt werden darf. Der Angeklagte wurde wegen fortgesetzter Beihilfe zu einem fortgesetzten Vergehen wider das Süßstoffgesetz verurteilt.

LG. Landshut, 17. September 1909.

Durchfuhr von Saccharin durch Deutschland. Der Saccharinfabrikant X. und dessen Schwager Y., beide in Zürich wohnhaft, betrieben den Verkauf von Saccharin nach Österreich in der Weise, daß sie letzteres nach M. schafften, es hier in entsprechender Weise verpackten und dann durch Mittelspersonen über die Grenze bringen ließen. Die Angeklagten beteiligten sich an dem Saccharinschmuggel, indem sie dem Y. und seinen Genossen auf Ersuchen eines gewissen Z. ihre Wohnung zur Verfügung stellten und auch für die Verpackung und Weiterbeförderung des Saccharins, Einkassierung des Geldes usw. Sorge trugen.

Gemäß diesem Sachverhalte war festzustellen, daß die Angeklagten im bewußten und gewollten Zusammenwirken sowohl unter sich, als auch mit Y., X. und Z., sowie gemeinschaftlich mit diesen wiederholt, jedoch in Ausführung eines und desselben rechtswidrigen Vorsatzes, mithin fortgesetzt Süßstoff aus dem Auslande eingeführt und weiter es unternommen haben, Gegenstände, deren Einfuhr und Durchfuhr verboten ist, diesem Verbote zuwider ein- und durchzuführen. Sie wurden daher wegen eines fortgesetzten Vergehens der Kontrebande nach § 134 des Vereinszollgesetzes und wegen eines fortgesetzten Vergehens wider § 7 Abs. 1 des Süßstoffgesetzes vom 7. Juli 1902 verurteilt.

LG. München I, 7. September 1906.

Frische Wurzelgewächse und Gemüse.

Die Wurzelgewächse und Gemüse werden selten im natürlichen Zustande genossen, sondern vorher entweder von der äußeren Haut bzw. Schale befreit, d. h. geschält (wie z. B. bei Kartoffeln, Schalenobst, Zwiebeln, Spargel usw.) oder abgeschrappt (wie bei Möhren, Rübchen usw.) oder von den ungenießbaren bzw. von den von Menschen nicht genossenen Teilen getrennt (wie z. B. bei Blattgemüse, Salat von den Stengeln und den dicken Blattrippen, umgekehrt bei Rübenstengeln von der weichen Blattmasse, bei Rüben und Möhren auch von Köpfen usw.). Genug, man verwendet für die Untersuchung dieser Nahrungsmittel nur die Teile, welche durch küchengemäße Reinigung und Behandlung zum Zwecke der Zubereitung für die menschliche Ernährung genommen zu werden pflegen, wobei man zweckmäßig zunächst das Gesamtgewicht der Rohmasse bestimmt, dann die Zerlegung vornimmt und die Gewichte der eßbaren Anteile und der Abfälle feststellt. Stimmt die Summe dieser letzten Gewichte infolge von Wasserverdunstung oder Versprengung von Teilen nicht mit dem Gesamtgewicht der Rohmasse überein, so verteilt man die Differenz sinngemäß auf die einzelnen Anteile im Verhältnisse ihrer Gewichte und verarbeitet dann den eßbaren Anteil für sich in der im I. Teil S. 23 angegebenen Weise. Wenn auch die Abfälle untersucht werden sollen, werden sie wie der eßbare Anteil behandelt.

Eine besondere Aufmerksamkeit ist darauf zu richten, daß von vornherein gute Durchschnittsmuster der zu untersuchenden Gegenstände, also große, mittlere und kleine bzw. jüngere und ältere Exemplare im Verhältnis des ganzen Vorrats, ausgewählt werden.

Die allgemeinen Bestandteile werden wie üblich bestimmt:

1. Wasser. Die Zubereitung für die Wasserbestimmung, die Vor- und Nachtrocknung sowie die Berechnung des Wassergehaltes ist schon I. Teil, S. 23, auseinandergesetzt.

St. von Haydin[1]) bestimmt den Wassergehalt in Gemüsen wie F. Hoffmann in Getreide, Mehl usw. (S. 502). Er bringt 20 g fein zerkleinertes Gemüse in einen aus feinmaschigem Kupferdraht, oben mit Deckel und Henkel versehenen Zylinder (von etwa 5 cm Durchmesser und 4 cm Höhe), setzt diesen in einen kupfernen Destillierkolben, in den er vorher 200 ccm Paraffinöl (Parafinum liquidum Ph. A. V) gefüllt hat, benetzt alsdann die Substanz mit 20 ccm Terpentinöl, setzt nach Erhitzung auf 180° nochmals 20 ccm Terpentinöl zu, erhitzt auf 200° und erhält 5 Minuten auf dieser Temperatur, nach welcher Zeit die Abtreibung des Wassers beendet ist. Man nimmt die in $^1/_{10}$ ccm eingeteilte Vorlage ab, rotiert zwischen den Handflächen und liest die Menge Wasser ab. Den Drahtkorb hebt man nach Abkühlen mittels einer Zange aus dem Destilliergefäß, entleert, reinigt ihn und kann ihn zu einer neuen Bestimmung weiter benutzen, nachdem man das Paraffinöl nach jeder Bestimmung um 10 ccm ergänzt.

[1]) Zeitschr. f. Untersuchung der Nahrungs- und Genußmittel 1913, **25**, 158.

2. Stickstoff-Substanz. Der Stickstoff wird meistens in 1—2 g der vorgetrockneten (lufttrocknen) Substanz nach Kjeldahl (I. Teil, S. 240) bestimmt. In einzelnen Fällen, wenn sich die Gegenstände im frischen Zustande genügend zerkleinern lassen, kann man auch 100—200 g der zerkleinerten Masse in Kjeldahl-Schwefelsäure lösen, die Lösung auf ein bestimmtes Volumen (etwa 200 ccm) bringen und hiervon 20 ccm weiter kochen (vgl. unter Fleisch S. 22).

Da die Wurzelgewächse und Gemüse durchweg viel Amide, d. h. Nichtproteine enthalten, so ist auch eine Bestimmung des Reinproteins und der Amide usw. erwünscht. Diese lassen sich durchweg nur in der lufttrocknen Substanz bestimmen und man verfährt alsdann, wie I. Teil, S. 253ff., sowie S. 273 ff. angegeben ist. Hierzu ist nur zu ergänzen, daß stärkemehlreiche Wurzelgewächse oder Gemüse durch das Vortrocknen sehr hart werden und selbst im fein gepulverten Zustande durch die übliche Behandlung mit Wasser nicht alle Amide an letzteres abgeben. Behandelt man sie aber längere Zeit mit heißem oder kochendem Wasser, so liefern sie einen kaum filtrierbaren Niederschlag. Bei diesen verfährt man nach O. Kellner zweckmäßig in der Weise, daß man in einem $^1/_2$ l-Kolben 10 g Substanz mit etwa 200 ccm Wasser aufkocht, 6 Stunden unter öfterem Umschütteln bis zum Erkalten stehen läßt, darauf mit Alkohol auf 500 ccm auffüllt, durchschüttelt und filtriert; 100 ccm werden durch Destillation von Alkohol befreit, dann nach Barnstein mit Kupfersulfat und Natronlauge versetzt, und im Filtrat hiervon wird der Nichtprotein-Stickstoff nach I. Teil, S. 240 a γ, bestimmt.

3. Fett bzw. Ätherauszug. 10 g der lufttrockenen Substanz werden wie üblich nach I. Teil, S. 432, mit Äther ausgezogen. Sind die gemahlenen Stoffe von harter, hornartiger Beschaffenheit, wie bei zucker-, dextrin-, gummi- oder stärkereichen Stoffen, so werden sie vorher entweder mit Wasser ausgezogen oder man schließt sie wie bei Brot (S. 688) oder Käse (S. 313) vorher mit Salzsäure auf.

4. Zucker, Dextrin, Stärke vgl. S. 690 u. 721 sowie auch I. Teil, S. 424.

5. Pentosane vgl. I. Teil, S. 447.

6. Rohfaser vgl. I. Teil, S. 451.

7. Mineralstoffe (Asche), vgl. I. Teil, S. 473.

8. Verunreinigungen und Verdorbenheit. Die den Gemüsen äußerlich anhaftenden erdigen Verunreinigungen können leicht mit freiem Auge erkannt werden; sie lassen sich auch leicht durch Abwaschen beseitigen. Anders ist es mit den den Wurzelgewächsen und Gemüsen äußerlich auflagernden oder innewohnenden tierischen und pflanzlichen Parasiten bzw. Kleinwesen. Naturgemäß finden sich an und auf denselben alle diejenigen Bakterien und Pilze, die in der Luft und im Boden weit verbreitet vorkommen, wie Hefe- und Schimmelpilze, Milchsäure- und Buttersäurebakterien, verschiedene Sarcinen und Fluorescenten (Bac. mesentericus aureus Winkler oder Bacterium herbicola aureum Büggeli, Bact. fluorescens und putidum), welche eine Schleimbildung verursachen, ferner sporenbildende Bakterien wie Bac. subtilis, mes. ruber, robustus, calidus, Bac. tostus und cylindricus, die in der Erde vorkommen, also leicht als Verunreinigung auf dem Gemüse auftreten können, die Sporen dieser Erdbakterien können im feuchten Zustande längere Zeit 100° aushalten, ohne abzusterben.

M. Kozyn[1]) untersuchte 65 Gemüseproben, die auf den Moskauer Rieselfeldern gezogen worden waren, nämlich Mohrrüben, Rüben, Rettig und Zwiebeln, die auch in rohem Zustande genossen werden. Fünf Proben wurden auf die Anwesenheit von Bacillus tetani und Bacillus oedematis maligni an ihrer Oberfläche, die übrigen auf die Anwesenheit von Vertretern der Typhus- und Koli-Gruppe untersucht. In der drei Gemüseproben anhaftenden Erde wurden Bacillus tetani durchs Tierexperiment (weiße Mäuse) nachgewiesen. An 3 von 5 untersuchten Gemüseproben, die nicht von den Rieselfeldern, sondern aus Gemüsegärten stammten, konnten jedoch ebenfalls Bacillus tetani nachgewiesen werden. An der Oberfläche von 5 Gemüseproben der Rieselfelder

[1]) Zeitschr. f. Untersuchung d. Nahrungs- u. Genußmittel 1908, **15**, 419.

wurde Staphylococcus pyogenes aureus gefunden. Typhusbacillen wurden auf der Oberfläche von 60 untersuchten Gemüseproben der Rieselfelder nicht gefunden; mit Kolibakterien waren alle 60 Proben mehr oder weniger verunreinigt. Die Oberfläche der Gemüse aus den Gemüsegärten erwies sich jedoch als in noch größerem Maße mit Kolibakterien verunreinigt, was auch leicht erklärlich ist, da die Gemüsegärten durchweg ausschließlich mit tierischen Exkrementen gedüngt werden, während auf die Rieselfelder auch Waschwässer, Fabrikabwässer u. a. gelangen. Die inneren Teile von 10 untersuchten Gemüseproben der Rieselfelder und 5 Proben aus den Gemüsegärten erwiesen sich als steril.

Die Untersuchungen der Gemüseproben auf die Vertreter der Typhus- und Koli-Gruppe wurden derart angestellt, daß das Untersuchungsmaterial mit 20 ccm sterilen Wassers gewaschen und mit noch 10 ccm Wasser übergossen wurde. Nach 10 Minuten langem Absitzenlassen des trüben Waschwassers wurden von der Oberfläche desselben je 10 ccm in 2 Probiergläschen gebracht und nach Vallet-Schuder weiterbehandelt. Die Aussaat wurde auf je 6 große mit Drigalski-Conradi-Nährboden beschickte Petri-Schalen gemacht. — Obwohl die Starrkrampfbacillen (Bac. tetani) wohl durch verletzte Hautstellen, nicht aber durch den Magendarmkanal Menschen zu infizieren vermögen und ebenso von der Infektion durch den Staphylococcus pyogenes aureus auf letzterem Wege wenig bekannt ist, so ist der Genuß von ungereinigtem rohem Gemüse doch als gefährlich zu betrachten, da mit Rücksicht auf die gerade bei Gemüse häufige Düngung mit Fäkalien die Übertragung auch von Darmkanal pathogener Keime möglich erscheint.

Hierzu gesellen sich die vielen, den einzelnen Wurzelgewächsen und Gemüsepflanzen innewohnenden pflanzlichen und tierischen Parasiten, welche die mannigfaltigsten Erkrankungen der Gewächse hervorrufen und sie mehr oder weniger unbrauchbar machen. Am meisten sind die Kartoffeln infolge ihres übermäßigen einseitigen Anbaues von Krankheiten heimgesucht.

Eine weitere Minderwertigkeit oder gar Unbrauchbarkeit der Wurzelgewächse und Gemüse kann durch die fehlerhafte Zusammensetzung und Beschaffenheit bedingt sein. Wurzelgewächse und Gemüse von Moorboden und Rieselfeldern pflegen wasser- und amidreicher zu sein, sich ebenso wie solche nach Düngung mit Chilisalpeter weniger gut zu halten als die vom Mineralboden nach üblicher Düngung. Durch Gefrieren werden die Wurzelgewächse meistens ungenießbar — der Grünkohl bedarf dagegen des Frostes, um wohlschmeckend zu werden —. Auch die Wachstumszeit, das Alter ist von großem Einfluß auf die Beschaffenheit. Jedoch lassen sich diese durchweg durch das äußere Aussehen beurteilen.

Besondere Untersuchungsverfahren für einzelne Wurzelgewächse und Gemüsearten.

Für einzelne Wurzelgewächse und Gemüsearten kommen noch besondere Untersuchungsverfahren in Betracht, die hier ebenfalls erwähnt werden mögen.

1. Kartoffeln. ***a) Trockensubstanz und Stärke.*** Bei Kartoffeln werden Trockensubstanz und Stärke für technische Zwecke nach dem spezifischen Gewichte beurteilt (vgl. I. Teil, S. 41). Selbstverständlich kann dieses Verfahren nur annähernd richtige Werte liefern (vgl. Tabelle XXII am Schlusse).

B. Björn-Andersen[1]) empfiehlt daher die direkte Bestimmung der Trockensubstanz in den Kartoffeln. Die gewaschenen Kartoffeln (mehrere Kilo) werden nach dem Trocknen der Oberfläche durch eine Fleischhackmaschine[2]), zu der 3 Schnittplatten mit Löchern von 0,9, 0,45 und 0,30 mm Durchmesser gehören, getrieben. Die Kartoffeln werden erst durch die Siebplatte mit 0,9 mm weiten Löchern gebracht, dann gemischt, und von dem Brei werden etwa 2 kg weiter durch die Siebplatte mit 0,45 mm und zuletzt durch die Siebplatte mit 0,30 mm weiten Löchern getrieben. Von dem Brei werden 8—12 g in flachen, verschließbaren Schalen

[1]) Man vgl. die Lehrbücher über Pflanzenkrankheiten u. Mykologie (z. B. von Franz Lafar).

[2]) Björn-Andersen verwendete die Fabrikmarke „Huskvarna Nr. 32".

(I. Teil, S. 14, Fig. 24) abgewogen, erst bei mäßigen Temperaturen, bei denen die Stärke nicht verkleistert, und weiter bei 99—100° in einem trockenen Wasserstoffstrome bis zur Gewichtsbeständigkeit getrocknet.

Björn-Andersen beurteilt auch die Bestimmung der Trockensubstanz aus dem spezifischen Gewicht nach den Verfahren von Heidepriem, Märcker, Holdefleiß und Morgen sowie A. J. Hansen, weist auf die Fehler hin und bringt nach seinen eigenen Untersuchungen eine neue Tabelle in Vorschlag, auf welche hier nur verwiesen sei.

b) Solanin. Dem Solanin, welches außer in der Kartoffel (Solanum tuberosum) auch in anderen Solanumarten (S. nigrum, S. dulcamara und S. lycopersicum) vorkommt, sind vielfach giftige Eigenschaften — Massenerkrankungen nach Genuß von Kartoffeln — zugeschrieben[1]). M. Wintgen[2]) weist aber darauf hin, daß wegen des an sich geringen und nicht bedeutend schwankenden Gehaltes der Kartoffeln an Solanin andere Ursachen vorgelegen haben müssen. Dieudonné[3]) hat z. B. in einem Kartoffelsalat, der nur 0,021 g Solanin in 1 kg enthielt, nach dessen Genuß aber Massenerkrankungen aufgetreten waren, den Proteus vulgaris bzw. seine Stoffwechselerzeugnisse nachgewiesen. Wurden sterile Kartoffeln mit den Kulturen von Proteus geimpft, so wirkten diese auch giftig. Die Kartoffeln zum Salat waren am Tage vorher gekocht und waren in der Zwischenzeit infiziert. Die Gehalte der Kartoffeln an Solanin werden sehr verschieden angegeben, nämlich von G. Meyer[4]) von 5—680 mg Solanin für 1 kg, er selbst fand in einer im Juli geernteten Maltakartoffel 236 mg, in Speisekartoffeln im Januar dagegen nur 42—50 mg für 1 kg. M. Wintgen konnte aber in einer Anzahl guter Speisekartoffeln nur 17—106 mg Solanin für 1 kg nachweisen; der Gehalt erfährt weder bei längerem Lagern noch beim Faulen der Kartoffeln eine Vermehrung. Auch ist bis jetzt keine Beziehung zwischen Kartoffelkrankheiten und Solaningehalt nachgewiesen; daß das Solanin nach Weil[5]) und Schnell[5]) durch Bakterien, besonders durch Bacterium solaniferum colorabile, gebildet werden soll, hat sich nach Wintgens Versuchen nicht bestätigt[6]).

Das Solanin ist vorwiegend in der Schale der Kartoffel abgelagert und nimmt von außen nach innen ab. Besonders reich an Solanin sind die im Frühjahr austreibenden Keime; sie enthalten bis 0,5% Solanin.

Das Solanin ($C_{43}H_{75}NO_{15}$) ist ein Glykosid, welches durch verdünnte Säuren in Zucker und Solanidin ($C_{26}H_{41}NO_2$) zerfällt; es ist in den Kartoffeln wahrscheinlich an Säuren gebunden und geht mit in den Preßsaft über.

Die Bestimmung des Solanins erfolgt nach dem von G. Meyer angegebenen Verfahren, welches von M. Wintgen nachgeprüft und als genügend genau bezeichnet worden ist.

Nach der einen Ausführungsweise werden die zerriebenen Kartoffeln in einem Koliertuch ausgepreßt.

---

[1]) E. Pfuhl führt z. B. (Deutsche med. Wochenschrift 1899, **25**, 753) eine Massenerkrankung von Soldaten nach Genuß von Kartoffeln, die ungekocht 0,034% bzw. 0,024% Solanin enthielten, auf das Solanin zurück, da die Krankheitserscheinungen (akuter Magen- und Darmkatarrh, Kopfschmerz, Schwindel und Schläfrigkeit) dieselben waren, als nach Gaben von 0,2—0,4 g Solanin für sich. Die Mannschaften hatten 1,5 kg Kartoffeln für den Kopf erhalten.

[2]) Zeitschr. f. Untersuchung d. Nahrungs- u. Genußmittel 1906, **12**, 113.

[3]) Ebendort 1904, **8**, 614.

[4]) Archiv f. exper. Path. u. Pharmak. 1895, **36**, 360 u. Chemisches Zentralbl. 1896, **1**, 277.

[5]) Zeitschr. f. Untersuchung d. Nahrungs- u. Genußmittel 1900, **3**, 702 und 1901, **4**, 377.

[6]) R. Weil (Archiv f. Pharmazie 1907, **245**, 70) behauptet indes, daß das Untersuchungsverfahren von Wintgen nicht genau sei und nicht den ganzen Solaningehalt ergeben könne. Wenn man solaninfreies Kartoffelwasser mit dem genannten Bacterium (Archiv f. Hygiene 1900, **38**, 330) impfe, so ließen sich nach 2 Monaten erhebliche Mengen Solanin nachweisen.

Die ausgepreßte Flüssigkeit läßt man absitzen, gießt von der Stärke ab und dekantiert diese noch einmal mit Wasser, welches man zusammen mit der zuerst abgegossenen Flüssigkeit, eventuell nach Neutralisation mit Ammoniak, eindampft. Der Preßrückstand wird wenigstens zweimal mit heißem Alkohol ausgezogen; mit diesen alkoholhaltigen filtrierten Auszügen wird der Rückstand der nicht ganz zur Trockne verdampften Flüssigkeit heiß ausgezogen. Beim Erkalten krystallisiert häufig Asparagin aus, von welchem abgegossen wird. Die Lösung wird eingedampft, mit wenig schwefelsäurehaltigem Wasser aufgenommen, filtriert, mit Ammoniak übersättigt und erwärmt, wobei das Solanin als gelatinöser Niederschlag ausfällt. Diesen filtriert man, wäscht mit Wasser und löst ihn in Alkohol auf, den man im gewogenen Gläschen verdunstet.

Nach einem zweiten Verfahren werden gekochte, gut zerkleinerte Kartoffeln mit Wasser zum dünnen Brei angerührt und mit einer zur Abscheidung der Stärke genügenden Menge heiß gesättigter Ätzbarytlösung versetzt. Der abfiltrierte und mit wenig Wasser gewaschene Niederschlag wird sorgfältig mit heißem Alkohol extrahiert, die alkoholischen Auszüge werden eingedampft; den verbleibenden Rückstand löst man mit schwefelsäurehaltigem Wasser, filtriert, übersättigt mit Ammoniak, erwärmt und verfährt wie oben weiter.

M. Windisch hat diese Verfahren nur in der Weise abgeändert, daß er den Preßrückstand mit kaltem Alkohol, der mit 0,5% Eisessig angesäuert war, im Perkolator bis zur Erschöpfung auszog. Das Perkolat wurde nach dem Neutralisieren mit Ammoniak mit dem alkoholischen Auszuge des eingedickten Preßsaftes vereinigt, der Alkohol abgedampft und der Rückstand nach dem ersten Verfahren weiter verarbeitet.

Nach diesem Verfahren wird das Solanin teils in krystallinischer, teils in amorpher Form erhalten. Wenn der Rückstand, wie meistens bei kranken Kartoffeln, mißfarbig ist, so wird er durch Lösen in schwefelsäurehaltigem Wasser, Ausfällen mit Ammoniak und Aufnahme des abfiltrierten Solanins in heißem Alkohol gereinigt.

Das Solanin krystallisiert in weißen, bei 245° schmelzenden[1]), bitter schmeckenden Nadeln; es reagiert schwach alkalisch, es löst sich wenig oder gar nicht in Wasser, Äther, Benzol und kaltem Alkohol, dagegen reichlicher in heißem Alkohol. Der Schmelzpunkt kann aber nicht allein zum Nachweise der Identität des Solanins dienen, weil es sich hierbei zersetzt; am geeignetsten sind hierfür folgende qualitative Reaktionen:

1. Mit konz. Schwefelsäure färbt sich das Solanin rötlichgelb oder orange; bei längerem Stehen oder beim Erwärmen geht die Farbe in Braunrot über, bei tropfenweisem Zusatz von Bromwasser zu der Lösung entstehen rote Streifen.

2. Äthylschwefelsäure — ein Gemisch von 9 Vol. abs. Alkohol und 6 Vol. konz. Schwefelsäure — färbt es rot.

3. Selen- oder Tellurschwefelsäure — 0,3 g der Natriumsalze, 8 ccm Wasser und 6 ccm konz. Schwefelsäure — lösen es mit schön himbeerroter Farbe.

Der Solaningehalt der Kartoffeln ist nach F. Morgenstern[2]) abhängig:

1. Von der Sorte (Speisekartoffeln enthielten durchschnittlich 0,0125%, Wirtschaftskartoffeln 0,0115%, Futterkartoffeln 0,0058% Solanin).

2. Vom Boden (Kartoffeln von Humusböden sollen solaninärmer als die von Sandböden sein).

3. Von der Düngung (Stickstoff erhöht, Kali erniedrigt den Solaningehalt, Phosphorsäure wirkt wenig).

4. Von der Schale. Da das Solanin vorwiegend in der Schale enthalten ist, so haben dickschalige und kleine Kartoffeln einen verhältnismäßig höheren Gehalt an Solanin als dünnschalige und große Kartoffeln. Im Lichte und beim Keimen tritt eine erhebliche Anreicherung, besonders an den Vegetationspunkten ein. Das Solanin soll anscheinend Schutz gegen tierische Angriffe bilden, andererseits die sofortige Diosmose des bei der Assimilation gebildeten Zuckers verhindern.

[1]) Das aus dem Solanin entstehende Solanidin schmilzt bei 208°.

[2]) Landw. Versuchsstationen 1907, **65**, 301.

c) Hexonbasen in Kartoffeln. E. Schulze[1]) konnte in Kartoffelknollen auch die Hexonbasen nachweisen; er gewann aus 50 kg Knollen nach dem (I. Teil, S. 291) beschriebenen Verfahren 2 g Arginin neben kleinen Mengen Histidin und Lysin.

d) Stärke. Die Stärke läßt sich, worauf zuerst A. Scholl[2]) aufmerksam gemacht hat, sehr wohl direkt nach dem Lintnerschen Verfahren wie folgt bestimmen:

20 g des gut durchmischten homogenen Kartoffelbreies — mittels einer Kartoffelreibe und einer Fleischhackmaschine wie vorstehend hergestellt — werden auf eine mit stärkedichter Asbestlage versehene Filterplatte gebracht, nachdem die Saugpumpe angesetzt worden ist. Der Rückstand wird dreimal mit je 5 bis 10 ccm Wasser, dreimal mit je etwa 5 ccm 96 proz. Alkohol und endlich mit wenig Äther ausgewaschen. Alsdann bringt man den Rückstand mit dem Asbest in die zum Abwägen des Breies benutzte Schale zurück, verteilt ihn mit 20 ccm Wasser, fügt 40 ccm konz. Salzsäure (1,19) hinzu und verrührt die Masse möglichst gleichmäßig. Nach etwa $^1/_4$stündigem Stehen rührt man nochmals gut durch, läßt noch weitere 15 Minuten stehen, spült die Masse alsdann mit Wasser in einen 200 ccm-Kolben und füllt unter Beachtung der Normaltemperatur des Kolbens mit Wasser zur Marke auf, nachdem man vorher 6 ccm Lintnersche (4 proz.) Phosphorwolframsäurelösung als Klärflüssigkeit zugefügt hat. Für die in der Flüssigkeit suspendierten festen Stoffe kann eine Korrektur angebracht werden, die rund 0,9 ccm betragen würde. Nach dem Durchmischen wird filtriert und das Filtrat bei der Normaltemperatur im 200 mm-Rohr polarisiert.

Die beobachteten Drehungsgrade, multipliziert mit 0,2475 — oder bei Anwendung von einem 100 mm-Rohr multipliziert mit 0,495 — geben die Menge Stärke in 100 ccm Lösung an.

Fr. Schubert[3]) verzuckert Kartoffelbrei mit 1,3 proz. Salzsäure und 13 proz. Kochsalz im Paraffinbade bei 100—105° vollständig zu Glykose und polarisiert diese Lösung; er glaubt, daß das Verfahren bei Kartoffeln ebenso wie bei Gerste richtige Werte liefert. E. Ewers hat aber schon darauf hingewiesen, daß das Verfahren schon wegen des Gehaltes der organischen Stoffe an Pentosanen, die zu Pentosen hydrolysiert würden, keine richtigen Ergebnisse liefern könne.

e) Mykologische Untersuchung der Kartoffeln.[4]) Keime, die beim Menschen infektiöse oder toxische Wirkungen hervorrufen, kommen an und in rohen Kartoffeln normalerweise nicht vor und könnten durch sie höchstens sekundär infolge Beschmutzung verschleppt werden. Gekochte Kartoffeln indes haben, insbesondere in Form von Salat, schwere Vergiftungen durch nachträgliche Infektion mit Bakterien der Proteusgruppe hervorgerufen[5]) (vergl. S. 820 unter b).

Fig. 210.

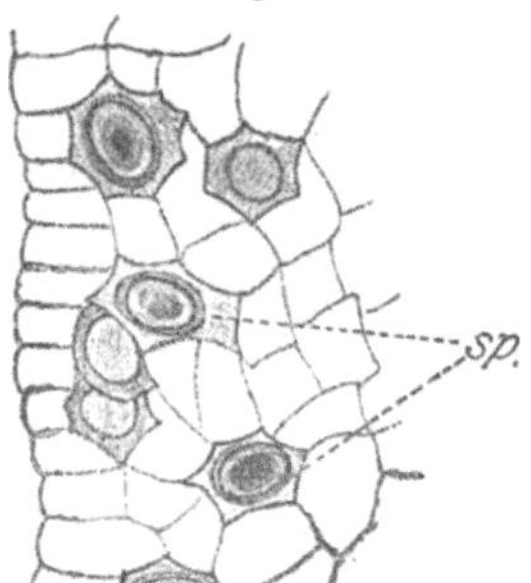

Chrysophlyctis endobiotica.
Schnitt durch den Randteil einer Geschwulst. *sp* Dauersporen (etwa 100 fach).

Von Krankheiten der Kartoffelknollen, die ihren Wert als Nahrungsmittel vermindern, sind folgende zu nennen:

1. Der Krebs. Er wird durch den zu den Chytridiaceen (I. Teil, S. 687) gehörenden Pilz Chrysophlyctis endobiotica Schilb. erzeugt. An Stelle der Knospen (Augen) sitzen an den erkrankten Knollen blumenkohlartige, größere oder kleinere Geschwülste (Fig. 210), in deren Randteilen die Zellen mit den dickwandigen braunen Sporangien des Pilzes erfüllt sind (Fig. 210). Die Geschwülste faulen schnell und sinken zu schwärzlich verfärbten schorfigen Herden zusammen.

---

1) Landw. Versuchsstationen 1904, **59**, 331.

2) Zeitschr. f. Untersuchung d. Nahrungs- u. Genußmittel 1909, **18**, 157.

3) Österr.-Ungar. Zeitschr. f. Zuckerindustrie u. Landw. 1911, **60**, Heft 6.

4) Bearbeitet von Prof. Dr. A. Spieckermann-Münster i. W.

5) Dieudonné, Die bakteriellen Nahrungsmittelvergiftungen. Würzburger Abhandlungen 1908.

Fig. 211.

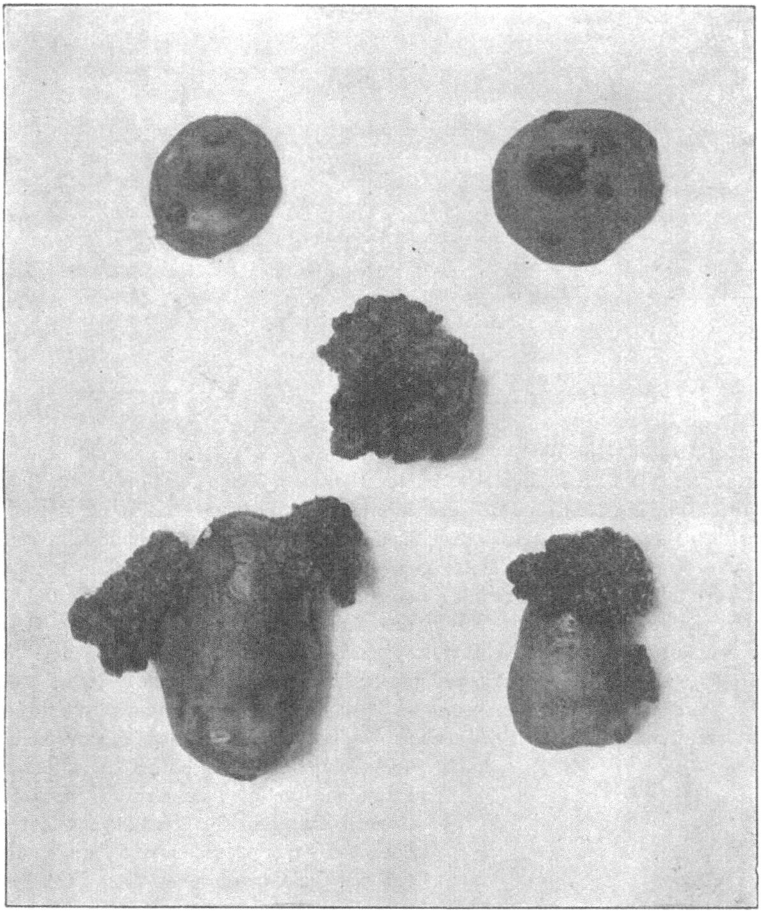

Chrysophlyctis endobiotica.

Knollen mit krebsigen Geschwülsten. In der oberen Reihe zwei Knollen mit ganz jungen Geschwülsten an sämtlichen Augen des Kronenendes. In der Mitte eine Knolle, die infolge Befalles in ganz jugendlichem Stadium vollständig die Gestalt einer Geschwulst angenommen hat.

2. Schalenkrankheiten. Fehlerhafte Ausbildung der Kartoffelschale kommt durch mechanische Einwirkungen oder durch Parasiten zustande. Auf erstere ist das Reißen und Aufspringen der Schale zurückzuführen. Hierbei entstehen zahlreiche, meist netzförmig angeordnete Risse, die entweder nur bis in den älteren Kork oder aber bis ins Fleisch reichen, in diesem Falle ziemlich tief sein können und durch Wundkork abgeschlossen werden.

Die Schalenkrankheiten auf parasitärer Grundlage werden als Schorf bezeichnet. Hier entstehen flache oder tiefe oder buckelige, rauhe Stellen, die von den Lenticellen ausgehend kleinere Flächen oder auch die ganze Oberfläche der Knollen in Mitleidenschaft ziehen. Die Erreger des Schorfes sind vermutlich Bakterien und Oospora-Arten; auch ein Schleimpilz, Spongospora solani Br., ist beobachtet worden. Ein Schnitt durch eine Schorfstelle zeigt mehrfache Lagen von Wundkork übereinander (Fig. 212).

Fig. 212.

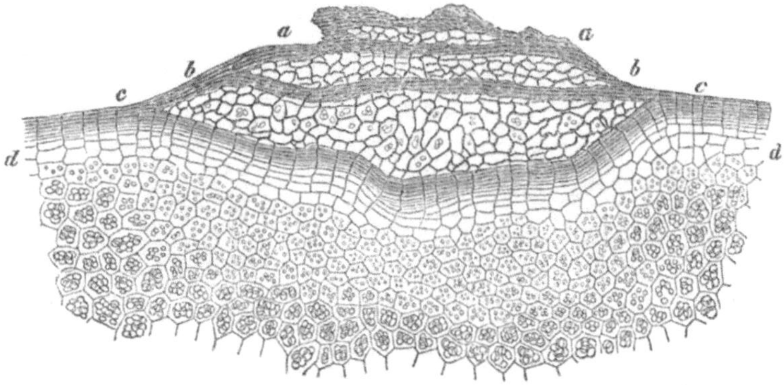

Querschnitt durch eine Schorfstelle der Kartoffel.
Bei *a*, *b*, *c* ältere Wundkorkschichten, bei *d* jüngste Wundkorkschicht. Nach Frank.

3. Fäulniserscheinungen. Fäulnis rufen an Kartoffeln sowohl Fadenpilze wie Bakterien hervor. Die Pilzfäulnis tritt in der Form der Trockenfäule, die Bakterienfäule in der Form der Naßfäule auf. Bei letzterer wird durch Auflösung der Mittellamelle durch von den Bakterien ausgeschiedene Hemizellulasen der Zellverband sehr schnell gelöst und der Zellprotoplast durch Giftstoffe getötet. Der aus den toten Zellen tretende Zellsaft erzeugt in Verbindung mit der Trennung dieser das Bild der Naßfäule. Die Fäulnis durch Pilze verläuft langsamer, die getöteten Teile der Knolle schrumpfen. Bei der Bakterienfäule bleibt die Stärke im wesentlichen unverändert, bei der Pilzfäule wird sie manchmal gelöst, manchmal auch nicht. Die wichtigsten Fäulnisformen sind folgende:

a) Bakterienfäule. Man kennt als Erreger bisher Bacterium phytophthorum App., Bacillus atrosepticus von Hall, Bacillus solanisaprus Harr., Bacterium xanthochlorum App. und Schuster; auch einige an anderen Pflanzen gefundene Arten vermögen die Kartoffel zu zerstören. Das Bild der Veränderung der Knollen ist bei allen Arten dasselbe und bereits oben als das der Naßfäule beschrieben (Fig. 213).

Fig. 213.

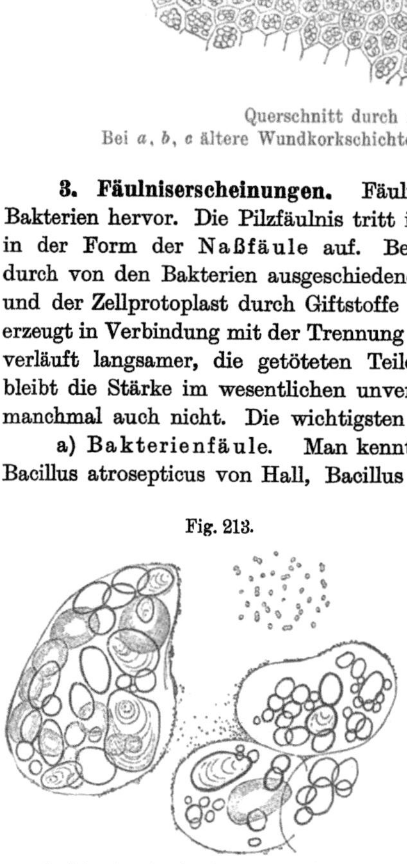

Bakterienfäule der Kartoffel.
Zwischen den auseinandergelösten Zellen die Bakterien. Stärkekörner unverändert (320fach). Nach Frank.

An abgestorbenen Knollen (erfrorenen oder erstickten) tritt ebenfalls Bakterienfäule ein, an der aber vorwiegend saprophytische Arten aus der Gruppe der Buttersäurebakterien beteiligt zu sein scheinen.

b) Die Phytophthora-Fäule. Auf der Schale der Knollen entstehen kleinere oder größere eingesunkene, mißfarbene, meist violette Flecken, unter denen das Fleisch stark gebräunt ist. Diese Bräunung erstreckt sich meist nicht tiefer in das Fleisch hinein. Zwischen den schlaffen Zellen wuchert das scheidewandlose Mycel von Phytophthora infestans de Bary. Die Stärke bleibt unverändert. Durchschneidet man eine Knolle an einer solchen Faulstelle und legt sie in eine feuchte Kammer, so wachsen meist die charakteristischen Conidienträger des Pilzes hervor (Fig. 214 u. 215).

c) Die Fusariumfäule. Auf der Schale entstehen mißfarbene, sich meist schnell vergrößernde eingesunkene Herde. Beim Durchschneiden sieht man, daß sie gegen das noch gesunde Gewebe durch eine Stärkeschicht abgegrenzt sind. Die erkrankten Zellen sind von

Fig. 214.

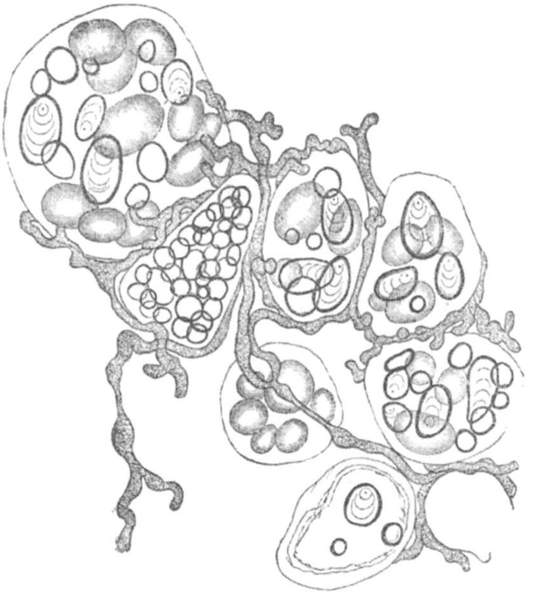

Phytophthora-Fäule der Kartoffel.
Zwischen den Zellen die Hyphen des Pilzes. Stärkekörner unverändert (195fach). Nach Frank.

Fig. 215.

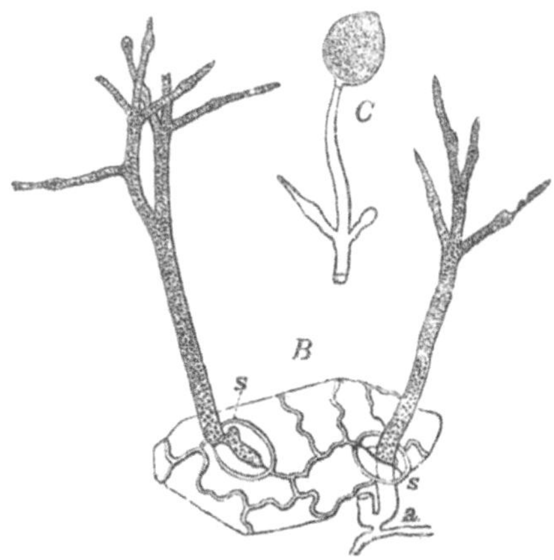

Phytophthora infectans.
B ein Stück Epidermis mit Spaltöffnungen *ss*, durch welche Conidienträger gewachsen sind, *C* ein Conidienträger mit einer Spore. Nach de Bary.

septiertem Mycel durchwuchert, das die Zellhaut zerstört, Stärke aber nicht angreift. Häufig trocknet die ganze Knolle zu einer Stärkemumie zusammen. Die Erreger dieser Fäulnis sind Vertreter der Gruppe Fusarium (I. Teil, S. 706). Ihre Conidienträger mit sichelförmigen Sporen entstehen leicht in der feuchten Kammer (Fig. 216).

d) Weniger häufig als die bisher beschriebenen Arten der Trockenfäule ist die von Frank beobachtete Rhizoctoniafäule (Fig. 217). Der Erreger, Rhizoctonia solani, soll

Fig. 216.

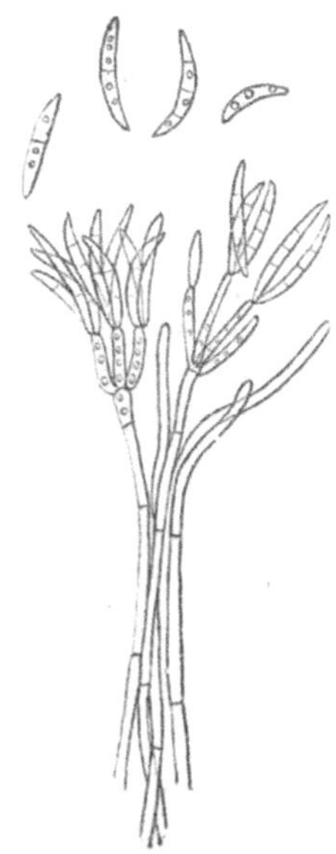

Conidienträger von Fusarium solani mit Conidien. Nach Frank.

Fig. 217.

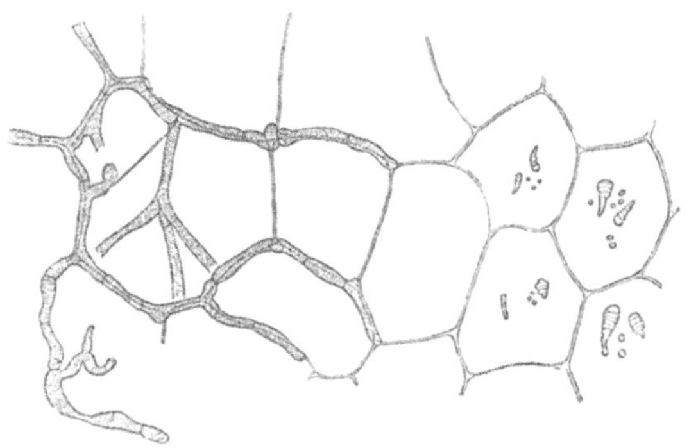

Rhizoctonia-Fäule.
Die Pilzfäden zwischen den Zellen. Letztere verlieren schnell die Stärkekörner (195fach). Nach Frank.

in und zwischen den Zellen wachsen, die Stärkekörner langsam lösen und die Kartoffel wässerig-weich machen (Fig. 217). Von noch geringerer Bedeutung als Fäulniserreger ist Stysanus stemonitis (Pers.) Corda (Fig. 218). Der von Frank als Fäulniserreger angesprochene Phellomyces sclerotiophorus (Spondylocladium atrovirens) scheint als Parasit keine Rolle zu spielen.

4. Innere Krankheitserscheinungen. An innerlichen krankhaften Veränderungen der Kartoffelknollen, die sich äußerlich nicht verraten, kommen Fäulnisherde und Verfärbungen in Betracht. Diese Veränderungen beschränken sich teils auf den $^1/_2$—1 cm unter der Schale liegenden Gefäßbündelring, teils erstrecken sie sich über die ganze Knolle. Die wichtigsten sind folgende:

Fig. 218.

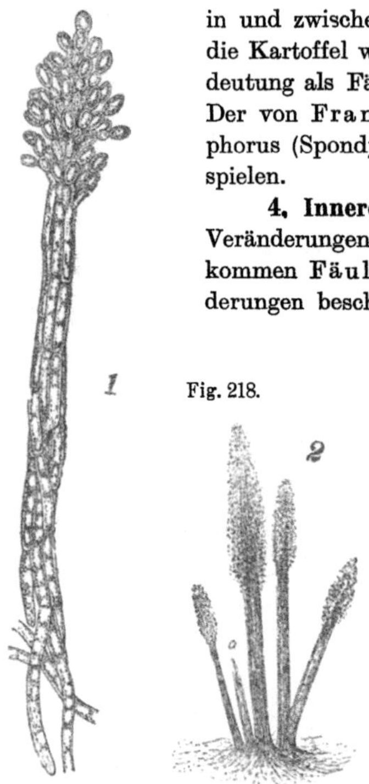

Stysanus stemonitis.
1 Ein sehr kleiner Fruchtkörper (660 fach). 2 Gruppe von Fruchtkörpern, bei *a* das Hymenium noch nicht gebildet (schwach vergrößert).

a) Der Gefäßbündelring ist stellenweise oder ganz erweicht, die erweichten Teile sind nicht oder schwach gelb verfärbt. Ein mikroskopisches Präparat zeigt in der fauligen Masse zahllose sehr kleine, nicht schwärmende Stäbchenbakterien, aus dem Verbande gelöste Parenchymzellen und Spiralgefäße. In diesem Falle handelt es sich um das primäre Stadium der durch Bacterium sepedonicum Sp. und K. erzeugten Bakterienringfäule, an das später öfter sich Fusariumfäule anschließt. Die Augen kranker Knollen sind zuweilen sämtlich oder zum Teil abgestorben.

b) Der Gefäßbündelring ist braun verfärbt, ohne daß das angrenzende Parenchym verändert wäre. Die Gefäßbündelstränge liegen als braune Fäden inmitten normalen Parenchyms. Die mikroskopische Untersuchung zeigt in den gebräunten Gefäßen Mycel (Fig. 219). Man erhält am leichtesten brauchbare Präparate, wenn man durch einen Tangentialschnitt die Gefäße freilegt, sie mit zwei Stahlnadeln möglichst frei von Parenchym herauspräpariert, zwischen zwei Objektträger in Wasser schwach preßt und mit Glycerin und nötigenfalls mit etwas Schwefelsäure (1 : 1) aufhellt.

Soll die Pilzart bestimmt werden, so desinfiziert man die unter fließendem Wasser durch Bürsten gereinigten Knollen durch $^1/_2$stündiges Einlegen in 1 proz. Formaldehydlösung, wäscht mit sterilisiertem Wasser nach, schneidet mit einem abgebrannten Messer die Knolle etwa 1 cm unter dem Nabel quer durch, entnimmt mit einem anderen Messer Teile des Gefäßringes und legt sie auf schräg erstarrten Würzeagar in Röhrchen. Nach 3—4 Tagen wächst das Mycel aus den Gefäßen heraus und bildet bald charakteristische Conidienträger. Bisher sind in verpilzten Knollen Fusarien und Verticillium alboatrum B. und R. gefunden worden (Fig. 220). Solche Knollen stammen von Pflanzen, die an der Welkekrankheit gelitten haben.

In anderen Fällen findet man in den gebräunten Gefäßen kein Mycel, sondern nur einzelne Bakterien.

Fig. 219.

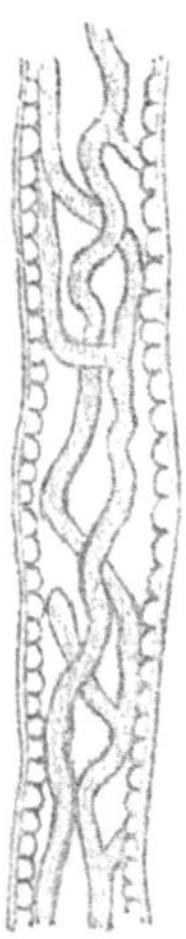

Gefäß einer Kartoffelknolle, das von Pilzfäden durchwuchert ist.

Fig. 220.

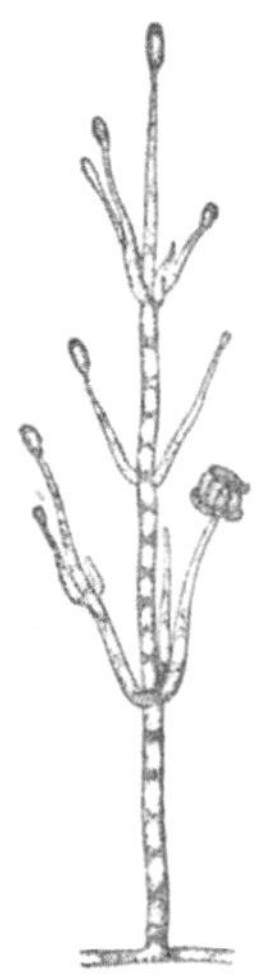

Conidienstand von Verticillium alboatrum B. u. R.

c) Der Gefäßbündelring und das angrenzende Parenchym sind braun verfärbt und vermorscht. Die zerstörten Stellen enthalten Fusarium. Solche Knollen kommen von Pflanzen, die an der Bakterienringfäule oder an einer Fusarium-Gefäßmykose gelitten haben. Die Bakterienringfäule tritt in dieser Form nur in sehr heißen Sommern auf.

d) Zuweilen nur im Gefäßbündelring, öfter aber überall in der Knolle, sind rostrote Flecken vorhanden. Das mikroskopische Bild zeigt Verkorkung der Wände der betreffenden Zellkomplexe. Die Erscheinung wird als Eisenfleckigkeit bezeichnet. Sie ist wahrscheinlich nicht parasitären Ursprungs.

e) Beim Durchschneiden der Knolle findet man von der Schale ausgehende kreisförmige braune Verfärbungen. Über die Ursachen dieser „Pfropfenkrankheit“ (in Holland Kringerigheit) ist nichts bekannt.

f) Gegen Ende des Winters treten im Fleisch schwarze Flecken auf. Über die Ursachen dieser „Schwarzfleckigkeit“ ist nichts bekannt.

g) Der Gefäßbündelring und das angrenzende Parenchym zeigen bei roten und blauen Sorten eine mehr oder minder starke Rot- oder Blaufärbung, die beim Kochen verschwindet oder doch an Intensität verliert. Es handelt sich hier um eine Anhäufung des Anthocyans in bestimmten Zellkomplexen.

h) Löcher und Fraßgänge werden in den Knollen durch verschiedene Bodeninsekten wie Drahtwürmer, Erdraupen, Engerlinge erzeugt. Ferner treten Nematoden und Milben gelegentlich als Schädlinge auf.

2. *Rüben (Zuckerrüben).* ***a) Trockensubstanz.*** Auch bei Rüben wird wohl ähnlich wie bei Kartoffeln aus dem spezifischen Gewicht der Gehalt an Trockensubstanz beurteilt. Man benutzt auch hier die im I. Teil, S. 41, beschriebene Vorrichtung oder eine Kochsalzlösung von bestimmtem spezifischen Gewicht. Das Verfahren ist hier aber noch weniger zuverlässig als bei Kartoffeln. Es ist daher, wenn man nicht nach I. Teil, S. 23, die Bestimmung des Wassers bzw. der Trockensubstanz vornehmen will, wie vorstehend bei Gemüse (S. 817) zu verfahren, oder indem man von dem mittels einer Rübenmühle oder Rübenreibe (von z. B. von Kiehle oder Pellet-Lomont) oder mittels einer Kartoffelreibe und Fleischhackmaschine hergestellten Brei 8—12 g in der (S. 819) angegebenen Weise austrocknet.

b) Für die Untersuchung der Zuckerrübe auf Zucker, Mark usw. gelten besondere Vorschriften, worauf hier verwiesen werden muß[1]). Nur die Bestimmung des ***Zuckers*** in den Rüben (seien es Zucker- oder gelbe Rüben oder Möhren usw.) möge hier ebenfalls mitgeteilt werden, weil sie öfter vorkommen kann. Man hat hierfür jetzt verschiedene Verfahren, nämlich die Lösung des Zuckers mit Alkohol oder Wasser, und zwar in der Kälte oder in der Wärme. Für wissenschaftliche Zwecke wird die warme Alkoholextraktion für die richtigste gehalten und möge diese hier allein mitgeteilt werden; sie wird nach der Vorschrift von Tollens-Rapp-Degener wie folgt ausgeführt:

Von dem feingeschliffenen Rübenbrei wird in einer passend geformten Neusilberschale das 2- oder 3fache Normalgewicht, also:

für das Saccharometer von	Normalgewichte
Soleil-Ventzke-Scheibler mit Zuckerskala . . .	26,048 × 2 = 52,096 g (rund 52 g)
Soleil-Dubosq mit Zuckerskala.	16,350 × 2 = 32,700 g
Wild mit Zuckerskala	10,000 × 2 = 20,000 g
Mitscherlich, Wild, Laurent mit Kreisgradteilung	15,000[2]) × 2 = 30,000 g

1) Diese finden sich z. B. in R. Frühling, Anleitung zur Untersuchung i. d. Zuckerindustrie in Betracht kommender Rohmaterialien, Braunschweig bei Vieweg u. Sohn, oder in Posts Chem.-techn. Analyse 1907, **2**, Heft 2 und auch in J. König, Untersuchung landw. u. gew. wichtiger Stoffe. Berlin, bei Paul Parey.

2) Ein Fünftel des Normalgewichtes.

abgewogen und hierin erst mit 3—4 ccm Bleiessig und ebensoviel 90 proz. Alkohol gemischt und dann in einem mit Halserweiterung versehenen Kolben, der bei Anwendung des ersten Saccharimeters im engeren Halsteil bei 201,2 ccm eine Marke hat, mit Alkohol verlustlos eingespült und weiter mit so viel Alkohol übergossen, bis der Kolben zu etwa $^4/_5$ gefüllt ist. Der Kolben wird mit einem gut passenden Korkpfropfen verschlossen, welcher ein weites, als Rückflußkühler dienendes Glasrohr trägt, dann in einem Wasserbade 15—20 Minuten lang im ruhigen Sieden des Alkohols gehalten. Hiernach nimmt man den Kolben heraus, spült Kork und Rohr mit 90grädigem Alkohol ab und füllt, ohne abzukühlen, mit Alkohol bis etwa 1 cm hoch über die Marke. Durch abermaliges, nur etwa 2 Minuten anhaltendes Einstellen des Kolbens in das heiße Wasserbad — bis Blasen im Alkohol aufzusteigen beginnen — läßt man den Inhalt sich mischen, nimmt sodann heraus, läßt etwa $^1/_2$—$^3/_4$ Stunde an der Luft erkalten, bringt durch Einstellen in kaltes Wasser auf etwa 20°, füllt das gesunkene Volumen mit Alkohol wieder bis zur Marke auf, mischt durch Umschütteln, filtriert und polarisiert im 200 mm-Rohr.

Anmerkungen. 1. Nach Höglund absorbiert das Filtrierpapier aus der alkoholischen Lösung Zucker, und zwar von dem ersten Aufguß am meisten; man muß daher die ganze Lösung filtrieren und das Filtrat mischen.

2. Hat man die Korrektion für das Volumen des Markes nicht gleich an dem Meßkolben durch eine entsprechende Größe angebracht, sondern genau auf 200 ccm aufgefüllt, so muß man die abgelesene Anzahl Grade um das Volumen des Markes vermindern, also, bei Anwendung von 52,0 g Rübenbrei mit 1,2 ccm Mark, mit 0,994 multiplizieren. Wenn z. B. abgelesen sind 14,7°, so beträgt der Zuckergehalt der Rübe

$$14{,}7 \times 0{,}994 = 14{,}61\%.$$

3. Hat man nicht die für die einzelnen Apparate gültigen Normalgewichte, sondern andere Gewichtsmengen oder ein Saccharimeter mit Kreisgradteilung angewendet, so ist zu berücksichtigen, daß nach S. 752 bei 17,5° im 200 mm-Rohr 1° Drehung entspricht:

im Polarisationsapparat von	g Saccharose in 100 ccm Lösung	g Glykose in 100 ccm Lösung
Mitscherlich, Laurent, Wild mit Kreisgradteilung	0,750 0 g	0,9434 g
Soleil-Ventzke-Scheibler, Schmidt und Hänsch } mit Zuckerskala	0,260 48 g	0,3268 g
Soleil-Duboscq	0,163 50 g	0,2051 g

Hat man z. B. 60 g Rübenbrei in 200 ccm Alkohol angewendet und im Mitscherlichschen (Halbschatten-)Apparat im 200 mm-Rohr 5° 38′ = 5,63° abgelesen, so berechnet sich der Zuckergehalt in der Rübe zu

$$\frac{5{,}63 \times 0{,}75 \times 100}{30} = 14{,}07 \quad \text{und} \quad 14{,}07 \times 0{,}993^{1)} = 13{,}97\%.$$

Im allgemeinen hat man in den Wurzelgewächsen (Zucker-, Runkel-, Kohlrüben) Saccharose als Zuckerwert; nur die Möhren enthalten mehr oder ebensoviel Glykose als Saccharose; um diese getrennt nebeneinander zu bestimmen, muß man nach S. 759 oder I. Teil, S. 434 u. f., verfahren.

c) ***Betain und sonstige Amide.*** Die Zuckerrübe ist verhältnismäßig reich an Betain — A. Staněk fand in Prozenten des Gesamt-Stickstoffs 7,60—18,80% Betain-Stickstoff in der Zuckerrübe —; das Betain ist aber auch sonst in den Pflanzen weit verbreitet, weshalb hier seine Bestimmung mitgeteilt werden möge. K. Smolenski[2]) fällt Pflanzensäfte (hier Diffusionssaft) mit Bleiessig und läßt längere Zeit (bis etwa 6 Wochen) stehen, um Eiweißstoffe, den größten Teil der stickstofffreien Extraktstoffe und Pektinstoffe zu entfernen. Aus dem Filtrat werden dann durch Mercurinitrat Allantoin, Asparagin — dieses ist in Zuckerrüben noch nicht

[1]) Faktor für Korrektion des Volumens des Markes.

[2]) Zeitschr. d. Vereins f. deutsche Zuckerindustrie 1910, 1215.

sicher gefunden —, Glutamin und Xanthinbasen gefällt, von denen die ersten nach Zerlegung des Niederschlages mit Schwefelwasserstoff durch fraktionierte Krystallisation und mechanische Auslese getrennt und nachgewiesen werden können. Aus dem Filtrat von der Fällung mit Mercurinitrat kann das Betain durch Phosphorwolframsäure gefällt werden.

Vl. Staněk[1]) wendet zur quantitativen Bestimmung des Betains in Pflanzen folgendes Verfahren an:

Die getrocknete und gepulverte Substanz (5—50 g) wird mit der 10—20fachen Menge von absolutem Alkohol entweder dreimal ausgekocht oder wie üblich extrahiert, der Extrakt mit etwa 5% Natron alkalisiert und der Alkohol abdestilliert. Der Rückstand wird in etwa 100 ccm Wasser aufgelöst und bei Siedehitze eine Kupferchloridlösung bis zum Verschwinden der alkalischen Reaktion auf Phenolphthalein zugetropft. Der Niederschlag, welcher neben den Proteinen eine Reihe von anderen Verbindungen enthält, wird abgenutscht, mit Wasser gewaschen, das Filtrat mit Sodalösung schwach alkalisiert und auf dem Wasserbade zur Trockne abgedampft. Während des Abdampfens scheidet sich fast alles vorhandene Kupfer als Kupferoxydul ab. Der Abdampfrückstand wird in 50 ccm einer kaltgesättigten Kochsalzlösung aufgelöst, abfiltriert, das Filtrat, nach dem Ansäuern mit etwa 5% Salzsäure, mit überschüssigem Kaliumtrijodid ausgefällt. In den meisten Fällen entsteht ein krystallinischer Niederschlag oder ein Öl, welches bald krystallinisch erstarrt. Hie und da scheidet sich der Niederschlag schmierig ab und läßt sich nicht gut filtrieren.

Falls bei der Fällung mit Kaliumtrijodid der Niederschlag sich schmierig oder ölig zeigt, braucht man nur die Mischung etwa eine Stunde lang mit Eiswasser oder Kältemischung abzukühlen, worauf die gebildeten Krystalle sich leicht auswaschen lassen. Den abgeschiedenen Niederschlag der Perjodide wäscht man dreimal mit je 5 ccm einer gesättigten Kochsalzlösung (nötigenfalls abgekühlt) aus. Zu dem Zwecke spült man den Niederschlag samt Mutterlauge auf ein Wittsches Plättchen ab. Nach dem Durchwaschen wird der Niederschlag in einer kleinen Porzellanschale mit nassem Molekularkupfer (fein verteiltem, praecipitiertem) verrieben, auf dem Wasserbade unter zeitweiligem Verreiben eine halbe Stunde lang erwärmt, mit Wasser verdünnt und auf der Wittschen Platte durch Papier abfiltriert. Der Rückstand wird zehnmal mit je 5 ccm kaltem Wasser ausgewaschen. Das Filtrat wird auf dem Wasserbade zur Trockne gebracht und der Rückstand nochmals nach Zusatz von 10 ccm konzentrierter Salzsäure abgedampft. Dadurch werden einige mitgerissene Substanzen zersetzt, und die erhaltenen Chlorhydrate sind dann farblos. Nach dem Abdampfen mit Salzsäure löst man in 25 ccm Wasser auf, filtriert durch ein kleines Filter, neutralisiert das Filtrat (mit Waschwasser, etwa 50 ccm) mit Soda, setzt ungefähr 1 g Natriumbicarbonat hinzu und scheidet das Cholin mit einer gesättigten Lösung von Jod in 10 proz. Jodkali ab. Nach 6 Stunden wird wiederum abgenutscht, das Filtrat auf etwa 50 ccm abgedampft, mit Salzsäure angesäuert, mit Kochsalz gesättigt und mit Kaliumtrijodid gefällt. Nach einer Stunde wird das Perjodid abfiltriert, fünfmal mit je 5 ccm gesättigter Kochsalzlösung und zweimal mit 2,5 ccm kaltem Wasser ausgewaschen und wiederum mit molekularem Kupfer zersetzt. Man setzt dabei etwas kohlensaures Kupferoxyd hinzu, welches das Betainjodhydrat zersetzt und die freie Base abscheidet. Das Filtrat von Kupferjodür wird mit Salzsäure angesäuert und zur Trockne verdampft. Das erhaltene reine Betainchlorhydrat wird durch Bestimmung der Acidität und des Stickstoffgehaltes, eventuell auch noch durch Überführen in das Choraurat, identifiziert.

E. Schulze[2]) reinigt die Pflanzenauszüge erst mit Bleiessig bzw. Gerbsäure und Bleiessig, entbleit durch Schwefelwasserstoff in schwefelsaurer Lösung, verjagt letzteren und fällt mit Phosphorwolframsäure. Letzteren Niederschlag zerlegt man mit überschüssigem Barythydrat, entfernt letzteren im Filtrat durch Kohlensäure, neutralisiert das barytfreie Filtrat mit Salzsäure und dunstet ein. Den Verdampfungsrückstand behandelt man in der Wärme wiederholt mit 95 proz. Alkohol und versetzt die alkoholischen Filtrate mit einer alkoholischen

[1]) Zeitschr. f. physiol. Chemie 1911, **72**, 402.

[2]) Berichte d. Deutsch. chem. Gesellschaft 1893, **26**, 2152 u. Landw. Versuchsstationen 1895, **46**, 27; 1904, **59**, 344.

Lösung von Mercurichlorid. Die nach einigen Tagen abgeschiedenen Quecksilberdoppelsalze werden abfiltriert, mit heißem Wasser umkrystallisiert, sodann in Wasser verteilt und durch Schwefelwasserstoff zersetzt. Die vom Schwefelquecksilber abfiltrierte Lösung wird eingedunstet und der Abdampfrückstand mit kaltem absolutem Alkohol ausgezogen, wodurch salzsaures Cholin — und wenn vorhanden auch salzsaures Stachydrin — gelöst wird, während salzsaures Betain — und auch salzsaures Trigonellin — ungelöst bleiben. Eine weitere Trennung und Reindarstellung kann durch Darstellung der Platin- und Goldchlorid-Doppelsalze, durch Fällen der Chloride mit Platin- bzw. Goldchlorid, erreicht werden. Hierauf sei nur verwiesen[1]).

K. Yoshimura und G. Trier[2]) untersuchten nach dem Verfahren von E. Schulze eine Reihe Pflanzen auf Betaine (Betain, Stachydrin, Betonicin, Trigonellin) und stellten ihre weite Verbreitung fest. Neben den Betainen fand sich regelmäßig Cholin. Es läßt sich neben Betainen dadurch nachweisen, daß sein Phosphorwolframat in sodaalkalischer Lösung im Gegensatz zu dem der Betaine nur unvollkommen löslich ist.

Wenn man auch auf Hexonbasen (Arginin, Lysin, Histidin) prüfen will, so verfährt man bezüglich der Fällung mit Phosphorwolframsäure und Zersetzung des letzteren Niederschlages wie vorstehend, vermeidet aber eine Erhitzung, weil einige Basen durch Erhitzen mit Barythydrat zersetzt werden können — man treibt das etwa vorhandene Ammoniak durch Einblasen von Luft aus. Hat man das Filtrat durch Kohlensäure von überschüssigem Baryt befreit, so neutralisiert man genau mit Salpetersäure und dampft auf ein kleines Volumen ein, indem eine ev. wieder auftretende alkalische Reaktion durch geringen Zusatz von Salpetersäure beseitigt wird. Zu der eingedickten Flüssigkeit setzt man Silbernitrat, filtriert den entstandenen Niederschlag ab, setzt zum Filtrat noch so viel Silbernitrat, bis eine Probe der Flüssigkeit mit Barytwasser einen bräunlichgelben Niederschlag gibt und fällt durch Zusatz von Barytwasser erst das Histidin, dann das Arginin als Silberverbindung aus (vgl. weiter I. Teil, S. 291).

d) Mykologische Untersuchung der Zuckerrübe. An Krankheiten der Zuckerrübe, die ihre Verwendbarkeit als Nahrungsmittel beeinträchtigen, kommen folgende in Betracht:

Fig. 221.

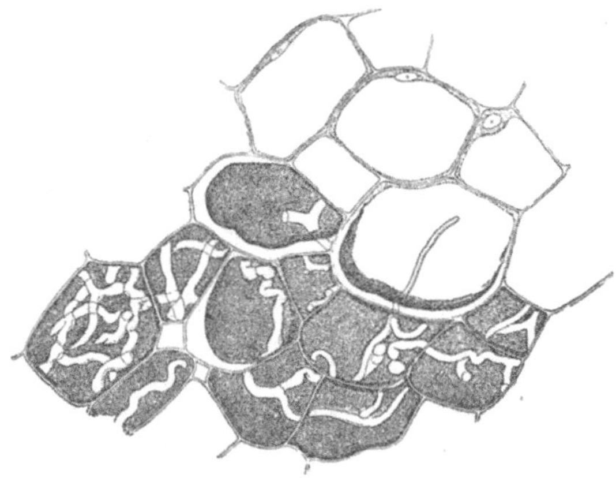

Fig. 222.

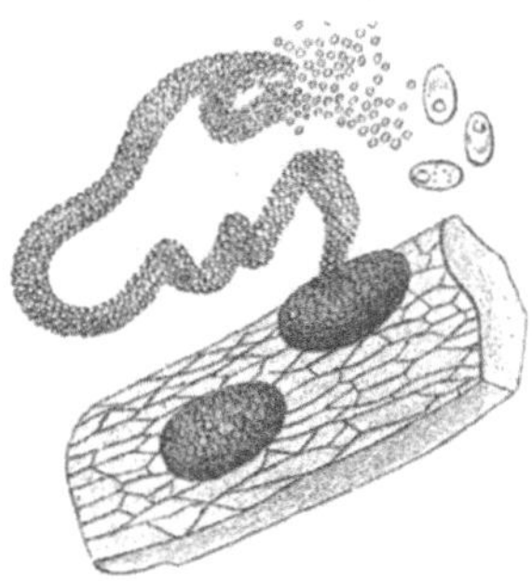

[1]) Zeitschr. f. physiol. Chemie 1909, **60**, 155.

[2]) Ebendort 1912, **77**, 290.

Fig. 223.

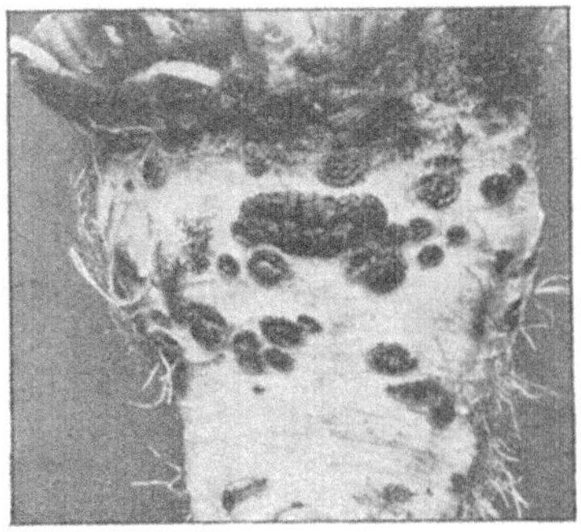

Pustelschorf. Nach von Faber.

1. Schorfkrankheiten. Schorf tritt als Pustel-, Flächen- oder Gürtelschorf auf. Die beiden erstgenannten Formen zerstören nur die peripheren Zellen auf kleineren oder auch größeren Flecken (Fig. 223). Der Erreger des Pustelschorfes ist Bacterium scabiegenum v. Faber. Der Gürtelschorf, der nach Krüger von mehreren Oospora - Arten erzeugt wird, zerstört die Rübe tief bis ins Innere hinein (Fig. 224 und 225).

2. Die Trockenfäule. Bei dieser Krankheit entstehen am oberen Ende der Rübe graue, später braune Stellen, die sich langsam über die ganze Rübe erstrecken und sie in eine mürbe Masse verwandeln. In den kranken Geweben findet man meist das Mycel des Pilzes Phoma betae, dessen Pykniden auf der Oberfläche entstehen (Fig. 221 u. 222).

3. Seltener und weniger wichtig sind Erkrankungen des Rübenschwanzes durch Rhizoctonia violacea und durch die Bakterien der ätiologisch noch nicht geklärten Rübenschwanzfäule.

4. Tiefere Wunden werden gelegentlich durch Engerlinge, Erdraupen, Drahtwürmer und Mäuse erzeugt.

Fig. 224.

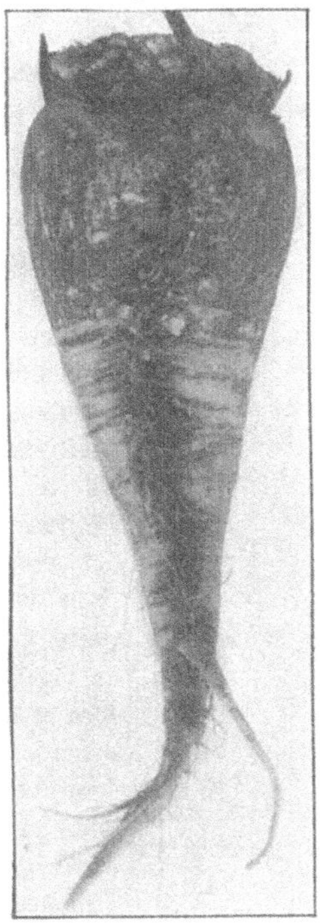

Gürtelschorf.
Der obere Teil der Rübe ist von einer braunen, rissigen Borke bedeckt, der Rübenkörper aber noch normal. Nach Krüger.

Fig. 225.[2])

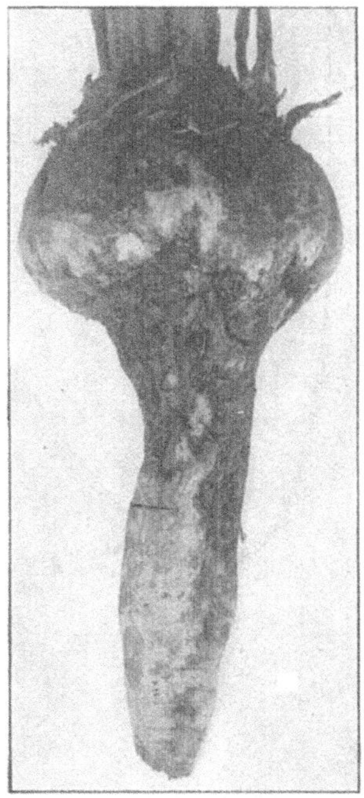

Fortgeschrittenes Stadium des Gürtelschorfes.
Der obere und mittlere Teil der Rübe ist von brauner, rissiger Borke bedeckt. Der mittlere Teil ist von zwei Seiten muldenförmig eingesunken. Nach Krüger.

3. Rote Rüben. Aus dem vergorenen Saft roter Rüben wird in Rußland nach Stan. Epstein[1]) eine Suppe bereitet, die man Borscht oder Barszcz nennt.

Die Gärung der mit Wasser angesetzten, in Stücke geschnittenen roten Rüben wird nach 8tägigem Stehen des Gemisches in der Nähe eines warmen Ofens unterbrochen und die Flüssigkeit durch Kolieren von den farblos gewordenen Rüben getrennt. Bei richtigem Verlauf der Gärung

[1]) Arch. f. Hyg. 1899, **36**, 145 u. Zeitschr. f. Untersuchung d. Nahrungs- u. Genußmittel 1900, **3**, 368.

[2]) Fig. 225 und 226 sind den „Arbeiten aus der Biologischen Anstalt für Land- und Forstwirtschaft" Bd. IV und V entnommen.

resultiert eine aromatische säuerliche Flüssigkeit, welche bei vom Verf. angestellten Versuchen 0,61% Säure, auf Milchsäure berechnet, enthielt. Etwa 7% der Gesamtsäure erwiesen sich als Essigsäure, der Rest als Milchsäure. Die bakteriologische Untersuchung des Barszcz ergab das Vorhandensein von drei Arten von Mikroorganismen, welche imstande sind, die Milchsäuregärung hervorzurufen. Das eine Milchsäurebakterium (z) vermochte im Gegensatz zu den beiden anderen den Milchzucker nicht zu spalten.

Die roten Rüben enthalten nach Formánek[1]) zwei Farbstoffe, einen roten mit einem Absorptionsstreifen im Gelb, und einen gelben Farbstoff mit zwei ungleichstarken Streifen im Blau. Der rote Farbstoff geht durch den Einfluß der Temperatur usw. in den gelben über.

Fig. 226.

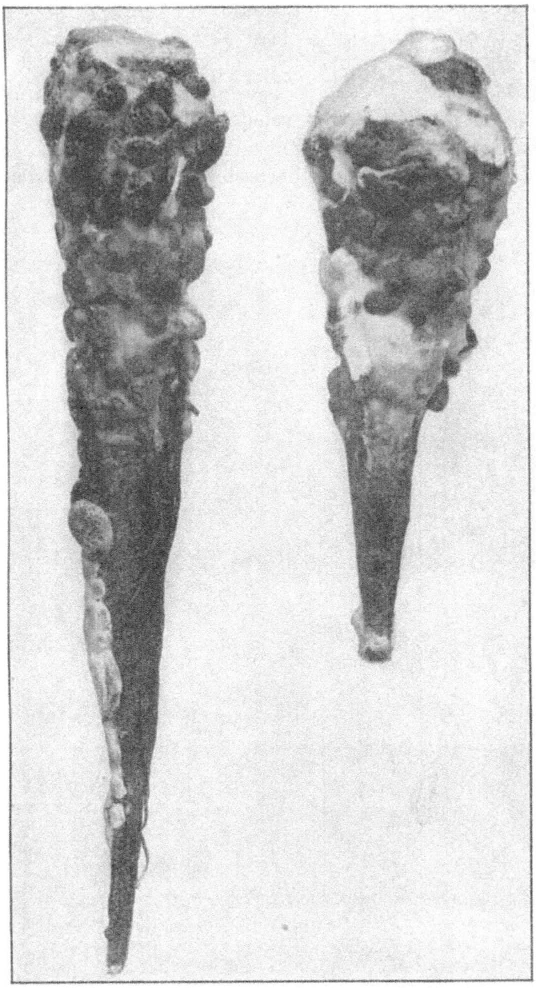

Von Sclerotinia Libertiana befallene Petersilienwurzeln. Nach Appel und Bruck.

4. Gelbe Möhren.

Die gelben Möhren sind durch den Farbstoff „Carotin" ausgezeichnet, der nach Gertrud und Friedr. Tobler[2]) wie die Carotine überhaupt als ein Umsetzungserzeugnis des absterbenden Chlorophylls anzusehen, nach R. Willstätter und W. Mieg[3]) wahrscheinlich mit dem Erythrophyll (Bougavel) und dem Chrysophyll (Schunck) identisch, aber von dem im Chlorophyll vorkommenden Xanthophyll verschieden ist. Sie geben dem Carotin die Formel $C_{40}H_{56}$; das Carotin ist in Petroläther und Schwefelkohlenstoff leicht, in Alkohol schwer (nur in 80 proz.) löslich, während sich das Xanthophyll umgekehrt verhält; es läßt sich am besten aus Methylalkohol umkrystallisieren. Die durch Krystallisation aus Schwefelkohlenstoff und Alkohol erhaltenen Krystalle bilden kupferige Blättchen. Sehr verdünnte Lösungen sind stark gelb, konzentrierte sind tief orangefarbig; konzentrierte Schwefelsäure löst es mit blauer Farbe, die Lösung scheidet beim Verdünnen grüne Flokken aus. Gepulvertes Carotin absorbiert im Dunkeln rasch Sauerstoff und wird gebleicht. Über die sonstigen Eigenschaften und seine Darstellung vgl. die Quellen.

Krankheiten, die für die Verwendung der Möhren als Nahrungsmittel von Bedeutung sind, erzeugt

[1]) Journ. f. prakt. Chemie 1900 [2], **62**, 310.

[2]) Berichte d. Deutsch. Botan. Gesellsch. 1910, **28**, 365 u. 496.

[3]) Liebigs Ann. d. Chemie 1907, **355**, 1.

besonders der Pilz Sclerotinia Libertiana Fuckel, der seltener auch an Kohlrüben, Petersilienwurzeln und anderen Wurzelgemüsen vorkommt. Die Rüben werden unter der Einwirkung dieses Pilzes, besonders bei der Aufbewahrung im Keller, faul und fallen zusammen. Ihre Oberfläche bedeckt sich mit einer Myceldecke und zahlreichen schwarzen Sklerotien, aus denen bei der Keimung Apothecien mit ovalen bis elliptischen Askosporen entstehen (Fig. 226).

Ferner tritt an Möhren öfter Bakteriennaßfäule ein, die in ihren Erscheinungen der der Kartoffeln (S. 824) durchaus gleicht.

An Kohlrüben, Kohlrabi und anderen Wurzelgemüsen aus der Familie der Kreuzblütler erzeugt der Schleimpilz Plasmodiophora brassicae Wor. Geschwülste von oft erheblicher Größe. Die Zellen der Geschwülste enthalten die Plasmodien oder Sporen des Parasiten (Fig. 227).

Fig. 227.

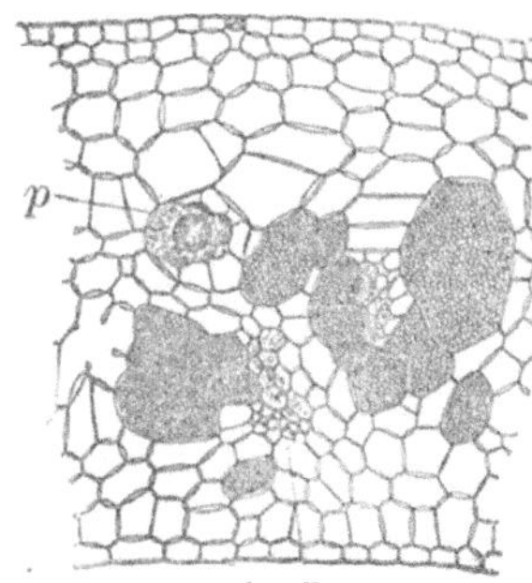

Herniekranke Kohlwurzel. Durchschnitt.
Bei *p* eine Zelle mit dem Plasmodium, in den anderen Zellen schon Sporenmassen (620 fach). Nach Woronin.

5. Cichorien. Das in den Cichorien vorkommende Inulin läßt sich nach B. Tollens[1]) am besten in der Weise gewinnen,

daß man die Knollen zerreibt, preßt, den Rückstand mit etwas Wasser sowie einer kleinen Menge präzipitierten Calciumcarbonats aufkocht und auspreßt.

Die vereinigten Flüssigkeiten werden einmal mit kohlensaurem Kalk aufgekocht, halb erkaltet mit Bleiessig vermischt, solange ein Niederschlag erscheint, filtriert, dann mit Schwefelwasserstoff behandelt, wieder filtriert, mit Ammoniak neutralisiert, auf die Hälfte eingedampft und mit gleichem Volum Alkohol versetzt. In 1 bis 2 Tagen scheidet sich das Inulin ab, man sammelt und preßt es und erhält es, durch nochmaliges heißes Auflösen mit etwas Blutkohle in ca. dem 8fachen an Wasser, Filtrieren durch den Warmwassertrichter, Vermischen des Filtrats mit gleichen Teilen Alkohol, Absaugen des nach 1 bis 2 Tagen gefällten Inulins mit der Luftpumpe unter Nachwaschen erst mit schwachem, dann mit stärkerem Alkohol, endlich mit Äther, durch schwaches Pressen und Trocknen über Schwefelsäure schneeweiß, porös und rein.

6. Japanknollen (Stachys tuberifera). Die in den Japanknollen als Trisaccharid vorkommende Stachyose gewinnt man nach E. Schulze und v. Planta[2]) in der Weise, daß man den Saft der Knollen erst mit Bleiessig, dann mit Mercurinitrat fällt, filtriert, aus dem Filtrat Blei und Quecksilber mit Schwefelwasserstoff entfernt, das Filtrat nach Verjagung des Schwefelwasserstoffes mit Ammoniak neutralisiert, einengt und die Stachyose mit Alkohol ausfällt. Der sirupartige Niederschlag wird in Wasser gelöst, die Lösung durch Fällen mit Phosphorwolframsäure gereinigt, filtriert, das Filtrat durch Barythydrat von überschüssiger Phosphorwolframsäure, durch Kohlensäure von überschüssigem Baryt befreit, das Filtrat hiervon eingedampft und mit Alkohol behandelt. Die Stachyose krystallisiert nach einiger Zeit aus; $[\alpha]_D$ beträgt für das Hydrat + 133,5°. Tanret[3]) benutzt die Eigenschaft vieler Kohlenhydrate, durch alkalische Basen mit Alkohol gefällt zu werden, zur Gewinnung der Stachyose, worauf verwiesen werden möge.

7. Rettich und ***Radieschen.*** Das in diesen Wurzelgewächsen vorkommende Allyl- und Butylsenföl wird unter Anwendung von 50—100 g des Breies sinngemäß wie bei Senfsamen bestimmt (vgl. weiter im III. Teile unter Gewürze).

---

1) B. Tollens, Handbuch d. Kohlenhydrate, Breslau 1895, 233.

2) Berichte d. Deutsch. chem. Gesellsch. 1890, **23**, 1692 u. 1891, **24**, 2705 u. Landw. Versuchsstationen 1892, **40**, 277 u. 1893, **41**, 123.

3) Bull. Soc. Chim. 1902, **27**, 948 u. 1903, **29**, 888.

8. Zwiebelgewächse. In den Zwiebelgewächsen kommen anscheinend Senföl, zweifellos aber Alkylsulfide vor, so das Allylsulfid (Allyldi-, Allyltri- und Allyltetrasulfid), Propylallyldisulfid und Vinylsulfid im Knoblauchöl (Alliumarten), ferner auch in Raphanus- und Brassicaarten. Der Sitz der Lauchöle befindet sich in der Epidermis, den Leitbündelscheiden, aber nicht in den Milchsaftschläuchen. Das Knoblauchöl scheint in den Pflanzen durch enzymatische Vorgänge frei zu werden. Die Alkylsulfide können wie Senföl aus den Zwiebelarten durch Destillation mit Wasser gewonnen und durch fraktionierte Destillation voneinander getrennt werden.

W. D. Kooper[1]) konnte in dem frischen, schwach sauren Preßsaft von Allium cepa bedeutende Mengen Rhodanwasserstoff nach Colosantis Reaktion nachweisen, welche darin besteht, daß man die sehr verdünnte Lösung mit einigen Tropfen einer 20proz. alkoholischen Lösung von Naphthol versetzt und darauf mit dem doppelten Volumen konzentrierter Schwefelsäure unterschichtet; es bildet sich an der Berührungsstelle ein smaragdgrüner Ring; beim Schütteln nimmt die Flüssigkeit eine violette Färbung an.

An Zwiebeln tritt bei der Aufbewahrung zuweilen Fäulnis auf. Bakterien rufen eine Naßfäule hervor, die der der Kartoffeln (S. 824) entspricht. An höheren Pilzen schadet Botrytis cinerea, der zunächst kleine mißfarbene, einsinkende Stellen erzeugt, später aber die ganze Zwiebel durchwuchert. Unter den äußeren zusammentrocknenden Blättern entstehen Gruppen kleiner schwarzer Sklerotien.

9. Sellerie. Die Sellerieknollen enthalten nach Hamberger und Landsiedl[2]) neben Mannit auch Asparagin und Tyrosin; 62 g frische Knollen ergaben 0,3 g Asparagin, Tyrosin war nur in geringer Menge, Leucin war nicht vorhanden (über die Bestimmung des Asparagins vgl. unter „Spargel").

Sellerieknollen leiden öfter unter Bakteriennaßfäule, deren Bild dem auf S. 824 beschriebenen entspricht.

10. Spargel. E. Winterstein und P. Huber[3]) trennen die Spargel durch Zerhacken, Pressen und Auswaschen usw. in Saft und Preßrückstand (Fasermasse) und untersuchen beide getrennt. Sie erhielten aus 1 kg Spargel 2 l Saft mit 1,6470 g Trockensubstanz in 100 ccm (= 3,294 g für 100 g ursprüngliche Spargel) und 25,795 g bei 100° getrockneten Faserrückstand.

Aliquote Teile des Saftes, 50 bzw. 100 ccm, wurden auf Gesamtstickstoff, Albumin (durch Kochen des mit Essigsäure angesäuerten Saftes), auf Reinprotein nach I. Teil, S. 253, auf Basenstickstoff im Filtrat von der Reinproteinbestimmung durch Ansäuern und Fällen mit Phosphorwolframsäure untersucht und auf Asparagin in folgender Weise: 100 ccm Saft wurden mit Bleiessig versetzt, der Niederschlag wurde filtriert und ausgewaschen. Das Filtrat gab mit Mercurinitrat eine Fällung, welche mit Schwefelwasserstoff zersetzt wurde. Das Filtrat vom Quecksilbersulfid-Niederschlag wurde mit Ammoniumcarbonat genau neutralisiert und bei gelinder Wärme auf dem Wasserbade eingeengt. Nach dem Erkalten krystallisierte das Asparagin bald aus und wurde nach dem Absaugen der Mutterlauge und Waschen mit einigen Tropfen Wasser getrocknet und gewogen. Die Mutterlauge gab beim weiteren Eindunsten noch etwas Asparagin. Es wurde ebenfalls bei 100° getrocknet und so gefunden:

	erste Ausscheidung	zweite Ausscheidung	im ganzen	in 100 g Spargel
Asparagin (wasserfrei)	0,0700 g	0,0062 g	0,0762 g	0,1524 g

Durch Bestimmung des Säureamidstickstoffs nach Sachsse (I. Teil, S. 274) durch Kochen des Filtrats des mit Bleiessig gefällten Saftes und durch Bestimmen des Ammoniaks unter Abzug des fertig gebildeten Ammoniaks wurden 0,1923 g Asparagin in 100 g Spargel gefunden.

---

[1]) Zeitschr. f. Untersuchung d. Nahrungs- u. Genußmittel 1910, **19**, 569.

[2]) Ebendort 1905, **10**, 619.

[3]) Ebendort 1904, **7**, 721

An einzelnen Stickstoffverbindungen und Kohlenhydraten wurden gefunden:

	Gesamtstickstoff %	Stickstoff in Form von Albumin %	Reinprotein %	Basen %	Ammoniak %	Asparagin %	Kohlenhydrate = Glykose %	Organ. Stoffe %	Asche %
In 100 ccm Saft	0,1695	0,0174	0,0247	0,0223	0,0092	0,0102	0,874	2,878	0,042
Oder in Proz. des Gesamtstickstoffs . . .		10,3	14,6	13,2	5,4	6,0	—	—	—

Der Gehalt an Asparagin ist gegenüber anderweitigen Untersuchungen etwas gering.

Die Trockensubstanz des Faserrückstandes ergab 3,84% Gesamtstickstoff, 4,06% Fett, 6,99% Pentosane, 16,41% Rohfaser und 9,16% Asche.

Neben Asparagin fand sich auch etwas Tyrosin und in dem Bleiniederschlag eine schwefelhaltige Substanz, die aber nicht mit Cystin oder Thiomilchsäure identisch war.

B. Tollens und E. Busolt[1]) haben nachgewiesen, daß sich im Spargelsaft beim Aufbewahren unter dem Einfluß von Organismen oder Enzymen Mannit bildet, der durch das Eindampfen des filtrierten Saftes und Krystallisierenlassen gewonnen und an seinem Schmelzpunkt und optischen Verhalten erkannt werden kann. Frischer oder sterilisierter Spargelsaft liefert keinen Mannit.

Über Büchsenspargel vgl. weiter unten S. 843 u. f.

Veränderungen der Spargel beim Aufbewahren. Wenn Spargel nach dem Stechen an der Luft liegen bleiben, so färben sie sich rot und schrumpfen ein. Um das zu verhindern und um sie einige Tage frischhalten zu können, pflegt man sie wohl an einem dunklen Ort in klares kaltes Wasser zu legen. Hierdurch aber nehmen die Spargel, wie K. Windisch und Ph. Schmidt[2]) nachgewiesen haben, nicht unerheblich Wasser auf (in 4—5 Tagen 7,5—12,6 g Wasser für 100 g Spargel), verlieren dagegen wenn auch nicht sehr große, so doch merkliche Mengen Nährstoffe, besonders stickstoffhaltige und unorganische Stoffe, auch Güte und Wohlgeschmack werden merklich herabgesetzt. Wenn die Spargel in einem kühlen Zimmer aufbewahrt werden, so erleiden sie vom 1. bis zum 6. Tage einen Verlust von 3,5—23,1%, wenn sie im Eisschrank aufbewahrt werden, dagegen in derselben Zeit nur einen Verlust von 1,4—9,7% Wasser. Die an der Luft im Zimmer aufbewahrten Spargel fangen schon nach einem Tage, die im Eisschrank aufbewahrten Spargel erst am 3. Tage an, sich rot zu färben. Durch Aufbewahren auf Eis lassen sich die Spargel allerdings 2—3 Tage frisch erhalten[3]), die in Wasser aufbewahrten sind aber minderwertig und müssen beim Verkauf als solche deklariert werden.

Zu denselben Ergebnissen und Schlußfolgerungen gelangt R. Schulz[4]); er fand, daß frische, nicht entschuppte Spargel, in kühlem Wasser aufbewahrt, in 3 Tagen bis 15,5%, entschuppte Spargel in derselben Zeit bis 17,0% Wasser aufnehmen. Die Abgabe an Extraktivstoffen an das Wasser schätzt er nicht so hoch, wie Windisch und Schmidt. Auch trat bei Spargel, der bei Kellertemperatur (13°) über feuchtem Sand in einer bedeckten Schale aufbewahrt wurde, während 6 Tage weder eine Zunahme noch Abnahme an Gewicht ein; ebenso hatte er nach 3 Tagen nichts von seinem guten Aussehen eingebüßt.

11. Gurken. Bei den Gurken bedarf die Bestimmung des Zucker seiner besonderen Erwähnung. Nach den Untersuchungen von Aderhold und Heintze[5]) kommt im Gurken-

[1]) Journ. f. Landw. 1911, **59**, 429; 1912, **60**, 393.

[2]) Zeitschr. f. Untersuchung d. Nahrungs- u. Genußmittel 1904, **8**, 352.

[3]) Das Einlegen in feuchte Erde bzw. feuchten Sand dürfte in derselben Weise wirken.

[4]) Zeitschr. f. Untersuchung d. Nahrungs- u. Genußmittel 1906, **11**, 535; vgl. hierzu Haupt, ebendort 1906, **12**, 673.

[5]) Zeitschr. f. Untersuchung d. Nahrungs- u. Genußmittel 1899, **2**, 161 u. 1903, **5**, 529.

preßsaft (ferner auch in Säften von Erd-, Heidel- und Stachelbeeren, von Kirschen und besonders von unreifen Äpfeln) ein harzartiger Körper vor, der Fehlingsche Lösung stark zu reduzieren und daher einen höheren Zuckergehalt, als wirklich vorhanden, vorzutäuschen vermag. Der Körper läßt sich durch Zusatz von 3—4 Teilen Alkohol zu 1 Teil Saft nur dann ausfällen, wenn man letzteren vorher neutralisiert hat; in sauren Säften wird er durch 3 bis 4 Teile Alkohol nicht ausgefällt, während die Pektinstoffe, die übrigens direkt nicht auf Fehlingsche Lösung wirken, schon durch Zusatz von 1 Teil Alkohol zu 1 Teil Saft ausfallen. Der durch Alkohol gefällte Körper löst sich wieder leicht in Wasser und läßt sich durch abermaliges Fällen und Wiederlösen usw. reinigen; er ist harzartig klebrig und schmeckt kratzig scharf. Durch Eindampfen der wässerigen Lösung und durch mehrstündiges Erwärmen bis 100° verliert der Körper seine reduzierenden Eigenschaften. Daher beeinträchtigt er in den vorgetrockneten Gurken bzw. Früchten in der Regel die Zuckerbestimmung nicht; dagegen muß er in den Säften erst nach der Neutralisation durch das 3—4fache Volumen Alkohol gefällt und die Zuckerbestimmung in dem alkoholischen Filtrat vorgenommen werden.

12. Artischocken (giftige). Vergiftungen durch den Genuß von gekochten Artischocken wurden von L. Barthe[1]) auf einen Bacillus zurückgeführt, der gemeinsam mit dem Koli-Bacillus die Artischocken befallen und ihre Farbe in eine blaugrüne verwandelt hatte. Normale gekochte Artischocken fingen, wenn sie mit den blau gewordenen zusammengebracht wurden, nach 6—7 Stunden an, sich auch zu bläuen; die Artischocken sollen, weil sie einen guten Nährboden für Bakterien abgeben, alsbald nach dem Kochen gegessen werden.

13. Tomaten. C. Montanari[2]) hält den roten Farbstoff der Tomaten, das Lycopin, für ein Polymeres von dem in den Möhren (S. 832) aufgefundenen Carotin $C_{26}H_{38}$. Nach Behandeln der von Haut, Samen usw. befreiten Tomaten mit Alkohol kann man durch Ausziehen mit Schwefelkohlenstoff den Farbstoff gewinnen, der nach dem Umkrystallisieren aus Benzol eine tiefrote Krystallmasse vom Schmelzpunkt 170° bildet. Mit Jod liefert er einen amorphen grünen Niederschlag von der Zusammensetzung $C_{52}H_{74}J_2$.

Willstätter, Mieg und Escher[3]) haben das Molekulargewicht des Farbstoffs kontrolliert und finden es zu 536 entsprechend der Formel $C_{40}H_{56}$ (vgl. S. 832).

M. Monti[4]) konnte in Tomatendauerwaren auch Glutaminsäure — aus 60 kg gewann er 80 g — nachweisen (I. Teil, S. 287).

Tomatenmus (bzw. -mark) und Chili - Sauce. Reife geschälte Tomaten werden zur gewünschten Konsistenz eingekocht und zur Entfernung der Samen durch ein Sieb geschlagen. Das so gewonnene Mus erhält einen Zusatz von Essig, Gewürzen und aromatischen Stoffen. In ähnlicher Weise wird aus Tomaten die sog. Chili - Sauce bereitet, nur mit dem Unterschiede, daß die Masse ungesiebt bleibt.

Diese Erzeugnisse werden nach Winton und Mitarbeitern[5]) mit Tomatenrückständen oder Stärkekleister versetzt und dann mit Teerfarbstoffen (Eosin, Ponceau, Tropäolin, Magenta u. a.) aufgefärbt. Als Frischhaltungsmittel pflegen Salicylsäure und benzoesaures Natrium angewendet zu werden.

W. Stüber[6]), der verschiedene Tomaten und reine Tomatensäfte untersuchte, gibt an, daß zur Bestimmung der Trockensubstanz durch das übliche Trocknen eine völlige Gewichtsbeständigkeit nicht zu erzielen sei und daß für die Zuckerbestimmung die vorherige Nichtentfärbung keinen ins Gewicht fallenden Fehler bedinge[7]). Die Fructose

---

[1]) Zeitschr. f. Untersuchung d. Nahrungs- u. Genußmittel 1901, **4**, 381.

[2]) Ebendort 1905, **9**, 611.

[3]) Ebendort 1909, **17**, 464; 1911, **21**, 253.

[4]) Chem. Zentralbl. 1912, **1**, 501.

[5]) Zeitschr. f. Untersuchung d. Nahrungs- u. Genußmittel 1906, **11**, 230.

[6]) Ebendort 1906, **11**, 578.

[7]) Vgl. A. Kickton, Zeitschr. f. Untersuchung d. Nahrungs- u. Genußmittel 1906, **11**, 65.

waltet gegen die Glykose in den Säften vor. Als Säure nimmt er nur Citronensäure an; Wein-, Äpfel und Bernsteinsäure konnten nicht nachgewiesen werden.

Auch Formenti und Scipiotti[1]), die ebenfalls eine Anzahl Tomaten und reine Tomatensäfte untersuchten, halten die Säure im wesentlichen für Citronensäure[2]) und bestimmen sie in der Weise, daß sie 10 g Saft mit Wasser zu 500 ccm verdünnen, filtrieren und 50 ccm des Filtrats mit $^1/_{10}$ N.-Natronlauge unter Zusatz von 1 ccm Phenolsphthaleinlösung titrieren. Ist das Filtrat zu stark gefärbt, so prüft man gegen Ende mit empfindlichem Lackmuspapier. Sie geben an, daß man für die Bestimmung der Trockensubstanz bis zur Gewichtsbeständigkeit 15—20 Stunden bei 110° trocknen müsse, wobei dann außer Wasser auch flüchtige Stoffe verloren gehen. Die Asche muß durch Verkohlen der Substanz (5 g) und Auslaugen der Kohle mit Wasser (1. Teil, S. 476) usw. bestimmt werden. Vielfach enthalten die Tomatensäfte auch große Mengen Kochsalz; es kann durch Verkohlen einer neuen Probe und Ausziehen der Kohle mit Wasser in dem wässerigen Auszuge wie üblich bestimmt werden. Die Bestimmung von Stickstoff, Kohlenhydraten und Rohfaser geschieht wie üblich. Auf Farbstoff prüfen Formenti und Scipiotti in der Weise, daß sie 25 g Saft mit 100 ccm Wasser in eine Porzellanschale geben, mit Salzsäure ansäuern und etwa 3 Minuten lang kochen, nachdem einige Fäden entfetteter Baumwolle hineingelegt sind. Die herausgenommene Wolle wird in mit Salzsäure angesäuertem kochendem Wasser gut ausgewaschen, mit ammoniakhaltigem Wasser entfärbt und die Farbe nachher auf neuer Wolle fixiert. Diese zeigt bei natürlichem Tomatensaft eine gelbe bis citronengelbe Färbung, färbt sich dagegen bei künstlicher Färbung mit Teerfarbstoff rot bis rosa. Als solcher wurde in einzelnen Fällen Eosin und Erytrosin gefunden.

Bei der Prüfung auf Salicylsäure, die nicht selten zur Haltbarmachung zugesetzt wird, ist zu berücksichtigen, daß die Tomaten und ihre Säfte ebenso wie andere Fruchtsäfte eine Substanz (bis 2 mg in 1 kg) enthalten, welche die Reaktion mit Eisenchlorid gibt; 5—10 g Saft werden mit Schwefelsäure angesäuert und 4—5 mal mit einem Gemisch von Äther und Petroläther zu gleichen Teilen ausgezogen; das Äthergemisch wird eingedampft, der Trockenrückstand mit kochendem Wasser aufgenommen und diese Lösung nochmals mit Äther ausgezogen. Den jetzt verbleibenden Rückstand nimmt man mit Wasser auf, füllt auf ein bestimmtes Volumen auf und bestimmt darin die Salicylsäure colorimetrisch.

Zur Bestimmung der Benzoesäure verfährt man anfänglich in derselben Weise, verdampft das Äthergemisch aber nicht ganz im Wasserbade zur Trockne, sondern zuletzt mit Hilfe eines Luftstromes. Den Rückstand nimmt man mit 50 ccm Wasser auf, setzt 1 ccm syrupöse Phosphorsäure zu und destilliert die Benzoesäure im Wasserdampfstrome ab. Das Destillat wird filtriert und das Filtrat im Scheidetrichter mit Äther ausgeschüttelt. Letzterer wird bis zu etwa $^2/_3$ bei mäßiger Temperatur verdunstet und der Rest in einem gewogenen Becherglase bei gewöhnlicher Temperatur mittels eines Luftstromes entfernt, der Rückstand über Schwefelsäure getrocknet und gewogen[3]).

Wenn die Tomatendauerwaren in verzinnten Blechdosen aufbewahrt werden, so enthalten sie auch durchweg mehr oder weniger Zinn. Formenti und Scipiotti verfahren zur Bestimmung des Zinns in den Tomatendauerwaren wie folgt:

Man trocknet die Substanz bis zur Gewichtsbeständigkeit und pulvert sie dann grob. 10 g des Pulvers werden darauf in einen Erlenmeyer-Kolben gebracht, auf dessen Öffnung ein Trichter

[1]) Zeitschr. f. Untersuchung d. Nahrungs- u. Genußmittel 1906, **12**, 283. Hier findet sich auch eine Beschreibung der Darstellung verschiedener Tomatensäfte.

[2]) J. M. Albahary (Zeitschr. f. Untersuchung d. Nahrungs- u. Genußmittel 1909, **17**, 472 u. 1910, **18**, 162) will jedoch in Tomaten 0,48% Äpfelsäure, 0,09% Citronensäure, Wein-, Oxal- u. Bernsteinsäure nur in Spuren gefunden haben.

[3]) P. Guarnieri (Zeitschr. f. Untersuchung d. Nahrungs- u. Genußmittel 1908, **15**, 310) gibt ein ähnliches Verfahren zur Bestimmung der Salicylsäure und Benzoesäure in Tomatendauerwaren an.

gesetzt wird, dann werden 50 ccm Salpetersäure (spez. Gewicht 1,4) zugegossen und schließlich auf einer Asbestplatte leicht erwärmt. Sobald die Reaktion aufgehört hat — sie ist um so heftiger, je feiner gepulvert die Substanz ist —, werden weitere 10 g Substanz und noch 50 ccm Salpetersäure hinzugefügt und über kleiner Flamme erwärmt. Nach 12stündigem Stehenlassen ist gewöhnlich die ganze Substanz gelöst, anderenfalls setzt man noch ein wenig Säure hinzu und erhitzt bis zur Zerstörung der gesamten organischen Substanz. Der Inhalt des Kolbens, auf dessen Boden sich ein Niederschlag aus Kieselsäure und Metazinnsäure abgelagert hat, wird auf dem Wasserbade in einer Porzellanschale bis zur Sirupdicke eingedampft. Man nimmt dann mit Wasser auf, bringt den Niederschlag auf ein Filter von bekanntem Aschengehalt, glüht im Platintiegel und behandelt mit Fluorammonium oder Flußsäure zur Entfernung der Kieselsäure. Den Rückstand wägt man als Zinnoxyd. Aus den Versuchen ergab sich, daß der Rückstand nicht die gesamte Metazinnsäure enthielt; trotzdem lieferte dieses Verfahren, immer in derselben Weise ausgeführt, zum Vergleich für die verschiedenen Säfte durchaus geeignete Ergebnisse.

Tomatenmischungen. Unter 9 Tomatendauerwaren, die im nördlichen Brasilien verkauft wurden, fand E. Ackermann[1]) nur eine unvermischte. Die anderen 8 waren stark kochsalzhaltig, teils mit anderen Früchten vermischt und mit Karmin gefärbt, teils kartoffelstärkehaltig und in Gärung begriffen.

Beurteilung von Salicylsäure in Tomaten. Auf dem internationalen Kongreß für angewandte Chemie in Rom 1907[2]) wurde der Vorschlag von Ferreira da Silva, Tomatendauerwaren, die nur 10 mg Salicylsäure enthalten, nicht als mit Salicylsäure versetzt anzusehen, angenommen, aber auf dem Internationalen Kongreß für Lebensmittelhygiene und rationelle Ernährung in Paris wurde der Vorschlag abgelehnt.

14. Spinat. Der Spinat wird, weil organisch gebundenes Eisen besser als eine unorganische Verbindung wirken soll, vielfach als blutbildendes Mittel für Bleichsüchtige empfohlen. O. v. Czadek[3]) hat daher versucht, durch künstliche Düngung mit Eisenoxydhydrat den Eisengehalt des Spinats zu erhöhen, und hat bei Versuchen in Töpfen gefunden:

Düngung	Ungedüngt	0,5%	2% Eisenoxydhydrat
Eisengehalt in der Trockensubstanz des Spinats	0,03%	0,18%	0,23%

Für gewöhnlich dürfte aber genügend Eisen im Boden sein, um die Pflanzen je nach Bedarf mit ihm versorgen zu können.

H. Serger[4]) gibt in der Trockensubstanz von Spinat im Mittel 0,10% Eisen an, wovon der größte Teil an Chlorophyll gebunden ist und mit verdünntem Alkohol ausgezogen werden kann.

Nach E. Haensel[5]) schwankt der Eisengehalt der Trockensubstanz von Gemüsen und Früchten zwischen 0,0003 (Bananen) bis 0,0715% (Kohlrabiblätter); durchweg wird Spinat für die eisenreichste der als Nahrungsmittel dienenden Pflanzen gehalten. Das trifft aber nach Haensels Untersuchungen nicht zu; er fand für die Trockensubstanz von Spinat 0,0355%, von Winterkohl 0,0557%, von Kopfsalat 0,0540% Eisen.

15. Grünkohl. K. Yoshimura[6]) hat aus 50 kg frischem Kohl Basen, nämlich etwas Histidin, 0,7 g Arginin, 0,2 g Lysin, 0,3 g Cholin und 0,1 g Betain (?) gewonnen. Der von äußeren grünen Blättern befreite Kohl wurde in Stückchen zerschnitten und zweimal stark ausgepreßt. Die vereinigten Flüssigkeiten (ungefähr 25 l) wurden mit Bleiessig versetzt, wodurch Proteine, organische Säuren und andere Verunreinigungen entfernt wurden.

---

1) Chem. Ztg. 1900, **24**, 1115.

2) Zeitschr. f. Untersuchung d. Nahrungs- u. Genußmittel 1908, **15**, 418.

3) Ebendort 1904, **8**, 441.

4) Ebendort 1907, **13**, 711.

5) Biochem. Zeitschr. 1909, **16**, 9.

6) Zeitschr. f. Untersuchung d. Nahrungs- u. Genußmittel 1910, **19**, 253.

Das klare Filtrat wurde durch Zusatz von Schwefelsäure vom Blei befreit, dann mit soviel Schwefelsäure angesäuert, bis die Flüssigkeit davon ungefähr 5% enthielt, und hierauf mit einer 50 prozentigen Lösung von Phosphorwolframsäure gefällt. Der Niederschlag wurde nach 2 Tagen abgesaugt, mit 5 proz. Schwefelsäure ausgewaschen, in Wasser verteilt und mit einem Überschuß von Barythydrat verrieben; das Gemisch wurde nach 24 Stunden abgesaugt, der Rückstand wieder in Wasser verteilt und mit Barythydrat verrieben. Diese Behandlung wurde dreimal wiederholt. Die vereinigten Filtrate wurden durch Kohlensäure vom Barium befreit und nach I. Teil, S. 291 bzw. 292, weiterbehandelt.

16. Blumenkohl. Tollens und Dmochowski[1]) haben im Blumenkohl unter den Kohlenhydraten Glykose, Fructose, Pentosane und Methylpentosane nachgewiesen; E. Busolt[2]) gelang indes der Nachweis von Glykose nicht, dagegen fand er in ihm, wie Tollens im Spargelsaft, Mannit.

In einem weißen Emailletopf mit Deckel wurden 1300 g Substanz im lebhaft siedenden Wasserbade 4—5 Stunden mit 2600 ccm Wasser bis zum Erweichen erhitzt. Die Extraktionsflüssigkeit wurde von dem Rückstande abgepreßt und ihr zwei Eßlöffel Calciumcarbonat zur Bindung der sich beim Eindampfen etwa bildenden organischen Säuren zugesetzt. Dann wurde sie auf dem Wasserbade bei einer Temperatur von 50—52° unter zeitweiligem Rühren zum dünnen Sirup eingedunstet. Zur Abtrennung der vorhandenen Gummi- und Dextrinstoffe wurde der erhaltene Sirup unter gutem Rühren nach und nach mit etwa 4 l 80 proz. Alkohol versetzt. Nach ungefähr 24 Stunden wurde die hellgelbe alkoholische Flüssigkeit durch Filtrieren von dem niedergeschlagenen Gummi getrennt und sodann bei einer Temperatur von ca. 35° auf dem Wasserbade zur dünnen Sirupkonsistenz eingedampft. Dann wurden zu diesem Sirup allmählich unter gutem Durchschütteln ca. 3 l 96 proz. Alkohol hinzugesetzt. Die alkoholische Flüssigkeit wurde sofort von dem sich sogleich abscheidenden Gummi abfiltriert und in einer großen flachen Kristallisationsschale zum Eindunsten hingestellt.

Es schieden sich zu Aggregaten vereinigte Nädelchen aus, die sich nach ihrem Schmelzpunkt (166,5°), nach dem optischen Verhalten (in wässeriger Lösung inaktiv, in Boraxlösung aktiv) sowie nach der Elementarzusammensetzung usw. als Mannit erwiesen.

Busolt ist der Ansicht, daß der Mannit ursprünglich im Blumenkohl vorhanden ist.

Anmerkung. Auch in grünem Schnittbohnensaft konnte Busolt Mannit nachweisen, aber erst nach 8 tägigem Stehen des Saftes an der Luft, so daß auch hier wie beim aufbewahrten Spargelsaft der Mannit unter dem Einfluß von Organismen oder Enzymen sich nachträglich gebildet hat.

Kohlsorten aller Art werden häufig durch Bakterien beschädigt. Teils handelt es sich um Naßfäule, die in dem auf S. 824 beschriebenen Bild erscheint und entweder nur eng umgrenzte Flecken erzeugt oder tiefgreifende Zerstörungen hervorruft, teils tritt die durch Pseudomonas campestris Pam. hervorgerufene Gefäßbacteriose ein, bei der die Blattrippen der Blätter, auch die Gefäßbündel der Kohlrabi sich schwarz färben, die Blätter vergilben und zusammentrocknen.

Auch Botrytis cinerea ruft zuweilen eine, aber meist auf die äußeren Blätter beschränkte Fäulnis hervor.

17. Lattichsalat. Dymond will in Latticharten ein dem Hyoscyamin ähnliches mydriatisches, die Pupillen erweiterndes Alkaloid gefunden haben, z. B. in Lactuca sativa 0,02%; Farr und Wright[3]) konnten in Lactuca virosa 0,028% eines solchen Alkaloids nachweisen. Soll in den Salatarten die Citronensäure bestimmt werden, so verfährt man sinngemäß nach I. Teil, S. 462ff.

---

1) Journ. f. Landwirtschaft 1910, **58**, 27.

2) Ebendort 1913, **61**, 153.

3) Zeitschr. f. Untersuchung d. Nahrungs- u. Genußmittel 1904, **8**, 442.

Anhaltspunkte für die Beurteilung der Wurzelgewächse und Gemüse.

a) Nach der allgemeinen Beschaffenheit.

1. Die Art und Beschaffenheit der Wurzelgewächse und Gemüse bzw. deren Teile müssen ihrer Bezeichnung entsprechen, d. h. der Pflanze entstammen, als welche sie ausgegeben werden. Die Unterschiebung von minderwertigen Ersatzpflanzen oder deren Teilen ohne Deklaration ist als Verfälschung anzusehen. Die Beimengung gesundheitsschädlicher Pflanzen ist selbstverständlich verboten und strafwürdig.

2. Die Wurzelgewächse und Gemüse bzw. deren Teile dürfen nur im markt- und genußfähigen Zustande (der üblichen Entwicklungsstufe) feilgehalten und verkauft werden; sie müssen ein frisches Aussehen und natürliche Farbe besitzen, sie dürfen nicht welk, faulig oder schimmelig sein, sowie keinen Schmutz und Staub enthalten.

3. Mit Pflanzenkrankheiten behaftete Wurzelgewächse und Gemüse dürfen nicht in den Verkehr gebracht werden, wenn nicht ausdrücklich festgestellt ist, daß derartige befallene Pflanzen die Genußfähigkeit und Gesundheit des Menschen, nachdem sie der üblichen Zubereitung im Hause unterworfen sind, in keiner Weise mehr schaden.

4. An den Gewächsen dürfen keine Schnecken, Würmer, Maden und Insekten haften oder von diesen angefressene Stellen in größerer Menge vorhanden sein.

5. Kartoffeln dürfen nicht ausgewachsen sein und auch keine abgerissene Keimentwickelungen aufweisen.

6. Die chemische Untersuchung auf Nährwert kommt wohl nur für Verpflegungsanstalten in Betracht, oder wenn es sich um Feststellung der Verdorbenheit und einer äußeren Beschädigung, z. B. durch saure Rauchgase, giftigen bzw. schädlichen Hütten- bzw. Fabrikstaub, handelt.

Hierbei ist zu berücksichtigen, daß Gemüse, die fortgesetzt unter dem Einfluß von sauren Rauchgasen oder Metallsulfaten gewachsen sind, bei anhaltendem Genuß für Menschen (besonders bei Kindern) ebensogut wie für Tiere schädlich auf die Knochenbildung wirken können.

b) Beurteilung der frischen Gemüse nach der Rechtslage[1]).

Verdorbene Bohnen (angeblich nicht zum Verkauf bestimmt). Der Angeklagte führte in seiner Revisionsbegründung aus, er habe von vornherein erklärt, daß er die Bohnen nur zum Aussuchen verkaufe, und damit zum Ausdruck gebracht, daß er nur denjenigen Teil der Ware als Eßware feilbieten und verkaufen wolle, der noch zum Essen zu gebrauchen sei.

Es kommt nicht darauf an, ob der Angeklagte subjektiv die Bohnen als Eßwaren verkaufen wollte, vielmehr ist zur Anwendung des § 367 Nr. 7 StGB. ausreichend, daß Waren, die objektiv Eßwaren sind, — was bei Bohnen zweifellos zutrifft — als solche im verfälschten oder verdorbenen Zustande feilgehalten oder verkauft werden. Die Revision wurde verworfen.

OLG. Köln, 13. Januar 1896.

Verdorbene Spargel. In bedenkenfreier Weise hat die Strafkammer angenommen, daß der Genuß der vom Angeklagten verkauften Spargel mit Rücksicht darauf, daß sie modrig und faulig rochen, beim Zerschnitt staubig und an einzelnen Stellen mit Schimmelpilzen überzogen waren, geeignet war, die menschliche Gesundheit zu beschädigen. Der Angeklagte hat beim Verkauf fahrlässig gehandelt. §§ 12^1, 14 NMG.

Preuß. Kammerger. 7. Mai 1903.

Faule Gurken. Nach dem Gutachten des ärztlichen Sachverständigen sind faule Gurken in hohem Grade gesundheitsschädlich, da deren Genuß Magen- und Darmkatarrh zur Folge haben kann. Dieser Erfolg trete auch bei Gurken ein, die über ein Drittel angefault seien, da alsdann auch das übrige von der Fäulnis infiziert sei.

---

[1]) Bearbeitet von Prof. Dr. C. A. Neufeld-Würzburg.

Der Angeklagte hätte sich als Gurkenhändler und Sachverständiger der schädlichen Folgen des Genusses fauler Gurken bewußt sein müssen. Vergehen gegen § 12^1 NMG.

Strafk. b. AG. Waldenburg, 21. März 1893.

Kartoffeln. Unreife Kartoffeln. Nach dem Gutachten des ärztlichen Sachverständigen ist der Genuß unreifer Kartoffeln geeignet, die menschliche Gesundheit zu schädigen. Verurteilung aus §§ 12^1 und 14 NMG.

LG. Würzburg, 31. August 1891.

Erfrorene Kartoffeln. Nach dem Gutachten des ärztlichen Sachverständigen sind erfrorene Kartoffeln, auch wenn sie nicht in Zersetzung übergegangen sind, unverdaulich, und ihr Genuß muß Erbrechen und sonstige Magenbeschwerden zur Folge haben. Wenn sie aber von der alsbald eintretenden fauligen Zersetzung ergriffen werden, sind sie noch mehr geeignet, die Gesundheit zu schädigen, indem sie in diesem Zustande heftige katarrhalische Magenbeschwerden und Durchfälle notwendig hervorrufen.

Das Gericht war der Überzeugung, daß die Angeklagten vermöge ihrer Sachkunde als Kartoffelhändler die Gesundheitsgefährlichkeit der Kartoffeln, soweit dieselben erfroren waren, sehr wohl beim Verkauf gekannt haben, und nahm demnach ein Vergehen gegen § 12^1 NMG. als vorliegend an. Gleichzeitig wurden aber auch nach der Sachlage die Tatbestandsmerkmale des Betrugs (Erregung eines Irrtums durch Vorspiegelung der falschen Tatsache, daß die Kartoffeln durchweg gut seien usw.) als gegeben erkannt. § 263 StGB. und §§ 10^2, 12 NMG. Die Revision wurde verworfen.

RG., 13. Mai 1890.

Faule Kartoffeln. Die völlig in Fäulnis übergegangenen Kartoffeln zeigten beim Durchschneiden eine schwarze Schnittfläche, während sich auf der Außenseite schon Pilze gebildet hatten.

Nach dem Gutachten des Sachverständigen ist der Genuß so hochgradig verfaulter Kartoffeln der menschlichen Gesundheit schädlich. Wenn nun auch niemand so ganz verdorbene Kartoffeln essen wird, so liegt doch schon darin eine Gefahr, daß die Krankheit, welche durch Pilze in den Augen der Kartoffeln entsteht, sich von den kranken auf die mit ihnen in Berührung kommenden gesunden Früchte überträgt und daß bei den letzteren die äußere Konsistenz und das Aussehen noch ganz gut sein können, während sie im Innern schon krank sind. Schon der Genuß derartiger Kartoffeln ist der menschlichen Gesundheit schädlich. Verurteilung wegen wissentlichen Verkaufs verdorbener Nahrungsmittel unter Verschweigung dieses Umstandes aus § 10^2 NMG.

Strafk. b. AG. Neustettin, 30. Januar 1891.

Herstellung von Bratkartoffeln mit zurückgebliebenem Speisefett usw. Die Gäste einer Speisewirtschaft dürfen sich darauf verlassen, daß weder bei der Zubereitung von Bratkartoffeln von anderen Gästen zurückgebliebenes Saucen- und Fleischfett verwendet wird, noch daß ihnen Bohnen- und Gurkensalat vorgesetzt wird, der von anderen Gästen übrig gelassen ist. Alle diese Überreste sind, weil von Eßinstrumenten anderer Personen berührt, mit dem Speichel dieser Personen durchsetzt und verändern dadurch die innere Beschaffenheit des Nahrungsmittels, und zwar diejenige, die das Publikum als normale vorauszusetzen berechtigt ist. Diese Nahrungsmittel sind dadurch verschlechtert, also verfälscht. § 10^2 NMG.

LG. Hamburg, 14. April 1909.

Kartoffelbrei mit Phosphorzündhölzern. Der Angeklagte hatte aus Rache einige Phosphorzündhölzer in den Kartoffelstopfer (Kartoffelbrei) getan.

Nach dem ärztlichen Gutachten war die beigemengte Quantität Phosphor so gering, daß der Genuß des Breies höchstens einen Magenkatarrh herbeizuführen geeignet war. Verurteilung aus § 12^1 NMG.

LG. Fürth, 6. Mai 1891.

Tomatenpüree mit Zusatz von rotem Rübensaft und rotem Teerfarbstoff. Der rotfärbende Rübenzusatz wurde hergestellt aus einer Art Karotte, die der Angeklagte besonders gezüchtet hatte. Der Angeklagte nahm zunächst 5% Rübenzusatz zu seinem Fabrikat. Da der Zusatz nicht die gewünschte Färbung im befriedigenden Maße zeitigte, so setzte der Angeklagte noch ein geringes Quantum Teerfarbstoff hinzu. Auf die Deckel der das Püree enthaltenden Blechbüchsen klebte er Zettel mit der Aufschrift: „Unschädlich mit Nantaisern künstlich gefärbt“. Diese änderte er später folgendermaßen um: „Unter Garantie unschädlich leicht künstlich gefärbt, mit Zusatz von etwa 5% Nantaiserrüben“.

Es unterliegt keinem Zweifel, daß objektiv eine Verfälschung des Tomatenpürees vorliegt. Die rote Farbe des Pürees ist keine natürliche, sondern eine künstliche, hervorgerufen durch den Zusatz von Teerfarbstoff und Rübenbrei. Wenn nun auch dem Publikum bekannt ist, daß die rote Farbe des Tomatenpürees eine künstliche ist, so ist ihm doch nicht bekannt, daß das Tomatenpüree mit Rübenbrei versetzt ist. Es ist in dem Glauben, reines Tomatenpüree zu erhalten und kein mit Rübenbrei verdünntes und verschlechtertes.

Da der Angeklagte jedoch nach Ansicht des Gerichtes dieses Fabrikat nicht unter Verschweigung dieses Umstandes und zum Zwecke der Täuschung in den Verkehr gebracht hatte, und durch die Deklaration vollständig den gesetzlichen Erfordernissen Genüge geschehen war, wurde der Angeklagte freigesprochen.

LG. III Berlin, 29. Juni 1912.

(Zeitschr. f. Untersuch., Beilage, 1913, 189.)

Verwertung von beanstandeten Wurzelgewächsen und Gemüsen.

Wurzelgewächse oder Gemüse, welche wegen zu früher oder zu später Entwickelung beanstandet sind, können durchweg ohne weiteres zur Fütterung von Vieh verwendet werden. Verdorbene oder von Krankheiten befallene Gewächse können durch Kochen, Dämpfen oder Darren für die Tierfütterung geeignet gemacht werden, wenn die Krankheitskeime für die Tiere an sich nicht gesundheitsschädlich sind oder durch die Zubereitung sicher abgetötet werden. Letzteres ist auch schon deshalb erforderlich, weil sonst die Keime durch Verfütterung der Träger derselben an Tiere leicht weiterverbreitet werden können. Hat man für die Vernichtung der Krankheitskeime von beanstandeten Gewächsen keine sichere Gewähr, so werden diese zweckmäßig verbrannt.

Gemüsedauerwaren.

Von den vier Verfahren zur Herstellung von Gemüsedauerwaren, nämlich:

> 1. Trocknen und Pressen derselben, 2. Sterilisieren und Abhaltung von Luft nach Appert, Weck u. a., 3. Einsäuern (Gurken, Weißkohl) und 4. Anwendung von Frischhaltungsmitteln (Einlagern in Essigsäure bei Gurken, roten Rüben, Zwiebeln, Möhren usw. als Mixed Pickles)

findet zurzeit das Wecksche Verfahren, nämlich Einkochen bzw. Sterilisieren durch Hitze mit Wasser bzw. im Saft ohne und mit Zusatz von etwas Kochsalz[1]), direkt in Gläsern und durch luftdichte Verschließung mittels Gummidichtung, die weiteste Verbreitung, weil sich die Art und Beschaffenheit des Inhaltes jederzeit leicht erkennen und äußerlich beurteilen läßt. Bei diesem Verfahren können aber ebenso wie bei den drei anderen Fehler aller Art auftreten, die teils in der Anwendung von fehlerhaften Rohstoffen, teils in einer fehlerhaften Ausführung des Verfahrens ihren Grund haben.

---

1) Der Zusatz von Kochsalz wird für die Sterilisation nicht für notwendig gehalten.

1. Die fehlerhafte Beschaffenheit verschiedener Rohstoffe ist schon vorstehend S. 818, 822, 831, 832, 834 und 839 angegeben.

2. Die durch die Herstellung bedingten Fehler können darin bestehen, daß

a) bei den Trockengemüsen das Wasser nicht genügend entfernt oder kein reiner Luftstrom angewendet ist;

b) bei den in Büchsen oder Glasgefäßen eingemachten Dauerwaren entweder keine genügende Sterilisation (Erhitzung) des Inhaltes oder keine genügende Abschließung der Gefäße gegen Luftzutritt stattgefunden hat;

c) bei der Einsäuerung nicht die erforderlichen Vorsichtsmaßregeln beobachtet wurden;

d) bei Einlegung in Essig (bzw. Weinessig) verbotene Frischhaltungsmittel angewendet wurden (vgl. II. Bd. 1904, S. 936).

3. Vorkommen von Schwermetallen (Blei, Zink, Zinn in Büchsengemüse, her rührend von der Verlötung oder Wandung (vgl. II. Bd. 1904, S. 935).

Besonders häufig ist in den Büchsengemüsen der Gehalt an Zinn. In 1 kg Büchsenspargel sind 119—600 mg Zinn gefunden; A. Friedmann[1]) findet in einem neuen Falle, in welchem der Genuß von Spargel Vergiftungserscheinungen hervorgerufen hatte, 290 mg Zinn für 1 kg Büchsenspargel und folgert aus den Beobachtungen, daß in diesem Falle der Zinngehalt die Ursache einer Erkrankung gewesen sein müsse. Wenn nicht häufiger Erkrankungen nach Genuß von zinnhaltigen Büchsengemüsen aufgetreten seien, so könne das nur so erklärt werden, daß nicht alle Menschen eine besondere Empfindlichkeit gegen kleine Zinnmengen besitzen.

4. Sehr weit verbreitet ist das Färben der Gemüsedauerwaren, weil sie beim Aufbewahren die natürliche Farbe mehr und mehr verlieren und verblassen. Zur Erhaltung der grünen Farbe verwendet man durchweg Kupfersulfat, vereinzelt auch Nickelsulfat, entsprechende Teerfarbstoffe und Spinatgrün, welches letztere erlaubt ist[2]). Trockengemüse, wie geschälte Erbsen, wird auch wohl poliert und gelb bzw. grün gefärbt (vgl. S. 636) oder gebleicht, wenn eine blaßweiße Farbe bei den Waren beliebt ist.

A. Beythien[3]) und Mitarbeiter haben in 10 Sorten von getrockneten Gemüsen (Julienne und Karotten) deutlich schweflige Säure (0,004—0,005% SO_2) nachweisen können, lassen aber unentschieden, ob sie von der Anwendung gasförmiger oder in Wasser gelöster schwefliger Säure herrührte.

H. Schmidt[4]) fand in 4 Proben Wirsing- und Weißkohl-Dörrgemüse 2,9, 6,0, 11,2 und 12,0 mg, in anderen Dürrgemüsen 0—6,0 mg schweflige Säure in 100 g Substanz. R. Sendtner[5]) untersuchte die Brühe und den festen Anteil von Büchsengemüse (Spargel, Erbsen, Perlzwiebeln) auf Gehalt an schwefliger Säure und erhielt für den Inhalt einer Büchse:

Bruhe	Feste Dauerware	Ganzer Inhalt
10,5—164,0 mg	28,0—407,0 mg	38,5—483,0 mg SO_2.

5. Das Verfärben der Gemüsedauerwaren in Büchsen wird nach F. A. Norton[6]) in den meisten Fällen durch Sulfide der Schwermetalle verursacht. Der Schwefelwasser-

---

[1]) Zeitschr. f. Hygiene u. Inf.-Krankh. 1913, **75**, 55.

[2]) Dürien untersuchte (Zeitschr. f. Nahrungs- u. Genußmittel 1904, **7**, 313) einen Farbstoff für Gemüsedauerwaren, welcher einen Sirup von dunkelgrünem Aussehen bildete, Alkohol sowie reduzierenden Zucker enthielt und vorwiegend neben einem methylanilingrünen Teerfarbstoff aus Chlorophyll bestand.

[3]) Zeitschr. f. Untersuchung d. Nahrungs- u. Genußmittel 1911, **21**, 669.

[4]) Arbeiten a. d. Kaiserl. Gesundheitsamte 1904, **21**, 226.

[5]) Archiv f. Hygiene 1893, 430.

[6]) Zeitschr. f. Untersuchung d. Nahrungs- u. Genußmittel 1907, **14**, 425.

stoff kann auf verschiedene Weise gebildet werden, nämlich in seltenen Fällen durch die Tätigkeit von Bakterien infolge zu geringer Sterilisation, unter Umständen durch Zersetzung von Proteinen infolge zu starker und zu langer Sterilisation beim Einmachen, häufig durch Anwendung von Sulfiten beim Einmachen, die durch Metalle (Zinn) reduziert werden. Die Pflanzensäuren lösen die Metalle (Zinn und Blei) und zersetzen die Sulfite, so daß die freie schweflige Säure von den Metallen reduziert werden kann. Deshalb dürfen bei Einmachen von säurehaltigen Vegetabilien keine Sulfite verwendet werden.

Verderben von Gemüsedauerwaren.

Rud. Aderhold[1]) untersuchte 10 Proben verdorbener Gemüsedauerwaren, die nach dem Weckschen Verfahren eingemacht waren. Die Dauerwaren selbst waren wenig verändert, die Brühe aber war trübe und sauer. Je 10 ccm erforderten zur Neutralisation:

	Spargel	Schnittbohnen	Mohrrüben	Erbsen
$^1/_{10}$ N.-Alkali	1,6—2,8 ccm	4,5 ccm	2,3 ccm	1,5—9,6 ccm
Geruch	säuerlich	faulig-säuerlich	rein, süßlich	nach Buttersäure

In den Dauergemüsen wurden verschiedene Arten von Mikroben gefunden; sie waren aber sämtlich abgestorben; Sporen waren nicht vorhanden. Es gibt für eine bestimmte Gemüseart weder spezifische Gemüsezerstörer, noch spezifische Gemüsezerstörer überhaupt; mit Ausnahme bei Mohrrüben konnte das Verderben auf einen einzigen Organismus zurückgeführt werden.

Auch A. Casali[2]) stellte in verdorbenen Büchsenerbsen — nach Apperts Verfahren bereitet — Buttersäure fest und schließt, daß sie durch den Erreger der Buttersäure-Gärung verdorben waren.

K. v. Wahl[3]) kommt zu teilweise anderen Ergebnissen bei den bakteriologischen Untersuchungen als Aderhold:

Bei selbsteingekochten Gemüsekonserven bestanden die Verderber aus Endosporen bildenden Stäbchen, die teils kahmige Decken bildeten, ohne weitere ins Auge fallende Veränderungen der Gemüse (Karotten, Erbsen) hervorzurufen, teils unter starker Gasbildung einen breiigen Zerfall der Konserven (Spargel) zur Folge hatten. — Ferner wurden Spargel, Erbsen, Pilze geprüft, die im Fabrikbetrieb verdorben und bombiert, d. h. bei denen die Büchsen durch Gasentwickelung aufgetrieben waren. Auch hier wurden überall Stäbchen als Verderber gefunden, deren Art und Wirkung verschieden war; breiiger Zerfall bei Bohnen, Spargel und Erbsen, von denen die Hülsen unversehrt geblieben waren. Auch der Geruch wechselte nach der Art der Verderber. Nur bei den Pilzen wurden ausschließlich Bakterien und keine Sporen gefunden, mit Ausnahme bei Champignons. Die in den bombierten Büchsen gebildeten Gase bestanden zu 40—50% aus Kohlensäure, der Rest aus brennbarem Gas, wahrscheinlich Wasserstoff. Durch Reinzucht wurde festgestellt, daß es eine große Zahl Gemüseverderber von sehr verschiedener Wirkung unter den Bakterien gibt. Von besonderem Interesse sind die den breiigen Zerfall hervorrufenden Formen, die die Mittellamelle der pflanzlichen Zellgewebe aufzulösen vermögen. In Konserven verschiedener Gemüsearten wurden niemals die gleichen Bakterienformen gefunden; dagegen fanden sich in solchen der gleichen Art, unabhängig von Herkunft usw., öfters die gleichen Verderber, in Spargel verschiedener Produktionsgebiete z. B. die gleiche, Mittellamellen lösende Form. Offenbar findet unter den den Gemüsen beim Einbringen in die Büchsen usw. anhaftenden Arten von Bakterien bzw. ihren die Sterilisation überdauernden Keimen eine natürliche Auslese statt, deren Ergebnis bedingt wird durch Dauer und Temperatur der Sterilisation und hauptsächlich durch die chemische Zusammensetzung der Konserven selbst. In Sporenform vermögen die isolierten Formen ein zweistündiges, diejenigen einer auf Karotten gefundenen Bakterie sogar ein dreieinhalbstündiges Kochen in Wasser zu überstehen. —

[1]) Centralbl. f. Bakteriologie 1899, II. Abt., **5**, 17.

[2]) Zeitschr. f. Untersuchung d. Nahrungs- u. Genußmittel 1902, **5**, 369.

[3]) Ebendort 1904, **7**, 313; 1904, **8**, 442; 1909, **17**, 479.

Obstkonserven, die zum Teil schon eine Reise nach Australien mitgemacht hatten, erwiesen sich als keimfrei; ein geringer Gasdruck, der vorhanden war, war zweifellos durch Einwirkung der Fruchtsäure auf das Büchsenmetall entstanden.

Weiter hat K. von Wahl gefunden, daß Sporen von Bakterien, welche die eingelegten Gemüse verdarben, durch Karottenabkochung eher als durch solche von Bohnen und von letzterer mehr als von der von Erbsen abgetötet werden. Da Karotten nur wenig Säure enthalten, will von Wahl die für Sporen schädliche Wirkung in ihrem höheren Zuckergehalt erblicken.

J. Beiser[1]) konnte aus dem Inhalt von 34 bombierten (aufgetriebenen) Konservenbüchsen 20 verschiedene Bakterienarten züchten, die in 27 Büchsen noch entwicklungsfähig, in 7 dagegen abgestorben waren. Von bekannten Bakterien wurden gefunden: Bacillus mycoides, Bacillus subtilis, Buttersäurebakterien, Bacillus brassicae acidae Conrad, Bacillus acidi lactici Hüppe und diesen ähnliche Arten; Bacillus botulinus und Proteus vulgare wurden nicht gefunden. Der Säuregehalt in allen bombierten Büchsen war gegenüber normalen Dauerwaren sehr hoch, der Druck in den Büchsen bis $3^1/_2$ Atm. Die Gase bestanden aus wechselnden Mengen Kohlensäure, Wasserstoff, Stickstoff und wenig Sauerstoff. Von den Gemüsen lassen sich Spinat und Sauerkraut am schwersten sterilisieren.

Harding und Nicholson[2]) wollen als Urheber des Verderbens von Erbsendauerwaren eine Stäbchenbakterie nachgewiesen haben, deren Sporen hitzebeständig sind, aber bei 115,5° zugrunde gehen. Die Erbsen werden sauer oder es tritt in ihnen eine von unangenehmem Geruch begleitete starke Gasgärung auf, die ein Auftreiben der Büchsen zur Folge hat.

Haselhoff und Bredemann[3]) haben in bombierten Konserven drei Sporenbildner gefunden, die sie als Bac. asterosponis α, Bac. dilaboides und Bac. clostrioides bezeichnet haben.

Bohnensalat, der aus in Büchsen eingekochten Bohnen zubereitet war, hatte im Januar 1904 in Darmstadt die Erkrankung von 21 Personen, von denen 11 starben, zur Folge gehabt. Die Bohnen hatten nur einen etwas eigentümlichen Geruch gezeigt. G. Landmann[4]) konnte aus einem kleinen Rest des Bohnensalats einen sporenbildenden anaeroben Bacillus reinzüchten, der die größte Ähnlichkeit mit dem Bacillus botulinus van Ermengems hatte. Er erzeugte in Kulturen bei 24° ein sehr starkes Gift, das durch Einwirkung von Luft und Licht abgeschwächt wurde und durch einstündiges Erwärmen auf 75° vernichtet wurde. Man soll daher Büchsengemüse, auch wenn sich nichts Abnormes an ihnen wahrnehmen läßt, stets vor dem Gebrauch aufkochen.

Al. Kossowicz[5]) hat nachgewiesen, daß das Weichwerden der eingesäuerten Gurken durch Bacillus atrosepticus, Bacillus mesentericus vulgaris und Bacillus sinapivagus, welche Bakterien auch die Mittellamellen der Zellen aufzulösen vermögen, hervorgerufen werden kann, während dem Bacterium coli, wie Aderhold behauptet hat, und dem Bacterium vulgare diese Eigenschaft nicht zukommt. Dagegen konnte Kossowicz bei eingemachten, in faulige Gärung übergegangenen grünen Oliven, die häufig zur Herstellung von Mixed Pickles verwendet werden, als Ursache Bacterium coli feststellen, das sich wegen zu geringen (4 proz.) Salzgehaltes hatte entwickeln können. Das Bakterium entwickelt sich noch bei 10—12% Kochsalz, erst bei 15% tritt völlige Hemmung ein.

Das Weichwerden der Gurken kann man nach Al. Kossowicz (l. c.) durch Zusatz von Tannin oder durch 3—4tägiges Liegenlassen vor dem Einlegen und Waschen mit Salzwasser oder dadurch verhindern, daß man die aus gärendem Knoblauch oder aus gärenden Perlzwiebeln isolierten Milchsäurebakterien den einzusäuernden Gurken neben Knoblauch zusetzt, wodurch auch gleichzeitig eine normale Gurkensäuerung bewirkt wird.

In eingesäuertem Gemüse zerstören bei Aufbewahrung an der Luft Oidium lactis sowie Mycoderma- und Torulahefen allmählich die Milchsäure und ermöglichen auf diese Weise Fäulnisbakterien die Entwicklung.

---

[1]) Arch. f. Hygiene 1905, **54**, 107.

[2]) Zeitschr. f. Untersuchung d. Nahrungs- u. Genußmittel 1905, **9**, 612.

[3]) Landw. Jahrbücher 1906, **35**, 415.

[4]) Zeitschr. f. Untersuchung d. Nahrungs- u. Genußmittel 1905, **9**, 612.

[5]) Ebendort 1909, **17**, 480; 1910, **19**, 163; 1910, **20**, 98.

Erbsendauerwaren. In Büchsen eingemachte Zuckererbsen können nach Schwarz und Riechen[1]) bedeutende Mengen Saccharose enthalten, ohne daß sie gezuckert zu sein brauchen. Zwei als verdächtig, d. h. als künstlich gezuckert bezeichnete Proben Zuckererbsen ergaben 26,63 und 30,48% Zucker (als Saccharose berechnet) in der Trockensubstanz des Büchseninhaltes, in einer unter eigener Aufsicht hergestellten Probe aber wurde nicht weniger, nämlich 27,85% Zucker (Saccharose) gefunden, zwei andere Proben des Handels enthielten nur 2,69 und 14,3% in der Trockensubstanz, so daß der Zuckergehalt der Büchsen-Zuckererbsen wesentlich von der Art des Samens und der Zeit der Ernte abhängig sein wird, da durch das Einmachen in Büchsen, wenn es fehlerfrei ausgeführt ist, weder Zucker gebildet noch zerstört werden kann.

Frerichs und Rodenberg[2]) untersuchten eine größere Anzahl unreifer und in Büchsen eingemachter Erbsen sowie deren Brühe mit folgendem Ergebnis:

Erbsen	Trocken-substanz %	In der Trockensubstanz: Stickstoff-substanz %	Zucker %	Stärke usw. %	Asche %	Chlor-natrium %
Unreife . . .	13,46—22,17	26,34—33,14	2,48—28,37	26,70—53,42	3,19—4,55	—
Eingemachte .	16,67—21,32	26,39—31,56	4,13—16,25	35,35—50,05	3,00—4,30	—
		Berechnet auf Brühe				
Brühe	2,85— 5,32	1,09— 2,89	0,84— 1,92	Spur— 0,92	0,22—0,52	0,10—0,46

Bei den großen Schwankungen im Gehalte an Zucker, der ausschließlich aus Saccharose bestand, läßt sich eine Zuckerung der Erbsen nur nachweisen, wenn selbst bei längerem Aufbewahren der Erbsen kein Ausgleich im Zuckergehalt stattfindet, d. h. der Zucker in größerer Menge bis zum Gleichgewicht aus den Erbsen in die Brühe übertritt.

J. Kochs[3]) ermittelte die Mengen Extraktivstoffe, welche durch verschiedene Behandlung von Gemüsen mit Wasser für sich allein und unter gleichzeitigem Kochen gelöst werden; er fand für 1 kg Hülsenfrüchte:

	Grune, geschalte Erbsen	Grune Erbsen	Bohnen	Linsen
Extrakt . . .	32,60—62,30 g	6,13—30,85 g	8,79—36,96 g	4,57—39,47 g

Die geringsten Mengen lösten sich durch 1- und 2tägiges Einweichen in Wasser, die größten Mengen, wenn die eingeweichten Gemüse weiter $^3/_4$ Stunden gekocht wurden.

R. Krzizan[4]) beobachtete in gekupferten Büchsenerbsen Krystalle eines Doppelsalzes von Natriummono- bzw. bicarbonat mit Kupferoxydammoniakphosphat, wahrscheinlich dadurch entstanden, daß zum Einmachen Natriumbicarbonat, wie es häufig in Frankreich geschieht, verwendet, dieses durch Phosphorsäure gelöst war, das Ammoniak sich aber wahrscheinlich infolge fauliger Zersetzung gebildet habe, so daß auf diese Weise die Verbindung entstehen konnte.

H. Serger[5]) macht auf mehrere Erscheinungen bei Büchsengemüse aufmerksam, die durch Einwirkung der Gemüsebestandteile auf die verzinnte Blechwandung entstehen, so z. B. die Braunfärbungen oder braunen (bzw. schwarzen) Ablagerungen durch Zinnsulfid, das sich besonders bei sulfithaltigen Gemüsen, Obst und Pilzen leicht bildet. Korrosionen und Perforationen, selbst bei vernitierten (d. h. mit Kopal-Leinölfirnis überzogenen) verzinnten Blechen scheinen durch einen Gehalt an Oxalsäure und Sulfaten verursacht zu werden. In einem Falle war auch eine Durchlöcherung des sonst tadellosen

1) Zeitschr. f. Untersuchung d. Nahrungs- u. Genußmittel 1904, **7**, 550.

2) Ebendort 1906, **12**, 364.

3) Ebendort 1909, **18**, 278.

4) Zeitschr. f. öffentl. Chemie 1909, **15**, 31.

5) Zeitschr. f. Untersuchung d. Nahrungs- u. Genußmittel 1913, **25**, 465.

Bleches eingetreten, als man dem Büchseninhalt festes Kupfersulfat, wovon noch kleine Körnchen auf dem Bleche lagen, zugesetzt hatte. (Über die Untersuchung der Bleche vgl. unter „Gebrauchsgegenstände".)

Chemische Untersuchung.

Die chemische Untersuchung der Trockengemüse bedarf durchweg keiner besonderen Vorbereitung, weil nur der eßbare Teil getrocknet zu werden pflegt, also Abfälle sich nicht ergeben; sie müssen nur, um sie fein mahlen zu können, meistens noch vorgetrocknet werden (I. Teil, S. 23).

Bei den Büchsengemüsen wird durchweg nur der feste, eßbare Anteil untersucht; dieser wird dann, nachdem die Flüssigkeit (Brühe) abgegossen ist, gewogen und gerade wie frisches Gemüse (S. 817) behandelt. Soll auch die Brühe untersucht werden, so stellt man ebenfalls ihr Gewicht fest und verwendet aliquote Teile zu den einzelnen Bestimmungen; sollen fester Anteil und Flüssigkeit zusammen untersucht werden, so trocknet man den Inhalt eines Gefäßes zusammen ein oder verwendet Teile derselben im Verhältnis der ermittelten Gesamtgewichte, mischt und verarbeitet diese zusammen, gerade wie bei Büchsenfleisch (S. 86).

1. Die Bestimmung der einzelnen Bestandteile (Wasser, Stickstoff, Fett usw.) erfolgt sinngemäß wie bei den frischen Gemüsen bzw. nach den bei den verschiedenen Gemüsen besonders angegebenen Verfahren.

2. Für die Bestimmung des Zuckers in Büchsengemüse (Zuckererbsen) verfahren Schwarz und Riechen (l. c.) wie folgt:

Zunächst wird der Gesamtinhalt jeder Blechdose gewogen, und dann werden die Erbsen von dem in der Dose vorhandenen Saft durch freiwilliges Ablaufenlassen getrennt und das Gewicht dieses Saftes festgestellt. Von jedem der so erhaltenen beiden Anteile, Erbsen und Saft, ermittelt man dann den Gehalt an Trockensubstanz. Zum Zwecke der Zuckerbestimmung werden 200 g Erbsen in einer Reibschale gehörig zerkleinert und hierauf in einem Kolben mit 90 proz. Alkohol zweimal einige Zeit warm ausgezogen. Von den erhaltenen alkoholischen Filtraten destilliert man zunächst die größte Menge des Alkohols ab und dampft die übrigbleibende Flüssigkeit nach vorheriger Neutralisation in einer Porzellanschale auf dem Wasserbade zur Konsistenz eines dicken Sirups ein. Diesem Sirup fügt man nach und nach unter fortwährendem Umrühren eine hinreichende Menge 95 proz. Alkohol hinzu. Die in reichlicher Menge sich abscheidenden Dextrine werden nach einiger Zeit abfiltriert, wieder in Wasser gelöst und nochmals in derselben Weise mit Alkohol gefällt. Die vereinigten alkoholischen Filtrate werden wiederum vom Alkohol befreit und der Rückstand zur Dextrin-Fällung nochmals wie vorher behandelt. Aus der auf diese Weise erhaltenen, möglichst dextrinfreien, alkoholischen Zuckerlösung verjagt man zunächst den Alkohol und füllt die wässerige Lösung des Rückstandes unter Zugabe von 20 ccm Bleiessig auf 200 ccm entsprechend 200 g angewendeter Substanz auf. Das Filtrat wird zur Ausfällung des überschüssigen Bleiessigs um $^1/_{10}$ seines Volums mit gesättigter Natriumphosphatlösung vermehrt und das nunmehr erhaltene Filtrat zur Polarisation und Zuckerbestimmung benutzt. In derselben Weise wird auch der von den Erbsen getrennte Saft behandelt. Man dampft denselben nach vorheriger Neutralisation zur Extraktkonsistenz ein, fügt allmählich 95 proz. Alkohol hinzu und verfährt weiter, wie vorher beschrieben.

3. Nachweis von Mannit im Sauerkraut. Während Stift im Sauerkraut 0,45%, Kolbosenko 0,94% Glykose fanden, konnte E. Feder[1] in einigen Proben letztere nicht nachweisen, wohl aber an ihrer Stelle Mannit, der bekanntlich bei der Milchsäure-Gärung gebildet werden kann.

Das Sauerkraut wurde getrocknet und dann mit etwa 90 proz. Alkohol in einem Glaskolben am Rückflußfilter ausgekocht. Aus dem Auszuge schieden sich Krystalle ab, welche durch mehrfaches

---

[1]) Zeitschr. f. Untersuchung d. Nahrungs- u. Genußmittel 1911, **22**, 295.

Umkrystallisieren aus 90 proz. Alkohol (unter Zusatz von etwas Tierkohle) gereinigt wurden. Sie besaßen den Schmelzpunkt 166,5° C. Eine 2 proz. Lösung derselben in Wasser war optisch inaktiv, drehte jedoch nach Zusatz von etwa 5% Borax stark rechts. Ungefähr 2 g der Krystalle wurden mit etwa 10 g Essigsäureanhydrid 6 Stunden am Rückflußkühler zum Sieden erhitzt und das acetylierte Produkt durch Umkrystallisieren aus Alkohol gereinigt. Der Schmelzpunkt des erhaltenen Acetates betrug 118,5°, die Verseifungszahl 771 (berechnet 773).

Die Glykose bestimmte E. Feder in der Weise, daß er 50 g Sauerkraut erst zweimal mit kaltem, dann zweimal mit kochend heißem Wasser auszog, das Filtrat auf 500 ccm brachte, hiervon 400 ccm eindampfte, den Rückstand unter Zusatz von überschüssigem Bleiessig auf 50 ccm auffüllte und filtrierte; 25 ccm des Filtrates wurden durch Zusatz von Natriumphosphat von überschüssigem Blei befreit und wiederum auf 50 ccm aufgefüllt. Im Filtrat hiervon wurde der Zucker in bekannter Weise mit Fehlingscher Lösung bestimmt. E. Feder fand in 4 Proben Sauerkraut:

Wasser %	Stickstoff-Substanz %	Fett %	Milchsäure %	Zucker (2 Proben) %	Mannit %	Rohfaser %	Asche %	Kochs %
88,00—90,84	1,31—1,68	0,28—0,38	1,22—1,78	0,80—1,31	0,80—1,16	0,87—1,02	1,40—4,04	0,78—

4. Über den Nachweis der ***Frischhaltungsmittel*** vgl. I. Teil, S. 591, insonderheit der schwefligen Säure, S. 121, u. I. Teil, S. 599, der Salicylsäure S. 39, 241 u. I. Teil, S. 605.

5. Der ***Nachweis von Schwermetallen*** erfolgt im allgemeinen nach I. Teil, S. 497. Nur für den Nachweis von Kupfer, herrührend von einer Färbung mit Kupfersulfat, mögen hier noch einige Verfahren besonders mitgeteilt werden:

1. Kocht man die Kerne von grünen Büchsenerbsen[1]) in Probierröhrchen 3 Minuten mit 10 proz. Salzsäure, so färben sie sich nach A. Nikitin[2]) bei ungefärbten Erbsen braun bis schwärzlich, behalten dagegen bei mit Kupfersalz gefärbten Erbsen ihre anfängliche grüne Färbung bei, auch die Hülsen der letzteren bleiben hellgrün. Auf diese Weise sollen sich noch 0,025 g Kupfersalz auf 1 kg Erbsen — wenigstens bei den Hülsen — erkennen lassen.

2. Nach G. Rieß[3]) kann der Nachweis von Kupfer auch direkt in den Dauerwaren selbst nach Ansäuern mit Salzsäure durch blankes Eisen erfolgen; jedoch tritt die Kupferabscheidung durchweg erst nach 24 Stunden auf oder bleibt auch mitunter aus. Rieß verfuhr daher zum Nachweise von Kupfer in der Weise, daß er 50—100 g des Gemüses (Salzgurken) zerquetschte, in einer Platinschale mit etwas Wasser sowie etwa 10 ccm versetzte und durch die Mischung einen elektrischen Strom von 1 Ampere leitete. Die als Kathode benutzte Platinspirale wurde mit Wasser abgespült, darauf mit verdünnter Salpetersäure behandelt, die Lösung eingedampft, der Rückstand mit Wasser aufgenommen und das Kupfer mit Ferrocyankalium nachgewiesen. Quantitativ wurde das Kupfer in der Asche (I. Teil S. 497) bestimmt. Rieß fand in je 1 kg Pfeffer- und Salzgurken 0,0085 bis 0,0765 g, in 1 kg Erbsen (eine Probe) 0,049 g Kupfer (Cu).

3. C. Brebeck[4]) bestimmt das Kupfer in den Dauerwaren in folgender einfachen Weise: Die äußerlich von Wasser befreiten Gemüse (50 g und mehr) werden in einer flachen Glas-(Petri-)Schale, auf deren Boden man ein fast aschenfreies Filter vom Durchmesser der Schale, um das Anhaften an der Glaswandung zu vermeiden, ausgebreitet hat, bei 105° getrocknet, darauf zerkleinert und in einem genügend großen Porzellantiegel (nicht Platinschale) samt Papier-

[1]) Possudsewsky (Zeitschr. f. Untersuchung d. Nahrungs- u. Genußmittel 1905, **10**, 620) fand in Pflanzendauerwaren Kiews für gewöhnlich zwischen 1—15 mg, in 2 Proben dagegen 50 und 125 mg Kupfer in 1 kg; M. Mansfeld (ebendaselbst 1907, **13**, 712) 69—125 mg, in einem Falle 411 mg Kupfer in 1 kg.

[2]) Zeitschr. f. Untersuchung d. Nahrungs- u. Genußmittel 1900, **3**, 703.

[3]) Ebendort 1906, **12**, 365 nach Arbeiten a. d. Kaiserl. Gesundheitsamte 1905, **22**, 663.

[4]) Zeitschr. f. Untersuchung d. Nahrungs- u. Genußmittel 1907, **13**, 548.

unterlage verbrannt. Die tunlichst weiß gebrannte Asche wird mit Wasser befeuchtet, unter Bedecken des Tiegels in starker Salzsäure gelöst, die Lösung in eine Porzellanschale filtriert, der Rückstand samt Filter weiter verascht, die Asche ebenfalls mit Salzsäure erwärmt und die filtrierte Lösung zu der ersten gegeben. Das Filtrat wird eingedampft, der Rückstand mit Wasser und etwas Salzsäure aufgenommen und heiß im Überschuß mit Ammoniak versetzt, wodurch, wenn Kupfer vorhanden ist, die Lösung bekanntlich blau wird. Der Niederschlag wird abfiltriert und ausgewaschen, das Filtrat dagegen in einer gewogenen, völlig reinen Platinschale etwas eingeengt, mit Salzsäure angesäuert und in die gut bedeckte Schale ein Stückchen chemisch reines Zink gegeben. Das reduzierte Kupfer setzt sich fest an der Wandung der Platinschale an; die Reduktion wird so lange fortgesetzt, bis eine Probe der Flüssigkeit mit Ferrocyankalium keine Kupferreaktion mehr gibt. Die Flüssigkeit wird dann abgegossen, die Schale erst mit Wasser gewaschen, mit Alkohol entwässert, darauf bei 100—105° getrocknet und gewogen. Auf diese Weise fand Brebeck in 8 von 10 Proben Gemüsedauerwaren 42—92 mg Kupfer für 1 kg. Die Einbettungsflüssigkeit — selbst wenn sie Essigsäure enthielt — war frei von Kupfer.

4. G. Graff[1]), der in 11 Gemüsedauerwaren zwischen 51—352 mg Kupfer, entsprechend 200 bis 1390 mg Kupfersulfat ($CuSO_4 \cdot 5\,H_2O$), fand, hat das Verfahren von C. Brebeck in der Weise abgeändert, daß er 25 bzw. 50 g Gemüsedauerwaren nach dem Trocknen verascht, die Asche mit Salpetersäure (statt Salzsäure) auszieht, die Lösung zur Trockne verdampft, jetzt mit Salzsäure aufnimmt, mit Ammoniak neutralisiert, dann wieder mit Salzsäure schwach ansäuert und die Flüssigkeit in einer blanken, völlig glatten Platinschale mit Hilfe eines Stückchens chemisch reinen Zinks 30 Minuten in der Wärme reduziert.

C. Brebeck[2]) hält diese Abänderung seines Verfahrens für keine Verbesserung, sondern empfiehlt, den ersten Niederschlag mit Ammoniak, der etwas Kupfer einschließen kann, wieder in Salzsäure zu lösen und nochmals mit Ammoniak zu fällen und die ammoniakalische Lösung mit ersterer zu vereinigen.

G. Stein[3]) hat das Brebecksche Verfahren dahin abgeändert, daß er die vollständig verbrannte Asche von 100 g (getrocknetem) Gemüse mit einigen Kubikzentimetern verdünnter Schwefelsäure (1 + 3) versetzt und die Lösung zunächst auf dem Wasserbade und dann über freier Flamme bis fast zur Trockne eindampft; darauf versetzt er den Rückstand mit Wasser und 2 ccm konz. Schwefelsäure, digeriert auf dem Wasserbade, läßt absitzen und filtriert in ein Becherglas. Beim Eindampfen des Filtrats entsteht meistens ein schwacher Niederschlag, der abfiltriert und mit kaltem Wasser ausgewaschen werden muß. Dieses Filtrat wird dann, wie angegeben, in einer reinen Platinschale 2—3 Stunden in der Kälte mit chemisch reinem Zink behandelt.

Die anfängliche Erhitzung der Asche mit Schwefelsäure hat den Zweck, die Chloride zu entfernen. Will man diesen Rückstand für die elektrolytische Bestimmung des Kupfers verwenden, so löst man ihn in 8 vol.-proz. Salpetersäure und setzt zu 250 ccm dieser Lösung 10 ccm konz. Schwefelsäure. Die Lösung wird dann mit einem Strom von 0,25 Ampere bei einer Klemmenspannung von 2,0—2,5 Volt elektrolysiert. Als Kathode verwendet Stein einen vorher gewogenen Platinkonus mit Schlitzen und stellt die völlige Abscheidung des Kupfers entweder durch quantitative Prüfung einer kleinen Probe der Flüssigkeit mit Ferrocyankalium oder in der Weise fest, daß er die Flüssigkeit in der Schale etwas erhöht und durch Fortsetzung der Elektrolyse beobachtet, ob noch eine weitere Kupferabscheidung an den bis dahin nicht berührten Stellen der Kathode stattfindet. Nach Vollendung der Kupferabscheidung stellt man den Strom ab, zieht die salpetersaure Lösung schnell mit einem Heber ab, wäscht den Konus rasch mit heißem Wasser und absolutem Alkohol, trocknet im Luftbade bei 80—90° und wägt ihn.

K. Lakus[4]) empfiehlt die Trocknung und Veraschung nach den Vorschlägen C. Brebecks, dagegen die Ausziehung der Asche nach den von G. Stein vorzunehmen.

---

[1]) Zeitschr. f. Untersuchung d. Nahrungs- u. Genußmittel 1908, **15**, 459.

[2]) Ebendort 1909, **18**, 416.

[3]) Ebendort S. 538. [4]) Ebendort 1911, **21**, 662.

Über den Nachweis von fremden Farbstoffen an Trockengemüse, z. B. geschälten Erbsen, vgl. S. 634, 636 und I. Teil, S. 550ff.

Mykologische Untersuchung.

Die Probenahme und Verarbeitung erfolgt bei Gemüsedauerwaren genau wie bei Fleischdauerwaren (vgl. S. 62 u. f.).

Anhaltspunkte für die Beurteilung der Gemüsedauerwaren.

a) Nach der chemischen Untersuchung.

1. Die zur Herstellung von Gemüsedauerwaren verwendeten Rohstoffe müssen in erhöhtem Maße alle den Anforderungen entsprechen, welche an die frisch genossenen Wurzelgewächse und Gemüse (S. 840, Nr. 1—5) gestellt werden. Die mit Fehlern, Krankheiten, Schmutz und Staub behafteten Gewächse können niemals fehlerfreie und haltbare Dauerwaren liefern. Die mit mehr als 1% Erde und Sand behafteten Dörrgemüse sind als unzulässig anzusehen.

2. Trockengemüse dürfen nicht über 12—13% Wasser enthalten; mit Schimmel durchsetzte Trockengemüse sind zu beanstanden (vergl. S. 626 unter Anhaltspunkte Nr. 4).

3. Die Einbettungsflüssigkeit von im Saft und Wasser eingelegtem Büchsengemüse darf nicht sauer und trübe, besonders nicht bakterientrübe sein. Büchsengemüse mit saurem oder trübem Inhalt sind stets bedenklich und sollen vom Verkehr ausgeschlossen werden. — Der scharfe Geruch bei manchen Gemüsen (Spargel, Erbsen) soll angeblich nicht durch Gärung oder Fäulnis, sondern durch Stickstoff-Düngung bedingt sein.

4. Von aufgeblähten (bombierten) Büchsen gilt ganz dasselbe, was S. 85 bei Fleischdauerwaren gesagt ist; sie sind ohne weiteres zu beanstanden, wie ebenso alle Büchsendauerwaren, in denen sich Gasentwickelung oder sonstige Zeichen von Verdorbenheit zu erkennen geben. — Schwarzer Belag an den Wandungen von Metallbüchsen kann unter Umständen von Schwefeleisen herrühren, welches an sich nicht bedenklich ist.

5. Als Frischhaltungsmittel sind nur Kochsalz, Essig, Alkohol, Zucker und Gewürze zulässig.

Für die Einlegung in Essig dürfen nur Glasgefäße ohne Metallteile oder nur emaillierte Metallgefäße verwendet werden.

6. Salzgurken, deren Brühe nicht mehr sauer, sondern neutral oder gar alkalisch reagiert,. sind als verdorben anzusehen.

7. Den Zuckerzusatz anlangend, so muß nach einer Entscheidung des Departement of Agriculture in Washington[1]) der Zusatz zu einem von Natur nicht süßen Stoff, der dadurch den Anschein natürlicher Süße erreicht, deklariert werden; in anderen Fällen, wo eine solche Täuschung nicht möglich ist, ist eine solche Kennzeichnung nicht notwendig. Diese Vorschrift verdient auch allgemein angeordnet zu werden.

8. Gemüsedauerwaren dürfen ohne Deklaration nicht künstlich ent- oder gefärbt werden. Schädliche oder bedingt schädliche Entfärbemittel und Färbemittel sind selbstverständlich ausgeschlossen. Nach dem Codex alim. austr. ist Dörrgemüse, welches mehr als 50 mg schweflige Säure in 1 kg enthält, als gesundheitsschädlich anzusehen. Es ist aber nicht abzusehen, weshalb gerade mit 50 mg in 1 kg die Unschädlichkeit aufhören soll, da die Frage doch wesentlich davon abhängt, welche absoluten Mengen der mit 50 mg für 1 kg behafteten Gemüse genossen werden. Auch ist nach § 10 d. NMG. zu berücksichtigen, ob nicht auch durch eine geringere Menge schwefliger Säure eine andere und bessere Beschaffenheit vorgetäuscht werden kann.

---

[1]) Zeitschr. f. Untersuchung d. Nahrungs- u. Genußmittel 1907, **15**, 419.

9. Der Zusatz von Kupfersalz ist und wird verschieden beurteilt. Nach Tschirch[1]) bildet sich durch Zusatz von Kupfersulfat zu grünen Gemüsen einerseits Kupferphyllocyanat, das allein für die Grünfärbung in Betracht kommt, und bei Legeminosen das Kupferleguminat, das sich erst später bei einem größeren Zusatz von Kupfersulfat bildet. Tschirch. K. B. Lehmann[2]) und K. Spiro[3]) sind der Ansicht, daß Kupfersalz in den für die Grünfärbung angewendeten Mengen nicht schädlich wirke; nach K. B. Lehmann bewirken selbst einmalige Dosen von 1—2 g Kupfersulfat = 0,25—0,5 g Kupfer im Tag nur Erbrechen; Gaben von 120 mg Cu = 0,5 g $CuSO_4 \cdot 5\,H_2O$ sollen in Gemüsedauerwaren völlig wirkungslos sein. Auch L. Levin[4]) ist der Ansicht, daß es beim Menschen keine chronische Kupfervergiftung gibt. W. Filehne[5]) beobachtete dagegen in einem Tierversuch bei längerer Anwendung von Kupferstearate deutliche Vergiftungssymptome und nimmt Brandl[6]) mit ihm an, daß sich durch Umsetzung aus fetthaltigen Speisen fettsaures Kupfer bilden und dieses mit der Zeit eine subchronische — wahrscheinlich auch eine chronische — Vergiftung hervorrufen könne.

Infolge dieser verschiedenen Anschauungen ist auch der zulässige Kupfergehalt für Gemüsedauerwaren verschieden beurteilt. Es haben als zulässig für je 1 kg Gemüsedauerwaren erklärt: die frühere Freie Vereinigung bayer. Vertreter der angew. Chemie 35 mg, Großherzoglich badisches Ministerium 55 mg, Österreich-Ungarn 50 mg (in Form unlöslicher Kupferverbindungen, lösliche Kupferverbindungen werden überhaupt als gesundheitsschädlich bezeichnet), Schweiz 100 mg, Italien 100 mg metallisches Kupfer, Frankreich unbegrenzte Mengen, während in England keine Verordnungen bestehen, Belgien und einzelne Staaten von Nordamerika den Zusatz von Kupfersulfat überhaupt als schädlich ansehen und verbieten[7]).

G. Graff[8]) erinnert daran, daß Kupfer als Bestandteil von Farbzubereitungen nach dem Gesetz vom 5. Juli 1887 nicht erlaubt sei und nur als Metallfarbe für sich oder in Legierung mit Zinn und Zink angewendet werden dürfe. Offenbar diene aber das Kupfersulfat hier zum Färben, als Farbzubereitung, und müsse schon nach genanntem Gesetz als unzulässig bezeichnet werden. Sonst könnte sich der Zustand ergeben, daß man Kupfer wohl innerlich genießen, aber nach § 3 Abs. 1 nicht auf die Haare bringen dürfe.

Jedenfalls ist das Kupfersulfat kein indifferentes Färbungsmittel und darf ohne Deklaration nicht zugelassen werden, zumal die Herstellung von Gemüsedauerwaren jetzt so ver-

---

[1]) Tschirch, Das Kupfer vom Standpunkt d. gerichtl. Chemie usw. 1893, S. 21.

[2]) Archiv f. Hygiene 1895, **24**, 1, 18, 73; 1896, **27**, 1; 1897, **30**, 250; 1897, **31**, 279.

[3]) Münchener med. Wochenschr. 1909, S. 1070.

[4]) Deutsche med. Wochenschr. 1900, **26**, 694.

[5]) Ebendort 1895, S. 297 u. 1896, S. 145.

[6]) Arbeiten a. d. Kaiserl. Gesundheitsamte 1897, **13**, 104.

[7]) Auf dem I. Intern. Kongreß f. Nahrm.-Hygiene 1906 in Paris (Zeitschr. f. Untersuchung d. Nahrungs- u. Genußmittel 1907, **14**, 307) war folgender Antrag gestellt: „Da 1. alle Versuche zur Grünfärbung von Gemüse ohne Verwendung von Kupfersalzen keinen durchgreifenden Erfolg erzielt haben, 2. sich aus den in Deutschland, Frankreich und Belgien angestellten Versuchen die physiologische Unschädlichkeit so kleiner Kupfermengen, wie sie zur Grünfärbung benutzt werden, ergeben hat, 3. Kupferverbindungen als normaler Bestandteil in einigen Nahrungsmitteln pflanzlichen und tierischen Ursprungs bis zu 40 mg im Kilogramm vorkommen und auch in den Konserven in Form organischer Verbindungen (als Phyllocyanat und Leguminat) vorhanden sind, 4. wie aus den Analysen portugiesischer Gemüsekonserven hervorgeht, 13—25 mg zur Färbung von 1000 g Gemüse ausreichen, so soll ein Gehalt von 50 mg Kupfer in 1 kg Gemüse nicht als Verfälschung oder als gesundheitsschädlich anzusehen sein.“ Dieser Antrag ist aber damals, und auch mit Recht, nicht angenommen worden. Die Behauptung, daß in natürlichen Gemüsen bis 40 mg in 1 kg gefunden worden sind, ist m. W. bis jetzt nicht erwiesen worden.

[8]) Zeitschr. f. Untersuchung d. Nahrungs- u. Genußmittel 1908, **16**, 459.

vollkommnet ist, daß sich die natürliche Farbe auch genügend lange ohne künstliche Färbung erhält.

Nach dem Codex alim. austr. dürfen Gemüsedauerwaren, die als „kupferfrei“ bezeichnet werden, nicht mehr als 10 mg Kupfer enthalten. Es wird also angenommen, daß solche Mengen als natürlicher Gehalt aus dem Boden oder den Aufbereitungsgefäßen herrühren können.

10. Andere Schwermetalle anlangend. Wie Kupfer, so können auch geringe Mengen Zink aus dem Boden in die Gemüsepflanzen gelangen, wenn dieser mit Hausabfällen, die nicht selten Stücke von Zinkgeräten enthalten, gedüngt ist; erheblicher können diese Mengen bei einem von Natur aus zinkhaltigen Boden sein. Solcher Boden kommt aber nur ganz vereinzelt vor.

Blei und Zinn in Gemüsedauerwaren können aber nur aus den Aufbereitungs- und Aufbewahrungsgefäßen herrühren. Von Blei werden wohl allgemein die geringsten Mengen als schädlich angesehen (vgl. über Zinn S. 843).

Bezüglich des Zinns sagt der Codex alim. austr., daß Büchsenkonserven, die mehr als 100 mg Zinn in 1 kg Konserve und andere Konserven dieser Art, die mehr als 10 mg Zinn in 1 kg Konserve enthalten, als „verdorben“ beurteilt werden sollen.

b) Beurteilung der Gemüsedauerwaren nach der Rechtslage[1]).

Getrocknete Hülsenfrüchte. Grüngefärbte geschälte Erbsen. Nach dem Gutachten der Sachverständigen wird das Schälen grüner Erbsen deshalb vorgenommen, weil geschälte Erbsen sich leichter kochen lassen. Durch den Schälprozeß erleiden die Erbsen kleine Risse und Flecke und werden unansehnlich. Das Färben geschehe lediglich, um das durch das Schälen verloren gegangene gute Aussehen wieder zu verbessern, es sei in der letzten Zeit handelsüblich geworden.

Nach dem Gutachten erschien es dem Gericht unzweifelhaft, daß der Angeklagte sich des Zusatzes des unschädlichen Farbstoffes „Smaragdgrün“ nicht bedient hat, um dadurch etwa den Erbsen den Schein einer besseren Beschaffenheit oder eines höheren Wertes zu geben, sondern daß er vielmehr das Färben der geschälten Erbsen nur zur Besserung des durch den Schälprozeß unansehnlich gewordenen Aussehens der Erbsen vornahm. Der Angeklagte wurde von der Anklage aus § 10[1] NMG. freigesprochen.

LG. Hamburg, 23. Mai 1905.

Gelbgefärbte, mit Talkum versehene Erbsen. An der Hand des beigebrachten tatsächlichen Materials sind sich die Sachverständigen in ihrem Gutachten einig darüber, daß das von dem Angeklagten angewandte Verfahren kein Täuschungsprozeß, sondern ein Veredelungsprozeß sei. Die Ware wird nach den Gutachten eine neue; die Geschmacksrichtung und die Haltbarkeit sind für die Aufnahme der neuen Ware im Handel wesentliche Faktoren. Die Färbung geschieht, um die durch das Wachstum hervorgebrachten verschiedenen Schattierungen zu beseitigen, sie dient zur Egalisierung der Ware, die das Auge des Publikums von dem äußeren Ansehen der Ware verlangt. Das Polieren (unter Verwendung von Talkum als Gleitmittel) erfolgt, um das nach dem Schälen und Netzen (Anfeuchten) zu erwartende Ansetzen von Mikroben und Pilzen zu verhüten und gleichzeitig die Haltbarkeit der Ware zu sichern. Die Sachverständigen betonen ausdrücklich, daß eine von Natur schlechte oder verdorbene Ware durch das Verfahren nicht in eine gute verwandelt werden könnte, daß eine schlechte Ware z. B. immer ihren dumpfigen Geschmack und die Körner ihr wurmstichiges Aussehen behalten würden, daß die Haltbarkeit im Handel nur in der angedeuteten Richtung eine Rolle spielt, und daß das Polieren nicht den Zweck habe, der Ware ein besonders frisches Ansehen zu geben; eine besonders frische Erbsenware würde im Handel nicht ausdrücklich begehrt.

---

[1]) Bearbeitet von Prof. Dr. C. A. Neufeld-Würzburg.

Nach diesem Gutachten hat das Gericht eine Verfälschung der Erbsen, eine Veränderung derselben zum Zwecke der Täuschung nicht annehmen können.

LG. Erfurt, 23. Januar 1905.

Verschimmelte Linsen. Die Linsen hatten einen modrigen Geruch und waren mit Schimmel überzogen; der Schimmelgeruch haftete ihnen auch nach dem Kochen an.

Für das Gericht steht fest, daß die Linsen verdorben und objektiv gesundheitsschädlich waren. Mit einer zur Täuschung geeigneten Bezeichnung wurden sie aber vom Angeklagten nicht verkauft. Es kann deshalb nur festgestellt werden, daß der Angeklagte verdorbene Eßwaren verkauft hat. Übertretung des § 367^7 StrGB.

LG. München II, 20. November 1906.

Sauerkraut. Infolge der Aufbewahrung verdorbenes Sauerkraut. Das Sauerkraut war grünlich, zum Teil schwärzlich verfärbt und roch schlecht; es enthielt Maden und Würmer. Der Angeklagte behauptete, daß das bei der Übergabe umgepackte Kraut vollkommen gut gewesen und erst infolge mangelhafter Verwahrung verdorben sei.

Nach dem Gutachten des Sachverständigen fällt umgepacktes Sauerkraut sehr leicht dem Verderben anheim, insbesondere kann es bei umgepacktem Kraut leicht vorkommen, daß tiefer liegende Schichten eher in Fäulnis und Verderbnis übergehen als höher liegende. Dies kann, und zwar namentlich im Frühjahr, dann der Fall sein, wenn das Kraut nicht gehörig festgepackt ist, sondern stellenweise locker und luftig liegt, es entstehen dann in den lockern Schichten des Krautes Moderflecken und Fäulnis. Umgepacktes Kraut müsse, damit es sich gut halte und in der Säure bleibe, fest zugedeckt und belastet werden (Freisprechung aus subjektiven Gründen).

LG. Chemnitz, 23. August 1890.

Sauerkraut mit Phosphorzündhölzchen. Der Angeklagte, der die roten aus Schwefel und Phosphor bestehenden Kuppen von 5 Schwefelhölzern in das Sauerkraut geschabt hatte, wurde wegen vorsätzlicher Herstellung eines gesundheitsschädlichen Nahrungmittels gemäß § 12^1 NMG. verurteilt.

LG. Glatz, 6. Juni 1894.

Büchsengemüse. Grünung von Erbsen durch Kochen in Kupfergeschirren. Die chemische Untersuchung ergab auf 1 kg des Büchseninhaltes einen Kupfergehalt von 59,2 mg. Dieser rührte davon her, daß der Angeklagte die Erbsen in kupfernen Kesseln herstellte, damit von dem Kupfergehalte der Kessel ein Teil den Erbsen sich mitteile und auf diese Weise die schöne grüne Farbe derselben erzeugt werde, welche von den Abnehmern verlangt würde und in deren Augen den Wert der Ware erhöhe.

Da nun aber kupferenthaltende Farbstoffe gemäß der Vorschrift im § 1 Abs. 2 des Gesetzes, betr. die Verwendung gesundheitsschädlicher Farben usw., vom 5. Juli 1887 zu denjenigen gesundheitsschädlichen Farbstoffen gehören, welche zur Herstellung von zum Verkaufe bestimmten Nahrungs- und Genußmitteln nicht verwendet werden dürfen, so hat das Berufungsgericht auf Grund der tatsächlichen Feststellungen ohne Rechtsirrtum annehmen können, daß der Angeklagte sich einer Zuwiderhandlung gegen § 12^1 NMG. dadurch schuldig gemacht hat, daß er der Vorschrift des § 1 a. a. O. zuwider hergestellte Nahrungsmittel feilgehalten hat... Das Gesetz, welches die Verwendung von gesundheitsschädlichen Farben zur Herstellung von Nahrungs- und Genußmitteln schlechthin verbietet und den menschlichen Organismus vor Zuführung von solchen zu schützen sucht, trifft auch den Fall, wenn, wie hier tatsächlich festgestellt ist, das hergestellte Nahrungsmittel auf andere Weise als durch Zusetzen gesundheitsgefährlicher Farben, nämlich durch Benutzen kupferner Geschirre zum Kochen der Erbsen Farben dieser Art aufgenommen hat und dadurch nicht minder wie infolge von Zusätzen von Kupfersalzen gesundheitsgefährlich geworden ist. § 12^1 NMG.

OLG. Kolmar, 18. Mai 1896.

Büchsenerbsen mit Kupfer. Aus dem Urteil:... Der Einwand des Angeklagten, die Färbung der Erbsen mit Kupfer sei nach der Art, wie sie erfolgte, nicht gesundheitsschädlich gewesen, übersieht, daß das Gesetz vom 5. Juli 1887 ein für allemal Farbstoffe, die Kupfer enthalten, gesundheitsschädlich erklärt. Mag dies auch irrig sein, mag das Gesetz auch auf Grund eines inzwischen überholten Standes der Technik und Wissenschaft erlassen sein, weder die Unrichtigkeit noch die Unzweckmäßigkeit einer Satzung schließen ihre Rechtsbeständigkeit aus.... Verurteilung wegen Übertretung nach § 1 und 12 des Gesetzes vom 5. Juli 1887.

LG. Frankfurt a. M., 2. Februar 1899.

Grünung von Büchsengemüsen mit Kupfervitriol. Den Gemüsen war zur Grünung bei der Herstellung Kupfervitriol zugesetzt worden, der Gehalt an Kupfersulfat betrug bei den Erbsen 0,248—0,384 g, bei den Bohnen 0,152 bis 0,890 g $CuSO_4$ auf 860—895 g Inhalt, bei dem Spinat 0,567 g $CuSO_4$ auf 838 g Inhalt.

Nach dem Gutachten der medizinischen Sachverständigen sind diese Mengen Kupfersulfat nicht geeignet, beim Genusse der Konserven die menschliche Gesundheit zu beschädigen. Auch als verfälscht können diese Konserven nicht erachtet werden, da keine Anhaltspunkte dafür gegeben sind, daß minderwertige Ware durch den Kupfersulfatzusatz zu einer anscheinend besseren umgearbeitet worden sei oder daß die gegrünten Konserven als eine teuerere Ware im Verkehr gelten als die ungegrünten. Das Grünfärben ist lediglich erfolgt, um die Ware den Wünschen des Publikums entsprechend dem Auge gefälliger zu machen. Es müssen deshalb die Bestimmungen der §§ 10, 11, 12, 14 NMG. außer Anwendung bleiben.

Unbedenklich aber fällt die Grünfärbung der Konserven mit Kupfersulfat unter die Strafbestimmung im § 12 Nr. 1 und § 1 des Farbstoffgesetzes. Denn es ist im Sinne dieser Gesetzesvorschrift unerheblich, ob der Farbstoff selbst den Konserven zugesetzt wird, oder ob den Konserven ein Färbemittel (Kupfersulfat) zugesetzt wird, durch welches im Augenblick des Zusetzens auf chemischem Wege der Farbstoff zur Entstehung gelangt. Gesetz vom 5. Juli 1887, § 1, 12[1].

LG. Mannheim, 28. Juni 1906.

Grünung von Erbsen mit Kupfersulfat. Nach § 1 des Farbstoffgesetzes von 1887 gelten Farben, die Kupfer enthalten, als gesundheitschädlich. Farben im Sinne dieser Bestimmung sind Farbstoffe und Farbzubereitungen. Kupfersulfat ist nun keine Farbe im Sinne eines Farbstoffes. Es färbt die Erbsen nicht vermöge des ihnen innewohnenden Farbstoffes, sondern dadurch, daß es mit dem Chlorophyll eine chemische Verbindung eingeht. Daß Kupfersulfat nicht unter § 1 des Farbstoffgesetzes fällt, muß auch die Auffassung der obersten Reichsbehörden sein, denn sonst hätte nicht der Reichskanzler in einem Rundschreiben vom 22. August 1896 eine den Wünschen der Industrie entgegenkommende Behandlung der Frage bzw. eine vorsichtige Anwendung des § 1 des Farbstoffgesetzes empfehlen können. Auch der Erlaß des badischen Ministeriums vom 24. Mai 1907, worin ein Kupfergehalt von höchstens 55 mg gestattet wird, wäre direkt gesetzwidrig. Eine gesetzliche Bestimmung dahin, daß Kupfersulfat gesundheitsschädlich sei, besteht also nicht; das Gericht hat daher die Frage nach der Gesundheitsschädlichkeit des Kupfersulfates auf Grund der freien richterlichen Beweisführung zu entscheiden.

... Das Gericht konnte sich nicht davon überzeugen, daß das Grünen der Erbsen mit Kupfersulfat den im reellen Verkehr üblichen Anschauungen widerspräche. Es gelangte zu dem Schlusse, daß in dem Zusatz von 116 mg Kupfer keine Verfälschung zu erblicken sei, daß aber auch nicht dargetan ist, daß diese Menge gesundheitsschädlich zu wirken vermag.

AG. Pfeddersheim, 16. Dezember 1909.

Gemüse in Büchsen, die nicht den gesetzlichen Bestimmungen entsprechen. In das Innere der Dosen war von der Längsnaht Lot eingedrungen, welches in einem Falle 27,5%, im anderen 30,1% Blei enthielt.

Es kam in Frage, ob dies gegen den § 1 Ziff. 2. § 3 des Gesetzes vom 25. Juni 1887, betr. den Verkehr mit blei- und zinkhaltigen Gegenständen verstößt. Dies ist zu bejahen. Nach

§ 3 Abs. 2 müssen Konservenbüchsen auf der Innenseite den Bedingungen des § 1 entsprechend hergestellt sein. Der § 1 schreibt vor, daß Eß-, Trinkgeschirre usw. an der Innenseite nicht mit einer in 100 Gewichtsteilen mehr als 10 Gewichtsteile Blei enthaltenden Metallegierung gelötet sein dürfen ... Das Gesetz beabsichtigt die Berührung von Blei, welche als gesundheitsschädlich erachtet ist, sobald sie 10% des Lots übersteigt, mit den in der Büchse enthaltenen Nahrungsmitteln zu hindern. Diese Absicht würde nun offenbar vereitelt, wenn es gestattet wäre, ein bleihaltiges Lot zwar von außen zu verwenden, die Lötung aber so auszuführen, daß dieses als gesundheitsschädlich anerkannte Lot nach innen dringt, das für eine Innenlötung verboten wäre. Dem Gesetzgeber kann es gleichgültig sein, ob die Lötung außen oder innen vorgenommen wird, sofern nur vermieden wird, daß mehr als 10% Blei enthaltendes Lot in das Innere kommt. Nach alledem mußte, obwohl die Lötung von außen vorgenommen ist, die Anwendbarkeit der oben zitierten Gesetzesbestimmungen auf die hier vorliegende Fälle bejaht werden. § 1, 3, 4 des Gesetzes vom 25. Juni 1887.

LG. Hamburg, 14. Juli 1897.

Eingemachte Gurken. Verdorbene Salzgurken. Die Salzgurken verbreiteten einen üblen Geruch und waren mit Schimmel bedeckt. Nach dem Gutachten des Sachverständigen waren sie verdorben und gesundheitsschädlich. Daß der Angeklagte als Gemüsehändler den äußerlich wahrnehmbaren verdorbenen Zustand der Gurken sehr wohl erkannt hat, erschien zweifellos. § 10^2 NMG.

AG. Rehau, 24. Dezember 1903.

Pfeffergurken mit Kupfer. Die in 3 Fässern entnommenen Proben von Pfeffergurken enthielten 67,1, 22,4 und 103,8 mg metallisches Kupfer auf je 1 kg Gurkensubstanz.

Nach dem Gutachten des Sachverständigen war das Kupfer, das sich den Pfeffergurken mitgeteilt hat, in einem Farbstoff, dem essigsauren Kupfer, enthalten. Das essigsaure Kupfer (oder Grünspan) ist ein Farbstoff, der, indem er sich den Gurken mit dem Essig mitteilt, eine je nach dem Grade der vorhandenen Verdünnung mehr oder weniger starke Grünfärbung der Gurken, und zwar eine sogenannte Neugrünung bewirkt ... Das Gesetz vom 5. Juli 1887 spricht im Absatz 2 des § 1 selbst aus, daß ein Farbstoff, der Kupfer enthält, eine gesundheitsschädliche Farbe ist, und ein Irrtum der Angeklagten über die Gesundheitsschädlichkeit des kupferenthaltenden Farbstoffs kann ihnen als ein strafrechtlicher Irrtum diesem Gesetze gegenüber nicht nützen. Der von der Verteidigung unter Berufung auf Stenglein (Strafrechtliche Nebengesetze, 3. Aufl., § 1 Note 1 zu dem erwähnten Gesetz) vertretenen Anschauung, daß § 1 dieses Gesetzes nur dann einschlage, wenn der Farbstoff, z. B. Kupfer, in einem die menschliche Gesundheit gefährdendem Maße enthalte, konnte nicht beigepflichtet werden, da ihr der klare Wortlaut des § 1 entgegensteht, wonach jeder Farbstoff, der Kupfer in irgendwelcher Menge enthält, schlechthin eine gesundheitsschädliche Farbe ist. (Gesetz vom 5. Juli 1887, § 1.)

Eine Zuwiderhandlung gegen § 12^1, 14, 11, 10^1 NMG. und § 367^7 StGB. kommt nach Lage der Sache nicht in Frage. Die Revision des Angeklagten wurde verworfen.

OLG. Dresden, 19. Februar 1903.

Pilze und Schwämme.

Die Pilze sind früher als Nahrungmittel vielfach überschätzt; andererseits aber ist in manchen Gegenden die Menge der in den Verkehr gebrachten Pilze nicht gering. So teilt K. Giesenhagen[1]) mit, daß im Laufe des Sommers 1902 auf einem einzigen Markt Münchens 8500 Ztr. = 425 000 kg Pilze verschiedener Art zum Verkauf gebracht wurden, wovon nahezu

[1]) Zeitschr. f. Untersuchung d. Nahrungs- u. Genußmittel 1903, **6**, 942.

ein Drittel aus Steinpilzen (Boletus edulis) bestand. Die gesuchtesten Pilze (Champignon und Trüffel) werden ähnlich wie die Gemüse durch Trocknen, Einlegen in Büchsen oder durch Einsalzen haltbar gemacht. Behufs Trocknens werden die Pilze an Schnüren aufgereiht und einer gelinden Wärme an geeigneten Plätzen ausgesetzt. Um sie nach dem Appertschen und Weckschen Verfahren in Blech- oder Glasgefäße aufzubewahren, werden sie sorgfältig gereinigt und vorher in Kochgefäßen unter Zusatz von etwas Butter oder Olivenöl, sowie einiger Tropfen Citronensaft vorsichtig über freiem Feuer so lange erhitzt, bis die Hälfte des Wassers aus den Schwämmen entfernt und ihr Volumen stark vermindert ist, darauf erst in die Blech- oder Glasgefäße gelegt, $^1/_2$—$^3/_4$ Stunden lang im Wasserbade erhitzt und luftdicht zugedeckelt. Das Einsalzen pflegt in der Weise vorgenommen zu werden, daß man die Pilze bzw. Schwämme kurze Zeit in Wasser legt, in einem leinenen Tuche auspreßt, um das Wasser zu entfernen, darauf in geeigneten Gefäßen von Holz, Glas oder Steingut schichtweise mit Salz bestreut. In Frankreich stellt man auch aus gleichen Teilen getrocknete Spitz- und Speisemorcheln, Mousserons, Champignons und Trüffeln durch Pulvern ein poudre friande her, welches in gut schließenden Gefäßen aufbewahrt und den Speisen (Gemüsen, Ragouts usw.) zugesetzt wird, um deren Geschmack zu verbessern.

Bei dem Ankauf und der Verwendung der Pilze ist jedoch die größte Vorsicht erforderlich. Denn nicht selten werden unbewußt statt der eßbaren Art giftige Sorten gesammelt und zum Verkauf angeboten, weil die giftigen Sorten den eßbaren in gewissen Wachstumsstufen äußerlich mitunter sehr ähnlich sind. Aber hiervon abgesehen, gibt es noch viele andere Mißstände im Pilzhandel, nämlich:

1. Unterschiebung minderwertiger Sorten als Ersatz für hochwertige Sorten, für Edelpilze. K. Giesenhagen (l. c.) fand unter 12 ihm als Champignon eingesandten Pilzen keinen einzigen echten Champignon (Agaricus campestris), es waren Steinpilze oder Russula-Arten. Den getrockneten Trüffeln ist vielfach das minderwertige Rhizopogon oder mitunter gar der giftige Kartoffelbovist (Scleroderma vulgare) untergemischt. Nur selten wird zwischen der „spitzen und runden Morchel“ (Morchella conica und M. esculenta) und den minderwertigen Lorcheln (Helvella esculenta und H. gigas) unterschieden, obschon letztere im frischen Zustande wegen der vorhandenen Helvellasäure sogar giftig ist. — Letztere verschwindet durch Trocknen bzw. Dörren schnell, so daß gegen den Verkauf gedörrter Lorcheln im allgemeinen nichts zu erinnern ist. Statt des echten Mousserons (Marasmius scorodonius) wird vielfach der minderwertige Marasmius androsaccus feilgeboten; den echten Boletus-Arten, den Stein- (Herrn-) Pilzen werden nicht selten minderwertige Boletus-Arten untergemischt.

2. Untermischung fremder Pflanzenstoffe. Wenngleich die Untermischung fremder Pflanzenstoffe wegen der eigenartigen äußeren Beschaffenheit der Pilze leicht erkannt werden kann, so soll es doch gelegentlich vorkommen, daß den Dörrpilzen Kartoffelscheiben und Stücke von dem Rhizom der gelben Teichrose (Nuphar luteum) beigemischt werden. Beide Zusätze sind an ihrem Stärkegehalt durch die Jodprobe leicht nachzuweisen.

3. Verwendung alter, wurmstichiger Pilze zum Dörren. Sie lassen sich an den Fraßstellen und Madenlöchern erkennen; angefressene Hut- und Stielstücke in Pilzdauerwaren sind ein Beweis, daß alte Pilze verwendet wurden.

4. Unsaubere Herstellung. Diese ist besonders bei Dörrpilzen anzutreffen, weil die Pilze beim Trocknen in unsauberen Räumen gern von Fliegen und Insekten heimgesucht werden.

5. Ungeeignete und zu lange Aufbewahrung. Auf nicht genügend getrockneten oder in feuchten Räumen aufbewahrten Dörrpilzen stellen sich gern Schimmelpilze und Bakterien ein; hierzu gesellen sich leicht Staubläuse und Insekten aller Art. Schüttelt man in einem Pulverglase, welches mit Korkpfropfen verschlossen ist, länger aufbewahrte Pilze kurze Zeit mit Naphthalin durch, so pflegen sich die lebenden Maden nach einiger Zeit an dem Kork anzusammeln. Da Edelpilze beim langen Aufbewahren die flüchtigen, den Wohlgeschmack bedingenden Stoffe verlieren, so sollten schon deshalb überjährige Dörrpilze vom Verkehr im Handel ausgeschlossen werden.

R. Sendtner[1]) fand in einer Büchse mit Champignon:

	Brühe	Feste Masse	Gesamtinhalt
Schweflige Säure	164,0 mg	318,6 mg	482,6 mg

in einer anderen Büchse 26,4 mg gesamte schweflige Säure.

Chemische Untersuchung.

Die Bestimmung der allgemeinen Bestandteile (Wasser, Stickstoff-Substanz, Fett, Rohfaser, Pentosane und Asche) erfolgt wie bei Gemüse S. 817. Nur kommen für Pilze einige Bestandteile hinzu, die einer besonderen Berücksichtigung bedürfen, nämlich u. a.:

1. Stickstoff-Verbindungen der Pilze. Aus dem wässerigen Auszuge der Pilze lassen sich nach Winterstein und Hofmann[2]) durch Phosphorwolframsäure und Mercurinitrat große Mengen Stickstoff-Verbindungen abscheiden. Durch Ausziehen von Hutpilzen mit konzentrierter Salzsäure, Eindunsten, Entfetten und Waschen mit Wasser ließ sich ein Protein gewinnen, das durch Hydrolyse mit Salzsäure aus 100 g 6,3 g Histidin, 10,7 g Arginin und 6,3 g Lysin lieferte; ferner wurden festgestellt[3]): Glykokoll, Alanin, Leucin, Valin, Prolin, Phenylanin, Asparaginsäure und Glutaminsäure.

a) Organische Basen im Champignonextrakt. Der Champignonextrakt wird vielfach als anregendes und den Appetit hebendes Mittel empfohlen. O. Görte[4]) konnte in demselben deutlich Cholin nachweisen. Fr. Kutscher[5]) hat nach seinem Verfahren zur Untersuchung des Fleischextraktes (I. Teil, S. 321)[6]) eine weitere Untersuchung des Champignonextraktes (Hercynia gt.) vorgenommen und nach Vorreinigungen und Vorfällungen durch alkoholische Pikrinsäure außer Kalium eine eigenartige organische Base niedergeschlagen, die er für Trimethylhistidin hält. In dem durch alkoholische Pikrinsäure nicht fällbaren Anteil konnte Kutscher Betain und Cholin nachweisen. Die physiologischen Wirkungen des Champignonextraktes müssen aber wohl Stoffe verursachen, die durch Phosphorwolframsäure nicht gefällt werden.

b) Organische Basen im Steinpilz (Bolletus edulis Bull.). K. Yoshimura[7]) untersuchte den Steinpilz in derselben Weise auf Basen wie Grünkohl S. 738, fand aber statt Cholin Trimethylamin darin, das sich wahrscheinlich aus dem Cholin gebildet hat:

$$\underset{\text{Cholin}}{(CH_3)_3N{<}^{OH}_{CH_2 \cdot CH_2 \cdot OH}} \rightarrow \underset{\text{Trimethylamin}}{(CH_3)_3N} + \underset{\text{Glykol}}{\begin{matrix} CH_2 \cdot OH \\ CH_2 \cdot OH \end{matrix}}$$

1 kg des Steinpilzes wurde möglichst fein zerkleinert und wiederholt mit heißem Wasser ausgezogen. Die vereinigten Auszüge wurden mit Bleiessig in schwachem Überschuß versetzt, das Filtrat wurde durch Schwefelwasserstoff vom Blei abfiltriert, mit Schwefelsäure bis zu 5% angesäuert und wie bei Grünkohl S. 738 mit Phosphorwolframsäure usw. gefällt. Die von Ammoniak befreite Lösung von Basen wurde mit Salpetersäure neutralisiert und nach I. Teil, S. 317 durch Silbernitrat in mäßigem Überschuß gefällt, um die Purinbasen abzuscheiden. Das Filtrat hiervon wurde weiter mit Silbernitrat und Barythydrat versetzt und der Niederschlag nach I. Teil, S. 292 weiter behandelt. In der von Silber und Barium befreiten Lösung wurde das Histidin durch Quecksilberchlorid gefällt und im Filtrat hiervon das Trimethyl-

---

1) Archiv f. Hygiene 1893, **00**, 430.

2) Beiträge z. chem. Physiol. u. Pathol. 1902, **2**, 404.

3) Vgl. Winterstein und Reuter, Centralbl. f. Bakteriologie 1912, II. Abt., **34**, 566.

4) O. Görte, Inaug.-Dissertation. Erlangen 1902.

5) Zeitschr. f. Untersuchung d. Nahrungs- u. Genußmittel 1911, **21**, 535.

6) Vgl. Zeitschr. f. Untersuchung d. Nahrungs- u. Genußmittel 1905, **10**, 528 u. 1906, **11**, 582.

7) Zeitschr. f. Untersuchung d. Nahrungs- u. Genußmittel 1910, **20**, 153.

amin ebenso wie das Histidin als Pikrat bestimmt (vgl. die Quelle). Yoshimura fand auf diese Weise in 1 kg lufttrocknen Steinpilzen 0,12 g Adenin, 0,14 g Histidin und 0,15 g Trimethylamin, aber kein Arginin und kein Cholin. E. Winterstein und C. Reuter[1]) untersuchten den wässerigen und alkoholischen Extrakt nach dem Verfahren von Fr. Kutscher und fanden in der „Arginin"fraktion Trimethylhistidin neben etwas Guanidin, in der „Lysin"-fraktion Cholin und Tetramethylendiamin, ferner als Aminosäuren racemisches Alanin, Leucin und Phenylalanin.

c) Harnstoff in Pilzen. Goris und Mascré[2]) zogen die getrockneten und gepulverten Pilze mit Aceton aus, verdampften die Lösung und behandelten den Rückstand mit Wasser, Äther und Aceton. Aus der wässerigen Lösung konnten sie bei Tricholoma Georgii Fr. und der wildwachsenden — nicht aber bei der kultivierten — Psalliota campestris L. Harnstoff nachweisen.

d) Trehalase in den Pilzen. Pilze, die an Stelle von Mannit Trehalose enthalten, enthalten nach Bourkelot, Hérissey[3]) auch das Enzym Trehalase und zwar in Zeiten, wo die Pilze reich an Trehalose (als Reservenährstoff) sind, naturgemäß am meisten.

e) Chitin aus Boletus edulis. E. Scholl[4]) hat durch abwechselndes Auskochen der feingepulverten Fruchtkörper von Boletus edulis mit Wasser und 10 proz. Kalilauge unter Ausschluß von Säuren und heftig wirkenden Oxydationsmitteln einen 5—6% vom Gewicht des lufttrockenen Pilzes betragenden Rückstand gewonnen, der sich ganz wie Chitin verhielt, d. h. bei der Hydrolyse mit Salzsäure salzsaures Glycosamin lieferte, das sich aus der konzentrierten Lösung in Krystallen ausschied.

2. Fett. Der Fettgehalt der Pilze ist im allgemeinen gering. Das Fett enthält durchweg viel freie Fettsäuren; vielleicht hängt dieser Umstand mit einem lipolytischen Ferment zusammen, das J. Zellner[5]) im Pilz Trametes suaveolens nachweisen konnte. Das durch Verseifen aus den Pilzfetten gewonnene Phytosterin wird als verschieden von den gewöhnlichen Pflanzen-Phytosterin angesehen und Ergosterin genannt; sein Schmelzpunkt wird zu 154°, sein molekulares Drehungsvermögen $[\alpha]_D$ zu — 114° angegeben.

3. Kohlenhydrate. Als besondere Kohlenhydrate in Pilzen werden Mannit und Trehalose angegeben. Beide können in gleicher Weise aus den Pilzen gewonnen werden. Man entfettet die getrockneten und gepulverten Pilze erst durch Ausziehen mit Äther und kocht den entfetteten Rückstand so lange mit starkem (95 proz.) Alkohol, als sich noch etwas löst. Aus der alkoholischen Lösung scheidet sich beim Erkalten Mannit krystallinisch aus — nötigenfalls reinigt man die Auszüge erst durch Fällen mit Bleiessig. W. Thörner[6]) hat auf diese Weise aus Agaricus integer 19—20% Mannit gewinnen können, während Bourquelot (I. Bd. 1903, S. 819) in verschiedenen (lufttrocknen) Pilzen 1,90—5,00% Mannit angibt. Der Gehalt an Trehalose wird von Müntz[7]) im trockenen Fliegenpilz zu 10%, im frischen Steinpilz zu 1% angegeben. Durch Trocknen der Pilze soll ein Teil der Trehalose in Mannit übergehen.

Zur quantitativen Bestimmung des Mannits (vgl. II. Bd. 1904, S. 131) oxydiert man die alkoholischen Auszüge nach Verjagen des Alkohols mit Salpertesäure und bestimmt die entstehende Mannose mit Fehlingscher Lösung.

Das Disaccharid Trehalose, das für sich Fehlingsche Lösung ebenfalls nicht reduziert, muß erst in zwei d-Glykose übergeführt werden, wozu aber eine stärkere Salzsäure wie auch eine längere Kochzeit als bei sonstigen Disacchariden erforderlich ist.

---

1) Centralbl. f. Bakteriologie 1912, II. Abt., **34**, 566.
2) Chem. Zentralbl. 1912, **1**, S. 503.
3) Zeitschr. f. Untersuchung d. Nahrungs- u. Genußmittel 1905, **10**, 620.
4) Monatshefte f. Chemie 1908, **29**, 1029.
5) Ebendort 1908, **29**, 45; Zeitschr. f. Untersuchung d. Nahrungs- u. Genußmittel 1909, **18**, 615.
6) Berichte d. Deutsch. chem. Gesellschaft 1879, **12**, 1635.
7) Ebendort 1873, **6**, 451.

E. Winterstein[1]) hat den behufs Gewinnung von Trehalose mit Äther und Alkohol erschöpften Rückstand von Boletus edulis weiter mit $^1/_2$—1 proz. Kalilauge behandelt und den Rückstand hiervon nach dem Auswaschen mit Wasser einige Stunden mit $2^1/_2$ proz. Schwefelsäure gekocht, wodurch eine dickflüssige schleimige Lösung entstand, die beim Erkalten gallertartig erstarrte. Um die gallertartige Substanz zu gewinnen, wurde mit sehr vielem Wasser verdünnt, filtriert, eingedunstet und mit Alkohol gefällt usw. Die Substanz — vermutlich eine Hemicellulose — lieferte bei der Hydrolyse eine Zuckerart, die ähnliche Eigenschaften wie die Glykose besaß und von Winterstein Paradextran benannt ist. E. Winterstein und C. Reuter fanden (l. c.) im lufttrockenen Steinpilz (mit 10% Wasser) 3% Trehalose.

Sie konnten ferner aus dem Wasserextrakt von 2500 g getrocknetem Boletus edulis durch Fällung mit Alkohol 132 g „Viscosin" (Glykogen) erhalten. Das Präparat enthielt 4,25% N und bestand zu einem sehr großen Teile aus Glykogen, das durch seine Reaktion mit Jodjodkali nachgewiesen wurde. Beim Erhitzen mit verdünnten Säuren tritt infolgedessen ein starkes Reduktionsvermögen für Fehlingsche Lösung auf, und wenn man diese Hydrolysenflüssigkeit mit Phosphorwolframsäure ausfällt und den Niederschlag in bekannter Weise zerlegt, erhält man eine die Biuretreaktion liefernde Lösung, während das Präparat direkt diese Reaktion nicht gibt. Bei der totalen Hydrolyse treten Purinbasen auf, vornehmlich Xanthin. Direkt lassen sich durch Schütteln mit verdünnter Salpetersäure und Zusatz von Silbernitrat und Ammoniak keine Purinbasen nachweisen. Die Phloroglucinreaktion auf Pentosen fiel negativ aus.

Winterstein und Reuter geben den Gehalt an Glykogen (Viscosin) im lufttrockenen Steinpilz zu 5% an.

4. Gifte. Das gefürchtetste Gift in den Pilzen ist das Muscarin $HO(CH_3)_3 \cdot N(CH \cdot OH \cdot CH_2 \cdot OH)$, das vorwiegend im Fliegenschwamm (Agaricus muscarinus), dann aber im Pantherschwamm (Ag. pantherinus), dem Hexenpilz oder Löcherschwamm (Boletus luridus) und im Speiteufel (Russula emetica) vorkommt; es ist geruch- und geschmacklos, leicht löslich in Wasser und Alkohol, wenig löslich in Chloroform, unlöslich in Äther, an der Luft zerfließlich und von stark alkalischer Reaktion. Außer dem Muscarin werden noch Toxine bzw. Toxalbumine als Gifte im Fliegenschwamm und anderen Pilzen angegeben, so z. B. das dem Ricin und Abrin ähnliche Phallin im Knollenblätterpilz und anderen Amanitaarten; dazu gesellt sich das weit verbreitete Cholin $HO(CH_3)_3 \cdot N \cdot (CH_2 \cdot CH_2 \cdot OH)$, welches von einigen Seiten (Boehm[2]), Goethgens) nicht als ganz ungiftig bezeichnet worden ist. Die ihm zugeschriebene, curareähnliche Wirkung dürfte aber von Verunreinigungen (Begleitsubstanzen) hergerührt haben.

Eine spezifische giftige Wirkung wird aber von Boehm und Külz[3]) von Boström[4]) und Ponfick[5]) der in der frischen, jungen Speisemorchel (Helvella esculenta) vorkommenden Helvellasäure $C_{12}H_{20}O_7$ zugeschrieben.

Im praktischen Leben unterscheidet man die giftigen Pilze und Schwämme häufig nach der Beschaffenheit des Hutes, der bei den giftigen Pilzen klebrig zu sein pflegt, oder an der lebhaften Farbe (z. B. Fliegenschwamm mit hochrotem Hut und gelbweißen Tupfen darauf; Speiteufel rot; Satanspilz mit rotgestreiftem Stiel, dessen Fleisch blau anläuft), oder an dem Milchsaft, der beim Giftreizker und anderen Schwämmen weiß ist, oder an der Beschaffenheit des Pilzgewebes (Fleisches), welches bei eßbaren Pilzen derb, bei giftigen dagegen porös und blasig zu sein pflegt usw. (vgl. II. Bd. 1904, S. 939).

---

[1]) Berichte d. Deutsch. chem. Gesellschaft 1893, **26**, 3094, 3098; 1895, **28**, 774.

[2]) Archiv f. experim. Pathol. 1885, **19**, 87.

[3]) Ebendort S. 403.

[4]) Deutsches Archiv f. klinische Medizin **32**, 209.

[5]) Archiv f. pathol. Anatomie **88**, 445.

Andererseits hält man das Schwarzwerden einer mit dem Pilz mitgekochten Zwiebel oder das Braunwerden von einem eingetauchten silbernen Löffel oder das Gelbwerden von Salz für Zeichen der Giftigkeit eines Pilzes. Aber alle diese Merkmale sind unsicher und trügerisch.

Auch können an sich giftfreie Pilze durch fehlerhafte Behandlung leicht giftige Eigenschaften annehmen, z. B. wenn sie im unrichtigen Entwickelungsalter bzw. bei sehr feuchter Witterung gesammelt oder längere Zeit ungekocht oder ungetrocknet liegen gelassen werden. Derartige fehlerhafte Pilze bewirken nicht selten Erbrechen und Durchfall, während durch Genuß wirklich giftiger Pilze als Erscheinungen auftreten: Ekel und Angstgefühl, Durst, Herzklopfen, Schwindel, Ohnmacht, Krämpfe, Betäubung und schließlich der Tod. Bei Morcheln (Helvella) zeigt sich Hämoglobinurie (Ausscheidung von Blutfarbstoff im Harn). Die Erscheinungen treten im allgemeinen 1—4, mitunter auch erst 8—40 Stunden (bei Knollenblätterschwamm) nach dem Genuß auf.

a) Nachweis von Muscarin. Der Nachweis von Muscarin pflegt nach der ursprünglichen Vorschrift von Schmiedeberg und Koppe[1]) vorgenommen zu werden.

Die vorsichtig getrockneten Pilze werden gepulvert und in starkem Alkohol ausgezogen. Den Verdampfungsrückstand des Auszuges nimmt man mit Wasser auf, entfernt das Fett durch Filtration und versetzt das Filtrat mit Bleiacetat und Ammoniak in geringem Überschuß. Das Filtrat von diesem Niederschlage entbleit man mit Schwefelsäure und fällt unter Zusatz von etwas verdünnter Schwefelsäure mit Quecksilberjodidjodkalium, welches keinen Überschuß von Jodkalium[2]) enthält. Da aber auch so das Muscarin beim ersten Behandeln nicht vollständig ausgefällt wird, so macht man das Filtrat, nachdem der Niederschlag mit verdünnter Schwefelsäure ausgewaschen ist, mit Barytwasser schwach alkalisch, sättigt die Flüssigkeit mit Schwefelwasserstoff, filtriert den Niederschlag ab, entfernt aus dem Filtrat das Jod mit Bleiessig, filtriert, entfernt aus dem Filtrat hiervon das überschüssige Blei mit verdünnter Schwefelsäure, engt die Flüssigkeit ein und fällt nochmals mit Kaliumquecksilberjodid. Das ist tunlichst nochmals zu wiederholen. Die vereinigten Niederschläge werden mit Bariumhydroxyd gemischt, in Wasser suspendiert und durch Schwefelwasserstoff zersetzt, das Filtrat wird vom Schwefelwasserstoff befreit, mit überschüssigem schwefelsaurem Silber versetzt und mit Schwefelsäure angesäuert. Die nunmehr abfiltrierte, schwefelsaures Silber und schwefelsaures Muscarin enthaltende Flüssigkeit wird mit überschüssigem Bariumhydroxyd versetzt, das Filtrat genau mit Schwefelsäure neutralisiert und nach dem Filtrieren verdunstet, wobei das schwefelsaure Muscarin zunächst als eine sirupartige, dann krystallinisch erstarrende, sehr hygroskopische Masse zurückbleibt. Durch Zersetzung desselben mit Bariumhydroxyd kann daraus das freie Muscarin erhalten werden.

Man kann das Jod auch durch überschüssiges Chlorsilber entfernen, das Filtrat einengen, mit überschüssigem Platinchlorid versetzen und langsam verdunsten lassen, wobei das Muscarin als Muscarinplatinchlorid in kleinen oktaedrischen Krystallen abgeschieden wird.

Anmerkungen. Das neben dem Muscarin vorkommende Cholin bildet mit Platinchlorid tafelförmige Krystalle, die sich leicht von den oktaedrischen Krystallen trennen lassen. Durch fraktionierte Fällung mit Goldchlorid läßt sich zuerst das Cholingoldchlorid abscheiden, während aus der Mutterlauge das Muscaringoldchlorid gewonnen werden kann. Auch läßt sich die geringere Zerfließlichkeit des salzsauren Cholins gegenüber dem salzsauren Muscarin zur Trennung benutzen.

Andere wesentliche Unterschiede zwischen Cholin und Muscarin gibt es nicht; aus dem Grunde muß für den sicheren Nachweis des Muscarins der Tierversuch mit entscheiden. Das Muscarin verengt die Pupille und verlangsamt die Herztätigkeit, zeigt überhaupt ein dem Atropin gegensätzliches physiologisches Verhalten. Hierbei ist indes zu berücksichtigen, daß bei der Fäulnis von Proteinen Stoffe von muscarinähnlichen Wirkungen entstehen können.

---

[1]) Vierteljahresschr. f. Pharm. **19**, 276.

[2]) 13,55 g Quecksilberchlorid und 50 g Jodkalium werden mit Wasser zu 1 l gelöst.

b) Nachweis der Helvellasäure. Zum Nachweise der Helvellasäure verwendeten Boehm und Külz (l. c.) ein sehr umständliches Verfahren und Mengen bis zu 50 kg Morcheln. Diese wurden im frischen Zustande mit der Fleischhackmaschine zerkleinert, mit der doppelten Menge absolutem Alkohol vermischt und 2—3 Tage lang des öftern durchgeschüttelt. Darauf wurde der Alkohol abgegossen, der Morchelbrei abgepreßt, der Preßflüssigkeit mit der alkohol. Lösung vereinigt und der Alkohol im Vakuum bei 60° abdestilliert. Der wässerige Rückstand wurde zweimal mit dem 6—8fachen Volumen Äther ausgeschüttelt, der Äther durch Destillation im Wasserstoffstrom entfernt und der Rückstand scharf im Vakuum getrocknet. Dieser wurde mit wasserfreiem (absolutem) Äther behandelt[1]), bis nichts mehr gelöst wurde (bzw. keine Trübung mehr entstand), die ätherische Lösung filtriert, aus dem Filtrat der Äther entfernt und der Rückstand der ätherischen Lösung mit dem 4fachen Volumen absolutem Alkohol ausgezogen. Das Filtrat hiervon wurde eingedampft und dieser Rückstand in kleinen Anteilen auf lebhaft kochendem Wasserbade und unter beständigem Umrühren in die 3fache Menge heißen Wassers eingetragen, etwa 2 Minuten erhitzt und dann zusammen mit der wässerigen Flüssigkeit auf ein mit siedendheißem Wasser befeuchtetes Filter gebracht. Durch Einengen des ersten wässerigen Auszuges aus 50 kg Morcheln erhielten Boehm und Külz 0,3 g, durch ein weiteres Ausziehen mit heißem Wasser noch 0,45 g Extrakt. Der Rückstand auf dem Filter wurde in wenig Alkohol gelöst, wobei sich 2 Schichten, eine ölige und eine wässerig-alkoholische Schicht bildeten, von denen die erstere unwirksam war, die letztere dagegen Hämoglobinurie bewirkte. Es wurden daher die beiden wässerigen Auszüge und die wässerig-alkoholische Schicht (mit 1,8 g Rückstand), also im ganzen 2,55 g, vereinigt, der Rückstand wurde mit Äther aufgenommen, die Lösung verdunstet, der Rückstand hiervon wie vorstehend mit absolutem Alkohol und Äther gereinigt. Die so gereinigte Substanz reagierte stark sauer und bewirkte in einer Menge von 0,16 g bei einem 5270 schwerem Hunde Hämoglobinurie. Die Säure verliert bei längerer Aufbewahrung ihre Giftigkeit.

Anm.: Für den Nachweis von Champignons (Agaricus campestris) werden noch folgende besondere Reaktionen angegeben: Ein wässeriger Auszug von Champignon gibt nach M. Löwy[2]) mit konz. Schwefelsäure (60° Bé) eine tiefviolette Färbung, die am schönsten auftritt, wenn man in einem Reagensglase die wässerige Lösung mit der konz. Schwefelsäure vorsichtig unterschichtet. Der entstehende prachtvolle violette Ring verschwindet beim Erwärmen. Selbst geringe Mengen von Champignonextrakt, sowie Speisen und Säuren, die mit Champignon zubereitet werden, geben diese Reaktion. Der dem Champignon ähnliche Knollenblätterschwamm gibt eine gelbe Färbung, andere sowohl eßbare wie giftige Pilze lieferten die violette Färbung ebenfalls nicht. Auch in einem Gemisch von getrockneten Pilzen soll sich auf diese Weise der Champignon nachweisen lassen.

Setzt man zu dem wässerigen oder alkoholischen Auszuge von Champignon erst einige Tropfen konz. Salzsäure und dann vorsichtig konz. Schwefelsäure, so färbt sich die Lösung tiefblau, diese Reaktion spricht für das Vorhandensein von Indican.

5. Botanisch-mikroskopische Untersuchung. Zur Bestimmung der Pilzart dienen meistens die Größe und Gesamtform des Pilzes, vorwiegend die Ausbildung der Hut- und Stieloberfläche, sowie die Beschaffenheit des sporentragenden Hymeniums. Die mikroskopische Untersuchung hat hierfür meistens keine Bedeutung. K. Giesenhagen sagt darüber (l. c.), daß es wohl möglich sei, an einem Hutfragmente einer Agaricinee durch mikroskopische Untersuchung der Tramazellen festzustellen, ob eine Russula vorliege oder nicht, daß es aber sehr schwer halte, die Russulaarten untereinander, eßbare und giftige Arten, wenn sie in Schnitzeln und gedörrt vorliegen, sicher zu unterscheiden; die Täublinge ähneln sich ja auch im frischen Zustande schon so sehr, daß aus

---

[1]) Der Rückstand von der Behandlung mit wasserfreiem Äther bewirkte bei einem Hunde wohl Erbrechen und Schwächeerscheinungen, aber keine Hämoglobinurie.

[2]) Chem. Ztg. 1909, **33**, 1251; 1910, **34**, 340.

diesem Grunde der Verkauf aller Russulaarten als Speiseschwämme in verschiedenen Ländern überhaupt verboten worden ist. Auch sind aus dem Grunde die Russulaarten von der Aufbereitung zu Dörrschwämmen gänzlich ausgeschlossen worden. Zur botanischen Bestimmung der Pilze geben folgende Schriften genaue Anleitung:

Ahles, Eßbare und schädliche Pilze; Büchner, Schwammkunde mit plastischen Nachbildungen; Lenz, Die nützlichen und schädlichen Schwämme; Lorinser, Die wichtigsten eßbaren usw. Schwämme.

Olga Falck[1]) gibt mikroskopische Abbildungen und Merkmale zur Unterscheidung von dem echten französischen (Perigord-)Trüffel (Tuber bramale Vittad.), dem weißen Trüffel (Tuber album), dem deutschen Trüffel (Tuber aestivum) und dem falschen Trüffel (Hartbovist, Scleroderma vulgare Horum.) bei starken Vergrößerungen, vorwiegend der Sporen, (Basidie) von 1 : 600 bis 1 : 1000. Giesenhagen[2]) hält diese Vergrößerungen aber für unzweckmäßig und die Beurteilung nur nach den Sporen für irreführend, weil diese mitunter fehlen; außerdem komme die Unterschiebung von Hartbovist, der allgemein als giftig bekannt sei, unter Trüffel wohl kaum vor. Dagegen sei die gleichzeitige Anwendung der drei geschätzten Trüffelsorten, des echten französischen, des deutschen und des afrikanischen Trüffels (Terfezia leonis, in Italien, Sizilien, Nordafrika usw. wachsend) häufiger. Sie lassen sich durch nachstehende Querschnitte und Eigenschaften unterscheiden.

Zum Nachweise der Trüffelstücke in Würsten oder Pasteten verfährt man wie folgt:

Man sucht mit der Pinzette zunächst eine größere Menge Pilzstücke aus der Umhüllungsmasse heraus, befreit sie von anhängenden Fleisch- bzw. sonstigen Resten und wirft sie in ein Glas mit etwa 800 proz. Alkohol.

Reine Trüffelstücke lassen den Alkohol ziemlich ungefärbt. Tritt nach einiger Zeit eine rotbräunliche Färbung des Alkohols ein, so besteht Verdacht, daß andere Pilze beigemengt sind. Natürlich schließt das Ungefärbtbleiben des Alkohols diesen Verdacht keineswegs gänzlich aus. Nunmehr werden von den einzelnen Stücken mikroskopische Schnitte angefertigt. Dabei zeigt sich bereits, wenn Terfezia leonis beigemengt ist, eine merkliche Verschiedenheit des Gewebes dieser Pilzart gegenüber der Perigord- und der deutschen Trüffel. Die Konsistenz des Gewebes der beiden letzteren gleicht etwa derjenigen der sogenannten Klemmleber oder einer Mandel, Terfezia dagegen ist etwas weicher, etwa von der Konsistenz des Gewebes einer frischen Kartoffelknolle. Unter dem Mikroskop zeigt sich nun gleich ein auffälliger Unterschied, indem die Sporenschläuche regelmäßig stets acht Sporen aufweisen (Fig. III c), während die Sporen der beiden Trüffelarten (Fig. I und II) einzeln oder zu zwei oder drei, seltener zu vier oder mehr in den Schläuchen liegen. Die Sporen sind kugelrund und zeigen im ausgewachsenen Zustande eine ähnliche Skulptur wie die Sporen der weißen Trüffel. Meistens findet man bei der afrikanischen Trüffel nur unreine Sporen. Es scheint demnach, als ob von der afrikanischen Trüffel auch unreife oder doch noch nicht ausgereifte Stücke als Speisewürze zu verwenden sind, während von der Perigord- und der deutschen Trüffel allgemein angenommen wird, daß sie ihr volles Aroma erst im Zustande der Reife erlangen. Die unreifen Sporen der Terfezia sind fast oder völlig glatt. Sie liegen zu Ballen vereinigt, umhüllt von dem Periplasma des Sporenschlauches. Die Schläuche der Terefezia sind denen der Trüffeln ähnlich rundlich, sackartig erweitert, aber nicht in einen stielartigen Teil verschmälert. Sie liegen regellos in Gruppen beisammen, die durch sterile Gewebsplatten voneinander getrennt werden (Fig. III a). Die Pilzfäden des sterilen Fruchtkörpergewebes sind ziemlich dickfädig im Gegensatz zu den feinfädigen Hyphen der beiden Trüffelarten. Dieses Merkmal unterscheidet die Terfezia auch von der ihr in der Sporenform und -zahl ähnlichen weißen Trüffel, die gleichfalls feinfädigere Hyphen besitzt. Außerdem sind die Sporenschläuche der weißen Trüffel schlanker keulenförmig, an einem Ende in einen Stiel verschmälert und in unregelmäßig palissadenartiger Anordnung nebeneinander gefügt.

---

1) Zeitschr. f. Untersuchung d. Nahrungs- u. Genußmittel 1911, **21**, 209.

2) Ebendort 1911, **21**, 641.

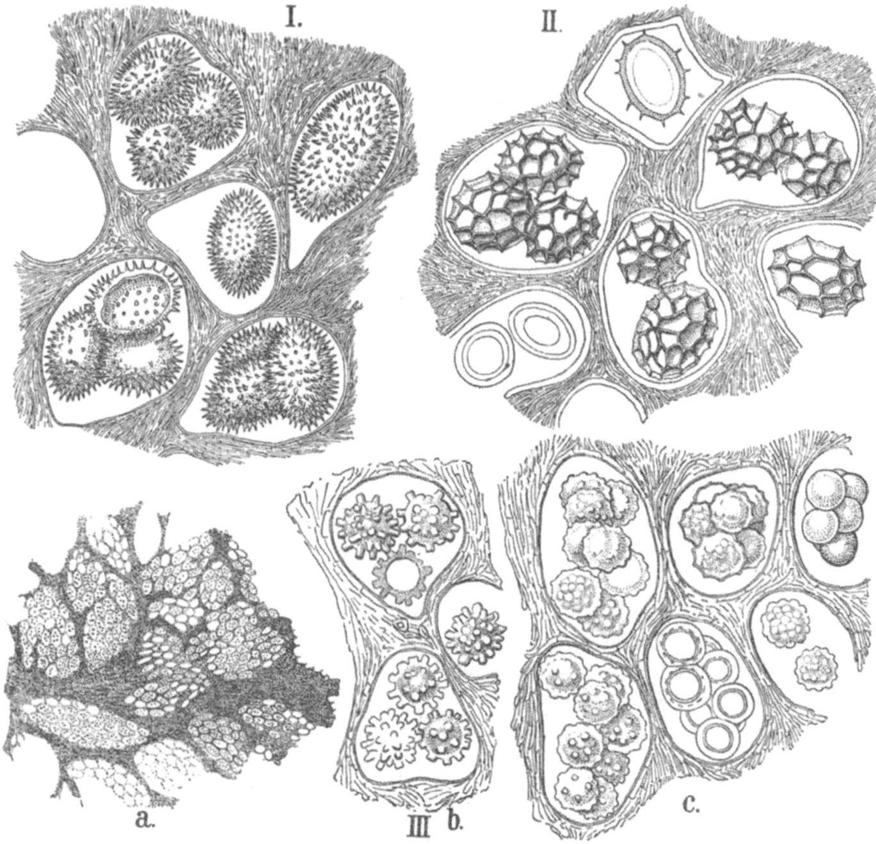

Schnitte von Trüffeln.

I. Perigord-Trüffel, Tuber melaspermum (Vergr. 350:1); II. Deutsche Trüffel, Tuber aestivum (Vergr. 350:1); III. Afrikanische Trüffel, Terfezia leonis; *a* bei schwacher Vergrößerung (25:1), die nesterartige Anordnung der Sporenschläuche zeigend; *b* völlig ausgereifte Fruchtkörper (Vergr. 350:1); *c* Schnitt mit Sporen in verschiedenen Reifestufen (Vergr. 350:1). Nach Giesenhagen.

Anhaltspunkte für die Beurteilung der Pilze und Schwämme.

a) Nach der botanischen und sonstigen Untersuchung.

1. Die feilgehaltenen Pilze oder Schwämme dürfen in erster Linie nicht zu den ungenießbaren und giftigen Arten gehören. Selbst Fahrlässigkeit ist hier strafbar. Da die Pilze noch nicht sämtlich auf ihre Schädlichkeit untersucht sind bzw. ihre Verwendbarkeit fraglich erscheinen kann, so sollten nur solche Pilze bzw. Schwämme feilgehalten und verkauft werden, die als sicher unschädlich erkannt und von einer Marktaufsichtsbehörde vorher untersucht und als zulässig erklärt worden sind.

Für den Markt in München sind z. B. zugelassen[1]):

Der Steinpilz (Herrenpilz) (Boletus edulis),
der Schmerling (Boletus granulatus),
der Semmelschwamm (Polyporus confluens),
der Kapuzinerpilz (Frauenschwamm, Rotkappe) (Boletus scaber),

---

1) Vgl. K. Giesenhagen, Zeitschr. f. Untersuchung d. Nahrungs- u. Genußmittel 1903, **6**, 944.

das Schafeuter (Polyporus ovinus),
der Brätling (Lactarius volemus),
der Wacholderschwamm (Reitzker) (Lactarius deliciosus),
der Stockschwamm (Pholiota mutabilis),
der Champignon (Psalliota campestris),
der Mairaßling (Maiblatt) (Tricholoma gambosum),
der Parasolschwamm (Lepiota procera),
der Hallimasch (Armillaria mellea),
der Rot-Täubling (Russula vesca),
der Grün-Täubling (Herrentäubling) (Russula virescens),
der Blau-Täubling (Frauentäubling) (Russula cyanoxantha),
der ledergelbe Täubling (Ledertäubling) (Russula alutacea),
die Speisemorchel (Morchella esculenta),
die Spitzmorchel (Morchella conica),
die Glockenmorchel (Morchella patula),
die böhmische Morchel [Morchella bohemica),
die Frühlorchel (Gyromitra [Helvella] esculenta),
die Riesenlorchel (Gyromitra gigas),
der Drehling (Pleurotus ostreatus),
die Goldbärentatze (Ziegenbart) (Clavaria aurea),
die blaßgelbe Bärentatze (Ziegenbart) (Clavaria flava),
die Traubenbärentatze (Ziegenbart) (Clavaria botrytis),
das Hasenöhrchen (Craterellus clavatus),
der krause Strunkschwamm (Sparassis crispa),
der Rötling (Rescherlen, Eierschwamm) (Cantharellus cibarius),
der Habichtsschwamm (Rehling) (Hydnum imbricatum).

Dieses Verzeichnis kann, je nach den örtlichen Verhältnissen gekürzt oder noch erweitert werden. Es ist aber bei den fast alljährlich vorkommenden Vergiftungen durch Pilze wichtig, daß jede Marktaufsichtsbehörde mit einer guten Sammlung der örtlich zugelassenen Pilze und mit einer Anleitung für Unterscheidung der einzelnen Arten versehen und ein Marktkontrollbeamter besonders für die Aufsicht über den Pilzhandel ausgebildet wird.

2. Die Unterschiebung minderwertiger Pilze unter Edelpilze oder die Beimengung fremder organischer Stoffe unter Pilzdauerwaren ist nicht gestattet und selbstverständlich zu beanstanden.

3. Alte und wurmstichige bzw. von Insekten befallene Pilze, ferner unsauber und fehlerhaft haltbar gemachte bzw. aufbewahrte Pilze, ebenso mit Schimmel und Bakterien behaftete Pilzdauerwaren sind zu beanstanden.

b) Beurteilung der Pilze und Schwämme nach der Rechtslage[1]).

Verdorbene Pilze. In Zersetzung übergegangene frische Pilze. Die Schwämme waren wurmig, faul, schimmelig, schmierig und von ekelhaftem Aussehen.

Das Gericht war überzeugt, daß die Angeklagte gewußt hat, die in Zersetzung übergegangenen Schwämme seien ekelerregend und zur menschlichen Nahrung nicht geeignet gewesen. Diesen Zustand habe sie auch beim Verkauf der Schwämme den Käufern nicht offenbart. Vergehen gegen § 10^2 NMG.

LG. Fürth, 31. Januar 1903.

Getrocknete verfaulte Pilze mit Maden. Nach dem Gutachten des Sachverständigen müssen die Pilze schon vor dem Trocknen verfault oder die Maden müssen in die Pilze, nachdem sie bereits getrocknet waren, gedrungen sein. Pilze von der vorbeschriebenen

[1]) Bearbeitet von Prof. Dr. C. A. Neufeld-Würzburg.

Beschaffenheit sind nach dem Gutachten des ärztlichen Sachverständigen der Gesundheit der Genießenden unbedingt schädlich und sogar gefährlich. Verurteilung aus §§ 12, 14 NMG.

Strafk. b. AG. Schrimm, 16. Dezember 1891.

Aufgewärmte gekochte Schwämme. Übrig gebliebene gekochte Schwämme wurden nach 5tägigem Stehen aufgekocht und dem Personal vorgesetzt. Sie schmeckten sauer und rochen ekelhaft.

Von den Schwämmen ist nach der Überzeugung des Gerichts allgemein bekannt, daß auch genießbare bei längerem Stehen giftig wirken können. Die Schwämme waren nach der glaubhaften Schilderung der Zeugen in voller Zersetzung begriffen und infolgedessen beim Genuß geeignet die menschliche Gesundheit zu beschädigen. Verurteilung aus § 12^1 NMG.

LG. München II, 25. September 1909.

Schädliche Pilze. Hartboviste. Es ist nicht für erwiesen erachtet, daß der Angeklagte die giftige Beschaffenheit der von ihm (neben Gelbschwämmen und Steinpilzen) feilgebotenen Hartboviste gekannt hat. Dagegen wußte er aber, daß es giftige Pilze gibt. Im Bewußtsein seiner mangelhaften Pilzkenntnis mußte sich daher der Angeklagte sagen, daß die von ihm feilgebotenen Pilze möglicherweise zu den giftigen Pilzen gehörten und daß durch ihren Genuß die Gesundheit der Menschen geschädigt werden könnte. Bevor er also die Hartboviste auf dem Markt feilhielt, wäre es seine Pflicht gewesen, sich über deren Eigenschaften von sachkundigen Personen belehren zu lassen. Indem er dies unterlassen hat, handelte er fahrlässig. § 14 NMG.

LG. Breslau, 5. Januar 1898.

Hartboviste und Birkenreizker. Die Angeklagte hatte Pilze feilgeboten, die teils zweifellos giftige Hartboviste, teils sog. Birkenreizker, gleichfalls eine Art giftiger Pilze, waren.

Das Gericht gelangte zu der Überzeugung, daß die Angeklagte als Händlerin mit eßbaren Waren bei gehöriger Aufmerksamkeit hätte erkennen müssen, daß die fraglichen Pilze giftig und vom Verkehr mit Nahrungsmitteln auszuschließen gewesen seien. § 14 NMG.

LG. I Berlin, 30. März 1897.

Dickfuß (Boletus pachypus). Nach dem Gutachten des Sachverständigen gehen die Ansichten der Gelehrten darüber, ob der Dickfuß bloß verdächtig oder schädlich oder giftig ist, auseinander. Jedenfalls wurde der Dickfuß bisher nicht als absolut giftig angesehen, und kann der Genuß eines einzigen Stückes nicht als gesundheitsschädlich angesehen werden, sondern nur der gleichzeitige Genuß einer größeren Menge. Die Freisprechung von der Anklage aus §§ 14, 12 NMG. war daher gerechtfertigt.

LG. Freiburg, 23. Februar 1904.

Kartoffelbovist als deutsche Trüffel. Das Gericht hat für erwiesen angenommen, daß die Angeklagte, die seit langen Jahren Pilze sucht und damit handelt, deutsche Trüffel von Kartoffelbovisten unterscheiden kann und im vorliegenden Falle wissentlich Kartoffelboviste als deutsche Trüffel verkaufte. Sie hat sicher auch gewußt, daß der Kartoffelbovist nicht genossen zu werden pflegt und deshalb auch keinen Handelswert hat, sowie daß die Zeugin die Pilze nicht genommen hätte, wenn sie gewußt hätte, daß es keine Trüffel waren. Wenn die Angeklagte über die Gesundheitsschädlichkeit der Kartoffelboviste nicht klar gewesen ist, so muß ihr das als Fahrlässigkeit angerechnet werden. Denn wer gewerbsmäßig mit Pilzen handelt, hat die Pflicht, sich die nötige Pilzkunde anzueignen. Vergehen gegen § 14 NMG. in einheitlichem Zusammentreffen mit Betrug (§ 263 StrGB.).

LG. Dessau, 10. Dezember 1907.

Flechten und Algen.

Das isländische Moos (Cetraria islandica) diente schon seit den ältesten Zeiten als Nahrungsmittel, nachdem es vorher durch Potaschelösung von Bitterstoff (Usninsäure) befreit war. Jetzt ist die Sitte nur mehr auf Island gebräuchlich. Aber E. Poulsson[1]) hat gefunden, daß sowohl Cetraria islandica als auch Cetraria nivalis nach Behandlung mit Alkali zur Bereitung eines Brotes verwendet werden kann, welches bei Diabetikern keine Erhöhung der Zuckerausscheidung im Harn bewirkt.

In Irland und England findet auch das irländische Moos (Chondrus crispus), eine Alge, ebenso wie andere Algen so z. B. Meerlattich (Ulva lactuca und Porphyra) Verwendung zur menschlichen Ernährung; besonders in Japan und China werden eine Reihe Meeresalgen teils direkt im frischen Zustande als Gemüse verwendet, teils auf Agar-Agar, Nori, vegetabilisches Isingglas usw., verarbeitet, welche Erzeugnisse in der ganzen Welt zur Zubereitung von Speisen dienen.

Hierzu werden auch die eßbaren Vogelsnester der Salangaschwalben (Collocalia fuciphaga oder esculenta L.) gerechnet, obschon sie nicht, wie vielfach behauptet worden ist, aus Meeresalgen angefertigt werden, sondern nach den Untersuchungen von J. Bettels und Verfasser[1]) zweifellos ein Erzeugnis aus dem Speichel dieser Schwalben bilden. Sie enthalten im gereinigten (entfederten) Zustande 62—73% Protein in der Trockensubstanz; von den Meeresalgen weisen Porphyra rund 36%, Gelidium 18—19%, Ecclonia und Undaria gegen 15%, Laminaria, Cystophyllum und Enteromorpha 8—10% Protein in der Trockensubstanz auf. Unter den Kohlenhydraten sind bei Porphyra, Gelidium und Undaria die Anhydride der i- und d-Galaktose vertreten; das Methylpentosan von Laminaria liefert Fukose, das von Enteromorpha Rhamnose; im übrigen sind bei allen Meeresalgen die Anhydride von Glykose, Fructose und den gewöhnlichen Pentosen vorhanden. Agar-Agar spaltet ähnlich wie verschiedene Pflanzenschleime (Leinsamen-, Salep- und Quittenschleim) bei der Hydrolyse Cellulose ab.

Die Flechten enthalten außer der Flechten- oder Moosstärke (Lichenin) als besondere kennzeichnende Säuren die sog. Flechtensäuren, von denen W. Zopf[2]) im ganzen 140 nachgewiesen hat. Die allgemeine chemische Untersuchung der Algen und Flechten erfolgt wie bei Gemüse. Wenn die Substanzen zähe sind, so daß sie sich selbst nach dem Vortrocknen nicht mahlen lassen, so bleibt nichts anderes übrig, als sie mit dem Messer oder der Schere fein zu zerschneiden und zur Bestimmung der Stickstoff-Substanz eine größere Menge wie bei Fleisch, S. 22, mit Schwefelsäure aufzuschließen.

1. Unter Umständen ist es von Belang, die ***Kohlenhydrate*** näher zu zergliedern zu welchem Zweck die Stoffe der Hydrolyse unterworfen werden müssen. Sie kann sowohl durch 8—10stündiges Kochen der Substanz mit der 8—10fachen Menge 2proz. Schwefelsäure am Rückflußkühler als auch durch 3stündiges Dämpfen bei 3 Atm. erfolgen. Letzteres ist in der Regel vorzuziehen. Die hydrolysierte, von flockigen Ausscheidungen abfiltrierte Flüssigkeit wird zuerst behufs Entfernung organischer Säuren mit Äther ausgeschüttelt, mit gepulvertem kohlensaurem Barium vollständig neutralisiert und auf dem Wasserbade zur Trockne eingedampft. Der Trockenrückstand wird mit heißem Wasser aufgenommen, zu einem dünnen Sirup eingeengt und behufs Abscheidung der Dextrine in bekannter Weise mit Alkohol gefällt. Die Fällung wird nach Entfernung des Alkohols durch Destillation so oft wiederholt, bis Zucker wie Dextrine als rein anzusehen sind.

Bei leicht hydrolysierbaren Stoffen, wie Agar-Agar, Nori, Isingglas, erhält man noch größere Zuckermengen ohne gleichzeitige Bildung von Huminstoffen durch Anwendung einer 1—2proz. Lösung von Oxalsäure; man verwendet davon die 20fache Menge der

[1]) Zeitschr. f. Untersuchung d. Nahrungs- u. Genußmittel 1908, **15**, 309.

[2]) W. Zopf, Die Flechtenstoffe in chem., botan., pharmakol. u. techn. Beziehung. Jena 1907.

Substanz und erhitzt damit entweder 12 Stunden im kochenden Wasserbade oder dämpft 3 Stunden lang bei 3 Atm. im Dampftopf. Eine längere Zeit als die angegebene zu erhitzen, oder zu dämpfen, empfiehlt sich nicht, weil sich sonst auch durch Oxalsäure Reversionserzeugnisse bilden. Im übrigen wird die hydrolysierte Flüssigkeit wie bei Anwendung von Schwefelsäure behandelt. Aus der alkoholischen Lösung lassen sich nach Verjagung des Alkohols die Zuckerarten vielfach durch Krystallisation gewinnen, durch das Drehungs-, Reduktions- und Gärvermögen, durch die Osazone usw. feststellen, während die abfallenden Sirupe und Dextrine durchweg keine besonderen Eigenschaften bieten[1]).

Die bei der Hydrolyse mit Schwefelsäure entstehende Lävulinsäure kann aus der hydrolysierten Flüssigkeit vor der Neutralisation mit Bariumcarbonat durch Äther ausgezogen und durch Zink- und Silbersalz nachgewiesen werden, indem man den Rückstand vom Ätherauszug mit Zinkcarbonat behandelt, das Salz mehrmals aus Alkohol umkrystallisiert und zuletzt die Lösung des Zinksalzes in wenig Wasser mit Silbernitrat fällt. Das lävulinsaure Silber ($AgC_5H_7O_3$) erfordert 48,41% Silber.

Haben sich braune bis schwarze Flocken abgeschieden, so kann man sie zweckmäßig durch Wasserstoffsuperoxyd und Ammoniak aufhellen und auf Zellulose untersuchen.

Für den Nachweis einzelner Zuckerarten gibt es noch besondere Reaktionen:

a) Nachweis von Glykose und Galaktose. Hierfür wird behufs Nachweises von Schleim- und Zuckersäure die Oxydation mit Salpetersäure in der Weise ausgeführt, daß 5 g Algen bzw. Agar-Agar zunächst mit 100 ccm Wasser 1 Stunde lang bei 3 Atm. gedämpft, das Filtrat zur Trockne und der Trockenrückstand mit 30 ccm Salpetersäure vom spez. Gewicht 1,15 bis zu $^1/_3$ des ursprünglichen Volums auf dem Wasserbade eingedampft wird usw. Die ausgeschiedene Schleimsäure wird durch Ermittelung des Schmelzpunktes (+ 213°), die Zuckersäure im Filtrat hiervon durch den Gehalt des Silbersalzes an Silber festgestellt.

Das Filtrat von der Schleimsäureabscheidung wird in der Wärme mit trockenem kohlensauerem Kalium bis zur alkalischen Reaktion versetzt und dann mit Essigsäure angesäuert, worauf bei Gegenwart von Zuckersäure alsbald ein krystallinischer Niederschlag entsteht. Derselbe wird abfiltriert, mit wenig Wasser gelöst, filtriert und das Filtrat eingedampft. Nachdem nochmals in wenig Wasser gelöst und der ungelöste Teil abfiltriert ist, neutralisiert man das Filtrat mit Ammoniak und versetzt mit einer Silbernitratlösung von 1 : 100, bis der sich zuerst wieder lösende Niederschlag dauernd bestehen bleibt und nicht mehr zunimmt. In dem Niederschlage wird der Gehalt an Silber bestimmt; zuckersaures Silber verlangt 50,94% Silber.

b) Prüfung auf Fructose und andere Ketosen. Die Prüfung auf Fruktose und andere Ketosen wird einerseits durch die Rotfärbung mit Resorcinlösung (0,5 g Resorcin in 30 ccm Salzsäure vom spez. Gewicht 1,19 und dazu 30 ccm Wasser), andererseits nach der Vorschrift von A. Raudone durch die Blaufärbung mit molybdänsaurem Ammon (Reduktion desselben) nachgewiesen. Hierzu wird entweder die Zuckerlösung oder ein salzsaurer Auszug aus den Algen usw. verwendet.

2. Schleim und Stärke (Lichenin). Aus dem Caragheen-Moos (Chondrus crespus) kann man den Schleim durch Auskochen mit Wasser und Fällen mit Alkohol (und Salzsäure) gewinnen. Zur Gewinnung der Moosstärke (Lichenin) aus dem isländischen Moos (Cetraria islandica) entfernt man die Bitterstoffe erst durch Behandeln mit Kaliumcarbonat oder besser mit alkoholischem Kali, kocht den Rückstand mit der 20fachen Menge Wasser oder behandelt ihn mit salzsäurehaltigem Wasser und fällt das Filtrat durch Stehenlassen oder in letzterem Falle rasch mit Alkohol. Die erste Fällung wird

[1]) Der bei der Hydrolyse von Agar-Agar neben der Galaktose verbleibende, in Alkohol unlösliche Sirup (Galaktin ?) steht anscheinend in demselben Verhältnis zur Galaktose, wie das gewöhnliche Dextrin zur Glykose. Der molekulare Drehungswinkel dieses Anhydrids der Galaktose liegt zwischen + 13 bis + 15°.

behufs Reinigung noch ein oder mehrere Male in derselben Weise gelöst und wieder gefällt. Das Lichenin liefert bei der Hydrolyse d-Glykose.

3. Flechtensäuren. Unter den Flechten ist von der Familie der Cetrariaceen die Gattung Cetraria (C. islandica) nach W. Zopf (l. c.) vorwiegend durch zwei Säuren, nämlich Protolichesterinsäure und Fumar-Protocetrarsäure, die Gattung Platysma (gelbgrüne oder gelbe Arten) durch die Usninsäure und zwar bis auf eine Art (Pl. Oacesianum Tuck.) durch Laevo-Usninsäure ausgezeichnet. Die Bezeichnungen der Flechtensäuren gehen aber vielfach durcheinander, weshalb besonders auf die Schrift Zopfs, in welcher bei jeder Säure die Synonyme mitgeteilt sind, verwiesen werden möge.

a) Protolichesterinsäure (α-Protolichesterinsäure Hesse) $C_{19}H_{34}O_4$. Die feingeschnittenen Thalli von Cetraria islandica werden mit Äther ausgezogen, die Auszüge durch Destillation von Äther befreit, der Rückstand wird, um grünbräunliche Schmieren zu entfernen, erst mit Benzol ausgezogen, darauf mit kaltem Äther behandelt, wodurch die Protolichesterinsäure gelöst wird, die Fumar-Protolichesterinsäure als sehr schwer löslich zurückbleibt. Aus Äther, Benzol, Chloroform krystallisiert die Säure in Blättchen; die aus Benzol umkrystallisierte Säure schmilzt nach W. Zopf bei 103—104°. In Sodalösung gelöst, reduziert die Säure schon in der Kälte und augenblicklich Permanganatlösung, durch einstündiges Kochen mit Essigsäureanhydrid am Rückflußkühler, ja schon durch anhaltendes Kochen mit Alkohol geht die Säure in Lichesterinsäure $C_{19}H_{32}O_4$ über, die früher irrigerweise als präformiert in der Flechte vorkommend angenommen worden ist.

b) Fumar-Protocetrarsäure (Syn. Protocetrarsäure Hesse und Cetrarsäure Zopf) $C_{62}H_{50}O_{35}$. Man zieht die Flechte zweckmäßig, um Protolichesterinsäure, Chlorophyll und Harz zu entfernen, erst mit kaltem Äther aus und kocht dann mehrere Stunden mit Aceton; beim Abdestillieren des letzteren fällt die Säure aus. Um kleine Beimengungen von Protocetrarsäure zu entfernen, kocht man mit einer kleinen Menge Eisessig und bewirkt die letzte Reinigung durch Umkrystallisieren aus heißem Aceton, woraus sie in feinen Nädelchen krystallisiert. Letztere schmelzen nicht, sondern zersetzen sich bei 240° anfangend unter Bräunung. Die Säure schmeckt stark bitter, sie ist in heißem Wasser schwer löslich, die alkoholische Lösung, die sauer reagiert, wird durch Spuren von Eisenchlorid purpurn.

Die Säure löst sich leicht und mit gelber Farbe in Alkalien, in konzentrierter Schwefelsäure mit roter Farbe; beim Verdünnen mit Wasser fallen rotbraune Flocken aus.

Behandelt man die Fumar-Protocetrarsäure mit überschüssiger Kalilauge, so wird sie in Fumarsäure ($C_4H_4O_4$) und Protocetrarsäure $C_{54}H_{42}O_{27}$ umgewandelt. Setzt man zu der Reaktionsflüssigkeit überschüssige Salzsäure, so fällt die Protocetrarsäure aus, während die Fumarsäure in Lösung bleibt. Wird die Fumar-Protocetrarsäure mit Alkohol, dem man Alkali oder Alkalicarbonat zugesetzt hat, gekocht, so entsteht Fumarsäure und Cetrarsäure $C_{20}H_{18}O_9$, die ebenfalls durch Salzsäure ausgefällt, abfiltriert und aus heißem Alkohol umkrystallisiert werden kann. Weder die Protocetrarsäure noch die Cetrarsäure kommen frei in den Flechten vor; sie bilden sich erst durch Spaltung aus der Fumar-Protocetrarsäure.

Vielfach findet man auch die Usninsäure ($C_{18}H_{16}O_7$) als Bestandteil der Cetraria islandica angegeben. Sie ist zwar sehr verbreitet und kommt nach W. Zopf in 70 Flechtenarten vor, aber in der Gattung Cetraria weniger als in der von Platysma. Sie findet sich ebenfalls in den Ätherauszügen und fällt beim Entfernen des Äthers bis auf einen Rest fast ganz aus; verwendet man größere Flechtenmengen, so kocht man zweckmäßig mit Benzol aus; auch hier scheidet sich beim Erkalten ein Teil der Usninsäure ab; aus dem Rückstand vom Benzolauszuge entfernt man durch Alkohol erst das Chlorophyll und Harz, löst das zurückbleibende Krystallgemisch mit Benzol, aus dessen Lösung durch häufiges Umkrystallisieren die Säure in ausgeprägten Krystallen erhalten werden kann.

Obst- und Beerenfrüchte.

Die Obst- und Beerenfrüchte bilden sowohl in frischem natürlichem Zustande wie auch als Dauerwaren die weitgehendste Verwendung. Die Verbesserung der Verkehrsmittel wie nicht minder der Dauerwaren-Herstellung in der letzten Zeit erleichtern die Versendung der Erzeugnisse auf weite Entfernungen von einem Lande in das andere. Die verhältnismäßig große Nachfrage gegenüber der Gewinnung hat aber, besonders bei den Dauerwaren, allerlei Mißbräuche und Verfälschungen im Gefolge gehabt, die eine allseitige Beachtung verdienen.

A. Obst- und Beerenfrüchte in frischem, natürlichem Zustande.

Die frischen Obst- und Beerenfrüchte werden nur nach der Sinnenprüfung beurteilt und vermag diese auch über die Art und Beschaffenheit derselben genügend Aufklärung zu geben, so daß die Untermischung minderwertiger unter vollwertige Früchte, der Verkauf unreifer, wurmstichiger, verdorbener Früchte, wenn der Käufer einigermaßen Kenntnisse und Erfahrungen auf diesem Gebiete besitzt, kaum vorkommen kann.

Weniger augenfällig ist das Vermischen von echten Feigen mit Strohfeigen, von Mandeln mit fremden Pflaumenkernen, von Preißelbeeren mit Vogel- oder Moosbeeren, das Bestäuben der Feigen mit Mehl. Die des öfteren erwähnte künstliche Färbung der Apfelsinen mit roten Farbstofflösungen (Fuchsin u. a.) und Umwandlung derselben in die gesuchteren Blutapfelsinen hat sich nach Pum und Micko[1]) technisch als nicht ausführbar erwiesen, indem die injizierte Farbstofflösung nur die saftlosen, mit Luft erfüllten schwammigen Gewebe der Frucht färbte und da, wo das Fruchtfleisch mit derselben in direkte Berührung kam, nur eine oberflächliche, nicht tiefer greifende Färbung des letzteren bewirkte.

Auch die Blaufärbung der Zwetschen dürfte wohl in das Gebiet der Sagen gehören.

Wie aber schon Bd. II, S. 960 mitgeteilt ist, werden frische Früchte, angeblich mitunter um sie haltbar zu machen, mit Blausäure, die von ihnen festgehalten werden kann, behandelt oder mit Schwefelkohlenstoff, der sich aber schon durch den Geruch zu erkennen geben dürfte.

Verbreiteter ist die Behandlung mit Bisulfitlösung (das Bleichen) bei solchen Früchten, bei denen (wie z. B. bei Nüssen, Mandeln, Cibeben) eine blasse bzw. weiße Farbe besonders geschätzt wird.

H. Schmidt[2]) und das chemische Untersuchungsamt des hygienischen Instituts in Hamburg[3]) fanden z. B. in gebleichten Krachmandeln (Nr. 1 und 2), B. Fischer[4]) und das Untersuchungsamt München in Walnüssen (Nr. 3 und 4) folgende Mengen schwefliger Säure in 100 g Substanz.:

	Krachmandeln		Walnüsse	
	Nr. 1	Nr. 2	Nr. 3	Nr. 4
Schalen	0,042—0,176 mg	0,016—0,162 mg	—	—
Kerne	0,009—0,017 „	0,006—0,036 „	0,011—0,064 mg	309,0 mg

Beim Schwefeln der Früchte wird ein Teil der schwefligen Säure von dem Zucker der Früchte gebunden.

Auch 3proz. Formaldehydlösung wird zur Frischhaltung der Obst- und Beerenfrüchte benutzt; ein 10—60minutiges Eintauchen soll genügen; aber schon während dieser kurzen Zeit dringt nach G. Salomone[5]) Formaldehyd in die Früchte ein und bewirkt dort Veränderungen, indem es sich z. B. mit dem Albumin verbindet.

---

[1]) Zeitschr. f. Untersuchung d. Nahrungs- u. Genußmittel 1900, **3**, 729.

[2]) Arbeiten a. d. Kaiserl. Gesundheitsamte 1904, **21**, 226.

[3]) Vierter Bericht d. Hygien. Instituts in Hamburg 1900, 1092, 67.

[4]) Jahresbericht d. chem. Untersuchungsamtes Breslau 1903, 04, 26.

[5]) Zeitschr. f. Untersuchung d. Nahrungs- u. Genußmittel 1909, **18**, 688.

Was die Haltbarmachung mit Borsäure, Salicylsäure und Benzoesäure anbelangt, so ist zu berücksichtigen, daß nach verschiedenen Untersuchungen (vgl. II. Bd. 1904, S. 965) mehrere Früchte[1]) diese Säuren — die Salicylsäure wahrscheinlich als Methylester — in geringen Mengen enthalten.

Chemische Untersuchung.

Die chemische Untersuchung der Obst- und Beerenfrüchte im natürlichen wasserhaltigen Zustande kann sich nach vorstehenden Ausführungen unter Umständen auf die Anwendung von Frischhaltungsmitteln erstrecken; in seltenen Fällen, für wissenschaftliche Zwecke, kommt die chemische Zusammensetzung der ganzen Früchte in Betracht; in der Regel bezweckt die chemische Untersuchung die Feststellung des Fruchtfleisches bzw. des Preßsaftes sowie ihre Zusammensetzung. Zu dem Zweck bedürfen die Obst- und Beerenfrüchte einer vorherigen Zerlegung in die Abfälle und den nutzbaren Anteil, die je nach der Frucht verschieden ist.

Um eine gute Durchschnittsprobe zu erhalten, wägt man je nach der Frucht 0,5—1,0 kg — bei sehr großen Früchten bis zu 2,0 kg — ab und zerlegt dieselben wie folgt:

1. Bei ***Steinobst*** (Pflaumen, Zwetschen, Reineclaude, Kirschen, Aprikosen, Pfirsich) trennt man die Stiele ab, entkernt dieselben, sei es durch Aufschneiden bzw. Aufbrechen oder wie bei Kirschen durch eine besondere Entkernvorrichtung. Bei Aprikosen und auch Pfirsichen, bei denen die Schale bzw. Haut nicht mitgegessen wird, schält man vor dem Entkernen die Haut ab, wägt Stiele, Steine und Haut bzw. Schale zusammen als Gesamtabfall zurück und berechnet die Menge des Fruchtfleisches aus der Differenz[2]). Dasselbe kann in einer Fleischhackmaschine weiter zerquetscht, zu einem gleichmäßigen Brei verarbeitet und untersucht werden.

2. ***Kernobst*** (Äpfel, Birnen, Quitte, Mispel); man entfernt die Stiele, schält tunlichst dünn ab, entfernt den vertrockneten Kelch (gekrönte Scheinfrucht), zerschneidet die Frucht und entnimmt Kerne sowie sorgfältig ihr Gehäuse (das Mark); der Gesamtabfall wird gewogen und vom angewendeten Gewicht abgezogen, um das des Fruchtfleisches zu erhalten (vgl. Anm. 2). Das Fruchtfleisch kann wie vorstehend weiterverarbeitet oder auch mit einer Reibe zu einem gleichmäßigen Brei verarbeitet werden.

3. ***Schalenobst*** (Walnuß, Haselnuß, Kastanie, Mandel). Hierbei hat man nur die Schalen zu entfernen, bei Pfirsichen, Walnüssen und Kastanien auch die Samenhaut um den Samenkern. Letztere müssen, weil sie sich in einer Schrotmühle nicht mahlen lassen, in einem Mörser — am besten einem geriffelten eisernen — zerquetscht und verrieben werden.

---

[1]) Traphagen u. Burke (Zeitschr. f. Untersuchung d. Nahrungs- u. Genußmittel 1904, 7, 305) geben u. a. folgenden Gehalt an Salicylsäure für je 1 kg an:

Johannisbeeren	Kirschen	Pflaumen	Holzäpfel	Trauben
0,57 mg	0,40 mg	0,28 mg	0,24 mg	0,32 mg

[2]) Man kann auch das Fruchtfleisch wägen; aber durch Addition dieses Gewichtes zu dem vom Gesamtabfall wird das angewendete Gewicht infolge Wasserverdunstung und mechanischer Verluste nicht wieder ganz erreicht, da diese Verluste sich vorwiegend auf das Fruchtfleisch erstrecken, so ist es am richtigsten, die Menge des letzteren aus der Differenz anzunehmen. Anderenfalls muß der Gesamtverlust prozentualiter auf beide gewogene Anteile verrechnet werden. Angenommen, man habe 540 g Steinfrucht abgewogen und zurückgewogen, 470 g Fruchtfleisch und 55 g Abfall (Steine und Stiele); der Gesamtverlust beträgt also $540 - (470 + 55) = 15$ g; hieran ist das Fruchtfleisch mit $\frac{470 \times 15}{525} = 13{,}5$ g, der Abfall mit $\frac{55 \times 15}{525} = 1{,}5$ g beteiligt; also beträgt die Menge das Fruchtfleisches in den angewendeten 540 g Steinfrucht $470 + 13{,}5 = 483{,}5$ g, die Menge des Abfalles $55 + 1{,}5$ g $= 56{,}5$ g.

4. Beerenobst (Wein-, Johannis-, Stachel- und Moosbeere, ferner Himbeere, Mausbeere, Erdbeere, Heidelbeere, Feige u. a.). Hierbei ist die Zerlegung der Frucht in die einzelnen Bestandteile recht umständlich und schwierig.

Die Weintrauben und Rispenfrüchte werden insgesamt gewogen, die Beeren vorsichtig abgepflückt, indem man sie in ein darunter stehendes Gefäß so fallen läßt, daß kein Saft verloren geht. Die abgepflückten Kämme und Beeren werden jede für sich gewogen.

Die Beeren werden zunächst in einer Reibschale leicht zerdrückt, der Saft durch ein doppeltes Leinen- oder Flanelltuch oder auf einem Sieb durchgeseiht bzw. durchgequetscht, dann wird die rückständige Masse in diesem mittels einer geeigneten Laboratoriumspresse entsprechend stark ausgepreßt, der aus Kernen und Schalen bestehende Preßrückstand (Trester) vollständig vom Preßtuch entfernt und gewogen; die Menge des Saftes ergibt sich aus der Differenz zwischen Gesamtgewicht der Beeren und des Preßrückstandes.

Saft und Preßrückstand werden getrennt für sich, wie üblich, untersucht und kann aus der Zusammensetzung derselben, sowie aus dem Mengenverhältnis beider Anteile nötigenfalls die prozentuale Zusammensetzung der ursprünglichen Beeren berechnet werden.

Dieses Verfahren ist indes nicht genau, weil der Preßrückstand immer noch etwas Fruchtfleisch und auch Saft (mit Zucker) einschließt, daher zu wenig Fruchtfleisch und Saft erhalten wird. Dasselbe ist der Fall, wenn man in dem mechanisch abgetrennten Fruchtfleisch vom Stein- und Kernobst den Saftgehalt bzw. die Extraktausbeute gewinnen, oder wenn man für letzteren Zweck die ganze rohe Frucht (also einschließlich Schale und Kerne, aber ausschließlich Stiele und Steine) der Pressung unterwirft. Stets bleibt ein gewisser Anteil des Saftes im Preßrückstande. Um diesen Fehler auszuschalten, verfahren Pfeiffer und Einecke[1]) in der Weise, daß sie den Zucker in den getrockneten Trebern bestimmen und unter der Voraussetzung, daß die reinen Schalen keinen Zucker enthalten, aus der so gefundenen Zuckermenge und dem Zuckergehalt des Saftes berechnen, wieviel Saft in den getrockneten und damit auch in den frischen Trebern zurückgeblieben ist. Die durch diese Berechnung bestimmte Saftmenge wird von dem Gewicht der frischen Treber abgezogen, die Differenz ergibt den eigentlichen Schalen- und Kerngehalt. Zieht man diese Menge von der verwendeten gesamten Beerenmenge ab, so erhält man die eigentliche Saftmenge und hieraus kann man schließlich den prozentischen Saftgehalt der Beeren berechnen. Ein ausführliches Beispiel möge dieses Verfahren klarmachen:

Zur Gewinnung der für die Berechnung notwendigen Zahlen bedarf es der Feststellung der folgenden Größen:

1. Bestimmung des Feuchtigkeitsgehaltes der getrockneten Trester: 50 g = 0,8075 g Wasser.
2. Bestimmung des Volumens der getrockneten Trester in wässeriger Lösung: 50 g brauchen zum Auffüllen auf 500 ccm = 465,375 g Wasser.
3. Bestimmung des Zuckergehaltes der getrockneten Trester = 1,3514 g enthalten = 0,0756 g Invertzucker.
4. Zuckergehalt des Saftes: = 10,8188% Invertzucker.
5. Gewicht der trocknen Trester: = 84 g, Gewicht der frischen Trester: = 303 g.
6. Gewicht der abgebeerten Früchte: = 2259 g.

Die eigentliche Berechnung zerfällt in folgende Abschnitte:

1. Zur Volumbestimmung werden 50 g trockene Trester verwendet. Diese brauchten zum Auffüllen auf 500 ccm:

Wasser	465,3750 g
50 g trockene Trester enthalten Feuchtigkeit . .	0,8075 „
	466,1825 g

50 g trockene Trester entsprechen daher = 466,1825 g Tresterlösung.

[1]) Landw. Versuchsstationen 1897, **48**, 131.

2. Berechnung der Verdünnungen zur Feststellung des Zuckergehaltes der Trester:
   a) 150 ccm der filtrierten Tresterlösung von Nr. 1 + Bleiessig werden zu 250 ccm aufgefüllt und filtriert; die Verdünnung beträgt dann: 466,1825: 150 = 50 : x; x = 16,0881 g Trester: 250 ccm.
   b) Von der filtrierten Lösung von a werden 150 ccm Lösung + kohlensaures Natron behufs Ausfällung des überschüssigen Bleiessigs zu 250 ccm aufgefüllt und filtriert; die Verdünnung beträgt 250 : 150 = 16,0881 : x; x = 9,65286 g Trester : 250 ccm.
   c) Zur Inversion werden 140 ccm der filtrierten Lösung von b zu 200 ccm verwendet. Nach dem Invertieren, Neutralisieren und Auffüllen beträgt die Verdünnung 250 : 140 = 9,65286 : x; x = 5,4056 g Trester : 200 ccm.
   d) Von der Lösung c werden zur Zuckerbestimmung je 50 ccm verwendet; 50 ccm Lösung entsprechen dann g Trester? 200 : 50 = 5,4056 : x; x = 1,3514 g Trester. Die Zuckerbestimmung ergibt nun, daß 50 ccm Lösung, entsprechend 1,3514 g trockene Trester, Kupfer reduziert: 0,144 g, welches eine Invertzuckermenge von 0,0756 g gleichwertig ist.
   1,3514 g trockene Trester enthalten demnach 0,0756 g Invertzucker.
3. Beim Pressen wurden erhalten: frische Trester 303 g, getrocknete Trester 84 g, mit einem Invertzuckergehalt von ? 1,3514 : 84 = 0,0756 : x; x = 4,699 g Invertzucker. 84 g getrocknete Trester enthielten also 4,699 g Invertzucker.
4. Der Saft enthielt 10,8188% Invertzucker, folglich entsprechen die in 84 g getrockneten Trestern enthaltenen 4,699 g Invertzucker gleich Saft? 10,8188 : 4,699 = 100 : x; x = 43,4336 g Saft.

84 g getrocknete oder 303 g frische Trester enthalten demnach 4,699 g Invertzucker, entsprechend einer Saftmenge von 43,4336 g. Um demnach den eigentlichen Trestergehalt (Schalen) zu bekommen, muß man 43,4336 g Saft von 303 g frischen Trestern abziehen, gleich reine Trester 259,5664 g.

Schlußrechnung. Zum Pressen sind verwendet:

Abgebeerte Früchte	2259,0000 g
Diese enthielten reine Trester	259,5664 „
folglich reiner Saft	1999,4336 g

oder auf 100 g Beeren berechnet ergibt sich ein Gehalt von 88,51 g Saft und 11,49 g Trester bzw. Schalen.

Die weitere Untersuchung des zu einem gleichmäßigen Brei verarbeiteten Fruchtfleisches erfolgt genau wie bei Marmeladen, die des Preßsaftes wie unter Fruchtsäfte angegeben ist. Nur einige Bemerkungen mögen hier noch Platz finden:

1. Ed. Hotter[1]) verwendet 20—30 g des Fruchtbreies für die **Wasser-, Stickstoff- und Rohfaser** - Bestimmung; 100 g desselben werden in einem Literkolben mit Wasser bis zur Marke aufgefüllt, oftmals durchgeschüttelt und wird die filtrierte Lösung zur Bestimmung des Extrakt-, Säure-, Zucker- usw.-Gehaltes verwendet.

2. **Trockensubstanz.** Ed. Hotter[1]) verwendet einen Vakuum - Trockenschrank, P. Kulisch[2]) trocknet 8 Stunden bei 110° im Luftbade, A. Einecke[3]) nur $2^1/_2$—4 Stunden, andere bestimmen die Trockensubstanz des löslichen Extraktes indirekt mittels des spezifischen Gewichtes in bekannter Weise. Jedenfalls wird das Trocknen im Vakuum bei 95 bis 98° den Vorzug verdienen.

3. **Unlöslicher Anteil.** F. Härtel und J. Sölling[4]) übergießen 50 g des gut durchmischten Fruchtbreies mit 300 ccm heißem Wasser, erwärmen unter öfterem Umrühren $^1/_2$ Stunde im Wasserbade, filtrieren durch ein 4faches Filter von Verbandmull, trocknen

[1]) Zeitschr. f. d. landw. Versuchswesen in Österreich 1906, **9**, 747.
[2]) Zeitschr. f. angew. Chemie 1894, 148.
[3]) Landw. Versuchsstationen 1897, **48**, 131.
[4]) Zeitschr. f. Untersuchung d. Nahrungs- u. Genußmittel 1911, **21**, 168.

und wägen den Rückstand. Da auf diese Weise das Albumin unlöslich ausgeschieden wird, dürfte es sich für genaue Bestimmungen des Unlöslichen empfehlen, den Fruchtbrei erst mit kaltem Wasser auszuziehen.

4. **Stickstoff-Substanz.** Ed. Hotter u. a. verbrennen den Fruchtbrei bzw. Saft direkt, P. Kulisch aber empfiehlt, dieselben erst zu sterilisieren, nach dem Erkalten mit einer Spur reiner Hefe zu versetzen und erst den getrockneten Rückstand nach völliger Vergärung des Zuckers nach Kjeldahl zu verbrennen. Auf diese Weise läßt sich eine größere Menge Brei oder Saft verwenden. Selbstverständlich muß der Stickstoff-Gehalt der zugesetzten Menge Hefe in Abzug gebracht werden.

5. **Fett.** Das Fett, welches im Fruchtbrei und Saft durchweg nur in geringer Menge vorhanden ist, kann wie bei Brot S. 688 oder bei Zuckerwaren S. 716 bestimmt werden.

Dagegen bedarf die Fettbestimmung in dem fettreichen Kern des Schalenobstes einer besonderen Behandlung.

Man füllt die zerquetschte Masse (5 g) wie sonst in die Papierhülse, setzt diese für sich allein in ein Porzellanschälchen, trocknet 1—2 Stunden bei 90—100° und spült, falls Fett in das Schälchen eingedrungen sein sollte, dieses mit Äther in den Hebeextraktionsapparat bzw. in das Kölbchen und zieht wie sonst 3—4 Stunden aus. Dann nimmt man die Hülse mit dem entfetteten Rückstand heraus, gibt letzteren tunlichst vollständig in einen eisernen Mörser, zerkleinert sorgfältig und zieht von neuem 2—3 Stunden aus.

Unter Umständen empfiehlt es sich, die tunlichst zerquetschte und verriebene Masse (5 g) mit geglühtem Sand (etwa 20 g) im Mörser innig zu verreiben, letzteres Gemisch in die Hülse zu bringen und auszuziehen; dabei muß die Schale wiederholt mit Äther ausgespült und letzterer in den Extraktionsapparat gebracht werden.

M. Lehmann[1]) hat für den Zweck eine kleine Extraktionsmühle[1]) hergestellt, welche genügend fein mahlt und so klein ist, daß sie mit dem Mahlgut in den Soxhletschen Apparat eingeführt eingeführt werden kann.

6. **Säuren** und **Zuckerarten.** Sie werden wie bei den Fruchtsäften bestimmt (vgl. diese).

7. **Verfälschungen** und **Frischhaltungsmittel.** Der Nachweis geringwertiger Sorten unter besseren, das Bestreuen mit Mehl usw. läßt sich unschwer erbringen. Für den Nachweis von Formaldehyd werden die Früchte mit Wasser destilliert und der Formaldehyd wird nach S. 727 u. I. Teil, S. 594 nachgewiesen. Über den Nachweis der Salicylsäure und schwefligen Säure vgl. unter Fruchtsäfte und I. Teil, S. 606 bzw. 602. Auf Blausäure prüft man nötigenfalls nach S. 637 u. 727. Unreifes Obst erkennt man meistens an dem widerlich saueren Geschmack, an der hellen Farbe der Kerne beim Kernobst und beim Steinobst daran, daß sich das Fruchtfleisch vom Stein nicht abtrennen läßt.

8. **Preßrückstände** (Trester). Die Preßrückstände bzw. Trester werden sorgfältig von den Preßtüchern gesammelt, gewogen, in flachen Schalen bei 50—60° vorgetrocknet und wie bei Wurzelgewächsen und Gemüse S. 817 bzw. wie I. Teil, S. 23 weiter untersucht.

Krankheiten des Obstes.[2])

Von Krankheiten des Obstes, die seinen Wert als Nahrungsmittel vermindern, sind besonders folgende zu nennen.

1. Der Fusicladium-Schorf. Er wird durch Pilze der Ascomycetengattung Venturia (Conidienform Fusicladium) erzeugt und tritt am häufigsten an Äpfeln und Birnen, seltener an anderem Kern- und Steinobst auf. Die kranken Früchte bekommen mehr oder minder große, zuweilen fast die ganze Oberfläche bedeckende graubraune Flecken, auf denen die braunen Conidienträger mit ebensolchen einzelligen Sporen herausbrechen. Birnen und Äpfel bleiben dabei oft klein und verkümmert; Birnen werden steinhart und reifen auf. Vom Schorf befallene Früchte faulen leicht, schmecken oft bitter und sollen gelegentlich Verdauungsstörungen hervorrufen.

[1]) Chem. Ztg. 1894, **18**, 412.

[2]) Bearbeitet von Prof. Dr. A. Spieckermann-Münster i. W.

2. Der Monilia-Schimmel. Auf Kern- und Steinobst aller Art entstehen halbkugelige, weiße oder graue Polster (Fig. 229—231). Das Fleisch in der Nähe derselben wird braun und

Fig. 229[1]).

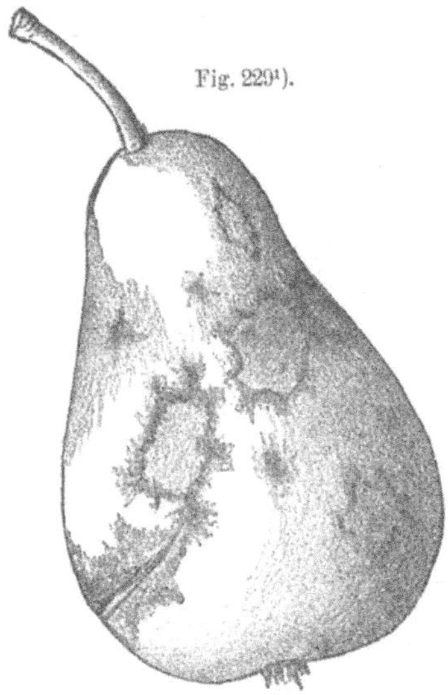

Fleckige, gerissene Birnenfrucht.

Fig. 230.

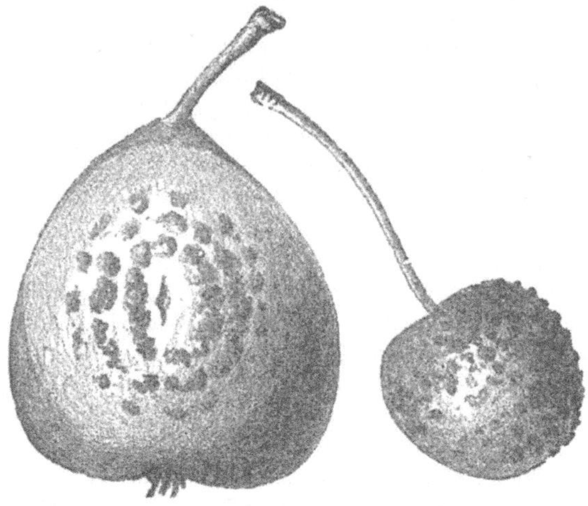

Birne mit ringförmig geordneten Polstern von Monilia fructigena; Kirsche mit regellos geordneten Polstern von Monilia cinerea.

faulig. Die Polster sind die Conidienlager verschiedener Sclerotinia-Arten; die Conidienformen werden als Monilia in der Literatur geführt. An manchen Äpfelsorten erzeugen sie auch ohne Polsterbildung eine allgemeine Fäule, wobei die Früchte glänzend schwarz und lederartig werden.

Fig. 231.

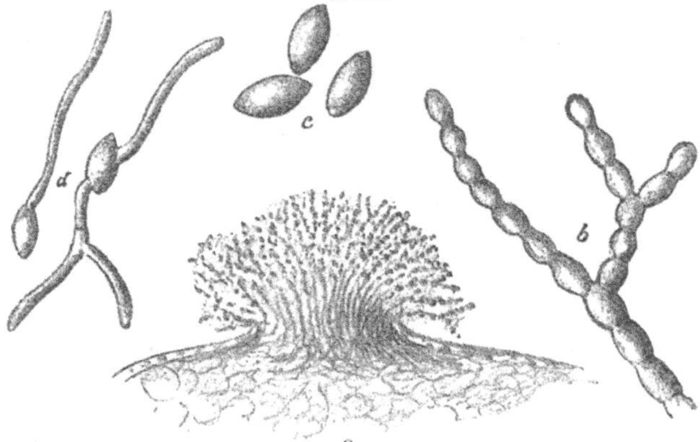

a Querschnitt durch ein Monilia-Polster (bei 15- bis 20facher Vergr.), *b* Sporenreihe aus dem Polster (Vergr. ca. 300:1), *c* Sporen aus einer zerfallenen Kette (Vergr. ca. 450:1), *d* Keimende Sporen (Vergr. 300:1).

3. Fäulnis des Obstes rufen außer den Moniliapilzen auch Arten der Gattung Penicillium, Mucor, Fusarium, Gloeosporium hervor.

4. An Stachelbeeren tritt der Becherrost Aecidium grossulariae gelegentlich stärker auf. Er erzeugt auf den Beeren gelbliche oder rostrote Flecken, von denen ein ebensolches Pulver abstäubt. Auch auf Johannisbeeren kommt dieser Pilz vor.

Graue, später dunkelbraun werdende Häute, die sich von den Beeren abziehen lassen, erzeugt das amerikanische Stachelbeermehltau, Sphaerotheca mors urae (Schrein.) Berk. et Curt. (Fig. 232). Er ist an den Perithecien, die nur einen Ascus enthalten und an den einfachen, am Ende nichtverzweigten Stützfäden derselben leicht zu erkennen (Fig. 233 u. 234).

---

[1]) Die Fig. 229—234 sind „Flugblättern aus der Kaiserl. Biologischen Anstalt“ entnommen.

Fig. 232.

Vom amerikanischen Mehltau befallene Stachelbeeren (nat. Größe).

Der Genuß von Stachelbeeren, die mit Becherrost und amerikanischem Mehltau behaftet waren, soll gelegentlich Gesundheitsstörungen veranlaßt haben.

5. Fraßgänge im Innern von Obst aller Art erzeugen die Maden verschiedener Fliegen und Mücken, ferner die Raupen einiger Schmetterlinge.

Weinbeeren erleiden tiefgreifende nachteilige Veränderungen durch den echten Mehltau, Oidium Tuckeri Berk. und den falschen Mehltau, Peronospora viticola de By. Bei ersterem entstehen zuerst mehligweiße Überzüge, die später aber wieder verschwinden und eine glatte, schmutzigweiße Oberfläche hinterlassen. Die Beeren bleiben sehr klein, hart und sauer oder platzen, wenn feuchte Witterung eintritt, und faulen später bald. Bei einer Erkrankung durch den falschen Mehltau entsteht ebenfalls zunächst ein weißlicher Schimmelbelag. Die Beeren bleiben meist klein, sind blaugrau und trocknen allmählich ein.

Fraßbeschädigungen erzeugen an Weinbeeren die Raupen verschiedener Schmetterlinge.

Fig. 233.

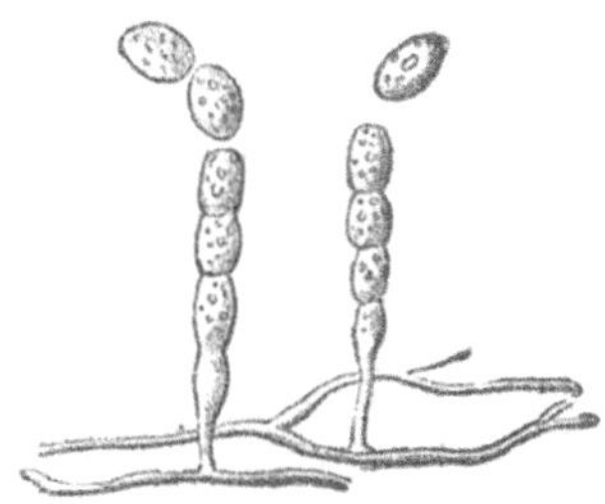

Sommersporen des Mehltaupilzes. Zwei Sporenketten, deren letzte Glieder abgefallen sind.

Fig. 234.

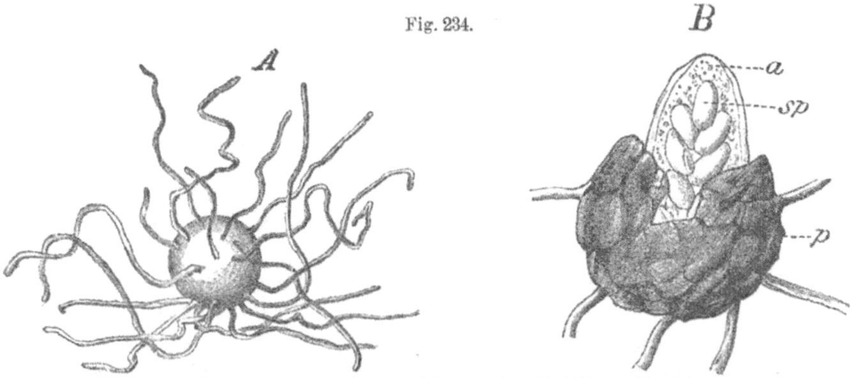

Zwei überwinternde Fruchtkörper des Mehltaupilzes. *A* schwächer vergrößert als *B*. Bei *B* ist das Fruchtgehäuse *p* geplatzt.

Anhaltspunkte für die Beurteilung.

1. Schimmelige, angefaulte oder faule, ranzige, von Rost oder Mehltau be fallene, von Insekten beschädigte, beschmutzte, oder mit Kupfervitriol oder Kall oder Schwefelpulver bestaubte Früchte sind als verdorben oder unter Umständen al gesundheitsschädlich zu beanstanden.

Auch unreifes Obst ist vielfach in diesem Sinne zu beurteilen, in anderen Fällen kam es im „gekochten" Zustande als geeignet für den Genuß erklärt werden.

Unreifes, zum Kochen bestimmtes Obst sollte als solches deklariert werden.

2. Als Verfälschungen sind anzusehen: Die Untermischung von Strohfeigen unte echte Feigen, von Vogel- oder Moosbeeren unter Preißelbeeren, von fremden Pflanzenkerne unter Mandeln, das Bestauben von z. B. Feigen mit Mehl, die künstliche Färbung der Früchte

3. Das Bleichen der Früchte, sei es mit gasförmiger schwefliger Säure oder mit Bisulfit lösung, die Konservierung mit Formaldehyd, Salicylsäure und sonstigen Frischhaltungs mitteln ist wie bei Fleisch zu beurteilen.

Der Codex alim. austr. sagt allerdings, daß künstlich zu stark gebleichte Nüsse, künst lich gebleichte Cibeben oder Rosinen, die mehr als 50 mg schweflige Säure in 1 kg, und daß z stark gebleichte Krachmandeln, die mehr als 20 mg schweflige Säure in 100 g Kernen ent halten, als verfälscht angesehen werden sollen. Es ist aber, worauf schon aufmerksam gemach ist, nicht abzusehen, weshalb gerade bei diesen Grenzen die Schädlichkeit aufhören soll.

Verwendung von beanstandetem Obst. Verdorbenes oder sonstwie beanstandete Obst, wenn es als gesundheitsschädlich anzusehen ist, muß vernichtet werden; wenn es fü den menschlichen Genuß nur ungeeignet ist, kann es im gekochten Zustande auch an Schwein oder bei vorhandenen größeren Mengen vielleicht auch zur Spiritus- und Essigfabrikatio verwendet werden.

B. Obst- und Beerendauerwaren.[1]

Die Obst- und Beerendauerwaren werden in derselben Weise wie die der Gemüse un Pilze hergestellt, und zwar hier vorwiegend durch Trocknen oder Einlegen in Büchsen sei es im eigenen erhitzten Saft (nach Weck) oder in gehaltreichen Zuckerlösungen; hierz kommt bei den Früchten das Überziehen mit Zucker, das Kandieren (vgl. S. 712).

Zur Herstellung dieser Dauerwaren werden die Obstfrüchte von Stielen, Kerngehäusen dem eingetrockneten Kelch, sowie von der Schale[2]) befreit. Bei den Äpfeln läßt man di Früchte nach Ausbohren des Kerngehäuses ganz und nennt derartige Dörräpfel „Bohr äpfel", oder man schneidet sie in Scheiben und nennt diese „Ringäpfel, Äpfelschnitte" oder „Äpfelspalten".

Die ganz gelassenen Birnen werden „Klötzchen" genannt, sind sie in halbe ode Viertelbirnen geteilt, so läßt man die Stiele gern an ihnen sitzen. „Feigenbirnen" heiße solche Dörrbirnen, die nach einigem Verweilen auf der Darre im halbtrocknen Zustande flac gepreßt sind.

Um den Dörrzwetschen eine schwarze glänzende Haut zu verleihen, pflegt man si im fertig gedörrten Zustande nochmals zu erwärmen und nennt das Verfahren „Etuvieren" man erwärmt die gedörrten Zwetschen zum zweiten Male mit Wasserdampf oder heißer trockene Luft, erreicht auf diese Weise ein schönes, glänzendes Aussehen und verhindert durch diese Verfahren gleichzeitig das auf den Ansatz eines krystallinischen Glykoseüberzuges zurück zuführende „Weißwerden" der gedörrten Zwetschen bei längerer Lagerung. Die großen halb getrockneten Zwetschen werden häufig entkernt und die Hohlräume mit ebenfalls ent kernten kleinen Zwetschen ausgefüllt. „Prünellen" sind geschälte ausgekernte und dabe plattgedrückte, auf Darren oder an der Sonne getrocknete Zwetschen, „Pistolen" die beste

---

[1]) Bearbeitet von Prof. Dr. A. Beythien-Dresden.

[2]) Die getrockneten Äpfelschalen und Kerngehäuse dienen vielfach zur Herstellung vo Gelees und Marmeladen.

Sorte derselben; die in Frankreich erzeugten Prünellen sind getrocknete Perdigron-Katharinenpflaumen.

Die Aprikosen und Pfirsiche werden entkernt und halbiert; sie werden auf Hürden gelegt und in Californien an der Sonne getrocknet.

Bei Beerenobst ist das Trocknen vorwiegend üblich bei Heidelbeeren und Weinbeeren, von welchen letzteren man drei Sorten unterscheidet, nämlich: 1. die kleinen Rosinen, Korinthen, aus den kernlosen Früchten einer auf den jonischen Inseln gebauten Spielart der Rebe, Vitis vinifera var. apyrena Risso herrührend; 2. Große Rosinen, rundliche, plattgedrückte, lichtgelbe, bräunliche Früchte, von denen noch wieder zwei Sorten unterschieden werden, die Sultaninen, Smyrna- oder Sultaninrosinen[1]), bis 1 cm messende, lichtgelbe, meist auch kernlose Beeren von Tschesme, Vurla, Karaburun u. a., und die spanischen[3]) Rosinen oder Malagatrauben, meist bestielte, plattgedrückte Früchte; 3. Cibeben (Rosinen mit Kern), plattgedrückt, von länglicher Form, von brauner bis schwarzer Farbe, dickschalig, durch ausgetretenen Saft häufig zusammenklebend (Pickcibeben), durch Stiele und unreife Beeren häufig verunreinigt.

Außer durch Entziehen von Wasser werden die Früchte im ganzen Zustande auch durch Sterilisieren im Weckschen Gefäßen unter Anwendung einer Zuckerlösung oder durch Umhüllung mit einer Zuckerschicht (glasierte und kandierte Früchte, vgl. S. 712) haltbar gemacht.

Steinobst wie Aprikosen, Pfirsiche und Zwetschen können vor dem Einlegen auch noch entsteint und geschält werden; die ungeschälten Früchte behalten aber besser ihr Aroma.

Die chemische Zusammensetzung der eingelegten Früchte ist mehr oder weniger der der natürlichen Früchte gleich; nur tritt ein geringer Teil des Saftes (Zucker, Säure) in die Einmachflüssigkeit.

Bei Dörrobst wird die etwa vorhandene Saccharose beim Trocknen durch die Fruchtsäuren zum Teil in Invertzucker übergeführt. Die Entfernung des Wassers durch Darren wird verschieden weit getrieben; so schwankte der Wassergehalt bei gedörrtem Obst wie folgt:

Nach Analysen	Pflaumen (Fruchtfleisch) %	Birnen %	Äpfel %	Rosinen %	Korinthen %	Feigen %
älteren	19,80—42,62	25,77—32,86	23,48—36,20	18,95—37,83	14,35—27,60	21,06—40,36
			Bananen	Aprikosen		
neueren	23,32—43,99	25,31—34,11	13,43—23,35	29,20—31,30	—	—

Über die weitere Zusammensetzung des Dörrobstes vgl. Bd. I, 1903, S. 863ff. und Bd. II 1904, S. 961.

Neuere Analysen von R. Stecher[2]) über 7 getrocknete Birnen und 24 getrocknete Pflaumen der 1905er Ernte, von A. Kickton[3]) über 4 getrocknete Aprikosen, von A. Gros-Michel[4]) über 3, von R. Reich[5]) über 4 getrocknete Bananen lieferten folgende mittlere Zusammensetzung:

---

[1]) Die Trauben für die Smyrna-Rosinen werden nach der Ernte kurze Zeit in eine Flüssigkeit gelegt, welche in 100 kg Wasser 5—6 kg Potasche unter Einrühren von etwas Olivenöl enthält, während bei den spanischen Rosinen eine Flüssigkeit von Kochsalz und Baumöl verwendet wird. Beide Arten Trauben werden an der Sonne getrocknet.

[2]) Zeitschr. f. Untersuchung d. Nahrungs- u. Genußmittel 1906, **12**, 645.

[3]) Ebendort 1904, **8**, 675.

[4]) Ebendort 1901, **22**, 211.

[5]) Ebendort 1911, **22**, 215.

Getrocknete Frucht	Wasser %	Nh-Substanz (N × 6,25) %	Fett %	Invertzucker %	Saccharose %	Säure = Äpfelsäure %	Stärke %	Rohfaser %	Asche %
Birnen	28,66	2,08	—	50,01		1,012	—	—	1,65
Pflaumen (Fruchtfleisch)	36,76	2,48	—	39,52		1,665	—	—	1,99
Aprikosen . .	30,33	4,54	—	29,42	18,30	4,80	—	—	3,62
						Zitronensäure			
Bananen . . .	20,23	3,62	0,22	59,76	2,33	1,30	4,88	2,01	2,97

Die Trockenpflaumen enthielten 0—19,0%, im Mittel 11,1% Kerne.

Als Ungehörigkeit in der Herstellung der Fruchtdauerwaren ist außer der Verwendung von unreifem oder mangelhaft beschaffenem Obst zu nennen: das unrichtige Trocknen oder Darren bei Dörrobst, das bald nicht genügend, bald zu stark (bis zum brenzlichen Geschmack) vorgenommen werden kann, als Verfälschung das Bleichen mit freier schwefliger Säure (durch Abbrennen von Schwefel in Kästen) bzw. mit saurem oder neutralem Natriumsulfit 133 g Salz auf 100 l Blanchierwasser, um dem Dörrobst eine helle Farbe zu erteilen und zu erhalten.

H. Schmidt[1]) fand in 27 von 179 Proben getrockneter Aprikosen, in 6 von 21 Proben getrockneter Pfirsiche und in je einer Probe getrockneter Birnen und Prünellen je 201 mg und mehr schweflige Säure in 100 g, ein Gehalt, der in dieser Höhe an vielen Stellen gefunden und sogar noch übertroffen ist.

Das Bestreuen mit Zinkoxyd, das früher bei Ringäpfeln vielfach vorgenommen wurde, wird in letzter Zeit nicht mehr geübt. Um die Bräunung d. h. Oxydation an der Luft beim Lagern zu verhindern oder hintanzuhalten, verwendete man früher eine 2—3 proz. Kochsalz- oder eine Citronensäurelösung; diese werden aber jetzt durchweg durch Natriumsulfit (auch „Neutralin“ genannt) ersetzt.

Die Backpflaumen werden zur Erzielung eines schönen Glanzes auch wohl mit verdünntem Glycerin benetzt.

Die eingelegten Früchte von grünem Aussehen (Reineklauden u. a.) werden auch wie Gemüse mit Kupfersulfat künstlich gefärbt.

Kirschen und rote Birnen, die beim Glasieren oder Kandieren leicht verblassen, werden vorher ebenfalls mit künstlichen roten Farbstoffen aufgefärbt.

Chemische Untersuchung der Obstdauerwaren.

Für die chemische Untersuchung bereitet hier wie bei frischem Obst die Herstellung einer guten Durchschnittsprobe einige Schwierigkeiten, sowohl bei den mit Zuckerwasser eingelegten, als den mit Zucker überzogenen Früchten.

Zunächst müssen durchweg mindestens 200 g der Waren entnommen und verarbeitet werden, um zu einer angemessenen Mittelprobe zu gelangen[2]). Die Früchte werden, soweit dieses noch nicht geschehen ist, von allen ungenießbaren Teilen (Kernen, Kerngehäuseteilen, Stielen) befreit und dann zerhackt oder zu einem Brei verrieben, nachdem man bei den in Zuckerwasser eingelegten Früchten das letztere soviel als möglich hat ablaufen lassen.

Die Untersuchung auf Stickstoff-Substanz, Fett, Zucker und Säurearten, Rohfaser, Asche, wird nach den allgemein üblichen Verfahren bzw. nach den Angaben

[1]) Arbeiten a. d. Kaiserl. Gesundheitsamte 1904, **21**, 226.

[2]) Die Herstellung einer guten Durchschnittsprobe ist besonders wichtig für die Bestimmung der schwefligen Säure, weil nach H. Lührig (Pharmaz. Zentralh. 1908, **49**, 851) die einzelnen Partien einer Sendung geschwefelter Dauerwaren große Abweichungen im Gehalt an schwefliger Säure aufweisen.

unter Fruchtsäften im folgenden Abschnitt ausgeführt. Einer besonderen Erläuterung bedarf noch:

1. Die Bestimmung des Wassers. 5—10 g der zerkleinerten Masse werden in flachen Schalen bei 100°, am besten in einem Vakuum-Trockenschrank (vgl. I. Bd., S. 22) einige Stunden, d. h. so lange getrocknet, bis der Unterschied zweier Wägungen nach einem weiteren halbstündigen Trocknen nicht mehr als 0,1% beträgt. Vgl. auch vorstehend S. 872.

2. Schwermetalle. Neben Kupfer, dessen Sulfat zum Färben dient, kommt hier von Schwermetallen vorwiegend Zink in Betracht, welches außer durch Aufstreuen von Zinkoxyd auch von verwendeten verzinkten oder aus Zinkblech angefertigten Hürden herrühren kann.

Über die Bestimmung der Schwermetalle vgl. I. Bd., S. 497, über die von Kupfer noch besonders unter Gemüsedauerwaren S. 848.

Auch für die Bestimmung des Zinks in Dörrobst sind noch einige besondere Verfahren angegeben.

Nach dem Verfahren von Janke[1]) werden 50—100 g zu kleinen Stückchen zerschnittene Ringäpfel bzw. Äpfelspalten 3 Stunden lang bei 120° getrocknet und darauf zu einem groben Pulver zerrieben. Einen 50 g ursprünglicher Substanz entsprechenden Teil der zerschnittenen Masse vermischt man in einer Platinschale mit einem Gemenge von 25 ccm Salpetersäure (spez. Gewicht 1,31) und 10 ccm konzentrierter Schwefelsäure und verascht nach Beendigung der stürmischen Reaktion bei kaum beginnender Rotglut mit aufgelegtem Deckel. Die Asche wird mit wenig Salpetersäure eingedampft, darauf mit Wasser aufgenommen und filtriert. Aus dem mit Natriumcarbonat genau neutralisierten Filtrat werden durch Zusatz von Natriumacetat und Essigsäure, Eisen, Phosphorsäure usw. entfernt, und schließlich wird das Zink durch Schwefelwasserstoff gefällt. Zur völligen Reinigung des Schwefelzinks empfiehlt es sich, dasselbe nochmals aufzulösen und die Fällung zu wiederholen.

Etwas umständlicher, aber ebenso genau ist folgendes Verfahren:

200 g Apfelschnitte werden in einem geräumigen Kolben mit konzentrierter Salzsäure und chlorsaurem Kalium längere Zeit erwärmt. Darauf wird filtriert, die hinterbleibende Kohle gut ausgewaschen, das Filtrat zur Trockne eingedampft und dann wieder mit Wasser aufgenommen. Die Lösung fällt man mit Ammoniak und Schwefelammonium, löst den abfiltrierten Niederschlag in Königswasser, neutralisiert annähernd mit Natriumcarbonat und entfernt das Eisen mit Natriumacetat. Aus dem Filtrate wird das Zink mit Natriumcarbonat gefällt, geglüht und als Zinkoxyd gewogen.

Befriedigend genaue Ergebnisse erhält man auch nach folgendem Verfahren, bei welchem trotz direkter Veraschung keine merklichen Verluste an Zink auftreten:

50 g Äpfelspalten werden in einer Platinschale getrocknet und vorsichtig verascht. Die Asche wird mit Salzsäure ausgezogen, darauf völlig weiß gebrannt, und aus der mit etwas Kaliumchlorat oxydierten Lösung nach dem völligen Verjagen des Chlors wird nach Zusatz von einem Tropfen Eisenchlorid die Tonerde und das Eisen mit Ammoniak gefällt. In das mit Essigsäure angesäuerte Filtrat leitet man Schwefelwasserstoff, löst den Niederschlag in Salzsäure, fällt mit Natriumcarbonat und wägt wie oben als Zinkoxyd.

3. Schweflige Säure. Die qualitative wie quantitative Bestimmung der schwefligen Säure erfolgt ganz nach der amtlichen Vorschrift I. Teil, S. 600 ff. A. Beythien u. Bohrisch[1]) haben für Dörrobst noch folgende Ausführung besonders vorgeschlagen:

Zur quantitativen Bestimmung der Gesamt-schwefligen Säure werden 50 g der fein zerkleinerten Substanz mit etwa 500 ccm Wasser in einen großen Destillationskolben (von 1 l Fassungsraum) gebracht, der mit einem dreifach durchbohrten Stopfen verschlossen

[1]) Chem. Ztg. 1896, **20**, 800.

[2]) Zeitschr. f. Untersuchung d. Nahrungs- u. Genußmittel 1902, **5**, 401.

ist. Die eine Durchbohrung trägt einen mit dem Kühler verbundenen Destillationsaufsatz, während durch die zweite eine mit dem Kohlensäureentwickler in Verbindung stehende Gaszuleitungsröhre bis nahe auf den Boden des Kolbens hindurchführt. Die dritte Durchbohrung nimmt einen zum Zulassen von Säure bestimmten Tropftrichter auf. Als Vorlage dient eine mit Jod-Jodkaliumlösung beschickte Volhardsche Röhre. Nachdem zunächst $^1/_2$ Stunde lang Kohlensäure durch den Apparat geschickt worden ist, um alle Luft aus demselben zu verdrängen, wird der Inhalt des Kolbens zum Sieden erhitzt und nach Zusatz von 40—50 ccm Phosphorsäure (25 proz.) unter beständigem Durchleiten von Kohlensäure der Destillation unterworfen. In dem Destillate wird nach dem Verjagen des überschüssigen Jods die entstandene Schwefelsäure mit Chlorbarium ausgefällt.

Da der Marmor häufig durch Sulfide verunreinigt ist, empfiehlt es sich, den Kohlensäurestrom zur Entfernung von Schwefelwasserstoff durch zwei mit angesäuerter Kupfersulfatlösung beschickte Waschflaschen zu leiten.

Zur Bestimmung der freien, nicht in organischer Bindung vorhandenen schwefligen Säure verfährt man nach W. Fresenius und L. Grünhut[1]) in folgender Weise: 50 g feingewiegtes Dörrobst werden in einem Meßkolben von 500 ccm Inhalt mit 400 ccm ausgekochtem, kaltem, destilliertem Wasser übergossen und $^1/_2$ Stunde lang mit Hilfe der Schüttelmaschine geschüttelt. Dann wird mit ausgekochtem kaltem Wasser zur Marke aufgefüllt, umgeschüttelt und durch ein großes Faltenfilter filtriert. 100 ccm des etwas gefärbten, trüben Filtrates werden mit Stärkekleister versetzt und mit einer Jodlösung, die 1 g Jod im Liter enthält, titriert, bis die blaue Farbe der Jodstärke nach 4 bis 5 maligem Umschwenken bestehen bleibt und mindestens eine halbe Minute lang anhält.

Das Verfahren liefert keine absolut genauen Werte, sondern nur einen gewissen Anhalt für den Gehalt an freier und gebundener schwefliger Säure, weil nach den Untersuchungen von Farnsteiner[2]) und Kerp[3]) bei der Behandlung der Früchte mit Wasser eine Spaltung der organischen schwefligen Säure-Verbindungen eintritt, deren Grad von der Dauer der Extraktion und der Aufbewahrung der Lösung, sowie ferner von der Menge des benutzten Wassers und der Temperatur abhängt. Man kann daher lediglich den jeweiligen Zustand feststellen, in welchem sich die aus den Früchten erhaltenen Auszüge befinden.

Nach dem Codex alim. austr. 1911, I. Bd., S. 181 enthält die Asche von ungeschwefeltem Dörrobst nur 1,5—4,0%, die von geschwefeltem bzw. mit Natriumsulfit behandeltem Dörrobst 6—14% Schwefelsäure in Proz. der Asche. Es kann daher unter Umständen auch eine Bestimmung der Schwefelsäure in der Asche von Belang sein. Sie wird nach I. Teil S. 477 durch Veraschen unter Zusatz von reinem Natriumcarbonat und unter Verwendung einer Spiritusflamme hergestellt.

4. Prüfung auf Glycerin. Falls bei Dörrpflaumen oder sonstigem Dörrobst die Prüfung auf Glycerin notwendig werden sollte, zieht man mit Wasser aus und verfährt nach S. 891 u. I. Teil, S. 537 ff.

Anhaltspunkte für die Beurteilung.

1. Bezüglich der Beurteilung von verdorbenen, faulen, schimmeligen oder unreifen Obstdauerwaren gilt dasselbe, wie bei frischem Obst, S. 876; desgleichen wie bei bombierten Büchsen dasselbe, was S. 85 und S. 845 gesagt ist.

2. Der Wassergehalt von Dörrobst soll tunlichst 30% nicht überschreiten; in Wirklichkeit ist er aber nach S. 877 meistens viel höher.

3. Das Vorkommen von schwefliger Säure und Kupfer muß wie S. 850 und S. 87[illegible] beurteilt werden.

Nach dem Codex alim. austr. sollen in Dörr- wie frischem Obst nicht mehr als Spuren von wasserlöslichen und nicht mehr als 50 mg von in Wasser unlöslichen Kupferverbindungen

[1]) Zeitschr. f. Analyt. Chemie 1903, **42**, 38.

[2]) Zeitschr. f. Untersuchung d. Nahrungs- u. Genußmittel 1904, **7**, 461.

[3]) Arbeiten a. d. Kaiserl. Gesundheitsamte 1904, **21**, 180.

vorkommen, dagegen sollen bis 100 mg schweflige Säure in 1 kg Dörrobst zugelassen werden.

Die Ministerien verschiedener Bundesstaaten haben 125 mg schweflige Säure für kalifornische Aprikosen und sonstiges Dörrobst als zulässig erklärt und diese Vergünstigung damit begründet, daß die schweflige Säure größtenteils durch Zucker gebunden würde, und in diesem Zustande weniger schädlich sei; außerdem würde durch vorheriges Waschen des Dörrobstes ein Teil der schwefligen Säure wieder entfernt. Obschon aber das Waschen nur ganz oberflächlich geschieht und Kerp[1]) nachgewiesen hat, daß die glykoseschweflige Säure sehr leicht in ihre Komponenten gespalten wird, sind die Verordnungen bis jetzt noch nicht aufgehoben, sondern bilden im Deutschen Reiche die Grundlage der Beurteilung.

4. Eine mit Zinkoxyd bestreute Obstdauerware ist nach § 10 d. NMG. zweifellos als verfälscht anzusehen, weil hierdurch der Ware der Schein der Frische erteilt werden soll, die sie nicht beanspruchen kann. Größere Mengen können sogar schädlich und nach § 12 des NMG. zu beurteilen sein; auch nach dem Farbengesetz vom 5. Juli 1887 ist die Verwendung von zinkhaltigen Farben verboten.

Der Codex alim. austr., der bezüglich des Zinngehaltes in Büchsendauerwaren (nach S. 93) eine weit entgegenkommende Stellung einnimmt, erklärt zinkhaltiges Dörrobst jeder Art für gesundheitschädlich.

Beanstandete Obstdauerwaren sind wie beanstandetes frisches Obst (S. 876) zu verwerten.

C. Fruchtsäfte, Fruchtkraut, Fruchtsirupe, Fruchtgelees.[2])

Diese sämtlichen Erzeugnisse bestehen aus dem Safte von Früchten oder von Fruchtteilen mit und ohne Zusatz von Zucker (Saccharose).

I. Fruchtsäfte.

Unter Fruchtsäften oder natürlichen Fruchtsäften versteht man die klaren Flüssigkeiten, welche entweder durch freiwilliges Ausfließen oder durch Abpressen frischer, ungekochter oder gekochter Früchte, unter Umständen nach vorhergegangener Gärung, gewonnen werden. Für den Kleinhandel und den direkten Konsum kommt zur Zeit allein der Citronensaft und in zurücktretendem Maße der Apfelsinensaft in Betracht, während Himbeer-, Erdbeer-, Johannisbeer- und Kirschsaft fast nur mit Zucker gemischt als Fruchtsirupe in den Verkehr gelangen. Zur Haltbarmachung werden Citronen- und Apfelsinensaft durch Erhitzen keimfrei gemacht, oder sie erhalten wie die anderen, auch als Rohsäfte bezeichneten Erzeugnisse einen Zusatz von Alkohol.

Zusammensetzung der Fruchtsäfte. Wenngleich die Fruchtsäfte als solche nur wenig in den Handel kommen, so bilden sie doch die Grundmasse für die Fruchtsaftdauerwaren und ist die Kenntnis ihrer Zusammensetzung im reinen Zustande deshalb von Belang, weil vielfach nur aus dem Verhältnis der einzelnen Bestandteile zueinander auf fremde Zusätze geschlossen werden kann und die Bestandteile der reinen Säfte je nach Art der Frucht, nach Standort und Jahrgang erheblichen Schwankungen unterworfen sind. Zur Gewinnung dieser Unterlagen sind in den letzten 10 Jahren sehr umfangreiche Untersuchungen ausgeführt, an denen sich viele Untersuchungsämter beteiligt haben. Die Literatur hierüber ist eingehend in den Jahrgängen der Zeitschr. f. Untersuchung der Nahrungs- und Genußmittel seit 1904 enthalten, worauf im allgemeinen verwiesen werden möge. Im einzelnen werde ich auf die wichtigsten Stellen noch besonders hinweisen.

Eine ausführliche Untersuchung natürlicher und vergorener Fruchtsäfte aus den Jahren 1903—1907 führten z. B. K. Windisch und Ph. Schmidt[3]) mit folgenden Ergebnissen aus:

[1]) Arbeiten a. d. Kaiserl. Gesundheitsamte 1904, **21**, 180.

[2]) Bearbeitet von Prof. Dr. A. Beythien-Dresden.

[3]) Zeitschr. f. Untersuchung d. Nahrungs- u. Genußmittel 1909, **17**, 584.

Bezeichnung	Anzahl der Proben	Spezifisches Gewicht	Gesamtextrakt	Invertzucker	Saccharose	Zuckerfreier Extraktrest	Nichtflüchtige Säure, Citronensäure	Gerbstoff	Stickstoff	Mineralstoffe	Alkalität der Asche	Alkalitätszahl	Durchschnittsgewicht einer Frucht
			g in 100 ccm Saft								ccm N.-Säure 100 ccm Saft	ccm N.-Säure 1 g Asche	g
Himbeersaft (roter)[1]	19	1,0402	10,39	6,02	—	4,37	1,67	0,105	0,054	0,446	5,3	12,0	2,24
Johannisbeersaft (roter)	16	1,0450	11,65	6,90	—	4,75	2,11	0,091	0,055	0,469	4,9	11,4	0,61
Stachelbeersaft	19	1,0431	11,05	6,58	0,38	4,09	1,16	0,079	0,051	0,419	4,3	10,2	4,51
							Äpfelsäure						
Saft der sauren Kirsche[2]	9	1,0640	16,80	9,32	0,96	6,44	1,40	0,141	0,069	0,480	4,9	10,3	3,29
Saft der süßen Kirsche[2]	20	1,0670	17,56	11,10	0,26	6,20	0,64	0,088	0,076	0,481	4,9	10,1	4,75
Äpfelsaft	4	1,0663	17,19	9,93	3,40	3,86	0,99	0,207	0,052	0,501	4,7	9,3	50,07
Birnensaft	3	1,0519	13,45	7,82	1,95	3,68	0,75	0,166	0,045	0,353	3,3	9,4	39,43
Quittensaft	2	1,0452	11,70	6,24	0,85	4,61	2,53	0,365	0,056	0,473	4,5	9,4	100,55
Mispelsaft	2	1,0553	14,33	8,97	0,58	4,80	1,31	0,799	0,052	0,486	4,6	9,4	13,77
							Citronensäure						
Erdbeersaft	29	1,0298	7,71	4,46	0,24	3,01	0,71	0,130	0,042	0,425	4,8	11,2	7,91
Heidelbeersaft	5	1,0333	8,62	5,14	0,19	3,29	0,95	0,203	0,037	0,260	2,8	10,8	0,372
Preißelbeersaft	4	1,0448	11,61	6,84	0,36	4,41	1,92	0,189	0,041	0,323	4,5	10,8	0,230
Brombeersaft	4	1,0380	9,91	5,77	0,21	3,93	1,52	0,126	0,054	0,419	4,7	11,1	2,32
							Äpfelsäure						
Aprikosensaft	2	1,0446	11,54	3,99	3,41	4,14	0,84	0,116	0,081	0,507	5,4	10,7	30,03
Pfirsichsaft	2	1,0412	10,65	3,43	3,45	3,77	0,98	0,122	0,066	0,469	4,8	10,5	55,16
Mirabellensaft	1	1,0721	18,71	8,05	4,20	6,65	0,61	—	0,112	0,654	6,6	10,5	6,31

Olig, Brust und Stumpf[3]) zerlegten die Früchte in einen wasserlöslichen und wasserunlöslichen Teil und untersuchten beide Anteile; hierauf möge verwiesen werden.

[1]) Selbstverständlich war der Gehalt dieser Früchte großen Schwankungen unterworfen, z. B. für die wichtigsten Bestandteile der wichtigsten Früchte in 100 ccm Saft:

Bezeichnung	Gesamtextrakt	Invertzucker	Säuren (nichtflüchtige)	Mineralstoffe
Himbeersaft	8,30—12,27 g	4,85— 7,54 g	1,36—2,18 g	0,340—0,544 g
Johannisbeersaft	9,31—14,56 g	6,46— 9,45 g	1,78—2,37 g	0,375—0,581 g
Stachelbeersaft	9,26—13,78 g	5,72— 8,74 g	0,82—1,69 g	0,320—0,596 g
Kirschsaft (süße Kirschen)	11,25—23,96 g	7,07—14,58 g	0,46—0,83 g	0,379—0,543 g
Erdbeersaft	5,92—11,96 g	3,03— 7,75 g	0,58—0,94 g	0,322—0,596 g

[2]) Der Kirschsaft nimmt beim Gären etwas Blausäure auf und zwar durchweg aus unzerquetschten Steinen mehr als aus zerquetschten; K. Windisch (ebendort 1901, **4**, 818) fand z. B. in 1 l vergorener Maische bei 16,8—88,4 g Alkohol:

	Ohne Steine	Unverletzte Steine	Zerquetschte Steine
Blausäure	0,7—7,4 mg	6,6—24,1 mg	6,0—29,7 mg

[3]) Zeitschr. f. Untersuchung d. Nahrungs- u. Genußmittel 1910, **19**, 558.

Durch Gärung der Fruchtsäfte wird nicht nur der Zucker in Alkohol übergeführt, sondern es treten auch noch sonstige Veränderungen auf, die wiederum von den durch Zusatz von Alkohol bewirkten Veränderungen verschieden sind. So fanden K. Windisch und Ph. Schmidt für den Äpfelsaft im Mittel der 4 Proben in 100 ccm g:

Äpfelsaft	Spez. Gewicht	Alkohol	Gesamt-Extrakt	Invertzucker	Extraktrest	Flüchtige Säure = Essigsäure	Nichtflüchtige Säure = Äpfelsäure	Milchsäure	Gerbstoff	Stickstoff	Mineralstoffe	Alkalität der Asche in 100 ccm Saft	Alkalität der Asche in 1 g Asche
		g in 100 ccm										ccm N.-Säure	
Frisch	1,0663	—	17,19	13,33	3,86	—	0,99	—	0,207	0,052	0,501	4,7	9,3
Als Most vergoren	1,0037	6,36	3,63	0,09	3,54	0,079	0,58	0,149	0,121	0,027	0,482	4,3	9,4
Auf der Maische vergoren . . .	1,0044	6,24	3,79	0,10	3,69	0,091	0,62	0,162	0,166	0,046	0,509	4,5	9,3
Mit 17 Vol.-Proz. Alkohol versetzt	—	—	16,90	13,15[1]	3,75	0,044	0,96	0,032	0,179	0,045	0,488	4,3	9,4

K. Windisch und U. Boehm[2]) zerlegten im Saft verschiedener Früchte die Stickstoff-Verbindungen in Eiweiß, Amide usw. und fanden für 100 ccm Saft Stickstoff in folgender Form:

Gesamtstickstoff mg	Koagulierbares Eiweiß mg	Reinprotein mg	Durch Alkohol fallbar mg	Amide mg	Ammoniak mg
12,6—86,8	0—7,0	5,4—12,6	8,2—18,2	1,7—14,0	1,9—18,9

Hierzu kommen nach J. Tillmans und A. Splittgerber[3]) noch Spuren von Salpetersäure, die meistens 1 mg (N_2O_5) in 1 l Saft nicht überschreitet.

Der reine unvergorene bzw. nur schwach vergorene Citronensaft hat nach den Untersuchungen von A. Beythien, P. Bohrisch und H. Hempel[4]), H. Lührig[5]), Küttner und Ulrich[6]), K. Farnsteiner[7]) im Mittel von 32 Proben, der reine unvergorene Apfelsinensaft nach K. Farnsteiner[7]) und Stüber[8]) im Mittel von 7 Proben, der Ananassaft nach A. Behre und K. Frerichs[9]) im Mittel von 4 Proben, der Tomatensaft nach W. Stüber[10]) im Mittel von 3 Proben[11]) folgende Zusammensetzung:

[1]) Invertzucker + Saccharose.
[2]) Zeitschr. f. Untersuchung d. Nahrungs- u. Genußmittel 1904, **8**, 348.
[3]) Ebendort 1913, **25**, 417. [4]) Ebendort 1906, **11**, 654. [5]) Ebendort 1906, **11**, 441.
[6]) Zeitschr. f. öffentliche Chemie 1906, **12**, 202.
[7]) Zeitschr. f. Untersuchung d. Nahrungs- u. Genußmittel 1903, **6**, 11; 1904, **8**, 603.
[8]) Ebendort 1908, **15**, 273. [9]) Ebendort 1911, **16**, 733. [10]) Ebendort 1904, **8**, 603.
[11]) Unter der Bezeichnung „italienische Tomatensäfte", die fast sämtlich Salicylsäure, einzelne auch Benzoesäure enthielten, teilen Formenti und Scipiotti eine Reihe Analysen mit, die aber offenbar, weil die sog. Säfte auch Rohfaser enthielten, eher für Tomaten-Marmelade als Säfte passen; ihre Zusammensetzung war folgende:

Tomaten	Trocken-substanz-Extrakt %	Stickstoff %	Stickstoff-substanz %	Citronen-saure %	N.-freie Extrakt-stoffe %	Rohfaser %	Asche %	Kochsalz %
Saft	15,79	0,35	2,19	0,77	8,68	1,12	3,03	1,49
Extrakt. . .	32,66	0,86	5,37	3,12	14,82	1,72	7,63	4,15
In Stücken .	57,94	1,32	8,25	3,61	30,41	2,57	13,10	7,12

Saft von	Spezifisches Gewicht	Gesamtextrakt		Invertzucker (Zucker im ganzen)	Extraktrest		Flüchtige Säure = Essigsäure	Citronensäure		Glycerin	Stickstoff	Mineralstoffe	Phosphorsäure	Alkalität der Mineralstoffe
		direkt	durch Addition		a) teilweiser[2]	b) totaler[2]		gebundene[3]	freie					
		g in 100 ccm Saft												ccm N.-Säure
Citronen. .	1,0363	8,61	8,73	0,89	1,57	0,97	0,087	0,157	6,18	0,140	0,055	0,408	0,029	5,3
Apfelsinen.	1,0465	11,25	11,65	8,48	2,10	1,04	—	0,57	0,67	—	0,081	0,488	0,034	6,3
			indirekt		zuckerfreier									
Ananas . .	1,0467	—	12,20	8,91	3,46	1,86	0,053	0,89		—	0,074	0,537	—	5,8
Tomaten[1]	1,0195	4,11	4,31	2,28	1,38	0,66	—	0,58		—	0,105	0,593	0,032	5,9

Nach den Analysen von Farnsteiner[4]), Beythien und Bohrisch[5]), Bornträger[6]), Späth[7]), Sendtner[8]), Schaffer[9]), Lührig[10]), Juckenack, Büttner und Prause[11]), Küttner und Ulrich[12]), sowie Devin[13]), sind die Schwankungen für die wichtigsten Bestandteile des Citronensaftes in Gewichtsprozenten folgende:

Bestandteile	Citronensaft unverdünnt (selbstgepreßt)	Citronensaft verdünnt (mit Alkohol)
Gesamtextrakt (durch Addition)	5,80—10,89 %	5,25—9,81 %
Citronensäure, gesamte	4,02—8,11 „	3,51—7,55 „
Flüchtige Säure = Essigsäure	0,018—0,100 „	0,016—0,095 „
Invertzucker	1,08—2,30 „	0,95—2,05 „
Mineralstoffe	0,305—0,564 „	0,288—0,378 „
Alkalität der Mineralstoffe = ccm N.-S.	3,92—6,15 „	3,51—5,60 „
Extraktrest a) teilweiser	0,86—1,98 „	0,74—1,75 „
Extraktrest b) totaler	0,31—1,49 „	0,28—1,31 „
Stickstoff	0,027—0,067 „	0,025—0,061 „
Phosphorsäure	0,014—0,031 „	0,012—0,026 „

Im Jahre 1906 war der Gehalt der Citronensäfte an Citronensäure wesentlich niedriger als im Jahre 1905, was zweifellos mit den verschiedenen Witterungsverhältnissen zusammenhängt. Wenn indes Küttner und Ulrich[12]) niedrigere Säuregehalte bis zu 1,7% herunter angeben, so müssen diese von außergewöhnlichen Verhältnissen herrühren; die Säfte waren nicht selbst gepreßt, sondern offenbar verdorben.

Nicht minder großen Schwankungen sind die deutschen Fruchtsäfte nach den Analysen der letzten 8 Jahre unterworfen. Die Zahlen in der Tabelle S. 885 bedeuten g in 100 g Saft, also Gewichtsprozente; wo die Zahlen wegen Fehlens des spezifischen Gewichtes nicht umgerechnet werden konnten, sind sie eingeklammert. Die Ergebnisse waren folgende:

[1]) Siehe Fußnote 11, S. 883.

[2]) Teilweiser Extraktrest a = Extrakt — (Zucker + freie Säure), totaler Extraktrest b = Extrakt — (Zucker + freie + gebundene Citronensäure + Asche).

[3]) Als Ester gebunden. Nach K. Farnsteiner (Z. U. N. 1903, **6**, 16) nimmt die freie Citronensäure in alkoholhaltigen Citronensäften immer ab und wird in einen Äthylester übergeführt.

[4]) Zeitschr. f. Untersuchung d. Nahrungs- u. Genußmittel 1903, **6**, 1.

[5]) Ebendort 1905, **9**, 454 u. 1906, **11**, 654.

[6]) Ebendort 1898, **1**, 225.

[7]) Ebendort 1901, **4**, 529.

[8]) Ebendort 1901, **4**, 1135.

[9]) Bericht des Kantonchemikers in Bern 1904, S. 7.

[10]) Zeitschr. f. Untersuchung d. Nahrungs- u. Genußmittel 1906, **11**, 440.

[11]) Ebendort 1906, **12**, 738.

[12]) Zeitschr. f. Öffentl. Chemie 1906, **12**, 202.

[13]) Zeitschr. f. Untersuchung d. Nahrungs- u. Genußmittel 1908, **16**, 604.

Nr.	Fruchtsaft	Anzahl der untersuchten Proben	Gehaltsgrenzen	Spezifisches Gewicht: natürlicher Saft	Spezifisches Gewicht: entgeisteter Saft	Gesamtextrakt: direkt %	Gesamtextrakt: indirekt %	Invertzucker %	Zuckerfreier Extrakt %	Freie Säure berechnet als: N.-Lauge für 100 g ccm	Freie Säure berechnet als: Äpfelsäure %	Freie Säure berechnet als: Citronensäure %	Alkohol Gewichtsproz.	Phosphorsäure %	Mineralstoffe %	Alkalität der Mineralstoffe: altes Verfahren	Alkalität der Mineralstoffe: nach Farnsteiner	Alkalitätszahl für 1 g Asche: altes Verfahren	Alkalitätszahl für 1 g Asche: nach Farnsteiner	Nr.
1	Himbeersaft	587	Niedrigst	1,0050	1,0124	1,91	2,94	wenig	1,77	13,1	0,88	0,84	0	0,014	0,312	3,2	4,8	8,3	10,1	1
			Höchst	1,0433	1,0314	9,25	8,65	0,98	5,14	68,5	4,59	4,38	5,14	0,068	0,867	10,3	8,0	15,7	13,6	
2	Erdbeersaft	83	Niedrigst	1,0032	—	1,86	2,35	0,14	—	(11,5)	(0,77)	(0,74)	0,41	0,022	0,257	3,9	3,9	8,8	10,9	2
			Höchst	1,0300	—	16,35	19,14	7,38	—	51,0	3,42	3,26	3,97	0,095	0,993	11,2	10,8	15,3	15,4	
3	Heidelbeersaft . . .	53	Niedrigst	1,0085	1,0141	3,34	3,61	0,45	2,93	13,8	0,90	0,86	0,05	—	0,207	2,1	2,5	7,6	9,5	3
			Höchst	1,0350	1,0435	11,51	11,26	5,38	5,88	38,2	2,56	2,44	3,40	—	0,485	4,7	4,3	13,7	12,5	
4	Preißelbeersaft . .	13	Niedrigst	1,0289	—	7,88	8,27	—	—	26,6	1,78	1,70	0	0,015	0,250	1,9	—	5,8	—	4
			Höchst	1,0546	—	14,40	13,24	—	—	38,8	2,61	2,48	2,34	0,021	0,486	(4,4)	—	14,4	—	
5	Brombeersaft . . .	38	Niedrigst	1,0109	1,0149	2,75	(3,84)	0,22	—	(11,9)	0,87	0,83	0	0,019	0,381	(4,9)	5,2	11,5	11,8	5
			Höchst	1,0369	1,0431	(10,74)	(11,13)	9,39	—	(25,0)	1,67	1,60	2,68	0,027	0,598	7,7	8,6	14,7	14,4	
6	Johannisbeersaft . .	109	Niedrigst	1,0088	1,0121	(2,12)	3,09	0,08	2,31	18,9	1,27	1,21	0	0,015	0,316	(2,6)	4,1	8,2	9,3	6
			Höchst	1,0323	1,0505	12,29	12,44	6,12	5,15	84,7	5,67	5,42	5,06	0,087	1,008	10,4	9,6	13,6	12,4	
7	Stachelbeersaft . .	34	Niedrigst	1,0071	—	2,20	2,66	0,03	2,36	25,0	1,67	1,60	0,11	0,011	0,258	2,5	2,6	8,8	6,4	7
			Höchst	1,0403	—	9,79	(6,87)	7,43	3,41	61,1	4,09	3,91	3,64	0,045	0,800	—	9,0	12,4	11,3	
8	Kirschensaft	85	Niedrigst	1,0068	1,0133	3,09	3,39	0,19	2,96	3,1	0,21	0,19	0,10	0,029	0,298	3,0	3,1	7,4	8,8	8
			Höchst	1,0706	1,0823	28,87	27,79	9,72	(7,23)	25,1	1,69	1,61	6,79	0,096	0,753	8,7	5,8	13,2	11,4	

Die Schwankungen im Gehalt an einzelnen für die Beurteilung wichtigen Bestandteilen in den Jahren 1905, 1906, 1907, 1908, 1909, 1910 und 1911[1]) mögen an dem verbreitetsten Fruchtsaft, dem Himbeersaft, gezeigt werden:

Jahr	Asche %		Alkalität ccm N.-Lauge		Verhältnis von Alkalität : Asche (sog. Alkalitätszahl)	
1905	0,348—0,602	Mittelwerte: 0,417—0,500	3,92— 7,62	Mittelwerte: 4,95—6,36	10,20—14,50	Mittelwerte: 11,80—12,85
1906	0,330—0,700	„ 0,460—0,550	3,90— 8,30	„ 5,20—6,80	8,50—14,40	„ 10,30—13,30
1907[2])	0,390—0,730	„ 0,500—0,620	4,40— 8,30	„ 5,10—7,30	8,50—15,10	„ 9,20—13,30
1908	0,390—0,650	„ 0,430—0,580	4,30— 8,20	„ 5,64—6,71	8,70—14,60	„ 9,60—12,90
1909	0,427—0,821	„ 0,528—0,675	4,91—10,32	„ 5,91—8,59	9,98—14,60	„ 11,20—12,54
1910	0,368—0,684	„ 0,395—0,619	4,25— 8,25	„ 4,40—7,46	9,64—13,60	„ 9,80—13,00
1911	0,683—0,892	„ 0,761	8,18—10,33	„ 9,27	11,30—13,56	„ 12,21

[1]) Zeitschr. f. Untersuchung d. Nahrungs- u. Genußmittel 1905, **10**, 713; 1906, **12**, 721; 1908, **15**, 129; 1910, **19**, 159ff.; 1910, **20**, 751; 1911, **22**, 733.

[2]) Die Veröffentlichung von Lührig, Pharm. Zentralh. 1907, ist hierbei unberücksichtigt geblieben, weil Lührig nicht selbstgepreßte Säfte untersuchte.

Zusammensetzung der Asche: Bei der Bedeutung, welche auch die Zusammensetzung der Asche für die Beurteilung der Fruchtsäfte haben kann, hat A. Beythien[1]) die Aschen verschiedener Fruchtsäfte untersucht und im Mittel in Prozenten der Asche gefunden:

Fruchtsaft	Anzahl der Proben	Kali %	Natron %	Kalk %	Magnesia %	Eisenoxyd + Tonerde %	Kieselsäure %	Phosphorsäure %	Schwefelsäure %	Chlor %	Kohlensäure %
Himbeersaft .	5	48,84	1,21	8,56	5,47	0,85	0,40	6,77	2,72	1,10	27,84
Citronensaft .	5	46,93	2,52	8,71	4,45	2,57	0,91	5,32	2,00	0,96	28,78
Kirschsaft . .	3	50,26	5,10	5,20	2,92	3,47	1,05	8,15	1,58	0,43	26,60
Apfelsinensaft	2	49,61	2,29	6,95	4,26	1,42	—	5,66	2,69	1,12	29,73
Johannisbeersaft	2	52,95		4,83	3,45	1,40	0,58	10,64	1,46	0,22	24,50
Erdbeersaft. .	1	42,50		12,05	4,10	0,69	0,63	8,56	1,00	0,31	27,05

Aus diesen Zahlen läßt sich die Alkalität der Asche in der Weise berechnen, daß man die sämtlichen Basen (Kali, Natron, Kalk, Magnesia) auf Kali als Äquivalent der Basen, sämtliche Säuren (Phosphorsäure, Schwefelsäure und Chlor) ebenfalls auf Kali als Äquivalent der Säuren umrechnet und letzteren Wert (z. B. 18,21) von ersterem (z. B. 77,18) abzieht; so läßt sich aus der Differenz 77,18—18,21 = 58,97 die Alkalität der Asche, wenn 47,15% Kali in der Asche gefunden sind, nach der Formel $\frac{58,97 \times 1000}{47,15} = 1251$ berechnen, d. h. 100 g Asche haben eine Alkalität von 1251 oder 1 g Asche von 12,51.

Auf diese Weise fand A. Beythien folgende Beziehungen:

Fruchtsaft	Mineralstoffe im Saft %	Alkalität		Verhältnis von Asche (%) zu Alkalität (ccm N.-Säure)		
		gefunden ccm N.-Säure	berechnet aus Basen oder Säuren ccm N.-Säure	gefunden	berechnet aus Basen und Säuren = 1:	berechnet aus Kohlensäure allein = 1:
Himbeersaft . . .	0,593	8,20	8,34	13,5	13,7	12,7
Citronensaft . . .	0,550	6,42	6,49	13,6	13,8	12,9
Kirschsaft	0,540	6,62	6,59	12,2	12,2	12,1
Apfelsinensaft . .	0,475	6,41	6,29	13,5	13,2	13,5
Johannisbeersaft .	0,594	6,11	6,68	11,1	11,3	11,1
Erdbeersaft . . .	0,514	6,42	6,48	12,5	12,6	12,3

Außerdem untersuchten A. Beythien und L. Waters[2]) die Asche von noch 13 Himbeersäften mit folgendem Ergebnis:

Gehalt	Asche in 100 ccm Saft	Alkalität der Asche = ccm N.-Säure	In Prozenten der Asche: Kali %	Kalk %	Magnesia %	Eisen- u. Tonerdephosphate %	Kieselsäure %	Phosphorsäure %	Schwefelsäure %	Chlor %	Alkalitätszahl = ccm N.-Säure für 1 g Asche: gefunden	berechnet
Niedrigst-	0,400	5,16	43,21	5,87	4,04	1,48	0,26	2,85	3,26	1,21	10,3	10,3
Höchst- .	0,598	6,83	49,75	10,07	7,73	5,79	0,90	12,16	6,01	1,95	13,3	13,4
Mittel-. .	0,474	5,70	46,44	7,54	5,43	3,48	0,59	5,74	4,52	1,41	12,1	12,1

[1]) Zeitschr. f. Untersuchung d. Nahrungs- u. Genußmittel 1905, **10**, 339.

[2]) Ebendort 1905, **10**, 726.

Über die Zusammensetzung der Asche des Citronensaftes nach Analysen von Oliveri und Guerrieri, vgl. auch I. Bd., S. 843.

Die vorstehenden Schwankungen in der Zusammensetzung der natürlichen Fruchtsäfte müssen selbstverständlich für ihre Untersuchung und Beurteilung berücksichtigt werden. Die Unterschiede für die Fruchtsäfte des Handels werden nur dadurch ziemlich ausgeglichen, daß diese jetzt allgemein fabrikmäßig hergestellt werden und die Fabriken Früchte aus den verschiedensten Gegenden und Lagen verwenden.

Im übrigen kommen auch bei Fruchtsäften Ungehörigkeiten und Verfälschungen in großem Umfange vor.

A. Beythien und P. Bohrisch[1]) untersuchten z. B. Citronensäfte des Handels mit folgendem mittleren Ergebnis:

Citronensäfte des Handels	Anzahl der Proben	Spez. Gewicht		In 100 ccm Saft g									Alkalität der Mineralstoffe ccm N-Säure
		des Saftes	des entgeisteten Saftes	Extrakt nach Farnsteiner	Gesamtzucker	Citronensäure	Extraktrest a) teilweiser	Extraktrest b) totaler	Alkohol	Stickstoff	Phosphorsäure	Mineralstoffe	
1. Mit mehr als 0,8% totalem Extraktrest .	19	1,0310	1,0334	8,04	0,72	5,53	1,78	1,18	0,84	0,034	0,023	0,448	4,8
2. Desgl. mit zu niedrigem Extraktrest . . .	12	1,0317	1,0336	8,03	1,38	5,47	1,18	0,59	1,13	0,035	0,023	0,395	3,8
3. Nachgemachte Säfte	16	1,0462	1,0568	15,25	6,66	7,66	0,94	0,44	6,16	0,009	0,023	0,357	4,2

E. Spaeth[2]) machte zuerst auf die Bedeutung der Alkalität der Asche, R. Sendtner[3]) auf die des Extraktes für die Beurteilung verfälschter Citronensäfte aufmerksam, indem sie im Mittel mehrerer Proben fanden (g in 100 ccm):

Citronensaft	Extrakt direkt g	Extrakt indirekt g	Gesamtzucker g	Citronensäure, wasserhaltig g	Alkohol g	Flüchtige Säure ccm N.-Lauge	Asche g	Alkalität der Asche ccm N.-Säure	Extraktrest (Extr. — Zitronens. + Asche)
Selbstgepreßt	9,73	—	0,88	8,30	—	—	0,382	4,9	1,04
Reiner, des Handels. .	7,60	7,50	—	8,18	—	1,1	0,350	—	1,85
Verfälschter.	7,83	—	bis 13,20	6,83	bis 22,93	—	0,065	0,2	0,13

Ähnliche Verhältnisse stellte K. Farnsteiner[4]) für (mit Zucker und Citronensäure) verfälschte Citronensäfte des Handels fest. Einige grobverfälschte Citronensäfte zeigten nach Beythien und Bohrisch[5]) folgende Gehalte in 100 ccm Saft:

Alkohol	Extrakt	Freie Säure = Citronensäure	Mineralstoffe	Alkalität derselben, ccm N.-Saure
0—6,34 g	6,52—47,08 g	5,95—47,36 g	0,06—0,43 g	0—2,30 g

Eine Probe mit 12,24 g freier Säure enthielt 6,14 g Weinsäure.

Weitere Verfälschungen bestehen in dem Zusatz von fremden Säuren (Weinsäure), von Wasser, Nachpresse, d. h. zweite oder dritte Pressung des mit Wasser ver-

[1]) Zeitschr. f. Untersuchung d. Nahrungs- u. Genußmittel 1905, **9**, 458.
[2]) Ebendort 1900, **4**, 529. [3]) Ebendort 1901, **4**, 1133.
[4]) Ebendort 1903, **6**, 20. [5]) Ebendort 1905, **9**, 450.

setzten ersten Preßrückstandes, von künstlichen Fruchtestern und -essenzen[1]), von künstlichen Farbstoffen (Teerfarbstoffen, Cochenille und Eisenoxyd für Citronensaft), und von Frischhaltungsmitteln [Salicylsäure, Benzoesäure, Ameisensäure, Borsäure, Flußsäure u. a.[2])], wobei zu berücksichtigen ist, daß diese Säuren in sehr geringen Mengen auch in den natürlichen Fruchtsäften vorkommen können.

A. Beythien, P. Bohrisch und H. Hempel[3]) stellten drei essigstichige Citronensäfte mit 0,924, 1,193 und 1,241 g flüchtiger Säure = Essigsäure fest, während reine Säfte nur 0—0,341 g Essigsäure in 100 ccm Saft ergaben.

Auch können von den Zubereitungs- und Aufbewahrungsgefäßen Schwermetalle in die Säfte gelangen. Formenti und Scipiotti[4]) stellten z. B. in sauren Tomatensäften, die sich in verzinnten Blechbüchsen befanden, 0,046—0,244% Zinn fest, das nach Öffnen der Büchsen während 5tägigen Stehens nicht unwesentlich zunahm:

Zinngehalt	Probe 1	2	3	4
Sofort beim Öffnen	0,091%	0,093%	0,244%	0,086%
5 Tage später	0,324 „	0,169 „	0,422 „	0,532 „

Als Gesichtspunkte für die Untersuchung der Fruchtsäfte können die Bestimmungen folgender Bestandteile gelten, nämlich:

1. Spezifisches Gewicht des natürlichen und des von Alkohol befreiten Saftes,
2. Wasser,
3. Extrakt (direkt und indirekt),
4. Säure, flüchtige und nichtflüchtige, Art der letzteren,
5. Zucker vor und nach der Inversion,
6. Polarisation vor und nach der Inversion,
7. Alkohol,
8. Mineralstoffe,
9. Alkalität derselben,
10. Alkalitätszahl,
11. Extraktrest.

Weiter von Wichtigkeit können sein:

12. Phosphorsäure,
13. Stickstoff.

Probenahme. Zur Untersuchung ist mindestens $^1/_2$ l, sei es in Originalflasche oder in sorgfältigst gereinigter Halbliterflasche zu entnehmen, nachdem der Inhalt des größeren Behälters vorher genügend gemischt ist.

Untersuchung der Fruchtsäfte.

Die Analyse der genannten Fruchtsäfte, deren Säure hauptsächlich aus Citronensäure besteht, erfolgt zweckmäßig in Anlehnung an das von Farnsteiner[5]) für Citronensaft ausgearbeitete Verfahren in folgender Weise:

1. Das ***spezifische Gewicht des Saftes*** wird mit Hilfe eines enghalsigen Pyknometers bei 15° bestimmt.

---

[1]) Utz fand (Zeitschr. f. öffentl. Chemie 1906, **12**, 12) in je 2 Proben solcher Essenzen (Limonaden) folgende Gehalte in 100 ccm:

	Alkohol	Extrakt	Saure = Weinsäure	Mineralstoffe
Himbeeressenz	14,55 bzw. 19,40 g	10,11 bzw. 11,61 g	8,03 bzw. 11,56 g	0,065 bzw. 0,174 g
Citronenessenz	19,91 „ 27,84 g	18,54 „ 9,74 g	15,57 „ 9,38 g	0,082 „ 0,119 g

In je einer Probe war Saponin vorhanden.

[2]) Das für diesen Zweck empfohlene Frischhaltungsmittel „Alacet", „Fruktol", „Werderol" besteht aus Alkohol, Salicylsäure und Ameisensäure, das Präparat „Tempol" aus Salicylsäure, Borsäure, Glycerin und Chlornatrium, „Frut" aus Flußsäure bzw. Fluornatrium.

[3]) Zeitschr. f. Untersuchung d. Nahrungs- u. Genußmittel 1906, **11**, 656.

[4]) Ebendort 1906, **12**, 291.

[5]) Farnsteiner, ebendort 1903, **6**, 1 u. 1904, **8**, 593.

2. Spezifisches Gewicht des entgeisteten Saftes. Das zu 1 benutzte Pyknometer wird in eine Porzellanschale entleert, der Saft bis auf etwa $^1/_3$ eingedampft, in das Pyknometer zurückgebracht und auf das ursprüngliche Volumen bei derselben Temperatur wieder aufgefüllt. Bei hohem Gehalte an flüchtigen Säuren muß man das Abdampfen unter Zusatz von Wasser mehrmals wiederholen.

3. Alkohol. Man bestimmt das spezifische Gewicht des aufgefüllten Destillates und entnimmt den entsprechenden Wert der Tabelle von Windisch (I. Teil, Tabelle XI, S. 749).

4. Freie Gesamtsäure. 10 ccm Saft werden, event. nach vorhergehender Verdünnung, mit N.-Lauge und Phenolphthalein als Indikator titriert. Die Zahl der verbrauchten ccm wird durch Multiplikation mit 0,32 auf wasserfreie Citronensäure ($C_6H_8O_7$) umgerechnet[1]).

5. Flüchtige Säure. 50 ccm Saft werden nach der amtlichen Weinvorschrift im Wasserdampfstrom destilliert. Das Destillat wird mit $^1/_{10}$ N.-Lauge (Phenolphthalein) titriert, und die Zahl der verbrauchten ccm durch Multiplikation mit 0,012 auf Essigsäure (100 ccm) umgerechnet (über essigstichige Citronensäfte vgl. S. 888).

6. Freie Citronensäure. Man rechnet die flüchtige Säure durch Multiplikation mit 1,067 auf Citronensäure um und subtrahiert diese Menge von der freien Gesamtsäure. Die Differenz ist die freie Citronensäure.

7. Citronensäure in Form von Estern. 10 ccm Saft werden in einem Kölbchen mit so viel $^1/_2$ N.-Lauge versetzt, daß noch 10 ccm Lauge mehr, als in Ziffer 4 verbraucht wurden, vorhanden sind. Nach 2stündiger Einwirkung bei gewöhnlicher Temperatur im dichtverschlossenen Kölbchen wird mit $^1/_2$ N.-Salzsäure unter Verwendung von Phenolphthalein als Indikator zurücktitriert. Die Differenz des Alkaliverbrauchs in Ziffer 7 und 4 ergibt nach der Multiplikation mit 0,32 die Menge der an Alkohol gebundenen Citronensäure.

8. Die ***Gesamtcitronensäure*** berechnet sich als Summe der freien Citronensäure (Ziffer 6) und der veresterten Citronensäure (Ziffer 7). Nach Beobachtungen von A. Beythien nimmt in alkoholhaltigen Citronensäften die freie Citronensäure während 8tägiger Lagerung schon um 0,03—0,06 g, nach 14tägiger Aufbewahrung um 0,16 g für 100 ccm Saft ab und die Menge der veresterten Citronensäure kann sogar 0,5 g erreichen.

9. Der in Form des Esters an ***Citronensäure gebundene Alkohol*** wird durch Multiplikation der veresterten Citronensäure mit 0,719 berechnet.

10. Korrigiertes spezifisches Gewicht. Für die Ableitung des totalen Extraktrestes (s. Ziffer 16) ist es erforderlich, auch das spezifische Gewicht des vom veresterten Alkohol freien Saftes zu kennen. Man entnimmt daher der Tabelle von Windisch dasjenige spezifische Gewicht, welches dem in Ziffer 9 ermittelten Alkoholgehalte entspricht, subtrahiert es von dem unter Ziffer 2 angegebenen spezifischen Gewichte des entgeisteten Saftes und addiert 1.

$$S_E\,(\text{korr.}) = S_E - S_A + 1\,.$$

11. Asche und Alkalität. Man dampft 50 ccm Saft zur Trockne, verbrennt über einer Spirituslampe[2]), zieht die Kohle mit Wasser aus und brennt darauf bei nicht zu hoher Temperatur völlig weiß. Da die Asche hygroskopisch ist, muß bei aufgesetzten Gewichten

[1]) Auch bei Himbeersaft besteht die Säure nach Kunz (Zeitschr. d. österr. Apoth.-Vereins 1905, **43**, 749), sowie nach Krzizan und Plahl (Zeitschr. f. Untersuchung d. Nahrungs- u. Genußmittel 1906, **11**, 207) größtenteils aus Citronensäure.

[2]) Beythien (Zeitschr. f. Untersuchung d. Nahrungs- u. Genußmittel 1903, **6**, 497) empfiehlt den Spiritusbrenner „Pallad" von der Firma Barthel in Dresden. Nach Lührig (Zeitschr. f. Untersuchung d. Nahrungs- u. Genußmittel 1904, **8**, 657) genügt die bereits von Lunge (Chem.-techn. Unters.-Methoden, 4. Aufl., **1**, 224) vorgeschlagene Anwendung einer durchlochten, schräg gestellten Asbestplatte, um die Verbrennungsprodukte des Leuchtgases fernzuhalten.

sehr schnell gewogen werden. Bei feineren Untersuchungen empfiehlt es sich sogar, die Platinschale in eine Wägekapsel einzuschließen.

Zur Bestimmung der Alkalität versetzt man die Asche mit 10 ccm $^1/_2$ N.-Schwefelsäure[1]), treibt die Kohlensäure durch 5 bis 10 Minuten langes schwaches Kochen bei aufgelegtem Uhrglas aus, filtriert in ein Becherglas und titriert mit $^1/_2$ N.-Lauge (Phenolphthalein) zurück. Das Ergebnis wird in ccm Normallauge für 100 ccm Saft angegeben.

Das Verfahren von Farnsteiner zur Bestimmung der Alkalität ist Teil I, S. 511 beschrieben.

12. Citronensäure in Form von Salzen. Die Alkalität ist ein Maß für den Gehalt des Saftes an citronensaurem Alkali, welches beim Veraschen in Carbonat übergeht. Jeder ccm Normallauge entspricht 0,069 g Kaliumcarbonat oder 0,102 g Kaliumcitrat. Durch Multiplikation der Differenz 0,102—0,069 = 0,033 mit der Alkalität und Addition des erlangten Produktes zu der Asche erfährt man also die Summe der Mineralstoffe und gebundenen Citronensäure.

13. Gesamtzucker. Zur Inversion bisweilen zugesetzten Rohr- bzw. Rübenzuckers erhitzt man 50 ccm Saft in einer bedeckten Porzellanschale $^1/_2$ Stunde auf dem Wasserbade und dampft darauf, um den Alkohol zu entfernen, auf $^1/_3$ des Volumens ein. Enthält der Saft ungefähr 1% Zucker, so spült man den Inhalt der Schale in ein 50 ccm Kölbchen. Bei 2% Zucker wählt man ein 100 ccm-Kölbchen und bei noch höheren Zuckergehalten ein Meßkölbchen, dessen Inhalt ein entsprechendes Vielfaches von 50 ist. Ein annäherndes Urteil über die Menge des vorhandenen Zuckers ergibt sich, wenn man der amtlichen Weintabelle, die dem spezifischen Gewichte des entgeisteten Saftes entsprechende Extraktmenge entnimmt und die Gesamtcitronensäure subtrahiert. In dem Meßkölbchen neutralisiert man den Saft mit Natronlauge gegen Phenolphthalein, füllt zur Marke auf und verwendet 25 ccm zur Zuckerbestimmung nach Allihn. Das Ergebnis ist als Invertzucker anzugeben.

Bei Citronensäften mit hohem Gehalte an flüchtigen Säuren, welche nach Farnsteiner[2]) meist aldehydartige Körper enthalten, bestimmt man den Zucker in dem durch wiederholtes Eindampfen erhaltenen Rückstand.

Das vorstehende Verfahren, welches für Citronensaft geeignet erscheint, bedarf für die übrigen Fruchtsäfte: Himbeersaft, Johannisbeersaft usw. einiger Abänderungen, weil diese weniger Säure, dafür aber andererseits störende Farbstoffe enthalten.

100 ccm des Fruchtsaftes werden zur Entfernung etwa vorhandenen Alkohols in einer Porzellanschale auf $^1/_3$ eingedampft, darauf in ein 110 ccm-Kölbchen gebracht, nach Zusatz von 10 ccm Bleiessig zur Marke aufgefüllt und filtriert. 90 ccm des Filtrates versetzt man in einem 100 ccm-Kölbchen mit 10 ccm gesättigter Dinatriumphosphatlösung[3]), schüttelt um und filtriert. 80 ccm dieser Lösung werden in einem 100 ccm-Kölbchen mit 2 ccm konzentrierter Salzsäure $^1/_2$ Stunde lang auf 67—70° erhitzt, nach dem Abkühlen neutralisiert und zur Marke aufgefüllt. 25 ccm dienen zur Bestimmung des Invertzuckers nach Meißl-Allihn. Bei Säften mit mehr als 1% Zucker muß die invertierte Lösung so weit verdünnt werden, daß in 100 ccm höchstens 1 g Zucker enthalten ist.

14. Gesamt-Stickstoff. 50 ccm werden mit etwas Schwefelsäure in einem Schottschen Kolben eingetrocknet und weiter nach Kjeldahl (I. Teil, S. 240) verbrannt. Bei der Destillation sind 10 ccm $^1/_2$ N.-Schwefelsäure vorzulegen.

---

[1]) Salzsäure ist zu vermeiden, weil manche manganhaltige Fruchtsaftaschen mit ihr Chlor entwickeln.

[2]) Zeitschr. f. Untersuchung d. Nahrungs- u. Genußmittel 1908, **15**, 323.

[3]) Bei Ausfällung des Bleies mit Natriumcarbonat, welche sich nach verschiedenen Angaben übrigens nicht empfiehlt, muß die Lösung vor der Inversion mit Salzsäure neutralisiert werden. Hierbei ist besondere Vorsicht zu beachten und bei Anwendung von Phenolphthalein als Indikator für Austreibung der Kohlensäure zu sorgen.

15. Bestimmung der verschiedenen Stickstoff-Substanzen in den Obstsäften.[1])

a) Koagulierbares Eiweiß. 100 ccm Obstsaft werden in ein Becherglas gebracht, mit diesem gewogen und 5 Minuten gekocht. Nach dem Ergänzen der Flüssigkeitsmenge zum ursprünglichen Gewichte wird filtriert, und das gründlich ausgewaschene Filter mit dem darauf befindlichen Niederschlage nach Kjeldahl verbrannt.

b) Reineiweiß nach Stutzer. 50 ccm Filtrat von a werden mit 5 ccm Alaunlösung versetzt, zum Sieden erhitzt und mit 10 ccm einer Kupferoxydhydrataufschwemmung vermischt, welche, nach Stutzers Vorschrift hergestellt, 0,38 g Kupferoxydhydrat enthält. Der abfiltrierte und ausgewaschene Niederschlag wird mit dem Filter verbrannt. Empfehlenswerter ist das Verfahren von F. Barnstein (I. Teil, S. 254).

c) Ammoniak-Stickstoff. 100 ccm werden mit frisch gebrannter Magnesia in bekannter Weise destilliert (I. Teil, S. 260).

d) Amid-Stickstoff. 100 ccm werden zur Verseifung der Amide mit 5 ccm konzentrierter Salzsäure $1^1/_2$ Stunden am Rückflußkühler gekocht, darauf mit Magnesia versetzt und wie unter c weiter behandelt. Die Differenz von d und c gibt den Amidstickstoff.

e) Stickstoff in Form von durch Alkohol fällbaren Verbindungen. 25 ccm Saft werden mit 125 ccm Alkohol von 96 Vol.-Proz. versetzt; der nach längerem Stehen abfiltrierte und mit Alkohol ausgewaschene, voluminöse Niederschlag wird nach Kjeldahl verbrannt.

Der Stickstoffgehalt des Filters wird in allen Fällen in Abzug gebracht.

Über die Verteilung der Stickstoff-Verbindungen in Fruchtsäften vgl. S. 883.

16. Pektinstoffe. 25 ccm Saft werden mit 125 ccm Alkohol von 96 Vol.-Proz. gefällt. Der auf gewogenem Filter gesammelte Niederschlag wird mit 96 proz. Alkohol ausgewaschen, getrocknet und gewogen. Von dem Gewichte wird der Aschengehalt und der in besonderer Portion ermittelte Stickstoffgehalt mal 6,25 abgezogen.

Zum qualitativen Nachweise von Pektinstoffen überschichtet man den Fruchtsaft, hauptsächlich Citronensaft, mit absolutem Alkohol. Bei Gegenwart von Pektinstoffen entsteht an der Berührungsfläche ein weißer Ring.

R. Windisch und K. Boehm[2]) fanden in 100 ccm Saft verschiedener Früchte folgenden Gehalt an Pektinstoffen:

Fruchtart	Pektinstoffe g	Fruchtart	Pektinstoffe g	Fruchtart	Pektinstoffe g	Fruchtart	Pektinstoffe g
Rote Johannisbeeren	0,436	Heidelbeeren. .	0,429	Pfirsiche. .	0,445	Elbling . .	0,125
Schwarze „	0,657	Preißelbeeren .	0,388	Quitten . .	0,332	Sylvaner .	0,152
Stachelbeeren . . .	0,652	Sauerkirschen .	0,090	Schlehen. .	0,201	Traminer .	0,125
Maulbeeren	0,242	Morellen. . . .	0,335	Mispeln . .	0,189	Riesling . .	0,116

17. Glycerin. 50 ccm Saft werden in einer Porzellanschale mit dünner Kalkmilch stark alkalisch gemacht, einige Minuten aufgekocht und dann auf dem Wasserbade zur Trockne verdampft. Der Rückstand wird nach dem Anfeuchten mit Alkohol fein zerrieben, mit Alkohol wiederholt ausgekocht, und die Lösung in einen 200 ccm-Kolben abgegossen, in welchen schließlich auch der ganze feste Rückstand übergeführt wird. Nach dem Abkühlen wird mit Alkohol aufgefüllt und das Filtrat (175—180 ccm) nach der Vorschrift für Wein weiter verarbeitet (vgl. I. Teil, S. 538).

---

[1]) K. Windisch und K. Boehm, Zeitschr. f. Untersuchung d. Nahrungs- u. Genußmittel 1904, 8, 347.

[2]) Zeitschr. f. Untersuchung d. Nahrungs- u. Genußmittel 1904, 8, 347.

Da das so erhaltene Glycerin nicht rein ist, empfiehlt E. Frisch[1]), besonders für genauere Analysen von Citronensaft, folgendes Verfahren von Benedikt und Zsigmondy[2]) anzuwenden: 0,2—0,5 g Rohglycerin in wässeriger Lösung werden in einem Erlenmeyer-Kolben von 300 ccm Inhalt mit Wasser auf etwa 150 ccm gebracht. In der Flüssigkeit löst man 10 g festes Ätzkali, gibt nach dem Abkühlen noch etwa 40 ccm 4 proz. Kaliumpermanganatlösung bis zur Blaugrünfärbung hinzu, läßt 15 Minuten stehen und erhitzt zum einmaligen Aufkochen. Die heiße Flüssigkeit wird mit 10 proz. Natriumsulfitlösung bis zum Farbenumschlage in Braun (etwa 15 ccm), und bis beim Absitzen die überstehende Flüssigkeit farblos erscheint, versetzt, ein Überschuß von Natriumsulfit ist aber zu vermeiden. Man füllt dann auf 250 ccm auf und filtriert durch ein glattes Filter, das mindestens die Hälfte der ganzen Flüssigkeit auf einmal aufnehmen kann. 200 ccm des Filtrates werden mit Essigsäure angesäuert und mit Chlorcalciumlösung in der Siedehitze gefällt. Der Niederschlag wird filtriert, ausgewaschen, geglüht und das Calciumoxyd durch Auflösen in einer abgemessenen Menge $^1/_2$ N.-Salzsäure und Zurücktitrieren mit $^1/_2$ N.-Lauge bestimmt. 1 g CaO = 1,643 g Glycerin. Um eine Verunreinigung des Niederschlages durch mitgefälltes Calciumsulfat zu vermeiden, empfiehlt es sich nach Farnsteiner (l. c.), an Stelle des Natriumsulfits 10 ccm einer 1 proz. Formalinlösung zu verwenden. — Vgl. auch das im Abschnitte „Essig" mitgeteilte Jodmethylverfahren.

Die Citronensäfte enthalten meistens — wahrscheinlich infolge einer stattgehabten schwachen Gärung — geringe Mengen Glycerin, die sich zwischen 0—0,2 g in 100 ccm Saft zu bewegen pflegen. Wenn H. Lührig[3]) in einem 9,59 g Alkohol enthaltenden Citronensaft 0,376 g oder im unverdünnten Saft bei 8,09 g Citronensäuregehalt 0,418 g Glycerin in 100 ccm Saft fand, so muß dieser Gehalt wohl auf außergewöhnliche Verhältnisse zurückgeführt werden.

18. Aschenanalyse. Unter Umständen ist eine genaue Untersuchung der Asche auszuführen, weil insbesondere die Bestimmung der Phosphorsäure und der Magnesia wertvolle Aufschlüsse über die Reinheit der Fruchtsäfte zu geben vermag. Für die meisten Fälle wird folgender einfacher Gang zum Ziele führen: Eine gewogene Menge (1 g) der in üblicher Weise hergestellten Asche wird zur Abscheidung der Kieselsäure in einer Porzellanschale[4]) mit Salzsäure mehrmals eingedampft und der beim Aufnehmen mit Wasser ungelöst bleibende Rückstand filtriert, geglüht und gewogen. Von dem auf ein bestimmtes Volumen (150 ccm) aufgefüllten Filtrate dient ein Teil zur Bestimmung der Schwefelsäure und der Alkalien. In dem Rest werden durch Kochen der neutralisierten und mit Natriumacetat versetzten Lösung Eisen und Tonerde als Phosphate, und im Filtrate davon Kalk und Magnesia bestimmt. Für die Bestimmung der Kohlensäure (im Geißlerschen Apparat), der Phosphorsäure (Molybdänmethode) und endlich des Chlors werden besondere Portionen Asche benutzt. Die bisweilen wertvolle Bestimmung des Mangangehaltes erfolgt nach dem v. Knorreschen Verfahren.

Farnsteiner[5]) fällt nach Abscheidung der Kieselsäure zunächst das Eisen als Phosphat mit Ammoniak und Ammoniumacetat und aus dem essigsauren Filtrate den Kalk durch Ammoniumoxalat. Das Filtrat vom Kalk wird konzentriert und zu 100 ccm aufgefüllt. Ein Teil dient zur Bestimmung der Magnesia, ein anderer zur Fällung der Phosphorsäure. Der Rest wird zur Entfernung von Magnesia, Phosphorsäure und Schwefelsäure mit Bariumchlorid und Bariumhydroxyd versetzt und daraus zur Bestimmung der Alkalien benutzt. Schwefelsäure,

[1]) Arch. Pharm. 1908, 477.

[2]) Benedikt-Ulzer, Chemie der Fette und Wachsarten. Berlin 1908, 5. Auflage, S. 196 und Chem. Ztg. 1885, **9**, 975; vgl. Beythien und Schwerdt, Zeitschr. f. Untersuchung d. Nahrungs- u. Genußmittel 1911, **21**, 673.

[3]) Zeitschr. f. Untersuchung d. Nahrungs- u. Genußmittel 1906, **11**, 441.

[4]) Die Verwendung von Platinschalen ist zu vermeiden, weil der oft beträchtliche Mangangehalt eine Chlorentwicklung verursacht, s. Beythien, Zeitschr. f. Untersuchung d. Nahrungs- u. Genußmittel 1905, **10**, 341.

[5]) Zeitschr. f. Untersuchung d. Nahrungs- u. Genußmittel 1907, **13**, 317.

Chlor und Kohlensäure werden in getrennten Portionen der Asche ermittelt. (Im übrigen vgl. I. Teil, S. 479 ff.)

19. Frischhaltungsmittel. Hauptsächlich kommen als solche Salicylsäure, Benzoesäure, Ameisensäure und Borsäure, neuerdings auch Fluorwasserstoffsäure in Betracht.

a) Salicylsäure. Bei der Prüfung auf Salicylsäure ist zu berücksichtigen, daß manche Früchte und Fruchtsäfte natürlich vorkommende Salicylsäure enthalten[1]).

Nach H. Mastbaum findet sie sich, wenn auch in äußerst geringen Mengen, in fast allen Traubensorten und den daraus hergestellten Weinen, so besonders in spanischen Rotweinen. In drei Naturweinen soll dieselbe sogar schon bei Verwendung von 50 ccm Wein nachgewiesen worden sein. Ebenso hat K. Windisch in reinem Naturwein Salicylsäure gefunden.

In Himbeersäften hat K. Windisch 1,1 mg und R. Hefelmann 1 mg Salicylsäure im Liter festgestellt.

Erdbeeren enthielten nach L. Portes und A. Desmoulières 1 mg Salicylsäure in 1 kg, Erdbeersaft enthielt nach P. Süß 2—3 mg und nach K. Windisch 2,8 mg im Liter.

A. Desmoulières fand in vier Sorten Kirschen 0,1—0,2 mg und in Vogelkirschen 0,21 mg Salicylsäure in 1 kg. — S. Grimaldi wies in Weichselkirschen 0,1—0,5 mg in 1 kg nach.

F. W. Traphagen und E. Burke bestimmten die Salicylsäure durch Destillation und Ausschütteln des Destillats mit Äther; sie fanden in 1 kg:

	Johannisbeeren	Kirschen	Pflaumen	Holzapfel	Trauben
Salicylsäure:	0,57	0,40	0,28	0,24	0,32 mg

Ferner wiesen sie Salicylsäure nach in Erdbeeren, Brombeeren, Himbeeren, Pfirsichen, Äpfeln, Apfelsinen, Tomaten, Blumenkohl und Bohnen.

Auch Utz stellte in Erdbeeren und Himbeeren Salicylsäure fest.

Bei Tomatensäften fanden C. Formenti und A. Scipiotti in 1 kg bis zu 1 mg, selten bis zu 2 mg Salicylsäure.

Zum qualitativen Nachweise der Salicylsäure werden 50 ccm des schwach alkalisch gemachten Fruchtsaftes zur Entfernung des Alkohols auf dem Wasserbade erhitzt, darauf mit Phosphorsäure angesäuert und nach dem Vorschlage von Spaeth[1]) mit Chloroform-Petroläther ausgeschüttelt.

Vergleiche hierüber und über die quantitative Bestimmung der Salicylsäure, die stets für die Entscheidung der Frage, ob sie künstlich zugesetzt ist, notwendig wird, I. Teil, S. 605 u. f.

Nach der Zeit sind noch verschiedene Vorschläge zum qualitativen Nachweise und zur quantitativen Bestimmung der Salicylsäure gemacht u. a. von Vierhout[2]), von W. Heintz und R. Limprich[3]). Letztere aber haben gefunden, daß das von Vierhout angegebene Verfahren, die Salicylsäure durch Ausschütteln der Flüssigkeiten mit Petroläther unter Zusatz von Alkohol und Titration der gereinigten Lösung mit $^1/_{10}$ N.-Lauge quantitativ zu bestimmen, unrichtige Ergebnisse liefert, und geben ein einfaches colorimetrisches Verfahren an, das sie als genügend genau bezeichnen.

Das Verfahren ist folgendes:

α) Erforderliche Lösungen: a) 0,1 proz. wässerige Salicylsäurelösung,
   b) 0,1 proz. frisch bereitete wässerige Eisenchloridlösung,
   c) Niedrigsiedender Petroläther,
   d) 96 proz. Alkohol.

---

1) Über die Literaturquellen vgl. die Abhandlung von Heintz und Limprich (Anm. 3).

2) Zeitschr. f. Untersuchung d. Nahrungs- u. Genußmittel 1911, **21**, 664.

3) Ebendort 1913, **25**, 704.

β) Herstellung der Vergleichslösungen. 50 ccm der 0,1 proz. Salicylsäurelösung werden in einem Mischzylinder von 250 ccm Inhalt mit einigen Tropfen konzentrierter Schwefelsäure angesäuert, mit 100 ccm Petroläther kräftig durchgeschüttelt, darauf mit 50 ccm Alkohol versetzt und nochmals umgeschüttelt. Nach dem Absitzen werden 0,5, 1,0, 1,5, 2,0, 2,5 und 3,0 ccm (nötigenfalls auch dazwischen liegende Mengen) der Petrolätherschicht in Eggertschen Röhrchen mit 10 ccm der 0,1 proz. Eisenchloridlösung durchgeschüttelt, wobei die in dem Petroläther gelöste Salicylsäure als das bekannte violette Eisensalz quantitativ in die wässerige Schicht übergeht. Die Färbungen halten sich 24 Stunden und länger in unveränderter Stärke, so daß die Vergleichslösungen zu einer ganzen Reihe von Bestimmungen verwendet werden können.

γ) Ausführung der Bestimmung. 25 g (bzw. 50 g) des zu untersuchenden Saftes oder Sirups werden in einen Mischzylinder von 250 ccm Inhalt übergeführt und mit Wasser auf 50 ccm gebracht. Nach dem Ansäuren mit wenigen Tropfen konzentrierter Schwefelsäure wird mit 100 ccm Petroläther kräftig durchschüttelt, dann werden 50 ccm Alkohol zugegeben; man schüttelt nochmals durch und läßt absitzen. Ein Teil (10 ccm) der klaren Petrolätherschicht wird in Eggertschen Röhrchen mit 10 ccm der wässerigen Eisenchloridlösung durchgeschüttelt und die entstandene Violettfärbung mit den Vergleichslösungen verglichen. Ist die Färbung zu stark, so wird ein entsprechend kleineres Volumen (5 ccm oder weniger) der Petrolätherschicht in der beschriebenen Weise mit der Eisenchloridlösung geschüttelt. Ist dagegen die Violettfärbung zu schwach, so läßt sich die Reaktion dadurch verstärken, daß man nochmals 10 ccm oder mehr der Petrolätherschicht zugibt und durchschüttelt. Es empfiehlt sich, hierbei den bereits ausgeschüttelten Petroläther vor jeder neuen Zugabe abzugießen. Auf diese Weise läßt sich der Salicylsäuregehalt, insbesondere bei Verwendung von verschiedenen Mengen der Petrolätherschicht und bei Vergleich mit den einzelnen Vergleichslösungen, in sehr genauer Weise bestimmen. Tritt auch bei Benutzung fast der ganzen Petrolätherschicht zum Ausschütteln mit der Eisenchloridlösung keine Spur einer Violettfärbung ein, so ist Salicylsäure — soweit sie als Konservierungsmittel in Betracht kommt — nicht vorhanden.

δ) Berechnung der gefundenen Menge. Die vorhandene Menge der Salicylsäure berechnet sich nach der Formel:

$$x = \frac{5 \cdot c}{a \cdot b}.$$

In dieser Formel bedeutet:

a = Angewendete Menge Saft (Sirup) in Gramm (bzw. ccm),
b = Angewendete Menge der Petrolätherschicht in ccm,
c = ccm der Petrolätherschicht des Vergleichsversuchs,
x = Vorhandene Menge Salicylsäure: g in 100 g (bzw. in 100 ccm).

Beispiel: Angenommen es seien 50 g Himbeersirup in Arbeit genommen; 10 ccm der Petrolätherschicht gäben mit Eisenchloridlösung eine Violettfärbung, die mit der Vergleichlösung übereinstimmt, zu deren Herstellung 2,5 ccm der Petrolätherschicht des Vergleichsversuchs verwendet wurden. Die in dem Himbeersirup enthaltene Salicylsäure berechnet sich dann zu:

$$x = \frac{5 \cdot c}{a \cdot b} = \frac{5 \cdot 2{,}5}{50 \cdot 10} = 0{,}025\,,$$

d. h. in 100 g Sirup waren 0,025 g Salicylsaure enthalten.

b) Benzoesäure isoliert man nach dem Verfahren von Meißl, doch empfiehlt es sich wegen der schwierigen Trennung von den Farbstoffen, den ätherischen Auszug mit überschüssigem Ammoniak auf dem Uhrglase einzudampfen und dann die Benzoesäure durch dazwischen gelegtes Filtrierpapier hindurch zu sublimieren. Ein besonderes Verfahren hierfur hat Leach angegeben. Die Einzelheiten der Bestimmung sind im Teil I, S. 611 und in diesem Teil, S. 38 u. f. angegeben worden.

Die Preißelbeeren scheinen regelmäßig Benzoesäure zu enthalten; Mach und Portele fanden in 3 Proben 63,8, 75,9 und 86,2 mg in 100 ccm Saft (vgl. I. Bd., S. 886).

*c) Die **Ameisensäure*** wird im Wasserdampfstrom abdestilliert und dann an ihrem Reduktionsvermögen gegen Quecksilberchloridlösung, Quecksilberoxyd und ammoniakalische Silbernitratlösung erkannt. Da aber auch Aldehyde und andere reduzierende Stoffe in das Destillat übergehen können, so wird man in der Regel zur Unterstützung des Befundes die quantitative Bestimmung heranziehen müssen. Das hierzu besonders geeignete Verfahren von H. Fincke findet sich im Abschnitte Honig, S. 786 bzw. Essig, näher beschrieben.

Als charakteristische Reaktion hat C. Comanducci[1]) das Verhalten gegen 50 proz. Natriumbisulfitlösung beschrieben. Erhitzt man 15 Tropfen davon mit 5 ccm der zu untersuchenden Lösung, so erzeugt Ameisensäure eine gelbrote Färbung, während Formaldehyd, Methylalkohol, Glycerin und Essigsäure ohne Einwirkung sind.

*d) **Borsäure*** kann in der unter Zusatz von Natriumcarbonat hergestellten Asche nach den im I. Teile, S. 591 ff. angegebenen Verfahren nachgewiesen und quantitativ bestimmt werden.

Borsäure scheint weit verbreitet als natürlicher Bestandteil der Früchte und Fruchtsäfte vorzukommen. E. Hotter (I. Bd., S. 863) fand für Äpfel, Birnen, Mispeln und Feigen in 100 g frischer Substanz, 0,4—1,9 mg, in 100 g Trockensubstanz 2,2—12,0 mg und in Prozenten der Asche 0,06—0,58% Borsäure; K. Windisch gibt (II. Bd. 1904) für Kirschen, Zwetschen und Reineklauden 0,34—0,21% in Prozenten der Asche, A. Hebebrand fur 100 ccm Saft von Kirschen, Stachelbeeren, Apfelsinen und Citronen 0,4—1,0 mg Borsäure an.

*e) **Fluorwasserstoffsäure*** fällt man aus dem Fruchtsafte mit Kalkmilch aus und verfährt im übrigen, wie im I. Teil, S. 604 angegeben ist[2]).

20. Farbstoffe. Der Nachweis von Teerfarben erfolgt nach den bei Wein angegebenen Methoden, siehe auch I. Teil, S. 548—562.

Ein vorläufiges Urteil über die Anwesenheit von Kirschsaft, welcher besonders zur Auffärbung von Himbeersaft benutzt wird, soll nach Kaupitz[3]) in der Weise erlangt werden, daß man 1—2 ccm Saft bis zur Blaßrosafärbung mit Zuckerlösung verdünnt und darauf mit Natronlauge oder Ammoniak überschichtet. Kaupitz will auf diese Weise noch 1% Kirschsaft durch das Auftreten eines blaßgrünen Ringes an der Berührungsfläche erkennen können.

Sicherer ist aber das Verfahren von Langkopf[4]), welches auf dem Blausäuregehalt des Kirschsaftes beruht. Man stellt sich eine Mischung von Kupfersulfatlösung (1 : 10 000) mit einem Tropfen Guajac-Harzlösung und etwas Alkohol her und destilliert in diese Mischung von 50—100 ccm Fruchtsaft einige ccm ab. Bei Gegenwart von Kirschsaft tritt eine Blaufärbung auf. Nach Langkopf sollen noch 5%, nach Juckenack und Pasternack sogar noch 3% Kirschsaft nachzuweisen sein.

Hinsichtlich des Nachweises anderer Pflanzenfarbstoffe vgl. Spaeth[5]) (I. Teil, S. 562.). Die gelbe Farbe von Handelscitronensäften ist bisweilen auf einen Gehalt an Ferricitrat zurückzuführen.

21. Gesundheitsschädliche Metalle siehe I. Teil, S. 497.

22. Extrakt und totaler Extraktrest. Durch direktes Eindampfen von Fruchtsäften und Trocknen des Rückstandes können keine brauchbaren Ergebnisse erzielt werden, weil hierbei Zersetzungen eintreten und außerdem von der Citronensäure Wasser zurückgehalten wird. Es muß daher ein indirektes Verfahren angewendet werden. Allerdings

---

1) Zeitschr. f. analyt. Chemie 1906, **45**, 515.

2) Vgl. auch Vandam, Bull. Soc. Pharm. Bordeaux, Nov. 1904; Kickton u. Behnke, Zeitschr. f. Untersuchung d. Nahrungs- u. Genußmittel 1910, **20**, 193; Sartori, Chem. Ztg. 1912, **36**, 229.

3) Pharm. Zentralh. 1900, **41**, 665.

4) Ebendort 1901, **41**, 421.

5) Zeitschr. f. Untersuchung d. Nahrungs- u. Genußmittel 1899, **2**, 633; vgl. weiter Beythien u. Hempel, Farbenztg. 1909, **15**, Nr. 8.

kann man den dem spezifischen Gewichte des entgeisteten Saftes entsprechenden Extraktgehalt nicht, wie bei Wein und bisher auch bei verschiedenen Fruchtsäften üblich, der Zuckertabelle von Windisch entnehmen, weil u. a. die Trockensubstanz des Citronensaftes zu 60—75% aus Citronensäure besteht, das spezifische Gewicht wässeriger Citronensäurelösungen aber von demjenigen wässeriger Zuckerlösungen stark abweicht. Der Extraktgehalt ist vielmehr auf Grund des spezifischen Gewichtes wässeriger Citronensäurelösungen zu ermitteln, für welche Farnsteiner folgende Tabelle ausgearbeitet hat:

Spezifisches Gewicht und Gehalt wässeriger Citronensäurelösungen an wasserfreier Citronensäure.

Berechnet auf Grund der Formel:

$$C = (S - 1)\,100 \cdot 2{,}3660 + [(S - 1)\,100]^2 \cdot 0{,}007413\,.$$

Gültig für die Werte von S = 1,019 bis S = 1,114.

Es bedeutet C: Gramme $C_6H_8O_7$ in 100 ccm $\left(\frac{15^\circ}{4^\circ}\right)$; $S\frac{15^\circ}{15^\circ}$: Spezifisches Gewicht der Lösung bei 15° C, bezogen auf Wasser von 15° C.

$S\frac{15^\circ}{15^\circ}$	In 100 ccm $\left(\frac{15^\circ}{4^\circ}\right)$ $C_6H_8O_7$ g	$S\frac{15^\circ}{15^\circ}$	In 100 ccm $\left(\frac{15^\circ}{4^\circ}\right)$ $C_6H_8O_7$ g	$S\frac{15^\circ}{15^\circ}$	In 100 ccm $\left(\frac{15^\circ}{4^\circ}\right)$ $C_6H_8O_7$ g	$S\frac{15^\circ}{15^\circ}$	In 100 ccm $\left(\frac{15^\circ}{4^\circ}\right)$ $C_6H_8O_7$ g
1,020	4,762	1,030	7,165	1,040	9,582	1,050	12,015
21	5,001	31	7,406	41	9,825	51	12,259
22	5,241	32	7,647	42	10,068	52	12,503
23	5,481	33	7,888	43	10,310	53	12,748
24	5,721	34	8,130	44	10,554	54	12,992
25	5,961	35	8,372	45	10,797	55	13,237
26	6,202	36	8,614	46	11,040	56	13,482
27	6,442	37	8,856	47	11,284	57	13,727
28	6,683	38	9,098	48	11,528	58	13,972
29	6,924	39	9,340	49	11,771	59	14,217

Interpolationstabelle (Differenzen).

Einheiten der 4. Dezimale von $S\frac{15^\circ}{15^\circ}$	0,240	0,241	0,242	0,243	0,244	0,245
1	0,024	0,024	0,024	0,024	0,024	0,024
2	0,048	0,048	0,048	0,049	0,049	0,049
3	0,072	0,072	0,073	0,073	0,073	0,073
4	0,096	0,096	0,097	0,097	0,098	0,098
5	0,120	0,120	0,121	0,121	0,122	0,122
6	0,144	0,145	0,145	0,146	0,146	0,147
7	0,168	0,169	0,169	0,170	0,171	0,171
8	0,192	0,193	0,194	0,194	0,195	0,196
9	0,216	0,217	0,218	0,219	0,220	0,220

Aber auch die Anwendung dieser Tabelle führt zu unrichtigen Ergebnissen bei den zahlreichen Erzeugnissen, welche mit erheblichen Mengen Zucker (8—10%) versetzt sind. Es empfiehlt sich daher, zur Ermittlung des totalen Extraktrestes bzw. des Extraktes das sog. Additionsverfahren von Farnsteiner[1]) heranzuziehen, welches das spezifische Gewicht der wichtigsten, quantitativ bestimmbaren Bestandteile des Saftes: Citronensäure, Zucker, Mineralstoffe und Glycerin berücksichtigt. Das Verfahren beruht auf folgendem Gedankengange:

Die Angabe, das spezifische Gewicht einer wässerigen Lösung sei 1,0325, besagt, daß 1 ccm der Lösung 32,5 mg mehr wiegt, als 1 ccm Wasser. Dieser Gewichtsüberschuß: $a = (S - 1)\,1000$ wird von sämtlichen gelösten Stoffen beeinflußt, und zwar kann er nach den Versuchen Farnsteiners für praktische Verhältnisse mit hinreichender Genauigkeit als die Summe der entsprechenden Überschüsse angesehen werden, so daß

$$a = a_1 + a_2 + a_3 + \ldots + a_n \text{ ist.}$$

Für die Zwecke der Fruchtsaftanalyse berechnet man daher die Werte von a_1 bis a_4 für die Gesamtcitronensäure, den Gesamtzucker, das Kaliumcitrat und das Glycerin, addiert alle Zahlen und subtrahiert die Summe von a, d. h. $(S_{E\,(\text{korr.})} - 1)\,1000$. Die Differenz a_x ist auf Rechnung der nicht bestimmbaren Extraktstoffe, des sog. totalen Extraktrestes zu setzen. Der entsprechende Extraktrest wird als Invertzucker angegeben und der amtlichen Zuckertabelle entnommen.

Unter Zugrundelegung der von Farnsteiner an selbst hergestellten Lösungen ermittelten Konstanten gestaltet sich die Bestimmung dann folgendermaßen:

a_1, der Wert für Gesamtcitronensäure (Ziff. 8) wird der Citronensäuretabelle entnommen oder für kleinere Gehalte durch Multiplikation der Gesamtcitronensäure mit 4,27 berechnet. Noch einfacher findet man ihn aus folgender, von Farnsteiner später aufgestellten Tabelle, welche von Frisch (l. c.) veröffentlicht worden ist:

g $C_6H_8O_7$ in 100 ccm	Zehntelgramme									
	0,0	0,1	0.2	0,3	0,4	0.5	0.6	0,7	0,8	0,9
1	4,22	4,64	5,06	5,48	5,91	6,33	6,75	7,17	7,59	8,02
2	8,44	8,86	9,27	9,69	10,11	10,53	10,95	11,37	11,79	12,21
3	12,63	13,05	13,46	13,88	14,30	14,72	15,14	15,56	15,98	16,40
4	16,82	17,23	17,65	18,07	18,49	18,91	19,32	19,74	20,16	20,57
5	20,99	21,41	21,82	22,24	22,66	23,07	23,49	23,91	24,32	24,74
6	25,16	25,57	25,99	26,41	26,83	27,24	27,66	28,07	28,49	28,90
7	29,32	29,73	30,14	30,56	30,97	31,39	31,80	32,22	32,63	33,05
8	33,46	33,88	34,29	34,70	35,12	35,53	35,94	36,35	36,77	37,18
9	37,59	38,01	38,42	38,83	39,25	39,66	40,07	40,49	40,90	41,31
10	41,72	42,13	42,54	42,95	43,37	43,78	44,19	44,60	45.01	45,42
11	45,84	46,25	46,66	47,06	47,47	47,88	48,29	48,70	49,11	49,52
12	49,93	50,34	50,75	51,16	51,57	51,98	52,39	52.80	53,21	53,62
13	54,03	54,44	54,85	55,26	55,66	56,07	56,48	56,89	57,30	57,71
14	58,11	58,52	58,93	—	—	—	—	—	—	—

a_2, den Wert für Gesamtzucker (Ziffer 13), entnimmt man der amtlichen Zuckertabelle (Tabelle XII, 1. Teil, S. 757).

a_3, der Wert für Kaliumcitrat ist gleich der siebenfachen Summe von Asche und an diese gebundener Citronensäure (Ziffer 12).

a_4, der Wert für Glycerin ergibt sich durch Multiplikation des Glyceringehaltes mit 2,39. Da aber infolge des mangelhaften Verfahrens der Glycerinbestimmung auch bei völlig un-

[1]) Zeitschr. f. Untersuchung d. Nahrungs- u. Genußmittel 1904, 8, 593.

vergorenen Säften bis zu 0,3 g scheinbares Glycerin gefunden werden, so subtrahiert man von dem gefundenen Glycerin 0,3 und multipliziert den Rest mit 2,39.

Zur Klarstellung des geschilderten Gedankenganges sei folgendes praktisches Beispiel angeführt:

Ergebnis der Analyse.

1. Spezifisches Gewicht des Saftes	1,05070
2. Spezifisches Gewicht des entgeisteten Saftes	1,06295
3. Alkohol	7,200 g
4. Freie Gesamtsäure als Citronensäure	5,185 „
5a) Flüchtige Säure als Essigsäure	0,168 „
b) Flüchtige Säure als Citronensäure	0,179 „
6. Freie Citronensäure	5,006 „
7. Zitronensäure in Form von Estern	0,200 „
8. Gesamtcitronensäure	5,206 „
9. Alkohol in Form von Estern (0,200 × 0,719)	0,144 „
(entsprechendes spezifisches Gewicht . . . . 0,99973)	
10. Korrigiertes spezifisches Gewicht (1,06295—0,99973) + 1 =	1,06322
11a) Asche	0,332 g
b) Alkalität	3,740 ccm
12. Asche und an diese gebundene Citronensäure 0,332 + 3,740 × 0,033 =	0,445 g
13. Gesamtzucker	8,928 „
17. Glycerin	0,520 „
22. Totaler Extraktrest:	
a_1 : (Gesamtcitronensäure) nach Farnsteiners Tabelle	21,843
a_2 : (Gesamtzucker) nach der amtlichen Tabelle	34,530
a_3 : (Asche + gebundener Citronensäure) × 7	3,115
a_4 : (Glycerin — 0,3) 2,39	0,526
	60,014

a nach dem korrigierten spezifischen Gewichte (Ziffer 10) ist 63,220,

$$a_x = 63{,}220 - 60{,}014 = 3{,}206\ .$$

Nach der Zuckertabelle ergibt sich der entsprechende totale Extraktrest zu 0,82.

Es empfiehlt sich, sämtliche erhaltenen Befunde auf alkoholfreie Substanz umzurechnen.

23. *Nachweis von Weinsäure.* E. Spaeth[1]) verdünnt 10 ccm Citronensaft mit Wasser auf 50 ccm und gibt 50 ccm Alkohol sowie 5—10 ccm Bleiessig hinzu. Der abfiltrierte Niederschlag wird mit verdünntem Alkohol ausgewaschen und mit heißem Wasser in einen Erlenmeyer-Kolben gespült, in dem sich bereits etwas Seesand befindet. Nach Verteilung des Niederschlages setzt man einen doppelt durchbohrten Stopfen mit Zu- und Ableitungsrohr auf, leitet Schwefelwasserstoff ein, dessen Überschuß alsdann durch einen Luftstrom verdrängt wird und filtriert vom Schwefelblei ab. Das Filtrat wird auf 10 ccm eingedampft, genau neutralisiert und mit 2,5 ccm Eisessig, 2 ccm 20 proz. Kaliumacetatlösung und 40 ccm 20 proz. Kaliumchloridlösung versetzt, und der durch Reiben mit dem Glasstabe und durch Zusatz von 50 ccm 96 proz. Alkohols abgeschiedene Weinstein nach 12—18 Stunden abfiltriert. Nach zweimaligem Auswaschen mit 50 proz. und einmaligem Auswaschen mit absol. Alkohol wird der Niederschlag in heißem Wasser gelöst und mit $^1/_2$ N.-Natronlauge titriert.

Daneben empfiehlt Spaeth noch das Verfahren von Bornträger[2]), verwirft hingegen dasjenige von E. Fleischer[3]).

[1]) Zeitschr. f. Untersuchung d. Nahrungs- u. Genußmittel 1901, **4**, 537.

[2]) Ebendort 1898, **1**, 25.

[3]) Arch. Pharm. **5**, 97; Zeitschr. f. analyt. Chem. 1874, **13**, 328.

24. Nachweis von Salpetersäure nach R. Cohn[1]) zur Erkennung eines Wasserzusatzes: Man dampft 75 ccm des schwach alkalisch gemachten Saftes zur Trockne, übergießt den Rückstand mit 50 ccm Alkohol, welcher bei kurzem Erwärmen auf 40° den Salpeter aufnimmt, dampft die abfiltrierte Lösung ein und verwendet den hierbei erhaltenen, ev. nochmals mit Alkohol behandelten Rückstand, nach Aufnahme mit 10 ccm Wasser, zur Diphenylaminreaktion. Bei Gegenwart von Heidelbeersaft tritt auch ohne Salpeter eine Blaufärbung ein, welche von Plahl zum Nachweise dieses Saftes empfohlen worden ist. In solchen Fällen muß man daher mit Nitron und Essigsäure auf Salpeter prüfen (I. Teil, S. 272).

J. Tillmans u. A. Splittgerber[2]) bestimmen die Salpetersäure wie im Wein:

10 ccm Saft werden in eine kleine Schale gebracht, mit 0,2 ccm gesättigter Kochsalzlösung, darauf mit einem kleinen Löffel voll vorher bis zum Verschwinden etwaiger Salpetersäurereaktion ausgekochter Tierkohle versetzt und unter öfterem Umrühren auf dem Wasserbade bis fast zur Trockne verdampft. Unter Zusatz von etwa 1 ccm Eisessig wird mit doppelt destilliertem Wasser auf 10 ccm aufgefüllt, in ein Röhrchen übergeführt und der Ruhe überlassen. Durch Verwendung von grober Tierkohle kann man innerhalb kurzer Zeit ein gutes Absitzen erreichen. Bei den stark gefärbten Heidelbeersäften und vereinzelt auch bei anderen muß zur völligen Entfärbung der noch feuchte Rückstand mit destilliertem Wasser aufgenommen und wiederholt abgedampft werden.

Ebenso wie bei Wein tritt auch hier die Erscheinung auf, daß in nitrathaltigen Säften, bei denen man selbst bestimmte Mengen Nitrat zugesetzt hat, die blaue Farbe schnell entsteht, aber auch schnell in eine Mißfarbe umschlägt. Dieses kann durch stärkeres Verdünnen der Lösung verhindert werden.

Naturreine Fruchtsäfte enthalten in der Regel nicht über 1 mg N_2O_5 in 1 l Saft; bei einem Himbeer- und Heidelbeersaft konnten 5 mg Salpetersäure in je 1 l nachgewiesen werden, ein Befund, der vielleicht auf ein Waschen der Beeren mit Wasser zurückgeführt werden muß, der aber die Beurteilung eines etwaigen Wasserzusatzes nach dem Salpetersäuregehalt sehr unsicher macht.

Anhaltspunkte für die Beurteilung der Fruchtsäfte.

a) Nach der chemischen Untersuchung.

Die Beurteilung der Reinheit der Fruchtsäfte auf Grund der chemischen Analyse wird durch die außerordentlich großen Schwankungen in ihrer Zusammensetzung (S. 884 u. 885) erschwert, obschon zur Ermittelung der Zusammensetzung nur selbst gepreßte Säfte verwendet wurden[3]). Immerhin ermöglicht eine eingehende chemische Untersuchung recht wohl sichere Schlüsse auf die Reinheit oder eine Verfälschung der Säfte. Als Anhaltspunkte für die Beurteilung können folgende Forderungen dienen:

1. Die Beschaffenheit und Zusammensetzung eines mit dem Namen einer bestimmten Fruchtart bezeichneten Fruchtsaftes muß unter Berücksichtigung der natürlichen Schwankungen der normalen Beschaffenheit und Zusammensetzung der betreffenden Fruchtart entsprechen.

Trotz der großen Schwankungen in der Zusammensetzung der Fruchtsäfte auf Grund der Fruchtsaftstatistik je nach den einzelnen Lagen und Wachstumsverhältnissen gleichen sich bei den großen Mengen von Früchten, welche in der Industrie verarbeitet werden, die Unterschiede ziemlich aus, so daß die reinen Fruchtsäfte des Handels im allgemeinen eine bemerkenswerte Beständigkeit in der Zusammensetzung besitzen.

---

[1]) Zeitschr. f. öff. Chem. 1911, **17**, 361.

[2]) Zeitschr. f. Untersuchung d. Nahrungs- u. Genußmittel 1913, **25**, 417.

[3]) Die in Fabriken gewonnenen Säfte können nicht als Maßstab dienen, weil, wie H. Lührig (Zeitschr. f. Untersuchung d. Nahrungs- u. Genußmittel 1905, **10**, 721 u. Pharm. Zentralhalle 1907, **48**, 841) auseinandersetzt, die Früchte für die fabrikmäßige Gewinnung des Saftes von verschiedenen Personen in weitem Umkreise gesammelt und häufig während des Versandes verwässert werden.

2. In Gärung befindliche, schimmelige bzw. kahmige und essigstichige Fruchtsäfte sind zu beanstanden.

Flüchtige Säuren sind in natürlichen Fruchtsäften im allgemeinen gar nicht oder doch nur in verschwindend geringer Menge, meist weniger als 0,52%, enthalten. Allerdings kann in Citronensäften ein Teil der Citronensäure unter Umständen durch eine besondere Art von Gärung in Essigsäure übergeführt werden, deren Menge dann bisweilen auf 1% und mehr ansteigt, jedoch sind solche Säfte als verdorben zu beurteilen. Als äußerste Grenze wird man nach dem Vorschlage von Beythien einen Essigsäuregehalt von 0,3% ansehen müssen (vgl. S. 888).

3. Der Zusatz von Wasser, Nachpresse oder Mineralstoffen ist als Verfälschung anzusehen.

a) Der Nachweis eines Zusatzes von Wasser oder Nachpresse wird am ersten durch eine Bestimmung der Asche und ihrer Alkalität geführt. Die Himbeer- und Citronensäfte enthalten in der Regel zwischen 0,4—0,5% Asche und eine Alkalität der letzteren von 5—7 ccm N.-Säure. Wenn der Aschengehalt unter 0,3% und die Alkalität unter 4 sinkt, so sind die Säfte einer Wässerung oder eines Nachpressezusatzes verdächtig.

b) Unter Umständen können Früchte, die unter ganz abnormen Verhältnissen, z. B. bei übermäßiger Stickstoffdüngung, verbunden mit Berieselung, wie u. a. auf Rieselfeldern gewachsen sind, einen abnorm hohen Wassergehalt annehmen und auch gegenüber den auf normalem Boden gewachsenen an Geschmack und Aroma nachstehen.

c) Belanglos ist hingegen die von den Produzenten bisweilen gebrauchte Ausrede, daß die Fruchtsäfte aus beregneten Früchten hergestellt worden seien, da selbst durch völlige Benetzung nach den Untersuchungen von Beythien[1]), Lührig[2]) u. a. eine Verdünnung von höchstens 10% verursacht wird.

d) Ebensowenig Beachtung verdient die Behauptung, daß durch Zusatz von 15—16% Alkohol ein Teil der Mineralstoffe ausgefällt werde. Vielmehr steht die Verminderung des Aschengehaltes und der Alkalität, wie Beythien[3]) nachgewiesen hat, durchaus im Verhältnis zu der Verdünnung.

e) Da mit Wasser verlängerte Säfte zur Täuschung der Chemiker bisweilen mit Mineralsalzen versetzt werden, muß unter Umständen auch die quantitative Zusammensetzung der Asche zur Beurteilung herangezogen werden. Charakteristisch ist vor allem das Verhältnis der Alkalität zur Asche, die sogenannte Alkalitätszahl nach Buttenberg[4]), welche bei normalen Säften meist etwa 10 beträgt, durch Zusätze von Alkalien hingegen erhöht und durch Zusätze von anorganischen Säuren oder sauren Salzen erniedrigt wird (vgl. S. 886).

Höhere Gehalte an Magnesia, welche in der Asche verfälschter Produkte bis zu 20% aufgefunden worden ist, sowie an Natron, Schwefelsäure und Chlor deuten ohne weiteres auf fremde Zusätze hin.

f) Einen gewissen Anhalt für die künstliche Erhöhung des Mineralstoffgehaltes in gewässerten Fruchtsäften gewährt schließlich auch das Verhältnis zwischen Alkalität und zuckerfreiem Extrakt, welches nach Ludwig[5]) innerhalb gewisser Grenzen ziemlich konstant sein soll. Nach Ludwig beträgt diese „Verhältniszahl“ bei reinen Himbeersäften im Durchschnitt 0,63 mit Schwankungen von 0,50 bis 0,76. Baier[6]) und seine Mitarbeiter fanden 0,60 bis 1,00, F. Schwarz und O. Weber[7]) 0,55 bis 0,82. Durch einen Zusatz von Wasser allein wird dieses Verhältnis selbstredend nicht verändert, wohl aber durch einen gleichzeitigen Zusatz von Mineralstoffen. Sobald die Ludwigsche Verhältniszahl wesentlich unter 0,5 sinkt, wird man im allgemeinen auf einen Zusatz von Mineralstoffen zu schließen haben und daraus unter Umständen

---

1) Zeitschr. f. Untersuchung d. Nahrungs- u. Genußmittel 1904, **8**, 544.
2) Ebendort 1904, **8**, 662.
3) Ebendort 1903, **6**, 1095.
4) Ebendort 1905, **10**, 141.
5) Ebendort 1906, **11**, 216.
6) Ebendort 1908, **15**, 140.
7) Ebendort 1907, **13**, 345 und 1908, **15**, 147.

eine Verdünnung mit Wasser ableiten können. Allerdings kann die Zahl im Hinblick auf ihre großen Schwankungen in natürlichen Himbeersäften (0,5 bis 1,0) nur verhältnismäßig hohe Wasserzusätze von mindestens 30% andeuten.

4. Der Zusatz von zugehöriger oder fremder Säure oder von Zucker, Glycerin, Gelatine, künstlichen Bukettstoffen bzw. Fruchtessenzen ist als Verfälschung anzusehen.

Die Beimischung des natürlichen Schalenaromas (Citronenöl) zu Citronensäften, die Wiederbeimengung der beim Einkochen eines Obsterzeugnisses entweichenden und wiedergewonnenen Stoffe zu demselben Erzeugnis soll nach den Beschlüssen des Vereins deutscher Nahrungsmittelchemiker[1]) ohne Deklaration geduldet werden. Künstliche Gemische von nur organischen Säuren (Citronen- oder Weinsäure), Zucker, Essenzen und Farbstoff sollten, selbst unter richtiger und deutlicher Bezeichnung als „Kunst- (Citronen- oder Himbeeren-) Saft", überhaupt nicht zugelassen werden, weil dazu ein Bedürfnis nicht vorliegt.

Die Verfälschungen dieser Art lassen sich daran erkennen, daß die sämtlichen Bestandteile der natürlichen Früchte erniedrigt und ihre Verhältnisse zueinander verändert werden.

a) Der absolute Gehalt an freien Säuren wird, bei den natürlichen Schwankungen S. 884 u. f., nur in seltenen Fällen allein Auskunft geben können oder nur dann, wenn der Zusatz unter gleichzeitiger Streckung des Saftes, wie häufig, recht stark vorgenommen wurde. Wenn beispielsweise der Säuregehalt eines Citronensaftes, unter Berücksichtigung der etwaigen Verwässerung S. 884, unter 4% und über 8% Citronensäure beträgt, so wird stets der Verdacht auf eine künstliche oder außergewöhnliche Veränderung des natürlichen Saftes begründet sein.

Noch wichtiger dafür kann der qualitative Nachweis und die Trennung der organischen Säuren werden. Aus den Untersuchungen von Kunz[2]) und seinen Mitarbeitern, sowie von Krzizan[3]) und verschiedenen anderen Autoren geht hervor, daß Himbeeren, Erdbeeren, Holunderbeeren, Johannisbeeren, Preißelbeeren und Pfirsiche fast nur Zitronensäure, aber keine Äpfelsäure enthalten. Heidelbeeren, Preißelbeeren, Stachelbeeren und Aprikosen enthalten beide Säuren nebeneinander; Kirschen und Pflaumen endlich nur Äpfelsäure, aber keine Citronensäure. Weinsäure ist in keiner der genannten Früchte enthalten.

b) Die natürlichen Fruchtsäfte enthalten meistens nur wenig Saccharose; K. Windisch und K. Boehm[4]) fanden nur 0—2,32 g Saccharose neben 3,83—11,30 g Invertzucker[5]) in 100 ccm Saft. In anderen Fällen wie z. B. beim Citronensaft ist dazu der Invertzucker mehr oder weniger vergoren. Wenn man daher in einem Fruchtsaft 5% Saccharose und darüber oder erhöhte Mengen Invertzucker findet, so deutet dieses in der Regel auf künstlichen Zusatz hin.

Zu berücksichtigen ist, daß die direkte Zuckerbestimmung in stark essigstichigen Säften falsche, d. h. zu hohe Resultate ergibt, weil sich nach den Untersuchungen Farnsteiners bei der Essiggärung (siehe unter „Essig") aldehydartige Zersetzungsprodukte entwickeln, welche Fehlingsche Lösung reduzieren. Es empfiehlt sich daher, zur Zuckerbestimmung den durch mehrfaches Eindampfen von den flüchtigen Stoffen befreiten Saft zu benutzen.

c) Ein gutes Mittel zum Nachweise der Streckung und künstlicher Zusätze kann auch der Stickstoffgehalt abgeben (vgl. S. 882—885); er beträgt z. B. bei Citronensaft zwischen 30—70 mg und geht im allgemeinen nicht unter 25 mg für 100 ccm Saft herunter.

---

[1]) Zeitschr. f. Untersuchung d. Nahrungs- u. Genußmittel 1907, **14**, 5; 1909, **18**, 77.

[2]) Zeitschr. d. Allg. Österr. Apoth.-Vereins 1906, **44**, Nr. 18, durch Zeitschr. f. Untersuchung d. Nahrungs- u. Genußmittel 1906, **12**, 670.

[3]) Zeitschr. f. öff. Chem. 1906, **12**, 342; Zeitschr. f. Untersuchung d. Nahrungs- u. Genußmittel 1906, **11**, 207.

[4]) Zeitschr. f. Untersuchung d. Nahrungs- u. Genußmittel 1904, **8**, 351.

[5]) Nur der Pfirsichsaft ergab neben 1,02 g Invertzucker 3,17 g Saccharose in 100 ccm.

Den von einem Fabrikanten erhobenen Einwand, daß die Stickstoffsubstanz durch Kochen mit Tierkohle entfernt werde, hat Beythien[1]) widerlegt und gleichzeitig bewiesen, daß auch Eindampfen des Saftes und nachheriges Fällen mit Alkohol lediglich die Salze, aber nicht den Stickstoff beseitigt.

Um einer Täuschung durch künstlich zugesetzten Stickstoff, etwa in Form von Gelatine, zu entgehen, empfiehlt es sich, in Zweifelsfällen die Trennung der Stickstoffsubstanzen nach Windisch (S. 891) vorzunehmen. Besonders der Gehalt an durch Alkohol fällbaren Stickstoff-Verbindungen darf nur sehr gering sein (10—15 mg N in 100 g Saft).

d) Über den Gehalt an Pektinstoffen liegen noch keine hinreichenden Erfahrungen vor, doch müssen echte Säfte die qualitative Pektinreaktion in deutlicher Weise zeigen (S. 891).

e) Natürliche Zitronensäfte liefern bei dem unter 17, S. 891 beschriebenen Verfahren geringe Rückstände, welche möglicherweise z. T. aus Glycerin bestehen. Ihre Menge ist meist sehr gering, zwischen 0 und 0,2, wenngleich Lührig in einem Falle 0,418 g in 100 ccm gefunden hat (vgl. S. 892). Jedenfalls deuten größere Gehalte auf absichtlichen Zusatz hin, durch welchen ein höherer Extraktrest vorgetäuscht werden soll.

f) Von wesentlicher Bedeutung für den Nachweis vorstehender Zusätze ist die Bestimmung des Extraktrestes. Für alle natürlichen Fruchtsäfte beträgt nach Abzug des Zuckers vom Gesamtextrakt der Extraktrest nicht unter 2%. Dieses gilt besonders für Himbeersäfte.

Für die Beurteilung des Citronensaftes wählt man den nach dem Additionsverfahren Farnsteiners bestimmten totalen Extraktrest.

Gewiß unterliegt auch er den durch die erwähnten Umstände bedingten Schwankungen, aber immerhin bietet seine künstliche Nachahmung den Fälschern die größten Schwierigkeiten dar. Für den totalen Extraktrest ermittelten Farnsteiner, sowie Beythien Werte von 0,525—1,018; Lührig 0,33—1,31, im Mittel 0,55; Juckenack 0,44—0,580, im Mittel 0,534; Devin 0,654—1,49, im Mittel 1,04; Küttner und Ulrich 0,666—2,871. In je einem Falle fanden die letzteren, sowie auch Beythien sogar nur 0,28, doch dürfte diese Zahl als Ausnahmsfall anzusehen, und ebenso wie die unwahrscheinlichen sehr hohen Befunde von Küttner und Ulrich für die Praxis belanglos sein. In der Regel wird man 0,5% als Durchschnitt, und wesentlich geringere Werte als Anzeichen einer Verfälschung ansehen können.

Zur Vortäuschung höherer Extraktreste sind Zusätze von Glycerin oder Dextrin gemacht worden, die natürlich nach dem Gange der Analyse leicht zu entdecken sind.

g) Auch der Nachweis völliger Kunsterzeugnisse aus Wasser, Citronensäure, Zucker, Mineralstoffen, Stickstoffsubstanzen usw. wird meist nach den geschilderten Verfahren gelingen.

Einen gewissen Anhalt für das Vorliegen derartiger Fälschungen erhält man noch durch die allerdings nicht unbedingt zuverlässige Ammoniakreaktion, indem Natursäfte beim Übersättigen mit Ammoniak meist dunkelbraun werden, Kunstprodukte aber farblos bleiben.

Die Beurteilung des weniger wichtigen Apfelsinensaftes erfolgt nach den für Citronensaft angegebenen Grundsätzen unter Berücksichtigung der von Farnsteiner u. a. ermittelten Konstanten.

5. Der Zusatz von fremden Farbstoffen bei Fruchtsäften, die als rein bezeichnet oder mit dem Namen einer bestimmten Fruchtart belegt sind, ist unstatthaft. In anderen Fällen kann er unter der Voraussetzung der Unschädlichkeit der Farbstoffe gegen deutliche Deklaration gestattet werden.

Zur Verhütung von Irrtümern beim Nachweise künstlicher Farbstoffe hat P. Kulisch[2]) darauf hingewiesen, daß natürliche Äpfelsäfte regelmäßig gelbe Farbstoffe enthalten, die sich leicht auf Wolle fixieren und wiederholt umfärben lassen.

---

[1]) Zeitschr. f. Untersuchung d. Nahrungs- u. Genußmittel 1906, **11**, 103.

[2]) Bericht d. Landw. Versuchsstation Colmar i. E. 1904—1906, S. 79.

6. Der Zusatz von Frischhaltungsmitteln ist unzulässig und bei regelrechter Herstellung nicht nötig.

Der Zusatz von Alkohol muß deklariert werden.

Die Mengen der in den Fruchtsäften natürlich vorkommenden, S. 893 u. f. erwähnten Frischhaltungsmittel (Salicylsäure, Benzoesäure, Borsäure) betragen im allgemeinen nur 1—2 mg für 1 l Saft, kommen daher gegenüber den bei künstlichem Zusatz behufs Haltbarmachung anzuwendenden Mengen nicht in Betracht.

Ein zweimaliges Pasteurisieren bei 63—65° während 2 Stunden macht den Citronensaft nach Devin (l. c.) genügend haltbar. Der Alkoholzusatz verschlechtert nur den Geschmack.

7. Die Fruchtsäfte dürfen Schwermetalle und künstliche Süßstoffe nicht enthalten.

b) Beurteilung nach der Rechtslage.

1. Echter Citronensaft (und Apfelsinensaft). Als echt und normal zusammengesetzt hat nach reellem Handelsgebrauch und feststehender Rechtsprechung ein Citronensaft zu gelten, welcher aus geschälten Früchten gepreßt, ev. der Gärung überlassen, dann nach Zusatz von Alkohol und etwas Specksteinpulver filtriert und schließlich durch Erhitzen keimfrei gemacht worden ist.

Sein Wert als Genußmittel, sowie als diätetisches und Heilmittel (zu sog. Citronensaftkuren, gegen Skorbut usw.) wird außer durch den Gehalt an Citronensäure durch die Anwesenheit einer Reihe anderer chemisch nicht genau definierbaren Bestandteile bedingt und übertrifft denjenigen einer gewöhnlichen Auflösung von Citronensäure.

Ein Zusatz von Wasser allein oder von wässeriger Citronensäurelösung verschlechtert sonach den Citronensaft und ist daher als eine Verfälschung im Sinne des NMG. zu beurteilen. [Vgl. Urteile des Oberlandesgerichts Dresden vom 3. April 1905[1]), des Landgerichts Dresden vom 4. März 1905[1]) und des Landgerichts Görlitz vom 3. August 1905 und vom 1. November 1905[2])].

2. Citronensäfte mit Zusätzen bzw. Kunstgemische. a) Erzeugnisse, welche ohne oder mit Zusatz geringer Mengen von natürlichem Citronensaft aus wässerigen Citronensäurelösungen allein, oder aus Gemischen von Wasser, krystallisierter Citronensäure, Zucker, Alkohol, Mineralstoffen, Stickstoffsubstanzen usw. bestehen, haben im Sinne des Reichsgerichtsurteils vom 24. Februar 1882[3]) als nachgemachte Genußmittel zu gelten, weil sie nur den Schein, nicht aber das Wesen der echten Ware haben. [Vgl. Urteile des Oberlandesgerichts Hamburg vom 28. Juni 1900[4]) und vom 28. Mai 1903[5]), der Landgerichte Lübeck vom 31. März 1900[4]), Hamburg vom 29. November 1900[4]) und vom 26. Januar 1903[5]), Görlitz vom 8. März 1905[6]) und vom 21. Oktober[6]), Dresden vom 7. November 1905[6]).]

b) Ein angeblicher Citronensaft, welcher nach der Aussage des Fabrikanten in der Weise hergestellt worden war, daß er natürlichen Preßsaft im Vakuum eindampfte, darauf mit Alkohol fällte und nach der Filtration und Entfernung des Alkohols mit Wasser wieder aufnahm, wurde vom Oberlandesgericht Hamburg als verfälscht beurteilt, weil mit dieser Behandlung ein Entzug wertvoller Bestandteile, d. h. eine Verschlechterung verbunden war.

3. Zusatz von Frischhaltungsmitteln. a) Bezüglich der Frischhaltungsmittel hat die „Freie Vereinigung deutscher Nahrungsmittelchemiker" folgenden Beschluß gefaßt[7]): „Der Zusatz von Konservierungsmitteln ist nur insoweit gestattet, als ihre Gesund-

---

[1]) Auszüge 1908, **7**, 417. [2]) Ebendort S. 399.

[3]) Rechtspr. d. deutsch. Reichsgerichts in Strafsachen **4**, 194.

[4]) Auszüge 1902, **5**, 280. [5]) Ebendort 1905, **6**, 280.

[6]) Ebendort 1908, **7**, 399ff.

[7]) Zeitschr. f. Untersuchung d. Nahrungs- u. Genußmittel 1906, **12**, 34.

heitsunschädlichkeit selbst bei dauerndem Genuß feststeht. Der Zusatz ist in jedem Falle nach Art und vorhandener Menge deutlich zu deklarieren." Auch die Praxis der Gerichte geht im allgemeinen dahin, daß die Verwendung von Frischhaltungsmitteln als Verfälschung zu gelten hat. In diesem Sinne sind hinsichtlich der Salicylsäure Urteile des Landgerichts und des Oberlandesgerichts Cöln vom 10. Mai 1901, bzw. 2. Juni 1901[1]), des Landgerichts Görlitz vom 8. März 1905 und vom 21. Oktober 1905[2]), des Landgerichts I Berlin vom 4. Februar 1905 und des Kammergerichts vom 16. Mai 1905 und vom 15. November 1905[3]) ergangen. Die in diesen Urteilen niedergelegten Anschauungen haben sinngemäß auch für die übrigen chemischen Frischhaltungsmittel, wie Benzoesäure, Ameisensäure usw. Anwendung zu finden; es muß daher mindestens, falls nicht etwa Gesundheitsschädlichkeit in Frage kommt, eine deutliche Deklaration nach Art und Menge gefordert werden. — In vereinzelten Fällen ist wegen Zusatzes von 0,05% Salicylsäure übrigens auch Verurteilung auf Grund von § 12 d. NMG. erfolgt. (Urteil des Landgerichts Dessau vom 11. Mai 1909[4]).)

b) Eine etwas abweichende Beurteilung hat der Zusatz von Alkohol gefunden. Obwohl der Citronensaft vorwiegend von Gegnern des Alkohols genossen wird, welche bereits geringe Mengen als Verschlechterung (vgl. S. 903) und sonach als Verfälschung empfinden, sind die Nahrungsmittelchemiker vielfach geneigt, gewisse, wennschon nicht allzu beträchtliche Zusätze zu dulden. Sie stützen sich dabei auf die Bestimmung in § 22 der Anleitung zur Gesundheitspflege an Bord von Kauffahrteischiffen, nach welcher der mitzuführende Citronensaft 8 Vol.-% Alkohol enthalten soll[5]). Nach dem Urteile des Landgerichts Görlitz[6]) vom 1. November 1905 ist ein Gehalt von 8—10 Vol.-% als zulässig anzusehen. Höhere Zusätze sind hingegen als Verfälschung zu beurteilen.

II. Obstkraut, Äpfelkraut, Rübenkraut.

Unter diesen Namen versteht man Erzeugnisse, welche aus dem Safte von Süßäpfeln, bisweilen unter Mitverwendung von Birnen durch Einkochen bis zur halbfesten Konsistenz hergestellt werden.

Nach Vereinbarungen der Fruchtsaftfabrikanten mit dem Verein deutscher Nahrungsmittelchemiker soll indes zum fertigen Äpfelkraut ein Zusatz von Rüben- oder Rohrzucker bis zu 20% ohne Deklaration zugelassen werden, wenn sich dieser Zusatz als erforderlich erweist, d. h. wenn der Säuregehalt des eingedickten Saftes zu hoch ist.

Das in gleicher Weise aus Zuckerrüben oder Möhren gewonnene Erzeugnis heißt Rüben- bzw. Möhrenkraut, während das sog. Malzkraut (auch Maltose genannt) durch Verzuckerung des Maismehles bzw. der Maisstärke mittels Diastase und durch nachheriges Eindicken der Lösung hergestellt wird.

Diese Erzeugnisse unterscheiden sich eben so sehr wie durch ihren Ursprung, so auch durch ihre chemische Zusammensetzung und ihr optisches Verhalten gegen polarisiertes Licht. Da diese Eigenschaften als Grundlage für die Untersuchung und Beurteilung dienen, mögen sie hier zunächst behandelt werden.

Nach früheren Analysen (I. Bd. 1903, S. 892) wurden unter Berechnung auf Trockensubstanz gefunden:

---

[1]) Auszüge 1905, **6**, 264.

[2]) Ebendort 1907, **7**, 397.

[3]) Ebendort 1907, **7**, 389.

[4]) Ebendort 1912, **8**, 583; Bericht Dresden 1909, S. 12.

[5]) II. Bericht des Hyg. Instituts Hamburg 1897, S. 41.

[6]) Auszüge 1907, **7**, 399.

Krautsorte, Bezeichnung	Gehalt	Wasser %	In der Trockensubstanz: Invertzucker %	Saccharose %	Gesamtzucker %	Stickstoff %	Säure = Äpfelsäure %	Nichtzucker[1]) %	Asche %	Phosphorsäure %	Kali %	Kalk %	Magnesia %	Drehung der Lösung 1 : 10 in 200 mm-Rohr Laurent Grad
Äpfel- bzw. Obstkraut (10)	Niedrigst	32,75	74,89	1,71	—	0,24	1,72	2,51	2,61	0,167	1,31	0,15	0,066	— 5,28
	Höchst .	42,55	85,95	16,80	—	0,46	4,94[2])	14,68	3,25	0,318	1,70	0,16	0,168	— 8,28
	Mittel. .	34,85	81,21	4,24	85,55	0,31	3,48	8,03	2,95	0,246	1,47	0,21	0,107	— 6,85
Rüben-kraut (6)	Niedrigst	26,46	18,99	52,45	—	0,71	0,39	3,77	4,26	0,443	1,46	0,13	0,087	+ 5,90
	Höchst .	28,69	31,45[3])	70,96	—	1,28	2,34	10,56	6,22	0,746	2,64	0,19	0,359	+ 8,88
	Mittel. .	28,01	24,79	60,60	85,39	1,09	1,94	7,36	5,28	0,582	2,07	0,15	0,281	+ 7,45
Möhrenkraut		31,19	58,52	18,35	76,87	0,89	3,43	11,03	9,40	0,699	3,17	0,43	0,179	+ 1,10
Melasse (gewöhnliche) .		22,50	0,25	64,33	64,58	2,15	Alkalisch	26,19	9,22	0,045	5,57	0,25	0,022	+ 6,55
Strontianmelasse[4]) . .		21,70	Spur	63,92	—	0,47	desgl.	27,56	8,52	0	2,12	1,19	0,038	+11,75
Malzkraut		24,50	Maltose 67,22			0,69	1,63	29,30	1,81	0,953	0,29	0,13	0,304	+ 3,50
Neuere Analysen ergaben:														
Obstkraut (6)	Niedrigst	20,25	55,65	4,42	—	0,12	1,76	16,15	2,23	0,124	—	—	—	— 5,15
	Höchst .	36,53	65,65	13,49	—	0,28	3,51	31,15	3,62	0,268	—	—	—	— 6,44
	Mittel. .	28,81	62,42	9,61	72,03	0,20	2,51	22,83	2,68	0,154	—	—	—	— 5,68
Obstkraut[5]) (4) . . .		24,20[7])	68,75	3,54	72,29	0,22	2,35	23,46	2,52	0,155	1,388	0,102	0,088	— 5,19
Rübenkraut[6]) (10) . .		18,78[7])	42,22	37,74	79,96	0,47	1,16	16,12	2,73	0,357	—	—	—	+ 3,47
Desgl. v. der neuesten. Herstellung (13) . .		21,16	48,04	33,56	81,60	0,63	1,07	14,64	2,69	0,247	1,02	0,25	0,293	+ 3,99
Möhrenkraut[8]) (10) . .		16,36	44,94	25,15	70,09	—	0,53	—	4,26	0,317	—	—	—	+ 1,93

Das jetzt hergestellte Obst- und auch Rübenkraut zeigt daher gegen das in früheren Jahren einige Abweichungen; der Gehalt an Wasser, Stickstoff, Säure, Asche und Phosphorsäure ist im allgemeinen bei Rübenkraut stärker gefallen als bei Obstkraut, infolgedessen die

[1]) Nichtzucker = 100 — (Zucker + Säure + Mineralstoffe).

[2]) In der Trockensubstanz eines Krautes aus sauren Äpfeln wurden 7,27% freie Säure = Äpfelsäure gefunden.

[3]) In einem Falle wurden für die Trockensubstanz von Rübenkraut nur 37,08% Saccharose und 40,99% Invertzucker angegeben.

[4]) Die Strontianmelasse enthielt 1,427% Strontiumoxyd in der Trockensubstanz.

[5]) Nach einer Untersuchung der Kgl. Lehranstalt in Geisenheim für selbsthergestellte Obstkraute.

[6]) Nach einer Untersuchung der Kaiserl. Techn. Prüfungsstelle in Berlin.

[7]) Die Schwankungen betrugen für die natürliche Substanz:

	Wasser	Polarisation in 10 proz. Lösung und 200-mm-Rohr
Obstkraut .	22,36 bis 26,70%	— 4,88° bis — 5,73°
Rübenkraut .	15,80 bis 22,24%	+ 2,00° bis + 7,49°

[8]) Nach einer Untersuchung der Kgl. Gärtner-Lehranstalt in Dahlem.

Unterschiede im Gehalt an diesen Bestandteilen geringer geworden sind. Vor allem haben die Nichtzuckerstoffe in den jetzigen Krautsorten erheblich zugenommen, worauf ohne Zweifel die geringe Abnahme der Drehung beruht. Die Verschiebung dieser Verhältnisse hat wohl dreierlei Ursachen, nämlich bessere bzw. weniger säurereiche Säfte, eine ausgiebigere Auspressung und stärkere Eindunstung.

Diese Verhältnisse haben für Rübenkraut in letzter Zeit noch dadurch eine Verschiebung erfahren, daß die Rüben nicht mehr gekocht und ausgepreßt, sondern unter Druck gedämpft und ausgelaugt werden. Durch Dämpfen unter Druck, zumal bei saurer Beschaffenheit des Dämpfgutes wird aber ein Teil der Proto- bzw. Hemihexosane und Pentosane des Rübenmarkes gelöst und dadurch nicht nur die Menge des Nichtzuckerrestes vermehrt, sondern auch die Polarisation nach der Inversion derart vermindert, daß dadurch die Anwesenheit von Stärkezucker vorgetäuscht werden kann. W. Fresenius und L. Grünhut fanden nach einem vorliegenden Gutachten in einem derartig hergestellten Rübenkraut 5,51% Pentosane und 2,04% Galaktose, worauf also auch unter Umständen bei Untersuchung von Rübenkraut Rücksicht genommen werden muß.

Das Obstkraut als das gesuchtere ist den meisten Verfälschungen ausgesetzt; diese können dieselben wie bei den natürlichen Fruchtsäften sein. Besonders häufig ist für Obstkraut der Zusatz von Zucker und Rübenkraut, die Verwendung von amerikanischen Trockenäpfeln und Stärkesirup. Loock[1]) teilt die Erzeugnisse dieser Art in fünf Gruppen:

1. Extrakte aus Äpfeln ohne jede Beimengung unter der Bezeichnung Äpfelgelee oder Äpfelkraut.
2. Extrakte aus Äpfeln und Birnen unter der Bezeichnung Obstkraut.
3. Extrakte aus Äpfeln mit Rübenzucker versüßt unter der Bezeichnung: versüßtes Äpfelgelee oder -kraut.
4. Extrakte aus amerikanischen Äpfelabfällen und Stärkesirup unter der Bezeichnung „versüßtes Äpfelgelee", ev. mit Angabe der Bestandteile oder unter irgend einem Phantasienamen, wie Apollo-, Paradies-, Olympia-Gelee.
5. Erzeugnisse hauptsächlich aus Kapillärsirup (d. i. Stärkesirup), Agar-Agar (auch Gelose gt.), Gelatine, Weinsäure usw. unter der Bezeichnung „Kunstgelee" oder Gelee schlechthin. Vereinzelt wird auch Mehl zugesetzt.

Als Gesichtspunkte für die Untersuchung gelten die S. 888 für Fruchtsäfte aufgeführten.

Probenahme. Erforderlich sind für die Untersuchung 200—250 g, die einem guten Durchschnitt entsprechen und in sauberen Behältern so verpackt werden müssen, daß sie weder Wasser verlieren noch aufnehmen können.

Chemische Untersuchung.

Zur Untersuchung stellt man zweckmäßig eine Grundlösung her, indem man 50 g Substanz in Wasser löst und bei 15° zu 500 ccm auffüllt.

1. Wasser und ***Extrakt*** ermittelt man entweder direkt, indem man 25 ccm der Grundlösung in eine mit etwa 50 g Seesand und einem Glasstabe beschickte Porzellanschale pipettiert, unter beständigem Rühren auf dem Wasserbade zu einem gleichmäßigen Pulver eindampft und im Vakuumtrockenschranke bis zur Gewichtsbeständigkeit trocknet.

Oder man bestimmt besser das spezifische Gewicht mit Hilfe eines enghalsigen Pyknometers und entnimmt den zugehörigen Extraktgehalt der amtlichen Zuckertabelle (Tabelle XII. I. Teil, S. 757).

Nach Spaeths[2]) Vorschrift für Fruchtsirup dampft man 50 ccm der 10 proz. Lösung nach der Weinvorschrift zur Trockne. Dieses Verfahren ist aber nur bei Abwesenheit von Saccharose zuzulassen, weil sonst infolge teilweiser Inversion ungenaue Werte erhalten werden.

---

[1]) Zeitschr. f. öffentl. Chemie 1899, **5**, 359.

[2]) Zeitschr. f. Untersuchung d. Nahrungs- u. Genußmittel 1901, **4**, 97.

2. Säure. 50 ccm der Grundlösung werden mit $^1/_{10}$ N.-Lauge (Phenolphthalein) titriert. 1 ccm $^1/_{10}$ N.-Lauge entspricht 0,0067 g Äpfelsäure.

3. Pektinstoffe. 50 ccm der Grundlösung werden auf 10 ccm eingedampft und mit 100 ccm Alkohol von 96 Vol.-% gefällt. Der abfiltrierte Niederschlag wird mit 96 proz. Alkohol ausgewaschen, mit siedendem Wasser in eine Platinschale gespült, eingedampft, getrocknet und gewogen. Man kann den Niederschlag auch auf gewogenem Filter sammeln und nach der Wägung zur Bestimmung des Stickstoffgehaltes (Gelatine) nach Kjeldahl verbrennen.

4. Optisches Verhalten. *a) Direkte Polarisation.* 100 ccm der Hauptlösung werden in ein 100/110 ccm Kölbchen gebracht, mit Bleiessig zur oberen Marke aufgefüllt, umgeschüttelt und filtriert. 90 ccm des Filtrates versetzt man in einem 100 ccm-Kölbchen zur Abscheidung des überschüssigen Bleies mit 9 ccm gesättigter Sodalösung oder besser mit festem Dinatriumphosphat, füllt nach völliger Auflösung des letzteren zur Marke auf, schüttelt um, filtriert und polarisiert das Filtrat (A) im 200 mm-Rohr.

b) Polarisation nach der Inversion. 80 ccm des Filtrates (A) werden in einem 100 ccm-Kölbchen genau neutralisiert (bei Gegenwart von Soda wegen der entweichenden Kohlensäure mit großer Vorsicht), dann mit 5 ccm konzentrierter Salzsäure (1,19) 5 Minuten auf 68—70° erhitzt[1]), nach sofortigem Abkühlen bei 15° aufgefüllt und im Polarisationsrohre mit Kühlmantel polarisiert (Lösung B).

Die Drehung ist in Winkelgraden anzugeben, und der mit Saccharimetern (Zuckerskala) erhaltene Wert daher durch Multiplikation mit 0,346 umzurechnen.

Die Entfernung des Bleies vor der Polarisation ist erforderlich, weil die Drehung des Invertzuckers durch Bleiessig stark beeinflußt wird. Zur gänzlichen Ausfällung des Bleies ist nach Borntráger[2]) Natriumphosphat dem Carbonat oder Sulfat vorzuziehen.

5. Berechnung des spez. Drehungsvermögens des gesamten Invertzuckers. Wie die Drehung der Ebene des polarisierten Lichtes vor und nach der Inversion über die Ab- und Anwesenheit von Saccharose, Rübenkraut und Stärkesirup Aufklärung gibt, so kann hierzu auch die spezifische Drehung des gesamten Invertzuckers herangezogen werden. Für den Zweck nimmt man entweder den nach der Inversion direkt gefundenen Invertzucker oder, wenn nur Invertzucker vor der Inversion und Saccharose angegeben sind, den berechneten gesamten Invertzucker, indem man die Saccharose durch Multiplikation mit 1,052 auf Invertzucker umrechnet und zu dem direkt gefundenen Invertzucker addiert. Alsdann vergleicht man die Menge des Gesamtinvertzuckers mit der nach der Inversion erhaltenen Polarisation der 10 proz. Lösung im 200 mm-Rohr, wobei man die Drehungsgrade durch 2 dividieren muß, um sie auf ein 100 mm-Rohr zu beziehen.

Angenommen, ein Obstkraut habe ergeben 28,81% Wasser, 44,40% Invertzucker, 6,84% Saccharose und in 10 proz. Lösung im 200 mm-Rohr nach der Inversion —5,04° ergeben, so berechnet sich die spezifische Drehung für 100 g Gesamt-Invertzucker wie folgt:

$44{,}40 + 6{,}84 \times 1{,}052 = 51{,}59$; diese drehen in 10 proz. Lösung (= 5,159 g) und im 200 mm-Rohr —5,04° (= 2,52° im 100 mm-Rohr), also 100 g Gesamt-Invertzucker:

$$\frac{2{,}52 \times 100}{5{,}159} = -48{,}8^\circ .$$

Da das Obstkraut mehr Invertzucker und weniger Saccharose als das Rübenkraut enthält, so muß natürlich die spezifische Drehung für 100 Gesamt-Invertzucker bei ersteren verhältnismäßig erheblich höher ausfallen, als bei letzterem. So wurde nach den Untersuchungen der Kaiserlichen technischen Prüfungsstelle in Berlin und der Königlichen Lehranstalt in Geisenheim die spezifische Drehung des Gesamt-Invertzuckers berechnet:

[1]) Zollvorschrift. Zeitschr. f. anal. Chem. 1893, **32**. Amtl. Erlasse.

[2]) Zeitschr. f. analyt. Chem. 1898, **37**, 145.

Erzeugnis	Technische Prüfungsstelle Berlin		Lehranstalt Geisenheim	
	Schwankungen	Mittel	Schwankungen	Mittel
Obstkraut.	—36,0 bis —45,6°	—39,8°	—46,8 bis —54,9°	—48,8°
Rübenkraut	—11,9 bis —18,5°	—17,4°	—	—

Die von der Königlichen Lehranstalt in Geisenheim gefundenen Werte liegen nicht unerheblich höher als die von der Kaiserlichen Prüfungsstelle gefundenen; in ersterem Falle handelte es sich um selbst hergestellte Krautsorten, im letzteren um wirkliche, aber als echt verbürgte Fabrikerzeugnisse des Handels. Hiernach aber würde, vorbehaltlich weiterer Untersuchung, ein Obstkraut, dessen Gesamt-Invertzucker eine geringere spezifische Drehung als —36° besitzt, als des Zusatzes von Rübenkraut oder Rübenzucker verdächtig angesehen werden müssen, während der Höchstwert für Rübenkraut bei —18 bis —20° zu liegen scheint.

Ein mit Stärkesirup versetztes Obstkraut zeigt von vornherein Rechtsdrehung und verändert diese nach der Inversion um so weniger, je höher der Zusatz ist.

6. Zucker. ***a) Direkt reduzierender Zucker.*** 10 ccm der Lösung 4 A werden zu 50 ccm aufgefüllt und 25 ccm der Verdünnung zur Zuckerbestimmung nach Meißl-Allihn (Invertzuckervorschrift, I. Teil, S. 430) benutzt.

b) Gesamtzucker. 25 ccm der Lösung 4 B werden in einem 150 ccm-Kölbchen mit Natronlauge schwach alkalisch gemacht und 25 ccm der Verdünnung wie unter a) weiterbehandelt.

7. Stickstoff. 5—10 g Substanz werden in einem kleinen, vor der Lampe geblasenen leichten Glaszylinderchen oder in Stanniolkapseln abgewogen, mit diesen in einen Glaskolben gegeben und nach Kjeldahl verbrannt.

Nach dem Vorschlage von Stutzer[1]) kann man das Kraut auch auf einem quantitativen Filter abwägen, dessen Stickstoffgehalt durch Verbrennung einer größeren Zahl von Blättern bestimmt worden ist.

8. Stickstoff-Verbindungen. Die Zuckerrüben sind vor den Obstsorten unter anderem auch durch einen Gehalt an Betain ausgezeichnet. W. Sutthoff und J. Grossfeld[2]) haben daher versucht, ob dieser Unterschied vielleicht mit zum Nachweise von Rübenkraut bzw. Melasse im Obstkraut dienen kann. Sie wendeten zu dem Zweck das oben S. 829 von E. Schulze angegebene Verfahren zur Bestimmung des Betains und anderer Basen in folgender Weise an:

Die Proteine wurden mit Bleiessig und Tannin (siehe unten) ausgefällt und ihre Menge wurde aus dem Stickstoffgehalt des Niederschlages berechnet. Das Filtrat wurde mit Phosphorwolframsäure im Überschuß versetzt, der mit 5 proz. Schwefelsäure ausgewaschene Niederschlag mit Bariumhydroxyd zersetzt, der Überschuß von letzterem durch Kohlensäure entfernt, und aus der vorher gekochten Lösung wurden nach schwacher Ansäuerung mit Salpetersäure die Purinbasen durch Silbernitrat gefällt[3]). Die Menge hiervon — auf Xanthinbasen berechnet — wurde aus dem Silbergehalt des Niederschlages, nachdem er durch Auswaschen mit starkem Ammoniak von mitgefälltem Silbernitrat befreit war, ermessen. Aus dem Filtrat wurde durch Zusatz von Bariumhydroxyd das Arginin abgeschieden und dessen Menge aus dem Stickstoffgehalt des Niederschlages berechnet. Darauf wurden nach Ansäuern mit Schwefelsäure und

---

[1]) Zeitschr. f. ang. Chem. 1888, **1**, 700.

[2]) Zeitschr. f. Untersuchung d. Nahrungs- u. Genußmittel 1914, **27**, 177 u. 183.

[3]) Man setzt so lange Silbernitrat zu, bis in einer Tüpfelprobe durch Bariumhydroxyd ein brauner Niederschlag (von Silberoxyd) entsteht.

Entfernen des Baryts Cholin wie Betain zusammen wieder durch Phosphorwolframsäure gefällt, nach der üblichen Zerlegung des Niederschlages in die trockenen Chloride übergeführt und als solche mittels kalten absoluten Alkohols nach dem Verfahren von E. Schulze[1]) getrennt, worin Betainchlorid nicht oder sehr schwer, das Cholinchlorid leicht löslich ist. Sutthoff und Grossfeld fanden auf diese Weise in 5 Melassesorten:

Gesamt-stickstoffe %	Stickstoff in Form von					
	Protein %	Xanthin %	Arginin %	Cholin %	Betain %	Aminosauren %
1,717—2,691	0,170—0,207	0,024—0,047	0,011—0,029	0,104—0,118	0,537—0,567	0,881—1,665

Hiernach bestehen die Basen der Melasse und auch wohl die des Rübenkrautes zu rund $^2/_3$ aus Betain. Man wird sich daher für die Laboratoriumspraxis mit der Bestimmung des gesamten Basenstickstoffes in den Krautsorten begnügen können, um zu entscheiden, ob Melasse in Rübenkraut oder ob Melasse bzw. Rübenkraut in einem Obstkraut enthalten ist. Sutthoff und Grossfeld verfahren für den Zweck wie folgt:

30 g Kraut bzw. Melasse werden unter Zugabe von 150 ccm Wasser gelöst und in 300 ccm-Kölbchen gespült; dazu gibt man zunächst 30 ccm 10 proz. Tanninlösung, dann 30 ccm Bleiessig und gesättigte Natriumsulfatlösung, schüttelt gehörig durch und füllt auf 300 ccm auf. Von dem Filtrat, das nach vorstehender Behandlung in allen Fällen klar erhalten wird, werden 100 ccm in einem Becherglase mit einer Lösung von Natriumphosphorwolframat, die in 2 l 200 g Natriumwolframat, 120 g Dianatriumphosphat und 100 ccm konz. Schwefelsäure enthält, versetzt und 48 Stunden unter Bedeckung beiseite gestellt. Hiernach wird filtriert, der Niederschlag mit 5 proz. Schwefelsäure ausgewaschen, samt Filter in einen Kjeldahlkolben gebracht[2]) und wie üblich[3]) verbrannt. Der Stickstoff wird als Basenstickstoff aufgeführt; will man ihn auf Betain umrechnen, so muß er mit 8,357 multipliziert werden. Auf diese Weise fanden Sutthoff und Grossfeld im Mittel je dreier Proben Melasse und Rübenkraut — mit nur geringen Schwankungen — sowie je einer Probe der sonstigen Stoffe in der Trockensubstanz:

Stickstoff	Gewöhnliche Melasse %	Strontian-melasse %	Rubenkraut %	In $^1/_2$ Strontian-melasse und Rübenkraut %	Äpfelkraut[4]) %	Birnenkraut[4]) %
Gesamt- . . .	1,996	0,470	0,546	0,546	0,285	0,106
Basen-	0,912	0,211	0,129	0,186	0,107	0,023

Durch Abscheidung der Proteine mit Uranacetat oder Ferriacetat findet man bei Melasse und Rübenkraut (20 g Substanz in 100 ccm Wasser und diese mit je 30 ccm einer 10 proz. Lösung der Acetate versetzt) etwas mehr Basenstickstoff, nämlich:

---

[1]) Zeitschr. f. physiol. Chemie 1909, **60**, 155, vgl. auch vorstehend S. 829.

[2]) Falls an den Wänden des Becherglases ein Teil des Niederschlages fest anhaftet, so löst man ihn mit heißem Wasser und einigen Tropfen Natronlauge und bringt ihn auf diese Weise quantitativ in den Kolben, worin das Ganze sofort mit Schwefelsäure angesäuert, eingetrocknet und dann mit der Kjeldahl-Schwefelsäure verbrannt wird.

[3]) D. h. recht anhaltend; es soll nach N. Stolzenberg (Zeitschr. d. Vereins d. deutsch. Zuckerindustrie Bd. **62**, Heft 675) unter Zusatz von assistierenden Mitteln, wie Kupfersulfat, Quecksilberoxyd, Kaliumsulfat, zur Schwefelsäure nach dem Weißwerden der Lösung noch mindestens 1 Stunde erhitzt werden, weil das Betain sehr schwer verbrennt.

[4]) Äpfel- und Birnenkraut waren selbst hergestellt.

Fällung mit	Gewöhnliche Melasse %	Strontianmelasse %	Rübenkraut %	In 1/2 Strontianmelasse und Rübenkraut %	Äpfelkraut %	Birnenkraut %
Uranacetat . .	1,128	0,356	0,168	0,304	0,107	0,056
Ferriacetat . .	1,113	0,278	0,197	0,291	0,107	0,042

Die Bestimmung des Basenstickstoffs in den Krautsorten kann daher ebenfalls zum Nachweis von Melasse in Rüben- und Obstkraut mit dienen.

9. Pentosane können nach S. 906 durch Dämpfen von Obst und Rüben unter Druck in größerer Menge in die Preßsäfte mit übergehen. Über ihre Bestimmung vgl. I. Teil, S. 447.

Heuser und Hassler, ferner Sutthoff und Grossfeld (l. c.) fanden in der Trockensubstanz von Melasse nur 0,31—1,94%, in der von Rübenkraut dagegen 7,02—9,09% Pentosane[1]).

10. Asche. 25 g Kraut werden unter den bei Fruchtsäften S. 889 angegebenen Vorsichtsmaßregeln verbrannt und die gewogenen Mineralstoffe zur Bestimmung der Alkalität und der quantitativen Zusammensetzung verwendet.

Wenn eine Untermischung von Strontianmelasse zu Obst- oder Rübenkraut vermutet wird, so ist die Berücksichtigung von Strontian in der Asche von Wichtigkeit. Man versetzt die salzsaure Lösung der Asche mit einer zur Bindung der Phosphorsäure genügenden Menge Eisenchlorid, fällt Eisenoxyd und Phosphorsäure in bekannter Weise in essigsaurer Lösung und im Filtrat nach Zusatz von Ammoniak bis zur alkalischen Reaktion mit Ammoniumcarbonat. Die gefällten Carbonate werden durch verdünnte Salpetersäure gelöst, die Lösung wird zur Trockne verdampft und der Rückstand mit einem Gemisch von gleichen Teilen Äther und Alkohol behandelt. Hierin ist Strontiumnitrat unlöslich und kann auf einem vorher gewogenen Filter gesammelt werden, während der Kalk im Filtrat mit Schwefelsäure gefällt und als Calciumsulfat bestimmt werden kann. In Zweifelsfällen prüft man das Strontiumnitrat spektralanalytisch auf Reinheit.

Sutthoff und Grossfeld[2]) fanden z. B. folgende Mengen Gesamtasche, Strontium- und Calciumoxyd in der Trockensubstanz:

Trockensubstanz	Strontianmelasse %	Sirup aus Strontianmelasse %	In je 1/2 Rübenkraut und Strontianmelasse %	Fragliches Gemisch von Rübenkraut und Strontianmelasse %
Gesamtasche	8,52	9,12	6,23	4,32
Strontiumoxyd . . .	1,427	0,047	0,409	0,161
Calciumoxyd	1,191	0,056	0,522	0,323

11. Kupfer und Zink. Zur qualitativen Prüfung auf Kupfer legt man in die mit Salzsäure angesäuerte Lösung einen blanken Eisendraht (Stricknadel) oder eine blanke Messerklinge. Bei Gegenwart von Kupfer zeigt sich nach 24 Stunden ein roter Anflug. Quantitativ bestimmt man das Kupfer in der Asche (S. 848), das Zink hingegen nach dem unter „Dörrobst" angegebenen Verfahren (vgl. S. 879).

12. Frischhaltungsmittel und Farbstoffe s. Fruchtsäfte, Bestimmung der schwefligen Säure unter Dörrobst.

13. Stärkesirup und Dextrin s. Fruchtsirupe S. 918.

---

[1]) Obstkraut ergab in der Trockensubstanz 3,50—4,87% Pentosane.

[2]) Zeitschr. f. Untersuchung d. Nahrungs- u. Genußmittel 1914, **27**, 183.

14. Gelatine und Agar-Agar (Gelose). Zur Erlangung eines Urteils über die Gegenwart von Gelatine zieht Bömer[1]) den Stickstoffgehalt der nach Ziffer 3 erhaltenen Alkoholfällung heran.

Henzold[2]) versetzt die heiß bereitete, ev. filtrierte Lösung mit einer 10proz. Kaliumbichromatlösung im Überschusse, kocht auf und gibt nach sofortigem Abkühlen 2 bis höchstens 3 Tropfen konzentrierte Schwefelsäure hinzu. Bei Gegenwart von Gelatine entsteht ein weißer feinflockiger Niederschlag, der sich rasch zusammenballt. Über weitere Verfahren zur Bestimmung der Gelatine vgl. S. 127 u. f.

Agar-Agar erkennt man nach Marpmann[3]), wenn man das Gelee mit 5proz. Schwefelsäure kocht, darauf einige Krystalle von Kaliumpermanganat hinzufügt und absitzen läßt. In dem Sedimente kann man mit Hilfe des Mikroskops leicht die charakteristischen Kieselpanzer von Diatomeen auffinden.

Bei den neuerdings besser gereinigten Agar-Präparaten, welche wie z. B. die Gelose keine Diatomeen-Panzer enthalten, verfährt man nach Desmoulières[4]) in folgender Weise:

20 g Fruchtgelee werden mit 100 ccm eines 90proz. Alkohols gefällt. Der Niederschlag wird dekantiert und in zwei Teile geteilt. Den einen löst man in Wasser und prüft mit Tanninlösung und mit Pikrinsäurelösung, welche bei Gegenwart von Gelatine Niederschläge geben (vgl. S. 129). Der andere Teil wird mit Calciumoxyd erhitzt, wobei Gelatine Ammoniak entwickelt. Falls Gelatine hiernach zugegen ist, wird der durch Alkohol erzeugte Niederschlag in kochendem Wasser gelöst, mit Kalkwasser alkalisch gemacht, 2 bis 3 Minuten gekocht und durch Leinwand filtriert. Das mit Oxalsäure neutralisierte Filtrat engt man auf dem Wasserbade ein, versetzt mit Formaldehyd und dampft zur Trockne. Der mit Wasser einige Minuten gekochte Rückstand wird durch einen Heißwassertrichter filtriert, das Filtrat auf 7 bis 8 ccm eingedampft und in ein Reagensglas gegossen. Bei Gegenwart von Agar-Agar entsteht nach dem Abkühlen eine steife Gallerte. Ist keine Gelatine vorhanden, so kann die Behandlung mit Formaldehyd fortfallen.

Härtel und Sölling[5]) fanden, daß erhitzt gewesene Marmeladenlösungen beim Erkalten einen feinflockigen Bodensatz abscheiden, der sich beim Besichtigen und Befühlen als eine Agargallerte zu erkennen gibt. Sie übergießen daher 30 g Marmelade mit 270 g heißem Wasser, erhitzen nach gutem Umrühren zum Kochen, erhalten 2—3 Minuten im Kochen und filtrieren sofort kochend heiß. Bei Anwesenheit von Agar-Agar scheidet das Filtrat nach dem Erkalten oder spätestens nach 24 Stunden einen feinflockigen Bodensatz ab, der durch Befühlen als Agar-Agar erkannt wird und beim Erwärmen zu einem Häutchen eintrocknet. Wenn größere Mengen zugegen sind, kann man den mit etwas kaltem Wasser gewaschenen Niederschlag mit wenig Wasser im Reagensglase im kochenden Wasserbade erhitzen. Nach dem Erkalten erhält man bei Anwesenheit von 0,1% Agar-Agar eine feste Gallerte nach Art eines bakteriologischen Nährbodens.

Man kann Agar-Agar auch durch Schleimsäure-Bildung bei der Oxydation mit Salpetersäure nachweisen (vgl. S. 867), muß hierbei aber berücksichtigen, daß auch Rübenkraut, wenn es durch Dämpfen der Rüben unter Druck gewonnen ist, ebenfalls etwas Schleimsäure liefern kann (vgl. S. 906).

Anhaltspunkte für die Beurteilung des Obstkrautes, Apfelkrautes usw.

a) Beurteilung auf Grund der chemischen Untersuchung.

1. Die Bezeichnung der Erzeugnisse dieser Art muß der normalen Wesensbeschaffenheit entsprechen.

---

1) Chem.-Zeitung 1895, **19**, 552.

2) Zeitschr. f. öffentl. Chemie 1900, **6**, 292.

3) Pharm. Zentralhalle 1897, **38**, 138.

4) Rep. Pharm. 1902, **14**, 337, durch Zeitschr. f. Untersuchung d. Nahrungs- u. Genußmittel 1903, **6**, 760.

5) Zeitschr. f. Untersuchung d. Nahrungs- u. Genußmittel 1910, **20**, 168.

Nach allgemeiner Auffassung versteht man aber sowohl in Kreisen der Nahrungsmittelchemiker als in den reellen Kreisen der Industrie unter Äpfelkraut oder Obstkraut den eingedickten Saft von frischen Süßäpfeln oder Birnen.

Wenn nach den in Heidelberg 1909 mit Fabrikanten getroffenen Vereinbarungen (vgl. am Schlusse dieses Abschnittes) erwogen werden soll, ob in einem fertigen Äpfelkraut eine Menge von 20% Rohr- oder Rübenzucker ohne Kennzeichnung zugelassen werden darf, soweit ein solcher Zusatz erforderlich scheint, so ist ein solches Zugeständnis nicht recht zu billigen. Denn wer will nach vollzogener Mischung entscheiden, ob der Zusatz notwendig war; hatte der Saft aber zu viel Säure, so möge man ihn unter Zusatz von Zucker auf Gelee verarbeiten und das Erzeugnis „Äpfel- oder Obstgelee" nennen.

Ebenso soll Rübenkraut den ohne jeglichen Zusatz eingedickten Rübensaft bilden.

Zur Unterscheidung beider Krautsorten dient in erster Linie ihr verschiedenes optisches Verhalten, ferner kann ihr Gehalt an Stickstoff, Säure, Asche, Kali und Phosphorsäure mit herangezogen werden. Hierbei empfiehlt es sich, die gefundenen Werte wegen des schwankenden Wassergehaltes der Krautsorten stets auf Trockensubstanz zu berechnen.

Die Trockensubstanz von Obst- und Rübenkraut pflegt nämlich zu enthalten:

	Obstkraut		Rübenkraut	
Stickstoff	nicht über	0,35%	nicht unter	0,50%
Säure = Äpfelsäure	nicht unter	1,75%	nicht über	2,30%
Phosphorsäure	nicht über	0,30%	nicht unter	0,25%
Drehung d. Lösung 1 : 10[1]) im 200 mm-Rohr	wenigstens	—5,0°	wenigstens	+2,5°
Spezifische Drehung des gesamten invertierten Zuckers	nicht unter	—36°	nicht über	—20°

Die vorstehenden Höchst- und Niedrigstgrenzen für Obst- und Rübenkraut können zurzeit als maßgebend angesehen werden. Wir haben aber S. 905 gesehen, daß sich die Zusammensetzung dieser Erzeugnisse im Laufe der letzten 20—30 Jahre geändert hat und daß sie infolge Veredelung Düngung und Pflege der die Rohstoffe erzeugenden Pflanzen wie ebenso durch die Änderung der Herstellungsweise eine weitere Verschiebung in obigen Grenzwerten erleiden kann. Man wird daher auch in Zukunft diesen Umständen Rechnung tragen müssen.

Kyll[2]) hat seinerzeit als Unterscheidungsmerkmal für Obst- und Rübenkraut angegeben, daß Obstkraut beim Herausziehen eines eingetauchten Glasstabes keinen, Rübenkraut dagegen einen langen Faden hält, daß ferner bei einer Lösung in 100 Teilen Wasser das Filtrat von Obstkraut nach dem Ansäuern mit Salzsäure keinen, Rübenkraut dagegen einen flockigen Niederschlag von organischen Stoffen gibt. Beides ist richtig. Wenn indes Kyll glaubt, nach diesen Prüfungen noch 10 bzw. 5% Rübenkraut im Obstkraut erkennen zu können, so gehört hierzu ohne Zweifel viel Übung und Erfahrung. König und Wesener haben wenigstens diese Beobachtungen nicht bestätigen können.

2. Der Zusatz von Melasse zu Obst- oder Rübenkraut ist als Verfälschung anzusehen.

Dieses gilt auch für Rübenkraut, weil die Melasse von wesentlich anderer Zusammensetzung ist als Rübenkraut und die normale Beschaffenheit des letzteren verändert. Die Melasse — zwischen gewöhnlicher und Raffinerie-Melasse ist kein wesentlicher Unterschied — enthält in der Trockensubstanz zwischen 1,65—2,89% Stickstoff und 5—7% Kali, also über zweimal mehr als Rübenkraut. Die Stickstoffverbindungen bestehen vorwiegend nur aus Amiden (mit 2,1% Betain).

Der Zusatz von Melasse muß vorwiegend den Gehalt an Stickstoff und Kali sowie die Alkalität der Asche bei Rüben- und besonders bei Obstkraut erhöhen. Vor allen Dingen ist

[1]) A. Stutzer (Zeitschr. f. angew. Chemie 1888, **1**, 700) fand 1888 für Lösungen 1 : 10 die Drehung bei Obstkraut zu —5° bis —10°, bei Rübenkraut zu +6° bis +9°; solche Werte dürften jetzt kaum mehr vorkommen.

[2]) Chem.-Ztg. 1889, **13**, 66.

auch das Verhältnis von Phosphorsäure : Gesamtasche von Belang für die Beurteilung; nach den Untersuchungen von Heuser und Haßler sowie von Sutthoff und Grossfeld kommen:

	in der Melasse	im Rübenkraut
auf 100 Teile Gesamtasche	0,21—0,68 Teile	7,25—15,17 Teile P_2O_5
„ 100 „ Kali	0,41—1,28 „	17,02—38,06 „ „

Auch gibt sich der Zusatz von Melasse zu Rüben- und Obstkraut durch eine Verminderung der Pentosane (S. 910) und durch eine Erhöhung des Basen-(Betain-)Stickstoffs (S. 908 u. f.) zu erkennen. Strontianmelasse pflegt noch Strontiumsalze zu enthalten, die in der Regel auch noch in Gemischen mit Rüben- und Obstkraut nachgewiesen werden können.

Man soll sich aber niemals mit dem Nachweise der Erhöhung oder Erniedrigung eines einzelnen der genannten Bestandteile begnügen. Der Nachweis ist erst als sicher erbracht zu betrachten, wenn alle diese Bestandteile in der angegebenen Richtung erhöht oder erniedrigt sind.

Auch gibt sich der Zusatz von Melasse in der Regel durch einen unangenehmen Geschmack zu erkennen.

3. Der Zusatz von Stärkesirup und Mehl ist als Verfälschung anzusehen. Sie können höchstens gegen ausdrückliche und deutliche Deklaration auch der zugesetzten Menge zugelassen werden und müssen diese Mischungen auch einen entsprechend niedrigen Preis besitzen.

Ein Zusatz von Mehl kann leicht durch Lösen des Krautes in kaltem Wasser, Auswaschung des Rückstandes und durch mikroskopische wie chemische Untersuchung desselben erkannt und quantitativ bestimmt werden.

Ein Zusatz von Stärkesirup wird sich außer durch Erniedrigung des Aschen-, Stickstoff- und Säuregehaltes in erster Linie durch eine Erhöhung der Rechtsdrehung und Beibehaltung der Rechtsdrehung nach der Inversion zu erkennen geben, da eine Lösung von Stärkesirup 1 : 10 im allgemeinen 23 bis 25° rechts dreht. Die quantitative Bestimmung erfolgt nach dem Verfahren von Juckenack (s. Fruchtsäfte S. 918). Hierbei ist aber zu berücksichtigen, daß infolge der veränderten Rübenkraut-Fabrikation (Dämpfen der Rüben unter Druck) nach S. 906 die Drehung der Polarisationsebene nach der Inversion so heruntergedrückt werden kann, daß nur eine geringe Links- oder Null- bzw. schwache Rechtsdrehung beobachtet wird, und hiernach ein Zusatz von Stärkesirup angenommen werden müßte. So ergaben z. B. 2 Proben Rübenkraut[1]):

Nr.	Spez. Gewicht 1:10	Trockensubstanz %	Mineralstoffe %	Alkalität der Asche ccm N.-Lauge	Freie Säure = Äpfelsäure %	Polarisation 1:10 vor der Inversion 200 mm-Rohr (Laurent)	Polarisation 1:10 nach der Inversion 200 mm-Rohr (Laurent)	Spez. Drehung des invertierten Extraktes	Vermeintlicher Zusatz von Stärkesirup %
1	1,0308	77,6	1,59	16,0	0,38	+2,40	—1,96	—12,6	5,5
2	—	80,3	1,88	25,1	0,43	+2,80	—1,68	—10,9	6,8

In Wirklichkeit handelte es sich aber erwiesenermaßen um reine, aber durch Dämpfen der Rüben unter Druck hergestellte Rübenkraute.

Man wird daher bei zweifelhaften Rübenkrauten eine Vergärung durch Bierhefe (vgl. unter Honig, S. 788) vornehmen müssen, um etwaige unvergorene Stärkedextrine mit Sicherheit nachzuweisen. Zeigt der Gärrückstand keine entsprechend starke Rechtsdrehung, und finden sich im Rübenkraut verhältnismäßig viel Pentosane und auch Galaktose, so handelt es sich um Rübenkraute, die durch Dämpfen der Rüben unter Druck hergestellt sein können.

4. Erzeugnisse, die durch Auskochen von getrockneten Abfällen der amerikanischen Ringäpfelfabrikation (Kerngehäuse und Schalen; Cores and Skios) gewonnen werden, sind ebenfalls als verfälscht zu beurteilen.

1) Vgl. J. König, Zeitschr. f. Untersuchung d. Nahrungs- u. Genußmittel 1913, **26**, 281.

Nach Loock[1]) zeigen derartige Erzeugnisse einen weit geringeren Gehalt an Zucker neben erhöhtem Nichtzuckergehalt. Während reines Apfelkraut 55,7% Gesamtzucker und 5,2% Nichtzucker enthielt, fand er in Gelees aus Abfällen nur 34,88% bis 41,27% Gesamtzucker, aber 8,56 bis 16,28% Nichtzucker[2]). Daß dieser Unterschied nicht etwa auf dem höheren Wassergehalte beruht, bewies er dadurch, daß auch nach dem völligen Eintrocknen bis zur krümligen Beschaffenheit nur 43,02% Gesamtzucker vorhanden waren. Bei Mischungen derartiger Abfallgelees mit Stärkesirup schließt Loock aus dem Säuregehalte, den er im reinen Apfelkraut zu 2,5% annimmt, auf den Gehalt an Obstbestandteilen.

5. Der Zusatz von Gelatine und Agar-Agar oder dergleichen Verdickungsmitteln ist unter allen Umständen eine Verfälschung und auch unter Deklaration nicht statthaft, weil nur verhältnismäßig geringe Mengen hiervon genügen, um den Schein einer besseren Beschaffenheit hervorzurufen.

6. Der Zusatz von organischen Säuren, Farbstoffen, Essenzen, Frischhaltungsmitteln (besonders Calciumsulfit), ferner der Gehalt an Schwermetallen ist wie bei Fruchtsäften S. 903 bzw. Dörrobst S. 881 und Marmeladen (weiter unten) zu beurteilen.

b) Beurteilung auf Grund der jetzigen Rechtslage.

1. Zusatz von Stärkesirup und Verwendung von getrockneten Äpfelabfällen.

Hierfür kommen eine Preußische Ministerialverfügung und mehrere Gerichtsentscheidungen in Betracht.

α) Preußische Ministerial-Verfügung[3]) vom 19. September 1898 an sämtliche preußische Regierungspräsidenten:

„Es ist zur Sprache gekommen, daß in Deutschland Apfelgelee aus Kartoffelsirup und amerikanischen Obstabfällen hergestellt und in den Niederlanden in den Handel gebracht wird. Um die beregten Mißstände zu beseitigen und einer weiteren Diskreditierung der in Frage stehenden deutschen Erzeugnisse im Auslande vorzubeugen, veranlassen wir Ew. Hochwohlgeboren, die Polizeibehörden des dortigen Bezirks anzuweisen, gegebenen Falles mit aller Strenge gegen die Nachahmung bzw. Verfälschung von Obstgelee und Obstkraut einzuschreiten. Hierbei sind die Ausführungen des in Abschrift beigefügten Gutachtens der Technischen Deputation für Gewerbe vom 19. November 1897 mit der Maßgabe zu beachten, daß zu der Auslegung, Apfelgelee setze begrifflich ein aus frischen (also nicht auch aus getrockneten) Äpfeln hergestelltes Präparat voraus, ein zwingender Grund nicht vorliegt. In gleichem Sinne haben auch die Justizbehörden in den Oberlandesgerichtsbezirken Köln und Hamm Anweisung erhalten."

Das Gutachten der Königlichen Technischen Deputation lautet:

„Der unter dem Namen „rheinisches Kraut" bekannte Apfelseim wurde früher allgemein in der Weise hergestellt, daß man Äpfel kochte, den Saft auspreßte und diesen dann für sich oder mit etwas Zucker eindickte. Jetzt benutzen einzelne Fabrikanten die in Amerika bei Herstellung der sogenannten Ringäpfel entstehenden Abfälle, um etwas dem Apfelseim Ähnliches herzustellen. Sie verarbeiten diese getrockneten und hierher gesandten Abfälle mit einer großen Menge — etwa 60% — Stärkesirup und nennen das so erhaltene Präparat „Versüßtes Apfelgelee". .... Nach unserer Auffassung ist die von den Fabrikanten gewählte Bezeichnung technisch nicht richtig. Erstens ist das unter Benutzung von getrockneten Apfelschnitten hergestellte Präparat durch die große Menge des Stärkesirups nicht bloß „versüßt". Denn der Stärkesirup enthält außer dem Stärkezucker und Wasser erhebliche Mengen von Dextrin und anderen Stoffen, welche nicht versüßen. Zweitens erweckt das

---

[1]) Zeitschr. f. öffentl. Chemie 1899, **5**, 359.

[2]) Richtiger dürfte in solchem Falle nach obigen Analysen wohl das Verhältnis von Zucker zu Nichtzucker und der Polarisationswert vor und nach der Inversion Aufschluß geben. Der Verf.

[3]) Zeitschr. f. öffentl. Chemie 1899, **5**, 37 und 38.

Wort „Apfelgelee" den Gedanken, daß ein aus frischen, reifen Früchten hergestellter Apfelseim vorliege. Von den frischen, reifen Früchten sind aber die alten, getrockneten Teile zerschnittener Äpfel zu unterscheiden. Denn die Stoffe, welche das sogenannte Aroma der frischen, reifen Früchte bilden, sind geneigt, sich zu verändern; sie bleiben daher nicht dieselben, wenn man die Frucht zerschneidet, Schnittstücke trocknet und diese auf langem Wege versendet."

Hierbei fällt auf, daß die Ministerial-Verfügung mit dem Gutachten in bezug auf die Verwerfung des Stärkesirups übereinstimmt, den Schlußfolgerungen hinsichtlich der Verwendung getrockneter Früchte aber nicht beitritt.

β) Gerichts-Entscheidungen. Nach dem Urteile des Landgerichts Koblenz[1]) vom 23. März 1893, welches am 13. Juli 1893 vom Reichsgericht bestätigt wurde, ist ein mit Stärkesirup hergestelltes, sog. „Ia amerikanisches Apfelgelee" als verfälscht anzusehen, denn unter Apfelkraut versteht man lediglich den reinen eingedickten Apfelsaft, zu dem bei der Verarbeitung von sauern Obstsorten allenfalls ein Zuckerzusatz von 15—20% üblich sein mag.

Das Landgericht Bochum[2]) entschied am 9. Januar und am 8. Mai 1895, daß zum Versüßen von Obstkraut nur Zucker benutzt werden dürfe, während der Zusatz von Stärkesirup eine Verfälschung bedeute. Dieses Urteil erging, trotzdem der gerichtliche Sachverständige das unglaubliche Gutachten abgegeben hatte, daß der Ersatz des Rübenzuckers durch Stärkezucker nicht anders zu beurteilen sei, als die frühere Verdrängung des Rohrzuckers durch den Rübenzucker. Es handle sich um einen gleichartigen, nur aus anderen Urstoffen und auf andere Weise gewonnenen Zuckerstoff. Da ähnliche irrtümliche Gutachten, welche die chemische Zusammensetzung der Glykose, wie des dextrinhaltigen Stärkesirups vollständig verkennen, bisweilen zu Freisprechungen geführt haben, so sind mehrere der älteren Gerichtsentscheidungen (s. unter Marmeladen) zweifellos unrichtig.

Von weiteren Urteilen sind noch diejenigen des Landgerichts Düsseldorf vom 27. Februar 1897 und vom 15. November 1897[2]) zu erwähnen, von denen das erstere die Bestätigung des Oberlandesgerichts Köln am 21. Mai 1897 gefunden hat. Beide bezeichnen mit Stärkesirup vermischtes Apfelkraut als verfälscht und die Deklaration „versüßtes Apfelgelee" als unzureichend. Das Schöffengericht zu Kolmar[3]) endlich hat entschieden, daß mit Phantasienamen, wie: Viktoriagelee, Germaniagelee usw. belegte Erzeugnisse in gleicher Weise zu beurteilen sind. Vgl. weiter folgende neuere Urteile: Landgericht Koblenz 15. September 1909; Oberlandesgericht Köln, 3. Dezember 1909[4]); Landgericht Aachen 21. Oktober 1909; Oberlandesgericht Köln 17. Dezember 1909[5]); Landgericht Aachen 15. Dezember 1910; Oberlandesgericht Köln 10. Februar 1911[5]); Landgericht Köln 4. April 1907; Oberlandesgericht Köln 8. Juni 1907[6]); Landgericht Elberfeld 1. Dezember 1908[7]).

2. Zusatz von Zucker. Nach den im Jahre 1909 zwischen den Vertretern der Industrie und der Nahrungsmittelkontrolle[8]) getroffenen Vereinbarungen wird man einen Gehalt von Rohr- oder Rübenzucker in Mengen von höchstens 20% ohne Kennzeichnung zulassen, soweit ein solcher Zusatz erforderlich ist. Ein derartiges mit Zucker versüßtes Erzeugnis darf aber nach dem Urteile des Reichsgerichts vom 12. April 1912[9]) nicht als „reines Apfelkraut" bezeichnet werden. Im übrigen haben die unter Marmeladen näher angeführten Beschlüsse für Apfelkraut usw. sinngemäße Anwendung zu finden.

[1]) Vierteljahrsschrift 1896, **11**, 452; s. auch Loock (l. c.).

[2]) Auszüge aus gerichtl. Entsch. 1890, **4**, 151.

[3]) Konserven-Ztg. 1907, **8**, 285.

[4]) Gesetze und Verordnungen 1911, **3**, 65.

[5]) Ebendort S. 269.

[6]) Auszüge 1912, **8**, 587.

[7]) Ebendort S. 579.

[8]) Zeitschr. f. Untersuchung d. Nahrungs- u. Genußmittel 1909, **18**, 77

[9]) Nahrungsmittel-Rundschau 1912, **10**, 70.

III. Fruchtsirupe, Fruchtgelees.

Unter Fruchtsirupen (gezuckerten Fruchtsäften) sind die mit Rohr- oder Rübenzucker aufgekochten Fruchtsäfte zu verstehen. Wird das Einkochen bis zur halbfesten Konsistenz fortgesetzt, so erhält man die Fruchtgelees.

Durch den Zusatz von Zucker erfährt der Gehalt der natürlichen Fruchtsäfte an allen Bestandteilen eine Erniedrigung, aber das Verhältnis derselben zueinander bleibt dasselbe. Diese Veränderungen und auch die durch andere verbotene Zusätze veranlaßten mögen durch folgende Analysen, die als Anhaltspunkte für die Untersuchung und Beurteilung dienen können, erläutert werden.

A. Juckenack, G. Büttner und H. Prause[1]) fanden u. a. für Rohsäfte und Sirupe folgende Beziehungen:

Fruchtsaft bzw. -sirup		Spez. Gewicht Rohsaft	Spez. Gewicht entgeisteter Saft	Alkohol	Extrakt direkt	Extrakt indirekt	Invertzucker	Saccharose	Freie Säure ccm N.-Lauge	Freie Säure Citronensäure (wasserfrei)	Mineralstoffe	Alkalität der Asche (ccm N.-Säure)	Phosphorsäure
				In 100 g Saft									
				g	g	g	g	g	ccm	g	g	ccm	g
Himbeer (21)	Rohsaft	1,0137	1,0183	2,28	3,945	4,601	0,483	—	24,03	1,54	0,522	5,35	0,042
							Gesamtzucker als						
	Sirup	1,3328	1,3413	0,67	—	68,46	66,74	63,40	8,11	0,52	0,204	1,96	0,013
Erdbeer (5)	Rohsaft	1,0136	1,0178	1,57	3,59	4,52	1,041	—	20,36	1,30	0,442	5,53	0,031
							Gesamtzucker als						
	Sirup	1,3345	1,3408	0,54	—	68,37	67,77	64,38	5,46	0,35	0,160	2,03	0,010

Sonstige Untersuchungen aus der Fruchtsaft-Statistik (S. 882 u. f.) ergaben für reine und verfälschte Fruchtsäfte:

Bezeichnung		Anzahl der Untersuchungen	Spez. Gewicht	Extrakt Gew.-%	Invertzucker Gew.-%	Saccharose Gew.-%	Zuckerfreier Extrakt Gew.-%	Säure = Äpfelsäure Gew.-%	Mineralstoffe Gew.-%	Alkalität der Asche von 100 g Substanz (= ccm N.-Lauge)	Spez. Drehung des invertierten Extraktes Grad
Himbeersirup		45	1,3227	66,26	22,39	42,25	1,82	0,598	0,251	2,49	—19,8
Erdbeersirup		7	1,3075	62,82	23,55	37,72	1,60	0,315	0,215	1,95	—19,5
Johannisbeersirup		6	1,3274	65,57	30,16	31,45	—	1,055	0,284	2,27	—
Kirschsirup		6	1,3387	68,95	—	—	—	0,401	0,267	2,34	—19,7
Äpfelgelee		4	—	76,38	42,14	34,22	4,17	0,705	0,465	4,89	—22,8
Himbeersirupe mit	Wasser- u. Nachpresse	20	1,1812	58,36	—	—	—	—	0,132	1,23	—19,7
	Stärkesirup	20	1,3033	61,66	—	—	—	—	0,191	1,46	+ 39,6

H. Lührig[2]) fand im Mittel von 24 normal zusammengesetzten und von 22 mit Wasser und Nachpresse verfälschten Himbeersäften folgende Zusammensetzung:

---

[1]) Zeitschr. f. Untersuchung d. Nahrungs- u. Genußmittel 1906, **12**, 736.

[2]) Ebendort 1904, **8**, 667.

Himbeersirupe des Handels	In 100 g Sirup				Auf 100 g Rohsaft berechnet			Polarisation einer 20proz. Lösung	
	Extrakt g	Säure = Äpfelsäure g	Mineralstoffe g	Alkalität ccm N.-Säure	Säure = Äpfelsäure g	Mineralstoffe g	Alkalität ccm N.-Säure	vor der Inversion	nach der Inversion
Normale	67,70	0,470	0,184	2,22	1,606	0,572	6,99	+9,08	−5,44
Mit Wasser u. Nachpresse verfälschte .	65,73	0,323	0,146	1,71	1,057	0,427	4,98	+8,10	−5,40

Den Einfluß eines Zusatzes steigender Mengen Stärkesirup zu Himbeersirup auf das optische Verhalten zeigen folgende Analysen von A. Beythien[1]):

Zusatz zu Saft		Spezifisches Gewicht	Extrakt	Gesamtzucker als Invertzucker	Säure = Äpfelsäure	Zuckerfreier Extraktrest	Asche	Polarisation der Lösung 1:10 im 200 mm-Rohr	
Sirup	Zucker							vor der Inversion	nach der Inversion
%	%	1+2	%	%	%	%	%	Grad	Grad
8,10	65,44	1,0950	74,42	68,27	0,527	5,82	0,172	+ 4,3	—1,03
19,40	48,18	1,0875	66,89	60,45	0,620	8,94	0,182	+ 4,6	+ 1,30
42,22	32,17	1,0944	66,79	50,23	0,477	16,44	0,279	+ 9,6	+ 6,05

Die hauptsächlichsten Verfälschungen der Fruchtsirupe bestehen hiernach in dem Zusatz von Nachpresse und Stärkesirup unter gleichzeitiger Auffärbung mit Teerfarbstoffen. Dazu gesellen sich Zusätze von fremden Säuren, künstlichen Essenzen und Frischhaltungsmitteln (Salicylsäure, Benzoesäure, Ameisensäure usw.) geradeso wie bei den natürlichen Fruchtsäften (S. 893).

Auch für die Probenahme und chemische Untersuchung gelten dieselben Gesichtspunkte wie dort (S. 888) bzw. wie bei Obstkraut (S. 906).

Chemische Untersuchung.

Die Untersuchung erfolgt im allgemeinen nach den unter I (Fruchtsäften) und II (Obstkraut) angegebenen Verfahren und unter Benutzung einer Grundlösung von 50 g Substanz zu 500 ccm. Da die zur Herstellung der Fruchtsirupe benutzten Rohsäfte aber meist vergoren sind, so muß bei ihnen stets auch der Alkoholgehalt ermittelt werden. Es sind also folgende Bestimmungen auszuführen:

1. Spezifisches Gewicht der Lösung 1 : 10, direkt (S_d) (siehe Fruchtsäfte).

2. Spezifisches Gewicht des aufgefüllten Destillates (Alkohol) (S_A).

3. Spezifisches Gewicht der entgeisteten Lösung 1:10; ($S_e = S_d + 1 - S_A$).

4. Spezifisches Gewicht der invertierten Lösung 1 : 10; S_i (siehe Marmeladen).

5. Wasser und Extrakt. Man entnimmt der amtlichen Zuckertabelle (Tabelle XII, I. Teil, S. 757) den Extraktgehalt, welcher dem spezifischen Gewichte der entgeisteten Lösung ($S_e = S_d + 1 - S_A$) entspricht, und verzehnfacht ihn. Oder man bestimmt das Wasser direkt durch Eindampfen von 25 ccm der Grundlösung mit Sand (siehe Obstkraut, S. 906). Die letztere Zahl dient nur zur Kontrolle.

6—8. Säure, Pektinstoffe, optisches Verhalten, Zucker werden wie bei Obstkraut bestimmt, doch nimmt man für Säure und Pektinstoffe entsprechend der größeren Verdünnung 100 ccm in Arbeit. (Vgl. unter Marmelade S. 925 u. f.)

[1]) Zeitschr. f. Untersuchung d. Nahrungs- u. Genußmittel 1903, **6**, 1100.

9. Stärkesirup. *a) Qualitativ.* 30 ccm der Grundlösung läßt man zu 100 ccm absolutem Alkohol fließen. Bei Gegenwart von Stärkesirup entsteht eine milchige Trübung durch ausgefälltes Dextrin, während reine Fruchterzeugnisse nur wenige Flocken von Pektin abscheiden.

Den genaueren Nachweis führt man nach dem Verfahren von Fiehe oder von Beckmann (siehe unter Honig, S. 789 u. f.) mit Hilfe von Methylalkohol und Bariumhydroxyd.

b) Quantitativ. Unter der Voraussetzung, daß die normalen Fruchtsirupe nach der Inversion keine andere Zuckerart als Invertzucker enthalten und unter Zugrundelegung einer mittleren spezifischen Drehung der im deutschen Handel befindlichen Stärkesirupe von + 134° haben Juckenack und Pasternack[1]) ein Verfahren ausgearbeitet, welches auf der Bestimmung der spezifischen Drehung des wasserlöslichen Extraktes beruht. Obwohl die erste Voraussetzung nicht für alle Fruchterzeugnisse (besonders nicht für äpfelhaltige) zutrifft, und auch die Stärkesirupe gewisse Schwankungen zeigen, liefert das Verfahren doch für die Praxis brauchbare Vergleichswerte und ist daher von den Nahrungsmittelchemikern und Fabrikanten als maßgebendes Verfahren vereinbart worden.

Nach dem Verfahren werden 10 g des Fruchtsirups in einem 100 ccm-Kölbchen mit 70 ccm Wasser verdünnt, mit einer kleinen Messerspitze gereinigter Tierkohle versetzt und nach Zugabe von 5 ccm konzentrierter Salzsäure (spezifisches Gewicht 1,19) 5 Minuten lang auf 68—70° erwärmt (Zollinversionsvorschrift), dann sofort rasch auf 20° abgekühlt, auf 100 ccm aufgefüllt, filtriert und im 200 mm-Rohr polarisiert. Die beobachtete Drehung wird auf die spezifische Drehung, d. h. die Drehung von 100 g Extrakt in 100 ccm im 100 mm-Rohr umgerechnet und der etwaige Gehalt an Stärkesirup nebenstehender von Juckenack aufgestellten, von Beythien und Simmich[2]) umgeänderten Tabelle entnommen.

In der Praxis gestaltet sich die Berechnung folgendermaßen: Man entnimmt der amtlichen Zuckertabelle, die dem spezifischen Gewichte der invertierten Lösung 1 : 10 entsprechende Extraktmenge, berechnet aus der Polarisation der invertierten Lösung 1 : 10 die spezifische Drehung des Extraktes, d. h. die Drehung von 100 g Extrakt zu 100 ccm gelöst im 100 mm-Rohr und findet den Gehalt an Stärkesirup in der Juckenackschen Tabelle.

Ein konkretes Beispiel möge diese Rechnung näher veranschaulichen:

Sei das spezifische Gewicht der invertierten Lösung 1 : 10 = 1,0258, entsprechend 6,67 g Extrakt in 100 ccm; die Polarisation der invertierten Lösung im 200 mm-Rohr + 4,3°, so drehen

6,67 g Extrakt : 100 ccm gelöst im 100 mm-Rohr + 2,15°,
100 „ „ 100 „ gelöst in 100 mm-Rohr also + 32,23°.

Dieser spezifischen Drehung entsprechen nach der Tabelle 42,13% wasserhaltigen Stärkesirups.

In 100 g Extrakt sind also 42,13%, d. h. in 66,7 g Extrakt oder in 100 g Fruchtsirup 25,10% Stärkesirup.

10. Stickstoff (vgl. S. 908). ***11. Asche und Alkalität*** (vgl. I. Teil, S. 512).

12. Frischhaltungsmittel und Farbstoffe (vgl. S. 893 u. 895).

13. Nachweis von Kirschsaft. Ein Zusatz von Kirschsaft wird nach dem Verfahren von Langkopf wie folgt nachgewiesen:

In zwei kleine Erlenmeyer-Kölbchen bringt man je etwas Kupfersulfatlösung (1 : 10 000) und etwas Alkohol. Darauf fängt man in einem der Kölbchen die ersten 2—3 ccm eines Destillates auf, das man aus etwa 50 ccm des zu prüfenden, etwas verdünnten Sirups gewinnt. Sodann fügt man zu dem Inhalt eines jeden Kölbchens 1—2 Tropfen einer frisch bereiteten alkoholischen Guajacharztinktur hinzu. Bei Gegenwart von Kirschsaft wird sich die Flüssigkeit in dem Kölbchen, in dem

[1]) Zeitschr. f. Untersuchung d. Nahrungs- u. Genußmittel 1904, **8**, 10.

[2]) Ebendort 1910, **20**, 248.

Tabelle für die Bestimmung des Gehaltes an Stärkesirup aus der spezifischen Drehung.

$[\alpha]_D$ des invertierten Extraktes	Stärkesirup mit 18 % Wasser %	Stärkesirup wasserfrei %	$[\alpha]_D$ des invertierten Extraktes	Stärkesirup mit 18 % Wasser %	Stärkesirup wasserfrei %	$[\alpha]_D$ des invertierten Extraktes	Stärkesirup mit 18 % Wasser %	Stärkesirup wasserfrei %	$[\alpha]_D$ des invertierten Extraktes	Stärkesirup mit 18 % Wasser %	Stärkesirup wasserfrei %
—21,5	0,0	0,0	+18	31,0	25,4	+58	62,3	51,1	+ 98	93,7	76,8
—21	0,4	0,3	+19	31,7	26,0	+59	63,1	51,7	+ 99	94,4	77,4
—20	1,2	1,0	+20	32,5	26,7	+60	63,9	52,4	+100	95,2	78,1
—19	2,0	1,6	+21	33,3	27,3	+61	64,7	53,0	+101	96,0	78,7
—18	2,8	2,3	+22	34,1	27,9	+62	65,5	53,7	+102	96,8	79,4
—17	3,5	2,9	+23	34,9	28,6	+63	66,2	54,3	+103	97,6	80,0
—16	4,3	3,5	+24	35,6	29,2	+64	67,0	55,0	+104	98,4	80,7
—15	5,1	4,2	+25	36,4	29,9	+65	67,8	55,6	+105	99,2	81,3
—14	5,9	4,8	+26	37,2	30,5	+66	68,6	56,2	+106	99,9	81,9
—13	6,7	5,5	+27	38,0	31,2	+67	69,4	56,9	+107	100,7	82,6
—12	7,4	6,1	+28	38,8	31,8	+68	70,1	57,5	+108	101,5	83,2
—11	8,2	6,8	+29	39,6	32,4	+69	70,9	58,2	+109	102,3	83,9
—10	9,0	7,4	+30	40,4	33,1	+70	71,7	58,8	+110	103,1	84,5
— 9	9,8	8,0	+31	41,1	33,7	+71	72,5	59,4	+111	103,8	85,1
— 8	10,6	8,7	+32	41,9	34,4	+72	73,3	60,1	+112	104,6	85,8
— 7	11,4	9,3	+33	42,7	35,0	+73	74,1	60,7	+113	105,4	86,4
— 6	12,2	10,0	+34	43,5	35,7	+74	74,8	61,4	+114	106,2	87,1
— 5	12,9	10,6	+35	44,3	36,3	+75	75,6	62,0	+115	107,0	87,7
— 4	13,7	11,3	+36	45,1	37,0	+76	76,4	62,6	+116	107,8	88,4
— 3	14,5	11,9	+37	45,9	37,6	+77	77,2	63,3	+117	108,6	89,0
— 2	15,3	12,5	+38	46,6	38,2	+78	78,0	63,9	+118	109,3	89,7
— 1	16,1	13,2	+39	47,4	38,9	+79	78,8	64,6	+119	110,1	90,3
± 0	16,9	13,8	+40	48,2	39,5	+80	79,6	65,2	+120	110,9	90,9
+ 1	17,6	14,5	+41	49,0	40,2	+81	80,3	65,9	+121	111,7	91,6
+ 2	18,5	15,1	+42	49,8	40,8	+82	81,1	66,5	+122	112,5	92,2
+ 3	19,2	15,8	+43	50,6	41,5	+83	81,9	67,2	+123	113,3	92,9
+ 4	20,0	16,4	+44	51,3	42,1	+84	82,7	67,8	+124	114,0	93,5
+ 5	20,8	17,0	+45	52,1	42,7	+85	83,5	68,4	+125	114,8	94,2
+ 6	21,6	17,7	+46	52,9	43,4	+86	84,2	69,1	+126	115,6	94,8
+ 7	22,3	18,3	+47	53,7	44,0	+87	85,0	69,7	+127	116,4	95,4
+ 8	23,1	19,0	+48	54,5	44,7	+88	85,8	70,4	+128	117,2	96,1
+ 9	23,9	19,6	+49	55,2	45,3	+89	86,6	71,0	+129	118,0	96,7
+10	24,7	20,3	+50	56,0	46,0	+90	87,4	71,7	+130	118,7	97,3
+11	25,5	20,9	+51	56,8	46,6	+91	88,2	72,3	+131	119,5	98,0
+12	26,3	21,5	+52	57,6	47,2	+92	89,0	72,9	+132	120,3	98,7
+13	27,1	22,2	+53	58,4	47,9	+93	89,7	73,6	+133	121,1	99,3
+14	27,8	22,8	+54	59,2	48,5	+94	90,5	74,2	+134	121,9	99,9
+15	28,6	23,5	+55	60,0	49,2	+95	91,3	74,9	+134,1	122,0	100,0
+16	29,4	24,1	+56	60,7	49,8	+96	92,1	75,5			
+17	30,2	24,7	+57	61,5	50,5	+97	92,9	76,2			

das Destillat aufgefangen war, schön blau färben. Die Flüssigkeit im zweiten Kölbchen dient als Vergleichsprobe. Man kann auf diese Weise, wie Juckenack und Pasternack angeben, noch sehr gut einen Zusatz von 3% Kirschsaft nachweisen.

14. *Gelatine und Agar-Agar* siehe unter Obstkraut S. 911.

A. und M. Dominikiewicz[1]) haben außerdem die viscosimetrische und refraktometrische Untersuchung empfohlen, anscheinend aber, ohne bis jetzt größeren Anklang zu finden. Das Verfahren dürfte auch wohl nur bei größeren Zusätzen von Stärkesirup bzw. Gelatiniermitteln maßgebende Unterschiede bieten.

Anhaltspunkte für die Beurteilung der Fruchtsirupe und -gelees.

a) Nach der chemischen Untersuchung.

1. Dem Begriffe der normalen Beschaffenheit von Fruchtsirupen und -gelees entspricht lediglich ein Gemisch von Fruchtpreßsaft und Rohr- oder Rübenzucker. Die Fruchtgelees unterscheiden sich nur dadurch von den Fruchtsirupen, daß sie bis zur halbfesten Konsistenz eingedampft sind.

Die nur aus Fruchtsaft und Rohr- oder Rübenzucker hergestellten Erzeugnisse zeigen die Zusammensetzung der entsprechenden Rohsäfte in der durch den Zuckerzusatz bedingten Verdünnung.

Über die Menge des für Fruchtsirup zu verwendenden Rohrzuckers liegen bindende Abmachungen oder Vorschriften für die Handelsware nicht vor, doch wird in den meisten Fällen das vom Deutschen Arzneibuche für Himbeersirup vorgeschriebene Verhältnis — 7 Teile Saft und 13 Teile Zucker — innegehalten werden, weil geringere Zuckermengen nicht genügend konservieren, größere aber kristallinische Ausscheidungen im Gefolge haben.

2. Der Zusatz von Wasser und Nachpresse ist als Verfälschung anzusehen.

α) Durch Zusatz von Wasser oder Nachpresse werden besonders der Gehalt an Asche und deren Alkalität sowie der Extraktrest (Extrakt — Gesamtzucker) erniedrigt, und zwar um so mehr, je größer der Zusatz ist.

Der Mineralstoffgehalt normaler Himbeersirupe beträgt z. B. im allgemeinen 0,18 bis 0,20%, die entsprechende Alkalität 1,8 bis 2,0 ccm, bei gefälschten Proben gehen diese Werte auf 0,14% Asche und 1,7 ccm Alkalität und mehr herunter (vgl. S. 916); doch können die unter „Fruchtsäfte" angegebenen Schwankungen natürlich niedrigere Werte verursachen, während andererseits der Aschengehalt des zugesetzten Rohrzuckers zu einer allerdings nicht erheblichen Erhöhung der Asche führt. Eine Zunahme der Alkalität wird hingegen durch die vorwiegend aus Sulfaten bestehende Zuckerasche nicht bedingt. In vielen Fällen empfiehlt es sich, um einen Versuch mit den Ergebnissen der Fruchtsaftstatistik zu ermöglichen, die Gehalte an Asche und Alkalität auf zuckerfreie Substanz zu berechnen, auch kann die Ludwigsche Verhältniszahl (zuckerfreier Extrakt: Alkalität) das analytische Bild ergänzen (vgl. S. 900).

Der Säuregehalt aber unterliegt zu großen Schwankungen und vermag daher nur bei ganz abnormen Werten (5 ccm N.-Lauge und weniger) zuverlässigen Aufschluß zu geben, und über den Gehalt an Pektinstoffen, welcher durch die oft vorhergegangene Gärung wesentlich verringert worden sein kann, liegen abgeschlossene Erfahrungen noch nicht vor.

Wichtigen Aufschluß kann aber die Umrechnung des Gehaltes an Asche, Alkalität derselben und des Säuregehaltes auf ursprünglichen Rohsaft (Succus) geben; man betrachtet die Differenz von 100 — Extrakt als Rohsaftanteil und berechnet die gefundenen Mengen der genannten Bestandteile in Prozenten des Saftanteiles. Bei vorhandenem Zusatz von Wasser bzw. Nachpresse bleiben die Werte unter den mittleren der reinen Rohsäfte (vgl. S. 916).

β) Im Jahre 1899 hat sich die Breslauer Handelskammer für die Zulassung eines Zusatzes von 33% Wasser zu Himbeersirup ausgesprochen, die Dresdener Handelskammer aber bald erklärt,

[1]) Zeitschr. f. Untersuchung d. Nahrungs- u. Genußmittel 1905, **10**, 740.

daß nur das beim Einkochen verdampfte Wasser ergänzt, nicht aber Nachpresse zugesetzt werden dürfe.

3. Der Zusatz von Stärkesirup ist als Verfälschung zu beurteilen.

Diese Ansicht war auch bis vor einigen Jahren in den beteiligten gewerblichen Kreisen vertreten. Denn der Verband deutscher Fruchtsaftpresser hat am 22. August 1903 den Beschluß veröffentlicht, Stärkesirup und Teerfarbstoffe überhaupt, selbst unter Deklaration, nicht mehr zu verwenden. Im Verlaufe der zwischen den Vertretern der Industrie und der Nahrungsmittelchemie in Heidelberg getroffenen Vereinbarungen ist dieser Beschluß allerdings wieder aufgehoben und in folgender Weise abgeändert worden: „Bei Fruchtsirupen soll durch die Deklaration ‚mit Stärkesirup‘ ein Gehalt an letzterem bis zu 10% gedeckt werden." Höhere Zusätze erklärten die Fruchtsaftpresser, als überflüssig, nicht anwenden zu wollen. Also auch eine geringe Menge Stärkesirup im Obstsirup muß selbst nach dieser Vereinbarung wenigstens deklariert werden und somit dürfte auch in dieser Hinsicht der Begriff der normalen Beschaffenheit festgelegt sein. Für die Form und Größe der Deklaration sind die unter „Marmeladen" angeführten Leitsätze maßgebend.

α) Die Fruchtsaftpresser begründen die Notwendigkeit geringer Mengen Stärkesirup damit, daß dadurch ein Auskrystallisieren des Rohr- bzw. Rübenzuckers verhindert werde. Dieses Auskrystallisieren kann aber nur beim kaltem Mischen von Rohsaft mit Zucker stattfinden; denn E. Späth[1]) hat nachgewiesen, daß aus der Saccharose schon durch 10 Minuten langes Kochen der Mischung durch die Säure des Fruchtsaftes 8—27% Invertzucker gebildet werden und diese Mengen durch längeres Kochen und beim Lagern noch erheblich zunehmen. Der Invertzucker krystallisiert aber nicht aus oder scheidet nur nach langem Aufbewahren in der Kälte geringe Mengen krystallinische Glykose aus, die sich wieder leicht mit dem flüssigen Anteil vermischen läßt.

β) Die Vorliebe für die Zumischung von Stärkesirup hat wohl auch darin ihren Grund, daß der Stärkesirup für eine gleiche Menge Trockensubstanz eine größere Zähflüssigkeit als eine entsprechende Menge Rohr- oder Rübenzucker besitzt, daher einen höheren Extraktgehalt vortäuscht. Denn nach J. König[2]) kommt man bezüglich der Zähflüssigkeit oder des dickflüssigen Aussehens, d. h. des augenscheinlichen Gehaltes an Extraktes mit 46 Gew.-Tln. Stärkesirup-Trockensubstanz oder 49 Gew.-Tln. Stärkezucker-Trockensubstanz ebenso weit wie mit 54 Gew.-Tln. Rohr- oder Rübenzucker-Trockensubstanz.

γ) Die Anwesenheit des Stärkesirups in Fruchtsäften wird vorwiegend durch die Vermehrung des Extraktrestes und die Veränderung des optischen Verhaltens der Lösungen vor und nach der Inversion nach dem Juckenackschen Verfahren erkannt (S. 918).

Hierbei soll nach den Vereinbarungen in Heidelberg die analytische Fehlergrenze bei diesem Verfahren zu 10% des gefundenen Wertes festgesetzt werden, d. h. wenn 11% statt 10% Stärkesirup gefunden werden, so soll dieser Befund keinen Grund zur Beanstandung bilden.

4. Der Zusatz von Essenzen und anderen Aromastoffen ist im allgemeinen als eine Verfälschung anzusehen, weil durch ihn der Anschein einer besseren Beschaffenheit hervorgerufen wird. Es gilt aber als zulässig, wenn das Einkochen von Fruchtpräparaten in mit Kondensationsvorrichtungen versehenen Gefäßen erfolgt, die hierbei aufgefangenen Destillate oder Kondensate zu derselben Masse, welcher sie entstammen, aber auch nur zu dieser, wieder hinzuzusetzen. Hingegen ist es nicht zu billigen, daß diese Aromastoffe angesammelt und anderen ähnlichen Erzeugnissen beigemischt werden.

5. Hinsichtlich der Verwendung organischer Säuren, welche im allgemeinen als verboten gilt, ist beschlossen worden (l. c.): „Für reine Fruchtsirupe (d. h. solche ohne Nachpresse und Stärkesirup) ist ein geringer Zusatz von Weinsäure ohne Deklaration zulässig." Maßgebend für dieses Zugeständnis war die Überlegung, daß die aus Fruchtsirupen hergestellten

[1]) Zeitschr. f. Untersuchung d. Nahrungs- u. Genußmittel 1901, 4, 97.

[2]) Ebendort 1900, 3, 217.

Limonaden infolge des durch die Verdünnung herabgesetzten Säuregehaltes meist etwas fade schmecken. Die Weinsäure wurde gewählt, weil diese als nicht normaler Bestandteil der Fruchtsirupe leicht nachgewiesen, und somit eine Täuschung verhindert werden kann.

6. Die Farbe der wichtigsten Fruchtsirupe: Himbeersirup, Johannisbeersirup und Kirschsirup ist ein Maßstab für den Gehalt an Fruchtsaft, d. h. für die Güte der Erzeugnisse. Durch künstliche Färbung wird auch gehaltärmeren oder infolge mangelhafter Zubereitung mißfarbigen Säften das Aussehen bester Ware, d. h. der täuschende Anschein besserer Beschaffenheit verliehen. Sie ist daher als Verfälschung zu beurteilen. Das gleiche trifft zu, wenn ein an sich normal aussehender Fruchtsirup künstlich gefärbt wird, weil dieser bei der Verdünnung zu Limonade einen höheren Gehalt an Fruchtsaft zu enthalten scheint.

7. Frischhaltungsmittel haben nach den unter „Fruchtsäften" mitgeteilten Gründen als unzulässig zu gelten, dürften aber wohl nur selten absichtlich zugesetzt werden, weil der hohe Gehalt an Rohrzucker die Haltbarkeit der Fruchtsirupe gewährleistet.

Ganz geringe Mengen Salicylsäure, Benzoesäure und Borsäure können auch aus den Rohsäften herrühren (vgl. S. 893 u. f.).

8. Etwaiger Alkoholzusatz kann nur gegen deutliche augensichtliche Deklaration gestattet werden.

Die Rohsäfte können infolge natürlicher Gärung 1—2% Alkohol annehmen. Größere Mengen müssen aber zweifellos deklariert werden, weil die Fruchtsirupe jetzt auch vielfach nach der Verdünnung als alkoholfreie Getränke genossen werden.

b) Beurteilung der Fruchtsäfte und -gelees nach der Rechtslage.

Die vorstehend angeführten Grundsätze sind durch eine große Zahl richterlicher Entscheidungen bestätigt worden.

1. Zusatz von Stärkesirup und Farbe. Nach dem am 15. November 1901 durch das Reichsgericht bestätigten Urteil des Königlichen Landgerichts Dresden vom 29. September 1899, sowie nach dem Urteil des gleichen Gerichts vom 15. November 1901, welches am 4. März 1902 vom Reichsgericht anerkannt wurde, ist Himbeersirup lediglich ein Gemisch von Himbeersaft und Rohrzucker, während Zusätze von Stärkesirup und Teerfarbe als Verfälschung zu beurteilen sind. Ja am 24. November 1900 hat das Reichsgericht[1]) sogar entschieden, daß schon ein mit 5—6% Stärkesirup versetzter Himbeersirup als verfälscht zu gelten hat. In gleichem Sinne sind die Urteile folgender Gerichte ergangen:

Landgericht Zwickau, 20. Juni 1910[2]), Landgericht Aachen, 20. September 1909, Oberlandesgericht Köln, 5. September 1909[3]). Im letzten Falle erfolgte sogar Verurteilung, trotzdem auf der Rückseite der Flasche die Inschrift „Mit Stärkesirup" angebracht war, übereinstimmend mit der Rechtsprechung des Kammergerichtes, welches am 1. August 1903[4]) jeden Zusatz von Stärkesirup auch unter Deklaration verwarf.

Farbzusatz allein ist vom Landgericht Bielefeld am 3. Februar 1906 und vom Landgericht Elberfeld am 8. April 1909 für eine Verfälschung erklärt worden, weil dieser nicht normale Zusatz über den Gehalt an Fruchtsaft täuschen soll.

Das Schöffengericht in München hatte am 13. Juni 1908 (Kgl. bayer. Amtsbl. d. Kgl. Staatsministerien 1908, Nr. 24, S. 616) einen Fabrikanten, der 2 g Teerfarbstoff auf 100 kg Himbeersaft zugesetzt hatte, ebenfalls des Vergehens gegen § 10 Nr. 1 des NMG. für schuldig erklärt. Die Strafkammer des Landgerichtes hob das Erkenntnis mit der Begründung auf, daß das Färben allgemein üblich sei. Das Kgl. Bayer. Oberste Landesgericht hielt aber die Revision des Staatsanwalts für begründet, verwies die Sache an das Landgericht zurück,

---

[1]) Auszüge 1902, **5**, 264.

[2]) Ebendort 1912, **8**, 623.

[3]) Ebendort S. 585.

[4]) Zeitschr. f. öffentl. Chemie 1904, **10**, 16.

welches dann am 31. Oktober 1908 den Angeklagten rechtskräftig zu einer Geldstrafe verurteilte[1]).

Der Zusatz von Kirschsaft und rotem Teerfarbstoff zu Himbeersaft wurde vom Landgericht Koblenz[2]) am 4. Januar 1911 — 4. N. 114. 10 — trotz der Deklaration „Mit Kirschsaft gedunkelt und gefärbt" für eine Verfälschung erklärt, weil der Beklagte den vom Fabrikanten mit vorstehender Deklaration bezogenen Himbeersaft für seine Käufer noch besonders mit rotem Teerfarbstoff versetzt hatte. Das Landgericht bezog das „gedunkelt und gefärbt" nur auf den Kirschsaft, das „gefärbt" dagegen nicht, wie es vom Schöffengericht vom 8. November 1910 geschehen war, auf den nachträglich zugesetzten Teerfarbstoff.

In ähnlicher Weise urteilte das Landgericht Zwickau[3]) über den Zusatz von Kirschsaft und Teerfarbe.

2. Zusatz von Wasser und Nachpresse. Den Zusatz von Wasser erklärten als Verfälschung das Landgericht Dessau vom 18. Februar 1908[4]) und das Landgericht Chemnitz vom 27. Oktober 1910[5]). Nach dem Urteil des Landgerichts Dessau vom 17. Juni 1911 darf übermäßig gewässerter Himbeersirup auch nicht unter der Deklaration „Mit Nachpresse" verkauft werden.

3. Künstliche Gemische. Erzeugnisse, welche ohne jede Spur oder mit geringen Mengen Himbeersaft im wesentlichen aus Wasser, Zucker, Säure, Farbstoff und Essenz hergestellt waren, sind durchweg als nachgemacht beurteilt worden. Vgl. Urteile des Landgerichts Bochum[6]) vom 16. September und 16. Oktober 1896, des Landgerichts Kaiserslautern vom 5. Januar 1897, Mühlhausen vom 26. Oktober 1894, und Dresden vom 29. September 1899, sowie des Reichsgerichts[7]) vom 12. Januar und vom 20. November 1900.

Die für ein solches Kunstprodukt gewählte Bezeichnung „Himbeerlimonadensirup" ist nach den Urteilen des Landgerichts Dresden vom 15. November 1901 und des Reichsgerichts[8]) vom 4. März 1902 nicht als eine hinreichende Aufklärung des Publikums anzusehen, weil unter ihr lediglich ein zur Bereitung von Himbeerlimonade bestimmter, d. h. ein normaler Himbeersirup zu verstehen ist. Auch die von einem Berliner Gastwirt gewählte Deklaration „Himbril" für ein ähnliches nachgemachtes Produkt, welches den Gästen auf ihr Verlangen nach einer „Weißen mit" verabfolgt wurde, ist vom Landgericht II Berlin am 30. April 1906 und vom Kammergericht am 9. August 1906 als unzulässig verworfen worden.

Das Oberlandesgericht in Rostock bestätigte[9]) unterm 15. Januar 1908 das Urteil des Vorderrichters, wonach ein Kaufmann, der aus Zuckerlösung, in Wasser gelöster Citronensäure, einem Teerfarbstoff und dem aus den Himbeer-Preßrückständen gewonnenen ätherischen Öl eine sog. Himbeer-Limonade-Aroma (letzteres Wort mit kleinerem Druck) hergestellt hatte, auf Grund des § 10 Nr. 1 und 2 des NMG. und des § 13 des StGB. verurteilt worden war.

D. Fruchtmuse, Marmeladen und Pasten.[10])

Im Gegensatze zu der ersten Gruppe von Obsterzeugnissen werden die in der Überschrift genannten nicht aus dem Safte, sondern aus dem Marke von Früchten, d. h. den von Stielen, Schalen und Steinen, sowie ev. auch von Kernen befreiten Fruchtteilen gewonnen.

Fruchtmuse, deren bekanntester Vertreter das Pflaumenmus ist, erhält man durch einfaches Einkochen des Fruchtfleisches ohne Zucker bis zur breiigen Konsistenz.

---

1) Gesetze u. Verordnungen 1909, **1**, 65.

2) Ebendort 1911, **3**, 248 u. 249.

3) Auszüge 1912, **8**, 623.

4) Ebendort S. 580.

5) Ebendort S. 598.

6) Ebendort 1899, **4**, 149.

7) Ebendort 1902, **5**, 260.

8) Zeitschr. f. Untersuchung d. Nahrungs- u. Genußmittel 1904, **8**, 331.

9) Gesetze u. Verordnungen 1911, **3**, 288.

10) Bearbeitet von Prof. Dr. A. Beythien-Dresden.

Marmeladen, sowie Konfitüren und Jams entstehen durch Einkochen oder kaltes Vermischen der Früchte mit Zucker, und zwar wählt man den Namen „Marmelade", wenn zerkleinertes (passiertes) Fruchtmark Anwendung gefunden hat, während die aus ganzen Früchten, z. B. Erdbeeren, hergestellten breiig-stückigen Zubereitungen als Konfitüren oder Jams bezeichnet werden.

Pasten endlich erhält man, wenn das Gemisch von Fruchtmark und Zucker soweit eingekocht wird, daß die Masse nach dem Erkalten erstarrt. Die Obstpasten sind eingedickte Marmeladen und verhalten sich zu diesen wie die Fruchtgelees zu den Fruchtsirupen (S. 916). Wenn die Marmeladen in Stückchenform so weit eingedickt werden, daß die äußeren Schichten der Stückchen beim Erkalten nicht mehr zusammenkleben, so können sie auch als Konfekt (Bonbons, Naschwerk) ausgegeben werden, ohne es zu sein. Denn im Innern zeigen diese Stückchen noch die dickbreiige Beschaffenheit der Marmeladenfrüchte.

Es ist von Belang, die Erzeugnisse dieser Art begrifflich scharf auseinanderzuhalten, um sie richtig beurteilen zu können.

Die allgemeine chemische Zusammensetzung, die wir vorwiegend den Untersuchungen von A. Juckenack und H. Prause[1]), A. Beythien, P. Bohrisch und R. Simmich[2]), F. Härtel, J. Sölling und A. Kirchner[3]) u. a. verdanken, für reine und mit Stärkesirup verfälschte Erzeugnisse möge aus folgenden Zahlen erhellen:

A. Reine Marmeladen, Kompottfrüchte und Muse.

Bezeichnung	Wasser	Invertzucker	Saccharose	In Wasser löslicher Extrakt	In Wasser unlöslich	Extrakt—Gesamtzucker	In 100 g wasserlöslichem Extrakt: Säure = Äpfelsäure	Mineralstoffe	Alkalität der Asche (= ccm N.-Lauge)	Phosphorsäure	Spezifische Drehung nach der Inversion: der Marmelade	des löslichen Extraktes
	%	%	%	%	%	%	%	%	%	%	Grad	Grad
1. Obst- und Frucht-Marmeladen niedrigst	25,38	13,20	15,72	50,30	1,08	4,63	0,80	0,32	4,97	0,016	— 8,0	— 14,6
höchst	46,40	18,77	46,40	72,40	7,81	10,79	4,03	2,12	14,30	0,114	—14,9	— 23,3
Mittel	32,15	58,12		64,81	2,95	6,69	1,88	0,96	8,64	0,080	—11,5	— 17,6
2. Kompottfrüchte, Konfitüren (Preißelbeeren)	56,73	34,29		39,82	3,45	5,53	3,85	0,64	7,35	—	— 6,5	— 15,8
3. Mus (Pflaumenmus)	37,52	41,45		58,55	4,44	17,10	3,37	2,14	24,35	0,236	wenige Grade oder Minuten um ± 0	
								In 100 Paste				
4. Fruchtpasten	18,48	27,78	51,46	80,43	1,05	2,59	0,63	0,248	2,70	—	—21,9	—

B. Marmeladen, Kompottfrüchte und Muse mit fremden Zusätzen.

Bezeichnung	Wasser	Invertzucker	Saccharose	In Wasser löslicher Extrakt	In Wasser unlöslich	Extrakt—Gesamtzucker	In 100 g wasserlöslichem Extrakt: Säure	Mineralstoffe	Alkalität	Phosphorsäure	der Marmelade	des löslichen Extraktes
1. Obst- und Frucht-Marmeladen niedrigst	25,68	30,95		47,80	1,36	9,47	0,59	0,36	1,67	0,062	+ 9,0	+ 14,5
höchst	49,40	52,53		74,50	5,02	43,81	1,83	1,52	15,30	0,202	+ 88,6	+ 127,0
Mittel	31,18	38,57		65,82	2,93	27,25	1,11	0,85	7,06	0,130	+ 50,0	+ 74,1
2. Kompottfrüchte	44,16	34,60		50,64	3,40	15,86	2,88	0,65	6,20	—	+ 22,7	+ 45,6
3. Muse	38,67	30,65		55,96	5,39	25,31	2,55	2,52	25,91	0,216	+ 32,1	+ 56,2

[1]) Zeitschr. f. Untersuchung d. Nahrungs- u. Genußmittel 1904, **8**, 26.

[2]) Ebendort 1903, **5**, 1095; 1905, **9**, 501; 1910, **20**, 261.

[3]) Ebendort 1907, **14**, 5; 1908, **15**, 462; 1908, **16**, 86; 1910, **20**, 708 u. 1912, **24**, 665; 1913, **25**, 91.

Die Fruchtpasten unterscheiden sich von den Marmeladen usw. durch einen geringeren Wassergehalt, von Fruchtgelees durch ihren Gehalt an in Wasser unlöslichen Stoffen (Zellgewebe), wovon letztere frei sind; denn diese lösen sich ganz in Wasser. Auf diese Weise lassen sich diese Art Erzeugnisse unterscheiden. Über den schwankenden Gehalt der Marmeladen vgl. weiter unten.

Als Verfälschungen kommen für Marmeladen vorwiegend die Untermischung minderwertiger Füllmittel (z. B. von Tomaten, Rüben), die Verwendung der Trester von der Fruchtsaftbereitung, der Zusatz von Stärkesirup — über die Ausnahmen von letzten beiden Verwendungen vgl. unter „Anhaltspunkte für die Beurteilung" —, der Zusatz von Verdickungsmitteln (Gelatine, Agar-Agar), die künstliche Auffärbung usw. in Betracht. Über die Probenahme vgl. unter Obstkraut S. 906.

Chemische Untersuchung.

Um bei der Untersuchung dieser Produkte zuverlässige Ergebnisse zu erlangen, ist es von höchster Wichtigkeit, die Proben sorgfältig zu mischen und besonders bei den Jams und den Konfitüren für hinreichende Zerkleinerung der ungekochten Früchte und Fruchtstücke Sorge zu tragen. Die Analyse erfolgt dann nach den Vorschlägen von A. Juckenack und H. Prause[1]) oder in der Modifikation von Beythien und Simmich[2]) zweckmäßig in folgender Weise:

1. Wasser. Wie bei Obstkraut, S. 906 oder durch Abziehen der Summe des in Wasser unlöslichen Rückstandes und des aus der Zuckertabelle entnommenen wasserlöslichen Anteils von 100 : $W = 100 - (U + E_d)$.

2. Löslicher und unlöslicher Anteil (U). 25 g der gut durchgemischten Probe werden in einem reichlich großen Becherglase mit 200 ccm Wasser sorgfältig verrührt, zum Sieden erhitzt und in einen 250 ccm-Kolben übergeführt. Nach dem Abkühlen füllt man zur Marke auf, mischt und filtriert durch ein glattes, nicht angefeuchtetes Filter und benutzt das Filtrat zur Bestimmung der löslichen Bestandteile. Sobald die Flüssigkeit ziemlich ganz abgelaufen ist, setzt man den Trichter auf einen leeren Kolben, bringt den unlöslichen Rückstand quantitativ auf das Filter, wäscht bis zum Verschwinden der sauren Reaktion mit siedendem Wasser aus, spritzt den Filterinhalt in eine gewogene Platinschale und trocknet bis zur Gewichtsbeständigkeit.

Der gewogene Rückstand kann auch noch zur Bestimmung der Asche, Rohfaser oder des Stickstoffs dienen.

Das geringe Volumen des Unlöslichen von 1—2 ccm bedingt nach Beythien (l. c.) und H. Kober[3]) keine nennenswerte Ungenauigkeit.

Für die übrigen Bestimmungen stellt man eine sogenannte Grundlösung her, indem man 100 g der gutgemischten Probe mit Wasser zum Sieden erhitzt, in einen 1000 ccm-Kolben überführt, nach dem Abkühlen zur Marke auffüllt und filtriert.

3. Lösliche Bestandteile (Extraktgehalt). Man bestimmt das spezifische Gewicht der Grundlösung im Pyknometer, entnimmt den Extraktgehalt der Tabelle von K. Windisch (Tabelle XII, I. Teil, S. 752) und erhält durch Multiplikation mit 10 den Extraktgehalt der Marmelade (E_d).

4. Spezifisches Gewicht (S_i) und Polarisation der invertierten Lösung. 80 ccm der Grundlösung, entsprechend 8 g Substanz, werden in einem 100 ccm-Kölbchen, nach dem Vorschlage von Juckenack (siehe Fruchtsirup, Ziffer 9) mit einer kleinen Messerspitze gereinigter Tierkohle (aschenfrei) versetzt und nach Zugabe von 5 ccm konzentrierter Salzsäure (spezifisches Gewicht 1,19) 5 Minuten lang auf 68—70° erwärmt, dann sofort rasch auf 20° abgekühlt und auf 100 ccm aufgefüllt. Man bestimmt zunächst im 200 mm-Polarisationsrohr mit Kühlmantel bei genau 20° die Drehung und darauf im Pyknometer das

[1]) Zeitschr. f. Untersuchung d. Nahrungs- u. Genußmittel 1904, **8**, 26.

[2]) Ebendort 1910, **20**, 241.

[3]) Zeitschr. f. öffentl. Chemie 1906, **12**, 393.

spezifische Gewicht der Lösung bei 15°. Gleichzeitig ermittelt man das spezifische Gewicht einer Lösung von 5 ccm der gleichen Salzsäure (1,19) zu 100 ccm und subtrahiert den letzten Wert von dem ersteren. Zu der Differenz addiert man 1 und entnimmt den entsprechenden Wert für S_i der Zuckertabelle von Windisch (I. Teil, Tabelle XII, S. 757), worauf sich durch Multiplikation mit $\frac{100}{8}$ der Extraktgehalt der invertierten Marmelade ergibt.

Sei z. B.

das spezifische Gewicht der invertierten Lösung 8 : 100 einschließlich der Salzsäure . .	= 1,0318
das spezifische Gewicht von 5 ccm Salzsäure : 100	= 1,0100
das spezifische Gewicht der salzsäurefreien invertierten Lösung (S_i) also	= 1,0218
so ist der Extraktgehalt der invertierten Lösung 8 : 100	= 5,6481
der Extraktgehalt der invertierten Marmelade (E_i) . . $5{,}64 \cdot \frac{100}{8}$	= 70,50%

5. Gesamtzucker (Z). Nach dem Ausfalle der Extraktbestimmung berechnet man die Verdünnung der Lösung, damit 100 ccm nicht mehr als 1 g Zucker enthalten. Bei einem Extraktgehalte von $E_i = 70{,}50\%$, entsprechend 5,64 g in 100 ccm der invertierten Lösung, wird man beispielsweise 15 ccm der letzteren in ein 100 ccm-Kölbchen pipettieren, mit Natronlauge neutralisieren und nach dem Auffüllen 25 ccm zur Invertzuckerbestimmung nach Meißl-Allihn verwenden.

Will man auch den Gehalt an Saccharose, dessen Kenntnis jedoch nicht erforderlich ist, bestimmen, so ermittelt man nach dem unter Obstkraut angegebenen Verfahren entweder den direkt reduzierenden Zucker oder die Polarisation der nicht invertierten Lösung. Im ersteren Falle rechnet man die Differenz zwischen Gesamtzucker und direkt reduzierendem Zucker durch Multiplikation mit 0,95 auf Saccharose um. Im letzteren Falle erfährt man den Gehalt an Saccharose aus der Polarisationsverminderung nach der Clergetschen Formel (vgl. S. 758 bzw. 723).

6. Der zuckerfreie Extrakt ergibt sich durch Subtraktion des Gesamtzuckers (als Invertzucker) von dem nach 4 ermittelten Extraktgehalte der invertierten Marmelade zu $E_i - Z$ oder durch Subtraktion der Summe aus direkt reduzierendem Zucker und Saccharose von dem nach 3 bestimmten Extraktgehalte der nicht invertierten Marmelade (E_d).

7. Stärkesirup. Der qualitative Nachweis und die quantitative Bestimmung erfolgt nach dem Verfahren von Juckenack (siehe Fruchtsirup, S. 918). Wenn es sich lediglich um die qualitative Prüfung auf Stärkesirup handelt, kann man sich auch des von Fiehe[1]) ausgearbeiteten Verfahrens bedienen. Man löst 10 g Substanz in 10 g Wasser, kocht das Filtrat zur Ausfällung der organischen Kalksalze mit 5 Tropfen 10 proz. Ammoniumoxalatlösung, darauf nochmals mit Tierkohle auf und filtriert. Zu 2 ccm des Filtrates setzt man 2 Tropfen rauchende Salzsäure (1,19) und 20 ccm 94 proz. Alkohols, wobei reine Obsterzeugnisse klar bleiben, während bei Anwesenheit von Stärkesirup eine Trübung entsteht.

Für Pflaumenmus, welches normalerweise eine spezifische Drehung von $\pm 0°$ zeigt, kann bei Abwesenheit von Saccharose die Juckenacksche Tabelle keine Anwendung finden. Vielmehr ist hier nach Beythien[2]) die Formel $x = \frac{100}{134{,}1} \cdot D$ anzuwenden, in welcher x den prozentualen Gehalt des invertierten Extraktes an wasserfreiem Stärkesirup und D die spezifische Drehung dieses Extraktes bedeutet. Die weitere Berechnung erfolgt wie oben angegeben.

8. Gesamtsäure. Man titriert entweder 100 ccm der Grundlösung mit $^1/_{10}$ N.-Natronlauge, oder man erhitzt 25 g der Marmelade nach Juckenack mit 100 ccm Wasser und titriert diese Mischung (Phenolphthalein als Indicator) direkt.

9. Die austitrierte Flüssigkeit dient zur Prüfung auf ***Saccharin*** (S. 728) und ***Frischhaltungsmittel*** (I. Teil, S. 590 u. f.), und schließlich wird in ihr noch mit Hilfe gebeizter Wolle auf ***künstliche Farbstoffe*** (I. Teil, S. 549 u. f. sowie hier S. 790 u. 895) geprüft.

10. Asche und ***Alkalität derselben.*** Um von den wasserunlöslichen Stoffen

[1]) Zeitschr. f. Untersuchung d. Nahrungs- u. Genußmittel 1909, **18**, 31. [2]) Ebendort 1911, **21**, 271.

unabhängig zu sein, werden 100 ccm der filtrierten Lösung 1 : 10 eingedampft und verascht. Die Alkalität wird dann unter Beobachtung der bei Fruchtsäften gegebenen Vorsichtsmaßregeln bestimmt. Zum Schluß kann in dem Rückstand auch die Phosphorsäure ermittelt werden; der Gehalt an Phosphorsäure ist hier aber für die Beurteilung meist von geringer Bedeutung, weil der verwendete Stärkesirup bereits etwas Phosphorsäure enthalten kann.

11. Stickstoff. Zur Bestimmung des Gesamtstickstoffs verfährt man wie bei Obstkraut, S. 908. Zur Ermittelung des wasserlöslichen Stickstoffs trocknet man 50—100 ccm der filtrierten Lösung 1 : 10 unter Zusatz von etwas Schwefelsäure in einem Schottschen Kolben ein und verbrennt nach Kjeldahl. Bei der Destillation werden 10 ccm $^1/_{10}$ N.-Schwefelsäure vorgelegt.

12. Pektinstoffe. 100 ccm des Filtrates 1 : 10 werden bis auf 25 ccm eingedampft und wie bei Fruchtsäften (S. 891) weiterbehandelt.

13. Gelatine und ***Agar-Agar*** siehe unter Obstkraut (S. 911).

14. Feststellung der Reinheit bzw. des Fruchtgehaltes. Wie die Fruchtsirupe und Gelees zeigen auch die in der Überschrift genannten Erzeugnisse die Zusammensetzung des Ausgangsmaterials, hier also des Fruchtmarkes, in der durch das Einkochen bedingten Konzentration und gleichzeitig in der durch den Zusatz von Rohrzucker herbeigeführten Verdünnung. Der Gehalt an den charakteristischen Bestandteilen der Früchte besonders an zuckerfreiem Extrakt, Asche und Alkalität derselben, Phosphorsäure, Stickstoff, Pektinstoffen, Säure, sowie in Wasser unlöslichen Bestandteilen bietet also einen wertvollen Anhalt für ihre Beurteilung, und es erscheint daher zweckmäßig, einige der bislang veröffentlichten Analysen von Marmeladenfrüchten voranzustellen.

Beythien[1]), sowie später Baier und Hasse[2]), ferner Olig, Brust und Stumpf[3]) fanden z. B. folgende Werte:

Frucht	Gehalt	Wasser %	In Wasser lösliche Stoffe: Extrakt (e) %	Gesamtzucker (z) %	Zuckerfreier Extrakt (e−z) %	Citronensäure %	Nh-Substanz %	Pektin %	Asche %	Alkalität, ccm N.-Säure ccm	Phosphorsäure P_2O_5 %	In Wasser unlösliche Stoffe: Gesamt- %	Rohfaser %	Fett %	$\frac{e-z}{u}$	$\frac{u}{a}$
Himbeeren (10)	Niedrigst	80,24	4,36	0,54	2,97	1,02	0,73	1,25	0,439	4,10	0,050	6,18	—	—	0,24	1,05
	Höchst	87,81	8,52	4,50	4,58	1,60	0,94	1,36	0,642	6,57	0,073	11,30	—	—	0,55	1,86
	Mittel	85,17	6,17	2,52	3,65	1,38	0,84	1,31	0,555	5,49	0,061	8,66	8,47	0,38	0,43	1,55
Johannisbeeren (6)	Niedrigst	83,56	5.77	2,29	2,19	1,54	0,55	0,12	0,384	2,50	0,045	4,07	4,78	0,41	0,41	1,08
	Höchst	90,10	10,25	5,47	5,32	2,66	1,09	0,20	0,585	5,68	0,058	6,40	5,02	0,71	0,83	1,68
	Mittel	84,57	7,93	4,22	3.71	2,25	0,72	0,16	0,460	4,31	0,051	5,97	4,88	0,56	0,62	1,39
Erdbeeren (7)	Niedrigst	80,01	6,45	3,87	2,35	0,80	0,68	0,60	0,441	4,29	0,043	2,62	1,63	0,45	0,27	0,50
	Höchst	89,89	10,32	7,15	3,62	2,10	1,65	0,70	0,736	6,13	0,074	9,67	5,20	0,73	1,15	1,16
	Mittel	84,39	7,97	4,92	3,05	1,42	0,97	0,64	0,543	5,02	0.054	4,78	3,09	0,57	0,87	0,75
Kirschen (4)	Niedrigst	81,22	8,17	4,65	3,52	0,29	—	—	0,344	2,40	0,038	0,74	—	—	2,00	0,17
	Höchst	91,09	16,58	9,51	7,07	1,56	—	—	0,736	6,80	0,056	2,20	—	—	5,30	0,62
	Mittel	87,44	11,16	6,41	4,75	0,83	—	—	0,515	4,55	0,046	1,38	—	—	3,83	0,44
						Äpfelsäure										
Blaubeeren (2)		86,93	9,22	6,26	2,96	1,11	—	—	0,292	2,40	—	3,86	—	—	0,77	1,65
Mirabellen		84,66	13,27	8,49	4,78	1,36	—	—	0.516	5,30	—	2,07	—	—	2,30	0,39
Eierpflaumen		87,93	9,84	6,24	3,60	1,26	—	—	0,352	3,50	—	2,23	—	—	1,60	0,64
Blaue Pflaumen		87,11	9,99	7,02	2,97	0,88	—	—	0,490	4,60	0,043	2,90	—	—	1,00	0,63
Kochäpfel		88,08	9,59	7,40	2,19	0,71	—	—	0,342	3,50	0,021	2,33	—	—	0,90	0,67
Kochbirnen		92,86	4,09	1,25	2,84	0.80	—	—	0,331	3,10	0,019	3,05	—	—	0,94	0,98

[1]) Zeitschr. f. Untersuchung d. Nahrungs- u. Genußmittel 1903, **6**, 1095.
[2]) Ebendort 1908, **15**, 140.
[3]) Ebendort 1910, **19**, 558.

Die einzelnen Bestandteile des Pflaumenmuses mögen nach den eingehenden Untersuchungen von W. Brunetti[1]) noch besonders aufgeführt werden, nämlich:

Gehalt	Wasser	In Wasser löslich:													
		Gesamt-Lösliches	Invertzucker[2])	Glykose	Fructose	Gesamtsäure = Äpfelsäure	Flücht. Säure = Essigsäure	Zuckerfreier Extrakt	Pentosane	Pektinstoffe Alkoholfällung	Stickstoff-Substanz	Asche: Gesamt-	Asche: wasser-löslich	Alkalität: Gesamt-asche (ccm N.-Säure)	Alkalität: waser-lösliche Asche (ccm N.-Säure)
	%	%	%	%	%	%	%	%	%	%	%	%	%	ccm	ccm
Niedrigst	33,93	51,70	4,84	16,25	16,15	0,98	0,04	9,39	1,63	3,25	0,49	1,44	1.17	16,0	13,1
Höchst	43,83	61,60	37,44	21,92	19,92	2.02	0.21	21,42	2,25	6,20	1,37	2,11	1,68	24,9	20,8
Mittel	40,14	55,61	32,40	19,73	17,71	1,42	0,10	16,25	1,92	4,86	0,84	1,68	1,41	19,4	16,5

Gehalt	In Wasser unlösliche Stoffe:													
	Gesamt-unlösliches	Invertzucker	Glykose	Fruktose	Gesamtsäure = Äpfelsäure	Flüchtige Säure = Essigsäure	Zuckerfreier Extrakt	Pentosane	Rohfaser	Stickstoff-Substanz	Asche: Roh-	Asche: Rein-	Alkalität: Gesamt-asche	Alkalität: Sand
	%							%	%	%	%	%	%	%
Mittel	4,22	—	—	—	—	—	—	0,34	1,53	0,28	0,17	0,12	1,1	0,05

Wie man ein Urteil über die Zusammensetzung der aus bestimmten Mengen Frucht und Zucker hergestellten Marmeladen gewinnt, hat Beythien in seiner Veröffentlichung vom Jahre 1903 (l. c.) zuerst gezeigt. Er hat aber später, um den durch die verschieden starke Einkochung bedingten Fehler zu eliminieren, empfohlen, alle analytischen Befunde auf Trockensubstanz zu berechnen, und hat dafür folgendes Verfahren vorgeschlagen[3]):

Wenn 50 Teile Frucht mit einem Wassergehalte von a% und 50 Teile Rohr- oder Rübenzucker eingekocht werden, unter der Voraussetzung, daß hierbei der ganze Zucker invertiert wird, also 52,63 Teile Invertzucker liefert, so ist der Gesamtgehalt der Mischung an Trockensubstanz:

$$\frac{100 - a}{2} + 52{,}63\,.$$

Nenne ich nun den Prozentgehalt des frischen Obstes an irgendeinem Bestandteile, z. B. Säure oder Rohfaser, b, so enthalten die 50 Teile der angewendeten Frucht $\frac{b}{2}$. $\frac{100 - a}{2} + 52{,}63$ g Trockensubstanz enthalten also $\frac{b}{2}$ g dieses Bestandteils oder 100 g Trockensubstanz enthalten

$$\frac{\frac{b}{2} \cdot 100}{\frac{100 - a}{2} + 52{,}63} = \frac{100\,b}{205{,}26 - a}\,\%\,.$$

Nach dieser Formel ist auch der Gehalt an Invertzucker, welcher dem Obste entstammt, zu berechnen. Hingegen ergibt sich die Menge des aus dem Rohrzucker entstandenen Invertzuckers nach folgendem Ansatz:

[1]) Zeitschr. f. Untersuchung d. Nahrungs- u. Genußmittel 1911, **22**, 408; 1913, **25**, 494.

[2]) Saccharose war in keiner Probe vorhanden.

[3]) Zeitschr. f. Untersuchung d. Nahrungs- u. Genußmittel 1910, **20**, 241.

$\frac{100 - a}{2} + 52{,}63$ Teile Trockensubstanz enthalten 52,63 Teile Invertzucker. 100 Teile Trockensubstanz enthalten also

$$\frac{52{,}63 \cdot 100}{\frac{100 - a}{2} + 52{,}63} = \frac{105{,}26 \cdot 100}{205{,}26 - a}.$$

Die Summe beider Werte ergibt den Gesamtzucker.

Nach Ausführung der Rechnung für die mitgeteilten Obstanalysen, sowie für eine Reihe von Hotter[1]) ausgeführter Analysen erlangt man folgende Ergebnisse für die Trockensubstanz:

Frucht	Gehalt	Gesamtzucker als Invertzucker %	Zuckerfreier Extrakt %	Säure = Citronensäure %	Stickstoff-Substanz %	Pektin %	Asche %	Alkalität, ccm N.-Säure ccm	Phosphorsäure %	Unlösliche Stoffe %	Rohfaser %	Fett %
Himbeeren	Niedrigst	82,20	2,08	0,87	0,35	0,93	0,278	2,86	0,046	3,39	2,98	—
	Höchst .	92,81	5,77	1,84	0,75	1,10	0,603	5,77	0,093	15,31	6,93	—
	Mittel ..	89,07	3,32	1,25	0,57	1,05	0,444	4,38	0,071	7,61	5,80	0,30
Johannisbeeren (rote)	Niedrigst	90,52	2,06	1,35	0,42	0,10	0,362	3,38	0,027	4,69	3,07	0,34
	Höchst .	92,05	4,37	2,29	0,90	0,17	0,495	5,58	0,048	6,03	4,13	0,59
	Mittel ..	91,39	3,35	1,95	0,58	0,14	0,424	4,37	0,038	5,39	3,73	0,46
Erdbeeren (Garten-)	Niedrigst	93,64	2,03	0,68	0,29	0,51	0,377	3,73	0,037	2,26	1,05	0,39
	Höchst .	95,49	3,43	1,56	0,69	0,59	0,508	5,38	0,047	3,45	1,66	0,54
	Mittel ..	94,48	2,94	1,13	0,45	0,54	0,413	4,44	0,041	2,78	1,38	0,46
Blaubeeren	Niedrigst	91,47	2,35	0,72	0,46	—	0,229	1,69	0,029	2,38	1,09	—
	Höchst .	94,46	4,47	0,95	1,16	—	0,307	2,37	0,060	5,08	2,81	—
	Mittel ..	93,28	3,52	0,81	0,77	—	0,267	2,02	0,042	3,27	1,88	—
				Äpfelsäure								
Kirschen	Niedrigst	93,39	3,55	0,32	0,55	—	0,346	2,49	0,037	1,65	0,19	—
	Höchst .	94,73	4,77	0,66	0,79	—	0,480	4,30	0,054	2,06	0,30	—
	Mittel ..	93,47	4,18	0,49	0,68	—	0,399	3,29	0,047	1,88	0,27	—
Aprikosen	Niedrigst	92,62	2,53	0,63	0,69	—	0,494	—	0,045	1,82	0,56	—
	Höchst .	94,90	5,21	1,80	1,11	—	0,795	—	0,064	2,61	0,75	—
	Mittel ..	93,98	3,80	1,04	0,86	—	0,559	—	0,052	2,23	0,67	—
Pflaumen	Niedrigst	89,02	4,24	0,49	0,39	—	0,302	2,99	0,031	1,38	0,37	—
	Höchst .	95,03	8,77	1,37	0,66	—	0,500	4,41	0,049	2,46	0,48	—
	Mittel ..	91,96	6,19	0,95	0,49	—	0,412	3,77	0,037	1,83	0,44	—
Äpfel	Niedrigst	91,92	2,28	0,21	0,17	—	0,160	—	0,023	1,24	0,66	—
	Höchst .	95,54	4,27	0,77	0,46	—	0,399	—	0,048	4,54	1,49	—
	Mittel ..	94,44	3,17	0,47	0,30	—	0,265	2,99	0,033	2,44	1,01	—
Birnen	Niedrigst	88,02	2,78	0,05	0,22	—	0,189	—	0,027	1,58	1,05	—
	Höchst .	93,92	5,78	0,51	0,53	—	0,448	—	0,055	6,91	3,21	—
	Mittel ..	91,76	4,19	0,21	0,33	—	0,278	2,76	0,039	4,09	2,06	—

[1]) Zeitschr. f. d. landw. Versuchswesen in Österreich 1906, **9**, 747.

Einige weitere von Fischer und Alpers[1]) sowie von Ludwig[2]) ausgeführte Analysen selbst hergestellter Marmeladen ergaben Werte, welche mit den oben angeführten im großen und ganzen zusammenfallen, und vermögen daher das Gesamtbild nicht wesentlich zu beeinflussen. Man wird infolgedessen annehmen können, daß der Gehalt einer trocken gedachten Marmelade, aus gleichen Teilen Frucht und Zucker, an zuckerfreiem Extrakt ungefähr 2—5% beträgt. Der Säuregehalt ist am höchsten bei der Johannisbeermarmelade, während süße Kirschen, Äpfel und Birnen auffallend arm an Säure sind. Asche und Alkalität bewegen sich innerhalb der für Fruchtsäfte ermittelten Grenzen. Aber alle diese Werte weisen so beträchtliche Schwankungen auf, daß es fast unmöglich erscheint, bei einer Marmelade von unbekanntem Zuckergehalt ein Urteil über die Menge des verarbeiteten Obstes abzugeben.

Eher könnte die Frage nach der Art der benutzten Früchte auf Grund der Baierschen Verhältniszahlen $\frac{c-z}{u}$ und $\frac{u}{a}$ beantwortet werden, besonders wenn es sich um die Vermischung von Beerenfrüchten mit Kirschen oder Pflaumen handelt, welche bei hohem Gehalt an zuckerfreiem Extrakt geringe Mengen unlöslicher Stoffe aufweisen. Für den besonders wichtigen Nachweis von Kernobst wird neben dem niedrigen Säuregehalt an sich, die Charakterisierung der Äpfelsäure von Bedeutung werden, weil diese in den Himbeeren, Johannisbeeren und Erdbeeren nicht vorkommt.

Noch schwieriger wird ein Rückschluß auf den Gehalt an Obstbestandteilen bei gleichzeitiger Anwesenheit von Stärkesirup, weil dann auch die Heranziehung des zuckerfreien Extraktes und der Pektinstoffe unmöglich ist, und nur noch Säure, Asche und Alkalität für die Beurteilung übrig bleiben.

15. Nachweis von Verfälschungsmitteln. ***a) Zusatz von Trestern.*** Ebenso wie die Bestimmung des Fruchtgehaltes an sich, stellt auch der Nachweis von Trestern eine außerordentlich schwierige Aufgabe dar, deren Lösung nur unter gleichzeitiger Berücksichtigung des Zuckerzusatzes versucht werden kann. Im allgemeinen wird man aber doch die auf voriger Seite angeführten Werte zugrunde legen können, weil hohe Zusätze von Obstrückständen ganz erhebliche Abweichungen von den Normalzahlen zur Folge haben. So fand Ludwig in seinem aus gleichen Teilen Zucker und Himbeerrückständen, bzw. Himbeerkernen unter Zusatz von Wasser gekochten Marmeladen 19,41 bzw. 26,82% unlösliche Be-Bestandteile (auf Trockensubstanz berechnet), gegenüber 5,21—9,06 in reinen Himbeeermarmeladen.

b) Zusatz von Stärkesirup. Die Feststellung des Gehaltes an Stärkesirup nach dem Verfahren von Juckenack ergibt im großen und ganzen für die Praxis hinreichend genaue Werte, man wird aber mit einem Fehler von $\pm 10\%$ zu rechnen haben und also z. B. berücksichtigen, daß bei Berechnung eines Stärkesirupzusatzes von 40% der wahre Gehalt zwischen 36 und 44% betragen kann. Zur Ausschaltung des Fehlers, welcher durch den nicht unbeträchtlichen Gehalt der Marmeladen an Nichtzucker herbeigeführt wird, hat Hasse den zweckmäßigen Vorschlag gemacht, die spezifische Drehung des nach Abzug der Nichtzuckerstoffe verbleibenden Extraktrestes zu bestimmen. Bei Anwesenheit von Stärkesirup, welcher die Ermittelung der dem Obste entstammenden Nichtzuckerstoffe verhindert, kann ein Mittelwert eingesetzt werden, der sich aus den mitgeteilten Analysen für Himbeer-, Johannisbeer- und Erdbeermarmelade zu ungefähr 3% in der Trockensubstanz ergibt.

c) Zusatz von organischen Säuren. Ein Zusatz von organischen Säuren mit Ausnahme der Weinsäure kann auf chemischem Wege nicht nachgewiesen werden, wenn er nicht eine erhebliche Überschreitung der in normalen Erzeugnissen beobachteten Grenzen bewirkt. Die Auffindung von Weinsäure, welche keinen normalen Bestandteil der Marmeladen bildet, deutet immer auf absichtlichen Zusatz hin. — Ein Zusatz von Saccharose zu

[1]) Zeitschr. f. Untersuchung d. Nahrungs- u. Genußmittel 1908, **15**, 146.

[2]) Ebendort 1907, **13**, 5.

Pflaumenmus kann nur dann mit Sicherheit nachgewiesen werden, wenn die Saccharose noch nicht invertiert ist, weil diese Zuckerart normalerweise im Pflaumenmus nach Brunetti[1]) nicht vorkommt. Wie Lührig und Bürger[2]) gezeigt haben, wird die zugesetzte Saccharose jedoch fast immer invertiert. Im übrigen gilt das für Fruchtsäfte und Fruchtsirupe Gesagte.

Mikroskopische Untersuchung.

A. L. Winton[3]) hat für die mikroskopische Untersuchung der zu den Fruchtmusen verwendeten Beerenfrüchte eine eingehende Beschreibung nebst Abbildungen geliefert, aus denen wir[4]) folgendes entnehmen:

1. Erdbeere. Die kultivierte Varietät, Fragaria chiloensis Ehrh., hat oft 3—5 cm Durchmesser, ihre Nüßchen liegen in tiefen Gruben. Die Walderdbeere, Fragaria vesca, hat selten einen Durchmesser über 1 cm und trägt ihre Nüßchen in flachen Einsenkungen. In histologischer Beziehung gleichen sich alle Erdbeerarten.

Fig. 235.

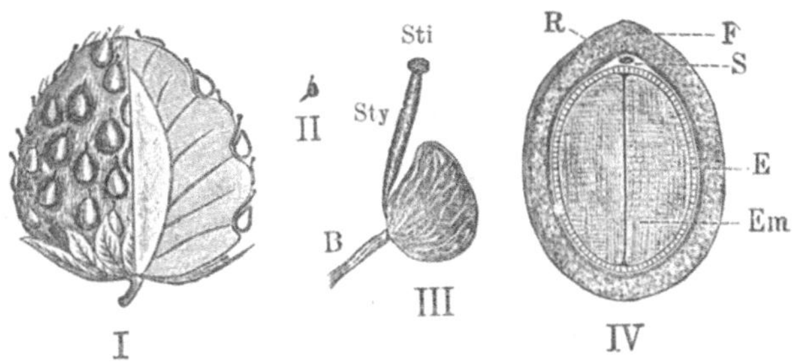

Erdbeere.
I. Sammelfrucht (Vergr. 2). II. Nüßchen, natürl. Größe. III. Nüßchen (Vergr. 8). *Sty* Griffel; *Sti* Narbe; *B* Gefäßbündel. IV. Nüßchen im Querschnitt (Vergr. 32). *F* Perikarp; *S* Testa; *R* Raphe; *E* Endosperm; *Em* Embryo.

Der eßbare Teil ist der Fruchtboden, der aus einem fleischigen Mark und einer fleischigen Rinde besteht. Zwischen beiden befindet sich eine dünne Gefäßbündelschicht, von welcher Äste durch die Rinde zu den Früchtchen ausstrahlen (Fig. 235 I). Die Epidermis des Fruchtbodens ist spärlich behaart. Ihre großen, meist polygonalen Zellen sind an der Basis der Haare rosettenförmig angeordnet (Fig. 236). Vielfach enthalten sie große Drusen von Zuckerkrystallen. Wird etwas von der Erdbeerkonserve auf dem Objektglase zu einer dünnen Schicht zusammengepreßt, so sieht man das Gewebe des Fruchtbodens, dessen lange Gefäßbündelstränge und oft über 1 mm lange, dickwandige, nur in ihrem unteren Teil weitlumige, zugespitzte Haare (Fig. 236 h) von diagnostischem Wert sind.

Fig. 236.

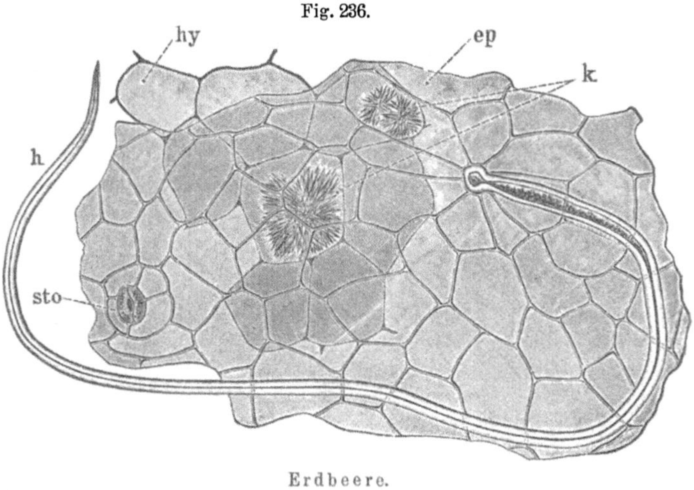

Erdbeere.
Äußere Schichten des Stempelträgers in der Flächenansicht (Vergr. 160). *ep* Epidermis mit Haar *h* und Spaltöffnung *sto*; *hy* Hypoderm; *k* Zuckerkristalle.

[1]) Zeitschr. f. Untersuchung d. Nahrungs- u. Genußmittel 1911, **22**, 408.
[2]) Ebendort 1910, **20**, 96 nach Pharm. Zentralhalle 1909, **50**, 105.
[3]) Zeitschr. f. Untersuchung d. Nahrungs- u. Genußmittel 1902, **5**, 785.
[4]) Bearbeitet von Dr. Fr. Hühn-Osnabrück.

Die Früchtchen und Griffel (Fig. 235, II und III) können aus der Konservenmasse leicht mittels Pinzette herausgehoben und unter der Lupe betrachtet werden. Die Nüßchen sind etwa 1 mm lang, oval und zugespitzt. Die an der zentralen Seite der Nüßchen sich erhebenden Griffel sind etwa 2 mm

Fig. 237.

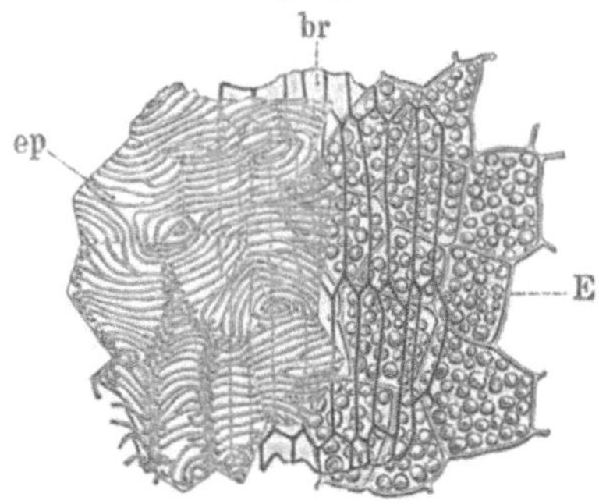

Erdbeere.
Testa und Endosperm in der Flächenansicht (Vergr. 300). *ep* Epidermis; *br* braune Schicht; *E* Endosperm.

Fig. 238.

Erdbeere.
Griffel (Vergr. 32).

Fig. 239.

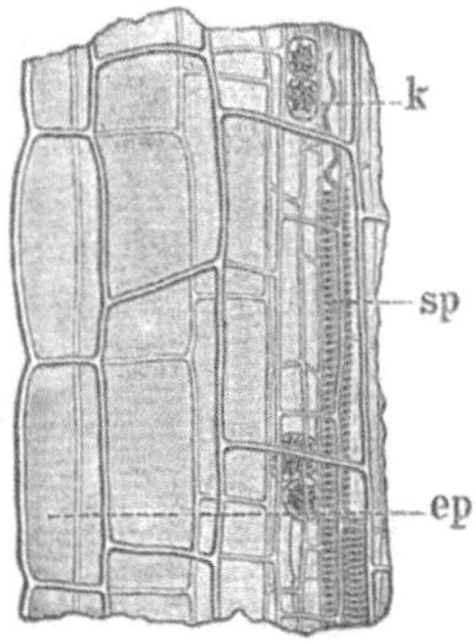

Erdbeere.
Griffel in der Flächenansicht (Vergr. 300). *ep* durchsichtige Epidermis; *sp* Spiroiden; *k* Krystalldrusen.

lang. Schon in der frischen Frucht durchsichtig, können sie in der Konserve ohne weiteres unter dem Mikroskop untersucht werden. Ihre Größe, die schmale Basis, sowie das oft durch Pilzfäden stachelig erscheinende Stigma (Fig. 238) sind kennzeichnend, die Spiralgefäße mit begleitenden Drusen von Zuckerkristallen (Fig. 239) unterstützen die Erkennung.

Im Querschnitt des Früchtchens sind besonders die beiden aus sklerenchymatischen Fasern bestehenden Endokarpschichten auffallend, die in der äußeren Schicht längs, in der inneren aus 1 bis 2 Zellreihen bestehenden Schicht quer laufen.

In der Flächenansicht sind die Netzzellen der äußeren Testaschicht kennzeichnend (Fig. 237).

Fig. 240.

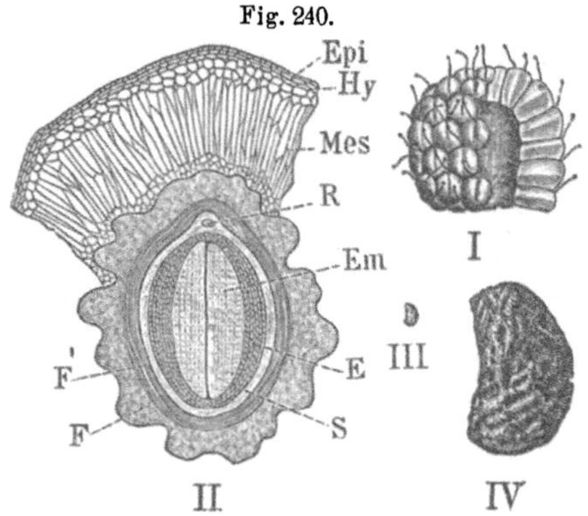

Himbeere.
I. Sammelfrucht, natürl. Größe. II. Steinfrucht im Querschnitt (Vergr. 32). *Epi* Epikarp; *Hy* Hypoderm; *Mes* Mesokarp; *F* äußeres Endokarp; *F'* inneres Endokarp; *S* Testa; *R* Raphe; *E* Endosperm; *Em* Embryo. III. Stein (natürl. Größe). IV. Stein (Vergr. 8).

2. Himbeere. Es werden verschiedene Arten kultiviert, deren wichtigste die rote europäische Himbeere, Rubus Idaeus L., ist; die gelben und weißen Himbeeren sind nur Albinoformen dieser Spezies. Für manche Gegenden kommt ferner die schwarze Himbeere, Rubus occidentalis L., in Frage. Der anatomische Bau ist bei allen Himbeerarten der gleiche.

Die zahlreichen Steinfrüchtchen (Fig. 240) stehen dicht zusammengedrängt auf der Spitze und den Seiten des gemeinsamen Fruchtbodens. Der nach außen liegende, dickfleischige Teil der Oberfläche jedes Früchtchens ist konvex, die seitlichen Wandungen weisen 4 bis 7, vom Druck der angrenzenden Steinfrüchtchen herrührende Fazetten auf. Die Außenoberfläche und die Winkel sind behaart, die Fazettenflächen kahl. Der Griffel ist etwa 4 mm lang und erhebt sich vom oberen Ende der nach außen gerichteten Oberfläche.

Da der Fruchtboden beim Pflücken nicht mitgeht, hat man es in Himbeerkonserven nur mit dem Griffel, dem Kern (Samen mit Endokarp) und dem fleischigen Perikarp zu tun. Das Epikarp

Fig. 241.

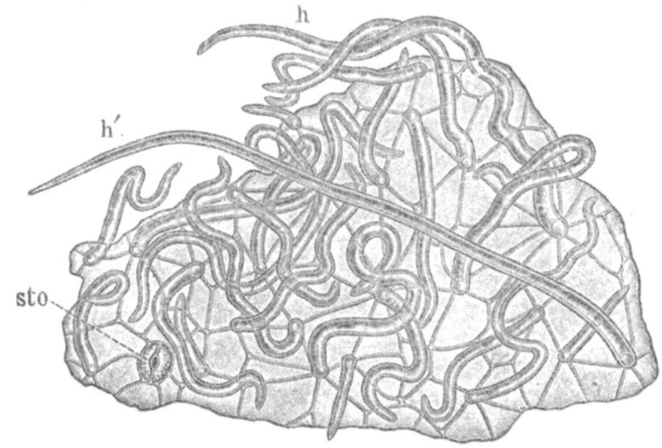

Himbeere.
Epikarp mit schlangenförmig gewundenen Haaren *h*, geraden Haaren *h′* und Spaltöffnung *sto* (Vergr. 160).

Fig. 242.

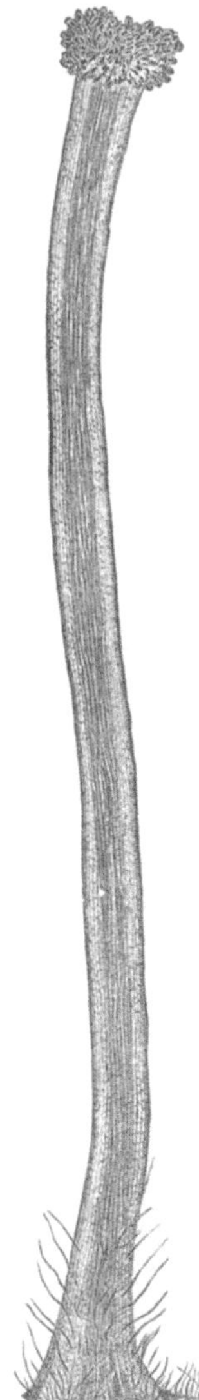

Himbeere.
Griffel (Vergr. 32).

(Fig. 241) ist mit zahlreichen bandartigen, stumpfgespitzten, dünnwandigen und daher schlaffen, vielfach gekrümmten und verfilzten Haaren besetzt. Die polygonalen Oberhautzellen bilden an der Basis der Haare vielfach Rosetten. Im Mesokarp sind, wie bei allen Rubusarten, Zellen mit Krystalldrusen besonders in der Nähe der Griffelbasis häufig. Das Epikarp mit den gewundenen Haaren und die Krystallzellen des darunter liegenden Mesokarps können aus den gelatinösen Teilen der Konserven leicht gefunden werden. Die Dicke des äußeren Endokarps ist so verschieden, daß das Steinfrüchtchen in sehr charakteristischer Weise tief gerunzelt erscheint. Wie bei der Erdbeere liegen die Sklerenchymfasern der äußeren Endospermschicht in der Längsrichtung der Frucht, die der inneren Endospermschicht in vier oder mehr Lagen quer dazu.

Fig. 243.

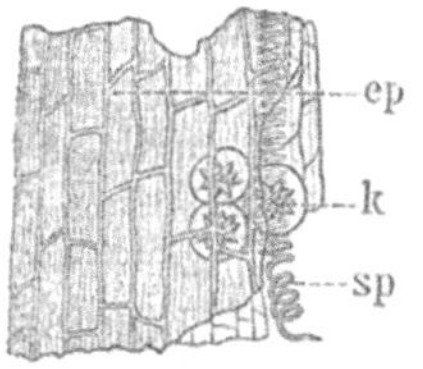

Himbeere.
Griffel in der Flächenansicht (Vergr. 300). *ep* Epidermis; *sp* Spiroiden; *k* Krystalldrusen.

Die Epidermiszellen des an der verbreiterten Basis schwach behaarten Griffels (Fig. 242) sind durch die zahlreichen Runzeln der Oberfläche nicht so durchsichtig wie bei der Erdbeere. Die Runzeln können durch Bleichen mit Javellescher Lauge und durch Färben mit Safranin zum Vorschein gebracht werden. Nach Erwärmen des Griffels mit verdünnter Lauge erscheinen die Gefäße und begleitenden Krystallzellen mit je einer Krystalldruse sehr deutlich (Fig. 243).

3. Brombeere. In Europa wächst vorwiegend die wilde Brombeere, Rubus fruticosus L. Die nachfolgenden, A. L. Winton entnommenen Angaben beziehen sich zwar auf die amerikanischen Brombeerarten Rubus nigrobaccus Bailey und Rubus villosus Aiton, gelten jedoch auch für R. fruticosus.

Die Brombeere ähnelt in ihrer Struktur sehr der Himbeere, sie unterscheidet sich von ihr durch folgende Einzelheiten: Fruchtboden, Früchtchen und Griffel sind gänzlich kahl, Haare fehlen daher in Brombeerkonserven gänzlich. Die Früchtchen sind mit dem Fruchtboden fest verwachsen, und trennen sich von diesem beim Pflücken nicht. Man findet in der Konserve daher Gewebsteile des Fruchtbodens, besonders Gefäßbündel, die im Vergleich zu denen der Erdbeere kürzer, aber stärker entwickelt sind. Die Kerne ähneln denen der Himbeere, sind aber weit größer. Die Griffel sind nur 2 mm lang, unbehaart und an der Basis nicht verbreitert (Fig. 244). Das Perikarp (Fig. 245) unterscheidet sich von dem der Erdbeere und Himbeere durch die längliche Form der Epikarpzellen und das gänzliche Fehlen der Haare. Das innere Endokarp, aus 6—10 Schichten transversal laufender sklerenchymatischer Zellen bestehend, erscheint wesentlich dicker als die gleiche Gewebsschicht bei der Erdbeere und Himbeere, deren inneres Endokarp nur 1—2 bzw. 4 Zellreihen stark ist.

Fig. 244.

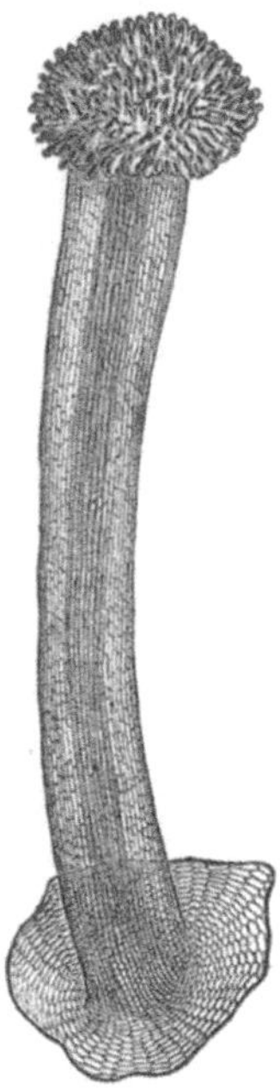

Brombeere.
Griffel (Vergr. 32).

Fig. 245.

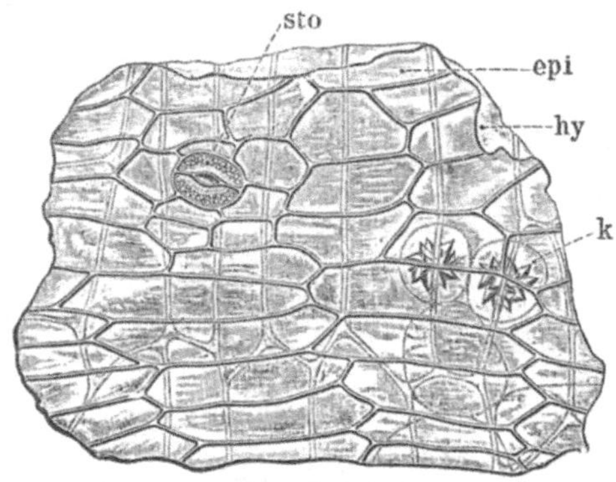

Brombeere.
Flächenansicht der äußeren Schichten des Epikarps (Vergr. 160). *epi* Epikarp mit Spaltöffnung *sto*; *hy* Hypoderm; *k* Krystalldrusen.

4. Johannisbeere. Die roten und weißen Gartenvarietäten stammen sämtlich von Ribes rubrum L. ab; weniger verbreitet ist die schwarze Johannisbeere, Ribes nigrum L.

Die Johannisbeere ist eine echte Beere, die am Gipfel die geschrumpften Reste der Blüte trägt. Die Mittelrippen jeder der 10 Blütenhüllen setzen sich in der Frucht in Form von Längsadern fort, die durch das Epikarp hindurch deutlich sichtbar sind (Fig. 246 I). Die auf zwei wandständigen Placenten wachsenden anatropen Samen sind dicht aneinandergereiht und infolgedessen gewöhnlich auf einer oder mehreren Seiten abgeflacht. Die äußere Testa ist gelatinös und durchsichtig, so daß man durch sie hindurch die

Fig. 246.

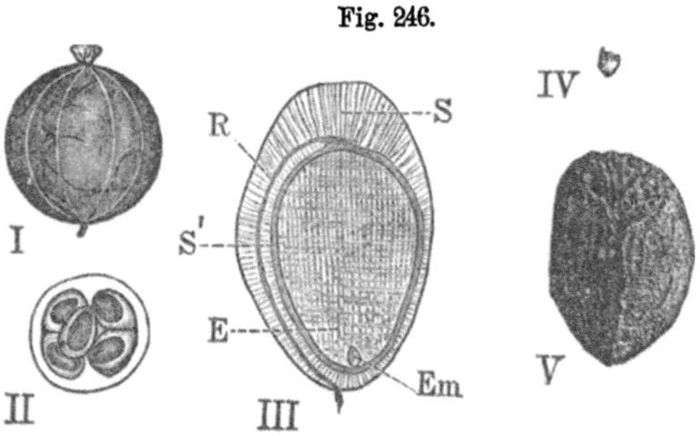

Rote Johannisbeere.

I. Ganze Beere (natürl. Größe). II. Querschnitt der Beere. III. Längsschnitt des Samens (Vergr. 8). *S* gallertige Epidermis; *S'* innere Testa; *R* Raphe; *E* Endosperm; *Em* Embryo. IV und V Samen ohne Epidermis (natürl. Größe und Vergr. 8.)

zarten fadengleichen Raphen und die harte, braune innere Testa sehen kann. Die Zellwandungen des Epikarps sind ungleichmäßig verdickt; bei R. rubrum fehlen die Verdickungen manchmal

Fig. 247.

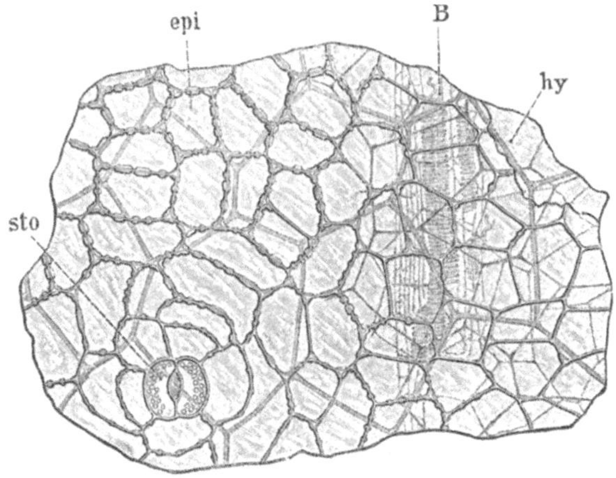

Rote Johannisbeere.
Äußere Schichten des Perikarps in der Flächenansicht (Vergr. 160). *epi* Epikarp mit Spaltöffnung *sto*; *hy* Hypoderm; *B* Gefäßbündel.

Fig. 248.

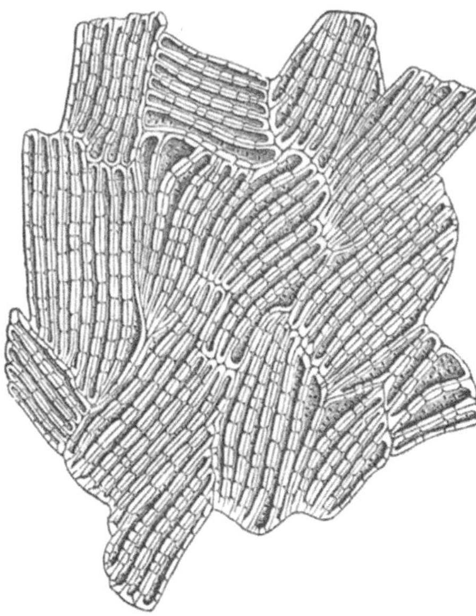

Rote Johannisbeere.
Endokarp in der Flächenansicht (Vergr. 160).

Fig. 249.

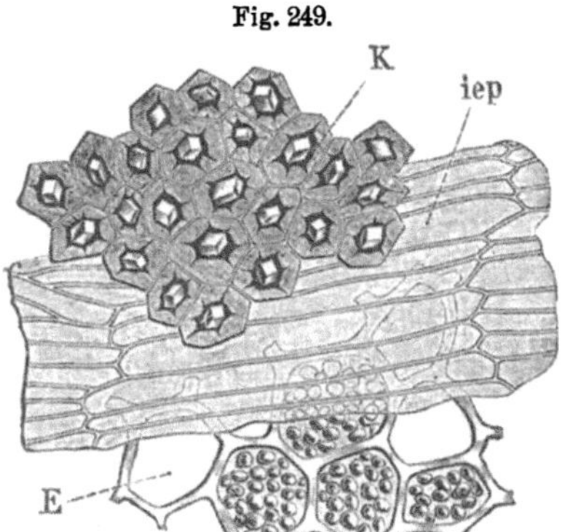

Rote Johannisbeere.
Testa und Endosperm in der Flächenansicht (Vergr. 300). *K* Krystallschicht; *iep* braune Schicht (innere Epidermis); *E* Endosperm mit Aleuronkörnern.

Fig. 250.

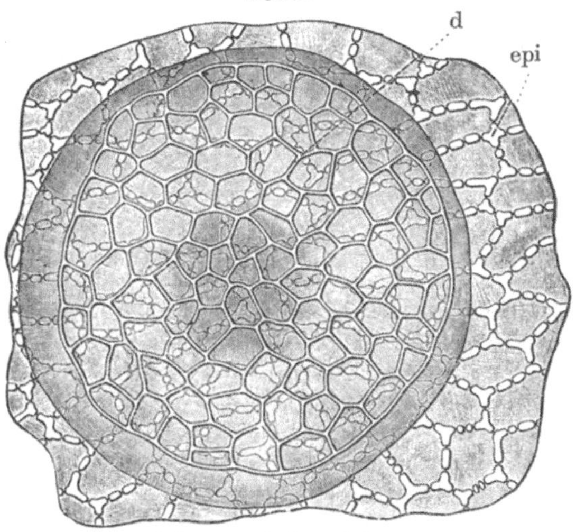

Schwarze Johannisbeere.
epi Epikarp mit Druse *d* in der Flächenansicht (Vergr. 160).

(Fig. 247), bei R. nigrum sind sie stark ausgeprägt, perlschnurartig (Fig. 250) und mit hier und da verstreuten, großen, glänzend gelben, diskusförmigen Drusen besetzt, die auf dem Epikarp an R. rubrum nicht vorkommen. Die deutlichsten und am meisten charakteristischen Bestandteile der

Johannisbeer-Konserven sind die sklerenchymatischen Zellen des Endokarps (Fig. 248). Kennzeichnend ist ferner die Krystallschicht der inneren Epidermis (Fig. 249), die besonders gut in Oberflächenpräparaten zu beobachten ist, hergestellt durch Erwärmen der Samen in verdünnter Lauge und Abschaben mit dem Skalpell.

5. Stachelbeere. In Europa wird vorwiegend Ribes grossularia L., in Amerika Ribes oxyacanthoides L. angebaut. Die Oberfläche der Frucht von R. oxyacanthoides ist glatt, die von R. grossularia dagegen mit zahlreichen, oft über 1 mm langen Stacheln besetzt (Fig. 253), die eine breite Basis haben und teils stumpf endigen, teils mit einem kugelförmigen Kopf versehen sind. Im übrigen ist die Struktur beider Früchte die gleiche. Sie ähnelt sehr derjenigen der Johannisbeere, doch ist die Stachelbeere größer (1—2 cm Durchmesser), die Blütenreste (Kelch und Stempel) sind länger (6 mm) und zerstreut behaart, Kelchschlund und Griffel dicht behaart. Die Haare sind dünnwandig und erreichen eine Länge von 1 mm oder mehr (Fig. 251 und 252).

Fig. 251.

Stachelbeere. Epidermis vom Rande des Kelches, mit Haaren (Vergr. 160).

Fig. 252.

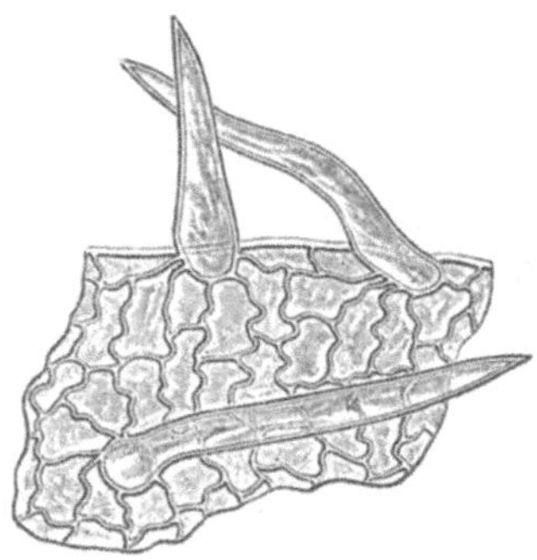

Stachelbeere. Epidermis an dem Kelchrohre, mit Haaren (Vergr. 160).

Fig. 253.

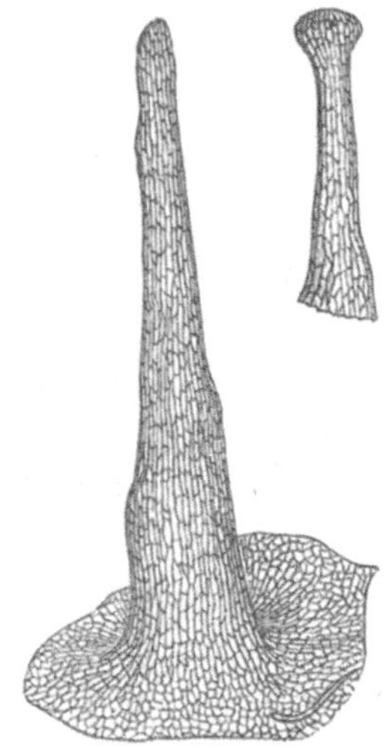

Ribes Grossularia. Stacheln mit und ohne kugelförmigen Kopf (Vergr. 32).

Epikarp und Hypoderm sind denen der roten Johannisbeere gleich. Das Mesokarp besteht aus ungewöhnlich großen Zellen von oft 5 mm Durchmesser, die voneinander durch ein Netzwerk aus winzig kleinen Zellen von kaum 0,05 mm Durchmesser getrennt sind. In den Großzellen der inneren Schicht sind Krystalldrusen in üppiger Fülle vorhanden. Das Endokarp, bei der Johannisbeere ein sehr charakteristisches sklerenchymatisches Gewebe, ist bei der Stachelbeere schwer zu ermitteln, da es bei dieser von einer Schicht außerordentlich dünnwandiger Parenchymzellen gebildet wird. Die mikroskopische Struktur des Samens ist im wesentlichen dieselbe wie beim Samen der Johannisbeere.

6. Preißelbeere. Die sehr geschätzte wilde Gebirgspreißelbeere, Vaccinium vitis idaea L., ist erheblich kleiner als die kultivierte Preißelbeere, Vaccinium macrocarpum Aiton, von der es mehrere, nach Gestalt (rund, oval, birnenförmig) und Farbe (rosenrot, rot, braun) verschiedene Varietäten gibt. Anatomisch gleichen sich beide Arten.

Die Frucht ist eine vierfächerige Beere, die in jedem Fach auf einer zentralen Placenta mehrere Samen enthält. Kurz vor der Reife erscheint nur das Epikarp gefärbt, während nach völliger Reife alle Gewebe der Frucht rot gefärbt sind.

Fig. 254.

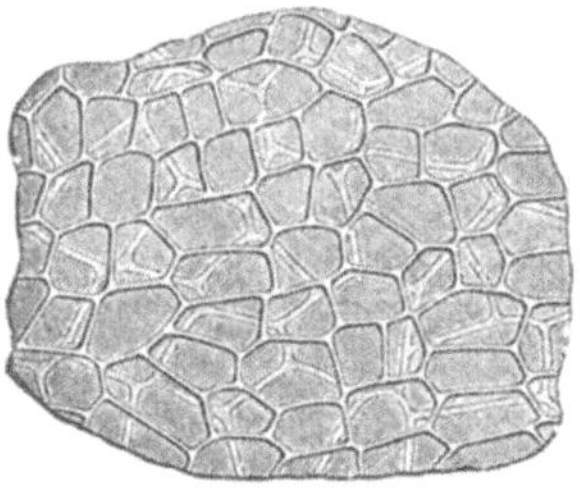

Kultivierte Preißelbeere.
Epikarp und Hypoderm in der Flächenansicht (Vergr. 160).

Fig. 255.

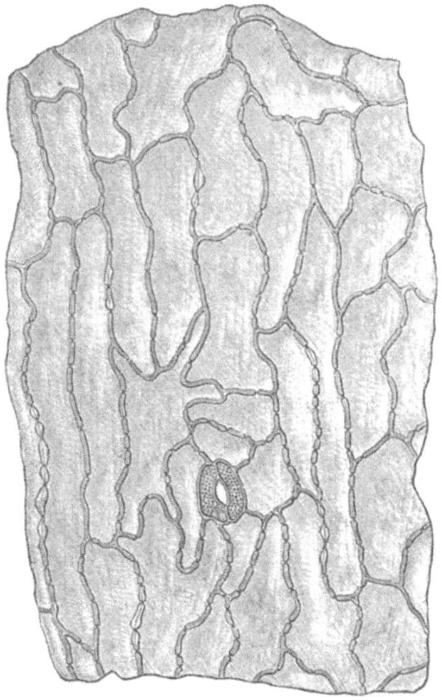

Kultivierte Preißelbeere.
Endokarp mit Spaltöffnung (Vergr. 160).

Fig. 256.

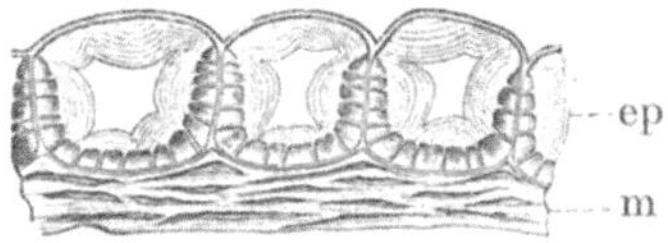

Berg-Preißelbeere.
Querschnitt der Testa (Vergr. 160).
Bedeutung von *ep* und *m* wie unten.

Fig. 257.

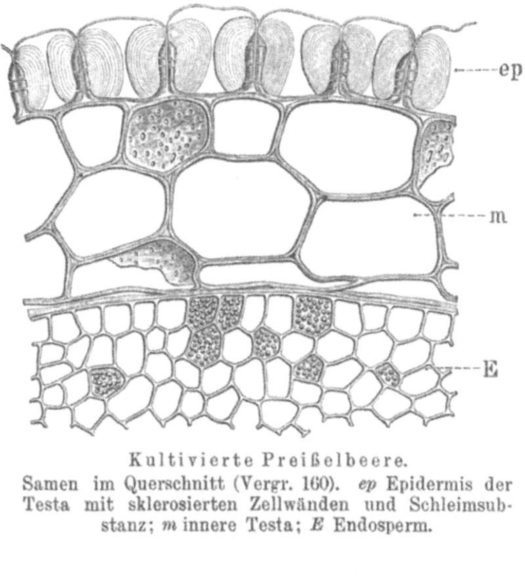

Kultivierte Preißelbeere.
Samen im Querschnitt (Vergr. 160). *ep* Epidermis der Testa mit sklerosierten Zellwänden und Schleimsubstanz; *m* innere Testa; *E* Endosperm.

Fig. 258.

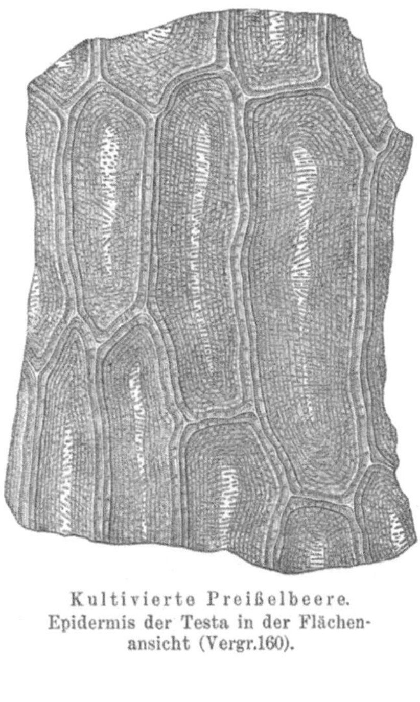

Kultivierte Preißelbeere.
Epidermis der Testa in der Flächenansicht (Vergr.160).

Fig. 259.

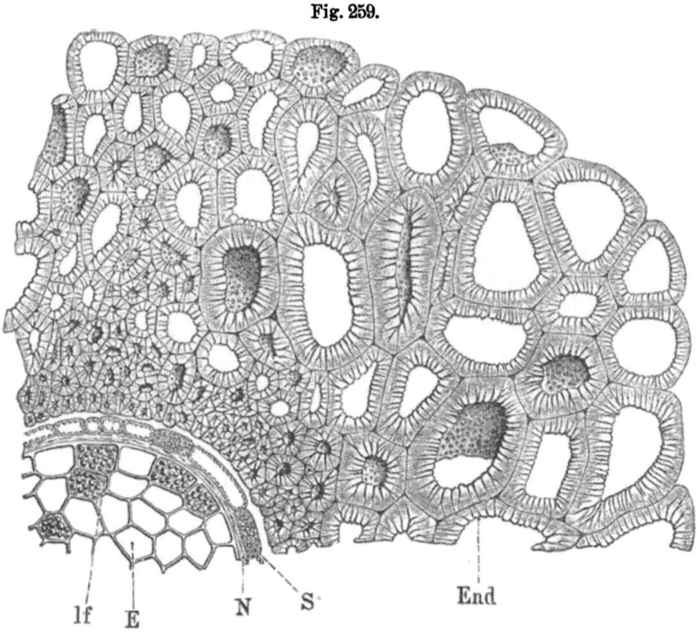

Hucklebeere.
Querschnitt des Endokarps und Samens (Vergr. 160). *End* Endokarp mit großen, isodiametrischen Steinzellen und engen, längsgestreckten Fasern *lf*; *S* Testa; *N* hyaline Schicht (Nucellus); *E* Endosperm.

Fig. 260.

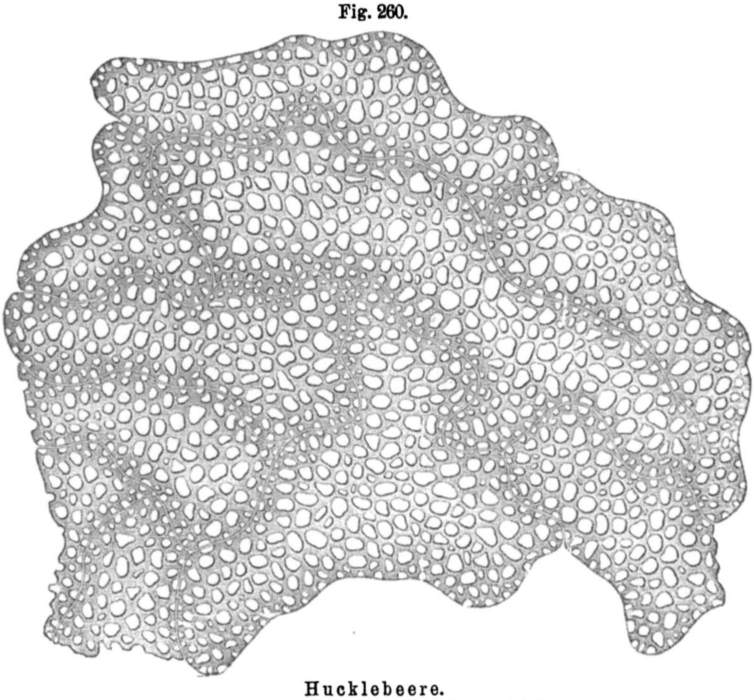

Hucklebeere.
Testa in der Flächenansicht (Vergr. 300).

Epikarp und Hypoderm bestehen aus sehr einfach gebauten Zellen (Fig. 254, S. 937); das Endokarp (Fig. 255) besteht aus nur einer Schicht von Zellen, die meist lang gestreckt sind und wellige Konturen aufweisen. Besonders kennzeichnend sind die Epidermiszellen der Samenschale (Fig. 257 und 256), deren äußere Wandungen dünn sind, während die inneren Wandungen sklerenchymatisch verdickt und bei der kultivierten Preißelbeere meist nur an den radialen Wänden, bei der Gebirgspreißelbeere an allen Innenwandungen eine durchsichtige, deutlich geschichtete Schleimauflagerung zeigen, die sich bei Behandlung des Querschnittpräparates mit Chlorzinkjod blau färbt, während die eigentlichen Zellwände gelb bleiben. Die sklerenchymatischen Radial- und Innenwände der Epidermis erscheinen, in der Flächenansicht betrachtet (Fig. 258, S. 937), von zahlreichen Poren durchzogen, die bei vollkommen reifen Samen gewöhnlich stark in die Länge gezogen sind. Stärke fehlt im Endosperm gänzlich.

7. **Heidelbeere.** In Europa kommt nur die wilde Heidelbeere (Blaubeere, Bickbeere), Vaccinium Myrtillum, in Amerika nur die dieser ganz ähnliche, ebenfalls dunkelblaue, runde Hucklebeere, Gaylussacia resinosa, auf den Markt.

Die Heidelbeere ist keine eigentliche Beere, sondern eine zehnzellige Steinfrucht. Ein gemeinsames, weiches Epikarp und Mesokarp umschließt die sogenannten Samen, deren harte Hülle von den stark sklerosierten Endokarpzellen gebildet wird. Das Mesokarp ist von zahlreichen großen Steinzellen durchsetzt, die sich in Heidelbeerkonserven neben den ihnen sehr ähnlichen, meist noch etwas stärker verdickten Endokarpzellen, durch die ganze Konservenmasse zerstreut finden. Die Endokarpzellen (Fig. 259, S. 938) sollen im Querschnitt betrachtet werden.

Kennzeichnend sind ferner die netzartigen Zellen der Testa (Fig. 260), die nach Wegschneiden des Endosperms leicht abgetrennt und im Flächenpräparat beobachtet werden kann.

Anhaltspunkte für die Beurteilung der Fruchtmuse, Marmeladen und Pasten.

a) Nach der chemischen und mikroskopischen Untersuchung.

Für die Beurteilung der Fruchtsäfte, Fruchtsirupe, Fruchtgelees, Fruchtmuse, Marmeladen und Pasten sind, solange keine amtlichen Begriffserklärungen vorliegen, die Vereinbarungen maßgebend, welche der Verein deutscher Nahrungsmittelchemiker in Gemeinschaft mit Vertretern der deutschen Fruchtdauerwaren-Industrie am 21. Mai 1909 in Heidelberg[1]) beschlossen hat. Sie haben folgenden Wortlaut:

1. Als Grundlage für die Beurteilung eines Nahrungsmittels gilt die normale Beschaffenheit. Abweichungen von dieser Beschaffenheit werden als zulässig erachtet, sofern sie richtig deklariert und die Zusätze nicht gesundheitsschädlich oder wertlos sind.

2. Seitens des Vereins deutscher Fruchtsaftpresser wurde die Frage des Zusatzes von Konservierungsmitteln angeregt. Die Versammlung beschließt, diese Frage aus der Beratung auszuschließen.

3. Die beim Einkochen eines Obsterzeugnisses entweichenden und wiedergewonnenen Stoffe dürfen demselben Produkte wieder zugesetzt werden, ohne daß Deklaration nötig ist.

4. Breiige oder breiig-stückige Fruchtzubereitungen, welche als Konfituren oder Jams bezeichnet werden, sind wie Marmeladen zu beurteilen.

Marmeladen sind Zubereitungen aus frischen Früchten und Zucker.

5. Als Zusätze zu Obsterzeugnissen sind unzulässig: unter Zusatz von Wasser ausgelaugte oder der Destillation unterworfen gewesene Preßrückstände, sowie Preßrückstände ausgelaugter Früchte. Zulässig sind jedoch Preßrückstände von Saueräpfeln, die mit nicht mehr als 50% Wasser gekocht worden sind.

6. Bei der Herstellung von Marmeladen, die nach einer bestimmten Fruchtart benannt sind, müssen mindestens 45% der Frucht, die den Namen der Marmelade trägt, als Einwage genommen werden. Auf Marmeladen aus bitteren Orangen und Citronen findet diese Bestimmung keine Anwendung.

---

[1]) Zeitschr. f. Untersuchung d. Nahrungs- u. Genußmittel 1909, **18**, 77.

Bei der Herstellung gemischter Marmeladen sind mindestens 45% Gesamtfruchtmasse zu verwenden. In diesen 45% sind die 25% Apfelmark, die mit Deklaration zugesetzt werden dürfen, und die 8% Apfelsaft einbegriffen (vgl. Ziffer 9).

7. Zusatz von Stärkesirup muß deklariert werden. Bei Obsterzeugnissen mit mehr als 25% Stärkesirup im fertigen Produkt ist die Deklaration „mit mehr als 25% Stärkesirup" anzuwenden.

8. Die Deklaration „mit mehr als 25% Stärkesirup" deckt Stärkesirupgehalte bis zu 50%. Die analytische Fehlergrenze der zur Bestimmung des Stärkesirups vorgeschriebenen Methode von Juckenack wird zu 10% des gefundenen Wertes festgesetzt, so daß ein Befund von 27,5 statt 25 und von 55 statt 50% noch keinen Grund zur Beanstandung bildet.

9. Als Geliermittel darf Apfelsaft oder ein anderer geeigneter Saft bis zu einem Gehalte von 8% ohne Deklaration verwendet werden.

Außerdem darf das vollwertige Mark einer anderen Fruchtart hinzugesetzt werden. Ein solcher Zusatz ist zu kennzeichnen „mit Zusatz von Apfelmark" oder ähnlich. Diese Deklaration deckt einen Zusatz bis zu 25% der angewandten Gesamtfruchtmasse.

10. Zusätze von Agar, Gelatine und ähnlichen Geliermitteln sind zu kennzeichnen. Zu Marmeladen mit dem Namen einer bestimmten Fruchtart dürfen diese Geliermittel nicht verwendet werden.

11. Preß- und Obstrückstände, also auch teilweise entsaftete Beeren, dürfen nicht für Marmeladen mit dem Namen einer bestimmten Fruchtart verwendet werden.

12. Gemischte Marmeladen, bei deren Herstellung Preßrückstände Verwendung gefunden haben, sind zu kennzeichnen als „Gemischte Marmelade mit Zusatz von Obst- oder Preßrückständen". Diese Deklaration deckt einen Zusatz bis zu 25% der angewandten Gesamtfruchtmasse.

13. Marmeladenähnliche Zubereitungen, die mit mehr Obstrückständen hergestellt sind, als 25% der Gesamtfruchtmasse entspricht, oder welche von Stärkesirup und anderen fremden Bestandteilen mehr als 50% enthalten, müssen als Kunstmarmelade bezeichnet werden.

14. Bei ganzen Kompottfrüchten ist ein Zusatz von Weinsäure und Citronensäure ohne Kennzeichnung zulässig. Eingesottene Preißelbeeren sind hiervon ausgenommen.

15. Der Verband deutscher Geleefabrikanten regt an, in fertigem Apfelkraut einen Gehalt von Rohr- oder Rübenzucker in Mengen von höchstens 20% ohne Kennzeichnung zuzulassen, soweit ein solcher Zusatz erforderlich ist.

16. Für reine Fruchtsirupe ist ein geringer Zusatz von Weinsäure ohne Kennzeichnung zulässig.

17. Bei Fruchtsirupen soll durch die Deklaration „mit Stärkesirup" ein Gehalt an solchem bis zu 10% gedeckt werden.

18. Bei der Deklaration eines Farbzusatzes ist das Wort „gefärbt" zu verwenden. Das Wort gefärbt genügt unter allen Umständen.

19. Über die Art der Deklaration wird folgendes vereinbart: Alle Deklarationen müssen auf der Seite angebracht sein, auf welcher der Inhalt des Gefäßes verzeichnet ist. Die Deklarationen können auf der Hauptetikette oder auf einer besonderen Etikette angebracht sein; letztere muß sich jedoch alsdann über oder unter der Hauptetikette befinden. Falls nur eine Etikette gewählt wird, muß sich die Deklaration unmittelbar über oder unter der Warenbezeichnung in gleichlaufender Schrift befinden.

Auf Gefäßen bis zu 16 cm Hohe sollen die kleinen Buchstaben der Deklaration 3 mm und auf Gefäßen von über 16 cm Höhe 5 mm groß sein. Bei Kunstmarmelade, Kunstgelee usw. darf kein Wort der Etikette größer sein, als das Wort: Kunst.

Für die Deklaration muß eine leicht lesbare dunkle Schrift auf weißem Grunde genommen werden. Wenn normale Bestandteile auf den Etiketten besonders hervorgehoben werden, darf dies nicht in einer Schrift geschehen, die größer ist, als die der Deklaration.

Als Karenzzeit wird die Zeit bis zum 1. Januar 1910 festgesetzt.

In vorstehenden Vereinbarungen sind Muse, Kompottfrüchte und Fruchtpasten nicht ausdrücklich erwähnt; aber sie sind ebenfalls Zubereitungen aus frischen Früchten und Zucker und entweder marmeladenartig (Muse und Kompottfrüchte) oder verarbeitete, d. h. eingedickte Marmeladen (die Fruchtpasten).

Als von der normalen Beschaffenheit abweichende Zusätze haben zu gelten: Konservierungsmittel, organische Säuren (Wein- und Citronensäure), Stärkezucker, Stärkesirup, künstliche Aromastoffe, fremde Farbstoffe und Obsttrester.

Hinsichtlich der gelatinierenden Stoffe, wie Gelatine, Agar-Agar u. a. wurde in den „Vereinbarungen" der Standpunkt vertreten, daß ihr Zusatz bei solchen Früchten, deren Saft beim Einkochen mit Zucker von selbst gallertartig erstarrt, wie Himbeeren, Johannisbeeren und Äpfeln, unzulässig sei, bzw. deklariert werden müsse. Hingegen wurde für andere Früchte diese Forderung nicht aufgestellt.

b) Beurteilung der Marmeladen usw. nach der Rechtslage.

Die vorstehenden „Heidelberger Vereinbarungen" sind zum größten Teile im Einklang mit der derzeitigen Rechtsprechung gefaßt, zum anderen Teile von späteren gerichtlichen Urteilen als maßgebend anerkannt worden.

1. Urteile betreffend Begriffserklärung bzw. richtige Bezeichnung.

Daß Marmeladen mit dem Namen einer bestimmten Fruchtart keine anderen Früchte enthalten dürfen, geht aus dem Urteile des Landgerichtes Freiberg vom 16. Juni 1908[1]) und des Landgerichtes I Berlin vom 26. Februar 1909[2]) hervor.

Das Landgericht Hannover als Berufungsinstanz $\left(\text{Aktenzeichen } \frac{14\,\text{N}\,272/11}{13}\right)$[3]) hat festgestellt, daß „eine aus 10 Teilen Zucker, $1^1/_2$ Teilen Sirup, 3 Teilen Apfelmark, $^1/_5$ Teil Agar und ganz geringen Bestandteilen Weinstein, Fruchtaroma und Färbemitteln hergestellte Masse, welche als ‚Gemischte Früchte' bezeichnet wurde, als eine nachgemachte Fruchtpaste anzusehen sei und daß die Bezeichnung ‚Gemischte Früchte' nur gewählt sei, um die Bezeichnung ‚Fruchtpasten' zu umgehen und eine Beanstandung der Ware zu vermeiden." Unter Fruchtpasten aber sei, so stellt das Urteil fest, ein Erzeugnis aus Fruchtmark und Zucker zu verstehen, zu dessen Bereitung auf 55 Teilen Zucker mindestens 45 Teile Frucht verwendet worden sind.

2. Urteile betreffend Zusätze von Stärkesirup, Farbe, Obsttrestern und Gelierstoffen.

Daß ein Zusatz von Stärkesirup zu gemischten Marmeladen eine Verfälschung im Sinne des NMG. darstellt, ist vom Landgericht Bochum am 6. Oktober 1897[4]) und vom Landgerichte Hagen[5]) am 23. April 1898 entschieden worden. In letzterem Falle hatte die gemischte Marmelade 60—68% Stärkesirup enthalten und war gefärbt worden.

Das gleiche Urteil ist am 6. September 1899 vom Landgericht Altona bezüglich einer 50% Stärkesirup enthaltenden „gemischten Fruchtmarmelade" gefällt worden, und schließlich muß eine mit 50% Stärkesirup und roter Teerfarbe versetzte „gemischte Marmelade" auch nach dem Urteil des Reichsgerichts vom 3. Januar 1898 als verfälscht angesehen werden.

Von höchster Bedeutung für die Beurteilung der Marmeladen und aller übrigen Obsterzeugnisse ist aber das Urteil des Landgerichts zu Leipzig vom 16. Juli 1907[6]), das am 30. Dezember 1907 die Bestätigung des Reichsgerichts gefunden hat. In diesem Urteile wurden nicht

---

[1]) Auszüge 1912, **8**, 600. [2]) Ebendort S. 580.

[3]) Vgl. C. F. Härtel und J. Sölling, Zeitschr. f. Untersuchung d. Nahrungs- u. Genußmittel 1912, **24**, 606.

[4]) Auszüge 1899, **4**, 149. [5]) Ebendort 1902, **5**, 255.

[6]) Zeitschr. f. Untersuchung d. Nahrungs- u. Genußmittel 1908, **15**, 496.

nur die meisten vorstehend mitgeteilten Gesichtspunkte anerkannt, sondern auch wichtige Entscheidungen über die Verwendung wertloser Trester und die Art der Kennzeichnung getroffen. Ausschlaggebend ist der Gedanke, daß eine Ware, die zu mehr als der Hälfte aus fremden Stoffen besteht, nicht „verfälscht", sondern „nachgemacht" ist, so daß für eine Marmelade mit 60% Stärkesirup nicht die Deklaration „mit Zusatz von Stärkesirup" genügt, sondern die Bezeichnung „Kunstmarmelade" zu wählen ist.

Künstliche Färbung haben die meisten Gerichte aus den unter „Fruchtsirupen" angegebenen Gründen als Verfälschung beurteilt. Das bayerische Oberste Landesgericht zieht in seinem Urteile vom 13. Juni 1908[1]) auch noch das Gefühl des Ekels heran, welches den normalen Konsumenten gegenüber künstlich gefärbten Nahrungsmitteln erfüllt.

Die Verwendung teilweise ausgepreßter Früchte ist von dem Landgerichte Freiberg am 16. Juni 1908[2]) als Verfälschung beurteilt worden. Wenn völlig ausgelaugte Apfelschnitzel genommen werden, so genügt nach den Urteilen des Landgerichts Berlin vom 27. September 1907 und des Reichsgerichts vom 10. Dezember 1908[3]) nicht die Deklaration „mit Obstrückständen", weil hierunter nur teilweise ausgepreßte noch wertvolle Rückstände zu verstehen sind.

Mit Gelierstoffen versetzte Marmeladen sind nach dem Urteile des Landgerichts Leipzig vom 16. Juli 1907[4]) als verfälscht zu beurteilen, weil die Gelierstoffe die Einverleibung hoher Wassermengen und die Verringerung des Fruchtgehaltes ermöglichen.

3. Urteile betreffend die richtige Deklaration. Marmeladen aus Äpfeln, Stärkesirup, Himbeertrestern und Farbe sind mehrfach als nachgemacht beurteilt worden, so vom Landgericht Leipzig am 16. März[5]), 14. Mai[6]) und 9. Juli 1907[7]) und vom Oberlandesgericht Dresden am 19. November 1907. In diesen Urteilen findet sich auch die Auffassung vertreten, daß die Inschrift: „Die Zusammensetzung der Marmeladen richtet sich nicht ausschließlich nach der Benennung. Um Krystallisation vorzubeugen, ist Kapillärsirup zugesetzt. Die roten Sorten werden in der Regel etwas koloriert", nicht zur Aufklärung des Publikums geeignet erscheint.

Auch das vorstehend erwähnte Urteil des Landgerichts Leipzig vom 16. Juli 1907 und des Reichsgerichts vom 30. Dezember 1907[8]) haben entschieden, daß durch die Deklaration „mit Zusatz" nur geringe Beimengungen eines fremden Stoffes (etwa 20%) gedeckt werden, während bei größeren Zusätzen die Menge mit angegeben werden muß. Auf diesem Urteile beruht der Satz der Vereinbarungen, daß Marmeladen mit mehr als 25% Stärkesirup die Inschrift „mit mehr als 25% Stärkesirup" tragen müssen, und daß bei Anwesenheit von mehr als 50% die Bezeichnung „Kunstmarmelade" anzuwenden ist.

Diese Vereinbarung ist von mehreren Gerichten als bindend anerkannt worden, u. a.:

Landgericht Leipzig am 16. Dezember 1908 und Reichsgericht am 30. März 1909[9]);

Landgericht Freiberg am 16. April 1908[10]), 11. Januar 1909 und 16. Februar 1910[11]), Reichsgericht 27. April 1909;

Landgericht Frankfurt a. M. am 9. März 1909[12]).

4. Urteile betreffend Kompottfrüchte.

Kompottfrüchte unterliegen den Heidelberger Beschlüssen zum mindesten, soweit sie wie Preißelbeer- oder Heidelbeerkompott marmeladenähnlich sind. Ein Zusatz von Stärke-

---

[1]) Gesetze u. Verordnungen 1909, **1**, 65.
[2]) Auszüge 1912, **8**, 600.
[3]) Gesetze u. Verordnungen 1909, **1**, 520.
[4]) Auszüge 1912, **8**, 614.
[5]) Ebendort S. 610. [6]) Ebendort S. 611.
[7]) Ebendort S. 613. [8]) Ebendort S. 614.
[9]) Ebendort S. 620. [10]) Ebendort S. 600.
[11]) Ebendort S. 605. [12]) Ebendort S. 584.

sirup ist nach den Urteilen des Landgerichts Hagen vom 7. April 1897[1]) und des Landgerichts I Berlin vom 12. April 1907[2]), eine künstliche Färbung nach dem Urteile des Landgerichts I Berlin vom 12. April 1907 und des Landgerichts III Berlin vom 22. März 1911[3]) als Verfälschung zu beanstanden. Das gleiche gilt vom Zusatze fremder Beerenfrüchte, z. B. geringwertiger Moosbeeren zu Preißelbeeren; vgl. die Urteile des Landgerichtes I Berlin vom 22. Januar 1909 und 27. November 1908[4]) und des Kammergerichts Berlin.

Bei ganzen Birnen, Kirschen und ähnlichen Früchten hingegen wird in der Regel wohl nur der Zusatz von Stärkesirup zu beanstanden sein, eine künstliche Färbung aber nur dann, wenn dadurch eine geringwertige Beschaffenheit verdeckt werden soll.

E. Limonaden und alkoholfreie Getränke.[5])

Limonaden und alkoholfreie Getränke sind nach ihrer Gewinnung und ihren Bestandteilen gleichartige Erzeugnisse; dem Zwecke nach sollen beide durststillende und diätetisch wirkende Mittel sein, ohne dem Körper Alkohol zuzuführen. Aus diesen Gründen kann die Untersuchung und Beurteilung von beiderlei Erzeugnissen hier zusammen behandelt werden.

„Limonaden“ sind alkoholfreie Getränke im weiteren Sinne, d. h. mit Wasser verdünnte Fruchtsirupe oder Mischungen von natürlichen Fruchtsäften mit Wasser und Zucker; wird statt des gewöhnlichen Wassers kohlensäurehaltiges Wasser angewendet oder wird Kohlensäure in die Lösungen eingepreßt, so erhält man die Brauselimonaden. „Feste Brauselimonaden“ sind trockene Mischungen von parfümiertem (mit Fruchtestern versetztem) Zucker, organischen Säuren (Weinsäure oder Citronensäure) und doppeltkohlensaurem Natrium. Sie können bei genügender Trockenheit in einer einzigen Patrone zusammen aufbewahrt werden oder sie bestehen aus zwei, meist verschieden gefärbten Tabletten, von denen die eine ein Gemenge von parfümiertem Zucker und einer organischen Säure (Weinsäure oder Citronensäure) ist, während die andere Zucker und doppeltkohlensaures Natrium enthält.

Unter „alkoholfreien Getränken“ im engeren Sinne versteht man alkoholfreie Weine oder alkoholfreie Biere.

„Alkoholfreie Weine“ werden entweder durch Sterilisieren von Trauben- oder Obstmost oder durch Entgeisten der hieraus gewonnenen Weine unter nachherigem Zusatz von Zucker und gegebenenfalls unter Imprägnieren mit Kohlensäure hergestellt.

„Alkoholfreie Biere“ sind im allgemeinen nur aus Wasser, Hopfen und Malz unter Imprägnation mit Kohlensäure hergestellte Erzeugnisse; vereinzelt mögen sie auch durch Entgeisten von Bier oder aus pasteurisiertem Bier gewonnen werden.

Zusammensetzung der Limonaden und alkoholfreien Getränke.

Die Zusammensetzung der Limonaden bzw. Brauselimonaden entspricht der der verdünnten Fruchtsirupe oder der mit Wasser (oder kohlensäurehaltigem Wasser) unter Zusatz von Zucker verdünnten Fruchtsäfte, d. h. der prozentuale Gehalt an Fruchtbestandteilen ist geringer, aber das Verhältnis der letzteren zueinander muß nach Abzug des zugesetzten Zuckers in den Limonaden dasselbe sein, wie bei den natürlichen Fruchtsäften der bezeichneten Art (vgl. daher hierüber S. 882 u. f. und S. 900). Vielfach sind die Limonaden nur Lösungen von Zucker, organischen Säuren (Wein- oder Citronensäure) und Fruchtessenzen.

---

[1]) Auszüge 1899, **4**, 145.

[2]) Ebendort 1912, **8**, 579.

[3]) Ebendort 1912, **8**, 580.

[4]) Gesetze u. Verordnungen 1911, **3**, 12.

[5]) Bearbeitet von Prof. Dr. A. Beythien-Dresden.

Die Zusammensetzung der **alkoholfreien Getränke** muß der der natürlichen oder der ganz bzw. teilweise vergorenen, aber von Alkohol befreiten Fruchtsäfte entsprechen.

Otto und Tolmacz[1]) fanden z. B. für 4 Proben reinen alkoholfreien Äpfelsaft in 100 ccm:

Spezifisches Gewicht mit Pyknometer	Spezifisches Gewicht mit Oechsle-Wage	Extrakt Balling g	Gesamtzucker nach Oechsle g	Gesamtzucker gewichtsanalytisch g	Invertzucker g	Saccharose g	Säure = Äpfelsaure g	Alkohol g	Asche g
1,0453	1,0479	12,69	10,56	9,81	8,38	1,51	0,645	0,140	0,274

Eine Reihe anderer Erzeugnisse dieser Art (Apfelblümchen, Apfelin, Pomril, Frada, Frutil u. a.) waren entweder mit Wasser gestreckt oder gezuckert oder aus Dörrobst unter Imprägnieren mit Kohlensäure hergestellt.

Fr. Müller[2]) untersuchte natürliche, unvergorene und unter Zusatz von Saccharose vergorene alkoholfreie Traubensäfte mit folgendem Ergebnis im Mittel von 6 bzw. 4 Proben in 100 ccm:

	unvergoren	vergoren		unvergoren	vergoren
Spez. Gewicht	1,0601	1,0355	Weinsäure	0,101 g	0,041 g
Extrakt direkt	16,01 g	9,23 g	Schweflige Säure gesamte	0,0069 g	0,0040 g
Extrakt indirekt	15,96 g	9,19 g	Schweflige Säure freie	0,0007 g	0,0003 g
Zucker vor d. Inversion	12,32 g	3,48 g	Esterzahl gesamte	9,30	19,42
Zucker nach d. „	12,51 g	7,31 g	Esterzahl flüchtige	2,55	3,63
Saccharose	0,19 g	(4,30 g)[3])	Glycerin	0,116 g	0,279 g
Zuckerfreier Extrakt	3,25 g	1,88 g	Stickstoff	0,028 g	0,009 g
Mineralstoffe	0,263 g	0,124 g	Phosphorsäure	0,019 g	0,009 g
Alkalität derselben (ccm ½ N.)	2,45 ccm	1,28 ccm	Polarisation im 100 mm-Rohr vor d. Inv.	—3,0°	+2,3°
Gesamtsäure	0,795 g	0,504 g	Polarisation im 100 mm-Rohr nach d. „	—3,2°	—1,6°
Flüchtige Säure	0,037 g	0,057 g	Chlornatrium	0,015 g	0,012 g
Weinstein	0,615 g	0,278 g			

An Verhältniszahlen wurden gefunden:

Traubensaft	Asche : Phosphorsäure	Flüchtige Ester : Gesamtester	Gesamtsaure : Gesamtester	Asche : Zuckerfreiem Extrakt
Unvergorener	100 : 7,0 bis 7,8	1 : 1,3 bis 11,7	1 : 5,0 bis 15,7	1 : 11,0 bis 15,2
Vergorener	100 : 5,1 bis 9,5	1 : 3,0 bis 8,7	1 : 35,8 bis 40,0	1 : 12,4 bis 17,4

Bei einem künstlichen alkoholfreien Wein betrug das Verhältnis von Gesamtsäure: Gesamtester 1 : 50,9.

R. Otto und S. Kohn[4]) untersuchten 5 Proben naturreinen alkoholfreien Traubensaft und 3 Proben vergorenen, von Alkohol befreiten, mit Kohlensäure imprägnierten Traubensaft mit folgendem mittleren Ergebnis für 100 ccm:

Traubensaft	Spezifisches Gewicht	Alkohol g	Extrakt g	Gesamtzucker g	Invertzucker g	Saccharose g	Säure = Weinsäure g	Asche g
Natürlicher	1,0619	0,25	20,53	17,76	—	0	0,944	0,250
Vergorener, entalkoholisierter	1,0417	0,30	11,29	7,61	5,85	1,68	0,630	0,160

[1]) Zeitschr. f. Untersuchung d. Nahrungs- u. Genußmittel 1905, **9**, 267; 1905, **10**, 241.

[2]) Chem.-Ztg. 1911, **35**, 695.

[3]) Künstlich zugesetzt.

[4]) Zeitschr. f. Untersuchung d. Nahrungs- u. Genußmittel 1906, **11**, 136.

Für entalkoholisierte Weine, d. h. alkoholfreie Weinextrakte, fand J. M. Krasser[1]) nach 6 untersuchten Proben:

Gehalt	Spezifisches Gewicht	Alkohol		Gramm in 100 ccm								
		Vol.-Proz.	Gew.-Proz.	Extrakt	Invertzucker	Saccharose	Säure: Gesamt- (Weinsäure)	Säure: Flüchtige (Essigsäure)	Weinstein	Glycerin	Mineralstoffe	Zuckerfreier Extrakt
Niedrigst-	1,0220	0,20	0,16	5,714	0,914	0,532	0,555	0,048	0,188	0,100	0,132	0,911
Höchst- .	1,0298	0,47	0,37	8,352	4,748	(6,370)	0,750	0,151	0,278	0,288	0,174	2,513

Die Weine waren nur zum Teil vergoren; Teerfarbstoffe und Frischhaltungsmittel waren nicht vorhanden. Naturgemäß können nur solche Traubensäfte, die teilweise vergoren und dann von Alkohol befreit sind, „alkoholfreie Weine" genannt werden; denn in ihnen ist das Verhältnis von Extrakt: Zucker: Säure usw. ein anderes wie in sterilisiertem und gegebenenfalls mit Kohlensäure imprägniertem Traubensaft (bzw. Most).

Ähnlich verhält es sich mit „alkoholfreiem Bier"; es sollen eigentlich vergorene Biere sein, denen nachträglich der Alkohol entzogen ist. Weil aber, wie beim Wein, durch nachträgliche Entziehung des Alkohols auch Bukettstoffe aller Art verloren gehen, so bestehen alkoholfreie Biere in der Regel aus gehopfter Würze, d. h. aus Malz, Hopfen und Wasser hergestellten Auszügen, die künstlich mit Kohlensäure imprägniert sind. Als Anhaltspunkte für die Zusammensetzung können folgende mittlere Ergebnisse aus mehreren Analysen dienen:

Getränk	In der natürlichen Substanz							In der Trockensubstanz				
	Wasser %	Extrakt %	Maltose %	Dextrin %	Stickstoffsubstanz[2]) %	Asche %	Phosphorsäure %	Maltose %	Dextrin %	Stickstoffsubstanz[1]) %	Asche %	Phosphorsäure %
Ungehopfte Bierwürze .	83,07	16,93	11,67	3,98	1,09	0,310	0,148	68,90	23,52	6,42	1,833	0,876
Gehopfte desgl. . . .	85,39	14,61	9,01	—	0,59	—	0,087	61,27	—	4,07	—	0,600
Entalkoholisiertes Bier	94,55	5,45	1,33	3,19	0,54	0,215	0,083	24,22	57,43	9,90	3,94	1,523

Infolge der Vergärung der Maltose wird das Verhältnis von Maltose zu Dextrin umgekehrt; auch nehmen Stickstoffsubstanz, Asche und Phosphorsäure im Extrakt gegenüber der Würze zu, zweifellos z. T. infolge der Abnahme der Maltose, z. T. infolge Zusatzes der Hefe.

Statt der gehopften Bierwürzen begegnet man aber im Handel auch Kunsterzeugnissen, die unter Zusatz von wenig Würze (Nachguß) aus gefärbter Zuckerlösung durch Imprägnieren mit Kohlensäure hergestellt werden.

Recht häufig ist bei allen Erzeugnissen dieser Art der Zusatz von Saponin und Frischhaltungsmitteln.

Chemische Untersuchung.

Die Probenahme für die chemische Untersuchung erfolgt wie bei Fruchtsirupen bzw. -säften; man entnimmt zweckmäßig eine oder mehrere ganze Flaschen mit aufgeklebten Originaletiketten, deren Aufschriften genau einzusehen sind.

Für die chemische Untersuchung kommen auch hier in erster Linie in Betracht die Bestimmung des Extraktes, des Zuckers bzw. der Zuckerarten und des zucker-

[1]) Zeitschr. f. Untersuchung d. Nahrungs- u. Genußmittel 1908, **16**, 398.

[2]) N × 6,25.

freien Extraktes, ferner der Asche und ihrer Alkalität, der Phosphorsäure, des Stickstoffs und der organischen Säuren. Unter Umständen wird es erforderlich sein, die Art der organischen Säuren und, zur Prüfung ob vergorene Flüssigkeiten oder sterilisierte unvergorene Auszüge vorliegen, das Glycerin zu bestimmen. Daneben ist die Prüfung auf Frischhaltungsmittel, fremde Farbstoffe, künstliche Süßstoffe und gesundheitsschädliche Metalle auszuführen.

Alle diese Bestimmungen werden wie bei Fruchtsäften bzw. Fruchtsirupen, Glycerin wie bei Bier oder zuckerreichen Weinen (vgl. I. Teil, S. 538 u. f.) ausgeführt.

Nur für die Bestimmung einiger Bestandteile möge hier noch folgendes bemerkt werden:

1. Kohlensäure. Falls die Kohlensäure in den mit Kohlensäure imprägnierten Getränken bestimmt werden soll, so wählt man gut verschlossene Flaschen aus und bestimmt darin die Kohlensäure wie bei Bier oder Schaumweinen.

Für die Bestimmung sonstiger Bestandteile der mit Kohlensäure imprägnierten Getränke muß die Kohlensäure gerade wie bei Bier und Schaumweinen vorher entfernt werden.

2. Alkohol. Hierzu verwendet man je nach dem Gehalt an Alkohol 100—500 g und mehr und verfährt damit wie bei Bouillonpräparaten usw., S. 152, bzw. bei alkoholhaltigen Konfitüren, S. 740; bei sehr geringen Mengen Alkohol prüft man das Destillat auch noch mit Kalilauge und Jodlösung (Jod in Jodkalium) auf Jodoform.

3. Polarisation. Otto und Tolmacz[1]) empfehlen zur Polarisation folgendes Verfahren: 50 ccm der Flüssigkeit werden in der Kälte[2]) mit Tierkohle gut durchgeschüttelt und abfiltriert oder bei stark gefärbten Flüssigkeiten mehrere Male durch Tierkohle filtriert. Schließlich wäscht man die Tierkohle mit so viel destilliertem Wasser aus, daß die Gesamtflüssigkeit das Doppelte der angewendeten Saftmenge beträgt. Die Drehungsgrade müssen natürlich verdoppelt werden.

Die Inversion soll nach der Zollvorschrift (S. 754) ausgeführt werden.

4. Saponin. Der Nachweis von Saponin erfolgt wie bei Zuckerwaren, S. 740.

Reines Saponin gibt mit Wasser einen dichten stehenden Schaum. Beim Verreiben mit konzentrierter Schwefelsäure entsteht eine Rotfärbung, die am Rande des Tropfens beginnt, allmählich nach der Mitte zu vorschreitet und in Violett übergeht. Mit Fröhdes Reagens tritt eine violette, über Grün nach Grau umschlagende Färbung ein. Besonders charakteristisch ist die Reaktion von Ed. Schaer (Überschichten einer Lösung von Saponin in Chloralhydrat auf konzentrierte Schwefelsäure, wobei eine gelbe Zone, später eine purpurrote und malvenviolette Färbung entsteht).

5. Synthetische Fruchtäther. Nach dem Schweizerischen Lebensmittelbuche destilliert man den Inhalt einer frisch geöffneten Flasche und fängt die zuerst übergehenden 5—10 ccm gesondert auf. Sie enthalten die Gesamtmenge der künstlichen Äther, während die natürlichen Riechstoffe viel langsamer übergehen. Das erste Destillat wird dann verseift und der Destillation im Wasserdampfstrome unterzogen, wobei, falls synthetische Fruchtäther vorliegen, der charakteristische Geruch des Amylalkohols auftritt. Zum schärferen Nachweise des Amylalkohols prüft Kreis[3]) das auf 30 Vol.-Proz. Alkohol gebrachte Destillat nach Komarowsky. Während die aus Naturprodukten abgeschiedenen höheren Alkohole mit Salicylaldehyd und konzentrierter Schwefelsäure nur gelbliche bis rötlichgelbliche Färbungen geben, färben sich die aus künstlichen Äthern erhaltenenen intensiv blaustichig rot wie reiner Amylalkohol. Der Unterschied beruht nach A. Landolt[4]) auf der Tatsache, daß die höheren Alkohole der Kunstprodukte lediglich aus Amylalkohol bestehen, während die Natur-

---

[1]) Zeitschr. f. Untersuchung d. Nahrungs- u. Genußmittel 1905, **9**, 267.

[2]) Durch Entfärben in der Wärme wird selten ein klares Filtrat erhalten.

[3]) Chem.-Ztg. 1907, **31**, 399.

[4]) Ebendort 1911, **35**, 677.

produkte dem Normalbutylalkohol und dem Isopropylalkohol nahestehende Alkohole enthalten.

Weitere Unterscheidungsmöglichkeiten bietet die Trennung der aus den Estern abgeschiedenen Säuren nach dem Verfahren der fraktionierten Neutralisation und Destillation von Duclaux. Während die künstlichen Essenzen nach Landolt neben Essigsäure Valerian- und Buttersäure enthalten, fand er in den natürlichen Aromastoffen nur Essigsäure und Propionsäure (vgl. auch unter Zuckerwaren, S. 720).

6. Unterscheidung von Natur- und Kunsterzeugnissen. a) Die völligen Kunstprodukte, welche lediglich aus aromatisierten, mit Säuren und Farbstoffen versehenen Zuckerlösungen bestehen, sind verhältnismäßig leicht daran zu erkennen, daß sie meist keine Asche, abgesehen von den Spuren der im Zucker vorhandenen Mineralstoffe enthalten, und daß die Alkalität der Asche nahezu Null ist. Außerdem enthalten sie meist Saponin oder andere künstliche Schaummittel und können durch wiederholte Behandlung mit Wolle bisweilen völlig entfärbt werden. Hingegen hat der Nachweis künstlicher Fruchtäther nur noch geringe Bedeutung, weil jetzt meist Destillate von Früchten oder Trestern, also natürliche Aromastoffe, benutzt werden. Gemische von natürlichen und künstlichen Brauselimonaden, deren Erkennung große Schwierigkeiten darbieten oder kaum möglich sein würde, kommen im Handel fast gar nicht vor. Bei der Prüfung auf Saponin müssen die angedeuteten Schwierigkeiten, besonders einer Trennung von Glycyrrhizin, berücksichtigt werden (vgl. S. 741 u. f.).

b) Der Beurteilung alkoholfreier Weine oder Moste und anderer Fruchtsaftgetränke müssen die Ergebnisse der Wein- und Fruchtsaftstatistik zugrundegelegt werden. Alle diese Erzeugnisse sind durch einen gewissen Gehalt an Mineralstoffen und Phosphorsäure sowie an Stickstoffsubstanz und zuckerfreiem Extraktrest ausgezeichnet, welcher durch einen Wasserzusatz entsprechend erniedrigt wird.

Die Unterscheidung der ursprünglich vergorenen und dann durch Destillation entgeisteten Getränke von den direkt keimfrei gemachten Fruchtsäften kann nur auf Grund der Glycerinbestimmung, sowie durch das Verhältnis der Bestandteile des Extraktes zueinander (vgl. S. 882 u. f. sowie 944 u. f.) erfolgen. Auffindung von verhältnismäßig viel Saccharose ist als Beweis späteren Zuckerzusatzes anzusehen. Naturgemäß lassen sich die entalkoholisierten Weine von den natürlichen Traubensäften auch durch das Verhältnis von Gesamtsäure zu Gesamtester unterscheiden (S. 944). Im übrigen haben alle bei Fruchtsäften und -sirupen gemachten Angaben volle Geltung.

c) Als charakteristisches Kennzeichen alkoholfreier Biere hat neben ihrem meist beträchtlichen Gehalte an Asche, Phosphorsäure, Stickstoffsubstanz und zuckerfreiem Extraktrest besonders das Vorhandensein der Maltose zu gelten, während ohne Malz hergestellte Erzeugnisse Saccharose enthalten. Ein weiteres Merkmal der letzteren ist, daß sie als Säuren entweder Wein- oder Citronensäure, nicht aber Milchsäure enthalten.

Anhaltspunkte für die Beurteilung der Limonaden und alkoholfreien Getränke.

Für die Beurteilung der Limonaden und alkoholfreien Getränke hat auf Grund der Vorschläge von A. Beythien[1]) der Verein deutscher Nahrungsmittelchemiker bestimmte Forderungen vereinbart, deren grundsätzliche Berechtigung auch durch die Rechtsprechung anerkannt ist.

A. Limonaden bzw. Brauselimonaden.

a) *Nach den Vereinbarungen deutscher Nahrungsmittelchemiker.* 1. Brauselimonaden mit dem Namen einer bestimmten Fruchtart sind Mischungen von Fruchtsäften mit Zucker und kohlensäurehaltigem Wasser.

---

[1]) Beythien, Zeitschr. f. Untersuchung d. Nahrungs- u. Genußmittel 1906, **12**, 35. Pharm. Zentralhalle 1906, **47**, 39. Zeitschr. f. Untersuchung d. Nahrungs- u. Genußmittel 1907, **14**, 10.

2. Die Bezeichnung der Brauselimonaden muß den zu ihrer Bereitung benutzten Fruchtsäften entsprechen; letztere müssen den an echte Fruchtsäfte gestellten Anforderungen genügen.

3. Eine Auffärbung der Brauselimonaden mit anderen Fruchtsäften (Kirschsaft), sowie ein Zusatz von organischen Säuren (nicht aber von Aromastoffen) ist nur zulässig, wenn sie auf der Etikette in deutlicher Weise angegeben werden.

4. Mit dem Safte von Citronen, Orangen oder anderen Früchten der Gattung Citrus hergestellte Brauselimonaden dürfen einen Zusatz des entsprechenden Schalenaromas ohne Deklaration erhalten.

5. Unter künstlichen Brauselimonaden versteht man Mischungen, die neben oder ohne Zusatz von natürlichem Fruchtsaft, Zucker und kohlensäurehaltigem Wasser organische Säuren oder Farbstoffe oder natürliche Aromastoffe enthalten.

In solcher Weise zusammengesetzte Brauselimonaden dürfen nicht unter dem Namen „Brauselimonade" allein gehandelt werden, sondern müssen die deutliche Bezeichnung „Künstliche Brauselimonade" oder „Brauselimonade mit Himbeer-, Erdbeer- usw. Geschmack" tragen.

6. Hinsichtlich der Haltbarmachung gilt das bei Fruchtsäften S. 903 Gesagte.

7. Saponinhaltige Schaummittel sind für die unter 1 und 5 genannten Erzeugnisse unzulässig.

8. Das zu verwendende Wasser muß den an künstliche Mineralwässer zu stellenden Anforderungen entsprechen.

b) *Nach der Rechtsprechung.* Die vorstehenden Vereinbarungen beruhen auf der Tatsache, daß Limonaden normalerweise durch Verdünnen von Fruchtsäften oder Fruchtsirupen mit Wasser oder kohlensaurehaltigem Wasser hergestellt worden sind. Zusätze von Farbstoffen und Aromastoffen, durch welche ein höherer Gehalt an Fruchtsaft vorgetäuscht, also der Anschein einer besseren Beschaffenheit verliehen wird, sind als Verfälschungen zu beurteilen, während ohne jede Spur oder mit geringen Mengen Fruchtsaft aus Wasser, Zucker, Aromastoffen, Farbe usw. hergestellte Erzeugnisse typische Beispiele nachgemachter Genußmittel sind. Diese Grundsätze sind auch vom Obersten Landesgericht München am 14. Mai 1907 (Urteil des Landgerichts Werden vom 6. April 1907)[1]), sowie vom Reichsgericht[2]) am 10. Mai 1906 (1. D. 66. 06) ausdrücklich als richtig anerkannt worden. In letzterem Falle (Reichsgericht) hatte die Angeklagte, teils zu sofortigem Genuß, teils in Flaschen Limonaden verkauft und feilgehalten, die sie selbst durch Zusatz einer Essenz zu kohlensaurem Wasser herstellte und je nach Aussehen und Geschmack mit dem Namen einer Frucht als Himbeer-, Citronen-limonade usw. bezeichnete. Aber auch schon früher haben folgende Gerichte in dem gleichen Sinne entschieden:

Landgericht Marburg am 28. Juni 1899 und Reichsgericht am 22. Februar 1900[3]);

Landgericht Beuthen am 29. November 1901;

Landgericht Bochum am 29. November 1901;

Oberlandesgericht Breslau am 21. Januar 1902;

Landgericht Berlin am 31. Dezember 1901 und Kammergericht Berlin am 24. März und 29. Dezember 1902[4]);

Landgericht Bautzen am 16. Oktober 1905 und Oberlandesgericht Dresden am 10. Dezember 1905.

---

[1]) Auszüge aus gerichtl. Entsch. 1912, **8**, 590.

[2]) Gesetze u. Verordnungen 1912, **4**, 138.

[3]) Zeitschr. f. Untersuchung d. Nahrungs- u. Genußmittel 1912, **5**, 188.

[4]) Auszüge aus gerichtl. Entsch. 1905, **6**, 252.

Entgegengesetzte Entscheidungen haben gefällt:

Das Landgericht Stettin am 24. Juli 1908 und das Oberlandesgericht Stettin am 16. Oktober 1908[1]), weil der niedrige Preis von 10—15 Pf. bereits auf eine Nachmachung hindeute, und

das Oberlandesgericht Düsseldorf am 20. März 1909[2]), weil Himbeerbrauselimonade aus Essenz, Farbe und Säure keine Nachahmung, sondern ein neues Genußmittel sei.

In der Praxis hat sich aber doch bei den meisten Fabrikanten der Gebrauch eingebürgert, die ohne Fruchtsaft hergestellten Erzeugnisse als „Brauselimonade mit Himbeeraroma" oder ähnlich zu bezeichnen.

Der Zusatz von Saponin ist nach dem Urteile des Oberlandesgerichts Köln[3]) vom 24. März 1906 eine Verfälschung und daher zu kennzeichnen, weil er einen Gehalt an natürlichem Fruchtsaft vortäuscht.

Anm. Nach dem Gutachten des Kaiserlichen Gesundheitsamtes ist Saponin sogar bedingungslos auszuschließen, weil es nach Kobert[4]) gesundheitsschädliche Eigenschaften besitzt. Die Entscheidung dieser Frage ist dem medizinischen Sachverständigen zu überlassen und hat zurzeit noch keine Erledigung durch gerichtliches Urteil gefunden.

B. Alkoholfreie Getränke.

a) Nach den Vereinbarungen deutscher Nahrungsmittelchemiker. Einen Anhalt für die normale Beschaffenheit der alkoholfreien Getränke im allgemeinen bieten folgende Leitsätze, welche von A. Beythien[5]) auf der 6. Jahresversammlung der freien Vereinigung deutscher Nahrungsmittelchemiker unter allgemeiner Zustimmung aufgestellt worden sind:

1. Alkoholfreie Getränke, deren Name darauf hindeutet, daß sie Malz enthalten, wie alkoholfreies Bier, Malzgetränk, Malzol u. a., sind Erzeugnisse, welche im wesentlichen aus Wasser, Hopfen und Malz, ev. unter teilweisem Ersatz des letzteren durch Zucker, hergestellt werden und mit Kohlensäure imprägniert sind. Mindestens die Hälfte des Extraktes soll dem Malz entstammen. Zusätze von Stärkesirup, Farb- und Aromastoffen, mit Ausnahme des Hopfenöles, sind unzulässig.

Alkoholfreie Biere sollen nicht nur im wesentlichen aus Wasser, Hopfen und Malz hergestellt werden, sondern, sofern sie durch Entgeisten von Bier bereitet worden sind, auch im Extraktgehalte normalem Bier gleichen, sofern sie aber pasteurisierte Würzen sind, im Extraktgehalte dem Stammwürzenextrakte normalen Bieres entsprechen[6]).

2. Alkoholfreie Weine sind Erzeugnisse, welche durch Sterilisation von Traubenmost oder durch Entgeisten von Wein und nachherigen Zusatz von Zucker hergestellt und ev. mit Kohlensäure imprägniert werden.

3. Alkoholfreie Getränke, deren Name darauf hinweist, daß sie aus natürlichen Fruchtsäften bestehen, z. B. Heidelbeermost, Apfelsaft, dürfen nur den ihrer Bezeichnung

[1]) Auszüge aus gerichtl. Entsch. 1912, **8**, 581.

[2]) Ebendort S. 588.

[3]) Ebendort 1907, **7**, 405.

[4]) Kobert, Lehrbuch der Intoxikationen. Stuttgart 1906. S. 751 und 746. Vgl. A. Beythien, Abhandlungen der Naturwissenschaftl. Gesellschaft Isis in Dresden 1906, **2**, 70.

[5]) Zeitschr. f. Untersuchung d. Nahrungs- u. Genußmittel 1907, **14**, 26.

[6]) Die aus Malz, Hopfen und Wasser unter Imprägnieren mit Kohlensäure hergestellten Getränke sollten nur als „alkoholfreie Bierwürzen" und die durch Sterilisieren von Traubenmost unter ev. Imprägnieren mit Kohlensäure hergestellten Getränke sollten nur unter der Bezeichnung „alkoholfreier Trauben- (oder Wein-) Most" bezeichnet werden dürfen; denn es macht sich jetzt auch unter den Fabrikanten und Händlern die Ansicht geltend, daß nur die ursprünglich vergorenen und dann entgeisteten Getränke die Bezeichnung „alkoholfreie Biere" bzw. „alkoholfreie Weine" beanspruchen können.

entsprechenden, ev. geklärten und mit Kohlensäure gesättigten Preßsaft frischer Früchte enthalten. Eine Beimischung von Wasser und Zucker darf nur insoweit erfolgen, als dadurch eine erhebliche Vermehrung nicht verursacht wird. Zusätze von organischen Säuren, Farb- und Aromastoffen sowie Dörrobstauszügen sind ohne Deklaration unzulässig.

4. Kohlensäurehaltige Getränke von der Art der Brauselimonaden mit dem Namen einer bestimmten Fruchtart, z. B. Himbeerbrauselimonade, Apfelblümchen, sind Mischungen von Fruchtsäften mit Zucker und kohlensäurehaltigem Wasser. Ihre Bezeichnung muß den zu ihrer Herstellung benutzten Fruchtsäften entsprechen, und letztere müssen den an echte Fruchtsäfte zu stellenden Anforderungen genügen.

5. Alkoholfreie Getränke, welche neben oder ohne Zusatz von natürlichem Fruchtsaft, Zucker und kohlensaurem Wasser noch organische Säuren oder natürliche Aromastoffe enthalten, dürfen nur unter deutlicher Deklaration dieser Bestandteile in den Verkehr gebracht werden. Ihre Bezeichnung darf nicht geeignet sein, die Erwartung eines ausschließlichen Fruchtsaftgetränkes zu erregen.

6. Die Verwendung künstlicher Fruchtäther und saponinhaltiger Schaummittel ist für alle alkoholfreien Getränke unzulässig.

7. Als „alkoholfrei" bezeichnete Getränke dürfen in 100 ccm nicht mehr als 0,42 g, entsprechend 0,5 Vol.-Proz. Alkohol enthalten.

b) Nach der Rechtsprechung. Bezüglich der Begründung vorstehender Leitsätze, welche sich im wesentlichen auf die sprachliche Ableitung und die geschichtliche Entwicklung stützt, sei auf die angeführten Veröffentlichungen verwiesen.

Die alkoholfreien Fruchtsaftgetränke sollen im wesentlichen aus den natürlichen Fruchtsäften bestehen, wenngleich bei einigen, wie Johannisbeer-, Stachelbeermost u. a. ein geringer Zusatz von Wasser und Zucker zum Ausgleich des zu sauren Geschmacks als zulässig gilt.

Höhere Wasserzusätze, welche nicht diesem Zwecke, sondern lediglich zur Vermehrung dienen, sind dagegen als Verfälschung zu beurteilen.

Vgl. u. a. das Urteil des Landgerichts Glogau vom 2. Juli 1906 und des Oberlandesgerichts Breslau vom 15. August 1906[1]).

Die durch Auslaugen von Dörrobst, insbesondere von Ringäpfeln hergestellten Erzeugnisse, nach Art des Pomrils haben keinen Anspruch auf die Bezeichnung Fruchtsaft (Apfelsaft), sondern sind als nachgemacht im Sinne des NMG. zu beurteilen.

Vgl. die Urteile des

Reichsgerichts vom 22. Juli 1906[2]);

Landgerichts Köln vom 28. September 1907 und des Oberlandesgerichts Köln vom 7. Dezember 1907[3]);

Kammergerichts vom 28. Oktober 1907 und des Reichsgerichts vom 26. November 1908[4]).

Daß auch unter der Bezeichnung Cider ein aus Fruchtsaft bestehendes und nicht ein nach Art der Brauselimonaden hergestelltes Getränk zu verstehen ist, hat das Landgericht Bremen in seinem Urteil vom 3. August 1909[5]) entschieden.

Alkoholfreie Weine sind wie die vorstehenden Getränke zu beurteilen unter der Voraussetzung, daß der zu ihrer Herstellung benutzte Fruchtsaft aus Trauben gewonnen ist. Eine etwaige Beanstandung kann jedoch nur auf Grund des Nahrungsmittelgesetzes, hingegen nicht des Weingesetzes erfolgen, weil mit dem Begriffe „Wein" nach der Rechtsprechung des Reichsgerichts der Gehalt an Alkohol untrennbar verbunden ist.

---

[1]) Gesetze u. Verordnungen 1910, **2**, 504.

[2]) Pharm. Ztg. 1906, **47**, 676.

[3]) Gesetze u. Verordnungen 1910, **2**, 508.

[4]) Auszüge aus gerichtl. Entsch. 1912, **8**, 578.

[5]) Ebendort S. 607.

Unter „alkoholfreiem Schaumwein“ ist nach dem Urteil des Landgerichts Dresden vom 3. Dezember 1907, 13. Juni 1908 und des Reichsgerichts[1]) vom 7. November 1908 ein mit Kohlensäure gesättigter Wein zu verstehen, und die als „alkoholfreier Sekt“ bezeichneten Getränke sind nach der Entscheidung des Landgerichts Dresden vom 16. Februar 1912[2]) in gleicher Weise zu beurteilen.

Anmerkung. Alkoholfreie Getränke, welche zu der Gruppe der künstlich gefärbten Brauselimonaden gehören, aber in Flaschen von der Form und Aufmachung der üblichen Schaumweinflaschen mit Stanniolumhüllung, Steuerbanderole und der Bezeichnung „Sekt“ (Solosekt, Kaisersekt, Köhlersekt) in den Verkehr gelangen, haben als nachgemacht zu gelten.

---

[1]) Gesetze u. Verordnungen 1909, **1**, 119.

[2]) Bericht Dresden 1911; Pharm. Zentralhalle 1912, **53**, 400.

Anhang.

Tabellen.

Tabelle XV.

1. Korrektionstabelle der Lactodensimeter-

Wärmegrade

Grade der Milchprobe (Lactodensimeter).	0	1	2	3	4	5	6	7	8	9	10	11	12	13	14
14	12,9	12,9	12,9	13,0	13,0	13,1	13,1	13,1	13,2	13,3	13,4	13,5	13,6	13,7	13,8
15	13,9	13,9	13,9	14,0	14,0	14,1	14,1	14,1	14,2	14,3	14,4	14,5	14,6	14,7	14,8
16	14,9	14,9	14,9	15,0	15,0	15,1	15,1	15,1	15,2	15,3	15,4	15,5	15,6	15,7	15,8
17	15,9	15,9	15,9	16,0	16,0	16,1	16,1	16,1	16,2	16,3	16,4	16,5	16,6	16,7	16,8
18	16,9	16,9	16,9	17,0	17,0	17,1	17,1	17,1	17,2	17,3	17,4	17,5	17,6	17,7	17,8
19	17,8	17,8	17,8	17,9	17,9	18,0	18,1	18,1	18,2	18,3	18,4	18,5	18,6	18,7	18,8
20	18,7	18,7	18,7	18,8	18,8	18,9	19,0	19,0	19,1	19,2	19,3	19,4	19,5	19,6	19,8
21	19,6	19,6	19,7	19,7	19,7	19,8	19,9	20,0	20,1	20,2	20,3	20,4	20,5	20,6	20,8
22	20,6	20,6	20,7	20,7	20,7	20,8	20,9	21,0	21,1	21,2	21,3	21,4	21,5	21,6	21,8
23	21,5	21,5	21,6	21,7	21,7	21,8	21,9	22,0	22,1	22,2	22,3	22,4	22,5	22,6	22,8
24	22,4	22,4	22,5	22,6	22,7	22,8	22,9	23,0	23,1	23,2	23,3	23,4	23,5	23,6	23,8
25	23,3	23,3	23,4	23,5	23,6	23,7	23,8	23,9	24,0	24,2	24,2	24,3	24,5	24,6	24,8
26	24,3	24,3	24,4	24,5	24,6	24,7	24,8	24,9	25,0	25,1	25,2	25,3	25,5	25,6	25,8
27	25,2	25,3	25,4	25,5	25,6	25,7	25,8	25,9	26,0	26,1	26,2	26,3	26,5	26,6	26,8
28	26,1	26,2	26,3	26,4	26,5	26,6	26,7	26,8	26,9	27,0	27,1	27,2	27,4	27,6	27,8
29	27,0	27,1	27,2	27,3	27,4	27,5	27,6	27,7	27,8	27,9	28,1	28,2	28,4	28,6	28,8
30	27,9	28,0	28,1	28,2	28,3	28,4	28,5	28,6	28,7	28,8	29,0	29,2	29,4	29,6	29,8
31	28,8	28,9	29,0	29,1	29,2	29,3	29,5	29,6	29,7	29,8	30,0	30,2	30,4	30,6	30,8
32	29,7	29,8	29,9	30,0	30,1	30,3	30,4	30,5	30,6	30,8	31,0	31,2	31,4	31,6	31,8
33	30,6	30,7	30,8	30,9	31,0	31,2	31,3	31,4	31,6	31,8	32,0	32,2	32,4	32,6	32,8
34	31,5	31,6	31,7	31,8	31,9	32,1	32,2	32,3	32,5	32,7	32,9	33,1	33,3	33,5	33,8
35	32,4	32,5	32,6	32,7	32,8	33,0	33,1	33,2	33,4	33,6	33,8	34,0	34,2	34,4	34,7

2. Korrektionstabelle der Lactodensimeter-

Wärmegrade

Grade der Milchprobe (Lactodensimeter).	0	1	2	3	4	5	6	7	8	9	10	11	12	13	14
18	17,2	17,2	17,2	17,2	17,2	17,3	17,3	17,3	17,3	17,4	17,5	17,6	17,7	17,8	17,9
19	18,2	18,2	18,2	18,2	18,2	18,3	18,3	18,3	18,3	18,4	18,5	18,6	18,7	18,8	18,9
20	19,2	19,2	19,2	19,2	19,2	19,3	19,3	19,3	19,3	19,4	19,5	19,6	19,7	19,8	19,9
21	20,2	20,2	20,2	20,2	20,2	20,3	20,3	20,3	20,3	20,4	20,5	20,6	20,7	20,8	20,9
22	21,1	21,1	21,1	21,2	21,2	21,3	21,3	21,3	21,3	21,4	21,5	21,6	21,7	21,8	21,9
23	22,0	22,0	22,0	22,0	22,1	22,2	22,3	22,3	22,3	22,4	22,5	22,6	22,7	22,8	22,9
24	22,9	22,9	22,9	22,9	23,0	23,1	23,2	23,2	23,2	23,3	23,4	23,5	23,6	23,7	23,9
25	23,8	23,8	23,8	23,8	23,9	24,0	24,1	24,1	24,1	24,2	24,3	24,4	24,5	24,6	24,8
26	24,8	24,8	24,8	24,8	24,9	25,0	25,1	25,1	25,1	25,2	25,3	25,4	25,5	25,6	25,8
27	25,8	25,8	25,8	25,8	25,9	26,0	26,1	26,1	26,1	26,2	26,3	26,4	26,5	26,6	26,8
28	26,8	26,8	26,8	26,8	26,9	27,0	27,1	27,1	27,1	27,2	27,3	27,4	27,5	27,6	27,8
29	27,8	27,8	27,8	27,8	27,9	28,0	28,1	28,1	28,1	28,2	28,3	28,4	28,5	28,6	28,8
30	28,7	28,7	28,7	28,7	28,8	28,9	29,0	29,0	29,1	29,2	29,3	29,4	29,5	29,6	29,8
31	29,7	29,7	29,7	29,7	29,8	29,9	30,0	30,0	30,1	30,2	30,3	30,4	30,5	30,6	30,8
32	30,7	30,7	30,7	30,7	30,8	30,9	31,0	31,0	31,1	31,2	31,3	31,4	31,5	31,6	31,8
33	31,7	31,7	31,7	31,7	31,8	31,9	32,0	32,0	32,1	32,2	32,3	32,4	32,5	32,6	32,8
34	32,6	32,6	32,6	32,7	32,8	32,9	32,9	33,0	33,1	33,2	33,3	33,4	33,5	33,6	33,8
35	33,5	33,5	33,5	33,6	33,7	33,8	33,8	33,9	34,0	34,1	34,2	34,3	34,4	34,6	34,8
36	34,4	34,4	34,5	34,6	34,7	34,8	34,8	34,9	35,0	35,1	35,2	35,3	35,4	35,6	35,8
37	35,3	35,4	35,5	35,6	35,7	35,8	35,8	35,9	36,0	36,1	36,2	36,3	36,4	36,6	36,8
38	36,2	36,3	36,4	36,5	36,6	36,7	36,8	36,9	37,0	37,1	37,2	37,3	37,4	37,6	37,8
39	37,1	37,2	37,3	37,4	37,5	37,6	37,7	37,8	37,9	38,0	38,2	38,3	38,4	38,6	38,8
40	38,0	38,1	38,2	38,3	38,4	38,5	38,6	38,7	38,8	38,9	39,1	39,2	39,4	39,6	39,8

Tabelle XV.

grade für ganze (nicht abgerahmte) Milch.

der Milch (vgl. S. 193).

15	16	17	18	19	20	21	22	23	24	25	26	27	28	29	30
14	14,1	14,2	14,4	14,6	14,8	15,0	15,2	15,4	15,6	15,8	16,0	16,2	16,4	16,6	16,8
15	15,1	15,2	15,4	15,6	15,8	16,0	16,2	16,4	16,6	16,8	17,0	17,2	17,4	17,6	17,8
16	16,1	16,3	16,5	16,7	16,9	17,1	17,3	17,5	17,7	17,9	18,1	18,3	18,5	18,7	18,9
17	17,1	17,3	17,5	17,7	17,9	18,1	18,3	18,5	18,7	18,9	19,1	19,3	19,5	19,7	20,0
18	18,1	18,3	18,5	18,7	18,9	19,1	19,3	19,5	19,7	19,9	20,1	20,3	20,5	20,7	21,0
19	19,1	19,3	19,5	19,7	19,9	20,1	20,3	20,5	20,7	20,9	21,1	21,3	21,5	21,7	22,0
20	20,1	20,3	20,5	20,7	20,9	21,1	21,3	21,5	21,7	21,9	22,1	22,3	22,5	22,7	23,0
21	21,2	21,4	21,6	21,8	22,0	22,2	22,4	22,6	22,8	23,0	23,2	23,4	23,6	23,8	24,1
22	22,2	22,4	22,6	22,8	23,0	23,2	23,4	23,6	23,8	24,1	24,3	24,5	24,7	24,9	25,2
23	23,2	23,4	23,6	23,8	24,0	24,2	24,4	24,6	24,8	25,1	25,3	25,5	25,7	26,0	26,3
24	24,2	24,4	24,6	24,8	25,0	25,2	25,4	25,6	25,8	26,1	26,3	26,5	26,7	27,0	27,3
25	25,2	25,4	25,6	25,8	26,0	26,2	26,4	26,6	26,8	27,1	27,3	27,5	27,7	28,0	28,3
26	26,2	26,4	26,6	26,9	27,1	27,3	27,5	27,7	27,9	28,2	28,4	28,6	28,9	29,2	29,5
27	27,2	27,4	27,6	27,9	28,2	28,4	28,6	28,8	29,0	29,3	29,5	29,7	30,0	30,3	30,6
28	28,2	28,4	28,6	28,9	29,2	29,4	29,6	29,9	30,1	30,4	30,6	30,8	31,1	31,4	31,7
29	29,2	29,4	29,6	29,9	30,2	30,4	30,6	30,9	31,2	31,5	31,7	31,9	32,2	32,5	32,8
30	30,2	30,4	30,6	30,9	31,2	31,4	31,6	31,9	32,2	32,5	32,7	33,0	33,3	33,6	33,9
31	31,2	31,4	31,7	32,0	32,3	32,5	32,7	33,0	33,3	33,6	33,8	34,1	34,4	34,7	35,1
32	32,2	32,4	32,7	33,0	33,3	33,6	33,8	34,1	34,4	34,7	34,9	35,2	35,5	35,8	36,2
33	33,2	33,4	33,7	34,0	34,3	34,6	34,9	35,2	35,5	35,8	36,0	36,3	36,6	36,9	37,3
34	34,2	34,4	34,7	35,0	35,3	35,6	35,9	36,2	36,5	36,8	37,1	37,4	37,7	38,0	38,4
35	35,2	35,4	35,7	36,0	36,3	36,6	36,9	37,2	37,5	37,8	38,1	38,4	38,7	39,1	39,5

grade für abgerahmte Milch.

der Milch.

15	16	17	18	19	20	21	22	23	24	25	26	27	28	29	30
18	18,1	18,2	18,4	18,6	18,8	18,9	19,1	19,3	19,5	19,7	19,9	20,1	20,3	20,5	20,7
19	19,1	19,2	19,4	19,6	19,8	19,9	20,1	20,3	20,5	20,7	20,9	21,1	21,3	21,5	21,7
20	20,1	20,2	20,4	20,6	20,8	20,9	21,1	21,3	21,5	21,7	21,9	22,1	22,3	22,5	22,7
21	21,1	21,2	21,4	21,6	21,8	21,9	22,1	22,3	22,5	22,7	22,9	23,1	23,3	23,5	23,7
22	22,1	22,2	22,4	22,6	22,8	22,9	23,1	23,3	23,5	23,7	23,9	24,1	24,3	24,5	24,7
23	23,1	23,2	23,4	23,6	23,8	23,9	24,1	24,3	24,5	24,7	24,9	25,1	25,3	25,5	25,7
24	24,1	24,2	24,4	24,6	24,8	24,9	25,1	25,3	25,5	25,7	25,9	26,1	26,3	26,5	26,7
25	25,1	25,2	25,4	25,6	25,8	25,9	26,1	26,3	26,5	26,7	26,9	27,1	27,3	27,5	27,7
26	26,1	26,3	26,5	26,7	26,9	27,0	27,2	27,4	27,6	27,8	28,0	28,2	28,4	28,6	28,8
27	27,1	27,3	27,5	27,7	27,9	28,1	28,3	28,5	28,7	28,9	29,1	29,3	29,5	29,7	29,9
28	28,1	28,3	28,5	28,7	28,9	29,1	29,3	29,5	29,7	29,9	30,1	30,3	30,5	30,7	31,0
29	29,1	29,3	29,5	29,7	29,9	30,1	30,3	30,5	30,7	30,9	31,1	31,3	31,5	31,7	32,0
30	30,1	30,3	30,5	30,7	30,9	31,1	31,3	31,5	31,7	31,9	32,1	32,3	32,5	32,7	33,0
31	31,2	31,4	31,6	31,8	32,0	32,2	32,4	32,6	32,8	33,0	33,2	33,4	33,6	33,9	34,1
32	32,2	32,4	32,6	32,8	33,0	33,2	33,4	33,6	33,9	34,1	34,3	34,5	34,7	35,0	35,2
33	33,2	33,4	33,6	33,8	34,0	34,2	34,4	34,6	34,9	35,2	35,4	35,6	35,8	36,1	36,3
34	34,2	34,4	34,6	34,8	35,0	35,2	35,4	35,6	35,9	36,2	36,4	36,7	36,9	37,2	37,4
35	35,2	35,4	35,6	35,8	36,0	36,2	36,4	36,6	36,9	37,2	37,4	37,7	38,0	38,3	38,5
36	36,2	36,4	36,6	36,9	37,1	37,3	37,5	37,7	38,0	38,3	38,5	38,8	39,1	39,4	39,7
37	37,2	37,4	37,6	37,9	38,2	38,4	38,6	38,8	39,1	39,4	39,6	39,9	40,2	40,5	40,8
38	38,2	38,4	38,6	38,9	39,2	39,4	39,7	39,9	40,2	40,5	40,7	41,0	41,3	41,6	41,9
39	39,2	39,4	39,6	39,9	40,2	40,4	40,7	41,0	41,3	41,6	41,8	42,1	42,4	42,7	43,0
40	40,2	40,4	40,6	40,9	41,2	41,4	41,7	42,0	42,3	42,6	42,9	43,2	43,5	43,8	44,1

Tabelle XVIa.

1. Tabelle, angebend den Fettgehalt der **Vollmilch** in Gewichtsprozenten nach dem spezifischen Gewicht der Ätherfettlösung bei 17,5° nach **Soxhlet** (S. 199).

Spezifisches Gewicht	Fett %	Spezifisches Gewicht	Fett %	Spezifisches Gewicht	Fett %	Spezifisches Gewicht	Fett %	Spezifisches Gewicht	Fett %
43,0	2,07	47,7	2,61	52,3	3,16	56,9	3,74	61,5	4,39
43,1	2,08	47,8	2,62	52,4	3,17	57,0	3,75	61,6	4,40
43,2	2,09	47,9	2,63	52,5	3,18	57,1	3,76	61,7	4,42
43,3	2,10	48,0	2,64	52,6	3,20	57,2	3,78	61,8	4,44
43,4	2,11	48,1	2,66	52,7	3,21	57,3	3,80	61,9	4,46
43,5	2,12	48,2	2,67	52,8	3,22	57,4	3,81	62,0	4,47
43,6	2,13	48,3	2,68	52,9	3,23	57,5	3,82	62,1	4,48
43,7	2,14	48,4	2,70	53,0	3,25	57,6	3,84	62,2	4,50
43,8	2,16	48,5	2,71	53,1	3,26	57,7	3,85	62,3	4,52
43,9	2,17	48,6	2,72	53,2	3,27	57,8	3,87	62,4	4,53
44,0	2,18	48,7	2,73	53,3	3,28	57,9	3,88	62,5	4,55
44,1	2,19	48,8	2,74	53,4	3,29	58,0	3,90	62,6	4,56
44,2	2,20	48,9	2,75	53,5	3,30	58,1	3,91	62,7	4,58
44,3	2,22	49,0	2,76	53,6	3,31	58,2	3,92	62,8	4,59
44,4	2,23	49,1	2,77	53,7	3,33	58,3	3,93	62,9	4,61
44,5	2,24	49,2	2,78	53,8	3,34	58,4	3,95	63,0	4 63
44,6	2,25	49,3	2,79	53,9	3,35	58,5	3,96	63,1	4,64
44,7	2,26	49,4	2,80	54,0	3,37	58,6	3,98	63,2	4,66
44,8	2,27	49,5	2,81	54,1	3,38	58,7	3,99	63,3	4,67
44,9	2,28	49,6	2,83	54,2	3,39	58,8	4,01	63,4	4,69
45,0	2,30	49,7	2,84	54,3	3,40	58,9	4,02	63,5	4,70
45,1	2,31	49,8	2,86	54,4	3,41	59,0	4,03	63,6	4,71
45,2	2,32	49,9	2,87	54,5	3,43	59,1	4,04	63,7	4,73
45,3	2,33	50,0	2,88	54,6	3,45	59,2	4,06	63,8	4,75
45,4	2,34	50,1	2,90	54,7	3,46	59,3	4,07	63,9	4,77
45,5	2,35	50,2	2,91	54,8	3,47	59,4	4,09	64,0	4,79
45,6	2,36	50,3	2,92	54,9	3,48	59,5	4,11	64,1	4,80
45,7	2,37	50,4	2,93	55,0	3,49	59,6	4,12	64,2	4,82
45,8	2,38	50,5	2,94	55,1	3,51	59,7	4,14	64,3	4,84
45,9	2,39	50,6	2,96	55,2	3,52	59,8	4,15	64,4	4,85
46,0	2,40	50,7	2,97	55,3	3,53	59,9	4,16	64,5	4,87
46,1	2,42	50,8	2,98	55,4	3,55	60,0	4,18	64,6	4,88
46,2	2,43	50,9	2,99	55,5	3,56	60,1	4,19	64,7	4,90
46,3	2,44	51,0	3,00	55,6	3,57	60,2	4,20	64,8	4,92
46,4	2,45	51,1	3,01	55,7	3,59	60,3	4,21	64,9	4,93
46,5	2,46	51,2	3,03	55,8	3,60	60,4	4,23	65,0	4,95
46,6	2,47	51,3	3,04	55,9	3,61	60,5	4,24	65,1	4,97
46,7	2,49	51,4	3,05	56,0	3,63	60,6	4,26	65,2	4,98
46,8	2,50	51,5	3,06	56,1	3,64	60,7	4,27	65,3	5,00
46,9	2,51	51,6	3,08	56,2	3,65	60,8	4,29	65,4	5,02
47,0	2,52	51,7	3,09	56,3	3,67	60,9	4,30	65,5	5,04
47,1	2,54	51,8	3,10	56,4	3,68	61,0	4,32	65,6	5,05
47,2	2,55	51,9	3,11	56,5	3,69	61,1	4,33	65,7	5,07
47,3	2,56	52,0	3,12	56,6	3,71	61,2	4,35	65,8	5,09
47,4	2,57	52,1	3,14	56,7	3,72	61,3	4,36	65,9	5,11
47,5	2,58	52,2	3,15	56,8	3,73	61,4	4,37	66,0	5,12
47,6	2,60								

Tabelle XVIb.

2. Angebend den Fettgehalt der **Magermilch** in Gewichtsprozenten nach dem spezifischen Gewicht der Ätherfettlösung bei 17,5° nach **Soxhlet** (S. 199).

Spezifisches Gewicht	Fett %	Spezifisches Gewicht	Fett %	Spezifisches Gewicht	Fett %	Spezifisches Gewicht	Fett %	Spezifisches Gewicht	Fett %
21,1	0,00	25,5	0,41	29,9	0,82	34,3	1,22	38,7	1,64
21,2	0,01	25,6	0,42	30,0	0,83	34,4	1,23	38,8	1,65
21,3	0,02	25,7	0,43	30,1	0,84	34,5	1,24	38,9	1,66
21,4	0,03	25,8	0,44	30,2	0,85	34,6	1,24	39,0	1,67
21,5	0,04	25,9	0,45	30,3	0,86	34,7	1,25	39,1	1,68
21,6	0,05	26,0	0,46	30,4	0,87	34,8	1,26	39,2	1,69
21,7	0,06	26,1	0,47	30,5	0,88	34,9	1,27	39,3	1,70
21,8	0,07	26,2	0,48	30,6	0,88	35,0	1,28	39,4	1,71
21,9	0,08	26,3	0,49	30,7	0,89	35,1	1,29	39,5	1,72
22,0	0,09	26,4	0,50	30,8	0,90	35,2	1,30	39,6	1,73
22,1	0,10	26,5	0,50	30,9	0,91	35,3	1,31	39,7	1,74
22,2	0,11	26,6	0,51	31,0	0,92	35,4	1,32	39,8	1,75
22,3	0,12	26,7	0,52	31,1	0,93	35,5	1,33	39,9	1,76
22,4	0,13	26,8	0,53	31,2	0,94	35,6	1,33	40,0	1,77
22,5	0,14	26,9	0,54	31,3	0,95	35,7	1,34	40,1	1,78
22,6	0,15	27,0	0,55	31,4	0,95	35,8	1,35	40,2	1,79
22,7	0,16	27,1	0,56	31,5	0,96	35,9	1,36	40,3	1,80
22,8	0,17	27,2	0,57	31,6	0,97	36,0	1,37	40,4	1,81
22,9	0,18	27,3	0,58	31,7	0,98	36,1	1,38	40,5	1,82
23,0	0,19	27,4	0,59	31,8	0,99	36,2	1,39	40,6	1,83
23,1	0,20	27,5	0,60	31,9	1,00	36,3	1,40	40,7	1,84
23,2	0,21	27,6	0,60	32,0	1,01	36,4	1,41	40,8	1,85
23,3	0,22	27,7	0,61	32,1	1,02	36,5	1,42	40,9	1,86
23,4	0,23	27,8	0,62	32,2	1,02	36,6	1,43	41,0	1,87
23,5	0,24	27,9	0,63	32,3	1,04	36,7	1,44	41,1	1,88
23,6	0,25	28,0	0,64	32,4	1,05	36,8	1,45	41,2	1,89
23,7	0,25	28,1	0,65	32,5	1,05	36,9	1,46	41,3	1,90
23,8	0,26	28,2	0,66	32,6	1,06	37,0	1,47	41,4	1,91
23,9	0,27	28,3	0,67	32,7	1,07	37,1	1,48	41,5	1,92
24,0	0,28	28,4	0,68	32,8	1,08	37,2	1,49	41,6	1,93
24,1	0,29	28,5	0,69	32,9	1,09	37,3	1,50	41,7	1,94
24,2	0,30	28,6	0,70	33,0	1,10	37,4	1,51	41,8	1,95
24,3	0,30	28,7	0,71	33,1	1,11	37,5	1,52	41,9	1,96
24,4	0,31	28,8	0,72	33,2	1,12	37,6	1,53	42,0	1,97
24,5	0,32	28,9	0,73	33,3	1,13	37,7	1,54	42,1	1,98
24,6	0,33	29,0	0,74	33,4	1,14	37,8	1,55	42,2	1,99
24,7	0,34	29,1	0,75	33,5	1,15	37,9	1,56	42,3	2,00
24,8	0,35	29,2	0,76	33,6	1,15	38,0	1,57	42,4	2,01
24,9	0,36	29,3	0,77	33,7	1,16	38,1	1,58	42,5	2,02
25,0	0,37	29,4	0,78	33,8	1,17	38,2	1,59	42,6	2,03
25,1	0,38	29,5	0,79	33,9	1,18	38,3	1,60	42,7	2,04
25,2	0,39	29,6	0,80	34,0	1,19	38,4	1,61	42,8	2,05
25,3	0,40	29,7	0,80	34,1	1,20	38,5	1,62	42,9	2,06
25,4	0,40	29,8	0,81	34,2	1,21	38,6	1,63	43,0	20,7

Tabelle XVII.

Umrechnung der Skalenteile des Zeißschen Milchfettrefraktometers in Fettprozenten nach **E. Baier** und **P. Neumann** (S. 204).

S.T.	Fett %	S.T.	Fett %	S.T.	Fett %	S.T.	Fett %	S.T.	Fett %	S T	Fett %	S.T.	Fett %	S.T.	Fett %	S.T.	Fett %	S.T.	Fett %
20,1	—	25,1	0,37	30,1	0,86	35,1	1,40	40,1	1,97	45,1	2,61	50,1	3,34	55,1	4,15	60,1	5,02	65,1	5,99
2	—	2	0,38	2	0,87	2	1,41	2	1,98	2	2,63	2	3,35	2	4,16	2	5,04	2	6,01
3	—	3	0,38	3	0,88	3	1,42	3	2,00	3	2,64	3	3,37	3	4,18	3	5,06	3	6,03
4	—	4	0,39	4	0,89	4	1,43	4	2,01	4	2,65	4	3,38	4	4,20	4	5,08	4	6,05
5	—	5	0,40	5	0,90	5	1,44	5	2,02	5	2,67	5	3,40	5	4,21	5	5,10	5	6,07
6	0,00	6	0,41	6	0,91	6	1,46	6	2,03	6	2,68	6	3,41	6	4,23	6	5,11	6	6,09
7	0,01	7	0,42	7	0,92	7	1,47	7	2,05	7	2,70	7	3,43	7	4,25	7	5,13	7	6,11
8	0,01	8	0,43	8	0,93	8	1,48	8	2,06	8	2,71	8	3,44	8	4,27	8	5,15	8	6,13
9	0,02	9	0,44	9	0,94	9	1,49	9	2,07	9	2,73	9	3,46	9	4,29	9	5,17	9	6,15
21,0	0,03	26,0	0,45	31,0	0,95	36,0	1,50	41,0	2,08	46,0	2,74	51,0	3,47	56,0	4,30	61,0	5,19	66,0	6,18
1	0,04	1	0,46	1	0,96	1	1,51	1	2,09	1	2,76	1	3,48	1	4,32	1	5,20	1	6,20
2	0,04	2	0,47	2	0,97	2	1,52	2	2,11	2	2,77	2	3,50	2	4,34	2	5,22	2	6,22
3	0,05	3	0,48	3	0,98	3	1,53	3	2,12	3	2,78	3	3,51	3	4,35	3	5,24	3	6,24
4	0,06	4	0,49	4	0,99	4	1,54	4	2,13	4	2,80	4	3,53	4	4,37	4	5,26	4	6,26
5	0,07	5	0,50	5	1,00	5	1,55	5	2,15	5	2,81	5	3,54	5	4,39	5	5,28	5	6,28
6	0,08	6	0,51	6	1,02	6	1,57	6	2,16	6	2,83	6	3,56	6	4,41	6	5,30	6	6,30
7	0,08	7	0,52	7	1,03	7	1,58	7	2,17	7	2,84	7	3,57	7	4,42	7	5,32	7	6,32
8	0,09	8	0,53	8	1,04	8	1,59	8	2,19	8	2,86	8	3,59	8	4,44	8	5,34	8	6,34
9	0,10	9	0,54	9	1,05	9	1,60	9	2,20	9	2,87	9	3,61	9	4,46	9	5,36	9	6,36
22,0	0,11	27,0	0,55	32,0	1,06	37,0	1,61	42,0	2,21	47,0	2,88	52,0	3,63	57,0	4,47	62,0	5,38	67,0	6,39
1	0,12	1	0,56	1	1,07	1	1,62	1	2,22	1	2,90	1	3,64	1	4,49	1	5,39	1	6,41
2	0,13	2	0,57	2	1,08	2	1,63	2	2,24	2	2,91	2	3,66	2	4,51	2	5,41	2	6,43
3	0,13	3	0,58	3	1,09	3	1,64	3	2,25	3	2,92	3	3,68	3	4,52	3	5,43	3	6,45
4	0,14	4	0,59	4	1,10	4	1,65	4	2,26	4	2,94	4	3,69	4	4,54	4	5,45	4	6,47
5	0,15	5	0,60	5	1,11	5	1,66	5	2,28	5	2,95	5	3,70	5	4,56	5	5,47	5	6,49
6	0,16	6	0,61	6	1,13	6	1,68	6	2,29	6	2,97	6	3,72	6	4,58	6	5,49	6	6,51
7	0,17	7	0,62	7	1,14	7	1,69	7	2,30	7	2,98	7	3,73	7	4,60	7	5,51	7	6,53
8	0,17	8	0,63	8	1,15	8	1,70	8	2,32	8	3,00	8	3,75	8	4,61	8	5,53	8	6,55
9	0,18	9	0,64	9	1,16	9	1,71	9	2,33	9	3,01	9	3,77	9	4,63	9	5,55	9	6,57
23,0	0,19	28,0	0,65	33,0	1,17	38,0	1,72	43,0	2,34	48,0	3,02	53,0	3,79	58,0	4,65	63,0	5,57	68,0	6,60
1	0,20	1	0,66	1	1,18	1	1,73	1	2,35	1	3,04	1	3,80	1	4,66	1	5,59	1	6,62
2	0,21	2	0,67	2	1,19	2	1,75	2	2,37	2	3,05	2	3,82	2	4,68	2	5,61	2	6,64
3	0,21	3	0,68	3	1,20	3	1,76	3	2,38	3	3,07	3	3,84	3	4,70	3	5,63	3	6,66
4	0,22	4	0,69	4	1,21	4	1,77	4	2,39	4	3,08	4	3,86	4	4,72	4	5,65	4	6,68
5	0,23	5	0,70	5	1,22	5	1,78	5	2,41	5	3,10	5	3,87	5	4,74	5	5,67	5	6,71
6	0,24	6	0,71	6	1,24	6	1,79	6	2,42	6	3,11	6	3,89	6	4,76	6	5,69	6	6,73
7	0,25	7	0,72	7	1,25	7	1,81	7	2,43	7	3,13	7	3,91	7	4,77	7	5,71	7	6,75
8	0,25	8	0,73	8	1,26	8	1,82	8	2,45	8	3,15	8	3,93	8	4,79	8	5,73	8	6,77
9	0,26	9	0,74	9	1,27	9	1,83	9	2,46	9	3,16	9	3,94	9	4,81	9	5,75	9	6,79
24,0	0,27	29,0	0,75	34,0	1,28	39,0	1,84	44,0	2,47	49,0	3,17	54,0	3,96	59,0	4,83	64,0	5,77	69,0	6,82
1	0,28	1	0,76	1	1,29	1	1,85	1	2,48	1	3,19	1	3,98	1	4,84	1	5,79	1	6,84
2	0,29	2	0,77	2	1,30	2	1,87	2	2,50	2	3,20	2	3,99	2	4,86	2	5,81	2	6,86
3	0,29	3	0,78	3	1,31	3	1,88	3	2,51	3	3,22	3	4,01	3	4,88	3	5,83	3	6,88
4	0,30	4	0,79	4	1,32	4	1,89	4	2,52	4	3,23	4	4,03	4	4,90	4	5,85	4	6,90
5	0,31	5	0,80	5	1,33	5	1,90	5	2,54	5	3,25	5	4,05	5	4,92	5	5,87	5	6,93
6	0,32	6	0,81	6	1,35	6	1,91	6	2,55	6	3,26	6	4,07	6	4,93	6	5,89	6	6,95
7	0,33	7	0,82	7	1,36	7	1,92	7	2.56	7	3,28	7	4,08	7	4,95	7	5,91	7	6,97
8	0,34	8	0,83	8	1,37	8	1,94	8	2,57	8	3,29	8	4,09	8	4,97	8	5,93	8	6,99
9	0,35	9	0,84	9	1,38	9	1,95	9	2,59	9	3,31	9	4,11	9	4,99	9	5,95	9	7,01
25,0	0,36	30,0	0,85	35,0	1,39	40,0	1,96	45,0	2,60	50,0	3,32	55,0	4,13	60,0	4,01	65,0	5,97	70,0	7,04

Tabelle XVIII.

Fettbestimmung in der Milch mit **Marchands** Lactobutyrometer nach **B. Tollens** und **Fr. Schmidt** (S. 208)

($^1/_{10}$ ccm Ätherfettlösung in der kalibrierten Röhre entsprechen g Fett in 100 ccm Milch.)

$^1/_{10}$ ccm Ätherfettlösung $^1/_{10}$ ccm	Fett %	$^1/_{10}$ ccm Ätherfettlösung $_0{}^1/_{10}$ ccm	Fett %	$^1/_{10}$ ccm Ätherfettlösung $^1/_{10}$ ccm	Fett %
1,0 Zehntel	1,339	18,5 Zehntel	5,129	36,0 Zehntel	13,490
1,5	1,441	19,0	5,306	36,5	13,739
2,0	1,543	19,5	5,483	37,0	13,988
2,5	1,645	20,0	5,660	37,5	14,237
3,0	1,747	20,5	5,837	38,0	14,486
3,5	1,849	21,0	6,020	38,5	14,735
4,0	1,951	21,5	6,269	39,0	14,984
4,5	2,053	22,0	6,518	39,5	15,233
5,0	2,155	22,5	6,767	40,0	15,482
5,5	2,257	23,0	7,016	40,5	15,731
6,0	2,359	23,5	7,265	41,0	15,980
6,5	2,461	24,0	7,514	41,5	16,229
7,0	2,563	24,5	7,763	42,0	16,478
7,5	2,665	25,0	8,012	42,5	16,727
8,0	2,767	25,5	8,261	43,0	16,976
8,5	2,869	26,0	8,510	43,5	17,225
9,0	2,971	26,5	8,759	44,0	17,474
9,5	3,073	27,0	9,008	44,5	17,723
10,0	3,175	27,5	9,257	45,0	17,972
10,5	3,277	28,0	9,506	45,5	18,221
11,0	3,379	28,5	9,755	46,0	18,470
11,5	3,481	29,0	10,004	46,5	18,719
12,0	3,583	29,5	10,253	47,0	18,968
12,5	3,685	30,0	10,502	47,5	19,217
13,0	3,787	30,5	10,752	48,0	19,466
13,5	3,889	31,0	11,000	48,5	19,715
14,0	3,991	31,5	11,249	49,0	19,964
14,5	4,093	32,0	11,498	49,5	20,213
15,0	4,195	32,5	11,747	50,0	20,462
15,5	4,297	33,0	11,996	50,5	20,711
16,0	4,399	33,5	12,245	51,0	20,960
16,5	4,501	34,0	12,494	51,5	21,209
17,0	4,628	34,5	12,743	52,0	21,458
17,5	4,792	35,0	12,992	52,5	21,707
18,0	4,956	35,5	13,241		

Tabelle XIX.

Tabelle von **Fleischmann** und **Bujard** für die Berechnung von *t*, *f* und *s* nach den **Fleischmann**schen Formeln (vgl. S. 257).

(Die Zahlen 20,0—36,9 bedeuten die spez. Gewichte 1,0200—1,0369.)

s	$2{,}665 \times \frac{100_s - 100}{s}$	*s*	$2{,}665 \times \frac{100_s - 100}{s}$	*s*	$2{,}665 \times \frac{100_s - 100}{s}$	*s*	$2{,}665 \times \frac{100_s - 100}{s}$	*s*	$2{,}665 \times \frac{100_s - 100}{s}$
20,0	5,229	23,4	6,092	26,8	6,950	30,2	7,813	33,6	8,663
20,1	5,250	23,5	6,118	26,9	6,979	30,3	7,837	33,7	8,688
20,2	5,275	23,6	6,142	27,0	7,006	30,4	7,861	33,8	8,712
20,3	5,302	23,7	6,169	27,1	7,040	30,5	7,888	33,9	8,738
20,4	5,327	23,8	6,193	27,2	7,054	30,6	7,912	34,0	8,765
20,5	5,353	23,9	6,220	27,3	7,080	30,7	7,938	34,1	8,786
20,6	5,379	24,0	6,244	27,4	7,104	30,8	7,962	34,2	8,812
20,7	5,404	24,1	6,270	27,5	7,131	30,9	7,989	34,3	8,837
20,8	5,430	24,2	6,294	27,6	7,158	31,0	8,014	34,4	8,863
20,9	5,455	24,3	6,321	27,7	7,182	31,1	8,040	34,5	8,887
21,0	5,481	24,4	6,345	27,8	7,206	31,2	8,064	34,6	8,913
21,1	5,506	24,5	6,372	27,9	7,232	31,3	8,088	34,7	8,937
21,2	5,532	24,6	6,391	28,0	7,256	31,4	8,112	34,8	8,962
21,3	5,556	24,7	6,422	28,1	7,283	31,5	8,138	34,9	8,988
21,4	5,583	24,8	6,446	28,2	7,309	31,6	8,163	35,0	9,012
21,5	5,607	24,9	6,473	28,3	7,333	31,7	8,186	35,1	9,037
21,6	5,633	25,0	6,497	28,4	7,360	31,8	8,213	35,2	9,061
21,7	5,657	25,1	6,523	28,5	7,384	31,9	8,238	35,3	9,088
21,8	5,684	25,2	6,550	28,6	7,408	32,0	8,264	35,4	9,112
21,9	5,711	25,3	6,574	28,7	7,432	32,1	8,288	35,5	9,135
22,0	5,735	25,4	6,601	28,8	7,462	32,2	8,312	35,6	9,162
22,1	5,761	25,5	6,625	28,9	7,486	32,3	8,338	35,7	9,185
22,2	5,785	25,6	6,651	29,0	7,513	32,4	8,365	35,8	9,210
22,3	5,812	25,7	6,675	29,1	7,533	32,5	8,388	35,9	9,234
22,4	5,836	25,8	6,702	29,2	7,560	32,6	8,412	36,0	9,260
22,5	5,863	25,9	6,726	29,3	7,586	32,7	8,439	36,1	9,287
22,6	5,889	26,0	6,753	29,4	7,611	32,8	8,463	36,2	9,311
22,7	5,913	26,1	6,777	29,5	7,635	32,9	8,487	36,3	9,335
22,8	5,940	26,2	6,803	29,6	7,659	33,0	8,513	36,4	9,359
22,9	5,964	26,3	6,827	29,7	7,686	33,1	8,538	36,5	9,383
23,0	5,990	26,4	6,854	29,8	7,712	33,2	8,563	36,6	9,410
23,1	6,014	26,5	6,878	29,9	7,736	33,3	8,589	36,7	9,434
23,2	6,041	26,6	6,905	30,0	7,763	33,4	8,613	36,8	9,460
23,3	6,065	26,7	6,929	30,1	7,786	33,5	8,639	36,9	9,484

Tabelle XX.

Reduktion der spezifischen Gewichte auf Saccharometer-Prozente nach **Balling.**

Spez. Gewicht	Diesem entsprechende Saccharometeranzeige in Prozenten	Spez. Gewicht	Diesem entsprechende Saccharometeranzeige in Prozenten	Spez. Gewicht	Diesem entsprechende Saccharometeranzeige in Prozenten	Spez. Gewicht	Diesem entsprechende Saccharometeranzeige in Prozenten
1,0000	0,000	1,0052	1,300	1,0104	2,600	1,0156	3,900
1,0001	0,025	1,0053	1,325	1,0105	2,625	1,0157	3,925
1,0002	0,050	1,0054	1,350	1,0106	2,650	1,0158	3,950
1,0003	0,075	1,0055	1,375	1,0107	2,675	1,0159	3,975
1,0004	0,100	1,0056	1,400	1,0108	2,700	1,0160	4,000
1,0005	0,125	1,0057	1,425	1,0109	2,725	1,0161	4,025
1,0006	0,150	1,0058	1,450	1,0110	2,750	1,0162	4,050
1,0007	0,175	1,0059	1,475	1,0111	2,775	1,0163	4,075
1,0008	0,200	1,0060	1,500	1,0112	2,800	1,0164	4,100
1,0009	0,225	1,0061	1,525	1,0113	2,825	1,0165	4,125
1,0010	0,250	1,0062	1,550	1,0114	2,850	1,0166	4,150
1,0011	0,275	1,0063	1,575	1,0115	2,875	1,0167	4,175
1,0012	0,300	1,0064	1,600	1,0116	2,900	1,0168	4,200
1,0013	0,325	1,0065	1,625	1,0117	2,925	1,0169	4,225
1,0014	0,350	1,0066	1,650	1,0118	2,950	1,0170	4,250
1,0015	0,375	1,0067	1,675	1,0119	2,975	1,0171	4,275
1,0016	0,400	1,0068	1,700	1,0120	3,000	1,0172	4,300
1,0017	0,425	1,0069	1,725	1,0121	3,025	1,0173	4,325
1,0018	0,450	1,0070	1,750	1,0122	3,050	1,0174	4,350
1,0019	0,475	1,0071	1,775	1,0123	3,075	1,0175	4,375
1,0020	0,500	1,0072	1,800	1,0124	3,100	1,0176	4,400
1,0021	0,525	1,0073	1,825	1,0125	3,125	1,0177	4,425
1,0022	0,550	1,0074	1,850	1,0126	3,150	1,0178	4,450
1,0023	0,575	1,0075	1,875	1,0127	3,175	1,0179	4,475
1,0024	0,600	1,0076	1,900	1,0128	3,200	1,0180	4,500
1,0025	0,625	1,0077	1,925	1,0129	3,225	1,0181	4,525
1,0026	0,650	1,0078	1,950	1,0130	3,250	1,0182	4,550
1,0027	0,675	1,0079	1,975	1,0131	3,275	1,0183	4,575
1,0028	0,700	1,0080	2,000	1,0132	3,300	1,0184	4,600
1,0029	0,725	1,0081	2,025	1,0133	3,325	1,0185	4,625
1,0030	0,750	1,0082	2,050	1,0134	3,350	1,0186	4,650
1,0031	0,775	1,0083	2,075	1,0135	3,375	1,0187	4,675
1,0032	0,800	1,0084	2,100	1,0136	3,400	1,0188	4,700
1,0033	0,825	1,0085	2,125	1,0137	3,425	1,0189	4,725
1,0034	0,850	1,0086	2,150	1,0138	3,450	1,0190	4,750
1,0035	0,875	1,0087	2,175	1,0139	3,475	1,0191	4,775
1,0036	0,900	1,0088	2,200	1,0140	3,500	1,0192	4,800
1,0037	0,925	1,0089	2,225	1,0141	3,525	1,0193	4,825
1,0038	0,950	1,0090	2,250	1,0142	3,550	1,0194	4,850
1,0039	0,975	1,0091	2,275	1,0143	3,575	1,0195	4,875
1,0040	1,000	1,0092	2,300	1,0144	3,600	1,0196	4,900
1,0041	1,025	1,0093	2,325	1,0145	3,625	1,0197	4,925
1,0042	1,050	1,0094	2,350	1,0146	3,650	1,0198	4,950
1,0043	1,075	1,0095	2,375	1,0147	3,675	1,0199	4,975
1,0044	1,100	1,0096	2,400	1,0148	3,700	1,0200	5,000
1,0045	1,125	1,0097	2,425	1,0149	3,725	1,0201	5,025
1,0046	1,150	1,0098	2,450	1,0150	3,750	1,0202	5,050
1,0047	1,175	1,0099	2,475	1,0151	3,775	1,0203	5,075
1,0048	1,200	1,0100	2,500	1,0152	3,800	1,0204	5,100
1,0049	1,225	1,0101	2,525	1,0153	3,825	1,0205	5,125
1,0050	1,250	1,0102	2,550	1,0154	3,850	1,0206	5,150
1,0051	1,275	1,0103	2,575	1,0155	3,875	1,0207	5,175

Spez. Gewicht	Diesem entsprechende Saccharometeranzeige in Prozenten	Spez. Gewicht	Diesem entsprechende Saccharometeranzeige in Prozenten	Spez. Gewicht	Diesem entsprechende Saccharometeranzeige in Prozenten	Spez. Gewicht	Diesem entsprechende Saccharometeranzeige in Prozenten
1,0208	5,200	1,0265	6,609	1,0322	8,000	1,0379	9,389
1,0209	5,225	1,0266	6,633	1,0323	8,024	1,0380	9,413
1,0210	5,250	1,0267	6,657	1,0324	8,048	1,0381	9,438
1,0211	5,275	1,0268	6,681	1,0325	8,073	1,0382	9,463
1,0212	5,300	1,0269	6,706	1,0326	8,097	1,0383	9,488
1,0213	5,325	1,0270	6,731	1,0327	8,122	1,0384	9,512
1,0214	5,350	1,0271	6,756	1,0328	8,146	1,0385	9,536
1,0215	5,375	1,0272	6,780	1,0329	8,170	1,0386	9,560
1,0216	5,400	1,0273	6,804	1,0330	8,195	1,0387	9,584
1,0217	5,425	1,0274	6,828	1,0331	8,219	1,0388	9,609
1,0218	5,450	1,0275	6,853	1,0332	8,244	1,0389	9,633
1,0219	5,475	1,0276	6,877	1,0333	8,268	1,0390	9,657
1,0220	5,500	1,0277	6,901	1,0334	8,292	1,0391	9,681
1,0221	5,525	1,0278	6,925	1,0335	8,316	1,0392	9,706
1,0222	5,550	1,0279	6,950	1,0336	8,341	1,0393	9,731
1,0223	5,575	1,0280	6,975	1,0337	8,365	1,0394	9,756
1,0224	5,600	1,0281	7,000	1,0338	8,389	1,0395	9,780
1,0225	5,625	1,0282	7,024	1,0339	8,413	1,0396	9,804
1,0226	5,650	1,0283	7,048	1,0340	8,438	1,0397	9,828
1,0227	5,675	1,0284	7,073	1,0341	8,463	1,0398	9,853
1,0228	5,700	1,0285	7,097	1,0342	8,488	1,0399	9,877
1,0229	5,725	1,0286	7,122	1,0343	8,512	1,0400	9,901
1,0230	5,750	1,0287	7,146	1,0344	8,536	1,0401	9,925
1,0231	5,775	1,0288	7,170	1,0345	8,560	1,0402	9,950
1,0232	5,800	1,0289	7,195	1,0346	8,584	1,0403	9,975
1,0233	5,825	1,0290	7,219	1,0347	8,609	1,0404	10,000
1,0234	5,850	1,0291	7,244	1,0348	8,633	1,0405	10,023
1,0235	5,875	1,0292	7,268	1,0349	8,657	1,0406	10,047
1,0236	5,900	1,0293	7,292	1,0350	8,681	1,0407	10,071
1,0237	5,925	1,0294	7,316	1,0351	8,706	1,0408	10,095
1,0238	5,950	1,0295	7,341	1,0352	8,731	1,0409	10,119
1,0239	5,975	1,0296	7,365	1,0353	8,756	1,0410	10,142
1,0240	6,000	1,0297	7,389	1,0354	8,786	1,0411	10,166
1,0241	6,024	1,0298	7,413	1,0355	8,804	1,0412	10,190
1,0242	6,048	1,0299	7,438	1,0356	8,828	1,0413	10,214
1,0243	6,073	1,0300	7,463	1,0357	8,853	1,0414	10,238
1,0244	6,097	1,0301	7,488	1,0358	8,877	1,0415	10,261
1,0245	6,122	1,0302	7,512	1,0359	8,901	1,0416	10,285
1,0246	6,146	1,0303	7,536	1,0360	8,925	1,0417	10,309
1,0247	6,170	1,0304	7,560	1,0361	8,950	1,0418	10,333
1,0248	6,195	1,0305	7,584	1,0362	8,975	1,0419	10,357
1,0249	6,219	1,0306	7,609	1,0363	9,000	1,0420	10,381
1,0250	6,244	1,0307	7,633	1,0364	9,024	1,0421	10,404
1,0251	6,268	1,0308	7,657	1,0365	9,048	1,0422	10,428
1,0252	6,292	1,0309	7,681	1,0366	9,073	1,0423	10,452
1,0253	6,316	1,0310	7,706	1,0367	9,097	1,0424	10,476
1,0254	6,341	1,0311	7,731	1,0368	9,122	1,0425	10,500
1,0255	6,365	1,0312	7,756	1,0369	9,146	1,0426	10,523
1,0256	6,389	1,0313	7,780	1,0370	9,170	1,0427	10,547
1,0257	6,413	1,0314	7,804	1,0371	9,195	1,0428	10,571
1,0258	6,438	1,0315	7,828	1,0372	9,219	1,0429	10,595
1,0259	6,463	1,0316	7,853	1,0373	9,244	1,0430	10,619
1,0260	6,488	1,0317	7,877	1,0374	9,268	1,0431	10,642
1,0261	6,512	1,0318	7,901	1,0375	9,292	1,0432	10,666
1,0262	6,536	1,0319	7,925	1,0376	9,316	1,0433	10,690
1,0263	6,560	1,0320	7,950	1,0377	9,341	1,0434	10,714
1,0264	6,584	1,0321	7,975	1,0378	9,365	1,0435	10,738

Spez. Gewicht	Diesem entsprechende Saccharometeranzeige in Prozenten	Spez. Gewicht	Diesem entsprechende Saccharometeranzeige in Prozenten	Spez. Gewicht	Diesem entsprechende Saccharometeranzeige in Prozenten	Spez. Gewicht	Diesem entsprechende Saccharometeranzeige in Prozenten
1,0436	10,761	1,0493	12,119	1,0550	13,476	1,0607	14,833
1,0437	10,785	1,0494	12,142	1,0551	13,500	1,0608	14,857
1,0438	10,809	1,0495	12,166	1,0552	13,523	1,0609	14,881
1,0439	10,833	1,0496	12,190	1,0553	13,547	1,0610	14,904
1,0440	10,857	1,0497	12,214	1,0554	13,571	1,0611	14,928
1,0441	10,881	1,0498	12,238	1,0555	13,595	1,0612	14,952
1,0442	10,904	1,0499	12,261	1,0556	13,619	1,0613	14,976
1,0443	10,928	1,0500	12,285	1,0557	13,642	1,0614	15,000
1,0444	10,952	1,0501	12,309	1,0558	13,666	1,0615	15,023
1,0445	10,976	1,0502	12,333	1,0559	13,690	1,0616	15,046
1,0446	11,000	1,0503	12,357	1,0560	13,714	1,0617	15,070
1,0447	11,023	1,0504	12,381	1,0561	13,738	1,0618	15,093
1,0448	11,047	1,0505	12,404	1,0562	13,761	1,0619	15,116
1,0449	11,071	1,0506	12,428	1,0563	13,785	1,0620	15,139
1,0450	11,095	1,0507	12,452	1,0564	13,809	1,0621	15,162
1,0451	11,119	1,0508	12,476	1,0565	13,833	1,0622	15,186
1,0452	11,142	1,0509	12,500	1,0566	13,857	1,0623	15,209
1,0453	11,166	1,0510	12,523	1,0567	13,881	1,0624	15,232
1,0454	11,190	1,0511	12,547	1,0568	13,904	1,0625	15,255
1,0455	11,214	1,0512	12,571	1,0569	13,928	1,0626	15,279
1,0456	11,238	1,0513	12,595	1,0570	13,952	1,0627	15,302
1,0457	11,261	1,0514	12,619	1,0571	13,976	1,0628	15,325
1,0458	11,285	1,0515	12,642	1,0572	14,000	1,0629	15,348
1,0459	11,309	1,0516	12,666	1,0573	14,023	1,0630	15,371
1,0460	11,333	1,0517	12,690	1,0574	14,047	1,0631	15,395
1,0461	11,357	1,0518	12,714	1,0575	14,071	1,0632	15,418
1,0462	11,381	1,0519	12,738	1,0576	14,095	1,0633	15,441
1,0463	11,404	1,0520	12,761	1 0577	14,119	1,0634	15,464
1,0464	11,428	1,0521	12,785	1,0578	14,142	1,0635	15,488
1,0465	11,452	1,0522	12,809	1,0579	14,166	1,0636	15,501
1,0466	11,476	1,0523	12,833	1,0580	14,190	1,0637	15,534
1,0467	11,500	1,0524	12,857	1,0581	14,214	1,0638	15,557
1,0468	11,523	1,0525	12,881	1,0582	14,238	1,0639	15,581
1,0469	11,547	1,0526	12,904	1,0583	14,261	1,0640	15,604
1,0470	11,571	1,0527	12,928	1,0584	14,285	1,0641	15,627
1,0471	11,595	1,0528	12,952	1,0585	14,309	1,0642	15,650
1,0472	11,619	1,0529	12,976	1,0586	14,333	1,0643	15,674
1,0473	11,642	1,0530	13,000	1,0587	14,357	1,0644	15,697
1,0474	11,666	1,0531	13,023	1,0588	14,381	1,0645	15,721
1,0475	11,690	1,0532	13,047	1,0589	14,404	1,0646	15,744
1,0476	11,714	1,0533	13,071	1,0590	14,428	1,0647	15,767
1,0477	11,738	1,0534	13,095	1,0591	14,452	1,0648	15,790
1,0478	11,761	1,0535	13,119	1,0592	14,476	1,0649	15,814
1,0479	11,785	1,0536	13,142	1,0593	44,500	1,0650	15,837
1,0480	11,809	1,0537	13,166	1,0594	14,523	1,0651	15,860
1,0481	11,833	1,0538	13,190	1,0595	14,547	1,0652	15,883
1,0482	11,857	1,0539	13,214	1,0596	14,571	1,0653	15,907
1,0483	11,881	1,0540	13,238	1,0597	14,595	1,0654	15,930
1,0484	11,904	1,0541	13,261	1,0598	14,619	1,0655	15,953
1,0485	11,928	1,0542	13,285	1,0599	14,642	1,0656	15,976
1,0486	11,952	1,0543	13,309	1,0600	14,666	1,0657	16,000
1,0487	11,976	1,0544	13,333	1,0601	14,690	1,0658	16,023
1,0488	12,000	1,0545	13,357	1,0602	14,714	1,0659	16,046
1,0489	12,023	1,0546	13,381	1,0603	14,738	1,0660	16,070
1,0490	12,047	1,0547	13,404	1,0604	14,761	1,0661	16,093
1,0491	12,071	1,0548	13,428	1,0605	14,785	1,0662	16,116
1,0492	12,095	1,0549	13,452	1,0606	14,809	1,0663	16,139

Spez. Gewicht	Diesem entsprechende Saccharometer-anzeige in Prozenten	Spez. Gewichte	Diesem entsprechende Saccharometer-anzeige in Prozenten	Spez. Gewicht	Diesem entsprechende Saccharometer-anzeige in Prozenten	Spez. Gewicht	Diesem entsprechende Saccharometer-anzeige in Prozenten
1,0664	16,162	1,0699	16,976	1,0733	17,750	1,0767	18,522
1,0665	16,186	1,0700	17,000	1,0734	17,772	1,0768	18,545
1,0666	16,209	1,0701	17,022	1,0735	17,795	1,0769	18,569
1,0667	16,232	1,0702	17,045	1,0736	17,818	1,0770	18,590
1,0668	16,255	1,0703	17,067	1,0737	17,841	1,0771	18,613
1,0669	16,278	1,0704	17,090	1,0738	17,863	1,0772	18,636
1,0670	16,302	1,0705	17,113	1,0739	17,886	1,0773	18,659
1,0671	16,325	1,0706	17,136	1,0740	17,909	1,0774	18,681
1,0672	16,348	1,0707	17,158	1,0741	17,931	1,0775	18,704
1,0673	16,371	1,0708	17,181	1,0742	17,954	1,0776	18,727
1,0674	16,395	1,0709	17,204	1,0743	17,977	1,0777	18,750
1,0675	16,418	1,0710	17,227	1,0744	18,000	1,0778	18,772
1,0676	16,441	1,0711	17,250	1,0745	18,022	1,0779	18,795
1,0677	16,464	1,0712	17,272	1,0746	18,045	1,0780	18,818
1,0678	16,488	1,0713	17,295	1,0747	18,067	1,0781	18,841
1,0679	16,511	1,0714	17,318	1,0748	18,090	1,0782	18,863
1,0680	16,534	1,0715	17,340	1,0749	18,113	1,0783	18,886
1,0681	16,557	1,0716	17,363	1,0750	18,136	1,0784	18,909
1,0682	16,581	1,0717	17,386	1,0751	18,158	1,0785	18,931
1,0683	16,604	1,0718	17,409	1,0752	18,181	1,0786	18,954
1,0684	16,627	1,0719	17,431	1,0753	18,204	1,0787	18,977
1,0685	16,650	1,0720	17,454	1,0754	18,227	1,0788	19,000
1,0686	16,674	1,0721	17,477	1,0755	18,250	1,0789	19,022
1,0687	16,697	1,0722	17,500	1,0756	18,272	1,0790	19,045
1,0688	16,721	1,0723	17,522	1,0757	18,295	1,0791	19,067
1,0689	16,744	1,0724	17,545	1,0758	18,318	1,0792	19,090
1,0690	16,767	1,0725	17,568	1,0759	18,340	1,0793	19,113
1,0691	16,790	1,0726	17,590	1,0760	18,363	1,0794	19,136
1,0692	16,814	1,0727	17,613	1,0761	18,386	1,0795	19,158
1,0693	16,837	1,0728	17,636	1,0762	18,409	1,0796	19,181
1,0694	16,860	1,0729	17,659	1,0763	18,431	1,0797	19,204
1,0695	16,883	1,0730	17,681	1,0764	18,454	1,0798	19,227
1,0696	16,907	1,0731	17,704	1,0765	18,477	1,0799	19,250
1,0697	16,930	1,0732	17,727	1,0766	18,500	1,0800	19,272
1,0698	16,953						

Tabelle XXI.

Vergleichende Angaben zwischen zpezifischem Gewicht, Graden **Brix** und Graden **Beaumé.**[1])

Gewichtsprozente Zucker nach Balling od. Grade Brix	Spezifisches Gewicht	Grade Beaumé	Gewichtsprozente Zucker nach Balling od. Grade Brix	Spezifisches Gewicht	Grade Beaumé	Gewichtsprozente Zucker nach Balling od. Grade Brix	Spezifisches Gewicht	Grade Beaumé
0,0	1,00000	0,00	4,0	1,01570	2,27	8,0	1,03187	4,53
0,1	1,00038	0,06	4,1	1,01610	2,33	8,1	1,03228	4,59
0,2	1,00077	0,11	4,2	1,01650	2,38	8,2	1,03270	4,65
0,3	1,00116	0,17	4,3	1,01690	2,44	8,3	1,03311	4,70
0,4	1,00155	0,23	4,4	1,01730	2,50	8,4	1,03352	4,76
0,5	1,00193	0,28	4,5	1,01770	2,55	8,5	1,03393	4,82
0,6	1,00232	0,34	4,6	1,01810	2,61	8,6	1,03434	4,87
0,7	1,00271	0,40	4,7	1,01850	2,67	8,7	1,03475	4,93
0,8	1,00310	0,45	4,8	1,01890	2,72	8,8	1,03517	4,99
0,9	1,00349	0,51	4,9	1,01930	2,78	8,9	1,03558	5,04
1,0	1,00388	0,57	5,0	1,01970	2,84	9,0	1,03599	5,10
1,1	1,00427	0,63	5,1	1,02010	2,89	9,1	1,03640	5,16
1,2	1,00466	0,68	5,2	1,02051	2,95	9,2	1,03682	5,21
1,3	1,00505	0,74	5,3	1,02091	3,01	9,3	1,03723	5,27
1,4	1,00544	0,80	5,4	1,02131	3,06	9,4	1,03765	5,33
1,5	1,00583	0,85	5,5	1,02171	3,12	9,5	1,03806	5,38
1,6	1,00622	0,91	5,6	1,02211	3,18	9,6	1,03848	5,44
1,7	1,00662	0,97	5,7	1,02252	3,23	9,7	1,03889	5,50
1,8	1,00701	1,02	5,8	1,02292	3,29	9,8	1,03931	5,55
1,9	1,00740	1,08	5,9	1,02333	3,35	9,9	1,03972	5,61
2,0	1,00779	1,14	6,0	1,02373	3,40	10,0	1,04014	5,67
2,1	1,00818	1,19	6,1	1,02413	3,46	10,1	1,04055	5,72
2,2	1,00858	1,25	6,2	1,02454	3,52	10,2	1,04097	5,78
2,3	1,00897	1,31	6,3	1,02494	3,57	10,3	1,04139	5,83
2,4	1,00936	1,36	6,4	1,02535	3,63	10,4	1,04180	5,89
2,5	1,00976	1,42	6,5	1,02575	3,69	10,5	1,04222	5,95
2,6	1,01015	1,48	6,6	1,02616	3,74	10,6	1,04264	6,00
2,7	1,01055	1,53	6,7	1,02657	3,80	10,7	1,04306	6,06
2,8	1,01094	1,59	6,8	1,02697	3,86	10,8	1,04348	6,12
2,9	1,01134	1,65	6,9	1,02738	3,91	10,9	1,04390	6,17
3,0	1,01173	1,70	7,0	1,02779	3,97	11,0	1,04431	6,23
3,1	1,01213	1,76	7,1	1,02819	4,03	11,1	1,04473	6,29
3,2	1,01252	1,82	7,2	1,02860	4,08	11,2	1,04515	6,34
3,3	1,01292	1,87	7,3	1,02901	4,14	11,3	1,04557	6,40
3,4	1,01332	1,93	7,4	1,02942	4,20	11,4	1,04599	6,46
3,5	1,01371	1,99	7,5	1,02983	4,25	11,5	1,04641	6,51
3,6	1,01411	2,04	7,6	1,03024	4,31	11,6	1,04683	6,57
3,7	1,01451	2,10	7,7	1,03064	4,37	11,7	1,04726	6,62
3,8	1,01491	2,16	7,8	1,03105	4,42	11,8	1,04768	6,68
3,9	1,01531	2,21	7,9	1,03146	4,48	11,9	1,04810	6,74

[1]) Unter „Graden Beaumé" sind hier die neuen Grade Beaumé zu verstehen, wie sie von Mategchek und Scheibler nach der von Gerlach aufgestellten neuen Umrechnungsformel berechnet worden sind. Die ursprüngliche Umrechnungsformel von Brix enthielt Unrichtigkeiten. Die Unterschiede zwischen alten und neuen Graden sind bei den niederen Graden nur gering; bei den höheren Graden, etwa von 10° anfangend bis 95°, betragen sie steigend von 0,1—1,0°, um welche die alten Grade niedriger liegen. Im Handel wird noch vielfach an den alten Graden festgehalten.

Gewichtsprozente Zucker nach Balling od. Grade Brix	Spezifisches Gewicht	Grade Beaumé	Gewichtsprozente Zucker nach Balling od. Grade Brix	Spezifisches Gewicht	Grade Beaumé	Gewichtsprozente Zucker nach Balling od. Grade Brix	Spezifisches Gewicht	Grade Beaumé
12,0	1,04852	6,79	17,0	1,07002	9,61	22,0	1,09231	12,40
12,1	1,04894	6,85	17,1	1,07046	9,66	22,1	1,09276	12,46
12,2	1,04937	6,91	17,2	1,07090	9,72	22,2	1,09321	12,52
12,3	1,04979	6,96	17,3	1,07133	9,77	22,3	1,09367	12,57
12,4	1,05021	7,02	17,4	1,07177	9,83	22,4	1,09412	12,63
12,5	1,05064	7,08	17,5	1,07221	9,89	22,5	1,09458	12,68
12,6	1,05106	7,13	17,6	1,07265	9,94	22,6	1,09503	12,74
12,7	1,05149	7,19	17,7	1,07309	10,00	22,7	1,09549	12,80
12,8	1,05191	7,24	17,8	1,07358	10,06	22,8	1,09595	12,85
12,9	1,05233	7,30	17,9	1,07397	10,11	22,9	1,09640	12,91
13,0	1,05276	7,36	18,0	1,07441	10,17	23,0	1,09686	12,96
13,1	1,05318	7,41	18,1	1,07485	10,22	23,1	1,09732	13,02
13,2	1,05361	7,47	18,2	1,07530	10,28	23,2	1,09777	13,07
13,3	1,05404	7,53	18,3	1,07574	10,33	23,3	1,09823	13,13
13,4	1,05446	7,58	18,4	1,07618	10,39	23,4	1,09869	13,19
13,5	1,05489	7,64	18,5	1,07662	10,45	23,5	1,09915	13,24
13,6	1,05532	7,69	18,6	1,07706	10,50	23,6	1,09961	13,30
13,7	1,05574	7,75	18,7	1,07751	10,56	23,7	1,10007	13,35
13,8	1,05617	7,81	18,8	1,07795	10,62	23,8	1,10053	13,41
13,9	1,05660	7,86	18,9	1,07839	10,67	23,9	1,10099	13,46
14,0	1,05703	7,92	19,0	1,07884	10,73	24,0	1,10145	13,52
14,1	1,05746	7,98	19,1	1,07928	10,78	24,1	1,10191	13,58
14,2	1,05789	8,03	19,2	1,07973	10,84	24,2	1,10237	13,63
14,3	1,05831	8,09	19,3	1,08017	10,90	24,3	1,10283	13,69
14,4	1,05874	8,14	19,4	1,08062	10,95	24,4	1,10329	13,74
14,5	1,05917	8,20	19,5	1,08106	11,01	24,5	1,10375	13,80
14,6	1,05960	8,26	19,6	1,08151	11,06	24,6	1,10421	13,85
14,7	1,06003	8,31	19,7	1,08196	11,12	24,7	1,10468	13,91
14,8	1,06047	8,37	19,8	1,08240	11,18	24,8	1,10514	13,96
14,9	1,06090	8,43	19,9	1,08285	11,24	24,9	1,10560	14,02
15,0	1,06133	8,48	20,0	1,08329	11,29	25,0	1,10607	14,08
15,1	1,06176	8,54	20,1	1,08374	11,34	25,1	1,10653	14,13
15,2	1,06219	8,59	20,2	1,08419	11,40	25,2	1,10700	14,19
15,3	1,06262	8,65	20,3	1,08464	11,45	25,3	1,10746	14,24
15,4	1,06306	8,71	20,4	1,08509	11,51	25,4	1,10793	14,30
15,5	1,06349	8,76	20,5	1,08553	11,57	25,5	1,10839	14,35
15,6	1,06392	8,82	20,6	1,08599	11,62	25,6	1,10886	14,41
15,7	1,06436	8,88	20,7	1,08643	11,68	25,7	1,10932	14,47
15,8	1,06479	8,93	20,8	1,08688	11,73	25,8	1,10979	14,52
15,9	1,06522	8,99	20,9	1,08733	11,79	25,9	1,11026	14,58
16,0	1,06566	9,04	21,0	1,08778	11,85	26,0	1,11072	14,63
16,1	1,06609	9,10	21,1	1,08824	11,90	26,1	1,11119	14,69
16,2	1,06653	9,16	21,2	1,08869	11,96	26,2	1,11166	14,74
16,3	1,06696	9,21	21,3	1,08914	12,01	26,3	1,11213	14,80
16,4	1,06740	9,27	21,4	1,08959	12,07	26,4	1,11259	14,85
16,5	1,06783	9,33	21,5	1,09004	12,13	26,5	1,11306	14,91
16,6	1,06827	9,38	21,6	1,09049	12,18	26,6	1,11353	14,97
16,7	1,06871	9,44	21,7	1,09095	12,24	26,7	1,11400	15,02
16,8	1,06914	9,49	21,8	1,09140	12,29	26,8	1,11447	15,08
16,9	1,06958	9,55	21,9	1,09185	12,35	26,9	1,11494	15,13

Gewichtsprozente Zucker nach Balling od. Grade Brix	Spezifisches Gewicht	Grade Beaumé	Gewichtsprozente Zucker nach Balling od. Grade Brix	Spezifisches Gewicht	Grade Beaumé	Gewichtsprozente Zucker nach Balling od. Grade Brix	Spezifisches Gewicht	Grade Beaumé
27,0	1,11541	15,19	32,0	1,13934	17,95	37,0	1,16413	20,70
27,1	1,11588	15,24	32,1	1,13983	18,01	37,1	1,16464	20,75
27,2	1,11635	15,30	32,2	1,14032	18,06	37,2	1,16514	20,80
27,3	1,11682	15,35	32,3	1,14081	18,12	37,3	1,16565	20,86
27,4	1,11729	15,41	32,4	1,14129	18,17	37,4	1,16616	20,91
27,5	1,11776	15,46	32,5	1,14178	18,23	37,5	1,16666	20,97
27,6	1,11824	15,52	32,6	1,14227	18,28	37,6	1,16717	21,02
27,7	1,11871	15,58	32,7	1,14276	18,34	37,7	1,16768	21,08
27,8	1,11918	15,63	32,8	1,14325	18,39	37,8	1,16818	21,13
27,9	1,11965	15,69	32,9	1,14374	18,45	37,9	1,16869	21,19
28,0	1,12013	15,74	33,0	1,14423	18,50	38,0	1,16920	21,24
28,1	1,12060	15,80	33,1	1,14472	18,56	38,1	1,16971	21,30
28,2	1,12107	15,85	33,2	1,14521	18,61	38,2	1,17022	21,35
28,3	1,12155	15,91	33,3	1,14570	18,67	38,3	1,17072	21,40
28,4	1,12202	15,96	33,4	1,14620	18,72	38,4	1,17122	21,46
28,5	1,12250	16,02	33,5	1,14669	18,78	38,5	1,17174	21,51
28,6	1,12297	16,07	33,6	1,14718	18,83	38,6	1,17225	21,57
28,7	1,12345	16,13	33,7	1,14767	18,89	38,7	1,17276	21,62
28,8	1,12393	16,18	33,8	1,14817	18,94	38,8	1,17327	21,68
28,9	1,12440	16,24	33,9	1,14866	19,00	38,9	1,17379	21,73
29,0	1,12488	16,30	34,0	1,14915	19,05	39,0	1,17430	21,79
29,1	1,12536	16,35	34,1	1,14965	19,11	39,1	1,17481	21,84
29,2	1,12583	16,41	34,2	1,15014	19,16	39,2	1,17532	21,90
29,3	1,12631	16,46	34,3	1,15064	19,22	39,3	1,17583	21,95
29,4	1,12679	16,52	34,4	1,15113	19,27	39,4	1,17635	22,00
29,5	1,12727	16,57	34,5	1,15163	19,33	39,5	1,17686	22,06
29,6	1,12775	16,63	34,6	1,15213	19,38	39,6	1,17737	22,11
29,7	1,12823	16,68	34,7	1,15262	19,44	39,7	1,17789	22,17
29,8	1,12871	16,74	34,8	1,15312	19,49	39,8	1,17840	22,22
29,9	1,12919	16,79	34,9	1,15362	19,55	39,9	1,17892	22,28
30,0	1,12967	16,85	35,0	1,15411	19,60	40,0	1,17943	22,33
30,1	1,13015	16,90	35,1	1,15461	19,66	40,1	1,17995	22,38
30,2	1,13063	16,96	35,2	1,15511	19,71	40,2	1,18046	22,44
30,3	1,13111	17,01	35,3	1,15561	19,76	40,3	1,18098	22,49
30,4	1,13159	17,07	35,4	1,15611	19,82	40,4	1,18150	22,55
30,5	1,13207	17,12	35,5	1,15661	19,87	40,5	1,18201	22,60
30,6	1,13255	17,18	35,6	1,15710	19,93	40,6	1,18253	22,66
30,7	1,13304	17,23	35,7	1,15760	19,98	40,7	1,18305	22,71
30,8	1,13352	17,29	35,8	1,15810	20,04	40,8	1,18357	22,77
30,9	1,13400	17,35	35,9	1,15861	20,09	40,9	1,18408	22,82
31,0	1,13449	17,40	36,0	1,15911	20,15	41,0	1,18460	22,87
31,1	1,13497	17,46	36,1	1,15961	20,20	41,1	1,18512	22,93
31,2	1,13545	17,51	36,2	1,16011	20,26	41,2	1,18564	22,98
31,3	1,13594	17,57	36,3	1,16061	20,31	41,3	1,18616	23,04
31,4	1,13642	17,62	36,4	1,16111	20,37	41,4	1,18668	23,09
31,5	1,13691	17,68	36,5	1,16162	20,42	41,5	1,18720	23,15
31,6	1,13740	17,73	36,6	1,16212	20,48	41,6	1,18772	23,20
31,7	1,13788	17,79	36,7	1,16262	20,53	41,7	1,18824	23,25
31,8	1,13837	17,84	36,8	1,16313	20,59	41,8	1,18887	23,31
31,9	1,13885	17,90	36,9	1,16363	20,64	41,9	1,18929	23,36

Gewichtsprozente Zucker nach Balling od. Grade Brix	Spezifisches Gewicht	Grade Beaumé	Gewichtsprozente Zucker nach Balling od. Grade Brix	Spezifisches Gewicht	Grade Beaumé	Gewichtsprozente Zucker nach Balling od. Grade Brix	Spezifisches Gewicht	Grade Beaumé
42,0	1,18981	23,42	47,0	1,21639	26,11	52,0	1,24390	28,78
42,1	1,19033	23,47	47,1	1,21693	26,17	52,1	1,24446	28,83
42,2	1,19086	23,52	47,2	1,21747	26,22	52,2	1,24502	28,89
42,3	1,19138	23,58	47,3	1,21802	26,27	52,3	1,24558	28,94
42,4	1,19190	23,63	47,4	1,21856	26,33	52,4	1,24614	28,99
42,5	1,19243	23,69	47,5	1,21910	26,38	52,5	1,24670	29,05
42,6	1,19295	23,74	47,6	1,21964	26,43	52,6	1,24726	29,10
42,7	1,19348	23,79	47,7	1,22019	26,49	52,7	1,24782	29,15
42,8	1,19400	23,85	47,8	1,22073	26,54	52,8	1,24839	29,20
42,9	1,19453	23,90	47,9	1,22127	26,59	52,9	1,24895	29,26
43,0	1,19505	23,96	48,0	1,22182	26,65	53,0	1,24951	29,31
43,1	1,19558	24,01	48,1	1,22236	26,70	53,1	1,25008	29,36
43,2	1,19611	24,07	48,2	1,22291	26,75	53,2	1,25064	29,42
43,3	1,19669	24,12	48,3	1,22345	26,81	53,3	1,25120	29,47
43,4	1,19716	24,17	48,4	1,22400	26,86	53,4	1,25177	29,52
43,5	1,19769	24,23	48,5	1,22455	26,92	53,5	1,25233	29,57
43,6	1,19822	24,28	48,6	1,22509	26,97	53,6	1,25290	29,63
43,7	1,19875	24,34	48,7	1,22564	27,02	53,7	1,25347	29,68
43,8	1,19927	24,39	48,8	1,22619	27,08	53,8	1,25403	29,73
43,9	1,19980	24,44	48,9	1,22673	27,13	53,9	1,25460	29,79
44,0	1,20033	24,50	49,0	1,22728	27,18	54,0	1,25517	29,84
44,1	1,20086	24,55	49,1	1,22783	27,24	54,1	1,25573	29,89
44,2	1,20139	24,61	49,2	1,22838	27,29	54,2	1,25630	29,94
44,3	1,20192	24,66	49,3	1,22893	27,34	54,3	1,25687	30,00
44,4	1,20245	24,71	49,4	1,22948	27,40	54,4	1,25744	30,05
44,5	1,20299	24,77	49,5	1,23003	27,45	54,5	1,25801	30,10
44,6	1,20352	24,82	49,6	1,23058	27,50	54,6	1,25857	30,16
44,7	1,20405	24,88	49,7	1,23113	27,56	54,7	1,25914	30,21
44,8	1,20458	24,93	49,8	1,23168	27,61	54,8	1,25971	30,26
44,9	1,20512	24,98	49,9	1,23223	27,66	54,9	1,26028	30,31
45,0	1,20565	25,04	50,0	1,23278	27,72	55,0	1,26086	30,37
45,1	1,20618	25,09	50,1	1,23334	27,77	55,1	1,26143	30,42
45,2	1,20672	25,14	50,2	1,23389	27,82	55,2	1,26200	30,47
45,3	1,20725	25,20	50,3	1,23444	27,88	55,3	1,26257	30,53
45,4	1,20779	25,25	50,4	1,23499	27,93	55,4	1,26314	30,58
45,5	1,20832	25,31	50,5	1,23555	27,98	55,5	1,26372	30,63
45,6	1,20886	25,36	50,6	1,23610	28,04	55,6	1,26429	30,68
45,7	1,20939	25,41	50,7	1,23666	28,09	55,7	1,26486	30,74
45,8	1,20993	25,47	50,8	1,23721	28,14	55,8	1,26544	30,79
45,9	1,21046	25,52	50,9	1,23777	28,20	55,9	1,26601	30,84
46,0	1,21100	25,57	51,0	1,23832	28,25	56,0	1,26658	30,89
46,1	1,21154	25,63	51,1	1,23888	28,30	56,1	1,26716	30,95
46,2	1,21208	25,68	51,2	1,23943	28,36	56,2	1,26773	31,00
46,3	1,21261	25,74	51,3	1,23999	28,41	56,3	1,26831	31,05
46,4	1,21315	25,79	51,4	1,24055	28,46	56,4	1,26889	31,10
46,5	1,21369	25,84	51,5	1,24111	28,51	56,5	1,26946	31,16
46,6	1,21423	25,90	51,6	1,24166	28,57	56,6	1,27004	31,21
46,7	1,21477	25,95	51,7	1,24222	28,62	56,7	1,27062	31,26
46,8	1,21531	26,00	51,8	1,24278	28,67	56,8	1,27120	31,31
46,9	1,21585	26,06	51,9	1,24334	28,73	56,9	1,27177	31,37

Gewichtsprozente Zucker nach Balling od. Grade Brix	Spezifisches Gewicht	Grade Beaumé	Gewichtsprozente Zucker nach Balling od. Grade Brix	Spezifisches Gewicht	Grade Beaumé	Gewichtsprozente Zucker nach Balling od. Grade Brix	Spezifisches Gewicht	Grade Beaumé
57,0	1,27235	31,42	62,0	1,30177	34,03	67,0	1,33217	36,60
57,1	1,27293	31,47	62,1	1,30237	34,08	67,1	1,33278	36,65
57,2	1,27351	31,52	62,2	1,30297	34,13	67,2	1,33340	36,70
57,3	1,27409	31,58	62,3	1,30356	34,18	67,3	1,33402	36,75
57,4	1,27467	31,63	62,4	1,30416	34,23	67,4	1,33464	36,80
57,5	1,27525	31,68	62,5	1,30476	34,28	67,5	1,33526	36,85
57,6	1,27583	31,73	62,6	1,30536	34,34	67,6	1,33588	36,90
57,7	1,27641	31,79	62,7	1,30596	34,39	67,7	1,33650	36,96
57,8	1,27699	31,84	62,8	1,30657	34,44	67,8	1,33712	37,01
57,9	1,27758	31,89	62,9	1,30717	34,49	67,9	1,33774	37,06
58,0	1,27816	31,94	63,0	1,30777	34,54	68,0	1,33836	37,11
58,1	1,27874	32,00	63,1	1,30837	34,59	68,1	1,33899	37,16
58,2	1,27932	32,05	63,2	1,30897	34,65	68,2	1,33961	37,21
58,3	1,27991	32,10	63,3	1,30958	34,70	68,3	1,34023	37,26
58,4	1,28049	32,15	63,4	1,31018	34,75	68,4	1,34085	37,31
58,5	1,28107	32,20	63,5	1,31078	34,80	68,5	1,34148	37,36
58,6	1,28166	32,26	63,6	1,31139	34,85	68,6	1,34210	37,41
58,7	1,28224	32,31	63,7	1,31199	34,90	68,7	1,34273	37,47
58,8	1,28283	32,36	63,8	1,31260	34,96	68,8	1,34335	37,52
58,9	1,28342	32,41	63,9	1,31320	35,01	68,9	1,34398	37,57
59,0	1,28400	32,46	64,0	1,31381	35,06	69,0	1,34460	37,62
59,1	1,28459	32,52	64,1	1,31442	35,11	69,1	1,34523	37,67
59,2	1,28518	32,57	64,2	1,31502	35,16	69,2	1,34585	37,72
59,3	1,28576	32,62	64,3	1,31563	35,21	69,3	1,34648	37,77
59,4	1,28635	32,67	64,4	1,31624	35,27	69,4	1,34711	37,82
59,5	1,28694	32,73	64,5	1,31684	35,32	69,5	1,34774	37,87
59,6	1,28753	32,78	64,6	1,31745	35,37	69,6	1,34836	37,92
59,7	1,28812	32,83	64,7	1,31806	35,42	69,7	1,34899	37,97
59,8	1,28871	32,88	64,8	1,31867	35,47	69,8	1,34962	38,02
59,9	1,28930	32,93	64,9	1,31928	35,52	69,9	1,35025	38,07
60,0	1,28989	32,99	65,0	1,31989	35,57	70,0	1,35088	38,12
60,1	1,29048	33,04	65,1	1,32050	35,63	70,1	1,35155	38,18
60,2	1,29107	33,09	65,2	1,32111	35,68	70,2	1,35214	38,23
60,3	1,29166	33,14	65,3	1,32172	35,73	70,3	1,35277	38,28
60,4	1,29225	33,20	65,4	1,32233	35,78	70,4	1,35340	38,33
60,5	1,29284	33,25	65,5	1,32294	35,83	70,5	1,35403	38,38
60,6	1,29343	33,30	65,6	1,32355	35,88	70,6	1,35466	38,43
60,7	1,29403	33,35	65,7	1,32417	35,93	70,7	1,35530	38,48
60,8	1,29462	33,40	65,8	1,32478	35,98	70,8	1,35593	38,53
60,9	1,29521	33,46	65,9	1,32539	36,04	70,9	1,35656	38,58
61,0	1,29581	33,51	66,0	1,32601	36,09	71,0	1,35720	38,63
61,1	1,29646	33,56	66,1	1,32662	36,14	71,1	1,35783	38,68
61,2	1,29700	33,61	66,2	1,32724	36,19	71,2	1,35847	38,73
61,3	1,29759	33,66	66,3	1,32785	36,24	71,3	1,35910	38,78
61,4	1,29819	33,71	66,4	1,32847	36,29	71,4	1,35974	38,83
61,5	1,29878	33,77	66,5	1,32908	36,34	71,5	1,36037	38,88
61,6	1,29938	33,82	66,6	1,32970	36,39	71,6	1,36101	38,93
61,7	1,29998	33,87	66,7	1,33031	36,45	71,7	1,36164	38,98
61,8	1,30057	33,92	66,8	1,33093	36,50	71,8	1,36228	39,03
61,9	1,30117	33,97	66,9	1,33155	36,55	71,9	1,36292	39,08

Gewichtsprozente Zucker nach Balling od. Grade Brix	Spezifisches Gewicht	Grade Beaumé	Gewichtsprozente Zucker nach Balling od. Grade Brix	Spezifisches Gewicht	Grade Beaumé	Gewichtsprozente Zucker nach Balling od. Grade Brix	Spezifisches Gewicht	Grade Beaumé
72,0	1,36355	39,13	77,0	1,39595	41,63	82,0	1,42934	44,09
72,1	1,36419	39,19	77,1	1,39660	41,68	82,1	1,43002	44,14
72,2	1,36483	39,24	77,2	1,39726	41,73	82,2	1,43070	44,19
72,3	1,36547	39,29	77,3	1,39792	41,78	82,3	1,43137	44,24
72,4	1,36611	39,34	77,4	1,39858	41,83	82,4	1,43205	44,28
72,5	1,36675	39,39	77,5	1,39924	41,88	82,5	1,43273	44,33
72,6	1,36739	39,44	77,6	1,39990	41,93	82,6	1,43341	44,38
72,7	1,36803	39,49	77,7	1,40056	41,98	82,7	1,43409	44,43
72,8	1,36867	39,54	77,8	1,40122	42,03	82,8	1,43478	44,48
72,9	1,36931	39,59	77,9	1,40188	42,08	82,9	1,43546	44,53
73,0	1,36995	39,64	78,0	1,40254	42,13	83,0	1,43614	44,58
73,1	1,37059	39,69	78,1	1,40321	42,18	83,1	1,43682	44,62
73,2	1,37124	39,74	78,2	1,40387	42,23	83,2	1,43750	44,67
73,3	1,37188	39,79	78,3	1,40453	42,28	83,3	1,43819	44,72
73,4	1,37252	39,84	78,4	1,40520	42,32	83,4	1,43887	44,77
73,5	1,37317	39,89	78,5	1,40586	42,37	83,5	1,43955	44,82
73,6	1,37381	39,94	78,6	1,40652	42,42	83,6	1,44024	44,87
73,7	1,37446	39,99	78,7	1,40719	42,47	83,7	1,44092	44,91
73,8	1,37510	40,04	78,8	1,40785	42,52	83,8	1,44161	44,96
73,9	1,37575	40,09	78,9	1,40852	42,57	83,9	1,44229	45,01
74,0	1,37639	40,14	79,0	1,40918	42,62	84,0	1,44298	45,06
74,1	1,37704	40,19	79,1	1,40985	42,67	84,1	1,44367	45,11
74,2	1,37768	40,24	79,2	1,41052	42,72	84,2	1,44435	45,16
74,3	1,37833	40,29	79,3	1,41118	42,77	84,3	1,44504	45,21
74,4	1,37898	40,34	79,4	1,41185	42,82	84,4	1,44573	45,25
74,5	1,37962	40,39	79,5	1,41252	42,87	84,5	1,44641	45,30
74,6	1,38027	40,44	79,6	1,41318	42,92	84,6	1,44710	45,35
74,7	1,38092	40,49	79,7	1,41385	42,96	84,7	1,44779	45,40
74,8	1,38157	40,54	79,8	1,41452	43,01	84,8	1,44848	45,45
74,9	1,38222	40,59	79,9	1,41519	43,06	84,9	1,44917	45,49
75,0	1,38287	40,64	80,0	1,41586	43,11	85,0	1,44986	45,54
75,1	1,38352	40,69	80,1	1,41653	43,16	85,1	1,45055	45,59
75,2	1,38417	40,74	80,2	1,41720	43,21	85,2	1,45124	45,64
75,3	1,38482	40,79	80,3	1,41787	43,26	85,3	1,45193	45,69
75,4	1,38547	40,84	80,4	1,41854	43,31	85,4	1,45262	45,74
75,5	1,38612	40,89	80,5	1,41921	43,36	85,5	1,45331	45,78
75,6	1,38677	40,94	80,6	1,41989	43,41	85,6	1,45401	45,83
75,7	1,38743	40,99	80,7	1,42056	43,45	85,7	1,45470	45,88
75,8	1,38808	41,04	80,8	1,42123	43,50	85,8	1,45539	45,93
75,9	1,38873	41,09	80,9	1,42190	43,55	85,9	1,45609	45,98
76,0	1,38939	41,14	81,0	1,42258	43,60	86,0	1,45678	46,02
76,1	1,39004	41,19	81,1	1,42325	43,65	86,1	1,45748	46,07
76,2	1,39070	41,24	81,2	1,42393	43,70	86,2	1,45817	46,12
76,3	1,39135	41,29	81,3	1,42460	43,75	86,3	1,45887	46,17
76,4	1,39201	41,33	81,4	1,42528	43,80	86,4	1,45956	46,22
76,5	1,39266	41,38	81,5	1,42595	43,85	86,5	1,46026	46,26
76,6	1,39332	41,43	81,6	1,42663	43,89	86,6	1,46095	46,31
76,7	1,39397	41,48	81,7	1,42731	43,94	86,7	1,46165	46,36
76,8	1,39463	41,53	81,8	1,42798	43,99	86,8	1,46235	46,41
76,9	1,39529	41,58	81,9	1,42866	44,04	86,9	1,46304	46,46

Gewichtsprozente Zucker nach Balling od. Grade Brix	Spezifisches Gewicht	Grade Beaumé	Gewichtsprozente Zucker nach Balling od. Grade Brix	Spezifisches Gewicht	Grade Beaumé	Gewichtsprozente Zucker nach Balling od. Grade Brix	Spezifisches Gewicht	Grade Beaumé
87,0	1,46374	46,50	92,0	1,49915	48,87	97,0	1,53550	51,19
87,1	1,46444	46,55	92,1	1,49987	48,92	97,1	1,53624	51,24
87,2	1,46514	46,60	92,2	1,50058	48,96	97,2	1,53698	51,28
87,3	1,46584	46,65	92,3	1,50130	49,01	97,3	1,53772	51,33
87,4	1,46654	46,69	92,4	1,50202	49,06	97,4	1,53846	51,38
87,5	1,46724	46,74	92,5	1,50274	49,11	97,5	1,53920	51,42
87,6	1,46794	46,79	92,6	1,50346	49,15	97,6	1,53994	51,47
87,7	1,46864	46,84	92,7	1,50419	49,20	97,7	1,54068	51,51
87,8	1,46934	46,88	92,8	1,50491	49,25	97,8	1,54142	51,56
87,9	1,47004	46,93	92,9	1,50563	49,29	97,9	1,54216	51,60
88,0	1,47074	46,98	93,0	1,50633	49,34	98,0	1,54290	51,65
88,1	1,47145	47,03	93,1	1,50707	49,39	98,1	1,54365	51,70
88,2	1,47215	47,08	93,2	1,50779	49,43	98,2	1,54440	51,74
88,3	1,47285	47,12	93,3	1,50852	49,48	98,3	1,54515	51,79
88,4	1,47356	47,17	93,4	1,50924	49,53	98,4	1,54590	51,83
88,5	1,47426	47,22	93,5	1,50996	49,57	98,5	1,54665	51,88
88,6	1,47496	47,27	93,6	1,51069	49,62	98,6	1,54740	51,92
88,7	1,47567	47,31	93,7	1,51141	49,67	98,7	1,54815	51,97
88,8	1,47637	47,36	93,8	1,51214	49,71	98,8	1,54890	52,01
88,9	1,47708	47,41	93,9	1,51286	49,76	98,9	1,54965	52,06
89,0	1,47778	47,46	94,0	1,51359	49,81	99,0	1,55040	52,11
89,1	1,47849	47,50	94,1	1,51431	49,85	99,1	1,55115	52,15
89,2	1,47920	47,55	94,2	1,51504	49,90	99,2	1,55189	52,20
89,3	1,47991	47,60	94,3	1,51577	49,94	99,3	1,55264	52,24
89,4	1,48061	47,65	94,4	1,51649	49,99	99,4	1,55338	52,29
89,5	1,48132	47,69	94,5	1,51722	50,04	99,5	1,55413	52,33
89,6	1,48203	47,74	94,6	1,51795	50,08	99,6	1,55487	52,38
89,7	1,48274	47,79	94,7	1,51868	50,13	99,7	1,55562	52,42
89,8	1,48345	47,83	94,8	1,51941	50,18	99,8	1,55636	52,47
89,9	1,48416	47,88	94,9	1,52014	50,22	99,9	1,55711	52,51
90,0	1,48486	47,93	95,0	1,52087	50,27	100,0	1,55785	52,56
90,1	1,48558	47,98	95,1	1,52159	50,32			
90,2	1,48629	48,02	95,2	1,52232	50,36			
90,3	1,48700	48,07	95,3	1,52304	50,41			
90,4	1,48771	48,12	95,4	1,52376	50,45			
90,5	1,48842	48,17	95,5	1,52449	50,50			
90,6	1,48913	48,21	95,6	1,52521	50,55			
90,7	1,48985	48,26	95,7	1,52593	50,59			
90,8	1,49056	48,31	95,8	1,52665	50,64			
90,9	1,49127	48,35	95,9	1,52738	50,69			
91,0	1,49199	48,40	96,0	1,52810	50,73			
91,1	1,49270	48,45	96,1	1,52884	50,78			
91,2	1,49342	48,50	96,2	1,52958	50,82			
91,3	1,49413	48,54	96,3	1,53032	50,87			
91,4	1,49485	48,59	96,4	1,53106	50,92			
91,5	1,49556	48,64	96,5	1,53180	50,96			
91,6	1,49628	48,68	96,6	1,53254	51,01			
91,7	1,49700	48,73	96,7	1,53328	51,05			
91,8	1,49771	48,78	96,8	1,53402	51,10			
91,9	1,49843	48,82	96,9	1,53476	51,15			

Tabelle XXII.

Bestimmung des prozent. Trocken- und Stärkemehlgehaltes der Kartoffeln aus dem spez. Gewicht nach **M. Maercker, P. Behrend** und **A. Morgen.**

Spezifisches Gewicht	Trockensubstanz %	Stärkemehl %	Spezifisches Gewicht	Trockensubstanz %	Stärkemehl %
1,080	19,7	13,9	1,120	28,3	22,5
081	19,9	14,1	121	28,5	22,7
082	20,1	14,3	122	28,7	22,9
083	20,3	14,5	123	28,9	23,1
084	20,5	14,7	124	29,1	23,3
085	20,7	14,9	125	29,3	23,5
086	20,9	15,1	126	29,5	23,7
087	21,2	15,4	127	29,8	24,0
088	21,4	15,6	128	30,0	24,2
089	21,6	15,8	129	30,2	24,4
1,090	21,8	16,0	1,130	30,4	24,6
091	22,0	16,2	131	30,6	24,8
092	22,2	16,4	132	30,8	25,0
093	22,4	16,6	133	31,0	25,2
094	22,7	16,9	134	31,3	25,5
095	22,9	17,1	135	31,5	25,7
096	23,1	17,3	136	31,7	25,9
097	23,3	17,5	137	31,9	26,1
098	23,5	17,7	138	32,1	26,3
099	23,7	17,9	139	32,3	26,5
1,100	24,0	18,2	1,140	32,5	26,7
101	24,2	18,4	141	32,8	27,0
102	24,4	18,6	142	33,0	27,2
103	24,6	18,8	143	33,2	27,4
104	24,8	19,0	144	33,4	27,6
105	25,0	19,2	145	33,6	27,8
106	25,2	19,4	146	33,8	28,0
107	25,5	19,7	147	34,1	28,3
108	25,7	19,9	148	34,3	28,5
109	25,9	20,1	149	34,5	28,7
1,110	26,1	20,3	1,150	34,7	28,9
111	26,3	20,5	151	34,9	29,1
112	26,5	20,7	152	35,1	29,3
113	26,7	20,9	153	35,4	29,6
114	26,9	21,1	154	35,6	29,8
115	27,2	21,4	155	35,8	30,0
116	27,4	21,6	156	36,0	30,2
117	27,6	21,8	157	36,2	30,4
118	27,8	22,0	158	36,4	30,6
119	28,0	22,2	159	36,6	30,8

GPSR Compliance

The European Union's (EU) General Product Safety Regulation (GPSR) is a set of rules that requires consumer products to be safe and our obligations to ensure this.

If you have any concerns about our products, you can contact us on ProductSafety@springernature.com

In case Publisher is established outside the EU, the EU authorized representative is:

Springer Nature Customer Service Center GmbH
Europaplatz 3
69115 Heidelberg, Germany

Batch number: 10683448

Printed by Printforce, the Netherlands